1682 J.B.METZLER

ENZYKLOPÄDIE PHILOSOPHIE UND WISSENSCHAFTS-THEORIE

Band 6: O–Ra

2., neubearbeitete
und wesentlich ergänzte
Auflage

Unter ständiger Mitwirkung von Gottfried Gabriel,
Matthias Gatzemeier, Carl F. Gethmann,
Peter Janich, Friedrich Kambartel, Kuno Lorenz,
Klaus Mainzer, Peter Schroeder-Heister, Christian Thiel,
Reiner Wimmer, Gereon Wolters

in Verbindung mit Martin Carrier
herausgegeben von

Jürgen Mittelstraß

Kartonierte Sonderausgabe

1682 J.B.METZLER

Bibliografische Information der Deutschen Nationalbibliothek
Die Deutsche Nationalbibliothek verzeichnet diese Publikation in der Deutschen Nationalbibliografie; detaillierte bibliografische Daten sind im Internet über http://dnb.d-nb.de abrufbar.

Gedruckt auf chlorfrei gebleichtem, säurefreiem und alterungsbeständigem Papier.

Band 6:
978-3-662-67769-8
978-3-662-67770-4 (eBook)

Gesamtwerk:
978-3-662-67786-5

J.B. Metzler ist ein Imprint der eingetragenen Gesellschaft Springer-Verlag GmbH, DE und ist ein Teil von Springer Nature. Die Anschrift der Gesellschaft ist: Heidelberger Platz 3, 14197 Berlin, Germany

www.metzlerverlag.de
info@metzlerverlag.de

Satz: Dörr + Schiller GmbH, Stuttgart

Vorwort zur 2. Auflage

Mit der von Band VI erfaßten Artikelgruppe O–Ra liegt nunmehr auch der letzte Teil des Bandes II und der erste und zugleich umfangreichste Teil des Bandes III der 1. Auflage in einer gründlich überarbeiteten und wesentlich ergänzten Form vor. Erneut wird damit dem gegenwärtigen Stand des philosophischen und wissenschaftlichen Wissens unter einer unveränderten Grundlagenorientierung Rechnung getragen. Der philosophische Blick trifft auf den wissenschaftlichen Blick – unter einer Lehr- und Lernperspektive, die immer auch eine Vernunftperspektive ist, werden beide eins. Es ist diese Einheit, der die Enzyklopädie zu dienen sucht, und es ist eine die Prinzipien des Begrifflichen und des Methodischen umfassendes, zugleich einem dialogischen Prinzip folgendes Vernunftprinzip, von dem sie sich dabei leiten läßt. Dieses sorgt (in den Worten der Enzyklopädie) zugleich für »eine *Stabilisierung des Könnens* und eine *Objektivierung des Wissens*« (IV, 320). Daß dabei die Rolle der Enzyklopädie als einfaches Arbeitsinstrument sowohl für die Philosophie als auch für die Wissenschaft nicht aus dem Blick gerät, versteht sich von selbst.

Der Dank des Herausgebers gilt erneut allen Autoren, die an dieser Neubearbeitung mitwirkten, in besonderer Weise den Hauptautoren, viele von ihnen von Anfang an dabei und auf der Titelseite vermerkt, die die Hauptlast der enzyklopädischen Arbeit trugen, allen voran Martin Carrier (Bielefeld), der zusätzlich zu seiner Arbeit als einer der Hauptautoren wie schon in den vorausgegangenen Bänden der 2. Auflage auch noch einen wesentlichen Teil der redaktionellen Last mit dem Herausgeber teilte. Das gleiche gilt in redaktionellen Dingen für Birgit Fischer M. A., bei der seit nunmehr 13 Jahren alle redaktionellen Fäden zusammenlaufen. In ihrer Hand lag und liegt die umfangreiche Autorenkorrespondenz, die Pflege und Kontrolle der Nomenklatur und, gemeinsam mit dem Herausgeber, die redaktionelle Fertigstellung der Manuskripte. Unterstützt wird sie in besonderen bio-bibliographischen Fällen von Dr. Brigitte Parakenings, Leiterin des Philosophischen Archivs der Universität Konstanz, und Dr. Karsten Wilkens, dem früheren Fachreferenten Philosophie der Universitätsbibliothek Konstanz, ferner von Christine Schneider, verantwortlich (bis Februar 2014) für die Formatierung des Gesamtmanuskripts und die Kontrolle aller damit zusammenhängenden Arbeiten. Dipl. math. Christopher v. Bülow hat sich wie immer neben seiner Autorentätigkeit vor allem um die formalen Teile bei der redaktionellen Fertigstellung der Artikel gekümmert. Besonderes konzeptionelles und redaktionelles Augenmerk galt wiederum den Bibliographien. Hier trugen die Hauptlast im bibliographischen Alltag, unter der kundigen Leitung von Silke Rothe M. A., Mateja Borchert, Lena Dreher M. A., Arno Goebel M. A., Jonas Kimmig M. A., Thorn Kray M. A. und Marcel Schwarz M. A..

Dank schulden Herausgeber und Mitarbeiter der Universität Konstanz, die kontinuierlich, zuletzt über das Konstanzer Wissenschaftsforum, die institutionellen Voraussetzungen für die enzyklopädischen Arbeiten schuf, dem Verlag J. B. Metzler, der diese Arbeiten mit andauerndem Engagement begleitet, ferner der Hamburger Stiftung zur Förderung von Wissenschaft und Kultur, der Fritz Thyssen Stiftung und der Klaus Tschira Stiftung, die die Arbeiten auch an diesem Band auf großzügige Weise finanziell unterstützt haben.

Konstanz, im Sommer 2015 Jürgen Mittelstraß

Abkürzungs- und Symbolverzeichnisse

1. Autoren

A. F.	André Fuhrmann, Frankfurt
A. Kr.	Angelika Krebs, Basel
A. P.	Athena Panteos, Duisburg-Essen
A. W.	Angelika Wiedmaier, Konstanz
B. G.	Bernd Gräfrath, Duisburg-Essen
B.-O. K.	Bernd-Olaf Küppers, Jena
B. P.	Bernd Philippi, Völklingen
B. U.	Brigitte Uhlemann (jetzt Parakenings), Konstanz
C. B.	Christopher v. Bülow, Konstanz
C. D.	Christoph Demmerling, Jena
C. F. G.	Carl F. Gethmann, Siegen
C. S.	Christiane Schildknecht, Luzern
C. T.	Christian Thiel, Erlangen
D. G.	Dietfried Gerhardus, Saarbrücken
D. Th.	Donatus Thürnau, Dresden
E.-M. E.	Eva-Maria Engelen, Konstanz
F. K.	Friedrich Kambartel, Frankfurt
F. Ko.	Franz Koppe, Berlin †
G. G.	Gottfried Gabriel, Jena
G. He.	Gerhard Heinzmann, Nancy
G. Hei.	Gabriele Heister, Stuttgart
G. K.	Georg Kamp, Jülich
G. W.	Gereon Wolters, Konstanz
H. R.	Hans Rott, Regensburg
H. R. G.	Herbert R. Ganslandt, Erlangen †
H. S.	Hubert Schleichert, Konstanz
J. M.	Jürgen Mittelstraß, Konstanz
K. H. H.	Karlheinz H. Hülser, Konstanz
K. L.	Kuno Lorenz, Saarbrücken
K. M.	Klaus Mainzer, München
L. B.	Lydia Brüll, Sendenhorst
M. C.	Martin Carrier, Bielefeld
M. G.	Matthias Gatzemeier, Aachen
M. M.	Milorad Milenkovic, Belgrad
O. S.	Oswald Schwemmer, Berlin
P. H.-H.	Paul Hoyningen-Huene, Hannover
P. J.	Peter Janich, Marburg
P. M.	Peter McLaughlin, Heidelberg
P. S.	Peter Schroeder-Heister, Tübingen
P. S.-W.	Pirmin Stekeler-Weithofer, Leipzig
R. B.	Rainer Bäuerle, Stuttgart
R. Wi.	Reiner Wimmer, Tübingen
S. B.	Siegfried Blasche, Bad Homburg
S. C.	Soraya de Chadarevian, Los Angeles
S. M. K.	Silke M. Kledzik, Koblenz †
T. G.	Thorsten Gubatz, Nürnberg
T. I.	Toju Ivanovic, Frankfurt
T. J.	Thorsten Jantschek, Berlin
T. R.	Thomas Rentsch, Dresden
W. L.	Weyma Lübbe, Regensburg
W. S.	Wolfgang Spohn, Konstanz

2. Nachschlagewerke

ADB	Allgemeine Deutsche Biographie, I–LVI, ed. Historische Commission bei der Königlichen Akademie der Wissenschaften (München), Leipzig 1875–1912, Nachdr. 1967–1971.
ÄGB	Ästhetische Grundbegriffe. Historisches Wörterbuch in sieben Bänden, I–VII, ed. K. Barck u. a., Stuttgart/Weimar 2000–2005, Nachdr. 2010 (VII = Suppl.bd./Reg.bd.).
BBKL	Biographisch-Bibliographisches Kirchenlexikon, ed. F. W. Bautz, mit Bd. III fortgeführt v. T. Bautz, Hamm 1975/1990, Herzberg 1992–2001, Nordhausen 2002ff. (erschienen Bde I–XXXVI).
Bibl. Praesocratica	B. Šijaković, Bibliographia Praesocratica. A Bibliographical Guide to the Studies of Early Greek Philosophy in Its Religious and Scientific Contexts with an Introductory Bibliography on the Historiography of Philosophy (over 8,500 Authors, 17,664 Entries from 1450 to 2000), Paris 2001.
DHI	Dictionary of the History of Ideas. Studies of Selected Pivotal Ideas, I–IV u. 1 Indexbd., ed. P. P. Wiener, New York 1973–1974.

Dict. ph. ant. Dictionnaire des philosophes antiques, ed. R. Goulet, Paris 1994ff. (erschienen Bde I–V u. 1 Suppl.bd.).

DL Dictionary of Logic as Applied in the Study of Language. Concepts/Methods/Theories, ed. W. Marciszewski, The Hague/Boston Mass./London 1981.

DNP Der neue Pauly. Enzyklopädie der Antike, I–XVI, ed. H. Cancik/H. Schneider, ab Bd. XIII mit M. Landfester, Stuttgart/Weimar 1996–2003, Suppl.bde I–IX, 2004–2014 (engl. Brill's New Pauly. Encyclopaedia of the Ancient World, [Antiquity] I–XV, [Classical Tradition] I–V, ed. H. Cancik/H. Schneider/M. Landfester, Leiden/Boston Mass. 2002–2010, Suppl.bde 2007ff. [erschienen Bde I–VI]).

DP Dictionnaire des philosophes, ed. D. Huisman, I–II, Paris 1984, ^{2}1993.

DSB Dictionary of Scientific Biography, I–XVIII, ed. C.C. Gillispie, mit Bd. XVII fortgeführt v. F.L. Holmes, New York 1970–1990 (XV = Suppl.bd. I, XVI = Indexbd., XVII–XVIII = Suppl.bd. II).

EI The Encyclopaedia of Islam. New Edition, I–XII und 1 Indexbd., Leiden 1960–2009 (XII = Suppl.bd.).

EJud Encyclopaedia Judaica, I–XVI, Jerusalem 1971–1972, I–XXII, ed. F. Skolnik/M. Berenbaum, Detroit Mich. etc. ^{2}2007 (XXII = Übersicht u. Index).

Enc. Chinese Philos. Encyclopedia of Chinese Philosophy, ed. A. S. Cua, New York/London 2003, 2012.

Enc. filos. Enciclopedia filosofica, I–VI, ed. Centro di studi filosofici di Gallarate, Florenz ^{2}1968–1969, erw. I–VIII, Florenz, Rom 1982, erw. I–XII, Mailand 2006.

Enc. Jud. Encyclopaedia Judaica. Das Judentum in Geschichte und Gegenwart, I–X, Berlin 1928–1934 (bis einschließlich ›L‹).

Enc. Ph. The Encyclopedia of Philosophy, I–VIII, ed. P. Edwards, New York/London 1967 (repr. in 4 Bdn. 1996), Suppl.bd., ed. D.M. Borchert, New York, London etc. 1996, I–X, ed. D.M. Borchert, Detroit Mich. etc. ^{2}2006 (X = Appendix).

Enc. philos. universelle Encyclopédie philosophique universelle, I–IV, ed. A. Jacob, Paris 1989–1998 (I L'univers philosophique, II Les notions philosophiques, III Les œuvres philosophiques, IV Le discours philosophique).

Enz. Islam Enzyklopaedie des Islām. Geographisches, ethnographisches und biographisches Wörterbuch der muhammedanischen Völker, I–IV u. 1 Erg.bd., ed. M. T. Houtsma u.a., Leiden, Leipzig 1913–1938.

EP Enzyklopädie Philosophie, I–II, ed. H. J. Sandkühler, Hamburg 1999, erw. I–III, ^{2}2010.

ER The Encyclopedia of Religion, I–XVI, ed. M. Eliade, New York/London 1987 (XVI = Indexbd.), Nachdr. in 8 Bdn. 1993, I–XV, ed. L. Jones, Detroit Mich. etc. ^{2}2005 (XV = Anhang, Index).

ERE Encyclopaedia of Religion and Ethics, I–XIII, ed. J. Hastings, Edinburgh/New York 1908–1926, Edinburgh 1926–1976 (repr. 2003) (XIII = Indexbd.).

Flew A Dictionary of Philosophy, ed. A. Flew, London/Basingstoke 1979, ^{2}1984, ed. mit S. Priest, London 2002.

FM J. Ferrater Mora, Diccionario de filosofia, I–IV, Madrid ^{6}1979, erw. I–IV, Barcelona 1994, 2004.

Hb. ph. Grundbegriffe Handbuch philosophischer Grundbegriffe, I–III, ed. H. Krings/C. Wild/H.M. Baumgartner, München 1973–1974.

Hb. wiss. theoret. Begr. Handbuch wissenschaftstheoretischer Begriffe, I–III, ed. J. Speck, Göttingen 1980.

Hist. Wb. Ph. Historisches Wörterbuch der Philosophie, I–XIII, ed. J. Ritter, mit Bd. IV fortgeführt v. K. Gründer, ab Bd. XI mit G. Gabriel, Basel/Stuttgart, Darmstadt 1971–2007 (XIII = Registerbd.).

Hist. Wb. Rhetorik Historisches Wörterbuch der Rhetorik, ed. G. Ueding, Tübingen, Darmstadt 1992–2009, Berlin/New York, Darmstadt 2012ff. (erschienen Bde I–XI).

HSK Handbücher zur Sprach- und Kommunikationswissenschaft/Handbooks of Linguistics and Communication Science/Manuels de linguistique et des sciences de communication, ed. G. Ungeheuer/H. E. Wiegand, ab 1985 fortgeführt v. H. Steger/H. E. Wiegand, ab 2002 fortgeführt v. H. E. Wiegand, Berlin/New York 1982ff. (erschienen Bde I–XLII [in 87 Teilbdn.]).

IESBS International Encyclopedia of the Social & Behavioral Sciences, I–XXVI, ed. N. J. Smelser/P. B. Baltes, Amsterdam etc. 2001 (XXV–XXVI = Indexbde), I–XXVI, ed.

J. D. Wright, Amsterdam etc. ²2015 (XXVI = Indexbd.)

IESS International Encyclopedia of the Social Sciences, I–XVII, ed. D. L. Sills, New York 1968, Nachdr. 1972, XVIII (Biographical Suppl.), 1979, IX (Social Science Quotations), 1991, I–IX, ed. W. A. Darity Jr., Detroit Mich. etc. ²2008.

KP Der Kleine Pauly. Lexikon der Antike, I–V, ed. K. Ziegler/W. Sontheimer, Stuttgart 1964–1975, Nachdr. München 1979, 2007.

LAW Lexikon der Alten Welt, ed. C. Andresen u. a., Zürich/Stuttgart 1965, Nachdr. in 3 Bdn., Düsseldorf 2001.

LMA Lexikon des Mittelalters, I–IX, München/Zürich 1977–1998, Reg.bd. Stuttgart/Weimar 1999, Nachdr. in 9 Bdn., Darmstadt 2009.

LThK Lexikon für Theologie und Kirche, I–X u. 1 Reg.bd., ed. J. Höfer/K. Rahner, Freiburg ²1957–1967, Suppl. I–III, ed. H. S. Brechter u. a., Freiburg/Basel/Wien 1966–1968 (I–III Das Zweite Vatikanische Konzil), I–XI, ed. W. Kasper u. a., ³1993–2001, 2009 (XI = Nachträge, Register, Abkürzungsverzeichnis).

NDB Neue Deutsche Biographie, ed. Historische Kommission bei der Bayerischen Akademie der Wissenschaften, Berlin 1953ff. (erschienen Bde I–XXV).

NDHI New Dictionary of the History of Ideas, I–VI, ed. M. C. Horowitz, Detroit Mich. etc. 2005.

ODCC The Oxford Dictionary of the Christian Church, ed. F. L. Cross/E. A. Livingstone, Oxford ²1974, Oxford/New York ³1997, rev. 2005.

Ph. Wb. Philosophisches Wörterbuch, ed. G. Klaus/M. Buhr, Berlin, Leipzig 1964, in 2 Bdn. ⁶1969, Berlin ¹²1976 (repr. Berlin 1985, 1987).

RAC Reallexikon für Antike und Christentum. Sachwörterbuch zur Auseinandersetzung des Christentums mit der antiken Welt, ed. T. Klauser, mit Bd. XIV fortgeführt v. E. Dassmann u. a., mit Bd. XX fortgeführt v. G. Schöllgen u. a., Stuttgart 1950ff. (erschienen Bde I–XXVI, 1 Reg.bd. u. 2 Suppl.bde).

RE Paulys Realencyclopädie der classischen Altertumswissenschaft. Neue Bearbeitung, ed. G. Wissowa, fortgeführt v. W. Kroll, K. Witte, K. Mittelhaus, K. Ziegler u. W. John, Stuttgart, 1. Reihe (A–Q), I/1–XXIV (1893–1963); 2. Reihe (R–Z), IA/1–XA (1914–1972); 15 Suppl.bde (1903–1978); Register der Nachträge und Supplemente, ed. H. Gärtner/A. Wünsch, München 1980, Gesamtregister, I–II, Stuttgart 1997/2000.

REP Routledge Encyclopedia of Philosophy, I–X, ed. E. Craig, London/New York 1998 (X = Indexbd.).

RGG Die Religion in Geschichte und Gegenwart. Handwörterbuch für Theologie und Religionswissenschaft, I–VII, ed. K. Galling, Tübingen ³1957–1962 (VII = Reg.bd.), unter dem Titel: Religion in Geschichte und Gegenwart. Handwörterbuch für Theologie und Religionswissenschaft, ed. H. D. Betz u. a., I–VIII u. 1 Reg.bd., ⁴1998–2007, 2008.

SEP Stanford Encyclopedia of Philosophy (http://plato.stanford.edu/).

Totok W. Totok, Handbuch der Geschichte der Philosophie, I–VI, Frankfurt 1964–1990, Nachdr. 2005, ²1997ff. (erschienen Bd. I).

TRE Theologische Realenzyklopädie, I–XXXVI, 2 Reg.bde u. 1 Abkürzungsverzeichnis, ed. G. Krause/G. Müller, mit Bd. XIII fortgeführt v. G. Müller, Berlin 1977–2007.

WbL N. I. Kondakow, Wörterbuch der Logik [russ. Moskau 1971, 1975], ed. E. Albrecht/G. Asser, Leipzig, Berlin 1978, Leipzig ²1983.

Wb. ph. Begr. Wörterbuch der philosophischen Begriffe. Historisch-Quellenmäßig bearbeitet von Dr. Rudolf Eisler, I–III, ed. K. Roretz, Berlin ⁴1927–1930.

WL Wissenschaftstheoretisches Lexikon, ed. E. Braun/H. Radermacher, Graz/Wien/Köln 1978.

3. Zeitschriften

Abh. Gesch. math. Wiss. Abhandlungen zur Geschichte der mathematischen Wissenschaften (Leipzig)

Acta Erud. Acta Eruditorum (Leipzig)

Acta Math. Acta Mathematica (Heidelberg etc.)

Allg. Z. Philos. Allgemeine Zeitschrift für Philosophie (Stuttgart)

Amer. J. Math. American Journal of Mathematics (Baltimore Md.)

Amer. J. Philol. The American Journal of Philology (Baltimore Md.)

Amer. J. Phys.	American Journal of Physics (College Park Md.)
Amer. J. Sci.	The American Journal of Science (New Haven Conn.)
Amer. Philos. Quart.	American Philosophical Quarterly (Champaign Ill.)
Amer. Scient.	American Scientist (Research Triangle Park N.C.)
Anal. Husserl.	Analecta Husserliana (Dordrecht)
Analysis	Analysis (Oxford)
Ancient Philos.	Ancient Philosophy (Pittsburgh Pa.)
Ann. int. Ges. dialekt. Philos. Soc. Heg.	Annalen der internationalen Gesellschaft für dialektische Philosophie Societas Hegeliana (Frankfurt etc.)
Ann. Math.	Annals of Mathematics (Princeton N.J.)
Ann. Math. Log.	Annals of Mathematical Logic (Amsterdam); seit 1983: Annals of Pure and Applied Logic (Amsterdam etc.)
Ann. math. pures et appliqu.	Annales de mathématiques pures et appliquées (Paris); seit 1836: Journal de mathématiques pures et appliquées (Paris)
Ann. Naturphilos.	Annalen der Naturphilosophie (Leipzig)
Ann. Philos. philos. Kritik	Annalen der Philosophie und philosophischen Kritik (Leipzig)
Ann. Phys.	Annalen der Physik (Leipzig), 1799–1823, 1900ff. (1824–1899 unter dem Titel: Annalen der Physik und Chemie [Leipzig])
Ann. Phys. Chem.	Annalen der Physik und Chemie (Leipzig)
Ann. Sci.	Annals of Science. A Quarterly Review of the History of Science and Technology since the Renaissance, seit 1999 mit Untertitel: The History of Science and Technology (London)
Appl. Opt.	Applied Optics (Washington D.C.)
Aquinas	Aquinas. Rivista internazionale di filosofia (Rom)
Arch. Begriffsgesch.	Archiv für Begriffsgeschichte (Hamburg)
Arch. Gesch. Philos.	Archiv für Geschichte der Philosophie (Berlin/New York)
Arch. hist. doctr. litt. moyen-âge	Archives d'histoire doctrinale et littéraire du moyen-âge (Paris)
Arch. Hist. Ex. Sci.	Archive for History of Exact Sciences (Berlin/Heidelberg)
Arch. int. hist. sci.	Archives internationales d'histoire des sciences (Turnhout)
Arch. Kulturgesch.	Archiv für Kulturgeschichte (Köln/Weimar/Wien)
Arch. Math.	Archiv der Mathematik (Basel)
Arch. math. Log. Grundlagenf.	Archiv für mathematische Logik und Grundlagenforschung (Stuttgart etc.)
Arch. Philos.	Archiv für Philosophie (Stuttgart)
Arch. philos.	Archives de philosophie (Paris)
Arch. Rechts- u. Sozialphilos.	Archiv für Rechts- und Sozialphilosophie (Stuttgart)
Arch. Sozialwiss. u. Sozialpolitik	Archiv für Sozialwissenschaft und Sozialpolitik (Tübingen)
Astrophys.	Astrophysics (New York)
Australas. J. Philos.	Australasian Journal of Philosophy (London)
Austral. Econom. Papers	Australian Economic Papers (Adelaide)
Beitr. Gesch. Philos. MA	Beiträge zur Geschichte der Philosophie (später: und Theologie) des Mittelalters (Münster)
Beitr. Philos. Dt. Ideal.	Beiträge zur Philosophie des deutschen Idealismus. Veröffentlichungen der Deutschen Philosophischen Gesellschaft (Erfurt)
Ber. Wiss.gesch.	Berichte zur Wissenschaftsgeschichte (Weinheim)
Bibl. Math.	Bibliotheca Mathematica. Zeitschrift für Geschichte der mathematischen Wissenschaften (Leipzig)
Bl. dt. Philos.	Blätter für deutsche Philosophie (Berlin)
Brit. J. Hist. Sci.	The British Journal for the History of Science (Cambridge)
Brit. J. Philos. Sci.	The British Journal for the Philosophy of Science (Cambridge)
Bull. Amer. Math. Soc.	Bulletin of the American Mathematical Society (Providence R.I.)
Bull. Hist. Med.	Bulletin of the History of Medicine (Baltimore Md.)
Can. J. Philos.	Canadian Journal of Philosophy (Philadelphia Pa.)
Class. J.	The Classical Journal (Monmouth)
Class. Philol.	Classical Philology (Chicago Ill.)

Class. Quart.	Classical Quarterly (Cambridge)
Class. Rev.	Classical Review (Cambridge)
Communic. and Cogn.	Communication and Cognition (Ghent)
Conceptus	Conceptus. Zeitschrift für Philosophie (Berlin)
Dialectica	Dialectica. Internationale Zeitschrift für Philosophie der Erkenntnis; später: Dialectica. International Journal of Philosophy and Official Organ of the ESAP (Oxford/Malden Mass.)
Dt. Z. Philos.	Deutsche Zeitschrift für Philosophie (Berlin)
Elemente Math.	Elemente der Mathematik (Basel)
Eranos-Jb.	Eranos-Jahrbuch (Zürich)
Erkenntnis	Erkenntnis (Dordrecht)
Ét. philos.	Les études philosophiques (Paris)
Ethics	Ethics. An International Journal of Social, Political and Legal Philosophy (Chicago Ill.)
Found. Phys.	Foundations of Physics (New York)
Franciscan Stud.	Franciscan Studies (St. Bonaventure N.Y.)
Franziskan. Stud.	Franziskanische Studien (Werl)
Frei. Z. Philos. Theol.	Freiburger Zeitschrift für Philosophie und Theologie (Freiburg, Schweiz)
Fund. Math.	Fundamenta Mathematicae (Warschau)
Fund. Sci.	Fundamenta Scientiae (São Paulo)
Giornale crit. filos. italiana	Giornale critico della filosofia italiana (Florenz)
Götting. Gelehrte Anz.	Göttingische Gelehrte Anzeigen (Göttingen)
Grazer philos. Stud.	Grazer philosophische Studien (Amsterdam/New York)
Harv. Stud. Class. Philol.	Harvard Studies in Classical Philology (Cambridge Mass.)
Hegel-Jb.	Hegel-Jahrbuch (Berlin/München/Boston Mass.)
Hegel-Stud.	Hegel-Studien (Hamburg)
Hermes	Hermes. Zeitschrift für klassische Philologie (Stuttgart)
Hist. and Philos. Log.	History and Philosophy of Logic (London)
Hist. Math.	Historia Mathematica (Amsterdam etc.)
Hist. Philos. Life Sci.	History and Philosophy of the Life Sciences (Cham)
Hist. Sci.	History of Science (London)
Hist. Stud. Phys. Sci.	Historical Studies in the Physical Sciences (Berkeley Calif./Los Angeles/London); seit 1986: Historical Studies in the Physical and Biological Sciences (Berkeley Calif./Los Angeles/London); seit 2008: Historical Studies in the Natural Sciences (Berkeley Calif./Los Angeles/London)
Hist. Theory	History and Theory (Hoboken N. J.)
Hobbes Stud.	Hobbes Studies (Leiden)
Human Stud.	Human Studies (Dordrecht)
Idealistic Stud.	Idealistic Studies (Charlottesville Va.)
Indo-Iran. J.	Indo-Iranian Journal (Leiden)
Int. J. Ethics	International Journal of Ethics. Devoted to the Advancement of Ethical Knowledge and Practice (Chicago Ill.); seit 1938: Ethics. An International Journal of Social, Political, and Legal Philosophy (Chicago Ill.)
Int. Log. Rev.	International Logic Review (Bologna)
Int. Philos. Quart.	International Philosophical Quarterly (Charlottesville Va.)
Int. Stud. Philos.	International Studies in Philosophy (Binghampton N. Y.)
Int. Stud. Philos. Sci.	International Studies in the Philosophy of Science (Abingdon)
Isis	Isis. An International Review Devoted to the History of Science and Its Cultural Influences (Chicago Ill.)
Jahresber. Dt. Math.ver.	Jahresbericht der Deutschen Mathematikervereinigung (Heidelberg)
Jb. Antike u. Christentum	Jahrbuch für Antike und Christentum (Münster)
Jb. Philos. phänomen. Forsch.	Jahrbuch für Philosophie und phänomenologische Forschung (Halle)
J. Aesthetics Art Criticism	The Journal of Aesthetics and Art Criticism (Hoboken N.J.)
J. Brit. Soc. Phenomenol.	The Journal of the British Society for Phenomenology (London)
J. Chinese Philos.	Journal of Chinese Philosophy (Hoboken N. J.)
J. Engl. Germ. Philol.	Journal of English and Germanic Philology (Champaign Ill.)

J. Hist. Ideas — Journal of the History of Ideas (Philadelphia Pa.)

J. Hist. Philos. — Journal of the History of Philosophy (Baltimore Md.)

J. math. pures et appliqu. — Journal de mathématiques pures et appliquées (Paris)

J. Mind and Behavior — The Journal of Mind and Behavior (New York)

J. Philos. — The Journal of Philosophy (New York)

J. Philos. Ling. — The Journal of Philosophical Linguistics (Evanston Ill.)

J. Philos. Log. — Journal of Philosophical Logic (Dordrecht etc.)

J. reine u. angew. Math. — Journal für die reine und angewandte Mathematik (Berlin/New York)

J. Symb. Log. — The Journal of Symbolic Logic (Cambridge)

J. Value Inqu. — The Journal of Value Inquiry (Dordrecht etc.)

Kant-St. — Kant-Studien (Berlin/Boston Mass.)

Kant-St. Erg.hefte — Kant-Studien. Ergänzungshefte (Berlin/Boston Mass.)

Linguist. Ber. — Linguistische Berichte (Hamburg)

Log. anal. — Logique et analyse (Brüssel)

Logos — Logos. Internationale Zeitschrift für Philosophie der Kultur (Tübingen)

Math. Ann. — Mathematische Annalen (Berlin/Göttingen/Heidelberg)

Math.-phys. Semesterber. — Mathematisch-physikalische Semesterberichte (Göttingen); seit 1981: Mathematische Semesterberichte (Berlin/Heidelberg)

Math. Semesterber. — Mathematische Semesterberichte (Berlin/Heidelberg)

Math. Teacher — The Mathematics Teacher (Reston Va.)

Math. Z. — Mathematische Zeitschrift (Berlin/Heidelberg)

Med. Aev. — Medium Aevum (Oxford)

Medic. Hist. — Medical History (Cambridge)

Med. Ren. Stud. — Medieval and Renaissance Studies (Chapel Hill N.C./London)

Med. Stud. — Mediaeval Studies (Toronto)

Merkur — Merkur. Deutsche Zeitschrift für Europäisches Denken (Stuttgart)

Metaphilos. — Metaphilosophy (Malden Mass.)

Methodos — Methodos. Language and Cybernetics (Padua)

Mh. Math. Phys. — Monatshefte für Mathematik und Physik (Leipzig/Wien); seit 1948: Monatshefte für Mathematik (Wien/New York)

Mh. Math. — Monatshefte für Mathematik (Wien/New York)

Midwest Stud. Philos. — Midwest Studies in Philosophy (Boston Mass./Oxford)

Mind — Mind. A Quarterly Review for Psychology and Philosophy (Oxford)

Monist — The Monist (Peru Ill.)

Mus. Helv. — Museum Helveticum. Schweizerische Zeitschrift für klassische Altertumswissenschaft (Basel)

Naturwiss. — Die Naturwissenschaften. Organ der Max-Planck-Gesellschaft zur Förderung der Wissenschaften (Berlin/Heidelberg)

Neue H. Philos. — Neue Hefte für Philosophie (Göttingen)

Nietzsche-Stud. — Nietzsche-Studien (Berlin/Boston Mass.)

Notre Dame J. Formal Logic — Notre Dame Journal of Formal Logic (Durham N. C.)

Noûs — Noûs (Boston Mass./Oxford)

Organon — Organon (Warschau)

Osiris — Osiris. Commentationes de scientiarum et eruditionis historia rationeque (Brügge); Second Series mit Untertitel: A Research Journal Devoted to the History of Science and Its Cultural Influences (Chicago Ill.)

Pers. Philos. Neues Jb. — Perspektiven der Philosophie. Neues Jahrbuch (Amsterdam/New York)

Phänom. Forsch. — Phänomenologische Forschungen (Hamburg)

Philol. — Philologus (Berlin)

Philol. Quart. — Philological Quarterly (Iowa City)

Philos. — Philosophy (Cambridge etc.)

Philos. and Literature — Philosophy and Literature (Baltimore Md.)

Philos. Anz. — Philosophischer Anzeiger. Zeitschrift für die Zusammenarbeit von Philosophie und Einzelwissenschaft (Bonn)

Philos. East and West	Philosophy East and West (Honolulu Hawaii)
Philos. Hefte	Philosophische Hefte (Prag)
Philos. Hist.	Philosophy and History (Tübingen)
Philos. J.	The Philosophical Journal. Transactions of the Royal Society of Glasgow (Edinburgh)
Philos. Jb.	Philosophisches Jahrbuch (Freiburg/München)
Philos. Mag.	The London, Edinburgh and Dublin Magazine and Journal of Science (London); seit 1949: The Philosophical Magazine (London)
Philos. Math.	Philosophia Mathematica (Oxford)
Philos. Nat.	Philosophia Naturalis (Frankfurt)
Philos. Pap.	Philosophical Papers (London)
Philos. Phenom. Res.	Philosophy and Phenomenological Research (Hoboken N. J.)
Philos. Quart.	The Philosophical Quarterly (Oxford)
Philos. Rdsch.	Philosophische Rundschau (Tübingen)
Philos. Rev.	The Philosophical Review (Durham N.C.)
Philos. Rhet.	Philosophy and Rhetoric (University Park Pa.)
Philos. Sci.	Philosophy of Science (Chicago Ill.)
Philos. Soc. Sci.	Philosophy of the Social Sciences (Los Angeles etc.)
Philos. Stud.	Philosophical Studies (Dordrecht)
Philos. Studien	Philosophische Studien (Berlin)
Philos. Top.	Philosophical Topics (Fayetteville Ark.)
Philos. Transact. Royal Soc.	Philosophical Transactions of the Royal Society (London)
Phys. Bl.	Physikalische Blätter (Weinheim)
Phys. Rev.	The Physical Review (College Park Md.)
Phys. Z.	Physikalische Zeitschrift (Leipzig)
Praxis Math.	Praxis der Mathematik. Monatsschrift der reinen und angewandten Mathematik im Unterricht (Köln)
Proc. Amer. Philos. Ass.	Proceedings and Addresses of the American Philosophical Association (Newark Del.)
Proc. Amer. Philos. Soc.	Proceedings of the American Philosophical Society (Philadelphia Pa.)
Proc. Arist. Soc.	Proceedings of the Aristotelian Society (London)
Proc. Brit. Acad.	Proceedings of the British Academy (Oxford etc.)
Proc. London Math. Soc.	Proceedings of the London Mathematical Society (Oxford etc.)
Proc. Royal Soc.	Proceedings of the Royal Society of London (London)
Quart. Rev. Biol.	The Quarterly Review of Biology (Chicago Ill.)
Ratio	Ratio. An International Journal of Analytic Philosophy (Oxford)
Rech. théol. anc. et médiévale	Recherches de théologie ancienne et médiévale (Louvain)
Rel. Stud.	Religious Studies. An International Journal for the Philosophy of Religion (Cambridge)
Res. Phenomenol.	Research in Phenomenology (Leiden)
Rev. ét. anc.	Revue des études anciennes (Talence)
Rev. ét. grec.	Revue des études grecques (Paris)
Rev. hist. ecclés.	Revue d'histoire ecclésiastique (Louvain)
Rev. hist. sci.	Revue d'histoire des sciences (Paris)
Rev. hist. sci. applic.	Revue d'histoire des sciences et de leurs applications (Paris); seit 1971: Revue d'histoire des sciences (Paris)
Rev. int. philos.	Revue internationale de philosophie (Brüssel)
Rev. Met.	Review of Metaphysics (Washington D.C.)
Rev. mét. mor.	Revue de métaphysique et de morale (Paris)
Rev. Mod. Phys.	Reviews of Modern Physics (Melville N. Y.)
Rev. néoscol. philos.	Revue néoscolastique de philosophie (Louvain)
Rev. philos. France étrang.	Revue philosophique de la France et de l'étranger (Paris)
Rev. philos. Louvain	Revue philosophique de Louvain (Louvain)
Rev. quest. sci.	Revue des questions scientifiques (Namur)
Rev. sci. philos. théol.	Revue des sciences philosophiques et théologiques (Paris)
Rev. synt.	Revue de synthèse (Paris)

Rev. théol. philos.	Revue de théologie et de philosophie (Lausanne)
Rev. thom.	Revue thomiste (Toulouse)
Rhein. Mus. Philol.	Rheinisches Museum für Philologie (Bad Orb)
Riv. crit. stor. filos.	Rivista critica di storia della filosofia (Florenz)
Riv. filos.	Rivista di filosofia (Bologna)
Riv. filos. neo-scolastica	Rivista di filosofia neo-scolastica (Mailand)
Riv. mat.	Rivista di matematica (Turin)
Riv. stor. sci. mediche e nat.	Rivista di storia delle scienze mediche e naturali (Florenz)
Russell	Russell. The Journal of the Bertrand Russell Archives (Hamilton Ont.)
Sci. Amer.	Scientific American (New York)
Sci. Stud.	Science Studies. Research in the Social and Historical Dimensions of Science and Technology (London)
Scr. Math.	Scripta Mathematica. A Quarterly Journal Devoted to the Expository and Research Aspects of Mathematics (New York)
Sociolog. Rev.	The Sociological Review (Oxford)
South. J. Philos.	The Southern Journal of Philosophy (Malden Mass.)
Southwest. J. Philos.	Southwestern Journal of Philosophy (Norman Okla.)
Sov. Stud. Philos.	Soviet Studies in Philosophy (Armonk N.Y.); seit 1992/1993: Russian Studies in Philosophy (Armonk N.Y.)
Spektrum Wiss.	Spektrum der Wissenschaft (Heidelberg)
Stud. Gen.	Studium Generale. Zeitschrift für interdisziplinäre Studien (Berlin etc.)
Stud. Hist. Philos. Sci.	Studies in History and Philosophy of Science (Amsterdam etc.)
Studi int. filos.	Studi internazionali di filosofia (Turin); seit 1974: International Studies in Philosophy (Canton Mass.)
Studi ital. filol. class.	Studi italiani di filologia classica (Florenz)
Stud. Leibn.	Studia Leibnitiana (Wiesbaden/Stuttgart)
Stud. Log.	Studia Logica (Dordrecht)
Stud. Philos.	Studia Philosophica (Basel)
Stud. Philos. (Krakau)	Studia Philosophica. Commentarii Societatis Philosophicae Polonorum (Krakau)
Stud. Philos. Hist. Philos.	Studies in Philosophy and the History of Philosophy (Washington D.C.)
Stud. Voltaire 18th Cent.	Studies on Voltaire and the Eighteenth Century (Oxford)
Sudh. Arch.	Sudhoffs Archiv für Geschichte der Medizin und der Naturwissenschaften (Wiesbaden)
Synthese	Synthese. Journal for Epistemology, Methodology and Philosophy of Science (Dordrecht)
Technikgesch.	Technikgeschichte (Düsseldorf)
Technology Rev.	Technology Review (Cambridge Mass.)
Theol. Philos.	Theologie und Philosophie (Freiburg/Basel/Wien)
Theoria	Theoria. A Swedish Journal of Philosophy and Psychology (Oxford/Malden Mass.)
Thomist	The Thomist (Washington D.C.)
Tijdschr. Filos.	Tijdschrift voor Filosofie (Leuven)
Transact. Amer. Math. Soc.	Transactions of the American Mathematical Society (Providence R.I.)
Transact. Amer. Philol. Ass.	Transactions and Proceedings of the American Philological Association (Lancaster Pa., Oxford)
Transact. Amer. Philos. Soc.	Transactions of the American Philosophical Society (Philadelphia Pa.)
Universitas	Universitas. Zeitschrift für Wissenschaft, Kunst und Literatur, seit 2001 mit Untertitel: Orientierung in der Wissenswelt (Stuttgart); seit 2011 mit Untertitel: Orientieren! Wissen! Handeln! (Heidelberg)
Vierteljahrsschr. wiss. Philos.	Vierteljahrsschrift für wissenschaftliche Philosophie (Leipzig); seit 1902: Vierteljahrsschrift für wissenschaftliche Philosophie und Soziologie (Leipzig)
Vierteljahrsschr. wiss. Philos. u. Soz.	Vierteljahrsschrift für wissenschaftliche Philosophie und Soziologie (Leipzig)
Wien. Jb. Philos.	Wiener Jahrbuch für Philosophie (Wien/Stuttgart)
Wiss. u. Weisheit	Wissenschaft und Weisheit. Franziskanische Studien zu Theologie, Philosophie und Geschichte (Münster)

Z. allg. Wiss. theorie	Zeitschrift für allgemeine Wissenschaftstheorie (Wiesbaden); seit 1990: Journal for General Philosophy of Science (Berlin/Heidelberg/Dordrecht)
Z. angew. Math. u. Mechanik	Zeitschrift für angewandte Mathematik und Mechanik/Journal of Applied Mathematics and Mechanics (Weinheim)
Z. math. Logik u. Grundlagen d. Math.	Zeitschrift für mathematische Logik und Grundlagen der Mathematik (Leipzig/Berlin/Heidelberg)
Z. Math. Phys.	Zeitschrift für Mathematik und Physik (Leipzig)
Z. philos. Forsch.	Zeitschrift für philosophische Forschung (Frankfurt)
Z. Philos. phil. Kritik	Zeitschrift für Philosophie und philosophische Kritik (Halle)
Z. Phys.	Zeitschrift für Physik (Berlin/Heidelberg)
Z. Semiotik	Zeitschrift für Semiotik (Tübingen)
Z. Soz.	Zeitschrift für Soziologie (Stuttgart)

4. Werkausgaben

(Die hier aufgeführten Abkürzungen für Werkausgaben haben Beispielcharakter; Werkausgaben, deren Abkürzung nicht aufgeführt wird, stehen bei den betreffenden Autoren.)

Descartes

Œuvres	R. Descartes, Œuvres, I–XII u. 1 Suppl.bd. Index général, ed. C. Adam/P. Tannery, Paris 1897–1913, Nouvelle présentation, I–XI, 1964–1974, 1996.

Diogenes Laertios

Diog. Laert.	Diogenis Laertii Vitae Philosophorum, I–II, ed. H. S. Long, Oxford 1964, I–III, ed. M. Marcovich, I–II, Stuttgart/Leipzig 1999, III München/Leipzig 2002 (III = Indexbd.).

Feuerbach

Ges. Werke	L. Feuerbach, Gesammelte Werke, I–XXII, ed. W. Schuffenhauer, Berlin (Ost) 1969 ff., ab XIII, ed. Berlin-Brandenburgische Akademie der Wissenschaften durch W. Schuffenhauer, Berlin 1999ff. (erschienen Bde I–XIV, XVII–XXI).

Fichte

Ausgew. Werke	J. G. Fichte, Ausgewählte Werke in sechs Bänden, ed. F. Medicus, Leipzig 1910–1912 (repr. Darmstadt 1962, 2013).
Gesamtausg.	J. G. Fichte-Gesamtausgabe der Bayerischen Akademie der Wissenschaften, I/1–IV/6, ed. R. Lauth u. a., Stuttgart-Bad Cannstatt 1962–2012 ([Werke]: I/1–I/10; [Nachgelassene Schriften]: II/1–II/17 u. 1 Suppl.bd.; [Briefe]: III/1–III/8; [Kollegnachschriften]: IV/1–IV/6).

Goethe

Hamburger Ausg.	J. W. v. Goethe, Werke. Hamburger Ausgabe, I–XIV u. 1 Reg.bd., ed. E. Trunz, Hamburg 1948–1960, mit neuem Kommentarteil, München 1981, 1998.

Hegel

Ges. Werke	G. W. F. Hegel, Gesammelte Werke, in Verbindung mit der Deutschen Forschungsgemeinschaft ed. Rheinisch-Westfälische Akademie der Wissenschaften (heute: Nordrhein-Westfälische Akademie der Wissenschaften), Hamburg 1968ff. (erschienen Bde I–XXII, XXIII/1, XXIV/1–2, XXV/1–2, XXVI/1–3, XXVII/1).
Sämtl. Werke	G. W. F. Hegel, Sämtliche Werke (Jubiläumsausgabe), I–XXVI, ed. H. Glockner, Stuttgart 1927–1940, XXIII–XXVI in 2 Bdn. ^{2}1957, I–XXII ^{4}1961–1968.

Kant

Akad.-Ausg.	I. Kant, Gesammelte Schriften, ed. Königlich Preußische Akademie der Wissenschaften (heute: Berlin-Brandenburgische Akademie der Wissenschaften [Berlin]), Berlin (heute: Berlin/New York) 1902ff. (erschienen Abt. 1 [Werke]: I–IX; Abt. 2 [Briefwechsel]: X–XIII; Abt. 3 [Handschriftlicher Nachlaß]: XIV–

	XXIII; Abt. 4 [Vorlesungen]: XXIV/1–2, XXV/1–2, XXVI/1, XXVII/1, XXVII/2.1–2.2, XXVIII/1, XXVIII/2.1–2.2, XXIX/1–2), Allgemeiner Kantindex zu Kants gesammelten Schriften, ed. G. Martin, Berlin 1967 ff. (erschienen Bde XVI–XVII [= Wortindex zu den Bdn. I–IX], XX [= Personenindex]).

Leibniz

Akad.-Ausg.	G. W. Leibniz, Sämtliche Schriften und Briefe, ed. Königlich Preußische Akademie der Wissenschaften (heute: Berlin-Brandenburgische Akademie der Wissenschaften [Berlin]), ab 1996 mit Akademie der Wissenschaften zu Göttingen, Darmstadt (später: Leipzig, heute: Berlin) 1923ff. (erschienen Reihe 1 [Allgemeiner politischer und historischer Briefwechsel]: 1.1–1.23, 1 Suppl.bd.; Reihe 2 [Philosophischer Briefwechsel]: 2.1–2.3; Reihe 3 [Mathematischer, naturwissenschaftlicher und technischer Briefwechsel]: 3.1–3.7; Reihe 4 [Politische Schriften]: 4.1–4.8; Reihe 6 [Philosophische Schriften]: 6.1–6.4 [6.4 in 4 Teilen], 6.6 [Nouveaux essais] u. 1 Verzeichnisbd.; Reihe 7 [Mathematische Schriften]: 7.1–7.6; Reihe 8 [Naturwissenschaftliche, medizinische und technische Schriften]: 8.1).
C.	G. W. Leibniz, Opuscules et fragments inédits. Extraits des manuscrits de la Bibliothèque royale de Hanovre, ed. L. Couturat, Paris 1903 (repr. Hildesheim 1961, 1966, Hildesheim/New York/Zürich 1988).
Math. Schr.	G. W. Leibniz, Mathematische Schriften, I–VII, ed. C. I. Gerhardt, Berlin/Halle 1849–1863 (repr. Hildesheim 1962, Hildesheim/New York 1971, 1 Reg.bd., ed. J. E. Hofmann, 1977).
Philos. Schr.	Die philosophischen Schriften von G. W. Leibniz, I–VII, ed. C. I. Gerhardt, Berlin/Leipzig 1875–1890 (repr. Hildesheim 1960–1961, Hildesheim/New York/Zürich 1996, 2008).

Marx/Engels

MEGA	Marx/Engels, Historisch-kritische Gesamtausgabe. Werke, Schriften, Briefe, ed. D. Rjazanov, fortgeführt v. V. Adoratskij, Frankfurt/Berlin/Moskau 1927–1935, Neudr. Glashütten i. Taunus 1970, 1979 (erschienen: Abt. 1 [Werke u. Schriften]: I.1–I.2, II–VII; Abt. 3 [Briefwechsel]: I–IV), unter dem Titel: Gesamtausgabe (MEGA), ed. Institut für Marxismus-Leninismus (später: Internationale Marx-Engels-Stiftung), Berlin 1975ff. (erschienen Abt. I [Werke, Artikel, Entwürfe]: I/1–I/3, I/10–I/14, I/18, I/20–I/22, I/24–I/27, I/29–I/32; Abt. II [Das Kapital und Vorarbeiten]: II/1.1–II/1.2, II/2, II/3.1–II/3.6, II/4.1–II/4.3, II/5–II/15; Abt. III [Briefwechsel]: III/1–III/13, III/30; Abt. IV [Exzerpte, Notizen, Marginalien]: IV/1–IV/9, IV/12, IV/26, IV/31–IV/32).
MEW	Marx/Engels, Werke, ed. Institut für Marxismus-Leninismus beim ZK der SED (später: Rosa-Luxemburg-Stiftung [Berlin]), Berlin (Ost) (später: Berlin) 1956ff. (erschienen Bde I–XXXIX, Erg.bde I–II, Verzeichnis I–II u. Sachreg.) (Einzelbände in verschiedenen Aufl.).

Nietzsche

Werke. Krit. Gesamtausg.	Nietzsche Werke. Kritische Gesamtausgabe, ed. G. Colli/M. Montinari, weitergeführt v. W. Müller-Lauter/K. Pestalozzi, Berlin (heute: Berlin/New York) 1967ff. (erschienen [Abt. I]: I/1–I/5; [Abt. II]: II/1–II/5; [Abt. III]: III/1–III/4, III/5.1–III/5.2; [Abt. IV]: IV/1–IV/4; [Abt. V]: V/1–V/3; [Abt. VI]: VI/1–VI/4; [Abt. VII]: VII/1–VII/3, VII/4.1–VII/4.2; [Abt. VIII]: VIII/1–VIII/3; [Abt. IX]: IX/1–IX/9).
Briefwechsel. Krit. Gesamtausg.	Nietzsche Briefwechsel. Kritische Gesamtausgabe, 25 Bde in 3 Abt. u. 1 Reg.bd. (Abt. I [Briefe 1850–1869]: I/1–I/4; Abt. II [Briefe 1869–1879]: II/1–II/5, II/6.1–II/6.2, II/7.1–II/7.2, II/7.3.1–II/7.3.2; Abt. III [Briefe 1880–1889]: III/1–III/6, III/

7.1–III/7.2, III/7.3.1–III/7.3.2), ed. G. Colli/M. Montinari, weitergeführt v. N. Miller/A. Pieper, Berlin/New York 1975–2004.

Schelling

Hist.-krit. Ausg.	F. W. J. Schelling, Historisch-kritische Ausgabe, ed. H. M. Baumgartner/W. G. Jacobs/H. Krings/H. Zeltner, Stuttgart 1976ff. (erschienen Reihe 1 [Werke]: I–IX/1–2, X u. 1 Erg.bd.; Reihe 2 [Nachlaß]: III–IV; Reihe 3 [Briefe]: I, II/1–II/2).
Sämtl. Werke	F. W. J. Schelling, Sämtliche Werke, 14 Bde in 2 Abt. ([Abt. 1] 1/I–X, [Abt. 2] 2/I–IV), ed. K. F. A. Schelling, Stuttgart/Augsburg 1856–1861, repr. in neuer Anordnung: Schellings Werke, I–VI, 1 Nachlaßbd., Erg.bde I–VI, ed. M. Schröter, München 1927–1959 (repr. 1958–1962).

Sammlungen

CAG	Commentaria in Aristotelem Graeca, ed. Academia Litterarum Regiae Borussicae, I–XXIII, Berlin 1882–1909, Supplementum Aristotelicum, Berlin 1885–1893 (seither unveränderte Nachdrucke).
CCG	Corpus Christianorum. Series Graeca, Turnhout 1977ff..
CCL	Corpus Christianorum. Series Latina, Turnhout 1954ff..
CCM	Corpus Christianorum. Continuatio mediaevalis, Turnhout 1966ff..
FDS	K. Hülser, Die Fragmente zur Dialektik der Stoiker. Neue Sammlung der Texte mit deutscher Übersetzung und Kommentaren, I–IV, Stuttgart-Bad Cannstatt 1987–1988.
MGH	Monumenta Germaniae historica inde ab anno christi quingentesimo usque ad annum millesimum et quingentesimum, Hannover 1826ff..
MPG	Patrologiae cursus completus, Series Graeca, 1–161 (mit lat. Übers.) u. 1 Indexbd., ed. J.-P. Migne, Paris 1857–1912.
MPL	Patrologiae cursus completus, Series Latina, 1–221 (218–221 = Indices), ed. J.-P. Migne, Paris 1844–1864.
SVF	Stoicorum veterum fragmenta, I–IV (IV = Indices v. M. Adler), ed. J. v. Arnim, Leipzig 1903–1924 (repr. Stuttgart 1964, München/Leipzig 2004).
VS	H. Diels, Die Fragmente der Vorsokratiker. Griechisch und Deutsch (Berlin 1903), I–III, ed. W. Kranz, Berlin ^{6}1951–1952 (seither unveränderte Nachdrucke).

5. Einzelwerke

(Die hier aufgeführten Abkürzungen für Einzelwerke haben Beispielcharakter; Einzelwerke, deren Abkürzung nicht aufgeführt wird, stehen bei den betreffenden Autoren. In anderen Fällen ist die Abkürzung eindeutig und entspricht den üblichen Zitationsnormen, z. B. bei den Werken von Aristoteles und Platon.)

Aristoteles

an. post.	Analytica posteriora
an. pr.	Analytica priora
de an.	De anima
de gen. an.	De generatione animalium
Eth. Nic.	Ethica Nicomachea
Met.	Metaphysica
Phys.	Physica

Descartes

Disc. méthode	Discours de la méthode (1637)
Meditat.	Meditationes de prima philosophia (1641)
Princ. philos.	Principia philosophiae (1644)

Hegel

Ästhetik	Vorlesungen über die Ästhetik (1842–1843)
Enc. phil. Wiss.	Encyklopädie der philosophischen Wissenschaften im Grundrisse/System der Philosophie (^{3}1830)
Logik	Wissenschaft der Logik (1812/1816)
Phänom. des Geistes	Die Phänomenologie des Geistes (1807)
Rechtsphilos.	Grundlinien der Philosophie des Rechts oder Naturrecht und Staatswissenschaft im Grundrisse (1821)

Vorles. Gesch. Philos.	Vorlesungen über die Geschichte der Philosophie (1833–1836)
Vorles. Philos. Gesch.	Vorlesungen über die Philosophie der Geschichte (1837)

Kant

Grundl. Met. Sitten	Grundlegung zur Metaphysik der Sitten (1785)
KpV	Kritik der praktischen Vernunft (1788)
KrV	Kritik der reinen Vernunft (^{1}1781 = A, ^{2}1787 = B)
KU	Kritik der Urteilskraft (1790)
Proleg.	Prolegomena zu einer jeden Metaphysik, die als Wissenschaft wird auftreten können (1783)

Leibniz

Disc. mét.	Discours de métaphysique (1686)
Monadologie	Principes de la philosophie ou Monadologie (1714)
Nouv. essais	Nouveaux essais sur l'entendement humain (1704)
Princ. nat. grâce	Principes de la nature et de la grâce fondés en raison (1714)

Platon

Nom.	Nomoi
Pol.	Politeia
Polit.	Politikos
Soph.	Sophistes
Theait.	Theaitetos
Tim.	Timaios

Thomas von Aquin

De verit.	Quaestiones disputatae de veritate
S. c. g.	Summa de veritate catholicae fidei contra gentiles
S. th.	Summa theologiae

Wittgenstein

Philos. Unters.	Philosophische Untersuchungen (1953)
Tract.	Tractatus logico-philosophicus (1921)

6. Sonstige Abkürzungen

a. a. O.	am angeführten Ort
Abb.	Abbildung
Abh.	Abhandlung(en)
Abt.	Abteilung
ahd.	althochdeutsch
amerik.	amerikanisch
Anh.	Anhang
Anm.	Anmerkung
art.	articulus
Aufl.	Auflage
Ausg.	Ausgabe
ausgew.	ausgewählt(e)
Bd., Bde, Bdn.	Band, Bände, Bänden
Bearb., bearb.	Bearbeiter, Bearbeitung, bearbeitet
Beih.	Beiheft
Beitr.	Beitrag, Beiträge
Ber.	Bericht(e)
bes.	besondere, besonders
Bl., Bll.	Blatt, Blätter
bzw.	beziehungsweise
c	caput, corpus, contra
ca.	circa
Chap.	Chapter
chines.	chinesisch
ders.	derselbe
d. h.	das heißt
d. i.	das ist
dies.	dieselbe(n)
Diss.	Dissertation
dist.	distinctio
d. s.	das sind
dt.	deutsch
durchges.	durchgesehen
ebd.	ebenda
Ed.	Editio, Edition
ed.	edidit, ediderunt, edited, ediert
Einf.	Einführung
eingel.	eingeleitet
Einl.	Einleitung
engl.	englisch
Erg.bd.	Ergänzungsband
Erg.heft(e)	Ergänzungsheft(e)
erl.	erläutert
erw.	erweitert
ev.	evangelisch
F.	Folge
Fasc.	Fasciculus, Fascicle, Fascicule, Fasciculo

fol.	Folio
fl.	floruit, 3. Pers. Sing. Perfekt von lat. florere, blühen
franz.	französisch
gedr.	gedruckt
Ges.	Gesellschaft
ges.	gesammelt(e)
griech.	griechisch
H.	Heft(e)
Hb.	Handbuch
hebr.	hebräisch
Hl., hl.	Heilig-, Heilige(r), heilig
holländ.	holländisch
i. e.	id est
ind.	indisch
insbes.	insbesondere
int.	international
ital.	italienisch
Jh., Jhs.	Jahrhundert(e), Jahrhunderts
jüd.	jüdisch
Kap.	Kapitel
kath.	katholisch
lat.	lateinisch
lib.	liber
mhd.	mittelhochdeutsch
mlat.	mittellateinisch
Ms(s).	Manuskript(e)
Nachdr.	Nachdruck
Nachr.	Nachrichten
n. Chr.	nach Christus
Neudr.	Neudruck
NF	Neue Folge
nhd.	neuhochdeutsch
niederl.	niederländisch
NS	Neue Serie
o. J.	ohne Jahr
o. O.	ohne Ort
österr.	österreichisch
poln.	polnisch
Praef.	Praefatio
Préf., Pref.	Préface, Preface
Prof.	Professor
Prooem.	Prooemium
qu.	quaestio
red.	redigiert
Reg.	Register
repr.	reprinted
rev.	revidiert, revised
russ.	russisch
s.	siehe
schott.	schottisch
schweiz.	schweizerisch
s. o.	siehe oben
sog.	sogenannt
Sp.	Spalte(n)
span.	spanisch
spätlat.	spätlateinisch
s. u.	siehe unten
Suppl.	Supplement
Tab.	Tabelle(n)
Taf.	Tafel(n)
teilw.	teilweise
trans., Trans.	translated, Translation
u.	und
u. a.	und andere
Übers., übers.	Übersetzung, Übersetzer, übersetzt
übertr.	übertragen
ung.	ungarisch
u. ö.	und öfter
usw.	und so weiter
v.	von
v. Chr.	vor Christus
verb.	verbessert
vgl.	vergleiche
vollst.	vollständig
Vorw.	Vorwort
z. B.	zum Beispiel

7. Logische und mathematische Symbole

Zeichen	Name	in Worten
ε	affirmative Kopula	ist
ε'	negative Kopula	ist nicht
$\leftrightharpoons$	Definitionszeichen	nach Definition gleichbedeutend mit
ι_x	Kennzeichnungsoperator	dasjenige *x*, für welches gilt
$\neg$	Negator	nicht
$\wedge$	Konjunktor	und
$\vee$	Adjunktor	oder (nicht ausschließend)

Zeichen	Name	in Worten
$\rightarrowtail\!\!\!\leftarrowtail$	Disjunktor	entweder … oder …
$\rightarrow$	Subjunktor	wenn …, dann …
$\leftrightarrow$	Bisubjunktor	genau dann, wenn
$-\!\!\!3$	strikter Implikator	es ist notwendig: wenn …, dann …
Δ	Notwendigkeits-operator	es ist notwendig, daß
∇	Möglichkeits-operator	es ist möglich, daß
X	Wirklichkeits-operator	es ist wirklich, daß
⧖	Kontingenzoperator	es ist kontingent, daß
O	Gebotsoperator	es ist geboten, daß
V	Verbotsoperator	es ist verboten, daß
E	Erlaubnisoperator	es ist erlaubt, daß
I	Indifferenzoperator	es ist freigestellt, daß
$\bigwedge_x$	Allquantor	für alle *x* gilt
$\bigvee_x$	Einsquantor, Manchquantor, Existenzquantor	für manche [einige] *x* gilt
$\overset{1}{\bigvee}_x$	kennzeichnender Eins-(Manch-, Existenz-)quantor	für genau ein *x* gilt
$\bigwedge\!\!\!\bigwedge_x$	indefiniter Allquantor	für alle *x* gilt (bei indefinitem Variabilitätsbereich von *x*)
$\bigvee\!\!\!\bigvee_x$	indefiniter Eins-(Manch-, Existenz-)quantor	für manche [einige] *x* gilt (bei indefinitem Variabilitätsbereich von *x*)
$\curlyvee$	Wahrheitssymbol	das Wahre (verum)
$\curlywedge$	Falschheitssymbol	das Falsche (falsum)
$\prec$	[logisches] Implikationszeichen	impliziert (aus … folgt …)
$\succ\!\prec$	[logisches] Äquivalenzzeichen	gleichwertig mit
$\models$	semantisches Folgerungszeichen	aus … folgt …
$\Rightarrow$	Regelpfeil	man darf von … übergehen zu …
$\Leftrightarrow$	doppelter Regelpfeil	man darf von … übergehen zu … und umgekehrt
$\vdash \vdash_K$	Ableitbarkeitszeichen (insbes. zwischen Aussagen und Aussageformen: syntaktisches Folgerungszeichen)	ist ableitbar (in einem Kalkül *K*), aus … ist … ableitbar (in einem Kalkül *K*)
$\sim$	Äquivalenzzeichen	äquivalent
$=$	Gleichheitszeichen	gleich
$\neq$	Ungleichheitszeichen	ungleich

Zeichen	Name	in Worten
$\equiv$	Identitätszeichen	identisch
$\not\equiv$	Nicht-Identitätszeichen	nicht identisch
$<$	Kleiner-Zeichen	kleiner als
$\leq$	Kleiner-gleich-Zeichen	kleiner als oder gleich
$>$	Größer-Zeichen	größer als
$\geq$	Größer-gleich-Zeichen	größer als oder gleich
$\in$	(mengentheoretisches) Elementzeichen	ist Element von
$\notin$	Nicht-Elementzeichen	ist nicht Element von
$\{\ \}$	Mengenklammer	die Menge mit den Elementen …
$\in_x$ $\{x\|\ \}$	Mengenabstraktor	die Menge derjenigen *x*, für die gilt
$\subseteq$	Teilmengenrelator	ist Teilmenge von
$\subset$	echter Teilmengenrelator	ist echte Teilmenge von
$\emptyset$	Zeichen der leeren Menge	leere Menge
$\cup$	Vereinigungszeichen	vereinigt mit
$\bigcup$	Vereinigungszeichen (für beliebig viele Mengen)	Vereinigung von
$\cap$	Durchschnittszeichen	geschnitten mit
$\bigcap$	Durchschnittszeichen (für beliebig viele Mengen)	Durchschnitt von
$\complement$ $\complement_M$	Komplementzeichen	Komplement von … (in *M*)
$\mathfrak{P}$	Potenzmengenzeichen	Potenzmenge von
ι	Funktionsapplikator	(die Funktion …,) angewandt auf …
ι_x	Funktionsabstraktor	die Funktion von *x*, abstrahiert aus …
$\twoheadrightarrow$	Abbildungszeichen	(der Definitionsbereich) … wird abgebildet in (den Zielbereich) …
$\mapsto$	Zuordnungszeichen	(dem Argument) … wird (der Wert) … zugeordnet

Klammerung: Es werden die üblichen Klammerungsregeln angewendet. Zur Klammerersparnis bei logischen Formeln gilt, daß $\neg$ stärker bindet als alle anderen Junktoren, ferner $\wedge$, $\vee$, $\rightarrowtail\!\!\!\leftarrowtail$ stärker als $\rightarrow$, $\leftrightarrow$.

O

o (von lat. neg*o*, ich verneine), in der traditionellen ↑Syllogistik Bezeichnung für den Satztyp der partikular verneinenden Urteile (›einige *P* sind nicht *Q*‹): *PoQ*.

Oberbegriff (engl. superordinate concept), im logischen Sprachgebrauch eine Bezeichnung für die Beziehung der Überordnung zwischen zwei (einstelligen) prädikativen Ausdrücken, etwa einem ↑Prädikator ›*P*‹ und einem Prädikator ›*Q*‹, die invariant (↑invariant/Invarianz) ist gegen eine Ersetzung dieser Ausdrücke durch jeweils inhaltsgleiche (↑intensional/Intension). Es handelt sich also um eine *begriffliche Überordnung*, weil schon aus sprachlichen Gründen jeder *Q*-Gegenstand auch ein *P*-Gegenstand ist.

Wird die Überordnung zwischen ›*P*‹ und ›*Q*‹ durch die ↑Prädikatorenregel ›$x\varepsilon Q \Rightarrow x\varepsilon P$‹ artikuliert, so setzt die Forderung ihrer Invarianz gegenüber Inhaltsgleichheit die Erfüllung folgender Bedingung voraus: (1) Für eine ganze Klasse von grundsätzlich bereits exemplarisch bestimmten (einstelligen) Prädikatoren, zu denen auch ›*P*‹ und ›*Q*‹ gehören, gibt es hinreichend viele, auf faktischem Sprachgebrauch, Übersetzungsregeln oder sogar expliziter Vereinbarung beruhende, Prädikatorenregeln derart, daß die explizite ↑Definition aller beteiligten Prädikatoren ›*R*‹, ... in Gestalt der Doppelregel ›$x\varepsilon R \Leftrightarrow A(x)$‹ mit einer logisch zusammengesetzten ↑Aussageform ›$A(x)$‹, in der nur von ›*R*‹ verschiedene, aber exemplarisch bestimmte, Prädikatoren auftreten, relativ zum Bereich der Prädikatorenregeln zulässig (↑zulässig/Zulässigkeit) ist und (2) auch die Prädikatorenregel ›$x\varepsilon Q \Rightarrow x\varepsilon P$‹ selbst in diesem Sinne zulässig ist. Der Bereich der Prädikatorenregeln gilt dann als ein durch ↑Regulation erzeugtes *Begriffsnetz*; zu solchen Begriffsnetzen zählen die ↑Begriffspyramiden ebenso wie ihr überlieferter Vorläufer, die ↑arbor porphyriana zur graphischen Darstellung von begrifflichen Über- und Unterordnungen.

Man nennt die einem Begriffsnetz angehörenden Prädikatoren *Termini* (↑Terminus) einer ↑Terminologie, was in der Ausdrucksweise direkt an Aristoteles anschließt, der diejenigen Bestandteile einer im Modus der Behauptung auftretenden Aussage (*πρότασις*), die das, was ausgesagt wird (*τὸ κατηγορούμενον*) – heute: das ↑Prädikat/den Prädikatbegriff –, und das, wovon es ausgesagt wird (*τὸ καθ' οὗ κατηγορεῖται*) – heute: das (begrifflich bestimmte) ↑Subjekt –, betreffen, als ›Grenzziehungen‹ (*ὅροι*, lat. termini), d. s. Unterscheidungsleistungen, bezeichnet (an. pr. *A*1.24b16–17).

Unter den angegebenen Bedingungen besagt dann die Regel ›$x\varepsilon Q \Rightarrow x\varepsilon P$‹, daß jeder unter den ↑Begriff $|Q|$, das *Q*-Sein, subsumierte Gegenstand ein bereits begrifflich unter den Begriff $|P|$, das *P*-Sein, fallender Gegenstand ist.

Z. B. ist Farbigsein ein O. zu Rotsein (alle roten Gegenstände sind nach der Definition von Farbigsein farbige Gegenstände) und Organismussein ein O. zu Menschsein (alle Menschen sind in biologischer Terminologie Organismen), hingegen Unbewohntsein kein O. zu Erdsatellitsein, weil Unbewohntsein nicht zu den begrifflichen ↑Merkmalen einer Definition des Erdsatellitseins gehört, auch wenn alle Erdsatelliten (bisher) faktisch unbewohnt sind.

Ist $|P|$ ein O. zu $|Q|$ und damit $|Q|$ ein ↑*Unterbegriff* zu $|P|$, so ist $|P|$ *allgemeiner* als $|Q|$ (↑generell) und damit der gegenüber $|Q|$ ›weitere‹ (griech. *μεῖζον*, lat. maior) Begriff; umgekehrt ist $|Q|$ in diesem Fall *spezieller* als $|P|$ (↑speziell) und damit der gegenüber $|P|$ ›engere‹ (griech. *ἔλαττον*, lat. minor) Begriff, also $|P|$ untergeordnet (↑Subordination). Darum heißt es im Sprachgebrauch der traditionellen Logik (↑Logik, traditionelle), wie sie seit der Logik von Port-Royal (↑Port-Royal, Schule von) mit der Wiedergabe von ↑›Inhalt‹ (eines Begriffs) durch ›compréhension‹ (lat. complexus) und von ↑›Umfang‹ (eines Begriffs) durch ›étendue‹ (lat. ambitus) in Gestalt der Entgegensetzung von Intension und Extension (↑extensional/Extension) Eingang in alle modernen westlichen Sprachen gefunden hat, daß unter dem *Begriffsinhalt* die Klasse aller Merkmale oder O.e eines Begriffs verstanden wird, unter dem *Begriffsumfang* hingegen die Klasse aller Unterbegriffe eines Begriffs, gegebenenfalls unter Einschluß der ↑Individualbegriffe (d. s. entweder die nur charakterisierenden, also zur ↑Kennzeichnung geeigneten, oder aber die vollständigen Begriffe [↑Begriff, vollständiger] partikularer Gegenstände, die unter den fraglichen Begriff fallen). Ist daher $|P|$ ein O. zu $|Q|$, so ist der Begriffsinhalt von $|P|$ enthalten im Begriffsinhalt von $|Q|$ und umgekehrt der Begriffsumfang von $|Q|$ enthalten im Begriffsumfang von $|P|$ (Reziprozität von Inhalt und Umfang). Dabei stört allerdings die regelmäßig weder systematisch noch historisch hinreichend berücksichtigte Zweideutigkeit des Begriffs des Umfangs. Es ist ein wesentlicher Unterschied, ob unter dem Umfang eines Begriffs (intensional) die Klasse seiner Unterbegriffe oder (extensional) die Klasse der Gegenstände, die unter ihn fallen, verstanden wird. Entsprechend wäre die Überordnung eines Begriffs durch einen O. eine *begriffliche* Überordnung oder eine *gegenständliche*.

Ursprünglich war ›O.‹ oder ›terminus maior‹ ein Terminus allein der ↑Syllogistik und wurde bis zum Beginn der modernen formalen Logik vor allem in diesem Zusammenhang verwendet, z. B. bei I. Kant im Rahmen der Behandlung ›kategorischer Vernunftschlüsse‹ (Logik, §§ 62–74). ›O.‹ diente, grundsätzlich auch unabhängig von der Bedeutung begrifflicher Überordnung, zur Bezeichnung eines der durch die drei Termini eines assertorischen Syllogismus (↑Syllogismus, assertorischer) – ein ↑Schluß von zwei Aussagen der Form $M\rho P$ bzw. $S\sigma M$ als ↑Prämissen auf eine Aussage der Form $S\tau P$ als ↑Konklusion (die schematischen Buchstaben ρ, σ, τ stehen für jeweils eine der vier Begriffsbeziehungen ›alle‹ [↑*a*], ›einige‹ [↑*i*], ›kein‹ [↑*e*] und ›einige nicht‹ [↑*o*]) – dargestellten Begriffs, und zwar des Prädikatbegriffs (vom *terminus maior sive primus*, griech. *ὅρος πρῶτος*, dargestellt) $|P|$ der Konklusion. Der O. $|P|$ und der Unterbegriff $|S|$, der Subjektbegriff (vom *terminus minor sive postremus*, griech. *ἔσχατος ὅρος*, dargestellt) der Konklusion, bilden zusammen in Abgrenzung zum ↑Mittelbegriff (griech. *ὅρος μέσος*, lat. terminus medius) $|M|$, der in der Konklusion nicht mehr vorkommt, die ↑Außenbegriffe (griech. *ἄκρα*, lat. extremitates, d. i. *μεῖζον ἄκρον* und *ἔλαττον ἄκρον*) eines assertorischen Syllogismus. Im übrigen sind unter den syllogistischen Aussagen nur solche der Form *SaP* und *SiP* diejenigen, bei denen der Prädikatbegriff, z. B. Sterblichsein in ›alle Menschen sind sterblich‹, ein O. ihres Subjektbegriffs ist, im Beispiel: Menschsein, im Sinne der (in diesem Falle nicht allein auf Definitionen beruhenden) begrifflichen Überordnung.

Literatur: M. W. Drobisch, Neue Darstellung der Logik nach ihren einfachsten Verhältnissen. Nebst einem logisch-mathematischen Anhange, Leipzig 1836, 60–69, mit Untertitel: Mit Rücksicht auf Mathematik und Naturwissenschaft, ²1851, 89–102, ³1863 (repr. Hildesheim/Zürich/New York 1998), 90–104, Hamburg/Leipzig ⁵1887, 93–107; G. Gabriel, O., Hist. Wb. Ph. VI (1984), 1021–1022; W. S. Jevons, Elementary Lessons in Logic. Deductive and Inductive. With Copious Questions and Examples and Vocabulary of Logical Terms, London 1870, London, New York 1965; W. Kneale/M. Kneale, The Development of Logic, Oxford 1962 (repr. Oxford 2008), 1991; T. Ziehen, Lehrbuch der Logik. Auf positivistischer Grundlage mit Berücksichtigung der Geschichte der Logik, Bonn 1920 (repr. Berlin/New York 1974), 726–727. K. L.

Oberflächenstruktur (engl. surface structure), in der generativen ↑Transformationsgrammatik Bezeichnung für diejenige abstrakte syntaktische Struktur eines Satzes, die seine Aussprache bzw. Schreibweise bestimmt, d. h. nur noch der phonematischen (↑Phonem) oder graphematischen (↑Graphem) Realisierung bedarf, um einen gesprochenen oder geschriebenen Satz einer natürlichen Sprache (↑Sprache, natürliche) zu ergeben. Sie wird mit Hilfe von Transformationsregeln aus einer ebenso abstrakten Struktur einer ↑Tiefengrammatik gewonnen, durch die die Bedeutung eines Satzes bestimmt ist. Dabei ist strittig, ob die Tiefenstruktur selbst bereits die semantische Struktur (↑Semantik, logische) eines Satzes (so die These der *generativen Semantik*) oder eine sowohl von der O. als auch von der semantischen Struktur unabhängige syntaktische Struktur darstellt (so die These der *interpretativen Semantik*).

Die Unterscheidung zwischen Oberflächengrammatik und Tiefengrammatik wurde von L. Wittgenstein (vgl. Philos. Unters. I § 664) als eine Unterscheidung im ↑Sprachgebrauch eingeführt: der Teil des Gebrauchs, den man ›hört‹, versus den Teil, den man ›versteht‹. Sie ist durch N. Chomsky in die moderne ↑Linguistik als eine Unterscheidung zweier *Sprachstrukturebenen* übernommen worden, weil es offensichtlich bedeutungsgleiche Sätze verschiedener O. gibt (z. B. ›Paul schlägt Peter‹ und ›Peter wird von Paul geschlagen‹) wie auch Sätze gleicher O. mit verschiedener Bedeutung dieser O. (z. B. ›Paul verspricht Peter zu kommen‹ und ›Paul erlaubt Peter zu kommen‹). Die Unterscheidung verdankt sich dem Programm der Analytischen Philosophie (↑Philosophie, analytische), die Mehrdeutigkeiten der ↑Gebrauchssprache durch ↑Sprachanalyse zu beheben. Dabei ist die anfänglich getroffene Unterscheidung zwischen einer *logischen* Analyse (↑Analyse, logische) und einer *grammatischen* Analyse von Sätzen natürlicher Sprachen, bestimmt durch die Hoffnung, mit der logischen Analyse eine universelle Struktur, die einer allgemeinen oder logischen ↑Grammatik (↑Grammatik, logische), aufzufinden, vom späten Wittgenstein durch die angegebene Unterscheidung zwischen Tiefengrammatik und Oberflächengrammatik ersetzt worden: auch die Tiefengrammatik, durch den Zusammenhang von Handlungen und Sprachhandlungen in ↑Sprachspielen bestimmt, ist Ausdruck nur *einer* ↑Lebensform unter vielen. K. L.

Obersatz (lat. propositio maior, engl. major premiss), Terminus der ↑Syllogistik. ›O.‹ bezeichnet diejenige der beiden in einem assertorischen Syllogismus (↑Syllogismus, assertorischer) auftretenden Prämissen, die den ↑Oberbegriff des Syllogismus, d.i. den Prädikatbegriff seiner ↑Konklusion, enthält, im Unterschied zum ↑Untersatz, in dem der ↑Unterbegriff, d.i. der Subjektbegriff der Konklusion, vorkommt. Z.B. ist »alle Lebewesen sind sterblich« der O. – von I. Kant auch als ›allgemeine Regel‹ bezeichnet (Logik, § 58) – im Syllogismus »alle Lebewesen sind sterblich; alle Menschen sind Lebewesen; also alle Menschen sind sterblich«. Nachdem bei Aristoteles noch kein durchgehender griechischer Terminus vorkommt und in der lateinischen Tradition verschiedene Definitionen von ›propositio maior‹ vorgeschlagen werden, setzt sich seit Chr. Wolff die hier gegebene weitgehend durch; Wolff hatte erklärt: »propositio major est praemissa, in qua terminus major construitur cum termino medio« (Philosophia rationalis sive Logica, ³1790, § 340); auf ihn geht auch der deutsche Terminus für ›propositio maior‹ zurück (Vernünftige Gedanken von den Kräften des menschlichen Verstandes und ihrem richtigen Gebrauche in Erkenntnis der Wahrheit [Deutsche Logik], Ges. Werke I/1, ed. H. W. Arndt, 165).

Literatur: J. C. Beall/G. Restall, Logical Consequence, SEP 2005; M. Detlefsen/D. C. McCarty/J. B. Bacon, Logic from A to Z, London/New York 1999, 65; G. Gabriel, O., Hist. Wb. Ph. VI (1984), 1025–1026. K. L.

Objekt (von lat. obiectum, das Entgegengeworfene), seit dem 18. Jh. im deutschen philosophischen Sprachgebrauch durch ↑›Gegenstand‹ ersetzt, logisch daher ein uneigentlicher ↑Prädikator, der zukommt, wann immer etwas Spezifisches zutreffend ausgesagt wird: Die terminologische Bestimmung mithilfe der ↑Prädikatorenregel ›$x\varepsilon P \Rightarrow x\varepsilon$Objekt‹ (›ist etwas ein *P*, so ist es auch ein O.‹) für beliebige Prädikatoren ›*P*‹ in eigenprädikativer Verwendung (↑Eigenprädikator) ist in Kraft gesetzt. Damit wird der Bereich der O.e logisch als der Allbereich (↑universe of discourse) ausgezeichnet: alles, worüber sich reden läßt. In L. Wittgensteins Ausdrucksweise stellt der Terminus ›O.‹ einen ›formalen Begriff‹ dar (Tract. 4.126), weil es undenkbar ist, daß etwas nicht unter ihn fällt. Er folgert: »Jede Variable ist das Zeichen eines formalen Begriffs« (Tract. 4.1271), mithin »›*x*‹ das eigentliche Zeichen des Scheinbegriffes *Gegenstand*« (Tract. 4.1272), ganz so, wie es später W. V. O. Quine mit seinem berühmten Dictum wiederholen wird: »To be is to be the value of a variable« (From a Logical Point of View, 1953, 15; ↑Objektvariable). Daraus folgt zum einen, was seit altersher mit der Rede von einem O. oder einem Seienden (↑Seiende, das), einer ›entity‹/›Entität‹, einhergeht: Es ist eines, also eine ↑Einheit gemäß der scholastischen Formel ›ens et unum convertuntur‹. Zum anderen scheinen damit Gegenstände, die nicht in Gestalt von wohlbestimmten und damit weitgehend kontextinvariant durch ↑Nominatoren vertretbaren Einheiten auftreten, wie z.B. ↑Substanzen, etwa Flüssigkeiten (Wasser, Suppe, ...) oder Materialien (Holz, Gold, ...), und ↑Eigenschaften, etwa Farben (rot, blond, ...) oder Tugenden (tapfer, aufrichtig, ...), vom O.status ausgeschlossen, weshalb zuweilen ›O.‹ auch gleichbedeutend bloß mit ↑›Ding‹ gebraucht wird.

Diese scheinbare Einschränkung verschwindet, wenn auf die Forderung nach ↑Kontextinvarianz bei den zur Einsetzung anstelle von ›*x*‹ zugelassenen Nominatoren verzichtet wird und neben ↑Eigennamen und (bestimmten) ↑Kennzeichnungen insbes. Individuatoren (↑Individuation), oder ›deiktische Kennzeichnungen‹ (↑indexical), ›ιP‹ (gelesen: dies [durch den Äußerungskontext, in dem ›ιP‹ vorkommt, und unter Umständen noch darüber hinaus durch zur Einheitenfestlegung hinzugefügte, als ›Zähleinheitswörter‹ fungierende Ausdrücke bestimmte] *P*) zugelassen sind. Auch dann, wenn es sich bei ›*P*‹ in ›ιP‹ nicht um ein in der Regel auf Wörter für Dinge oder ↑Ereignisse beschränktes ↑Individuativum handelt, sondern um ein ↑Kontinuativum – gegebenenfalls unter Hinzufügung eines Zähleinheitswortes (›Wasser*tropfen*‹, ›Gold*stück*‹, ...) – oder auch nur ein ↑Kollektivum (›Herde‹, ›Gebirge‹, ...), benennen die Individuatoren ›ιP‹, treten sie in einer von einer (nicht-sprachlichen) ↑Zeigehandlung begleiteten Äußerung auf, etwa einer ↑Aussage ›$\iota P\varepsilon Q$‹ oder einer Anzeige ›$\delta Q\iota P$‹, ein von der Sprechsituation bestimmtes *Partikulare* (↑Benennung), und zwar semantisch bestimmt im Falle eines Individuativums ›*P*‹ und pragmatisch bestimmt, wenn es sich bei ›*P*‹ um ein Kontinuativum handelt. Wovon in der Äußerung die Rede ist, ist ein ↑partikulares *P*-O. (↑Partikularia).

Die in ›ιP‹ anstelle von ›*P*‹ auftretenden Ausdrücke, insbes. die Substanzwörter (Stoffnamen) und eigenprädikativ gebrauchten Eigenschaftswörter (Adjektive, aber in substantivischer Verwendung), treten hier jedoch primär nicht als Prädikatoren auf, sondern als sowohl mit signifikativer als auch mit kommunikativer Funktion ausgestattete ↑Artikulatoren, d.s. ↑Namen von O.[bereich]en, die zu Beginn einer rekonstruierenden O.konstitution nur verfahrensbezogen (↑Operation) und gerade nicht ergebnisbezogen vorliegen, nämlich O.[bereich]e schematisierend (durch ›χP‹ symbolisiert; ↑Schema) und sie aktualisierend (durch ›δP‹ indiziert; ↑Aktualisierung).

Weder Schemata noch Aktualisierungen sind je für sich oder zusammen etwas, auf das ein Artikulator als Name referieren könnte (↑Referenz); dazu bedarf es der Vergegenständlichung oder *Objektivierung*, und zwar des Schemas χP zur *Eigenschaft* σP durch Identifikation aller Aktualisierungen des Schemas χP zu einer Einheit (Formbildung) und der Aktualisierungen δP zur *Sub-*

stanz κ*P* durch Summation aller Aktualisierungen des Schemas χ*P* zu einer Gesamtheit (Stoffbildung; ↑Teil und Ganzes), wobei die ›Form‹ σ*P* den ›Stoff‹ κ*P* in ein aus beiden Anteilen bestehendes ↑Individuum überführt, das ›maximale‹ partikulare O., ein besonderes Ganzes: γ*P*, ›das ganze *P*‹. Weil zum einen (Handlungs-)Schemata beim Umgehen mit O.en ↑universal (↑Universalia, ↑Universalien) sind, sie nur anhand von symbolischen Zeichen für ein O.schema verstanden (engl. recognized) werden können – von C. S. Peirce (Coll. Papers 5.430) werden sie in traditioneller Weise ›real‹ genannt (↑Realismus (ontologisch)) –, und andererseits (Handlungs-)Aktualisierungen beim Umgehen mit O.en ↑singular (↑Singularia) sind, sie nur in der Rolle eines ↑Index für eine O.aktualisierung vollzogen (engl. performed) werden können – bei Peirce (Coll. Papers 6.335) heißen sie ›existierend‹ –, sollte man einen von einem Artikulator ›*P*‹ artikulierten, aber weder objektivierten noch individuierten O.bereich *P* ebenso wie das Schema χ*P* und seine Aktualisierungen δ*P*, die zusammen *P* ausmachen, besser ›Quasiobjekte‹ nennen.

Die ↑Individuation eines Quasiobjekts *P* kommt erst mithilfe von ↑Zwischenschemata des Schemas χ*P* zustande und führt zu einer Untergliederung des Quasiobjekts in Partikularia ι*P*, die aus den Zwischenschemata durch Formbildung – σ(ι*P*) – und Stoffbildung – κ(ι*P*) – gewonnen sind. Dabei treten sie auf als Instanzen eines *P*-Typs τ*P*, d. h. eines Partikulare logisch zweiter Stufe, eines *P*-Partikulare ›im allgemeinen‹ (engl. generic object, im Unterschied zu den Instanzen als den *individual objects*), bildungssprachlich auch: eines *P als P*, in den das Schema χ*P* durch die betreffende Untergliederung und anschließende Objektivierung überführt wird. Die möglichen Typbildungen (↑type and token) sind das Ergebnis gröberer oder feinerer Untergliederung eines Quasiobjekts. Die Partikularia sind als O.e ein *mixtum compositum* aus Stoff und Form (so schon Alexander von Aphrodisias in seinem Kommentar zur Aristotelischen »Metaphysik«, CAG I, p 545, 1.30 ff.; p 497, 1.4 ff.: *σύνθετον ἐξ ὕλης καὶ εἴδους*), während sie *vor* ihrer Objektivierung als bloßes Zwischenschema mit seinen Aktualisierungen und damit verfahrensbezogen, in der Tradition, an die Peirce angeknüpft hat, als real (universales Schema *in mente*, traditionell auch, Universalien hypostasierend: ›Denkobjekt‹) und als existierend (singulare Aktualisierungen *in actu*, traditionell auch, unter Vernachlässigung des Unterschieds zwischen singular und partikular: O. der Sinne) gelten.

Die Individuation ist die Voraussetzung dafür, daß sich sowohl Aussagen über O.e (↑Prädikation) als auch Anzeigen an O.en (↑Ostension) bilden lassen. Zugleich wird es dadurch möglich, die Objektivierung eines Quasiobjekts *P* selbst in ein O. vorzunehmen, wie bereits beschrieben, also das Quasiobjekt *P* in die einzige Instanz γ*P* des gröbsten *P*-Typs zu verwandeln, wobei alle anderen möglichen *P*-O.e ι*P* als Teile von γ*P* auftreten (↑Teil und Ganzes).

Wird durch Schematisierung und Aktualisierung eines O.s die der O.bildung zugrundeliegende Objektivierung durch Überführung in ein subjektbezogenes Verfahren, also eine ›Subjektivierung‹, wieder rückgängig gemacht, so läßt sich unter Verwendung der Eigenaussage ›ι*P*ε*P*‹ im Falle der *P*-Schematisierung und der Eigenanzeige ›δ*P*ι*P*‹ im Falle einer *P*-Aktualisierung das Ergebnis wie folgt wiedergeben: Mit ›ι*P*ε*P*‹ wird von ι*P* das *P*-Sein, d. i. die *Eigenschaft* σ*P*, unter Verwendung von ›ε*P*‹ (↑Kopula), die kommunikative Funktion des Artikulators ›*P*‹ nutzend, ausgesagt, und mit ›δ*P*ι*P*‹ wird an ι*P* das Gesamt-*P*, d. i. die *Substanz* κ*P*, unter Verwendung von ›δ*P*‹ (↑Demonstrator), die signifikative Funktion von ›*P*‹ nutzend, angezeigt. Eigenschaften σ*P* werden ausgesagt, nicht benannt, wohl aber wird auf sie mit ›σ*P*‹ referiert (intensionale Referenz von *P*, seine ↑Form; ↑Form und Materie); Substanzen κ*P* wiederum werden angezeigt, nicht benannt, wohl aber wird auf sie mit ›κ*P*‹ referiert (extensionale Referenz von *P*, sein Stoff; ↑Hyle).

A. De Morgan (On the Syllogism: III. And on Logic in General, in: ders., On the Syllogism and Other Logical Writings, ed. P. Heath, London 1966, 74–146, 116–119) spricht bei Eigenschaften und Substanzen von ›objektiven‹, also auf O.e bezogenen Namenbildungen – sie gehen auf die signifikative Rolle eines Artikulators zurück –, um sie von den beiden durch ↑Abstraktion (↑abstrakt) aus Prädikatoren hervorgehenden ›subjektiven‹ Namenbildungen von Begriff (intensionaler Sinn) und Klasse (extensionaler Sinn) – diese beiden beziehen sich auf die kommunikative Rolle eines Artikulators – zu unterscheiden.

Die gegenwärtig, wegen des fehlenden Rückbezugs von Prädikatoren auf die ihnen zu Beginn einer handlungstheoretischen ↑Rekonstruktion der Sprachgenese zugrundeliegenden Artikulatoren, verbreitete Unterlassung sowohl der Unterscheidung zwischen intensionalem Sinn und intensionaler Referenz als auch der Unterscheidung zwischen extensionalem Sinn und extensionaler Referenz, um anschließend allein einerseits von der Intension (↑intensional/Intension) oder dem Sinn prädikativer Ausdrücke und andererseits von der Extension (↑extensional/Extension) oder der ↑Referenz prädikativer Ausdrücke zu reden, verzichtet auf Differenzierungen, die für eine Klärung der Rede von O.en in Opposition zu den auf den Schemaaspekt von ↑Handlungen (↑Denken) bezogenen Prädikationen und den auf den Aktualisierungsaspekt von Handlungen (Tun) bezogenen Ostensionen und damit zu den Leistungen von Subjekten, ihren (mentalen) ↑Operationen (↑operatio), unerläßlich sind.

Ähnlich fatale Auswirkungen hat die häufig fehlende Unterscheidung zwischen den verfahrensbezogenen universalen Schematisierungen und singularen Aktualisierungen auf der einen Seite und den durch Objektivierung daraus hervorgehenden, zu ↑Partikularia (↑partikular) erster und zweiter logischer Stufe führenden Zusammenhängen von ↑konkreter Instanz und ↑abstraktem Typ auf der anderen Seite, die meist ebenfalls, einer Äquivokation der Termini ›Schema‹ und ›Aktualisierung‹ Vorschub leistend, mit der Gegenüberstellung von ↑Aktualisierung und ↑Schema erfaßt werden. Das trifft vor allem zu auf die insbes. bei J. Locke (An Essay Concerning Human Understanding 2, Chap. 1, §§ 2–4) thematisierte neuzeitliche Unterscheidung zwischen den *objects of sensation*, d. s. die den Sinnen zugänglichen Dinge der Außenwelt, und den *objects of reflection*, d. s. die Operationen der Innenwelt (*operations of our own minds*) in Bezug auf die Außenwelt, bedürfen doch beide Arten von O.en – hier muß vorausgesetzt werden, daß die als Verfahren und nicht als Gegenstände auftretenden Operationen objektiviert wurden – ihrerseits bereits des Zusammenspiels von Schematisierung und Aktualisierung, und dieser Sachverhalt steht im Hintergrund von G. Berkeleys (A Treatise Concerning the Principles of Human Knowledge, sect. 3 ff., 99 ff.) noch sehr vereinfachend, weil schlicht den Unterschied zwischen beiden O.arten aufhebend, ausgefallener Kritik an Lockes Zweiteilung. Erst I. Kant hat im Rahmen seiner die Bedingungen der Möglichkeit von Erkenntnis auslotenden Überlegungen die antike Einsicht in die Form-Stoff-Einheit jedes Partikulare als Gegenstand einer Erkenntnis wiederhergestellt: »*O.* aber ist das, in dessen Begriff das Mannigfaltige einer gegebenen Anschauung *vereinigt* ist« (KrV B 137); denn: »*Verstand* und *Sinnlichkeit* können (...) *nur in Verbindung* Gegenstände bestimmen« (KrV B 314). Berücksichtigt man weiter, daß die mit Prädikationen vollzogenen Sprachhandlungen des Aussagens stets in einem Modus erfolgen, insbes. dem des Behauptens und dem des Aufforderns, so läßt sich auch das traditionelle Lehrstück rekonstruieren, daß man bei den O.en zwischen den epistemischen (↑Episteme), auf Wissen und Nichtwissen bezogenen O.en und den konativen (↑conatus), auf Wollen und Nichtwollen bezogenen O.en zu unterscheiden habe, wobei bei Thomas von Aquin (S. th. I, 82,3) das epistemische O. den Primat hat, werde es doch als ein erkanntes O. jeweils als Grund aufgerufen für das zugehörige konative O., das als etwas Gutes Erstrebte.

In jedem Falle stehen O.e als konkrete oder abstrakte Individuen unter Einschluß von deren beiden Bestimmungsstücken – d. s. ihre Eigenschaften, wenn sie als teillose Einheiten gelten, und ihre durch Anteile an Substanzen ausgezeichneten Teile, wenn sie als ein aus Teilen zusammengesetztes Ganzes angesehen werden (↑Teil und Ganzes) – sowohl den Aussagen über sie als auch den Anzeigen an ihnen gegenüber, wie sie in Prädikationen und Ostensionen gemacht werden. O.e sind je nach (theoretischer) Betrachtungsweise, also der Art der Aussagen über sie, und (praktischer) Umgangsweise, also der Art der Anzeigen an ihnen, sowohl einfach als auch zusammengesetzt. Es gehört zum Problem der ↑Konstitution des ↑Objektbereichs oder der Objektbereiche einer wissenschaftlichen Theorie, die ihr zugrundeliegenden Artikulatoren einzuführen und als maßgebend auszuzeichnen, z. B. ›zählen‹ im Falle der ↑Arithmetik. Die ↑Teilchenphysik wiederum unterzieht sich dieser Aufgabe im Falle der Physik. Erst wenn dies zu einem eigenständigen Schritt beim Aufbau der betreffenden Theorie gemacht wird, kann auch der Zusammenhang von ↑Konstruktion und ↑Beschreibung, insbes. für die Aspekte ↑Forschung und Darstellung (↑Darstellung (semiotisch)), eines wissenschaftlichen Gebietes zureichend bestimmt werden.

Werden in einer reflexiven Wendung beide, die ↑Prädikation und die ↑Ostension, durch Objektivierung selbst zum Gegenstand einer Untersuchung gemacht – sie heißen dann das ›O.‹ oder auch das ›Thema‹ der Untersuchung –, so läßt sich an ihnen, wie an allen Handlungen, neben dem Handlungsobjekt auch ein Handlungssubjekt (↑Subjekt) unterscheiden, das logisch zwar ebenfalls ein O. ist, aber das als dasjenige, das in einer Prädikation oder Ostension etwas zum O. macht, selbst gerade kein Gegenstand, der Betrachtung nämlich, ist, vielmehr sich in dem, *was* in der Prädikation über ein O. ausgesagt und *was* in der Ostension an einem O. angezeigt wird, ausdrückt (↑Ausdruck). Daher spielt in der Philosophie der Neuzeit seit R. Descartes, besonders aber in der Philosophie des Deutschen Idealismus (↑Idealismus, deutscher, ↑Reflexionsphilosophie), die Entgegensetzung Subjekt – O. in diesem Sinne eine zentrale Rolle. Im übrigen ist in diesem Zusammenhang die wörtlich auf die griechische Terminologie zurückgehende und bis heute gelegentlich auftretende, aber nur in der Grammatik in der ursprünglichen Bedeutung teilweise erhalten gebliebene, mittelalterliche Verwendung von ›Subjekt‹ und ›O.‹ genau *umgekehrt* worden. ›Subjekt‹ steht nämlich im Lateinischen für das Aristotelische *ὑποκείμενον*, d. i. das Zugrundeliegende, die ↑Substanz (↑Substrat, vgl. Met. *Z*2.1028b8 ff.), und daher tatsächlich für das Subjekt eines ↑Satzes, d. i. das, worüber etwas ausgesagt wird: *τὸ καθ' οὗ κατηγορεῖται* (an. pr. *A*1.24b17). Bei Thomas von Aquin allerdings findet sich ausnahmsweise dafür bereits die Bezeichnung ›*materiales* O.‹ (*obiectum materialiter acceptum*) im Unterschied zu dem dann näherhin als ›*formales* O.‹ (*obiectum formaliter acceptum*) bezeichneten ursprünglichen O.. Mit ›O.‹ wiederum wird das Aristotelische *ἀντικείμενον* übersetzt, d. i. das Entgegenliegende, also das, was als Gegensatz zum Gesagten (*λεγόμενον*) dieses möglich macht, z. B. das Ungebildetsein eines Menschen dann, wenn man von ihm Gebildetsein aussagt (vgl. Phys. *A*7.190b1 ff.), und daher schließlich die vom ↑Prädikat eines Satzes dargestellten (beabsichtigten) Aussageweisen der Substanz, die *κατηγορούμενα* (vgl. an. post. *A*22.83a1 ff., Met. *Z*1.1028a10–1028b7; ↑Kategorie). Bei J. Duns Scotus steht deshalb statt ›obiectum‹ auch ›cogitatum‹. Unverändert findet sich diese alte Bedeutung gegenwärtig z. B. im englischen Sprachgebrauch, wenn der Gegenstand einer Rede ›the subject of a talk‹ genannt wird, hingegen ›the object of a talk‹ die als Aussage formulierbare Redeabsicht bedeutet. In der zeitgenössischen Kritik der Philosophie der Neuzeit spricht man sogar von einer *Subjekt-Objekt-Spaltung* (↑Subjekt-Objekt-Problem), die es zu überwinden gelte. Man meint damit, daß es nicht angehe, mit dieser ↑Opposition zu beginnen, sondern daß diese – für bestimmte Zwecke, die einer ↑Handlungstheorie etwa – erst begrifflich herzustellen und zu begründen sei.

Literatur: R. Carnap, Der logische Aufbau der Welt, Berlin 1928, erw. mit Untertitel: Scheinprobleme in der Philosophie, Hamburg [2]1961 [mit neuem Vorw.], ohne Anhang unter dem Titel: Der logische Aufbau der Welt, [3]1966, [4]1974, 1998 (engl. The Logical Structure of the World. And Pseudoproblems in Philosophy, London, Berkeley Calif./Los Angeles 1967, Chicago Ill./La Salle Ill. 2003, franz. La construction logique du monde, Paris 2002); R. Eisler, O., in: R. Müller-Freienfels (ed.), Eislers Handwörterbuch der Philosophie, Berlin [2]1922, 440–447; C. Elder, Against Universal Mereological Composition, Dialectica 62 (2008), 433–454; F. Gonseth, La logique en tant que physique de l'objet quelconque, in: Actes du congrès international de philosophie scientifique. Sorbonne, Paris 1935 VI (Philosophie des mathématiques), Paris 1936, 1–23; N. Goodman, The Structure of Appearance, Cambridge Mass. 1951, Dordrecht/Boston Mass. [3]1977; C. O. Hill, Word and Object in Husserl, Frege, and Russell. The Roots of Twentieth-Century Philosophy, Athens Ohio 1991, 2001; R. Ingarden, Vom formalen Aufbau des individuellen Gegenstandes, Stud. Philos. (Lemberg) 1 (1935), 29–106; T. Kobusch, O., Hist. Wb. Ph. VI, 1026–1052; K. Koslicki, The Structure of Objects, Oxford etc. 2008, 2010; H. Laycock, Object, SEP 2002, rev. 2010; ders., Words without Objects. Semantics, Ontology, and Logic for Non-Singularity, Oxford etc. 2006; T. J. McKay, Plural Predication, Oxford etc. 2006; A. Metzger, Der Gegenstand der Erkenntnis. Studien zur Phänomenologie des Gegenstandes (erster Teil), Jb. Philos. phänomen. Forsch. 7 (1925), 613–769; A. Millán-Puelles, Teoría del objeto puro, Madrid 1990 (engl. The Theory of the Pure Object, Heidelberg 1996); V. Oittinen, Gegenstand/O., EP I ([2]2010), 778–783; W. V. O. Quine, On What There Is, Rev. Met. 2 (1948), 21–38, ferner in: ders., From a Logical Point of View. 9 Logico-Philosophical Essays, Cambridge Mass. 1953, [2]1961, 2003, 1–19 (dt. Was es gibt, in: ders., Von einem logischen Standpunkt. Neun logisch-philosophische Essays, Frankfurt/Berlin/Wien 1979, 9–25); ders., Word and Object, Cambridge Mass. 1960, 2004 (dt. Wort und Gegenstand, Stuttgart 1980, 2007); ders., Ontological Relativity and Other Essays, New York/London 1969, 2009 (dt. Ontologische Relativität und andere Schriften, Stuttgart 1975, Frankfurt 2003); A. Ros, O.konstitution und elementare Sprachhandlungsbegriffe, Königstein 1979; B. C. Smith, On the Origin of Objects, Cambridge Mass./London 1996, 1998; F. Sommers, Types and Ontology, Philos. Rev. 72 (1963), 327–363; I. Stein, The Concept of Object as the Foundation of Physics, New York etc. 1996; P. F. Strawson, Individuals. An Essay in Descriptive Metaphysics, London 1959, London/New York 2006 (dt. Einzelding und logisches Subjekt. Ein Beitrag zur deskriptiven Metaphysik, Stuttgart 1972, 2003); A. L. Thomasson, Ordinary Objects, Oxford etc. 2007, 2010; A. N. Whitehead, An Inquiry Concerning the Principles of Natural Knowledge, Cambridge 1919, Cambridge etc. 2011. – O., Wb. ph. Begr. II ([4]1929), 275–328. K. L.

Objekt, transzendentales, auch: transzendentaler Gegenstand, Grundbegriff der ↑Transzendentalphilosophie I. Kants (›der höchste Begriff‹, KrV A 290/B 346). Nach Kant setzt der Begriff der ↑Erscheinung ein (›nichtempirisches‹, KrV A 109) ›Objekt überhaupt‹ (einen ›Gegenstand überhaupt‹) voraus (Erscheinungen muß »ein ↑transzendentaler Gegenstand zum Grunde liegen […], der sie als bloße Vorstellungen bestimmt«, KrV A 538/B 566, vgl. KrV A 563/B 591). Dieses Objekt hat jedoch selbst keine Realität (KrV A 679/B 707); es läßt sich weder in der sinnlichen ↑Anschauung noch in der in den Naturwissenschaften organisierten ↑Erfahrung konstituieren oder vorweisen (der Verstand bezieht die anschaulichen Vorstellungen »auf ein Etwas, als den Gegenstand der sinnlichen Anschauung: aber dieses Etwas ist in so fern nur das t. O.. Dieses bedeutet aber ein Etwas = *x*, wovon wir gar nichts wissen«, KrV A 250). Im Begriffsfeld von ›Erscheinung‹, ↑›Phaenomenon‹, ↑›Ding an sich‹ und ↑›Noumenon‹ stellt der Begriff des t.n O.s damit, wie der Begriff des Noumenon, einen ↑›Grenzbegriff‹ (KrV A 255/B 310–311) dar. Während in der Terminologie Kants dem Begriff der Erscheinung in empirischer Bedeutung der Begriff des Phaenomenon in transzendentaler Bedeutung zugeordnet ist (Erscheinungen als ›bloße Vorstellungen‹ werden über anschauliche und begriffliche Konstruktionen als Teile einer gesetzmäßig organisierten Erfahrung begriffen, KrV A 248–249/B 305 ff.) und dem Begriff des Dinges an sich in empirischer Bedeutung der Begriff des Noumenon in transzendentaler Bedeutung zugeordnet ist (die in empirischer Bedeutung postulierten Korrelate der Erscheinungen sind als Noumena ›im negativen Verstande‹ bestimmt, KrV B 307), dient der Begriff des t.n O.s dazu, eine Vorstellung der Einheit des Mannigfaltigen einer Anschauung überhaupt zu bilden (das t. O. ist »kein Gegenstand der Erkenntnis an sich selbst, sondern nur die Vorstellung der Erscheinungen, unter dem Begriffe eines Gegenstandes überhaupt, der durch das Mannigfaltige derselben bestimmbar ist«, KrV A 251). Eine derartige Vorstellung ist der Entwurf eines Gegenstandes unter reinen (nicht schematisierten) ↑Kategorien. Er soll dazu beitragen, eine Deutung der Erscheinungen in (gegenstandsbezogenen und gegenstandskonstituierenden) Erfahrungsurteilen zu leisten.

Literatur: H. E. Allison, Kant's Concept of the Transcendental Object, Kant-St. 59 (1968), 165–186; ders., Things in Themselves, Noumena, and the Transcendental Object, Dialectica 32 (1978), 41–76; ders., Kant's Transcendental Idealism. An Interpretation and Defense, New Haven Conn./London 1983, rev. 2004; C. A. Dalbosco, Ding an sich und Erscheinung. Perspektiven des transzendentalen Idealismus bei Kant, Würzburg 2002; J. N. Findlay, Kant and the Transcendental Object. A Hermeneutic Study, Oxford 1981; W. Halbfass, O., t., Hist. Wb. Ph. VI (1984), 1053; R. Howell, Kant's First-›Critique‹ Theory of the Transcendental Object, Dialectica 35 (1981), 85–125; G. Prauss, Erscheinung bei Kant. Ein Problem der »Kritik der reinen Vernunft«, Berlin 1971, 2011, bes. 81–101, 304 ff.; ders., Kant und das Problem der Dinge an sich, Bonn 1974, [3]1989; H. Robinson, Two Perspectives on Kant's Appearances and Things in Themselves, J. Hist. Philos. 32 (1994), 411–441; Y. M. Senderowicz, The Coherence of Kant's Transcendental Idealism, Dordrecht/New York 2005, bes. 158–176 (Chap. 9 Appearances, the Transcendental Object and the Noumenon); R. C. S. Walker, Kant, London/Henley/Boston Mass. 1978, 1999, 106–121. J. M.

Objektaussage, Bezeichnung für eine zur ↑Objektsprache, dem Gegenstand einer theoretischen Untersuchung wie z. B. der Logik oder der Linguistik, gehörende ↑Aussage, mit der über ↑Gegenstände, die im Aussagesatz durch einen benennenden sprachlichen Ausdruck (↑Nominator, ↑Name) vertreten sind, etwas ausgesagt wird; die Untersuchung selbst bedient sich sprachlich dann einer ↑Metasprache. Z. B. gehört die O. ›Europa ist ein Erdteil‹ zur untersten Objektsprache, deren Gegenstände grundsätzlich nicht-sprachlicher Art sind; hingegen sind etwa ››Europa‹ ist ein Eigenname‹ und ››Europa‹ ist ein aus 6 Graphemen zusammengesetztes Wort‹ zwei ↑Metaaussagen (erster Stufe) der deutschen Grammatik. In einer natürlichen Sprache (↑Sprache, natürliche) können, im Unterschied zu einer formalen Sprache (↑Sprache, formale), bei der zur Vermeidung von ↑Antinomien eine sorgfältige Trennung zwischen objektsprachlichen und metasprachlichen Ausdrücken vorgenommen wird, auch Aussagen über sprachliche Gegenstände zugleich als O.n auftreten. Z. B. wird mit der Aussage ›ich sage dir, er kommt nicht‹ über die vom Nebensatz dargestellte Teilaussage ›er kommt nicht‹ etwas ausgesagt, und zwar, daß ihr als Tätigkeit des Äußerns, einer ↑Sprachhandlung, der ↑Prädikator ›[etwas] sagen‹ zukommt (↑Performativum). Das hat zur Folge, daß mit dem Aussagen der ganzen Aussage neben dem Aussagen der Teilaussage nur noch gesagt wird, was, ohne es zu sagen, beim Aussagen der Teilaussage getan wird. Es wird der ↑Modus, in dem das Aussagen geschieht, durch ›sagen‹ artikuliert (↑Artikulator), und zwar so, daß ›sagen‹ in der Beschränkung auf seine prädikative Rolle als ↑Metaprädikator gegenüber der Teiläußerung ›er kommt nicht‹ auftritt, die geäußerte Teilaussage dabei jedoch nicht zu einem bloßen Zeichenträger (↑Syntax) degeneriert, vielmehr ihre aussagende Kraft behält. Erst wenn beim Aussagen von ›ich sage dir, er kommt nicht‹ die Teilaussage ›er kommt nicht‹ nur benannt und nicht mitausgesagt wird, wie in der Formulierung ›ich sage dir: ›er kommt nicht‹‹, handelt es sich bei der ganzen Aussage ausschließlich um eine Metaaussage.
Auch umgekehrt kommen in einer natürlichen Sprache regelmäßig O.n vor, die sich in logischer Analyse (↑Analyse, logische) unter Verwendung eines von R. Carnap eingeführten Terminus als bloße Pseudoobjektsätze identifizieren lassen, weil in inhaltlicher Redeweise (↑Redeweise, inhaltliche) etwas über einen Gegenstand gesagt wird, was eigentlich in formaler Redeweise (↑Redeweise, formale) als Aussage über einen sprachlichen Ausdruck, also eine Metaaussage oder auch ›Syntaxaussage‹ in der Terminologie Carnaps (↑Syntax, logische), wiederzugeben wäre. Z. B. würde die ein ↑Abstraktum wie etwas Konkretes behandelnde Aussage ›Fünf ist eine Zahl‹ nach einer logischen Analyse verwandelt in die Metaaussage ››fünf‹ ist ein Zahlwort‹. K. L.

Objektbereich (engl. domain [of discourse]), auch: Gegenstandsbereich, in der formalen Logik (↑Logik, formale) Bezeichnung für den Bereich derjenigen Gegenstände, auf die sich die ↑Quantoren beziehen, und der daher als in zählbare Einheiten (↑Individuum) gegliedert zur Verfügung stehen muß. In einer quantorenlogisch zusammengesetzten Aussage, z. B. ›jede gerade Zahl ist die Summe zweier Primzahlen‹ (symbolisiert:

$$\bigwedge_{\substack{x\\2|x}} \bigvee_{\substack{y,z\\ \pi(y),\,\pi(z)}} x = y + z$$

oder – mit ›x‹ als Variable für gerade Zahlen und ›y‹, ›z‹ als Variable für Primzahlen – $\bigwedge_x \bigvee_{y,z} x = y + z$), wird vom O. bei jedem Quantor durch Wiederholung (d. h. [Variablen-]Bindung) der in der nachfolgenden ↑Aussageform vorkommenden ↑Objektvariablen, auf die sich die Quantifizierung bezieht und deren ↑Variabilitätsbereich der O. ist, Gebrauch gemacht. Dabei kann für die Objektvariable entweder ein bestimmter O. vereinbart sein (zweite Notation im Beispiel), oder es ist ihr der Bereich aller Gegenstände, der Allbereich (engl. ↑universe of discourse), zugeordnet, so daß die Beschränkung auf den gewünschten O. durch eine beim Quantor angebrachte *bedingende Aussageform* oder auch nur einen Prädikator vorgenommen werden muß (erste Notation im Beispiel mit den durch $2|x$ – oder ›gerade‹ – und $\pi(y)$ – oder ›prim‹ – *bedingten Quantoren*). Ohne bedingte Quantoren, mit unbeschränktem O.

für die Objektvariablen, lautet daher die symbolische Notation des Beispiels:

$$\bigwedge_x (2|x \rightarrow \bigvee_{y,z} (\pi(y) \wedge \pi(z) \wedge x = y + z)).$$ K. L.

objektiv/Objektivität, in der scholastischen Terminologie seit J. Duns Scotus bis in das 17. und 18. Jh. (R. Descartes, B. de Spinoza, G. Berkeley) hinein Bezeichnung für alles ›im Geiste‹ als Idee (↑Idee (historisch)) oder Vorstellung Existente (›objectum ut cogitatum‹ und daher ›in mente‹). In einem diesem Sinne (dessen Wiederaufnahme später A. Schopenhauer, C. Renouvier, F. Mauthner u. a. empfahlen) nahezu entgegengesetzten Sinne versteht die philosophische Terminologie seit A. G. Baumgarten unter O. eine Ereignissen, Aussagen oder Haltungen (Einstellungen) zuschreibbare Eigenschaft, die vor allem ihre Unabhängigkeit von individuellen Umständen, historischen Zufälligkeiten, beteiligten Personen etc. ausdrücken soll. O. kann daher häufig als Übereinstimmung mit der Sache unter Ausschaltung aller ›Subjektivität‹, d. h. als Sachgemäßheit oder Gegenstandsorientiertheit charakterisiert werden. So bezeichnet man eine ethische Theorie als ›o.‹, wenn ihr zufolge die Wahrheit einer ethischen Aussage vom Urheber, vom Ort und vom Zeitpunkt der Äußerung unabhängig ist, und in der Kunstbetrachtung nannte man lange Zeit Darstellungen ›o.‹, die den Gegenstand ›zur Geltung kommen‹ ließen, statt sich ›ihn unterzuordnen‹. Im Bereich der Texte gilt das ›o.e Urteil‹ im Sinne einer sachlichen und wertfreien Aussage traditionell als Musterbeispiel einer wissenschaftlichen Aussage, und die o.e (im Sinne von: neutrale, nicht-wertende) Einstellung bei der Behandlung von Problemen, der Durchführung von Beobachtungen oder der Überprüfung von Aussagen als Kennzeichen einer wissenschaftlichen Haltung, die im Falle ihrer Anwendung auf soziale Probleme durch Unparteilichkeit zugleich ↑Gerechtigkeit verbürge. Subjektive Wertung gilt dagegen zumal im neueren Positivismus (↑Positivismus (historisch)) als Hindernis für O.; der o.en Darstellung eines ↑Gegenstandes oder ↑Sachverhalts wird eine ›ideologische‹ als »eine nicht-o.e, von subjektiven Werturteilen beeinflußte, den Gegenstand der Erkenntnis verhüllende, sie verklärende oder entstellende« Darstellung gegenübergestellt (H. Kelsen, Reine Rechtslehre. Mit einem Anhang: Das Problem der Gerechtigkeit, Wien [2]1960, 111).

Ausgehend von der Forderung, daß o.e Existenz, Wahrheit usw. von allen Subjekten prinzipiell mit gleichem Ergebnis feststellbar sein müssen (↑Intersubjektivität), hat sich die philosophische Tradition um die Auffindung von Merkmalen der O. bemüht. Während ontologisch orientierte Autoren und Richtungen O. meist auf eine als o. existent angenommene Welt der Objekte beziehen, nennt I. Kant (als Begründer der ›kritizistischen‹ Richtungen der Philosophie, ↑Kritizismus) als Kennzeichen der ›o.en Gültigkeit‹ von Aussagen und Begriffen ihre *allgemeine* Gültigkeit bzw. Anwendbarkeit sowie die *Notwendigkeit* in dem Sinne, daß eine Person nur durch Irrtum zu einem anderen als dem in einer o.en Aussage festgehaltenen Ergebnis kommen könnte. ›O.e Gründe‹ der ↑Wahrheit einer Aussage sind für Kant »von der Natur und dem Interesse des Subjekts unabhängige Gründe« (Immanuel Kants Logik. Ein Handbuch zu Vorlesungen, ed. G. B. Jäsche, Königsberg 1800, A 106, Akad.-Ausg. IX, 70). Daß O. hier nicht dasselbe ist wie ↑Realität oder Wirklichkeit (↑wirklich/Wirklichkeit), hat vor allem G. Frege betont. Zum O.en rechnet Frege Wirkliches wie den Himmelskörper Sonne ebenso wie die Erdachse oder den Massenmittelpunkt des Sonnensystems oder wie eine Zahl, die er für o. erklärt, weil sie »genau dieselbe [ist] für jeden, der sich mit ihr beschäftigt« (Grundlagen, 72). Freilich ist O. zwar »eine Unabhängigkeit von unserm Empfinden, Anschauen und Vorstellen, von dem Entwerfen innerer Bilder aus den Erinnerungen früherer Empfindungen, aber nicht eine Unabhängigkeit von der Vernunft« (a.a.O., 36), und so charakterisiert Frege als o. »das Gesetzmässige, Begriffliche, Beurtheilbare, was sich in Worten ausdrükken lässt« (a.a.O., 35). Er nimmt dabei Formulierungen von K. R. Popper vorweg, wonach o.es Wissen (oder ›Erkenntnis im o.en Sinne‹) aus »sprachlich formulierten Erwartungen [besteht], die der kritischen Diskussion ausgesetzt werden« (O.e Erkenntnis, 1973, [2]1974, 80, [3]1995, [4]1998, 66–67). Von den vorgenannten unterscheidet sich Poppers Position durch den Verzicht auf die ausdrückliche Behauptung der Existenz eines o. Nichtwirklichen neben den Dingen und den (physischen oder psychischen) Ereignissen der Wirklichkeit, wenngleich seine Beschreibung des o.en Wissens als »Erkenntnis ohne erkennendes Subjekt« (»knowledge without a knower [...] knowledge without a knowing subject«, a.a.O. 1973, [2]1974, 126, [3]1995, [4]1998, 112, bzw. Objective Knowledge, 1972, [2]1979, 109) Zweifel lassen und eine genauere Analyse seiner Erkenntnistheorie die stillschweigende Unterstellung einer transzendenten (↑transzendent/Transzendenz), auch Ideales einschließenden Sphäre vermuten läßt.

Einen anderen Aspekt des Verhältnisses von ›o.‹ und ›subjektiv‹ zeigt die Rede von ›o.em Geist‹ (↑Geist, objektiver, ↑Geist, subjektiver) als dem einer Gruppe, Gemeinschaft oder einem Volk gemeinsamen Überindividuellen, das dennoch gegenwärtig sein soll im Bewußtsein der einzelnen Gruppen-, Gemeinschafts- oder Volksangehörigen, deren ›subjektiver Geist‹ an das Individuum gebunden ist und gemäß dessen Persönlichkeit oder Eigenheit das o.e Überindividuelle auf seine je eigene Art erfaßt oder ausdrückt.

Literatur: C. Blake, Can History Be Objective?, Mind NS 64 (1955), 61–78; W. Broad/N. Wade, Betrayers of the Truth, New York 1982, Oxford etc. 1989 (dt. Betrug und Täuschung in der Wissenschaft, Basel/Boston Mass./Stuttgart 1984); E. V. Daniel, Objectivity, IESS VI ([2]2008), 8–11; L. Daston/P. Galison, Objectivity, New York 2007, 2010 (dt. O., Frankfurt 2007); B. De Giovanni, L'oggettività nella scienza e nella filosofia, Turin 1961; M. Deutscher, Subjecting and Objecting. An Essay in Objectivity, Oxford 1983; A. B. Dickerson, Kant on Representation and Objectivity, Cambridge etc. 2004; B. Ellis, Truth and Objectivity, Oxford/Cambridge Mass. 1990; G. Frege, Die Grundlagen der Arithmetik. Eine logisch mathematische Untersuchung über den Begriff der Zahl, Breslau 1884, 1934 (repr. Hildesheim/Zürich/New York 1990), Stuttgart 2011; S. Heßbrüggen-Walter/Red., O., EP II ([2]2010), 1834–1838; H. Horstmann, O., in: H. J. Sandkühler (ed.), Europäische Enzyklopädie zu Philosophie und Wissenschaften, Hamburg 1990, 592–594; R. Ingarden, Betrachtungen zum Problem der O., Z. philos. Forsch. 21 (1967), 31–46, 242–260; J. Manzana Martinez de Maranon, O. und Wahrheit. Versuch einer transzendentalen Begründung der o.en Wahrheitssetzung, Diss. München 1961; J. Mariani, Les limites des notions d'objet et d'objectivité, Paris 1937; F. Mauthner, o. (subjektiv), in: ders., Wörterbuch der Philosophie. Neue Beiträge zu einer Kritik der Sprache, I–II, München/Leipzig 1910, II, 174–181, I–III, Leipzig [2]1923/1924, II, 441–451; A. Megill (ed.), Rethinking Objectivity, Durham/London 1994, 1997; A. Miller, Objectivity, REP VII (1998), 73–76; T. Nagel, The View from Nowhere, Oxford etc. 1986, 1989 (dt. Der Blick von nirgendwo, Frankfurt 1992, 2012); M. Polanyi, Personal Knowledge. Towards a Post-Critical Philosophy, London 1958, 3–17 (Chap. 1), Chicago Ill. 2009, 2–17 (Chap. 1); K. R. Popper, Objective Knowledge. An Evolutionary Approach, Oxford 1972, [2]1979, 1994 (dt. O.e Erkenntnis. Ein evolutionärer Entwurf, Hamburg 1973, 1998); A. Schaff, O., Hb. wiss. theoret. Begr. II (1980), 460–464; S. Strasser, Objectiviteit en objectivisme, Nijmegen 1947; C. Travis, Objectivity and the Parochial, Oxford etc. 2011. C. T.

Objektivismus, in der Erkenntnistheorie (im Gegensatz zu ↑Subjektivismus, ↑Psychologismus und ↑Solipsismus) die Anerkennung der Objektivität (↑objektiv/Objektivität) von ↑Wahrheiten, in der Ethik die Anerkennung der Geltung von Werten (↑Wert (moralisch)) bzw. Normen (↑Norm (handlungstheoretisch, moralphilosophisch)) unabhängig von den einzelnen erkennenden und wertenden Subjekten, eventuell sogar vom Erkennen und Werten überhaupt. Der *erkenntnistheoretische* O. differenziert sich entsprechend dem zugrundegelegten Objektivitätsbegriff, unterscheidet sich jedoch von anderen Auffassungen deutlich genug, um z. B. für den dialektischen Materialismus (↑Materialismus, dialektischer) als eine »weltanschauliche und methodologische Denkhaltung« zu erscheinen, »der zufolge die wissenschaftliche Forschung sich jeglicher kritischer Bewertungen, klassenmäßiger Einschätzungen und parteilicher Schlußfolgerungen hinsichtlich des Gegenstandes der Forschung enthalten müsse«, womit »der pragmatische Aspekt der menschlichen Aussagen, Theorien usw.« geleugnet werde oder als willkürliche, subjektive Zutat erscheine, die es zu eliminieren gelte (Ph. Wb. II [[11]1975], 885). Auch der ›Diamat‹ unterscheidet freilich diesen von ihm aus weltanschaulichen Gründen bekämpften Standpunkt von der Forderung nach Objektivität von Wissenschaft und Forschung. ›*Ethischer* O.‹ wird als metaethischer Prädikator (↑Metaethik) für inhaltlich sehr verschiedene Richtungen gebraucht. J. M. Baldwin verwendet ihn für Lehren, nach denen ›gute Moral‹ erst in der Realisierung eines bestimmten objektiven Zustands der Welt, nicht bloß einer bestimmten Haltung oder Disposition des Handelnden besteht. J. Harrison dagegen ordnet dem O. alle ethischen Theorien unter, die die Wahrheit ethischer Sätze als unabhängig von der sie äußernden Person sowie von Ort und Zeit der Äußerung behaupten. In diesem, ethischen Logizismus, ethischen Intuitionismus (↑Intuitionismus (ethisch)), alle moral-sense-Theorien (↑moral sense) und alle theologischen Ethiken umfassenden Sinne ist der O. freilich nicht dem Subjektivismus kontradiktorisch (↑kontradiktorisch/Kontradiktion) entgegengesetzt (wohl aber mit jedem ↑Relativismus unverträglich). – Über diese philosophischen Verwendungsweisen hinaus hat man den Ausdruck ›O.‹ gelegentlich auch auf andere Kulturbereiche zu übertragen versucht, z. B. in der Literaturwissenschaft zur Bezeichnung einer Stilrichtung.

Literatur: J. M. Baldwin, Social and Ethical Interpretations in Mental Development. A Study in Social Psychology, New York/London 1897 (repr. London, Bristol 1995, 1998), [2]1899 (repr. New York 1973), [5]1913 (franz. Interprétation sociale et morale des principes du développement mental. Étude de psycho-sociologie, Paris 1899; dt. Das soziale und sittliche Leben erklärt durch die seelische Entwicklung, Leipzig 1900); R. J. Bernstein, Beyond Objectivism and Relativism. Science, Hermeneutics, and Praxis, Philadelphia Pa. 1983, 1996; K. Blaukopf, Die Ästhetik Bernard Bolzanos. Begriffskritik, O., ›echte‹ Spekulation und Ansätze zum Empirismus, Sankt Augustin 1996; J. Dewey, The Objectivism-Subjectivism of Modern Philosophy, J. Philos. 38 (1941), 533–542; E. Fuchs-Bottineau, Objectivisme, Enc. philos. universelle II/2 (1990), 1782; M. A. González Porta, Transzendentaler ›O.‹. Bruno Bauchs kritische Verarbeitung des Themas der Subjektivität und ihre Stellung innerhalb der Neukantianischen Bewegung, Frankfurt etc. 1990; J. Harrison, Ethical Objectivism, Enc. Ph. III (1967), 71–75; B. Janßen, ›Kants wahre Meinung‹. Freges realistischer O. und seine Kritik am erkenntnistheoretischen Idealismus, Münster 1996; W. Kahnert, O.. Gedanken über einen neuen Literaturstil [Nebst vier Erzählungen von K. Burger, A. Dreyer, E. Hemingway, W. Weyrauch], Berlin 1946 (Neue Erkenntnisse u. Bekenntnisse H. 1); H. Künzler, Subjektivismus und O. in der Lehre vom absolut untauglichen Versuch, Diss. Zürich 1947; S. Lorenz/W. Schröder, O., Hist. Wb. Ph. VI (1984), 1063–1064; B. W. McKinzie, Objectivity, Communication, and the Foundation of Understanding, Lanham Md. 1994; E. F. Paul/F. D. Miller Jr./J. Paul, Objectivism, Subjectivism, and Relativism in Ethics, Cambridge etc. 2008; E. Puster, O., EP II ([2]2010), 1829–1834; H. Schöndorf, O., in: W. Brugger/H. Schöndorf (eds.), Philosophisches Wörterbuch, Freiburg/München 2010, 337; S. Strasser, Objectiviteit en objectivisme, Nijmegen/Utrecht 1947; L. Waldschmitt, Bolzanos Begründung des O. in der theoretischen und praktischen Philosophie, Würzburg 1937. C. T.

Objektkompetenz, Bezeichnung für eine die methodisch aufgebauten Handlungskompetenzen des Umgehens mit Gegenständen zusammenfassende handlungstheoretische Verallgemeinerung des allein auf Wahrnehmungshandlungen bezogenen *knowledge by acquaintance*, wie es von B. Russell dem *knowledge by description* gegenübergestellt wird und im Deutschen der Entgegensetzung von (sinnlicher, vom Erleben getragener) *Kenntnis* und (begrifflicher, vom Denken getragener) *Erkenntnis*, etwa bei M. Schlick, entspricht. Aber erst durch eine Distanzierung erfährt das methodisch aufgebaute Können, wie es als *operationales Wissen um* etwas präsentiert wird, eine Stabilisierung zu einem *sinnlich-symptomatischen Wissen*: Jemand weiß, was er/sie kann, und vermag dies grundsätzlich jedem/jeder in einem Lehr- und Lernprozeß (↑Lehren und Lernen) weiterzugeben. Insbes. ist die Sprachebene nicht durchgehend die Metaebene gegenüber der Ebene der Gegenstände. Daher sind auch ↑Objektsprache und ↑Metasprache, außer unter kontrollierten Bedingungen, etwa bei formalen Sprachen (↑Sprache, formale), nicht streng getrennt; vielmehr hängt es davon ab, ob Sprache gegenstands*konstituierend*, zur O. gehörig, oder gegenstands*beschreibend*, zur ↑*Metakompetenz* gehörig, eingesetzt wird. Das spielt eine wichtige Rolle bei der Unterscheidung zwischen Konstruktiver und Analytischer Wissenschaftstheorie (↑Wissenschaftstheorie, analytische, ↑Wissenschaftstheorie, konstruktive). Z. B. spielt in der konstruktiven Arithmetik (↑Arithmetik, konstruktive) der Term ›$n|$‹ unter Bezug auf den ↑Strichkalkül

$$\Rightarrow |$$
$$n \Rightarrow n|$$

auch eine gegenstands*konstituierende* Rolle, während der Term ›n'‹ in einem axiomatischen Aufbau der Arithmetik (↑Peano-Axiome) *nur* gegenstands*beschreibend* eingesetzt wird. Im ersten Fall ist die Existenz des Nachfolgers eine Konsequenz der Regel ›$n \Rightarrow n|$‹, im zweiten Fall muß sie durch ein Axiom $\bigwedge_x \bigvee_y y = x'$ gesichert werden.

Literatur: K. Lorenz, Dialogischer Konstruktivismus, Berlin/New York 2009, bes. 11–14, 85–87; B. Russell, The Problems of Philosophy, New York, London o. J. [1912], 72–92, Oxford/New York 2001, 25–32 (Chap. 5 Knowledge by Acquaintance and Knowledge by Description); M. Schlick, Allgemeine Erkenntnislehre, Berlin 1918, ²1925, Neudr. in: ders., Gesamtausg. Abt. I/1, ed. H. J. Wendel/F. O. Engler, Wien/New York 2009, 121–831. K. L.

Objektsprache (engl. object language), in theoretischen Untersuchungen über sprachliche Ausdrücke, etwa in ↑Sprachphilosophie und ↑Logik, Bezeichnung für die Klasse derjenigen sprachlichen Ausdrücke, die untersucht, insbes. *erwähnt* (↑use and mention) werden, im Unterschied zur ↑Metasprache als der Klasse derjenigen sprachlichen Ausdrücke, der sich die Untersuchungen selbst bedienen und der insbes. die Namen (↑Nominator) von Ausdrücken der O., etwa derjenigen, die sich durch Anfügen von ↑Anführungszeichen bilden lassen, angehören. Dabei kann eine O. ihrerseits bereits die Metasprache relativ zu einer weiteren Sprachebene sein. Gelegentlich entstehen Zweideutigkeiten, wenn ›O.‹ nicht als ›Sprache, die Objekt [einer Untersuchung] ist‹ verstanden wird, sondern als ›Sprache über [nichtsprachliche] Objekte‹, also als die *unterste* O. in der Hierarchie der Sprachebenen.

Natürliche Sprachen (↑Sprache, natürliche) sind im Unterschied zu explizit eingeführten Wissenschaftssprachen oder auch formalen Sprachen (↑Sprache, formale) durch das regelmäßig sowohl in objektsprachlichen als auch in metasprachlichen Kontexten mögliche Auftreten derselben sprachlichen Ausdrücke, also deren sprachstufeninvariante Einführbarkeit, ausgezeichnet, was in besonderen Fällen unter Ausnutzung des dann grundsätzlich möglichen Selbstbezugs (↑Selbstbezüglichkeit) – unanstößig etwa in der Aussage ››kurz‹ ist kurz‹ – zur Bildung von Antinomien (↑Antinomien, semantische) einlädt, z. B. zur ↑Grellingschen Antinomie: Wird der ↑Prädikator ›heterologisch‹ auf dem Bereich der Prädikatoren beliebiger logischer Stufe dadurch definiert, daß ein Prädikator heterologisch sein soll, wenn er sich selbst nicht zukommt, so führt die scheinbar unverdächtige Unterstellung, daß dann auch ›heterologisch‹ selbst entweder heterologisch oder nicht heterologisch zu sein hat, in beiden Fällen zu einem Widerspruch. Folglich ist ›heterologisch‹, wird dieser Prädikator wie angegeben definiert, auf sich selbst nicht anwendbar, ohne zu einem Widerspruch zu führen.

Darüber hinaus enthält jede natürliche Sprache, soweit mit ↑Äußerungen über den selbstverständlichen Anspruch hinaus, verständlich zu sein, weitere Ansprüche verbunden sind oder als ›anspruchsvoll‹ aufgefaßt werden, Beurteilungsprädikate, die Ausdrücke dafür darstellen, ob die Ansprüche für – gegebenenfalls in welchem Maße – eingelöst gehalten werden. Mit der Äußerung von Aussagen im ↑Modus der Behauptung etwa werden Wahrheitsansprüche (↑Wahrheit) erhoben, deren Einlösung oder Uneinlösbarkeit sich in entsprechenden Beurteilungen niederschlägt, deren sprachliche Darstellung durch den ↑Metaprädikator ›wahr‹ gegenüber der betreffenden ↑Objektaussage sich weder in einem bloß der O. noch einem bloß der Metasprache angehörenden ↑Urteil niederschlagen, vielmehr in sprachlichen Einheiten, die kraft der in ihnen zum Ausdruck gebrachten Stellungnahme einen reflexiven Status (↑reflexiv/Reflexivität) einnehmen und damit der Reflexionsstufe einer natürlichen Sprache angehören. Auch ↑Wissenschaftssprachen zeichnen sich durch das Vorhandensein einer Reflexionsstufe aus, nicht jedoch formale Sprachen. Im übrigen erlauben sowohl Wissenschaftssprachen als auch natürliche Sprachen zwar im Kleinen die Unterscheidung zwischen objektsprachlichem und metasprachlichem Gebrauch eines Ausdrucks, hingegen wegen des Vorkommens von Ausdrücken, die bei ihrer Verwendung in Sprachhandlungen sowohl objektsprachlichen als auch metasprachlichen Status haben – z. B. ist bei der Äußerung von ›ich sage dir, er kommt nicht‹ der Teilausdruck ›er kommt nicht‹ sowohl eine Aussage, über die gesprochen wird, als auch eine Aussage, die gemacht wird – keine Zuordnung größerer sprachlicher Einheiten zu einer bestimmten Sprachebene in der Hierarchie von Metasprachen beliebiger Stufe über der O. als der untersten Sprachstufe. Die verbreitete Rede von einer natürlichen Sprache als ›oberster‹ Metasprache, primär unter Bezug auf Untersuchungen über (endliche) Hierarchien formaler Sprachen, lädt daher zu Mißverständen ein, die man vermeiden sollte. K. L.

Objektstufe (engl. object level), in der Hierarchie der Sprachebenen, speziell bei formalen Sprachen (↑Sprache, formale), Bezeichnung für die Stufe der ↑Objektsprache und daher die Stufe aller Ausdrücke der Objektsprache. In Darstellungen der Logik treten Ausdrücke der Objektstufe meist gar nicht auf, weil stets nur *über* solche Ausdrücke geredet wird, diese daher durch nicht näher spezifizierte Namen, die der ↑Metasprache angehörenden ↑Mitteilungszeichen, vertreten sind. K. L.

Objektvariable (engl. object variable), auch: Gegenstandsvariable, Bezeichnung für eine zur ↑Objektsprache gehörende ↑Variable; d. h., eine O. ist in ↑Aussageformen und ↑Termen oder in Aussageformschemata und Termschemata ein Zeichen zur Markierung einer Leerstelle für solche ↑Nominatoren, die Objekte des zur O.n gehörigen ↑Variabilitätsbereichs, des ↑Objektbereichs, benennen. Diese Objekte heißen auch die *Werte* der O.n. Eine O. ist daher kein Eigenname für den zu ihr gehörigen Objektbereich. O.n sind erforderlich, um bei quantorenlogisch zusammengesetzten Aussagen (↑Quantor) den Aufbau aus Aussageformen symbolisch sichtbar machen zu können, z. B. ›alle Menschen sind sterblich‹ als ↑Generalisierung der mit einer O.n für den Bereich der Menschen gebildeten Aussageform ›x ε sterblich‹, symbolisiert: ›$\bigwedge_x x \, \varepsilon \, S$‹; die (für Einsetzungen) *freie* O. in ›x ε sterblich‹ wird durch die Generalisierung *gebunden*, symbolisiert durch die Wiederholung der O.n beim Allquantor ›$\bigwedge$‹. Ist kein spezieller Objektbereich für die O. ›x‹ festgelegt, so muß die sich nur auf den Bereich der Menschen erstreckende Generalisierung durch die zusätzliche Bedingung ›$x \, \varepsilon \, M$‹ beim Quantor ausgedrückt werden: $\bigwedge_{x \varepsilon M} x \, \varepsilon \, S$. In logisch zusammengesetzten Aussagen kommen keine O.n mehr frei vor, wohl aber können in logisch zusammengesetzten Aussageformen O.n sowohl frei als auch gebunden vorkommen. Z. B. kommen in $\bigwedge_x x \, \varepsilon \, S \wedge y \, \varepsilon \, M$ die Variable ›x‹ gebunden und ›y‹ frei vor; hingegen kommt ›x‹ in $\bigwedge_x x \, \varepsilon \, S \wedge x \, \varepsilon \, M$ sowohl frei als auch gebunden vor (↑Vorkommen).
Grundsätzlich sind natürlich auch Ausdrücke der Form ›$n \, \varepsilon \, X$‹ mit einer durch eine Prädikatorvariable ›X‹ markierten Leerstelle für einen Bereich von Prädikatoren Aussageformen, die sich quantorenlogisch zusammensetzen lassen. Nur spricht man in diesem Falle nicht von einer O.n, weil hier keine wiederum Objekte benennenden Ausdrücke einsetzbar sind, es sei denn, der ↑Prädikator ›P‹ in einer ↑Elementaraussage ›$n \, \varepsilon \, P$‹ wird in einen Eigennamen seiner Extension (↑extensional/Extension), also der von ihm dargestellten Klasse (↑Klasse (logisch)), umgedeutet und die ↑Kopula ›ε‹ entsprechend dann in die zweistellige Elementbeziehung ›∈‹, so daß statt ›$n \, \varepsilon \, P$‹ die klassenlogische Elementaraussage ›$n, P \, \varepsilon \, \in$‹, d. i. ›$n \in P$‹ vorliegt. Bei dieser Umdeutung ergeben sich Objektbereiche und entsprechend O. verschiedener Stufen, beginnend mit dem Individuenbereich bzw. ↑Individuenvariablen auf der untersten Stufe und Klassen von Individuen, Klassen von Klassen etc. bzw. entsprechende Klassenvariablen auf den jeweils höheren Stufen, die in Systemen der ↑Mengenlehre oder ↑Typentheorien zum Einsatz kommen. Im allgemeinen allerdings übernimmt in formalen Systemen (↑System, formales) jeweils eine durch einen Hilfskalkül (↑Kalkül) definierte Klasse von O.n desselben Variabilitätsbereichs zugleich auch die Rolle des Objektbereichs, dessen Elemente sie ↑autonym benennen. Man spricht in einem solchen Fall statt von einer O. (engl. referential variable) von einer *Substitutionsvariable* (engl. substitutional variable), weil es kalkültheoretisch unerheblich ist, ob die von der Variablen markierte Leerstelle für Nominatoren oder für andere Ausdruckssorten (↑Ausdruck (logisch)) freigehalten wird. Insbes. ist es für die formale Logik (↑Logik, formale) unerheblich, ob die Variablen als O. oder als Substitutionsvariable aufgefaßt werden. K. L.

obligationes (lat., Verpflichtungen), Bezeichnung für die Argumentationsregeln der mittelalterlichen Disputation. Die o. werden in eigenen »Tractatus de obligationibus« (auch: »Tractatus obligatoriae artis«, »Tractatus de obligatione«, »De arte exercitativa«, »De argumentis« etc.), in den ↑«Sophismata« oder in den allgemeinen Logiktraktaten abgehandelt. Das Studium der o. beginnt in der 2. Hälfte des 13. Jhs.; es scheint ein Zusammenhang zwischen dem Aufkommen der o. und dem Studium der Sophismata im ↑Terminismus (↑logica antiqua) zu bestehen. Die o. sind erst in letzter Zeit stärker in das Blickfeld der Logikgeschichte getreten, da die moderne formale Logik (↑Logik, formale) seit G. Frege zunächst fast ausschließlich auf die axiomatische oder Kalkülgestalt (↑Kalkül) der Logik konzentriert war. Das neue Interesse an Nicht-Standard-Aspekten der Logik (z. B. ↑Argumentationstheorie, ↑Rhetorik, ↑Topik) hat zu verstärkter Erforschung des hochentwickelten Regelsystems der mittelalterlichen ↑*disputatio* – und damit der o. – als wesentlichen Bestandteiles der als Analyse eines ›Zwiegesprächs‹ (*dialectica*) verstandenen mittelalterlichen Logik geführt. Es besteht in der Forschung jedoch keine Einigkeit über die genaue Rolle und den Zweck der o..

Die im einzelnen häufig differierenden mittelalterlichen Auffassungen der o. schließen – in der (für die Anfänge der o. jedoch nicht bestätigten) Sichtweise spätmittelalterlicher Autoren – an zwei durch A. M. T. S. Boethius vermittelte Aristoteles-Stellen (Top. *Θ*4.159a15–24, an. pr. *A*13.32a18–20) an. Danach hat (1) der *respondens* (auch: *defendens*, Verteidiger; *ἀποκρινόμενος*, der Antwortende) im Verlauf der *disputatio* so auf eine von ihm zunächst nicht bestrittene (»nego«) oder bezweifelte (»dubito«) These (*positum*) *A* des (für den heutigen Sprachgebrauch kontraintuitiv so genannten) *opponens* (*ἐρωτῶν*, der Fragende) zu reagieren, daß etwaige Widersprüche und Absurditäten, die sich aus *A* ergeben, vermieden werden. Umgekehrt ist es Aufgabe des *opponens*, den *respondens* zur Annahme von *A* (»concedo *A*«, »admitto *A*«) zu bewegen und ihn sodann (2) nach dem Grundsatz, daß aus einem möglichen Satz *A* nichts ›Unmögliches‹ folgen kann, in Widersprüche zu treiben. Die *disputatio* verläuft so, daß der *opponens* eine (wahre oder auch falsche) These *A* aufstellt, z. B. mit der Bemerkung, diese These solle aufrechterhalten werden. Der *respondens* kann eben diese Verpflichtung für die Verteidigung von *A* übernehmen (*se obligare*, daher die Bezeichnung ›o.‹), eventuell nur für eine bestimmte Zeit. Es geht dann damit weiter, daß der *opponens* dem *respondens* eine Reihe weiterer Sätze zur Annahme oder Ablehnung vorlegt. Dabei hat der *respondens* es zu vermeiden, vom *opponens* in Widerspruch zu *A* oder in sonstige Widersprüche getrieben zu werden. Die Wahrheit oder Falschheit von *A* spielt keine Rolle; es kommt nur auf die formale Widerspruchsfreiheit an. Neben der Bereitschaft, eine These *A* zu halten, werden vor allem die Regeln, die in diesem Dialogspiel zu beachten sind, ›o.‹ genannt. – Die o. stellen also Dialogregeln und somit keine Frühform der deontischen Logik (↑Logik, deontische) dar.

Die einzelnen Komponenten des Dialogs, z. B. das *positum*, haben Einteilungen (*species*) mit je wieder eigenen o.. So kann etwa das *positum* einen epistemischen Operator (z. B. ›glaube, daß ...‹, ›weiß, daß ...‹) enthalten oder sein Geltungsanspruch kann zeitlich begrenzt sein, was den Autoren Anlaß zu Analysen temporal- oder epistemisch-logischer Sachverhalte bietet; oder das *positum* ist ein Sophisma etc.. Auch Dialoghandlungen wie Annahme (»concedo«), Ablehnung (»nego«) und Bezweifeln (»dubito«) unterliegen genauen Regeln. Für ein *positum A* gibt z. B. W. Burley drei Hauptobligationes an: (1) Zulässig sind Folgerungen aus *A* und (a) einer oder mehreren bereits zugegebenen Propositionen oder (b) aus dem Gegenteil von einer oder mehreren zu Recht verneinten Propositionen. (2) Unzulässig sind Propositionen, die unverträglich sind mit (a) dem *positum A* oder (b) bereits zugegebenen Propositionen oder (c) dem Gegenteil von zu Recht verneinten Propositionen. (3) Propositionen, die weder unter (1) noch unter (2) fallen (*impertinens*), sind respektive des jeweiligen Wissensstandes zuzulassen, abzulehnen oder zu bezweifeln. – Beginnend mit R. Kilvington (†1361) scheint im Verständnis der o. als eines Regelsystems der *disputatio* die Logik irrealer Konditionalsätze (↑Konditionalsatz, irrealer) in den Vordergrund zu treten.

Mit dem Ausgang des Mittelalters wird die *Disputations*methode, die auf Widersprüche beim *respondens* zielt, mehr und mehr durch eine im Mittelalter vor allem in philosophischen und theologischen *Schriften* verwendete ›*argumentierende*‹ Methode ersetzt. Diese erstrebt die Widerlegung einer These *A* durch eine Argumentation mit der Konklusion $\neg A$. Die ›argumentierende‹ Methode spielt bis mindestens etwa 1800 eine bedeutende Rolle in Universitätsdisputationen und Logikkompendien. In anderer Form und mit anderer Zielsetzung tritt das *opponens-respondens*-Modell in der dialogischen Logik (↑Logik, dialogische) als Proponent-Opponent-Spiel zur Definition logischer Partikel (↑Partikel, logische) auf.

Literatur: M. Anglicus, De obligationibus/Über die Verpflichtungen [lat./dt.], Hamburg 1993; E. J. Ashworth, O. Treatises. A Catalogue of Manuscripts, Editions and Studies, Bull. de philos. médiévale 36 (1994), 118–147; R. Brinkley, Richard Brinkley's O.. A Late Fourteenth Century Treatise on the Logic of Disputation, ed. P. V. Spade/G. A. Wilson, Münster 1995; H. G. Gelber, It Could Have Been Otherwise. Contingency and Necessity in Dominican Theology at Oxford, 1300–1350, Leiden 2004; R. Green, An Introduction to the Logical Treatise »De obligationibus«. With Critical Texts of William of Sherwood (?) and Walter Burley, I–II, Diss. Kathol. Univ. Louvain 1963; John of Holland, Four Tracts on Logic (Suppositiones, Fallacie, O., Insolubilia), ed. E. P. Bos, Nimwegen 1985; John of Wesel, Three Questions by John of Wesel on O. and Insolubilia, ed. P. V. Spade (1996), download: http://philpapers.org/rec/SPATQB; H. Keffer, De Obligationibus. Rekonstruktion einer spätmittelalterlichen Disputationstheorie, Leiden/Boston Mass./Köln 2001; R. Kilvington, The Sophismata of Richard Kilvington. Introduction,

Translation, and Commentary, ed. N. Kretzmann/B. E. Kretzmann, Cambridge etc. 1990; P. King, Mediaeval Thought-Experiments. The Metamethodology of Mediaeval Science, in: T. Horowitz/G. J. Massey (eds.), Thought Experiments in Science and Philosophy, Savage Md. 1991, 43–64; N. Kretzmann/E. Stump (eds.), The Anonymous ›De arte obligatoria‹ in Merton College MS. 306, in: E. P. Bos, Mediaeval Semantics and Metaphysics. Studies Dedicated to L. M. de Rijk [...], Nimwegen 1985, 239–280; Paulus von Venedig, Logica Magna II/8 (Tractatus de Obligationibus) [lat./engl.], übers. E. J. Ashworth, Oxford etc. 1988; L. M. de Rijk, Some Thirteenth Century Tracts on the Game of Obligation, Vivarium 12 (1974), 94–123, 13 (1975), 22–54, 14 (1976), 26–49; H. Schepers, Obligatio, Ars obligatoria II, Hist. Wb. Ph. VI (1984), 1068–1072; P. V. Spade, Roger Swyneshed's O.. Edition and Comments, Arch. hist. doctr. litt. moyen-âge 44 (1977), 243–285 (repr. in: ders., Lies, Language and Logic in the Late Middle Ages [s. u.], Chap. XVI); ders., Richard Lavenham's O., Riv. crit. stor. filos. 33 (1978), 224–241; ders., Robert Fland's ›O.‹. An Edition, Med. Stud. 42 (1980), 41–60; ders., Three Theories of ›O.‹: Burley, Kilvington and Swyneshed on Counterfactual Reasoning, Hist. and Philos. Logic 3 (1982), 1–32; ders., Lies, Language and Logic in the Late Middle Ages, London 1988; ders./E. Stump, Walter Burley and the ›O.‹ Attributed to William of Sherwood, Hist. and Philos. Logic 4 (1983), 9–26; ders./M. Yrjönsuuri, Medieval Theories of ›O.‹, SEP 2003, rev. 2008; E. Stump, William of Sherwood's Treatise on Obligations, Historiographia Linguistica 7 (1980), 249–264; dies., Dialectic and Its Place in the Development of Medieval Logic, Ithaca N. Y./London 1989; dies./P. V. Spade, Obligations, in: N. Kretzmann/A. Kenny/J. Pinborg (eds.), The Cambridge History of Later Medieval Philosophy. From the Rediscovery of Aristotle to the Disintegration of Scholasticism 1100–1600, Cambridge etc. 1982, 2000, 315–341; S. L. Uckelman, Interactive Logic in the Middle Ages, Logic and Logical Philos. 21 (2012), 439–471; M. Yrjönsuuri, O.. 14th Century Logic of Disputational Duties, Helsinki 1994; ders., Disputations, Obligations and Logical Coherence, Theoria 66 (2000), 205–223; ders. (ed.), Medieval Formal Logic. Obligations, Insolubles and Consequences, Dordrecht 2001. G. W.

obscuritas (dt. Dunkelheit), in der Philosophie vor allem ein Begriff der ↑Erkenntnistheorie, in der zwischen dunklen und klaren Ideen (↑Idee (historisch)) sowie dunkler und klarer Erkenntnis unterschieden wird, wobei die klare Erkenntnis ihrerseits in deutliche und verworrene unterteilt wird (↑klar und deutlich). Die genaueste Bestimmung geht auf G. W. Leibniz (Meditationes de Cognitione, Veritate et Ideis [1684], Philos. Schr. IV, 422–426, hier 422–423) zurück, der als Kriterium für eine klare Erkenntnis die Wiedererkennbarkeit angibt, so daß etwa die dunkle Erkenntnis eines Gegenstandes eine solche ist, die nicht ausreicht, diesen Gegenstand wiederzuerkennen. Damit ist die o. erkenntnistheoretisch negativ als ein Mangel bestimmt, der dann auch für die sprachliche Artikulation von Erkenntnissen entsprechend gilt. Daneben gibt es seit der Antike in den Bereichen des Rhetorischen, Ästhetischen und Hermeneutischen (vom Orakel über das Rätsel bis zur hermetischen Dichtung) auch ein positives Verständnis der o.. In der Gegenwart ist T. W. Adorno mit der These vom ›Rätselcharakter‹ des Kunstwerks (Ästhetische Theorie, Ges. Schriften VII, Frankfurt 1970, 182–193) hervorgetreten.

Literatur: H. Adler, Die Prägnanz des Dunklen. Gnoseologie, Ästhetik, Geschichtsphilosophie bei Johann Gottfried Herder, Hamburg 1990; J. Barnouw, The Cognitive Value of Confusion and Obscurity in the German Enlightenment. Leibniz, Baumgarten, and Herder, Stud. 18th Cent. Culture 24 (1995), 29–50; R. Brandt/J. Fröhlich/K. O. Seidel, O., Hist. Wb. Rhetorik VI (2003), 358–383; L. Dolezalová/J. Rider/A. Zironi (eds.), Obscurity in Medieval Texts, Krems 2013; M. Fuhrmann, O.. Das Problem der Dunkelheit in der rhetorischen und literarästhetischen Theorie der Antike, in: W. Iser (ed.), Immanente Ästhetik. Ästhetische Reflexion. Lyrik als Paradigma der Moderne. Kolloquium Köln 1964. Vorlagen und Verhandlungen, München 1966, 1991, 47–72; W. Magass, Claritas versus o.. Semiotische Bemerkungen zum Wechsel der Zeicheninventare in den Confessiones des Augustin (Conf. XIII, XV, 18), Bonn 1980; P. Mehtonen, Obscure Language, Unclear Literature. Theory and Practice from Quintilian to the Enlightenment, Helsinki 2003; ders. (ed.), Illuminating Darkness. Approaches to Obscurity and Nothingness in Literature, Helsinki 2007; J. Press, The Chequer'd Shade. Reflections on Obscurity in Poetry, London/New York 1958, 1963; F. Russell, Three Studies in Twentieth Century Obscurity, Aldington/Kent 1954, New York 1966; B. Tucker, Reading Riddles. Rhetorics of Obscurity from Romanticism to Freud, Lewisburg Pa., Lanham Md. 2011; A. White, The Uses of Obscurity. The Fiction of Early Modernism, London/Boston Mass./Henley 1981. G. G.

Obversion (von lat. obvertere, umdrehen), Bezeichnung für einen unmittelbaren, d. h. aus nur einer Prämisse erfolgenden, Schluß (engl. immediate inference) in der ↑Syllogistik. Die O. eines Satzes des syllogistischen Typs ↑a, ↑e, ↑i oder ↑o erhält man, indem man das Prädikat (Q) des ursprünglichen Satzes negiert ($\bar{Q}$), seine Qualität (bejahend bzw. verneinend) jeweils umkehrt und sein Subjekt (P) sowie seine Quantität (universell bzw. partikular) beibehält. Der durch O. gebildete Satz ist dem ursprünglichen logisch äquivalent. Z. B. ist ›kein Mensch ist nicht-sterblich‹ ($M\,e\,\bar{S}$) die O. von ›alle Menschen sind sterblich‹ ($M\,a\,S$). Insgesamt ergeben sich folgende logische Äquivalenzen: (1) $P\,a\,Q \succ\!\prec P\,e\,\bar{Q}$, (2) $P\,i\,Q \succ\!\prec P\,o\,\bar{Q}$, (3) $P\,e\,Q \succ\!\prec P\,a\,\bar{Q}$, (4) $P\,o\,Q \succ\!\prec P\,i\,\bar{Q}$. Der Terminus ›O.‹ tritt wohl erstmals bei A. Bain (Logic, London 1870, I [Deduction], 109–113) auf und bürgert sich rasch in der britischen Logik ein. – Aristoteles hatte nur Schlüsse der Form $M\,a\,\bar{S} \prec M\,e\,\bar{\bar{S}}$ ($\succ\!\prec M\,e\,S$) zugelassen (de int. 10.20a20 ff.), Schlüsse der Form $M\,e\,S \prec M\,a\,\bar{S}$ (und damit die ↑Äquivalenz der O.) hingegen abgelehnt (an. pr. *A*46.51b36–52a14). Er befürchtete, daß negierte Prädikate $\bar{P}$ (z. B. nicht-gerecht), die als solche in einem bloß privativen, kontradiktorischen (↑kontradiktorisch/Kontradiktion) Verhältnis zu P stehen, im *Sprachgebrauch* einen eigenen ›positiven‹ Sinn erhielten (z. B. ungerecht) und in eine zu P konträre, aber nicht kontradiktorische Beziehung rückten. Dies würde eine Äquivalenz der entsprechenden Sätze unmöglich machen.

Literatur: W. S. Jevons, Elementary Lessons in Logic. Deductive and Inductive [...], London 1870, London, New York 1965, bes. 81–87 (Lesson X Conversion of Propositions, and Immediate Inference); A. Menne, O., Hist. Wb. Ph. VI (1984), 1089–1090. – Konversion 1, Hist. Wb. Ph. IV (1976), 1082. G. W.

Ockham (Occam), Wilhelm von, *Ockham (Grafschaft Surrey) um 1280/1285, †München zwischen 1347 und 1349, engl. Philosoph und Theologe des Franziskanerordens. Studium in Oxford, zwischen 1317 und 1319 Beginn der Sentenzenvorlesung ebendort (sein ↑Sentenzenkommentar, der als O.s philosophisches Hauptwerk gilt, liegt in einer eigenen Ausarbeitung, einer ›ordinatio‹, für Buch I und überarbeiteten Nachschriften [›reportationes‹], für Buch II–IV vor). O.s Magisterpromotion findet nicht mehr statt, da er 1323 in Avignon bei Johannes XXII. wegen 56 Irrtümern ›contra veram et sanam doctrinam‹ angeklagt wird und – nach Eröffnung des Häresieprozesses – 1324 nach Avignon reist. Trotz der beiden negativen Gutachten der vom Papst eingesetzten Kommission – 29 Irrtümer werden genannt und zu widerlegen versucht – wird das Verfahren nicht mit einer formellen Verurteilung abgeschlossen. O. bleibt ›inceptor‹ (d.i. eine Art designierter Magister), worauf sein Beiname ›venerabilis inceptor‹ zurückgeht. Während seines Prozesses in Avignon verbindet sich O. im so genannten ›Armutsstreit‹ mit dem franziskanischen Generalminister Michael von Cesena, der gegen Johannes XXII. auf dem Ideal der völligen Entsagung von allem Besitz besteht. Mit Cesena 1328 Flucht nach Pisa, von dort mit Ludwig dem Bayern nach München. Inzwischen exkommuniziert, Kampf mit Ludwig gegen Johannes XXII. (Opus XC Dierum [ca. 1332–1334], und Teil I–II von: Dialogus inter magistrum et discipulum, Teil II [De dogmatibus Johannis XXII.]). Nach dem Tode von Johannes XXII. (4.12.1334) erneuert und vertieft O. nach einer abwartenden Pause seine Angriffe gegen die von ihm monierten Irrlehren und unberechtigten Machtansprüche nun Benedikts XII. (Contra Benedictum 1337, Compendium errorum Papae 1337/1338) und entwickelt in grundsätzlicher Weise eine Sozialphilosophie: An princeps pro suo succursu, scilicet guerrae, possit recipere bona ecclesiarum, etiam invito papa (1338/1339), Octo quaestiones de potestate Papae (ca. 1340), Breviloquium de principatu tyrannico super divina et humana (1342), Teil III von: Dialogus (ca. 1341–1346). In seinen letzten Lebensjahren und nach dem Tode Benedikts XII. (25.4.1342) schreibt O. wieder zwei Logiktraktate (Tractatus logicae minor, Elementarium logicae), faßt aber auch seine Vorwürfe gegen die Avignonesische Kirche (nun unter Clemens VI.) in »De imperatorum et pontificum potestate« (1347, dem Todesjahr Ludwigs des Bayern) noch einmal zusammen. Außer den beiden späten Logiktraktaten sind seine Schriften zur theoretischen Philosophie vor 1328 verfaßt. Die Aristoteles-Kommentare (Expositio aurea et admodum utilis super artem veterem [mit der Einleitung: Expositionis in libros artis logicae prooemium et Expositio in librum Porphyrii de praedicabilibus], Expositio super libros Physicorum) und Quaestionen (Quodlibeta septem, Quaestiones in libros Physicorum) hängen mit seiner Lehrtätigkeit, möglicherweise nicht nur in Oxford, sondern (vielleicht in Magisterfunktion) auch an einem Ordensstudium, zusammen. Die »Summulae in libros Physicorum« (falls authentisch) und die »Summa logicae« stehen am Ende von O.s akademischer Zeit, wobei die Logikschrift wohl während seines Aufenthaltes in Avignon geschrieben worden ist.

O.s *theoretische Philosophie* (↑Philosophie, theoretische) läßt sich von zwei Prinzipien her verstehen: dem Omnipotenzprinzip und dem Ökonomieprinzip. Das *Omnipotenzprinz*ip formuliert die Grundüberzeugung, daß Gott in seinem Wirken völlig frei und allmächtig ist und keiner denkbaren Notwendigkeit außer der Nicht-Widersprüchlichkeit seines Tuns und Wollens unterliegt. Letzteres ergibt sich lediglich daraus, daß das menschliche Denken der Freiheit und ↑Allmacht Gottes überhaupt als Denken von etwas (Bestimmtem) die eigene Widerspruchsfreiheit sowie die seines Gegenstandes zur Bedingung hat (»Quidlibet est divinae potentiae attribuendum quod non includit manifestam contradictionem«, Quodlibeta septem VI, 6, Opera theol. IX, 604). Für theoretisches Wissen ergibt sich daraus, daß weder Existenz noch Eigenschaften irgendwelcher Dinge oder Geschehnisse als notwendig erkannt werden können: Die Omnipotenz Gottes, gemäß der die Welt auch anders hätte geschaffen werden können, als sie geschaffen worden ist, führt so zur Kontingenz (↑kontingent/Kontingenz) der Welt und damit zur grundsätzlichen Ablehnung einer Welterkenntnis durch notwendige Gründe.

Diesen Zusammenhang von göttlicher Omnipotenz und Kontingenz der Welt verdeutlicht O. durch weitere Unterscheidungen: ›Was Gott mittelbar über Zweitursachen [die von ihm geschaffenen und erhaltenen Wirkungszusammenhänge der Welt] verursachen kann, das kann er auch unmittelbar herbeiführen oder erhalten‹ (Quodlibeta, a.a.O., 604–605). Diese bereits von J. Duns Scotus vertretene These von der Unmittelbarkeit Gottes zur Welt verstärkt O. durch eine Radikalisierung: Jedes Einzelding (oder Ereignis) kann unabhängig von der Existenz irgendeines anderen Dinges – auch wenn dieses andere Ding die Ursache seiner Existenz sein sollte – durch Gottes Macht für sich selbst in seiner Existenz erhalten werden, wenn es sich nur überhaupt um selbständig existierende Dinge, ›res absolutae‹, handelt, d.h. nicht um solche Gegenstände, deren Identität bereits durch ihre Relation zu anderen Gegenständen definiert ist (Quodlibeta, a.a.O., 605, vgl. II Sent. qu. 19 F). Mit dieser These wird auch eine ›sekundäre‹ Notwendigkeit für Existenz und Erkenntnis der Dinge und Ereignisse der Welt ausgeschlossen: im Prinzip könnte alles, was als real im Sinne einer ›res absoluta‹ verstehbar ist, jederzeit auch anders sein, als es ist. Dies gilt nicht nur für die geschaffene Welt und die in ihr herrschenden Gesetzmäßigkeiten insgesamt, sondern auch für jedes einzelne (reale) Ding und Ereignis, das jedes für sich selbst unmittelbar zu Gott und damit auch nicht ›sekundär‹ oder relativ zu den Gesetzmäßigkeiten der Welt notwendig ist. Komplementär zu diesem radikalen Verständnis der Kontingenz aller Dinge und Ereignisse entwickelt O. ein Verständnis der göttlichen Omnipotenz mit Hilfe der traditionellen Unterscheidung zwischen ›potestas (bzw. potentia) absoluta‹ und ›potestas (bzw. potentia) ordinata‹: Nicht alles, was überhaupt (›potentia absoluta‹) getan oder gewollt werden könnte, tut oder will Gott auch tatsächlich (›potentia ordinata‹). Aber auch nachdem Gott die faktische Welt-(und Heils-)Ordnung gesetzt hat, ist sein Wollen und Wirken dadurch nicht gebunden. Er könnte jederzeit kraft ›potentia absoluta‹ eine andere (widerspruchsfreie) Ordnung setzen. Nichttheologisch rekonstruiert wird damit die Faktizität der Welt (und ihrer Geschichte) behauptet: Es gibt keine kausalen oder teleologischen Notwendigkeiten, die die Existenz des Bestehenden erklären; dieses Bestehende ist vielmehr allein darum so, wie es ist, weil es eben so (geworden) ist, wie es ist. Es gibt keine ihm vorangehenden oder übergeordneten Gründe, aus denen die Notwendigkeit seiner Existenz deduziert werden könnte. Die als notwendig erkannten Gesetzmäßigkeiten haben sich mit dem Bestehenden ergeben. Die Ordnung des Bestehenden ist ihm nicht als unterschieden übergeordnet, sondern ein (konstitutiver) Bestandteil des Bestehenden selbst.

Ganz gleich, ob das entscheidende Motiv für dieses Verständnis von der Faktizität der Welt (a) in einer Glaubensüberzeugung von der Einzigartigkeit Gottes und seiner Andersartigkeit gegenüber der Welt, (b) in einer kritischen Haltung gegenüber allen auferlegten und durch deren (dem autorisierten Lehrer einsichtigen) Notwendigkeit legitimierten Ordnungen, (c) in einer Skepsis gegenüber allen einseitigen Verallgemeinerungen und damit verbundenen Reden über selbsterzeugte (Hinter- oder Meta-)Welten oder (d) einfach in der ›Liebe zum Einzelnen‹ (wie L. Wittgenstein in ähnlichem Zusammenhang sagt) beruht, es lassen sich alle Motive in O.s Schriften finden. O. arbeitet auch die Folgen für die verschiedenen Argumentationsbereiche heraus: für das Verhältnis von Glauben und Wissen und damit auch von Theologie und Philosophie, für die Legitimation von ↑Institutionen, insbes. der kirchlichen und weltlichen Herrschaft, aber auch der Rechtsordnungen etwa für das Eigentum und damit auch für die Institutionen – und allgemein die Autoritätskritik (↑Autorität), für die Möglichkeiten und Grenzen einer Metaphysik und für die Logik und Sprachkritik. Jedenfalls läßt sich – trotz des abrupten Themenwechsels der O.schen Schriften nach 1328 – in seinen Werken eine Einheit sehen, die durch diese Grundüberzeugung von der Faktizität der Welt auf ihren ›theoretischen‹ Begriff gebracht werden kann.

Gegenüber dieser Bedeutung des Omnipotenzprinzips im außertheologischen Verständnis als Faktizität der Welt läßt sich das zweite Prinzip der O.schen Philosophie, das *Ökonomieprinzip* (↑Ockham's razor [›O.s Rasiermesser‹]), als nachgeordnet verstehen. Denn die Forderung, ohne Zwang keine Vielheiten anzunehmen oder zu konstruieren, ist eine Umformulierung der O.schen Ablehnung eines Reichs selbsterzeugter und (vermeintlich) notwendiger und deswegen autoritativer Ideen für das Verständnis der Welt. Diese ›Weltverdoppelung‹ würde Gott in einem Netz von Menschen geknüpfter Notwendigkeiten einfangen und damit seine Freiheit und Allmacht verkennen. Ferner würde selbsternannte Autorität immunisiert, unkritische Verallgemeinerung stabilisiert und das Einzelne nicht mehr erkennbar. Das Ökonomieprinzip ergibt sich damit als der methodisch gewendete Aspekt der O.schen Grundüberzeugung von göttlicher Omnipotenz und weltlicher Kontingenz und Faktizität. Es tritt in zwei Formulierungen auf: »Pluralitas non est ponenda sine necessitate« (z.B. – nach J. Miethke [1969], 238 – II Sent. qu. 14–15 D, qu. 17 Q, qu. 18 E, F, qu. 22 D, qu. 24 Q; IV Sent. qu. 3 N, qu. 8–9 O; I Sent. dist. 27 qu. 2 K; Quaestiones in libros Physicorum qu. 11 [Ms. Paris BN lat. 17481, fol. 2vb]; qu. 6 Ms. Wien Dom. 153, qu. 37, 38, 55 [ed. F. Corvino]), »frustra fit per plura, quod potest fieri per pauciora« (z.B. – wiederum nach Miethke, a.a.O. – II Sent. qu. 12 Q, qu. 14–15 O, qu. 24 K; I Sent. dist. 17 qu. 3 A, dist. 26 qu. 1 N, qu. 2 H; Summulae in libros Physicorum I 18, IV 1; Tractatus de successivis II; Summa logicae I, 12; Quodlibeta septem III, 6; De sacramento altaris qu. 3, III Dialogus I ii, 19, II iii, 19). Die häufig zitierte Formulierung »entia non sunt multiplicanda sine necessitate« (bzw. ›praeter necessitatem‹) findet sich bei O. nicht.

O. wendet das Ökonomieprinzip vor allem in seiner Sprach- und damit auch Metaphysikkritik an, insofern sprachkritisch irrige Konstruktionen irgendwelcher Autoritäten aufgedeckt werden. So zeigt O., daß einige grundlegende Unterscheidungen der Metaphysik – etwa die zwischen ↑essentia und ↑existentia oder die zwischen den verschiedenen ↑Kategorien – lediglich unterschiedliche Darstellungsweisen von Gegenständen, nicht aber darum auch schon Unterschiede zwischen realen Gegenständen oder reale Unterschiede an diesen Gegenständen repräsentieren. Schon bei der Bestimmung des Gegenstandes der ↑Metaphysik macht O. auf den Unterschied zwischen sprachlicher Darstellung und dargestellter Realität aufmerksam. ›Obiectum‹, d. h. unmittelbarer Gegenstand der Metaphysik, ist – wie bei jeder anderen Wissenschaft auch – jede Aussage, die in der Metaphysik bzw. in der jeweiligen Wissenschaft bewiesen werden kann; ›subiectum‹ der Metaphysik sind die (verschiedenen) Subjekte dieser Aussagen, d. h. die Termini für die Gegenstände, von denen die Aussagen gemacht werden (»obiectum scientiae est tota propositio nota, subiectum est pars illius propositionis, scilicet terminus subiectus«, Prologus in Expositionem super libros Physicorum, in: P. Boehner [1957], 9). Nach der Art der Gegenstände, über die diese Aussagen gemacht werden, bzw., in O.scher Redeweise, nach der ↑Supposition der Subjekttermini, lassen sich Realwissenschaften wie die Physik von der Logik als einer rationalen Wissenschaft unterscheiden (»scientia realis [...] est de intentionibus [sc. animae] supponentibus pro rebus, quia termini propositionum scitarum supponunt pro rebus«, a.a.O., 12). Demgegenüber handelt die Logik als rationale Wissenschaft von solchen ↑›intentiones‹ (Begriffen), die ihrerseits wieder für andere ›intentiones‹ stehen (»logica est de intentionibus supponentibus pro intentionibus«, ebd.). Durch diese Unterscheidung verschiedener Sprachstufen und der sprachlichen und dinglichen Ebene insgesamt lenkt O. die kritische Aufmerksamkeit der philosophischen Reflexion auf die sprachlichen Mittel der Wissensbildung. So untersucht die »Summa logicae« die Bildung und Bedeutung der Termini, Satzformen und Schlußmöglichkeiten, ohne die Autorität einer allgemeinen Weltordnung, die dann im Wissen nur noch abgebildet zu werden brauchte, zur begrifflichen Ordnung der Welt und der Erfassung allgemeiner Zusammenhänge in ihr in Anspruch zu nehmen. Jeder Begriff und jeder sachliche Zusammenhang ergeben sich erst auf Grund menschlicher Erkenntnisleistung.

Sachlich grundlegend und wirkungsgeschichtlich bedeutsam dokumentiert sich dieses ›idealistische‹ Verständnis der Wissensbildung in O.s Auffassung der ↑*Universalien.* Ein Universale (↑Allgemeinbegriff) ist einerseits als ›intentio animae‹ eine begriffliche Leistung des Erkenntnisvermögens, andererseits als ›signum praedicabile de pluribus‹ ein Zeichen, das von Vielem ausgesagt werden kann (vgl. Summa logicae I 14, Opera philos. I, 49). Die Universalität der Begriffe beruht damit auf ihrer Verwendung als Zeichen für ›Vieles‹ und nicht in der Existenz einer allgemeinen Substanz ›extra mentem‹ (↑Konzeptualismus). ›Wahrhaft und real‹ (vere et realiter) existieren nur Einzeldinge. Allgemeinbegriffe, die von diesen Einzeldingen handeln, sind begründungspflichtige Eigenleistungen des erkennenden Subjekts. Parallel zu dieser Unterscheidung realer Einzeldinge und erst auszubildender Allgemeinbegriffe spricht O. von ›notitia intuitiva‹ (intuitiver Welt und Selbsterkenntnis), die sich auf die anwesenden Einzeldinge bezieht, und ›notitia abstractiva‹, die sich nicht unmittelbar auf anwesende Einzeldinge beziehen kann, sondern erst durch begriffliche und theoretische Verarbeitung der intuitiven Einzelerkenntnis zustandekommt. Nur notitia intuitiva erfaßt die Existenz von Gegenständen. Wissen wird durch geistige Verarbeitung dieser Existenzerfassung zu Urteilen gebildet. In extremer Weise betont O. die Eigenständigkeit subjektiver Erkenntnisleistung durch seine (umstrittene) Lehre, daß Gott – de potentia absoluta – die Intuition von Gegenständen auch dann verursachen könne, wenn diese Gegenstände gar nicht anwesend sind (vgl. Sent. Prol. qu. 1).

Die Beschränkung der wahren Realität auf eine Welt von Einzeldingen (und Ereignissen) läßt sachliche Zusammenhänge als begrifflich vermittelte Ergebnisse erkennender Ordnungsleistungen verstehen und verlegt damit die Erzeugung dieser Zusammenhänge in die Begriffe selbst. O. unterscheidet denn auch ›absolute‹ und ›konnotative‹ Begriffe (nomina absoluta et connotativa), die durch ihren unterschiedlichen Bezug auf die reale Welt der Einzeldinge definiert sind. Die absoluten Begriffe sind Sammelnamen für reale Einzeldinge (oder Ereignisse), beziehen sich damit unmittelbar und ›in recto‹ auf diese Einzeldinge und können nicht ›dem Namen nach‹ (d. i. rein sprachlich) definiert werden, sondern nur durch die Angabe der Dinge, die durch sie bezeichnet werden (d. i. durch ↑Realdefinition). Die konnotativen Begriffe hingegen sind durch einen primären und sekundären Bezug auf die Realität ausgezeichnet – so wie die Farbbegriffe sich primär auf Farbqualitäten und sekundär auf farbige Gegenstände als Farbträger beziehen. O. analysiert viele absolut verwendete Begriffe als konnotative Begriffe. Sein Ergebnis ist, daß nur Substanzbegriffe und Qualitätsbegriffe absolut sind und sich unmittelbar auf die Realität beziehen, während die Begriffe aller anderen (Aristotelischen) ↑Kategorien konnotative Begriffe sind und damit Zusammenhänge zwischen den realen Einzeldingen erzeugen, die immer wieder als reale Gegebenheiten mißverstanden würden. Die Unterscheidung zwischen absoluten und konnotativen Begriffen wird somit zu einem Hauptinstrument der O.schen ↑Metaphysikkritik. In diesem Sinne verwendet O. auch die ↑Suppositionslehre der logischen Tradition. Diese entwickelt Unterscheidungen für die Art der Gegenstände, auf die sich unsere Begriffe beziehen, die den Begriffen ›supponieren‹ (zugrundeliegen).

Eine umstrittene Bedeutung besitzen die Schriften O.s zur *praktischen Philosophie* (↑Philosophie, praktische), insbes. zur politischen Theorie. Vielfach aus tagespolitischem Anlaß geschrieben, sind sie nicht immer leicht in einen systematischen Zusammenhang zu bringen. Gleichwohl lassen sich in ihnen einige Grundmotive finden, die die Sozialphilosophie O.s bestimmen. Wie schon in seiner theoretischen Philosophie zeigt O. auch hier, daß vielfach historisch gewachsene – im übrigen durchaus sinnvolle – Ergebnisse menschlicher Entscheidungen vorliegen, wo naturgegebene (bzw. naturrechtliche) Ordnungen vermutet werden. So argumentiert er für das Verständnis des ↑Eigentums als einer positivrechtlichen Institution, die aus der Aufgabe und der Befugnis zur Güterverteilung für den Menschen erwächst. Vor allem greift O. immer wieder die Herrschafts- und Besitzansprüche des Papsttums und der Kirche an. Er lehnt die Unfehlbarkeit des Papstes ab und versucht, dessen politische Herrschaftsansprüche ad absurdum zu führen. Dies und sein Plädoyer für die Unabhängigkeit der weltlichen Herrschaft ordnet O. in allgemeine Überlegungen zur Legitimation von ↑Macht und ↑Herrschaft ein. Wie schon für das Eigentum gilt auch für die politischen Herrschaftsverhältnisse, daß sie keine Naturgegebenheiten sind, sondern sich positiv-rechtlicher Setzung verdanken. Der Einsatz von Rechtsautoritäten (rectores) ist wiederum die Aufgabe und Befugnis aller Menschen, die sich damit ihre jeweilige Herrschaftsform selbst auferlegen sollen. Auch in der Sozialphilosophie und politischen Theorie folgt O. damit dem – komplementär zum Omnipotenzprinzip entwickelten – Verständnis der Kontingenz und Faktizität alles Geschaffenen.

Besonders deutlich entwickelt er diesen Grundgedanken – noch im Rahmen seiner theoretischen Philosophie (vgl. I Sent. dist. 17 qu. 1–3; III Sent. qu. 4–15; Quodlibeta septem I 16–18, 20, II 16, III 13–18, IV 5, 7, VI 1–2, 4) – in seinen Überlegungen zur ↑*Ethik*. Deren Hauptthese – die O. den Ruf eines moralischen Positivisten eingetragen hat – besteht darin, daß ein Willen dann und nur dann gut (tugendhaft) ist, wenn er dem ›praeceptum divinum‹ (göttlichen Gebot) – gleich worin dieses besteht – folgt. Da O. ausdrücklich auch den Fall für möglich erklärt, daß Gott jemandem ›de potentia absoluta‹, d. h. außerhalb der von ihm selbst gesetzten Weltordnung, befiehlt, ihn zu hassen, könnte damit auch dieser von Gott befohlene Gotteshaß eine gute Tat werden (IV Sent. qu. 14D; II Sent. qu. 19F. N.-Q.). Mit diesem ↑›Gedankenexperiment‹, durch das lediglich durch eine logische Möglichkeit der Begriff des tugendhaften oder guten Willens verdeutlicht werden soll, zeigt O., daß es keine unabhängig von der jeweiligen Handlungssituation allgemein (voraus-)erkennbaren Gebote gibt, sondern eben nur den Willen Gottes, der sich demjenigen eröffnet, der sich diesem Willen hingibt. Als Grundzüge einer ethischen Theorie treten damit hervor: (1) ↑Handlungen sind allein durch die Ziele und Absichten, durch die sie geleitet werden, d. h. durch den Willensakt, auf Grund dessen sie ausgeführt werden, gut oder schlecht bzw. tugendhaft oder lasterhaft. Dies deswegen, weil nur der (gute oder schlechte) Wille, nicht aber der Verlauf des Handelns in der Macht des Menschen liegt. Der Wille ist einfachhin (O.: ›notwendig‹) gut oder schlecht und damit moralisch zurechenbar. (2) Angesichts göttlicher Allmacht und Freiheit sowie der Kontingenz der Welt ist die Liebe zu Gott um seiner selbst willen eben der Willensakt, der einfachhin (›notwendig‹) gut bzw. tugendhaft ist. Da ›Gott über alles lieben‹ heißt, ›alles das zu lieben, was Gott will, daß es geliebt wird‹ (Quodlibeta septem III 14, Opera theol. IX, 257), ist genau der Willensakt im vollen Sinne gut, der in der Befolgung der göttlichen Gebote um ihrer selbst willen besteht, der – mit I. Kant formuliert – pflichtmäßig aus ↑Pflicht gebildet ist. (3) Die Erkenntnis solcher Pflichten gelingt nur in den Erfahrungen des vom guten Willen geleiteten Handelns in konkreten Situationen. Sie ergibt sich daher nicht als allgemein anwendbare Handlungsregel – diese ist nach O. für sich genommen moralisch indifferent –, sondern als konkretes Beispiel, an dem sich das weitere Handeln orientieren soll. Die im (vom guten Willen getragenen) konkreten Handeln gewonnene Einsicht setzt als ›recta ratio‹ (↑Orthos logos) das Maß moralischen Handelns: das ›praeceptum divinum‹ (göttliche Gebot) zeigt sich in der theoretisch nicht antizipierbaren ›recta ratio‹. Nicht moralischer Positivismus im Sinne einer prinzipiell beliebigen Angleichung an faktisch herrschende Moralverständnisse charakterisiert also O.s Ethik, sondern die grundlegende Einsicht in die Kontingenz auch praktischer Überzeugungen, die gleichwohl ihre Gründe in sittlichen Erfahrungen finden und dem Handeln eine unwidersprechliche Verbindlichkeit auferlegen. Auch O.s Ethik läßt sich damit als eine Auslegung des Omnipotenzprinzips verstehen, das gerade durch seine Betonung der göttlichen Allmacht und Freiheit die Grundlinien der neuzeitlichen Subjektivitätsphilosophie (↑Subjektivismus) vorzeichnet.

Werke: Opera plurima, I–IV, Lyon 1494–1496 (repr. Farnborough, London 1962) (Bde III–IV enthalten die reporatio des Sentenzenkommentars); Opera philosophica et theologica [kritische Gesamtausgabe], 17 Bde (Opera theologica, I–X, Opera philosophica, I–VII), ed. Franciscan Institute, St. Bonaventure N. Y. 1967–1988. – Tractatus de sacramento altaris, Straßburg 1491 (repr. Louvain 1962), ed. u. trans. T. B. Birch, Burlington Iowa 1930 [lat./engl.]; Dialogus de imperio et pontificia potestate, Lyon 1494 (= Opera plurima I), ferner in: M. Goldast, Monarchia S. Romani imperii [...] II, Frankfurt 1614 (repr. Graz 1960), 394–957 (repr. unter dem Titel: Dialogus de potestate papae et imperatoris Turin 1959, 1966); Expositio aurea et admodum utilis super artem veterem [...], Bologna 1496 (repr. Ridgewood N. J./Farnborough 1964); Philosophia naturalis

[= Summulae in libros physicorum], Rom 1637 (repr. London 1963, Vaduz 1965); De imperatorum et pontificum potestate, ed. C. K. Brampton, Oxford 1927; Opera politica, I–IV, ed. R. F. Bennett/H. S. Offler/J. G. Sikes, I–III, Manchester 1940–1963, I, ²1974, IV, Oxford etc. 1994; The Tractatus de successivis Attributed to William O. [= Teile aus der Expositio super libros Physicorum, der einzigen mit Sicherheit authentischen naturphilosophischen Schrift O.s], ed. P. Boehner, St. Bonaventure N. Y. 1944; Breviloquium de principatu tyrannico, ed. R. Scholz, in: ders., W. v. O. als politischer Denker und sein Breviloquium de principatu tyrannico, Leipzig 1944, Stuttgart 1952, 39–207; O.. Philosophical Writings. A Selection [lat./engl.], ed. P. Boehner, Edinburgh 1957, Indianapolis Ind. 1964 [nur engl.], überarb. v. S. F. Brown, Indianapolis Ind. 1990 [lat./engl.]; Tractatus logicae minor, ed. E. M. Buytaert, Franciscan Stud. 24 (1964), 55–100; Elementarium logicae, ed. E. M. Buytaert, Franciscan Stud. 25 (1965), 170–276, 26 (1966), 66–173; William of O.'s Commentary on Porphyry [engl.], Introd. u. Trans. E.-H. W. Kluge, Franciscan Stud. 33 (1973), 171–254, 34 (1974), 306–382; O.'s Theory of Terms. Part I of the Summa logicae, trans. M. J. Loux, Notre Dame Ind./London 1974, South Bend Ind. 2011; O.'s Theory of Propositions. Part II of the »Summa logicae«, trans. A. J. Freddoso/H. Schuurman, Introd. A. J. Freddoso, Notre Dame Ind./London 1980. – Totok II (1973), 556–565.

Literatur: N. Abbagnano, Guglielmo di O., Lanciano 1931; M. M. Adams, William O., I–II, Notre Dame Ind. 1987, 1989; E. Amann/P. Vignaux, Occam, in: Dictionnaire théologie catholique XII/1, Paris 1931, 864–904; T. de Andrés, El nominalismo de Guillermo de O. como filosofia del lenguaje, Madrid 1969; K. Bannach, Die Lehre von der doppelten Macht Gottes bei W. v. O.. Problemgeschichtliche Voraussetzungen und Bedeutung, Wiesbaden 1975; L. Baudry, Guillaume d'Occam. Sa vie, ses œuvres, ses idées sociales et politiques I (L'homme et les œuvres), Paris 1949; ders., Lexique philosophique de Guillaume d'O.. Études et notions fondamentales, Paris 1958; J. P. Beckmann, O.-Bibliographie 1900–1990, Hamburg 1992; ders., W. v. O., München 1995, ²2010; P. Boehner, Collected Articles in O., St. Bonaventure N. Y./Louvain, Paderborn 1958, St. Bonaventure N. Y. ²1992; M. Damiata, Guglielmo d'O.. Povertà e potere, I–II, Florenz 1978/1979; S. J. Day, Intuitive Cognition. A Key to the Significance of the Later Scholastics, St. Bonaventure N. Y. 1947; F. J. Fortuny Bonet, Guillem d'O.. Assaig hermenéutic d'una filosofia medieval, I–III, Barcelona 1980; O. Fuchs, The Psychology of Habit According to W. O., St. Bonaventure N. Y., Louvain 1952; A. Garvens, Die Grundlagen der Ethik W.s v. O., Franziskan. Stud. 21 (1934), 243–273, 360–408; A. Ghisalberti, Guglielmo di O., Mailand 1972, 1996; ders., Introduzione a O., Rom/Bari 1976, ²1991; C. Giacon, Guglielmo di Occam. Saggio storico-critico sulla formazione e sulla decadenza della scolastica, I–II, Mailand 1941; J. Goldstein, Nominalismus und Moderne. Zur Konstitution neuzeitlicher Subjektivität bei Hans Blumenberg und W. v. O., Freiburg/München 1998; R. Guelluy, Philosophie et théologie chez Guillaume d'O., Louvain/Paris 1947; A. Hamman, La doctrine de l'église et de l'état chez Occam. Étude sur le »Breviloquium«, Paris 1942; V. Hirvonen, Passions in William O.'s Philosophical Psychology, Dordrecht 2004; E. Hochstetter, Studien zur Metaphysik und Erkenntnislehre W.s v. O., Berlin/Leipzig 1927; F. Hoffmann, Die erste Kritik des Ockhamismus durch den Oxforder Kanzler Johannes Lutterell (nach der Hs. CCV der Bibliothek des Prager Metropolitankapitels), Breslau 1941; F. Hofmann, Der Anteil der Minoriten am Kampf Ludwigs des Bayern gegen Johann XXII. unter besonderer Berücksichtigung des W. v. O., Diss. Münster 1959; R. Imbach, W. O. (um 1280–ca. 1349), in: O. Höffe (ed.), Klassiker der Philosophie I (Von den Vorsokratikern bis David Hume), München 1981, 220–244, 484–486 (Bibliographie), ³1994, 220–244, 488–490; E. Iserloh, Gnade und Eucharistie in der philosophischen Theologie des W. v. O.. Ihre Bedeutung für die Ursachen der Reformation, Wiesbaden 1956; H. Junghans, O. im Lichte der neueren Forschung, Berlin/Hamburg 1968; E. C. Karger, A Study of William of O.'s Modal Logic, Diss. Berkeley Calif. 1976; M. Kaufmann, Begriffe, Sätze, Dinge. Referenz und Wahrheit bei W. v. O., Leiden/New York/Köln 1994; S. M. Kaye/R. M. Martin, On O., Belmont Calif. 2001; R. Keele, O. Explained. From Razor to Rebellion, Chicago Ill./La Salle Ill. 2010; W. Kölmel, W. O. und seine kirchenpolitischen Schriften, Essen 1962; H. Kraml/G. Leibold, W. v. O., Münster 2003; G. de Lagarde, La naissance de l'esprit laïque au déclin du moyen âge, IV–V (IV Guillaume d'O.. Défense de l'empire, V Guillaume d'O.. Critique des structures ecclésiales), Louvain/Paris 1962/1963; G. Leff/V. Leppin, O./Ockhamismus I, TRE XXV (1995), 6–16, 17 (Bibliographie); G. Leibold, Zum Problem der Finalität bei W. v. O., Philos. Jb. 89 (1982), 347–383; M. Lenz, Mentale Sätze. W. v. O.s Thesen zur Sprachlichkeit des Denkens, Stuttgart 2003; V. Leppin, Geglaubte Wahrheit. Das Theologieverständnis W.s v. O., Göttingen 1995; ders., W. v. O.. Gelehrter, Streiter, Bettelmönch, Darmstadt 2003, ²2012; ders., O., RGG VIII (⁴2005), 1552–1556; G. Martin, W. v. O.. Untersuchungen zur Ontologie der Ordnungen, Berlin 1949; A. Maurer, The Philosophy of William of O. in the Light of Its Principles, Toronto 1999; A. S. McGrade, The Political Thought of William of O.. Personal and Institutional Principles, Cambridge etc. 1974, 2002; M. C. Menges, The Concept of Univocity Regarding the Predication of God and Creature According to William O., St. Bonaventure N. Y./Louvain 1952; C. Michon, Nominalisme. La théorie de la signification d'Occam, Paris 1994; J. Miethke, O.s Weg zur Sozialphilosophie, Berlin 1969; E. A. Moody, The Logic of William of O., London 1935, New York 1965; ders., O., Enc. Ph. VIII (1967), 306–317; ders., O., DSB X (1974), 171–175; S. Moser, Grundbegriffe der Naturphilosophie bei W. v. O.. Kritischer Vergleich der »Summulae in libros physicorum« mit der Philosophie des Aristoteles, Innsbruck 1932; S. Müller, Handeln in einer kontigenten Welt. Zu Begriff und Bedeutung der rechten Vernunft (recta ratio) bei W. v. O., Tübingen/Basel 2000; C. G. Normore, The Logic of Time and Modality in the Later Middle Ages. The Contribution of William of O., Diss. Toronto 1975; C. Panaccio, O., REP IX (1998), 732–748; V. Richter, Zu O.s Metaphysik, Z. Kath. Theol. 101 (1979), 427–433; ders./G. Leibold, Unterwegs zum historischen O., Innsbruck 1998; R. Scholz, W. v. O. als politischer Denker und sein »Breviloquium de potestate tyrannico«, Leipzig 1944, Stuttgart 1952; P. Schulthess, Sein, Signifikation und Erkenntnis bei W. v. O., Berlin 1992; H. Shapiro, Motion, Time and Place According to William O., St. Bonaventure N. Y./Louvain, Paderborn 1957; T. Shogimen, O. and Political Discourse in the Late Middle Ages, Cambridge etc. 2007, 2010; P. V. Spade (ed.), The Cambridge Companion to O., Cambridge etc. 1999, 2004; ders./C. Panaccio, O., SEP 2002, rev. 2011; G. Tabacco, Pluralità di papi ed unità di chiesa nel pensiero di Gugliemo di Occam, Turin 1949; K. H. Tachau, Vision and Certitude in the Age of O.. Optics, Epistemology and the Foundations of Semantics, 1250–1345, Leiden/New York/Köln 1988; C. Vasoli, Guglielmo d'Occam, Florenz 1953; P. Vignaux, Justification et prédestination au XIVᵉ siecle. Duns Scot, Pierre d'Auriole, Guillaume d'Occam, Grégoire de Rimini, Paris 1934 (repr. Paris 1981);

ders., Nominalisme au XIVe siècle, Montréal/Paris 1948 (repr. Paris 1982); W. Vossenkuhl/R. Schönberger (eds.), Die Gegenwart O.s, Weinheim 1990; D. Webering, Theory of Demonstration According to William O., St. Bonaventure N. Y./Louvain, Paderborn 1953; H. Weidemann, W. v. O.s Suppositionstheorie und die moderne Quantorenlogik, Vivarium 17 (1979), 43–60; S. U. Zuidema, De Philosophie van Occam in zijn Commentaar op de Sententien, Hilversum 1936. O. S.

Ockhamismus, in der Geschichtsschreibung der Philosophie üblich gewordener Terminus zur Bezeichnung einer in der zweiten Hälfte des 14. Jhs. an den europäischen Universitäten dominierenden (philosophischen) Konzeption, deren Entstehung dem Einfluß der theoretischen Schriften von Wilhelm von ↑Ockham zugeschrieben wird. Charakteristisch für den O. sind das nominalistische (↑Nominalismus) oder terministische (↑Terminismus) Verständnis der Allgemeinbegriffe (↑Universalien, ↑Konzeptualismus) und die damit begründete Kritik an der natürlichen Theologie (↑theologia naturalis), insbes. an den ↑Gottesbeweisen, sowie an einigen grundlegenden (zum Teil für die Gottesbeweise verwendeten) Thesen der traditionellen Metaphysik, wie sie vor allem über die ontologische Interpretation der ↑Substanz- ↑Akzidens- und ↑Seins- ↑Wesens-Relationen (esse et essentia) und des Kausalprinzips (↑Kausalität) entwickelt worden sind. Obwohl Ockham selbst keine Schule gegründet hat und viele der im O. gepflegten Argumentationsweisen aus älteren Traditionen – wie der vor allem mit den ↑proprietates terminorum beschäftigten ›logica modernorum‹ (↑logica antiqua, ↑moderni) – stammen und in allgemeinere Bewegungen wie die ›via moderna‹ einmünden, bilden die Logik und Erkenntnistheorie Ockhams den entscheidenden Kristallisationspunkt für die verschiedenen Argumentationshaltungen des O.. Bezeichnenderweise konzentrieren sich die Untersuchungen der Ockhamisten viel stärker auf die Analyse einzelner logischer (wie allgemein sprachphilosophischer), metaphysischer und theologischer Probleme als die der via antiqua (↑via antiqua/via moderna) folgenden realistischen Systematiker.

Der O. breitet sich in der ersten Hälfte des 14. Jhs. zunächst vornehmlich in England (Oxford) und Frankreich (Paris) aus, bevor er in der zweiten Hälfte des 14. Jhs. auch die Universitäten anderer Länder – Wien, Heidelberg, Erfurt, Leipzig, Krakau – erobert. Dabei entwickeln sich auch traditionelle Gegenpositionen wie etwa an den Universitäten Köln und Löwen. Besondere Beispiele ockhamistischer Argumentationen sind die Untersuchungen R. Holkots, nach denen nur ↑analytische Sätze als sicher gelten können, nicht-analytische Sätze hingegen auf die Sinneswahrnehmungen angewiesen sind – und damit auch kein Beweis für die Existenz eines unkörperlichen Wesens geführt werden kann. Ähnlich lehrt Johannes von Mirecourt, daß Gottes Existenz nicht mit der Evidenz analytisch wahrer Sätze bewiesen werden kann. Überhaupt können auf Grund der absoluten Macht Gottes, die allerdings ›natürlicherweise‹ nicht zur Abänderung der von Gott selbst geschaffenen Ordnung eingesetzt wird, Wahrnehmungen und Kausalzurechnungen irren. Nikolaus von Autrecourt sieht demgegenüber auch in der unmittelbaren Wahrnehmung – neben dem Nichtwiderspruchsprinzip – eine objektiv sichere Quelle subjektiver Gewißheit. Allerdings sind Schlüsse von unmittelbar wahrgenommenen Dingen auf andere fehlbar: etwa von den Erscheinungsbildern auf die Substanz, von den beobachteten Vorgängen auf deren Ursachen – und dies macht Gottesbeweise unmöglich. Neben diesen theologiekritischen Lehren erfolgen im O. auch bedeutende Untersuchungen zur Naturphilosophie und Naturwissenschaft. Dabei ragt besonders die Entwicklung der ↑Impetustheorie heraus (J. Buridan, Albert von Sachsen, Marsilius von Inghen, Nikolaus von Oresme), die eine Brücke zur Grundlegung der klassischen ↑Mechanik schlägt. Durch Reformation und Gegenreformation wird die Tradition des O. zunächst zurückgedrängt; erst im 17. Jh. werden seine Leitgedanken wieder in einer für das geistige Leben der Zeit bedeutsamen Weise aufgenommen.

Literatur: E. P. Bos/H. A. Krop (eds.), Ockham and Ockhamists. Acts of the Symposium Organized by the Dutch Society for Medieval Philosophy ›Medium Aevum‹ on the Occasion of Its 10th Anniversary (Leiden, 10–12 September 1986), Nimwegen 1987; G. Leff, Ockham/O. II, TRE XXV (1995), 16–18; A. Maier, Zwei Grundprobleme der scholastischen Naturphilosophie (Das Problem der intensiven Größe. Die Impetustheorie), Rom ²1951; dies., An der Grenze von Scholastik und Naturwissenschaft (Die Struktur der materiellen Substanz. Das Problem der Gravitation. Die Mathematik der Formlatituden), Rom ²1952; dies., Metaphysische Hintergründe der spätscholastischen Naturphilosophie, Rom 1955; K. Michalski, Les courants critiques et sceptiques dans la philosophie au XIVe siècle, Bull. int. Acad. polonaise sci. lettr., cl. philol., hist. philos. 1925, Krakau 1927, 192–242; ders., La physique nouvelle et les différents courants philosophiques au XIVe siècle, Bull int. Acad. polonaise [s.o] 1927, Krakau 1928, 93–164; E. A. Moody, Truth and Consequence in Mediaeval Logic, Amsterdam 1953, Westport Conn. 1976; ders., Ockhamism, Enc. Ph. V (1967), 533–534; ders., Studies in Medieval Philosophy, Science, and Logic. Collected Papers 1933–1969, Berkeley Calif./Los Angeles/London 1975; R. Paqué, Das Pariser Nominalistenstatut. Zur Entstehung des Realitätsbegriffs der neuzeitlichen Naturwissenschaft (Occam, Buridan und Petrus Hispanus, Nikolaus von Autrecourt und Gregor von Rimini), Berlin 1970; G. Ritter, Studien zur Spätscholastik, I–II (I Marsilius von Inghen und die okkamistische Schule in Deutschland, II Via antiqua und via moderna auf den deutschen Universitäten des XV. Jahrhunderts), Heidelberg 1921/1922 (Sitz.ber. Heidelberger Akad. wiss., philos.-hist. Kl. XII, 4. Abh., XIII, 7. Abh.); P. Vignaux, Le nominalisme au XIVe siècle, Montreal/Paris 1948 (repr. Paris 1982). – O., Hist. Wb. Ph. VI (1984), 1096–1098. O. S.

Ockham's razor (Ockhams Rasiermesser), Bezeichnung für ein methodisches Prinzip vor allem im Zusammenhang ontologischer Fragen (↑Ontologie), demgemäß Philosophie und Wissenschaft möglichst wenig theoretische Entitäten (↑Universalien) zu Zwecken der Erklärung, Explikation, Definition etc. annehmen sollen. Das Prinzip wird vielfach auch als (›metaphysisches‹) ›Ökonomieprinzip‹ oder als ›Sparsamkeitsprinzip‹ bezeichnet. Der Sache nach ist es schon von Platon im Zusammenhang mit der Frage der Iteration von Ideen (z. B. Parm. 132dff.) und von Aristoteles in seiner entsprechenden Kritik an Platon (↑Dritter Mensch) erörtert worden. Die nominelle Zuschreibung zu Wilhelm von Ockham ist dadurch gerechtfertigt, daß dieser es als Instrument gegen den ↑Platonismus betont eingesetzt und bündig formuliert hat; die in der Geschichte der Philosophie nach Ockham häufig zitierte Fassung ›entia non sunt multiplicanda (auch: non multiplicentur) sine necessitate (auch: praeter necessitatem)‹ findet sich allerdings bei Ockham selbst nicht. Vielmehr formuliert Ockham ›pluralitas non est ponenda sine necessitate‹ und ›frustra fit per plura, quod potest fieri per pauciora‹ (↑Ockham, Wilhelm von).

Über den ↑Ockhamismus hinaus ist O. r. im Laufe der Neuzeit immer wieder herangezogen worden, und zwar weit über die universalientheoretische Position des ↑Nominalismus hinaus (↑Universalienstreit). Z. B. begründet G. Galilei mit ihm den Vorrang des Kopernikanischen vor dem Ptolemaiischen System (Dialogo II, Le opere di Galileo Galilei, Ed. Naz. VII, 142ff.). J. Kepler und I. Newton berufen sich auf O. r. als naturphilosophisches Prinzip. Der Newtonianer P. L. M. de Maupertuis formuliert schließlich ein ↑›Prinzip der kleinsten Wirkung‹ als höchstes naturphilosophisches Prinzip (Essay de cosmologie, Leiden 1750 [Œuvres I, Lyon 1768 (repr. Hildesheim/New York 1974), 42]). Auch I. Kant beruft sich auf das Prinzip zuerst in naturphilosophischem Zusammenhang (De mundi sensibilis atque intelligibilis forma et principiis § 30, Akad.-Ausg. II, 418), betont aber, daß es sich nicht um ein Prinzip der Welt, sondern um einen Antrieb des Erklärungen suchenden Verstandes handle. In der kritischen Philosophie nimmt Kant diesen Subjektivismus zurück, indem er die ›Ersparung der Prinzipien‹ nicht nur einen ›ökonomischen Grundsatz der Vernunft‹, sondern ein ›inneres Gesetz der Natur‹ nennt (KrV B 678–684). In der Erkenntnistheorie des 19. Jhs. wird O. r. dann zunehmend als ↑Denkgesetz aufgefaßt und schließlich vom ↑Empiriokritizismus (R. Avenarius, E. Mach) als Gesetz der ↑Denkökonomie naturalistisch im Sinne eines Prinzips des ›geringsten Kraftaufwands‹ des Denkens interpretiert. – B. Russell dürfte O. r. sowohl durch diese Tradition als auch angeregt durch W. James aufgegriffen haben; für die Bedeutung des Prinzips im 20. Jh. ist dabei entscheidend, daß Russell es wieder in den Zusammenhang ontologischer Fragen zurückführt und vor allem mit sprachphilosophischen Fragen verbindet (z. B. für die Theorie der ↑Kennzeichnung, die Deutung der logischen ↑Operatoren und das Prinzip der ›Bekanntschaft‹). Auf Russell geht auch L. Wittgensteins Berufung auf ›Occams Devise‹ zurück (Tract. 3.328, 5.47321). In der modernen sprachphilosophischen und wissenschaftstheoretischen Diskussion wird O. r. von den Vertretern des Nominalismus (↑Universalienstreit, moderner) ins Feld geführt, um gegen die Annahme der Existenz abstrakter Entitäten zu argumentieren.

Von den Befürwortern des Prinzips werden für seine Rechtfertigung unterschiedliche Argumente geltend gemacht. Von diesen dürfte der von Kant herangezogene *pragmatische* Gesichtspunkt, wonach eine theoretische Orientierung wenigstens weniger komplex als der zu explizierende Sachverhalt sein muß, am grundlegendsten sein. Er gibt aber im konkreten Fall noch keinen Anhaltspunkt, ob eine Explikation unnötig oder gerade notwendig viele ›ontological commitments‹ (W. V. O. Quine) macht. – Gegen das Sparsamkeitsprinzip wird in der Regel das gegenläufige Einfachheitsprinzip ins Feld geführt (↑Einfachheitskriterium), da meist eine umgekehrte Proportionalität zwischen (ontologischer) Sparsamkeit und (methodologischer) Einfachheit einer Sprache bzw. Theorie gilt. Insofern ist O. r. als Instrument gegen den universalientheoretischen Platonismus nicht ausreichend, weil der Platonist umgekehrt die hohe Komplexität ontologisch armer Sprachen kritisieren kann (↑Logik, nominalistische). Viele moderne Wissenschaftstheoretiker (z. B. Quine) neigen daher zu der heuristischen Maxime, (ontologische) Sparsamkeit und (methodologische) Einfachheit als jeweils gemäßigt einzusetzende Prinzipien anzusehen, ohne daß sich dafür eine durchgängige und gerechtfertigte Regel angeben ließe.

Literatur: R. Ariew, Did Ockham Use His Razor?, Franciscan Stud. 37 (1977), 5–17; M. J. Charlesworth, Aristotle's Razor, Philos. Stud. 6 (Maynooth [Irland] 1956), 105–112; H. J. Cloeren, O. R., Hist. Wb. Ph. VI (1984), 1094–1096; D. Duncan, Occam's Razor, London, New York 1957; H. Hahn, Überflüssige Wesenheiten (Occams Rasiermesser), Wien 1930, ferner in: H. Schleichert (ed.), Logischer Empirismus – Der Wiener Kreis. Ausgewählte Texte mit einer Einleitung, München 1975, 95–116; W. Künne, Ockhams Rasiermesser, in: R. W. Puster (ed.), Klassische Argumentationen der Philosophie, Münster 2013, 113–139; W. G. Lycan, Occam's Razor, Metaphilos. 6 (1975), 223–237; A. A. Maurer, Method in Ockham's Nominalism, Monist 61 (1978), 426–443; G. O'Hara, O. R. Today, Philos. Stud. 12 (Maynooth [Irland] 1963), 125–139; J. J. C. Smart, Is Occam's Razor a Physical Thing?, Philos. 53 (1978), 382–385; E. Sober, The Principle of Parsimony, Brit. J. Philos. Sci. 32 (1981), 145–156; D. Walsh, Occam's Razor. A Principle of Intellectual Elegance, Amer. Philos. Quart. 16 (1979), 241–244; E. J. Waskey, Occam's Razor, IESS VI ([2]2008), 19–20; weitere Literatur:

↑Denkökonomie, ↑Nominalismus, ↑Ockham, Wilhem von, ↑Universalienstreit, ↑Universalienstreit, moderner. C. F. G.

oder, grammatisch eine Konjunktion der natürlichen Sprache Deutsch, die in logischer Analyse (↑Analyse, logische) als sprachlicher Ausdruck für mindestens drei verschiedene logische Partikeln (↑Partikel, logische, ↑Junktor) und für die praktische Partikel zur Darstellung der (Aufforderung zur) Wahl zwischen Handlungsalternativen – mach dieses *oder* jenes – aufgefaßt werden kann. Zu den logischen Verknüpfungen, die unter anderem durch ›o.‹ sprachlich ausgedrückt werden, zählen die ↑Adjunktion (nicht-ausschließendes ›o.‹, Zeichen: $\vee$; *mindestens* eine der beiden durch ›o.‹ verbundenen Aussagen gilt), die ↑Kontrajunktion (ausschließendes ›o.‹ im Sinne von ›entweder – o.‹, Zeichen: $\succ\!\prec$; *genau* eine der beiden durch ›o.‹ verbundenen Aussagen gilt) und die ↑Disjunktion in einem von der Kontrajunktion verschiedenen Sinne (*höchstens* eine der beiden durch ›o.‹ verbundenen Aussagen gilt, Zeichen: $\curlywedge$; statt durch ›o.‹ meist durch ›nicht beide‹ sprachlich ausgedrückt). K. L.

Oetinger, Friedrich Christoph, *Göppingen (Württemberg) 6. Mai 1702, †Murrhardt (Württemberg) 10. Febr. 1782, dt. lutherischer Theologe und Mystiker. 1722–1727 Studium der Theologie in Tübingen (Ausbildung in der rationalistischen ↑Schulphilosophie von G. W. Leibniz und C. Wolff), daneben Studium der Schriften von N. Malebranche und der zeitgenössischen Naturwissenschaft. Letztere dürften O. zu einer in Analogie zur Lichtsymbolik (↑Lichtmetaphysik) des Mittelalters stehenden ›Theologie der Elektrizität‹ angeregt haben. Diese, damals neben dem Magnetismus stehende und von ihm noch nicht unterschiedene, rätselhafte Naturkraft erschien Denkern wie O. und P. Divisch als das augenfälligste Symbol Gottes und seiner Gegenwart in der Welt. Nach dem Studium Hauslehrertätigkeit in Norddeutschland und Studium der Schriften der Mystiker J. A. Bengel, J. Böhme und E. Swedenborg sowie der ↑Kabbala. Gegen die rationalistische Schulphilosophie entwickelte O. in dieser Zeit die Idee einer ›philosophia sacra‹, die in einer Weisheitslehre im Einklang mit der Hl. Schrift bestehen sollte. 1738 Pfarrer in Hirsau bei Calw und weiteren Pfarreien, 1745 Dekan zu Weinsberg, 1759 in Herrenberg, 1765 Prälat in Murrhardt. – In seinem mystisch geprägten Lehrsystem, der ↑›Theosophie‹, betonte O. gegen ↑Cartesianismus und ↑Rationalismus die Zusammengehörigkeit von Geist und Materie und den Primat des Lebens, das jeder Trennung als Einheit vorausliegt und sich im ↑›sensus communis‹ vor aller Verstandestätigkeit erfaßt. O. beeinflußte den schwäbischen ↑Pietismus und G. W. F. Hegel, vor allem auch die ↑Anthroposophie R. Steiners. Seine Lehre vom sensus communis wird von H.-G. Gadamer im Zusammenhang mit der Vorgeschichte der hermeneutischen Konzeption der Geisteswissenschaften hervorgehoben (Wahrheit und Methode. Grundzüge einer philosophischen Hermeneutik, Tübingen ^{3}1972, 24–27).

Werke: Sämtliche Schriften, I–XI, ed. K. C. E. Ehmann, Stuttgart 1858–1864 (I–V: Homiletische Werke, 1858) (repr. Abt. 2, Bde. 2, 3, ed. E. Beyreuther, Stuttgart 1977). – Sylloge Theologiae ex Idea vitae, deductae in sex locos redactae, Heilbronn 1753; Inquisitio in sensum communem et rationem [...], Tübingen 1753 (repr. Stuttgart-Bad Cannstatt 1964, Einl. H.-G. Gadamer, V–XXVIII); Die Wahrheit des Sensus Communis, in den nach dem Grund-Text erklärten Sprüchen und Prediger Salomo [...], Stuttgart o. J. [1753], Neudr. Tübingen 1781; Die Philosophie der Alten wiederkommend in der güldenen Zeit [...], Frankfurt/Leipzig 1762; Theologia ex idea vitae deducta in sex locos redactae quorum quilibet, Frankfurt 1765, in 2 Bdn. ed. K. Ohly, Berlin/New York 1979; Abhandlung, wie man die Heilige Schrift lesen, und die Thorheit Gottes weiser halten solle, als allen Menschen Wiz [...], o. O. 1769, ed. K. C. E. Ehmann, Reutlingen 1853; Die Metaphysic in Connexion mit der Chemie [...], Schwäbisch Hall o. J. [1768] (unter dem Namen Ferdinand Christoph Oetinger, nach J. Hamberger [s. u.] von Friedrich Christoph Oetinger), o. J. [1770]; Gedanken von den zwo Fähigkeiten zu empfinden und zu erkennen [...], Frankfurt/Leipzig 1775; Biblisches und Emblematisches Wörterbuch. Dem Tellerischen Wörterbuch und Anderer falschen Schrifterklärungen entgegen gesezt, Stuttgart 1776 (repr. Hildesheim/Zürich/New York 1969, 1987), unter dem Titel: F. C. O.. Biblisches und emblematisches Wörterbuch, I–II, ed. G. Schäfer Berlin/New York 1999; Beihülfe zum reinern Schrift-Verstand in kurzen Grundrissen und Erklärungen, Reutlingen 1839; Des Württembergischen Prälaten F. C. O. Selbstbiographie, ed. J. Hamberger, Vorw. G. H. v. Schubert, V–VII, Stuttgart 1845, Nachdr. Berlin 1851; Selbstbiographie. Genealogie der reellen Gedanken eines Gottesgelehrten, ed. J. Roessle, Metzingen 1961, ^{3}1990, ferner in: U. Kummer [s. u.], 65–118; F. C. O.s Leben und Briefe, als urkundlicher Commentar zu dessen Schriften, ed. K. C. E. Ehmann, Stuttgart 1859. – G. Mälzer, Die Werke der württembergischen Pietisten des 17. und 18. Jahrhunderts. Verzeichnis der bis 1968 erschienenen Literatur, Berlin/New York 1972, 231–279.

Literatur: C. A. Auberlen, Die Theosophie F. C. O.s. nach ihren Grundzügen. Ein Beitrag zur Dogmengeschichte und zur Geschichte der Philosophie, Tübingen 1847, Basel ^{2}1859; E. Benz, Swedenborg in Deutschland. F. C. O.s und Immanuel Kants Auseinandersetzung mit der Person und Lehre Emanuel Swedenborgs, Frankfurt 1947; ders., Theologie der Elektrizität. Zur Begegnung und Auseinandersetzung von Theologie und Naturwissenschaft im 17. und 18. Jahrhundert, Mainz, Wiesbaden 1971 (Akad. Wiss. u. Lit. Mainz, geistes- u. soz.wiss. Kl. 1970/12) (engl. The Theology of Electricity. On the Encounter and Explanation of Theology and Science in the 17th and 18th Centuries, Allison Park Pa. 1989); H. Ehmer, O., F. C., RGG VI (^{4}2003), 460; H. F. Fullenwider, F. C. O.. Wirkungen auf Literatur und Philosophie seiner Zeit, Göppingen 1976; H.-G. Gadamer, Einleitung, in: F. C. Oetinger, Inquisitio in sensum communem et rationem, Faks.-Neudr. Stuttgart-Bad Cannstatt 1964, V–XXVIII; S. Großmann, F. C. O.s Gottesvorstellung. Versuch einer Analyse seiner Theologie, Göttingen 1979; S. Holtz/G.

Betsch/E. Zwink (eds.), Mathesis, Naturphilosophie und Arkanwissenschaft im Umkreis F. C. O.s (1702–1782), Stuttgart 2005; U. Kummer, Autobiographie und Pietismus. F. C. O.s Genealogie der reellen Gedancken eines Gottes-Gelehrten. Untersuchungen und Edition, Frankfurt 2010; H. Lehmann, Pietismus und weltliche Ordnung in Württemberg vom 17. bis zum 20. Jahrhundert, Stuttgart etc. 1969; R. Piepmeier, Aporien des Lebensbegriffs seit O., Freiburg/München 1978; ders., O., F. C. (1702–1782), TRE XXV (1995), 103–109; W. Raupp, O., F. C., LThK VII (^{3}1998), 982–983; G. Spindler (ed.), Glauben und Erkennen. Die heilige Philosophie von F. C. O.. Studien zum 300. Geburtstag, Metzingen 2002; G. Wehr, F. C. O.. Theosoph, Alchymist, Kabbalist, Freiburg 1978; M. Weyer-Menkhoff, F. C. O., Wuppertal/Zürich, Metzingen 1990; ders., Christus, das Heil der Natur. Entstehung und Systematik der Theologie F. C. O.s., Göttingen 1990. C. F. G.

Offenbarung (engl. revelation, franz. révélation), Grundbegriff der meisten ↑Religionen und ↑Theologien, philosophisch behandelt in der ↑Religionsphilosophie, in der ↑Religionskritik und in der Diskussion um eine natürliche Religion (↑Religion, natürliche). Die historischen Vorstellungen und Formen von O. variieren, etwa als Vision oder Audition einer Epiphanie (*manifestatio*) in Natur oder Geschichte, als Apokalypsis (*revelatio*) und rettendes Endgericht (↑Eschatologie), als ›innere Stimme‹ (Gewissen, Sokratisches Daimonion), in der ↑Mystik und im ↑Neuplatonismus als Erleuchtung durch ein *lumen supranaturale* (↑lumen naturale). Die Hochreligionen gründen sich auf sprachliche Zeugnisse von O.. Ein entmythisiertes und gegen einen ›O.spositivismus‹ gerichtetes Verständnis des Phänomens der O. kann hervorheben, daß die Rede von O. in den Religionen sich auf geschichtliche (gegebenenfalls nicht historisch ausweisbare) Sprach-, Handlungs- und Widerfahrniszusammenhänge bezieht, an und in denen Menschen (individuell oder gemeinsam) eine neue, vorher unbekannte (›unableitbare‹) oder vergessene Möglichkeit und Wirklichkeit ihres existentiellen Welt- und Selbstverständnisses erfahrbar und lebbar wird, die zur Traditions- und Gemeindebildung und zu einer neuen Identität führt. Hervorzuheben ist die Seltenheit der großen, religionskonstitutiven O.en. Nach christlich-theologischen Auffassungen der Gegenwart läßt sich O. weder als subjektivistische Sondererfahrung (psychologisch) noch objektivistisch als historisches Mirakel verstehen, sondern vornehmlich als ›Kerygma‹, ›Wortgeschehen‹, als geschichtliches ›Sprachereignis‹ (R. Bultmann, G. Ebeling, E. Fuchs), als ›Manifestation dessen, was uns unbedingt angeht‹ (P. Tillich, Systematische Theologie I, Stuttgart, Berlin/New York 1955, 134).

Literatur: M. Bongardt, Einführung in die Theologie der O., Darmstadt 2005, ^{2}2009; M. Brumlik, Vernunft und O.. Religionsphilosophische Versuche, Berlin/Wien 2001, Leipzig ^{2}2012; E. Brunner, O. und Vernunft. Die Lehre von der christlichen Glaubenserkenntnis, Zürich 1941, Zürich/Stuttgart, Darmstadt ^{2}1961 (repr. Wuppertal 2007) (engl. Revelation and Reason. The Christian Doctrine of Faith and Knowledge, Philadelphia Pa. 1946, London 1947); R. K. Bultmann, Der Begriff der O. im Neuen Testament, Tübingen 1929; H. Bürkle, O., LThK VII (^{3}1998), 983–995; A. R. Dulles, Models of Revelation, Garden City N. Y., Dublin 1983, Maryknoll N. Y. 1994; G. Ebeling, Dogmatik des christlichen Glaubens I, Tübingen 1979, ^{4}2012, 246–257 (Der Begriff der O.); H. H. Farmer, Revelation and Religion. Studies in the Theological Interpretation of Religious Types, London 1954 (repr. Lewiston N. Y. 1999), 1961; J. Figl u. a., O., RGG VI (^{4}2003), 461–485; R. Guardini, Die O.. Ihr Wesen und ihre Formen, Würzburg 1940; ders., Religion und O., Würzburg 1958, Mainz, Paderborn 1990; T. Hanke, Die O. innerhalb der Grenzen der bloßen Vernunft. Eine Studie zu Kants philosophischem Begriff der O., Berlin/Münster 2009; R. Heinzmann/M. Selçuk (eds.), O. in Christentum und Islam, Stuttgart 2011; K. Jaspers, Der philosophische Glaube angesichts der O., München 1962, München/Zürich, Darmstadt ^{3}1984; ders./H. Zahrnt, Philosophie und O.sglaube. Ein Zwiegespräch, Hamburg 1963; J. Mader, O. als Selbstoffenbarung Gottes. Hegels Religionsphilosophie als Anstoß für ein neues O.sverständnis in der katholischen Theologie des 19. Jahrhunderts, Münster/Hamburg/London 2000; J.-L. Marion, Le visible et le révélé, Paris 2005, 2010 (engl. The Visible and the Revealed, New York 2008); H. R. Niebuhr, The Meaning of Revelation, New York/London 1941, Louisville Ky. 2006; W. Pannenberg (ed.), O. als Geschichte, Göttingen 1961, ^{5}1982 (engl. Revelation as History, New York/London 1968, London 1979); Red. u. a., O., Hist. Wb. Ph. VI (1984), 1105–1130; N. Schiffers/K. Rahner, O., in: K. Rahner u. a. (eds.), Sacramentum Mundi. Theologisches Lexikon für die Praxis III, Freiburg/Basel/Wien 1969, 819–843; E. C. F. A. Schillebeeckx, Openbaring en theologie, Bilthoven 1964 (dt. O. und Theologie, Mainz 1965; franz. Révélation et théologie, Brüssel, Paris 1965; engl. Revelation and Theology, London/New York 1967, 1979); E. Simons, Philosophie der O.. In Auseinandersetzung mit ›Hörer des Wortes‹ von Karl Rahner, Stuttgart etc. 1966; K. v. Stosch, O., Paderborn etc. 2010; R. Swinburne, Revelation. From Metaphor to Analogy, Oxford 1992, Oxford etc. ^{2}2007; ders., Revelation, REP VIII (1998), 297–300; P. Tillich, Systematic Theology I, Chicago Ill. 1951, London 1978 (dt. Systematische Theologie I, Stuttgart, Berlin/New York 1955, Frankfurt, Darmstadt ^{8}1984 [repr. I–II in einem Bd. Berlin/New York 1987]; franz. Théologie systématique I, Paris 1970, Paris/Genf/Québec 2000); A. Velthaus, Hans Alberts Kritik am O.sgedanken, Frankfurt/Bern/New York 1986; H. Waldenfels, Einführung in die Theologie der O., Darmstadt 1996; B. Welte, Geschichtlichkeit und O., ed. B. Casper/I. Feige, Frankfurt 1993; G. Wießner u. a., O., TRE XXV (1995), 109–210. T. R.

Öffentlichkeit (engl. public sphere publicity, franz. publicité), in *deskriptiver* Verwendung Bezeichnung sowohl für die Zugänglichkeit und Wahrnehmbarkeit von Zuständen, Vorgängen und Ereignissen für jedermann als auch für den im Prinzip offenen, unbegrenzten Kreis derer, die Zugang haben. In *normativer* Verwendung ist Ö. eine aus dem Anspruch der theoretischen Vernunft (↑Vernunft, theoretische) auf allgemeine Anerkennung ihrer Aussagen und der praktischen Vernunft (↑Vernunft, praktische) auf allgemeine Anerkennung ihrer Handlungsanweisungen resultierende Forderung nach unbeschränkter Offenlegung derartiger Aussagen und Anweisungen, um ihre Prüfung durch jeden Sachverständigen zu ermöglichen. Insbes. ist die Ö. aller wesentlichen Vorgänge im rechtlichen, politischen und ökonomischen Bereich und die Beteiligung der Ö. an der politischen Meinungs- und Willensbildung Kennzeichen einer funktionierenden Demokratie. Erst die bürgerlichen Revolutionen und Verfassungsreformen des 17. und 18. Jhs. haben gegen den ↑Absolutismus Ö. wieder durchgesetzt. I. Kant erweitert den ›Wahlspruch der ↑Aufklärung‹, sich seines eigenen Verstandes zu bedienen, um den Grundsatz, »von seiner Vernunft in allen Stücken *öffentlichen Gebrauch* zu machen« (Was ist Aufklärung?, Akad.-Ausg. VIII, 35–36), und macht die ›Form der Publizität‹ zur Bedingung der ›Einhelligkeit der Politik mit der Moral‹, so daß politisches Handeln nur soweit legitim ist, als seine ↑Maximen öffentlich sein können (Zum ewigen Frieden, Akad.-Ausg. VIII, 381), also universalisierbar sind (↑Universalisierung). Kant hat jedoch die Möglichkeit zu politischer Partizipation des Einzelnen an den Besitz von Privateigentum (↑Eigentum) geknüpft. Damit erscheint bei ihm wie im ↑Liberalismus die Sphäre der Ö. vorzugsweise als das Wirkungsfeld besitzender Privatleute, wodurch die normative Idee der Ö. im Sinne der Beeinflußbarkeit politischer Vorgänge durch jedermann in Frage gestellt ist. – Im Zuge der Explikation der strukturellen und normativen Voraussetzungen und Verengungen liberal-bürgerlicher, kapitalistisch geprägter moderner Gesellschaften unterscheidet J. Habermas in »Strukturwandel der Ö.« Niveaus von Ö.: ›hergestellte‹, ›publizistisch aufbereitete‹, ›qualifizierte‹ und ›kritische‹ Ö.. – Die modernen Massendemokratien tendieren mit ihren ins Unbegrenzte wachsenden technischen Möglichkeiten der Kontrolle und Beeinflussung zur Ausschaltung autonomer Meinungs- und Willensbildungsprozesse und damit zur Aufhebung sowohl der öffentlichen als auch der Privatsphäre.

Literatur: M. Beetz, Die Rationalität der Ö., Konstanz 2005; K. Blesenkemper, ›Publice Age‹. Studien zum Ö.sbegriff bei Kant, Frankfurt 1987; C. Calhoun (ed.), Habermas and the Public Sphere, Cambridge Mass./London 1992, 1996; N. Crossley/J. M. Roberts (eds.), After Habermas. New Perspectives on the Public Sphere, Oxford/Malden Mass. 2004, 2006; V. Gerhardt, Ö.. Die politische Form des Bewusstseins, München 2012; J. Habermas, Strukturwandel der Ö.. Untersuchungen zu einer Kategorie der bürgerlichen Gesellschaft, Neuwied/Berlin 1962, Frankfurt [12]2010; R. Heming, Ö., Diskurs und Gesellschaft. Zum analytischen Potential und zur Kritik des Begriffs der Ö. bei Habermas, Wiesbaden 1997; P. U. Hohendahl (ed.), Ö. – Geschichte eines kritischen Begriffs, Stuttgart/Weimar 2000; L. Hölscher, Ö., Hist. Wb. Ph. VI (1984), 1134–1140; M. Honekker, Ö., TRE XXV (1995), 18–26; V. Hösle, Philosophie und Ö., Würzburg 2003; O. Jarren/K. Imhof/R. Blum (eds.), Zerfall der Ö., Wiesbaden 2000; J. Keienburg, Immanuel Kant und die Ö. der Vernunft, Berlin/New York 2011; P. Kivisto, Public Sphere, IESS VI ([2]2008), 623–625; C. Kolbe, Digitale Ö.. Neue Wege zum ethischen Konsens, Berlin 2008; L. Laberenz (ed.), Schöne neue Ö.. Beiträge zu Jürgen Habermas' »Strukturwandel der Öffentlichkeit«, Hamburg 2003; B. Lösch, Deliberative Politik. Moderne Konzeptionen von Ö., Demokratie und politischer Partizipation, Münster 2005; T. F. Murphy, Public Sphere, NDHI V (2005), 1964–1967; F. Neidhardt (ed.), Ö., öffentliche Meinung, soziale Bewegungen, Opladen 1994; H. Plessner, Das Problem der Ö. und die Idee der Entfremdung, Göttingen 1960; M. Ritter, Die Dynamik von Privatheit und Ö. in modernen Gesellschaften, Wiesbaden 2008; J. A. Swanson, The Public and the Private in Aristotle's Political Philosophy, Ithaca N. Y./London 1992, 1994; P. Weingart, Die Wissenschaft der Ö.. Essays zum Verhältnis von Wissenschaft, Medien und Ö., Weilerswist 2005, [2]2006; M. Wendelin, Medialisierung der Ö.. Kontinuität und Wandel einer normativen Kategorie der Moderne, Köln 2011; L. Wingert/K. Günther, Die Ö. der Vernunft und die Vernunft der Ö.. Festschrift für Jürgen Habermas, Frankfurt 2001. R. Wi.

Oinopides von Chios, Athen 2. Hälfte des 5. Jhs. v. Chr., griech. Astronom, Mathematiker und Geometer, stand einer wenig gesicherten Überlieferung nach den ↑Pythagoreern nahe. O. nahm neben der Luft das Feuer als Grundstoff an. Astronomische Beobachtungen versuchte er mit Hilfe mathematischer Überlegungen zu erklären. Beispiele sind die von O. *wahrscheinlich* durchgeführte erste Berechnung der Schiefe der Ekliptik und des Abstandes der Ebene durch die Ekliptik von der Äquatorebene sowie die Bestimmung der Länge des ›Großen Jahres‹, d. h. des kleinsten Zeitraumes, innerhalb dessen Sonne, Mond und bei O. vermutlich auch die Planeten in die gleichen relativen Positionen zueinander zurückkehren. O. berechnete 59 Jahre; das Sonnenjahr bestimmte er mit 36522/59 Tagen, die Mondperiode mit 29,53 Tagen. In der Mathematik forderte O. vermutlich die Beschränkung der geometrischen Konstruktionsmittel auf Zirkel und Lineal. Diese Präzisierung des Konstruktionsbegriffs gestattete O. innerhalb mathematischer Theorien die Unterscheidung von Lehrsätzen (Theoremen) und Konstruktionsaufgaben (Problemen), die sich später auch in den »Elementen« Euklids findet. – Von O. stammt ferner eine, allerdings schon im Altertum kritisierte, Theorie der jährlichen Nilüberschwemmungen.

Texte: VS 41.

Literatur: I. M. Bodnár, Oinopidès de Chios, in: R. Goulet (ed.), Dictionnaire des philosophes antiques IV (De Labeo à Ovidius), Paris 2005, 761–767; ders., Oenopides of Chius. A Survey of the Modern Literature with a Collection of the Ancient Testimonia, Berlin 2007; I. Bulmer-Thomas, Oenopides of Chios, DSB X (1974), 179–182; K. v. Fritz, O., RE XVII/2 (1937), 2258–2272; ders., O. v. C., LAW (1965), 2122; T. Heath, Aristarchus of Samos. The Ancient Copernicus [...], Oxford 1913, Mineola N. Y. 2004, 130–133; ders., A History of Greek Mathematics I (From Thales to Euclid), Oxford 1921, Bristol 1993, bes. 174–176; W. Hübner, O. v. C., DNP VIII (2000), 1147–1148; M. Laura Gemelli-Marciano, Ein neues Zeugnis zu O. v. C. bei

Iohannes Tzetzes. Das Problem der Nilschwelle, Mus. Helv. 50 (1993), 79–93; J. Mau, O., KP IV (1972), 263–264; P. Tannery, La grande année d'Aristarque de Samos [1888], in: ders., Mémoires scientifiques II (Sciences exactes dans l'Antiquité 1883–1898), ed. J. L. Heiberg/H. G. Zeuthen, Paris/Toulouse 1912 (repr. Paris 1995), 345–366; L. Zhmud, The Origin of the History of Science in Classical Antiquity, Berlin/New York 2006, bes. 260– 267 (Chap. 7.5 Oenopides of Chios). G. W.

Oken (eigentlich Okenfuss), Lorenz, *Bohlsbach bei Offenburg 1. Aug. 1779, †Zürich 11. Aug. 1851, dt. Naturforscher und Philosoph. Nach Studium der Medizin 1800–1805 an den Universitäten Freiburg, Würzburg und Göttingen 1807–1819 Prof. für Medizin in Jena, 1828–1832 in München, danach an der Universität Zürich, deren erster Rektor O. war. Gründer und Herausgeber der weitverbreiteten enzyklopädischen Zeitschrift »Isis« (1817–1848), die neben biologisch-medizinischen und naturhistorischen auch naturphilosophisch-spekulative und politische Aufsätze enthielt. Seine Professur in Jena verlor O. aus politischen Gründen (Wartburgfest). Begründer der Versammlung Deutscher Naturforscher und Ärzte (1822). – O. gilt neben F. W. J. Schelling, durch dessen ↑Identitätsphilosophie er stark beeinflußt wurde, und J. W. v. Goethe als einer der führenden Vertreter der romantischen Naturphilosophie (↑Naturphilosophie, romantische) und Metamorphosenlehre. So vertritt O. die These, daß der Schädelknochen nichts anderes als ein ausgebildeter Wirbel sei, und wiederholt damit unabhängig von Goethe, mit dem es zu einem Prioritätsstreit kommt, eine von dessen naturphilosophischen Hauptvermutungen. Von besonderer Bedeutung ist seine vitalistische (↑Vitalismus) Theorie des Urschleims, aus dem unter dem Formprinzip menschlicher ↑Entelechie alles Leben entstanden sei. Das Lebensprinzip ist Selbsterregung. Im Menschen werden alle im Tierreich noch auseinandergelegten lebendigen Potenzen organisch vereinigt und aktualisiert. Kennzeichnend für O. ist der Versuch, mathematische Spekulationen mit naturphilosophischen Gehalten zu vermitteln. Philosophisch ist seine Position ein Naturpantheismus (↑Pantheismus), der die Entstehung von Leben und Geist nach dem Potenz-Akt-Schema dynamisch als Verendlichung eines indifferenten Absoluten und als Rückkehr zur Indifferenz faßt.

Werke: Gesammelte Werke, ed. T. Bach/O. Breidbach/D. v. Engelhardt, Weimar 2007 ff. (erschienen Bde I–II). – Uebersicht des Grundrisses des Sistems der Naturfilosofie und der damit entstehenden Theorie der Sinne, Frankfurt 1802, 1804; Die Zeugung, Bamberg 1805; Abriss der Naturphilosophie. Bestimmt zur Grundlage seiner Vorlesungen über Biologie, Göttingen 1805; Ueber die Bedeutung der Schädelknochen. Ein Programm beim Antritt der Professur and der Gesammt-Universität zu Jena [...], Jena, Bamberg 1807, ferner in: Die Wirbelmetamorphose des Schädels [s. u.], 55–72; Erste Ideen zur Theorie des Lichts, der Finsterniss, der Farben und der Wärme, Jena 1808; Über das Universum als Fortsetzung des Sinnensystems. Ein pythagoräisches Fragment, Jena 1808; Lehrbuch der Naturphilosophie, I–III, Jena 1809–1811, in 1 Bd., Zürich ^{3}1843, Hildesheim/Zürich/New York 1991, Weimar 2007 (= Ges. Werke II) (engl. Elements of Physiophilosophy, London 1847); Lehrbuch der Naturgeschichte, I–III [in 5 Bdn.], Leipzig 1813–1826; Allgemeine Naturgeschichte für alle Stände, I–VII [in 13 Bdn.], Stuttgart 1833–1841; Universal-Register zu O.s Allgemeiner Naturgeschichte, Stuttgart 1842; J. W. v. Goethe/L. O., Die Wirbelmetamorphose des Schädels, ed. H. Wohlbold, München 1924; Gesammelte Schriften. Die sieben Programme zur Naturphilosophie, Physik, Mineralogie, Vergleichenden Anatomie und Physiologie, ed. J. Schuster, Berlin 1939; Frühe Schriften zur Naturphilosophie, Weimar 2007 (= Ges. Werke I).

Literatur: H. Boeschenstein, O., Enc. Ph. V (1967), 535–536; H. Brandt Butscher, O., in: N. Koertge (ed.), New Dictionary of Scientific Biography V, Detroit etc. 2008, 331–335; H. Bräuning-Oktavio, O. und Goethe im Lichte neuer Quellen, Weimar 1959; O. Breidbach/H.-J. Fliedner/K. Ries (eds.), L. O. (1779–1851). Ein politischer Naturphilosoph, Weimar 2001 (mit Bibliographie, 251–268); S. Büttner, O., NDB XIX (1999), 498–499; A. Ecker, L. O.. Eine biographische Skizze. Gedächtnißrede zu dessen hundertjähriger Geburtstagsfeier [...], Stuttgart 1880 (engl. L. O.. A Biographical Sketch, or ›In Memoriam‹ of the Centenary of His Birth [...], London 1883); D. v. Engelhardt, O., in: W. Killy/R. Vierhaus (eds.), Deutsche Biographische Enzyklopädie VII, München 1998, 482–483; ders., O., in: Biographische Enzyklopädie deutschsprachiger Philosophen, München 2001, 310–311; B. Gower, O., REP VII (1998), 92–93; C. Güttler, L. O. und sein Verhältniss zur modernen Entwickelungslehre. Ein Beitrag zur Geschichte der Naturphilosophie, Leipzig 1884; G. W. Hübner, O.s Naturphilosophie prinzipiell und kritisch bearbeitet, Diss. Leipzig 1909; M. Klein, O., DSB X (1974), 194–196; E. Kuhn-Schnyder, L. O. (1779–1851). Erster Rektor der Universität Zürich. Festvortrag zur Feier seines 200. Geburtstages, Zürich 1980; B. Milt, L. O. und seine Naturphilosophie, Vierteljahrsschr. Naturforschenden Ges. Zürich 96 (1951), 181–202; S. Mischer, Der verschlungene Zug der Seele. Natur, Organismus und Entwicklung bei Schelling, Steffens und O., Würzburg 1997; P. C. Mullen, The Romantic as Scientist. L. O., Stud. Romanticism 16 (1977), 381–399; M. Pfannenstiel, Die Entdeckung des menschlichen Zwischenkiefers durch Goethe und O.. Auf Grund neuer Dokumente dargestellt, Naturwiss. 36 (1949), 193–198; ders./R. Zaunick, L. O. und J. W. von Goethe dargestellt auf Grund neu erschlossener Quellenzeugnisse, Sudh. Arch. 33 (1940/1941), 113–173, separat, ed. R. Zaunick, Leipzig 1941 (= Aus dem Leben und Werk von L. O. II); W. Proß, L. O.. Naturforschung zwischen Naturphilosophie und Naturwissenschaft, in: N. Saul (ed.), Die deutsche literarische Romantik und die Wissenschaften, München 1991, 44–71; J. Schuster, O.. Der Mann und das Werk. Vortrag, Berlin 1922; P. Tort, O., DP II (^{2}1993), 2155–2156. – Sonderheft O., Ber. Naturforschenden Ges. Freiburg i. Br. 41 (1951), 1–118 (mit Bibliographie, 101–118). S. B.

Okkasionalismus (von lat. occasio, Gelegenheit, Anlaß), Bezeichnung für eine im ↑Cartesianismus entwickelte Konzeption zur Lösung des durch die Cartesische Zwei-Substanzen-Lehre (↑Dualismus, ↑res cogitans/res extensa) entstandenen ↑Leib-Seele-Problems. Im Gegensatz zur interaktionistischen (↑Interaktionismus) Konzeption des so genannten ›Influxionismus‹ (↑influxus physicus) sucht der O., ausgehend von der phänomenalen Einheit von Leib und Seele sowie in Wiederanknüpfung an scholastische Vorstellungen eines ↑concursus Dei, das Problem einer physischen (organischen) Verbindung und kausalen Wechselwirkung der körperlichen und der seelisch-geistigen Substanz durch die Annahme eines direkten göttlichen Eingriffs ›bei Gelegenheit‹ bzw. durch eine von Gott bewirkte andauernde Korrespondenz beider Substanzen zu erklären (›natürliche‹ Ursachen treten dieser Konzeption nach gegenüber dem Wirken Gottes lediglich als Gelegenheitsursachen, *causae occasionales*, auf).

Hauptvertreter des O. sind, neben G. de Cordemoy, A. Geulincx und N. Malebranche. Nach Geulincx bilden, da man nicht bewirken kann, wovon man nicht weiß, wie es geschieht (Annotata ad Ethicam, Opera philosophica III, ed. J. P. M. Land, Den Haag 1893, 205–207), Wille und Intellekt nur den Anlaß (*causa occasionalis*), nicht die Ursache dessen, was sie scheinbar bewirken. Die Passivität als Eigenschaft der *res extensa* (innerhalb der Cartesischen Konzeption) wird so zu einer Eigenschaft auch der *res cogitans* erweitert (der Mensch, als *res cogitans*, wird zum Beobachter einer Maschine, seiner *res extensa*, die allein von Gott gelenkt wird; vgl. Ethica I 2 § 2, Opera philosophica III, 33). Auf eine andauernde Korrespondenz von *res extensa* und *res cogitans* bezogen tritt bei Geulincx in diesem Zusammenhang bereits das von G. W. Leibniz im Rahmen seiner alternativen Konzeption einer prästabilierten Harmonie (↑Harmonie, prästabilierte) verwendete Bild zweier synchron gehender Uhren auf (Annotata ad Ethicam, Opera philosophica III, 212). Malebranches ›okkasionalistische‹ Lösung des Leib-Seele-Problems, die in wesentlichen Punkten der von Geulincx entspricht, erfolgt vor dem Hintergrund der allgemeinen Annahme, daß es keine notwendige Verbindung zwischen Ereignissen gibt. Alles Geschehen, darunter auch die Wechselwirkung von Leib und Seele, kommt vielmehr wiederum durch den unmittelbaren Eingriff Gottes zustande (vgl. Méditations chrétiennes et métaphysiques [1683] 5.14–5.17, 6.11 [Œuvres X, ed. H. Gouhier/A. Robinet, Paris 1959, 53–55, 62–63]). Ein deutscher Vertreter der okkasionalistischen Lösung, die ihrerseits pantheistische Vorstellungen impliziert (↑Pantheismus), ist J. Clauberg mit seiner Unterscheidung zwischen einer *causa libera*, d. h. Gott, und *causae procatarcticae*, d. h. körperlichen Ursachen, die bei gegebenem Anlaß bestimmte Vorstellungen der Seele bewirken. Als Vorläufer gilt, hinsichtlich seiner Vorstellung von Kausalität und Notwendigkeit, Algazel.

Literatur: J.-C. Bardout, Occasionalism. La Forge, Cordemoy, Geulincx, in: S. Nadler (ed.), A Companion to Early Modern Philosophy, Malden Mass./Oxford/Carlton 2002, 140–151; V. Carraud, Causa sive ratio. La raison de la cause, de Suarez à Leibniz, Paris 2002, bes. 343–390 (Kap. IV ›Causa aut ratio‹: Malebranche); K. Clatterbaugh, The Causation Debate in Modern Philosophy 1637–1739, New York/London 1999, bes. 97–127 (Chap. 5 The Temptation of Occasionalism: Le Grand and Malebranche); M. Fakhry, Islamic Occasionalism and Its Critique by Averroës and Aquinas, London 1958, London/New York 2008; M. Ferrandi, L'action des créatures. L'occasionalisme et l'efficace des causes secondes, Paris 2003; P. Janssen, O., TRE XXV (1995), 210–216; A. de Lattre, L'occasionalisme d'Arnold Geulincx. Étude sur la constitution de la doctrine, Paris 1967; S. Lee, Occasionalism, SEP 2008; F. de Matteis, L'occasionalismo e il suo sviluppo nel pensiero di N. Malebranche, Neapel 1936; S. Nadler (ed.), Causation in Early Modern Philosophy. Cartesianism, Occasionalism, and Preestablished Harmony, University Park Pa. 1993; ders., Occasionalism. Causation among the Cartesians, Oxford 2011, 2012; W. R. Ott, Causation and Laws of Nature in Early Modern Philosophy, Oxford etc. 2009, 2012, bes. 35–78 (Part I The Cartesian Predicament), 78–129 (Part II The Dialectic of Occasionalism); D. Perler, Ordnung und Unordnung in der Natur – Zum Problem der Kausalität bei Malebranche, in: A. Hüttemann (ed.), Kausalität und Naturgesetz in der Frühen Neuzeit, Stuttgart 2001 (Stud. Leibn. Sonderheft XXXI), 115–137; ders., Occasionalismus, RGG VI ([4]2003), 452–453; ders./U. Rudolph, Occasionalismus. Theorien der Kausalität im arabisch-islamischen und im europäischen Denken, Göttingen 2000 (Abh. Akad. Wiss. Göttingen, philol.-hist. Kl., 3. F., 235); D. Radner, Occasionalism, in: G. H. R. Parkinson (ed.), Routledge History of Philosophy IV (The Renaissance and Seventeenth-Century Rationalism), London/New York 1993, 2003, 349–383; U. Renz/H. van Ruler, O., EP II ([2]2010), 1843–1846; G. Rodis-Lewis, Der Cartesianismus in Frankreich, in: J.-P. Schobinger (ed.), Die Philosophie des 17. Jahrhunderts II (Frankreich und Niederlande), Basel 1993, 398–445, 465–471, bes. 405–423, 467 (§ 14/B Der Occasionalismus); R. Specht, Commercium mentis et corporis. Über Kausalvorstellungen im Cartesianismus, Stuttgart-Bad Cannstatt 1966; ders., Occasionalismus, Hist. Wb. Ph. VI (1984), 1090–1091; L. Stein, Antike und mittelalterliche Vorläufer des Occasionalismus, Arch. Gesch. Philos. 2 (1889), 193–245; weitere Literatur: ↑Geulincx, Arnold, ↑influxus physicus, ↑Leib-Seele-Problem, ↑Malebranche, Nicole. J. M.

Ökologie (von griech. οἶκος, Haus, und λόγος, Lehre), Bezeichnung für eine Teildisziplin der ↑Biologie, die als Lehre vom ›Haushalt‹ der Natur (E. Haeckel, Generelle Morphologie der Organismen [...], I–II, Berlin 1866) die gesamte Wissenschaft von den Beziehungen des ↑Organismus zu seiner ↑Umwelt umfaßt. Zu ihren zentralen Begriffen, die auch eine Reihe von naturphilosophischen Implikationen enthalten, gehören Ökosystem und ökologisches ↑Gleichgewicht. Ein *Ökosystem* ist ein ›Wirkungsgefüge von Lebewesen und deren anorganischer Umwelt, das sich weitgehend selbst reguliert‹ (G. Osche, 1973). Zu den Größen, die reguliert werden, gehören alle wesentlichen Komponenten eines Ökosystems wie Populationsdichten, Energieflüsse oder Stoffumsätze. Die Aussage, daß ein Ökosystem sich selbst reguliert, ist in diesem Zusammenhang besonders wichtig. Sie bringt zum Ausdruck, daß Schwankungen in den Bestandsgrößen einzelner ↑Arten (↑Art, natürliche), in den Energieflüssen oder in den Stoffumsätzen zwischen Arten auf Grund systemimmanenter Ausgleichsmechanismen so gedämpft werden, daß sich das Gesamtsystem annähernd in einem Gleichgewichtszustand befindet. Weil Ökosysteme mit ihrer Umgebung ständig Energie und Materie austauschen, ist das ökologische Gleichgewicht kein statisches Gleichgewicht, sondern ein Fließgleichgewicht. Im Fließgleichgewicht bilanzieren sich alle Zu- und Abflüsse, so daß z. B. der Bestand einer Art konstant bleibt, obgleich in dem System laufend Individuen auf- und abgebaut werden. Das ökologische Gleichgewicht ist mithin ein stationärer Zustand eines Ökosystems, in dem alle Schwankungen über Regelmechanismen (↑Kybernetik) ausgeglichen werden.

In der Definition des Ökosystems sind einige begriffliche Schwierigkeiten angelegt. So ist die räumliche Abgrenzung eines Ökosystems, sofern nicht die gesamte Welt als ein Ökosystem betrachtet wird, nur schwer zu vollziehen. Der Ausdruck ›selbstregulierend‹ wird denn auch in der Definition durch den Ausdruck ›weitgehend‹ relativiert. Dasjenige Wirkungsgefüge von Lebewesen und anorganischer Umwelt, das als ein spezielles Ökosystem angesehen wird, wird folglich in seinem Umfang genau durch die hinreichende Erfüllung der Gleichgewichtsforderung definiert. Die Definition trägt der Tatsache Rechnung, daß es in Wirklichkeit kein vollständiges Gleichgewicht in Ökosystemen gibt, sondern daß der Begriff des ökologischen Gleichgewichts eine *Idealisierung* darstellt, die nur in angenäherter Form in der Realität verwirklicht ist. Entscheidend für die Stabilität

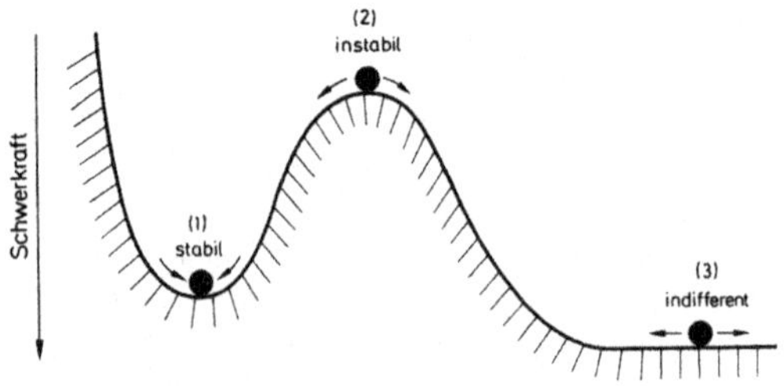

Abb. 1: Erläuterung verschiedener Gleichgewichtsbegriffe. Als Modell dient eine Kugel, die nur dem Einfluß der Schwerkraft unterliegt. (1) Stabiles Gleichgewicht: nach kleinen Auslenkungen um die Gleichgewichtslage kehrt die Kugel immer in ihre Ausgangslage zurück. (2) Instabiles Gleichgewicht: nach einer kleinen Auslenkung um die Gleichgewichtslage kehrt die Kugel nicht mehr in ihre Ausgangslage zurück, sondern entfernt sich immer mehr von ihr. (3) Indifferentes Gleichgewicht: nach jeder Auslenkung um die Gleichgewichtslage verweilt die Kugel in einer Ruhestellung. – Der hier definierte Stabilitätsbegriff läßt sich ohne weiteres auf das ökologische Gleichgewicht übertragen. Den Auslenkungen der Kugel entsprechen dort Schwankungen in den Systemparametern, z. B. den Populationszahlen.

eines Ökosystems ist offenbar sein Verhalten gegenüber Schwankungen (Fluktuationen) in den Systemkomponenten. Diese werden entweder aus dem System selbst heraus erzeugt oder treten als Störungen von außen auf. Im Prinzip gibt es drei Grundmuster, wie ein komplexes System auf Fluktuationen reagieren kann: es kann die Schwankungen dämpfen, es kann sich gegenüber den Schwankungen indifferent verhalten, und es kann die Schwankungen verstärken (Abb. 1).

Die totale Schwankungskontrolle und damit die Aufrechterhaltung eines idealen Gleichgewichtszustandes (wie es z. B. das chemische Gleichgewicht darstellt) würde für ein Ökosystem das Ende aller Innovationsprozesse bedeuten. Denn aus den Schwankungen (z. B. Auftreten neuer Arten) können erst die Neuerungen hervorgehen, die eine Komplexitätserweiterung des Systems mit sich bringen. Aber auch ein System, das sich gegenüber Schwankungen völlig indifferent verhält, entspricht offenbar nicht der ökologischen Wirklichkeit. Ein solches Verhalten wäre nämlich nur in einem absolut kopplungsfreien System möglich und würde automatisch zu einem chaotischen Systemverhalten (›random drift‹) führen. In einem komplexen System, in dem weder positive noch negative Rückkopplungen existieren, kann auf Dauer kein Ordnungszustand aufrechterhalten werden. Ein System, in dem wiederum jede Schwankung verstärkt wird, ist ebenfalls instabil. Auch hier käme es binnen kurzer Zeit zum Abbau und Zusammenbruch der gesamten strukturellen und funktionellen Vielfalt.

Als besonders flexibel gegenüber Fluktuationen erweisen sich offenbar solche Systeme, denen alle drei Mechanismen der Schwankungskontrolle zur Verfügung stehen. In Ökosystemen haben denn auch insbes. die Schwankungsdämpfung und die Schwankungsverstärkung eine gleichrangige Bedeutung: So muß ein vorteilhafter Ordnungszustand vorübergehend stabilisiert werden können. Dies erfolgt durch eine Schwankungskontrolle mit negativer Rückkopplung. Andererseits muß das System Innovationen integrieren können. Dies geschieht durch Verstärkung vorteilhafter Schwankungen auf Grund positiver Rückkopplung. Erst die Möglichkeit der Schwankungsverstärkung erlaubt dem System ein evolutives, d. h. neue Ordnung erzeugendes Verhalten. Innovationen sind also nur über Nichtgleichgewichtsprozesse nutzbar, in deren Verlauf es zu irreversiblen (↑reversibel/Reversibilität) Zustandsänderungen kommt (↑Selbstorganisation). Evolutionstheoretisch (↑Evolution, ↑Evolutionstheorie) gesehen ist das ökologische Gleichgewicht ein *metastabiles* Gleichgewicht. Immer wenn selektiv günstige Schwankungen innerhalb des Systems auftreten, bricht das ursprüngliche Gleichgewicht zusammen; es stellt sich ein neues Gleichgewicht mit einem besser adaptierten Ordnungs- und Komplexitätsgefüge ein. Da solche systemerneuernden Instabilitäten in komplexen Ökosystemen nur außerordentlich selten auftreten, erscheint das ökologische Gleichgewicht über längere Zeit hinweg stabil. – Die Fähigkeit zur Instabilität ist ein konstitutives Element eines jeden Ökosystems und hat für dessen Entstehung und Evolution eine tiefgreifende Bedeutung. Die von seiten des Naturschutzes vielfach erhobene Forderung, man müsse für Ökosysteme den *status quo* festschreiben, steht damit im Gegensatz zu den biologischen Gegebenheiten. In welcher Form das ökologische Gleichgewicht heute bedroht ist, läßt sich am Beispiel eines einfachen Räuber-Beute-Systems verdeutlichen.

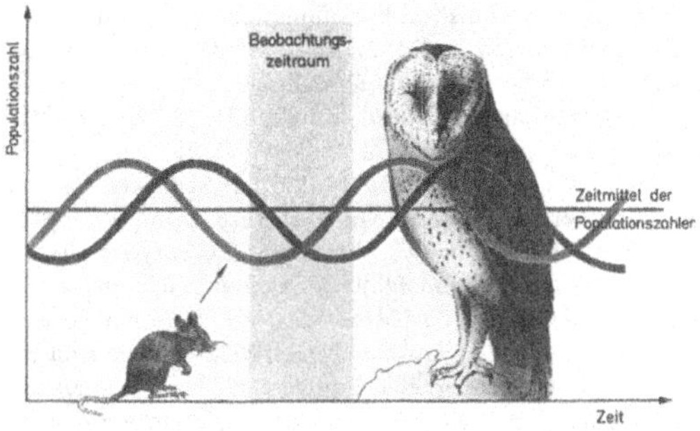

Abb. 2: Räuber-Beute-Wechselbeziehung nach dem Lotka-Volterra-Modell, das von Alfred Lotka (1880–1949) und Vito Volterra (1860–1940) unabhängig voneinander in den 1920er Jahren formuliert wurde. Das Modell betrachtet die Populationsgrößen einer Räuber- und einer Beutespezies und besagt, daß diese Größen periodisch schwanken, im Mittel aber unverändert bleiben. Durch die wechselseitige Abhängigkeit der Wachstumsraten von Räuber- und Beutepopulation wird in dem System langfristig ein Gleichgewicht aufrechterhalten, obwohl sich die Populationen in kurzen Zeiträumen nicht im Gleichgewicht befinden. Das Bild (aus: B.-O. Küppers, 1982, 67) zeigt idealisierte Populationskurven, wie sie das mathematische Modell liefert.

Sind die Beutetiere (z. B. Mäuse) in großer Individuenzahl vorhanden, so werden sich auch die Räuber (z. B. Schleiereulen) wegen der günstigen Nahrungsbedingungen stark vermehren können (vorausgesetzt, es gibt keine dichteregulierende Begrenzung durch die Umwelt). Eine Zunahme des Räubers führt jedoch (bei Nahrungsspezialisten) zu einer Dezimierung der Beute und als Folge hiervon wiederum zu einer Abnahme des Räubers. Da die Schwankungen in der Individuenzahl von Räuber und Beute mittels einer negativen Rückwirkung miteinander gekoppelt sind, üben sie gegenseitig einen regulierenden und stabilisierenden Einfluß aus. Die Populationszahlen von Räuber und Beute schwanken um einen definierten Mittelwert, so daß sich das System (über längere Zeiträume betrachtet) in einem stationären Zustand befindet.

Wird durch einen äußeren Eingriff die Individuenzahl von Räuber und Beute in gleichem Umfang reduziert, so erholt sich die Population der Räuber langsamer als die der Beute. Der Grund ist, daß sich bei den Räubern nicht nur die Zahl der Individuen verringert, sondern auch die Zahl ihrer Beutetiere. Bleibt dieser Eingriff unterhalb eines kritischen Schwellenwerts, so erholen sich beide Populationen (mit der erwähnten Zeitverzögerung der Räuber) und kehren zum ökologischen Gleichgewicht zurück. Überschreitet die Störung jedoch diesen kritischen Wert, so kommt es zum irreversiblen Zusammenbruch des gesamten Räuber-Beute-Systems. Die chemische Schädlingsbekämpfung, von der die natürlichen Räuber und deren Beute (die Schädlinge) in der Regel gleichermaßen betroffen sind, liefert ein aktuelles Beispiel für die Zerstörung ökologischer Gleichgewichte.

Äußere Eingriffe in ein Ökosystem sind offenbar *externe* Störungen des Gleichgewichtszustands, die zu ›inneren‹ Schwankungen in den Systemkomponenten führen. Wenn solche externen Störungen nur kurzfristig und in Form kleiner Auslenkungen wirksam sind, klingen in einem stabilen Gleichgewichtszustand die inneren Schwankungen selbsttätig wieder ab. Der Sachverhalt ist jedoch anders, wenn die externe Störung in Form einer Zwangsbedingung langfristig und damit irreversibel auf das System einwirkt. Das System hat in diesem Falle nicht mehr die Freiheit, die Schwankungen zu dämpfen, sondern ist gezwungen, seinen stationären Zustand an die Störungen anzupassen. Welche solcher externen Störungen mit dem Funktionieren des Gesamtsystems vereinbar sind, hängt vom Komplexitätsgrad des betreffenden Systems ab und ist bei ausgedehnten Ökosystemen nicht mehr vorhersehbar. Die Bedrohung ökologischer Gleichgewichte durch den Menschen besteht darin, daß die Ökosysteme nicht mehr nur kleinen Störungen für kürzere Zeit ausgesetzt sind, sondern auch großen Schwankungen, die den Systemen von außen auf Dauer aufgezwungen werden. In diesem Falle werden die Instabilitäten (im Gegensatz zu den evolutiven Instabilitäten) nicht mehr aus dem System selbst heraus erzeugt und selektiv verstärkt. Nicht mehr das System als Ganzes entscheidet über die Bewertung solcher Schwankungen, sondern der Mensch. Angesichts der ständig fortschreitenden Möglichkeiten technologischer Naturbeherrschung durch den Menschen bedarf es offenbar einer tiefgreifenden Korrektur herkömmlicher Wertbegriffe und Wertvorstellungen. Welche Korrekturen im einzelnen erforderlich sind, läßt sich jedoch weder aus der Ökologie noch aus der Evolutionstheorie im strengen Sinne ableiten. Die Wertkriterien sind vielmehr ↑normativer Art und gehören damit zum Bereich der ökologischen Ethik (↑Ethik, ökologische). Ihr fällt letztlich die Aufgabe zu, gesellschaftspolitische Lösungsansätze für Konflikte zwischen dem Erhalt und der Gestaltung der Natur zu entwickeln.

Literatur: M. Bates, Man in Nature, Englewood Cliffs N. J. 1961, ²1964 (franz. L'homme dans la nature, Paris 1964; dt. Der Mensch und seine Umwelt. Biologie und Soziologie, Stuttgart 1967); J. Beatty, Ecology, REP III (1998), 202–205; M. Begon/J. L. Harper/C. R. Townsend, Ecology. Individuals, Populations and Communities, Oxford etc., Sunderland Mass. 1986, Oxford etc. ³1996, 2002 (dt. Ö.. Individuen, Populationen und Lebensgemeinschaften, Basel/Boston Mass./Berlin 1991); J. W. Bennett, The Ecological Transition. Cultural Anthropology and Human Adaptation, New York etc. 1976, New Brunswick N. J. 2005; A. Bönsel/J. Matthes, Prozessschutz und Störungsbiologie. Naturschutzthesen seit dem ökologischen Paradigmenwechsel vom Gleichgewicht zum Ungleichgewicht in der Natur, Natur u. Landschaft 82 (2007), 323–327; D. Birnbacher (ed.), Ö. und Ethik, Stuttgart 1980, 2005; ders. (ed.), Ökophilosophie, Stuttgart 1997; ders., Ö., EP II (1999), 978–981; B. Commoner, The Closing Circle. Nature, Man, and Technology, New York 1971, mit dem Untertitel: Confronting the Environmental Crisis, London 1972, unter ursprünglichem Titel, New York 1975 (dt. Wachstumswahn und Umweltkrise. Einf. K. Mehnert, München/Gütersloh/Wien 1971, 1973; franz. L'encerclement. Problèmes de survie en milieu terrestre, Paris 1972); G. Cooper, The Science of the Struggle for Existence. On the Foundations of Ecology, Cambridge etc. 2003; K. Cuddington, The ›Balance of Nature‹ Metaphor and Equilibrium in Population Ecology, Biology and Philos. 16 (2001), 463–479; H. Ellenberg, Ökosystemforschung. Ergebnisse von Symposien der Deutschen Botanischen Gesellschaft und der Gesellschaft für Angewandte Botanik in Innsbruck, Juli 1971, Berlin/Heidelberg/New York 1973; F. B. Golley, A History of the Ecosystem Concept in Ecology. More than the Sum of the Parts, New Haven Conn./London 1993; Y. Grafmeyer, Écologie, Enc. philos. universelle II/1 (1990), 730–731; J. B. Hagen, An Entangled Bank. The Origins of Ecosystem Ecology, New Brunswick N. J. 1992; D. Heinrich/M. Hergt, dtv-Atlas zur Ö.. Tafeln und Texte, München 1990, ⁵2002 (franz. Atlas de l'ecologie, Paris 1993, 2002); C. S. Holling, Resilience and Stability of Ecological Systems, Annual Rev. Ecology and Systematics 4 (1973), 1–23; S. P. Hubbell, The Unified Neutral Theory of Biodiversity and Biogeography, Princeton N. J. 2001; T. Kesselring/O. Renn/P. Schaber, Ö. aus philosophischer Sicht, Ulm 1994; P. H. Klopfer, Behavioral Aspects of Ecology, Englewood Cliffs N. J. 1962, ²1973 (dt. Ö. und Verhalten. Psychologische und ethologische Aspekte der Ö., Stuttgart 1968); M. Kot, Elements of Mathematical Ecology, Cambridge etc. 2001, 2003; W. Kühnelt, Grundriß der Ö.. Mit besonderer Berücksichtigung der Tierwelt, Jena 1965, Stuttgart/Jena ²1970 (franz. Ecologie générale. Concernant particulièrement le règne animal, Paris 1969); B.-O. Küppers, Der Verlust aller Werte, Natur 2 (1982), 65–73; W. Kuttler (ed.), Handbuch zur Ö.. Mit Beiträgen zahlreicher Fachautoren, Berlin 1993, ²1995; H. Markl, Untergang oder Übergang – Natur als Kulturaufgabe, mannheimer forum 82/83 (1983), 61–98; R. M. May, Thresholds and Breakpoints in Ecosystems with a Multiplicity of Stable States, Nature 269 (1977), 471–477; R. P. McIntosh, The Background of Ecology. Concept and Theory, Cambridge etc. 1985, 1995; ders., Ecology, NDHI II (2005), 612–616; C. Merchant (ed.), Ecology, Atlantic Highlands N. J. 1994, Amherst N. Y. 1999, ²2008; L. J. Milne/M. Milne, The Balance of Nature, New York 1960, 1966 (franz. L'équilibre de la nature. Le drame éternel de la lutte pour la vie, Paris 1963; dt. Das Gleichgewicht in der Natur, Hamburg/Berlin 1965); H. Mohr, Biologische Wurzeln der Ethik?, Heidelberg 1983; M. C. Molles, Ecology. Concepts and Applications, Boston Mass. etc. 1999, New York ⁶2013; E. Morgenthaler, Von der Ökonomie der Natur zur Ö.. Die Entwicklung ökologischen Denkens und seiner sprachlichen Ausdrucksformen, Berlin 2000; E. P. Odum, Ecology, New York 1963, mit Untertitel: The Link between the Natural and the Social Sciences, erw. New York ²1975 (dt. Ö., München/Basel/Wien 1967, erw. Neuausg. mit Untertitel: Grundbegriffe, Verknüpfungen, Perspektiven. Brücke zwischen den Natur- und Sozialwissenschaften, München/Wien/Zürich ⁴1980; franz. Écologie. Un lien entre les sciences naturelles et les sciences humaines, Montréal, Paris 1976); ders., Ecology and Our Endangered Life-Support Systems, Sunderland Mass. 1989, ²1993 (dt. Prinzipien der Ö.. Lebensräume, Stoffkreisläufe, Wachstumsgrenzen, Heidelberg 1991); T. Potthast, Die Evolution und der Naturschutz. Zum Verhältnis von Evolutionsbiologie, Ö. und Naturethik, Frankfurt/New York 1999; F. Rapp (ed.), Naturverständnis und Naturbeherrschung. Philosophiegeschichtliche Entwicklung und gegenwärtiger Kontext, München 1981; L. A. Real/J. H. Brown (eds.), Foundations of Ecology. Classic Papers with Commentaries, Chicago Ill. 1991, 1993; H. Remmert, Ö.. Ein Lehrbuch, Berlin/Heidelberg/New York 1978, Berlin etc. ⁵1992; H. Rolston, Ecology, in: C. Mitcham (ed.), Encyclopedia of Science, Technology, and Ethics II, Detroit Mich. etc. 2005, 580–583; J. de Rosnay, Le macroscope. Vers une vision globale, Paris 1975 (dt. Das Makroskop. Neues Weltverständnis durch Biologie, Ö. und Kybernetik, Stuttgart 1977, mit Untertitel: Systemdenken als Werkzeug der Ökogesellschaft, Reinbek b. Hamburg 1979; engl. The Macroscope. A New World Scientific System, New York 1979); J. Schmid, Das verlorene Gleichgewicht. Eine Kulturökologie der Gegenwart, Stuttgart/Berlin/Köln 1992; R. Schubert (ed.), Lehrbuch der Ö.. Mit 59 Tabellen, Jena 1984, ³1991; R. P. Sieferle, Bevölkerungswachstum und Naturhaushalt. Studien zur Naturtheorie der klassischen Ökonomie, Frankfurt 1990; B. Stugren, Grundlagen der allgemeinen Ö., Jena 1972, Jena/Stuttgart/New York ⁴1986; P. J. Taylor, Unruly Complexity. Ecology, Interpretation, Engagement, Chicago Ill. 2005; W. L. Thomas (ed.), Man's Role in Changing the Face of the Earth. International Symposium, Chicago Ill. 1956, 1971; W. Tischler/A. Lang, Ö., Hist. Wb. Ph. VI (1984), 1146–1149; A. Valsangiacomo, Die Natur der Ö.. Anspruch und Grenzen ökologischer Wissenschaften, Zürich 1998; M. Vogt, Ö., in: W. Korff/L. Beck/P. Mikat (eds.), Lexikon der Bioethik II, Gütersloh 1998, 799–802; E. O. Wilson/W. H. Bossert, A Primer of Population Biology, Stamford Conn./Sunderland Mass. 1971, Sunderland Mass. 1977 (dt. Einführung in die Populationsbiologie, Berlin/Heidelberg/New York 1973); D. Worster, Nature's Economy. A History of Ecological Ideas, Cambridge etc. 1977, ²1994. B.-O. K.

Ökonomie (von griech. *οἶκος*, Haus[-Wirtschaft], und *νόμος*, Gesetz, Regel), zunächst Bezeichnung für die Lehre von der zweckmäßigen und sittlich guten Führung der Haus- und Familienwirtschaft, später allgemeiner für die Wissenschaft von den wirtschaftlichen Verhältnissen, Verhaltensweisen und Normen, unabhängig von der Größe und Art der Einheiten, in denen und durch die sich das wirtschaftliche Handeln, vor allem in Produktion und Tausch oder Handel, vollzieht. Im antiken

Sprachgebrauch steht ›Ö.‹ vor allem für Orientierungen des Hausherrn, insofern diesem die Führung einer (Haus- und Land-)*Wirtschaft* (*oikos*) obliegt. Gegenstand der so verstandenen Ö. können damit neben haus- und landwirtschaftlichen Fragen etwa die Eheberatung, die Kindererziehung und die Führung der vom Hause abhängigen Arbeitskräfte (Sklaven, Gesinde) werden. Ein erstes bekanntes Exemplar einschlägiger Beratungsliteratur ist Xenophons Dialog »Oeconomicus«, in dem Sokrates in der Rolle des ökonomischen Ratgebers auftritt. Nach Aristoteles, der die Grundorientierungen einer so verstandenen Ö. zu Beginn der »Politik« (vgl. Pol. *A*3.1253b1 ff.) behandelt, sind für eine vernünftige Ö. des ›Hauses‹ materiale Normen des guten Lebens (↑Leben, gutes), nicht abstrakte Gesichtspunkte der Güter- und Wertakkumulation (vgl. Pol. *A*8.1256a1 ff.) maßgebend. Probleme des Handels und der Geldwirtschaft gehören dagegen zu der von Aristoteles so genannten ›Chrematistik‹ (von *τὰ χρήματα*, Handelsgüter, Geld) (Pol. *A*9.1256b40 ff.), in Antike und Mittelalter vor allem im Blick auf das Problem des ›gerechten Preises‹ erörtert. Spätestens im ↑Hellenismus werden auch Stadtstaaten, Fürstenhöfe etc. unter dem Gesichtspunkt einer (großen) Wirtschaft behandelt, so daß auch hier von ›Ö.‹ (*οἰκονομία πολιτική*) gesprochen wird.

Der antike Gebrauch hält sich bis C. Wolff durch, der die Ö., wie Aristoteles, neben Ethik und Politik als spezielle Disziplin der Praktischen Philosophie (↑Philosophie, praktische) einordnet und ihr ähnliche Aufgaben wie Aristoteles zuweist. Mit der Entfaltung der für die bürgerliche Gesellschaft (↑Gesellschaft, bürgerliche) charakteristischen Produktions- und Austauschverhältnisse erfährt der Terminus ›Ö.‹ eine Bedeutungsverschiebung. Zunächst wird es möglich und üblich, das Wort, wie bereits im Hellenismus, mit dem Zusatz ›politisch‹ jetzt auch auf den Staat oder auf das Gemeinwesen anzuwenden, das dabei in Analogie zum oikos als ein großer Haushalt begriffen wird (↑Ökonomie, politische). Mit der klassischen politischen Ö. (A. Smith, D. Ricardo) entwickelt sich die Ö. immer mehr von der Vorstellung einer Lehre vom Staatshaushalt und von der öffentlichen Verwaltung hin zu einer allgemeinen Theorie der Produktion und des Kreislaufs bewerteter Güter im Gemeinwesen. Entsprechend verschiebt sich die Bedeutung des Wortes ›Ö.‹ von seiner ursprünglichen haus-, land- und staatswirtschaftlichen Bedeutung zu einer später so genannten ›volkswirtschaftlichen‹ bzw. ›nationalökonomischen‹ Ausrichtung, in der der Staat nur noch als ein ökonomisches Handlungsobjekt unter anderen verstanden ist. Zugleich rückt mit dem Zurückdrängen der land- und hauswirtschaftlichen Produktionsweise und deren Einbettung in die bürgerlichen Industrie- und Marktformen der ›Betrieb‹ als Produktionseinheit an die Stelle von ›Haus‹ oder ›Wirtschaft‹ im Sinne des antiken *oikos*, so daß sich neben der Volkswirtschaftslehre eine zunächst vor allem praktisch-technischen Zwecken dienende Betriebswirtschaftslehre etabliert. Die weitgehende Unabhängigkeit ökonomischen Geschehens von nationalen Eingrenzungen und die abstrakte theoretische Behandlung ökonomischer Kalküle und Entscheidungen haben inzwischen dazu geführt, daß vielfach andere Einteilungen wie die zwischen Makroökonomie und Mikroökonomie (im Englischen seit etwa 1948) an die Stelle der Gegenüberstellung von Volkswirtschaftslehre und Betriebswirtschaftslehre getreten sind. Parallel dazu wird die Arbeitswerttheorie der klassischen politischen Ö. (↑Arbeit, ↑Wert (ökonomisch)) seit der zweiten Hälfte des 19. Jhs. zunehmend durch eine nutzen- oder präferenztheoretische Grundlage ersetzt, die charakteristisch für die so genannte ›neoklassische‹ Wirtschaftstheorie (begründet von L. Walras, C. Menger, J. S. Jevons, A. Marshall) ist (↑Nutzen). Die jüngste Entwicklung hat den neoklassischen Rahmen inzwischen in die Form (axiomatisierter) mathematischer Strukturtheorien gebracht (G. Debreu u. a.). Parallel dazu weitet sich der Gegenstand der Ö. so aus, daß diese, vor allem seit den klassischen Untersuchungen von J. v. Neumann/O. Morgenstern (1944), eine allgemeine Theorie der rationalen Entscheidung auf der Basis gegebener Präferenzstrukturen der beteiligten Handlungssubjekte anstrebt.

Literatur: R. E. Backhouse, Explorations in Economic Methodology. From Lakatos to Empirical Philosophy of Science, London/New York 1998; C. Baloglou/A. Constantinidis, Die Wirtschaft in der Gedankenwelt der alten Griechen, Frankfurt etc. 1993; G. Bien, Haus, Hist. Wb. Ph. III (1974), 1007–1017; W. Braeuer, Urahnen der Ö.. Von der Volkswirtschaftslehre des Altertums und des Mittelalters, München 1981; O. Brunner, Das »ganze Haus« und die alteuropäische »Ökonomik«, in: ders., Neue Wege der Sozialgeschichte. Vorträge und Aufsätze, Göttingen 1956, 33–61, unter dem Titel: Neue Wege der Verfassungs- und Sozialgeschichte, Göttingen ³1980, 103–127; J. L. Cochrane, Macroeconomics before Keynes, Glenview Ill. 1970; D. Colander/R. P. F. Holt/J. B. Rosser, The Changing Face of Economics. Conversations with Cutting Edge Economists, Ann Arbor Mich. 2004; G. Debreu, Theory of Value. An Axiomatic Analysis of Economic Equilibrium, New York, New Haven Conn./London 1959, New Haven Conn. etc. 1987 (franz. Théorie de la valeur. Analyse axiomatique de l'équilibre économique, Paris 1966, 2001; dt. Werttheorie. Eine axiomatische Analyse des ökonomischen Gleichgewichts, Berlin/Heidelberg/New York 1976); T. F. Dernburg/D. M. McDougall, Macroeconomics. The Measurement, Analysis, and Control of Aggregate Economic Activity, New York etc. 1960, ³1968, ⁵1976, Auckland etc.⁶1980 (dt. Lehrbuch der makroökonomischen Theorie. Die Messung, Analyse und Kontrolle der gesamtwirtschaftlichen Aktivität, Stuttgart 1972 [nach der engl. Ausg. ³1968], ³1981 [nach der engl. Ausg. ⁵1976]); R. B. Ekelund Jr./R. F. Hebert, A History of Economic Theory and Method, New York etc. 1975, Long Grove Ill. ⁵2007; B. Emunds, Ö./Wirtschaft, EP II (²2010), 1846–1856; V. Gadenne/R. Neck (eds.), Philosophie und Wirtschaftswissenschaft, Tübingen 2011; G. Gäfgen, Theorie der wirtschaftlichen Entscheidung. Untersuchungen zur Logik und ökonomischen Bedeutung des rationalen Handelns, Tübingen 1963, mit Untertitel: Untersuchungen zur Logik und Bedeutung des rationalen Handelns, [3]1974; A. Gorz, Métamorphoses du travail, quête du sens, critique de la raison économique, Paris 1988 (dt. Kritik der ökonomischen Vernunft. Sinnfragen am Ende der Arbeitsgesellschaft, Berlin 1989, [3]1990, Neudr. 2010; engl. Critique of Economic Reason, London/New York 1989, 2010); D. M. Hausman (ed.), The Philosophy of Economics. An Anthology, Cambridge etc. 1984, [3]2008; ders., Economics, Philosophy of, REP III (1998), 211–222; ders., Philosophy of Economics, SEP 2003, rev. 2012; ders./M. S. McPherson, Economic Analysis and Moral Philosophy, Cambridge etc. 1996, [2]2006; E. K. Hunt, History of Economic Thought. A Critical Perspective, Belmont Calif. 1979, mit M. Lautzenheiser, Armonk N. Y. [3]2011; A. M. Kamarck, Economics as a Social Science. An Approach to Nonautistic Theory, Ann Arbor Mich. 2002; H. Kincaid/D. Ross (eds.), The Oxford Handbook of Philosophy of Economics, Oxford/New York 2009; H. Kliemt, Philosophy and Economics, I–II, München 2009; S. T. Lowry/B. Gordon, Ancient and Medieval Economic Ideas and Concepts of Social Justice, Leiden/New York/Köln 1998; J. Nida-Rümelin, Economic Rationality and Practical Reason, Dordrecht/Boston Mass./London 1997; ders., Die Optimierungsfalle. Philosophie einer humanen Ö., München 2011; E. Nnadozie, Economics, NDHI II (2005), 616–623; M. Perlman/C. R. McCann Jr., The Pillars of Economic Understanding, I–II, Ann Arbor Mich. 1998/2000; D. L. Prychitko (ed.), Why Economists Disagree. An Introduction to the Alternative Schools of Thought, Albany N. Y. 1998; H. Rabe/Red./U. Dierse, Ö., Hist. Wb. Ph. VI (1984), 1149–1162; D. A. Redman, Economics and the Philosophy of Science, Oxford/New York 1991, 1993; W. J. Samuels, Economics, IESS II ([2]2008), 496–499; P. A. Samuelson, Economics. An Introductory Analysis, New York 1948, mit W. D. Nordhaus, ohne Untertitel [12]1985, Boston Mass. etc. [19]2010 (dt. Volkswirtschaftslehre. Eine einführende Analyse, Köln 1952, mit Untertitel: Eine Einführung, I–II, [2]1955, mit Untertitel: Grundlagen der Makro- und Mikroökonomie, [8]1987, Neudr. in einem Bd. mit Untertitel: Das internationale Standardwerk der Makro- und Mikroökonomie, Landsberg 2005, München [4]2010); E. Schneider, Einführung in die Wirtschaftstheorie, I–IV, Tübingen 1947–1962, I [14]1969, IV [3]1970, II [13]1972, III [12]1973; E. R. Weintraub, How Economics Became a Mathematical Science, Durham/London 2002; L. H. White, The Clash of Economic Ideas. The Great Policy Debates and Experiments of the Last Hundred Years, Cambridge etc. 2012; G. C. Winston/R. F. Teichgraeber III (eds.), The Boundaries of Economics, Cambridge etc. 1988; P. J. Zak (ed.), Moral Markets. The Critical Role of Values in the Economy, Princeton N. J. 2008. F. K.

Ökonomie, politische, bereits im ↑Hellenismus gebräuchlicher Begriff, etwa in der »Rhetorik« des Philodemos zunächst für ›Stadt-‹ bzw. ›Staatswirtschaft‹, in der (pseudo-)Aristotelischen »Ökonomik« in Abhebung von der Ökonomie eines Königreiches, einer Satrapie oder einer Privatwirtschaft (*B*1.1345b11–14, *B*1.1346a5–8). Dabei werden zunächst Gesichtspunkte der Haus- oder Familienwirtschaft (des *οἶκος*) auf das politische Gemeinwesen übertragen (↑Ökonomie). Im 17. Jh. setzt sich der antike Gebrauch des Terminus ›p. Ö.‹ zunächst ohne wesentliche Veränderungen fort: p. Ö. ist, zumal in Anwendung auf die merkantilistisch orientierten absolutistischen Staaten, Staats- oder Fürstenhaushaltswissenschaft, die allerdings bereits bei A. de Montchrétien (Traicté de l'oeconomie politique, Paris 1615) auch allgemeiner die Lehre von der Staatsverwaltung einschließt. Wie ›Ökonomie‹ kann im französischen Sprachgebrauch des beginnenden 17. Jhs. auch ›p. Ö.‹ das politische Gemeinwesen selbst, nicht nur seine theoretische Untersuchung bezeichnen. Mit den Physiokraten (F. Quesnay, V. Mirabeau u. a., ↑Physiokratie) beginnt sich die p. Ö. von ihrer staatswissenschaftlichen Ausrichtung zu lösen und zu einer allgemeinen Theorie der Produktivität und der Güter- und Geldbewegungen zu werden, die dann durch A. Smith und D. Ricardo umgearbeitet und in die Form der ›klassischen p.n Ö.‹ gebracht wird. In dieser Phase ihrer Entwicklung dominiert für die p. Ö. die Frage nach dem Wert der Güter (↑Wert (ökonomisch)) und, damit zusammenhängend, den Quellen des Reichtums oder des Wachstums der Güter- oder Wertproduktion, bezogen auf das Gemeinwesen. Während die Physiokraten die Landwirtschaft als wesentlichen Sektor der Produktion von Wert betrachten, entwickeln Smith und Ricardo, wie ein Jh. früher ansatzweise bereits W. Petty, eine Arbeitswerttheorie, nach der, unter rationalen Verhältnissen, letztendlich die für die Produktion eines Gutes aufgewendete Arbeit dessen (Tausch-)Wert (↑Arbeit, ↑Tauschwert) bestimmt.

In diesem klassischen Rahmen bewegt sich auch das Verständnis von p.r Ö. bei K. Marx, das vor allem an Ricardo orientiert ist. Marx kritisiert die klassische p. Ö. im wesentlichen deswegen, weil sie die Ausbeutung des Arbeiters unter dem theoretischen Schein einer rationalen Tauschbeziehung verbirgt. Das Marxsche Unternehmen einer ›Kritik der p.n Ö.‹ wird in der Folge auch selbst kurz und mißverständlich ›p. Ö.‹ genannt, womit der Ausdruck heute vor allem bei vielen sozialistischen Theoretikern für eine kritische Analyse der ökonomischen Struktur kapitalistischer Gesellschaften steht. Daneben tritt der sowjetische Gebrauch von ›Politökonomie‹ für das Unternehmen einer Planwirtschaftstheorie auf der Basis marxistischer und leninistischer Konzeptionen. – In jüngster Zeit hat sich in den Wirtschaftswissenschaften ein zusätzlicher Gebrauch des Ausdrucks ›p. Ö.‹ eingebürgert, der auf W. Mitchell und dessen Vorstellungen über eine ›neue‹ p. Ö. (seit 1968) zurückgeht (↑public choice). Hier steht ›p. Ö.‹ für die Anwendung nutzen- und entscheidungstheoretischer Orientierungen und Untersuchungen der modernen Ökonomie auf den besonderen Fall politischer (kollektiver) Verhandlungs- und Entscheidungsstrukturen.

Literatur: G. Agamben, Il regno e la Gloria. Per una genealogia teologica dell'economia e del governo, Vicenza 2007, Turin 2009 (dt. Herrschaft und Herrlichkeit. Zur theologischen Genealogie von Ökonomie und Regierung, Berlin 2010; engl. The Kingdom and the Glory. For a Theological Genealogy of Economy and Government, Stanford Calif. 2011); R. Albritton, Economics Transformed. Discovering the Brilliance of Marx, London/Ann Arbor Mich. 2007; ders./R. Jessop/R. Westra (eds.), Political Economy and Global Capitalism. The 21st Century, Present and Future, London/New York 2007, 2010; H.-G. Backhaus, Dialektik der Wertform. Untersuchungen zur Marxschen Ökonomiekritik, Freiburg 1997, ²2011; K. Basu (ed.), Readings in Political Economy, Malden Mass./Oxford 2002, 2003S. Behrends, Neue p. Ö.. Systematische Darstellung und kritische Beurteilung ihrer Entwicklungslinien, München 2001; P. Bernholz, Grundlagen der p.n Ö., I–III, Tübingen 1972–1979, mit F. Breyer, in einem Bd. ²1984, in 2 Bdn. ³1993/1994; A. M. Bertelli, The Political Economy of Public Sector Governance, Cambridge etc. 2012; A. Eich, Die p. Ö. des antiken Griechenland (6.–3. Jahrhundert v. Chr.), Köln/Weimar/Wien 2006; G. v. Eynern (ed.), Wörterbuch zur p.n. Ö., Opladen 1973, ²1977; K. Heinemann, P. Ö., heute, Tübingen 1974; M. Heinrich, Kritik der p.n Ö.. Eine Einführung, Stuttgart 2004, o. J. [⁸2009]; F. Kambartel, Philosophie und p. Ö., Göttingen 1998; G. Kirsch, Ökonomische Theorie der Politik, Tübingen, Düsseldorf 1974, unter dem Titel: Neue p. Ö., ²1983, Stuttgart ⁵2004; P. Koslowski, Zum Verhältnis von Polis und Oikos bei Aristoteles. Politik und Ökonomie bei Aristoteles, Straubing/München 1976, unter dem Titel: Politik und Ökonomie bei Aristoteles, Tübingen ³1993; ders., Die Ordnung der Wirtschaft. Studien zur praktischen Philosophie und p.n Ö., Tübingen 1994; F. Lehner, Einführung in die Neue p. Ö., Königstein 1981; K. Lichtblau, Ö., p., Hist. Wb. Ph. VI (1984), 1163–1173; K. Marx, Das Kapital. Kritik der p.n Ö., MEW XXIII–XXV; ders., Grundrisse der p.n Ö., MEGA II/1.1, II/1.2; H. Nurmi, Models of Political Economy, London/New York 2006; A. C. Ochangco, Rationality in Economic Thought. Methodological Ideas on the History of Political Economy, Cheltenham/Northampton Mass. 1999; N. Phillips/C. E. Weaver (eds.), International Political Economy. Debating the Past, Present and Future, London/New York 2011; B. P. Priddat, P. Ö.. Neue Schnittstellendynamik zwischen Wirtschaft, Gesellschaft und Politik, Wiesbaden 2009; S. A. Reinert, Translating Empire. Emulation and the Origins of Political Economy, Cambridge Mass./London 2011; S. A. Schirm, Internationale p. Ö.. Eine Einführung, Baden-Baden 2004, ³2013; N. Schofield/G. Caballero (eds.), Political Economy of Institutions, Democracy and Voting, Heidelberg etc. 2011; C. Spector, Montesquieu et l'émergence de l'économie politique, Paris 2006; F. Stilwell, Political Economy. The Contest of Economic Ideas, Oxford/New York 2002, ³2012; W. Streeck, Taking Capitalism Seriously. Toward an Institutionalist Approach to Contemporary Political Economy, Köln 2010; R. Strehle, Kapital und Krise. Einführung in die p. Ö., Berlin, Göttingen/Zürich 1991, ²1993; B. R. Weingast/D. A. Wittman (eds.), The Oxford Handbook of Political Economy, Oxford/New York 2006, 2008; D. Winch, Wealth and Life. Essays on the Intellectual History of Political Economy in Britain, 1848–1914, Cambridge Mass./New York 2009. F. K.

Ökonomieprinzip, ↑Denkökonomie, ↑Ockham's razor.

Olivi, Petrus Johannis (Pierre de Jean Olieu), *Sérignan (Languedoc) 1248 oder 1249, †Narbonne 14. März 1298, franz. Franziskanertheologe (Ordenseintritt 1260/1261), führender Vertreter der Spiritualen. Nach Studium in Paris (ca. 1267–1273) Lektor in Montpellier, 1287–1289 in Florenz, 1289–1292 erneut in Montpellier. In der Tradition des ↑Augustinismus vertrat O. in Theologie und Erkenntnistheorie im Anschluß an Bonaventura und im Gegensatz zum averroistischen (↑Averroismus) und thomistischen (↑Thomismus) ↑Aristotelismus das Ideal der ↑Kontemplation, wandte sich jedoch gegen die ↑Illuminationstheorie (bei A. Augustinus und Bonaventura). Seine Apokalypseauslegung ist durch Joachim von Fiore beeinflußt. O.s Lehre, insbes. seine Vorstellungen von der Geistseele (kein direkter Einfluß des rationalen Seelenprinzips auf den Körper; ↑Seele), wurde auf dem Konzil von Vienne 1311/1312, erneut 1317 und 1326, als häretisch verurteilt. Bereits zu Lebzeiten war O. mehrfach, unter anderem wegen seiner strengen Armutsauffassung, angeklagt (1283 wurden 50 seiner Thesen zensiert, 1285 seine Schriften durch das Generalkapitel von Mailand verboten), 1287 aber durch das Generalkapitel von Montpellier rehabilitiert worden. Er beeinflußte J. Duns Scotus, Wilhelm von Ockham (unter anderem hinsichtlich der naturphilosophischen Frage, ob Bewegung als *fluxus formae*, d. h. als ein vom bewegten Körper unterscheidbarer Zustand, oder als *forma fluens*, d. h. identisch mit der vom bewegten Körper durchlaufenen Bahn, aufzufassen sei) und – durch seine asketischen Anschauungen – Bernhardin von Siena. In der Physik gehören seine (beiläufigen) Überlegungen zum Bewegungsbegriff neben entsprechenden Überlegungen bei Franz von Marchia zur Vorgeschichte der ↑Impetustheorie: Im Anschluß an R. Bacon entwirft O. eine Theorie der kausalen Wirkung (Quaestiones in secundum librum Sententiarum I, ed. B. Jansen, Quaracchi 1922, 422–570 [qu. 23–31]), in deren Rahmen der Begriff der *inclinatio* dem impetustheoretischen Begriff der *vis impressa* (bei J. Philoponos) bzw. dem späteren Begriff des *impetus* selbst entspricht. Allerdings ist die *inclinatio* bei O. noch eine final bestimmte Kraft (*inclinatio ad terminum motus*). O. gilt ferner als einer der bedeutendsten Ökonomen des Mittelalters (M. Wolff, 1978, 174 ff.).

Werke: Collectio Oliviana, Grottaferrata (Rom) 1999 ff. (erschienen Bde I–VIII); Opera exegetica, ed. A. Boureau, Turnhout 2010 ff. (erschienen Bd. I [CCM 233]).– Quodlibeta, Venedig 1509; Expositio super Regulam Fratrum minorum, in: Singulare opus Ordinis Seraphici Francisci a Spiritu sancto approbati [...], Venedig 1513, Pars Tertia, 106r–124v, ferner in: D. Flood, Peter O.'s Rule Commentary [s. u., Lit.], 110–196; Trattato provenzale di penitenza, ed. C. De Lollis, Stud. filol. Romanza 5 (1891), 273–331; De renuntiatione Papae Coelestini V. Quaestio et epistola, ed. L. Oliger, Arch. Francisc. hist. 11 (1918), 309–373 (mit Einl., 309–340); Quaestiones in secundum librum Sententiarum, I–III, ed. B. Jansen, Quaracchi 1922–1926 (Bibliotheca Franciscana Scholastica Medii Aevi IV–VI); Quaestio de trinitate, in: M. Schmaus (ed.), Der Liber propugnatorius des Thomas Anglicus und die Lehrunterschiede zwischen Thomas von Aquin und Duns Scotus II, Münster 1930 (Beitr. Gesch.

Philos. MA XXIX/2), 143–228; Quaestio de angelicis influentiis, in: Bonaventura, Collationes in Hexaëmeron et Bonaventuriana quaedam selecta, ed. F. Delorme, Florenz 1934 (Bibliotheca Franciscana Scholastica Medii Aevi VIII), 362–417; Tria scripta sui ipsius apologetica annorum 1283 et 1285, ed. D. Laberge, Arch. franciscan. hist. 28 (1935), 115–155, 374–407, 29 (1936), 98–141, 365–395; P. I. O. Postilla in Ioannem, cap. 19, v. 33 (Ex cod. Patavino Univ. 1540, f 258d–60 d), in: V. Doucet, De operibus manuscriptis Fr. Petri Ioannis O. in Bibliotheca Universitatis Patavinae asservatis II, Arch. franciscan. hist. 28 (1935), 408–442, 436–441; Fr. Petri J. O. tractatus »De perlegendis philosophorum libris«, ed. F. M. Delorme, Antonianum 16 (1941), 31–44, Nachdr. [mit franz. Übers.] unter dem Titel: P. Ioannis O. »De perlegendis philosophorum libris«/Comment il faut lire les œuvres des philosophes, in: C. König-Pralong/O. Ribordy/T. Suarez-Nani (eds.), Pierre de Jean O. – philosophe et théologien [s. u., Lit.], 431–449; Fr. P. J. O. quaestio de voto regulam aliquam profitentis, ed. F. Delorme, Antonianum 16 (1941), 131–164; Question de P. J. O. »Quid ponat ius vel dominium« ou encore »De signis voluntariis«, ed. F. Delorme, Antonianum 20 (1945), 309–330 (engl. P. J. O. on Right, Dominion, and Voluntary Signs, Semiotics 1986, 419–429); Una questione inedita dell'O. sull'infallibilità del Papa, Riv. stor. chiesa Ital. 3 (1949), 309–343, ferner in: M. Roncaglia (ed.), Les frères mineurs et l'église grecque orthodoxe au XIIIe siècle (1231–1274), Kairo 1954, 249–264; De oratione dominica/Ex Postilla in Matthaeum, Cap. 6, 9–13/Ex Postilla in Luc., Cap. 11, 1–13, in: F.-M. Delorme (ed.), Textes franciscains I (L'explication littérale du Pater selon Pierre-Jean O.), Arch. italiano per la storia della pietà 1 (1951), 179–203, 185–202; Quaestiones quatuor de domina, ed. D. Pacetti, Quaracchi/Florenz 1954 (Bibliotheca Franciscana Ascetica Medii Aevi VIII); Un trattatello ascetico-mistico dell'O. conservato in un codice della Nazionale di Firenze, ed. D. Pacetti, Stud. francesc. 52 (1955), 73–86, separat Florenz 1955; Quattro operette ascetiche di Pietro di Giovanni O. dal Cod. Guarnacciano di Volterra 5230, in: R. Manselli, Spirituali e Beghini in Provenza [s. u., Lit.], 267–290 (franz. Quatre opuscules ascétiques de Pierre Déjean Olieu tirés du Ms. Guarnacciano 5230 de Volterra, in: ders., Spirituels et Béguins du Midi [s. u., Lit.], 233–256); La dottrina dell'O. sulla contemplazione, la vita attiva e mista, ed. A. Emmen/F. Simoncioli, Studi francesc. 60 (1963), 382–445, 61 (1964), 108–167; La dottrina dell'O. sul valore religioso dei voti, ed. A. Emmen, Studi francesc. 63 (1966), 88–108; Verginità e matrimonio nella valutazione dell'O., ed. A. Emmen, Studi francesc. 64 (1967), 11–57; Lectura super Apocalipsim (1297), I–II, ed. W. Lewis, Diss. Tübingen 1972 (lat./engl. [Auszug] Lectura super Apocalypsin/ Commentary on the Apocalypse of St. John, ed. u. übers. G. Marcil, in: D. McElrath [ed.], Franciscan Christology. Selected Texts, Translations and Introductory Essays, St. Bonaventure N. Y. 1980, 108–138 [mit Einl., 108–115]); Un trattato di economia politica francescana. Il »De emptionibus et ventitionibus, de usuris, de restitutionibus« di Pietro di Giovanni O. [lat.], ed. G. Todeschini, Rom 1980 (mit Einl. [ital.], 1–49); Peter O.. On Poverty and Revenue [lat.], ed. D. Burr/D. Flood, Franciscan Stud. 40 (1980), 18–58 (mit Einl., 18–33); Quaestiones de incarnatione et redemptione. Quaestiones de virtutibus, ed. A. Emmen/E. Stadter, Grottaferrata 1981 (Bibliotheca Franciscana Ascetica Medii Aevi XXIV); La »Quaestio fr. Petri Iohannis O.« sur l'indulgence de la Portioncule, Arch. franciscan. hist. 74 (1981), 33–76 (mit Einl., 33–75); P. Ioannis O. »Quaestiones logicales«. Critical Text, ed. S. F. Brown, Traditio 42 (1986), 335–388; J. Schlageter, Das Heil der Armen und das Verderben der Reichen. P. J. O. OFM, Die Frage nach der höchsten Armut, Werl 1989 (mit Einführung in Inhalt u. Edition, 15–72); Scritti scelti, ed. P. Vian, Rom 1989; Usure, compere e vendite. La scienza economica del XIII secolo, ed. A. Spicciani/P. Vian/G. Andenna, Mailand 1990, 1998; La caduta di Gerusalemme. Il commento al Libro delle lamentazioni di Pietro di Giovanni O. [lat.], ed. M. Bartoli, Rom 1991; De usu pauper. The Quaestio and the Tractatus [lat.], ed. D. Burr, Florenz, Perth 1992; Tractatus de verbo, ed. R. Pasnau, Franciscan Stud. 53 (1993), 121–153 (engl. The Mental World, in: R. Pasnau, Cambridge Translations of Medieval Philosophical Texts III [Mind and Knowledge], Cambridge etc. 2002, 136–151); Quaestio de mendicitate. Critical Edition, ed. D. Flood, Arch. franciscan. hist. 87 (1994), 287–347; Peter of John O. on the Bible. Principia quinque in sacram scripturam/Postilla in Isaiam et in I ad Corinthios, ed. D. Flood/G. Gál, St. Bonaventure N. Y. 1997; Il »Tractatus de septem sentimentis Christi Iesu« di Pietro di Giovanni O., ed. M. Bartoli, Arch. franciscan. hist. 91 (1998), 533–549; Expositio in Canticum canticorum. Kritische Edition von O.s Hoheliedkommentar mit Einführung und Übersetzung, ed. J. Schlageter, Grottaferrata (Rom) 1999 (= Collectio Oliviana II); Peter of John O. on the Acts of the Apostles [Text lat., Kommentar engl.], ed. D. Flood, St. Bonaventure N. Y. 2001 (engl. [Auszug] Peter O. on the Early Christian Community [Acts 2:42–47 and 4:32–35]. The Christian Way with Temporalities, ed. R. J. Karris/D. Flood, Franciscan Stud. 65 [2007], 251–280); Commento al Cantico dei Cantici, ed. F. Borzumato, Casale Monferrato 2001; Quaestiones circa matrimonium. Editio prima et commentarius theologicus, ed. A. Ciceri, Grottaferrata (Rom) 2001 (= Collectio Oliviana III); Quodlibeta quinque. Ad fidem codicum nunc primum edita cum introductione historico-critica, ed. S. Defraia, Grottaferrata (Rom) 2002 (= Collectio Oliviana VII); Quaestiones de Romano Pontifice, ed. M. Bartoli, Grottaferrata (Rom) 2002 (= Collectio Oliviana IV); Les idées comme verification de la liberté divine, in: O. Bounois/J. C. Bardout (eds.), Sur la science divine, Paris 2002, 204–225; Lectura super proverbia et lectura super ecclesiasten. Ad fidem codicum nunc primum editae cum introductione, ed. J. Schlageter, Grottaferrata (Rom) 2003 (= Collectio Oliviana VI); Quaestiones de novissimis. Ex summa super Petri Iohannis O. IV sententiarum, ed. P. Maranesi, Grottaferrata (Rom) 2004 (= Collectio Oliviana VIII); Quaestio an in homine sit liberum arbitrium/Über die menschliche Freiheit, Freiburg/Basel/Wien 2006 [mit Einl., 7–25]; Peter of John O. on Genesis [lat.], ed. D. Flood, St. Bonaventure N. Y. 2007; Drei Texte zur Theorie der Erkenntnis (I) und zur Species-Lehre (II–III), Bochumer Philos. Jb. f. Antike u. MA 13 (2008), 171–210; La matière. Textes introduits, traduits et annotés [lat./franz.], Paris 2009; Lectura super Lucam et Lectura super Marcum, ed. F. Iozelli, Grottaferrata (Rom) 2010 (= Collectio Oliviana V); Impugnatio quorundam articulorum Arnaldi Galliardi, articulus 19, ed. S. Piron, in: C. König-Pralong/O. Ribordy/T. Suarez-Nani (eds.), Pierre de Jean O. – philosophe et théologien [s. u., Lit.], 451–462; Traités des démons. Summa, II, Questions 40–48, Paris 2011; L'opuscolo »Miles armatus« di Pierre de Jean Olieu. Edizione critica e commento, ed. A. Montefusco, Studi francesc. 108 (2011), 51–170; Traité des contrats. Présentation, edition critique, traduction et commentaires, ed. S. Piron, Paris 2012. – O.s Schreiben an die Söhne Karls II. von Neapel aus dem J. 1295, ed. F. Ehrle, Arch. Lit.- u. Kirchengesch. MA 3 (1887), 534–540; Epistola ad fratrem R., ed. C. Kilmer/E. Marmursztejn/S. Piron, Arch. franciscan. hist. 91 (1998), 33–64.– S. Gieben, Bibliographia Oliviana (1885–1967), Collect. Francisc. 38 (1968),

167–195; P. Vian, Bibliographia, in: ders., Scritti Scelti [s. o.], 47–61; Bibliographie 1989–1998, in: A. Boureau/S. Piron (eds.), Pierre de Jean O. (1248–1298) [s. u., Lit.], 389–399; A. Ciceri, Petri J. O. opera. Censimento dei Manoscritti, Grottaferrata (Rom) 1999 (= Collectio Oliviana I); Bibliographie, in: C. König-Pralong/O. Ribordy/T. Suarez-Nani (eds.), Pierre de Jean O. – philosophe et théologien [s. u., Lit.], 463–474; R. Schönberger u. a. (eds.), Repertorium edierter Texte des Mittelalters aus dem Bereich der Philosophie und angrenzender Gebiete III, Berlin ²2011, 3178–3191.

Literatur: H. T. Adraenssen, Peter John O. on Perceptual Representation, Vivarium 49 (2011), 324–352; M. Bartoli, Pietro di Giovanni O. nella recente storiografia sul tema dell'infallibilità pontificia, Bull. dell'Istituto Storico Italiano per il medio evo 99 (1994), H. 2, 149–200; E. Benz, Ecclesia spiritualis. Kirchenidee und Geschichtstheologie der franziskanischen Reformation, Stuttgart 1934 (repr. Darmstadt, Stuttgart 1964, 1969), bes. 256–349; C. Bérubé, O., critique de Bonaventure et d'Henri de Gand, in: R. S. Almagno/C. L. Harkins (eds.), Studies Honoring Ignatius Charles Brady Friar Minor, St. Bonaventure N. Y. 1976, 57–121; ders., De l'homme à Dieu selon Duns Scot, Henri de Gand et O., Rom 1983; O. Bettini, Attivismo psicologico-gnoseologico nella dottrina della conoscenza di Pier di Giovanni O., Florenz 1953; E. Bettoni, Le dottrine filosofiche di Pier di Giovanni O.. Saggio, Mailand 1959 (mit Bibliographie, 517–527); O. Boulnis, Pierre de Jean Olieu, DP II (²1993), 2260–2261; A. Boureau/S. Piron (eds.), Pierre de Jean O. (1248–1298). Pensée scolastique, dissidence spirituelle et société. Actes du colloque de Narbonne (mars 1998), Paris 1999; D. Burr, The Persecution of Peter O., Transact. Amer. Philos. Soc. NS 66 (1976), H. 5 (franz. L'histoire de Pierre O.. Franciscain persécuté, Fribourg, Paris 1997); ders., O. and Franciscan Poverty. The Origins of the ›Usus Pauper‹ Controversy, Philadelphia Pa. 1989; ders., O.'s Peaceable Kingdom. A Reading of the Apocalypse Commentary, Philadelphia Pa. 1993; ders., The Spiritual Franciscans. From Protest to Persecution in the Century after Saint Francis, University Park Pa. 2001, 2003; M. Clagett, The Science of Mechanics in the Middle Ages, Madison Wis., London 1959, 1961, 517–519; R. Cross, Absolute Time. Peter John O. and the Bonaventurean Tradition, Medioevo 27 (2002), 261–300; A. A. Davenport, Measure of a Different Greatness. The Intensive Infinite, 1250–1650, Leiden/Boston Mass./ Köln 1999, bes. 165–239, 251–301; A. Emmen, Die Eschatologie des P. J. O., Wiss. u. Weisheit 24 (1961), 113–144, 25 (1962), 13–48; L. Fladerer, Gott und das Kapital. Der Traktat des Pietro di Giovanni O. (P. J. O.) und sein geistesgeschichtlicher Hintergrund, Wiss. u. Weisheit 66 (2003), 82–106; D. Flood, Peter O.'s Rule Commentary. Edition and Presentation, Wiesbaden 1972 (mit Bibliographie, XIII–XVI); ders., Recent Study on P. J. O., Franziscan Stud. 73 (1991), 262–269; L. Hödl, O., LThK VII (³1998), 1045–1047; C. König-Pralong u. a. (eds.), Pierre de Jean O. – philosophe et théologien. Actes du colloque de philosophie médiévale. 24–25 octobre 2008, Université de Fribourg, Berlin/ New York 2010; O. Langholm, Economics in Medieval Schools. Wealth, Exchange, Value, Money and Usury According to the Paris Theological Tradition 1200–1350, Leiden/New York/Köln 1992, 345–373 (Chap. XIV Franciscan Economics 4: Peter O.); W. Lewis, Peter John O.. Prophet of the Year 2000. Ecclesiology and Eschatology in the »Lectura super Apocalipsim«. Introduction to a Critical Edition of the Text, Diss. Tübingen 1975; A. Maier, Die Impetustheorie der Scholastik, Wien 1940, bes. 28–39, erw. unter dem Titel: Zwei Grundprobleme der scholastischen Naturphilosophie. Das Problem der intensiven Größe/ Die Impetustheorie, Rom ²1951, bes. 142–153, ³1968, bes. 142–153, 362; dies., Die naturphilosophische Bedeutung der scholastischen Impetustheorie, Scholastik 30 (1955), 321–343, Neudr. in: dies., Ausgehendes Mittelalter. Gesammelte Aufsätze zur Geistesgeschichte des 14. Jahrhunderts I, Rom 1964, 353–379, 489–493; dies., Studien zur Naturphilosophie der Spätscholastik IV (Metaphysische Hintergründe der spätscholastischen Naturphilosophie), Rom 1955 (repr. 1977), bes. 108–114, 159–175, 355–362; dies., Studien zur Naturphilosophie der Spätscholastik V (Zwischen Philosophie und Mechanik. Studien zur Naturphilosophie der Spätscholastik), Rom 1958 (repr. 1977), bes. 287–339 (Kap. 6 Bewegung ohne Ursache); L. Marazzi, Das iustum pretium im Tractatus de emptionibus et venditionibus des P. Ioannis O., Zürich 1990; V. Mauro, La disputa »de anima« tra Vitale du Four e Pietro di Giovanni O., Studi medievali 3. Serie 38 (1997), 89–138; W. Packull, O., TRE XXV (1995), 239–242; C. Partee, Peter John O.. Historical and Doctrinal Study, Franciscan Stud. 20 (1960), 215–260; R. Pasnau, Theories of Cognition in the Later Middle Ages, Cambridge/New York/ Melbourne 1997; ders., O. on the Metaphysics of Soul, Med. Philos. Theol. 6 (1997), 109–132; ders., O., REP VII (1998), 95–97; ders., O., SEP 1999, rev. 2008; D. Perler, Theorien der Intentionalität im Mittelalter, Frankfurt 2002, 2004, bes. 107–183 (Teil II Das Konstitutionsmodell: P. J. O. und Dietrich von Freiberg); S. Piron, Parcours d'un intellectuel franciscain. D'une théologie vers une pensée sociale. L'œuvre de Pierre de Jean O. (ca. 1248–1298) et son traité »De contractibus«, Diss. Paris 1999; ders., O. et les averroïstes, Freib. Z. Philos. Theol. 53 (2006), 251–309; M. Plathow, O., BBKL VI (1993), 1209–1210; F.-X. Putallaz, Pierre de Jean O., in: ders., La connaissance de soi au XIIIe siècle. De Matthieu d'Aquasparta a Thierry de Freiberg, Paris 1991, 85–133; ders., Insolente liberté. Controverses et condamnations au XIIIe siècle, Fribourg, Paris 1995, bes. 127–162 (Situation IV Lire les philosophes); ders., Peter O., in: J. J. E. Gracia/T. B. Noone (eds.), A Companion to Philosophy in the Middle Ages, Malden Mass./Oxford/Carlton 2003, 2006, 516–523; A. Schmucki (ed.), Selbstbesitz und Hingabe. Die Freiheitstheologie des P. Iohannis O. im Dialog mit dem modernen Freiheitsverständnis, Mönchengladbach 2009; J. F. Silva/J. Toivanen, The Active Nature of the Soul in Sense Perception. Robert Kilwardby and Peter O., Vivarium 48 (2010), 245–278; F. Simoncioli, Il problema della libertà umana in Pietro di Giovanni O. e Pietro de Trabibus, Mailand 1956; E. Stadter, Psychologie und Metaphysik der menschlichen Freiheit. Die ideengeschichtliche Entwicklung zwischen Bonaventura und Duns Scotus, München/Paderborn/Wien 1971, bes. 144–237 (P. J. O.), 285–320 (Von O. zu Duns Scotus. Ein Beitrag zur Klärung der ideengeschichtlichen Genese des Scotismus); T. Suarez-Nani, Pierre de Jean O. et la subjectivité angélique, Arch. d'hist. doctrinale et littéraire du Moyen Age 70 (2003), 233–316; J. Toivanen, Perception and the Internal Senses. Peter of John O. on the Cognitive Functions of the Sensitive Soul, Leiden 2013; D. Whitehouse, Peter O.'s Dialogue with Aristotle on the Emotions, Franciscan Stud. 70 (2012), 189–245; M. Wolff, Geschichte der Impetustheorie. Untersuchungen zum Ursprung der klassischen Mechanik, Frankfurt 1978, 174–191; M. Yrjönsuuri, O., in: H. Lagerlund (ed.), Encyclopedia of Medieval Philosophy. Philosophy between 500 and 1500 II, Dordrecht etc. 2011, 947–950. – Opera edita et inedita. Atti delle Giornate Internazionali di Studio Grottaferrata (Roma) 4–5 Dicembre 1997 [...], Grottaferrata (Rom) 1999.– Sonderhefte: Arch. franciscan. hist. 91 (1998),

H. 3/4; Oliviana 1 (2003) ff. [elektronische Ressource]; Wiss. u. Weisheit 47 (1984), 81–163. J. M.

Olympiodoros (der Jüngere, im Unterschied zum Peripatetiker O., dem Älteren), 6. Jh. n. Chr., Vertreter der alexandrinischen Schule des ↑Neuplatonismus, Schüler des Ammonios Hermeiu. O. verfaßte sachlich-nüchterne Kommentare zu Platon und Aristoteles (seine Schüler Elias und David praktizierten eine metaphysisch-spekulative, zur christlichen Scholastik tendierende Interpretation) und gilt als einer der bedeutendsten und zuverlässigsten Übelmittler der Lehren dieser Philosophen. Eine eigene Philosophie hat O. nicht entwickelt. Seine (aus dem Lehrbetrieb der Schule hervorgegangenen) Kommentare sind nach folgendem (von späteren Interpreten oft aufgegriffenem) Schema gegliedert: (1) *Praxis*, d.h. Einteilung der kommentierten Schrift in Sinneinheiten (die offenbar den Lehreinheiten des Unterrichts entsprachen); (2) *Theoria*, d.h. Erklärung des Grundgedankens der Sinneinheit; (3) *Lexis*, d.h. Einzelerläuterung des Textes. Zu erwähnen sind eine »Vita Platonis«, Kommentare zu Platons »Phaidon«, »Gorgias«, »Alkibiades« sowie Kommentare zu Aristoteles' »Kategorien« und zur »Meteorologie«.

Werke: In Platonis Phaedonem commentaria, ed. W. Norvin, Leipzig 1913 (repr. Hildesheim 1968, Hildesheim/Zürich/New York 1987); In Platonis Gorgiam commentaria, ed. W. Norvin, Leipzig 1936 (repr. Hildesheim 1966), ed. L. G. Westerink, Leipzig 1970 (engl. Commentary on Plato's Gorgias, ed. R. Jackson/K. Lycos/H. Tarrant, Leiden/Boston Mass./Köln 1998); Commentary on the First Alcibiades of Plato, ed. L. G. Westerink, Amsterdam 1956, 1982; Commentaria in Aristotelem Graeca XII/1–2 (XII/1 Olympiodori prolegomena et in Categorias commentarium, ed. A. Busse, XII/2 In Aristotelis Meteora commentaria, ed. G. Stüve) [lat./griech.], Berlin 1900/1902, Berlin/New York 2012.

Literatur: R. Beutler, O. [13], RE XVIII/l (1939), 207–227; L. Brisson, Olympiodore, DP II ([2]1993), 2159; ders., O. [4], DNP VIII (2000), 1187–1188; H. Dörrie, O. [5.], KP IV (1972), 290; C. Guérard, Olympiodore d'Alexandrie, Enc. philos. universelle III/ 1 (1992), 742–743; A. Lumpe, O., BBKL VI (1993), 1215–1218; F. Paschoud, Eunape, Olympiodore, Zosime. Scripta minora, Bari 2006; K. Praechter (ed.), Friedrich Ueberwegs Grundriss der Geschichte der Philosophie I (Die Philosophie des Altertums), Berlin [12]1926, Basel/Stuttgart 1967, Darmstadt 1967, bes. 636–637, 643, 197*; H. D. Saffrey, O. d'Alexandrie, in: R. Goulet (ed.), Dictionnaire des philosophes antiques IV (de Labeo à Ovidius), Paris 2005, 769–771; R. Vancourt, Les derniers commentateurs alexandrins d'Aristote. L'école d'Olympiodore étienne d'Alexandrie, Lille 1941; C. Viano, Olympiodore l'alchimiste et les presocratiques, in: D. Kahn/S. Matton (eds.), Alchimie. Art, histoire et mythes. Actes du 1er colloque international de la Société d'Etude de l'Histoire de l'Alchimie, Paris, Collège de France, 14–15–16 mars 1991, Paris 1995, 95–150; dies., La matière des choses. Le livre IV des »Météorologiques« d'Aristote et son interprétation par Olympiodore. Avec le texte grec révisé et une traduction inédite de son commentaire au livre IV, Paris 2006; dies., Olympiodorus, in: N. Koertge (ed.), New Dictionary of Scientific Biography V, Detroit Mich. etc. 2008, 338–340; L. G. Westerink, The Greek Commentaries on Plato's Phaedo I (O.), Amsterdam/Oxford/New York 1976, rev. Westbury 1999; C. Wildberg, Olympiodorus, SEP 2007. M. G.

omne quod movetur ab alio movetur (lat., alles, was bewegt wird, wird von einem anderen bewegt), scholastische Formel (vgl. Thomas von Aquin, S. th. I qu. 2 art. 3; S. c. g. I 13) für ein Grundprinzip der Aristotelischen Physik, das Aristotelische ›Trägheitsprinzip‹ (Phys. *H*1.241b34–37). Nach Aristoteles (vgl. Phys. *H*4.249a2–5.250a20) ist zur Aufrechterhaltung einer gewaltsamen (also nicht-natürlichen) Bewegung eines Körpers eine äußere Kraft erforderlich. Übersetzt in moderne Begrifflichkeit verlangt die Erhaltung der gleichförmigen Bewegung eines Körpers eine konstante ↑Kraft F, die, geteilt durch die Summe der Widerstände W (abhängig z.B. von der Schwere des Körpers und der Reibung), proportional der Geschwindigkeit des Körpers ist: $v \sim F/W$. Danach besitzt ein gewaltsam bewegter Körper eine Tendenz, in einen Ruhezustand zurückzukehren (*inclinatio ad quietem*; vgl. Albert von Sachsen, Quaestiones in Aristotelis libros de caelo et mundo II qu. 14), während natürliche Bewegung von einem Streben des Körpers aufrechterhalten wird und erst am ›natürlichen Ort‹ zur Ruhe kommt. Nach dieser Vorstellung vom Primat der Ruhe verlangt nicht allein die Änderung der Bewegung, sondern auch die Fortsetzung einer (nicht-natürlichen) Bewegung die Einwirkung einer äußeren Kraft. Diese Vorstellung ist auch charakteristisch für die spätmittelalterliche ↑Impetustheorie (wie sie z.B. von J. Kepler für die dynamische Analyse von Planetenbewegungen herangezogen wird [M. Carrier/J. Mittelstraß, Johannes Kepler (1571–1630), in: G. Böhme (ed.), Klassiker der Naturphilosophie, München 1989, 137–157, 407–410, hier: 142–149]). Gegen dieses Aristotelische Prinzip setzen G. Galilei, R. Descartes und I. Newton die Trägheitsbewegung als eine kräftefreie Bewegung. Nach Newtons 1. Mechanikaxiom verharrt jeder Körper in einem Zustand der Ruhe oder der gleichförmig geradlinigen Bewegung, wenn er nicht durch äußere Kräfte veranlaßt wird, diesen Zustand zu ändern (↑Inertialsystem, ↑Trägheit).

Literatur: R. R. Effler, John Duns Scotus and the Principle ›omne quod movetur ab alio movetur‹, St. Bonaventure N. Y., Louvain, Paderborn 1962; H. S. Lang, Aristotle's »Physics« and Its Medieval Varieties, Albany N. Y. 1992, bes. 37–62, 125–160; A. Maier, Studien zur Naturphilosophie der Spätscholastik I (Die Vorläufer Galileis im 14. Jahrhundert), Rom 1949 (repr. [als 2. Aufl. mit Nachträgen] 1966, [ohne Nachträge] Modena 1977), 140–154 [Nachtrag [2]1966, 337]; dies., Studien zur Naturphilosophie der Spätscholastik IV (Metaphysische Hintergründe der spätscholastischen Naturphilosophie), Rom 1955 (repr. 1977), 362–365; A. Mitterer, Der Bewegungssatz (omne, quod movetur, ab alio movetur) nach dem Weltbild des hl. Thomas und dem der Gegenwart, Scholastik 9 (1934), 372–399, 481–519, separat

Eupen 1934; J. Sarnowsky, Die aristotelisch-scholastische Theorie der Bewegung. Studien zum Kommentar Alberts von Sachsen zur Physik des Aristoteles, Münster 1989, bes. 310–404; J. A. Weisheipl, The Principle ›omne quod movetur ab alio movetur‹ in Medieval Physics, Isis 56 (1965), 26–45, ferner in: ders., Nature and Motion in the Middle Ages, ed. W. E. Carroll, Washington D. C. 1985, 75–97; W. Wieland, Die aristotelische Physik. Untersuchungen über die Grundlegung der Naturwissenschaft und die sprachlichen Bedingungen der Prinzipienforschung bei Aristoteles, Göttingen 1962, [3]1992, 231–254 (§ 15 Natur und Naturbewegung). J. M.

Ontologie (von griech. *τὸ ὄν*, das Seiende, und *λόγος*, Lehre), Anfang des 17. Jhs., z. B. bei R. Goclenius (Lexicon philosophicum, Frankfurt 1613) und A. Calovius (Metaphysica divina, Rostock 1636), aufkommende und Mitte des 17. Jhs. insbes. durch J. Clauberg – der zunächst wie J. Caramuel Lobkowitz (Rationalis et realis philosophia, Löwen 1642) von ›ontosophia‹ spricht – eingebürgerte Bezeichnung der (im Anschluß an Aristoteles so genannten) ›ersten Philosophie‹ (↑philosophia prima), in der über das ›Seiende als solches‹ logisch-begriffliche Untersuchungen anzustellen sind. Teilweise tritt damit die O. das Erbe der ↑Metaphysik an, teilweise wird sie als Teil der Metaphysik verstanden. In letzterem Sinne umfaßt sie nicht die Lehre von den Prinzipien des Seienden, sondern von dem ›Wesen‹ bzw. der Bedeutung und den Bedeutungen des Seienden: insbes. von den ↑Kategorien, die die Grundunterscheidungen darstellen, mit denen man über alles, was ist, reden und ein Wissen bilden kann, und zwar unter der Frage nach dem ›Wesen‹, der gegenstands- oder sachangemessenen Bedeutung dessen, was ist. In diesem eingeschränkten Sinne entwickelt sich vor allem bei C. Wolff die O. zu einer schulmäßig betriebenen Disziplin. Wolff definiert ›ontologia seu philosophia prima‹ als »scientia entis in genere, seu quatenus ens est« (Philosophia prima sive ontologia [...], Frankfurt/Leipzig 1730, § 1) und weist ihr die Aufgabe zu, durch begrifflich begründete Deduktionen alle jene Bestimmungen (Prädikate) zu explizieren, die den Seienden als solchen zukommen können und die damit von höchster Allgemeinheit sind. In dieser Form wird die O. auch von A. G. Baumgarten betrieben, von I. Kant rezipiert und kritisiert: als eine Disziplin, die ihren ›stolzen Namen‹ zu Unrecht trägt, und »sich anmaßt, von Dingen überhaupt synthetische Erkenntnisse a priori in einer systematischen Doktrin zu geben (z. E. den Grundsatz der Kausalität)«, wo doch »der Verstand a priori niemals mehr leisten könne, als die Form einer möglichen Erfahrung überhaupt zu antizipieren«. An die Stelle der O. hat damit die ›Analytik des reinen Verstandes‹ – die eben die Formen der möglichen Erfahrung entwickelt – zu treten (KrV B 303). Im Zusammenhang der Erörterung der »wirklichen Fortschritte, die die Metaphysik seit Leibnitzens und Wolff's Zeiten in Deutschland gemacht hat«, integriert Kant die Rede von der O. in sein Verständnis der kritischen Philosophie, indem er sie als »diejenige Wissenschaft« bezeichnet, »welche ein System aller Verstandesbegriffe und Grundsätze, aber nur, so fern sie auf Gegenstände gehen, welche den Sinnen gegeben, und also durch Erfahrung belegt werden können, ausmacht«. Sie ist damit die »Propädeutik [...] der eigentlichen Metaphysik, und wird Transcendental-Philosophie genannt« (Preisschrift über die Fortschritte der Metaphysik, Akad.-Ausg. XX, 255, 260).

In dieser aus dem Kontext der realistischen Metaphysik herausgelösten Form läßt sich O. im Rahmen verschiedener erkenntnistheoretischer Konzeptionen betreiben. De facto dominiert weiterhin die Anbindung der O. an metaphysische (im Sinne von: über-empirische) Seinserkenntnisse, insbes. in den scholastischen (↑Scholastik) und neuscholastischen (↑Neuscholastik) Formen der O., aber auch z. B. in der O. von N. Hartmann. Daneben werden metaphysikkritische O.konzeptionen entwickelt. So haben die ↑Fundamentalontologie M. Heideggers und die analytische O. (insbes. W. V. O. Quine) die O. in je verschiedene metaphysikkritische und metaphysikfreie Kontexte gestellt.

Heidegger bezieht sich in seinem Hauptwerk »Sein und Zeit« (1927) zunächst auf das Verständnis der O. im Rahmen der Husserlschen ↑Phänomenologie, gemäß der es die Aufgabe der O. ist, die Grundbegriffe der »allen thematischen Gegenständen einer Wissenschaft zugrundeliegende[n] Sachgebiet[e] zum vorgängigen und alle positive Untersuchung führenden Verständnis« kommen zu lassen (Sein und Zeit, 10). Einer so verstandenen O. liegt jedoch methodisch die systematische Untersuchung desjenigen Wesens voraus, das nach dem Sinn von Sein fragt. »Alle und Theologie, mag sie über ein noch so reiches und fest verklammertes Kategoriensystem verfügen, bleibt im Grunde blind und eine Verkehrung ihrer eigentlichen Absicht, wenn sie nicht zuvor den Sinn von Sein zureichend geklärt diese Klärung als ihre fundamental Aufgabe begriffen hat« (a.a.O., 11). Aus diesem Grunde fordert Heidegger eine ↑Fundamental-O., deren wesentlicher Inhalt die Analytik des Daseins ist. In seinen späteren Schriften stellt Heidegger heraus, daß die abendländische Metaphysik seit ihren griechischen Anfängen den ›Sinn von Sein‹ einseitig als Form des ›Anwesens‹ und damit als etwas dem Menschen Verfügbares verstanden habe. Durch dieses Seinsverständnis, das wegen der fehlenden kritischen Explikation auch als ↑Seinsvergessenheit zu charakterisieren ist, entwickeln sich als wichtigste Merkmale der späteuropäischen Kultur der ↑Tod Gottes, der ↑Nihilismus und der ↑Wille zur Macht, der sich vor allem in dem Verfügenwollen der modernen Technik manifestiert. Heidegger will damit die O. – als Verständnis des Sinnes von

›sein‹ und damit zugleich auch von ›wahrsein‹ – von jeder Seins- und Wahrheitsmetaphysik befreien, nach der nur das in wahrer Erkenntnis als wirklich anerkannt werden kann, dessen man sich (letztlich durch die Erzwingung seiner Anwesenheit) vergewissern und auf das man sich damit als auf ein (immer wieder) Identifizierbares beziehen kann. Da aber jede systematische Ausarbeitung einer solchen O. selbst unter die Forderungen einer sich ihrer Wahrheit vergewissernden Erkenntnishaltung gerät, wird mit dieser Befreiung der O. von der Metaphysik die O. selbst als eine systematisch betreibbare Disziplin aufgelöst.

In einem völlig anderen Sinne metaphysikfrei ist die O. zu verstehen, die Quine entwickelt hat. Quine geht davon aus, daß die Wahrheit (der Aussagen) einer Theorie die Existenz von Gegenständen bzw. die Erfüllung der Werte bestimmter Variablen zur Bedingung haben kann. Solange man die Theorie nicht aufgibt – wozu kein Grund besteht, wenn sie sich in der Erschließung und Erklärung der ›Welt‹ bewährt und in diesem Sinne ›fruchtbar‹ ist –, übernimmt man daher eine ›ontologische Verpflichtung‹ (›ontological commitment‹) zur Anerkennung der Existenz der Gegenstände, ohne die die Wahrheit der Theorie nicht begründet werden kann. Eine O. im Quineschen Sinne besteht dann in dem Wertbereich der ↑Variablen, die in einer solchen Theorie durch ↑Quantoren gebunden sind. Dieser Wertbereich muß abgegrenzt sein, da nur dann die Quantoren eine bestimmte Bedeutung erhalten. Solange nicht klar ist, über welchen Bereich quantifiziert wird – und d.h., solange die jeweilige O. einer Theorie nicht expliziert ist –, ist auch die Theorie selbst in ihrer Bedeutung nicht geklärt. (Genauer genommen, können einer Theorie verschiedene O.n zugehören, insofern ihre Variablen über verschiedene Wert- und also Gegenstandsbereiche quantifiziert werden. Manchmal ist eine Reduktion verschiedener O.n einer Theorie möglich.) Die Rede von O. ergibt sich für Quine auch daraus, daß er nicht singulare Terme, sondern nur Gegenstände als Werte (erster Stufe) für Variablen zuläßt. Zusammen mit einer physikalistischen Interpretation der Welt führt dies zu einer O. des Universums, zu der »physikalische Objekte, Klassen von solchen, Klassen auch von Elementen dieses kombinierten Bereichs, und so weiter höher hinaus« gehören (The Scope and Language of Science, in: ders., The Ways of Paradox and Other Essays, New York 1966, 231, erw. Cambridge Mass./London ^{2}1976, 244). Jedenfalls ergeben sich für Quine die O.n prinzipiell mit empirischen Theorien über die Welt; sie sind damit ebenso gut oder schlecht begründet wie diese. Die Explikation einer O. wird nach diesem Verständnis zu einer empirischen Aufgabe, die zwar von größerer Allgemeinheit ist als die üblichen wissenschaftlichen Explikationen, von diesen aber nicht der Art nach verschieden ist.

Faßt man die Entwürfe Heideggers und Quines für das Verständnis von O. als die beiden Extreme einer Vielzahl ›nachmetaphysischer‹ ontologischer Konzeptionen auf, so kann man zur Charakteristik dieser O.n statt des Bezugs der O.n zur Metaphysik den Bezug wählen, den diese O.n zu den Wissenschaften und der durch diese ermöglichten Technik haben. Während Heidegger – und mit ihm die ↑Phänomenologie – der O. die Aufgabe zuweist, den Seins- und Wahrheitsverständnissen der Wissenschaften und der Technik ihre Selbstverständlichkeit zu nehmen und Wissenschaft und Technik als nachgeordnete und durchaus einseitige Produkte einer reicheren und offeneren ↑Lebenswelt aufzuzeigen, macht sich Quine zum Anwalt einer durchgehenden Verwissenschaftlichung der Welt- und Selbstverständnisse im Sinne der empirischen Wissenschaften, in deren Rahmen O.n die Aspekte der Welt als die Wertbereiche theoretisch vermittelter (gebundener) Variablen reinterpretieren.

Literatur: K.-O. Apel, Transformation der Philosophie I (Sprachanalytik, Semiotik, Hermeneutik), Frankfurt 1973, 1976, 225–275 (Wittgenstein und Heidegger. Die Frage nach dem Sinn von Sein und der Sinnlosigkeitsverdacht gegen alle Metaphysik); A. J. Ayer, Metaphysics and Common Sense, London/San Francisco Calif. 1969, Boston Mass./London 1994; G. Bergmann, Meaning and Existence, Madison Wis. 1960, 1968; ders., Logic and Reality, Madison Wis. 1964; A. Bottani/R. Davies (eds.), Modes of Existence. Papers in Ontology and Philosophical Logic, Frankfurt etc. 2006; F. Buddensiek, Die Einheit des Individuums. Eine Studie zur O. der Einzeldinge, Berlin/New York 2006; H. Burkhardt/B. Smith (eds.), Handbook of Metaphysics and Ontology, I–II, München 1991; H.-N. Castañeda, Sprache und Erfahrung. Texte zu einer neuen O., Frankfurt 1982; R. M. Chisholm, A Realistic Theory of Categories. An Essay on Ontology, Cambridge/New York 1996; E. Craig, Ontology, REP VII (1998), 117–118; I. Dilman, Quine on Ontology, Necessity and Experience. A Philosophical Critique, London, Albany N.Y. 1984; J.K. Feibleman, Ontology, Baltimore Md. 1951, New York 1968; B.C. van Fraassen u.a., Studies in Ontology, Oxford 1978 (Amer. Philos. Quart. Monogr. Ser. XII); P. T. Geach, Reference and Generality. An Examination of Some Medieval and Modern Theories, Ithaca N.Y. 1962, ^{3}1980; N. Goodman, The Structure of Appearance, Cambridge Mass. 1951, Dordrecht/Boston Mass. ^{3}1977; R. Grossmann, The Existence of the World. An Introduction to Ontology, London/New York 1992, 1994 (dt. Die Existenz der Welt. Eine Einführung in die O., Frankfurt etc. 2002, ^{2}2004); I. Hacking, Historical Ontology, Cambridge Mass./London 2002 (dt. Historische O., Zürich 2006); M. Heidegger, Sein und Zeit. Erste Hälfte, Jb. Philos. phänomen. Forsch. 8 (1927), 1–438, separat Halle 1927, Tübingen ^{19}2006; J. Heil, From an Ontological Point of View, Oxford etc. 2003, 2005; J. Heinrichs, O., TRE XXV (1995), 244–252; T. Hofweber, Logic and Ontology, SEP 2004, rev. 2011; L. Honnefelder/G. Krieger (eds.), Philosophische Propädeutik III (Metaphysik und O.), Paderborn etc. 2001; P. van Inwagen, Ontology, Identity, and Modality. Essays in Metaphysics, Cambridge etc. 2001, 2003; D. Jacquette, Ontology, Chesham 2002; G. Keil, Grundriß der O., Königstein 1981, Marburg ^{2}1984; K. Kremer/U. Wolf, O., Hist. Wb. Ph. VI

(1984), 1189–1200; M. Kuhlmann, O., EP II (^{2}2010), 1856–1877; W. Künne, Abstrakte Gegenstände. Semantik und O., Frankfurt 1983, ^{2}2007; J. Lensink/C. Kanzian, Philosophie XI (O.), EP II (1999), 1140–1154; D. Lewis, On the Plurality of Worlds, Oxford/New York 1986, Malden Mass./Oxford 2006; M. Lutz-Bachmann/T. M. Schmidt (eds.), Metaphysik heute – Probleme und Perspektiven der O./Metaphysics Today – Problems and Prospects of Ontology, Freiburg/München 2007; A. MacIntyre, Ontology, Enc. Ph. V (1967), 542–543; U. Meixner, Axiomatische O., Regensburg 1991; ders., Einführung in die O., Darmstadt 2004, ^{2}2011; J. N. Mohanty, Phenomenology and Ontology, The Hague 1970; K. Munn/B. Smith (eds.), Applied Ontology. An Introduction, Frankfurt etc. 2008; R. Poli/P. Simons (eds.), Formal Ontology, Dordrecht/Boston Mass./London 1996; W. V. O. Quine, Word and Object, Cambridge Mass. 1960, 2013 (dt. Wort und Gegenstand, Stuttgart 1980, 2002); ders., Ontological Relativity and Other Essays, New York 1969 (dt. Ontologische Relativität und andere Schriften, Stuttgart 1975, 1984); E. Runggaldier/C. Kanzian, Grundprobleme der analytischen O., Paderborn etc. 1998; R. Schaeffler, O. im nachmetaphysischen Zeitalter. Geschichte und neue Gestalt einer Frage, Freiburg/München 2008; B. Schnieder, Substanzen und (ihre) Eigenschaften. Eine Studie zur analytischen O., Berlin/New York 2004; P. Simons, Parts. A Study in Ontology, Oxford 1987, 2003; B. Smith (ed.), Parts and Moments. Studies in Logic and Formal Ontology, München/Wien 1982; R. Stoecker, Was sind Ereignisse? Eine Studie zur analytischen O., Berlin/New York 1992; P. F. Strawson, Individuals. An Essay in Descriptive Metaphysics, London 1959, London/New York 2011 (dt. Einzelding und logisches Subjekt. Ein Beitrag zur deskriptiven Metaphysik, Stuttgart 1972, 2003); E. Tegtmeier, Grundzüge einer kategorialen O.. Dinge, Eigenschaften, Beziehungen, Sachverhalte, Freiburg/München 1992; R. W. Trapp, Analytische O.. Der Begriff der Existenz in Sprache und Logik, Frankfurt 1976; J. Westerhoff, Ontological Categories. Their Nature and Significance, Oxford etc. 2005; F. Wilson, Acquaintance, Ontology, and Knowledge. Collected Essays in Ontology, Frankfurt etc. 2007; R. Zocher, Die philosophische Grundlehre. Eine Studie zur Kritik der O., Tübingen 1939; weitere Literatur: ↑Metaphysik. O. S.

operatio (lat., Handlung), Terminus der scholastischen und frühneuzeitlichen Philosophie, mit dem im Begriff des ↑actus die Tätigkeit eines Seienden als actus secundus von seiner Substanz, dem actus primus, unterschieden wird. – Von besonderer historischer Bedeutung ist die Untersuchung der Verstandesoperationen (o.nes mentis, o.nes intellectus). Hier werden schon bei J. Duns Scotus die o.nes Begriffsbildung, Urteilen und Schließen unterschieden und zur Bestimmung der ↑Logik als Lehre von Begriff, Urteil und Schluß verwendet. Dieser Ansatz ist eine der Grundlagen des ↑Psychologismus in der traditionellen Logik. G. W.

Operation, allgemein Bezeichnung für einen – in der Regel komplexen – Zusammenhang ineinandergreifender konkreter ↑Handlungen ganz unterschiedlicher Tätigkeitsfelder – chirurgische Eingriffe in der Medizin, strategische O.en (z. B. in einem Schachspiel), militärische oder polizeiliche O.en –, um entweder einen als Ziel der O. bereits vorgestellten ↑Zustand zu bewirken oder aber – insbes. in den Fällen künstlerischer Exploration (↑Kunst) oder wissenschaftlichen Experimentierens – ungeachtet dabei gleichwohl beteiligter Planungen samt zugehöriger Erwartungen die vor dem Eintreffen des Ergebnisses im besonderen noch unbekannte Wirkung des O.sgeschehens allererst abzuwarten, um sie so kennenzulernen. In diesem zweiten Fall geht es primär nicht um Handeln in seinem eingreifenden Status, wie es als ein zielgerichtetes auf (Etwas-)Wollen bezogen bleibt, vielmehr um Handeln in seinem epistemischen Status, bei dem Handeln auf Wissen(-Wollen) bezogen ist, weil es dem Erkennen der Gegenstände dient, an denen die O.en ausgeführt werden. Handlungen spielen epistemisch eine Zeichenrolle, was in der gegenwärtig üblichen, zu Mißverständnissen über die Rolle der Unterscheidung von (mentaler) Innenwelt und (physischer) ↑Außenwelt geradezu herausfordernden Redeweise dadurch wiedergegeben wird, daß die gewollten Wissenszustände zu besonderen inneren Zuständen, und zwar den ›kognitiven‹, erklärt werden (↑Repräsentation, mentale), statt sie aus der Überführung sowohl des Hervorbringungsanteils als auch des Wahrnehmungsanteils der zum Ergebnis der O. führenden (komplexen) Handlung in ein indexisches bzw. ein ikonisches Zeichen für eben dieses Ergebnis zu gewinnen.

In der ausdrücklich die Zeichenrolle von Handlungen thematisierenden ↑Erkenntnistheorie, und zwar längst vor der ↑Semiotik als eigenständiger Disziplin, übernimmt insbes. bei J. Locke das Zusammenspiel von äußerem Sinn (*sensation*/Empfindung) und innerem Sinn (*reflection*), der sich unter anderem auf die ›*operations*/*actions of the mind*‹ richtet – diese werden so bewußt und damit zu eigenen ›inneren‹ Gegenständen gemacht –, die einfachen und komplexen Gegenstandsbestimmungen (*ideas*), wie sie sich begrifflich artikulieren lassen (↑Artikulator). Mit dem Bezug auf die besondere mentale, heute als ›kognitiv‹ bezeichnete O. des ↑Denkens (*thinking*), genauer: den aktiven/tätigen Anteil des Denkens – zusammen mit den O.en des Wollens (*volition*, ↑Wille), auf die Locke ebenfalls eingeht, und des Fühlens (↑Gefühl) liegt die grundsätzlich für die gesamte philosophische Tradition bis heute vorgenommene Dreiteilung der *mentalen O.en* vor (↑Seele) –, wird der epistemische Status eines konkreten O.sgeschehens markiert, wobei der für den epistemischen Status ebenfalls maßgebende passive/erleidende Anteil des Tuns, das Widerfahren, bei Locke in den Bereich der *sensations* aufgenommen ist. Darüber hinaus behandelt er in Weiterführung der tradierten (philosophischen) Psychologie, bei der im Unterschied zu der mit der *Geltung* von Erkenntnis befaßten (philosophischen) Logik (↑Logik, traditionelle), die sich auf die so genannten Verstandesoperationen (»intellectus operationes (quas vulgo mentis operationes vocamus)«; C. Wolff, Psychologia empirica [[3]1738], § 325) der Begriffsbildung, der Urteilsfindung und der Schlußfolgerung konzentriert hat, die *Genesis* von Erkenntnis im Mittelpunkt steht, ausführlich zahlreiche weitere mentale O.en, darunter: Gewahrwerden (*being aware*), Erinnern (*recollecting*), Unterscheiden (*discerning*), Vergleichen (*comparing*), Verbinden (*compounding*), die sämtlich den epistemischen Status von Handlungen an Objekten eigens fixieren.

Mit der durch T. Reid in der Philosophie des ↑common sense (↑Schottische Schule) am O.sbegriff orientierten Polemik gegen Lockes Theorie von der Entstehung und Bildung der Ideen – auch die *sensations* gehörten zu den mentalen O.en, die sich im übrigen ›unmittelbar‹, ohne vorherige Ideenbildung, auf konkrete Gegenstände bezögen – beginnt ein für den Erkenntnisprozeß als wesentlich begriffener Zusammenhang von Denken und Tun Einfluß auf die Erkenntnistheorie zu nehmen, insbes. im ↑Pragmatismus von C. S. Peirce, was auch den Zusammenhang der beiden Fragestellungen, der nach der Genesis (↑Genese), und zwar der für die tatsächliche den Maßstab bildenden, und der nach der Geltung von Erkenntnis, in einem neuen Licht zu sehen erlaubt. Von diesen Einsichten macht die einen entwicklungspsychologischen ↑Konstruktivismus vertretende, jedoch in keinem engeren Zusammenhang mit P.W. Bridgmans ↑Operationalismus stehende *genetische Erkenntnistheorie* (↑Erkenntnistheorie, genetische) von J. Piaget Gebrauch, in der der Begriff der O. bzw. des *operatorischen Denkens* die Hauptrolle spielt. Der Anfang kognitiver Entwicklung steht auf einer prä-operatorischen Stufe, der operatorische Stufen nachfolgen, die Piaget gemäß dem Kriterium, welche mentalen O.en jeweils zur Verfügung stehen, voneinander unterscheidet. Auf die Stufe *konkreter O.en* – verfügbar sind z.B. Anordnungen und Klassifikationen von Gegenständen, jedoch noch ohne von deren Anwesenheit unabhängige sprachliche Artikulation – folgt die Stufe *formaler O.en*, die allein auf der Fähigkeit zur Reflexion auf die konkreten O.en beruhen und dem logischen Denken im weiteren Sinne zuzuordnen sind, wie etwa Hypothesenbilden, Schlußfolgern, Abstrahieren und viele andere. Mit dieser Behandlung formaler O.en, wenngleich mit einer strengeren, am logischen Sprachgebrauch orientierten Bestimmung des Begriffs des Formalen (↑formal), weitgehend im Einklang befinden sich die ursprünglich allein an der Grundlegung von Logik und Mathematik orientierten Arbeiten zur Operativen Logik und Mathematik von P. Lorenzen (↑Logik, operative, ↑Mathematik, operative), die in der ↑Erlanger Schule jedoch zu einem methodischen und dialogischen Rekonstruktionsprogramm wissenschaftlicher Erkenntnis sowohl im allgemeinen als auch im speziellen weiterentwickelt wurden (↑Philosophie, konstruktive, ↑Kulturalismus, methodischer, ↑Konstruktivismus, dialogischer), während andere, sich ausdrücklich auf Piaget berufende und den Begriff der O. ins Zentrum rückende, Forschungen über die Bildung von Erkenntnis (↑Kognitivismus), wie im Radikalen Konstruktivismus (↑Konstruktivismus, radikaler) E. v. Glasersfelds und in der auf S. Ceccato zurückgehenden »Scuola Operativa Italiana« (vgl. S. Ceccato [ed.], Corso di linguistica operativa, Mailand 1969), in der man sich um die Rolle mentaler O.en bei der Bildung von Wortbedeutungen (*mental categories*) kümmert, zu denjenigen Disziplinen gehören, die in der einflußreich gewordenen ↑Kognitionswissenschaft angesiedelt sind.

Als spezieller Terminus der Logik und Mathematik schließlich bezeichnet ›O.‹ die Durchführung einer allgemeinen Vorschrift (a) zur Umwandlung eines Elements eines ↑Objektbereichs in ein anderes Element desselben Objektbereichs, z.B. zur Bildung des ↑Nachfolgers im Bereich der natürlichen Zahlen oder zur Bildung der Derivierten einer (einstelligen) differenzierbaren Funktion (↑Infinitesimalrechnung), oder (b) zur (inneren) Verknüpfung von Elementen eines Objektbereichs, z.B. zur Addition (↑Addition (mathematisch)) von Zahlen oder zur logischen Zusammensetzung von ↑Aussagen. Zur Darstellung des Resultats einer O. dienen im allgemeinen O.szeichen (auch: Funktionszeichen oder ↑Funktoren, d.s. spezielle ↑Operatoren) in Verbindung mit ↑Nominatoren für die verknüpften Elemente oder auch nur mit Elementsymbolen, etwa ›$n + m$‹ für das Additionsresultat, ›$D\varphi$‹ für das Differentiationsresultat, ›$a \wedge b$‹ für das Resultat der logischen Zusammensetzung mit dem ↑Junktor ›$\wedge$‹ zu einer ↑Konjunktion. *Konkrete* O.en wie die logischen Zusammensetzungen oder das Addieren von Objektsystemen durch Aneinanderfügen der Objektsysteme zu einem neuen Objektsystem (z.B. der Strichfolgen ›||‹ und ›|||‹ zur Strichfolge ›|||||‹) oder regelgeleitete Verfahren zur Herstellung von Gegenständen aus Gegenständen außerhalb von Logik und Mathematik müssen dabei von *abstrakten* O.en, die durch Operatoren, angewendet auf ↑Terme bzw. Termschemata zur Bildung neuer Terme bzw. Termschemata, lediglich dargestellt sind (z.B. ist der Term ›|| + |||‹ nur abstrakt gleich dem Term ›|||||‹, konkret hingegen von ihm verschieden), sorgfältig unterschieden werden. Abstrakte O.en sind dasselbe wie ↑Funktionen, denen im Falle ihrer Mehrstelligkeit (↑mehrstellig/Mehrstelligkeit) an jeder Stelle derselbe Argumentbereich zugrundeliegt und bei denen der Wertbereich (↑Wert (logisch)) Teil ihres Argumentbereichs (↑Argument (logisch)) ist.

Man nennt eine O. *beschränkt ausführbar*, wenn die Funktion nicht auf allen Argumenten ihres Bereichs erklärt ist; z.B. ist die Division $p : q$ im Bereich der rationalen Zahlen nur für Argumente $q \neq 0$ möglich.

In der Algebra, die Mengen mit O.en strukturtheoretisch untersucht, sind die O.en allein durch geeignete ↑Axiome festgelegt, etwa eine abelsche Gruppe (↑Gruppe (mathematisch)) durch die Assoziativität (die Termschemata $(a \circ b) \circ c$ und $a \circ (b \circ c)$ sind generell gleich; ↑assoziativ/Assoziativität), die Existenz eines Einselementes e (d. h., es gilt $e \circ a = a$), die Existenz eines inversen Elements a^{-1} (↑invers/Inversion) für jedes a (d. h., es gilt $a^{-1} \circ a = e$) und die Kommutativität ($a \circ b = b \circ a$; ↑kommutativ/Kommutativität) der unbeschränkt ausführbaren zweistelligen O. $\circ$. Sowohl die positiv-rationalen Zahlen in bezug auf die O. Multiplikation (die 1 ist das Einselement) als auch die ganzen Zahlen in bezug auf die O. Addition (die 0 ist das Einselement) tragen die Struktur einer abelschen Gruppe, bilden also ein ↑Modell des zugehörigen Axiomensystems. K. L.

Operationalismus, auch: Operativismus, Operationismus (engl. operationism, operationalism), im Anschluß an P. W. Bridgmans (1882–1961) klassisches Werk »The Logic of Modern Physics« (1927) eingebürgerte Bezeichnung für untereinander in vielen Punkten verschiedene methodologische Auffassungen, wonach die Bedeutung wissenschaftlich sinnvoller Termini durch *Handlungen* (wenigstens teilweise) definiert wird (›operationales Prinzip‹ bzw. ›operationale Definition‹). Den philosophischen Hintergrund bei der Entstehung des O. bildeten die den amerikanischen ↑Pragmatismus prägende Konzentration auf Handlungen und die wissenschaftsreflexiven Konzepte des Logischen Empirismus (↑Empirismus, logischer). Je nachdem, in welche umfassendere Philosophie der O. (explizit oder nicht) eingebettet wird, läßt sich ein (1) *analytischer* O. von einem (2) *synthetischen* O. unterscheiden.

(1) Bridgman versteht seinen O. zunächst als eine Art wertfreier ↑Methodologie der Wissenschaften, insofern es nur darum gehe, die Handlungen von Wissenschaftlern bei ihrer wissenschaftlichen Tätigkeit analysierend zu *beschreiben*. Ausgehend von A. Einsteins operationaler Definition der Gleichzeitigkeit (↑gleichzeitig/Gleichzeitigkeit, ↑Relativitätstheorie, spezielle), die die Bedeutung des Begriffs der entfernten Gleichzeitigkeit an Verfahren zur Synchronisierung von Uhren bindet, gelangt Bridgman zu der Überzeugung, daß die *Bedeutung aller* wissenschaftlichen Begriffe mit den bei ihrer Verwendung vom Wissenschaftler durchgeführten Operationen synonym sei (»the concept is synonymous with its corresponding set of operations«, The Logic of Modern Physics, 5). Die Spezielle Relativitätstheorie zeigt, daß es sinnlos ist, absolut von *der* Gleichzeitigkeit zweier Ereignisse zu sprechen, da die ↑Messung der Gleichzeitigkeit zweier Ereignisse vom Bewegungszustand der betreffenden Systeme zueinander abhängt. Diese Beschränkung auf beobachtbare, physische, vorzugsweise metrische Operationen macht das philosophische Umfeld des Bridgmanschen O. deutlich: Ablehnung eines jeglichen Apriori (↑apriori, ↑Apriorismus) und Anerkennung nur einzelner in der Erfahrung gegebener Handlungen zeigt die Nähe des O. zum zeitgenössischen Logischen Empirismus. So besagte das zur gleichen Zeit vom ↑Wiener Kreis vertretene ↑Verifikationsprinzip, daß Aussagen ohne zugeordnete Prüfverfahren sinnlos sind (↑verifizierbar/Verifizierbarkeit, ↑Sinnkriterium, empiristisches). Die Konzentration auf beobachtbares Verhalten weist in Richtung des ↑Behaviorismus. So hatte bereits der Wiener Kreis unter Berufung auf das Verifikationsprinzip die Auffassung vertreten, daß jede sinnvolle Aussage über die psychischen Zustände anderer Menschen die gleiche Bedeutung besitzt wie eine Aussage, die nur von Physischem spricht, also von Ausdrucksbewegungen, Handlungen, Worten usw.. Der operationale Denkansatz führte in der ↑Psychologie zu einer Betonung von Verhaltensexperimenten und einem Zurücktreten mentaler Begriffe (wovon sich Bridgman allerdings distanzierte). Darüber hinaus kennzeichnet die Fundierung von Bedeutungen in Handlungen, unter anderem verbunden mit einer (allerdings nicht ganz eindeutigen) instrumentalistischen (›workability‹) ↑Wahrheitstheorie, den O. als eine Variante des ↑Pragmatismus.

Den Anlaß zu Bridgmans O. gab der durch die Relativitätstheorie und die ↑Quantentheorie initiierte Bedeutungswandel physikalischer Termini, die bis dahin oft als Ausdruck inhärenter *Eigenschaften* von Gegenständen oder Ereignissen gegolten hatten. Beispiele hierfür sind ›Länge‹, ›Gleichzeitigkeit‹, ›Kausalität‹, ›Identität‹. So faßt etwa die klassische ↑Physik die Gleichzeitigkeit als eine absolute Relation zwischen zwei Ereignissen auf, die entweder besteht oder nicht besteht. Die Spezielle Relativitätstheorie weist diesen absoluten Begriff der Gleichzeitigkeit zurück und zugleich mit ihm auch den absoluten Längenbegriff (↑Länge). Ähnlich bindet die ↑Kopenhagener Deutung der Quantentheorie die Zuschreibung von Eigenschaften an einen Gegenstand oder Ereignis an die Messung dieser Eigenschaft. Entsprechend definieren für Bridgman etwa Längenmessungen mit Maßstäben, trigonometrische oder optische Längenmessungen jeweils verschiedene Bedeutungen des Terminus ›Länge‹. Absolut von *der* Länge eines Objekts ohne Rekurs auf das zur Messung verwendete Verfahren zu sprechen, ist unzulässig. Die ↑Äquivalenz verschiedener Längenbegriffe ist ein empirisches Ergebnis, das sich als unrichtig erweisen kann.

Dieses im Blick auf die Praxis des Physikers offensichtlich kontraintuitive Resultat ist eine Konsequenz der auf einzelne Operationen zielenden nominalistischen (↑Nominalismus) Einstellung Bridgmans. Diese und andere

Verengungen des operationalistischen Handlungsbegriffs hat Bridgman später aufgegeben, was zum Teil auch durch die Einführung des operationalen Prinzips in Humanwissenschaften wie Psychologie und Soziologie erforderlich wurde. Über den Begriff der Wiederholbarkeit von Messungen versuchte Bridgman z. B. zu einem allgemeinen Längenbegriff zu gelangen, der das gleiche Resultat bei Wiederholung von Messungen ausdrücken sollte. Daneben tritt eine erhebliche Erweiterung des auf physische Operationen beschränkten Operationsbegriffs, der nun auch ›mentale‹ Operationen umfaßt. Dies sind ›verbale‹ sowie ›paper and pencil‹-(Papier-und-Bleistift-)Operationen. Letztere dienen vor allem den Begriffsbildungen in ↑Mathematik und ↑Logik. Diese Erweiterung des Operationsbegriffs zwingt zur Aufgabe des Gedankens, mit dem entsprechenden ›set of operations‹ ein hinreichendes Kriterium für die Bedeutung eines Begriffs gefunden zu haben: das operationale Prinzip führt letztlich nur auf eine notwendige Bedingung der Bedeutung eines Begriffs. – Die Erweiterung des Operationsbegriffs auch auf mentale Operationen macht diesen Begriff sehr weit und fast jede philosophische Position zu einem O.. Insbes. stellt sie Bridgmans ursprüngliche Intention, mit dem operationalen Prinzip zugleich ein *empiristisches* Sinnkriterium zu liefern, entscheidend in Frage.

Die Tatsache, daß der O. nicht als Teil einer umfassenden erkenntnistheoretischen Konzeption eingeführt wurde, hat zu weiteren Schwierigkeiten geführt, insbes. hinsichtlich der Frage, was als physikalisch ›real‹ zu gelten habe. So ist für Bridgman der Begriff des ↑Feldes zwar im physikalischen Theorienaufbau brauchbar, weil eine eineindeutige (↑eindeutig/Eindeutigkeit) Beziehung zwischen einem elektrischen Feld und den Ladungen, durch die es definiert wird, besteht. Jedoch liegen für Bridgman, abgesehen von den in diese Definitionen eingehenden Operationen, keine davon unabhängigen Verfahren zum Nachweis der Existenz elektrischer Felder vor. Dies veranlaßt ihn, dem Feldbegriff überhaupt physikalische Realität abzusprechen. Allgemein soll die ›Realität‹ physikalischer Objekte durch Verfahren nachgewiesen werden, die von den die entsprechenden Definitionen bildenden Operationen unabhängig sind.

In der Analytischen Wissenschaftstheorie (↑Wissenschaftstheorie, analytische) hat das operationale Prinzip bei der Frage der Definition theoretischer Begriffe (↑Begriffe, theoretische), insbes. der ↑Dispositionsbegriffe, eine wichtige Rolle gespielt. Freilich sind Versuche, für diese Begriffe formal befriedigende operationale ↑Definitionen anzugeben, gescheitert. An Stelle einer Definition wird häufig die Möglichkeit eines objektiven ↑Tests hinsichtlich direkt gewonnener Beobachtungsdaten als zureichende Befolgung des operativen ›Imperativs‹ betrachtet (↑Zweistufenkonzeption). – Operationalistische Überlegungen in diesem Sinne gehören heute weithin zum methodischen Standard der Physik und anderer Wissenschaften, insbes. der Psychologie (hier häufig als Variante des Behaviorismus) und der Soziologie, und gelten oft als eine Art ↑Abgrenzungskriterium gegenüber wissenschaftlich nicht zulässigen Aussagen. In diesem O. drückt sich weniger eine präzise Methodologie oder eine umfassende Erkenntnistheorie aus als vielmehr eine Haltung nüchterner, den Grundsätzen von Klarheit und Intersubjektivität verpflichteter empirischer Forschung. In den Humanwissenschaften ist diese Einstellung manchmal damit verbunden, daß nicht oder nicht direkt operationalisierbare Aspekte menschlichen Lebens (z. B. ↑Intentionalität) aus dem Bereich der Wissenschaft ausgeschlossen werden.

(2) In einem terminologisch nicht fixierten Sinne lassen sich philosophische Positionen als ›*(synthetischer) O.*‹ bezeichnen, soweit sie davon ausgehen, daß Wissenschaft nicht die Entdeckung immer schon, ›an sich‹, d. h. unabhängig vom wissenschaftlichen Zugriff, vorliegender Objekte und Strukturen ist, sondern daß die wissenschaftliche ›Wirklichkeit‹ wesentlich durch die terminologischen und operativen Mittel ihrer Erhellung und damit letztlich durch die in diese eingehenden Sprach- und Konstruktionshandlungen bestimmt wird. Ansätze zu einer solchen operationalistischen, oft auch als ›konstruktivistisch‹ bezeichneten Konzeption sind in der Philosophie- und Wissenschaftsgeschichte z. B. von Aristoteles, G. Vico und I. Kant vertreten worden. Sie liegen ferner manchen instrumentalistischen (↑Instrumentalismus) und pragmatistischen Positionen zugrunde. Gegenpositionen sind platonisierende Konzeptionen (↑Platonismus (wissenschaftstheoretisch)) sowie alle Formen des philosophischen Realismus (↑Realismus (erkenntnistheoretisch), ↑Realismus (ontologisch), ↑Realismus, kritischer).

Kants Idee einer apriorisch-synthetischen Begründung empirischer Wissenschaften wurde von H. Dingler unter dem Titel ›Operationismus‹ wieder aufgenommen, jedoch mit dem entscheidenden Unterschied, daß Begriffe nicht in der ↑transzendentalen Subjektivität (↑Subjektivismus) konstituiert bzw. konstruiert werden. Vielmehr steht Dinglers Ansatz mit seiner Betonung der Bedeutung manueller Handlungen für die Bildung physikalischer Grundbegriffe in der Nähe des Empiristen Bridgman. Dingler läßt den Empirismus jedoch hinter sich, indem er eine nicht selbst wieder empirische Theorie der Meßhandlungen fordert, auf denen die Grundbegriffe der Physik beruhen. Die hier eingehenden Handlungen sind nicht Bestandteil der erst zu begründenden Theorie, sondern liegen ihr als ↑vorwissenschaftlich voraus. In einer solchen Theorie werden die Normen (↑Norm (protophysikalisch)) angegeben, denen jede brauchbare Realisierung von ↑Meßgeräten zu genügen hat. Im Unterschied zu Bridgmans analytisch-deskriptivem O. läßt sich Dinglers Theorie als *›synthetisch-normativer O.‹* bezeichnen: es wird nicht die Vorgehensweise der Physiker analysiert und beschrieben, vielmehr werden bestimmte basale Handlungen ausgezeichnet, auf deren Grundlage die Begriffe der Physik gebildet werden sollten. Dinglers Ideen wurden im Rahmen der neueren Konstruktiven Wissenschaftstheorie (↑Wissenschaftstheorie, konstruktive) unter der Bezeichnung ↑›Protophysik‹ und später im methodischen Kulturalismus (↑Kulturalismus, methodischer) aufgenommen und weiterentwickelt. – In Mathematik und Logik lassen sich *intuitionistische* (↑Intuitionismus, ↑Logik, intuitionistische) und *konstruktivistische* (↑Logik, konstruktive, ↑Logik, operative, ↑Mathematik, konstruktive, ↑Mathematik, operative) Bestrebungen dem O. zuordnen.

Literatur: H. J. Allen, P. W. Bridgman and B. F. Skinner on Private Experience, Behaviorism 8 (1980), 15–29; A. C. Benjamin, Operationism, Springfield Ill. 1955 (mit Bibliographie, 145–149); G. Bergmann/K. W. Spence, Operationalism and Theory in Psychology, Psych. Rev. 48 (1941), 1–14, Neudr. unter dem Titel: Operationism and Theory Construction, in: M. H. Marx (ed.), Psychological Theory. Contemporary Readings, New York 1951, 54–66; J. Bradley, On the Operational Interpretation of Classical Chemistry, Brit. J. Philos. Sci. 6 (1955/1956), 32–42; P. W. Bridgman, The Logic of Modern Physics, New York 1927, Salem N. H. 1993 (dt. Die Logik der heutigen Physik, München 1932; ital. La logica della fisica moderna, Turin 1952, 2001); ders., The Nature of Physical Theory, Princeton N. J. 1936, New York 1964 (repr. in: ders., Philosophical Writings, New York 1980); ders., Operational Analysis, Philos. Sci. 5 (1938), 114–131; ders., The Nature of Some of Our Physical Concepts, Brit. J. Philos. Sci. 1 (1950/1951), 157–172, 2 (1951/1952), 25–44, 142–160, separat New York 1952 (repr. in: ders., Philosophical Writings, New York 1980); H. C. Byerly/V. A. Lazara, Realist Foundations of Measurement, Philos. Sci. 40 (1973), 10–28; H. Chang, Operationalism, SEP 2009; C. Chauviré, Opérationnalisme, Enc. philos. universelle II/2 (1990), 1809–1810; H. Dingle, A Theory of Measurement, Brit. J. Philos. Sci. 1 (1950/1951), 5–26; W. K. Essler/R. Trapp, Some Ways of Operationally Introducing Dispositional Predicates with Regard to Scientific and Ordinary Practice, Synthese 34 (1977), 371–396; U. Feest, Operationism in Psychology. What the Debate Is About, What the Debate Should Be About, J. Hist. Behavioral Sci. 41 (2005), 131–149; H. Feigl, Operationism and Scientific Method, Psychol. Rev. 52 (1945), 250–259, rev. Neudr. in: ders./W. Sellars (eds.), Readings in Philosophical Analysis, New York 1949, Atascadero Calif. 1981, 498–509; O. J. Flanagan Jr., Skinnerian Metaphysics and the Problem of Operationism, Behaviorism 8 (1980), 1–13; P. Frank (ed.), The Validation of Scientific Theories, Boston Mass. 1956, New York 1961; G. Frey/E. Scheerer, O., Hist. Wb. Ph. VI (1984), 1216–1222; D. A. Gillies, Operationalism, Synthese 25 (1972), 1–24; G. L. Hardcastle, S. S. Stevens and the Origins of Operationism, Philos. Sci. 62 (1995), 404–424; C. G. Hempel, Fundamentals of Concept Formation in Empirical Science, Chicago Ill./London 1952, 1972 (dt. erw. Grundzüge der Begriffsbildung in der empirischen Wissenschaft, Düsseldorf 1974); ders., A Logical Appraisal of Operationism, Sci. Monthly 79 (1954), 215–220, bearb. Neudr. in: ders., Aspects of Scientific Explanation and Other Essays in the Philosophy of Science, New York, London 1965, 123–133; G. Holton, Victory and Vexation in Science. Einstein, Bohr, Heisenberg, and Others, Cambridge Mass./London 2005, bes. 65–80 (Chap. 6 B. F. Skinner, P. W. Bridgman, and the ›Lost Years‹); K. Holzkamp, Wissenschaft als Handlung. Versuch einer neuen Grundlegung der Wissenschaftslehre, Berlin 1968, Hamburg 2006; D. L. Hull, The Operational Imperative. Sense and Nonsense in Operationism, Systematic Zoology 17 (1968), 438–457; J. Klüver, O.. Kritik und Geschichte einer Philosophie der exakten Wissenschaften, Stuttgart-Bad Cannstatt 1971; ders., O., Hb. wiss.theoret. Begr. II (1980), 465–467; R. B. Lindsay, A Critique of Operationalism in Physics, Philos. Sci. 4 (1937), 456–470; P. Marshall, Some Recent Conceptions of Operationalism and Operationalizing, Philosophia Reformata 44 (1979), 46–68; J. Moore, On the Principle of Operationism in a Science of Behavior, Behaviorism 3 (1975), 120–138; A. E. Moyer, A. E. Bridgman's Operational Perspective on Physics, Stud. Hist. Philos. Sci. 22 (1991), 237–258, 373–397; A. Rapoport, Operational Philosophy. Integrating Knowledge and Action, New York 1953, San Francisco Calif. 1969 (dt. Philosophie heute und morgen. Einführung ins operationale Denken, Darmstadt 1953, 1975); T. B. Rogers, Operationism in Psychology. A Discussion of Contextual Antecedents and an Historical Interpretation of Its Longevity, J. Hist. Behavioral Sci. 25 (1989), 139–153; G. Schlesinger, P. W. Bridgman's Operational Analysis. The Differential Aspect, Brit. J. Philos. Sci. 9 (1958/1959), 299–306; ders., Method in the Physical Sciences, London/New York 1963, 2009; ders., Operationalism, Enc. Ph. V (1967), 543–547; W. Stegmüller, Probleme und Resultate der Wissenschaftstheorie und Analytischen Philosophie II/1 (Theorie und Erfahrung), Berlin/Heidelberg/New York 1970, 213 ff.; S. S. Stevens, The Operational Definition of Psychological Concepts, Psychol. Rev. 42 (1935), 517–527; F. Suppe, Theories, Their Formulations, and the Operational Imperative, Synthese 25 (1972), 129–164; ders., Operationalism, REP VII (1998), 131–136; F. Wilson, Is Operationism Unjust to Temperature?, Synthese 18 (1968), 394–422. – Symposium on Operationism, Psychol. Rev. 52 (1945), 241–294 (mit Beiträgen von E. G. Boring, P. W. Bridgman, H. Feigl, H. E. Israel, C. C. Pratt, B. F. Skinner). G. W.

operativ (von lat. operari, tätig sein, wirken, herstellen; engl. operational, operationist), ein handlungstheoretischer Terminus zur Bezeichnung des Anteils explizit geregelter und dabei etwas konkret bewirkender Tätigkeit in wissenschaftlichen, aber auch nicht-wissenschaftlichen Disziplinen oder Tätigkeitsfeldern, im Unterschied etwa zu Planungen; z. B. in der medizinischen Fachsprache für geregelte chirurgische Eingriffe oder in der Betriebswirtschaftslehre für die Gewinn oder Verlust bringenden Tätigkeitsbereiche eines Unternehmens, seine o.en Geschäfte.

Als Terminus für ein nach Regeln verlaufendes Umgehen mit vorgefundenen oder ebenfalls nach Regeln hergestellten Dingen unter Einschluß von Schreibfiguren ist ›o.‹ titelgebend in der o.en Logik und Mathematik (↑Logik, operative, ↑Mathematik, operative, ↑Arithmetik, konstruktive), in der das Hantieren mit Figuren (↑Figur (logisch)) nach Kalkülregeln (↑Kalkül) sowohl zur Begründung logischen Schließens als auch für den Aufbau der Arithmetik auf der Grundlage des ↑Strichkalküls zur Gewinnung einer Darstellung der natürlichen Zahlen als Repräsentanten von Zählhandlungen herangezogen wird. Geht es um geregelte Prozesse zur Herstellung von partikularen Gegenständen eines bestimmten Typs, z. B. eines Kuchens nach einem Rezept, oder zu deren Identifikation in einer Umgebung, z. B. eines Elementarteilchens einer bestimmten Art mithilfe eines geeigneten Detektors, so spricht man, P. W. Bridgman in seiner Forderung nach Operationalisierung theoretischer Begriffsbildungen (↑Operationalismus) folgend, von einer operationalen ↑Definition des betreffenden Gegenstandstyps, ein Sprachgebrauch, der auch Eingang in die sich, den operationalen Ansatz um die dort vernachlässigten normativen Aspekte erweiternd, als Weiterführung des o.en Ansatzes in der Mathematik verstehende Konstruktive Wissenschaftstheorie (↑Wissenschaftstheorie, konstruktive) gefunden hat. K. L.

Operator, in Linguistik, Logik und Mathematik Ausdruck für ein Zeichen, mit dessen Hilfe aus schon gegebenen Ausdrücken ein neuer Ausdruck gewonnen, insbes. ein Ausdruck in einen anderen Ausdruck umgebildet wird. Dazu gehören die als Funktionszeichen (auch: Zeichen für eine ↑Abbildung) dienenden ↑*Funktoren*, mit denen aus ↑Termen neue Terme gebildet werden (z. B. ›$+$‹ zur Bildung des arithmetischen Terms ›$s + t$‹ aus zwei arithmetischen Termen ›s‹, ›t‹, oder der *Differentialoperator* ›D‹ zur Bildung der Derivierten $D\varphi$ einer [einstelligen] Funktion φ, oder andere ein ↑Funktional darstellende O.en; aber auch bloße Funktionssymbole ›f‹, ›g‹ zur Bildung von *Termschemata*, etwa des arithmetischen Termschemas ›$f(2,3)$‹, das zu einem Term erst dann wird, wenn anstelle von ›f‹ ein wohldefiniertes Funktionszeichen gesetzt wird). O.en sind ferner die ↑*Junktoren*, mit denen man aus Aussagen bzw. Aussageschemata wieder Aussagen bzw. Aussageschemata bildet. Dabei können die Junktoren sogar als Funktoren gelten, wenn Aussageschemata als Terme mit den Aussagesymbolen als ↑Aussagevariablen aufgefaßt werden: die Junktoren dienen dann zur Darstellung von Aussagefunktionen. In der Grammatik treten die *Modifikatoren*, mit denen aus einem Prädikator ein ↑Klassifikator gebildet wird, als O.en auf, z. B. attributiv verwendete Adjektive oder Adverbien in bezug auf den mit ihnen modifizierten Ausdruck. Außerdem gehören zu den O.en die *Abstraktoren* (↑abstrakt, ↑Abstraktion), mit denen aus Ausdrücken einer bestimmten Sprachstufe Terme der nächsthöheren Sprachstufe gebildet werden, d. h. solche Ausdrücke, die einen in bezug auf eine ↑Äquivalenzrelation zwischen den ursprünglichen Ausdrücken *invarianten* Gebrauch indizieren (↑Index). Z. B. indiziert der Bruchstrich in der üblichen Wiedergabe positiv-rationaler Zahlen ›n/m‹, daß zwischen Paaren (n, m) von ↑Grundzahlen, für die die durch $(n, m) \sim (n', m') \leftrightharpoons n \cdot m' = m \cdot n'$ definierte Äquivalenzrelation ›$\sim$‹ besteht, in Aussagen über sie kein Unterschied gemacht werden soll; 2/3 und 4/6 etwa sind *dieselbe* rationale Zahl: $2/3 = 4/6$. Entsprechend zeigt das Wort ›Zahl‹ vor einer Ziffer, etwa ›2‹, an, daß zwischen verschiedenen Notationen für das Resultat der Handlung Bis-zwei-Zählen kein Unterschied gemacht werden soll; Analoges gilt für die übrigen die Bildung von Abstrakta (↑Abstraktum) indizierenden Wörter wie ↑›Begriff‹, ↑›Sachverhalt‹, ↑›Urteil‹, ↑›Proposition‹.

Zu den wichtigsten Abstraktoren zählen (1) der *Mengenoperator* ›$\in$‹, mit dem aus Formeln unter Bezug auf die Äquivalenzrelation der extensionalen Äquivalenz (d. i. im einstelligen Fall $A(x) \sim_x B(x) \leftrightharpoons \bigwedge_x (A(x) \leftrightarrow B(x))$) (Mengen-)Terme (↑Klasse (logisch)) gebildet werden, und (2) der *Funktionsoperator* ›$\imath$‹, mit dem aus Termen unter Bezug auf die Äquivalenzrelation der extensionalen Gleichheit (d. i. im einstelligen Fall $t(x) \sim_x s(x) \leftrightharpoons \bigwedge_x t(x) = s(x)$) (Funktions-)Terme (↑Funktion) gebildet werden. Z. B. bezeichnet mit ›x‹, ›y‹ als ↑Objektvariablen für die natürlichen Zahlen der Mengenterm ›$\in_x 2|x$‹ die Menge der geraden Zahlen, der Funktionsterm ›$\imath_{x,y}(x + y)$‹ die zweistellige Funktion der Addition. Die für die Äquivalenzrelation maßgeblichen Variablen sind neben dem O. notiert; sie erzeugen *Bindung* der entsprechenden Variablen im nachfolgenden Ausdruck.

Weitere in der ↑Logik gebräuchliche O.en sind der ↑*Kennzeichnungsoperator* zur Herstellung eines Terms aus einer Formel unter Bindung einer Variablen (d. i. grammatisch eine Verwendungsart des bestimmten Artikels vor prädikativen Ausdrücken) sowie die *Modaloperatoren* oder ↑Modalitäten, mit denen aus einer Formel wieder eine Formel gebildet wird. Auch die ↑*Quantoren* sind O.en, die eine Formel unter Bindung einer Variablen wieder in eine Formel überführen. Die Prädikatsymbole eines formalen Systems (↑System, formales) können ebenfalls als O.en aufgefaßt werden, mit denen Formelschemata aus Termschemata gewonnen werden. In allen Fällen sind O.en ↑synkategorematische Ausdrücke, auch wenn sie in logischer Analyse ursprünglich eine selbständige prädikative Rolle gespielt haben mögen, etwa der Modaloperator ›notwendig‹ als der ↑Metaprädikator ›logisch impliziert aus einem Bereich wahrer Aussagen‹ über Aussagen. K. L.

Oppenheim, Paul, *Frankfurt/Main 17. Juni 1885, †Princeton N. J. 22. Juni 1977, dt.-amerik. Chemiker und Wissenschaftstheoretiker. Studium der Naturwissenschaften (insbes. Chemie) in Freiburg und Gießen, 1908 Promotion in Philosophie und Chemie ebendort. Bis 1933 leitende Tätigkeit in der chemischen Industrie, dann Emigration nach Belgien (Brüssel), 1939 in die USA (Princeton), dort Privatgelehrter. – In »Die natürliche Ordnung der Wissenschaften« (1926) entwirft O. mehrdimensionale Modelle zur Einteilung der Gegenstandsbereiche und Methoden wissenschaftlicher Forschung, etwa nach der Allgemeinheit der verwendeten Begriffe und dem Grad ihrer Konkretheit/Abstraktheit. Das zusammen mit C. G. Hempel verfaßte Werk »Der Typusbegriff im Lichte der neuen Logik« (1936) entwickelt die Theorie klassifikatorischer (↑Klassifikation) und komparativer (↑komparativ/Komparativität) Begriffe (heute ein Kernstück der ↑Wissenschaftstheorie) und versucht so, die zu dieser Zeit vieldiskutierten Persönlichkeitstypologien (z. B. von E. Kretschmer) zu präzisieren. Verwandt damit sind O.s zusammen mit K. Grelling (1938) und N. Rescher (1955) unternommene Ansätze, den Gestaltbegriff der Gestaltpsychologie (↑Gestalt, ↑Gestalttheorie) mit Hilfe formallogischer Methoden (↑Logik, formale) zu explizieren. Daneben stehen weitere Arbeiten zur Wissenschaftstheorie der Biologie und der Psychologie (meist mit namhaften Koautoren), die den Vergleich kontroverser Ansätze wie ↑Behaviorismus und ↑Phänomenologie zum Gegenstand haben, aber auch Untersuchungen zur Wissenschaftstheorie der Physik (z. B. Quantentheorie). Von O.s Arbeiten zur reinen Wissenschaftstheorie, die vor allem die Begriffe der wissenschaftlichen ↑Erklärung und ↑Bestätigung behandeln, wurden vor allem die 1948 mit Hempel verfaßten »Studies in the Logic of Explanation« bekannt, in denen Hempel und O. das nach ihnen benannte Schema wissenschaftlicher Erklärung (heute auch kurz ›HO-Modell der Erklärung‹) entwickeln (↑Erklärung). O.s philosophische Orientierung ist beeinflußt vom Logischen Empirismus (↑Empirismus, logischer) und H. Reichenbachs empiristischer Philosophie.

Werke: Die natürliche Ordnung der Wissenschaften. Grundgesetze der vergleichenden Wissenschaftslehre, Jena 1926; Die Denkfläche. Statische und dynamische Grundgesetze der wissenschaftlichen Begriffsbildung, Berlin 1928, Vaduz 1978 (Kant-St. Erg.hefte 62); (mit C. G. Hempel) Der Typusbegriff im Lichte der neuen Logik. Wissenschaftstheoretische Untersuchungen zur Konstitutionsforschung und Psychologie, Leiden 1936; (mit C. G. Hempel) L'importance logique de la notion de type, in: Act. congrès int. philos. scientifique, Sorbonne, Paris 1935, II (Unité de la science), Paris 1936, 41–49; (mit K. Grelling) Der Gestaltbegriff im Lichte der neuen Logik, Erkenntnis 7 (1937/1938), 211–225, 357–359 (Supplementary Remarks on the Concept of Gestalt) (engl. The Concept of Gestalt in the Light of Modern Logic, in: B. Smith [ed.], Foundations of Gestalt Theory, München/Wien 1988, 191–205, 206–209 [Supplementary Remarks on the Concept of Gestalt]); (mit K. Grelling) Concerning the Structure of Wholes, Philos. Sci. 6 (1939), 487–488; (mit C. G. Hempel) A Definition of ›Degree of Confirmation‹, Philos. Sci. 12 (1945), 98–115; (mit O. Helmer) A Syntactical Definition of Probability and of Degree of Confirmation, J. Symb. Log. 10 (1945), 25–60; (mit C. G. Hempel) Studies in the Logic of Explanation, Philos. Sci. 15 (1948), 135–175, Neudr. in: C. G. Hempel, Aspects of Scientific Explanation and Other Essays in the Philosophy of Science, New York, London 1965, 1970, 245–290; (mit N. Rescher) Logical Analysis of Gestalt Concepts, Brit. J. Philos. Sci. 6 (1955/1956), 89–106; Dimensions of Knowledge, Rev. int. philos. 11 (1957), H. 40, 151–191; (mit H. Putnam) Unity of Science as a Working Hypothesis, in: H. Feigl/M. Scriven/G. Maxwell (eds.), Concepts, Theories, and the Mind-Body Problem, Minneapolis Minn. 1958, 1972 (Minnesota Stud. Philos. Sci. II), 3–36; (mit H. Bedau) Complementarity in Quantum Mechanics. A Logical Analysis, Synthese 13 (1961), 201–232; (mit N. Brody) Tensions in Psychology between the Methods of Behaviorism and Phenomenology, Psychol. Rev. 73 (1966), 295–305; (mit N. Brody) Application of Bohr's Principle of Complementarity to the Mind-Body Problem, J. Philos. 66 (1969), 97–113; (mit S. Lindenberg) Generalization of Complementarity, Synthese 28 (1974), 117–139; (mit S. Lindenberg) The Bargain Principle, Synthese 37 (1978), 387–412; (mit K. Grelling) Logical Analysis of ›Gestalt‹ as ›Functional Whole‹ [1939], in: B. Smith (ed.), Foundations of Gestalt Theory [s. o.], 210–216, ferner in: Gestalt Theory 21 (1999), 49–54.

Literatur: N. Rescher, H_2O. Hempel-Helmer-O.. Eine Episode aus der Geschichte der Wissenschaftstheorie des zwanzigsten Jahrhunderts, Dt. Z. Philos. 44 (1996), 779–805 (engl. H_2O. Hempel-Helmer-O.. An Episode in the History of Scientific Philosophy in the 20th Century, Philos. Sci. 64 [1997], 334–360, ferner in: ders., Studies in 20th Century Philosophy, Frankfurt etc. 2005 [= Collected Papers I], 149–180). – Biographische Enzyklopädie deutschsprachiger Philosophen, München 2001, 311. P. S.

Opponent (von lat. opponere, einwenden), in der dialogischen Logik (↑Logik, dialogische) derjenige Dialogpartner, der dem eine Aussage im Modus der Behauptung vorbringenden ↑Proponenten gegenübersteht und die Behauptung bestreitet. Die Wahl der Termini ›O.‹ und ›Proponent‹ ist angelehnt an die scholastische Terminologie für eine Disputation (↑disputatio), die geführt wird zwischen einem Proponenten (einer These in Gestalt eines syllogistisch vorgehenden Beweises für sie) – auch Defendenten (= Verteidiger der These durch Entkräftung der Einwände gegen sie oder ihren Beweis) oder Respondenten (d. i. auf die Einwände Antwortenden) – und einem (mit Einwänden gegen den Beweis oder auch direkt gegen die These durch syllogistische Folgerung eines Widerspruchs beginnenden) O.en nach zahlreichen, immer wieder Änderungen unterworfenen strengen Verfahrensregeln auf der Grundlage der syllogistischen Schlußregeln (↑Syllogistik). K. L.

Opposition (von lat. oppositio/oppositum, griech. ἀντίθεσις, ἐναντίον, ἀντικείμενον, engl. opposition/opposite), Entgegensetzung, Gegenüberstellung. In der F. de Saussure folgenden Prager Schule des linguistischen Strukturalismus (↑Strukturalismus (philosophisch, wissenschaftstheoretisch)), und zwar in der zusammen mit R. Jakobson begründeten Phonologie N. S. Trubeckojs, bezeichnet ›O.‹ die Beziehung zwischen je zwei Lauteinheiten (*Phon*) einer natürlichen Sprache (↑Sprache, natürliche), wenn sie der Unterscheidung der kleinsten Bedeutung tragenden Einheiten (↑Morphem) dienen; z. B. im Deutschen zwischen den Lauten ›i‹ und ›e‹ (›Tier‹/›Teer‹), aber nicht zwischen ›ch‹ wie in ›ach‹ und ›ch‹ wie in ›ich‹, die daher *Allophone* desselben ↑Phonems /X/ darstellen (die Ausnahme ›Kuchen‹/›Kuhchen‹ ist eine nur scheinbare, weil ›Kuhchen‹ aus zwei Morphemen zusammengesetzt ist).

In der Philosophie ist ›O.‹ gleichwertig mit ↑›Gegensatz‹. Bereits die ↑Pythagoreer betrachteten nach dem Zeugnis des Aristoteles (Met. *A*5.986b1–2) die Gegensätze als den Ursprung (*ἀρχή*; ↑Archē) alles Seienden; überliefert sind: Grenze – Unbegrenztes, Licht – Finsternis, Eines – Vieles etc.. Ebenso erklärt Heraklit jedes Seiende als eine Einheit von Gegensätzen: Ganzes – Nichtganzes, Einträchtiges – Zwieträchtiges (VS 22 B 10), Leben – Tod, Wachen – Schlafen (B 88), Tag – Nacht, Krieg – Frieden (B 67), Weg hinauf – Weg hinab (B 60). Empedokles systematisiert diese These und sucht alle Gegensätze auf die beiden O.en feucht – trocken und kalt – warm zurückzuführen. Diese gemeinhin ›ontologisch‹ genannte, in der Philosophie der Neuzeit auf die Grundopposition Subjekt – Objekt zurückgeführte und in dialektischen Positionen (↑Dialektik) häufig sogar gegen eine logische Behandlung der Gegensätze ausgespielte O. ist nichts anderes als eine Bestimmung von Gegenständen mit Hilfe gegensätzlicher Begriffe, bedient sich also der logischen O. zwischen Aussagen, die besteht, wenn vom selben Gegenstand zwei gegensätzliche Bestimmungen ausgesagt werden. Natürlich entsteht dann sofort die Frage nach der Geltung des Satzes vom Widerspruch (↑Widerspruch, Satz vom): Demselben kann nicht zugleich ein ↑Prädikator ›*P*‹ zukommen und nicht zukommen; gegensätzliche Bestimmungen kommen demselben Gegenstand nur in verschiedener *Hinsicht* zu, z. B. *vorher* gilt $n \, \varepsilon \, P$ – *nachher* hingegen $n \, \varepsilon' \, P$; *vorn* gilt $n \, \varepsilon \, P$ – *hinten* hingegen $n \, \varepsilon' \, P$; in bezug auf *m* gilt $n \, \varepsilon \, P$ – in bezug auf *k* gilt $n \, \varepsilon' \, P$ (d. h., ›*P*‹ ist eigentlich ein zweistelliger Prädikator ›P^*‹, und es gilt $n, m \, \varepsilon \, P^*$ sowie $n, k \, \varepsilon' \, P^*$ – z. B. $P \leftrightharpoons$ ›groß‹ und $P^* \leftrightharpoons$ ›größer‹). Der Gegenstand ist dann entweder das allen Bestimmungen Zugrundeliegende, das ↑Subjekt, die ↑Substanz (die Aristotelische Lösung), oder er ist das Ganze (↑Teil und Ganzes) aus allen Bestimmungen, die Einheit aller Bestimmungen (die neuplatonische Lösung).

Platon benutzt als erster die Lehre von den Gegensätzen für eine ↑Wahrheitstheorie: Die Aussage ›$n \, \varepsilon \, P$‹ ist falsch, wenn eine Aussage ›$n \, \varepsilon \, Q$‹ mit einem zu ›*P*‹ *konträren* ›*Q*‹ (↑konträr/Kontrarität) wahr ist (z. B. $P \leftrightharpoons$ ›sitzen‹ und $Q \leftrightharpoons$ ›fliegen‹ in bezug auf $n \leftrightharpoons$ Theaitetos – Platon verwendet allerdings ›verschieden‹ [*ἕτερον*] an Stelle von ›konträr‹ [*ἐναντίον*]). Aristoteles wiederum sucht die gegensätzlichen Bestimmungen einer Substanz zu systematisieren und auf ›erste‹ Gegensätze zurückzuführen (vgl. Met. *I*3.1054a23 ff.), wobei er an anderer Stelle vier Arten der O. (*ἀντικείμενα*, ↑Objekt) zwischen Begriffen unterscheidet (Cat. 10.11b17–23): die *relative* O. (*πρός τι*), z. B. doppelt – halb (d. i. die O. zwischen einer nicht-symmetrischen zweistelligen Relation und ihrer Konversen [↑konvers/Konversion], die sowohl konträr als auch kontradiktorisch [↑kontradiktorisch/Kontradiktion] ausfallen kann), die *konträre* O. (*ἐναντίον*), z. B. gut – schlecht (d. i. die O. ↑polarkonträrer Begriffe), die *privative* O. (zwischen Beraubung [*στέρεσις*] und Habitus [*ἕξις*]), z. B. blind – sehend, die *kontradiktorische* O. (*ἀντίφασις*, zwischen Bejahung [*κατάφασις*] und Verneinung [*ἀπόφασις*]), z. B. sitzen – nicht-sitzen. Verallgemeinert auf die syllogistischen ↑Aussageformen (↑Syllogistik) *PaQ* (alle *P* sind *Q*), *PiQ* (einige *P* sind *Q*), *PeQ* (kein *P* ist *Q*) und *PoQ* (einige *P* sind nicht *Q*) unterscheidet Aristoteles die zwei kontradiktorischen O.en *PaQ* – *PoQ* und *PiQ* – *PeQ* sowie die konträre O. *PaQ* – *PeQ* (vgl. de int. 7.17 b). Diese Beziehungen zwischen den syllogistischen Aussageformen wurden in der traditionellen Logik (↑Logik, traditionelle) im so genannten *logischen Quadrat* (↑Quadrat, logisches) schematisiert und vielfach unter Verwendung weiterer Arten von O.en terminologisch ergänzt. Dazu gehört auch die ebenfalls schon auf Aristoteles zurückgehende (vgl. de int. 13.22a32–23a26) Erweiterung durch die O.en zwischen den modallogischen syllogistischen Aussageformen (↑Modallogik), die davon Gebrauch macht, daß $\Delta \neg A$ (notwendig, daß nicht *A*) und $\neg \nabla A$ (unmöglich, daß *A*) sowie $\nabla \neg A$ (möglich, daß nicht *A*) und $\neg \, \Delta \, A$ (nicht notwendig, daß *A*) jeweils logisch äquivalent zueinander sind.

Literatur: J. P. Anton, Aristotle's Theory of Contrariety, London 1957, Lanham Md. 1987, London 2001; B. Baierwaltes/A. Menne, Gegensatz, Hist. Wb. Ph. III (1974), 105–119; T. Gontier, O. (log.), Enc. philos. universelle II/2 (1990), 1813; H. J. Heringer, Formale Logik und Grammatik, Tübingen 1972; W. Kamlah, Platons Selbstkritik im Sophistes, München 1963 (Zetemata 33); K. Lorenz/J. Mittelstraß, Theaitetos fliegt. Zur Theorie wahrer und falscher Sätze bei Platon (Soph. 251d–263 d), Arch. Gesch. Philos. 48 (1966), 113–152, ferner in: K. Lorenz, Philosophische Varianten. Gesammelte Aufsätze unter Einschluss gemeinsam mit Jürgen Mittelstraß geschriebener Arbeiten zu Platon und Leibniz, Berlin/New York 2011, 11–48; A. Menne/G. Heyer, O., Hist. Wb. Ph. VI (1984), 1237–1240; T. Parsons, The Traditional Square of O., SEP 1997, rev. 2012; D. Pätzold, Gegensatz/Widerspruch, EP I (1999), 417–427, EP I (^{2}2010), 767–777; H. Reichenbach, The Syllogism Revised, Philos. Sci. 19 (1952), 1–16; N. S. Trubeckoj, Grundzüge der Phonologie, Prag 1939 (repr. Nendeln 1968), Göttingen ^{7}1989 (franz. Principes de phonologie, Paris 1949, 1986; engl. Principles of Phonology, Berkeley Calif. 1969, 1971). K. L.

Oppositionsschluß, Bezeichnung für einen unmittelbaren, d. h. aus nur einer Prämisse erfolgenden Schluß

(↑Syllogistik), dessen Gültigkeit sich aus der ›Opposition‹ (d.h. verschiedenen Formen von Gegensätzlichkeit) zwischen zwei syllogistischen Sätzen, deren Termini gleich sind, ergibt. Entsprechendes gilt für Sätze, die nicht kategorische Urteile (↑Urteil, kategorisches) sind, z.B. deontische Sätze (↑Logik, deontische). Von alters her werden O.e im ›logischen Quadrat‹ (↑Quadrat, logisches) untersucht. G.W.

Optik (griech. ὀπτική [θεωρία], Theorie des Sehens, bzw. ὀπτικά, die optischen Gegenstände), ursprünglich Bezeichnung für die Lehre vom Sehen, heute Lehre vom Licht bzw. eines bestimmten Abschnitts der elektromagnetischen Strahlung, von der ein Teil mit dem Auge wahrgenommen werden kann. Nach antiker Auffassung sendet das Auge einen Kegel von Sehstrahlen aus, der über Abstand, Lage, Größe, Gestalt und Farbe der Gegenstände unterrichtet. Für Euklid ist O. angewandte Geometrie, in der unter Verzicht auf physische und psychologische Aspekte nur die perspektivischen Bilder des Sehens nach dem Vorbild der »Elemente« (↑Euklidische Geometrie) deduktiv aus gewissen ↑Postulaten gerechtfertigt werden. In der Katoptrik des Archimedes werden bereits Brechungswinkel und Gesetze über Brennspiegel untersucht. Heron von Alexandreia beweist in seiner Katoptrik (ca. 100 n. Chr.) den Satz von der Gleichheit des Einfalls- und Reflexionswinkels mit dem Prinzip des kürzesten Weges und macht Vorschläge zur Konstruktion von Vexierspiegeln und Spiegelkombinationen. Eine Zusammenfassung des antiken Wissens ist die O. des K. Ptolemaios, in der das direkte Sehen, die Reflexion und die Brechung der Sehstrahlen beim Übergang in verschiedenen Medien unterschieden werden. In der Neuzeit wird die geometrische O. als Theorie der geradlinigen, auf voneinander unabhängigen Strahlen erfolgenden Lichtausbreitung begründet. Mit der Erfindung des Fernrohrs und des Mikroskops setzt seit Anfang des 17. Jhs. die Entwicklung der instrumentellen O. ein. Die Arbeiten von W. Snellius, R. Descartes und P. de Fermat über das Brechungsgesetz und die Reflexion werden von C. F. Gauß zur Theorie der optischen Abbildung ausgebaut. Erst mit E. Abbe wird in der zweiten Hälfte des 19. Jhs. die O. auch die Grundlage der Konstruktion optischer Geräte. Abbes Theorie der Bildentstehung im Mikroskop erlaubte erstmals eine theoriegestützte Verbesserung des Auflösungsvermögens.

Als physikalische Erklärungsmodelle der Lichtphänomene stehen sich im 17./18. Jh. die Korpuskulartheorie I. Newtons und die Wellentheorie von R. Hooke und C. Huygens gegenüber, in der alle optischen Erscheinungen auf die Ausbreitung und Überlagerung von transversalen Elementarwellen zurückgeführt werden. Insbes. gelingt der Wellentheorie eine Erklärung der Beugung, Interferenz und Polarisation. Nach J. C. Maxwell sind Lichtwellen als sich mit Lichtgeschwindigkeit ausbreitende Schwingungen eines elektromagnetischen Feldes aufzufassen. Damit ist die O. als Wellentheorie ein Teilgebiet der ↑Elektrodynamik und die Lösung eines optischen Problems durch die Lösung der ↑Maxwellschen Gleichungen unter bestimmten Randbedingungen bestimmt. Die Teilchenauffassung des Lichts wird in der Lichtquantenhypothese der ↑Quantentheorie wieder aufgegriffen, wonach Emission, Ausbreitung und Absorption von Licht durch Photonen erfolgt. Unter dieser Voraussetzung konnten von N. Bohr und A. Einstein Spektralserien und der Photoeffekt erklärt werden. In der Quantenoptik wird je nach zu untersuchendem Vorgang ein wellenoptisches oder quantenoptisches Erklärungsmodell gewählt (↑Korpuskel-Welle-Dualismus). Danach kann Licht nicht nur als elektromagnetische Welle, sondern auch als Teilchenstrom beschrieben werden. Ein einzelnes Teilchen (Photon) hat die Energie $h\nu$ mit dem Planckschen Wirkungsquantum h und der Frequenz ν. In der Quantenoptik können Experimente und Messungen mit einzelnen Photonen durchgeführt werden. Entsprechend grundlegend sind die Ergebnisse der Quantenoptik für die Quantenphysik wie z.B. die EPR-Experimente zum Nachweis verschränkter Quantenzustände am Beispiel von räumlich separierten Photonen. Ebenso richtungsweisend ist die Quantenoptik für moderne Meßtechnik wie Laserspektroskopie und Zeitmessung (Attosekundentechnik). In Quantencomputern werden Photonen zu Trägern von Quanteninformation. – Im Unterschied zur physikalischen O. beschäftigt sich die von H. v. Helmholtz begründete physiologische O. mit den Gesetzmäßigkeiten des Sehens wie der Dioptrik des Auges (d.i. die Lehre vom Bau und der Wirkungsweise des bilderzeugenden Apparates des Auges), den Gesichtsempfindungen (Licht- und Farbempfindungen) und Gesichtswahrnehmungen (Sehschärfe, Richtungs- und Tiefenwahrnehmung, Raumsehen). Erkenntnistheoretisch beeinflußten diese Untersuchungen die Empfindungs- und Wahrnehmungstheorie E. Machs und des ihm folgenden neueren Empirismus.

Die neuzeitliche Theorie der Farben nimmt von Newtons Spektralzerlegung des Lichts ihren Ausgang. Danach setzt sich weißes Licht aus monochromatischem Licht unterschiedlicher Wellenlänge zusammen (Opticks 1704, ^{4}1730). Der gleiche Farbeindruck kann dabei auf mehrfache Weise durch Licht unterschiedlicher Wellenlängen entstehen. Lange Zeit umstritten blieb, ob Newton durch das Prisma tatsächlich eine Zerlegung des Lichts in ›einfache Strahlen‹ erreicht hatte oder ob erst die Wechselwirkung von Licht und Prisma die Farben erzeugt hatte. Noch J. W. v. Goethe greift in seiner Farbenlehre (I–II, Tübingen 1810) diese Bedenken auf, verstärkt sie durch grundsätzliche Vorbehalte gegen eine die Phänomene isolierende Experimentaltechnik und sieht stattdessen in einer Polarität von Licht und Dunkelheit sowie in der Wechselwirkung des Lichts mit trüben Medien die Quelle der Farben. Unter Aufgreifen von Ansätzen bei T. Young formuliert Helmholtz die ›Dreifarbentheorie‹ der Farbwahrnehmung, derzufolge sich die wahrgenommenen Farben aus der Reizung von Sinneszellen ergeben, die jeweils für rot, grün und violett empfindlich sind. Dagegen setzte E. Hering Ende des 19. Jhs. die ›Gegenfarbentheorie‹, die in der Netzhaut ein Gleichgewicht von hemmenden und erregenden Einflüssen für die drei Gegensatzpaare blau-gelb, rot-grün und schwarz-weiß annahm. Hering stützte sich dafür auf das Auftreten simultaner und sukzessiver Farbkontraste in der Wahrnehmung, die schon Goethe hervorgehoben hatte.

Die Dreifarbentheorie wurde durch Aufweis von drei Typen farbempfindlicher Zapfen (neben den helligkeitsempfindlichen Stäbchen) in der Netzhaut bestätigt. Deren Empfindlichkeitsmaxima liegen jeweils bei Gelbrot, Grün und Blau. Zusätzlich ist jeweils eine Gruppe von Zapfen zu einem ›rezeptiven Feld‹ verknüpft. Zentrum und Peripherie eines solchen Feldes wirken jeweils entgegengesetzt: wirkt das Zentrum erregend, so hemmt die Peripherie (oder umgekehrt). Dieser physiologische Mechanismus bestätigt die Gegenfarbentheorie.

Literatur: S. A. Akhmanov/S. Y. Nikitin, Physical Optics, Oxford etc. 1997, 2002; J. Audretsch/K. Mainzer (eds.), Wieviele Leben hat Schrödingers Katze? Zur Physik und Philosophie der Quantenmechanik, Mannheim/Wien/Zürich 1990, Heidelberg/Berlin/Oxford 1996; M. Berek, Grundlagen der praktischen O.. Analyse und Synthese optischer Systeme, Berlin 1930 (repr. Berlin 1970); M. Born, O.. Ein Lehrbuch der elektromagnetischen Lichttheorie, Berlin 1933, Berlin etc. 1985; O. Bryngdahl, Optics, Physical, in: R. G. Lerner/G. L. Trigg (eds.), Encyclopedia of Physics II, Weinheim ³2005, 1846–1852; G. N. Cantor, Optics after Newton. Theories of Light in Britain and Ireland, 1704–1840, Manchester/Dover N. H. 1983; M. Carrier, Goethes Farbenlehre – ihre Physik und Philosophie, Z. allg. Wiss.theorie 12 (1981), 209–225; H. Crew (ed.), The Wave Theory of Light. Memoirs by Huygens, Young and Fresnel, New York/Cincinnati Ohio/Chicago Ill. 1900; P. Drude, Lehrbuch der O., Leipzig 1900, ³1912 (engl. The Theory of Optics, New York/London 1901, New York 2005); S. Dupré, Kepler's Optics without Hypotheses, Synthese 185 (2012), 501–525; B. S. Eastwood, Astronomy and Optics from Pliny to Descartes, London 1989; D. L. Ederer, Optics, Geometrical, in: J. S. Rigden (ed.), Macmillan Encyclopedia of Physics III, New York, London etc. 1996, 1116–1118; S. Flügge, Theoretische O.. Die Entwicklung einer physikalischen Theorie, Wolfenbüttel/Hannover 1948, 1949; M. Fox, Quantum Optics. An Introduction, Oxford etc. 2006, 2011 (franz. Optique quantique. Une introduction, Brüssel 2011); R. D. Guenther, Encyclopedia of Modern Optics, Amsterdam etc. 2005; C. Hakfoort, Optics in the Age of Euler. Conceptions of the Nature of Light, 1700 – 1795, Cambridge Mass. 1995; A. R. Hall, All Was Light. Introduction to Newton's Opticks, Oxford etc. 1993, 1995; E. Hecht/A. Zajac, Optics, Reading Mass./London 1974, San Francisco Calif./London 2002 (dt. O., Hamburg etc. 1987, München 2009); H. v. Helmholtz, Handbuch der physiologischen O., Leipzig 1867, ed. A. Gullstrand/J. v. Kries/W. Nagel, I–III, Hamburg/Leipzig 1909–1911 (repr. Hildesheim 2003); A. Hermann, O., in: Lexikon der Geschichte der Physik A–Z, Köln 1972, 267–276; E. Hoppe, Geschichte der O., Leipzig 1926, Wiesbaden 1967; R. Jones, Optics, REP VII (1998), 136–139; R. A. Kenefick, Optics, Physical, in: J. S. Rigden (ed.), Macmillan Encyclopedia of Physics [s. o.] III, 1121–1123; R. Kingslake, Optics, Geometrical, in: R. G. Lerner/G. L. Trigg (eds.), Encyclopedia of Physics [s. o.] II, 1838–1841; L. Kovalenko, Optics, in: J. S. Rigden (ed.), Macmillan Encyclopedia of Physics [s. o.] III, 1110–1113; A. Lejeune, Euclide et Ptolémée. Deux stades de l'optique géometrique grecque, Louvain 1948; ders. (ed.), L'optique de Claude Ptolémée dans la version latine d'après l'arabe de l'emir Eugène de Sicile, Louvain 1956, Leiden etc. 1989; ders., O., LAW (1965), 2137–2141; D. C. Lindberg, Theories of Vision from Al-Kindi to Kepler, Chicago Ill./London 1976, 1996 (dt. Auge und Licht im Mittelalter. Die Entwicklung der O. von Alkindi bis Kepler, Frankfurt 1987); E. Mach, Die Prinzipien der physikalischen O.. Historisch und erkenntnispsychologisch entwickelt, Leipzig 1921 (repr. Frankfurt 1982); K. Mainzer, Geschichte der Geometrie, Mannheim/Wien/Zürich 1980; M. Mansuripur, Classical Optics and Its Applications, Cambridge etc. 2002, 2009; C. Mugler, Dictionnaire historique de la terminologie optique des Grecs. Douze siècles de dialogues avec la lumière, Paris 1964; R. W. Pohl, Einführung in die Physik III (Einführung in die O.), Berlin 1940, unter dem Titel: O. und Atomphysik, Berlin/Heidelberg/New York ¹³1976; R. Röhler, Optics, Physiological, in: G. L. Trigg (ed.), Encyclopedia of Applied Physics [s. o.] XII, 541–570; A. I. Sabra, Theories of Light. From Descartes to Newton, London, New York 1967, Cambridge etc. 1981; ders., Optics, Astronomy and Logic. Studies in Arabic Science and Philosophy, Aldershot/Brookfield Vt. 1994; E.-H. Schmitz, Handbuch zur Geschichte der O., I–V u. 3 Erg.bde, Bonn/Oostende/Edinburgh 1981–1995; J. A. Schuster, Physico-Mathematics and the Search for Causes in Descartes' Optics – 1619–1637, Synthese 185 (2012), 467–499; R. Shack, Optics, Geometrical, in: G. L. Trigg (ed.), Encyclopedia of Applied Physics [s. o.] XII, 435–449; A. E. Shapiro, Kinematic Optics. A Study of the Wave Theory of Light in the Seventeenth Century, Arch. Hist. Ex. Sci. 11 (1973), 134–266; ders., The Evolving Structure of Newton's Theory of White Light and Color, Isis 71 (1980), 211–235; R. Siebeck, O. des menschlichen Auges. Theorie und Praxis der Refraktionsbestimmung, Berlin/Göttingen/Heidelberg 1960; G. Simon, Le regard, l'être et l'apparence dans l'optique de l'Antiquité, Paris 1988 (dt. Der Blick, das Sein und die Erscheinung in der antiken O. [mit einem Anhang: Die Wissenschaft vom Sehen und die Darstellung des Sichtbaren. Der Blick der antiken O.], München 1992); H. Slevogt, Technische O., Berlin/New York 1974; A. M. Smith, Ptolemy and the Foundations of Ancient Mathematical Optics. A Source Based Guided Study, Philadelphia Pa. 1999; A. Sommerfeld, Vorlesungen über theoretische Physik IV (O.), Wiesbaden 1950, Thun/Frankfurt 2011; W. Trendelenburg, Der Gesichtssinn. Grundzüge der physiologischen O., Berlin 1943, Berlin/Göttingen/Heidelberg ²1961; T. Walther/H. Walther, Was ist Licht? Von der klassischen O. zur Quantenoptik, München 1999, ³2010; H.-G. Zimmer, Geometrische O., Berlin/Heidelberg/New York 1967 (engl. Geometrical Optics, New York/Heidelberg/Berlin 1970); W. Zinth/U. Zinth, O.. Lichtstrahlen – Wellen – Photonen, München 2005, 2013. K. M.

Optimismus (von lat. optimum, das Beste; engl. optimism, franz. optimisme), im Gegensatz zu ↑›Pessimismus‹ (1) im alltäglichen Sprachgebrauch Bezeichnung einer positiven und affirmativen Grundhaltung gegenüber dem Bestehenden und Zukünftigen, (2) in der philosophischen Tradition, im Gegensatz zu welt- und lebensverneinenden Orientierungen (z.B. in der ↑Orphik, in gewissen Ausprägungen des ↑Nihilismus und in der Philosophie A. Schopenhauers), Bezeichnung für die Vorstellung einer prinzipiellen Perfektibilität aller Dinge in metaphysischer, moralischer und erkenntnistheoretischer Hinsicht (↑Fortschritt), z.B. in der ↑Aufklärung. Der Ausdruck ›O.‹ tritt in seiner philosophischen Verwendung zum ersten Mal um die Mitte des 18. Jhs. als Charakterisierung der Leibnizschen Metaphysik, speziell der Leibnizschen ↑Theodizee, auf (vgl. L. B. Castel [oder P. Bimet?, vgl. W. Hübener 1978, 233], Rez. der »Essais de théodicée [...]«, Mémoires pour l'histoire des sciences et des beaux arts [Mémoires de Trévoux] 37 [1737], 207).

Im einzelnen beruht ein *metaphysischer* O. in der Annahme einer natürlichen (vernünftigen) Wohlordnung der Welt (›kosmologischer‹ O.) und einer natürlichen Überlegenheit des Guten (↑Gute, das) gegenüber dem Bösen (↑Böse, das), gipfelnd in der (Leibnizschen) These, daß die aktuale Welt die beste aller möglichen Welten (↑Welt, beste) sei; ein *ethischer* O. in der Annahme einer natürlichen Tendenz des Menschen, wie seiner Geschichte und seiner Einstellungen, zu einem guten und vernünftigen Leben (↑Leben, gutes, ↑Leben, vernünftiges), wobei wiederum die metaphysische Annahme einer natürlichen Überlegenheit des Guten gegenüber dem Bösen zu den Voraussetzungen des ethischen O. zählt; ein *erkenntnistheoretischer* O., im Gegensatz zu Positionen des ↑Skeptizismus, in der Annahme der Universalität (allgemeinen Zuständigkeit) und (uneingeschränkten) Verläßlichkeit der Erkenntnis. Alle drei Bedeutungen finden, entsprechend der Begriffsgeschichte von ›O.‹ (im philosophischen Sinne), ihren – von Voltaire unter dem Eindruck des Erdbebens von Lissabon (1755) karikierten (Candide ou l'optimisme, Genf 1759) – systematischen Ausdruck in der Philosophie von G. W. Leibniz (vgl. Essais de théodicée sur la bonté de Dieu, la liberté de l'homme et l'origine du mal, Amsterdam 1710). I. Kant, der zunächst den metaphysischen und ethischen O. der Leibnizschen Vorstellungen von der Aktualität der besten aller möglichen Welten teilt (Versuch einiger Betrachtungen über den O., Königsberg 1759), schränkt seine Position später im Hinblick auf den Begriff des radikal Bösen, d.h. im Hinblick auf die Annahme, daß ›das radikale Böse in der menschlichen Natur‹ als ›Hang zum Bösen‹ wirklich geworden ist, metaphysisch und moralphilosophisch wieder ein (Die Religion innerhalb der Grenzen der bloßen Vernunft, Königsberg 1793). Vor dem Hintergrund der Vorstellung, daß Welt und Geschichte Objektivationen eines blinden Willens und daher ›sinnlos‹ sind, erscheint der (philosophische) O. in der pessimistischen Philosophie Schopenhauers schließlich nur noch als ›ruchlose Denkungsart‹ (Die Welt als Wille und Vorstellung IV 59, Sämtl. Werke I, ed. E. Griesebach, Leipzig 1920, 422).

Literatur: G. Almeras, Optimisme, Enc. philos. universelle II/2 (1990), 1817; S. Axinn, Two Concepts of Optimism, Philos. Sci. 21 (1954), 16–24; W. H. Barber, Leibniz in France. From Arnauld to Voltaire. A Study in French Reactions to Leibnizianism, 1670–1760, Oxford 1955, New York 1985, bes. 107–122, 210–243; M. A. Boden, Optimism, Philos. 41 (1966), 291–303; P. Faggiotto, Optimismo, Enc. filos. IV (^{2}1969), 1243–1244; S. Grean, Shaftesbury's Philosophy of Religion and Ethics. A Study in Enthusiasm, Ohio Ill. 1967, 73–88; H. Günther, O., Hist. Wb. Ph. VI (1984), 1240–1246; W. Hübener, Sinn und Grenzen des Leibnizschen O., Stud. Leibn. 10 (1978), 222–246; L. E. Loemker, Pessimism and Optimism, Enc. Ph. VI (1967), 114–121; S. Lorenz, De mundo optimo. Studien zu Leibniz' Theodizee und ihrer Rezeption in Deutschland (1710–1791), Stuttgart 1997; J. Olesti, O./Pessimismus, EP II (^{2}2010), 1879–1885; I. Sælid Gilhus/G. Zenkert, O./Pessimismus, RGG VI (^{4}2003), 596–598; H. Schöndorf, O., in: W. Brugger/H. Schöndorf (eds.), Philosophisches Wörterbuch, Freiburg/München 2010, 342–343; P. Siwek, Optimism in Philosophy, New Scholasticism 22 (1948), 417–439; L. Strickland, Leibniz Reinterpreted, London/New York 2006; C. Vereker, Eighteenth-Century Optimism. A Study of the Interrelations of Moral and Social Theory in English and French Thought between 1689 and 1789, Liverpool 1967; weitere Literatur: ↑Pessimismus. J. M.

Ordinalzahl (engl. ordinal, ordinal number), auch (veraltet) Ordnungszahl, in der ↑Mengenlehre Bezeichnung für Zahlen, die den Ordnungstyp wohlgeordneter Mengen (↑Ordnung, ↑Wohlordnung) charakterisieren. Es gibt hauptsächlich zwei Wege, O.en einzuführen: (1) Im Anschluß an G. Cantor identifiziert man O.en mit Ordnungstypen wohlgeordneter Mengen, indem eine O. definiert wird als Äquivalenzklasse (oder Abstraktum im allgemeinen Sinne; ↑Abstraktionsschema) bezüglich der ↑Äquivalenzrelation $\simeq$ der Ordnungsisomorphie (↑Homomorphismus) zwischen wohlgeordneten Mengen (d.h. $\langle M_1, <_1\rangle \simeq \langle M_2, <_2\rangle \leftrightharpoons$ es gibt eine bijektive Abbildung f von M_1 in M_2, so daß für alle $a, b \in M_1$ gilt: $a <_1 b \leftrightarrow f(a) <_2 f(b)$). (2) Im Anschluß an J. v. Neumann definiert man O.en als Mengen x, die *wohlfundiert* $(\bigwedge_y(y \in x \rightarrow \bigvee_z(z \in x \wedge z \cap x = \emptyset)))$, *transitiv* $(\bigwedge_{y,z}(y \in x \wedge z \in y \rightarrow z \in x)$, anders ausgedrückt: $\bigwedge_y(y \in x \rightarrow y \subseteq x))$ und *bezüglich* $\in$ *linear geordnet* sind $(\bigwedge_{y,z}(y \in x \wedge z \in x \rightarrow y \in z \vee z \in y \vee y = z))$. Es läßt sich dann zeigen, daß O.en wohlgeordnete Mengen sind, deren Ordnung durch die $\in$-Relation gegeben ist, und (mit Hilfe von ↑Auswahlaxiom oder Fundierungsaxiom; ↑Regularitätsaxiom) daß jede wohlgeordnete Menge ordnungsisomorph zu einer O. ist, d.h., die

Ordnungstypen wohlgeordneter Mengen sind den O.en eineindeutig zugeordnet.

Für O.en im Sinne von (1) und (2) lassen sich arithmetische Operationen definieren (etwa Addition, Multiplikation, Potenzierung). Die sich daraus ergebende, auch den Bereich des Transfiniten umfassende, Arithmetik der O.en (↑Arithmetik, transfinite) enthält als Teil die (endliche) Arithmetik der natürlichen Zahlen. Im Unterschied zur Arithmetik der natürlichen Zahlen gilt in der O.arithmetik aber z. B. nicht das Gesetz der Kommutativität (↑kommutativ/Kommutativität) von Addition und Multiplikation. So ist etwa $1 + \omega = \omega < \omega + 1$ oder $2 \cdot \omega = \omega < \omega \cdot 2$, wobei ω die O. ist, die den Ordnungstyp der Menge der natürlichen Zahlen mit der üblichen Ordnung charakterisiert. – O.en spielen eine wichtige Rolle in der ↑Beweistheorie, da sich mit ihnen die Komplexität formaler Beweise beschreiben läßt. Um auf starke mengentheoretische Hilfsmittel zu verzichten, sind hier (vor allem von S. Feferman, S. C. Kleene und K. Schütte) Verfahren entwickelt worden, gewisse Anfangsabschnitte des Bereichs der O.en (im mengentheoretischen Sinne) durch so genannte Ordinalzahlnotationen (engl. ordinal notations) konstruktiv zu repräsentieren (↑konstruktiv/Konstruktivität).

Literatur: H. Bachmann, Transfinite Zahlen, Berlin/Göttingen/Heidelberg 1955, Berlin/Heidelberg/New York ²1967; C.-T. Chong, Techniques of Admissible Recursion Theory, Berlin etc. 1984; J. N. Crossley, Constructive Order Types, Amsterdam/London 1969; H. J. Dettki, Untersuchungen zur Darstellungsberechenbarkeit von O.funktionen, Diss. Hagen 1985; J. Doner, Definability in the Extended Arithmetic of Ordinal Numbers, Warschau 1972; A. A. Fraenkel/Y. Bar-Hillel/A. Levy, Foundations of Set Theory, Amsterdam 1958, Amsterdam etc. ²1973, 2001; D. Klaua, Konstruktion ganzer, rationaler und reeller O.en und die diskontinuierliche Struktur der transfiniten reellen Zahlenräume, Berlin 1961; ders., Allgemeine Mengenlehre. Ein Fundament der Mathematik, Berlin (Ost) 1964, I–II, ²1968/1969; ders., Einführung in die Allgemeine Mengenlehre III (Kardinal- und O.en), Berlin (Ost) 1974; S. C. Kleene, Introduction to Metamathematics, Amsterdam, Groningen, Princeton N. J. 1952, New York/Tokyo 2009; G. Kreisel, Wie die Beweistheorie zu ihren O.en kam und kommt, Jahresber. Dt. Math.ver. 78 (1976/77), 177–223; W. Pohlers, Proof Theory. The First Step into Impredicativity, Berlin/Heidelberg 2009; K. Schütte, Beweistheorie, Berlin/Göttingen/Heidelberg 1960 (engl. Proof Theory, Berlin/Heidelberg/New York 1977); W. Sierpiński, Cardinal and Ordinal Numbers, Warschau 1958, ²1965; G. Takeuti, Proof Theory, Amsterdam etc. 1975, ²1987, Mineola N. Y. 2013; A. Tarski, Ordinal Algebras, Amsterdam 1956, 1970; A. S. Troelstra/H. Schwichtenberg, Basic Proof Theory, Cambridge etc. 1996, ²2000, 2003; siehe ferner Lehrbücher der ↑Mengenlehre. P. S.

Ordinary Language Philosophy (engl., Philosophie der Alltagssprache), eine auch ins Deutsche übernommene Bezeichnung für die aus der ↑Oxford Philosophy unter Berufung auf L. Wittgensteins »Philosophische Untersuchungen« herausgewachsene Richtung der Analytischen Philosophie (↑Philosophie, analytische), die, im Unterschied zur ›ideal language philosophy‹, wie sie hauptsächlich vom Logischen Empirismus (↑Empirismus, logischer) vertreten wird, die ihrer Verankerung in der Lebenswelt wegen unproblematische *Umgangssprache* (auch: ↑Alltagssprache, engl. ordinary language, language of daily life) als ausreichendes Werkzeug für die logische Analyse (↑Analyse, logische) sprachlicher Ausdrücke ansieht, besonders solcher, die dem mit Verständnisproblemen belasteten bildungssprachlichen Teil der ↑Gebrauchssprache angehören. J. L. Austin, ein Hauptvertreter der O. L. P., hat als treffende methodische Selbstcharakterisierung den Ausdruck ›linguistic phenomenology‹ (A Plea for Excuses, in: ders., Philosophical Papers, Oxford 1961, 123–152, 130) vorgeschlagen; daher im Deutschen jetzt, neben ›Philosophie der normalen Sprache‹ auch die Bezeichnung ›linguistischer Phänomenalismus‹ (↑Phänomenalismus, linguistischer) an Stelle von ›O. L. P.‹.

Literatur: ↑Phänomenalismus, linguistischer. K. L.

Ordnung, philosophischer Terminus (als Bezeichnung für eine Tätigkeit wie auch für deren Resultat), dessen Bedeutung mehr oder weniger von umgangssprachlichem Wortgebrauch bestimmt ist. In *ontischer* Hinsicht kann man von ›O.‹ reden, sobald die räumlichen und/oder zeitlichen Relationen zwischen Gegenständen bzw. Ereignissen nicht als bloße Zufallsgrößen interpretierbar, sondern ›strukturiert‹ sind (›O. der Natur‹, ›Weltordnung‹). In *methodologischer* Hinsicht bedeutet ›O.‹ die aktive Herstellung zeitlicher und/oder räumlicher ›Strukturen‹. Je nach philosophischem Standpunkt wird, z. B. in verschiedenen Spielarten des Realismus (↑Realismus (erkenntnistheoretisch), ↑Realismus (ontologisch)), die gesetzmäßige bzw. ›kausale‹ O. der Natur als eine Eigenschaft der Dinge oder (wie z. B. bei I. Kant) als eine Leistung des denkenden Menschen verstanden. Konsequenterweise wird im Deutschen Idealismus (↑Idealismus, deutscher) die Naturordnung weitgehend nicht als dem Menschen gegenüberstehender Zwang, sondern als Ausdruck der die Natur ordnenden menschlichen ↑Freiheit verstanden. – In der politischen und ↑Rechtsphilosophie bezeichnet ›O.‹ die Gesamtheit aller das menschliche Zusammenleben gestaltenden Vorschriften, Normen, Verhältnisse, Gesetze etc. (z. B. ›Gesellschaftsordnung‹, ›Rechtsordnung‹, ›Wirtschaftsordnung‹). Obwohl O., in welchem Sinne auch immer, eine der Voraussetzungen menschlichen Zusammenlebens überhaupt ist, wird der Begriff der O. als gesellschaftspolitischer Leitbegriff (z. B. in der Parole ›law and order‹) von konservativen gesellschaftlichen Kräften in den Vordergrund gestellt.

In der ↑Mengenlehre ist ›O.‹ eine Kurzbezeichnung für ↑›Ordnungsrelation‹. Es werden verschiedene Typen von

O.en unterschieden: (a) Eine zweistellige ↑Relation $\prec$ (auf einer Menge M) heißt eine *Quasiordnung* genau dann, wenn für beliebige Elemente x, y, z aus M gilt: (1) $x \prec x$ ($\prec$ ist reflexiv; ↑reflexiv/Reflexivität), (2) $x \prec y \wedge y \prec z \rightarrow x \prec z$ ($\prec$ ist transitiv; ↑transitiv/Transitivität). (b) $\prec$ heißt eine *Totalordnung* (auch: einfache O., lineare O.) genau dann, wenn $\prec$ eine Quasiordnung ist und je zwei Elemente von M vergleichbar sind, d. h., wenn für x, y aus M jeweils gilt: (3) $x \prec y \vee y \prec x$ ($\prec$ ist ↑konnex). (c) $\prec$ heißt schlicht eine *Ordnung*, wenn $\prec$ eine Quasiordnung ist und für Elemente x, y aus M gilt: (4) $x \prec y \wedge y \prec x \rightarrow x = y$ ($\prec$ ist antisymmetrisch; ↑antisymmetrisch/Antisymmetrie). Bei O.en können im Unterschied zu den Totalordnungen zwei Elemente bezüglich $\prec$ unvergleichbar sein. Deshalb spricht man dabei auch von *Halbordnungen, teilweisen Ordnungen* oder *Partialordnungen*. Z. B. ist die ↑Inklusion $\subseteq$ zwischen den Teilmengen einer Menge X, also den Elementen der Potenzmenge $\mathfrak{P}(X)$ von X, eine O., aber im allgemeinen *keine* Totalordnung auf $\mathfrak{P}(X)$. Letzteres ist sie genau dann, wenn X die leere Menge ist oder nur ein Element hat. Die bekannteste Totalordnung ist die Relation ›kleiner oder gleich‹ ($\leq$) bei den natürlichen Zahlen. (d) $\prec$ heißt eine *Striktordnung*, wenn $\prec$ transitiv und asymmetrisch (d. h., für alle x, $y \in M$ gilt: $x \prec y \rightarrow \neg\, y \prec x$; ↑asymmetrisch/Asymmetrie) und damit auch irreflexiv (d. h., für alle $x \in M$ gilt: $\neg\, x \prec x$; ↑reflexiv/Reflexivität) ist. – Eine Teilmenge von M, auf der eine Totalordnung definiert ist, heißt häufig eine *Kette* in M. Von großer Bedeutung für ›tiefliegende‹ Probleme der Mengenlehre sind ↑*Wohlordnungen*, d. h. Totalordnungen, bei denen jede nicht-leere Teilmenge ein ›kleinstes‹ Element besitzt. G. W.

Ordnungsrelation (engl. order relation), Bezeichnung für einen bestimmten Typ zweistelliger ↑Relationen. Üblicherweise verwendet man statt des Ausdrucks ›O.‹ den kürzeren Ausdruck ↑›Ordnung‹. Zur Definition einer O. bzw. Ordnung $\prec$ gehört, wie zur Definition einer jeden Relation, die Angabe einer Menge M als Definitionsbereich der Relation. Die verbreitete Redeweise ›die geordnete Menge M‹ (Zeichen: $(M, \prec)$) hebt auf diesen Definitionsbereich M der Relation $\prec$ ab. Sie enthält also gegenüber der Redeweise ›die O. $\prec$‹ nichts wesentlich Neues, da die Angabe von M in der Definition von $\prec$ enthalten ist. – Ein Beispiel für eine O. ist die kleiner-Relation ($<$) auf der Menge $\mathbb{N}$ der natürlichen Zahlen. G. W.

Ordnungszahl, ↑Ordinalzahl.

ordo (lat., Ordnung), zentraler Terminus in sämtlichen Bereichen der mittelalterlichen Philosophie (↑Scholastik), einer der Leitbegriffe des damaligen Weltverständnisses, diente zur Bestimmung der Philosophie. Speziell bei Thomas von Aquin geht ›o.‹ in der Bestimmung von ›duplex o.‹ insofern über die Augustinische Definition von o. als ›Standortbestimmung‹ eines Dinges (»O. est parium dispariumque rerum sua cuique loca tribuens dispositio«, De Civ. Dei XIX, 13) hinaus, als ›o.‹ hier zum einen die Relation der gegenseitigen Hinneigung (inclinatio ad invicem) von Seiendem (o. ad invicem) bezeichnet, zum anderen die Hinordnung alles Seins auf ein letztes Ziel (finis ultimus), auf Gott als ›summum esse‹ (o. in finem) (vgl. S.th. I qu. 47 art. 3 c; Sent. 2 dist. 38 qu. 1 art. 1 c). Dessen ›verbum sapientiae‹ ist umgekehrt Ursprung aller Ordnung, die der Philosoph in ihren verschiedenen Ausprägungen zu rekonstruieren hat (›sapientis est ordinare‹, S.c.g. I, 1). Zur Veranschaulichung seiner Konzeption von duplex o. bedient sich Thomas im Anschluß an Aristoteles (Met. Λ10.1075a11–18) des Bildes vom Heer (Sent. 2 dist. 38 qu. 1 art 1 c). Weil das Seiende (ens), dessen Unterschiedenheit (distinctio) sowie die Hinordnung auf etwas anderes (ordinabile ad aliud) (vgl. De pot. qu. 7 art. 11 c) zu den wesentlichen Momenten des o.-Begriffs gehören, steht dieser in enger Beziehung zur Lehre von den ↑Transzendentalien.

Literatur: H. Bräuer, O., in: W. D. Rehfus (ed.), Handwörterbuch Philosophie, Göttingen 2003, 517–518; U. Ernst, O., Hist. Wb. Rhetorik VI (2003), 416–423; E. B. Foley, O./Ordines, RGG VI ([4]2003), 636–637; A. Hänggi, O., Ordines Romani, LThK VII ([2]1962), 1224–1225; M. Heimgartner, O., DNP IX (2000), 12–14; J. A. W. Hellmann, O.. Untersuchung eines Grundgedankens in der Theologie Bonaventuras, München/Paderborn/Wien 1974 (engl. Divine and Created Order in Bonaventure's Theology, St. Bonaventure N. Y. 2001); R. B. Huschke, Melanchthons Lehre vom o. politicus. Ein Beitrag zum Verhältnis von Glauben und politischem Handeln bei Melanchthon, Gütersloh 1986; H. Krings, O.. Philosophisch-historische Grundlegung einer abendländischen Idee, Halle 1941, Hamburg [2]1982; ders., Ordnung, Hb. theolog. Grundbegr. II (1963), 251–256; O. G. Oexle, O. (Ordines), LMA VI (1993), 1436–1437; ders./W. Conze/R. Walther, Stand, Klasse, in: O. Brunner/W. Conze/R. Koselleck (eds.), Geschichtliche Grundbegriffe. Historisches Lexikon zur politisch-sozialen Sprache in Deutschland VI, Stuttgart 1990, 2004, 156–284. C. S.

Oresme, Nikolaus von (Nicole Oresme, latinisiert: Oresmius), *in der Normandie (wahrscheinlich in der Nähe von Caen) um 1320, †Lisieux 11. Juli 1382, franz. Physiker, Mathematiker und Ökonom. Nach Studium in Paris (ab etwa 1348), 1355 oder 1356 Magister der Theologie, 1356 Großmeister des Kollegs von Navarra, 1359 Erzieher Karls V., 1364 Dekan der Kathedrale von Rouen, 1377 Bischof von Lisieux. – Die mathematischen und physikalischen Arbeiten O.s, der philosophisch, wie sein Lehrer J. Buridan, im Rahmen des ↑Ockhamismus einen gemäßigten ↑Nominalismus vertritt, gehören zu den bedeutendsten Beiträgen zur Entwicklung der ↑Mechanik im 14. Jh.. So ist O. neben Buridan einer der profiliertesten Vertreter der ↑Impetustheorie. Im Gegensatz zu Buridan beschränkt O. die Impetustheorie allerdings auf irdische Bewegungen und hält für supralunare Bewegungen an der Aristotelischen Vorstellung bewegender Intelligenzen fest. Für sublunare Bewegungen nimmt O. an, daß der von einer äußeren Kraft einem Körper eingeprägte Impetus durch die Bewegung aufgezehrt wird. Solche Bewegungen kommen auch unabhängig von äußeren Hindernissen zum Erliegen. Diese Fassung der Impetustheorie wurde die am weitesten akzeptierte. O. erörtert ferner – in einem für ihn typischen, Auseinandersetzungen mit geltenden Lehrmeinungen vermeidenden Denken in Alternativen – die Möglichkeit einer Pluralität von Welten (hält diese im Blick auf Gottes Allmacht für möglich, jedoch für faktisch nicht gegeben, Le livre du ciel et du monde I 24) und die Annahme einer täglichen Achsendrehung der Erde (Le livre du ciel et du monde II 25). Anhand dieser Vorstellung will O. die Relativität von Bewegung vor Augen führen und nicht behaupten, daß der Tag-Nacht-Wechsel tatsächlich auf diese Drehung zurückgeht. Die Idee eines mechanistischen Weltbildes (↑Weltbild, mechanistisches) kommt bei O. vor allem in dem – von ihm zum ersten Mal getroffenen – Vergleich der *machina mundi* (↑Natur) mit einer Weltuhr zum Ausdruck (De commensurabilitate [...] III, ed. E. Grant 1971, 294, 117–120). Gegen astrologische Vorstellungen (↑Astrologie) argumentiert er für die Annahme natürlicher Ursachen terrestrischer Phänomene.

Neben den impetustheoretischen Arbeiten gehört ein Programm zur geometrischen und entsprechend mathematischen Darstellung der Phänomene zu O.s herausragenden Arbeiten in der Physik. Modern gesprochen entwickelt O. die graphische Darstellung von örtlich oder zeitlich variablen Intensitäten von Größen. Diese Intensitäten (oder *longitudines*) werden auf einer senkrechten Achse gegen eine räumlich oder zeitlich verstandene waagerechte Achse (die *latitudines*) aufgetragen. Auf diese Weise erhält man eine Repräsentation etwa der Änderung von Wärmeintensitäten mit dem Ort oder von Geschwindigkeiten mit der Zeit. Intensitätsverteilungen bzw. Intensitätsveränderungen von beliebigen Qualitäten, darunter auch Geschwindigkeiten, werden auf diese Weise mathematisch erfaßbar und anschaulich zugänglich. Eine von O.s neuartigen Behauptungen lautet, daß die von dieser geometrischen Repräsentation eingeschlossene Fläche das ›Gesamtmaß‹ der Intensität der betreffenden Größe ausmacht.

Diese Methode zieht O. für einen geometrischen Beweis der so genannten Merton-Regel (↑Merton School) heran – irrtümlicherweise auch als ›Satz von O.‹ bezeichnet (P. Duhem, Études sur Léonard de Vinci, I–III, Paris 1906–1913 [repr. 1984], 1955, III, 388–398). Die Regel stellt eine Beziehung zwischen ›uniformiter difformen‹ (oder gleichförmig beschleunigten) Bewegungen und ›uniformen‹ (oder gleichförmigen) Bewegungen her (Tractatus de configurationibus qualitatum et motuum, um 1350):

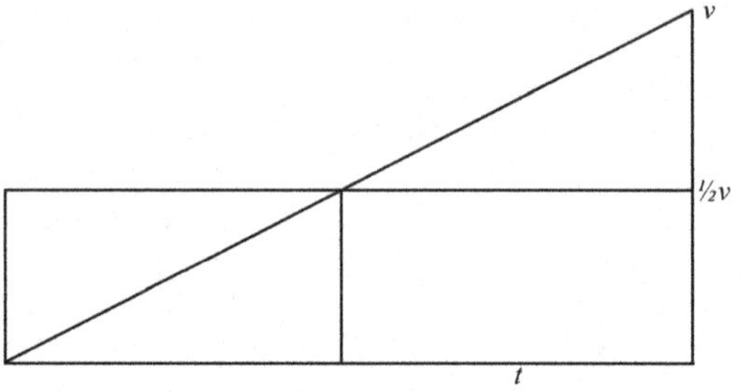

O.s graphische Methode führt vor Augen, daß die Fläche des Dreiecks, dessen Seiten durch die verstrichene Zeit t und die Endgeschwindigkeit v repräsentiert werden, der Fläche des Rechtecks gleich ist, das die Bewegung mit konstanter halber Endgeschwindigkeit darstellt. O.s Beweis erreicht damit nicht die Allgemeinheit der Merton-Regel, die auch nicht-verschwindende Anfangsgeschwindigkeiten einschloß. Er hält darüber hinaus den Weg für das Gesamtmaß der Bewegung. Tatsächlich gibt die Fläche als Produkt von v und t den zur Zeit t zurückgelegten Weg s wieder. Die Merton-Regel bedeutet dementsprechend in moderner Notation:

$$s = \frac{v_0 + v_t}{2} t = v_{\text{m}} \cdot t,$$

wobei v_{m} die mittlere, d.h. die zur Zeit $t/2$ erreichte, Geschwindigkeit ist. Impetustheoretische Untersuchungen über die Fallbewegung bleiben bei O. noch ohne Anwendung der Merton-Regel. Allerdings tritt bei O. ebenso wie bei W. Heytesbury der später von G. Galilei (Discorsi III, Le opere di Galileo Galilei, Ed. Naz. VIII, 210–213 [Corollarium I]) bewiesene so genannte Strekken-Satz auf (Quaestiones super geometriam Euklidis [ca. 1350], qu. 14), wonach sich bei gleichförmiger Beschleunigung eines Körpers die in gleichen Zeiten zurückgelegten Strecken verhalten wie die ungeraden Zahlen 1, 3, 5, ...

Im Zusammenhang mit Überlegungen zur Aristotelischen Theorie der Bewegung und zu dem von T. Bradwardine vorgeschlagenen Bewegungsgesetz

$$\frac{F_2}{R_2} = \left(\frac{F_1}{R_1}\right)^{\frac{v_2}{v_1}}$$

für das Verhältnis von Kräften F_i, Widerständen R_i und Geschwindigkeiten v_i, das einen Bruch v_2/v_1 als Exponenten enthält, entwickelt O. erstmals systematisch eine Theorie gebrochener Exponenten, d.h. von Ausdrücken der Form $a^{n/m}$, und gibt zahlreiche Rechengesetze für sie an. Er diskutiert die Möglichkeit irrationaler Zahlen, die durch rationale Exponenten entstehen (z. B. $\left(\frac{1}{2}\right)^{\frac{1}{2}} = \frac{1}{2}\sqrt{2}$), und zieht die Möglichkeit irrationaler Exponenten (also etwa von Ausdrücken der Gestalt $a^{\sqrt{2}}$) in Betracht. Weitere bedeutende mathematische Leistungen O.s liegen auf dem Gebiet der Theorie unendlicher ↑Reihen. So beweist er erstmals die Divergenz der (seit dem 17. Jh. so genannten) harmonischen Reihe $1+\frac{1}{2}+\frac{1}{3}+\frac{1}{4}+\dots$.

O. hat seine theoretischen Vorstellungen zumeist in Form von Kommentaren zu eigenen Aristoteles-Übersetzungen vorgelegt, die er im Auftrage Karls V. anfertigte. So ist seine Form der Impetustheorie insbes. Teil eines lateinischen Kommentars zu »De caelo et mundo« und eines französischen Kommentars (Le livre du ciel et du monde, 1377) zu einer französischen Übersetzung von »De caelo«. Ein Physik-Kommentar ist verschollen. Seine geldtheoretischen Überlegungen weisen O. als den bedeutendsten Ökonomen des 14. Jhs. aus.

Werke: Tractatus de origine et natura, iure et mutationibus monetarum, in: J. Gerson, Opera IV, Köln 1484, cclxix–cclxx, separat o. O. [ca. 1485] (repr. Düsseldorf 1995), unter dem Titel: Petit traictie de la première invention des monnoies/Tractatus de origine, natura, jure et mutationibus monetarum [franz./lat.], in: M. L. Wolowski (ed.), Traictie de la première invention des monnoies de Nicole O.. Textes français et latin. Et Traité de la monnoie de Copernic. Texte latin et traduction française, Paris 1864 (repr. Quebec 1956, Rom 1969, Genf 1976), I–CXXXIX (dt. Traktat über Geldabwertungen [lat./dt.], ed. E. Schorer, Jena 1937, Nachdr. [d. dt. Übers.] in: B. Schefold u. a., Nicolaus Oresmius und sein »Tractatus de origine et natura, iure & mutationibus monetarum« [s. u., Lit.], 149–183, unter dem Titel: De Mutatione Monetarum: Traktatus/Traktat über die Geldabwertungen [lat./dt.], Berlin 1999 [mit Nachw. v. M. Burckhardt, 75–119]; engl. De Moneta/The Mint, in: The »De moneta« of Nicholas O. and English Mint Documents [lat./engl.], ed. C. Johnson, London etc. 1956, 1–48; ital. Trattato relativo all'origine, alla natura, al diritto ed ai cambiamenti del denaro, in: G. Barbieri, Fonti per la storia delle dottrine economiche, Mailand 1958, 467–491; franz. Traité sur l'origine, la nature, le droit et les mutations des monnaies, in: C. Dupuy [ed.], Traité des monnaies, Nicolas O. et autres écrits monétaires du XIVe siècle [Jean Buridan, Bartole de Sassoferrato], übers. F. Chartrain, Lyon 1989, 47–91, Neudr. unter dem Titel: Traité monétaire: [1355]. Latinus, français, English, ed. J. A. Fau, Paris 1990); Tractatus de latitudinibus formarum, Padua 1486, ferner in: Questio de modalibus bassani politi/[...], Venedig 1505, ferner in: A. M. J. Boethius u. a., Arithmetica communis, Venedig 1515, [Teilausg.] unter dem Titel: Der »Tractatus de latitudinibus formarum« des O., ed. H. Wieleitner, Bibl. Math. 3. F. 13 (1912), 115–145, unter dem Titel: A Critical Text and Commentary upon »De latitudinibus formarum«, ed. T. M. Smith, Diss. Univ. of Wisconsin 1954 (engl. [Auszug] An Abstract of Nicholas Orême's Treatise on the Breadths of Forms, ed. C. G. Wallis, Annapolis Md. 1941); Le livre de éthiques d'Aristote, Paris 1488, mit Untertitel: Published from the Text of MS. 2902, Bibliothèque Royale de Belgique with a Critical Introduction and Notes, ed. A. D. Menut, New York 1940; Le livre de politiques d'Aristote [zusammen mit: Le livre de yconomiques], ed. A. Vénard, Paris 1489, mit Untertitel: Published from the Text of the Avranches Manuscript 223. With a Critical Introduction and Notes, ed. A. D. Menut, Philadelphia Pa. 1970 (Transact. Amer. Philos. Soc. NS 60, Part 6); Le livre de yconomiques, in: Le livre de politiques d'Aristote [s. o.], unter dem Titel: Le livre de yconomique d'Aristote. Critical Edition of the French Text from the Avranches Manuscript with the Original Latin Version, Introduction and English Translation, ed. A. D. Menut, Philadelphia Pa. 1957 (Transact. Amer. Philos. Soc. NS 47, 783–853); Proportiones Nicolai Horen, in: Tractatus proportionum Alberti de Saxonia/Tractatus proportionum Thome Braduardini/ Tractatus pportionu Nicholai Horen, Paris o. J., ferner in: Questio de modalibus Bassani Politi/[...]/Tractatus proportionum Nicholai Oren/[...], Venedig 1505, separat als: »De proportionibus proportionum« and »Ad pauca respicientes« [lat./engl.], ed. and trans. E. Grant, Madison Wis./London 1966 (franz. Les rapports de rapports, in: T. Bradwardine, Traité des rapports entre les rapidités dans les mouvements. Suivi de N. O., Sur les rapports de rapports, ed. S. Rommevaux, Paris 2010, 75–173); Der Algorismus proportionum des Nicolaus O.. Zum ersten Male nach der Lesart der Handschrift R. 4°. 2. der Königlichen Gymnasial-Bibliothek zu Thorn herausgegeben, ed. E. L. W. M. Curtze, Thorn 1868, Neued. [Auszug] unter dem Titel: Prologus Magistri Nycolai O. in Tractatum algorithmi proportionum, in: The Mathematical Theory of Proportionality of Nicole O. (ca. 1320–1382), ed. E. Grant, Diss. Univ. of Wisconsin 1957 (repr. Ann Arbor Mich./London 1982), 331–339 (engl. [Auszug] Part I of Nicole O.'s »Algorismus proportionum«, ed. E. Grant, Isis 56 [1965], 327–341); Tractatus Magistri Nicolai Orem contra astrologos, ed. H. Pruckner, in: ders., Studien zu den astrologischen Schriften des Heinrich von Langenstein, Leipzig/Berlin 1933, 227–245, ferner in: G. W. Coopland, Nicole O. and the Astrologers. A Study of His »Livre de divinacions«, Cambridge Mass., Liverpool 1952, 123–141; De communicatione idiomatum, in: E. Borchert, Der Einfluß des Nominalismus auf die Christologie der Spätscholastik nach dem Traktat »De communicatione idiomatum« des Nicolaus O. [s. u., Lit.]; Le livre du ciel et du monde. Text and Commentary, ed. A. D. Menut/A. J. Denomy, Med. Stud. 3 (1941), 185–280, 4 (1942), 159–297, 5 (1943), 167–333, rev. ohne Untertitel, Madison Wis./London 1968 [franz./engl.]; Traité de l'espère, ed. L. M. McCarthy, Diss. Univ. of Toronto 1943; Eine Questio aus dem Sentenzenkommentar des Magisters Nicolaus O., ed. P. Böhner, Rech. théol. anc. et médiév. 14 (1947), 305–328; Le livre de divinacions [franz./engl.], in: G. W. Coopland, Nicole O. and the Astrologers [s. o.], 50–121 (ital. Contro la divinazione. Consigli antiastrologici al re di Francia [1356], ed. S. Rapisarda, Rom 2009 [franz./ ital.]); R. Mathieu, »L'Inter omnes impressiones« de Nicole O., Arch. hist. doctr. litt. moyen-âge 26 (1959), 277–294 (mit Einl., 277–282); M. Clagett, The Science of Mechanics in the Middle Ages, Madison Wis., London 1959, 1979, bes. 347–381, 463–464, 570–571, 600–609 (Textauszüge mit Übers. u. Kommentar); Quaestiones super geometriam Euclidis, ed. H. L. L. Busard, Leiden 1961 (Janus Suppl. III) (mit Paraphrase d. Texts in Englisch) (dazu: J. E. Murdoch, Scr. Math. 27 [1964], 67–91), überarb. unter dem Titel: Questiones super geometriam Euclidis, Stuttgart 2010 (mit Zusammenfassung der qu. 1–9 und engl. Übers. der qu. 10–21); The Treatise »De proportionibus velocitatum in motibus« Attributed to Nicholas O., ed. J. F. McCue, Diss. Univ. of Wisconsin 1961; The »Questiones super de celo«, ed. C. Kren, Diss. Univ. of Wisconsin 1965; The »Questiones de spera« of Nicole O. [lat./engl.], I–II, ed. G. Droppers, Diss. Univ. of Wisconsin 1966; Quaestio an in aliquo casu liceat iudici occidere eum, quem certitudinaliter scit innocentem, in: E. Borchert, Todesurteil und richterliches Gewissen [s. u., Lit.], 910–917; Nicole O. and the Medieval Geometry of Qualities and Motions. A Treatise on the Uniformity and Difformity of Intensities Known as »Tractatus de configurationibus qualitatum et motuum« [lat./engl.], ed. M. Clagett, Madison Wis./London 1968; Nicole O. and the Kinematics of Circular Motion. Tractatus de commensurabilitate vel incommensurabilitate motuum celi [lat./engl.], ed. E. Grant, Madison Wis./London 1971; L. B. Watson, Quaestio de apparentia rei. A Hitherto Unedited Fourteenth Century Scientific Treatise Ascribed to Nicole O., Diss. Harvard Univ. 1973; E. Grant, A Source Book in Medieval Science, Cambridge Mass. 1974 (Textauszüge [engl.] und Kommentar); Nicole O. on Light, Color, and the Rainbow. An Edition and Translation, with Introduction and Critical Notes, of Part of Book Three of His »Questiones super quatuor libros meteororum«, I–II, ed. S. C. McCluskey, Diss. Univ. of Wisconsin 1974 (repr. Ann Arbor Mich. 1982); Quaestio contra divinatores horoscopios, ed. S. Caroti, Arch. hist. doctr. litt. moyen-âge 43 (1976), 201–310; De partibus qualitatis per alternationem acquisitis, ed. Z. Harasimowicz, Stud. Mediewistyczne 17 (1977), 55–61; Quaestiones super libros Aristotelis De anima. A Critical Edition with Introduction and Commentary, I–II, ed. P. Marshall, Diss. Cornell University 1980 (repr. Ann Arbor Mich. 1982), unter dem Titel: Expositio et Quaestiones in Aristotelis »De anima«, ed. B. Patar, Louvain-la-Neuve, Louvain/Paris 1995 [lat./franz.]; Le »Quaestiones de sensu« attribuite a O. e Alberto di Sassonia, ed. J. Agrimi, Florenz 1983; Nicole O. and the Marvels of Nature. A Study of His »De causis mirabilium« with Critical Edition, Translation and Commentary, ed. B. Hansen, Toronto 1985 (engl. [Auszug] Prologue and Chapter One, »On the Causes of Marvels Involving Vision« from »De causis mirabilium«, in: A. B. Schoedinger [ed.], Readings in Medieval Philosophy, New York/Oxford 1996, 515–525); De motu, in: S. Caroti, La position de Nicole O. sur la nature du mouvement (»Questiones super physicam« III, 1–8) [s. u., Lit.], 343–385; Quaestiones super de generatione et corruptione, ed. S. Caroti, München 1996; Nicolaus O.s Kommentar zur Physik des Aristoteles. Kommentar mit Edition der Quaestionen zu Buch 3 und 4 der aristotelischen Physik sowie von vier Quaestionen zu Buch 5, ed. S. Kirschner, Stuttgart 1997; Der von Amplonius Rattinck dem O. zugeschriebene »Tractatus de terminis confundentibus« und dessen verschollene Handschrift (Hs. Pommersfelden, Graf von Schönborn Schlossbibliothek 236 [2858], ed. D. A. Di Liscia, Traditio 56 (2001), 89–112; Nicole O.'s »De visione stellarum (On Seeing the Stars)«. A Critical Edition of O.'s Treatise on Optics and Atmospheric Refraction, with an Introduction, Commentary, and English Translation, ed. D. Burton, Leiden/Boston Mass. 2007. – A. D. Menut, A Provisional Bibliography of O.'s Writings, Med. Stud. 28 (1966), 279–299, 31 (1969), 346–347; C. H. Lohr, Nicolaus O. (Orem), in: ders., Medieval Latin Aristotle Commentaries. Authors: Narcissus – Richardus, Traditio 28 (1972), 281–396, 290–298; Totok II (1973), 578–580; R. Schönberger u. a. (eds.), Repertorium edierter Texte des Mittelalters aus dem Bereich der Philosophie und angrenzender Gebiete III, Berlin ^{2}2011, 2932–2942.

Literatur: S. M. Babbitt, O.'s »Livre de politiques« and the France of Charles V, Independence Square Pa. 1985 (Transact. Amer. Philos. Soc. 75, Part 1); E. Borchert, Die Lehre von der Bewegung bei Nicolaus O., Münster 1934 (Beitr. Gesch. Philos. Theol. MA XXXI/3); ders., Der Einfluß des Nominalismus auf die Christologie der Spätscholastik nach dem Traktat »De communicatione idiomatum« des Nicolaus O.. Untersuchungen und Textausgabe, Münster 1940 (Beitr. Gesch. Philos. Theol. MA XXXV/4–5); Z. Bosemberg, Nicole O. et Robert Grosseteste. La conception dynamique de la matière, in: S. Caroti/J. Celeyrette (eds.), Quia inter doctores est magna dissensio. Les débats de philosophie naturelle à Paris au XIVe siècle, Florenz 2004, 119–133; R. Bossuat, Nicole O. et le »Songe du verger«, Moyen-Age 53 (1947), 83–130; P. Bourgain/M. Folkerts, O., LMA VI (1993), 1447–1449; E. Bridrey, Nicole O.. Étude d'histoire des doctrines et des faits économiques, Paris 1906 (repr. Genf 1978); H. L. L. Busard, Ueber unendliche Reihen im Mittelalter, Nieuw Tijdschr. Wiskunde 51 (1963/1964), 132–139; ders., Die Quellen von Nicole O., Janus 58 (Leiden 1971), 162–193; S. Caroti, Nicole O., precursore di Galileo e di Descartes?, Riv. crit. stor. filos. 32 (1977), 11–23, 413–435; ders., La critica contro l'astrologia di Nicole O. e la sua influenza nel Medioevo e nel Rinascimento, Atti della Accademia nazionale dei Lincei. Memorie, classe di Scienze morali, storiche e filologiche Ser. 8, 23 (1979), 545–685; ders., Nuovi linguaggi e filosofia della natura. I limiti delle potenze attive in alcuni commenti Parigini ad Aristotele, in: ders./J. E. Murdoch (eds.), Studies in Medieval Natural Philosophy, Florenz 1989, 177–226; ders., O. on Motion (Questiones super Physicam II, 1–7), Vivarium 31 (1993), 8–36; ders., La position de Nicole O. sur la nature du mouvement (»Questiones super physicam« III, 1–8). Problèmes gnoséologiques, ontologiques et sémantiques, Arch. hist. doctr. litt. du moyen-âge 61 (1994), 303–385; ders., Nicole O. et les ›modi rerum‹, in: Oriens – Occidens 3 (2000), 115–144; ders., Time and ›modi rerum‹ in Nicole O.'s »Physics« Commentary, in: P. Porro, The Medieval Concept of Time. Studies on the Scholastic Debate and Its Reception in Early Modern Philosophy, Leiden/Boston Mass./Köln 2001, 319–349; ders., Les ›modi rerum‹ ... encore une fois. Une source possible de Nicole O.: le commentaire sur le livre 1er des »Sentences« de Jean de Mirecourt, in: ders./J. Celeyrette (eds.), Quia inter doctores est magna dissensio [s. o.], 195–222; ders., Filosofia della natura e modi rerum, Medioevo 29 (2004), 43–76; J. Celeyrette, Le statut des mathématiques dans la Physique d'O., Oriens – Occidens 3 (2000), 91–113; ders., ›Figura/figuratum‹ par Jean Buridan et Nicole O., in: S. Caroti/J. Celeyrette (eds.), Quia inter doctores est magna dissensio [s. o.], 97–118; ders./E. Mazet, La hiérarchie des degrés d'être chez Nicole O., Arabic Sci. and Philos. 8 (1998), 45–65; dies., Nicole O., in: J. Biard/J. Celeyrette (eds.), De la théologie aux mathématiques. L'infini au XIVe siècle, Paris 2005, 221–252; M. Clagett, The Use of Points in Medieval Natural Philosophy and Most Particularly in the »Questiones de spera« of Nicole O., in: Actes du symposium international R. J. Bošković 1961, Belgrad 1962, 215–221 (repr. in: ders., Studies in Medieval Physics and Mathematics, London 1979 [Chap. V]); ders., Nicole O. and Medieval Scientific Thought, Proc. Amer. Philos. Soc. 108 (1964), 298–309; ders., O., DSB X (1974), 223–230; G. W. Coopland, Introduction, in: ders., Nicole O. and the Astrologers [s. o., Werke], 1–48; W. J. Courtenay, The Early Career of N. O., Isis 91 (2000), 542–548; A. A. Davenport, Measure of a Different Greatness. The Intensive Infinite, 1250–1650, Leiden/Boston Mass./Köln 1999, bes. 375–383; E. J. Dijksterhuis, Val en Worp. Een bijdrage tot de Geschiedenis der Mechanica van Aristoteles tot Newton, Groningen 1924, 88–114; ders., De Mechanisering van het Wereldbeeld, Amsterdam 1950, 2006, bes. 212–220 (dt. Die Mechanisierung des Weltbildes, Berlin/Göttingen/Heidelberg

1956 [repr. Berlin/Heidelberg/New York 1983, 2002], bes. 217–225; engl. The Mechanization of the World Picture, Oxford 1961, Princeton N. J. 1986, bes. 193–200); D. A. Di Liscia, Sobre la doctrina de las »Configurationes« de Nicolas de O., Patristica et Mediaevalia 11 (1990), 79–105; R. Dugas, Histoire de la mécanique, Neuchâtel 1950 (repr. Paris 1996), 57–64 (engl. A History of Mechanics, Neuchâtel 1950, New York 1988, 58–66); P. Duhem, Études sur Léonard de Vinci, I–III, Paris 1906–1913 (repr. 1984), 1955, III, 346–405, 481–492; ders., Le système du monde. Histoire des doctrines cosmologiques de Platon à Copernic, I–X, Paris 1913–1959, VI–X; D. B. Durand, Nicole O. and the Mediaeval Origins of Modern Science, Speculum 16 (1941), 167–185; F. Fellmann, Scholastik und kosmologische Reform, Münster 1971, mit Untertitel: Studien zu O. und Kopernikus, ²1988 (Beitr. Gesch. Philos. Theol. MA, NF VI); E. Grant, Nicole O. and His »De proportionibus proportionum«, Isis 51 (1960), 293–314; ders., Nicole O. and the Commensurability or Incommensurability of the Celestial Motions, Arch. Hist. Ex. Sci. 1 (1961), 420–458; ders., Scientific Thought in Fourteenth-Century Paris: Jean Buridan and Nicole O., in: M. P. Cosman/B. Chandler (eds.), Machaut's World. Science and Art in the Fourteenth Century, New York 1978 (Ann. New York Acad. Sci. 314), 105–124; ders., Jean Buridan and Nicole O. on Natural Knowledge, Vivarium 31 (1993), 84–105; ders., Nicole O., Aristotle's »On the Heavens«, and the Court of Charles V, in: E. Sylla/M. McVaugh (eds.), Texts and Contexts in Ancient and Medieval Science [s. o.], 187–207; ders., Nicole O., in: J. J. E. Gracia/T. B. Noone (eds.), A Companion to Philosophy in the Middle Ages, Malden Mass. etc. 2003, 2006, 475–480; M. Grignaschi, Nicolas O. et son commentaire à la »Politique« d'Aristote, in: Album Helen Maud Cam [I], Louvain, Paris 1960, 95–151; R. Imbach, O., LThK VII (³1998), 860–861; J. Kaye, Economy and Nature in the Fourteenth Century. Money, Market Exchange and the Emergence of Scientific Thought, Cambridge/New York 1998, 2000, bes. 200–246 (Chap. 7 Linking Scholastic Models of Monetized Exchange to Innovations in Fourteenth-Century Mathematics and Natural Philosophy); S. Kirschner, O.'s Concepts of Place, Space, and Time in His Commentary on Aristotle's »Physics«, in: Oriens – Occidens 3 (2000), 145–179; ders., O. on Intension and Remission of Qualities in His Commentary on Aristotle's »Physics«, Vivarium 38 (2000), 255–274; ders., Nicole O., SEP 2009; A. Maier, An der Grenze von Scholastik und Naturwissenschaft. Studien zur Naturphilosophie des 14. Jahrhunderts, Essen 1943, bes. 288–348, unter dem Titel: Studien zur Naturphilosophie der Spätscholastik III (An der Grenze von Scholastik und Naturwissenschaft. Die Struktur der materiellen Substanz/Das Problem der Gravitation/Die Mathematik der Formlatituden), Rom ²1952 (repr. 1977), bes. 289–353; dies., La doctrine de Nicolas d'O. sur les ›configurationes intensionum‹, Rev. sci. philos. théol. 32 (1948), 52–67, Neudr. in: dies., Ausgehendes Mittelalter. Gesammelte Aufsätze zur Geistesgeschichte des 14. Jahrhunderts I, Rom 1964, 335–352; dies., Studien zur Naturphilosophie der Spätscholastik I (Die Vorläufer Galileis im 14. Jahrhundert), Rom 1949, (repr. [als 2. Aufl. mit Nachträgen] 1966, [ohne Nachträge] Modena 1977); dies., Studien zur Naturphilosophie der Spätscholastik IV (Metaphysische Hintergründe der spätscholastischen Naturphilosophie), Rom 1955 (repr. 1977), bes. 27–40; dies., Studien zur Naturphilosophie der Spätscholastik V (Zwischen Philosophie und Mechanik), Rom 1958 (repr. 1977), bes. 133–139, 184–186, 208–217, 373–375; dies., Die Impetustheorie der Scholastik, Wien 1940, bes. 100–130, erw. unter dem Titel: Zwei Grundprobleme der scholastischen Naturphilosophie. Das Problem der intensiven Größe/Die Impetustheorie, Rom ²1951, bes. 236–258, ³1968, bes. 236–258, 282–288; P. Marshall, Nicole O. on the Nature, Reflection, and Speed of Light, Isis 72 (1981), 357–374; J. Mittelstraß, Neuzeit und Aufklärung. Studien zur Entstehung der neuzeitlichen Wissenschaft und Philosophie, Berlin/New York 1970, bes. 188–193; A. G. Molland, Nicole O. and Scientific Progress, in: A. Zimmermann (ed.), Antiqui und Moderni. Traditionsbewußtsein und Fortschrittsbewußtsein im späten Mittelalter, Berlin/New York 1974, 206–220 (repr. in: A. G. Molland, Mathematics and the Medieval Ancestry of Physics, Aldershot/Brookfield Vt. 1995 [Chap. XII]); ders., O., REP VII (1998), 153–157; O. Pedersen, Nicole O. og hans naturfilosofiske system. En undersøgelse af hans skrift »Le livre du ciel et du monde« [mit franz. Zusammenfassung], Kopenhagen 1956; J. Quillet (ed.), Autour de Nicole O.. Actes du Colloque O. organisé à l'Université de Paris XII, Paris 1990; J. Sarnowsky, Nicole O. and Albert of Saxony's Commentary on the Physics. The Problems of Vacuum and Motion in a Void, in: S. Caroti/J. Celeyrette (eds.), Quia inter doctores est magna dissensio [s. o.], 161–174; B. Schefold u. a., Nicolaus Oresmius und sein »Tractatus de origine et natura, iure & mutationibus monetarum«, Düsseldorf 1995; J. H. J. Schneider, O., BBKL VI (1993), 1238–1252; J. Sesiano, Vergleiche zwischen unendlichen Mengen bei Nicolas O., in: M. Folkerts (ed.), Mathematische Probleme im Mittelalter. Der lateinische und arabische Sprachbereich, Wiesbaden 1996, 361–378; P. Souffrin/A. P. Segonds (eds.), Nicolas O.. Tradition et innovation chez un intellectuel du XIVe siècle, Paris, Padua 1988; E. D. Sylla, Compounding Ratios. Bradwardine, O., and the First Edition of Newton's »Principia«, in: E. Mendelsohn (ed.), Transformation and Tradition in the Sciences. Essays in Honor of I. Bernard Cohen, Cambridge etc. 1984, 11–43; U. Taschow, Nicole O. und der Frühling der Moderne. Die Ursprünge unserer modernen quantitativ-metrischen Weltaneignungsstrategien und neuzeitlichen Bewusstseins- und Wissenschaftskultur, I–II, Halle 2003; L. Thorndike, A History of Magic and Experimental Science III, New York 1934, 1975, bes. 398–471; ders., Coelestinus's Summary of Nicolas O. on Marvels. A Fifteenth Century Work Printed in the Sixteenth Century, Osiris 1 (1936), 629–635, separat Brügge 1936; H. Wieleitner, Über den Funktionsbegriff und die graphische Darstellung bei O., Bibl. Math. 3. F. 14 (1914), 193–243; M. Wolff, Geschichte der Impetustheorie. Untersuchungen zum Ursprung der klassischen Mechanik, Frankfurt 1978, bes. 199–211, 228–246. J. M.

Organismus (neulat. Wortprägung, vermutlich in der 2. Hälfte des 17. Jhs. [z. B. bei J. Evelyn, Sylva, or A Discourse of Forest-Trees [...], London 1664], aus lat. organum [griech. ὄργανον], Werkzeug, Organ; engl. organism, franz. organisme), Bezeichnung für den Körper von Lebewesen (Pflanze, Tier, Mensch); in Philosophie und theoretischer Biologie vor allem unter dem Aspekt des Zusammenwirkens von Struktur und Funktion der Teile (›Organe‹) zum Zwecke der Erhaltung des ganzen Individuums. Davon abstrahiert gelegentlich die Wortbedeutung von ›O.‹ als Betrachtung eines Ganzen unter dem Aspekt des zweckorientierten Zusammenwirkens seiner Teile (z. B. Staat als O., vor allem in konservativen Staatsauffassungen; Kunstwerk als O.). – Mit dem Begriff des O. bzw. des Organischen oder der Organisation verbinden sich tiefgreifende Unterschiede philosophischer Grundkonzeptionen. So ist etwa der ↑Mechanismus (prinzipiell mechanische Erklärung von O.en) zumeist mit einem (wie auch immer gearteten) Materialismus (↑Materialismus (historisch), ↑Materialismus (systematisch), ↑Materialismus, französischer) verknüpft, während die Gegenposition, der ↑Vitalismus (Annahme von ausschließlich in O.en wirkenden Kräften), zum ↑Idealismus tendiert. Als dritte Position hat sich eine als ↑›Holismus‹ bzw. ↑›Organizismus‹ bezeichnete Auffassung etabliert, die den O. vor allem unter ganzheitlichen bzw. systemtheoretischen (↑Systemtheorie) Aspekten betrachtet. Sie markiert in diesen Hinsichten einen Unterschied zur Auffassung des O. als eines rein mechanischen, physikalischen Systems bzw. zur Annahme der Existenz von Vitalkräften.

In der Biologie wird ›O.‹ als Synonym für ›lebendes System‹ (↑Leben) oder ähnliche Begriffe verwendet, d.h. für solche Systeme, die als notwendige (wenn auch keineswegs hinreichende) Merkmale (1) einen Stoffwechsel (Metabolismus), (2) Selbstreproduktion und (3) Mutagenität (↑Mutation) erfordern. – In der philosophischen Tradition wird, entsprechend dem ursprünglichen Wortsinn (›Werkzeug‹), das funktionelle Zusammenwirken der Organe nach Analogie der Maschine verstanden. Noch G. W. Leibniz (Princ. nat. grâce § 3, Philos. Schr. VI, 599; Monadologie § 63–64, Philos. Schr. VI, 617–618) und G. E. Stahl (Disquisitio de mechanismi et organismi diversitate, Halle 1706) lassen als ›organischen Körper‹ (corps organique) bzw. ›O.‹ auch (im heutigen Sinne) Nicht-Lebewesen zu; z.B. ist eine gut funktionierende Uhr für Stahl neben einem bloßen Mechanismus auch ein ›O.‹. Dasselbe gilt von A. N. Whitehead, in dessen ›philosophy of organism‹ die größeren Einheiten in der Natur als Systeme kleinerer Einheiten verstanden werden. In beiden Fällen handelt es sich um ›O.en‹, die Whitehead als funktionelle, raumzeitlich erstreckte Einheiten bestimmt. Der Begriff des O. verbindet so Biologie (größere O.en) mit Physik (kleinere O.en).

Der entscheidende begriffliche Wandel im Verständnis des O.begriffs scheint mit I. Kants »Kritik der Urteilskraft« (1790) einzusetzen, deren zweiter Teil (»Kritik der teleologischen Urteilskraft«) eine Theorie des O. enthält, ohne daß das Wort ›O.‹ auftritt (statt dessen: ›organisiertes Wesen‹, ›organisiertes Produkt‹ etc.). Danach ist ein organisiertes Wesen »nicht bloß Maschine: denn die hat lediglich *bewegende* Kraft; sondern es besitzt in sich *bildende* Kraft [...], welche durch das Bewegungsvermögen allein (den Mechanism) nicht erklärt werden kann« (KU § 65, Akad.-Ausg. V, 374). Kant läßt die Maschinenanalogie (O. als ›Analogon der Kunst‹) nur eingeschränkt zu, da der O. ›sich selbst‹ organisiert und sich fortpflanzt. Methodologisch stellt sich für Kant das Problem des O. als Frage nach der Möglichkeit wissenschaftlicher Sätze über ↑Zweck und ↑Zweckmäßigkeit (↑Teleologie). Sätze dieser Art sind im Rahmen der kritischen Philosophie als theoretische ausgeschlossen und in kritisch gerechtfertigter Weise nur ↑regulativ möglich als »Maxime der Beurtheilung der innern Zweckmäßigkeit organisirter Wesen« (KU § 66, Akad.-Ausg. V, 376), ›*als ob*‹ diese Wesen zweckmäßig organisiert seien. Diesen kritischen Ansatz scheint Kant im »Opus posthumum« jedoch zugunsten einer Gleichrangigkeit von teleologischer und Kausalerklärung (↑Kausalität) wieder aufzugeben. Die ganze Natur stellt sich jetzt als ein ›O.‹ (ein im »Opus posthumum« oft verwendetes Wort) dar; sie ist letztlich nur begreifbar, weil der verstehende Mensch selbst O. ist. – Ähnliche Meinungen über eine untergründige (Partial-)Identität von Natur und Mensch (Geist) werden z.B. bei F. W. J. Schelling und in der romantischen Naturphilosophie (↑Naturphilosophie, romantische) vertreten. In der neueren philosophischen Diskussion wird im Zusammenhang mit dem O.begriff vor allem das Problem einer ›szientistischen ↑Reduktion des Menschen‹ diskutiert, in biologischer Hinsicht vor allem von Organizisten kritisiert.

Literatur: S. Ackermann, Organisches Denken. Humberto Maturana und Franz von Baader, Würzburg 1998; T. Bach, Biologie und Philosophie bei C. F. Kielmeyer und F. W. J. Schelling, Stuttgart-Bad Cannstatt 2001; T. Ballauff/E. Scheerer/A. Meyer, O., Hist. Wb. Ph. VI (1984), 1330–1358; O. Breidbach, O., EP II (1999), 985–987, EP II (^{2}2010), 1889–1892; T. Cheung, Die Organisation des Lebendigen. Die Entstehung des biologischen O.begriffs bei Cuvier, Leibniz und Kant, Frankfurt/New York 2000; C. Debru, L'introduction du concept d'organisme dans la philosophie Kantienne: 1790–1803, Arch. philos. 43 (1980), 487–514; D. Des Chene, Spirits and Clocks. Machine and Organism in Descartes, Ithaca N. Y./London 2001; G. Dohrn-van Rossum/E.-W. Böckenförde, Organ, O., Organisation, politischer Körper, in: O. Brunner/W. Conze/R. Koselleck (eds.), Geschichtliche Grundbegriffe. Historisches Lexikon zur politisch-sozialen Sprache in Deutschland IV, Stuttgart 1978, 2004, 519–622; S. Donnelley, Whitehead and Hans Jonas: Organism, Causality, and Perception, Int. Philos. Quart. 19 (1979), 301–315; H. Driesch, The Science and Philosophy of the Organism. The Gifford Lectures Delivered before the University of Aberdeen in the Year 1907–1908, I–II, London 1908, New York 1979; F. Duchesneau, Leibniz, Le vivant et l'organisme, Paris 2010; K. Edlinger/G. Fleck/W. Feigl (eds.), O. – Bewusstsein – Symbol. Perspektiven mentaler Gestaltungsprozesse, Frankfurt etc. 2002; W. M. Elsasser, Reflections on a Theory of Organisms, Frelighsburg 1987, mit Untertitel: Holism in Biology, Baltimore Md./London 1998; M. Ewers, Philosophie des O. in teleologischer und dialektischer Sicht. Ein ideengeschichtlicher Grundriss, Münster 1986; P. Huneman, Métaphysique et biologie. Kant et la constitution du concept d'organisme, Paris 2008; I. Jahn, Grundzüge der Biologiegeschichte, Jena 1990; H. Jonas, The Phenomenon of Life. Towards a Philosophical Biology, New York 1966, Evanston Ill. 2001 (dt. O. und Freiheit. Ansätze zu einer philosophischen Biologie, Göttingen 1973, unter dem

Titel: Das Prinzip Leben. Ansätze zu einer philosophischen Biologie, Frankfurt/Leipzig 1994, 1997); K. T. Kanz (ed.), Philosophie des Organischen in der Goethezeit. Studien zu Werk und Wirkung des Naturforschers Carl Friedrich Kielmeyer (1765–1844), Stuttgart 1994; K. Köchy, Perspektiven des Organischen. Biophilosophie zwischen Natur- und Wissenschaftsphilosophie, Paderborn etc. 2003; B.-O. Küppers, Natur als O.. Schellings frühe Naturphilosophie und ihre Bedeutung für die moderne Biologie, Frankfurt 1992; R. Langthaler, O. und Umwelt. Die biologische Umweltlehre im Spiegel traditioneller Naturphilosophie, Hildesheim/Zürich/New York 1992; R. Löw, Philosophie des Lebendigen. Der Begriff des Organischen bei Kant. Sein Grund und seine Aktualität, Frankfurt 1980; W. Maier/T. Zoglauer (eds.), Technomorphe O.konzepte. Modellübertragungen zwischen Biologie und Technik, Stuttgart-Bad Cannstatt 1994; S. Metzger, Die Konjektur des O.. Wahrscheinlichkeitsdenken und Performanz im späten 18. Jahrhundert, München 2002; S. Mischer, Der verschlungene Zug der Seele. Natur, O. und Entwicklung bei Schelling, Steffens und Oken, Würzburg 1997; H. Penzlin, Ordnung, Organisation, O.. Zum Verhältnis zwischen Physik und Biologie, Berlin 1988; K. E. Rothschuh, Theorie des O.. Bios, Psyche, Pathos, München/Berlin 1959, ²1963; J. E. Schlanger, Les métaphores de l'organisme, Paris 1971, 1995; C. Spahn, Lebendiger Begriff. Begriffenes Leben. Zur Grundlegung der Philosophie des Organischen bei G. W. F. Hegel, Würzburg 2007; A. I. Tauber (ed.), Organism and the Origins of Self. Proceedings from a Symposium Held at Boston University, Apr. 3–4, 1990, Dordrecht/Boston Mass./London 1991 (Boston Stud. Philos. Sci. CXXIX); G. Toepfer, Zweckbegriff und O.. Über die teleologische Beurteilung biologischer Systeme, Würzburg 2004; ders., O., in: ders., Historisches Wörterbuch der Biologie. Geschichte und Theorie der biologischen Grundbegriffe II, Stuttgart, Darmstadt 2011, 777–842; R. Wahsner, Der Widerstreit von Mechanismus und O.. Ein Widerstreit zweier Denkprinzipien der neuzeitlichen Naturwissenschaft?, Berlin 2004, erw. mit Untertitel: Kant und Hegel im Widerstreit um das neuzeitliche Denkprinzip und den Status der Naturwissenschaft, Hürtgenwald 2006; M. Weingarten, O.lehre und Evolutionstheorie, Hamburg 1992; ders., Organismen – Objekte oder Subjekte der Evolution? Philosophische Studien zum Paradigmawechsel in der Evolutionsbiologie, Darmstadt 1993; A. N. Whitehead, Process and Reality. An Essay in Cosmology. Gifford Lectures Delivered in the University of Edinburgh During the Session 1927–28, Cambridge, New York 1929, ed. D. R. Griffin/D. W. Sherburne, New York 1985. G. W.

Organizismus (engl. organismic biology), Bezeichnung für eine mit dem ↑Holismus nahe verwandte und dem ↑Reduktionismus entgegengesetzte Position in der theoretischen Biologie. Mit dem ↑Vitalismus verbindet den O. die Auffassung, daß physikalische Methoden allein keine hinlängliche Erklärung von ↑Organismen oder lebenden Systemen liefern können. Im Unterschied zum Vitalismus nimmt der O. jedoch keine speziellen Vitalkräfte an. In den verschiedenen Konzeptionen des O. spielt vor allem die Auffassung lebender Systeme als hierarchisch geordnet eine wichtige Rolle. Organizisten nehmen an, daß die Gesetze einer jeweils niedrigeren Stufe nicht alle Regularitäten auf der jeweils höheren zu erklären vermögen: physikalische Gesetze im molekularen Bereich ›erklärten‹ z. B. nicht das Tierverhalten. Hinter diesem und anderen Grundgedanken des O. stehen häufig wenig scharf bestimmte Konzeptionen von ›Einheit‹, ›Integrität‹, ›Ganzheit‹, ›Ganzes mehr als die Summe seiner Teile‹ usw.; Kritiker des O. heben vor allem hervor, daß organizistische Auffassungen entweder gar nicht kontrovers oder aber unklar und verschwommen seien. Gleichwohl wird weithin anerkannt, daß die Unterscheidung von Organisationsstufen, Regelkreisen und deren relativer Eigenständigkeit sowie die Betonung der Funktionalanalyse (↑Kausalanalyse) in lebenden Systemen auch für reduktionistische Forschungsprogramme von Bedeutung sind. Organizistische Positionen werden z. B. von L. v. Bertalanffy, W. M. Elsasser, J. S. Haldane, A. Meyer-Abich, P. A. Weiss, J. H. Woodger und E. Wigner vertreten.

Literatur: M. O. Beckner, Organismic Biology, Enc. Ph. V (1967), 549–551; L. v. Bertalanffy, Das biologische Weltbild I (Die Stellung des Lebens in Natur und Wissenschaft), Bern 1949, Wien/Köln 1990 (engl. Problems of Life. An Evaluation of Modern Biological Thought, London, New York 1952, New York 1960); M. Ewers, Elemente organismischer Naturphilosophie, Bochum 1988; D. L. Hull, Philosophy of Biological Science, Englewood Cliffs N. J. 1974; A. Koestler/J. R. Smythies (eds.), Beyond Reductionism. New Perspectives in the Life Sciences, London 1969, 1972 (dt. Das neue Menschenbild. Die Revolutionierung der Wissenschaften vom Leben. Ein internationales Symposion, Wien/München/Zürich 1970); R. Konersmann, O., Hist. Wb. Ph. VI (1984), 1358–1361; P. Mackie, Organicism, in: R. Audi (ed.), The Cambridge Dictionary of Philosophy, Cambridge etc. 1995, 551, ²1999, 635–636; E. Nagel, Mechanistic Explanation and Organismic Biology, Philos. Phenom. Res. 11 (1951), 327–338; C. J. Nederman, Organicism, NDHI IV (2005), 1672–1674; R. Sheldrake, Three Approaches to Biology: Part III. Organicism, Theoria to Theory 14 (1981), 301–311; K. Shrader-Frechette, Organismic Biology and Ecosystems Ecology. Description or Explanation?, in: N. Rescher (ed.), Current Issues in Teleology, Lanham Md./New York/London 1986, 1987, 77–92; G. G. Simpson, Biology and Man, New York 1969 (dt. Biologie und Mensch, Frankfurt 1972); C. H. Waddington, The Nature of Life. The Main Problems and Trends of Thought in Modern Biology, London, New York 1961, New York 1966 (dt. Die biologischen Grundlagen des Lebens, Braunschweig 1966); P. A. Weiss, Life, Order and Understanding. A Theme in Three Variations, Austin Tex. 1970; J. H. Woodger, Biological Principles. A Critical Study, London/New York 1929, 1967 (repr. 2000). G. W.

Organon (griech. *ὄργανον*, Werkzeug, etymologischer Zusammenhang mit *ἔργον*, Werk), bei Aristoteles (z. B. Top. *A*18.108b32, *Θ*14.163b11), anscheinend ohne terminologiebildende Absicht, Bezeichnung für die logischen Hilfsmittel des Argumentierens und des systematischen Aufbaus der Wissenschaften. Terminologisch erst bei Diogenes Laertios (V, 28) und den Aristoteleskommentatoren (z. B. Alexander von Aphrodisias), wo die Betrachtung der Logik als O. ihrem (stoischen) Verständnis als *Teil* der Wissenschaft entgegengesetzt wird. In einem anonymen griechischen Kommentar zu den »Analytica Posteriora« wird dieses Buch bereits als ›O.‹ bezeichnet. Seit ca. 1500 werden, zunächst in den lateinischen Ausgaben, die logischen Schriften des Aristoteles insgesamt, denen spätestens seit Olympiodoros (6. Jh.) auch die »Eisagoge« des Porphyrios beigeordnet wurde, unter dem Titel ›O.‹ zusammengefaßt. Mit deutlich anti-aristotelischer Spitze (›*Neues* O.‹) tritt ›O.‹ zur Bezeichnung einer induktiven empiristischen Methodologie bei F. Bacon auf (Novum organum scientiarum, London 1620). J. H. Lamberts »Neues O. oder Gedanken über die Erforschung und Bezeichnung des Wahren und dessen Unterscheidung von Irrthum und Schein« (I–II, Leipzig 1764) verwendet ›O.‹ ähnlich zur Bezeichnung der Gesamtheit logisch-methodologischer Bemühungen der Philosophie. – In der frühen Philosophie F. W. J. Schellings (System des transzendentalen Idealismus, Tübingen 1800) wird die Kunst als »das einzige wahre und ewige O. zugleich und Dokument der Philosophie« bezeichnet (Sämtl. Werke II, 627), insofern nur im Kunstwerk eine ›Objektivierung‹ der intellektuellen Anschauung (↑Anschauung, intellektuelle) gelinge, die als das ›absolut Identische‹ Bedingung des Verstehens der Philosophie sei. W. Whewell knüpft mit seinem »Novum O. renovatum« (London 1858 [= Part II der 3. Aufl. von »The Philosophy of the Inductive Sciences«]) an das Baconsche Programm an.

Literatur: R. Finster, O., Hist. Wb. Ph. VI (1984), 1363–1368; O. Mielach, De nomine organi Aristotelici, Diss. Augsburg 1838; D. Perler/U. Rudolph (eds.), Logik und Theologie. Das O. im arabischen und im lateinischen Mittelalter, Leiden/Boston Mass. 2005; C. Prantl, Geschichte der Logik im Abendlande I, Leipzig 1855 (repr. Leipzig 1927, Bristol 2001); V. Sainati, Storia dell'›O.‹ Aristotelico I (Dai ›Topici‹ al ›De interpretatione‹), Florenz 1968; R. Smith, What Use Is Aristotle's ›O.‹?, Proc. Boston Area Colloquium in Ancient Philos. 9 (1993), 261–285; F. Solmsen, Boethius and the History of the O., Amer. J. Philol. 65 (1944), 69–74; T. Waitz (ed.), Aristotelis O. graece, I–II, Leipzig 1844/1846. G. W.

Orientierung (engl. orientation), Bezeichnung zur Unterscheidung von Richtungen, die den Wahrnehmungs- und Anschauungsraum sowie mathematische und physikalische Räume unterschiedlich charakterisieren. Naturphilosophisch wurde der Begriff der O. im Zusammenhang mit I. Newtons Begriff des absoluten Raums (↑Raum, absoluter) erörtert. In einer brieflichen Kontroverse (1715/1716) mit S. Clarke betont G. W. Leibniz die ↑Isotropie und Homogenität des Raumes, in dem keine Richtung und kein Ort durch mathematische oder physikalische Kriterien ausgezeichnet seien. Demgegenüber weist I. Kant (Von dem ersten Grunde des Unterschiedes der Gegenden im Raume [1768], Akad.-Ausg. II, 375–384) auf unterschiedliche O.en in der Natur hin, die nur durch Bezugnahme auf ein absolutes O.ssystem erklärt werden könnten. So sind die linke und die rechte Hand zwar deckungsgleich (↑kongruent/Kongruenz), aber durch ihre O. unterschieden. O.en in der Natur (z. B. links- oder rechtsdrehende Pflanzen) werden von Kant auf die O. der linken und der rechten Hand zurückgeführt, die nicht begrifflich, sondern nur durch Wahrnehmung zu unterscheiden seien. Damit spricht Kant den subjektiven Wahrnehmungsraum an, der auch von G. Berkeley und später von Physiologen wie H. v. Helmholtz und E. Hering untersucht wurde. Phänomenologisch beschreibt O. Becker (1923) im Anschluß an E. Husserl den orientierten Sinnesraum, der durch Koordination der präspatialen Sinnesfelder von Tast-, Seh- und Hörsinn entsteht und Tiefe, Höhe und Breite durch Bezug auf den Körper des Beobachters bestimmt. Der isotrope und homogene Raum der ↑Euklidischen Geometrie entsteht nach Becker durch Abstraktion von ausgezeichneten Standorten und Richtungen im orientierten Sinnesraum. – Im Rahmen der Praktischen Philosophie (↑Philosophie, praktische) werden gelegentlich begründete Systeme von Zielen und Handlungsregeln zusammenfassend als *praktische* O.en bezeichnet.

Die *mathematische* O. einer eindimensionalen Strecke AB (ihre ›Richtung‹) wird festgelegt, indem der Randpunkt A als Anfangspunkt und B als Endpunkt bestimmt wird. Ist auf einer Geraden g eine orientierte Strecke (ein ↑›Vektor‹) gegeben, so ist g eine orientierte Gerade. Die O. einer begrenzten Fläche ist gegeben, wenn die Reihenfolge (›Umlaufsinn‹) der Ecken festgelegt ist. Eine Ebene ist orientiert, wenn der Drehsinn der sie erzeugenden Geraden festgelegt ist. Allgemein wird die O. eines n-dimensionalen (reellen) Vektorraumes V festgelegt, indem ein System $(\mathfrak{v}_\nu)$ $(1 \leq \nu \leq n)$ von n linear unabhängigen Vektoren aus V durch eine affine Abbildung $(\mathfrak{v}_\nu \mapsto \mathfrak{e}_\nu)$ in das System $(\mathfrak{e}_\nu)$ der n Einheitsvektoren überführt wird. Ist die Determinante der Abbildung positiv (bzw. negativ), so heißt das System der Vektoren positiv (bzw. negativ) orientiert. Für $n = 1$ heißt die O. ›Richtung‹, für $n = 2$ ›Drehsinn‹. Mathematisch ist also – ganz im Sinne von Leibniz – keine O. ausgezeichnet, da die Links- und Rechtsorientierung nur in der kombinatorischen Unterscheidung von geraden und ungeraden Permutationen linear unabhängiger Vektoren besteht. Man überträgt den Begriff der O. auf Mannigfaltigkeiten der ↑Differentialgeometrie, indem man statt affiner Abbildungen Homöomorphismen betrachtet, d. h. umkehrbar-eindeutige stetige Abbildungen (↑Stetigkeit) mit stetiger Umkehrabbildung (↑Umkehrfunktion).

Die Physik kann makrokosmisch keine O. auszeichnen: So geht die moderne ↑Kosmologie vom Friedmann-Modell eines homogen expandierenden und räumlich isotropen Universums aus, in dem räumlich keine O. bevorzugt ist. Da die physikalischen ↑Bewegungsgleichungen raum-zeitlich invariant (↑invariant/Invarianz) sind, zeichnen sie ebenfalls keine O. aus. Mathematische Folgen dieser Invarianz- und Symmetrieeigenschaften sind nach E. Noether die ↑Erhaltungssätze der Physik. So folgt aus der Isotropie des Raumes der Satz von der Erhaltung des Drehimpulses. In der Elementarteilchenphysik wird die O. durch die Rotation des Atomkerns um die eigene Achse (›Spin‹) eingeführt: Experimentell ergab sich (C. S. Wu 1957), daß β-Teilchen beim radioaktiven Zerfall von Kobaltkernen Co^{60} bevorzugt entgegen der Richtung des Kernspins emittiert wurden. Diese Verletzung der so genannten Paritätserhaltung besagt, daß die Prozesse der schwachen Wechselwirkung nicht invariant gegen Punktspiegelungen sind (also Kombinationen von ↑Spiegelung und Drehung um 180°). Solche Prozesse können entsprechend bei einer Umkehrung sämtlicher Raumachsen anders ablaufen. In diesem Sinne ist im Mikrokosmos die Gleichberechtigung der O.en im Raum verletzt.

Literatur: O. Becker, Beiträge zur phänomenologischen Begründung der Geometrie und ihrer physikalischen Anwendungen, Jb. Philos. phänomen. Forsch. 6 (1923), 385–560, separat unter dem Titel: Beiträge zur phänomenologischen Begründung der Geometrie und ihrer physikalischen Anwendung, Tübingen 1973; J. V. Buroker, Space and Incongruence. The Origin of Kant's Idealism, Dordrecht/Boston Mass./London 1981; E. S. Casey, The Fate of Place. A Philosophical History, Berkeley Calif./Los Angeles/London 1997, 2008; J. Earman, Kant, Inkongruente Gegenstücke und das Wesen der Zeit und Raum-Zeit, Ratio 13 (1971), 1–16; J. Gray, Ideas of Space. Euclidean, Non-Euclidean, and Relativistic, Oxford 1979, ²1989, 1990; M. Jammer, Concepts of Space. The History of Theories of Space in Physics, Cambridge Mass. 1954, New York ³1993 (dt. Das Problem des Raumes. Die Entwicklung der Raumtheorien, Darmstadt 1960, ²1980); K. Mainzer, Geschichte der Geometrie, Mannheim/Wien/Zürich 1980; D. Schmauks, O. im Raum. Zeichen für die Fortbewegung, Tübingen 2002, ²2011; W. Stegmaier, O., EP II (1999), 987–989, EP II (²2010), 1892–1894; ders. (ed.), O.. Philosophische Perspektiven, Frankfurt 2005; ders., Philosophie der O., Berlin/New York 2008; E. Ströker, Philosophische Untersuchungen zum Raum, Frankfurt 1965, ²1977 (engl. Investigations in Philosophy of Space, Athens Ohio/London 1987); P. Unruh, Transzendentale Ästhetik des Raumes. Zu Immanuel Kants Raumkonzeption, Würzburg 2007; J. Van Cleve/R. E. Frederick (eds.), The Philosophy of Right and Left. Incongruent Counterparts and the Nature of Space, Dordrecht/Boston Mass./London 1991; E. W. Weisstein, Orientation (Vectors), in: ders., CRC Concise Encyclopedia of Mathematics, Boca Raton Fla. etc. 1999, 1284, ²2003, 2100; H. Weyl, Philosophie der Mathematik und Naturwissenschaft, München/Berlin 1926, München ⁸2009; L. Wiesenthal, Visual Space from the Perspective of Possible-Worlds Semantics, I–II, Synthese 56 (1983), 199–238, 64 (1985), 241–270; P. Woelert, Kant's Hands, Spatial Orientation, and the Copernican Turn, Continental Philos. Rev. 40 (2007), 139–150; C. S. Wu u. a., Experimental Test of Parity Conservation in Beta Decay, Phys. Rev. 105 (1957), 1413–1415. K. M.

Origenes, Platoniker im 3. Jh. n. Chr., mit Plotin und Herennios Schüler des Ammonios Sakkas. Nachdem Herennios als erster die Übereinkunft der Ammonios-Schüler gebrochen hatte, nichts von der Philosophie ihres Lehrers zu veröffentlichen, verfaßt O. zunächst ein Buch über die Dämonen, später (unter Gallienus [253–268]) eine Schrift über den ↑Demiurgen. Gegen Numenios von Apameia und Plotin nimmt O. über dem Weltbildner keinen höchsten Gott an, behauptet die Einheit des Demiurgen mit dem ↑Nus und setzt das Eine mit dem Seienden gleich (↑Einheit, ↑Hypostase). Bis auf die »Timaios«-Exegese wurden seine Werke kaum rezipiert. – Die oft versuchte Identifizierung des frühchristlichen Theologen O. mit dem Neuplatoniker O. ist unhaltbar.

Literatur: M. Baltes/M.-L. Lakmann, O. 1, DNP IX (2000), 26–27; R. Beutler, O. 4, RE XVIII/1 (1959), 1033–1036; L. Brisson/R. Goulet, Origène le Platonicien, in: R. Goulet (ed.), Dictionnaire des philosophes antiques IV, Paris 2005, 804–807; H. Dörrie/M. Baltes, Der Platonismus im 2. und 3. Jahrhundert nach Christus. Bausteine 73–100: Text, Übersetzung, Kommentar, Stuttgart-Bad Cannstatt 1993, bes. 336–337; R. Goulet, Porphyre, Ammonius, les deux Origène et les autres..., Rev. hist. et philos. relig. 57 (1977), 471–496; ders., Sur la datation d'Origène le platonicien, in: L. Brisson u. a. (eds.), Porphyre. La vie de Plotin II, Paris 1992, 461–463; W. Kelber, Die Logoslehre. Von Heraklit bis O., Stuttgart 1958, Frankfurt 1986; K.-O. Weber, O. der Neuplatoniker. Versuch einer Interpretation, München 1962. M. G.

Origenes (Theologe), *Alexandreia um 185, †Caesarea oder Tyros 254, der bedeutendste Gelehrte des frühen Christentums. O. erwarb (z. B. bei Ammonios Sakkas) und vermittelte (zunächst als Leiter der Katechetenschule in Alexandreia, dann – von dort ausgewiesen – in der von ihm gegründeten Schule in Caesarea) eine gründliche hellenistische Bildung. Mit Hilfe der Kategorien und Denkweisen der zeitgenössischen Philosophie entwarf er eine christliche Dogmatik und erhob damit die Theologie zu einer von den Gebildeten ernstgenommenen Theorie, ohne freilich den Primat des Offenbarungsglaubens und seine prinzipielle Feindschaft gegenüber der heidnischen Philosophie aufzugeben. Seine (weitgehend nicht und zum Teil nur in einer entstellten lateinischen Übersetzung des Rufinus [398] erhaltenen) Schriften befassen sich teils mit der apologetischen Darstellung (↑Apologetik) der christlichen Lehre (vor allem gegen die ↑Gnosis und die Angriffe des Platonikers Kelsos), teils mit systematischer Theologie (*Περὶ ἀρχῶν*, lat. De principiis), vor allem aber mit der Erklärung des AT: in Scholien (kurzen, notizartigen Erläuterungen), wissenschaftlichen Kommentaren (für Theologen verfaßten zusammenhängenden Darstellungen) und volkstümlichen Homilien (für Laien). Mit seiner »Hexapla«, die in sechs Kolumnen den hebräischen Text, eine griechische Transkription sowie vier Übersetzungen enthielt und ihm als gesicherte Textgrundlage gegen die jüdischen Exegeten diente, begründete O. die Textkritik des AT (↑Hermeneutik). Seine Lehre vom dreifachen Schriftsinn beeinflußte nachhaltig die Kirchenväter und Exegeten: Analog zur Dreiteilung des Menschen in Körper (soma), Seele (psyche) und Geist (pneuma) unterscheidet O. einen buchstäblichen (somatischen), einen ethischen (psychischen) und einen mystisch-allegorischen (pneumatischen) Schriftsinn und entsprechend drei Stufen der Schriftdeutung, deren letzte (die allegorische) den verborgenen eigentlichen Sinn ermitteln soll. Die Trinitätslehre des O. weist zahlreiche Affinitäten zur Dreigötterlehre des Numenios von Apameia sowie zur ↑Emanations- und Drei-↑Hypostasen-Lehre Plotins auf und geht vermutlich auf Ammonios Sakkas zurück: *Gott* ist ungeworden, ungezeugt, der bzw. das Gute, absolute Einheit, über Geist und Sein erhaben (absolut transzendent), Vater und Schöpfer (auch die Materie wird nach O. – wie bei Ammonios – von Gott geschaffen, aber – im Unterschied zur griechischen Philosophie – als ↑creatio ex nihilo). Der *Sohn* ist vom Vater gezeugt und geschaffen, diesem nicht wesensgleich (*ὁμοούσιος*), sondern nur ähnlich (*ὅμοιος*), dessen Abbild und als ›zweiter Gott‹ der Gottheit nur teilhaftig; er bildet den Übergang von der höchsten Einheit zur Vielheit, ist Idee der Ideen (↑Idee (historisch)) und oberster ↑Logos der Schöpfung, so daß alle Dinge seine Abbilder (nicht Abbilder des ›Vaters‹) sind. Der *Geist* geht (als letzte und niedrigste Gottheit) aus dem Sohn hervor und vermittelt zwischen ihm und den Heiligen. Die übrigen Vernunftwesen (Engel, Menschen, Dämonen) entstehen aus dem Logos, bilden anfänglich eine göttliche Einheit von Geistern, wenden sich dann aber von der Schau des höchsten Gottes ab, werden in Seelen verwandelt und zerfallen in Vielheit. Nach einem längeren Läuterungsprozeß kommt es schließlich zur ›Erlösung‹, worunter O. die Wiederherstellung (*ἀποκατάστασις*) der ursprünglichen Einheit der Geister in einer körperlosen, göttlichen Existenz aller Vernunftwesen (auch der Dämonen und Teufel) versteht. Obwohl die Trinitätslehre des O. weitgehend mit der im Konzil von Nicaea (325) verurteilten Lehre des Arius in der Ablehnung der Wesensgleichheit von Vater, Sohn und Geist übereinstimmte, fand sie noch lange zahlreiche Anhänger. Der ›origenetische Streit‹ (393–404, 543–553) führte zu einem Verbot dieser Lehre durch eine Synode in Ägypten, durch Papst und Kaiser (400–402) sowie durch das Konzil in Konstantinopel (553).

Werke: Opera omnia quae graece vel latine tantum exstant [...], I–IV, ed. C. Delarue/C. V. Delarue, Paris 1733–1759, Neudr., I–VII, Paris 1857–1863 (repr. 1965–1977) (MPG XI–XVII); Opera Omnia [...], I–XXV, ed. C. H. E. Lommatzsch, Berlin 1831–1848; Werke, I–XII, ed. P. Koetschau u. a. im Auftrag d. Kirchenväterkommission d. Königl. Preuß. Akad. Wiss. (später: Kommission für spätantike Religionsgeschichte d. Dt. Akad. Wiss. zu Berlin), Leipzig (später: Berlin) 1899–1955; O.. Werke mit deutscher Übersetzung, I–XXV, ed. A. Fürst/C. Markschies, Berlin/New York, Freiburg/Basel/Wien 2009 ff. (erschienen Bde I/1, I/2, X, XXII). – Origenis Hexaplorum [...], I–II, ed. F. Field, Oxford 1875 (repr. Hildesheim 1964); Des Gregorios Thaumaturgos Dankrede an O., als Anhang der Brief des O. an Gregorios Thaumaturgos, ed. P. Koetschau, Freiburg/Leipzig 1894; Der Scholien-Kommentar des O. zur Apokalypse Johannis. Nebst einem Stück aus Irenaeus, Lib. V, Graece, ed. C. Diobouniotis, Leipzig 1911; Des O. ausgewählte Schriften, I–II, ed. P. Koetschau, München 1926/1927; Homélies sur la Genèse [lat./franz.], Paris 1944, ²1985, 2003; Entretien d'Origène avec Héraclide et les évêques ses collègues sur le père, le fils, et l'âme, Kairo 1949, unter dem Titel: Entretien d'Origène avec Héraclide, Paris 1960, ²2002; Prayer. Exhortation to Martyrdom, New York/Ramsey N. J. 1954; The Song of Songs. Commentary and Homilies, New York/Ramsey N. J. 1956; Homélies sur Josué [lat./franz.], Paris 1960, ²2000; Homélies sur S. Luc [griech./lat./franz.], Paris 1962, 1998; Commentaire sur Saint Jean [griech./franz.], I–V, Paris 1966–1992, 1996 f. (erschienen Bde I–IV); Contre Celse, I–V, ed. M. Borret, Paris 1967–1976, 2005–2008; Commentaire sur l'Evangile selon Matthieu I [griech./franz.], Paris 1970 (mehr nicht erschienen); Das Gespräch mit Herakleides und dessen Bischofskollegen über Vater, Sohn und Seele. Die Aufforderung zum Martyrium, Stuttgart 1974; The Pentateuch in the Version of the Syro-Hexapla. A Fac-Simile Edition of a Midyat MS. Discovered 1964, ed. A. Vööbus, Louvain 1975; Philocalie 21–27. Sur le libre arbitre [griech./franz.], Paris 1976, 2006; Homélies sur Jérémie [griech./franz.], I–II, Paris 1976/1977, I, 2006; Vier Bücher von den Prinzipien, ed. H. Görgemanns/H. Karpp, Darmstadt 1976, ²1985, 2011; Traité des principes [lat./franz.], I–V, Paris 1978–1984; Die griechisch erhaltenen Jeremiahomilien, Stuttgart 1980; Homélies sur le Lévitique [lat./franz.], I–II, ed. M. Borret, Paris 1981; Homilies on Genesis and Exodus, Washington D. C. 1982; Der Kommentar zum Evangelium nach Mattäus, I–III, Stuttgart 1983–1993; Philocalie, 1–20. Sur les écritures. Et la lettre à Africanus sur l'histoire de Suzanne [griech./franz.], Paris 1983; Homélies sur l'Exode [lat./franz.], Paris 1985, 2011; Homélies sur Samuel [griech./lat./franz.], Paris 1986; Gegen Kelsos, München 1986; Homélies sur Ezéchiel [lat./franz.], Paris 1989; Origen. Commentary on the Gospel according to John, I–II, Washington D. C. 1989–1993, II, 2006; Homilies on Leviticus. 1–16, Washington D. C. 1990; Der Römerbriefkommentar des O.. Kritische Ausgabe der Übersetzung Rufins, I–III, ed. C. P. Hammond Bammel, Freiburg 1990–1998; Commentarii in epistulam ad Romanos. Römerbriefkommentar [lat./dt.], Freiburg etc. 1990–1999; In Lucam Homiliae. Homilien zum Lukasevangelium [lat./griech./dt.], I–II, Freiburg etc. 1991/1992; Commentaire sur le cantique des cantiques [lat./franz.], I–II, Paris 1991/1992, 2007; Homélies sur les juges [lat./franz.], Paris 1993; Die Schrift des O. »Über das Passa«. Textausgabe und Kommentar [griech./dt.], Altenberge 1993; Homélies sur les psaumes 36 à 38 [griech./lat./franz.], Paris 1995; Homilies on Luke. Fragments on Luke, Washington D. C. 1996; Homélies sur les nombres [lat./franz.], I–III, ed. L. Doutreleau, Paris 1996–2001; Homilies on Jeremiah. Homily on 1 Kings 28, Washington D. C. 1998; Contra Celsum. Libri VIII, ed. M. Marcovich, Leiden/Boston Mass./Köln 2001; Commentary on the Epistle to the Romans, I–II, Washington D. C. 2001/2002; Homilien zum Buch Genesis, Köln 2002, 2005; Homilies on Joshua, ed. C. White, Washington D. C. 2002; Die Homilien des O. zum Buch Josua. Die Kriege Josuas als Heilswirken Jesu, Stuttgart 2006; Predigten des O. zum Buch Exodus.

Lateinisch-deutsch, Münster 2008; Commentaire sur l'Epitre aux Romains, I–IV, Paris 2009–2012; Homilies on Judges, Washington D. C. 2010; O.' Johanneskommentar Buch I–V [griech./dt.], Tübingen 2011; Contra Celsum. Gegen Celsus [griech./dt.], I–V, Freiburg/Basel/Wien 2011/2012. – Der Brief des O. an Gregor den Wundertäter [griech./dt.], in: Gregor der Wundertäter, Oratio prosphonetica ac panegyrica in Origenem [s. u.], 214–221. – H. Crouzel, Bibliographie critique d'Origène, I–III, Steenbrugge 1971–1996; Totok II (1973), 91–96; regelmäßige Bibliographien in: L'année philologique.

Literatur: H. S. Benjamins, Eingeordnete Freiheit. Freiheit und Vorsehung bei O., Leiden/New York/Köln 1994; U. Berner, O., Darmstadt 1981; W. A. Bienert, Dionysius von Alexandrien. Zur Frage des Origenismus im dritten Jahrhundert, Berlin/New York 1978; H. Bietenhard, Caesarea, O. und die Juden, Stuttgart etc. 1974; C. Bigg, The Christian Platonists of Alexandria. The 1886 Bampton Lectures, Oxford 1913, London etc. 1968; B. P. Blosser, Become like the Angels. Origen's Doctrine of the Soul, Washington D. C. 2012; H. Buchinger, Pascha bei O., I–II, Innsbruck/Wien 2005; H. Chadwick, Early Christian Thought and the Classical Tradition. Studies in Justin, Clement and Origen, Oxford 1966, 1992; E. A. Clark, The Origenist Controversy. The Cultural Construction of an Early Christian Debate, Princeton N. J. 1992; K. Comoth, Ursprung der Wahrheit in philosophischer Satzung, Heidelberg 2004; H. Crouzel, Théologie de l'image de Dieu chez Origène, Paris 1956; ders., Origène et la ›connaissance mystique‹, Brügge/Paris 1961; ders., Origène et la philosophie, Paris 1962; ders., O., LThK VII (1962), 1230–1235; ders., Chronique origénienne, Bulletin de littérature ecclésiastique 77 (1976), 128–146; ders., Origène, Paris, Namur 1985 (engl. Origen, San Francisco Calif., Edinburgh 1989); ders., Les fins dernière selon Origène, Aldershot/Brookfield Vt. 1990; J. Daniélou, Origène, Paris 1948, 2012 (engl. Origen, London/New York 1955); F. Diekamp, Die origenistischen Streitigkeiten im sechsten Jahrhundert und das fünfte allgemeine Concil, Münster 1899; E. A. Dively Lauro, The Soul and Spirit of Scripture within Origen's Exegesis, Boston Mass./Leiden 2005; G. Dorival, Origène d'Alexandrie, in: R. Goulet (ed.), Dictionnaire des philosophes antiques IV, Paris 2005, 807–842; M. J. Edwards, Origen against Plato, Aldershot/Burlington Vt. 2002, 2004; E. de Faye, Origène, sa vie, son œuvre, sa pensée, I–III, Paris 1923–1928; A. Fürst (ed.), O. und sein Erbe in Orient und Okzident, Münster 2011; ders., Von O. und Hieronymus zu Augustinus. Studien zur antiken Theologiegeschichte, Berlin/Boston Mass. 2011; ders./C. Hengstermann (ed.), Autonomie und Menschenwürde. O. in der Philosophie der Neuzeit, Münster 2012; R. Gögler, Zur Theologie des biblischen Wortes bei O., Düsseldorf 1963; A. Grafton/M. Williams, Christianity and the Transformation of the Book. Origen, Eusebius and the Library of Caesarea, Cambridge Mass./London 2006; G. Gruber, ΖΩΗ. Wesen, Stufen und Mitteilung des wahren Lebens bei O., München 1962; R. P. C. Hanson, Allegory and Event. A Study of the Sources and Significance of Origen's Interpretation of Scripture, London 1959, Louisville Ky./London 2002; J. Hause, Origen, REP VII (1998), 160–163; T. Heither, Translatio religionis. Die Paulusdeutung des O. in seinem Kommentar zum Römerbrief, Köln/Wien 1990; H. T. Kerr, The First Systematic Theologian, Origen of Alexandria, Princeton N. J. 1958; F. H. Kettler, O., RGG IV (^{3}1960), 1692–1701; ders., Der ursprüngliche Sinn der Dogmatik des O., Berlin 1966; H. Koch, Pronoia und Paideusis. Studien über O. und sein Verhältnis zum Platonismus, Berlin/Leipzig 1932; ders., O. 5, RE XVIII/1 (1959), 1036–1059; N. R. M. de Lange, Origen and the Jews. Studies in Jewish-Christian Relations in Third-Century Palestine, Cambridge etc. 1976, 1978; G. Lekkas, Liberté et progrès chez Origène, Turnhout 2001; L. Lies, O.' Eucharistielehre im Streit der Konfessionen. Die Auslegungsgeschichte seit der Reformation, Innsbruck/Wien 1985; C. Markschies, O. 2, DNP IX (2000), 27–29; ders., O., RGG VI (^{4}2003), 657–662; ders., O. und sein Erbe. Gesammelte Studien, Berlin/New York 2007; P. W. Martens, Origen and Scripture. The Contours of the Exegetical Life, Oxford etc. 2012; P. Nautin, Origène. Sa vie et son œuvre, Paris 1977; J. S. O'Leary, Christianisme et philosophie chez Origène, Paris 2011; C. Reemts, Vernunftgemäßer Glaube. Die Begründung des Christentums in der Schrift des O. gegen Celsus, Bonn/Alfter 1998; dies., O.. Eine Einführung in Leben und Denken, o. O. [Würzburg] 2004; J. M. Rist, Eros and Psyche. Studies in Plato, Plotinus and Origen, Toronto 1964; M. Schär, Das Nachleben des O. im Zeitalter des Humanismus, Basel/Stuttgart 1979; J. W. Trigg, Origen. The Bible and Philosophy in the Third-Century Church, Atlanta Ga. 1983, London 1985; P. Tzamalikos, Origen: Cosmology and Ontology of Time, Leiden/Boston Mass. 2006; ders., Origen: Philosophy of History & Eschatology, Leiden/Boston Mass. 2007; A. Tzvetkova-Glaser, Pentateuchauslegung bei O. und den frühen Rabbinen, Frankfurt etc. 2010; H. J. Vogt, Das Kirchenverständnis des O., Köln/Wien 1974; ders., O. als Exeget, ed. W. Geerlings, Paderborn etc. 1999; R. Williams, O./Origenismus, TRE XXV (1995), 397–420. – ODCC (1997), 1193–1195 (Origen). – Origeniana 1975 ff. M. G.

Orphik, Sammelbezeichnung für die Verfasser und Verbreiter einer poetisch-mystisch-religiösen Literatur (bzw. für die Anhänger der auf diese sich beziehenden Sekten), als deren Urheber der mythische Sänger Orpheus angesehen wird. Da die Zuordnung einzelner Personen zur O. umstritten und problematisch ist (Orpheus, Musaios und Eumolpos, die bisweilen zu den frühesten Orphikern gezählt werden, sind vermutlich fingierte, mythische Figuren), wird die Zuweisung zur O. in der Regel nicht nach Autoren, sondern nach Werken, Themen und Theoremen bestimmter Art vorgenommen. Hauptschriften der O.: (1) die »Heiligen Reden« (erste Fassungen vermutlich aus dem 6./5. Jh. v. Chr.): die Theo-, Kosmo- und Anthropogonie; (2) die »Orphischen Hymnen« (nicht vor dem 2. Jh. n. Chr. entstanden): liturgische Vorschriften, in denen neben den üblichen Gottheiten der O. z. B. auch ↑Nomos und ↑Physis als verehrungswürdig dargestellt werden; (3) die »Argonautika« (4./5. Jh. n. Chr.), sofern hier die führende Rolle des Orpheus im Argonautenzug betont wird; (4) die »Totenbücher«, deren Reste auf Goldplättchen (Grabbeigaben des 4./3. Jh. v. Chr. aus Unteritalien bzw. des 2. Jh. v. Chr. aus Kreta) erhalten sind; sie dienten als Wegweiser durch die Unterwelt und als Legitimationsausweis für den Einlaß in den Ort der Erlösten. (5) Die erst spät der O. zugeordneten »Lithika« (über die wundertätige Kraft von Steinen) gehören kaum zum orphischen Gedankenkreis.

Die *Kosmogonie* der O., die ebenso wie die Theogonie an Hesiod anschließt, enthält Elemente, die in mythischer

Form philosophische Gedanken wiedergeben: mit Chronos (›Zeit‹) wird ein zeitloses (d. h. ungewordenes und unvergängliches), einheitliches, inhaltlich unbestimmtes, mit ›Notwendigkeit‹ wirkendes Prinzip als Urgrund (↑Archē) der Welt gesetzt, dem Eros als ebenfalls universelle ursprüngliche Wirkkraft nach Art eines ↑Demiurgen zur Seite steht. Äther (*αἰθήρ*, Licht) und Chasma (*χάσμα*, Finsternis) sind ebenfalls als Prinzipien, nicht als empirische Gegebenheiten zu verstehen. Phanes gilt als (undifferenziertes) Prinzip der Weltbildung (↑Demiurg). – In der *Theogonie* begegnet Zeus nicht nur als Herrscher der Welt, sondern auch als einheitliches und Einheit stiftendes Prinzip sowie als Garant göttlicher Rechtsordnung für Natur und Menschheit; ↑Kosmos und Nomos gehören damit untrennbar zusammen. Der aus thrakisch-phrygischer (nicht-griechischer) Tradition stammende Gott Dionysos, dessen Kult stets mit geheimen Weihen, Orgien und Ekstase verbunden ist, wird in der O. zum Mitregenten des Zeus, was eine Hinwendung zu Irrationalismus, Mysterienkult und Entsühnung als Reaktion auf die soziale, politische und Werteunsicherheit der (jeweiligen) Zeit bedeutet. – Die *Anthropogonie* enthält eine Legitimation des Leib-Seele-Dualismus und der Entsühnungspraktiken: Die Menschen entstehen aus den Resten der von Zeus mit einem Blitz verbrannten Titanen, die zuvor den Gott Dionysos verzehrt hatten. Damit vereinigen sie in sich zwei unversöhnliche Prinzipien: das titanische Böse und das dionysische Gute. Der Leib ist Repräsentant des Bösen, Gefängnis und Grab der Seele, das die Seele hindert, zum Göttlichen emporzusteigen. Dieser in der Tendenz pessimistische und lebensverneinende Grundtenor wird in gewisser Weise kompensiert durch die Annahme, der Mensch könne den schädlichen Einfluß des Leibes mindern, ihn sogar gänzlich überwinden, wenn er sich Entsühnungsriten und rituellen Reinigungen unterzieht und streng asketisch lebt, was schließlich zu einem ›Heraustreten‹ (*ἔκστασις*) der Seele aus dem Gefängnis des Leibes, zur religiösen Schau und somit auch zum Einswerden mit dem Göttlichen führt. Man kann hierin einen zwar mythisch-mystisch eingebetteten, aber zugleich ethisch motivierten Unsterblichkeitsglauben erkennen. Als mythologisches Vorbild und auch als quasi-rationales Argument hierfür dient die stets mitschwingende Legende von Orpheus' Selbsterlösung aus der Unterwelt. Verbleibt die Seele jedoch im Bösen, so wird sie mit einer glücklosen Wiedergeburt bestraft. Die Wirkung der orphischen Lehre war bedeutend. Breite Bevölkerungsschichten bekannten sich über Jahrhunderte zum orphischen Kult, Städte ließen sich von orphischen Priestern entsühnen. In der Philosophie prägt der erstmals von der O. eingeführte Leib-Seele-Dualismus (↑Leib-Seele-Problem) bis heute das philosophische und theologische Denken; Reinigungs-, Entsühnungs- und Diätvorschriften machen einen wesentlichen Bestandteil der pythagoreischen (↑Pythagoreismus), neuplatonischen (↑Neuplatonismus) und gnostischen (↑Gnosis) Philosophie aus. Die abwertende Deutung des Körpers als Ursache des Bösen und Gefängnis der Seele beeinflußt über Platon und vor allem über Plotin nachhaltig das Christentum (A. Augustinus).

Texte: VS 1; Orphei Lithica, ed. E. Abel, Berlin 1881 (repr. Hildesheim 1971); Lamellae aureae Orphicae, ed. A. Olivieri, Bonn 1915; Orphicorum Fragmenta, ed. O. Kern, Berlin 1922, 1963; Orpheus. Altgriechische Mysteriengesänge aus dem Urtext übertragen und erläutert, ed. J. O. Plassmann, Jena 1928; Les Argonautiques d'Orphée, ed. G. Dottin, Paris 1930; Orphei Hymni, ed. W. Quandt, Berlin 1941, ^{2}1955; W. Capelle (ed.), Die Vorsokratiker. Die Fragmente und Quellenberichte, Stuttgart ^{6}1968, 25–43; G. Foti/F. Pugliese Carratelli, Un sepolcro di Hipponion e un nuovo testo orfico, La Parola del Passato, Riv. stud. antichi 29 (1974), 91–126; G. Pugliese Carratelli (ed.), Le lamine d'oro ›orfiche‹, Mailand 1993; Poetae epici graeci. Testimonia et fragmenta, II/1–II/3 (II/1–II/2 Orphicorum et orphicis similium testimonia et fragmenta, II/3 Musaeus, Linus, Epimenides, Papyrus Derveni, Indices), ed. A. Bernabé, II/1 Leipzig 2004, II/2–II/3 Berlin/New York 2005/2007; The Orphic Hymns. Translation, Introduction, and Notes, ed. A. N. Athanassakis/B. M. Wolkow, Baltimore Md. 2013.

Literatur: L. J. Alderink, Creation and Salvation in Ancient Orphism, Chico Calif. 1981; C. Auffarth/I. Wandrey/F. Graf, Orphiker/O., RGG VI (^{4}2003), 671–674; J. J. Bachofen, Die Unsterblichkeitslehre der orphischen Theologie auf den Grabdenkmälern des Altertums. Nach einer Anleitung einer Vase aus Canosa im Besitz des Herrn Prosper Biardot in Paris, Basel 1867, Berlin 1938, Nachdr. in: ders., Gesammelte Werke VII (Die Unsterblichkeitslehre der orphischen Theologie, Römische Grablampen), Stuttgart/Basel 1958, 1–209; R. Böhme, Orpheus. Das Alter des Kitharoden, Berlin 1953; ders., Der Sänger der Vorzeit. Drei Kapitel zur Orpheusfrage, Bern/München 1980; P. Borgeaud (ed.), Orphisme et Orphée. En l'honneur de Jean Rudhardt, Genf 1991; L. Brisson, Orphée et l'orphisme dans l'Antiquité gréco-romaine, Aldershot/Brookfield Vt. 1995; W. Burkert, Orpheus und die Vorsokratiker. Bemerkungen zum Derveni-Papyrus und zur pythagoreischen Zahlenlehre, Antike u. Abendland 14 (1968), 93–114; ders., Griechische Religion der archaischen und klassischen Epoche, Stuttgart etc. 1977, 436–451, erw. ^{2}2011, 432–448 (engl. Greek Religion. Archaic and Classical, Oxford 1985, Malden Mass. 2012, 293–304); ders., Neue Funde zur O., Inform. altsprachl. Unterr. 2 (Graz 1980), H. 2, 27–42; ders., Orphism, REP VII (1998), 163–165; C. Calame, O./Orphische Dichtung, DNP IX (2000), 58–69; R. S. Conway, From Orpheus to Cicero, Bull. The John Rylands Library, Manchester 7 (1933), 67–90 (repr. Nendeln/Liechtenstein 1967); E. R. Dodds, The Greeks and the Irrational, Berkeley Calif./Los Angeles 1951, 2011, 147–156 (franz. Les Grecs et l'irrationnel, Paris 1965, 2007, 146–156; dt. Die Griechen und das Irrationale, Darmstadt 1970, 1991, 82–91); R. Eisler, Orphisch-dionysische Mysteriengedanken in der christlichen Antike, Leipzig 1925 (repr. Hildesheim 1966); K. Freeman, The Pre-Socratic Philosophers. A Companion to Diels, »Fragmente der Vorsokratiker«, Oxford 1946, ^{3}1953, 1966, 1–18; J. Gil, Epigraphica III, Cuadernos de filol. clas. 14 (1978), 83–120; T. Gomperz, Griechische Denker. Eine Geschichte der antiken Philosophie I, Leipzig 1896, ^{3}1911, 65–80, Berlin/Leipzig ^{4}1922 (repr. Berlin/New York 1973), Frankfurt 1999, 67–82; F. Graf, Eleusis und die orphische Dichtung Athens in vorhellenistischer Zeit, Berlin/New York 1974; W. K. C. Guthrie, Orpheus and Greek Religion. A Study of the Orphic Movement, London 1935, ^{2}1952, Princeton N. J. 1993 (franz. Orphée et la religion grecque. Étude sur la pensée orphique, Paris 1956); ders., Orpheus und die Orphiker, RGG IV (^{3}1960), 1703–1705; M. Herrero de Jáuregui, Orphism and Christianity in Late Antiquity, Berlin/New York 2010; C. R. Holladay, Fragments from Hellenistic Jewish Authors IV (Orphica), Atlanta Ga. 1996; W. Jaeger, The Theology of the Early Greek Philosophers. The Gifford Lectures 1936, Oxford 1947, London/New York 1968, 55–72, dt. Original unter dem Titel: Die Theologie der frühen griechischen Denker, Stuttgart 1953 (repr. Darmstadt 1964), Stuttgart 2009, 69–106; K. Kerényi, Die orphische Kosmogonie und der Ursprung der O.. Ein Rekonstruktionsversuch, Eranos-Jb. 17 (1949), 53–78; ders., Pythagoras und Orpheus, Berlin 1938, erw. mit Untertitel: Präludien zu einer zukünftigen Geschichte der O. und des Pythagoreismus, Zürich ^{3}1950; O. Kern, Die Religion der Griechen, I–III, Berlin 1926–1938, 1963; R. Keydell/K. Ziegler, Orphische Dichtung, RE XXXVI/1 (1942), 1321–1417; G. S. Kirk/J. E. Raven, The Presocratic Philosophers. A Critical History with a Selection of Texts, Cambridge etc. 1957, 37–48, mit M. Schofield ^{2}1983, 2010, 21–33 (dt. Die vorsokratischen Philosophen. Einführung, Texte und Kommentare, Stuttgart/Weimar 1994, 2001, 23–37; franz. Les philosophes présocratiques. Une histoire critique avec un choix de textes, Fribourg 1995, 21–34); A. Laks/G. W. Most (eds.), Studies on the Derveni Papyrus, Oxford 1997 (mit Bibliographie, 175–185); I. M. Linforth, The Arts of Orpheus, Berkeley Calif./Los Angeles 1941 (repr. New York 1973); A. Masaracchia (ed.), Orfeo e l'orfismo. Atti del Seminario Nazionale (Roma – Perugia 1985–1991), Rom 1993; L. Moulinier, Orphée et l'orphisme à l'époque classique, Paris 1955; M. P. Nilsson, Early Orphism and Kindred Religious Movements, Harvard Theol. Rev. 28 (1935), 181–230, Neudr. in: ders., Opuscula Selecta II, Lund 1952, 628–683; ders., Geschichte der griechischen Religion, I–II (I Die Religion Griechenlands bis auf die griechische Weltherrschaft, II Die hellenistische und römische Zeit), ^{2}1955/1961, ^{3}1967/1974, I, 678–699, II, 426–431; K. Prümm, Die O. im Spiegel der neueren Forschung, Z. kath. Theol. 78 (1956), 1–40; C. Riedweg, Jüdisch-hellenistische Imitation eines orphischen Hieros Logos. Beobachtungen zu OF 245 und 247 (sog. Testament des Orpheus), Tübingen 1993; E. Rohde, Psyche. Seelencult und Unsterblichkeitsglaube der Griechen II, Freiburg 1894, Freiburg/Leipzig/Tübingen ^{2}1898 (repr. in einem Bd., Darmstadt 1961, 1991), in einem Bd., Tübingen/Leipzig ^{3}1903, 103–136 (engl. Psyche. The Cult of Souls and the Belief in Immortality among the Greeks, London 1925 [repr. London 2000, 2001], 335–361; franz. Psyché. Le culte de l'ame chez les grecs et leur croyance a l'immortalité, Paris 1928, 1999, 348–375); M. Roussel, Orphisme, Enc. philos. universelle II/2 (1990), 1834–1836; H. Schwabl, Weltschöpfung, RE Suppl. IX (1962), 1433–1582; W. Staudacher, Die Trennung von Himmel und Erde. Ein vorgriechischer Schöpfungsmythus bei Hesiod und den Orphikern, Tübingen 1942, Darmstadt 1968; G. Vlastos, Theology and Philosophy in Early Greek Thought, in: R. D. J. Furley/R. E. Allen (eds.), Studies in Presocratic Philosophy I (The Beginnings of Philosophy), London/New York 1970, 92–129; J. R. Watmough, Orphism, Cambridge etc. 1934; M. L. West, The Orphic Poems, Oxford 1983, 1998; U. v. Wilamowitz-Moellendorff, Der Glaube der Hellenen II, Berlin 1932, 192–204, ^{2}1955, Stuttgart/Basel, Darmstadt ^{3}1959, Darmstadt 1994, 190–202; K. Ziegler, Orpheus, RE XXXV (1939), 1200–1316; ders., Orpheus, KP IV (1972), 351–356; ders. Orphische Dichtung, KP IV (1972), 356–362; G. Zuntz, Die Goldlamelle von Hipponion, Wiener Stud. NF 10 (1976), 129–151. – Sonderheft: L'orphisme et ses écritures. Nouvelles recherches, Rev. hist. des religions 219 (2002), 379–519. M. G.

Ortega y Gasset, José, *Madrid 9. Mai 1883, †ebd. 18. Okt. 1955, span. Philosoph und Kulturkritiker. Jura- und Philosophiestudium 1897 in Bilbao, 1898–1902 in Madrid, 1904 Promotion in Madrid; 1905–1906 Studienaufenthalte in Leipzig und Berlin, 1906–1908 in Marburg, Studium bei H. Cohen und P. Natorp, Freundschaft mit N. Hartmann und H. Heimsoeth, 1908–1910 Prof. an einer Pädagogischen Hochschule in Madrid, 1910 Prof. für Metaphysik an der Universität Madrid. O., im republikanischen Spanien politisch stark engagiert, emigrierte im spanischen Bürgerkrieg über Frankreich nach Argentinien, dann nach Portugal; 1949–1953 erneut Lehrtätigkeit in Madrid. – Unter dem Einfluß von F. Nietzsche, W. Dilthey, E. Husserl und M. Heidegger entwickelt O. die spanische Variante der ↑Lebensphilosophie, den ›Ratiovitalismus‹, in dem sich Szientismus, Irrationalismus und eine politische Elitetheorie miteinander verbinden. Einzige Wirklichkeit sind nach O.s Milieutheorie ›das Ich und seine Umstände‹, wobei das Ich allein als biologischer Organismus gesehen ist. Die Vernunft und entsprechend die menschlichen Kulturleistungen (Staat, Kunst, Moral, Religion) sind nach O. nur ›Funktionen des Lebens‹ (Lehre vom ›razon vital‹). Diese biologistisch-szientistische (↑Szientismus) Auffassung verbindet O. mit einer ›perspektivischen‹ Erkenntnistheorie, die ihn zu einem irrationalen ↑Relativismus führt. Aus diesen Voraussetzungen entwickelt O. eine Kritik der modernen Demokratie, deren Wesen in der nivellierten Massengesellschaft der ›Durchschnittsmenschen‹ gesehen wird (La rebelión de las masas [Der Aufstand der Massen], 1929). O. setzt soziale und kollektive Phänomene mit dem ›Subhumanen‹ gleich. Nur aristokratische Eliten, letztlich der einsame Elitemensch (›hombre selecto‹) sind fähig, eine Gesellschaft positiv zu prägen und zu führen. Sein aristokratisches Ideal sucht O. wiederum mit Werten des ↑Humanismus (orientiert an J. W. v. Goethe) in Zusammenhang zu bringen und Vergangenheit und Gegenwart in lebendige Kommunikation zu setzen. Er sieht es zudem in den Wissenschaften realisiert: diese sind Spiele einer Elite, die im fairen Einhalten komplizierter Regeln der Mittelmäßigkeit entflieht.

Werke: Obras completas, I–XII, Madrid 1946–1983, Neudr. I–X, 2004–2010 (dt. Gesammelte Werke, I–IV, Stuttgart 1954–1956, Neudr. I–VI, 1978, Stuttgart, Augsburg 1996). – Los terrores del año mil. Crítica de una leyenda, Madrid 1909, ferner in: Obras completas [s. o.] I, 2004, 261–314 (dt. Die Schrecken des Jahres eintausend. Kritik an einer Legende, Leipzig 1992); Meditaciones del Quijote, Madrid 1914, ferner in: Obras completas [s.o.] I, 1946, 309–400, 2004, 745–825, separat 2010 (dt.Meditationen über »Don Quijote«, Stuttgart 1959; engl. Meditations on Quixote, New York 1961, Champaign Ill. 2000); El Espectador, I–VIII, Madrid 1916–1934, ferner als: Obras completas [s.o.] II, 1946, separat in einem Bd. 1985, ferner in: Obras completas [s.o.] II, 2004, 151–831 (dt. Der Betrachter, als: Ges. Werke [s.o.] I); España invertebrada. Bosquejo de algunos pensamientos históricos, Madrid 1921, ferner in: Obras completas [s.o.] III, 1947, 35–128, 2005, 421–512, separat 2007 (dt. Stern und Unstern. Gedanken über Spaniens Landschaft und Geschichte, Stuttgart 1937, mit Untertitel: Über Spanien, Stuttgart 1952, unter dem Titel: Aufbau und Zerfall Spaniens, in: Ges. Werke [s.o.] II, 7–78; engl. Invertebrate Spain, London, New York 1937, New York 1974); El tema de nuestro tiempo. El ocaso de las revolutiones. El sentido histórico de la teoría de Einstein, Madrid 1923, ferner in: Obras completas [s.o.] III, 1947, 141–242, separat 1955, unter dem Titel: El tema de nuestro tiempo. Prólogo para alemanes, Madrid 2002, ferner in: Obras completas [s.o.] III, 2005, 557–652 (dt. Die Aufgabe unserer Zeit, Zürich 1928, Stuttgart 1930, ferner in: Ges. Werke [s.o.] II, 79–141); La deshumanización del arte e ideas sobre la novela, Madrid 1925, ferner in: Obras completas [s.o.] III, 1947, 351–428, 2005, 845–916 (dt. Die Vertreibung des Menschen aus der Kunst, Gedanken über den Roman, in: Die Aufgabe unserer Zeit [s.o.], 121–231, ferner in: Ges. Werke [s.o.] II, 1955, 229–300, ferner in: Die Vertreibung des Menschen aus der Kunst. Auswahl aus dem Werk, München 1964, 7–39, ferner in: Ges. Werke [s.o.] II, 1978, 229–300); Notas, Madrid 1928, Salamanca 1970; La rebelión de las masas, Madrid 1929, ohne Appendices in: Obras completas [s.o.] IV, 1947, 111–310, separat 1998, ferner in: Obras completas [s.o.] IV, 2005, 347–528 (dt. Der Aufstand der Massen, Stuttgart 1931, ohne Vorwort in: Ges. Werke [s.o.] III, 7–162, separat München 2012; engl. The Revolt of the Masses, London, New York 1932, Notre Dame Ind. 1985); Misión de la universidad, Madrid 1930, ferner in: Obras completas [s.o.] IV, 1947, 311–353, ferner in: Misión de la universidad y otros ensayos afines, Madrid 1960, 1968, 13–78, ferner in: Obras completas [s.o.] IV, 2005, 529–568 (engl. Mission of the University, Princeton N.J. 1944, New Brunswick N.J. 2009; dt. Schuld und Schuldigkeit der Universität, München 1952, unter dem Titel: Die Aufgabe der Universität, in: Ges. Werke [s.o.] III, 1956, 196–247, separat unter dem Titel: Schuld und Schuldigkeit der Universität, Darmstadt 1972, unter dem Titel: die Aufgabe der Universität, in: Ges. Werke [s.o.] III, 1978, 196–247); En torno a Galileo, Madrid 1933, ferner in: Obras completas [s.o.] V, 1947, 9–164, VI, 2006, 367–506, separat 2012 (dt. Im Geiste Galileis, in: Ges. Werke [s.o.] III, 386–567; engl. Man and Crisis, London 1959, New York 1962); Über die Liebe. Meditationen, Stuttgart 1933, ferner in: Ges. Werke [s.o.] IV, 1956, 288–365, 1978, 262–339, unter dem Titel: Betrachtungen über die Liebe, Frankfurt 1991, unter dem Titel: Über die Liebe. Meditationen, Stuttgart 2002, span. Original unter dem Titel: Estudios sobre el amor, Madrid 1941, ferner in: Obras completas [s.o.] V, 1947, 449–626, 2006, 451–524, separat 2009 (engl. On Love. Aspects of a Single Theme, New York 1957, London 1967; franz. Ecrits en faveur de l'amour, Biarritz 1986, unter dem Titel: Etudes sur l'amour, Paris 2004); Misión del bibliotecario, Madrid 1935, ferner in: Obras completas [s.o.] V, 1947, 207–234, ferner in: Misión del bibliotecario. Y otros ensayos afines, Madrid 1962, 1967, 59–98, separat Málaga 1994, ferner in: Obras completas [s.o.] V, 2006, 348–371 (dt. Die Sendung des Bibliothekars, Stuttgart 1935, unter dem Titel: Die Aufgabe des Bibliothekars, in: Ges. Werke [s.o.] III, 568–601; franz. Mission du bibliothécaire, Paris 1935; engl. The Mission of the Librarian, Boston Mass. 1961); Ideas y creencias, Madrid 1940, ferner in: Obras completas [s.o.] V, 1947, 377–489, ferner in: Ideas y creencias (y otros ensayos de filosofía), Madrid 1986, 1993, 23–59, ferner in: Obras completas [s.o.] V, 2006, 655–760 (dt. Ideen und Glaubensgewissheiten, in: Ges. Werke [s.o.] IV, 1956, 96–129, 1978, 70–168, 480–491); Historia como sistema y del imperio romano, Madrid 1941, ferner in: Obras completas [s.o.] VI, 1947, 11–107, separat 1971, ferner in: Obras completas [s.o.] VI, 2006, 43–132 (dt. Geschichte als System und Über das römische Imperium, Stuttgart 1942, [2]1952, ferner in: Ges. Werke [s.o.] IV, 1956, 366–460, 1978, 340–434); Esquema de las crisis y otros ensayos, Madrid 1942 (dt. Das Wesen geschichtlicher Krisen, Stuttgart/Berlin 1943, 1955); El hombre y la gente, Madrid 1957, ferner in: Obras completas [s.o.] VII, 1961, 69–271, separat 1972, ferner in: Obras completas [s.o.] X, 2010, 137–326 (engl. Man and People, New York 1957, 1963; dt. Der Mensch und die Leute. Nachlasswerk, Stuttgart 1958, 1962, ferner als: Ges. Werke [s.o.] VI, 1978); La idea de principio en Leibniz y la evolutión de la teoría deductiva, Buenos Aires 1958, ferner in: Obras completas [s.o.] VIII, 1962, 59–356, separat 1979, ferner in: Obras completas [s.o.] IX, 2009, 927–1174 (dt. Der Prinzipienbegriff bei Leibniz und die Entwicklung der Deduktionstheorie, München 1966; franz. L'évolution de la théorie deductive. L'idée de principe chez Leibniz, Paris 1970; engl. The Idea of Principle in Leibniz and the Evolution of Deductive Theory, New York 1971); ¿Qué es filosofía?, Madrid 1958, ferner in: Obras completas [s.o.] VII, 1961, 273–438, VIII, 2008, 233–374, separat 2012 (engl. What Is Philosophy?, New York 1961, 1964; dt. Was ist Philosophie?, Stuttgart 1962, München 1968, ferner in: Ges. Werke [s.o.] V, 1978, 313–515); Una interpretación de la historia universal. En torno a Toynbee, Madrid 1959, ferner in: Obras completas [s.o.] IX, 1962, 9–242, separat 1980, unter dem Titel: Sobre una nueva interpretación de la historia universal. Exposición y examen de la obra de Arnold Toynbee: »A Study of History«, in: Obras completas [s.o.] IX, 2009, 1185–1408 (dt. Eine Interpretation der Weltgeschichte. Rund um Toynbee, München 1964; engl. An Interpretation of Universal History, New York 1973); Meditación de Europa, Madrid 1960, ferner in: Obras completas [s.o.] IX, 1962, 243–313, separat 1966, ferner in: Obras completas [s.o.] X, 2010, 73–135; Sobre la razón histórica, Madrid 1979, [2]1980, ferner in: Obras completas [s.o.] XII, 1983, 143–330, unter dem Titel: La razón histórica, in: Obras completas [s.o.] IX, 2009, 475–558, 623–700 (engl. Historical Reason, New York/London 1984); Investigaciones psicológicas, Madrid 1982, ferner in: Obras completas [s.o.] XII, 1983, 331–453, unter dem Titel: Sistema de la psicología, in: Obras completas [s.o.] VII, 2007, 427–534 (engl. Psychological Investigations, New York/London 1987). – Epistolario completo O. – Unamuno, Madrid 1987. – U. Rukser, Bibliografía de O., Madrid 1971.

Literatur: J. L. Abellán, O. y G. en la Filosofía Española. Ensayos de apreciación, Madrid 1966; C. Ceplecha, The Historical Thought of J. O. y G., Washington D.C. 1958; A. Dobson, An Introduction to the Politics and Philosophy of J. O. y G., New York etc. 1989; P. H. Dust (ed.), O. y G. and the Question of Modernity, Minneapolis Minn. 1989; J. Ferrater Mora, O. y G.. An Outline of His Philosophy, London 1956, New Haven Conn. 1957, [2]1963; ders., Three Spanish Philosophers. Unamuno, O., and Ferrater Mora, ed. J. M. Terricabras, Albany N.Y. 2003; B. v.

Galen, Die Kultur- und Gesellschaftsethik J. O. y G.s, Heidelberg 1959; P. B. Gonzalez, Human Existence as Radical Reality. O. y G.'s Philosophy of Subjectivity, Saint Paul Minn. 2005; J. T. Graham, A Pragmatist Philosophy of Life in O. y G., Columbia Mo. 1994; ders., The Social Thought of O. y G.. A Systematic Synthesis in Postmodernism and Interdisciplinarity, Columbia Mo./London 2001; R. Gray, The Imperative of Modernity. An Intellectual Biography of J. O. y G., Berkeley Calif./Los Angeles/ London 1989; O. W. Holmes, Human Reality and the Social World. O.s Philosophy of History, Amherst Mass. 1975; ders., O. y G., SEP 2011; J. Iriarte, O. y G.. Su persona y su doctrina, Madrid 1942; F. Jung-Lindemann, Zur Rezeption des Werkes von J. O. y G. in den deutschsprachigen Ländern. Unter besonderer Berücksichtigung des Verhältnisses von philosophischer und populärer Rezeption in Deutschland nach 1945, Frankfurt etc. 2001; J. Marías, O. y G. y la idea de la razón vital, Madrid 1948 (dt. J. O. y G. und die Idee der lebendigen Vernunft. Eine Einführung in seine Philosophie, Stuttgart 1952); N. McInnes, O. y G., Enc. Ph. VI (1967), 2–5; N. Orringer, O. y G., REP VII (1998), 165–168; J. Ortega Spottorno, Los Ortega, Madrid 2002; C. Ramos Mattei, Ethical Self-Determination in Don J. O. y G., New York etc. 1987; T. J. Salas Fernández, O. y G., teórico de la novela, Málaga 2001. T. R.

Orthodidaktik (von griech. *ὀρθός*, richtig, und *διδάσκειν*, lehren, belehren), Bezeichnung für eine Teildisziplin der sprachkritischen Anthropologie und Pädagogik. Sie behandelt die selbständige (nur durch die jedem Menschen als ↑Orthos logos zugeschriebene ↑Vernunft mögliche) Aneignung einer recht verstandenen logischen ↑Propädeutik und des orthosprachlichen Aufbaus (↑Orthosprache) der Konstruktiven Wissenschaftstheorie (↑Wissenschaftstheorie, konstruktive). Der Orthodidakt folgt definitionsgemäß in der Regel allein dem Zwang des geschriebenen Argumentes, sei dieses nun das bessere oder nicht. Orthodidaktische Lernprozesse schließen daher die dialogische Anwesenheit des so genannten ›Logo‹- oder ›Orthopäden‹ (↑argumentum in distans) aus. Erste orthodidaktische Experimente finden sich bereits im logopädischen Teil der javanischen Grammatik von J. J. Feinhals.

Literatur: J. J. Feinhals, Javanische Grammatik auf Grund eigener Kenntniss, Amsterdam 1729 (repr. Hildesheim/Zürich/New York 2010); A[lbert] Hansen, Ortho als Verkehrssprache I (Grundkurs in zwei Teilen), Herzogenaurach 1995, [11]1996 (Z. f. wiss. Pluralismus, Beih. XXVII); S[am] Manticks u. a., Scientific Ortho, Boston Mass. o. J. [1984]; H. J. Schneider, Der Rufer in der Wüste, in: G. Wolters (ed.), Jetztzeit und Verdunkelung. Festschrift für Jürgen Mittelstraß zum vierzigsten Geburtstag, Konstanz 1976, 11; W. ter Horst, Einführung in die Orthopädagogik, Stuttgart 1983. F. K.

Orthos logos (griech. *ὀρθὸς λόγος*, der [die] richtige Verstand [Vernunft], lat. recta ratio), in der Platonischen ↑Akademie und im ↑Peripatos gebräuchlicher Terminus für die handlungsbestimmende Tätigkeit des Verstandes (F. Dirlmeier: ›die richtige Planung‹). In sachlicher Nähe zum Sokratischen Begriff der richtigen ↑Meinung und den Sokratischen Idealen des Sachverstandes und der argumentativen Richtigkeit (vgl. Krit. 46 b) bildet der Begriff des O. l. den konzeptionellen Kern der Aristotelischen Ethik (Eth. Nic. *Z*1.1138b15–34; Eth. Eud. *Γ*4.1231b32–33; Magna Mor. *A*34.1196b4–11). Die im O. l. bestimmte Fähigkeit, ›die Dinge richtig zu sehen‹, ist nach Aristoteles eine durch Erfahrung gewonnene Einsicht (Eth. Nic. *Z*12.1143b13–14). Zugleich bringt diese Fähigkeit die lebensnahe Intellektualität der Aristotelischen Ethik zum Ausdruck (im Unterschied zur ideentheoretisch begründeten Intellektualität der Platonischen Ethik). – Als ›Klugheit‹ aufgefaßt setzt der O. l. einen normativen Zusammenhang voraus, der nach dem Zusammenbruch der antiken Polis in der ↑Stoa als eine objektive, Natur und Menschen umfassende gesetzmäßige Ordnung bestimmt und in den Begriff des O. l. aufgenommen wird (vgl. SVF IV, 93 [Stichwort *ὀρθὸς λόγος*]). Dieser bedeutet dann einerseits das ›Weltgesetz‹ (die objektive Norm), andererseits die Fähigkeit seiner (ihrer) Befolgung. In der mittelalterlichen Ethik bildet die *recta ratio* auf wiederum Aristotelische Weise das (theoretisch nicht vorab bestimmbare) Maß moralischen Handelns (so z. B. bei Wilhelm von ↑Ockham), desgleichen, ineinsgesetzt mit ›Klugheit‹ (*prudentia*), in der beginnenden neuzeitlichen Philosophie, z. B. bei G. W. Leibniz (vgl. Elementa juris naturalis, Akad.-Ausg. 6.1, 461; Textes inédits [...], ed. G. Grua, Paris 1948, 565 [Aristoteles-Notizen]).

Literatur: K. Bärthlein, Der ›*ΟΡΘΟΣ ΛΟΓΟΣ*‹ in der »Grossen Ethik« des »Corpus Aristotelicum«, Arch. Gesch. Philos. 45 (1963), 213–258; ders., Der ›*ΟΡΘΟΣ ΛΟΓΟΣ*‹ und das ethische Grundprinzip in den platonischen Schriften, Arch. Gesch. Philos. 46 (1964), 129–173; ders., Zur Lehre von der ›recta ratio‹ in der Geschichte der Ethik von der Stoa bis Christian Wolff, Kant-St. 56 (1966), 125–155; ders., O. l., Hist. Wb. Ph. VI (1984), 1389–1393; F. Dirlmeier, Aristoteles. Werke in deutscher Übersetzung VI (Nikomachische Ethik), Berlin (Ost), Darmstadt 1956, [10]1999, 298–304; ders., Aristoteles. Werke in deutscher Übersetzung VII (Eudemische Ethik), Berlin (Ost), Darmstadt 1962, [4]1984, 245; ders., Aristoteles. Werke in deutscher Übersetzung VIII (Magna Moralia), Berlin (Ost), Darmstadt 1958, [5]1983, 338–339; D. P. Dryer, Aristotle's Conception of ›o. l.‹, Monist 66 (1983), 106–119; I. Düring, Aristoteles. Darstellung und Interpretation seines Denkens, Heidelberg 1966, [2]2005, 468–469; D. K. Glidden, Moral Vision, ›O. L.‹, and the Role of the ›Phronimos‹, Apeiron 28 (1995), H. 4, 103–128; A. Gómez-Lobo, Aristotle's Right Reason, Apeiron 28 (1995), H. 4, 15–34; K. Jacobi, Aristoteles über den rechten Umgang mit Gefühlen, in: I. Craemer-Ruegenberg (ed.), Pathos, Affekt, Gefühl. Philosophische Beiträge, Freiburg/München 1981, 21–52; C. McTavish, ›Horos‹ and ›O. L.‹ in Aristotle's ›Nicomachean Ethics‹. An Interpretive Problem in Book VI, De Philosophia 19/1 (2006), 25–34. J. M.

Orthosprache (von griech. *ὀρθός*, richtig), im Rahmen der Sprachphilosophie des ↑Konstruktivismus von P.

Lorenzen vorgeschlagener Terminus zur Bezeichnung einer methodisch aufgebauten Sprache, in der jedes Wort oder jedes Zeichen ausdrücklich und zirkelfrei in seiner Verwendungsweise angegeben ist. Der Versuch des systematischen Aufbaus einer O. ist in »Konstruktive Logik, Ethik und Wissenschaftstheorie« vorgelegt worden. Die erste Auflage (1973) enthält noch ein ›Ortholexikon‹, d.i. ein Verzeichnis aller orthosprachlich definierten Termini und der für diese Termini benutzten Definitionselemente und Definitionstypen. Von der O. wird die ↑*Parasprache* unterschieden, die der Durchführung und Begründung des Aufbaus der O. dient. Das Programm der Konstruktion einer O. hat Gemeinsamkeiten mit manchen Ansätzen zum Aufbau einer idealen Sprache (↑Sprache, ideale).

Literatur: D. Hartmann, Konstruktive Fragelogik. Vom Elementarsatz zur Logik von Frage und Antwort, Mannheim/Wien/Zürich 1990; P. Krope/W. Wolze, Konstruktive Begriffsbildung. Vom lebensweltlichen Wissen zum wissenschaftlichen Paradigma der Physik, Münster etc. 2005; P. Lorenzen, Semantisch normierte O.n, in: F. Kambartel/J. Mittelstraß (eds.), Zum normativen Fundament der Wissenschaft, Frankfurt 1973, 231–249; ders./O. Schwemmer, Konstruktive Logik, Ethik und Wissenschaftstheorie, Mannheim/Wien/Zürich 1973, ²1975. O. S.

Osiander, Andreas, *Gunzenhausen 19. Dez. 1496 (oder 1498), †Königsberg 17. Okt. 1552, dt. lutherischer Theologe. Nach Studium (ab 1515) in Ingolstadt 1520 Priesterweihe und Lehrer für hebräische Sprache im Augustinerkloster in Nürnberg, ab 1522 Prediger an St. Lorenz ebendort. O., der maßgeblich an der Einführung der Reformation in Nürnberg beteiligt war, nahm 1529 am Marburger Religionsgespräch teil, 1530 am Augsburger Reichstag und 1540/1541 an den Einigungsverhandlungen in Hagenau und Worms. Nach dem Augsburger Interim (1548) 1549 erster Prof. der theologischen Fakultät in Königsberg. Auseinandersetzungen um seine den Statuten zuwiderlaufende Anstellung an der Universität und der Zwang zur zusammenhängenden Entfaltung seiner Theologie (Parallelisierung der tradierten Zwei-Naturen-Christologie mit dem Gegensatz von Glaube und Werk in der Rechtfertigungslehre) lösten den nach ihm benannten Streit um die forensische Rechtfertigungslehre seiner Kollegen und P. Melanchthons aus. O. ist Herausgeber einer revidierten Ausgabe der »Vulgata« und einer Evangelienharmonie (Harmoniae evangelicae libri IIII [...], 1537) sowie Autor eines apokalyptischen Werkes (Coniecturae de ultimis temporibus [...], 1544). *Wissenschaftshistorische* Bedeutung erlangte er als Herausgeber des Kopernikanischen Hauptwerkes (De revolutionibus orbium coelestium libri VI, Nürnberg 1543). O. hatte diese Ausgabe von G. J. Rheticus (Autor der »Narratio prima« [Danzig 1540, Basel ²1541]), der die Drucklegung von Mai bis November 1542 beaufsichtigte, übernommen und durch eine anonyme Vorrede ergänzt. Gegen das Kopernikanische Selbstverständnis und dessen propagandistische Darstellung durch Rheticus (das Kopernikanische System als ein reales Modell auf modifizierten Grundlagen der Aristotelischen Physik) verweist O. hier nachdrücklich (und sachlich korrekt) auf den hypothetischen Charakter der (erst durch J. Kepler um dynamische Erklärungen ergänzten) Kopernikanischen kinematischen Astronomie (N. ↑Kopernikus).

Werke: Gesamtausgabe, I–X, ed. G. Müller, ab Bd. VII ed. im Auftrag der Heidelberger Akademie der Wissenschaften v. G. Seebaß, Gütersloh 1975–1997. – Harmoniae evangelicae libri IIII. Graece et latine, [...], Basel 1537, Antwerpen 1538, 1540, Venedig 1541, Paris 1544, 1545, gebunden an: *῞Απαντα τα τής καινής διαθήκης*. Novum IESU Christi D.N. Testamentum [...] II, ed. R. Estienne, Genf 1551, gebunden an: In Evangelium secundum Matthaeum, Marcum, et Lucam commentarii ex ecclesiasticis scriptoribus collecti, novae glossae ordinariae specimen, Donec Meliora Dominus, ed. R. Estienne, Genf 1553, separat Paris 1564, gekürzt [nach der Ausg. Basel 1537] in: Ges.ausg. [s.o.] VI, 227–396; (anonym) Ad lectorem de hypothesibus huius operis, in: N. Kopernikus, De revolutionibus orbium coelestium libri VI [...], Nürnberg 1543 (repr. Paris 1927, Turin 1943, New York/London 1965), ferner in: A. O., Ges.ausg. [s.o.] VII, 556–568 (mit Einl., 556–564) (dt. An den Leser über die Hypothesen dieses Werkes, in: N. Kopernikus, Über die Kreisbewegungen der Weltkörper, Thorn 1879, 1–2, unter dem Titel: Ad lectorem de hypothesibus huius operis/An den Leser über die vorausgesetzten Annahmen dieses Werkes [lat./dt.], in: N. Kopernikus, Das neue Weltbild. Drei Texte [...], ed. H. G. Zekl, Hamburg 1990, 2006, 60–63; engl. To the Reader Concerning the Hypotheses of This Work, in: E. Rosen, Three Copernican Treatises [s.u., Lit.], 24–25, ferner in : N. Kopernikus, Complete Works II, ed. J. Dobrzycki, Warschau, London/Basingstoke, Baltimore Md. 1978, XVI); Coniecturae de ultimis temporibus, ac de fine mundi, ex sacris literis, Nürnberg 1544 (dt. Vermutung von den letzten Zeiten und dem Ende der Welt aus der heiligen Schrifft gezogen, Nürnberg 1545; engl. The Coniectures of the Ende of the Worlde, o.O. [Antwerpen] o.J. [1548], Neudr. [lat./dt.] in: Ges.ausg. [s.o.] VIII, 150–271); Schrift über die Blutbeschuldigung. Wiederaufgefunden und im Neudruck, ed. M. Stern, Kiel 1893, unter dem Titel: Das Judenbüchlein. Schrift über die Blutbeschuldigung von A. O., Reformator und Prediger in Nürnberg, gedruckt 1540, wiederaufgefunden 1893, Tel Aviv o.J. [1982], ferner in: Ges.ausg. [s.o.] VII, 216–248. – G. Seebaß, Das reformatorische Werk des A. O., Nürnberg 1967, 6–58; ders., Bibliographia Osiandrica. Bibliographie der gedruckten Schriften A. O.s d. Ä. (1496–1552), Nieuwkoop 1971.

Literatur: P. G. Aring, O., BBKL VI (1993), 1298–1299; C. Bachmann, Die Selbstherrlichkeit Gottes. Studien zur Theologie des Nürnberger Reformators A. O., Neukirchen-Vluyn 1996; E. Bizer, O., RGG IV (³1960), 1730–1731; H. Blumenberg, Kosmos und System. Aus der Genesis der kopernikanischen Welt, Stud. Gen. 10 (1957), 61–80; ders., Die kopernikanische Wende, Frankfurt 1965, 92–99; ders., Die Genesis der kopernikanischen Welt, Frankfurt 1975, bes. 341–370, Nachdr. in drei Bdn. 1981, 2009, bes. II, 341–370; A. Briskina, Philipp Melanchthon und A. O. im Ringen um die Rechtfertigungslehre. Ein reformatorischer Streit aus der ostkirchlichen Perspektive, Frankfurt etc.

2006; E. J. Dijksterhuis, De Mechanisering van het Wereldbeeld, Amsterdam 1950, 2006, 327–329 (dt. Die Mechanisierung des Weltbildes, Berlin/Göttingen/Heidelberg 1956 [repr. Berlin/Heidelberg/New York 1983, 2002], 329–331; engl. The Mechanization of the World Picture, Oxford 1961, Princeton N. J. 1986, 296–298); R. Hauke, Gott-Haben – um Gottes Willen. A. O.s Theosisgedanke und die Diskussion um die Grundlagen der evangelisch verstandenen Rechtfertigung. Versuch einer Neubewertung eines umstrittenen Gedankens, Frankfurt etc. 1999; E. Hirsch, Die Theologie des A. O. und ihre geschichtlichen Voraussetzungen, Göttingen 1919, ed. A. Beutel, Waltrop 2003 (= Ges. Werke IV); R. Keller, A. O.s Zwei-Reiche-Lehre, in: J. Mehlhausen (ed.), Recht – Macht – Gerechtigkeit, Gütersloh 1998, 485–501; F. Krafft, Physikalische Realität oder mathematische Hypothese? A. O. und die physikalische Erneuerung der antiken Astronomie durch Nicolaus Copernicus, Philos. Nat. 14 (1973), 243–275; M.-P. Lerner/A.-P. Segonds, Sur un ›avertissement‹ célèbre. L'»Ad lectorem« du »de revolutionibus« de Nicolas Copernic, Galilæana 5 (2008), 113–148; J. Mittelstraß, Die Rettung der Phänomene. Ursprung und Geschichte eines antiken Forschungsprinzips, Berlin 1962, 202–205; ders., Scientific Truth, Copernicus and the Case of an Unwelcome Preface, in: G. Hermerén/K. Sahlin/N.-E. Sahlin (eds.), Trust and Confidence in Scientific Research, Stockholm 2013 (Kungl. Vitterhets Historie och Antikvitets Akademien, Konferenser 81), 16–22; G. Müller, O., RGG VI (^{4}2003), 719–720; E. Rosen, Three Copernican Treatises, New York 1939, ^{3}1971, 22–33; ders., O., DSB X (1974), 245–246; G. Seebaß, Das reformatorische Werk des A. O., Nürnberg 1967; ders., A. O., in: G. Pfeiffer (ed.), Fränkische Lebensbilder. Neue Folge der Lebensläufe aus Franken I, Würzburg 1967 (Veröffentlichungen Ges. f. Fränkische Gesch. Reihe VII A), 141–161; ders., O., TRE XXV (1995), 507–515; ders., O., NDB XIX (1999), 608–609; ders., O., LThK VII (^{3}1998), 1162–1163; M. Stupperich, O. in Preußen 1549–1552, Berlin/New York 1973; T. J. Wengert, Defending Faith. Lutheran Responses to A. O.'s Doctrine of Justification, 1551–1559, Tübingen 2012; R. S. Westman, The Copernican Question. Prognostication, Skepticism, and Celestial Order, Berkeley Calif./Los Angeles/London 2011, bes. 128–130; B. Wrightsman, A. O.'s Contribution to the Copernican Achievement, in: R. S. Westman (ed.), The Copernican Achievement, Berkeley Calif./Los Angeles/London 1975, 213–243; D. Wünsch, Evangelienharmonien im Reformationszeitalter. Ein Beitrag zur Geschichte der Leben-Jesu-Darstellungen, Berlin/New York 1983, bes. 84–180 (Kap. 4 Die Evangelienharmonie O.s, 1537). J. M.

Ostension (von lat. ostendere, zeigen, anzeigen, zu verstehen geben), (1) Bezeichnung für die mit einer ↑Zeigehandlung (↑deiktisch) verbundene Identifizierung eines beliebigen ↑konkreten ↑Gegenstandes, eines ↑Partikulare, etwa im Zusammenhang einer exemplarischen Bestimmung, also einer ›hinweisenden‹ oder *ostensiven ↑Definition*, eines Typs (↑type and token, ↑Art) individueller Gegenstände (↑Objekt) durch ↑Beispiele und Gegenbeispiele; (2) im dialogisch-konstruktiven Aufbau einer logischen Grammatik (↑Grammatik, logische) Bezeichnung für die die signifikative Funktion (= Wortrolle) eines ↑Artikulators ›*P*‹ explizierende ↑Sprachhandlung des *Anzeigens* im Unterschied zu der die kommunikative Funktion (= Satzrolle) des Artikulators ›*P*‹ explizierenden Sprachhandlung des *Aussagens* (↑Prädikation). Jede Ausübung einer (bei verbaler Sprache häufig gleich symbolisch verstandenen) ↑Artikulation von *P* – sie hat dann bereits begriffliche, die Austauschbarkeit von ›*P*‹ durch ›gleichwertige‹ Artikulatoren einschließende Funktion (↑Merkmal) und findet in der für jede ↑Handlung charakteristischen dialogischen Polarität von ↑Aktualisierung und ↑Schematisierung, also ↑singularem Vollzug im ausführenden Tun und ↑universalem Bild im anführenden Erleben (↑Denken), d. i. in ›Performation‹ und ›Kognition‹, auf zwei Ebenen statt, der Handlungsebene, d. i. pragmatisch, und der Sprach[-handlungs]ebene, d. i. semiotisch – dient auf der semiotischen Ebene einerseits, nämlich ausführend, der Indizierung einer Aktualisierung δP des (noch nicht zu einem Objekt vergegenständlichten) ›Quasiobjekts‹ *P*, und andererseits, nämlich anführend, einer Symbolisierung der Schematisierung χP des Quasiobjekts *P*. Verfahrensbezogen, also mit dem Äußern von ›*P*‹ sich das Quasiobjekt *P* im Ausführen der Äußerungshandlung aneignend und im Anführen der Äußerungshandlung distanzierend, ›gibt es‹ *P* nur in Gestalt des *P* ausmachenden *universalen Schemas* χP – es ist, weil ein Mittel und kein Gegenstand des Denkens, ebenfalls bloß ein ›Quasiobjekt‹, und zwar, mit Bezug auf die so rekonstruierbare ›Ideenschau‹ Platons (↑Ideenlehre), des ›schauenden Geistes‹ – zusammen mit seinen *singularen Aktualisierungen* δP, den ihrerseits, weil Mittel und nicht Gegenstände des Tuns, auch nur Quasiobjekten des ›tätigen Geistes‹, wobei sich beide Anteile allein den für die beiden Seiten der Artikulation ›*P*‹ verwendeten Zeichen, dem Symbol ›χP‹ und den Indices ›δP‹, verdanken, die also nicht mit ↑Namen für Gegenstände verwechselt werden dürfen.

Erst durch Objektivierung sowohl des Schemas χP zur *Eigenschaft* σP (= *P*-Sein) mittels (zu logisch höherer Stufe führender) *Identifikation* ›aller‹ Aktualisierungen δP (Formbildung) als auch der Aktualisierungen δP zur *Substanz* κP (= Gesamt-*P*) mittels deren (logisch grundstufig bleibender) *Summation* (Stoffbildung), einer Überführung zweier dialogisch gekoppelter Verfahren in einen Gegenstand, gewinnt man auch ergebnisbezogen ein Objekt, das *P*-Ganze, d. i. der durch die Form ›*P*-Sein‹, ein Allgemeines (↑Allgemeine, das), zu einer individuellen Einheit, der (einzigen) Instanz eines Typs, gemachte Stoff ›Gesamt-*P*‹. Allerdings ist das so als ›das ganze *P*‹ ausgezeichnete *P*-Objekt in der Sprechsituation einer [*P*-]Artikulation zwar semiotisch, mithilfe von Sprachhandlungen indiziert und symbolisiert, zugänglich, pragmatisch aber hat es jeder Sprecher nur mit Ausschnitten, den *P*-Partikularia, zu tun, wobei auch diese mit schlichten Handlungen des Wahrnehmens nur einer beschränkten Zahl von Unterschieden (mittels Eigenschaften) und des Hervorbringens nur einer beschränkten Zahl von Gliederungen (mittels Teilen) stets unvollständig bestimmt bleiben (↑Teil und Ganzes). Prädikationen und O.en lassen sich jeweils eigenständig erst artikulieren, wenn zwei ↑Operatoren eingesetzt werden, die dazu dienen, jeweils die signifikative bzw. die kommunikative Funktion eines Artikulators ›*P*‹ abzublenden. Ist die Signifikation betroffen, so geschieht dies mit der ↑Kopula ›ε‹, so daß ›ε*P*‹ (= ist *P*), ein ↑Prädikator, allein die Sprachhandlung des [*P*-]Aussagens, eine Prädikation der Eigenschaft des *P*-Seins, artikuliert, während dann, wenn es um die Abblendung der kommunikativen Funktion geht, der ↑Demonstrator ›δ‹ diese Aufgabe übernimmt: ›δ*P*‹ (= dies *P*), ein logischer ↑Indikator, artikuliert ausschließlich die Sprachhandlung des [*P*-]Anzeigens, eine O. der Substanz Gesamt-*P*, was nicht verwechselt werden darf mit der ↑Benennung eines [*P*-]Partikulare, das als eine Einheit aus Stoff $\kappa(\iota P)$, dem Durchschnitt der Substanzen aller seiner Teile, und Form $\sigma(\iota P)$, dem Bündel aller seiner Eigenschaften, konstituiert ist, *an* der die Substanz Gesamt-*P* angezeigt und *von* der die Eigenschaft *P*-Sein ausgesagt wird, etwa im Falle der Benennung eines Stuhles oder eines Holz[stück]es durch ›dieser Hölzerne‹ bzw. ›dieses Holz[stück]‹, wenn ›*P*‹ für ›Holz‹ steht. Solange keine weiteren Artikulationen als vollzogen unterstellt sind, wird mit der Artikulation des Quasiobjekts *P* im Aussagen der Eigenschaft *P*-Sein und im Anzeigen der Substanz Gesamt-*P* auch noch nicht explizit zwischen *P* und nicht-*P* unterschieden.

Die Konstitution von Partikularia über das jeweilige Ganze hinaus verlangt eine ↑Individuation der artikulierten Quasiobjekte, im Falle von *P*-Partikularia also eine Individuation des Quasiobjekts *P* in partikulare *P*-Objekte als logisch grundstufige Instanzen (engl. individual objects) von ebenso partikularen logisch höherstufigen Typen von *P*-Objekten (engl. generic objects); sie gehen aus Gliederungen des Schemas χP in durch Individuatoren ›ι*P*‹ artikulierte ↑Zwischenschemata hervor. Die Prädikatoren ›ε*P*‹ ebenso wie die logischen Indikatoren ›δ*P*‹ haben daher, werden sie nicht mehr verfahrensbezogen als bloßes Mittel des Aussagens bzw. Anzeigens, sondern ergebnisbezogen als eigenständige Zeichengegenstände verstanden, als ungesättigte Ausdrücke im Sinne G. Freges zu gelten, nämlich als der Prädikation dienende (einstellige) *Aussageformen* (engl. propositional forms) ›_ ε *P*‹ bzw. als der O. dienende (einstellige) *Anzeigeformen* (engl. indicational forms) ›δ*P*_‹, mit je einer Leerstelle (↑Variable) für ↑Nominatoren. Bei den Aussage- und Anzeigeformen handelt es sich um die modernen Äquivalente der traditionellen, das erkenntnistheoretische Subjekt objektiv darstellenden (in der Regel in ↑Kategorien zusammengefaßten) ›Denkformen‹ bzw. das erkenntnistheoretische Objekt subjektiv vorstellenden (mangels Berücksichtigung tätigen Zugriffs, des Anzeigens, regelmäßig nur auf das raumzeitliche Erstrecktsein von Substanzen bezogenen) ›Anschauungsformen‹. Das, *wovon* [etwas] ausgesagt und *woran* [etwas] angezeigt wird, ist in den Aussage- und Anzeigeformen von den Nominatoren für die grundsätzlich von der Sprechsituation bestimmten (konkreten oder abstrakten) Partikularia sprachlich repräsentiert; darunter fallen auch z. B. durch ›hier und jetzt‹ benannte raumzeitliche Gebiete (↑Indikator), wie etwa im Falle $P \leftrightharpoons$ Regnen. Derart gewinnt man sowohl einstellige (elementare) ↑Aussagen als auch einstellige (elementare) Anzeigen in der üblichen Notation für vollzogene und objektivierte Prädikationen bzw. O.en.

Im ›nichtssagenden‹ und deshalb ›tautologischen‹ Falle (↑principium identitatis) der als Lesart des traditionellen identischen Urteils ›*P* ist *P*‹ (↑Urteil, identisches) auffaßbaren *Eigenaussage* ›ι*P* ε *P*‹ (= dieses *P* ist *P*) mit der rein deiktischen Kennzeichnung ›ι*P*‹ als Nominator (↑indexical) wird von einem *P*-Objekt ι*P* mit ›ε*P*‹ die allen *P*-Objekten gemeinsame Eigenschaft *P*-Sein ausgesagt, während man im korrespondierenden Falle einer *Eigenanzeige* ›δ*P*ι*P*‹ an einem *P*-Objekt ι*P* und ebenso an jedem anderen *P*-Objekt mit ›δ*P*‹ die Substanz Gesamt-*P* anzeigt. Sind in einer Sprechsituation hingegen mehrere Artikulationen, etwa mit den beiden Artikulatoren ›*P*‹ und ›*Q*‹ (z. B. ›Holz‹ und ›Stuhl‹), im Spiel, so bedarf es der Einführung einer Verknüpfung $Q \otimes P$ zwischen ›*P*‹ und ›*Q*‹, um die gewöhnlich für den einfachsten Fall einer Aussage gehaltene ↑Elementaraussage ›ι*Q* ε *P*‹ (im Beispiel: ›dieser Stuhl ist [aus] Holz‹, was heißt, die Eigenschaft Hölzernsein von diesem Stuhl auszusagen) ebenso wie die dazugehörige Elementaranzeige ›δ*Q*ι*P*‹ (im Beispiel: ›dies Stuhl[moment] – es ist indiziert von einer Aktualisierung der Handlung des Umgehens-mit-[einem]-Stuhl, sprachlich vertreten durch ›δ*Q*‹ – an diesem Holz[stück]‹, was heißt, die Substanz ›Gesamtheit der Stuhl[momente]‹ – von P. F. Strawson [1959] wird das zugehörige Schema der Stuhl[momente] als ›feature universal‹ bezeichnet – an diesem Holz[stück] anzuzeigen) als (objektiviertes) Ergebnis einer Prädikation ε*P* bzw. einer O. δ*Q* zur Verfügung zu stellen.

Die Aussage ›ι*Q* ε *P*‹ ist eine Darstellung der kommunikativen Funktion eines komplexen Artikulators $Q \otimes P$ (im Beispiel: Stuhl-Holz), also von $\varepsilon(Q \otimes P)$, und die Anzeige ›δ*Q*ι*P*‹ eine Darstellung der signifikativen Funktion von $Q \otimes P$, also von $\delta(Q \otimes P)$. Wenn $\varepsilon(Q \otimes P)$ durch εP_Q und $\delta(Q \otimes P)$ durch $\delta(PQ)$ definiert werden (im Beispiel: ›ist Stuhl-Holz‹ durch ›ist Holz eines Stuhls‹ bzw. ›dies Stuhl-Holz‹ durch ›dies Hölzerner-Stuhl[-Moment]‹), so folgt daraus, daß sich jedes $Q \otimes P$-Partikulare in einstelliger Projektion als ein *P*-Partikulare mit einer durch Relativierung (↑relativ/Relativierung) gewonnenen ↑Spezialisierung von *P* zu P_Q (›*P* eines *Q*‹; im Beispiel: Holz eines Stuhls) oder alternativ als ein *Q*-Partikulare mit einer durch Modifizierung (↑Modifikator) gewonnenen Spezialisierung von *Q* zu *PQ* (›*P*-iges *Q*‹; im Beispiel: hölzerner Stuhl) darstellen läßt. Konvers (↑konvers/Konversion), bei Vertauschung von ›*Q*‹ und ›*P*‹, ergeben sich für die aus $P \otimes Q$ (im Beispiel: Holz-Stuhl) abgeleiteten Bildungen entsprechende Lesarten.

Im übrigen ist festzuhalten, daß mit ›$\iota Q \ \varepsilon \ P$‹ im Modus einer Behauptung, daß ιQ als Ganzes die Eigenschaft *P*-Sein trage, in genauerer Analyse ausgesagt wird, daß es einen Teilgegenstand ιP von ιQ ($\iota P < \iota Q$) gebe (↑Teil und Ganzes), dessen Stoff $\kappa(\iota P)$ zugleich einen Anteil der Substanz κQ bilde, und aus diesem Grund läßt sich an eben diesem *P*-Gegenstand die Substanz κQ anzeigen, so daß ›$\delta Q \iota P$‹ als Artikulation des *Verstehens* von ›$\iota Q \ \varepsilon \ P$‹ anzusehen ist (↑Semantik, ↑Nominator), und zwar bei der ↑Gegebenheitsweise von ιP durch eben ›ιP‹ (und nicht etwa durch einen von der Sprechsituation unabhängigen ↑Eigennamen). Zugleich wird deutlich, daß die in der Aussage ›$\iota Q \ \varepsilon \ P$‹ mit ›$\iota Q$‹ angezeigte ↑Benennung von ιQ – sie wird im Zuge des Aussagens nicht etwa vorgenommen, sondern als bereits vollzogen vorausgesetzt – genaugenommen nur als die *Benennung* seines Stoffes $\kappa(\iota Q)$ zu gelten hat – bei Thomas von Aquin wird deshalb ιQ, tritt es als Subjekt einer Aussage auf, ein ›obiectum materialiter acceptum‹ genannt –, von dem, durch das Aussagen der Eigenschaft σP von ιQ als Ganzem, gesagt wird, daß er einen Anteil habe, der mit dem Stoff $\kappa(\iota P)$ eines *P*-Gegenstandes, seinerseits einem Anteil von Gesamt-*P*, koinzidiere. In der Anzeige ›$\delta Q \iota P$‹ wiederum, bei der die Substanz κQ an ιP angezeigt wird, es also einen Teilgegenstand ιQ von ιP gibt ($\iota Q < \iota P$), wird mit ›ιP‹ genaugenommen nur auf die allgemeine Form σP von ιP Bezug genommen – ιP ist in diesem Kontext ein ›obiectum formaliter acceptum‹ in der Ausdrucksweise Thomas von Aquins, der allerdings die Anzeige nicht kennt und daher das Prädikat einer Aussage ›$\iota Q \ \varepsilon \ P$‹ ebenfalls für einen Gegenstand hält, der vom Prädikatausdruck benannt ist – und deshalb, innerhalb der Anzeige der Substanz κQ an ιP, dem Platonischen Sprachgebrauch folgend, die Feststellung der *Teilhabe* von ιQ (oder auch nur von σQ) an σP getroffen (↑Methexis), d.h., σQ gehört zu den Eigenschaften von ιP.

Die Einführung komplexer Artikulatoren $Q \otimes P$ macht es möglich, sowohl das Aussagen der Schematisierung eines ιQ mittels einer Prädikation εP als auch das Anzeigen der Aktualisierung eines ιP mittels einer O. δQ zu artikulieren, ohne zugleich auch die Berechtigung dazu beizubringen, also in der Lage zu sein, die Schematisierung bzw. Aktualisierung selbst in Gestalt von Handlungen des Umgehens mit einem $\iota(Q \otimes P)$ zu praktizieren, zumal es sein kann, daß ein solches komplexes $Q \otimes P$-Partikulare, abgesehen von seiner semiotischen Existenz als so genannter fiktionaler Gegenstand (↑Fiktion, literarische), überhaupt nicht existiert (z.B. ein ›gehörnter Hase‹, aus: ›Hasen-Horn‹) oder existieren kann (z.B. ein ›eckiger Kreis‹, aus: ›Kreis-Ecke‹). Mit den auf der Grundlage von O. und Prädikation verfügbaren weiteren ↑Sprachhandlungen wird im Anschluß an die Einführung komplexer Artikulatoren die Eigenständigkeit der Sprachebene zwischen Gegenstandsebene und Beurteilungsebene konstituiert (↑Sprachphilosophie).

Literatur: J. Azzouni, Semantic Perception. How the Illusion of a Common Language Arises and Persists, Oxford/New York 2013; L. Dégh/A. Vázsonyi, Does the Word ›Dog‹ Bite? Ostensive Action. A Means of Legend-Telling, J. Folklore Res. 20 (1983), 5–34; U. Eco, A Theory of Semiotics, Bloomington Ind./London 1976, 1979, 224–227 (Chap. 3.6.3. O.) (dt. Semiotik. Entwurf einer Theorie der Zeichen, München 1987, [2]1991, 300–303 [Kap. 3.6.3. O.]); M. García-Carpintero, Double-Duty Quotation. The Deferred O. Account, Belgian J. Ling. 17 (2003), 89–108; ders., The Deferred O. Theory of Quotation, Noûs 38 (2004), 674–692; K. Lorenz, Artikulation und Prädikation, HSK II (1996), 1099–1122; ders., Sinnbestimmung und Geltungssicherung. Ein Beitrag zur Sprachlogik, in: G.-L. Lueken (ed.), Formen der Argumentation, Leipzig 2000, 87–106, Nachdr. ohne Untertitel in: ders., Dialogischer Konstruktivismus, Berlin/New York 2009, 118–141; M. Olds, O. and Analyticity, Philos. Phenom. Res. 18 (1958), 359–367; P. F. Strawson, Individuals. An Essay in Descriptive Metaphysics, London 1959, London/New York 2011; B. Stroud, O. and the Social Character of Thought, Philos. Phenom. Res. 67 (2003), 667–674; M. Talasiewicz, Philosophy of Syntax. Foundational Topics, Dordrecht etc. 2010, 67–115 (Chap. 3 Semantics); M. Watkins, Dispositionalism, O., and Austerity, Philos. Stud. 73 (1994), 55–86; A. Wierzbicka, Semantics. Primes and Universals, Oxford/New York 1996, 211–233 (Chap. 7 Semantic Complexity and the Role of O. in the Acquisition of Concepts); G. Wrisley, Wherefore the Failure of Private O.?, Australas. J. Philos. 89 (2011), 483–498. K. L.

Ostwald, Wilhelm, *Riga 2. Sept. 1853, †Leipzig 4. April 1932, dt. Naturwissenschaftler und Philosoph. Ab 1872 Studium der Chemie und Physik in Dorpat, 1878 Habilitation, 1881 o. Prof. für Chemie am Polytechnikum in Riga, 1887 o. Prof. für physikalische Chemie in Leipzig, 1905/1906 erster dt. Austauschprofessor in Harvard, 1906 Rücktritt vom Lehramt und Rückzug in sein Landhaus »Energie« in Großbothen b. Leipzig; 1909 Nobelpreis für Chemie. – Als Naturwissenschaftler hat sich O. insbes. um die Entwicklung der physikalischen Chemie durch eigene Untersuchungen (z.B. zur elektrolytischen Dissoziation und über Katalyse) und (gemeinsam mit J.H. van't Hoff) die Begründung der »Zeitschrift für physikalische Chemie, Stöchiometrie und Verwandtschaftslehre« (1887) verdient gemacht. Hervorzuheben sind ferner seine Arbeiten zur quantitativen Farbenlehre, in denen O. nach einer Farbstandardisierung einen Farbatlas (mit über 2500 Farben) und eine Harmonielehre entwirft. Die farbästhetischen Ideen, die O. insbes. den

Mitgliedern des Bauhauses näher zu bringen suchte, stießen wegen ihres wissenschaftlich-technischen Zuschnitts fast durchgehend auf Ablehnung. Die Farbstandardisierung dagegen erlangte (vor allem in den USA) allgemeinere Anerkennung.

O.s Auffassungen als Wissenschaftler geben den Hintergrund für seine ↑Weltanschauung, den so genannten Energetismus oder energetischen ↑Monismus, ab. Ausgehend von (1908/1909 allerdings zurückgenommenen) Zweifeln des Chemikers an der materiellen Realität der ↑Atome, getragen von einem Einheitsdenken und einer Abneigung gegenüber mechanistischen Anschauungen (↑Mechanismus), erkennt O. ↑Energie als das einzige Reale an. ↑Materie ist danach nicht Träger, sondern Erscheinungsform von Energie, und alles Geschehen, auch geistiges, letztlich Umwandlung von Energie. Auf diese Weise meint O., den Dualismus von Materie und Geist überwunden zu haben. Entsprechend überträgt er seinen energetischen Grundgedanken auf alle Lebensbereiche. Er bestimmt verschiedene Formen des Genies durch unterschiedliche geistige Reaktionsgeschwindigkeiten, entwickelt mathematische Formeln zur energetischen Bestimmung von ›Glück‹ und sucht I. Kants Kategorischen Imperativ (angesichts des zweiten Hauptsatzes der ↑Thermodynamik und seiner Konsequenzen; ↑Imperativ, kategorischer) durch einen *energetischen Imperativ* zu ersetzen (»Vergeude keine Energie; verwerte sie!«). Der energetische Imperativ soll das menschliche Handeln ›von der Technik bis zur Ethik‹ zweckrational im Sinne des ›Ökonomieprinzips‹ (↑Denkökonomie) regeln. Aus ihm folgert O. nicht nur die Notwendigkeit eines systematischen Plans für die Erhaltung natürlicher Energievorräte, sondern auch die Verpflichtung zur Vermeidung von Krieg, der für ihn Energievergeudung schlimmster Art ist (seine ursprünglich pazifistische Einstellung gibt O. allerdings beim Ausbruch des 1. Weltkriegs auf). Von der technischen Lösbarkeit auch der Menschheitsprobleme überzeugt, bemüht sich O., seine weitgestreuten Aktivitäten dem Gedanken einer wissenschaftlichen, fortschrittsorientierten Weltanschauung dienstbar zu machen. In diesem Geiste ist er als Vorsitzender des »Deutschen Monistenbundes« (↑Monismus) (1911–1915) tätig und verfaßt »Monistische Sonntagspredigten« (1911–1916).

Werke: Lehrbuch der allgemeinen Chemie, I–II, Leipzig 1885–1887, I–IV, ^{2}1891–1906, 1910–1911; Grundriss der allgemeinen Chemie, Leipzig 1889, völlig umgearb. ^{4}1909, Dresden/Leipzig ^{5}1917, ^{7}1923; Über die Affinitätsgrössen organischer Säuren und ihre Beziehungen zur Zusammensetzung und Constitution derselben, Abh. d. math.-phys. Classe d. Königl. Sächsischen Ges. d. Wiss. 15 (1890), 93–241; Ueber die Farbe der Ionen, Abh. d. math.-phys. Classe d. Königl. Sächsischen Ges. d. Wiss. 18 (1893), 279–307; Hand- und Hilfsbuch zur Ausführung physiko-chemischer Messungen, Leipzig 1893, New York ^{5}1943; Die wissenschaftlichen Grundlagen der analytischen Chemie. Elementar dargestellt, Leipzig 1894, Dresden/Leipzig ^{5}1910, ^{6}1917, Paderborn 2011; Die Überwindung des wissenschaftlichen Materialismus. Vortrag gehalten in der dritten allgemeinen Sitzung der Versammlung der Gesellschaft deutscher Naturforscher und Ärzte zu Lübeck am 20. September 1895, Leipzig 1895; Elektrochemie. Ihre Geschichte und Lehre, Leipzig 1896 (engl. Electrochemistry. History and Theory, New Delhi 1980); Periodische Erscheinungen bei der Auflösung des Chroms in Säuren, Abh. d. math.-phys. Classe d. Königl. Sächsischen Ges. d. Wiss. 25 (1899), 219–249, 26 (1900), 25–84; Dampfdrucke ternärer Gemische, Abh. d. math.-phys. Classe d. Königl. Sächsischen Ges. d. Wiss. 25 (1900), 411–453; Grundlinien der anorganischen Chemie, Leipzig 1900, Dresden/Leipzig, Leipzig ^{3}1912, Dresden/Leipzig ^{5}1922, Paderborn 2011; Vorlesungen über Naturphilosophie. Gehalten im Sommer 1901 an der Universität Leipzig, Leipzig 1902, erw. unter dem Titel: Moderne Naturphilosophie I (Die Ordnungswissenschaften), Leipzig 1914, 1923; Die Schule der Chemie. Erste Einführung in die Chemie für Jedermann, I–II, Braunschweig 1903/1904, in einem Bd. ^{3}1914, Paderborn 2011; Abhandlungen und Vorträge allgemeinen Inhaltes (1887–1903), Leipzig 1904, 1916; Leitlinien der Chemie. Sieben gemeinverständliche Vorträge aus der Geschichte der Chemie, Leipzig 1906, mit Obertitel: Der Werdegang einer Wissenschaft, ^{2}1908, unter ursprünglichem Titel, Paderborn 2011; Individuality and Immortality, Boston/New York, Cambridge Mass. 1906 (dt. Persönlichkeit und Unsterblichkeit, Ann. Naturphilos. 6 [1907], 31–57); Die chemische Reichsanstalt, Leipzig 1906; Prinzipien der Chemie. Eine Einleitung in alle chemischen Lehrbücher, Leipzig 1907, Paderborn 2011; Die Energie, Leipzig 1908, 1912 (franz. L'Énergie, Paris 1910, 1913); Grundriß der Naturphilosophie, Leipzig 1908, ^{3}1919; Erfinder und Entdecker, Frankfurt 1908, Hamburg 2010; Große Männer, Leipzig 1909, unter dem Titel: Große Männer. Studien zur Biologie des Genies I, ed. W. O., Leipzig $^{3/4}$1910, ^{6}1927; Wider das Schulelend. Ein Notruf, Leipzig 1909; Energetische Grundlagen der Kulturwissenschaften, Leipzig 1909; Die Forderung des Tages, Leipzig 1910, 1911; Der energetische Imperativ. Erste Reihe, Leipzig 1912 (mehr nicht erschienen); Der Monismus als Kulturziel. Vorgetragen im Oesterreichischen Monistenbund in Wien (Grosser Sofiensaal) am 29. März 1912, Wien/Leipzig 1912 (engl. Monism as the Goal of Civilization, ed. Int. Committee of Monism, Hamburg, Leipzig 1913); Die Philosophie der Werte, Leipzig 1913, Paderborn 2012; Auguste Comte. Der Mann und sein Werk, Leipzig 1914; Das Christentum als Vorstufe zum Monismus, Leipzig 1914; Beiträge zur Farbenlehre. Erstes bis fünftes Stück, Abh. d. math.-phys. Classe d. Königl. Sächsischen Ges. d. Wiss. 34 (1917), 363–572; Die Farbenfibel, Leipzig 1917, ^{15}1930; Der Farbenatlas. Ca. 2500 Farben auf über 100 Tafeln, mit Gebrauchsanweisung und Beschreibung, Leipzig 1918; Die Harmonie der Farben, Leipzig 1918, I–II, völlig umgearb. $^{2/3}$1921, I, $^{4/5}$1923; Goethe, Schopenhauer und die Farbenlehre, Leipzig 1918, ^{2}1931; Die Farbenlehre. In fünf Büchern, I–IV, Leipzig 1918–1939 (I Mathetische Farbenlehre, 1918, ^{2}1921, II Physikalische Farbenlehre, 1919, ^{2}1923, III Chemische Farblehre, ed. E. Ristenpart, 1939, [H. Podestà] IV Physiologische Farbenlehre, 1922, V Psychologische Farbenlehre [nicht erschienen]); Die Farbschule. Eine Anleitung zur praktischen Erlernung der wissenschaftlichen Farbenlehre, Leipzig 1919, $^{4/5}$1924; Die chemische Literatur und die Organisation der Wissenschaft, Leipzig 1919; Das große Elixier. Die Wissenschaftslehre, Leipzig 1920, Großbothen 2004; Die Harmonie der Formen, Leipzig 1922; Farbnormenatlas, I–IV, Leipzig 1923–1924; W. O., in: Philosophie der Gegenwart in Selbstdarstellungen IV, ed. R. Schmidt, Leipzig 1923, 127–161; Lebenslinien. Eine Selbstbiographie, I–III, Berlin 1926–1927, überarb. u. kommentiert, ed. K. Hansel, Stuttgart/Leipzig 2003; Die Pyramide der Wissenschaften. Eine Einführung in wissenschaftliches Denken und Arbeiten, Stuttgart/Berlin 1929; Goethe. Der Prophete, Leipzig 1932; Wissenschaft contra Gottesglauben. Aus den atheistischen Schriften des großen Chemikers, ed. F. Herneck, Leipzig/Jena 1960; Volumchemische Studien über Affinität [1877]/ Volumchemische und optisch-chemische Studien [1878]. Zwei Dissertationen von W. O., ed. G. Harig/J. Müller, Leipzig 1966 (mit Bibliographie, 120–122); Forschen und Nutzen. W. O. zur wissenschaftlichen Arbeit, ed. G. Lotz/L. Dunsch/U. Kring, Berlin (Ost) 1978, ^{2}1982; Gedanken zur Biosphäre. Sechs Essays von W. O., ed. H. Berg, Leipzig 1978, mit Untertitel: Sechs Essays (1903–1931), Thun/Frankfurt 1996; Zur Geschichte der Wissenschaft. Vier Manuskripte aus dem Nachlaß, ed. R. Zott, Leipzig 1985, Thun/Frankfurt 1999; Chemische Kulturgeschichte. Grundlegungen (1929/30), ed. U. Niedersen, Selbstorganisation 3 (1992), 287–308; Kalik oder Schönheitslehre, ed. U. Niedersen, Selbstorganisation 4 (1993), 271–295. – Aus dem wissenschaftlichen Briefwechsel W. O.s, ed. H.-G. Körber, I–II, Berlin (Ost) 1961/1969; Aus dem Briefwechsel W. O.s zur Einführung einer Weltsprache, ed. K. Hansel, Großbothen 1999; Briefliche Begegnungen. Korrespondenzen von W. O., Friedrich Kohlrausch und Hans Landolt. Unter Einbeziehung von Zuschriften an Svante Arrhenius sowie von und an Karl Seubert. Mit einem Essay: »Gelehrtenbriefwechsel als (wissenschafts)historische Quellengattung«, ed. R. Zott, Berlin 2002; ›Substanzmonismus‹ und/ oder ›Energetik‹: Der Briefwechsel von Ernst Haeckel und W. O. (1910 bis 1918). Zum 100. Jahrestag der Gründung des Deutschen Monistenbundes, ed. R. Nöthlich u. a., Berlin 2006. – O. war Herausgeber unter anderem von: Zeitschrift für physikalische Chemie, Stöchiometrie und Verwandtschaftslehre, Leipzig 1 (1887) – 136 (1928); Annalen der Naturphilosophie, Leipzig 1 (1901–1902) – 11 (1911–1912), unter dem Titel: Annalen der Natur- und Kulturphilosophie, ed. W. O./R. Goldscheid 12 (1913) – 13 (1914–1917), unter dem ursprünglichen Titel, ed. W. O., 14 (1919–1921); Große Männer, Studien zur Biologie des Genies, I–XII, Leipzig 1910–1932; Monistische Sonntagspredigten, Leipzig 1 (1911) – 4 (1916); Das monistische Jahrhundert. Wochenschrift für wissenschaftliche Weltanschauung und Weltgestaltung, Leipzig 1 (1912–1913) – 4 (1915). O. war ferner Begründer der Reihe: O.s Klassiker der exakten Wissenschaften, Leipzig I (1889) ff..

Literatur: H.-G. Bartel, O., NDB XIX (1999), 630–631; M. Čapek, O., Enc. Ph. VI (1967), 5–7; E. Daser, O.s energetischer Monismus, Diss. Konstanz 1980; V. Delbos, Une théorie allemande de la culture. W. O. et sa philosophie, Paris 1916; J.-P. Domschke/P. Lewandrowski, W. O., Chemiker, Wissenschaftstheoretiker, Organisator, Leipzig, Köln 1982; B. Görs/N. Psarros/P. Ziche (eds.), W. O. at the Crossroads between Chemistry, Philosophy, and Media Culture, Leipzig 2005; E. N. Hiebert/H.-G. Körber, W. O., DSB XV Suppl. I (1978), 455–469; K. Lasswitz, Die moderne Energetik in ihrer Bedeutung für die Erkenntniskritik, Philos. Monatshefte 29 (1894), 1–30, 177–197; J. Mittelstraß, O. oder: Naturphilosophie zwischen Naturwissenschaft und Philosophie, in: K. Krug (ed.), Wissenschaftstheorie und -organisation. Vorträge zum 150. Geburtstag von W. O., Großbothen 2004 (Mitteilungen der W.-O.-Ges. zu Großbothen e. V. 9, Sonderheft 19), 6–17; G. Ostwald, W. O., mein Vater, Stuttgart 1953; E. Ristenpart, Die Ostwaldsche Farbenlehre und ihre Nutzen, Großbothen 2001; N. I. Rodnyj/J. I. Solowjev, Vil'gel'm Ostval'd. 1853–1932, Moskau 1969 (dt. W. O., Leipzig 1977); A. Rolla, La filosofia energetica. W. O., Turin 1907; W. v. Schnehen, Energetische Weltanschauung? Eine kritische Studie mit besonderer Rücksicht auf W. O.s Naturphilosophie, Leipzig 1907; C. G. Spilcke-Liss, Der Wirkungskreis von W. O.s Leipziger Schule der physikalischen Chemie. Ein Beitrag zur Disziplingenese der physikalischen Chemie mit Forscherstammtafeln, Freiberg 2009; P. Stekeler-Weithofer/H. Kaden/N. Psarros (eds.), Ein Netz der Wissenschaften? W. O.s »Annalen der Naturphilosophie« und die Durchsetzung wissenschaftlicher Paradigmen. Vorträge des Kolloquiums, veranstaltet von der Sächsischen Akademie der Wissenschaften zu Leipzig und dem Institut für Philosophie der Universität Leipzig im Oktober 2007, Leipzig 2009; dies. (eds.), An den Grenzen der Wissenschaft. Die »Annalen der Naturphilosophie« und das natur- und kulturphilosophische Programm ihrer Herausgeber W. O. und Rudolf Goldscheid. Die Vorträge der Konferenz, veranstaltet von der Sächsischen Akademie der Wissenschaften zu Leipzig und dem Institut für Philosophie der Universität Leipzig im November 2008, Leipzig 2011; P. Walden, W. O., Leipzig 1904; ders., W. O., Ber. Dt. chem. Ges., Abt. A, 65 (1932), 101–141; R. Zott, O., in: D. Hoffmann/H. Laitko/S. Müller-Wille (eds.), Lexikon der bedeutenden Naturwissenschaftler III, München 2004, 108–114. – W. O., Festschrift aus Anlaß seines 60. Geburtstages 2. September 1913, ed. Monistenbund in Österreich, Wien/Leipzig 1913 (mit Bibliographie, 83–87); Internationales Symposium anläßlich des 125. Geburtstages von W. O., ed. H. Scheel, Sitz.ber. Akad. Wiss. DDR, Math., Naturwiss., Technik 1979, Nr. 13, Berlin (Ost) 1979. G. G.

other minds, in der angelsächsischen, vor allem Analytischen Philosophie (↑Philosophie, analytische), Terminus für das *Fremdpsychische.* Das erkenntnistheoretische Problem des Zugangs zum Fremdpsychischen, der ›Fremderfahrung‹ (E. Husserl), besteht darin, ob und wie ein Wissen darüber erlangt werden kann, daß ein fremder Körper Empfindungen, Bewußtsein usw. hat. Dieses Problem stellt sich insbes. in der R. Descartes folgenden Tradition der Erkenntnistheorie, insoweit hier dem Eigenpsychischen zumindest eine methodische Vorrangstellung eingeräumt wird (methodischer ↑Solipsismus). Dabei spielt es keine Rolle, ob der Ausgangspunkt die rationalistische Selbstgewißheit des Ich im Denken (Descartes) oder die empiristische Beschränkung auf das dem Bewußtsein als Ideen ↑Gegebene (J. Locke) ist. Die Frage ist in beiden Fällen, wie von einer solchen eigenpsychischen Basis ausgehend ein Wissen vom ›Rest der Welt‹ erlangt werden kann. Für das Problem des Fremdpsychischen wurde diese Frage häufig durch einen ↑Analogieschluß zu lösen versucht: Von uns selbst wissen wir, welchen inneren Zuständen welches äußere körperliche Verhalten entspricht. Bei anderen können wir dann umgekehrt von deren Verhalten auf die entsprechenden inneren Zustände schließen (vgl. z. B. J. S. Mill, An Examination of Sir William Hamilton's Philosophy [...], London 1865, 204–213). Als Einwand gegen diesen Schluß ist unter anderem geltend gemacht worden, daß er als induktiver Schluß (↑Schluß, induktiver) besonders schwach ist, weil er sich nur auf eine einzige Instanz berufen kann.

Im (frühen) ↑Behaviorismus wird das Problem des Fremdpsychischen dadurch zum Verschwinden gebracht, daß die wissenschaftstheoretische Kritik an der Introspektionsmethode (↑Introspektion) das Psychische insgesamt von der Betrachtung ausschließt und zum Gegenstand der wissenschaftlichen Untersuchung einzig das beobachtbare Verhalten macht (↑Verhaltensforschung). Im Logischen Positivismus (↑Empirismus, logischer, ↑Neopositivismus) dagegen wird als methodischer Ausgangspunkt außer einer physischen Basis (↑Physikalismus) auch eine eigenpsychische Basis zugelassen (R. Carnap, Der logische Aufbau der Welt, Berlin 1928, Hamburg 1974, 85–87 [§ 64]); die Konsequenz für Aussagen über das Fremdpsychische ist aber dennoch die gleiche wie beim Behaviorismus. Diese Aussagen müssen, um sinnvoll zu sein (↑Sinnkriterium, empiristisches), auf Aussagen über beobachtbares Verhalten zurückgeführt werden können. Eine solche Verbindung von mentalistischer Auffassung (↑Mentalismus) des Eigenpsychischen und behavioristischer Auffassung des Fremdpsychischen hat auch A. J. Ayer zunächst vertreten (Language, Truth and Logic, 1936), später jedoch zugunsten einer (innerhalb der Analytischen Philosophie selten gewordenen) Verteidigung des Analogieschlusses aufgegeben; dieser Schluß besitze in konkreten Fällen ausreichende ↑Evidenz.

Eine grundsätzliche Kritik an bisherigen Auffassungen haben L. Wittgenstein und G. Ryle geübt. Danach entsteht das Problem des Fremdpsychischen als Folge einer falschen Auffassung des Psychischen überhaupt, nämlich dadurch, daß man im Sinne von Descartes' Leib-Seele-Dualismus eine Trennung innerer und äußerer Vorgänge (Zustände) vornimmt. Die Lösung des Problems des Fremdpsychischen ist deshalb eingebettet in die Lösung des umfassenderen ↑Leib-Seele-Problems; sie besteht für Wittgenstein und Ryle darin, den ↑Dualismus zu überwinden. In Entgegensetzung zum methodischen Solipsismus soll die problematische Kluft zwischen dem Wissen über Eigenpsychisches und demjenigen über Fremdpsychisches dadurch geschlossen werden, daß ein privilegierter Wissenszugang zum Eigenpsychischen bestritten wird (vgl. L. Wittgenstein, Philos. Unters. § 246; G. Ryle, The Concept of Mind, London/New York 1949 [dt. Der Begriff des Geistes, Stuttgart 1969], Kap. 6). In ähnlicher Weise hat sich in der phänomenologischen Tradition bereits M. Scheler geäußert (Zur Phänomenologie und Theorie der Sympathiegefühle und von Liebe und Haß. Mit einem Anhang über den Grund zur Annahme der Existenz des fremden Ich, Halle 1913, 133). Wittgenstein betont, daß ↑Kriterien für das Vorhandensein psychischer Gegebenheiten nicht privat sein können, sondern öffentlich sein müssen (↑Privatsprache). Er stimmt mit den Behavioristen darin überein, daß diese Kriterien im Verhalten bestehen, z. B. das Kriterium für Schmerz im Schmerzverhalten. Im Unterschied zu ihnen will Wittgenstein jedoch das Psychische (Seelische, Geistige) nicht ausklammern oder leugnen (vgl. Philos. Unters. § 308). Schmerzverhalten ermöglicht als öffentliches Kriterium für Schmerz ein Wissen vom Fremdpsychischen; es darf aber mit dem Psychischen, dem Schmerz selbst, nicht identifiziert werden.

Literatur: M. Addis, Wittgenstein. Making Sense of O. M., Aldershot etc. 1999; B. Aune, Problem of O. M., in: R. Audi (ed.), The Cambridge Dictionary of Philosophy, Cambridge etc. 1995, 652–653, ^{2}1999, 746–747; J. L. Austin, O. M., Proc. Arist. Soc. Suppl. 20 (1946), 148–187, Neudr. in: ders., Philosophical Papers, ed. J. O. Urmson/G. J. Warnock, Oxford 1961, 1966, 44–84, London/Oxford/New York ^{2}1970, 76–116 (dt. Fremdseelisches, in: ders., Wort und Bedeutung. Philosophische Aufsätze, München 1975, 55–102, 367–371); A. Avramides, O. M., London/New York 2001; A. J. Ayer, Language, Truth and Logic, London 1936, 184–208, ^{2}1946, 120–133, London etc. 2001, 127–143 (Chap. VII) (dt. Sprache, Wahrheit und Logik, Stuttgart 1970, 1987, 160–176 [Kap. VII]); ders., The Problem of Knowledge, London, Harmondsworth etc. 1956, London etc. 1990, 176–222 (Chap. 5); S. Baron-Cohen/H. Tager-Flusberg/D. J. Cohen (eds.), Understanding O. M.. Perspectives from Autism, Oxford/New York 1993, mit Untertitel: Perspectives from Developmental Cognitive Neuroscience, ^{2}2000, 2006; R. J. Bogdan, Minding Minds. Evolving a Reflexive Mind by Interpreting Others, Cambridge Mass./London 2000, 2003; T. O. Buford (ed.), Essays on O. M., Urbana Ill./Chicago Ill./London 1970 (mit Bibliographie, 397–400); R. Carnap, Scheinprobleme in der Philosophie. Das Fremdpsychische und der Realismusstreit, Berlin 1928, Neudr. (mit Nachwort G. Patzig), Frankfurt 1966, ferner in: ders., Scheinprobleme in der Philosophie und andere metaphysikkritische Schriften, ed. T. Mormann, Hamburg 2004, 1–48; I. Därmann/C. Jamme (eds.), Fremderfahrung und Repräsentation, Weilerswist 2002; İ. Dilman, Matter and Mind. Two Essays in Epistemology, London/Basingstoke 1975, 113–219 (II Solipsism and Our Knowledge of O. M.); N. Eilan u. a. (eds.), Joint Attention. Communication and O. M.. Issues in Philosophy and Psychology, Oxford 2005; T. Givón, Context as O. M.. The Pragmatics of Sociality, Cognition, and Communication, Amsterdam/Philadelphia Pa. 2005; S. Glendinning, On Being with Others. Heidegger, Derrida, Wittgenstein, London/New York 1998, 1999; A. I. Goldman, Simulating Minds. The Philosophy, Psychology, and Neuroscience of Mindreading, Oxford/New York 2006, 2008; A. Hyslop, O. M., Dordrecht/Boston Mass./London 1995; ders., O. M., REP VII (1998), 170–173; ders., O. M., SEP 2005, rev. 2009; D. Locke, Myself and Others. A Study in Our Knowledge of Minds, Oxford 1968, 1971; N. Malcolm, Knowledge of O. M., J. Philos. 55 (1958), 969–978, Neudr. in: ders., Knowledge and Certainty. Essays and Lectures, Englewood Cliffs N. J. 1963, Ithaca N. Y./London 1975, 130–140, ferner in: G. Pitcher (ed.), Wittgenstein. The Philosophical Investigations. A Collection of Critical Essays, Garden City N. Y. 1966, London etc. 1970, 371–383; B. F. Malle/S. D. Hodges (eds.), O. M.. How Humans Bridge the Divide between Self and Others, New York/London 2005, 2007; H. Morick (ed.), Wittgenstein and the Problem of O. M., New York/Toronto/London 1967, Atlantic Highlands N. J., Brighton 1981; T. Nagel, O. M..

Critical Essays, 1969–1994, Oxford/New York 1995, 1999; S. Nichols/S. P. Stich, Mindreading. An Integrated Account of Pretence, Self-Awareness, and Understanding O. M., Oxford 2003, 2009; S. Overgaard, Wittgenstein and O. M.. Rethinking Subjectivity and Intersubjectivity with Wittgenstein, Levinas, and Husserl, New York/London 2007, 2009; A. Plantinga, God and O. M.. A Study of the Rational Justification of Belief in God, Ithaca N. Y. 1967, 1994, 185–271 (III God and O. M.); H. Putnam, O. M., in: R. Rudner/I. Scheffler (eds.), Logic & Art. Essays in Honor of Nelson Goodman, Indianapolis Ind./New York 1972, 78–99, Neudr. in: ders., Mind, Language and Reality. Philosophical Papers II, Cambridge etc. 1975, 2003, 342–361; R. I. Schubotz (ed.), O. M.. Die Gedanken und Gefühle anderer, Paderborn 2008; J. M. Shorter, O. M., Enc. Ph. VI (1967), 7–13; W. W. Spencer, Our Knowledge of O. M.. A Study in Mental Nature, Existence, and Intercourse, New Haven Conn. 1927, New Haven Conn./London, Oxford 1930; P. F. Strawson, Individuals. An Essay in Descriptive Metaphysics, London 1959, London/New York 2006, 87–116 (dt. Einzelding und logisches Subjekt (Individuals). Ein Beitrag zur deskriptiven Metaphysik, Stuttgart 1972, 2003, 111–149); Z. Vendler, The Matter of Minds, Oxford 1984; A. Waldow, David Hume and the Problem of O. M., London/New York 2009; J. Wisdom, O. M., Oxford 1952, Berkeley Calif./Los Angeles 1968 (enthält unter anderem eine Aufsatzfolge ›O. M.‹ I–VIII aus: Mind 49 [1940] – 52 [1943]); P. Ziff/A. Plantinga/S. Shoemaker, Symposium: The O. M. Problem, J. Philos. 62 (1965), 575–589. G. G.

Otto, (Karl Louis Rudolph, später:) Rudolf, *Peine 25. Sept. 1868, †Marburg 6. März 1937, dt. ev.-luth. Theologe, Religionsphilosoph und Religionswissenschaftler. 1888–1894 Studium der Theologie, zuerst in Erlangen, ab 1891 in Göttingen. Ebd. 1898 theologische Promotion mit der Arbeit »Die Anschauung vom Heiligen Geiste bei Luther« und Erteilung der venia legendi. 1905 philosophische Promotion in Tübingen mit der Schrift »Naturalistische und religiöse Weltansicht«. 1906 a. o. Prof. in Göttingen, 1915 o. Prof. für Systematische Theologie in Breslau, 1917 in Marburg, Emeritierung 1929. – O., der zum Kreis der Göttinger Neufriesschen Schule (↑Friessche Schule) um L. Nelson zählt, greift J. F. Fries' Begriff der ↑Ahnung wieder auf, um im Ausgang von einer anthropologisch revidierten Form der KantischenVernunftkritik (↑Kritik) die ↑Religion als zwar nicht völlig irrationales (↑irrational/Irrationalismus), aber doch zugleich auch nie ganz rationalisierbares, gefühlsmäßiges (↑Gefühl) Verhältnis zum Heiligen als Numinosen, d. h. ganz Anderen, Furchtbar-Übermächtigen und Wundervollen *(mysterium tremendum et fascinosum)*, zu interpretieren.

Werke: Die Anschauung vom heiligen Geiste bei Luther. Eine historisch-dogmatische Untersuchung, Göttingen 1898; Die historisch-kritische Auffassung vom Leben und Wirken Jesu. Sechs Vorträge [...], Göttingen 1901, unter dem Titel: Leben und Wirken Jesu nach historisch-kritischer Auffassung, Göttingen ^{3}1902, ^{4}1905 (engl. Life and Ministry of Jesus. According to the Historical and Critical Method. Being a Course of Lectures, Chicago Ill. 1908); Naturalistische und religiöse Weltansicht, Tübingen 1904 (Nachdr. d. Seiten 1–65 [Kap. 1–3] = Diss. 1905), ^{3}1929 (engl. Naturalism and Religion, London/New York 1907); Kantisch-Fries'sche Religionsphilosophie und ihre Anwendung auf die Theologie. Zur Einleitung in die Glaubenslehre für Studenten der Theologie, Tübingen 1909, 1921 (engl. The Philosophy of Religion. Based on Kant and Fries, London 1931, New York 1970); Das Heilige. Über das Irrationale in der Idee des Göttlichen und sein Verhältnis zum Rationalen, Breslau 1917, München ^{23}1936, Nachdr. 2004 (engl. The Idea of the Holy. An Enquiry into the Non-Rational Factor in the Idea of the Divine and Its Relation to the Rational, London 1923, mit Untertitel: The Inquiry into the Non-Rational Factor in the Idea of the Divine and Its Relation to the Rational, ^{2}1950, 1970; franz. Le sacré. L'élément non-rationnel dans l'idée du divin et sa relation avec le rationnel, Paris 1929, 2010); Das Gefühl des Überweltlichen (sensus numinis), München 1932, Saarbrücken 2007; »Sünde und Urschuld« und andere Aufsätze zur Theologie, München 1932 (engl. Religious Essays. A Supplement to »The Idea of the Holy«, London/New York/Toronto 1931, 1937); West-östliche Mystik. Vergleich und Unterscheidung zur Wesensdeutung, Gotha 1926, erw. ^{2}1929, gekürzt, ed. G. Mensching, ^{3}1971, 1979 (engl. Mysticism East and West. A Comparative Analysis of the Nature of Mysticism, New York 1932, Wheaton Ill./Madras/London 1987; franz. Mystique d'orient et mystique d'occident. Distinction et unité, Paris 1951, 1996); Die Gnadenreligion Indiens und das Christentum. Vergleich und Unterscheidung, Gotha, München 1930, Neustadt 2012 (engl. India's Religion of Grace and Christianity Compared and Contrasted, London, New York 1930); Gottheit und Gottheiten der Arier, Gießen 1932, Neustadt 2012; Reich Gottes und Menschensohn. Ein religionsgeschichtlicher Versuch, München 1934, ^{3}1954 (engl. The Kingdom of God and the Son of Man. A Study in the History of Religion, London 1938, Cambridge 2010); Verantwortliche Lebensgestaltung. Gespräche mit R. O. über Fragen der Ethik, ed. K. Küßner, Stuttgart 1941, Lüneburg 1959; Aufsätze zur Ethik, ed. J. S. Boozer, München 1981 (mit Bibliographie, 283–289); Autobiographical and Social Essays, ed. G. D. Alles, Berlin/New York 1996 (mit Bibliographie, 289–290).

Literatur: G. D. Alles, R. O. (1869–1937), in: A. Michaels (ed.), Klassiker der Religionswissenschaft. Von Friedrich Schleiermacher bis Mircea Eliade, München, Darmstadt 1997, München 2010, 198–210 (mit Bibliographie, 388–389); E. Benz (ed.), R. O.'s Bedeutung für die Religionswissenschaft und die Theologie heute. Zur Hundertjahrfeier seines Geburtstags 25. September 1969, Leiden 1971; C. Colpe (ed.), Die Diskussion um das ›Heilige‹, Darmstadt 1977; K. Dienst, O., BBKL VI (1993), 1381–1383; T. A. Gooch, The Numinous and Modernity. An Interpretation of R. O.'s Philosophy of Religion, Berlin/New York 2000; M. Kraatz, O., NDB XIX (1999), 709–711; A. Paus, Religiöser Erkenntnisgrund. Herkunft und Wesen der Aprioritheorie R. O.s, Leiden 1966, bes. 77–192 (Teil II Das Problem des religiösen Apriori bei R. O.); C. H. Ratschow, O., TRE XXV (1995), 559–563; J. Rohls, Protestantische Theologie der Neuzeit II (Das 20. Jahrhundert), Tübingen 1997, bes. 154–159, 306–307, 488–489; H.-W. Schütte, Religion und Christentum in der Theologie R. O.s, Berlin 1969; K. E. Yandell, O., REP VII (1998), 174–175. T. G.

Otto von Freising, *um 1114, †Morimund (Haute-Marne) 22. Sept. 1158, dt. Geschichtsschreiber, Theologe und Philosoph. Philosophische und theologische Studien in Paris unter Hugo von St. Viktor und wahrscheinlich in Chartres unter Gilbert de la Porrée, dessen Anhänger er wurde (↑Chartres, Schule von); um 1132 Eintritt in das Zisterzienserkloster von Morimund, um 1136 Abt ebendort, 1138 Ernennung zum Bischof von Freising; Teilnahme am 2. Kreuzzug 1147/1148. – O. führt das Studium der Werke des Aristoteles, insbes. seiner logischen Schriften, in Deutschland ein (logica nova, ↑logica antiqua). In seiner »Chronica« (1143–1146 verfaßt und später seinem Neffen Friedrich I. Barbarossa gewidmet), dem ›Höhepunkt‹ der ›Gattung hochmittelalterlicher Weltchronistik‹ (W. Lammers), deutet O. die Weltgeschichte im Anschluß an A. Augustinus als Kampf zwischen ↑Gottesstaat (civitas Dei) und Weltstaat (civitas terrena), der in der Herrschaft des ↑Antichrist, die für ihn unmittelbar bevorsteht, einen (vorläufigen) Sieg erringt, aber am Ende unterliegt. Diese endzeitliche pessimistische Beurteilung ändert O. in den »Gesta Friderici« (O. kann 1157/1158 nur die ersten beiden Bücher vollenden) mit dem Wiedererstarken des Kaisertums und dem Anbruch einer Zeit des Friedens beim Regierungsantritt Barbarossas. Im 1. Buch behandelt er die Reichsgeschichte von Heinrich IV. bis Konrad III., im 2. Buch die Regierungsgeschichte Barbarossas 1152–1156, wozu er Dokumente und Aufzeichnungen aus der Kanzlei des Kaisers benutzen kann. Das Werk wurde von seinem Schreiber Rahewin (†um 1170) bis zum Jahre 1160 fortgeführt.

Werke: Ottonis episcopi Frisingensis Chronica sive Historia de duabus civitatibus, ed. G. H. Pertz, Hannover 1867 (Scriptores rerum Germanicarum in usum scholarum XLV), ed. A. Hofmeister, Hannover/Leipzig ²1912 (dt. Der Chronik des Bischofs O. v. F. sechstes und siebentes Buch, Leipzig 1894, 1939 [Die Geschichtschreiber der dt. Vorzeit LVII]; engl. The Two Cities. A Chronicle of Universal History to the Year 1146 A. D.. By Otto, Bishop of Freising, New York 2002); Chronica sive Historia de duabus civitatibus/Chronik oder Die Geschichte der zwei Staaten [lat./dt.], ed. W. Lammers, Darmstadt 1960, 2011 (Ausgew. Quellen zur dt. Geschichte des MA XVI); Gesta Friderici I imperatoris auctoribus Ottone et Ragewino praeposito Frisingensibus, ed. R. Wilmans, MGH Scriptorum XX (1868), 338–496, unter dem Titel: Ottonis et Rahewini Gesta Friderici I imperatoris, ed. G. Waitz, Hannover ²1884, Hannover/Leipzig ³1912, 1997 (dt. Thaten Friedrichs von Bischof O. v. F., Leipzig 1883, 1894 [Die Geschichtschreiber der dt. Vorzeit LIX]; Rahewins Fortsetzung der Thaten Friedrichs von Bischof O. v. F., Leipzig 1886, 1894 [Die Geschichtschreiber der dt. Vorzeit LX], 1941; engl. The Deeds of Frederick Barbarossa, New York 1953, 2004); Ottonis episcopi Frisingensis et Rahewini Gesta Frederici seu rectius Cronica/Bischof O. v. F. und Rahewin, Die Taten Friedrichs oder richtiger Cronica, ed. F.-J. Schmale, Darmstadt 1965, 2000 (Ausgew. Quellen zur dt. Geschichte des MA XVII).

Literatur: P. Brezzi, Ottone di Frisinga, Bullettino dell'istituto storico italiano per il medio evo e archivio Muratoriano 54 (1939), 129–328; J. Ehlers, O. v. F.. Ein Intellektueller im Mittelalter. Eine Biographie, München 2013; H. C. Faußner, Die Königsurkundenfälschungen O.s v. F.. Aus rechtshistorischer Sicht, Sigmaringen 1993; H.-W. Goetz, ›Ratio‹ und ›Fides‹. Scholastische Philosophie und Theologie im Denken O.s v. F., Theol. Philos. 56 (1981), 232–243; ders., Das Geschichtsbild O.s v. F.. Ein Beitrag zur historischen Vorstellungswelt und zur Geschichte des 12. Jahrhunderts, Köln/Wien 1984; ders., O. v. F., TRE XXV (1995), 555–559; L. Grill, Bildung und Wissenschaft im Leben Bischof O.s v. F., Analecta Sacri Ordinis Cisterciensis 14 (1958), 281–333J. Hashagen, O. v. F. als Geschichtsphilosoph und Kirchenpolitiker, Leipzig 1900; A. Hofmeister, Studien über O. v. F.. I. Der Bildungsgang O.s v. F., Neues Archiv der Gesellschaft f. ältere dt. Geschichtskunde zur Beförderung einer Gesammtausg. d. Quellenschr. dt. Geschichten d. MA 37 (1912), 99–161, 633–768; C. Kirchner-Feyerabend, O. v. F. als Diözesan- und Reichsbischof, Frankfurt etc. 1990; F. Nagel, Die Weltchronik des O. v. F. und die Bildkultur des Hochmittelalters, Marburg 2012; J. Schmidlin, Die Philosophie O.s v. F., Philos. Jb. 18 (1905), 156–175, 312–323, 407–423; ders., Die geschichtsphilosophische und kirchenpolitische Weltanschauung O.s v. F.. Ein Beitrag zur mittelalterlichen Geistesgeschichte, Freiburg 1906; K. Schnith, O. v. F., LMA VI (1993), 1581–1583. R. Wi.

Oxford Philosophy, Bezeichnung für den sich nach dem Ende des 2. Weltkriegs in den Jahren 1950–1960 herausbildenden Höhepunkt der Spätphase der Analytischen Philosophie (↑Philosophie, analytische), der zu dieser Zeit in Oxford konzentrierten ↑Ordinary Language Philosophy (↑Phänomenalismus, linguistischer); häufig auch Bezeichnung für die Ordinary Language Philosophy insgesamt und dann sogar die Spätphilosophie L. Wittgensteins einschließend, obwohl dieser in Cambridge lehrte und mit seiner Insistenz darauf, daß Philosophie primär ein Handlungsvollzug sei (»ein Kampf gegen die Verhexung unsres Verstandes durch die Mittel unserer Sprache«, Philos. Unters. § 109), das Interesse der O. P. an positiven Resultaten über Regeln und Funktionen der Verwendung der ↑Gebrauchssprache gerade nicht teilt. Gleichwohl ist der die Frage nach der Bedeutung sprachlicher Ausdrücke durch die Frage nach ihrem Gebrauch ersetzende Einfluß des späten Wittgenstein auf den Linguistischen Phänomenalismus erheblich (dieselbe Konzentration auf Probleme des Sprachgebrauchs bei der ↑Sprachanalyse zeichnete bereits die zur Frühphase der Analytischen Philosophie gehörende Philosophie G. E. Moores wie auch die von J. C. Wilson und H. A. Prichard angeführte frühe O. P. um die Jahrhundertwende aus).

Gemeinsam ist dem späten Wittgenstein wie der vor allem von G. Ryle und J. L. Austin repräsentierten O. P. die Zurückweisung des im Logischen Empirismus (↑Empirismus, logischer) erhobenen Anspruchs, allein die formale Logik (↑Logik, formale) könne den rationalen Kern von Argumentation (Ryle) oder gar von beliebiger Kommunikation (Austin) in natürlichen Sprachen (↑Sprache, natürliche) abbilden; P. F. Strawsons Alternative zur Behandlung der ↑Kennzeichnung bei B. Russell ist zu einem Paradigma der O. P. geworden. Anwendungen der für die O. P. charakteristischen begrifflichen Untersuchungen faktischen Sprachgebrauchs unter weitgehender Vermeidung metaphilosophischer (↑Metaphilosophie) Erörterungen werden innerhalb der Praktischen Philosophie unter anderem von R. M. Hare (Moralphilosophie) und H. L. A. Hart (Rechtsphilosophie) vorgeführt; auf Theoriestücke der philosophischen Tradition gehen – außer im Hauptwerk Ryles, seiner Kritik an der Cartesischen ↑res cogitans/res extensa-Unterscheidung (The Concept of Mind, London 1949) – Arbeiten von G. J. Warnock, J. O. Urmson, A. Flew u. a. ein. Nach dem Tode Austins (1960) hat die O. P. ihren Kristallisationskern verloren; der Einfluß des Linguistischen Phänomenalismus auf die sprachanalytische ↑Methode geht seither zugunsten einer Fortbildung von Wittgensteins ↑Sprachspiel-Methode und einer Wiederannäherung an traditionelle Positionen (z. B. der ↑Hermeneutik) ständig zurück.

Literatur: A. Baz, When Words Are Called for. A Defense of Ordinary Language Philosophy, Cambridge Mass./London 2012; C. E. Caton (ed.), Philosophy and Ordinary Language, Urbana Ill. 1963, 1970; P. R. Damle, O. P. To-Day and Other Essays, Poona o. J. [1965]; O. Hanfling, Philosophy and Ordinary Language. The Bent and Genius of Our Tongue, London/New York 2000, 2003; S. Laugier/C. Al-Saleh (eds.), John L. Austin et la philosophie du langage ordinaire, Hildesheim/Zürich/New York 2011; K. Lorenz, Elemente der Sprachkritik. Eine Alternative zum Dogmatismus und Skeptizismus in der Analytischen Philosophie, Frankfurt 1970, 1971; J. A. Passmore, A Hundred Years of Philosophy, London 1957, [2]1966, London etc. 1994; A. Quinton, Linguistic Analysis, in: R. Klibansky (ed.), Philosophy in the Mid-Century/La philosophie au milieu du vingtième siècle. A Survey/Chroniques II (Metaphysics and Analysis/La crise de la Métaphysique), Florenz 1958, [2]1961, 146–202; S. Rosen, Metaphysics in Ordinary Language, New Haven Conn./London 1999 (repr. South Bend Ind. 2010); E. v. Savigny, Die Philosophie der normalen Sprache. Eine kritische Einführung in die ›Ordinary Language Philosophy‹, Frankfurt 1969, [3]1993; R. Webster, Equilibrium. A Constructive Attack on the Atheism of ›O. P.‹ and Certain Assumptions of Linguistic Analysis, Rom 1966; M. Weitz, O. P., Philos. Rev. 62 (1953), 187–233; J. Westerhoff, Oxford School, in: W. D. Rehfus (ed.), Handwörterbuch Philosophie, Göttingen 2003, 518–519. K. L.

ω-Regel, ↑Induktion, unendliche.

ω-vollständig/ω-Vollständigkeit (engl. *ω*-complete/*ω*-completeness), von A. Tarski 1933 eingeführter Begriff, der sich in Bezug auf ein formales System der Arithmetik mit der Ableitbarkeitsrelation $\vdash$ (↑ableitbar/Ableitbarkeit) und Ziffern ›$\underline{n}$‹ für natürliche Zahlen n wie folgt definieren läßt: Eine Menge M arithmetischer Formeln heißt ›ω-v.‹, wenn für jede Formel $A(x)$ mit genau einer freien Variablen x gilt: wenn für alle natürlichen Zahlen n gilt: $M \vdash A(\underline{n})$, dann $M \vdash \bigwedge_x A(x)$. Den damit zusammenhängenden Begriff der ω-Widerspruchsfreiheit (auch: ω-Konsistenz, engl. ω-consistency) hatte K. Gödel 1931 definiert: M heißt ›ω-widerspruchsfrei‹, wenn es kein $A(x)$ gibt, so daß $M \vdash A(\underline{n})$ für alle n und $M \vdash \neg\bigwedge_x A(x)$. Ein formales System (↑System, formales) ist ω-v. bzw. ω-widerspruchsfrei, wenn die Menge der in ihm ableitbaren Formeln ω-v. bzw. ω-widerspruchsfrei ist. Gödel konnte in seinem ↑Unvollständigkeitssatz für einen ↑Vollformalismus Z der Peano-Arithmetik unter der Voraussetzung der ω-Konsistenz von Z zeigen, daß es eine arithmetische Aussage der Gestalt $\bigwedge_x B(x)$ gibt, für die weder $\vdash_Z \bigwedge_x B(x)$ noch $\vdash_Z \neg\bigwedge_x B(x)$ gilt, für die jedoch $\vdash_Z B(\underline{n})$ für jedes n gilt. Das System Z ist also unvollständig (↑unvollständig/Unvollständigkeit) und darüber hinaus ω-unvollständig (d. h. nicht ω-v.). Man erhält natürlich ein ω-v.es System, wenn man das Induktionsprinzip von Z (↑Induktion, vollständige) durch die ω-Regel (↑Induktion, unendliche)

$$\frac{A(\underline{1}),\ A(\underline{2}),\ A(\underline{3}), \ldots}{\bigwedge_x A(x)}$$

ersetzt, also zu einem ↑Halbformalismus Z_∞ übergeht, der auch vollständig (↑vollständig/Vollständigkeit) ist. Da Z ω-unvollständig ist, kann man die Negation $\neg\bigwedge_x B(x)$ der von Gödel konstruierten Aussage $\bigwedge_x B(x)$ als Axiom zu Z hinzufügen, ohne einen Widerspruch (↑Widerspruch (logisch)) zu erhalten. Das so erweiterte System ist ein ω-inkonsistentes (also nicht ω-konsistentes) System, was zeigt, daß ω-inkonsistente Systeme widerspruchsfrei (↑widerspruchsfrei/Widerspruchsfreiheit) sein können (die Umkehrung gilt nicht).

Literatur: B. Buldt, Vollständigkeit/Unvollständigkeit, Hist. Wb. Ph. XI (2001), 1136–1141; K. Gödel, Über formal unentscheidbare Sätze der Principia Mathematica und verwandter Systeme I, Mh. Math. Phys. 38 (1931), 173–198 (engl. On Formally Undecidable Propositions of Principia Mathematica and Related Systems, Edinburgh/London, New York 1962 [Einl. R. B. Braithwaite, 1–32] [repr. New York 1992], ferner in: M. Davis [ed.], The Undecidable. Basic Papers on Undecidable Propositions, Unsolvable Problems and Computable Functions, Hewlett N. Y. 1965 [repr. Mineola 2004], 5–38, ferner in: J. v. Heijenoort [ed.], From Frege to Gödel. A Source Book in Mathematical Logic, 1879–1931, Cambridge Mass. 1967, 2002, 596–616); S. Krajewski, Completeness, DL (1981), 59–62; A. B. Manaster, Completeness, Compactness, and Undecidability. An Introduction to Mathematical Logic, Englewood Cliffs N. J. 1975; C. Smoryński, The Incompleteness Theorems, in: J. Barwise (ed.), Handbook of Mathematical Logic, Amsterdam/New York/Oxford 1977, 2006, 821–865, bes. 851–854; A. Tarski, Einige Betrachtungen über die Begriffe der *ω*-Widerspruchsfreiheit und der *ω*-V., Mh. Math. Phys. 40 (1933), 97–112 (engl. Some Observations on the Concepts of *ω*-Consistency and *ω*-Completeness, in: ders., Logic, Semantics, Metamathematics. Papers from 1923 to 1938, Oxford 1956, Indianapolis Ind. [2]1983, 1990, 279–295). P. S.

ω-widerspruchsfrei/ω-Widerspruchsfreiheit, ↑*ω*-vollständig/*ω*-Vollständigkeit.

P

Paar, geordnetes (engl. ordered pair), Bezeichnung für ein mathematisches Objekt (a, b) (auch notiert: $\langle a, b\rangle$), das aus zwei gegebenen Objekten a und b gebildet wird derart, daß es auf die *Ordnung* von a und b ankommt; d. h., falls a und b verschieden sind, ist $(a, b) \neq (b, a)$. G. P.e (a, b) und (c, d) sind gleich, wenn sie komponentenweise gleich sind, d. h.,

(*) $(a, b) = (c, d)$ genau dann, wenn $a = c$ und $b = d$.

Mengentheoretisch (↑Mengenlehre) läßt sich im Anschluß an K. Kuratowski (1921) das g. P. (a, b) durch die Menge $\{\{a\},\{a,b\}\}$ definieren (N. Wiener hatte 1914 für die Typentheorie der ↑Principia Mathematica $\{\{\{a\}, \emptyset\},\{\{b\}\}\}$ vorgeschlagen); man kann dann beweisen, daß (*) gilt. Diese Definition setzt allerdings voraus, daß mit je zwei Objekten (insbes. Mengen) a und b die Paarmenge $\{a, b\}$ zur Verfügung steht. Dies wird in manchen Axiomensystemen der Mengenlehre (↑Mengenlehre, axiomatische) durch ein eigenes Paarmengenaxiom gesichert. Die Verallgemeinerung von g.n P.en sind *n-Tupel* $(a_1, \ldots, a_n)$ (auch: $\langle a_1, \ldots, a_n\rangle$), die sich induktiv auf den Begriff des g.n P.es zurückführen lassen – man definiert $(a_1, \ldots, a_n)$ als $((\ldots((a_1, a_2), a_3), \ldots), a_n)$. G. P.e und n-Tupel lassen sich als endliche Folgen (der Länge 2 bzw. n; ↑Folge (mathematisch)) auffassen. Sie so zu *definieren*, würde allerdings zumindest den Begriff der ↑Funktion oder Abbildung voraussetzen, der bei mengentheoretischer Auffassung selbst wieder auf den Begriff des g.n P.es zurückgreift.

Im getypten ↑Lambda-Kalkül und in Systemen konstruktiver ↑Typentheorien definiert man g. P.e als Objekte vom Typ des (kartesischen) Produkts (↑Produkt (mengentheoretisch)) zweier gegebener Typen: Als Konstruktionsregel würde man etwa ansetzen (mit ›$a : A$‹ für ›a hat den Typ A‹):

$$a : A,\ b : B \Rightarrow (a, b) : A \times B,$$

der die beiden Projektionen π_1 und π_2 mit den abbauenden Regeln

$$c : A \times B \Rightarrow \pi_1(c) : A \qquad c : A \times B \Rightarrow \pi_2(c) : B$$

gegenüberstehen, wobei als Gleichheitsaxiome

$$\pi_1((a, b)) = a \qquad \pi_2((a, b)) = b$$

und (je nach Art des Systems)

$$(\pi_1(c), \pi_2(c)) = c$$

angenommen werden.

Literatur: K. Akihiro, The Empty Set, the Singleton, and the Ordered Pair, Bull. Symb. Log. 9 (2003), 273–298; R. R. Dipert, Set-Theoretical Representations of Ordered Pairs and Their Adequacy for the Logic of Relations, Can. J. Philos. 12 (1982), 353–374; J.-Y. Girard/Y. Lafont/P. Taylor, Proofs and Types, Cambridge etc. 1989, rev. 1990; K. Kuratowski, Sur la notion de l'ordre dans la théorie des ensembles, Fund. Math. 2 (1921), 161–171, bes. 170–171; D. McCarty/D. Scott, Reconsidering Ordered Pairs, Bull. Symb. Log. 14 (2008), 379–397; B. Nordström/K. Petersson/J. M. Smith, Programming in Martin-Löf's Type Theory. An Introduction, Oxford etc. 1990; N. Wiener, A Simplification of the Logic of Relations, Proc. Cambridge Philos. Soc. 17 (1914), 387–390, ferner in: J. v. Heijenoort (ed.), From Frege to Gödel. A Source Book in Mathematical Logic, 1879–1931, Cambridge Mass./London 1967, 2002, 224–227. P. S.

padārtha (sanskr., wörtl.: eines Wortes Gegenstand, i.e. Wortbedeutung; Kategorie), der den Aufbau der Naturphilosophie des ↑Vaiśeṣika innerhalb der indischen Philosophie (↑Philosophie, indische) bestimmende Grundbegriff. Praśastapāda (ca. 550–600) unterschied sechs p.. Das ist zugleich das Endstadium einer Entwicklung, die in der Zeit der Entstehung der das Vaiśeṣika begründenden Sūtras (3. Jh. v. Chr.) in Wechselwirkung und Auseinandersetzung mit den Grammatikern (Patañjali), den Jainas (↑Philosophie, jainistische) und dem frühen ↑Sāṃkhya zunächst nur zu Ausbildung von drei p. geführt hatte: ↑dravya (einerseits: individuelles Ding, andererseits: Stoff), ↑guṇa (Eigenschaft) und ↑karma (Bewegung, Veränderung). Bei den Jainas trat paryāya (Modus im Sinne einer veränderlichen Bestimmung) an die Stelle von karma. Alle p. artikulieren (inkommensurable) Arten des Wirklichen, die in Individuen miteinander verbunden instantiiert sind. Aber nur dravya, guṇa und karma sind Kategorien der Objektstufe: Der Bereich aller (irreduziblen) Gegenstände (↑artha) zerfällt in Arten, die bei Praśastapāda ihrerseits in neun dravya (den vier Elementen: Erde, Wasser, Feuer, Luft sowie den unzusammengesetzten und unvergänglichen Substanzen: Äther [↑ākāśa], Zeit [↑kāla], Raum [diś], Seele [↑ātman] und Denkorgan [↑manas]), vierundzwanzig guṇa (dazu gehören die fünf Sinnesqualitäten sowie Anzahl, Größe, Gewicht, [zeitliches oder räumliches] Fernsein oder Nahesein, Verbundensein, Getrenntsein, Verdienst [gutes ↑karma] und sein Gegenteil, auch: Anstrengung, Erkennen, Schmerz, ererbte Neigungen u. a.) und fünf karma (z. B. Bewegung nach oben, nach unten oder gewöhnliche Ortsbewegung [gamana]) untergliedert sind, d. h., die zugehörigen Bestimmungen Sei[endsei]n (sattā) und die ihr untergeordneten Substanzsein (dravyatva), Eigenschaftsein (guṇatva) und Bewegungsein (karmatva) sind (von Instanzen getragene) Gattungen (jāti). Darüber hinaus erhalten drei Gegenstandsarten der Metastufe – sie sind nicht durch Sein (sattā), sondern durch Dasein (bhāva) bestimmt – den Status von Kategorien: ↑sāmānya (Allgemeines), ↑viśeṣa (Besonderes im Sinne des für nicht mehr zerlegbare ↑Individuen Charakteristischen, deren ↑Individuation bewirkend, ↑Qualia) und ↑samavāya (Inhärenz). Die zugehörigen Bestimmungen des Allgemeinseins, Unterschiedenseins und Inhärentseins sind, weil durch Definitionen reduzierbar, deshalb keine Gattungen (des Seienden), sondern nur ›mitgeführte Einschränkungen [von Gattungen]‹ (upādhi). Andere kategoriale Gliederungen, z. B. 10 p. bei Praśastapādas Vorgänger Candramati (ca. 450–500), darunter abhāva (Abwesenheit) und śakti (Fähigkeit), haben sich im klassischen Vaiśeṣika nicht durchgesetzt; erst in späterer Zeit wurde noch abhāva als siebente Kategorie anerkannt. In der ↑Mīmāṃsā wiederum wurde viśeṣa, weil korrelativ zu sāmānya, als p. zurückgewiesen und stattdessen unter anderem sowohl Zahl (saṃkhyā) als auch Entsprechung (sādṛśya) als p. diskutiert. Der primär nicht naturphilosophisch sondern argumentationstheoretisch interessierte ↑Nyāya beginnt mit 16 dialektischen p. und ordnet die sechs ontologischen p. des Vaiśeṣika dem dialektischen p. prameya (= Erkenntnisgegenstand) unter. Die Jainas ergänzen die logisch-ontologisch motivierte kategoriale Gliederung der Gegenstände (artha) in Substanz (dravya) und Modus (paryāya) durch eine ethisch-ontologisch motivierte kategoriale Gliederung des Wirklichen (tattva), nämlich des Weges zur Erlösung, in sieben p..

Literatur: E. Frauwallner, Geschichte der indischen Philosophie II, Salzburg 1956, ed. A. Pohlus, Aachen 2003 (engl. History of Indian Philosophy II, Delhi 1973, 2008); W. Halbfass, On Being and What There Is. Classical Vaiśeṣika and the History of Indian Ontology, Albany N. Y. 1992, Delhi 1993. K. L.

Padoa, Alessandro, *Venedig 14. Okt. 1868, †Genua 25. Nov. 1938, ital. Logiker und Mathematiker. Nach Abschluß seines Studiums an der Ingenieurschule in Padua und an der Universität Turin (dort 1895 Promotion in Mathematik) wirkt P. als Lehrer an höheren Schulen in Pinerolo, Rom und Cagliari. Ab 1909 Dozent der Mathematik am Istituto Tecnico in Genua, ab 1932 nach mehreren Gastdozenturen in Italien und Genf auch Dozent für mathematische Logik (↑Logik, mathematische) an der Universität Genua. P. ist einer der Hauptvertreter der Schule G. Peanos, dessen Mitarbeiter er über 40 Jahre war. Er setzt sich für den formalen Standpunkt der Peano-Schule ein.

P. schlägt 1900 erstmals eine modelltheoretische (↑Modelltheorie) Methode vor, um die Undefinierbarkeit (↑undefinierbar/Undefinierbarkeit) von ↑primitiven Termen (Grundbegriffen) einer formalen Theorie durch die übrigen Grundbegriffe der Theorie zu beweisen. Im Sinne der formalen Logik (↑Logik, formale) geht er davon aus, daß es bei der Einführung einer formalen Theorie Konvention sei, welche Symbole als undefiniert und welche ↑Aussageformen als unbewiesen bzw. als formale ↑Axiome des Systems vorausgesetzt werden. Insbes. grenzt sich P. von der traditionellen Auffassung (z. B. von B. Pascal) ab, daß undefinierte Symbole einfachen Grundbegriffen und unbewiesene Aussageformen bzw. formale Axiome evidenten (↑Evidenz) Wahrheiten entsprechen müssen. Einfachheit und Evidenz sind nach P. bloß psychologische Kriterien, die von den semantischen Interpretationen formaler Symbole unterschieden werden müssen, bei denen (als Axiome vorausgesetzte oder abgeleitete) Aussageformen einer formalen Theorie in wahre Aussagen übergehen. In der Modelltheorie heißen solche Interpretationen heute ↑Modelle einer formalen Theorie. P. betont, daß eine formale Theorie verschiedene oder sogar unendlich viele (nicht isomorphe; ↑isomorph/Isomorphie) Modelle haben kann. Damit ergibt sich das Problem, ob die in einer formalen Theorie gewählten Grundsymbole tatsächlich nicht aufeinander reduzierbar bzw. durch einander definierbar sind.

Eine formale Definition eines Symbols x durch die undefinierten Grundsymbole einer formalen Theorie hat nach P. die Form $x = a$, wonach ein in der formalen Theorie zulässig gebildeter Term oder Ausdruck a (also eine Formel aus Grundsymbolen und logischen Konstanten; ↑Konstante, logische) durch das Symbol x ersetzt werden kann. Das System der Grundsymbole einer formalen Theorie heißt nach P. ›irreduzibel‹ (↑irreduzibel/Irreduzibilität) bezüglich des zugehörigen Systems von unbewiesenen Aussageformen, wenn keine formale

Definition eines der Grundsymbole mit den übrigen Grundsymbolen aus dem System der unbewiesenen Aussageformen (bzw. Axiome) der formalen Theorie abgeleitet werden kann.
Die Methode, die P. zum Nachweis dieser Irreduzibilität bzw. Undefinierbarkeit primitiver Symbole durch die übrigen primitiven Symbole einer Theorie vorschlägt, orientiert sich an den Unabhängigkeitsbeweisen Peanos für die Axiome einer formalen Theorie. Ein Axiom (z. B. das ↑Parallelenaxiom der ↑Euklidischen Geometrie) heißt unabhängig (↑unabhängig/Unabhängigkeit (logisch)) von den übrigen Axiomen einer Theorie, wenn aus diesen weder das Axiom selbst noch seine ↑Negation formal abgeleitet werden kann. Zum Nachweis der Unabhängigkeit eines Axioms genügt die Angabe zweier Interpretationen, so daß das Axiom unter der einen wahr und unter der anderen falsch ist, die übrigen Axiome aber unter beiden wahr sind (z. B. ist das Parallelenaxiom im euklidischen Raum wahr, im Kugelmodell für die sphärische Geometrie [↑Geometrie, elliptische] jedoch falsch). Dann nämlich ist weder das betreffende Axiom noch seine Negation aus den übrigen Axiomen der Theorie folgerbar (↑Folgerung), also in einer korrekten (↑korrekt/Korrektheit) Formalisierung der Theorie auch nicht ableitbar (↑ableitbar/Ableitbarkeit). Analog ist nach P. das System undefinierter Grundsymbole einer formalen Theorie dann und nur dann irreduzibel bezüglich ihres Systems der unbewiesenen Aussageformen, wenn für jedes undefinierte Symbol eine Interpretation der formalen Theorie angegeben werden kann, die die unbewiesenen Aussageformen auch dann noch verifiziert, wenn nur die Bedeutung des betrachteten Symbols passend verändert wird. – P. vermag keinen allgemeinen Beweis seiner Methode der Undefinierbarkeit anzugeben, da ihm die modelltheoretischen Voraussetzungen fehlen. Dennoch wird diese Methode analog zu Peanos Idee der Unabhängigkeitsbeweise für die Entwicklung der mathematischen Logik wichtig. So beweist A. Tarski 1934 und 1935, daß P.s Methode in jedem formalen System angewendet werden kann, das in einer ↑Typentheorie formalisiert ist. E. W. Beth beweist 1953 die Korrektheit von P.s Methode für die Prädikatenlogik 1. Stufe. K. Schütte überträgt 1962 Beths Beweis auf die intuitionistische Logik (↑Logik, intuitionistische).

Werke: Essai d'une théorie algébrique des nombres entiers, précédé d'une introduction logique à une théorie déductive quelconque, in: Bibliothèque du Congrès international de philosophie III (Logique et histoire des sciences), Paris 1901 (repr. Nendeln 1968), 309–365 (Einl. [engl.] unter dem Titel: Logical Introduction to Any Deductive Theory, in: J. van Heijenoort [ed.], From Frege to Gödel. A Source-Book in Mathematical Logic 1879–1931, Cambridge Mass./London 1967, 2002, 119–123); Théorie des nombres entiers absolus. Remarques et modifications au formulaire, Riv. math. 8 (1902–1906), 45–54; Che cos'è una relazione?, Atti della Accademia delle Scienze Torino 41 (1905/1906), 818–826; D'où convient-il de commencer l'arithmétique?, Rev. mét. mor. 19 (1911), 549–554; La logique déductive dans sa dernière phase de développement, Rev. mét. mor. 19 (1911), 828–883, 20 (1912), 48–67, 207–231, separat [mit Vorw. G. Peano] Paris 1912; Ce que la logique doit à Peano, in: Actes du Congrès international de philosophie scientifique, Paris 1935, 1936 (Actualités scientifiques et industrielles 395), 31–37; A. Gianattasio, Due inediti di A. P., Physis 10 (Pisa 1968), 309–336. – Bibliographie, in: M. Borca, Ricordo di A. P. [s. u., Lit.], 145–150.

Literatur: E. W. Beth, On P.'s Method in the Theory of Definition, Indagationes math. 15 (1953), 330–339; M. Borca, Ricordo di A. P. (1868–1937), Epistemologia 31 (2008), 133–152; ders./ G. Fenaroli/A. C. Garibaldi, Un inedito di A. P., Epistemologia 32 (2009), 233–254; ders., Su alcuni contributi di A. P. e Mario Pieri ai fondamenti della geometria, Epistemologia 34 (2011), 89–113; H. C. Kennedy, P., DSB X (1974), 274; K. Schütte, Der Interpolationssatz der intuitionistischen Prädikatenlogik, Math. Ann. 148 (1962), 192–200; P. Soula, P., DP II (^{2}1993), 2177–2178; A. Tarski, Z badań metodologicznych nad definjowalnością terminów, Przegląd filozoficzny 37 (1934), 438–460 (dt. Einige methodologische Untersuchungen über die Definierbarkeit der Begriffe, Erkenntnis 5 [1935], 80–100 [repr. in: ders., Collected Papers I (1921–1934), ed. S. R. Givant/R. N. McKenzie, Basel/Boston Mass./Stuttgart 1986, 639–659]; engl. Some Methodological Investigations Regarding the Definability of Concepts, in: ders., Logic, Semantics, Metamathematics. Papers from 1923 to 1938, Oxford 1956, ed. J. Corcoran, Indianapolis Ind. ^{2}1983, 1990, 296–319; franz. Quelques recherches méthodologiques sur la définissabilité des concepts, in: ders., Logique, sémantique, métamathématique II [1923–1944], ed. G. Granger, Paris 1974, 23–46). K. M.

Padoa-Kriterium, ↑definierbar/Definierbarkeit.

Padua, Schule von, Bezeichnung für den überwiegend averroistischen (↑Averroismus) Paduaner ↑Aristotelismus, neben dem Florentiner Platonismus (↑Platonische Akademie (Academia Platonica)) die bedeutendste philosophische Schule in der italienischen ↑Renaissance. Sie bestimmte wesentlich die Entwicklung der aristotelischen ↑Naturphilosophie und Psychologie seit dem 14. Jh. und nahm in ihrer methodologischen Orientierung, im Anschluß an ältere Galen-Kommentare und die Tradition der Aristotelischen »Zweiten Analytiken«, auf aristotelischer Seite maßgeblichen Einfluß auf die Entstehung der neuzeitlichen Naturwissenschaft bzw. auf die Entstehung einer ↑Methodologie empirischer Wissenschaften im neuzeitlichen Sinne. Im Bereich der Psychologie lehrten die Paduaner Averroisten, gestützt auf die Konzeption einer von den (sterblichen) Einzelseelen getrennten Gesamtseele, die (überindividuelle) ↑Unsterblichkeit der ↑Seele, während die Alexandristen unter den Paduaner Aristotelikern (benannt nach dem Aristoteles-Kommentator Alexander von Aphrodisias; ↑Alexandrismus) die Auffassung vertraten, daß die Seele mit der Einzelseele identisch sei und daher mit dieser, die als ↑Entelechie des Körpers materiell sei, sterbe (vgl. P. Pomponazzi, De immortalitate animae, Bologna 1516). Zu den Hauptvertretern der S. v. P. gehören: Pietro d'Abano (1257–1315), Blasius von Parma (ca. 1345–1416), Jacopo da Forlì (†1413), Hugo von Siena (†1439), Paulus Venetus (†1429), Cajetan von Thiene (1387–1465), Pomponazzi (1462–1525), A. Achillini (1463–1512), A. Nifo (1473–1546), G. Zabarella (1532–1589) und C. Cremonini (1550–1631).

In der Methodendiskussion der S. v. P. nimmt der ursprünglich *beweistheoretische* Sinn der Aristotelischen Unterscheidung zwischen einer analytischen Methode (*resolutio*) und einer synthetischen Methode (*compositio*) im Sinne zweier Wege zur Wahrheit einen methodologischen oder *grundlagentheoretischen* Sinn an (↑Methode, analytische). Die analytische Methode wird dabei mit der älteren *demonstratio quia* (Beweis, daß [etwas so ist, wie es ist]) und die synthetische Methode mit der älteren *demonstratio propter quid* (Beweis, warum [etwas so ist, wie es ist]) identifiziert (↑demonstratio propter quid/demonstratio quia). Während Pietro d'Abano die Unterscheidung zwischen der *demonstratio propter quid* und der *demonstratio quia* mit der Unterscheidung zwischen strenger und weniger strenger Wissenschaft verband, Hugo von Siena *resolutio* und *compositio* als zwei Teile einer demonstrativen Wissenschaft verstand und Nifo die *demonstratio propter quid* in den empirischen Wissenschaften, im Sinne eines hypothetischen Wissens von den Ursachen und Gründen und im Unterschied zur *demonstratio a priori* in der Mathematik, als *demonstratio coniecturalis* bezeichnete, faßt Zabarella das methodische Verhältnis von (empirischer) *resolutio* und (nicht-empirischer) *compositio* bereits in der Weise auf, in der G. Galilei, der selbst von 1592 bis 1610 in Padua lehrte, es zum Kernstück einer neuartigen Methodologie der Physik macht.

Bei Galilei dient ein *metodo risolutivo* der Formulierung von Sätzen zur Erklärung beobachteter Phänomene, während ein *metodo compositivo* mit Hilfe analytisch gewonnener Sätze zur Formulierung von ↑Hypothesen führt, die anschließend in erneuter Anwendung des *metodo risolutivo* exhauriert (↑Exhaustion) werden sollen (↑Kinematik). In ihren methodologischen bzw. wissenschaftstheoretischen Konzeptionen steht der Aristotelismus der S. v. P. daher auch nicht so sehr in Opposition zu der sich als nicht-aristotelisch verstehenden ›neuen Wissenschaft‹ (gemeint ist die entstehende neuzeitliche Physik), sondern ist selbst Teil, und zwar ein wesentlicher methodologischer Teil, dieser Entwicklung.

Literatur: W. F. Edwards, Paduan Aristotelism and the Origins of Modern Theories of Method, in: L. Olivieri (ed.), Aristotelismo veneto e scienza moderna. Atti del 25 anno accademico del Centro per la storia della tradizione aristotelica nel Veneto I, Padua 1983, 206–220; A. Favaro, Galileo Galilei e lo studio di Padova, I–II, Florenz 1883, Padua 1966; ders., Galileo Galilei a Padova. Ricerche e scoperte, insegnamento, scolari, Padua 1968; E. Garin, La filosofia II (Dal rinascimento al Risorgimento), Mailand 1947, 1–65 (Parte I, Kap. 1 L'aristotelismo da Pomponazzi a Cremonini), unter dem Titel: Storia della filosofia italiana II, Turin ²1966, ³1978, 499–580 (Parte III, Kap. 1 L'aristotelismo da Pomponazzi a Cremonini) (engl. History of Italian Philosophy I, Amsterdam/New York 2008, 327–378 [Part III, Chap. 15 Aristotelianism from Pomponazzi to Cremonini]); N. W. Gilbert, Renaissance Concepts of Method, New York, London 1960, 1963, 164–179; ders., Galileo and the School of Padua, J. Hist. Philos. 1 (1963), 223–231; T. S. Hoffmann, Philosophie in Italien. Eine Einführung in 20 Porträts, Wiesbaden 2007, 135–197 (Abt. 2 Paduaner Aristoteliker); E. Keßler [Kessler], Die Philosophie der Renaissance. Das 15. Jahrhundert, München 2008, 137–183, 241–265 (Kap. IV Der Paduaner Aristotelismus des 15. Jahrhunderts); P. O. Kristeller, La tradizione aristotelica nel Rinascimento, Padua 1962; J. Mittelstraß, Neuzeit und Aufklärung. Studien zur Entstehung der neuzeitlichen Wissenschaft und Philosophie, Berlin/New York 1970, 182–193; ders., Galilei als Methodologe, Ber. Wiss.gesch. 18 (1995), 15–25; B. Nardi, Saggi sull'aristotelismo padovano dal secolo XIV al XVI, Florenz 1958; A. Poppi, Introduzione all'aristotelismo padovano, Padua 1970, erw. ²1991; J. H. Randall Jr., The Development of Scientific Method in the School of Padua, J. Hist. Ideas 1 (1940), 177–206, ferner in: P. O. Kristeller/P. P. Wiener (eds.), Renaissance Essays. From the »Journal of the History of Ideas«, New York/Evanston Ill. 1968, 217–251; ders., The School of Padua and the Emergence of Modern Science, Padua 1961; ders., The Career of Philosophy I (From the Middle Ages to the Enlightenment), New York/London 1962, 1970, 65–88, 284–307; E. Troilo, Averroismo e aristotelismo padovano, Padua 1939; W. A. Wallace, Aristotelian Influences on Galileo's Thought, in: L. Olivieri (ed.), Aristotelismo veneto e scienza moderna [s. o.] I, 349–378; ders., Randall redivivus: Galileo and the Paduan Aristotelians, J. Hist. Ideas 49 (1988), 133–149. – A. Favaro, Saggio di bibliografia dello studio di Padova (1500–1920), I–II, Venedig 1922; C. B. Schmitt, A Critical Survey and Bibliography of Studies on Renaissance Aristotelianism 1958–1969, Padua 1971; ders., The Aristotelian Tradition and Renaissance Universities, London 1984; Totok III (1980), 166–177. J. M.

Paine, Thomas, *Thetford (Norfolk) 29. Jan. 1737, †New York 8. Juni 1809, brit.-amerik. politischer Publizist und Philosoph. Nach unstetem Leben in England, unter anderem als Seemann und Zollbeamter, 1774 mit Unterstützung B. Franklins Emigration nach Amerika (Philadelphia). P. setzte sich für die amerikanische Freiheitsbewegung ein und vertrat (wie J.-J. Rousseau und W. Godwin) die Trennung von Staat und Gesellschaft (Common Sense, 1776). Als Politiker (1777–1779 Sekretär des Auswärtigen Ausschusses des Kontinentalkongresses) und Publizist (1775–1776 Redakteur beim »Pennsylvanian Magazine«, Autor der vielbeachteten politischen Hefte »The American Crisis«, 1776–1783) übte er großen politischen Einfluß aus. In seinem Hauptwerk (The Rights of Man, 1791/1792) verteidigte P. nach seiner Rückkehr nach England (1787) die Ideen der Französischen Revolution gegen die Angriffe E.

Burkes. Nach Verbot dieses revolutionären, naturrechtliche (↑Naturrecht) mit demokratisch-republikanischen Vorstellungen verbindenden Werkes Flucht nach Frankreich, wo P. 1792 franz. Staatsbürger und Abgeordneter im Nationalkonvent wurde. 1793 als Girondist verhaftet (P. hatte mit A. Marquis de Condorcet den Verfassungsentwurf der Gironde verfaßt), 1794 nach M. de Robespierres Sturz wieder freigelassen; 1802 Rückkehr nach Amerika. In »The Age of Reason« (1794/1795) wendet sich P. in deistischem Geiste (↑Deismus) zugunsten der Idee einer aufgeklärten ↑Vernunftreligion gegen die christliche Offenbarungsreligion (↑Offenbarung).

Werke: The Writings of T. P., I–IV, ed. M. D. Conway, New York/London 1894–1896 (repr. New York 1969, 1972, London 1996), 1902–1908 (repr. in 2 Bdn. New York 1969); The Life and Works, I–X, ed. W. M. van der Weyde, New Rochelle N. Y. 1925; The Complete Writings of T. P., I–II, ed. P. S. Foner, New York 1945, 1969; Collected Writings, ed. E. Foner, New York 1995, 2009. – Common Sense, Addressed to the Inhabitants of America [...], Philadelphia Pa., Norwich Conn., Edinburgh, Boston Mass., Newport R. I., London 1776, erw. Philadelphia Pa., London, Edinburgh, Lancaster Pa. 1776, Neudr. Harmondsworth 1976, ferner in: Collected Writings [s. o.], 5–59 (dt. Gesunde Vernunft. An die Einwohner von America [...], Philadelphia Pa., London 1776, unter dem Titel: Gesunder Menschenverstand. An die Einwohner von America gerichtet [...], Kopenhagen 1794, unter dem Titel: Common Sense, Stuttgart 1982; franz. Le sens commun. Adressé aux habitans de l'Amérique [...], Rotterdam 1776, unter dem Titel: Le sens-commun. Ouvrage adressé aux Américains, [...], übers. T. P., Paris 1791, rev. 1793, unter ursprünglichem Titel, Paris 1822, unter dem Titel: Le sens commun/Common Sense [engl./franz.], übers. B. Vincent, 1983, unter dem Titel: Le sens commun, Sillery (Québec) 1995, übers. C. Hamel, Paris 2013); The American Crisis, I–XIII, Philadelphia Pa. 1776–1783, unter dem Titel: The Crisis Papers, Albany N. Y. 1990, ferner in: Collected Writings [s. o.], 91–176, 181–210, 222–234, 325–333, 348–354, separat unter dem Titel: The Crisis, Amherst N. Y. 2008; Rights of Man. Being an Answer to Mr. Burke's Attack on the French Revolution, I–II, London 1791/1792, ferner in: Collected Writings [s. o.], 433–661 (dt. Die Rechte des Menschen. Eine Antwort auf Herrn Burke's Angriff gegen die französische Revolution, I–II, I, Berlin 1791, II, Kopenhagen 1793, I–II, Kopenhagen ²1793, ohne Untertitel, ed. W. Mönke, Berlin 1962, ²1983; franz. Droits de l'homme. En réponse à l'attaque de m. Burke sur la revolution françoise, I–II, Paris, Hamburg 1791/1792, ²1793, unter dem Titel: Les droits de l'homme, Nancy, Paris 2009); Letter Addressed to the Addressers, on the Late Proclamation, London 1792, ferner in: Rights of Man, Common Sense and Other Political Writings [s. u.], 333–384; The Age of Reason. Being an Investigation of True and of Fabulous Theology, I–II, Paris, London 1794/1795, ferner in: Collected Writings [s. o.], 665–830, I [mit Auszügen aus Bd. II u. Texten zeitgenössischer Autoren], ed. K. Walters, Peterborough Ont. etc. 2011 (franz. Le siècle de la raison, ou Recherches sur la vraie théologie et sur la théologie fabuleuse, I–II, Paris 1794/1795, in einem Bd. 2003; dt. Das Zeitalter der Vernunft. Eine Untersuchung über die wahre und fabelhafte Theologie, I–II, Paris [d. i. Hamburg/Lübeck] 1794/1796, in einem Bd. mit Untertitel: Eine Untersuchung der wahren und unwahren Theologie, Leipzig 1846, in 2 Bdn. mit Untertitel: Eine Untersuchung über wahre und märchenhafte Gottesvorstellung, Magdeburg ²1890/1891); Dissertation on First-Principles of Government, Paris, London 1795, ferner in: Rights of Man, Common Sense and Other Political Writings [s. u.], 385–408 (dt. Ueber die Regierungen und die Ur-Grundsätze einer jeden derselben, Paris o. J. [1795], unter dem Titel: Abhandlung über die ersten Grundsätze der Regierung und die Rechte des Menschen [...], Kiel, Leipzig 1851); Agrarian Justice Opposed to Agrarian Law and to Agrarian Monopoly. Being a Plan for Meliorating the Conditions of Man [...], Paris, London, Dublin, Philadelphia Pa. 1797, ferner in: Collected Writings [s. o.], 396–413 (franz. A la legislature et au directoire, ou La justice agraire opposée à la loi et monopole agraire [...], Paris 1797); Examination of the Passages in the New Testament, Quoted from the Old and Called Prophecies Concerning Jesus Christ [...], New York 1807, unter dem Titel: The Age of Reason III (Being an Examination [...]), London 1811, unter ursprünglichem Titel, Boston Mass. 1817, ferner in: The Complete Writings [s. o.], 841–897; T. P.s theologische Werke, ed. H. Ginal, Stolberg am Harz 1848; Common Sense and Other Political Writings, ed. N. F. Adkins, New York, Indianapolis Ind. 1953, unter dem Titel: Common Sense and Other Writings, New York 1966, unter ursprünglichem Titel, Indianapolis Ind. 1975; The Essential T. P., New York 1969, unter dem Titel: Common Sense, Rights of Man, and Other Essential Writings, 1984, erw. 2003, 2009; Political Writings, ed. B. Kuklick, Cambridge/New York 1989, rev. 2000, 2009; Rights of Man, Common Sense and Other Political Writings, ed. M. Philp, Oxford etc. 1995, 2008; A Collection of Unknown Writings, ed. H. Burgess, Basingstoke 2009, 2010; Common Sense and Other Writings. Authoritative Texts, Contexts, Interpretations, ed. J. M. Opal, New York 2012. – R. Gibel, A Bibliographical Checklist of »Common Sense«, with an Account of Its Publications, New Haven Conn. 1956 (repr. Port Washington N. Y. 1973).

Literatur: A. O. Aldridge, Man of Reason. The Life of T. P., Philadelphia Pa./New York 1959, London 1960; ders., P., Enc. Ph. VI (1967), 17–18; ders., T. P.'s American Ideology, Newark Del., London/Toronto 1984; A. J. Ayer, T. P., New York, London 1988, Chicago Ill. 1990; K. W. Burchell (ed.), T. P. and America, 1776–1809, I–VI, London 2009; G. Claeys, T. P.. Social and Political Thought, Boston Mass. etc. 1989; S. Cotlar, P.'s America. The Rise and Fall of Transatlantic Radicalism in the Early Republic, Charlottesville Va. 2011; I. Dyck (ed.), Citizen of the World. Essays on T. P., London 1987, New York 1988; E. Foner, Tom P. and Revolutionary America, New York 1976, Oxford etc. ²2005; J. Fruchtman, T. P. and the Religion of Nature, Baltimore Md./London 1993; ders., T. P.. Apostle of Freedom, New York/London 1994, 1996; ders., The Political Philosophy of T. P., Baltimore Md. 2009, 2011; M. Griffo, T. P.. La vita e il pensiero politico, Soveria Mannelli 2011; C. Hitchens, T. P.'s »Rights of Man«. A Biography, New York, London 2006 (dt. Über T. P. »Die Rechte des Menschen«, München 2007); H. J. Kaye, T. P. and the Promise of America, New York 2005; J. Keane, Tom P.. A Political Life, Boston Mass. etc., London 1995, London/New York/Berlin 2009 (dt. T. P.. Ein Leben für die Menschenrechte, Hildesheim 1998); B. Kuklick, P., REP VII (1998), 184–186; ders. (ed.), T. P., Aldershot/Burlington Vt. 2006; R. Lahme, P., BBKL VI (1993), 1437–1441; E. Larkin, T. P. and the Literature of Revolution, Cambridge etc. 2005; J. Lessay, L'Américain de la convention. T. P.. Professeur de revolutions, député du Pas-de-Calais, Paris 1987; C. Lounissi, La pensée politique de T. P. en context. Théorie et pratique, Paris 2012; C. Nelson, T. P.. Enlightenment, Revolution, and the Birth of Modern Nations, New York, London 2006, 2007; M. Philp, P., Oxford etc. 1989; ders., P., in: H. C. G. Matthew/B. Harrison (eds.), Oxford Dictionary of National Biography XLII, Oxford etc. 2004, 398–413, erw. unter dem Titel: T. P., Oxford etc. 2007; ders., P., SEP 2013; S. Rosenfeld, Common Sense. A Political History, Cambridge Mass./London 2011; W. A. Speck, A Political Biography of T. P., London/Brookfield Vt. 2013; B. Vincent, T. P. ou La religion de la liberté. Biographie, Paris 1987; ders., The Transatlantic Republican. T. P. and the Age of Revolutions, Amsterdam/New York 2005; W. Woll, T. P.. Motives for Rebellion, Frankfurt etc. 1992. J. M.

Palágyi, Menyhért (Melchior), *Paks (Ungarn) 26. Dez. 1859, †Darmstadt 14. Juli 1924, ungar. Philosoph. Nach einem naturwissenschaftlichen Studium 1877–1881 an der Universität Budapest und Tätigkeit als Literaturkritiker Prof. für Physik und Mathematik in Klausenburg. Ab 1900 setzt sich P. kritisch mit der philosophischen, logischen, psychologischen und naturwissenschaftlichen Grundlagendiskussion in Deutschland auseinander; 1902 nimmt er zum Psychologismusstreit (↑Psychologismus) Stellung. In den psychologistischen Tendenzen kritisiert er die Vorherrschaft der Physiologie, während er gleichzeitig dem ↑Formalismus in der Logik die Dominanz der Mathematik vorhält. Dabei greift er vor allem E. Husserls »Logische Untersuchungen« (I–II, 1900/1901) an und wirft ihnen formalistische Tendenzen vor. Obgleich logische Gesetze nicht durch physiologische und experimentell-psychologische Methoden zu begründen seien, bleiben sie nach P. doch an psychische Denkakte gebunden und insofern von der Psychologie abhängig. So unterscheidet P. zwar an einem Satz den zeitlosen Aspekt der logischen Form (↑Form (logisch)) vom zeitlichen Aspekt des psychologischen Denkaktes, betont aber die Zusammengehörigkeit beider Momente. Die Husserlsche Separation in ein Reich des Realen (›Realgesetze‹), zu dem auch psychische Vorgänge als zeitliche Akte gehören, und ein Reich des Idealen (›Idealgesetze‹) führt P. auf B. Bolzanos Trennung von Denkakt und Denkinhalt zurück und lehnt sie scharf ab.

In seiner Erkenntnistheorie entwirft P. eine Theorie des Bewußtseins, die teilweise an Positionen des ↑Mentalismus im Rahmen der kognitiven Psychologie erinnert. Dabei unterscheidet er zwischen physisch-mechanischen Vorgängen, vitalen Prozessen und geistigen Akten des Bewußtseins. Mechanische Vorgänge sind meß- und beobachtbar, vitale Prozesse indirekt beobachtbar, Bewußtsein ist nur direkt erfahrbar. Mentale Fähigkeiten des Menschen führt P. auf eine Polarität von Sach- und ↑Selbstbewußtsein zurück. Während das Sachbewußtsein nach P. die raumzeitlich-anschaulichen Erscheinungen der ↑Außenwelt erschließt, entspricht das Selbstbewußtsein dem unanschaulichen jeweils eigenen ↑Ich. Die Polarität von Sach- und Selbstbewußtsein im Menschen ist nach P. ein Ergebnis der ↑Evolution, die sich in der Entwicklung des Kindes wiederholt. – In seinen naturphilosophischen Untersuchungen sucht P. die Defizite des ↑Mechanismus, ↑Vitalismus und Psychologismus auf der Grundlage seiner Philosophie des Bewußtseins aufzulösen. Eine zentrale Rolle spielen dabei Untersuchungen zur Wahrnehmung von Raum und Zeit. P. drückt 1901 die klassische Raum-Zeit-Theorie in vierdimensionaler Form aus, so daß sich gewisse formale Ähnlichkeiten zu H. Minkowskis späterer Formulierung von A. Einsteins Spezieller Relativitätstheorie (↑Relativitätstheorie, spezielle) ergeben. Inhaltlich distanziert sich P. später jedoch von dieser Theorie. Seine kritischen Äußerungen treffen den Kern der Sache nicht, da es P. nicht um den mathematisch-physikalischen Begriff der Raum-Zeit geht (↑Raum-Zeit-Kontinuum), sondern um den psychologischen Aspekt räumlicher und zeitlicher Wahrnehmung.

Werke: Neue Theorie des Raumes und der Zeit. Die Grundbegriffe einer Metageometrie, Leipzig 1901 (repr. Darmstadt 1967), Nachdr. in: Ausgew. Werke III [s. u.], 1–33; Kant und Bolzano. Eine kritische Parallele, Halle 1902; Der Streit der Psychologisten und Formalisten in der modernen Logik, Leipzig 1902; Die Logik auf dem Scheidewege, Berlin 1903; Naturphilosophische Vorlesungen. Über die Grundprobleme des Bewusstseins und des Lebens, Charlottenburg 1907, Leipzig [2]1924 (= Ausgew. Werke I); Die Relativitätstheorie in der modernen Physik. Vortrag gehalten auf dem 85. Naturforschertag in Wien, Berlin 1914, Nachdr. in: Ausgew. Werke III [s. u.], 34–83; Ausgewählte Werke, I–III, Leipzig 1924–1925.

Literatur: M. Born, P., M.: Die Relativitätstheorie in der modernen Physik, Naturwiss. 3 (1915), 11–12; W. Deubel, Die Philosophie und Weltmechanik von M. P., Preuß. Jb. 203 (1926), 329–356; W. R. B. Gibson, The Philosophy of M. P., J. Philos. Stud. 3 (1928), 15–28, 158–172; E. Husserl, M. P.. Der Streit der Psychologisten und Formalisten in der modernen Logik, Z. Psychologie u. Physiologie d. Sinnesorgane 31 (1903), 287–294 [Literaturbericht]; J. Kovesi, P., Enc. Ph. VI (1967), 18–19; J. C. Nyíri, P.s Kritik an der Gegenstandstheorie, Grazer philos. Stud. 50 (1995), 603–613; ders., Wörter und Bilder in der österreichisch-ungarischen Philosophie. Von P. zu Wittgenstein, Ber. Wiss.gesch. 24 (2001), 147–153; L. W. Schneider, Die erste Periode im philosophischen Schaffen M. P.s, Würzburg 1942, Nachdr. unter dem Titel: Leben und Werk M. P.s, Darmstadt 1977; A. Wurmb, Darstellung und Kritik der logischen Grundbegriffe der Naturphilosophie M. P.s. Raum – Zeit, Materie – Äther, Diss. Leipzig 1931. K. M.

Panaitios von Rhodos, *Lindos (Rhodos) 185/180 v. Chr., †Athen 110/109 v. Chr., griech. Philosoph, Begründer der mittleren ↑Stoa. Zwischen 170 und 150 Priester des Poseidon Hippios in Lindos, 156/155 Teilnehmer der athenischen Philosophengesandtschaft nach Rom, um 144 Mitglied des ›Scipionenkreises‹, 141 Begleiter Scipios auf dessen Asienreise, 129–109 Schulhaupt der Stoa in Athen. Schüler des Krates in Pergamon sowie des Diogenes von Seleukeia und Antipatros von Tarsos in Athen; Lehrer des Poseidonios und Stratokles von Rhodos. Seine Schriften sind nicht erhalten. Hauptquelle ist M. T. Cicero. – P. erweitert den engen Schulhorizont der Stoa durch problemgeschichtlichen Rückgriff vor allem auf Platon und Aristoteles, aber auch auf Xenokrates, Theophrast, Dikaiarch und Karneades. Nicht die klassischen stoischen Disziplinen Physik und Dialektik, sondern die (pragmatisch-politische) Ethik steht im Mittelpunkt seiner Philosophie. P. lehnt den ethischen ↑Rigorismus seiner Vorgänger ab, sieht als erster Stoiker den Menschen als Gesamtheit von Seele und Leib und bewertet ↑Lust und äußere Güter (Wohlstand, Gesundheit, guter Ruf) positiv und unverzichtbar für die Erlangung des Glücks. Grundlage der Ethik sind für P. als Basistriebe verstandene natürliche Anlagen wie das Streben nach Selbstschutz, Kommunikation, Lebensgemeinschaft (vor allem auch im politischen Sinn) und Erkenntnis. Das ›naturgemäße Leben‹ besteht für P. nicht in Triebunterdrückung, Askese und ↑Apathie, sondern in der Vollendung individueller Anlagen. Sein Praxisbezug und die Entwicklung einer politischen Pflichtenlehre (im Gegensatz zum weltfremden Ideal des stoischen Weisen) haben maßgeblich zur Verbreitung der stoischen Philosophie in Rom beigetragen. In der politischen Theorie, die von den Grundprinzipien der Selbsterhaltung der Individuen und des Gemeinwesens ausgeht, vertritt P., wie Aristoteles, das Ideal einer Mischverfassung aus Monarchie, Aristokratie und Demokratie.

Mit Aristoteles und Karneades lehnt P. die altstoische Lehre der periodischen Weltvernichtung ab und vertritt die ↑Ewigkeit der Welt. Der ↑Mantik und der ↑Astrologie, für die alte Stoa eng verknüpft mit der Lehre von der göttlichen Vorsehung, bestreitet er jeden Erkenntniswert. Die ↑Seele ist nach P. sterblich und in sechs Teile aufgegliedert, von denen der triebhafte und der vernünftige besonders hervorgehoben werden. Vermutlich geht die Dreiteilung der Theologie in eine mythische, eine physikalische (natürliche) und eine politische auf P. zurück: die erste sei dichterisch und anthropomorph und daher falsch, die zweite sei zwar vernünftig möglich, aber unbrauchbar, die dritte sei unentbehrlich, weil sie einen wesentlichen Beitrag zur Aufrechterhaltung der staatlichen Ordnung leiste.

Werke: Panaetii et Hecatonis librorum fragmenta, ed. H. N. Fowler, Bonn o. J. [ca. 1885]; Fragmenta, ed. M. van Straaten, Leiden 1946, ³1962 [ergänzte Ausgabe der Fragmente aus: M. van Straaten, Panétius (s. u., Lit.), Amsterdam 1946]; A. Grilli, L'opera di Panezio, Paideia 9 (1954), 337–353; ders., Il Frammento 136 v. Str. di Panezio, Riv. filol. d'istruzione classica 84 (1956), 266–272; M. van Straaten, Panaetius Fragm. 86, Mnemosyne 4. Ser. 9 (1956), 232–234; Testimonianze, ed. F. Alesse, o. O. [Neapel] 1997 (mit Bibliographie, 305–329); Panezio. Testimonianze e frammenti, ed. E. Vimercati, Mailand 2002; Neuer Geist: P., in: R. Nickel (ed.), Stoa und Stoiker. Auswahl der Fragmente und Zeugnisse II [griech./lat./dt.], Düsseldorf 2008, 11–385. – Totok I (1964), 294–295, (²1997), 520–521.

Literatur: F. Alesse, Panezio di Rodi. E la tradizione stoica, o. O. [Neapel] 1994; E. Bréhier, Les stoïciens, ed. P.-M. Schuhl, Paris 1962, 2007; R. M. Brown, A Study of the Scipionic Circle, Scottdale Pa. 1934; H. Dörrie, [4.] P., KP IV (1972), 447–448; A. Dyck, On Panaetius' Conception of *μεγαλοψυχία*, Mus. Helv. 38 (1981), 153–161; A. Erskine, The Hellenistic Stoa. Political Thought and Action, London 1990, ²2011; J.-B. Gourinat/F. Alesse, Panétius de Rhodes, in: R. Goulet (ed.), Dictionnaire des philosophes antiques V, Parris 2012, 131–138; A. Grilli, Studi Paneziani, Stud. ital. filol. class. NS 29 (1957), 31–97; P. P. Hallie, Panaetius of Rhodes, Enc. Ph. VI (1967), 22; B. Inwood, [4] P., DNP IX (2000), 226–228; H.-T. Johann, Gerechtigkeit und Nutzen. Studien zur ciceronischen und hellenistischen Naturrechts- und Staatslehre, Heidelberg 1981; E. Kornemann, Zum Staatsrecht des Polybios, Philol. 86 (1931), 169–184; E. Lefèvre, P.' und Ciceros Pflichtenlehre. Vom philosophischen Traktat zum politischen Lehrbuch, Stuttgart 2001; G. Luck, Panaetius and Menander, Amer. J. Philol. 96 (1975), 256–268; R. Philippson, Panaetiana, Rhein. Mus. Philol. NF 78 (1929), 337–360, 79 (1930), 406–410; ders., Das Sittlichschöne bei P., Philol. 85 (1930), 357–413; M. Pohlenz, Antikes Führertum. Cicero »De officiis« und das Lebensideal des P., Leipzig/Berlin 1934 (repr. Amsterdam 1967); ders., P., RE XXXVI/2 (1949), 418–440; ders., Die Stoa. Geschichte einer geistigen Bewegung I, Göttingen 1948, ⁸2010, 191–207, II (Erläuterungen) 1949, ⁶1990, 97–102; ders., Stoa und Stoiker. Die Gründer, P., Poseidonios, Zürich 1950, ²1964; K. Reich, Kant and Greek Ethics II: Kant and P., Mind NS 48 (1939), 446–463; K. Schindler, Die stoische Lehre von den Seelenteilen und Seelenvermögen, insbesondere des P. und Poseidonios und ihre Verwendung bei Cicero, München 1934; F.-A. Steinmetz, Die Freundschaftslehre des P.. Nach einer Analyse von Ciceros »Laelius de amicitia«, Wiesbaden 1967; P. Steinmetz, P. aus R. und seine Schüler, in: H. Flashar (ed.), Die Philosophie der Antike IV/2 (Die Hellenistische Philosophie), Basel 1994, 646–669 (mit Bibliographie, 665–669); M. van Straaten, Panétius. Sa vie, ses écrits et sa doctrine avec une édition des fragments, Amsterdam 1946; B. N. Tatakis, Panétius de Rhodes. Le fondateur du moyen stoïcisme. Sa vie et son œuvre, Paris 1931; T. Tieleman, Panaetius' Place in the History of Stoicism with Special Reference to His Moral Psychology, in: A. M. Ioppolo/D. N. Sedley (eds.), Pyrrhonists, Patricians, Platonizers. Hellenistic Philosophy in the Period 155–86 BC. Tenth Symposium Hellenisticum, Neapel 2007, 103–142; E. Vimercati, Il mediostoicismo di Panezio, Mailand 2004; A.-J. Voelke, Les rapports avec autrui dans la philosophie grecque d'Aristote à Panétius, Paris 1961. M. G.

Panentheismus, ↑Pantheismus.

Pāṇini, um 400 v. Chr., ind. Grammatiker aus Śalātura in der Provinz Gandhāra (heute: Lāhur nahe Peshāwar, Pakistan), Verfasser der ersten überlieferten streng synchronisch konzipierten Sanskritgrammatik Aṣṭādhyāyī (= acht Kapitel) mit fast 4000 Einzelsūtras als Hauptteil (sūtra-pāṭha). Die unter Bezug auf frühere, gegenwärtig historisch nicht mehr greifbare, Grammatiker formulierten Sūtras bilden eine systematisch und in knappsten Formulierungen verfaßte Sammlung der in der gesprochenen Sprache (bhāṣa) seiner Zeit beachteten, insbes. morphophonematischen, Regeln der Wort(pada)- und Satz(vākya)bildung unter Zuhilfenahme einer eigens eingeführten Metasprache. Das formal am Regelsystem für die vedischen Opferrituale (↑Veda) orientierte Regel- und Metaregelsystem der Aṣṭādhyāyī – die syntaxorientierte Grammatik (vyākaraṇa) gehört ebenso wie die semantikorientierte Etymologie (nirukta) zu den Hilfswissenschaften (Vedāṅga) des Veda – gilt bis heute als die vollständigste und methodisch einfallsreichste generative ↑Grammatik irgendeiner Sprache im Sinne der modernen ↑Linguistik. Der Aufbau der Aṣṭādhyāyī und die ihn leitenden Prinzipien bilden weiterhin den Gegenstand intensiver sprachwissenschaftlicher Forschungen.

P.s Werk übte zusammen mit den es kommentierenden Werken Kātyāyanas (um 250 v. Chr.) und Patañjalis (um 150 v. Chr.) nachhaltigen Einfluß auf die auf sprachphilosophischer Basis argumentierenden Schulen der indischen Philosophie (↑Philosophie, indische) aus. Dazu gehören insbes. die Schulen der Grammatiker (neben der P.-Schule [pāṇinīya darśana] auch andere, gleichwohl P. verpflichtete, insbes. buddhistische und jainistische; zu ihnen zählen die philosophisch wichtigen Pāṇinīyas Bhartṛhari [ca. 450–510], Kauṇḍabhaṭṭa [ca. 1610–1660] und Nāgeśa [= Nāgojībhaṭṭa, ca. 1670–1750] sowie der Buddhist Candragomin [5. Jh.] und der Jaina Hemacandra [ca. 1089–1172], ferner die Kommentatoren Jinendrabhuddi [9. Jh., buddhistisch] und Haradatta [13. Jh., pāṇinīya] der Kāśikāvṛtti [= Glosse von Benares, ein laufender Kommentar zur Aṣṭādhyāyī] von Jayāditya und Vāmana aus dem 7. Jh., sowie Kaiyaṭa [12. Jh.] mit seinem bedeutenden Kommentar Pradīpa zu Patañjalis Werk) und die Schulen der ↑Mīṃāṃsā (↑Logik, indische).

P.s Einfluß betrifft (1) die Unterscheidung von Wurzel (↑prakṛti, eigentlich: Urmaterie, Terminus des ↑Sāṃkhya) und Affix (pratyaya, eigentlich: Vorstellung, nämlich die Wurzel in ein Zeichen, einen Namen, verwandelnd), (2) die Unterscheidung von Handlung (kriyā) und Geschehen (↑bhāva) im Zusammenhang einer um den Wurzelcharakter von ›bhu‹ (= Werden) und ›as‹ (= Sein) geführten Diskussion der Ableitung aus Wurzeln, die eine Handlung ausdrücken und daher zu Verba (ākhyāta) führen sollten, und solchen, die ein Sein ausdrücken und daher zu Nomina (nāman, nāma) führen sollten, obwohl ↑Handlungen offensichtlich sowohl als flüchtig (rekonstruiert: als Aktualisierungen) als auch als beständig (rekonstruiert: als Schemata) gelten können (Bhartṛhari wird das später unter Bezug auf das als ein Vedāṅga überlieferte Nirukta von Yāska [5. Jh. v. Chr.], einer Diskussion der Etymologie einer Sammlung von Wörtern des Veda, und unter Einfügung einer weiteren Reflexionsstufe, bei der Handlungen von eingesetzten Mitteln zu eigenständigen Objekten ›aufsteigen‹, so auslegen [Vākyapadīya 3.1.35, vgl. K. Kunjunni Raja, Philosophical Elements in Yāska's Nirukta, in: Coward/Kunjunni Raja, Encyclopedia of Indian Philosophies, 107–111], daß Wirkliches [sattā] im Blick auf seinen zeitlichen Verlauf entweder Handlung [kriyā] oder Geschehen [bhāva] ist, beidemal artikuliert mittels Verba; ohne Berücksichtigung seines zeitlichen Verlaufs hingegen, also invariant diesem gegenüber, ist es Seiendes [sattva], artikuliert mittels Nomina), (3) die Einführung der sechs kāraka[= zu einer Handlung gehörender Gegenstand]-Rollen (d.s. seine verschiedenen Beziehungen zur Handlung: als Ursprung [apādāna], als Empfänger [saṃpradāna], als Instrument [karaṇa, ↑kāraṇa], als Stelle [adhikaraṇa], als Handlungsobjekt [karman, ↑karma], als Handlungssubjekt [kartṛ]) sowie (4) die Behandlung von Lautänderungen durch Substitutionsregeln. Dabei ergab die Wurzel-Affix-Unterscheidung zusammen mit den ebenfalls von P. aufgestellten Ablautregeln – vermittelt über die erste westliche Sanskritgrammatik von C. Wilkins – die Gesichtspunkte zum Aufbau der historisch-vergleichenden Indogermanistik bei F. Bopp (1816).

Die grundsätzliche Analyse eines Satzes als näherer Bestimmung einer Handlung, der modernen Kasusgrammatik (↑Semantik) verwandt, erlaubt den Verzicht auf die Subjekt-Prädikat-Zerlegung, wie sie in der logisch begründeten Sprachphilosophie des ↑Nyāya, der traditionellen westlichen Grammatik ähnlich, zugrundegelegt ist und die deshalb eine Handlung konsequenterweise auf zum Handlungssubjekt gehörige Tätigkeit (vyāpāra) und zum Handlungsobjekt gehöriges Resultat (phala, wörtlich: Frucht) zurückführt und damit in ihrer Eigenständigkeit eliminiert. Die an P. anknüpfenden philosophischen Fragestellungen können sich allerdings weniger auf die Aṣṭādhyāyī selbst als vielmehr auf den maßgebenden ›Großen Kommentar‹, das Mahābhāṣya von Patañjali, stützen, der primär einen älteren ergänzenden Kommentar zur Aṣṭādhyāyī, das nur als Bestandteil des Mahābhāṣya erhaltene Vārttika des aus Südindien stammenden Kātyāyana, kommentiert und ihn dabei im Stile eines wissenschaftlichen Disputs kritisch mit P.s Werk vergleicht. Die große Autorität wird dadurch unterstrichen, daß die Aṣṭādhyāyī neben dem Ṛgveda der einzige ohne Varianten überlieferte Text des indischen Altertums ist.

Ausgaben: P.'s acht Bücher Grammatischer Regeln, I–II, ed. O. Böhtlingk, Bonn 1839/1840 (repr. Osnabrück 1983), in 1 Bd. unter dem Titel: P.'s Grammatik, Leipzig 1887 (repr. Hildesheim/New York 1964, 1977), Delhi 2001; The Ashṭādhyāyī of P. [sanskr./engl.], I–II, ed. S. C. Vasu, Allahabad 1891, Delhi 2003; La grammaire de P. [sanskr./franz.], I–III, ed. L. Renou, Paris 1948–1954, 1966.

Literatur: S. Al-George, Sign (Lakṣaṇa) and Propositional Logic in P., East and West 19 (1969), 176–193; S. Bhate, P., New Delhi

2002; F. Bopp, Über das Conjugationssystem der Sanskritsprache in Vergleichung mit jenem der griechischen, lateinischen, persischen und germanischen Sprache [...], Frankfurt 1816 (repr. Hildesheim/New York 1975, 2010); B. Breloer, Studie zu P., Z. Indol. u. Iranistik 7 (1929), 114–135; H. E. Buiskool, Pūrvatrāsiddham. Analytisch Onderzoek aangaande het systeem der Tripādī van P.'s Aṣṭādhyāyī, Amsterdam 1934 (engl. The Tripādī. Being an Abridged English Recast of Pūrvatrāsiddham (An Analytical-Synthetical Inquiry Into the System of the Last Three Chapters of P.'s Aṣṭādhyāyī), Leiden 1939); G. Cardona, P.. A Survey of Research, The Hague/Paris 1976 (repr. Delhi/Varanasi/Patna 1980, Delhi 1997); ders., P.. His Work and Its Traditions I (Background and Introduction) [sanskr./engl.], Delhi 1988, erw. ^{2}1997 [keine weiteren Bde erschienen]; ders., Recent Research in P.an Studies, Delhi 1999, rev. 2004; H. G. Coward/K. Kunjunni Raja (eds.), The Encyclopedia of Indian Philosophies V (The Philosophy of the Grammarians), Delhi, Princeton N. J. 1990, Delhi 2001; M. M. Deshpande (ed.), P. and the Veda, Leiden etc. 1991 (Panels on the VIIth World Sanskrit Conference V); ders./S. Bhate (eds.), P.an Studies. Professor S. D. Joshi Felicitation Volume, Ann Arbor Mich. 1991; B. Faddegon, Studies on P.'s Grammar, Amsterdam 1936, 1963; S. D. Joshi, The Sphoṭanirṇaya of Kauṇḍa Bhaṭṭa, Poona 1967; F. B. Junnarkar, An Introduction to P., I–IV, I–III, Baroda 1977–1983, Rishikesh 1986–1988, IV, Rishikesh 1987; K. Kapoor, Dimensions of P. Grammar. The Indian Grammatical System, New Delhi 2005 (mit Bibliographie, 234–250); S. M. Katre, P.an Studies, I–VII, Poona 1967–1971; ders., Aṣṭādhyāyī of P., Austin Tex. 1987, Delhi 1989, 2003; G. Kaviraj, Aspects of Indian Thought, Burdwan o. J. [ca. 1966]; P. Kiparsky, P.an Linguistics, in: R. E. Asher/J. M. Y. Simpson (eds.), Encyclopedia of Language and Linguistics VI, Oxford etc. 1994, 2918–2923; ders./J. F. Staal, Syntactic and Semantic Relations in P., Found. of Lang. 5 (1969), 83–117; B. Liebich, P.. Ein Beitrag zur Kenntnis der indischen Literatur und Grammatik, Leipzig 1891; B. K. Matilal, Indian Philosophy of Language, HSK VII/1 (1992), 75–94; V. N. Misra, The Descriptive Technique of P.. An Introduction, The Hague/Paris 1966, Varanasi 2001; B. A. van Nooten, P.'s Theory of Verbal Meaning, Found. of Lang. 5 (1969), 242–255; Y. Ojihara/L. Renou, La Kāśikā-vṛtti (adhyāya I, pāda 1), I–III, Paris 1960–1967; L. Renou, P., in: T. A. Sebeok (ed.), Current Trends in Linguistics V (Linguistics in South Asia), The Hague/Paris 1969, 481–498; R. S. Saini, Post-P.an Systems of Sanskrit Grammar, Delhi 1999, 2007; L. Sarup (ed.), »The Nighaṇṭu« and »The Nirukta«. The Oldest Indian Treatise on Etymology, Philology and Semantics, Oxford 1920, Delhi 2002; H. Scharfe, P.'s Metalanguage, Philadelphia Pa. 1971; C. D. Shastri, P. Re-Interpreted, Delhi/Varanasi/Patna 1990; B. Shefts, Grammatical Method in P.. His Treatment of Sanskrit Present Stems, New Haven Conn. 1961; J. D. Singh, P.. His Description of Sanskrit. An Analytical Study of Aṣṭādhyāyī, New Delhi 1991; N. Singh, Foundations of Logic in Ancient India. Linguistics and Mathematics, in: A. Rahman (ed.), Science and Technology in Indian Culture. A Historical Perspective, New Delhi 1984, 79–106; J. F. Staal, Euclid and P., Philos. East and West 15 (1965), 99–116; ders., P., in: R. E. Asher/J. M. Y. Simpson (eds.), The Encyclopedia of Language and Linguistics VI, Oxford etc. 1994, 2916–2918; P. Thieme, P. and the Veda. Studies in the Early History of Linguistic Science in India, Allahabad 1935; K. R. Tripathi, Arrangement of Rules in P.'s Aṣṭādhyāyī, Delhi 1991; J. Varenne, P., Enc. philos. universelle III/2 (1992), 3945–3946. K. L.

Panpsychismus (von griech. πᾶν, alles, und ψυχή, Seele), wohl im Anschluß an F. Patrizi (Pampsychia, Teil III von: Nova de universis philosophia, Ferrara 1591, 49–60) Bezeichnung für philosophische Konzeptionen, die von einer Beseeltheit aller Dinge ausgehen. Sie wird wie die Bezeichnung ↑›Hylozoismus‹ in problematischer Weise (Voraussetzung einer dualistischen Konzeption von Geist/Seele und Materie) bereits auf griechische Formen der ↑Naturphilosophie (einschließlich der Platonischen Konzeption einer ↑Weltseele), später vor allem auf Teile der ↑Mystik und der Naturphilosophie der ↑Renaissance, ferner in wiederum problematischer Weise auf teils naturphilosophische, teils erkenntnistheoretische Konzeptionen bei B. de Spinoza, G. W. Leibniz und F. W. J. Schelling angewendet. Im 19. Jh. dient der Ausdruck ›Allbeseelungslehre‹ dem Versuch einer Verbindung zwischen Naturwissenschaft und idealistischer Philosophie (↑Idealismus, ↑Idealismus, deutscher) sowie der Lösung des ↑Leib-Seele-Problems. In G. T. Fechners Doppelaspekt-Lehre (Körper und Geist als verschiedene Sichtweisen ein und derselben Sache) führt der panpsychistische Ansatz einerseits im eingeschränkten Sinne zur ↑Psychophysik, andererseits, im wiederum uneingeschränkten, ursprünglichen Sinne zur Auffassung von der durchgängigen Spiritualität der Materie (M. Prince 1904). In neuerer Zeit wird ein P. zwar nicht mehr in der Konzeption einer (All-)Beseeltheit der Natur, aber als These der Existenz ›protopsychischer‹ Eigenschaften der Materie vertreten (B. Rensch 1979).

Literatur: M. Blaumauer (ed.), The Mental as Fundamental. New Perspectives on Panpsychism, Frankfurt etc. 2011; R. Bouveresse, Spinoza et Leibniz. L'idée d'animisme universel, Paris 1992; D. S. Clarke, Panpsychism and the Religious Attitude, Albany N. Y. 2003; ders. (ed.), Panpsychism. Past and Recent Selected Readings, Albany N. Y. 2004; P. Edwards, Panpsychism, Enc. Ph. VI (1967), 22–31, VII (^{2}2006), 82–94; C. Hartshorne, Panpsychism, in: V. Ferm (ed.), A History of Philosophical Systems, New York 1950 (repr. Totowa N. J. 1968, Freeport N. Y. 1970), 442–453; M. E. Marshall, Physics, Metaphysics, and Fechner's Psychophysics, in: W. R. Woodward/M. G. Ash (eds.), The Problematic Science. Psychology in Nineteenth-Century Thought, New York 1982, 65–87; P. Merlan, Monopsychism, Mysticism, Metaconsciousness. Problems of the Soul in the Neoaristotelian and Neoplatonic Tradition, The Hague 1963, ^{2}1969; T. Müller/H. Watzka (eds.), Ein Universum voller Geiststaub? Der P. in der aktuellen Geist-Gehirn-Debatte, Paderborn 2011; T. Nagel, Mortal Questions, Cambridge etc. 1979, 2009, 181–195 (Chap. 13 Panpsychism) (dt. Über das Leben, die Seele und den Tod, Königstein 1984, 200–214 [Kap. 13 P.], unter dem Titel: Letzte Fragen, ed. M. Gebauer, Bodenheim, Darmstadt 1996, Hamburg 2012, 251–267 [Der P.]); H.-L. Ollig, P., LThK VII (^{3}1998), 1315–1316; M. v. Perger, Die Allseele in Platons Timaios, Stuttgart/Leipzig 1997; B. Rensch, Gesetzlichkeit, psychophysischer Zusammenhang, Willensfreiheit und Ethik, Berlin 1979; M. Rugel, Materie – Kausalität – Erleben. Analytische Metaphysik des P., Münster 2013; A. Schüle, P., RGG VI (^{4}2003), 851–852;

W. Seager, Panpsychism, in: B. P. McLaughlin/A. Beckermann/S. Walter (eds.), The Oxford Handbook of Philosophy of Mind, Oxford etc. 2009, 2011, 206–219; ders./S. Allen-Hermanson, Panpsychism, SEP 2001, rev. 2010; D. Skrbina, Panpsychism in the West, Cambridge Mass./London 2005; ders. (ed.), Mind that Abides. Panpsychism in the New Millennium, Amsterdam/Philadelphia Pa. 2009; T. L. S. Sprigge, Panpsychism, REP VII (1998), 195–197; ders., Panpsychism, in: R. Audi (ed.), The Cambridge Dictionary of Philosophy, Cambridge etc. 1995, 555–556, [2]1999, 640; H. Sprung/L. Sprung, Gustav Theodor Fechner in der Geschichte der Psychologie. Leben, Werk und Wirkung in der Wissenschaftsentwicklung des 19. Jahrhunderts, Leipzig 1987; dies./H. Hildebrandt, P., Hist. Wb. Ph. VII (1989), 50–53; G. Strawson u. a., Consciousness and Its Place in Nature. Does Physicalism Entail Panpsychism?, ed. A. Freeman, Exeter/Charlottesville Va. 2006; M. Vassányi, Anima Mundi. The Rise of the World Soul Theory in Modern German Philosophy, Dordrecht etc. 2011. J. M.

Pantheismus (aus griech. *πᾶν*, alles, und *θεός*, Gott), unter Rekurs auf J. Tolands Ausdruck ›Pantheist‹ (1705) von J. Fay (1709) eingeführte Bezeichnung für eine religiös-theologische oder philosophische Position, nach der Gott in allen Dingen der Welt existiert bzw. Gott und Weltall identisch sind. Allgemein kann der P. durch die auf Heraklit (VS 22 B 10) zurückgehende Kurzformel »aus Allem Eins und aus Einem Alles« charakterisiert werden. Der P. im strikten Sinne ist eine Form des ↑Deismus und damit kein ↑Atheismus. Er lehnt die Annahme eines welttranszendenten und persönlichen Gottes ab – wodurch er sich vom ↑Theismus, ↑Monotheismus und ↑Polytheismus unterscheidet – und setzt den ↑Monismus, die substantielle Einheit der Welt (im Unterschied zum ↑Dualismus von Geist und Materie, Leib und Seele), voraus, weshalb er auch als religiöse Form des Monismus bezeichnet wird (J. Klein). Varianten des P. (oft auch als dessen Gegensätze verstanden) sind: der Theomonismus (G. Mensching), auch als akosmistischer P. (↑Akosmismus) zu verstehen, der Gott als die einzige Realität ansieht und der Welt keine eigene Wirklichkeit zuerkennt; der Theopantismus (R. Otto), auch pankosmistischer P., der die Göttlichkeit der (als Einheit aufgefaßten) Welt behauptet; der Panentheismus (K.C.F. Krause), eine ›All-in-Gott-Lehre‹ zwischen P. und Theismus bzw. als deren Synthese verstanden, nach der Gott zwar in der Welt ist, aber nicht völlig in ihr aufgeht und als Person angesehen wird. Der Panentheismus vertritt die Immanenz (↑immanent/Immanenz) und Transzendenz (↑transzendent/Transzendenz) sowie die Absolutheit und Relativität des Göttlichen, tendiert sowohl zum monistischen als auch zum dualistischen und pluralistischen Naturverständnis und ist insofern akosmistisch, als er die Welt lediglich als Manifestation oder Symbol des Göttlichen ansieht. Einen dynamisch-vitalistischen Panentheismus vertritt J.G.v. Herder.

Pantheistische Elemente und Strömungen finden sich in vielen ↑Religionen: im Hinduismus und Buddhismus, in der ägyptischen Religion, im iranischen Hochgottglauben sowie im AT, im Mystizismus des Judentums und Christentums (z.B. bei J. Böhme, Angelus Silesius und Meister Eckhart, der einen akosmistischen P. vertritt). In der Philosophie finden sich pantheistische Züge ansatzweise schon bei den ↑Vorsokratikern. Die ↑Stoa vertritt mit ihrer Theorie vom göttlichen Feuer und vom Logos spermatikos (↑Logos) einen immanenten, materialistischen P.. Wirkungsgeschichtlich bedeutsamer für den P. ist der ↑Neuplatonismus, vor allem dessen Theorem von der Weltentstehung durch ↑Emanation (Plotinos), der über die christliche Rezeption bei Pseudo-Dionysios Areopagites und J. S. Eriugena den P. der Schule von Chartres (↑Chartres, Schule von) maßgeblich beeinflußt. In derselben Tradition steht Nikolaus von Kues mit seiner Auffassung, daß die Welt Ausfaltung des Wesens Gottes sei, in dem alle Gegensätze zusammenfallen (↑coincidentia oppositorum). Die monistische Weltexplikations- und Koinzidenztheorie des Kusaners wird von G. Bruno, der außerdem hermetisches (↑hermetisch/Hermetik) und neupythagoreisches (↑Neupythagoreismus) Gedankengut verarbeitet, im Sinne eines P. fortgeführt, allerdings in der Weise, daß die Transzendenz Gottes (als ↑natura naturans) gewahrt bleibt. Ähnlich versteht B. de Spinoza, der mit der Formel ↑›deus sive natura‹ einen konsequenten Monismus vertritt, Gott einerseits als erschaffende, andererseits als erschaffene Natur; an die Stelle eines transzendenten und personalen Gottes als Ursache aller Dinge tritt die Naturimmanenz.

Die Kontroverse über den (vermeintlichen) Atheismus Spinozas führt zum ↑Pantheismusstreit. Die ↑Identitätsphilosophie F. W. J. Schellings und G. W. F. Hegels These von der Selbstverwirklichung des absoluten Geistes (↑Geist, absoluter) in der Geschichte weisen pantheistische Züge auf, ebenso der Naturbegriff der Romantik (↑Naturphilosophie, romantische; Novalis). Der P. von P. Natorp verbindet die neuplatonische Koinzidenztheorie mit der Religionsphilosophie F.D.E. Schleiermachers. In der wissenschaftlichen Naturerklärung spielt der P. im ↑Okkasionalismus, bei F. Hemsterhuis, L. Oken, der einen dynamischen Natur-P. vertritt, und E. Haeckel eine Rolle, der den P. auf monistischer Basis zu begründen sucht (↑Religion, natürliche).

Literatur: C. Bouton (ed.), Dieu et la nature. La question du panthéisme dans l'idéalisme allemand, Hildesheim/Zürich/New York 2005; A. Guzzo/V. Mathieu, Panteismo, Enc. filos. IV ([2]1969), 1304–1311; W. Holsten/J. Klein, P., RGG V (1961), 37–42; A. Kammerer, Die Frage nach dem (Selbst-)Bewußtsein Gottes im System Spinozas, Innsbruck 1992; H. Kiowsky, Umweg zum Atheismus und das Ende der Religion. Atheismus als Konsequenz des P., Freiburg 2010; J. Klein, Panentheismus, RGG V (1961), 36; Q. Lauer, Hegel's Concept of God, Albany

N. Y. 1982; M. P. Levine, Pantheism. A Non-Theistic Concept of Deity, London/New York 1994; A. MacIntyre, Pantheism, Enc. Ph. VI (1967), 31–35; J. Macquarrie, Panentheismus, TRE XXV (1995), 611–615; B. Maier/C. Jamme/E. H. U. Quapp, P., TRE XXV (1995), 627–641; W. Mander, Pantheism, SEP 2012; A. P. Martinich, Pantheism, in: R. Audi (ed.), The Cambridge Dictionary of Philosophy, Cambridge etc. 1995, 556, ²1999, 640–641; T. Molnar, Theists and Atheists. A Typology of Non-Belief, The Hague 1980; G. H. R. Parkinson, Hegel, Pantheism and Spinoza, J. Hist. Ideas 38 (1977), 449–459; S. Pfürtner, P., LThK VIII (1963), 25–29; C. E. Plumptre, General Sketch of the History of Pantheism, I–II, London 1878/1879 (repr. Cambridge etc. 2011); H. Robbers, What Is Pantheism, Bijdragen. Tijdschrift voor philosophie en theologie 12 (Amsterdam 1951), 314–344; H. Scholz, Der P. in seinem Verhältnis zum Gottesglauben des Christentums, Preussische Jb. 141 (1910), 439–464; ders., Zur ältesten Begriffsbestimmung von Deismus und P., Preussische Jb. 142 (1910), 318–325; W. Schröder/G. Lanczkowski, P., Hist. Wb. Ph. VII (1989), 59–64; P. Siwek, Spinoza et le panthéisme religieux, Paris 1937, ²1950; E. Tiefensee, P., LThK VII (³1998), 1318–1319; J.-C. Wolf, P. nach der Aufklärung. Religion zwischen Häresie und Poesie, Freiburg/München 2013; M. Wolfes/ C. Dinkel, P., RGG VI (⁴2003), 853–857; ders., P., EP II (²2010), 1894–1897; S. Wollgast, Der deutsche P. im 16. Jahrhundert. Sebastian Franck und seine Wirkungen auf die Entwicklung der pantheistischen Philosophie in Deutschland, Berlin 1972; K. E. Yandell, Pantheism, REP VII (1998), 202–205. M. G.

Pantheismusstreit (auch: Spinozismusstreit), philosophiehistorische Bezeichnung für eine durch F. H. Jacobi und M. Mendelssohn 1785 ausgelöste Kontroverse um G. E. Lessings Stellung zur Philosophie B. de Spinozas, zu der sich auch J. W. v. Goethe, J. G. Hamann, J. G. Herder, I. Kant, J. C. Lavater und T. Wizenmann äußerten. Diese Kontroverse führte über die philosophiehistorischen Bezüge hinaus zu einer systematischen Auseinandersetzung um ↑Religion und ↑Rationalität. – Der öffentlichen Auseinandersetzung ging ein seit 1783 geführter privater Briefwechsel voraus, den Jacobi, nach einer eingehenden Korrespondenz vor allem mit Goethe und Herder, 1785 veröffentlichte (über die Lehre des Spinoza in Briefen an den Herrn Moses Mendelssohn, Breslau 1785, erw. ²1789). Jacobi bezog sich in diesen Briefen auf 1780 in Wolfenbüttel, Braunschweig und Halberstadt geführte Gespräche mit Lessing, in denen dieser sich als konsequenter Spinozist (↑Spinozismus) bekannt habe. Etwa gleichzeitig erschienen Mendelssohns »Morgenstunden oder Vorlesungen über das Daseyn Gottes« (Erster Theil, Berlin 1785, ²1786), in denen dieser, ohne allerdings explizit Bezug auf den privat mit Jacobi geführten Briefwechsel zu nehmen, seine Spinozakritik äußert und seinen Freund Lessing gegen einen möglichen Pantheismusvorwurf (↑Pantheismus) in Schutz nimmt. Die Veröffentlichung des Briefwechsels durch Jacobi veranlaßte Mendelssohn zu einer Replik (Moses Mendelssohn an die Freunde Lessings. Ein Anhang zu Herrn Jacobis Briefwechsel über die Lehre des Spinoza, Berlin 1786). Nach deren Abfassung starb Mendelssohn; Jacobi sah sich dem Vorwurf ausgesetzt, durch seine Darstellung der späten religionsphilosophischen Position Lessings seinen Tod veranlaßt zu haben. In Form einer polemischen Selbstverteidigung veröffentlichte er »Friedrich Heinrich Jacobi wider Mendelssohns Beschuldigungen betreffend die Briefe über die Lehre des Spinoza« (Leipzig 1786).

Auf Grund seiner religionsphilosophischen Veröffentlichungen galt Lessing allgemein als ein Vertreter vernunftreligiöser Grundsätze (↑Deismus), in denen Mendelssohn auch das Wesen des Judentums sah. Pantheistische Konsequenzen, wie sie in Lessings »Die Erziehung des Menschengeschlechts« (Berlin 1780) erkennbar sind, wurden erst durch Jacobis Mitteilungen in den Blick gerückt (deren Authentizität wohl nicht in Frage zu stellen ist). Jacobi, der selbst einen in einem ›salto mortale‹ zu gewinnenden ↑Supranaturalismus lehrte, sah im Spinozismus die konsequenteste Ausprägung des Pantheismus, der seinerseits aus einem deterministisch orientierten ↑Rationalismus erwachse. In letzter Konsequenz sei der Pantheismus ein fatalistischer ↑Atheismus; Jacobi betonte, daß sich Lessing dessen bewußt gewesen sei. – Der P. ist im Lichte der religionsphilosophischen Auseinandersetzungen im 18. Jh. in Deutschland zu sehen, die schon in Lessings Streit mit dem Hamburger Hauptpastor J. M. Goeze, der aus Anlaß von Lessings Herausgabe der »Fragmente eines Ungenannten« (Wolfenbüttel 1774–1777), des Deisten H. S. Reimarus, ausbrach, einen ersten Höhepunkt fanden. In diesem Streit ging es um die Tragweite und Konsequenzen vernunftreligiöser Überzeugungen. Im Umkreis dieser Auseinandersetzungen ist ferner der so genannte ↑Atheismusstreit um J. G. Fichte und F. K. Forberg aus den Jahren 1798–1799 zu sehen. Philosophiegeschichtlich ist der P. vor allem wegen der im Anschluß an ihn einsetzenden positiven Spinozarezeption in Deutschland von Bedeutung.

Literatur: E. J. Bauer, Das Denken Spinozas und seine Interpretation durch Jacobi, Frankfurt etc. 1989; K. Christ, Jacobi und Mendelssohn. Eine Analyse des Spinozastreits, Würzburg 1988; G. Essen/C. Danz (eds.), Philosophisch-theologische Streitsachen. P., Atheismusstreit, Theismusstreit, Darmstadt 2012; K. Hammacher, Über Friedrich Heinrich Jacobis Beziehungen zu Lessing im Zusammenhang mit dem Streit um Spinoza, in: G. Schulz (ed.), Lessing und der Kreis seiner Freunde, Heidelberg 1985 (Wolfenbütteler Stud. z. Aufklärung 8), 51–74; A. Hebeisen, Friedrich Heinrich Jacobi. Seine Auseinandersetzung mit Spinoza, Bern 1960; F. H. Jacobi, Werke I/1–2 (Schriften zum Spinozastreit/Anhang), ed. K. Hammacher/I.-M. Piske, Hamburg, Stuttgart 1998; H. Scholz (ed.), Die Hauptschriften zum P. zwischen Jacobi und Mendelssohn, Berlin 1916 (repr. Waltrop 2004) (engl. Teilübers. The Spinoza Conversations between Lessing and Jacobi: Texts with Excerpts from the Ensuing Controversy, Introd. G. Vallée, Lanham Md. 1988); W. Schröder, Pantheismus, Hist. Wb. Ph. VII (1989), 59–63; S. Zac, Spinoza en Allemagne. Mendelssohn, Lessing et Jacobi, Paris 1989. S. B.

Pappos von Alexandreia, um 300 n. Chr., bedeutender griech. Mathematiker. P. hat vermutlich unter Diokletian und Konstantin I. als Lehrer der Mathematik in Alexandreia gewirkt. Ein biographischer Fixpunkt ist seine Angabe, er habe die Sonnenfinsternis des Jahres 320 beobachtet. Sein wichtigstes erhaltenes Werk ist die als »Collectio« zitierte »Synagoge« (*Συναγωγή*), d. i. eine Sammlung von acht ursprünglich selbständigen mathematischen Abhandlungen (von den acht Büchern sind das erste verloren, das zweite teilweise und das dritte bis achte Buch ganz erhalten). P. setzt sich hier mit den großen griechischen Mathematikern vom 4. Jh. v. Chr. bis zum 3. Jh. n. Chr. auseinander (was den einzigartigen mathematikhistorischen Wert der »Collectio« ausmacht), stellt alte mathematische Probleme teilweise neu dar und gibt neue Probleme und Beweise an. P.' Schriften hatten in der Neuzeit einen bedeutenden Einfluß auf die Entwicklung der analytischen und der projektiven Geometrie sowie der mathematischen Methodologie.

In der »Collectio« befaßt sich P. unter anderem mit einer Verallgemeinerung des ↑Pythagoreischen Lehrsatzes auf beliebige Dreiecke und untersucht die ↑Quadratur des Kreises sowie die Dreiteilung beliebiger Winkel. Darüber hinaus beschäftigt er sich mit dem Problem des Vergleichs der Inhalte von Figuren und Körpern verschiedener Gestalten, das für die Vorgeschichte der Integralrechnung (↑Integral) von Bedeutung ist.

Im 7. Buch behandelt P. die mathematische Methode der ↑Analyse und ↑Synthese: Für die Beweis- bzw. Problemlösungssuche wird zunächst angenommen, daß ein Satz wahr bzw. ein Problem gelöst sei. Bei der Analyse werden dann schrittweise Sätze bzw. Probleme gefolgert, die unter dieser Annahme wahr bzw. lösbar sind. Stößt man auf einen Satz, der falsch ist, bzw. ein Problem, das unlösbar ist, war die Annahme nach der Schlußregel ↑modus tollens falsch. Stößt man auf einen Satz, der wahr ist, bzw. ein Problem, das lösbar ist, so ist die Annahme allerdings noch nicht bestätigt, denn Richtiges kann auch aus Falschem folgen. In der Synthese wird daher der Weg zurückverfolgt, d. h. die Annahme aus dem gefundenen wahren Satz bzw. lösbaren Problem gefolgert. P.' Methode der Analyse und Synthese, in der Neuzeit besonders von R. Descartes für die mathematische Problemlösung gewürdigt, spielt in allgemeiner Form für die ↑Heuristik und Wissenschaftstheorie der Mathematik bis heute eine große Rolle. Auch für computerunterstützte Problemlösungsstrategien moderner Expertensysteme (↑Intelligenz, künstliche) kann die Methode des P. als Vorläuferin angesehen werden.

Ebenfalls im 7. Buch findet sich das berühmte ›Problem von P.‹, das für die Entwicklung von Descartes' Koordinatenmethode der analytischen Geometrie (↑Geometrie, analytische) von grundlegender Bedeutung war. Vereinfacht lautet es: Gegeben seien $2n$ Geraden. Gesucht werden Punkte, für deren Abstände $p_1, p_2, \ldots, p_{2n}$ von diesen Geraden gilt:

$p_1 \cdot p_2 \cdot \ldots \cdot p_n = p_{n+1} \cdot p_{n+2} \cdot \ldots \cdot p_{2n}$. Die Menge der Lösungen ist eine Kurve n-ten Grades. P. gibt auch bereits einen Spezialfall des allgemeinen Pascalschen Satzes aus der projektiven Geometrie an, der zum Brianchonschen Satz dual ist: Liegen die Ecken $P_1, P_2, \ldots, P_6$ eines Sechsecks abwechselnd auf zwei Geraden g_1 und g_2, so liegen auch die Schnittpunkte je zweier Gegenseiten $\overline{P_1P_2}$ und $\overline{P_4P_5}$, $\overline{P_2P_3}$ und $\overline{P_5P_6}$, $\overline{P_3P_4}$ und $\overline{P_6P_1}$ bzw. ihre Verlängerungen auf einer Geraden g_3 (Abb. 1):

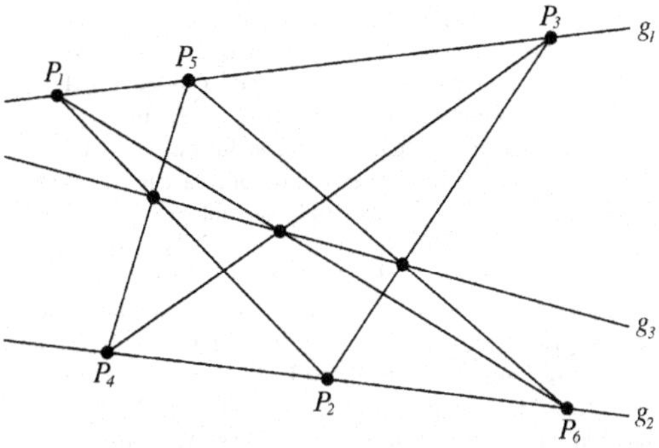

Abb. 1

Als ›Satz von P.‹ wird auch das folgende Theorem der projektiven Geometrie bezeichnet: Vier Geraden eines ebenen Geradenbüschels schneiden auf jeder nicht durch den Scheitelpunkt gehenden Geraden vier Punkte mit dem gleichen Doppelverhältnis. – Neben der »Collectio« schrieb P. Kommentare zu Euklids »Elementen« und »Data«, ferner zu »Syntaxis« und »Planisphaerium« des K. Ptolemaios. P. werden auch ein geographisches Werk über die Flüsse Afrikas und ein Buch über Traumdeutung zugeschrieben.

Werke: Mathematicae Collectiones [lat.], ed. F. Commandino, Venedig 1588, 1589, Pesaro 1602, Bologna 1660; Collectio [griech./lat.], I–III, ed. F. Hultsch, Berlin 1875–1878 (repr. Amsterdam 1965); Der Sammlung des Pappus von Alexandrien siebentes und achtes Buch [griech./dt.], ed. C. I. Gerhardt, Halle 1871; La collection mathématique [franz.], I–II, ed. P. ver Eecke, Paris/Brügge 1933, Paris 1982; Commentaires de Pappus et de Théon d'Alexandrie sur l'Almageste I (Pappus d'Alexandrie. Commentaire sur les livres 5 et 6 de l'Almageste), ed. A. Rome, Rom 1931, 1967; The Commentary of Pappus on Book X of Euclid's Elements [arab./engl.], ed. G. Junge/W. Thomson, Cambridge Mass. 1930 (repr. New York 1968, Frankfurt 1997) (dt. Der Kommentar des Pappus zum X. Buche des Euklides. Aus der arabischen Übersetzung des Abû 'Othmân al-Dimashkî ins Deutsche übertragen, in: H. Suter, Beiträge zur Geschichte der Mathematik bei den Griechen und Arabern, ed. J. Frank, Erlangen 1922, 9–78); Pappus of Alexandria. Book 7 of the

Collection, I–II (I Introduction, Text and Translation, II Commentary, Index and Figures), ed. A. Jones, New York etc. 1986, 2012; Pappus of Alexandria. Book 4 of the Collection, ed. H. Sefrin-Weis, London 2010.

Literatur: M. N. Boyer, Pappus Alexandrinus, in: Catalogus translationum et commentariorum. Mediaeval and Renaissance Latin Translations and Commentaries II, ed. P. O. Kristeller/ F. E. Cranz, Washington D. C. 1971, 205–213; I. Bulmer-Thomas, Pappus of Alexandria, DSB X (1974), 293–304; S. Cuomo, Pappus of Alexandria and the Mathematics of Late Antiquity, Cambridge etc. 2000; M. Folkerts, Pappos von Alexandria, DNP IX (2000), 296–297; R. Goulet, Pappus d'Alexandrie, in: ders. (ed.), Dictionnaire des philosophes antiques V, Paris 2012, 147–149; T. Heath, A History of Greek Mathematics II (From Aristarchus to Diophantus), Oxford 1921 (repr. Bristol 1993), New York 1981, 355–439; J. Hintikka/U. Remes, The Method of Analysis. Its Geometrical Origin and Its General Significance, Dordrecht/Boston Mass. 1974 (Boston Stud. Philos. of Sci. XXV); N. Koertge, Analysis as a Method of Discovery during the Scientific Revolution, in: T. Nickles (ed.), Scientific Discovery, Logic, and Rationality, Dordrecht/Boston Mass./London 1980, 139–157; I. Lakatos, The Method of Analysis – Synthesis, in: ders., Mathematics, Science and Epistemology (Philosophical Papers II), ed. J. Worrall/G. Currie, Cambridge etc. 1978, 2004, 70–103 (dt. Die Methode der Analyse und Synthese, in: ders., Mathematik, empirische Wissenschaft und Erkenntnistheorie [Philosophische Schriften II], ed. J. Worrall/G. Currie, Braunschweig/Wiesbaden 1982, 68–100); K. Mainzer, Geschichte der Geometrie, Mannheim/Wien/Zürich 1980, bes. 72–74, 95; J. Mansfeld, Prolegomena Mathematica. From Apollonius of Perga to Late Neoplatonism. With an Appendix on Pappus and the History of Platonism, Leiden/Boston Mass./Köln 1998, bes. 6–35, 99–121 (Chap. II Pappus' Collectio, Chap. III Commentaries on Euclid, the Scholia on Euclid's Elements and Pappus' Commentary on Book X, Appendix II Pappus and the History of Platonism); G. Polya [Pólya], How to Solve It. A New Aspect of Mathematical Method, Princeton N. J. 1945, 129–136, ²1957, 2009, 141–148 (dt. Schule des Denkens. Vom Lösen mathematischer Probleme, Bern 1949, Tübingen/Basel ⁴1995, 2010, 163–170); B. L. van der Waerden, Ontwakende wetenschap. Egyptische, babylonische en griekse wiskunde, Groningen 1950, 315–320 (engl. Science Awakening, Groningen 1954, unter dem Titel: Science Awakening I. Egyptian, Babylonian, and Greek Mathematics, Dordrecht 1975, 1988, 286–290; dt. Erwachende Wissenschaft. Ägyptische, babylonische und griechische Mathematik, Basel/Stuttgart 1956, ²1966, 470–477); H.-J. Waschkies, Pappos aus Alexandria, in: H. Flashar (ed.), Die Philosophie der Antike II/1 (Sophistik, Sokrates, Sokratik, Mathematik, Medizin), Basel 1998, 406–410 (mit Bibliographie, 433–434); K. Ziegler, [2] Pappos von Alexandria, RE XXXVI/2 (1958), 1084–1106; ders., P. v. A., KP IV (1972), 494–495. K. M.

Paracelsus, Schriftstellername (seit 1529) des Philippus Aureolus Theophrastus Bombastus v. Hohenheim, *Einsiedeln (Kanton Schwyz) Ende 1493 oder Anfang 1494, †Salzburg 24. Sept. 1541, Arzt, Naturforscher und Philosoph. Als Sohn des praktizierenden Arztes Wilhelm Bombast v. Hohenheim und seiner als abhängige Bedienstete des Benediktinerstifts Maria Einsiedeln tätigen Ehefrau geboren, erhielt P. Unterricht durch seinen Vater und verschiedene Geistliche sowie nach der 1502 erfolgten Übersiedlung nach Villach (Kärnten) an der Klosterschule in St. Paul im Lavanttal. Der anschließenden Hospitantenzeit an der Bergschule folgte die Tätigkeit als Laborant in regionalen Metallhütten und Mineralbergwerken der Fugger. Daß P. irgendwann auch Schüler des pansophischen Abtes Johannes Trithemius (1462–1516) war – was den hermetisch-magischen Hintergrund seines Denkens und seine Kenntnis der Lehren des mit Trithemius befreundeten Agrippa von Nettesheim erklären würde –, ist nicht gesichert. Ab 1509 reisender Scholar und Student der artes liberales (↑ars). 1511 erwirbt P. in Wien das Baccalaureat; ein anschließendes Medizinstudium schließt er 1516 in Ferrara ab, nach eigenen Angaben (die Universitätsakten für dieses Jahr fehlen) mit der Promotion zum ›Doctor beyder arzneyen‹ (d. h. der Leib- und Wundarznei). Nach Reisen durch Europa, wobei er auch als Feldarzt am ›Venedischen‹, am Niederländischen und am Dänischen Krieg teilnimmt, läßt sich P. 1524 in Salzburg als praktischer Arzt nieder. Wegen Sympathisierens mit aufständischen Bauern zum Verlassen der Stadt gezwungen, gelangt P. 1526 nach Straßburg und erwirbt dort das Bürgerrecht. Seine erfolgreiche Behandlung des gelehrten Verlegers J. Froben(ius) in Basel verschafft ihm dort im März 1527 die Anstellung als Stadtarzt und (gegen den Willen der medizinischen Fakultät) als akademischer Lehrer. Doch verschlechtert P. selbst seine nicht unproblematische Stellung durch die Zulassung von Barbier-Chirurgen zu seinen Vorlesungen, die er zu diesem Zweck in deutscher (statt in lateinischer) Sprache abhält, durch die öffentliche Verbrennung eines traditionellen medizinischen Kompendiums, durch Konfrontation mit dem örtlichen Apothekerwesen sowie durch Konflikte mit der Fakultät und dem Rat der Stadt, die dazu führen, daß er nach Verwicklung in einen Rechtsstreit angesichts drohender Verhaftung wegen ›Aufsässigkeit‹ Basel fluchtartig verlassen muß.

Erneute Wanderschaft führt P. nach Nürnberg, wo er zwei der vier medizinischen Werke verfaßt und veröffentlicht, die zu seinen Lebzeiten im Druck erscheinen: »Vom Holtz Guaiaco gründlicher heylung« (1529), »Von der Frantzösischen kranckheit. Drey Bücher. Para.« (1530). P. kritisiert dabei nicht nur die damals gegen Syphiliserkrankungen angewandten Quecksilberkuren wegen der häufig damit verbundenen schweren Schäden durch Quecksilberüberdosierung, sondern auch Kuren mit Guaiak. Die vom Handel mit diesem ›Wunderholz‹ profitierenden Fugger erwirken auf dem Wege einer Intervention der Leipziger Universität beim Nürnberger Rat ein Druckverbot für ein weiteres von P. vorbereitetes Buch. Als dessen Einspruch erfolglos bleibt, verläßt er Nürnberg und zieht über Beratzhausen bei Regensburg, wo er an seinem »Opus Paragranum«

arbeitet, weiter nach St. Gallen. Er verfaßt dort das »Opus Paramirum«, die Schrift »Von den unsichtbaren Krankheiten« und erste theologische Schriften. 1532–1534 wandert P. als Arzt und Laienprediger durch das Appenzeller Land und durch Südtirol, verfaßt 1534 die Schrift »Von der Bergsucht«, in Sterzing das »Büchlein von der Pest« und, 1535 nach Bad Pfäfers gelangt, eine balneologische Schrift über die Heilwirkung von Thermalquellen: »Von dem Bad Pfeffers« (die, im Unterschied zu den vorgenannten, erst postum veröffentlichten Arbeiten, noch im gleichen Jahr gedruckt wird). In Ulm, wo sich P. 1536 aufhält, erscheint im gleichen Jahr das erste Buch der »Grossen Wundarzney«, zugleich in einer anderen Ausgabe in Augsburg, wo 1537 auch das zweite Buch zusammen mit einem Neudruck des ersten herauskommt. Das Werk erneuert den durch die Baseler Vorgänge beeinträchtigten Ruf von P.; nach mehreren, zwischen 1537 und 1539 vor allem in Österreich unternommenen erfolgreichen Konsultationsreisen Berufung durch den Fürstbischof Ernst v. Baiern nach Salzburg. Dort 1541 eingetroffen, stirbt P. aus unbekannter Ursache (möglicherweise an einem Leber- oder Gallenleiden) 48jährig im August des gleichen Jahres.

Das Werk des P. ist wegen seiner inhaltlichen Vielfalt, der ungeklärten Authentizität vieler erst postum gedruckter Schriften (von denen manche schon an ihrer Sprache zumindest den Eingriff von Kompilatoren und Herausgebern erkennen lassen) und der komplizierten Rezeptionsgeschichte schwer im Überblick zu beschreiben. Unbestritten ist P. der Schöpfer einer ›neuen Philosophiemedizin‹ (H. Schipperges 1974, 9). Leidenschaftlich dem Arztberuf ergeben, stellt P. in den Mittelpunkt seiner praktischen Medizin den bedürftigen Menschen, seinem Wesen nach ein Mängelwesen und, wie es scheint, ein krankes oder allezeit von Krankheit bedrohtes Wesen; im Mittelpunkt seiner Reflexion auf ärztliches Tun steht eine Theorie der Medizin, die von der Frage ausgeht, ob die Heilkunde eine Wissenschaft sei und wie sie als Kunst und Wissenschaft begründet werden könne. Alle Heilkunst und Heilwissenschaft hat ihren Grund in der Erfahrung; diese, nicht das Textcorpus klassischer Autoren, ist die Quelle ärztlichen Wissens und Könnens. Wissen vermittelt die Erfahrung allerdings nur, wenn sie durch ein allumfassendes, ganzheitliches Weltbild zu einem Erfahrungs*zusammenhang* wird, und dieser wiederum kann vollständig und adäquat nur sein, wenn die am Patienten gewonnene Erfahrung durch eine Theorie der Medizin mit einer dem ›Licht der Natur‹ verdankten Einsicht in die existentielle Grundbefindlichkeit des Menschen für die Heilung anderer Patienten fruchtbar gemacht und in diesem konkreten Sinne anthropozentrisch (↑anthropozentrisch/Anthropozentrik) orientiert wird.

Architektonisch betrachtet steht für P. die Theorie der Medizin auf vier Säulen: Philosophie, Astronomie, Alchemie und Physik, wobei allerdings der Sinn dieser Bezeichnungen vom heutigen abweicht. ›Philosophie‹ ist nicht die akademische ↑Philosophie oder eine ihrer Teildisziplinen, auch nicht Naturwissenschaft oder Theologie, sondern ganz allgemein Erforschung und Erkenntnis der ↑Natur (↑Naturphilosophie), so daß sie angesichts des Paracelsischen Naturverständnisses einer ↑Anthropologie nahekommt. ›Astronomie‹ meint weder Himmelskunde (↑Astronomie) noch ↑Astrologie, sondern das Wissen vom naturgemäßen zeitlichen Ablauf aller Ereignisse im Mikrokosmos (↑Makrokosmos) Mensch, insbes. vom Verlauf seiner Erkrankungen und vom rechten Zeitmaß für die therapeutischen Schritte. Auch die ›Alchemie‹ ist nicht wie üblich als eine Vor- oder Frühform von Chemie, Biochemie oder Pharmakologie (↑Alchemie) zu sehen, sondern als »Kenntnis der biophysikalischen Energetik eines Organismus« (Schipperges 1974, 77). Die ›Physik‹ wiederum, die vierte Säule, gilt als das praktische Tun des Arztes, von dem P. nicht nur technisches Geschick, sondern zugleich als ›virtus‹ eine hohe sittliche Haltung erwartet, eine Forderung, die in der Folgezeit mit der zunehmenden Verwissenschaftlichung der Medizin eher in den Hintergrund getreten ist.

P. schreibt die Steuerung des Lebensgeschehens einem ›archeischen Prinzip‹ (↑Archeus) zu, das wie ein katalytisches Element die Funktionen des Leibes koordiniert und kontrolliert, aber wie hier im Mikrokosmos Mensch, so auch im Makrokosmos der Natur einerseits für das funktionale Zusammenwirken aller Kräfte, andererseits für das Erscheinen der ›Signaturen‹ sorgt, an denen – wie P. vor allem in dem in seinen letzten Lebensjahren entstandenen »Labyrinthus medicorum errantium« ausführt – der in die Geheimnisse der Natur eingedrungene Arzt diese Kräfte erkennt. Dabei werden die Ursachen und Zeichen von Gesundheit, aber auch die Eigenschaften der Krankheiten für P. in den drei Substanzen sichtbar, »die da einem jeglichen sein Corpus geben«: Sulphur, Mercurius, Sal. Diese Substanzen sind (wie Schipperges plausibel gemacht hat) eigentlich Prinzipien: Sulphur ist nicht einfach Schwefel, sondern das Phänomen der Brennbarkeit, Mercurius ist das Prinzip der Verflüssigung und Sal die erstarrende Festigkeit. Mag dies auch ebenso abstrakt wie phantastisch wirken, so hat P. auf der Grundlage der letztgenannten Vorstellung doch z. B. die Wassersucht als durch Ablagerungen im Gewebe verursacht erkannt und durch eine Quecksilbertherapie zu ihrer Auflösung erfolgreich bekämpft. Die drei ›Substanzen‹ sind also als aktiv zusammenwirkende ›funktionale Elemente‹ (Schipperges 1974, 102) anzusehen.

Eingebettet sind diese Details in ein Weltbild, das nicht nur eine gnostische (↑Gnosis), pantheistische (↑Pantheismus) und hermetische (↑hermetisch/Hermetik) Vorstellungen fortführende Kosmologie und Naturmystik umfaßt, sondern auch eine ›magia naturalis‹; der letzteren zugehörige magische und mantische (↑Mantik) Praktiken (Gemmen, Amulette, auch Formen der Hypnose als therapeutisches Mittel) haben P. schon zu Lebzeiten den Ruf eines Magus verschafft. Gegenüber diesem in der schönen Literatur wirksam gewordenen und auch gegenwärtig noch häufig gezeichneten Bild ist die souveräne Distanz zu betonen, mit der P., unbekümmert um das magisch-mantische Weltbild, aber auch ohne Verzicht auf universell-ganzheitliche Bezüge, rationale und für das 16. Jh. ganz ungewöhnliche Einsichten gewinnt und zur praktischen Anwendung bringt. Er verwirft (vgl. W. Pagel 1962, 29–31) die zeitgenössische Erklärung der Bergsucht als Folge des Einflusses von Berggeistern und erkennt sie in richtiger ätiologischer Deutung als eine Berufskrankheit, entdeckt den endemischen Charakter der Kropferkrankung und ihren Zusammenhang mit Mineralien und Trinkwasser, beschreibt (dabei die angeborene von der erworbenen Form unterscheidend) die verschiedenen Formen der Syphilis, wendet die diuretische Wirkung des Quecksilbers zur Behandlung der Wassersucht an (vgl. Pagel 1993, 56–57) und erfindet die in der heutigen Alternativmedizin wieder aufgegriffene Nosodentherapie. Vor allem aber – und allgemeiner – konzipiert P. unter Ablehnung der antiken Humoraltheorie den bis heute gültigen ›ontologischen‹ Krankheitsbegriff, nach dem Krankheiten anhand spezifischer Ursachen, Symptome, eventuell anatomischer Veränderungen wie Entitäten mit für sie typischen Eigenschaften identifizierbar und klassifizierbar sind (vgl. Pagel 1993, 69–75). Im Vertrauen auf ›Selbstheilungskräfte‹ führt er konservative Prinzipien in die Wundbehandlung ein und entwickelt auf der Basis der Erkenntnis, daß die Giftigkeit einer Substanz keine intrinsische Eigenschaft ist, sondern von der Dosierung abhängt, nicht nur die Anfänge der (inneren und äußeren) Chemotherapie, sondern auch pharmazeutische Techniken zur Entgiftung von Stoffen. Bedeutsam, da ideengeschichtlich (↑Ideengeschichte) revolutionär, sind schließlich P.' Erkenntnis der psychosomatischen Ursachen mancher Erkrankungen (er hat »die seelischen Phänomene in Betracht gezogen, wie wohl keiner der großen Ärzte vor oder nach ihm«, C. G. Jung 1978, 178) und die darauf gegründete Forderung nach humaner Behandlung von Geisteskranken und ›Besessenen‹.

Mögen solche Zusammenstellungen wissenschaftshistorisch insofern nicht unproblematisch sein, als sie eine anachronistische Modernität des Paracelsischen Denkens nahelegen (so daß P. in der Sekundärliteratur gelegentlich als ›Begründer der modernen Medizin‹ oder als ›der erste wirkliche Chemiker in der gesamten Geschichte der Wissenschaft‹ betitelt wird), so ist doch festzuhalten, daß es über die Schüler des P. und die ›Paracelsisten‹ des 17. und 18. Jhs. tatsächlich eine Wirkungsgeschichte seiner Ideen gibt, die sehr wohl auch aus ihrem literarischen und ideologischen Kontext herausgelöst betrachtet werden können – und sollten, wenn man dem irritierenden ›Phänomen P.‹ wissenschaftshistorisch und geistesgeschichtlich gerecht werden will.

Werke: Sämtliche Werke, ed. K. Sudhoff/W. Matthießen, München, München/Berlin 1922–1960, Wiesbaden/Stuttgart 1928–1995 (I. Abt. Medizinische, naturwissenschaftliche und philosophische Schriften I–XIV, ed. K. Sudhoff, 1922–1933, [repr. Hildesheim/Zürich/New York 1996], XV Reg.bd., bearb. v. M. Müller, Einsiedeln 1960; II. Abt. Die theologischen und religionsphilosophischen Schriften, I–VII, ed. W. Matthießen, ab II ed. K. Goldammer, 1923–1986, VIII Suppl.bd., 1973, IX Reg.bd., 1995); Sämtliche Werke, nach der 10bändigen Huserschen Gesamtausgabe (1589–1591) zum erstenmal in neuzeitliches Deutsch übersetzt [...], ed. B. Aschner, I–IV, Jena 1926–1932 (repr. Anger 1993), Neudr. Leipzig 1975–1977 (repr. München 1984), 1977–1984; Werke, I–V, ed. W.-E. Peukert, Darmstadt, Basel/Stuttgart 1965–1968, 2010. – Bücher und Schriften, ed. J. Huser, I–X, Basel 1589–1591 (repr., in 6 Bdn., ed. K. Goldammer, Hildesheim/New York 1971–1977), in 4 Bdn., Frankfurt 1603; Schriften, ed. H. Kayser, Leipzig 1921, 1924 (repr. Frankfurt 1980); Sozialethische und sozialpolitische Schriften, ed. K. Goldammer, Tübingen 1952; Essential Theoretical Writings [dt./engl.], ed. u. übers. A. Weeks, Leiden/Boston Mass. 2008; Theologische Werke, ed. U. L. Gantenbein, Berlin/New York 2008 ff. (erschienen Bd. I). – Grosse Wundartzney [...], Ulm 1536 (repr. unter dem Titel: Die grosse Wundartzney, I–II, ed. U. Benzenhöfer, Hannover 1989); Labyrinthus medicorum errantium [...], Nürnberg 1553, Neudr. in: Die Kärntner Schriften [s. u.], 67–129; Das Buch Paragranum [...], ed. A. von Bodenstein, Frankfurt 1565, unter dem Titel: Der andere Arzt. Das Buch Paragranum, ed. G. Pörksen, Frankfurt 1991; Die Verantwortung vber etliche Unglimpfungen seiner Mißgönner, in: Ander Theil der Bücher und Schriften des edlen, hochgelehrten vnd bewehrten Philosophi vnnd Medici Philippi Theophrasti Bombast von Hohenheim, Paracelsi genannt [...], ed. I. H. Brisgoium, Basel 1589, 157–190, Neudr. in: Die Kärntner Schriften [s. u.], 27–65, Neudr. unter dem Titel: Septem Defensiones. Die Selbstverteidigung eines Aussenseiters, ed. G. Pörksen, Basel 2003 (mit Repr. der Ausg. Basel 1589); Liber de nymphis, sylphis, pygmaeis et salamandris, et de caeteris spiritibus, Basel 1590, Neudr. unter dem Titel: Das Buch von den Nymphen, Sylphen, Pygmaeen, Salamandern und den übrigen Geistern, Marburg 1996, 2003 (mit Repr. der Ausg. Basel 1590); The Hermetic and Alchemical Writings of Aureolus Philippus Theophrastus Bombast, of Hohenheim, Called P. the Great. Now For the First Time Faithfully Translated Into English, ed. A. E. Waite, I–II, London 1894 (repr. New Hyde Park N. Y. 1967, Berkeley Calif./Boulder Colo. 1976); Four Treatises of Theophrastus von Hohenheim, Called P., ed. H. E. Sigerist, Baltimore Md. 1941, Baltimore Md./London 1996; Das Mahl des Herrn und Auslegung des Vaterunsers, ed. G. J. Deggeler, Dornach 1950, 1993; Die Kärntner Schriften, ed. K. Goldammer, Klagenfurt 1955; Astronomia magna. Oder die ganze Philosophia sagax der großen und kleinen Welt, ed. N. Winkler, Frankfurt etc. 1999; Die kleine Wundarznei, ed. D. Hornfisher, Iserlohn 2011. – J. Ferguson, Bibliographia Paracelsica, I–VI, Glasgow

1877–1896, Mansfield Centre Conn. 2003; K. Sudhoff, Bibliographia Paracelsica. Besprechung der unter Hohenheims Namen 1527–1893 erschienenen Druckschriften, Berlin 1894 (repr. Graz 1958); ders., Nachweise zur P.-Literatur. Beilage zu den Acta Paracelsica 1930/1932, München 1932; K.-H. Weimann, P. und der Baseler Thomas-Morus-Kreis/Auswahl-Bibliographie der neueren P.-Literatur, Salzburg 1961 (Salzburger Beitr. zur P.forschung 3), 11–20; P.-Bibliographie 1932–1960 mit einem Verzeichnis neu entdeckter P.-Handschriften (1900–1960). Im Auftrag der P.-Kommission bearb. v. K.-H. Weimann, Wiesbaden 1963 (Kosmosophie II); J. Paulus, P.-Bibliographie 1961–1996, Heidelberg 1997.

Literatur: E. J. Ashworth, P., REP VII (1998), 205–208; U. Benzenhöfer (ed.), P., Darmstadt 1993; ders., P., Reinbek b. Hamburg 1997, 2003; ders./U. L. Gantenbein, P., in: W. J. Hanegraff (ed.), Dictionary of Gnosis & Western Esotericism, Leiden/Boston Mass. 2006, 922–931; R.-H. Blaser, Paracelse et sa conception de la nature, Lille, Genf 1950; K. Blümlein, Naturerfahrung und Welterkenntnis. Der Beitrag des P. zur Entwicklung des neuzeitlichen, naturwissenschaftlichen Denkens, Frankfurt etc. 1992; A. E. Cislo, P.'s Theory of Embodiment. Conception and Gestation in Early Modern Europe, London/Brookfield Vt. 2010; A. Classen (ed.), P. im Kontext der Wissenschaften seiner Zeit. Kultur- und mentalitätsgeschichtliche Annäherung, Berlin/New York 2010; U. Gause, P. (1493–1541). Genese und Entfaltung seiner frühen Theologie, Tübingen 1993; F. Geerk, P. – Arzt unserer Zeit. Leben, Werk und Wirkungsgeschichte des Theophrastus von Hohenheim, Zürich 1992, ^{2}1993, Düsseldorf 2001; K. Goldammer, P.. Natur und Offenbarung, Hannover-Kirchrode 1953; O. P. Grell (ed.), P.. The Man and His Reputation, His Ideas and Their Transformation, Leiden/Boston Mass./Köln 1998; H. Heimsoeth, P. als Philosoph, Dt. Vierteljahrsschr. f. Literaturwiss. u. Geistesgesch. 19 (1941), 369–378, Neudr. in: ders., Studien zur Philosophiegeschichte, Köln 1961 (Ges. Abhandlungen II), 111–119; C. G. Jung, Paracelsica. Zwei Vorlesungen über den Arzt und Philosophen Theophrastus, Zürich 1942 (1. P. als Arzt [repr. in: Ges. Werke XV, Olten/Freiburg 1971, ^{4}1984, 21–41]; 2. P. als geistige Erscheinung, Zürich 1942 [repr. in: Ges. Werke XIII, Olten/Freiburg 1978, 123–209]); I. Kästner, Theophrastus Bombastus von Hohenheim, genannt P., Leipzig 1985, 1989 (Biographien hervorragender Naturwissenschaftler, Techniker und Mediziner LXXXII); E. Kaiser, P. in Selbstzeugnissen und Bilddokumenten, Reinbek b. Hamburg 1969, 1993; A. Koyré, Paracelse. 1493–1541, Paris 1997, 2004 (dt. P. [1493–1541], Zürich 2012); M. Kuhn, De nomine et vocabulo. Der Begriff der medizinischen Fachsprache und die Krankheitsnamen bei P. (1493–1541), Heidelberg 1996; P. Letter, P.. Leben und Werk, Bad Königsförde/Krummwisch 2000, Berlin 2009; ders., P. – Wertung und Würdigung, Berlin 2010; P. Meier, P.. Arzt und Prophet. Annäherungen an Theophrastus von Hohenheim, Zürich 1993, unter dem Titel: P.. Arzt und Prophet, Zürich, Darmstadt 2013; W. Pagel, P.. An Introduction to Philosophical Medicine in the Era of the Renaissance, Basel/New York 1958, erw. Basel etc. ^{2}1982 (franz. Paracelse. Introduction à la médicine philosophique de la renaissance, Paris/Grenoble 1963); ders., Das medizinische Weltbild des P.. Seine Zusammenhänge mit Neuplatonismus und Gnosis, Wiesbaden 1962 (Kosmosophie I); ders., P., DSB X (1974), 304–313; ders., P. als ›Naturmystiker‹ in: A. Faivre/R. C. Zimmermann (eds.), Epochen der Naturmystik. Hermetische Tradition im wissenschaftlichen Fortschritt, Berlin 1979, 52–104, Neudr. in: U. Benzenhöfer (ed.), P. [s.o.], 24–97; W.-E. Peuckert, Theophrastus P., Stuttgart/Berlin 1941, erw. ^{3}1944 (repr. Hildesheim/New York 1976, 1991); H. Rudolph, P., TRE XXV (1995), 699–705; H. Schipperges, P.. Der Mensch im Licht der Natur, Stuttgart 1974; ders., P.. Das Abenteuer einer sokratischen Existenz, Freiburg 1983; ders., Die Entienlehre des P.. Aufbau und Umriß seiner Theoretischen Pathologie, Berlin etc. 1988; ders., P. – heute. Seine Bedeutung für unsere Zeit, Frankfurt 1994; H. Schott/I. Zinguer (eds.), P. und seine internationale Rezeption in der frühen Neuzeit. Beiträge zur Geschichte des Paracelsismus, Leiden/Boston Mass./Köln 1998; G. Schwedt, P. in Europa. Auf den Spuren des Arztes und Naturforschers 1493–1541, München 1993; G. Stolwitzer, Paracelse, DP II (^{2}1993), 2185–2187; F. Strunz, Theophrastus P.. Idee und Problem seiner Weltanschauung, Leipzig/Salzburg 1937; J. Telle (ed.), Parerga Paracelsica. P. in Vergangenheit und Gegenwart, Stuttgart 1991, 1992; A. Vogt, Theophrastus P. als Arzt und Philosoph, Stuttgart 1956; C. Webster, P.. Medicine, Magic and Mission at the End of Time, New Haven Conn./London 2008; A. Weeks, P.. Speculative Theory and the Crisis of the Early Reformation, Albany N. Y. 1997; V. Zimmermann (ed.), P., das Werk – die Rezeption. Beiträge des Symposiums zum 500. Geburtstag von Theophrastus Bombastus von Hohenheim, genannt P. (1493–1541) an der Universität Basel am 3. und 4. Dezember 1993, Stuttgart 1995.– P. in der Tradition, Vorträge P.tag 1978, ed. Internationale P.-Gesellschaft zu Salzburg, Wien 1980 (Salzburger Beitr. zur P.forschung XXI). – Nova Acta Paracelsica 1. F. 1 (1944) – 10 (1982), NF (1987ff.). C. T.

Paradigma (griech. *παράδειγμα*, Beispiel, Vorbild, Muster, Plural: Paradigmata, Paradigmen; engl. paradigm), philosophiehistorisch Teil der Platonischen Ideenterminologie (↑Idee (historisch)), wissenschaftstheoretisch Grundbegriff der Wissenschaftsanalyse T. S. Kuhns (zur begrifflichen Abgrenzung zwischen Beispiel, Exempel und P. ↑Beispiel). Ursprünglich werden P.ta diejenigen Standardbeispiele genannt, die im Rahmen des Sprachunterrichts eine grammatische Vorbildfunktion haben (z. B. laudo, laudas, laudat, ...). In den wissenschaftstheoretischen Untersuchungen des Aristoteles steht der *paradigmatische Schluß* zwischen dem apodeiktischen Syllogismus (↑Syllogismus, apodeiktischer) und der ↑›Induktion‹ (↑Epagoge) (an. pr. *B*24.68b38–69a19). Mit der ›Induktion‹ teilt der paradigmatische Schluß die Eigenschaft, daß die Argumentation auf Einzelfällen beruht; jedoch erfolgt er auf Grund der Tatsache, daß ein ähnlicher Einzelfall bereits unter einen allgemeinen ↑Begriff fällt. Ein paradigmatisches Argument beruht also auf einem Schluß, in dem ein Beispiel vorkommt, bezüglich dessen ein neuer Einzelfall als ähnlich behauptet wird (↑paradigm case argument).

In der historisch-kritischen Wissenschaftsphilosophie Kuhns (The Structure of Scientific Revolutions, 1962, ^{2}1970) steht der Begriff des P.s im Zentrum der Kritik an der wissenschaftstheoretischen Vorstellung, daß Wissenschaftler nach allgemeinen methodischen Regeln (Prinzipien, Postulaten) handeln bzw. ihr Handeln derart rekonstruierbar ist. Vielmehr richten sich die Wissenschaftler nach historischen Mustern der Forschung, zu denen sowohl die grundlegenden Begriffe einer Disziplin, ihre ontologischen ↑Präsuppositionen und ihre Modellvorstellungen gehören, ferner gelungene und von daher vorbildhafte Realisierungen der Forschung. Diese Elemente konstituieren den Grundkonsens einer Wissenschaftlergemeinschaft (↑scientific community). Als P.ta werden dabei weder rein kognitive Gebilde (wie die im Logischen Empirismus [↑Empirismus, logischer] bevorzugt untersuchten Satzsysteme) noch rein soziale (wie die von den Wissenschaftssoziologen untersuchten Wissenschaftlergemeinschaften) bezeichnet. Die Unterscheidung zwischen ›kognitiv‹ und ›sozial‹ erscheint selbst auf Grund des P.begriffs als inadäquat (↑intern/extern), womit auch die klassische Aufgabenteilung zwischen (strukturalistischer) Wissenschaftstheorie, (funktionalistischer) Wissenschaftssoziologie und (kumulativer) Wissenschaftshistoriographie problematisch wird. Kuhn gibt mit Hilfe des P.begriffs ein *historisches Entwicklungsschema* für Disziplinen an (↑Theoriendynamik), das eine derartige Wissenschaftssystematik relativiert. Nach diesem Schema entwickelt sich eine Disziplin aus einer vor-paradigmatischen Phase über eine normale Phase zu einer revolutionären Phase. Kennzeichen der *vor-paradigmatischen Phase* ist, daß kein verbindliches P. als Forschungsrahmen besteht (Pluralität zum Teil unvereinbarer P.ta). Entsprechend gibt es keine einheitliche Methodologie der Forschung. In der Phase der *normalen Wissenschaft* (↑Wissenschaft, normale) verschwindet die Vielfalt unterschiedlicher Schulen zugunsten des Monopolanspruchs eines einzigen P.s. Hier können sich wiederum die im Rahmen eines P.s unlösbaren Probleme (↑Anomalien) unter bestimmten Umständen derart verschärfen, daß das P. in eine Krise gerät. Steht in solchen Situationen ein alternatives P. zur Verfügung, tritt die Entwicklung der Disziplin in die *revolutionäre Phase* (↑Revolution, wissenschaftliche). Die Entscheidung zwischen zwei P.ta kann dabei nach Kuhns Konzeption nicht mit argumentativen Mitteln ausgetragen werden, weil die Definition der Rationalitätsstandards selbst ein Teil des jeweiligen P.s ist (↑inkommensurabel/Inkommensurabilität, ↑Rationalität).

Den Hintergrund des *wissenschaftstheoretischen* Gehalts der P.konzeption bildet die Entwicklung der ↑Wissenschaftstheorie im 20. Jh.: Während sich die Wissenschaftstheorie des Logischen Empirismus auf die Analyse der Strukturen der Wissenschaften als Satzgebilde beschränkt, hebt K. R. Popper die Frage nach den methodischen Kriterien des Wachstums wissenschaftlichen Wissens als zentrales Problem der Wissenschaftstheorie hervor. Als Faktoren der Wissenschaftsentwicklung werden bei Popper und dem ihm folgenden Kritischen Rationalismus (↑Rationalismus, kritischer) primär die für die Forschung maßgebenden Rationalitätsstandards (d. h. ›interne‹ Faktoren) angesehen und (zum Teil unter erheblicher Modifikation der Position Poppers, z. B. durch I. Lakatos) gegen Kuhns Herausstellung der Bedeutung sozialer und psychischer (›externer‹) Faktoren geltend gemacht. Der Kuhnschen Konzeption des P.s verwandte Konzeptionen werden im Rahmen einer Theorie der ↑*Wissenschaftsgeschichte* z. B. von N. R. Hanson (Begriff der ›patterns of discovery‹), S. Toulmin (Idee eines ›ideal of natural order‹) und M. Polanyi (These von den ›stillen Kenntnissen‹ des arbeitenden Wissenschaftlers) entwickelt.

Für Kuhns wissenschaftsphilosophische Position war die wissenschaftshistorische Analyse L. Flecks (Entstehung und Entwicklung einer wissenschaftlichen Tatsache, 1935) von großem Einfluß. Ferner spielen das wissenschaftliche und philosophische Umfeld dieses Modells wissenschaftlicher Entwicklungen eine Rolle, so die Konzeptionen, die sich vom Atomismus (↑Atomismus, logischer) und Strukturalismus (↑Strukturalismus (philosophisch, wissenschaftstheoretisch)) der frühen Analytischen Philosophie (↑Philosophie, analytische) absetzen: J. Piagets Arbeiten über die verschiedenen Welten des heranwachsenden Kindes (↑Erkenntnistheorie, genetische), die ↑Gestalttheorie, B. L. Whorfs Untersuchungen zur Sprachabhängigkeit von Weltbildern und W. V. O. Quines Kritik an der analytisch-synthetisch-Unterscheidung der Wissenschaftstheorie (↑Holismus). Für den Begriff des P.s scheint jedoch vor allem L. Wittgensteins im Begriff der ↑Familienähnlichkeit zusammengefaßte pragmatisch-konventionalistische Kritik der wissenschaftstheoretischen Konzeptionen im Logischen Empirismus maßgebend gewesen zu sein.

In der Debatte um Grundlagen und Folgen der auch durch begriffliche Unklarheiten belasteten P.konzeption (M. Masterman [1970] unterscheidet 21 teilweise inkonsistente Bedeutungsfestlegungen) haben Kritiker aus der Tradition des Logischen Empirismus zunächst immanente Schwierigkeiten der Kuhnschen Konzeption aufgewiesen: P.ta gehen nach Kuhn in keinem empirisch faßbaren Phänomen wie methodischer Regel, Gesetz, Theorie und Begriffssystem auf, weil es um diese Instanzen stets Kontroversen geben kann; P.ta müßten also allen greifbaren sprachlichen, psychischen und sozialen Faktoren vorausliegen. Dann frage sich, wie sie historischer Untersuchung zugänglich werden könnten. Daß dies nach Kuhn möglich sei, hänge mit dem metaphysischen Charakter und der ↑Vagheit des P.begriffs zusammen, die eine fast beliebige historische Bestätigung zuließen (D. Shapere, 1964). Eine andere Argumentationslinie geht von der Selbstanwendung der Kuhnschen Konzeption aus: Wenn ↑Tatsachen nur in Abhängigkeit von einem P. bestünden, dann müsse auch der Wissenschaftshistoriker an diesen Sachverhalt gebunden sein. Somit sei eine vergleichende historische Erforschung von P.ta unmöglich. Weiter wird eine Inkonsistenz darin gesehen, daß Kuhn einerseits die These von der P.abhängigkeit wissenschaftlicher Tatsachenerkenntnis und von der Inkommensurabilität (↑inkommensurabel/Inkommensurabilität) der Wissenschaftssprachen zwischen Anhängern verschiedener P.ta vertrete, gleichwohl aber unterstelle, daß die Anhänger eines neuen P.s Urteile über die Erklärungsleistungen des neuen gegenüber dem alten P. abgeben können (I. Scheffler, 1972).

Gegenüber dieser Kritik der P.konzeption als wissenschafts*historischer* Hypothese weist der Kritische Rationalismus insbes. die wissenschafts*theoretischen* Implikationen zurück. So bezeichnet Popper die Unterscheidung zwischen normaler und revolutionärer Wissenschaft als deskriptiv zutreffend, kritisiert jedoch die Einstellung des ›normalen Wissenschaftlers‹ als unkritisch und doktrinär. Normale Wissenschaft im Sinne Kuhns könne niemals zur ↑Falsifikation einer Hypothese führen und sei damit im Unterschied zur Idee der revolutionären Wissenschaft fortschrittshemmend (folgerichtig erhebt J. Watkins [1970] die Forderung nach ›permanenter Revolution‹). Vor allem wird kritisiert, daß Kuhn nicht angeben könne, welche Menge oder Art von Anomalien hinreichend sei, um ein P. zu verwerfen, insbes. aber die unterstellte ›Rationalitätslücke‹ zwischen P.ta. Diese führe bei Kuhn dazu, daß wissenschaftlicher ↑Fortschritt nicht mehr feststellbar sei, es sei denn, man bewerte die wissenschaftliche Entwicklung aus der ›Siegerperspektive‹. Lakatos sucht in seiner Konzeption wissenschaftlicher ↑Forschungsprogramme Kuhns Kritik am Falsifikationismus einerseits (wonach eine simple Falsifikation den Wissenschaftler keineswegs veranlasse, das P. zu verwerfen) mit dem Gedanken einer metawissenschaftlichen Rationalität andererseits in einer alternativen Theorie wissenschaftlicher Evolution zu versöhnen. Auch P. K. Feyerabend unterstützt die durch Kuhn und Lakatos geleistete Kritik am Falsifikationismus, indem er nachweist, daß Theorien nicht schon auf Grund widerlegender Beobachtungen sowie logischer oder mathematischer Gegenargumente aufgegeben werden. Neben der Zugrundelegung eines ›Prinzips der Beharrlichkeit‹ werde vielmehr ein ›Prinzip des Proliferierens‹ (↑Proliferationsprinzip), nämlich durch Hervorbringung alternativer Theorien, akzeptiert, worin die Schwierigkeiten der herrschenden Theorie systematisiert werden. Allerdings zwingt das Feyerabendsche Proliferationsprinzip dazu, die Kuhnsche Beschreibung einer paradigmengeleiteten Normalwissenschaft als historisch unzutreffend zurückzuweisen.

Der von J.D. Sneed und W. Stegmüller entwickelte ↑*non-statement-view* von Theorien (↑Theoriesprache) soll die P.konzeption so präzisieren, daß ihre Interpretation im Sinne eines Irrationalismus (↑irrational/Irrationalismus) und soziologistischen ↑Relativismus ausgeschlossen werden kann. Dazu wird zunächst der ↑Prädikator des Verfügens über eine Theorie so eingeführt, daß eine Theorie als geordnetes Paar (K, I) mit K als theoretischem Strukturkern und I als Klasse intendierter Anwendungsfälle betrachtet wird. Letztere wird weder extensional (↑extensional/Extension) noch intensional (↑intensional/Intension) definiert, sondern durch eine Liste von Beispielfällen charakterisiert, wobei neue Elemente hinzugefügt und alte entfernt werden können (empirischer Teil der Theorie). Der Strukturkern enthält ein Fundamentalgesetz und grundlegende Nebenbedingungen (logischer Teil). Daß eine Theorie im Wandel der wissenschaftlichen Entwicklung gleichbleibt, kann nun bedeuten, daß der Strukturkern erweitert und/oder die Klasse intendierter Anwendungsfälle verändert wird. Auf diese Weise ist ein normalwissenschaftlicher Fortschritt rekonstruierbar, der einerseits nicht bloß in trivialen Änderungen besteht, andererseits die Identität der Theorie unangetastet läßt. Vor allem soll verstehbar werden, daß es eine Falsifikation von ↑Hypothesen bei Immunität der Theorie (als gesamter Struktur) geben kann. Schließlich läßt sich wissenschaftliche Revolution als Theorienverdrängung durch eine Ersatztheorie beschreiben, die allerdings auf Grund des nicht-empirischen Status von Theorien nicht als Falsifikationsprozeß verstanden werden kann. Die sich hier andeutende ›Rationalitätslücke‹ beim Theorienwechsel soll mit Hilfe des Begriffs der Reduktion einer Theorie auf eine andere unbeschadet der Inkommensurabilität im Sinne Kuhns geschlossen werden (↑Rationalitätskriterium). Offen bleibt, ob das Verhältnis der Reduzierbarkeit zwischen zwei Theorien, die bei einer Theorienverdrängung eine Rolle spielen, immer erfüllt ist (↑Reduktion, ↑Relationen, intertheoretische).

Um eine größere begriffliche Präzision zu erreichen, hat Kuhn (Postscript, 1969) vorgeschlagen, den Begriff des P.s durch den der disziplinären ↑Matrix zu ersetzen. Zu dieser Matrix gehören als Komponenten: (1) ›symbolische Generalisierungen‹ (formale Komponenten der gemeinsamen Wissenschaftssprache, z.B. gesetzesartige Aussagen, ↑Gesetz (exakte Wissenschaften)), (2) ›ontologische Modelle‹ (oft erkennbar an den bevorzugten ↑Analogien und ↑Metaphern), (3) ›methodologische und andere Wertungen‹ (z.B. bezüglich Einfachheit, Plausibilität, Genauigkeit, die von einer Lösung verlangt wird), (4) ›Musterbeispiele‹ (›examples‹, konkrete Problemlösungen, P.ta im genauen Wortsinn). Im Sinne von (4) wird der P.enbegriff von Kuhn nach 1969 überwiegend verwendet, ohne daß der Terminus ›disziplinäre Matrix‹ in seinen späteren Arbeiten noch weitere Verwendung findet.

Kuhns Konzeption des P.s hat nicht nur die Wissenschaftstheorie tiefgreifend beeinflußt, sondern auch die herkömmliche Aufgabenstellung der ↑Wissenschaftssoziologie modifiziert. Unter neuen Disziplinentiteln wie ↑Wissenschaftsforschung und ↑Wissenschaftswissenschaft wird versucht, die wissenschaftliche Erforschung des Phänomens Wissenschaft aus den traditionellen Herkunftsdisziplinen Philosophie, Soziologie, Geschichtswissenschaft etc. herauszulösen. Ferner wird, aufbauend auf Kuhns P.begriff, versucht, den Gedanken einer sozialen Steuerung der Wissenschaftlergemeinschaft durch das P. normativ, im Sinne einer demokratisch legitimierten wissenschaftspolitischen Steuerung, fruchtbar zu machen (↑Finalisierung).

Literatur: J. L. Battersby, Paradigms Regained. Pluralism and the Practice of Criticism, Philadelphia Pa. 1991; K. Bayertz, Wissenschaftstheorie und P.begriff, Stuttgart 1981; I. B. Cohen, Revolution in Science, Cambridge Mass./London 1985; W. Diederich (ed.), Theorien der Wissenschaftsgeschichte. Beiträge zur diachronen Wissenschaftstheorie, Frankfurt 1974, 1978 [Beiträge von L. Krüger, T. S. Kuhn, I. Lakatos, I. Scheffler, W. Stegmüller, S. E. Toulmin]; A. Diemer (ed.), Die Struktur wissenschaftlicher Revolutionen in der Geschichte der Wissenschaften. Symposion der Gesellschaft für Wissenschaftsgeschichte anläßlich ihres zehnjährigen Bestehens, 8.–10. Mai 1975 in Münster, Meisenheim am Glan 1977; E. v. Dietze, Paradigms Explained. Rethinking Thomas Kuhn's Philosophy of Science, Westport Conn./London 2001; D. Goldman Cedarbaum, Paradigms, Stud. Hist. Philos. Sci. 14 (1983), 173–213; P. K. Feyerabend, Consolations for the Specialist, in: I. Lakatos/A. Musgrave (eds.), Criticism and the Growth of Knowledge (Proc. Int. Coll. Philos. Sci., London 1965, IV), Cambridge 1970, 2004, 197–230 (dt. Kuhns Struktur wissenschaftlicher Revolutionen – ein Trostbüchlein für Spezialisten?, in: dies. [eds.], Kritik und Erkenntnisfortschritt [Abh. Int. Koll. Philos. Wiss., London 1965, IV], Braunschweig 1974, 191–222, ferner [rev./erw. mit einem Nachtrag 1977] in: ders., Der wissenschaftstheoretische Realismus und die Autorität der Wissenschaften. Ausgewählte Schriften I, Braunschweig/Wiesbaden 1978, 153–204); ders., Against Method. Outline of an Anarchistic Theory of Knowledge, in: M. Radner/S. Winokur (eds.), Analyses of Theories and Methods of Physics and Psychology, Minneapolis Minn. 1970 (Minnesota Stud. Philos. Sci. IV), 17–130, separat London 1975, London/New York 2010 (dt. [erw.] Wider den Methodenzwang. Skizze einer anarchistischen Erkenntnistheorie, Frankfurt 1976, unter dem Titel: Wider den Methodenzwang, Frankfurt 2003; franz. Contre la méthode. Esquisse d'une théorie anarchiste de la connaissance, Paris 1979, 1988); M. Fischer/P. Hoyningen-Huene (eds.), Paradigmen. Facetten einer Begriffskarriere, Frankfurt etc. 1997; L. Fleck, Entstehung und Entwicklung einer wissenschaftlichen Tatsache. Einführung in die Lehre vom Denkstil und Denkkollektiv, Basel 1935, ed. L. Schäfer/T. Schnelle, Frankfurt 1993; C. F. Gethmann, Wissenschaftsforschung? Zur philosophischen Kritik der nach-Kuhnschen Reflexionswissenschaften, in: P. Janich (ed.), Wissenschaftstheorie und Wissenschaftsforschung, München 1981, 9–38, 135–136; R. Grandy, Thomas Kuhn, in: S. Sarkar/J. Pfeifer (eds.), The Philosophy of Science. An Encyclopedia I, New York/London 2006, 419–431; G. Gutting (ed.), Paradigms and Revolutions. Appraisals and Applications of Thomas Kuhn's Philosophy of Science, Notre Dame Ind./London 1980; N. R. Hanson, Patterns of Discovery. An Inquiry into the Conceptual Foundations of Science, Cambridge 1958, 1975; C. G. Hempel, The Meaning of Theoretical Terms. A Critique of the Standard Empiricist Construal, in: P. C. Suppes u. a. (eds.), Logic, Methodology and Philosophy of Science IV (Proc. Fourth Int. Congr. Logic, Methodology and Philos. of Sci., Bucharest 1971), Amsterdam/London/New York 1973, 367–378; P. Hoyningen-Huene, Die Wissenschaftsphilosophie Thomas S. Kuhns. Rekonstruktion und Grundlagenprobleme, Braunschweig/Wiesbaden 1989, 133–162 (engl. Reconstructing Scientific Revolutions. Thomas S. Kuhn's Philosophy of Science, Chicago Ill./London 1993, 131–162); ders., Kuhn, Thomas Samuel, REP V (1998), 315–318; ders., P., EP II (²2010), 1897–1899; ders./H. Sankey (eds.), Incommensurability and Related Matters, Dordrecht/Boston Mass./London 2001 (Boston Stud. Philos. Sci. 216); K. Hübner, [Rezension von] T. S. Kuhn: The Structure of Scientific Revolutions, Philos. Rdsch. 15 (1968), 185–195; V. Kindi/T. Arabatzis (eds.), Kuhn's »The Structure of Scientific Revolutions« Revisited, New York/London 2012; N. Koertge, For and Against Method, Brit. J. Philos. Sci. 23 (1972), 274–290; C. R. Kordig, The Justification of Scientific Change, Dordrecht/Boston Mass. 1971, Berlin 1975; L. Krüger, Wissenschaftliche Revolutionen und Kontinuität der Erfahrung, Neue H. Philos. 6/7 (1974), 1–26; T. S. Kuhn, The Copernican Revolution. Planetary Astronomy in the Development of Western Thought, Cambridge Mass. 1957, 2003 (dt. Die Kopernikanische Revolution, Braunschweig 1981); ders., The Structure of Scientific Revolutions, Chicago Ill. 1962, ²1970 (mit Postscript von 1969), ⁴2012 (dt. Die Struktur wissenschaftlicher Revolutionen, Frankfurt 1967, ²1976 [mit Postskriptum von 1969], 2012); ders., Second Thoughts on Paradigms, in: F. Suppe (ed.), The Structure of Scientific Theories, Urbana Ill./Chicago Ill./London 1974, ²1977, 1979, 459–482 (dt. Neue Überlegungen zum Begriff des P., in: ders., Die Entstehung des Neuen [s. u.], 389–420); ders., Theory-Change as Structure-Change: Comments on the Sneed Formalism, Erkenntnis 10 (1976), 179–199; ders., Die Entstehung des Neuen. Studien zur Struktur der Wissenschaftsgeschichte, ed. L. Krüger, Frankfurt 1977; ders., Commensurability, Comparability, Communicability, in: P. D. Asquith/T. Nickles (eds.), PSA 1982. Proc. 1982 Biennial Meeting Philos. Sci. Ass. II, East Lansing Mich. 1983, 669–688; I. Lakatos, Replies to Critics, in: R. C. Buck/R. S. Cohen (eds.), PSA 1970 [s. o.], 174–182; ders./A. Musgrave (eds.), Criticism and the Growth of Knowledge (Proc. Int. Coll. Philos. Sci., London, 1965, IV), Cambridge 1970, 2004 (dt. Kritik und Erkenntnisfortschritt [Abh. Int. Koll. Philos. Wiss., IV], Braunschweig 1974 [Beiträge von P. K. Feyerabend, T. S. Kuhn, I. Lakatos, M. Masterman, K. Popper, S. Toulmin, J. Watkins, L. P. Williams]); H. Margolis, Paradigms & Barriers. How Habits of Mind Govern Scientific Beliefs, Chicago Ill./London 1993; M. Masterman, The Nature of the Paradigm, in: I. Lakatos/A. Musgrave (eds.), Criticism and the Growth of Knowledge [s. o.], 59–89; E. McMullin, Rationality and Paradigm Change in Society, in: P. Horwich (ed.), World Changes. Thomas Kuhn and the Nature of Science, Cambridge Mass./London 1993, 55–78; J. Mittelstraß, Prolegomena zu einer konstruktiven Theorie der Wissenschaftsgeschichte, in: ders., Die Möglichkeit von Wissenschaft, Frankfurt 1974, 106–144, 234–244; D. Pearce, Roads to Commensurability, Dordrecht etc. 1987; M. Polanyi, Personal Knowledge. Towards a Post-Critical Philosophy, Chicago Ill., London 1958, London/New York 2002, bes. 69–202 (Chap. V–VI); K. R. Popper, Logik der Forschung, Wien 1934, Tübingen 1966, ¹⁰1994, 2002 (engl. The Logic of Scientific Discovery, London 1959, rev. 1968, London/New York 2002); ders., Conjectures and Refutations. The Growth of Scientific Knowledge, New York 1962, London

1963, ³1969, London/New York 2002; ders., Objective Knowledge. An Evolutionary Approach, Oxford 1972, ²1979 (dt. Objektive Erkenntnis. Ein evolutionärer Entwurf, Hamburg 1973, ³1984, 1995); J. Quitterer, Kant und die These vom Paradigmenwechsel. Eine Gegenüberstellung seiner Transzendentalphilosophie mit der Wissenschaftstheorie Thomas S. Kuhns, Frankfurt etc. 1996; T. Rentsch, P., Hist. Wb. Ph. VII (1989), 74–81; M. A. Runco, Paradigm, IESS VI (²2008), 125–127; I. Scheffler, Vision and Revolution: A Postscript on Kuhn, Philos. Sci. 39 (1972), 366–374; G. Schurz/P. Weingartner (eds.), Koexistenz rivalisierender Paradigmen. Eine post-kuhnsche Bestandsaufnahme zur Struktur gegenwärtiger Wissenschaft, Opladen/Wiesbaden 1998; D. Shapere, [Rezension von] The Structure of Scientific Revolutions, Philos. Rev. 73 (1964), 383–394; ders., Meaning and Scientific Change, in: R. G. Colodny (ed.), Mind and Cosmos. Essays in Contemporary Science and Philosophy, Pittsburgh Pa. 1966, 41–85; W. R. Shea (ed.), Revolutions in Science. Their Meaning and Relevance, Canton Mass. 1988; J. D. Sneed, The Logical Structure of Mathematical Physics, Dordrecht 1971, ²1979; ders., Philosophical Problems in the Empirical Science of Science. A Formal Approach, Erkenntnis 10 (1976), 115–146; W. Stegmüller, Probleme und Resultate der Wissenschaftstheorie und Analytischen Philosophie II/2 (Theorienstrukturen und Theoriendynamik), Berlin/Heidelberg/New York 1973; ders., Structures and Dynamics of Theories. Some Reflections on J. D. Sneed and T. S. Kuhn, Erkenntnis 9 (1975), 75–100; ders., Normale Wissenschaft und wissenschaftliche Revolutionen. Kritische Betrachtungen zur Kontroverse zwischen Karl Popper und Thomas S. Kuhn, Wiss. u. Weltbild 29 (1976), 169–180, ferner in: ders., Rationale Rekonstruktion von Wissenschaft und ihrem Wandel, Stuttgart 1979, 108–130; ders., Accidential (›Non-Substantial‹) Theory Change and Theory Dislodgement. To What Extent Logic Can Contribute to a Better Understanding of Certain Phenomena in the Dynamics of Theories, Erkenntnis 10 (1976), 147–178 (dt. Akzidenteller [›nicht substantieller‹] Theorienwandel und Theorienverdrängung. Inwieweit logische Analysen zum besseren Verständnis gewisser Phänomene in der Theoriendynamik beitragen können, in: ders., Rationale Rekonstruktion von Wissenschaft und ihrem Wandel, Stuttgart 1979, 131–176); ders., The Structure and Dynamics of Theories, Berlin/Heidelberg/New York 1976; ders., A Combined Approach to the Dynamics of Theories. How to Improve Historical Interpretations of Theory Change by Applying Set Theoretical Structures, Theory and Decision 9 (1978), 39–75; ders., The Structuralist View of Theories. A Possible Analogue of the Bourbaki Programme in Physical Science, Berlin/Heidelberg/New York 1979; ders., Probleme und Resultate der Wissenschaftstheorie und Analytischen Philosophie II/3 (Die Entwicklung des neuen Strukturalismus seit 1973), Berlin/Heidelberg/New York 1986; D. J. Stump, Paradigm, NDHI IV (2005), 1714–1718; F. Suppe (ed.), The Structure of Scientific Theories, Urbana Ill./Chicago Ill./London 1974, 1981; R. Tuomela, On the Structuralist Approach to the Dynamics of Theories, Synthese 39 (1978), 211–231; J. Watkins, Against ›Normal Science‹, in: I. Lakatos/A. Musgrave (eds.), Criticism and the Growth of Knowledge [s. o.], 25–37; P. Weingart, Wissensproduktion und soziale Struktur, Frankfurt 1976, 33–92 (Kap. II P.enstruktur und wissenschaftliche Gemeinschaft – das Problem wissenschaftlicher Entwicklung). C. F. G

Paradigma (semiotisch), im Anschluß an G. C. Lichtenberg und L. Wittgenstein Bezeichnung für das heuristische Mittel, Erkenntnisse in unterschiedlichen Bereichen zu gewinnen oder miteinander zu verbinden. Eine ›Paradigmen-Methode‹ läßt sich – mit Blick auf die Bedeutung von Vergleichsverfahren in der Erkenntnistheorie – am ehesten als eine Methode des *Vergleichens* unterschiedlicher semiotischer ↑Kotexte erklären: Ein aus einem Ursprungsbereich isolierter Fall (vom bloßen Zeichenelement bis zum Theorem) wird mit einem Fall aus einem eigens aufzusuchenden Anwendungsbereich hinsichtlich gemeinsamer schematischer Züge zum Zwecke des Erkenntnisgewinns verglichen, wobei der isolierte Fall zugleich selbst als semiotisches Mittel eingeführt und verwendet wird, (1) um den für einen solchen Vergleich notwendigen schematischen Aspekt pragmatisch bereitzustellen, (2) um semantisch auf diesen zu referieren (↑Referenz), so daß der Vergleichspunkt deutlich wird, (3) um damit syntaktisch die geordnete Schrittfolge anzugeben, die es erlaubt, weitere geeignete Fälle aufzusuchen, die ebenfalls unter das fragliche Schema fallen, bzw. die ganze Prozedur bei Bedarf zu wiederholen. Da in der Regel nur Fälle mit vorgängig semiotischer (↑Semiotik) Aspektierung anhand ihres Schemacharakters verglichen werden, was sie grundsätzlich vergleichbar macht, sind paradigmatisch zu verwendende Fälle relativ zu betroffenen Fällen eines Anwendungsbereichs auf der Metaebene angesiedelt, im Unterschied zum ↑Beispiel, das situationsabhängig unmittelbar Züge von ↑Aktualisierungen miteinander vergleichen möchte, was nicht selten zur ↑Vagheit des gewünschten Vergleichspunktes führt. Darüber hinaus erweist sich die Paradigmen-Methode als spezifisch kotextabhängig, so daß Differenzen hinsichtlich der jeweils verglichenen Kotexte in typischer Weise den Erkenntnisfortschritt begünstigen. Mit Hilfe eines P.s kann etwa ein eine Theorie leitender Gesichtspunkt ebenso ›transzendent‹ (Lichtenberg) gemacht werden wie ein begriffliches Bestimmungsstück.

Die in der Forschung bemerkte Standardisierung von zur Bildung von P.ta verwendeten Gegenständen läßt sich am besten an P.ta technisch-artefaktischer Herkunft verdeutlichen. Durch geeignete Normierung erwerben diese ihren semiotisch-artefaktischen Charakter als relationale Gegenstände, womit sie allererst ihre Funktion als ›Mittel der Darstellung‹ (Wittgenstein) zu erfüllen vermögen; so das bei Wittgenstein (Philos. Unters. § 50) angeführte Urmeter, ein technisch normiertes und geeignet konserviertes Eichmaß, mit dem beliebige Meterstäbe auf die Genauigkeit der verwendeten Maßeinheit vergleichend überprüft werden können, oder die Atomuhr, die als primäre Zeitnormale heute das P. für die Normalzeit liefert.

Literatur: K. Bayertz, Wissenschaftstheorie und P.begriff, Stuttgart 1981; A. v. Blumenthal, *ΤΥΠΟΣ* und *ΠΑΡΑ-ΔΕΙΓΜΑ*, Hermes 63 (1928), 391–414; G. Boehm, Das P. ›Bild‹. Die

Tragweite der ikonischen Episteme, in: H. Belting (ed.), Bilderfragen. Die Bildwissenschaften im Aufbruch, München 2007, 77–82; D. G. Cedarbaum, Paradigms, Stud. Hist. Philos. Sci. 14 (1983), 173–213; M. Fischer/P. Hoyningen-Huene (eds.), Paradigmen. Facetten einer Begriffskarriere, Frankfurt 1997; P. Hoyningen-Huene, P., in: C. Bermes/U. Dierse (eds.), Schlüsselbegriffe der Philosophie des 20. Jahrhunderts, Hamburg 2010 (Arch. Begriffsgesch. Sonderheft 6), 279–289; A. Janik/S. Toulmin, Wittgenstein's Vienna, New York 1973, Chicago Ill. 1996 (franz. Wittgenstein, Vienne et la modernité, Paris 1978; dt. [rev.] Wittgensteins Wien, München/Wien 1984, [2]1985, Wien 1998); T. Rentsch, P., Hist. Wb. Ph. VII (1989), 74–81; R. Rhees, Wittgenstein's Notes for Lectures on ›Private Experience‹ and »Sense Data« I (Note on the Text), Philos. Rev. 77 (1968), 271–275; A. Schöne, Aufklärung aus dem Geist der Experimentalphysik. Lichtenbergsche Konjunktive, München 1982, [3]1993; S. Toulmin, Foresight and Understanding. An Enquiry into the Aims of Science, London, Bloomington Ind. 1961 (repr. Westport Conn. 1981), New York/Evanston Ill. 1963 (dt. Voraussicht und Verstehen. Ein Versuch über die Ziele der Wissenschaft, Frankfurt 1968, 1981); ders., Human Understanding I (The Collective Use and Evolution of Concepts), Oxford 1972, Princeton N. J. 1977 (dt. Menschliches Erkennen I [Kritik der kollektiven Vernunft], Frankfurt 1978, unter dem Titel: Kritik der kollektiven Vernunft 1983); G. H. v. Wright, Georg Christoph Lichtenberg als Philosoph, Theoria 8 (1942), 201–217 (engl. [rev.] Lichtenberg, Enc. Ph. IV [1967], 461–465). B. P./D. G.

paradigm case argument (engl., Standardbeispielargumentation), Bezeichnung für ein vor allem in der Philosophie des ↑common sense (G. E. Moore) und der vom späten L. Wittgenstein ausgehenden Philosophie der normalen Sprache (↑Ordinary Language Philosophy) verwendetes Argumentationsschema, das aus der Tatsache, daß man die Bedeutung eines Ausdrucks durch das sprachlich korrekte Zusprechen (↑zusprechen/absprechen) zu einem Gegenstand einführt (z. B. durch ↑deiktische oder ostensive Bedeutungseinführung), auf die ›reale Existenz‹ (↑Realität) der Gegenstände zu schließen erlaubt. Kann man z. B. (so Moore) die Bedeutung von ›einen Tisch sehen‹ nur durch Hinweis auf das Sehen dieses Tisches (hier) einführen, so läßt sich folgern, daß dieser Tisch (hier) real existiert. Die Standardbeispiele werden ›paradigms‹ genannt, weil ihre Funktion für die Verwendung von Ausdrücken derjenigen von grammatischen Standardbeispielen (›Paradigmen‹, z. B. laudo, laudas, laudat, ...) ähnlich ist. – Das p. c. a. wird vor allem für die Widerlegung der verschiedenen Varianten des ↑Skeptizismus eingesetzt, die menschlicher Alltagsüberzeugung und der durch sie geprägten Sprachverwendung zu widersprechen scheinen. So geht es z. B. um das Bestreiten der Existenz der ↑Außenwelt, die Möglichkeit der ↑Induktion, der Existenz des freien Willens (↑Freiheit, ↑Willensfreiheit) und die Realität der Vergangenheit. Mit Hilfe des p. c. a. wurde auf diese Weise eine Entscheidung fundamentaler Probleme der Erkenntnistheorie und Ontologie (N. Malcolm), der philosophischen Anthropologie (G. Ryle), der Ethik (S. Toulmin) und der Handlungstheorie (A. Flew) versucht.

In der Diskussion um die Triftigkeit des p. c. a. sind seine formale Struktur und ihre Varianten untersucht und kontrovers diskutiert worden. Für die Analyse eines p. c. a. läßt sich nach E. v. Savigny (1981) von folgendem ›naiven Kern‹ ausgehen: Man versteht die Bedeutung eines Prädikators P dadurch, daß man P einem Gegenstand a zuspricht, also gilt $P(a)$. Die genauere Untersuchung der Prämissen des Schlußschemas ergibt jedoch erhebliche Mehrdeutigkeiten. Auf Grund der Analyse von v. Savigny, der im Detail 34 verschiedene Schemata unterscheidet, erscheint es nicht möglich, ein einziges Schema eines p. c. a. anzugeben. Vielmehr wird man von einer Klasse von Argumentationsschemata ausgehen müssen, deren Elemente lediglich durch ↑Familienähnlichkeit miteinander verbunden sind.

Von besonderem philosophischen Interesse sind diejenigen Varianten des p. c. a., die Verwandtschaft mit retorsiven (↑Retorsion) oder ↑transzendentalen Argumentationen aufweisen. Bei diesen wird nicht nur (›dogmatisch‹) auf eine prätendierte ↑Evidenz rekurriert, sondern die Bestreitung eines Geltungsanspruchs durch Hinweis auf den Widerspruch zwischen den Gelingensbedingungen der Bestreitungshandlung und dem in ihrem propositionalen Gehalt Ausgesagten zurückgewiesen. Wird z. B. – um Moores Argumentation gegen den Skeptizismus bezüglich der Realität der Außenwelt aufzugreifen – die Bedeutung von ›einen Tisch sehen‹ allein durch ↑Referenz auf ein Exemplar eines ›realen‹ Tisches festgelegt, dann kann nicht korrekt bestritten werden, daß es einen ›realen‹ Tisch gibt, denn der Bestreitende müßte von der Bedeutung von ›einen Tisch sehen‹ Verwendung machen. Allerdings zeigt sich sofort, daß die Argumentation nur triftig ist, wenn eine bestimmte ›realistische‹ Bedeutungstheorie für das Funktionieren der Sprache unterstellt wird (↑Bedeutung, ↑Semantik). Der Skeptiker könnte dem Versuch, ihn durch ein p. c. a. zu widerlegen, nämlich z. B. entgegenhalten, er vertrete eine Konzeption von Bedeutungsfestlegung, die keine Referenz auf ›Reales‹ präsupponiere. Für diese Position kann der Skeptiker auf zwei Typen von Fällen verweisen, in denen auch der Anti-Skeptiker von einer einfachen Referenztheorie der Bedeutung abweicht: (1) Es lassen sich offenkundig Ausdrücke sinnvoll verwenden, die keine ›reale‹, sondern eine bloß ›fiktive‹ Referenz haben, z. B. ›ein Schlaraffenland sehen‹. Warum sollte ›einen Tisch sehen‹ nicht von den gleichen semantischen Bedingungen abhängen wie ›ein Schlaraffenland sehen‹? (2) Es erscheint unstrittig, daß sich Bedeutungen erhalten, auch wenn sich die Referenzobjekte, an denen sie eingeführt wurden, ändern, oder wenn ihnen die Referenz auf Grund neuer Einsichten entzogen wird. So könnte der Ausdruck ›Fläche‹ zunächst am Beispiel der als flach unterstellten Erdoberfläche des Gesichtskreises seine Bedeutung gewonnen haben; nachdem die Kugelgestalt der Erde erkannt war, wurde dieses Referenzobjekt aus der Menge der Beispiele für ›Fläche‹ herausgenommen.

Die argumentative Kraft des p. c. a. beruht offenkundig darauf, daß zu den ↑Präsuppositionen der Sprachverwendung gehört, den Gebrauch von Ausdrücken an Beispielfällen (↑Beispiel) zu lernen, für die das Zusprechen oder Absprechen der Ausdrücke anscheinend nicht mehr revidiert werden kann, ohne die Bedeutung der Ausdrücke zu ändern. Die Schwäche des p. c. a. liegt hingegen gerade darin, daß es offenkundig *zu stark* ist, da es aus der Tatsache der Spracheinführung in Standardbeispielsituationen die Unveränderbarkeit und Irrtumsfreiheit solcher Behauptungen herleitet, deren Propositionen mit der Verwendung in Beispielfällen semantisch konforme Termini enthalten. Offenkundig kann sich jedoch die Bedeutung eines Ausdrucks von der Einführungssituation (↑Einführung) derart lösen, daß die sich aus der Einführungssituation ergebende entsprechende Behauptung falsch ist (wenn z. B. ›flach‹ am Standardbeispiel der Erdgestalt eingeführt, dann aber deren Kugelform nachgewiesen wird). Es ergeben sich so folgende Bedingungen für die Triftigkeit des p. c. a.: (1) Eine (angenommene) Standardbeispielsituation entspricht (immer noch) der Einführungssituation für die entsprechenden Termini. Im Falle der Kugelgestalt der Erde hat neues (empirisches) Wissen dazu geführt, eine lange Zeit anerkannte Standardbeispielsituation schließlich als solche zu verwerfen. (2) Der Gegenstand, dem der Terminus zugesprochen wird, wird auch als Element oder korrekte Erweiterung der Beispielfalliste für den Terminus anerkannt. Diese Bedingung muß insbes. dann erfüllt sein, wenn das p. c. a. mit ostensiver Spracheinführung verbunden wird. Wer z. B. nicht an die Existenz von Elefanten glaubt, wird seine skeptische Position nur halten können, wenn er nicht bereit ist, ›diesen Elefanten da‹ als Fall eines ›Elefanten‹ zu identifizieren, denn er ist ja gerade der Überzeugung, daß kein Fall von ›Elefant‹ existiert. Daß das p. c. a. in dieser Form nicht triftig sein kann, sieht man daran, daß mit gleicher Gültigkeit auch die Existenz von ›Panhasen‹ bewiesen werden könnte (indem man nur auf irgendetwas zeigt, während man das Wort ausspricht). Ob ›dies da‹ ein Fall des betreffenden Terminus ist, ist jedoch gerade, was ein Skeptiker (im letztgenannten Falle wohl zu Recht) bestreitet.

Die beiden Triftigkeitsbedingungen für das p. c. a. machen die Gültigkeit dieser Argumentationsform von der Beantwortung weitreichender sprachphilosophischer Fragen, insbes. solcher der Semantik im Zusammenhang mit der Theorie der Bedeutungseinführung, abhängig. Diese Abhängigkeit gilt allerdings nicht nur für denjenigen, der ein p.c.a. vertritt, sondern auch für den Skeptiker, der seine Zweifel formuliert. Wie vor allem Wittgenstein in »Über Gewißheit« ausgeführt hat, sind auch die Zweifel des Skeptikers von starken semantischen Rahmenbedingungen abhängig. Vor allem ist die für die Theorie der ↑Prädikation entscheidende Frage zu klären, ob dem prädikativen Handeln eine ›natürliche‹ Einteilung der Welt zugrundeliegt, bezüglich derer ein p. c. a. dann immer ›a priori‹ triftig wäre, oder ob die durch die Prädikation vorgenommene Differenzierungsleistung ›bloß‹ zweckgerichtet-konventionell ist. Sind diese Fragen gelöst, dann sind auch bereits die Fragen beantwortet, die z. B. ein Skeptiker aufwirft. Die Diskussion um das p. c. a. läuft daher auch auf die Einsicht hinaus, daß seine Gültigkeit von starken semantischen Annahmen abhängig ist, oder daß es sich, falls die Annahmen anerkannt sind, erübrigt.

Literatur: R. Bambrough, Universals and Family Resemblances, Proc. Arist. Soc. 61 (1960/1961), 207–222; R.M. Chisholm, Philosophers and Ordinary Language, Philos. Rev. 60 (1951), 317–328, Nachdr. in: R. Rorty (ed.), The Linguistic Turn. Recent Essays in Philosophical Method, Chicago Ill./London 1967, 1988, 175–182; A.C. Danto, The P.C.A. and the Free Will Problem, Ethics 69 (1958/1959), 120–124; K.S. Donnellan, P.C.A., Enc. Ph. VI (1967), 39–44; P. Edwards, Bertrand Russell's Doubts about Induction, in: A. Flew (ed.), Logic and Language (First Series), Oxford 1951, unter dem Titel: Essays on Logic and Language, Aldershot/Brookfield Vt. 1993, 55–79; B. Enç, P. C. A., in: R. Audi (ed.), The Cambridge Dictionary of Philosophy, Cambridge etc. 1995, 558, [2]1999, 642–643; H. S. Eveling/G. O. M. Leith, When to Use the P. C. A., Analysis 18 (1957/1958), 150–152; J. N. Findlay, Time: A Treatment of Some Puzzles, in: A. Flew (ed.), Logic and Language [s. o.], 37–54; A. Flew, Philosophy and Language, in: ders. (ed.), Essays in Conceptual Analysis, London, New York 1956, 1966 (repr. Westport Conn. 1981), 1–20; ders., »Farewell to the P. C. A.«: A Comment, Analysis 18 (1957/1958), 34–40; ders., Again the Paradigm, in: P.K. Feyerabend/G. Maxwell (eds.), Mind, Matter, and Method. Essays in Philosophy and Science in Honor of Herbert Feigl, Minneapolis Minn. 1966, 261–272; ders., The P. C. A.. Abusing and Not Using the PCA, J. Philos. Education 16 (1982), 115–121; G. Fulmer, P. C. A.s, Southwest Philos. Stud. 3 (1978), 4–10; O. Hanfling, What Is Wrong with the P. C. A.?, Proc. Arist. Soc. 91 (1991), 21–38, Neudr. in: ders., Philosophy and Ordinary Language. The Bent and Genius of Our Tongue, London/New York 2000, 2003, 74–93 (Chap. V); W. F. R. Hardie, Ordinary Language and Perception, Philos. Quart. 5 (1955), 97–108, Nachdr. in: H. D. Lewis (ed.), Clarity Is Not Enough. Essays in Criticism of Linguistic Philosophy, London 1963, 1969, 239–254; W. D. Hudson, Language-Games and Presuppositions, Philos. 53 (1978), 94–99; J. Kekes, An Appraisal of the P. C. A., The Personalist 52 (1971), 581–598; ders., A Justification of Rationality, Albany N. Y. 1976, 60–75 (Chap. IV The Implications of Ordinary Language: The P. C. A.); K. Lehrer, Why Not Scepticism?, Philos. Forum NS 2 (1971), 283–298; A.C. MacIntyre, Determinism, Mind NS 66 (1957), 28–41; J. L. Mackie, Contemporary Linguistic Philosophy. Its Strength and Weakness. An Inaugural Lecture Delivered before the University of Otago on 4th August, 1955, Dunedin 1956; N. Malcolm, Direct Perception, Philos. Quart. 3 (1953), 301–316, Neudr. in: ders., Knowledge and Certainty. Essays and Lectures, Englewood Cliffs N.J. 1963, Ithaca N.Y./London 1975, 73–95; ders., Dreaming and Scepticism, Philos. Rev. 65 (1956), 14–37; ders., Knowledge of Other Minds, J. Philos. 55 (1958), 969–978; ders., Dreaming, London/New York 1959, 1977; ders., Memory and the Past, Monist 47 (1962/1963), 247–266; ders., Moore and Ordinary Language, in: P.A. Schilpp (ed.), The Philosophy of G.E. Moore, Evanston Ill./Chicago Ill. 1942, La Salle Ill./London ^{3}1968, 1992, 343–368; D. Marconi, Being and Being Called. P.C.A.s and Natural Kind Words, J. Philos. 106 (2009), 113–136; G.E. Moore, Proof of an External World, Proc. Brit. Acad. 25 (1939), 273–300, Neudr. in: ders., Philosophical Papers, London, New York 1959, London 2002, 127–150; ders., Some Main Problems of Philosophy, London, New York 1953, Abingdon 2002; ders., A Reply to My Critics, in: P.A. Schilpp (ed.), The Philosophy of G.E. Moore [s.o.], 535–677; K. Nielsen, On Refusing to Play the Sceptic's Game, Dialogue 11 (1972), 348–359; J. Passmore, Philosophical Reasoning, New York, London 1961, ^{2}1970, 1973, bes. 100–118 (Chap. 6 Excluded Opposites and Paradigm Cases), Neudr. in: R. Rorty (ed.), The Linguistic Turn. Recent Essays in Philosophical Method, Chicago Ill./London 1967, 1988, 183–192; D.F. Pears, Professor Norman Malcolm: Dreaming, Mind NS 70 (1961), 145–163; H. Putnam, Dreaming and ›Depth Grammar‹, in: R.J. Butler (ed.), Analytical Philosophy (First Series), Oxford 1962, 1966, 211–235; R.J. Richman, On the Argument of the Paradigm Case, Australas. J. Philos. 39 (1961), 75–81; ders., Still More on the Argument of the Paradigm Case, Australas. J. Philos. 40 (1962), 204–207; G. Ryle, The Concept of Mind, London, New York 1949, New York 1952 (repr. London etc. 1975), Harmondsworth 1963 (repr. London 1988), Abingdon/New York 2009 (dt. Der Begriff des Geistes, Stuttgart 1969 [repr. 1987]); ders., Dilemmas. The Tarner Lectures 1953, Cambridge 1954 (repr. Cambridge etc. 2002), 1987; E. v. Savigny, Die Philosophie der normalen Sprache. Eine kritische Einführung in die ›Ordinary Language Philosophy‹, Frankfurt 1969, 359–394, ^{2}1974, 182–200, 1993, 338–357; ders., Das normative Fundament der Sprache: ja und aber, Grazer philos. Stud. 2 (1976), 141–158; ders., Das sogenannte ›p.c.a.‹. Eine Familie von anti-skeptischen Argumentationsstrategien, Grazer philos. Stud. 14 (1981), 37–72; S. Soames, Philosophical Analysis in the Twentieth Century II (The Age of Meaning), Princeton N.J. 2003, 2005, 157–170 (Chap. VII Malcolm's P.C.A.); S. Toulmin, An Examination of the Place of Reason in Ethics, Cambridge 1950, unter dem Titel: The Place of Reason in Ethics, Chicago Ill./London 1986; P. Unger, A Defence of Scepticism, Philos. Rev. 80 (1971), 198–219; J.O. Urmson, Some Questions Concerning Validity, in: A. Flew (ed.), Essays in Conceptual Analysis [s.o.], 120–133; J.W.N. Watkins, Farewell to the P.C.A., Analysis 18 (1957/1958), 25–33; F.L. Will, Will the Future Be Like the Past?, in: A. Flew (ed.), Logic and Language (Second Series), Oxford 1953, unter dem Titel: Essays on Logic and Language (Second Series), Aldershot/Brookfield Vt. 1993, 32–50; C.J.F. Williams, More on the Argument of the Paradigm Case, Australas. J. Philos. 39 (1961), 276–278; J. Wisdom, Philosophical Perplexity, Proc. Arist. Soc. 37 (1936), 71–88, Neudr. in: ders., Philosophy and Psychoanalysis, Oxford 1953, Berkeley Calif./Los Angeles 1969, 36–50; L. Wittgenstein, Philosophische Untersuchungen/Philosophical Investigations [dt./engl.], ed. G.E.M. Anscombe/R. Rhees, Oxford 1953, ed. P.M.S. Hacker/J. Schulte, Malden Mass./Oxford/Chichester ^{4}2009, Berlin 2011; ders., The Blue Book, in: ders., Preliminary Studies for the »Philosophical Investigations« Generally Known as the Blue and Brown Books, Oxford 1958, um einen Index erw. ^{2}1969, Oxford/Malden Mass. 2007, 1–74 (dt. Original: Das Blaue Buch. Eine Philosophische Betrachtung, Frankfurt 1970, ^{11}2010); ders., Über Gewißheit/On Certainty [dt./engl.], ed. G.E.M. Anscombe/G.H. v. Wright, Oxford 1969, [dt.] in: ders., Bemerkungen über die Farben, Über Gewissheit, Zettel, Vermischte Bemerkungen, Frankfurt ^{11}2008, 113–257 (engl. On Certainty, ed. G.E.M. Anscombe/G.H. v. Wright, Oxford 1969, Oxford/Malden Mass. 2008); A.D. Woozley, Ordinary Language and Common Sense, Mind NS 62 (1953), 301–312; G.H. v. Wright, Wittgenstein on Certainty, in: ders., Problems in the Theory of Knowledge/Problèmes de la théorie de la connaissance, The Hague 1972, 47–60. C.F.G.

paradox (von griech. παρά, gegen, und δόξα, Meinung), soviel wie ›der gewöhnlichen Meinung entgegen‹, verwunderlich (so M.T. Cicero: »admirabilia contraque opinionem omnium«, Paradoxa, Prooem. § 4 [Scripta quae manserunt omnia IV.III, ed. C.F.W. Mueller, Leipzig 1879, 198]; vgl. Academicorum priorum II 44 § 136 [ebd. IV.1, 81]), unerwartet, widersinnig. P. können Situationen und auf solche bezogene sprachliche Äußerungen (Fragen, Aufforderungen, Aussagen) sein, was sich umgangssprachlich bis zum trivialen Scherz abgeschwächt findet. Beispiel: ›p. ist, wenn ein Hellseher schwarz sieht‹.

Literatur: R. Hagenbüchle, Was heißt ›p.‹? Eine Standortbestimmung, in: P. Geyer/R. Hagenbüchle (eds.), Das Paradox. Eine Herausforderung des abendländischen Denkens, Tübingen 1992, Würzburg ^{2}2002, 27–44; F. Mauthner, p., in: ders., Wörterbuch der Philosophie. Neue Beiträge zu einer Kritik der Sprache II, München/Leipzig 1910 (repr. Zürich 1980), 231–232, Leipzig ^{2}1924 (repr. als: Das philosophische Werk I/2, ed. L. Lütkehaus, Wien/Köln/Weimar 1997), 518–519; M. Mühling-Schlapkohl, P., RGG VI (^{4}2003), 923–924; P. Probst/H. Schröer/F. v. Kutschera, p., das Paradox(e), Paradoxie, Hist. Wb. Ph. VII (1989), 81–97. C.T.

Paradoxie, in der allgemeinen ↑Bildungssprache und in der Fachsprache außerlogischer Disziplinen meist soviel wie ↑›Paradoxon‹, in ↑Logik und ↑Semantik häufig bedeutungsgleich mit ↑›Antinomie‹. Die im älteren Sprachgebrauch deutliche Trennung zwischen Antinomien als ›wirklichen‹ und P.n als ›nur scheinbaren‹ Widersprüchen ist heute durch die Verbreitung des beide Bedeutungen übergreifenden englischen Terminus ›paradox‹ weitgehend verschwunden und überlebt nur noch in der Rede von ›kosmologischen P.n‹ (↑Paradoxien, kosmologische), von ›P.n der ↑Wahrscheinlichkeit‹ (↑Wahrscheinlichkeitstheorie), von ↑›Paradoxien der Implikation‹ oder der ›P. der Namens- oder Bezeichnungsrelation‹ (d.h. der P., daß die bei der Definition der Bedeutungsgleichheit unterstellte wechselseitige Substituierbarkeit bedeutungsgleicher Namen zu Sätzen mit verschiedenem Wahrheitswert führen kann, wenn diese Sätze epistemische ↑Operatoren oder Modaloperatoren enthalten; ↑Logik, epistemische) sowie in der Namengebung einzelner Fälle wie z. B. ›Zenonische P.n‹ (↑Paradoxien, zenonische), ↑›Skolemsche Paradoxie‹, ›Wahl-P.‹ (↑Entscheidungstheorie).

Literatur: J. Barwise/J. Etchemendy, The Liar. An Essay on Truth and Circularity, New York/Oxford 1987, 1989; J. C. Beall (ed.), Liars and Heaps. New Essays on Paradox, Oxford, Oxford/New York 2003; ders. (ed.), Revenge of the Liar. New Essays on the Paradox, Oxford/New York 2007; J. Berger, P.n aus Naturwissenschaft, Geschichte und Philosophie, Köln 2005, 2010; U. Blau, Die Logik der Unbestimmtheiten und P.n, Heidelberg 2008; E. Brendel, Die Wahrheit über den Lügner. Eine philosophisch-logische Analyse der Antinomie des Lügners, Berlin/New York 1992; J. Briesen, Skeptische Paradoxa. Die philosophische Skepsis, kognitive Projekte und der epistemische Konsequentialismus, Paderborn 2012; J. Bromand, Philosophie der semantischen P.n, Paderborn 2001; B. Brunnsteiner, Die Lügner-P.. Kleine Philosophie-Geschichte des Widerspruchs, Marburg 2009; F.-P. Burkard, P., in: P. Kolmer/A. G. Wildfeuer (eds.), Neues Handbuch philosophischer Grundbegriffe II, Freiburg/München 2011, 1714–1727; L. C. Burns, Vagueness. An Investigation into Natural Languages and the Sorites Paradox, Dordrecht/Boston Mass./London 1991; R. Campbell/L. Sowden (eds.), Paradoxes of Rationality and Cooperation. Prisoner's Dilemma and Newcomb's Problem, Vancouver 1985; J. Cargile, Paradoxes. A Study in Form and Predication, Cambridge etc. 1979; T. S. Champlin, Reflexive Paradoxes, London/New York 1988; M. Chang, Paradoxes in Scientific Inference, Boca Raton Fla. 2013; V. Citot, Le paradoxe de la pensée. Les exigences contradictoires de la pensée philosophique, Paris 2011; M. Clark, Paradoxes from A to Z, London/New York 2002, ^{2}2007, 2010 (dt. P.n von A bis Z, Stuttgart 2012); H. Field, Saving Truth from Paradox, Oxford/New York 2008; H. Gaifman, Paradoxes of Infinity and Self-Applications I, Erkenntnis 20 (1983), 131–155; A. R. Garciadiego, Bertrand Russell and the Origins of the Set-Theoretic ›Paradoxes‹, Basel/Boston Mass./Berlin 1992; P. Geyer/R. Hagenbüchle (eds.), Das Paradox. Eine Herausforderung des abendländischen Denkens, Tübingen 1992, Würzburg ^{2}2002; T. Gil, P.n des Handelns, Berlin 2002; B. Godart-Wendling, Paradoxe, Enc. philos. universelle II/2 (1990), 1848–1852; S. Gröne, Gödel, Wittgenstein, Gott. P.n in Philosophie und Theologie, Fuchstal 2007; J. van Heijenoort, Logical Paradoxes, Enc. Ph. V (1967), 45–51; F. Kannetzky, Paradox/P., EP II (1999), 990–994, EP II (^{2}2010), 1899–1908; ders., Paradoxes Denken. Theoretische und praktische Irritationen des Denkens, Paderborn 2000; N. J. Kondakov, P., WbL 1978, 376, ^{2}1983, 396–370; A. G. Konforovyč, Matematyčni sofizmy i paradoksy, Kiew 1983 (dt. [Konforowitsch] Logischen Katastrophen auf der Spur. Mathematische Sophismen und Paradoxa, Leipzig 1990, Leipzig/Köln ^{2}1992, 1997); R. C. Koons, Paradoxes of Belief and Strategic Rationality, Cambridge etc. 1992; J. L. Kvanvig, Paradoxes, Epistemic, REP VII (1998), 211–214; J. L. Mackie, Truth, Probability and Paradox. Studies in Philosophical Logic, Oxford 1973, Oxford/New York 2003; ders., Newcomb's Paradox and the Direction of Causation, Can. J. Philos. 7 (1977), 213–225, Neudr. in: ders., Logic and Knowledge. Selected Papers I, ed. J. Mackie/P. Mackie, Oxford 1985, 145–158; R. L. Martin (ed.), Recent Essays on Truth and the Liar Paradox, Oxford, New York 1984; V. McGee, Truth, Vagueness, and Paradox. An Essay on the Logic of Truth, Indianapolis Ind./Cambridge 1991; W. Poundstone, Labyrinths of Reason. Paradox, Puzzles, and the Frailty of Knowledge, New York 1988, London 1991 (franz. Les labyrinthes de la raison. Paradoxes, énigmes et fragilité de la connaissance, Paris 1990; dt. Im Labyrinth des Denkens. Wenn Logik nicht weiterkommt: P.n, Zwickmühlen und die Hinfälligkeit unseres Denkens, Reinbek b. Hamburg 1992, ^{5}2002, Köln 2006); G. Priest, In Contradiction. A Study of the Transconsistent, Dordrecht/Boston Mass./Lancaster 1987, Oxford ^{2}2006; W. V. O. Quine, Paradox, Sci. Amer. 206 (1962), H. 4, 84–96, Neudr. unter dem Titel: The Ways of Paradox, in: ders., The Ways of Paradox and Other Essays, New York 1966, rev. Cambridge Mass./London 1976, 1–18; N. Rescher, Paradoxes. Their Roots, Range, and Resolution, Chicago Ill. 2001; F. Rohrlich, From Paradox to Reality. Our New Concepts of the Physical World, Cambridge etc. 1987, 1997; R. M. Sainsbury, Paradoxes, Cambridge etc. 1988, ^{3}2009 (dt. P.n, Stuttgart 1993, ^{4}2010); J. Salerno (ed.), New Essays on the Knowability Paradox, Oxford/New York 2009; S. Smilansky, 10 Moral Paradoxes, Malden Mass./Oxford/Carlton 2007, 2008; R. A. Sorensen, A Brief History of the Paradox. Philosophy and the Labyrinths of the Mind, Oxford/New York 2003, 2005; G. S. Stent, Paradoxes of Free Will, Philadelphia Pa. 2002; G. Vollmer, P.n und Antinomien. Stolpersteine auf dem Weg zur Wahrheit, Naturwiss. 77 (1990), 49–66, Neudr. in: P. Geyer/R. Hagenbüchle (eds.), Das Paradox [s. o.], 159–189; E. H. Wolgast, Paradoxes of Knowledge, Ithaca N. Y./London 1977; J. Woods, Paradox and Paraconsistency. Conflict Resolution in the Abstract Sciences, Cambridge etc. 2003; K. Wuchterl/H. Schröer, Paradox (Paradoxon, P.), TRE XXV (1995), 726–737; weitere Literatur: ↑Paradoxon. C. T.

Paradoxien, kosmologische, Bezeichnung für Schwierigkeiten und Widersprüche, die sich aus der Newtonschen und Einsteinschen Gravitationstheorie (↑Gravitation) für die ↑Kosmologie ergeben. I. Newtons Gravitationstheorie führte im 18. und 19. Jh. zu mehreren k.n P. (↑Paradoxie), die auf der Grundlage von A. Einsteins Gravitationstheorie geklärt werden konnten und zur Preisgabe der Newtonschen Kosmologie führten. In der Newtonschen Kosmologie wird von einem unbegrenzten Euklidischen Raum ausgegangen, in dem die Himmelskörper gleichmäßig verteilt sind. Im Zusammenhang mit der nächtlichen Hintergrundhelligkeit des Himmels wurden an dieser Annahme bereits im 18. Jh. von E. Halley Zweifel geäußert. Bekannt wurde das nach H. W. M. Olbers benannte *Strahlungsparadoxon.* Unter der Voraussetzung, daß Dichte und Helligkeit der Sterne sich räumlich und zeitlich nicht ändern, also seit unendlicher Zeit in einem unendlichen, durchgehend sterngefüllten Raum strahlen, und die Gesetze der Newtonschen Physik auch global gelten, müßte die Strahlungsdichte in jedem Punkt des ↑Universums unendlich groß sein. Zur Vermeidung des Paradoxons postulierte Olbers in einer ↑ad-hoc-Hypothese ein absorbierendes Medium. Dieses löst das Problem jedoch nicht, da es selbst zu leuchten beginnt, wenn es ins thermische Gleichgewicht eingetreten ist. Heute wird die verminderte Strahlungshelligkeit des Nachthimmels durch die kosmische Expansion erklärt (↑Kosmogonie), durch die die Strahlung entfernter Galaxien zu längeren Wellenlängen und damit aus dem sichtbaren Bereich verschoben wird.

Das *Gravitationsparadoxon* der Newtonschen Gravitationstheorie geht auf H. Seeliger nach Vorarbeiten von C. Neumann zurück. Bei einem unendlich großen Universum mit ungefähr homogener Materieverteilung (bei dem zwar lokale Ballungen von Materie auftreten, diese sich aber global in genügend großen Entfernungen halten) ist die Größe der Gravitationskraft auf die Materieteile nicht mehr durch die Theorie bestimmt. Diese Kraft ist nur dann wohldefiniert, wenn die Massendichte schneller als mit $1/r^3$ abfällt. Diese Folgerung führt auf die Vorstellung eines Inseluniversums. Mathematisch verlangt also die Newtonsche Theorie, daß der Kosmos eine Art Mitte hat, in der die Dichte der Sterne maximal ist, und daß die Sterndichte von dieser Mitte nach außen abnimmt, um weiter außen einer unendlichen Leere Platz zu machen. Die Sternenwelt müßte eine endliche Insel im unendlichen Raum bilden. Allerdings ist eine inselartige endliche Gesamtmasse in einem unendlichen Newtonschen Raum nicht stabil. Zum einen bildeten die Sterne unter der Wirkung ihrer eigenen Schwerkraft mit der Zeit eine große sphärische Masse. Zum anderen senden die Himmelskörper Strahlung in den Raum aus, die nicht zurückkehrte, und einzelne Sterne würden durch die Gravitationskräfte der anderen immer wieder so stark beschleunigt, daß sie ins Unendliche (↑unendlich/Unendlichkeit) entwichen. Nach diesem Verödungseinwand verlöre das Inseluniversum daher über die Zeit Energie und Materie. Um die homogene und statische Materieverteilung im unendlichen Universum zu retten, schlug daher Seeliger 1894 eine ad-hoc-Modifikation des Newtonschen Gravitationsgesetzes vor, deren Lösung im Bereich des Sonnensystems keinen Unterschied zum ursprünglichen Gravitationspotential aufweist, jedoch die Anordnung der Massen bei großen Distanzen stärker als nach dem Newtonschen Gesetz abnehmen läßt und mit der Annahme einer konstanten mittleren Dichte der Materie im Universum verträglich ist. Seeligers Hypothese beseitigte die Divergenzen der Newtonschen Gravitationstheorie und hob daher das mathematische Argument zugunsten des Inseluniversums auf. Allerdings sprachen die Beobachtungen zu Beginn des 20. Jhs. für eine mit der Entfernung sinkende Sternendichte und legten daher ein Inseluniversum nahe (Kragh 1996, 6–7).

Wissenschaftstheoretisch handelt es sich bei Seeligers Modifikation um eine ad-hoc-Hypothese, da beliebig viele denkbare Gesetze das gleiche leisten würden, ohne daß sich ein Grund angeben ließe, warum eines von ihnen zu bevorzugen sei. Zudem ist die Modifikationsgröße in kosmisch erreichbaren Gebieten so klein, daß sie einer unabhängigen Prüfung nicht zugänglich ist. Beide klassischen k.n P. lösten sich durch den Übergang von der Newtonschen Gravitationstheorie zu Einsteins Allgemeiner Relativitätstheorie (↑Relativitätstheorie, allgemeine).

Zu den kosmologischen Rätseln der Gegenwart zählt die Existenz ›Dunkler Materie‹. Ausgehend von F. Zwickys Beobachtungen (1933) hatte sich herausgestellt, daß die Bewegungen von Sternen in Galaxien oder von Galaxien in Galaxienhaufen nicht durch die Gravitationswirkungen der sichtbaren Massen verursacht sein können. Im Großen führen Himmelskörper oft keine Keplerbewegungen aus. Zwicky hatte diese Abweichungen auf den Einfluß unbeobachteter Massen zurückgeführt und für diese den Begriff der Dunklen Materie geprägt. Die Existenz dunkler, also nicht selbst leuchtender Materie wird heute breit angenommen, ist aber noch nicht unzweideutig bestätigt. Ein zweites Rätsel ist die Beschaffenheit der ›Dunklen Energie‹. Ihrer Annahme liegt die Entdeckung der Beschleunigung der Expansion des Universums in den vergangenen Jahrmilliarden zugrunde (1998) sowie die Erkenntnis, daß diese Expansion über die Geschichte des Universums hinweg variierte. Die Ursache dieser variablen Expansion wird als Dunkle Energie bezeichnet. Zu ihrer Beschreibung wird an Einsteins ›kosmologischen Term‹ angeknüpft, den dieser zwischenzeitlich eingeführt hatte, um die Stabilität des Universums zu garantieren. Über den Ursprung und die Natur der Dunklen Energie ist nichts Gesichertes bekannt. Eine genuine k. P. in diesem Zusammenhang ist das Verhältnis der Dunklen Energie zur Vakuumenergiedichte. Das Standardmodell der ↑Teilchenphysik sieht vor, daß Quantenfluktuationen eine Vakuumenergie erzeugen, die von Einfluß auf die Gravitation wäre. Diese Vakuumenergiedichte wäre eine mögliche Quelle der Dunklen Energie, die dann aber um ein Vielfaches größer sein sollte als der gemessene Wert der Dunklen Energie. Umgekehrt ergibt sich daraus das Problem, warum sich diese prognostizierte hohe Vakuumenergiedichte nirgends in der Erfahrung zeigt.

Generell tritt bei solchen Paradoxien die Schwierigkeit auf, quantentheoretische (↑Quantentheorie) und allgemein-relativistische Ansätze in Einklang miteinander zu bringen. Dies ist seit langem deutlich an den unterschiedlichen Aussagen zum Kollaps schwarzer Löcher. Während die Allgemeine Relativitätstheorie die Entstehung von Singularitäten vorhersagt, passen diese in den quantentheoretischen Rahmen nicht hinein. Es ist also die Verknüpfung von Mikro- und Makrokosmos, bei der die k.n P. der Gegenwart lauern. Hinzu tritt das Problem der Feinabstimmung diverser physikalischer ↑Konstanten, das ebenfalls als k. P. gesehen wird. Danach liegen verschiedene Fundamentalkonstanten innerhalb eines schmalen Bereichs, in dem sie allein mit der Entstehung von Materie, Sternen, und chemischen Prozessen verträglich sind. Relevante Konstanten betreffen etwa das Intensitätsverhältnis von gravitativen zu elektromagnetischen Kräften oder die Kopplungsintensität der starken Kernkraft. Mit Bezug auf die Entstehung des Lebens wird diese paradoxe Anpassung gern durch das ›anthropische Prinzip‹ (↑Prinzip, anthropisches) ausgedrückt.

Literatur: J. D. Barrow/F. J. Tipler, The Anthropic Cosmological Principle, Oxford 1986, Oxford/New York 1996; R. Breuer, Das anthropische Prinzip. Der Mensch im Fadenkreuz der Naturgesetze, Wien 1981, Frankfurt 1984; A. Einstein, Zum kosmologischen Problem der allgemeinen Relativitätstheorie, Sitz.ber. Preuß. Akad. Wiss., phys.-math. Kl., 1931, 235–237; J. A. Gonzalo, Cosmic Paradoxes, Singapur/Hackensack N. J./London 2012; E. E. Harris, Cosmos and Anthropos. A Philosophical Interpretation of the Anthropic Cosmological Principle, Atlantic Highlands N. J./London 1991; S. L. Jaki, The Paradox of Olbers' Paradox. A Case History of Scientific Thought, New York 1969, Pinckney Mich. 2000; E. Klein, Conversations avec le Sphinx. Les paradoxes en physique, Paris 1991, 1992 (dt. Gespräche mit der Sphinx. Die Paradoxien in der Physik, Stuttgart 1993, ^{2}1994; engl. Conversations with the Sphinx. Paradoxes in Physics, London 1996); H. Kragh, Cosmology and Controversy. The Historical Development of Two Theories of the Universe, Princeton N. J. 1996; H. W. M. Olbers, Über die Durchsichtigkeit des Weltraums, in: J. E. Bode (ed.), Astronom. Jb., Berlin 1823, 110–121; D.W. Sciama, The Unity of the Universe, London 1959, Garden City N. Y. 1961; H. Seeliger, Über das Newton'sche Gravitationsgesetz, Astronom. Nachr. 137 (1895), 129–136; J. Silk, The Big Bang. The Creation and Evolution of the Universe, San Francisco Calif. 1980, ohne Untertitel New York ^{3}2001 (dt. Der Urknall. Die Geburt des Universums, Basel etc. 1990; franz. Le big bang, Paris 1997, 1999); G. Vollmer, Warum wird es nachts dunkel? Das Olberssche Paradoxon als wissenschaftstheoretische Fallstudie, in: ders./H.-D. Ebbinghaus (eds.), Denken unterwegs. Fünfzehn metawissenschaftliche Exkursionen, Stuttgart 1992, 183–199, ferner in: ders., Wissenschaftstheorie im Einsatz. Beiträge zu einer selbstkritischen Wissenschaftsphilosophie, Stuttgart 1993, 73–93; S. Weinberg, Gravitation and Cosmology. Principles and Applications of the General Theory of Relativity, New York 1972, Oxford/New York 2008; weitere Literatur: ↑Gravitation, ↑Kosmogonie, ↑Kosmologie. K. M./M. C.

Paradoxien, zenonische, Sammelbezeichnung für eine Zusammenstellung von ↑Paradoxien (↑Paradoxon), die in der antiken Überlieferung auf Zenon von Elea zurückgeführt werden, jedoch bis auf wenige Fragmente nicht im Wortlaut, sondern in Form von Paraphrasen oder Neuformulierungen im Werk des Aristoteles (vgl. Phys. *Z*9.239b5–240a18, *Θ*8.263a4–6, *Δ*1.209a23–24, *Δ*3.210b22–24; de gen. et corr. *A*2.316a14–34, *A*8.325a8–12) erhalten sind. Mit Ausnahme zweier etwas isoliert stehender Paradoxien (der Paradoxie des Ortsbegriffs und der Paradoxie des fallenden Hirsekorns) lassen sich die z.n P. in Argumente gegen die (Möglichkeit von) Vielheit und solche gegen die (Möglichkeit von) Bewegung einteilen.

Die Paradoxie des Ortsbegriffs (Aristoteles, Phys. *Δ*1.209a23–25, *Δ*3.210b22–24) entsteht daraus, daß alles Existierende an einem Ort existieren muß; da es nun Orte gibt, müssen sich auch Orte an Orten befinden usw. ad infinitum (ein merkwürdiges Ergebnis, das bei Unterscheidung verschiedener Existenzbegriffe und Klärung des Status von Wörtern wie ›Ort‹ verschwindet, aber wohl weder mit den analytischen Mitteln Zenons noch mit denen des Aristoteles aufzuklären war). Die Paradoxie vom fallenden Hirsekorn (Phys. *H*5.250a19–21) geht davon aus, daß ein fallender Scheffel Hirsekörner beim Fallen ein Geräusch macht, ein einzelnes Hirsekorn dagegen nicht, und daß es ein festes Zahlenverhältnis zwischen den Körnern des Scheffels und dem einzelnen Korn gebe. Daraus wird gefolgert, daß es auch ein festes Zahlenverhältnis zwischen den jeweils verursachten Geräuschen geben müsse, und daraus wiederum, daß also auch das einzelne fallende Korn ein Geräusch mache.

Während von einer Wirkungsgeschichte dieser beiden Paradoxa kaum die Rede sein kann, gehören die ersten drei der vier von Zenon überlieferten *Paradoxien der Bewegung* zu den bis heute meistdiskutierten und daher bekanntesten Paradoxien überhaupt. Das *Dichotomie-Paradoxon* (Aristoteles, Phys. *Z*9.239b9–14) besagt, daß Bewegung darum unmöglich sei, weil jeder Körper, der von einem Ort A zu einem anderen Ort B bewegt werden soll, zunächst einmal die Mitte A_1 der Strecke AB erreichen muß, und um dahin zu gelangen, erst einmal die Mitte A_2 der Strecke AA_1, usw. ad infinitum für jedes noch vor ihm liegende Teilstück des Weges, so daß er den Ort A überhaupt nicht verlassen kann.

Die vielleicht berühmteste Paradoxie ist eine Variante dieser Überlegung, die schon bei Aristoteles (Phys. *Z*9.239b14–18) als ›der Achilles‹ tituliert wird; sie behandelt *Achilles und die Schildkröte.* Der schnellfüßige Achilles und eine Schildkröte verabreden einen Wettlauf, und die langsamere Schildkröte erhält fairerweise einen Vorsprung. Nach dem gleichzeitigen Start beider muß Achilles zunächst den Startpunkt der Schildkröte erreichen; wenn er dort ankommt, hat diese natürlich einen weiteren kleinen Vorsprung gewonnen. Während Achilles läuft, um diesen aufzuholen, ist die Schildkröte schon wieder weitergekommen, und diese Situation wiederholt sich ersichtlich an jeder von ihm erreichten Stelle, so daß Achilles eine unendliche Folge solcher (wenn auch immer kleinerer) Streckenstücke durchlaufen muß und, da eine unendliche Folge nicht in endlicher Zeit durchlaufen werden kann, von der Schildkröte stets durch einen positiven Abstand getrennt bleibt, sie also nicht einholen kann.

Die Paradoxie vom *ruhenden Pfeil* (Phys. *Z*9.239b30) existiert in mehreren, sämtlich interpretationsbedürftigen, Varianten. Die Interpretation des Aristoteles läßt sich mit K. v. Fritz (1972, 63 [= 1978, 76]) so wiedergeben: Kein Körper kann gleichzeitig an zwei Orten sein, ist also immer dort, wo er ist. Doch während er an seinem Ort ist, bewegt er sich nicht. Aber an einem anderen Ort als an dem, wo er ist, kann er sich nicht bewegen. Also bewegt er sich gar nicht.

Das *Stadion-Paradoxon* betrachtet in der herkömmlichen, Aristotelischen Fassung (Phys. *Z*9.239b33–240a18) drei ausgedehnte Körper *A*, *B* und *C*, deren gleiche Länge in der folgenden Figur durch Verwendung von je vier Buchstaben veranschaulicht ist:

AAAA

BBBB →

← *CCCC*

A = *AAAA* ruhe, *B* = *BBBB* bewege sich nach rechts an *A* vorbei, *C* = *CCCC* nach links. Dann bewegt sich *C* in der gleichen Zeit an zwei Einheiten *AA* von *A* vorbei wie an den vier Einheiten von *B*, legt also bezüglich *B* den doppelten Weg zurück wie bezüglich *A*. Aber dann würde *C* den Weg, den es in einem Zeitraum t zurücklegt, zugleich im Zeitraum $2t$ zurücklegen, was absurd ist.

Da dies keine Paradoxie, sondern ein schlichter ↑Fehlschluß ist, der auf dem Fehlen eines klaren Begriffs der Relativgeschwindigkeit beruht, sind weiterreichende Deutungen formuliert worden. So wird das Stadion-Paradoxon auch als Argument gegen eine diskontinuierliche Struktur von Raum und Zeit aufgefaßt. Wenn die Untereinheiten des ausgedehnten Körpers das Abstandsminimum aufweisen und diese Entfernung gerade in einem minimalen Zeitintervall zurücklegen, dann werden in jedem solchen Intervall zwei Untereinheiten der Körper *B* und *C* aneinander vorbeibewegt. Da es bei einer diskontinuierlichen Zeit keine Augenblicke zwischen diesen Intervallen gibt, befinden sich einige dieser Untereinheiten niemals voreinander. Sie bewegen sich aneinander vorbei, ohne sich zu passieren. Eine andersartige Rekonstruktion (R. Ferber 1981) vermutet, daß Aristoteles hier nicht einen ihm vorliegenden Wortlaut Zenons umschreibt, sondern einen eigenen Versuch präsentiert, dem Zenonischen Argument einen Sinn abzugewinnen. Dieses habe nicht drei, sondern nur zwei sich mit gleicher Geschwindigkeit bewegende Körper *A* und *B* angenommen, wobei sich *A* von der Mitte des Stadions aus nach rechts und *B* sich vom rechten Ende aus auf *A* zubewegt. Zenon habe nun gesehen, daß *A*, um von der Mitte zum rechten Ende des Stadiums zu kommen, ebenso eine unendliche Anzahl von Teilstrecken durchlaufen habe wie *B*, um vom rechten zum linken Ende zu gelangen; er habe zeigen wollen, daß die Annahme, die beiden Teilstreckengesamtheiten seien gleich groß, zu der Absurdität führt, daß wegen der gleichen Geschwindigkeit von *A* und *B* auch die von *A* benötigte Dauer gleich der von *B* benötigten doppelten Dauer sei. Zenon hätte also (und dies greift einen in anderem Zusammenhang von Á. Szabó 1969 geäußerten Gedanken auf) entdeckt, daß bei unendlichen Mengen das Ganze nicht immer größer als der Teil sein müsse – eine der fundamentalen neuzeitlichen ↑*Paradoxien des Unendlichen*.

Von den drei Hauptargumenten Zenons *gegen die Möglichkeit von Vielheit*, die im wesentlichen als wörtliche Fragmente vorliegen, ist das erste eigentlich ein Argument gegen die Herstellbarkeit einer Vielheit durch unendliche Teilung: Letztere nötige zur Annahme unendlich kleiner Größen, die aber, einer endlichen Strecke hinzugefügt oder von ihr abgezogen, diese nicht vergrößern bzw. verkleinern, was ihre Nichtexistenz beweise. Das zweite Argument besagt, daß eine Vielheit seiender Dinge, wenn es sie denn gebe, eine genau bestimmte Anzahl solcher Dinge umfasse, die dann endlich sein müsse; dem widerspreche aber, daß es zwischen je zwei Dingen immer noch ein weiteres gebe, die Gesamtzahl also unendlich sein müsse. Drittens spreche gegen die Vielheit, daß ein wirklich vollständig Geteiltes eine Gesamtheit von Teilen der Ausdehnung Null bilden müßte, aus denen sich aber – da auch beliebig viele ausdehnungslose Teile zusammen nur die Ausdehnung Null haben können – niemals eine endlich ausgedehnte Größe zusammensetzen ließe.

Fast alle historisch aufgetretenen Lösungsversuche und Vermeidungsstrategien für die z.n P. beginnen mit dem Aufweis unausgesprochener Voraussetzungen in den (für gewöhnlich ›rekonstruierten‹) Argumenten. Aristoteles selbst sucht die Paradoxien durch den Nachweis von Argumentationslücken (z. B. Nichtberücksichtigung der Zeit beim ›Achilles‹) und fehlerhaften Prämissen oder Begriffsbildungen sowie durch Unterscheidung von Potentiell-Unendlichem (unendlich fortsetzbaren Prozessen, z. B. Teilungen) und Aktual-Unendlichem (aus unendlich vielen Teilen bestehenden Totalitäten; ↑unendlich/Unendlichkeit) zu lösen. Seit der Wiederbelebung dieses Gegensatzes durch G. Cantor, der die Existenz eines Aktual-Unendlichen als Voraussetzung jedes Potentiell-Unendlichen ansah und seine transfinite Mengenlehre (↑Mengenlehre, transfinite) auf der Annahme des Aktual-Unendlichen errichtete, werden Lösungsversuche für die z.n P. meist anhand ihrer Formulierung für mathematische Kontinua (↑Kontinuum) unternommen. Während der bloße Hinweis auf die Endlichkeit der ›Summe‹ mancher ↑Reihen mit unendlich vielen Gliedern das Problem nur auf die Legitimierung der Summendefinition verschiebt, sind Analysen wie diejenige A. Grünbaums (1955, 1963, ^{2}1973), der die Zeitproblematik durch Aufzeigen der unterschiedlichen Verhältnisse im Zeiterleben und in der physikalischen Zeit (mit einer ›kausalen‹ Erklärung der Früher-später-Relation zwischen Ereignissen) und die Raumproblematik auf der Basis der Cantorschen Mengenlehre zu lösen sucht, ferner neuerdings die Anwendung des Infinitesimalbegriffs der ↑Non-Standard-Analysis auf die z.n P. (W. I. McLaughlin 1994 bzw. 1995, ders./S. L. Miller 1992), von unmittelbarer Aktualität. Philologische Analysen der Texte (G. Vlastos, v. Fritz, Ferber) treten dabei ebenso in den Hintergrund wie die wissenschaftshistorisch wichtige Frage nach dem Entstehungskontext der z.n P., bei deren Beantwortung die längere Zeit erörterte Annahme eines Einflusses pythagoreisch-mathematischer Überlegungen im Zusammenhang der sog. Entdeckung inkommensurabler Größen (↑inkommensurabel/Inkommensurabilität) heute als aufgegeben gelten kann, unbeschadet der Tatsache, daß die durch diese Entdeckung geschaffene Kontinuumsproblematik die Diskussion der z.n P. von Aristoteles über seine antiken Kommentatoren bis in die Gegenwart bestimmt hat.

Literatur: M. Arsenijević/S. Šćepanović/G. J. Massey, A New Reconstruction of Zeno's Flying Arrow, Apeiron 41 (2008), 1–44; M. Black, Achilles and the Tortoise, Analysis 11 (1950/1951), 91–101; N. B. Booth, Zeno's Paradoxes, J. Hellenic Stud. 77 (1957), 187–201; W. Breidert, Das aristotelische Kontinuum in der Scholastik, Münster 1970, ²1979, 1–9 (Kap. 1 Die z.n P.); C. D. Broad, Note on Achilles and the Tortoise, Mind NS 22 (1913), 318–319; F. Cajori, The History of Zeno's Arguments on Motion. Phases in the Development of the Theory of Limits, Amer. Math. Monthly 22 (1915), 1–6, 39–47, 77–82, 109–115, 143–149, 179–186, 215–220, 253–258, 292–297; V. C. Chappell, Time and Zeno's Arrow, J. Philos. 59 (1962), 197–213; C. S. Chihara, On the Possibility of Completing an Infinite Process, Philos. Rev. 74 (1965), 74–87; W. Cramer, Die Aporien des Zeno und die Einheit des Raumes, Bl. dt. Philos. 12 (1938/1939), 347–364; M. Dehn, Raum, Zeit, Zahl bei Aristoteles vom mathematischen Standpunkt aus, Scientia 60 (1936), 12–21, 69–74; J. A. Faris, The Paradoxes of Zeno, Aldershot/Brookfield Vt. 1996, 1998; R. Ferber, Zenons Paradoxien der Bewegung und die Struktur von Raum und Zeit, München 1981, erw. Stuttgart ²1995; K. v. Fritz, Zenon von Elea III–V, RE X/A (1972), 58–83, Neudr., mit kurzer neuer Einleitung, in: ders., Schriften zur griechischen Logik I (Logik und Erkenntnistheorie), Stuttgart-Bad Cannstatt 1978, 71–98; G. Frontera, Étude sur les arguments de Zénon d'Élée contre le mouvement, Paris 1891; A. Grünbaum, Modern Science and Refutation of the Paradoxes of Zeno, Sci. Monthly 81 (1955), 234–239, Neudr. in: W. C. Salmon (ed.), Zeno's Paradoxes [s. u.], 164–175; ders., Philosophical Problems of Space and Time, New York 1963, erw. Dordrecht/Boston Mass. ²1973 (Boston Stud. Philos. Sci. XII), 158–176, 808–820; ders., Modern Science and Zeno's Paradoxes, Middletown Conn. 1967, London 1968; J. M. Hinton/C. B. Martin, Achilles and the Tortoise, Analysis 14 (1953/1954), 56–68; N. Huggett (ed.), Space from Zeno to Einstein. Classic Readings with a Contemporary Commentary, Cambridge Mass./London 1999, 2000; ders., Zeno's Paradoxes, SEP 2002, rev. 2010; J. Immerwahr, An Interpretation of Zeno's Stadium Paradox, Phronesis 23 (1978), 22–26; F. Kaulbach, Der philosophische Begriff der Bewegung. Studien zu Aristoteles, Leibniz und Kant, Köln/Graz 1965; A. Koyré, Bemerkungen zu den Zenonischen Paradoxen, Jb. Philos. phänomen. Forsch. 5 (1922), 603–628 (franz. Remarques sur les paradoxes de Zénon, in: ders., Études d'histoire de la pensée philosophique, Paris 1961, 9–32, 1971, 9–35); D. Kurth, A Solution of Zeno's Paradox of Motion – Based on Leibniz' Concept of a Contiguum, Stud. Leibn. 29 (1997), 146–166; H. N. Lee, Are Zeno's Paradoxes Based on a Mistake?, Mind NS 74 (1965), 563–570; V. F. Lenzen, Peirce, Russell, and Achilles, Transact. Charles S. Peirce Soc. 10 (1974), 3–7; C. H. E. Lohse, De argumentis quibus Zeno Eleates nullum esse motum demonstravit et de unica horum refutandorum ratione, Diss. Halle 1794; S. Luria, Die Infinitesimaltheorie der antiken Atomisten, Quellen u. Stud. Gesch. Math., Astronomie u. Physik (Abt. B: Studien) 2 (1932/1933), 106–185; J. Mau, Zum Problem des Infinitesimalen bei den antiken Atomisten, Berlin (Ost) 1954, ²1957; J. Mazur, The Motion Paradox. The 2,500-Year-Old Puzzle Behind All the Mysteries of Time and Space, New York 2007; W. I. McLaughlin, Resolving Zeno's Paradoxes, Sci. Amer. 271 (1994), H. 5, 84–89 (dt. Eine Lösung für Zenons Paradoxien, Spektrum d. Wiss. [1995], H. 1, 66–71); S. L. Miller/W. I. McLaughlin, An Epistemological Use of Nonstandard Analysis to Answer Zeno's Objections Against Motion, Synthese 92 (1992), 371–384; R. Mondolfo, La polemica di Zenone d'Elea contro il movimento, in: ders., Problemi del pensiero antico, Bologna 1935, 89–145; ders., La negazione della realtà dello spazio in Zenone di Elea, in: ders., Problemi [s. o.], 146–155; G. E. L. Owen, Zeno and the Mathematicians, Proc. Arist. Soc. 58 (1957/1958), 199–222, Neudr. in: R. E. Allen/D. J. Furley (eds.), Studies in Presocratic Philosophy II, London 1975, 143–165, ferner in: W. C. Salmon (ed.), Zeno's Paradoxes [s. u.], 139–163; B. Petronievics, Zenos Beweise gegen die Bewegung, Arch. Gesch. Philos. 20 (1907), 56–80; F. R. Pickering, Aristotle on Zeno and the Now, Phronesis 23 (1978), 253–257; E. Raab, Die zenonischen Beweise, Schweinfurt 1880; C. Ray, Time, Space and Philosophy, London/New York 1991, 2000; R. Rheinwald, Die Achilles-Paradoxie in der modernen Diskussion, in: J. Czermak (ed.), Philosophie der Mathematik (Akten des 15. Internationalen Wittgenstein-Symposiums I), Wien 1993, 383–392; R. Salinger, Kants Antinomien und Zenons Beweise gegen die Bewegung, Arch. Gesch. Philos. 19 (1906), 99–122; W. C. Salmon (ed.), Zeno's Paradoxes, Indianapolis Ind./New York 1970, Indianapolis Ind./Cambridge Mass. 2001; ders., Space, Time, and Motion. A Philosophical Introduction, Encino Calif. 1975, Minneapolis Minn. ²1980, 1982; M. Schramm, Die Bedeutung der Bewegungslehre des Aristoteles für seine beiden Lösungen der zenonischen Paradoxie, Frankfurt 1962; I. Segelberg, Zenons paradoxer. En fenomenologisk studie, Stockholm 1945; F. A. Shamsi, Zeno's Paradoxes. Towards a Solution at Last, Islamic Stud. 11 (Islamabad 1972), 125–151; Á. Szabó, Anfänge der griechischen Mathematik, München/Wien 1969 (franz. Les débuts des mathématiques grecques, Paris 1977; engl. The Beginnings of Greek Mathematics, Dordrecht/Boston Mass., Budapest 1978); P. Tannery, Le concept scientifique du continu. Zénon d'Élée et Georg Cantor, Rev. philos. France étrang. 20 (1885), 385–410; R. Taylor, Mr. Black on Temporal Paradoxes, Analysis 12 (1951/1952), 38–44; L. E. Thomas, Achilles and the Tortoise, Analysis 12 (1951/1952), 92–94; J. F. Thomson, Tasks and Super-Tasks, Analysis 15 (1954/1955), 1–13, Neudr. in: W. C. Salmon (ed.), Zeno's Paradoxes [s. o.], 89–129; G. Vlastos, A Note on Zeno's Arrow, Phronesis 11 (1966), 3–18, Neudr. in: R. E. Allen/D. J. Furley (eds.), Studies in Presocratic Philosophy II [s. o.], 184–200; ders., Zeno's Race Course, J. Hist. Philos. 4 (1966), 95–108, Neudr. in: R. E. Allen/D. J. Furley (eds.), Studies in Presocratic Philosophy II [s. o.], 201–220; ders., Zeno of Elea, Enc. Ph. VIII (1967), 369–379; J. O. Wisdom, Achilles on a Physical Racecourse, Analysis 12 (1951/1952), 67–72, Neudr. in: W. C. Salmon (ed.), Zeno's Paradoxes [s. o.], 82–88. C. T.

Paradoxien der Implikation (engl. paradoxes of implication), von C. I. Lewis eingeführte Bezeichnung für den Sachverhalt, daß im Sinne der klassischen materialen Implikation (d. h. der wahrheitsfunktional gedeuteten ↑Subjunktion) (1) eine falsche Aussage jede Aussage impliziert und (2) eine wahre Aussage von jeder Aussage impliziert wird (daraus ergibt sich insbes., daß sowohl je zwei falsche als auch je zwei wahre Aussagen zueinander [material] äquivalent sind). Dies läßt sich auch so ausdrücken, daß die Schemata

(1′) $\neg p \rightarrow (p \rightarrow q)$
(2′) $p \rightarrow (q \rightarrow p)$

wahrheitsfunktional allgemeingültig sind (↑allgemeingültig/Allgemeingültigkeit).
Lewis sah diesen Sachverhalt als paradox an, weil er zeige, daß die materiale Implikation nicht den Sinn der logischen ↑Implikation (Deduzierbarkeit) wiedergebe, und schlug zur adäquaten Rekonstruktion des Begriffs der logischen Implikation als eines (iterierbaren) objektsprachlichen Junktors die Verschärfung der materialen Implikation $\rightarrow$ zur (intensionalen) strikten Implikation ›$\mathrel{-\!\!3}$‹ (↑Implikation, strikte) vor, die modallogisch durch $p \mathrel{-\!\!3} q \leftrightharpoons \neg\nabla(p \wedge \neg q)$ oder $p \mathrel{-\!\!3} q \leftrightharpoons \Delta(p \rightarrow q)$ definierbar ist. Nach Ersetzung von ›$\rightarrow$‹ durch ›$\mathrel{-\!\!3}$‹ verlieren die angeführten Gesetze ihre Allgemeingültigkeit. Stattdessen gilt jedoch in den von Lewis entwickelten Systemen der strikten Implikation, daß (3) eine unmögliche (notwendig falsche) Aussage jede Aussage strikt impliziert und (4) eine notwendige Aussage von jeder Aussage strikt impliziert wird (und damit je zwei unmögliche Aussagen und je zwei notwendige Aussagen zueinander strikt äquivalent sind), d. h., daß die Schemata

(3′) $\Delta\neg p \mathrel{-\!\!3} (p \mathrel{-\!\!3} q)$
(4′) $\Delta p \mathrel{-\!\!3} (q \mathrel{-\!\!3} p)$

in Systemen der strikten Implikation gültig sind.
Diese ›Paradoxien der strikten Implikation‹ sah Lewis selbst als unproblematisch an, da sie nur Eigenschaften des Folgerungsbegriffs wiedergäben (Symbolic Logic, ²1959, 248, 251). In Systemen der ↑Relevanzlogik und der strengen Implikation (↑Logik des ›Entailment‹) sucht man sie zu vermeiden. Da (1′) bis (4′) auch in entsprechenden intuitionistischen Systemen gelten, sind die Probleme der P. d. I. unabhängig von der wahrheitsfunktionalen Deutung der Subjunktion und damit von der Kontroverse zwischen klassischer und intuitionistischer Logik (↑Logik, klassische, ↑Logik, intuitionistische).

Literatur: S. S. Aspenson, The Philosopher's Tool Kit, Armonk N. Y./London 1998, 76–78; J. Bennett, A Philosophical Guide to Conditionals, Oxford 2003, 2006; S. Blackburn, The Oxford Dictionary of Philosophy, Oxford/New York 1994, ²2008, 225 (Material Implication, Paradoxes of); J. Cantwell, Conditionals in Reasoning, Synthese 171 (2009), 47–75; J. Heylen/L. Horsten, Strict Conditionals. A Negative Result, Philos. Quart. 56 (2006), 536–549; F. Jackson, Conditionals, Oxford/New York 1987, 1991; C. I. Lewis, Implication and the Algebra of Logic, Mind NS 21 (1912), 522–531, Neudr. in: J. D. Goheen/J. L. Mothershead Jr. (eds.), Collected Papers of C. I. Lewis, Stanford Calif. 1970, 351–359; ders./C. H. Langford, Symbolic Logic, New York/London 1932, New York ²1959; R. K. Meyer, Entailment, J. Philos. 68 (1971), 808–818; D. H. Sanford, Implication, in: R. Audi (ed.), The Cambridge Dictionary of Philosophy, Cambridge etc. 1995, 362–363, ²1999, 419–420. P. S.

Paradoxien des Unendlichen, Titel eines postum erschienenen Werkes von B. Bolzano, in dem dieser versucht, die seit der Antike (↑Paradoxien, zenonische) aus dem Begriff des Unendlichen (↑unendlich/Unendlichkeit) abgeleiteten ↑Paradoxien (*mysteria infiniti*) entweder als Irrtümer oder als bloß scheinbare Paradoxien nachzuweisen. Dazu nimmt Bolzano eine präzisierende Einschränkung des Begriffs des Unendlichen auf den Begriff der ›unendlichen Vielheit‹ vor und bestimmt diese als »Vielheit, die so beschaffen ist, daß jede endliche Menge nur einen Teil von ihr darstellt« (§ 9). Gegen G. W. F. Hegels Rede von einer solchermaßen ›schlechten Unendlichkeit‹ (↑Unendlichkeit, schlechte) beansprucht Bolzano die allgemeine Anwendbarkeit seines Begriffs (auch auf die Unendlichkeit Gottes) und macht geltend, daß das Prädikat des Unendlichen nicht auf Gegenstände angewendet werden dürfe, ohne in ihnen zuvor »eine unendliche Größe oder doch Vielheit nachgewiesen zu haben« (§ 11). Die weiteren Analysen behandeln dann sowohl unendlich Großes als auch unendlich Kleines und erstrecken sich insbes. auf die angeblichen P. d. U. in der allgemeinen ↑Größenlehre, ↑Infinitesimalrechnung, Zeitlehre, Raumlehre und schließlich Metaphysik und Physik unter besonderer Berücksichtigung der Lehre von den Substanzen und Kräften sowie entsprechender kosmologischer Konsequenzen.
Die seit Ende des 19. Jhs. in der mathematischen Logik (↑Logik, mathematische) diskutierten ↑Antinomien der Mengenlehre lassen sich als P. d. U. ansehen (genauer: als Paradoxien des unendlich Großen), insbes. die ↑Burali-Fortische Antinomie der größten (unendlichen) ↑Ordinalzahl (d. h. der Ordinalzahl der Menge aller Ordinalzahlen) und die ↑Cantorsche Antinomie der größten (unendlichen) ↑Kardinalzahl (d. h. der Kardinalzahl der Menge aller Mengen). Auch die von den für endliche ↑Zahlen geltenden Gesetzen abweichenden Rechenregeln für unendliche Ordinalzahlen und Kardinalzahlen werden gelegentlich als paradox angesehen. Überlegungen zu den Paradoxien des unendlich Kleinen haben, teilweise im Anschluß an Gedanken Bolzanos, zur Entwicklung der ↑Non-Standard-Analysis geführt. Proble-

me, die mit der Frage der unendlichen räumlichen und/oder zeitlichen Ausdehnung des ↑Universums zusammenhängen, werden in der neueren physikalischen ↑Kosmologie untersucht.

Literatur: H. Bandmann, Die Unendlichkeit des Seins. Cantors transfinite Mengenlehre und ihre metaphysischen Wurzeln, Frankfurt etc. 1992; M. Blay, Les raisons de l'infini. Du monde clos à l'univers mathématique, Paris 1993 (engl. Reasoning with the Infinite. From the Closed World to the Mathematical Universe, Chicago Ill./London 1998); B. Bolzano, P. d. U., ed. F. Prihonsky, Leipzig 1851 (repr. Darmstadt 1964) (engl. Paradoxes of the Infinite, London, New Haven Conn. 1950; ital. I paradossi dell'infinito, übers. C. Sborgi, Mailand 1965, übers. A. Conte, Mailand 1965; franz. Les paradoxes de l'infini, Paris 1993), Berlin ²1889, ed. C. Tapp, Hamburg 2012; G. Cantor, Über unendliche lineare Punktmannichfaltigkeiten, Math. Ann. 15 (1879), 1–7, 17 (1880), 355–358, 20 (1882), 113–121, 21 (1883), 51–58, 545–586, 23 (1884), 453–488 (repr. Leipzig 1984), Neudr. in: ders., Gesammelte Abhandlungen mathematischen und philosophischen Inhalts. Mit erläuternden Anmerkungen sowie mit Ergänzungen aus dem Briefwechsel Cantor-Dedekind, ed. E. Zermelo, Berlin 1932 (repr. Hildesheim 1962, Berlin/Heidelberg 2013), 139–246; ders., Über die verschiedenen Standpunkte in bezug auf das aktuelle Unendliche, Z. Philos. phil. Kritik NF 88 (1886), 224–233, Neudr. in: ders., Gesammelte Abhandlungen mathematischen und philosophischen Inhalts [s. o.], 370–376; R. Dedekind, Was sind und was sollen die Zahlen?, Braunschweig 1888, ²1893 (repr. Cambridge etc. 2012), ¹¹1967; F. Kaufmann, Das Unendliche in der Mathematik und seine Ausschaltung. Eine Untersuchung über die Grundlagen der Mathematik, Leipzig/Wien 1930 (repr. Darmstadt 1968) (engl. The Infinite in Mathematics. Logico-Mathematical Writings, Dordrecht/Boston Mass./London 1978); G. König (ed.), Konzepte des mathematisch Unendlichen im 19. Jahrhundert, Göttingen 1990; E. Maor, To Infinity and Beyond. A Cultural History of the Infinite, Boston Mass./Basel/Stuttgart 1987, Princeton N. J. 1991 (dt. Dem Unendlichen auf der Spur, Basel/Boston Mass./Berlin 1989); H. Meschkowski (ed.), Das Problem des Unendlichen. Mathematische und philosophische Texte von Bolzano, Gutberlet, Cantor, Dedekind, München 1974; A. W. Moore (ed.), Infinity, Aldershot etc. 1993; W. Mückenheim, Die Mathematik des Unendlichen, Aachen 2006, bes. 56–68 (Kap. 6 P. d. U.); G. Oppy, Philosophical Perspectives on Infinity, Cambridge etc. 2006; R. Rucker, Infinity and the Mind. The Science and Philosophy of the Infinite, Boston Mass./Basel/Stuttgart 1982, Princeton N. J. 2005 (dt. Die Ufer der Unendlichkeit. Analysen und Spekulationen über die mathematischen, physikalischen und wirklichen Ränder unseres Denkens, Frankfurt 1989); R. Taschner, Das Unendliche. Mathematiker ringen um einen Begriff, Berlin etc. 1995, Berlin/Heidelberg/New York ²2006. G. G.

Paradoxon (auch: Paradox) (von griech. *παρά*, gegen, und *δόξα*, Meinung/Lehre), in Philosophie und Theologie Bezeichnung für ›widersinnige‹, nach Methode oder Inhalt den Erwartungen oder den hergebrachten Überzeugungen zuwiderlaufende Aussagen. Als Terminus wurde ›P.‹ vermutlich von S. Franck (Paradoxa, Ulm 1534) eingeführt. ›P.‹ wird häufig synonym mit ↑Paradoxie verwendet; dieser Ausdruck sollte jedoch in einem philosophischen Kontext zweckmäßiger als Unterbegriff des umfassenderen Begriffs P. verwendet werden. Ein P. ist dann eine paradoxe Aussage oder ein von einer solchen Aussage dargestellter Sachverhalt; nach A. De Morgan »something which is apart from general opinion, either in subject-matter, method, or conclusion« (²1915, I, 2). Die durch das P. ausgedrückte Abweichung von vorherrschenden Meinungen kann auch die eines theoretisch gewonnenen Ergebnisses von der anschaulich begründeten Erwartung sein, z. B. die Existenz überall stetiger, nirgends differenzierbarer Kurven, die Zerlegbarkeit einer Kugel (im Sinne der transfiniten Punktmannigfaltigkeitslehre) in zwei gleich große andere Kugeln (›Banach-Tarski-P.‹), das ↑Uhrenparadoxon der Speziellen Relativitätstheorie (↑Relativitätstheorie, spezielle) oder das Einstein-Podolsky-Rosen-P. (↑Einstein-Podolsky-Rosen-Argument) der ↑Quantentheorie. In ↑Logik und ↑Mengenlehre bezeichnet man solche Erscheinungen meist nicht als Paradoxa, sondern als Paradoxien oder Antinomien (↑Antinomie, ↑Paradoxie, ↑paradox), während paradoxe selbstbezügliche Formulierungen wie das Sokratische ›ich weiß, daß ich nichts weiß‹ niemals als Antinomien und nur selten als P. oder als Paradoxie bezeichnet werden.

Eine lange Tradition hat das P. im christlich-religiösen Denken, wo es in der protestantischen Theologie (M. Luther, S. Kierkegaard, K. Barth, P. Althaus, W. Künneth) sogar die zentrale Denkfigur darstellt. Der Ausdruck bezeichnet dort insbes. dem rationalen Verständnis unzugängliche theologische Aussagen z. B. über die Menschwerdung Gottes (und seinen Opfertod als Christus), die Transsubstantiation und die Trinität. Eine gänzlich andere Rolle spielt das P. in einigen Richtungen der östlichen ↑Mystik, die den Schüler mit Hilfe besonderer Arten der ↑Meditation von der prinzipiellen Gegensätzlichkeit der Sinnenwelt zur Erfassung der Welt und Leben transzendierenden Übergegensätzlichkeit führen wollen; charakteristische ›Techniken des P.s‹ hat hier vor allem der japanische Zen-Buddhismus (↑Zen) entwickelt. Im Unterschied dazu sucht die traditionelle abendländische Philosophie mit rationalen Mitteln Paradoxa zu erklären oder aufzulösen, z. B. solche, die sich hinsichtlich der Wechselwirkung von Leib und Seele ergeben (↑Leib-Seele-Problem, ↑Philosophie des Geistes, ↑philosophy of mind). Vielfach bezeichnet ›P.‹ auch eine scheinbar unsinnige Aussage, die aber einen ›wahren Kern‹ enthält. Als Hochstilisierung zu einem literarischen Darstellungsmittel (etwa bei F. Nietzsche) ist das P. auch über die historischen Aspekte hinaus zum Gegenstand der ↑Rhetorik und der Literaturwissenschaften geworden.

Literatur: R. Breuer, Die Kunst der Paradoxie. Sinnsuche und Scheitern bei Samuel Beckett, München 1976; M. S. Celentano, P., Hist. Wb. Rhetorik VI (2003), 524–526; R. L. Colie, Paradoxia Epidemica. The Renaissance Tradition of Paradox, Princeton N. J. 1966, Hamden Conn. 1976; A. De Morgan, A Budget of Paradoxes, ed. S. De Morgan, London 1872, I–II, ed. D. E. Smith, London/Chicago Ill. [2]1915, Freeport N. Y. 1969; S. Franck, Paradoxa ducenta octoginta [...], Ulm 1534, ed. H. Ziegler, Jena 1909, ed. S. Wollgast, Berlin (Ost) 1966; H. Friedrich, Pascals Paradox. Das Sprachbild einer Denkform, Z. f. Romanische Philol. 56 (1936), 322–370; P. Geyer, Das Paradox. Historisch-systematische Grundlegung, in: ders./R. Hagenbüchle (eds.), Das Paradox. Eine Herausforderung des abendländischen Denkens, Tübingen 1992, Würzburg [2]2002, 11–24; R. Hagenbüchle, Was heißt »paradox«? Eine Standortbestimmung, in: P. Geyer/R. Hagenbüchle (eds.), Das Paradox [s. o.], 27–43; R. W. Hepburn, Christianity and Paradox. Critical Studies in Twentieth-Century Theology, London 1958, New York 1968; M. J. Hyde, Paradox. The Evolution of a Figure of Rhetoric, in: R. L. Brown Jr./M. Steinman Jr. (eds.), Rhetoric 78. Proceedings of Theory of Rhetoric. An Interdisciplinary Conference, Minneapolis Minn. 1979, 201–225; W. Joest, Zur Frage des P. in der Theologie, in: ders./W. Pannenberg (eds.), Dogma und Denkstrukturen, Göttingen 1963, 116–151; V. N. Lange, Fizičeskie paradoksy, sofizmy i zanimatel'nye zadači, Moskau 1967 (dt. Physikalische Paradoxa und interessante Aufgaben, Leipzig 1974, Frankfurt/Thun [4]1996); P. Probst/H. Schröer/F. v. Kutschera, Paradox (adj.), das Paradox(e), Paradoxie, Hist. Wb. Ph. VII (1989), 81–97; R. M. Sainsbury, Paradoxes, Cambridge etc. 1988, [3]2009 (dt. Paradoxien, Stuttgart 1993, [4]2010); H. Schröer, Die Denkform der Paradoxalität als theologisches Problem. Eine Untersuchung zu Kierkegaard und der neueren Theologie als Beitrag zur theologischen Logik, Göttingen 1960; J. Simon, Das philosophische P., in: P. Geyer/R. Hagenbüchle (eds.), Das Paradox [s. o.], 45–60; H. A. Slaatte, The Pertinence of the Paradox. The Dialectics of Reason-in-Existence, New York 1968; S. Wagon, The Banach-Tarski Paradox, Cambridge etc. 1985, 1993 (Encyclopedia of Mathematics and Its Applications XXIV); K. Wuchterl/H. Schröer, Paradox (P., Paradoxie), TRE XXV (1995), 726–737; weitere Literatur: ↑Paradoxie. C. T.

parakonsistent/Parakonsistenz, Bezeichnung für die Eigenschaft logischer Systeme, daß aus einer inkonsistenten Menge von Sätzen nicht beliebige Sätze gefolgert werden können (↑ex falso quodlibet). Eine Menge X von Sätzen ist inkonsistent (↑inkonsistent/Inkonsistenz) bezüglich einer Logik L genau dann, wenn es einen Satz A derart gibt, daß sowohl A als auch $\neg A$ in L aus X herleitbar sind. Eine Logik L ist p., wenn es für jede inkonsistente Menge X mindestens einen Satz B gibt, der in L nicht aus X herleitbar ist. Logiken sind also p., wenn sie inkonsistente Mengen nicht trivialisieren. Aufgrund der Allgemeingültigkeit der Schlußform *ex falso quodlibet* (aus A und $\neg A$ schließe auf beliebiges B) sind weder die klassische noch die intuitionistische Logik (↑Logik, klassische, ↑Logik, intuitionistische) p.. Der ↑Minimalkalkül von A. N. Kolmogorov und I. Johansson ist dagegen p., allerdings nur dem Buchstaben, nicht dem Sinne nach. Im Minimalkalkül folgen zwar nicht beliebige Sätze aus einem ↑Widerspruch, wohl aber beliebige ↑Negationen. In einem substantielleren, intuitiv leicht zu erfassenden Sinne ist der Minimalkalkül nicht p.: Er eignet sich nicht zum nicht-trivialen Folgern aus inkonsistenten Prämissenmengen. Die ersten Versuche, p.e Systeme der Logik zu entwickeln, finden sich in den Arbeiten der russischen Logiker D. A. Bočvar und N. A. Vasiljev. Die formale Ausarbeitung dieser Versuche blieb aber in vielerlei Hinsicht unzureichend.

Eine kontinuierliche Entwicklung p.er Logiken (↑Logik, parakonsistente) mit den Mitteln der modernen Logik beginnt erst mit einer Arbeit von S. Jaśkowski (1948). Sein nicht-adjunktiver Ansatz verbietet die Folgerung $A, B \vdash A \wedge B$ und damit insbes. $A, \neg A \vdash A \wedge \neg A$. Jaśkowski möchte mit den Mitteln der Logik Gesprächssituationen darstellen, in denen die Teilnehmer einander, nicht aber sich selbst widersprechen dürfen (Diskursive Logik). Selbstwiderspruch ist in klassischer Weise mit der Folgerung $A \wedge \neg A \vdash B$ sanktioniert. Aus dem Umstand, daß zwei Gesprächspartner gegensätzliche Meinungen A und $\neg A$ vertreten, folgt nicht – durch ↑Adjunktion –, daß es einen Gesprächsteilnehmer gibt, der $A \wedge \neg A$ vertritt. Wie schon Jaśkowski selbst feststellte, lassen sich Systeme Diskursiver Logik modallogisch (↑Modallogik) darstellen: $A_1, \ldots, A_n \vdash B$ gilt diskursiv genau dann, wenn $\nabla A_1, \ldots, \nabla A_n \vdash \nabla B$ modallogisch gilt. Jaśkowskis nicht-adjunktiver Ansatz wurde von R. B. Brandom und N. Rescher (1979) weiterverfolgt.

Eine weitere Familie p.er Systeme orientiert sich an der Maxime, vom Theorembestand der klassischen Logik möglichst viel zu bewahren. Zu dieser Familie gehören die so genannten C-Systeme des brasilianischen Logikers N. C. A. da Costa. Darin verhalten sich alle Verknüpfungen bis auf die Negation klassisch. Für die Belegung von Negationen wird jedoch nur gefordert, daß (mit 0 für ›falsch‹ und 1 für ›wahr‹) wenn $v(A) = 0$, dann $v(\neg A) = 1$, und wenn $v(\neg\neg A) = 1$, dann $v(A) = 1$. Gültigkeit und Folgerung sind wie üblich definiert. Schließlich sind alle Systeme der ↑Relevanzlogik p., wenn auch in der Hauptsache anders motiviert.

Parakonsistente Logiken finden Anwendung in der Philosophischen Logik (↑Logik, philosophische), in der ↑Grundlagenforschung der Mathematik, in der Logikprogrammierung und in der Künstlichen Intelligenz (↑Intelligenz, künstliche). Der klassische Trivialisierungseffekt semantischer oder logischer ↑Paradoxien kann durch die Verwendung einer p.en Logik vermieden werden. Dadurch ergibt sich die Möglichkeit ungestufter semantischer Theorien und ↑Mengenlehren, deren Nicht-Trivialität sich leicht demonstrieren läßt. Da p.e Logiken Abschwächungen der klassischen (oder intuitionistischen) Logik sind, stellt sich allerdings stets die Frage, ob sie stark genug sind, die intendierten Anwendungen vollständig zu tragen.

Literatur: J. M. Abe/K. Nakamatsu, A Survey of Paraconsistent Annotated Logics and Applications, Int. J. Reasoning-Based

Intelligent Systems 1 (2009), 31–42; A. Almukdad/D. Nelson, Constructive Falsity and Inexact Predicates, J. Symb. Log. 49 (1984), 231–233; O. Arieli/A. Avron/A. Zamansky, Maximal and Premaximal Paraconsistency in the Framework of Three-Valued Semantics, Stud. Log. 97 (2011), 31–60; A. I. Arruda, A Survey of Paraconsistent Logic, in: ders./R. Chuaqui/N. C. A. da Costa (eds.), Mathematical Logic in Latin America. Proceedings of the IV Latin American Symposium on Mathematical Logic, Held in Santiago, December 1978, Amsterdam/New York/Oxford 1980, 1–41; A. Avron, Combining Classical Logic, Paraconsistency and Relevance, J. Applied Log. 3 (2005), 133–160; D. Batens, Paraconsistency and Its Relation to Worldviews, Found. Sci. 3 (1998), 259–283; ders. u. a. (eds.), Frontiers of Paraconsistent Logic, Baldock/Philadelphia Pa. 2000; N. D. Belnap Jr., A Useful Four-Valued Logic, in: J. M. Dunn/G. Epstein (eds.), Modern Uses of Multiple-Valued Logic, Dordrecht/Boston Mass. 1977, 8–37; D. A. Bočvar, Ob odnom trëchznačnom isčislenii i ego primenenii k analizu paradoksov klassičeskogo rasširennogo funkcional'nogo isčislenija, Matematiceskij Sbornik 46 (Moskau 1938), 287–308; M. Bremer, An Introduction to Paraconsistent Logics, Frankfurt etc. 2005; W. A. Carnielli/M. E. Coniglio/I. M. L. D'Ottaviano (eds.), Paraconsistency. The Logical Way to the Inconsistent. Proceedings of the World Congress in São Paulo, New York/Basel 2002; N. C. A. da Costa, On the Theory of Inconsistent Formal Systems, Notre Dame J. Formal Logic 15 (1974), 497–510; H. Friedman/R. K. Meyer, Whither Relevant Arithmetic?, J. Symb. Log. 57 (1992), 824–831; S. Jaśkowski, Rachunek zdan'dla systemov dedukeyjnych sprzeczuych, Studia Soc. Sci. Torun. 5 (1948), 57–77 (engl. Propositional Calculus for Contradictory Deductive Systems, Stud. Log. 24 [1969], 143–157); E. D. Mares, A Paraconsistent Theory of Belief Revision, Erkenntnis 56 (2002), 229–246; D. Nelson, Constructible Falsity, J. Symb. Log. 14 (1949), 16–26; G. Priest, In Contradiction. A Study of the Transconsistent, Dordrecht/Boston Mass./Lancaster 1987, Oxford etc. [2]2006, 2010; ders., Paraconsistent Logic, REP VII (1998), 208–211; ders., Paraconsistent Logic, in: D. M. Gabbay/F. Guenthner (eds.), Handbook of Philosophical Logic VI, Dordrecht etc. [2]2002, 287–393; ders./R. Routley, Introduction: Paraconsistent Logics, Stud. Log. 43 (1984), 3–16; ders./R. Routley/J. Norman (eds.), Paraconsistent Logic. Essays on the Inconsistent, München/Hamden/Wien 1989; ders./K. Tanaka/Z. Weber, Paraconsistent Logic, SEP 1996, rev. 2013; S. P. Odintsov, Constructive Negations and Paraconsistency, Dordrecht etc. 2008; N. Rescher/R. B. Brandom, The Logic of Inconsistency. A Study in Non-Standard Possible-Worlds Semantics and Ontology, Totowa N. J. 1979, Oxford 1980; K. Tanaka, Three Schools of Paraconsistency, Australas. J. Log. 1 (2003), 28–42; ders. u. a. (eds.), Paraconsistency. Logic and Applications, Dordrecht etc. 2013; I. Urbas, Paraconsistency, Studies in Soviet Thought 39 (1990), 343–354; N. A. Vasiliev, Voobrazaémaá (néaristotéléva) logika, Žurnal Ministérstva Narodnago Prosvêščénia 40 (1912), 207–246 (engl. Imaginary (non-Aristotelian) Logic, Log. anal. 182 [2003], 127–163); J. Woods, Paradox and Paraconsistency. Conflict Resolution in the Abstract Sciences, Cambridge etc. 2003. A. F.

parallel (von griech. *παράλληλος*, Seite an Seite, nebeneinander herlaufend), Terminus der Geometrie. In der (dreidimensionalen) räumlichen euklidischen Geometrie heißen zwei Geraden g und h p. (symbolisiert: $g \parallel h$), die (1) in einer Ebene liegen und (2) keinen gemeinsamen Schnittpunkt besitzen; eine Gerade g heißt p. zu einer Ebene E (symbolisiert: $g \parallel E$), wenn es in E eine zu g p.e Gerade gibt; zwei Ebenen E und F heißen zueinander p., wenn sie keinen Punkt (oder gleichwertig: keine Gerade) gemeinsam haben. In der ebenen euklidischen Geometrie, wo die Bedingung (1) definitionsgemäß erfüllt ist, genügt zur Definition der Parallelität die Bedingung (2), daß g und h einander nicht schneiden. In der ↑Euklidischen Geometrie, in der sich eine euklidische ↑Metrik (↑Abstand) einführen läßt, haben p.e Geraden überall gleichen Abstand zueinander. Eine solche gegenseitige Lage zweier Geraden stellt sich hier (anders als in ↑nicht-euklidischen Geometrien) anschaulich als Richtungsgleichheit dieser beiden Geraden dar. In der Tat läßt sich, da Parallelität eine ↑Äquivalenzrelation ist, durch einen Abstraktionsschritt (↑Abstraktionsschema) die Gleichheit der Richtungen zweier Geraden als gleichbedeutend mit ihrer Parallelität und allgemein eine Aussage $A(\vec{g})$ über die Richtung einer Geraden g als bezüglich der Parallelität invariante Aussage über die Gerade g erklären:

$$A(\vec{g}) \leftrightharpoons \bigwedge_x (x \parallel g \rightarrow A(x)).$$

Läßt man von den drei charakteristischen Eigenschaften p.er Geraden der euklidischen Geometrie,

(1) ein und derselben Ebene anzugehören,
(2) keine Punkte gemeinsam zu haben,
(3) überall gleichen Abstand zueinander zu haben,

die Eigenschaft (3) weg, so erhält man als eine erste Verallgemeinerung den Parallelitätsbegriff nicht-euklidischer Geometrien und projektiver, insbes. endlicher projektiver, Geometrien. In letzteren wird, entsprechend der dort gültigen Dualität (↑dual/Dualität), auch eine Parallelität zwischen Punkten erklärt: Zwei Punkte heißen zueinander p., wenn sie keine Gerade gemeinsam haben, d. h., wenn es keine Gerade gibt, auf der sie beide liegen.
Zeichnet man in der projektiven Ebene eine Gerade als ›absolute‹ oder ›uneigentliche‹ Gerade aus, nennt zwei Geraden p., wenn sie sich in einem Punkt der uneigentlichen Geraden schneiden, und führt dafür als Redeweise ein, daß sich solche Geraden ›im Unendlichen‹, nämlich in einem ›unendlich fernen Punkt‹, schneiden, so liefert diese Konstruktion ein geometrisches System, das der um eine ›unendlich ferne Gerade‹, die die ›unendlich fernen Punkte‹ enthält, erweiterten ebenen euklidischen Geometrie isomorph ist: Die ›unendlich ferne Gerade‹ entspricht der uneigentlichen Geraden, und zwei Geraden mit einem Schnittpunkt ›im Unendlichen‹ entsprechen zwei Geraden mit einem Schnittpunkt auf der uneigentlichen Geraden.
Eine andere Verallgemeinerung (›Clifford-Parallelität‹ nach W. K. Clifford) ergibt sich durch Verzicht auf Ei-

genschaft (1) unter Beibehaltung der Eigenschaften (2) und (3) (mit einer geeigneten Erklärung des Abstandsbegriffs für das jeweils betrachtete geometrische System). Während Clifford seine Verallgemeinerung an Hand der dreidimensionalen elliptischen Geometrie (↑Geometrie, elliptische) entwickelte und dabei auf Verbindungen mit hyperkomplexen Zahlen stieß, orientieren sich neuere Verallgemeinerungen des Parallelitätsbegriffs an gruppentheoretischen Fragestellungen (↑Gruppe (mathematisch)).

Literatur: R. Bonola, La geometria non-euclidea. Esposizione storico-critica del suo sviluppo, Bologna 1906 (repr. 1975) (dt. Die nichteuklidische Geometrie. Historisch-kritische Darstellung ihrer Entwicklung, Leipzig/Berlin 1908, [2]1919 [repr. 1921]; engl. Non-Euclidean Geometry. A Critical and Historical Study of Its Development, Chicago Ill. 1912 [repr. New York 1955, 2007]); W. K. Clifford, Preliminary Sketch of Biquaternions, Proc. London Math. Soc. 4 (1873), 381–395, Nachdr. in: ders., Mathematical Papers, ed. R. Tucker, London 1882 (repr. New York 1968, Providence R. I. 2007), 181–200; H. Eves, A Survey of Geometry, I–II, Boston Mass. 1963/1965, rev. 1972, 1980; C. Loewner, Some Concepts of Parallelism with Respect to a Given Transformation Group, Duke Math. J. 33 (1966), 151–163 (dt. Einige Parallelitätsbegriffe, die auf eine gegebene Transformationsgruppe Bezug nehmen, in: H. Freudenthal [ed.], Raumtheorie, Darmstadt 1978, 166–183); J. A. Tyrrell/ J. G. Semple, Generalized Clifford Parallelism, Cambridge 1971; O. Veblen/J. W. Young, Projective Geometry, I–II, Boston Mass. etc. 1910/1918 (repr. 1965), New York/Toronto/London 1938/1946. C. T.

Parallelenaxiom (auch: Euklidisches Axiom, Parallelenpostulat), die heute am weitesten verbreitete Bezeichnung für das folgende, von ↑Euklid in den »Elementen« dem Aufbau seiner Parallelentheorie zugrundegelegte Prinzip: »Gefordert soll sein [...], daß, wenn eine Gerade zwei andere Geraden so schneidet, daß die innen auf derselben Seite entstehenden Winkel zusammen kleiner als zwei Rechte sind, dann die zwei Geraden bei unbeschränkter Verlängerung sich auf der Seite treffen, auf der die Winkel liegen, die zusammen kleiner als zwei Rechte sind.«

In der Überlieferungsgeschichte der »Elemente« wurde dieses Prinzip in der auf die lateinische Euklid-Ausgabe des Campanus (Venedig 1482) zurückgehenden Tradition (L. Pacioli, Venedig 1485, 1489; B. Zamberti, Venedig 1505; N. Tartaglia, Venedig 1543; F. Commandino, Pesaro 1572; G. A. Borelli, Pisa 1658) als fünftes unter den Postulaten (*αἰτήματα*) aufgeführt, in der auf den ersten Druck des griechischen Textes durch S. Grynaeus (Basel 1533) zurückgehenden Tradition (F. F. de Candalle, Paris 1566; C. Clavius, Rom 1574; V. Giordano, Rom 1680; D. Gregory, Oxford 1703) als elftes unter den Axiomen (*κοιναὶ ἔννοιαι*). Diese Differenz hat ihren Ursprung in Meinungsverschiedenheiten schon der antiken Euklid-Kommentatoren, ob das genannte Prinzip tatsächlich als ↑Postulat zu betrachten sei. Proklos z. B. führt, teils unter Berufung auf frühere Kommentatoren, dagegen an, daß das Prinzip nicht evident sei und daß es, da Euklid seine Umkehrung als Satz (I, Prop. 10) beweise, selbst ebenfalls Satzcharakter haben müsse. Ferner wurde für die (schon Geminos [1. Jh. v. Chr.] zugeschriebene) Aufnahme unter die ↑Axiome ins Feld geführt, daß das Prinzip, anders als die drei ersten Postulate (man solle von jedem Punkt nach jedem Punkt eine Gerade ziehen können; man solle jedes Geradenstück zusammenhängend gerade verlängern können; man solle um jeden Punkt als Mittelpunkt mit jedem Radius einen Kreis schlagen können), nicht die Durchführbarkeit einer Konstruktion fordert. Dieser Einwand wurde gegen Ende des 19. Jhs. dadurch umgangen, daß man die Postulate nicht mehr als Konstruierbarkeitsforderungen, sondern als Existenzforderungen deutete, z. B. Euklids erstes Postulat als Forderung, es solle zu je zwei Punkten eine durch sie verlaufende Gerade ›geben‹, und das P. als Forderung, es solle unter den dort genannten Bedingungen ein Schnittpunkt der beiden Geraden ›existieren‹.

Der unklare Status und die komplizierte Formulierung des P.s führten schon in der Antike zu Versuchen, es aus den übrigen Axiomen Euklids herzuleiten (also als von diesen abhängig zu erweisen) oder aber wenigstens durch ein einfacheres Postulat zu ersetzen. Nachdem sich alle seit Proklos vorgeschlagenen Ersatzpostulate als gleichwertig mit dem P. herausgestellt hatten (insbes. J. Wallis' Postulat der Existenz ähnlicher Dreiecke) und G. Saccheris Versuch von 1733, aus der angenommenen Falschheit des P.s und den übrigen Euklidischen Postulaten und Axiomen das P. selbst herzuleiten (und es so zu beweisen; ↑consequentia mirabilis), erfolglos geblieben war, zeigten C. F. Gauß, N. I. Lobatschewski und J. Bolyai im 1. Drittel des 19. Jhs. die Unabhängigkeit des P.s von den übrigen Axiomen Euklids und damit die Möglichkeit widerspruchsfreier ↑›nicht-euklidischer Geometrien‹.

In der an diese Entwicklung anschließenden axiomatischen Behandlung der Geometrie, die den Unterschied zwischen Postulaten und Axiomen zugunsten des ›modernen‹ Axiombegriffs unterdrückt, sind Axiome nicht ↑Aussagen, sondern ↑Aussageformen, die den geometrischen Theorien zugrundegelegten Axiomensysteme also Systeme von Aussageformen, die verschiedener inhaltlicher Deutungen fähig sind und von denen lediglich formale Widerspruchsfreiheit (↑widerspruchsfrei/Widerspruchsfreiheit) gefordert wird. D. Hilberts für einen solchen Aufbau paradigmatische »Grundlagen der Geometrie« (1899) verwenden das P. in der schon älteren, durch J. Playfair 1795 zur heutigen ›Standardform‹ gemachten Formulierung: »In einer Ebene α läßt sich durch einen Punkt A außerhalb einer Geraden a stets eine und nur eine Gerade ziehen, welche jene Gerade a

nicht schneidet; dieselbe heißt die Parallele zu *a* durch den Punkt *A*« (a.a.O., 10). Für die in dieser Formulierung beschriebene Situation läßt sich bereits in Euklids »Elementen« die Existenz einer Parallelen durch *A* schon aus den übrigen Axiomen beweisen, nicht dagegen die Einzigkeit. Bei Zugrundelegung anderer Axiome als bei Euklid oder bei Hilbert kann die ↑Euklidizität des Systems bereits durch ›P.e‹ gesichert sein, die logisch schwächer sind als die obengenannten Fassungen (vgl. H. G. Forder 1927).

Im formentheoretischen Aufbau der Elementargeometrie (↑Geometrie), bei dem der Schritt von den allein aus protogeometrischen (↑Protogeometrie) Definitionen der geometrischen Grundbegriffe begründbaren Sätzen der absoluten Geometrie (↑Geometrie, absolute) zur Euklidischen Geometrie durch ein ›Formprinzip‹ geschieht, das fordert, nach äquivalenten Konstruktionsschrittfolgen hergestellte Figuren nicht zu unterscheiden und also als gleich zu betrachten (eben dies konstituiert die Geometrie als Theorie der Formen konstruierbarer Figuren), ergibt sich die Aussage des P.s als mit Hilfe des Formprinzips beweisbarer ›Parallelensatz‹ (R. Inhetveen 1983; P. Lorenzen 1984).

Literatur: R. Bonola, La geometria non-Euclidea, Bologna 1906 (repr. 1976), 1–19 (dt. Die nichteuklidische Geometrie. Historisch-kritische Darstellung ihrer Entwicklung, ed. H. Liebmann, Leipzig/Berlin 1908, 1–23, ²1919 [repr. 1921], 1–19; engl. Non-Euclidean Geometry. A Critical and Historical Study of Its Development, Chicago Ill. 1912 [repr. New York 1955, 2007]); Euclidis Opera Omnia, I–VIII u. 1 Suppl.bd., ed. J. L. Heiberg/H. Menge, Leipzig 1883–1916, I–V, als: Euclidis Elementa, I–V/1–2, ed. E. S. Stamatis, Leipzig ²1969–1977 (dt. Die Elemente. Buch 1–13, I–V, ed. C. Thaer, Leipzig 1933–1937 [repr. in 1 Bd., Darmstadt 1962, 2005]); H. G. Forder, The Foundations of Euclidean Geometry, Cambridge 1927 (repr. New York 1958) (Chap. VI The Parallel Axioms, 138–165); K. v. Fritz, Die *APXAI* in der griechischen Mathematik, Arch. Begriffsgesch. 1 (1955), 13–103, Neudr. in: ders., Grundprobleme der Geschichte der antiken Wissenschaft, Berlin/New York 1971, 335–429; R. Hartshorne, Geometry. Euclid and Beyond, New York/Heidelberg/Berlin 2000, 2010; D. Hilbert, Grundlagen der Geometrie, Leipzig 1899, Stuttgart ¹⁴1999; R. Inhetveen, Konstruktive Geometrie. Eine formentheoretische Begründung der euklidischen Geometrie, Mannheim/Wien/Zürich 1983; P. Lorenzen, Elementargeometrie. Das Fundament der Analytischen Geometrie, Mannheim/Wien/Zürich 1984; H. Lüneburg, Die euklidische Ebene und ihre Verwandten, Basel/Boston Mass./Berlin 1999; L. Majer, Proklos über die Petita und Axiomata bei Euklid, Tübingen 1875; L. Mlodinow, Euclid's Window. The Story of Geometry from Parallel Lines to Hyperspace, New York etc. 2001, 2002 (dt. Das Fenster zum Universum. Eine kleine Geschichte der Geometrie, Frankfurt/New York 2002; franz. Dans l'œil du compas. La géométrie d'Euclide à Einstein, Neuilly-sur-Seine 2002); M. O'Leary, Revolutions of Geometry, Hoboken N. J. 2010, 123–172 (Chap. 5 Euclid); J. Playfair, Elements of Geometry. Containing the First Six Books of Euclid, with Two Books on the Geometry of Solids [...], Edinburgh/London 1795, erw. mit Untertitel: With a Supplement of the Quadrature of the Circle and the Geometry of Solids, Philadelphia Pa. 1806, 1860; Procli Diadochi in primum Euclidis Elementorum librum commentarii, ed. G. Friedlein, Leipzig 1873 (repr. Hildesheim 1967, Hildesheim/New York 1992) (dt. Proklus Diadochus, Kommentar zum ersten Buch von Euklids »Elementen«, ed. M. Steck, Halle 1945); G. Saccheri, Euclides ab omni naevo vindicatus: sive conatus geometricus quo stabiliuntur prima ipsa universae Geometriae Principia, Mailand 1733, unter dem Titel: Euclides Vindicatus [lat./engl.], ed. G. B. Halsted, Chicago Ill./London 1920, New York ²1986; C. E. Sjöstedt (ed.), Le axiome de paralleles de Euclides a Hilbert. Un probleme cardinal in le evolution del geometrie. Excerptes in facsimile ex le principal ovres original e traduction in le lingue international auxiliari Interlingue, Stockholm, Uppsala 1968; P. Stäckel/F. Engel (eds.), Die Theorie der Parallellinien von Euklid bis auf Gauß. Eine Urkundensammlung zur Vorgeschichte der nichteuklidischen Geometrie, Leipzig 1895 (repr. New York/London 1968); M. Steck, Bibliographia Euclideana. Die Geisteslinien der Tradition in den Editionen der »Elemente« (*ΣΤΟΙΧΕΙΑ*) des Euklid [...], ed. M. Folkerts, Hildesheim 1981; J. Stillwell, The Four Pillars of Geometry, New York 2005, 2010; C. M. Taisbak, *ΔΕΔΟΜΕΝΑ*. Euclid's ›Data‹, or, The Importance of Being Given, Kopenhagen 2002, 2003; I. Tóth, Das Parallelenproblem im Corpus Aristotelicum, Arch. Hist. Ex. Sci. 3 (1966/1967), 249–422; G. Vailati, Intorno al significato della differenza tra gl'assiomi ed i postulati nella geometria greca, in: A. Krazer (ed.), Verhandlungen des dritten Internationalen Mathematiker-Kongresses in Heidelberg vom 8. bis 13. August 1904, Leipzig 1905 (repr. Nendeln 1967), 575–581, Neudr. unter dem Titel: Intorno al significato della differenza tra gli Assiomi ed i Postulati nella Geometria Greca, in: G. Vailati, Scritti II, ed. M. Quaranta, Sala Bolognese 1987, 240–245. C. T.

Parallelismus, psychophysischer, Bezeichnung einer Theorie zur Erklärung des Verhältnisses von Psychischem und Physischem, insbes. im Rahmen des ↑Leib-Seele-Problems. Der ursprüngliche *metaphysische* p. P. geht von einem Leib-Seele-Dualismus (↑Dualismus) aus, leugnet aber im Gegensatz zu R. Descartes' ↑Interaktionismus die Wechselwirkung von Psychischem und Physischem und behauptet deren Parallelität als zweier (nicht unbedingt eineindeutig) aufeinander bezogener, aber voneinander unabhängiger Kausalreihen. Vom ↑Okkasionalismus unterscheidet sich der klassische p. P. durch seinen Verzicht, die Parallelität auf die Annahme eines ständigen direkten göttlichen Eingriffs zurückzuführen. Vielmehr wird diese Parallelität als von Anfang an (wie zwischen zwei synchron gestellten Uhren) eingerichtet angenommen. In diesem metaphysischen Sinne geht der Gedanke des p. P. vor allem auf G. W. Leibniz und seine Lehre von der prästabilierten Harmonie (↑Harmonie, prästabilierte) zurück.

Parallelistische Auffassungen finden sich außer in der Leibniz-Wolffschen Tradition (↑Leibniz-Wolffsche Philosophie) später vor allem im 19. Jh. bei F. W. J. Schelling und seiner Schule sowie auf naturwissenschaftlicher Grundlage, bedingt durch die Entwicklung der Physiologie, insbes. bei G. T. Fechner und W. Wundt, die beide mit medizinischen Studien begonnen hatten. Fechner entwickelte den p. P. in Absetzung von der Cartesischen Zwei-*Substanzen*-Lehre (↑res cogitans/res extensa) im Sinne einer Zwei-*Aspekte*-Lehre, deren Grundgedanke auf B. de Spinoza zurückgeht (Ordo, et connexio idearum idem est, ac ordo, et connexio rerum, Eth. II, prop. VII). Diese Zwei-Aspekte-Lehre besagt, daß Physisches und Psychisches als zwei verschiedene Seiten ein und desselben Realen aufzufassen sind (»Körper und Geist oder Leib und Seele oder Materielles und Ideelles oder Physisches und Psychisches [...] sind nicht im letzten Grund und Wesen, sondern nur nach dem Standpunkt der Auffassung oder Betrachtung verschieden«, G. T. Fechner, Zend-Avesta oder über die Dinge des Himmels und des Jenseits. Vom Standpunkt der Naturbetrachtung, I–III, Leipzig 1851, ed. K. Laßwitz, Hamburg/Leipzig [2]1901, II, 135). Ein p. P. dieser Art nähert sich einem ontologischen ↑Monismus und ist grundsätzlich auch mit einer nicht-physikalistischen ↑Identitätstheorie verträglich, grenzt sich jedoch von einem strikten ↑Epiphänomenalismus ab. Zu unterscheiden ist in diesem Zusammenhang mit Wundt zwischen einem ›*metaphysischen*‹ (an der Substanzontologie festhaltenden) und einem ›*empirischen*‹ (auf die wissenschaftliche Untersuchung psychischer und physischer Erscheinungen beschränkten) p. P. (vgl. W. Wundt, Logik. Eine Untersuchung der Prinzipien der Erkenntnis und der Methoden wissenschaftlicher Forschung, I–III, Stuttgart [3]1908, III, 251–260 [Das Prinzip des p. P.]).

Im Sinne der Unterscheidung Wundts suchte vor allem E. Mach den p.n P. von allen metaphysischen Voraussetzungen zu befreien und ihm im Rahmen seines neutralen Monismus eine rein methodologische Wendung zu geben: als wissenschaftliches Forschungsprinzip ›für die Untersuchung der Empfindungen‹. Danach bedeutet p. P. nicht mehr die ontologische These von einer Substanz in zwei Aspekten, sondern das ›heuristische Prinzip‹, in den entsprechenden Phänomenen ›zwei Beobachtungsweisen desselben Vorganges‹ zu erblicken, unterschieden lediglich danach, daß die (Erkenntnis-)›Elemente‹ »je nach der Art ihres Zusammenhanges bald als physische, bald als psychische Elemente« auftreten (Die Analyse der Empfindungen und das Verhältnis des Physischen zum Psychischen, Jena [9]1922, 51, 305). – Während ein klassisch-metaphysischer (dualistischer) p. P. heute nicht mehr vertreten wird, hat eine metaphysisch neutrale Zwei-Aspekte-Lehre z. B. in der sprachanalytischen Philosophie (bei P. F. Strawson) ihre Fortsetzung gefunden.

Literatur: P. Bieri (ed.), Analytische Philosophie des Geistes, Königstein 1981, Weinheim/Basel [4]2007; L. Busse, Geist und Körper. Seele und Leib, Leipzig 1903, [2]1913, Nachdr. Paderborn 2012; M. Carrier/J. Mittelstraß, Geist, Gehirn, Verhalten. Das Leib-Seele-Problem und die Philosophie der Psychologie, Berlin/New York 1989 (engl. [erw.] Mind, Brain, Behavior. The Mind-Body Problem and the Philosophy of Psychology, Berlin/New York 1991, 1995); H. Driesch, Leib und Seele. Eine Prüfung des psycho-physischen Grundproblems, Leipzig 1916, mit Untertitel: Eine Untersuchung über das psycho-physische Grundproblem, [2]1920, [3]1923; I. Dupéron, G. T. Fechner. Le parallélisme psychophysiologique, Paris 2000; R. Eisler, Der p. P.. Eine philosophische Skizze, Leipzig 1893; ders., Leib und Seele. Darstellung und Kritik der neueren Theorien des Verhältnisses zwischen physischem und psychischem Dasein, Leipzig 1906, 111–191 (IV Wechselwirkung oder P.?); G. Fabian, Beitrag zur Geschichte des Leib-Seele-Problems (Lehre von der prästabilierten Harmonie und vom p.n P. in der Leibniz-Wolffschen Schule), Langensalza 1925 (repr. Hildesheim 1974); H. Hildebrandt, Der p. P., psychophysisches Problem und die Gegenstandsbestimmung der Psychologie, Arch. Begriffsgesch. 29 (1985), 147–181; ders., P., p., Hist. Wb. Ph. VII (1989), 100–107; D. B. Linke/M. Kurthen, Parallelität von Gehirn und Seele. Neurowissenschaft und Leib-Seele-Problem, Stuttgart 1988; U. Meixner, The Two Sides of Being. A Reassessment of Psycho-Physical Dualism, Paderborn 2004; G. Pohlenz, Das parallelistische Fehlverständnis des Physischen und des Psychischen, Meisenheim am Glan 1977; P. F. Strawson, Individuals. An Essay in Descriptive Metaphysics, London 1959, London/New York 2011, 87–116 (dt. Einzelding und logisches Subjekt [Individuals]. Ein Beitrag zur deskriptiven Metaphysik, Stuttgart 1972, 111–149); M. Wentscher, Über physische und psychische Kausalität und das Prinzip des psycho-physischen P., Leipzig 1896; W. Wundt, Ueber psychische Causalität und das Princip des p.n P., in: ders. (ed.), Philosophische Studien X, Leipzig 1894, 1–124; weitere Literatur: ↑Leib-Seele-Problem. G. G.

Parallelogrammregel, Bezeichnung für ein traditionelles geometrisches Verfahren zur Zusammensetzung und Zerlegung von Geschwindigkeiten – später auch von ↑Kräften – analog zur heutigen Vektoraddition (↑Vektor). Der Ursprung der P. liegt in der peripatetischen Festlegung: Wenn Punkt *A* sich nach *B* bewegt, während Linie *AB* sich nach *CD* bewegt, dann bewegt sich Punkt *A* nach *D* entlang der Diagonalen *AD* (Abb. 1). Die neuzeitliche Wissenschaft dehnte die P. von den ohne Bezug auf Kräfte betrachteten Bewegungen der ↑Kinematik auf die bewegungslosen Kräfte der ↑Statik und auf die sich bewegenden Körper der ↑Dynamik aus. Bei der Übertragung der P. auf die Statik entstand das *Begründungsproblem*, wie eine Regel für die Zusammensetzung von Bewegungen auf bewegungslose Gleichgewichtszu-

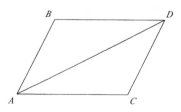

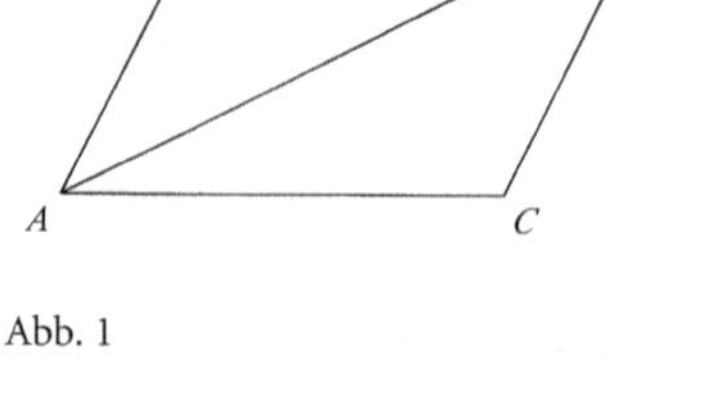

Abb. 1

stände übertragen werden könne; bei der Übertragung auf die Dynamik ergab sich das *Bedeutungsproblem*, in welchem Sinne die Diagonale als aus den beiden Seiten zusammengesetzt betrachtet werden könne. Die Schwierigkeit wurde darin gesehen, daß sich ein Körper nicht gleichzeitig nach *B* und nach *C* bewegen könne, so daß die beiden Seiten *AB* und *AC* in der Diagonalen *AD* nicht wie Teile in einem Ganzen enthalten seien.

Eine Begründung der P. wird im Rahmen zweier entgegengesetzter Traditionen gegeben. Die P. wird (1) – etwa bei G. W. Leibniz (Essais de theodicée sur la bonté de Dieu [...], Amsterdam 1710, § 347) oder bei E. Mach (Die Mechanik in ihrer Entwickelung, Leipzig 1883, ed. G. Wolters/G. Hon, Berlin 2012) – als kontingente Tatsache aufgefaßt, oder es wird (2) der Versuch unternommen, ihre Gültigkeit a priori bzw. aus der angenommenen physikalischen Geometrie abzuleiten. Nach I. Newtons (ungültigem) Beweis in Corr. II zu den Axiomen seiner »Philosophiae naturalis principia mathematica« (London 1687) versuchten unter anderen D. Bernoulli (Examen principiorum mechanicae [...], Comm. Acad. Scient. Imper. Petr. 1 [1726], 126–142), J. le Rond d'Alembert (Traité de Dynamique [...], Paris 1743), I. Kant (Metaphysische Anfangsgründe der Naturwissenschaft [1786], Akad.-Ausg. IV, 465–566) und S. D. Poisson (Traité de mécanique, I–II, Paris 1811, Brüssel ³1938 [engl. A Treatise of Mechanics I–II, London 1842]) sowie in jüngerer Zeit G. D. Birkhoff (The Mathematical Nature of Physical Theories, Amer. Scient. 31 [1943], 281–310, Neudr. in: ders., Collected Mathematical Papers II, New York 1950, ²1968, 890–919) und B. van Fraassen (Laws and Symmetry, Oxford 1989) eine solche Ableitung.

Das Problem der Bedeutung der Seiten des Parallelogramms wurde von B. Russell als das folgende Paradoxon formuliert: »Das Ganze hat keine Wirkung außer derjenigen, die aus den Wirkungen der Teile resultiert, aber die Wirkungen der Teile existieren nicht« (The Principles of Mathematics, Cambridge 1903, London ²1937, New York/London 1996, 477). Das Bedeutungsproblem wurde schon in Debatten zwischen R. Descartes, P. Fermat und T. Hobbes über Descartes' »Dioptrique« (Leiden 1637) angesprochen, in der dieser eine neue physikalische Größe (›determination‹) zur Deutung der P. eingeführt hatte. J. S. Mill (A System of Logic [...], London 1843, III, Chap. X, § 5) führte die P. als Musterbeispiel für die Zusammensetzung von Ursachen an, die nicht einzeln ihre Wirkungen erzielen. Ähnliche Überlegungen wurden neuerdings von N. Cartwright (1983) in die Wissenschaftstheorie der Physik wiedereingeführt.

Literatur: N. Cartwright, How the Laws of Physics Lie, Oxford, Oxford/New York 1983, 2002; M. J. Crowe, A History of Vector Analysis. The Evolution of the Idea of a Vectorial System, Notre Dame Ind./London 1967, New York 1994; P. Damerow u. a., Exploring the Limits of Preclassical Mechanics. A Study of Conceptual Development in Early Modern Science, New York etc. 1992, ²2004; J. Dhombres, Un style axiomatique dans l'écriture de la physique mathématique au 18ème siècle. Daniel Bernoulli et la composition des forces. Commentaire, traduction et notes, Sciences et techniques en perspective 11 (1986/1987), 3–38; D. Hyder, The Determinate World. Kant and Helmholtz on the Physical Meaning of Geometry, Berlin/New York 2009, 55–68; F. Krafft, Dynamische und statische Betrachtungsweise in der antiken Mechanik, Wiesbaden 1970; M. Lange, A Tale of Two Vectors, Dialectica 63 (2009), 397–431; C. Martínez Adame, The Parallelogram Law in the Works of d'Alembert and Kant, Theoria 27 (Donostia-San Sebastián 2012), 365–388. P. M.

Paralogismus (griech. παραλογισμός), in der Logik Bezeichnung für einen irrtümlich unterlaufenen ↑Fehlschluß. Über diese Verwendung hinausgehend unterscheidet I. Kant zwischen einem *logischen* P., d. h. der ›Falschheit eines Vernunftschlusses der Form nach‹, und einem *transzendentalen* P., d. h. einem Fehlschluß dialektischer Art (↑Dialektik, transzendentale), der ›der Form nach‹ falsch schließe, ›in der Natur der Menschenvernunft‹ seinen Grund habe (KrV B 399) und den dialektischen ↑Schein der ↑Metaphysik ausmache. Unter die so genannten Paralogismen der reinen Vernunft zählt Kant Argumente z. B. für die Substantialität (↑Substantialitätstheorie) und Einfachheit der ↑Seele, die allein aus dem ›ich denke‹, d. h. der Annahme eines ↑Selbstbewußtseins, das alle meine Vorstellungen begleiten kann, gewonnen werden und in der Tradition zur Begründung einer rationalen Psychologie herangezogen wurden.

Literatur: K. Ameriks, Kant's Theory of Mind. An Analysis of the Paralogisms of Pure Reason, Oxford etc. 1982, ²2000, 2005; J. Bennett, Kant's Dialectic, Cambridge 1974, 1990, 66–113; H. Bräuer, P., in: W. D. Rehfuss (ed.), Handwörterbuch Philosophie, Göttingen 2003, 522; A. Brook, Kant's View of the Mind and Consciousness of Self, SEP 2004, rev. 2013; H. Heimsoeth, Transzendentale Dialektik. Ein Kommentar zu Kants Kritik der reinen Vernunft I (Ideenlehre und Paralogismen), Berlin 1966, 79–198; P. Kitcher, Kant's Paralogisms, Philos. Rev. 91 (1982), 515–547; dies., Kant's Transcendental Psychology, New York/Oxford 1990, 1993, 181–204; K. Konhardt, P., Hist. Wb. Ph. VII (1989), 107–115; C. T. Powell, Kant's Theory of Self-Consciousness, Oxford 1990; P. F. Strawson, The Bounds of Sense. An Essay on Kant's »Critique of Pure Reason«, London 1966, London/New York 2006, 162–174 (dt. Die Grenzen des Sinns. Ein Kommentar zu Kants »Kritik der reinen Vernunft«, Königstein 1981, Frankfurt 1992, 140–150); J. Wuerth, The Paralogisms of Pure Reason, in: P. Guyer (ed.), The Cambridge Companion to Kant's »Critique of Pure Reason«, Cambridge etc. 2010, 210–244; M. Zobrist, Subjekt und Subjektivität in Kants theoretischer Philosophie. Eine Untersuchung zu den transzendentalphilosophischen Problemen des Selbstbewusstseins und Daseinsbewusstseins, Berlin/Boston Mass. 2011 (Kant-Stud. Erg. hefte 163). J. M.

Parameter, logisch-mathematischer Terminus. (1) In der Logik ist ›P.‹ ein syntaktischer Begriff, der freie ↑Variable bezeichnet. Z.B. spricht man bei ↑Logikkalkülen, in denen gebundene von freien Variablen durch verschiedene Buchstabensorten unterschieden werden, statt von ›gebundenen‹ versus ›freien‹ Variablen oft von ›Variablen‹ versus ›P.n‹. In diesem Sinne werden gelegentlich auch schematische Variablen (↑Variable, schematische), insbes. schematische Prädikatorenbuchstaben (↑Prädikatorenbuchstabe, schematischer), als (z.B. Prädikat-)P. bezeichnet. (2) In Mathematik und mathematischer Physik bezeichnet ›P.‹ eine ↑Größe, von der der Wert einer anderen Größe abhängt. So bezeichnet man z.B. in der ↑Statistik Mittelwert und Varianz als P. einer Häufigkeitsverteilung oder in der Physik die Zeit als P. der Bahn eines Teilchens. – Die Gebrauchsweisen (1) und (2) entsprechen einander, da bei der Notation einer Größe (im Sinne eines metrischen Begriffs) g als Funktion von Größen $t_1, \ldots, t_n$:

$$g = f(t_1, \ldots, t_n),$$

die Zeichen ›t_1‹, ..., ›t_n‹ die Rolle von freien Variablen spielen. P.S.

Parameter, verborgene (engl. hidden variables, franz. variables cachées), Bezeichnung für Größen in der ↑Quantentheorie, die das exakte Ergebnis jeder einzelnen ↑Messung einer Observablen bestimmen sollen, dabei jedoch selbst unbeobachtbar bleiben. In der Quantenmechanik erlaubt die Kenntnis der Zustandsfunktion lediglich die Voraussage einer Wahrscheinlichkeitsverteilung (↑Wahrscheinlichkeit, ↑Verteilung) von Meßwerten, also nicht die Prognose des Resultats einzelner Messungen. Dies führte zu der Vermutung, daß die Zustandsfunktion das System nicht vollständig bestimmt, vielmehr genauer definierte ↑Zustände existieren, durch die die Meßwerte einer Observablen im Einzelfall festgelegt werden. Diese streuungsfreien Untergesamtheiten sollen durch die v.n P. determiniert sein. Die statistischen Ausdrücke in der Quantenmechanik wären demnach nicht Ergebnis einer der Materie inhärenten Begrenzung in der Definition der Zustandsvariablen (↑Unschärferelation), sondern ähnlich wie in der klassischen statistischen ↑Mechanik nur eine praktische Einschränkung, die aus der Unkenntnis der das System vollständig bestimmenden Größen herrührt, während auf der Ebene der v.n P. weiterhin der strenge ↑Determinismus der klassischen Mechanik herrscht.

Im Gegensatz zur ↑Kopenhagener Deutung, die die Zustandsfunktion als die vollständigste mögliche Beschreibung eines quantenmechanischen Zustands betrachtet, erscheint in einer Interpretation durch v. P. die übliche Quantenmechanik als unvollständig. Auftrieb erhielt diese Auffassung durch ein Gedankenexperiment von A. Einstein, B. Podolsky und N. Rosen (EPR-Paradoxon [1935]; ↑Einstein-Podolsky-Rosen-Argument, ↑Quantentheorie), welches aufwies, daß die Quantenmechanik in bestimmten Fällen bei Ausführung einer Messung an einem System S_1 die sichere Prognose des entsprechenden Meßwertes eines beliebig weit entfernten Systems S_2 erlaubt. Gemeint ist etwa der Spin von zwei Elektronen oder die Polarisation von zwei Photonen, die in einem korrelierten Zustand präpariert werden und sich anschließend auseinanderbewegen. Wenn man *Lokalität* unterstellt, also annimmt, daß bei hinreichend weit voneinander entfernten S_1 und S_2 keine Beeinflussung des Wertes der Messung an S_2 durch das Ausführen der Messung an S_1 stattfindet, dann liegt die Vermutung nahe, daß der Wert der Messung an S_2 (im Gegensatz zur Kopenhagener Deutung) durch die gemeinsame Präparation bestimmt ist und entsprechend schon vor Ausführung beider Messungen feststand. Diese Vorhersagbarkeit liegt insbes. auch bei so genannten inkompatiblen oder inkommensurablen Eigenschaften vor, die nicht gemeinsam gemessen werden können. Das EPR-Argument zielte auf die These, daß solche entfernten Korrelationen auf Systemzustände zurückgehen, die genauer bestimmt sind, als es die Quantenmechanik vorsieht. Diese genauere Bestimmung leisten v. P..

Andererseits hatte J. v. Neumann (1903–1957) bereits 1932 einen als zwingend angesehenen Beweis der Unvereinbarkeit jeder Interpretation durch v. P. mit den statistischen Vorhersagen der Quantenmechanik vorgelegt. Erst 1966 zeigte J. S. Bell (1928–1990), daß in den Voraussetzungen dieses Beweises eine unplausible Annahme enthalten war. D. Bohm (1917–1992) schlug schon 1951 eine Theorie v.r P. vor, die alle prüfbaren Aussagen der nicht-relativistischen Quantenmechanik reproduzierte. Danach ist das Quantenteilchen von einer (schon von L. de Broglie konzipierten) ›Führungswelle‹ (*pilot wave*) umgeben, die einen Einfluß auf die Bewegung des Teilchens ausübt. V. P. in der Bohmschen Theorie sind Teilchenort und Teilchenimpuls. Anders als in der Kopenhagener Deutung besitzen Teilchen Werte dieser Observablen unabhängig von Messungen; diese Werte sind jedoch aufgrund von Störungen durch den Meßprozeß nicht im einzelnen, sondern nur als statistische Verteilung zugänglich. In der Bohmschen Theorie beruhen daher (analog zur klassischen statistischen Mechanik) alle Wahrscheinlichkeiten auf der Unkenntnis des (durch v. P. bestimmten) präzisen Quantenzustands. Die Bohmsche Deutung des EPR-Arguments erforderte allerdings die Einführung nicht-lokaler Wechselwirkungen zwischen den v.n P.n, mit deren Hilfe jedoch keine Signale übertragbar sind, so daß diese Annahme keine Verletzung der Speziellen Relativitätstheorie (↑Relativitätstheorie, spezielle) bedeutet. Während in der Kopenhagener Deutung Nichtlokalitäten zur Erklärung des Auftretens langreichweitiger Korrelationen zwischen

Meßwerten dienen, liefern die Nichtlokalitäten in Theorien v.r P. eine Erklärung der Störung präexistenter Meßwerte. Die Funktion der Nichtlokalitäten ist also in den beiden Fällen gerade entgegengesetzt. 1965 bewies Bell, daß diese nicht-lokalen Züge der Bohmschen Konzeption auf alle Theorien v.r P. verallgemeinerbar sind, daß also eine lokale Theorie v.r P. nicht alle statistischen Aussagen der Quantenmechanik reproduzieren kann (Satz von Bell, Bellsche Ungleichung). Damit ergeben sich in bestimmten Fällen Diskrepanzen zwischen den Vorhersagen der Quantenmechanik und denen lokaler Theorien v.r P., die es erlauben, zwischen beiden Alternativen experimentell zu unterscheiden. Die Ergebnisse dieser Experimente stützen die Quantentheorie und schließen daher lokale Theorien v.r P. aus.

Diese empirisch bestätigte Verletzung der Bellschen Ungleichung zeigt dabei im einzelnen, daß die EPR-Korrelationen, also der durch das EPR-Argument begründete Zusammenhang zwischen den Ergebnissen entfernter Zustandsmessungen an gemeinsam präparierten Systemen, nicht durch lokale Wechselwirkungen und gemeinsame Verursachung (↑Ursache) zu erklären sind. Nach dieser jetzt ausgeschlossenen Vorstellung entstehen etwa zwei Teilchen in raumzeitlicher Nachbarschaft in einem korrelierten Zustand und entfernen sich voneinander. Die Korrelation entfernter Meßwerte ginge dann auf diese lokale Wechselwirkung und die nachfolgende Ausbreitung des korrelierten Zustands zurück. Die Verletzung der Bellschen Ungleichung zeigt hingegen, daß die Korrelationen zwischen entfernten Meßwerten enger sind, als sie es nach der Vorstellung der gemeinsamen Verursachung sein könnten.

Diese Resultate haben bedeutsame Auswirkungen auf die Interpretation der Quantenmechanik insgesamt. Die Behauptung der Vollständigkeit der Quantenmechanik kann nämlich nur dann aufrechterhalten werden, wenn man entweder die Forderung der Lokalität aufgibt oder die unabhängige ↑Realität der an S_2 prognostizierbaren Meßwerte bestreitet, da der Angabe eines Meßwertes ohne gleichzeitige Spezifizierung einer Meßapparatur kein physikalischer Sinn zukommt und die Prognose verschiedenartiger Werte an S_2 unvereinbare experimentelle Aufbauten an S_1 erfordert (N. Bohrs holistisches, relationales Konzept der Quantenzustände [1935]; ↑Quantentheorie). Die letztere Auffassung besagt, daß dem gemessenen Wert vor und unabhängig von der Messung keine Eigenschaft des zugehörigen Quantensystems entspricht. Die alternative Aufgabe des Lokalitätspostulats kann auf zweierlei Weise erfolgen. In der ersten Deutung sind Nichtlokalitäten langreichweitige Wechselwirkungen, wobei sich die mit einer Messung verbundenen Zustandsänderungen mit Überlichtgeschwindigkeit ausbreiten und dadurch die Korrelationen zwischen den Werten der Messung an S_1 und S_2 erzeugen. Dabei ist sichergestellt, daß durch solche Eingriffe keine Signale übertragbar sind. Die zweite Deutung geht von der quantenmechanischen Beschreibung gekoppelter Systeme durch eine einheitliche Zustandsfunktion aus. In dieser Sichtweise gelten nicht-lokale Korrelationen nicht als Resultat einer Wechselwirkung zwischen mehreren, im Grundsatz getrennten Komponenten, sondern als Ausdruck eines einzigen und ungeteilten Systemzustands. Die Systeme S_1 und S_2 stellen vor dem Ausführen der Messung nur gemeinsam ein integrales System dar (Aufgabe der Trennbarkeit, vgl. Einstein 1948).

Literatur: J. Audretsch, Gibt es eine Alternative zur Quantenmechanik?, Physik u. Didaktik 2 (1991), 130–152; J. Baggott, Beyond Measure. Modern Physics, Philosophy, and the Meaning of Quantum Theory, Oxford etc. 2004; ders., The Quantum Story. A History in 40 Moments, Oxford etc. 2011, 297–305 (Chap. 30 Hidden Variables); K. Baumann/R. U. Sexl, Die Deutungen der Quantentheorie, Braunschweig/Wiesbaden 1984, [3]1987, 1999; F. J. Belinfante, A Survey of Hidden-Variables Theories, Oxford etc. 1973; J. S. Bell, Speakable and Unspeakable in Quantum Mechanics. Collected Papers on Quantum Philosophy, Cambridge etc. 1987, [2]2004, 2008 (dt. Sechs mögliche Welten der Quantenmechanik, München 2012); D. Bohm, Quantum Theory, Englewood Cliffs N. J. 1951 (repr. Mineola N. Y. 1989); ders., A Suggested Interpretation of Quantum Theory in Terms of ›Hidden‹ Variables, Parts I and II, Phys. Rev. 85 (1952), 166–193; ders./B. J. Hiley, Measurement Understood Through the Quantum Potential Approach, Found. Phys. 14 (1984), 255–274; dies., The Undivided Universe. An Ontological Interpretation of Quantum Theory, London/New York 1993, 1995 (repr. 1999); D. B. Cook, Probability and Schrödinger's Mechanics, River Edge N. J. etc. 2002; J. T. Cushing, Quantum Mechanics. Historical Contingency and the Copenhagen Hegemony, Chicago Ill./London 1994; ders./A. Fine/S. Goldstein (eds.), Bohmian Mechanics and Quantum Theory. An Appraisal, Dordrecht/Boston Mass./London 1996; A. Einstein, Quanten-Mechanik und Wirklichkeit, Dialectica 2 (1948), 320–324; B. d'Espagnat, Conceptual Foundations of Quantum Mechanics, Menlo Park Calif. 1971, Reading Mass. etc. [2]1976, 1999; ders., The Quantum Theory and Reality, Sci. Amer. 241 (1979), H. 5, 158–181 (dt. Quantentheorie und Realität, Spektrum Wiss. [1980], H. 1, 68–81); G. C. Ghirardi, Un'occhiata alle carte di Dio. Gli interrogativi che la scienza moderna pone all'uomo, Mailand 1997, [2]2009, 175–202 (Kap. 9 Le variabili nascoste) (engl. [rev.] Sneaking a Look at God's Cards. Unraveling the Mysteries of Quantum Mechanics, Princeton N. J./Oxford 2004, [2]2005, 2007, 195–225 [Chap. 9 Hidden Variables]); R. Giuntini, Quantum Logic and Hidden Variables, Mannheim/Wien/Zürich 1991; K. Gottfried, Quantum Mechanics I (Fundamentals), Reading Mass. etc. 1966, mit T.-M. Yan unter dem Titel: Quantum Mechanics. Fundamentals, New York/Berlin/Heidelberg [2]2003, 2004; D. Howard, Holism, Separability, and the Metaphysical Implications of the Bell Experiments, in: J. T. Cushing/E. McMullin (eds.), Philosophical Consequences of Quantum Theory. Reflections on Bell's Theorem, Notre Dame Ind. 1989, 224–253; M. Jammer, The Philosophy of Quantum Mechanics in Historical Perspective, New York 1974, 252–339 (Chap. 7 Hidden-Variable Theories); P. Mittelstaedt, Philosophische Probleme der modernen Physik, Mannheim 1963, Mannheim/

Wien/Zürich [7]1989 (engl. Philosophical Problems of Modern Physics, Dordrecht/Boston Mass. 1976 [Boston Stud. Philos. Sci. XVIII]); A. I. M. Rae, Quantum Physics: Illusion or Reality?, Cambridge etc. 1986, [2]2004, 2012 (dt. Quantenphysik: Illusion oder Realität?, Stuttgart 1996); R. Omnès, Philosophie de la science contemporaine, Paris 1994 (engl. Quantum Philosophy. Understanding and Interpreting Contemporary Science, Princeton N. J./Woodstock 1999, 2002); M. Redhead, Incompleteness, Nonlocality and Realism. A Prolegomenon to the Philosophy of Quantum Mechanics, Oxford 1987, 2002; F. Selleri, Die Debatte um die Quantentheorie, Braunschweig/Wiesbaden 1983, [3]1990, 2013 (franz. Le grand débat de la théorie quantique, Paris 1986, rev. 1994); E. G. Steward, Quantum Mechanics. Its Early Development and the Road to Entanglement and Beyond, London 2008, [2]2012; R. F. Streater, Lost Causes in and beyond Physics, Berlin/Heidelberg/New York 2007. M. C.

Parapsychologie (engl. parapsychology, in der älteren Literatur auch: psychical research, franz. auch: métapsychique), Bezeichnung für ein Grenzgebiet der ↑Psychologie, das sich mit den so genannten paranormalen Phänomenen befaßt, d. h. mit Fähigkeiten und Vorgängen, die »neben den uns vertrauten, mit den normalen Kategorien unseres Weltverständnisses begreiflichen Phänomenen auftreten« (H. Bender/E. R. Gruber 1982, 374). Nicht durchgesetzt hat sich gegenüber der von H. Driesch 1889 eingeführten Bezeichnung ›P.‹ der Ausdruck ›Paranormologie‹, der nach der gegebenen Erklärung zunächst passender erscheint, weil er keine Beschränkung auf psychische Phänomene oder psychologische Methoden zu deren Untersuchung suggeriert. Tatsächlich umfassen die in der P. zum Gegenstand gemachten Phänomene zwei große Gruppen: (1) die *mentalen* Phänomene, (2) die *paraphysikalischen* Phänomene.

Als mentale paranormale Phänomene gelten alle Vorgänge von Informationsaufnahme (›Wissenserwerb‹), die mit den Erkenntnissen der gegenwärtigen Naturwissenschaften nicht erklärt werden können. Traditionell gehören dazu *Telepathie* (die bewußte oder unbewußte Übertragung psychischer Inhalte zwischen Personen ohne Vermittlung bekannter ›Kommunikationskanäle‹), *Hellsehen* (das Erfassen realer Sachverhalte zu einem Zeitpunkt, an dem sie niemandem bekannt sind) und das so genannte ›*Zweite Gesicht*‹, *Präkognition* (d. h. Vorauswissen, z. B. bei Vorwarnungen, Ahnungen, Wahrträumen oder sich als wahr erweisenden Prophezeiungen; der heilsgeschichtliche Terminus ›Prophetie‹ wird in der P. vermieden), ›*Todesanmeldungen*‹, *Psychometrie* (durch Kontakt mit einem Gegenstand induziertes Erfassen einer Sachlage, der der betreffende Gegenstand als Bestandteil angehört hat, oder psychischer Inhalte einer Person – unter Umständen auch einstiger psychischer Inhalte einer nicht mehr lebenden Person –, die den Gegenstand in Besitz hatte), und verwandte Phänomene. Die Vorgänge dieser Gruppe werden auch als Fälle ›außersinnlicher Wahrnehmung‹ (↑Wahrnehmung, außersinnliche) bezeichnet.

Als paraphysikalische Phänomene gelten alle Veränderungen eines physikalischen Systems, die auf die (bewußte oder unbewußte) Wirkung einer Person zurückgeführt werden können, deren Zustandekommen jedoch mit den Erkenntnissen der gegenwärtigen Naturwissenschaften nicht erklärbar ist. Hierzu gehören *Psychokinese*, in der Fachliteratur kurz ›PK‹ (physikalische Veränderungen eines materiellen Gegenstandes oder Beeinflussung seines Verhaltens, z. B. des Fallens von Würfeln in einer ›Zufallsmaschine‹ oder des radioaktiven Zerfalls eines Probekörpers), und *Telekinese* (das Verschwinden eines Gegenstandes an einem Ort und Wiederauftauchen an einem anderen), *Levitation* (das physikalisch unerklärbare freie Schweben einer Person oder eines unbelebten Gegenstandes), *Materialisation* (Verkörperung von Gestalten durch ›Teleplasma‹), *Spukphänomene* und ähnliche Phänomene. Die Personen, denen das Auftreten der paranormalen Phänomene zugerechnet wird, heißen ›paranormal begabte‹ Personen, in bestimmten Kontexten (z. B. den beiden letztgenannten) auch ›Medien‹. Die gegebene Einteilung ist im methodologischen Sinne nicht vollständig, da manche komplexe Phänomene sowohl mentale als auch paraphysikalische Komponenten aufweisen und daher in keine der beiden Gruppen fallen.

›Spontane‹, d. h. nicht absichtlich herbeigeführte, paranormale Phänomene sind als außergewöhnliche Begebenheiten in allen Kulturen und aus allen historisch zugänglichen Zeiten berichtet worden; in religiös geprägten Zeiten und Kulturen werden sie als Wunder oder wunderbare Erscheinungen gepriesen oder auch als Wirkung dämonischer Mächte, magischer Handlungen oder von Hexerei und Zauberei verworfen. Tatsächlich schließt die Geschichte der P. als systematischer Untersuchung von Erscheinungen der genannten Art an Beschreibungen ›okkulter‹ und im 19. Jh. insbes. ›spiritistischer‹ Phänomene sowie die verschiedenen Erklärungsversuche für sie an; sie beginnt in ausdrücklich wissenschaftlicher Absicht mit der Gründung der britischen »Society for Psychical Research« 1882 (zur schematischen Übersicht der Entwicklung in Bender/Gruber 1982, 380–382, vgl. ergänzend Irwin/Watt 2007 und Holt u. a. 2012).

Zu den disziplinären Problemen der P. gehören solche der Abgrenzung und des Status, ferner solche methodologischer Art. Die methodologischen und allgemein wissenschaftstheoretischen Probleme liegen im Fehlen einer einheitlichen Terminologie und einer in den entscheidenden Punkten präzisen Begriffsbildung (z. B. schon in der mangelnden Trennung zwischen Wiederholbarkeit eines Experiments als ↑Reproduzierbarkeit der Ausgangssituation desselben in allen relevanten Bedingungen einerseits, der Replikabilität der Ergebnisse des Experiments andererseits; vgl. G. H. Hövelmann 1983, 1984). Gerade das Wiederholbarkeitsproblem hat Kritikern der P. immer wieder Anlaß gegeben, die Wissenschaftlichkeit dieses Forschungsgebietes zu bestreiten, da die jederzeitige Wiederholbarkeit und die Nachprüfbarkeit der Ergebnisse ›durch jedermann‹ als Kriterien von Wissenschaftlichkeit schlechthin gelten. Dem Vorwurf der Beschränktheit auf nicht-wiederholbare Spontanphänomene sind Vertreter der P. seit den 1930er Jahren durch experimentelles Vorgehen, lange Versuchsreihen und statistische Auswertung derselben entgegengetreten, ohne die Kritiker zu überzeugen, die zum Teil die Existenz paranormaler Phänomene überhaupt bestreiten, ihren Anschein auf Selbsttäuschung, fehlerhafte Datenauswertung etc. zurückführen, vor allem aber auf immer wieder vorkommende Betrugsfälle verweisen können. Tatsächlich rührt der letzte Einwand an eine wissenschaftssoziologische (↑Wissenschaftssoziologie) Besonderheit der Situation der P., deren Untersuchungsgegenstände nicht nur die Faszination des Phantastischen haben (was zu Nachahmung und zu Betrugsversuchen reizt), sondern auch in einem starken weltanschaulichen Spannungsfeld stehen. Paranormale Phänomene sind in der gesamten Geschichte ihres Auftretens immer wieder auf göttlichen oder jedenfalls überirdischen Einfluß zurückgeführt und als Beweis entweder der Existenz überirdischer Wesen, oder des persönlichen Weiterlebens nach dem Tode, oder auch nur der Existenz irgendwelcher der Wissenschaft nicht zugänglicher Bereiche der Wirklichkeit in Anspruch genommen worden. Hinsichtlich dieser kaum rational zu erörternden weltanschaulichen Fragen stehen sich die Front der ›Gläubigen‹ und die der ›Aufgeklärten‹ auch heute mit geringer Gesprächsbereitschaft gegenüber. Diese ideologische Konfrontation dürfte durch die gegenwärtige Okkult- und Esoterikwelle noch stabilisiert werden, obwohl deren zu vermutende Ursachen eher für eine Förderung des Ausbaus einer wissenschaftlichen P. sprechen sollten, deren Beratungskompetenz auf der Vertrautheit mit den (echten oder scheinbaren) Phänomenen beruht. Den heutigen Stand der Dinge beschreibt noch immer die vor mehr als 50 Jahren getroffene nüchterne Feststellung Benders, daß mit Sicherheit nur gesagt werden könne, daß die (seit den 1940er Jahren so genannten) Psi-Phänomene eine völlig andere Stellung in der Wirklichkeit einnehmen als die normalen Erfahrungen, und daß sie noch immer als Fremdkörper im Beziehungsgefüge der Wissenschaften stehen.

Literatur: J. E. Alcock, Parapsychology. Science or Magic? A Psychological Perspective, Oxford/New York 1981 (franz. P.. Science ou magie? Le point de vue d'un psychologue, Paris 1989); A. Angoff/B. Shapin (eds.), Parapsychology and the Sciences (Proceedings of an International Conference Held in Amsterdam, the Netherlands, August 23–25, 1972), New York 1974; E. Bauer/W. v. Lucadou (eds.), Spektrum der P.. Hans Bender zum 75. Geburtstag, Freiburg 1983; E. Bauer/H.-J. Ruppert, P., LThK VII (³1998), 1374–1378; J. Beloff (ed.), New Directions in Parapsychology, London 1974 (dt. Neue Wege der P., Olten/Freiburg 1980); ders., Parapsychology, A Concise History, London, New York 1993; M. Belz, Außergewöhnliche Erfahrungen, Göttingen etc. 2009; H. Bender, Parapsychische Phänomene als wissenschaftliche Grenzfrage, Z. Parapsychologie u. Grenzgebiete d. Psychologie 1 (1957/1958), 124–154; ders. (ed.), P.. Entwicklung, Ergebnisse, Probleme, Darmstadt 1966, ⁵1980 (Wege d. Forsch. 4); ders./E. R. Gruber, P. – die Erforschung einer verborgenen Wirklichkeit, in: R. Stalmann (ed.), Kindlers Handbuch Psychologie, München 1982, 367–399; A. S. Berger/J. Berger, The Encyclopedia of Parapsychology and Psychical Research, New York 1991; W. F. Bonin, Lexikon der P. und ihrer Grenzgebiete, Bern/München, Darmstadt 1976, unter dem Titel: Lexikon der P.. Das gesamte Wissen der P. und ihrer Grenzgebiete, Herrsching 1984, unter dem Titel: Lexikon der P. und ihrer Grenzgebiete. Das gesamte parapsychologische und okkulte Wissen fundiert und anschaulich in einem Band, mit 3000 Stichwort-Artikeln und zahlreichen Fallbeispielen, München 1988 (mit Bibliographie, 553–587); ders., P., Hist. Wb. Ph. VII (1989), 116–119; S. E. Braude, ESP and Psychokinesis. A Philosophical Examination, Philadelphia Pa. 1979, rev. Parkland Fla. 2002; ders., The Limits of Influence. Psychokinesis and the Philosophy of Science, New York/London 1986, rev. Lanham Md. 1997; B. Brier, Precognition and the Philosophy of Science. An Essay on Backward Causation, New York 1974; C. Carter, Science and Psychic Phenomena. The Fall of the House of Skeptics, Rochester Vt. 2012; H. Driesch, P.. Die Wissenschaft von den okkulten Erscheinungen. Methodik und Theorie, München 1932, Frankfurt ⁴1984; G. L. Eberlein (ed.), Schulwissenschaft, Parawissenschaft, Pseudowissenschaft, Stuttgart 1991; ders. (ed.), Kleines Lexikon der Parawissenschaften, München 1995; H. Edge u. a., Foundations of Parapsychology. The Boundaries of Human Capability, Boston Mass./London/Henley 1986, 1987; A. Flew, A New Approach to Psychical Research, London 1953; ders. (ed.), Readings in the Philosophical Problems of Parapsychology, Buffalo N. Y. 1987; I. Grattan-Guinness (ed.), Psychical Research. A Guide to Its History, Principles and Practices. In Celebration of 100 Years of the Society for Psychical Research, Wellingborough 1982; D. Griffin, Parapsychology, Philosophy, and Spirituality. A Postmodern Exploration, Albany N. Y. 1997; P. Grim (ed.), Philosophy of Science and the Occult, Albany N. Y. 1982, 1990, 147–229 (III Parapsychology); I. Hacking, Some Reasons for not Taking Parapsychology Very Seriously, Dialogue 32 (1993), 587–594; A. Hergovich, Der Glaube an Psi. Die Psychologie paranormaler Überzeugungen, Bern etc. 2001, ²2005; A. Hill, Paranormal Media. Audiences, Spirits and Magic in Popular Culture, London/New York 2011; T. Hines, Pseudoscience and the Paranormal. A Critical Examination of the Evidence, Buffalo N. Y. 1988, Amherst N. Y. ²2003; N. J. Holt u. a., Anomalistic Psychology, Basingstoke 2012; G. H. Hövelmann, Zum Problem der Wiederholbarkeit parapsychologischer Experimente, Z. Parapsychologie u. Grenzgebiete d. Psychologie 25 (1983), 29–54; ders., Are Psi Experiments Repeatable? A Conceptual Framework for the Discussion of Repeatability, European J. Parapsychology 5 (1984), 285–306; B. Inglis, Natural and Supernatural. A History of the Paranormal from Earliest Times to 1914, London 1977, Bridport 1992; ders., Science and Parascience. A History of the Paranormal, 1914–1939, London 1984; H. J. Irwin/C. A. Watt, An Introduction to Parapsychology, Jefferson N. C. 2007; H. Jane, Parapsychology. Research on Exceptional Experiences, London/New York 2005; C. G. Jung, Zur Psychologie und Pathologie sogenannter occulter Phänomene. Eine psychiatrische Studie, Leipzig 1902, Neudr. in: ders., Gesammelte Werke I (Psychiatrische Studien), ed. M. Niehus-Jung u. a., Zürich/Stuttgart 1966, Ostfildern ^{3}2011, 1–98; S. Krippner (ed.), Advances in Parapsychological Research, I–VIII, New York/London 1977–1997, IX, ed. mit A. J. Rock u. a., Jefferson N. C./London 2013; ders./H. L. Friedman (eds.), Debating Psychic Experience. Human Potential or Human Illusion?, Santa Barbara Calif. 2010; P. Kurtz (ed.), A Skeptic's Handbook of Parapsychology, Buffalo N. Y. 1985; ders., The Transcendental Temptation. A Critique of Religion and the Paranormal, Buffalo N. Y. 1986; W. v. Lucadou, P. und Physik, in: E. Bauer/W. v. Lucadou (eds.), Psi – was verbirgt sich dahinter? Wissenschaftler untersuchen parapsychologische Erscheinungen, Freiburg/Basel/Wien 1984, 77–102; ders., Experimentelle Untersuchungen zur Beeinflußbarkeit von stochastischen quantenphysikalischen Systemen durch den Beobachter, Frankfurt 1986; ders., Psyche und Chaos. Neue Ergebnisse der Psychokinese-Forschung, Freiburg 1989; ders., Psyche und Chaos. Theorien der P., Frankfurt 1995; ders., P., TRE XXV (1995), 750–753; A. F. Ludwig/R. Tischner, Geschichte der okkultistischen (metapsychischen) Forschung von der Antike bis zur Gegenwart, I–II, Pfullingen 1922/1924, unter dem Titel: Geschichte der P., Tittmoning ^{2}1960 (stark umgearbeitet v. R. Tischner); J. Ludwig (ed.), Philosophy and Parapsychology, Buffalo N. Y. 1978; I. W. Mabbett, Defining the Paranormal, J. Parapsychology 46 (1982), 337–354; C. MacCreery, Science, Philosophy and ESP, London 1967, Oxford 1978; S. H. Mauskopf/M. R. McVaugh, The Elusive Science. Origins of Experimental Psychical Research, Baltimore Md. 1980; S. McCorristine, Spectres of the Self. Thinking about Ghosts and Ghost-Seeing in England, 1750–1920, Cambridge etc. 2010; R. McLuhan, Randi's Prize. What Sceptics Say about the Paranormal, Why they are Wrong and Why It Matters, Leicester 2010; K. E. Müller, Der sechste Sinn. Ethnologische Studien zu Phänomenen der außersinnlichen Wahrnehmung, Bielefeld 2004; L. Müller, Para, Psi und Pseudo. P. und die Wissenschaft von der Täuschung, Berlin/Frankfurt/Wien 1980; G. Murphy/R. O. Ballou (eds.), William James on Psychical Research, New York 1960, Clifton N. J. 1973; J. Oppenheim, The Other World. Spiritualism and Psychical Research in England, 1850–1914, Cambridge etc. 1985, 1988; J. J. Poortman, Drei Vorträge über Philosophie und P., Leiden 1939; J. G. Pratt, ESP Research Today. A Study of Developments in Parapsychology since 1960, Metuchen N. J. 1973 (dt. Psi-Forschung heute. Entwicklungen der P. seit 1960, Freiburg 1976); J. B. Rhine, The Reach of the Mind, New York 1947, 1972 (dt. Die Reichweite des menschlichen Geistes. Parapsychologische Experimente, ed. R. Tischner, Stuttgart 1950; franz. La Double puissance de l'esprit, Paris 1952, 1979); ders./ J. G. Pratt, Parapsychology – Frontier Science of the Mind. A Survey of the Field, the Methods and the Facts of ESP and PK Research, Springfield Ill. 1957, 1962 (dt. P.. Grenzwissenschaft der Psyche. Das Forschungsgebiet der außersinnlichen Wahrnehmung und Psychokinese. Methoden und Ergebnisse, Bern/ München 1962); O. Schatz (ed.), P., Graz/Wien/Köln 1976; S. Schmidt, Außergewöhnliche Kommunikation? Eine kritische Evaluation des parapsychologischen Standardexperimentes zur direkten mentalen Interaktion, Oldenburg 2002; J. F. Schumaker, Wings of Illusion. The Origin, Nature, and Future of Paranormal Belief, Cambridge, Buffalo N. Y. 1990; B. Shapin/L. Coly (eds.), The Philosophy of Parapsychology (Proceedings of an International Conference Held in Copenhagen, Denmark, August 25–27, 1976), New York 1977; dies. (eds.), The Repeatability Problem in Parapsychology (Proceedings of an International Conference Held in San Antonio, Texas, October 28–29, 1983), New York 1985; L. Shepard (ed.), Encyclopedia of Occultism and Parapsychology. A Compendium of Information on the Occult Sciences, Magic, Demonology, Superstitions, Spiritism, Mysticism, Metaphysics, Psychical Science, and Parapsychology, with Biographical and Bibliographical Notes and Comprehensive Indexes, I–II, Detroit Mich. 1978, ^{3}1991; A. Stairs, Parapsychology, REP VII (1998), 224–227; F. Steinkamp (ed.), Parapsychology, Philosophy, and the Mind. Essays Honoring John Beloff, Jefferson N. C. 2002; M. Stoeber/H. Meynell (eds.), Critical Reflections on the Paranormal, Albany N. Y. 1996; S. C. Thakur (ed.), Philosophy and Psychical Research, New York, London 1976; R. Tischner, Ergebnisse okkulter Forschung. Eine Einführung in die P., Stuttgart 1950 (repr. Darmstadt 1976) (franz. Introduction à la parapsychologie. [...], Paris 1951, 1973); J. M. O. Wheatley/H. L. Edge (eds.), Philosophical Dimensions of Parapsychology, Springfield Ill. 1976; R. A. White, Parapsychology. New Sources of Information, 1973–1989, Metuchen N. J. 1990; dies./L. A. Dale, Parapsychology: Sources of Information. Compiled under the Auspices of the American Society for Psychical Research, Metuchen N. J. 1973; R. Wiseman/C. Watt (eds.), Parapsychology, Aldershot 2005; B. Wolf-Braun (ed.), Medizin, Okkultismus und P. im 19. und frühen 20. Jahrhundert, Wetzlar 2009; H. Wolffram, The Stepchildren of Science. Psychical Research and Parapsychology in Germany, c.1870–1939, Amsterdam/New York 2009; B. B. Wolman (ed.), Handbook of Parapsychology, New York etc. 1977, Jefferson N. C. 1986. – Sonderheft: J. Consciousness Stud. 10 (2003), H. 6–7 (Psi Wars. Getting to Grips with the Paranormal). C. T.

Parasprache, in der Sprachphilosophie des ↑Konstruktivismus (↑Philosophie, konstruktive) Bezeichnung für die zur Erläuterung des terminologischen Aufbaus benötigte Sprache, die im Unterschied zur terminologisch aufgebauten ↑Orthosprache selbst noch nicht terminologisch bestimmt ist. Der Ausdruck ›P.‹ wurde 1973 von P. Lorenzen und O. Schwemmer zur Erläuterung des orthosprachlichen Aufbaus einer konstruktiven Logik, Ethik und Wissenschaftstheorie eingeführt. 1975 wurde eine *beschreibende* P. zur Darstellung der Situationen, in denen eine orthosprachliche Unterscheidung gelernt werden sollte, von einer *begründenden* P. zur Erläuterung der Zwecke, denen die jeweilige terminologische Einführung dienen soll, unterschieden. Während die beschreibende P. möglichst nur aus unmittelbar im Handeln einübbaren Ausdrücken bestehen soll, wird mit der begründenden P. ein Vorgriff auf den späteren orthosprachlichen Aufbau vollzogen, der in diesem Aufbau noch einmal kritisch zu rekapitulieren ist.

Literatur: P. Lorenzen/O. Schwemmer, Konstruktive Logik, Ethik und Wissenschaftstheorie, Mannheim/Wien/Zürich 1973, ^{2}1975. O. S.

Pareto, Vilfredo Federico (eigentlich: Wilfrid Fritz Damaso, Marchese di Pareto), * Paris 15. Juli 1848, † Céligny (Kanton Genf) 19. Aug. 1923, ital. Nationalökonom und Soziologe. Als Sohn einer französischen Mutter und eines in Paris im Exil lebenden prominenten Anhängers G. Mazzinis in Paris geboren, kehrt P. nach der Amnestie 1858 mit der Familie nach Italien zurück, studiert zunächst in Genua, dann am Istituto Politecnico in Turin, wo er mit einer Arbeit über Grundprinzipien der Elastizitätstheorie fester Körper und die Integration der ihr Gleichgewicht definierenden Differentialgleichungen das Ingenieurdiplom erwirbt. Danach über zwei Jahrzehnte lange Tätigkeit als Ingenieur, unter anderem bei der Römischen Eisenbahngesellschaft und als Generaldirektor der italienischen Eisenhüttenindustrie. In Florenz, wo er ab 1877 auch Vorlesungen an der landwirtschaftlichen Hochschule hält, verkehrt P. in den aristokratischen Salons, engagiert sich für den Freihandel sowohl in der praktischen Politik (wobei er 1880 und 1882 als Bewerber um einen Sitz im Parlament scheitert) als auch danach mit wirtschaftswissenschaftlichen Veröffentlichungen (z. B. im »Giornale degli economisti«) im Sinne der neoklassischen Schule der Nationalökonomie. Deren prominentester Vertreter, J. Walras, wird auf P.s Arbeiten aufmerksam und tritt mit ihm in Verbindung. Auf seinen Vorschlag hin wird P. 1893 als Extraordinarius an die Universität Lausanne berufen und dort 1894 Nachfolger von Walras auf dessen Lehrstuhl für politische Ökonomie; auf Grund der dort verfaßten Arbeiten gilt P. heute als Mitbegründer der mathematischen ›Lausanner Schule‹ der Nationalökonomie. 1898 durch eine Erbschaft wirtschaftlich unabhängig geworden, läßt sich P. 1901 in Céligny am Genfer See nieder, heiratet (nach dem Scheitern seiner 1889 geschlossenen ersten Ehe mit A. Bakunin) erneut und legt 1906 sein akademisches Lehramt nieder, um sich als Privatgelehrter ganz seinen wissenschaftlichen Forschungen zu widmen, die er jetzt von der Nationalökonomie auf eine allgemeine ↑Soziologie erweitert. Nach dem ›Marsch auf Rom‹ und der Ministerpräsidentschaft B. Mussolinis 1922 wird P. für die Faschisten als Aushängeschild italienischer Wissenschaft interessant und mehrfach als wissenschaftlicher Berater ihrer Politik herangezogen. Doch lehnt P. 1922 sowohl die Aufnahme in die »Accademia dei Lincei« als auch (nach zunächst erfolgter Zusage) die von Mussolini ausgesprochene Ernennung zum Vertreter Italiens in der Abrüstungskommission des Völkerbundes ab und entzieht sich 1923 der Verleihung der Senatorenwürde. Ob P.s Werk ›faschistoide‹ Elemente enthält, ist umstritten, unbestreitbar hingegen, daß Mussolini (der entgegen anderslautenden Gerüchten nicht Schüler P.s war) paretianische Ideen für die – allerdings erst 1931 offiziell formulierte – Doktrin des Faschismus funktionalisiert hat.

In seinen Werken zur *Nationalökonomie* bemüht sich P. um den Aufbau einer exakten Wirtschaftswissenschaft durch strenge Begriffsbildung und Einsatz mathematischer Methoden und Modelle. Der zweibändige »Cours d'économie politique« 1896/1897 enthält erstmals das ›P.sche Gesetz‹, das (im Gegensatz etwa zur Meinung J. S. Mills) behauptet, daß Einkommen und Wohlstand nicht zufällig verteilt sind, sondern in den zeitgenössischen und allen historisch aufweisbaren Wirtschaftssystemen einem ganz bestimmten, mathematisch beschreibbaren Muster folgen (›P.-Kurve‹, ›P.verteilung‹); die Gültigkeit dieses ›Gesetzes‹ wird heute fast durchwegs bestritten. Der »Cours« enthält aber auch frühe Beispiele ökonometrischen Arbeitens und Analysen ökonomischer Krisen sowie die Einführung des Begriffs der Ophelimität (des subjektiv empfundenen Nutzens als Eignung zur Bedürfnisbefriedigung), der hier wie in späteren Schriften, unter anderem dem »Manuale d'economia politica« (1906), anders als beim Ansatz der österreichischen Grenznutzenschule (↑Grenznutzen, ↑Nutzen), von psychologischen Voraussetzungen freigehalten und zur Grundlage einer abstrakten Theorie der Wahlakte gemacht wird. Wie die ↑Gesellschaftstheorie im allgemeinen, so kann nach P. auch eine Theorie des Wirtschaftens erst dann als wissenschaftlich und exakt gelten, wenn die betrachteten Situationen (des Handelns wirtschaftender Subjekte) so weitgehend analysiert sind, daß sie mathematisch vollständig bestimmt sind. Die Fassung der Ophelimität als weder personell noch interpersonell meßbare, rein ordinale Größe macht dann einen ›Nutzenkalkül‹ möglich, mit dem sich insbes. Gleichgewichtsbildungen und Gleichgewichtssituationen mathematisch beschreiben lassen. Ein ökonomisches Wohlfahrtsmaximum sieht P. im Maximum der Ophelimität für das betrachtete Kollektiv; ein solches Maximum ist erreicht, wenn keine Person des Kollektivs relativ zu ihrer Präferenzordnung durch wirtschaftliche Maßnahmen bessergestellt werden kann, ohne daß irgendeine andere Person relativ zu ihrer Präferenzordnung schlechtergestellt wird (›P.-Optimum‹). Als ›P.-Prinzip‹ oder ›P.-Kriterium‹ entspricht dem die Auffassung, »daß jede wirtschaftspolitische Maßnahme, welche niemanden in der Gesellschaft schlechterstellt, mindestens aber einem Mitgliede nützt, eine Verbesserung der gesellschaftlichen Wohlfahrt bewirkt« (J. Backhaus 1989, 119). Ersichtlich sind stets mehrere P.-Optima möglich, von denen keines durch das P.-Kriterium vor den anderen bevorzugt werden kann, so wie auch die reine Nationalökonomie kein Wirtschaftssystem vor anderen als ›besser‹ auszeichnen kann. Begriffsbildungen dieser Art bilden zusammen mit den erwähnten mathematischen Verfahren der Analyse und Modellbildung die Basis der von P. inaugurierten Wohlfahrtsökonomie.

Befaßt sich schon P.s abstrakte Nationalökonomie mit den Typen von ↑Handlungen, die als Sicherung von Mitteln für Bedürfnisbefriedigungen (↑Bedürfnis) rational sind, so hat die *allgemeine Soziologie* P.s den Charakter einer allgemeinen Theorie gesellschaftlichen Handelns (und damit nach T. Parsons einer Theorie sozialer Systeme). Die Gegenstände dieser Theorie, die P. auf ein reiches Datenmaterial auf Grund seiner guten Kenntnis des Funktionierens moderner politischer Systeme, einer breiten literarischen Bildung und eines geradezu enzyklopädischen allgemeinhistorischen und kulturhistorischen Wissens stützt, sind ›soziale Tatsachen‹ (ein bei P. nicht definierter Begriff), die mit den Methoden der in anderen Disziplinen so erfolgreichen ›logisch-erfahrungsmäßigen‹ Methode (zu der auch die historische Analyse und die Auswertung literarischer Quellen gehören) erforscht werden sollen. P. sucht seine Soziologie auf einer rein erfahrungsmäßigen Basis allein mit Nominaldefinitionen (↑Definition) aufzubauen, unter Vermeidung aller Wesens- und Wertfragen, die freilich (wie in der hiermit konformen Sozialwissenschaft M. Webers) zu wichtigen *Gegenständen* soziologischer Untersuchung werden können. Im Zentrum der allgemeinen Soziologie P.s stehen die Unterscheidung von ›logischen‹ und ›nicht-logischen‹ Handlungen, die Analyse von ›Derivationen‹ und ›Residuen‹ und die Lehre vom Kreislauf der Eliten.

Unter Handlungen versteht P. »die sichtbaren Tätigkeiten in ihrer vollen Breite, von den Kulttänzen und Beschwörungsriten bis zu den industriellen Arbeitsgängen, [...], ›geistigen Handlungen‹ [und] [...] alle in den Gemeinschaften in Umlauf befindlichen Aussagen samt den aus ihnen gezogenen logischen oder pseudologischen Konsequenzen« (A. Gehlen 1941, 17), also auch die Religions- und Moralsysteme, Mythen, Wissenschaften und Pseudowissenschaften, »der gesamte zirkulierende Bestand an wirklichen oder vermeintlichen Wahrheiten« (ebd.). P.s Begriff der ›logischen‹ Handlung hat nichts mit formaler Logik (↑Logik, formale) zu tun; eine logische Handlung ist eine solche, bei der das handelnde Subjekt zur Erreichung eines ↑Zieles dafür geeignete ↑Mittel einsetzt, so daß Mittel und Ziel ›logisch‹ verknüpft sind. Statt ›logisch‹ könnten solche Handlungen besser ›(zweck-)rational‹ (↑Zweckrationalität) heißen, doch macht P. die Klassifikation einer Handlung als logisch oder nicht-logisch von der ›objektiven‹ Eignung der Mittel für den angestrebten Zweck abhängig, wobei das Kriterium der Eignung dem jeweiligen Wissensstand dessen entnommen wird, der die Klassifikation vornimmt (eine Handlung kann also bei Zuwachs des Tatsachenwissens von einer ›logischen‹ zu einer ›nicht-logischen‹ werden und umgekehrt). Festzuhalten ist, daß nicht-logische Handlungen im Sinne P.s nicht ›unlogische‹ oder gar pathologische Handlungen sind.

Nach dem von P. zugrundegelegten Modell menschlichen Handelns besteht jede Handlung aus drei Elementen: einer im sozialen Handeln manifestierten »irgendwie bestimmten Gewohnheits-, Bedürfnis- oder Antriebslage« (Gehlen, ebd., 18) *A*, dem Ergebnis *B* der Handlung, und im Falle nicht-logischer Handlungen – wie alltägliche Erfahrung und Geschichte lehren – einer ›Rechtfertigung‹ *C*, die der oder die Handelnde auf Befragen als Grund der Handlung nennt, die sich aber vom ›wahren Grund‹ *A* unterscheidet (›pseudorationale Begründungen‹). Dem Soziologen sind nur die Ergebnisse der Handlungen und die von den handelnden Individuen genannten Begründungen des Handelns gegeben, die P. als ›Derivate‹ bezeichnet, weil sie innerhalb einer vom Individuum zu diesem Zweck erfundenen ›Theorie‹ abgeleitet werden. Aufgabe des Soziologen ist es, die Manifestationen *A* der nicht-rationalen Antriebe als nach der Analyse aller gesetzmäßigen Zusammenhänge des Gesamtkomplexes (nicht aber einer verstehenden Interpretation desselben) verbleibendes ›Residuum‹ zu ermitteln. Residuen sind also bei P. nicht die ›hinter‹ dem Handeln stehenden Gefühle, Instinkte, Motive oder Triebe, sondern ihre Manifestationen an der sozialen Handlung selbst. Sie sind auch nicht identisch mit soziologischen Konstanten (schon weil eine vollständige Analyse auch solche konstanten Elemente aufzeigen würde, die nicht zu ↑Rationalisierungen führen), sondern lediglich relativ konstant im Vergleich zur Vielfalt der von Menschen für ihre Handlungen vorgebrachten Rationalisierungen (zu denen insbes. faktische Normen, Wertungen und Ideale gehören). P. unterscheidet fünf verschiedene Typen von Residuen und vier verschiedene Arten von Derivationen, die er in einer ausführlichen (von ihm nicht so genannten) Ideologienlehre behandelt.

Die gegenseitigen Beziehungen der Residuen und Derivationen als wirksame Faktoren der menschlichen Gesellschaft konstituieren den geschichtlichen Prozeß, dessen eigentlichen Inhalt P. im Schicksal der verschiedenen ›Eliten‹ sieht. Der dabei von P. zugrundegelegte Elitebegriff ist entsprechend seiner Wertfreiheitsforderung (↑Wertfreiheit, ↑Wertfreiheitsprinzip) von allen Assoziationen mit Höherwertigkeit, Vollkommenheit oder Vorbildlichkeit gelöst und rein funktional gefaßt; bei einer Elite im Sinne P.s kann es sich »ebenso um eine Elite von Straßenräubern wie um eine Elite von Heiligen handeln« (Les systèmes socialistes I, 56). Ausgehend von der Tatsache, daß die menschliche Gesellschaft nicht homogen ist, die Menschen physisch, moralisch und intellektuell verschieden sind, bildet P. die (logische) Klasse »all derjenigen, die in dem betreffenden Zweig ihrer Tätigkeit die höchste Bewertung erhalten« (Trattato di sociologia generale III, ^{2}1923, 257 [§ 2031]); dies ist die ›classe eletta‹ oder Elite. Für die Tätigkeit der ↑Herrschaft findet er eine Oberschicht, die ›classe eletta di governo‹ (ebd., § 2032), gegenüber einer Unterschicht, der nicht ausgewählten, nicht herrschenden

Klasse (↑Klasse (sozialwissenschaftlich)). Die Geschichte zeigt, daß beide nicht streng voneinander abgeschottet sind, sondern regelmäßig herrschaftsbegabte Individuen der nicht-herrschenden Schicht (die ›Löwen‹) in die herrschende Schicht vorstoßen, während herrschende Schichten, deren Individuen sich zunehmend nur durch List und Trug an der Macht halten (die ›Füchse‹), in einem ›Kreislauf der Eliten‹ (›circolazione della classe eletta‹, ebd., § 2042) von neuen Eliten abgelöst werden. Obwohl der in diesen Untersuchungen (trotz der beanspruchten Wertungsfreiheit) deutlich werdende autoritäre ↑Machiavellismus nicht theoretisch unterbaut wird und P. hinsichtlich seiner Gesellschaftstheorie ganz allgemein vorgeworfen worden ist, er habe »die meisten der grundlegenden Fragen nicht gestellt« (P. Winch 1967, 45), sind seine historischen Fallstudien und ihre oft brillanten Analysen im »Trattato« einzigartig und noch heute eine reiche Quelle von Anregungen und fruchtbarer Auseinandersetzung.

Werke: Œuvres complètes, I–XXXII, ed. G. Busino, Genf 1964–2005. – Cours d'économie politique, I–II, Lausanne, Paris, Leipzig 1896/1897 (repr. in einem Bd., ed. G.-H. Bousquet/G. Busino, Genf 1964 [= Œuvres complètes I]); Les systèmes socialistes, I–II, Paris 1902/1903, ed. A. Bonnet, Paris ^{2}1926, in 1 Bd., ed. G. Busino, Genf ^{4}1978 (= Œuvres complètes V) (ital. I sistemi socialisti, ed. G.-H. Bousquet, Turin 1951, 1974, ed. G. Busino, Turin 1987); Manuale di economia politica. Con una introduzione alla scienza sociale, Mailand 1906 (repr. Düsseldorf 1992, Pordenone 1996), Mailand 2006 (franz. Manuel d'économie politique, ed. A. Bonnet, Paris 1909, ^{2}1927, ed. G. Busino, Genf ^{4}1966 [= Œuvres complètes VII]; engl. Manual of Political Economy, ed. A. S. Schwier, New York 1971, London 1972, mit Untertitel: A Critical and Variorum Edition, ed. A. Montesano u. a., Oxford etc. 2013); Anwendungen der Mathematik auf Nationalökonomie [1902], in: W. F. Meyer (ed.), Encyklopädie der mathematischen Wissenschaften mit Einschluß ihrer Anwendungen I/2, Leipzig 1904, 1094–1120, ferner in: Œuvres complètes [s. o.] VIII, 126–152 (wesentl. verbesserte, aber textlich unvollständig gebliebene franz. Fassung: Économie mathématique, in: Encyclopédie des sciences mathématiques pures et appliquées I/4, Paris/Leipzig 1911, 591–640, ferner in: Œuvres complètes [s. o.] VIII, 319–368; engl. The Application of Mathematics to Political Economy, Hist. Econom. Ideas 17 [2009], 158–179); Le mythe vertuiste et la littérature immorale, Paris 1911, Genf/Paris 1971 (= Œuvres complètes XV) (dt. Der Tugendmythos und die unmoralische Literatur. Soziologische Essays, Neuwied/Berlin 1968); Trattato di sociologia generale, I–II, Florenz 1916, I–III, ed. G. Farina, Florenz ^{2}1923, I–II, ed. N. Bobbio/P. Farnati/F. Frassoldati, Mailand 1964, I–V, 1981, I–IV, ed. G. Busino, Turin 1988 (franz. Traité de sociologie générale, I–II, ed. P. Boven, Lausanne/Paris 1917/1919 [repr. Osnabrück 1965]; Genf 1968 [= Œuvres complètes XII]; engl. The Mind and Society. A Treatise on General Sociology, I–IV, ed. A. Livingston, New York, London 1935 [repr. New York 1983], I–VI, ed. ders./K. Thompson, London/New York 2003; dt. [Teilübers.] Allgemeine Soziologie, ed. G. Brinkmann/H. W. Gerhard, Tübingen 1955, [Teilübers.] unter dem Titel: V. P.s System der allgemeinen Soziologie, ed. G. Eisermann, Stuttgart 1962, unter dem Titel: Allgemeine Soziologie, ed. G. Brinkmann/H. W. Gerhard, München 2006); Fatti e teorie, Florenz 1920, ferner in: Œuvres complètes [s. o.] XXII, 593–915 (engl. [Teilübers.] Facts and Theories, in: Selected Writings [s. u.], 287–298; franz. Faits et théories, ed. G. Busino, Genf 1976 [= Œuvres complètes XXI]); Compendio di sociologia generale, ed. G. Farina, Florenz 1920, Neudr. ed. G. Busino, Turin 1978; Trasformazione della democrazia, Mailand 1921, ed. M. Missiroli, Modena/Rom ^{2}1946, ferner in: Œuvres complètes [s. o.] XXII, 917–1059, ed. E. Susca/D. Losurda, Rom 1999 (engl. The Transformation of Democracy, ed. C.-H. Powers, New Brunswick N. J. etc. 1984; franz. La transformation de la démocratie, Genf 1970 [= Œuvres complètes XIII]); Mon journal, ed. T. Bagiotti, Padua 1958, ferner in: Œuvres complètes [s. o.] XI, 24–85; Scritti sociologici minori, ed. G. Busino, Turin 1966, ^{2}1980; Sociological Writings, ed. S. E. Finer, New York/Washington D. C./London, London 1966 (repr. Totowa N. J., Oxford 1976); Scritti politici, I–II, ed. G. Busino, Turin 1974, Nachdr. 1987/1988; Ausgewählte Schriften, ed. C. Mongardini, Frankfurt/Berlin/Wien 1975, 1976, Wiesbaden 2007. – Epistolario 1890–1923, I–II, ed. G. Busino, Rom 1973. – G. Busino, Nota Bibliografica, in: ders. (ed.), I sistemi socialisti, Turin 1974, 65–117; F. Mornati, Bibliografia cronologica di V. P., in: Œuvres complètes [s. o.] XXXII, 299–369.

Literatur: G. Albert, Hermeneutischer Positivismus und dialektischer Essentialismus V. P.s, Wiesbaden 2005; L. Amoroso, V. P.. Economista e sociologo, Rom 1948; F. Aqueci, Le funzioni del linguaggio secondo P., Bern etc. 1991; P. M. Arcari, P., Florenz 1948; R. Aron, Les étapes de la pensée sociologique. Montesquieu, Comte, Marx, Tocqueville, Durkheim, P., Weber, Paris 1967; M. Bach, Jenseits des rationalen Handelns. Zur Soziologie V. P.s, Wiesbaden 2004; J. Backhaus, P.-Prinzip, Hist. Wb. Ph. VII (1989), 119–122; G. Barbieri, P. e il fascismo, Mailand 2003; F. Borkenau, P., London, New York 1936 (repr. 1990); J. Bourkel, V. P.s Wissenschaftstheorie als Beitrag zur gegenwärtigen Soziologie, Saarbrücken 1982; G.-H. Bousquet, Précis de sociologie d'après V. P., Paris 1925, Neudr. 1971 (dt. Grundriß der Soziologie nach V. P., Karlsruhe 1926); ders., V. P.. Sa vie et son œuvre, Paris 1928; ders., P. (1848–1923). Le savant et l'homme, Lausanne 1960; P. Bridel, Money and General Equilibrium Theory. From Walras to P. (1870–1923), Cheltenham/Lyme N. H. 1997; L. Bruni, V. P.. Alle radici della scienza economica del Novecento, Florenz 1999; ders., V. P. and the Birth of Modern Microeconomics, Cheltenham/Northampton Mass. 2002; ders./A. Montesano (eds.), New Essays on P.'s Economic Theory, London/New York 2009; G. Busino, Introduction à une histoire de la sociologie de P., Genf 1966, ^{2}1967 (Cahiers V. P. XII), 1968; A. Cappa, V. P., Turin 1924; C. P. Curtis/G. C. Homans, An Introduction to P.. His Sociology, New York 1934 (repr. 1970); A. de Pietri-Tonelli/G. H. Bousquet, V. P.. Neoclassical Synthesis of Economics and Sociology, London 1994; G. Eisermann, V. P. als Nationalökonom und Soziologe, Tübingen 1961; ders., V. P.s System der allgemeinen Soziologie. Einleitung, Texte und Anmerkungen, Stuttgart 1962; ders., V. P.. Ein Klassiker der Soziologie, Tübingen 1987; ders., Max Weber und V. P.. Dialog und Konfrontation, Tübingen 1989; ders., P., IESBS XVI (2001), 11048–11051; J. V. Femia, P. and Political Theory, London/New York 2006; ders. (ed.), V. P., Aldershot 2009; ders./A. J. Marshall (eds.), V. P.. Beyond Disciplinary Boundaries, Farnham/Burlington Vt. 2012; D. Fiorot, Politica e scienza in V. P.. Contributo alla storia della scienza politica, Mailand 1975; A. Francotte, P. et la fin des idéologies, Liège 1986 (La philosophie aujourd'hui A

29); A. Gehlen, V.P. und seine »neue Wissenschaft«, Bl. dt. Philos. 15 (1941), 1–45, Neudr. in: ders., Studien zur Anthropologie und Soziologie, ed. K.-S. Rehberg, Neuwied 1963, [2]1971, 149–195, 343, Neudr. in: ders., Philosophische Anthropologie und Handlungslehre, ed. K.-S. Rehberg, Frankfurt 1983 (= Ges.ausg. IV), 261–305; R. Hamann, P.s Elitentheorie und ihre Stellung in der neueren Soziologie, Stuttgart 1964 (Sozialwiss. Stud. VIII); L.J. Henderson, P.'s General Sociology. A Physiologist's Interpretation, Cambridge Mass. 1935, Neudr. New York 1967; P. Hübner, Herrschende Klasse und Elite. Eine Strukturanalyse der Gesellschaftstheorien Moscas und P.s, Berlin 1967 (Soziolog. Abh. VII); C.J. Keyser, V. Federico Damaso P.. Mathematician, Economist, Sociologist, Scripta Math. 4 (1936), 5–24, Neudr. in: ders., Mathematics as a Culture Clue and Other Essays, New York 1947 (= Collected Works I), 235–259; A. Kirman, V. P., in: F. Meacci (ed.), Italian Economists of the 20th Century, Cheltenham/Northampton Mass. 1999, 11–43; G. La Ferla, V. P.. Filosofo Volteriano, Florenz 1954; C. Malandrino/R. Marchionatti (eds.), Economia, sociologia e politica nell'opera di V. P., Florenz 2000; A. J. Marshall, V. P.'s Sociology. A Framework for Political Psychology, Aldershot/Burlington Vt. 2007; M. McLure, P., Economics and Society. The Mechanical Analogy, London/New York 2001; ders., The Paretian School and Italian Fiscal Sociology, Basingstoke/New York 2007; L. Montini, V.P. e il fascismo, Rom 1974, Mailand 2003; F. Mornati, P., IESS VI ([2]2008), 138–139; T. Parsons, The Structure of Social Action. A Study in Social Theory with Special Reference to a Group of Recent European Writers I (Marshall, P., Durkheim), London/New York 1937, I–II in einem Bd., ohne Untertitel, 1968; G. Perrin, Sociologie de P., Paris 1966 (mit Bibliographie, 233–245); ders., Bibliographie relative à la sociologie de P., Cahiers V.P. 11 (1967), 87–102; H. Peukert, Parsons, P., Habermas. Eine Studie zur soziologischen Theoriediskussion, Idstein 1992; C.H. Powers, V.P., Newbury Park Calif. 1987 (Masters of Social Theory 5); N. Quilici, V.P., Nuovi problemi di politica, storia e economia 9 (1938), 216–285, separat: Ferrara [2]1939; N. Rescher, Economics vs. Moral Philosophy. The P. Principle as a Case Study of Their Divergent Orientation, Theory and Decision 10 (1979), 169–179; J.A. Schumpeter, V.P. (1848–1923), in: ders., Ten Great Economists. From Marx to Keynes, Oxford/New York 1951, London [3]1962, London 1997, 110–142; F. Seiler, Sprache, Philologie und Gesellschaft bei V.P., Frankfurt 1998; P. Tommissen, V.P., in: D. Käsler (ed.), Klassiker des soziologischen Denkens I, München 1976, 201–231; P. Winch, P., Enc. Ph. VI (1967), 44–46; ders./P. Reed, VII ([2]2006), 117–119; J.C. Wood/M. McLure (eds.), V. P.. Critical Assessments of Leading Economists I, London/New York 1999. C. T.

Pareto-Prinzip, ↑Pareto, Vilfredo.

pariṇāma (sanskr. Entwicklung, Transformation), Terminus der indischen Philosophie (↑Philosophie, indische), um innerhalb von Schulen, in denen die Lehrmeinung vom Enthaltensein der Wirkung in der Ursache (satkāryavāda) vertreten wird, die Auffassung von der Wirkung als einer realen Transformation der Ursache (p.-vāda) gegenüber der Auffassung von der Wirkung als einer bloßen Erscheinungsform der Ursache (vivarta-vāda) abzugrenzen. Z.B. sind das ↑Sāṃkhya und der Viśiṣṭādvaita (↑Vedānta) Vertreter des p.-vāda (↑kāraṇa). K.L.

Parmenides von Elea (Unteritalien), *um 515 v. Chr., †um 445 v. Chr., griech. Philosoph, ↑Vorsokratiker, Hauptvertreter des ↑Eleatismus, vermutlich Schüler des Xenophanes, Lehrer Zenons. P.' historisches Verhältnis zu Heraklit, gegen dessen Philosophie er sich wendet (↑Heraklitismus), ist umstritten. Ob P., wie Platon (Parm. 127 b/c, Soph. 217 c) berichtet, mit Sokrates zusammentraf (um 450), ist ungewiß. P. schrieb seine Philosophie, die vor allem durch ausführliche Zitate bei Simplikios belegt ist, um 480 in Form eines Lehrgedichtes (in Hexametern); der Titel »*περὶ φύσεως*« (über die Natur) wurde später hinzugefügt. Gegliedert ist das Gedicht in ein Proömium, in dem P. seine Lehre als göttliche Weisheit ausgibt, und zwei Hauptteile: (1) die Lehre von der Wahrheit (*ἀλήθεια*), (2) die Lehre vom Trug, von der bloßen Meinung (*δόξα*). Das Verhältnis dieser Teile zueinander und die Deutung zahlreicher Textpassagen ist umstritten.

Der Kern der Philosophie des P. besteht in der Lehre von der Wahrheit, in der P. seine Ontologie und Erkenntnistheorie formuliert: Es gibt Seiendes, und zwar nur ein Seiendes, das vollständig, einheitlich (homogen) und erkennbar ist; Denken und Sein sind ›dasselbe‹; Nicht-Seiendes existiert nicht, es ist nicht denkmöglich; es gibt keine substantielle oder akzidentielle Veränderung; das Seiende ist ungeworden und unvergänglich. Die Anerkennung von Vielheit, Veränderung und Bewegung ist Irrtum, Trug (Schein), bloße Meinung und beruht auf Denkfehlern. Kennzeichnend für die Philosophie des P. ist die starre monistische (↑Monismus) Seinsauffassung, der ontologische ↑Dualismus von Sein und Nicht-Sein, Sein und Werden, Einheit und Vielheit sowie der erkenntnistheoretische Dualismus von Denken und Wahrnehmung, Wissen (Wahrheit) und Meinen. Nur das Denken führt zur Wahrheit, die Wahrnehmung verführt zu Irrtum und Trug. – Die Entwicklung der vorsokratischen Philosophie ist maßgeblich durch eine intensive Auseinandersetzung mit P. geprägt: Empedokles, Anaxagoras und der ↑Atomismus versuchen, unter Berücksichtigung der logischen Argumente des P., eine ↑›Rettung der Phänomene‹. Platon, der wiederholt auf P. eingeht, übernimmt den erkenntnistheoretischen Dualismus und charakterisiert die Ideen (↑Idee (historisch), ↑Ideenlehre) – wie P. das Sein – als gleichbleibend, unveränderlich und ewig.

Zum Lehrgedicht des P. im einzelnen: Das »Proömium« (VS 28 B 1) läßt trotz seiner literarischen Anklänge an Homer, Hesiod, Pindar (Olymp. 6) und die ↑Orphik, nicht den Schluß zu, P. verstehe sich als göttlich inspirierter Myste; die Göttin (deren Verhältnis zu Dike, der Göttin des Rechts, unklar bleibt: B 1 und B 8) fordert ihn

ausdrücklich auf, ihre Ausführungen ›mit der Vernunft‹ (*λόγῳ*) zu prüfen (B 7,5–6). – Die »Lehre von der Wahrheit« (Teil I: B 2–8,49) enthält Aussagen zur Forschungsmethode und zu den Qualitäten des Seienden. P. hält folgende drei ›Wege der Untersuchung‹ für theoretisch möglich: (1) »es ist und das Nicht-Sein ist nicht«, (2) »es ist nicht«, (3) »Sein und Nicht-Sein ist dasselbe und nicht dasselbe« (B 2,3; B 2,5; B 6,8–9). Die Varianten (2) und (3) werden ausgeschlossen: (2) weil, was nicht ist, weder erkannt noch prädiziert werden kann, (3) weil sie in sich widersprüchlich ist. Es bleibt – Vollständigkeit der Aufzählung vorausgesetzt – (1) als notwendige Wahrheit übrig. Umstritten ist, ob P. mit »es« in (1) und (2) das Sein oder das Erkenntnisobjekt (so G. E. L. Owen, D. J. Furley) meint – mit Bezug auf die ↑Identität von Denken und Sein. Diese Identitätsaussage kann verstanden werden als historisch erste Formulierung der logischen Identität (mit Bezug auf die Möglichkeit der Existenz der Dinge) oder (eher) als Hinweis darauf, daß die Wirklichkeit (bzw. die Aussage über sie) nicht den Gesetzen des Denkens (der Logik) widersprechen darf, daß Denk- und Seinsordnung einander entsprechen müssen. Neben dem Zusammenhang von Denken und Sein betont P. häufig die Verbindung von Denken und Sprache (B 2,8; B 8,38 und 8,54; B 19).
Die Qualitäten des Seienden, die insgesamt nicht empirisch gewonnen werden und insofern ›metaphysisch‹, ›apriorisch‹ und ›transzendent‹ genannt werden können, bestimmen die allgemeinen, formalen, strukturellen Eigenschaften des Seienden. Hierdurch und durch die streng konstruierten, überwiegend aus ↑analytischen Urteilen bestehenden Argumentationsreihen führt P. eine neue Denkweise in die Philosophie ein. Er ist der erste Denker, der die Implikationen philosophischer Begriffe (Sein, Werden, Vergehen) analysiert und methodisch auswertet. Die Qualitäten ›unentstanden‹, ›unvergänglich‹ und ›unbeweglich‹ ergeben sich unmittelbar aus der Analyse der Begriffe Werden (aus Nicht-Seiendem) und Vergehen (in Nicht-Seiendes). Daß P. hier keinen Unterschied zwischen ›Sein‹ als Existenz (↑Existenz (logisch)) und als ↑Kopula macht, ist schon von Platon (Soph. 237a–242 b, 257a–259 b) und Aristoteles (Phys. *A*8) moniert worden. Homogen, eines und kontinuierlich ist das Seiende, weil die Negation dieser Qualitäten die Existenz von Nicht-Seiendem implizieren würde. Ohne Ende ist das Seiende, weil das Ende Nicht-Existenz bedeuten würde. Die Qualität ›ohne Vergangenheit und Zukunft‹ ist vermutlich als Zeitlosigkeit zu verstehen, die sich für P. als notwendig ergeben würde, weil Zeit nicht ohne Bewegung denkbar ist. – Die »Lehre vom Trug« (Teil II: B 8,50 ff.) enthält eine nur bruchstückhaft erhaltene Theogonie, Kosmogonie, Wahrnehmungstheorie und Embryologie. Da sie durchgängig vom Werden handelt und damit das Nicht-Seiende annimmt, steht sie im krassen Gegensatz zu Teil I. Diese Diskrepanz hat unterschiedliche Deutungen erfahren: Teil II enthalte nicht die Meinung des P., sondern eine Zusammenstellung verbreiteter (vor allem pythagoreischer) Ansichten, vielleicht mit dem pädagogischen Zweck verbunden, die traditionellen Welterklärungen vor dem Hintergrund der in Teil I dargelegten Erkenntnisse als haltlos zu erweisen. Dagegen wird geltend gemacht, daß P. die ›Meinungen der Sterblichen‹ (Teil II) zwar nicht als Wahrheit, aber doch in gewissem Sinne als gültig ansieht (B 1,30–1,32), und daß die Kosmologie daher eine durchaus ernstgemeinte, aber nur wahrscheinliche, hypothetische Welterklärung biete.

Werke: VS 28; P. Lehrgedicht [griech./dt.], ed. H. Diels, Berlin 1897 (repr. Sankt Augustin 2003 [mit neuem Vorwort v. W. Burkert und rev. Bibliographie v. D. De Cecco]); K. Riezler, P.. Text, Übersetzung, Einführung und Interpretation, Frankfurt 1933, ed. H.-G. Gadamer, ²1970, ³2001; W. Capelle, Die Vorsokratiker. Die Fragmente und Quellenberichte, Leipzig 1935, Stuttgart ⁸1973, 158–169, ⁹2008, 122–133 (Kap. VI Die Eleaten. P.); Gli Eleati. Testimonianze e frammenti, ed. P. Albertelli, Bari 1939 (repr. New York 1976); Plato and P.. P.' »Way of Truth« and Plato's »Parmenides«, ed. F. M. Cornford, London 1939, 2000; Le poème de Parménide, ed. J. Beaufret, Paris 1955, 1996; G. S. Kirk/J. E. Raven (eds.), The Presocratic Philosophers. A Critical History with a Selection of Texts, Cambridge 1957, 1979, 263–285, mit M. Schofield, Cambridge etc.²1983, 2010, 239–262 (Chap. X P. of Elea) (dt. Die Vorsokratischen Philosophen. Einführung, Texte und Kommentare, Stuttgart/Weimar 1994, 2001, 263–289 [Kap. VIII P. v. E.]); Parmenide. Testimonianze e frammenti, ed. M. Untersteiner, Florenz 1958, 1967; P.. A Text with Translation, Commentary, and Critical Essays, ed. L. Tarán, Princeton N. J. 1965, 1971; P.. Vom Wesen des Seienden. Die Fragmente [griech./dt.], ed. U. Hölscher, Frankfurt 1969, ²1986, 2007; P.. Die Anfänge der Ontologie, Logik und Naturwissenschaft. Die Fragmente, ed. E. Heitsch, München 1974, erw. unter dem Titel: P.. Die Fragmente [griech./dt.], Zürich ³1995, Berlin 2011; P.. Über das Sein [griech./dt.], ed. H. v. Steuben, Stuttgart 1981, 2009; Die Vorsokratiker I (Milesier, Pythagoreer, Xenophanes, Heraklit, P.) [griech./dt.], ed. J. Mansfeld, Stuttgart 1983, 1986, 310–333, mit O. Primavesi, erw. in 1 Bd. unter dem Titel: Die Vorsokratiker [griech./dt.], Stuttgart 2011, 2012, 290–341; P. of Elea. Fragments. A Text and Translation, ed. D. Gallop, Toronto/Buffalo N. Y./London 1984, 2000; The Fragments of P.. A Critical Text with Introduction, Translation, the Ancient ›Testimonia‹ and a Commentary, ed. A. H. Coxon, Assen/Maastricht/Wolfeboro N. H. 1986, erw. Las Vegas Nev./Zürich/Athen ²2009 [teilw. neu übers. v. R. McKirahan]; M. L. Gemelli Marciano (ed.), Die Vorsokratiker II (P., Zenon, Empedokles) [teilw. griech./lat./dt.], Düsseldorf 2009, Düsseldorf, Berlin ³2013, 6–95 (P.). – Bibl. Praesocratica (2001), 522–547; Totok I (1964), 120–123, (²1997), 186–193.

Literatur: H. Ambronn, *ΑΠΕΙΡΟΝ – ΕΟΝ – ΚΕΝΟΝ.* Zum Arché-Begriff bei den Vorsokratikern, Frankfurt etc. 1996, bes. 103–180 (Teil II P.); P. Aubenque (ed.), Études sur Parménide, I–II (I Le poème de Parménide. Texte, traduction, essai critique, II Problèmes d'interprétation), Paris 1987; J. Barnes, P. and the Eleatic One, Arch. Gesch. Philos. 61 (1979), 1–21; ders., The Presocratic Philosophers I (Thales to Zeno), London/Henley/Boston Mass. 1979, unter dem Titel: The Presocratic Philosophers, London/New York 1982, 2000, 155–230; A. Brzoska, Absolutes Sein. P.' Lehrgedicht und seine Spiegelung im »Sophistes«, Münster/Hamburg 1992; W. Burkert, Das Proömium des P. und die Katabasis des Pythagoras, Phronesis 14 (1969), 1–30; J. Burnet, Early Greek Philosophy, London/Edinburgh 1892, ^{4}1930, 169–196 (Chap. IV P. of E.) (dt. Die Anfänge der griechischen Philosophie, Leipzig/Berlin 1913, 155–181 [Kap. IV P. v. E.]; franz. L'aurore de la philosophie grecque, Paris 1919, 1970, 195–228 [Kap. IV Parménide d'Élée]); G. Casertano, Parmenide. Il metodo, la scienza, l'esperienza, Neapel 1978, 1989; H. Cherniss, Aristotle's Criticism of Presocratic Philosophy, Baltimore Md. 1935, New York 1983; L. De Crescenzo, Storia della filosofia greca I (I presocratici), Mailand 1983, 2001, 111–121 (dt. Geschichte der griechischen Philosophie. Die Vorsokratiker, Zürich 1985, 1997, 109–116, 1998, 2006, 109–118; engl. The History of Greek Philosophy I [The Pre-Socratics], London 1989, 1990, 74–80); P. Curd, The Legacy of P.. Eleatic Monism and Later Presocratic Thought, Princeton N. J./Chichester 1998, Las Vegas Nev. 2004; K. Deichgräber, P.' Auffahrt zur Göttin des Rechts. Untersuchungen zum Prooimion seines Lehrgedichts, Wiesbaden 1959 (Akad. Wiss. u. Lit., Mainz, Abh. Geistes- u. Soz.wiss. Kl. 1958, 11), 629–724; ders., Das Ganze-Eine des P.. Fünf Interpretationen zu seinem Lehrgedicht, Wiesbaden 1983 (Akad. Wiss. u. Lit., Mainz, Abh. Geistes- u. Soz.wiss. Kl. 1983, 7); E. Fink, Zur ontologischen Frühgeschichte von Raum – Zeit – Bewegung, Den Haag 1957, bes. 53–103; H. Fränkel, P.studien, Nachr. Ges. Wiss. Göttingen, philol.-hist. Kl. 2 (1930), 153–192, separat Berlin 1930, Nachdr. in: ders., Wege und Formen frühgriechischen Denkens. Literarische und philosophiegeschichtliche Studien, ed. F. Tietze, München 1955, ^{3}1968, 157–197; K. v. Fritz, Schriften zur griechischen Logik I (Logik und Erkenntnistheorie), Stuttgart-Bad Cannstatt 1978, 51–110; D. J. Furley, P. of Elea, Enc. Ph. VI (1967), 47–51, erw. v. P. Curd, VII (^{2}2006), 122–129; H.-G. Gadamer, Scritti su Parmenide, Neapel 2002; O. Gigon, Der Ursprung der griechischen Philosophie. Von Hesiod bis P., Basel 1945 (repr. Ann Arbor Mich./London 1980), Basel/Stuttgart ^{2}1968, 244–289; D. W. Graham, Explaining the Cosmos. The Ionian Tradition of Scientific Philosophy, Princeton N. Y./Oxford 2006, bes. 148–185 (Chap. VI P.' Criticism of Ionian Philosophy); H.-C. Günther, Aletheia und Doxa. Das Proömium des Gedichts des P., Berlin 1998; W. K. C. Guthrie, The Greek Philosophers from Thales to Aristotle, London, New York 1950, London/Abingdon 2000, 43–62 (Chap. III The Problem of Motion [Heraclitus, P. and the Pluralists]) (dt. Die griechischen Philosophen von Thales bis Aristoteles, Göttingen 1950, ^{2}1963, 35–49 [Kap. II Das Problem der Bewegung (Heraklit, P. und die Pluralisten)]); ders., A History of Greek Philosophy II (The Presocratic Tradition From P. to Democritus), Cambridge etc. 1965, 2010, 1–80; M. Heidegger, P., ed. M. S. Frings, Frankfurt 1982, 1992 (= Gesamtausg. II/54) (engl. P., Bloomington Ind. 1992, 1998; franz. Parménide, Paris 2010, 2011); ders., Der Anfang der abendländischen Philosophie. Auslegung des Anaximander und P., Frankfurt 2012 (= Gesamtausg. II/35); E. Heitsch, P. und die Anfänge der Erkenntniskritik und Logik, Donauwörth 1979; U. Hölscher, Der Sinn von Sein in der älteren griechischen Philosophie, Heidelberg 1976 (Sitz.ber. Heidelberger Akad. Wiss., philos.-hist. Kl., 3. Abh.); W. Jaeger, The Theology of the Early Greek Philosophers. The Gifford Lectures 1936, Oxford 1947, Westport Conn. 1980, 90–108 (Chap. VI P.' Mystery of Being) (dt. Die Theologie der frühen griechischen Denker, Stuttgart 1953, 2009, 107–126 [Kap. VI P.' Mysterium des Seins]); J. Jantzen, P. zum Verhältnis von Sprache und Wirklichkeit, München 1976; C. H. Kahn, The Thesis of P., Rev. Met. 22 (1968/1969), 700–724; M. Kraus, P., in: H. Flashar/D. Bremer/G. Rechenauer (eds.), Die Philosophie der Antike I/2 (Frühgriechische Philosophie), Basel 2013, 441–530 (mit Bibliographie, 502–530); M. Marcinkowska-Rosół, Die Konzeption des ›noein‹ bei P. v. E., Berlin/New York 2010; R. McKirahan, Signs and Arguments in Parmenides B8, in: P. Curd/D. W. Graham (eds.), The Oxford Handbook of Presocratic Philosophy, Oxford etc. 2008, 2011, 189–229; M. Miller, Ambiguity and Transport. Reflections on the Proem to P.' Poem, Oxford Stud. Ancient Philos. 30 (2006), 1–47; T. Miller, P., BBKL XXV (2005), 1032–1039; A. P. D. Mourelatos, The Route of P.. A Study of Word, Image, and Argument in the Fragments, New Haven Conn./London 1970; G. Neumann, Der Anfang der abendländischen Philosophie. Eine vergleichende Untersuchung zu den P.-Auslegungen von Emil Angehrn, Günter Dux, Klaus Held und dem frühen Martin Heidegger, Berlin 2006; G. E. L. Owen, Eleatic Questions, Class. Quart. NS 10 (1960), 84–102, ferner in: R. E. Allen/D. J. Furley (eds.), Studies in Presocratic Philosophy II (The Eleatics and Pluralists), London 1975, 48–81; J. A. Palmer, Plato's Reception of P., Oxford 1999, 2002; ders., P., SEP 2008, rev. 2012; ders., P. and Presocratic Philosophy, Oxford etc. 2009; B. M. Perry, Simplicius as a Source for and an Interpreter of P., Diss. Seattle 1983; K. R. Popper, The World of P.. Essays on the Presocratic Enlightenment, ed. A. F. Petersen/J. Mejer, London/New York 1998, 2002 (dt. Die Welt des P.. Der Ursprung des europäischen Denkens, München/Zürich 2001, 2005); R. A. Prier, Archaic Logic. Symbol and Structure in Heraclitus, P., and Empedocles, The Hague/Paris 1976; C. Rapp, Vorsokratiker, München 1997, 101–149, ^{2}2007, 91–133 (V P.' Überwindung des Nicht-Seienden); J. E. Raven, Pythagoreans and Eleatics. An Account of the Interaction Between the Two Opposed Schools During the Fifth and Early Fourth Centuries B. C., Cambridge 1948, Chicago Ill. 1981, bes. 21–42 (Chap. III P.); K. Reinhardt, P. und die Geschichte der griechischen Philosophie, Bonn 1916, Frankfurt ^{5}2012; C. Robbiano, Becoming Being. On P.' Transformative Philosophy, Sankt Augustin 2006; R. J. Roecklein, Plato versus P.. The Debate over Coming-Into-Being in Greek Philosophy, Lanham Md. etc. 2011; L. Ruggiu, Parmenide, Venedig/Padua 1975; W. Schadewaldt, Die Anfänge der Philosophie bei den Griechen. Die Vorsokratiker und ihre Voraussetzungen. Tübinger Vorlesungen I, ed. I. Schudoma, Frankfurt 1978, 2007, 311–348; J. Schlüter, Heidegger und P.. Ein Beitrag zu Heideggers P.auslegung und zur Vorsokratiker-Forschung, Bonn 1979; H. Schmitz, Der Ursprung des Gegenstandes. Von P. bis Demokrit, Bonn 1988; D. Sedley, P., REP VII (1998), 229–235; S. Sellmer, Argumentationsstrukturen bei P.. Zur Methode des Lehrgedichts und ihren Grundlagen, Frankfurt etc. 1998; P. Thanassas, Die erste ›zweite Fahrt‹. Sein des Seienden und Erscheinen der Welt bei P., München 1997; M. Untersteiner, Parmenide. I poeti filosofi della Grecia. Studio critico. Frammenti – testimonianze – commento, Turin 1925; W. J. Verdenius, P.. Some Comments on His Poem, Groningen/Batavia 1942 (repr. Amsterdam 1964); G. Vlastos, P.' Theory of Knowledge, Transact. Amer. Philol. Ass. 77 (1946), 66–77; M. V. Wedin, P.' Three Ways and the Failure of the Ionian Interpretation, Oxford Stud. Ancient Philos. 41 (2011), 1–65; J. Wiesner, P.. Der Beginn der Aletheia. Untersuchungen zu B2, B3, B6, Berlin/New York 1996. M. G.

paronym (griech. *παρώνυμος*), einen abgeleiteten Namen tragend, bei Aristoteles (z. B. Cat. 1.1a12–15) Bezeichnung für einen Gegenstand bzw. Gegenstandstyp, dessen Name vom Namen eines anderen Gegenstandes bzw. Gegenstandstyps sprachlich abgeleitet ist; z. B. leitet sich die Benennung ›der Tapfere‹ von der Tapferkeit her. Als Beziehung zwischen ↑Namen bezeichnet *Paronymie* entsprechend das semantische Band zwischen Wörtern, auch verschiedener Wortarten, die vom selben Grundwort abgeleitet sind. K. L.

Parteilichkeit (engl. partiality, franz. partialité, ital. parzialità, span. parcialidad, russ. Partijinost'), allgemein Bezeichnung für die Standortbezogenheit (›Relativität‹, ›Subjektivität‹), gegebenenfalls die Standortgebundenheit (↑Relativismus, ↑Subjektivismus), von Auffassungen und Wertungen (Gegenbegriffe: ›Objektivität‹, ›Unparteilichkeit‹); in den Wissenschaftstheorien der Geschichts-, Kultur- und Sozialwissenschaften speziell Bezeichnung für die (als methodisch unvermeidlich angesehene) Perspektivität wissenschaftlichen Erkennens, Urteilens und Wertens; im ↑Marxismus-Leninismus Bezeichnung für die Gebundenheit des gesellschaftlichen Bewußtseins (Kultur, Wissenschaft, Recht, Moral, Ideologien und Philosophien) an das gesellschaftliche Sein (ökonomische und sonstige Herrschaftsverhältnisse), insbes. an ihren Klassencharakter (↑Klasse (sozialwissenschaftlich)). Dieser Zusammenhang wird durch den historischen Materialismus (↑Materialismus, historischer) näher beschrieben und gedeutet.

Literatur: R. Koselleck/W. J. Mommsen/J. Rüsen (eds.), Objektivität und P. in der Geschichtswissenschaft, München 1977; P. Leyh/I. Fetscher, P., Hist. Wb. Ph. 7 (1989), 138–146. R. Wi.

partiell (von lat. pars, Teil; engl. partial), teilweise, einen Teil betreffend, meist in Opposition zu ↑›total‹ (↑Teil und Ganzes), in Mathematik und Logik daher Bezeichnung (1) für nicht überall auf einem Bereich definierte ↑Funktionen (↑Funktion, rekursive): ›p. definierte Funktion‹ (und entsprechend ›p. rekursive Funktion‹), (2) bei mehrstelligen Funktionen für in Bezug auf nur eine Variable vorgenommene Differentiation: ›p.e Ableitung‹ (↑Differentialgleichung), (3) für ↑Ordnungsrelationen $\leq$ ohne das für Totalordnungen charakteristische Axiom $x \leq y \vee y \leq x$: ›p.e Ordnung‹ oder ›Halbordnung‹ (↑Ordnung). K. L.

Partikel, logische, Bezeichnung für diejenigen zu den logischen Konstanten (↑Konstante, logische) zählenden, meist mit ihnen gleichgesetzten, sprachlichen Ausdrükke, mit deren Hilfe in der Logik aus ↑Aussagen logisch zusammengesetzte Aussagen hergestellt werden; grammatisch gehören sie zu den ↑synkategorematischen Ausdrücken. Zur logischen Zusammensetzung aus endlich vielen Aussagen dienen die ↑Junktoren; zur logischen Zusammensetzung aus unendlich vielen Aussagen, sofern sie durch Aussageformen gegeben sind, verwendet man ↑Quantoren. Eine allgemein gültige, international normierte Zeichengebung existiert nicht (↑Notation, logische).

Um l. P.n von anderen der Zusammensetzung von Aussagen zu neuen Aussagen dienenden sprachlichen Ausdrücken, z. B. der kausalen Partikel ›weil‹ oder der temporalen Partikel ›bevor‹, abzugrenzen, definiert man eine Zusammensetzung als eine *logische*, wenn die Geltung der zusammengesetzten Aussage auf die Geltung (Wahrheit oder Falschheit) der Teilaussagen zurückgeführt werden kann. In diesem Falle spielt für die Bedeutung der zusammengesetzten Aussage nur die Bedeutung der Teilaussagen, nicht aber ein zwischen ihnen bestehender inhaltlicher Zusammenhang eine Rolle: die l.n P.n enthalten im Unterschied zu den nicht-l.n P.n keine objektsprachlichen prädikativen Anteile. In geeigneten ↑Logikkalkülen, insbes. in ↑Kalkülen des natürlichen Schließens, spiegelt sich diese Erklärung in Regeln zur Einführung bzw. zur Beseitigung der l.n P.n. Beispiele sind die Regel der Konjunktionseinführung (im Sukzedens) $C \prec A; C \prec B \Rightarrow C \prec A \wedge B$ oder die beiden Regeln der Adjunktionsbeseitigung (im Antezedens) $A \vee B \prec C \Rightarrow A \prec C, \quad A \vee B \prec C \Rightarrow B \prec C$.

Mit der gegebenen Charakterisierung einer logischen Zusammensetzung ist noch nicht darüber entschieden, auf welche Weisen sie erfüllt werden kann. Tatsächlich gibt es neben den klassischen ↑Wahrheitstafeln zur Definition der Junktoren eine ganze Reihe konkurrierender Vorschläge zur Einführung l.r P.n, je nach Aufbau der formalen Logik (↑Logik, formale, ↑Logik, intuitionistische, ↑Logik, dialogische). So ist es bis heute strittig, ob die Tatsache des Nicht-Bestehens einer logischen ↑Äquivalenz, etwa zwischen $A \rightarrow B$ und $\neg A \vee B$, in der intuitionistischen Logik verglichen mit ihrem Bestehen in der klassischen Logik (↑Logik, klassische), als Ergebnis einer unterschiedlichen Definition der l.n P.n oder eher einer unterschiedlichen Definition von logischer Wahrheit bei gleicher Definition der l.n P.n in den beiden Logiksystemen zu deuten ist.

Literatur: J. van Benthem, Logical Constants across Varying Types, Amsterdam 1988; D. Bonnay, Logicality and Invariance, Bull. Symb. Log. 14 (2008), 29–68; K. Došen, Logical Constants. An Essay in Proof Theory, Diss. Oxford 1980; P. Engel, La norme du vrai. Philosophie de la logique, Paris 1989 (engl. The Norm of Truth. An Introduction to the Philosophy of Logic, New York/ London, Toronto/Buffalo N. Y. 1991); M. Gómez-Torrente, The Problem of Logical Constants, Bull. Symb. Log. 8 (2002), 1–37; W. Hanson, The Concept of Logical Consequence, Philos. Rev. 106 (1997), 365–409; H. Hodes, On the Sense and Reference of a Logical Constant, Philos. Quart. 54 (2004), 134–165; H. Lenk, Kritik der logischen Konstanten. Philosophische Begründungen der Urteilsformen vom Idealismus bis zur Gegenwart, Berlin 1968; ders./R. Hegselmann, P.n, l., Hist. Wb. Ph. VII (1989), 147–154; J. MacFarlane, Logical Constants, SEP 2005, rev. 2009; T. McCarthy, Logical Constants, REP V (1998), 775–781; C.

Peacocke, What Is a Logical Constant?, J. Philos. 73 (1976), 221–240; D. Prawitz, Beweise und die Bedeutung und Vollständigkeit der logischen Konstanten, Conceptus 16 (1982), 31–44; G. Preyer/G. Peter (eds.), Logical Form and Language, Oxford etc. 2002, 2008; P. Schroeder-Heister, Untersuchungen zur regellogischen Deutung von Aussagenverknüpfungen, Diss. Bonn 1981; ders., Logische Konstanten und Regeln, Conceptus 16 (1982), 45–59; K. Warmbrōd, Logical Constants, Mind NS 108 (1999), 503–538. K. L.

Partikelregeln, in der dialogischen Logik (↑Logik, dialogische) Bezeichnung für diejenigen Regeln, nach denen komplexe Aussagen mittels logischer Partikel (↑Partikel, logische) aus ↑Elementaraussagen zusammengesetzt werden. G. W.

partikular (von lat. pars, Teil, Stück, Hinsicht), bildungssprachlich sowohl ›besonders‹ (↑speziell) als auch ›einzeln‹ (↑singular), im Gegensatz zu ›allgemein‹ (↑generell) oder ›universal‹ (↑universal, ↑Universalia). Terminologisch fixiert bezeichnet ›p.‹ ein grundsätzlich durch die Sprechsituation bestimmtes individuelles ↑Objekt: Es ist die p.e Instanz eines (allgemeinen) Objekttyps, eines Partikulare logisch 2. Stufe, was sich im Englischen in der Unterscheidung zwischen *generic object* und *individual object* im Bereich der ↑Partikularia wiederfindet, auch wenn dort ›particular‹, P. F. Strawson folgend (Individuals, London 1959), in der Regel nur für ›Einzelding‹ gebraucht wird. In der Logik heißt jede mit dem ↑Einsquantor ›(für) einige‹ oder ›(für) manche‹ zusammengesetzte ↑Aussage auch eine ›p.e‹ Aussage. Dazu gehören speziell die in der ↑Syllogistik betrachteten Aussagen der Formen *SiP* (›einige *S* sind *P*‹; ↑*i*) – sie heißen ›p. affirmativ‹ – und *SoP* (›einige *S* sind nicht *P*‹; ↑*o*) – diese heißen ›p. negativ‹. K. L.

Partikularia, in Verallgemeinerung eines im Englischen üblichen Gebrauchs von ›particular‹ für ↑partikulare Objekte im Sinne von Einzeldingen (↑Ding) Bezeichnung für individuelle ↑Objekte beliebiger logischer Stufen, wie sie durch ↑Abstraktion (↑abstrakt) und ↑Konkretion aus Grundbereichen individueller Einheiten (↑Individuum) gewonnen werden können, die grundsätzlich durch die Sprechsituation bestimmt sind.

Literatur: J. Bigelow, Particulars, REP VII (1998), 235–238; K. Campbell, Abstract Particulars, Oxford/Cambridge Mass. 1990; N. Goodman, The Structure of Appearance, Cambridge Mass. 1951, Dordrecht/Boston Mass. [3]1977 (Boston Stud. Philos. Sci. LIII); P. F. Strawson, Individuals. An Essay in Descriptive Metaphysics, London 1959, London/New York 2006. K. L.

Partikularisator, synonym zu ↑Einsquantor.

Partikularisierung, in der Logik Bezeichnung für die Zusammensetzung mit dem Manchquantor (↑Quantor, ↑Einsquantor) ›(für) manche‹, ›(für) einige‹ oder ›es gibt‹. Durch P. entsteht aus einer singularen ↑Aussage $s \varepsilon P$, z. B. ›Napoleon ist ein Europäer‹, die ↑partikulare Aussage $\bigvee_{x \varepsilon S} x \varepsilon P$ – in der ↑Syllogistik symbolisiert durch ›*SiP*‹ –, d. h. im Beispiel: ›manche Menschen sind Europäer‹, sofern *s* die Aussageform $x \varepsilon S$ erfüllt, also im Beispiel ›Napoleon‹ ein ↑Eigenname für einen Menschen ist. K. L.

Partition (von lat. partitio, Teilung, Einteilung), (1) in der *Mathematik* gleichbedeutend mit ↑›Klasseneinteilung‹ (in der ↑Zahlentheorie wird auch die Zerlegung einer natürlichen Zahl in Summanden, z. B. $3 = 2 + 1 = 1 + 1 + 1$, als P. bezeichnet). (2) In der *traditionellen Logik* (↑Logik, traditionelle) (a) die Aufteilung (auch ›Aufgliederung‹) eines Begriffsinhalts in seine Teile, d. h. seine ↑Merkmale, im Unterschied zur Division, der Einteilung des Begriffsumfangs in Teilklassen, (b) die ↑Zerlegung eines Ganzen entweder in seine Teile (*μερισμός* oder *διαίρεσις ἀπὸ ὅλου εἰς μέρη*; ↑Teil und Ganzes), z. B. ›ein Baum besteht aus Wurzeln, Stamm, Ästen, Zweigen und Blättern (bzw. Nadeln)‹, oder in seine Bestandteile, z. B. ›Wasser besteht aus Wasserstoff und Sauerstoff‹. Bei den Stoikern (↑Stoa) wird die ↑Dihairesis eines Genus in Spezies (z. B. ›animal‹ in ›animal rationale‹ und ›animal irrationale‹) unterschieden vom Merismos, der Aufteilung eines Genus in Unterfälle, z. B. von Gütern in solche, die das Seelische, und solche, die das Körperliche betreffen (Diog. Laert. VII 62) (in der ↑Rhetorik, z. B. bei M. T. Cicero [de invent. I 22; Top. V 28, VIII 33], bedeutet ›P.‹ die Angabe der Hauptteile, in denen ein Thema abgehandelt werden soll). (3) In der *modernen Logik* wird der Begriff der P. wieder aufgegriffen im Zusammenhang der Unterscheidung zwischen intensionaler bzw. extensionaler *Beschreibung* (↑intensional/Intension, ↑extensional/Extension) und mereologischer *Konstruktion* von Gegenständen/Gegenstandsbereichen (↑Mereologie), also der Eigenschaftszuschreibung oder Attribution bzw. dem Element-einer-Klasse-Sein einerseits und dem Teil-eines-Ganzen-Sein, der P., andererseits. Insbes. ist jedes ↑Individuum ein Ganzes aus Teilen, die in logischer Analyse (↑Analyse, logische) als Gegebenheitsweisen oder ↑Perzeptionen des Individuums auftreten. Daher ist die P. unerläßliches Hilfsmittel bei der ↑Individuation, der Gliederung eines Gegenstandsbereichs in Individuen.

Literatur: G. E. Andrews, The Theory of Partitions, Reading Mass. 1976, Cambridge etc. 1998; D. Ellerman, The Logic of Partitions. Introduction to the Dual of the Logic of Subsets, Rev. Symb. Log. 3 (2010), 287–350; L. Humberstone, Parts and Partitions, Theoria 66 (2000), 41–82; K. Lorenz, On the Relation Between the Partition of a Whole into Parts and the Attribution of Properties to an Object, Stud. Log. 36 (1977), 351–362; C. Prantl, Geschichte der Logik im Abendlande I, Leipzig 1855 (repr. Leipzig 1927, Darmstadt, Hildesheim/Zürich/New York

1997); L. Rabus, Lehrbuch zur Einleitung in die Philosophie II (Logik und System der Wissenschaften), Erlangen/Leipzig 1895; S. Welin, The Whole and Its Parts, in: M. Furberg (ed.), Logic and Abstraction. Essays Dedicated to Per Lindström on His 50th Birthday, Göteborg 1986, 253–272; T. Ziehen, Lehrbuch der Logik auf positivistischer Grundlage mit Berücksichtigung der Geschichte der Logik, Bonn 1920 (repr. Berlin/New York 1974). C. T./K. L.

Partizipation, ↑Teilhabe.

parva logicalia (lat., kleine Logikschriften), in der mittelalterlichen Logik (↑Logik, mittelalterliche) Bezeichnung einer Gruppe von fünf Themen bzw. der entsprechenden Schriften, die die Logikarbeit ab der ersten Hälfte des 12. Jhs. (›logica moderna‹, ↑logica antiqua, ↑Terminismus) charakterisieren. Die Themen betreffen die Lehren von den ↑proprietates terminorum, den ↑synkategorematischen Ausdrücken, den ↑Insolubilia, den ↑obligationes und den ↑consequentiae. Ihre Behandlung erfolgt teils in umfassenden ›tractatus‹ über p. l., teils in separaten Abhandlungen oder in speziellen Kapiteln der Lehrbücher. – Das Bewußtsein des eigenständig logischen Charakters der p. l. geht mit dem Ausgang des Mittelalters teilweise verloren; die p. l. werden nun, etwa bei P. Melanchthon, als eher grammatische Lehrstücke verstanden. G. W.

Pascal, Blaise, *Clermont (Auvergne) 19. Juni 1623, †Paris 19. Aug. 1662, franz. Philosoph, Mathematiker und Physiker. P. trat bereits in jugendlichem Alter als mathematisches Genie hervor. Mit 12 Jahren soll er selbständig einen Beweis des Lehrsatzes entdeckt haben, daß die Winkelsumme im Dreieck zwei Rechte beträgt. Mit 16 Jahren schreibt er sein erstes mathematisches Buch, eine Abhandlung über die Kegelschnitte (Essai pour les coniques, 1640). Diese Arbeit bedient sich bereits der Methode des damals noch wenig beachteten Geometers G. Desargues, beweist eine Vorstufe des später so genannten P.schen Kegelschnittsatzes und zieht daraus eine Reihe unerwarteter Konsequenzen. Bekannt wird P. dann in den Jahren 1642/1643 durch die Konstruktion einer Rechenmaschine.

1646 wird P. mit dem ↑Jansenismus bekannt und studiert die geistlichen Schriften von A. Arnauld, C. Jansenius und Abbé de Saint-Cyran. Er wird zum glühenden Anhänger dieser einflußreichen Bewegung; religiöse und theologische Probleme bewegen ihn seither stark. Gleichwohl hält sein Interesse an Fragen der exakten Wissenschaften an. Insbes. regt ihn ein Besuch des Physikers P. Petit 1646/1647 an zu experimenteller und theoretischer Beschäftigung mit dem Vakuum (↑Leere, das) in Anschluß an den berühmten Versuch von E. Torricelli. P. entdeckt dabei das Gesetz der kommunizierenden Röhren und die Tatsache, daß der Luftdruck mit der Höhe über dem Erdboden abnimmt. Diese Tatsache führt P. zur Zurückweisung des ↑horror vacui als Erklärungsprinzip.

Ab 1647 beschäftigt sich P., angeregt wohl durch Glücksspiele, mit ↑Kombinatorik und ↑Wahrscheinlichkeitstheorie. Diese weltliche Periode, in die auch das Studium von M. Montaigne fällt, wird in der Nacht vom 23. auf den 24. November 1654 durch ein religiöses Erwekkungserlebnis beendet, dessen Inhalt P. fortan in einem »Mémorial« stets bei sich trägt. P. wendet sich wieder der Theorie und Praxis des Jansenismus zu; er zieht sich nun häufig in die Klöster Port-Royal de Paris und Port-Royal des Champs zurück und kommt dem Hauptapologeten der Bewegung von Port-Royal (↑Port-Royal, Schule von), Arnauld, 1656/1657 mit den 18 »Lettres à un Provencial« gegen die Angriffe der Kurie und der Jesuiten zu Hilfe. Seit 1654 arbeitet P. auch an einer großangelegten Schrift zur Verteidigung des Christentums, den »Pensées«. Krankheiten, die ihn bis zu seinem Tode zunehmend bedrängen, lassen ihn allerdings dieses Werk nicht mehr vollenden. Die nachgelassenen Fragmente dieser Apologie, die größtenteils aphoristischen Charakter haben, werden in unzuverlässiger Form erstmals 1670 veröffentlicht. Die bis heute maßgebende Ordnung und Edition des Materials besorgt dann L. Brunschvicg 1904. Zu den bekanntesten Überlegungen der »Pensées« gehört die so genannte P.sche Wette, die ein Argument für das Setzen der Menschen auf die Existenz Gottes liefern soll. Danach rechtfertigt, im Sinne einer rationalen Wette, die mit dem (christlichen) Glauben an die Existenz Gottes verheißene Unendlichkeit des seligen Lebens den ›Einsatz‹ des bloß endlichen, ungläubig verbrachten Erdendaseins, den Ausstieg also aus der ungläubigen Lebensorientierung.

Trotz der Dominanz religiöser und individualexistenzieller Probleme in seinem Spätwerk gibt es weitere Beiträge P.s zur heraufkommenden wissenschaftlich-technischen Zivilisation: Auf dem Gebiet der Mathematik macht er sich mit B. Cavalieris Methode der ↑Indivisibilien vertraut und beweist mit den damals verfügbaren infinitesimalrechnerischen Hilfsmitteln die Bogengleichheit der allgemeinen Zykloide mit der Ellipse (1659). Zusammen mit einem Freund, dem Herzog von Roannez, gründet er eine Omnibuslinie (›Carosses à cinq sols‹) und damit das erste städtische Transportunternehmen.

Gleichzeitig gilt P. mit Recht als einer der ersten engagierten Kritiker szientifischer Zivilisation. Wissenschaftstheoretische Reflexionen finden sich in seinem Werk an vielen Stellen, vor allem in den »Pensées«, ferner zusammenhängend in zwei (wahrscheinlich um 1655 entstandenen) Abhandlungen, »De l'esprit géométrique« und »De l'art de persuader«, die auszugsweise erstmals zu Beginn des 18. Jhs. erscheinen. P.s Einwände richten sich vor allem gegen das cartesische Wissenschafts- und Weltverständnis, allgemeiner gegen die Meinung, die menschliche Vernunft sei fähig, über wissenschaftliche Theorien (den *esprit de géométrie*) eine Einsicht in das Wesen der Dinge zu erlangen. P. macht dabei als einer der ersten den rein *nominalen* Charakter von ↑Definitionen geltend. Er sieht ferner, daß eine von ↑Evidenz zu Evidenz fortschreitende *deduktive* Methode (↑Methode, axiomatische), wie sie R. Descartes vorschwebte, das Problem einer nicht-deduktiven Sicherung ihrer Grundlagen und Beweisprinzipien stellt, wenn ein (nach P. nur von Gott bewältigbarer) unendlicher Regreß (↑regressus ad infinitum) vermieden werden soll und ↑analytische Wesenseinsichten nicht ohne weiteres zur Verfügung stehen. Ein methodisch auf axiomatisch-deduktive Theorien und Wesensanalysen gegründeter Verstand (*raison*) ist daher nur unter Voraussetzung einer weiteren Erkenntnisquelle funktionsfähig. Diese Ergänzung des Verstandes kommt bei P. unter den Bezeichnungen *sentiment*, *volonté* und vor allem *cœur* zur Sprache, so daß P.s Interpreten auch von einer ›Logik des Herzens‹ oder ›Logik des Gefühls‹ sprechen. Unter diesem Terminus faßt P. alle Möglichkeiten *unmittelbarer*, nicht durch Schlußfolgerung gewonnener, Handlungsorientierung zusammen. Dazu gehören nicht nur Bestimmungen des ↑Willens durch *Leidenschaften* (*passions*), sondern auch die *Gewohnheiten*, die *Evidenz* mathematischer Axiome und die Sicherheit der Bewältigung unanalysierter komplexer Situationen durch den *esprit de finesse*. Daß dem Menschen über den *cœur* Orientierungen verfügbar sind, auf die er angewiesen ist, die er aber selbst nicht schrittweise begründen kann, deutet P. als Ergebnis göttlicher Gnadenakte. Dies gilt vor allem auch für die Überbrückung der als unendlich angesehenen Distanz zwischen Gott und Mensch. Damit befindet sich P. in Übereinstimmung mit den theologischen Grundvorstellungen des Jansenismus, der den ›spitzfindigen‹ rationalen Deduktionen der Schultheologie die unmittelbare, auf Gnadenwahl beruhende religiöse Erfahrung, insbes. mystische Erlebnisse (↑Mystik), als den angemessenen Weg der Gotteserkenntnis entgegenhält.

Werke: Œuvres, I–XIV, ed. L. Brunschvicg/P. Boutroux/F. Gazier, Paris 1904–1914 (repr. Vaduz 1965); Œuvres complètes, I–III, ed. F. Strowski, Paris 1923–1931; Œuvres, I–VI, ed. H. Massis, Paris 1926–1927; Œuvres complètes, ed. J. Chevalier, Paris 1954, Paris 1995; Œuvres complètes, ed. L. Lafuma, New York, Paris 1963, Paris 1993; Œuvres complètes, ed. J. Mesnard, Paris 1964 ff. (erschienen Bde I–IV); Opuscules philosophiques, ed. M. Boy, Paris 1980; Werke. Heidelberger Ausgabe, ed. K. A. Ott, Heidelberg 1990 ff. (erschienen Bd. III); Œuvres complètes, I–II, ed. M. Le Guern, Paris 1998/2000. – Pensées sur la religion, et sur quelques autres sujets, Paris 1670, unter dem Titel: Pensées et Opuscules, ed. L. Brunschvicg, Paris 1897 u. ö., unter dem Titel: Pensées sur la religion et sur quelques autres sujets, I–II, ed. L. Lafuma, Paris 1947 u. ö., unter dem Titel: Pensées, ed. P. Sellier, Paris 1976 u. ö., ed. M. LeGuern, Paris 1977, ed. F. Kaplan, Paris 1982, ed. G. Ferreyrolles, Paris 2000, ed. L. Plazenet/P. Sellier, Paris 2010, ed. P. Sellier 2013 (dt. Gedanken, ed. W. Rüttenauer, Leipzig 1937, Neudr. Bremen 1964, Köln 2011, unter dem Titel: Über die Religion und über einige andere Gegenstände [Pensées], ed. E. Wasmuth, Berlin 1937, erw. Heidelberg ^{5}1954, Darmstadt, Gerlingen 1994, unter dem Titel: Größe und Elend des Menschen. Aus den Pensées, ed. W. Weischedel, Stuttgart 1947 [repr. Darmstadt 1973], Frankfurt 2007, unter dem Titel: Gedanken, ed. J.-R. Armogathe, Leipzig, Köln 1987, Stuttgart 2012, ed. A. Brummer, Leipzig 2007, ed. U. Kunzmann, Berlin 2012 [mit Kommentar v. E. Zwierlein, 215–459]; engl. Pensées, ed. A. J. Krailsheimer, Harmondsworth 1966, London/New York 1995, mit Untertitel: Notes on Religion and Other Subjects, ed. L. Lafuma, London 1960, 1980). – Discours sur les passions de l'amour, ed. L. Lafuma, Paris 1950; Discours sur les passions de l'amour/Abhandlungen über die Leidenschaften der Liebe [franz./dt.], Augsburg/Basel 1950, Basel o. J. [1955]; Opuscules et lettres (choix), ed. L. Lafuma, Paris 1955; Provinciales, ed. C. Rosset, Paris 1964; Les Provinciales ou Les Lettres écrites par Louis de Montalte à un provincial de ses amis et aux RR. PP. Jésuites, ed. L. Cognet, Paris 1965, 1992, unter dem Titel: Les Provinciales, ed. G. Ferreyrolles, 2010 (dt. Lettres Provinciales. Briefe an einen Freund in der Provinz, ed. A. Schorn, Köln 1968); Réflexions sur la géométrie en général. Text und deutsche Übersetzung. Beilage zu J.-P. Schobinger, B. P.s Reflexionen (S. 38–101), Basel/Stuttgart 1974; L'esprit de la géométrie et De l'art de persuader, ed. B. Clerté/M. Lhoste-Navarre, Paris 1979; P. philosophe et savant, Opuscules philosophiques, ed. M. Boy, Paris 1980; De l'esprit géometrique. Entretien avec M. de Sacy. Écrits sur la grâce, et autres textes, ed. A. Clair, Paris 1985, 1997; Traités scientifiques, ed. S. Le Strat, Paris 1990, 1999. – Deutsche Ausgaben (zum Teil in anderer als der ursprünglichen Zusammenstellung): Briefe, ed. W. Rüttenauer, Leipzig 1935; Die Kunst zu überzeugen und die anderen kleineren philosophischen und religiösen Schriften, ed. E. Wasmuth, Berlin 1938, Heidelberg ^{3}1963; Vermächtnis eines großen Herzens. Die kleineren Schriften, ed. W. Rüttenauer, Leipzig 1938, Wiesbaden ^{2}1947; Vom Geist der Geometrie, ed. W. Struwe, Darmstadt 1948; Die Leidenschaften der Liebe. Gebet zu Gott um den heilsamen Gebrauch der Krankheiten, ed. M. Bense, Köln/Hagen 1949; Schriften zur Religion, ed. H. U. v. Balthasar, Basel/Einsiedeln 1982; Wissen des Herzens. Gedanken und Erfahrungen der großen abendländischen Philosophen. Eine Auswahl aus dem Gesamtwerk, ed. P. Eisele, Bern/München/Wien 1987; Kleine Schriften zur Religion und Philosophie, ed. A. Raffelt, Hamburg 2005, 2008. – Englische Ausgaben: Great Shorter Works of P., ed. É. Cailliet/J. C. Blankenagel, Philadelphia Pa. 1948 (repr. Westport Conn. 1974); Selections from the Thoughts: P., ed. A. H. Beattie, New York 1965; The Mind on Fire. An Anthology of the Writings of B. P., ed. J. M. Houston, Portland Or. 1989, ohne Untertitel, London 1991, mit Untertitel: Faith for the Skeptical and Indifferent. From the Writings of B. P., Minneapolis Minn. 1997, Colorado Springs Colo. 2006; Selections, ed. R. H. Popkin, New York 1989; Pensées and Other Writings, ed. A. Levi, Oxford etc. 1995, 2008. – A. Maire, Bibliographie générale des œuvres de B. P., I–V, Paris 1925–1927; Totok IV (1981), 133–162; M. Heller/T. Goyet, Bibliograpie B. P. (1960–1969), Clermont-Ferrand 1989; D. Descotes, Le fonds pascalien à Clermont-Ferrand, Clermont-Ferrand 2001.

Literatur: F. P. Adorno, P., Paris 2010; J. Anglade, P.. L'insoumis, Paris 1988; J. Attali, B. P. ou le génie français, Paris 2000, 2002 (dt. B. P.. Biographie eines Genies, Stuttgart 2006, 2007); A. Bausola, Introduzione a P., Rom 1973; A. Béguin, P. par lui-même, Paris 1952, 1971 (dt. B. P. in Selbstzeugnissen und Bilddokumenten, ed. K. Kusenberg/B. Kusenberg, Reinbek b. Hamburg 1959, 1998); R. Behrens/A. Gipper/V. Mellinghoff-Bourgerie (eds.), Croisements d'anthropologies. P.s »Pensées« im Geflecht der Anthropologien, Heidelberg 2005; J.-L. Bischoff, Dialectique de la misère et de la grandeur chez B. P., Paris etc. 2001; ders., Les spécificités de l'humanisme pascalien, Paris 2010; ders., Conversion et souverain bien chez B. P., Paris 2012; M. Bishop, P.. The Life of Genius, New York 1936 (repr. Westport Conn. 1968), London 1937 (dt. P., Berlin 1938); H. Bjørnstad, Créature sans créateur. Pour une anthropologie baroque dans les Pensées de P., Québec 2010, Paris 2013; T. de Boer, De God van de filosofen en de God van P.. Op het grensgebied van filosofie en theologie, 's-Gravenhage 1989, 1991; S. C. Bold, P. Geometer. Discovery and Invention in Seventeenth-Century France, Genf 1996; H. Bonnet, B. P., Mons 2012; L. Brunschvicg, Le génie de P., Paris 1924, ^{2}1925; ders., B. P., Paris 1953; P. A. Cahne, P. ou le risque de l'espérance, Paris 1981; V. Carraud, P. et la philosophie, Paris 1992, ^{2}2007; ders., P.. Des connaissances naturelles à l'étude de l'homme, Paris 2007; E. Carsin, P.. Pas à pas, Paris 2011; Y. Chiron, P., le savant, le croyant. Une biographie, Perpignan 2009; D. Clarke, B. P., SEP 2007, 2014; J.-P. Cléro, P., Neuilly 2008; J. R. Cole, P.. The Man and His Two Loves, New York/London 1995; F. X. J. Coleman, Neither Angel nor Beast. The Life and Work of B. P., New York/London 1986, 2013; J. A. Connor, P.'s Wager. The Man Who Played Dice with God, San Francisco 2006, New York 2007; H. M. Davidson, The Origins of Certainty. Means and Meanings in P.'s »Pensées«, Chicago Ill./London 1979; ders., B. P., Boston Mass. 1983; ders./P. H. Dubé (eds.), A Concordance to P.'s »Pensées«, Ithaca N. Y./London 1975; dies., A Concordance to P.'s »Les Provinciales«, I–II, New York/London 1980; B. M. Delamarre, P. et la cité des hommes, Paris 2001; V. Delbos, Descartes, P., Houilles 2010; K. Devlin, The Unfinished Game. P., Fermat, and the Seventeenth-Century Letter that Made the World Modern, New York 2008, 2010 (dt. P., Fermat und die Berechnung des Glücks. Eine Reise in die Geschichte der Mathematik, München 2009); F. Diez del Corral, B. P.. La certeza y la duda, Madrid 2008; J.-N. Dumont, Premières leçons sur les »Pensées« de B. P., Paris 1996; A. W. F. Edwards, P.'s Arithmetical Triangle, London, New York 1987; R. Enthoven (ed.), P. ou les intermittences de la raison, Paris 2009; P. Ernst, Les »Pensées« de P.. Géologie et stratigraphie, Paris, Oxford 1996; P. Force, Le problème herméneutique chez P., Paris 1989; C. Genet, B. P. (1623–1662). Des mathématiques à la mystique, Paris 2010; P. B. Gilbert, P.'s God-Shaped Vacuum. A Guided Tour of the »Pensées«, North Charleston S. C. 2012; H. Gouhier, B. P.. Commentaires, Paris 1966, ^{3}1984; B. Grasset, Les »Pensées« de P.. Une interprétation de l'écriture, Paris 2003; D. Groothuis, On P., Belmont Calif. 2003; N. Hammond (ed.), The Cambridge Companion to P., Cambridge etc. 2003; J. Jordan, P.'s Wager. Pragmatic Arguments and Belief in God, Oxford/New York 2006; L. Lafuma, Histoire des »Pensées« de P. (1656–1952), Paris 1954, 1969; A. Le Gall, P., Paris 2002; G. Le Roy, P.. Savant et croyant, Paris 1957, ^{2}1963; R. Leunenberger, Die Vernunft des Herzens. Studien zu B. P., Zürich 1999; H. Loeffel, B. P.. 1623–1662, Basel/Boston Mass./Stuttgart 1987; P. Magnard, Nature et histoire dans l'apologétique de P., Paris 1975, ^{2}1980; ders., P.. La clé du chiffre, Paris 1991, 2007; L. Marin, La critique du discours. Sur la »Logique de Port-Royal« et les »Pensées« de P., Paris 1975, 1991; ders., P. et Port-Royal, Paris 1997; J. Mesnard, P.. L'homme et l'œuvre, Paris 1951, ^{4}1964 (engl. P.. His Life and Works, New York 1952); ders., P., Paris, Utrecht 1965 (engl. P., Tuscaloosa Ala. 1969); ders., Les »Pensées« de P., Paris 1976, ^{3}1995; H. Michon, L'ordre du cœur. Philosophie, theologie et mystique dans les »Pensées« de P., Paris 1996; M. Moriarty, Early Modern French Thought I (The Age of Suspicion), Oxford etc. 2003; É. Morot-Sir, La raison et la grâce selon P., Paris 1996; T. V. Morris, Making Sense of It All. P. and the Meaning of Life, Grand Rapids Mich. 1992, 2002; C. M. Natoli, Fire in the Dark. Essays on P.'s »Pensées« and »Provinciales«, Rochester N. Y. 2005; R. J. Nelson, P.. Adversary and Advocate, Cambridge Mass./London 1981; B. Norman, Portraits of Thought. Knowledge, Methods, and Styles in P., Columbus Ohio 1988; M. R. O'Connell, B. P.. Reasons of the Heart, Grand Rapids Mich. 1997; R. Parish, P.'s »Lettres Provinciales«. A Study in Polemic, New York 1989, 1991; T. Parker, Volition, Rhetoric, and Emotion in the Work of P., New York/London 2008; H. Pasqua, B. P.. Penseur de la grâce, Paris 2000; T. Pavlovits, Le rationalisme de P., Paris 2007; M. Pécharman (ed.), P.. Qu'est-ce que la vérité?, Paris 2000; A. Peratoner, P., Rom 2011; M. Pérouse, L'invention des »Pensées« de P.. Les éditions de Port-Royal (1670–1678), Paris 2009; J. R. Peters, Logic of the Heart. Augustine, P., and the Rationality of Faith, Grand Rapids Mich. 2009; L. Pezza, Le tentazioni del finito. Saggio su B. P., Neapel 2002; R. H. Popkin, P., Enc. Ph. VI (1967), 51–55, VII (^{2}2006), 129–135; D. Rabourdin, P.. Foi et conversion. La ›machine‹ des »Pensées« et le projet apologétique, Paris 2013; N. Rescher, P.'s Wager. A Study of Practical Reasoning in Philosophical Theology, Notre Dame Ind. 1985; A. Rich, P., RGG V (^{3}1961), 132–134; B. Rogers, P.. In Praise of Vanity, London 1998; W. Schmidt-Biggemann, P., TRE XXVI (1996), 37–43; ders., B. P., München 1999; J.-P. Schobinger, B. P.s Reflexionen über die Geometrie im allgemeinen. »De l'esprit géométrique« und »De l'art de persuader«. Mit dt. Übers. und Kommentar, Basel/Stuttgart 1974; P. Stolz, Gotteserkenntnis bei B. P.. Eine problemgeschichtliche Untersuchung, Frankfurt etc. 2001; A. Straudo, La fortune de P. en France au dix-huitième siècle, Oxford 1997; L. Susini, L'écriture de P.. La lumière et le feu. La ›vraie éloquence‹ à l'œuvre dans les »Pensées«, Paris 2008; R. Tanton, P., DSB X (1974), 330–342; L. Thirouin, Le hasard et les règles. Le modèle du jeu dans la pensée de P., Paris 1991; B. Vergely, P. ou l'expérience de l'infini, Toulouse 2007; J.-R. Vernes, Le principe de P.-Hume et le fondement des sciences physiques, Paris 2005; L. Vinciguerra, La représentation excessive. Descartes, Leibniz, Locke, P., Villeneuve d'Ascq 2013; E. Wasmuth, Der unbekannte P.. Versuch einer Deutung seines Lebens und seiner Lehre, Regensburg 1962; C. C. J. Webb, P.'s Philosophy of Religion, Oxford 1929 (repr. New York 1970); O. Weiß, »Der erste aller Christen«. Zur deutschen P.-Rezeption von Friedrich Nietzsche bis Hans Urs von Balthasar, Regensburg 2012; D. Wetsel, L'Écriture et le reste. The Pensées of P. in the Exegetical Tradition of Port-Royal, Columbus Ohio 1981; W. Wood, B. P. on Duplicity, Sin, and the Fall. The Secret Instinct, Oxford etc. 2013; R. H. Ziegler, Buchstabe und Geist. P. und die Grenzen der Philosophie, Göttingen 2010; E. Zwierlein, B. P. zur Einführung, Hamburg 1996. – B. P.. L'homme et l'œuvre (Cahiers de Royaumont Phil. 1), Paris 1956; P. présent 1662–1962, Clermont-Ferrand 1962, ^{2}1963; Méthodes chez P.. Actes du colloque tenu à Clermont-Ferrand 10–13 juin 1976, Paris 1979; Rev. hist. sci. applic. 15 (1962), H. 3–4 (P. et les mathématiques); Les »Pensées« de P. ont trois cents ans, Clermont-Ferrand 1971. F. K.

passio (lat. Leiden), der ↑actio, d. h. dem Tätigsein oder Handeln, entgegengesetzt, in der philosophischen Tradition im Anschluß an die Aristotelische Unterscheidung von *πάσχειν* ([er-]leiden) und *ποιεῖν* (tun) Bezeichnung für eine der akzidentellen Grundbestimmungen bzw. ↑Kategorien für die Darstellung von Wirklichkeit überhaupt. Wie die anderen Kategorien wird p. dabei nicht nur als eine syntaktische Bestimmung, vor allem zur Unterscheidung der Passiv- und Aktivformen von Verben, verstanden, sondern auch (und vor allem) als ein ontologisches Verhältnis, das in den syntaktischen Bestimmungen der Sprache repräsentiert wird. Dieses ontologische Verhältnis wird von Aristoteles im Zusammenhang seiner Analyse der Begriffe der ↑Veränderung (*μεταβολή*) und der Bewegung (*κίνησις*) – von Geschehnissen und Prozessen im allgemeinen – erläutert (vgl. Phys. *Γ*1–3.200b9–202b29). Entscheidend dabei ist, daß p. und actio erst in ihrer Wechselwirkung ein Geschehen oder einen ↑Prozeß ausmachen. Diese Wechselwirkung entsteht für Aristoteles dadurch, daß die Vermögen zu (er-)leiden und zu handeln in bestimmter Weise aufeinander ausgerichtet sind. So ist das »Vermögen des Leidens als ein in dem Leidenden selbst wohnendes Prinzip des Leidens von einem anderen oder insofern dies ein anderes ist« (Met. *Θ*1.1046a11–13) zu verstehen: Die Möglichkeit, zum Gegenstand bestimmter Handlungen zu werden, gehört zur Identität des Leidenden selbst. Entsprechend läßt sich auch die actio nur dadurch verwirklichen, daß sie auf etwas trifft, das des Erleidens dieser Tätigkeit fähig ist. Tätiges und leidendes Vermögen müssen zusammentreffen, damit sich die Wirklichkeit der actio und der p. ergeben kann. In der Wirklichkeit des Geschehens wird darüber hinaus auch das Tätige selbst zum Leidenden, insofern es nämlich durch den Kontakt mit dem Leidenden rückbetroffen ist (vgl. Phys. *Γ*2.202a7–9). Tätigsein und Erleiden erweisen sich damit als die Elemente einer komplexen Struktur, in der sich jedes Geschehen verwirklicht.

In der ↑Scholastik wird dieses Verhältnis vor allem von Thomas von Aquin sowohl asymmetrisch aufgelöst als auch über die Analyse des Geschehens (der Bewegung und der Veränderung) hinaus im Sinne einer metaphysischen Interpretation der Wirklichkeit insgesamt erweitert. Letztlich um das Verhältnis von Schöpfergott zu geschaffener Welt darzustellen, wird eine Wechselwirkung und Vermischung von actio und p. nur für das wandelbare geschaffene Sein zugestanden, während Gottes Sein ohne alle Beimischung von p., in der man eine Unvollkommenheit sieht, verstanden wird. O. S.

Patañjali, (1) ind. Philosoph zwischen dem 3. und 4. Jh. n. Chr., Verfasser des Yogasūtra, der das System des ↑Yoga in der indischen Philosophie (↑Philosophie, indische) begründenden Schrift (traditionell wohl zu Unrecht mit dem Grammatiker gleichen Namens identifiziert); (2) ind. Grammatiker, vermutlich aus Mathurā, um 150 v. Chr., Verfasser des Mahābhāṣya. Dessen Werk ist die erste große Zusammenfassung und Weiterführung der Diskussion um Pāṇinis Sanskritgrammatik, ausgeführt im Stil einer Disputation zwischen Schüler, Meister und diesem assistierenden Meisterschüler (ācārya-deśīya) anhand der ca. 4000 Anmerkungen (vārttika) zu Pāṇini von P.s Vorgänger Kātyāyana (um 250 v. Chr.). Seither sind Pāṇini, Kātyāyana und P. für die späteren Grammatiker, nicht nur der Pāṇini-Schule, Autoritäten.

P.s Analysen gehen über grammatische Beschreibungen weit hinaus und zeichnen sich durch detaillierte Überlegungen zu einer logisch-philosophischen Grammatik aus: (1) In inhaltlicher und terminologischer Übereinstimmung mit dem historisch vorausgehenden Mīmāṃsā-Sūtra (↑Mīmāṃsā) z. B. die Lehre von der Ewigkeit der Sprache (↑śabda), wobei deren Begründung mit Hilfe der von P. erstmals aufgestellten Lehre vom ↑sphoṭa, also der Entdeckung des Schemaaspekts von Sprachhandlungen – Schema und Aktualisierung werden als die zwei Wesen (svabhāva) eines śabda bezeichnet –, wiederum von der Mīmāṃsā teilweise übernommen wurde; ähnliche Wechselwirkungen liegen in bezug auf Art und Funktion der das Verständnis von sprachlichen Ausdrücken regierenden Interpretationsregeln (paribhāṣā) vor. (2) Erste Schritte hin zur Kategorienlehre des ↑Vaiśeṣika, z. B. bei der Gegenüberstellung von śabda und Ding (↑dravya), Handlung (kriyā oder ↑karma), Eigenschaft (↑guṇa), Gestalt (↑ākṛti), wobei Eigenschaft von Ding, in Übereinstimmung wiederum mit dem ↑Sāṃkhya, durch Wahrnehmbarkeit mit einem der fünf Sinne unterschieden ist. Von dravya als lediglich erschlossenem und nicht wahrgenommenem Substrat wird sowohl Eigenständigkeit als auch Reduzierbarkeit auf ein Eigenschaftenbündel (guṇa-samudāya) diskutiert. Je nachdem, ob dravya als *principium individuationis* (↑Individuation) für eine ākṛti fungiert (z. B. diese oder jene goldene Halskette, daher dann ›dravya‹ auch synonym zu ›vyakti‹, d. i. Einzelding) oder umgekehrt (z. B. diese oder jene Form eines Stückes Gold), ist ākṛti oder dravya ewig und kommt damit als ›natürliche‹ Bedeutung (↑artha) des nach Voraussetzung ewigen śabda (im Beispiel ›Halskette‹ oder ›Gold‹) in Frage. Die Kategorien sind verschiedene Gesichtspunkte der Beschreibung von etwas Existierendem und noch nicht zu verschiedenen Gegenstandsarten hypostasiert. – Der große Kommentar des Sprachphilosophen Bhartṛhari (ca. 450–510) zum Mahābhāṣya ist bis auf ein fragmentarisch erhaltenes Manuskript verloren und nur ein von ihm inspirierter, seinerseits von Nāgeśa (ca. 1670–1750) detailliert kommentierter Kommentar (Pradīpa und

Pradīpa-Uddyota) des kaśmīrischen Grammatikers Kaiyaṭa (12. Jh.) gegenwärtig verfügbar.

Ausgaben: (1) ↑Yoga, ↑Philosophie, indische. (2) Vyākaraṇa-Mahābhāṣya, I–XI, ed. S. D. Joshi/J. A. F. Roodbergen, Poona 1968–1990; Mahābhāṣya. Paspaśāhnika (Introductory Chapter), ed. K. C. Chatterji, Kalkutta 1953, [3]1964; Mahābhāṣya de P./ Pradīpa de Kaiyaṭa/Uddyota de Nāgeśa, ed. P.-S. Filliozat, I–V, Pondichéry 1975–1986.

Literatur: (1) ↑Yoga, ↑Philosophie, indische. (2) C. Bailly, P. the Grammarian, ER XI (1987), 207–208; J. W. Benson, P.'s Remarks on Aṅga, Delhi/New York 1990; M. P. Candotti, Interprétations du discours métalinguistique. La fortune du sūtra A 1.1.68 chez P. et Bhartṛhari, Florenz 2006; H. G. Coward/K. Kunjunni Raja (ed.), Encyclopedia of Indian Philosophies V (The Philosophy of the Grammarians), Princeton N. J., Delhi 1990; P.-S. Filliozat, An Introduction to Commentaries on P.s Mahābhāṣya, Poona 1991; E. Frauwallner, Sprachtheorie und Philosophie im Mahābhāṣyam des P., Wiener Z. f. d. Kunde Süd- u. Ostasiens u. Arch. Ind. Philos. 4 (1960), 92–118; F. Kielhorn, Kātyāyana and P.. Their Relation to Each Other, and to Pāṇini, Bombay 1876 (repr. Osnabrück 1965), Varanasi 1963; V. P. Limaye, Critical Studies on the Mahābhāṣya, Hoshiarpur 1974; V. G. Paranjpe, Le Vārttika de Kātyāyana. Une étude du style, du vocabulaire et des postulats philosophiques, Heidelberg 1922; K. M. K. Sarma, Pāṇini, Kātyāyana, and P., Delhi 1968; H. Scharfe, Die Logik im Mahābhāṣya, Berlin (Ost) 1961; A. Wezler, Paribhāṣā IV, V und XV. Untersuchungen zur Geschichte der einheimischen indischen grammatischen Scholastik, Bad Homburg/Berlin/Zürich 1969. K. L.

Patristik, Bezeichnung für (1) die Epoche der Kirchenväter (›patres‹), (2) die Wissenschaft vom christlichen Altertum (insbes. seit J. P. Mignes Editionen im 19. Jh. auch ›Patrologie‹), (3) die patristische Philosophie als philosophische Auseinandersetzung mit der antiken Philosophie (↑Philosophie, antike). Die Epoche der P. beginnt im 2. Jh. und endet im lateinischen Westen mit Gregor dem Großen und Isidor von Sevilla im 7., im griechischen Osten mit Johannes Damascenus im 8. Jh.. Im 1. und 2. Jh. greifen die christlichen Apologeten platonische, stoische und skeptische Motive auf. Die *griechische* P. der frühalexandrinischen Zeit steht unter dem Einfluß des Mittelplatonismus (↑Platonismus), des ↑Stoizismus und Philons von Alexandreia. Bereits Justinus der Märtyrer beschreibt seine Konversion von einer religiös verstandenen platonischen Philosophie zum christlichen Glauben. Seine Philosophiekritik betrifft die Platonischen Konzeptionen der angeborenen ↑Unsterblichkeit der Seele und der ↑Anamnesis, ebenso den stoischen Schicksalsbegriff (↑Schicksal) und die Lehre von der Ekpyrosis (↑Stoa), hindert ihn jedoch nicht an für die P. typischen eklektischen (↑Eklektizismus) Rückgriffen auf nicht-christliche (›pagane‹) Autoren. Das gilt auch für Tatian, Athenagoras und Theophilos von Antiochien. Insbes. wird ihre Ethik von Stoikern wie Musonius und Epiktet beeinflußt; diese versuchen, skeptische (↑Skeptizismus) Argumente gegen Existenz und Wirken der heidnischen Gottheiten einzusetzen. Clemens Alexandrinus entwickelt in seinen nicht erhaltenen »Hypotyposen« ein an der ↑Gnosis orientiertes Christentum. Die schulmäßige Organisation der Weitergabe des Erlösungswissens (γνῶσις) innerhalb hermetischer (↑hermetisch/Hermetik) Zirkel entspricht der neupythagoreischen (↑Neupythagoreismus, ↑Pythagoreismus) Auffassung von der Differenz der esoterischen und der populären Philosophie. In seinen »Stromateis« (›Teppiche‹) erklärt Clemens die Philosophie zur Magd der Theologie, weil auch sie den Menschen allein von Gott gegeben sei. Als spezifisch philosophische Konzeptionen vertritt er z. B. die absolute Transzendenz (↑transzendent/Transzendenz) Gottes und die Methode der ↑Allegorese. Deutlich mittelplatonische Züge trägt die Theologie des Origenes. Dieser entwickelt unter philosophischem Einfluß als einer der ersten ein theologisches System. Die zentrale und bis zum Ende des Mittelalters fortwirkende Eigenart der P. wird hier als Überführung christlicher Frömmigkeits- und Verkündigungspraxis in die Gestalt und die Sprache einer philosophischen Theorie greifbar.

Vor A. Augustinus kann die gesamte *lateinische* P. als philosophiefeindlich gelten: Die Philosophie kennt keine Heilswahrheiten und ist daher für den Menschen ohne Wert; sie ist Hybris durch ihre Verführung zur Neugier (*curiositas*) und Häresie durch ihre von der Bibel abweichenden Irrlehren. Der antiphilosophische biblische ↑Fundamentalismus der lateinischen P. zeigt sich in dem berühmten Diktum ↑›credo quia absurdum‹, das die rigorose und unversöhnliche Trennung der heidnischen ›Torheit‹ und der christlichen Wahrheit (im Anschluß an Paulus, Kol. 2,8 und 1. Kor. 1,27;1. Kor 3,18–20) artikuliert. Die spätere lateinische P. (Minucius Felix, Arnobius, Laktanz) reklamiert allein für das Christentum selbst den Titel ›Philosophie‹. Erst mit Augustinus entsteht in Gestalt einer reflektierenden Aneignung der christlichen Verkündigungsinhalte ein philosophisches Denken, das von der P. zu den systematischen Syntheseversuchen der mittelalterlichen ↑Scholastik vorausweist.

Werke: Die Ausgaben MPL und MPG werden nach und nach durch folgende neue (kritische) Ausgaben ersetzt: Corpus Scriptorum Ecclesiasticorum Latinorum (CSEL), ed. Akad. Wiss. Wien, Wien 1866 ff.; Die griechischen christlichen Schriftsteller der ersten (bis 1941: drei) Jahrhunderte, ed. Königl. Preuß. (heute: Berlin-Brandenburgische) Akad. Wiss., Leipzig (heute: Berlin) 1897 ff.; Corpus Scriptorum Christianorum Orientalium (CSCO), ed. J. B. Chabot u. a. (heute: Kath. Universität Amerikas/Kath. Universität Louvain), Paris, Leipzig (heute: Louvain) 1903 ff. (repr. 1960 ff.); Patrologia Orientalis (PO), ed. R. Graffin u. a., Paris 1904 ff.; Corpus Christianorum. Series Latina, Turnhout 1954 ff. – O. Perler, Patristische Philosophie, Bern 1950; Bibliographia Patristica. Internationale patristische Bibliographie I–XXXV, ed. W. Schneemelcher u. a., Berlin 1959–1997;

H. Kraft, Kirchenväterlexikon, München 1966; H. J. Sieben, Voces. Eine Bibliographie zu Wörtern und Begriffen aus der P. (1918–1978), Berlin/New York 1980; C. T. Berkhout/J. B. Russell, Medieval Heresies. A Bibliography (1960–1979), Toronto 1981. – Totok II (1973), 40–174.

Literatur: B. Altaner, Patrologie, Freiburg 1938, mit Untertitel: Leben, Schriften und Lehre der Kirchenväter, ^{3}1951, ergänzt v. A. Stuiber, ^{6}1960, ^{9}1980, 1993 (ital. Patrologia, Turin/Rom 1940, ^{7}1977 [repr. 1981]; span. Patrología, Madrid 1945, ^{5}1962); O. Bardenhewer, Geschichte der altkirchlichen Literatur, I–V, Freiburg 1902–1932, ^{2}1913–1932 (repr. Darmstadt 1962); H. v. Campenhausen, Die griechischen Kirchenväter, Stuttgart, Zürich/Wien 1955, ^{2}1956, unter dem Titel: Griechische Kirchenväter, Stuttgart ^{3}1961, ^{7}1986 (engl. The Fathers of the Greek Church, New York 1959, London 1963; franz. Les pères grecs, Paris 1963, 2001); ders., Lateinische Kirchenväter, Stuttgart 1960, ^{7}1995 (engl. The Fathers of the Latin Church, London 1964, Stanford Calif. 1969; franz. Les pères latins, Paris 1967, 2001); H. R. Drobner, Lehrbuch der Patrologie, Freiburg 1994, Frankfurt etc. ^{3}2011; M. Fiedrowicz, Handbuch der P.. Quellentexte zur Theologie der Kirchenväter, Freiburg/Basel/Wien 2010; J. de Ghellinck, Patristique et moyen âge. Études d'histoire littéraire et doctrinale, I–III, Gembloux, Brüssel, Paris 1946–1949, Neudr. 1961; E. Gilson, La philosophie au moyen âge, I–II, Paris 1922, in 1 Bd. mit Untertitel: Des origines patristiques à la fin du XIVe siècle, ^{2}1944, 1999; ders./P. Böhner, Die Geschichte der christlichen Philosophie von ihren Anfängen bis Nikolaus von Cues, I–III, Paderborn 1936–1937, ^{2}1952–1954; ders., History of Christian Philosophy in the Middle Ages, London, New York 1955, London 1980; L. Grane/A. Schindler/M. Wriedt (eds.), Auctoritas patrum. Zur Rezeption der Kirchenväter im 15. und 16. Jahrhundert/Contributions on the Reception of the Church Fathers in the 15th and 16th Century, Mainz 1993, unter dem Titel: Auctoritas Patrum. II (Neue Beiträge zur Rezeption der Kirchenväter im 15. und 16. Jahrhundert/New Contributions on the Reception of the Church Fathers in the 15th and 16th Century), Stuttgart 1998; A. v. Harnack, Lehrbuch der Dogmengeschichte, I–III, Freiburg 1886–1890, erw. Tübingen ^{4}1909–1910 (repr. Darmstadt 1964, 1990) (engl. History of Dogma, I–VII, London/Edinburgh/Oxford 1894–1899, Boston Mass. 1899–1903 [repr. in 4 Bdn., New York 1961]); J. P. Kenney, Patristic Philosophy, REP VII (1998), 254–261; C. Markschies/J. van Oort (eds.), Zwischen Altertumswissenschaft und Theologie. Zur Relevanz der P. in Geschichte und Gegenwart, Löwen 2002; C. Moreschini, Storia della filosofia patristica, Brescia 2004, 2005; J. Quasten, Patrology, I–IV (I The Beginnings of Patristic Literature, II The Ante-Nicene Literature after Irenaeus, III The Golden Age of Greek Patristic Literature. From the Council of Nicaea to the Council of Chalcedon, IV The Golden Age of Latin Patristic Literature. From the Council of Nicaea to the Council of Chalcedon), Brüssel/Utrecht, Westminster Md. 1950–1988, 1992 (ital. Patrologia, I–III, ed. A. di Bernadino, Turin 1973–1978, 1980–1981); B. Romeyer, La philosophie chrétienne jusqu'à Descartes, I–III, Paris 1934–1937; C. Schneider, Geistesgeschichte des antiken Christentums, I–II, München 1954, gekürzt in 1 Bd. 1970, 1978; A. Stöckl, Geschichte der christlichen Philosophie zur Zeit der Kirchenväter, Mainz 1891 (repr. Aalen 1968); C. Tresmontant, Les origines de la philosophie chrétienne, Paris 1962 (engl. The Origins of Christian Philosophy, London 1962, New York 1963); H. A. Wolfson, The Philosophy of the Church Fathers, Cambridge Mass. 1956, ^{3}1970. T. R.

Patrizi, Francesco, *Cherso (Italien) 25. April 1529, †Rom 7. Febr. 1597, neuplatonischer Renaissancephilosoph. Studium in Ingolstadt und Padua. P. hatte die beiden ersten Lehrstühle inne, die ausschließlich für Platonische Philosophie eingerichtet worden waren (Ferrara 1570, Rom 1592); beide wurden nach seinem Tod nicht wiederbesetzt. – P.s Hauptwerk »Nova de universis philosophia« besteht aus vier Teilen. Der erste Teil (Panaugia) ist dem Thema ›Licht‹ gewidmet, der zweite (Panarchia) den ersten Prinzipien, der dritte (Panpsychia) der Seele und der vierte (Pancosmia) der Mathematik und Naturphilosophie. Nach P. ist die Welt aus vier ↑Elementen aufgebaut: Licht (lumen), Raum (spacium), Wärme (calor) und Feuchtigkeit (fluor). P. war Anhänger einer neuplatonischen (↑Neuplatonismus) ↑Lichtmetaphysik und damit erklärter Gegner des ↑Aristotelismus. Das unkörperliche Element Licht sollte das göttliche Eine stets mit seiner ↑Schöpfung verbinden und Leben und Bewegung in einer materiellen Welt erklären. Nach P. läßt sich der Raumbegriff nicht in das scholastische Begriffs- und Kategoriensystem einordnen. Gefragt wird nicht mehr, ob der ↑Raum ein Akzidenz oder eine ↑Substanz, körperlich oder unkörperlich ist; er wird vielmehr als notwendige Bedingung dessen, was existiert, vorausgesetzt. Der Raum ist das erste, was Gott geschaffen hat, weil er Bedingung für alles weitere ist. Dabei unterscheidet P. als einer der ersten zwischen dem mathematischen und dem physischen Raum. – Gegenstand der »Dieci Dialoghi della Historia« ist der Wahrheitsgehalt der ↑Geschichte, weshalb diese Schrift auch als Anfang einer methodologischen Geschichtsschreibung gilt. Für P. ist Geschichte ausschließlich menschliche Handlungsgeschichte aus vergangener Zeit und ein durch die ›memoria‹ vermittelter Akt des Sehens. Die ↑Rhetorik dient nach P. der Erforschung der Korrespondenzen zwischen der Struktur des menschlichen Geistes und des Kosmos.

Werke: Della historia diece dialoghi, Venedig 1560 (repr. in: E. Kessler, Theoretiker humanistischer Geschichtsschreibung, München 1971); Della retorica dieci dialoghi, Venedig 1562 (repr. 1994); Discussionum peripateticarum tomi IV [...], Venedig 1571, Basel 1581 (repr. Köln/Weimar/Wien 1999); La militia Romana [...], Ferrara 1583; Apologia [...], Ferrara 1584; Della poetica, Ferrara 1586, in 3 Bdn., ed. D. Aguzzi Barbagli, Florenz 1969–1971; De rerum natura libri II priores. Alter de spacio physico, alter de spacio mathematico, Ferrara 1587 (engl. On Physical Space, übers. B. Brickman, J. Hist. Ideas 4 [1943], 224–245; franz. De spacio physico et mathematico, ed. H. Védrine, Paris 1996); Della nuova geometria, Ferrara 1587; Nova de universis philosophia [...], Ferrara 1591, Venedig 1593 (repr. Zagreb 1979), ed. A. L. Puliafito Bleuel, Florenz 1993; Paralleli militari [...], Rom 1594, 1606; Primae philosophiae liber, in: E. Garin/P. Rossi/C. Vasoli (eds.), Testi umanistici su la retorica, Rom/Mailand 1953 (Arch. filos. 21 [1953], H. 3), 48–55; L'amorosa filosofia, ed. J. C. Nelson, Florenz 1963; Della Poetica, I–III, ed. D. Aguzzi Barbagli, Florenz 1969–1971; Emendatio in libros suos novae philosophiae, ed. P. O. Kristeller, Rinascimento 10 (1970), 215–218; Nova de universis philosophia. Materiali per un'edizione emendata, ed. A. L. Puliafito Bleuel, Florenz 1993. – Lettere ed opuscoli inediti, ed. D. Aguzzi Barbagli, Florenz 1975.

Literatur: P. R. Blum, Philosophieren in der Renaissance, Stuttgart 2004, 56–71 (Kap. 4 Rhetorische Philosophie und Geschichte bei Francesco Patrizi); L. Bolzoni, L'universo dei poemi possibili. Studi su F. P. da Cherso, Rom 1980; B. Brickman, An Introduction to F. P.'s »Nova de universis philosophia«, New York 1941; P. Castelli, Francesco Patrizi filosofo platonico nel crepuscolo del Rinascimento, Florenz 2002; Z. Dadić, Franjo Petriš. I njegova prirodnofilozofska i prirodoznanstvena misao/ Franciscus Patricius. And His Natural Philosophical and Natural Scientific Thought [kroat./dt.], Zagreb 2000; K. Flasch, Aristotelismus oder Neue Philosophie. F. P. gegen die Peripatetiker, in: ders., Kampfplätze der Philosophie. Große Kontroversen von Augustin bis Voltaire, Frankfurt 2008, 2011, 275–291; J. Henry, F. P. da Cherso's Concept of Space and Its Later Influence, Ann. Sci. 36 (1979), 549–573; P. O. Kristeller, Eight Philosophers of the Italian Renaissance, Stanford Calif. 1964, 1966 (franz. Huit philosophes de la Renaissance italienne, Genf 1975; dt. Acht Philosophen der italienischen Renaissance. Petrarca, Valla, Ficino, Pico, Pomponazzi, Telesio, P., Bruno, Weinheim 1986); F. Lamprecht, Zur Theorie der humanistischen Geschichtsschreibung. Mensch und Geschichte bei F. P., Zürich 1950; S. Otto, Die ›mögliche Wahrheit‹ der Geschichte. Die »Dieci Dialoghi della Historia« des F. P. (1529–1597) in ihrer geistesgeschichtlichen Bedeutung, in: ders., Materialien zur Theorie der Geistesgeschichte, München 1979, 134–173; A. L. Puliafito, ›Principio primo‹ e ›principi principiati‹ nella »Nova de universis philosophia« di F. P., Giornale crit. filos. ital. 67 (1988), 154–201; F. Purnell, Francesco Patrizi, SEP 2004, rev. 2008; P. Rossi, F. P.: Heavenly Spheres and Flocks of Cranes, in: M. L. Dalla Chiara (ed.), Italian Studies in the Philosophy of Science, Dordrecht/ Boston Mass./London 1981 (Boston Stud. Philos. Sci. XLVII), 363–388; J. L. Saunders, Patrizi, Francesco, Enc. Ph. VII ([2]2006), 144; K. Schuhmann, Zur Entstehung des neuzeitlichen Zeitbegriffs: Telesio, P., Gassendi, Philos. Nat. 25 (1988), 37–64; A. Solerti, Autobiografia di Francesco Patricio (1529–1597), Archivio storico per Trieste, l'Istria e il Trentino 3 (1884–1886), 275–281; C. Vasoli, »L'amorosa filosofia« di F. P. e la dissoluzione del mito platonico dell'amore, Riv. stor. filos. 43 (1988), 419–441; B. Vickers, Rhetoric and Poetics, in: C. B. Schmitt u. a. (eds.), The Cambridge History of Renaissance Philosophy, Cambridge etc. 1988, 2007, 715–745. E.-M. E.

Pauli, Wolfgang Ernst, *Wien 25. April 1900, †Zürich 15. Dez. 1958, schweiz.-amerik. Physiker österr. Herkunft, einer der bedeutendsten theoretischen Physiker des 20. Jhs. mit wichtigen Arbeiten zur ↑Quantentheorie. P., Sohn des physikalischen Chemikers Wolfgang P. und Patenkind von E. Mach, studierte ab 1918 in München Physik. 1921 Promotion bei A. Sommerfeld mit einer quantentheoretischen Analyse des Wasserstoffmoleküls, ab 1922 Assistent bei W. Lenz in Hamburg, im gleichen Jahr erste Begegnung mit N. Bohr, 1924 Habilitation. Nach Aufenthalten in Göttingen und Kopenhagen 1926 a. o. Prof. der Physik in Hamburg, Ablehnung eines Rufes nach Leipzig, 1928 o. Prof. an der ETH Zürich, ferner 1940–1946 Gastprofessor in den USA, vornehmlich am Institute for Advanced Study in Princeton. 1945 Nobelpreis für Physik (für das nach P. benannte Ausschließungsprinzip).

P. führt das Ausschließungsprinzip zur Deutung komplexer Atomspektren und ihres anomalen Zeeman-Effekts ein. Danach können in einem Atom zwei Elektronen niemals in allen (vier) Quantenzahlen übereinstimmen. Die durch diese Quantenzahlen gekennzeichneten Quantenzustände werden jeweils nur von einem Elektron besetzt. P.s Prinzip ist grundlegend für das Verständnis des Aufbaus der Atomhülle und damit des Periodensystems der chemischen Elemente, ebenso für das Verständnis des Verhaltens von Elektronen in Metallen und der Nukleonen in den Atomkernen. Als Folge der Nichtunterscheidbarkeit mikrophysikalischer Teilchen hat H. Weyl später auch mit Anspielung auf G. W. Leibnizens Prinzip der Nichtunterscheidbarkeit (↑Identität) vom Leibniz-P.-Prinzip gesprochen. Allgemein gilt: Ein System gleichartiger Fermionen geht niemals in einen Zustand über, in dem zwei dieser Teilchen am selben Ort und mit gleichem Spin angetroffen werden oder den gleichen Impuls und Spin haben. Auf diese Weise erklärt das P.-Prinzip die Ausdehnung der Materie. P.s Prinzip, vor Aufstellung der Quantenmechanik (↑Quantentheorie) gefordert, ist heute aus den Axiomen der Quantenfeldtheorie ableitbar (↑ableitbar/Ableitbarkeit). Ebenfalls 1924 führt P. zur Deutung der Hyperfeinstruktur der Atomspektren den *Kernspin* ein. 1925 wendet er die von W. Heisenberg u. a. entwickelte Matrizenmechanik auf das Wasserstoffatom an. 1926 Anwendung der Fermi-Statistik auf freie Elektronen in Metallen, womit der im wesentlichen temperaturabhängige *Paramagnetismus* der Metalle verstanden und die Quantentheorie der Elektronen in Metallen eingeleitet werden konnte. 1927 verallgemeinert P. die ↑Schrödinger-Gleichung durch die Einbeziehung des Spins, d. h. des magnetischen Moments des Elektrons und seiner Kopplung an ein äußeres Magnetfeld. Dabei wird der Elektronenspinoperator mit den ebenfalls nach P. benannten Spinmatrizen gebildet. P.s Gleichung für eine (zweikomponentige) ψ-Funktion erweist sich als (nichtrelativistische) Näherung der Dirac-Gleichung. – 1930 fordert P. die Existenz des (von E. Fermi später so bezeichneten) Neutrinos, um das kontinuierliche Energiespektrum beim β-Zerfall mit der Energieerhaltung in Einklang zu bringen. 1955 erfolgt der experimentelle Nachweis des Neutrinos.

Ab 1927 erste Arbeiten zur *Quantenelektrodynamik*: mit P. Jordan 1927 lorentz-invariante (↑Lorentz-Invarianz) Formulierung der Vertauschungsregeln für elektromagnetische Feldgrößen, mit Heisenberg 1929 Quantisierung des elektromagnetischen Feldes, mit V. Weisskopf 1934 Untersuchung zur Quantisierung einer skalaren

Feldtheorie der Materie. Im Rahmen seiner späteren Arbeiten zu einer allgemeinen *Quantenfeldtheorie* beweist P. den Satz, daß für Teilchen mit halbzahligem Spin die Fermi-Statistik, für Teilchen mit ganzzahligem Spin die Bose-Statistik gilt. Hierher gehört auch P.s *Mesonentheorie der Kernkräfte* (1940–1946) und die zusammen mit Heisenberg ab 1953 entwickelte *Spinortheorie* der Elementarteilchen, von der er sich später distanziert. – 1955 gelingt P. eine Verallgemeinerung des erstmals von G. Lüders aufgestellten ↑PCT-Theorems, wonach alle Gesetzmäßigkeiten in mikrophysikalischen Systemen invariant (↑invariant/Invarianz) sind gegen gleichzeitige Anwendung der Paritätstransformation P (Raumspiegelung), der Ladungskonjugation C und der Zeitumkehrtransformation T.
In seinen naturphilosophischen Schriften betont P., ähnlich wie Heisenberg, die Symmetrie (↑symmetrisch/Symmetrie (naturphilosophisch)) physikalischer Gesetze. Im Anschluß an Bohr verwendet er das ↑Komplementaritätsprinzip, um das Verhältnis von Beobachter (Subjekt) und Meßobjekt in der ↑Quantentheorie erkenntnistheoretisch neu zu bestimmen. Unter dem Eindruck der Schriften C. G. Jungs vertritt P. eine platonisierende Philosophie präexistenter innerer Bilder der menschlichen Psyche (↑Archetypus), die im Erkenntnisprozeß mit äußeren Objekten zur Deckung gebracht werden. So weist P. archetypische Ideen zur Symmetrie bei J. Kepler nach. Archetypen werden jedoch nicht als statisch unveränderlich aufgefaßt, sondern in Orientierung an F. Gonseths ›philosophie ouverte‹ als dialektischer Entwicklungsprozeß, in dem sich Symbole durch Rückwirkung auf das Bewußtsein ändern können. – Berühmt und gefürchtet war P.s Stil als Physiker, der sich durch mathematische Strenge und kompromißlose Kritik physikalischer Unzulänglichkeiten auszeichnete und ihm den Titel eines ›Gewissens der Physik‹ einbrachte.

Werke: Collected Scientific Papers, I–II, ed. R. Kronig/V. F. Weisskopf, New York/London/Sydney 1964. – Relativitätstheorie, Leipzig/Berlin 1921 (repr. Turin 1963), ed. D. Giulini, Berlin etc. 2000 (engl. Theory of Relativity, London etc. 1958, New York 1981); Die allgemeinen Prinzipien der Wellenmechanik, Ann Arbor Mich. 1946, ed. N. Straumann, Berlin etc. 1990; Vorlesung von Prof. Dr. W. P. über statistische Mechanik, ed. R. Schafroth, Zürich 1947, Turin 1962 (engl. Statistical Mechanics, als: P. Lectures on Physics [s. u.] IV); Vorlesung von Prof. Dr. W. P. über Optik und Elektronentheorie, ed. A. Scheidegger, Zürich 1948, Turin 1962 (engl. Optics and the Theory of Electrons, als: P. Lectures on Physics [s. u.] II); Vorlesung von Prof. Dr. W. P. über Elektrodynamik, ed. A. Thellung, Zürich 1949, Turin 1962 (engl. Electrodynamics, als: P. Lectures on Physics [s. u.] I); Ausgewählte Kapitel aus der Feldquantisierung, ed. U. Hochstrasser/M. R. Schafroth, Zürich 1951, Turin 1962 (engl. Selected Topics in Field Quantization, als: P. Lectures on Physics [s. u.] VI); Der Einfluss archetypischer Vorstellungen auf die Bildung naturwissenschaftlicher Theorien bei Kepler, in: C. G. Jung/W. P., Naturerklärung und Psyche, Zürich 1952, 109–194 (engl. The Influence of Archetypal Ideas on the Scientific Theories of Kepler, in: The Interpretation of Nature and the Psyche, London, New York 1955, 147–240); Vorlesung von Prof. Dr. W. P. über Thermodynamik und kinetische Gastheorie, ed. E. Jucker, Zürich 1952, [2]1958, Turin 1962 (engl. Thermodynamics and the Kinetic Theory of Gases, als: P. Lectures on Physics [s. u.] III); Vorlesung von Prof. Dr. W. P. über Wellenmechanik, ed. F. Herlach/H. E. Knoepfel, Zürich 1959, Turin 1962 (engl. Wave Mechanics, als: P. Lectures on Physics [s. u.] V); Aufsätze und Vorträge über Physik und Erkenntnistheorie, Braunschweig 1961, unter dem Titel: Physik und Erkenntnistheorie, Braunschweig/Wiesbaden 1984 (franz. Physique moderne et philosophie, Paris 1999); P. Lectures on Physics, I–VI, Cambridge Mass./London 1973, Mineola N. Y. 2000; Vierpoltheorie und ihre Anwendung auf elektronische Schaltungen, Berlin 1974; Fünf Arbeiten zum Ausschließungsprinzip und zum Neutrino. Mit Kurzbiographie und Einleitungen, ed. S. Richter, Darmstadt 1977; Writings on Physics and Philosophy, ed. C. P. Enz/K. v. Meyenn, Berlin/Heidelberg/New York 1994. – W. P.. Wissenschaftlicher Briefwechsel mit Bohr, Einstein, Heisenberg u. a., I–III, IV/1–4, ed. K. v. Meyenn, New York/Heidelberg/Berlin 1979–2005; (mit C. G. Jung) Ein Briefwechsel. 1932–1958, ed. C. A. Meier, Berlin etc. 1992 (franz. Correspondance 1932–1958, Paris 2000).

Literatur: H. Atmanspacher/H. Primas/E. Wertenschlag-Birkhäuser (eds.), Der P.-Jung-Dialog und seine Bedeutung für die moderne Wissenschaft, Berlin/Heidelberg 1995; ders./H. Primas (eds.), Recasting Reality. W. P.'s Philosophical Ideas and Contemporary Science, Berlin/Heidelberg 2009; C. Carson, P., in: N. Koertge (ed.), New Dictionary of Scientific Biography VI, Detroit Mich. etc. 2008, 34–36; C. P. Enz, W. P.'s Scientific Work, in: J. Mehra (ed.), The Physicist's Conception of Nature, Dordrecht/Boston Mass. 1973, 766–799; ders., In memoriam W. P. (1900–1958), Helvetica Physica Acta 56 (1983), 883–887; ders., No Time to Be Brief. A Scientific Biography of W. P., Oxford etc. 2002, 2010; ders., »P. hat gesagt«. Eine Biographie des Nobelpreisträgers W. P. 1900–1958, Zürich 2005; ders./K. v. Meyenn (eds.), W. P.. Das Gewissen der Physik, Braunschweig/Wiesbaden 1988 (mit Bibliographie, 519–532); M. Fierz, P., DSB X (1974), 422–425; ders./V. F. Weisskopf (eds.), Theoretical Physics in the Twentieth Century. A Memorial Volume to W. P., New York/London 1960; E. P. Fischer, An den Grenzen des Denkens. W. P. – ein Nobelpreisträger über die Nachtseiten der Wissenschaft, Freiburg/Basel/Wien 2000; ders., Brücken zum Kosmos. W. P. – Denkstoffe und Nachtträume zwischen Kernphysik und Weltharmonie, o. O. [Lengwil] 2004; S. Gieser, The Innermost Kernel. Depth Psychology and Quantum Physics. W. P.'s Dialogue with C. G. Jung, Berlin/Heidelberg/New York 2005; S. A. Goudsmit, P. and Nuclear Spin, Physics Today 14/6 (1961), 18–21; W. Heisenberg, W. P.s philosophische Auffassungen, Naturwiss. 46 (1959), 661–663, Neudr. in: ders., Schritte über Grenzen. Gesammelte Reden und Aufsätze, München 1971, München/Zürich 1989, 43–51; J. Hendry, P. as Philosopher, Brit. J. Philos. Sci. 32 (1981), 277–282; ders., The Creation of Quantum Mechanics and the Bohr-P. Dialogue, Dordrecht/Boston Mass./Lancaster 1984; K. V. Laurikainen, W. P. and Philosophy, Gesnerus 41 (1984), 213–241; ders., Beyond the Atom. The Philosophical Thought of W. P., Berlin etc. 1988; A. I. Miller, Deciphering the Cosmic Number. The Strange Friendship of W. P. and Carl Jung, New York/London 2009, unter dem Titel: 137. Jung, P., and the Pursuit of a Scientific

Obsession, New York/London 2010 (dt. 137. C. G. Jung, W. P. und die Suche nach der kosmischen Zahl, München 2011); D. E. Newton, P., in: B. Narins (ed.), Notable Scientists from 1900 to the Present IV, Farmington Hills 2001, 1721–1724; R. E. Peierls, W. E. P.. 1900–1958, Biographical Memoirs of Fellows of the Royal Society 5 (1959), 175–192; S. Richter, W. P.. Die Jahre 1918–1930, Skizzen zu einer wissenschaftlichen Biographie, Aarau 1979; R. F. Roth, Return of the World Soul. W. P., C. G. Jung and the Challenge of Psychophysical Reality, I–II, Pari 2011/2012. K. M.

Paulsen, Friedrich, *Langenhorn (b. Husum) 16. Juli 1846, †Berlin 14. Aug. 1908, dt. Philosoph und Pädagoge. Ab 1867 Studium zunächst der Theologie in Erlangen, dann der Philosophie und Pädagogik in Berlin, Bonn und Kiel. 1871 Promotion bei F. A. Trendelenburg in Berlin, 1875 Habilitation mit einer Arbeit über die Entwicklungsgeschichte der Kantischen Erkenntnistheorie ebendort. 1878 a. o. Prof., 1894 o. Prof. der Philosophie in Berlin, zugleich der Pädagogik (als Nachfolger W. Diltheys). In der Philosophie vertritt P., beeinflußt unter anderem von B. de Spinoza, den englischen Empiristen, I. Kant und A. Schopenhauer, in Form einer einflußreichen Einführungsliteratur Grundsätze der ↑Popularphilosophie, in der Pädagogik (seit etwa 1877) vor allem bildungspolitische Positionen. So setzt er sich als Vertreter eines pädagogischen Realismus für ein produktives Nebeneinander von zeitgemäß humanistischen und naturwissenschaftlichen Gymnasialformen ein und bezieht im Streit um die Reformpädagogik eine konservativ-kritische Position. Klassische Bedeutung besitzt seine »Geschichte des gelehrten Unterrichts auf den deutschen Schulen und Universitäten« (1885).

Werke: Symbolae ad systemata philosophiae moralis historicae et criticae, Berlin 1871; Versuch einer Entwicklungsgeschichte der Kantischen Erkenntnisstheorie, Leipzig 1875; Was uns Kant sein kann? Eine Betrachtung zum Jubeljahr der Kritik der reinen Vernunft, Vierteljahrsschr. wiss. Philos. 5 (1881), 1–96, separat Leipzig 1881; Geschichte des gelehrten Unterrichts auf den deutschen Schulen und Universitäten vom Ausgang des Mittelalters bis zur Gegenwart. Mit besonderer Rücksicht auf den klassischen Unterricht, Leipzig 1885, I–II, ²1896/1897, ed. R. Lehmann, I, Leipzig ³1919, II, Berlin/Leipzig ³1921 (repr. Berlin 1960, 1965); System der Ethik mit einem Umriß der Staats- und Gesellschaftslehre, Berlin 1889, I–II, ³1894, erw. ⁴1896 (engl. [gekürzt] A System of Ethics, New York etc., London 1899, New York 1900), Stuttgart/Berlin ¹¹/¹²1921; Einleitung in die Philosophie, Berlin 1892, ³1895 (engl. Introduction to Philosophy, New York 1895, 1930), Stuttgart/Berlin ⁴¹/⁴²1929; Über die gegenwärtige Lage des höheren Schulwesens in Preußen, Berlin 1893; Immanuel Kant. Sein Leben und seine Lehre, Stuttgart 1898, ²/³1899 (engl. Immanuel Kant. His Life and Doctrine, New York 1902 [repr. 1963]), ⁷/⁸1924; Schopenhauer, Hamlet, Mephistopheles. Drei Aufsätze zur Naturgeschichte des Pessimismus, Berlin 1900, Stuttgart/Berlin ⁴1926; Philosophia militans. Gegen Klerikalismus und Naturalismus. Fünf Abhandlungen, Berlin 1901, ³/⁴1908; Die deutschen Universitäten und das Universitätsstudium, Berlin 1902 (repr. Hildesheim 1966) (engl. The German Universities and University Study, New York, London 1906); Zur Ethik und Politik. Gesammelte Vorträge und Aufsätze, I–II, Berlin 1905, ⁴1908, Hamburg 1921; Das deutsche Bildungswesen in seiner geschichtlichen Entwickelung, Leipzig 1906, ²1909 (repr. Stuttgart, Darmstadt 1966), als Bd. I mit Untertitel: Von den Anfängen bis zur Reichsgründung 1871, Leipzig/Berlin ⁵1924, ⁶1928 (engl. German Education Past and Present, London 1908 [repr. New York 1976]); Richtlinien der jüngsten Bewegung im höheren Schulwesen Deutschlands. Gesammelte Aufsätze, Berlin 1909; Aus meinem Leben. Jugenderinnerungen, Jena 1909 (engl. [erw.] An Autobiography, ed. T. Lorenz, New York 1938), erw. mit Untertitel: Vollständige Ausgabe, ed. D. Lohmeier/T. Steensen, Bräist/Bredstedt 2008; Pädagogik, Stuttgart/Berlin 1911, ⁶/⁷1921; Ausgewählte pädagogische Abhandlungen, ed. C. Menze, Paderborn 1960. – Ferdinand Tönnies – F. P.. Briefwechsel 1876–1908, ed. O. Klose/E. G. Jacoby/I. Fischer, Kiel 1961.

Literatur: J. Apel, F. P. (1846–1908), in: H. Glöckel u. a. (eds.), Bedeutende Schulpädagogen. Werdegang – Werk – Wirkung auf die Schule von heute, Bad Heilbrunn 1993, 89–106; P. Drewek, F. P., in: B. Schmoldt (ed.), Pädagogen in Berlin. Auswahl von Biographien zwischen Aufklärung und Gegenwart, Hohengehren 1991, 171–193; R. Kränsel, Die Pädagogik F. P.s. Ein Beitrag zur Geschichte der Erziehungswissenschaft und zur Neufassung des Bildungsbegriffes in unserem Jahrhundert, I–II, Bredstedt 1973; ders., P., NDB XX (2001), 128–129; L. E. Loemker, P., Enc. Ph. VI (1967), 60–61, VII (²2006), 147–149; T. Miller, P., BBKL XXXI (2010), 997–1019; K. Müller, Tradition und Revolution. Sinndeutung gymnasialer Bildung von Wilhelm von Humboldt bis zur Gegenwart, Frankfurt 1973, bes. 100–117 (Kap. II/B F. P.); B. Schmoldt, Zur Theorie und Praxis des Gymnasialunterrichts (1900–1930). Eine Studie zum Verhältnis von Bildungstheorie und Unterrichtspraxis zwischen P. und Richert, Weinheim/Basel 1980; E. Spranger, F. P., in: ders., Vom pädagogischen Genius. Lebensbilder und Grundgedanken großer Erzieher, Heidelberg 1965, 222–246; D. Stüttgen, Pädagogischer Humanismus und Realismus in der Darstellung F. P.s, Alsbach 1993; E. Weiß, F. P. und seine volksmonarchistisch-organizistische Pädagogik im zeitgenössischen Kontext. Studien zu einer kritischen Wirkungsgeschichte, Frankfurt etc. 1999. J. M.

Paulus (Nicolettus) Venetus, *Udine um 1370, †Padua 15. Juni 1429, ital. Naturphilosoph und Logiker, bedeutender Vertreter des in der Schule von Padua (↑Padua, Schule von) vertretenen, methodologisch und logisch orientierten (averroistischen) ↑Aristotelismus (Ehrentitel: monarcha sapientiae, summus Italiae philosophus, Aristotelis genius). P. gehörte dem Orden der Eremiten des heiligen Augustin (↑Augustinismus) an; nach Studienbeginn 1387 in Padua ging er 1390 zum Studium der Naturphilosophie und der (terministischen) Logik (↑Terminismus) nach Oxford, von dort nach Paris, wo er wohl bei dem Nominalisten (↑Nominalismus) Pierre d'Ailly studierte, und kehrte 1395 nach Italien zurück. 1408 wird er unter den Lehrern in Padua aufgeführt. 1412 venezianischer Gesandter am polnischen Hof, 1414–1415 Lehrer in Siena, Bologna und Paris, 1415 Reiseverbot durch den Rat von Venedig wegen Vernachlässigung seiner Lehre in Padua, 1416 Rückkehr nach

Padua, 1420 Provinzial seines Ordens in Siena, im gleichen Jahr Verfahren wegen Häresie und Verbannung nach Ravenna. Bereits 1422 Rückkehr nach Siena, 1426 Besuch Roms und 1427 Prof. in Siena (1428 Rektor der Universität). 1428 kehrte P. nach Padua zurück.

In seinem naturphilosophischen Werk (Expositio super octo libros Physicorum Aristotelis [...], 1409; Expositio librorum naturalium Aristotelis, 1476) vertritt P. zunächst rein averroistische Positionen (↑Averroismus), später vor allem Positionen der Pariser Terministen (J. Buridan, Nikolaus von Oresme, Albert von Sachsen), so im Rahmen der durch Korrektur und Weiterentwicklung der Aristotelischen Dynamik entstandenen ↑Impetustheorie. Für diese beruht (im Gegensatz zur Aristotelischen Dynamik) die Fortdauer der Bewegung nach dem Abklingen der Bewegungsursache auf einer dem bewegten Körper ›eingeprägten Kraft‹ (dem ›impetus‹). P. greift dabei in Abweichung von Buridan auf die Vorstellungen Franz' von Marchia (*um 1285, †um 1344) zurück, denen zufolge der Impetus durch die Bewegung aufgezehrt wird. Im Rahmen der den Paduaner Aristotelismus in besonderem Maße charakterisierenden Ansätze zu einer Methodologie empirischer Wissenschaften nimmt P. eine ähnliche Position wie Hugo von Siena (†1439) und A. Nifo ein: analytische (*resolutio*) und synthetische (*compositio*) Methode (↑Methode, analytische) als zwei Teile einer demonstrativen Wissenschaft (↑Padua, Schule von), Ausgang von einem im wesentlichen hypothetischen Wissen von Ursachen und Gründen.

Die logischen Schriften des P. stellen den bedeutendsten Beitrag zur (lehrbuchmäßigen Darstellung der) terministischen Logik dar. Die »Logica Magna« gibt darüber hinaus die gesamte zeitgenössische Logik im Detail wieder und darf insofern auch als eine Summe der Logik des 14. Jhs. gelten. Bedeutend sind unter anderem die Beiträge zur Behandlung der semantischen Antinomien (↑Antinomien, semantische), d.h. der seit Wilhelm von Ockham so genannten ↑Insolubilia (vgl. die Wiedergabe bei J. M. Bocheński 1956, 277–292), und der ↑proprietates terminorum, ferner zum Begriff der ↑Proposition von einer Bezeichnung der Äußerungsform zur Entwicklung des Begriffs des Äußerungsinhalts. So diskutiert P. drei Möglichkeiten, den ↑Inhalt einer Aussage (das *significatum*) auszudrücken: als sprachliche Entität, als mentale Entität, als Seinsweise der (bezeichneten) Dinge (*modus rei*). Die Logik des P. dient in ihren verschiedenen Versionen so insbes. der realistischen (↑Realismus (erkenntnistheoretisch), ↑Realismus (ontologisch)), bis zum Ende des 17. Jhs. an jesuitischen Schulen als Standardtext.

Werke: Logica, Venedig 1472 (repr. Hildesheim/New York 1970), unter dem Titel: Logica Parva. First Critical Edition from the Manuscripts with Introduction and Commentary, ed. A. R. Perreiah, Leiden/Boston Mass./Köln 2002 (engl. Logica Parva. Translation of the 1472 Edition with Introduction and Notes, übers. A. R. Perreiah, Washington D. C., München/Wien 1984); Expositio librorum naturalium Aristotelis, Venedig 1476, unter dem Titel: Summa naturalium Aristotelis, Venedig 1476, unter dem Titel: Sumule naturalium, Mailand 1476, unter dem Titel: Summa philosophie naturalis, Venedig 1503 (repr. Hildesheim/New York 1974), Lyon 1525; Expositio in libros posteriorum Aristotelis, Venedig 1477 (repr. Hildesheim/New York 1976), 1518; Scriptum super librum Aristotelis De anima, Venedig 1481; Quadratura sive Dubia, Pavia 1483, Venedig 1493; Sophismata aurea, Pavia 1483, Venedig 1493, unter dem Titel: Sophismata [Auszug], in: S. Read (ed.), Sophisms in Medieval Logic and Grammar [s. u., Lit.], 314–318; Expositio super universalia Porphyrii et artem veterem Aristotelis, Venedig 1494; Expositio super libros De generatione et corruptione, Venedig 1498; Expositio super octo libros Phisicorum Aristotelis necnon super comento Averois cum dubiis eiusdem, Venedig 1499; Logica magna, Venedig 1499, [Teilausg.] unter dem Titel: Logica Magna (Tractatus de Suppositionibus) [lat./engl.], ed. A. R. Perreiah, St. Bonaventure N. Y. 1971, unter dem Titel: Logica Magna [lat./engl.], ed. N. Kretzmann u. a., Oxford etc. 1978 ff. (erschienen: Part I, Fasc. 1, 7, 8, Part II, Fasc. 3, 4, 6, 8); Liber De compositione mundi, Paris 1513, Lyon 1525; Super Primum Sententiarum Johannis de Ripa Lecturae Abbreviato. Prologus, ed. F. Ruello, Florenz 1980; Quaestio de universalibus. Paris, Bibliothèque Nationale, ms. Lat. 6433B, ff. 116ra–135va. Excerpta ex ff. 124ra–133vb, in: J. Sharpe, Quaestio super universalia, ed. A. D. Conti, Florenz 1990, 199–207; Super Primum Sententiarum Johannis de Ripa Lecturae Abbrevatio. Liber I, ed. F. Ruello, Florenz 2000; Expositio in libros Metaphysicae Aristotelis »Lib. V, tr. II, c. 2«, in: A. Marmodoro, »Metaphysica« Δ 7: diverse soluzioni esegetiche a confronto, Documenti e studi sulla tradizione filosofica medieval 12 (2001), 44–59; The Medieval Reception of Book Zeta of Aristotle's »Metaphysics« II (Pauli Veneti »Expositio in duodecim libros Metaphisice Aristotelis, Liber VII), ed. G. Galluzzo, Leiden/Boston Mass. 2013. – A. R. Perreiah, Paul of Venice. A Bibliographical Guide, Bowling Green Ohio 1986; R. Schönberger u. a. (eds.), Repertorium edierter Texte des Mittelalters aus dem Bereich der Philosophie und angrenzender Gebiete III, Berlin ^{2}2011, 3025–3029.

Literatur: F. Amerini, Paul of Venice, in: H. Lagerlund (ed.), Encyclopedia of Medieval Philosophy. Philosophy between 500 and 1500 II, Dordrecht etc. 2011, 925–931; E. J. Ashworth, A Note on Paul of Venice and the Oxford Logica of 1483, Medioevo 4 (1978), 93–99; dies., Paul of Venice, REP VII (1998), 265–266; J. M. Bocheński, Formale Logik, Freiburg/München 1956, erw. ^{2}1962, ^{5}1996, 2002; F. Bottin, Proposizioni condizionali, ›consequentiae‹ e paradossi dell'implicazione in Paolo Veneto, Medioevo 2 (1976), 289–330; ders., Logica e filosofia naturale nelle opere di Paolo Veneto, in: A. Poppi (ed.), Scienza e filosofia all'Università di Padova nel Quattrocento, Padua 1983, 85–124; A. D. Conti, Universali e analisi della predicazione in Paolo Veneto, Teoria 2 (Pisa 1982), 121–139; ders., Il problema della conoscibilità del singolare nella gnoseologia di Paolo Veneto, Bull. dell'istituto storico italiano per il medio evo e archivio muratoriano 98 (1992), 323–382 [als Appendix Auszüge aus »Summa philosophiae naturalis« (Venedig 1503), 366–370, und »Scriptum super libros de anima« (Venedig 1504), 370–382]; ders., Esistenza e verità. Forme e strutture del reale in Paolo Veneto e nel pensiero filosofico del tardo medioevo, Rom 1996 (mit Bibliographie, 301–316); ders., Paul of Venice, SEP 2001, rev. 2011; ders., Paul of Venice's Theory of

Divine Ideas and Its Sources, Documenti e studi sulla tradizione filosofica medievale 14 (2003), 409–448; ders., Paul of Venice's Commentary on the »Metaphysics«, in: F. Amerini/G. Galluzzo (eds.), A Companion to the Latin Medieval Commentaries on Aristotle's Metaphysics, Leiden/Boston Mass. 2014, 551–574; P. Duhem, Le système du monde. Histoire des doctrines cosmologiques de Platon à Copernic X, Paris 1959, 377–439 (Kap. VI Paul de Venise); N. Kretzmann, Syncategoremata, exponibilia, sophismata, in: ders./A. Kenny/J. Pinborg (eds.), The Cambridge History of Later Medieval Philosophy. From the Rediscovery of Aristotle to the Disintegration of Scholasticism 1100–1600, Cambridge etc. 1982, 2000, 211–245; G. J. McAleer, Was Medical Theory Heterodox in the Latin Middle Ages? The Plurality Theses of Paul of Venice and the Medical Authorities, Galen, Haly Abbas and Averroes, Rech. théol. philos. médiévales 68 (2001), 349–370; F. Momigliano, Paolo Veneto e le correnti del pensiero religioso e filosofico nel suo tempo. Contributo alla storia della filosofia del secolo XV, Udine 1907; B. Nardi, Paolo Veneto e l'averroismo padovano, in: ders., Saggi sull'aristotelismo padovano dal Secolo XIV al XVI, Florenz 1958, 75–93; A. R. Perreiah, A Biographical Introduction to Paul of Venice, Augustiniana 17 (1967), 450–461; ders., Insolubilia in the »Logica parva« of Paul of Venice, Medioevo 4 (1978), 145–171; ders., Paul of Venice, Enc. Ph. VII (^{2}2006), 146–147; L. Pozzi, La teoria delle ›consequentiae‹ nella logica di Paolo Veneto, in: L. Olivieri (ed.), Aristotelismo veneto e scienza moderna. Atti del 25 ° anno accademico del Centro per la storia della tradizione aristotelica nel Veneto II, Padua 1983, 873–886; C. Prantl, Geschichte der Logik im Abendlande IV, Leipzig 1870 (repr. Leipzig 1927, Graz, Berlin 1955, Darmstadt, Hildesheim/Zürich/New York 1997), bes. 118–141; F. Ruello, Paul de Venise, théologien ›averroïste‹?, in: J. Jolivet (ed.), Multiple Averroès. Actes du Colloque International organisé à l'occasion du 850e anniversaire de la naissance d'Averroès Paris 20–23 septembre 1976, Paris 1978, 257–272; T. K. Scott Jr., Paul of Venice, DSB X (1974), 419–421; G. Sinkler, Paul of Venice on Obligations, Dialogue 31 (Cambridge 1992), 475–493; P. V. Spade, Insolubilia, in: N. Kretzmann/A. Kenny/J. Pinborg (eds.), The Cambridge History of Later Medieval Philosophy [s. o.], 246–253; R. van der Lecq, Paul of Venice on Composite and Divided Sense, in: A. Maierù (ed.), English Logic in Italy in the 14th and 15th Centuries. Acts of the 5th European Symposium on Medieval Logic and Semantics, Rome, 10–14 November 1980, Neapel 1982, 321–330. J. M.

PCT-Theorem, Bezeichnung für ein grundlegendes Theorem von W. Pauli, G. Lüders u. a. über die Symmetrie (↑symmetrisch/Symmetrie (naturphilosophisch)) physikalischer Theorien, wonach ein physikalisches System unter sehr allgemeinen Voraussetzungen gegen gleichzeitige Punktspiegelung im Raum (P, von *parity*), Ladungsumkehr (C, von *charge*) und Zeitumkehr (T, von *time*) invariant (↑invariant/Invarianz) ist. – Für Systeme der klassischen Physik ist das PCT-T. trivial, da diese ohnehin gegen jede einzelne Symmetrieoperation P, C und T invariant sind. Für die Kern- und Elementarteilchenphysik (↑Teilchenphysik) ist das PCT-T. von großem Wert, da mit seiner Hilfe umfangreiche Vorhersagen über den Ablauf experimenteller Prozesse abgeleitet werden können. Für ein System von Teilchen werden die diskreten Symmetrieoperationen wie folgt interpretiert: Bei der *Raumspiegelung* P geht ein Teilchen am Ort x^μ mit dem Impuls p_μ und dem Spin d_μ (↑Quantentheorie) in ein Teilchen am Ort $-x^\mu$ mit dem Impuls $-p_\mu$ und dem Spin d_μ über. Bei der *Zeitumkehr* T geht ein solches Teilchen in ein Teilchen am Ort x^μ mit dem Impuls $-p_\mu$ und dem Spin $-d_\mu$ über. Die Wirkung der Zeitumkehr auf die Zustände zeigt sich physikalisch darin, daß z. B. bei Teilchenkollisionen einlaufende bzw. auslaufende Teilchen in auslaufende respektive einlaufende Teilchen überführt werden. Bei der *Ladungskonjugation* C bleiben Ort, Impuls und Spin eines Teilchens unbeeinflußt; jedoch wird der Übergang zum entsprechenden Antiteilchen vollzogen.

Das PCT-T. wurde 1957 (nach Vorarbeiten von G. Lüders) von W. Pauli allgemein bewiesen. Es gewann grundlegende Bedeutung nach der Entdeckung von kernphysikalischen Wechselwirkungen, die nicht mehr gegen die einzelnen diskreten Symmetrieoperationen invariant sind. So sagten T. D. Lee und C. N. Yang 1956 voraus, daß bei der schwachen Wechselwirkung die P-Invarianz verletzt sein muß. Diese Vorhersage konnte noch im gleichen Jahr von C.-S. Wu u. a. durch Untersuchungen des β-Zerfalls von Co^{60} experimentell bestätigt werden. Damit war die bis dahin in der Physik als unumstößlich angenommene Rechts-links-Symmetrie (↑Orientierung) der ↑Naturgesetze erschüttert. Nach dem PCT-T. muß deshalb bei der schwachen Wechselwirkung auch die CT-Symmetrie gestört sein, da sich Symmetrieverletzungen paarweise kompensieren. Historisch wurde zunächst vermutet, daß bei Verletzung der P-Symmetrie wenigstens die PC-Symmetrie gesichert ist, also im Spiegel derselbe physikalische Prozeß mit den entsprechenden Antiteilchen beobachtbar ist. Nach dem PCT-T. wäre dann bei der schwachen Wechselwirkung die T-Symmetrie garantiert. Tatsächlich wurde jedoch 1964 in einem von J. Christenson, J. Chronin und V. Fitch durchgeführten Experiment eine Verletzung der PC-Symmetrie festgestellt. Gegenstand des Experiments war der Zerfall neutraler K-Mesonen oder Kaonen in Pionen. Die Reaktion $K_L^0 \rightarrow \pi^+ + \pi^-$ verletzt die PC-Symmetrie, tritt aber experimentell auf (wenn auch nur in winzigen Raten). Folglich verletzt diese Reaktion auch die T-Invarianz, ist also nicht zeitumkehrbar. Danach tritt unter identischen Umständen die Bildung von Kaonen aus zwei Pionen mit einer anderen Reaktionsrate als der entsprechende Zerfall auf. M. Kobayashi und T. Masakawa zeigten 1974, daß die PC-Verletzung eine Folge des Standardmodells der Teilchenphysik und damit tatsächlich nomologischer Natur ist (wofür sie mit dem Physiknobelpreis für 2008 ausgezeichnet wurden). 1998 wurde die Verletzung der T-Symmetrie beim Kaonen-Zerfall direkt beobachtet und nicht wie bis dahin allein aus der Verletzung der PC-Symmetrie erschlossen.

2004 wurde ein PC-Symmetriebruch auch beim Zerfall von neutralen B-Mesonen beobachtet.

In dieser Verletzung der Zeitsymmetrie drückt sich eine Irreversibilität (↑reversibel/Reversibilität) aus, die (anders als der 2. Hauptsatz der ↑Thermodynamik) auf den Naturgesetzen beruht (also nicht allein auf besonderen Anfangs- und Randbedingungen). Diese Befunde könnten entsprechend eine nomologische Grundlage für die Auszeichnung der gerichteten oder anisotropen Zeit darstellen. Allerdings steht diese wissenschaftliche und philosophische Bedeutung in einem gewaltigen Mißverhältnis zur Kleinheit und Randständigkeit der betreffenden Effekte.

Das PCT-T. hat auch astrophysikalische Konsequenzen, nämlich für die Symmetrie des Kosmos. Im Zusammenhang mit der Ladungskonjugation C stellt sich nämlich die Frage nach der Existenz von Antimaterie-Galaxien. Da Licht keine Ladung besitzt, läßt sich an dem auf der Erde aus dem Kosmos eintreffenden Licht nicht nachweisen, ob es von Materie- oder Antimaterie-Galaxien kommt. Würde man allerdings von einer Galaxie die Zerfallskurve des K^0_L-Mesons kennen, könnte man wegen der gestörten PC-Symmetrie nach dem PCT-T. eindeutige Rückschlüsse ziehen.

Literatur: J. S. Bell, Time Reversal in Field Theory, Proc. Royal Soc. A 231 (1955), 479–495; M. Carrier, Raum-Zeit, Berlin/New York 2009; J.-M. Frère, CP, T and Fundamental Interactions, Comptes rendus phys. 13 (2012), 104–110; O. W. Greenberg, Why Is CPT Fundamental?, Found. Phys. 36 (2006), 1535–1553; C. Itzykson/J.-B. Zuber, Quantum Field Theory, New York etc. 1980 (repr. Mineola N. Y. 2005), 1990; T. D. Lee/C. N. Yang, Question of Parity Conservation in Weak Interactions, Phys. Rev. 2. Ser. 104 (1956), 254–258; ders./R. Oehme/C. N. Yang, Remarks on Possible Noninvariance under Time Reversal and Charge Conjugation, Phys. Rev. 2. Ser. 106 (1957), 340–345; J. Leite Lopes, Lectures on Symmetries, New York 1969; F. E. Low, Symmetries and Elementary Particles, New York/London/Paris 1967; G. Lüders, Zur Bewegungsumkehr in quantisierten Feldtheorien, Z. Phys. A 133 (1952), 325–339; K. Mainzer, Symmetrien der Natur. Ein Handbuch zur Natur- und Wissenschaftsphilosophie, Berlin/New York 1988 (engl. Symmetries of Nature. A Handbook for Philosophy of Nature and Science, Berlin/New York 1996); W. Pauli, Exclusion Principle, Lorentz Group and Reflection of Space-Time and Charge, in: ders. (ed.), Niels Bohr and the Development of Physics. Essays Dedicated to Niels Bohr on the Occasion of His Seventieth Birthday, New York, London 1955, Oxford 1962, 30–51, ferner in: ders., Das Gewissen der Physik, ed. C. P. Enz/K. v. Meyenn, Braunschweig/Wiesbaden 1988, 459–479; ders., On the Conservation of the Lepton Charge, Nuovo Cimento Ser. 10, 6 (1957), 204–215; C. Y. Prescott u. a., Parity Non-Conservation in Inelastic Electron Scattering, Phys. Lett. 77B (1978), 347–352; E. Schmutzer, Symmetrien und Erhaltungssätze der Physik, Berlin 1972, [2]1979; V. L. Telegdi, Crucial Experiments on Discrete Symmetries, in: J. Mehra (ed.), The Physicist's Conception of Nature, Dordrecht/Boston Mass. 1973, 1987, 454–480. K. M./M. C.

Peano, Giuseppe, *Spinetta (bei Cuneo) 27. Aug. 1858, †Turin 20. April 1932, ital. Mathematiker und Logiker. Aus einer Bauernfamilie stammend, studierte P. nach Abschluß seiner Schulzeit 1876–1880 an der Universität Turin. Nach Assistentenzeit, Habilitation 1884, Privatdozententätigkeit und Vertretung seines Lehrers A. Genocchi wurde P. 1886 zum Professor an der Militärakademie Turin ernannt und 1890 (zusätzlich) als Extraordinarius für Infinitesimalkalkül an die Universität Turin berufen. P. lehrte an der Militärakademie bis 1901 und an der Universität, wo er 1895 zum Ordinarius ernannt wurde und 1931 auf den Lehrstuhl für *matematiche complementari* (›Mathematik als Nebenfach‹) wechselte, bis zu seinem Tode.

Als seine wichtigsten wissenschaftlichen Beiträge betrachtete P. selbst diejenigen zur Analysis. Am bekanntesten unter diesen sind heute neben der Einführung eines inneren Maßes (›P.–Jordanscher Inhalt‹) P.s Beweis der Lösbarkeit der ↑Differentialgleichung 1. Grades $y' = f(x, y)$ unter alleiniger Voraussetzung der Stetigkeit von f und seine Angabe einer überall stetigen Abbildung einer Strecke auf ein Quadrat. Die Konstruktion dieser Abbildung (1890), deren Ergebnis heute als ›P.-Kurve‹ bezeichnet wird, erwies die bis dahin übliche Vorstellung einer Kurve als beliebigen stetigen Bildes eines Intervalls als zu weit, nämlich als der zusätzlichen Voraussetzung der Injektivität oder Eineindeutigkeit (↑eindeutig/Eindeutigkeit) bedürftig. Dieses Resultat wirkte damals sensationell (zeigte es doch die Nicht-Erhaltung der Dimension bei stetigen, aber nicht eineindeutigen Abbildungen eines Intervalls), ist aber nur eine der zahlreichen, auf scharfsinnigen Begriffsanalysen beruhenden Widerlegungen rein anschaulich begründeter Vorstellungen, die P. den Ruf eines ›Meisters des Gegenbeispiels‹ (H. C. Kennedy 1980, 173) eingetragen haben. In einer ebenfalls 1890 erschienenen Arbeit zur Integrierbarkeit gewöhnlicher Differentialgleichungen bemerkte P., daß die beim Beweis eines seiner Sätze naheliegende Anwendung eines Auswahloperators, der jeder Menge einer gegebenen Mengenfamilie (↑Mengenlehre) genau ein Element dieser Menge zuordnet, nicht zulässig sei, weil dabei das diese Zuordnung herstellende Gesetz unendlich oft angewendet werden müsse, was nicht möglich sei, wenn das Gesetz ›beliebig‹ (*arbitraire*) ist. P. kommt in seinem Beweis ohne eine derartige Anwendung aus, die man heute als eine solche des ↑Auswahlaxioms bezeichnen würde, da er das Zuordnungsgesetz spezifizieren kann.

Als entscheidendes Hilfsmittel solcher Analysen entwikkelte P. bereits 1888 als Einführung zu einem axiomatischen Aufbau der von H. Graßmann begründeten ↑Ausdehnungslehre eine auf einer sorgfältig durchdachten Symbolik beruhende ›mathematische Logik‹. Obwohl diese Bezeichnung sichtbar machen soll, daß es P. dabei um Logik nicht als autonome Disziplin, sondern als Hilfsmittel der Mathematik ging, haben seine Untersuchungen deduktiver Zusammenhänge zwischen logischen Gesetzen den axiomatischen Aufbau sowohl der Logik als auch einzelner mit logischen Ausdrucksmitteln formulierter mathematischer Teildisziplinen sehr gefördert.

Den ersten entscheidenden Anstoß zu dieser Entwicklung lieferte P.s 1889 veröffentlichtes Axiomensystem der Arithmetik auf der Basis der Grundbegriffe ›Null‹, ›natürliche Zahl‹ und ›unmittelbarer Nachfolger‹ (↑Peano-Axiome), das aber – anders als das etwa gleichzeitig, aber unabhängig entworfene und 1888 publizierte System von R. Dedekind – die Gesamtheit der natürlichen Zahlen nicht ›charakterisieren‹ sollte. Den zweiten wichtigen Impuls lieferten P.s Gründung einer eigenen Zeitschrift, »Rivista di matematica« (später »Revue de mathématiques« und »Revista de mathematica«, I–VIII, 1891–1906), sowie das in fünf Bänden jeweils mit Ergänzungen und Verbesserungen zu den vorausgegangenen Bänden veröffentlichte »Formulaire de mathématiques« (I–V, Turin 1895–1908, V unter dem Titel »Formulario mathematico«) mit zuletzt etwa 4200 ↑Theoremen samt Beweisskizzen. Die exakten Definitionen der in ihnen verwendeten Begriffe sowie der mit Hilfe der vollständigen Symbolisierung eindeutig ausgedrückte Inhalt der Sätze gaben dem Projekt trotz seines enzyklopädischen und daher utopischen Ansatzes paradigmatischen Charakter.

Die bei der logischen Analyse mathematischer Begriffe und Sätze erfolgreiche Symbolik (mit ›ε‹ für die Kopula ›ist ein‹, ›$\supset$‹ [in dieser Richtung!] für ›ist enthalten in‹, ›=‹ für ›ist identisch mit‹, ›$\cap$‹ für ›und‹, ›$\cup$‹ für ›oder‹, ›–‹ für ›nicht‹ und ›$\wedge$‹ für ›Nichts‹, d. h. die leere Menge [↑Menge, leere]) bot sich auch zur Analyse anderer fachsprachlicher und sogar alltagssprachlicher Begriffe und Sätze an und hat sich, direkt (wie das ›ε‹ oder das ›$\supset$‹ für den klassischen ↑Subjunktor) oder in Varianten, auf dem Wege über die Notation der ↑*Principia Mathematica* bis in die heute vor allem im angelsächsischen Bereich verbreitete logische Notation (↑Notation, logische) erhalten. In der Tat überzeugten die von P. und seinen Schülern C. Burali-Forti, A. Padoa und M. Pieri auf dem Internationalen Philosophenkongreß in Paris 1900 vertretenen Ansätze die Mehrheit der anwesenden Logiker, unter anderem B. Russell, der sich später erinnerte: »The Congress was a turning point in my intellectual life, because I there met P.« (The Autobiography of Bertrand Russell, 1872–1914, London 1967, 144). Wenn Unterscheidungen wie die zwischen einem Objekt a und der Einermenge $\{a\}$ oder die zwischen der Element-Menge-Relation $\in$ und der Enthaltenseinsrelation $\subset$ zwischen Mengen heute trivial erscheinen, so ist dies nicht zuletzt der im 19. Jh. geleisteten Aufklärungsarbeit P.s zu verdanken, der z. B. den letztgenannten Unterschied durch den Hinweis verdeutlichte, daß man wohl von $a \subset b$ und $b \subset c$ auf $a \subset c$, nicht aber von $a \in b$ und $b \in c$ auf $a \in c$ schließen könne. Auch P.s – einen Grundgedanken der kombinatorischen Logik (↑Logik, kombinatorische) vorwegnehmende – Klärung des Operierens mit Funktionstermen und seine Einsicht in die Bedeutung des Begriffs des geordneten Paares (↑Paar, geordnetes) für den axiomatischen Aufbau der Mengenlehre sind Ergebnisse seines unbeirrten Bemühens um restlose logische Durchdringung der Begrifflichkeit in den ↑Formalwissenschaften.

Etwa seit der Jahrhundertwende verlagerte P. seine Interessen auf die Entwicklung und Verbreitung einer internationalen Hilfssprache, wofür er ähnlich wie bei seinem ›Formulario‹-Projekt Anregungen G. W. Leibnizens aufgriff. P. übernahm 1908 die Präsidentschaft einer ursprünglich (1887) zur Propagierung des ›Volapük‹ gegründeten, bald aber zu einem Diskussionsforum auch für andere ↑Kunstsprachen erweiterten Internationalen Akademie und gestaltete sie zu einer »Akademia pro Interlingua« um mit dem Ziel, für eine von ihm entwickelte ›Interlingua‹ auf der Basis eines weitgehend an das Lateinische angelehnten Wortschatzes unter Wegfall grammatischer Flexionen und syntaktischer Varianten (›Latino sine flexione‹) zu werben. Wie andere Vorschläge dieser Art hat sich diese Kunstsprache, in der z. B. die letzte Ausgabe des »Formulario mathematico« abgefaßt ist und die noch W. V. O. Quine als »the least artificial and to my mind the most attractive of all the competing [artificial] languages« bezeichnet (Quiddities. An Intermittently Philosophical Dictionary, Cambridge Mass./London 1987, London 1990, 10), nicht durchsetzen können. – Außer Zweifel steht, daß P. nicht nur der axiomatischen Methode (↑Methode, axiomatische) zum Durchbruch verholfen hat und eine eigene, diesem Programm verpflichtete Schule (die so genannte ›Turiner Schule‹ mit den Mitarbeitern am »Formulario« als ihrem Kern) hinterlassen hat, sondern auch durch sein erfolgreiches Beharren auf Durchsichtigkeit, Klarheit und Präzision wissenschaftlicher Begriffsbildung und Argumentation wirksam geblieben ist.

Werke: Opere scelte, I–III, ed. U. Cassina, Rom 1957–1959; Selected Works, ed. H. C. Kennedy, London, Toronto/Buffalo N. Y. 1973; Arbeiten zur Analysis und zur mathematischen Logik, ed. G. Asser, Leipzig/Wien/New York 1990. – Applicazioni geometriche del calcolo infinitesimale, Turin 1887; Calcolo geometrico secondo l'Ausdehnungslehre di H. Grassmann, preceduto dalle operazioni della logica deduttiva, Turin 1888 (engl. Geometric Calculus, ed. L. C. Kannenberg, Boston Mass. 2000); Arithmetices principia. Nova methodo exposita, Turin 1889 (engl. The Principles of Arithmetic, Presented by a New Method, in: J. van Heijenoort [ed.], From Frege to Gödel. A Source Book in Mathematical Logic, 1879–1931, Cambridge Mass. 1967, 2002, 83–97); I principii di geometria logicamente esposti, Turin

1889; Sur une courbe, qui remplit toute une aire plane, Math. Ann. 36 (1890), 157–160; Gli elementi di calcolo geometrico, Turin 1891 (dt. Die Grundzüge des geometrischen Calculs, Leipzig 1891); Principii di logica matematica, Riv. mat. 1 (1891), 1–12; Sui fondamenti della geometria, Riv. mat. 4 (1894), 51–90; Notations de logique mathématique. Introduction au Formulaire de mathématiques, Turin 1894; Formulaire de mathématiques, I–V [in 7 Bdn., V unter dem Titel: Formulario mathematico], Turin 1895–1908 (repr. V, Rom 1960); Rez. von G. Frege, Grundgesetze der Arithmetik. Begriffsschriftlich abgeleitet, Riv. mat. 5 (1895), 122–128; Studii di logica matematica, Atti Reale Accad. Scienze di Torino 32 (1896/1897), 565–583 (dt. Über mathematische Logik, in: A. Genocchi, Differentialrechnung und Grundzüge der Integralrechnung, ed. G. P., Leipzig 1899, 336–352 [Anhang I]); Vocabulario de latino international. Comparato cum Anglo, Franco, Germano, Hispano, Italo, Russo, Graeco et Sanscrito, Turin 1904; Vocabulario commune ad linguas de Europa/Vocabulaire commun aux langues d'Europe, Turin 1909; 100 exemplo de Interlingua cum vocabulario Interlingua–Italiano, Turin 1911, erw. unter dem Titel: 100 exemplo de Interlingua – latino – italiano – français – English – Deutsch, Turin 1913; Rez. von A. N. Whitehead/B. Russell, Principia mathematica, I–II, Boll. di bibliografia e storia delle scienze mat. 15 (1913), 47–53, 75–81; Interlingua. Historia, Regulas pro Interlingua, de Vocabulario, Orthographia, Lingua sine grammatica, Turin-Cavoretto 1925, erw. unter dem Titel: Interlingua, 1927. – E. Luciano/C. S. Roero (eds.), G. P. – Louis Couturat. Carteggio (1896–1914), Florenz 2005.

Literatur: I. Aimonetto, Il concetto di numero naturale in Frege, Dedekind e P., Filosofia 20 (1969), 579–606; ders., Il fondamento del teorema di Goedel: da P. a Frege e Russell, Filosofia 39 (1988), 231–249; M. Borga/P. Freguglia/D. Palladino, I contributi fondazionali della scuola di P., Mailand 1985; U. Bottazzini, Dall'analisi matematica al calcolo geometrico. Origini delle prime ricerche di logica di P., Hist. and Philos. Log. 6 (1985), 25–52; U. Cassina, Vita et opera di G. P., Schola et Vita 7 (1932), 117–148; ders., L'œuvre philosophique de G. P., Rev. mét. mor. 40 (1933), 481–491; ders., Parallelo fra la logica teoretica di Hilbert e quella di P., Periodico di matematiche 4. Ser., 17 (1937), 129–138; ders., Storia ed analisi del ›Formulario completo‹ di P., I–III, Boll. Unione mat. italiana 3. Ser., 10 (1955), 244–265, 544–574; ders., Dalla geometria egiziana alla matematica moderna, Rom 1961; L. Couturat, La logique mathématique de M. [Monsieur] Peano, Rev. mét. mor. 7 (1899), 616–646; G. Frege, Über die Begriffsschrift des Herrn P. und meine eigene, Ber. Verh. Königl. Sächs. Ges. Wiss. Leipzig, math.-phys. Kl. 48 (1896), 361–378, Neudr. in: ders., Kleine Schriften, ed. I. Angelelli, Darmstadt, Hildesheim 1967, Hildesheim/Zürich/New York [3]2011, 220–233; J.-L. Gardies, La conception néo-platonicienne de l'abstraction chez Dedekind, Cantor, Frege et P., Rev. philos. France étrang. 114 (1989), 65–84; L. Geymonat, P. e le sorti della logica in Italia, Boll. Unione mat. italiana 3. Ser., 14 (1959), 109–118; D. A. Gillies, Frege, Dedekind and P. on the Foundations of Arithmetic, Assen 1982, Abingdon/New York 2011; P. E. B. Jourdain, G. P., in: ders., The Development of the Theories of Mathematical Logic and the Principles of Mathematics [II], Quart. J. of Pure and Applied Math. 43 (1912), 219–314, 270–314; H. C. Kennedy, The Mathematical Philosophy of G. P., Philos. Sci. 30 (1963), 262–266; ders., The Origins of Modern Axiomatics: Pasch to P., Amer. Math. Monthly 79 (1972), 133–136; ders., What Russell Learned from P., Notre Dame J. Formal Log. 14 (1973), 367–372; ders., G. P., Basel/Stuttgart 1974 (Elemente Math. Beih. 14); ders., P., DSB X (1974), 441–444; ders., P.'s Concept of Number, Hist. Math. 1 (1974), 387–408; ders., Nine Letters from G. P. to Bertrand Russell, J. Hist. Philos. 13 (1975), 205–220; ders., P.. Life and Works of G. P., Dordrecht/Boston Mass./London 1980; ders., P.: storia di un matematico, Turin 1983, 1995; B. Levi, L'opera matematica di G. P., Boll. Unione mat. italiana 11 (1932), 253–262; ders., Intorno alle vedute di G. P. circa la logica matematica, Boll. Unione mat. italiana 12 (1933), 65–68; G. Lolli, Quasi Alphabetum. Logic and Encyclopedia in G. P., in: V. M. Abrusci/E. Casari/M. Mugnai (eds.), Atti del convegno internazionale di storia della logica. San Gimignano, 4–8 dicembre 1982, Bologna 1983, 133–155 (ital. ›Quasi alphabetum‹. Logica ed enciclopedia in G. P., in: ders., Le ragioni fisiche e le dimostrazioni matematiche, Bologna 1985, 49–83); P. Nidditch, P. and the Recognition of Frege, Mind NS 72 (1963), 103–110; M. Quaranta, Il contrasto P. – Vailati, in: C. Mangione (ed.), Scienza e filosofia. Saggi in onore di Ludovico Geymonat, Mailand 1985, 760–776; W. V. O. Quine, P. as Logician, Hist. and Philos. Log. 8 (1987), 15–24; F. Rossi-Landi, P., Enc. Ph. VI (1967), VII, 67–68, ([2]2006), 158–159; M. Segre, P.'s Axioms in Their Historical Context, Arch. Hist. Ex. Sci. 48 (1994), 201–342; F. Skof (ed.), G. P. between Mathematics and Logic. Proceedings of the International Conference in Honour of G. P. on the 150th Anniversary of His Birth and the Centennial of the »Formulario Mathematico«, Turin (Italy), October 2–3, 2008, Mailand 2011; T. Skolem, P.'s Axioms and Models of Arithmetic, in: ders. u. a., Mathematical Interpretation of Formal Systems, Amsterdam 1955, 1–14; P. Soula, P., DP II ([2]1993), 2215–2218; E. Stamm, Józef P., Wiadomości Matematyczne 36 (1934), 1–56; A. Terracini (ed.), In memoria di G. P., Cuneo 1955; ders., Ricordi di un matematico. Un sessantennio di vita universitaria, Rom 1968; A. Tripodi, Considerazioni sull'epistolario Frege-P., Boll. Unione mat. italiana 4. Ser., 3 (1970), 690–698; G. Vailati, La logique mathématique et sa nouvelle phase de développement dans les écrits de M. J. Peano, Rev. mét. mor. 7 (1899), 86–102; R. Verrienti, Logistica e lingua internazionale in alcuni inediti di Couturat a P., Boll. di storia della filos. 8 (1980–1985), 307–338; E. A. Zaitsev, An Interpretation of P.'s Logic, Arch. Hist. Ex. Sci. 46 (1994), 367–383. C. T.

Peano-Axiome, Bezeichnung für ein auf R. Dedekind (1888) und G. Peano (1889) zurückgehendes Axiomensystem (↑System, axiomatisches), das die Grundeigenschaften der natürlichen Zahlen (Zahlenreihe) charakterisieren soll und seit Peano häufig dem axiomatischen Aufbau der Arithmetik zugrundegelegt wird. Stellen ›1‹ die Zahl Eins, ›$N(x)$‹ den Begriff ›natürliche Zahl‹ und ›x^+‹ die Funktion ›Nachfolger von x in der natürlichen Zahlenreihe‹ dar, so besteht das System der P.-A. meist aus den Axiomen

(1) $N(1)$
(2) $\bigwedge_x(N(x) \rightarrow N(x^+))$
(3) $\bigwedge_x\bigwedge_y((N(x) \wedge N(y)) \rightarrow (x^+ = y^+ \rightarrow x = y))$
(4) $\bigwedge_x(N(x) \rightarrow \neg\, x^+ = 1)$

und dem als ›Induktionsprinzip‹ oder ›Axiom der vollständigen Induktion‹ (↑Induktion, vollständige) bezeichneten Axiomenschema

$$(5)\ (\mathbb{A}(1) \wedge \bigwedge_x((N(x) \wedge \mathbb{A}(x)) \rightarrow \mathbb{A}(x^+))) \rightarrow \rightarrow \bigwedge_y(N(y) \rightarrow \mathbb{A}(y))$$

mit der indefiniten ↑Variablen ›$\mathbb{A}(\ldots)$‹ für einstellige arithmetische ↑Aussageformen. Werden dabei die Ausdrucksmittel für die Bildung dieser Aussageformen nicht beschränkt, so ist das System der P.-A. monomorph (↑kategorisch); werden sie dagegen (wie es zur Ermöglichung des Beweisens der arithmetischen Sätze durch Deduktion aus Axiomen erforderlich ist) auf die ↑Objektsprache beschränkt, so lassen sich nach T. A. Skolem 1933/1934 so genannte Nichtstandard-Modelle des Systems der P.-A. neben dem intendierten Modell (der natürlichen Zahlenreihe) konstruieren. Diese Polymorphie (↑polymorph/Polymorphie) folgt klassisch bereits aus der Unvollständigkeit (↑unvollständig/Unvollständigkeit) des ↑Peano-Formalismus, der die P.-A. in vollformalisierter Gestalt enthält.

Während Nichtstandard-Modelle der P.-A. zunächst nur metamathematisch (↑Metamathematik) interessant schienen, kennt man seit etwa 1977 auf Grund der Methoden zur Konstruktion von Nichtstandard-Modellen auch rein mathematische, nämlich arithmetisch-kombinatorische Sätze, die inhaltlich richtig, aber nicht aus den P.-A.n ableitbar sind. Eine Zurückführung der P.-A. auf Axiome der Logik und ↑Mengenlehre wurde im ↑Logizismus seit G. Frege und B. Russell versucht; eine nicht-axiomatische, konstruktive Begründung der P.-A. findet sich bei P. Lorenzen.

Literatur: R. Dedekind, Was sind und was sollen die Zahlen?, Braunschweig 1888, ²1893 (repr. Cambridge etc. 2012), Braunschweig, Berlin (Ost) ¹⁰1965 (repr. 1969), Berlin (Ost) ¹¹1967 (engl. The Nature and Meaning of Numbers, in: ders., Essays on the Theory of Numbers, Chicago Ill./London 1901 [repr. New York 1963], 29–115, separat unter dem Titel: What Are Numbers and What Should They Be?, ed. H. Pogorzelski u. a., Orono Me. 1995); ders., Dedekind's Letter [Brief an H. Keferstein vom 27.2.1890, engl. Teilübers.], in: H. Wang, The Axiomatization of Arithmetic, J. Symb. Log. 22 [1957], 145–158, 150–151, vollst. engl. Übers. in: J. van Heijenoort [ed.], From Frege to Gödel. A Source Book in Mathematical Logic, 1879–1931, Cambridge Mass. 1967, 99–103); D. A. Gillies, Frege, Dedekind, and Peano on the Foundations of Arithmetic, Assen 1982, Abingdon/New York 2011, 2012; R. Kaye, Models of Peano Arithmetic, Oxford/New York 1991; R. Kossak/J. Schmerl, The Structure of Models of Peano Arithmetic, Oxford etc. 2006, 2009; P. Lorenzen, Metamathematik, Mannheim 1962, Mannheim/Wien/Zürich ²1980; J. B. Paris, Some Independence Results for Peano Arithmetic, J. Symb. Log. 43 (1978), 725–731; ders./L. Harrington, A Mathematical Incompleteness in Peano Arithmetic, in: J. Barwise (ed.), Handbook of Mathematical Logic, Amsterdam/New York/Oxford 1977, 2006, 1133–1142; G. Peano, Arithmetices Principia nova methodo exposita, Turin/Rom/Florenz 1889, XVI–20, Neudr. in: ders., Opere Scelte II (Logica matematica interlingua ed algebra della grammatica), ed. U. Cassina, Rom 1958, 20–55; A. Pillay, Models of Peano Arithmetic (A Survey of Basic Results), in: C. Berline/K. McAloon/J.-P. Ressayre (eds.), Model Theory and Arithmetic. Comptes rendus d'une action thématique programmée du C. N. R. S. sur la théorie des modèles et l'arithmétique, Paris, France 1979/80, Berlin/Heidelberg/New York 1981, 1–12; T. Skolem, Über die Unmöglichkeit einer vollständigen Charakterisierung der Zahlenreihe mittels eines endlichen Axiomensystems, Norsk Matematisk Forenings Skrifter (Oslo), Ser. 2, No. 1–12 (1933), 73–82, Neudr. unter dem Titel: Über die Unmöglichkeit einer Charakterisierung [...], in: ders., Selected Works in Logic, ed. J. E. Fenstad, Oslo/Bergen/Tromsö 1970, 345–354; ders., Über die Nicht-Charakterisierbarkeit der Zahlenreihe mittels endlich oder abzählbar unendlich vieler Aussagen mit ausschliesslich Zahlenvariablen, Fund. Math. 23 (1934), 150–161, Neudr. unter dem Titel: Über die Nichtcharakterisierbarkeit [...], in: ders., Selected Works in Logic [s. o.], 355–366; ders., Peano's Axioms and Models of Arithmetic, in: ders. u. a., Mathematical Interpretation of Formal Systems, Amsterdam 1955, Amsterdam/London ²1971, 1–14. C. T.

Peano-Formalismus, in der ↑Metamathematik Bezeichnung für ein System von Regeln, das der Herleitung sowohl arithmetischer als auch logischer ↑Implikationen dient und die folgenden Regelgruppen umfaßt:

1. Regeln zur Festlegung der in Arithmetik und Logik zulässigen Ausdrücke (↑Bildungsregel),
2. arithmetische Regeln, die den ↑Peano-Axiomen entsprechen,
3. arithmetische Regeln, die den rekursiven bzw. induktiven Definitionen von Addition (↑Addition (mathematisch)) und Multiplikation (↑Multiplikation (mathematisch)) sowie der arithmetischen Gleichheit entsprechen,
4. logische Regeln, die den Axiomen der klassischen ↑Quantorenlogik 1. Stufe mit ↑Identität entsprechen, sowie Regeln zur Erfassung der dort zulässigen Substitutionen,
5. die so genannte ↑Schnittregel.

Dieses Regelsystem bildet einen ↑Vollformalismus, der Sätze der Arithmetik durch bloßes schematisches Operieren mit Zeichenreihen herzuleiten erlaubt, die nach den genannten Regeln gebildet sind. Der P.-F. ist jedoch im Sinne der Metamathematik unvollständig (↑unvollständig/Unvollständigkeit).

Literatur: P. Lorenzen, Metamathematik, Mannheim 1962, Mannheim/Wien/Zürich ²1980 (franz. Métamathématique, Paris 1967). C. T.

Peirce, Charles Sanders, *Cambridge Mass. 10. Sept. 1839, †Milford Pa. 19. April 1914, amerik. Naturwissenschaftler und Philosoph. Ab 1855 Studium der Naturwissenschaften (Physik, Chemie, Astronomie) an der Harvard University (1859 B.A., 1862 M.A. Harvard, 1863 B.Sc. in Chemie an der Lawrence Scientific School), seit dieser Zeit Freundschaft mit W. James. Als Physiker 1861–1891 fest angestellt im U.S. Coast and Geodetic Survey (Vermessungsdienst der USA), 1869–1875 abgeordnet an das Harvard College Observatorium. Der

Schwerpunkt von P.s physikalischen Untersuchungen lag auf dem Gebiet der empirischen Bestimmung der Gravitationskonstanten. Während dieser Zeit erste Publikationen, unter anderem zur Logik, den Grundlagen der Mathematik, der Chemie, aber auch zur Philologie, der Philosophiegeschichte und der Geschichtsphilosophie. 1879–1884 neben seiner staatlichen Anstellung Übernahme einer Dozentur für Logik an der neugegründeten Johns Hopkins University in Baltimore Md., 1887 Rückzug auf seine Farm in der Nähe von Milford. Die Armut der letzten Lebensjahre wurde ab 1903 durch Zuwendungen von Freunden, organisiert durch James, gemildert.

P. begründete in Auseinandersetzung besonders mit I. Kant, G. Berkeley und der ↑Scholastik (vor allem J. Duns Scotus) den ↑Pragmatismus. Dessen Verbreitung verdankt er der Öffentlichkeitsarbeit von James, allerdings in einer Fassung, die als *radikaler Empirismus* der für P. entscheidenden reflexiven Komponente entbehrt, weshalb P. seine eigene Position seit 1905 unterscheidend als *Pragmatizismus* bezeichnet. Sie ist nicht inhaltlich, sondern methodologisch durch die *Pragmatische Maxime* charakterisiert: »Consider what effects, that might conceivably have practical bearings, we conceive the object of our conception to have. Then, our conception of these effects is the whole of our conception of the object« (Collected Papers 5.402/The Essential P. I, 132). Diese Formulierung fordert dazu auf, die Bedeutung eines prädikativen Ausdrucks allein im praktischen Zusammenhang zu suchen, in dem die Gegenstände stehen, denen dieser Ausdruck zugesprochen wird. Z. B. bedeutet ›hart‹ dasjenige ↑*Handlungsschema* (rule of action, habit, oft mit ›Gewohnheit‹ wiedergegeben), das durch ›sich von vielen Materialien nicht ritzen lassen‹ in erster Näherung artikuliert werden kann (»what a thing means is simply what habits it involves«, Collected Papers 5.400). Zugleich charakterisiert diese Formulierung die höchste, wissenschaftliche Stufe unter den Methoden, eine Überzeugung zu stabilisieren, insofern allein durch sie die konkrete Vernünftigkeit (concrete reasonableness) der Menschen befördert wird (so in P.s Artikel Pragmatism, in: J. M. Baldwin [ed.], Dictionary of Philosophy and Psychology II, New York/London 1902, 321–322).

Es geht P. um ein Verfahren der Selbstkontrolle, mit dem handlungsrelevantes Wissen zugleich mit von Wissen kontrolliertem Handeln erzeugt wird. Ein assertorischer Satz wie ›dieser Stein ist schwer‹ durchläuft aufgrund der Pragmatischen Maxime mindestens die Umformungen ›wenn der Stein losgelassen wird, dann fällt er‹ (deskriptive Stufe der Anwendung eines empirischen Gesetzes) und ›wenn der Stein nicht fallen soll, dann darf er nicht losgelassen werden‹ (normative Stufe der Anwendung einer allgemeinen Handlungsregel: im Vordersatz des konditionalen Satzes [↑Konditionalsatz] sind die Umstände und Wünsche, im Nachsatz die geforderten Handlungsweisen artikuliert). Jeder Schritt gilt dabei als eine logische Umformung im Sinne der P.schen Wissenschaftslogik, hier bereits auf der Ebene *symbolischer* Zeichenfunktion. Erst die weitere Ausdifferenzierung der ↑Semiotik, vor allem um die *ikonische* (↑Ikon) und die *indexikalische* (↑indexical) Zeichenfunktion ab 1885, erlaubt es P., auch die Logik selbst – für P. seit 1903 gleichwertig mit der Semiotik – nach dem Prinzip der Pragmatischen Maxime aus den Handlungszusammenhängen der Alltagswelt zu entwickeln (↑Handlung). Er folgt damit seinem um dieselbe Zeit insbes. gegen R. Descartes unter Bezug auf T. Reid entwickelten *Critical Common-sensism*, demzufolge ein von der biologischen Evolution im Sinne C. Darwins inspiriertes Verfahren *logischer Evolution* in Gang gesetzt und zugleich begründet wird, das alle Wissens- und Handlungsbereiche in Gestalt einer Einheit von Kosmologie (beherrscht vom Zufall: Tychismus) und Anthropologie (Vernunft erzeugend: Selbstkontrolle) hervorbringt. Semiotik wird Erbin der klassischen Erkenntnistheorie, ↑Pragmatik Erbin der klassischen Ontologie; beide sind nur zwei Seiten derselben Sache, die Seite des Allgemeinen oder Realen und die Seite des Einzelnen oder Existierenden, also der Zeichenschemata und der Handlungsvollzüge.

Die Philosophie besteht, die traditionelle Scheidung in Theoretische und Praktische Philosophie hinter sich lassend (↑Philosophie, praktische, ↑Philosophie, theoretische), aus den ↑normativen Wissenschaften Logik, Ethik und Ästhetik mit der ↑Metaphysik als Überbau und der ↑Phänomenologie als Unterbau. In der Metaphysik entwickelt P. seinen *Synechismus*, die Lehre von der Wirklichkeit als einem dynamischen Kontinuum des Begreifens der Phänomene mit Hilfe von Zeichenkonstruktionen und zugleich des Fundierens von Zeichen in Handlungsvollzügen. Die Phänomenologie hat die Aufgabe, die den Zeichenbildungsprozeß und damit auch die Klassifikation der Sachgebiete, auch der Philosophie selbst, steuernden *Kategorien* – das sind ↑Metaprädikatoren für Aufmerksamkeitshandlungen zur Unterscheidung der Zeichenebenen – zur Verfügung zu stellen. Es ist dies der entscheidende Bruch mit der für den frühen P. noch charakteristischen Abhängigkeit von I. Kant: die ↑Kategorien werden nicht mehr von der Logik entwikkelt, sondern steuern umgekehrt deren Aufbau. Die Kategorie der ›Erstheit‹ macht auf die in der Alltagswelt in Gestalt der Handlungen vorliegenden ↑Schematisierungen aufmerksam: hier gibt es noch keine Trennung von Sprache und Welt bzw. von Zeichen und Gegenstand, vielmehr handelt es sich um ikonische, nur Qualitäten liefernde Zeichenverwendung, der auf der Beschreibungsebene die einstelligen (Eigen-)Prädikatoren (↑Eigenprädikator) entsprechen. Die Kategorie der

›Zweitheit‹ macht auf die Anwendung solcher Schematisierungen in Situationen und damit ihre Gliederung in gegenständliche Einheiten aufmerksam: ein Handlungsvollzug ist ↑Index für einen auch noch mit anderen Handlungsvollzügen präsentierbaren (individuellen) Gegenstand. Auf der Beschreibungsebene treten die (internen) dyadischen Relationen zwischen Zeichen und Gegenstand auf. Erst mit der Kategorie der ›Drittheit‹ ist dann die dreigliedrige vollentwickelte Stufe des *semiotischen Dreiecks* mit Gegenstand, (symbolischem) Zeichen und Bedeutung (›interpretant‹) erreicht, das als Artikulation eines Prozesses immer feinerer Bestimmung des Gegenstandes aufzufassen ist, nämlich durch Behandlung des ›Interpretanten‹ als eines selbst entwikkelteren Zeichens, zu dem seinerseits ein weiterer Interpretant zum selben Gegenstand gehört, und so weiter, bis schließlich der ›letzte logische Interpretant‹, ein ›habit change‹ gewonnen ist, also der Erwerb einer Handlungskompetenz, d.i. eine sinnlich-pragmatische Orientierung, das offene Schema der Umgangsformen mit dem Gegenstand.

Die logischen Umformungen beim Interpretantenprozeß werden von *Argumenten* regiert, die zu den drei Klassen *Abduktion, Induktion* und *Deduktion* gehören und insgesamt den Forschungsprozeß einer Erzeugung wahrer Repräsentation der Welt ›auf lange Sicht‹ (Konsensustheorie der Wahrheit, ↑Wahrheitstheorien) ausmachen. Diese Argumentformen bestimmen den fortgesetzten, rational gesteuerten Prozeß der Zeichenbildung: ausgehend von Wahrnehmungsurteilen werden durch ↑Abduktion allgemeine Sätze als Hypothesen gebildet, aus denen dann weitere allgemeine Sätze durch ↑Deduktion erschlossen werden, die ihrerseits schließlich anhand ihrer sinnlichen Konsequenzen zu einer Überprüfung der Hypothesen durch ↑Induktion führen. Das so zu erreichende *summum bonum* als das ästhetische und zugleich ethische Ziel des Zeichenprozesses ist aber kein Endpunkt, sondern der als Beförderung der konkreten Vernünftigkeit auftretende Prozeß der Zeichenbildung selbst.

P.s philosophische Arbeit wurde von wichtigen Forschungen auf vielen Gebieten begleitet. So geht etwa der Begriff eines ↑Verbandes auf ihn zurück. Zudem entwickelte P. unabhängig von G. Frege noch einmal die ↑Quantorenlogik, sogar mit dialogischer Deutung der ↑Quantoren (↑Logik, dialogische), und lieferte unter anderem durch die Fortentwicklung von A. de Morgans ↑Relationenlogik die entscheidenden Bausteine für E. Schröders »Vorlesungen über die Algebra der Logik« (I–III, Leipzig 1890–1895). Er entwarf symbolische ↑Notationen für ↑Ordinalzahlen und eine L.E.J. Brouwers Konzeption verwandte Theorie des ↑Kontinuums, dessen Elemente nicht mehr Punkte sind, und vieles mehr. In allen Fällen ist sein Vorgehen charakterisiert durch ›experimentelles Denken‹, ein für Logik und Mathematik typisches Entwerfen von Diagrammen und deren Untersuchung mit dem Verfahren der Abstraktion.

Werke: Collected Papers, I–VIII, I–VI, ed. C. Hartshorne/P. Weiss, VII–VIII, ed. A.W. Burks, Cambridge Mass. 1931–1958 (repr. Bristol 1998), in 4 Bdn. 1978; Complete Published Works, Including Selected Secondary Materials, ed. K.L. Ketner u.a., Greenwich Conn. 1977 [Microfiche Collection]; Writings of C.S.P.. A Chronological Edition, ed. P. Edition Project, Bloomington Ind. 1982ff. (erschienen Bde I–VI, VIII); Œuvres philosophiques, I–III, ed. C. Tiercelin/P. Thibaud, Paris 2002–2006. – (ed.) Studies in Logic. By Members of the Johns Hopkins University (1883), Boston Mass. 1883 (repr. Amsterdam/Philadelphia Pa. 1983); Chance, Love, and Logic. Philosophical Essays, ed. M.R. Cohen, London, New York 1923 (repr. Lincoln Neb. 1998, London 2001), 1956; The Philosophy of P.. Selected Writings, ed. J. Buchler, London 1940 (repr. New York 1978, London 2000), Neudr. unter dem Titel: Philosophical Writings of P., New York 1955; Schriften, I–II (I Zur Entstehung des Pragmatismus, II Vom Pragmatismus zum Pragmatizismus), ed. K.-O. Apel, Frankfurt 1967/1970, Neudr. unter dem Titel: Schriften zum Pragmatismus und Pragmatizismus, Frankfurt ^{2}1976, 1991; Über die Klarheit unserer Gedanken/How to Make Our Ideas Clear, ed. K. Oehler, Frankfurt 1968, ^{3}1985 [engl./dt.]; Lectures on Pragmatism/Vorlesungen über Pragmatismus, ed. E. Walther, Hamburg 1973 [engl./dt.], gekürzt 1991 [dt.]; Contributions to »The Nation«, I–IV, ed. K.L. Ketner/J.E. Cook, Lubbock Tex. 1975–1987; The New Elements of Mathematics by C.S.P., I–IV, ed. C. Eisele, The Hague/Paris, Atlantic Highlands N.J. 1976; Zur semiotischen Grundlegung von Logik und Mathematik. Unpublizierte Manuskripte, ed. M. Bense/E. Walther, Stuttgart 1976; Semiotic and Significs. The Correspondence Between C.S.P. and Victoria Lady Welby, ed. C.S. Hardwick, Bloomington Ind./London 1977 (repr. Ann Arbor Mich. 1995); Phänomen und Logik der Zeichen, ed. H. Pape, Frankfurt 1983, ^{3}1998, 2005; Semiotische Schriften, I–III, ed. C. Kloesel/H. Pape, Frankfurt 1986–1993, Darmstadt, Frankfurt 2000; Naturordnung und Zeichenprozeß. Schriften über Semiotik und Naturphilosophie, ed. H. Pape, Aachen 1988, Frankfurt 1991, ^{2}1998; P. on Signs. Writings on Semiotic, ed. J. Hoopes, Chapel Hill N.C. 1991, 2006; The Essential P.. Selected Philosophical Writings, I–II, I, ed. N. Houser/C. Kloesel, II, ed. P. Edition Project, Bloomington Ind. 1992/1998, 2003; Reasoning and the Logic of Things. The Cambridge Conferences Lectures of 1898, ed. K.L. Ketner, Cambridge Mass./London 1992 (franz. Le raisonnement et la logique des choses. Les conférences de Cambridge [1898], Paris 1995; dt. Das Denken und die Logik des Universums. Die Vorlesungen der Cambridge Conferences von 1898, ed. H. Pape, Frankfurt 2002); Religionsphilosophische Schriften, ed. H. Deuser, Hamburg 1995; Pragmatism as a Principle and Method of Right Thinking. The 1903 Harvard »Lectures on Pragmatism« by C.S.P., ed. P.A. Turrisi, Albany N.Y. 1997. – R.S. Robin, Annotated Catalogue of the Papers of C.S.P., Worcester Mass. 1967; ders., The P. Papers. A Supplementary Catalogue, Transactions of the C.S.P. Society 7 (1971), 37–57; C.J. Kloesel, Bibliography of C.S.P., 1976 Through 1981, in: E. Freeman (ed.), The Relevance of C.P., La Salle Ill. 1983, 373–405; K.L. Ketner, A Comprehensive Bibliography and Index of the Published Works of C.S.P. with a Bibliography of Secondary Studies, Greenwich Conn. 1977, Bowling Green Ohio ^{2}1986.

Literatur: R.F. Almeder, The Philosophy of C.S.P.. A Critical Introduction, Totowa N.J., Oxford 1980; A. Andermatt, Semiotik und das Erbe der Transzendentalphilosophie. Die semiotischen Theorien von Ernst Cassirer und C.S.P. im Vergleich, Würzburg 2007; D.R. Anderson, Creativity and the Philosophy of C.S.P., Dordrecht/Boston Mass./Lancaster 1987, 2010; ders., Strands of System. The Philosophy of C.P., West Lafayette Ind. 1995; ders./C.R. Hausman, Conversations on P.. Reals and Ideals, New York 2012; K.-O. Apel, Der Denkweg von C.S.P.. Eine Einführung in den amerikanischen Pragmatismus, Frankfurt 1975; A. Atkin, P.'s Theory of Signs, SEP 2006, rev. 2013; U. Baltzer, Erkenntnis als Relationsgeflecht. Kategorien bei C.S.P., Paderborn etc. 1994; M. Bauerlein, The Pragmatic Mind. Explorations in the Psychology of Belief, Durham/London 1997; M. Bergmann, Meaning and Mediation. Toward a Communicative Interpretation of P.'s Theory of Signs, Helsinki 2000; R.J. Bernstein (ed.), Perspectives on P.. Critical Essays on C.S.P., New Haven Conn./London 1965, Neudr. Westport Conn. 1980; J.F. Boler, C.P. and Scholastic Realism. A Study of P.'s Relation to John Duns Scotus, Seattle 1963; N.E. Boulting, On Interpretative Activity. A P.ian Approach to the Interpretation of Science, Technology and the Arts, Leiden/Boston Mass. 2006; G. Brady, From P. to Skolem. A Neglected Chapter in the History of Logic, Amsterdam/New York 2000; J. van Brakel/M. van Heerden (eds.), C.S.P.. Categories to Constantinople. Proceedings of the International Symposium on P., Leuven 1997, Leuven 1998; J. Brent, C.S.P.. A Life, Bloomington Ind./Indianapolis Ind. 1993, erw. 21998; J. Brunning/P. Foster (eds.), The Rule of Reason, The Philosophy of C.S.P., Toronto/Buffalo N.Y./London 1997; J. Buchler, C.P.s Empiricism, New York, London 1939 (repr. London 2000), New York 1980; R. Burch, C.S.P., SEP 2001, rev. 2013; F.T. Burke, What Pragmatism Was, Bloomington Ind./Indianapolis Ind. 2013; V.M. Colapietro, P.'s Approach to the Self. A Semiotic Perspective on Human Subjectivity, Albany N.Y. 1989; ders./T.M. Olshewsky (eds.), P.'s Doctrine of Signs. Theory, Applications, and Connections, Berlin/New York 1995, 1996; E.F. Cooke, P.'s Pragmatic Theory of Inquiry. Fallibilism and Indeterminacy, London/New York 2006; G. Debrock, Living Doubt. Essays Concerning the Epistemology of C.S.P., ed. M. Hulswit, Dordrecht 1994; D. Deledalle, C.S.P.'s Philosophy of Signs. Essays in Comparative Semiotics, Bloomington Ind./Indianapolis Ind. 2000; C. Eisele, Studies in the Scientific and Mathematical Philosophy of C.S.P.. Essays, ed. R.M. Martin, The Hague/Paris/New York 1979; dies. (ed.), Historical Perspectives on P.'s Logic of Science. A History of Science, I–II, Berlin/New York/Amsterdam 1985; A. Ejsing, Theology of Anticipation. A Constructive Study of C.S.P., Eugene Or. 2006, 2007; F. Engel/M. Queisner/T. Viola (eds.), Das bildnerische Denken: C.S.P., Berlin 2012; N. Erny, Konkrete Vernünftigkeit. Zur Konzeption einer pragmatistischen Ethik bei C.S.P., Tübingen 2005; R. Fabbrichesi/S. Marietti (eds.), Semiotics and Philosophy in C.S.P., Newcastle 2006, 2008; M.H. Fisch, P., Semeiotic, and Pragmatism. Essays, ed. K.L. Ketner/C.J.W. Kloesel, Bloomington Ind./Indianapolis Ind. 1986; J.J. Fitzgerald, P.s Theory of Signs as Foundation for Pragmatism, The Hague/Paris 1966; A. Freadman, The Machinery of Talk. C.P. and the Sign Hypothesis, Stanford Calif. 2004; E. Freeman (ed.), The Relevance of C.P., La Salle Ill. 1983; T.A. Goudge, The Thought of C.S.P., Toronto 1950, Neudr. New York 1969; A. Goulimi, Kommunikatives Handeln als semiotischer Prozeß. Ein Beitrag zur Theorie des kommunikativen Handelns aus der Perspektive der Semiotik von C.S.P., Frankfurt etc. 2002; D. Greenlee, P.'s Concept of Sign, The Hague/Paris 1973; C.R. Hausman, C.S.P.'s Evolutionary Philosophy, Cambridge/New York/Oakleigh 1993, 1997; C. Hookway, P., London etc. 1985, 1992; ders., P., REP VIII (1998), 269–284; ders., Truth, Rationality, and Pragmatism. Themes from P., Oxford/New York 2000, 2006; ders., The Pragmatic Maxim. Essays on P. and Pragmatism, Oxford/New York 2012; N. Houser/D.D. Roberts/J. Van Evra (eds.), Studies in the Logic of C.S.P., Bloomington Ind./Indianapolis Ind. 1997; M. Hulswit, From Cause to Causation. A P.an Perspective, Dordrecht 2002; T. Jappy, Introduction to P.an Visual Semiotics, London/New York 2013; S. Kappner, Intentionalität aus semiotischer Sicht. P.anische Perspektiven, Berlin/New York 2004; J. v. Kempsky, C.S.P. und der Pragmatismus, Stuttgart/Köln 1952; K.L. Ketner u.a. (eds.), Proceedings of the C.S.P. Bicentennial International Congress, Lubbock Tex. 1981; ders. (ed.), P. and Contemporary Thought. Philosophical Inquiries, New York 1995; ders., His Glassy Essence. An Autobiography of C.S.P., Nashville Tenn./London 1998; R. Kevelson, C.S.P.'s Method of Methods, Amsterdam/Philadelphia Pa. 1987; dies., P., Science, Signs, New York etc. 1996; dies., P. and the Mark of the Gryphon, New York, Basingstoke 1999; J. Lege, Pragmatismus und Jurisprudenz. Über die Philosophie des C.S.P. und über das Verhältnis von Logik, Wertung und Kreativität im Recht, Tübingen 1999; J.J. Liszka, A General Introduction to the Semeiotic of C.S.P., Bloomington Ind./Indianapolis Ind. 1996; E. Martens, C.S.P., in: O. Höffe (ed.), Klassiker der Philosophie II, München 1981, 21985, 228–237; R. Marty, L'algèbre des signes. Essai de sémiotique scientifique d'après C.S.P., Amsterdam/Philadelphia Pa. 1990; C.J. Misak, Truth and the End of Inquiry. A P.an Account of Truth, Oxford etc. 1991, 2004; dies. (ed.), The Cambridge Companion to P., Cambridge etc. 2004; I. Mladenov, Conceptualizing Metaphors. On C.P.'s Marginalia, London etc. 2006; E.C. Moore (ed.), C.S.P. and the Philosophy of Science. Papers from the Harvard Sesquicentennial Congress, Tuscaloosa Ala./London 1993; ders./R.S. Robin (eds.), Studies in the Philosophy of C.S.P. II, Amherst Mass. 1964; B. Morand, Logique de la conception. Figures de la sémiotique générale d'après C.S.P., Paris/Budapest/Turin 2004; H.O. Mounce, The Two Pragmatisms. From P. to Rorty, London/New York 1997; R.P. Mullin, The Soul of Classical American Philosophy. The Ethical and Spiritual Insights of William James, Josiah Royce, and C.S.P., Albany N.Y. 2007; M.G. Murphey, The Development of P.'s Philosophy, Cambridge Mass. 1961, Indianapolis Ind. 1993; ders., P., Enc. Ph. VI (1967), erw. v. N. Houser, Enc. Ph. VII (22006), 163–174; L.J. Niemoczynski, C.S.P. and a Religious Metaphysics of Nature, Lanham Md. etc. 2011; P. Ochs, P., Pragmatism, and the Logic of Scripture, Cambridge/New York/Melbourne 1998; K. Oehler, C.S.P., München 1993; ders., Sachen und Zeichen. Zur Philosophie des Pragmatismus, Frankfurt 1995; M. Olivier, P.. La pensée et le réel, Paris 2013; H. Pape, Erfahrung und Wirklichkeit als Zeichenprozeß. C.S.P.s Entwurf einer Spekulativen Grammatik des Seins, Frankfurt 1989; ders. (ed.), Kreativität und Logik. C.S.P. und das philosophische Problem des Neuen, Frankfurt 1994; ders., Der dramatische Reichtum der konkreten Welt. Der Ursprung des Pragmatismus im Denken von C.S.P. und William James, Weilerswist 2002; K.A. Parker, The Continuity of P.'s Thought, Nashville Tenn./London 1998; A.-V. Pietarinen, Signs of Logic. P.an Themes on the Philosophy of Language, Games, and Communication, Dordrecht etc. 2006; V.G. Potter, P.'s Philosophical Perspectives, ed. V.M. Colapietro, New York 1996; I.K. Pritchard, A Critical Examination of the Role of Continuity in P.'s Thought, Diss. Stony Brook N.Y. 1976;

D. H. Rellstab, C. S. P.' Theorie natürlicher Sprache und ihre Relevanz für die Linguistik. Logik, Semantik, Pragmatik, Tübingen 2007; N. Rescher, P.'s Philosophy of Science. Critical Studies in His Theory of Induction and Scientific Method, Notre Dame Ind./London 1978; A. Reynolds, P.'s Scientific Metaphysics. The Philosophy of Chance, Law, and Evolution, Nashville Tenn./London 2002; I. Riemer, Konzeption und Begründung der Induktion. Eine Untersuchung zur Methodologie von C. S. P., Würzburg 1988; D. D. Roberts, The Existential Graphs of C. S. P., The Hague/Paris 1973; W. L. Rosensohn, The Phenomenology of C. S. P.. From the Doctrine of Categories to Phaneroscopy, Amsterdam 1974; B. M. Scherer, Prolegomena zu einer einheitlichen Zeichentheorie. C. S. P.s Einbettung der Semiotik in die Pragmatik, Tübingen 1984; G. Schönrich, Zeichenhandeln. Untersuchungen zum Begriff einer semiotischen Vernunft im Ausgang von C. S. P., Frankfurt 1990; R. Schumacher, Realität, synthetisches Schließen und Pragmatismus. Inhalt, Begründung und Funktion des Realitätsbegriffes in den Theorien von C. S. P. in der Zeit von 1856–1878, Weinheim 1996; S.-J. Shin, The Iconic Logic of P.'s Graphs, Cambridge Mass./London 2002; T. L. Short, P.'s Theory of Signs, Cambridge etc. 2007, 2009; P. Skagestad, The Road of Inquiry. C. P.'s Pragmatic Realism, New York/Guildford Surrey 1981; R. A. Smyth, Reading P. Reading, Lanham Md./Oxford 1997; B. J. Sobrinho, Signs, Solidarities, and Sociology. C. S. P. and the Pragmatics of Globalization, Lanham Md./Oxford 2001; P. Thibaud, La logique de C. S. P.. De l'algèbre aux graphes, Aix-en-Provence 1975; R. Tursman, P.'s Theory of Scientific Discovery. A System of Logic Conceived as Semiotic, Bloomington Ind./Indianapolis Ind. 1987; C. de Waal, P.. A Guide for the Perplexed, London 2013; ders./K. P. Skowroński (eds.), The Normative Thought of C. S. P., New York 2012; G. Wartenberg, Logischer Sozialismus. Die Transformation der Kantschen Transzendentalphilosophie durch C. S. P., Frankfurt 1971; H. Wennerberg, The Pragmatism of C. S. P.. An Analytical Study, Lund, Kopenhagen 1962; P. P. Wiener/F. H. Young (eds.), Studies in the Philosophy of C. S. P. I, Cambridge Mass. 1952; U. Wirth (ed.), Die Welt als Zeichen und Hypothese. Perspektiven des semiotischen Pragmatismus von C. S. P., Frankfurt 2000; R. Wohlgemuth, C. S. P.. Zur Begründung einer Metaphysik der Evolution, Frankfurt etc. 1993. – The C. S. P. Newsletter, Inst. f. Studies in Pragmaticism, Lubbock Tex. 1973 – 1984; Transactions of the C. S. P. Society, Amherst Mass. 1965 ff.; The P. Seminar Papers 1 (1993) – 5 (2002). – Essays on the Philosophy of C. P., Synthese 41 (1979), H. 1; La métaphysique de P., Philosophie 10 (Paris 1986), H. 10; La phénoménologie de C. S. P., Ét. phénoménol. 5 (Brüssel 1989), H. 9–10. K. L.

Peircesche Formel (auch: Peircesche Aussage, engl. Peirce's Law), Bezeichnung für das junktorenlogische ↑Aussageschema $((p \rightarrow q) \rightarrow p) \rightarrow p$ nach seiner erstmaligen Behandlung (1885) durch C. S. Peirce. Jedes Axiomensystem der positiven (d. h. negationsfreien) effektiven ↑Junktorenlogik (↑Logik, positive) wird durch Hinzunahme der P.n F. als ↑Axiom zu einem Axiomensystem (↑System, axiomatisches) der positiven klassischen Junktorenlogik erweitert, ein Axiomensystem der vollen effektiven Junktorenlogik also zu einem Axiomensystem der vollen klassischen Junktorenlogik. Ebenso wird jeder formale Dialog (↑Logik, dialogische) um ein nur klassisch gültiges Aussageschema auch unter Beibehaltung der effektiven ↑Rahmenregeln gewinnbar, wenn man geeignete ↑Hypothesen hinzunimmt, die selbst die Form der P.n F. haben oder Aussageformen der entsprechenden Struktur allquantifizieren; analoge Eigenschaften besitzt für die ↑Sequenzenkalküle die ↑Peircesche Implikation. Die P. F. ist also zwar nicht effektiv, wohl aber klassisch allgemeingültig (↑allgemeingültig/Allgemeingültigkeit).

Literatur: E. W. Beth, Formal Methods. An Introduction to Symbolic Logic and to the Study of Effective Operations in Arithmetic and Logic, Dordrecht 1962; L. H. Hackstaff, Systems of Formal Logic, Dordrecht 1966, New York 1967; P. Lorenzen, Einführung in die operative Logik und Mathematik, Berlin/Göttingen/Heidelberg 1955, ^{2}1969; C. S. Peirce, On the Algebra of Logic. A Contribution to the Philosophy of Notation, Amer. J. Math. 7 (1885), 180–202, Neudr., mit einer im Erstdruck unveröffentlicht gebliebenen »Note« (239–249), in: ders., Collected Papers III (Exact Logic (Published Papers)), ed. C. Hartshorne/P. Weiss, Cambridge Mass. 1933 (repr. 1998), 210–249; A. N. Prior, Peirce's Axioms for Propositional Calculus, J. Symb. Log. 23 (1958), 135–136. C. T.

Peircesche Implikation, Bezeichnung für die der ↑Peirceschen Formel entsprechende Implikation $(A \rightarrow B) \rightarrow A \prec A$ (in Worten: unter der Hypothese ›wenn (wenn A, so B), dann A‹ gilt die These A), die sich auch als ↑Sequenz (in ↑Sequenzenkalkülen) lesen läßt. Sie ist nur in der klassischen Logik (↑Logik, klassische) gültig, nicht aber in der effektiven Logik (↑Logik, intuitionistische, ↑Logik, konstruktive). Obwohl sie negationsfrei (↑Negation) ist, reicht sie aus – darin dem ↑tertium non datur $\prec A \vee \neg A$ (die These ›A oder nicht-A‹ gilt unbedingt) und dem ↑duplex negatio affirmat $\neg\neg A \prec A$ (in Worten: unter der Hypothese ›nicht-nicht-A‹ gilt die These A) verwandt –, unter Voraussetzung der effektiv-logischen Schlußregeln sämtliche Schlußregeln der klassischen ↑Junktorenlogik herzustellen. K. L.

Peircescher Junktor, Bezeichnung für die von C. S. Peirce ca. 1880 (publiziert 1933) betrachtete und von H. M. Sheffer 1913 untersuchte zweistellige Aussagenverknüpfung (↑Junktor) der ↑Negatkonjunktion. Drückt man diese mit dem ↑Shefferschen Strich ›|‹ aus, dann läßt sich $A|B$ durch $\neg A \wedge \neg B$ oder durch $\neg(A \vee B)$ definieren. Der P. J. ist, ebenso wie die auch ›Nicodsche Funktion‹ genannte (oft ebenfalls mit ›|‹ bezeichnete) dazu duale (↑dual/Dualität) Verknüpfung der ↑Negatadjunktion (d. h., $A|B$ entspricht jetzt $\neg A \vee \neg B$ bzw. $\neg(A \wedge B)$), funktional vollständig in dem Sinne, daß jede ↑Wahrheitsfunktion allein mit Hilfe dieses Junktors definiert werden kann. J. G. P. Nicod konnte zeigen, daß mit ›|‹ als Negatadjunktion

$$(p|(q|r))|((t|(t|t))|((s|q)|((p|s)|(p|s))))$$

als einziges ↑Axiom zur Axiomatisierung (↑System, axiomatisches) des klassischen Aussagenkalküls (↑Junktorenlogik) ausreicht.

Literatur: J. G. P. Nicod, A Reduction in the Number of the Primitive Propositions of Logic, Proc. Cambridge Philos. Soc. 19 (1916–1919), 32–41; C. S. Peirce, A Boolian Algebra with One Constant, in: ders., Collected Papers IV (The Simplest Mathematics), ed. C. Hartshorne/P. Weiss, Cambridge Mass. 1933 (repr. Bristol 1998), 1974, 13–18 [ursprünglich, ca. 1880, Ms. ohne Titel]; H. M. Sheffer, A Set of Five Independent Postulates for Boolean Algebras, with Application to Logical Constants, Transact. Amer. Math. Soc. 14 (1913), 481–488. P. S.

Pemberton, Henry, *London 1694, †ebd. 9. März 1771, engl. Physiker, Mathematiker und Mediziner, enger Gefolgsmann I. Newtons mit wichtigen Beiträgen zur Verbreitung der Newtonschen Naturwissenschaft. 1714–1715 Studium der Medizin in Leiden (bei H. Boerhaave) und Paris, Fortsetzung der medizinischen Ausbildung in London (St. Thomas's Hospital) und Promotion 1719 erneut in Leiden. Aus Gesundheitsgründen übte P. nur zeitweise eine ärztliche Tätigkeit aus; 1728 wurde er Prof. der Physik am Gresham College. – In seiner wissenschaftlichen Arbeit befaßte sich P. mit Physiologie, physiologischer Optik, Chemie und Astronomie. Ein eigenständiger Beitrag besteht in der Formulierung der Annahme, die Entfernungsanpassung der Sehschärfe des Auges komme durch Formänderung der Augenlinse zustande.

Bekannt wurde P. vor allem als Herausgeber der 3. Auflage von Newtons »Principia« (Philosophiae naturalis principia mathematica, London [3]1726) und Verfasser einer popularisierenden Darstellung der Newtonschen Philosophie (A View of Sir Isaac Newton's Philosophy, 1728). Diese Darstellung bildet neben den Einführungen von C. Maclaurin (An Account of Sir Isaac Newton's Philosophical Discoveries, London 1748), Voltaire (Éléments de la philosophie de Newton, 1738) und Mme de Châtelet (neben der Übersetzung der »Principia« [Principes mathématiques de la philosophie naturelle, Paris 1756]: Lettre sur les élémens de la philosophie de Newton, Journal des sçavans [1738], 534–541) die im 18. Jh. am weitesten verbreitete Popularisierung der Newtonschen Physik. Sie behandelt Newtons Mechanik und Optik und sucht vor allem das methodologische Selbstverständnis Newtons zum Ausdruck zu bringen (P.s »View« ist die einzige von Newton selbst autorisierte populäre Wiedergabe seiner Lehre). Dabei stellt P. die Newtonsche Physik als eine Realisierung der methodologischen Vorstellungen F. Bacons dar. Über diese Verbindung wird Bacon innerhalb der Wirkungsgeschichte der Newtonschen Physik zum Begründer der neuzeitlichen Naturwissenschaft (vgl. C. Maclaurin, a. a. O., 56). Newton, der auf P. durch dessen Kritik am Leibnizschen Kraftbegriff aufmerksam wurde, hat dieser methodologischen Konstruktion P.s offenbar, wie dieser in seinem Vorwort hervorhebt, zugestimmt (von den 25 Paragraphen der Einleitung behandeln zehn [4–13] Bacons Philosophie). Eine angekündigte englische Übersetzung der »Principia« und ein Kommentar zur Newtonschen Physik sind nicht erschienen.

Werke: Dissertatio physico-medica inauguralis de facultate oculi qua ad diversas rerum conspectarum distantias se accommodat, Leiden 1719; Epistola ad amicum de Cotesii inventis, curvarum ratione, quae cum circulo & hyperbola comparationem admittunt, London 1722; A Letter to Dr. Mead [...] Concerning an Experiment, whereby It Has Been Attempted to Shew the Falsity of the Common Opinion, in Relation to the Force of Bodies in Motion, Philos. Transact. 32 (1722), 57–68; Introduction. Concerning the Muscles and Their Action, in: W. Cowper, Myotomia reformata. Or an Anatomical Treatise on the Muscles of the Human Body, ed. R. Mead, London [2]1724, I–LXXVII; A View of Sir Isaac Newton's Philosophy, Dublin, London 1728 (repr., ed. I. B. Cohen, New York/London 1972 [mit Einl., V–XIX], Bristol 2004) (franz. Élémens de la philosophie Newtonienne, Amsterdam, Leipzig 1755; dt. Anfangsgründe der Newtonischen Philosophie I, übers. S. Maimon, Berlin 1793 [mehr nicht erschienen]); A Scheme for a Course of Chymistry to Be Performed at Gresham-College, London 1731; Observations on Poetry, Especially the Epic, Occasioned by the Late Poem upon Leonidas, London 1738 (repr. New York 1970, London/New York 1994, 1995); The Dispensatory of the Royal College of Physicians, London 1746, [5]1773; Some Few Reflections on the Tragedy of Boadicia, London 1753; A Course of Chemistry, Divided into Twenty-Four Lectures, ed. J. Wilson, London 1771; A Course of Physiology, Divided into Twenty Lectures, London 1773.

Literatur: P. Alexander, P., in: J. W. Yolton/J. V. Price/J. Stephens (eds.), The Dictionary of Eighteenth-Century British Philosophers II, Bristol 1999, 683–685; W. Breidert, H. P., in: H. Holzhey/V. Mudroch (eds.), Die Philosophie des 18. Jahrhunderts I/1, Basel 2004, 428–429, 458; I. B. Cohen, P.'s Translation of Newton's »Principia«, with Notes on Motte's Translation, Isis 54 (1963), 319–351; ders., Franklin and Newton. An Inquiry into Speculative Newtonian Experimental Science and Franklin's Work in Electricity as an Example Thereof, Philadelphia Pa. 1956 (Memoirs Amer. Philos. Soc. XLIII), Cambridge Mass. 1966, 209–214 (Chap. VII/1 P.'s View of Sir Isaac Newton's Philosophy); ders., Introduction to Newton's »Principia«, Cambridge/London/Melbourne 1971, 1978, 265–286 (Chap. XI The Third Edition of the »Principia«); J. Herivel, The Background to Newton's Principia. A Study of Newton's Dynamical Researches in the Years 1664–84, Oxford 1965; J. Mittelstraß, Die Galileische Wende. Das historische Schicksal einer methodischen Einsicht, in: L. Landgrebe (ed.), 9. Deutscher Kongreß für Philosophie, Düsseldorf 1969. Philosophie und Wissenschaft, Meisenheim am Glan 1972, 285–318, bes. 308–310 (engl. The Galilean Revolution. The Historical Fate of a Methodological Insight, Stud. Hist. Philos. Sci. 2 [1972], 297–328, bes. 320–321); R. S. Westfall, P., DSB X (1974), 500–501. J. M.

per accidens (lat., durch Hinzufallen), in der scholastischen Philosophie im Gegensatz zu ↑per se (im Anschluß an Aristoteles und als Übersetzung von *κατὰ συμβεβηκός*) verwendeter Terminus zur Bezeichnung der Existenzweise eines ↑Akzidens, d. h. der Weise, nur dadurch zu existieren, daß ein anderes Seiendes als ›Träger‹ oder ›Subjekt‹ der eigenen Existenz besteht. Als syntaktische Kategorie bezeichnet p. a. eine Prädikationsweise, nämlich die Zuschreibung solcher Unterscheidungen (↑Prädikatoren), die nur dann in Beschreibungen benutzt werden können, wenn bereits eine Grundunterscheidung (per se) auf den zu beschreibenden Gegenstand angewandt ist. Nach Aristoteles sind die Prädikationen aller ↑Kategorien außer der ↑Substanz (↑Usia) Beschreibungsweisen p. a., also alle Beschreibungen eines Gegenstandes z. B. nach Quantität, Qualität, Ort und Zeit. O. S.

Perelman, Chaïm, *Warschau 20. Mai 1912, †Brüssel 20. Jan. 1984, poln. Jurist, Logiker und Philosoph. 1925 Auswanderung nach Belgien, Studium der Rechtswissenschaft, Philosophie und Sprachwissenschaften in Brüssel, 1934 Promotion in Rechtswissenschaft ebd., 1938, nach logischen Studien an der Universität Warschau, Promotion in Philosophie. 1944–1978 o. Prof. für Logik und Metaphysik an der Freien Universität Brüssel. – In seinen ersten Arbeiten sucht P. zunächst mit logischen Mitteln Probleme der Gerechtigkeitstheorie zu lösen. Er unterscheidet dabei in Anlehnung an Aristoteles zwischen abstrakter (prozeduraler) und konkreter (substantieller) ↑Gerechtigkeit. Während die Vorstellungen der Menschen hinsichtlich der konkreten Gerechtigkeit erheblich variieren, weisen die Vorstellungen hinsichtlich der abstrakten Gerechtigkeit einen invarianten egalitären Kern auf. Die abstrakte Gerechtigkeit fordert, gleiche Wesen gleich zu behandeln. Dieses Postulat reicht jedoch ohne zusätzliche Kriterien nicht aus, um die Fragen einer konkreten Gerechtigkeit zu beantworten. Dazu sind Instrumente der argumentativen Begründung erforderlich, die die Fregesche formale Logik (↑Logik, formale) nicht zur Verfügung stellen kann.

Die Suche nach dem adäquaten Instrument einer ↑Rekonstruktion von Gerechtigkeitsdiskursen führt P. auf die Tradition der ↑Rhetorik, wobei er sich an den Diskursformen, wie sie sich in der Rechtsprechung (↑Recht) herausgebildet haben, orientiert. Das juridische Urteil ergibt sich aus den gegensätzlichen Plädoyers der Parteien, deren Ablauf nicht durch die Mittel der ↑Logik, sondern die der Rhetorik dargestellt werden. Zusammen mit L. Olbrechts-Tyteca entwickelt P. im Anschluß an die griechisch-römische Tradition der ↑Topik, ↑Dialektik und Rhetorik die ›nouvelle rhétorique‹ als eine Methodologie des persuasiven Diskurses. In ihr wird die Rhetorik als ↑Argumentationstheorie entwickelt, wobei die Struktur des Argumentierens (↑Argumentation) unter Aufnahme von Traditionen der Geisteswissenschaften, der Jurisprudenz und der Philosophie beschrieben wird.

Jede Argumentation mit Verbindlichkeitsanspruch ist aus rhetorischer Sicht dadurch gekennzeichnet, daß sich ein ↑Proponent an ein universelles Auditorium wendet, auf dessen Zustimmung seine Reden abzielen. P. unterscheidet zwischen der ↑Wahrheit als dem Ziel der logischen Argumentation und dem kommunikativen Erfolg als dem Ziel der rhetorischen Argumentation. Bei dieser sind die Argumente nicht zwingend, sondern nur mehr oder weniger überzeugend. Nach P. hat auch das philosophische Argumentieren einen rhetorischen Status. Die Philosophie sucht nach P. nicht nach den richtigen, sondern nach akzeptablen Lösungen, die verbesserungsfähig sind und anpassungsfähig an die ständig neu entstehenden Probleme, die sich im Zusammenleben von Menschen ergeben. – P.s Rhetorikkonzeption hat vor allem im romanischsprachigen Raum viel Beachtung gefunden, darüber hinaus in der ↑Linguistik und ↑Kommunikationswissenschaft sowie in der Rechtstheorie. In der deutschen Philosophie sind Elemente der nouvelle rhétorique vor allem in der ↑Hermeneutik H. G. Gadamers und in der Theorie der kommunikativen ↑Vernunft bei J. Habermas zu finden.

Werke: Œuvres, I–III, Brüssel 1988–1990. – De l'arbitraire dans la connaissance, Brüssel 1933; De la justice, Brüssel 1945 (engl. The Idea of Justice and the Problem of Argument, New York, London 1963, London, Atlantic Highlands N. J. 1977; dt. Über die Gerechtigkeit, München 1967); (mit L. Olbrechts-Tyteca) Rhétorique et philosophie. Pour une théorie de l'argumentation en philosophie, Paris 1952; Cours de logique, I–III, Lüttich 1956, Brüssel [9]1966; (mit L. Olbrechts-Tyteca) Traité de l'argumentation. La nouvelle rhétorique, I–II, Paris 1958, in 1 Bd. Brüssel [2]1970, [5]1988 (= Œuvres I), [6]2008 (engl. The New Rhetoric. A Treatise on Argumentation, Notre Dame Ind./London 1969, 1971; dt. Die neue Rhetorik. Eine Abhandlung über das Argumentieren, I–II, ed. J. Kopperschmidt, Stuttgart-Bad Cannstatt 2004); Justice et raison, Brüssel 1963, [2]1972; An Historical Introduction to Philosophical Thinking, New York 1965; Philosophie morale, I–II, Brüssel 1967, in 1 Bd. [5]1976; Justice, New York 1967; Logique et argumentation, Brüssel 1968, [3]1974 (dt. Logik und Argumentation, Königstein 1979, Weinheim [2]1994); Droit, morale et philosophie, Paris 1968, [2]1976; Eléments d'une théorie de l'argumentation, Brüssel 1968; Logique et morale, Brüssel 1969; Le champ de l'argumentation, Brüssel 1970; Logique juridique. Nouvelle rhétorique, Paris 1976, [2]1979, 1999 (dt. Juristische Logik als Argumentationslehre, Freiburg/München 1979); L'empire rhétorique. Rhétorique et argumentation, Paris 1977, [2]1988, 2002 (dt. Das Reich der Rhetorik. Rhetorik und Argumentation, München 1980; engl. The Realm of Rhetoric, Notre Dame Ind./London 1982); Introduction historique à la philosophie morale, Brüssel 1980; Justice, Law and Argument. Essays on Moral and Legal Reasoning, Dordrecht/Boston Mass./London 1980; Le raisonnable et le déraisonnable en droit. Au-delà du positivisme juridique, Paris 1984; Rhetoriques, Brüssel 1989 (= Œuvres II), [2]2012; Ethique et droit, Brüssel 1990 (= Œuvres III), [2]2012. – L. Olbrechts-Tyteca/E. Griffin-Collart, Bibliographie de C. P., Rev. int. philos. 33 (1979), 325–342; Nota bibliografica (Scritti di C. P.), Riv. filos. neo-scolastica 52 (1960), 654–655.

Literatur: R. Alexy, Theorie der juristischen Argumentation. Die Theorie des rationalen Diskurses als Theorie der juristischen Begründung, Frankfurt 1978, [7]2012 (engl. A Theory of Legal

Argumentation. The Theory of Rational Discourse as Theory of Legal Justification, Oxford, New York 1989, 2010); L. G. Bastida, Gli argomenti di P.. Dalla neutralità della scienziato all'imparzialità del giudice, Mailand 1973; N. Bosco, P. e il rinnovamento della retorica, Turin 1983; G. Bouchard, La nouvelle rhétorique. Introduction à l'œuvre de C. P., Québec 1980; ders./R. Valois, (Nouvelle) rhétorique et syllogisme, Laval théol. philos. 39 (1983), 127–150; J. Crosswhite, Universality in Rhetoric. P.'s Universal Audience, Philos. Rhet. 22 (1989), 157–173; R. D. Dearin (ed.), The New Rhetoric of C. P.. Statement and Response, Lanham Md./London/New York 1989; B. Frydman/M. Meyer (eds.), C. P. (1912–2012). De la nouvelle rhétorique à la logique juridique, Paris 2012; J. L. Golden/J. H. Pilotta (eds.), Practical Reasoning in Human Affairs. Studies in Honor of C. P., Dordrecht/Boston Mass./Lancaster 1986; S. Goltzberg, C. P.. L'argumentation juridique, Paris 2013; A. G. Gross/R. D. Dearin, C. P., Albany N. Y. 2003, Carbondale Ill./Edwardsville Ill. 2010; G. Haarscher, C. P. et la pensée contemporaine, Brüssel 1993; ders./L. Ingber (eds.), Justice et argumentation. Essais à la mémoire de C. P., Brüssel 1986; L. Husson, Réflexions sur la théorie de l'argumentation de C. P., Arch. philos. 40 (1977), 435–465; J. Kopperschmidt (ed.), Die neue Rhetorik. Studien zu C. P., Paderborn/München 2006; R. Koren/R. Amossy (eds.), Aprés P.. Quelles politiques pour les nouvelles rhétoriques? L'argumentation dans les sciences du langage, Paris etc. 2002; M. Maneli, P.'s New Rhetoric as Philosophy and Methodology for the Next Century, Dordrecht/Boston Mass./London 1994; J.-F. Melcer, Justice et rhétorique selon C. P. ou comment dire le juste?, Paris 2013; ders., Éthique et rhétorique (d')après C. P. ou la raison hospitalière, Paris 2013; M. Meyer, P., C., DP II (1984), 2029–2034, DP II (^{2}1993), 2226–2231; ders. (ed.), De la métaphysique à la rhétorique. Essais à la mémoire de C. P. avec un inédit sur la logique, Brüssel 1986; ders. (ed.), P.. Le renouveau de la rhétorique, Paris 2004; U. Neumann, Juristische Argumentationslehre, Darmstadt 1986; D. von der Pfordten, C. P., in: J. Nida-Rümelin (ed.), Philosophie der Gegenwart in Einzeldarstellungen. Von Adorno bis v. Wright, Stuttgart 1991, 442–445, ohne Untertitel ed. J. Nida-Rümelin/E. Özmen, ^{3}2007, 501–504; A. Pieretti, L'argomentazione nel discorso filosofico. Analisi critica del pensiero di C. P., L'Aquila 1970; R. Schmetz, L'argumentation selon P.. Pour une raison au cœur de la rhétorique, Namur 2000; G. Vannier, Argumentation et droit. Une introduction à la nouvelle rhétorique de P., Paris 2001. C. F. G.

Performativum (von lat. performare, vorführen, durchführen), in der Theorie der ↑Sprechakte im Gegensatz zu einem ↑Konstativum ein Verb, mit dessen Hilfe (primär) artikuliert wird, was man redend *tut*, also welche ↑Sprachhandlung in ihrem pragmatischen Aspekt – als ↑Handlung – der Sprechende bei der Verwendung des Verbs ausübt, z. B. versprechen, warnen, danken, grüßen, jemandem raten, sich entschuldigen, und nicht (primär) artikuliert wird, von welcher Art das ist, was man redend *sagt*, also welche Sprachhandlung in ihrem semiotischen Aspekt – als Sprache – der Sprechende bei der Verwendung des Verbs ausübt, z. B. feststellen, antworten, zugestehen, behaupten, informieren, folgern. Das performativ gebrauchte Verb steht grundsätzlich in der 1. Person Singular Präsens Indikativ Aktiv bzw., falls grammatisch zulässig, auch in der 2. Person Passiv und läßt sich ergänzen durch den auf das Sprechen als Mittel bezogenen Ausdruck ›hiermit‹, z. B. ›ich entschuldige mich (hiermit)‹ oder ›du bist (hiermit) entlassen‹; in institutionellen Kontexten bedarf es dabei noch der ausdrücklichen Befugnis zum wirksamen Gebrauch des P.s, etwa von ›taufen‹ (in der Kirche) oder von ›verurteilen‹ (im Gericht).

Da nun offensichtlich alle konstativen Äußerungen auch einen performativen, nämlich eine Sprachhandlung als bloße Handlung ausübenden, Charakter haben, wie sich an der möglichen Hinzufügung von ›hiermit‹ auch beim Gebrauch z. B. von ›behaupten‹ – ›ich behaupte hiermit‹ – sinnfällig ablesen läßt, hat J. L. Austin, der als erster den Ausdruck ›P.‹ terminologisch fixiert verwendet, später die Unterscheidung lokutionärer, illokutionärer und perlokutionärer Akte bei jeder Äußerung eingeführt. Die illokutionäre Rolle (*illocutionary force*) einer Äußerung kann durch einen ↑Performator *F*, einen ↑Metaprädikator über dem *Aussagekern P*, dem Resultat des lokutionären Akts, der ↑Prädikation, explizit gemacht werden: $F(P)$, z. B. ›ich behaupte [, daß] *P*‹, ›ich verspreche [, daß] *P*‹. Angesichts der Tatsache, daß der eingebettete Aussagekern seine Aussagefunktion, nämlich Resultat eines lokutionären Akts zu sein, durch die Einbettung verliert, ist bis heute strittig, ob eine ↑Aussage als eine eigenständige, mit allen Teilakten ausgestattete Äußerung oder aber als Kern beliebiger Äußerungen aufzufassen ist.

Literatur: W. P. Alston, Illocutionary Acts and Sentence Meaning, Ithaca N. Y./London 2000; S. R. Anderson, On the Linguistic Status of the Performative/Constative Distinction, Bloomington Ind. 1971 (repr. 1976); J. S. Andersson, How to Define ›Performative‹, Uppsala 1975; J. L. Austin, Performative Utterances, in: ders., Philosophical Papers, ed. J. O. Urmson/G. J. Warnock, Oxford 1961, 220–239, ^{3}1979, 2007, 233–252; ders., How to Do Things with Words. The William James Lectures Delivered at Harvard University in 1955, ed. J. O. Urmson, London/Oxford/New York, Cambridge Mass. 1962, ed. J. O. Urmson/M. Sbisà, Oxford/New York, Cambridge Mass. etc. ^{2}1975 (repr. Oxford etc. 1992) (dt. Zur Theorie der Sprechakte, Stuttgart 1972, 1994); K. Bach, Performatives, REP VII (1998), 302–304; M. Black, Austin on Performatives, Philos. 38 (1963), 217–226, Neudr. in: ders., Margins of Precision. Essays in Logic and Language, Ithaca N. Y./London 1970, 209–221; M. Gustafsson/R. Sørli (eds.), The Philosophy of J. L. Austin, Oxford etc. 2011; P. Halter (ed.), Performance, Tübingen 1999; I. Hedenius, Performatives, Theoria 29 (1963), 115–136; G. Hornig, Performativ, Hist. Wb. Ph. VII (1989), 252–255; K. Lorenz, Sprachphilosophie, in: H. P. Althaus/H. Hennne/H. E. Wiegand (eds.), Lexikon der germanistischen Linguistik, Tübingen ^{2}1980, 1–28; J. Loxley, Performativity, London/New York 2007, 2008; A. Parker/E. Kosofsky Sedgwick (eds.), Performativity and Performance, New York/London 1995; F. Recanati, Les énoncés performatifs. Contribution à la pragmatique, Paris 1981 (engl. Meaning and Force. The Pragmatics of Performative Utterances, Cambridge etc. 1987); E. Rolf, Der andere Austin. Zur Rekonstruktion/Dekonstruktion performativer Äußerungen. Von Searle über Derrida zu Cavell und darüber hinaus, Bielefeld

2009; J. Searle, Speech Acts. An Essay in the Philosophy of Language, Cambridge etc. 1969, 2005; M. H. Wörner, Performative und sprachliches Handeln. Ein Beitrag zu J. L. Austins Theorie der Sprechakte, Hamburg 1978. K. L.

Performator, Bezeichnung für einen der Artikulation des ↑Modus einer ↑Aussage dienenden sprachlichen Ausdruck. In der Theorie der ↑Sprechakte ist ein solcher normalerweise als verbaler ↑Metaprädikator auf den Aussagekernen einer Äußerung realisiert, z. B. ›behaupten, daß ...‹, ›versprechen, daß ...‹. K. L.

Peripatetiker, Bezeichnung für die Mitglieder des ↑Peripatos. Während in der Antike nur die frühen Aristoteliker als P. bezeichnet wurden (für die Aristoteliker der römischen Kaiserzeit ist die Bezeichnung P. nicht belegt), werden heute im weiteren Sinne alle Aristoteliker auch P. genannt. P. im antiken Wortgebrauch sind: Theophrastos von Eresos (372/371–288/286) und Phainias von Eresos (* um 375–ca. 300), Herakleides Pontikos (ca. 390–310), Eudemos von Rhodos (vor 350–ca. 320), Pasikles (Sohn des Bruders des Eudemos) und Hieronymos von Rhodos (beide ca. erstes Drittel des 3. Jhs.), Neleus von Skēpsis (um 300), Dikaiarchos von Messene (* um 376), Aristoxenos von Tarent (* um 370), Klearchos von Soloi (* vor 342), Chamaileon von Herakleia (* um 350, † nach 281), Duris (ca. 340–270), Aristarchos von Samos (310–230), Demetrios von Phaleron (* vor 344), Praxiphanes (ca. 4.–3. Jh.), Straton von Lampsakos (* um 340, † 269/268), Lykon von Troas (* um 300, † um 228/225), Ariston von Keos (* um 250), Prytanis (* um 280), Phormion (* vor 200) und Kritolaos von Phaselis (1. Hälfte 2. Jh.).

Literatur: ↑Peripatos. M. G.

Peripatos (griech. περίπατος, ›Spaziergang‹, ›Wandelhalle‹; dann allgemein ›Philosophenschule‹, entsprechend der Gewohnheit der athenischen Philosophen, in den öffentlichen Hallen der Gymnasien im Umhergehen zu lehren), speziell die von Aristoteles gegründete Philosophenschule (als Bezeichnung vermutlich von Theophrast eingeführt). Neben ›P.‹ ist die Bezeichnung ›Lykeion‹ für die Aristoteliker überliefert, benannt nach dem im Hain des Apollon Lykeios gelegenen Gymnasium, in dessen Wandelhalle Aristoteles seit 335/334 lehrte. Die Schulgebäude des P. wurden 294 von Demetrios Poliorketes und um 200 durch Philipp V. von Makedonien teilweise sowie bei der Belagerung Athens durch Sulla (87 v. Chr.) gänzlich zerstört. Mit Theophrast erhält der P. die Organisationsform einer juristischen Institution. An seiner Spitze steht ein Scholarch, der zugleich rechtlicher Eigentümer des Schulvermögens (Gebäude, Bibliothek, Sklaven) ist. Neben der Pflege der Philosophie gehören Musenkult, Symposien und Spiele zur Lebensform der Philosophenschulen. Ob der P. auch als Kultgemeinschaft (θίασος) anzusehen ist, ist umstritten. Unter den Scholarchen des P. waren mit ihren Amtszeiten: Theophrast (322–287), Straton (287–270/269), Lykon (269– um 226), Erymneus (um 100 v. Chr.). Andronikos von Rhodos war (wenn die Schule noch existierte) letztes Schulhaupt des P.; spätestens seit der Eroberung Athens (86 v. Chr.) scheint es die Schule in Athen nicht mehr gegeben zu haben.

Unter Verzicht auf Schuldogmatik und metaphysische Spekulation widmet sich der P. Einzelproblemen wie dem Ausbau empirischer Forschung (besonders Tier- und Pflanzenkunde), der Logik, Ethik, Philosophie- und Literaturgeschichte. Lediglich bei Theophrast (eingeschränkt bei Straton) ist der Universalismus des Aristoteles noch erkennbar. Undogmatisches Denken, Verselbständigung einzelner Forschungsbereiche, nur zögerndes Eingehen auf die Probleme der hellenistischen Zeit (↑Philosophie, hellenistische), eine Tendenz zur Popularphilosophie, der Verlust der Schulbibliothek sowie materielle Verarmung führten bald zur Bedeutungslosigkeit des P. und zur Umwandlung der Schule (im strengen Sinne) in eine freie Gelehrtenvereinigung (verbunden mit der Übernahme peripatetischer Positionen durch andere).

Logik: Theophrast (bzw. Eudemos) erweitert die ↑Syllogistik um die Figuren Bramantip, Carmenes, Dimaris, Fesapo und Fresison, wertet die ↑Topik durch seine Lehre von den hypothetischen Schlüssen (↑Syllogismus, hypothetischer) auf und entwickelt (wie Eudemos) eine logische Sprachtheorie. Herakleides Pontikos befaßt sich mit eristischen ↑Trugschlüssen. Phainias und Straton schreiben mehrere Werke zu Einzelproblemen der Logik. Danach findet die Logik erst wieder bei Ariston von Alexandreia und bei den Aristoteles-Kommentatoren Interesse.

Physik: Theoprast diskutiert aporetisch-kritisch die Aristotelische Elemententheorie sowie die Aristotelische Lehre vom unbewegten Beweger (↑Beweger, unbewegter), wendet die Bewegungslehre auf alle ↑Kategorien an und weist darauf hin, daß man den Raum auch als bloßes Ordnungssystem verstehen könne. Die ↑Teleologie (von Herakleides beibehalten, von Straton strikt abgelehnt) deutet Theophrast als eine alle Lebewesen umfassende organische Einheit mit graduellen Übergängen, was z. B. zur Aufhebung des qualitativen Unterschiedes von Mensch und Tier führt. Die Botanik und die Zoologie, mit der sich auch Klearchos und Phainias befassen, erreicht mit dem Klassifizierungssystem des Theophrast ihren antiken Höhepunkt. Kosmologie und Physik behandeln ↑Herakleides Pontikos (Vorstufe des ›ägyptischen‹ Systems) und Eudemos, vor allem aber der ›Physiker‹ Straton, der sich als letzter Peripatetiker systematisch mit allgemeinen Problemen der Naturphilosophie beschäftigt. Fragen der Geographie widmen sich Dikaiarch und Ariston.

Ethik: Die an Einzelproblemen und Verhaltensregeln orientierte Tugendlehre sowie das individuelle Glück und seine Bedrohung durch äußere Umstände stehen im Mittelpunkt der Philosophie des P.. Die allgemeine Unsicherheit im ↑Hellenismus prägt die Problemstellungen. Der für Aristoteles wichtige Zusammenhang von Ethik und Politik begegnet noch bei Theophrast, Dikaiarch, Demetrios und Aristoxenos. In der Tugendlehre gilt der Frömmigkeit und der ↑Besonnenheit (Theophrast, Herakleides Pontikos) sowie der ↑Freundschaft (von Theophrast als urbane Tugend der *humanitas* verstanden) besondere Aufmerksamkeit (Klearchos, Demetrios, Praxiphanes). Lebenspraktische Probleme wie Liebe (Demetrios, Klearchos, Ariston) und Alter (Theophrast, Chamaileon, Aristarch, Lykon) gewinnen an Bedeutung. Die Eudaimonie (↑Eudämonismus) wird in ihrer Abhängigkeit von äußeren Glücksgütern und vom Schicksal gesehen (Theophrast, Ariston, Demetrios), im Gegensatz zur stoischen (↑Stoa) ↑Autarkie, der sich nur Kritolaos anzunähern scheint. Die Theorie von der ›richtigen Überlegung‹ (↑Orthos logos) nimmt eine grundlegende Stellung in der Ethik des P. ein. Die Lehre vom rechten Zeitpunkt (*καιρός*) und von der rechten Mitte (↑Mesotes) wird exemplarisch und kasuistisch ausgeführt (Theophrast, Demetrios). Die ↑Affekte gelten als ethisch neutral; die ↑Lust ist der Gegenpol des ↑Logos (Theophrast). Mit dem Problem des Tyrannenmordes befaßt sich Phainias, über Krieg und Frieden schreiben Demetrios und Phormion. Die umfangreiche Literatur über ›Lebensformen‹ (*περὶ βίων*), deren bevorzugte noch bei Theophrast das theoretische, seit Dikaiarch das tätige Leben (↑vita contemplativa) ist, dient dem pädagogischen Zweck der moralischen Aufmunterung bzw. Abschreckung (Herakleides Pontikos, Klearchos, Straton); denselben Zweck verfolgen die Philosophenviten des Archytas, während bei Theophrast, Phainias, Ariston und Sotion die doxographische Lehrer-Schüler-Abfolge im Vordergrund steht. Als moralisch-politische Exempla sind Dikaiarchs Kulturgeschichte Griechenlands und die zahlreichen Staats- und Verfassungsgeschichten anzusehen (Herakleides Pontikos, Dikaiarch, Phainias, Chamaileon). – *Historische* Interessen bestimmen die Medizingeschichte Menons, die ›Meinungen der Physiker‹ Theophrasts und Eudemos' Problemgeschichte der Geometrie, Arithmetik, Astronomie und Musik. Musikpädagogische Werke schreiben Aristoxenos und Chamaileon, musiktheoretische Herakleides Pontikos und Praxiphanes. Mit dem schon von Aristoteles diskutierten Verhältnis von Geschichtsschreibung und Dichtung befassen sich Theophrast und Praxiphanes, Literaturgeschichten und Dichterbiographien verfassen Phainias, Aristarch und Chamaileon, Dichterexegesen Herakleides Pontikos, Dikaiarch, Demetrios und Chamaileon. Die ↑Rhetorik ist Thema bei Theophrast, Eudemos, Demetrios, Dikaiarch, Hieronymos und Kritolaos.

Über den P. von der 2. Hälfte des 3. Jhs. bis zum 1. Jh. v. Chr. ist wenig bekannt; nur für Satyros von Kallatis (Philosophen-, Dichter- und Rhetorenbiographien), Athenodoros (Musiktheorie), Kritolaos (der den Vorrang der Philosophie vor der Rhetorik vertritt) und Diodoros ist die Schulzugehörigkeit gesichert. – Im 1. Jh. v. Chr. beginnt mit dem Rückkauf der Bibliothek des Aristoteles durch Apellikon von Teos und deren Überführung nach Rom (durch Sulla?) eine neue Phase des P.: die Aristoteleskommentierung, begründet durch Andronikos von Rhodos (der die erste Edition besorgt), fortgeführt von Xenarchos von Seleukeia und Boëthos von Sidon. Boëthos stellt (gegen Andronikos) die Physik vor die Logik, läßt als ↑Substanz (erste Kategorie) nur das konkrete Einzelding (nicht die reine Form) gelten und bestreitet (daher) die ↑Unsterblichkeit der Nus-Seele. Die weiteren Mitglieder des P. aus dieser Zeit sind hauptsächlich als Erzieher und Berater vornehmer Römer bekannt (Staseas von Neapel, Xenarchos, Alexandros und Athenaios von Seleukeia, Athenaios der ›Poliorketiker‹ sowie Nikolaos von Damaskos). Aus dem 2. Jh. n. Chr. sind als Peripatetiker bekannt: Aspasios, Adrastos von Aphrodisias, Ariston von Alexandria, Herminos, Sosigenes und Aristokles von Messene. Mit Alexander von Aphrodisias, dem bedeutendsten Aristoteles-Kommentator der Antike, erreicht der P. eine neue Blüte. Die weiteren Aristoteles-Kommentatoren (seit dem 3. Jh.) gehören, bis auf Themistios, dem ↑Neuplatonismus an.

Texte: F. Wehrli (ed.), Die Schule des Aristoteles. Texte und Kommentar, I–X [10 Hefte], Basel/Stuttgart 1944–1959, rev. ²1967–1969, u. 2 Suppl.bde, 1974/1978.

Literatur: K.O. Brink, P., RE Suppl. VII (1940), 899–949; A. Busse, P. und Peripatetiker, Hermes 61 (1926), 335–342; M. Gigante, La scuola de Aristotele, in: H.-C. Günther/A. Rengakos (eds.), Beiträge zur antiken Philosophie, Stuttgart 1997, 255–270; ders., Kepos e peripatos. Contributo alla storia dell'aristotelismo antico, o.O. [Neapel] 1999; O. Gigon, Die Erneuerung der Philosophie in der Zeit Ciceros, in: Entretiens sur l'antiquité classique III (Recherches sur la tradition platonicienne. Sept exposés), Vandœuvres 1955, 25–61, Neudr. in: K. Büchner (ed.), Das neue Cicerobild, Darmstadt 1971, 229–258; ders., Peripatetiker, LAW (1965), 2256–2259; H.B. Gottschalk, Addenda Peripatetica, Phronesis 18 (1973), 91–100; ders., P., DNP IX (2000), 584; F. Grayeff, Aristotle and His School. An Inquiry into the History of the P.. With a Commentary on »Metaphysics« *Z*, *H*, *Λ* and *Θ*, London 1974; W.K.C. Guthrie, A History of Greek Philosophy VI (Aristotle. An Encounter), Cambridge etc. 1981, 1998; J.P. Lynch, Aristotle's School. A Study of a Greek Educational Institution, Berkeley Calif. 1972; P. Merlan, The P., in: A.H. Armstrong (ed.), The Cambridge History of Later Greek and Early Medieval Philosophy, Cambridge etc. 1967, 2008, 107–123; P. Moraux, Der Aristotelismus bei den Griechen. Von Andronikos bis Alexander von Aphrodisias I (Die Renaissance des Aristotelismus im 1. Jh. v. Chr.), Berlin/New York 1973; J. Moreau, Aristote et son école, Paris 1962, 1996; S. Schorn, Wer wurde in der Antike als Peripatetiker bezeichnet?, Würzburger Jahrbücher für die Altertumswiss. NF 27 (2003), 39–69; R. W. Sharples, Peripatetics, REP VII (1998), 304–305; F. Wehrli, Rückblick. Der P. in vorchristlicher Zeit, in: ders. (ed.), Die Schule des Aristoteles. Texte und Kommentar X, Basel/Stuttgart 1959, [2]1969, 93–128, ferner in: P. Moraux (ed.), Aristoteles in der neueren Forschung, Darmstadt 1968, 339–380; ders., Aristoteles in der Sicht seiner Schule, Platonisches und Vorplatonisches, in: Aristote et les problèmes de méthode. Communications présentées au Symposium Aristotelicum, tenu à Louvain du 24 août au 1er septembre 1960, Louvain/Paris 1961, Louvain 1980, 321–336, ferner in: ders., Theoria und Humanitas. Gesammelte Schriften zur antiken Gedankenwelt, ed. H. Haffter/T. Szlezák, Zürich/München 1972, 217–228; ders., Der P. bis zum Beginn der römischen Kaiserzeit (Kap. III), in: H. Flashar (ed.), Die Philosophie der Antike III (Ältere Akademie, Aristoteles – P.), Basel/Stuttgart 1983, 459–599, (mit G. Wöhrle/ L. Zhmud) Basel [2]2004, 493–639 (mit Bibliographie, 640–666); J. Wiesner (ed.), Aristoteles. Werk und Wirkung I (Aristoteles und seine Schule), Berlin/New York 1985; E. Zeller, Die Philosophie der Griechen in ihrer geschichtlichen Entwicklung II/2 (Aristoteles und die alten Peripatetiker), Leipzig [4]1921 (repr. Darmstadt 1963, 2006), 806–948, III/1 (Die nacharistotelische Philosophie), Leipzig [5]1923 (repr. Darmstadt 1963, 2006), 641–671, 804–831. M. G.

Perlokution, ↑Sprechakt.

Perpetuum mobile (lat., ständig Bewegtes), Bezeichnung für ein meist mechanisches System, das ohne Zufuhr von ↑Energie ständig in Bewegung bleibt. Der Ausschluß des P. m. wurde in der vorneuzeitlichen Tradition (z. B. bei G. Cardano) durch die natürliche Neigung eines Körpers zur Ruhe begründet. Seit G. W. Leibniz unterscheidet man ein *physikalisches* von einem *mechanischen* P. m.. Ein physikalisches P. m. oder konservatives System (wie ein vollkommenes Pendel oder das materielle Universum) verliert keine Energie und erhält deshalb seine Bewegung (↑Erhaltungssätze). Ein mechanisches P. m. dagegen wäre eine Maschine, die nicht nur unter idealisierten Bedingungen, sondern auch unter tatsächlich vorliegenden Umständen ewig läuft – und dabei nützliche Arbeit leistet. Die Konstruktion einer solchen Maschine wurde immer wieder unter Ausnutzung von ↑Gravitation, Magnetismus, chemischen (↑Chemie) Eigenschaften usw. versucht. Als Aufgabe der traditionellen Maschinenkunst formuliert, wäre ein mechanisches P. m. eine Maschine, deren Schwerpunkt ständig sinkt und deshalb Arbeit leistet, zugleich aber auch nicht sinkt und deshalb stets soviel Arbeit leisten kann wie zuvor. Das P. m. wird ausgeschlossen, weil es eine widersprüchliche Zielsetzung zum Ausdruck bringt. S. Stevin benutzte die Unmöglichkeit eines P. m. zur Analyse der Kräfte auf einer schiefen Ebene; Leibniz führte die Unmöglichkeit eines (mechanischen) P. m. als Argument für die Erhaltung der ↑vis viva im Universum und für die Gültigkeit von mv^2 als Maß der Kraft an. 1775 beschloß die Akademie der Wissenschaften in Paris förmlich, keine P. m.-Entwürfe mehr für eine Patentierung zu begutachten.

Seit W. Ostwald (1893) wird zwischen verschiedenen Arten von Perpetua mobilia unterschieden: Ein P. m. erster Art (mechanisches P. m.) verstößt gegen den Ersten Hauptsatz der ↑Thermodynamik (die Erhaltung der Energie); ein P. m. zweiter Art – eine Maschine, die in der Lage wäre, ohne Verlust Wärme in Arbeit umzuwandeln und keine Temperaturdifferenzen für diese Umwandlung benötigte – verstößt gegen den Zweiten Hauptsatz (die Zunahme der ↑Entropie); (im Anschluß an Ostwald eingeführt) ein P. m. dritter Art – ein physikalisches P. m. im genannten Sinn, das keine nützliche Arbeit leistet, den Erhaltungssätzen genügt und physikalisch zulässig ist.

Literatur: G. Cardano, De subtilitate rerum libri XXI, Nürnberg, Lyon 1550, Neudr. in: Opera omnia III, ed. C. Sponius, Lyon 1663 (repr. Stuttgart-Bad Cannstatt 1966), 357–672; H. Dircks, P. m., or A History of the Search for Self-Motive Power, from the 13th to the 19th Century, I–II, London 1861/1870 (repr. Amsterdam 1968); P. Duhem, Les origines de la statique, I–II, Paris 1905/1906, 2006 (engl. The Origins of Statics. The Sources of Physical Theory, Dordrecht/Boston Mass./London 1991 [Boston Stud. Philos. Sci. 123]); A. Gabbey, The Mechanical Philosophy and Its Problems. Mechanical Explanations, Impenetrability, and Perpetual Motion, in: J. Pitt (ed.), Change and Progress in Modern Science, Dordrecht/Boston Mass./Lancaster 1985, 9–84; F. Ichak, Das P. m., Leipzig/Berlin 1914 (repr. Darmstadt 2012); F. Klemm, P. m.. Ein ›unmöglicher‹ Menschheitstraum, Dortmund 1983; G. W. Leibniz, Essay de dynamique, in: P. Costabel, Leibniz et la dynamique. Les textes de 1692, Paris 1960, 97–106, unter dem Titel: Leibniz et la dynamique en 1692. Textes et commentaires, Paris 1981, 31–56 (engl. Leibniz and Dynamics. The Texts of 1692, Paris, London, Ithaca N. Y. 1973, 108–131 [franz./engl.]); A. W. J. G. Ord-Hume, Perpetual Motion. The History of an Obsession, London, New York 1977, Kempton Ill. 2005; W. Ostwald, Chemische Energie, Leipzig [2]1893, Leipzig 1911 (Lehrbuch der allgemeinen Chemie II/1). P. M.

per se (lat., durch sich selbst), Terminus der ↑Scholastik zur Bezeichnung der Existenzweise der ↑Substanz, im Gegensatz zu der Existenzweise von ↑Akzidentien (↑per accidens). Ein ↑Seiendes existiert genau dann p. s., wenn es keines anderen Seienden als eines ›Trägers‹ oder eines ›Subjektes‹ seiner Existenz bedarf. In der scholastischen Terminologie ist davon das Existieren ↑a se zu unterscheiden, das allein Gott zugesprochen wird, insofern dieser als ›Ursache seiner selbst‹ existiert. O. S.

Person (von lat. persona), in der römischen Antike Bezeichnung für die Rolle des Schauspielers auf der Bühne (ursprünglich: Maske), aber auch für die Rolle des Individuums in der Gesellschaft (↑Rolle), im römischen Recht Bezeichnung für die Einzelperson, wozu auch Gewaltunterworfene (Sklaven, Ehefrauen, Kinder) sowie diejenigen gehören, die einer Vormundschaft unterstehen (z.B. Frauen); als philosophischer Terminus in der Regel zu dem Zweck verwendet, das Relationale des Menschen im sozialen Kontext zu anderen Menschen in personaler Kompetenz oder der Würde des Personenstatus hervorzuheben, wobei sich der Statusunterschied zu anderen Lebewesen und materiellen Dingen noch in der gängigen rechtstheoretischen Unterscheidung von Personen und Sachen zeigt. Historisch wie systematisch sind mit dem Begriff der P. die miteinander zusammenhängenden Problemkreise der (1) ↑Identität von Personen (↑Identität, personale), der (2) ↑Autonomie und der (3) ↑Anerkennung verbunden.

(1) Fragen nach der *Identität einer P.* entstehen (nur), wenn man die Rede von einer P. qua sozialem Status oder kognitiver Kompetenz (etwa der Erinnerung) abtrennt vom leiblich gegebenen und damit durch Grundtatsachen des Lebens höherer animalischer Wesen definierten ↑Individuum (↑Individualität), dem menschlichen Einzelwesen. Der ↑Empirismus und der ↑Rationalismus versuchen dementsprechend, P.en durch ein eigenes Kriterium der *personalen Identität* zu definieren und von anderen ›Entitäten‹ oder Redegegenständen zu unterscheiden. R. Descartes unterstellt eine immaterielle Seelensubstanz (res cogitans; ↑res cogitans/res extensa). Für J. Locke ist die P. das denkende, vernünftige und sich um sein Glück (↑Glück (Glückseligkeit)) sorgende Handlungssubjekt, für dessen personale Identität und damit für die Verantwortung als P. neben dem ↑Selbstbewußtsein die ↑Erinnerung wesentlich sei. D. Hume bestimmt aufgrund seiner Aufgabe des Begriffs der Substanz das identische Bewußtsein eines Subjekts als Bündel einer Folge von Wahrnehmungen (›bundle of perceptions‹). I. Kant kritisiert an rationalistischen Seelenlehren wie auch an deren empiristischer Kritik, daß beide Theorien das personale Subjekt als ein Quasi-Objekt auffassen, das in grundsätzlich ähnlicher Weise wie ein empirischer Gegenstand über ↑Wahrnehmung (↑Anschauung oder einen inneren Sinn; ↑Sinn, innerer) gegeben oder bestimmt sei. Er macht demgegenüber geltend, daß das ↑Ich, das die Identität des Bewußtseins ausmacht, als inhaltlich leere Vorstellung eine bloß formale Bedingung des Erkennens (↑Subjekt, transzendentales) ist. Das konkrete personale Subjekt konstituiert sich erst über die Ausbildung von Handlungsmöglichkeiten und deren Aktualisierung. Insbes. ist es als Subjekt der ↑Erfahrung auch für die systematische Einheit des empirischen Wissens und der darin eingeschlossenen Rede von Gegenständen der Erfahrung durch seine Handlungen verantwortlich.

Die Diskussion der Identität der P. im 20. Jh. wird maßgeblich von P.F. Strawson bestimmt. Als P. gilt danach ein Wesen, dem man sowohl Prädikate zusprechen kann, die man nur materiellen Körpern zuschreibt (*M-Prädikate*), als auch Prädikate für Bewußtseinszustände (*P-Prädikate*). Der Begriff der P. ist für Strawson *logisch primitiv*, d.h. nicht weiter analysierbar. Man kann zwar M- und P-Prädikate unterscheiden, aber praktisch die P-Prädikate nur unter der Bedingung ihrer raum-zeitlichen Situierung in einem Körper, auf den man M-Prädikate anwenden kann, prädizieren. Die Annahme, daß P.en Körper haben, wird so zu einer begrifflichen, nicht-empirischen Wahrheit. Für die Bezugnahme auf P.en hat dies auch schon Kant gesehen (KrV B 415). Gegen Strawson wird von B. Williams und H.G. Frankfurt aufgrund ihrer Identifizierung von menschlichem Bewußtsein mit animalischem Gewahrsein eingewendet, daß die Möglichkeit, P-Prädikate zuzusprechen (↑zusprechen/absprechen), notwendig, aber nicht hinreichend sei, um von einer P. zu sprechen, weil sich die entsprechenden mentalen Zustände dann auch Tieren zusprechen lassen. – In der weiteren Diskussion wird die Identität der P. im Nachgang zu Locke und Hume im Blick auf immer entlegenere Beispiele (Gehirntransplantationen, brain-splitting etc.) allgemein zu definieren versucht. Als Kriterium des Personalen wird dabei unter anderem vorgeschlagen, daß eine P. ein und denselben Körper hat (criterion of bodily identity), daß sie die richtigen Erinnerungen hat (memory criterion) und daß sie sich über die Zeit hinweg als dieselbe erkennt (D. Lewis: tensed identity). D. Parfit geht so weit, die personale Identität unter Aufgabe eines starken Begriffes der Identität zu bestimmen, so daß man sich als Aufeinanderfolge verschiedener P.en verstehen könne.

(2) Für Kant ist das Problem der Einheit der P. mit der moralisch-praktischen Problemlage der *Autonomie* verbunden. Die Frage nach der P. wird somit zunächst zu einem *handlungstheoretischen* (↑Handlungstheorie) Problem. Nicht die bloße Tatsache des (freien, d.h. nicht kausal determinierten) handelnden Eingriffs in den Naturverlauf konstituiert den damit verschärften Begriff der P., denn die mit dem Handeln gegebene ↑Freiheit von der Natur schließt Fremdbestimmung, d.h. die Bestimmung durch nicht von der oder dem Handelnden selbst gesetzte Zwecke, nicht aus. Ein Subjekt ist jetzt nur soweit eine P., als es *sich selbst Ziele setzt* und sein Handeln als Hinarbeiten auf diese Ziele versteht. Einem personalen Subjekt läßt sich dann in einem kohärenztheoretischen (↑kohärent/Kohärenz) und zugleich praktischen Sinn eine *personale Identität* zuordnen, sofern seine Ziele nicht miteinander kollidieren; d.h., einer P. sind nur Handlungsmöglichkeiten verfügbar, die, wenn sie einige ihrer Ziele befördern, nicht zugleich anderen Zielen entgegenarbeiten. Ein personales Subjekt ist da-

mit in der Lage, seine eigenen Wünsche und ↑Absichten zu bewerten und untereinander abzustimmen. Diese Sichtweise wird in der Analytischen Philosophie (↑Philosophie, analytische) unter anderem von Frankfurt erneut durch den Begriff der Wünsche zweiter Ordnung geltend gemacht.

Die personale Identität wird verfehlt genau dann, wenn jemand sein Handeln lediglich als ›Mittel‹ zu den von anderen gesetzten Zielen oder gar nicht zielorientiert ergreift (↑Entfremdung). Die Ausbildung personaler Identität geschieht nicht ›einsam‹, sondern im Zusammenhang mit anderen P.en. Wenn dabei Ansprüche nicht einfach gegeneinander ›durchgesetzt‹ werden sollen, steht eine *moralische* Lösung des Kooperationsproblems der P.en zur Diskussion. Dies geschieht im Rahmen ↑normativ gehaltvollen kommunikativen Handelns. Dabei geht es um das Ausbilden gemeinsamer, miteinander verträglicher personaler Identitäten. Eine in moralischer Absicht gewonnene Identität kann dann eine *moralische* (Kant: ›*bessere*‹) P. heißen. In einer moralischen Perspektive entstehen damit ↑Rechte und Verpflichtungen (↑Pflicht) gegenüber Wesen, die prinzipiell in der Lage sind, ihr Leben als P. mit anderen P.en zu führen und damit mögliche Glieder eines ›moralischen Universums‹ werden. Nur als P. kommt einem Wesen nach Kant ein absoluter Wert zu, der in einer der Formulierungen des Kategorischen Imperativs (↑Imperativ, kategorischer) Ausdruck findet: »Handle so, daß du die Menschheit, sowohl in deiner P., als in der P. eines jeden andern, jederzeit zugleich als Zweck, niemals bloß als Mittel brauchest« (Grundl. Met. Sitten BA 66–67, Akad.-Ausg. IV, 429).

(3) G. W. F. Hegel kommt trotz des bewußten Anschlusses an Kant in seinem Rechtsgebot »sey eine P. und respectire die andern als P.en« (Rechtsphilos. [= Ges. Werke XIV/1], § 36) in seiner Kritik an dessen Praktischer Philosophie (↑Philosophie, praktische) zu dem Ergebnis, daß sich Bildung und Seinsweise einer P., insbes. einer moralischen P., nicht ›abstrakt‹ oder ›formal‹ (d. h. rein kohärentistisch), sondern nur im Rahmen bestimmter materialer, historisch entwickelter gesellschaftlicher ↑Institutionen, vor allem eines geeigneten Rechtssystems, über aktive Teilnahme an der entsprechenden Praxis vollziehen kann. Solche Praxisformen setzen intersubjektive ↑Anerkennung gerade auch der P.en als Mitspieler voraus, die weit über die Anerkennung als Bedürfniswesen hinaus bis zur Anerkennung als Rechtssubjekt, d. h. als rechtliche P., reichen. P. und Personalität werden so für Hegel Grundbegriffe der ↑Rechtsphilosophie, wobei zum vollen Begriff der P. die Rechtsfähigkeit gehört. Auf Prinzipien der ↑Aufklärung gründende staatliche Konstitutionen müssen dabei prinzipiell jedem Bürger die Möglichkeit bieten, sein Leben als moralische P. zu führen. K. Marx erkennt auf dieser Grundlage die Gefahr, daß die private Verfügungsmacht über Produktionsmittel die P.en und sogar die rechtlichen Institutionen in den bürgerlichen Staaten, die eine personale Lebensführung ermöglichen sollen, ökonomisch gesteuerter Fremdbestimmung unterwirft, womit die Realisierung nicht entfremdeten Lebens (↑Entfremdung) freier P.en für viele unmöglich gemacht werden kann. Daraus ergeben sich auch Diskussionen darüber, ob personale Identitätskrisen und Deformationen nicht auch Folgen der ökonomisch-rechtlichen Verfassung des ↑Kapitalismus sein können.

Da Personalität die Fähigkeit voraussetzt, selbstbestimmt zu handeln und verantwortlich für seine Handlungen zu sein, treten in den jüngsten Debatten der medizinischen Ethik und der Natur- bzw. ↑Bioethik Beurteilungsfragen auf, die durch den technologischen ↑Fortschritt entstehen oder verschärft werden. Hierzu zählen die häufig vom ↑Utilitarismus bestimmten Debatten der so genannten angewandten Ethik (↑Ethik, angewandte) um die Gen- und Reproduktionstechnologie, um Abtreibung, Euthanasie, Tierversuche, Todeskriterien, Paternalismus etc.. Zentral ist dabei die Frage nach dem moralischen Status solcher Wesen, die nach dem obigen Kompetenzbegriff der P. *nicht* P.en sind, wie etwa Föten, befruchtete Eizellen, Demente, Komatöse, höhere Tiere, Kleinkinder, Schwerstbehinderte etc.. Bei Mißachtung des Status der Würde jedes Menschen und jedes, auch des beginnenden, menschlichen Lebens ohne Ansehen seiner Fähigkeiten gelangt man im Gefolge der Kantischen Ethik zu fragwürdigen Auffassungen über moralische Rechte und Pflichten, was sogar dazu führen kann, daß man zwar höhere Tiere mit P. Singer unter Betonung gewisser Kompetenzen als nicht-menschliche P.en wertet und ihnen ein eigenes Recht auf Leben zuspricht, nicht aber Embryos oder Säuglingen. Zwar unterscheiden utilitaristische Positionen auch engere von weiteren P.begriffen, doch dies ohne Beachtung der grundsätzlichen Kontextualität der Rede von einer P., der Differenz zwischen Kompetenz- und Würdebegriff der P. und deren gemeinsamer Wurzel in der Form menschlichen Zusammenlebens. Immerhin wird gesehen, daß bei Fixierung auf einen substantiellen oder sortalen P.enbegriff die Annahme infrage zu stellen ist, daß nur gegenüber so definierten P.en moralische Verpflichtungen bestehen. Ob aber als alternativer Grundbegriff für ethische Schutzpflichten die bloße Empfindungsfähigkeit der Einzelwesen ausreicht und nicht doch die gesamte Lebensgemeinschaft in der Welt mit allen je besonderen Beziehungen auf je uns als mitverantwortliche P.en zu betrachten ist, sollte als offener Streitpunkt gelten.

Literatur: E. Acosta, Schiller versus Fichte. Schillers Begriff der P. in der Zeit und Fichtes Kategorie der Wechselbestimmung im Widerstreit, Amsterdam/New York 2011; S. Ausborn-Brinker, P.

und Personalität. Versuch einer Begriffsklärung, Tübingen 1999; A. J. Ayer, The Concept of a P. and Other Essays, London/New York 1963, 1964, Basingstoke 2004; J. Baillie, Recent Work on Personal Identity, Philos. Books 34 (1993), 193–206; L. R. Baker, Naturalism and the First-Person Perspective, Oxford etc. 2013; P. Baumann, Die Autonomie der P., Paderborn 2000; T. L. Beauchamp/L. Walters (eds.), Contemporary Issues in Bioethics, Belmont Calif. 1978, ed. mit J. P. Kahn/A. C. Mastroianni, [7]2008, [8]2013; E. Beck, Identität der P.. Sozialphilosophische Studien zu Kierkegaard, Adorno und Habermas, Würzburg 1991; V. Berning, Die Idee der P. in der Philosophie. Ihre Bedeutung für die geschöpfliche Vernunft und die analoge Urgrunderkenntnis von Mensch, Welt und Gott. Philosophische Grundlegung einer personalen Anthropologie, Paderborn etc. 2007; M. Betzler (ed.), Autonomie der P., Münster 2013; C. Beyer, Subjektivität, Intersubjektivität, Personalität. Ein Beitrag zur Philosophie der P., Berlin/New York 2006; C. Bohn, Inklusion, Exklusion und die P., Konstanz 2006; R. Bolton, P., Soul, and Identity. A Neoplatonic Account of the Principle of Personality, Washington D. C./London/Montreux 1994, 1995; D. Braine, The Human P.. Animal and Spirit, Notre Dame Ind. 1992, London 1993; C. Brand, Personale Identität oder menschliche Persistenz? Ein naturalistisches Kriterium, Paderborn 2010; C. Breuer, P. von Anfang an? Der Mensch aus der Retorte und die Frage nach dem Beginn des menschlichen Lebens, Paderborn etc. 1995, [2]2003; C. Budnik, Das eigene Leben verstehen. Zur Relevanz des Standpunktes der ersten P. für Theorien personaler Identität, Berlin/Boston Mass. 2013; M. Carrithers/S. Collins/S. Lukes (eds.), The Category of the P.. Anthropology, Philosophy, History, Cambridge etc. 1985, 1999; R. M. Chisholm, P. and Object, London 1976, La Salle Ill. 1979; ders., The First P.. An Essay on Reference and Intentionality, Minneapolis Minn., Brighton 1981 (dt. Die erste P.. Theorie der Referenz und Intentionalität, Frankfurt 1992); P. Christian, Das P.verständnis im modernen medizinischen Denken, Tübingen 1952; J. Christman, The Politics of P.s. Individual Autonomy and Socio-Historical Selves, Cambridge etc. 2009, 2011; D. Cockburn, Other Human Beings, Basingstoke/London 1990; ders. (ed.), Human Beings, Cambridge etc. 1991; J. F. Crosby, The Selfhood of the Human P., Washington D. C. 1996; G. Cusinato, P. und Selbsttranszendenz. Ekstase und Epoché des Ego als Individuationsprozesse bei Schelling und Scheler, Würzburg 2012; S. L. Darwall, The Second-P. Standpoint. Morality, Respect, and Accountability, Cambridge Mass./London 2006, 2009; D. Davidson, First P. Authority, Dialectica 38 (1984), 101–111, ferner in: ders., Subjective, Intersubjective, Objective, Oxford etc. 2001 (= Philosophical Essays III), Oxford 2002, 2009, 3–14 (dt. Die Autorität der ersten P., in: ders., Subjektiv, intersubjektiv, objektiv, Frankfurt 2004, Berlin 2013, 21–39); D. C. Dennett, Bedingungen der Personalität, in: P. Bieri (ed.), Analytische Philosophie des Geistes, Königstein 1981, Weinheim/Basel [4]2007, 303–324; M. Dreyer/K. Fleischhauer (eds.), Natur und P. im ethischen Disput, Freiburg/München 1998; J. C. Eccles/D. N. Robinson, Self-Consciousness and the Human P., in: dies., The Wonder of Being Human. Our Brain and Our Mind, New York/London 1984 (repr. Boston Mass./London 1985), 25–45 (dt. Selbstbewußtsein und menschliche P., in: dies., Das Wunder des Menschseins – Gehirn und Geist, München/Zürich 1985, [3]1991, 48–71); W. Edelstein/G. Nunner-Winkler/G. Noam (eds.), Moral und P., Frankfurt 1993, 1999; S. J. Evnine, Epistemic Dimensions of Personhood, Oxford etc. 2008; C. Fabre, Whose Body Is It Anyway? Justice and the Integrity of the P., Oxford 2006, 2008; H. G. Frankfurt, Willensfreiheit und der Begriff der P., in: P. Bieri (ed.), Analytische Philosophie des Geistes, Königstein 1981, Weinheim/Basel [4]2007, 287–302; M. Fuhrmann u. a., P., Hist. Wb. Ph. VII (1989), 269–338; A. Gallois, The World Without, the Mind Within. An Essay on First-P. Authority, Cambridge etc. 1996; B. Garret, Personal Identity and Self-Consciousness, London/New York 1998; G. Gasser/M. Schmidhuber (eds.), Personale Identität, Narrativität und praktische Rationalität. Die Einheit der P. aus metaphysischer und praktischer Perspektive, Paderborn 2013; ders./M. Stefan (eds.), Personal Identity. Complex or Simple?, Cambridge etc. 2012; M. de Gaynesford, I. The Meaning of the First-Person Term, Oxford 2006; C. Gill (ed.), The P. and the Human Mind. Issues in Ancient and Modern Philosophy, Oxford 1990 (repr. 2001); B. Gordijn, Die P. und die Unbestimmheit ihrer Grenzen. Eine grundlegende Debatte über P.enidentität, Frankfurt etc. 1996; R. Harré, Personal Being. A Theory for Individual Psychology, Oxford 1983, Cambridge Mass. 1984; A. Honneth, Der Kampf um Anerkennung. Zur moralischen Grammatik sozialer Konflikte, Frankfurt 1992, [3]2003, 2010 (engl. The Struggle for Recognition. The Moral Grammar of Social Conflicts, Cambridge 1995, 2005; franz. La lutte pour la reconnaissance, Paris 2000, 2013); W. Huber, Das Ende der P.? Zur Spannung zwischen Ethik und Gentechnologie, Ulm 2001; D. Hübner (ed.), Dimensionen der P.. Genom und Gehirn, Paderborn 2006; D. D. Hutton (ed.), Narrative and Understanding Persons, Cambridge etc. 2007; H. Jachnow u. a. (eds.), Personalität und P., Wiesbaden 1999; H. Joas, Die Sakralität der P.. Eine Genealogie der Menschenrechte, Berlin 2011, [3]2012, 2013 (engl. The Sacredness of the Person. A New Genealogy of Human Rights, Washington D. C. 2013); C. Kanzian, Ding – Substanz – P.. Eine Alltagsontologie, Frankfurt etc. 2009; A. J. Karnein, A Theory of Unborn Life. From Abortion to Genetic Manipulation, Oxford etc. 2012 (dt. Zukünftige P.en. Eine Theorie des ungeborenen Lebens von der künstlichen Befruchtung bis zur genetischen Manipulation, Berlin 2013); R. Kather, P.. Die Begründung menschlicher Identität, Darmstadt 2007; J.-C. Kaufmann, L'invention de soi. Une theorie de l'identité, Paris 2004, 2010 (dt. Die Erfindung des Ich. Eine Theorie der Identität, Konstanz 2005); R. Kipke, Mensch und P.. Der Begriff der P. in der Bioethik und die Frage nach dem Lebensrecht aller Menschen, Berlin 2001; T. Kobusch, Die Entdeckung der P.. Metaphysik der Freiheit und modernes Menschenbild, Freiburg 1993 (repr. Darmstadt 1997); K.-P. Köpping/M. Welker/R. Wahl (eds.), Die autonome P. – eine europäische Erfindung?, München 2002; C. Kramer, Lebensgeschichte, Authentizität und Zeit. Zur Hermeneutik der P., Frankfurt etc. 2001; S. Lang/L.-T. Ulrichs (eds.), Subjektivität und Autonomie. Praktische Selbstverhältnisse in der klassischen deutschen Philosophie, Berlin/Boston Mass. 2013; M. Leder, Was heißt es, eine P. zu sein?, Paderborn 1999; Y.-T. Lee/C. R. McCauley/J. G. Draguns (eds.), Personality and P. Perception Across Cultures, Mahwah N. J./London 1999; E. Marsal, P.. Vom alltagssprachlichen Begriff zum wissenschaftlichen Konstrukt, Berlin/Münster 2006; R. Martin/J. Barresi (eds.), Personal Identity, Malden Mass. etc. 2003, 2008; C. McCall, Concepts of P.. An Analysis of Concepts of P., Self and Human Being, Aldershot etc. 1990, 1999; J. McLachlan (ed.), Philosophical and Religious Conceptions of the P. and Their Implications for Ethical, Political, and Social Thought, Lewiston N. Y./Queenston/Lampeter 2002; G. Mensching (ed.), Selbstbewußtsein und P. im Mittelalter, Würzburg 2005; G. P. Montague, Who Am I? Who Is She? A Naturalistic, Holistic, Somatic Approach to Personal Identity, Frankfurt etc. 2012; M. Moran, Rethinking the Reasonable P.. An Egalitarian Reconstruction of the Objective Standard, Oxford etc. 2003; M. R. Müller/H.-G. Soeffner/A. Sonnenmoser (eds.), Körper Haben. Die symbolische Formung der P., Weilerswist 2011; A. Newen/G. Vosgerau (eds.), Den eigenen Geist kennen. Selbstwissen, privilegierter Zugang und Autorität der ersten P., Paderborn 2005; H. Noonan (ed.), Personal Identity, Aldershot etc. 1993, London/New York ^{2}2003; D. Parfit, Reasons and P.s, Oxford 1984, rev. 1987, 1989; A. Peacocke/G. Gillett (eds.), P.s and Personality. A Contemporary Inquiry, Oxford 1987; J. Perry (ed.), Personal Identity, Berkeley Calif./Los Angeles/London 1975; N. Psarros, Facetten des Menschlichen. Reflexionen zum Wesen des Humanen und der P., Bielefeld 2007; F.-X. Putallaz/B. N. Schumacher (eds.), Der Mensch und die P., Darmstadt 2008; M. Quante, Personale Identität, Paderborn etc. 1999; ders., Personales Leben und menschlicher Tod. Personale Identität als Prinzip der biomedizinischen Ethik, Frankfurt 2002; ders., P., Berlin/New York 2007, 2012; ders., Menschenwürde und personale Autonomie. Demokratische Werte im Kontext der Lebenswissenschaften, Hamburg 2010; G. Rager, Die P.. Wege zu ihrem Verständnis, Fribourg/Freiburg/Wien 2006; K.-D. Rathke, Der Begriff der P. bei Kant und neurologische Erkenntnisse. Moralisches Gesetz und Freiheit, Überlegungen aus rechtswissenschaftlicher Sicht, Baden-Baden 2012; J. Rawls, Die Idee des politischen Liberalismus. Aufsätze 1978–1989, ed. W. Hinisch, Frankfurt 1992, 1997; T. Rehbock, P.sein in Grenzsituationen. Zur Kritik der Ethik medizinischen Handelns, Paderborn 2005; I. Römer/M. Wunsch (eds.), P.. Anthropologische, phänomenologische und analytische Perspektiven, Münster 2013; A. O. Rorty (ed.), The Identities of P.s, Berkeley Calif./Los Angeles/London 1976; R. Schenk (ed.), Kontinuität der P.. Zum Versprechen und Vertrauen, Stuttgart 1998; H. Schmitz, System der Philosophie IV (Die P.), Bonn 1980, 2005; S. Shoemaker/R. Swinburne, Personal Identity, Oxford 1984, 1989; ders., The First-P. Perspective and Other Essays, Cambridge etc. 1996, 2010; L. Siep (ed.), Die Identität der P., Basel/Stuttgart 1983; P. Singer, Practical Ethics, Cambridge Mass. 1979, ^{3}2011 (dt. Praktische Ethik, Stuttgart 1984, ^{2}1994); C. Smith, Moral, Believing Animals. Human Personhood and Culture, Oxford etc. 2003; ders., What Is a P.? Rethinking Humanity, Social Life, and the Moral Good from the P. Up, Chicago Ill./London 2010, 2011; R. Sokolowski, Phenomenology of the Human P., Cambridge etc. 2008; G. Strawson, Selves. An Essay in Revisionary Metaphysics, Oxford 2009, ^{2}2011; P. F. Strawson, Individuals. An Essay in Descriptive Metaphysics, London 1959, London/New York 2006, 1993 (dt. Einzelding und logisches Subjekt, Stuttgart 1972, 1983); D. Sturma, Philosophie der P.. Die Selbstverhältnisse von Subjektivität und Moralität, Paderborn etc. 1997, Paderborn ^{2}2008; ders. (ed.), P.. Philosophiegeschichte – theoretische Philosophie – praktische Philosophie, Paderborn 2001; R. Tallis, I Am. A Philosophical Inquiry Into First-P. Being, Edinburgh 2004; D. Teichert, P.en und Identitäten, Berlin/New York 1999, 2000; F. J. Varela/J. Shear (eds.), The View from Within. First-P. Approaches to the Study of Consciousness, Thorverton/Bowling Green Ohio 1999, 2002; R. Velkley (ed.), Freedom and the Human P., Washington D. C. 2007; N.-F. Wagner, Personenidentität in der Welt der Begegnungen. Menschliche Persistenz, diachrone personale Identität und die psycho-physische Einheit der P., Berlin/New York 2013; B. Wald, Substantialität und Personalität. Philosophie der P. in Antike und Mittelalter, Paderborn 2005; J. W. Walters, What Is A P.? An Ethical Exploration, Urbana Ill./Chicago Ill. 1997; M. Wetzel, Prinzip Subjektivität II/1 (Allgemeine Theorie. Ding und P., Dingbezugnahme und Kommunikation, Dialektik), Würzburg 2001; K. V. Wilkes, Real People. Personal Identity without Thought Experiments, Oxford 1988, 2003; B. Williams, Problems of the Self, Cambridge Mass. 1973, 1993 (dt. Probleme des Selbst. Philosophische Aufsätze 1956–1972, Stuttgart 1978). A. Kr./F. K./T. J.

Personalismus (engl. personalism, franz. personnalisme), Bezeichnung für Sicht- und Handlungsweisen in Philosophie und Politik, die die ↑Person (Mensch oder Gott) in theoretischer Orientierung als zentrale ontologische Gegebenheit, in praktischer Orientierung als für die individuelle Lebensführung und den gesellschaftlichen Bereich maßgebend ansehen. Entsprechend wird von ›theistischem‹ und ›atheistischem‹, ›individualistischem‹ und ›dialogischem‹ oder ›sozialem‹ P. gesprochen. Dem P. entgegenstehende oder widersprechende Auffassungen werden aus dieser Sicht häufig ›impersonalistisch‹ oder ›apersonalistisch‹ genannt. Den Ausdruck ›P.‹ verwendet zuerst F. D. E. Schleiermacher, und zwar zur Bezeichnung der Konzeption eines persönlichen Gottes (↑Theismus) in Abgrenzung gegen den ↑Pantheismus (Über die Religion. Reden an die Gebildeten unter ihren Verächtern, Berlin 1799, 256–257, Hamburg 1958, ^{2}1961, 143). Als Selbstbezeichnung bestimmter philosophischer Positionen tritt ›P.‹ 1903 bei C. Renouvier (1815–1903), 1906 bei W. Stern (1871–1938) und 1908 bei B. P. Bowne (1847–1910) auf. Stern vertritt einen Schleiermachers terminologischer Verwendung von ›P.‹ widersprechenden pantheistischen P., den er in Abhebung von dem einen ↑Dualismus von Gott und Mensch, Person und Welt, Leib und Seele implizierenden ›naiven P.‹ als ›kritischen P.‹ bezeichnet. Ohne großen Unterscheidungswert werden gelegentlich traditionelle philosophische Auffassungen, die die Existenz eines persönlichen Gottes und die ↑Unsterblichkeit der menschlichen ↑Seele vertreten, generell als ›personalistisch‹ charakterisiert.

In praktischer Hinsicht stellt das christliche Ethos der ↑Liebe und das aus der christlichen Lehre von der Gottebenbildlichkeit und Gotteskindschaft erwachsene Ethos der ↑Brüderlichkeit eine einflußreiche Form des sozialen P. dar. Außerhalb des Christentums waren es vor allem die das Individuum und seine Autonomie betonenden philosophisch-politischen Bewegungen der ↑Stoa, des ↑Humanismus, der ↑Renaissance, der ↑Aufklärung sowie der Durchsetzung der ↑Menschenrechte in den bürgerlichen Verfassungskämpfen des 18. und 19. Jahrhunderts, die einen eher obrigkeits- und staatskritischen, individualistischen und liberalistischen P. begründeten. In der ersten Hälfte des 20. Jhs. war der P. in den USA vornehmlich spekulativ-theoretisch orientiert, während er in Deutschland und Frankreich in Aufnahme von Impulsen der ↑Existenzphilosophie und der ↑Phänomenologie, zum Teil auch aus katholischen Reformbestrebungen erwachsend, vor allem existentiell-praktisch ausgerichtet war. Neben Bowne und seinen Schülern R. T. Flewelling (1871–1960; Gründer [1920] und bis zu seinem Tode Herausgeber von »The Personalist«), A. C. Knudson (1873–1953) und E. S. Brightman (1884–1953) vertraten personalistische Positionen in den USA M. W. Calkins (1863–1930), C. Hartshorne (1897–2000), W. E. Hocking (1873–1966), G. H. Howison (1834–1916), J. B. Pratt (1875–1944) und J. Royce. In Deutschland gelten außer Stern H. Lotze, M. Scheler und die dem Katholizismus verpflichteten R. Guardini (1885–1968) und T. Steinbüchel (1888–1949), schließlich die im Judentum wurzelnden M. Buber und F. Rosenzweig (1886–1929) als Vertreter des P., letztere des dialogischen P. (↑Philosophie, dialogische). In Frankreich bezogen außer Renouvier vor allem N. A. Berdjajew, M. Blondel, É. Gilson (1884–1978), L. Lavelle (1883–1951), R. Le Senne (1882–1954), G. Marcel, J. Maritain, E. Mounier (1905–1950; Mitbegründer [1932] und Schriftleiter der Zeitschrift »Esprit«) und M. Nédoncelle (1905–1976) Standpunkte des P.. Mounier entwarf ein personalistisches Programm, das sich kritisch gegen ↑Kapitalismus, Rassismus und Nationalismus, Kollektivismus, ↑Liberalismus und Individualismus, ↑Szientismus, Technizismus und Konsumismus sowie gegen die traditionellen Dualismen der europäischen Kultur und Philosophie wie Geist – Materie, Seele – Leib, Denken – Handeln, Individuum – Gemeinschaft richtet, für die Aufhebung von ↑Entfremdung und Entpersönlichung eintritt und dem Staat lediglich die Aufgabe zuweist, den Raum für Selbstbestimmung und Selbstentfaltung zu schützen.

Literatur: R. C. Bayer, Capitalism and Christianity. The Possibility of Christian Personalism, Washington D. C. 1999; J. O. Bengtsson, The Worldview of Personalism. Origins and Early Development, Oxford/New York 2006; B. P. Bowne, Theism, New York 1902; ders., Personalism, Boston Mass./New York 1908, mit Untertitel: Common Sense and Philosophy, London 1908; T. O. Buford/H. H. Oliver (eds.), Personalism Revisited. Its Proponents and Critics, Amsterdam/New York 2002; R. Burrow, Personalism. A Critical Introduction, St. Louis Mo. 1999; M. Carrithers/S. Collins/S. Lukes (eds.), The Category of the Person. Anthropology, Philosophy, History, Cambridge etc. 1985, 1999; J. Cowburn, Personalism and Scholasticism, Milwaukee Wis. 2005; J. F. Crosby, Personalist Papers, Washington D. C. 2004; D. O. Dahlstrom (ed.), Existential Personalism, Washington D. C. 1986; P. Deats/C. Robb (eds.), The Boston Personalist Tradition in Philosophy, Social Ethics, and Theology, Macon Ga. 1986; A. Domingo Moratalla, Un humanismo del siglo XX: el personalismo, Madrid 1985; S. J. M. Donnelly, A Personalist Jurisprudence, the Next Step. A Person-Centered Philosophy of Law for the Twenty-First Century, Durham N. C. 2003; H. Dreyer, P. und Realismus, Berlin 1905; J.-L. Dumas, Personnalisme, Enc. philos. universelle II/2 (1990), 1911–1912; R. T. Flewelling, Personalism and the Problems of Philosophy. An Appreciation of the Works of Borden Parker Bowne, New York/Cincinnati Ohio 1915; ders., Personalism, in: D. D. Runes (ed.), Twentieth Century Philosophy. Living Schools of Thought, New York 1947 (repr. 1968), 321–341; ders., The Person, or the Significance of Man, Los Angeles 1952; G. Goisis/L. Biagi, Mounier fra impegno e profezia, Padua 1990; C. M. Gueye (ed.), Ethical Personalism, Frankfurt etc., Piscataway N. J. 2011; F. Hertel (d. i. R. Dubé), Pour un ordre personnaliste, Montréal 1942; A. C. Knudson, The Philosophy of Personalism. A Study in the Metaphysics of Religion, New York/Cincinnati Ohio 1927 (repr. New York 1969); J. J. Kockelmans, The Founders of Phenomenology and Personalism, in: G. F. McLean (ed.), Reading Philosophy for the XXIst Century, Lanham Md./New York/London 1989, 161–212; L. Laberthonnière, Esquisse d'une philosophie personnaliste, ed. L. Canet, Paris 1942; J. Lacroix, Marxisme, existentialisme, personnalisme. Présence de l'éternité dans le temps, Paris 1950, ^{7}1971; ders., Le personnalisme comme anti-idéologie, Paris 1972; J. T. Lamiell, Beyond Individual and Group Differences. Human Individuality, Scientific Psychology, and William Stern's Critical Personalism, Thousand Oaks Calif./London/New Delhi 2003; P. L. Landsberg, Problèmes du personnalisme, Paris 1952, unter dem Titel: Pierres blanches. Problèmes du personnalisme, Paris 2007; H. E. Langan, The Philosophy of Personalism and Its Educational Applications, Washington D. C. 1935; B. Langemeyer, Der dialogische P. in der evangelischen und katholischen Theologie der Gegenwart, Paderborn 1963; J. H. Lavely, Personalism, Enc. Ph. VI (1967), 107–110, VII (^{2}2006), 233–237; ders., What Is Personalism?, Personalist Forum 7 (1991), H. 2, 1–33; M. Leiner, P., RGG VI (^{4}2003), 1130–1133; E. Mounier, Manifeste au service du personnalisme, Paris 1936 (dt. Das personalistische Manifest, Zürich 1936); ders., Le personnalisme, Paris 1950, ^{17}2001, 2010 (engl. Personalism, Notre Dame Ind. 1952, 1970); ders., Œuvres, I–IV, Paris 1961–1963; M. Nédoncelle, Conscience et logos. Horizons et méthodes d'une philosophie personnaliste, Paris 1961; ders., Explorations personnalistes, Paris 1970; ders., Intersubjectivité et ontologie. Le défi personnaliste, Louvain/Paris 1974 (engl. The Personalist Challenge. Intersubjectivity and Ontology, Allison Park Pa. 1984); A. Pavan/A. Milano (eds.), Persona e personalismi, Neapel 1987; C. Renouvier, Le personnalisme. Suivi d'une étude sur la perception externe et sur la force, Paris 1903, 1926; T. R. Rourke/R. A. C. Rourke, A Theory of Personalism, Lanham Md. 2005; L. Stefanini, Personalismo filosofico, Brescia 1962; W. Stern, Person und Sache. System des kritischen P. [auch mit Untertitel: System der philosophischen Weltanschauung], I–III, Leipzig 1906–1924, I ^{2}1923, II ^{2}1919, ^{3}1923; M. Theunissen, P., Hist. Wb. Ph. VII (1989), 338–341; T. D. Williams, Who Is My Neighbor? Personalism and the Foundations of Human Rights, Washington, D. C. 2005; F. Wolfinger u. a., P., LThK VIII (^{3}1999), 54–61; ders./J. O. Bengtsson, Personalism, SEP 2009, rev. 2013; K. E. Yandell, Personalism, REP VII (1998), 315–318. – Esprit. Revue internationale 1 (1932) – 44 (1976), NS 1 (1977) ff.; The Personalist. An International Review of Philosophy, Religion and Literature 1 (1920) – 60 (1979). R. Wi.

Perspektive, Grundbegriff der projektiven Geometrie (↑Projektion (mathematisch)) mit Anwendungen in der neuzeitlichen Philosophie. Bereits in der antiken Kegelschnittlehre des Apollonios werden Ellipse, Parabel und Hyperbel als Kreisprojektionen erkannt. Aus der P. im Mittelpunkt P des Apollonischen Doppelkegels (Abb. 1) erscheint selbst die Parabel trotz ihrer unendlichen Verlängerung in perspektivischer Verkürzung als Kreis. J. Kepler führt Kegelschnitte ohne stereogeometrische Hilfsmittel wie den Kegel ein und erzeugt sie

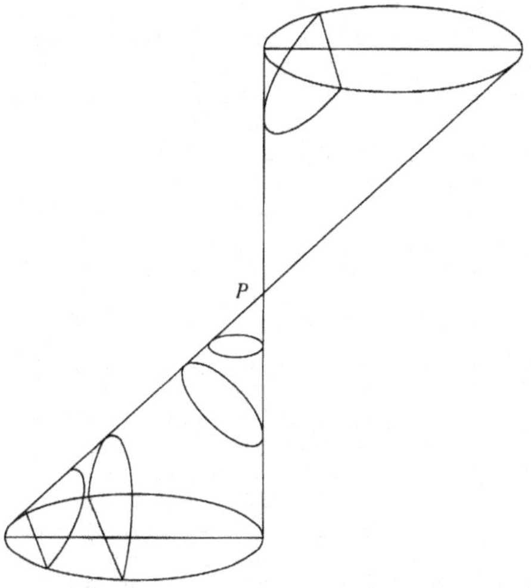

Abb. 1: Apollonischer Doppelkegel mit Perspektivpunkt *P*.

kinematisch aus der P. stetig wandernder Brennpunkte (Ad Vitellionem paralipomena [1604], ed. F. Hammer, München 1939 [Ges. Werke II]).

Optische perspektivische Effekte wie die Illusion eines 3-dimensionalen Raumes auf 2-dimensionaler Ebene wurden bereits bei den Bühnendekorationen im griechischen Schauspiel erzielt. In der ↑Renaissance werden die geometrischen Grundlagen der P. in der bildenden Kunst und der Architektur besonders von Leonardo da Vinci und A. Dürer herausgestellt (↑Perspektive (semiotisch)). In seiner »Underweysung der messung mit dem zirckel un richtscheyt in Linien ebnen und gantzen corporen [...]« (Nürnberg 1525 [repr. Nördlingen 1966, 1983], ²1538) vergegenständlicht Dürer das Sehstrahlbündel durch eine fest verankerte Schnur, deren

Abb. 2: ›Ein Mann zeichnet eine Laute.‹ Dürers Methode zur Konstruktion eines zentralperspektivischen Bildes aus der »Underweysung«.

Ende an verschiedene charakteristische Punkte des darzustellenden Objektes zu führen ist. Der Durchstoßpunkt der Schnur durch eine fiktive Bildebene wird koordinatenmäßig festgehalten und in ein Zeichenblatt eingetragen (Abb. 2).

Illusionistische Effekte durch perspektivische Verkürzungen werden in der Architektur und Malerei des Barock verwendet. Den mathematischen Hintergrund der verschiedenen Verwendungen der P. in Kunst und Architektur bildet die Zentralprojektion der projektiven Geometrie (↑Projektion (mathematisch)). – In der Erkenntnistheorie der Neuzeit wird die geometrische P. in der Weise gedeutet, daß Erkenntnisse oder Wertungen auf den Standpunkt des Erkennenden bezogen werden müssen (↑Perspektivismus).

Literatur: S. Y. Edgerton, The Mirror, the Window, and the Telescope. How Renaissance Linear Perspective Changed Our Vision of the Universe, Ithaca N. Y. 2009; J. Fischer, Some New Problems in Perspective, Brit. J. Aesthetics 27 (1987), 201–212, Neudr. in: A. Harrison (ed.), Philosophy and the Visual Arts. Seeing and Abstracting, Dordrecht etc. 1987, 303–316; R. Foley, Rationality and Perspective, Analysis 53 (1993), 65–68; H. Geisler, Das Konstruieren von P.n, Berlin 1963, ⁶1994; L. Goldstein, The Social and Cultural Roots of Linear Perspective, Minneapolis Minn. 1988; G. König/W. Kambartel, P., Perspektivismus, perspektivisch, Hist. Wb. Ph. VII (1989), 363–377; K. Mainzer, Geschichte der Geometrie, Mannheim/Wien/Zürich 1980; L. Schmeiser, Die Erfindung der Zentralperspektive und die Entstehung der neuzeitlichen Wissenschaft, München 2002; R. Schnyder, Zur Entdeckung der wissenschaftlichen P. in der Antike, Z. Schweizer. Archäol. u. Kunstgesch. 22 (1962), 143–157; E. Schröder, Dürer. Kunst und Geometrie. Dürers künstlerisches Schaffen aus der Sicht seiner »Underweysung«, Berlin 1980, Basel/Boston Mass./Stuttgart 1980; J. Schulte-Sasse, P./Perspektivismus, ÄGB IV (2002), 758–778; R. Sinisgalli, Una storia della scena prospettica dal Rinascimento al barocco. Borromini a quattro dimensioni, Florenz 1998 (engl. A History of the Perspective Scene from the Renaissance to the Baroque. Borromini in Four Dimensions, Florenz 2000); ders., Perspective in the Visual Culture of Classical Antiquity, Cambridge etc. 2012; M. Sukale/K. Rehkämper/M. Plümacher, P./Perspektivismus, EP II (1999), 998–1006; M. Sukale/K. Rehkämper, P., EP II (²2010), 1925–1930; K. H. Veltman, Linear Perspective and the Visual Dimensions of Science and Art, München 1986. K. M.

Perspektive (semiotisch), im weiteren, nicht-fachgeometrischen Sinne Bezeichnung im Rahmen einer Lehre vom richtigen Sehen (›ars bene videndi‹), das seit der Antike unabhängig von den übrigen Sinnen als *zeichenfähig* hervorgehoben wird. Nach dieser Lehre vermag der Mensch nur dem Gesichtssinn zugehörige *pikturale* Zeichen (↑Zeichen (semiotisch)) zu entwickeln, auszubilden und einzuüben, so daß das semiotische Verhältnis von Gesehenem und Gezeichnetem (Gemaltem) ähnlich dem von Gesprochenem (Gedachtem) und Geschriebenem zur Diskussion steht (↑Medium (semiotisch)). Unter dem Aspekt pikturaler Darstellung werden Praxis und Theorie der P. selbständig entwickelt: Der Art und

Weise, wie lebensweltlich-empirisch die Gegenstände gesehen und piktural dargestellt werden (›perspectiva naturalis [communis]‹), als einer naturwüchsigen visuellen Praxis, die sich im wesentlichen in Handwerksregeln tradiert, wird ein methodisch zu sicherndes Verfahren, das diese visuelle Praxis zu rekonstruieren erlaubt, an die Seite gestellt (›perspectiva artificialis [pingendi]‹). F. Brunelleschi (1377–1466) gelingt es, dieses methodische Darstellungsverfahren durch geometrische Konstruktion in der Praxis zu gewinnen (Zentralperspektive, ↑Projektion (mathematisch)); von A. Mantegna wird diese Praxis präzisiert und durch Leonardo da Vinci über die Linearperspektive hinaus zur Luft- und Farbperspektive erweitert. 1435 erörtert L.B. Alberti (Della pictura libri tre) erstmals Teile einer Theorie der P., die Piero della Francesca 1470/1480 (De prospectiva pingendi) weiter ausarbeitet. Im Laufe des folgenden Jahrhunderts wird sie in Praxis und Theorie als wissenschaftliche P. etabliert (P. als Theorie und kontrollierbare Praxis pikturaler Projektion und Proportion). Die geometrische Norm pikturalen Darstellens von ›Körpern im Raum‹ (G.E. Lessing) sowie die einschlägigen zeichnerischen Hilfsgeräte (Glastafelverfahren) sind dann für die Künstler bis ins späte 19. Jh. verbindlich. Erst mit P. Cézanne und dem Kubismus geht im Bereich der Kunst die wissenschaftliche P. zu Ende und mit ihr die dominante Verwendung des piktural-denotativen Darstellungsverfahrens. In der Darstellung sowohl von Landschaften als auch von Figuren herrschen jetzt bildeigene, frei entwickelte Verfahren (räumliches Gefüge) vor.

Heute wird zum einen der im wesentlichen von N. Goodman auf diesem piktural-sprachlichen Feld ausgelöste, aus der ↑Sprachphilosophie bekannte Streit zwischen Anhängern der *φύσει*- bzw. *θέσει*-These nachgeholt. Zum anderen geht es um die Unterscheidung von ›perspektivisch darstellen‹ und ›räumlich sehen‹, zu der das Problem des jeweiligen Interpretationsstandards gehört. In ihrer eigentümlichen Verschränkung von Atelierreflexion und künstlerischer Praxis hat die moderne pikturale Kunst vom Bauhaus bis über die ›Optical Art‹ hinaus mit Erfolg daran gearbeitet, das antike Konzept der P. im Sinne einer ›ars bene videndi‹ teilweise zu übernehmen und fortzuführen.

Literatur: J.G. Abels, Erkenntnis der Bilder. Die P. in der Kunst der Renaissance, Frankfurt/New York 1985; K. Andersen, The Geometry of an Art. The History of the Mathematical Theory of Perspective from Alberti to Monge, New York 2007; G.C. Argan, The Architecture of Brunelleschi and the Origins of Perspective Theory in the Fifteenth Century, J. Warburg and Courtauld Inst. 9 (1946), 96–121; H. Belting, Florenz und Bagdad. Eine west-östliche Geschichte des Blicks, München 2008, ^{3}2009, 2012 (engl. Florence and Baghdad. Renaissance Art and Arab Science, Cambridge Mass./London 2011; franz. Florence et Bagdad. Une histoire du regard entre Orient et Occident, Paris 2012); G. Boehm, Studien zur Perspektivität. Philosophie und Kunst in der Frühen Neuzeit, Heidelberg 1969; G. Bühring, P.. Unsere Weltsicht in Psychologie, Philosophie und Kunst, Darmstadt 2014; F. Büttner, Giotto und die Ursprünge der neuzeitlichen Bildauffassung. Die Malerei und die Wissenschaft vom Sehen in Italien um 1300, Darmstadt 2013; H. Damisch, L'origine de la perspective, Paris 1987, 1993 (engl. The Origin of Perspective, Cambridge Mass./London 1994, 2000; dt. Der Ursprung der P., Zürich 2010); S.Y. Edgerton Jr., The Renaissance Rediscovery of Linear Perspective, New York 1975 (dt. Die Entdeckung der P., München 2002); ders., P., NDHI IV (2005), 1746–1754; J. Fisher, Some New Problems in Perspective, British J. of Aesthetics 27 (1987), 201–212; J.J. Gibson, Pictures, Perspective and Perception, Daedalus 89 (1960), 216–227; E.H. Gombrich, The ›What‹ and the ›How‹. Perspective Representation and the Phenomenal World, in: R. Rudner/I. Scheffler (eds.), Logic and Art. Essays in Honor of Nelson Goodman, Indianapolis Ind./New York 1972, 129–149, ferner in: C.Z. Elgin (ed.), Nelson Goodman's Philosophy of Art, New York/London 1997, 231–251; ders., Mirror and Map. Theories of Pictural Representation, Philos. Transact. Royal Soc., Ser. B, 270 (1975), 119–149, ferner in: ders., The Image and the Eye. Further Studies in the Psychology of Pictorial Representation, Ithaca N.Y., Oxford 1982, London 1994, 172–214 (dt. Zwischen Landkarte und Spiegelbild. Das Verhältnis bildlicher Darstellung und Wahrnehmung, in: ders., Bild und Auge. Neue Studien zur Psychologie der bildlichen Darstellung, Stuttgart 1984, 169–211); N. Goodman, Languages of Art. An Approach to a Theory of Symbols, Indianapolis Ind. 1968, ^{2}1976, 1997, 10–19 (dt. Sprachen der Kunst. Entwurf einer Symboltheorie, Frankfurt 1995, ^{7}2012, 21–30); M.A. Hagen (ed.), The Perception of Pictures I (Alberti's Window. The Projective Model of Pictorial Information), New York etc. 1980; H. Hecht/R. Schwartz/M. Atherton (eds.), Looking Into Pictures. An Interdisciplinary Approach to Pictorial Space, Cambridge Mass./London 2003; J.S. Hendrix/C.H. Carman (eds.), Renaissance Theories of Vision, Farnham/Burlington Vt. 2010; A. Jahnsen, Perspektivregeln und Bildgestaltung bei Piero della Francesca, München 1990; H. Janitschek, Des Piero degli Franceschi drei Bücher von der P., Z. Bildende Kunst mit dem Beibl. Kunstchronik 13 (1878), 670–674; G.J. Janowitz, Zentralperspektive – Eine neue Bildwelt, ein neues Weltbild [...], Einhausen 1987; H. Jantzen, Über den kunstgeschichtlichen Raumbegriff, München 1938 (Sitz.ber. Bayer. Akad. Wiss., philos.-hist. Abt. 1938, H. 5) (repr. Darmstadt 1962); W. Kambartel, P., Perspektivismus, perspektivisch II (Kunst), Hist. Wb. Ph. VII (1989), 375–377; M. Kubovy, The Psychology of Perspective and Renaissance Art, Cambridge/New York 1986, 1988; L. Massey (ed.), The Treatise on Perspective. Published and Unpublished, New Haven Conn./London 2003; ders., Picturing Space, Displacing Bodies. Anamorphosis in Early Modern Theories of Perspective, University Park Pa. 2007; E. Panofsky, Das perspektivische Verfahren Leone Battista Albertis, Kunstchronik NF 26 (1915), 505–516; ders., Dürers Kunsttheorie, vornehmlich in ihrem Verhältnis zur Kunsttheorie der Italiener, Berlin 1915, 7–77 (Erster Hauptteil. Die praktische Kunstlehre); ders., Die Erfindung der verschiedenen Distanzkonstruktionen in der malerischen P., Repertorium für Kunstwissenschaft 45 (1925), 84–86; ders., Die P. als ›symbolische Form‹ (1924/1925), in: ders., Aufsätze zu Grundfragen der Kunstwissenschaft, ed. H. Oberer/E. Verheyen, Berlin 1964, ^{3}1980, 1998, 99–167; M.H. Pirenne, The Scientific Basis of Leonardo da Vinci's Theory of Perspective, Brit. J. Philos. Sci. 3 (1952), 169–185; ders., Optics, Painting and Photography, Cambridge etc. 1970; M. Plümacher,

Epistemische Perspektivität, EP II (^{2}2010), 1930–1937; K. Rehkämper, Bilder, Ähnlichkeit und Perspektive. Auf dem Weg zu einer neuen Theorie der bildhaften Repräsentation, Wiesbaden 2002; E. Sauerbeck, Ästhetische P., Z. Ästhetik u. Allg. Kunstwiss. 6 (1911), 420–455; E. Ströker, Die P. in der bildenden Kunst. Versuch einer philosophischen Deutung, Jb. Ästhetik u. Allg. Kunstwiss. 4 (1958/1959), 140–231; J. G. Sulzer, Allgemeine Theorie der schönen Künste in einzelnen, nach alphabetischer Ordnung der Kunstwörter aufeinander folgenden, Artikeln abgehandelt, I–II, Leipzig 1771/1774, I–IV, ^{2}1792–1799 (repr. Hildesheim/Zürich/New York 1967–1970, 1994); B. Thaliath, Perspektivierung als Modalität der Symbolisierung. Erwin Panofskys Unternehmung zur Ausweitung und Präzisierung des Symbolisierungsprozesses in der »Philosophie der symbolischen Formen« von Ernst Cassirer, Würzburg 2005; C. Troger, De la perspective. Pour une histoire de l'image projective, Paris 2007; E. Valette, La perspective à l'ordre du jour. Fonctionnements symboliques et esthétiques de la ›perspectiva artificialis‹, Paris/Budapest/Turin 2001; K. H. Veltman (unter Mitarbeit v. K. D. Keele), Linear Perspective and the Visual Dimensions of Science and Art (Studies on Leonardo da Vinci I), München 1986; L. Vinciguerra, Archéologie de la perspective. Sur Piero della Francesca, Vinci et Dürer, Paris 2007; M. W. Wartofsky, Rules and Representation. The Virtues of Constancy and Fidelity Put in Perspective, Erkenntnis 12 (1978), 17–36; J. White, Birth and Rebirth of Pictorial Space, London 1957, London etc., Cambridge Mass. ^{3}1987 (franz. Naissance et renaissance de l'espace pictural, Paris 1992); R. Wittkower, Brunelleschi and ›Proportion in Perspective‹, J. Warburg and Courtauld Inst. 16 (1953), 275–291 (franz. Brunelleschi et la ›proportion dans la perspective‹, in: C. G. Argan./ders. [eds.], Perspective et histoire au Quattrocento. Suivi de »La question de la perspective, 1960–1968«, Saint-Maurice 1990, 53–76); C. S. Wood/M. Kubovy, Perspective, in: M. Kelly (ed.), Encyclopedia of Aesthetics III, Oxford/New York 1998, 477–485. B. P./D. G.

Perspektivismus (von lat. perspicere, [genau] sehen, betrachten, kennenlernen; engl. perspectivism, franz. perspectivisme), in der Philosophie, speziell in der ↑Erkenntnistheorie, Bezeichnung für Konzeptionen bzw. Standpunkte, in denen die Geltung von Aussagen oder Theorien abhängig vom (theoretischen) ›Standort‹ des ›Betrachters‹ bzw. der Aussagen- oder Theoriebildung gemacht wird. Im Unterschied zum (epistemischen und wissenschaftstheoretischen) ↑Relativismus schließt der P. eine Einschränkung der Legitimität von Erkenntnisansprüchen, d. h. die Voraussetzung von Prinzipien, die keine universelle Gültigkeit besitzen, nicht ein.

Im Anschluß an den geometrischen bzw. optischen Begriff der ↑Perspektive vertritt bereits Nikolaus von Kues einen P., insofern er die (beschränkte) Perspektivität des menschlichen Wissens hinsichtlich Vergleich (*comparatio*) und Messung (*mensura*) gegenüber der göttlichen Weisheit betont. Zentrale Bedeutung erhält der Begriff der (epistemischen) Perspektivität erstmals bei G. W. Leibniz im Rahmen der ↑Monadentheorie. Leibniz führt einen ›objektiven‹ P. in dem Sinne ein, daß zwar die Einheit der Welt objektiv gegeben sei, diese sich aber in einer Vielheit unterschiedlicher Perspektiven von den verschiedenen Gesichtspunkten (›points de vue‹) der ↑Monaden zeige (»Et comme une même ville regardée de differens côtés paroist toute autre et est comme multipliée perspectivement, il arrive de même, que par la multitude infinie des substances simples, il y a comme autant de differens univers, qui ne sont pourtant que les perspectives d'un seul selon les differens points de veue de chaque Monade«, Monadologie § 57, Philos. Schr. VI, 616; vgl. Essais de theodicée [...], Philos. Schr. VI, 327); die Monaden ›spiegeln‹ das Universum auf je eigene Weise (Disc. mét. § 14, Akad.-Ausg. 6.4B, 1549–1551, Philos. Schr. IV, 439–440; vgl. Monadologie § 56, Philos. Schr. VI, 616). J. M. Chladenius überträgt diese Konzeption eines epistemischen P. in einer Theorie des ›Sehe-Punktes‹ auf eine allgemeine historische ↑Hermeneutik (Einleitung zur richtigen Auslegung vernünfftiger Reden und Schrifften, Leipzig 1742 [repr. Düsseldorf 1969], 187–188; vgl. Allgemeine Geschichtswissenschaft [...], Leipzig 1752 [repr. Wien/Köln/Graz 1985], 92), J. H. Lambert wiederum in einem engeren epistemischen Sinne auf eine Theorie der Erklärung (›Augen des Verstandes‹, Neues Organon oder Gedanken über die Erforschung und Bezeichnung des Wahren und dessen Unterscheidung vom Irrthum und Schein, I–II, Leipzig 1764, II, 658 [Phänomenologie § 27]). Bei I. Kant wird der Begriff einer epistemischen Perspektivität als Perspektivität des Erkenntnissubjekts in einer ↑Kopernikanischen Wende begründet, nämlich in Form der transzendentalen Einstellung, wonach sich »die Gegenstände [...] nach unserem Erkenntnis richten« müssen (KrV B XVI). Auch innerhalb der ↑Lebensphilosophie wird diese Konzeption in verallgemeinerter Form aufgegriffen, z. B. bei F. Nietzsche, der das ›Perspektivische‹ als ›Grundbedingung alles Lebens‹ (Jenseits von Gut und Böse [1886], Werke. Krit. Gesamtausg. VI/2, 4) auffaßt und in diesem Sinne auf erkenntnistheoretische Kontexte anwendet (»Soweit überhaupt das Wort ›Erkenntniß‹ Sinn hat, ist die Welt erkennbar: aber sie ist anders *deutbar*, sie hat keinen Sinn hinter sich, sondern unzählige Sinne ›P.‹«, Nachgelassene Fragmente, Werke. Krit. Gesamtausg. VIII/1, 323).

Der Begriff des P. findet heute vor diesem erkenntnistheoretischen Hintergrund Anwendung auch in anderen disziplinären Bereichen, z. B. in der Kunsttheorie (↑Perspektive (semiotisch)), in der Geschichtswissenschaft (›Synchronisierung des Erkenntnisfortschritts mit der Perspektivenerweiterung‹ im historischen Denken, J. Rüsen 1986, 93; vgl. H.-W. Hedinger 1969) und in der Soziologie (vgl. G. H. Mead, Philosophie der Sozialität. Aufsätze zur Erkenntnisanthropologie, ed. H. Kellner, Frankfurt 1969, 144). In der Philosophie bildet die historische Entwicklung des Begriffs der epistemischen Perspektivität die Grundlage für eine Philosophie des P. (F. Kaulbach 1990; vgl. N. Rescher 1991); in der

↑Wissenschaftstheorie verbindet sich dieser Begriff (in konzeptioneller Nähe zum ↑Konventionalismus) – in Absetzung sowohl von Konzeptionen absoluter Geltungsansprüche als auch von relativistischen Konzeptionen – mit dem Begriff der Darstellung (›Perspektivität der Darstellung‹, vgl. J. Mittelstraß 1993; ↑Forschung).

Literatur: R. L. Anderson, Truth and Objectivity in Perspectivism, Synthese 115 (1998), 1–32; G. Boehm, Studien zur Perspektivität. Philosophie und Kunst in der Frühen Neuzeit, Heidelberg 1969; H. Busche, Leibniz' Weg ins perspektivische Universum. Eine Harmonie im Zeitalter der Berechnung, Hamburg 1997; W. Dilthey, Weltanschauungslehre. Abhandlungen zur Philosophie der Philosophie, ed. B. Groethuysen, Leipzig/Berlin 1931, Stuttgart, Göttingen [6]1991 (= Ges. Schr. VIII); R. N. Giere, Scientific Perspectivism, Chicago Ill./London 2006, 2010; N. Goodman, Languages of Art. An Approach to a Theory of Symbols, Indianapolis Ind./New York 1968, 10–19 (Chap. I.3 Perspective) (dt. Sprachen der Kunst. Ein Ansatz zu einer Symboltheorie, Frankfurt 1973, 22–30 [Kap. I.3 Perspektive]), Indianapolis Ind. [2]1976, 1997, 10–19 (dt. Sprachen der Kunst. Entwurf einer Symboltheorie, Frankfurt 1995, 2012, 21–30); C. F. Graumann, Grundlagen einer Phänomenologie und Psychologie der Perspektivität, Berlin 1960; ders./W. Kallmeyer (eds.), Perspective and Perspectivation in Discourse, Amsterdam/Philadelphia Pa. 2002; S. D. Hales/R. Welshon, Nietzsche's Perspectivism, Urbana Ill./Chicago Ill. 2000; N. Herold, Menschliche Perspektive und Wahrheit. Zur Deutung der Subjektivität in den philosophischen Schriften des Nikolaus von Kues, Münster 1975; C. Ibbeken, Konkurrenzkampf der Perspektiven. Nietzsches Interpretation des P., Würzburg 2008; F. Kaulbach, Philosophie der Beschreibung, Köln/Graz 1968; ders., Nietzsches Idee einer Experimentalphilosophie, Köln/Wien 1980, 59–130 (Kap. II Der perspektivische Charakter der Wirklichkeit und die Methode des Perspektivengebrauchs); ders., Philosophie des P. I (Wahrheit und Perspektive bei Kant, Hegel und Nietzsche), Tübingen 1990; G. Koch (ed.), Perspektive – Die Spaltung der Standpunkte. Zur Perspektive in Philosophie, Kunst und Recht, München 2010; G. König/W. Kambartel, Perspektive, P., perspektivisch, Hist. Wb. Ph. VII (1989), 363–377; M. Massimi, Scientific Perspectivism and Its Foes, Philosophica 84 (2012), 25–52; J. Mittelstraß, Das Absolute und das Relative. Thesen zur Perspektivität des Wissens und der Welt, in: F. Schneider u. a. (eds.), Pragmatismus versus Fundamentalismus, Wien 1993, 31–48; W. J. Mommsen, Der perspektivische Charakter historischer Aussagen und das Problem von Parteilichkeit und Objektivität historischer Erkenntnis, in: R. Koselleck/W. J. Mommsen/J. Rüsen (eds.), Objektivität und Parteilichkeit in der Geschichtswissenschaft, München 1977, 441–468; B. Mou, Substantive Perspectivism. An Essay on Philosophical Concern with Truth, Dordrecht etc. 2009; H. Parret, Perspectival Understanding, in: ders./J. Bouveresse (eds.), Meaning and Understanding, Berlin/New York 1981, 249–279; N. Rescher, Philosophical Perspectivism, in: ders., Baffling Phenomena and Other Studies in the Philosophy of Knowledge and Valuation, Savage Md. 1991, 127–141 (Chap. 8 Philosophical Perspectivism); J. Rüsen, Grundzüge einer Historik II (Rekonstruktion der Vergangenheit. Die Prinzipien der historischen Forschung), Göttingen 1986; B. Russell, Our Knowledge of the External World as a Field for Scientific Method in Philosophy, Chicago Ill./London 1914, London/New York 2006, 70–105 (Lecture III On Our Knowledge of the External World); J. Schulte-Sasse, Perspektive/P., ÄGB IV (2002), 758–778; M. Sukale/K. Rehkämper/M. Plümacher, Perspektive/P., EP II (1999), 998–1006, bes. 1002–1006 [M. Plümacher]; A. Tormey, Seeing Things: Pictures, Paradox, and Perspective, in: J. Fisher (ed.), Perceiving Artworks, Philadelphia Pa. 1980, 59–75; I. Votsis, Putting Realism in Perspectivism, Philosophica 84 (2012), 85–122; M. W. Wartofsky, Rules and Representation. The Virtues of Constancy and Fidelity Put in Perspective, Erkenntnis 12 (1978), 17–36, Neudr. in: ders., Models. Representation and the Scientific Understanding, Dordrecht/Boston Mass./London 1979 (Boston Stud. Philos. Sci. XLVIII), 211–230. J. M.

persuasiv (von lat. persuadere, überreden, überzeugen), im ↑Emotivismus C. L. Stevensons Bezeichnung für die angebliche Funktion wertender Ausdrücke und Urteile, positive oder negative Haltungen und Einstellungen von einzelnen oder Gruppen gegenüber Situationen, Handlungen, Personen und Institutionen zu erzeugen oder zu verändern, um entsprechende Verhaltensweisen zu veranlassen. In allgemeiner Verwendungsweise Bezeichnung für ein sprachliches Handeln, das anstelle von ↑Argumentationen bloß rhetorisch (im abschätzigen Sinne) in strategischer Absicht agiert, z. B., wenn in einem Dialog »das Geben oder Verweigern einer Zustimmung durch den wider besseres Wissen erfolgenden Appell an fraglos hingenommene Vororientierungen gewonnen wird« (F. Kambartel, Moralisches Argumentieren. Methodische Analysen zur Ethik, in: ders. [ed.], Praktische Philosophie und konstruktive Wissenschaftstheorie, Frankfurt 1974, 67; ↑Dialog, rationaler). R. Wi.

Perzeption (lat. perceptio, von percipere, erfassen, ergreifen, wahrnehmen), Terminus der klassischen Erkenntnistheorie in ↑Rationalismus und ↑Empirismus zur Bezeichnung sowohl des Vorganges der (äußeren wie inneren) ↑Wahrnehmung als auch des Wahrnehmungsinhaltes selbst. In der ersten Bedeutung tritt P. als Oberbegriff zu sinnlicher Wahrnehmung (*sensatio*) und nicht-sinnlicher Reflexion auf, in der zweiten Bedeutung häufig synonym mit den Ausdrücken ›Idee‹ (↑Idee (historisch)) und ↑›Vorstellung‹. Dieser ambivalente Gebrauch von ›P.‹, in dessen Rahmen der Übergang von ↑Sinnesdaten zu Bewußtseinsdaten (↑Bewußtsein) wie ein einfacher Wechsel von Wahrnehmungen erscheinen mußte, hat weitgehend zur Genese der Kontroverse zwischen Rationalisten und Empiristen beigetragen (bis hin zur radikalen Identifikation von Sein und Wahrgenommensein bei G. Berkeley; ↑esse est percipi) und die Ausbildung einer psychologismusfreien ↑Erkenntnistheorie erschwert.

So verbinden sich z. B. bei G. W. Leibniz mit dem Begriff der P. sowohl sinnesphysiologische und psychologische Überlegungen (Unterscheidung zwischen überschwelligen und unterschwelligen Reizen, so genannten kleinen oder unmerklichen P.en) als auch zentrale Sätze der ↑Monadentheorie (Monaden durch P.en konstituiert), die wiederum (z. B. in den parallelen Wendungen ›P.en [in] einer individuellen Substanz‹ und ›Prädikate im vollständigen Begriff einer individuellen Substanz‹) auf eine Theorie vollständiger ↑Kennzeichnungen bzw. individueller Begriffe führen. In ihrer Leibnizschen Formulierung tritt der Begriff einer P., diese definiert als ›innere Eigenschaft und Tätigkeit‹ (*qualité et action interne*, vgl. Princ. nat. grâce § 2, Philos. Schr. VI, 598) einer Substanz, im vollständigen Begriff (↑Begriff, vollständiger) der betreffenden Substanz auf. Die in diesem Zusammenhang gebildete Unterscheidung zwischen P. und ↑Apperzeption wird insbes. von I. Kant weiter ausgearbeitet. In neueren erkenntnistheoretischen Konzeptionen ist der Begriff der P., vor allem im englischsprachigen Bereich, Teil von Wahrnehmungstheorien, die sich eng mit physiologischen Theorien verbinden (↑Sinnestäuschung).

Literatur: B. Brewer, Perception and Reason, Oxford etc. 1999, 2002; ders., Perception and Its Objects, Oxford etc. 2011, 2013; T. Crane, The Problem of Perception, SEP 2005, rev. 2011; G. Dicker, Perceptual Knowledge. An Analytical and Historical Study, Dordrecht/Boston Mass./London 1980; F. Dretske, Perception, in: R. Audi (ed.), The Cambridge Dictionary of Philosophy, Cambridge etc. ²1999, 654–658; S. Everson, Aristotle on Perception, Oxford etc. 1997, 2007; J. Foster, The Nature of Perception, Oxford etc. 2000, 2008; J. Freudinger, Zum Problem der Wahrnehmungsurteile in Kants theoretischer Philosophie, Kant-St. 82 (1991), 414–435; T. S. Gendler/J. Hawthorne (eds.), Perceptual Experience, Oxford etc. 2006; D. W. Hamlyn, Sensation and Perception. A History of the Philosophy of Perception, London, New York 1961, 1969; G. Hatfield, The Natural and the Normative. Theories of Spatial Perception from Kant to Helmholtz, Cambridge Mass./London 1990; R. J. Hirst, Perception, Enc. Ph. VI (1967), 79–87, VII (²2006), 177–187 (Bibliographie erw. v. B. Fiedor); W. Janke, P., Hist. Wb. Ph. VII (1989), 382–386; P. Kitcher, Kant's Transcendental Psychology, New York/Oxford 1990, 1993, 30–60 (Chap. 2 The Science of Sensibility); P. K. Machamer/R. G. Turnbull (eds.), Studies in Perception. Interrelations in the History of Philosophy and Science, Columbus Ohio 1978; M. G. F. Martin, Perception, REP VII (1998), 287–293; B. P. McLaughlin, Perception, Epistemic Issues in, REP VII (1998), 293–299; R. McRae, Leibniz: Perception, Apperception, and Thought, Toronto/Buffalo N. Y. 1976, 1978, 19–68 (Chap. 3 Perception); J. Mittelstraß, Neuzeit und Aufklärung. Studien zur Entstehung der neuzeitlichen Wissenschaft und Philosophie, Berlin/New York 1970, 514–522 (§ 14.5 Der P.ensatz der Monadentheorie); ders., Leibniz und Kant. Erkenntnistheoretische Studien, Berlin/Boston Mass. 2011, 44–52 (2.3 Der P.ensatz); D. K. W. Modrak, Aristotle. The Power of Perception, Chicago Ill./London 1987, 1989; R. Muehlmann, The Role of Perceptual Relativity in Berkeley's Philosophy, J. Hist. Philos. 29 (1991), 397–425; D. Perler/M. Wild (eds.), Sehen und Begreifen. Wahrnehmungstheorien in der frühen Neuzeit, Berlin/New York 2008; R. Schumacher (ed.), Perception and Reality. From Descartes to the Present, Paderborn 2004; W. Welsch, Aisthesis. Grundzüge und Perspektiven der Aristotelischen Sinneslehre, Stuttgart 1987; J. W. Yolton, Perceptual Acquaintance from Descartes to Reid, Oxford, Minneapolis Minn. 1984; ders., Perception & Reality. A History from Descartes to Kant, Ithaca N. Y./London 1996. J. M.

Pessimismus (von lat. pessimum, das Schlechteste), ↑polar-konträrer Gegensatz zu ↑Optimismus, ursprünglich (Ende des 18. Jhs., z. B. bei G. C. Lichtenberg) und in heutiger alltagssprachlicher Verwendung als düstere Stimmung (↑Melancholie) und negativ gefärbtes Lebensgefühl (›Weltschmerz‹ in der ↑Romantik) verstanden. Soweit sich dieses Lebensgefühl zu einer ↑Weltanschauung ausweitet, liegt ihm eine Beurteilung des Verhältnisses des ↑Guten zum ↑Bösen (↑Übel, das) (oder auch der ↑Lust zur Unlust) und seiner Wirkungen zugrunde, wobei der P. behauptet, daß das Übel letztlich überwiegt. Grundlage einer solchen Beurteilung sind insbes. religiöse, metaphysische, anthropologische und geschichtsphilosophische Überlegungen. Weltanschaulicher P. ist grundsätzlich verträglich mit privatem Optimismus.

Grundgedanken des P. finden sich in allen religiösen und philosophischen Traditionen, so im Buddhismus (↑Philosophie, buddhistische), in der Antike (↑Orphik, ↑Pythagoreismus), im Alten Testament (Koheleth), in der ↑Gnosis und in der christlichen Tradition. Der P. nimmt hier meist die Form eines ↑Dualismus von Gut und Böse an, verbunden mit der Möglichkeit der Erlösung vom Bösen. Hierbei kann sich auch, wie im Christentum, ein diesseitiger innerweltlicher P. aus eschatologischer Sicht (↑Eschatologie) mit einem jenseitigen außerweltlichen Optimismus verbinden. In der Neuzeit kommt ein *anthropologischer* P. zuerst in den theologischen Schriften der Reformation zur Geltung. Der Mensch wird als von Natur aus zum Bösen neigend dargestellt. Die anfangs eher optimistische Tendenz der ↑Aufklärung kehrt sich Mitte des 18. Jhs. um, verstärkt durch den Eindruck des Erdbebens von Lissabon 1755. P. L. M. de Maupertuis (Essai de philosophie morale, Berlin 1749) entwickelt einen Kalkül zur Abwägung des Schmerzes (*peine*) und der Freude (*plaisir*) in der Welt. Eine Prüfung des Lebens zeigt nach Maupertuis, daß der Schmerz bei weitem überwiegt. Wirkungen von Maupertuis' kalkulatorischem Zugang finden sich in J. Benthams Konzeption des ↑Utilitarismus. Voltaire (Candide ou l'optimisme, Genf 1759) attackiert satirisch G. W. Leibnizens optimistische Formel von der ›besten aller möglichen Welten‹ (↑Welt, beste, ↑Welt, mögliche). J.-J. Rousseau (Émile ou de l'éducation, La Haye 1762) macht deutlich, daß ein anthropologischer Optimismus, der die ursprüngliche Güte des Menschen betont, mit einem Kulturpessimismus verbunden sein kann: Der kulturelle Zerfall ist unaufhaltsam; Ziel des menschlichen Lebens kann daher nur sein, in einer privaten Nische die ursprüngliche Güte zu bewahren.

Von den Formen eines praktisch-philosophischen P. ist der theoretische P. im Sinne des ↑Skeptizismus zu unterscheiden. So ist A. Schopenhauer, der eigentliche Begründer des P., erkenntnistheoretisch nicht Skeptiker, sondern Kantianer. Der P. ergibt sich für Schopenhauer daraus, daß nur er den Tatsachen dieser Welt *empirisch* gerecht wird und (in Aufnahme indischer Traditionen [↑Philosophie, indische]) *metaphysisch* aus der Natur des ↑Willens zum Leben folgt. Die ›Welt als Vorstellung‹ ist nach Schopenhauer die Objektivation eines blinden (irrationalen) Willens. Indem dieser sich (in Raum und Zeit) in die Erscheinung drängt, spaltet er sich nach dem Individuationsprinzip (↑Individuation) in Einzelwillen auf. Solange diese Einzelwillen das Leben bejahen und nicht zur Einsicht in die Verneinung des Willens zum Leben kommen, nehmen sie den Konflikt mit anderen Einzelwillen und damit ↑Leid in Kauf. In diesem Sinne heißt Leben für Schopenhauer notwendigerweise Leiden. Diese Welt sei (gegen Leibniz) »die *schlechteste* unter den möglichen«, und zwar im Sinne der realen Möglichkeit, daß eine noch schlechtere nicht mehr bestehen könne (Die Welt als Wille und Vorstellung, I–II, ed. W. v. Löhneysen, Darmstadt 1976, II, 747). Es sei daher besser, sie existiere nicht. Schopenhauers Gedanken sind insbes. von E. v. Hartmann aufgegriffen worden, der den P. durch empirische Argumente weiter zu stützen suchte. Danach falle die ›Weltlustbilanz‹ auch für die Zukunft negativ aus. Gedanken von Leibniz und Schopenhauer miteinander verbindend meint Hartmann, daß die Welt zwar die beste aller möglichen, aber schlechter als gar keine sei.

Argumente für oder gegen den P. werden letztlich keinen ›Beweis‹ liefern können. Sie bringen vielmehr eine ursprüngliche Neigung zu dem entsprechenden Lebensgefühl in argumentativer Form ›zum Ausdruck‹. Entschieden betont hat dies der Neukantianer W. Windelband im Ausgang von der Feststellung, daß es keinen objektiv nachweisbaren Zweck des Universums gebe: »Jede den Einfluß der Gefühle und Stimmungen auf den Gedankengang ausschließende Wissenschaft muß (...) die Frage, ob die Welt gut oder schlecht sei, d.h. ob sie ihrem Zweck entspreche oder nicht entspreche, von vornherein als schief gestellt ablehnen. Die jetzt so viel erhobene Frage, ob Optimismus oder P., ist deshalb gar kein Problem der wissenschaftlichen Philosophie.« (P. und Wissenschaft, in: ders., Präludien. Aufsätze und Reden zur Philosophie und ihrer Geschichte, I–II, Tübingen [5]1915, II, 218–243, hier 231–232). Vertreter des P. im Gefolge Schopenhauers sind: J. Bahnsen, P. Mainländer, F. Nietzsche, der dem resignativen P. Schopenhauers allerdings eine ›heroische‹ Wendung gibt, und M. Horkheimer. Große Beachtung hat nach dem 1. Weltkrieg der Kulturpessimismus O. Spenglers gefunden, dessen Einfluß sich unter anderem auf L. Wittgenstein erstreckt.

Literatur: J. Bailey, Pessimism, London/New York 1988; E. C. Chang (ed.), Optimism & Pessimism. Implications for Theory, Research, and Practice, Washington D. C. 2001, 2002; M. Creydt, Theorie gesellschaftlicher Müdigkeit. Gestaltungspessimismus und Utopismus im gesellschaftstheoretischen Denken, Frankfurt/New York 2000; H. Diels, Der antike P., Berlin 1921; J. F. Dienstag, Pessimism. Philosophy, Ethic, Spirit, Princeton N. J./Oxford 2006; A. Dörpinghaus, Mundus pessimus. Untersuchungen zum philosophischen P. Arthur Schopenhauers, Würzburg 1997; J. Garewicz, P., TRE XXVI (1996), 240–244; V. Gerhardt, P., Hist. Wb. Ph. VII (1989), 386–395; E. v. Hartmann, Zur Geschichte und Begründung des P., Berlin 1880 (repr. Eschborn 1992, Karben 1996), o. J. [[2]1891]; L. E. Loemker, Pessimism and Optimism, Enc. Ph. VI (1967), 114–121; F. Mauthner, Optimismus (P.), in: ders., Wörterbuch der Philosophie. Neue Beiträge zur Kritik der Sprache II, München/Leipzig 1910 (repr. Zürich 1980), 188–220, Leipzig [2]1924 (repr. als: Das philosophische Werk I/2, ed. L. Lütkehaus, Wien/Köln/Weimar 1997), 460–502; J. Olesti, Optimismus/P., EP II ([2]2010), 1879–1885; M. Pauen, P.. Geschichtsphilosophie, Metaphysik und Moderne von Nietzsche bis Spengler, Berlin 1997; I. Sælid Gilhus/G. Zenkert, Optimismus/P., RGG ([4]2003), 596–598; H. J. Schoeps, Vorläufer Spenglers. Studien zum Geschichtspessimismus im 19. Jahrhundert, Leiden/Köln 1953 (repr. in: Ges. Schr. II/6, Hildesheim/Zürich/New York 2000), [2]1955; H. Stäglich, Zur Geschichte des Begriffs P., Jb. Schopenhauergesellschaft 34 (1951/1952), 27–37; H. Vyverberg, Historical Pessimism in the French Enlightenment, Cambridge Mass. 1958; weitere Literatur: ↑Optimismus, ↑Theodizee, ↑Übel, das. G. G.

Peter von Ailly, ↑Ailly, Pierre d'.

petitio principii (lat., Beanspruchung des Beweisgrundes, von griech. *τὸ ἐξ ἀρχῆς* oder *τὸ ἐν ἀρχῇ αἰτεῖν* bzw. *αἰτεῖσθαι*, engl. begging the question), Bezeichnung für einen Beweisfehler (↑Beweis), der im engeren Sinne darin besteht, daß bei der Begründung eines Satzes ein Satz oder mehrere Sätze als ↑Prämissen vorausgesetzt werden, dessen bzw. deren Begründung selbst schon auf den gerade zu begründenden Satz zurückgreifen müßte. Die Bezeichnung ›petitio‹ (Forderung, Beanspruchung) hat ihren Ursprung vermutlich im Kontext einer Argumentationspraxis (↑Argumentation), in der der ↑Proponent der These vom ↑Opponenten zu Beginn der Diskussion das Zugeständnis gewisser Voraussetzungen fordert. Ist eine von diesen die Anerkennung des gerade erst zu begründenden Satzes oder eines ihm äquivalenten, so liegt ein ↑circulus vitiosus vor. – Allgemeiner nennt man p. p. jeden Versuch der Begründung eines Satzes aus ihrerseits nicht (oder noch nicht) hinreichend – und damit überhaupt nicht – begründeten Prämissen. Da ein solcher Versuch insbes. beim Vorgriff auf erst zu begründende Sätze innerhalb einer Schlußkette (↑Schluß) unternommen wird, verwenden einige Autoren ›p. p.‹ als Synonym zu ↑hysteron-proteron. Allerdings unterscheidet schon Aristoteles genauer fünf verschiedene Formen der p. p. (an. pr.

*A*23.40b30–33, 24.41b10–22 [mit einem geometrischen Beispiel], *B*16.64b28–65a37, Top. *H*13.162b31 ff., Met. *Γ*4.1006a19 ff.).

Literatur: A. Arnauld/P. Nicole, La logique ou l'art de penser [...] [Logik von Port-Royal], Paris 1662 (repr. Hildesheim/New York 1970, Genf 1972), krit. Ed. P. Clair/F. Girbal, Paris 1965, ²1981, rev. 1993, ed. D. Descotes, Paris, Genf 2011, Teil III, 19.2 (dt. Die Logik oder die Kunst des Denkens, Darmstadt 1972, 2005, Teil III, 19.2); G. Betz, P. P. and Circular Argumentation as Seen from a Theory of Dialectical Structures, Synthese 175 (2010), 327–349; R. Ingarden, Über die Gefahr einer P. P. in der Erkenntnistheorie. Ein Beitrag zur Prinzipienfrage in der Erkenntnistheorie, Jb. Philos. phänomen. Forsch. 4 (1921), 545–568; J. Lachelier/L. Robin, Anm. z. Art. »Pétition de principe«, in: A. Lalande (ed.), Vocabulaire technique et critique de la philosophie, Paris ⁴1997, 764; J. Pacius, In Porphyrii Isagogen et Aristotelis Organum, Commentarius Analyticus, Frankfurt 1597 (repr. Hildesheim 1966), 240–244 (Kommentar zu an.pr. B16, De petitione quaesiti propositi); R. Robinson, La pétition de principe, in: Association Guillaume Budé. Congrès de Lyon. Actes du congrès, Paris 1960, 75–80; Thomas von Aquin, De Fallaciis, c. 15 (De fallacia petitionis principii), in: ders., Opera Omnia VI (Reportationes. Opuscula dubiae authenticitatis), ed. R. Busa, Stuttgart-Bad Cannstatt 1980, 579 a; F. Ueberweg, System der Logik und Geschichte der logischen Lehren, Bonn 1857, ⁵1882, 468–469 (engl. System of Logic and History of Logical Doctrines, London 1871 [repr. Bristol 1993, 2001], 534–536); J. Woods/D. Walton, P. P., Synthese 31 (1975), 107–127. C. T.

Petrarca, Francesco, *Arezzo 20. Juli 1304, †Arquà 18. Juli 1374, ital. Humanist, Dichter und Gelehrter der Frührenaissance. 1311 Übersiedlung der exilierten Florentiner Notarsfamilie nach Avignon, Studium in Montpellier (1317–1320) und Bologna (1320–1326). 1326 tritt P. in den geistlichen Stand, 1330 in den Dienst des Kardinals G. Colonna (bis 1347) und 1353–1361 in den der Visconti in Mailand. Am 8. April 1341 Krönung zum Dichter auf dem Kapitol in Rom. Ab 1353 lebt P. in Italien, insbes. in Mailand, Venedig und Padua. – P.s Interesse gilt der Wiederbelebung der Antike, vor allem in ihrer römischen Gestalt. Für das humanistische Gedankengut der ↑Renaissance, zu deren Begründern P. gehört, setzt er, z. B. hinsichtlich einer Neubewertung der Platonischen und Aristotelischen Philosophie unter Rückgriff auf die griechischen Originaltexte, bis ins 16. Jh. nicht nur textkritische und editorische Maßstäbe. Die historischen Werke P.s (De viris illustribus, begonnen 1337; dessen episches Gegenstück »Africa«, begonnen 1338, und die »Rerum memorandarum libri«, begonnen 1343) weisen P. in ihrer objektiven und genauen Erfassung der Geschichte als ersten modernen Historiker aus. Seiner Ablehnung der scholastischen (↑Scholastik), insbes. der auf Aristoteles beruhenden Lehren aufgrund ihrer Unvereinbarkeit mit der christlichen Religion stehen die Hochschätzung des Studiums der klassischen Antike und die auf L. A. Seneca zurückgehende Betonung moralphilosophischer Fragestellungen wie des Zusammenhangs von Tugend und Glück oder des Gegensatzes zwischen der Vernunft und den Leidenschaften gegenüber. Die späteren Werke zeichnen sich durch eine kritische Auseinandersetzung mit der zur Ablenkung vom eigentlichen Ziel christlicher Kontemplation führenden vita activa (↑vita contemplativa) aus, der sie – wie etwa das »Secretum« (um 1343), in dem P. sich einer religiösen Prüfung in Form eines Dialogs mit A. Augustinus unterzieht, die moralisch-allegorische Dichtung »Trionfi« (vermutlich um 1352 begonnen) und das, antike und christliche Ethik verbindende Trostbuch »De remediis utriusque fortunae« (1354–1366) – ein Lob des asketischen und einsamen Lebens entgegensetzen.

Die ästhetische Erfahrung der Natur ist Thema der Augustinisch geprägten Beschreibung der Besteigung des Mont Ventoux (Familiarum Rerum IV/1) und wird ebenfalls in den Sonetten des Laura gewidmeten »Canzoniere«, einer Sammlung von P.s italienischer Lyrik, sowie in seinen poetischen Briefen vermittelt. Modernen Charakter erhält das Antike und Mittelalter verhaftete Denken P.s durch seine Betonung der zentralen Stellung des Menschen und die Darstellung aus subjektiver Perspektive, was seinen Werken trotz ihrer unabgeschlossenen und teilweise widersprüchlichen Verbindung von Platonischer Weisheit, christlichem Dogma und Ciceronischer Beredsamkeit zusätzlich wirkungsgeschichtliche Bedeutung verleiht.

Werke: Librorum Francisci Petrarchae [Opera latina], I–II, Basel 1496, Venedig 1501; Opere latine, ed. L. M. Capelli/R. Bessone, Turin 1904, ed. A. Bufano, Turin 1975, in 4 Bdn., Turin 1987, in 5 Bdn., ed. U. Dotti, Rom 1991–1994; Opera, I–III, Venedig 1515, 1549; Opera quae extant omnia, I–IV, Basel 1554 (repr. Ridgewood N. J. 1965), 1581; Opere (Edizione Nazionale), ed. N. Festa u. a., Florenz 1926 ff. (erschienen Bde I–II, V, X–XIV) (repr. 1997–2008). – Canzoniere [Rerum vulgarium fragmenta] e Trionfi, Venedig 1470, unter dem Titel: Trionfi e Canzoniere, I–II, Bologna 1475–1476, unter dem Titel: Il Petrarcha [auch: Petrarca], Venedig 1503, [Canzoniere] unter dem Titel: Le rime, Basel 1582, Neudr. unter dem Titel: Canzoniere, ed. M. Santagata, Mailand 2004, 2014 (dt. Sonette und Kanzonen, ed. B. Jacobson, Leipzig 1904, 1974, unter dem Titel: Canzoniere [ital./dt.], ed. K. Stierle, Berlin 2011; engl. Petrarch. The Canzoniere, or, Rerum Vulgarium Fragmenta, Bloomington Ind. 1996); Bucolicum carmen, Köln 1473, unter dem Titel: Il bucolicum carmen e i suoi commenti inediti, ed. A. Avena, Padua 1906, Rom 1978, unter dem Titel: Il bucolicum carmen di F. P., ed. D. DeVenuto, Pisa 1990 (ital. als: Poëmata minora quae exstant omnia [s. u.] I, unter dem Titel: Bucolicum carmen [lat./ital.], ed. L. Canali, Lecce 2001, 2005; engl. Petrarch's Bucolicum Carmen, ed. T. G. Bergin, New Haven Conn./London 1974; franz. Bucolicum carmen [franz./lat.], ed. M. François, Paris 2001); De vita solitaria, Straßburg 1473, I–II, Mailand 1498, Neudr. I, ed. K. A. E. Enenkel, Leiden etc. 1990 (engl. The Life of Solitude, ed. J. Zeitlin, Urbana Ill. 1924 [repr. Westport Conn. 1978]; dt. Das einsame Leben, ed. F. J. Wetz, Stuttgart 2004);

Secretum, Straßburg um 1473, ed. E. Carrara, Turin 1977 (franz. Mon secret ou du conflit de mes passions, Paris 1879, unter dem Titel: Secretum. Ou mon secret, Paris 1991, ^{4}2001; engl. Petrarch's Secret [...], London 1911 [repr. Westport Conn. 1987], unter dem Titel: The Secret, ed. C. E. Quillen, Boston Mass. 2003; dt. Secretum meum/Mein Geheimnis [lat./dt.], ed. G. Regn/B. Huss, Mainz 2004); De remediis utriusque fortunae, o. O. o. J. [1474], Cremona 1492, Neudr. unter dem Titel: Rimedi all'una e all'altra fortuna [lat./ital.], ed. E. Fenzi, Neapel 2009 (dt. Von der Artzney bayder Glück, des guten und widerwertigen, Augsburg 1532 [repr. Hamburg 1984], unter dem Titel: De remediis utriusque fortunae [lat./dt.], ed. E. Grassi, München 1975, unter dem Titel: Heilmittel gegen Glück und Unglück. De remediis utriusque fortunae, ed. E. Keßler, München ^{2}1988 [mit Bibliographie, 261–271]; ital. De rimedi de l'una et l'altra fortuna, ed. R. Nannini, Venedig 1549; engl. T. Twyne, Phisicke Against Fortune, Aswell Prosperous, As Aduerse, London 1579, unter dem Titel: Petrarch's Remedies for Fortune Fair and Foul. A Modern English Translation, I–V, trans. C. H. Rawski, Bloomington Ind. 1991; franz. Pétrarque. Les remèdes aus deux fortunes, I–II, ed. C. Carraud, Grenoble 2002); De viris illustribus [ital.], Pogliano 1476, unter dem Titel: Le vite de gli huomini illustri, Venedig 1527, unter dem Titel: Le vite degli uomini illustri [lat./ital.], Bologna 1874–1879, unter ursprünglichem Titel: ed. G. Martellotti, Florenz 1964 (= Opere II), I–IV, ed. S. Ferrone, Florenz 2006–2012 [lat./ital.] (dt. Epitome vitarum illustrium, Augsburg 1541); Rerum memorandarum libri, Löwen um 1485, ed. G. Billanovich, Florenz 1943, 1945 (= Opere XIV), ed. M. Petoletti, Florenz 2014 (dt. De rebus memorandis. Gedenckbuch aller der Handlungen [...], Augsburg 1541, Frankfurt 1566); Psalmi poenitentiales, Erfurt, Paris 1506, Neudr. unter dem Titel: P.. Les psaumes pénitentiaux [lat./franz.], ed. H. Cochin, Paris 1929 (ital. Li salmi di penitenza composti [...], Rom 1814, unter dem Namen: Psalmi penitentiales orationes [lat./ital.], ed. D. Coppini, Florenz 2010; dt. Francesko Petrarka's Bußpsalmen. Metrisch übersetzt [...], Augsburg 1839; engl. Petrarch's Seven Penitential Psalms, in: G. Chapman, Works. Poems and Minor Translations, London 1875, 1904, 133–143; franz. Psaumes pénitentiaux, Paris 1880); Africa, in: Francisci petrarchae florentini poetae et oratoris [...], Basel 1541, 94–373, ed. N. Festa, Florenz 1926 (repr. 2008) (= Opere I), Neudr., ed. B. Huss/G. Regn, Mainz 2007 [lat./dt.] (ital. L'Africa [lat./ital.], Venedig 1570, unter dem Titel: L'»Africa« di F. P., ed. A. Barolo, Turin 1933; engl. Petrarch's Africa, ed. T. G. Bergin/A. S. Wilson, New Haven Conn./London 1977); De sui ipsius et multorum ignorantia, Genf 1609, Neudr. unter dem Titel: De ignorantia. Della mia ignoranza e di quella di molti altri [lat./ital.], ed. E. Fenzi, Mailand 1999 (ital. Della propria ed altrui ignoranza, ed. G. Fracassetti, Venedig 1858; franz. Le traité de sui ipsius et multorum ignorantia, Paris 1906, unter dem Titel: Mon ignorance et celle de tant d'autres, Grenoble 2000; engl. On His Own Ignorance and that of Many Others, in: E. Cassirer u. a. [eds.], The Renaissance Philosophy of Man, Chicago Ill. 1948, ^{22}2007, 47–133; dt. De sui ipsius et multorum ignorantia. Über seine und vieler anderer Unwissenheit [lat./dt.], ed. A. Buck, Hamburg 1993, 1995); Varie opere filosofiche. Per la prima volta ridotte in volgare favela, Mailand 1824, unter dem Titel: Opere filosofiche di F. P. recate in volgare favella, Mailand 1833; Poëmata minora quae exstant omnia/Poesie minori [lat./ital.], ed. D. De'Rossetti, I–III, Mailand 1829–1834; Scritti inediti, ed. A. Hortis, Triest 1874; Franz P.s Poetische Briefe, ed. F. Friedersdorff, Halle 1903; Petrarch's Letters to Classical Authors, ed. M.E. Cosenza, Chicago Ill. 1910; P.s Briefwechsel mit deutschen Zeitgenossen, ed. P. Piur, Berlin 1933; Le familiari, I–IV, ed. V. Rossi, Florenz 1933–1942 (= Opere X–XIII), ed. U. Dotti, Rom 1991–2009 [lat./ital.] (engl. Letters on Familiar Matters. Rerum familiarium libri, I–III, ed. A. S. Bernardo, I, Albany N. Y. 1975, II–III, Baltimore Md./London 1982, 1985; franz. Lettres familières, I–V, ed. P. Laurens, Paris 2002–2005; dt. Familiaria. Bücher der Vertraulichkeiten, I–II, ed. B. Widmer, Berlin/New York 2005/2009); Rime, Trionfi e poesie latine, ed. F. Neri u. a., Mailand/Neapel 1951, unter dem Titel: Poesie latine, ed. G. Martellotti, Turin 1976; Prose [lat./ital.], ed. G. Martellotti u. a., Mailand/Neapel 1955; P.. Dichtungen, Briefe, Schriften, ed. H. W. Eppelsheimer, Frankfurt 1956, ^{3}1985; Sonette an Madonna Laura [ital./dt.], Stuttgart 1956, 1998; F. P. Das lyrische Werk. Der Canzoniere. Die Triumphe. Nugellae, Darmstadt 1958, mit dem Untertitel: Canzoniere. Triumphe. Verstreute Gedichte [lat./dt.], ed. H. Grote, Düsseldorf/Zürich 2002; F. P.. Dichtung und Prosa, ed. H. Heintze, Berlin 1968; P.. A Humanist among Princes [...], ed. D. B. Thompson, New York/Evanston Ill./London 1971; Sine nomine. Lettere polemiche e politiche, ed. U. Dotti, Rom/Bari 1974 (engl. Petrarch's Book Without a Name, Toronto 1973); Petrarch's Lyric Poems, ed. R. M. Durling, Cambridge Mass./London 1976, 1979. – E. Calvi, Bibliografia analitica petrarchesca 1877–1904, Rom 1904; K. McKenzie, Concordanza delle Rime di F. P., Oxford 1912 (repr. Turin 1969); M. Fowler, Catalogue of the Petrarch Collection Bequeathed by Willard Fiske, Oxford etc. 1916 (repr. Mansfield Centre Conn. 2006), rev. unter dem Titel: Petrarch. Catalogue of the Petrarch Collection in Cornell University Library, Millwood N. Y. 1974; B. L. Ullman, Petrarch Manuscripts in the United States, Padua 1964; Ufficio Lessicografico (ed.), Concordanze del Canzoniere di F. P., I–II, Florenz 1971, ed. G. Savoca/B. Calderone, Florenz 2011; A. Sottili, I Codici del P. nella Germania occidentale, I–II, Padua 1971/1978; N. Mann, A Concordance to Petrarch's »Bucolicum Carmen«, Pisa 1984; A. S. Bernardo, A Concordance to the Familiares of F. P., I–II, Padua 1994.

Literatur: M. Ariani, P., Rom 1999; H. Baron, Petrarch's »Secretum«. Its Making and Its Meaning, Cambridge Mass. 1985; T. G. Bergin, Petrarch, Boston Mass., New York 1970; A. S. Bernardo, Petrarch, Scipio and the »Africa«. The Birth of Humanism's Dream, Baltimore Md. 1962, Westport Conn. 1978; ders., Petrarch, Laura, and the »Triumphs«, Albany N. Y. 1974; G. Billanovich, Petrarch and the Textual Tradition of Livy, J. of the Warburg and Courtauld Institutes 14 (1951), 137–208; M. Bishop, Petrarch and His World, Bloomington Ind. 1963, Port Washington N. Y. 1973; U. Bosco, P.. Con 6 tavole fuori testo, Turin 1946, unter dem Titel: F. P., Bari ^{2}1961, ^{4}1977; M. O'Rourke Boyle, Petrarch's Genius. Pentimento and Prophecy, Berkeley Calif./Los Angeles/Oxford 1991; A. Buck (ed.), P., Darmstadt 1976; D. A. Carozza/H. J. Shey, Petrarch's »Secretum« [...], New York etc. 1989; K. Eisenbichler/A. A. Iannucci (eds.), Petrarch's Triumphs. Allegory and Spectacle, Ottawa 1990; L. Forster, The Icy Fire. Five Studies in European Petrarchism, Cambridge 1969, 1978 (dt. Das eiskalte Feuer. Sechs Studien zum europäischen Petrarkismus, Kronberg 1976); K. Foster, Petrarch: Poet and Humanist, Edinburgh 1984, 1987; P. Geyer u. a. (eds.), P. und die Herausbildung des modernen Subjekts, Göttingen 2009; P. Hainsworth, Petrarch the Poet. An Introduction to the »Rerum vulgarium fragmenta«, London/New York 1988; K. Heitmann, Fortuna und Virtus. Eine Studie zu P.s Lebensweisheit, Köln/Graz 1958; G. Hoffmeister, P., Stuttgart/Weimar 1997; A. Kamp, P.s philosophisches Programm. Über Prämissen, Antiaristotelismus und »Neues Wissen« von »De sui ipsius et multorum ignorantia«, Frankfurt etc. 1989; E. Keßler, P. und die Geschichte. Geschichtsschreibung, Rhetorik, Philosophie im Übergang vom Mittelalter zur Neuzeit, München 1978, ²2004; V. Kirkham, Petrarch. A Critical Guide to the Complete Works, Chicago Ill. 2009, 2012; J. Knape, De oboedientia et fide uxoris. P.s humanistisch-moralisches Exempel »Griseldis« und seine frühe deutsche Rezeption, Göttingen 1978; ders., Die ältesten deutschen Übersetzungen von P.s »Glücksbuch«. Texte und Untersuchungen, Bamberg 1986; B. Koch, P., BBKL VII (1994), 283–287; P. O. Kristeller, P., in: ders., Eight Philosophers of the Italian Renaissance, Stanford Calif. 1964, London 1965, 1–18 (dt. Acht Philosophen der italienischen Renaissance, Weinheim 1986, 1–15); ders., Petrarch, Enc. Ph. VI (1967), 126–128, VII (²2006), 263–266; J. Küpper, P.. Das Schweigen der Veritas und die Worte des Dichters, Berlin/New York 2002; N. Mann, Petrarch, Oxford/New York 1984, Oxford/New York 1987 (franz. Pétrarque. Essai, Arles 1989, 1994; ital. Petrarca, Mailand 1993); S. Minta, Petrarch and Petrarchism. The English and French Traditions, Manchester/New York 1980; F. Neumann, F. P., Reinbek b. Hamburg 1998, ²2005; V. Pacca, P., Rom/Bari 1998, ²2004; J. Petrie, Petrarch. The Augustan Poets, the Italian Tradition and the »Canzioniere«, Dublin 1983; A. E. Quaglio, F. P., Mailand 1967; J. Ritter, Landschaft. Zur Funktion des Ästhetischen in der modernen Gesellschaft, in: ders., Subjektivität. Sechs Aufsätze, Frankfurt 1974, 1989, 141–163; N. Sapegno, Il trecento, Mailand 1933, ³1966; A. Scaglione (ed.), Francis Petrarch. Six Centuries Later. A Symposium, Chapel Hill N. C./Chicago Ill. 1975; F. Schalk (ed.), P. 1304–1374. Beiträge zu Werk und Wirkung, Frankfurt 1975; K. Stierle, P.s Landschaften. Zur Geschichte ästhetischer Landschaftserfahrung, Krefeld 1979; ders., F. P.. Ein Intellektueller im Europa des 14. Jahrhunderts, Darmstadt, München 2003; ders., P.-Studien, Heidelberg 2012; S. Sturm-Maddox, Petrarch's Metamorphoses. Text and Subtext in the Rime Sparse, Columbia Mo. 1985; E. H. R. Tatham, F. P.. The First Modern Man of Letters I, London/New York/Toronto 1925; C. E. Trinkaus, The Poet as Philosopher. Petrarch and the Formation of Renaissance Consciousness, New Haven Conn./London 1979; M. R. Waller, Petrarch's Poetics and Literary History, Amherst Mass. 1980; J. H. Whitfield, Petrarch and the Renascence, Oxford 1943 (repr. New York 1966), New York 1965 (ital. P. e il Rinascimento, Bari 1949); E. H. Wilkins, A Chronological Conspectus of the Writings of Petrarch, Romanic Rev. 39 (1948), 89–101; ders., The Making of the »Canzoniere« and Other Petrarchan Studies, Rom 1951, Folcroft Pa. 1977; ders., Studies in the Life and Works of Petrarch, Cambridge Mass. 1955; ders., The »Epistolae Metricae« of Petrarch. A Manual, Rom 1956; ders., Petrarch's Later Years, Cambridge Mass. 1959; ders., Petrarch's Correspondence, Padua 1960; ders., Life of Petrarch, Chicago Ill./London 1961, 1963 (ital. Vita del P., Mailand 1964, 2003); D. S. Yocum, Petrarch's Humanist Writing and Carthusian Monasticism. The Secret Language of the Self, Turnhout 2013; G. Zak, Petrarch's Humanism and the Care of the Self, New York 2010. – Studi Petrarcheschi 1 (1948)ff.; Studi sul Petrarca, Padua etc. 1974ff. C. S.

Petronijević (auch: Petronievics), Branislav, *Sovljak bei Ub (Serbien) 25. März 1875, †Belgrad 4. März 1954, serb. Philosoph, Mathematiker und Paläontologe. 1894–1896 Studium der Medizin in Wien, dann der Philosophie, Physik und Botanik in Leipzig, 1898 Promotion in Philosophie (bei J. Volkelt und M. Heinze) ebendort. 1899 a. o., 1903 o. Prof. für Philosophie an der ›Hohen Schule‹ (Velika škola) in Belgrad, 1905 wieder a. o. Prof. bei der Umwandlung der ›Hohen Schule‹ zur Universität, 1919 o. Prof. der Belgrader Universität. – In der Erkenntnistheorie lehrt P. die (absolute) Realität aller Bewußtseinsinhalte und des Bewußtseins selbst, ohne das Bestehen einer transzendenten und immanenten Illusion im Bewußtsein auszuschließen. Erfahrung ist die Quelle der logisch notwendigen Wahrheiten (Empiriorationalismus), weswegen sie nicht nur aus zusammengesetzten, sondern auch aus einfachen (logischen) ↑Tatsachen besteht. Seine ↑Metaphysik, die Elemente der Philosophie B. de Spinozas und G. W. Leibnizens miteinander verbindet, bezeichnet P. als ›Monopluralismus‹. Das Sein ist in seiner Gesamtheit real, logisch, diskret und einheitlich. Zur Beantwortung der Frage, ›wie das Sein gemacht wird‹, stellt P. neben seinen metaphysischen auch ›hypermetaphysische‹ Untersuchungen an. Während es die Aufgabe der Metaphysik sei, die Struktur der Wirklichkeit, so wie sie gegeben ist, zu begreifen, soll die Hypermetaphysik die letzten begrifflichen Gründe oder Elemente des Seins feststellen. – P.s Theorien der Wahrnehmung der Tiefendimension (1906) und der Wahrnehmung der zusammengesetzten Farben (1908) stellen einen originären Beitrag zur empirischen Psychologie dar. In der Ethik vertritt P. einen ↑Indeterminismus: als spontane, akausale Erscheinung unterliegt der freie ↑Wille (↑Willensfreiheit) nicht dem Kausalgesetz (↑Kausalität). Der Satz ›ich fühle, daß ich frei bin, also bin ich frei‹, ist genauso ein Ausdruck der Wirklichkeit wie R. Descartes' ↑cogito ergo sum.

P.s Philosophie weist eine besondere Nähe zur Mathematik auf: (1) Seine Metaphysik gründet in der Mathematik (vgl. Principien I [1904], 1. Teil), (2) die logische Seite der Mathematik ist philosophisch, (3) die Mathematik wird beim Studium der Mechanik und Physik benötigt. Als Mathematiker untersucht P. unter anderem die Gesetze der arithmetischen und algebraischen Grundoperationen, den Ableitungsbegriff (↑Ableitung), das ↑Dreikörperproblem und andere Probleme der Himmelsmechanik, die vollständige Induktion (↑Induktion, vollständige), die ↑Infinitesimalrechnung vom logischen Standpunkt aus sowie die Grundprinzipien und Postulate der mathematischen Wissenschaften. Ferner befaßt sich P. mit den Grundlagen der ›diskreten Geometrie‹ (der Raum besteht aus Punkten und die Anzahl der Raumpunkte ist endlich, vgl. Principien I [1904], 339–444) und mit einem selbständigen Versuch der Ableitung einer ↑nicht-euklidischen Geometrie. – P.s biologische Arbeiten beschäftigen sich mit der ↑Evolutionstheorie. In der Paläontologie trägt er zur Klassifizierung des Archaeopterix bei.

Werke: Der ontologische Beweis für das Dasein des Absoluten. Versuch einer Neubegründung mit besonderer Rücksicht auf das erkenntnistheoretische Grundproblem, Leipzig 1897; Der Satz vom Grunde. Eine logische Untersuchung, Belgrad 1898; Prinzipien der Erkenntnislehre. Prolegomena zur absoluten Metaphysik, Berlin 1900; Istorija novije filozofije I (Od Renesansa do Kanta), Belgrad 1903, [2]1922, 1982; Principien der Metaphysik, I/1–I/2 (I/1 Allgemeine Ontologie und die formalen Kategorien, mit einem Anhang: Elemente der neuen Geometrie, I/2 Die realen Kategorien und die letzten Principien), Heidelberg 1904–1912 (serbokroat. Načela metafizike, I–II, Belgrad 1986); Über die Größe der unmittelbaren Berührung zweier Punkte. Beitrag zur Begründung der diskreten Geometrie, Ann. Naturphilos. 4 (1905), 239–268; O slobodi volje, moralnoj i krivičnoj odgovornosti, Belgrad 1906; Über die Wahrnehmung der Tiefendimension, Arch. Systemat. Philos. NF 12 (1906), 538–557, 13 (1907), 22–34; Die typischen Geometrien und das Unendliche, Heidelberg 1907; Über den Begriff der zusammengesetzten Farbe, Z. Sinnesphysiologie 43 (1909), 364–408; Osnovi empiriske psihologije, I–III, Belgrad 1910, [2]1923, II [2]1925, III [2]1926; Über die Unmöglichkeit unendlich großer Geraden mit einem Endpunkt im Unendlichen, Ann. Naturphilos. 10 (1911), 353–368; Članci i studije, I–IV, Belgrad/Pančevo 1913–1932; Über Herbarts Lehre von intelligiblem Raume, Arch. Gesch. Philos. 27 (1914), 129–170; L'évolution universelle. Exposé des preuves et des lois de l'évolution mondiale et des évolutions particulières [...], Paris 1921; Über das Becken, den Schultergürtel und einige andere Teile der Londoner Archaeopteryx, Genf 1921; Osnovi teorije saznanja, Belgrad 1923; Über die Berliner Archaeornis, Genf 1925; Hauptsätze der Metaphysik, Heidelberg 1930; Osnovi logike. Formalna logika i opšta metodologija, Belgrad 1932; Metaphysisch-mathematische Abhandlungen, Prag 1939; Tri dijalektike, Belgrad 1946. – Résumé des travaux philosophiques et scientifiques de B. Petronievics, Belgrad 1937; M. Cekič, Bibliografija Branislava Petronijeviča, Belgrad 1975.

Literatur: K. Atanasijevič, P.eve formalne kategorije, Misao 7 (1921), 481–486, 569–575, 8 (1922), 10–17; ders., B. P., in: ders., Penseurs yougoslaves, Belgrad 1937, 185–198; M. M. Jovanovič, Empirioracionalizam kao gnoseološka doktrina, Belgrad 1931; N. M. Poppovich, Die Lehre vom diskreten Raum in der neueren Philosophie, Wien/Leipzig 1922; ders. [Popovič], Život Imanuela Kanta. O savremenoj filosofiji. O inteligenciji kod čoveka. Tri predavanja iz filozofije, Belgrad 1924, 83–99; A. Stojkovič, Razvitak filosofije u Srba (1804–1944), Belgrad 1972; S. D. Zeremski, B. P. (1873). Zeitgenössischer südslawischer Philosoph und Naturforscher, in: ders., Essays aus der südslawischen Philosophie, Novisad o. J. [1939], 100–115; ders., B. P.s Erkenntnistheorie, in: ders., Essays [s. o.], 116–133. – V. V. Miskovic, Spomenica B. P.. 1875–1954, Belgrad 1957. M. M./T. I.

Petrus Aureoli, *um 1280 Grafschaft Quercy (Aquitanien, Südfrankreich), †Avignon Jan. 1322, Philosoph und Theologe des Franziskanerordens. 1304 Studium in Paris bei J. Duns Scotus, 1312 Lektor in Bologna am Studium generale der Franziskaner, 1314/1315 Lektor im Franziskanerkonvent in Toulouse, 1316 Bakkalaureus an der Pariser Universität mit der Aufgabe, über die Sentenzen zu lesen (↑Sentenzenkommentar). 1318 Promotion zum Lizentiaten und Doktor der Theologie; Ernennung zum Magister regens, 1320 Provinzial von Aquitanien, 1321 Erzbischof von Aix-en-Provence. Ehrentitel: ›doctor facundus‹. – P.' Hauptwerk ist der Sentenzenkommentar in zwei Redaktionen. Die zweite Redaktion ist wahrscheinlich 1316–1318 in Paris entstanden und stellt eine (erweiterte) Überarbeitung im wesentlichen nur des I. Buches (von IV Büchern) dar. Die 1320 entstandenen Quodlibeta (↑quodlibet) enthalten eine Auseinandersetzung mit der Kritik an seinen Thesen. Philosophisch bedeutsam sind sein erkenntnistheoretischer ↑Konzeptualismus und die mit diesem verbundene Ablehnung realistischer metaphysischer Positionen, vielfach empirische und methodisch reduktive Argumentationsweisen, das Verständnis der Seele als Form des Körpers und die Darstellung der Möglichkeit des Vorherwissens von kontingenten Ereignissen.

Gegen die Annahme, daß die species – z. B. des Menschseins oder des Weißseins – eine eigene Realität darstelle, deren Individuation – z. B. durch die ›Zerstreuung‹ der species in einer ↑materia prima – zu erklären sei, besteht P. auf der Grundannahme, daß Realsein heiße, daß das Reale (die ↑res) als ↑Individuum existiere. Nicht die Individualität der realen Dinge bedarf daher einer Erklärung, sondern die Bildung von Allgemeinbegriffen (und der unterschiedliche Grad der mit ihnen erreichten Verallgemeinerung, ↑Universalien). P. erklärt diese Begriffsbildung über eine zum Teil psychologische Analyse des Wahrnehmungsvorgangs. Je schwächer und unklarer die Sinneseindrücke oder Verstandesvorstellungen, desto allgemeiner der Dingbegriff, d. i. der Gegenstand, als der die jeweilige reale Sache (die res) identifiziert wird. Die Allgemeinheitsgrade von species, genus (↑Gattung) und höheren genera entstehen daher zunächst aus der unterschiedlichen (räumlichen) Position von Sache und Wahrnehmenden und aus der unterschiedlichen Unterscheidungsstärke des Verstandes. Mit dieser Erklärung entfällt das Erfordernis, eine extramentale Realität (insbes. der species) als Medium der Erkenntnis der Dinge anzunehmen. Die reale Sache selbst zeigt sich den Sinnen und dem Verstand und gewinnt dabei ein ›esse apparens‹, auf das sich die Begriffe beziehen. Obwohl diesem ›esse apparens‹ kein ›esse reale‹, sondern ein ›esse intentionale‹ im Verstand zukommt, leistet es nicht nur eine ›denominatio‹ der realen Dinge – wie etwa ein Name oder der Begriff eines Einzelwesens –, sondern bietet diese Dinge selbst dem Verstande dar.

Seine Thesen begründet P. vielfach durch Hinweise auf Erfahrungen, insbes. psychische Erfahrungen. Verbunden damit sind Angriffe auf ein (bloß) logisches oder dialektisches Vorgehen. P. vertritt dabei mehrfach ein reduktives Prinzip, das ↑Ockham's razor vorwegnimmt (»Pluralitas quidem ponenda non est absque causa, quia frustra fit per plura, quod fieri potest per pauciora«, I. Sent. 1077aC). Gerade in seinen (zumeist autoritäts- und traditions-)kritischen Bemerkungen gegen die An-

nahme einer Realität der species als Erkenntnismedium und eines Individuationsprinzips, verschiedener Ursachen für eine Wirkung, vieler Wunder usw. beruft sich P. auf dieses Prinzip.
Außer der Erfahrung ist die ↑Offenbarung, zu der auch die dogmatisch fixierte Lehre der Kirche gehört, eine Quelle des Wissens. Dies führt P. zum ↑Leib-Seele-Problem. Denn wenn die ↑Seele unsterblich ist, muß sie auch unabhängig vom Körper existieren können. Als Form des Körpers wäre sie aber – wie die Gestalt des Wachses – die Gestalt und Vollendung des materiellen Körpers und als solche nicht von diesem Körper ablösbar, müßte also in einem äquivoken Sinne Form genannt werden. Da das Konzil von Vienne (1311–1312) festgelegt hat, daß die Seele des Menschen wahrhaft und wesentlich die Form des Körpers sei, bleibt nur, die Frage nach der Ursache für die Einheit von Seele und Körper für sinnlos zu erklären: wie die Frage nach der Ursache für die Einheit von Gestalt und Wachs (II. Sent. 224bD–F) – was allerdings die ↑Unsterblichkeit der Seele wissenschaftlich unbeweisbar macht.
Zu einer weiteren Einschränkung einer tradierten Glaubensmeinung kommt P. durch die Analyse von Behauptungen über zukünftige kontingente (↑kontingent/Kontingenz) Ereignisse (↑Futurabilien), z. B. zukünftige freie Entscheidungen und Handlungen. Da die ↑Freiheit einer Handlung wie überhaupt die Kontingenz eines Ereignisses aufgelöst würde, wenn man zuvor wissen könnte, wie diese Handlung bzw. dieses Ereignis aussehen wird, läßt sich weder eine entsprechende Aussage *a* noch die Gegenaussage non-*a* als wahr behaupten (P. bestreitet damit noch nicht die logische Wahrheit der komplexen Aussage ›*a* oder non-*a*‹). Also kann Gott auch kein Vorherwissen von kontingenten Ereignissen zugesprochen werden, das in wahren Aussagen über diese Ereignisse bestehen würde. Wie Gott gleichwohl solche kontingenten Ereignisse und also ein freies Handeln vorherweiß, übersteigt das Verstehen (I. Sent. 902aF–bB).
P. trägt seine Thesen in selbstbewußter Selbständigkeit und ohne Bindung an starre, schulmäßige Formulierungen vor, auch in der Kritik an J. Duns Scotus. In der Wirkungsgeschichte ist er ein Übergangsdenker geblieben, der nicht (wie Thomas von Aquin oder Duns Scotus vor ihm und Wilhelm von Ockham nach ihm) die Formeln gefunden hat, in denen ein Weltverständnis sich integrieren und an denen sich Schultraditionen festmachen konnten. So wird seine Wirkung wie die des Dominikaners Durandus und des Weltpriesters und Oxforder Kanzlers Heinrich von Harvay in der breiten Strömung des ↑Ockhamismus, den sie mit vorbereitet, aufgelöst.

Werke: Commentarium in primum [quartum] sententiarum [enthält auch: quodlibeta sexdecim], Rom 1596–1605; Scriptum Super Primum Sententiarum, I–II, ed. E. M. Buytaert, St. Bonaventure N. Y., Louvain, Paderborn 1952–1956.

Literatur: J. Beumer, Der Augustinismus in der theologischen Erkenntnislehre des P. A., Franziskan. Stud. 36 (1954), 137–171; P. Boehner, ›Notitia intuitiva‹ of Non Existents According to P. A., Franciscan Stud. 8 (1948), 388–416; W. Dettloff, P. A., BBKL VII (1994), 334–335; R. Dreiling, Der Konzeptualismus in der Universalienlehre des Franziskanererzbischofs P. A. (Pierre d'Auriole) nebst biographisch-bibliographischer Einleitung, Münster 1913 (Beitr. Gesch. Philos. MA XI/6); R. L. Friedman, Peter Auriol, SEP 2002, rev. 2009; C. Gaus, Etiam realis scientia. P. A.s konzeptualistische Transzendentalienlehre vor dem Hintergrund seiner Kritik am Formalitätenrealismus, Leiden/Boston Mass. 2008; J. L. Halverson, Peter Aureol on Predestination. A Challenge to Late Medieval Thought, Leiden/Boston Mass./Köln 1998; B. Landry, Pierre Auriol. Sa doctrine et son rôle, Rev. hist. philos. 2 (1928), 27–48, 133–141; R. Lay, Zur Lehre von den Transzendentalien bei P. A., Diss. Bonn 1964; A. Maier, Literarhistorische Notizen über P. A., Durandus und den »Cancellarius« nach der Handschrift Ripoll 77 bis in Barcelona, Gregorianum 29 (1948), 213–251; F. A. Prezioso, La teoria dell'essere apparente nella gnoseologia di Pietro Aureolo, Studi frances. 46, NS 22 (1950), 15–43; ders., Essenza ed esistenza in Pietro Aureolo, Rassegna di sci. filosof. 18 (1965), 104–125; R. Rieger, P. A., RGG VI ([4]2003), 1169; C. Schabel, Theology at Paris, 1316–1345. Peter Auriol and the Problem of Divine Foreknowledge and Future Contingents, Aldershot etc. 2000; R. Schmükker, Propositio per se nota, Gottesbeweis und ihr Verhältnis nach P. A., Werl 1941; A. Teetaert, Pierre Auriol, Dict. théol. cath. 12 II (1935), 1810–1881; P. Vignaux, Justification et prédestination au XIVe siècle. Duns Scot, Pierre d'Auriole, Guillaume d'Occam, Grégoire de Rimini, Paris 1934, 1981. – Vivarium 38 (2000), H. 1. O. S.

Petrus d'Abano, ↑Abano, Pietro d'.

Petrus Damiani, *Ravenna 1007, †Faenza 22./23. Febr. 1072, ital. Theologe und Kirchenreformer. Nach Studium der *artes liberales* (↑ars) in Ravenna, Faenza und Parma sowie Lehre in Ravenna um 1035 Eintritt in die von Romuald gegründete, nach der Benediktinerregel lebende Einsiedlergemeinschaft bei Fonte Avellana (Gubbio, Umbrien), seit ca. 1043 Prior ebendort. Durch P. D.s Wirken wird das Kloster zu einem Mittelpunkt der Klosterreform in Italien; 1057 gegen seinen Willen Ernennung zum Kardinalbischof von Ostia durch Papst Stephan IX., danach in mehreren meist erfolgreichen diplomatischen Missionen für die Kurie in Italien, Frankreich und Deutschland tätig. 1828 von Papst Leo XII. zum Kirchenlehrer erhoben.
P. D. kämpfte energisch für eine kirchliche Erneuerung, für die er Papst und Kaiser zu gewinnen suchte. Sein Kampf galt verschiedenen Gegenpäpsten, der Simonie (im »Liber gratissimus« erkannte er aber die von Simonisten, wenn auch ohne Simonie gespendeten Sakramente als gültig an) und den Lastern des Klerus (»Liber Gomorrhianus«). Er hinterließ kein geschlossenes System, nahm aber in Traktaten, Briefen und Predigten

zu den zu seiner Zeit aktuellen theologischen und kirchenpolitischen Fragen Stellung. In »De divina omnipotentia« nähert sich P. D. an einigen Stellen der Auffassung, daß menschliche Erkenntnis sich nicht einmal auf die Geltung des Nichtwiderspruchsprinzips (↑Widerspruch, Satz vom) stützen kann, weil durch Gottes ↑Allmacht alles in jedem Augenblick auch anders sein könne. Deshalb läuft das Naturgeschehen auch nicht nach Gesetzen ab; eine Wissenschaft von der Natur ist nicht möglich. In begrenztem Umfang lassen sich lediglich Regeln für Verläufe feststellen, denen aber keine Notwendigkeit zukommt. Menschliches Erkennen muß sich auf die ↑Offenbarung stützen, weshalb der Theologie der Primat vor anderen Disziplinen zukommt (dafür prägt P. D. das Wort von der Philosophie als ↑›ancilla theologiae‹ [›Magd der Theologie‹]). Die Theologie selbst ist einer rationalen Rechtfertigung weder fähig noch bedürftig.

Werke: Opera omnia, I–IV, ed. C. Cajetan, Rom 1606–1640, Nachdr. als: Opera omnia, I–II, ed. J. P. Migne, Paris 1853 (repr. Turnholt 1994/1995), 1867 (MPL 144–145); Opera omnia, I–IV, ed. C. Cajetan, Venedig 1783; Opere di Pier Damiani. Edizione latino-italiana, ed. G. I. Gagano, Rom 2000 ff. (erschienen Bde I.1–I.5, II.1, IV, Complementi). – Liber gratissimus, ed. L. v. Heinemann, MGH Libelli de lite [...] I (1891), 15–75; P. D. [Hymnen], in: G. M. Dreves (ed.), Hymnographi Latini. Lateinische Hymnendichter des Mittelalters I, Leipzig 1905 (repr. New York/London, Frankfurt 1961 [Analecta hymnica MA XLVIII]), 29–78; Precetti ed esortazioni di vita spirituale, ed. V. Bartoccetti, Brescia 1931; De divina omnipotentia e altri opuscoli [lat./ital.], ed. P. Brezzi, übers. B. Nardi, Florenz 1943 (Ed. naz. dei classici del pensiero ital. V); De divina omnipotentia [...] [lat./ital.], in: De divina omnipotentia e altri opuscoli [s. o.], 49–161, unter dem Titel: Lettre sur la toute-puissance divine [De divina omnipotentia] [lat./franz.], ed. A. Cantin, Paris 1972, 2006 (ital. De divina omnipotentia, Übers. A. Gatto, Saonara 2013); Vita beati Romualdi, ed. G. Tabacco, Rom 1957 (repr. Turin 1982) (Fonti per la storia d'Italia XCIV); Selected Writings on the Spiritual Life, ed. P. McNulty, London 1959, New York 1960; L'opera poetica di S. Pier D. [...], ed. M. Lokrantz, Stockholm/Göteborg/Uppsala 1964; Book of Gomorrah. An Eleventh-Century Treatise Against Clerical Homosexual Practices, Übers. P. J. Payer, Waterloo Ont. 1982; Sermones [...], ed. G. Lucchesi, Turnhoult 1983 (CCM LVII). – Die Briefe des P. D., I–IV, ed. K. Reindel, München 1983–1993 (MGH Epistolae II/4.1–4); The Letters [in 6 Bdn.], 1989–2005. – Le opere, in: U. Facchini, Pier Damiani, un padre des secondo millenio. Bibliographia 1007–2007, Rom 2007 [= Opere di Pier Damiani. Complementi], 243–281.

Literatur: R. Benericetti, L'eremo e la cattedra. Vita di san Pier D. (Ravenna 1007 – Faenza 1072), Mailand 2007; T. G. Bucher, P. D. – ein Freund der Logik?, Freib. Z. Philos. Theol. 36 (1989), 267–310; A. Cantin, Saint Pierre Damien (1007–1072). Autrefois – aujourd'hui, Paris 2006; N. D'Acunto, I laici nella chiesa e nella società secondo Pier D.. Ceti dominanti e riforma ecclesiastica nel secolo XI, Rom 1999; ders. (ed.), Fonte Avellana nel secolo di Pier D.. Atti del XXIX convegno del Centro Studi Avellaniti, Fonte Avellana, 29–31 agosto 2007, S. Pietro in Cariano (Verona) 2008; F. Dressler, P. D.. Leben und Werk, Rom 1954; J. A. Endres, P. D. und die weltliche Wissenschaft, Münster 1910 (Beitr. Gesch. Philos. MA VIII/3); U. Facchini, San Pier D.. L'eucologia e le preghiere. Contributo alla storia dell'eucologia medievale. Studio critico e liturgico-teologico, Rom 2000; G. Fornasari, Medioevo riformato del secolo XI. Pier D. e Gregorio VII, Neapel 1996, 2002; S. Freund, P. D., BBKL VI (1994), 346–358; ders., Studien zur literarischen Wirksamkeit des P. D., Hannover 1995 (MGH Stud. u. Texte XIII) [mit Anhang: Johannes v. Lodi, Vita Petri D., 177–265]; A. Gatto, Pier D.. Una teologia dell'omnipotenza, Rom 2013; T. J. Holopainen, Peter Damian, SEP 2003, rev. 2012; J. Leclercq, Saint Pierre Damien ermite et homme d'église, Rom 1960 (ital. San Pier Damiano. Eremita e uomo di Chiesa, Brescia 1972); C. Lohmer, »Heremi conversatio«. Studien zu den monastischen Vorschriften des P. D., Münster 1991; W. D. McCready, Odiosa sanctitas. St Peter Damian, Simony, and Reform, Toronto 2011; P. Ranft, The Theology of Work. Peter Damian and the Medieval Religious Renewal Movement, New York 2006; dies., The Theology of Peter Damian. »Let Your Life always Serve as a Witness«, Washington D. C. 2012; K. Reindel, Studien zur Überlieferung der Werke des P. D., I–III, Dt. Arch. Erforschung MA 15 (1959), 23–102, 16 (1960), 73–154, 18 (1962), 317–417; ders., P. D., TRE XXVI (1996), 294–296; M. Tagliaferri (ed.), Pier D.. L'eremita, il teologo, il riformatore (1007–2007), Bologna 2009. –Studi su San Pier Damiano. In onore del cardinale Amleto Giovanni Cicognani, Faenza 1961, ²1970; San Pier Damiano. Nel IX centenario della morte (1072–1972), I–IV, Cesena 1972–1978. R. Wi.

Petrus Hispanus, Autor der wohl zwischen 1230 und 1245 vermutlich in Nordspanien oder Südfrankreich verfassten »Tractatus«, später oft »Summulae logicales« genannt. Ferner gilt er als Autor von »Syncategoreumata«. Die genaue Identität von P. H. ist unbekannt. Eine ältere Auffassung, wonach er mit jenem portugiesischen Logiker, Mediziner und Kirchenfürsten identisch sei, der 1276 als Johannes XXI. Papst wurde, wird gegenwärtig kaum noch vertreten. P. H.' Mitgliedschaft im Dominikanerorden scheint sehr wahrscheinlich.

Die überragende Bedeutung der »Summulae logicales« für das mittelalterliche und frühneuzeitliche Logikstudium ist durch mehr als 300 erhaltene Handschriften und ca. 160 vor 1640 gedruckte Ausgaben bezeugt. Sie markieren in der ersten Hälfte des 13. Jhs. neben den Werken von Wilhelm von Shyreswood und Lambert von Auxerre den Übergang zur mittelalterlichen ›logica moderna‹, in der neben den alten aristotelischen Themen der ↑logica antiqua neue Themen, insbes. im Kontext der *proprietates terminorum* behandelt werden, wie die ↑*significatio*, die ↑Supposition und die *fallaciae* (↑Fehlschluß).

P. H. ist vermutlich auch der Autor eines Traktats über die ↑synkategorematischen Terme, d. h. solche Terme, die – anders als kategorematische (d. h. Nomina und Verben) – keine eigene Bedeutung besitzen. Für ihn nehmen *est* (ist) und *non* (nicht) eine Sonderstellung unter den synkategorematischen Termen ein, insofern sie von allen anderen impliziert würden. – Bezüglich der

↑Universalien – in der mittelalterlichen Philosophie zentraler ontologischer Kontroverspunkt – vertritt P. H. einen gemäßigten Realismus (↑Realismus (erkenntnistheoretisch), ↑Realismus (ontologisch)).

Werke: Summulae logicales cum Versorii Parisiensis clarissima expositione [...], Venedig 1572 (repr. Hildesheim/New York 1981); The »Summulae logicales« of Peter of Spain [Teilausg., lat./engl.], ed. J. P. Mullally, Notre Dame Ind. 1945 (repr. 1960); Tractatus Syncategorematum and Selected Anonymous Treatises, engl. Übers. v. J. P. Mullally, Milwaukee Wis. 1964; Tractatus, Called afterwards »Summule logicales«. First Critical Edition from the Manuscripts [lat.], ed. L. M. de Rijk, Assen 1972 (engl. Language in Dispute. An English Translation of Peter of Spain's »Tractatus« Called afterwards »Summulae logicales« on the Basis of the Critical Edition Established by L. M. de Rijk, Amsterdam/Philadelphia Pa. 1990; dt. Logische Abhandlungen, München 2006, 2010); B. P. Copenhaver/C. Normore/T. Parsons, Peter of Spain: Summaries of Logic. Text, Translation, Introduction, and Notes [lat./engl.], Oxford 2014; Syncategoreumata [lat./engl.], ed. L. M. de Rijk, Leiden/New York/Köln 1992.

Literatur: I. Angelelli/P. Pérez-Ilzarbe (eds.), Medieval and Renaissance Logic in Spain. Acts of the 12th European Symposium on Medieval Logic and Semantics, Held at the University of Navarre (Pamplona, 26–30 May 1997), Hildesheim/Zürich/New York 2000, 1–156; H. A. G. Braakhuis, De 13de eeuwse tractaten over syncategorematische termen, I–II, Diss. Leiden 1979, bes. I, 247–308 (II/3 De Syncategoremata van P. H.. Analyse); G. Klima, Two »Summulae«, Two Ways of Doing Logic: Peter of Spain's ›Realism‹ and John Buridan's ›Nominalism‹, in: M. Cameron/J. Marenbon (eds.), Methods and Methodologies. Aristotelian Logic East and West, 500–1500, Leiden/Boston Mass. 2011, 109–126; A. de Libera, The Oxford and Paris Traditions in Logic, in: N. Kretzmann/A. Kenny/J. Pinborg (eds.), The Cambridge History of Later Medieval Philosophy. From the Rediscovery of Aristotle to the Disintegration of Scholasticism 1100–1600, Cambridge etc. 1982, 2000, 174–187; M. McCanles, Peter of Spain and William of Ockham. From Metaphysics to Grammar, Modern Schoolman 43 (1965/1966), 133–141; E. Michael, Some Considerations in Medieval Tense Logic, Notre Dame J. Formal Logic 20 (1979), 794–800; A. d'Ors, P. H. O.P, Auctor Summularum, Vivarium 35 (1997), 21–71; ders. P. H. O.P., Auctor Summularum II (Further Documents and Problems), Vivarium 39 (2001), 209–254; ders., P. H. O.P, Auctor Summularum III (›Petrus Alfonsi‹ or ›Petrus Ferrandi‹?), Vivarium 41 (2003), 249–303; L.M. de Rijk, On the Genuine Text of Peter of Spain's »Summule logicales«, I–V, Vivarium 6 (1968), 1–34, 69–101, 7 (1969), 8–61, 120–161, 8 (1970), 10–55; ders., On the Life of Peter of Spain, The Author of the »Tractatus«, Called afterwards »Summule logicales«, Vivarium 8 (1970), 123–154; ders., The Development of Suppositio naturalis in Medieval Logic, Vivarium 9 (1971), 71–107; ders., The Origins of the Theory of the Properties of Terms, in: N. Kretzmann/A. Kenny/J. Pinborg (eds.), The Cambridge History of Later Medieval Philosophy [s. o.], 161–173; J. Spruyt, Peter of Spain on Composition and Negation. Text, Translation, Commentary, Nijmegen 1989; dies., Peter of Spain, SEP 2001, rev. 2012; dies., The ›Realism‹ of Peter of Spain, Medioevo 36 (2011), 89–111. G. W.

Petrus Lombardus, *Lumello (Lombardei) um 1100, †Juli 1160. Studium in Bologna, Reims und vor allem an der Schule von St. Victor (↑Sankt Victor, Schule von), ab 1140 Lehre an der Kathedralschule von Paris. Am 29. Juni 1159 wurde P. L. zum Bischof von Paris geweiht. Sein Hauptwerk, die »Libri Quattuor Sententiarum« übten, obwohl inhaltlich nicht originell, einen großen Einfluß aus, indem sie andere Autoren zu systematischen Darstellungen der Glaubenslehre anregten und selbst zum Gegenstand von Kompendien und vielen Kommentaren bis zum Ende des 17. Jhs. wurden. – Der ↑Sentenzenkommentar ist ein Lehrbuch, in dem zu bestimmten theologischen Doktrinen die Lehren bzw. ›Sentenzen‹ der Kirchenväter zusammengestellt sind. Das erste Buch handelt von Gott, das zweite von den Kreaturen, das dritte von der Menschwerdung, von der Erlösung und den Tugenden und das vierte von den sieben Sakramenten und den letzten Dingen. Der weitaus größte Teil der Zitate (etwa 1000) und Gedanken stammt von A. Augustinus, der so auch über das Sentenzenwerk des P. L. zur entscheidenden theologischen Autorität des 12. Jhs. wird. Obwohl als theologisches Werk konzipiert, sind auch philosophische Argumentationen, die sich nicht auf die ↑Offenbarung, sondern auf die natürliche Vernunft berufen, aufgenommen. P. L. selbst gesteht der natürlichen Vernunft Einsichten über die Existenz Gottes, die ↑Schöpfung der Welt durch Gott, die ↑Unsterblichkeit der Seele und ihren Ursprung aus Gott zu. Unerörtert läßt er dagegen logische und begriffstheoretische Fragen, wie sie in seiner Zeit – vor allem in bezug auf das Universalienproblem (↑Universalien, ↑Universalienstreit) – diskutiert wurden.

Werke: Opera omnia, I–II, Paris 1854/1855 (repr. Turnhout 1968, 1995) (MPL 191–192). – Libri Sententiarum, I–II, ed. Collegii S. Bonaventurae, Florenz ²1916, unter dem Titel: Sententiae in IV libris distinctae, I–II (in 3 Bdn.), Grottaferrata ³1971–1981 (engl. The Sentences, I–IV, trans. G. Silano, Toronto 2007–2010; franz. Les quatre livres des Sentences, übers. M. Ozilou, Paris 2012 ff. [erschienen Bde I–III]); Thesaurus Librorum Sententiarum Petri Lombardi, Series A – Formae, ed. J. Hamesse, Turnhout 1991. – Totok II (1973), 231–233.

Literatur: O. Baltzer, Die Sentenzen des P. L.. Ihre Quellen und ihre dogmengeschichtliche Bedeutung, Leipzig 1902 (repr. Aalen 1972, 1987); I. Brady, The Three Editions of the »Liber Sententiarum« of Master Peter Lombard (1882–1977), Arch. francisc. hist. 70 (1977), 400–411; S. F. Brown, P. L., LThK VIII (³1999), 128–129; M. L. Colish, Peter Lombard, I–II, Leiden/New York/Köln 1994; dies., Lombard, Peter, REP V (1998), 821–822; dies., Studies in Scholasticism, Aldershot/Burlington Vt. 2006; P. Delhaye, Pierre Lombard. Sa vie, ses œuvres, sa morale, Paris, Montréal 1961; R. P. Desharnais, Reason and Faith, Nature and Grace. A Study of Luther's Commentaries on the »Sentences« of Lombard, Studi int. filos. 3 (1971), 55–64; G. Di Napoli, Gioacchino da Fiore e Pietro Lombardo, Riv. filos. neo-scolastica 71 (1979), 621–685; G. R. Evans (ed.), Mediaeval Commentaries on the »Sentences« of Peter Lombard I (Current Research), Leiden/Boston Mass./Köln 2002; J. de Ghellinck, Le mouvement théologique du XIIe siècle. Sa préparation lointaine avant et autour de Pierre Lombard, ses rapports avec les initiatives des canonistes. Études, recherches et documents, Paris 1914, Brügge ²1948 (repr. Brüssel 1969); L. Hödl, P. L., BBKL V (1993), 197–202; ders., P. L., TRE XXVI (1996), 296–303; C. Monagle, Orthodoxy and Controversy in Twelfth-Century Religious Discourse. Peter Lombard's »Sentences« and the Development of Theology, Turnhout 2013; P. W. Rosemann, Peter Lombard, Oxford etc. 2004; ders., The Story of a Great Medieval Book. Peter Lombard's »Sentences«, Peterborough Ont. etc. 2007, North York Ont./New York/Plymouth 2013; ders. (ed.), Mediaeval Commentaries on the »Sentences« of Peter Lombard II, Leiden/Boston Mass. 2010; F. Ruello, Saint Thomas et Pierre Lombard. Les relations trinitaires et la structure du commentaire des sentences de Saint Thomas d'Aquin, in: A. Piolanti (ed.), San Tommaso. Fonti e riflessi del suo pensiero, Rom 1974, 176–209; J. Schneider, Die Lehre vom Dreieinigen Gott in der Schule des P. L., München 1961; J. Schupp, Die Gnadenlehre des P. L., Freiburg 1932; J. T. Slotemaker, Peter Lombard, in: H. Lagerlund (ed.), Encyclopedia of Medieval Philosophy. Philosophy between 500 and 1500 II, Dordrecht etc. 2011, 950–952; F. Stegmüller, Repertorium commentarium in Sententias Petri Lombardi, I–II, Würzburg 1947, Suppl.bd. v. V. Doucet unter dem Titel: Commentaires sur les Sentences. Supplément au répertoire de M. F. Stegmüller, Quaracchi 1954; S. Vanni Rovighi, Pietro Lombardo e la filosofia medioevale, Sapienza 1 (Rom 1954), 17–28, Neudr. in: dies., Studi di filosofia medioevale I (Da sant'Agostino al XII secolo), Mailand 1978, 163–175, ferner in: Miscellanea Lombardiana [s. o.], 25–32. – Pietro Lombardo. Atti dei XLIII convegno storico internazionale, Todi, 8–10 ottobre 2006, Spoleto 2007 (Atti dei convegni del centro italiano di studi sul basso medioevo, Accademia Tudertina XX). O. S.

Petrus Peregrinus de Maricourt (Petrus Peregrinus), franz. Gelehrter des 13. Jhs., einzig bekanntes Lebensdatum: Teilnahme an der Belagerung von Lucera 8.8.1269, von R. Bacon als einziger lateinischer Schriftsteller hervorgehoben, der erkannt habe, daß die ↑Erfahrung für die Wissenschaft wichtiger sei als Argumente. Bacon schreibt P. ferner die Erfindung des Brennspiegels zu. Erhalten ist von P. eine, bei der Teilnahme an der genannten Belagerung entstandene, »Epistola de magnete«, in der die Eigenschaften und Wirkungen des Magneteisensteins und die Konstruktion von Instrumenten beschrieben werden, mit denen diese Eigenschaften genutzt werden können. P. stellt als erster ausführlich die magnetische Polarität und Methoden zur Bestimmung von Magnetpolen dar. Möglicherweise geht auf ihn auch der Terminus ›polus‹ zur Bezeichnung eines Magnetpoles zurück. P. weist die seinerzeit verbreitete Annahme zurück, daß Anhäufungen magnetischer Steine in der nördlichen Erdregion die Nord-Süd-Orientierung des Magneten verursachen, und geht statt dessen davon aus, daß die Himmelspole den Magnetpolen deren Kraft verleihen und entsprechend für deren Ausrichtung verantwortlich sind. Die Bezeichnung ›Magnetpol‹ ist daher von den Himmelspolen abgeleitet und bezeichnet die Bereiche stärkster magnetischer Kraft. Weiterhin unterscheidet P. zwischen Nord- und Südpol und erkennt, daß sich gleichartige Pole abstoßen. Er stellt fest, daß beim Zerteilen eines Magneten wieder ein zweipoliger Magnet entsteht. P. führt die magnetische Anziehung unterschiedlicher Pole, der ↑Naturphilosophie seiner Epoche entsprechend, auf Gleichartigkeit (*similitudo*) zurück. Diese zunächst überraschende Erklärung ergibt sich daraus, daß bei der Verbindung zweier Magnete an entgegengesetzten Polen ein neuer vollständiger Magnet entsteht, der entsprechend den beiden Ursprungsmagneten ähnlich ist. Die Rückführung der magnetischen Kraft auf die Himmelsphären führten P. zu Versuchen, mit Hilfe des Magneten ewig anhaltende Bewegung zu realisieren (↑Perpetuum mobile). Er führte ferner konstruktive Verbesserungen beim Schiffskompaß ein. – W. Gilbert stützte sich in *De magnete* (1600), einem epochemachenden Werk der frühen Naturwissenschaft, auf P..

Werke: De Magnete seu Rota perpetui motus [...], ed. A. P. Gasser, Augsburg 1558, unter dem Titel: Sulla Epistola di Pietro Peregrino di M. e sopra alcuni trovati e teorie magnetiche del secolo XIII, ed. T. Bertelli, Bull. di bibliografia e di storia delle scienze matematiche e fisiche 1 (1868), 65–89, Erläuterungen: 101–139, 319–420; De natura magnetis et ejus effectibus [...], Köln 1562 (repr. London 1966); Epistola Petri Peregrini d. M. Ad Sygerum De Foucaucourt Militem. De Magnete, in: G. Hellmann (ed.), Neudrucke von Schriften und Karten über Meteorologie und Erdmagnetismus X (Rara Magnetica. 1269–1599), Berlin 1898, 1–12; Opera, ed. L. Sturlese/R. B. Thomson, Pisa 1995.

Literatur: T. Bertelli, Sopra Pietro Peregrino di M. e la sua Epistola De Magnete, Bull. di bibliografia e di storia delle scienze matematiche e fisiche 1 (1868), 1–32; E. Grant, Peter P., DSB X (1974), 532–540; E. Schlund, P. P. v. M.. Sein Leben und seine Schriften (ein Beitrag zur Roger Bacon-Forschung), Arch. Francisc. hist. 4 (1911), 436–455, 633–643, 5 (1912), 22–40; S. P. Thompson, P. P. d. M. and His »Epistola de Magnete«, Proc. Brit. Acad. 2 (1905/1906), 365–396. O. S.

Petrus Tartaretus, *Romont (heute Kanton Fribourg, Schweiz), †Paris 1522, einer der bedeutendsten Skotisten (↑Skotismus) der Spätscholastik (↑Scholastik). Studium in Paris, 1484 Magister Artium, 1496 Lizentiat, 1501 Magister der Theologie. Vom 15.12.1490 bis zum 24.3.1491 Rektor der Pariser Universität. – P. trat hervor durch Aristoteles-Kommentare (zum »Organon« [1493], zur »Physik«, zur »Metaphysik« [1493] und zur »Nikomachischen Ethik« [1496]), einen Kommentar zu des Petrus Hispanus Schulkompendium der ↑Aristotelischen Logik (1494) und einen zu Porphyrios' »Isagoge« (1514) sowie durch Auslegungen zu den Schriften des J. Duns Scotus (Quodlibeta [1519] und Sentenzenkommentar [1520]). Seine Werke waren außerordentlich verbreitet und erschienen bis in die 1. Hälfte des 17. Jhs. in zahlreichen Auflagen. – Neben seiner Wirkung als philosophischer Schriftsteller und theologischer Lehrer ist vor allem P.' Beschäftigung mit Fragen der Logik von Bedeutung. P. betrieb problemorientierte Forschung zu

Fragen der ↑Modalität von Urteilen und der Theorie der ↑consequentiae sowie auf dem Gebiet der ↑Suppositionslehre und der ↑proprietates terminorum. In seinem Kommentar zum Aristotelischen ↑Organon findet sich zum ersten Male die fälschlich J. Buridan zugeschriebene so genannte Eselsbrücke (↑Eselsbeweis/Eselsbrücke), ein Diagramm als Hilfsmittel zur Auffindung von ↑Mittelbegriffen syllogistischer (↑Syllogistik) Schlüsse.

Werke: In universam philosophiam opera omnia [...], I–III, Venedig 1614, 1621. – Expositio [...] super textu logices Aristotelis, Paris 1493, 1514; Commentarii [...] in libros philosophie naturalis et metaphysice Aristotelis, Paris 1493, mit Untertitel: Eiusdem in Aristotelis sex ethicos libros questiones, Basel 1514, Paris 1520; Expositio [...] in Summulas Petri Hispani, Paris, Freiburg 1494, Venedig 1591; Tractatus de intensione, rarefactione et condensatione formarum [...], Paris 1494; Clarissima singularisque totius philosophie necnon metaphysice Aristotelis [...] expositio, Paris 1494, Lyon 1509; Questiones super sex libros Ethicorum Aristotelis, Paris 1496, Wien 1517; Questiones morales [...] in octo capita distincte [...] discusse [...], Paris 1504, 1509; Commentarii in Isagogas Porphyrii et libros logicorum Aristotelis, Basel 1514, 1520; Doctoris subtilissimi ac theologorum principis Ioannis Duns Scoti ordinis minorum Questiones quodlibetales, familiarissime reportate, Paris 1519; In quartum Sententiarum Scoti dictata sive [...] reportata (cum textu), Paris 1520.

Literatur: J. K. Farge, Pierre Tartaret, in: P. G. Bietenholz (ed.), Contemporaries of Erasmus. A Biographical Register of the Renaissance and Reformation III, Toronto/Buffalo N. Y./London 1987, 2003, 310–311; S. Meier-Oeser, T., BBKL XIV (1998), 1537–1539; F. v. Morgott, T. P., in: Wetzer und Welte's Kirchenlexikon oder Encyklopädie der katholischen Theologie und ihrer Hülfswissenschaften XI, begonnen v. J. Hergenröther, fortgesetzt v. F. Kaulen, Freiburg ^{2}1899, 1227–1228; C. Prantl, Geschichte der Logik im Abendlande IV, Leipzig 1870 (repr. Graz 1955), 204–209. B. U.

Peurbach, Georg, *Peuerbach (Oberösterreich) 30. Mai 1423, †Wien 8. April 1461, österr. Mathematiker und Astronom. Ab 1446 Studium in Wien, 1448 Bakkalaureat, 1453 Magister und Mitglied der Artistenfakultät, Zusammenarbeit mit J. Müller von Königsberg (latinisiert: Regiomontanus, 1436–1476), der sich, 1450 als 13jähriger in Wien immatrikuliert, als seinen Schüler bezeichnet. Reisen durch Deutschland, Frankreich und Italien, wo P. astronomische Vorlesungen in Bologna, Ferrara und Padua hält. Bekanntschaft mit dem Astronomen G. Bianchini und vermutlich bereits zu dieser Zeit auch mit Nikolaus von Kues in Rom. Um 1450 Nachfolger des Astronomen (und Kanzlers der Universität) Johannes von Gmunden in Wien. 1453–1456 Korrespondenz mit Johann Nihil Bohemus, dem Hofastronomen von Kaiser Friedrich III. in Wien, 1454 auf dessen Betreiben Hofastronom König Ladislaus' V. von Böhmen, später (vermutlich nach dem Tode des Königs 1457) Hofastronom des Kaisers. 1460 trifft P. in Wien mit dem italienischen Humanisten J. Bessarion zusammen, auf dessen Wunsch er mit einer Zusammenfassung des »Almagest« von K. Ptolemaios beginnt (nach seinem Tod von Regiomontanus zu Ende geführt und publiziert: Epytoma in Almagestum Ptolemaei, 1496) und der ihn mit Regiomontanus nach Rom einlädt. Die »Epytoma« gab eine vereinfachte und stärker systematische Darstellung der Ptolemaiischen Astronomie und erschloß den »Almagest« erst für die Astronomen der Zeit. Es wird angenommen, daß N. Kopernikus seine Kenntnis der Ptolemaiischen Astronomie in erster Linie aus der »Epitome« schöpfte.

Die mathematikhistorische Bedeutung P.s besteht in seiner Förderung der Trigonometrie, die von Regiomontanus zu einer von der Astronomie unabhängigen, selbständigen mathematischen Disziplin ausgebaut wurde. Auf P. geht auch die Anregung gegenüber Regiomontanus zurück, die in antiken, auch islamischen, Schriften verstreuten trigonometrischen Sätze, Ergebnisse und Hilfstabellen zu ordnen und systematisch darzustellen. Die Neubearbeitung der Alfonsinischen Tafeln (auf Geheiß König Alfons' X. von Kastilien 1260–1266 berechnet) hatte bereits Johannes von Gmunden gefordert; sie wurde von P. und Regiomontanus durchgeführt. Bedeutsam ist in diesem Zusammenhang P.s Berechnung einer Tafel von Sinuswerten, mit der die antik-mittelalterliche Sehnentrigonometrie überwunden wurde. In einer unveröffentlicht gebliebenen Sinustafel hat P. das sexagesimale und das dezimale System kombiniert angewandt. Nach Ptolemaios war in der Sehnentabelle der Radius des Kreises mit 60 angesetzt, während die Sehnen selbst in Sexagesimalbrüchen ausgedrückt wurden. P. setzt den Radius des Kreises mit 600.000 an, drückt aber die Sinuswerte durch ganze Zahlen im Dezimalsystem aus. Erst Regiomontanus löste sich völlig vom Sexagesimalsystem. Seit P. und Regiomontanus wird der Terminus ›sinus complementi‹ benutzt. – Für astronomische und geodätische Messungen entwickelt P. ein neues Winkelmeßgerät, das ›geometrische Quadrat‹ (*quadratum geometricum*), dessen Beschreibung 1516 in Nürnberg veröffentlicht wird. Es handelt sich dabei um ein Quadrat mit drehbarer Diagonale, die mit Dioptern ausgestattet ist. Die horizontalen und vertikalen Seiten sind in 1.200 gleiche Teile geteilt. Das Gerät besitzt ein Lot, um es richtig einstellen zu können. Zu diesem Gerät stellt P. eine Hilfstafel der Arcustangenswerte auf. Er führte selber Sternbeobachtungen durch und berechnete astronomische Tabellen.

P.s Bedeutung für die Astronomie beruht (neben der Mitautorschaft an der »Epytoma«) auf seinem 1454 verfaßten, aber erst ca. 1472 von Regiomontanus publizierten astronomischen Lehrbuch »Theoricae novae planetarum«. Dieses Werk gibt eine physikalische Beschreibung der Planetenschalen, wie sie in den (erst zu Beginn des 20. Jhs. wieder aufgefundenen) ›Planetenhypothesen‹ des Ptolemaios vorgesehen waren. P. nimmt dabei arabische Quellen auf, vor allem Ibn al-Haitham (Alhazen), und verbreitet Ptolemaios' ursprünglich realistische Interpretation der mathematischen Konstruktionen des »Almagest« im Abendland. Danach werden die Himmelsbewegungen primär von gleichförmig rotierenden konzentrischen Kugelschalen ausgeführt, die eine Ausdehnung in radialer Richtung besitzen. In diese ausgedehnten Kugelschalen sind exzentrische Teilschalen eingebettet, in denen ihrerseits Epizykel umlaufen (Abb. 1 und 2). Die zunächst abstrakt erscheinenden Konstruktionselemente von Exzentern und Epizykeln erhalten auf diese Weise physikalische Bedeutung.

P.s Modell für die Bewegungen der drei äußeren Planeten Mars, Jupiter und Saturn sowie der Venus enthält das *centrum mundi*, den Mittelpunkt des Universums, das *centrum deferentis* als den Mittelpunkt der exentrischen Teilschale und das *centrum aequantis*, um das die zugehörige Teilschale eine gleichförmige Rotation ausführt. In der dem Deferenten zugeordneten Teilschale befindet sich eine weitere Teilschale, die einen – selbst wieder als ausgedehnte Schale vorgestellten – Epizykel darstellt. Dieser Ansatz verschachtelter Teilschalen liegt allem Anschein nach auch Kopernikus' »Commentariolus« (um 1510), dem skizzenhaften ersten Entwurf des heliozentrischen Systems (↑Heliozentrismus), zugrunde. Durch P.s Wiederaufnahme und Verbreitung der Kosmologie der Kugelschalen wurde das Ptolemaiische Weltsystem für die frühe Neuzeit erschlossen. Um 1500 galt es als P.s besonderes Verdienst, eine Synthese zwischen der Aristotelischen Naturphilosophie konzentrischer Kugelschalen und dem mathematischen Apparat der Ptolemaiischen Astronomie herbeigeführt zu haben.

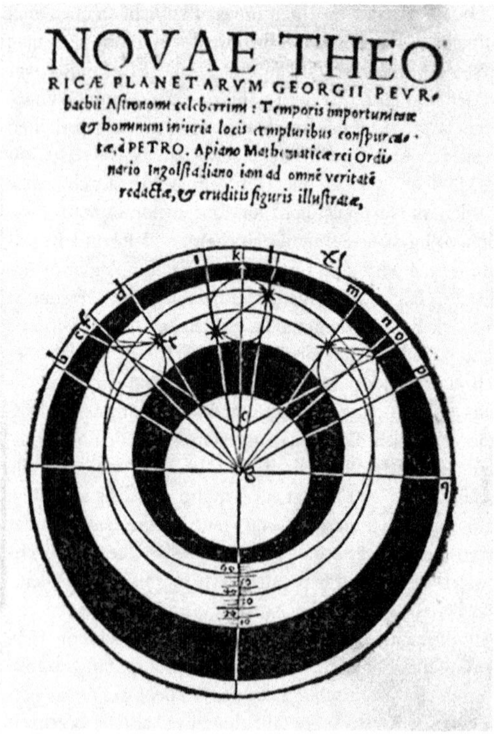

Abb. 1: Titelblatt der Ausgabe Venedig 1534

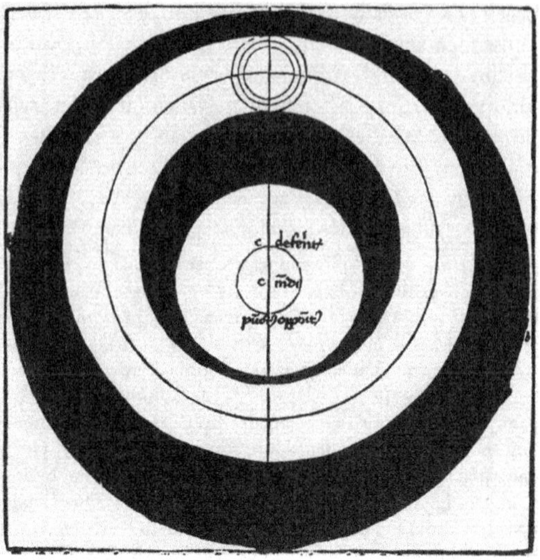

Abb. 2: Illustration aus der Ausgabe Venedig 1472 oder 1473 (aus: J. Regiomontanus, Opera Collectanea, ed. F. Schmeidler, Osnabrück 1972, 759)

Werke: Theoricae novae planetarum, Nürnberg [ca. 1472] (repr. in: J. Regiomontanus, Opera Collectanea, ed. F. Schmeidler, Osnabrück 1972, 753–793), Wittenberg 1653 (engl. P.'s »Theoricae novae planetarum«, übers. u. kommentiert v. E. J. Aiton, Osiris 2. Ser. 3 [1987], 5–44); Epytoma in Almagestum Ptolemaei, Venedig 1496; Algorismus, Wien [ca. 1498], unter dem Titel: Opus Algorithmi iucundissimum, Leipzig 1503, Wien 1515, unter dem Titel: Elementa arithmetices. Algorithmus de numeris integris, Wittenberg 1534, 1536, Frankfurt 1544; Tabulae eclypsiu, ed. G. Tannstetter Collimitius, Wien 1514; Quadratu Geometricu, Nürnberg 1516, unter dem Titel: Libellus de quadrato geometrico, in: J. Schöner (ed.), Scripta clarissimi mathematici [...], Nürnberg 1544 (repr. Frankfurt 1976), 61r–79v; Tractatus super propositiones Ptolemaei de sinibus & chordis. Item compositio tabularum sinuum per Ioannem de Regiomonte. Adiectae sunt & tabulae sinuum duplices per eundem Regiomontanum, Nürnberg 1541; (mit J. Regiomontanus/ B. Walther) Ac aliorum, eclipsum, cometarum, planetarum ac fixarum observationes, in: J. Schöner (ed.), Scripta clarissimi mathematici [s. o.], 36r–43v (engl. [Teilübers.] Eclipse Observations Made by Regiomontanus and Walther, J. Hist. Astronomy 29 [1998], 331–344); [Gutachten über Kometen] in: A. Lhotsky/ K. Ferrari d'Occhieppo, Zwei Gutachten von G.v.P. über Kometen (1456 und 1457) [s. u., Lit.], 271–277 [lat.]; P.s Abhandlung über die Berechnung der Sonnenhöhe für jede Stunde [lat.], in: K. Vogel, Der Donauraum, die Wiege mathematischer Studien in Deutschland, München 1973, 55–65; H. Grössing, Astronomus poeta. G. von Peuerbach als Dichter, Jb. d. Vereins für Gesch. d. Stadt Wien 34 (1978), 54–66; Gedicht über die Natur [lat./dt.], in: H. Grössing, Humanistische Naturwissenschaft [s. u., Lit.], 210–213; An terra moveatur an quiescat/Ob die Erde bewegt wird oder nicht [lat./dt.], in: H. Grössing, Humanistische Naturwissenschaft [s. u., Lit.], 218–221. – A. Czerny, Aus dem Briefwechsel des großen Astronomen G. von P., Arch. österr. Gesch. 72 (1888), 281–304. – Die Werke des G. von Peuerbach, in: H. Grössing, Humanistische Naturwissenschaft [s. u., Lit.], 107–116.

Literatur: A. v. Braunmühl, Vorlesungen über Geschichte der Trigonometrie, I–II, Leipzig 1900/1903 (repr. Niederwalluf 1971, Schaan 1981, Vaduz 1995), bes. I, 115–120; M. Carrier, Nikolaus Kopernikus, München 2001; M. Folkerts, P., LMA V (1993), 1990; D. W. E. Green, P., in: T. Hockey u. a. (eds.), The Biographical Encyclopedia of Astronomers II, New York 2007, 897–898; H. Grössing, Der Humanist Regiomontanus und sein Verhältnis zu G. von Peuerbach, in: R. Schmitz/F. Krafft (eds.), Humanismus und Naturwissenschaften, Boppard am Rhein 1980, 69–82; ders., Humanistische Naturwissenschaft. Zur Geschichte der Wiener mathematischen Schulen des 15. und 16. Jahrhunderts, Baden-Baden 1983, bes. 79–116; ders. (ed.), Der die Sterne liebte. G. von Peuerbach und seine Zeit, Wien 2002; K. Großmann, Die Frühzeit des Humanismus in Wien bis zu Celtis Berufung 1497, Jb. Landeskunde von Niederösterreich NF 22 (1929), 150–325, bes. 235–254 (Kap. 4 Peuerbach und Regiomontan); H. Haupt, P., NDB XXII (2001), 281–282; C. D. Hellman/N. M. Swerdlow, P., DSB XV (1978), 473–479; J. L. Jervis, Cometary Theory in Fifteenth-Century Europe, Dordrecht/Boston Mass./Lancaster 1985, bes. 86–92; W. Kaunzner, Von G. von Peuerbach zu Johannes Kepler – Zwei Jahrhunderte mathematischer Entwicklung im Abendland, in: F. Pichler (ed.), Der Harmoniegedanke gestern und heute. Peuerbach Symposium 2002, Linz 2003, 29–61; F. Krafft, P., in: ders. (ed.), Große Naturwissenschaftler. Biographisches Lexikon [...], Düsseldorf [2]1986, 269–270; A. Lhotsky/K. Ferrari d'Occhieppo, Zwei Gutachten von G.v.P. über Kometen (1456 und 1457), Mitteilungen des Instituts für österr. Geschichtsforsch. 68 (1960), 266–290; R. Mett, Regiomontanus. Wegbereiter des neuen Weltbildes, Stuttgart/Leipzig, Zürich 1996, bes. 34–46; O. Pedersen, The Decline and Fall of the Theorica Planetarum. Renaissance Astronomy and the Art of Printing, in: E. Hilfstein/P. Czartoryski/F. D. Grande (eds.), Science and History. Studies in Honor of Edward Rosen, Breslau etc. 1978 (Studia Copernicana XVI), 157–185; F. Samhaber, Die Zeitzither. G. von Peuerbach und das helle Mittelalter, Raab 2000; ders., Der Codex Mellicensis 367 als Fundgrube Peuerbach'scher Werke, in: F. Pichler (ed.), Von den Planetentheorien zur Himmelsmechanik. Die Newtonsche Revolution. Peuerbach Symposium 2004, Linz 2004, 9–15; N. M. Swerdlow/O. Neugebauer, Mathematical Astronomy in Copernicus's De Revolutionibus, I–II, New York etc. 1984; J. Tropfke, Geschichte der Elementar-Mathematik in systematischer Darstellung I (Rechnen und Algebra), Leipzig 1902, unter dem Titel: Geschichte der Elementarmathematik I (Arithmetik und Algebra), Leipzig 1902, vollst. neu bearb. v. K. Vogel/K. Reich/H. Gericke, Berlin/New York [4]1980; H. Warm, Der Harmoniegedanke von Peuerbach über Kepler bis Newton, in: F. Pichler (ed.), Von den Planetentheorien zur Himmelsmechanik [s. o.], 87–99; E. Zinner, Leben und Wirken des Johannes Müller von Königsberg, genannt Regiomontanus, München 1938, 1–33, Osnabrück [2]1968, 26–46 (engl. Regiomontanus. His Life and Work, Amsterdam etc. 1990, 17–30). J. M./K. M.

Pfänder, Alexander, * Iserlohn 7. Febr. 1870, †München 18. März 1941, dt. Philosoph, bedeutender Vertreter der von T. Lipps ausgehenden ›Münchener ↑Phänomenologie‹. 1888–1892 Studium der Ingenieurwissenschaften in Hannover und München, 1892–1894 Privatstudium der Philosophie, 1894–1897 Studium der Philosophie, Mathematik und Physik in München, 1897 Promotion (bei Lipps), 1900 Habilitation, 1903/1904 Studienaufenthalt bei W. Wundt in Leipzig, 1908 a. o. Prof. der Philosophie in München, 1921 in Königsberg, 1930 o. Prof. in München, 1935 emeritiert. – Gegen die lediglich experimentell orientierte zeitgenössische Psychologie bemüht sich P. – unabhängig von E. Husserl – um eine phänomenologische Ergänzung, die als Bewußtseinsanalyse Wesensstrukturen und Wesensbeziehungen der psychischen Phänomene zum Gegenstand hat. Unter dem Einfluß Husserls versteht er später die auf dem vorwissenschaftlichen Wissen der Strukturen des Bewußtseins aufbauende Phänomenologie als Methode und Grundlage der gesamten Philosophie. P. vertritt jedoch gegen Husserls transzendental-idealistische Wende eine mehr vom konkreten menschlichen Leben (Betonung des ↑Leibes) ausgehende Konzeption. Diese baut auf einer phänomenologischen Wahrnehmungslehre auf; sie wird von Husserl als ›Ontologismus‹ und ›Realismus‹ abgetan und nicht zur Philosophie gerechnet.

Die Ethik versteht P. als ›systematische philosophische Wissenschaft vom Sittlichen‹; sie sei Wissenschaft, kein Glaubensbekenntnis. Ethische Werte (↑Wert (moralisch)) sind zwar nach P. Voraussetzung ethischer Forderungen, doch sind Wert- und Sollenslehre als Grundlagen der Ethik nicht aufeinander reduzierbar (↑Naturalismus (ethisch)). Dabei wird der Wissenschaftscharakter der Ethik nach P. nicht davon tangiert, daß ›der letzte Grund der verbindlichen sittlichen Forderungen Gott selbst‹ ist. Die Logik ist nach P. von der Phänomenologie unabhängig und (antipsychologistisch) nicht Lehre vom Denken, sondern theoretische Wissenschaft der ›Gedanken‹ als ›ideeller zeitloser Gebilde‹. Die Logik ist somit weder eine praktische noch eine normative Wissenschaft. – P. war Mitherausgeber des »Jahrbuchs für Philosophie und phänomenologische Forschung«.

Werke: Das Bewußtsein des Wollens, Z. Psychol. u. Physiol. Sinnesorgane 17 (1898), 321–367 (Diss. München 1897); Phänomenologie des Wollens. Eine psychologische Analyse, Leipzig 1900, erw. unter dem Titel: Phänomenologie des Wollens. Eine psychologische Analyse/Motive und Motivation [1911], Leipzig [2]1930, ed. H. Spiegelberg, München, Tübingen [3]1963 (engl. Phenomenology of Willing and Motivation and Other Phaenomenologica, ed. H. Spiegelberg, Evanston Ill. 1967); Einführung in die Psychologie, Leipzig 1904, ^{2}1920; Zur Psychologie der Gesinnungen, Jb. Philos. phänomen. Forsch. 1 (1913), 325–404, 3 (1916), 1–125, separat Halle 1913/1916, 1922/1930; Logik, Jb. Philos. phänomen. Forsch. 4 (1921), 139–499, separat Halle 1921, Tübingen ^{3}1963, Heidelberg 2000 (engl. Logic, Heusenstamm 2009); Grundprobleme der Charakterologie, Jb. Charakterologie 1 (1924), 289–355; Die Seele des Menschen. Versuch einer verstehenden Psychologie, Halle 1933; Philosophie der Lebensziele, ed. W. Trillhaas, Göttingen 1948; Schriften aus dem Nachlaß zur Phänomenologie und Ethik, I–II (I Philosophie auf phänomenologischer Grundlage. Einleitung in die Philosophie und Phänomenologie, II Ethik [Ethische Wertlehre und ethische Sollenslehre] in kurzer Darstellung), ed. H. Spiegelberg, München 1973; Texte zur phänomenologischen Philosophie aus dem Nachlaß, in: H. Spiegelberg, A. P.s Phänomenologie [s. u., Lit.], 33–68; Welche Probleme stellt die heutige Zeit der Philosophie? Zwei Rundfunkvorträge aus dem Jahr 1927, ed. E. Avé-Lallemant, Pers. Philos. Neues Jb. 6 (1980), 213–236.

Literatur: E. Avé-Lallemant, P., NDB XX (2001), 289–290; J. Duss, Die Phänomenologie A. P.s, Diss. Löwen 1957;E. Heller/F. Löw (eds.), Neue Münchener Philosophische Abhandlungen. A. P. zum sechzigsten Geburtstag, Leipzig 1933; H. Holzhey/W. Röd, Die Geschichte der Philosophie des ausgehenden 19. und 20. Jahrhunderts II (Neukantianismus, Idealismus, Realismus, Phänomenologie), München 2004, bes. 183–185; H. Kuhn/E. Avé-Lallemant/R. Gladiator (eds.), Die Münchener Phänomenologie. Vorträge des internationalen Kongresses in München 13.–18. April 1971, Den Haag 1975; K. Schuhmann, Die Dialektik der Phänomenologie I (Husserl über P.), Den Haag 1973; ders., Phänomenologische Bezüge zwischen A. P. und Edith Stein, in: B. Beckmann/H.-B. Gerl-Falkovitz, Edith Stein. Themen – Bezüge – Dokumente, Würzburg 2003, 25–36; P. Schwankl, Bemerkungen zu A. P.s Nachlaßwerk »Ethik in kurzer Darstellung«, Stud. Philos. 34 (1974), 93–122; J. Seifert, Sprache und Wahrheit. Zum Verhältnis zwischen Satz, Urteil und Sachverhalt, in: A. Burri (ed.), Sprache und Denken. Language and Thought, Berlin/New York 1997, 301–324; H. Spiegelberg, A. P.s Phänomenologie, Den Haag 1963; ders., The Context of the Phenomenological Movement, The Hague/Boston Mass./London 1981, Dordrecht etc. 1994; ders./E. Avé-Lallemant (eds.), P.-Studien, The Hague/Boston Mass./London 1982 (mit Bibliographie, 359–370); F. Weidauer, Die obersten logischen Grundsätze und das Kausalproblem. Versuch einer Neubildung der Lehre von den obersten logischen Grundsätzen in Auseinandersetzung mit A. P., Leipzig 1938. G. W.

Pflicht (engl. duty), seit I. Kant zentraler Terminus der ↑Ethik für die moralische Forderung oder Beurteilung von ↑Handlungen (↑Pflichtethik). Kant definiert P. als »die objektive Notwendigkeit einer Handlung aus Verbindlichkeit« (Grundl. Met. Sitten BA 86, Akad.-Ausg. IV, 439; vgl. BA 14, BA 76, Akad.-Ausg. IV, 400, 434; KpV A 143–144, Akad.-Ausg. V, 81), d. h. als die Gebotenheit einer Handlung, weil sie nach dem Kategorischen Imperativ (↑Imperativ, kategorischer) begründet ist. Kant führt den Begriff der P. ein, um zu verdeutlichen, daß ↑Neigungen (faktische Wünsche) niemals als moralische Gründe für eine Handlung herangezogen werden sollen, sondern immer nur das ›Moralgesetz‹. Daher heißt P. nach Kant »die Handlung, die nach diesem Gesetze mit Ausschließung aller Bestimmungsgründe aus Neigung objektiv praktisch« (d. h. geboten) ist (KpV A 143, Akad.-Ausg. V, 80). Die P. enthält damit »in ihrem Begriffe praktische Nötigung, d. i. Bestimmung zu Handlungen so ungerne, wie sie auch geschehen mögen« (ebd.). Da P. und Neigung oft im Widerstreit liegen, sollen Handlungen nicht nur danach beurteilt werden, ob sie nach dem Moralgesetz begründet werden, d. h., ob sie pflichtgemäß sind, sondern auch danach, ob sie aus P., d. h. ohne alle Berufung auf Neigungen allein aus ›Achtung fürs Gesetz‹ ausgeführt worden sind.

Diese Doppelbestimmung der ↑Moralität einer Handlung durch ihre (objektive) P.gemäßheit und ihre (subjektive) Gesinnung, nämlich ihre Motivation aus P., zeigt auch die doppelte Grundlage für Kants Bestimmung des P.begriffs. So ergeben sich P.en aus den tatsächlichen Verhältnissen, in denen Menschen leben: im Sinne der Aufgaben, die mit einer bestimmten Position in einer Gruppe oder Gesellschaft, z. B. aus einem bestimmten Beruf, verbunden sind. Ohne Einschränkung auf eine bestimmte Position werden universelle P.en komplementär zu den entsprechenden Rechten durch Gesetze, d. h. durch das Rechtssystem, bestimmt. Die Universalität dieser gesetzlichen P.en, ihre Geltung ›ohne Ansehen der Person‹, entspricht dabei zum einen Kants Begriffsbildung, nach der die P. eine ›objektive Notwendigkeit aus Verbindlichkeit‹ darstellt. Zum anderen versteht Kant die P. als unmittelbares Ergebnis der Einsicht in die Vernünftigkeit eines Handelns bzw. einer ↑Maxime des Handelns. Da diese Einsicht über eine gedankliche Antizipation, nämlich einer von allen Neigungen befreiten allgemeinen Willensbildung, erreicht wird, die Ergebnisse dieser Antizipation aber je nach den persönlichen Überzeugungen und Einsichten verschieden ausfallen können, kann jemand ein bestimmtes Handeln für seine P. halten, das gegen die gesetzlich definierten P.en verstößt. Die beiden Begriffselemente, die Kant in seinem P.begriff miteinander verschmilzt, führen daher zu einer widersprüchlichen Bestimmung der P.. Dieser Widerspruch läßt sich nur dadurch vermeiden, daß die Gleichheit des Ergebnisses für die Antizipation der vernünftigen Willensbestimmungen postuliert wird. Tatsächlich unterstellt Kant diese Gleichheit und kann daher die beiden verschiedenen Elemente seines P.begriffs für miteinander vereinbar halten.

Das subjektive Element des P.begriffs erlaubt es Kant, den (objektiven) Rechtspflichten, nämlich solchen P.en, »für welche eine äußere Gesetzgebung möglich ist«, auch (subjektive) Tugendpflichten entgegenzustellen, »für welche eine solche nicht möglich ist«. Diese Tugendpflichten »können aber darum nur keiner äußeren Gesetzgebung unterworfen werden, weil sie auf einen

Zweck gehen, der (oder welchen zu haben) zugleich P. ist; sich aber einen Zweck vorzusetzen, das kann durch keine äußerliche Gesetzgebung bewirkt werden (weil es ein innerer Akt des Gemüts ist)« (Met. Sitten, Rechtslehre, Einleitung A 48, Akad.-Ausg. VI, 239).

Obwohl Kant selbst seine Rede von P.en im Sinne einer Übersetzung des letztlich durch M. T. Cicero geprägten Terminus ›officium‹ versteht und dementsprechend die Tugendpflichten als ›officia virtutis‹ bezeichnet, wird der Kantische P.begriff durch seine Verbindung mit der Gesinnung im Gegensatz zum Begriff des ›officium‹ zu einem ethischen Grundbegriff. Cicero selbst sieht ›officium‹ als eine einfache Übersetzung des stoischen *καθῆκον*, das als ›das dem Menschen Zukommende‹, ›das ihm Anstehende‹ und daher für ihn ›sich-Gebührende‹ diejenigen Handlungsweisen bezeichnet, die aufgrund der Natur des Menschen (*κατὰ τὴν φύσιν*) für alle Menschen geboten sind. Diesen objektiven *καθήκοντα* bzw. *officia* stellt auch die stoische (↑Stoa) Ethik, in dieser Hinsicht ähnlich wie Kant, eine subjektive Haltung, die durch praktisches Wissen geläuterte ›Gesinnung‹ des Weisen, zur Seite, durch die dann die Verwirklichung des *καθῆκον* zu einem *κατόρθωμα*, einem nicht mehr nur naturgemäß Richtigen, sondern auch sittlich Guten bzw. Vernünftigen, wird. Wo diese sittliche Vernunft des Weisen fehlt, kann die bloße Verwirklichung des *καθῆκον* sogar zum sittlichen Fehler (*ἁμάρτημα*) werden. Es findet sich damit die Unterscheidung Kants zwischen einem bloß pflichtgemäßen Handeln auf der einen Seite und einem Handeln aus P. auf der anderen Seite dem Sinne nach bereits in der stoischen Ethik, wobei diese allerdings nicht versucht, die Einheit des ›pflichtgemäßen‹ Handelns und des Handelns ›aus P.‹ begrifflich herzustellen.

Literatur: L. W. Beck, A Commentary on Kant's »Critique of Practical Reason«, Chicago Ill./London 1960, 1984 (dt. Kants »Kritik der praktischen Vernunft«. Ein Kommentar, München 1974, 1995); R. Bittner, Moralisches Gebot oder Autonomie, Freiburg/München 1983 (engl. What Reason Demands, Cambridge etc. 1989); L. Denis, Moral Self-Regard. Duties to Oneself in Kant's Moral Theory, New York/London 2001; J. S. Fishkin, The Limits of Obligation, New Haven Conn./London 1982; M. Forkl, Kants System der Tugendpflichten. Eine Begleitschrift zu den »Metaphysischen Anfangsgründen der Tugendlehre«, Frankfurt etc. 2001; M. Forschner, Die stoische Ethik. Über den Zusammenhang von Natur-, Sprach- und Moralphilosophie im altstoischen System, Stuttgart 1981, Darmstadt 2005; R. L. Frazier, Duty, REP III (1998), 178–183; J. Henriot, obligation, Enc. philos. universelle II/2 (1990), 1788–1792; M. Hossenfelder, P., DNP IX (2000), 704–705; G. Keil/H. Kreß, P., TRE XXVI (1996), 438–449; W. Kersting, P., Hist. Wb. Ph. VII (1989), 405–433; C. M. Korsgaard u. a., The Sources of Normativity, ed. O. O'Neill, Cambridge etc. 1996, 2013; M. Moritz, Studien zum P.begriff in Kants kritischer Ethik, Lund 1951; H. J. Paton, The Categorical Imperative. A Study in Kant's Moral Philosophy, London/New York 1947, Philadelphia Pa. 1999 (dt. Der kategorische Imperativ. Eine Untersuchung über Kants Moralphilosophie, Berlin 1962); A. Regenbogen, P./P.ethik, EP II (^{2}2010),1937–1941; H. Reiner, P. und Neigung. Die Grundlagen der Sittlichkeit erörtert und neu bestimmt mit besonderem Bezug auf Kant und Schiller, Meisenheim am Glan 1951, unter dem Titel: Die Grundlagen der Sittlichkeit, erw. ^{2}1974 (engl. Duty and Inclination. The Fundamentals of Morality Discussed and Redefined with Special Regard to Kant and Schiller, The Hague/Boston Mass./Lancaster 1983); W. D. Ross, The Right and the Good, Oxford 1930, ed. P. Stratton-Lake 2002, 2009; H. Spiegelberg, Sollen und Dürfen. Philosophische Grundlagen der ethischen Rechte und P.en, ed. K. Schuhmann, Dordrecht/Boston Mass./London 1989; R. Stern, Understanding Moral Obligation. Kant, Hegel, Kierkegaard, Cambridge etc. 2012; D. Tsekourakis, Studies in the Terminology of Early Stoic Ethics, Wiesbaden 1974; S. O. Welding, Über den Begriff der P. bei Kant, Ratio 13 (1971), 148–173; C. H. Whiteley, On Duties, Proc. Arist. Soc. NS 53 (1952/1953), 95–104; M. J. Zimmerman, The Concept of Moral Obligation, Cambridge etc. 1996, 2007. O. S.

Pflichtethik, Kennzeichnung der Ethik I. Kants oder anderer Ethikkonzeptionen, für die der Begriff der ↑Pflicht zentrale Bedeutung hat; gelegentlich undifferenziert für jede Art von Sollensethik (↑Ethik, ↑Sollen) und deontologischer Ethik (↑Logik, deontische, ↑Logik, normative, ↑normativ) in Abhebung von irreführend so genannten Seinsethiken, ↑Güterethiken oder teleologischen Ethiken wie dem ↑Utilitarismus. Die präzisere Verwendungsweise erlaubt die Differenzierung zwischen einer Ethik der Pflicht, insofern die Befolgung eines moralischen Anspruchs subjektiv aus dem Bewußtsein (›Gesinnung‹) der Pflicht (des moralischen Verpflichtetseins, Kant: ›aus Pflicht‹) zu geschehen hat, und einer Ethik der Pflicht*en* (einer Pflichtenethik), in der die einzelnen materialen moralischen Forderungen als ›Pflichten‹ bezeichnet werden. Beide Gesichtspunkte können auf dieselbe Ethik Anwendung finden.

Strittig ist die Möglichkeit von Pflichtenkollisionen in einer Pflichtenethik. Während Kant ihre Möglichkeit leugnet (vgl. Met. Sitten, Rechtslehre A 23–24, Akad.-Ausg. VI, 224), wird mit ihr heute häufig gerechnet. Zur Klärung des Problems ist zunächst mit Kant zwischen den objektiv bestehenden, gerechtfertigten Pflichten selbst und den subjektiv erkannten und bewerteten *Gründen* für eine Verpflichtung (*rationes obligandi*) zu unterscheiden, wobei ein Widerstreit nur zwischen (vorläufigen, lediglich prima facie gültigen) Verpflichtungsgründen entstehen könne, der sich aber durch eingehendere Erwägungen schließlich ausräumen lassen müsse. Dabei setzt Kant voraus, daß sich die divergierenden moralischen Ansprüche einer Situation – mit Hilfe einer in jeder Situation gültigen und anwendbaren moralischen Grundnorm (↑Imperativ, kategorischer) – in eine eindeutige hierarchische Abfolge von Verpflichtungsgründen (und damit letztlich von Verpflichtungen) gliedern lassen, bei denen der übergeordnete, stärker gewichtete den niederen, schwächeren Grund aus dem Feld schlägt. Diese Auffassung verkennt den Kompromißcharakter mancher moralisch gerechtfertigter Entscheidungen (↑Rigorismus), dem Kant allerdings andernorts Rechnung trägt (vgl. seine Kennzeichnung ethischer Pflichten als von weiter Verbindlichkeit und seine kasuistischen Erörterungen in Met. Sitten, Tugendlehre A 20–24, 74–75, Akad.-Ausg. VI, 390–391, 423–424). Des weiteren ist nicht einzusehen, weshalb keine Situation auftreten kann, in der z. B. zwei unverträgliche Verpflichtungsgründe letztlich gleichgewichtig einander gegenüberstehen. Dann aber besteht in dieser Situation die disjunktive Verpflichtung, dem einen oder dem anderen Grund handelnd Folge zu leisten.

Literatur: L. Alexander/M. Moore, Deontological Ethics, SEP 2007, rev. 2012; G. E. M. Anscombe, Modern Moral Philosophy, Philos. 33 (1958), 1–19; J. Bennett, ›Whatever the Consequences‹, Analysis 26 (1965/1966), 83–102; A. Donagan, The Theory of Morality, Chicago Ill./London 1977, 1994; R. L. Frazier, Duty, REP III (1998), 178–183; R. M. Hare, Moral Thinking. Its Levels, Method, and Point, Oxford 1981, 1992, bes. 25–43 (II Moral Conflicts) (dt. Moralisches Denken: seine Ebenen, seine Methoden, sein Witz, Frankfurt 1992, bes. 69–90 [II Moralische Konflikte]); N. Hartmann, Ethik, Berlin/Leipzig 1926, [4]1962, 2010; W. Kersting, P., deontologische Ethik, Hist. Wb. Ph. VII (1989), 458–460; C. M. Korsgaard u. a., The Sources of Normativity, ed. O. O'Neill, Cambridge etc. 1996, 2013; R. A. McCormick/P. Ramsey (eds.), Doing Evil to Achieve Good. Moral Choice in Conflict Situations, Chicago Ill. 1978, Lanham Md./New York/Oxford 1985; J. G. Murphy, The Killing of the Innocent, Monist 57 (1973), 527–550; J. Rachels (ed.), Moral Problems. A Collection of Philosophical Essays, New York/London 1971, erw. [3]1979; A. Regenbogen, Pflicht/P., EP II ([2]2010), 1937–1941; V. R. Ruggiero, The Moral Imperative. An Introduction to Ethical Judgment, with Contemporary Issues for Analysis, Port Washington N. Y. 1973, Palo Alto Calif. 1984, 75–105; F. Scholz, Durch ethische Grenzsituationen aufgeworfene Normenprobleme, Theol.-prakt. Quartalschr. 123 (1975), 341–355; P. Stratton-Lake, Kant, Duty and Moral Worth, London/New York 2000, 2004; P. F. Strawson, Social Morality and Individual Ideal, Philosophy 36 (1961), 1–17, Neudr. in: G. Wallace/A. D. M. Walker (eds.), The Definition of Morality, London 1970, 98–118; H. Weber, Der Kompromiß in der Moral. Zu seiner theologischen Bestimmung und Bewertung, Trierer Theolog. Z. 86 (1977), 99–118; M. G. White, What Is and what Ought to be Done. An Essay on Ethics and Epistemology, Oxford/New York 1981 (dt. Was ist und was getan werden sollte. Ein Essay über Ethik und Erkenntnistheorie, ed. H. Stachowiak, Freiburg/München 1987); B. Williams, Conflicts of Values, in: A. Ryan (ed.), The Idea of Freedom. Essays in Honour of Isaiah Berlin, Oxford etc. 1979, 221–232, Neudr. in: ders., Moral Luck. Philosophical Papers 1973–1980, Cambridge etc. 1981, 1995, 71–82 (dt. Konflikte von Werten, in: ders., Moralischer Zufall. Philosophische Aufsätze 1973–1980, Königstein 1984, 82–93); H.-J. Wilting, Der Kompromiss als theologisches und als ethisches Problem, Düsseldorf 1975; weitere Literatur: ↑Imperativ, kategorischer, ↑Pflicht. R. Wi.

Phaenomenon (griech. *φαινόμενον*), in der philosophischen Terminologie synonym mit ↑›Erscheinung‹ zur Bezeichnung des in der ↑Sinnlichkeit gegebenen Gegenstandes. Dabei wird unter ›P.‹ bzw. ›Erscheinung‹ sowohl der vordergründige, scheinhafte Charakter des Wahrnehmungs- und Erfahrungswissens bzw. die Unzuverlässigkeit dieses Wissens verstanden (↑Schein) als auch der Gegensatz zu dem in einem begrifflichen Zusammenhang gegebenen Gegenstand, der selbst eine theoretische Konstruktion ist. In diesem Sinne tritt ›P.‹ bereits als Grundbegriff der Platonischen Philosophie, speziell der ↑Ideenlehre (↑Idee (historisch)) als einer Theorie nicht-empirischer Gegenstände, auf. Daneben hat sich in der Antike eine (engere) astronomische Bedeutung von ›P.‹ ausgebildet, sofern die Gegenstände der Astronomie, speziell die Bewegungsformen der Planeten, als ›Phaenomena‹ bezeichnet wurden (Aratos von Soloi, Eudoxos von Knidos), verbunden mit dem (astronomischen) Forschungsprogramm einer ↑Rettung der Phänomene.

An den bereits bei Platon gegebenen theoretischen Zusammenhang zwischen P. und begrifflich konstituiertem Gegenstand schließen G. W. Leibniz mit dem Begriff des *phaenomenon bene fundatum* (vgl. Brief aus dem Jahre 1705 an B. de Volder, Philos. Schr. II, 276) und I. Kant mit den Begriffen ›P.‹, ›Erscheinung‹, ↑›Noumenon‹, ↑›Ding an sich‹ und ›transzendentales Objekt‹ (↑Objekt, transzendentales) an. Dabei entspricht bei Kant dem Begriff der Erscheinung in *empirischer* Bedeutung der Begriff des P. in *transzendentaler* Bedeutung (Phaenomena sind Erscheinungen, »so fern sie als Gegenstände nach der Einheit der Kategorien gedacht werden«, KrV A 248–249). Weitere Ausarbeitungen des Begriffs des Phänomens erfolgen vor allem im Rahmen der ↑Phänomenologie, insbes. bei E. Husserl, der mit der Konzeption einer Fundierung der Phänomene in der transzendentalen Subjektivität Unterscheidungen Kants nahebleibt, und bei M. Heidegger, der wieder stärker an griechische Unterscheidungen anknüpft (das Phänomen als ›das Sich-an-ihm-selbst-zeigende‹, Sein und Zeit, Tübingen [15]1984, 28 [= Gesamtausg. I/2, 38]).

Literatur: H. Barth, Philosophie der Erscheinung. Eine Problemgeschichte, I–II, Basel 1947/1959, I, [2]1966; M. Baum, Phaenomena/Noumena, EP II ([2]2010), 1941–1943; N. W. Bokhove, Phenomenon, in: H. Burkhardt/B. Smith (eds.), Handbook of Metaphysics and Ontology II, München/Philadelphia Pa./Wien 1991, 700–703; ders., Phänomenologie. Ursprung und Entwicklung des Terminus im 18. Jahrhundert, Aalen 1991; E. Fink, Sein, Wahrheit, Welt. Vor-Fragen zum Problem des Phänomen-Begriffs, Den Haag 1958; K. Held, Husserls Rückgang auf das phainómenon und die geschichtliche Stellung der Phänomenologie, Phänom. Forsch. 10 (1980), 89–145; M. Hossenfelder/B. Mojsisch/T. Rehbock, Phänomen, Hist. Wb. Ph. VII (1989), 461–483; K. E. Kaehler, Das Bewußtsein und seine Phänomene: Leibniz, Kant und Husserl, in: R. Cristin/K. Sakai (eds.), Phänomenologie und Leibniz, Freiburg/München 2000, 42–74; W. Kienzler, What Is a Phenomenon? The Concept of

Phenomenon in Husserl's Phenomenology, Anal. Husserl. 34 (1991), 517–528; K. Lycos, Aristotle and Plato on ›Appearing‹, Mind NS 73 (1964), 496–514; J. Mittelstraß, Die Rettung der Phänomene. Ursprung und Geschichte eines antiken Forschungsprinzips, Berlin 1962, bes. 142–149; ders., ›Phaenomena bene fundata‹. From ›Saving the Appearances‹ to the Mechanisation of the World-Picture, in: R. R. Bolgar (ed.), Classical Influences on Western Thought A. D. 1650–1870. Proceedings of an International Conference Held at King's College, Cambridge, March 1977, Cambridge etc. 1978, 39–59; H. Poser, P. bene fundatum. Leibnizens Monadologie als Phänomenologie, in: R. Cristin/K. Sakai (eds.), Phänomenologie und Leibniz [s. o.], 19–41; G. Prauss, Erscheinung bei Kant. Ein Problem der »Kritik der reinen Vernunft«, Berlin 1971, 2011; ders., Kant und das Problem der Dinge an sich, Bonn 1974, ³1989; H. Rombach u. a., Neuere Entwicklungen des Phänomenbegriffs, Freiburg/München 1980 (Phänom. Forsch. 9); L. J. Russell, Leibniz's Account of Phenomena, Proc. Arist. Soc. NS 54 (1953/1954), 167–186; K. Sakai, Weg zu einer Phänomenologie des Sichzeigens. Der Phänomenbegriff bei Heidegger und Leibniz, in: R. Cristin/K. Sakai (eds.), Phänomenologie und Leibniz [s. o.], 159–182; G. Soldati, Phänomen, EP II (²2010), 1943–1944; E. Stenius, On Kant's Distinction between Phenomena and Noumena, in: H. Bratt u. a. (eds.), Philosophical Essays. Dedicated to Gunnar Aspelin on the Occasion of His Sixty-Fifth Birthday the 23rd of September 1963, Lund 1963, 230–246; W. H. Werkmeister, The Complementarity of Phenomena and Things in Themselves, Synthese 47 (1981), 301–311. J. M.

Phaidon von Elis, 5./4. Jh. v. Chr., griech. Philosoph, Schüler des Sokrates. P. gründete nach Sokrates' Tod (399) die so genannte Elische Philosophenschule, die von seinem Schüler Menedemos nach Eretreia (Euboia) verlegt wurde (Diog. Laert. II 85), wo sie als Elisch-Eretrische Schule bis etwa 260 v. Chr. bestand. P., auch Titelfigur des Platonischen Dialogs »Phaidon«, verfaßte im Stil der ↑Sokratiker mehrere Dialoge (Diog. Laert. II 105), von denen die Titel »Simon« und »Zopyros« belegt sind. Seine oft anekdotisch anmutenden biographischen Erzählungen dienen in der Regel der Exemplifikation philosophischer Einsichten. So weist er etwa im Kontext der zeitgenössischen Physiognomie-Diskussion darauf hin, daß es keineswegs einen notwendigen Zusammenhang zwischen äußerer Erscheinung und innerem Wert einer Person geben müsse; Sokrates z. B., sei es gelungen, trotz seines bekanntermaßen häßlichen Äußeren ein beispielhaft tugendhafter Mensch zu werden. So sei es jedem Menschen möglich, durch eigene Anstrengung (und durch geeignete Erziehungsmaßnahmen) widrige Umstände der Veranlagung, der sozialen Stellung und der persönlichen Lebenssituation zu bezwingen und ein sittliches Leben zu führen.

Werke: Testimonia, in: B. A. Kyrkos, *Ο ΜΕΝΕΔΗΜΟΣ ΚΑΙ Η ΕΡΕΤΡΙΚΗ ΣΧΟΛΗ* (*Ἀνασύσταση καὶ Μαρτυρίες*) [s. u., Lit.], 145–193; Phaedon Elidensis, in: G. Giannantoni (ed.), Socratis et socraticorum reliquiae I, o. O. [Neapel] 1990, 487–494 (III A. Phaedon Elidensis), IV, o. O. [Neapel] 1990, 115–127 (Nota 11 Fedone di Elide); Édition critique, in: D. Knoepfler, La vie de Ménédème d'Érétrie de Diogène Laërce [s. u., Lit.], 159–210.

Literatur: G. Boys-Stones, Phaedo of Elis and Plato on the Soul, Phronesis 49 (2004), 1–23; K. Döring, P. aus E. und Menedemos aus Eretria (§ 18), in: H. Flashar (ed.), Grundriss der Geschichte der Philosophie II/1 (Sophistik, Sokrates, Sokratik, Mathematik, Medizin), Basel 1998, bes. 238–241, 353; ders., P., DNP IX (2000), 715; K.v.Fritz, P. v. E. und der 12. und 13. Sokratikerbrief, Philol. 90 (1935), 240–244, Neudr. in: ders., Schriften zur griechischen Logik I (Logik und Erkenntnistheorie), Stuttgart-Bad Cannstatt 1978, 171–174; ders., P., RE XIX/2 (1938), 1538–1542; D. Knoepfler, La vie de Ménédème d'Érétrie de Diogène Laërce. Contribution à l'histoire et à la critique du texte des »Vies des philosophes«, Basel 1991; B. A. Kyrkos, *Ο ΜΕΝΕΔΗΜΟΣ ΚΑΙ Η ΕΡΕΤΡΙΚΗ ΣΧΟΛΗ* (*Ἀνασύσταση καὶ Μαρτυρίες*). *ΣΥΜΒΟΛΗ ΣΤΗΝ ΙΣΤΟΡΙΑ ΤΗΣ ΕΛΛΗΝΙΣΤΙΚΗΣ ΦΙΛΟΣΟΦΙΑΣ*, Athen 1980; R. Muller, Phédon d'Élis, Dict. ph. ant. Va (2012), 279–285; D. Nails, The People of Plato. A Prosopography of Plato and Other Socratics, Indianapolis Ind./Cambridge 2002, 231; L. Rossetti, Ricerche sui »Dialoghi Socratici« de Fedone e di Euclide, Hermes 108 (1980), 183–200 (mit Fragmenten, 184–192); U.v.Wilamowitz-Möllendorff, P.v.E., Hermes 14 (1879), 187–193, 476–477, Neudr. [gekürzt] in: ders., Kleine Schriften III (Griechische Prosa), Berlin 1969, 41–48. M. G.

Phänomenalismus (aus griech. *φαινόμενον*, Erscheinung, sinnliche Wahrnehmung; engl. phenomenalism, franz. phénoménisme), vermutlich im französischen Neukritizismus (C. Renouvier) gebildeter Oberbegriff für erkenntnistheoretische Positionen, die davon ausgehen, daß sich Erkenntnis der Welt nicht auf materielle Gegenstände, sondern ausschließlich auf mentale Entitäten, z. B. Vorstellungen, Ideen, Sinnesdaten, Empfindungen, bezieht. Erkenntnistheoretische Gegenposition zum (*erkenntnistheoretischen*) P. ist der philosophische Realismus (↑Realismus (erkenntnistheoretisch)) mit seiner Annahme einer unabhängig vom Erkennenden existierenden ↑Außenwelt, die die Wahrnehmungen des Erkennenden verursacht und deshalb von ihm (wenigstens partiell) erkennbar ist. Dagegen ist der erkenntnistheoretische ↑Idealismus mit dem P. verträglich. Der phänomenalistische Ansatz kennzeichnet vielfach Positionen des neuzeitlichen ↑Empirismus. Allerdings wird die Erkenntnistheorie J. Lockes oft gerade nicht als ›P.‹ bezeichnet, da Locke eine Verursachung der Ideen durch die Dinge der Außenwelt annimmt und damit das Immanenzprinzip des P. durchbricht. Ähnliches wie für Lockes Begriff der Idee (↑Idee (historisch)) gilt für I. Kants Begriff der ↑Erscheinung (Erscheinungen als durch ↑Dinge an sich hervorgerufen).
Als *ontologischen* P. bezeichnet man die Position, daß materielle Objekte nichts anderes als Komplexe von Wahrnehmungsinhalten sind. Erster konsequenter Phänomenalist in diesem Sinne ist G. Berkeley (↑esse est percipi). Dieser betont die Unmöglichkeit eines Vergleichs von Ideen und Gegenständen außerhalb des Be-

wußtseins, da dem vergleichenden Denken und Erkennen stets nur Ideen präsent sein können. Existenz von Gegenständen heißt für Berkeley nichts anderes als ihre durch aktuale Wahrnehmung vermittelte Präsenz als Ideen. Die in der Kritik des P. immer wieder auftretende Frage nach der Existenz aktual nicht wahrgenommener Gegenstände, z. B. eines Baumes im Rücken des Beobachters, beantwortet Berkeley gemäß dem Prinzip ›Sein ist Wahrgenommenwerden‹ durch einen Hinweis auf die kontinuierliche Präsenz aller Dinge im Bewußtsein Gottes. Dieser theologischen Lösung des Problems stellt D. Hume die Auffassung entgegen, daß das Bewußtsein der kontinuierlichen Existenz von Gegenständen eine auf ↑Gewohnheit beruhende Leistung der Einbildungskraft sei. Weitere Schwierigkeiten des ontologischen P. ergeben sich unter anderem aus seiner Ablehnung einer kausalen Theorie der ↑Wahrnehmung, der Privatheit mentaler Zustände (↑Mentalismus) und der Möglichkeit von ↑Sinnestäuschungen.

Im 19. Jh. gewinnt der P. große Bedeutung im Rahmen antimetaphysischer und positivistischer (↑Positivismus (historisch), ↑Positivismus (systematisch)) Bestrebungen in der Philosophie, die unter anderem darauf zielen, die Kategorie des ↑Gegebenen als letzte inhaltliche Instanz der Erkenntnis zu etablieren. J. S. Mill vertritt hier im Anschluß an Hume die Auffassung, die kontinuierliche Existenz der Gegenstände werde durch ihre Auffassung als Reihen nicht nur aktualer, sondern auch *potentieller* Wahrnehmungen gesichert. Phänomenalistische Positionen vertreten ferner die ↑Immanenzphilosophie und der ↑Empiriokritizismus von R. Avenarius und E. Mach. Mach betrachtet seinen P. als neutral gegenüber philosophischem Realismus und Idealismus, da die phänomenalen Elemente oder Befunde allen realistischen oder idealistischen Theorien der Wahrnehmung und Erkenntnis als unhintergehbare analytische Gegebenheitsbasis systematisch vorangingen. Deshalb ist es im Sinne Machs auch nicht zulässig, derartige Elemente als Bewußtseinsinhalte zu bezeichnen. Der Begriff des Bewußtseinsinhalts ist nach Mach bereits idealistisch bestimmt.

Als neuere Varianten des P. können die Sinnesdatentheorien (↑Sinnesdaten) aufgefaßt werden, z. B. bei G. E. Moore, B. Russell, C. D. Broad und H. H. Price. Besondere Bedeutung gewinnt eine derartige Theorie in A. J. Ayers Versuch einer Überwindung des ontologischen P. durch einen *analytischen* P.. Die Grundidee dieses Ansatzes besteht darin, die Auffassung von Sinnesdaten als mentalen Objekten durch eine linguistische Strategie zu ersetzen. Danach sind alle Aussagen, die im Sinne eines Common-Sense-Realismus von materiellen Dingen, Prozessen oder Ereignissen handeln, in Aussagen über Sinnesdaten zu übersetzen. Die Durchführung des phänomenalistischen Programms stößt hier teilweise auf die gleichen Schwierigkeiten wie in der Tradition (Sinnestäuschung und Illusion z. B. legen die Unterscheidung von Wirklichkeit und Erscheinung nahe). Andere Probleme, wie die Frage der Existenz gerade nicht wahrgenommener Gegenstände, erlauben eine Reformulierung in Kategorien der neueren Logik und Wissenschaftstheorie. Hier zeigt die Analyse, daß die logisch-wissenschaftstheoretische Reformulierung möglicher Sinneserfahrungen, von denen die Tradition sprach, auf (bislang ungelöste) wissenschaftstheoretische Probleme wie das der ↑Dispositionsbegriffe, der irrealen Konditionalsätze (↑Konditionalsatz, irrealer) sowie einer umfassenden und adäquaten Begriffsbestimmung von ↑Naturgesetz führen. Versuche zum systematischen Aufbau *phänomenalistischer Sprachen* aus einem oder wenigen phänomenalen Grundelementen stellen die ↑Konstitutionssysteme R. Carnaps und N. Goodmans dar. Erneute wissenschaftstheoretische Aktualität gewinnt der P. im Zusammenhang mit der ↑Quantentheorie, insofern er wie die ↑Kopenhagener Deutung die Frage nach den Vorgängen *zwischen* zwei (indirekten) Beobachtungen (Kollisionen) eines Teilchens als sinnlos zurückweist.

Vom sprachlich gewendeten neueren analytischen P. (der gelegentlich ebenfalls linguistischer P. genannt wird) ist der (seit J. L. Austin) so genannte *linguistische* P. (↑Phänomenalismus, linguistischer) zu unterscheiden, der keine erkenntnistheoretische, sondern eine *sprachphilosophische* Position darstellt, in deren Mittelpunkt die Reduktion der philosophischen Sprache auf die Umgangssprache (↑Alltagssprache) steht. Ferner ist der P. von der philosophischen Schule der ↑Phänomenologie zu unterscheiden. Eine gewisse Verwandtschaft besteht jedoch zu den unter dem Titel ›phänomenologische Physik‹ subsumierten methodologischen Bestrebungen in der Physik vor der und um die Jahrhundertwende. Hier wurde (z. B. durch Mach und G. R. Kirchhoff) eine von nicht wahrnehmungsmäßig überprüfbaren Konstitutionshypothesen (z. B. über den atomaren Aufbau der Materie) freie, auf die Beschreibung empirischer Tatsachen beschränkte Physik gefordert. – Auch verschiedene Spielarten des ›Neuen Realismus‹ (z. B. M. Gabriel, M. Ferraris) lassen sich im Anschluß an den italienischen Psychologen P. Bozzi – paradoxerweise – als Varianten des P. etwa Machscher Prägung auffassen, insofern in ihnen der Tatsachencharakter der Erkenntniselemente betont und ›postmoderne‹ (↑Postmoderne), konstruktivistische Ansätze zurückgewiesen werden.

Literatur: R. I. Aaron, How May Phenomenalism Be Refuted?, Proc. Arist. Soc. 39 (1938/1939), 167–184; M. Althoff, Der Schluß auf die beste Erklärung in der philosophischen Theorie der Wahrnehmung, Frankfurt etc. 1992; D. M. Armstrong, Perception and the Physical World, London, New York 1961, 1973;

A. J. Ayer, The Foundations of Empirical Knowledge, New York, London 1940, Basingstoke 2004; ders., Phenomenalism, Proc. Arist. Soc. 47 (1946/1947), 163–196, Nachdr. in: ders., Philosophical Essays, London, New York 1954 (repr. Westport Conn. 1980), 1972, 125–166; I. Berlin, Empirical Propositions and Hypothetical Statements, Mind NS 59 (1950), 289–312; P. Bozzi, Un mondo sotto osservazione. Scritti sul realismo, ed. L. Taddio, Mailand 2007, 2013; R. B. Braithwaite, Propositions About Material Objects, Proc. Arist. Soc. 38 (1937/1938), 269–290; W. I. Braxton, Phenomenalism, Diss. Los Angeles 1980; G. Capone Braga, Fenomenismo, Enc. filos. II (1967), 1266–1279, III (1982), 522–536; R. M. Chisholm, The Problem of Empiricism, J. Philos. 45 (1948), 512–517; G. Dicker, Perceptual Knowledge. An Analytical and Historical Study, Dordrecht/Boston Mass./London 1980; A. C. Ewing, Idealism. A Critical Survey, London 1934, ³1961, London, New York 1974; M. Ferraris, Manifesto del nuovo realismo, Rom/Bari 2012 (dt. Manifest des Neuen Realismus, Frankfurt 2014; franz. Manifeste du nouveau réalisme, Paris 2014); M. Gabriel, Warum es die Welt nicht gibt, Berlin 2013 (franz. Pourquoi le monde n'existe pas, Paris 2014); J. Giles, A Study in Phenomenalism, Aalborg 1994; M. S. Gram, Direct Realism. A Study of Perception, The Hague/Boston Mass./Lancaster 1983; W. Halbfass, P., Hist. Wb. Ph. VII (1989), 483–485; W. F. R. Hardie, The Paradox of Phenomenalism, Proc. Arist. Soc. 46 (1945/1946), 127–154; R. J. Hirst, The Problems of Perception, London, New York 1959, Abingdon/New York 2013; ders., Phenomenalism, Enc. Ph. VI (1967), 130–135, VII (²2006), 271–277; H. Kleinpeter, Der P.. Eine naturwissenschaftliche Weltanschauung, Leipzig 1913; J.-F. Lavigne u. a., Le phénoménal et sa tradition, Paris 1998; C. I. Lewis, An Analysis of Knowledge and Valuation, La Salle Ill. 1946, 1971; ders., Professor Chisholm and Empiricism, J. Philos. 45 (1948), 517–524, Nachdr. in: R. J. Swartz (ed.), Perceiving, Sensing, and Knowing. A Book of Readings from Twentieth-Century Sources in the Philosophy of Perception, Garden City N. Y. 1965, 355–363; J. L. Mackie, What's Really Wrong with Phenomenalism?, Proc. Brit. Acad. 55 (1969), 113–127; D. G. C. MacNabb, Phenomenalism, Proc. Arist. Soc. 41 (1940/1941), 67–90; P. Marhenke, Phenomenalism, in: M. Black (ed.), Philosophical Analysis. A Collection of Essays, Ithaca N. Y. 1950, New York 1971, 280–301; H. Reichenbach, Experience and Prediction. An Analysis of the Foundation and the Structure of Knowledge, Chicago Ill. 1938, Notre Dame Ind. 2006 (dt. Erfahrung und Prognose. Eine Analyse der Grundlagen und der Struktur der Erkenntnis, Braunschweig/Wiesbaden 1983); W. Sellars, Science, Perception and Reality, London/New York 1963, Atascadero Calif. 1991; J. J. C. Smart, Philosophy and Scientific Realism, London, New York 1963, 1971; W. Stegmüller, Der P. und seine Schwierigkeiten, Arch. Philos. 8 (1958), 36–100, Nachdr. in: ders., Der P. und seine Schwierigkeiten. Sprache und Logik, Darmstadt 1969, 1974, 1–65 (engl. Phenomenalism and Its Difficulties, in: ders., Collected Papers on Epistemology, Philosophy of Science and History of Philosophy I, Dordrecht/Boston Mass. 1977, 154–212); J.-F. Stoffel, Le phénoménalisme problématique de Pierre Duhem, Brüssel 2002; G. F. Stout, Phenomenalism, Proc. Arist. Soc. 39 (1938/1939), 1–18; A. Ward, What's Not Really Wrong with Phenomenalism, Australas. J. Philos. 51 (1973), 245–252; K. Wüstenberg, Die Konsequenz des P.. Erkenntnistheoretische Untersuchungen in kritischer Auseinandersetzung mit Hume, Brentano und Husserl. Würzburg 2004. G. W.

Phänomenalismus, linguistischer (auch: Philosophie der normalen Sprache; engl. ↑Ordinary Language Philosophy), Bezeichnung für die analytische Philosophie im engeren Sinne, d. h. die auf die Jahre 1930 bis 1960 konzentrierte Spätphase der Analytischen Philosophie (↑Philosophie, analytische), die nach ihrer Herkunft auch als ↑Oxford Philosophy bezeichnet wird (Hauptvertreter: G. Ryle, 1900–1976). Es geht im l.n P. vor allem darum, die nicht-formale Logik der ↑Gebrauchssprache, also deren begrifflichen und argumentativen Gehalt, durch subtile Untersuchung faktischen Sprachgebrauchs zu ermitteln, gegebenenfalls unter Hinzuziehung auch der Sprachgeschichte.

In Opposition zum ausschließlich an der ↑Wissenschaftssprache und deren ↑Formalisierung interessierten Logischen Empirismus (↑Empirismus, logischer) beruft sich der l. P. vor allem auf das Spätwerk L. Wittgensteins, in Gestalt der in teilweiser Abkehr zu seinem »Tractatus« und dessen Einfluß auf den Logischen Empirismus entstandenen »Philosophischen Untersuchungen«. Ohne ein einwandfreies, und das heißt vor allem auch begrifflich beherrschtes, Fundament für den Aufbau der Wissenschaften, das nur in der Sprache des Alltags, also der Umgangssprache (↑Alltagssprache), aufgesucht werden kann und worauf deshalb die Gebrauchssprache, also die Umgangssprache unter Einschluß von Fachsprachen (insbes. der ↑Bildungssprache), zurückzuführen ist, gebe es keine Möglichkeit, die oft lange unbemerkt bleibenden Mißverständnisse zwischen Sprechern – auch Wissenschaftlern und anderen, über in natürlicher und nicht in formaler Sprache verfaßten Fachsprachen verfügenden Fachleuten – zu beheben. Wichtigstes Hilfsmittel ist das auf G. E. Moore zurückgehende Verfahren, die in der Bildungssprache allgegenwärtige Terminologie der philosophischen Tradition durch Freilegen der Problemstellungen, denen sie entstammt, auf ihren ›Sitz im Leben‹ zurückzuführen. Unterstellt wird dabei, daß die genaue Beschreibung des faktischen Sprachgebrauchs diesen als davon frei aufweisen kann, Mißverständnisse überhaupt erzeugen zu können. – In der Fortentwicklung des l.n P., vor allem angeregt durch J. L. Austin (1911–1960), der für seine Art zu philosophieren den Ausdruck ›linguistic phenomenology‹ gewählt hat und damit zum Urheber der Sprechakttheorie (↑Sprechakt) wurde, und P. F. Strawson (1919–2006), der besonders die Unterscheidung zwischen einer nichtformalen Logik der Umgangssprache und der den Kern formalisierter Wissenschaftssprachen ausmachenden formalen Logik (↑Logik, formale) thematisierte (↑Philosophie der Logik), hat in den letzten Jahrzehnten ein, meist als ›linguistic philosophy‹ bezeichneter Prozeß der Verschmelzung mit den semantischen und später auch pragmatischen Untersuchungen der modernen ↑Linguistik eingesetzt, der es möglich machen soll, diese Unterstellung empirisch zu begründen.

Literatur: R. Fleming, First Word Philosophy. Wittgenstein – Austin – Cavell. Writings on Ordinary Language Philosophy, Lewisburg Pa./London 2004; O. Hanfling, Philosophy and Ordinary Language. The Bent and Genius of Our Tongue, London/New York 2000; S. Laugier, Du réel à l'ordinaire. Quelle philosophie du langage aujourd'hui?, Paris 2000 (engl. Why We Need Ordinary Language Philosophy, Chicago Ill./London 2013); K. Lorenz, Elemente der Sprachkritik. Eine Alternative zum Dogmatismus und Skeptizismus in der Analytischen Philosophie, Frankfurt 1970, 1971; ders., P., l., Hist. Wb. Ph. VII (1989), 485; G.-L. Lueken/R. Raatzsch, Philosophie der normalen Sprache, EP II (^{2}2010), 1987–1997; A. P. Martinich, Ordinary Language Philosophy, REP VII (1998), 143–147; E. v. Savigny, Die Philosophie der normalen Sprache. Eine kritische Einführung in die ›Ordinary Language Philosophy‹, Frankfurt 1969, rev. 1974, ^{3}1993; ders., Analytische Philosophie, Freiburg/München 1970; W. Stegmüller, Hauptströmungen der Gegenwartsphilosophie. Eine historisch-kritische Einführung (ab ^{2}1960 mit dem Untertitel: Eine kritische Einführung), Wien 1952, Stuttgart ^{4}1969, I ^{7}1989, II–III ^{8}1987, IV 1989 (engl. Main Currents in Contemporary German, British, and American Philosophy, Dordrecht 1969, Bloomington Ind. 1970); Z. Vendler, Linguistics in Philosophy, Ithaca N. Y. 1967, ^{4}1979. K. L.

Phänomenologie (von griech. *τὰ φαινόμενα*, die Erscheinungen, und *λόγος*, Lehre, Darstellung, Wissenschaft), Bezeichnung für die Lehre von den ›Erscheinungen‹, worunter jedoch in philosophischem und außerphilosophischem Kontext jeweils sehr Unterschiedliches verstanden wird. Der *außerphilosophische* Gebrauch der Ausdrücke ›P.‹ und ›phänomenologisch‹ dient (1) zur Abgrenzung derjenigen Teile von Einzelwissenschaften, in denen auf Grund bloßer Beobachtung (wenngleich eventuell apparativ und experimentell unterstützt) das Datenmaterial für Theorien bereitgestellt wird. Nach W. Whewell (The Philosophy of the Inductive Sciences, Founded upon Their History, I–II, London ^{2}1847 [repr. London 1967] I, 645) hat jede Wissenschaft einen solchen phänomenologischen Teil, der das Wissen von den ›Phänomenen‹ und von den wahren Prinzipien ihrer ›natürlichen Klassifikation‹ umfaßt. An einen solchen Bereich könnte auch der Goethesche Wissenschafts- und Theoriebegriff (Theorie [von griech. *θεωρία*, ↑Theoria] = Schau) unmittelbar anschließen, auf dessen Grundlage H. v. Baravalle (Physik als reine P., I–III, Bern 1951–1955, I–II, Stuttgart ^{2}1993/1996) in überwiegend didaktischer Absicht eine ›Physik als reine P.‹ konzipiert hat. Die Bezeichnung ›phänomenologisch‹ kann (2) den Verzicht auf theoretische Analyse, insbes. auf eine ↑Reduktion schon verfügbarer Erklärungen auf weitergehende, aber bezüglich qualitativ andersartiger Bereiche formulierte Erklärungen anzeigen. So heißen in der Physik theoretische Beschreibungen physikalischer Phänomene und Sachverhalte auf makroskopischer Ebene ›phänomenologisch‹, wenn der Bezug auf atomare Dimensionen (durch eventuell mögliche weitere Erklärungen mit Hilfe mikrophysikalischer Begriffe) vermieden wird. Z. B. verzichtet die klassische (deshalb auch ›phänomenologisch‹ genannte) ↑Thermodynamik bewußt auf eine atomistische Erklärung des thermischen Verhaltens der Körper und geht von einem durch makrophysikalische Erfahrung gestützten Axiomensystem aus, das alle bekannten Sätze über die Wärmeerscheinungen abzuleiten gestattet. Ein weiteres Beispiel einer phänomenologischen Theorie innerhalb der Physik ist die Maxwellsche ↑Elektrodynamik.

Als *philosophischer* Terminus wird P. in einem *weiteren* und einem *engeren* Sinne verwendet. Die Tradition des weiteren Begriffs beginnt mit J. H. Lambert, der 1764 eine die Trennung der Wahrheit vom ↑Schein ermöglichende und dadurch insbes. alles empirische Wissen fundierende Theorie der ↑Erscheinungen (↑Phaenomenon) entwirft und als ›P.‹ bezeichnet. Im Briefwechsel mit Lambert und M. Herz konzipiert I. Kant bei den Vorarbeiten zur KrV eine ›P. überhaupt‹ oder ›phaenomenologia generalis‹ als eine der ↑Metaphysik vorauszuschickende Wissenschaft, »darinn denen principien der Sinnlichkeit ihre Gültigkeit und Schranken bestimmt werden« (Brief vom 2.9.1770 an Lambert, Akad.-Ausg. X, 98). Abweichend davon versteht Kant später unter P. den Teil der Kinematik, der Bewegung und Ruhe der Körper »bloß in Beziehung auf die Vorstellungsart, oder *Modalität*, mithin als Erscheinung äußerer Sinne, bestimmt« (Met. Anfangsgründe der Naturwiss., Akad.-Ausg. IV, 477), d. h. die Frage untersucht, ob die Bewegung eines Körpers relativ (zu anderen Körpern) oder absolut (d. h. ›relativ‹ zum Raume) sei. Während noch K. L. Reinhold, hier eher an Lambert anschließend, der P. die Aufgabe zuweist, die durch Ontologie oder reine Logik begonnene »Entwirrung der menschlichen Erkenntniß [...] durch die deutliche Erkenntniß des Sinnlichen, als solchen, zu vollenden«, indem sie die Erscheinungen vermittelst der Prinzipien des rationalen Realismus »vom bloßen Scheine unterscheiden, und reinigen lehrt« (Beyträge zur leichtern Uebersicht des Zustandes der Philosophie beym Anfange des 19. Jahrhunderts, Viertes Heft, Hamburg 1802, IV), verändert J. G. Fichte den Begriff der P., die zwar auch bei ihm (als zweiter Teil der Wissenschaftslehre) die ›Erscheinungs- und Scheinlehre‹ (Die Wissenschaftslehre [II. Vortrag im Jahre 1804], Gesamtausg. II 8, Stuttgart-Bad Cannstatt 1985, 206) sein soll, aber einen von den Daten der Sinnlichkeit losgelösten Begriff von ›Erscheinungen‹ zugrundelegt, die bei Fichte die Gesamtheit der Bewußtseins- und Selbstbewußtseinsphänomene gegenüber dem ↑Absoluten umfassen. Einen nochmals anderen Sinn erhält ›P.‹ dann in G. W. F. Hegels ↑*Phänomenologie des Geistes*, welche die »verschiedenen Gestalten des Geistes als Stationen des Weges (in sich faßt), durch welchen er reines Wissen oder absoluter Geist wird« (Phänom. des Geistes, Ges. Werke IX, 446) und die deshalb auch als eine ›Entwicklungsmorphologie des Geistes‹ bezeichnet worden ist.

Im Unterschied dazu stellt W. Hamilton 1859 einer »Phaenomenology of Mind« die Aufgabe, die verschiedenen Erscheinungen des empirischen Seelenlebens zu beschreiben und zu verallgemeinern, also eine deskriptive Analyse des erlebnismäßig Gegebenen vorzunehmen (Lectures on Metaphysics and Logic I, London/Edinburgh 1859, 129). Ähnlich stellt für E. v. Hartmann die P. »nicht eine nach geschichtlichen, sondern eine nach begrifflichen Gesichtspunkten geordnete Stufenfolge der zur Aufnahme gegebenen Erscheinungen« (P. des sittlichen Bewußtseins, ^{3}1922, 6) dar. Schließlich soll die Bezeichnung der P. als Untersuchung »nicht des Erscheinenden, sondern des (An-)Scheins« bei C. S. Peirce die P. nicht etwa als Wissenschaft von den Sinnestäuschungen hinstellen, sondern als die vollständige Beschreibung der Erscheinungen im Sinne der Gesamtheit »of all that is in any way or in any sense present to the mind, quite regardless of whether it corresponds to any real thing or not« (Collected Papers, ed. C. Hartshorne/P. Weiss, Cambridge Mass. 1931 [repr. 1965], II, § 284). Indem diese von Peirce auch als ›phaneroscopy‹ bezeichnete Disziplin die ›unzerlegbaren Elemente‹ des in der Erfahrung Gegebenen isoliert, erweist sie sich als eine den empirischen Wissenschaften vorausgehende Kategorienlehre.

Im engeren philosophischen Sinne bezeichnet ›P.‹ heute die von E. Husserl begründete phänomenologische Philosophie. Ihre Frühform nimmt sie in Husserls »Logischen Untersuchungen« (1900/1901) an, die den Sturz des bis dahin vorherrschenden ↑Psychologismus in der Logik und in der Philosophie der Mathematik zur Folge hatten. Skizziert wird der Aufbau einer ›reinen‹ Logik, die die Begriffe Begriff, Beziehung, Satz, Wahrheit, Menge, Anzahl usw., die von ihnen geltenden Gesetze und Theorien sowie als ›reine Mannigfaltigkeitslehre‹ die möglichen Theorienformen ohne Bezug auf Empirie erforschen soll. Zu dieser Aufgabe ist eine *reine P.* erforderlich, die es erlaubt, zu den Sachen selbst, hier zu den ursprünglichen logischen Formen vorzudringen. Daß dieses Vordringen nicht das Verlassen alter und das Aufsuchen neuer Gegenstände bedeutet, sondern in der Erschließung neuer Gegenständlichkeiten am gleichen Material besteht, wird in den Ausprägungen der P. seit Husserls »Ideen zu einer reinen P. und phänomenologischen Philosophie« (I 1913) zunehmend deutlicher (wegen der starken Veränderungen und Erweiterungen, die die P. auch von da an bis zu Husserls späten Analysen der ↑Lebenswelt in »Erfahrung und Urteil« [1939] erfährt, lassen sich hier nur die Grundgedanken der die P. leitenden *phänomenologischen Methode* darstellen; unerörtert muß dabei auch der Zweifel bleiben, ob nicht zwischen der sprachlichen Einführung von ›Phänomen‹ und ›phänomenologischer Methode‹ ein methodischer Zirkel besteht).

In nicht-phänomenologischer Einstellung tritt der Mensch der Welt in ›natürlicher‹ Haltung, insbes. unter naiver (nicht urteilsmäßiger) Gegenstandssetzung entgegen. Der erste Schritt der phänomenologischen Methode besteht darin, von dieser Einstellung Enthaltung zu üben (eine ›phänomenologische ↑Epochē‹ zu praktizieren, die Welt ›einzuklammern‹). Dies bedeutet nicht den Verzicht auf die Annahme der Existenz der Welt; es soll nur von dieser Annahme methodisch kein Gebrauch gemacht werden. Bei der Analyse des nach dieser *phänomenologischen Reduktion* (↑Reduktion, phänomenologische) verbleibenden reinen Erlebnisstromes erweist sich das Bewußtsein als ein ›Bewußtsein von ...‹. Das, wovon es Bewußtsein ist, der Stoff der von Husserl als die die Dingerscheinung bewußtseinsmäßig konstituierende ↑*Noesis* bezeichneten formhaften Momente des Erlebnisses, ist das ↑*Noema*: der am Bewußtsein aufweisbare, jedoch nicht zur konkreten Noesis gehörige, vom wirklichen, außerhalb der Noesis existierenden Gegenstand verschiedene, im Bewußtsein erscheinende, durch die konkrete Noesis erst aufgebaute Gegenstand. Wegen des Vorrangs der Analyse dieses Verhältnisses seit den »Ideen« heißt die in diesem Werk begründete neue Gestalt der P. auch ›noematische P.‹. ↑Intentionalität als Grundstruktur des Psychischen besitzen nicht nur die nach außen auf die Welt gerichteten Akte, sondern auch ›immanente‹ Akte, die auf dem gleichen Erlebnisstrom angehörige intentionale Gegenstände gehen. In beiden Fällen ergibt sich ein Unterschied zwischen dem erscheinenden Ding, das sich ›abschattet‹ (↑Abschattung), und dem Erlebnis, das sich nicht abschattet, was die über jeden Zweifel erhabene, auf ↑Evidenz gegründete Verläßlichkeit der immanenten Wahrnehmung, der ›Intuition‹, erklären soll. Es bleibt das reine Bewußtsein, ein Feld methodisch vom Bezug auf die Welt befreiter reiner Erlebnisse, ein Reich der Phänomene, die in Husserls früher Konzeption bereits durch die Einklammerung als ›Wesen‹ zugänglich werden und die Erforschung aller *möglichen* Erfahrung erlauben. Später dient hierfür ein eigener Schritt der *eidetischen Reduktion* (↑Eidetik), in dem die Methode der *Variation* zur Anwendung gelangt: Wir variieren auf alle mögliche Weise in Gedanken das betrachtete Erlebnis und isolieren so als die verbleibende Invariante das ›Eidos‹ oder ›Wesen‹.

Die Erfassung eines ↑Sachverhalts, etwa des Bestehens einer Beziehung *aRb* zwischen sinnlich wahrnehmbaren Gegenständen *a* und *b*, kann nicht wieder durch einen Wahrnehmungsakt erfolgen wie die Erfassung der Gegenstände *a* und *b* selbst, sondern muß auf einer anderen Art der Intuition beruhen. Husserl nennt sie ›kategoriale

Anschauung‹; die Gesamtanschauung, in der die kategoriale Anschauung mit der Gegenstandsanschauung zusammen auftritt, wird als ›Sachverhaltswahrnehmung‹ oder ›Urteilsintuition‹ bezeichnet. Auch hier zeigt sich deutlich der Primat der Anschauung, dem die P. den Vorwurf verdankt, das systematische Gewicht der Anschauung falsch einzuschätzen und als (erkenntnistheoretischer) ↑›Intuitionismus‹ den Charakter einer ontologischen Philosophie anzunehmen (R. Zocher 1932).

Während die positiven Wissenschaften ihre Gegenstände als vom Beobachter unabhängig existent behandeln, macht die P. (als ›einzige nichtpositive Wissenschaft‹) gerade das Gegenstände setzende Subjekt, das ›transzendentale Ich‹, zum Thema. Es erschließt sich durch eine als *›transzendentale Reduktion‹* bezeichnete ›absolut universale Epochē‹, die über die Einklammerung der Welt in der phänomenologischen Reduktion insofern hinausgeht, als jetzt statt der Weltzugehörigkeit des Bewußtseins seine Welt und Sinn *konstituierende* Funktion untersucht wird. Obwohl also das transzendentale Ego (↑Ego, transzendentales) dem faktischen Ich stets verborgen bleibt (Husserl nennt es ›anonym‹), kann seine Existenz aus den Sinnbildungen, den konstituierenden Leistungen, erschlossen werden. Eine dieser in der ›transzendentalen P.‹ untersuchten Leistungen des transzendentalen Ego soll nach Husserl das jeweilige ›Apriori‹ der exakten Wissenschaften sein, so daß die P. den Anspruch stellt, nicht nur die ↑Grundlagenkrisen der exakten Wissenschaften zu lösen, sondern auch den empirischen Wissenschaften erst ihre eigentliche Begründung zu verschaffen.

Heute dient ›P.‹ auch als Sammelname für die Lehren der zur *phänomenologischen Bewegung* gehörigen übrigen Denker, die sich zum Teil schon kurz nach der Wende zum 20. Jh. im ›Göttinger‹ und ›Münchener Kreis‹ zusammenfanden, um für die phänomenologische Methode Anwendungen zu suchen. Dem aus dem ›Akademisch-Psychologischen Verein‹ hervorgegangenen ›Münchener Kreis‹ (nicht zu verwechseln mit dem gleichnamigen Kreis um den Münchener Logistiker W. Britzelmayr nach dem 2. Weltkrieg) sind zuzurechnen A. Pfänder (mit logischen und psychologischen Arbeiten), M. Scheler (der die phänomenologische Methode auf Ethik, Kultur- und Religionsphilosophie sowie in der Wissenssoziologie anwandte), M. Geiger (mit metaphysischen, psychologischen und wissenschaftstheoretischen Studien, darunter »Systematische Axiomatik der Euklidischen Geometrie«, Augsburg 1924) und A. Reinach (mit Beiträgen zur Handlungstheorie und Rechtslehre). Erst neuere Forschungen haben ans Licht gebracht, welche bedeutende Rolle für die Rezeption und Interpretation Husserls im Münchener Kreis J. Daubert (1877–1947) spielte, obgleich er nicht durch Veröffentlichungen hervorgetreten ist (Scheler bezeichnete ihn deshalb als ›den unbekannten Phänomenologen‹). Geiger und Reinach wechselten später in den seit etwa 1907 regelmäßig tagenden ›Göttinger Kreis‹, aus dem H. Conrad-Martius (1888–1966, mit Arbeiten zu einer ›Realontologie‹ und zur Naturphilosophie), E. Stein (Zum Problem der Einfühlung, 1917; Eine Untersuchung über den Staat, 1925) und R. Ingarden (Das literarische Kunstwerk 1931, [4]1972) zu nennen sind.

Während sich L. Landgrebe (1902–1991) dem Aufbau einer phänomenologischen Metaphysik widmete, sagte sich E. Fink, der noch 1933 in Husserls Auftrag die P. gegen die scharfsinnigen Einwände des Neukantianers R. Zocher verteidigt und eine ›genetische‹ und eine ›konstruktive‹ P. in Angriff genommen hatte, später ganz von der P. los, um eigene Wege zu gehen. Starke Verbindungen zur P. zeigen auch M. Heidegger (Sein und Zeit, 1927) und manche seiner Schüler, wie etwa W. Biemel (Phänomenologische Analysen zur Kunst der Gegenwart, Den Haag 1968; auch Herausgeber der Landgrebe-Festschrift »P. Heute«, 1972). Unter den ausländischen Phänomenologen ragen in den USA M. Farber (1901–1980) und A. Gurwitsch (1901–1973), in Frankreich A. Koyré (1892–1964) heraus. Die dort ebenfalls oft als Vertreter der P. bezeichneten G. Marcel, H. Merleau-Ponty, P. Ricoeur und J.-P. Sartre stehen der P. zwar nahe, haben sie in ihren eigenen philosophischen Entwürfen jedoch größtenteils verlassen.

Unter wesentlich neuen Gesichtspunkten nimmt die von H. Schmitz (System der Philosophie, I–V, Bonn 1964–1980) begründete ›Neue Phänomenologie‹ die ›unwillkürliche Lebenserfahrung‹ (Schmitz 1980, 23) in den Blick, die als vom Menschen vor und unabhängig von jeder theoretischen Erfassung am eigenen Leib verspürte einen entscheidenden Teil der Lebenswelt ausmacht. Dazu gehören Phänomene im ›Raum‹ des Leibes, des Hörens, der Gefühle und ↑Stimmungen, der leibliche Umgang mit Gegenständen, anderen Lebewesen, insbes. anderen Menschen, unmittelbar empfundene ›Atmosphären‹ (z.B. Stille, Dunkelheit) und Situationen, die uns als ›Betroffene‹ ebenso einschließen wie Zukunftsaspekte und noch zu lösende Probleme. Nach Ansicht der ›neuen‹ Phänomenologen hat die Abtrennung des menschlichen Denkens von der Fülle der normalen Lebenserfahrung seit der Antike (Demokrit, Platon) sowie seit der Neuzeit durch den cartesischen Leib-Seele-Dualismus mit seinem ›Introjektionismus‹, der Reduktion der erfahrbaren Wirklichkeit auf empirische und insbes. wissenschaftlich erfassbare Merkmale und den sinnesphysiologischen ↑Naturalismus zur Vernachlässigung dieser Phänomene sogar in der traditionellen P. geführt. Die Wiederaufnahme und Fortführung ihrer Analyse durch die ›Neue Phänomenologie‹ hat nicht nur die P. entscheidend erweitert, sondern auch in praktisch orientierten einzelwissenschaftlichen Disziplinen wie Medizin, Psychologie und Psychotherapie sowie Soziologie fruchtbare Anwendungen gefunden.

Die P. insgesamt hat auf die Entwicklung von Psychologie, Psychopathologie, Soziologie (A. Schütz), Kunst- und Literaturwissenschaft und andere Disziplinen im 20. Jh. stark eingewirkt. Auch der Einfluß der phänomenologischen Bewegung auf die gegenwärtige Philosophie ist, wenn auch nicht mehr so groß wie vor dem 2. Weltkrieg, so doch durch die ungeachtet aller thematischen und methodologischen Verschiedenheiten enge Verbindung der ihr zugehörigen Denker und durch eigene Organe wie die an Husserls »Jahrbuch für Philosophie und phänomenologische Forschung« (1913–1930) anschließende Zeitschrift »Philosophy and Phenomenological Research« (1940 ff.), die »Husserl Studies« und eine Vielzahl von Monographienreihen wie »Husserliana – Edmund Husserl Gesammelte Werke«, »Phaenomenologica« und »Analecta Husserliana« beachtlich. Trotz der seitens verschiedener konkurrierender Strömungen vorgebrachten Kritik an ihrer angeblich theoriefeindlichen, ontologisierenden oder gesellschaftsfremden Haltung hat sich die P. zunehmend als eine zur Überwindung der Zersplitterung der heutigen Philosophie geeignete Alternative verstanden. Komplementär dazu sehen neuerdings einige Vertreter der methodischen Philosophie in Husserl ›den einflußreichsten Vorbereiter der Erlanger Schule‹ (↑Erlanger Schule, ↑Konstruktivismus), die damit ihren philosophiegeschichtlichen Ort als ›P. nach dem linguistic turn‹ finden soll (C.F. Gethmann, Lebensphilosophie [...], 1991, 71 bzw. 31).

Literatur: W. Baumgartner/L. Landgrebe/P. Janssen, P., Hist. Wb. Ph. VII (1989), 486–505; M. Beaney (ed.), The Analytic Turn. Analysis in Early Analytic Philosophy and Phenomenology, New York/London 2007; O. Becker, Beiträge zur phänomenologischen Begründung der Geometrie und ihrer physikalischen Anwendungen, Jb. Philos. phänomen. Forsch. 6 (1923), 385–560, separater Neudr. unter dem Titel: Beiträge zur phänomenologischen Begründung der Geometrie und ihrer physikalischen Anwendung, Tübingen 1973; W. Biemel, Husserls Encyclopaedia-Britannica Artikel und Heideggers Anmerkungen dazu, Tijdschr. Filos. 12 (1950), 246–280, Neudr., in: H. Noack (ed.), Husserl, Darmstadt 1973, 282–315; ders. (ed.), P. Heute. Festschrift für L. Landgrebe, Den Haag 1972; ders./H. Spiegelberg, Phenomenology, Enc. Britannica XIV, Chicago Ill. etc. [15]1974, 210–215; I.M. Bocheński, Die zeitgenössischen Denkmethoden, Bern 1954, München [10]1993, 22–36 (Kap. II Die phänomenologische Methode); L. Boi/P. Kerszberg/F. Patras (eds.), Rediscovering Phenomenology. Phenomenological Essays on Mathematical Beings, Physical Reality, Perception, and Consciousness, Dordrecht 2007; N.W. Bokhove, ›P.‹. Ursprung und Entwicklung des Terminus im 18. Jahrhundert, Aalen 1991; W. L. Bühl, Phänomenologische Soziologie. Ein kritischer Überblick, Konstanz 2002; H.L. van Breda (ed.), Problèmes actuels de la phénoménologie. Actes du colloque international de phénoménologie, Bruxelles, avril, 1951, Paris 1952; K.K. Cho/J.S. Hahn (eds.), P. in Korea, Freiburg/München 2001; S. Centrone (ed.), Versuche über Husserl, Hamburg 2013; R. Cristin (ed.), P. in Italien, Würzburg 1995; ders./K. Sakai (eds.), P. und Leibniz, Freiburg/München 2000; S. Crowell, Normativity and Phenomenology in Husserl and Heidegger, Cambridge etc. 2013; J. Dreher (ed.), Angewandte P.. Zum Spannungsverhältnis von Konstruktion und Konstitution, Wiesbaden 2012; L. Embree, Phenomenological Movement, REP VII (1998), 333–343; M. Farber, Phenomenology as a Method and as a Philosophical Discipline, Buffalo N.Y. 1928; ders., The Function of Phenomenological Analysis, Philos. Phenom. Res. 1 (1940/1941), 431–441; ders., The Foundation of Phenomenology. Edmund Husserl and the Quest for a Rigorous Science of Philosophy, Cambridge Mass. 1943, Albany N.Y. [3]1968, New Brunswick N.J., Frankfurt 2006; ders., The Aims of Phenomenology. The Motives, Methods, and Impact of Husserl's Thought, New York 1966; W. Faust, Abenteuer der P.. Philosophie und Politik bei Maurice Merleau-Ponty, Würzburg 2007, [2]2012; J.N. Findlay, Phenomenology, Enc. Britannica XVII, Chicago Ill. etc. 1964, 699–702; G. Funke, Zur transzendentalen P., Bonn 1957; ders., P.. Metaphysik oder Methode?, Bonn 1966, [3]1979; H.-G. Gadamer, Die phänomenologische Bewegung, in: ders., Kleine Schriften III (Idee und Sprache. Platon, Husserl, Heidegger), Tübingen 1972, 150–189, Neudr. in: ders., Ges. Werke III (Neuere Philosophie I. Hegel, Husserl, Heidegger), Tübingen 1987, 105–146; C.F. Gethmann (ed.), Lebenswelt und Wissenschaft. Studien zum Verhältnis von P. und Wissenschaftstheorie, Bonn 1991; ders., P., Lebensphilosophie und Konstruktive Wissenschaftstheorie. Eine historische Skizze zur Vorgeschichte der Erlanger Schule, in: ders., Lebenswelt und Wissenschaft [s.o.], 28–77, Nachdr. unter dem Titel: P., Lebensphilosophie und Konstruktive Wissenschaftstheorie, in: ders., Vom Bewusstsein zum Handeln. Das phänomenologische Projekt und die Wende zur Sprache, München 2007, 41–83; S. Glendining, In the Name of Phenomenology, London/New York 2007; F. Gmainer-Pranzl, Heterotopie der Vernunft. Skizze einer Methodologie interkulturellen Philosophierens auf dem Hintergrund der P. Edmund Husserls, Münster 2004, 2007; H.-D. Gondek/L. Tengelyi, Neue P. in Frankreich, Berlin 2011; H. Gronke, Das Denken des Anderen. Führt die Selbstaufhebung von Husserls P. der Intersubjektivität zur transzendentalen Sprachpragmatik?, Würzburg 1999; M. Großheim (ed.), Neue P. zwischen Praxis und Theorie. Festschrift für Hermann Schmitz, Freiburg/München 2008; I. Günzler/K. Mertens (eds.), Wahrnehmen, Fühlen, Handeln. P. im Wettstreit der Methoden, Münster 2013; A. Gurwitsch, Phenomenology and the Theory of Science, ed. L. Embree, Evanston Ill. 1974, 1979; E. v. Hartmann, P. des sittlichen Bewußtseins. Prolegomena zu jeder künftigen Ethik, Berlin 1879, mit Untertitel: Eine Entwicklung seiner mannigfaltigen Gestalten in ihrem inneren Zusammenhange, ed. A. v. Hartmann, Berlin [3]1922, ed. J.-C. Wolf, Göttingen [4]2009, 2010; F.-W. v. Herrmann, Hermeneutik und Reflexion. Der Begriff der P. bei Heidegger und Husserl, Frankfurt 2000 (engl. Hermeneutics and Reflection. Heidegger and Husserl on the Concept of Phenomenology, Toronto/Buffalo N.Y./London 2013); E. Husserl, Logische Untersuchungen II (Untersuchungen zur Phänomenologie und Theorie der Erkenntnis), Halle 1901, als II/1–2, ed. U. Panzer, The Hague/Boston Mass./Lancaster 1984 (= Husserliana XIX/1–2), zusammen mit Bd. I, ed. E. Ströker, Hamburg 2009; ders., Ideen zu einer reinen P. und phänomenologischen Philosophie I, Halle 1913, ed. K. Schuhmann, Den Haag 1976 (= Husserliana III/1), Ergänzende Texte (1912–1929), ed. K. Schuhmann, Den Haag 1976 (= Husserliana III/2), II, ed. M. Biemel, Den Haag 1952 (= Husserliana IV), III, ed. M. Biemel, Den Haag 1952, repr. 1971 (= Husserliana V); ders., Die Idee der P.. Fünf

Vorlesungen (1907), ed. W. Biemel, Den Haag 1950, ^{2}1958, 1973 (= Husserliana II); P. Janich (ed.), Wechselwirkungen. Zum Verhältnis von Kulturalismus, P. und Methode, Würzburg 1999; G. Keil/U. Tietz (eds.), P. und Sprachanalyse, Paderborn 2006; S. Kluck/S. Volke (eds.), Näher dran? Zur P. des Wahrnehmens, Freiburg/München 2012; R. Kühn/M. Staudigl (eds.), Epoché und Reduktion. Formen und Praxis der Reduktion in der P., Würzburg 2003; J. Kraft, Von Husserl zu Heidegger. Kritik der phänomenologischen Philosophie, Leipzig 1932, erw. Hamburg ^{3}1977; L. Landgrebe, Husserls P. und die Motive zu ihrer Umbildung, Rev. int. philos. 2 (1939), 277–316, Neudr. in: ders., Der Weg der P.. Das Problem einer ursprünglichen Erfahrung, Gütersloh 1963, ^{4}1972, 1978, 9–39; ders., P. und Metaphysik, Hamburg 1949; G. Leghissa/M. Staudigl (eds.), Lebenswelt und Politik. Perspektiven der P. nach Husserl, Würzburg 2007; S. Luft, »P. der P.«. Systematik und Methodologie der P. in der Auseinandersetzung zwischen Husserl und Fink, Dordrecht/Boston Mass./London 2002; J.-F. Lyotard, La phénoménologie, Paris 1954, 2004 (engl. Phenomenology, Albany N.Y. 1991; dt. Die P., Hamburg 1993); W. Marx, Die P. Edmund Husserls. Eine Einführung, München 1987, rev. ^{2}1989; K. Mertens, Zwischen Letztbegründung und Skepsis. Kritische Untersuchungen zum Selbstverständnis der transzendentalen P. Edmund Husserls, Freiburg/München 1996; A. Metzger, P. und Metaphysik. Das Problem des Relativismus und seiner Überwindung, Halle 1933, Pfullingen ^{2}1966; G. Misch, Lebensphilosophie und P.. Eine Auseinandersetzung der Diltheyschen Richtung mit Heidegger und Husserl, Bonn 1930, Leipzig/Berlin ^{2}1931, Stuttgart, Darmstadt1967; J. Mittelstraß, Das lebensweltliche Apriori, in: C.F. Gethmann (ed.), Lebenswelt und Wissenschaft [s.o.], 114–142; C. Möckel, Einführung in die transzendentale P., München 1998; J.N. Mohanty, Phenomenology. Between Essentialism and Transcendental Philosophy, Evanston Ill. 1997; K.S. Montagová, Transzendentale Genesis des Bewusstseins und der Erkenntnis. Studie zum Konstitutionsprozess in der P. von Edmund Husserl, Heidelberg etc. 2013; S. Nowotny/M. Staudigl (eds.), Perspektiven des Lebensweltbegriffs. Randgänge der P., Hildesheim/Zürich/New York 2005; E. Oldemeyer, Zur P. des Bewußtseins. Studien und Skizzen, Würzburg 2005; E.W. Orth (ed.), Die Freiburger P., Freiburg/München 1996; H. Peitschmann, P. und Naturwissenschaft. Wissenschaftstheoretische und philosophische Probleme der Physik, Berlin etc. 1996, Wien ^{2}2007; J. Raab u.a. (eds.), P. und Soziologie. Theoretische Positionen, aktuelle Problemfelder und empirische Umsetzungen, Wiesbaden 2007, 2008; A. Reinach, Über P., in: ders., Ges. Schriften, Halle 1921, 379–405, separater Neudr. unter dem Titel: Was ist P.?, München 1951, Neudr. unter dem ursprünglichen Titel in: ders., Sämtl. Werke I, ed. K. Schuhmann/B. Smith, München/Hamden Conn./Wien 1988, 531–550; J. Renn/G. Sebald/J. Weyand (eds.), Lebenswelt und Lebensform. Zum Verhältnis von P. und Pragmatismus, Weilerswist 2012; S. Rinofer-Kreidl, Mediane P.. Studien zur Idee der Subjektivität zwischen Naturalität und Kulturalität, Würzburg 2003; T. Rockmore, Kant and Phenomenology, Chicago Ill./London 2011; R.D. Rollinger, Austrian Phenomenology. Brentano, Husserl, Meinong and Others on Mind and Object, Frankfurt etc. 2008; S.B. Rosenthal/P.L. Bourgeois, Pragmatism and Phenomenology. A Philosophic Encounter, Amsterdam 1980; B. Sandmeyer, Husserl's Constitutive Phenomenology, New York/London 2009; D. Savan, On the Origins of Peirce's Phenomenology, in: P.P. Wiener/F.W. Young, Studies in the Philosophy of Charles Sanders Peirce, Cambridge Mass. 1952, 185–194; H. Schmitz, System der Philosophie, I–V, Bonn 1964–1980, ^{2}1981–1998, 2005; ders., Neue P., Bonn 1980; Was ist Neue P.?, Rostock 2003; ders./G. Marx/A. Moldzio, Begriffene Erfahrung. Beiträge zur antireduktionistischen P., Freiburg/München 2000, Rostock 2002; K. Schuhmann, ›P.‹. Eine begriffsgeschichtliche Reflexion, Husserl Stud. 1 (1984), 31–68; ders./B. Smith, Against Idealism. Johannes Daubert vs. Husserl's »Ideas I«, Rev. Met. 38 (1985), 763–793; dies., Neo-Kantianism and Phenomenology. The Case of Emil Lask and Johannes Daubert, Kant-St. 82 (1991), 303–318; H.R. Sepp (ed.), Edmund Husserl und die phänomenologische Bewegung. Zeugnisse und Texte im Bild, Freiburg/München 1988; ders. (ed.), Metamorphose der P.. Dreizehn Stadien von Husserl aus, Freiburg/München 1999; ders., Bild. P. der Epoché I, Würzburg 2012; R.N. Smid, An Early Interpretation of Husserl's Phenomenology. Johannes Daubert and the »Logical Investigations«, Husserl Stud. 2 (1985), 267–290; D.W. Smith/A.L. Thomasson (eds.), Phenomenology and Philosophy of Mind, Oxford 2005; J. Soentgen, Die verdeckte Wirklichkeit. Einführung in die Neue P. von Hermann Schmitz, Bonn 1998; R. Sokolowski, Introduction to Phenomenology, Cambridge etc. 2000; H. Spiegelberg, The Phenomenological Movement. A Historical Introduction, I–II, Den Haag 1960, in 1 Bd., The Hague/Boston Mass./London rev. ^{3}1982; ders., The Context of the Phenomenological Movement, The Hague/Boston Mass./London 1981, Dordrecht etc. 1994; M. Staudigl/G. Berguno (eds.), Schutzian Phenomenology and Hermeneutic Traditions, Dordrecht etc. 2014; E. Ströker/P. Janssen, Phänomenologische Philosophie, Freiburg/München 1989; L. Tengelyi, Erfahrung und Ausdruck. P. im Umbruch bei Husserl und seinen Nachfolgern, Dordrecht 2007; A.-T. Tymieniecka, Phenomenology and Science in Contemporary European Thought, New York 1962; B. Waldenfels, Grenzen der Normalisierung. Studien zur P. des Fremden II, Frankfurt 1998, erw. ^{2}2008; C. Watkin, Phenomenology or Deconstruction? The Question of Ontology in Maurice Merleau-Ponty, Paul Ricœur and Jean-Luc Nancy, Edinburgh 2009; R. Welter, Die Lebenswelt als ›Anfang‹ des methodischen Denkens in P. und Wissenschaftstheorie, in: C.F. Gethmann (ed.), Lebenswelt und Wissenschaft [s.o.], 143–163; D. Welton, The Other Husserl. The Horizons of Transcendental Phenomenology, Bloomington Ind./Indianapolis Ind. 2000; D. Zahavi, Husserl's Phenomenology, Stanford Calif. 2003 (dt. Husserls P., Tübingen 2009); R. Zocher, Husserls P. und Schuppes Logik. Ein Beitrag zur Kritik des intuitionistischen Ontologismus in der Immanenzidee, München 1932. C.T.

Phänomenologie des Geistes, Titel des ersten umfangreichen philosophischen Werkes von G.W.F. Hegel (Bamberg/Würzburg 1807), das als erster Teil eines nicht weiter ausgeführten ›Systems der Wissenschaft‹ konzipiert ist. Dem Werk liegt keine einheitliche Konzeption zugrunde, weil Hegel noch während der Drucklegung den ursprünglichen Plan einer ›Wissenschaft der Erfahrung des Bewußtseins‹ zu einer welthistorischen Rekonstruktion der Geistesentwicklung überhaupt ausgeweitet hat. Diese Ausweitung hat für das spätere Werk Hegels keinen Bestand. Die »Encyclopädie der philosophischen Wissenschaften im Grundrisse. Zum Gebrauch seiner Vorlesungen« (Heidelberg ^{3}1830) nimmt wiederum eine Reduktion vor und beschränkt den zu behandelnden Themenbereich einer P.d.G. auf die Stufe des nur reflektierenden ↑Geistes, der als ↑›Bewußtsein‹ den Bereich des gegenstandsbezogenen Wissens ausmacht. Die P.d.G. wird damit zu einem Bestandsstück der subjektiven Geistphilosophie (↑Geist, subjektiver), wobei die Behandlung wesentlicher Sachverhalte nun auf die Naturphilosophie, vor allem aber auf die objektive (↑Geist, objektiver) und die absolute (↑Geist, absoluter) Geistphilosophie verteilt wird. Trotz dieser Einschränkungen hält Hegel auch im Spätwerk am Sinn der Gliederung und Ausführung der P.d.G. von 1807 fest, indem er den frühen Entwurf als längsschnittartige Rekonstruktion des Weges von der ›Wissenschaft‹, deren elementare Ausprägung das natürliche Bewußtsein ist, zur spekulativ verfahrenden ›philosophischen Wissenschaft‹ in Anspruch nimmt, während das spätere System die ›philosophische Wissenschaft‹ selbst im Querschnitt ausbreitet, in dem auf die »konkreten Gestalten des Bewußtseyns, wie z.B. der Moral, Sittlichkeit, Kunst, Religion [...]« nicht mehr eingegangen zu werden braucht (System Philos. I, Sämtl. Werke VIII, 98). Das Verhältnis der das philosophische System vorbereitenden P.d.G. zu der in das System selbst integrierten P.d.G. ist in der Literatur umstritten.

Die Thematik der Rekonstruktion der Genese der philosophischen Wissenschaft aus unmittelbaren Wissensformen ist bereits in der P.d.G. von 1807 methodisch ambivalent. Diese Rekonstruktion ist zum einen ein genuin philosophisch-wissenschaftliches Unternehmen und setzt als Selbsterinnerung des Geistes die erreichte Stufe des ›absoluten Wissens‹ (↑Wissen, absolutes) voraus (Sämtl. Werke II, 618–620); die erinnernde Rekonstruktion weiß so stets mehr als die zu rekonstruierende Wissensform selbst. Zum anderen soll die Entwicklung des Geistes in einer immanenten Konsequenz der Stufung ohne die Inanspruchnahme einer Orientierung am absoluten Wissen beschrieben werden. Indem zunächst die stets erneut aufbrechende Differenz von Wissen und gewußter Sache aufgehoben (↑aufheben/Aufhebung) wird, erreicht die P.d.G. ihr Resultat im absoluten Wissen, in dem diese Differenz grundsätzlich als ein geistiges Selbstverhältnis erkannt wird. Damit wird begriffen, »daß die Substanz wesentlich Subjekt ist« (Sämtl. Werke II, 27, vgl. 22, 31, 37). Erst wenn alle Bestimmtheiten des selbständigen Seins und schließlich auch die Bestimmung der Selbständigkeit als Durchgangsmomente der geistigen Entwicklung begriffen werden, die durch theoretische, praktische, ästhetische und religiöse Stadien in einer zudem noch historischen Dimension verläuft, wird die eigentliche »philosophische Wissenschaft« in ihrer immanenten Grundlegung als »*Logik* oder spekulative Philosophie« (Sämtl. Werke II, 37, ↑Hegelsche Logik) möglich.

Die Entwicklung des Geistes nimmt ihren Ausgang vom individuellen gegenständlichen Wissen (›Bewußtsein‹), das seine gestufte Wahrheit als ›sinnliche Gewißheit‹ (↑Gewißheit, sinnliche), als ›Wahrnehmung‹ und als ›Kraft und Verstand‹ hat. Die Frage nach dem sicheren Wissen wird auf die bewußte Zuwendung zum Bewußtsein selbst verschoben, nachdem sich gezeigt hat, daß die sprachliche Fixierung der unmittelbaren sinnlichen Auffassung nur eine flüchtige Wahrheit verschafft und die Einheit in der Vielheit der Qualitäten des Gegenstandes eine gedankliche, keine selbständige dingliche Einheit ist. Die Dialektik des ↑›Selbstbewußtseins‹ ist der Inhalt des zweiten Teils der P.d.G.. Auch hier beginnt Hegel mit der Individualität, hier nun der Selbstgewißheit und nicht mehr des gegenständlichen Bewußtseins. Die Selbstgewißheit bildet sich zunächst im Kontrast und durch Negation (↑Negation der Negation, ↑Negativität) der mit Selbständigkeitsanspruch versehenen gegenständlichen Sphäre, dann der ↑›Anerkennung‹ durch ein anderes Selbstbewußtsein und im Kampf um diese Anerkennung (↑Herr und Knecht). Die Autonomie des Selbstbewußtseins, die in diesem Kampf entsteht, erscheint in verinnerlichter Form positiv als (1) ›Stoizismus‹, d.h. als Bewußtsein, »in aller Abhängigkeit [...] frei zu seyn« (Sämtl. Werke II, 160), negativ als (2) ›Skeptizismus‹, d.h. als widersprüchliches Bewußtsein, das die ›Nichtigkeit‹ aller vorgeblichen Wesentlichkeit ausspricht, und als (3) ›unglückliches Bewußtsein‹ (↑Bewußtsein, unglückliches), das eben diese Widersprüchlichkeit als die eigene Identität und Wesentlichkeit erfährt. Erst im Absehen von sich (›Aufopferung‹) bewältigt das Selbstbewußtsein sein Unglück. Indem es ihm nicht mehr um »seine Selbständigkeit und Freiheit« (Sämtl. Werke II, 183) geht, wird es allgemein. Es tritt als ›Vernunft‹ aus seiner für sich seienden Individualität in die ↑Dialektik des allgemeinen und überindividuellen Bewußtseins ein.

Während sich im ersten Teil der P.d.G. das ›Bewußtsein‹ äußerlich anschauend und prädizierend zum Gegenstand stellt, im zweiten Teil das ›Selbstbewußtsein‹ diesen Gegenstand negiert und sich am anderen Selbstbewußtsein ebenfalls negierend selbst gewinnt, wird im dritten Teil die ›Vernunft‹ zu derjenigen Instanz, die positiv als ›Idealismus‹ (Sämtl. Werke II, 188) allen gegenständlichen und geistigen Sinn als sich füllende Selbstgewinnung auffaßt. Die Vernunft »sucht ihr Anderes, indem sie weiß, daran nichts Anderes als sich selbst zu besitzen« (Sämtl. Werke II, 190). Als ›beobachtende Vernunft‹ wird die zu begreifende Sache in der distanzierten intersubjektiven Zuwendung zur Natur, dann zum Bewußtsein und zum Selbstbewußtsein selbst und schließlich zur Verbindung von äußerer Naturbetrachtung und Bewußtseinsform in der ›Physiognomik‹ und ›Schädellehre‹ betrieben. Die ›beobachtende Vernunft‹ ist die Wiederholung der erkenntnismäßig sich realistisch orientierenden Stufen des ersten Teils der

P. d. G. (›Bewußtsein‹) auf idealistischem Niveau (Sämtl. Werke II, 272). Die Stufen des zweiten Teils der P. d. G. (›Selbstbewußtsein‹) werden (unter dem Titel »Die Verwirklichung des vernünftigen Selbstbewußtseins durch sich selbst«) von den subjektiv bestimmten Vermögen und Bestimmungen des Begehrens (›Lust‹), des Herzens und der vernünftigen Verallgemeinerung im ›Bewußtsein der Tugend‹ wiederholt.

Die Tugend, die sich negativ zum ›Weltlauf‹ verhält, zeigt sich im Zusammenprall mit dem Weltlauf als wesenlos. Die Zuwendung zu einer Sache gerät unter der Hand ebenso in die Dialektik des Selbstverlustes. Nur indem die Sache als ›sittliche Substanz‹ (Sämtl. Werke II, 322) in ihrer Gesetzesartigkeit gewußt und geprüft wird, vermag dieser Dialektik entgegengewirkt zu werden. Das Gesetz der Sittlichkeit aber muß in seiner Geltung unabhängig von allem Wissen und von aller Prüfung sein. Es ist hierin der »absolute reine Willen Aller« (Sämtl. Werke II, 332), der ›Geist‹ als die sittliche Wirklichkeit, in dem nun endgültig die Allgemeinheit der Vernunft zum Thema der P. d. G. wird. Der ›Geist‹ tritt dabei in die nun auch historisch zu situierenden, sich stufenden Momente der ↑›Sittlichkeit‹, der sie zerstörenden ↑›Bildung‹ und ↑›Aufklärung‹ und der ↑›Moralität‹ ein. Hegel rekonstruiert hier den okzidentalen Prozeß der ↑Rationalisierung, der auch als ein fortschreitender Verinnerlichungsvorgang des Ursprungs aller Normativität (↑normativ) beschrieben werden kann.

Das Kapitel über die ›Moralität‹ ist wesentlich als Kritik der Moralphilosophie I. Kants und der romantischen Philosophie (F. Hölderlin, F. Schlegel, F. Schleiermacher) konzipiert. Das ›moralische Selbstbewußtsein‹ ist vereinzeltes Selbstbewußtsein, das unter Absehung von aller ihm ›bedeutungslosen Wirklichkeit‹ in sich die ↑›Pflicht‹ als allgemeine Norm entdeckt. Insofern diese Pflicht Wirklichkeit werden soll, kommt es innerhalb der moralischen Weltanschauung zur Ausbildung von ›Postulaten‹ (›Endzweck der Welt‹, ›Harmonie der Moralität und des sinnlichen Willens‹, Annahme eines ›absoluten Wesens‹). In deren Realisierung aber verstrickt sich die Moralität in ein »*ganzes Nest* gedankenloser Widersprüche« (Sämtl. Werke II, 472). Es wird – und dies ist der Einwand gegen Kants These von der Widerspruchslosigkeit der Praktischen Philosophie in deren Blick auf die Ideen – die Moralität in sich selbst antinomisch (↑Antinomie). Sie muß in einem behaupten, daß sie der Wirklichkeit gänzlich überhoben und doch ganz auf sie angewiesen sei. Um Handlung zu werden, muß sie sich jeweils eine Seite dieses Widerspruchs ›verstellen‹, und sie steht vor der Alternative, zu heucheln oder sich in ein der Handlung enthaltendes unmittelbares ›reines Gewissen‹ zu flüchten.

Die ›schöne Seele‹ ist die sich der Handlung enthaltende Innerlichkeit des Gewissens. Wenn das ↑Gewissen zur Handlung zurückkehrt, erscheint es als die höchste Stufe der Individuierung des Selbstbewußtseins, das seine undiskutierbare Überzeugung mit dem allgemeinsten Geltungsanspruch verbindet. Jeder andere, der sich auf sein Gewissen beruft, erscheint ihm als heuchlerisch und als das ↑Böse schlechthin. Der Ausgleich der absolut widerstreitenden Berufungen auf das Gewissen kann nur durch Verzeihung, Versöhnung und gegenseitige Anerkennung erfolgen, als »erscheinender Gott mitten unter ihnen« (Sämtl. Werke II, 516).

Der Abschnitt über die ›Religion‹ vereinigt religionsphilosophische und kunstphilosophische Überlegungen. Die Religionsentwicklung, die auch als eine historisch fixierbare Selbstdeutung des Geistes gefaßt werden kann, hat eine Stufung, die über die substantiell-gegenständliche (›natürliche Religion‹), die subjektiv-erzeugte (›Kunst-Religion‹) bis hin zur ›absoluten Religion‹ (›offenbare Religion‹) reicht. Während die beiden ersten Stufen noch Transzendenzvorstellungen (↑transzendent/Transzendenz) beinhalten, gibt es auf der letzten Stufe der Religionsentwicklung eine geistimmanente Verankerung des allgemeinen Wesens, die sich in der gemeindlichen Religionsausübung konkretisiert (Sämtl. Werke II, 594–595). In den vermittelnden Handlungen des Kultus wird die ›Menschwerdung des göttlichen Wesens‹ (Sämtl. Werke II, 577) ebenso wie die Vergöttlichung des Menschen vollzogen. Die gemeindliche Religionsausübung ist eine Selbsterfassung des Geistes nur in der Form des ›Vorstellens‹ (Sämtl. Werke II, 599, 602), noch nicht des ›Begreifens‹.

Erst im ›absoluten Wissen‹ – als philosophische Wissenschaft – wird sich der Geist selbst als Geist im begrifflichen Medium inne, nicht mehr nur auf anschauliche oder vorstellende, d. h. letztlich stets noch uneigentliche vergegenständlichende, Weise. Er ist reine Selbsterfassung, wird zum ›Begriff‹, von dem aus die philosophische Wissenschaft (Sämtl. Werke II, 610–611) als Rekonstruktion der systematisch-begrifflichen ebenso wie historisch zu situierenden (Sämtl. Werke II, 614) Selbstentwicklung und Selbsterfassung des Geistes, d. h. die P. d. G. selbst, möglich und erklärbar wird. Die philosophische Wissenschaft ist in zwei Richtungen entwickelbar. Sie erinnert mit der P. d. G. die eigene Genese, im expliziten Wissen um deren Resultat. Als sich selbst explizierende ›Logik‹ tritt sie ein in ihre eigene bei sich bleibende, den Begriff explizierende Tätigkeit (↑Hegelsche Logik).

Mit der P. d. G. vollzieht Hegel den Bruch mit der ↑Identitätsphilosophie F. W. J. Schellings. Im Rückgriff auf die neuzeitlichen erkenntniskritischen und metaphysisch-subjektivitätstheoretischen Traditionen fordert Hegel dazu auf, die Subjekt-Objekt-Relation (↑Subjekt-Objekt-Problem) nicht in der ›totalen Indifferenz‹ eines dem sprachlich-geistigen Zugriff grundsätzlich entzogenen substantiellen ›Absoluten‹ (↑Absolute, das) zu begründen, sondern das Absolute als differenzierte, sich selbst begreifende Prozessualität, d. h. als ›Begriff‹, zu fassen. Gleichzeitig soll vermieden werden, die Subjekt-Objekt-Relation unhinterfragt im Sinne der nichtphilosophischen Wissenschaften zu belassen. Sie ist nur eine transitorische Wissensform.

Literatur: K. Appel/T. Auinger (eds.), Eine Lektüre von Hegels »P. d. G.«, I–II, Frankfurt etc. 2009/2012; A. Arndt/E. Müller (eds.), Hegels »P. d. G.« heute, Berlin 2004; R. Aschenberg, Der Wahrheitsbegriff in Hegels »P. d. G.«, in: K. Hartmann (ed.), Die ontologische Option. Studien zu Hegels Propädeutik, Schellings Hegel-Kritik und Hegels P. d. G., Berlin/New York 1976, 211–308; T. Auinger/F. Grimmlinger (eds.), Wissen und Bildung. Zur Aktualität von Hegels »P. d. G.« anlässlich ihres 200jährigen Jubiläums, Frankfurt etc. 2007; W. Becker, Hegels »P. d. G.«. Eine Interpretation, Stuttgart etc. 1971; H.-G. Bensch, Perspektiven des Bewußtseins. Hegels Anfang der »P. d. G.«, Würzburg 2005; W. F. Bristow, Hegel and the Transformation of Philosophical Critique, Oxford 2007, 2012; G. K. Browning (ed.), Hegel's »Phenomenology of Spirit«. A Reappraisal, Dordrecht/Boston Mass./London 1997; R. Bubner, Dialektik und Wissenschaft, Frankfurt 1973, ^{2}1974, 9–43 (Problemgeschichte und systematischer Sinn der »Phänomenologie« Hegels); U. Claesges, Darstellung des erscheinenden Wissens. Systematische Einleitung in Hegels P. d. G., Bonn 1981, 1987 (Hegel-Stud. Beih. 21); A. B. Collins, Hegel's Phenomenology. The Dialectical Justification of Philosophy's First Principles, Montréal etc. 2013; K. Cramer, Bemerkungen zu Hegels Begriff vom Bewußtsein in der Einleitung zur P. d. G., in: U. Guzzoni/B. Rang/L. Siep (eds.), Der Idealismus und seine Gegenwart. Festschrift für Werner Marx zum 65. Geburtstag, Hamburg 1976, 75–100, ferner in: R.-P. Horstmann (ed.), Seminar [s. u.], 360–393; M. Daskalaki, Vernunft als Bewusstsein der absoluten Substanz. Zur Darstellung des Vernunftbegriffs in Hegels »P. d. G.«, Berlin 2012; E. Fink, Hegel. Phänomenologische Interpretationen der »P. d. G.«, ed. J. Holl, Frankfurt 1977, 2012; M. N. Forster, Hegel's Idea of a Phenomenology of Spirit, Chicago Ill./London 1998; H. F. Fulda, Das Problem einer Einleitung in Hegels Wissenschaft der Logik, Frankfurt 1965, ^{2}1975; ders./D. Henrich (eds.), Materialien zu Hegels »P. d. G.«, Frankfurt 1973, ^{8}1992; J. Gauvin, Wortindex zu Hegels P. d. G., Bonn 1977, 1984 (Hegel-Stud. Beih. 14); M. Gerten (ed.), Hegel und die »P. d. G.«. Neue Perspektiven und Interpretationsansätze, Würzburg 2012; T. Haering, Die Entstehungsgeschichte der P. d. G., in: B. Wigersma (ed.), Verhandlungen des Dritten Hegelkongresses vom 19.–23. April 1933 in Rom, Tübingen, Haarlem 1934, 118–138; F.-P. Hansen, Hegels »P. d. G.«. »Erster Teil« des »Systems der Wissenschaft« dargestellt an Hand der »System-Vorrede« von 1807, Würzburg 1994; H. S. Harris (ed.), Hegel. Phenomenology and System, Indianopolis Ind./Cambridge Mass. 1995; ders., Hegel's Ladder. A Commentary on Hegel's Phenomenology of Spirit, I–II, Indianapolis Ind./Cambridge Mass. 1997; M. Häußler, Der Religionsbegriff in Hegels »P. d. G.«, Freiburg/München 2008; M. Heidegger, Hegels P. d. G., ed. I. Görland, Frankfurt 1980, ^{3}1997 (Heidegger-Gesamtausg. XXXII); J. Heinrichs, Die Logik der »P. d. G.«, Bonn 1974, ^{2}1983; R.-P. Horstmann, Hegels vorphänomenologische Entwürfe zu einer Philosophie der Subjektivität in Beziehung auf die Kritik an den Prinzipien der Reflexionsphilosophie, Diss. Heidelberg 1968; ders. (ed.), Seminar: Dialektik in der Philosophie Hegels, Frankfurt 1978, ^{2}1989; S. Houlgate, Hegel's »Phenomenology of Spirit«. A Reader's Guide, London/New York 2013; J. Hyppolite, Genèse et structure de la Phénoménologie de l'Esprit de Hegel, I–II, Paris 1946, 1974 (engl. Genesis and Structure of Hegel's Phenomenology of Spirit, Evanston Ill. 1974); F. Jameson, The Hegel Variations. On the »Phenomenology of Spirit«, London/New York 2010; K. E. Kaehler/W. Marx, Die Vernunft in Hegels P. d. G., Frankfurt 1992; H. P. Kainz, Hegel's Phenomenology, I–II, Tuscaloosa Ala., Athens Ohio/London 1976/1983; E. Kohl, »Gestalt«. Untersuchungen zu einem Grundbegriff in Hegels »P. d. G.«, München 2003; D. Köhler, Freiheit und System im Spannungsfeld von Hegels P. d. G. und Schellings Freiheitsschrift, München 2006; ders./O. Pöggeler (eds.), G. W.F. Hegel. P. d. G., Berlin 1998, ^{2}2006; A. Kojève, Introduction à la lecture de Hegel. Leçons sur la »Phénoménologie de l'Esprit« professées de 1933 à 1939 à l'Ecole des Hautes-Etudes, ed. R. Queneau, Paris 1947, 1968 (repr. 1979, 2011) (dt. [gekürzt] Hegel. Eine Vergegenwärtigung seines Denkens. Kommentar zur P. d. G., ed. I. Fetscher, Stuttgart 1958, mit einem Anhang: Hegel, Marx und das Christentum, ed. I. Fetscher, Frankfurt 1975, ^{5}2005; engl. Introduction to the Reading of Hegel. Lectures on the Phenomenology of Spirit, ed. A. Bloom, New York 1969, Ithaca N. Y./ London 1980); L. Krasnoff, Hegel's Phenomenology of Spirit. An Introduction, Cambridge etc. 2008; A. Kreß, Reflexion als Erfahrung. Hegels Phänomenologie der Subjektivität, Würzburg 1996; P.-J. Labarrière, Structures et mouvement dialectique dans la Phénoménologie de l'Esprit de Hegel, Paris 1968, 1985; Q. Lauer, A Reading of Hegel's »Phenomenology of Spirit«, New York 1976, ^{2}1993; B. Liebrucks, Sprache und Bewußtsein V (Die zweite Revolution der Denkungsart. Hegel: P. d. G.), Frankfurt 1970; H. Marcuse, Hegels Ontologie und die Grundlegung einer Theorie der Geschichtlichkeit, Frankfurt 1932, 257–362 (Leben als Seinsbegriff in der »P. d. G.«), unter dem Titel: Hegels Ontologie und die Theorie der Geschichtlichkeit, Frankfurt ^{2}1968, ^{3}1975, 2004, 257–362; W. Marx, Hegels P. d. G.. Die Bestimmung ihrer Idee in »Vorrede« und »Einleitung«, Frankfurt 1971, ^{2}1981, 2006 (engl. Hegel's Phenomenology of Spirit. Its Point and Purpose. A Commentary on the Preface and Introduction, New York 1975, mit Untertitel: A Commentary Based on the Preface and Introduction, Chicago Ill./London 1988); ders., Das Selbstbewußtsein in Hegels P. d. G., Frankfurt 1986; R. K. Maurer, Hegel und das Ende der Geschichte. Interpretationen zur »P. d. G.«, Stuttgart etc. 1965, Freiburg/München ^{2}1980; D. Moyar/M. Quante (eds.), Hegel's Phenomenology of Spirit. A Critical Guide, Cambridge etc. 2008; C. Nink, Kommentar zu den grundlegenden Abschnitten von Hegels P. d. G., Regensburg 1931, ^{2}1948; R. Norman, Hegel's Phenomenology. A Philosophical Introduction, o. O. [Brighton], New York 1976, Aldershot 1991; H. H. Ottmann, Das Scheitern einer Einleitung in Hegels Philosophie. Eine Analyse der P. d. G., München/Salzburg 1973; R. B. Pippin, Hegel on Self-Consciousness. Desire and Death in the Phenomenology of Spirit, Princeton N. J./Oxford 2011; O. Pöggeler, Hegels Idee einer P. d. G., Freiburg/München 1973, ^{2}1993, 231–298 (Hegels Phänomenologie des Selbstbewußtseins); B. Rendant, Kritik der P. d. G. oder: Verteidigung des gesunden Menschenverstandes, I–II, Frankfurt 2013; T. Rockmore, Cognition. An Introduction to Hegel's »Phenomenology of Spirit«, Berkeley Calif./Los Angeles/London 1997; J. Russon, The Self and Its Body in Hegel's »Phenomenology of Spirit«, Toronto/Buffalo N. Y./London 1997, 2001; ders., Reading Hegel's Phenomenology, Bloomington Ind./Indianapolis Ind. 2004; C.-A. Scheier, Analytischer Kommentar zu Hegels P. d. G.. Die Architektonik des erscheinenden Wissens, Freiburg/München

1980, [2]1986; J. Schmidt, »Geist«, »Religion« und »absolutes Wissen«. Ein Kommentar zu den drei gleichnamigen Kapiteln aus Hegels »P. d. G.«, Stuttgart/Berlin/Köln 1997; A. Sell, Martin Heideggers Gang durch Hegels »P. d. G.«, Bonn 1998; L. Siep, Der Weg der »P. d. G.«. Ein einführender Kommentar zu Hegels »Differenzschrift« und zur »P. d. G.«, Frankfurt, Darmstadt 2000, Frankfurt 2001; P. Stekeler-Weithofer, Hegels P. d. G.. Ein dialogischer Kommentar in zwei Teilen, I–II, Hamburg 2014; R. Stern, Routledge Philosophy Guidebook to Hegel and the Phenomenology of Spirit, London/New York 2002, unter dem Titel: The Routledge Guidebook to Hegel's Phenomenology of Spirit, Abingdon/New York 2013; J. Steward (ed.), The »Phenomenology of Spirit« Reader. Critical and Interpretive Essays, Albany N. Y. 1998; K. Vieweg/W. Welsch (eds.), Hegels P. d. G.. Ein kooperativer Kommentar zu einem Schlüsselwerk der Moderne, Frankfurt 2008; C. Weckwerth, Metaphysik als Phänomenologie. Eine Studie zur Entstehung und Struktur der Hegelschen »P. d. G.«, Würzburg 2000; K. R. Westphal, Hegel's Epistemological Realism: A Study of the Aim and Method of Hegel's Phenomenology of Spirit, Dordrecht/Boston Mass./London 1989; ders., The Blackwell Guide to Hegel's »Phenomenology of Spirit«, Malden Mass./Oxford 2009; R. D. Winfield, Hegel's »Phenomenology of Spirit«. A Critical Rethinking in Seventeen Lectures, Lanham Md. 2013; F. Zander, Herrschaft und Knechtschaft. Die Genese des Selbstbewusstseins in Hegels »P. d. G.«. Ein Kommentar, Paderborn 2014. S. B.

Phänotyp (von griech. *φαίνω*, erscheinen, und *τύπος*, Abdruck, Muster), Bezeichnung für die Gesamtheit aller äußeren Merkmale eines ↑Organismus. Der Begriff des P. wurde von W. Johannsen (Elemente der exakten Erblichkeitslehre, 1909) anhand von reinen Linien (durch Inzucht hergestellte Pflanzenstämme) entwickelt, in denen es statistisch typische Merkmale geben kann. Als Komplement dazu wurde – mit wechselnden Formulierungen – der Begriff des Genotyps für die nicht näher charakterisierte, grundlegende genetische Ausstattung des Organismus eingeführt. Der Grundgedanke, der für die ↑Genetik prägend wurde, liegt darin, daß der P. die typische Zusammenwirkung der Erbausstattung, die eine Reaktionsnorm bestimmt, mit den gegebenen Umweltbedingungen darstellt. Der P. wird beobachtet; der Genotyp wird auf Grund kausaler Überlegungen aus den Beobachtungen, gegebenenfalls von mehreren Generationen, erschlossen. Mit der Entwicklung der molekularen Genetik wird der Genotyp nicht mehr aus dem P. erschlossen, sondern unabhängig durch die Struktur der DNS bestimmt.

Nach Lewontin (2011) sind Genotyp und P. als Typenbegriffe von den Begriffen der materiellen Gegenstände, die sie beschreiben, zu unterscheiden. So ist das ↑Genom die Gesamtheit der DNS-Moleküle eines gegebenen Organismus; das Phänom die Gesamtheit seiner morphologischen, physiologischen usw. Merkmale. Organismen mit gleichen Genomen (z. B. eineiige Zwillinge) gehören zum selben Genotyp. Da es auf Grund von ↑Mutationen in der Ontogenese kaum vorkommen kann, daß zwei Phänome wirklich gleich sind, ist der P. in der Regel strenggenommen eine Klasse mit einem einzigen Element. Die Begriffe Genotyp und P. werden deshalb häufig für partielle Beschreibungen von Organismen benutzt: ein Organismustyp wird durch ein bestimmtes Merkmal oder einen bestimmten Merkmalskomplex charakterisiert. Z. B. gehören alle Drosophila mit einer bestimmten Flügel- oder Augenform einem bestimmten P. an, ohne daß die Übereinstimmung in anderen Merkmalen betrachtet werden muß. – R. Dawkins (The Extended Phenotype, 1982) hat den Begriff des erweiterten P.s (›extended phenotype‹) verwendet, um regelmäßige und spürbare Umgestaltungen der ↑Umwelt, die von einem Organismus verursacht werden, zu bezeichnen. Allerdings seien solche Veränderungen nur insofern interessant, als sie selektionsrelevant (↑Selektion) sind. So gehöre z. B. der See hinter dem Biberdamm oder das Netz der Spinne zum erweiterten P. des Bibers bzw. der Spinne, nicht jedoch ihr Einfluß auf die Umwelt durch Hinterlassen von Kot oder Bewegungsspuren – auch wenn es ›formal korrekt‹ (207) wäre, letztere dazu zu zählen. So wird der Begriff des P. in Richtung Gesamtheit der Anpassungen gerückt.

Literatur: R. Dawkins, The Extended Phenotype. The Gene as the Unit of Selection, Oxford/San Francisco Calif. 1982, mit Untertitel: The Long Reach of the Gene, Oxford/New York 1989, 2008 (dt. Der erweiterte P.. Der lange Arm der Gene, Heidelberg 2010); R. C. Lewontin, The Genotype/Phenotype Distinction, SEP 2004, rev. 2011; N. Roll-Hansen, Sources of Wilhelm Johannsen's Genotype Theory, J. Hist. Biol. 42 (2009), 457–493; S. Sarkar, From the Reaktionsnorm to the Adaptive Norm. The Norm of Reaction, 1909–1960, Biology and Philos. 14 (1999), 235–252; G. Toepfer, Genotyp/P., in: ders., Historisches Wörterbuch der Biologie. Geschichte und Theorie der biologischen Grundbegriffe II, Stuttgart/Weimar, Darmstadt 2011, 59–71. P. M.

Phantasie (griech. *φαντασία*, Anblick, Anschauung, Vorstellung, Einbildung, engl./franz. imagination), nach Aristoteles Bezeichnung für ein Vermögen (*φαντασία*), das ein immaterielles Bild (*φάντασμα*) des sinnlich Wahrgenommenen entwirft, aber auch für die Nachbilder von Sinneseindrücken sowie für Traum- und Gedächtnisbilder verantwortlich ist. Ähnlich beschreibt die ↑Stoa die genaue, durch Sinne oder Gemüt hervorgerufene Vorstellung eines Gegenstandes als *φαντασία καταληπτική* (↑Katalepsis). In der mittelalterlichen und frühneuzeitlichen Philosophie (seit dem 17. Jh.) wird *φαντασία* durch ↑›imaginatio‹, in der deutschsprachigen Philosophie seit dem 17. Jh. durch ↑›Einbildungskraft‹ wiedergegeben. Im heutigen Sprachgebrauch Bezeichnung sowohl für den *Vorgang* der Einbildung und ↑Vorstellung als auch für das entsprechende *Vermögen*, und zwar im Sinne der Produktion neuer wie der Neukombination erinnerter Denk- und Vorstellungsgehalte.

P. gilt als unabdingbar für alltagspraktische, künstlerische, technische und wissenschaftliche Kreativität und Spontaneität (↑spontan/Spontaneität). Auf Grund ihres möglichen antizipatorischen (↑Antizipation) Charakters können P.n motivationale Bedeutung haben (↑Motiv), auf Grund ihrer wirklichkeitsignorierenden und wirklichkeitsüberbietenden Tendenz Realitätsflucht begünstigen (›Leben in der bloßen P.‹). Dieser möglichen negativen Funktion entsprechend werden P.n psychopathologisch nach dem Grad unterschieden, in dem sie das Realitätsbewußtsein eines Menschen einschränken (von gesteuerten und ungesteuerten P.n im Wachzustand und bei vollem Bewußtsein ihrer Irrealität bis zu Träumen während des Schlafs und Trug- und Wahnvorstellungen bei Psychosen). Nach psychoanalytischer Auffassung (↑Psychoanalyse) können P.n, die unter Umständen unbewußt sind, die Befriedigung eines ↑Bedürfnisses oder ↑Triebes ersetzen, wenn diese Befriedigung auf Grund der Abwesenheit oder Unerreichbarkeit des Bedürfnis- oder Triebobjekts unmöglich ist (›Wunscherfüllungsphantasien‹): »P. hat die ambivalente Bedeutung, symbolisierend auf Möglichkeiten künftiger Befriedigung zu verweisen, oder sich selbst als krankmachende Ersatzbefriedigung anzubieten« (A. Schöpf 1981, 9).

Literatur: U. J. Beil, P., Hist. Wb. Rhetorik VI (2003), 927–943; T. Borsche, P., LThK VIII ([3]1999), 202–203; R. M. J. Byrne, The Rational Imagination. How People Create Alternatives to Reality, Cambridge Mass./London 2005, 2007; G. Camassa u.a., Phantasia, Hist. Wb. Ph. VII (1989), 516–535; E. S. Casey, Imagining. A Phenomenological Study, Bloomington Ind./London 1976, [2]2000; G. Currie/I. Ravenscroft, Recreative Minds. Imagination in Philosophy and Psychology, Oxford etc. 2002; T. Dewender/T. Welt (eds.), Imagination – Fiktion – Kreation. Das kulturschaffende Vermögen der P., München/Leipzig 2003; F. Dorsch, The Unity of Imagining, Frankfurt etc. 2012; J. Engell, The Creative Imagination. Enlightenment to Romanticism, Cambridge Mass./London 1981 (repr. San Jose etc. 1999); M. Fattori/M. Bianchi (eds.), Phantasia – Imaginatio. V° Colloquio Internazionale, Roma 9–11 gennaio 1986, Rom 1988; E. J. Furlong, Imagination, London, New York 1961, London 2002; T. S. Gendler, Intuition, Imagination, and Philosophical Methodology, Oxford etc. 2010; ders., Imagination, SEP 2011; R. Heinrich/H. Vetter (eds.), Bilder der Philosophie. Reflexionen über das Bildliche und die P., Wien/München 1991; K. Hepfer, Die Macht der P. und die Abschaffung des absoluten Wissens. Ein philosophiehistorischer Überblick von Platon bis Kant, Freiburg/München 2012; K. Heymann, P., Basel/New York 1956; H. Hillmann, Alltagsphantasie und dichterische P.. Versuch einer Produktionsästhetik, Kronberg 1977; A. Horn, Das Schöpferische in der Literatur. Theorien der dichterischen P., Würzburg 2000; D. Kamper, Unmögliche Gegenwart. Zur Theorie der P., München 1995; E. Klinger, Structure and Functions of Fantasy, New York etc. 1971; ders. (ed.), Imagery II (Concepts, Results, and Applications), New York/London 1981; G. Kühne-Bertram/H.-U. Lessing (eds.), P. und Intuition in Philosophie und Wissenschaften. Historische und systematische Perspektiven, Würzburg 2011; H. Kunz, Die anthropologische Bedeutung der P., I–II, Basel 1946 (Stud. Philos. Suppl. III–IV), ed. J. Singer, Frauenfeld/Stuttgart/Wien 2005; P. Mathias/J.-L. Vieillard-Baron, Imagination, Enc. philos. universelle II/1 (1990), 1235–1237; C. McGinn, Mindsight. Image, Dream, Meaning, Cambridge Mass./London 2004, 2006 (dt. Das geistige Auge. Von der Macht der Vorstellungskraft, Darmstadt 2007); J. Naud, Une philosophie de l'imagination, Tournai/Paris, Montréal 1979; S. Nichols (ed.), The Architecture of the Imagination. New Essays on Pretence, Possibility, and Fiction, Oxford, New York 2006, 2009; J. O'Leary-Hawthorne, Imagination, REP IV (1998), 705–708; J. Phillips/J. Morley (eds.), Imagination and Its Pathologies, Cambridge Mass./London 2003; B. Ränsch-Trill, P.. Welterkenntnis und Welterschaffung. Zur philosophischen Theorie der Einbildungskraft, Bonn 1996; B. Recki/G. Linde, P., RGG VI ([4]2003), 1259–1262; A. Richardson, Mental Imagery, London, New York 1969; I. Roth (ed.), Imaginative Minds, Oxford etc. 2007; J. Sallis, Force of Imagination. The Sense of the Elemental, Bloomington Ind./Indianapolis Ind. 2000 (dt. Einbildungskraft. Der Sinn des Elementaren, Tübingen 2010); ders., Logic of Imagination. The Expanse of the Elemental, Bloomington Ind./Indianapolis Ind. 2012; J.-P. Sartre, L'imagination. Psychologie phénoménologique de l'imagination, Paris 1936, [9]1983, ed. A. Elkaïm-Sartre, Paris 1986, [7]2012; A. M. Schlutz, Mind's World. Imagination and Subjectivity from Descartes to Romanticism, Seattle/London 2009; H. J. Schneider, P. und Kalkül. Über die Polarität von Handlung und Struktur in der Sprache, Frankfurt 1992, 1999; A. Schöpf (ed.), P. als anthropologisches Problem, Würzburg 1981; J. Schulte-Sasse, P., ÄGB IV (2002), 778–798; A. Sheppard, Phantasia, Enc. Ph. VII ([2]2006), 270–271; J. E. Shorr u.a. (eds.), Imagery I (Its Many Dimensions and Applications), New York/London 1980; M. Trowitzsch, P., TRE XXVI (1996), 496–472; M. Warnock, Imagination, London 1976, 1980; G. Watson, Phantasia in Classical Thought, Galway 1988; B. Williams, Imagination and the Self, Proc. Brit. Acad. 52 (1966), 105–124, Nachdr. in: ders., Problems of the Self. Philosophical Papers, 1956–1972, Cambridge etc. 1973, 1999, 26–45; weitere Literatur: ↑Einbildungskraft, ↑imaginatio, ↑Katalepsis. R. Wi.

Philodemos von Gadara (Jordanien; heute Umm Qais) ca. 110–40/35 v. Chr., griech. Philosoph, bedeutender Vertreter des ↑Epikureismus in Italien. P. ging als junger Mann nach Athen, wo er sich dem Epikureer Zenon von Sidon anschloß, um 70 v. Chr. nach Italien, zunächst nach Rom, dann nach Neapel und Herculaneum, wo er Kontakt zum dortigen Epikureerkreis um Siron aufnahm. P. verfaßte Epigramme (vorwiegend erotischen Inhalts) und mehr als 30 Prosaschriften (etwa 800 Papyrusrollen mit seinen Werken wurden 1752/1754 in Herculaneum gefunden) über Logik, Theologie, Rhetorik, Poetik, Musiktheorie und Ethik, ferner eine Philosophiegeschichte, dazu ein spezifisches Geschichtswerk über Epikur und den Epikureismus. Er kritisiert Götterglauben und Götterfurcht sowie die Vorsehungslehre der ↑Stoa (Götter kümmern sich nicht um menschliche Belange, da dies ihre ↑Ataraxie beeinträchtigen würde). In der Philosophie legt P. weniger Wert auf Originalität als vielmehr darauf, die (nach seiner Meinung von einigen Epikureern – vor allem auf Kos und Rhodos – nicht mehr ›rein‹ tradierte) Lehre Epikurs und seines Lehrers Zenon zu interpretieren, zu systematisieren, zu verbreiten und gegen andere Philosophenschulen zu verteidigen. Mit dieser konsequent abwehrenden Haltung wendet er sich zugleich gegen die zeitgenössische Harmonisierungstendenz der Philosophenschulen (von ↑Akademie, ↑Peripatos und Stoa).

In der seit Platon kontrovers diskutierten Frage, ob der Philosophie oder der ↑Rhetorik der Vorrang gebühre, plädiert P. für die Überlegenheit der Philosophie, da nur sie zum wahren Glück (↑Glück (Glückseligkeit)) führe und die Rhetorik nicht von sich aus tugendhaft mache. Nur die sophistisch-epideikische Rhetorik, nicht die politische Rede, läßt er, da sie allgemeinen methodischen Regeln folge, als Kunst (↑ars) gelten. Mit dieser Anerkennung trägt er dazu bei, daß auch der Epikureismus im kulturellen Leben Akzeptanz findet. – Der Dichtung erkennt P. keinen philosophischen Nutzen zu, obwohl in ihr der ↑Logos eine entscheidende Rolle spielte. Die Musik ist (gegen die ↑Pythagoreer und Platon gewendet) ohne ethischen und erzieherischen Wert, weil sie gänzlich nicht rational sei, da der Logos in ihr keinerlei Bedeutung habe. – Sein Werk »Über Erscheinungen und Bezeichnungen« enthält eine (vor allem gegen Stoiker und Peripatetiker gerichtete) Theorie nicht-empirischer Begriffe auf der Basis einer streng empirischen Erkenntnistheorie. Den Übergang von Einzelwahrnehmungen zu methodisch gesicherten theoretischen Erkenntnissen liefert dabei ein differenziertes Analogieverfahren (↑Analogie). Aufgrund der Annahme, daß empirische Qualitäten von allen Menschen zweifelsfrei bestimmt werden können, lassen sich Induktions- und ↑Analogieschlüsse (im Idealfall) mit Notwendigkeitsanspruch auf theoretische Konzeptionen (wie auf die Existenz von ↑Atomen und des ↑Leeren) gewinnen. Eine Erkenntnis von ↑Noumena ohne Analogie ist nach P. nicht möglich.

Werke: Philodemos über die Götter. Erstes und Drittes Buch, ed. H. A. Diels, Abh. Königl. Preuss. Akad. Wiss., philos.-hist. Kl., Jg. 1915, Nr. 7, Jg. 1916, Nr. 4, Nr. 6, Berlin 1916/1917 (repr. in 1 Bd. Leipzig 1970); H. M. Hubbell, The Rhetorica of Philodemus, New Haven Conn. 1920; P. über die Gedichte. Fünftes Buch [griech./dt.], ed. C. Jensen, Berlin 1923, Dublin/Zürich 1973; T. Kuiper (ed.), Philodemus, Over den dood, Amsterdam 1925; P. H. De Lacy/E. A. De Lacy (eds.), Philodemus. On Methods of Inference. A Study in Ancient Empiricism, Philadelphia Pa. 1941 (repr. Ann Arbor Mich./London 1978), Neapel 1978; W. Liebich, Aufbau, Absicht und Form der Pragmateiai Philodems, Berlin 1960; Über die Musik IV. Buch. Text, Übersetzung und Kommentar [griech./dt.], ed. J. Neubecker, Neapel 1986; Agli amici di scuola (PHerc. 1005), ed. A. Angeli, Neapel 1988; Epigrammi scelti [griech./ital.], ed. M. Gigante, Neapel 1988; L'ira [ital./griech.], ed. G. Indelli, Neapel 1988; Storia dei filosofi: Platone e l'academia (PHerc. 1021 e 164), ed. T. Dorandi, Neapel 1991; Testimonianze su Socrate [ital./griech.], ed. E. A. Méndez/A. Angeli, Neapel 1992; Il quinto libro della Poetica (PHerc. 1425 e 1538), ed. C. Mangoni, Neapel 1993; Storia dei filosofi: La stoà da Zenone a Panezio (PHerc. 1018), ed. T. Dorandi, Leiden/New York/Köln 1994; Philodemus »On Choices and Avoidances«, ed. G. Indelli/V. Tsouna-McKirahan, Neapel 1995 [Zu PHerc. 1251]; Philodemus »On Piety«. Part I. Critical Text with Commentary, ed. D. Obbink, Oxford 1996; Filodemo, Memorie epicure (PHerc. 1418 e 310), ed. C. Militello, Neapel 1997; The Epigrams of P.. Introduction, Texts, and Commentary, ed. D. Sider, Oxford etc. 1997; Philodemus »On Frank Criticism«. Introduction, Translation, and Notes, ed. D. Konstan u. a., Atlanta Ga. 1998; Philodemus »On Poems«, Book I. Introduction, Translation, and Commentary, ed. R. Janko, Oxford etc. 2000; Philodemus and the New Testament World, ed. J. T. Fitzgerald/D. Obbink/G. S. Holland, Leiden/Boston Mass. 2004; Philodemus »On Rhetoric«. Books I and II. Translation and Exegetical Essays, ed. C. Chandler, New York/London 2006; Sur la Musique. Livre IV, I–II, ed. D. Delattre, Paris 2007; Philodemus »On Death«, ed. W. B. Henry, Atlanta Ga. 2009; Philodemus »On Poems«. Book III and IV. With the Fragments of Aristotle »On Poets«, ed. R. Janko, Oxford etc. 2011; Philodemus »On Property Management«, ed. V. Tsouna, Atlanta Ga. 2012. – A. Traversa (ed.), Index stoicorum herculanensis, Genua 1952; Totok I (1964), 285–286, (^{2}1997), 503–505.

Literatur: A. Angeli, Filodemo. Le altre opere, in: *ΣΥΖΗΤΗΣΙΣ*. Studi sull'epicureismo greco e romano offerti a Marcello Gigante II (Rassegne bibliografiche), Neapel 1983, 585–633; D. Armstrong u. a. (eds.), Vergil, Philodemus, and the Augustans, Austin Tex. 2004; E. Asmis, Epicurean Epistemology, in: K. Algra u. a. (eds.), The Cambridge History of Hellenistic Philosophy, Cambridge etc. 1999, 2007, 260–294; dies., Epicurean Empiricism, in: J. Warren (ed.), The Cambridge Companion to Epicureanism, Cambridge etc. 2009, 84–104; C. Auvray-Assayas/D. Delattre (eds.), Cicéron et Philodème. La polémique en philosophie, Paris 2001, 2002; B. Beer, Lukrez und Philodem. Poetische Argumentation und poetologischer Diskurs, Basel 2009; D. Blank, Philodemus on the Impossibility of a ›Philosophical Rhetoric‹, in: F. Woerther (ed.), Literary and Philosophical Rhetoric in the Greek, Roman, Syriac, and Arabic World, Hildesheim/Zürich/New York 2009, 73–94; ders., Philodemus, SEP 2013, rev. 2014; D. Delattre, Philodème de Gadara, DP II (^{2}1993), 2238–2240; ders., La Villa des papyrus et les rouleaux d'Herculanum. La bibliothèque de Philodème, Liège 2006; T. Dorandi, P., DNP IX (2000), 822–827; M. Erler, Philodem aus Gadara, in: H. Flashar (ed.), Die Philosophie der Antike IV/1 (Die hellenistische Philosophie), Basel 1994, 289–362 (mit Bibliographie, 344–362); ders., Philodemus, REP VII (1998), 365–367; K. Gaiser, Philodems Academica. Die Berichte über Platon und die Alte Akademie in zwei herkulanensischen Papyri, Stuttgart-Bad Cannstatt 1988; M. Gigante, Ricerche filodemee, Neapel 1969, erw. ^{2}1983; ders., Filodemo in Italia, Florenz 1990 (engl. Philodemus in Italy. The Books from Herculaneum, Ann Arbor Mich. 1995, 2002); ders., Altre ricerche filodemee, Neapel 1998; N. A. Greenberg, The Poetic Theory of Philodemus, New York/London 1990; R. Laurenti, Filodemo e il pensiero economico degli epicurei, Mailand 1973; F. Longo Auricchio/G. Indelli/G. del Mastro, Philodème de Gadara, Dict. ph. ant. V/A (2012), 334–359; A. J. Neubecker, Die Bewertung der Musik bei Stoikern und Epikureern. Eine Analyse von Philodems Schrift »De musica«, Berlin 1956; D. Obbink (ed.), Philodemus and Poetry. Poetic Theory and Practice in Lucretius, Philodemus, and Horace, Oxford etc. 1995; F. Sbordone, Sui papiri della poetica di Filodemo, Neapel 1983; D. Sider, The Library of the

Villa dei Papiri at Herculaneum, Los Angeles Calif. 2005; V. Tsouna, Philodemus, Enc. Ph. VII ([2]2006), 301–303; ders., The Ethics of Philodemus, Oxford etc. 2007. M. G.

Philolaos von Kroton, *Kroton (oder Tarent) um 470 v. Chr., †Tarent um 390 v. Chr., neben Archytas von Tarent, dessen Lehrer er gewesen sein soll, der bedeutendste Vertreter der Jüngeren ↑Pythagoreer. Platons »Timaios« soll zum großen Teil das Gedankengut des P. wiedergeben. Der Kernsatz seines Buches »Über die Natur« lautet: »Alles Seiende muß notwendig entweder grenzenbildend oder grenzenlos oder sowohl grenzenbildend als auch grenzenlos sein« (VS 44 B 2). Die beiden erstgenannten Elemente durchdringen als Entstehungs- und Gestaltungsursachen die Welt als ganze und alle Erscheinungen in ihr, wobei stets das Prinzip der Harmonie diese antagonistischen (↑Antagonismus) Teilelemente verknüpft (VS 44 B 6). Die so in Zahlenrelationen in allem vorhandene Harmonie ist zugleich Grundlage und Bedingung der Erkennbarkeit des ↑Kosmos. Grundstoff der Welt ist nach P. eine ewige, göttliche, unbegrenzte und unerkennbare Materie; dies mit den geraden Zahlen gleichgesetzte Unbegrenzte wird durch die ungeraden Zahlen begrenzt und dadurch erkennbar. Als Teil des begrenzten Kosmos ist das Unbegrenzte als Möglichkeit in der unendlichen Teilbarkeit der Dinge präsent. Die durch Begrenzung entstandenen Urbestandteile der Welt sind ungleichförmig. In der Mitte des ↑Universums steht nach P. nicht die Erde, sondern ein ›Zentralfeuer‹; er verläßt also die damalige geozentrische Vorstellung (↑Geozentrismus), ohne jedoch einen ↑Heliozentrismus zu vertreten. Damit für die um das ›Zentralfeuer‹ sich bewegenden Gestirne die (›vornehmste‹) Zahl 10 erreicht wird (↑Tetraktys), nimmt P. zusätzlich die Existenz einer ›Gegenerde‹ an. In der Mathematik ordnet P. Zahlen (und Winkel) Göttern und mythischen Wesen zu. In der Musiktheorie bemüht er sich, die bei den Pythagoreern üblichen Zahlenverhältnisse durch Verhältnisse niedriger ganzer Zahlen zu ersetzen und dabei der Zahl 3 eine bevorzugte Stellung zu geben. Die Medizintheorie des P. enthält zahlreiche nicht-pythagoreische Elemente. Für die Erklärung von Krankheiten bezieht sich P. auf das Gegensatzpaar ›warm – kalt‹ und auf eine Verdünnung bzw. Verdichtung von Blut, Schleim und Galle.

P. differenziert die Seelenfunktionen, indem er den Verstand im Gehirn, die Wahrnehmungen im Herzen und das Hervorbringen im Nabel lokalisiert. Diesen Seelenfähigkeiten ordnet er die (hierarchisch verstandene) Gliederung der Lebewesen in Mensch, Tier und Pflanze zu.

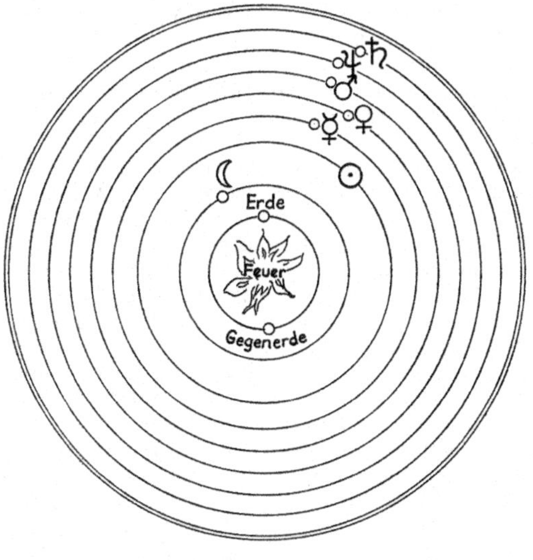

Abb. aus F. Krafft, Geschichte der Naturwissenschaft I (Die Begründung einer Wissenschaft von der Natur durch die Griechen), Freiburg 1971, 227.

Texte: VS 44; W. Capelle, Die Vorsokratiker. Die Fragmente und Quellenberichte, Leipzig 1935, Stuttgart [8]1973, 473–484, [9]2008, 392–402; C. A. Huffman, Philolaus of Croton. Pythagorean and Presocratic. A Commentary on the Fragments and Testimonia with Interpretive Essays, Cambridge etc. 1993, 2006.

Literatur: L. Brisson, Aristoxenus: His Evidence on Pythagoras and the Pythagoreans. The Case of Philolaus, in: M. Erler/S. Schorn (eds.), Die griechische Biographie in hellenistischer Zeit. Akten des internationalen Kongresses vom 26.–29. Juli 2006 in Würzburg, Berlin/New York 2007, 269–284; W. Burkert, Weisheit und Wissenschaft. Studien zu Pythagoras, P. und Platon, Nürnberg 1962 (engl. Lore and Science in Ancient Pythagoreanism, Cambridge Mass. 1972, 1982); J. Burnet, Early Greek Philosophy, London/Edinburgh 1892, 301–321, London [2]1908, 319–356, [3]1920, [4]1930, 1975, 276–309 (Chap. VII The Pythagoreans) (dt. Die Anfänge der griechischen Philosophie, Leipzig/Berlin 1913, 252–281 [Kap. VII Die Pythagoreer]; franz. L'aurore de la philosophie grecque, Paris 1919, 1970, 317–354 [Chap. VII Les Pythagoriciens]); I. Bywater, On the Fragments Attributed to Philolaus the Pythagorean, J. Philol. 1 (1868), 21–53; K. v. Fritz, Grundprobleme der Geschichte der antiken Wissenschaft, Berlin/New York 1971, bes. 157–166; ders., P., RE Suppl. XIII (1973), 453–484; ders., Philolaus of Crotona, DSB X (1974), 589–591; W. K. C. Guthrie, A History of Greek Philosophy I (The Earlier Presocratics and the Pythagoreans), Cambridge etc. 1962, 2000, 329–333; W. A. Heidel, The Pythagoreans and Greek Mathematics, Amer. J. Philol. 61 (1940), 1–33; C. A. Huffman, Philolaus, SEP 2003, rev. 2012; ders., Philolaus and the Central Fire, in: S. Stern-Gillet/K. Corrigan (eds.), Reading Ancient Texts I (Presocratics and Plato). Essays in Honour of Denis O'Brien, Leiden/Boston Mass. 2007, 57–94; R. McKirahan, Philolaus on Number, Proc. of the Boston Area Colloquium in Ancient Philos. 17 (2011), 211–232 [mit Kommentar von C. A. Huffman, 233–239]; R. Mondolfo, Sui frammenti di Filolao. Contributo a una revisione del processo di falsità, Rivista di filologia e di istruzione classica NS 16 (1937), 225–245; H. S. Schibli, On ›The One‹ in Philolaus, Fragment 7, Class. Quart. NS 46 (1996), 114–130; ders., Philolaus, REP VII (1998), 367–371; L. P. Schrenk, World as Structure. The Ontology of Philolaus of Croton, Apeiron 27 (1994), 171–190; C. J. de Vogel, Philosophia I (Studies in Greek Philosophy), Assen 1970, 27–77 (Chap. II Les fragments dits de Philolaus); L. Zhmud, Some Notes on Philolaus and the Pythagoreans, Hyperboreus 4 (1998), 243–270; ders., Pythagoras und die Pythagoreer, in: H. Flashar/D. Bremer/G. Rechenauer (eds.), Die Philosophie der Antike I/1 (Frühgriechische Philosophie), Basel 2013, 375–438, bes. 421–424 (9. P. aus K. (DK 44)) (mit Bibliographie, 435). M. G.

Philon von Alexandreia (Philo Judaeus), *Alexandreia 15/10 v. Chr., †ebd. 45/50 n. Chr., jüd.-hellenist. Theologe und Philosoph, leitet 39/40 n. Chr. eine Gesandtschaft alexandrinischer Juden, die den Kaiser Caligula um eine Intervention gegen die vom römischen Präfekten Flaccus in Alexandreia geduldeten Judenverfolgungen ersuchte. Die (größtenteils erhaltenen) Schriften P.s sind philosophisch wenig originell, jedoch als historische und vor allem religionsgeschichtliche Quellen von Bedeutung. – Die (vermutlich frühen) philosophischen Schriften befassen sich mit Fragen der ↑Metaphysik, Ethik und Psychologie. P. vertritt (insbes. gegen die Stoiker) die Vorstellung von der ↑Ewigkeit der Welt und der persönlichen (nicht nur universellen) Vorsehung Gottes. Religiös-theologische Hauptwerke sind die »Gesetzesallegorien«, ein allegorischer Kommentar zur Genesis und ein Kurzkommentar, von dem der Genesis- und Exodusteil erhalten ist. P.s historische Schriften sind wichtige Quellen für die römische Geschichte und die Situation der alexandrinischen Juden.

P.s spezifische Variante des zeitgenössischen ↑Synkretismus und ↑Eklektizismus besteht in dem Versuch, griechische Philosophie, hellenistische Mystik und jüdischen Glauben miteinander zu verbinden. Von den ↑Pythagoreern übernimmt P. die Zahlenmystik, das Theorem vom Körper als Kerker der Seele und das Lebensideal der Verbindung von Mathesis und Askesis, wobei die Askese in der Einhaltung jüdischer Reinheitsgebote als Vorbereitung auf die Ewigkeit besteht. P.s Ethik ist aristotelisch und jüdisch geprägt. Am stärksten ist der platonische Einfluß: P. übernimmt den Dualismus von sichtbarer und Ideenwelt (↑Ideenlehre), von Leib und Seele; die Ideen (↑Idee (historisch)) sind für ihn ewige Gedanken Gottes und darüber hinaus eine vor der Welt erschaffene Realität, ebenso die präexistente Materie. Gott ist ein transzendentes, einheitliches, einfaches, selbstgenügsames, seliges und unerkennbares Wesen, das über den ↑Logos mit der Welt verbunden ist. ›Logos‹ wird dabei teils als Vernunft Gottes, teils als neben Gott existierendes personifiziertes Wesen (›erstgeborener Sohn Gottes‹) verstanden, als Beistand und Fürbitter der Menschen sowie als Vermittler der Weltschöpfung (↑Demiurg). Oberstes Ziel menschlichen Strebens ist nicht die Eudaimonie (das Eingehen Gottes in die Seele), sondern die ekstatische, nur durch göttliche Gnade erreichbare Einheit mit dem Logos Gottes, die *unio mystica* als Eingehen in Gott. Gotteserkenntnis und Tugend entsprechen einander, religiöser Glaube ist Tugend und der philosophischen Rationalität übergeordnet. – Von der ↑Stoa übernimmt P. Teile der Tugend- und Logoslehre sowie die allegorische Auslegungsmethode (↑Allegorese, ↑Allegorie), insbes. die Naturallegorese, deren theologische Rechtfertigung P. aus einer auf die gesamte Welt übertragenen Verallgemeinerung von Genesis 1,27 (»Und Gott schuf den Menschen nach seinem Bilde«) gewinnt. Der Einfluß P.s auf das Judentum (Flavius Josephus) und auf die Philosophie (in der Lehre von den ↑Hypostasen im ↑Neuplatonismus) ist gering. Auf das Christentum hat die allegorische Schriftauslegung, die Übernahme philosophischer Terminologie in die Problemformulierungen der Religion und der Versuch, Vernunft und Glauben miteinander zu verbinden, nachhaltige Wirkung ausgeübt (Clemens Alexandrinus, Origines, Gregor von Nyssa, Ambrosius [›Philo latinus‹], Augustinus).

Werke: Opera quae supersunt [griech.], I–VI, ed. L. Cohn/P. Wendland, VII/1–VII/2, ed. I. Leisegang, Berlin 1896–1930 (repr. 1962–1963); Opera quae supersunt. Editio Minor [griech.], I–VI, ed. L. Cohn/P. Wendland, Berlin 1896–1915 (repr. 1962); Die Werke in deutscher Übersetzung, I–VI, ed. L. Cohn u. a., Breslau 1909–1938 (repr. Berlin 1962), VII, 1964; Philo [griech./engl.], I–X u. 2 Suppl.bde., ed. F. H. Colson/G. H. Whitaker, London, Cambridge Mass.1929–1962 (repr. London, Cambridge Mass. 1966–1979); Les Œuvres de P. d'Alexandrie [griech./franz.], I–XXXVI, ed. R. Arnaldez/J.Pouilloux/C. Mondésert, Paris 1961–1992. – F. Siegert, The Philonian Fragment »De Deo«. First English Translation, The Studia Philonica Annual 10 (1998), 1–33; J. R. Royse, The Text of Philo's »Legum Allegoriae«, The Studia Phiolonica Annual 12 (2000), 1–28; On the Creation of the Cosmos According to Moses. Introduction, Translation and Commentary, ed. D. T. Runia, Leiden/Boston Mass. 2001, Atlanta Ga. 2005; Philo's »Flaccus«. The First Pogrom. Introduction, Translation and Commentary, ed. P. W. van der Horst, Leiden/Boston Mass. 2003; ders., The Text of Philo's »De virtutibus«, The Studia Philonica Annual 18 (2006), 73–101; On Virtues. Introduction, Translation and Commentary, ed. W. T. Wilson, Leiden/Boston Mass. 2011, Atlanta Ga. 2012; On Cultivation. Introduction, Translation, and Commentary, ed. A. C. Geljon/D. T. Runia, Leiden/Boston Mass. 2013. – R. Radice, Bibliografia generale su Filone di Alessandria negli ultimi quarantacinque anni I (Fonti bibliografiche, edizioni, traduzioni, commentari e lissici), Elenchos 3 (1982), 109–152; ders., Filone di Alessandria. Bibliografia generale 1937–1982, Neapel 1983; ders.,/D. T. Runia, Philo of Alexandria. An Annotated Bibliography, 1937–1986, Leiden/New York 1988, [2]1992; D. T.Runia/H. M. Keizer, Philo of Alexandria. An Annotated Bibliography 1987–1996. With Addenda for 1937–1986, Leiden/Boston Mass./Köln 2000; ders., Philo of Alexandria. An Annotated Bibliography 1997–2006. With Addenda for 1987–1996, Leiden/ Boston Mass. 2012.

Literatur: F. Alesse (ed.), Philo of Alexandria and Post-Aristotelian Philosophy, Leiden/Boston Mass. 2008; M. Alexandre Jr., Rhetorical Argumentation in Philo of Alexandria, Atlanta Ga. 1999; Y. Amir/M. Niehoff, Philo Judaeus, EJud XVI ([2]2007),

59–64; C. A. Anderson, Philo of Alexandria's Views of the Physical World, Tübingen 2011; R. Arnaldez, P. d'Alexandrie, DP II (^{2}1993), 2240–2244; R. M. Berchman, From Philo to Origen. Middle Platonism in Transition, Chico Calif. 1984; E. Birnbaum, The Place of Judaism in Philo's Thought. Israel, Jews, and Proselytes, Atlanta Ga. 1996; M. Böhm, Rezeption und Funktion der Vätererzählungen bei Philo von Alexandria. Zum Zusammenhang von Kontext, Hermeneutik und Exegese im frühen Judentum, Berlin/New York 2005; P. Borgen, Philo of Alexandria. An Exegete for His Time, Leiden/New York/Köln 1997; H. Burkhardt, Die Inspiration heiliger Schriften bei Philo von Alexandrien, Gießen/Basel 1988, ^{2}1992; F. Calabi (ed.), Italian Studies on Philo of Alexandria, Leiden/Boston Mass. 2003; dies., God's Acting, Man's Acting. Tradition and Philosophy in Philo of Alexandria, Leiden/Boston Mass. 2008; H. Chadwick, Philo, in: A. H. Armstrong (ed.), The Cambridge History of Later Greek and Early Medieval Philosophy, Cambridge Mass. etc. 1967, 2004, 137–157; I. Christiansen, Die Technik der allegorischen Auslegungswissenschaft bei P. von Alexandrien, Tübingen 1969; N. G. Cohen, Philo Judaeus. His Universe of Discourse, Frankfurt etc. 1995; J. Daniélou, P. d'Alexandrie, Paris 1958, 2012; J. Dillon, The Middle Platonists. 80 B. C. to A. D. 220, Ithaca N. Y. 1977, rev. 1996, 114–183 (Chap. III Platonism at Alexandria: Eudorus and Philo); G. D. Farandos, Kosmos und Logos nach P. von Alexandria, Amsterdam 1976; M. Frenschkowski, P. von Alexandrien, BBKL VII (1994), 523–537; P. Frick, Divine Providence in Philo of Alexandria, Tübingen 1999; E. R. Goodenough, The Politics of Philo Judaeus. Practice and Theory, New Haven Conn. 1938 (repr. Hildesheim 1967); ders., An Introduction to Philo Judaeus, London, New Haven Conn. 1940, rev. Oxford 1962, Boston Mass, Lanham Md./London 1986; M. Hadas-Lebel, Philo of Alexandria. A Thinker in the Jewish Diaspora, Leiden/Boston Mass. 2012; A. van den Hoek, Philo and Origen. A Descriptive Catalogue of Their Relationship, The Studia Philonica Annual 12 (2000), 44–121; H. Jonas, Gnosis und spätantiker Geist II/1 (Von der Mythologie zu der mystischen Philosophie), Göttingen 1954, ^{3}1993, 38–43, 70–121; O. Kaiser, Philo von Alexandrien. Denkender Glaube – Eine Einführung, Göttingen/Bristol 2015; A. Kamesar (ed.), The Cambridge Companion to Philo, Cambridge etc. 2009 (mit Bibliograpie, 255–265); G. Kweta, Sprache, Erkennen und Schweigen in der Gedankenwelt des Philo von Alexandrien, Frankfurt etc. 1996; H. Leisegang, P., RE XX/1 (1960), 1–50; J. Leonhardt-Balzer, Jewish Worship in Philo of Alexandria, Tübingen 2001; S. M. Lombardi/P. Pontani (eds.), Studies on the Ancient Armenian Version of Philo's Works, Leiden/Boston Mass. 2011; M. Mach, Philo von Alexandrien, TRE XXVI (1996), 523–531; J. W. Martens, One God, One Law. Philo of Alexandria on the Mosaic and Greco-Roman Law, Leiden/Boston Mass. 2003; J. E. Menard, La gnose de P. d'Alexandrie, Paris 1987; M. Niehoff, Philo on Jewish Identity and Culture, Tübingen 2001; V. Nikiprowetzky, Le commentaire de l'Écriture chez P. d'Alexandrie. Son caractère et sa portée. Observations philologiques, Leiden 1977; C. Noack, Gottesbewußtsein. Exegetische Studien zur Soteriologie und Mystik bei Philo von Alexandria, Tübingen 2000; F. Oertelt, Herrscherideal und Herrschaftskritik bei Philo von Alexandria. Eine Untersuchung am Beispiel seiner Josephsdarstellung in »De Josepho« und »De somniis II«, Leiden/Boston Mass. 2014; K. Otte, Das Sprachverständnis bei Philo von Alexandrien. Sprache als Mittel der Hermeneutik, Tübingen 1967, 1968; J. Pépin, Mythe et allégorie. Les origines grecques et les contestations judéo-chrétiennes, Paris 1958, ^{2}1976; M. Pohlenz, P. v. A., Nachr. Akad. Wiss. Göttingen, philol.-hist. Kl. 5 (1942), 409–487, ferner in: ders., Kleine Schriften I, ed. H. Dörrie, Hildesheim 1965, 305–383; J. R. Royse, The Spurious Texts of Philo of Alexandria. A Study of Textual Transmission and Corruption with Indexes to the Major Collections of Greek Fragments, Leiden etc. 1991; D. T. Runia, Philo of Alexandria and the »Thimaeus« of Plato, I–II, Amsterdam 1983, in 1 Bd., Leiden 1986; ders., Exegesis and Philosophy. Studies on Philo of Alexandria, Aldershot, Brookfield Vt. 1990; ders., Philo in Early Christian Literature. A Survey, Assen, Minneapolis Minn. 1993 (ital. Filone di Alessandria nella prima letteratura Cristiana. Uno studio d'insieme, Mailand 1999); ders., Philo and the Church Fathers, Leiden etc. 1995; ders., Philo of Alexandria, REP VII (1998), 357–361; ders., P. v. A., DNP IX (2000), 850–856; ders., P. d'Alexandrie, Dict. ph. ant. V/A (2012), 362–390; S. Sandmel, Philo of Alexandria. An Introduction, New York/Oxford 1979; D. I. Sly, Philo's Alexandria, London/New York 1996; A. Szabó/E. Maula, Enklima – *ΕΓΚΛΙΜΑ*. Untersuchungen zur Frühgeschichte der griechischen Astronomie, Geographie und der Sehnentafeln, Athen 1982 (franz. Les débuts de l'astronomie de la géographie et de la trigonométrie chez les grecs, Paris 1986); C. Termini, Le potenze di Dio. Studio su ›dynamis‹ in Filone di Alessandria, Rom 2000; D. Westerkamp, Die philonische Unterscheidung. Aufklärung, Orientalismus und Konstruktion der Philosophie, München/Paderborn 2009; B. W. Winter, Philo and Paul among the Sophists, Cambridge etc. 1997, mit Untertitel: Alexandrian and Corinthian Responses to a Julio-Claudian Movement, Grand Rapids Mich. ^{2}2002. – Studia Philonica 1 (1972)–6 (1980); The Studia Philonica Annual 1 (1989) ff.. M. G.

Philon von Byzanz, griech. Mechaniker der 2. Hälfte des 3. Jhs. v. Chr., Autor der neunbändigen *Μηχανικὴ σύνταξις*, eines umfassenden Lehrbuchs der Technologie, das sich mit dem Bau von Hafenanlagen, automatischen Theatern, Kriegslisten und in seinen erhalten gebliebenen Teilen mit Geschützbau (Buch 4, *βελοποιικά*), Pneumatik (Buch 5, *πνευματικά*, lediglich in arabischer und lateinischer Übersetzung überliefert), Festungsbau (Buch 7, *παρασκευαστικά*) und Belagerungstechnik (Buch 8, *πολιορκητικά*) befaßt. Die vorrangige Behandlung kriegstechnischer Probleme ist zeitbedingt; technologische Weiterentwicklung auf anderen Gebieten war kaum gefragt. P.s Werk lehnt sich gelegentlich an Ktesibios' Schriften an und orientiert sich an der unmittelbaren Anwendung, ist also vom Ingenieur für den Praktiker geschrieben. In diesem Sinne ist die Grundhaltung eher experimentell denn mathematisch-theoretisch, wenngleich P. im Zusammenhang mit Kaliberberechnungen für Katapulte ein eigenes Verfahren zur Lösung des ↑Delischen Problems der Würfelverdopplung entwirft, das sich die Erkenntnis des Hippokrates von Chios zunutzemacht, wonach die Lösung dieses Problems auf die Bestimmung zweier mittlerer Proportionalen zurückführbar ist (Belopoiika, ed. H. Diels/E. Schramm, Leipzig 1970, 12 ff.). – P.s Pneumatik wird gelegentlich als die erste Abhandlung der Experimentalphysik bezeichnet. Tatsächlich werden in ihrem einleitenden theoretischen Teil in modern anmutender

Weise ausführliche, mit Zeichnungen illustrierte Versuchsbeschreibungen präsentiert, denen eine Deutung dieser Versuche folgt. Grundlage dieser Deutung ist eine atomistische Konzeption der Materie (↑Atomismus), derzufolge Luft- und Wasserteilchen eng miteinander verschränkt sind, sehr fest aneinanderhängen und nicht getrennt werden können. Beim Ansaugen von Wasser etwa zieht die entweichende Luft das Wasser mit sich in die Höhe. Im Gegensatz zu Empedokles findet sich das Konzept des Luftdrucks nicht. Wirkungen von P.s Werk sind deutlich in den Schriften Herons von Alexandreia erkennbar.

Auslaufgefäß mit festem Flüssigkeitsspiegel (P.s automatischer Weinspender), aus: Drachmann 1948, 52.

Werke: Mechanicae syntaxis libri quartus et quintus [tatsächlich IV, VII und VIII] [griech.], ed. R. Schöne, Berlin 1893, hierzu M. Arnim, Index verborum a Philone Byzantio. In mechanicae syntaxis libris quarto quintoque adhibitorum, Leipzig 1927 (repr. Hildesheim 1966); Belopoiika [griech./dt.], ed. H. Diels/E. Schramm, Abh. preuss. Akad. Wiss., philos.-hist. Kl. 1918, Berlin 1919, Nr. 16, 1–68 (repr. in: Herons Belopoiika [Schrift vom Geschützbau], P.s Belopoiika [Mechanik Buch IV und V], Leipzig 1970); Exzerpte aus P.s Mechanik [griech./dt.], ed. H. Diels/E. Schramm, Abh. preuss. Akad. Wiss., philos.-hist. Kl. 1919, Berlin 1920, Nr. 12, 1–84 (repr. in: Herons Belopoiika [Schrift vom Geschützbau], P.s Belopoiika [Mechanik Buch IV und V], s. o.); P.'s Belopoeica [griech./engl.], in: E. W. Marsden (ed.), Greek and Roman Artillery. Technical Treatises, Oxford 1971, 1999, 105–184 (Chap IV The Artillery Manual of P.); Pneumatica, ed. F. D. Prager, Wiesbaden 1974; Le livre ›V‹ de la »Syntaxe Mécanique« de Philon de Byzance. Texte, traduction et commentaire, ed. Y. Garlan, in: Y. Garlan, Recherches de poliorcétique grecque, Paris 1974, 279–404; Reiseführer zu den Sieben Weltwundern. P. v. B. und andere antike Texte [griech./dt.], ed. K. Brodersen, Frankfurt/Leipzig 1992.

Literatur: A. G. Drachmann, Ktesibios, P. and Heron. A Study in Ancient Pneumatics, Kopenhagen 1948 (Acta historica scientiarum naturalium et medicinalium IV) (repr. Amsterdam 1968); ders., The Mechanical Technology of Greek and Roman Antiquity. A Study of the Literary Sources, Kopenhagen 1963 (Acta historica scientiarum naturalium et medicinalium XVII); ders., Philo of Byzantium, DSB X (1974), 586–589; M. Folkerts, P. v. B., DNP IX (2000), 848–849; G. R. Giardina, P. de Byzance, Dict. ph. ant V/A (2012), 399–404; G. Hoxha, P. v. B. und die spätantiken Befestigungen in Albanien, Archäologisches Korrespondenzblatt 31 (2001), 601–616; F. Krafft, P. v. B., LAW (1965), 2303–2304; K. Orinsky/O. Neugebauer/A. G. Drachmann, P., RE XX/1 (1941), 53–54; P. Rance, Philo of Byzantium, in: R. S. Bagnall u. a. (eds.), The Encyclopedia of Ancient History, Malden Mass./Oxford/Chichester 2013, 5266–5268; R. Tobin, The Canon of Polykleitos, Amer. J. Archaeology 79 (1975), 307–321; H. Wilsdorf, Hermann Diels in seiner Bedeutung für die Geschichte der antiken Technik, Philol. 117 (1973), 284–293. M. C.

Philon von Larissa (Thessalien), *159/158 v. Chr., †ca. 86/83 v. Chr., griech. Philosoph, Lehrer des Antiochos von Askalon, Schüler des Kleitomachos und dessen Nachfolger als Leiter der ↑Akademie in Athen (ca. 110–88). Um 88 kam P. nach Rom, wo ihn M. T. Cicero hörte. – Gegenüber der akademischen Skepsis des Arkesilaos vertritt P. einen gemäßigten ↑Skeptizismus (weshalb er auch als der Begründer einer ›vierten Akademie‹ gilt). Er nimmt die grundsätzliche Erkennbarkeit der Dinge an, der er aber nicht die von der ↑Stoa behauptete Sicherheit zubilligt. Insbes. in der Ethik bekämpft P. die skeptische Urteilsenthaltung (↑Epochē) als dem sittlichen Handeln hinderlich. Die ↑Rhetorik sucht er in die Philosophie zu integrieren.

Texte: B. Wiśniewski (ed.), P.v.L.. Testimonia und Kommentar, Łódzkie Towarzystwo Naukowe. Prace Wydziału 1 (Językoznawstwa, Nauki o Literaturze i Filozofii) 82 (1982), 1–46; H. J. Mette, P.v. Larisa und Antiochos von Askalon, Lustrum 28/29 (1986/1987), 9–63, bes. 9–24; Testimonia on Philo, in: C. Brittain, Philo of L. [s. u., Lit.], 345–370.

Literatur: J. Allen, Philo of L., Enc. Ph. VII (^{2}2006), 311–312; J. Barnes, Philo of L., REP VII (1998), 361–363; C. Brittain, Philo of L.. The Last of the Academic Sceptics, Oxford etc. 2001, 2007; ders., Philo of L., SEP 2006; H. Dörrie, Der Platonismus in der Antike I (Die geschichtlichen Wurzeln des Platonismus. Bausteine 1–35: Text, Übersetzung, Kommentar), ed. A. Dörrie, Stuttgart-Bad Cannstatt 1987, 137 (mit Kommentar, 390–392), 170–196 (mit Kommentar, 436–458); L. Fladerer, Antiochos von Askalon. Hellenist und Humanist, Graz/Horn 1996; K.v. Fritz, P., RE XIX/2 (1938), 2535–2544; R. Gélibert, P. de L. et la fin du scepticisme académique, in: Permanence de la philosophie. Mélanges offerts à Joseph Moreau, Neuchâtel 1977, 82–126; O. Gigon, Zur Geschichte der sogenannten Neuen Akademie, Mus. Helv. 1 (1944), 47–64; J. Glucker, Antiochus and the Late Academy, Göttingen 1978, bes. 13–97 (Chap. I The ›Sosus‹ Affair); R. Goulet, P. de L., Dict. ph. ant. V/A (2012), 404–438; W. Görler, P. aus Larisa, in: H. Flashar (ed.), Die Philosophie der Antike IV/2 (Die Hellenistische Philosophie), 915–937 (mit Bibliographie, 935–937); G. Luck, Der Akademiker Antiochus, Bern/Stuttgart 1953; H. J. Mette, P.v. Larisa und Antiochos von Askalon [s. o., Texte], 9–63; T. Reinhardt, Rhetoric in the Fourth Academy, Class. Quart. NS 50 (2000), 531–547; A. Russo (ed.),

Scettici antichi, Turin 1978; M. Schofield, Academic Therapy. Philo of L. and Cicero's Project in the »Tusculans«, in: G. Clark/ T. Rajak (eds.), Philosophy and Power in the Graeco-Roman World. Essays in Honour of Miriam Griffin, Oxford etc. 2002, 91–109; D. Sedley, The Philosophy of Antiochus, Cambridge etc. 2012; G. Striker, Academics Fighting Academics, in: B. Inwood/ J. Mansfeld (eds.), Assent and Argument. Studies in Cicero's Academic Books. Proceedings of the 7th Symposium Hellenisticum (Utrecht, August 21–25, 1995), Leiden/New York/Köln 1997, 257–276; H. Tarrant, Agreement and the Self-Evident in Philo of L., Dionysius 5 (1981), 66–97; ders., Scepticism or Platonism? The Philosophy of the Fourth Academy, Cambridge etc. 1985, bes. 41–65 (Chap. III Fourth Academic Epistemological Doctrine); A. Weische, Cicero und die Neue Akademie. Untersuchungen zur Entstehung und Geschichte des antiken Skeptizismus, Münster 1961, ²1975, bes. 73–82 (Kap IV Die antilogistische Methode im Peripatos und in der Neuen Akademie). M. G.

Philoponos, Johannes, *vermutlich Alexandreia um 490, †Alexandreia um 570, alexandrinischer christlicher Philosoph und Theologe, Schüler des Neuplatonikers (↑Neuplatonismus) und Leiters der ↑Alexandrinischen Schule Ammonios Hermeiu. Als christlicher Theologe vertritt P. eine monophysitische Trinitätslehre (alleinige göttliche Natur in der Person Jesu, die Trinität bestehend aus drei distinkten Substanzen, was zu P.' Verurteilung als Häretiker durch die Orthodoxe Kirche 680–681 führte), als Philosoph einen kritischen ↑Aristotelismus. So wendet er sich gegen die von Proklos verteidigte Aristotelische These von der ↑Ewigkeit der Welt (zugunsten der christlichen Annahme einer ↑creatio ex nihilo) sowie gegen die Aristotelische Konzeption einer ↑materia prima in deren neuplatonistischer Fassung und faßt im Rahmen der Aristotelischen Kategorienlehre (↑Kategorie) die Kategorie der ↑Quantität nicht als eine *Eigenschaft* der ↑Substanz, d.h. der 1. Kategorie, sondern als deren *Wesen* auf. Unter seinen (frühen, unter dem Einfluß von Ammonios Hermeiu stehenden) Aristoteles-Kommentaren befinden sich Kommentare zur Kategorienschrift, zu beiden »Analytiken«, zur »Physik« und zu »De anima«. Im weiteren Rahmen seiner Naturphilosophie entwickelt P. Begriffe und Konzeptionen, die über die von ihm begründete ↑Impetustheorie bis zur Entstehung der neuzeitlichen Physik wirkten.

Mit seiner Kritik an der These von der Ewigkeit der Welt kritisiert P. auch die gemeingriechische Auffassung vom göttlichen Charakter der Sterne. Dabei gewinnt die theologisch motivierte Kritik an der traditionellen Kosmologie physikhistorische Bedeutung: Um den Himmel zu ›entgöttern‹, mußte die peripatetische (↑Peripatos) Dichotomie zwischen einer Physik des Himmels und einer Physik der Erde aufgegeben werden. P. zielt also auf eine einheitliche Theorie der physischen Welt. Bereits Xenarchos (der Peripatetiker) hatte sich im 1. vorchristlichen Jahrhundert gegen die Annahme eines ↑Äthers als eines unvergänglichen fünften Elements (↑quinta essentia) gewandt, aus dem nach Aristoteles der Himmel aufgebaut sei. Nach P. ist diese Annahme nicht mit der Beobachtung unterschiedlicher Farben, Helligkeiten und Formen der Sterne vereinbar. In seiner »Physik« entwickelt er eine cartesisch anmutende Materietheorie, wonach bei Abstraktion von den unterschiedlichen Körpergestalten für die Himmelsobjekte wie für die Erdobjekte die dreidimensionale Ausdehnung übrigbleibt. Der Ort aller physischen Dinge ist nach P. der ↑Raum mit seinen drei Dimensionen. Obwohl dieser in Wirklichkeit von den ihn ausfüllenden Körpern nicht zu trennen ist und somit ein aktuales Vakuum (↑horror vacui, ↑Leere, das) in aristotelischer Tradition als unmöglich angesehen wird, ist nach P. eine gedankliche Unterscheidung möglich. Der Raum ist sowohl als Ganzes als auch in seinen Teilen unbeweglich. Sobald ein Körper seinen Ort verläßt, nimmt ein anderer ihn ein.

Physikhistorisch bedeutsam ist ferner die Kritik an der Aristotelischen Dynamik. Aristoteles unterscheidet zwischen natürlichen Bewegungen wie dem freien Fall und erzwungenen Bewegungen wie dem Wurf. Beide Bewegungsarten hängen vom umgebenden Medium ab. So sind nach Aristoteles in einem gegebenen Medium die Geschwindigkeiten fallender Körper proportional zu ihren Gewichten und umgekehrt proportional zur Dichte dieser Medien. Daher bestreitet Aristoteles auch die Möglichkeit des Vakuums (mit der Dichte Null), in dem sich ein fallender Körper unabhängig von seinem Gewicht unendlich schnell bewegen würde. Nach P. zeigt sich aber für Körper, die keinen erheblichen Gewichtsunterschied aufweisen, daß die Fallzeiten über einem gegebenen Abstand nicht merklich differieren. Bei erzwungenen Bewegungen wie dem Wurf verwirft P. die peripatetische Auffassung, die den *motor conjunctus* eines *projectum separatum* im umgebenden Medium sucht. Nach P. ist als *motor conjunctus* vielmehr ein bestimmtes unstoffliches bewegendes Vermögen zu betrachten, das der *projector* beim Werfen dem *projectum* mitteilt. Damit führt P. den zentralen Begriff des Impetus (↑Impetustheorie) ein.

Bedeutsam ist auch die Lichttheorie von P., in der die antike Lehre von den Sehstrahlen abgelehnt und Licht als eine Art unkörperliche Bewegungsenergie verstanden wird, die von einem leuchtenden Körper wie beim Wurfvorgang ausgesandt wird. Im Kommentar zu Aristoteles' »De generatione et corruptione« werden physikalische Eigenschaften als Funktionen der jeweiligen Mischungsverhältnisse der peripatetischen Elemente angenommen; im Kommentar zu »De anima« beschreibt P. lebende Körper in wiederum cartesisch anmutender Weise als mechanische Systeme, deren Bewegungen auf Grund einer Körperseele funktionieren. Von mathematikhistorischer Bedeutung ist die Kritik des Unendlichkeitsbegriffs, den P. auch in seiner potentiellen Fassung ablehnt.

Werke: Συναγωγὴ τῶν πρὸς διάφορον σημασίαν λέξεων κατὰ στοιχεῖον, in: J. Craston, Dictionarium graecum [. . .], Venedig 1497, unter dem Titel: De vocabulis quae diversum significatum exhibent secundum differentiam accentus, ed. L. W. Daly, Philadelphia Pa. 1983 (Memoirs Amer. Philos. Soc. 151); In Aristotelis Categorias commentarium [Einheitssachtitel], Venedig 1503, ed. A. Busse, Berlin 1898 (CAG XIII/1) (repr. 1961, 2001) (lat. Ammonii in Aristotelis Categorias, Venedig 1562 [repr. in: Ammonius Hermeae, Commentarium in quinque voces Porphyrii/In Aristotelis categorias (erweiterte Nachschrift des J. Philoponus = CAG XIII/i), Stuttgart-Bad Cannstatt 2002, 74–204 (mit Einl. v. R. Thiel/C. Lohr, V–XXI)]); In posteriora resolutoria Aristotelis commentaria [. . .], Venedig 1504, unter dem Titel: In Aristotelis Analytica posteriora commentaria. Cum anonymo in librum II, ed. M. Wallies, Berlin 1909 (CAG XIII/3) (lat. Commentaria in libros Posteriorum Aristotelis, Venedig 1539, 1542 [repr. Stuttgart-Bad Cannstatt 1995 (mit Einl. v. K. Verrycken/C. Lohr, V–XVII)], 1559; engl. On Aristotle »Posterior Analytics« [in 4 Bdn.], London 2008–2012); Ioannes Grammaticus in libros de generatione et interitu [. . .], Venedig 1527, unter dem Titel: In Aristotelis libros De generatione et corruptione commentaria, ed. H. Vitelli, Berlin 1897 (CAG XIV/2) (repr. 1960) (lat. Commentaria in libros de generatione et corruptione Aristotelis, Venedig 1540, 1558 [repr. Stuttgart-Bad Cannstatt 2004 (mit Einl. v. F. A. J. de Haas, V–XIV)], 1568; engl. On Aristotle »On Coming-to-Be and Perishing« [in 3 Bdn.], London, Ithaca N. Y. 1999–2005, London 2012–2013); *ΙΩΑΝΝΟΥ ΓΡΑΜΜΑΤΙΚΟΥ ΑΛΕΞΑΝΔΡΕΩΣ ΤΟΥ ΦΙΛΟΠΟΝΟΥ ΚΑΤΑ ΠΡΟΚΛΟΥ ΠΕΡΙ ΑΙΔΙΟΤΗΤΟΣ ΚΟΣΜΟΥ*/Ioannis Grammatici Philoponi Alexandrini Contra Proclum de mundi aeternitate [griech.], Venedig 1535, unter dem Titel: De aeternitate mundi contra Proclum, ed. H. Rabe, Leipzig 1899 (repr. Hildesheim 1963), unter dem Titel: De aeternitate mundi/Über die Ewigkeit der Welt [griech./dt.], I–V, ed. C. Scholten, Turnhout 2009–2011 (engl. Against Proclus »On the Eternity of the World« [in 4 Bdn.], London, Ithaca N. Y. 2004–2010); *ΙΩΑΝΝΟΥ ΓΡΑΜΜΑΤΙΚΟΥ ΤΟΥ ΦΙΛΟΠΟΝΟΥ ΥΠΟΜΝΗΜΑ ΕΙΣ ΤΑ ΠΕΡΙ ΤΥΧΗΣ ΒΙΒΛΙΑ ΤΟΥ ΑΡΙΣΤΟΤΕΛΟΥΣ*/Ioannis Grammatici Philoponi Comentaria in libros de anima Aristotelis [griech.], Venedig 1535, unter dem Titel: In Aristotelis De anima libros commentaria, ed. M. Hayduck, Berlin 1897 (CAG XV) (repr. 1960) (lat. [Auszug] Le commentaire de Jean Philopon sur le troisième livre du »Traité de l'âme« d'Aristote, ed. M. de Corte, Liège/Paris 1934, [Auszug] unter dem Titel: Commentaire sur le »de Anima« d'Aristote, ed. G. Verbeke, Louvain, Paris 1966; engl. [Auszug] On Aristotle on the Intellect (de Anima 3.4–8), ed. W. Charlton, London 1991, unter dem Titel: On Aristotle's »On the Soul« [in 6 Bdn.], London, Ithaca N. Y. 2000–2006); *ΙΩΑΝΝΟΥ ΓΡΑΜΜΑΤΙΚΟΥ ΥΠΟΜΝΗΜΑ ΕΙΣ ΤΑ ΠΕΡΙ ΦΥΣΙΚΗΣ ΤΕΣΣΑΡΑ ΠΡΩΤΑ ΒΙΒΛΙΑ ΤΟΥ ΑΡΙΣΤΟΤΕΛΟΥΣ*/Ioannis Grammatici In primos quator Aristotelis de naturali auscultatione libros comentaria [griech.], Venedig 1535, unter dem Titel: In Aristotelis Physicorum libros [...] commentaria, I–II, ed. H. Vitelli, Berlin 1887/1888 (CAG XVI/XVII) (repr. 1960, 1963) (lat. Physicorum, hoc est de naturali auscultatione primi quatuor Aristotelis libri, Venedig 1554 [repr. unter dem Titel: Johannis Philoponi commentaria. 5A. in libros Physicorum, ed. C. Lohr, o. O. (Frankfurt) 1984]; engl. On Aristotle »Physics« [in 8 Bdn.], London, Ithaca N. Y. 1993–2012, London etc. 2014); *ΙΩΑΝΝΟΥ ΓΡΑΜΜΑΤΙΚΟΥ ΤΟΥ ΦΙΛΟΠΟΝΟΥ ΕΙΣ ΤΑ ΠΡΟΤΕΡΑ ΑΝΑΛΥΤΙΚΑ ΤΟΥ ΑΡΙΣΤΟΤΕΛΟΥΣ ΥΠΟΜΝΗΜΑ*/Ioan. Gram. Philoponi Commentaria in priora analytica Aristotelis [griech.], Venedig 1536, unter dem Titel: In Aristotelis Analytica priora commentaria, ed. M. Wallies, Berlin 1905 (CAG XIII/2) (repr. 1961) (lat. In libros Priorum resolutivorum Aristotelis commentariae annotationes, Venedig 1541 [repr. Stuttgart-Bad Cannstatt 1994 (mit Einl. v. K. Verrycken/C. Lohr, V–XVI)], 1555); Geneseos, de mundi creatione libri septem [griech./lat.], Wien 1630, unter dem Titel: De opificio mundi Libri VII [griech.], ed. W. Reichardt, Leipzig 1897, unter dem Titel: De opificio mundi/Über die Erschaffung der Welt [griech./dt.], I–III, ed. C. Scholten, Freiburg etc. 1997 (franz. La création du monde, Paris 2004); De usu astrolabii eiusque constructione libellus. E. Codd. Mss. Regiae Bibliothecae Parisiensis, ed. H. Hase, Bonn 1839, unter dem Titel: Traité de l'astrolabe [griech./franz.], ed. A. P. Segonds, Paris 1981 (dt. Des J. P. Schrift über das Astrolab, ed. J. Drecker, Isis 11 [1928], 15–44; engl. Treatise Concerning the Using and Arrangement of the Astrolabe and the Things Engraved upon It. That Is to Say, What Each Signifies, in: R. T. Gunther, The Astrolabes of the World [. . .] I, Oxford 1932, London 1976, 61–81); In Aristotelis Meteorologicorum librum primum commentarium, ed. M. Hayduck, Berlin 1901 (CAG XIV/1) (engl. On Aristotle Meteorology [in 2 Bdn.], London 2011/2012); J. P.. Grammatikos von Alexandrien (6. Jh. n. Chr.). Christliche Naturwissenschaft im Ausklang der Antike, Vorläufer der modernen Physik, Wissenschaft und Bibel. Ausgewählte Schriften, ed. W. Böhm, München/Paderborn/Wien 1967; Against Aristotle, on the Eternity of the World, ed. C. Wildberg, London, Ithaca N. Y. 1987, London 2014; Corollaries on Place and Void. With Simplicius, Against Philoponus on the Eternity of the World, ed. D. Furley/C. Wildberg, London 1991, 2013; Arbiter [engl.], in: U. M. Lang, John Philoponus and the Controversies over Chalcedon in the Sixth Century [s. u., Lit.], 171–217. – C. Scholten, Werkverzeichnis, in: J. P., De opificio mundi/Über die Erschaffung der Welt [s. o.] I, 35–43.

Literatur: S. Berryman, Necessitation and Explanation in Philoponus' Aristotelian Physics, in: R. Salles (ed.), Metaphysics, Soul, and Ethics in Ancient Thought. Themes from the Work of Richard Sorabji, Oxford etc. 2005, 65–79; H. J. Blumenthal, John Philoponus: Alexandrian Platonist?, Hermes 114 (1986), 314–335; ders., Body and Soul in Philoponus, Monist 69 (1986), 370–382; W. Böhm, J. Philóponos Grammatikos Christianos, BBKL III (1992), 520–529; W. Breidert, Die Konversion in der Syllogistik bei P., Arch. Gesch. Philos. 71 (1989), 327–334; L. Fladerer, J. P. »De opificio mundi«. Spätantikes Sprachdenken und christliche Exegese, Stuttgart/Leipzig 1999; ders., J. P., Gregor von Nyssa und die Genese der Impetustheorie, in: P. Defosse (ed.), Hommages à Carl Deroux V, Brüssel 2003, 138–151; G. R. Giardina u. a., P., Dict. ph. ant. V/A (2012), 455–563; B. Gleede, Platon und Aristoteles in der Kosmologie des Proklos. Ein Kommentar zu den 18 Argumenten für die Ewigkeit der Welt bei J. P., Tübingen 2009; P. Golitsis, Les commentaires de Simplicius et de Jean Philopon à la »Physique« d'Aristote. Tradition et innovation, Berlin/New York 2008; J. C. de Groot, Philoponus on De Anima II.5, Physics III.3, and the Propagation of Light, Phronesis 28 (1983), 177–196; ders., Aristotle and Philoponus on Light, New York 1992; A. Gudemann/W. Kroll, Ioannes Philoponus, RE IX/2 (1916), 1764–1795; F. A. J. de Haas, John Philoponus' New Definition of Prime Matter. Aspects of Its

Background in Neoplatonism and the Ancient Commentary Tradition, Leiden/New York/Köln 1997; T. Hainthaler, J. Philoponus, Philosoph und Theologe in Alexandria, in: A. Grillmeier (ed.), Jesus der Christus im Glauben der Kirche II/4, Freiburg/Basel/Wien 1990, 109–149; F. Krafft, Aristoteles aus christlicher Sicht. Umformungen aristotelischer Bewegungslehren durch J. P., in: J.-F. Bergier (ed.), Zwischen Wahn, Glaube und Wissenschaft. Magie, Astrologie, Alchemie und Wissenschaftsgeschichte, Zürich 1988, 51–85; U. M. Lang, John Philoponus and the Controversies over Chalcedon in the Sixth Century. A Study and Translation of the »Arbiter«, Leuven 2001 (mit Bibliographie, 231–252); T.-S. Lee, Die griechische Tradition der aristotelischen Syllogistik in der Spätantike. Eine Untersuchung über die Kommentare zu den analytica priora von Alexander Aphrodisiensis, Ammonius und Philoponus, Göttingen 1984; G. A. Lucchetta, Una fisica senza matematica: Democrito, Aristotele, Filopono, Trento 1978, 109–163 (Parte III Giovanni Filopono); E. M. Macierowski/R. F. Hassing, John Philoponus on Aristotle's Definition of Nature. A Translation from the Greek with Introduction and Notes, Ancient Philos. 8 (1988), 73–100; J. E. McGuire, Philoponus on »Physics« II 1: *Φύσις*, *Δύναμις* and the Motion of the Simple Bodies, Ancient Philos. 5 (1985), 241–267; M. Perkams, Selbstbewusstsein in der Spätantike. Die neuplatonischen Kommentare zu Aristoteles' »De anima«, Berlin/New York 2008, bes. 30–149 (II.A Aristoteles' Seelenlehre in der Diskussion. J. P.' Kommentar zu »De anima«); S. Sambursky, The Physical World of Late Antiquity, London, New York 1962, London, Princeton N. J. 1987, 154–175 (Chap. VI The Unity of Heaven and Earth); ders., John Philoponus, DSB VII (1973), 134–139; K. Savvidis/C. Wildberg, P., DNP IX (2000), 860–862; C. Scholten, Antike Naturphilosophie und christliche Kosmologie in der Schrift »De opificio mundi« des J. P., Berlin/New York 1996; ders., Einleitung, als: J. P., De aeternitate mundi/Über die Ewigkeit der Welt [s. o., Werke] I; R. Sorabji, Time, Creation and the Continuum. Theories in Antiquity and the Early Middle Ages, London, Ithaca N. Y. 1983, Chicago Ill. 2006, 193–231; ders. (ed.), Philoponus and the Rejection of Aristotelian Science, London, Ithaca N. Y. 1987, ^{2}2010; ders., Johannes Philoponus, TRE XVII (1988), 144–150; ders., Matter, Space and Motion. Theories in Antiquity and Their Sequel, London, Ithaca N. Y. 1988, Ithaca N. Y. 1992, 227–248 (Chap. 14 The Theory of Impetus or Impressed Force: Philoponus); R. B. Todd, Some Concepts in Physical Theory in John Philoponus' Aristotelian Commentaries, Arch. Begriffsgesch. 24 (1980), 151–170; K. Verrycken, The Development of Philoponus' Thought and Its Chronology, in: R. Sorabji (ed.), Aristotle Transformed. The Ancient Commentators and Their Influence, London, Ithaca N. Y. 1990, 233–274; ders., Philophonus' Interpretation of Plato's Cosmogony, Documenti e studi sulla tradizione filos. medievale 8 (1997), 269–318; W. Wieland, Die Ewigkeit der Welt (Der Streit zwischen Joannes Philoponus und Simplicius), in: D. Henrich/W. Schulz/K.-H. Volkmann-Schluck (eds.), Die Gegenwart der Griechen im neueren Denken. Festschrift für Hans-Georg Gadamer zum 60. Geburtstag, Tübingen 1960, 291–316; C. Wildberg, John Philoponus' Criticism of Aristotle's Theory of Aether, Berlin/New York 1988; ders., Philoponus, REP VII (1998), 371–378; ders., Impetus Theory and the Hermeneutics of Science in Simplicius and Philoponus, Hyperboreus 5 (1999), 107–124; ders., John Philoponus, SEP 2003, rev. 2007; M. Wolff, Fallgesetz und Massebegriff. Zwei wissenschaftshistorische Untersuchungen zur Kosmologie von Johannes Philoponus, Berlin 1971; ders., Geschichte der Impetustheorie. Untersuchungen zum Ursprung der klassischen Mechanik, Frankfurt 1978, 67–160; ders., Philoponus and the Rise of Preclassical Dynamics, in: R. Sorabji (ed.), Philoponus and the Rejection of Aristotelian Science [s. o.], 84–120; weitere Literatur: ↑Impetustheorie. J. M./K. M.

Philosophem (griech. *φιλοσόφημα*), bei Aristoteles Bezeichnung des apodiktischen Schlusses (↑Syllogismus, apodeiktischer) im Unterschied zum dialektischen und zum eristischen Schluß (Top. *Θ*11.162a15). Im übertragenen Sinne – so ebenfalls schon bei Aristoteles (de cael. *B*13.294a19–20) – allgemein eine philosophische Lehrmeinung, auch ein einzelner philosophischer Satz oder ein philosophisches Theorem. J. M.

Philosophenkönige, in Platons Staatsphilosophie institutioneller Ausdruck der Verbindung von Macht und Vernunft im Entwurf des gerechten und ›besten‹ Staates. Die Konzeption wird in der »Politeia« in Verbindung mit einem die Wissenschaften (Mathemata; ↑Mathema) einschließenden Erziehungsprogramm dargestellt (»Wenn nicht entweder die Philosophen Könige werden in den Staaten oder die jetzt so genannten Könige und Machthaber wirklich und gründlich philosophieren werden, politische Macht und Philosophie also in eins zusammenfallen, und die vielen Naturen, die jetzt getrennt nach dem einen oder anderen streben, gewaltsam ausgeschlossen werden, wird es kein Ende mit dem Elend für die Staaten haben und, wie ich denke, auch nicht für das menschliche Geschlecht«, Pol. 473c11–473d6, vgl. 7. Brief 325d–326b), im »Politikos« weiterentwickelt und in den »Nomoi« zugunsten stärker realistischer und pragmatischer Elemente wieder aufgegeben, nachdem der Versuch, eine derartige Konzeption in Unteritalien politisch zu realisieren (Reisen 367 und 361 v. Chr. nach Syrakus), gescheitert war.

In der Idee einer Herrschaft der P. kommt der ↑Intellektualismus der Platonischen Ethik auch im Kontext der Politischen Philosophie (↑Philosophie, politische) zur Geltung. Dieser stellt den wesentlichen Grund dar, warum die neuzeitliche politische Theorie (z. B. bei T. Hobbes, N. Machiavelli und B. de Spinoza) Platon zugunsten des Begriffs des (politischen) ↑Willens nicht folgt. Nach I. Kant, der selbst einen ethischen Intellektualismus im klassischen Sinne vertritt, ist die Verbindung zwischen Macht und Vernunft schädlich für die Vernunft (»Daß Könige philosophiren, oder Philosophen Könige würden, ist nicht zu erwarten, aber auch nicht zu wünschen: weil der Besitz der Gewalt das freie Urtheil der Vernunft unvermeidlich verdirbt«, Zum ewigen Frieden [1795], Akad.-Ausg. VIII, 369).

Literatur: C. Böhr, Erkenntnisgewißheit und politische Philosophie. Zu Christian Wolffs Postulat des philosophus regnans, Z. philos. Forsch. 36 (1982), 579–598; J. J. Cleary, Cultivating

Intellectual Virtue in Plato's Philosopher-Rulers, in: F. L. Lisi (ed.), The Ascent to the Good, Sankt Augustin 2007, 79–100; K. Ioannides, Le Roi-Philosophe, spectateur et acteur d'après Platon, *ΦΙΛΟΣΟΦΙΑ* 13–14 (Athen 1983/1984), 163–188; W. Kersting, Platons »Staat«, Darmstadt 1999, 2006, 187–249 (C.III. Die Notwendigkeit der Philosophenherrschaft); N. McInnes, Philosopher-Kings, Enc. Ph. VI (1967), 157–159; M. P. Nichols, The Republic's Two Alternatives. Philosopher-Kings and Socrates, Political Theory 12 (1984), 252–274; K. R. Popper, The Open Society and Its Enemies I (The Spell of Plato), London 1945, 121–137, [2]1952, [5]1966, 138–156, London/New York 2003, 146–165, Princeton N. J. 2013, 130–147 (Chap. 8 The Philosopher King) (dt. Der Zauber Platons, Bern 1957, Bern/München [3]1973, unter dem Titel: Die offene Gesellschaft und ihre Feinde I [Der Zauber Platons], München [4]1975, [6]1980, 191–213, Tübingen [7]1992, [8]2003, 165–186 [Kap. 8 Der königliche Philosoph]); C. D. C. Reeve, Philosopher-Kings. The Argument of Plato's »Republic«, Princeton N. J. 1988, Indianapolis Ind. 2006; M. Schofield, The Disappearing Philosopher-King, in: ders., Saving the City. Philosopher-Kings and Other Classical Paradigms, London/New York 1999, 31–50; ders., Plato. Political Philosophy, Oxford etc. 2006, 155–164 (Chap. 4.4 Philosopher Rulers); A. Schubert, Platon »Der Staat«. Ein einführender Kommentar, Paderborn etc. 1995, bes. 38–47, 85–123; R. Spaemann, Die P. (Buch V 473b–VI 504 a), in: O. Höffe (ed.), Platon: Politeia, Berlin 1997, [2]2005, 161–177, [3]2011, 121–133, unter dem Titel: Platons P., in: ders., Schritte über uns hinaus. Gesammelte Reden und Aufsätze I, Stuttgart 2010, 117–145; R. Weiss, Philosophers in the »Republic«. Plato's Two Paradigms, Ithaca N. Y./London 2012. J. M.

philosophia perennis (lat., immerwährende Philosophie), von dem Humanisten A. Steuchus (De perenni philosophia libri X, Leiden 1540 [repr., ed. C. B. Schmitt, New York 1972], Basel 1542) eingeführter Ausdruck, mit dem dieser auf eine tieferliegende Übereinstimmung äußerlich konfligierender Lehrmeinungen hinzuweisen sucht. Bei G. W. Leibniz wird der Begriff einer p. p. zu einem *hermeneutischen Prinzip* der Philosophie ausgearbeitet, das auch den Systematiker zu Rekonstruktionsbemühungen (↑Rekonstruktion) gegenüber einer in ihrer sachlichen Bedeutung häufig – oft allein schon aus terminologischen Gründen – mißverstandenen Tradition verpflichten soll (Brief vom 26.8.1714 an N. Remond, Philos. Schr. III, 624–625). G. W. F. Hegel spricht in diesem Zusammenhang, ohne den Ausdruck ›p. p.‹ selbst zu verwenden, von der Philosophie als der »Geschichte der in unendlich mannigfaltigen Formen sich darstellenden ewigen und einen Vernunft« (Differenz des Fichteschen und Schellingschen Systems der Philosophie [1801], Sämtl. Werke I, 73, Ges. Werke IV, 31), F. A. Trendelenburg von einem kontinuierlichen Fortschritt der Philosophie, die »nicht in jedem Kopfe neu ansetzt und wieder absetzt, sondern geschichtlich die Probleme aufnimmt und weiterführt« (Logische Untersuchungen I, Leipzig [2]1862, VIII). In dieser Form drückt der Begriff der p. p. den Gedanken der *Einheit der Philosophie* gegenüber ihren unterschiedlichen, auch miteinander konfligierenden Realisierungen aus.

Auch in der jüngeren Philosophieentwicklung wird die Konzeption einer p. p. in unterschiedlicher Form wieder aufgegriffen: z. B. als Geltungsausweis philosophisch-theologischer Dogmatik unter Rückgriff auf Thomas von Aquin im ↑Neuthomismus (Annahme eines festen Bestandes von Grundwahrheiten, die von allen großen Philosophen geteilt werden), als kulturgeschichtliche Integrationsthese (A. Huxley, The Perennial Philosophy, New York/London 1945), als Transformation der systematischen Philosophie in ein Problemdenken (N. Hartmann) und als das zeitlose Gespräch der (großen) Philosophen und Philosophien miteinander (K. Jaspers).

Literatur: J. Barion, P. p. als Problem und als Aufgabe, München 1936; E. Berti, Il concetto rinascimentale di ›p. p.‹ e le origini della storiografia filosofica tedesca, Verifiche 6 (1977), 3–11; H. Ebert, Augustinus Steuchus und seine P. p.. Ein kritischer Beitrag zur Geschichte der Philosophie, Philos. Jb. 42 (1929), 342–356, 510–526, 43 (1930), 92–100; P. Häberlin, P. p.. Eine Zusammenfassung, Berlin/Göttingen/Heidelberg 1952, Zürich [2]1987; L. E. Loemker, Perennial Philosophy, DHI III (1973), 457–463; G. di Napoli, Il concetto di ›p. p.‹ di Agostino Steuco nel quadro della tematica rinascimentale, in: Facoltà di Lettere e Filosofia dell'Università degli Studi di Perugia (ed.), Filosofia e cultura in Umbria tra medioevo e rinascimento. Atti del IV convegno di studi umbri, Gubbio, 22–26 Maggio 1966, Perugia 1967, 459–489, ferner in: ders., Studi sul rinascimento, Neapel 1973, 245–277; G. Patzig, P. p., RGG V ([3]1961), 349; J. Rousse-Lacordaire, La ›p. p.‹ et ses métamorphoses, in: ders., Ésotérisme et christianisme. Histoire et enjeux théologiques d'une expatriation, Paris 2007, 35–76; W. Schmidt-Biggemann, P. p. im Spätmittelalter. Eine Skizze, in: W. Haug/B. Wachinger (eds.), Innovation und Originalität, Tübingen 1993, 14–34; ders., Enzyklopädie und P. p., in: F. M. Eybl u. a. (eds.), Enzyklopädien der frühen Neuzeit. Beiträge zu ihrer Erforschung, Tübingen 1995, 1–18, ferner in: W. Schmidt-Biggemann, Apokalypse und Philologie. Wissensgeschichten und Weltentwürfe der Frühen Neuzeit, ed. A. Hallacker/B. Bayer, Göttingen 2007, 247–264; ders., P. p.. Historische Umrisse abendländischer Spiritualität in Antike, Mittelalter und Früher Neuzeit, Frankfurt 1998 (engl. P. p.. Historical Outlines of Western Spirituality in Ancient, Medieval and Early Modern Thought, Dordrecht etc. 2004); H. M. Schmidinger, P. p., LThK VIII ([3]1999), 248–249; C. B. Schmitt, Perennial Philosophy: From Agostino Steuco to Leibniz, J. Hist. Ideas 27 (1966), 505–532 (repr. in: ders., Studies in Renaissance Philosophy and Science, London 1981, Ch. I); ders., Prisca theologia e p. p.: due temi del rinascimento italiano e la loro fortuna, in: G. Tarugi (ed.), Il pensiero italiano del rinascimento e il tempo nostro. Atti del V convegno internazionale del Centro di studi umanistici, Montepulciano – Palazzo Tarugi – 8–13 Agosto 1968, Florenz 1970, 211–236 (repr. in: ders., Studies in Renaissance Philosophy and Science [s. o.], Ch. II); H. Schneider, Philosophie, immerwährende, Hist. Wb. Ph. VII (1989), 898–900; H. Vetter, P. p., RGG VI ([4]2003), 1290–1291. J. M.

philosophia prima (lat., erste Philosophie), von Aristoteles (z. B. Met. Γ1.1003a21–32) in die ↑Scholastik (z. B. Thomas von Aquin [In Met. Prooemium 9]) übernommene Bezeichnung (πρώτη φιλοσοφία, ↑Philosophie, erste) für den ersten Teil der (von Aristoteles so genannten) theoretischen Philosophie. Sie hat nach den ersten Ursachen des ↑Seienden zu fragen, und zwar allein, insofern es ein Seiendes ist, also noch ohne die Berücksichtigung weiterer (kategorialer) Unterscheidungen. Da für Aristoteles Gott bzw. das Göttliche als das ewige Seiende der Ursprung und die Ursache alles anderen Seienden ist, handelt die p. p. auch vom höchsten Seienden, von Gott. Sie stellt darin die Einheit von Theologie und ↑Ontologie (↑Metaphysik) dar. O. S.

Philosophie (griech. φιλοσοφία, lat. philosophia, engl. philosophy, franz. philosophie), Bezeichnung für besondere Formen der ↑Rationalität, der ↑Reflexion und der Wissensbildung in einem sowohl *epistemischen*, d. h. auf die Formen des ↑Wissens bezogenen, als auch *disziplinären*, d. h. auf ein (tatsächliches oder als Idee festgehaltenes) System des Wissens (und der Wissenschaften) bezogenen, Sinne. Der Versuch, über derartige allgemeine Formulierungen hinaus eine genauere Bestimmung dessen anzugeben, was P. ist, stößt auf erhebliche Schwierigkeiten, zumal dann, wenn in einer derartigen Bestimmung alles das, was sich bisher als P. verstanden hat oder als P. galt, Berücksichtigung finden soll. Der Grund dafür liegt in dem Umstand, daß die P. im Unterschied zu den Fachwissenschaften keinen ihr eigentümlichen Gegenstand hat (wie die Biologie als Wissenschaft von Geschichte, Struktur und Funktion lebender Systeme oder die Jurisprudenz als Wissenschaft des Rechts), über dessen Definition ihre Bestimmung gegeben werden könnte, und daß sie, wiederum im Unterschied zu den meisten Fachwissenschaften – von Ausnahmen, z. B. der ↑Logik, abgesehen –, kein Lehrbuchwissen im strengen Sinne ausgebildet hat, das allgemein als philosophisches Wissen gelten könnte.

1. Probleme, die einer philosophischen Behandlung zugeführt werden, können prinzipiell überall auftreten, in lebensweltlichen wie in wissenschaftlichen Zusammenhängen (↑Lebenswelt, ↑Wissenschaft), z. B. im Bereich der Fachwissenschaften. Treten sie im Bereich der Fachwissenschaften auf, dann in der Regel dort, wo die fachspezifischen Methoden selbst zu kurz greifen, z. B. bei der Definition des ↑Lebens in der Biologie oder der Definition des historischen Bewußtseins (↑Bewußtsein, historisches) in der Geschichtswissenschaft, aber auch dort, wo es allgemein um erkenntnistheoretische (↑Erkenntnistheorie), methodologische (↑Methodologie, ↑Methode) und wissenschaftstheoretische (↑Wissenschaftstheorie) Grundlagen der Wissenschaften geht. Gleichzeitig bleiben die hier angebotenen philosophischen Lösungsvorschläge in der Regel kontrovers, an so genannte philosophische Standpunkte oder ↑Positionen gebunden, d. h. an die Anerkennung eines Gesamtsystems von Sätzen, und dies trotz des Umstandes, daß sich die P. ungeachtet der historischen und systematischen Vielfalt ihrer Standpunkte in einem bestimmten Sinne als *voraussetzungslos* (↑voraussetzungslos/Voraussetzungslosigkeit) begreift. Ihre Voraussetzungslosigkeit beruht in der (explizit oder implizit) formulierten und methodisch eingelösten Absicht, auch dort noch nach ↑Gründen zu fragen und ↑Begründungen einzufordern, wo sich das alltägliche Bewußtsein, aber auch das wissenschaftliche Bewußtsein, mit faktisch akzeptierten Überzeugungen und (als Wissen ausgegebenen) ↑Meinungen zufriedengibt. Das heißt, es gilt in der P. der Grundsatz, daß nichts für (theoretische oder praktische) Orientierungsbemühungen Relevantes einem *begründungsorientierten* und in diesem Sinne *philosophischen* Diskurs entzogen werden kann und soll. Der Versuch, über eben diesen sich in einem Voraussetzungslosigkeitspostulat artikulierenden Grundsatz eine Wesensbestimmung der P. zu geben, fällt notwendig höchst allgemein (und insofern auch wesentliche Differenzen eher überspielend als ihre Behandlung auf ein Verfahren systematischer Klärung festlegend) aus, z. B. wenn P. als ›Bewußtsein des Nichtwissens‹ (Sokrates) oder als ›Wissenschaft der Vernunft‹ (G.W. F. Hegel) bezeichnet wird.

Unterschiedliche Positionen und Lehrmeinungen, die sich als philosophische auszuweisen suchen, sind daher in der Regel auch über dieses Rahmenverständnis hinaus Ausdruck unterschiedlicher P.verständnisse. Die Frage, was P. ist, wird nicht so sehr außerhalb einer philosophischen Praxis, in institutioneller Form z. B. in den Universitäten, gestellt und den Philosophen zur Beantwortung vorgelegt; sie lenkt vielmehr als eine bereits selbst philosophische Frage, d. i. die Frage nach dem Wesen der P., aus deren Beantwortung der P. wiederum spezifische Aufgaben zufallen sollen, die philosophische Reflexion und läßt sich daher auch von dieser Reflexion nicht isolieren. In diesem Zusammenhang ist die Frage, ob der für die P. gegenüber den Fachwissenschaften im allgemeinen charakteristische Mangel an Lehrbuchwissen nur *historisch* gegeben oder *systematisch* bedingt ist, selbst derart, daß ihre Beantwortung positionsbildend wirkt. Wer davon ausgeht, daß der historische Gang der philosophischen Reflexion die Ausbildung eines begründeten Lehrbuchwissens eher behindert als gefördert hat, wird selbst konkrete Aufgaben der P., z. B. gegenüber den Fachwissenschaften, formulieren und ihre systematische Bewältigung in Angriff nehmen, etwa in Form der Bereitstellung der methodischen und begrifflichen Mittel, die dazu erforderlich sind. Wer hingegen davon ausgeht, daß der Begriff des Lehrbuchwissens und mit ihm der Begriff des ↑positiven Wissens (vor allem zur Charakterisierung der so genannten exakten und empirischen Wissenschaften herangezogen) auf die P. selbst nicht anwendbar ist bzw. die philosophische Reflexion gerade in der Hinsicht verfälscht, in der sie sich von der Reflexions- und Forschungspraxis der Fachwissenschaften unterscheidet, wird selbst entweder eine systematische Unterscheidung zwischen philosophischer und wissenschaftlicher Rationalität vorschlagen oder (im Anschluß an Hegel) P. als ein ›System in der Entwicklung‹ (Vorles. Gesch. Philos. [1833–1836], Sämtl. Werke XVII, 58) zu verstehen suchen, d.h. das, was die P. (in der Regel auf eine höchst kontroverse Weise) weiß, als Ausdruck einer bestimmten Phase innerhalb einer historischen Entwicklung einordnen (↑Philosophiegeschichte). Deren Deutung, etwa als ›Fortschritt im Bewußtsein der Freiheit‹ (Hegel), gilt dann natürlich selbst als eine philosophische.

Im allgemeinen herrschen hinsichtlich der hier leitenden P.verständnisse Mischformen, d.h., es werden sowohl historische als auch systematische Gesichtspunkte dafür ins Feld geführt, daß die P. kein einheitliches Lehrbuchwissen ausgebildet hat. Unterschiedliche P.verständnisse wiederum gelten selbst als ein philosophisches Faktum. Deshalb ist auch die Verwendung des Ausdrucks ›P.‹ im Plural geläufig, ohne daß diese Verwendung primär auf historische Verhältnisse, wie diese einen ähnlichen Gebrauch des Plurals in den Fachwissenschaften regeln (z.B. Aristotelische Physik, Newtonsche Physik), eingeschränkt wäre. So ist etwa die Unterscheidung zwischen idealistischer (↑Idealismus) und materialistischer (↑Materialismus (systematisch)) P. eine systematische; der Geltungsanspruch beider P.n kann sich auf dieselbe Sache (z.B. die Beziehung des Menschen zur physischen Natur) beziehen. Gleichzeitig erlaubt es die Auffassung, daß unterschiedliche P.verständnisse selbst ein philosophisches Faktum darstellen, in dessen Rahmen sich auch noch die eigene Bemühung zu orientieren hat, mit einem P.begriff zu arbeiten, der prinzipiell alles das umgreift, was sich bisher als P. verstanden hat oder als P. galt. Das wiederum hat unter anderem dazu geführt, daß der P.begriff der *philosophischen ↑Forschung* heute sich nur selten vom P.begriff der *Philosophiegeschichtsschreibung* (↑Philosophiegeschichte) unterscheiden läßt.

2. Der hier naheliegende ↑Relativismus, der sich angesichts unterschiedlicher P.verständnisse und deren Einordnung als philosophisches Faktum gegenüber dem Geltungsanspruch (↑Geltung) ausgearbeiteter philosophischer Standpunkte ergibt, wird vermieden, wenn man den Begriff des Lehrbuchwissens selbst relativiert. Ein Lehrbuchwissen, exemplarisch belegt durch die Lehrbuchliteratur der Fachwissenschaften, besteht vor allem in Form von ↑Theorien, deren Geltung überprüft und deren Anwendung in Problemlösungszusammenhängen gesichert ist. Ein derartiges Wissen bzw. die Bemühung um ein solches Wissen gibt es auch in der P., etwa in der Logik, der Erkenntnistheorie, der ↑Sprachphilosophie und der Wissenschaftstheorie. In diesen Fällen handelt es sich um Teile der P., die in ähnlicher Weise strukturiert sind wie das fachwissenschaftliche Wissen, die sich lehrbuchartig tradieren lassen und in der Regel, bezogen auf einzelne Wissenschaften, grundlagenrelevant sind. Dennoch wäre es unzweckmäßig und der besonderen Wissensform der P. unangemessen, auch würde es die philosophische Reflexion unnötig einschränken, P. in diesem Sinne als die Gesamtheit *philosophischer Sätze* aufzufassen und von dieser womöglich zu verlangen, daß sie ein ›System philosophischer Erkenntnisse‹ (I. Kant) darstelle. Umgekehrt wäre es zu kurz gegriffen, mit L. Wittgenstein zu sagen, die P. sei keine Lehre, sondern eine Tätigkeit, und ihr Resultat seien keine philosophischen Sätze, sondern das Klarwerden von Sätzen (Tract. 4.112). Tatsächlich läßt sich die philosophische Reflexion als eine ihrem Wesen nach begründungsorientierte Tätigkeit auffassen, weil sie mit einer ständig aufs Neue unternommenen systematischen ↑Rekonstruktion von Sätzen und Satzzusammenhängen befaßt ist, die mit dem Anspruch auftreten, Wissen zu verkörpern. Eine solche Auffassung entspricht der Sokratischen Einstellung, P. primär nicht als ein besonderes Wissen auszugeben, sie vielmehr als eine Anstrengung vorzutragen, Wissen in Gestalt überzeugenden Argumentierens (↑Argumentation) mit Gründen ausstatten zu können. Wissen ohne das Vermögen der Wissensvermittlung bleibt bloße Meinung (↑Intersubjektivität). Aber diese Überlegung ist selbst noch kein hinreichendes Argument gegen die Möglichkeit philosophischer Sätze (Sätze innerhalb der genannten Teildisziplinen etwa) und deren lehrbuchmäßige Ausarbeitung.

Die philosophische Reflexion, die sich sowohl in Form philosophischer Sätze als auch in Form einer philosophischen Tätigkeit (wie im erwähnten begründungsorientierten Sinne) darstellen läßt, nimmt insofern gegenüber der sich paradigmatisch als Lehrbuchwissen artikulierenden wissenschaftlichen Rationalität eine besondere Rolle ein, die es weder angezeigt sein läßt, P. mit Wissenschaft im Sinne ↑positiver Wissenschaft zu identifizieren bzw. der P. anheimzustellen, sich gegenüber einer durch philosophische Analyse in ihren syntaktischen, semantischen und pragmatischen Strukturen verstandenen Wissenschaft tendenziell überflüssig zu machen (wie es das Reduktionsprogramm des Logischen Empirismus [↑Empirismus, logischer] einmal vorsah), noch dazu zwingt, P., ihre Aufgaben und ihre Leistungen völlig außerhalb von Wissenschaft anzusiedeln. Ihre Rolle ist die einer Begründungen sowohl allgemein als auch wissenschaftsspezifisch ausarbeitenden Orientierung, was historisch gesehen durchaus den Fall einzuschließen erlaubt, daß P. als eine Wissenschaft von den ›Prinzipien des Seienden als solchen‹ (Aristoteles, vgl.

Met. Γ1.1003a30–31) auftritt (↑Philosophie, erste, ↑Metaphysik). Ein P.begriff, der diesem Umstand Rechnung trägt, entzieht sich der Gefahr, lediglich den unterschiedliche ›Lehrmeinungen‹ registrierenden P.begriff der P.geschichtsschreibung zu reproduzieren, ohne daß dies bedeuten müßte, sich damit außerhalb philosophischer Entwicklungen zu stellen. Dies kann die philosophische Reflexion ebensowenig wie z. B. die speziellere sozialwissenschaftliche Reflexion, wenn diese das Ziel verfolgt, begründete Handlungsorientierungen auszuarbeiten.

Der Versuch, eine Wesensbestimmung der P. über die Bildung philosophischer Sätze oder so genannter philosophischer Systeme zu geben (auf die sich in früherer und neuerer Zeit P. in Form von ↑Metaphysikkritik richtet), aber auch der entgegengesetzte Versuch, P. als den Prozeß einer Klarwerdung von (nicht notwendigerweise allein philosophischen) Sätzen zu verstehen, sind beide Ausdruck einer *Verselbständigung* der P. gegenüber der vor allem von den Fachwissenschaften repräsentierten Rationalität. Dies war keineswegs immer so und darf angesichts der historischen Entwicklung auch keineswegs als charakteristisch für den Begriff der P. angesehen werden. Deren Aufgaben sind darüber hinaus nach wie vor durch die von Kant formulierten Fragen »1. Was kann ich wissen? 2. Was soll ich thun? 3. Was darf ich hoffen? 4. Was ist der Mensch?« bestimmt (Logik [1800], Einl., Akad.-Ausg. IX, 25), wobei nach Kant die erste Frage durch die Theoretische P. (↑Philosophie, theoretische), die zweite Frage durch die Praktische P. (↑Philosophie, praktische), die dritte Frage durch die ↑Religion (↑Religionsphilosophie) beantwortet werden soll (KrV A 805/B 833) und die Beantwortung der vierten Frage die der ersten drei Fragen voraussetzt.

3. Der Ausdruck ›P.‹ bedeutet ursprünglich im griechischen Denken (↑Philosophie, griechische) Liebe zu bzw. Streben nach Weisheit (*φιλοσοφία*), wobei *σοφία* (↑Sophia) zunächst allgemein ein auf Sachverstand beruhendes Wissen und Können (im Sinne von Sich-Auskennen) bezeichnet und erst allmählich auf ein *theoretisches* Wissen bzw. ein sich theoretischer Formen bedienendes Wissen eingeschränkt wird. Der Ausdruck (fälschlicherweise Pythagoras zugeschrieben, Diog. Laert. I 12) ist Platonischen Ursprungs, erläutert durch den Hinweis, daß im Unterschied zu Gott, der weise sei, dem Menschen allein das *Streben* nach ↑Weisheit zukomme (Symp. 203e–204a, Phaidr. 278d), das allerdings auch zu einer ›Angleichung an Gott‹ (*ὁμοίωσις θεῷ*, Theait. 176b) führe. Der Umstand, daß unter dieser Weisheit im wesentlichen ein theoretisches Wissen verstanden wird, macht wiederum eine Unterscheidung zwischen P. und Wissenschaft überflüssig. So bezeichnet Platon z. B. die Geometrie als eine P. (Theait. 143d), desgleichen die Befassung mit den ↑Mathemata Arithmetik, Geometrie, Astronomie und Harmonienlehre (Pol. 521c–534e). Aristoteles versteht Physik, Mathematik und Theologie sowohl als ›theoretische P.n‹ (*φιλοσοφίαι θεωρητικαί*, Met. *E*1.1026a18–19) als auch als die ›drei Klassen theoretischer Wissenschaften‹ (*τρία γένη τῶν θεωρητικῶν ἐπιστημῶν*, Met. *K*7.1064b1–2). Die Ausdrücke, die mit ›P.‹ und ›Wissenschaft‹ übersetzt werden (*φιλοσοφία* und *ἐπιστήμη*), werden im wesentlichen synonym verwendet. Das gilt auch für die Auszeichnung einer so genannten ›ersten P.‹ (↑Philosophie, erste), die auf dem Hintergrund der Aristotelischen Unterscheidung zwischen Theoretischer, Praktischer und poietischer P. (↑Philosophie, poietische, ↑Poiesis) unter den ›theoretischen‹ Disziplinen hinsichtlich der ihr als Aufgabe zugeordneten Ausarbeitung von Begründungszusammenhängen eine besondere Rolle spielt und wirkungsgeschichtlich die Genese der Metaphysik als philosophischer Kerndisziplin bestimmt. Gegensatz des theoretischen Wissens in allen drei genannten Bereichen der Theoretischen, der Praktischen und der poietischen P., das allgemein durch die Existenz systematischer Begründungszusammenhänge charakterisiert wird, ist die ›Historie‹ (*ἱστορία*), d. h. die ursprünglich an einen Augenzeugenbericht geknüpfte ›Kenntnis‹, für die ein Begründungszusammenhang im theoretischen Sinne nicht konstitutiv ist.

Die Ausarbeitung rationaler Orientierungen in theoretischer Form bildet somit den Ausgangspunkt einer Bemühung, in der philosophische und wissenschaftliche

Abb. 1: Die P., Marmortafel von Luca della Robbia, Platon und Aristoteles darstellend, Mitte des 15. Jhs., Museo dell'Opera del Duomo, Florenz (aus: J. Pope-Hennessy, Luca della Robbia, Oxford 1980, Abb. 30).

Aufgaben (im späteren Sinne) noch ungeschieden beieinanderliegen. Theorie gilt entsprechend als ein *praxisstabilisierendes Wissen*, d.h. als ein theoretisches Wissen unter praktischen Orientierungen. So wird ↑Physik zunächst als Theorie eines in der alltäglichen Erfahrung bereits (wenn auch unzureichend beherrscht) zur Verfügung stehenden komplexen Wissens über das Verhalten natürlicher Körper, Logik als Theorie elementarer Argumentationsformen, ↑Geometrie als Theorie des Bauens und der Herstellung von Instrumenten, ↑Ethik als Theorie praktischer Orientierungen entworfen. Was hier seinen disziplinären (wissenschaftlichen) Ausgangspunkt nimmt, ist zunächst P. in dem Sinne, daß es dabei um die Ausarbeitung eines *begründeten* Wissens geht. Der Aristotelische Begriff der reinen ↑*Theoria* (Theorie als ↑Selbstzweck), d.h. die zugespitzte Deutung von Theorie, in deren Rahmen diese selbst als höchste Form der ↑Praxis begriffen werden soll, unterstreicht diesen Gesichtspunkt, wenn auch angesichts des sich später ausbildenden (theoretischen) Verhältnisses von ↑*Theorie und Praxis* in problematischer Weise. Entscheidend ist, daß selbst in dieser Deutung P. nicht als eine Aufgabe angesehen wird, die *neben* den Wissenschaften, zumal den bald eine Sonderstellung einnehmenden ›exakten‹ Disziplinen der Arithmetik, der Geometrie, der Astronomie und der Musik (rationale Harmonienlehre), wahrgenommen wird, sondern daß sich das an den Begriff der P. anknüpfende *Begründungsinteresse* primär in den Wissenschaften zu bewähren sucht, und zwar in Wissenschaften, die noch selbst durch ein solches Interesse charakterisierbar sind.

Abb. 2: Initiale aus einer Abschrift der »Metaphysik« des Aristoteles mit einem Kommentar des Averroës, 2. Hälfte des 13. Jhs., MS 269, Merton College, Oxford (aus: J. Evans [ed.], Blüte des Mittelalters, München/Zürich 1966 [engl. The Flowering of the Middle Ages, London 1966], 198, Abb. 48).

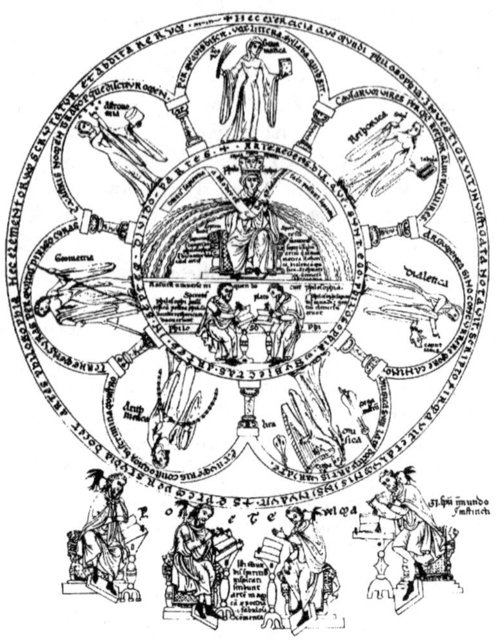

Abb. 3: Die P. im Zentrum der Sieben Freien Künste, Darstellung aus dem »Hortus deliciarum« der Herrad von Landsberg (Folio 32), Ende 12. Jh. (aus: G. Cames, Allégories et symboles dans l'Hortus deliciarum, Leiden 1971, Tafel IV, Abb. 5).

4. Bis in die Neuzeit hinein ändert sich an dieser prinzipiellen Verknüpfung einer philosophischen und einer wissenschaftlichen Bemühung um rationale Orientierungen wenig, darin gleichzeitig einen wesentlichen Unterschied zu außereuropäischen Entwicklungen der P. ausmachend, z.B. der chinesischen (↑Philosophie, chinesische), der buddhistischen (↑Philosophie, buddhistische), der indischen (↑Philosophie, indische) und der japanischen P. (↑Philosophie, japanische). Das kommt einerseits in der beibehaltenen Rahmenunterscheidung zwischen P. und ›Historie‹ (*historia*) zum Ausdruck, andererseits in dem Umstand, daß in der mittelalterlichen Neuordnung des Wissens (↑Scholastik) nicht etwa ›die P.‹ (im späteren Sinne) zur Magd der Theologie (↑ancilla theologiae) wird, sondern das gesamte nichttheologische theoretische Wissen, wie es vor allem in Form der so genannten *artes liberales* (↑ars) gelehrt wird. D.h., es gibt auch hier die P. noch nicht als eine eigenständige Disziplin neben den Wissenschaften, wenngleich das mit ihrem Begriff verbundene Begründungsinteresse zunehmend im Rahmen etwa der Logik und der Erkenntnistheorie, aber auch im Rahmen der Meta-

physik, sofern sich diese im Anschluß an Aristoteles als *Prinzipienforschung* (↑Prinzip) darstellt, eine von den Wissenschaften im engeren Sinne abgehobene Ausarbeitung findet.

Die philosophischen Kontroversen z. B. zwischen den Positionen des Realismus (↑Realismus (erkenntnistheoretisch), ↑Realismus (ontologisch), ↑Realismus, wissenschaftlicher) und des ↑Nominalismus oder zwischen denen des ↑Rationalismus und des ↑Empirismus, die sich zum Teil über die Entstehung der neuzeitlichen Naturwissenschaft und den mit ihr verbundenen radikalen Wandel des P.- und Wissenschaftsbewußtseins hinaus fortsetzen, zum Teil (wie im Falle von Rationalismus und Empirismus) wesentliche neue Anstöße durch eben diesen Wandel erfahren, betreffen zwar allgemeine Teile der Theoriebildung, wie sie für den Begriff der P. konstitutiv bleiben, doch werden diese Kontroversen stets wissenschaftsrelevant geführt und greifen in den methodischen Aufbau wissenschaftlicher Theorien selbst ein. Insofern läßt sich auch die als Wissenschaftstheorie (im späteren Sinne) konzipierte Erkenntnistheorie Kants, ebenso wie die thematisch weitgehend parallele erkenntnistheoretische Reflexion z. B. bei J. Locke, D. Hume, R. Descartes, G. W. Leibniz und C. S. Peirce, über alle inhaltlichen und methodischen Unterschiede hinweg als durch die gleichen Intentionen geführt ansehen, die ursprünglich die griechische Idee einer rationalen Orientierung durch Theorie bestimmen. Umgekehrt tritt bis ins 19. Jh. in den Titeln zumal naturwissenschaftlicher Werke (unter anderem bei R. Boyle, I. Newton, C. v. Linné, C. Darwin, J.-B. de Lamarck) der Ausdruck ›P.‹ auf, woraus deutlich wird, daß sich auch die Fachwissenschaften in ihrer Theoriebildung durchaus noch als ›philosophische‹, d. h. auf Prinzipien beruhende und nach Gründen und Erklärungen suchende, Unternehmungen verstanden. Das gleiche bringt die beibehaltene Unterscheidung zwischen einer *Principia*- oder eben *Philosophia*-Literatur und einer *Historia*-Literatur (in neuzeitlicher Entwicklung im Sinne der Kantischen Begriffe ↑Naturgeschichte und Naturbeschreibung) zum Ausdruck (↑Experimentalphilosophie, ↑Naturphilosophie).

Die Verselbständigung der P. gegenüber der von den Fachwissenschaften repräsentierten Rationalität, die sich im 19. Jh. auszubilden beginnt, ist dann selbst eine Folge der Verselbständigung, die sich in den Fachwissenschaften ungeachtet mancher terminologischer Kontinuität anbahnt. In dem Maße, in dem in den Wissenschaften die Spezialisierung fortschreitet, verstärkt sich die Schwierigkeit, diese ›P.n‹ noch als Ausdruck einer einheitlichen Bemühung anzusehen, d. h. als Inbegriff des (theoretischen) Wissens und der (theoretischen) Wissensbildung. Zudem wächst die über die ↑Aufklärung vermittelte Abneigung gegenüber einer spekulativen Erweiterung des Vernunftgebrauchs, als die jetzt die P. trotz Kants Metaphysikkritik erscheint. Das wiederum beschleunigt die Tendenz, das Begründungsinteresse der P. nunmehr jenseits der Wissenschaften anzusiedeln, z. B. (noch einmal) in Form von ↑Ontologie in einem eingeschränkt Aristotelischen Objektbereich, dem ›Seienden als solchen‹. Über all dem wird die P. zur ↑*Geisteswissenschaft*, und zwar in dem Maße, in dem sich nun auch neben den Naturwissenschaften die ›praktisch-philosophischen‹ Disziplinen der Politik, der Ökonomie, aber auch Teile der Moral, unter der Idee einer empirischen (bzw. ›positiven‹) ↑Sozialwissenschaft aus dem Gesamtverband des philosophischen Wissens ausgliedern. Es entsteht der P.begriff der P.geschichtsbücher. Nach einer Phase des (erneuerten) Systemdenkens im Deutschen Idealismus (↑Idealismus, deutscher), in der es nicht nur nicht gelingt, der sich anbahnenden Verselbständigung der Wissenschaften im philosophischen Geiste entgegenzuwirken, sondern die selbst noch einmal wegen ihres spekulativen Charakters von den Wissenschaften als Argument für eben jene Verselbständigung genutzt wird, führt diese Entwicklung zu extremen Reaktionen philosophischer Selbstverständnisse, die bis weit in das 20. Jh. hineinreichen, z. B. in Form eines Rückzugs der P. aus den Wissenschaften (↑Lebensphilosophie, ↑Existenzphilosophie) und, im Gegensatz dazu, in Form einer Beschränkung der P. auf eine ↑Wissenschaftslogik (R. Carnap) bzw. eine Analyse der ↑Wissenschaftssprache.

Abb. 4: Raffael, Die P., Teil eines Deckenfreskos in der Stanza della Segnatura (Vatikan), 1508/09 (aus: W. Kelber, Raphael von Urbino. Leben und Werk, Stuttgart 1979, Abb. 178).

5. Das Interesse der P. an der Wissenschaft, das diese aus einer gemeinsamen Vergangenheit bewahrt hat, macht sich gegenwärtig insbes. in Form der *Wissenschaftstheorie* geltend. Neben der Bemühung, das Faktum der Wissenschaft, d. h. wissenschaftlicher Theoriebildungen in

ihrem methodischen Aufbau, zu analysieren (↑Wissenschaftstheorie, analytische), ist hierbei vor allem (wenn auch konzeptions- oder positionsgebunden in unterschiedlicher Form) die Absicht leitend, gegen die Verselbständigung der Wissenschaften wieder ins Feld zu führen, was früher als begründungsorientierte Grundlagenkomponente zu ihnen gehörte. Gleichzeitig bedeutet dies eine Korrektur der eigenen Verselbständigung. Entsprechend spielen, ausgehend von den Bemühungen G. Freges und wesentlich beeinflußt von der Analytischen P. (↑Philosophie, analytische), im modernen P.verständnis Logik (in Form von logischer ↑Propädeutik und formaler Logik [↑Logik, formale]), Sprachphilosophie (in Form von kritischen Sprachanalysen und methodischen Sprachkonstruktionen, z. B. ↑Semantik, ↑Semiotik, ↑Syntax) und Wissenschaftstheorie (vor allem unter den Stichworten Theorienstruktur, ↑Theoriendynamik und Theorienexplikation) eine dominante Rolle. Sie stellen zugleich die neuere Form der Erkenntnistheorie dar, wobei ↑*Sprachkritik* die ältere *Vernunftkritik* (Kant) weiterführt und vor die Aufgabe stellt, selbst Sprachkonstruktionen, die wiederum Eingang in Wissenschaftskonstruktionen finden, auszuarbeiten. Kontroversen über den Status dieser Bemühungen und das Maß ihrer Realisierbarkeit werden wesentlich durch Schulbildungen geprägt, wobei in einem wissenschaftstheoretischen Rahmen das Problem ↑normativer Fundamente der Wissenschaften und das allgemeine Problem der Begründbarkeit von Normen (↑Norm (handlungstheoretisch, moralphilosophisch), ↑Norm (juristisch, sozialwissenschaftlich)) sowie der Versuch einer rationalen ↑Rekonstruktion von Strukturen und Prozessen in der Wissenschaft im Vordergrund stehen (↑Empirismus, logischer, ↑Rationalismus, kritischer, ↑Theorie, kritische, ↑Konstruktivismus, ↑Wissenschaftstheorie, konstruktive). Als grundlagenorientierte Theorie der Naturwissenschaften und der Mathematik, ferner der Sozialwissenschaften sowie der Sprach- und Textwissenschaften zeichnet die Wissenschaftstheorie eine besondere Nähe zu den Einzelwissenschaften aus, die zu deren Theoriebildung beiträgt (etwa in Form von ↑Handlungstheorie, ↑Hermeneutik, ↑Metamathematik, ↑Protophysik und weiteren ↑Prototheorien wie ↑Protologik und ↑Protoethik) und im Einzelfall die logischen Strukturen solcher Theoriebildungen klärt, etwa durch Angabe von Axiomatisierungen. Auch der Praktischen P. wachsen dabei neue Aufgaben zu, sofern diese sich mit Begründungsfragen der Sozialwissenschaften oder den methodischen Normen der Wissenschaftspraxis überhaupt befaßt (hierhin gehören z. B. ↑Ethik, ↑Gesellschaftstheorie, ↑Rechtsphilosophie und politische Philosophie [↑Philosophie, politische]). Fachrichtungen wie etwa ↑Religionsphilosophie, ↑Geschichtsphilosophie, philosophische ↑Anthropologie und Ästhetik (↑ästhetisch/Ästhetik), die früher einen wesentlichen Bestandteil der philosophischen Gesamtbemühung ausgemacht hatten, treten demgegenüber in ihrer Bedeutung zurück; sie werden entweder in vorwiegend historischer Absicht oder wiederum primär bestimmt durch Fragestellungen anderer Disziplinen verfolgt.

Lexika und Nachschlagewerke: R. Audi, The Cambridge Dictionary of Philosophy, Cambridge/New York 1995, [3]2015; ders., Philosophy, Enc. Ph. VII ([2]2006), 325–337; A. J. Ayer/J. O'Grady (eds.), A Dictionary of Philosophical Quotations, Oxford/Cambridge Mass. 1992, 2004; S. Blackburn, The Oxford Dictionary of Philosophy, Oxford/New York 1994, [2]2005, 2008; M. Blay (ed.), Grand dictionnaire de la philosophie, Paris 2003, 2012; T. Bonk, Lexikon der Erkenntnistheorie, Darmstadt 2013; H. D. Brandt (ed.), Disziplinen der P.. Ein Kompendium, Hamburg 2014 [Auszug aus H. J. Sandkühler (ed.), Enzyklopädie P., I–III (s. u.)]; E. Braun/H. Radermacher, Wissenschaftstheoretisches Lexikon, Graz/Wien/Köln 1978; S. Brown/D. Collinson/R. Wilkinson (eds.), Biographical Dictionary of Twentieth-Century Philosophers, London/New York 1996, 2002; N. Bunnin/Y. Jiyuan, The Blackwell Dictionary of Western Philosophy, Malden Mass./Oxford/Carlton 2004, 2008; Centro di studi filosofici di Gallarate, Enciclopedia filosofica, I–IV, Venedig/Rom 1957, I–VI, Florenz [2]1968–1969, erw., I–VIII, Rom 1982, Neuausg., I–XII, Mailand 2006; Centro di studi filosofici di Gallarate, Dizionario dei filosofi, Florenz 1976; K. W. Clauberg/W. Dubislav, Systematisches Wörterbuch der P., Leipzig 1923; E. Craig (ed.), Routledge Encyclopedia of Philosophy, I–X, London/New York 1998 (X = Indexbd.); P. Edwards (ed.), The Encyclopedia of Philosophy, I–VIII, New York/London 1967 (repr., in 4 Bdn., 1996), Suppl.bd., ed. D. M. Borchert, New York etc. 1996, ed. D. M. Borchert, Detroit Mich. etc. [2]2006; R. Eisler (ed.), Wörterbuch der philosophischen Begriffe, I–III, Berlin [4]1927–1930; M. Erler/A. Graeser (eds.), Philosophen des Altertums. Eine Einführung, I–II, Darmstadt 2000, gekürzt in einem Bd., 2010 (Große Philosophen I); J. Ferrater Mora, Diccionario de filosofía, I–IV, Madrid 1979, erw., I–IV, Barcelona 1994, 2004; A. Flew (ed.), A Dictionary of Philosophy, London/Basingstoke, New York 1979, [2]1984, ed. mit S. Priest, London 2002; P. Foulquié, Dictionnaire de la langue philosophique, Paris 1962, mit R. Saint-Jean, [2]1969, 1992; C. C. Gillispie (ed.), Dictionary of Scientific Biography, I–XVIII, ab Bd. XVII ed. F. L. Holmes (XV = Suppl. I, XVI = Index, XVII–XVIII = Suppl. II), New York 1970–1990; J. Hoffmeister, Wörterbuch der philosophischen Begriffe, Leipzig 1944, Hamburg [2]1955, vollständige Neuausg. A. Regenbogen/U. Meyer, Hamburg, Darmstadt 1998, Hamburg 2013; M. C. Horowitz (ed.), New Dictionary of the History of Ideas, I–VI, Detroit Mich. 2005, 2009; A. Jacob (ed.), Encyclopédie philosophique universelle, I–IV in sechs Bdn., Paris 1989–1998, I, [3]1997, [4]2000, II/1–2, [3]2002; S. Jordan/C. Nimtz (eds.), Lexikon P.. Hundert Grundbegriffe, Stuttgart 2009, 2013; H. F. Klemme/M. Kühn (eds.), The Dictionary of Eighteenth-Century German Philosophers, I–III, London/New York 2010; T. Kobusch (ed.), Philosophen des Mittelalters, Darmstadt 2000, gekürzt, 2010 (Große Philosophen II); N. Koertge (ed.), New Dictionary of Scientific Biography, I–VIII, Detroit Mich. etc. 2008; P. Kolmer/A. G. Wildfeuer (eds.), Neues Handbuch philosophischer Grundbegriffe, I–III, Freiburg/München, Darmstadt 2011; R. Konersmann (ed.), Wörterbuch der philosophischen Metaphern, Darmstadt 2007, [3]2011, 2014; L. Kreimendahl (ed.), Philosophen des 18. Jahrhunderts, Darmstadt 2000, gekürzt,

2010 (Große Philosophen IV); H. Krings/H. M. Baumgartner/C. Wild (eds.), Handbuch philosophischer Grundbegriffe, I–III, München 1973–1974; A. Lalande, Vocabulaire technique et critique de la philosophie, I–III (III = Suppl.bd.), Paris 1926–1932, I–II, ²1928, erw. ⁷1956, Neuausg. 1991, ⁵1999, in einem Bd. 2002, ³2010; D. Lecourt (ed.), Dictionnaire d'histoire et philosophie des sciences, Paris 1999, erw. 2006; P. Lübcke (ed.), Politikens filosofi leksikon, Kopenhagen 1983, ²2010 (dt. mit A. Hügli, P.lexikon. Personen und Begriffe der abendländischen P. von der Antike bis zur Gegenwart, Reinbek b. Hamburg 1991, vollst. überarb. u. erw. 1997, rev. u. erw. 2013); B. Lutz (ed.), Metzler Philosophen Lexikon. Von den Vorsokratikern bis zu den Neuen Philosophen, Stuttgart 1989, Stuttgart/Weimar, Darmstadt ³2003; J. Nida-Rümelin (ed.), P. der Gegenwart in Einzeldarstellungen. Von Adorno bis v. Wright, Stuttgart 1991, ed. mit E. Özmen, ³2007; ders./E. Özmen (eds.), Klassiker der P. des 20. Jahrhunderts, Stuttgart 2007; P. Prechtl/F. P. Burkhard (eds.), Metzler P. Lexikon, Stuttgart/Weimar 1995, ³2008; S. Psillos, Philosophy of Science A–Z, Edinburgh 2007, 2008; F. Ricken (ed.), Lexikon der Erkenntnistheorie und Metaphysik, München 1984; J. Ritter (ed., mit Bd. IV fortgeführt von K. Gründer, ab Bd. XI mit G. Gabriel), Historisches Wörterbuch der P., I–XIII, Basel/Stuttgart, Darmstadt, 1971–2007; D. D. Runes (ed.), The Dictionary of Philosophy, New York 1942, unter dem Titel: Dictionary of Philosophy, 1960, 1983; H. J. Sandkühler (ed.), Europäische Enzyklopädie zu P. und Wissenschaften, I–IV, Hamburg 1990; ders. (ed.), Enzyklopädie P., I–II, Hamburg 1999, erw. I–III, ²2010; H. Schmidt, Philosophisches Wörterbuch, Leipzig 1912, bearb. v. G. Schischkoff, Stuttgart ¹⁴1957, ²²1991, vollständige Neuausg., ed. M. Gessmann, Stuttgart, Darmstadt ²³2009; SEP; J. Shand (ed.), Central Works of Philosophy, I–V, Chesham 2005–2006; J. Speck (ed.), Handbuch wissenschaftstheoretischer Begriffe, I–III, Göttingen 1980; A. Ulfig, Lexikon der philosophischen Begriffe, Eltville 1993, Neuausg. Wiesbaden 1997, ²1999, Köln 2003; J. O. Urmson (ed.), The Concise Encyclopedia of Western Philosophy and Philosophers, London, New York 1960, ²1975, rev. Neuausg. mit J. Rée, London etc. 1989, London/New York 2005; F. Volpi/J. Nida-Rümelin (eds.), Lexikon der philosophischen Werke, Stuttgart 1988; P. P. Wiener (ed.), Dictionary of the History of Ideas. Studies of Selected Pivotal Ideas, I–IV, New York 1973, Indexbd. 1974; J.-P. Zarader (ed.), Le vocabulaire des philosophes, I–IV und ein Suppl.bd., Paris 2002–2006; W. Ziegenfuß/G. Jung (eds.), Philosophen-Lexikon. Handwörterbuch der P. nach Personen, I–II, Berlin 1949/1950 (repr. 1978).

Literatur: N. Abbagnano, Storia della filosofia, I–II/2 in drei Bdn., Turin 1946–1950, I–III, Turin ³1974, ergänzt um Bde IV/1–IV/2, ed. G. Fornero, ⁴2003; M. van Ackeren/T. Kobusch/J. Müller (eds.), Warum noch P.? Historische, systematische und gesellschaftliche Positionen, Berlin/New York 2011; W. P. Alston/G. Nakhnikian (eds.), Readings in Twentieth-Century Philosophy, New York, London 1963, London 1969; M. Astroh/D. Gerhardus/G. Heinzmann (eds.), Dialogisches Handeln. Eine Festschrift für Kuno Lorenz, Heidelberg/Berlin/Oxford 1997; J. Baggini/P. S. Fosl, The Philosopher's Toolkit. A Compendium of Philosophical Concepts and Methods, Malden Mass./Oxford/Carlton 2003, ²2010, 2012; H. M. Baumgartner, Endliche Vernunft. Zur Verständigung der P. über sich selbst, Bonn 1991; ders./H.-M. Sass, P. in Deutschland 1945–1975. Standpunkte, Entwicklungen, Literatur, Meisenheim am Glan 1978, Königstein ³1980; R. Bhaskar, Reclaiming Reality. A Critical Introduction to Contemporary Philosophy, London/New York 1989, London/New York 2011; S. Blackburn, Think. A Compelling Introduction to Philosophy, Oxford/New York 1999, 2001 (dt. Denken. Die großen Fragen der P., Darmstadt 2001, 2013; franz. Penser. Une irrésistible introduction à la philosophie, Paris 2003, 2008); ders., The Big Questions. Philosophy, London 2009, unter dem Titel: What Do We Really Know? The Big Questions in Philosophy, London 2012 (dt. Die großen Fragen. P., Heidelberg 2010, 2011); J. M. Bocheński, Wege zum philosophischen Denken, Freiburg/Basel/Wien 1959, mit Untertitel: Einführung in die Grundbegriffe, 1991, 2000; G. Böhme (ed.), Klassiker der Naturphilosophie. Von den Vorsokratikern bis zur Kopenhagener Schule, München 1989; ders., Weltweisheit, Lebensform, Wissenschaft. Eine Einführung in die P., Frankfurt 1994, 2009; H. Böhringer, Was ist P.? Sechs Vorlesungen, Berlin 1993; R. Brandner, Was ist und wozu überhaupt – P.? Vorübungen sich verändernden Denkens, Wien 1992; R. Brandt, P.. Eine Einführung, Stuttgart 2001, 2003; P. H. Breitenstein/J. Rohbeck (eds.), P.. Geschichte – Disziplinen – Kompetenzen, Stuttgart/Weimar 2011; K. Buchholz/S. Rahman/I. Weber (eds.), Wege zur Vernunft. Philosophieren zwischen Tätigkeit und Reflexion, Frankfurt/New York 1999; W. Burkert, Platon oder Pythagoras? Zum Ursprung des Wortes ›P.‹, Hermes 88 (1960), 159–177; H. Carel/D. Gamez (eds.), What Philosophy Is. Contemporary Philosophy in Action, London/New York 2004; S. Cavell, The Claim of Reason. Wittgenstein, Skepticism, Morality, and Tragedy, Oxford etc. 1979, 2009 (franz. Les voix de la raison. Wittgenstein, le scepticisme, la moralité et la tragédie, Paris 1996, 2012; dt. Der Anspruch der Vernunft. Wittgenstein, Skeptizismus, Moral und Tragödie, Frankfurt 2006); E. Craig, Philosophy. A Very Short Introduction, Oxford/New York 2002; G. Damschen, Selbst philosophieren. Ein Methodenbuch, Berlin/New York 2012, ²2013; A. C. Danto, Connections to the World. The Basic Concepts of Philosophy, New York/London1989, Berkeley Calif./London 1997 (dt. Wege zur Welt. Grundbegriffe der P., München 1999); D. A. Dilworth, Philosophy in World Perspective. A Comparative Hermeneutic of the Major Theories, New Haven Conn./London 1989; R. Ferber, Philosophische Grundbegriffe. Eine Einführung, München 1994, erw. ⁶1999, I–II, 2003, I, ⁸2008; E. Fischer/W. Vossenkuhl (eds.), Die Fragen der P.. Eine Einführung in Disziplinen und Epochen, München 2003; J. Gaarder, Sofies Verden. Roman om Filosofiens Historie, Oslo 1991, 2015 (dt. Sofies Welt. Roman über die Geschichte der P., München/Wien 1993, München 2012; engl. Sophie's World. A Novel about the History of Philosophy, New York 1994, 2007; franz. Le monde de Sophie. Roman sur l'histoire de la philosophie, Paris 1995, 2012); A. Graeser, Positionen der Gegenwartsphilosophie. Vom Pragmatismus bis zur Postmoderne, München 2002; A. P. Griffiths (ed.), Key Themes in Philosophy, Cambridge/New York 1989; ders. (ed.), The Impulse to Philosophise, Cambridge 1992; K. Gründer (ed.), P. in der Geschichte ihres Begriffs, Basel 1990 (Hist. Wb. Ph.. Sonderdruck); D. W. Hamlyn, Being a Philosopher. The History of a Practice, London/New York 1992; M. Hampe, Die Lehren der P.. Eine Kritik, Berlin 2014; C. Hein, Definition und Einteilung der P.. Von der spätantiken Einleitungsliteratur zur arabischen Enzyklopädie, Frankfurt etc. 1985; F. Heinemann (ed.), Die P. im XX. Jahrhundert. Eine enzyklopädische Darstellung ihrer Geschichte, Disziplinen und Aufgaben, Stuttgart 1959, ²1963 (repr. Darmstadt 1975); D. Henrich, Werke im Werden. Über die Genesis philosophischer Einsichten, München 2011; W. Hochkeppel (ed.), Die Antworten der P. heute, München 1967; O. Höffe (ed.), Klassiker der P., I–II (I Von den Vorsokratikern bis David Hume, II Von Immanuel

Kant bis Jean-Paul Sartre), München 1981, I ^{3}1994, II ^{3}1995, I–II (II mit Untertitel: Von Immanuel Kant bis John Rawls), 2008; J. Hofmann, P. – Begriffsbestimmung einer Wissenschaft, Frankfurt etc. 2003; T. Honderich (ed.), The Philosophers. Introducing Great Western Thinkers, Oxford/New York 1999, 2001; J. Hospers, An Introduction to Philosophical Analysis, London etc. 1953, ^{2}1967, [gekürzt um Kap I, weitreichend überarbeitet] London/New York ^{3}1990, [erg. um gekürztes Kap. I] ^{4}1997, 2008; A. Hügli/C. Chiesa (ed.), Was ist P.?/Qu'est-ce que la philosophie?, Basel 2007; W. Janke, P., TRE XXVI (1996), 531–560; F. Kambartel, Was ist und soll P.?, Konstanz 1968, 1974; J. Kekes, The Nature of Philosophy, Oxford 1980; ders., The Nature of Philosophical Problems. Their Causes and Implications, Oxford/New York 2014; A. Kenny (ed.), The Oxford Illustrated History of Western Philosophy, Oxford/New York 1994, 2001 (dt. Illustrierte Geschichte der westlichen P., Frankfurt/New York 1995, Köln 2002); J. Koch (ed.), Artes liberales. Von der antiken Bildung zur Wissenschaft des Mittelalters, Leiden/Köln 1959, 1976; S. Körner, What Is Philosophy? One Philosopher's Answer, London 1969, unter dem Titel: Fundamental Questions in Philosophy. One Philosopher's Answers, Brighton, Atlantic Highlands N. J. ^{4}1979 (dt. Grundfragen der P., München 1970); M. Kranz u. a., P., Hist. Wb. Ph. VII (1989), 572–879; A. Kulenkampff (ed.), Methodologie der P., Darmstadt 1979 (Wege der Forschung CCXVI); B. Leiter (ed.), The Future for Philosophy, Oxford/New York 2004, 2009; H. Lenk, Wozu P.? Eine Einführung in Frage und Antwort, München 1974; H. Lübbe (ed.), Wozu P.? Stellungnahmen eines Arbeitskreises, Berlin/New York 1978; P. Lübcke (ed.), Vor tids filosofi, in 2 Bdn., Kopenhagen 1982 (dt. rev., mit A. Hügli, P. im 20. Jahrhundert, I–II, Reinbek b. Hamburg 1992/1993, I 2002, II 2000); T. R. Machan, Introduction to Philosophical Inquiries, Boston Mass./London 1977, Lanham Md./London 1985; W. Marx, Über das Märchen vom Ende der P.. Eine Streitschrift für systematische Rationalität, Würzburg 1998; C. McGinn, Problems in Philosophy. The Limits of Inquiry, Oxford 1993, 1998 (dt. Die Grenzen vernünftigen Fragens. Grundprobleme der P., Stuttgart 1996); C. Menke/M. Seel (eds.), Zur Verteidigung der Vernunft gegen ihre Liebhaber und Verächter, Frankfurt 1993; J. Mittelstraß, Neuzeit und Aufklärung. Studien zur Entstehung der neuzeitlichen Wissenschaft und P., Berlin/New York 1970; ders., Das praktische Fundament der Wissenschaft und die Aufgabe der P., Konstanz 1972 (Konstanzer Universitätsreden L); ders., Die Möglichkeit von Wissenschaft, Frankfurt 1974, 8–28, 209; ders., Die P. und ihre Geschichte, in: H. J. Sandkühler (ed.), Geschichtlichkeit der P.. Theorie, Methodologie und Methode der Historiographie der P., Frankfurt etc. 1991, 11–30; B. Mojsisch/O. F. Summerell (eds.), Die P. in ihren Disziplinen. Eine Einführung, Amsterdam/Philadelphia Pa. 2002; H. Noack, Allgemeine Einführung in die P.. Probleme ihrer gegenwärtigen Selbstauslegung, Darmstadt 1972, ^{4}1991; A. O'Hear (ed.), Conceptions of Philosophy, Cambridge/New York 2009; R. B. Onians, The Origins of European Thought. About the Body, the Mind, the Soul, the World, Time, and Fate. New Interpretations of Greek, Roman and Kindred Evidence, also of Some Basic Jewish and Christian Beliefs, Cambridge 1951 (repr. New York 1973, Salem N. H. 1987), ^{2}1954, 1998 (franz. Les origines de la pensée européenne. Sur le corps, l'esprit, l'âme, le monde, le temps et le destin [...], Paris 1999); D. Palmer, Does the Center Hold? An Introduction to Western Philosophy, Mountain View Calif./London 1991, New York/Columbus Ohio 2014; D. Papineau, Philosophical Devices. Proofs, Probabilities, Possibilities, and Sets, Oxford/New York 2012; J. Passmore, Philosophy, Enc. Ph. VI (1967), 216–226; G. Patzig, P., Begriff und Wesen, RGG V (1961), 349–356; A. T. Peperzak, Thinking about Thinking. What Kind of Conversation Is Philosophy?, New York 2012; J. Pfister, Werkzeuge des Philosophierens, Stuttgart 2013; N. Pieper/B. Wirz (eds.), Philosophische Kehrseiten. Eine andere Einleitung in die P., Freiburg/München 2014; D. von der Pfordten, Suche nach Einsicht. Über Aufgabe und Wert der P., Hamburg 2010; L. B. Puntel, Auf der Suche nach dem Gegenstand und dem Theoriestatus der P.. P.geschichtlich-kritische Studien, Tübingen 2007; R. L. Purtill, A Logical Introduction to Philosophy, Englewood Cliffs N. J./London 1989; R. W. Puster (ed.), Klassische Argumentationen der P., Münster 2013; R. Raatzsch (ed.), Philosophieren über P., Leipzig 1999; C. P. Ragland/S. Heidt (eds.), What Is Philosophy?, New Haven Conn./ London 2001; F. Renaud, P., DNP IX (2000), 862–868; T. Rentsch (ed.), Zur Gegenwart der P.. Theorie, Praxis, Geschichte, Dresden 2008; N. Rescher, Ideas in Process. A Study on the Development of Philosophical Concepts, Frankfurt etc. 2009; ders., On the Nature of Philosophy. And Other Philosophical Essays, Frankfurt etc. 2012; W. Röd (ed.), Geschichte der P., I–XIII, München 1976ff. (bisher: I–V, VII–XIII); H. Röttges, Das Problem der Wissenschaftlichkeit der P., Würzburg 1999; R. Rorty, Philosophy and the Mirror of Nature, Princeton N. J. 1979, Princeton N. J./Oxford 2009 [mit zusätzl. Essay: The Philosopher as Expert] (dt. Der Spiegel der Natur. Eine Kritik der P., Frankfurt 1980, 2012; franz. L'Homme spéculaire, Paris 1990); R. Ruffing, Einführung in die P. der Gegenwart, Paderborn 2005, ^{2}2014; K. Salamun (ed.), Was ist P.? Neuere Texte zu ihrem Selbstverständnis, Tübingen 1980, ^{5}2009; H. J. Sandkühler (ed.), P., wozu?, Frankfurt 2008; H. Schnädelbach, P. in Deutschland 1831–1933, Frankfurt 1983, 1999; ders. (ed.), Was können wir wissen, was sollen wir tun? Zwölf philosophische Antworten, Reinbek b. Hamburg 2009, 2011; ders., Was Philosophen wissen. Und was man von ihnen lernen kann, München 2012, 2013; ders./G. Keil (eds.), P. der Gegenwart – Gegenwart der P., Hamburg 1993; J. Schulte/U. J. Wenzel (eds.), Was ist ein ›philosophisches Problem‹?, Frankfurt 2001; W. Schulz, P. in der veränderten Welt, Pfullingen 1972, Stuttgart ^{7}2001; O. Schwemmer, Die P. und die Wissenschaften. Zur Kritik einer Abgrenzung, Frankfurt 1990; J. Shand (ed.), Central Issues of Philosophy, Chichester/Malden Mass. 2009; G. Skirbekk, Politisk filosofi. Innføring i filosofihistorie med særleg vekt på politisk teori, I–II, Bergen 1972, unter dem Titel: Filosofihistorie. Innføring i europeisk filosofihistorie med særleg vekt på vitskapshistorie og politisk filosofi, I–II, Oslo ^{3}1980, ^{6}1996 (dt. Geschichte der P.. Eine Einführung in die europäische P.geschichte mit Blick auf die Geschichte der Wissenschaft und die politische P., I–II, Frankfurt 1993); J. W. Smith, The Progress and Rationality of Philosophy as a Cognitive Enterprise. An Essay on Metaphilosophy, Aldershot etc. 1988; B. Snell, Die Ausdrücke für den Begriff des Wissens in der vorplatonischen P., Berlin 1924, Hildesheim/Zürich 1992; R. C. Solomon/M. W. F. Stone, Philosophy, NDHI IV (2005), 1775–1779; W. Stegmüller, Hauptströmungen der Gegenwartsphilosophie. Eine kritische Einführung, I–VI, Wien/Stuttgart 1952–1989, I ^{7}1989, II–III ^{8}1987; H. Tetens, Philosophisches Argumentieren. Eine Einführung, München 2004, 2010; C. Thiel/G. Wolandt (eds.), Zugänge zur P., Kastellaun 1979; K. Vorländer, Geschichte der P., I–II, Leipzig 1903, I–III, Reinbek b. Hamburg 1990; M. Warnock, The Uses of Philosophy, Oxford/Cambridge Mass. 1992, 1993; P. Washburn, Philosophical Dilemmas. Building a Worldview, Oxford/New York 1997, mit Untertitel: A Pro and Con Introduction to the Major Questions, ^{3}2008; E. Weil, Logique de la philosophie,

Paris 1950, ²1967, 1996 (dt. Logik der P., Hildesheim/New York/Zürich 2010); J. Westphal, Philosophical Propositions. An Introduction to Philosophy, London/New York 1998; J. Wilson, What Philosophy Can Do, Basingstoke/London, Totowa N. J. 1986; W. Windelband, Geschichte der P., Freiburg 1892, unter dem Titel: Lehrbuch der Geschichte der P., Tübingen/Leipzig ³1903, ⁶1912 (repr. Tübingen als ¹⁸1993), ed. u. erw. H. Heimsoeth, Tübingen ¹³1935, ¹⁷1980; R. Wohlgenannt, Der P.begriff. Seine Entwicklung von den Anfängen bis zur Gegenwart, Wien/New York 1977; K. Wuchterl, Methoden der Gegenwartsphilosophie, Bern/Stuttgart 1977, rev. u. erw. mit Untertitel: Realitätskonzepte im Widerstreit, Bern/Stuttgart/Wien ³1999; ders., Streitgespräche und Kontroversen in der P. des 20. Jahrhunderts, Bern/Stuttgart/Wien 1997; ders., Einführung in die P.geschichte. Ursprung und Entwicklung westlichen Denkens, Bern/Stuttgart/Wien 2000.

Bibliographien: Bibliographie de la philosophie, Paris 1937ff., NS 1 (1954) – 52 (2005); J. R. Burr/C. A. Burr, World Philosophy. A Contemporary Bibliography, Westport Conn. 1993; H. E. Bynagle, Philosophy. A Guide to the Reference Literature, Littleton Colo. 1986, Westport Conn./Oxford ³2006; S. Detemple, Wie finde ich philosophische Literatur, Berlin 1986; H. Guerry (ed.), A Bibliography of Philosophical Bibliographies, Westport Conn./London 1977; W. Risse, Bibliographia philosophica vetus. Repertorium generale systematicum operum philosophorum usque ad annum MDCCC typis impressorum, I–IX in 11 Bdn., Hildesheim/New York/Zürich 1998; J. Slater, Bibliography of Modern American Philosophers, I–III, Bristol 2005, 2006; ders., Bibliography of Modern British Philosophers, I–II, Bristol 2004; B. Šijaković, Bibliographia Praesocratica. A Bibliographical Guide to the Studies of Early Greek Philosophy in Its Religious and Scientific Contexts [...], Paris 2001; T. N. Tice/T. P. Slavens, Research Guide to Philosophy, Chicago Ill. 1983; W. Totok, Bibliographischer Wegweiser der philosophischen Literatur, Frankfurt 1959, bearb. v. H.-D. Finke, ²1985; ders., Handbuch der Geschichte der P., I–VI, Frankfurt 1964–1990, I, ²1997. – Répertoire bibliographique de la philosophie, Louvain 1 (1949) – 42 (1990), fortgesetzt als: International Philosophical Bibliography 43 (1991) ff.; The Philosopher's Index. An International Index to Philosophical Periodicals and Books, Bowling Green Ohio 1 (1969) – 46 (2013), seither ausschließlich als Onlineressource: http://philindex.org. J. M.

Philosophie, analytische (engl. analytical philosophy), Bezeichnung für die neben der ↑Phänomenologie im 20. Jh. einflußreichste philosophische Richtung. Beide Richtungen verstehen sich als Protestbewegungen gegen den spekulativen Zuschnitt der klassischen philosophischen Tradition, insbes. den ↑Hegelianismus des späten 19. Jhs.. Der Vorwurf der A.n P. richtet sich gegen die Verwendung einer auf ihre Eignung, wirklich Sachprobleme zu behandeln, nicht überprüften Sprache; der Vorwurf der Phänomenologie hingegen lautet, daß die wirklichen Sachprobleme nicht behandelt würden. Aus diesen unterschiedlichen Zielsetzungen resultiert eine Aufforderung zur logischen ↑Sprachanalyse von seiten der A.n P., wogegen von seiten der Phänomenologie ein Aufruf ›zurück zu den Sachen selbst!‹ erfolgt. Diese sieht bei der Untersuchung der Sachen grundsätzlich keine Probleme mit dem Zugriff auf sie, während jene sich bei der Untersuchung der sprachlichen Mittel zunächst ihrer Gegenstände als eines Maßstabs sicher wähnt. Beide Richtungen schulden F. Brentano (1838–1917) entscheidende Anregungen. Im Falle der Phänomenologie sind diese direkt: Die Lehre von der ↑Intentionalität psychischer Akte mußte von seinem Schüler E. Husserl (1859–1938), dem Begründer der Phänomenologie, nur noch entpsychologisiert werden. Im Falle der A.n P. sind die Anregungen zum Teil indirekt: Die sprachanalytische Urteilstheorie Brentanos beeinflußte einerseits über seinen Schüler A. Meinong (1853–1920) die Begründer des britischen Zweiges der A.n P., B. Russell (1872–1970) und G.E. Moore (1873–1958), andererseits unmittelbar seinen Schüler K. Twardowski (1866–1938), den Begründer des polnischen Zweiges der A.n P. mit der Lwów-Warszawa-Schule (↑Warschauer Schule), die einen *Logischen Rationalismus*, wie es heute heißt, vertritt. Fruchtbar allerdings wurden sie in beiden Fällen erst durch den Einsatz des von G. Frege (1848–1925) geschaffenen neuen Werkzeugs der modernen formalen Logik (↑Logik, formale) im Bunde mit der auf G. Cantor (1845–1918) zurückgehenden ↑Mengenlehre, wenngleich gerade Husserls »Logische Untersuchungen« (1900/1901) den Anfang der Warschauer Schule, insbes. die Arbeiten S. Leśniewskis (1866–1939) vor seinem Bekanntwerden mit der modernen Logik durch J. Łukasiewicz (1878–1956), entscheidend mitbestimmt haben. Auch später spielen die Wechselwirkungen zwischen der Phänomenologie und der A.n P. eine wichtige Rolle.

Das für die A. P. schon in ihrer um 1900 mit Russell und Moore einsetzenden Frühphase charakteristische methodische Hilfsmittel ist die *logische Analyse sprachlicher Ausdrücke* (↑Analyse, logische). Mit ihr soll erreicht werden, daß philosophische Untersuchungen ihren Gegenstand nicht mehr unabhängig von den gewählten sprachlichen Vermittlungen behandeln, um so gegen Irreführungen durch die ↑Gebrauchssprache gefeit zu sein. Ein sprachkritisches Fundament gilt für jedes Philosophieren im Geiste der A.n P. von nun an als unerläßlich. Die Vorwegnahme sprachkritischer Methoden durch C. S. Peirce (1839–1914) hingegen – und über diesen hinaus noch anderer Vorläufer im 19. Jh., z. B. bei O.F. Gruppe (1804–1876) und G. Gerber (1820–1901) – ist erst später in ihrer Bedeutung gewürdigt worden.

Die besondere Wirksamkeit der mit Russell und Moore einsetzenden Methode der Sprachanalyse, des ›linguistic turn‹ (↑Wende, linguistische), muß vor dem Hintergrund der weit fortgeschrittenen Dissoziation der Einzelwissenschaften von der Philosophie gesehen werden, die nur durch den Aufbau einer gemeinsamen Sprache für Wissenschaft und Philosophie wieder eingeschränkt werden kann. Ein Verständnis von Sprache wird dabei als Bedingung der Möglichkeit beider erkannt: Das Kantische Programm einer Vernunftkritik verwandelt sich in das Programm einer ↑Sprachkritik, womit philosophische Logik (↑Logik, philosophische, ↑Philosophie der Logik) und ↑Sprachphilosophie (↑Grammatik) eine fundierende Rolle erhalten. Diese radikale, erst von L. Wittgenstein (1889–1951), dem gemeinsamen Schüler Russells und Moores, 1921 im »Tractatus logico-philosophicus« (4.0031) formulierte Einsicht bestimmt jedoch noch nicht die Arbeiten Russells und Moores, die weiterhin primär an Sachproblemen – unabhängig von ihrer sprachlichen Darstellung – orientiert sind. Russell geht es um eine Analyse von Aussagen mit Blick auf eine korrekte, die Struktur der Welt in der Struktur der Sprache spiegelnde ↑Syntax, während Moore diese Analyse mit dem Ziel einer Identifizierung der Bedeutung aller beteiligten sprachlichen Ausdrücke, also um einer korrekten ↑Semantik willen, betreibt. Dieses unterschiedliche Interesse führt dazu, daß sich Russell primär um die Konstruktion einer für die Einzelwissenschaften, zunächst Mathematik und Physik, geeigneten ↑Wissenschaftssprache aus der Umgangssprache bemüht, während sich Moore ganz auf die tradierte Sprache der Philosophie (↑Bildungssprache) konzentriert und versucht, diese auf die in ihrer Bedeutung unproblematische Umgangssprache zu reduzieren.

Dem Konstruktionsprogramm Russells und dem Reduktionsprogramm Moores liegen zwei Unterscheidungen innerhalb der Gebrauchssprache, einer natürlichen Sprache (↑Sprache, natürliche) wie Englisch oder Deutsch, zugrunde: Einem unproblematischen Kern, der ↑Alltagssprache oder Umgangssprache (ordinary language), stehen einerseits die aktuelle Fachsprache der Wissenschaft, andererseits die tradierte Fachsprache der Philosophie (›philosopher's jargon‹), beide problematische Bestandteile der Gebrauchssprache, gegenüber. Deren Verständnis sicherzustellen und damit sowohl zeitgenössische Wissenschaft als auch überlieferte Philosophie so weit wie möglich nach Form (Syntax) und Inhalt (Semantik) zu klären, ist Aufgabe der A.n P.. Zur formalen Klärung bedient sich Russell des Programms einer als formale Sprache (↑Sprache, formale) konzipierten universellen Wissenschaftssprache (Idealsprache, ↑Sprache, ideale), das, für Logik und Mathematik erfolgreich ausgeführt (↑Logizismus), in den zusammen mit A.N. Whitehead (1861–1947) verfaßten ↑»Principia Mathematica« (1910–1913) vorgelegt wird. Zur inhaltlichen Klärung sollen die Konstruktionen des Logischen Atomismus (↑Atomismus, logischer) dienen, nach denen für jede Wissenschaft kleinste, durch Namen vertretene Bausteine gefunden werden müssen. Bei dem zeitweise vertretenen sensualistischen (↑Sensualismus) Ansatz in der Physik sind dies etwa elementare Sinnesdaten (↑Phänomenalismus), aus denen sämtliche Gegenstände der fraglichen Wissenschaft durch ›logische Konstruktion‹ der sie bezeichnenden Ausdrücke, d.s. vor allem Mengenterme $\in_x A(x)$ (↑Klasse (logisch)) und Kennzeichnungsterme (↑Kennzeichnung) $\iota_x A(x)$ aus Aussageformen $A(x)$, hergestellt werden, woraus sich wiederum die Möglichkeit ergibt, sowohl Mengenterme – zur Vermeidung von ↑Antinomien – als auch Kennzeichnungsterme – zur Vermeidung bloß theoretischer Gegenstände (↑Ockham's razor) – zu eliminieren. Moore beruft sich zur Klärung hingegen auf den im unverfälschten alltäglichen Sprachgebrauch einer natürlichen Sprache sich manifestierenden gesunden Menschenverstand (↑common sense), der für die (umgangssprachliche) Kritik und das (umgangssprachliche) Verständnis der Bildungssprache, speziell ihrer moralischen Normen, in Anspruch zu nehmen ist. Beide bemühen sich daher um eine Unterscheidung der logischen Form (↑Form (logisch)) sprachlicher Ausdrücke (↑Tiefenstruktur) von ihrer grammatischen Form (↑Oberflächenstruktur), um zuverlässig von der Sprachform auf die Form der Wirklichkeit schließen zu können. In dieser Frühphase der A.n P. sind daher das bestehende wissenschaftliche Wissen und das bestehende Alltagswissen leitende Gesichtspunkte philosophischer Reflexionen und selbst noch nicht kritisch befragt. Die A. P. dient im Selbstverständnis Russells und Moores grundsätzlich immer noch der adäquaten Beschreibung der einen, eindeutig bestimmten nicht-sprachlichen Wirklichkeit, der Welt der überlieferten ›natural philosophy‹ und ›moral philosophy‹. Erst mit der Radikalisierung, wie sie Wittgenstein im »Tractatus« (1921) vornimmt, soll jedes Wissen, sei es wissenschaftliches Wissen oder Alltagswissen, durch eine sprachkritische Grundlegung einwandfrei und adäquat rekonstruiert werden. Dazu dient eine – ihrer Bindung an den Logischen Atomismus Russells wegen – nur schwer als Abstraktionstheorie (↑abstrakt, ↑Abstraktion) durchschaubare ↑Abbildtheorie für die interne Beziehung zwischen Sprache und Welt (↑Artikulation, ↑Prädikation), mit der Wittgenstein erstmals auch die begriffliche Trennung von Semantik und Syntax einer formalen Sprache gelingt.

Die unterschiedlichen Interessen der beiden Gründer – Russells Beschäftigung mit dem Aufbau einer für die Wissenschaften geeigneten Idealsprache und Moores Bemühung, die Eignung der Umgangssprache zur Analyse der Bildungssprache nachzuweisen – sind die Hauptursache für die Wirksamkeit einer (öffentlich allerdings erst mit einer Verzögerung von ungefähr 10 Jahren auftretenden) Aufspaltung der A.n P. in zwei Zweige: den *Logischen Empirismus* (↑Empirismus, logischer, auch: ↑Neopositivismus), konzentriert zwischen 1920 und 1950, und den *Linguistischen Phänomenalismus* (↑Phänomenalismus, linguistischer, auch: Philosophie der normalen Sprache oder ↑Ordinary Language Philosophy), konzentriert zwischen 1930 und 1960. Beide können auch als die mittlere Phase bzw. die Spätphase der A.n P. bezeichnet werden; für sie ist jeweils der Wittgenstein des »Tractatus« und der Wittgenstein der »Philosophischen Untersuchungen« (postum 1953) prägend, obwohl Wittgenstein selbst weder (in Wien) dem Logischen Empirismus noch (in Cambridge) dem Linguistischen Phänomenalismus zugerechnet werden sollte.

Der *Logische Empirismus* ist charakterisiert durch die Verselbständigung des Russellschen Programms, adäquate Wissenschaftssprachen als formale Sprachen zu konstruieren, so daß das Problem, vor einer formalen ↑Explikation zunächst eine präzise inhaltliche Theorie aufzubauen, die als Interpretation der formalen Sprache zur Verfügung stünde, nicht mehr gesehen oder, zumindest wissenschaftlich, als unlösbar betrachtet wird. Der später von A. Tarski (1902–1983), einem Mitglied der Warschauer Schule, und anderen Logikern entwickelte Ausweg, als Interpretationssprache und damit als ↑Metasprache wiederum eine formale Sprache zu wählen, nämlich einen speziellen, mit den Mitteln einer formalisierten Mengenlehre aufgebauten ↑Kalkül, der dann als formale Semantik der formalen Syntax des ursprünglichen Kalküls an die Seite gestellt werden kann, gehört zwar als ↑Modelltheorie mittlerweile zu den Standardverfahren von ↑Logik und ↑Wissenschaftstheorie, hat aber das Problem des sprachkritisch präzisen Aufbaus einer inhaltlichen Theorie nur verschoben, nämlich auf die Interpretation von Kalkülen der Mengenlehre (eine bis heute grundsätzlich offene Frage). Gleichwohl ist mit der Verselbständigung des Formalsprachenprogramms ein Russellsches Dilemma verschwunden: Sein Ziel, von der Struktur einer logisch einwandfreien Sprache auf die Struktur der Welt schließen zu können, läßt sich sprachkritisch streng nicht formulieren; höchstens ein (selbst nur ungenau explizierbarer) Vergleich eines gebrauchssprachlich formulierten Wissens mit einem formalsprachlich formulierten wissenschaftlichen Wissen bliebe durchführbar. Der metaphysische Rest in Russells Konstruktionen, sein externer Realismus (↑Realismus (ontologisch)), ist nur durch den Verzicht auf einen solchen Rückschluß eliminierbar; was bleibt, ist zu verlangen, daß die logische Form der Gebrauchssprache mit der grammatischen (= logischen) Form der Idealsprache übereinstimmt.

Philosophie wird in diesem Zusammenhang unter dem Stichwort ›Überwindung der Metaphysik‹ konsequent als Theorie der Wissenschaftssprachen oder ↑›Wissenschaftslogik‹ begriffen. Diese Entwicklung setzt sich durch die Rezeption der logisch-mathematischen Resultate der »Principia Mathematica« und des »Tractatus« im ursprünglich einer älteren empiristischen Tradition verpflichteten ↑Wiener Kreis durch, dessen bedeutendste Vertreter R. Carnap (1891–1970) und der spiritus rector dieses Kreises, M. Schlick (1882–1936), sind. Ähnliche, am Aufbau einer einheitlichen Wissenschaftssprache interessierte Kreise (↑Einheitswissenschaft) gibt es bis zu ihrer Zerstörung durch den Nationalsozialismus in Prag und in Berlin. Der einer älteren rationalistischen Tradition verpflichtete und deshalb unter dem Titel eines *Kritischen Rationalismus* (↑Rationalismus, kritischer) in methodologischer Gegnerschaft zu Carnap – wissenschaftliche Theorien werden nicht durch ein ↑Verifikationsprinzip, sondern durch ein Falsifikationsprinzip (↑Falsifikation) bestimmt – arbeitende K.R. Popper (1902–1994) muß ungeachtet dieser fruchtbaren Differenz ebenfalls zur A.n P. gerechnet werden. Das verhindert jedoch nicht, durch eine im Wiener Kreis herrschende empiristische Auslegung des Wittgensteinschen Sinnkriteriums (↑Sinnkriterium, empiristisches) – um sagen zu können ››p‹ ist wahr ...‹, muß man bestimmt haben, unter welchen Umständen man ›p‹ wahr nennt, und damit bestimmt man den Sinn des Satzes (Tract. 4.063) –, wie sie vor allem in der Rezeption durch den im angelsächsischen Sprachraum besonders wirksamen frühen A.J. Ayer (1910–1989) Einfluß erlangt, das Mißverständnis zu erzeugen, die A.P. sei insgesamt einer empiristischen Erkenntnistheorie verpflichtet. Dieser Eindruck verschwindet trotz Popper und Leśniewski erst mit der sich – vor allem auf Grund der von W.V.O. Quine (1908 – 2000) vorgetragenen Kritik an der Unterscheidung zwischen ↑›analytisch‹ und ↑›synthetisch‹ – durchsetzenden Einsicht, daß die von Carnap ursprünglich vertretene scharfe Trennung zwischen ↑Beobachtungssprache und ↑Theoriesprache nicht aufrechtzuerhalten ist. Gleichwohl bleibt die Schwierigkeit erhalten, mit dem Verlust des Maßstabs einer von der Wissenschaftssprache dargestellten objektiven Welt auch der Kriterien für die Angemessenheit einer Darstellung zu entbehren; sie führt zu einem wachsenden Interesse an einer behavioristisch fundierten Wissenschaft vom zeichenvermittelten Verhalten, der ↑Semiotik im Verbund mit ↑Pragmatik, als Rahmenwissenschaft. Mit dieser sich von einer Verschmelzung zwischen A.r P. und ↑Pragmatismus, zweier ausdrücklich durch eine ↑Methode und nicht inhaltlich charakterisierter philosophischer Richtungen, herleitenden *pragmatischen Wende*, wie sie in den USA zunächst durch Quine mit einem holistischen (↑Holismus) Evolutionismus und durch N. Goodman (1906–1998) mit einem strukturalistischen (↑Strukturalismus (philosophisch, wissenschaftstheoretisch)) Irrealismus vertreten wird, beginnen neue Entwicklungen jenseits der Verzweigung in Logischen Empirismus und Linguistischen Phänomenalismus bis hin zur Wiederkehr philosophischer Spekulation unter dem Titel ›postanalytischen‹ Denkens. Einer der Gründe dafür ist, daß auch die pragmatische Wende, die nach Quine den Rahmen der bestehenden experimentellen Wissenschaften nicht verlassen darf und daher keine methodisch unabhängig begründete Wahl der Idealsprache sicherstellen kann, experimentell-empirisch steckenbleibt.

Der *Linguistische Phänomenalismus* ist im Unterschied zum Logischen Empirismus durch die Verselbständigung des Mooreschen Programms charakterisiert, wonach die philosophische Tradition auf dem Wege einer Übersetzung in umgangssprachliche Ausdrucksweise als verständlich – oder endgültig als unsinnig – zu erweisen sei. Dabei soll die von Moore noch unterstellte Verständlichkeit der Umgangssprache jetzt durch ein der Phänomenologie entlehntes Aufdecken ihres rationalen Kerns in begrifflich gefaßten Argumentationsstrukturen legitimiert werden. Philosophie muß sich daher dazu verstehen, den alltäglichen ↑Sprachgebrauch einer Gebrauchssprache aufs genaueste zu untersuchen, und zwar in logischer, auf den begrifflichen Gehalt der Bedeutungsnuancierungen zielender Absicht. Das Ziel dieses nach seiner Herkunft als ↑*Oxford Philosophy* bezeichneten Zweiges der A.n P. besteht in der Formulierung ihres Begründers G. Ryle (1900–1977) darin, eine ›nonformal logic of ordinary language‹ zu entwickeln, die gleichwohl nicht anders denn als Beschreibung faktischen Sprachgebrauchs (ordinary use) aufgefunden werden kann. Aus der logischen Analyse der Gebrauchssprache wird eine linguistische Analyse ihres umgangssprachlichen Kerns. Konsequent nehmen daher die beiden neben Ryle führenden Vertreter der Oxford Philosophy, J. L. Austin (1911–1960) und P. F. Strawson (1919 – 2006), die Hilfe einer an semantischen Untersuchungen orientierten ↑Linguistik nicht nur in Anspruch, sondern fordern diese auch. Erst durch Einbeziehung zuverlässiger linguistischer Zusammenhänge, sowohl synchronisch als auch diachronisch (↑diachron/synchron) und damit im historischen Kontext, scheint es durch die Berufung auf geschichtliche Bewährung sprachlich tradierter Unterscheidungen eine Möglichkeit der Rechtfertigung empirisch vorliegenden Sprachgebrauchs zu geben.

Die so vollzogene *hermeneutische Kehre* der A.n P. bleibt gleichwohl, weil auch für die Deutung sprachgeschichtlicher Ereignisse nichts anderes als ein noch zu rechtfertigender Sprachgebrauch zur Verfügung steht, historisch-empirisch stecken. Es ist daher kein Wunder, daß mit dieser Verschmelzung von a.r P. und Linguistik, die, beginnend mit Austin und unter irreführender Berufung auf den späten Wittgenstein, die neue und fruchtbare Theorie der ↑Sprechakte hervorgebracht und zugleich das Ende des Primats der Sprachkritik eingeleitet hat, neue Entwicklungen einsetzen. Unter diesen erfährt neben der von H. P. Grice (1913–1988) begründeten Theorie kommunikativen Handelns (↑Kommunikationstheorie (3)) mittlerweile die von N. Chomsky (*1928) vorbereitete, auf Grund ihrer Herkunft aus dem wiederum dem Idealsprachenprogramm nahestehenden linguistischen Strukturalismus (L. Bloomfield, Z. Harris) mit formalen Methoden arbeitende Alternative zur behavioristisch fundierten Semiotik und Pragmatik (z. B. bei C. Morris) in Gestalt einer mentalistisch fundierten Linguistik und Psychologie wegen ihrer Allianz mit den Forschungen zur Künstlichen Intelligenz (↑Intelligenz, künstliche) die größte Aufmerksamkeit. Danach bestimmt eine empirisch erforschbare mentale Sprache (›mentalese‹) die sprachlichen und nicht-sprachlichen ↑kognitiven Funktionen. Bei J. J. Katz (1932 – 2002) schließen diese auch die zur Philosophie führenden Funktionen ein, so daß die Philosophie, auch in ihrer Gestalt als A. P., als ein Teil der Linguistik zu konzipieren sei. Die ↑Kognitionswissenschaft gehört im Verbund mit der dafür die philosophische Grundlage beanspruchenden ↑Philosophie des Geistes (↑philosophy of mind) wegen ihrer Rehabilitation spekulativen Denkens, wie es sich in der Annahme einer Fülle bloß theoretisch postulierter Gegenstände, z. B. mentaler Repräsentationen und Intentionen, äußert, zu den wichtigsten Gestalten des ›postanalytischen‹ Denkens.

Zugleich wird deutlich, daß die der sprachkritischen Methode der A.n P. weiterhin treuen Verfahren des späten Wittgenstein eine Berufung auf äußeres oder inneres empirisches Verhalten weder erlauben noch ihrer bedürfen. Unter Beschreibung von Sprachgebrauch wird in den »Philosophischen Untersuchungen« keine Deskription von Fakten, sondern die Beschreibung geeigneter fingierter Situationen verstanden, in denen ↑Sprache als einführbar und deshalb faktische Sprache als beurteilbar gedacht ist. Dies wird durch ↑Sprachspiele, unter ausdrücklicher Beachtung der Offenheit möglicher ↑Sprachhandlungen erreicht, allerdings unter Verzicht auf jede Systematisierung, weil Wittgenstein dies für einen nicht mehr legitimierbaren Versuch der Erklärung hält (es hätte die Einführung von logischen Stufen im Bereich der ohnehin als Mittel der Beurteilung, nämlich als ›Maßstäbe‹, dienenden Sprachspiele bedeutet). Trotzdem ist der Einfluß Wittgensteins auf den Linguistischen Phänomenalismus der Oxford Philosophy so einschneidend, daß gerade auch mit Rücksicht auf das Selbstverständnis des linguistischen Phänomenalismus Wittgenstein entgegen sachlicher Berechtigung zu einem seiner Exponenten zu zählen ist. Zur unmittelbaren Wittgenstein-Nachfolge in Cambridge gehört darüber hinaus das Programm einer therapeutischen Sprachanalyse, wie es von J. Wisdom (1904–1974) vertreten wird.

Zwischen dem Ende von Logischem Empirismus und Linguistischem Phänomenalismus auf der einen Seite und dem Beginn postanalytischer Strömungen, aber weiterhin auch neben diesen, gibt es zahlreiche, durch langandauernde Diskussionen vielfältig argumentativ miteinander verbundene philosophische Richtungen und Personen, die sich weiterhin einer sprachkritischen Methode im Sinne der A.n P. verpflichtet verstehen und dabei verstärkt den Zusammenhang mit der klassischen philosophischen Tradition suchen. Dazu gehören scheinbar so radikale Kritiker der angeblich einseitig an ↑Forschung (inquiry) orientierten A.n P. wie der den Pragmatismus J. Deweys (1859–1952) und die Hermeneutik H.-G. Gadamers (1900 – 2002), ihres angeblich auf ↑Kommunikation (conversation) bezogenen Philosophierens wegen, in gleicher Weise heranziehende R. Rorty (1931–2007) wie der die sprachkritische Verpflichtung auch im Kontext so klassischer Probleme wie Freiheit und Determiniertheit oder moralischer Verantwortung weiterhin ernstnehmende G.H. v. Wright (1916 – 2003) und der die Auseinandersetzung mit I. Kant im Rahmen einer (analytischen) Philosophie des Geistes wieder aufnehmende W. S. Sellars (1912–1989). Die Wissenschaftstheorie und ↑Wissenschaftsgeschichte in einem relativistischen bzw. anarchistischen (↑Anarchismus, erkenntnistheoretischer) ↑Historismus verknüpfenden T. S. Kuhn (1922–1996) und P. K. Feyerabend (1924–1994) bleiben trotz aller Sprengungsversuche des in der Methode analytischen Rahmens der A.n P. verbunden. Gleiches gilt für die in einem ständigen Disput um den Aufbau einer Bedeutungstheorie befindlichen D. Davidson (1917–2003) – Bedeutung ist, auch für Handlungssätze, rein referenzsemantisch (↑Referenz), also extensionalistisch (↑extensional/Extension) wie bei Quine durch Rückgang auf Wahrheitsbedingungen nach dem Verfahren Tarskis und damit ontologisch zu bestimmen – und M. Dummett (1925–2011) – Bedeutung kann allein ↑pragmatisch, unter Bezug auf Verfahren der ↑Verifikation und damit epistemologisch, ermittelt werden, nur der Sinn ist semantisch fixiert. Im Gegensatz dazu ist H. Putnam (*1926) zu einem scharfsinnigen Diagnostiker der Gründe für Aufstieg und Fall der A.n P. geworden: die den ↑normativen Problemen sich entziehenden analytischen Philosophen »produce philosophies which leave no room for a rational activity of philosophy« (Philosophical Papers III, 191). Genau diesem Problem sich gestellt zu haben, ist wiederum der Anspruch des durch die Schule der A.n P. gegangenen dialogischen bzw. methodischen ↑Konstruktivismus (↑Konstruktivismus, dialogischer, ↑Kulturalismus, methodischer, ↑Philosophie, konstruktive).

Literatur: W. P. Alston/G. Nakhnikian (eds.), Readings in Twentieth-Century Philosophy, New York/London 1963, 1967; R. R. Ammerman (ed.), Classics of Analytic Philosophy, New York etc. 1965, Indianapolis Ind. 1994; J. L. Austin, How to Do Things with Words. The William James Lectures Delivered at Harvard University in 1955, ed. J. O. Urmson, Oxford/New York, Cambridge Mass. 1962, ed. J. O. Urmson/M. Sbisà, London etc., Cambridge Mass. etc. [2]1975, Oxford/New York 2009 (dt. Zur Theorie der Sprechakte, Stuttgart 1972, 2010); ders., Philosophical Papers, ed. J. O. Urmson/G. J. Warnock, Oxford 1961, Oxford etc. [3]1979, 2007; A. J. Ayer, Language, Truth, and Logic, London 1936, [2]1946 (repr. New York 1952, London 1970), Basingstoke/New York 2004 (dt. Sprache, Wahrheit und Logik, ed. H. Herring, Stuttgart 1970, 1987); ders. u. a., The Revolution in Philosophy, London, New York 1956, 1970; ders. (ed.), Logical Positivism, Glencoe Ill./New York 1959 (repr. Westport Conn. 1978), New York 1966; ders., Russell and Moore. The Analytical Heritage, Cambridge Mass., London 1971, Basingstoke 2004; J. Baillie, Contemporary Analytic Philosophy, Upper Saddle River N. J. 1997, [2]2003; T. Baldwin, Analytical Philosophy, REP I (1998), 223–229; P. Basile/W. Röd, Geschichte der Philosophie XI/1 (Die Philosophie des ausgehenden 19. und des 20. Jahrhunderts. Pragmatismus und a. P.), München 2014; M. Black (ed.), Philosophical Analysis. A Collection of Essays, Ithaca N. Y., London 1950, New York 1971; T. Blume/C. Demmerling, Grundprobleme der analytischen Sprachphilosophie. Von Frege zu Dummett, Paderborn etc. 1998; R. Bubner (ed.), Sprache und Analysis. Texte zur englischen Philosophie der Gegenwart, Göttingen 1968; R. Carnap, Der logische Aufbau der Welt, Berlin 1928 (repr. Hamburg 1974), mit Untertitel: Scheinprobleme in der Philosophie, Hamburg 1961, 1998; ders., Logische Syntax der Sprache, Wien 1934, Wien/New York 1968; V. C. Chappell (ed.), Ordinary Language. Essays in Philosophical Method, Englewood Cliffs N. J. 1964, New York 1981; N. Chomsky, Language and Mind, New York 1968, erw. [2]1972, Cambridge etc. 2010; D. S. Clarke, Philosophy's Second Revolution. Early and Recent Analytic Philosophy, Chicago Ill./La Salle Ill. 1997; I. M. Copi/R. M. Beard (eds.), Essays on Wittgenstein's Tractatus, London/New York 1966 (repr. 2006), Bristol 1993; D. Davidson, Essays on Actions and Events, Oxford etc. 1980, [2]2001 (dt. Handlung und Ereignis, Frankfurt 1985, 2005); ders., Inquiries into Truth and Interpretation, Oxford etc. 1984, [2]2001 (dt. Wahrheit und Interpretation, Frankfurt 1986, 2007); ders./J. Hintikka (eds.), Words and Objections. Essays on the Work of W. V. Quine, Dordrecht/Boston Mass. 1969, rev. 1975; M. Dummett, Truth and Other Enigmas, London, Cambridge Mass. 1978, Cambridge Mass. 1994 (dt. [teilw.] unter dem Titel: Wahrheit. Fünf philosophische Aufsätze, Stuttgart 1982); ders., Ursprünge der a.n P., Frankfurt 1988, 2004 (engl. Origins of Analytical Philosophy, London 1993, Cambridge Mass. 1994); ders., The Logical Basis of Metaphysics, London 1991, 1995; P. Engel, La dispute. Une introduction à la philosophie analytique, Paris 1997; W. K. Essler, A. P. I, Stuttgart 1972; K. T. Fann (ed.), Symposium on J. L. Austin, London 1969 (repr. London/Henley/New York 1979, London 2011); H. Feigl/W. Sellars (eds.), Readings in Philosophical Analysis, New York 1949 (repr. Atascadero Calif. 1981); P. K. Feyerabend, Knowledge Without Foundations. Two Lectures Delivered on the Nellie Heldt Lecture Fund, Oberlin Ohio 1961; ders., Against Method. Outline of an Anarchistic Theory of Knowledge, in: M. Radner/S. Winokur (eds.), Analyses of Theories and Methods of Physics and Psychology, Minneapolis Minn. 1970 (Minnesota Stud. Philos. Sci IV), erw. Atlantic Highlands N. J., London 1975, 1993, 17–130 (dt. [erw.] Wider den Methodenzwang. Skizze einer anarchistischen Erkenntnistheorie, Frankfurt 1976, ohne Untertitel 1983, 2013); A. Flew (ed.), Logic and Language, I–II, Oxford 1952/1953, unter dem Titel: Essays on Logic and Language, Aldershot/Brookfield Vt.

1993; J. Floyd/S. Shieh (eds.), Future Pasts. The Analytic Tradition in Twentieth-Century Philosophy, Oxford/New York 2001; J.A. Fodor, Representations. Philosophical Essays on the Foundations of Cognitive Science, Cambridge Mass./London, Brighton 1981, 1986; H. Furuta, Wittgenstein und Heidegger. ›Sinn‹ und ›Logik‹ in der Tradition der a.n P., Würzburg 1996; H.-J. Glock (ed.), The Rise of Analytic Philosophy, Oxford/Malden Mass. 1997, 1999; ders., What Is Analytic Philosophy?, Cambridge etc. 2008, 2009 (franz. Qu'est-ce que la philosophie analytique?, Paris 2011); N. Goodman, The Structure of Appearance, Cambridge Mass./London 1951, Dordrecht/Boston Mass. [3]1977 (Boston Stud. Philos. Sci. LIII); ders., Problems and Projects, Indianapolis Ind./New York 1972; H. P. Grice, Studies in the Way of Words, Cambridge Mass./London 1989, 1995; G. Gutting, What Philosophers Know. Case Studies in Recent Analytic Philosophy, Cambridge etc. 2009; 2010; P. M. S. Hakker, Wittgenstein's Place in Twentieth Century Analytic Philosophy, Oxford 1996, 1997 (dt. Wittgenstein im Kontext der a.n P., Frankfurt 1997); L.E. Hahn (ed.), The Philosophy of A.J. Ayer, La Salle Ill. 1992, 1993; ders./P.A. Schilpp (ed.), The Philosophy of W.V. Quine, La Salle Ill. 1986, Chicago Ill./La Salle [2]1998; R. Haller, Studien zur österreichischen Philosophie. Variationen über ein Thema, Amsterdam 1979; R. Hanna, Kant and the Foundations of Analytic Philosophy, Oxford etc. 2001, 2004; H. Hochberg, Introducing Analytic Philosophy. Its Sense and Its Nonsense, 1879–2002, Frankfurt etc. 2003; H. U. Hoche/ W. Strube, A. P., Freiburg/München 1985; P. Hylton, Russell, Idealism, and the Emergence of Analytic Philosophy, Oxford etc. 1990, 2002; E. Kanterian, A. P., Frankfurt/New York 2004; J.J. Katz, The Philosophy of Language, New York/London 1966 (dt. Philosophie der Sprache, Frankfurt 1969, 1971; franz. La philosophie du langage, Paris 1971); C. Klein, A. P., in: W. D. Rehfus (ed.), Handwörterbuch Philosophie, Göttingen 2003, 245–249; E.D. Klemke (ed.), Essays on Bertrand Russell, Urbana Ill./ Chicago Ill./London 1970, 1971; ders. (ed.), Essays on Wittgenstein, Urbana Ill./Chicago Ill./London 1971; ders. (ed.), Contemporary Analytic and Linguistic Philosophies, New York 1983, Amherst N.Y. [2]2000; V. Kraft, Der Wiener Kreis. Der Ursprung des Neopositivismus. Ein Kapitel der jüngsten Philosophiegeschichte, Wien 1950, Wien/New York [2]1968, 1997 (engl. The Vienna Circle. The Origin of Neopositivism. A Chapter in the History of Recent Philosophy, New York 1953, 1969); T. S. Kuhn, The Structure of Scientific Revolutions, Chicago Ill./London 1962, erw. [2]1970, 2007 (dt. Die Struktur wissenschaftlicher Revolutionen, Frankfurt 1967, [2]1976, 2007); W. Künne, A. P., RGG I ([4]1998), 452–454; ders./M. Siebel/M. Textor (eds.), Bolzano and Analytic Philosophy, Amsterdam/Atlanta Ga. 1997 (Grazer philos. Stud. LIII); F. v. Kutschera, Sprachphilosophie, München 1971, [2]1975, 1993 (engl. Philosophy of Language, Dordrecht/Boston Mass. 1975); H. Leerhoff/K. Rehkämper/T. Wachtendorf, Einführung in die a. P., Darmstadt 2009; W. Lenzen (ed.), Das weite Spektrum der a.n P.. Festschrift für Franz von Kutschera, Berlin/New York 1997; K. Lorenz, Elemente der Sprachkritik. Eine Alternative zum Dogmatismus und Skeptizismus in der A.n P., Frankfurt 1970, 1971; A. P. Martinich/D. Sosa (eds.), Analytic Philosophy. An Anthology, Malden Mass./Oxford 2001, [2]2011; dies. (eds.), A Companion to Analytic Philosophy, Malden Mass./Oxford 2001, 2006; G. Meggle, A. P., EP I ([2]2010), 78–85; ders./U. Wessels (eds.), Analyomen I (Proceedings of the 1st Conference »Perspectives in Analytical Philosophy«), Berlin/New York 1994; dies. (eds.), Analyomen II (Proceedings of the 2nd Conference »Perspectives in Analytical Philosophy«), Berlin/New York 1997; U. Meixner/ Albert Newen (eds.), Schwerpunkt: Grundlagen der a.n P./Focus: Foundations of Analytic Philosophy, Paderborn 2001; G. E. Moore, Philosophical Studies, London 1922 (repr. London/New York 2000, 2001), London 1970; ders., Some Main Problems of Philosophy, London, New York 1953, 1958 (repr. Abingdon 2002), 1978; ders., Eine Verteidigung des Common Sense. Fünf Aufsätze aus den Jahren 1903–1941, ed. H. Delius, Frankfurt 1969; M.K. Munitz, Contemporary Analytic Philosophy, New York, London 1981; A. Newen/E. v. Savigny, A. P.. Eine Einführung, München 1996; M. Otte, A. P.. Wege, Ziele und Kontexte. Eine Einführung, Hamburg 2013, mit Untertitel: Anspruch und Wirklichkeit eines Programms, 2014; J. Padilla-Gálvez (ed.), Idealismus und sprachanalytische Philosophie, Frankfurt etc. 2007; A. Pap, Elements of Analytic Philosophy, New York 1949 (repr. 1972); J. Passmore, Recent Philosophers. A Supplement to a Hundred Years of Philosophy, La Salle Ill., London 1985, La Salle Ill./Chicago Ill. 1992; D. Pearce/J. Wolenski (eds.), Logischer Rationalismus. Philosophische Schriften der Lemberg-Warschauer Schule, Frankfurt 1988; G. Pitcher, The Philosophy of Wittgenstein, Englewood Cliffs N.J. 1964, 1965 (dt. Die Philosophie Wittgensteins. Eine kritische Einführung in den Tractatus und die Spätschriften, Freiburg/München 1964, 1967); ders. (ed.), Wittgenstein. The Philosophical Investigations. A Collection of Critical Essays, Garden City N.Y. 1966, London 1970; K.R. Popper, Logik der Forschung, Wien 1934, erw. Tübingen [2]1966, Berlin 2013 (engl. The Logic of Scientific Discovery, London 1959, London/New York 2002); ders., Conjectures and Refutations. The Growth of Scientific Knowledge, London 1963, London/New York [5]1989, 2007; P. Prechtl (ed.), Grundbegriffe der a.n P., Stuttgart/Weimar 2004; A. Preston, Analytic Philosophy. The History of an Illusion, London/New York 2007; H. Putnam, Philosophical Papers, I–III (I Mathematics, Matter and Method, II Mind, Language and Reality, III Realism and Reason), Cambridge etc. 1975–1983, 1995–1997; ders., Reason, Truth and History, Cambridge etc. 1981, 1998 (dt. Vernunft, Wahrheit und Geschichte, Frankfurt 1982, 2005); W.V.O. Quine, From a Logical Point of View. 9 Logico-Philosophical Essays, Cambridge Mass. 1953, [2]1961, 2001 (dt. Von einem logischen Standpunkt. Neun logisch-philosophische Essays, Frankfurt/Berlin/Wien 1979); ders., Word and Object, Cambridge Mass. 1960, 2013 (dt. Wort und Gegenstand, Stuttgart 1980, 2007); A.M. Quinton, Linguistic Analysis, in: R. Klibansky (ed.), Philosophy in the Mid-Century/La philosophie au milieu du vingtième siècle II, Florenz 1958, [2]1961, 146–202; E. H. Reck (ed.), From Frege to Wittgenstein. Perspectives on Early Analytic Philosophy, Oxford/New York 2002; P. Redding, Analytic Philosophy and the Return of Hegelian Thought, Cambridge etc. 2007, 2010; D. Reed, Origins of Analytic Philosophy. Kant and Frege, London/New York 2007, 2008; T. Rockmore, Hegel, Idealism, and Analytic Philosophy, New Haven Conn./ London 2005; R. Rorty (ed.), The Linguistic Turn. Recent Essays in Philosophical Method, Chicago Ill./London 1967, 1988; ders., Philosophy and the Mirror of Nature, Princeton N.J. 1979, Princeton N.J./Oxford 2009 (dt. Der Spiegel der Natur. Eine Kritik der Philosophie, Frankfurt 1981, 2003); ders., Philosophical Papers, I–IV, Cambridge etc. 1991–2007; B. Russell, Logic and Knowledge. Essays 1901–1950, ed. R.C. Marsh, London, New York 1956 (repr. London/New York 1992), Nottingham 2007; ders., An Enquiry Into Meaning and Truth. The William James Lectures for 1940 Delivered at Harvard University, New York, London 1940 (repr. London/New York 1992), Nottingham 2007; G. Ryle, The Concept of Mind, London 1949, London/New York 2009 (dt. Der Begriff des Geistes, Stuttgart 1969,

2002); ders., Dilemmas. The Tarner Lectures 1953, Cambridge 1954, Cambridge etc. 2002 (dt. Begriffskonflikte, Göttingen 1970); E. v. Savigny (ed.), Philosophie und normale Sprache. Texte der Ordinary-Language-Philosophie, Freiburg/München 1969; ders., Die Philosophie der normalen Sprache. Eine kritische Einführung in die »Ordinary Language Philosophy«, Frankfurt 1969, ^{2}1974, 1993; ders., A. P., Freiburg/München 1970; P. A. Schilpp (ed.), The Philosophy of Alfred North Whitehead, Evanston Ill./Chicago Ill. 1941, New York ^{2}1951, La Salle Ill. 1971; ders. (ed.), The Philosophy of G. E. Moore, Evanston Ill. 1942, La Salle Ill. ^{3}1968, 1992; ders. (ed.), The Philosophy of Bertrand Russell, Evanston Ill. 1946, La Salle Ill. ^{5}1989; ders. (ed.), The Philosophy of Rudolf Carnap, La Salle Ill./London 1963, 1997; ders. (ed.), The Philosophy of Karl Popper, I–II, La Salle Ill. 1974; ders./L. E. Hahn (eds.), The Philosophy of Georg Henrik von Wright, La Salle Ill. 1989; H. Schnelle, Sprachphilosophie und Linguistik. Prinzipien der Sprachanalyse a priori und a posteriori, Reinbek b. Hamburg 1973; W. Sellars, Science, Perception and Reality, London, New York 1963, Atascadero Calif. 1991; ders., Science and Metaphysics. Variations on Kantian Themes, London, New York 1968, Atascadero Calif. 1992; J. Sinnreich (ed.), Zur Philosophie der idealen Sprache. Texte von Quine, Tarski, Martin, Hempel und Carnap, München 1972; S. Soames, Analytic Tradition in Philosophy I (The Founding Giants), Princeton N. J./Oxford 2014; T. Sorell/G. A. J. Rogers (eds.), Analytic Philosophy and History of Philosophy, Oxford, Oxford/New York 2005; W. Stegmüller, Probleme und Resultate der Wissenschaftstheorie und A.n P., I–IV, Berlin/Heidelberg/New York 1969–1983, Berlin etc. 1984–1986; G. Stevens, The Russellian Origins of Analytical Philosophy. Bertrand Russell and the Unity of the Proposition, London/New York 2005; P. F. Strawson, Individuals. An Essay in Descriptive Metaphysics, London 1959, London/New York 1990 (dt. Einzelding und logisches Subjekt [Individuals]. Ein Beitrag zur deskriptiven Metaphysik, Stuttgart 1972, 2003); ders., Scepticism and Naturalism. Some Varieties, New York 1985, London 1987, London/New York 2008 (dt. Skeptizismus und Naturalismus, Frankfurt 1987, Berlin/Wien 2001); A. Stroll, Twentieth-Century Analytic Philosophy, New York/Chichester 2000; W. W. Tait (ed.), Early Analytic Philosophy. Frege, Russell, Wittgenstein. Essays in Honor of Leonard Linsky, Chicago Ill./La Salle Ill. 1997; E. Tugendhat, Vorlesungen zur Einführung in die sprachanalytische Philosophie, Frankfurt 1976, 2005; J. O. Urmson, Philosophical Analysis. Its Development Between the Two World Wars, Oxford 1956, London/Oxford/New York 1978; H. Wang, Beyond Analytic Philosophy. Doing Justice to What We Know, Cambridge Mass./London 1986, 1988; G. J. Warnock, English Philosophy Since 1900, London/New York/Toronto 1958, ^{2}1969 (repr. Westport Conn. 1982) (dt. Englische Philosophie im 20. Jahrhundert, Stuttgart 1971); M. Weitz, Oxford Philosophy, Philos. Rev. 62 (1953), 187–233; A. N. Whitehead/B. Russell, Principia Mathematica, I–III, Cambridge 1910–1913 (repr. Silver Spring Md. 2009), ^{2}1925–1927 (Teilrepr. unter dem Titel: Principia Mathematica to *56, Cambridge 1967, 1978), (Vorw. u. Einl.) unter dem Titel: Einführung in die mathematische Logik. Die Einleitung der Principia Mathematica, Berlin/München 1932, erw. um einen Beitrag v. K. Gödel, unter dem Titel: Principia Mathematica. Vorwort und Einleitungen, Wien/Berlin 1984, Frankfurt 1986, 1999); B. Williams/A. Montefiore (eds.), British Analytical Philosophy, London, New York 1966, 1971; B. Wilshire, Fashionable Nihilism. A Critique of Analytic Philosophy, Albany N. Y. 2002; J. Wisdom, Philosophy and Psychoanalysis, Oxford 1953, Oxford, Berkeley Calif./Los Angeles 1969; L. Wittgenstein, Schriften, I–VIII, Frankfurt 1960–1982; O. P. Wood/G. Pitcher (eds.), Ryle, New York 1970, London/Basingstoke 1971; G. H. v. Wright, Explanation and Understanding, London, New York 1971 (repr. 2009), Ithaca N. Y./London 2004 (dt. Erklären und Verstehen, Frankfurt 1974, Hamburg 2008); ders., Causality and Determinism, New York/London 1974; K. Wuchterl, Handbuch der a.n P. und Grundlagenforschung. Von Frege zu Wittgenstein, Bern/Stuttgart/Wien 2002. K. L.

Philosophie, antike, Sammelbezeichnung für die Philosophen und philosophischen Richtungen von Thales (7./6. Jh. v. Chr.) bis zum Ende des ↑Neuplatonismus (529 n. Chr.). Ein einheitlicher Philosophiebegriff ist dabei nicht gegeben. Die a. P. umfaßt im einzelnen: die ↑Vorsokratiker, die ↑Sophistik, die ↑Sokratiker, Platon und Aristoteles und deren Schulen (↑Platonismus, ↑Neuplatonismus, ↑Peripatos), die ↑Stoa, den ↑Epikureismus, ↑Skeptizismus und ↑Kynismus sowie die römische Philosophie (↑Philosophie, attische, ↑Philosophie, griechische, ↑Philosophie, hellenistische, ↑Philosophie, römische).

Die a. P. nimmt von Beginn an einen dezidiert rationalistischen und aufklärerischen Kurs, der nur sporadisch durch mythisch-religiöse (z. B. bei Pythagoras, Platon und Plotinos) bzw. skeptische Elemente durchbrochen, nie aber in seiner Gesamttendenz aufgegeben wird. Am Anfang stehen Probleme der nicht-mythischen, rationalen Erklärung des ↑Kosmos und einzelner Naturphänomene. Entsprechende Erklärungsbemühungen sind unmittelbar verbunden mit der Entwicklung einer spezifisch philosophischen Begrifflichkeit (Terminologie) und Methodologie, die schon bei den Vorsokratikern, dann vor allem bei Platon zur Erkenntnis- und Sprachphilosophie, bei Aristoteles zur Etablierung der Logik (↑Syllogistik, ↑Dialektik) als (mehr oder weniger) eigenständiger Teilbereiche der Philosophie führen. Probleme der Ethik stehen bei Pythagoras (neben den mathematischen Disziplinen) im Vordergrund; sie werden später vor allem – in der politischen Umbruchzeit der athenischen Gesellschaft – von den Sophisten behandelt, auf deren erkenntnistheoretischen und ethischen ↑Agnostizismus bzw. ↑Skeptizismus Platon und Aristoteles mit umfassenden ontologischen und erkenntnistheoretischen Modellen sowie mit einheitlichen Ethik- und Politik-Entwürfen eine konsolidierende Antwort zu geben suchen.

Im ↑Hellenismus sind größere Systementwürfe dieser Art kaum mehr auszumachen. Die Theorien Platons und Aristoteles' werden teils im einzelnen weiter ausgeführt, teils in dogmatischen Lehrsystemen verfestigt. Es kommt zur Auflösung der Einheit der Philosophie zugunsten der Ausbildung von Teilbereichen und Spezialdisziplinen. Im Mittelpunkt steht die Suche nach individuellem Glück und individueller Lebenserfüllung; unverkennbar auch eine Tendenz zum ↑Synkretismus.

Lediglich die Stoa nimmt die Herausforderung der Zeit an: Neben erkenntnistheoretischen, logischen und kosmologischen Neukonzeptionen entwickelt sie eine kosmopolitische und kulturphilosophische Menschheitstheorie, die (z. B. bei Poseidonios) die politische Elite Roms beeinflußt. Die römische Philosophie greift eklektisch (↑Eklektizismus) auf griechische Vorbilder (vor allem auf Platon, Aristoteles, Epikur und die Stoa) zurück und paßt sie ihren lebenspraktischen und weltbürgerlichen Vorstellungen an. – Mit dem Neuplatonismus beginnt die letzte wirkungsgeschichtlich bedeutsame Phase der a.n P.; der monistische Systementwurf des Plotinos, der eine einheitliche Sicht der (metaphysischen, physischen und ethischen) Welt formuliert, entspricht dem Harmonie- und dem theoretischen Orientierungsbedürfnis der Zeit. M. G.

Philosophie, attische, im Rahmen der griechischen Philosophie (↑Philosophie, griechische) die Philosophie der in Athen, der Hauptstadt Attikas, lebenden und lehrenden Denker; im engeren Sinne die Philosophie von Sokrates, Platon und Aristoteles sowie ihrer Zeitgenossen und unmittelbaren Nachfolger, im weiteren Sinne auch die Philosophie von Epikur, Zenon von Kition, Pyrrhon von Elis und ihrer Schulen (↑Epikureismus, ↑Skepsis, ↑Stoa). – Die a. P. schließt an die das religiös-mythische Denken ablösende Philosophie der ↑Vorsokratiker an, erweitert ihre Thematik und sucht die Philosophie in Überwindung des ↑Skeptizismus der Sophisten (↑Sophistik) methodisch und praktisch auf ein sicheres Fundament zu stellen. Ihre Bedeutung liegt insbes. darin, daß diese Begründungsbemühungen nicht nur auf das Gebiet der Theoretischen Philosophie (↑Philosophie, theoretische) und Wissenschaft beschränkt bleiben, sondern sich auch auf die Praktische Philosophie (↑Philosophie, praktische) beziehen. Mit der a.n P. erhält die antike Philosophie (↑Philosophie, antike) ihre weithin gültige Gliederung in Physik, Ethik (Praktische Philosophie) und Logik. Die Physik umfaßt Kosmologie, Meteorologie, Astronomie, Theologie (Aristoteles zählt letztere in einem anderen Einteilungsschema zur ›ersten Philosophie‹), Psychologie und Biologie. Teile der Ethik sind Ökonomie (Ökonomik) und politische Theorie. Die Logik, zu der auch die Sprachphilosophie, zum Teil auch die ↑Rhetorik zu zählen ist, wird erstmals von Aristoteles zusammenhängend und, wenn auch in propädeutischer (↑Propädeutik) Funktion, als eigene Disziplin (↑Organon, ↑Syllogistik) behandelt. Erwähnung verdient eine vom angeführten Schema abweichende Einteilung der Philosophie bei Aristoteles (Met. *E*1.1025b25–1026a32, *K*7.1063b36–1064b14) in (a) *Theoretische Philosophie*, gegliedert in (1) ›erste Philosophie‹ als Theorie der ersten Prinzipien (↑Archē) und Ursachen (hierher gehört vor allem die Theorie von Gott als dem ersten ›unbewegten Beweger‹ [↑Beweger, unbewegter], weshalb dieser Teil auch ›Theologie‹ genannt wird), (2) Physik (die ›zweite Philosophie‹) als Theorie der wahrnehmbaren und beweglichen Gegenstände, (3) Mathematik als Theorie der durch ↑Abstraktion (↑abstrakt) gewonnenen Gegenstände wie die geometrischen Gebilde und Zahlen; (b) *Praktische Philosophie* als Theorie des Handelns, gegliedert in Ethik, politische Theorie und Ökonomik, und (c) *poietische Philosophie* als Theorie des mit Vernunft vom Menschen Machbaren (↑Poiesis), wobei die ›Poietik‹ nur einen Ausschnitt dieses Bereiches darstellt.

Die durch Platon und Aristoteles vertretene klassische a. P. wird nur zum Teil in den Schulen Platons und Aristoteles', in der ↑Akademie und im ↑Peripatos, fortgesetzt, die Sokratische in den Sokratiker-Schulen der (eristisch-dialektischen) ↑Megariker, der (kyrenaischen) Hedonisten, der Kyniker (↑Kynismus) und der elisch-eretrischen Schule.

Literatur: R. E. Allen (ed.), Greek Philosophy. Thales to Aristotle, New York, London 1966, [3]1991; K. Döring, Sokrates, die Sokratiker und die von ihnen begründeten Traditionen, in: H. Flashar (ed.), Die Philosophie der Antike II/1 (Sophistik, Sokrates, Sokratik, Mathematik, Medizin), Basel 1998, 139–364; M. Erler, Die Philosophie der Antike II/2 (Platon), Basel 2007; H. Flashar (ed.), Die Philosophie der Antike III (Ältere Akademie, Aristoteles, Peripatos), Basel/Stuttgart 1983, [2]2004; C.-F. Geyer, Einführung in die Philosophie der Antike, Darmstadt 1978, unter dem Titel: Philosophie der Antike. Eine Einführung, [4]1996; O. Gigon, Grundprobleme der antiken Philosophie, Bern/München 1959 (franz. Les grands problèmes de la philosophie antique, Paris 1961; ital. Problemi fondamentali della filosofia antica, Neapel 1983); W. K. C. Guthrie, A History of Greek Philosophy, I–VI, Cambridge 1962–1981; G. Reale, Storia della filosofia antica II (Platone e Aristotele), Mailand 1976, [5]1987 (engl. A History of Ancient Philosophy II [Plato and Aristotle], New York 1990), [9]1994; W. Wieland (ed.), Antike, Stuttgart 1978, 2010 (Geschichte der Philosophie in Text und Darstellung I). M. G.

Philosophie, buddhistische (sanskr. bauddha darśana, chines. fo hsüeh, japan. bukkyō tetsugaku), Bezeichnung für philosophische Systeme, die auf den (auch religiösen) Lehren des Siddhārtha Gautama aufbauen. Man unterscheidet (1) die Philosophie des frühen Buddhismus als diejenigen Lehrstücke, die sich bis in die Anfangszeit des buddhistischen Ordens (1. Jh. nach dem Tode Buddhas) vor den dann einsetzenden Ordensspaltungen zurückverfolgen lassen, (2) die Philosophie der ↑Hīnayāna-Schulen, wie sie in Gestalt von Systematisierungen der früh-buddhistischen Lehre, insbes. im jeweiligen ›Korb der Untersuchung der Lehre‹ (abhidharmapiṭaka, pāli: abhidhammapiṭaka) und in der zugehörigen Kommentarliteratur auftritt, (3) die unmittelbar an die kritische Haltung des frühen Buddhismus anknüpfende und gegen die Dogmatisierungen im Hīnayāna gerichtete Philosophie der ↑Mahāyāna-Schulen, insbes. des ↑Mādhyamika und des ↑Yogācāra samt ihren teilweise synkretistischen (↑Synkretismus) Weiterführungen und Aufspaltungen in Tibet, China, Korea und Japan (↑Philosophie, chinesische, ↑Philosophie, japanische) bis hin zur ›totalistischen‹ Zuspitzung, mit theoretischem Akzent im Hua-yen (japan. Kegon) und mit praktischem Akzent im Ch'an (japan. ↑Zen), (4) die Philosophie der ↑Tantrayāna-Schulen, eines durch Ritualisierung ausgezeichneten und damit die Unterschiedenheit von Religion und Philosophie auflösenden Buddhismus, dessen Texte grundsätzlich mit zweierlei Bedeutung verfaßt sind, einer esoterischen für die Eingeweihten und einer exoterischen für die Außenstehenden.

Der historische Buddha, Siddhārtha Gautama (pāli: Siddhattha Gotama, ca. 560–480 v. Chr.), stammt aus dem Geschlecht der Śākya; deshalb später die Bezeichnung ›Buddha Śākyamuni‹ zur Unterscheidung von den vielen weiteren Erleuchteten, die ebenfalls ›Buddha‹ heißen, und zur Verdeutlichung, daß Buddhistsein nicht die Anerkennung der Autorität des historischen Buddha einschließt. Auf ihn geht die Religion und Philosophie des Buddhismus zurück. Er bildet zusammen mit seinen Anhängern eine der zahlreichen Gruppen, die im 6. Jh. v. Chr. gegen die Autorität des vedischen Mythos (↑Veda) und die ihn vertretende Brahmanenkaste (↑Brahmanismus) aufbegehrten: Jainisten (↑Philosophie, jainistische), Fatalisten, Materialisten, Skeptiker (↑Lokāyata) und Buddhisten sind die Hauptträger einer der ↑Sophistik vergleichbaren Aufklärung und ihre Lehren daher zugleich von besonderer Wirksamkeit bei der als Antwort auf diese Herausforderung einsetzenden und in gegenseitiger Auseinandersetzung weitergeführten Entwicklung der orthodoxen, die Autorität des Veda grundsätzlich anerkennenden hinduistischen Systeme (↑Philosophie, indische). Bei aller Ähnlichkeit ihrer Auffassungen mit zeitgenössischen brahmanischen Ansichten und asketischen Praktiken (z. B. Lehre von der Tatvergeltung [↑karma], Lehre vom Kreislauf der Wiedergeburten [↑saṃsāra], Yogapraxis [↑Yoga]) ist die Lehre der ersten Buddhisten ausgezeichnet durch den Appell an die je eigene Erfahrung und das damit jedem einzelnen zugemutete Interesse an der Rechtfertigung der aus dieser Erfahrung gezogenen Konsequenzen: Wahrnehmung (↑pratyakṣa) und Schlußfolgerung (↑anumāna) werden die einzigen in der b.n P. anerkannten Erkenntnismittel (↑pramāṇa).

In der ältesten Überlieferung spielt die Buddha selbst zugeschriebene Methode der ›Fallunterscheidung‹ (vibhajya) bei der grundsätzlich in Frage-Antwort-Form niedergelegten Erörterung von Problemstellungen eine entscheidende Rolle. Dies ergibt sich durch Textkritik und Vergleich der verfügbaren kanonischen und außerkanonischen Schriften der Schulen des Hīnayāna, insbes. der ersten vier, zum ›Korb der Lehrreden‹ (suttapiṭaka) gehörenden und in der heute vorliegenden Gestalt wohl nach dem zur Regierungszeit Kaiser Aśokas (ca. 272–232 v. Chr.) abgehaltenen 3. buddhistischen Konzil (250 v. Chr.) zusammengestellten Pāli-Nikāyas. Ihre schriftliche Fixierung erfolgt vermutlich erst im 1. Jh. v. Chr.. Diesen entsprechen die dem chinesischen Kanon angehörigen, auf spätere Sanskritfassungen der Pāli-Nikāyas zurückgehenden Āgamas (= [Sūtras der] heiligen Überlieferung). In der darin ausgedrückten Haltung, sprachkritisch zu analysieren und zu rekonstruieren, statt einen einseitigen Standpunkt zu vertreten, stimmen Buddha und sein Zeitgenosse Mahāvīra, der Begründer des Jainismus, überein, auch wenn sie verschiedene Konsequenzen daraus ziehen, Buddha den ›Standpunkt der Standpunktlosigkeit‹, Mahâvra den ›Standpunkt der Anerkennung aller Standpunkte‹.

Die buddhistische Konsequenz wird durchgehend als *Lehre vom Mittleren Weg* (madhyamā pratipad) bezeichnet. Sie macht bereits den Inhalt von Buddhas erster Lehrrede (›das Andrehen des Rads der Lehre‹ [dharmacakra-pravartana]) nach seiner Erleuchtung (bodhi) zum Buddha oder ›Vollendeten‹ (tathāgata, wörtlich: der Sogekommene) aus. Ausgangspunkt ist die Erfahrung des ›Leids‹, d. h., daß nichts so wird oder so bleibt, wie man es wünscht (der Erfahrung des Absurden (↑absurd/das Absurde) bei A. Camus ähnlich). Gesucht ist der Weg zur Aufhebung des Leids und damit zur Erlösung (↑mokṣa). Wegen der Ausnahmslosigkeit der Erfahrung des Leids ist ›leidhaft‹ gleichbedeutend mit ›vergänglich‹ bzw. ›dem Entstehen und Vergehen unterworfen‹. Daraus folgt einerseits die Unhaltbarkeit sowohl eines Substantialismus (śāśvata dṛṣṭi, der ›es ist [immer]‹-Standpunkt) als auch eines ↑Nihilismus (uccheda dṛṣṭi, der ›es ist nicht [mehr]‹-Standpunkt), d. h. der Mittlere Weg im Bereich der Theoretischen Philosophie (↑Philosophie, theoretische). Andererseits folgt, daß weder Asketentum noch ↑Hedonismus als Weg zur Erlösung geeignet sind, d. h. der Mittlere Weg im Bereich der Praktischen Philosophie (↑Philosophie, praktische). Im theoretischen Bereich war die Abwehr von Substantialismus und Nihilismus zunächst nur auf den Menschen, noch nicht auf alle Dinge bezogen (Abgrenzungskriterium zwischen frühem Buddhismus und Philosophie der Hīnayāna-Schulen): Die Buddha zugeschriebenen Argumentationen wenden sich einerseits nur gegen die von Brahmanen und Asketen vertretene ↑Unsterblichkeit des Menschen, wie sie in der Lehre vom Selbst (↑ātman) als dem beständigen unzerstörbaren Substrat jedes Menschen in den Upanischaden (↑upaniṣad) artikuliert ist (spiritualistische Tradition), andererseits auch gegen die ebenfalls in beiden Gruppen auftretende Leugnung eines *nicht*-materiellen, den Zusammenhang aller Bestandteile eines Menschen organisierenden Ichprinzips (naturalistische Tradition). Ein Mensch ist nach Buddha restlos aus (materiellen und nicht-materiellen) Bestandteilen einschließlich ihrer Beziehungen zusammengesetzt, den ihrerseits dem Entstehen und Vergehen unterworfenen fünf Aneignungsgruppen (upādāna-skandha), auch ↑nāmarūpa genannt. Die Frage, ob es ferner ein ↑Ich, ein ↑Selbst, ein ↑Subjekt als beständigen Träger dieser fünf Gruppen gibt, gilt als falsch gestellt: ↑Individuation ist selbst leidhaft, nämlich ein durch Entstehen und Vergehen bestimmter Prozeß. Daher die durchgehende Charakterisierung der buddhistischen Lehre durch die zunächst auf den Menschen, später auf alle Dinge bezogenen *drei Kennzeichen*: vergänglich (anitya, pāli: anicca), [also] leidhaft (↑duḥkha, pāli: dukkha), [also] nicht-selbst (anātman, pāli: anatta).

Die fünf Aneignungsgruppen sind Körper (rūpa), Empfinden (↑vedanā), Mit-Hilfe-der-sechs-Sinne-gliedern-können (↑saṃjñā), Begehrung (↑saṃskāra), Bewußtsein im Sinne von Reflexionsvermögen (↑vijñāna). Zur Erklärung der Gruppen in den Sūtras des Pāli-Kanons gehört bereits eine detaillierte Konstitutionstheorie der Gegenstände der Wahrnehmung, die, anders als die damit verwandten Überlegungen des älteren ↑Sāṃkhya, in eine Beschreibung der Einübung in die Aufhebung der mit den Individuationsprozessen verbundenen Subjekt-Objekt-Spaltung eingebettet ist (z.B. Sutta 18 des Majjhimanikāya): (theoretische) Erkenntnisse über die ›Erfahrung des Leids‹ spielen nur im Zusammenhang von (praktischen) Einsichten über den Weg zur Aufhebung des Leids eine Rolle. Dabei ist es im Sinne einer gemäß dem anātmavāda (= Lehre vom Nichtselbst) kritisch gereinigten Redeweise wichtig, alle in der Beschreibung auftretenden Verben nominal, also ohne Subjekt zu verwenden, z.B. nicht ›ich empfinde‹, sondern ›Empfinden findet statt‹. Konsequenterweise werden als Ursache des Leids (praktisch) das Handeln mit Absichten (ein Handlungssubjekt tritt als Ich, das mit der Handlung ein Ziel verwirklichen will, vom Handlungsvollzug getrennt auf) und (theoretisch) das Um-diesen-Sachverhalt-nicht-Wissen erklärt. Eine Aufhebung des Leids und damit die Unterbrechung des als Folge von Wiedergeburten verstandenen Kreislaufs des Entstehens und Vergehens (↑saṃsāra) ist nur durch Aufhebung des dreifach, in Durst nach Lust, nach Werden und nach Vernichtung gegliederten Daseinsdurstes (tṛṣṇā) und der Unwissenheit (↑avidyā) möglich. (Das relative Gewicht beider Ursachen verlagert sich historisch, und zwar schon im Übergang vom ersten zum zweiten Hauptstück des frühen Buddhismus, vom Durst auf die Unwissenheit.) Die in der Erleuchtung vollzogene Aufhebung wird mit ↑nirvāṇa (wörtlich: Verlöschen) bezeichnet und ist, allerdings als erst nur geistig vollzogenes ›Sich-an-nichts-mehr-klammern‹, auch schon zu Lebzeiten möglich. Der auch körperliche Vollzug der Nichtselbstheit durch Zerfall der die empirische Person ausmachenden fünf Gruppen geschieht im ›vollständigen‹ nirvāṇa (an-upādhi-śeṣa nirvāṇa, wörtl. nirvāṇa ohne übriggebliebene Bedingungen; im Mahāyāna stattdessen: pratiṣṭhita nirvāṇa, d.i. stillstehendes nirvāṇa, im Unterschied zum apratiṣṭhita nirvāṇa, in dem mitleidvolle Zuwendung zu noch Unerlösten möglich ist). Dazu dient der Mittlere Weg, der in Gestalt von acht Geboten die Lehre von der Einübung in dafür geeignete Haltungen und Fertigkeiten artikuliert.

Die acht Gebote werden in der buddhistischen Tradition wie folgt gegliedert: (1) Zwei auf die Aufhebung der Unwissenheit und damit auf Weisheit (↑prajñā) zielende Gebote: *rechte Ansicht*, d.h., erkenne die vier Wahrheiten und gib die vier verkehrten Ansichten auf (d.s. im Unbeständigen Dauer suchen, im Leidhaften Glück suchen, im Nicht-Selbsthaften das Selbst suchen, im Häßlichen das Schöne suchen), und *rechter Entschluß*, d.h., vermeide Situationen, die Daseinsdurst erzeugen, und übe Wohlwollen. (2) Drei Gebote, die darauf zielen, das Wünsche-befriedigen-wollen überflüssig zu machen, und damit Zucht (śīla) im Sinne charakterlicher Disziplinierung ausbilden: *rechte Rede*, d.h., lüge nicht, klatsche nicht, schwatze nicht, *rechtes Verhalten*, d.h., töte nicht, stiehl nicht, hure nicht, und *rechte Lebensführung*, d.h., gehe keinem Broterwerb nach, der anderen Lebewesen schadet. (3) Drei Gebote, die darauf zielen, das Entstehen von Daseinsdurst überhaupt zu verhindern, indem sie Meditation im Sinne geistiger Disziplinierung üben: *rechte Anstrengung*, d.h. erzeuge heilsame Geistesregungen und wehre unheilsame ab, *rechte Aufmerksamkeit*, d.h., begleite alle körperlichen und gedanklichen Zustände und Ereignisse bewußt, und *rechte Sammlung* (↑samādhi), d.h., konzentriere dich derart, daß schrittweise sinnliche Wahrnehmung (mit allen sechs Sinnen), begriffliche Erkenntnis und die die Erkenntnis leitenden Begehrungen aufhören. Zur letzten Gruppe ist hinzuzufügen, daß Meditationsübungen aus verschiedenen Meditationstechniken bestehen, darunter ›Bewachen der Sinnestore‹ (den Selbstbezug ablegen, der in den das Wahrnehmen begleitenden Affekten enthalten ist, d.h. gleichmütig wahrnehmen) und die in der ganzen b.n P. eine ausschlaggebende Rolle spielende, paradigmatisch Meditation verkörpernde ›Versenkung‹ (↑dhyāna). Diese besitzt acht (zuweilen neun) Tiefenstufen, von denen die ersten vier – zum Erkennen der vier Wahrheiten und zum Erlangen der vier Unermeßlichkeiten (Güte [maitrī], Mitleid [karuṇā], Heiterkeit im Sinne von Mitfreude [muditā], Gleichmut [upekṣā]) führend – im Yoga ganz ähnlich wiederkehren. Die letzten vier enden in Zuständen jenseits des Erkennens: (1) Loslösung von äußeren und inneren Affekten und so Wohlbehagen, (2) Aufhören des Nachdenkens und so Wohlbehagen, (3) Hervorrufen von Gleichmut, Aufmerksamkeit und Bewußtheit und so Wohlbehagen, (4) Ununterscheidbarwerden von Wohlbehagen (sukha) und Mißbehagen (duḥkha), (5) Aufhören der Gestaltwahrnehmung (›Unendlichkeit des Raums‹), (6) Aufhören des Wissens um Unterscheidungen (›Unendlichkeit des Bewußtseins‹), (7) Aufhören der Subjekt-Objekt-Unterschiedenheit (›Nichts‹), (8) Aufhören des Unterscheidens und Unterschiedenseins (›jenseits von ↑saṃjñā und asaṃjñā‹, d. i. Tieftrance). Jede Meditationstechnik kann beruhigend, das Konzentrationsfeld einengend, oder steigernd, das Konzentrationsfeld erweiternd, eingesetzt werden.

Bis hierhin reicht das *erste Hauptstück des frühen Buddhismus*, das einen der beiden Brennpunkte der gesamten b.n P. bildet und in der ersten Lehrrede Buddhas durch die *Lehre von den ›vier edlen Wahrheiten‹* (catvari āryasatyāni) zusammengefaßt ist; dazu heißt es: »Das Leiden (duḥkha), diese edle Wahrheit, muß erkannt werden; die Entstehung (samudaya) des Leidens, diese edle Wahrheit, muß vermieden werden; die Aufhebung (nirodha) des Leidens, diese edle Wahrheit, muß verwirklicht werden; der zur Aufhebung des Leidens führende Weg (mārga), diese edle Wahrheit, muß geübt werden.« Für die *Methode* der frühen b.n P. läßt sich entnehmen, daß der durch Meditation (dhyāna) und Argumentation (↑Nyāya) bestimmte Zusammenhang von Üben (abhyāsa) und Wissen (↑jñāna) zentral ist. Es gehört zu den Kennzeichen erst mahāyānischer Philosophie, daß der Vollzug des einen zugleich den Vollzug des andern bedeuten kann: Im Mādhyamika ist ein derart zugleich Üben bedeutendes Wissen Weisheit (prajñā), die im Yogācāra umgekehrt von einer zugleich Wissen bedeutenden Meditationsübung verkörpert ist. Erhalten bleibt ein die Darstellung der b.n P. durchgehend begleitender methodischer Zirkel (↑zirkulär/Zirkularität) bei der Bestimmung des Zusammenhangs von Üben und Wissen, also der Handlungsebene und der Zeichenebene, am deutlichsten in der Formulierung erkennbar, daß Unwissenheit über die Ursachen des Leids selbst eine Ursache des Leids ist. Das Wissen oder das Nichtwissen als Element der (theoretischen) Zeichenebene (↑Zeichen (logisch), ↑Zeichen (semiotisch)) wird so in die (praktische) Handlungsebene (↑Handlung) hineingenommen, von der mit Hilfe der Zeichen die Rede ist, und zwar mit dem Ziel, ohne Einsatz metasprachlicher (↑Metasprache) Hilfsmittel auch über die Zeichen sprechen zu können, statt diese sprechend nur zu verwenden, weil anders Vermittlung, also Lehre, unmöglich wäre: Lehre ist nur wirklich im Zugleich praktischen Vollzugs und dessen theoretischer Darstellung. Auf der Zeichenebene gibt es stets Handlungsaspekte (z. B. ist Erkennen, daß ..., ein Prozeß wie Atmen); auf der Handlungsebene treten stets Zeichen auf, wenn der Handlungsvollzug vom Wissen um ihn begleitet ist (z. B. beim Vorführen statt bloßem Ausführen). So läßt sich der Zusammenhang von Zeichenebene/Spracheebene und Handlungsebene/Gegenstandsebene systematisch sicherstellen; bloße metasprachliche Darstellung theoretisiert nur, führt zur Hypostasierung (↑Hypostase) der Reflexionsebene.

In der historischen Entwicklung der b.n P. bis zu ihrer äußersten Zuspitzung im Zen kommt es immer mehr darauf an, die vollständige Verschmelzung beider Ebenen zu erreichen. Nicht zufällig ist der Kreis in Gestalt des Rads sowohl Symbol der Lehre (›Rad der Lehre‹) als auch Symbol für die Kette der Wiedergeburten (›Rad des Lebens‹), also des im zweiten Hauptstück des frühen Buddhismus artikulierten Bedingungszusammenhangs, dem die fünf Gruppen, aus denen ein Mensch besteht, unterliegen. Auch bezeichnet ›Mittlerer Weg‹ sowohl die Übungspraxis als auch die Lehre der b.n P.. Sogar die vermeintliche Homonymie (↑homonym/Homonymität) von ↑›dharma‹ in den Bedeutungen ›Lehre‹ und ›Daseinsfaktor‹ (s. u.) (häufig vermittelnd übersetzt als ›Prinzip‹: dann ›Rad des Gesetzes‹ statt ›Rad der Lehre‹) erhält auf diese Weise ihren systematischen Sinn. Die Lehre von den vier Wahrheiten zeigt, *daß* die Aufhebung von Daseinsdurst und von Nichtwissen, also der Vollzug der Nichtselbstheit, die Erleuchtung und damit die Unterbrechung des saṃsāra und den Eintritt in das nirvāṇa herbeiführt. *Wie* dies geschieht, wird im *zweiten Hauptstück des frühen Buddhismus*, das den zweiten Brennpunkt der gesamten b.n P. bildet, auseinandergesetzt. Es fehlt nämlich noch eine Bestimmung des Zusammenhangs der mentalen und körperlichen Tätigkeiten einer empirischen Person, des Denkens/Argumentierens und des Handelns/Meditierens, mit der inneren und äußeren Situation, in der das geschieht. Da aber beides, die Tätigkeiten und die Situationen, in den fünf Gruppen, aus denen eine Person besteht, vermöge der erwähnten Konstitutionstheorie bereits aufgeführt ist, muß der Zusammenhang unter den Gruppen angegeben werden. Dies erfolgt durch einen in der Regel als zwölfgliedriger Kausalnexus (vgl. Abb.) dargestellten Bedingungszusammenhang. Dieser orientiert sich historisch an den gestaltenden Kräften (↑guṇa) der Urmaterie (↑prakṛti) im System des ↑Sāṃkhya. In diesem Bedingungszusammenhang wird unter dem Titel ›Lehre vom abhängigen Entstehen‹ (pratītyasamutpāda, pāli: paṭiccasamuppāda) der vom Gesetz der Tatvergeltung (karma) in Gang gehaltene Kreislauf des Entstehens und Vergehens (saṃsāra) begrifflich artikuliert (z. B. im Sutta 38 des Majjhimanikāya).

Der Darstellung kann entnommen werden, daß der Bedingungszusammenhang, bei dem das jeweils vorausgehende Glied nur notwendige Voraussetzung des folgenden ist, (a) weder Anfang noch Ende hat, also keine ›erste Ursache‹ postuliert wird, (b) ohne ein Selbst als

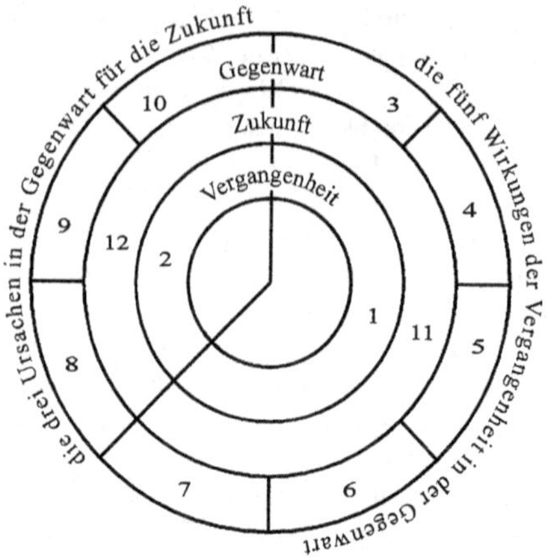

1 Unwissenheit (avidyā, pāli: avijjā)
2 (unbewußte) Tatabsichten (saṃskāra, pāli: saṅkhāra)
3 Bewußtsein (im Sinne von Lebendigsein) (vijñāna, pāli: viññāṇa)
4 Name und Körper (nāmarūpa)
5 Gebiet der sechs Sinne (d.s. Sehen, Hören, Riechen, Schmecken, Tasten, Denken) (ṣaḍāyatana, pāli: saḷāyatana)
6 Berührung (sparśa, pāli: phassa)
7 Empfindung (im Sinne von Emotion) (vedanā)
8 (Daseins-)Durst (tṛṣṇā, pāli: taṇhā)
9 Ergreifen (im Sinne von Wünsche-befriedigen-wollen) (upādāna)
10 Werden (für die Zukunft) (bhava)
11 Geburt (jāti)
12 Alter und Tod (jarāmaraṇa)

Träger auskommt, (c) die fünf Gruppen dreier aufeinanderfolgender Existenzen enthält, in Vergangenheit und Zukunft verkürzt, in der Gegenwart erweitert, und zwar so, daß der Bereich des Bedingtseins durch die Vergangenheit und der die Zukunft bedingende Bereich deutlich werden. Der pratītyasamutpāda gilt ausdrücklich als Artikulation des Mittleren Wegs im theoretischen Bereich, weil weder gesagt wird ›er handelt und genießt selbst die Früchte seines Handelns, nämlich in der nächsten Existenz‹ (Substantialismus in bezug auf den Menschen) noch ›einer handelt und ein anderer genießt die Früchte dieses Handelns‹ (Nihilismus in bezug auf den Menschen). Das karma ist kein die Natur oder die Sitten regierendes vorab bestehendes Gesetz, vielmehr wird es durch die Art der Lebensführung in Abhängigkeit von den gegebenen Bedingungen stets neu erzeugt; daher weder ↑Determinismus noch Tychismus (Herrschaft des Zufalls; ↑zufällig/Zufall) in der b.n P.. Für den Bedingungszusammenhang gilt also weder, daß die Wirkung (kārya) bereits in der Ursache (↑kāraṇa) enthalten ist (satkāryavāda), wie z.B. vom ↑Sāṃkhya vertreten, noch daß beide unabhängig voneinander sind (asatkāryavāda), wie etwa im ↑Vaiśeṣika. Gleichwohl hat die vom bloß momentanen Bestehen aller Faktoren implizierte Verschiedenheit untereinander dazu geführt, der b.n P. häufig den asatkāryavāda als Lehrmeinung zuzuschreiben. Die Unterbrechung des saṃsāra kann nur durch Handeln ohne karmische Wirkung geschehen, d.i. durch Handeln ohne ↑Intention. Die Nichtselbstheit vollziehen, heißt lernen, intentionslos zu handeln.

Das nirvāṇa kann kein Handlungsziel sein, es ist durch Tatabsichten (↑saṃskāra) nicht erreichbar. Die Konsequenz für die Rolle der acht Gebote des Weges, der zur Aufhebung des Leides führt, ist deutlich: Es sind keine Aufforderungen, vielmehr stellen sie das Einüben in intentionsloses Handeln dar. Im Mahāyāna wird mit Neuformulierungen der acht Glieder des Weges dieser Konsequenz Rechnung getragen. An die Stelle des die Entwicklung der europäischen Philosophie bestimmenden Prozesses der immer besseren Ausbildung und Darstellung der Subjektivität (↑Subjektivismus) tritt in der b.n P. ein gegenläufiger Prozeß: in den systematischen Argumentationszusammenhängen ebenso wie im historischen Gang der Entwicklung geht es ihr um Rückbildung der Subjektivität, nämlich durch Erwerb von Redeweisen und Einüben von Verhaltensweisen, bei denen es nur noch auf die (gerade) ablaufenden Prozesse ankommt.

Um solche Redeweisen auch in der philosophischen Sprache durchzusetzen, also allein von Gegenständen mit Ereignischarakter zu sprechen, die in ständig wechselnden Zusammenhängen auftreten, ist in den Schulen des Hīnayāna der anātmavāda vom Menschen auf alle Dinge ausgedehnt worden: Auch jedes Ding ist restlos aus bloßen Momenten (kṣaṇa) – nicht etwa Atomen mehr oder weniger großer raumzeitlicher Stabilität – zusammengesetzt, den Daseinsfaktoren (dharma). Mit diesem Terminus sind im frühen Buddhismus bereits die dem Denkorgan (↑manas) korrespondierenden Denkobjekte bezeichnet worden. Dabei entsteht aus Denkorgan und Denkobjekten der sechste Sinn ›Denken‹ (= manovijñāna, d.i. Denkbewußtsein), genauso wie aus Auge, dem Sehorgan, und Gestalten, den Sehobjekten, der erste Sinn ›Sehen‹ (= Sehbewußtsein oder ›wissendes Sehen‹). Die Denkobjekte dienen jetzt als Verfeinerung und Verallgemeinerung der fünf Gruppen (skandha). Die Daseinsfaktoren gelten wegen ihres Momentcharakters und ihrer Eingebundenheit in den Kausalnexus als bedingt (saṃskṛta, wörtlich: gestaltet [von den Tatabsichten (saṃskāra)]). Davon ausgenommen ist grundsätzlich nur der unbedingte (asaṃskṛta) Daseinsfaktor nirvāṇa, obwohl dieser, als Unterbrechung und nicht als Bestandteil des saṃsāra, eigentlich außerhalb der Konstitutionsanalyse zu stehen hätte. Dies Bedingtsein verbietet es, die Daseinsfaktoren als Substanzen aufzufassen; sie haben als Modi der Welt im ganzen, des saṃsāra, zu gelten und sind daher – in Übereinstimmung mit der Bedeutung ›Denkobjekt‹ – Aussageweisen. In der Kommentarliteratur des Hīnayāna, dessen wichtigste philosophische Quelle der Abhidharmakośa (= Schatzkammer der Untersuchung der Lehre) – ↑kārikā (Merkverse) und ↑bhāṣya (Prosakommentar) – von Vasubandhu dem Jüngeren (ca. 400–480) ist, wird dieser Sachverhalt so ausgedrückt, daß nicht Dasheit (↑tattva), also das Dasein, die Realität, Gegenstand von Argumentation und Meditation ist, sondern Soheit (tathatva), das Sosein (tathatā), was auch als das Dharmasein (dharmatā) der dharmas, ihre eigenschaftliche und nicht substantielle Natur, bezeichnet wird. Seit dieser Zeit heißt die b. P. nicht mehr nur anātmavāda, sondern anātmadharmavāda.

Der Schritt, den anātmavāda auch auf die Daseinsfaktoren selbst anzuwenden, führt zur Kollision zweier Ausdrucksweisen. Einerseits gelten die Daseinsfaktoren als momentane Bestandteile aller Dinge und Lebewesen. Dabei werden sie zuweilen auf ›(nur) momentan wirklich‹ spezialisiert, d. h., sie werden als ↑universale ↑Schemata (svabhāva-dharma) behandelt, die aber nur in ihren ↑singularen ↑Aktualisierungen (lakṣaṇa-dharma) wirksam sind, z. B. in der Schule der Sarvāstivādin. Andererseits sind die Daseinsfaktoren bloße Aussageweisen, prädikative Bestimmungen der Wirklichkeit, und eben keine ↑Substanzen (↑dravya). Es bedurfte des radikalen Schritts der Schule der Sautrāntika (wichtige Quelle: die Satyasiddhi [= Nachweis der Wahrheit] von Harivarman [3. Jh. n. Chr.]), den universalen Aspekt der Daseinsfaktoren allein in den für sie auftretenden Zeichen zu sehen und damit die Bausteinrolle der Daseinsfaktoren konsequent in die Zeichenebene zu verlegen. Die zwei möglichen Weisen, systematisch Konsequenzen zu ziehen, sind historisch in den beiden großen Schulen des Mahāyāna auch gewählt worden: Die Mādhyamika bringen zum Ausdruck, daß die ↑Artikulationen (↑Artikulator) in ihrer prädikativen Rolle (↑Prädikation) nichts mehr artikulieren, d. h., es gibt keinen universalen Aspekt auf der Gegenstandsebene: die Daseinsfaktoren sind leer (śūnya), die Welt ist Fiktion. Die Yogācārin dagegen sehen die Artikulationen als reine, nicht nach Handlungssubjekt und Handlung geschiedene Handlungen im Vollzug der ↑Ostensionen, d. h., im singularen Aspekt sind Gegenstands- und Zeichenebene ununterscheidbar: die Daseinsfaktoren sind Geist/Bewußtsein (↑citta/↑vijñāna), die Welt ist Sprache. Beides zusammengenommen führt dazu, auch Geist und Bewußtsein sowie Sprache als leer zu betrachten, eine Ausdrucksweise für eben das in der Meditation vollzogene Rückgängigmachen des den saṃsāra charakterisierenden Entfaltungsprozesses (Wirklichkeit der Unterscheidungen) durch Eintritt ins nirvāṇa (Möglichkeit der Unterscheidungen), das ›den Geist ruhig Stellen‹. Vom Standpunkt des saṃsāra sind die Zeichen (↑Universalia) das einzig Wirkliche, sie bedeuten aber nichts. Vom Standpunkt des nirvāṇa sind die ↑Singularia das einzig Wirkliche (kṣaṇikavāda); sie sind aber unaussprechbar. Beide Standpunkte besagen dasselbe; deshalb im Mahāyāna die Umbildung der schon im Hīnayāna auftretenden Lehre von den zwei Wahrheiten, einer konventionellen (saṃvṛti, wörtlich: verhüllten) Wahrheit, die nur als Erscheinung (↑māyā) wirklich ist, und einer höchsten (paramārtha, wörtlich: vollkommenen) Wahrheit, die begriffen und vollzogen zu haben, Erleuchtung ausmacht. Beide Wahrheiten des Hinäyāna (umgangssprachliches Wissen und Wissen um die durchgängige Nichtselbstheit aller Dinge) gehören vom Standpunkt des Mahāyāna aus zum konventionellen Wissen (jñāna), dem das höchste Wissen (prajñā), nämlich um die Nichtselbstheit, d. h. Leerheit, auch der Daseinsfaktoren und damit auch aller Lehrstücke der b.n P., gegenübersteht. Nirvāṇa ist im Mahāyāna keine Unterbrechung des saṃsāra wie im Hīnayāna, sondern Begreifen der Ununterschiedenheit von nirvāṇa und saṃsāra, insofern beide Leerheit (↑śūnyatā) sind.

Damit verliert auch die Unterscheidung von mönchischer und laizistischer Lebensführung im Mahāyāna an Bedeutung und erlaubt einigen der größeren buddhistischen Klöster die Umwandlung in Universitäten (Nālandā, nahe Rājgir/Bihār, gilt während seiner ca. 1000jährigen Geschichte bis ins 12. Jh. als die bedeutendste), in denen auch weltliche Wissenschaften und Künste jeder Art (Linguistik, Medizin, Astronomie, Musik, Malerei etc.) sowie Anwendungen der b.n P. betrieben werden (z. B. Bhāmahas [8. Jh.] Literaturkritik mit Hilfe der Logik des jüngeren Vasubandhu und Dignāgas [↑Logik, indische], Candragomins [5. Jh.] Umbau der Sanskritgrammatik von Pāṇini unter Beachtung buddhistischer Überzeugungen). Es gibt sogar eigens für Laienanhänger geschriebene Sūtras, darunter das weit verbreitete, vermutlich im 2. Jh. n. Chr. verfaßte Vimalakīrtinirdeśa-sūtra, das sich durch eingehende positive Behandlung unter anderem von ↑Affekten und sozialen Pflichten auszeichnet.

Mādhyamika und Yogācāra unterscheiden sich in bezug auf die höchste Wahrheit wie folgt: Für die Mādhyamika ist allein die Aufhebung aller Unterscheidungen letztlich wirklich. Dabei sind die Daseinsfaktoren apprädikativ (↑Apprädikator) auftretende Aussageweisen über die Welt im ganzen (d. i. das nirvāṇa oder der saṃsāra, je nach Blickwinkel). Für die Yogācārin ist hingegen die Ununterscheidbarkeit aller Unterscheidungen, wenn man bloß auf die singularen Momente sieht, letztlich wirklich. Dabei sind die Daseinsfaktoren eigenprädikativ (↑Eigenprädikator) auftretende Aussageweisen über die singularen, nicht zu ↑Individuen zusammengefaßten Teile der Welt (deren jedes zugleich Anzeichen der Welt im ganzen ist). Diese Differenz ermöglicht es den Yogācārin, das Reden über die Daseinsfaktoren selbst noch in die Ebene der Daseinsfaktoren einzubeziehen und so Stufen der Darstellung, in bezug auf den Zusammenhang der singularen ›Teile‹ der Welt, auszubilden: drei Transformationen (↑pariṇāma) des Bewußtseins (vijñāna) – (1) (das grundsätzlich mit nirvāṇa gleichwertige) Grundbewußtsein (ālaya-vijñāna), (2) (das Subjektbildung ausdrückende) Denkbewußtsein (mano-vijñāna) und (3) das Bewußtsein der Objekte (viṣaya-vijñapti) – erlauben es, drei Ebenen der Wahrheit (trisvabhāva, wörtlich: drei Naturen [des Geistes]) zu unterscheiden. Sie sind den allegorisch (↑Allegorie) verstandenen ›drei Leibern‹ (kāya), den Erscheinungsweisen des Soseins (tathatā), gleichgesetzt (↑dharmakāya, saṃboghakāya, nirmāṇakāya).

Dort, wo die vom Mādhyamika und Yogācāra verschiedene Mahāyāna-Schule Sāramatis (3. Jh. n. Chr.) auf den Yogācāra Einfluß genommen hat, insbes. in der universalistischen Weiterbildung des Yogācāra in der im 6. Jh. gegründeten Hua-yen-Schule, ist die Lehre vom tathāgatagarbha (= Keim des Vollendeten, d.h. potentiell Erleuchtetsein) mit der Lehre vom ālayavijñāna kombiniert worden. Hier werden der tathāgatagarbha als der passive (universale) Aspekt und das ālayavijñāna als der aktive (singulare) Aspekt der tathatā, also des reinen Tätigseins, aufgefaßt. Damit wird es möglich, ein ›Prinzip des vollkommenen Verschmelzens‹ und ein ›Prinzip der Reihenaufteilung‹ (d.s. Grundsätze des ›zugleich‹ und des ›nacheinander‹; z.B. sind Ursache und Wirkung ebenso wie Weg und Ziel nur verschiedene Bezeichnungen desselben) für die Behandlung des Entfaltungsprozesses zu begründen. Diese beiden Prinzipien treten als theoretische Absicherung der im Zen-Buddhismus praktisch geübten Verschmelzung von Gegenstands- und Zeichenebene auf. Ähnliches ist in der positiv gewendeten Weiterbildung des Mādhyamika in der ebenfalls im 6. Jh. gegründeten T'ien-t'ai-Schule geschehen: Ein ›Prinzip des gegenseitigen Enthaltenseins‹ sichert, daß von den drei Wahrheiten (Wahrheit der Leere [= höchste Wahrheit], Wahrheit der vorübergehenden Erscheinung [= konventionelle Wahrheit] und Wahrheit der Mitte [= beide Wahrheiten zusammengenommen]) jede in jeder enthalten ist, sie in diesem Sinne miteinander verschmolzen sind.

Der Einfluß der b.n P. auf die übrigen Systeme der indischen Philosophie war beträchtlich. Das gilt für die Auseinandersetzung des ↑Nyāya mit den buddhistischen Logikern ebenso wie bei der Annäherung des Prābhākara-Zweigs der ↑Mīmāṃsā an erkenntnistheoretische Positionen der Buddhisten. Es gilt aber ganz besonders für die nach Analogie der beiden Wahrheiten (saṃvṛti satya und paramārtha satya) aufgebaute Ausbildung der beiden Ebenen des Wissens, nämlich von der Welt als Erscheinung (māyā) und von der davon nur scheinbar unterschiedenen Welt an sich (↑brahman), im Advaita-Vedānta (↑Vedānta) Śaṃkaras (ca. 700–750), die diesem von seinen Gegnern im Nyāya und Vaiśeṣika sogar den Vorwurf des Kryptobuddhisten eingetragen hat. Der die b. P. charakterisierende, im theoretischen Bereich neuerdings (D. Kalupahana, Y. Hoffmann) mit der Position D. Humes verglichene anātmavāda ist allerdings zu keiner Zeit und an keiner Stelle von einem der anderen Systeme der indischen Philosophie akzeptiert worden, auch nicht vom ↑Lokāyata. Dort wird zwar ein die empirische Person überdauerndes Selbst geleugnet, der Substanzcharakter (der Bestandteile) von Menschen und Dingen hingegen bleibt unangetastet.

Literatur (auch ↑Philosophie, indische, ↑Philosophie, chinesische, ↑Philosophie, japanische, ↑Logik, indische, ferner: ↑apoha, ↑dharma, ↑dharmakāya, ↑karma, ↑māyā, ↑nirvāṇa, ↑prajñā, ↑pramāṇa, ↑saṃsāra, ↑śūnyatā, ↑Āryadeva, ↑Asaṅga, ↑Aśvaghoṣa, ↑Bhāvaviveka, ↑Buddhaghosa, ↑Buddhapālita, ↑Candrakīrti, ↑Dharmakīrti, ↑Dharmapāla, ↑Dignāga, ↑Nāgārjuna, ↑Śāntideva, ↑Sāramati, ↑Sthiramati, ↑Vasubandhu):

Bibliographien und Nachschlagewerke: T. Aoyama u.a. (eds.), Das große Lexikon des Buddhismus, München 2006ff. (erschienen Bde I–II, Suppl.bde [Zeittafeln und Karten] I–II); P.V. Bapat (ed.), 2500 Years of Buddhism, New Delhi 1956, 1997; N.N. Bhattacharyya, History of Researches on Indian Buddhism, New Delhi 1981; R.E. Buswell Jr./D.S. Lopez Jr., The Princeton Dictionary of Buddhism, Princeton N.J./Oxford 2014; M.G. Chitkara (ed.), Encyclopedia of Buddhism. A World Faith, I–XXI, New Delhi 1999–2007; E. Conze, Buddhist Scriptures. A Bibliography, ed. L. Lancaster, New York 1982; G. Grönbold, Der buddhistische Kanon. Eine Bibliographie, Wiesbaden 1984; H. Hackmann, Erklärendes Wörterbuch zum chinesischen Buddhismus [chines./sanskr./dt.], überarb. J. Nobel, ed. Religionskundliche Sammlung der Universität Marburg/Lahn, Leiden 1951–1954; H. Hecker, Der Pāli-Kanon. Ein Wegweiser durch Aufbau und deutsche Übersetzungen der heiligen Schriften des Buddhismus, Hamburg 1965, München [2]1991; E.A. Irons, Encyclopedia of Buddhism, New York 2008; D. Keown u.a., A Dictionary of Buddhism, Oxford etc. 2003, 2004 (dt. Lexikon des Buddhismus, Düsseldorf 2005); ders./C.S. Prebish (eds.), Encyclopedia of Buddhism, London/New York 2007, 2010 (mit Bibliographie, 864–886); G.P. Malalasekera (ed.), Encyclopaedia of Buddhism, Colombo 1961ff. (erschienen Bde I–VIII); K. Mizuno, Essentials of Buddhism. Basic Terminology and Concepts of Buddhist Philosophy and Practice, Tokyo 1996, 2003; S. Nath (ed.), Encyclopaedic Dictionary of Buddhism, I–III, New Delhi 1998; K.-J. Notz (ed.), Das Lexikon des Buddhismus. Grundbegriffe, Traditionen, Praxis, I–II, Freiburg/Basel/Wien 1998, in einem Bd., Wiesbaden 2002, unter dem Titel: Herders Lexikon des Buddhismus [...], Erftstadt 2007; Nyanatiloka, Buddhist Dictionary. Manual of Buddhist Terms and Doctrines, Colombo 1950 (repr. San Francisco Calif. 1977, New York 1983), Chiang Mai [5]2007 (dt. Buddhistisches Wörterbuch. Kurzgefaßtes Handbuch der buddhistischen Lehren und Begriffe in alphabetischer Anordnung, Konstanz 1954, [2]1976, Stammbach 1999); P. Pfandt, Mahāyāna Texts Translated into Western Languages. A Bibliographical Guide, Köln 1983, erw. 1986; K. H. Potter, The Encyclopedia of Indian Philosophies I (Bibliography), New Delhi/Patna/Varanasi 1970, ^{3}1995, 2009; J. Powers, The Yogācāra School of Buddhism. A Bibliography, Metuchen N. J./London 1991; C. S. Prebish, Historical Dictionary of Buddhism, Metuchen N. J. 1993, Delhi 1997, rev. unter dem Titel: The A to Z of Buddhism, Lanham Md. 2001, rev. v. C. Olson, unter dem Titel: Historical Dictionary of Buddhism, Lanham Md. 2009; N. K. Singh (ed.), International Encyclopaedia of Buddhism, I–LXXV, New Delhi 1996–1999; C. Régamey, Buddhistische Philosophie, Bern 1950; E. Wood, Zen Dictionary, New York 1962, Rutland Vt. 1985.

Einführungen und allgemeine Übersichten: (1) *Texte:* Bu-ston [1290–1364], History of Buddhism (Chos hbyung), I–II, trans. E. Obermiller, Heidelberg/Leipzig 1931/1932 (repr. Delhi 2005), ^{2}1986, New Delhi 1999; E. Conze u. a. (eds.), Buddhist Texts Through the Ages [...], New York, Oxford 1954 (repr. New York 2012), Oxford 2006 (dt. Im Zeichen Buddhas. Buddhistische Texte [...], Frankfurt/Hamburg 1957, Berlin/Darmstadt/Wien 1960); E. Frauwallner, Die Philosophie des Buddhismus, Berlin (Ost) 1956, Berlin ^{5}2010 (engl. The Philosophy of Buddhism, New Delhi 2010); M. Hahn (ed.), Vom rechten Leben. Buddhistische Lehren aus Indien und Tibet, Frankfurt/Leipzig 2007; ders./S. Dietz (eds.), Wege zur rechten Erkenntnis. Buddhistische Lehrbriefe, Frankfurt/Leipzig 2008; D. S. Lopez (ed.), Buddhist Scriptures, London etc. 2004; C. Olson (ed.), Original Buddhist Sources. A Reader, New Brunswick N. J./London 2005; S. Radhakrishnan/C. A. Moore (eds.), A Source Book in Indian Philosophy, Princeton N. J. 1957, 1989; H. O. Rotermund (ed.), Sand und Steine. Japanischer Buddhismus im Spiegel von Predigt-Texten, Würzburg 2014; Shing-yun Shih (ed.), Bi-lingual Buddhist Series, Taipeh 1962 ff.; Tāranātha [1575–1609], History of Buddhism in India [rGya-gar-chos-'byuṅ] [...], ed. D. Chattopadhyaya, Simla 1970, Delhi 1990, 1997; H. C. Warren, Buddhism in Translations, Cambridge Mass. 1896, ^{4}1906 (repr. unter dem Titel: A Buddhist Reader. Selections from the Sacred Books, Mineola N. Y. 2004), ^{10}1953, New York 1963, Delhi 1986, 2002. – Sacred Books of the Buddhists, London [später: Oxford] 1895 ff. (erschienen Bde I–L); BDK English Tripiṭaka Series, Berkeley Calif. 1992 ff..

(2) *Darstellungen:* W. T. de Bary (ed.), Sources of Indian Tradition, I–II [auch in 1 Bd.], New York/London 1958, rev. v. A. T. Embree, ^{2}1988; ders./Wing-tsit Chan/B. Watson (eds.), Sources of Chinese Tradition, New York/London 1960, I–II, 1964, I, ed. ders./I. Bloom ^{2}1999, II, ed. ders./R. Lufrano ^{2}2000; H. Bechert/R. Gombrich (eds.), The World of Buddhism. Buddhist Monks and Nuns in Society and Culture, London 1984, 1991 (dt. Die Welt des Buddhismus, München 1984, unter dem Titel: Der Buddhismus. Geschichte und Gegenwart, München 1989, unter dem Titel: Die Welt des Buddhismus. Geschichte und Gegenwart, München 2002); H. Bechert u. a., Der Buddhismus I (Der indische Buddhismus und seine Verzweigungen), Stuttgart 2000; M. Brück, Einführung in den Buddhismus, Frankfurt, Darmstadt 2007; S. Cho, Buddhist Philosophy, Korean, REP II (1998), 106–118; E. Conze, Buddhism. Its Essence and Development, New York, Oxford 1951, Birmingham 2001 (franz. Le bouddhisme dans son essence et son développement, Paris 1952, 2002; dt. Der Buddhismus. Wesen und Entwicklung, Stuttgart, Wien/Zürich 1953, Stuttgart ^{10}1995); ders., Buddhist Thought in India. Three Phases of Buddhist Philosophy, London 1962 (repr. Ann Arbor Mich. 1982, London/New York 2008), New Delhi 2002 (dt. Buddhistisches Denken. Drei Phasen buddhistischer Philosophie in Indien, Frankfurt 1988, 2007); S. Dasgupta, A History of Indian Philosophy I, Cambridge 1922, New Delhi etc. 2012; S. M. Emmanuel (ed.), A Companion to Buddhist Philosophy, Chichester/Malden Mass./Oxford 2013; W. K. Essler/U. Mamat, Die Philosophie des Buddhismus, Darmstadt 2006; B. Faure, Le bouddhisme. Un exposé pour comprendre, un essai pour réfléchir, Paris 1996, ^{2}2010 (dt. Buddhismus. Ausführungen zum besseren Verständnis, Anregungen zum Nachdenken, Bergisch Gladbach 1998); ders., Bouddhismes, philosophies et religions, Paris 1998, 2010 (engl. Double Exposure. Cutting across Buddhist and Western Discourses, Stanford Calif. 2004); E. Frauwallner, Geschichte der indischen Philosophie I (Die Philosophie des Veda und des Epos. Der Buddha und der Jina. Das Samkhya und das klassische Yoga-System), Salzburg 1953, ed. A. Pohlus, Aachen 2003 (engl. History of Indian Philosophy I [The Philosophy of the Veda and of the Epic. The Buddha and the Jina. The Samkhya and the Classical Yoga-System], Delhi/Patna/Varanasi 1973 [repr. 1997]); J. L. Garfield, Engaging Buddhism. Why It Matters to Philosophy, Oxford etc. 2015; R. Gethin, The Foundations of Buddhism, Oxford etc. 1998, 2010; H. v. Glasenapp, Die Philosophie der Inder. Eine Einführung in ihre Geschichte und ihre Lehren, Stuttgart 1949, ^{4}1985 (franz. La philosophie indienne. Initiation a son histoire et a ses doctrines, Paris 1951); C. W. Gowans, Buddhist Moral Philosophy. An Introduction, New York/London 2015; H. V. Guenther, Buddhist Philosophy in Theory and Practice, Berkeley Calif. 1971, Harmondsworth/Baltimore Md. 1972, Boulder Colo./London, London/New York 1976; P. Harvey, An Introduction to Buddhism. Teachings, History and Practices, Cambridge etc. 1990, ^{2}2013 (franz. Le bouddhisme. Enseignements, histoire, pratiques, Paris 1993, 2006); ders., An Introduction to Buddhist Ethics. Foundations, Values and Issues, Cambridge etc. 2000, 2011; R. P. Hayes, Buddhist Philosophy, Indian, REP II (1998), 92–99; ders., Buddhism, Enc. Ph. I (^{2}2006), 721–726; A. Hirakawa, Indo Bukkyōshi I, Tokyo 1974 (engl. A History of Indian Buddhism. From Śākyamuni to Early Mahāyāna, Honolulu Hawai 1990, Delhi 1993); K. K. Inada, Guide to Buddhist Philosophy, Boston Mass. 1985; N. P. Jacobson, Buddhism. The Religion of Analysis, London 1966, Carbondale Ill. 1974; Y. Kajiyama, An Introduction to Buddhist Philosophy [enthält Übers. der Tarkabhāṣā von Mokṣākaragupta, einem Yogācārin um 1100 n. Chr.], Kyōto 1966 (repr. [mit handschr. Korrekturen d. Autors] Wien 1998); S. J. Laumakis, An Introduction to Buddhist Philosophy, Cambridge etc. 2008, 2009; L. de La Vallée-Poussin, Le dogme et la philosophie du bouddhisme, Paris 1930; D. S. Lopez Jr., The Story of Buddhism. A Concise Guide to Its History and Teachings, San Francisco Calif. 2001, 2009; K. Lorenz, Indische Denker, München 1998; D. Lusthaus, Buddhist Philosophy, Chinese, REP II (1998), 80–92; J. C. Maraldo, Buddhist Philosophy, Japanese, REP II (1998), 99–106; M. Mohr u. a., Buddhism – Schools, Enc. Ph. I (^{2}2006), 726–753; H. Nakamura, Indian Buddhism. A Survey with Bibliographical Notes, Osaka 1980, Delhi 1987 (repr. 2007); G. C. Pande (ed.), History of Science, Philosophy and Culture in Indian Civilzation VII/9 (Buddhism), New Delhi 2013; M. Poceski (ed.), The Wiley Blackwell Companion to East and Inner Asian Buddhism, Oxford etc. 2014; S. Radhakrishnan, Indian Philosophy I, New York 1923, ^{2}1929, Oxford etc. 2008 (dt. Indische Philosophie I [Von den Veden bis zum Buddhismus], Darmstadt/Baden-Baden/Genf 1956); O. Rosenberg, Problemy buddijskoj filosofii, Petersburg 1918 (dt. Die Probleme der b.n P., Heidelberg 1924, San Francisco Calif. 1983); W. Ruben, Geschichte der indischen Philosophie, Berlin (Ost) 1954; H.

Schmidt-Glintzer, Der Buddhismus, München 2005, ^{2}2007, 2008; U. Schneider, Einführung in den Buddhismus, Darmstadt 1980, ^{4}1997; H. W. Schumann, Buddhismus. Stifter, Schulen und Systeme, Olten/Freiburg 1976, ^{6}1991, überarb. Neuausg. München 1993, Düsseldorf/Zürich, München 2011; M. Siderits, Buddhism as Philosophy. An Introduction, Aldershot 2007, Farnham 2009; J. S. Strong, The Experience of Buddhism. Sources and Interpretations, Belmont Calif. 1995, ^{3}2008; J. Takakusu, The Essentials of Buddhist Philosophy, ed. Wing-tsit Chan/C. A. Moore, Honolulu Hawai 1947, ^{3}1956 (repr. Westport Conn. 1973), Delhi/Patna/Varanasi, New York 1978 (dt. Grundzüge b.r P., Frankfurt 2014); E. J. Thomas, The History of Buddhist Thought, London, New York 1933 (repr. London/New York 1996, New Delhi 2004), ^{2}1951 (repr. Mineola N. Y. 2002), London/New York 2013; R. Tsunoda/W. T. de Bary/D. Keene (eds.), Sources of Japanese Tradition, New York/London 1958, erw. I–II, 1964, 2000, II in 2 Teilbdn., 2006; A. Verdu, The Philosophy of Buddhism. A ›Totalistic‹ Synthesis, The Hague/Boston Mass./London 1981; A. K. Warder, Indian Buddhism, New Delhi/Varanasi/Patna 1970, ^{3}2000; V. Zotz, Geschichte der b.n P., Reinbek b. Hamburg 1996.

Hīnayāna: (1) *Texte:* [suttapiṭaka – Korb der Lehrreden]: Reden des Buddha aus dem Pāli-Kanon, übers. I.-L. Gunsser, Stuttgart 1957, 2008. – Dīghanikāya, das Buch der langen Texte des buddhistischen Kanons, Teilübers. R. O. Franke, Göttingen, Leipzig 1913. – Die Reden Gotamo Buddhos. Aus der mittleren Sammlung Majjhimanikāyo des Pāli-Kanons, I–III, übers. K. E. Neumann, Leipzig 1896–1902, München ^{3}1922, ferner als: Karl Eugen Neumanns Übertragungen aus dem Pāli-Kanon I, Zürich, Wien 1956; Buddhas Reden. Majjhimanikaya. Die Sammlung der mittleren Texte des buddhistischen Pāli-Kanons, übers. K. Schmidt, Reinbek b. Hamburg 1961, Leimen/Heidelberg 2003; Die Lehrreden des Buddha aus der Mittleren Sammlung. Majjhima Nikāya, I–III, übers. Mettiko Bhikkhu [K. Zumwinkel], Uttenbühl 2001, ^{3}2014. – Lehrreden aus der systematischen Sammlung des Pāli-Kanons (Samyutta-Nikāya 17–34) des Gotamo Buddho, übers. Nyānaponika, Hamburg 1967; Saṃyutta-Nikāya. Die gruppierte Sammlung der Lehrreden des Buddha [Auswahl], übers. W. Geiger, ed. K. Meisig, Berlin 2013. – Die Reden des Buddha aus der »Angereihten Sammlung« – Aṅguttara Nikāyo – des Pāli-Kanons, I–V, übers. u. erl. Nyānatiloka, Breslau, Leipzig 1909–1914, unter dem Titel: Die Lehrreden des Buddha aus der Angereihten Sammlung. Aṅguttara-Nikāya, I–V, ed. Nyanaponika, Köln ^{3}1969, Braunschweig ^{5}1993. – The Dhammapada, ed. J. R. Carter/M. Palihawadana, New York/Oxford 1987, mit Untertitel: The Sayings of the Buddha, 2000. [abhidharmapiṭaka – Der Korb der Untersuchung der Lehre]: Dhammasaṅgaṇī. Die Auflistung der Phänomene. Das erste Buch der Abhidhamma-Piṭaka, übers. Santuttho, Berlin 2011. – Points of Controversy. Or Subjects of Discourse, Being a Translation of the Kathā-vatthu from the Abhidhamma-piṭaka [mit Auszügen aus Buddhagosas Aṭṭhakathā], trans. Shwe Zan Aung/R. Davids, London 1915 (repr. 1960, 2001). – Treatise on Groups of Elements. The Abhidharma-dhātukāya-pādaśāstra [zum Abhidharma der Sarvāstivāda-Schule gehörig]. English Translation of Hsüan-tsang's Chinese Version [chin./engl.], ed. S. Ganguly, Delhi 1994. – [weitere Texte]: P. Demiéville, Les versions chinoises du Milindapañha, Bull. École Franç. d'Extrême-Orient 24 (1924), 1–258, separat Hanoi 1924; Die Fragen des Milindo [...], I–II, übers. Nyanatiloka, I, Leipzig 1919, II, München-Neubiberg 1924, in einem Bd. unter dem Titel: Milindapañha. Die Fragen des Königs Milinda. Zwiegespräche zwischen einem Griechenkönig und einem buddhistischen Mönch, ed. u. rev. Nyanaponike, Interlaken 1985; Satyasiddhiśāstra [= Abhandlung [über den] Nachweis der Wahrheit] of Harivarman [um 250 n. Chr., ein Sautrāntika], I–II, ed. u. übers. N. A. Sastri, Baroda 1975/1978.

(2) *Darstellungen:* A. Bareau, Les sectes bouddhiques du Petit Véhicule, Saigon 1955, Paris 1973 (engl. The Buddhist Schools of the Small Vehicle, Honolulu Hawai, London 2013); C. Cox, Buddhism, Ābhidharmika Schools of, REP II (1998), 53–58; J. Duerlinger, Indian Buddhist Theories of Persons. Vasubandhu's »Refutation of the Theory of a Self«, London/New York 2003, New Delhi 2005 [mit: Translation of Vasubandhu's »Refutation of the Theory of a Self«, 71–121]; E. Frauwallner, Studies in Abhidharma Literature and the Origins of Buddhist Philosophical Systems, Albany N. Y. 1995; H. V. Guenther, Philosophy and Psychology in the Abhidharma, Lucknow 1957, Berkeley Calif., New York, London ^{3}1976; A. Haldar, Doctrine of Sarvāstivāda in the Light of Modern Philosophy and Psychology, J. Asiatic Soc. of Bengal 4. S. 8 (1966), 51–64; K. N. Jayatilleke, Early Buddhist Theory of Knowledge, Delhi, London 1963, Delhi 1998; D. J. Kalupahana, Sarvāstivāda and Its Theory of sarvam asti, Univ. of Ceylon Rev. 24 (1966), 94–105; B. J. Kashyap, The Abhidhamma Philosophy. Or the Psycho-Ethical Philosophy of Early Buddhism, I–II, Benares 1942/1943, in 1 Bd., Delhi ^{3}2006; É. Lamotte, Histoire du bouddhisme indien. Des origines à l'Ére Śaka, Louvain 1958, 1976 (engl. History of Indian Buddhism. From the Origins to the Śaka Era, Louvain-la-Neuve 1988); L. de La Vallée Poussin, Sarvāstivāda, in: ders., Documents d'Abhidharma, traduits et annotés, Bull. École Franç. d'Extrême-Orient 30 (Paris 1930), 1–28, 247–298, fortgesetzt in: Mélanges chinoises et bouddhiques 1 (Brüssel 1932), 65–125, 5 (1936/1937), 1–187; E. Mayeda, A History of the Formation of Original Buddhist Texts, Tokyo 1964; G. C. Pande, Studies in the Origins of Buddhism, Allahabad 1957, Delhi ^{2}1974, ^{4}1995, 2006; K. H. Potter (ed.), Encyclopaedia of Indian Philosophies VII (Abhidarma Buddhism to 150 A. D.), Delhi etc. 1996, 2006; A. Tilakaratne, Theravada Buddhism. The View of the Elders, Honolulu Hawai 2012; A. Verdu, Early Buddhist Philosophy. In Light of the Four Noble Truths, Washington D. C. 1979, Delhi 1995; T. Vetter, The Ideas and Meditative Practices of Early Buddhism, Leiden etc. 1988; M. Walleser, Die b. P. in ihrer geschichtlichen Entwicklung I (Die philosophische Grundlage des älteren Buddhismus), Heidelberg 1904, ^{2}1925; B. Watanabe, Studies on the Abhidharma Literature of Sarvāstivāda Buddhism, Tokyo 1954; C. Weber, Wesen und Eigenschaften des Buddha in der Tradition des Hīnayāna-Buddhismus, Wiesbaden 1994.

Mahāyāna (allgemein): (1) *Texte:* Abhisamayālaṅkāra [von Maitreyanātha], Introd./Trans. E. Conze, Rom 1954; The Lankavatara Sūtra. A Mahāyāna Text, trans. D. T. Suzuki, London 1932, Delhi 2009. – [Mahāyāna-śraddhotpāda]: The Awakening of Faith. Attributed to Aśvagosha, Trans./Commentary Y. S. Hakeda, New York/London 1967, New York 2006; An English Translation of Fa-Tsang's »Commentary on the Awakening of Faith«, trans. D. Vorenkamp, Lewiston N.Y/Queenston 2004. – [Prajñāpāramitā]: The Large Sūtra on Perfect Wisdom [= Pañcaviṃśatisāhasrikā Prajñāpāramitā, unter Berücksichtigung anderer Versionen der Prajñāpāramitā]. With the Divisions of the Abhisamayālaṅkāra, I–II, übers. E. Conze, London 1961/1964, in einem Bd., Berkeley Calif./Los Angeles/London 1975, Delhi 1990; The Diamond Sûtra: Three Mongolian Versions of the Vajracchedikā Prajñāpāramitā, ed./trans. N. Poppe, Wiesbaden 1971; The Perfection of Wisdom in Eight Thousand Lines and

Its Verse Summary [= Aṣṭasāhasrikā Prajñāpāramitā], trans. E. Conze, Bolinas Calif. 1973, San Francisco Calif. 2006; Das Diamant Sutra. Vajra-Prajñāpāramitā-Sūtra. Der chinesische Text von Kumarajiva/The Diamond Sutra [...] [engl./dt./chin.], engl. Übers. v. Y. S. Seong Do, dt. Übers. v. K. Graulich, Berlin 2010. – [Saddharmapuṇḍarīka]: Scripture of the Lotus Blossom of the Fine Dharma (The Lotus Sūtra), Übers. [der chines. Fassung v. Kumārajīva] L. Hurvitz, New York/Guildford 1976, rev. New York 2009; Lotos-Sūtra. Sūtra von der Lotosblume des wunderbaren Gesetzes, ed. M. v. Borsig, Gerlingen 1992, unter dem Titel: Sūtra von der Lotosblume des wunderbaren Gesetzes, Darmstadt 2003, unter dem Titel: Lotos-Sutra. Das große Erleuchtungsbuch des Buddhismus. Vollständige Übersetzung. Nach dem chinesischen Text von Kumārajīva, Freiburg/Basel/Wien 2003, 2013. – Saṃdhinirmocana Sūtra. L'explication des mystères [tibet./franz.], ed./trans. É. Lamotte, Louvain, Paris 1935; Wisdom of Buddha. The Saṁdhinirmocana Mahāyāna Sūtra. [tibet./engl.], trans. J. Powers, Berkeley Calif. 1995; The Scripture on the Explication of Underlying Meaning. Translated from the Chinese of Hsüan-tsang, trans. J. P. Keenan [= Saṃdhinirmocana-Sūtra], Berkeley Calif. 2000 (BDK English Tripiṭaka XXV, 4). – Suvarṇaprabhāsottamasūtra. Das Goldglanz-Sūtra. Ein Sanskrittext des Mahāyāna-Buddhismus. I-tsing's chinesische Version und ihre tibetischen Übersetzungen [mit dt. Übers.], I–II, ed. J. Nobel, Leiden 1958. – [Vimalakīrtinirdeśa]: L'enseignement de Vimalakīrti (Vimalakīrtinirdeśa), Übers./Anm. É. Lamotte, Louvain 1962, Louvain-la-Neuve 1987 (engl. The Teaching of Vimalakīrti [Vimalakīrtinirdeśa], London 1976, Oxford 1994); Vimalakīrti. Vimalakīrtinirdeśa-sūtra. Das Sūtra von der unvorstellbaren Befreiung, übers. M. Dräger, Essen 2008.

(2) *Darstellungen:* E. Conze, The Prajñāpāramitā Literature, 's-Gravenhage 1960, Tokyo erw. ²1978, New Delhi 2008; H. Dayal, The Bodhisattva Doctrine in Buddhist Sanskrit Literature, London 1932, Delhi 1999; N. Dutt, Aspects of Mahāyāna Buddhism and Its Relation to Hīnayāna, London 1930 (repr. Ann Arbor Mich. 1973), rev. unter dem Titel: Mahāyāna Buddhism, Kalkutta 1973, New Delhi/Varanasi/Patna 1978, 2008; C. Harris, The Continuity of Madhyamaka and Yogācāra in Indian Mahāyāna Buddhism, Leiden etc. 1991; L. Lancaster (ed.), Prajñāpāramitā and Related Systems. Studies in Honor of Edward Conze, Berkeley Calif. 1977; W. Liebenthal, New Light on the Mahāyāna-Śraddhotpāda Śāstra [Aśvaghoṣa zugeschrieben], T'oung Pao 46 (1958), 155–216; W. M. McGovern, An Introduction to Mahāyāna Buddhism, with Especial Reference to Chinese and Japanese Phases, London, New York 1922 (repr. New York 1971, 2011); G. M. Nagao, Mādhymamika and Yogācāra. A Study of Mahāyāna Philosophy. Collected Papers of G. M. Nagao, ed. L. S. Kawamura, Albany N. Y. 1991, Delhi 1992; E. Obermiller, The Doctrine of Prajñā-pāramitā as Exposed in the Abhisamayālaṃkāra of Maitreya [= Maitreyanātha, ca. 320–380], Acta Orientalia 11 (1933), 1–133, Additional Indices, 334–354 (repr. o. O. 1984); ders., Analysis of the Abhisamayālaṃkāra [= Der Schmuck des Erschauens], I–III, London 1933–1935, in einem Bd. 1936 (repr. Fremont Calif. 2001); Potter, Encyclopedia of Indian Philosophies VIII–IX (VIII Buddhist Philosophy from 100 to 350 A. D., IX Buddhist Philosophy from 350 to 600 A. D.), Delhi 1999/2003, 2002/2008; D. T. Suzuki, On Indian Mahāyāna Buddhism, ed. E. Conze, New York 1968, 1970; ders., Studies in the Lankavatara Sūtra [...], London 1930, Delhi 1999; M. Walleser, Prajñāpāramitā. Die Vollkommenheit der Erkenntnis, nach indischen, tibetischen und chinesischen Quellen, Göttingen, Leipzig 1914; P. Williams, Mahāyāna Buddhism. The Doctrinal Foundations, London/New York 1989, ²2009, 2010.

Mahāyāna (Mādhyamika): (1) *Texte:* [Candrakīrti]: Lucid Exposition of the Middle Way. The Essential Chapters from the Prasannapadā of Candrakīrti, trans. M. Sprung/T. R. V. Murti/U. S. Vyas, London/Henley, Boulder Colo. 1979, London/New York 2008; Candrakīrti, Madhyamakāvatārah und Madhyamakāvatārabhāṣyam (Kap. VI, Vers 166–266), Übers. H. Tauscher, Wien 1981; D. S. Ruegg, Studies in Indian and Tibetan Madhyamaka Thought II (Two Prolegomena to Madhyamaka Philosophy: Candrakīrti's Prasannapadā madhyamakaavrttih on Madhyamakakārikā 1,1 and Tsoṅ Kha Pa Blo Bzaṅ Grags Pa, Rqyal Tschab Dar Ma Rin Chen's Dka gnad/gnas brgyad kyi zin bris. Annotated Translations), Wien 2002; [Nāgārjuna]: Nāgārjuna's »Twelve Gate Treatise« [= Dvādaśadvāra], Trans./Introd./Comm. Hsueh-li Cheng, Dordrecht/Boston Mass./London 1982; Die Philosophie der Leere. Nāgārjunas Mūlamadhyamaka-kārikās. Übersetzung des buddhistischen Basistextes mit kommentierenden Einführungen v. B. Weber-Brosamer/D. M. Back, Wiesbaden 1997, ²2005; Nāgārjuna, Die Lehre von der Mitte (Mula-madhyamaka-karika). Zhong Lun [chin./dt.], ed. u. übers. L. Geldsetzer, Hamburg 2010; [Śāntideva]: Der Weg des Lebens zur Erleuchtung. Bodhicaryāvatāra, übers. E. Steinkellner, Kreuzlingen/München 2005, ²2014.

(2) *Darstellungen:* F. Brassard, The Concept of Bodhicitta in Śāntideva's »Bodhicaryāvatāra, Albany N. Y. 2000; G. B. J. Dreyfus/S. McClintock (eds.), The Svātantrika-Prāsaṅgika Distinction: What Difference Does a Difference Make?, Boston Mass. 2003; C. W. Huntington Jr./G. N. Wangchen, The Emptiness of Emptiness. An Introduction to Early Indian Mādyamika, Honolulu Hawai 1989, 1994; S. Iida, Reason and Emptiness. A Study in Logic and Mysticism [zu Bhāvaviveka], Tokyo 1980; L. S. Kawamura, Buddhism, Mādhyamika: India and Tibet, REP II (1998), 58–64; C. Lindtner, Buddhapālita on Emptiness, Indo-Iranian J. 23 (1981), 187–217; M. W. Liu, Madhyamaka Thought in China, Leiden/New York/Köln 1994; J. May, On Mādhyamika Philosophy, J. Indian Philos. 6 (1978), 233–241; T. R. V. Murti, The Central Philosophy of Buddhism. A Study of the Mādhyamika System, London 1955 (repr. London/New York 2008), 2006; G. Nagao, The Foundational Standpoint of Mādyamika Philosophy, Albany N. Y. 1989, Delhi 1990; R. C. Pandeya, Mādhyamika Philosophy. A New Approach, Philos. East and West 14 (1964), 3–24, separat New Delhi/Varanasi/Patna 1964; R. H. Robinson, Early Mādhyamika in India and China, Madison Wis./Milwaukee Wis./London 1967, Dehli, New York 1978; D. S. Ruegg, A History of Indian Literature VI (The Literature of the Madhyamaka School of Philosophy in India), Wiesbaden 1981; ders., Studies in Indian and Tibetan Madhyamaka Thought I (Three Studies in the History of Indian and Tibetan Madhyamaka Philosophy), Wien 2000; ders., The Buddhist Philosophy of the Middle. Essays on Indian and Tibetan Madhyamaka, Boston Mass. 2010; ders./L. Schmithausen (eds.), Earliest Buddhism and Madhymaka, Leiden/New York (Panels of the VIIth World Sanskrit Conference II); P. Della Santina, Madhyamaka Schools in India. A Study of the Madhyamaka Philosophy and of the Division of the System into the Prāsaṅgika and Svātantrika Schools, Delhi 1986, 2008; M. Siderits, The Madhyamaka Critique of Epistemology, I–II, J. Indian Philos. 8 (1980), 307–335, 9 (1981), 121–160.

Mahāyāna (Yogācāra): (1) *Texte:* [Asaṅga]: Le compenium de la super-doctrine (philosophie): (Abhidharmasamucccaya) d'Asaṅga, übers. W. Rahula, Paris 1971, 1980 (engl. Abhidharmasamuccaya. The Compendium of the Higher Teaching (Philosophy) by Asanga, trans. S. Boin-Webb, Fremont Calif. 2001); P. J. Griffiths u. a., The Realm of Awakening. A Translation and Study of the Tenth Chapter of Asaṅga's Mahāhāynasaṅgraha, Oxford/New York 1989; [Dharmakīrti]: A Refutation of Solipsism [= Saṃtānāntarasiddhi], trans. H. Kitagawa, J. of the Greater India Soc. 14 (1955), 55–73, 97–110; Der Buddha und seine Lehre in Dharmakīrtis Pramāṇavārttika. Der Abschnitt über den Buddha und die vier edlen Wahrheiten im Pramāṇasiddhi-Kapitel, ed./übers. T. Vetter, Wien 1984, ^{2}1990; E. Steinkellner, Dhamakīrtis frühe Logik. Annotierte Übersetzung der logischen Teile von »Pramāṇavārttika« 1 mit der Vṛtti, I–II, Tokio 2013; [Hetucakradamaru von Dignāga]: Hetucakranirṇaya, tibet. Text, sanskr. Rekonstr., engl. Übers. A. K. Chatterjee, Indian Hist. Quart. 9 (1933), 266–272, 511–514; [Jñānaśrīmitra, 11. Jh.]: Trikapañcakacintā. Development of the Buddhist Theory on Determination of Causality [= Teil der Kāryakāraṇabhāvasiddhi], trans. Y. Kajiyama, Miscell. Indolog. Kiotensia 4/5 (1963), 1–16; [Maitreyanātha]: Madhyāntavibhaṅga. Discourse on Discrimination Between Middle and Extremes, Ascribed to Boddhisattva Maitreya and Commented by Vasubandhu and Sthiramati, trans. T. Stcherbatsky, Moskau, St. Petersburg 1936 (repr. Osnabrück 1970, Kalkutta 1971, Delhi 1992); [Ratnakīrti]: La réfutation bouddhique de la permanence des choses (Sthirasiddhidūṣaṇa) [par Ratnakīrti] et La preuve de la momentanéité des choses (Kṣaṇabhaṅgasiddhi), trans. K. Mimaki, Paris 1976; Der allwissende Buddha. Ein Beweis und seine Probleme. Ratnakīrtis Sarvajñasiddhi, übers. G. Bühnemann, Wien 1980; [Tson-kha-pa]: Ocean of Eloquence. Tson-kha-pa's Commentary on the Yogācāra Doctrine of Mind [tibet./engl.], trans. G. Sparham, Albany N. Y. 1993, Delhi 1995. – A. K. Chatterjee (ed.), Readings on Yogācāra Buddhism, Varanasi 1971; Treatise in Thirty Verses on Mere-Consciousness. A Critical Translation of Hsüan-tsang's Chinese Version of the Vijñaptimātratāsiddhi with Notes from Dharmapāla's Commentary in Chinese, übers. S. Ganguly, Delhi 1992; Three Texts on Consciousness Only. Translated from the Chinese of Hsüan-tsang, trans. F. H. Cook, Berkeley Calif. 1999 (BDK English Tripiṭaka LX, 1–3) [enthält: »Demonstration of Consciousness Only« v. Hsüan-tsang, »The Thirty Verses on Consciousness Only« u. »The Treatise in Twenty Verses on Consciousness Only« v. Vasubandhu]; A Comprehensive Commentary on the Heart Sutra (Prajñāpāramita-Hṛdaya-Sūtra). Translated from the Chinese of K'uei-chi, trans. Heng-ching Shih, Berkeley Calif. 2001 (BDK English Tripiṭaka LXVI, 1); F. Tola/C. Dragonetti, Being as Consciousness. Yogācāra Philosophy of Buddhism, Delhi 2004 [sanskr./engl. »Ālambanaparīkṣāvṛtti« v. Dignāga, »Viṃśatikā vijñaptimātratāsiddhiḥ« u. »Trisvabhāvakārikā« v. Vasubandhu]; Kategorien der Wirklichkeit im frühen Yogācāra. Der Fünf-vastu-Abschnitt in der Viniścayasaṃgrahaṇī der Yogācārabhūmi, eingel., ed. u. übers. J. Kramer, Wiesbaden 2005.

(2) *Darstellungen:* A. K. Chatterjee, The Yogācāra Idealism, Varanasi 1962, New Delhi/Varanasi/Patna ^{2}1975, 2007; P. Griffiths, On Being Mindless. Buddhist Meditation and the Mind-Body Problem, La Salle Ill. 1986, Delhi 1999; R. P. Hayes, Dignaga on the Interpretation of Signs, Dordrecht/Boston Mass./London 1988; R. Kritzer, Rebirth and Causation in the Yogācāra abhidharma, Wien 1999; ders., Vasubandhu and the Yogācārabhūmi. Yogācāra Elements in the Abhidarmakośabhāṣya, Tokyo 2005; S. Lévi, Un système de philosophie bouddhique. Matériaux pour l'étude du système Vijñaptimātra [enthält franz. Übers. der Viṃśatikā und Triṃśikā von Vasubandhu], Paris 1932; D. Lusthaus, Buddhism, Yogācāra School of, REP II (1998), 64–76; ders., Buddhist Phenomenology. A Philosophical Investigation of Yogācāra Buddhism and the »Ch'eng Wei-shih lun«, London/New York 2002, 2003; J. May, La philosophie bouddhique idéaliste, Asiat. Studien – Études asiatiques 25 (1971), 265–323; L. Schmithausen, Ālayavijñāna. On the Origin and the Early Development of a Central Concept of Yogācāra Philosophy, I–II, Tokyo 1987, 2007; ders., On the Problem of the External World in the »Ch'eng wei shih lun«, Tokyo 2005; A. Singh, The Heart of Buddhist Philosophy – Diṅnāga and Dharmakīrti, New Delhi 1984, 2004; E. A. Solomon, ›Kāryakāraṇabhāvasiddhi‹ of Jñānaśrīmitra, Proc. All-India Oriental Conference 24 (1968), 305–315; T. Stcherbatsky, Teorija poznanija i logika po učeniju pozdnějšich buddistov II, Petersburg 1909, Sankt Petersburg 1995 (dt. Erkenntnistheorie und Logik nach der Lehre der späteren Buddhisten, München 1924); E. Steinkellner, Wirklichkeit und Begriff bei Dharmakīrti, Wiener Z. f. d. Kunde Südasiens u. Arch. f. ind. Philos. 15 (1971), 179–211; M. Tachikawa, A Sixth-Century Manual of Indian Logic (A Translation of the Nyāyapraveśa) [von Śaṃkarasvāmin], J. Indian Philos. 1 (1970/1972), 111–129; C. L. Tripathi, The Problem of Knowledge in Yogācāra Buddhism, Varanasi 1972; E. Wolff, Zur Lehre vom Bewußtsein (Vijñānavāda) bei den späteren Buddhisten. Unter besonderer Berücksichtigung des Laṅkāvatārasūtra, Heidelberg 1930.

Tantrayāna: (1) *Texte:* sGam-po-pa [1079–1153], The Jewel Ornament of Liberation [= Lam rim thar rgyan], trans. H. V. Guenther, London 1959, Boston Mass./London 1986; The Hevajra Tantra. A Critical Study, I–II, ed./trans. D. L. Snellgrove, London 1959, 1980; Mkhas grub rje's [1385–1438] Fundamentals of the Buddhist Tantras. Rgyud sde spyiḥi rnam par bźag pa rgyas par brjod [tibet./engl.], ed./trans. F. D. Lessing/A. Wayman, The Hague/Paris 1968, unter dem Titel: Introduction to the Buddhist Tantric Systems, Delhi ^{2}1978, 2008; The Caṇḍamahāroṣana Tantra. Chapters I–VIII, ed./trans. C. S. George, New Haven Conn. 1974.

(2) *Darstellungen:* E. C. Arnold (ed.), As Long as Space Endures. Essays on the Kālacakra Tantra in Honor of H. H. the Dalai Lama, Ithaca N. Y. 2009; T. Augustine, Yoga Tantra, Theory and Praxis. In the Light of the Hevajra Tantra. A Metaphysical Perspective, Delhi 2008; A Bharati, The Tantric Tradition, London 1965, erw. unter dem Titel: Tantric Traditions, Delhi 1993 (dt. Die Tantra-Tradition, Freiburg 1977); J. E. C. Blofeld, The Way of Power. A Practical Guide to the Tantric Mysticism of Tibet, London 1970 (dt. Der Weg zur Macht. Praktischer Führer zur tantrischen Mystik Tibets, Weilheim/Oberbayern 1970, mit Untertitel: Praktische Einführung in Mystik und Meditation des tantrischen Buddhismus, Frankfurt/Berlin/Wien 1981; franz. Le bouddhisme tantrique du Tibet. Introduction à la théorie, au but et aux techniques de la méditation tantrique, Paris 1976, 1998); S. B. Dasgupta, An Introduction to Tantric Buddhism, Kalkutta 1950, Berkeley Calif./London, Kalkutta ^{3}1974; H. v. Glasenapp, Die Entstehung des Vajrayāna, Z. dt. Morgenl. Ges. 90 (1936), 546–572; ders., Buddhistische Mysterien. Die geheimen Lehren und Riten des Diamant-Fahrzeugs, Stuttgart 1940, 1945 (franz. Mystères bouddhistes. Doctrines et rites secrets du Véhicule de Diamant, Paris 1944); Lama Anagarika Govinda (Anangavajra Khamsum-Wangchuk), Grundlagen tibetischer Mystik. Nach den esoterischen Lehren des großen Mantra Oṃ Maṇi Padme Hûṃ, Zürich/Stuttgart 1957, Bern/München/Wien ^{11}1999, mit Untertitel: Eines der großen Quel-

lenwerke zum Verständnis östlicher Weisheit, Grafing 2008; C. D. Orzech (ed.), Esoteric Buddhism and the Tantras in East Asia, Leiden 2011; G. L. Sopa [dt. Transskript. Söpa]/J. Hopkins, Practice and Theory of Tibetan Buddhism, London, New York 1976 (dt. Der Tibetische Buddhismus, Düsseldorf/Köln 1977, München [9]1998); A. Wayman, The Buddhist Tantras. Light on Indo-Tibetan Esotericism, New York, London 1973 (repr. London/New York 2008), London/New York 1995.

Zen-Buddhismus: (1) *Texte:* W. L. Adamek, The Teachings of Master Wuzhu. Zen and Religion of No-Religion, New York 2011; S. Addiss/S. Lombardo/J. Roitman (eds.), Zen Sourcebook. Traditional Documents from China, Korea, and Japan, Indianapolis Ind. 2008; Chung-Yuan Chang, Original Teachings of Ch'an Buddhism. Selected from the »Transmission of the Lamp«, New York 1969, 1982 (dt. Zen. Die Lehre der großen Meister nach der klassischen »Aufzeichnung von der Weitergabe der Leuchte«, Frankfurt 2000); [Dazhu Huihai]: The Zen Teaching of Hui Hai on Sudden Illumination. Being the Teaching of the Zen Master Hui Hai, Known as the Great Pearl, trans. J. E. C. Blofeld, London 1962, unter dem Titel: The Zen Teaching of Instantaneuous Awakening. Being the Teaching of the Zen Master Hui Hai, Known as the Great Pearl, Leicester 1987; [Dōgen]: K. Nishiyama/J. Stevens, A Complete English Translation of Dōgen Zenji's Shōbōgenzō/The Eye and Treasury of the True Law, I–IV, Sendai (Japan) 1975–1983 (dt. Dōgen Zenji's Shōbōgenzō. Die Schatzkammer der Erkenntnis des wahren Dharma, I–II, übers. M. Eckstein, Zürich 1977–1983, 2000, unter dem Titel: Shōbōgenzō. Die Schatzkammer des wahren Dharma-Auges, I–IV, übers. R. G. Linnebach/G. W. Nishijima, Heidelberg-Leimen 2001–2008); Record of Things Heard. From the Treasury of the Eye of the True Teaching [...], trans. T. Cleary, Boulder Colo. 1980; J. I. Ford/M. Myozen Blacker (eds.), The Book of Mu. Essential Writings on Zen's Most Important Koan, Boston Mass. 2011; A. V. Grimstone (ed.), Two Zen Classics: Mumonkan and Hekiganroku. The Heart of the Zen Experience as Expressed in the Two Greatest Koan Collections, trans. K. Sekida, New York/Tokyo 1977; [Guifeng Zongmi]: Zongmi on Chan, übers. J. L. Broughton, New York 2009; [Hakuin Ekaku]: The Zen Master Hakuin. Selected Writings, trans. P. B. Yampolski, New York 1971; The Essential Teachings of Zen Master Hakuin. A Translation of the Sokkō-roku Kaien-fusetsu, trans. N. Waddell, Boston Mass./London 1994, 2010 (dt. Authentisches Zen, übers. D. Roloff, Frankurt 1997); Beating the Cloth Drum. The Letters of Zen Master Hakuin, trans. N. Waddell, Boston Mass./London 2012; [Huangbo Xiyun]: The Zen Teaching of Huang Po on the Transmission of Mind, trans. J. E. C. Blofeld, London 1958, New York 2006 (dt. Die Zen-Lehre des chinesischen Meisters Huang-Po, übers. U. v. Mangoldt, Weilheim 1960, überarb. unter dem Titel: Der Geist des Zen. Der klassische Text eines der größten Zen-Meister aus dem China des 9. Jahrhunderts, Bern/München/Wien 1983, Frankfurt 1997); Hui-neng, The Platform Scripture, trans. Wing-tsit Chan, New York 1963; Hui-nêng, Das Sūtra des Sechsten Patriarchen. Das Leben und die Zen-Lehre des chinesischen Meisters Hui-neng (638–713), übers. U. Jarand, ed. S. Morinaga, Bern/München/Wien etc. 1989, Darmstadt 2008; The Platform Sūtra of the Sixth Patriarch. The Text of the Tun-huang Manuscript, Trans./Introd./Notes P. B. Yampolski, New York 1967; K'uan Yü Lu [= C. Luk] (ed.), Ch'an and Zen Teaching, I–III, London 1960–1962, 1987; [Tetsugen Dōkō, 1630–1682], Le sermon de Tetsugen sur le Zen, trans. M. Shibata, rev. G. Renondeau, Tokio 1960; [Wumen Huikai]: Wu-men-kuan. Der Pass ohne Tor, übers./erl. H. Dumoulin, Tokio 1953, Neuübers. unter dem Titel: Mumonkan. Die Schranke ohne Tor. Meister Wu-men's Sammlung der achtundvierzig Kōan, Mainz 1975; Wu-men Hui-K'ai, Ch'antsung Wu-men Kuan. Zutritt nur durch die Wand, Übers./Einl./Anm. W. Liebenthal, Heidelberg 1977; T. Yamada (ed.), Meister des Zen. Sammelband, Frankfurt 2014; [Yuanwu Keqin] Bi-yän-lu. Meister Yüan-wu's Niederschrift von der smaragdenen Felswand [...], I–III, übers. u. erl. W. Gundert, München 1960–1973, in 1 Bd., Wiesbaden 2005; The Blue Cliff Record. Compiled by Ch'ung-hsien, Commented upon by K'o-ch'in, trans. T. Cleary, Berkeley Calif. 1998 (BDK English Tripiṭaka LXXV); [Zhaozhou Congshen]: Radical Zen. The Sayings of Jōshū, trans. Y. Hoffmann, Brookline Mass. 1978; Zhuhong, The Chan Whip Anthology. A Companion to Zen Practice, trans. J. L. Broughton, New York 2015. – Zen Texts, trans. R. R. McRae, Berkeley Calif. 2005 (BDK English Tripiṭaka LVIII).

(2) *Darstellungen:* M. Abe, Zen and Western Thought, ed. W. R. LaFleur, London, Honolulu Hawai 1985, 1997; ders., Buddhism and Interfaith Dialogue. Part One of a Two-Volume Sequel to »Zen and Western Thought«, ed. S. Heine, Basingstoke/London, Honolulu Hawai 1995; ders., Zen and Comparative Studies, Part Two of a Two-Volume Sequel to »Zen and Western Thought«, ed. S. Heine, Basingstoke/London, Honolulu Hawai 1996, 1997; ders., Zen and the Modern World. A Third Sequel to »Zen and Western Thought«, ed. S. Heine, Honolulu Hawai 2003; K. Arifuku, Deutsche Philosophie und Zen-Buddhismus. Komparative Studien, Berlin 1999; E. Becker, Zen. A Rational Critique, New York 1961; H. Benoit, La doctrine suprême, I–II, Paris 1951–1952, unter dem Titel: La doctrine suprême selon la pensée zen, Paris [2]1960, 1995 (engl. The Supreme Doctrine. Psychological Studies in Zen Thought, London 1955, Brighton/Portland Oreg. 1995; dt. Die hohe Lehre. Der Zen-Buddhismus als Grundlage psychologischer Betrachtungen, München 1958); H. Dumoulin, Zen. Geschichte und Gestalt, Bern 1959 (engl. A History of Zen Buddhism, New York, London, Boston Mass. 1963, New Delhi 2000); ders., Geschichte des Zen-Buddhismus, I–II, Bern/München 1985/1986, in einem Bd., Tübingen [2]2014 (engl. Zen Buddhism. A History, I–II, New York 1988/1990, Bloomington Ind. 2005); B. Faure, Chan Insights and Oversights. An Epistemological Critique of the Chan Tradition, Princeton N. J. 1993, 1996; C. Fujisawa, Zen and Shinto. The Story of Japanese Philosophy, New York 1959 (repr. Westport Conn. 1971); F. Girard, The Stanza of the Bell in the Wind. Zen and Nenbutsu in the Early Kamakura Period, Tokyo 2007; H. Hashi, Vom Ursprung und Ziel des Zen. Die Philosophie des originalen Zen-Buddhismus, Wien 1997; ders., Was hat Zen mit Heidegger zu tun? Der komparative Denkweg von Ost und West, Wien 2001; ders./W. Gabriel/A. Haselbach (eds.), Zen und Tao. Beiträge zum asiatischen Denken, Wien 2007; T. Hasumi, Élaboration philosophique de la pensée du zen, Paris 1973; S. Heine/D. S. Wright (eds.), The Kōan: Texts and Contexts in Zen Buddhism, Oxford etc. 2000; R. K. Heinemann, Der Weg des Übens im ostasiatischen Mahāyāna. Grundformen seiner Zeitrelation zum Übungsziel in der Entwicklung bis Dōgen, Wiesbaden 1979; J. W. Heisig, Philosophers of Nothingness. An Essay on the Kyoto School, Honolulu Hawai 2001 (franz. Les philosophes du néant. Un essai sur l'école de Kyoto, Paris 2008); E. Herrigel, Zen in der Kunst des Bogenschießens, Konstanz 1948, München 2011 (engl. Zen in the Art of Archery, London, New York 1953, New York 1989; franz. Le zen dans l'art chevaleresque du tir à l'arc, Lyon 1955, Paris 1998); T. Hirai, Psycho-

physiology of Zen, Tokyo 1974; T. Izutsu, Toward a Philosophy of Zen Buddhism, Teheran 1977, Boulder Colo. 1982 (dt. [gekürzt] Philosophie des Zen-Buddhismus, Reinbek b. Hamburg 1979, 1995); K'uan Yü Lu (= C. Luk), The Secrets of Chinese Meditation. Self-Cultivation by Mind Control as Taught in the Ch'an, Mahāyāna and Taoist Schools in China, London 1964, York Beach Me. 1999 (dt. Geheimnisse der chinesischen Meditation. Selbstgestaltung durch Bewußtseinskontrolle, nach den Lehren des Ch'an, des Mahāyāna und der taoistischen Schulen in China, Zürich 1967, Augsburg 2000); I. Miura/R. Fuller Sasaki, The Zen Kōan. Its History and Use in Rinzai Zen, New York 1965, erw. unter dem Titel: Zen Dust. The History of the Kōan and Kōan Study in Rinzai (Lin-chi) Zen, New York 1966; S. Nagatomo, Japanese Zen Buddhist Philosophy, SEP 2006, rev. 2015; C. T. Nguyen, Zen in Medieval Vietnam. A Study and Translation of »Thiền UyểnTập Anh«, Honolulu Hawai 1997; I. Schloegl, The Wisdom of the Zen Masters. The Zen Teaching of Rinzai, New York 1976 (dt. Die Weisheit der Zen-Meister, Heidelberg 2011); K. Sekida, Zen Training. Methods and Philosophy, ed. A. V. Grimstone, New York 1975, 1985 (dt. Zen-Training. Das große Buch über Praxis, Methoden, Hintergründe, Freiburg/Basel/Wien 1993, mit Untertitel: Praxis, Methoden, Hintergründe, 2007, 2015); D. T. Suzuki, Essays in Zen Buddhism. First Series, London 1927 (repr. Taipeh 1971), Second Series, London 1933 (repr. Taipeh 1971), Third Series, London 1934, First-Third Series, ed. C. Humphreys, New York 1970 (franz. Essais sur le bouddhisme zen, I–III, Neuchâtel 1941–1944, Paris 2003; dt. Zazen. Die Übung des Zen. Grundlagen und Methoden der Meditationspraxis im Zen, Bern/München/Wien 1988, 1999 [Übers. d. »First Series«], unter dem Titel: Koan. Der Sprung ins Grenzenlose. Das Kōan als Mittel der meditativen Schulung im Zen, Bern/München/Wien 1988, 1994 [Übers. d. »Second Series«], unter dem Titel: Karuna. Zen und der Weg der tätigen Liebe. Der Bodhisattva-Pfad im Buddhismus und im Zen, Bern/München/Wien 1989, 1996 [Übers. d. »Third Series«]); ders., Selected Works I (Zen), Oakland Calif. 2015; ders./E. Fromm/R. de Martino, Zen Buddhism and Psychoanalysis, New York, London 1960, 1974 (dt. Zen-Buddhismus und Psychoanalyse, München 1963, Frankfurt 2007; franz. Bouddhisme zen et psychanalyse, Paris 1971, 2011); Y. Yokoi, Zen Master Dōgen. An Introduction with Selected Writings, New York 1976, 1990.

Spezialliteratur: (1) *Texte:* [Bu ston rin chen grub]: Le traité du tathāgatagarbha de Bu-ston Rin-chen-grub [1290–1364]. Traduction du De bžin gšegs pa'i sñin po gsal žiṅ mdzes par byed pa'i rgyan, übers. D. S. Ruegg, Paris 1973; [Dīpaṃkara]: Bodhipathapradīpa. Ein Lehrgedicht des Atiśa (Dīpaṃkaraśrījñāna, [ca. 982–1054]) in der tibetischen Überlieferung [...] ed./übers. H. Eimer, Wiesbaden 1978; [Śāntarakṣīta]: The Tattvasaṅgraha of Śāntarakṣīta, with the Commentary of Kamalaśīla, I–II, trans. G. Jha, Baroda 1937/1939, 1991; [Sengzhao]: Chao Lun: The Treatises of Seng-chao, ed. W. Liebenthal, Peking 1948, rev. Hongkong ^{2}1968, 2014; [Tsong kha pa Blo bzang grags pa]: Calming the Mind and Discerning the Real. Buddhist Meditation and the Middle View. From the »Lam rim chen mo« of Tsoṅ-kha-pa [1357–1419], trans. A. Wayman [enthält ferner engl. Übers. des Bodhipathapradīpa, 9–14], New York 1978, Delhi ^{2}1997. – D. Schlingloff, Ein buddhistisches Yogalehrbuch, I–II, Berlin (Ost) 1964/1966, erw. [um Fragmente], ed. J. U. Hartmann/H.-J. Röllicke, München 2006; G. Tucci, Minor Buddhist Texts, I–III, Rom 1956/1971, Nachdr. Bde I–II, Delhi 1986.

(2) *Darstellungen:* R. E. Allinson, The Buddhist Theory of Instantaneous Beings. The Ur-Concept of Buddhism, Eastern Buddhist NS 8 (Tokyo 1975), 133–148; A. Bareau, L'absolu en philosophie bouddhique. Évolution de la notion d'asaṃskṛta, Paris 1951; S. R. Bhatt/A. Mehrotra, Buddhist Epistemology, Westport Conn./London 2000; K. Bhattacharya, L'ātman-brahman dans le bouddhisme ancien, Paris 1973; J. Bronkhorst, The Two Traditions of Meditation in Ancient India, Stuttgart 1986, Delhi ^{2}1993, 2000; ders., Buddhism in the Shadow of Brahmanism, Leiden/Boston Mass. 2011; D. Burton, Buddhism, Knowledge and Liberation. A Philosophical Study, Aldershot/Burlington Vt. 2004; G. C. C. [= Ch'êng-chi] Chang, The Buddhist Teaching of Totality. The Philosophy of Hwa Yen Buddhism, University Park Pa./London 1971 (repr. London/New York 2008), Delhi 1992 (dt. Die buddhistische Lehre von der Ganzheit des Seins. Das holistische Weltbild der b.n P., Bern/München/Wien 1989); K. K. S. Ch'en, The Chinese Transformation of Buddhism, Princeton N. J. 1973; E. Conze (ed.), Buddhist Meditation, London 1956, New York 1969 (repr. Mineola N. Y. 2003), London 1972 (repr. London/New York 2008), New Delhi 2002; L. Cousins/A. Kunst/K. R. Norman (eds.), Buddhist Studies in Honour of I. B. Horner, Dordrecht/Boston Mass. 1974; H. Dumoulin (ed.), Buddhismus der Gegenwart, Saeculum 20 (1969), 169–384, separat Freiburg 1970 (engl. Buddhism in the Modern World, New York, London 1976); J. D. Dunne, Buddhist Epistemology, Enc. Ph. I (^{2}2006), 753–758; U. Frankenhauser, Die Einführung der buddhistischen Logik in China, Wiesbaden 1996; E. Frauwallner, Abhidharma-Studien I (Pañcaskandhakam und Pañcavastukam), Wiener Z. f. d. Kunde Süd- u. Ostasiens u. Arch. f. ind. Philos. 7 (1963), 20–36, II (Die kanonischen Abhidharma-Werke), ebd. 8 (1964), 59–99, III (Der Abhisamayavādaḥ), ebd. 15 (1971), 69–102, IV (Der Abhidharma der anderen Schulen), ebd. 15 (1971), 103–121, 16 (1972), 95–152, V (Der Sarvāstivādaḥ), ebd. 17 (1973), 97–121 [unvollendet]; ders., Die Entstehung der buddhistischen Systeme, Nachr. Akad. Wiss. Göttingen, philol.-hist. Kl. 1971, Nr. 6; ders., Kleine Schriften, ed. G. Oberhammer/E. Steinkellner, Wiesbaden 1982; H. G. Herzberger, Double Negation in Buddhist Logic, J. Indian Philos. 3 (1975), 3–16; O. v. Hinüber, Die ›dreifache‹ Wirkung des karma, Indo-Iranian J. 13 (1972), 241–249; Sung-peng Hsu, A Buddhist Leader in Ming China. The Life and Thought of Han-shan Te-ch'ing, University Park Pa./London 1979; Y. Kajiyama, Three Kinds of Affirmation and Two Kinds of Negation in Buddhist Philosophy, Wiener Z. f. d. Kunde Südasiens u. Arch. f. ind. Philos. 17 (1973), 161–175 D. J. Kalupahana, Causality. The Central Philosophy of Buddhism, Honolulu Hawai 1975; W. Kirfel, Symbolik des Buddhismus, Stuttgart 1959, mit Tafelbd., 1989; B. C. Law (ed.), Buddhistic Studies, Kalkutta 1931, Delhi 2004; A. E. Link, Shyh Daw-an's Preface to Saṅgharakṣa's [Sarvāstivādin des 1. Jh. n. Chr.] Yogācārabhūmi-Sūtra and the Problem of Buddho-Taoist Terminology in Early Chinese Buddhism, J. Amer. Oriental Soc. 77 (1957), 1–14; H. de Lubac, La recontre du bouddhisme et de l'occident, Paris 1952; B. K. Matilal/R. D. Evans (eds.), Buddhist Logic and Epistemology. Studies in the Buddhist Analysis of Inference and Language, Dordrecht etc. 1986; A. Matsunaga, The Buddhist Philosophy of Assimilation. The Historical Development of the Honji-Suijaku Theory, Tokyo, Rutland Vt. 1969; J. P. McDermott, Development in the Early Buddhist Concept of Kamma/Karma, New Delhi 1984, 2003; J. Pérez-Remón, Self and Non-Self in Early Buddhism, The Hague/Paris/New York 1980; B. Petzold, Die Quintessenz der T'ien-t'ai-(Tendai-)Lehre. Eine komparative Untersuchung, Wiesbaden 1982; A. Piatigorsky,

The Buddhist Philosophy of Thought. Essays in Interpretation, London/Dublin/Totowa N. J. 1984; D. S. Ruegg, The Study of Indian and Tibetan Thought. Some Problems and Perspectives. Inaugural Lecture […], Leiden 1967; E. D. Saunders, Buddhism in Japan. With an Outline of Its Origins in India, Philadelphia Pa. 1964 (repr. Westport Conn. 1977), 1971; S. Schayer, Precanonical Buddhism, Arch. Orientální 7 (1935), 121–132; L. Schmithausen, Spirituelle Praxis und Philosophische Theorie im Buddhismus, Z. Missionswiss. u. Religionswiss. 57 (1973), 161–186; J. F. Stall, Making Sense of the Buddhist Tetralemma, in: H. D. Lewis (ed.), Philosophy East and West. Essays in Honor of Dr. T. M. P. Mahadevan, Bombay etc. 1976, 122–131; F. J. Streng, Emptiness. A Study in Religious Meaning, Nashville Tenn./New York 1967; N. Tatia, Paṭiccasamuppāda, in: S. Mookerjee (ed.), The Nava-Nālandā-Mahāvihāra Research Publication 1, Patna 1957, 177–239; K. J. Tegchok, Leerheit und abhängiges Entstehen. Die Essenz der b.n P., München 2004; E. J. Thomas, Nirvāṇa and Parinirvāṇa, in: India Antiqua. A Volume of Oriental Studies, Presented by His Friends and Pupils to Jean Philippe Vogel, C. I. E., on the Occasion of the Fiftieth Anniversary of His Doctorate, Leiden 1947, 294–295; F. Watanabe, Philosophy and Its Development in the Nikāyas and Abhidhamma, New Delhi/Varanasi/Patna 1983, 1996; P. Williams, Buddhist Concept of Emptiness, REP II (1998), 76–80; S. Yamaguchi (ed.), Buddhism and Culture. Dedicated to Dr. Daisetz Teitaro Suzuki in Commemoration of His Ninetieth Birthday, Kyoto 1960; Chün-fang Yü, The Renewal of Buddhism in China. Chuhung and the Late Ming Synthesis, New York/Guildford 1981; E. Zürcher, The Buddhist Conquest of China. The Spread and Adaptation of Buddhism in Early Medieval China, I–II, Leiden 1959, in einem Bd., ed. F. Teiser, ³2007; ders., Buddhism in China. Collected Papers of Erik Zürcher, ed. J. A. Silk, Leiden 2013, 2014. K. L.

Philosophie, chinesische, Zusammenfassung des philosophischen Denkens in China unter einer regionalen Bezeichnung. Diese ist gerechtfertigt, da China abgesehen vom Buddhismus (↑Philosophie, buddhistische) kaum Anregungen von außen aufgenommen hat und das theoretische Denken über Jahrtausende um immer dieselben Probleme kreist, wobei sich auch die Argumentationsweisen nur wenig verändern. Ein radikaler Bruch mit diesen Traditionen erfolgt erst im 20. Jh.. So ergibt sich auf den ersten Blick das Bild einer weitgehend einheitlichen Denktradition. Im einzelnen kennt China allerdings zahlreiche Strömungen und Auseinandersetzungen zwischen verschiedenen Schulen, von denen manche traditionalistisch, manche eher progressiv, manche betont irdisch-innerweltlich, andere wieder extrem spekulativ oder auch mystisch sind.

Die von der c.n P. behandelten Probleme entstammen vorzugsweise dem moralischen und staatsphilosophischen Bereich oder auch dem des Einzelnen, der am Staat desinteressiert ist und sich nach einem besseren, natürlicheren Leben sehnt. In eigenartiger Weise wird oft auch der gesamte ↑Kosmos in die moralischen Überlegungen einbezogen. Es entsteht das ›soziokosmische‹ Weltbild, ein spekulatives, zum Teil äußerst detailliertes System von angeblichen Entsprechungen und Beziehungen zwischen kosmischem und irdischem Geschehen. Bezeichnend ist auch der stark rückwärts gerichtete Zug des chinesischen Denkens: Keine Lehre wird völlig vergessen oder überwunden; alle Lehren der nachklassischen Zeit sind mehr oder weniger stark synoptisch-synkretistisch. So spielt z. B. das sehr alte Wahrsagebuch ↑I Ching noch 2500 Jahre nach seiner Abfassung eine große Rolle. In klassischer Zeit ist aber auch das mystische Denken weit verbreitet, das mit der Idealisierung einfacher, urtümlicher Lebensformen verbunden ist. Es findet in der Lehre vom ↑Tao seinen philosophischen Ausdruck. Abstrakt-theoretisches Denken ist dagegen selten. Ansätze zu einer Sprachtheorie (↑Logik, chinesische) sind steckengeblieben; unter buddhistischem Einfluß bildet sich der erkenntnistheoretische Idealismus aus, im späten Konfuzianismus entsteht eine Art dualistischer Metaphysik.

Periodisierung: Das älteste als philosophisch geltende Werk ist das I Ching (etwa 1000 v. Chr.). Die ›klassische‹ Epoche beginnt im 5. Jh. v. Chr. mit Konfuzius und endet mit der Einigung des bis dahin in diverse Kleinstaaten zersplitterten China (221 v. Chr.). Die Frage nach den richtigen Mitteln zur Erlangung der Herrschaft über ›die Welt‹ (d. i. China) spielt in der klassischen Epoche der Philosophie eine wichtige Rolle. In dieser Periode ist die größte Vielfalt des geistigen Lebens zu finden. ↑›Hundert Schulen‹ blühen, der ↑Konfuzianismus ist durch Menzius und Hsün Tzu vertreten, wird bekämpft von Mo-Ti und den ↑Legalisten; die großen Werke des ↑Taoismus, ↑Tao-te ching und ↑Chuang Tzu entstehen. Mit der sorgfältigen Ausformung der Ideen von Humanität und Rationalität fügt sich die klassische c. P. ein in die Vorstellung einer globalen kulturellen ›Achsenzeit‹ (vgl. H. Roetz, Die chinesische Ethik der Achsenzeit, Frankfurt 1992).

Die nachklassische Zeit zerfällt in eine konfuzianische, eine buddhistische und wieder eine konfuzianische Periode. In der Han-Zeit (206 v. Chr.–220 n. Chr.) etabliert sich allmählich der Konfuzianismus als Staatsideologie. Konfuzianische Schriften werden kanonisiert (die Lehre vom ↑Mittelmaß und die ↑Große Lehre); der früher ganz innerweltliche Konfuzianismus nimmt die Yin-Yang-Schule und das I Ching in sich auf. Es entstehen die Spekulationen der Neutextschule (Tung Chung-Shu) und in Reaktion darauf eine kritisch-skeptische Richtung, die Alttextschule (Yang Hsiung, Wang Ch'ung). – In der Periode der Zersplitterung des Reiches (200–600) verschwindet der Konfuzianismus, der Taoismus (vgl. ↑Wang Pi) und später der Buddhismus werden vorherrschend. Höhepunkt des buddhistischen Denkens ist die Entwicklung der später von Japan übernommenen Ch'an- oder Zen-Schule (↑Zen). – Mit der Sung-Dynastie gewinnt der Konfuzianismus seine beherrschende Stellung zurück, vor allem durch Chou Tun-i (1017–1073), der in seiner Lehre ein Urprinzip des Entstehens annimmt und in diese Lehre auch Yin-Yang und die Fünf-Elemente-Lehre integriert. Der Neokonfuzianismus entwickelt sich in zwei Schulen: Die rationalistische (Ch'eng I, Ch'eng Hao, Chu Hsi, Chang Tsai, Shao Yung) gewinnt anfänglich die Oberhand, erstarrt dann aber in der Diskussion von Detailfragen; die idealistische, von Lu Chiu-yüan (12. Jh.) begründet, kulminiert in Wang Yang-ming (1472–1529). Gegen dessen spekulative Philosophie versuchen im 17. und 18. Jh. vor allem Wang Fuchih und Tai Chen eine am Konkreten und an der Praxis ausgerichtete Lehre zu entwerfen.

Unter dem wachsenden politischen und wirtschaftlichen Druck der Kolonialmächte beginnt gegen Ende des 19. Jhs. auch der Zusammenbruch der traditionellen Systeme c.r P., begleitet von antiwestlicher Rückbesinnung auf Wang Yang-ming und wirkungslosen Versuchen, eine Synthese zwischen tradiertem Denken (vor allem dem dominierenden Konfuzianismus) und westlichen Ansätzen herzustellen. K'ang Yu-Wei, der unter Berufung auf Konfuzius gemäßigte politische Reformen fordert, unterscheidet drei geschichtliche Entwicklungsstufen, deren letzte in der allgemeinen Eintracht und Harmonie auf der Basis der konfuzianischen Menschenliebe keine Unterschiede zwischen den Menschen mehr kennen werde. Er versucht, die modernen Bedingungen im Rahmen des überlieferten Denkens zu begreifen; eine ähnliche Utopie vertritt T'an Ssu-t'ung. Derartige Überlegungen wie auch die Liang Ch'i-ch'aos gehen in den folgenden politischen und philosophischen Auseinandersetzungen unter.

Im 20. Jh. wird in China westliche Philosophie beherrschend (C. Darwin, E. Haeckel, H. Bergson, W. James, aber auch K. Marx, I. Kant, A. Schopenhauer und F. Nietzsche). Die Debatte kreist bis Mitte der 1920er Jahre trotz einiger Versuche, sich auf die Tradition (auch die buddhistische) zurückzuziehen, vor allem um englische und amerikanische Philosophen, insbes. nachdem J. Dewey kurz nach dem ersten Weltkrieg auf Betreiben Hu Shihs nach China kam und ihm B. Russell und H. Driesch folgten. Hu Shih (1891–1962) selbst sucht eine Verbindung zwischen dem ↑Pragmatismus und alten chinesischen Konzeptionen. – Fung Yu-lans Hauptverdienst liegt in seiner Rekonstruktion der Geschichte der c.n P.. Anfänglich entwickelt er, stark an Chu Hsi orientiert, eine Kombination zwischen rationalistischem Neokonfuzianismus, westlichem Rationalismus und Logik; später wendet er sich dem ↑Marxismus zu, dessen frühe Vertreter (außer Mao Tse-tung z.B. Li Ta-chao, Kuo Mo-jo und Ai Ssu-chi) seit etwa 1925 in den Mittelpunkt der Diskussion gerückt waren, kritisiert sein früheres Denken, bleibt aber mit einer zum Teil recht eigenständigen Deutung der Philosophiegeschichte Chinas einflußreich. Nach der Gründung der Volksrepublik 1949 setzt in der ›Kulturrevolution‹ (1966–1976) eine radikale Verfolgung des Konfuzianismus ein. Wie sich diese (faktisch kulturfeindliche) Epoche und die danach einsetzende dramatische Modernisierung Chinas längerfristig auf die c. P. auswirken, muß offen bleiben.

Bibliographien: Wing-tsit Chan, An Outline and a Bibliography of Chinese Philosophy, Hanover N. H. 1955, erw. unter dem Titel: An Outline and an Annotated Bibliography of Chinese Philosophy, New Haven Conn. 1961, erw. 1969; M. Davidson, A List of Published Translations from Chinese into English, French and German I (Literature, Exclusive of Poetry), Ann Arbor Mich. 1952; R. Hoffmann, Bücherkunde zur chinesischen Geschichte, Kultur und Gesellschaft, München 1973; M. Loewe, Early Chinese Texts. A Bibliographical Guide, Berkeley Calif. 1993; F. J. Shulman (ed.), Doctoral Dissertations on China, 1971–1975. A Bibliography of Studies in Western Languages, Seattle/London 1978; ders. (ed.), Doctoral Dissertations on China and on Inner Asia, 1976–1990. An Annotated Bibliography of Studies in Western Languages, Westport Conn./London 1998; Totok I (1964), 50–67, (^{2}1997), 77–102. – Rev. bibliographique de sinology/Rev. of Bibliography in Sinology 1 (1955) – 14/15 (1968/1970), NS 1 (1983) – 21 (2003/2005).

Literatur: W. T. de Bary/Wing-tsit Chan/B. Watson (eds.), Sources of Chinese Tradition, New York/London 1960, 1966, in 2 Bdn., New York 1964, 1968, ed. mit I. Bloom/R. Lufrano, erw. New York/London ^{2}1999/2000; W. Bauer, China und die Hoffnung auf Glück. Paradiese, Utopien, Idealvorstellungen, München 1971, mit Untertitel: Paradiese, Utopien, Idealvorstellungen in der Geistesgeschichte Chinas, München 1974, 1989 (engl. China and the Search for Happiness. Recurring Themes in Four Thousand Years of Chinese Cultural History, New York 1976); D. A. Bell/H. Chaibong (eds.), Confucianism for the Modern World, Cambridge etc. 2003; H. Bernard-Maitre, Sagesse chinoise et philosophie chrétienne, Leiden, Paris 1935, Paris 1955; H. Borges, Drache, Einhorn, Phönix. Über altchinesisches Denken, Stuttgart/Weimar 1993; Ch'u Chai/W. Chai, The Story of Chinese Philosophy, New York 1961, Westport Conn. 1975; Wing-tsit Chan, Philosophies of China, in: D. D. Runes (ed.), Twentieth Century Philosophy. Living Schools of Thought, New York 1943, 1947 (repr. 1968), 539–571, unter dem Titel: Living Schools of Philosophy. Twentieth Century Philosophy, Ames Iowa 1956, Paterson N. J. 1962, 473–500; ders. (ed.), A Source Book in Chinese Philosophy, Princeton N. J. 1963, 1973; ders., Chinese Philosophy in Mainland China, 1949–1963, Philos. East and West 14 (1964), 25–38; ders., Chinese Philosophy, Enc. Ph. II (1967), 87–96, mit Hsueh-li Cheng u. a., II (^{2}2006), 149–239; H. G. Creel, Chinese Thought from Confucius to Mao Tsê-tung, Chicago Ill., New York 1953, Chicago Ill./London 1971; A. S. Cua (ed.), Encyclopedia of Chinese Philosophy, New York/London 2003; C. B. Day, The Philosophers of China. Classical and Contemporary, London, New York 1962, Secaucus N. J. 1978; G. Debon/W. Speiser (eds.), Chinesische Geisteswelt. Von Konfuzius bis Mao Tsê-Tung. Texte ausgewählt und eingeleitet, Baden-Baden 1957, unter dem Titel: Chinesische Geisteswelt. Zeugnisse aus drei Jahrtausenden, Hanau 1987, Holzminden 2011; H. H. Dubs, China, the Land of Humanistic Scholarship. An Inaugural Lecture Delivered before the University of Oxford on 23 February 1948, Oxford 1949; W. Eichhorn, Kulturgeschichte Chinas. Eine Einführung, Stuttgart 1964; J. K.

Feibleman, Understanding Oriental Philosophy. A Popular Account for the Western World, New York 1976, 107–227, rev. New York/Scarborough 1984, 77–174 (II The Philosophy of China); A. Forke, Geschichte der alten c.n P., Hamburg 1927, ^{2}1964; ders., Die Gedankenwelt des chinesischen Kulturkreises, München 1927; ders., Geschichte der mittelalterlichen c.n P., Hamburg 1934, ^{2}1964; ders., Geschichte der neueren c.n P., Hamburg 1938, ^{2}1964; O. Franke, Der kosmische Gedanke in Philosophie und Staat der Chinesen. Vorträge der Bibliothek Warburg 1925–1926, Leipzig 1928; Fung Yu-lan, A History of Chinese Philosophy, I–II, Peking 1937/1953, Princeton N. J. 1952/1953, 1983; ders., The Spirit of Chinese Philosophy, London 1947 (repr. Westport Conn. 1970, London/New York 2005), Boston Mass., London 1962; ders., A Short History of Chinese Philosophy, ed. D. Bodde, New York 1948, mit Untertitel: A Systematic Account of Chinese Thought from Its Origins to the Present Day, New York etc. 1966, 1997 (franz. Précis d'histoire de la philosophie chinoise, Paris 1952, 1985); L. Geldsetzer/Han-Ding Hong, Chinesisch-deutsches Lexikon der c.n P., Aalen 1986; dies., Chinesisch-deutsches Lexikon der Klassiker und Schulen der c.n P., Aalen 1991; dies., Chinesisch-deutsches Lexikon der chinesischen philosophischen Klassikerwerke, Aalen 1995; dies., Chinesische Philosophie. Eine Einführung, Stuttgart 2008; A. C. Graham, Disputers of the Tao. Philosophical Argument in Ancient China, La Salle Ill. 1989, 2003; M. Granet, La pensée chinoise, Paris 1934 (repr. New York 1975), rev. 1999, 2010 (dt. Das chinesische Denken. Inhalt, Form, Charakter, ed. M. Porkert, München 1963, Frankfurt 2007); T. Grimm/W. Schröder, Philosophie, VII Ostasien, Hist. Wb. Ph. VII (1989), 858–867; D. L. Hall/R. T. Ames, Chinese Philosophy, REP II (1998), 315–328; dies., Thinking from the Han. Self, Truth, and Transcendence in Chinese and Western Culture, Albany N. Y. 1998; D. Harper, Warring States Natural Philosophy and Occult Thought, in: M. Loewe/E. L. Shaughnessy (eds.), The Cambridge History of Ancient China. From the Origins of Civilization to 221 B. C., Cambridge etc. 1999, 2007, 813–884; P. J. Ivanhoe/B. W. Van Norden (eds.), Readings in Classical Chinese Philosophy, New York 2001, Indianapolis Ind. ^{2}2005, 2007; M. Kaltenmark, La philosophie chinoise, Paris 1972, 1994; N. Knight, Marxist Philosophy in China. From Qu Qiubai to Mao Zedong, 1923–1945, Dordrecht 2005, 2010; J. J. Kupperman, Learning from Asian Philosophy, Oxford etc. 1999; K. L. Lai, An Introduction to Chinese Philosophy, Cambridge etc. 2008, 2009; R. Lenz, Aspekte der Kritik an Konfuzius in der Volksrepublik China 1974–1981, Diss. Zürich 1983; JeeLoo Liu, An Introduction to Chinese Philosophy. From Ancient Philosophy to Chinese Buddhism, Malden Mass./Oxford/Carlton 2006, 2008; T. Lodén, Rediscovering Confucianism. A Major Philosophy of Life in East Asia, Folkestone 2006; C. A. Moore/A. V. Morris (eds.), The Chinese Mind. Essentials of Chinese Philosophy and Culture, Honolulu Hawaii 1967, 1993; Bo Mou, Comparative Approaches to Chinese Philosophy, Aldershot/Burlington Vt. 2003; ders. (ed.), History of Chinese Philosophy, London/New York 2009; S. E. Nauman, Dictionary of Asian Philosophies, New York 1978, London 1989; J. Needham, Science and Civilisation in China, I–II (I Introductory Orientations, II History of Scientific Thought), Cambridge etc. 1954/1956, rev. 1988/1991, 1996; ders./C. Harbsmeier, Science and Civilisation in China VII/1 (Language and Logic), ed. K. Robinson, Cambridge etc. 1998, 2006; D. S. Nivison, The Classical Philosophical Writings, in: M. Loewe/E. L. Shaughnessy (eds.), The Cambridge History of Ancient China [s. o.], 745–812; G. Paul, Die Aktualität der klassischen c.n P.. Rationalitätskonzepte im frühen Konfuzianismus, im Neo-Mohismus und im Legalismus, München 1987; L. Raphals, Chinese Classics, REP II (1998), 309–315; D. Riepe (ed.), Asian Philosophy Today, New York/London/Paris 1981, 1983; H. Roetz, Mensch und Natur im alten China. Zum Subjekt-Objekt-Gegensatz in der klassischen c.n P.. Zugleich eine Kritik des Klischees vom chinesischen Universismus, Frankfurt etc. 1984; ders., Die chinesische Ethik der Achsenzeit. Eine Rekonstruktion unter dem Aspekt des Durchbruchs zu postkonventionellem Denken, Frankfurt 1992 (engl. Confucian Ethics of the Axial Age. A Reconstruction Under the Aspect of the Breakthrough Toward Postconventional Thinking, Albany N. Y. 1993); H. Schleichert, Klassische c. P.. Eine Einführung, Frankfurt 1980, ^{2}1990, mit H. Roetz ^{3}2009; S. Shankman/S. W. Durrant (eds.), Early China/Ancient Greece. Thinking through Comparisons, Albany N. Y. 2002; K. Shimada, Die Neo-Konfuzianische Philosophie. Die Schulrichtungen Chu Hsis und Wang Yang-mings, ed. M. Übelhör, Hamburg 1979, Berlin ^{2}1987; H. Tessenow, Der chinesische Moralbegriff »i«. Analyse von Texten aus Philosophie und Geschichtsschreibung, Frankfurt etc. 1991; L. G. Thompson, Chinese Religion. An Introduction, Belmont Calif. 1969, ^{5}1996, 2007; B. W. Van Norden, Virtue Ethics and Consequentialism in Early Chinese Philosophy, Cambridge etc. 2007, 2012; ders., Introduction to Classical Chinese Philosophy, Indianapolis Ind. 2011; L. Wieger, Histoire des croyances religieuses et des opinions philosophiques en Chine depuis l'origine, jusqu'à nos jours, Paris, Xian (Cangzhou) 1917, ^{3}1927 (engl. A History of the Religious Beliefs and Philosophical Opinions in China from the Beginning to the Present Time, Xian (Cangzhou) 1927 [repr. New York 1969]); R. Wilhelm, C. P., Breslau 1929, mit Untertitel: Eine Einführung, Wiesbaden 2007, 2012; Lin Yutang (ed.), The Wisdom of China, London 1944, 1963; D. Zhang, Key Concepts in Chinese Philosophy, New Haven Conn./London/Beijing 2002, 2013; E. V. Zenker, Geschichte der c.n P.. Zum ersten Male aus den Quellen dargestellt, I–II, Reichenberg 1926/1927. H. S.

Philosophie, christliche, je nach Bestimmung des Verhältnisses von christlich-religiösem (↑Religion) Glauben, ↑Theologie und ↑Philosophie mehrdeutiger Begriff. So kann etwa Theologie als rationale (↑Rationalität) Selbstverständigung des Menschen über Glaubensbotschaften verstanden und in den Dienst des Glaubens als solchen gestellt oder als unabhängig von ihm betrachtet werden; wird dann etwa Philosophie als rationale Selbstverständigung des Menschen überhaupt verstanden, fragt sich, ob die Theologie ein Teil der Philosophie oder ob sie nicht aufgrund der ↑Offenbarung als ihrer spezifischen Erkenntnisquelle prinzipiell von ihr zu unterscheiden sei, ob philosophisches Denken in den Dienst des theologischen gestellt oder als unabhängig von ihm betrachtet werden müsse, ob konkrete Philosophien mit der Glaubensbotschaft vereinbar seien usw.. ›C. P.‹ kann dementsprechend (1) im einen Extremfall die zur wahren Philosophie erklärte christliche Glaubensbotschaft selbst bedeuten, (2) christliche Theologie als solche, (3) Philosophie als Zuträgerdisziplin derselben (↑ancilla theologiae) oder (4) auch als eigenständige rationale Selbstverständigung über christliche Glaubensbotschaften, die (5) im anderen Extremfall Glaube und/oder Theologie zu überbieten trachten kann. In weiterem Sinne meint der Ausdruck lediglich (6) von Christen oder (7) in einem christlich geprägten Umfeld betriebene Philosophie.

Über das philosophische Potential jeder sprachlichen Weltartikulation, einschließlich jener der jüdischen und christlichen Glaubensbotschaften, hinaus begünstigte das hellenistische (↑Hellenismus) Milieu des frühen Christentums stark dessen wie auch immer konfrontative oder dialogische Begegnung mit der griechischen Philosophie (↑Philosophie, griechische). Herausragende Beispiele hierfür bieten die Aneignung stoischer (↑Stoa) Formulierungen in der Areopag-Rede des Apostels Paulus (Apg 17,28) und jene des ↑Logos-Begriffs im Evangelium des Johannes (Joh 1,1). Zur ersten großen Entfaltung gelangt die christliche Auseinandersetzung mit der Philosophie in der apologetischen (↑Apologetik) ↑Patristik, wobei die positive Aneignung philosophischer Theoreme bei gleichzeitigem christlichem Überbietungsanspruch zunächst in der griechischen, seit A. Augustinus (↑Augustinismus, ↑Gottesstaat) auch in der lateinischen Patristik erfolgt und die ↑Scholastik vorbereitet. Der stark (neu-)platonischen (↑Platonismus, ↑Neuplatonismus) Orientierung der von Augustinus und von Pseudo-Dionysios Areopagites geprägten Theologie tritt seit dem 11. Jh. ein ↑Aristotelismus entgegen, der spätestens mit Albertus Magnus und Thomas von Aquin (↑Thomismus) zum Durchbruch gelangt. In der im Westen vielerorts als maßgeblich anerkannten Theologie des Aquinaten erfährt das Verständnis der Philosophie als ›ancilla theologiae‹ eine Aufwertung, insofern die Beschränkung der c.n P. auf Funktionen im Vor- und Umfeld der Theologie zugleich zum Eigenständigkeitsprinzip der Philosophie erklärt wird. Wie wenig allerdings auch diese gleichsam klassische (↑klassisch/das Klassische) katholisch-christliche Vermittlung des Spannungsverhältnisses der Disziplinen das Konfliktpotential dieses Verhältnisses eliminieren kann, zeigen die großen geistigen Strömungen der Folgezeit.

Hatte sich schon der Thomasische Aristotelismus gegen starke innerkirchliche Widerstände durchzusetzen, kommt es etwa im ↑Averroismus zu einer besonders fortgeschrittenen ↑Emanzipation der c.n P. von christlichem Glauben und Theologie, so daß in diesem Kontext auch die Lehre von der doppelten Wahrheit entsteht (↑Wahrheit, doppelte, ↑Padua, Schule von). Selbst in ↑Renaissance und ↑Humanismus bleibt allerdings jene Emanzipation weitgehend noch im Meinungsstreit um Autoritäten befangen. Mit der ↑Aufklärung tritt die Option vernünftiger (↑Vernunft) Selbständigkeit (↑Autonomie) den philosophischen Autoritäten wie auch den reformatorisch oder gegenreformatorisch umgestalteten christlichen Glaubensbotschaften gegenüber und die c. P. in das so formierte Spannungsfeld (vgl. u. a. ↑Atheismus, ↑Deismus, ↑Empirismus, ↑Jansenismus, ↑Leibniz-Wolffsche Philosophie, ↑Materialismus (historisch), ↑Metaphysikkritik, ↑Okkasionalismus, ↑Pietismus, ↑Port-Royal, Schule von, ↑Rationalismus, ↑Religionskritik, ↑Säkularisierung, ↑Suarezianismus). Bemüht im Deutschen Idealismus (↑Idealismus, deutscher; vgl. auch ↑Pantheismusstreit, ↑Theismus) sich I. Kant darum, die Religion streng innerhalb der Grenzen bloßer Vernunft, so weit dies möglich ist, zu rekonstruieren, und trägt dadurch entscheidend zur Begründung der modernen ↑Religionsphilosophie bei, sucht G. W. F. Hegel Glaube und Theologie in einer Philosophie des absoluten Wissens (↑Wissen, absolutes) ›aufzuheben‹ (↑aufheben/Aufhebung). Als auch gegen diesen großen Vermittlungsversuch das Konfliktpotential im Verhältnis zwischen christlichem Glauben, Theologie und Philosophie auf radikale Weise aktiviert wird, sind es insbes. ↑Lebensphilosophie und ↑Existenzphilosophie, in denen sich das Spektrum möglicher Optionen ihrer Zuordnung auf neue Weise abzeichnet. Dieses reicht von dezidiert christlichen Positionen wie bei S. Kierkegaard – überdies gibt es trotz kirchlich geförderter Restaurationsbewegungen wie der ↑Neuscholastik auch eine katholische Existenzphilosophie, die oft als ↑Personalismus den Existenz- in den christlichen Personbegriff zurückdeutet – bis hin zu atheistischen wie bei F. W. Nietzsche und Versuchen, die religiös-atheistische Zwangsalternative als nur scheinbare zu hintergehen. An ihre Auseinandersetzungen schließen ↑Phänomenologie, ↑Hermeneutik und Poststrukturalismus (↑Strukturalismus (philosophisch, wissenschaftstheoretisch), ↑Postmoderne) an. T. G.

Philosophie, dialogische, (1) neben ›Dialogik‹, ›Ich-Du-Philosophie‹ Bezeichnung für eine philosophisch-weltanschauliche Richtung der Zwischen- und Nachkriegszeit, in der die im dialogischen Wechselgespräch paradigmatisch repräsentiert gesehene ›Ich-Du-Beziehung‹ zum Ausgangspunkt für anthropologische (↑Anthropologie), ontologische (↑Ontologie), religionsphilosophische (↑Religionsphilosophie) und moralphilosophische (↑Moralphilosophie) Überlegungen wird. Erste Ansätze in H. Cohens Spätwerk (Die Religion der Vernunft aus den Quellen des Judentums, 1919) werden in den Folgejahren – zum Teil unabhängig voneinander – von M. Buber, F. Ebner, F. Rosenzweig und G. Marcel zu zwar verschiedenen, im Kernbestand aber ähnlichen Fassungen einer d.n P. ausgearbeitet.

Unter Rückbezug auf die vor allem von F. H. Jacobi an I. Kant und J. G. Fichte sowie von L. Feuerbach an G. W. F. Hegel geäußerte Kritik an deren Ausgang von einem sich selbst bewußten ↑Ich als ↑Subjekt aller Erkenntnis sucht die d. P. in Anknüpfung an das jüdisch-christliche relationale Verständnis der ↑Person, wonach diese sich erst in Abgrenzung von einem Gegenüber konstituiert, eine Gegenposition zu ↑Idealismus und ↑Transzendentalphilosophie zu entwickeln. In bewußter Absetzung von dem diesen Positionen angeblich zugrundeliegenden ↑Subjektivismus, der auch den anderen Menschen als ↑Objekt der Erkenntnis versteht, geht die d. P. aus von einer wesentlichen Unterscheidung der ›Ich-Es‹-Beziehung zwischen Subjekten und nicht-personalen Objekten und der Beziehung zwischen ›Ich‹ und ›Du‹, in der die Begegnung unverwechselbarer, unverfügbarer, freier Individuen (Buber: ›das Zwischen‹) der Konstitution von Subjekt und Objekt als Person vorausliegt. In der Sprache, im ↑Dialog – nicht verstanden als Wechsel von Sprechhandlungen, sondern als eine durch Verzicht auf Instrumentalisierung und Anerkennung der Selbstzwecklichkeit des Dialogpartners ausgezeichnete Interaktion – und in der ↑Liebe hat die Begegnung ihren ausgezeichneten Ort. – Aufgrund der Parallelisierung der Beziehung zwischen Mensch und Gott mit der ›Ich-Du-Beziehung‹ gab die d. P. wichtige Anregungen für die ›Rede von Gott‹ in der Theologie des 20. Jhs.. Wegen der undeutlichen Grenzziehung zwischen Philosophie und Religion bzw. Theologie und des Fehlens einer philosophisch-systematischen Bearbeitung zugunsten einer eher bekenntnismäßigen Werbung für bestimmte Lebensformen hat die d. P. in ihrer bisherigen Form an philosophischem Einfluß verloren.

(2) Bezeichnung für eine methodisch und begrifflich gereinigte Wiederaufnahme der d.n P. im Sinne Bubers durch Weiterentwicklung des von K. Lorenz vertretenen Dialogischen Konstruktivismus (↑Konstruktivismus, dialogischer) zu einer philosophischen Anthropologie als Entfaltung des nicht mehr, wie bei Buber und anderen, auf die gegenseitige ↑Anerkennung von Ich und Du (↑Andere, der) beschränkten dialogischen Prinzips (↑Prinzip, dialogisches), etwa in der Fassung von K. Lorenz: ›Achte beim Umgang mit Menschen und Sachen stets auf den Unterschied zwischen Ich-Rolle und Du-Rolle einer Handlungsausübung‹. Dabei wird Bubers Weiterführung des ↑Historismus bei W. Dilthey – methodisch regiert vom Durchlaufen des hermeneutischen Zirkels (↑Zirkel, hermeneutischer) – durch explizite Einführung der beiden dialogischen Rollen, der Ich-Rolle und der Du-Rolle (↑Dialog), und zwar auf der Ebene der Zeichenhandlungen, verknüpft mit der Weiterführung des ↑Pragmatismus bei C. S. Peirce – methodisch regiert vom Befolgen der pragmatischen Maxime –, und zwar in dem von L. Wittgenstein entwickelten Verfahren der ↑Sprachspiele durch Berücksichtigung der beiden dialogischen Rollen, in diesem Falle auf der Ebene der ↑Handlungen, und seien es auch ↑Sprachhandlungen, als bloßen Handlungen. Die in beiden Entwicklungslinien auffällige Einebnung der Differenz zwischen Handlungen als ↑Zeichenhandlungen und Handlungen als Handlungen – im Pragmatismus wird Zeichenhandeln als gewöhnliches Handeln verstanden, und zwar bei Peirce noch grundsätzlich allein von der aktiven Ich-Rolle her, als ein Tätigsein, auch des Gegenübers in einem Dialog, im Historismus hingegen gewöhnliches Handeln schon als ein Zeichenhandeln, und zwar bei Dilthey noch grundsätzlich allein von der passiven Du-Rolle her, als ein Widerfahren (↑Widerfahrnis) oder Erleben – führt jedoch zu unüberwindlichen Schwierigkeiten beim Versuch der Vermittlung beider Ansätze. Die Berücksichtigung beider Dialogrollen, sowohl bei Buber als auch bei Wittgenstein, hat nicht dazu geführt, zugleich der Unterscheidung zwischen Gegenstand und Zeichen deren entscheidende systematische Funktion wieder zurückzugeben, so daß der Zusammenhang zwischen praktischen Lebensweisen (*ways of life*) und theoretischen Weltansichten (*world views*) wie er sich in Verfahren des ständigen von dialogischer Rationalität geleiteten Um- und Weiterbaus von Können und Wissen erfahrbar machen läßt, unzugänglich bleibt. Dieser Aufgabe stellt sich die auf dem Zusammenspiel von dialogischer Konstruktion und phänomenologischer Reduktion beruhende neue d. P. von Lorenz, derart das Erbe von Pragmatismus und Historismus bei Peirce-Wittgenstein bzw. Dilthey-Buber bei der Befolgung der Forderung nach einer logischen Analyse der Sprache (↑Analyse, logische) in der Analytischen Philosophie (↑Philosophie, analytische) und zugleich des Aufrufs ›Zurück zu den Sachen selbst‹ in der ↑Phänomenologie beherzigend.

Literatur: J. Bloch, Die Aporie des Du. Probleme der Dialogik M. Bubers, Heidelberg 1977; J. Böckenhoff, Die Begegnungsphilosophie. Ihre Geschichte – Ihre Aspekte, Freiburg/München 1970; M. Buber, Die Schriften über das dialogische Prinzip, Heidelberg 1954, unter dem Titel: Das dialogische Prinzip. Ich und Du. Zwiesprache. Die Frage an den Einzelnen. Elemente des Zwischenmenschlichen. Zur Geschichte des dialogischen Prinzips, Heidelberg 1962, Gütersloh [10]2006; ders., Ich und Du. Von der Wechselseitigkeit in den Ordnungen des Seins, in: R. Wisser (ed.), Sinn und Sein. Ein philosophisches Symposion, Tübingen 1960, 465–474; B. Casper, Das dialogische Denken. Eine Untersuchung der religionsphilosophischen Bedeutung Franz Rosenzweigs, Ferdinand Ebners und Martin Bubers, Freiburg/Basel/Wien 1967, unter dem Titel: Das Dialogische Denken. Franz Rosenzweig, Ferdinand Ebner und Martin Buber, Freiburg/München 2002; H. Cohen, Die Religion der Vernunft aus den Quellen des Judentums, Leipzig 1919, Frankfurt [2]1929 (repr. Köln 1959), Wiesbaden 2008; D. Dubarle, Der Dialog und die Philosophie des Dialogs, Int. Dialog-Zeitschr. 1 (1968), 3–14; F. Ebner, Schriften, I–III, ed. F. Seyr, München 1963–1965; H. L. Goldschmidt, Dialogik. Philosophie auf dem Boden der Neuzeit, Frankfurt 1964; W.-D. Gudopp, Martin Bubers dialogischer Anarchismus, Frankfurt 1975; J. Heinrichs, Sinn und Intersubjektivität. Zur Vermittlung von transzendentalphilosophischem und dialogischem Denken in einer ›transzendentalen Dialogik‹, Theol. Philos. 45 (1970), 161–191; ders., Dialog, dialogisch, Hist. Wb. Ph. II (1972), 226–229; ders., Dialogik, philosophisch, TRE

VIII (1981), 697–703; H. Herrigel, Das neue Denken, Berlin 1928; J. Israel, Martin Buber. Dialogphilosophie in Theorie und Praxis, Berlin 1995; K. Lorenz, Einführung in die philosophische Anthropologie, Darmstadt, 1990, [2]1992; ders., Dynamis und Energeia. Zur Aktualität eines begrifflichen Werkzeugs von Aristoteles, in: T. Buchheim/C. H. Kneepkens/ders. (eds.), Potentialität und Possibilität. Modalaussagen in der Geschichte der Metaphysik, Stuttgart-Bad Cannstatt 2001, 349–368, ferner in: ders., Philosophische Variationen. Gesammelte Aufsätze unter Einschluss gemeinsam mit Jürgen Mittelstraß geschriebener Arbeiten zu Platon und Leibniz, Berlin/New York 2011, 393–414; ders., Dialogischer Konstruktivismus, Berlin/New York 2008, 2009; G. Marcel, Journal métaphysique, Paris 1927, [17]1958, 1997 (dt. Metaphysisches Tagebuch, Wien/München 1955, Paderborn etc. 1992; engl. Metaphysical Journal, London, Chicago Ill. 1952); ders., Être et avoir, Paris 1935, 1991 (engl. Being and Having, Westminster 1949, mit Untertitel: An Existentialist Diary, Gloucester Mass. 1976; dt. Sein und Haben, Paderborn 1954, [3]1980); ders., Dialog und Erfahrung. Vorträge in Deutsch, ed. W. Ruf, Frankfurt 1969; E. Rosenstock-Huessy, Angewandte Seelenkunde, Darmstadt 1924; F. Rosenzweig, Der Stern der Erlösung, Frankfurt 1924, Frankfurt 1988, [9]2011 (engl. The Star of Redemption, London 1930, [2]1971, Madison Wis. 2005; franz. L'étoile de la redemption, Paris 1982, 2003); ders., Kleinere Schriften, Berlin 1937; H.-H. Schrey, Dialogisches Denken, Darmstadt 1970, [3]1991; M. Siegfried, Abkehr vom Subjekt. Zum Sprachdenken bei Heidegger und Buber, Freiburg/München 2010; M. Theunissen, Bubers negative Ontologie des Zwischen, Philos. Jb. 71 (1963/1964), 319–330; ders., Der Andere. Studien zur Sozialontologie der Gegenwart, Berlin/New York 1965, [2]1977, 1981; B. Waldenfels, Das Zwischenreich des Dialogs. Sozialphilosophische Untersuchungen in Anschluß an Edmund Husserl, Den Haag 1971; M. Zank (ed.), New Perspectives on Martin Buber, Tübingen 2006. C. F. G./K. L.

Philosophie, empirische (engl. empirical philosophy), auf dem Hintergrund der Unterscheidung zwischen ›Erkenntnis aus reiner Vernunft‹ und ›Vernunfterkenntnis aus empirischen Prinzipien‹ (KrV B 868) bei I. Kant in weiterer Differenzierung des neuzeitlichen Begriffs der ↑Experimentalphilosophie im Rahmen der Theoretischen Philosophie (↑Philosophie, theoretische) Bezeichnung für die Philosophie als Naturwissenschaft (im Unterschied zur ›reinen‹ Philosophie in Form der ↑Transzendentalphilosophie). Demnach ist z. B. die Physik rationale Erkenntnis (*cognitio ex principiis*), und zwar aus ›empirischen‹ Prinzipien. Der e.n P. als Natur*wissenschaft* steht derjenige Teil der Naturlehre gegenüber, der nicht aus Prinzipien, sondern aus Daten erkennt (*cognitio ex datis*), nämlich die Natur*beschreibung*, unter der Kant die systematische Klassifikation von Fakten (Beispiele: Botanik und Zoologie) versteht, und die Natur*geschichte*, die in einem System von Fakten im Rahmen einer Geschichte der physischen Welt und des Lebens besteht (Metaphysische Anfangsgründe der Naturwissenschaft [1786], Akad.-Ausg. IV, 467–468). Voraus geht die Unterscheidung zwischen empirischen und nicht-empirischen Formen des Wissens bei G. W. Leibniz (»Philosophia Theoretica duplex est, Rationalis et Experimentalis«, C. 525). – In neuerer Zeit werden gelegentlich auch (erkenntnistheoretische bzw. wissenschaftstheoretische) Konzeptionen in der Tradition des ↑Empirismus als ›e. P.‹ bezeichnet (vgl. J. Anderson 1962; R. A. Rubinstein u. a. 1984).

Literatur: J. Anderson, Studies in Empirical Philosophy, Sydney 1962, 1963; F. Kambartel, Erfahrung und Struktur. Bausteine zu einer Kritik des Empirismus und Formalismus, Frankfurt 1968, 1976, 82–85; R. A. Rubinstein/C. D. Laughlin/J. McManus, Science as Cognitive Process. Toward an Empirical Philosophy of Science, Philadelphia Pa. 1984; weitere Literatur: ↑Experimentalphilosophie, ↑Kant, Immanuel. J. M.

Philosophie, erste, die ursprüngliche Aristotelische Bezeichnung (*πρώτη φιλοσοφία*) der später unter der Bezeichnung ↑›Metaphysik‹ zusammengefaßten Schriften über die ›ersten Gründe und Ursachen‹ (Met. *A*2.982b9) und das ›Seiende als Seiendes‹ (Met. *E*1.1026a31) bzw., beide Bestimmungen vereinend, über die ›ersten Gründe des Seienden als Seienden‹ (Met. *Γ*1.1003a30–31). Statt von ›e.r P.‹ ist bei Aristoteles auch von ›theoretischer Einsicht‹ (*σοφία*, ↑Weisheit) die Rede (z. B. Eth. Nic. *Z*7.1141a16 ff.), ferner von ›(philosophischer) Theologie‹, sofern ein erstes Göttliches der ausgezeichnete Gegenstand einer e.n P. ist (vgl. Met. *Λ*8.1074a35–36). J. M.

Philosophie, griechische, Sammelbezeichnung für denjenigen Teil der antiken Philosophie (↑Philosophie, antike) von Thales von Milet (7./6. Jh. v. Chr.) bis zum Ende des ↑Neuplatonismus (529 n. Chr.), der deren Anfang und weitere Entwicklung, einschließlich der hellenistischen Philosophie (↑Philosophie, hellenistische), mit Ausnahme der römischen Philosophie (↑Philosophie, römische) umfaßt. Historische Schwerpunkte bilden die ↑Vorsokratiker, die ↑Sophistik, die ↑Sokratiker, Platon und Aristoteles und deren Schulen (↑Akademie, ↑Platonismus, Neuplatonismus, ↑Peripatos), die ↑Stoa, der ↑Epikureismus, der ↑Skeptizismus und der ↑Kynismus.

Als Begründer der g.n P. und damit als Begründer der ↑Philosophie in ihrer europäischen Gestalt gelten in der Philosophiegeschichtsschreibung Thales von Milet, mit dem zugleich die so genannte ionische oder milesische Schule (↑Philosophie, ionische), und Pythagoras, mit dem die so genannte italische Schule beginnt. Diese Gliederung bleibt auch weiterhin bestimmend, sofern man eine ionische Tradition unter Einschluß der Milesier (Thales von Milet, Anaximander, Anaximenes) und der Atomisten (Leukippos von Milet, Demokrit) von einer italischen Tradition, repräsentiert durch die Eleaten (Xenophanes von Kolophon, Parmenides von Elea, Zenon von Elea, Melissos von Samos), unterscheidet. Eine Sonderstellung zwischen beiden Traditionssträngen nehmen Heraklit, Anaxagoras und Empedokles ein, in deren Denken sich naturphilosophische (↑Naturphilosophie) Elemente, charakteristisch für die ionische Richtung, mit den für die eleatische Richtung typischen logischen Elementen verbinden. Dabei gilt hinsichtlich beider Traditionsstränge, sofern sie sich an die Namen Thales und Pythagoras knüpfen, ein Anfang mit naturphilosophischen, d.h. kosmogonischen (↑Kosmogonie) und kosmologischen (↑Kosmologie), Überlegungen als die Geburtsstunde der Philosophie. Die Philosophie hätte demnach als Spekulation über den Aufbau des ↑Kosmos, insbes. der supralunaren Welt, begonnen, d.h. mit Sätzen, wonach der ↑Anfang (↑Archē) bzw. der Urstoff (↑Hylē), der alles ↑Werden und Vergehen bestimmt und überdauert, z.B. das Wasser (Thales) oder die Luft (Anaximenes) sei. Im Rahmen der vor allem durch Aristoteles und die Stoa beeinflußten griechischen Gliederung der Philosophie (vgl. Diog. Laert. VII 39) in (1) Physik (Theoretische Philosophie) unter Einschluß von Theologie, Kosmologie, Meteorologie, Astronomie, Psychologie und Biologie, (2) Ethik (Praktische Philosophie) unter Einschluß von (Individual-)Ethik, politischer Theorie und Ökonomie und (3) Logik wäre dies ein Anfang mit Physik bzw. den theoretischen Teilen einer später reicher gegliederten Bemühung.

Hinsichtlich der mit dem Anfang der g.n P. verbundenen These, daß hier nicht nur eine besondere Form der Philosophie, sondern diese selbst in ihrem eigentlichen Sinne begonnen habe, ist dieser thematische Sachverhalt weniger bedeutsam, als dies in den meisten historischen Darstellungen, angefangen mit der Aristotelischen Darstellung der vorsokratischen Philosophie (Met. *A*3.983a24 ff.), zum Ausdruck kommt. Wenn der Anfang der g.n P. gleichbedeutend ist mit dem Anfang der ↑Vernunft im europäischen Sinne, sind methodische Einsichten wichtiger. Zu diesen gehören insbes. im Rahmen des Thaletischen Denkens die Entdeckung der Möglichkeit des theoretischen Satzes und des ↑Beweises. Daß diese Entdeckungen innerhalb geometrischer Überlegungen stattfinden (wo sie zum Aufbau einer logikfreien Elementargeometrie führen), hat sie oft in ihrer Bedeutung für die Entstehung der Philosophie bzw. des vernünftigen Denkens irrelevant erscheinen lassen. Tatsächlich sind es jedoch die geometrischen (theoretischen) Sätze des Thales, denen die generellen Sätze der vorsokratischen Naturphilosophie nachgebaut sind, und ist es die Entdeckung des Beweises, später durch logische Begründungsmittel – wiederum zuerst im Rahmen axiomatischer (↑System, axiomatisches) Betrachtungen in der Geometrie greifbar (Hippokrates von Chios) – erweitert, die das erste Beispiel für ein philosophisches, d.h. begründendes, Denken liefert.

So baut Platon seine Theoretische Philosophie den in der Geometrie gewonnenen Einsichten nach – Geometrie gilt neben Astronomie, Arithmetik und rationaler Harmonienlehre als ein Beispiel bereits geglückter vernünftiger, damit philosophischer, Argumentation; der Platonische Ideenbegriff stellt zunächst eine erweiterte Bestimmung geometrischer Ideen (↑Idee (historisch), ↑Ideenlehre) dar – und führt daneben mit sprachphilosophischen Untersuchungen im »Kratylos« und einer Theorie der Wahrheit und Falschheit von Sätzen im »Sophistes« die ↑Logik als eine fundamentale philosophische Disziplin ein. Aristoteles entwirft seine Theorie einer beweisenden Wissenschaft, damit das Modell einer strengen Wissenschaft, im Hinblick auf den bereits begonnenen axiomatischen Aufbau der Geometrie und begründet mit der ↑Syllogistik nun auch die Logik als eine Theorie der Begründung im engeren Sinne (↑Logik, formale). Zugleich nimmt Aristoteles – im Gegensatz zu Platons engerem Begriff der Philosophie, der hinsichtlich seiner Gegenstände (abgesehen von den erwähnten methodologischen Reflexionen) am geometrischen Begriff der Idealität orientiert bleibt – die physikalischen Überlegungen der vorsokratischen, insbes. der ionischen, Tradition wieder auf. Diese Tradition wird erst bei Aristoteles zur Vorgeschichte der Philosophie, Kosmologie zur Keimzelle der Philosophie im griechischen und modernen Selbstverständnis.

Bereits Sokrates hat gegenüber dieser Aristotelischen Biographie des vernünftigen Denkens die Philosophie vom Himmel (Kosmologie) auf die Erde geholt (M.T. Cicero, Tusc. disp. 5.10), indem er inmitten von ↑Sophistik und ↑Rhetorik, d.h. der griechischen Bildungsbewegung des 5. vorchristlichen Jhs., die Frage nach einem begründeten Selbst- und Situationsverständnis sowie nach begründbaren Handlungszielen stellt. Er wird damit zum Begründer der Praktischen Philosophie (↑Philosophie, praktische), die ebenfalls bei Platon und Aristoteles erste systematische Darstellungen findet. Zugleich wird die seither in der Geschichte der Philosophie dominant bleibende Frage nach dem Primat von Praktischer oder Theoretischer Philosophie (↑Philosophie, theoretische) faktisch (auf Sokratischem Boden) zugunsten der Praktischen Philosophie entschieden, wenngleich diese Entscheidung systematisch in mancher Hinsicht noch unklar bleibt und terminologisch, z.B. in der Aristotelischen (darin durchaus auch Platonischen) Auszeichnung der ↑*Theoria*, oft in die entgegengesetzte Richtung zu führen scheint. Das Schicksal der g.n P. nach Platon und Aristoteles ist dann gerade durch diese zwischen Platon und Aristoteles selbst noch unbefriedigend beantwortete Frage bestimmt.

In der 306 v. Chr. von Epikur in Athen gegründeten Schule des Epikureismus, in der von Zenon von Kition wenig später gegründeten stoischen Schule (Stoa), mit Chrysippos, Panaitios von Rhodos und Poseidonios von Apameia als herausragenden Vertretern, und in der

Skepsis bzw. im antiken Skeptizismus (Pyrrhon von Elis, Timon von Phleius, Ainesidemos, Sextus Empiricus) verschiebt sich einerseits das philosophische Interesse nahezu völlig auf praktische Fragen – wobei die Theoretische Philosophie entweder für nutzlos gehalten (Dikaiarchos von Messene) oder als durch skeptische Argumente widerlegt angesehen wird –, während andererseits in der unmittelbaren Nachfolge Platons (Speusippos, Xenokrates) und später im ↑Neupythagoreismus (Apollonios von Tyana, Nikomachos von Gerasa, Numenios von Apameia) und Neuplatonismus (Plotinos, Porphyrios, Iamblichos, Proklos) die Theoretische Philosophie verstärkt spekulative Züge annimmt. Der zunehmende Drang zur schulischen Organisation unterstreicht diese Entwicklung, wobei die Inanspruchnahme des Sokratischen Denkens als des Ursprungs des eigenen Denkens für die g. P. charakteristisch bleibt. Über ihre Gründer mit der Sokratischen Philosophie verbunden bleiben die Schulen der Megariker (Eukleides von Megara, Eubulides von Milet, Stilpon von Megara, Menedemos, Diodoros Kronos), Kyniker (Antisthenes von Athen, Diogenes von Sinope, Krates von Theben, Monimos von Syrakus), Kyrenaiker (Aristippos von Kyrene, Arētē von Kyrene, Antipatros von Kyrene) und Akademiker (Platon, Speusippos, Xenokrates, Eudoxos); die Schule der Stoiker bleibt über ihren Begründer Zenon, der den Kyniker Krates hörte, die Schule der Peripatetiker über ihren Begründer Aristoteles mit der Sokrates-Tradition verbunden; sachliche Zusammenhänge zwischen kyrenaischen und epikureischen Lehren sind evident (als Epikurs Lehrer werden in der Antike der Platoniker Pamphilos und der Demokriteer Nausiphanes genannt). Bestimmend für das Schicksal der g.n P. ist nicht nur das Auseinanderfallen von Praktischer und Theoretischer Philosophie, die ihrerseits zur einzelwissenschaftlichen Forschung wird (Euklid, Aristarchos von Samos, Eratosthenes, Archimedes, Apollonios von Perge, Hipparchos von Nikaia), sondern auch der vermeintliche Gegensatz zwischen Platon und Aristoteles selbst, an dem die Einheit des griechischen Denkens zerbricht. Während die Geschichte der Akademie dabei durch ein epigonales Schwanken zwischen Sokratischer ↑Aporetik (Skepsis) und (vor allem durch Speusippos und Xenokrates bestimmter) Platonischer Orthodoxie bis hin zur formellen Auflösung der Akademie 529 n. Chr. durch Justinian gekennzeichnet ist, ist die Geschichte des Peripatos anfänglich durch Ergänzungen der Aristotelischen Philosophie (Theophrastos von Eresos, Eudemos von Rhodos, Aristoxenos, Straton von Lampsakos), später durch den Übergang zur Aristoteles-Philologie bestimmt. Die kommentierende Beschäftigung setzt ein mit der Publikation der Aristotelischen Schriften durch Andronikos von Rhodos um 50 v. Chr., wird aufgenommen von Peripatetikern wie Boethos von Sidon und Ariston von Alexandreia (Kommentare zu den »Kategorien«) und findet schließlich in Alexander von Aphrodisias den ersten großen Aristoteles-Kommentator. Das Ende der g.n P., kalendarisch meist mit der Schließung der Akademie verbunden, läßt sich insofern charakterisieren durch die spekulative Erneuerung altakademischen Denkens im Neuplatonismus, durch den Übergang zur kommentierenden Beschäftigung mit dem peripatetischen Denken und durch ein sowohl für die Endphasen stoischen, epikureischen und skeptischen Denkens als auch für den Neuplatonismus charakteristisches religiöses Interesse, an das das mit der ↑Apologetik einsetzende christliche Denken unmittelbar anzuschließen versteht.

Literatur: M. van Ackeren (ed.), Antike Philosophie verstehen/Understanding Ancient Philosophy, Darmstadt 2006; K. Algra u. a. (eds.), The Cambridge History of Hellenistic Philosophy, Cambridge etc. 1999, 2008; R. E. Allen (ed.), Greek Philosophy. Thales to Aristotle, New York, London 1966, erw. New York etc. ^{3}1991; J. A. Arieti, Philosophy in the Ancient World, Lanham Md. etc. 2005; A. Bächli/A. Graeser, Grundbegriffe der antiken Philosophie. Ein Lexikon, Stuttgart 2000; J. Barnes, The Presocratic Philosophers, I–II, London/Henley/Boston Mass. 1979, in 1 Bd., London/New York ^{2}1982, 2001; ders., Early Greek Philosophy, Harmondsworth etc. 1987, London ^{2}2001; T. A. Blackson, Ancient Greek Philosophy. From the Presocratics to the Hellenistic Philosophers, Malden Mass./Oxford/Chichester 2011; F. Brentano, Geschichte der g.n P., Bern/München 1963, Hamburg ^{2}1988; W. Bröcker, Die Geschichte der Philosophie vor Sokrates, Frankfurt 1965, ^{2}1986; R. S. Brumbaugh, The Philosophers of Greece, New York 1964, Albany N. Y. 1981; J. Brunschwig/G. E. R. Lloyd (eds.), Le savoir grec. Dictionnaire critique, Paris 1996, erw. 2011 (engl. Greek Thought. A Guide to Classical Knowledge, Cambridge Mass./London 2000, [Auszüge] unter dem Titel: The Greek Pursuit of Knowledge, Cambridge Mass./London 2003; [Auszüge] unter dem Titel: A Guide to Greek Thought. Major Figures and Trends, Cambridge Mass./London 2003; dt. Das Wissen der Griechen. Eine moderne Enzyklopädie, Zürich 2000, mit Untertitel: Eine Enzyklopädie, München 2000); W. Burkert, Weisheit und Wissenschaft. Studien zu Pythagoras, Philolaos und Platon, Nürnberg 1962 (engl. Lore and Science in Ancient Pythagoreanism, Cambridge Mass. 1972); J. Burnet, Greek Philosophy. Thales to Plato, London 1914, 1981; A. Capizzi, La repubblica cosmica. Appunti per una storia non peripatetica della nascita della filosofia in Grecia, Rom 1982, Pisa/Rom 1997 (engl. The Cosmic Republic. Notes for a Non-Peripatetic History of the Birth of Philosophy in Greece, Amsterdam 1990); M. J. Carella, Matter, Morals and Medicine. The Ancient Greek Origins of Science, Ethics and the Medical Profession, New York etc. 1991; C. J. Classen, Ansätze. Beiträge zum Verständnis der frühgriechischen Philosophie, Würzburg, Amsterdam 1986; G. Colli, La nascita della filosofia, Mailand 1975, 2009 (dt. Die Geburt der Philosophie, Frankfurt 1981, 1990; franz. La naissance de la philosophie, Lausanne 1981, 2004); L. Couloubaritsis, Aux origines de la philosophie européenne. De la pensée archaïque au néoplatonisme, Brüssel 1992, ^{4}2003; L. De Crescenzo, Storia della filosofia greca, I–II, Mailand 1983/1986, 2001 (dt. Geschichte der g.n P., I–II, Zürich 1985/1988, in 1 Bd., 1998; franz. Les grands philosophes de la Grèce antique, I–II, Paris 1988/1989, in 1 Bd., 2001); P. Curd/D. W. Graham (eds.), The Oxford Handbook of Presocratic Philosophy, Oxford etc. 2008, 2011; S. Everson (ed.), Companions to Ancient Thought, I–IV (I Epistemology, II Psychology, III Language, IV Ethics), Cambridge etc. 1990–1998; J. H. Finley, Four Stages of Greek Thought, Stanford Calif./London 1966, 1968; H. Flashar (ed.), Die Philosophie der Antike I–IV (I/1–2 Frühgriechische Philosophie, II/1 Sophistik, Sokrates, Sokratik, Mathematik, Medizin, II/2 Platon, III Ältere Akademie, Aristoteles, Peripatos, IV/1–2 Die hellenistische Philosophie), I/1–2 ed. mit D. Bremer/G. Rechenauer, Basel/Stuttgart 1983–2013; K. v. Fritz, Schriften zur griechischen Logik, I–II, Stuttgart-Bad Cannstatt 1978; D. Furley, The Greek Cosmologists I (The Formation of the Atomic Theory and Its Earliest Critics), Cambridge etc. 1987, 2006; C.-F. Geyer, Einführung in die Philosophie der Antike, Darmstadt 1978, unter dem Titel: Philosophie der Antike. Eine Einführung, ^{4}1996; O. Gigon, Der Ursprung der g.n P.. Von Hesiod bis Parmenides, Basel 1945, Basel/Stuttgart ^{2}1968 (repr. Ann Arbor Mich./London 1980); ders., Grundprobleme der antiken Philosophie, Bern/München 1959 (franz. Les grands problèmes de la philosophie antique, Paris 1961; ital. Problemi fondamentali della filosofia antica, Neapel 1983); M. L. Gill/P. Pellegrin (eds.), A Companion to Ancient Philosophy, Malden Mass./Oxford/Chichester 2006, 2009; R. Gotshalk, The Beginnings of Philosophy in Greece, Lanham Md./New York/Oxford 2000; R. Goulet (ed.), Dictionnaire des philosophes antiques, Paris 1989 ff. (erschienen Bde I–IV, V.A–V.B); W. K. C. Guthrie, A History of Greek Philosophy, I–VI, Cambridge 1962–1981 u. ö.; P. Hadot, Qu'est-ce que la philosophie antique?, Paris 1995, 2007 (dt. Wege zur Weisheit oder Was lehrt uns die antike Philosophie?, Frankfurt 1999; engl. What Is Ancient Philosophy?, Cambridge Mass./London 2002, 2004); J. Herbig, Der Fluß der Erkenntnis. Vom mythischen zum rationalen Denken, Hamburg 1991; C. Horn/C. Rapp (eds.), Wörterbuch der antiken Philosophie, München 2002, ^{2}2008; T. Irwin (ed.), Classical Philosophy. Collected Papers, I–VIII, New York 1995; ders. (ed.), Classical Philosophy, Oxford etc. 1999; W. Jordan, Ancient Concepts of Philosophy, London/New York 1990, 1992; E. Kapp, Greek Foundations of Traditional Logic, New York 1942, 1967 (dt. Der Ursprung der Logik bei den Griechen, Göttingen 1965); A. Kenny, A New History of Western Philosophy I (Ancient Philosophy), Oxford 2004, 2006 (dt. Geschichte der abendländischen Philosophie I [Antike], Darmstadt 2012, ^{2}2014); G. E. R. Lloyd, The Revolutions of Wisdom. Studies in the Claims and Practice of Ancient Greek Science, Berkeley Calif./Los Angeles/London 1987, 1995; ders., Methods and Problems in Greek Science, Cambridge etc. 1991; A. A. Long (ed.), The Cambridge Companion to Early Greek Philosophy, Cambridge etc. 1999, 2006 (dt. Handbuch frühe g. P.. Von Thales bis zu den Sophisten, Stuttgart/Weimar 2001); J. V. Luce, An Introduction to Greek Philosophy, London 1992; J.-F. Mattéi (ed.), La naissance de la raison en Grèce. Actes du congrès de Nice, Mai 1987, Paris 1990, 2006; J. Mittelstraß, Die griechische Denkform. Von der Entstehung der Philosophie aus dem Geiste der Geometrie, Berlin/Boston Mass. 2014; F. E. Peters, Greek Philosophical Terms. A Historical Lexicon, New York/London 1967; A. Preus, Historical Dictionary of Ancient Greek Philosophy, Lanham Md./Toronto/Plymouth 2007; W. J. Prior, Virtue and Knowledge. An Introduction to Ancient Greek Ethics, London/New York 1991, 1992; H. D. Rankin, Sophists, Socratics, and Cynics, London/Canberra, Totowa N. J. 1983 (repr. o. O. [London/New York] 2014); G. Rechenauer (ed.), Frühgriechisches Denken, Göttingen 2005; G. Redlow, Theoria. Theoretische und praktische Lebensauffassung im philosophischen Denken der Antike, Berlin 1966; N. Rescher, Cosmos and Logos. Studies in Greek Philosophy, Frankfurt etc. 2005; W. Ries, Die Philosophie der Antike, Darmstadt 2005, ^{3}2013; D. Roochnik, Retrieving the Ancients. An Introduction to Greek Philosophy, Malden Mass./Oxford/Melbourne 2004; M. Rossi, Le origini della filosofia greca, Rom 1984; M. M. Sassi, La scienza dell'uomo nella Grecia antica, Turin 1988 (engl. The Science of Man in Ancient Greece, Chicago Ill./London 2001); D. Sedley, Ancient Philosophy, REP I (1998), 262–265; ders. (ed.), The Cambridge Companion to Greek and Roman Philosophy, Cambridge etc. 2003, 2009; H. Seidl, Einführung in die antike Philosophie. Hauptprobleme und Lösungen dargelegt anhand der Quellentexte, Freiburg/München 2010, erw. ^{2}2013; C. J. Shields (ed.), The Blackwell Guide to Ancient Philosophy, Malden Mass./Oxford 2003, 2007; ders., Classical Philosophy. A Contemporary Introduction, London/New York 2003, rev. unter dem Titel: Ancient Philosophy. A Contemporary Introduction, New York/London ^{2}2012; B. Snell, Die Entdeckung des Geistes. Studien zur Entstehung des europäischen Denkens bei den Griechen, Hamburg 1946, Göttingen ^{9}2009, 2011 (ital. La cultura greca e le origini del pensiero europeo, Turin 1951, 2002; engl. The Discovery of the Mind. The Greek Origins of European Thought, Oxford, Cambridge Mass. 1953, New York 1960; franz. La découverte de l'esprit. La genèse de la pensée européenne chez les Grecs, Combas 1994); J. O. Urmson, The Greek Philosophical Vocabulary, London 1990, 2001; J.-P. Vernant, Les origines de la pensée grecque, Paris 1962, ^{12}2013 (dt. Die Entstehung des griechischen Denkens, Frankfurt 1982, 1998; engl. The Origins of Greek Thought, Ithaca N. Y., London 1982); W. Wieland, Antike, Stuttgart 1978, 2010 (Geschichte der Philosophie in Text und Darstellung I); M. R. Wright, Introducing Greek Philosophy, Durham 2009; E. Zeller, Die Philosophie der Griechen in ihrer geschichtlichen Entwicklung, I–III (in 6 Bdn.), ed. W. Nestle, Leipzig 1919–1923 (repr. Darmstadt 1963, Hildesheim/Zürich/New York 1990, Darmstadt 2006). – Totok I (1964), 68–268, I (^{2}1997), 103–474. J. M.

Philosophie, hellenistische, Sammelbezeichnung für die unterschiedlichen Richtungen der Philosophie im ↑Hellenismus, mit dem sich die Kultur des attischen Raumes in östliche Länder ausbreitet und dadurch ihrerseits neue Impulse erhält. Die h. P. ist geprägt durch religiös-kulturellen ↑Synkretismus, Übernahme von Elementen der Mysterienfrömmigkeit, die Entwicklung eines allgemein-menschlichen Humanitätsdenkens, kosmopolitische Ideen und die Spezialisierung der philosophisch-wissenschaftlichen Forschung (Höhepunkt der antiken Mathematik und Astronomie). Die in dieser Zeit gegründeten Philosophenschulen der Stoiker (↑Stoa), Epikureer (↑Epikureismus) und (allerdings in geringerem Maße) Kyniker (↑Kynismus) bestimmen die geistige Situation und gewinnen Einfluß auf die Politik, während ↑Akademie und ↑Peripatos, vor allem befaßt mit der weiteren Ausarbeitung und Dogmatisierung der Philosophie ihrer Schulgründer, in ihrer Bedeutung zurückgehen.

Literatur: K. Algra (ed.), The Cambridge History of Hellenistic Philosophy, Cambridge etc. 1999, 2005; K. J. Boudouris (ed.), Hellenistic Philosophy, I–II, Athen 1993/1994; R. Braun, Kohelet und die frühhellenistische Popularphilosophie, Berlin/New York 1973, bes. 14–43, 151–178; J. Brunschwig, Papers in Hellenistic Philosophy, Cambridge etc. 1994; H. Flashar (ed.), Die Philosophie der Antike IV/1–2 (Die h. P.), Basel 1994; M. Haake, Der Philosoph in der Stadt. Untersuchungen zur öffentlichen Rede über Philosophen und Philosophie in den hellenistischen Poleis, München 2007; M. Hadas, Hellenistic Culture. Fusion and Diffusion, New York 1959, 1963 (dt. Hellenistische Kultur, Werden und Wirkung, Stuttgart 1963, Frankfurt/Berlin/Wien 1983); P. Hadot, Philosophie, Hist. Wb. Ph. VII (1989), 592–599; M. Hossenfelder, Die Philosophie der Antike III (Stoa, Epikureismus und Skepsis), München 1985, [2]1995, bes. 11–43, 205–207; B. Inwood/L. P. Gerson (eds.), Hellenistic Philosophy. Introductory Readings, Indianapolis Ind./Cambridge Mass. 1988, 1997; H. J. Krämer, Platonismus und h. P., Berlin/New York 1971; P. O. Kristeller, Greek Philosophers of the Hellenistic Age, New York 1993; A. A. Long/D. N. Sedley, The Hellenistic Philosophers, I–II, Cambridge etc. 1987, 2000/2001 (dt. Die hellenistischen Philosophen. Texte und Kommentare, Stuttgart/Weimar 2000, 2006; franz. Les philosophes hellénistiques, I–III, Paris 2001); P. E. More, Hellenistic Philosophies, New York 1923, 1969; M. C. Nussbaum, The Therapy of Desire. Theory and Practice in Hellenistic Ethics, Princeton N. J. 1994, 2009; M. Schofield/G. Striker (eds.), The Norms of Nature. Studies in Hellenistic Ethics, Cambridge etc., Paris 1986, 2007; R. W. Sharples, Stoics, Epicureans and Sceptics. An Introduction to Hellenistic Philosophy, London/New York 1996, 2005. M. G.

Philosophie, hermetische, auch: okkulte Philosophie, Bezeichnung für den im weiten Sinne philosophische Inhalte umfassenden Teil des Ensembles von Lehren, die als ›hermetische Schriften‹ überliefert sind (↑hermetisch/Hermetik). Die durch das Schlagwort ›h. P.‹ und seinen Gebrauch in der Literatur nahegelegte Annahme eines abgrenzbaren Corpus bestimmter Lehrmeinungen hält einer historisch-kritischen Prüfung nicht stand. Ihre Dauerhaftigkeit verdankt sich nicht nur einer ›Titeltradition‹ bei den ›Klassikern‹ der esoterischen Literatur und einer davon beeinflußten unreflektierten Verwendung des Begriffs der ›h.n P.‹ (z. B. bei C. G. Jung), sondern auch der traditionell engen Assoziation von Philosophie und ↑Alchemie (Alchemist = Adept = Weiser = Philosoph), gespiegelt in der alchemistischen Terminologie durch Bildungen wie ›das philosophische Bad‹, ›das philosophische Ei‹, ›das philosophische Erz‹, ›das philosophische Feuer‹, ›der philosophische Baum‹ und ›der Stein der Philosophen‹ (= lapis philosophorum = ↑Stein der Weisen). Als bequeme Sammelbezeichnung wird jedoch ›h. P.‹ weiterhin für die in neuplatonisch-gnostischer (↑Neuplatonismus, ↑Gnosis) Tradition stehenden religiösen Philosophien und Kosmologien mit dem Ziel der Perfektion oder Gottwerdung des Menschen verwendet.

Die von F. A. Yates vertretene These, daß die hermetische Tradition (damit auch die h. P.) über Autoren wie M. Ficino, G. Pico della Mirandola, G. Bruno, J. Dee (1527–1608), A. Kircher die Mentalität der neuzeitlichen Wissenschaft, insbes. die für sie typische hohe Wertung des Experiments, entscheidend beeinflußt habe, ist (als ›Yates Thesis‹) in der neueren Historiographie umstritten. Tatsache ist jedoch, daß Vorstellungen der h.n P. nicht nur während der Herrschaft der neuzeitlichen ›mechanistischen Philosophie‹ (↑Mechanismus) als ganzheitliche Alternativkonzeption erhalten geblieben sind (z. B. in der ›hermetischen Physik‹ des frühen 17. Jhs.), sondern auch in späteren antimechanistischen Entwürfen und Systemen der ↑Naturphilosophie wieder aufgegriffen wurden.

Texte: Agrippa von Nettesheim, De occulta philosophia libri tres [...], Antwerpen 1531, Köln 1533 (repr. Graz 1967), Neudr. Leiden/New York/Köln 1992 (engl. Three Books of Occult Philosophy, London 1651 [repr. Hastings 1986], [Book I], ed. W. F. Whitehead, Chicago Ill. 1898, New York 1971, unter dem Titel: Three Books of Occult Philosophy. The Foundation Book of Western Occultism, ed. D. Tyson, Saint Paul Minn. 1993, 1997; dt. als: ders., Magische Werke, I–III [I Erstes Buch der geheimen Philosophie, II Zweites Buch der geheimen Philosophie, III Der geheimen Philosophie oder Magie drittes Buch], Stuttgart 1855, Wien, Berlin [4]1921 [repr. Meisenheim am Glan 1970], Schwarzenburg 1979; franz. La philosophie occulte ou la magie de Henri Corneille-Agrippa, I–II, Paris 1910–1911, in 4 Bdn., [2]1962–1963, unter dem Titel: Les trois livres de la philosophie occulte ou magie, Paris 1982); B. Trevisanus, Chymische schrifften von der Hermetischen philosophia [...], Straßburg 1574, Nürnberg 1747; H. Trismegisti/B. Valentini, Occulta Philosophia. Von den verborgenen Philosophischen Geheimnussen [...], Frankfurt 1613; Mutus Liber, in quo tamen tota philosophia hermetica, figuris hieroglyphicis depingitur [...], La Rochelle 1677 (franz. Le livre d'images sans paroles [Mutus liber], où Toutes les opérations de la philosophie hermétique sont décrits [...], Paris 1914, Lyon 1942).

Literatur: M. A. Atwood [ursprünglich anonym], The Suggestive Inquiry into the Hermetic Mystery, London 1850, unter dem Titel: Hermetic Philosophy and Alchemy [...], New York 1960, Abingdon/New York 2010; L. P. F. Cambriel, Cours de philosophie hermétique ou d'alchimie en dix-neuf leçons, Paris 1843, Neudr. unter dem Titel: Deux traités alchimiques du XIXe siècle. Cours de philosophie hermétique ou d'alchimie en 19 leçons, 1964 (repr. 1988); L. Figuier, L'alchimie et les alchimistes, ou essai historique et critique sur la philosophie hermétique, Paris 1854, [3]1860, 1970; E. A. Hitchcock, Remarks upon Alchemy and the Alchemists [...], Boston Mass. 1857 (repr. New York 1976); ders., Swedenborg. A Hermetic Philosopher [...], New York 1858, 1865, Neudr. Ann Arbor Mich. 1980; N. Lenglet du Fresnoy, Histoire de la philosophie hermétique, I–III, Paris, La Haye 1742 (repr. Hildesheim/New York 1975), Saint-Laurent-le-Minier 2012; R. Liedtke, Die Hermetik. Traditionelle Philosophie der Differenz, Paderborn etc. 1996; M. Sladek, Fragmente der h.n P. in der Naturphilosophie der Neuzeit. Historisch-kritische Beiträge zur hermetisch-alchemistischen Raum- und Naturphilosophie bei Giordano Bruno, Henry More und Goethe, Frankfurt etc. 1984 (franz. L'étoile d'Hermès. Fragments de philosophie hermétique, Paris 1993); A.-C. Trepp/H. Lehmann (eds.), Antike Weisheit und kulturelle Praxis. Hermetismus in der Frühen Neuzeit, Göttingen 2001. – Zur Debatte um die ›Yates Thesis‹: F. A. Yates, Giordano Bruno and the Hermetic Tradition, London 1964, London/New York 2002 (franz. Giordano Bruno et la tradition hermétique, Paris 1988, 2013; dt. Giordano Bruno in der englischen Renaissance, Berlin 1989); dies., The Rosicrucian Enlightenment, London/Boston Mass. 1972 (repr. London 1993), London/New York 2010 (dt. Aufklärung im Zeichen des Rosenkreuzes, Stuttgart 1975, [2]1997; franz. La lumière des Rose-croix. L'illuminisme rosicrucien, Paris 1978, 1985); dies., The Occult Philosophy in the Elizabethan Age, London/Boston Mass./Henley 1979, London/New York 2001 (franz. La philosophie occulte à l'époque élisabéthaine, Paris 1987; dt. Die okkulte Philosophie im elisabethanischen Zeitalter, Amsterdam 1991); G. M. Ross, Rosicrucianism and the English Connection. On »The Rosicrucian Enlightenment« by Frances Yates, Stud. Leibn. 5 (1973), 239–245; B. Vickers, Frances Yates and the Writing of History, J. Modern Hist. 51 (1979), 287–316. C. T.

Philosophie, indische, Bezeichnung für die auf dem indischen Subkontinent seit der Einwanderung der Arier im 2. Jahrtausend v. Chr. ausgebildeten und schriftlich überlieferten religiös-philosophischen Lehren. Ins Blickfeld der europäischen Philosophie geriet die i. P. erst um die Wende vom 18. zum 19. Jh., als im Zusammenhang mit der Entdeckung der indoeuropäischen Sprachverwandtschaft (W. Jones, 1786) und der darauf fußenden Begründung der vergleichenden Indogermanistik (F. Bopp, Über das Conjugationssystem der Sanskritsprache [...], Frankfurt 1816) das Sanskrit in Europa zugänglich und die Indologie als Disziplin etabliert wurde. Die Bhagavadgītā (↑Brahmanismus) war das erste religiösphilosophische Werk, das direkt aus dem Sanskrit in eine europäische Sprache übersetzt wurde (C. Wilkins, 1785; W. v. Humboldts Akademieabhandlung über die Gita 1825 [Ges. Schr. V.5, ed. A. Leitzmann, Berlin 1906, 158–189] benutzt die erste krit. Ausg. A. W. Schlegels mit lat. Übers. von 1823). Auf sie und eine aus einer persischen Übersetzung hergestellte lat. Fassung von 50 Upanischaden (↑upaniṣad) (Oupnek'hat, id est, secretum tegendum [...], Straßburg 1801/1802) durch Anquetil-Duperron als Quellen stützt sich F. Schlegel (Über die Sprache und Weisheit der Indier [...], Heidelberg, 1808); doch erst H. T. Colebrookes »Essay on the Philosophy of the Hindus« (I–II, Transact. Royal Asiatic Soc. Great Britain and Ireland 1 [1824], 19–43, 92–118) beruht auf eigenen Übersetzungen und markiert den Beginn einer ernsthaften europäischen Rezeption der i.n P.. Im Winter 1825/1826 hat ihn G. W. F. Hegel in der Einleitung seiner Vorlesung über die Geschichte der Philosophie verwendet, insbes. als Stütze für die These von der engen Verwandtschaft zwischen Philosophie und Religion: beide haben Gott, den Geist oder das Absolute zum Gegenstand, nur behandle Religion ihn kultisch, Philosophie hingegen gedanklich. Der daraus sich entwickelnde Widerstreit werde erst in Hegels eigenem System aufgehoben. Auch wenn es richtig ist, daß in Indien mythosbezogene (also an überlieferten, für eine ganze Gesellschaft verbindlichen Geschichten orientierte) Überlegungen viel enger mit logosbezogenen (also an mit Begründungen versehener und deshalb vergegenwärtigbarer Erfahrung orientierten) verknüpft blieben, als in der für die europäische Tradition entscheidend gewordenen griechischen Philosophie (↑Philosophie, griechische), so wenig ist doch Hegels Kennzeichnung ihres Gegenstandes zutreffend. Es gehört sogar zur besonderen Stärke wichtiger Teile der i.n P. (wie auch der europäischen Philosophietradition), auf ein wie immer geartetes Absolutes verzichten zu können, z. B. in der buddhistischen Philosophie (↑Philosophie, buddhistische).

Die Stelle der von Aristoteles durchgesetzten Trennung in Theoretische Philosophie (↑Philosophie, theoretische) und Praktische Philosophie (↑Philosophie, praktische) vertritt in der i.n P. die Trennung in (philosophische) Ansichten (↑darśana) und (religiöse) Regelungen (↑dharma), wobei beide grundsätzlich als Mittel für das oberste Ziel der Erlösung (↑mokṣa) verstanden werden oder es selbst schon sind. Deshalb gehören zu den darśana nicht nur die philosophischen Systeme im engeren Sinne, sondern auch andere, begründete Kenntnisse mit diesem Ziel durch Lehre vom Meister (guru) auf Schüler (śiṣya) tradierbar machende Disziplinen wie die Grammatik (↑Logik, indische) und die Alchemie. Disziplinen, die Kenntnisse (↑vidyā) für die übrigen vom ↑Brahmanismus artikulierten drei Ziele des Menschen (puruṣārtha) bereitstellen und begründen – Verfügung über die materiell-leiblichen Voraussetzungen guten Lebens (↑artha, Wohlstand), Ausbildung der geistig-sinnlichen Fähigkeiten guten Lebens (kāma, Lust) und Verwirklichung sozialer Verbindlichkeiten in der Lebensführung (dharma, Gerechtigkeit) – und nur mittelbar dem vierten Ziel dienen, heißen nicht darśana, sondern werden mit dem generelleren Terminus ↑śāstra belegt. Dazu gehören (1) Ökonomie und Verwaltung (arthaśāstra; am bedeutendsten das gleichnamige Lehrbuch von Kauṭilya), (2) Politik (nītiśāstra), (3) Poetik und Ästhetik (alaṃkāraśāstra; von besonderer Bedeutung die überdies mit einer Lehre von den logischen und linguistischen Fehlern in der Poesie ausgestattete Schrift Kāvyālaṃkāra [Die poetischen Figuren in der Dichtkunst] von Bhāmaha [8. Jh.] und der wenig später verfaßte Kāvyādarśa [Spiegel der Dichtkunst] von Daṇḍin, dessen Theorie der Stimmung [rasa], d. s. die Eigenschaften eines Werkes, die im Leser oder Hörer bestimmte Affekte erzeugen, bei Abhinavagupta [Anfang 11. Jh.] zu ihrem Höhepunkt geführt wird, ehe sie in der Theorie von der durch die Bauart des Werkes konstituierten besonderen poetischen Bedeutung, der ›Andeutung‹ [dhvani, wörtl. Ton], systematisiert im Kāvyaprakāśa [Licht der Dichtkunst] von Mammaṭa [Ende 11. Jh.], aufgeht). Dazu gehören ferner (4) Dramatik oder Lehre vom Drama (nāṭyaśāstra; der älteste, auch die Poetik fundierende,

Bharata zugeschriebene Text stammt aus dem 1. Jh. n. Chr., sein wichtigster vollständig erhaltener Kommentar von Abhinavagupta; trotz überraschender Ähnlichkeiten mit der Poetik von Aristoteles liegt mit Sicherheit kein historischer Einfluß vor), (5) Erotik oder Liebeskunst (kāmaśāstra; ältester überlieferter Text das Kāmasūtra von Vātsyāyana, vermutlich 4. Jh.), aber auch (6) Astronomie (jyotiḥśāstra; in wissenschaftlicher Form seit dem 6. Jh. n. Chr., unter griechischem Einfluß vor allem in später zahlreich kommentierten Gesamtdarstellungen [siddhānta], z. B. der Sūryasiddhānta und ›das Werk des Āryabhaṭa‹ [Āryabhatīya], mit einem dem Ptolemaischen System nach Inhalt und Genauigkeit ähnlichen, auf dem Sexagesimalsystem für Zeitmessung beruhenden Aufbau) und viele andere Bereiche. Die zahlreichen, je nach Zugehörigkeit eines Hindu zu Kastengruppe (varṇa) und Lebensstadium (āśrama) klassifizierten Lehren von den Verhaltenspflichten (dharmaśāstra; das berühmteste ist das Manu zugeschriebene Mānavadharmaśāstra oder Manusmṛti, zwischen 200 v. Chr. und 200 n. Chr.) sind ebenso wie die astronomischen und etwa auch die grammatischen Lehren Fortbildungen älterer, den Veda begleitender kurzgefaßter Lehrschriften (↑sūtra).

Im Unterschied zu dem als Offenbarung (↑śruti) geltenden ↑Veda, dessen älteste Teile, die drei Sammlungen (saṃhitā) Ṛgveda, Sāmaveda und Yajurveda, auf die Mitte des 2. Jahrtausends v. Chr. zurückgehen und den philosophisch noch wenig ergiebigen Beginn schriftlicher Überlieferung in Indien ausmachen, zählen die nur teilweise erhaltenen vedischen Lehrschriften, die traditionell auf sechs Hilfswissenschaften (vedāṅga) zum Veda verteilt werden, nur zur Autorität beanspruchenden Überlieferung (↑smṛti). Die aus den ↑Brāhmaṇas (d. s. die nach 1000 v. Chr. den Saṃhitās je nach Vedaschule angegliederten und ebenfalls zur śruti gehörenden Handbücher der Opferwissenschaft) hervorgegangene Rituallehre (kalpasūtra) enthält neben den dharmasūtras auch die mit geometrischen Problemen beim Bau von Opferaltären befaßten śulvasūtras (↑Sakralgeometrie, vedische). Die übrigen fünf Vedāṅga sind die für den Opferkalender wichtige Astronomie (jyotiṣa) und die vier der richtigen Vedarezitation und Vedaauslegung dienenden Disziplinen Phonetik (prātiśākhya), Metrik (chandas), Etymologie (nirukta) und Grammatik (vyākaraṇa; die alten Sūtras sind schon gegen Ende des 5. Jhs. v. Chr. von der Pāṇini-Grammatik verdrängt worden). Eine Sonderstellung unter den Disziplinen nimmt die Medizin (↑Āyurveda, wörtl. Wissen vom Leben) ein, insofern sie als Anhang des erst spät anerkannten vierten Veda, des Atharvaveda, sogar zur śruti gehört, eine Offenbarung Indras an die leidenden Menschen. Sie wird ursprünglich von Brahmanen ausgeübt; die Ausgliederung einer eigenen Ärztekaste erfolgt später, und auch dann nur regional beschränkt. Die in das 2. Jh. n. Chr. gehörenden beiden überlieferten Sammlungen von Caraka und Suśruta sind einschließlich ihrer Kommentare bis heute die älteste Grundlage der indischen Medizin. Darüber hinaus steht die physiologische und psychologische Terminologie in enger Wechselwirkung mit den Termini des ältesten philosophischen Systems, des ↑Sāṃkhya, und dessen Evolutionslehre. Es besteht die begründete Vermutung, daß die Medizin für die gesamte klassische i. P. eine nach Inhalt und Darstellungsmitteln ähnlich propädeutische (↑Propädeutik) Orientierungsfunktion gehabt hat wie die Mathematik für die griechische Philosophie. An die Stelle des als griechisches und jüdisch-christliches Erbe die europäische Tradition bestimmenden theoretisch motivierten Streits um den Primat von Vernunft oder Willen, d. i. theoretischer oder praktischer Lebensführung, tritt deshalb in der i.n P. konsequenterweise der praktisch motivierte Streit darüber, ob Wissen allein oder nur Wissen zusammen mit Tun als Weg zur Erlösung taugt.

Der naheliegende und oft gezogene Schluß, daß in der i.n P. im Unterschied zum Interesse an Orientierung in der Welt in der westlichen (aber auch in der chinesischen) Philosophie eine Tendenz zur Weltflucht vorherrsche, ist irreführend, wobei sich dieser Schluß zusätzlich auf den in Indien auffälligen Mangel an Beachtung und Erörterung historischen Wandels stützt – selbst die überlieferten klassischen indischen Übersichten über die philosophischen Ansichten, der Sarvadarśanasaṃgraha des Vedāntin (↑Vedānta) Mādhava (= Vidyāraṇya, 1302–1387) und der Ṣaḍdarśanasamuccaya des Jaina (↑Philosophie, jainistische) Haribhadra (8. Jh.) sind reine, an der Kontinuität der jeweiligen Lehrmeinungen orientierte ↑Doxographien (anders die tibetanischen und chinesischen Quellen, insbes. über die buddhistische Philosophie, die für die moderne Historiographie der i.n P. unentbehrlich sind). Zum einen behindert die Orientierung am Ziel des mokṣa keineswegs differenzierte und argumentativ gestützte philosophische Untersuchungen, die in allen darśana grundsätzlich erkenntnistheoretisch, mit einer Erörterung der Erkenntnismittel (↑pramāṇa), beginnen und sich daher schon frühzeitig durch ein hohes logisch-sprachphilosophisch reflektiertes Niveau auszeichnen (↑Logik, indische). Zum anderen sichert das in der Regel explizit mitgeführte leitende Erkenntnisinteresse einen Zusammenhang theoretischer Reflexionen mit praktischen Lebensvollzügen. Schließlich ist das Verständnis von mokṣa als Befreiung von den Schranken individueller Existenz, im Unterschied zur Forderung nach Anerkennung dieser Schranken, an eine vorgängige Klärung des Zusammenhangs von Individuellem und Allgemeinem, gerade auch für den Menschen als Individuum und als Gattung, gebunden; sie verweist angesichts der Lehre von der jīvanmukti (Erlösung bei Lebzeiten, im ↑Mahāyāna-Buddhismus von einem bodhisattva repräsentiert) auf Möglichkeiten gelungenen Lebens jenseits dieser Unterscheidung.

Die i. P. im engeren Sinne setzt in den argumentativ zusammenhängenden Abschnitten der fünf ältesten Prosa-Upanischaden (Bṛhadāraṇyaka, Chāndogya, Aitareya, Kauṣītaki und Taittirīya) ein, die als zumeist später angefügter Teil eines ↑āraṇyaka zu den ↑Brāhmaṇas der verschiedenen Vedaschulen gehören und vermutlich zwischen 700 und 500 v. Chr., also vor dem Buddhismus, entstanden. Abgesehen davon, daß auch die zahlreichen (über 200) später entstandenen, in ihrer Mehrzahl erst durch das System des Vedānta kanonisierten Upanischaden zum Veda zählen, läßt man an dieser Stelle, allerdings unter Hinzufügung der überlieferten Schriften des Vedāṅga, die *vedische Epoche* der i.n P. enden. Es folgt die *klassische Epoche*, gegliedert in die *epische Periode* (500 v. Chr. – 2. Jh. n. Chr.), in der sich neben den ›hinduistisch‹ genannten Systemen (↑Brahmanismus) auch Buddhismus (↑Philosophie, buddhistische) und Jainismus (↑Philosophie, jainistische) ausbilden, und die *systematische Periode* (2. Jh. – 11. Jh., vom indischen Philosophiehistoriker Surendranath Dasgupta (1885–1952) auch als die ›logische Periode‹ bezeichnet), in der die verschiedenen orthodoxen (āstika, d.h. den Veda anerkennenden) und heterodoxen (nāstika, d.h. den Veda nicht anerkennenden) Systeme sich in gegenseitiger Kritik und Kommentierung konsolidieren, gegen Ende des 1. Jahrtausends aber weitgehend zu stagnieren beginnen. Ausgenommen sind nur der Vedānta und der durch Verschmelzung von ↑Nyāya und Vaiśeṣika entstehende ›neue‹ Nyāya sowie der Jainismus. Die Zeit vom 11. Jh. bis zum Niedergang des islamischen Moghulreiches und dem damit wirksamer werdenden Einfluß europäischer Kolonialherren, besonders der britischen East-India-Company, zu Beginn des 18. Jhs. bezeichnet man wegen der praktisch ausnahmslos theistischen (↑Theismus) Orientierung aller noch bestehenden Systeme als *scholastische Epoche* der i.n P.. Sie wird schließlich abgelöst von der in englischer Sprache einsetzenden *modernen Epoche* der Rezeption europäischer Philosophie, die zu Beginn des 19. Jhs. eine hinduistisch-synkretistische Renaissance ausgelöst hat und in der Gegenwart vor allem durch intensive historisch-systematische Forschungen in vergleichender Philosophie (↑Philosophie, komparative) charakterisiert ist.

Sowohl in der i.n P. als auch in ihrer westlichen Rezeption werden zahlreiche Gesichtspunkte zur Charakterisierung der verschiedenen darśana und ihrer Schulen benutzt, unter denen die von den Jainas eingeführte Unterscheidung in ātmavāda (= Lehre vom Selbst [als Beharrendem]) für die den Veda anerkennenden Systeme und anātmavāda (= Lehre vom Nicht-Selbst) für die buddhistischen Schulen – der jainistische syādvāda (= Lehre vom Es-kann-[so oder so]-sein [je nach Gesichtspunkt]) will dazwischen vermitteln – nach wie vor als die philosophisch wichtigste zu gelten hat. Der ↑ātman – ursprünglich gemäß der Grundbedeutung ›Atem‹ die Lebenskraft – erscheint in den Upanischaden als das, was einen Körper zu einer Einheit macht (Prinzip der ↑Individuation), und zwar entweder als feine Substanz (sūkṣma śarīra, wörtlich: feiner Körper) – in der von Uddālaka erstmals personifizierten, im älteren Sāṃkhya wie im Vaiśeṣika, besonders aber im heterodoxen Lokāyata weitergeführten naturalistischen Tradition – oder als das nicht in ein (Erkenntnis)-Objekt verwandelbare Reflexionsvermögen (↑vijñāna) – in der von Yājñavalkya erstmals personifizierten, im Vedānta, und dadurch auch in den anderen Systemen, wirksam gewordenen spiritualistischen (↑Spiritualismus) Tradition. In beiden Fällen jedoch beantwortet ›ātman‹ die Frage ›was ist ein lebendiges Wesen?‹, allerdings nur in einem ersten Schritt, dem in einem zweiten Schritt, in der spiritualistischen Tradition die These von der Identität mit der ›Weltseele‹ ↑brahman, in der naturalistischen Tradition die These vom Eingebettetsein in die Wirklichkeit des Ganzen (bhūman) folgt, formelhaft ausgedrückt in den mahāvākya (= große Aussprüche), z.B. ↑tat tvam asi (in der Chāndogya-Upaniṣad) und aham brahmāsmi (= ich bin brahman, in der Bṛhadāraṇyaka-Upaniṣad).

Im ātmavāda wie auch im anātmavāda setzt die philosophische Fragestellung mit der Verstrickung des Menschen im Leid (↑duḥkha) ein. Seine Befreiung und damit Erlösung (mokṣa) soll auf zwei verschiedene Weisen geschehen: durch Universalisierung des ātman im ātmavāda, durch Negation des ātman im anātmavāda. Als Ursache und Wirkung der Verstrickung waren in den Upanischaden zwei von allen Schulen der i.n P. mit Ausnahme des Lokāyata übernommene und explizierte Lehrstücke entwickelt worden, die Lehre von der *Tatvergeltung* (↑karma) – es gibt einen auf die Verstrickung im Leid bezogenen Ursache-Wirkungszusammenhang für die Handlungen eines Menschen – und die Lehre vom *Kreislauf der Wiedergeburten* (↑saṃsāra), dem die Einzelseele (ātman, auch jīva oder jīvātman) unterliegt. Alle übrigen philosophischen Erörterungen dienen direkt oder indirekt der Klärung des Weges aus der Verstrickung oder sind, ganz oder teilweise, dieser Weg selbst. Dies gilt sogar für das Lokāyata, insofern schon hier die Voraussetzung einer generell leidvollen Existenz bestritten wird, könne ihr doch durch ›Verwissenschaftlichung‹ der Lebensführung hedonistisch (↑Hedonismus) begegnet werden.

Andere Gesichtspunkte zur Unterscheidung von Positionen in der i.n P. sind aus westlicher Perspektive (1) der erkenntnistheoretische: *Realismus* (↑Realismus (ontologisch)), z. B. im Nyāya und in der Mīmāṃsā, aber auch im Dvaita-Vedānta (es gibt eine vom Erkennen unabhängige Wirklichkeit je nach Schule verschieden bestimmter Gegenstände) versus ↑*Idealismus*, z. B. im Śabdādvaita (= Sprach-Nichtzweiheit, d. h. allein die Sprache ist wirklich, das śabdabrahman) von Bhartṛhari und im Kevalādvaita (= vollständige Nichtzweiheit, d. h. allein das mit ātman identische brahman ist wirklich) von Śaṃkara, (2) der ontologische: ↑*Monismus*, z. B. im Advaita-Vedānta und Mahāyāna-Buddhismus, versus ↑*Pluralismus*, z. B. im Vaiśeṣika und Hīnayāna-Buddhismus. Dagegen ist die Unterscheidung des *satkāryavāda* (= Lehre vom Sein der Wirkung [in der Ursache]), z. B. im Sāṃkhya und im Advaita, vom *asatkāryavāda* (= Lehre vom Nichtsein der Wirkung [in der Ursache], d. h. Unabhängigkeit von Ursache und Wirkung), z. B. im Nyāya und Vaiśeṣika, aus indischer Perspektive eine zugleich ontologische und erkenntnistheoretische.

Unabhängig von den Problemen, die mit der begrifflich adäquaten Übersetzung der in der i.n P. entwickelten Terminologie(n) in europäische Sprachen verknüpft sind – z. B. wenn im Veda und andernorts das ↑manas als Denksinn den übrigen fünf Sinnen nebengeordnet und nicht übergeordnet auftritt; oder wenn in der indischen Logik (↑Logik, indische) zuweilen viererlei Allgemeinheit, ↑ākṛti, ↑jāti, upādhi und ↑sāmānya auseinandergehalten wird; oder wenn die in allen Systemen beliebten Aufzählungen, seien es 25 Wirklichkeitsbestandteile (↑tattva) im klassischen Sāṃkhya, deren 36 im Śaivasiddhānta, 6 Kategorien (↑padārtha) im Vaiśeṣika, deren 16 im Nyāya, 5 Gruppen von Daseinsfaktoren (↑dharma) im Buddhismus (↑nāmarūpa) usw., bei der Suche nach ihren Gründen auf eine in der Rekonstruktion zu bestimmende Reflexionsebene zu beziehen sind –, ist durchgängig eine für die Systeme der i.n P. charakteristische Bestimmung ihrer Termini aus der seinerseits jeweils nur von einer der miteinander im Streit liegenden Positionen aus wiedergegebenen argumentativen Auseinandersetzungen zwischen verschiedenen Schulen zu beachten; jede nur systeminterne Festlegung bleibt unzulänglich. Das gilt auch und gerade dann, wenn im Neuhinduismus der modernen Epoche die Wiederbelebung des Vedānta im Rahmen einer offenen oder versteckten Auseinandersetzung mit Traditionen europäischer Philosophie stattfindet, aber auch schon weitaus früher. So führte die im 9. Jh. einsetzende brahmanische Erneuerungsbewegung angesichts der zur selben Zeit in weiten Teilen Indiens gewaltsamen Durchsetzung des Islam (8.–13. Jh.; bereits im 8. Jh. Kenntnis indischer Mathematik und Astronomie in Baghdad) bei gleichzeitiger Übernahme buddhistischen Gedankenguts zum Niedergang der buddhistischen Schulen, die im Verlaufe des 12. Jhs. auf dem indischen Subkontinent (in Bengalen erst im 15. Jh.) gänzlich verschwanden, während der Jainismus in eine relative Isolierung geriet. Die zuvor lebendige Auseinandersetzung zwischen den Schulen des ātmavāda wurde dadurch, daß sich zunächst philosophisch bedeutungslose, ursprünglich nicht-arische religiöse Sekten, insbes. des Viṣṇu-Kultes – die Pāñcarātra (= [die Anhänger der während] fünf Nächten [gelehrten heiligen Schriften]) lassen sich bis zu den ↑Bhāgavata der epischen Periode zurückverfolgen – und des Śiva-Kultes – die Pāśupata (= [Anhänger des] Herrn der Tiere) haben in der vedischen Epoche ihre Wurzeln –, vor allem des Vedānta bemächtigten und ihn zu vielfältigen und einflußreichen theistischen Systemen umbildeten, zu einem Streit innerhalb des Vedānta, und zwar besonders mit dem Advaita-Vedānta Śaṃkaras, dem man vorwarf, sich zu sehr buddhistischen Thesen genähert zu haben. Die Positionen der übrigen Schulen – Śaṃkhya und Yoga waren, ungeachtet der Renaissance des Śaṃkhya im 14.–16. Jh., ohnehin grundsätzlich viṣṇuitisch, Nyāya und Vaiśeṣika grundsätzlich śivaitisch geworden – erscheinen nur noch im Spiegel ihrer vedāntistischen Darstellung und Kritik oder werden, wie der noch bis ins 17. Jh. selbständig existierende, durch Gaṅgeśa (ca. 1300–1360) und Raghunātha (ca. 1475–1550) zur Blüte geführte Navya-Nyāya, zur logisch-erkenntnistheoretischen Vorschule des Vedānta. Es gehörte zu den Folgen dieses historischen Sieges des Vedānta, daß die Eigenständigkeit vieler Lehrstücke, gerade auch innerhalb des ātmavāda, erst allmählich von der historischen Forschung erkannt und schrittweise in eine bis heute noch viele Lücken aufweisende historische Darstellung überführt wurde, von den weithin offenen Problemen des systematischen Argumentationszusammenhangs ganz zu schweigen.

Es ist heute üblich, zwei sich von Anbeginn befehdende Traditionen innerhalb der i.n P. zu unterscheiden, eine auf dem hierarchischen Aufbau der Gesellschaft mit der Priesterkaste der Brahmanen an der Spitze fußende brāhmaṇa-Tradition (die brahmanischen Ansichten begleiten rechtfertigend und erklärend die sozial verbindliche rituelle Praxis) und eine nur auf Individuen bezogene Vorstellungen entwickelnde, von Asketen getragene śramaṇa-Tradition (die asketischen Praktiken führen zu individuellen, gleichwohl rational gestützten mystischen Einsichten), wobei beide Traditionen noch rückbezogen werden auf die über Jahrtausende sich erstreckenden Auseinandersetzungen zwischen den Trägern arischer und nicht-arischer, insbes. dravidischer Elemente in den Lebensvollzügen. Im einzelnen sind die Verhältnisse verwickelt und noch längst nicht hinreichend aufgeklärt. In welchem Ausmaß etwa sind die primär an richtigem Wissen (↑jñāna) interessierten Upanischaden, verglichen mit den primär um rechtes Tun (karma) kreisenden übrigen philosophisch relevanten Texten des Veda, bereits ein Resultat erster gelungener Vermittlung beider Traditionen? Gehört auch die Lehre vom Kreislauf der Wiedergeburten (saṃsāra) dazu? Wie weit greifen die der śramaṇa-Tradition zugehörigen Aufklärungsbewegungen des Buddhismus, Jainismus und Lokāyata bei aller Gegnerschaft zum Veda auch auf heterodoxe Auffassungen innerhalb des Veda, z. B. älteste Formen des Sāṃkhya, zurück oder führen solche, z. B. die Funktion der Yoga-Praxis, in ihn erst ein? Ist daher die propädeutische Rolle der Medizin, paradigmatisch im Sāṃkhya, auf die śramaṇa-Tradition zu beschränken und durch eine propädeutische Rolle der Grammatik, paradigmatisch in der Mīmāṃsā, für die brāhmaṇa-Tradition zu ergänzen?

Auf jeden Fall ist das große, im ganzen der viṣṇuitischen Pāñcarātra-Schule zugehörige Epos Māhabhārata, dessen älteste Teile bis an den Beginn der epischen Periode zurückreichen, ein Zeugnis mehr oder weniger gelungener Versuche, sehr verschiedene Richtungen beider Traditionen miteinander zu verschmelzen – das Kunstepos Rāmāyana ist demgegenüber philosophiehistorisch wenig aufschlußreich. Zu den philosophisch wichtigen Teilen des Mahābhārata gehört zum einen die ins 6. Buch (als Kap. 25–42) eingeschobene Bhagavadgītā – diese wird eine für den späteren Vedānta verbindliche, wie eine Upanischad behandelte Textgrundlage und lehrt in einem dem Sāṃkhya zugehörigen begrifflichen Rahmen ein Nebeneinander der drei Wege zur Erlösung, durch Handeln (karmamārga), durch Wissen (jñānamārga) und als höchstes durch vom Yoga eröffnete Hingabe (bhaktimārga) –, zum anderen eine zum 12. Buch gehörende, als *mokṣadharma* (= Erlösungslehre) bezeichnete umfangreiche Textsammlung, der sich z. B. verschiedene Entwicklungsstufen des ältesten Sāṃkhya wie auch der Yoga-Praxis entnehmen lassen. Weiteres Material, insbes. zur Entstehungsgeschichte des Sāṃkhya und des Vedānta, findet sich in der, allerdings ans Ende der epischen Periode gehörenden, religiösen Epik der 18 großen ↑purāṇas (das berühmteste, das Bhāgavata-Purāṇa, gehört sogar erst ans Ende des ersten Jahrtausends), die wegen ihrer Bezugnahme auf die verschiedenen, besonders śivaitischen und viṣṇuitischen Kulte für die theistischen Vedānta-Schulen der scholastischen Zeit von großer Bedeutung gewesen sind.

In der Tradition der i.n P. werden in der Regel sechs orthodoxe darśana – das ↑*Sāṃkhya* und der ↑*Yoga*, der ↑*Nyāya* und das ↑*Vaiśeṣika*, die ↑*Mīmāṃsā* und der ↑*Vedānta* – drei heterodoxen darśana – dem ↑*Lokāyata*, *Bauddha* und *Jaina* – gegenübergestellt. Allerdings gibt es auch andere Zählungen, etwa wenn verschiedene buddhistische Schulen – verbreitet, wenngleich sachlich willkürlich, zwei Schulen, Sarvāstivada und Sautrāntika, des ↑Hīnayāna und zwei Schulen, ↑Mādhyamika und ↑Yogācāra, des Mahāyāna und/oder solche des Vedānta – z. B. Śaṃkaras Kevalādvaita, Bhāskaras Bhedābheda, Rāmānujas Viśiṣṭādvaita, Nimbārkas Dvaitādvaita, Madhvas Dvaita, Vallabhas Śuddhādvaita – getrennt aufgeführt, oder wenn Nyāya und Vaiśeṣika bzw. Mīmāṃsā und Vedānta jeweils zusammen als ein System geführt werden, wenn auch die an Pāṇini anschließende Schule der Grammatiker (Pāṇinīya darśana) eigens herausgehoben wird, usw.. Alle diese Systeme beginnen, wenn auch nicht gleichzeitig und noch ohne die Aufspaltungen des Vedānta, in der epischen Periode und sind als Versuche einer systematischen Auseinandersetzung mit der Tradition des Veda zu begreifen. Die einen werden als aufgeklärte Alternativen ausgebildet – am radikalsten, reine Empirie gegen den Mythos setzend, das Lokāyata, weniger radikal, weil zunächst nur praktisch orientiert, der frühe Buddhismus und Jainismus –, die anderen als verteidigende rationale Rekonstruktionen des Mythos, zumindest der Teile, die sich dazu eignen, und mit verschiedenen Schwerpunkten, alle miteinander aber in ständigem Disput untereinander.

Es konzentrieren sich: die Mīmāṃsā auf die Auslegung der zur Erfüllung der praktisch-religiösen Pflichten (↑dharma) vorgeschriebenen rituellen Handlungen (↑karma) – Hermeneutik (Handlungsphilosophie) –, der Vedanta auf das Erkennen (↑jñāna) des Selbst (↑ātman) durch Aufheben der subjektiv als Unwissenheit auftretenden Täuschung (↑māyā) – Reflexion (Bewußtseinsphilosophie) –, das Sāṃkhya auf die begriffliche Rekonstruktion der Weltentstehungsmythen durch eine auf dem Zusammenwirken von inaktivem Geist (↑puruṣa) und aktiver Materie (↑prakṛti) beruhenden Evolution aller elementaren Wirklichkeitsbestandteile (↑tattva) – logische Genese (philosophische Kosmologie und Anthropologie) –, der Yoga auf die Entwicklung und die Beherrschung der körperlichen, seelischen und geistigen Fähigkeiten bis hin zur ↑Meditation durch Sammlung (↑samādhi) und die als Meditation im engeren Sinne verstandene Praxis der Versenkung (↑dhyāna) – praktische Übung (Psychosomatik) –, der Nyāya auf die Argumentationsregeln (↑nyāya) und Erkenntnismittel (↑pramāṇa) – Logik (Erkenntnistheorie) –, das Vaiśeṣika auf die Grundelemente und ihr Zusammenwirken im Aufbau der Erscheinungen mit Hilfe begrifflicher Gliederung durch Kategorien (↑padārtha) – begriffliche Analyse und Synthese (Ontologie).

Nach dem Vorbild der in sprachlich sparsamste und daher mündlich gut tradierbare Form gebrachten Pāṇini-Grammatik – die einzelnen Merksätze wie auch das gesamte Werk heißen ↑sūtra – wurden die Grundsätze der verschiedenen Systeme, einschließlich der häufig polemischen Abgrenzung gegen andere, ebenfalls in Gestalt eines Sūtra in der Gelehrtensprache Sanskrit niedergelegt oder – wie im Falle des Sāṃkhya, für dessen klassische Gestalt nur eine ↑kārikā vorhanden war – später hinzugefügt. Im Buddhismus und Jainismus liegen die Verhältnisse insofern anders, als die in der jeweiligen Volkssprache (Versionen des Präkrit) verfaßten kanonischen Schriften weniger theoretische Auseinandersetzungen mit dem Veda als primär praktische Anleitungen zur Lebensführung darstellen und erst mit den internen Schulbildungen philosophische Systematisierungen wiederum dieses Kanons, eventuell selbst später kanonisiert, einsetzen, die dann durchaus sūtra- oder kārikā-Form annehmen und auch in Sanskrit verfaßt sein können, z. B. das für die jainistische Philosophie klassische Tattvārthādhigama-Sūtra von Umāsvāti (um 400 n. Chr.) oder die Madhyamaka-Kārikā von Nāgārjuna (ca. 120–200), mit der die buddhistische Mādhyamika-Schule begründet wird.

Der systematische Ausbau einschließlich aller Differenzierungen erfolgt in der systematischen Periode, und zwar grundsätzlich durch Kommentierung der Sūtras (↑bhāṣya), Kommentierung der Kommentare usw.. Eigenständig konzipierte Werke sind in den orthodoxen Schulen selten und gingen auch leichter verloren, wenn sie durch spätere Werke als überholt galten. Erst in dieser Periode gibt es, von wenigen Ausnahmen abgesehen, hinter einigermaßen sicher datierbaren Werken historisch faßbare Personen, deren Leben allerdings erst mühsam und oft nur in groben Umrissen aus einem Gewirr von Legenden freigelegt werden kann. Von besonderer Bedeutung sind dabei der zur grammatischen Schule des Hinduismus gehörende Bhartṛhari (ca. 450–510) und der zur logischen Schule des Buddhismus gehörende Dignāga (ca. 460–540), insofern durch sie die Mitte des ersten Jahrtausends n. Chr. zu einer Zäsur in der Geschichte der i.n P. wird. Waren vorher logisch-sprachphilosophische und erkenntnistheoretisch-ontologische Überlegungen grundsätzlich eingebunden in die verschiedenen Lehren von der Erlösung, so wird durch diese beiden Philosophen und den die Lehre Bhartṛharis vom ↑sphoṭa weiterführenden Maṇḍanamiśra (ca. 660–720) sowie den die Lehre Dignāgas vom ↑apoha weiterführenden Dharmakīrti (ca. 600–660) eine relative Selbständigkeit Theoretischer Philosophie durchgesetzt, die in allen Schulen, besonders im Nyāya (faßbar z. B. bei Jayanta [ca. 840–900] und Udayana [ca. 975–1050]) und in der Mīmāṃsā (faßbar z. B. bei Kumārila [ca. 620–680] und Prabhākara [ca. 650–720]), zu einem neuen Reflexionsniveau führt (↑Logik, indische).

Śaṃkara (ca. 700–750) wendet sich gegen diese Entwicklung, indem er den Tätigkeitsaspekt auch aller theoretischen Überlegungen durchgehend in einen Bestandteil der Theorien verwandelt und dabei die Vernunft als in der vedischen Offenbarung bereits enthalten entwickelt. Damit machte er seine Version des Advaita-Vedānta zur philosophisch anspruchsvollsten Schule der i.n P., und zwar methodisch durch eine gleichsam spiegelbildliche Annäherung an den konsequent theoriekritischen, sich selbst nicht als Position verstehenden buddhistischen Śūnyatāvāda (= Lehre von der Leerheit), wie er ein halbes Jahrtausend zuvor im Mādhyamika von Nāgārjuna begründet worden war. Deshalb in der Folgezeit der Vorwurf des Kryptobuddhismus gegen Śaṃkara und der Verlust seines Einflusses zugunsten der gegen seinen Advaita wieder im Sinne der traditionellen Erlösungslehre argumentierenden Vedântins.

Die zu Beginn der scholastischen Epoche sich ausbildenden theistischen Vedānta-Schulen ziehen als verbindliche Textgrundlage weitere theologische Literatur (āgama) ihrer jeweiligen Sekte hinzu und gelten daher unter Verwischen der Grenzen zwischen Religion und Philosophie zugleich als philosophische Schulen des *Vaiṣṇavismus* und des *Śaivismus.* Hinzu kommen die den Śaivas verbundenen, bis heute wichtigen Śāktas, Anhänger des außervedischen Kultes der ↑Śakti (als weiblicher Aspekt Śivas dessen schöpferische Kraft), die, realisiert man sie durch den Vollzug esoterischer (für die Theorien der ↑Psychoanalyse gegenwärtig interessant gewordener) Praktiken (z. B. rituelle sexuelle Vereinigung oder Rezitation von ↑mantras), das Wissen um die Ununterschiedenheit von ātman und brahman herbeiführt. Die Śāktas gelten, nach dem ↑tantra genannten Korpus für sie verbindlicher Schriften, das auf den buddhistischen ↑Tantrayāna großen Einfluß hatte, als dem *Tantrismus* zugehörig. – Der letzte große, für die hinduistischen Reformbewegungen im 19. Jh. bedeutende Vaiṣṇava ist Caitanya (ca. 1486–1533), dessen Vedānta-Schule den Mādhvas (↑Madhva) nahesteht und mokṣa allein durch ↑bhakti, eine bei ihm als gegenseitig verstandene Hingabe, Mensch an Gott und umgekehrt, verwirklichen will.

Zu den bedeutendsten Śaiva-Schulen gehört (1) der südindische *Śaiva-Siddhānta,* der auch im Zustand des mokṣa die Individualität und Begrenztheit der Seele vertritt, wenngleich im Subkommentar Appaya Dīkṣitas (ca. 1520–1592) zu Śrīkaṇṭhas (12. Jh.) Kommentar des Vedānta-Sūtra eine Annäherung an den ↑Advaita versucht wird, und zwar dadurch, daß er Individualität und Begrenztheit für aus Unwissenheit fälschlich angenommen erklärt; nur kann die Unwissenheit, anders als im Advaita, allein Gott beheben, (2) neben den ganz auf die Beziehung von Einzelseele (jīva) zu Gott (Śiva) durch bhakti (die konverse Relation ist die śakti) konzentrierten, den Veda nicht anerkennenden *Vīra-Śaivas* (auch: Liṅgāyats), die meist als *Pratyabhijña* (= Wiedererkennen) bezeichnete, von Somānanda (Ende 9. Jh.) begründete monistische Schule der Kāśmīra-Śaiva mit ihrem wichtigsten, auch in Ästhetik und Sprachphilosophie bemerkenswert vielseitigen Vertreter Abhinavagupta (Anfang 11. Jh.): nur durch pratyabhijñā Śivas als einziger Wirklichkeit in den endlichen Verkörperungen –

im Aspekt des ānanda (= Wonne, Seligkeit) z.B. im gelungenen poetischen Werk vermittelbar – kann mokṣa als mystische Vereinigung mit Śiva erreicht werden. – Eine Versöhnung zwischen Islam und Hinduismus auf der Basis gemeinsamer Züge der islamischen Mystik im ↑Sufismus und der hinduistischen Mystik im Vedānta, speziell innerhalb des Dvaitādvaita, suchten Kabīr (ca. 1440–1518), wirksam erneuert in der Gegenwart von Muḥammad Iqbāl (1877–1938), und auf der Grundlage synkretistischer (↑Synkretismus) Auffassungen der Wanderprediger Nānak (ca. 1469–1538), der Begründer der Religionsgemeinschaft der Sikhs.

Als Ahnherr der modernen Epoche gilt der Bengale Rāmmohan Roy (1772–1833), dessen Anstrengungen zur Reform des Hinduismus auf der Basis einer auf die ältesten Upanischaden gestützten aufgeklärten Theologie gegen Aberglauben und Verletzung der Menschenrechte im Namen der Tradition (z.B. Witwenverbrennung, Kinderheirat) in die Gründung einer pädagogischen Gesellschaft mit diesen Zielen, des Brāhmo-Samāj (1828), mündeten. Ihm schwebte eine Einheit philosophisch-theologischer Überlieferungen aller Religionen vor, in der Philosophie als Wissenschaft, das Erbe des Westens, mit Philosophie als auf Vernunft gegründete Religion, das Erbe des Ostens, miteinander verschmolzen wären. Eine führende Rolle im Brāhmo-Samāj spielte seit 1843 Devendranāth Tagore (eigentlich: Ṭhākur), dessen Sohn Rabīndranāth (1861–1941) die Reformideen in Gestalt einer Erziehung zum Weltbürgertum, die in der Gründung der Viśva Bhāratī University in Śāntiniketan 1921 auch institutionalisiert worden ist, weiterentwickelte. Eine wesentlich radikalere Reformbewegung, die durch den Aufruf ›zurück zum Veda‹ charakterisiert war und sich gegen die von den Purāṇas bestimmte Tradition ebenso wie gegen eine Vermischung mit westlichen Ideen richtete, obgleich sie für soziale Reformen eintrat, war der von Dayānanda Sarasvatī (1824–1883) gegründete Ārya-Samāj (1875). Ihm stand der ›Vater der indischen Unruhe‹, Bāl Gangādhar Tilak (1856–1920), ein ebenfalls radikaler politisch-religiöser Führer der frühen Unabhängigkeitsbewegung, die für svarāj (= Selbstbestimmung) kämpfte, nahe; er wurde in seinem mit einer Auslegung der Bhagavadgītā begründeten Eintreten für den Weg des Handelns (karmamārga) anstelle des Weges der Erkenntnis (jñānamārga), wenn auch nicht in seinen Aufrufen zur Gewalt, zum entscheidenden politischen Lehrer von Mohandās Karamchand Gandhi (1869–1948), der für das moderne Indien einflußreichsten politisch-geistigen Gestalt. Gandhi verkörpert beispielhaft die von der indischen Tradition als Ideal angesehene Einheit theoretischer Überzeugungen und praktischer Lebensführung. Er selbst hat diese Einheit als Philosophie des *satyāgraha* (= Festhalten an der Wahrheit) bezeichnet und angesichts der individuellen Grenzen im Erfassen der Wahrheit und damit der Pflicht, einen Irrtum offen einzugestehen, die Regel der ↑ahiṃsā (= Nichtverletzen) vertreten, damit an Grundsätze jainistischer Ethik (↑Philosophie, jainistische) erinnernd.

Grundsätzlich am Vedānta orientiert ist auch die Philosophie des *Neuhinduismus* mit den auch als religiöse Erneuerer tätigen Vivekānanda (1863–1902) und Aurobindo Ghose (1872–1950) (der Mystiker Rāmaṇa Maharṣi [1879–1950] spielt eine Sonderrolle) sowie Sarvepalli Rādhakrishnan (1888–1975). An spezifische westliche Traditionen mit dem Ziel, sie in passend reformiertem Vedānta ›aufzuheben‹, knüpfen Hiralal Haldar (1865–1942) und Krishna Chandra Bhattacharyya (1875–1949) an. Keine der gegenwärtig an der Auseinandersetzung von Traditionen der i.n P. mit westlichen Traditionen orientierten Arbeiten indischer Philosophen, sofern sie nicht die Auseinandersetzung mit modernen Strömungen, etwa der Analytischen Philosophie (↑Philosophie, analytische), z.B. bei Bimal Krishna Matilal (1935–1991), zum Gegenstand haben oder sich wieder systematisch und historisch-vergleichend mit der Philosophie des Buddhismus befassen, wie z.B. bei Tirupattur R. Venkatachala Murti (1902–1986), kann sich diesem Einfluß entziehen. Von einer gelungenen Vermittlung der i.n P. mit den Traditionen westlicher Philosophie kann bislang allerdings nur in Ansätzen geredet werden.

Literatur (auch ↑Brahmanismus, ↑Philosophie, buddhistische, ↑Philosophie, jainistische, ↑Logik, indische):

(1) *Bibliographien und Nachschlagewerke:* J. N. Bhattacharya/N. Sarkar (eds.), Encyclopaedic Dictionary of Sanskrit Literature, I–V, Delhi 2004; H. Bechert/G. v. Simson (eds.), Einführung in die Indologie. Stand – Methoden – Aufgaben, Darmstadt 1979, erw. ²1993; B. Carr/I. Mahalingam (eds.), Companion Encyclopedia of Asian Philosophy, London/New York 1997, 2003; J. Hastings (ed.), The Encyclopaedia of Religion and Ethics, I–XIII, Edinburgh/New York 1908–1927, Edinburgh 1926–1976 (repr. 2003);M. Honda, An Index to the Brahmasūtras, the Vaiśeṣikasūtras, the Nyāyasūtras, the Yogasūtras, the Sāṃkhyakārikās and Philosophical Portions of the Mīmāṃsāsūtras, Proc. Okurayama Orient. Res. Inst. 1 (Yokohama 1954), 244–305; K. Hota/A. R. Mishra, Bibliography of Nyāya-Vaiśeṣika, Poona 1993; K. A. Jacobsen (ed.), Brill's Encyclopedia of Hinduism, I–VI (I Religion, Pilgrimage, Deities, II Sacred Texts and Languages, Ritual Tradition, Arts, Concepts, III Society, Religious Specialists, Religious Traditions, Philosophy, IV Historical Perspectives, Poets, Teachers, and Saints, Relation to Other Religions and Traditions, Hinduism and Contemporary Issues, V Religious Symbols, Hinduism and Migration: Contemporary Communities outside South Asia. Some Modern Religious Groups and Teachers, VI Index), Leiden/Boston Mass. 2009–2015; H. R. Jarrell, International Yoga Bibliography 1950–1980, Metuchen N. Y./London 1981; S. Nath, Dictionary of Vedanta, Delhi, New Delhi 2002; D. Pingree, Census of the Exact Sciences in Sanskrit. Ser. A, I–V, Philadelphia Pa. 1970–1994; K. H. Potter (ed.), The Encyclopedia of Indian Philosophies I (Bibliography), Delhi/

Patna/Varanasi 1970, ^{3}1995, 2009 (Rezension: W. Halbfass, Indien und die Geschichtsschreibung der Philosophie, Philos. Rdsch. 23 [1976], 104–131); P. Schreiner (ed.), Yoga. Grundlagen, Methoden, Ziele. Ein bibliographischer Überblick, Köln, Bonn 1979; R. Seshagiri Rao/K. Kapoor (eds.), Encyclopedia of Hinduism, I–XI, New Delhi 2010–2011, 2013; C. V. Shankar Rau, A Glossary of Philosophical Terms. Samskṛt-English. Embracing All Systems of Indian Philosophy, Madras 1941; L. Sternbach, Bibliography on Dharma and Artha in Ancient and Mediaeval India, Wiesbaden 1973; Totok I (1964), 13–50, I (^{2}1997), 31–76 (Die Philosophie der Inder); E. Wood, Zen Dictionary, New York 1962, Rutland Vt. 1985; ders., Vedānta Dictionary, London, New York 1964.

(2) *Einführungen und allgemeine Übersichten (in historischer Reihenfolge): (2 a) Texte:* F. M. Müller (ed.), The Sacred Books of the East, I–L, Oxford 1879–1910 (repr. Delhi/Varanasi/Patna 1977–2004) (L = Indexbd.). – M. M. Agrawal (ed.), The Sarva-darśana-saṁgraha of Mādhavārāya. With English Translation, Transliteration, and Indices, Delhi 2002; B. D. Basu (ed.), The Sacred Books of the Hindus, I–XXX (in 38 Bdn.), Allahabad 1909–1937 (repr. New York 1974); Haribhadra, Ṣaḍ Darśana Samuccaya. A Compendium of Six Philosophies, trans. K. S. Murty, Tenali o. J. [1957], Delhi ^{2}1986; C. Olson (ed.), Hindu Primary Sources. A Sectarian Reader, New Brunswick N.J/London 2007; S. Radhakrishnan/C. A. Moore (eds.), A Source Book in Indian Philosophy, Princeton N. J. 1957, 1989; Sāyaṇamādhava [= Mādhava, ↑Vedānta], Sarvadarśanasaṃgraha [= Zusammenfassung aller philosophischen Standpunkte, d. i. eine ind. Doxographie] [sanskr.], ed. V. S. Abhyankar, Poona 1924, ^{3}1978 (engl. The Sarva-darśana-saṃgraha or Review of the Different Systems of Hindu Philosophy by Mādhava Āchārya, trans. E. B. Cowell/A. E. Gough, London 1882, ed. K. L. Joshi, Delhi 1996; dt. Übers. der Kap. 1–9 in: P. Deussen, Allgemeine Geschichte der Philosophie mit besonderer Berücksichtigung der Religionen I/3, Leipzig 1908, ^{4}1922, 192–344).

(2 b) *Darstellungen:* The Cultural Heritage of India, I–III, ed. S. Radhakrishnan, Kalkutta 1937, erw. I–VIII (I The Early Phases [Prehistoric, Vedic and Upaniṣadic, Jaina, and Buddhist], II Itihāsas, Purāṇas, Dharma and Other Śāstras, III The Philosophies, IV The Religions, V Languages and Literatures, VI Science and Technology, VII/1–2 The Arts, VIII The Making of Modern India), I, ed. S. K. Chatterji u.a, II, ed. S. K. De u. a., III–IV, ed. H. Bhattacharyya, V, ed. S. K. Chatterji, VI, ed. P. Ray/S. N. Sen, VII/1–2, ed. S. Radhakrishnan, VIII, ed. S. Bhattacharyya/U. D. Gupta, Kalkutta 1953–2013, I–VI, 2001. – C. Bartley, An Introduction to Indian Philosophy, London/New York 2011; W. T. de Bary (ed.), Sources of Indian Tradition, I–II [auch in 1 Bd.], New York 1958, I–II, rev. v. A. T. Embree, ^{2}1988; S. Dasgupta, A History of Indian Philosophy, I–V, Cambridge 1922–1955 (repr. Delhi 1975, 2012), Cambridge etc. 2009; P. Deussen, Allgemeine Geschichte der Philosophie mit besonderer Berücksichtigung der Religionen I/1(Allgemeine Einleitung und Philosophie des Veda bis auf die Upanishad's), Leipzig 1894, ^{5}1922, I/2 (Die Philosophie der Upanishad's), Leipzig 1899, ^{3}1919, ^{5}1922 (engl. The Philosophy of the Upanishads, Edinburgh 1906 [repr. New York 1966, 2009]), I/3 (Die nachvedische Philosophie der Inder. Nebst einem Anhang über die Philosophie der Chinesen und Japaner), Leipzig 1908, ^{4}1922; J. Filliozat, Les philosophies de l'Inde, Paris 1970, ^{6}2012; E. Frauwallner, Geschichte der i.n P., I–II (I Die Philosophie des Veda und das Epos. Der Buddha und der Jina. Das Samkhya und das klassische Yoga-System, II Die naturphilosophischen Schulen und das Vaiśeṣika-System. Das System der Jaina. Der Materialismus), Salzburg 1953/1956, ed. A. Pohlus, Aachen 2003 (engl. History of Indian Philosophy, I–II [I The Philosophy of the Veda and of the Epic. The Buddha and the Jina. The Samkhya and the Classical Yoga-System, II The Nature-Philosophical Schools and the Vaiśeṣika-System. The System of the Jaina. The Materialism], Delhi/Patna/Varanasi 1973 [repr. 1997]); J. Ganeri, Philosophy in Classical India. The Proper Work of Reason, London/New York 2001; ders., The Lost Age of Reason. Philosophy in Early Modern India, 1450–1700, Oxford/New York 2011, 2014; H. v. Glasenapp, Die Philosophie der Inder. Eine Einführung in ihre Geschichte und ihre Lehren, Stuttgart 1949, ^{4}1985 (franz. La philosophie indienne. Initiation a son histoire et a ses doctrines, Paris 1951); R. Grousset, Les philosophies indiennes. Les systèmes, I–II, Paris 1931; R. P. Hayes, Indian and Tibetan Philosophy, REP IV (1998), 736–740; M. Hiriyanna, Outlines of Indian Philosophy, London/New York 1932 (repr. Delhi 2000, London 2009), Delhi 1994; K. Lorenz, Indische Denker, München 1998; P. Masson-Oursel, Esquisse d'une histoire de la philosophie indienne, Paris 1923; U. Mishra, History of Indian Philosophy, I–II, Allahabad 1957/1966; H. Nakamura, Religions and Philosophies of India. A Survey with Bibliographical Notes, I–IV, Tokyo 1973–1974; A. J. Nicholson, Unifying Hinduism. Philosophy and Identity in Indian Intellectual History, New York 2010; C. Olson, The Many Colors of Hinduism. A Thematic-Historical Introduction, New Brunswick N. J./London 2007; K. H. Potter, Presuppositions of India's Philosophies, Englewood Cliffs N. J. 1963 (repr. Westport Conn. 1972, 1977), Delhi 2002; ders., Indian Philosophy, Enc. Ph. IV (^{2}2006), 623–634; S. Radhakrishnan, Indian Philosophy, I–II, London 1923/1927, London, New York ^{2}1929/1931, Oxford etc. 2008 (dt. I. P., I–II, Darmstadt/Baden-Baden/Genf 1956); ders. u. a. (eds.), History of Philosophy. Eastern and Western, I–II, London 1952/1953, 1967; P. T. Raju, The Philosophical Traditions of India, London 1971 (repr. London/New York 2008), Delhi 1998; L. Renou u. a., L'Inde classique. Manuel des études indiennes, I–II, Paris 1947/1953 (repr. 2001, 2013), 1985; W. Ruben, Geschichte der i.n P., Berlin (Ost) 1954; C. Sharma, Indian Philosophy, Benares 1952, unter dem Titel: A Critical Survey of Indian Philosophy, rev. London 1960, unter dem Titel: Indian Philosophy. A Critical Survey, New York 1962, unter dem Titel: A Critical Survey of Indian Philosophy, Delhi 2009; J. Sinha, A History of Indian Philosophy, I–IV, Kalkutta 1952–1973; N. Smart, Doctrine and Argument in Indian Philosophy, London 1964, 1969 (repr. Atlantic Highlands N. J. 1976), Leiden/New York/Köln ^{2}1992;G. Tucci, Storia della filosofia indiana, Bari 1957, Rom 2005; H. Zimmer, Philosophies of India, ed. J. Campbell, New York, London (repr. London/New York 2008) 1951, Princeton N. J. 1989, Delhi 1990 (franz. Les philosphies de l'Inde, Paris 1953, 1997; dt. Philosophie und Religion Indiens, Zürich 1961, Frankfurt 2007).

(3) *Veda einschließlich Upanischaden, Epen und Purāṇas:* (3 a) *Texte:* The Mahabharata of Krishna-Dwaipayana Vyasa, I–XII, trans. P. C. Roy, Kalkutta o. J. [ca. 1883–1896], rev. H. Haldar, I–XII, o. J. [ca. ^{2}1962–1963], New Delhi ^{3}1973–1975; Sechzig Upanishad's des Veda, Übers./Erläut./Anm. P. Deussen, Leipzig 1897 (repr. Bielefeld 1980), ^{3}1921 (repr. Darmstadt 1963), überarb. unter dem Titel: Upanishaden. Die Geheimlehre des Veda, ed. P. Michel, Wiesbaden 2006, 2007; Atharva-Veda Saṃhitā, Trans., Crit. Comment. W. D. Whitney, ed. C. R. Lanman, I–II, Cambridge Mass. 1905, I–III, ed. u. rev. K. L. Joshi, Delhi 2002, 2004; Vier philosophische Texte des Mahābhāratam: Sanatsujāta-Parvan – Bhagavadgītā – Mokshadharma – Anugītā, übers. P.

Deussen/O. Strauss, Leipzig 1906, ^{2}1922, Bielefeld 1980; K. F. Geldner, Die Religionen der Inder: Vedismus und Brahmanismus, Tübingen 1911; The Thirteen Principal Upanishads, Trans./Introd./Bibl. R. E. Hume, London 1921, ^{2}1931, Delhi 1998; The Bhagavad Gītā, I–II (I Text and Translation, II Interpretation and Arnold's Translation), Trans. and Interpret. F. Edgerton, Cambridge Mass. 1944/1952, Delhi 1996; The Bhagavadgītā [sanskr.], Transl., Introd., Notes S. Radhakrishnan, London, New York 1948, ^{2}1973, London 1995 (franz. La Bhagavad-Gītā, übers. J.-E. Marcault, Paris 1954, 1995; dt. Die Bhagavadgītā. Sanskrittext mit Einleitung und Kommentar von S. Radhakrishnan, dt. Übers. S. Lienhard, Baden-Baden 1958, Wiesbaden, Stuttgart 1980); Der Rig-veda, I–III, übers./komment. K. F. Geldner, Cambridge Mass., London, Leipzig 1951, IV (Namen- und Sachregister zur Übersetzung. Dazu Nachträge und Verbesserungen, ed. J. Nobel), Cambridge Mass., London, Wiesbaden 1957 (repr., I–IV in einem Bd., Cambridge Mass. 2003), Neuausg. unter dem Titel: Rig-Veda, I–II, ed. P. Michel, Wiesbaden 2008; The Principal Upaniṣads [sanskr./engl.], Introd., Notes S. Radhakrishnan, London, New York 1953, Atlantic Highlands N. J. 1996; W. Ruben (ed.), Beginn der Philosophie in Indien. Aus den Veden, Berlin (Ost) 1955, ^{3}1961; Bhagavadgītā. Das Lied der Gottheit, übers. R. Boxberger, ed./bearb. H. v. Glasenapp, Stuttgart 1955, 2012; The Śrīmad-Bhāgavatam, I–II, trans. J. M. Sanyal, Kalkutta 1929, unter dem Titel: The Śrīmad-Bhāgavatam of Krishna Dwaipayana Vyasa, I–V, ^{3}1964–1965, in 2 Bdn., New Delhi ^{2}1973, ^{3}1984, 2000; P. Thieme, Upanischaden. Ausgewählte Stücke, Stuttgart 1966, 2011; Rig-Veda. Das heilige Wissen, erster und zweiter Liederkreis, ed./übers. M. Witzel/T. Gotō, Frankfurt/Leipzig 2007; Upanischaden. Arkanum des Veda, ed./übers. W. Slaje, Frankfurt/Leipzig 2009; Les 108 Upanishads, übers. M. Buttex, Paris 2012; Rig-Veda. Das heilige Wissen, dritter bis fünfter Liederkreis, übers./ed. M. Witzel/T. Gotō/S. Scarlata, Berlin 2013.

(3 b) *Darstellungen:* B. Barua, A History of Pre-Buddhistic Indian Philosophy, Kalkutta 1921 (repr. Delhi 1970, 1998); E. Frauwallner, Untersuchungen zum Mokṣadharma. Die nichtsāṃkhyistischen Texte, J. Amer. Orient. Soc. 45 (1925), 51–67 (repr. in: ders., Kleine Schriften, ed. G. Oberhammer/E. Steinkeller, Wiesbaden 1982, 38–54); H. v. Glasenapp, Zwei philosophische Rāmāyaṇas, Mainz 1951 (Akad. Wiss. u. Lit. Mainz, geistes- u. sozialwiss. Kl. 1951, 6); J. Gonda, Vedic Literature (Saṃhitās and Brāhmaṇas), Wiesbaden 1975; P. Hacker, Purāṇen und Geschichte des Hinduismus. Methodologische, programmatische und geistesgeschichtliche Bemerkungen, Orient. Literaturzeitung 55 (1960), 341–354; E. Hanefeld, Philosophische Haupttexte der älteren Upaniṣaden, Wiesbaden 1976; H. H. Hock (ed.), Vedic Studies. Language, Texts, Culture, and Philosophy, New Delhi 2014 (Proc. of the 15th World Sanscrit Conference I); T. V. Kapali Sastry, Unveiling the Light in the Veda. Compiled from Siddhānjana and other Essays on the Veda, New Delhi 2001; A. B. Keith, The Religion and Philosophy of the Veda and Upanishads, I–II, Cambridge Mass. 1925 (repr. Delhi 1970, 2007); É. Lamotte, Notes sur le Bhagavadgītā, Paris 1929 (repr. in: ders., Opera Indologica [. . .], Louvain-la-Neuve 2004, 1–169); R. S. Misra, Philosophical Foundations of Hinduism. The Vedas, the Upaniṣads, and the Bhagavadgītā. A Reinterpretation and Critical Appraisal, New Delhi 2002; G. Oberhammer (ed.), Studies in Hinduism. Vedism and Hinduism, Wien 1997; T. Oberlies, Der Rigveda und seine Religion, Berlin 2012; H. Oldenberg, Die Lehre der Upanishaden und die Anfänge des Buddhismus, Göttingen 1915, ^{2}1923 (engl. The Doctrine of the Upaniṣads and the Early Buddhism, Delhi 1991); R. Ramachandran, Hinduism in the Context of Manusmriti, Vedas and Bhagavad Gita, New Delhi 2010; W. Ruben, Die Philosophen der Upanishaden, Bern 1947; S. Schayer, Die Struktur der magischen Weltanschauung nach dem Atharva-Veda und den Brāhmaṇa-Texten, Z. f. Buddhismus 6 (1924/1925), 259–299, separat München-Neubiberg 1925; S. M. Srinivasa Chari, The Philosophy of the Upaniṣads. A Study Based on the Evaluation of the Comments of Śaṁkara, Rāmānuja, and Madhva, New Delhi 2002; F. Staal, Discovering the Vedas. Origins, Mantras, Rituals, Insights, New Delhi 2008.

(4) *Lokāyata:* (4 a) *Texte:* Tattvopaplavasiṃha of Jayarāśi Bhaṭṭa, ed. P. S. Sanghavi/R. C. Parikh, Baroda 1940, Varanasi 1987; Jayarāśi Bhaṭṭa, Tattvopaplavasiṃha, Chap. VII, engl. Teilübers. S. N. Shastri/S. K. Saksena, rev. S. C. Chatterjee, in: S. Radhakrishnan/C. A. Moore (eds.), A Source Book in Indian Philosophy, Princeton N. J. 1957, 1989, 236–246; Studies in Jayarāsi Bhaṭṭa's Critique of Knowing from Words. Tattvopaplavasiṃha: Śabdaprāmāṇyasya nirāsaḥ, trans. D. Mohanta, Kalkutta 2009; Jayarāśi Bhaṭṭa's Tattvopaplavasiṃha. An Introduction, Sanskrit Text, English Translation & Notes, trans. E. Solomon, ed. S. Mehta, Delhi 2010.

(4 b) *Darstellungen:* P. Balcerowicz, Jayarāśī, SEP 2011; J. Bandyopadhyaya, Lokayata Philosophy and Sanskrit Epics, Kalkutta 1998; B. Barua, The Ājīvikas. A Short History of Their Religion and Philosophy I (Historical Summary), J. Dep. of Letters 2 (1920), 1–80, separat Kalkutta 1920; A. L. Basham, History and Doctrines of the Ājīvikas. A Vanished Indian Religion, London 1951 (repr. Delhi/Varanasi/Patna 1981, 2002); R. Bhattacharya, Studies on the Cārvāka/Lokāyata, Florenz 2009, London/New York 2011; D. Chattopadhyaya, Lokāyata. A Study in Ancient Indian Materialism, Delhi 1959, ^{4}1978; ders., In Defence of Materialism in Ancient India. A Study in Cārvāka/Lokāyata, New Delhi 1989, 2008; S. A. Joshi, Lokāyata – A Critical Study. Indian Spiritualism Reaffirmed, Delhi 1995; B. Kar, Ethics in Indian Materialist Philosophy in Its Social Perspective, Shimla 2013; ders., The Philosophy of Lokāyata. A Review and Reconstruction, Delhi 2013; A. Kunst, Some of the Polemics in the »Laṅkāvatārasūtra«, in: S. Balasooriya u. a. (eds.), Buddhist Studies in Honour of Walpola Rahula, London 1980, 103–112; B. C. Law, Six Heretical Teachers, in: ders. (ed.), Buddhistic Studies, Kalkutta/Simla 1931, Delhi 2004, 73–88; K. K. Mittal, Materialism in Indian Thought, New Delhi 1974; S. N. Prasad, Cārvāka/Lokāyata. Analytic & Hermeneutic Study, Patna 2008; D. M. Riepe, The Naturalistic Tradition in Indian Thought, Seattle 1961 (repr. Westport Conn. 1982), Delhi 1964; W. Ruben, Materialismus im Leben des alten Indien, Acta Orient. 13 (1935), 128–162, 177–225; ders., Über den Tattvopaplavasiṃha des Jayarāśi Bhaṭṭa. Eine agnostizistische Erkenntniskritik, Wiener Z. Kunde Süd- u. Ostas. u. Arch. f. i. P. 2 (1958), 140–153; ders., Uddālaka and Yājñavalkya, Indian Stud. Past & Present 3 (1961/1962), 345–354; G. Tucci, Linee di una storia del materialismo indiano, in: ders., Opera minora I, Rom 1971, 49–155.

(5) *Sāṃkhya und Yoga:* (5 a) *Texte:* The Sāṃkhya-sūtra-vṛtti or Aniruddha's [um 1450] Commentary and the Original Parts of Vedāntin Mahādeva's [um 1645] Commentary to Sāṃkhyasūtras, I–II (I Sanskr. Text, II engl. Übers.), ed./trans. R. Garbe, Kalkutta 1888–1892; Sāṃkhya-pravacana-bhāshya. Vijñānabhikshu's [um 1575] Commentar zu den Sāṃkhyasūtras, Übers., Anm. R. Garbe, Leipzig 1889 (repr. Nendeln 1966); Der Mondschein der Sāṃkhya-Wahrheit, Vācaspatimiçra's [↑Nyāya]

Sāṃkhya-tattva-kaumudī, Übers., Einl. R. Garbe, Abh. Königl. Bayer. Akad. Wiss., philos.-philol. Kl. 19 (1892), 517–628; La Sāṃkhyakārikā étudiée à la lumière de sa version chinoise, trans. M. J. Takakusu, Bull. École Franç. Extrême-Orient. 4 (1904), 1–65, 978–1064, separat Hanoi 1904; Die Sānkhya-Kārikā des Îçvarakṛishṇa [sanskr./dt.], ed., übers. P. Deussen, in: ders., Allgemeine Geschichte der Philosophie mit besonderer Berücksichtigung der Religionen I/3, Leipzig 1908, [4]1922, 413–466; Die Yoga-Sūtra's des Patañjali [sanskr./dt.], ed., übers., komment. P. Deussen, ebd., 511–543; Les strophes de Sāṃkhya (Sāṃkhya-Kārikā) avec le commentaire de Gauḍapāda [sanskr./franz.], ed., trad., Comm. A.-M. Esnoul, Paris 1964; S. Pines/T. Gelblum, Al-Bīrunī's Arabic Version of Patañjali's »Yogasūtra«. A Translation of His First Chapter and a Comparison with Related Sanskrit Texts, Bull. School of Orient. and African Stud. Univ. London 29 (1966), 302–325; dies., Al-Bīrunī's Arabic Version of Patañjali's Yogasūtra. A Translation of the Second Chapter and a Comparison with Related Texts, ebd. 40 (1977), 522–549; S. A. Srinivasan, Vācaspatimiśras Tattvakaumudī. Ein Beitrag zur Textkritik bei kontaminierter Überlieferung, Hamburg 1967; The Sāṃkhya-Sūtras of Pañcaśikha and the Sāṃkhyatattvāloka [sanskr./engl.], Text u. Anm. Swāmī Hariharānanda Āraṇya, ed. J. Ghosh, Delhi/Varanasi/Patna 1977; The Yoga-Sūtra of Patañjali, A New Translation and Commentary, G. Feuerstein, Folkestone 1979, Rochester Vt. 1989; Yogavārttika of Vijñanabhikṣu, Text with English Translation and Critical Notes along with the Text and English Translation of the Pātañjala Yogasūtras and Vyāsabhāṣya by T. S. Rukmani, I–IV (I Samādhipāda, II Sādhanapāda, III Vibhūtipāda, IV Kaivalyapāda), Delhi 1981–1989, 1998–2007; T. Leggett (ed.), The Complete Commentary by Śaṅkara on the Yoga Sūtras. A Full Translation of the Newly Discovered Text, London/New York 1990; Le Yoga-sūtra de Patañjali. Suivi Le yoga-bhāṣya de Vyāsa. Avec des extraits du Yoga-Vārttika de Vijñāna-Bhikṣu, ed./übers. M. Angot, Paris 2008, [2]2012.

(5 b) *Darstellungen:* B. B. Bouanchaud, Yoga-sūtra de P.. Miroir de soi, Palaiseau 2000; T. Brosse, Études instrumentales des techniques du Yoga. Expérimentation psychosomatique. Précédé de la nature du Yoga dans sa tradition par J. Filliozat, Paris 1963, 1976; ders., Sāṃkhya-Kārikā d'Īśvarakṛṣṇa, Palaiseau 2002; J. A. B. van Buitenen, Studies in Sāṃkhya, I–III, J. Amer. Orient. Soc. 76 (1956), 153–157, 77 (1957), 15–25, 88–107; M. Burley, Classical Sāṃkhya and Yoga. An Indian Metaphysics of Experience, London/New York 2007; F. V. Catalina, A Study of the Self Concept of Sāṅkhya-Yoga Philosophy, Delhi 1968; H. G. Coward, Yoga and Psychology. Language, Memory, and Mysticism, Albany N. Y. 2002; A. Daniélou (Shiva Sharan), Yoga. The Method of Re-Integration, London 1949, 1973 (franz. Yoga. Méthode de réintégration, Paris 1951, Paris [2]1973, 1983); E. De Michelis, A History of Modern Yoga. Patañjali and Western Esotericism, London/New York 2004, 2008; M. Eliade, Le Yoga. Immortalité et liberté, Paris 1954, 2002 (engl. Yoga. Immortality and Freedom, London, New York 1958, Princeton N. J. [2]1969, 2009; dt. Yoga. Unsterblichkeit und Freiheit, Zürich/Stuttgart 1960, Frankfurt/Leipzig 2004); G. Feuerstein, The Yoga-Sūtra of Patañjali. An Exercise in the Methodology of Textual Analysis, New Delhi 1979; ders., The Philosophy of Classical Yoga, Manchester, New York 1980, Rochester Vt. 1996; ders., Patañjali, ER XI (1987), 206–207; ders., The Yoga Tradition. Ist History, Literature, Philosophy and Practice, New Delhi, Prescott Ariz. 2002, Prescott Ariz. 2008 (dt. Die Yoga-Tradition. Geschichte, Literatur, Philosophie und Praxis, Wiggensbach 2008, 2010); ders., The Deeper Dimension of Yoga. Theory and Practice, Boston Mass./London 2003; ders., The Psychology of Yoga. Integrating Eastern and Western Approaches for Understanding the Mind, Boston Mass./London 2013; E. Frauwallner, Untersuchungen zum Mokṣadharma. Die sāṃkhyistischen Texte, Wiener Z. Kunde d. Morgenl. 32 (1925), 179–206 (repr. in: ders., Kleine Schriften [s. o.], 55–82); ders., Die Erkenntnislehre des klassischen Sāṃkhya-Systems, Wiener Z. Kunde Süd- u. Ostas. u. Arch. f. i. P. 2 (1958), 84–139, separat Wien 1958 (repr. in: ders., Kleine Schriften [s. o.], 223–278); R. Garbe, Die Sāṃkhya-Philosophie. Eine Darstellung des indischen Rationalismus nach den Quellen, Leipzig 1894, [2]1917, Teilausg. Berlin 2013 [Abschnitt 2–4]; M. Hiriyanna, The Ṣaṣṭitantra and Vārṣagaṇya [= Vṛṣagaṇa, ↑Logik, indische], J. Orient. Res. 3 (Madras 1929), 107–112, ferner in: ders., Indian Philosophical Studies II, Mysore 1972, I–II in einem Bd., 2001, 43–48; M. Hulin, Sāṃkhya Literature, Wiesbaden 1978; B. K. S. Iyengar, Light on the Yoga Sūtras of Patañjali, London 1993, 2002 (dt. Der Urquell des Yoga. Die Yoga-Sūtras des Patañjali – erschlossen für den Menschen von heute, Bern/München/Wien 1995, mit Untertitel: Die Yoga-Sūtras des Patañjali, München 2010; franz. Lumière sur les ›Yoga sūtra‹ de Patañjali, Paris 2004, 2012); H. Jacobi, Rezension von R. Garbe's »Die Sāṃkhya-Philosophie [...]«, Götting. Gelehrte Anz. 181 (1919), 1–30; K. A. Jacobsen, Prakṛti in Sāṃkhya-Yoga. Material Principle, Religious Experience, Ethical Implications, New York etc. 1999; E. H. Johnston, Early Sāṃkhya. An Essay on Its Historical Development According to the Texts, London 1937 (repr. Delhi/Varanasi/Patna 1974); A. B. Keith, The Sāṃkhya System. A History of the Sāṃkhya Philosophy, Kalkutta, London 1918, [2]1924 (repr. unter dem Titel: A History of the Sāṃkhya Philosophy. The Sāṃkhya System, Delhi 1975, 1987); H. Kiowsky, Evolution und Erlösung. Das indische Sāṃkhya, Frankfurt etc. 2005; S. Kumar, Sāṃkhya-Yoga Epistemology, Delhi 1984; G. J. Larson, Classical Sāṃkhya. An Interpretation of Its History and Meaning, Delhi/Varanasi/Patna 1969, Santa Barbara Calif., Delhi [2]1979, 1998 [enth. unter anderem: The »Sāṃkhyakārikā« of Īśvarakṛṣṇa [sanskr./engl.], 1969, 257–282, [2]1979, 255–277]; ders./R. S. Bhattacharya (eds.) Encyclopedia of Indian Philosophies IV (Sāṃkhya. A Dualist Tradition in Indian Philosophy), Delhi, Princeton N. J. 1987, 2006; K. Meisig, Yogasūtra-Konkordanz, Wiesbaden 1988; G. Oberhammer, The Authorship of the Ṣaṣṭitantram, Wiener Z. Kunde Süd- u. Ostas. u. Arch. f. i. P. 4 (1960), 71–91;ders., Strukturen yogischer Meditation. Untersuchungen zur Spiritualität des Yoga, Wien 1977 (Sitz.ber. Österr. Akad. Wiss., philos.-hist. Kl. 322); R. C. Pandeya (ed.), Yuktidīpikā. An Ancient Commentary on the Sāṃkhya-Kārikā of Īśvarakṛṣṇa, Delhi 1967; D. Raveh, Exploring the Yogasūtra. Philosophy and Translation, London/New York 2012; É. Sablé (ed.), Les Yoga-sutras de Patañjali à la lumière des premiers commentaires indiens, Paris 2008; J. Sinha, The Philosophy of Vijñānabikshu, Kalkutta 1976; E. A. Solomon, The Commentaries of the Sāṃkhya Kārikā. A Study, Ahmedabad 1974; A. Wezler, Some Observations on the Yuktidīpikā, Z. Dt. Morgenländ. Ges., Suppl. II (1974), 434–455; I. Whicher, The Integrity of the Yoga Darśana. A Reconsideration of Classical Yoga, Albany N. Y. 1998.

(6) *Nyāya und Vaiśeṣika:* (6 a) *Texte:* A. Winter, Die Saptapadārthī des Śivāditya [Vaiśeṣika, 12. Jh.], Z. Dt. Morgenländ. Ges. 53 (1899), 328–346; P. Tuxen, An Indian Primer of Philosophy, or The Tarkabhāṣā [= Grundzüge der Argumentation] of Keçavamiçra [Keśava Miśra's (13. Jh.)] . Translated from the Original

Sanscrit with an Introduction and Notes, Kopenhagen 1914; The Vaiśeṣika Philosophy According to the Daśapadārtha-Śāstra [von Candramati, um 500], Chinese Text with Introduction, Translation and Notes by H. Ui, ed. F. W. Thomas, London 1917, Varanasi 1962; Des Viśvanātha Pañcānana Bhaṭṭācārya Kārikāvalī mit des Verfassers eignem Kommentar Siddhānta-muktāvalī, übers. O. Strauß, Leipzig 1922 (repr. Nendeln 1966); Die Nyāyasūtra's [sanskr./dt.], ed. W. Ruben, Leipzig 1928 (repr. Nendeln 1966); Vaiśeṣikasūtra of Kaṇāda with the Commentary of Candrānanda [9. Jh.], ed. Muni Śrī Jambuvijayaji, Baroda 1961, 1982; Jayanta Bhaṭṭa's Nyāyamañjarī. The Compendium of Indian Speculative Logic, Trans., Introd. J. V. Bhattacharyya, Delhi 1978 ff. (erschienen Bd. I); Gautama's Nyāya-Sūtra with Vātsāyana's Commentary, trans. M. Gangopadhyaya, Introd. D. Chattopadhaya, Kalkutta 1982; Nyāya Philosophy of Language. Analysis, Text, Translation and Interpretation of Upamāna and Śabda Sections of Kārikāvalī, Muktāvāli and Dinakarī, ed. J. Vattanky, Delhi 1995; Vaiśeṣika-sūtra of Kaṇāda, trans. D. Chakrabarty, New Delhi 2003; S. H. Phillips/N. S. Ramanuja Tatacharya, Epistemology of Perception. Gaṅgeśa's »Tattvacintāmaṇi«, Jewel of Reflection of the Truth (About Epistemology). The Perception Chapter »Pratyakṣa-khaṇḍa«. Transliterated Text, Translation, and Philosophical Commentary, New York 2004, Delhi 2009.

(6 b) *Darstellungen:* A. D'Almeida, Nyāya Philosophy. Nature and Validity of Knowledge, Alwaye 1973; K. Bhattacharya, Les arguments de Jagadīśa pour établir la parole comme moyen de connaissance vraie (pramāṇa) [enth. Text u. Übers. der Kārikās 1–5 von Jagadīśa's Nyāya-Grammatik Śabdaśaktiprakāśikā], J. Asiat. 267 (1979), 155–189; ders./K. H. Potter, Encyclopedia of Indian Philosophies XIII (Nyāya-Vaiśeṣika Philosophy from 1515 to 1660), Delhi 2011; K. K. Chakrabarti, The Nyāya-Vaiśeṣika Theory of Universals, J. Ind. Philos. 3 (1975), 363–382; ders., The Nyāya-Vaiśeṣika Theory of Negative Entities, ebd. 6 (1978), 129–144; R. R. Dravid, Prāmāṇyavāda (An Examination), Ind. Philos. Quart. 4 (1976), 135–145; B. Faddegon, The Vaiçeṣika-System, Described with the Help of the Oldest Texts, Amsterdam 1918 (repr. Wiesbaden 1969); E. Franco/K. Preisendanz, Nyāya-Vaiśeṣika, REP VI (1998), 57–67; E. Frauwallner, Zu den Fragmenten buddhistischer Logiker im Nyāyavārttikam [von Uddyotakara], Wiener Z. Kunde d. Morgenl. 40 (1933), 281–304 (repr. in: ders., Kleine Schriften [s. o.], 460–483); ders., Beiträge zur Geschichte des Nyāya I (Jayanta und seine Quellen), ebd. 43 (1936), 263–278 (repr. in: ders., Kleine Schriften [s. o.], 145–160); ders., Candramati und sein Daśapadārthaśāstram. Ein Beitrag zur Geschichte des Vaiśeṣika, in: O. Spies (ed.), Studia Indologica. Festschrift für Willibald Kirfel zur Vollendung seines 70. Lebensjahres, Bonn 1955, 65–85; ders., Die Lehre von der zusätzlichen Bestimmung (upādhiḥ) in Gaṅgeśá's Tattvacintāmaṇiḥ [Teil des Vyāptivāda-Abschnitts mit Text und Übers.], Wien 1970 (Sitz.ber. Österr. Akad. Wiss., philos.-hist. Kl., 266, 2); J. Ganeri (ed.), Indian Logic. A Reader, Richmond 2001; ders., Analytical Philosophy in Early Modern India, SEP 2014; O. Grohma, Theorien zur bunten Farbe im älteren Nyāya und Vaiśeṣika bis Udayana, Wiener Z. Kunde Südas. 19 (1975), 147–182; B. Gupta, Die Wahrnehmungslehre in der Nyāyamañjarī [von Jayanta Bhaṭṭa], Walldorf-Hessen 1963; W. Halbfass, On Being and What there Is. Classical Vaiśeṣika and the History of Indian Ontology, Albany N. Y. 1992, Delhi 1993; M. Hattori, Studies of the Vaiśeṣikadarśana I (On the Vaiśeṣikasūtra III.1.13), J. Ind. and Buddh. Stud. 14 (Tokyo 1966), 95–107; K. Hirano, Nyāya-Vaiśeṣika Philosophy and Text Science, Delhi 2012; D. H. H. Ingalls, Materials for the Study of Navya-Nyāya Logic [enthält den Vyāptipañcaka-Abschnitt von Gaṅgeśa's Tattvacintāmaṇi, Raghunāta's Dīdhiti und Mathurānātha's Māthurī mit Text u. Übers.], Cambridge Mass. 1951, Delhi/Patna/Varanasi 1988; N. S. Junankar, Gautama. The Nyāya Philosophy, Delhi/Varanasi/Patna 1978; A. B. Keith, Indian Logic and Atomism. An Exposition of the Nyāya and Vaiśeṣika Systems, Oxford 1921 (repr. New York 1968, New Delhi 1977); B. K. Matilal, Nyāya-Vaiśeṣika, Wiesbaden 1977; ders., The Character of Logic in India, Albany N. Y. 1998, ed. J. Ganeri/H. Tiwari, New Delhi 1999; U. Mishra, Conception of Matter According to Nyāya-Vaiśeṣika, Allahabad 1936, rev. unter dem Titel: Nyāya-Vaiśeṣika. Conception of Matter in Indian Philosophy, Delhi 2006; J. Mohanty, Gaṅgeśa's Theory of Truth. Containing the Text of Gaṅgeśa's Prāmāṇya (jñapti) vāda with an Engl. Transl., Explanatory Notes and an Introd. Essay, Santiniketan 1966, Delhi ^{2}1989, 2006; P. K. Mukhopadhyay, Indian Realism. A Rigorous Descriptive Metaphysics, Kalkutta 1984; G. Oberhammer, On the Sources in Jayanta Bhaṭṭa and Uddyotakara, Wiener Z. Kunde Süd- u. Ostas. u. Arch. f. i. P. 6 (1962), 91–150; ders., Der Svābhāvika-Sambandha, ein geschichtlicher Beitrag zur Nyāya-Logik, ebd. 8 (1964), 131–181; ders., Pakṣilasvāmin's Introduction to His Nyāyabhāṣya, Asian Stud. 2 (Philippinen 1964), 302–322; ders., Zur Deutung von Nyāyasūtram I,1,5, Wiener Z. Kunde Süd- u. Ostas. u. Arch. f. i. P. 10 (1966), 66–72; ders., Wahrheit und Transzendenz. Ein Beitrag zur Spiritualität des Nyāya, Wien 1984; S. Phillips, Epistemology in Classical India. The Knowledge Sources of the Nyāya School, London/New York 2011; K. H. Potter (ed.), Encyclopedia of Indian Philosophies II (Indian Metaphysics and Epistemology. The Tradition of Nyāya-Vaiśeṣika up to Gaṅgeśa), Princeton N. J., Delhi 1977, 1995; ders./S. Bhattacharyya (eds.), Encyclopedia of Indian Philosophies VI (Indian Philosophical Analysis. Nyāya-Vaiśeṣika from Gaṅgeśa to Raghunātha Śiromaṇi), Princeton N. J., 1992, Delhi 2008; J. K. Roy, Groundworks of the Mathematical Philosophy in the Bhāṣāpariccheda [= die Bestimmung der Sprache, von Viśvanātha, 1. Hälfte 17. Jh.], in: A. K. Mazumdar/Swami Prajnananda (eds.), The Bases of Indian Culture. Commemoration Volume of Swami Abhedananda, Kalkutta 1971, 223–234, ^{2}2002, 293–307; S. Schayer, Über die Methode der Nyāya-Forschung, in: O. Stein/W. Gampert (eds.), Festschrift Moriz Winternitz 1863–23. Dezember 1933, Leipzig 1933, 247–257; J. L. Shaw, Subject and Predicate, J. Ind. Philos. 4 (1976/1977), 155–179; M. Spitzer, Begriffsuntersuchungen zum Nyāyabhāṣya [von Vātsyāyana], Pilsen 1926, Leipzig 1927; E. Steinkellner, Die Literatur des älteren Nyāya, Wiener Z. Kunde Süd- u. Ostas. u. Arch. f. i. P. 5 (1961), 149–162; ders., Vardhamāna [14. Jh.] als Kommentator Gaṅgeśa's, ebd. 8 (1964), 182–223; I. J. S. Taraporewala, Elements of the Science of Language, Kalkutta 1932, ^{3}1962; A. Thakur, Nyāyabhūṣaṇa [von Bhāsarvajña]. A Lost Work on Medieval Indian Logic, J. Bihar Res. Soc. 45 (Patna 1959), 89–101; ders., Origin and Development of the Vaiśeṣika System, New Delhi 2003 (Hist. of Sci., Philos. and Culture in Indian Civilization II/4); H.-G. Türstig, Über Entstehungsprozesse in der Philosophie des Nyāya-Vaiśeṣika-Systems, Wiesbaden 1982; T. Wada, The Analytical Method of Navya-Nyāya, Groningen 2007; A. Wezler, Die ›dreifache‹ Schlußfolgerung im »Nyāyasūtra« I.1.5, Indo-Iran. J. 11 (1969), 190–211.

(7) *Mīmāṃsā:* (7 a) *Texte:* The Arthasaṃgraha. An Elementary Treatise on Mīmāṃsā by Laugākshi Bhāskara [17. Jh.], ed./trans. G. Thibaut, Benares 1882 (repr. 1974); Kumārila Bhaṭṭa, Tan-

travārttika. A Commentary on Śabara's Bhāṣya on the Pūrvamīmāṃsā Sūtras of Jaimini, Trans. Mahāmahopādhyāya G. Jhā, Kalkutta 1903–1924 [in Lieferungen], I–II, 1924 (repr. Delhi 1983, 1998); The Mīmāṃsā Nyāya Prakāśa, or, Āpadevī: A Treatise on the Mīmāṃsā System by Āpadeva [17. Jh.], Trans., Introd., Translit. Sanskr. Text, Glossarial Index F. Edgerton, New Haven Conn., London 1929 (repr. Delhi 1986); Bṛhatī (A Commentary on Sabarabhashya) by Prabhabhakara Misra. With the Commentary the »Ṛjuvimala« of Śālikanātha Misra, ed. A. Chinnaswami Sastri I–III, Benares 1929–1933; Shābara-Bhāṣya, trans. G. Jha, I–III, Baroda 1933–1936 (repr. 1973–1974), Indexbd., ed. U. Mishra, 1945; Pārthasārathi Miśra's Śāstradīpikā. (Tarkapāda) of Pārthasārathi Mīśra, trans. D. Venkatramiah, Baroda 1940; Le Tattvabindu de Vācaspatimiśra. Édition critique, traduction et introduction par M. Biardeau, Pondichéry 1956, rev. Pondichéry 1979; E. Frauwallner, Materialien zur ältesten Erkenntnislehre der Karmamīmāṃsā [Text u. Übers. des Śābarabhāṣya zu den Sūtras 1.1.1–5, darunter den Vṛttikāragrantha 1.1.3–5], Wien 1968 (Sitz.ber. Österr. Akad. Wiss., philos.-hist. Kl. 259, 2); Anthology of Kumārilabhaṭṭa's Works, Pref., Introd. P. S. Sharma, Delhi/Varanasi/Patna 1980.

(7 b) *Darstellungen:* G. P. Bhatt, Epistemology of the Bhāṭṭa School of Pūrva Mīmāṃsā, Varanasi 1962; F. X. Clooney, Thinking Ritually: Rediscovering the Pūrva Mīmāṃsā of Jaimini, Wien 1990; G. V. Devasthali, Mīmāṃsā. The Vākya-śāstra of Ancient India, Bombay 1959; K. K. Dixit, Ślokavārtika. A Study, Ahmedabad 1983; R. C. Dwivedi (ed.), Studies in Mīmāṃsā. Dr. Mandan Mishra Felicitation Volume, Delhi 1994; E. Frauwallner, Mīmāṃsāsūtram I,1,6–23, Wiener Z. Kunde Süd- u. Ostas. u. Arch. i. P. 5 (1961), 113–124 (repr. in: ders., Kleine Schriften [s. o.], 311–322); E. Freschi, Duty, Language and Exegesis in Prābhākara Mīmāmṣā. Including an Edition and Translation of Rāmānujācārya's Tantrarahasya, Śāstraprameyaparicccheda, Leiden/Boston Mass. 2012; O. Gächter, Hermeneutics and Language in Pūrva Mīmāṃsā. A Study in Śābara Bhāṣya, Delhi/Varanasi/Patna 1983, 1990; L. Göhler, Reflexion und Ritual in der Pūrvamīmāṃsā, Studie zur frühen Geschichte der Philosophie in Indien, Wiesbaden 2011; M. Hattori, Dignāga's Criticism of the Mīmāṃsaka Theory of Perception, J. Ind. and Buddh. Stud. 18 (Tokyo 1961), 711–724; G. Jhā, Pūrva-Mīmāṃsā in Its Sources. With a Critical Bibliography by Dr. Umesha Mishra, Benares 1942, Varanasi ^{2}1964; K. T. Pandurangi (ed.), Pūrvamīmāmsā from an Intersdisciplinary Point of View, New Delhi 2006 (Hist. of Sci., Philos. and Culture in Indian Civilization II/6); K. H. Potter (ed.), Encyclopedia of Indian Philosophies XVI (Philosophy of Pūrvā Mīmāmsā), Delhi 2014; K. L. Sarkar, The Mīmāṃsā Rules of Interpretation as Applied to Hindu Law, Kalkutta 1909; R. N. Sarma, The Mīmāṃsā Theory of Meaning, Based on the Vākyārthamātṛkā, Delhi 1988; F. Staal, Rules Without Meaning: Ritual, Mantras, and the Human Sciences, New York etc. 1989, unter dem Titel: Rituals and Mantras. Rules Without Meaning, Delhi 1996; O. Strauß, Die älteste Philosophie der Karma-Mīmāṃsā, Sitz.ber. Preuß. Akad. Wiss., philos.-hist. Kl., 1932, 469–532, separat Berlin 1932; J. A. Taber, Mīmāṃsā, REP VI (1998), 376–381; K. C. Varadachari, Logic of the Mīmāṃsā, Darshana International 14 (1964), 1–11; J.-M. Verpoorten, Mīmāṃsā Literature, Wiesbaden 1987; F. Zangenberg, Śabaraḥ und seine philosophischen Quellen, Wiener Z. Kunde Süd- u. Ostas. u. Arch. f. i. P. 6 (1962), 60–77.

(8) *Vedānta, allgemein:* R. Chaudhuri, Ten Schools of the Vedānta, I–III, Kalkutta 1973–1981; V. S. Ghate, Le Védanta. Étude sur les »Brahma-sūtras« et leurs cinq commentaires, Paris 1918 (engl. The Vedānta. A Study of the Brahma sūtras with the Bhāṣyas of Śaṃkara, Rāmānuja, Nimbārka, Madhva and Vallabha, ed. V. G. Paranjpe, Poona 1926, ^{3}1981); D. D. Merrill, Vedānta, REP IX (1998), 589–595.

(9) *Advaita Vedānta:* (9 a) *Texte:* The Vedāntasiddhāntamuktāvalī of Prakāśānanda [um 1500], trans. A. Venis, Benares 1890 (repr. 1898), Varanasi ^{2}1975, Delhi 2008; Advaitasiddhi [von Madhusūdana Sarasvatī, um 1600], trans. G. Jha/G. Thibaut, Allahabad 1917, unter dem Titel: The Advaitasiddhi of Madhusūdana Sarasvatī (Chapter 1), Delhi ^{2}1990; Vedānta-sāra. A Work on Vedānta Philosophy by Sadānanda [um 1500], trans. M. Hiriyanna, Poona 1929, ^{2}1962, Delhi 2004; The Bhāmatī of Vācaspati [= Vācaspati Miśra, ↑Nyāya] on Śaṅkara's Brahmasūtrabhāṣya (Catus-sūtrī), ed./trans. S. S. S. Sastri/C. K. Raja, Madras 1933, 1992; Iṣṭa-siddhi of Vimuktātman [10. Jh.] with Extracts from the Vivaraṇa of Jñānottama [10. Jh.], ed. M. Hiriyanna, Baroda 1933; Siddhāntaleśasaṅgraha of Appayya Dīkṣita [1520–1592], I–II, trans. S. S. S. Sastri, Madras 1935/1937; The Jīvan-Mukti-Viveka. Or, the Path to Liberation-In-This-Life of Śrī Vidyāraṅya [= Mādhava], ed./trans. S. S. S. Sastri/T. R.Ś. Ayyaṅgār, Madras 1935, rev. 1978; The Vivaraṇaprameyasaṅgraha of Bhāratītīrtha [= Vidyāraṇya], trans. S. S. S. Sastri/S. Sen, Kumbakonam, Waltair 1941; The Āgamaśāstra [= Gauḍapāda-kārikā] of Gauḍapāda [5. Jh.], ed./trans. V. Bhattacharya, Kalkutta 1943 (repr. Delhi 1989, 1993); The Pañcapādikā of Padmapāda [um 800], trans. R. D. Venkataramiah, Baroda 1948; Gauḍapāda-Kārikā [sanskr./engl.], ed./trans. R. D. Kamarkar, Poona 1953, 1973; Pañchadaśī. A Treatise on Advaita Metaphysics by Swami Vidyāraṇya, trans. H. P. Shastri, London 1954, ^{2}1966; The »Naiṣkarmya Siddhi« of Śrī Sureśvara [ca. 720–770], trans. A. J. Alston, London 1959, unter dem Titel: The Realization of the Absolute: The »Naiṣkarmya Siddhi« of Śrī Sureśvara, rev. ^{2}1971; ders./J. A. B. van Buitenen, A Source Book of Advaita Vedānta, Honolulu Hawai 1971; Sarvajñātman's [um 1000] Saṃkṣepaśārīrakam. 1. Kap., Einf., Übers., Anm. T. Vetter, Wien 1972 (Sitz.ber. Österr. Akad. Wiss., philos.-hist. Kl. 282, 3); Sureśvara, La démonstration du non-agir [Naiṣkarmyasiddhi], introd./trad. G. Maximilien, Paris 1975; Philosophy and Argument in Late Vedānta: Śrī Harṣa's [ca. 1125–1200] »Khaṇḍanakhaṇḍakhādya«, trans. P. E. Granoff, Dordrecht/Boston Mass./London 1978; L'Āgamaśāstra. Un traité vedāntique en quatre chapitres, übers. C. Bouy, Paris 2000; E. Deutsch, The Essential Vedānta. A New Source Book of Advaita Vedānta, Bloomington Ind. 2004, New Delhi 2006; Le collier de perles des doctrines du vedānta. Vedāntasiddhāntamuktāvalī de Prakāśānanda, übers. M. Chifflot, Paris 2005.

(9 b) *Darstellungen:* K. Cammann, Das System des Advaita nach der Lehre Prakāśātmans [10. Jh.], Wiesbaden 1965; S. K. Chattopadhyaya, The Philosophy of Sankar's [= Śaṃkara's] Advaita Vedānta, New Delhi 2000; A. K. R. Chaudhuri, Self and Falsity in Advaita Vedānta. With an Appendix on Theories of Reality in Indian Philosophy, Kalkutta 1955; M. Comans, The Method of Early Advaita Vedānta. A Study of Gauḍapāda, Śaṅkara, Śureśvara and Padmapāda, Delhi 2000; G. G. Dandoy, L'ontologie du Vedānta. Essai sur l'acosmisme de l'Advaita, Paris 1932; R. De Smet, Understanding Śaṅkara, ed. I. Coelho, Delhi 2013; E. Deutsch, Advaita Vedānta. A Philosophical Reconstruction, Honolulu Hawai 1969, 1993 (franz. Qu'est-ce que l'Advaita vedānta?, Paris 1980); R. Guénon, L'homme et son devenir selon le Vedānta, Paris 1925, ^{5}1974, 2001 (engl. Man and His Becoming According to the Vedānta, London 1928, Hillsdale N. Y. ^{3}2001); S. Gupta, Studies in the Philosophy of Madhusūdana

Saraswatī, Kalkutta 1966; ders., The Disintersted Witness. A Fragment of Advaita Vedānta Phenomenology, Evanston Ill. 1998; ders., Advaita Vedānta and Vaiṣṇavism. The Philosophy of Madhusūdana Sarasvatī, Abingdon/New York 2006; P. Hakker, Untersuchungen über Texte des frühen Advaitavāda. 1. Die Schüler Śaṅkaras, Wiesbaden 1950 (Akad. Wiss. u. Lit. Mainz, geistes- u. sozialwiss. Kl. 1950, 26); ders., Vivarta. Studien zur Geschichte der illusionistischen Kosmologie und Erkenntnistheorie der Inder, Wiesbaden 1953 (Akad. Wiss. u. Lit. Mainz, geistes- u. sozialwiss. Kl. 1953. 5); S. S. Hasurkar, Vācaspati Miśra [↑Nyāya] on Advaita Vedānta, Darbhanga 1958; O. Lacombe, L'absolu selon le Védānta. Les notions de Brahman et d'Ātman dans les systèmes de Çankara et Rāmānoudja, Paris 1937, ^{2}1966; T. M. P. Mahadevan, Gauḍapāda. A Study in Early Advaita, Madras 1952, ^{4}1975; G. R. Malkani, Vedāntic Epistemology, Amalner 1953; S. Mayeda, The Advaita Theory of Perception, in: G. Oberhammer (ed.), Beiträge zur Geistesgeschichte Indiens. Festschrift für Erich Frauwallner [...], Wien 1968 (Wiener Z. Kunde Süd- u. Ostas. u. Arch. f. i. P. 12/13), 221–239; K. S. Murty, Revelation and Reason in Advaita Vedānta, Waltair, London 1959 (repr. Delhi 1974); M. Muthuraman, Outlines of Vedāntasāra [von Sadānanda], Madras 1976; S. A. Nachane, A Survey of Post-Śaṅkarā Advaita Vedānta, ed. R. K. Panda, Delhi 2000; G. C. Pande, Life and Thought of Śaṅkarācārya, Delhi 1994, 2004; K. H. Potter (ed.), Encyclopedia of Indian Philosophies III (Advaita Vedānta up to Śaṃkara and His Pupils), Delhi, Princeton N. J. 1981; ders. (ed.), Encyclopedia of Indian Philosophies XI (Advaita Vedānta from 800 to 1200), Delhi 2006; C. M. Sastri, Sureśvara's Contribution to Advaita, Hyderabad 1973; L. Schmithausen, Zur advaitischen Theorie der Objekterkenntnis, in: G. Oberhammer (ed.), Beiträge zur Geistesgeschichte Indiens. Festschrift für Erich Frauwallner [s. o.], 329–360; B. K. Sengupta, A Critique on the Vivaraṇa School. Studies in Some Fundamental Advaitist Theories, Kalkutta 1959; A. Sharma, Advaita Vedānta. An Introduction, Delhi 2004 (dt. Advaita Vedānta. Erfahrung der absoluten Einheit, München 2006); R. M. Sharma, The Veda and Vedānta, Delhi 1996; J. Sinha, Problems of Post-Śaṃkara Advaita Vedānta, Kalkutta 1971; J. F. Sprockhoff, Der Weg der Erlösung bei Lebzeiten, ihr Wesen und ihr Wert, nach dem Jīvanmuktiviveka des Vidyāraṇya, Wiener Z. Kunde Süd- u. Ostas. u. Arch. f. i. P. 8 (1964), 224–262, 14 (1970), 131–159; Srinivasa Rao, Advaita. A Critical Investigation, Bangalore o. J. [1985]; ders. Advaita. A Contemporary Critique, New Delhi 2012; P. K. Sundaram, Advaita Epistemology. With Special Reference to Iṣṭasiddhi, Madras 1968, ^{2}1984; V. P. Upadhyaya, Lights on Vedānta. A Comparative Study of the Various Views of Post-Śaṅkarites, with Special Emphasis on Sureśvara's Doctrines, Varanasi 1959, ^{2}1999; T. Vetter, Die Gauḍapādīya-Kārikās. Zur Entstehung und zur Bedeutung von (a)dvaita, Wiener Z. Kunde Südas. 22 (1978), 95–131; P. G. Victor, Life and Teachings of Ādi Śaṅkarācārya, New Delhi 2002.

(10) *Übriger Vedānta einschließlich Vaiṣṇavismus, Śaivismus und Śāktismus:* (10 a) *Texte:* Chalāri Seṣācrya, Mādhva Logic. Being an English Translation of the Pramāṇacandrikā with an Introductory Outline of Mādhva Philosophy and the Text in Sanskrit by S. K. Maitra, Kalkutta 1936, unter dem Titel: Mādhva's Pramāṇacandrikā (Mādhva Logic) [sanskr./engl.], ed., Introd. S. K. Maitra, Arranged by N. S. Singh, Delhi 1980, 1989; Abhinavagupta [ein Kaśmīr-Śaiva aus dem 11. Jh.], Essenza dei Tantra (Tantrasâra), introd., trad. e note R. Gnoli, Turin 1960, Mailand 1990; E. Frauwallner, Aus der Philosophie der śivaitischen Systeme, Berlin (Ost) 1962; Pratyabhijñahṛdayam [von Kṣemarāja, einem Kaśmir-Śaiva aus dem 11. Jh.], The Secret of Self-Recognition. Sanskrit Text with English Translation, Notes and Introduction J. Singh, Delhi/Varanasi/Patna 1963, ^{4}1982, 1998 (dt. Das Geheimnis vom Wiedererkennen des Selbst [...], übers. G. Schindler, Schalksmühle 2008); Hymnes de Abhinavagupta [Anuttarāṣṭikā, Paramārthasāra, u. a. Werke], trad., comment. L. Silburn, Paris 1970, ^{2}1986; Luce delle sacre scritture (Tantrāloka) di Abhinavagupta, ed. R. Gnoli, Turin 1972, ^{2}1980; La Parātriṃśikālaghuvṛtti de Abhinavagupta, trad., annoté A. Padoux, Paris 1975; Śrivācanabhūṣaṇa of Pillai Lokācārya [um 1300, Viśiṣṭādvaita], ed., trans. R. C. Lester, Madras 1979; An Introduction to Tantric Philosophy. The Paramāthasāra of Abhinavagupta with the Commentary by Yogarāja, trans. L. Bansat-Boudon/K. D. Tripathi, London/New York 2011.

(10 b) *Darstellungen:* M. M. Agrawal, The Philosophy of Nimbārka [um 1200, Dvaitādvaita], Sadabad 1977, Varanasi ^{2}1983; ders., Nimbārka Philosophical Tradition, Delhi 2005; ders./K. H. Potter (eds.), Encyclopedia of Indian Philosophies XV (Bhedābheda and Dvaitādvaita Systems), Delhi 2013; B. L. Atreya, The Philosophy of the Yoga-vāsiṣṭha. A Comparative, Critical and Synthetic Survey of the Philosophical Ideas of Vāsiṣṭha as Presented in the Yoga-vāsiṣṭha Mahā-rāmāyaṇa, Madras 1936, Moradabad ^{2}1981; M. Basu, Fundamentals of the Philosophy of Tantras, Kalkutta 1986; S. M. S.Chari, Advaita and Viśiṣṭādvaita. A Study Based on Vedānta Deśikā's [ca. 1268–1338] Śatadūṣanī, London, Bombay 1961, Delhi ^{2}1976, 1999; R. Chaudhuri, Doctrine of Śrīkaṇṭha [um 1400, Śivādvaita] and Other Monotheistic Schools of the Vedānta, I–II, Kalkutta 1959/1962; B. M. Dhruva, An Introduction to the Śuddhādvaita School of Philosophy of Śrī Vallabhācārya [1481–1533], Diss. Bombay 1960; D. Dubois, Abhinavagupta. La liberté de la conscience, Paris 2010; V. Filliozat, La mythologie hindoue I (Viṣṇu), Saint Raphaël 2014; H. v. Glasenapp, Die Lehre Vallabhācāryas, Z. Indol. u. Iranistik 9 (1933/1934), 268–330; J. Gonda, Viṣṇuism and Śivaism. A Comparison, London 1970, New Delhi 1996; T. Goudriaan/S. Gupta, Hindu Tantric and Śākta Literature, Wiesbaden 1981; R. M. Gupta/K. R. Valpey (eds.), The Bhāgavata Purāna. Sacred Text and Living Tradition, New York 2013; P. Hakker, Die Idee der Person im Denken von Vedānta-Philosophen, in: L. Tigga u. a., Hinduism, Rom 1963 (Studia Missionalia XIII), 30–52 (repr. in: ders., Kleine Schriften, ed. L. Schmitthausen, Wiesbaden 1978, 270–292); R. A. Kashyap/R. Purnaiya, An Introduction to Mādhva Ontology, Bangalore 1973; R. K. Kaw, The Doctrine of Recognition (Pratyabhijña Philosophy). A Study of Its Origin and Development and Place in Indian and Western Systems of Philosophy, Hoshiapur 1967; K. Mishra, Kashmir Śaivism. The Central Philosophy of Tantrism, Portland Or. 1993, Delhi 1999, rev. u. erw. 2011; H. Nakamura, A History of Early Vedānta Philosophy, I–II, Delhi 1983/2004, I, 1990; S. C. Nandimath, A Handbook of Vīraśaivism, Dharwar 1942, ed. R. N. Nandi, Delhi/Varanasi/Patna 1979; K. Narain, A Critique of Mādhva Refutation of the Śāṃkara School of Vedānta, Allahabad 1964, New Delhi 1986; A. Padoux, Recherches sur la symbolique et l'énergie de la parole dans certains textes tantriques, Paris 1963, ^{2}1975 (engl. Vāc. The Concept of the Word in Selected Hindu Tantras, Albany N. Y. 1990, Delhi 1992); S. N. Pande, Philosophical Foundation of the Vaiṣṇava Schools, Ind. Philos. and Culture 17 (1972), 231–240; K. C. Pandey, Abhinavagupta. An Historical and Philosophical Study, Benares, Varanasi 1935, erw. Varanasi ^{2}1963, ^{4}2006; J. H. Piet, A Logical Presentation of the Śaiva Siddhānta Philosophy, Madras 1952;

V. Ponniah, The Śaiva Siddhānta Theory of Knowledge, Annamalainagar 1952, ^{2}1962; S. S. Sastri, The Śivādvaita of Śrīkantha [um 1400], Madras 1930, 1972; F. A. Schultz, Die philosophisch-theologischen Lehren des Pāśupata-Systems nach dem Pañcārthabhāṣya und der Ratnaṭīkā, Walldorf 1958; A. Sharma, Viśiṣṭādvaita Vedānta. A Study, New Delhi 1978; B. N. K. Sharma, A History of the Dvaita School of Vedānta and Its Literature, I–II, Bombay 1960/1961, in 1 Bd. Delhi/Varanasi/Patna ^{2}1981, ^{3}2000, 2008; J. Sinha, The Philosophy of Nimbārka, Kalkutta 1973; K. Sivaraman, Śaivism in Philosophical Perspective. A Study of the Formative Concepts, Problems and Methods of Śaiva Siddhānta, Delhi/Patna/Varanasi 1973, 2001; P. N. Srinivasachari, The Philosophy of Bhedābheda, Madras 1934, erw. ^{2}1950, 1996; ders., The Philosophy of Viśiṣṭādvaita, Madras 1943 (repr. 1978), ^{2}1946; ders., The Philosophy of Viśiṣṭādvaita Vedānta. A Study Based on Vedānta Deśika's Adhikaraṇa-sārāvalī, Delhi 2007; B. Walker, Tantrism. Its Secret Principles and Practices, Wellingborough 1982 (dt. Tantrismus. Die geheimen Lehren und Praktiken des linkshändigen Pfades, Basel 1987); M. Walleser, Der ältere Vedānta. Geschichte, Kritik und Lehre, Heidelberg 1910.

(11) *Moderne indische Philosophie:* K. K. Bagchi, Krishna-Chandra Bhattacharyya [1875–1949]. A Philosopher of Indian Renaissance, Viśvabhāratī Quart. 32 (1966/1967), 37–49; K. C. Bhattacharyya, The Subject as Freedom, Amalner, Bombay 1930; ders., Studies in Philosophy, I–II, ed. G. Bhattacharyya, Kalkutta 1956/1958, rev. in 1, Bd. Delhi/Varanasi/Patna ^{2}1983, ^{3}2008; ders., Search for the Absolute in Neo-Vedānta, ed. G. B. Burch, Honolulu Hawai 1976; K. Bhattacharyya, Alternative Standpoints in Philosophy. An Enquiry into the Fundamentals of Philosophy, Kalkutta 1953; ders., The Fundamentals of K. C. Bhattacharyya's Philosophy, Kalkutta 1975; ders., The Indian Concept of Man, Kalkutta 1982; N. Bhushan/J. L. Garfield (eds.), Indian Philosophy in English. From Renaissance to Independence, Oxford etc. 2011; M. B. Chande, Indian Philosophy in Modern Times, New Delhi 2000; M. Chatterjee (ed.), Contemporary Indian Philosophy. Series II, London, New York 1974, Delhi 1998; B. A. Dar, A Study in Iqbāl's Philosophy, Lahore 1944, 1971; D. M. Datta, The Philosophy of Mahatma Gandhi, Madison Wis. 1953, Kalkutta 1968; M. K. Gandhi, The Selected Works, I–VI, ed. S. Narayan, Ahmedabad 1968, 1969; ders., The Oxford India Gandhi. Essential Writings, ed. G. Gandhi, Oxford etc. 2008; H. Haldar, Neo-Hegelianism, London 1927, New York/London 1984; P. Heehs (ed.), Situating Sri Aurobindo. A Reader, Oxford etc. 2013; M. Hiriyanna, Indian Philosophical Studies, I–II, Mysore 1957, 1972, in einem Bd., 2001; M. Iqbal, The Secrets of the Self (Asrār-I Khudí). A Philosophical Poem, London 1920, rev. Lahore 1940, 2001; R. N. Iyer (ed.), The Moral and Political Writings of Mahatma Gandhi, I–III, Oxford 1986–1987; D. Krishna/A. M. Ghose/P. K. Shrivastava (eds.), The Philosophy of Kalidas Bhattacharyya [1911–1984], Pune 1985; B. K. Lal, Contemporary Indian Philosophy, Delhi/Varanasi/Patna 1973, ^{2}1978, Delhi 2005; S. K. Maitra, Fundamental Questions of Indian Metaphysics & Logic, Kalkutta 1956, ^{2}1974; ders. (ed.), Krishna Chandra Bhattacharyya Memorial Volume, Amalner 1958; K. S. Murty/K. R. Rao (eds.), Current Trends in Indian Philosophy, Waltair, New York 1972; A. J. Parel, Gandhi's Philosophy and the Quest for Harmony, Cambridge etc. 2006, 2008; S. H. Phillips, Aurobindo's Philosophy of Brahman, Leiden 1986; S. Radhakrishnan, The Philosophy of Rabindranath Tagore, London 1918, Baroda 1961; ders./J. H. Muirhead (eds.), Contemporary Indian Philosophy, London 1936, erw. London, New York ^{2}1952, 1974; A. Raghuramaraju, Debates in Indian Philosophy. Classical, Colonial, and Contemporary, Oxford etc. 2006, 2008; ders., Debating Vivekananda. A Reader, Oxford etc. 2014; P. N. Rao, Contemporary Indian Philosophy, Bombay 1970; B. G. Ray, The Philosophy of Rabindranath Tagore, Bombay 1949, Kalkutta ^{2}1970; B. N. Ray, Contemporary Indian Philosophers, Allahabad 1947, 1959; G. Richards, The Philosophy of Gandhi. A Study of His Basic Ideas, London/Dublin, Totowa N. J. 1982, London/New York 2004; ders. (ed.), A Source-Book of Modern Hinduism, London/Dublin 1985, London/New York 2004; D. Riepe, Indian Philosophy Since Independence, Kalkutta, Amsterdam 1979; A. Sharma, Modern Hindu Thought. The Essential Texts, Oxford etc. 2002; ders., Modern Hindu Thought. An Introduction, Oxford etc. 2005; R. S. Srivastava, Contemporary Indian Philosophy, Delhi 1965, Ranchi 1983; R. Tagore, Towards Universal Man, Bombay etc. 1961, 1967 (dt. Einheit der Menschheit, Freiburg 1961; franz. Vers l'homme universel, Paris 1964, mit Untertitel: Essais, Paris 1986); ders., Selected Essays, ed. M. K. Ray, New Delhi 2012; A. Vajpeyi, Righteous Republic. The Political Foundations of Modern India, Cambridge Mass./London 2012.

(12) *Vergleiche zwischen philosophischen Schulen (hinduistischen, buddhistischen, jainistischen, westlichen, ↑Philosophie, komparative):* D. A. Anderson, Buddhists, Brahmins, and Belief. Epistemology in South Asian Philosophy of Religion, New York 2005; A. C. Bhattacharya, Sri Aurobindo and Bergson. A Synthetic Study, Gyanpur 1972; E. Conze, Buddhist Philosophy and Its European Parallels, Philos. East and West 13 (1963), 9–23 S. Cross, Schopenhauer's Encounter with Indian Thought. Representation and Will and Their Indian Parallels, Honolulu Hawai 2013, London/New York 2014; S. M. Dasgupta, Yoga Philosophy in Relation to Other Systems of Indian Thought, Kalkutta 1930 (repr. Delhi 1974, 1996); M. R. Dasti/E. F. Bryant (eds.), Free Will, Agency, and Selfhood in Indian Philosophy, Oxford etc. 2014; C. Dragonetti/F. Tola, On the Myth of the Opposition between Indian Thought and Western Philosophy, Hildesheim/Zürich/New York 2004, unter dem Titel: Indian and Western Philosophies. Unity in Diversity, Delhi 2013; E. Frauwallner, Untersuchungen zum Mokṣadharma. Das Verhältnis zum Buddhismus, Wiener Z. Kunde d. Morgenl. 33 (1926), 57–68 (repr. in: ders., Kleine Schriften [s. o.], 83–94); A. M. Frenkian, Sextus Empiricus and Indian Logic, Philos. Quart. 30 (Madras 1957), 115–126; H. v. Glasenapp, Entwicklungsstufen des indischen Denkens. Untersuchungen über die Philosophie der Brahmanen und Buddhisten, Halle 1940 (Schriften Königsberger Gel. Ges., geisteswiss. Kl., 15./16., H. 5); ders., Vedānta und Buddhismus, Wiesbaden 1950 (Akad. Wiss. u. Lit. Mainz, geistes- u. sozialwiss. Kl. 1950, 11) (engl. Vedanta and Buddhism, Kandy 1958, 1978); ders., The Influence of Indian Thought on German Science, Philosophy and Literature, J. Asiatic Soc. of Bengal 23 (Kalkutta 1957), 1–10; W. Halbfass, Karma und Wiedergeburt im indischen Denken, Kreuzlingen 2000; R. Herzberger, Bhartṛhari and the Buddhists. An Essay in the Development of Fifth and Sixth Century Indian Thought, Dordrecht etc. 1986; Y. Hoffmann, The Idea of Self – East and West. A Comparison Between Buddhist Philosophy and the Philosophy of David Hume, Kalkutta 1980; I. Kuznetsova/J. Ganeri/C. Ram-Prasadi (eds.), Hindu and Buddhist Ideas in Dialogue. Self and No-Self, Farnham 2012; G. J. Larson, Classical Sāṃkhya and the Phenomenological Ontology of Jean-Paul Sartre, Philos. East and West 19 (1969), 45–58; L. de LaVallée Poussin, Le bouddhisme et le yoga de Patañjali, Mél. chinois et bouddh. 5 (Brüssel 1937), 223–242; R. Lobo, Sāṃkhya-Yoga und spätantiker Geist. Eine

Untersuchung der Allegorese des Origines im Lichte der i.n P., Diss. München 1970; K. H. Potter, The Background of Scepticism, East and West, J. Ind. Philos. 3 (1975), 299–313; K. Puhakka, Knowledge and Reality. A Comparative Study of Quine and Some Buddhist Logicians, Delhi/Patna/Varanasi 1975, 1994; A. Sen Gupta, Sāṃkhya and Advaita Vedānta. A Comparative Study, Lucknow, Patna 1973; N. J. Shah, Akalaṅka's [8. Jh., ↑Philosophie, jainistische] Criticism of Dharmakīrti's Philosophy, Ahmedabad 1967; C. Sharma, The Advaita Tradition in Indian Philosophy. A Study of Advaita in Buddhism, Vedānta and Kāshmīra Shaivism, Delhi 1996, rev. 2007; J. L. Shaw, Empty Terms: the Nyāya and the Buddhists, J. Ind. Philos. 2 (1974), 332–343; B. M. Sinha, Time and Temporality in Sāṃkhya-Yoga and Abhidharma Buddhism, Delhi 1983; B. Sital Prasad, A Comparative Study of Jainism and Buddhism, Madras 1932 (repr. Delhi 2003), ²1982; E. A. Solomon, Scepticism on Faith and Mysticism. A Comparative Study of Tattvopaplavasiṃha [von Jayarāśi Bhaṭṭa, ↑Lokāyata] and Khaṇḍanakhaṇḍakhādya [von Śrīharṣa, Advaita-↑Vedānta], J. Orient. Inst. 8 (Baroda 1959), 219–233, 349–368; M. Sprung (ed.), The Problem of Two Truths in Buddhism and Vedānta, Dordrecht/Boston Mass. 1973; H. Waldenfels, Faszination des Buddhismus. Zum christlich-buddhistischen Dialog, Mainz 1982; A. Wayman, Buddhist Dependent Origination and the Sāṃkhya guṅas, Ethnos 27 (1962), 14–22.

(13) *Sprachphilosophie einschließlich Ontologie und Erkenntnistheorie sowie Poetik und Ästhetik:* A. N. Aklujkar, The Philosophy of Bhartṛhari's Trikāṇḍī, Diss. Cambridge Mass. 1970; A. Amaladass, Philosophical Implications of Dhvani. Experience of Symbol Language in Indian Aesthetics, Leiden, Wien, Delhi 1984; S. S. Barlingay, Theories of Language in Indian Philosophy, Int. Philos. Quart. 4 (1964), 94–109; B. Bhattacharya, A Study in Language and Meaning. A Critical Examination of Some Aspects of Indian Semantics, Kalkutta 1962, 1984; C. D. Bijalwan, Indian Theory of Knowledge Based Upon Jayanta's Nyāyamañjarī [↑Nyāya], New Delhi 1977, Delhi ²1999; P. Bilimoria, Śabdapramāṇa: Word and Knowledge. A Doctrine in Mīmāṃsā-Nyāya Philosophy (with Reference to Advaita Vedānta-paribhāṣā ›Agama‹). Towards a Framework for Śruti-prāmāṇya, Dordrecht/Boston Mass./London 1988, unter dem Titel: Śabdapramāṇa. Word and Knowledge as Testimony in Indian Philosophy, New Delhi 2008; M. Biswas, Sāṃkhya-Yoga Epistemology, New Delhi 2007; J. Bronkhorst, Tradition and Argument in Classical Indian Linguistics. The Bahiraṅga-Paribhāṣā in the Paribhāṣenduśekhara [von Nāgeśa, ca. 1670–1750], Dordrecht/Boston Mass./Hingham Mass. 1986, Delhi 2003; ders., Langage et réalité. Sur un épisode de la pensée indienne, Tournhout 1999 (engl. rev. Language and Reality. On an Episode in Indian Thought, Leiden/Boston Mass. 2011); Cāndra-Vyākaraṇa, Die Grammatik des Candragomin [buddhist. Grammatiker, 5. Jh.]. Sūtra, Uṇādi, Dhātupāṭha, ed. B. Liebich, Leipzig 1902 (repr. Nendeln 1966); Cāndra-Vṛtti, Der Original-Kommentar Candragomin's zu seinem grammatischen Sūtra, ed. B. Liebich, Leipzig 1918 (repr. Nendeln 1966); K. N. Chatterjee, Word and Its Meaning. A New Perspective in the Light of Jagadīśa's [↑Nyāya] Śabda-śakti-prakāśikā [= Erklärung von Rede und ihrer Funktion], Varanasi 1980; F. Chenet (ed.), Catégories de langue et catégories de pensée. En Inde et en occident, Paris 2005; Y. Chopra, Two Indian Approaches to the Subject-Predicate Distinction, Ind. Philos. Quart. 5 (1977/1978), 249–260; H. G. Coward, Bhartṛhari, Boston Mass. 1976; Daṇḍin's Poetik (Kāvyādarśa) [= Spiegel der Dichtkunst, 8. Jh., sanskr./dt.], ed. O. Böhtlingk, Leipzig 1890; M. M. Deshpande, Kauṇḍabhaṭṭa [Grammatiker, ca. 1610–1660] on the Philosophy of Nominal Meaning (The Text of Kauṇḍabhaṭṭa's Nāmārtha-Nirṇaya [= Theorie (der Beziehung) von Name (= Wort) und Gegenstand (= Bedeutung)], with an English Translation, Explanation and an Introductory Essay), Diss. University Park Pa. 1972; R. R. Dravid, The Problem of Universals in Indian Philosophy, Delhi/Patna/Varanasi 1972, ²2001; J. D. Dunne, Foundations of Dharmakīrti's Philosophy, Somerville Mass. 2004; J. Frazier, Categorisation in Indian Philosophy. Thinking Inside the Box, Farnham 2014; D. Friedman, Aspects of Indian Epistemology, Logic and Ontology, Philosophia reformata 20 (1955), 49–58; H. K. Ganguli, Philosophy of Logical Construction. An Examination of Logical Atomism and Logical Positivism in the Light of the Philosophies of Bhartṛhari, Dharmakīrti and Prajñākaragupta [buddhist. Logiker um 900], Kalkutta 1963; B. S. Gillon/R. P. Hayes, The Role of the Particle eva in (Logical) Quantification in Sanskrit, Wiener Z. Kunde Südas. u. Arch. f. i. P. 26 (1982), 195–203; R. Gnoli (ed.), The Aesthetic Experience According to Abhinavagupta, Rom 1956, erw. Varanasi ³1985; J. A. Gune, The Meaning of Tenses and Moods. The Text of Kauṇḍabhaṭṭa's Lakārārthanirṇaya with Introduction, English Translation and Explanatory Notes, Poona 1978; B. Gupta, Reason and Experience in Indian Philosophy, New Delhi 2009; S. Gupta, Problem of Relations in Indian Philosophy, Delhi 1984; R. P. Hayes, Diṅnāga's Views on Reasoning (Svārthānumāna), J. Ind. Philos. 8 (1980), 219–277; B. Heimann, The Significance of Prefixes in Sanskrit Philosophical Terminology, London 1951, New Delhi 2012; H. Jacobi, Schriften zur indischen Poetik und Ästhetik, Darmstadt 1969; G. Jenner, Die poetischen Figuren [= alaṃkāra] der Inder von Bhāmaha [8. Jh.] bis Mammaṭa [11. Jh.]. Ihre Eigenart im Verhältnis zu den Figuren repräsentativer antiker Rhetoriker, Hamburg 1968; H. M. Jha, Trends of Linguistic Analysis in Indian Philosophy, Varanasi 1981; V. N. Jha (ed.), Indian Aesthetics and Poetics, Delhi 2003; S. D. Joshi, Kauṇḍa Bhaṭṭa on the Meaning of Sanskrit Verbs. An English Translation and Annotation of the Vaiyākaraṇabhūṣaṇasāra. Chapter 1, Diss. Cambridge Mass. 1960; P. V. Kane, History of Sanskrit Poetics, Bombay 1951, Delhi ⁴1971, 2002; K. Kunjunni Raja, Indian Theories of Meaning, Madras 1963, ²1969, 1977; A. Kunst, An Overlooked Type of Inference, Bull. School of Orient. and African Stud. 10 (1940/1942), 976–991; B. K. Matilal, Epistemology, Logic, and Grammar in Indian Philosophical Analysis, The Hague/Paris 1971, New Delhi etc. 2005; ders., Logic, Language and Reality. An Introduction to Indian Philosophical Studies, Delhi 1985, ²1990, 2008; ders., Perception. An Essay on Classical Indian Theories of Knowledge, Oxford, New York 1986, 1991; ders., The Word and the World. India's Contribution to the Study of Language, Delhi etc. 1990, 2001; P. K. Mazumdar, The Philosophy of Language in the Light of Pāṇinian and the Mīmāṃsaka Schools of Indian Philosophy, Kalkutta 1977; ders., The Meaning of Non-Denotative Words. A Study on Indian Semantics, Kalkutta 1985; M. S. Murti, Sanskrit Compounds. A Philosophical Study, Varanasi 1974; H. Nakamura, Buddhist Influence Upon the Vākyapadīya [von Bhartṛhari], J. Ganganatha Jha Res. Inst. 29 (Allahabad 1973), 367–387; P. Palit, Basic Principles of Indian Philosophy of Language, New Delhi 2004; R. Pandeya, Major hetvā-bhasas. A Formal Analysis (With Reference to Nyāya and Buddhism), Delhi 1984; T. Patnaik, Śabda. A Study of Bhartṛhari's Philosophy of Language, New Delhi 1994, ²2007; S. Phillips, Epistemology in Classical India. The Knowledge Sources of the Nyāya School, New York/London 2012; T. Pontillo/M. P. Candotti

(eds.), Signless Signification in Ancient India and Beyond, London/New York 2013; K. S. Prasad (ed.), The Philosophy of Language in Classical Indian Tradition, New Delhi 2002; V. S. Rao, The Philosophy of a Sentence and Its Parts, New Delhi 1969; L. Renou, Terminologie grammaticale du Sanskrit, I–III, Paris 1942, in einem Bd. o. J. [1957]; ders., La théorie des temps du verbe d'après les grammairiens sanskrits, J. Asiat. 248 (Paris 1960), 305–337; D. S. Ruegg, Contributions à l'histoire de la philosophie linguistique indienne, Paris 1959; E. R. S. Sarma, The Theories of the Ancient Indian Philosophers about Word, Meaning, Their Mutual Relationship and Syntactical Connection, Diss. Marburg 1954; G. Sastri, The Philosophy of Word and Meaning. Some Indian Approaches with Special Reference to the Philosophy of Bhartṛhari, Kalkutta 1959, 1983; S. K. Saxena, Aesthetical Essays. Studies in Aesthetic Theory, Hindustani Music and Kathak Dance, Delhi 1981; P. M. Scharf, The Denotation of Generic Terms in Ancient Indian Philosophy. Grammar, Nyāya, and Mīmāṃsā, Philadelphia Pa. 1996; H. Scharfe, Grammatical Literature, Wiesbaden 1977; D. Sharma, The Differentiation Theory of Meaning in Indian Logic [enthält Übers. der Apohasiddhi des buddhist. Logikers Ratnakīrti, 11. Jh.], The Hague/Paris 1969; ders., The Negative Dialectics of India. A Study of Negative Dialecticism in Indian Philosophy, East Lansing Mich. 1970; M. M. Sharma, The Dhvani Theory in Sanskrit Poetics, Varanasi 1968; L. P. N. Sinha, Nyāya Theory of Perception, New Delhi 1983; E. A. Solomon, Avidyā. A Problem of Truth and Reality, Ahmedabad 1969; ders., Indian Dialectics. Methods of Philosophical Discussion, I–II, Ahmedabad 1976/1978; J. F. Staal, Philosophy and Language, in: C. T. K. Chari (ed.), Essays in Philosophy Presented to Dr. T. M. P. Mahadevan on His Fiftieth Birthday [...], Madras 1962, 10–25; ders., Reification, Quotation and Nominalization, in: A.-T. Tymieniecka (ed.), Contributions to Logic and Methodology in Honor of J. M. Bocheński, Amsterdam 1965, 151–187; ders., Word Order in Sanskrit and Universal Grammar, Dordrecht 1967; ders. (ed.), A Reader on the Sanskrit Grammarians, Cambridge Mass./London 1972, Delhi 1985; O. Strauß, Altindische Spekulationen über die Sprache und ihre Probleme, Z. Dt. Morgenländ. Ges. NF 6 (1927), 99–151; T. R. Tripathi, Haradatta's [Grammatiker, 13. Jh.] Padamañjarī [ein Kommentar zur Kāśikā-vṛtti von Jayāditya und Vāmana, zwei Grammatikern der Pāṇini-Schule, 7. Jh.], New Delhi 1981; Le Pratāparudrīya de Vidyānātha [Dichtungstheoretiker, 1. Hälfte 14. Jh.]. Avec le commentaire Ratnāpaṇa de Kumārasvāmin, traduction, introduction et notes par P.-S. Filliozat, Pondichéry 1963.

(14) *Naturphilosophie einschließlich exakte Wissenschaften:* M. Baindur, Nature in Indian Philosophy and Cultural Traditions, New Dehli 2015; A. N. Balslev, A Study of Time in Indian Philosophy, Wiesbaden 1983, New Dehli ²1999; N. N. Bhattacharya, History of Indian Cosmogonical Ideas, New Delhi 1971; R. Billard, L'astronomie indienne. Investigation des textes sanskrits et des données numériques, Paris 1971; D. M. Bose/S. N. Sen/B. V. Subbarayappa (eds.), A Concise History of Science in India, New Delhi 1971, Hyderabad ²2009; E. Burgess, Translation of the Sūrya-Siddhānta. A Text-Book of Hindu Astronomy. With Notes, and an Appendix, Containing Additional Notes and Tables, Calculations of Eclipses, a Stellar Map, and Indexes, J. Amer. Orient. Soc. 6 (1860), 141–498, separat New Haven Conn. 1860 (repr. Kalkutta 1935, Varanasi 1977), Delhi 2005; A. Chatterjee, Naturalism in Classical Indian Philosophy, SEP 2012; D. Chattopadhyaya (ed.), Studies in the History of Science in India, I–II, New Delhi 1982, 1992; T. U. S. Dasu, Veda Vijñānam, or, Physics in Philosophy, Hyderabad 1980; N. G. Dongre, Physics in Ancient India (Ganita-vaiśesikam), New Delhi 1994; M. Gangopadhyaya, Indian Atomism. History and Sources, Kalkutta 1980; A. Goel, Indian Philosophy. Nyāya-Vaiśeṣika and Modern Science, New Delhi 1984; D. L. Gosling, Science and the Indian Tradition. When Einstein Met Tagore, London/New York 2007; H. Jäger, ›Natur‹ in der philosophischen Anthropologie bei Nāgārjuna und Dōgen. Komparative Philosophie in Bezug auf den indischen Mahāyāna- und japanischen Zen-Buddhismus, Frankfurt etc. 2011; W. Kirfel, Die Kosmographie der Inder nach den Quellen dargestellt, Bonn/Leipzig 1920 (repr. Hildesheim 1967, 1990); K. Klaus, Die altindische Kosmologie. Nach den Brāhmaṇas dargestellt, Bonn 1986; K. K. Mandal, A Comparative Study of the Concepts of Space and Time in Indian Thought, Varanasi 1968, Kalkutta ²1981; M. S. N. Murti, Philosophy of Number, Śrī Veṅkaṭeśvara Univ. Orient. J. 8 (Tirupati 1965), 81–94; W. Petri, Indo-tibetische Astronomie, Diss. München 1966; D. Pingree, Jyotiḥśāstra. Astral and Mathematical Literature, Wiesbaden 1981; K. Plofker, Mathematics in India, Princeton N. J./Oxford 2009; R. V. Rao, The Concept of Time in Ancient India, Delhi 2004; D. Riepe, Objectivity and Subjectivism in the Philosophy of Science with Special Reference to India, Kalkutta 1986; S. Sarukkai, Indian Philosophy and Philosophy of Science, New Delhi 2005, ²2008; C. R. Srinivasiengar, The History of Ancient Indian Mathematics, Kalkutta 1967, 1988; V. Varadachari, Concept of Matter, Tiruchirapalli 1966; B. S. Yadav/M. Mohan (eds.), Ancient Indian Leaps into Mathematics, New York etc. 2011.

(15) *Praktische Philosophie (insbes. Sûtras und Śāstras zu dharma, artha, kāma) einschließlich Medizin (Ayurveda):* J. S. Alter, Yoga in Modern India. The Body between Science and Philosophy, Princeton N. J. 2004, New Delhi 2009; M. R. Anand, Kama kala. Some Notes on the Philosophical Basis of Hindu Erotic Sculpture, Genf/New York 1958, 1962 (dt. Kama kala. Über die philosophischen Grundlagen der Erotik in der hinduistischen Skulptur, Genf/New York 1958); K. K. L. Bhishagratna, An English Translation of the Sushruta Samhita [Suśrutasaṃhitā], Based on the Original Sanskrit Text [...] [des Āyurvedin Suśruta, 2. Jh.], I–III, Kalkutta 1907–1916, Varanasi ²1963, ⁵1996; P. Bilimoria/J. Prabhu/R.M Sharma (eds.), Indian Ethics. Classical Traditions and Contemporary Challenges I, Aldershot 2007; S. Dasgupta, Development of Moral Philosophy in India, London, Bombay/Kalkutta 1961, New Delhi ²1994; J. D. M. Derrett, Dharmaśāstra and Juridical Literature, Wiesbaden 1973; J. Filliozat, La doctrine classique de la médecine indienne. Ses origines et ses parallèles grecs, Paris 1949, ²1975 (engl. The Classical Doctrine of Indian Medicine. Its Origins and Its Greek Parallels, Delhi 1964); C. G. Framarin, Desire and Motivation in Indian Philosophy, London/New York 2009; C. Goodman, Consequences of Compassion. An Interpretation and Defense of Buddhist Ethics, Oxford/New York 2009, 2014; ders., Ethics in Indian and Tibetan Buddhism, SEP 2010; S. Gopalan, The Hindu Philosophy of Social Reconstruction, Madras 1970, New Delhi 1979; A. Hillebrandt, Altindische Politik. Eine Übersicht auf Grund der Quellen, Jena 1923; P. V. Kane, History of Dharmaśāstra. Ancient and Mediaeval Religious and Civil Law, I–V, Poona 1930–1962, erw. ²1968–1975, ³1990–1997, Index to History of Dharmaśāstra by Pandurang Vaman Kane [...], ed. K. L. Khera, New Delhi 1997; C. F. Keyes/E. V. Daniel (eds.), Karma. An Anthropological Inquiry, Berkeley Calif./Los Angeles/London 1983; R. Lingat, Les sources du droit dans le système traditionnel de l'Inde, Paris/La Haye 1967 (engl. The Classical Law of India, Berkeley Calif./Los

Angeles/London 1973, Delhi 1999); Das Gesetzbuch des Manu [= Manusmṛti, zwischen 200 v. Chr. und 200 n. Chr.], aus dem Sanskrit übers. J. C. Hüttner, bearb. R. Preus, Bielefeld 1980; S. Mazars, Le bouddhisme et la médecine traditionnelle de l'Inde, Paris etc. 2008; K. S. Murty (ed.), Readings in Indian History, Politics and Philosophy, Bombay, London 1967; S. Ranganathan, Ethics and the History of Indian Philosophy, Delhi 2007; A. Rosu, Les conceptions psychologiques dans les textes médicaux indiens, Paris 1978; R. K. Sen, Aesthetic Enjoyment. Its Background in Philosophy and Medicine, Kalkutta 1966; A. Sharma, The Puruṣārthas. A Study in Hindu Axiology, East Lansing Mich. 1982; I. C. Sharma, Ethical Philosophies of India, Jullundur 1964, ed. and rev. S. M. Daugert, London, Lincoln Neb. 1965, New York 1970; G. Son, Schopenhauers Ethik des Mitleids und die i. P.. Parallelität und Differenz, Freiburg/München 2001; D. C. Srivastava/B. H. Boruah (eds.), Dharma and Ethics. The Indian Ideal of Human Perfection, New Delhi 2010; U. Tähtinen, Indian Philosophy of Value, Turku 1968; ders., Ahiṃsā. Non-Violence in Indian Tradition, London 1976, Ahmedabad ^{2}1983; ders., Non-Violent Theories of Punishment. Indian and Western, Helsinki 1982, Delhi/Varanasi/Patna 1983; Vāgbhaṭa, Aṣṭāṅgahṛdayasaṃhitā. Ein altindisches Lehrbuch der Heilkunde [7. Jh.], übers. L. Hilgenberg/W. Kirfel, Leiden 1941; Vāgbhaṭa's Aṣṭāgahṛdayasaṃhitā. The First Five Chapters of Its Tibetan Version [sanskr./engl.], Accompanied by a Literary Introduction and a Running Commentary on the Tibetan Translating-Technique, ed. u. trans. C. Vogel, Wiesbaden 1965; D. Wujastyk/A. Cerulli/K. Preisendanz (eds.), Medical Texts and Manuscripts in Indian Cultural History, New Delhi 2013; Yājnavalkya's Gesetzbuch [sanskr./dt.], ed. A. F. Stenzler, London, Berlin, London 1849 (repr. Osnabrück 1970); Das Kāmasūtram des Vātsyāyana [4. Jh.]. Die indische Ars amatoria nebst dem vollständigen Commentare (Jayamaṅgalā) des Yaśodhara [sanskr./dt.], übers. u. ed. R. Schmidt, Leipzig 1897, Berlin ^{7}1922, Stuttgart 1957; K. G. Zysk, Asceticism and Healing in Ancient India. Medicine in the Buddhist Monastery, Oxford/New Yorl 1991, Delhi 2000.

(16) *Spezialliteratur einschließlich Sammelwerke:* R. Balasubramanian (ed.), The Enworlded Subjectivity, Its Three Worlds and Beyond, New Delhi 2006 (Hist. Sci., Philos. and Culture in Indian Civilization XI/4); P. Balcerowicz (ed.), Logic and Belief in Indian Philosophy, Delhi 2010; C. T. Chari (ed.), Essays in Philosophy. Presented to T. M. P. Mahadevan on His 50th Birthday [...], Madras 1962; H. G. Coward (ed.), ›Language‹ in Indian Philosophy and Religion, Waterloo Ont. 1978; J J. Filliozat, Les éléments scientifiques dans la philosophie indienne, Paris 1956; E. Franco, Dharmakīrti on Compassion and Rebirth, Wien 1997; T. Gelblum, India's Philosophies – Whose Presuppositions?, Bull. School of Orient. and African Stud. 28 (1965), 308–318; P. Hacker, The Sānkhyization of the Emanation Doctrine Shown in a Critical Analysis of Texts, Wiener Z. Kunde Süd- u. Ostas. u. Arch. f. i. P. 5 (1961), 75–112; W. Halbfass, Studies in Kumārila and Śaṅkara, Reinbek b. Hamburg 1983; O. M. Hinze, Tantra Vidyā. Wissenschaft des Tantra, Zürich 1976, erw. Freiburg 1983 (engl. Tantra Vidyā, Based on Archaic Astronomy and Tantric Yoga, Delhi/Varanasi/Patna 1979, 2002); P. Horsch, Le principe d'individuation dans la philosophie indienne, I–III, Asiat. Stud. 10 (Bern 1956), 79–104, 11 (1957/1958), 29–41, 119–142; M. Hulin, Le principe de l'ego dans la pensée indienne classique. La notion d'Ahaṃkāra, Paris 1978; G. N. Joshi, The Evolution of the Concepts of Ātman and Mokṣa in the Different Systems of Indian Philosophy, Ahmedabad 1965; A. Kunst, Somatism. A Basic Concept in India's Philosophical Speculations, Philos. East and West 18 (1968), 261–275; H. D. Lewis (ed.), Philosophy East and West. Essays in Honour of Dr. T. M. P. Mahadevan, Bombay etc. 1976; W. Liebenthal, Satkārya [im Sāṃkhya, ↑kāraṇa] in der Darstellung seiner buddhistischen Gegner. Die prakṛti-parīkṣa im Tattvasagraha des Śāntirakṣita zusammen mit dem Pañjikā des Kamalaśīla übersetzt und ausführlich interpretiert, Stuttgart/Berlin 1934; B. K. Matilal, The Logical Illumination of Indian Mysticism [...], Oxford 1977; G. Misra (ed.), Psychology & Psychoanalysis, Delhi 2013 (Hist. Sci., Philos. and Culture in Indian Civilization XIII/3); C. A. Moore (ed.), The Indian Mind. Essentials of Indian Philosophy and Culture [...], Honolulu Hawai 1967, Delhi 2008; ders. (ed.), The Status of the Individual in East and West, Honolulu Hawai 1968; F. Moraes u. a. (eds.), Science, Philosophy and Culture. Essays Presented in Honour of Humayun Kabir's Sixty-Second Birthday, Bombay/New York/London 1968; T. R. V. Murti (ed.), The Concept of Philosophy. Proceedings and Papers of the Seminar on the Concept of Philosophy, Banaras Hindu University 1965, Varanasi 1968; G. Oberhammer, Zum Problem des Gottesbeweises in der i.n P., Numen 12 (1965), 1–34; ders., (ed.), Beiträge zur Geistesgeschichte Indiens. Festschrift für Erich Frauwallner. Aus Anlaß seines 70. Geburtstages, Wien 1968 (Wiener Z. Kunde Süd- u. Ostas. u. Arch. f. i. P. 12/13 [1968/1969]); ders. (ed.), Inklusivismus. Eine indische Denkform, Leiden, Wien 1983; P. T. Raju, Idealistic Thought of India, London 1953 (repr. 2008, 2013) (dt. Das idealistische Denken Indiens, Meisenheim am Glan 1969); R. H. Robinson, The Classical Indian Axiomatic, Philos. East and West 17 (1967), 139–154; D. S. Ruegg, The Study of Indian and Tibetan Thought. Some Problems and Perspectives. Inaugural Lecture, Leiden 1967; S. Schayer, I. P. als Problem der Gegenwart, Jb. Schopenhauer-Ges. 15 (1928), 46–69; S. Schwarz Linder, The Philosophical and Theological Teachings of the Pādmasamhitā, Wien 2014; B. R. Sharma, Concept of Ātman in the Principal Upaniṣads. In the Perspective of Saṃhitās, the Brāhmaṇas, the Āraṇyakas and Indian Philosophical Systems, New Delhi 1972; J. F. Staal, Exploring Mysticism. A Methodological Essay, Berkeley Calif., Harmondsworth 1975, Berkeley Calif. 1988; D. G. White (ed.), Yoga in Practice, Princeton N. J./Oxford 2012; J. Woodroffe [= A. Avalon], Shakti and Shākta. Essays and Addresses on the Shākta Tantrashāstra, London 1919, Madras, London erw. ^{2}1920, Madras ^{3}1929, ^{7}1969 (dt. Shakti und Shākta. Lehre und Ritual des Tantra-Shāstras, Weilheim 1962, Bern 1987). K. L.

Philosophie, ionische, im Rahmen der griechischen Philosophie (↑Philosophie, griechische), hier der vorsokratischen Philosophie (↑Vorsokratiker), Bezeichnung für die Philosophie der ionischen (oder milesischen) Naturphilosophen (↑Naturphilosophie) Thales, Anaximander und Anaximenes. Im Vordergrund der i.n P. steht eine die ↑Natur entmythisierende und in diesem Sinne rationale Erklärung des ↑Kosmos, die sich sowohl in der Suche nach einem einheitlichen Ordnungsprinzip des Kosmos (↑Kosmogonie, ↑Kosmologie) als auch in der Annahme eines alles ↑Werden und Vergehen überdauernden Urstoffs (↑Hylē) zum Ausdruck bringt (bei Thales das Wasser, bei Anaximander das ↑Apeiron, bei Anaximenes die Luft). Aristoteles kritisiert auf dem Hintergrund seines Kraftbegriffs (↑Kraft) die kausalen (↑Kausalität) Erklärungen der i.n P. (vgl. Phys. *H* 4–5.249a26–250a20).

Die i. P. bildet im engeren Sinne (abgesetzt von der ↑Orphik, Hesiod und den so genannten sieben Weisen) den Anfang der griechischen Philosophie und damit auch den Anfang des rationalen (philosophischen und wissenschaftlichen) Denkens (↑Rationalität) im europäischen Sinne. Dies gilt insbes. für Thales, dem nicht nur Erklärungen für Naturphänomene und ein neuer Naturbegriff zugeschrieben werden, sondern auch die für die Entwicklung von ↑Wissenschaft und ↑Philosophie wesentliche Begründung der ↑Geometrie mit der Entdekkung der Möglichkeit des theoretischen Satzes und des ↑Beweises in Form einer logikfreien Elementargeometrie. Die Charakterisierung der Theorien der ionischen Naturphilosophie als ↑Hylozoismus ist problematisch und wohl unzutreffend, da sie auf dem Hintergrund einer dualistischen Konzeption von Geist (Seele) und Materie erfolgt, die die i. P. noch nicht kennt. Wegen ihrer Herkunft werden häufig auch Xenophanes von Kolophon und Heraklit, unter Hervorkehrung naturphilosophischer Teile seines Werkes, zur i.n P. gerechnet.

Quellen: G. Wöhrle (ed.), Die Milesier: Thales, Berlin/New York 2009 (engl. The Milesians: Thales, Berlin/Boston Mass. 2014); ders. (ed.), Die Milesier: Anaximander und Anaximenes, Berlin/Boston Mass. 2012; weitere Quellen: ↑Vorsokratiker.

Literatur: K. Algra, The Beginnings of Cosmology, in: A. A. Long (ed.), The Cambridge Companion to Early Greek Philosophy, Cambridge etc. 1999, 2006, 45–65 (dt. Die Anfänge der Kosmologie, in: A. A. Long [ed.], Handbuch frühe griechische Philosophie. Von Thales bis zu den Sophisten, Stuttgart/Weimar 2001, 42–60); J. Barnes, The Presocratic Philosophers, I–II, London/Henley/Boston Mass. 1979, in 1 Bd., London/New York ²1982, 2001, I, 3–81; M. Bartling, Der Logosbegriff bei Heraklit und seine Beziehung zur Kosmologie, Göppingen 1985; K. J. Boudouris (ed.), Ionian Philosophy, Athen 1989; J. Burnet, Early Greek Philosophy, London/Edinburgh 1892, bes. 30–82 (Chap. I The Milesian School), ²1908, 37–84, ³1920, ⁴1930 (repr. London 1975), 39–79 (dt. Die Anfänge der griechischen Philosophie, Leipzig/Berlin 1913, bes. 29–67 [Kap. I Die milesische Schule]); ders., Greek Philosophy I (Thales to Plato), London 1914, 1981; R. M. Dancy, Thales, Anaximander, and Infinity, Apeiron 22 (1989), 149–190; N. C. Dührsen, Naturphilosophische Anfänge, in: H. Flashar/D. Bremer/G. Rechenauer (eds.), Die Philosophie der Antike I/1, Basel 2013, 237–338; R. Ferber, Der Ursprung der Wissenschaft bei Anaximander von Milet, Philos. Nat. 24 (1987), 195–215; H. Fränkel, Dichtung und Philosophie des frühen Griechentums. Eine Geschichte der griechischen Literatur von Homer bis Pindar, New York, Frankfurt 1951, 332–351, 474–505, mit Untertitel: Eine Geschichte der griechischen Epik, Lyrik und Prosa bis zur Mitte des fünften Jahrhunderts, München ²1962, ⁵2006, 289–308, 422–453; O. Gigon, Der Ursprung der griechischen Philosophie. Von Hesiod bis Parmenides, Basel 1945, Basel/Stuttgart ²1968 (repr. Ann Arbor Mich./London 1980), 13–119; D. W. Graham, Explaining the Cosmos. The Ionian Tradition of Scientific Philosophy, Princeton N. J./Oxford 2006; W. K. C. Guthrie, A History of Greek Philosophy I, Cambridge 1962, 1995, 39–145 (Chap. III The Milesians), 403–492 (Chap. VII Heraclitus); U. Hölscher, Anaximander und die Anfänge der Philosophie, I–II, Hermes 81 (1953), 257–277, 385–418, rev. in: ders., Anfängliches Fragen. Studien zur frühen griechischen Philosophie, Göttingen 1968, 9–89; W. Jaeger, The Theology of the Early Greek Philosophers, Oxford 1947, 1967, 18–37 (Chap. II The Theology of the Milesian Naturalists), 109–127 (Chap. VII Heraclitus) (dt. Original: Die Theologie der frühen griechischen Denker, Stuttgart 1953 [repr. Darmstadt 1964], 2009, 28–49 [Kap. II Die Theologie der milesischen Naturphilosophen], 127–146 [Kap. VII Heraklit]); C. H. Kahn, Anaximander and the Origins of Greek Cosmology, New York/London 1960, Nachdr. mit Korrekturen, Philadelphia Pa. 1985, Indianapolis Ind. 1994; G. S. Kirk/J. E. Raven, The Presocratic Philosophers. A Critical History with a Selection of Texts, Cambridge etc. 1957, 73–215, mit M. Schofield, ²1983, 2010, 76–212 (dt. Die vorsokratischen Philosophen. Einführung, Texte und Kommentare, Stuttgart/Weimar 1994, 2001, 84–233); R. Lahaye, La philosophie ionienne. L'école de Milet: Thalès, Anaximandre, Anaximène, Héraclite d'Éphèse, Paris 1966; R. Laurenti, Introduzione a Talete, Anassimandro, Anassimene, Bari 1971, Rom ⁶2003; J. V. Luce, An Introduction to Greek Philosophy, London 1992, 16–30 (Chap. 1 The Birth of Philosophy in Ionia); A. Maddalena, Sulla cosmologia ionica da Talete a Eraclito. Studi, Florenz, Padua 1940; J. Mittelstraß, Die Entdeckung der Möglichkeit von Wissenschaft, Arch. Hist. Ex. Sci. 2 (1962–1966), 410–435, Neudr. in: ders., Die Möglichkeit von Wissenschaft, Frankfurt 1974, 29–55, 209–221; ders., Die griechische Denkform. Von der Entstehung der Philosophie aus dem Geiste der Geometrie, Berlin/Boston Mass. 2014; W. H. Pleger, Die Vorsokratiker, Stuttgart 1991, 56–71 (Kap. II Das sachliche Denken – Milesische Kosmologie); C. Rapp, Vorsokratiker, München 1997, ²2007, 26–55 (II Erste Schritte: Die milesische Naturphilosophie); T. M. Robinson, Die ionische Aufklärung, in: F. Ricken (ed.), Philosophen der Antike I, Stuttgart/Berlin/Köln 1996, 38–51; W. Röd, Die Philosophie der Antike I (Von Thales bis Demokrit), München 1976, 30–49, 83–106, ²1988, ³2009, 32–52, 89–114; H. Schmitz, Anaximander und die Anfänge der griechischen Philosophie, Bonn 1988. – Bibl. Praesocratica (2001), 398–413; weitere Literatur: ↑Philosophie, griechische; ↑Vorsokratiker. J. M.

Philosophie, islamische, im engeren Sinne Bezeichnung (arab. falsafa) für die vom Beginn des 9. (al-Kindī) bis zum Ende des 12. Jhs. (Averroës) dauernde Rezeption und (teilweise kommentierende) eigenständige Weiterentwicklung der griechischen Philosophie (↑Philosophie, griechische), vor allem des Aristoteles (↑Aristotelismus) und diesem fälschlich zugeschriebener, vor allem die Konzeption der ↑Emanation vertretender neuplatonischer (↑Neuplatonismus) Schriften im islamischen Kulturkreis; im weiteren Sinne Bezeichnung für philosophische Positionen im in sich heterogenen islamischen Kulturbereich. Für die unterschiedlichen heutigen Ansätze bildet der Rückgang auf mittelalterliche Denker eine wichtige Legitimationsbasis gegenüber religiösen Orthodoxien.

Die i. P. im engeren Sinne weist – bei allen Unterschieden zwischen ihren Vertretern – folgende gemeinsame

Hauptmerkmale auf: (1) der Ausgang vom Koran und der griechischen Philosophie; (2) die Überzeugung von der Einheit des griechischen Denkens in Verbindung mit der Annahme, daß die in diesem sich manifestierende Weisheit im Koran ihre Vollendung erfährt; (3) die Annahme, daß die koranbezogene Anwendung der griechischen Philosophie dieser eine neue, wichtige Dimension verleihe, die sie für religiöse Menschen akzeptabel mache; (4) die inhaltliche Konzentration auf Fragen der Erkenntnistheorie und damit verbunden der Psychologie und Ontologie. Positionen i.r P. in diesen Bereichen haben – über das während fast 700 Jahren arabisch beherrschte Andalusien – auf das lateinische Mittelalter starken Einfluß ausgeübt. Ferner gelangte ein Großteil des Korpus der griechischen Philosophie und Wissenschaft über Andalusien in den Westen.

Der i.n P. werden gewöhnlich auch die Ideen der ›Lauteren Brüder von Basra‹ (10. Jh.) zugerechnet. Diese entwarfen in einer in 51 Sendschreiben niedergelegten Art Enzyklopädie der Wissenschaften ein umfassendes und einheitliches Welt- und Menschenbild, in dem die Mikrokosmos-Makrokosmos-Analogie (↑Makrokosmos) und nicht an das islamische Recht (Scharia) gebundene ethische Lehren im Vordergrund stehen. Die Tendenz der Lauteren Brüder zu philosophisch-wissenschaftlichem Denken (mit starken astrologischen und magischen Einschlüssen) verband sich mit einem eher überkonfessionellen, humanistischen Ansatz, ist aber dennoch – ebenso wie die i. P. – grundsätzlich islamimmanent. Angestrebt wurde eine Verbesserung des Islam im Sinne einer Vergeistigung. 1151 wurden die Schriften der Lauteren Brüder allerdings zusammen mit denen Avicennas in einem öffentlichen Autodafé verbrannt. – Die häufig gnostisch (↑Gnosis) geprägte – von der Orthodoxie oft blutig verfolgte (z.B. im Falle des 1191 hingerichteten Yaḥyā as-Suhrawardī, des Urhebers einer bedeutenden ↑Lichtmetaphysik) – islamische ↑Mystik ist eine der bedeutendsten Ausformungen der islamischen Kultur. In ihren Legitimationsbestrebungen gegenüber der religiösen Orthodoxie wurde sie durch al-Ghazzālī stark gefördert; ihre wohl wichtigste Richtung ist der ↑Sufismus.

Die Entwicklung der i.n P. ist nur vor dem Hintergrund der religiös-theologischen Vorgaben des Islam angemessen zu verstehen. Dazu gehören: (1) die alle Bereiche des Wissens und Handelns umfassende und normativ bestimmende Offenbarung des Willens Gottes im (zwischen ca. 610 und 632 entstandenen) heiligen Buch des Koran und (in weniger verpflichtender Weise) in den überlieferten, dem Anspruch nach authentischen Aussprüchen des ›Propheten‹ Muḥammad (›Ḥadīṯe‹); (2) die Einzigkeit und Allmacht Gottes als alles andere überbietendes, das private Leben jedes einzelnen und die staatliche Ordnung beherrschendes theologisches Leitprinzip. Nach einem Erklärungsmodell von J. C. Bürgel (1972, 1991) sind nicht-religiöse, kulturelle Lebensäußerungen (›Mächtigkeiten‹) im islamischen Kulturbereich als selbständig-autonome Phänomene wegen des Totalitätsanspruchs der Religion grundsätzlich ausgeschlossen. Eine dialektisch vermittelte, von der jeweiligen religiösen Orthodoxie prinzipiell nur vorübergehend geduldete Selbständigkeit dieser Phänomene ist ausschließlich in Form der Teilhabe an der Allmacht Gottes (bzw. des Totalitätsanspruchs der Religion) durch eigene Unterwerfung legitimiert (›Islam‹ läßt sich seiner Wortbedeutung nach als ›Heilserlangung durch Unterwerfung‹ unter die Allmacht Gottes verstehen). Diese widersprüchliche Grundstruktur nicht-religiöser, kultureller Phänomene (wie Philosophie, Wissenschaften, Dichtung, bildende Kunst) im Islam trägt bereits die Dynamik ihres Untergangs in sich. Denn die religiöse Orthodoxie sah (und sieht) in diesen nicht-religiösen Potenzen trotz deren genereller ›Unterwerfung‹ grundsätzlich eine Bedrohung ihres eigenen, unter Verweis auf die Allmacht Gottes erhobenen Totalitätsanspruchs. Sie ist deswegen tendenziell bestrebt, diese Potenzen zu eliminieren. Im Falle des islamischen Aristotelismus war dieser Prozeß mit dem Tod des Averroës (1198) abgeschlossen. Seitdem hat es im islamischen Kulturkreis praktisch keine, der Entwicklung im Abendland vergleichbare, Philosophie mehr gegeben. Erst ab der 2. Hälfte des 19. Jhs. wurde die i. P. in den islamischen Ländern wieder vereinzelt zur Kenntnis genommen; es erschienen erste Drucke ihrer Hauptvertreter.

Im Falle der Philosophie besteht die Grundopposition zur religiösen Orthodoxie im Verhältnis von autonom argumentierender Vernunft und totale Unterwerfung fordernder Offenbarung (in der durch die jeweilige Orthodoxie als verbindlich erklärten Form). Dieser Konflikt war bereits durch einen innertheologischen Streit vorbereitet, der sich an der Frage entzündet hatte, ob ein schwerer Sünder noch als Gläubiger gelten könne, weitete sich dann aber auf grundsätzlichere Fragen aus. Auf der einen Seite in diesem Konflikt stand die altgläubige Orthodoxie der auf Aḥmad ibn Hanbal (780–855) zurückgehenden Rechtsschule der Hanbaliten mit ihrem auf der These vom Koran als ungeschaffenem Wort Gottes beruhenden, wörtlich-anthropomorphen Schriftverständnis. Auf der anderen Seite standen die Muᶜtaziliten, die weniger die Allmacht Gottes als dessen vernunftgemäßes Wesen und Handeln, das in seiner Einheit und Gerechtigkeit zum Ausdruck komme, ins Zentrum stellten. Der Koran ist nach muᶜtazilitischer Lehre nicht mit Gott gleich ewig, sondern eine von ihm geschaffene Wesenheit, deren angemessenes Verständnis der allegorischen (↑Allegorese) Auslegung und rationalen philosophischen Durchdringung bedarf. 827 wurden die muᶜtazilitischen Lehren vom Kalifen (d.h. dem Statthalter Gottes auf Erden und Nachfolger des Propheten) al-Ma'mūn offiziell angenommen und bestimmten – verbunden mit erheblicher Gewaltanwendung – für wenige Jahrzehnte das islamische Denken. In diesen Zeitraum fällt auch die entscheidende Phase der übersetzenden Aneignung des griechischen philosophischen und wissenschaftlichen Erbes. Die Übersetzer waren mehrheitlich Christen, weswegen die griechischen Texte in der arabischen Übersetzung eine für Muslime annehmbare, dem griechischen Original häufig fehlende, religiöse Färbung erhielten.

In der Folge gewann jedoch die Orthodoxie in Gestalt der die hanbalitische Position weiterentwickelnden Aš^cariten die Oberhand: der Koran ist wiederum Gottes unerschaffenes Wort, das prinzipiell jeder rationalen Textanalyse entzogen ist. Gott ist die erste und einzige ↑Ursache. Zweitursachen gibt es nicht. Was dem Menschen als Ursache und Wirkung in der Natur erscheint, ist – dem ↑Okkasionalismus vergleichbar – nichts anderes als die aus gleichen Ursachen gleiche Wirkungen hervorbringende göttliche Gewohnheit. In diesem Sinne besteht z. B. Bewegung nicht in der Ortsveränderung von Körpern, sondern darin, daß Gott in jedem Augenblick deren Atome an einem neuen Ort neu erschafft. Auch menschliche Handlungen sind nicht frei, sondern durch Gott hervorgebracht; der Mensch eignet sie sich lediglich im Augenblick ihrer Ausführung an. Die Annahme von Zweitursachen neben der einzigen Ursache Gott ist ein Akt des ↑Polytheismus, des nach der Lehre des Korans schwersten Verbrechens. Unterbrechungen der göttlichen Gewohnheit erscheinen den Menschen als Wunder. Das mit dem Unterliegen der Mu^ctaziliten sich abzeichnende Ende der i.n P. ist insbes. durch den Perser Muḥammad al-Ġazālī (†1111) beschleunigt worden. In seinem, vor allem gegen Aristoteles und seine wichtigsten islamischen Anhänger al-Fārābī und Avicenna gerichteten Werk »Der Zusammenbruch der Philosophien« führt al-Ġazālī 20 aus religiösen Gründen zu verwerfende philosophische Lehrsätze an, von denen er drei als eigentliche Ketzereien mit dem vom Koran dafür vorgesehenen Todesurteil belegte. Es sind dies: (1) die Lehre von der ↑Ewigkeit der Welt, d. h. ihrer Unerschaffenheit; (2) die Lehre, daß Gott nur die ↑Universalien kenne, nicht aber die Einzeldinge in allen ihren Einzelheiten; (3) die Leugnung der Auferstehung des Leibes. Nach dem durch al-Ġazālī ausgesprochenen Todesurteil war die i. P. im islamischen Osten an ihr Ende gelangt, konnte sich aber – wenn auch zunehmend von der Orthodoxie bedrängt – in Andalusien noch fast ein Jh. (bis zum Tode des Averroës) halten.

Averroës vertrat die Auffassung, daß der Koran die umfassende Anwendung rationaler Methoden (auch bei dessen eigener Auslegung) verlange. Im Falle eines Widerstreits gelte der Wortlaut des Koran (und nicht seine – von Averroës als verfälschend betrachteten und unrechtmäßig Orthodoxie beanspruchenden – ›theologischen‹ Auslegungen). Die so von Averroës propagierte Eigenständigkeit der Vernunft hatte im islamischen Bereich wenig Chancen. Dagegen spielte sie in Gestalt des – dann auch von der katholischen Kirche 1277 konsequenterweise verurteilten – ↑Averroismus des lateinischen Mittelalters eine nicht unbedeutende Rolle auf dem hindernisreichen (vgl. die Ermordung G. Brunos und den Prozeß gegen G. Galilei) Weg Europas zur ↑Renaissance und schließlich zur grundsätzlichen Trennung von autonomer ↑Vernunft und Offenbarungsglauben (↑Offenbarung) sowie von politischer und religiöser Macht in der ↑Aufklärung. Das Fehlen einer entsprechenden Entwicklung im islamischen Bereich (›Averroës-Paradox‹ [M. Wahba]) wurde nicht zuletzt dadurch gefördert, daß sich die Gedanken der Aufklärung im Ausbeutungskontext des Kolonialismus präsentierten, der mit seiner militärischen, wissenschaftlich-technischen und ökonomischen Überlegenheit eine kollektive Demütigung der islamischen Kulturen darstellte. Die Nicht-Rezeption der Aufklärung wird von vielen islamischen Denkern wie M. Arkoun, der für eine spezielle ›arabische Vernunft‹ plädiert, für den Verlust rationaler islamischer Kultur und die Nicht-Entwicklung einer eigenständigen Moderne verantwortlich gemacht. In der Tat sind die Länder der islamischen Welt heute bis auf wenige Ausnahmen durch ökonomischen Verfall (außer in den ölproduzierenden Ländern) und politische Degeneration in verschiede Formen von zumeist religiös begründeter Autokratie, Despotismus oder staatlicher Desintegration (*failed states*) charakterisiert.

Neuere Forschungen legen nahe, daß es auch nach dem Ende der *falsafa* zwischen dem 13. und 18. Jh. philosophische Ansätze im islamischen Bereich gegeben hat. Sie waren aber offenbar von begrenzter Wirksamkeit, und ihre Erforschung steht erst in ihren Anfängen. Nach einer Schätzung (R. Wisnovsky) dürften weniger als 10 Prozent der überlieferten arabischen philosophischen Handschriften gedruckt sein. Heutige, in ihrer genauen Zielsetzung allerdings sehr unterschiedliche, wenigstens teilweise aufklärungsorientierte Erneuerungsversuche der i.n P. (und Gesellschaft) – insbes. in Ägypten – suchen ihre Legitimationsbasis denn auch nicht selten im Werk des Averroës. Andere islamische Philosophen (wie S. H. Nasr) sehen die kulturelle Zukunft des Islams hingegen – gegen den vernunftzentrierten ›arabischen‹ Ansatz von Arkoun – in einer in der persischen Kultur von Avicenna vorgezeichneten, gottgeleiteten, islamspezifischen Einheit von Vernunft, Intuition und Gefühl. Diese bilde einerseits die Basis einer im Westen seit der Renaissance verlorengegangenen Weisheit (*sophia perennis*), andererseits die Grundlage spezifisch islamischer Natur- und Geisteswissenschaften. Wieder andere

(z. B. A. al-Azmeh) sehen im Anschluß an die islamische Geschichtstheorie Ibn Chaldūns (†1406) eine geeignete Perspektive für die Moderne. Eher islamistisch-totalitär orientierte Gelehrte lehnen unter Berufung auf al-Ghazālīs Verwerfung der Philosophie philosophisch-rationale Orientierungen grundsätzlich ab.

Literatur: P. Adamson, The Arabic Philosophy. A Philosophical Study of the »Theology of Aristotle«, London 2002; ders./R. C. Taylor, The Cambridge Companion to Arabic Philosophy, Cambridge etc. 2005, 2012; A. Akasoy/W. Raven, Islamic Thought in the Middle Ages. Studies in Text, Transmission and Translation, in Honour of Hans Daiber, Leiden/Boston Mass. 2008; F. Y. Albertini, Die Konzeption des Messias bei Maimonides und die frühmittelalterliche islamische Philosophie, Berlin/New York 2009; I. Alon, Socrates in Medieval Arabic Literature, Leiden, Jerusalem 1991; M. Aminrazavi, Mysticism in Arabic and Islamic Philosophy, SEP 2009;G.C. Anawati, Études de philosophie musulmane, Paris 1974; ders., Philosophy, Theology, and Mysticism, in: J. Schacht/C. E. Bosworth (eds.), The Legacy of Islam, Oxford etc. 1974, 1979, 350–391 (dt. Philosophie, Theologie und Mystik, in: J. Schacht/C. E. Bosworth [eds.], Das Vermächtnis des Islams II, München 1983, 119–165); M. Arkoun, Essais sur la pensée islamique, Paris 1973, [3]1984; ders., Pour une critique de la raison islamique, Paris 1984; ders., Humanisme et islam. Combats et propositions, Paris 2005, 2008; A. al-Azmeh, Ibn Khaldūn in Modern Scholarship. A Study in Orientalism, London 1981; A. Badawi, Histoire de la philosophie en Islam, I–II, Paris 1972; I. A. Bello, The Medieval Islamic Controversy Between Philosophy and Orthodoxy. Ijmā' and Ta'wīl in the Conflict Between al-Ghazālī and Ibn Rushd, Leiden/New York/Köln 1989; R. Benzine, Les nouveaux penseurs de l'islam, Paris 2004, 2008 (dt. Islam und Moderne. Die neuen Denker, Berlin 2012); A. Bertolacci, Arabic and Islamic Metaphysics, SEP 2012; D. L. Black, Logic and Aristotle's »Rhetoric« and »Poetics« in Medieval Arabic Philosophy, Leiden/New York/Köln 1990; R. Brague, Au moyen du Moyen Age. Philosophies médiévales en chrétienté, judaïsme et islam, Chatou 2006, 2008 (engl. The Legend of the Middle Ages. Philosophical Explorations of Medieval Christianity, Judaism, and Islam, Chicago Ill./London 2009); J. C. Bürgel, Allmacht und Mächtigkeit. Religion und Welt im Islam, München 1991; C. A. Butterworth/B. A. Kessel (eds.), The Introduction of Arabic Philosophy into Europe, Leiden/New York/Köln 1994; H. Corbin, Histoire de la philosophie islamique, Paris 1964, 1986 (engl. History of Islamic Philosophy, London/New York 1993, 2006); ders., Philosophie iranienne et philosophie comparée, Teheran 1977, Paris 1985 (engl. The Concept of Comparative Philosophy, Ipswich 1981); H. Cordt, Islam, Hist. Wb. Ph. IV (1976), 614–627; C. D'Ancona (Costa), Storia della filosofia nell'Islam medievale, I–II, Turin 2005; dies., Greek Sources in Arabic and Islamic Philosophy, SEP 2009, rev. 2013; S. Dhouib, Islam und Philosophie, EP II ([2]2010), 1179–1186; ders. (ed.), Arabisch-islamische Philosophie der Gegenwart, Aachen 2011; T.-A. Druart (ed.), Arabic Philosophy and the West. Continuity and Interaction, Washington D. C. 1988; H. Eichner/M. Perkams/C. Schäfer (eds.), Islamische Philosophie im Mittelalter. Ein Handbuch, Darmstadt 2013; W. Ende/U. Steinbach (eds.), Der Islam in der Gegenwart, München 1984, 2005 (engl. Islam in the World Today. A Handbook of Politics, Religion, Culture, and Society, Ithaca N. Y./London 2010); G. Endress, The Defense of Reason. The Plea for Philosophy in the Religious Community, Z. Gesch. d. arab.-islam. Wissenschaften 6 (1990), 1–49; ders., Islam III (I. P.), RGG ([4]2001), 266–269; M. Fakhry, A History of Islamic Philosophy, New York/London 1970, [2]1983, 2004; I. Goldziher, Stellung der alten islamischen Orthodoxie zu den antiken Wissenschaften, Abh. Königl. Preuß. Akad. Wiss., philos.-hist. Kl. 1915, Nr. 8, Berlin 1916; L. E. Goodman, Jewish and Islamic Philosophy. Crosspollinations in the Classic Age, New Brunswick N. J. 1999; F. Griffel, Apostasie und Toleranz im Islam. Die Entwicklung zu al-Ġazālīs Urteil gegen die Philosophie und die Reaktion der Philosophen, Leiden/Boston Mass./ Köln 2000; G. E. v. Grunebaum, Medieval Islam. A Study in Cultural Orientation, Chicago 1946, [2]1961, 1971; U. Günther, Mohammed Arkoun. Ein moderner Kritiker der islamischen Vernunft, Würzburg 2004; M. Ha'iri Yazdi, The Principles of Epistemology in Islamic Philosophy. Knowledge by Presence, Albany N. Y. 1992; R. Hajatpour, Vom Gottesentwurf zum Selbstentwurf. Die Idee der Perfektibilität in der islamischen Existenzphilosophie, Freiburg/München 2013; G. Hendrich, Arabisch-islamische Philosophie. Geschichte und Gegenwart, Freiburg/New York, 2005, [2]2011; M. Horten, Die Philosophie des Islam in ihren Beziehungen zu den philosophischen Weltanschauungen des westlichen Orients, München 1924 (repr. Nendeln 1973); J. Inglis, Medieval Philosophy and the Classical Tradition. In Islam, Judaism and Christianity, Richmond 2002, London/New York 2003; J. Jolivet, Philosophie médiévale arabe et latine. Receuil d'articles de Jean Jolivet, Paris 1995; ders., Perspectives médiévales et arabes, Paris 2006; M. A. Khalidi (ed.), Medieval Islamic Philosophical Writings, Cambridge etc. 2005; K. Khella, Arabische und islamische Philosophie. Geschichte und Inhalte – Ideen, Erkenntnisziele, Lehren, Aktualität – und ihr Einfluß auf das europäische Denken, Hamburg 2006; A. v. Kügelgen, Averroës und die arabische Moderne. Ansätze zu einer Neubegründung des Rationalismus im Islam, Leiden/New York/Köln 1994; O. Leaman, Islamic Philosophy, REP V (1998), 13–16; ders., An Introduction to Medieval Islamic Philosophy, Cambridge etc. 1985, unter dem Titel: An Introduction to Classical Islamic Philosophy, Cambridge etc. [2]2002, 2004; W. G. Lerch, Denker des Propheten. Die Philosophie des Islam, Düsseldorf 2000, München/Zürich 2002; P. Lettinck, Aristotle's »Physics« and Its Reception in the Arabic World. With an Edition of the Unpublished Parts of Ibn Bājja's »Commentary on the Physics«, Leiden/New York/Köln 1994; M. S. Mahdi, La cité vertueuse d'Alfarabi. La fondation de la philosophie politique en Islam, Paris 2000, unter dem Titel: La fondation de la philosophie politique en Islam. La cité vertueuse d'Alfarabi, Paris 2002, engl. Original unter dem Titel: Alfarabi and the Foundation of Islamic Political Philosophy, Chicago Ill./London 2001, 2010; P. Morewedge (ed.), Neoplatonism and Islamic Thought, Albany N. Y. 1992; ders./O. Leaman, Islamic Philosophy, Modern, REP V (1998), 16–21; M. S. Murtaza, Islamische Philosophie und die Gegenwartsprobleme der Muslime. Reflexionen zu dem Philosophen Jamal Al-Din Al-Afghani, Berlin/Tübingen 2012; S. H. Nasr, Islamic Science. An Illustrated Study, Westerham 1976; ders./O. Leaman, History of Islamic Philosophy, I–II, London/New York 1996, 2002; I. R. Netton, Allah Transcendent. Studies in the Structure and Semiotics of Islamic Philosophy, Theology and Cosmology, London/New York 1989; D. Perler/U. Rudolph, Occasionalismus. Theorien der Kausalität im arabisch-islamischen und im europäischen Denken, Göttingen 2000; F. E. Peters, Aristotle and the Arabs. The Aristotelian Tradition in Islam, New York, London 1968; M. Plessner, Die Bedeutung der Wissenschaftsgeschichte für das Verständnis der geistigen Welt des Islam, Tübingen 1966; C. A. Qadir, Philosophy and Science in the Islamic World, London/New York/Sydney 1988, London/New York 1991; N. Rescher, Studies in Arabic Philosophy, Pittsburgh Pa. 1966, 1968; F. Rosenthal, Das Fortleben der Antike im Islam, Zürich/Stuttgart 1965 (engl. The Classical Heritage in Islam, London 1975, 1992); ders., Knowledge Triumphant. The Concept of Knowledge in Medieval Islam, Leiden 1970, 2007; ders., Greek Philosophy in the Arabic World. A Collection of Essays, Aldershot/Brookfield Vt. 1990; ders., Muslim Intellectual and Social History. A Collection of Essays, Aldershot 1990; U. Rudolph, Islamische Philosophie. Von den Anfängen bis zur Gegenwart, München 2004, ^{3}2013; ders. (ed.), Philosophie in der islamischen Welt, Basel 2012 ff. (erschienen Bd. I); A. Schimmel, Muhammad Iqbal. Prophetischer Poet und Philosoph, München 1989; dies., Der Islam. Eine Einführung, Stuttgart 1990, 1997; F. Sezgin (ed.), General Outlines of Islamic Philosophy, I–II, Frankfurt 2000; M. M. Sharif (ed.), A History of Muslim Philosophy. With Short Accounts of Other Disciplines and the Modern Renaissance in Muslim Lands, I–II, Wiesbaden 1963/1966, Delhi 1989; A. Sheikhalaslamzadeh, Philosophie des Islam – Philosophie im Islam, Wien 2010; T. Street, Arabic and Islamic Philosophy of Language and Logic, SEP 2008; B. Tibi, Die Krise des modernen Islams. Eine vorindustrielle Kultur im wissenschaftlich-technischen Zeitalter, München 1981, Frankfurt ^{2}1991 (engl. The Crisis of Modern Islam. A Preindustrial Culture in the Scientific-Technological Age, Salt Lake City Utah 1988; A. Vanderjagt/D. Pätzold (eds.), The Neoplatonic Tradition. Jewish, Christian and Islamic Themes, Köln 1991; R. Walzer, Greek Into Arabic. Essays on Islamic Philosophy, Oxford 1962, 1963; W. M. Watt, Islamic Philosophy and Theology, Edinburgh 1962, unter dem Titel: Islamic Philosophy + Theology, New Brunswick N. J./London 2009; R. Wisnovsky, The Nature and Scope of Arabic Philosophical Commentary in Post-Classical (ca. 1100–1900 AD) Islamic Intellectual History [...], in: P. Adamson/H. Baltussen/M. W. F. Stone (eds.), Philosophy, Science and Exegesis in Greek, Arabic and Latin Commentaries II, London 2004, 149–191; H. A. Wolfson, The Philosophy of the Kalam, Cambridge Mass./London 1976, 1992. – G. C. Anawati, Bilan des études sur la philosophie médiévale en terre d'Islam 1982–1987, Bull. philos. médiévale 29 (1987), 24–47; H. Daiber, Bibliography of Islamic Philosophy, I–II, Leiden/Boston Mass./Köln, 1999, Supplement, Leiden/Boston Mass. 2007; T.-A. Druart/M. E. Marmura, Medieval Islamic Philosophy and Theology. Bibliographical Guide (1986–1989), Bull. philos. médiévale 32 (1990), 106–135. G. W.

Philosophie, jainistische (sanskr. jaina darśana), auf Vardhamāna Kāśyapa (ca. 550–477 v. Chr.) zurückgehende Richtung innerhalb der indischen Religion und Philosophie. Dieser entstammte wie der historische Buddha, dessen Zeitgenosse er ist, der Kriegerkaste (kṣatriya); er wurde mit seiner Erleuchtung zu einem Allwissenden (kevalin, wörtlich: Vollständigen) und deshalb Jina (= Sieger, daher seine Anhänger die ›Jainisten‹) oder Mahāvīra (= der große Held) genannt. Mit dem Buddhismus (↑Philosophie, buddhistische) teilt der Jainismus die Herkunft aus der Opposition gegen die Autorität des ↑Veda und die ihn vertretende Brahmanenkaste (↑Brahmanismus) und gehört deshalb wie jener der śramaṇa-, nicht der brāhmaṇa-Tradition an (↑Philosophie, indische); jedoch sucht der Jainismus keine neue Lehre. Mahāvīra nimmt allein in Anspruch, eine seit Ewigkeit bestehende, im gegenwärtigen Weltalter nacheinander von 24 gottgleichen Tīrthaṅkaras (Furtbereiter), deren letzter er selbst ist, verkündete und in der Zeit danach jeweils allmählich verderbte Lehre wiederherzustellen. Nur der 23. Tīrthaṅkara, Pārśva, scheint eine ins 8. Jh. v. Chr. gehörende historische Gestalt zu sein.

Zentral für die Ethik des Jainismus sind die 5 Gebote (mahāvrata, = große [d. h. strenge] Gelübde, für die Mönche und Nonnen; aṇuvrata, = kleine [d. h. abgeschwächte] Gelübde, für die Laienanhänger): Nichtverletzen (↑ahiṃsā), Wahrhaftigkeit (satya), Nicht-an-sich-nehmen-was-nicht-gegeben-ist (asteya), Keuschheit (brahmacarya), Bedürfnislosigkeit (aparigraha), und zwar jeweils in Wort, Gedanke und Tat. Diese Gebote sind im Grundsatz für die ganze gegen jede Kastengliederung und die mit ihr verbundenen Tätigkeitsmerkmale (z. B. rituelles Töten als Recht und Pflicht des Priesters) gerichtete śramaṇa-Tradition charakteristisch. Dabei hat neben satya gerade ahiṃsā eine systematisch noch wenig reflektierte Rolle in der für das moderne Indien richtungweisenden politischen Philosophie M. K. Gandhis gespielt. Bei Buddha gehen allerdings die Gebote in einer Yoga-Praxis (↑Yoga) auf, während Mahāvīra sie mitsamt den Yogaübungen zu Aufforderungen zum Weg der Askese (tapas) radikalisiert (ahiṃsā auf theoretischer Ebene: Geltenlassen fremder Überzeugungen, also Toleranz anderen gegenüber).

Zu der im Jainismus und frühen Buddhismus herrschenden primär praktischen Orientierung, nämlich Fragestellungen allein daraufhin zu beurteilen, ob ihre Behandlung der Befreiung vom Leid und in diesem Sinne der Erlösung (↑mokṣa) dient, gehören schon bei Mahāvīra und Buddha entgegengesetzte Verhaltensmaximen: Buddha wählt die Minimallösung ›keinen Standpunkt einnehmen‹, Mahāvīra die Maximallösung ›jeden Standpunkt anerkennen‹. Der erste Fall führt im theoretischen Überbau zur Abkehr vom Substanzdenken, insbes. in bezug auf den Menschen, und damit zum buddhistischen anātmavāda (Lehre vom Nichtselbst); der zweite Fall zieht die Suche nach den unausgesprochenen Voraussetzungen eines jeden Lehrstücks, den Prämissen, unter denen es gültig ist, nach sich, und damit den die j. P. logisch-erkenntnistheoretisch charakterisierenden syādvāda (Lehre vom Es-kann[-so oder so]-sein [je nach Gesichtspunkt]). Die grundsätzlich beliebig vielen Gesichtspunkte – als Erkenntnis einer Relation zwischen Erkennendem und Erkanntem ↑›naya‹ genannt – wurden verschieden klassifiziert. Unter der in der j.n P. häufigsten Einteilung in 7 nayas sind die beiden Zweiteilungen ›unter Substanzaspekt (dravyārthikanaya)‹/›unter Modusaspekt (paryāyārthikanaya)‹ und ›unter Sachaspekt (arthanaya)‹/›unter Sprachaspekt (= śabdanaya)‹ die wichtigsten. Erst die

Konjunktion aller aspektabhängigen Erkenntnisse führt zur (nur einem Allwissenden, also den Erleuchteten, zugänglichen) vollständigen Erkenntnis eines Gegenstandes (↑pramāṇa). Die pramāṇas der anderen philosophischen Systeme müssen daher als durch nayas relativiert verstanden werden.

Die dialektische Argumentationsfigur für das aspektabhängige Zukommen oder Nicht-Zukommen eines Attributs einem Gegenstand gegenüber und damit die einen naya rechtfertigende Tatsache des Gegebenseins eines Gegenstands nur in einem Aspekt wird ›nikṣepa‹ genannt und ist nach dem (seinerseits als ›naya‹, auf der Theoriestufe nämlich, bezeichneten) Schema der saptabhaṅgī (sieben Weisen [der Prädikation]) gegliedert: (1) syādasti: in einem gewissen Sinne ist etwas (z. B. ein Topf, jeweils unter den Aspekten Substanz [dravya], Ort [kṣetra], Zeit [kāla] und Zustand [bhāva]: tönern, in Pataliputra, im Winter, schwarz), (2) syānnāsti: in einem gewissen Sinne ist etwas nicht, (3) syādasti nāsti: in einem gewissen Sinne ist etwas und ist (danach) nicht, (4) syād avaktavya: in einem gewissen Sinne ist etwas unbeschreibbar (d. h. das fragliche Attribut ist, weil zukommend und zugleich nicht zukommend, nicht anwendbar), (5) syādasti cāvaktavya: in einem gewissen Sinne ist etwas und ist (danach) unbeschreibbar, (6) syānnāsti cāvaktavya: in einem gewissen Sinne ist etwas nicht und ist (danach) unbeschreibbar, (7) syādasti ca nāsti cāvaktavya: in einem gewissen Sinne ist etwas und ist (danach) nicht und ist (danach) unbeschreibbar. Mit diesem Verfahren der Relativierung (häufig fälschlich als erkenntnistheoretischer Skeptizismus interpretiert) gelingt es der j.n P., in Streitfragen zwischen anderen philosophischen Systemen vermittelnd einzugreifen, ohne dabei selbst einen einseitigen Standpunkt einzunehmen: der syādvāda ist ein anekāntavāda (Lehre vom nicht-einseitigen [Standpunkt]). Der Streit zwischen dem brahmanischen ātmavāda und dem buddhistischen anātmavāda etwa wird dadurch aufgelöst, daß etwas Seiendes – es gilt zugleich als belebt (sattva = jīva) – ewig im Substanzaspekt und vergänglich im Modusaspekt ist.

Anders als im ↑Vaiśeṣika, dem die j. P. auf Grund ihrer naturphilosophischen Interessen dem begrifflichen Aufbau nach sonst in vieler Hinsicht (z. B. im erkenntnistheoretischen Realismus und ontologischen Pluralismus) nahesteht, darf in der j.n P. von Substanz (dravya) und Modus (paryāya) nur korrelativ und nicht voneinander unabhängig die Rede sein. Der (die Sautrāntika[↑Hīnayāna]-Auffassung ›es gibt nur Werden‹ abschwächende) asatkāryavāda (Lehre vom Nichtsein der Wirkung [in der Ursache]) des Vaiśeṣika und der (Śaṃkaras[↑Vedānta]-Auffassung ›es gibt nur Sein‹ abschwächende) satkāryavāda (Lehre vom Sein der Wirkung [in der Ursache]) des Sāṃkhya werden durch das jainistische ›sowohl – als auch‹, jeweils in verschiedener Hinsicht, vermittelt. Die j. P. lehrt 6 Substanzen, von denen 5 als Seinsmassen (astikāya) betrachtet werden: Es sind dies die 5 Substanzen: Lebendiges (↑jīva), Materielles (pudgala), Medium der Bewegung (dharma), Medium der Hemmung (adharma) und Raum (ākāśa), wobei umstritten blieb, ob die von den übrigen Substanzen durch ihr Nicht-Erstrecken im Raum unterschiedene Zeit (kāla) noch eine selbständige Substanz sein kann. Die Substanzen machen den Bereich der Welt (loka) und der (allein aus Raum bestehenden) Nicht-Welt (aloka) aus. Sie sind natürlich ebenfalls aspektbezogen zu interpretieren; z. B. sind die Einheiten des Materiellen, die den Raumpunkten eindeutig, aber nicht eineindeutig zugeordneten Atome (paramāṇu), der Substanz nach beharrend, dem Modus nach (i.e. hinsichtlich Farbe, Geruch, Geschmack und Fühlbarkeit) veränderlich.

Neben der logisch-ontologisch orientierten kategorialen Gliederung der Erkenntnisgegenstände (↑artha) in Substanz (↑dravya) und Modus (paryāya; davon in der älteren Literatur ↑guṇa als wesentlicher, d. h. charakterisierender, Modus einer Substanz unterschieden) ist die am meisten verbreitete Gliederung alles Wirklichen (↑tattva) diejenige nach 7 Kategorien (↑padārtha). Sie ist von der praktischen Zielsetzung an der Erlösung motiviert, die jeder einzelne in einem genau beschriebenen Stufenweg der Askese ohne fremde Hilfe erreichen kann. Deshalb auch die Bezeichnung ›kriyāvāda‹ (Lehre vom [allein zählenden eigenen moralisch relevanten] Handeln) für die j. P.. Die ersten beiden Kategorien sind jīva und ajīva, d. s. die übrigen 5 leblosen, mit Ausnahme von pudgala sogar gestaltlosen Substanzen. Dieser korrelative Dualismus als Ausgangsposition wurde für erforderlich gehalten, um eine Erklärung für die von allen indischen Systemen (außer ↑Lokāyata) angenommene Seelenwanderung (↑saṃsāra) zu finden. Jeder jīva ist vor der Erlösung in einem Zustand der Fesselung mit ajīva, bewirkt vom selbst materiell aufgefaßten ↑karma, dessen Partikel gemäß den Taten des jīva in ihn einfließen und den Karmakörper bilden. Dieser behindert das den jīva charakterisierende Bewußtsein (cetanā = ↑citta) in seinen 3 Aspekten: als Erkenntnisbewußtsein (jñāna-cetanā) – prädikativ nicht-bestimmtes, ›intuitives‹ Schauen (darśana) und prädikativ bestimmtes Wissen (jñāna im engeren Sinne) sind erst mit der Erlösung uneingeschränkt wirklich –, als Handlungsbewußtsein (karma-cetanā) – die Abwehr neuen Karmas zeigt erst mit der Erlösung volle Kraft (vīrya) – und als Bewußtsein von den Handlungsfrüchten (karmaphala-cetanā) – die Vernichtung schon eingedrungenen Karmas führt erst mit der Erlösung zur endgültigen Wonne (sukha). Die übrigen 5 Kategorien artikulieren diesen anfangslosen, von Existenz zu Existenz führenden und erst mit der Erlösung endenden Prozeß durch Einfließen (āsrava), Fesselung (bandha), Abwehr (saṃvara), Tilgung (nirjarā) und Erlösung (mokṣa). Daher die Zusammenfassung des Erlösungswegs in der Formel von den drei Juwelen (triratna): rechtes Schauen (samyagdarśana), (dann) rechtes Wissen (samyagjñāna), (dann) rechter Wandel (samyakcāritra). Das (ohne Subjekt-Objekt-Unterschiedenheit auftretende) rechte Schauen können grundsätzlich nur schon Erlöste, Allwissende, vermitteln. Es ist in visuelles, nicht-visuelles (d.h. von den anderen Sinnen unter Einschluß des als Nicht-Sinnesorgan bezeichneten Verstandes [↑manas] getragenes), übersinnliches und transzendentes eingeteilt. Das (stets sowohl auf sich wie auf den Gegenstand bezogene) rechte Wissen ist Resultat zweier Weisen richtiger Erkenntnis (pramāṇa), vermittelter (parokṣa) und unmittelbarer (↑pratyakṣa). Parokṣa ist (1) sinnliche Wahrnehmung (wobei das dem fraglichen Sinn entsprechende Schauen vorangeht) samt ihrer Verarbeitung durch den Verstand, also Erfahrung (mati) – sie besteht aus 4 Stufen: Erstes-Erfassen, Wunsch-nach-näherem-Kennenlernen, Klärung-der-Lage, Endgültige-Bestimmung-des-Gegenstandes, und schließt unter anderem Erinnerung (smṛti), Wiedererinnerung (pratyabhijñāna) und Schlußfolgerung (↑anumāna) ein –, (2) glaubwürdige Mitteilung durch Personen oder Schriften (śruta oder āgama). Pratyakṣa ist übersinnlicher Art, bestehend aus (a) der mati entsprechendem Hellsehen (avadhi), einem ohne Sinnesorgane und ohne Verstand nur kraft des jīva funktionierendem Erkennen äußerer Gegenstände, (b) dem śruta entsprechendem Gedankenlesen (manaḥ -paryāya) und (c) nur Erlösten zugänglichem Allwissen (kevala). Da in anderen philosophischen Systemen sinnliche Wahrnehmung grundsätzlich als unmittelbar behandelt wird, ist sie auch von der j.n P. schließlich aus parokṣa ausgegliedert und als den Verstandessinn einschließendes sinnliches (indriya) pratyakṣa neben das übrige übersinnliche (atīndriya) gestellt worden.

Die frühzeitige Auszeichnung der jainistischen Lehre als endgültig hat eine sichtbare Fortentwicklung des in vielen Teilen, besonders in Naturphilosophie und allgemeiner Ontologie, altertümlichen Gedankengebäudes, das unter anderem zu einem Weltbild mit ausgeprägt spekulativen, in seinen Maßen von der Konstruktion sehr großer Zahlen bestimmten Zügen geführt hat, verhindert. Die jainistischen Philosophen – durchweg Mönche (häufig als ›nirgranthaka‹ [= die Nichtverstrickten] bezeichnet) einer der beiden durch ein Schisma im 1. Jh. n. Chr. entstandenen, sich im wesentlichen nur in Verhaltensregeln unterscheidenden Richtungen der Digambara (d.i. Luftgekleideten, also Nackten; strenge Disziplin) und Śvetāmbara (d.i. Weißgekleideten; gemäßigte Disziplin) – waren gezwungen, sich grundsätzlich des alten begrifflichen Rahmens zu bedienen, was methodologisch wiederum zum hohen argumentationstheoretischen Niveau des syādvāda beigetragen hat und weitgehende Verläßlichkeit in der Darstellung gegnerischer Positionen zur Folge hatte. Das heute nur von den Śvetāmbara anerkannte, etwa im 5. Jh. n. Chr. fixierte Korpus kanonischer, im Prākrit-Dialekt Ardhamāgadhī verfaßter, Schriften besteht aus 11 Aṅga (= Glieder). Das 12. Aṅga, der Dṛṣṭivāda, ist verlorengegangen, es enthielt insbes. die 14 Pūrva ([Abhandlungen über die] ursprünglichen [Ansichten]), die neben der j. P. auch die Künste und Wissenschaften in jainistischer Sicht zum Gegenstand hatten. Neben die 11 Aṅga treten 12 lose zugeordnete Upāṅga (= Unterglieder, vornehmlich mythologisch-dogmatischen Inhalts) sowie zahlreiche Einzelwerke, darunter das von der Erkenntnis handelnde Nandīsūtra sowie eine Zusammenfassung der kanonischen Lehre im Anuyogadvāra. Das philosophisch wichtige 5. Aṅga, die Bhagavatī mit einer in Dialogform gestalteten Darstellung der Lehre, enthält bereits die für die j. P. typische, aber erst in der späteren Kommentarliteratur ›nikṣepa‹ genannte Argumentationsfigur; dort auch schon – worauf der Śvetāmbara Mallavādin (5. Jh.) in seinem nur rekonstruiert zugänglichen Dvādaśāranayacakra (das zwölfspeichige Rad der Gesichtspunkte) explizit hinweist – die ersten 3 Prädikationen der saptabhaṅgī, ebenso die auf eine begrenzte Abhängigkeit des Jainismus von den Ājīvikas (↑Lokāyata) verweisende Auseinandersetzung mit dem vermutlich seinerseits abtrünnigen Jainamönch Gośāla. Die ersten vier Prädikationen der saptabhaṅgī sind, sofern man ›etwas ist unbeschreibbar‹ der vierten Prädikation als ›weder ist etwas noch ist es nicht‹ liest, vermutlich die jainistische Antwort auf das auch im buddhistischen ↑Mādhyamika wiederkehrende Tetralemma (catuṣkoṭi) des Skeptikers Sañjaya (↑Lokāyata): An die Stelle der von Sañjaya und den Mādhyamika durchgehaltenen Antwort ›nein‹ tritt das jainistische ›ja, in einem gewissen Sinn‹. Voll ausgebildet erscheint die saptabhaṅgī erstmals im Pañcāstikāya (die fünf Seinsmassen) des Digambara Kundakunda (3. Jh. n. Chr.), dessen vor allem Ontologie und Erkenntnistheorie in aphoristischer Form behandelnde Pravacanasāra (Quintessenz der Lehre) als das früheste bekannte rein philosophische Werk gilt. Hingegen wird die saptabhaṅgī in dem von beiden Richtungen anerkannten (in Anlehnung an die Grundtexte der orthodoxen Systeme in Sūtra-Form sowie erstmals in Sanskrit verfaßten), als klassische Quelle geltenden Tattvārthādhigama (Erfassen des Sinns der Wirklichkeitsbereiche) von Umāsvāti (wahrscheinlich ein Śvetāmbara um 400 n. Chr.) nicht erwähnt. Diese drei Werke, dazu die den anekāntavāda explizit behandelnde Āptamīmāṃsā des ersten Digambara-Logikers Samantabhadra (7. Jh.) und weitere Kommentare (prakaraṇa) sowohl zum Tattvārtha (Umāsvātis eigenes bhāṣya ausgenommen) als auch zur Āptamīmāṃsā, gehören zur philosophischen Gruppe des aus insgesamt vier Werkgruppen (anuyoga: zur Philosophie, Geschichte, Kosmographie, Ethik) bestehenden sekundären Kanons der Digambara, der erst um 900 n. Chr. anstelle des in der Zeit nach dem letzten noch gemeinsam anerkannten Schulhaupt Bhadrabāhu (4. Jh. v. Chr.) für verlorengegangen erklärten primären Kanons fixiert worden ist. Die umfangreiche Kommentarliteratur beginnt mit teilweise selbst noch kanonischen niryuktis, den ↑kārikās der orthodoxen Systeme entsprechend. Es folgen ↑bhāṣyas, cūrṇis, ṭīkās und vṛttis, vom 8. Jh. an grundsätzlich in Sanskrit statt in den vorher üblichen Prākrit-Dialekten abgefaßt.

Der (von Mallavādin abgesehen) erste Śvetāmbara-Logiker, an den praktisch die gesamte logisch-erkenntnistheoretische Literatur der j. P. anknüpft, ist Siddhasena Divākara (7. Jh.). In seinem als Kārikā verfaßten Werk Nyāyāvatāra (Inkarnation der Logik) werden, geschult an der Auseinandersetzung mit Dharmakīrtis Nyāyabindu, zahlreiche systematische Unzulänglichkeiten der klassischen Lehre durch systematisch begründete Vereinfachungen beseitigt, z. B. durch Identifikation von jñāna und darśana für einen kevalin und durch die Zurückführung aller nayas auf zwei, den Substanzaspekt und den Modusaspekt (deshalb auch Aufgabe der Unterscheidung von guṇa und paryāya, umfassend behandelt in seinem Sanmatitarka). An Siddhasena schließen neben Samantabhadra die beiden Digambara Akalaṅka (um 700) und Vidyānanda (ca. 775–840) an, ebenso der als Opponent von Kumārila, Śaṃkara und Śāntarakṣita (↑Mādhyamika) erfolgreiche Prabhācandra (ca. 980–1065), Vādideva (= Devasūri, ca. 1086–1169) mit seinem Pramāṇanayatattvāloka und der Reformjaina Yaśovijaya (ca. 1624–1688), dessen Jainatarkabhāṣā als beste Einführung in die jainistische Logik und Erkenntnistheorie von seiten eines Jaina gilt. Der wegen seiner Selbständigkeit bedeutendste Vertreter der j. P. ist der Śvetāmbara Haribhadra (ca. 700–770). Er hat sich bahnbrechend mit den buddhistischen Logikern Dignāga und Dharmakīrti (↑Logik, indische) auseinandergesetzt (in der Anekāntajayapatākā samt Ṭīkā) und sich nicht gescheut, z. B. im Yogabindu und Yogadṛṣṭisamuccaya, buddhistische Gedankengänge in die im übrigen an den Yoga Patañjalis anschließende Theorie des Erlösungswegs aufzunehmen. Ihm verdankt man die als Quelle unentbehrliche Übersicht Ṣaḍdarśanasamuccaya (Zusammenstellung der 6 darśana; statt Vedānta und Yoga sind die buddhistische Philosophie und die j. P. als darśana dargestellt), die von Guṇaratna (Anfang 15. Jh.) kommentiert wurde. Höher als Haribhadra ist bei den Śvetāmbara Hemacandra (ca. 1089–1172) angesehen, der neben Logik und Erkenntnistheorie, in der Pramāṇamīmāṃsā (Sūtra und Vṛtti), auch Ethik und Kontemplation (im Yogaśāstra) ausführlich behandelte. Seine Anyayoga-vyavaccheda-dvatriṃśikā (Untersuchung der Lehre der anderen Systeme in 32 Versen) wurde in der ihrerseits einflußreichen Syādvādamañjarī von Malliṣeṇa 1292 kommentiert.

Außerhalb von Religion und Philosophie zeichnet sich die jainistische Literatur durch weitgefächerte Anwendungen der philosophischen Lehrstücke in den Künsten und Wissenschaften aus, so z. B. eine Theorie der Dichtkunst bei Vāgbhaṭa (um 1100), eine an Pāṇini orientierte Sanskrit- und Prākritgrammatik sowie eine zur indischen Mathematik (Kombinatorik) gehörende Theorie der prosodischen Kombinationsmöglichkeiten und ein nītiśāstra (Lehrbuch der Regierungskunst) bei Hemacandra.

Allgemeine Literatur: N. N. Bhattacharyya, Jain Philosophy. Historical Outline, New Delhi 1976, [2]1999; ders., Jainism. A Concise Encyclopedia, New Delhi 2009; K. L. Chanchreek/ M. K. Jain (eds.), Jaina Religion. History and Tradition, New Delhi 2004; dies. (eds.), Jain Agamas. An Introduction to Canonical Literature, New Delhi 2004, 2013; dies. (eds.), Encyclopedia of Jain Religion, I–XI, New Delhi 2005; P. Dundas, The Jains, London/New York 1992, [2]2002, 2010; P. Flügel (ed.), Studies in Jaina History and Culture. Disputes and Dialogues, London/New York 2006; V. R. Gandhi, The Jain Philosophy, Bombay 1911, [2]1924 (= Speeches and Writings I); H. v. Glasenapp, Der Jainismus. Eine indische Erlösungsreligion, nach den Quellen dargestellt, Berlin 1925 (repr. Hildesheim 1964, 1984) (engl. Jainism. An Indian Religion of Salvation, Delhi 1999); C. L. Jain, Jaina Bibliography. An Encyclopaedic Work of Jain References in World Literature, Kalkutta 1945, I–II, ed. S. R. Banerjee/A. N. Upadhye, erw. New Delhi [2]1982; C. R. Jain, The Practical Path. Philosophy of Jainism, Arrah 1917; D. C. Jain (ed.), Jaina Traditon in Indian Thought, Delhi 2002; S. Jaina, Jaina Literature & Philosophy. A Critical Approach, Varanasi 1999; ders. (ed.), Encyclopaedia of Jaina Studies, Varanasi 2010 ff. (erschienen Bd. I); J. D. Long, Jainism. An Introduction, London/New York 2009; D. Malvania/J. Soni (eds.), Encyclopedia of Indian Philosophies X (Jain Philosophy I), Delhi 2007; M. L. Mehta, Jaina Philosophy, Varanasi 1971, erw. mit Untertitel: An Introduction, Bangalore [3]1998; S. Mookerjee, The Jaina Philosophy of Non-Absolutism. A Critical Study of Anekāntavāda, Kalkutta 1944, New Delhi [2]1978; G. C. Pande (ed.), History of Science, Philosophy and Culture in Indian Civilization VII/10 (Jainism), New Delhi 2013; A. Pániker, El jainismo. Historia, sociedad, filosofía y práctica, Barcelona 2001 (engl. Jainism. History, Society, Philosophy, and Practice, Delhi 2010); K. H. Potter/P. Balcerowicz (eds.), Encyclopedia of Indian Philosophies XIV (Jain Philosophy II), Delhi 2013; dies. (eds.), Encyclopedia of Indian Philosophies XVII (Jain Philosophy III), Delhi 2014; V. A. Sangave, Le jaïnisme. Philosophie et religion de l'Inde, Paris 1999; W. Schubring, Die Lehre der Jainas, nach den alten Quellen dargestellt, Berlin/Leipzig 1935 (engl. The Doctrine of the Jainas Described after the Old Sources, New Delhi 1962 [repr. 1978], erw. [2]2000); A. Sharma, A Jaina Perspective on the Philosophy of Religion, Delhi 2001; B. Siddhāntashāstri (ed.), Jaina Lakṣaṇāvali. An Authentic and Descriptive Dictionary of Jaina Philosophical Terms, I–III, New Delhi 1972–1979; J. Soni, Jaina Philosophy, REP V (1998), 48–58; N. Tatia, Studies in Jaina Philosophy, Banaras 1951, Varanasi 1985; A. N. Upadhye u. a. (eds.), Mahāvīra and His Teachings, Bombay 1977; K. L. Wiley, Historical Dictionary of Jainism, Lanham Md. 2004, unter dem Titel: The A to Z of Jainism, New Delhi 2006; R. J. Zydenbos, Jainism Today and Its Future, München 2006.

II Texte: P. Balcerowicz (ed.), Jaina Epistemology in Historical and Comparative Perspective. Critical Edition and English Translation of Logical-Epistemological Treatises: »Nyāyâvatāra, Nyāyâvatāra-vivṛti and Nyāyâvatāra-ṭippana« with Introduction and Notes, I–II, Stuttgart 2001, Delhi ²2008; C. K. Chapple/ J. T. Casey, Reconciling Yogas. Haribhadra's Collection of Views on Yoga. With a New Translation of Haribhadra's Yogadṛṣṭisamuccaya, Albany N. Y. 2003, 99–152 (Yogadṛṣṭisamuccaya); M. Devendra, A Source-Book in Jaina Philosophy. An Exhaustive and Authoritative Book in Jaina Philosophy, trans. T. G. Kalghatgi, ed. T. S. Devodoss, Udaipur 1983; S. C. Ghoshal u. a. (ed.), The Sacred Books of the Jainas, I–XI, Arrah-Lucknow 1917–1940 (repr. New York 1974, 1991); Haribhadra Sūri, Anekāntajayapatākā. With His Own Commentary (Vṛtti) and Municandra Sūri's [um 100] Supercommentary (Vivaraṇa), I–II, ed. H. R. Kapadia, Baroda 1940/1947; Haribhadra, Yogabindu, ed. and trans. K. K. Dixit, Ahmedabad 1968; Haribhadra, Yogadṛṣṭisamuccaya with Yogaviṃśikā, ed. and trans. K. K. Dixit, Ahmedabad 1970; Hemacandra's Pramāṇa-Mīmāṃsā [sanskr./engl.], ed. S. Mookerjee/N. Tatia, Varanasi 1970; Hemacandra's Pramāṇamīmāṃsā. A Critique of Organ of Knowledge, a Work on Jaina Logic [sanskr./engl.], ed. N. J. Shah, Ahmedabad 2002; Hemacandra, The Yogaśāstra of Hemacandra. A Twelfth Century Handbook on Śvetāmbara Jainism [sanskr./engl.], trans. O. Quarnström, Cambridge Mass. 2002, unter dem Titel: A Handbook on the Three Jewels of Jainism: The Yogaśāstra of Hemacandra, erw. Mumbai 2013; H. Jacobi, Eine Jaina Dogmatik. Umāsvāti's Tattvārthādhigama Sūtra, übers. u. erl., Z. Dt. Morgenl. Ges. 60 (1906), 287–325, 512–551; Kundakundācārya, Pravacanasāra [...], Bombay ²1935 (repr. Mumbai 1991), mit Untertitel: A Pro-Canonical Text of the Jainas [sanskr./engl.], ed. A. N. Upadhye, Agas 1964, ⁴1984 (engl. The Pravacana-sāra of Kunda-kunda Ācārya. Together with the Commentary, Tattva-dīpikā by Amṛtacandra Sūri [12. Jh.], ed. F. W. Thomas, Cambridge 1935, 2014); Kundakunda, Pañcāstikāyasāra. The Building of the Cosmos [prakrit/ sanskr./engl.], ed. N. Upadhye, New Delhi 1975; Kundakunda, Samayasāra. With Original Text, Romanization, English Translation and Annotations, ed. J. S. Zaveri, Ladnun 2009; B. C. Law, Some Jaina Canonical Sūtras, Bombay 1949, Delhi 1988; A. Mette (ed.), Die Erlösungslehre der Jaina. Legenden, Parabeln, Erzählungen, Berlin 2010; N. J. Shah (ed.), Collection of Jaina Philosophical Tracts, Ahmedabad 1973; Siddhasena Divākara, Nyāyāvatāra. The Earliest Jaina Work on Pure Logic by Siddha Sena Divākara (The Celebrated Kṣapaṇaka of Vikramaditya's Court). With Sanscrit Text, Commentary, Notes and Engl. Trans., ed. S. C. Vidyabhusana, Kalkutta 1909, rev. 1981; Siddhasena Divākara, Sanmati Tarka, ed. D. Malvania, Bombay 1939, Ahmedabad 2000; F. W. Thomas, The Flower-Spray of the Quodammodo Doctrine [engl. Übers. v. Hemacandras Anyayogavyavaccheda-dvātriṃśikā mit Malliṣeṇa's Syādvādamañjarī], Berlin (Ost) 1960, New Delhi 1968; Umāsvāti, That Which Is. Tattvārtha Sūtra. Combined with the Commentaries of Umāsvāti/Umāsvāmi, Pūjyapāda and Siddhasenagaṇi, trans. N. Tatia, San Francisco Calif. etc. 1994, Delhi 2007; [Vādideva], Pramāṇa-naya-tattvālokaṃkara of Vādi Devasūri. English Translation and Commentary, along with sūtrapāṭha, Indices etc., trans. H. S. Bhattacharya, Bombay 1967; Viyāhapannatti (Bhagavaī). The Fifth Aṇga of the Jaina Canon. Introduction, Critical Analysis, Commentary and Indexes by J. Deleu, Brugge 1970, Delhi 1996; E. Windisch, Hemacandra's Yogaçāstra. Ein Beitrag zur Kenntnis der Jaina-Lehre [mit Text u. dt. Übers. der ersten 4 Kap.], Z. Dt. Morgenl. Ges. 28 (1874), 185–262, 678–679; [Yaśovijaya], Mahopādhyāyā Yaśovijaya's Jaina Tarka-bhāṣa, ed. and trans. D. Bhargava, New Delhi 1973; R. J. Zydenbos, Mokṣa in Jainism, According to Umāsvāti, Wiesbaden 1983 [Text u. Übers. des Tattvarthāsūtrabhāya Kap. 10].

III Teildarstellungen: P. Balcerowicz (ed.), Essays in Jaina Philosophy and Religion, Warschau 2002 (Warsaw Indological Stud. 2), Delhi 2003; D. Bhargava, Jaina Ethics, Delhi 1968; B. Bhatt, The Canonical Nikṣepa. Studies in Jaina Dialectics, Leiden 1978, Delhi 1991; P. Bothra, The Jaina Theory of Perception, Delhi 1976, 1996; C. B. Burch, Seven-Valued Logic in Jain Philosophy, Int. Philos. Quart. 4 (1964), 68–93; D. D. Daye, Circularity in the Inductive Justification of Formal Arguments (tarka) in the Twelfth Century Indian Jaina Logic, Philos. East and West 29 (1979), 177–188; K. K. Dixit, Jaina Ontology, Ahmedabad 1971 (enthält Zusammenfassung von Mallavādin's Nayacakra, 114–122); H. Jacobi, The Metaphysics and Ethics of the Jainas, in: Transactions of the Third International Congress for the History of Religions II, Oxford 1908, 59–65; P. K. Jain, Jaina and Hindu Logic. A Comparative Study, Delhi 2002; S. Jaina, Jaina bhāshā-darśana, Delhi 1986 (engl. Jaina Philosophy of Language, ed. S. Pandey, Varanasi 2006); P. S. Jaini, The Jaina Path of Purification, Delhi, Berkely Calif. 1979, Delhi 2001; W. J. Johnson, Harmless Souls. Karmic Bondage and Religious Change in Early Jainism with Special Reference to Umāsvāti and Kundakunda, Delhi 1995; T. G. Kalghatgi, The Doctrine of Karma in Jaina Philosophy, Philos. East and West 15 (1965), 229–242; ders., Jaina View of Life, Sholapur 1969; J. F. Kohl, Das physikalische und biologische Weltbild der indischen Jaina-Sekte, Aliganj 1956; V. M. Kulkarni, Studies in Jain Literature. The Collected Papers [...], Ahmedabad 2001; Y. Mahāprajña, Jaina Nyāya kā vikāsa, Jayapura 1977 (engl. New Dimensions in Jaina Logic, New Delhi 1984); B. K. Matilal, The Central Philosophy of Jainism (Anekānta-vāda), Ahmedabad 1981; M. L. Mehta, Jaina Psychology. A Psychological Analysis of the Jaina Doctrine of Karma, Amritsar 1955, 1957; S. Mookerjee, A Critical and Comparative Study of Jaina Logic and Epistemology on the Basis of the Nyāyāvatāra of Siddhasena Divākara, Vaishālī Inst. Res. Bull. 1 (1971), 1–144; S. Ohira, A Study of Tattvārthasūtra [von Umāsvāti] with Bhāṣya. With Special Reference to Authorship and Date, Ahmedabad 1982; Y. J. Padmarajiah, A Comparative Study of the Jaina Theories of Reality and Knowledge, Bombay 1963, Delhi 1986; N. J. Shah (ed.), Jaina Theory of Multiple Facets of Reality and Truth, Delhi 2000; J. C. Sikdar, Theory of Reality in Jaina Philosophy, Varanasi 1991; R. Singh, The Jaina Concept of Omniscience, Ahmedabad 1974; J. Soni, Aspects of Jaina Philosophy, Madras 1996; ders./M. Pahlke/C. Cüppers (eds.), Buddhist and Jaina Studies. Proceedings of the Conference in Lumbini, February 2013, Lumbini 2014; A. Wezler, Studien zum Dvādaśāranayacakra des Śvetāmbara Mallavādin, in: K. Bruhn/A. Wezler (eds.), Studien zum Jainismus und Buddhismus. Gedenkschrift für Ludwig Alsdorf, Wiesbaden 1981, 359–408; R. Williams, Jaina Yoga. A Survey of the Mediaeval Śrāvakācāras, London 1963, Delhi 1993. K. L.

Philosophie, japanische, Bezeichnung für das an der (1) chinesischen bzw. (2) der westlichen Philosophie orientierte philosophische Denken in Japan. (1) Durch die Übernahme des ↑Konfuzianismus, Buddhismus (↑Philosophie, buddhistische) und ↑Taoismus (4.–6. Jh.) lernte Japan chinesisches Denken und somit erstmals spezifisch philosophische Fragestellungen kennen. Trotz eigenständiger Weiterentwicklung des vom Festland Übernommenen (besonders deutlich in der periodisch wiederkehrenden Diskussion über die eigene Identität) stand die j. P. bis zur Mitte des 19. Jhs. in Abhängigkeit zur chinesischen. Für diese ›traditionelle Philosophie‹ gab es keine dem europäischen bzw. westlichen Begriff der Philosophie entsprechende Bezeichnung. Die Wissenschaftssysteme und Wissenschaftsdisziplinen wurden allgemein zusammenfassend *gaku* (Wissenschaft), *kyō* (Lehre) oder dō (Weg, Richtung) genannt. (2) Während des 18. Jhs. entwickelten einige Denker wegen des einseitigen Vorrangs anthropologischer Fragestellungen sowohl methodisch als auch inhaltlich eine kritische Einstellung gegenüber der traditionellen Philosophie. Der entscheidende Wandel erfolgte dann in der zweiten Hälfte des 19. Jhs., als mit der Einführung der westlichen Wissenschaften auch die Philosophie des Westens Eingang fand. Die japanischen Philosophen begannen, sich maßgeblich am westlichen Vorbild zu orientieren. Nishi Amane (1829–1897), der Begründer der modernen Philosophie in Japan, prägte als Übersetzung für ›Philosophie‹ den Terminus ›tetsugaku‹ (Wissenschaft von der Weisheit), der sich durchgesetzt hat und später auch für die traditionellen Denksysteme neben ›shisōgaku‹ (Ideengeschichte) verwendet wurde. Bei der systematischen Strukturierung der Philosophie folgen die Japaner entweder den Hauptrichtungen – konfuzianische, buddhistische, westliche Philosophie – oder gliedern nach westlichem Vorbild z. B. in Erkenntnistheorie, Logik, Ontologie, Ethik.

In der Entwicklung der j.n P. zeichnen sich drei Phasen ab, bestimmt von den jeweils vorherrschenden Strömungen: die von der buddhistischen Philosophie geprägte Phase (7. bis 16. Jh.), die Blütezeit der neokonfuzianischen Philosophie (16. bis 19. Jh.) und die Zeit ab etwa 1850, in der sich neben der westlichen Philosophie auch eine Synthese von westlicher und östlicher Philosophie ausformte.

Die *buddhistische Philosophie:* Der Buddhismus erreichte Japan spätestens um die Mitte des 6. Jhs. und wurde von koreanischen, später auch chinesischen Priestergelehrten propagiert. Als erster Buddhologe und Förderer des Buddhismus gilt der Kronprinz Shōtoku (574–622). Neben seinem Interesse am philosophischen Gehalt – er verfaßte Kommentare zu drei wesentlichen Sūtras – sah er im Buddhismus einen für Japan wichtigen staatspolitischen und kulturellen Machtfaktor, erklärte ihn daher 594 zur Staatsreligion und sicherte ihm damit zugleich einen festen Platz in der japanischen Ideengeschichte. Bereits ein halbes Jahrhundert später setzte die Bildung buddhistischer Schulen ein. Das 7. und 8. Jh. brachte die Gründung der »Sechs Nara-Schulen« (Kushā-, Jōjitsu-, Sanron-, Hossō-, Kegon- und Ritsu-Schule), wobei sich die beiden ersten nicht gesondert etablierten, sondern im Rahmen der Sanron- bzw. Hossō-Schule gelehrt wurden. Im 9. Jh. wurden von Saichō (postum Dengyō Daishi, 767–822) die Tendai- und von Kūkai (postum Kōbō Daishi, 774–835) die Shingon-Schule begründet. Während des 13. Jhs. entstanden die verschiedenen Schulen des Amidismus (Jōdo-, Jōdo-Shin- und Ji-Schule) und die Nichiren-Schule, die vor allem als religiöse Volksbewegungen große Bedeutung erlangten, sowie die beiden zenbuddhistischen Schulen Rinzai, 1191 von Eisai (1141–1215) ins Leben gerufen, und Sōtō, die auf Dōgen (1200–1253) zurückgeht. Im 17. Jh. folgte eine dritte ↑Zen-Schule, die von dem chinesischen Mönch Yin-yüan (jap. Ingen, 1592–1673) begründete Ōbaku-Schule.

Als der Buddhismus in Japan eingeführt wurde, besaß er bereits eine nahezu 1000jährige Geschichte (davon 500 Jahre in China). Eine Verschmelzung mit chinesischem Gedankengut, vor allem taoistischem, ist unübersehbar. Bei den von Japan übernommenen Lehrsystemen handelt es sich also um chinesische Verarbeitungen und Aufbereitungen des indischen Buddhismus. Sie spiegeln jedoch die Hauptphasen der buddhistischen Entwicklung wider.

Die Kusha- und die Jōjitsu-Lehre sind die einzigen zum ↑Hīnayāna gehörigen Systeme Japans. Die *Kusha-Schule* stützt sich auf den Abhidharmakośa (jap. Abidatsuma kusharon) des jüngeren Vasubandhu (ca. 400–480). Wegen dessen grundlegender Bedeutung wurde diese Schrift von nahezu allen Schulen als ein in das buddhistische Denken einführendes Standardwerk anerkannt. Die *Jōjitsu-Schule* legt dagegen die Satyasiddhi (jap. Jōjitsuron) von Harivarman (ca. 250–350), Vertreter der Sautrāntika-Schule, zugrunde. Die übrigen in Japan gelehrten Systeme gehören dem ↑Māhāyana an. Im Mittelpunkt stehen die Begriffe Leerheit (kū, sanskr. ↑śūnyatā) und Weisheit oder Einsicht (chi'e, sanskr. ↑prajñā). Von der Kusha- und Jōjitsu-Schule wurde bereits die Substanzlosigkeit oder Leerheit des Selbst vertreten; die fünf für die j. P. bedeutsamen Schulen des Mahāyāna gingen weiter und suchten den Nachweis zu erbringen, daß auch die Daseinsfaktoren (hō, sanskr. ↑dharma) selbst leer sind:

(1) Die dem ↑Mādhyamika zugehörige *Sanron-Schule* (chines. San-lun) stützt sich auf die Madhyamaka-kārikā (jap. Chūron) von Nāgārjuna sowie auf das diesem zugeschriebene Dvādaśanikāya-śāstra (jap. Jūnimonron) und das Śata-śāstra (jap. Hyakuron). (2) Die ebenfalls dem Mādhyamika zugehörige *Tendai-Schule* (chines. T'ien-t'ai) legt insbes. das Saddharma-puṇḍarīka-sūtra (jap. Myōhōrengekyō) als Hauptschrift zugrunde, zusammen mit den Kommentarwerken Hsüan-i (jap.

Gengi) und Wen-chü (jap. Mongu) von Chih-i (538–597) und dessen Mo-ho chih-kuan (jap. Maka shikan). Für ihre These von der Identität von Absolutem (ri, chines. li) und Phänomenen (ji, chines. shih), also der Welt im Ganzen und ihren singularen Momenten, entwickelt die Schule die Lehre von der ›dreifachen Wahrheit‹ (santai, chines. san-ti), mit der sie die im Mahāyāna übliche Unterscheidung von höchster und konventioneller Wahrheit zu vermitteln sucht. Es handelt sich um die Wahrheit der Leere (kū, chines. k'ung), der vorübergehenden Erscheinung (ke, chines. chia) und des Mittleren (chū, chines. chung). Alle Dualität ist in der harmonischen Verschmelzung der drei Wahrheiten aufgehoben: »zwischen dem Absoluten und den Phänomenen ist kein Hindernis« (riji muge, chines. li-shih wu-ai). (3) Die dem ↑Yogācāra zugehörige *Hossō-Schule* (hossō: der spezifische Charakter [sō] der Daseinsfaktoren [hō]) beruft sich vor allem auf das Vijñapti-mātratāsiddhi-śāstra (jap. Jōyui-shikiron), das dem älteren Vasubandhu (ca. 320–380) zugeschrieben wird, tatsächlich aber von Dharmapāla stammt, und wird daher auch die Yuishiki-Schule genannt. (4) Die ebenfalls dem Yogācāra zugehörige *Kegon-Schule* (chines. Hua-yen) trägt ihren Namen nach der ihr zugrundeliegenden Hauptschrift, dem Avataṃsaka-sūtra (jap. Kegongyō). Sie lehrt, daß alle Phänomene nicht nur in Beziehung zueinander stehen, sondern auch ununterscheidbar sind: »zwischen Phänomen und Phänomen besteht kein Hindernis« (jiji muge, chines. shih-shih wu-ai), weil einem jeden Phänomen sechs Charakteristika zukommen: Universalität (sōsō, chines. tsung-hsiang) wie Besonderheit (bessō, chines. pieh-hsiang), Gleichheit (dōsō, chines. t'ung-hsiang) wie Unterschiedenheit (isō, chines. i-hsiang), Integration (jōsō, chines. ch'eng-hsiang) wie Differenzierung (esō, chines. huai-hsiang). Sind alle Phänomene aufgrund ihres sechsfachen spezifischen Wesens voneinander ununterschieden, so sind sie auch vom Absoluten nicht unterscheidbar und müssen als dessen Teile gelten. (5) Die dem ↑Tantrayāna zugehörige *Shingon-Schule* (chines. chen-yen, sanskr. ↑mantra) stützt ihre Lehre maßgeblich auf das Mahāvairocana-sūtra (jap. Dainichikyō) und das Vajraśekhara-sūtra (jap. Kongōchōgyō). Sie sieht die Identität von Absolutem und Unterscheidungswelt verkörpert im Ādi-Buddha (der dem Buchstaben *a* gleichwertige Buchstabe ādi symbolisiert die tathatā, die Soheit) oder in Mahāvairocana Tathāgata (jap. Dainichi Nyorai). Dieser weist zwei Aspekte auf: die vollkommene Weisheit (chi) oder ›Diamantwelt‹ (kongōkai, sanskr. vajra-dhātu; als solcher ist er die Essenz aller Phänomene) und das Weltprinzip (ri) oder die ›Mutterschoßwelt‹ (taizōkai, sanskr. garbha-dhātu; als solcher stellt er das Wandelbare der Erscheinungswelt dar). Diese Zwei-Welten-Einheit basiert auf den sechs Grundelementen (rokudai, sanskr. ṣaḍ dhātavaḥ), von welchen die ersten fünf – Erde, Wasser, Feuer, Wind und Raum – der Mutterschoßwelt, das sechste, das Bewußtsein, der Diamantwelt entsprechen. Nach Kūkai durchdringen diese sechs Elemente einander und befinden sich in einem Zustand ewiger Harmonie. Somit sind sie Schöpfer und Geschaffenes zugleich; jedes Phänomen ist in seinen Elementen homogen mit dem Absoluten, also integraler Bestandteil des Mahāvairocana. Die Verwirklichung dieser Wahrheit ist aufgrund einer mystischen Vereinigung mit Mahāvairocana möglich, die in der Realisierung der drei Mysterien (sammitsu) – Körper, Sprache, Denken – durch bestimmte Handgebärden mit besonderer Fingerstellung (inzō, sanskr. mūdra), Sprechen bestimmter ›wahrer‹ Worte (shingon) und Meditation besteht. (6) In den Schulen des Amidismus steht Buddha Amitābha (auch Amita) oder Amitāyus (jap. für beide Namen Amida) im Mittelpunkt. Er symbolisiert Erbarmen und Weisheit und herrscht über das ›Westliche Paradies‹ (gokuroku, sanskr. sukhāvatī), das ›Reine Land des Westens‹ (jōdo), eines der bedeutendsten im Mahāyāna aufgekommenen Buddha-Länder, die im Volksglauben als geographisch lokalisierbare Orte der Seligkeit angesehen werden, im Grunde aber für Aspekte des erleuchteten Bewußtseins stehen. Der Amidismus strebt nach Vereinfachung im Glauben. Der Weg zur Erleuchtung bedarf daher nicht der Vermittlung durch das Studium der Mahāyāna-Philosophie, durch Ritual oder Meditation. Die Essenz des Amidismus ist in der Anrufung des Namens Amida Buddha (›Namu Amida Butsu‹, sanskr. Namu Amitābha Buddha: ›Verehrung dem Buddha Amida‹), die man die Praxis des Nembutsu (nembutsugyō) nennt, enthalten. Ihre Lehre basiert auf dem Sukhāvatīvyūha-sūtra, auch Aparimitāyur-sūtra, das in einer längeren (jap. Muryōjukyo) und kürzeren Fassung (sanskr. Amitābha-sūtra, jap. Amidakyō) existiert, und dem Amitāyurdhyāna-sūtra (jap. Kammuryōjukyō). Die von Shinran Shōnin (1173–1262) gegründete Jōdo-Shin-Schule stellt in Japan den Höhepunkt des Amidismus dar. Seine Lehre, unter anderen Schriften im Kyōgyōshinshō (Lehre-Praxis-Glaube-Zeugnis, 1224) festgehalten, beruht auf der Erfahrung der Fremdkraft (tariki, d. i. die Kraft des Amida), in der sich das Erfassen der eigenen radikalen Sündhaftigkeit und das Leiden der Verzweiflung über sich selbst mit der Aufrichtigkeit und dem bedingungslosen Vertrauen (shinjin i hon) auf die erlösende Kraft des Gelübdes Amidas – hier das 18. der 48 ursprünglichen Gelübde (hongan, sanskr. pūrva-praṇidhāna, mūla-p.), in dem er gelobt, daß alle, die sich im gläubigen Vertrauen an ihn wenden, im Reinen Land wiedergeboren werden – verbinden. Auch hier bedeutet wahrer Glaube keine Ichverhaftetheit mehr. (7) Die *Zen-Schulen* (↑Zen) stützen sich in ihren Ansätzen auf die Sūtras Prajñāpāramitā (jap. Hannyakyō), Avataṃsaka,

Vimalakīrtinirdeśa (jap. Yuimagyō) und Laṅkāvatāra (jap. Ryōgakyō) und stellen praktisch wie theoretisch den Höhepunkt der buddhistischen Philosophie dar. Seine Begründer in Japan sind Dōgen Zenji (1200–1253) mit der Sōtō- und Eisai (1141–1215) mit der Rinzai-Schule, die später durch das Wirken des Hakuin Ekaku (1686–1769) erst voll zur Wirkung kommt. Bei beiden Formen des Zen geht es um die existentielle Erfahrung des Menschen in seiner Körper-Geist-Buddhanatur-Einheit, wobei sie eines bestimmten psychologischen und erkenntnistechnischen Ablaufs, indem sich jene höchste Erfahrung vollzieht, bedienen. Beide Schulen üben Kritik an der rationalen Erkenntnisweise, deren Resultate der Mensch irrtümlich für wahr ansieht. Sie betonen die direkte, intuitive (↑Intuition) Erfahrung der Wirklichkeit. Als wirksamste Methoden hat Zen zwei verschiedene Meditationspraktiken, die Meditation im Hocksitz (chines. tso-ch'an, jap. zazen) und das Kōan (chines. kung-an), entwickelt, wobei die Sōtō-Schule zazen, die Rinzai-Schule das kōan in den Mittelpunkt stellt. Zen übte einen starken Einfluß auf die als ›Weg‹ benannten Künste wie die Teezeremonie (chadō/sadō), die Schreibkunst (shodō), das Bogenschießen (kyūdō), die Tuschmalerei (Sumi-e), das Ikebana (kadō), die Keramik und die Gartenkunst aus. In diesem Zusammenhang weist Weg (chines. tao, jap. dō) nicht auf ein System hin, sondern auf das ›Begehen des Weges‹ als einen leiblich-meditativen Übungsweg, der den Praktizierenden im Rahmen der Erlangung des handwerklichen Könnens, die stets das Loslassen, die Absichtslosigkeit anstrebt, zu dem Erfassen der Bedingungen der erscheinenden Welt hinführen soll. Die ästhetischen Prinzipien sind Schlichtheit im Ausdruck, sparsame Raumnutzung, d.h. es überwiegt innerhalb des gegebenen Rahmens die ›Leere‹ in Form von leer gelassenem Raum oder Fläche, Asymmetrie als Ausdruck der Dynamik und Beweglichkeit, das Vollendet-Unvollendete als Empfindung der Vergänglichkeit (sanskr. anitya, jap. mujō) allen Lebens. Zen, vor allem in der Auslegung Dōgens, der als Philosoph in Japan eine bedeutende Wirkungsgeschichte hat, spielt in der Philosophie und Ästhetik der Kyōto-Schule (s.u.) unter dem Aspekt ›Mystik und Leiberfahrung‹ eine maßgebliche Rolle.

Die *konfuzianische Philosophie:* Der Konfuzianismus wurde bereits im 4. Jh. durch koreanische Gelehrte nach Japan gebracht, im 8. Jh. als gesellschafts- und bildungspolitischer Faktor in die Gesetzgebung integriert, spielte aber als ›Philosophie‹ bis zum 16. Jh. keine entscheidende Rolle. Es waren zenbuddhistische Mönchsgelehrte, die seit dem 14. Jh. einer neuen Entwicklung das Tor öffneten. Sie hatten bei ihren Studienaufenthalten in China den chinesischen Sung-Konfuzianismus (↑Philosophie, chinesische, ↑Konfuzianismus) kennengelernt und in Japan eingeführt. So waren die Zen-Klöster bis zum 16. Jh. die eigentlichen Pflegestätten dieses Neokonfuzianismus. Erst seit dem 16. Jh. gründeten konfuzianische Gelehrte Schulen, unter ihnen die auf der Philosophie des Chu Hsi beruhende *Shushi-Schule* mit ihren Hauptvertretern Fujiwara Seika (1561–1619), Hayashi Razan (1583–1657), Arai Hakuseki (1657–1725), Muro Kyūsō (1658–1734), Kaibara Ekiken (1630–1714), die auf dem System des Wang Yang-ming beruhende *Yōmei-Schule* mit ihren Hauptvertretern Nakae Tōju (1608–1648), Kumazawa Banzan (1619–1691), Miwa Shissai (1669–1744) und die *Kogaku-(Alte Lehre-)Schule*, die sich in die Richtung der Horikawa Gakuha des Itō Jinsai (1627–1705) und die der Fukko Gakuha des Ogyū Sorai (1666–1728) aufspaltet. Hinzu kommen z.B. die *Setchūgaku (Eklektische Schule)* mit Katayama Kenzan (1730–1782), Minagawa Ki'en (1734–1807). Trotz ihrer unterschiedlichen theoretischen Ansätze haben alle genannten Lehrrichtungen ihre einheitliche Basis in den konfuzianischen Klassikern; und alle Schulen gehen von dem Grundgedanken aus, daß dem ↑Makrokosmos eine Gesetzmäßigkeit zugrundeliegt, in die der Mikrokosmos eingebunden ist.

Ontologie: Die Shushi-Philosophen gehen vom Ordnungsprinzip (ri, chines. li) und Individuationsprinzip (ki, chines. ch'i) aus. Dem Ordnungsprinzip wird zwar keine zeitliche, aber doch eine logische Priorität zugesprochen. Es ist räumlich und zeitlich nicht begrenzt; es ist das Gesetz, nach dem alle Dinge in Erscheinung treten, und der Grund für ihr Sosein. Das nachgeordnete Individuationsprinzip (↑Individuation) ist Materie-Energie, vom Hauchartigen bis zum Konkret-Stofflichen; ihre Eigenschaften sind die antithetischen, sich wechselseitig bedingenden Wirkungspotenzen der Bewegung (in, chines. yin) und der Ruhe (yō, chines. yang, ↑Yin-Yang), aus deren Wechselspiel die zyklisch sich stetig ändernden fünf Wandlungsphasen (gogyō, chines. wu-hsing) Holz, Feuer, Erde, Metall und Wasser hervorgehen, aus denen wiederum stufenweise alles individuelle Seiende entsteht. Anders der ontologische Ansatz der Yōmei-Philosophen. Diese gehen von der Vorstellung eines alles umfassenden, einheitlichen Weltgeistes (shin, chines. hsin), auch mit ri (s.o.) wiedergegeben, aus, der das Einheitliche, Schöpferische, Harmonische und das sich in mannigfaltigen Funktionen (yō, chines. yung) Äußernde darstellt. Die Kogaku in der Auslegung des Itō Jinsai legt in ihrer Ontologie den Begriff des Himmels (ten, chines. t'ien) zugrunde, den sie unter zwei Aspekten sieht: der Himmel als Befehlender (temmei, chines. t'ien-ming), der alles Geschehen bestimmt, und der von Materie-Energie ausgefüllte Himmel, der das Bewegt-Dynamische, Lebenspendende und Lebenerhaltende darstellt. Ogyū Sorai wiederum lehnt jede Art von Ontologie ab. Er setzt den Himmel als absolute, nicht hintergehbare Macht (ikioi) und befreit den in seiner Philosophie zentralen Begriff Weg (dō, chines. tao) von aller Hypostasierung. Der ›Weg‹ wurde von den im hohen Altertum Chinas regierenden mythischen Herrschern, die höchste Tugendhaftigkeit mit intuitiver Einsicht in das Wesen der Dinge verbanden und daher in Übereinstimmung mit dem Himmel waren, in einem zivilisatorischen Prozeß geschaffen und besitzt deshalb objektive Gültigkeit. Etwa seit der Zeit von Menzius (371–289 v. Chr.) sei der ›Weg‹ verfallen, weil ihn die konfuzianischen Wissenschaftler gemäß den Bedürfnissen ihrer jeweiligen Gesellschaft uminterpretierten und so verfälschten. Die Hauptaufgabe der Wissenschaft sah Sorai deshalb in der Wiederherstellung des ›wahren Weges‹, dessen Anwendung in der Gesellschaft Wachstum, Ordnung und Frieden garantierte.

Ethik: Die unterschiedlichen ontologischen Auffassungen führen auch zu unterschiedlichen Positionen in der Ethik. Nach Ansicht der Shushi-Philosophie ist der Mensch durch das Zusammenwirken von Ordnungsprinzip und Individuationsprinzip bestimmt. Letzteres bestimmt seinen Körper und Geist samt Denken, Fühlen und Wollen. Das ethisch vollkommene Ordnungsprinzip manifestiert sich in ihm als ›ursprünglicher Geist‹ (hon-shin, chines. pen-hsin) oder Wesensnatur (sei, chines. hsing) mit den Tugenden (toku, chines. te) der Mitmenschlichkeit (nin, chines. jen), der Rechtlichkeit (gi, chines. i), der Schicklichkeit (rei, chines. li), der Weisheit (chi, chines. chih) und der Aufrichtigkeit (shin, chines. hsin). Somit ist ein Mensch zwar auf die ethische Vollkommenheit hin angelegt, doch bestimmt die unterschiedliche Beschaffenheit seiner Materie-Energie ihn in seiner Individualität (kishitsu no sei, chines. ch'i-chih chih hsing). Je differenzierter die Materie-Energie, um so mehr stehen Denken, Fühlen und Wollen im Einklang mit der Wesensnatur; je undifferenzierter die Materie-Energie, um so mehr muß sich der Mensch um seine Vervollkommnung bemühen (in der Shushi-Philosophie: ›erst Wissen, dann Handeln‹ [senchi kōkō, chines. hsien-chih hou-hsing]). Der von den Yōmei-Philosophen angenommene Weltgeist offenbart sich in jedem Menschen als ethisch vollkommener Individualgeist. Auch hier wird behauptet, daß alle Menschen hinsichtlich ihrer Wesensnatur, ihrer Grundsubstanz (hontai, chines. pen-t'i) gleich sind. Jeder Mensch weiß intuitiv um das Gute (ryōchi, chines. liang-chih), und jene Grundsubstanz strebt nach schöpferisch-harmonischer Selbstverwirklichung. Was sich dieser Selbstverwirklichung entgegenstellen kann, sind die egoistischen (↑Egoismus) Gefühle. Deshalb sehen die Yōmei-Philosophen in der Erforschung des Individualgeistes die Hauptaufgabe für die ethische Vervollkommnung, und bilden (im Gegensatz zur Shushi-Lehre) Einsicht in die Grundsubstanz und Handeln eine Einheit (chikō gōitsu, chines. chih-hsing ho-i).

Der zentrale ethische Begriff des Itō Jinsai ist der der ›vier Ursprünge‹ (shitan, chines. szu-tuan). Diese gelten als der Ursprung der ethischen Vollkommenheit. Jinsai versteht darunter das Mitgefühl (sokuin, chines. ts'e-yin), das Schamgefühl (shūo, chines. hsiu-o), die Bescheidenheit (jijō, chines. tz'u-jang) und den angeborenen Sinn für Gut und Böse (zehi, chines. shih-fei). Der Prozeß der ethischen Vervollkommnung besteht darin, die Distanz zwischen der im Menschen bereitliegenden Disposition und der Verwirklichung der ethischen Wahrheit abzubauen. Die ethische Unterschiedlichkeit liegt also nicht, wie die Shushi-Philosophen behaupten, an einer unterschiedlich auftretenden Materie-Energie, sondern am verschiedenen individuellen Einsatz bei dem ›Distanzabbau‹. – Auch in der Ethik unterscheidet sich Sorai wesentlich von den anderen Schulen. Der Mensch erhält bei seiner Geburt eine seine Individualität ausmachende, gleichwohl auf ↑Intersubjektivität ausgerichtete, geistig-seelische Grundprägung (kishitsu, chines. ch'i-chih), die unveränderlich ist. Die Gesellschaft hat einen politischen Auftrag, nämlich den Willen des Himmels im ›wahren Weg‹ zu erfüllen. Nicht als Einzelner, sondern als Glied der Gesellschaft und entsprechend seiner kultivierten Naturanlage soll und kann der Mensch seinen Beitrag zur Verwirklichung des Weges leisten.

Neben den rein buddhistischen und konfuzianischen Schulen entwickelten sich auch synkretistische (↑Synkretismus) Ideensysteme. Sie strebten eine Verbindung zwischen den ›fremden‹ und den ›eigenen‹ Formen des Denkens, dem Shintō (›Weg der Gottheiten‹), an. Unter Verwendung der beiden chinesischen Schriftzeichen *shin* (chines. shen, geistige Kraft, göttliches Wesen/Natur) und *dō* oder *tō* (chines. tao, Weg) wurde im 6. Jh. der Begriff Shintō geprägt, unter dem man – nach neuerer Forschung erst zu Beginn des 8. Jhs. – die eigenständige religiöse Tradition Japans zusammenfaßte. Bereits in der Nara-Zeit (710–794) wurde mit der honji-suijaku (›Urstand und herabgelassene Spur‹)-Vorstellung die Grundlage zu einem Synkretismus zwischen Buddhismus und Shintō gelegt, der während der Heian-Zeit (794–1175) in dem Sannō-Ichijitsu-Shintō der Tendai- und dem Ryōbu-Shūgō-Shintō der Shingon-Schule seine Ausformung fand. Während des 13. bis 16. Jhs. entstand zum einen der Hokke-Shintō von Nichiren (1222–1282), zum anderen entwickelte sich ein Synkretismus zwischen allen Formen, auch der taoistischen und konfuzianischen. Innerhalb des Shintō sind hierfür der Ise- und Yuiitsu-(auch Yoshida-)Shintō repräsentativ. Während der Tokugawa-Zeit (1600–1867) weist die von Ishida Baigan (1685–1744) begründete und von Tejima Toan (1718–1786), Nakazawa Dōni (1725–1803) und Kamada Ryūkō (1754–1810) fortgeführte Shingaku (Lehre vom Herzen) einen Synkretismus zwischen Shintō, Buddhismus und Konfuzianismus (sankyō itchi: Einheit der drei Lehren), teilweise auch Taoismus, auf. Auch innerhalb der neokonfuzianischen Schulen (z.B. Fujiwara Seika, Hayashi Razan) wurde die Einheit von Konfuzianismus und Shintō vertreten. Die von Tokugawa Mitsukuni (1628–1700) ins Leben gerufene und von Aizawa Seishisai (1782–1863), Fujita Tōko (1806–1855) und Tokugawa Nariaki (1800–1860) weiter ausgebaute Mitogaku vertrat die Verbindung zwischen den drei neokonfuzianischen Richtungen, dem Shintō und der Kokugaku. Sie war zunächst als eine historiographische Schule konzipiert und widmete sich der Kompilation einer Geschichte Groß-Japans (Dainihonshi, 1657–1906), worin sie die besondere Stellung des Tennōtums herausarbeitete. In ihrer späten Entwicklung setzte eine starke praktisch-politische Orientierung ein. Die bis in die 40er Jahre des 20. Jhs. nachwirkende Ideologie des ›Landeskörpers‹ (kokutai), die die Besonderheit, Göttlichkeit und Unvergänglichkeit Japans und des Tennō-Hauses beinhaltet und shintōistische Mythohistorie mit gesellschaftlichen und ethischen Ordnungsvorstellungen des Neokonfuzianismus verknüpft, macht den Kern ihrer Lehre aus.

Die auf dem Shintō basierende Kokugaku (Landesschule, Nationale Schule) lehnte alle fremden Ideensysteme und synkretistischen Formen ab. Ihre Hauptvertreter waren Kada Azumamaro (1668–1736), Kamo Mabuchi (1697–1769), Motoori Norinaga (1730–1801), Hirata Atsutane (1776–1843) und Ōkuni Takamasa (1792–1871). Die gemeinsamen Grundgedanken sind die Rückbesinnung auf den ›Weg des Altertums‹ (kōdō), auf den dem Japaner angeborenen Gefühlsurgrund (yamatogokoro, japanisches Herz) und die Absage an das Artfremde, der ›chinesischen Gesinnung‹ (karagokoro), dessen Charakteristikum das Rationale und der Formalismus seien. Um dieses Ziel zu erreichen, sind philologische Studien über die alte japanische Sprache und die Interpretation der japanischen Klassiker (Manyōshū/Zehntausend-(Wort-)Blättersammlung, 2. Hälfte 8. Jh., Kojiki/Aufzeichnung alter Begebenheiten, 712, Nihon shoki/Japanische Annalen, 720) notwendig. Während Azumamaro die Erstellung einer Shintō-Theorie zu seinem Ziel erklärt, bezieht Mabuchi Moral und Politik in die Dichtung mit ein. Er betrachtet die Dichtung des Manyōshū als Ausdruck der unverfälschten Gefühlswelt des japanischen Menschen. Sie geben den ewigen, lebendigen Rhythmus von Himmel, Erde, Natur (ten chi shizen) wieder. Mabuchi geht es nur um die Wiederbelebung des Altertums in der Gegenwart, da er die geschichtliche Entwicklung nach diesem als degenerativen Prozeß ansieht. Für Norinaga beinhalten die im Kojiki festgehaltenen ›historischen Begebenheiten‹ (jiseki) gerade den historischen Wandel und den Fortschritt der Geschichte. Geschichte wird durch das dem Intellekt unzugängliche Wirken der Gottheiten und durch das Verhalten der von dem ›wahren Herzen‹ geprägten subjektiven Existenz des Menschen gegenüber Um- und Mitwelt und den daraus sich ergebenden Handlungen gestaltet. Geschichte ist ein sich ständig erneuernder Prozeß. Unter Atsutane und Takamasa entwickelt sich die Kokugaku zu einer ideologisch-politischen Bewegung. Die shintōistische Kosmologie und Weltanschauung werden modifiziert und rationalisiert. Beide ziehen Elemente des Konfuzianismus, Buddhismus, Taoismus, Christentums und der westlichen Naturwissenschaften zur Untermauerung ihrer Theorie und zum Beweis der Überlegenheit Japans heran.

Die *westlich orientierte Philosophie:* Erst mit der Übernahme westlicher Philosophie setzt in Japan eine Philosophie (tetsugaku) im akademischen Sinne ein. Die nur vier Jahrzehnte dauernde Meiji-Ära (1867–1912) ist die Zeit eines geistigen Umbruchs, sowohl durch die Rezeption unterschiedlicher westlicher philosophischer Strömungen als auch durch die Rückbesinnung auf traditionelles Denken gekennzeichnet. Positivismus (↑Positivismus (historisch)), ↑Utilitarismus, Materialismus (↑Materialismus (historisch)) und ↑Idealismus zählen zu den übernommenen Richtungen. Daneben setzt die für eine Rezeption unerläßliche Erarbeitung von Hilfsmitteln ein: historische Darstellungen der westlichen Philosophie, Lexika, Übersetzungen philosophischer Quellen.

Nishi Amane, wie alle Intellektuellen seiner Generation streng klassisch im Sinne der orthodoxen Shushi-Schule ausgebildet, fühlte sich dennoch mehr zu der gesellschaftsbezogeneren Lehre des Ogyū Sorai hingezogen. In Leiden lernte er neben der Psychologie A. Bains und J. Havens den Positivismus A. Comtes und den Utilitarismus und die induktive Logik (↑Logik, induktive) J. S. Mills kennen. Im Fortschrittsdenken und der Aufwertung des ↑Individuums sah er eine geeignete theoretische Basis für die gesellschaftspolitische Neuordnung Japans. Nishis Philosophie hat drei Schwerpunkte: (1) Eine ↑Klassifikation der Wissenschaften, ausgearbeitet im Hyakugaku renkan (Die Beziehungen zwischen den Wissenschaften, 1870–1871), wo zwischen Allgemeinen Wissenschaften (futsūgaku: Geschichte, Geographie, Literatur, Mathematik) und Speziellen Wissenschaften (shubetsugaku) unterschieden wird, die sich wiederum in ↑Geisteswissenschaften (shinrijōgaku: Theologie, Philosophie, Staats- und Rechtswissenschaft, Staatswirtschaftslehre, Statistik) und ↑Naturwissenschaften (butsurijōgaku: Physik, Astronomie, Chemie, Naturgeschichte) gliedern. Das Hyakugaku renkan war epochemachend, einerseits weil es das ganze Spektrum der westlichen Wissenschaften wesentlich differenzierter als in der vom Konfuzianismus geprägten japanischen Wissenschaftsauffassung darstellte, andererseits wegen der scharfen Trennung zwischen Natur- und Geisteswissenschaften. Anders als im Konfuzianismus, wo das Wirken des Universums und das Verhalten des Menschen als Einheit gesehen werden, trennt Nishi Naturprinzip (butsuri) und Geist/Psyche-Prinzip (shinri). Die Natur ist ein empirisch zu erforschender Gegenstand. Ebenso sind die den Menschen bestimmenden Faktoren – Intellekt (chi), Wille (i) und Gefühl (jō) – empirisch-psychologisch zu untersuchen. (2) Eine Theorie des geschichtlichen ↑Fortschritts: Die konfuzianische Auffassung von Geschichte als eines sich rhythmisch wiederholenden Prozesses von Ordnung, Abfall von dieser, Untergang und Rückkehr zur ursprünglichen Ordnung, wird zugunsten des Evolutionsprozesses, dem die gesamte Menschheit unterliegt, aufgegeben. Da sich Fortschritt aus dem wachsenden Wissen ergibt, führt dieses auch zu einer entwickelteren Gesellschaft. (3) Eine neue Ethik, vor allem in Hyakuichi shinron (Neue Theorie über die hundert und eine [Lehre], 1874) und Jinsei sampō setsu (Die Theorie von den drei Werten im menschlichen Leben, 1875). An die Stelle der heteronom bestimmten konfuzianischen Ethik wird, verbunden mit der Überzeugung von der Fähigkeit zu moralischer Autonomie, die Gleichheit und Freiheit aller, unabhängig vom sozialen Status, gesetzt. In Anlehnung an Mill vertritt Nishi die utilitaristische Zielvorstellung von der höchsten menschlichen Glückseligkeit, die unter Zugrundelegung der von jedem Menschen erstrebten Werte Gesundheit, Wissen und Wohlstand zusammen mit dem angeborenen ›social feeling‹, das diese Strebungen unter das höhere Ziel des Allgemeinwohles (kōeki) stellt, in einer modernen zivilisierten Gesellschaft erreichbar ist.

Positivismus und Utilitarismus wurden durch den philosophischen Materialismus des Nakae Chōmin (1847–1901) abgelöst. Nakae, durch das Studium des französischen und englischen ↑Liberalismus beeinflußt, war eine der führenden Persönlichkeiten der Bewegung für Freiheit und Rechte des Volkes (Jiyū Minken Undō). Er führte J.-J. Rousseaus Sozialphilosophie ein. Zu seinen bedeutendsten Werken gehören Rigaku kōgen (Grundlegung der Philosophie, 1886) und Ichinen yūhan (Ein Jahr und ein halbes, 1901), in denen er die materialistische Substanzlehre (jisshitsuron) darlegt und das für Japan spezifische Problem ›japanischer Geist – westliche Wissenschaft‹ (wakon-yōsai) analysiert und ein System des Ausgleichs zwischen ›traditionellem Idealismus‹ und ›wissenschaftlichem Realismus‹ des Westens entwirft. Katō Hiroyuki (1836–1916) wiederum war zunächst Anhänger der Naturrechtstheorie (↑Naturrecht), wandte sich aber in seiner zweiten Schaffensperiode ganz der ↑Evolutionstheorie C. R. Darwins und H. Spencers zu und wurde damit zum Kritiker der ›Freiheits- und Volkrechtsbewegung‹. Zusammen mit Toyama Masakazu (1848–1900), Ariga Nagao (1860–1921) u. a. trug er zur Integration des Evolutionsgedankens in das japanische Denken bei. Zu seinen Hauptwerken gehören Jinken shinsetsu (Neue Theorie über die Menschenrechte, 1882) und Kyōsha no kenri no kyōsō (Der Kampf um das Recht des Stärkeren, 1893), die Züge des ↑Sozialdarwinismus tragen.

Mit dem Inkrafttreten der Meiji-Verfassung (1889) und dem Kaiserlichen Erziehungsedikt (1890) setzte sich in Japan eine tennōzentrierte Staatsideologie mit einer Wiederbelebung konfuzianischen Gedankengutes durch; die genannten westlich orientierten Richtungen verloren an Einfluß. Die Vertreter der neuen Staatsideologie standen insbes. dem Deutschen Idealismus (↑Idealismus, deutscher) nahe und versuchten, konfuzianische und buddhistische Theorien auf dessen Grundlage neu zu interpretieren. Anfänge in dieser Richtung sind bereits bei Inoue Enryō (1858–1919) für den Buddhismus zu finden. Die einflußreichsten Philosophen dieser Bewegung sind jedoch Inoue Tetsujirō (1855–1944) und Ōnishi Hajime (1864–1900). Neben seiner philosophiehistorischen Erforschung des Neokonfuzianismus hat sich Inoue vor allem als Vermittler des Idealismus von E. v. Hartmann als einer philosophischen Gegenposition zu Materialismus und Evolutionismus (↑Darwinismus) einen Namen gemacht. In seinen Schriften Genshō soku jitsuzairon (Die Identität von Phänomen und Realität, 1897) und Ninshiki to jitsuzai to no kankei (Die Beziehung von Erkenntnis und Realität, 1901) bemüht er sich um eine Synthese von Idealismus und Buddhismus. Ōnishi war Anhänger des erkenntnistheoretischen ↑Kritizismus und wandte sich daher gegen Inoues ›spekulative Metaphysik‹. Sein Hauptinteresse galt der Begründung einer Ost und West umfassenden Ethik auf kritizistischer Grundlage.

Die Taishō-Jahre (1912–1926) wurden durch ↑Personalismus (jinkakushugi), Individualismus (kojinshugi, jigashugi) und ↑Pragmatismus (puragumateizumu), vor allem aber durch den Kulturismus (bunkashugi) geprägt. Die Gründe dafür lagen darin, daß hier Gegenbewegungen zum ↑Marxismus und Meiji-Idealismus entstanden und man in der Erforschung der eigenen Kultur eine Möglichkeit sah, dem Modernisierungsprozeß in Japan eine philosophische Begründung zu geben. Bedeutende Vertreter dieser Richtungen waren Abe Jirō (1883–1959), Takayama Rinjirō (1871–1902), Tanaka Ōdō (1867–1932), Tsuchida Kyōson (1891–1934) und die bereits der Shōwa-Zeit (1926–1989) zugerechneten Philosophen Kuki Shūzō (1888–1941) und Watsuji Tetsurō (1889–1960). Tsuchida erhob die Kultur (bunka) zum Sinn und Zweck menschlichen Daseins überhaupt (Kultur als sich unbegrenzt fortsetzender Verwirklichungsprozeß der Menschheit). In Iki no kōzō (Die Struktur des Iki, 1930) legt der Existentialist Kuki seiner Analyse des Kulturbegriffs die spezifisch japanische iki-Anschauung zugrunde: Es gibt eine Dualität von Selbst und Gegenüber mit zwei kulturellen Erscheinungsweisen, als Stolz (ikiji), z. B. im Bushidō-Geist des 18. und 19. Jhs., und als Resignation (akirame) im Sinne buddhistischer Selbstlosigkeit. Der buddhistisch geprägte, von M. Heidegger und W. Dilthey beeinflußte Philosoph Watsuji hat in Einzelstudien und im Rahmen seines ethischen Systems (Ningen no gaku toshite no rinrigaku/Ethik als die Wissenschaft vom Menschen, 1934; Nihon seishinshi kenkyū/Studie über die japanische Geistesgeschichte, 1926; Nihon rinri shisōshi/Geschichte des ethischen Denkens in Japan, 1952) eine Interpretation der japanischen Kultur vorgenommen. Er definiert Ethik als Basis der Kultur, weil sie der sich in Geschichte und Kunst offenbarende ›Weg des handelnden Menschen‹ ist. Alle menschliche Aktivität und damit alle sozialen Formen entstehen aus der Zeitlichkeit (jikansei) und Räumlichkeit (kūkansei); letzteren widmet sich Watsuji in seinem Fūdo (Klima, 1935). Im übrigen sind sowohl Individuum als auch Gesellschaft durch Leerheit (kū) im buddhistischen Sinne zu charakterisieren.

In der Taishō-Zeit wurden Anfangsschwierigkeiten der Rezeption überwunden; zugleich erfolgte eine Konzentration auf ↑Neukantianismus, ↑Hegelianismus und Marxismus. Daneben gilt weiterhin philosophiehistorische Forschung als zentrale Aufgabe. Unter den drei akademischen Schwerpunkten Tōkyō- (gegründet 1877), Kyōto- (1906) und Tōhoku-Universität (1922) war es das Ziel der Arbeit in Tōkyō, die japanischen Philosophen in die Lage zu versetzen, eigenständig in westlich-philosophischen Kategorien zu philosophieren. Der Gegensatz ›japanischer Geist – westliche Wissenschaft‹ sollte durch Ausschaltung der traditionellen Philosophie aufgelöst werden. Damit konnten nahezu alle philosophischen Positionen des Westens in Japan Fuß fassen.

Ein anderes Ziel verfolgt die Kyōto-Schule. Sie ist darum bemüht, einen Standort (basho, tachiba, tokoro) zu finden, von dem aus sowohl westliche als auch östliche Denkwege, besonders der des Mahāyāna-Buddhismus, möglich sind, ohne dabei einem Synkretismus zu verfallen. In seinem Frühwerk Zen no kenkyū (Studie über das Gute, 1911) erklärt der Begründer dieser Schule, Nishida Kitarō (1870–1945), reine Erfahrung (junsui keiken) zur Realität schlechthin. Sie bildet den Zustand der Einheit, in der die Subjekt-Objekt-Spaltung (↑Subjekt-Objekt-Problem) des diskriminierenden Denkens noch nicht stattgefunden hat. Obwohl Nishida in seiner frühen Phase stark von W. James, W. Wundt und E. Mach beeinflußt ist, wird bereits hier die Verarbeitung zenbuddhistischer Gedanken deutlich. In seiner zweiten Phase wendet er sich von einer psychologischen Interpretation des Bewußtseins ab und definiert dieses als das Selbstbewußtsein (jikaku) des absoluten freien Willens (zettai ishi), sich dabei auf J. G. Fichte und H. L. Bergson stützend. In der dritten Phase seines Schaffens entwickelt Nishida seine ›Logik des Ortes‹ (basho no ronri) (Hataraku mono kara miru mono e/Vom Handelnden zum Sehenden, 1927). Das Nichts, selbst unbestimmt, ist der Ort aller Bestimmtheit, seine Selbstentfaltung erscheint als Sein. Das Erfassen desselben ist jedoch nicht durch Erkenntnis, sondern durch religiöse Erfahrung möglich: das Philosophieren ist an seine Grenze gekommen. Die Auseinandersetzung mit dem dialektischen Allgemeinen (benshōhōteki ippansha) und der widersprüchlichen Selbstidentität (mujunteki jiko dōitsu) bestimmen die vierte Phase (Tetsugaku no kompon mondai/Grundprobleme der Philosophie, 1933/1934). In der fünften Phase rücken das Problem des menschlichen Leidens an der religiösen Frage und die intuitive Schau des mit dem wahren Selbst identischen ›Gottes‹, Buddhas oder absoluten Seins/Nichts in den Mittelpunkt (Bashoteki ronri to shūkyōteki sekaikan/Die Logik des Ortes und die religiöse Weltsicht, 1945).

Tanabe Hajime (1885–1962), der zweite große Vertreter der Kyōto-Schule, befaßt sich zunächst mit der Philosophie der Naturwissenschaften und der Mathematik, wendet sich aber ab 1930 der ↑Dialektik von G. W. F. Hegel und K. Marx zu und entwirft in kritischer Auseinandersetzung mit diesen seine absolute Dialektik (zettai benshōhō) (Benshōhō no ronri/Logik der Dialektik, 1927). Sie ist idealistische und materialistische Dialektik und zugleich deren Aufhebung. Tanabe stützt sich dabei auf die ›Lehre der dreifachen Wahrheit‹ der Tendai-Schule (s. o.). Das unmittelbare Dasein (Tendai: Erscheinungen) besteht nur aufgrund seiner Vermittlung durch das absolute Nichts (zettai mu; T: Leere) und umgekehrt. In der Wechselbeziehung (T: Mitte) zwischen beiden liegt das seiner selbst bewußte Handeln, das Selbstbewußtsein (jikaku) der moralischen Tat (kōi). Ab 1934 entwickelt Tanabe seine Logik der Spezies (shu no ronri) (Shu no ronri no benshōhō/Dialektik der Logik der Spezies, 1934–1940) als eine dialektische Philosophie der Gesellschaft. Er kritisiert Nishidas Philosophie als undialektisch. Dessen Vorstellung, daß das Sein der Ausdruck des absoluten Nichts sei, stehe einer ↑Identitätsphilosophie nahe, die Betonung der intuitiven Schau des absoluten ↑Nichts verwandle die Philosophie letztlich in Religion. Den zwei Kategorien Nishidas, Genus (rui) und Individuum (ko), fügt Tanabe eine dritte, die Spezies (shu), als Vermittlung zwischen Genus und Individuum, hinzu und setzt diese drei Kategorien der Menschheit, dem personalen Subjekt und dem Staat gleich. Seine Logik der Spezies, die den Staat hypostasierte, unterzog Tanabe nach 1945 selbst einer Kritik. Die ›Philosophie als Metanoetik‹ (Zangedō toshite no tetsugaku, 1946) rückt nun in den Mittelpunkt. Hierbei bezieht er die Vorstellung von der fremden Kraft (tariki) des Jōdoshin-Buddhismus (s. o.) ein. Die philosophische Vernunft als Eigenkraft (jiriki-)Denken muß sterben (Wende vom Leben zum Tod), um als Fremdkraft (tariki-)Denken auferweckt zu werden (Wende vom Tod zum Leben); Metanoetik also als Offenbarung des absoluten Nichts, die beide Kräfte in sich schließt.

Die Nishida-Tanabe-Tradition wurde von ihren Schülern Kōsaka Masaaki (1900–1969), Kōyama Iwao (1905–1993), Shimomura Toratarō (1902–1995), Yamauchi Tokuryū (1890–1982), Miyake Gōichi (1895–1982), Nishitani Keiji (1900–1990) u. a. nach verschiedenen Richtungen weiter ausgearbeitet. Die Gemeinsamkeit ihres Philosophierens zeigt sich in der Hinterfragung des ›wahren Selbst als tiefster Erfahrung des absoluten Nichts‹. Sie stehen dem europäischen Existentialismus (↑Existenzphilosophie) und der ↑Mystik sowie dem Zen-Buddhismus nahe. Mit Nishitanis Philosophie der ›Leere‹ erreicht die Kyōto-Schule eine neue Stufe. Bereits in seinem Werk Nihirizumu (Nihilismus, 1949), in dem er sich mit dem ↑Nihilismus als Ablösebewegung vom Christentum und als fundamentale Krise im modernen Europa auseinandersetzt, vor allem aber in Shūkyō towa nanika (Was ist Religion?, 1961) und Zen no tachiba (Der Standpunkt des Zen, 1986), geht es um das Problem der Erhellung des wahren Selbst. Durch die Erfahrung der Nichtigkeit und des Todes, die ›die absolute Negativität gegenüber dem Leben‹ bedeutet, stellt sich die Frage nach dem Sinn der menschlichen Existenz. Diese Sinnfrage entspricht dem im Zen eine wichtige Rolle spielenden ›Großen Zweifel‹ (daigi). Er kann nur durch einen Standpunkt jenseits der Grenze des Nichts, den er als die ›Leere als absolutes Nichts‹ bezeichnet, gelöst werden. Auch Nishitani hatte zahlreiche Schüler. Stellvertretend seien genannt: Ueda Shizuteru (*1926); der sich insbes. mit der-mystischen Anthropologie Meister Eckharts und ihrem Vergleich mit dem Zen beschäftigt und interessante Untersuchungen zum Thema »Schweigen-und-Sprechen« und »Leere und-Fülle« vorlegt. (Wer und was bin ich? Zur Phänomenologie des Selbst im Zen-Buddhismus, 2011).

Der Philosoph Arifuku Kōgaku (*1939) ist ein exzellenter Kenner der Gedankenwelt Kants und zugleich ein Spezialist der Texte Dōgens. Er widmet sich den Unterschieden und Entsprechungen in den Theorien von Kant, F. Nietzsche und Heidegger und stellt sie den Gedanken Dōgens gegenüber. Er machte sich einen Namen unter anderem mit seinen Kantstudien (Kanto jiten, 1997), mit seinen Studien zur Ethik (Rinrigaku to wa nanika) und zu Dōgen (Dōgen no sekai, 1985) sowie zum Verhältnis von deutscher Philosophie und Zen-Buddhismus (1999). Die Spezialgebiete von Ōhashi Ryōsuke (*1944) sind Deutscher Idealismus, Phänomenologie, Ästhetik (Kire. Das Schöne in Japan, Philosophisch-ästhetische Reflexionen zu Geschichte und Moderne, 1994), Heidegger, buddhistische Philosophie und Japan im interkulturellen Dialog. In seiner »Phänomenologie des Ortes« entwickelt er zunächst Nishidas Gedanken vom ›Ort‹ (basho) weiter, um gegenwärtig in einem groß angelegten Forschungsprojekt in Anlehnung an Nishitanis ›Leere‹ eine ›Philosophie der Compassion‹ aus komparativ-interkultureller Sicht auszuarbeiten. Für ihn steht (nach mündlicher Aussage) »compassion nicht im Gegensatz zur Vernunft, sie ist der Boden der Vernunft und entspricht dem Gebiet des Sinnlichen, der Empfindung und dem Gefühl«.

Mutai Risaku (1890–1974) entwickelte in kritischer Auseinandersetzung mit der Philosophie Nishidas, der seiner Auffassung nach ein echter Bezug zur geschichtlichen Wirklichkeit und eine Lösung des Verhältnisses von Individuum und Volk fehle, den ›Gegenwärtigen‹ oder ›Dritten Humanismus‹ (gendai/daisan no hyūmanizumu). Da keine der Einzelwissenschaften der ganzen gesellschaftlichen Wirklichkeit gerecht werden kann, falle diese Aufgabe der Philosophie zu. Mutai grenzt die Philosophie als einen ›Humanismus des Denkens und der Tat‹ (shisō to kōdō toshite no hyūmanizumu) gegenüber den beiden vorangegangenen Richtungen, dem Renaissance- und dem individuellen Humanismus der bürgerlichen Gesellschaft (↑Gesellschaft, bürgerliche), ab und vertritt einen soziologischen ↑Humanismus, in dem das Verhältnis von Geschichte und Mensch im Mittelpunkt steht und das Problem der Existentialität und Geschichtlichkeit/Gesellschaftlichkeit des Menschen aufgearbeitet wird (Shakai sonzairon/Ontologie der Gesellschaft, 1939; Basho no ronrigaku/Logik des Ortes, 1944; Daisan hyūmanizumu to heiwa/Der Dritte Humanismus und der Friede, 1951; Gendai no hyūmanizumu/Der Humanismus der Gegenwart, 1961). Auch bei Miki Kiyoshi (1897–1945) geht es um das Problem der konkreten Individualität in der Geschichte. Dieser war zunächst vom ↑Neukantianismus der Südwestdeutschen Schule geprägt. Der eigentliche philosophische Durchbruch gelang ihm mit Pascaru ni okeru ningen no kenyū (Studie über den Menschen bei Pascal, 1926), in der er die Existenz des Menschen unter dem Gesichtspunkt der Religiosität des Pascalschen Menschen herausarbeitete. In seiner zweiten Phase setzte sich Miki mit dem Marxismus auseinander, ohne jedoch selbst eine ausschließlich marxistische Position zu beziehen (Yuibutsushikan to gendai no ishiki/Die materialistische Geschichtsauffassung und das Bewußtsein der Gegenwart, 1928; Rekishi tetsugaku/Geschichtsphilosophie, 1932; Shakaigaku gairon/Einführung in die Sozialwissenschaften, 1932). Mikis ›anthropologischer Marxismus‹ greift die Grundprobleme der Geschichte und der Sozialwissenschaften auf. Er faßt Geschichte unter die Kategorien des Logos (*historia rerum gestarum*), des Daseins (*res gestae*, geschichtliche Erfahrung) und der

Tatsache (jijitsu) als der existentiellen Lebenserfahrung. Letztere macht das Verständnis der Geschichte erst möglich. Soziales Wissen setzt sich für Miki aus der auf den Logos gegründeten Wissenschaft, der Doxa und dem Mythos, die er nicht als Vorstufen des Logos ansieht, zusammen. In der Logik der Einbildungskraft (Kōsōryoku no ronri, 1939–1943) geht es ihm um eine Synthese von Logos und Pathos durch die ↑Einbildungskraft. Da sie das wirkende Verhalten des Menschen ist, drückt sie sich in historisch Geschaffenem, den Formen (katachi) – Mythos, Institutionen, Technik – aus.

In der j.n P. des 20. Jhs. kommt dem Marxismus ein beachtlicher Stellenwert zu. Bis zum 2. Weltkrieg konnte er unter dem Druck der damaligen Regierung nur unter schwierigen Bedingungen Fuß fassen. Erst nach 1945 war eine freie Entfaltung, auch an den Universitäten, möglich. Zu den bedeutenden Vertretern gehören Kawakami Hajime (1879–1946), Fukumoto Kazuo (1894–1983), Tosaka Jun (1900–1945), Nagata Hiroshi (1904–1947), Saigusa Hiroto (1892–1963), Kozai Yoshishige (1901–1990), Shibata Shinge (*1930) und Mita Sekisuke (1906–1990). Philosophisch bietet der Marxismus die Möglichkeit eines integrierenden Systems, das die Einzelwissenschaften unter einer umfassenden Weltanschauung einigt. Er stellt einen Bezugsrahmen dar, der es ermöglicht, politische, gesellschaftliche und kulturelle Ereignisse der eigenen Vergangenheit und Gegenwart in einem strukturellen Zusammenhang zu sehen. Neben Übersetzungen marxistischer Klassiker, geschichtlichen Darstellungen und Einführungen in das Wesen des Marxismus setzt man sich eingehend mit der Struktur des ↑Kapitalismus und des Faschismus, dem Japonismus (Nihonshugi) und dem Liberalismus (jiyūshugi), den japanischen Ideologien der vergangenen Jahrhunderte und der ›bürgerlich-akademischen Philosophie‹ Japans, insbes. der 20er und 30er Jahre, aber auch der Gegenwart, auseinander. Die Kritik betraf somit auch die Kyōto-Schule mit ihrer ›idealistischen, subjektiven Logik des Selbstbewußtseins‹. Elemente ihrer Philosophie, z. B. die ›undialektische‹ Gegenüberstellung von Individuum und Gesellschaft, waren geeignet, die Tennō-Ideologie und den Imperialismus vor dem 2. Weltkrieg zu rechtfertigen. Seit den 70er Jahren tritt die Analyse des Verhältnisses des Marxismus zu Wissenschaftstheorie, Naturwissenschaft, Ökonomie, Ökologie, Ethik, Ästhetik und Recht in den Vordergrund.

Die j. P. der Gegenwart weist ein breites Spektrum auf. Es ist ihr gelungen, die überkommenen Begrenzungen des kulturellen Selbstverständnisses zu durchbrechen und erfolgreich am internationalen philosophischen Diskurs teilzunehmen. Sie unterscheidet sich nicht wesentlich von der westlichen Philosophie. Zur Diskussion stehen auch die neurowissenschaftlichen Forschungsergebnisse (↑Hirnforschung) und deren Einfluß auf das Thema ›Leib‹ und die globalen Probleme wie die Einwirkung von Technik und Industrie auf Natur und Mensch. Ein Schwerpunkt bleibt die bei Kawada Kumatarō (1899–1981) beginnende und von Nakamura Hajime (1912–1999) und Izutsu Toshihiko (1914–1993) weiter entwickelte Komparative Philosophie (hikaku shisō; ↑Philosophie, komparative), die vor allem im Rahmen der 1973 gegründeten Hikaku Shisō Gakkai (Society for Comparative Philosophy) bis heute gepflegt wird. Eine bedeutende Rolle spielt nach wie vor die Kyōto-Schule, die im Westen wohl bekannteste philosophische Richtung Japans der Gegenwart, mit der auch westliche Philosophen einen fruchtbaren Dialog führen.

Bibliographien und Nachschlagewerke: S. Bando u. a. (eds.), A Bibliography on Japanese Buddhism, Tokyo 1958; S. Hanayama, Bibliography on Buddhism, Tokyo 1961 (repr. Delhi 2005); Hōbōgirin. Dictionnaire encyclopédique du bouddhisme d'après les sources chinoises et japonaises, I–VIII, ed. S. Lévi u. a., Tokyo, Paris 1929–2003; L. Hodous/W. E. Soothill, A Dictionary of Chinese Buddhist Terms, with Sanskrit and English Equivalents and a Sanskrit-Pali Index, London 1937, London/New York 2006; D. Holzman/Y. Motoyama, Japanese Religion and Philosophy. A Guide to Japanese Reference and Research Materials, Ann Arbor Mich. 1959 (repr. Westport Conn. 1975); Japanese-English Buddhist Dictionary, Tokyo 1965, 1999; J. M. Kitagawa, The Religions of Japan, in: C. J. Adams (ed.), A Reader's Guide to the Great Religions, New York, London 1965, 161–190, [2]1977, 247–282; K. Kracht (ed.), Japanische Geistesgeschichte, Wiesbaden 1988, bes. 427–504; P. Pfandt, Mahāyāna Texts Translated into Western Languages. A Bibliographical Guide, Köln/Bonn 1983, rev. Köln/New York/Leiden [2]1986; A. Schwade, Shintō-Bibliography in Western Languages. Bibliography on Shintō and Religious Sects, Intellectual Schools and Movements Influenced by Shintōism, Leiden 1986.

Einführungen und allgemeine Übersichten: M. Anesaki, History of Japanese Religion. With Special Reference to the Social and Moral Life of the Nation, London 1930, London/New York 1995; C. v. Barloewen/K. Werhahn-Mees (eds.), Japan und der Westen, I–III, Frankfurt 1986; O. Benl/H. Hammitzsch (eds.), Japanische Geisteswelt. Vom Mythus zur Gegenwart, Baden-Baden 1956; H. G. Blocker, Japanese Philosophy, Enc. Ph. IV ([2]2006), 791–799; ders./C. L. Starling, Japanese Philosophy, Albany N. Y. 2001; L. Brüll, Die j. P.. Eine Einführung, Darmstadt 1989, [2]1993, 2005; B. Carr/I. Mahalingam (eds.), Companion Encyclopedia of Asian Philosophy, London/New York 1997, 705–835 (Part V. Japanese Philosophy); H. B. Earhart, Japanese Religion. Unity and Diversity, Encino Calif./Belmont Calif. 1969, Victoria/Belmont Calif. [4]2004; ders., Religions of Japan. Many Traditions within One Sacred Way, San Francisco Calif. etc. 1984, [2]1985, Long Grove Ill. 1998; M. Eder, Geschichte der japanischen Religion, I–II, Nagoya 1978; W. Gundert, Japanische Religionsgeschichte. Die Religionen der Japaner und Koreaner in geschichtlichem Abriß dargestellt, Tokyo 1935 (repr. Stuttgart 1943); J. Hamada, J. P. nach 1868, Leiden/New York/Köln 1994 [= Handbuch der Orientalistik, ed. B. Spuler, 5. Abt.: Japan, ed. H. Hammitzsch]; T. P. Kasulis, Japanese Philosophy, REP V (1998), 68–80; J. Kreiner (ed.), The Impact of Traditional Thought on Present Day Japan, München 1996; P. Lavelle, La pensée japonaise, Paris 1997; O. Leaman, Japanese Philosophy, in: ders. (ed.), Encyclopedia of Asian Philosophy, London/New York 2001, 272–273; O. G. Lidin, History of Japanese Thought, in: K. Kracht, Japanische Geistesgeschichte [s. o.], 13–85; S. Linhart (ed.), Japanische Geistesströmungen, Wien 1983; P. Lüth, Die j. P.. Versuch einer Gesamtdarstellung unter Berücksichtigung der Anfänge in Mythus und Religion, Tübingen 1944; C. A. Moore/A. V. Morris (eds.), The Japanese Mind. Essentials of Japanese Philosophy and Culture, Honolulu Hawaii 1967, 1992; H. Mizuno, Science for the Empire. Scientific Nationalism in Modern Japan, Stanford Calif. 2009; H. Nakamura, Ways of Thinking of Eastern Peoples, Tokyo 1960, rev. unter dem Titel: Ways of Thinking of Eastern Peoples. India, China, Tibet, Japan, ed. P. P. Wiener, Honolulu Hawaii 1964, London/New York 1997; ders., A History of the Development of Japanese Thought from 592 to 1868, I–II, Tokyo 1967, ^{2}1969; S. Nakayama (ed.), A Social History of Science and Technology in Contemporary Japan, I–IV [jap. Original], Melbourne/Portland Or. 2001–2006; R. Ohashi (ed.), Die Philosophie der Kyoto-Schule. Texte und Einführung, Freiburg/München 1990, ^{3}2012; G. Paul, Philosophie in Japan von den Anfängen bis zur Heian-Zeit. Eine kritische Untersuchung, München 1993; ders., Japanese Philosophy, post Meiji, in: O. Leaman (ed.), Encyclopedia of Asian Philosophy, London/New York 2001, 273–280; G. K. Piovesana, Recent Japanese Philosophical Thought 1862–1962. A Survey, Tokyo 1963, Abingdon/New York 1997; P. Pörtner/J Heise, Die Philosophie Japans. Von den Anfängen bis zur Gegenwart, Stuttgart 1995; T. J. Robouam, Japanese Philosophy, Japanese Thought, NDHI III (2005), 1162–1166; R. Schinzinger, Japanisches Denken. Der weltanschauliche Hintergrund des heutigen Japan, Berlin 1983; U. Shunpei, Japanische Denker im 20. Jahrhundert [jap. Original], München 2000; R. Sieffert, Les religions du Japon, Paris 1968, Cergy 2000; R. C. Steineck/E. L. Lange/P. Kaufmann (eds.), Begriff und Bild der modernen j.n P., Stuttgart-Bad Cannstatt 2014; R. Tsunoda/W. T. de Bary/D. Keene (eds.), Sources of Japanese Tradition, New York/London 1958, in 2 Bdn., 2000.

Buddhistische Philosophie: H. Bohner (ed.), Shōtoku Taishi, Tokyo 1936, New York 1965; H. H. Coates/R. Ishizuka, Honen, the Buddhist Saint. His Life and His Teaching, Kyōto 1925 (repr. New York/London 1981), 1949; C. J. Dobbins, Jōdo Shinshū. Shin Buddhism in Medieval Japan, Bloomington Ind. etc. 1989, Honolulu Hawaii 2002; C. Eliot, Japanese Buddhism, London 1934, 1964, Abingdon/New York 2005; P. Groner, Saichō. The Establishment of the Japanese Tendai School, Berkeley Calif. 1984, Honolulu Hawaii 2000; H. Haas, ›Amida Buddha unsere Zuflucht‹. Urkunden zum Verständnis des japanischen Sukhāvatī-Buddhismus, Leipzig, Göttingen 1910; M. Kiyota, Shingon Buddhism. Theory and Practice, Los Angeles 1978; Kukai, Major Works. Trans. with an Account of His Life and a Study of His Thought by Y. S. Hakeda, New York 1972; A. Matsunaga, The Buddhist Philosophy of Assimilation. The Historical Development of the Honji-Suijaku Theory, Rutland Vt., Tokyo 1969; D. Matsunaga/A. Matsunaga, Foundation of Japanese Buddhism, I–II, Los Angeles 1974/1976, 1993/1996; B. Petzold, Die Quintessenz der T'ien-t'ai (Tendai-)Lehre. Eine komparative Untersuchung, ed. H. Hammitzsch, Wiesbaden 1982; A. K. Reischauer, Studies in Japanese Buddhism, New York 1917, 1970; G. Renondeau , Le Bouddhisme japonais. Textes fondamentaux de quatres grands moines de Kamakura [...], Paris 1965; E. D. Saunders, Buddhism in Japan. With an Outline of Its Origins in India, Philadelphia Pa. 1964 (repr. Westport Conn. 1977); D. E. Shaner, The Bodymind Experience in Japanese Buddhism. A Phenomenological Study of Kūkai and Dūgen, Albany N. Y. 1985; E. Steinilber-Oberlin, Les sectes bouddhiques japonaises. Histoire – doctrines philosophiques – textes – les sanctuaires, Paris 1930 (engl. The Buddhist Sects of Japan. Their History, Philosophical Doctrines and Sanctuaries, London 1938 [repr. Westport Conn. 1970], Abingdon/New York 2011); J. Takakusu, The Essentials of Buddhist Philosophy, Honolulu Hawaii 1947, Bombay ^{3}1956, Delhi 1998 (dt. Grundzüge buddhistischer Philosophie, Frankfurt 2014); M. W. de Visser, Ancient Buddhism in Japan. Sūtras and Ceremonies in Use in the Seventh and Eighth Centuries A. D. and Their History in Later Times, I–II, Leiden 1928/1935, Mansfield Centre Conn. 2006; S. Watanabe, Japanese Buddhism. A Critical Appraisal, Tokyo 1964, ^{3}1970.

Konfuzianische Philosophie: R. N. Bellah, Tokugawa Religion. The Values of Pre-Industrial Japan, Glencoe Ill., Boston Mass. 1957, mit Untertitel: The Cultural Roots of Modern Japan, New York, London 1985; L. Brüll, Okuni Takamasa und seine Weltanschauung. Ein Beitrag zum Gedankengut der Kokugaku, Wiesbaden 1966; A. Craig, Science and Confucianism in Tokugawa Japan, in: M. B. Jansen (ed.), Changing Japanese Attitudes Toward Modernization, Princeton N. J. 1965, 1967, 133–160; H. Dumoulin, Kamo Mabuchi (1697–1769). Ein Beitrag zur japanischen Religions- und Geistesgeschichte, Tokyo 1943 (Monumenta Nipponica Monographs VIII); O. Graf, Ein Beitrag zur japanischen Geistesgeschichte des 17. Jahrhunderts und zur chinesischen Sung-Philosophie, Leiden 1942; K. Ishikawa, Baigan Ishida's Shingaku Doctrines, Philos. Stud. Japan 6 (1965), 1–29; J. V. Koschmann, The Mito Ideology. Discourse, Reform, and Insurrection in Late Tokugawa Japan, 1790–1864, Berkeley Calif./Los Angeles/London 1987; K. Kracht, Das Kōdōkanki-jutsugi des Fujita Tōko (1806–1855). Ein Beitrag zum politischen Denken der späten Mito-Schule, Wiesbaden 1975; ders., Philosophische Reflexionen am Abend der Feudalgesellschaft. Das Taishoku kanwa des Aizawa Seishisai in Übersetzung, Bochumer Jb. z. Ostasienforschung 2 (1979), 353–398; ders., Studien zur Geschichte des Denkens im Japan des 17. bis 19. Jahrhunderts. Chu-Hsi-konfuzianische Geist-Diskurse, Wiesbaden 1986; M. Maruyama, Studies in the Intellectual History of Tokugawa Japan, Princeton N. J., Tokyo 1974, 1989; S. Matsumoto, Motoori Norinaga, 1730–1801, Cambridge Mass. 1970; T. Najita/I. Scheiner (eds.), Japanese Thought in the Tokugawa Period (1600–1868). Methods and Metaphors, Chicago Ill./London 1978, 1988; P. Nosco (ed.), Confucianism and Tokugawa Culture, Princeton N. J. 1984, Honolulu Hawaii 1997; Ogyū Sorai, ed. and trans. J. R. McEwan, Cambridge 1962, 1969; ders., Distinguishing the Way (Bendō), ed. and trans. O. G. Lidin, Tokyo 1970; I. Schuster, Kamada Ryūkō und seine Stellung in der Shingaku, Wiesbaden 1967; W. W. Smith, Confucianism in Modern Japan. A Study of Conservatism in Japanese Intellectual History, Tokyo 1959, ^{2}1973; J. Spae, Itō Jinsai. A Philosopher, Educator and Sinologist of the Tokugawa Period, Peiping 1948, New York 1967; V. Stanzel, Japan: Haupt der Erde. Die ›neuen Erörterungen‹ des japanischen Philosophen und Theoretikers der Politik Seishisai Aizawa aus dem Jahre 1825, Würzburg 1982; J. Tucker, Japanese Confucian Philosophy, SEP 2008, rev. 2013; K. Yoshikawa, Jinsai, Sorai, Norinaga. Three Classical Philologists of Mid-Tokugawa, Tokyo 1983.

Westlich orientierte Philosophie: R. R. Albritton, A Japanese Reconstruction of Marxist Theory, London etc. 1986; H.-J. Becker, Die frühe Nietzsche-Rezeption in Japan (1893–1903). Ein Beitrag zur Individualismusproblematik im Modernisierungsprozeß, Wiesbaden 1983; G. L. Bernstein, Kawakami Hajime. Portrait of a Reluctant Revolutionary, Diss. Cambridge Mass. 1967; C. Blacker, The Japanese Enlightenment. A Study of the Writings of Fukuzawa Yukichi, Cambridge 1964, 1969; L. Brüll, Die traditionelle j. P. und ihre Probleme bei der Rezeption der abendländisch-westlichen, Bochumer Jb. z. Ostasienforschung 1978, Bochum 1978, 318–347; F. Buri, Der Buddha-Christus als der Herr des wahren Selbst. Die Religionsphilosophie der Kyoto-Schule und das Christentum, Bern/Stuttgart 1982 (engl. The Buddha-Christ as the Lord of the True Self. The Religious Philosophy of the Kyoto School and Christianity, Macon Ga. 1997); R. E. Carter, The Nothingness Beyond God. An Introduction to the Philosophy of Nishida Kitarô, New York 1989, Saint Paul Minn. ^{2}1997; D. A. Dilworth, Nishida Kitarō (1870–1945). The Development of His Thought, Diss. Columbia University 1970; ders., The Concrete World of Action in Nishida's Later Thought, in: Y. Nitta/H. Tatematsu (eds.), Japanese Phenomenology. Phenomenology as the Trans-Cultural Philosophical Approach, Dordrecht/Boston Mass./London 1979 (Analecta Husserliana VIII), 249–270; R. Elberfeld, Kitarô Nishida (1870–1945). Moderne j. P. und die Frage nach der Interkulturalität, Amsterdam/Atlanta Ga. 1999; ders./Y. Arisaka (eds.), Kitarô Nishida in der Philosophie des 20. Jahrhunderts. Mit Texten Nishidas in deutscher Übersetzung, Freiburg/München 2014; Y. Fukuzawa, The Encouragement of Learning [jap. Original 1872–1876], Tokyo 1969, New York/Chichester 2012; ders., An Outline of a Theory of Civilization [jap. Original 1875], Tokyo 1973, New York 2008; S. Funayama, Hajime Ohnishi as a Founder of Modern Philosophy and His Moral Philosophy, Philos. Stud. Japan 8 (1967), 19–40; T. Havens, Nishi Amane and Modern Japanese Thought, Princeton N. J. 1970; Y. M. Kim, Miki Kiyoshi. A Representative Thinker of His Times, Diss. Berkeley Calif. 1974; S. Koizumi, Yukichi Fukuzawa and the Modernization of Japan, Philos. Stud. Japan 7 (1966), 29–51; M. Kōsaka (ed.), Japanese Thought in the Meiji Era, Tokyo 1958, 1969; S. Kuki, Le problème de la contingence [jap. Original], Tokyo 1966; J. Laube, Dialektik der absoluten Vermittlung. Hajime Tanabes Religionsphilosophie als Beitrag zum »Wettstreit der Liebe« zwischen Buddhismus und Christentum, Freiburg/Basel/Wien 1984; S. Light (ed.), Shūzō Kuki and Jean-Paul Sartre. Influence and Counter-Influence in the Early History of Existential Phenomenology. Including the Note Book ›Monsieur Sartre‹ and Other Parisian Writings of Shūzō Kuki [jap. Original], Carbondale Ill./Edwardsville Ill. 1987; P. Lutum, Mittel und Erkenntnis. Eine Studie über das Analogie-Denken in der japanischen Geistesgeschichte, Marburg 2012; P. Mafli, Nishida Kitarôs Denkweg, München 1996; J. Matsuyama/H. J. Sandkühler (eds.), Natur, Kunst und Geschichte der Freiheit. Studien zur Philosophie F. W. J. Schellings in Japan, Frankfurt etc. 2000; K. Nishida, Die intelligible Welt. Drei philosophische Abhandlungen, Berlin 1943 (engl. Intelligibility and the Philosophy of Nothingness. Three Philosophical Essays, Tokyo 1958 [repr. Westport Conn. 1973, 1976]); ders., A Study of Good [jap. Original], Tokyo 1960, New York 1988; ders., Fundamental Problems of Philosophy. The World of Action and the Dialectical World [jap. Original 1933–1935], Tokyo 1970; ders., Intuition and Reflection in Self-Consciousness [jap. Original], Albany N. Y. 1987; ders., Last Writings. Nothingness and the Religious Worldview [jap. Original], Honolulu Hawaii 1987, 1993; ders., Über das Gute. Eine Philosophie der reinen Erfahrung [jap. Originalübers.], Frankfurt 1989, 2001; ders., Logik des Ortes. Der Anfang der modernen Philosophie in Japan [jap. Original], Darmstadt 1999, 2011; K. Nishitani, Was ist Religion? [jap. Original], Frankfurt 1982, 2001; ders., The Self-Overcoming of Nihilism [jap. Original], Albany N. Y. 1990; R. Schrader, Kawakami Hajime (1879–1946). Der Weg eines japanischen Wirtschaftswissenschaftlers zum Marxismus, Diss. Hamburg 1976; A.-T. Tymieniecka/S. Matsuba (eds.), Immersing in the Concrete. Maurice Merleau-Ponty in the Japanese Perspective, Dordrecht etc. 1998 (Analecta Husserliana LVIII); T. Unno (ed.), The Religious Philosophy of Nishitani Keiji. Encounter with Emptiness, Berkeley Calif. 1989; B. T. Wakabayashi (ed.), Modern Japanese Thought, Cambridge etc. 1998; H. Waldenfels, Absolutes Nichts. Zur Grundlegung des Dialogs zwischen Buddhismus und Christentum, Freiburg 1976, ^{3}1980, Paderborn 2013 (engl. Absolute Nothingness. Foundations for a Buddhist-Christian Dialogue, New York 1980); R. J. J. Wargo, The Logic of Basho and the Concept of Nothingness in the Philosophy of Nishida Kitarō, Ann Arbor Mich. 1972; T. Watsuji, A Climate. A Philosophical Study [jap. Original]], Tokyo 1961 (repr. New York 1988), unter dem Titel: Climate and Culture. A Philosophical Study, Tokyo 1971 (dt. Fūdo – Wind und Erde. Der Zusammenhang zwischen Klima und Kultur, Darmstadt 1992, 1997).

Weitere Literatur: ↑Philosophie, buddhistische, ↑Philosophie, chinesische, ↑Konfuzianismus, ↑Taoismus, ↑Chu Hsi, ↑Konfuzius, ↑Nāgārjuna. L. B.

Philosophie, jüdische, Bezeichnung für eine weder ethnisch noch sprachlich noch ideen- und philosophiegeschichtlich, sondern nur in ihrer religiösen Rückgebundenheit einheitliche Philosophie (zu Geschichte und Problematik der Bezeichnung ›j. P.‹ vgl. Niewöhner 1980 und 1989). Das biblische und rabbinische Judentum entwickelt keine eigene Philosophie; erst aus der Berührung der Juden mit griechischer Kultur entsteht im Hellenismus (↑Philosophie, hellenistische) eine j. P., vornehmlich in Alexandreia. Die jüdisch-alexandrinische, griechischsprachige Philosophie, die im Werk Philons von Alexandreia kulminiert, erlischt mit dem hellenistischen Judentum. Eine zweite, die fruchtbarste Periode j.r P. beginnt im frühen Mittelalter im islamischen Bereich, angeregt durch die islamische Philosophie (↑Philosophie, islamische) und mit arabischsprachigen Werken, auch wenn die philosophischen Texte nur für die eigene religiöse Gemeinschaft bestimmt sind. In christlicher Umgebung werden sie hebräisch abgefaßt. Lateinische Versionen hauptsächlich arabischer Übersetzungen und Kommentare griechischer Philosophen (8.–11. Jh.) sowie deren islamische und jüdische Weiterführungen (al-Kindī, al-Farabi, Avicenna, Algazel, Averroës, Avicebron, M. Maimonides) vermitteln ab 1100 der christlichen ↑Scholastik die klassische griechische Philosophie. Mit der bürgerlichen Emanzipation der Juden in West- und Mitteleuropa um die Wende vom 18. zum 19. Jh. setzt die dritte bedeutende Periode j.r P. ein, die, sich der jeweiligen Nationalsprachen bedienend und in Aufnahme vornehmlich der Philosophie I. Kants und des Deutschen Idealismus (↑Idealismus, deutscher), ihr Ende mit der Vernichtung des mittel- und osteuropäischen Judentums durch den deutschen Nationalsozialismus findet. Als eine vierte Periode j.r P. (im weiteren Sinne) läßt sich das jüdische Nachdenken über die Erfahrung von Auschwitz ansehen: Überlebende der Shoah, jüdische Emigranten und Rückkehrer aus der Emigration sowie Juden vornehmlich in den USA und in Israel reflektieren die Erfahrungen des Scheiterns der Versuche kultureller und religiöser Anpassung und der fast völligen Auslöschung des europäischen Judentums geistes- und mentalitätsgeschichtlich, soziologisch und politisch, philosophisch und theologisch.

Trotz ihrer Verankerung in jüdischer Religions- und Lebenspraxis erschöpft sich j. P. nicht in ↑Religionsphilosophie bzw. in einer ›Philosophie des Judentums‹ (J. Guttmann). Zumindest im Mittelalter erörtern jüdische Philosophen außer religionsphilosophischen auch logische, erkenntnistheoretische und ontologische Probleme. Im Mittelalter ist der philosophierende Jude immer zugleich auch jüdischer Philosoph, weil nur der gesellschaftliche und religiöse Bereich des Judentums für ihn zugänglich und deshalb die jüdische Religionslehre auch dann die Grundlage seines Philosophierens ist, wenn sie nicht den Gegenstand seiner Reflexion bildet. Dagegen können Philosophen jüdischer Herkunft mit dem Einsetzen ihrer bürgerlichen Emanzipation in der Neuzeit dann nicht mehr als Vertreter j.r P. gelten, wenn sie, wie z. B. B. de Spinoza, keinen spezifischen Beitrag zur Philosophie der jüdischen Religion geleistet haben, auch wenn sie sich persönlich zum Judentum bzw. zur jüdischen Religion bekennen. Die Eigenart j.r P. kommt am prägnantesten im Mittelalter zum Ausdruck, da im Ausgang von einer mit der islamischen und christlichen Philosophie gemeinsamen Problematik, nämlich des Verhältnisses von ↑Vernunft und ↑Offenbarung, die sachlichen Differenzen zu jenen Philosophien auf Grund der jeweils als verbindlich erachteten, divergierenden Offenbarungslehren um so deutlicher hervortreten können.

Die *mittelalterliche* j. P. ist zunächst völlig von der islamischen Philosophie abhängig, zu deren Entstehung vor allem drei Anlässe führen: 1. die Kenntnisnahme von Werken des Aristoteles und Platons sowie neuplatonischer Literatur, 2. der Kontakt des Islam mit einer Vielfalt andersartiger religiöser Überzeugungen, von denen jede Anspruch auf Ausschließlichkeit erhebt (Judentum, Christentum, die Religion Zarathustras, ↑Gnosis, ↑Manichäismus), und 3. der aus dogmatischen Kontroversen vornehmlich über die Prädestinationslehre (↑Prädestination) des Koran und seines anthropomorphen Gottesverständnisses entstehende so genannte ›Kalam‹ (arab. Gespräch, Disput), der später zu religiösem Universalismus führte: Allen besonderen Religionsformen liegt eine allgemeine, entweder auf Vernunft beruhende ethische oder übervernünftig mystische ↑Religion zugrunde. Die Betonung menschlicher ↑Willensfreiheit, göttlicher Gerechtigkeit und rationaler Moral durch den Kalam gegen die Haupttendenzen des Koran erlaubt es jüdischen Gelehrten, sich sowohl die dialektische Methode als auch die philosophischen Resultate des Kalam weitgehend anzueignen. Saadia Ben Josef (Saadia Gaon) aus Fajjum in Ägypten (882–942) ist der bedeutendste Vertreter des Kalam in der j.n P.. Er folgt ihm in der Auffassung der Vereinbarkeit von Vernunft und Offenbarung und der philosophischen Beweisbarkeit der Offenbarungswahrheiten. Unbewiesene Offenbarungswahrheit richtet sich nur an diejenigen, die zu philosophischer Forschung unfähig sind. Vereinbarkeit der Offenbarung mit Vernunft ist Kriterium ihres tatsächlichen Ergangenseins. Der Vernunft anscheinend widersprechende Äußerungen der Bibel sind so zu interpretieren, daß die Widersprüche verschwinden. Doch erst bei Saadias Nachfolgern führt dieses Prinzip zu teilweise beträchtlichen Änderungen jüdischer Auffassungen. Für die Authentizität und Einzigkeit der jüdischen Offenbarung gegenüber konkurrierenden Offenbarungsansprüchen gibt Saadia einen historischen Glaubwürdigkeitsbeweis: Die Thora wurde nicht einzelnen, sondern dem ganzen Volk geoffenbart, und die prophetische Offenbarung wurde durch Wunder beglaubigt, so daß in beiden Fällen Täuschung und Irrtum ausgeschlossen werden können. Im ethischen Bereich unterscheidet Saadia zwischen der Möglichkeit, die grundlegenden Moralprinzipien allein durch Vernunft zu erkennen, und der Notwendigkeit der Offenbarung für die Erkenntnis konkreter Moralnormen und ihrer situationsgerechten Anwendung; eine Unterscheidung zwischen Moral- und Rechtsnormen trifft er nicht.

Auch der *jüdische ↑Neuplatonismus* schließt sich den neuplatonischen Bewegungen der islamischen Philosophie an. Der erste jüdische Neuplatoniker ist Isaak (Ben Salomon) Israeli (ca. 830–940), der jedoch auch Aristotelische und – als Arzt – Galensche Auffassungen vertritt. Trotz des kompilatorischen Charakters seiner philosophischen Werke gilt er der Scholastik neben Maimonides als bekanntester jüdischer Philosoph. Innerjüdisch wirkt er auf die mystische Spekulation der ↑Kabbala und auf die spätere neuplatonische Philosophie ein, vor allem mit seiner Konzeption der Vereinigung des Menschen mit der göttlichen Weisheit, die die neuplatonische Vorstellung von der mystischen Einung mit Gott so modifiziert, daß eine Wesensidentität von Gott und Mensch ausgeschlossen ist. Mit Salomon (Ben Jehuda) Ibn Gabirol (Avicebron, ca. 1020–1050), dem bedeutendsten jüdischen Philosophen Spaniens, mit dessen Wirken die arabischsprachige Philosophie in Spanien beginnt, erreicht dank der Originalität seiner Lehren und der Geschlossenheit seines Systems der jüdische Neuplatonismus seinen Höhepunkt. Gabirols Philosophie wirkt weit über die Grenzen der jüdischen Gemeinschaft hinaus. Weitere jüdische Philosophen neuplatonischer Richtung sind Bachja (Ben Josef) Ibn Pakuda (um 1080), außerdem der Autor des Buches »Vom Wesen der Seele« (der so genannte ›Pseudobachja‹, verfaßt vor 1150), sodann Josef (Ben Jakob) Ibn Zaddik (†1149), Abraham (Ben Meir) Ibn Esra (1089–1164 oder 1092–1167) und Jehuda (Ben Samuel) ha-Levi (Halevi) (1085–1141), der neben Gabirol der bedeutendste hebräisch schreibende Dichter des Mittelalters ist, aber philosophisch nur mit Einschränkungen zum jüdischen Neuplatonismus gerechnet werden kann. Halevi steht der politischen und kulturellen Symbiose von jüdischer Religion und griechisch-islamischer Philosophie skeptisch gegenüber. Er kritisiert sowohl die Emanationslehre (↑Emanation) des Neuplatonismus als auch den arabischen Aristotelismus, wie ihn al-Farabi und Avicenna ausgebildet hatten.

Der *jüdische ↑Aristotelismus* führt, beginnend mit Abraham Ibn Daud (ca. 1110–1180), zu stärkerer Betonung der auch im islamischen und jüdischen Neuplatonismus schon immer wirksamen Aristotelischen Elemente. Zudem treten die Unterschiede zwischen Neuplatonismus und Aristotelismus in der j.n P. weniger deutlich in Erscheinung als in der islamischen Philosophie, weil jene sich vor allem mit metaphysischen Problemen (z.B. Vereinbarkeit von Philosophie und jüdischer Religion) beschäftigt, während diese sich der ganzen Breite philosophischer und naturwissenschaftlich-empirischer Forschung widmet. Einer der bedeutendsten jüdischen Gelehrten des Mittelalters ist Maimonides (1135–1204), der nicht nur auf die Fortentwicklung des Judentums einwirkt, sondern auch auf die Scholastik, vor allem auf Albertus Magnus und Thomas von Aquin, und bis in die Neuzeit, z.B. auf Spinoza, einen außerordentlichen Einfluß ausübt. Maimonides sieht es als seine Aufgabe an, Aristotelische Philosophie und Offenbarungsreligion zu einer Synthese zu bringen, allerdings nicht durch Identifizierung wie Ibn Daud, sondern durch Abgrenzung des wissenschaftlich Erweisbaren von dem, was als Offenbarung hingenommen werden muß. Seinem Selbstverständnis nach ist er jedoch kein Philosoph, weil man als einen solchen nur den ansah, der die (vor allem Aristotelische) Philosophie als alleinigen Forschungsgegenstand und als Grundlage seines Weltbildes betrachtete.

Maimonides versteht die jüdische Religion als Vernunftreligion und macht das philosophische Denken zur religiösen Pflicht. In beiden Auffassungen hat er von seiten des Judentums leidenschaftliche Zustimmung wie Ablehnung gefunden – ein Streit, der die jüdischen Gemeinden während des 13. Jhs. erschütterte. Sowohl die Vertreter der Orthodoxie als auch die der Kabbala lehnten seine philosophische Fundierung der Offenbarung und den Rationalismus seines Religionsverständnisses ab. Mit Maimonides auf jüdischer und Averroës (1126–1198) auf islamischer Seite erreicht der arabischsprachige Aristotelismus seinen Höhepunkt, zugleich im wesentlichen seinen Abschluß. Fortan werden in Europa *christliche* Kultur und Philosophie (↑Philosophie, christliche) maßgebend. Die Sprache der j.n P. nach Maimonides ist hebräisch, nicht mehr arabisch, wodurch sich diese Philosophie, die sich nun vornehmlich im lateinisch-christlichen Raum entwickelt, stärker von ihrer Umwelt isoliert. Für diese Übergangszeit sind als jüdische Philosophen zu nennen: Josef (Ben Jehuda) Ibn Schamun (Ben Simon) von Ceuta (†1226 Aleppo), Josef (Ben Jehuda Ben Jakob) Ibn Aqnin (1150–1220), Abraham Ben Mose Ben Maimon (Maimonides) (1186–1237), der einzige Sohn des Maimonides, Schemtov (Ben Josef Ibn) Falaqera (ca. 1225–1295), Hillel Ben Samuel aus Verona (ca. 1220–1295), Samuel (Ben Jehuda) Ibn Tibbon und Jakob (Ben Abba Mari) Anatoli (beide 13. Jh.), Isaak Albalag (2. Hälfte 13. Jh.), Levi Ben Abraham Ben Chajjim (ca. 1250–1315), Josef (Ibn) Kaspi (1279-ca. 1340), Abner von Burgos und Isaak Pollegar (beide 1. Hälfte 14. Jh.) sowie Mose Ben Josua aus Narbonne (Mose Narboni) (†um 1360). Mit Levi Ben Gerson (Gersonides) (1288–1344) und Chasdai (Ben Abraham) Crescas (ca. 1340–1410) erreicht die j. P. noch einmal vorübergehend eine über den Rahmen des Judentums hinausgehende Bedeutung. Während Ben Gerson eine intellektualistische Auffassung der jüdischen Religion vertritt, sucht Crescas, der allerdings Philosophie für das religiöse Verständnis nicht schlechthin ablehnt, zu zeigen, daß das Aristotelische Weltbild, das inzwischen auch im christlichen Bereich mit dem Aufkommen naturwissenschaftlich-empirischen Denkens zunehmend kritischer beurteilt wird, schon aus rein philosophischen Gründen abzulehnen sei. Er unternimmt damit den Versuch, die jüdische Religion aus der Krise des Aristotelismus herauszuhalten, was der Tendenz nach auf eine Trennung der Religion sowohl von Philosophie als auch von Wissenschaft hinausläuft.

In der Folgezeit erlischt die Produktivität der j.n P.; die philosophische Arbeit des 15. Jhs. besteht vornehmlich in eklektischer (↑Eklektizismus) Verwertung der überkommenen Theorien. Beschleunigt wird dieser Verfall durch die ungeheure Belastung, der die spanischen Juden, die hauptsächlichen Träger der philosophischen Arbeit im Judentum, durch Pogrome und die Inquisition ausgesetzt sind. Jüdische Philosophen dieser Zeit sind Simon (Ben Zemach) Duran (1361–1444), Josef Albo (ca. 1380–1440), ein Schüler von Crescas, Schemtov Ben Josef Ibn Schemtov (ca. 1380–1440), sein Sohn Josef Ben Schemtov Ibn Schemtov (†ca. 1480) und dessen Sohn Schemtov Ben Josef Ibn Schemtov sowie Abraham Schalom (beide 2. Hälfte 15. Jh.) und Isaak (Ben Mose) Arama (1420–1494). Mit der Vertreibung von Isaak Abravanel (*1437 Lissabon, †1509 Venedig) und seinem Sohn Jehuda Abravanel (*ca. 1460 Lissabon, †ca. 1530 Neapel) sowie ihrer jüdischen Mitbürger 1492 von der iberischen Halbinsel endet die spanisch-j.e P.. Im Italien der ↑Renaissance können die Juden am kulturellen Leben teilnehmen; ihre philosophischen Werke sind meist stark von der kirchlichen Scholastik beeinflußt. Zu nennen sind Jehuda (Ben Jechiel) Messer Leon aus Mantua (2. Hälfte 15. Jh.), Elia del Medigo (*ca. 1460 Kreta, †1497 Italien), Josef (Salomon) del Medigo (1591–1655), ein Nachkomme Elias und Schüler G. Galileis.

Die *Neuzeit* beginnt für die europäischen Juden gesellschaftlich und philosophisch erst mit der Verleihung der Bürgerrechte, auch wenn damit ihre politische und wirtschaftliche Benachteiligung nicht beseitigt ist. Durch die formelle bürgerliche Gleichberechtigung beginnt jedoch die Religion ihre das gesamte Leben bestimmende Macht zu verlieren. Die allmähliche kulturelle Assimilation verringert den Zwang zur Rechtfertigung der eigenen besonderen Lebensform. Die ↑Aufklärung läßt die Betonung religiöser Unterschiede obsolet erscheinen. Die Emanzipation der Wissenschaften von der Philosophie bedeutet eine weitere Minderung des (theologischen und) philosophischen Einflusses. Die Aufgabe der Philosophie kann für den intellektuellen, religiösen Juden nurmehr darin bestehen, den religiösen Standpunkt überhaupt und nicht etwa die besondere jüdische Position vor dem Anspruch der Vernunft zur Geltung zu bringen. Exemplarisch für den Übergang der jüdischen Existenz vom Mittelalter zur Neuzeit ist der Lebensweg S. Maimons (1753–1800), der, aufgewachsen in Litauen und zunächst ein Anhänger des Maimonides, nach Deutschland emigriert und ein Anhänger der kritischen Philosophie Kants wird. M. Mendelssohn (1729–1786), ebenfalls von Maimonides herkommend und sich die deutsche Aufklärungsphilosophie aneignend, wird, ein Freund G. E. Lessings, zum Vorkämpfer und Symbol der jüdischen Emanzipation in Deutschland. Von Natur und Überzeugung tolerant, wird er durch Anfeindungen seiner jüdischen wie christlichen Umwelt gezwungen, seinen jüdischen Standpunkt zu verteidigen (Jerusalem oder über religiöse Macht und Judentum, 1783). Diese Schrift bietet die erste theoretische Begründung der Möglichkeit eines gleichberechtigten Zusammenlebens von Juden und Christen; sie bleibt für das ganze 19. Jh. maßgebend. Der für das jüdische Selbstverständnis brennenden Frage, warum und auf welche Weise man Jude bleibt, wenn man sich von der Umwelt kaum mehr unterscheidet, gelten in der Hauptsache die Kant oder dem Deutschen Idealismus verpflichteten philosophischen Standortbestimmungen der Folgezeit, zu denen S. Formstecher (1808–1889), S. Hirsch (1815–1889) und S. L. Steinheim (1789–1866) beitragen: Steinheim wendet sich gegen den ↑Rationalismus Formstechers und Hirschs und geht von der grundsätzlichen Unterscheidung zwischen Natur- bzw. Vernunftreligion und Offenbarungsreligion aus, wobei er zu dem Ergebnis kommt, daß allein das Judentum als reine Offenbarungsreligion gelten kann, das Christentum hingegen als eine Mischung aus jenen entgegengesetzten Religionstypen anzusehen ist. Während Steinheim bei seinem Versuch, das Judentum philosophisch zu begründen, auf Kant zurückgreift, geht H. Cohen (Die Religion der Vernunft aus den Quellen des Judentums, posthum 1919) den umgekehrten Weg. M. Buber (1878–1965) und F. Rosenzweig (1886–1929) schließlich legen zu Beginn des 20. Jhs. die Grundlagen zu einer dialogisch konzipierten Anthropologie und Religionsphilosophie (↑Philosophie, dialogische) aus dem Geist eines religiös erneuerten Judentums.

In Deutschland sind es zunächst und vor allem die jüdischen Vertreter der ↑Frankfurter Schule wie T. W. Adorno, M. Horkheimer, E. Fromm und H. Marcuse, die, anknüpfend an ihre in der Weimarer Republik und während der NS-Zeit im Ausland betriebenen Studien zur autoritären Sozialisationsform, nach dem Zweiten Weltkrieg und nach der Aufdeckung der nationalsozialistischen Verbrechen unter Zuhilfenahme Marxscher Kategorien (z. B. der ↑Entfremdung) die gesellschaftlichen und mentalitätsgeschichtlichen Wurzeln von Faschismus und Nationalsozialismus analysieren. Ihr Interesse gilt dabei in erster Linie den anti-universalistischen Momenten der europäischen Aufklärungen in Antike und Neuzeit, den Bedingungen für den Aufstieg des europäischen Bürgertums und für die Dynamik der kapitalistischen Wirtschaftsform (↑Kapitalismus) sowie der spezifischen Rolle, die eine Philosophie spielt, die in ihren empiristisch-positivistisch-szientistischen Ausprägungen (↑Empirismus, ↑Neopositivismus, ↑Szientismus) diese Entwicklungen vorantreibt und legitimiert, indem sie nur noch zweckrationale Begründungsformen anerkennt (Horkheimer: ›instrumentelle Vernunft‹; ↑Theorie, kritische). In Frankreich suchen jüdische Philosophen wie E. Levinas, J. Derrida, J.-F. Lyotard und V. Jankelevitch, zum Teil in Anpassung an und Abstoßung von der NS-affinen persönlichen und philosophischen Haltung M. Heideggers, das ›Unfaßbare‹, das ›Unausdenkbare‹, das ›Unaussagbare‹ und das ›Unvergebbare‹ der nationalsozialistischen Judenvernichtung in häufig paradox formulierten Philosophemen zu fassen, zu denken, auszusagen und zu fordern, ›das Unvergebbare [zu] vergeben‹ (Derrida gegen Jankelevitch). Dabei bringen sie einerseits, in eher traditioneller apologetischer (und kontroverstheologischer) Manier, die dem griechischen (und christlichen) Denken angeblich fremde humane Tiefenstruktur jüdisch-biblischen und rabbinischen Denkens, andererseits, in rabiater dekonstruktivistischpostmoderner Manier (↑Dekonstruktion (Dekonstruktivismus), ↑Postmoderne), ein Denken des ›ganz Anderen‹ (Menschlichen und Göttlichen) gegen die angeblich ›logozentristische‹, nämlich rationalistische und universalistische Verfassung des griechischen (und christlichen) Denkens zur Geltung. In den USA entfachen vor allem das facettenreiche Werk des aus Halle a.d.S. stammenden E. L. Fackenheim (1916–2003) und die Aufsatzsammlung »After Auschwitz. Radical Theology and Contemporary Judaism« (1966) des 1924 in New York geborenen R. L. Rubenstein teils scharfe innerjüdische Kontroversen zur jüdischen Identität in Geschichte und Moderne (wobei die Gründung des Staates Israel und dessen entweder religiöse oder säkulare Deutung häufig eine – sei es vorder-, sei es hintergründige – Rolle spielen). Während Fackenheim zunächst philosophiegeschichtliche Studien sowohl zur mittelalterlichen arabischen und jüdischen als auch zur neuzeitlichen und modernen Philosophie (Kant, Hegel, S. Kierkegaard, Heidegger) treibt, wendet er sich nach dem Sechs-Tage-Krieg 1967 unter der Befürchtung, ein zweiter Holocaust drohe, dem Nachdenken über die Shoah zu. In Revision seiner zuvor positiven Rezeption des abendländischen griechisch-christlichen Denkens entdeckt er nun dessen inhumane Implikationen und stellt ihm das biblische und rabbinische Denken, die Kabbala und die moderne deutsch-jüdische Philosophie (Cohen, Buber, Rosenzweig) entgegen. Rubenstein gelangt aus der Unvereinbarkeit der Shoah mit der traditionellen jüdischen Überzeugung von der göttlichen Erwählung Israels zu der radikalen Konsequenz der Leugnung Gottes; den Ausweg der jüdischen (und der christlichen) Orthodoxie, in der Shoah ein von Gott verhängtes Strafgericht über sein auserwähltes Volk zu sehen, verbietet er sich aufgrund der angeblich moralischen (und theologischen) Absurdität einer solchen Vorstellung. Rubensteins ›radikale Theologie‹ setzt an die Stelle Gottes und die teleologische Auffassung der Geschichte die Natur und deren zyklische Abläufe von Geburt und Tod, Werden und Vergehen. Die Tora und die jüdische Tradition wertet er zwar noch positiv, versteht sie aber nicht mehr normativ: Sie dienen nur noch dem Zusammenhalt und der Festigung der jüdischen Gemeinschaft. – Meist ohne sich auf Rubenstein zu beziehen, spielen die von ihm (nicht als erstem, aber doch am radikalsten) aufgeworfenen Fragen in den innerjüdischen Debatten in Israel nicht nur politisch und gesellschaftlich, sondern auch philosophisch (und natürlich theologisch) eine herausragende Rolle: die Aporien im Glauben an Gottes Handeln in der Geschichte seines erwählten Volkes, die (unlösbar erscheinenden) Spannungen im Verhältnis von religiösen Herrschaftsansprüchen und säkularem Staat, die (prekären) Beziehungen zwischen orthodoxem und liberalem, religiösem und säkularem (z. B. zionistischem) sowie theistischem (↑Theismus), mystischem (↑Mystik) und atheistischem (↑Atheismus) Judentum, die (konfliktträchtigen) innerstaatlichen Beziehungen zur nicht-jüdischen (arabisch-christlichen und arabisch-muslimischen) Bevölkerung und die (spannungsvollen) außenpolitischen Beziehungen zur internationalen Staatengemeinschaft. Die angesichts solcher inneren und äußeren Konfliktlinien, die teilweise existenzbedrohende Ausmaße annehmen, notwendige Permanenz des Selbstbehauptungswillens des jüdischen Staates und seiner jüdischen Bevölkerung macht die Leidenschaft verständlich, mit der in Israel um den Kern der jüdischen Identität philosophisch, religiös und politisch gestritten wird.

Bibliographien: J. Kaplan, International Bibliography of Jewish History and Thought, München etc. 1984; Totok II (1973), 284–307; G. Vajda, J. P., Bern 1950; ders., Les études de philosophie juive du moyen-âge depuis la synthèse de Julius Guttmann, Hebrew Union College Annual 43 (1972), 125–147, 45 (1974), 205–242.

Literatur: J. B. Agus, Modern Philosophies of Judaism. A Study of Recent Jewish Philosophies of Religion, New York 1941; R. Aschenberg, Ent-Subjektivierung des Menschen. Lager und Shoah in philosophischer Reflexion, Würzburg 2003; I. E. Barzilay, Between Reason and Faith. Anti-Rationalism in Italian Jewish Thought 1250–1650, The Hague/Paris 1967; S. Ben-Chorin, Was ist der Mensch? Anthropologie des Judentums, Tübingen 1986; E. Berkovits, Major Themes in Modern Philosophies of Judaism. A Critical Evaluation, New York 1974; J. L. Blau, The Story of Jewish Philosophy, New York 1962, 1971; Z. Cahn, The Philosophy of Judaism. The Development of Jewish Thought Throughout the Ages, the Bible, the Talmud, the Jewish Philosophers, and the Cabbala, Until the Present Time, New York 1962; F. H. Daniel/O. Leaman (eds.), History of Jewish Philosophy, London/New York 1997, 2003; J. Derrida/M. Wieviorka, Jahrhundert der Vergebung. Verzeihen ohne Macht – unbedingt und jenseits der Souveranität, Lettre International 48 (2000), 10–18; I. Efros, הפילוסופיה היהודית העתיקה [Haphilosophja Hajehudith Ha'athika], Jerusalem 1959; ders., הפילוסופיה היהודית בימי הביניים [Haphilosophja Hajehudith Bimej Habejnajim], I–II, Tel-Aviv 1967/1968; ders., Studies in Medieval Jewish Philosophy, New York/London 1974; M. Eisler, Vorlesungen über die jüdischen Philosophen des Mittelalters, I–III, Wien 1870–1883 (repr. New York 1965); E. L. Fackenheim, The Religious Dimension of Hegel's Thought, Indianapolis Ind./Bloomington Ind., Chicago Ill./London 1967, 1982; ders., God's Presence in History. Jewish Affirmations and Philosophical Reflections, New York etc. 1970, 1985, ed. J. Aronson, Northdale N. J./London 1997; ders., Encounters between Judaism and Modern Philosophy. A Preface to Future Jewish Thought, Philadelphia Pa., New York 1973, ed. J. Aronson, Northdale N. J./London 1994; ders., To Mend the World. Foundations of Future Jewish Thought, New York 1982, 1985, mit Unteritel: Post-Holocaust Jewish Thought, New York 1989, Bloomington Ind./Indianapolis Ind. 1994; ders., Jewish Philosophers and Jewish Philosophy, ed. M. L. Morgan, Bloomington Ind./Indianapolis Ind. 1996; ders./R. Jospe (eds.), Jewish Philosophy and the Academy, Madison Wisc./Teaneck N. J., London 1996; S. Feiner, Haskala – Jüdische Aufklärung. Geschichte einer kulturellen Revolution [orig. Hebr.], Hildesheim/Zürich/New York

2007; D. H. Frank/O. Leaman (eds.), History of Jewish Philosophy, London/New York 1997, 2003; G. Goetz, Philosophie und Judentum. Vorträge und Aufsätze aus den Jahren 1924–1968, Den Haag 1991; R. Goldwater (ed.), Jewish Philosophy and Philosophers, London 1962; L. E. Goodman, On Justice. An Essay in Jewish Philosophy, New Haven Conn./London 1991, Oxford/Portland Or. 2008; K. E. Grözinger, Jüdisches Denken. Theologie – Philosophie – Mystik, I–III, Darmstadt, Frankfurt/New York 2004–2009; J. Guttmann, Die Philosophie des Judentums, München 1933 (repr. Nendeln 1973), Berlin 2000 (hebr. הפילוסופיה של היהדות [Haphilosophja Schel Hajahaduth], Jerusalem 1951; engl. Philosophies of Judaism. The History of Jewish Philosophy from Biblical Times to Franz Rosenzweig, New York, London 1964, Northvale N. J./London 1988; franz. Histoire des philosophies. Juives de l'époque biblique à Franz Rosenzweig, Paris 1994); ders., Philosophy, Jewish, in: I. Landman (ed.), The Universal Jewish Encyclopaedia VIII, New York 1942, 500–515; J. Habermas, Der deutsche Idealismus der jüdischen Philosophen, in: ders., Philosophisch-politische Profile, Frankfurt 1981, 1987, 39–64; M. Hengel, Judentum und Hellenismus. Studien zu ihrer Begegnung unter besonderer Berücksichtigung Palästinas bis zur Mitte des 2. Jahrhunderts v. Chr., Tübingen 1969, ^{3}1988; A. J. Heschel, God in Search of Man. A Philosophy of Judaism, New York 1955, 1972 (franz. Dieu en quete de l'homme. Philosophie du judaisme, Paris 1968; dt. Gott sucht den Menschen. Eine Philosophie des Judentums, Neukirchen-Vluyn 1980, ^{4}1995, Berlin ^{5}2000); I. Husik, A History of Mediaeval Jewish Philosophy, New York 1916, 1973, Mineola N. Y. 2002; ders., Philosophical Essays, Ancient, Mediaeval and Modern, ed. M. C. Nahm/L. Strauss, Oxford 1952; A. Hyman (ed.), Essays in Medieval Jewish and Islamic Philosophy. Studies from the Publications of the American Academy for Jewish Research, New York 1977; ders./J. Walsh, Philosophy in the Middle Ages. The Christian, Islamic and Jewish Traditions, New York/Evanston Ill./London 1967, mit T. Williams, Indianapolis Ind./Lancaster ^{3}2010; J. I. Israel, Radical Enlightenment. Philosophy and the Making of Modernity 1650–1750, Oxford etc. 2001, 2002 (franz. Les Lumières radicales. La philosophie, Spinoza et la naissance de la modernité, 1650–1750, Paris 2005); ders., Enlightenment Contested. Philosophy, Modernity, and the Emancipation of Man 1670–1752, Oxford etc. 2006, 2008; J. A. Jacobs (ed.), Judaic Sources and Western Thought. Jerusalem's Enduring Presence, Oxford etc. 2011; V. Jankélévitch, Le Pardon, Paris 1967, 1993 (dt. Das Verzeihen. Essays zur Moral und Kulturphilosophie, Frankfurt 2003, 2006; engl. Forgiveness, Chicago Ill./London 2005); ders., Pardonner? Paris 1971 (dt. Verzeihen?, Frankfurt 2006); ders., L'irréversible et la nostalgie, Paris 1974, 2010; ders., L'imprescriptible. Pardonner? Dans l'honneur et la dignité, Paris 1986, 1996; R. Jospe u. a., Philosophy, Jewish, EJud. XVI (^{2}2007), 67–114; I. Kajon (ed.), La storia della filosofia ebraica. Scritti di L. H. Ehrlich, Padua 1993; S. T. Katz (ed.), Jewish Philosophers, New York, Jerusalem 1975; ders. (ed.), Jewish Ideas and Concepts, New York/Jerusalem 1977; ders. (ed.), Jewish Neo-Platonism, New York 1980; ders., Post-Holocaust Dialogues. Critical Studies in Modern Jewish Thought, New York/London 1983, 1985; W. Kaufman, Contemporary Jewish Philosophies, New York 1976, Detroit Mich. 1992; A. B. Kilcher/O. Fraisse (eds.), Metzler Lexikon jüdischer Philosophen. Philosophisches Denken des Judentums von der Antike bis zur Gegenwart, Stuttgart/Weimar, Darmstadt 2003; J. Klatzkin, Thesaurus philosophicus linguae hebraicae et veteris et recentioris, I–IV, Leipzig 1928–1933, Hildesheim/Zürich/New York 2004; D. Krochmalnik, Der ›Philosoph‹ in Talmud und Midrasch, Trumah 5 (1996), 137–178; ders., Modelle jüdischen Philosophierens, Trumah 11 (2001), 89–107; D. J. Lasker, Jewish Philosophical Polemics against Christianity in the Middle Ages, New York 1977, Oxford/Portland Or. ^{2}2007; Z. Levy, Between Yafeth and Shem. On the Relationship between Jewish and General Philosophy, New York etc. 1987; H. Liebeschütz, Von Georg Simmel zu Franz Rosenzweig. Studien zum jüdischen Denken im deutschen Kulturbereich, Tübingen 1970; J.-F. Lyotard, Discussions, ou: phraser ›après Auschwitz‹, in: P. Lacouse-Labarthe/J.-L. Nancy (eds.), Les fins de l'homme. A partir du travail de Jacques Derrida, Paris 1981, 283–310 (dt. Streitgespräche, oder: Sprechen ›nach Auschwitz‹, Bremen 1982, Grafenau 1995, ^{2}1998; engl. Discussions, or Phrasing ›after Auschwitz‹, ed. L. D. Kritzman, New York 1995); ders., Heidegger et ›les juifs‹, Paris 1988 (dt. Heidegger und ›die Juden‹, Wien 1988, ed. P. Engelmann, Wien ^{2}2005; engl. Heidegger and ›the Jews‹, Minneapolis Minn./London 1990); ders./E. Gruber, Un trait d'union. Suivi de un trait, ce n'est pas tout, Quebec/Grenoble 1993, 1994 (dt. Ein Bindestrich. Zwischen ›Jüdischem‹ und ›Christlichem‹, Düsseldorf/Bonn 1995); T. Meyer, J. P., EP II (2010), 1186–1190; M. L. Morgan/P. E. Gordon (eds.), The Cambridge Companion to Modern Jewish Philosophy, Cambridge etc. 2007; D. Neumark, Geschichte der j.n. P. des Mittelalters, I–II/1, Berlin 1907/1910, Anhang zu I, Berlin 1913, II/2, Berlin/Leipzig 1928; ders., Essays in Jewish Philosophy [...], Wien 1929 (repr. Amsterdam 1971); F. Niewöhner, Vorüberlegungen zu einem Stichwort ›P., j.‹, Arch. Begriffsgesch. 24 (1980), 195–220; ders., P., j., Hist. Wb. Ph. VII (1989), 900–904; N. Rotenstreich, Jewish Philosophy in Modern Times. From Mendelssohn to Rosenzweig, New York/Chicago Ill./San Francisco 1968; ders., Essays in Jewish Philosophy in the Modern Era, ed. R. Munk, Amsterdam 1996; ders., Zionism. Past and Present, Albany N. J. 2007; R. L. Rubenstein, After Auschwitz. Radical Theology and Contemporary Judaism, New York 1966, mit Untertitel: History, Theology, and Contemporary Judaism, Baltimore Md./London ^{2}1992; ders./J. K. Roth, Approaches to Auschwitz. The Holocaust and Its Legacy, Atlanta Ga. 1987, rev. Louisville Ky./London 2003; J. Sacks, Tradition in an Untraditional Age. Essays on Modern Jewish Thought, London/Portland Or. 1990; N. M. Samuelson (ed.), Studies in Jewish Philosophy. Collected Essays of the Academy for Jewish Philosophy 1980–1985, Lanham Md./New York/London 1987; ders., An Introduction to Modern Jewish Philosophy, Albany N. Y. 1989 (dt. Moderne j. P.. Eine Einführung, Reinbek b. Hamburg 1995); M. Schreiner, Der Kalâm in der jüdischen Literatur, Berlin 1895; C. Schulte, Die jüdische Aufklärung. Philosophie, Religion, Geschichte, München 2002; E. Schweid, תולדות ההגות היהודית בעת החדשה [Toldoth Hehaguth Hajehudith Ba'eth Hakhadascha], Jerusalem 1977; K. Seeskin, Jewish Philosophy in a Secular Age, Albany N. Y. 1990; E. Seidel, ›J. P.‹ in nichtjüdischer und jüdischer Philosophiegeschichtsschreibung, Frankfurt/Bern/New York 1984; H. Sérouya, Les étapes de la philosophie juive I (Antiquité hébraique), Paris 1969; H. Simon/M. Simon, Geschichte der j.n P., München, Berlin 1984, Berlin ^{2}1990, Leipzig 1999; C. Sirat, Les théories des visions surnaturelles dans la pensée juive du moyen-âge, Leiden 1969; dies., הגות-פילוסופית בימי-הביניים [Haguth Philosophith Bimej Habejnajim], Jerusalem 1975; dies., La philosophie juive au moyen-âge. Selon les textes manuscrits et imprimés, Paris 1983 (mit Bibliographie, 461–504) (engl. A History of Jewish Philosophy in the Middle Ages, Cambridge etc. 1985, 1996); J. S. Spiegler, Geschichte der Philosophie des Judentums, Leipzig 1890 (repr. Leipzig 1971); W. Stegmaier (ed.), Die philosophische Aktualität der jüdischen Tradition, Frankfurt 2000; L. Strauss, Jewish Philosophy and the Crisis of Modernity. Essays and Lectures in Modern Jewish Thought, Albany N.Y. 1997; L. Trepp, Jüdisches Denken im 20. Jahrhundert, in: G. Mayer (ed.), Das Judentum, Stuttgart/Berlin/Köln 1994, 223–406; I. Twersky (ed.), Studies in Medieval Jewish History and Literature, I–III, Cambridge Mass./London 1979–2000; ders./B. Septimus (eds.), Jewish Thought in the Seventeenth Century, Cambridge Mass./London 1987; G. Vajda, Introduction à la pensée juive du moyen-âge, Paris 1947; ders., L'amour de dieu dans la théologie juive du moyen-âge, Paris 1957; J. Valentin, Atheismus in der Spur Gottes. Theologie nach Jacques Derrida, Mainz 1997; ders./S. Wendel (eds.), Jüdische Traditionen in der Philosophie des 20. Jahrhunderts, Darmstadt 2000, 2005; G. Veltri, P., j., RGG VI (2003), 1303–1311; R. Wimmer, Vier jüdische Philosophinnen. Rosa Luxemburg, Simone Weil, Edith Stein, Hannah Arendt, Tübingen 1990, [3]1995, Leipzig 1996; H.A. Wolfson, Studies in the History of Philosophy and Religion, I–II, ed. I. Twersky/G.H. Williams, Cambridge Mass./London, 1973/1977; ders., Repercussions of the Kalam in Jewish Philosophy, Cambridge Mass./London 1979; M. Zonta, La filosofia ebraica medievale. Storia e testi, Rom 2002. – Sondernummer »Philosophies juives«, Rev. mét. mor. 90 (Paris 1985), H. 3. R. Wi.

Philosophie, komparative, in Europa erstmals vom Sinologen P. Masson-Oursel verwendete Bezeichnung für die vergleichende Rekonstruktion philosophischer Behauptungen und Argumente aus unterschiedlichen Kulturen. Der Ausdruck ›k. P.‹ ist nach Analogie der durch die Methode des *Vergleichs* zur Herstellung genetischer oder struktureller Verwandtschaft ihrer Objekte charakterisierten empirischen Wissenschaften (z.B. vergleichende Anatomie oder vergleichende Sprachwissenschaft) gebildet und bezeichnet den empirischen Vergleich des Gegebenen philosophischer Erfahrung, nämlich der Gedanken und Argumentationen in Texten und mündlichen Traditionen etc.. Mit der Bildung der k.n P. faßte Masson-Oursel frühere historisch-vergleichend vorgehende Arbeiten disziplinär zusammen. Sein an A. Comte und E. Durkheim anknüpfendes Hauptwerk »La philosophie comparée« (1923) begründet die k. P. als eine philosophische und nicht bloß historisch-kulturwissenschaftliche Disziplin, weil nicht nur beschreibend unterschiedene Individualitäten (z.B. kulturelle Einheiten von Denkweisen) ermittelt, sondern für allgemeine und insofern erklärende Zusammenhänge zwischen ihnen geeignete ↑Klassifikationen aufgesucht werden sollen.

Eine k. P. als philosophische Disziplin bedarf allerdings darüber hinaus noch der *reflexiven* Stufe systematisch-genetischer ↑Rekonstruktion, auf der die philosophischen Gegenstände, die Gedanken und Argumentationen, noch einmal erzeugt und beurteilt werden: die Gedanken auf ihre Treffsicherheit und die Argumentationen auf ihre Schlüssigkeit in bezug auf die behandelten Probleme. In diesem Sinne sind philosophische Auseinandersetzungen, also Dispute, bei denen zugleich auf sie selbst kritisch Bezug genommen wird und die deshalb Hilfsmittel und Gegenstand nicht getrennt voneinander behandeln, in Hinsicht auf das dabei eingesetzte Verfahren des Vergleichens, eben des Herstellens von ›Verwandtschaft‹, nämlich der Zusammengehörigkeit von Verschiedenem – in der traditionellen Logik (↑Logik, traditionelle) gehörte Vergleichen zu den Hilfsmitteln sowohl der Bildung von Vorstellungen aus Empfindungen als auch von ↑Begriffen aus Vorstellungen (z.B. I. Kant, Logik, §§ 1–8, Akad.-Ausg. IX, 91–96) –, Musterbeispiele einer k.n P.. So dienten schon in der antiken Philosophie (↑Philosophie, antike), z.B. bei Heraklit, Proportionen dem Vergleichbarmachen durch Herstellen eines Vergleichsmaßstabs, so wie bei L. Wittgenstein ↑Sprachspiele demselben Zweck dienen. Im ↑Hellenismus bei Theodoret findet sich sogar explizit die Aufforderung zum Vergleich: bei Entsprechendem (*ἐκ παραλλήλου*) das Unterscheidende (*τὸ διάφορον*) und das Übereinstimmende (*τὸ ὁμοῖον*) zu suchen.

Gegenwärtig wird die k. P. in der Regel auf die Ebene der Auseinandersetzung zwischen Gestalten der Philosophie ganzer Kulturbereiche, zuweilen sogar bloß zwischen West und Ost beschränkt. Die Diskussion erschöpft sich häufig auch in der bloßen Darstellung mit unterstellten (und dann meist der europäischen Tradition entlehnten) Vergleichsmaßstäben, statt diese in der Auseinandersetzung erst zu gewinnen. Als Gestalten der Philosophie werden nach dem Gesichtspunkt des (vermutlich) voneinander unabhängigen zeitlichen Anfangs im 7./6. Jh. v. Chr. in der ›Achsenzeit der Geschichte‹ (K. Jaspers, Vom Ursprung und Ziel der Geschichte, München, Zürich 1949) gewöhnlich die europäische (Beginn mit Pythagoras und Heraklit), die indische (Beginn mit Buddha und Mahāvīra; ↑Philosophie, buddhistische, ↑Philosophie, jainistische) und die chinesische (Beginn mit Konfuzius und Lao-Tse; ↑Konfuzianismus, ↑Taoismus) unterschieden, unbeschadet feinerer Einteilungen, unter denen die Trennung der europäischen Philosophie in eine antik-christliche (unter Einschluß der jüdisch-arabischen) und eine neuzeitlich-westliche mit globalen Ansprüchen die wichtigste ist. Auch wenn die globalen Gegenüberstellungen sowohl aus inhaltlichen als auch aus methodischen Gründen nur mit Vorsicht aufgenommen werden dürfen, haben die mittlerweile in großem Umfang bei oft hoher Qualität verfügbaren Detailstudien, insbes. zum kritischen Vergleich von Problemen und Lösungsansätzen der indischen mit solchen der europäischen philosophischen Tradition unter Einschluß kritischer Beurteilungen des zugrundegelegten Philosophiebegriffs selbst, den Weg zur Wiederherstellung der ursprünglichen Platonischen Konzeption der Philosophie als Kunst der Auseinandersetzung auch auf globaler Ebene besser begehbar gemacht.

Literatur: A. J. Bahm, Comparative Philosophy. Western, Indian and Chinese Philosophies Compared, New Delhi, Albuquerque N.M. 1977, rev. 1995; W. Benesch, An Introduction to Comparative Philosophy. A Travel Guide to Philosophical Space, London, New York 1997, Basingstoke etc. 2001; Bo Mou (ed.), Two Roads to Wisdom? Chinese and Analytic Philosophical Traditions, Chicago Ill. 2001; A. Brunswig, Das Vergleichen und die Relationserkenntnis, Leipzig/Berlin 1910, 1919; A. Dempf, Selbstkritik der Philosophie und vergleichende Philosophiegeschichte im Umriß, Wien 1947; E. Deutsch (ed.), Culture and Modernity. East-West Philosophic Perspectives, Honolulu Hawaii 1991, Delhi 1994; W. Dilthey, Gang der vergleichenden Geisteswissenschaften bis zur methodischen Bearbeitung des Problems der Individuation, in: Gesammelte Schriften V, ed. G. Misch, Leipzig/Berlin 1924, Stuttgart/Göttingen [8]1990, 303–316; R. Feleppa, Convention, Translation and Understanding. Philosophical Problems in the Comparative Study of Culture, Albany N.Y. 1988; D.R. Griffin, Buddhist Thought and Whitehead's Philosophy, Int. Philos. Quart. 14 (1974), 261–284; C. Gudmunsen, Wittgenstein and Buddhism, New York, London etc. 1977, 1986; A.M. Haas, Das Ereignis des Wortes. Sprachliche Verfahren bei Meister Eckhart und im Zen-Buddhismus, Dt. Vierteljahrsschr. f. Literaturwiss. u. Geistesgesch. 58 (1984), 527–569; W. Halbfass, Indien und Europa. Perspektiven ihrer geistigen Begegnung, Basel/Stuttgart 1981 (engl. India and Europe. An Essay in Understanding, Albany N.Y. 1988, Delhi 1990); ders., Philosophie, Comparative, Hist. Wb. Ph. VII (1989), 922–924; N. Katz (ed.), Buddhist and Western Philosophy, New Delhi etc., Atlantic Highlands N.J. 1981; ders. (ed.), Buddhist and Western Psychology, Boulder Colo. 1983; J. Kaipayil, The Epistemology of Comparative Philosophy. A Critique with Reference to P.T. Raju's Views, Diss. Rom 1995; M. Krausz (ed.), Relativism. Interpretation and Confrontation, Notre Dame Ind. 1989; ders. (ed.), Relativism. A Contemporary Anthology, New York etc. 2010; Kwong-Ioi Shun/D. B. Wong (eds.), Confucian Ethics. A Comparative Study of Self, Autonomy and Community, Cambridge/New York 2004; G.J. Larson/E. Deutsch (eds.), Interpreting Across Boundaries. New Essays in Comparative Philosophy, Princeton N.J. 1988, Delhi 1989; H. Lenk (ed.), Comparative and Intercultural Philosophy. Proceedings of the IIP Conference Seoul 2008, Berlin 2009; P. Masson-Oursel, La philosophie comparée, Paris 1923, [2]1931 (engl. Comparative Philosophy, London 1926 [repr. 2000, 2010]); ders., La philosophie en Orient (= E. Bréhier, Histoire de la philosophie. Fasc. supplémentaire I, Paris 1938), [5]1969; G. Misch, Der Weg in die Philosophie. Eine philosophische Fibel, Leipzig/Berlin 1926, Bern, München [2]1950 (engl. The Dawn of Philosophy. A Philosophical Primer, London 1950, Cambridge Mass. 1951); C.A. Moore (ed.), Philosophy. East and West, Princeton N.J. 1944, [2]1946, Freeport N.Y. 1970; ders. (ed.), Essays in East-West Philosophy. An Attempt at World Philosophical Synthesis, Honolulu Hawaii 1951; ders. (ed.), Philosophy and Culture East and West. East-West Philosophy in Practical Perspective, Honolulu Hawaii 1962, [2]1968; H. Nakamura, Ways of Thinking of Eastern Peoples, Tokyo 1960 (repr. New York/Westport Conn. 1988), rev. unter dem Titel: Ways of Thinking of Eastern Peoples. India-China-Tibet-Japan, ed. P.P. Wiener, Honolulu Hawaii 1964, London 1997; ders., Parallel Developments. A Comparative History of Ideas, Tokyo/New York 1975, 1977, rev. unter dem Titel: A Comparative History of Ideas, London/New York 1986, London/New York, Delhi 1992; K. Nishida, Die morgenländischen und abendländischen Kulturformen in alter Zeit vom metaphysischen Standpunkte aus gesehen, Abh. preuß. Akad. Wiss., philos.-hist. Kl. 19 (1939), Berlin 1940, 1–19; R. Otto, West-östliche Mystik. Vergleich und Unterscheidung zur Wesensdeutung, Gotha 1926, Gütersloh 1979 (engl. Mysticism East and West. A Comparative Analysis of the Nature of Mysticism, New York 1932, Wheaton Ill. 1987; franz. Mystique d'Orient et mystique d'Occident. Distinction et unité, Paris 1951, 1996); J.C. Plott, Global History of Philosophy, I–V, Delhi etc. 1963–1989; S. Radhakrishnan/P.T. Raju (eds.), The Concept of Man. A Study in Comparative Philosophy, Lincoln Neb., London 1960, Delhi 1992; P.T. Raju, Introduction to Comparative Philosophy, Lincoln Neb. 1962, Delhi 1992; ders./A. Castell (eds.), East-West Studies on the Problem of the Self, The Hague 1968; B.-A. Scharfstein u.a., Philosophy East/Philosophy West. A Critical Comparison of Indian, Chinese, Islamic, and European Philosophy, Oxford 1978; J.F. Staal, Advaita and Neoplatonism. A Critical Study in Comparative Philosophy, Madras 1961; A.P. Tuck, Comparative Philosophy and the Philosophy of Scholarship. On the Western Interpretation of Nagarjuna, New York/Oxford 1990; S. Vosniadou/A. Ortony (eds.), Similarity and Analogical Reasoning, Cambridge etc. 1989; D. Wong, Comparative Philosophy. Chinese and Western, SEP 2001, rev. 2009. – J.C. Plott/P.D. Mays, Sarva-Darsana-Sangraha. A Bibliographical Guide to the Global History of Philosophy, Leiden 1969. K. L.

Philosophie, konstruktive, neben ↑›Konstruktivismus‹ Bezeichnung für die Erweiterung des Programms einer Konstruktiven Wissenschaftstheorie (↑Wissenschaftstheorie, konstruktive) im Rahmen der Erlanger (und Konstanzer) Schule (↑Erlanger Schule) zur Konzeption eines methodischen (und dialogischen) Philosophierens (↑Konstruktivismus, dialogischer). Zur Unterscheidung von anderen ›Konstruktivismen‹ (etwa dem so genannten Radikalen Konstruktivismus; ↑Konstruktivismus, radikaler) treten neben der Bezeichnung ›k. P.‹ auch die Bezeichnungen ›Methodische Philosophie‹ und ›Methodischer Konstruktivismus‹ auf.

Literatur: P. Janich (ed.), Entwicklungen der methodischen Philosophie, Frankfurt 1992; K. Lorenz (ed.), Konstruktionen versus Positionen. Beiträge zur Diskussion um die Konstruktive Wissenschaftstheorie, I–II, Berlin/New York 1979; J. Mittelstraß (ed.), Der Konstruktivismus in der Philosophie im Ausgang von Wilhelm Kamlah und Paul Lorenzen, Paderborn 2008; weitere Literatur: ↑Konstruktivismus, ↑Wissenschaftstheorie, konstruktive. J. M.

Philosophie, marxistische, umstrittene Bezeichnung für die philosophischen Schriften in der Tradition von K. Marx und F. Engels. Diese fordern die ›Aufhebung‹ der (idealistischen) Philosophie im Sinne einer Überwindung durch revolutionäre Praxis (↑Revolution (sozial)). Wenn von marxistischer Seite dennoch im positiven Sinne von m.r P. gesprochen wird, ist unter ›Philosophie‹ Ideologiekritik (↑Ideologie) zu verstehen, wie sie von Marx selbst z.B. in der Auseinandersetzung mit G.W.F. Hegel, L.A. Feuerbach, B. Bauer oder M. Stirner vertreten wird. Die Bedenken von nicht-marxistischer Seite gegenüber dem Begriff einer m.n P. gehen einerseits auf die ungenaue Verwendung des Begriffs Philosophie für politische oder ökonomische Theorien des ↑Marxismus zurück, zum anderen auf Zweifel am philosophischen Wert der von politischen Einschätzungen und dogmatischen Verhärtungen durchsetzten Abhandlungen, insbes. in der Gestalt von Staatsideologien.

Die Entwicklung der m.n P., die von der Debatte um den Platz der Philosophie im Marxismus geprägt ist, beginnt nach dem Tode von Engels (1895) mit der kritischen Betrachtung des zentralen Theorems im Dialektischen Materialismus (↑Materialismus, dialektischer): der ›Notwendigkeit‹ einer sozialistischen Revolution auf Grund von Klassenantagonismen (↑Klasse (sozialwissenschaftlich), ↑Antagonismus) in der bürgerlichen Gesellschaft (↑Gesellschaft, bürgerliche). E. Bernstein hält die vor allem im Zusammenhang mit Engels Ontologisierung dialektischer (↑Dialektik) Prozesse behauptete Zwangsläufigkeit des Zusammenbruchs kapitalistischer Systeme mit der Empirie für unvereinbar und entwirft vor diesem Hintergrund eine marxistische Position, die sich statt auf die für überflüssig und unwissenschaftlich gehaltene Hegelsche Dialektik auf Kantische Positionen beruft. Damit verbindet sich für Bernstein eine Kritik am Dialektischen und Historischen Materialismus (↑Materialismus, historischer), insbes. an der aus ihm abgeleiteten revolutionären Praxis zugunsten einer gemäßigten revisionistischen Haltung, die statt auf ökonomische auf die Mobilisierung der moralischen Kräfte setzt. Der Versuch, Marx und I. Kant zusammenzudenken, wird in Deutschland zudem z.B. von C. Schmidt, F. Staudinger und L. Woltmann im philosophischen Zugang zu den Schriften von Marx und Engels mitvollzogen. – Eine Gegenströmung gegen die Revisionisten und neukantianischen Marxisten (↑Neukantianismus) bilden die orthodoxen Theoretiker der II. Internationale (unter ihnen K. Kautsky, F. Mehring und der Austromarxist M. Adler). Ihnen gilt der Marxismus nicht als Philosophie im traditionellen Sinne und damit als Ideologie einer bestimmten historischen Phase, sondern, Engels folgend, als Wissenschaft (↑Sozialismus, wissenschaftlicher). Ihre Rezeption besteht überwiegend in der Verteidigung der Schriften von Marx und Engels gegen philosophische und politische Kritik. Während Kautsky dabei Grundideen des Historischen Materialismus biologistisch auf alle Lebewesen ausweitet und so auch eine Ethik zu begründen sucht, entwickelt Mehring die Idee, den Marxismus als Theorie auf den Historischen Materialismus zu beschränken und den Dialektischen Materialismus (als Theorie allgemeiner Bewegungsgesetze) zu vernachlässigen. Die Position Adlers fällt insofern aus dem Rahmen, als er erkenntnistheoretisch als Idealist gelten darf (Versuch, mit Hilfe eines ›sozialen Apriori‹ die Sozialwissenschaften zu begründen, ohne am Materialismus des wissenschaftlichen Marxismus Anstoß zu nehmen).

Die m. P. in Rußland zeichnet sich zu Beginn des 20. Jhs. durch den Willen zur revolutionären Umgestaltung des zaristischen Feudalismus bei gleichzeitiger Vernachlässigung einer philosophischen Marx-Rezeption aus. Eine Ausnahme bildet A.A. Bogdanov, der in der Auseinandersetzung mit dem ↑Empiriokritizismus E. Machs und R. Avenarius' einen ›Empiriomonismus‹ entwickelt, nach dem sich psychische und physische Erfahrungen lediglich nach Art der Organisiertheit von Erfahrungen unterscheiden lassen (↑Vulgärmaterialismus). Darauf aufbauend begründet er eine ›Tektologie‹, die Grundgedanken der ↑Kybernetik vorwegnimmt. Materie, Dialektik und gesellschaftliche Klassen lediglich nach organisationswissenschaftlichen Gesichtspunkten zu betrachten, führt ihn zur Umdeutung dieser marxistischen Grundbegriffe und (nach der Oktoberrevolution) auch zu seiner Einstufung als politischer Rechtsabweichler seitens der sowjetischen Ideologen. Anders G.W. Plechanov, der aus der Kritik von Empiriokritizismus und Empiriomonismus im Anschluß an Engels einen dialektischen Begriff der Materie entwirft, der unter W.I. Lenin als einer der wichtigen philosophischen Aspekte in die allgemeine Sowjetideologie eingeht. Plechanov gilt heute als der erste bedeutende Propagandist der russischen m.n P..

Lenin selbst gehört zu den marxistischen Philosophen, für die m. P. revolutionäre Praxis einschließt. Seine Perspektive auf das Werk von Marx und Engels, die durch praxisnahe Entdifferenzierung gekennzeichnet ist, weist aus philosophischer Sicht folgende zentrale Aspekte auf: (1) Die Theorie der ↑Parteilichkeit verlangt, jede Philosophie nach dem binären Schema ›idealistisch/materialistisch‹ zu kategorisieren und ›idealistische‹ Philosophie auf Grund ihrer politischen, d.h. antirevolutionären, Konsequenzen zu verurteilen. (2) Die erkenntnistheoretische ↑Widerspiegelungstheorie (oder auch ↑Abbildtheorie) analysiert das Bewußtsein naiv realistisch als Kopie der Wirklichkeit. (3) Eine spezielle ↑Wahrheitstheorie, die (wie schon bei Engels) das Kriterium für Wahrheit in der Praxis verortet, nimmt auf diese Widerspiegelungs- bzw. Abbildtheorie insofern Bezug, als die richtige Widerspiegelung der objektiven Natur im Bewußtsein mit der gelingenden menschlichen Praxis bewiesen wird. (4) Die Dialektik im Anschluß an Hegel wird nicht (wie bei Marx) für die Interpretation der Geschichte rezipiert, sondern (wie bei Engels) als Naturdialektik und als dialektische Logik (↑Logik, dialektische). (5) Ein ↑Voluntarismus, der den Willen und die Tätigkeit der Menschen höher einschätzt als ökonomische und historische Gesetzmäßigkeiten. (6) ↑Religionskritik, insofern Religion eine Bedrohung der revolu-

tionären Umgestaltung darstellt und dem materialistischen Wirklichkeitsverständnis zuwiderläuft.
Die Frühphase des Sowjetmarxismus als Übergang von Lenin zu I. W. Stalin ist aus philosophischer Sicht durch die Arbeiten von N. Bucharin und M. Deborin bestimmt. Die philosophischen Verdienste Bucharins bestehen in erster Linie darin, die m. P. in ein System gebracht zu haben, das von der Betonung der philosophischen Organisation des Denkens her an die ›Tektonik‹ Bogdanovs erinnert. Die Dialektik als Ontologie wird zugunsten einer mechanistischen Gleichgewichtstheorie ersetzt, die mit den Kategorien des ›stabilen Gleichgewichts‹, des ›beweglichen Gleichgewichts mit positiven Vorzeichen‹ (Entwicklung des Systems) und des ›beweglichen Gleichgewichts mit negativen Vorzeichen‹ (Zerstörung des Systems) nicht nur Entwicklungen in der Natur, sondern auch in der Gesellschaft analysiert. Da Bucharin mit dieser Zurückweisung des Dialektischen Materialismus Kritik an einer dogmatischen Position des Sowjetmarxismus übt, fällt er bei seinen ideologischen Gegnern, wie später unter Stalin, in Ungnade. Unter den ideologischen Gegnern Bucharins, die den Mechanizismus auf der Basis einer nachhegelschen Lehre der Dialektik der Natur bekämpfen, ist Deborin, der durch die Edition bedeutender westeuropäischer Philosophen, vor allem der materialistischen Tradition (z. B. D. Diderot, P. H. d'Holbach, J. O. de La Mettrie), eine Konfrontation mit der offiziellen Sowjetphilosophie bewirkt. – Spätestens mit der politischen Herrschaft Stalins wandelt sich die m. P. zu einer Herrschaftsideologie und kommt damit zu einem Stillstand, der erst nach dem 2. Weltkrieg mit der Kritik des westlichen ›Folge-‹ oder auch ›Neomarxismus‹ überwunden wird.
Den Übergang von der leninistischen über die stalinistische Phase der m.n P. zum ↑Neomarxismus bilden K. Korsch, A. Gramsci und G. Lukács. Gramsci knüpft an die Lehren Lenins an und sucht diese auf die italienischen Verhältnisse hin zu transformieren. Die Rolle der Philosophie ist handlungsanleitende Theorie zur Gesellschaftsveränderung. Diese Verbindung von ↑Theorie und Praxis geht bis zu deren Gleichsetzung in dem Sinne, daß Gramsci die Politik oder die geschichtliche Entwicklung selbst zur Philosophie erklärt bzw. Philosophie als Methodologie der Geschichtsinterpretation versteht. Im Begriff der Tätigkeit werden Denken und Sein, Subjekt und Objekt qua wechselseitiger Bedingtheit so eng aneinandergebunden, daß die typischen ›metaphysischen‹ Probleme der m.n P., die sich mit den Topoi ›Materialismus‹ und ›Geschichtsnotwendigkeit‹ verbinden, zum Verschwinden gebracht werden und das Basis-Überbau-Modell (↑Basis, ökonomische, ↑Überbau) um eine neue Variante erweitert wird. Auch Korsch sucht den verlorengegangenen Praxisbezug der m.n P. wieder herauszuarbeiten. Der Philosophie bleibt bis zur ›Aufhebung‹ (↑aufheben/Aufhebung) ihrer idealistischen Natur die Aufgabe, gegen die positivistischen und vulgärmaterialistischen Theorien das Ganze der historischen Entwicklung (bestehend aus Ökonomie, Recht, Politik oder Religion) in den Blick zu nehmen. Korsch sieht in der Verdrängung der philosophischen Gehalte des Marxismus durch die objektivistische Entwicklungstheorie des wissenschaftlichen Sozialismus den Grund für die Verflachung und Krise des Marxismus in den 1920er Jahren; dem soll durch eine marxistische Analyse des Marxismus selbst entgegengewirkt werden. Das Resultat ist eine differenzierte Auffassung von Ideologie, wonach als Ideologie (im Sinne von ›Illusion‹ oder ›Irrtum‹) nur die Bereiche der geistigen Sphäre bezeichnet werden können, die sich als ›reine‹, d. h. vom historischen Bewußtsein losgelöste, Theorien zu erkennen geben. Darunter fallen dann einerseits nicht mehr notwendigerweise alle Inhalte bürgerlicher Wissenschaft, andererseits auch Inhalte marxistischer Theorien. Erst wenn sich der Marxismus selbst als historisch bedingte Theorie begreift, kann er zu einer revolutionären Praxis zurückfinden.
Lukács' Position ist durch eine allgemeine Rückwendung der m.n P. auf die Frühschriften von Marx und die Dialektik Hegels bestimmt, ferner durch Untersuchungen zum Problem der ↑Verdinglichung, zur Frage der Praxis und des Klassenbewußtseins. Verdinglichung ist in Lukács‹ Gesellschaftsanalyse eine zentrale Kategorie, die anknüpfend an Marx' Entfremdungstheorem (↑Entfremdung) das Zur-Ware-Werden aller Bewußtseinsinhalte in kapitalistischen Gesellschaften bezeichnet. Die Aufhebung der verdinglichten Aufspaltung des Bewußtseins in die Dualismen von Subjekt und Objekt, Sein und Sollen, Theorie und Praxis ist das Ziel des Klassenbewußtseins, das das Proletariat zu einer einheitsstiftenden Praxis, d. h. zur gesellschaftlichen Umwälzung, anleiten soll. Dabei spielt auch die Kunst eine wesentliche Rolle, deren Theorie Lukács im Blick auf Marx und Engels entwickelt und damit eine systematische Lücke in der m.n P. schließt. Kunst und Literatur sind demnach als Überbauphänomene von der gesellschaftlichen Basis bestimmt, ohne gleichzeitig direkte Widerspiegelung ökonomischer Verhältnisse zu sein; zwischen Basis und Überbau kann es ungleichzeitige bzw. ungleichmäßige Entwicklungen geben. So kann eine fortschrittliche Ökonomie rückschrittliche Kunst hervorbringen und umgekehrt. Im allgemeinen gilt Lukács eine ästhetische Repräsentation als richtige Darstellung, wenn sie die gesellschaftliche Wirklichkeit adäquat widerspiegelt. Mit späten philosophiegeschichtlichen Arbeiten (z. B. zur Philosophie der ↑Romantik) hat sich Lukács einen Namen als entschiedener Kritiker des philosophischen Irrationalismus (↑irrational/Irra-

tionalismus) gemacht, den er für einen Wegbereiter des Nationalsozialismus hält.
Lukács' Werke bilden eine wesentliche Grundlage für den Neomarxismus der ↑Frankfurter Schule, vor allem bei M. Horkheimer und H. Marcuse. Unter dem Eindruck des Stalinismus entwickelt sich dieser jedoch von einer marxistischen Ausgangsbasis in Richtung einer negativen Dialektik (↑Dialektik, negative), charakterisiert durch einen pessimistischen gesellschaftstheoretischen Gestus in wachsender Distanz zu Marx und Engels (T. W. Adorno). In Form der Kritischen Theorie (↑Theorie, kritische), wie sie etwa J. Habermas weiterentwickelt, wird diese Form des Neomarxismus von den marxistischen Ideologen pauschal als ›eigenartiges Gebilde der spätbürgerlichen Ideologie‹ eingestuft. Übersehen wird, daß die Kritische Theorie mit ihrer Ideologiekritik (insbes. am Vernunftbegriff der ↑Aufklärung, am Begriff der technischen Vernunft, am wissenschaftlichen Positivismus und am politischen Dogmatismus) wichtige Beiträge zur m.n P. geleistet hat.
Zu marxistischen Philosophen im Umfeld der Frankfurter Schule gehört auch E. Bloch, dessen Ansatzpunkte für einen ›kreativen Marxismus‹ der junge Marx, F. W. J. Schelling und G. W. F. Hegel bilden, der jedoch (anders als bei Lukács) nicht nur als Vordenker der Marxschen Dialektik gewürdigt wird. Abgesehen davon bestehen inhaltliche Verbindungen zwischen Bloch und Lukács hinsichtlich einer Subjekt-Objekt-Konzeption, die Lukács in seinen frühmarxistischen Schriften vertritt. Beide argumentieren auch auf der Basis einer ›dialektischen Möglichkeit‹ gegen die wissenschaftliche Bestimmtheit des ›wissenschaftlichen Sozialismus‹, gegen die dogmatische Festlegung des Ziels der Geschichte und für eine offene Struktur des revolutionären Prozesses. Zentral ist bei Bloch der Gedanke, daß die Analyse der gegenwärtigen Gesellschaft nur an Formen des ›Noch-Nicht-Wirklichen‹, des ›In-Möglichkeit-Seienden‹, die das Movens des menschlichen Handelns ausmachen, zu entwickeln sei. In Kunst, Mythos, Religion und Sozialutopien wird der ›Vorschein‹ einer befreiten Menschheit gesehen, der häufig in der Sprache der Religion zum Ausdruck kommt, bei Bloch indes eine profane Deutung erhält.
Der Neomarxismus in Frankreich ist durch drei Richtungen bestimmt: (1) Die szientistisch-positivistische Richtung (z. B. L. Althusser) sucht den Marxismus als Wissenschaft von philosophisch spekulativen Elementen zu reinigen, damit nachträglich wissenschaftlich zu begründen. Dies führt zur Betonung ökonomischer Prozesse, die als Gesetzmäßigkeiten gesellschaftlicher Veränderung verstanden werden sollen. Althussers spezieller Ansatz zeichnet sich innerhalb dieser szientistischen Marx-Rezeption dadurch aus, daß er das gesellschaftliche Wirkungsgefüge in einem durch den Strukturalismus (↑Strukturalismus (philosophisch, wissenschaftstheoretisch)) geprägten Vokabular, z. B. dem Begriff der ›strukturalen Kausalität‹, beschreibt. (2) Eine parteiamtliche Version ist in starkem Maße an der offiziellen Sowjetphilosophie orientiert. Allerdings modifiziert sich diese Position bei ihrem bekanntesten Vertreter, R. Garaudy, insofern dieser z. B. den für die marxistische Ästhetik zentralen Begriff des Realismus derart erweitert, daß dieser auch expressionistische oder surrealistische Positionen erfaßt. (3) Eine antidogmatische Richtung erinnert mit H. Lefèbvre und dessen Engagement für den ohne Verdinglichung und Entfremdung lebenden ›totalen Menschen‹ an Bloch. In seiner Auseinandersetzung mit der m.n P. mobilisiert Lefèbvre die Marxschen Kategorien gegen deren Interpretationen durch die sozialistischen Staatsideologien. Weitere Entwicklungen einer m.n P. verbinden sich mit der Philosophie der so genannten ›Praxis-Gruppe‹ im ehemaligen Jugoslawien (M. Marković, G. Petrović, S. Stojanović, P. Vranicki u. a.) sowie mit gesellschaftstheoretischen Positionen bei der ungarischen Marxistin A. Heller und dem polnischen Philosophen L. Kołakowski.
Nach dem Zusammenbruch des ›Realsozialismus‹ hat die m. P. neue Koordinaten bekommen, da sie sich nicht mehr im Zusammenhang mit Staatsideologien positionieren muß. Die postkommunistische Situation bietet die Möglichkeit, ›Marx ohne Marxismus‹ zu rezipieren (vgl. W. F. Haug 1999, 804). Daraus entstehen völlig neue, kontrovers diskutierte Konstellationen, die Marx etwa in den Kontext der ↑Postmoderne stellen (vgl. J. Derrida, Marx' Gespenster. Der verschuldete Staat, die Trauerarbeit und die neue Internationale, Frankfurt 1995), sehr vermittelte Formen der Praxisphilosophie und der kritischen Philosophie, wie sie sich etwa in der feministischen Philosophie wiederfinden lassen. Den bedeutendsten Zweig der Entwicklung m.r P. bilden Ansätze, die sich auf die methodischen Aspekte konzentrieren (vgl. T. Grant/A. Woods 1995) und damit aufzeigen, wie aktuell kritisches, emanzipatorisches, materialistisches Philosophieren für die gesellschaftliche Entwicklung sein kann.

Literatur: A. Badiou, L'hypothèse communiste, Paris 2009 (engl. The Communist Hypothesis, London/New York 2010; dt. Die kommunistische Hypothese, Berlin 2011); D. Bakhurst, Consciousness and Revolution in Soviet Philosophy. From the Bolsheviks to Evald Ilyenkov, Cambridge etc. 1991; E. Braun, ›Aufhebung der Philosophie‹. Marx und die Folgen, Stuttgart/Weimar 1992; W. Breckman, Marx, the Young Hegelians, and the Origins of Radical Social Theory, Cambridge etc. 1999, 2001; A. Callinicos, Marxism and Philosophy, Oxford 1983, Oxford etc. 1985, 1989; A. Chitty/M. McIvor (eds.), Karl Marx and Contemporary Philosophy, Basingstoke/New York 2009; T. Collmer, Notizen zu H. H. Holz, »Weltentwurf und Reflexion«, Z. Z. f. marxistische Erneuerung 73 (2008), 145–163; U. Dierse u. a., Marxismus, Hist. Wb. Ph. V (1980), 758–790; H. Eidam/W.

Schmied-Kowarzik (eds.), Kritische Philosophie gesellschaftlicher Praxis. Auseinandersetzungen mit der Marxschen Theorie nach dem Zusammenbruch des Realsozialismus, Würzburg 1995; I. Fetscher (ed.), Der Marxismus. Seine Geschichte in Dokumenten I (Philosophie und Ideologie), München 1962, I–III, in 1 Bd. [5]1989; ders., Karl Marx und der Marxismus. Von der Philosophie des Proletariats zur proletarischen Weltanschauung, München 1967, [3]1973, erw. mit Untertitel: Von der Ökonomiekritik zur Weltanschauung, [4]1985 (engl. Marx and Marxism, New York 1971); H. Fleischer, Marx und Engels. Die philosophischen Grundlinien ihres Denkens, Freiburg/München 1970, erw. [2]1974; J. G. Fracchia, Die Marxsche Aufhebung der Philosophie und der Philosophische Marxismus. Zur Rekonstruktion der Marxschen Wissenschaftsauffassung und Theorie-Praxis Beziehung aufgrund von einer Kritik der Marx-Rezeption von Georg Lukács, Karl Korsch, Theodor Adorno und Max Horkheimer, New York 1987; I. Fraser, Hegel and Marx. The Concept of Need, Edinburgh 1998; W. Goerdt (ed.), Die Sowjetphilosophie. Wendigkeit und Bestimmtheit. Dokumente, Basel/Stuttgart, Darmstadt 1967; T. Grant/A. Woods, Reason in Revolt I (Dialectical Philosophy and Modern Science), London 1995, New York 2002 (dt. Aufstand der Vernunft. M. P. und moderne Wissenschaft, Wien 2002); B. Groys, Das kommunistische Poststriptum, Frankfurt 2006, [2]2011 (franz. Le postscriptum communiste, Paris 2008; engl. The Communist Postscriptum, London/New York 2009); J. Habermas, Zur philosophischen Diskussion um Marx und den Marxismus, Philos. Rdsch. 5 (1957), 165–235, Nachdr. in: ders., Theorie und Praxis. Sozialphilosophische Studien, Neuwied/Berlin 1963, 261–335, unter dem Titel: Literaturbericht zur philosophischen Diskussion um Marx und den Marxismus, Frankfurt erw. [4]1971, 2000, 387–463; ders., Zwischen Philosophie und Wissenschaft. Marxismus als Kritik, in: ders., Theorie und Praxis [s. o.], 1963, 387–463, [4]1971, 228–289; ders., Die Rolle der Philosophie im Marxismus, in: ders., Zur Rekonstruktion des Historischen Materialismus, Frankfurt 1976, [6]1995, 2001, 49–59; T. Hanak, Die Entwicklung der m.n P., Basel/Stuttgart 1976; W. F. Haug, Marxismus und Philosophie, EP I (1999), 794–805; ders., Dreizehn Versuche marxistisches Denken zu erneuern, Berlin 2001, Hamburg [2]2005; C. Henning, Philosophie nach Marx. 100 Jahre Marxrezeption und die normative Sozialphilosophie der Gegenwart in der Kritik, Bielefeld 2005; H. H. Holz, Weltentwurf und Reflexion. Versuch einer Grundlegung der Dialektik, Stuttgart/Weimar 2005; ders., Aufhebung und Verwirklichung der Philosophie, I–III, Berlin 2010/2011; R. Jaeggi/D. Loick (eds.), Nach Marx. Philosophie, Kritik, Praxis, Berlin 2013, [2]2014; O. Kallscheuer, Marxismus und Erkenntnistheorie in Westeuropa. Eine politische Philosophiegeschichte, Frankfurt/New York 1986; K. Korsch, Marxismus und Philosophie, Leipzig 1923, erw. [2]1930, Frankfurt/Wien [6]1975 (franz. Marxisme et philosophie, Paris 1964, 2012; engl. Marxism and Philosophy, London 1970, London/New York 2012); A. Kosing u. a., M. P.. Lehrbuch, Berlin (Ost) 1967, [2]1967; U. Lindner, Marx und die Philosophie. Wissenschaftlicher Realismus, ethischer Perfektionismus und kritische Sozialtheorie, Stuttgart 2013; L. Marković, ›Entfremdung‹ und ›Aufhebung der Entfremdung‹ bei Karl Marx und der ›Praxis‹-Gruppe, Münster 1987; D. McLellan, Marxism after Marx, Basingstoke/New York 1979, [4]2007; D. Meghnad, Marx' Revenge. The Resurgence of Capitalism and the Death of Static Socialism, London/New York 2002, 2004; T. Metscher, Logos und Wirklichkeit. Ein Beitrag zu einer Theorie des gesellschaftlichen Bewusstseins, Frankfurt etc. 2010; O. Negt, Kant und Marx. Ein Epochengespräch, Göttingen 2003, 2005; M. Roberts, Analytical Marxism. A Crtitique, London/New York 1996; T. Rockmore, Marx After Marxism. The Philosophy of Karl Marx, Oxford/Malden Mass. 2002; F. Rush (ed.), The Cambridge Companion to Critical Theory, Cambridge etc. 2004, 2008; S. Sayers, Marxism and Human Nature, London/New York 1998; P. Schwarz, M. P.. Das Wahrheits- und Praxisproblem in der Gegenwart, Köln/Wien 1976; E. Screpanti, Libertarian Communism. Marx, Engels and the Political Economy of Freedom, Basingstoke/New York 2007; L. Sève, Une introduction à la philosophie marxiste. Suivie d'un vocabulaire philosophique, Paris 1980, [3]1986; F. Tomberg, Habermas und der Marxismus. Zur Aktualität einer Rekonstruktion des historischen Materialismus, Würzburg 2003; A. v. Weiss, Neomarxismus. Die Problemdiskussion im Nachfolgemarxismus der Jahre 1945–1970, Freiburg/München 1970; J. D. White, Karl Marx and the Intellectual Origins of Dialectic Materialism, Basingstoke/New York, New York 2006; L. Wilde, Ethical Marxism and Its Radical Critics, Basingstoke/New York, New York 1998. D. Th.

Philosophie, mittelalterliche, ↑Scholastik.

Philosophie, poietische, in der Aristotelischen Philosophie- und Wissenschaftssystematik Bezeichnung für denjenigen Teil der ↑Philosophie, der sich mit der ↑*Poiesis* als allgemeiner Grundlage des Wissens befaßt. Aristoteles unterscheidet zwischen der theoretischen Philosophie (↑Philosophie, theoretische), der praktischen Philosophie (↑Philosophie, praktische) und der p.n P.. Gegenstand der p.n P. ist im Unterschied zur theoretischen Philosophie, die sich – noch einmal untergliedert in die Mathematik, die Physik und die Erste Philosophie (↑Philosophie, erste, ↑Metaphysik) – mit den ↑Gründen (↑Begründung) des Wissens befaßt, und der praktischen Philosophie, die sich unter dem Gesichtspunkt des guten Lebens (↑Leben, gutes) mit der Bestimmung von (begründeten) ↑Zwecken und ↑Zielen befaßt, das Wissen als *Können* (↑Technē, ↑ars). In der philosophischen Tradition erhält sie im Unterschied zur Aristotelischen Bestimmung, wonach die Poiesis Grundlage jeden Wissens ist, also auch des theoretischen und des praktischen Wissens, gegenüber theoretischer und praktischer Philosophie, entsprechend Poiesis gegenüber ↑Theorie und ↑Praxis, einen lediglich abgeleiteten, nämlich propädeutischen, Status. So treten z. B. bei I. Kant Gesichtspunkte der p.n P. nur noch im Zusammenhang mit dem die Bereiche der theoretischen und der praktischen Philosophie miteinander verbindenden Begriff der ↑Urteilskraft als eines Könnens auf höherer logischer Stufe auf. Anders erst wieder im Rahmen des neueren ↑Pragmatismus und des ↑Operationalismus bzw. dessen Weiterentwicklung im ↑Konstruktivismus (↑Wissenschaftstheorie, konstruktive), in dem der fundierende Charakter des Könnens vor dem (theoretischen) Sein und dem (praktischen) Sollen erneut eine an die Aristotelischen Unterscheidungen erinnernde Geltung gewinnt (↑Philosophie, theoretische). J. M.

Philosophie, politische, Bezeichnung für philosophische Theoriebildungen über die Prinzipien des Zusammenlebens von Menschen im ↑Staat als einer wohldefinierten politischen Ordnung. Untersuchungen der p.n P. gründen sich auf ↑normative bzw. moralische Urteile und Begriffsanalysen; sie machen aber auch von empirischen Aussagen Gebrauch, insbes. historischer, psychologischer und anthropologischer Natur. Zentrale Themen sind einerseits Erklärung bzw. Rechtfertigung der Existenz staatlicher Ordnung und Gewalt, andererseits Entwürfe zur besseren Gestaltung des Staates.

In *vertragstheoretischen* Ansätzen wird zur Begründung staatlicher Ordnung die Fiktion eines ›Urzustandes‹ eingeführt, in dem keine übergreifende Ordnungsmacht besteht. T. Hobbes charakterisiert diesen Zustand als ↑bellum omnium contra omnes. Andere Autoren sehen den Urzustand eher idyllisch, so Chuang Tzu. Der Urzustand wird durch einen (ebenfalls fiktiven) ↑Gesellschaftsvertrag beendet (Hobbes, J.-J. Rousseau), in dem die Menschen ihre Macht freiwillig auf einen Souverän übertragen, der damit das alleinige Recht der Legislative und das Gewaltmonopol erhält. Aufgabe des Souveräns ist die Sicherung des inneren Friedens, Schutz von Leben und (meist auch) ↑Eigentum der Bürger. Andere Erklärungen für das Bestehen staatlicher Macht berufen sich auf die Einsetzung der Obrigkeit durch Gott, auf die besonderen Fähigkeiten der Herrschenden (Führerprinzip, Platons ↑Philosophenkönige) oder auf die Unterwerfung des Schwächeren durch den Stärkeren (F. Nietzsche). Demgegenüber bestreitet der ↑Anarchismus generell die Notwendigkeit einer staatlichen Zwangsordnung und das dabei zugrundeliegende, pessimistische Menschenbild (z. B. W. Godwin).

Der *Souverän* (sei es eine Einzelperson, eine Personengruppe oder das gesamte Volk) ist seiner logischen Bestimmung nach die letzte Entscheidungsinstanz; er (und nur er) definiert, was legal und was verboten ist. Als Gesetzgeber ist er selbst nicht durch Gesetze gebunden (J. Bodin). Der Souverän kann *per definitionem* kein Unrecht tun; gegen ihn kann es kein (positives) Widerstandsrecht geben. Andererseits lehrt die Geschichte, daß staatliche Macht häufig in Tyrannei und Diktatur ausartet. Deshalb postulieren viele politische Philosophen gewisse fundamentale Rechte der Bürger, die vor aller Souveränität und unabhängig von ihr bestehen sollen (↑Naturrecht, ↑Menschenrechte). Schwere Verstöße des Souveräns gegen dieses ›überpositive‹ Recht geben den Bürgern ein (moralisches) Recht zum Widerstand, dessen ultima ratio die Rebellion ist (J. Locke). Aus der Singularität des Begriffs des Souveräns folgt, daß es nicht zwei verschiedene Obrigkeiten geben kann. Daraus erklärt sich der jahrhundertelange Streit zwischen Kirche und Staat, der auch in der p.n P. seinen Niederschlag fand (Marsilius von Padua, Hobbes, B. de Spinoza). Dem Machtmißbrauch der Souveränität kann durch sorgfältige Kontrollinstanzen innerhalb der staatlichen Ordnung (Verfassung) vorgebeugt werden, insbes. durch Gewaltenteilung (z. B. Spinoza, Locke, C. de Montesquieu). Der größte Vorzug der Demokratie besteht darin, daß das Volk als der eigentliche Souverän seine Regierung auf legalem Wege, nämlich durch Wahlen, wieder entlassen kann (K. R. Popper). Dagegen garantiert auch die Demokratie nicht, daß der Souverän besonders qualifizierte Entscheidungen trifft. Zusätzliche Probleme treten durch die repräsentative (indirekte) Demokratie und das damit verbundene Parteienwesen auf (J. S. Mill). Eine Alternative zur Konstruktion von sorgsam ausbalancierten Machtstrukturen (↑Macht) ist die Auswahl der richtigen Personen für die Herrschaft bzw. die moralische Erziehung der künftigen Herrscher. Bei diesem Ansatz scheint ein moralisch integrer, aufgeklärter Despot die optimale Form von Souveränität darzustellen. Die Geschichte zeigt jedoch, daß diese Konstellation nur sehr selten auftritt und nicht stabil ist. Politische Klugheit gebietet, mit realen, durchschnittlichen Herrschern zu rechnen und jederzeit auf das Schlimmste gefaßt zu sein. – Eine besondere Literaturgattung bilden die Anleitungen zum erfolgreichen Gebrauch der Macht (N. Machiavelli, Kautilya, Han Fei Tzu). Insoweit dabei die Rezepte skrupelloser Machtpolitik in großer Offenheit dargelegt werden, können solche Werke trotz ihres zynischen Tonfalls als Beiträge zur ↑Aufklärung angesehen werden.

Erst spät ist das Problem des *Krieges* bzw. der *Friedenserhaltung* in der p.n P. behandelt worden, nachdem man lange Zeit Kriege als unvermeidliche Naturereignisse angesehen hatte (↑Frieden (historisch-juristisch), ↑Frieden (systematisch)). Immerhin schlägt bereits der französische Aufklärer C.-I. C. Abbé de Saint-Pierre eine Art vereinigtes Europa vor, um die Kriege in Europa zu beenden. Ein stabiler Weltfrieden kann nur durch irgendeine Form von Weltsouveränität (mit zugehörigem Gewaltmonopol) garantiert werden; andererseits ist damit die Gefahr einer Weltdiktatur gegeben. – Ein besonders dringliches Problem stellt der *Nationalismus* dar (E. Kedourie 1993). Dem Prinzip, daß jede Nation ihren eigenen Staat haben soll, stehen gewichtige Fakten entgegen: Es ist unklar, was eine Nation ist; es gibt kaum irgendwo ›ethnisch reine‹ Siedlungsgebiete, und nationalistische Bestrebungen sind eine notorische Quelle von Konflikten und Kriegen.

Politische Probleme im engeren Sinne betreffen die Struktur des Staates und sind dementsprechend abstrakt. In der p.n P. werden aber auch inhaltliche Fragen nach Aufgaben und Grenzen staatlicher Souveränität behandelt. Es wird diskutiert, was der Staat regeln und in welche Bereiche er nicht eingreifen sollte. In umfassender Weise wird dies zunächst in ↑*Utopien* geschildert.

Seit dem 19. Jh. stehen einander dann ↑Liberalismus (z. B. F. A. v. Hayek) einerseits und die Idee des sozialen Staates andererseits gegenüber. Der Liberalismus vertritt die Auffassung, daß staatliche Planungen und Eingriffe in der Regel wenig effizient und zu schwerfällig sind, um die unüberschaubar komplexen Probleme der Gesellschaft zu lösen. Dem steht die Idee einer Solidargemeinschaft gegenüber, die auf gegenseitiger Hilfe und gemeinsamer Planung beruht.

Die traditionelle p. P. ist vom ↑Marxismus dahingehend kritisiert worden, daß diese sich auf abstrakt-ahistorische Überlegungen beschränke. Dies zeigte sich besonders deutlich in der Bewertung der Demokratie. Nach marxistischer Auffassung haben zwar in der Demokratie alle Bürger abstrakt gesehen dieselben Rechte; tatsächlich aber sind die westlichen Demokratien kapitalistische (↑Kapitalismus) Ausbeutergesellschaften, in denen Teile der Bevölkerung in Not oder Unsicherheit leben, als Arbeitslose ein unwürdiges Leben führen müssen etc.. Die demokratischen Grundrechte seien ihnen dabei zu gar nichts nütze. Der Marxismus sieht im Staat eine Institution der herrschenden Klasse zur Sicherung ihrer Macht. Mit dem Verschwinden der Klassengegensätze (im Sozialismus) soll darum auch der Staat ›absterben‹. Daraus resultiert das geringe Interesse der marxistischen Ideologie an Fragen der Verfassung und der Machtkontrolle. Das mag einer der Gründe dafür sein, daß die ehemaligen sozialistischen Staaten anfällig für Diktaturen waren.

Literatur: A. Baruzzi, Einführung in die p. P. der Neuzeit, Darmstadt 1983, erw. ^{3}1993; M. Becker/J. Schmidt/R. Zintl (eds.), P. P., Paderborn 2006, ^{3}2012; W. Becker/W. Oelmüller (eds.), Politik und Moral. Entmoralisierung des Politischen?, München, Paderborn 1987; A. Besussi (ed.), A Companion to Political Philosophy. Methods, Tools, Topics, Farnham/Burlington Vt. 2012; C. Bird, An Introduction to Political Philosophy, Cambridge etc. 2006, 2008; E. Braun/F. Heine/U. Opolka, P. P.. Ein Lesebuch. Texte, Analysen, Kommentare, Reinbek b. Hamburg 1984, 2008; D. Braybrooke, Analytical Political Philosophy. From Discourse, Edification, Toronto/Buffalo N. Y./ London 2006; G. Brock/H. Brighouse (eds.), The Political Philosophy of Cosmopolitanism, Cambridge etc. 2005, 2009; M. Brocker, Geschichte des politischen Denkens. Ein Handbuch, Frankfurt 2007, ^{4}2012; A. Brown, Modern Political Philosophy. Theories of the Just Society, Harmondsworth etc. 1986, 1990; B. de Bruin/C. F. Zurn (eds.), New Waves in Political Philosophy, Basingstoke/New York 2008, 2009; M. Bunge, Political Philosophy. Fact, Fiction and Vision, New Brunswick N. J./London 2009; S. M. Cahn, Political Philosophy. The Essential Texts, New York/Oxford 2005, ^{2}2011; R. Celikates/S. Gosepath, P. P., Stuttgart 2013; J. Christman, Social and Political Philosophy. A Contemporary Introduction, London/New York 2002, 2008; M. Cohen, Political Philosophy. From Plato to Mao, London/Sterling Va. 2001, ^{2}2008; ders./N. Fermon (eds.), Princeton Readings in Political Thought, Princeton N. J. 1996; I. Därmann, Figuren des Politischen, Frankfurt 2009; M. Dascal/O. Gruengard (eds.), Knowledge and Politics. Case Studies in the Relationship Between Epistemology and Political Philosophy, Boulder Colo./ San Francisco/London 1989; A. Demandt, Der Idealstaat. Die politischen Theorien der Antike, Köln/Weimar/Wien 1993, ^{3}2000; C. Douzinas, Human Rights and Empire. The Political Philosophy of Cosmopolitanism, Abington/New York 2007, 2009; D. Estlund (ed.), The Oxford Handbook of Political Philosophy, Oxford etc. 2012; K. Flikschuh, Kant and Modern Political Philosophy, Cambridge etc. 2000, 2008; G. Gaus/F. D'Agostino (eds.), The Routledge Companion to Social and Political Philosophy, New York/London 2013; W. Goldschmidt, Politik/p. P., EP II (^{2}2010), 2076–2099; S. Gosepath/W. Hinsch/ B. Rössler (eds.), Handbuch der politischen P. und Sozialphilosophie, I–II, Berlin/New York 2008; I. Hampsher-Monk, History of Political Philosophy, REP VII (1998), 503–518; J. Hampton, Political Philosophy, Oxford, Boulder Colo. 1997, 1998; C. J. Heyes (ed.), The Grammar of Politics. Wittgenstein and Political Philosophy, Ithaca N. Y./London 2003; O. Höffe, Politische Gerechtigkeit. Grundlegung einer kritischen Philosophie von Recht und Staat, Frankfurt 1987, erw. ^{3}2002 (franz. La justice politique. Fondement d'une philosophie critique du droit et de l'etat, Paris 1991; engl. Political Justice. Foundations for a Critical Philosophy of Law and the State, Cambridge, Cambridge Mass. 1995); C. Horn, Einführung in die p. P., Darmstadt 2003, ^{3}2012; D. Horster, Politik als Pflicht. Studien zur p.n P., Frankfurt 1993, 1994; W. Kersting, Die p. P. des Gesellschaftsvertrags, Darmstadt 1994, 2005; S. S. Kleinberg, Politics and Philosophy. The Necessity and Limitations of Rational Argument, Oxford 1991; D. Knowles, Political Philosophy, London/New York 2001, 2004; R. Kraut, Aristotle. Political Philosophy, Oxford etc. 2002, 2009; W. Kymlicka, Contemporary Political Philosophy. An Introduction, Oxford/New York 1990, Oxford etc. ^{2}2002 (dt. P. P. heute. Eine Einführung, Frankfurt/New York 1996, 1997, Darmstadt 2011); W. Leidhold, P. P., Würzburg 2002, rev. ^{2}2003; S. M. Lipset, Political Philosophy. Theories, Thinkers, Concepts, Washington D. C. 2001, 2003; H. Lübbe, P. P. in Deutschland. Studien zu ihrer Geschichte, Basel/Stuttgart 1963, München 1974; D. Matravers/J. Pike (eds.), Debates in Contemporary Political Philosophy. An Anthology, London/New York 2003; R. Mehring, P. P., Wiebaden 2005, 2012; H. Meier, Warum p. P.?, Stuttgart/Weimar 2000; D. Miller, Political Philosophy, REP VII (1998), 500–503; J. Narveson, You and the State. A Short Introduction to Political Philosophy, Lanham Md. etc. 2008; J. Nida-Rümelin, P. P. der Gegenwart. Rationalität und politische Ordnung, Paderborn etc. 2009; P. Nitschke, P. P., Stuttgart/Weimar 2002; A. O'Hear (ed.), Political Philosophy, Cambridge etc. 2006; J. Pike, Political Philosophy A-Z, Edinburgh 2007; R. Plant, Political Philosophy, Nature of, REP VII (1998), 525–528; K. R. Popper, The Open Society and Its Enemies, I–II, London 1945, Princeton N. J. ^{5}1966, London/New York 2003 (dt. Die offene Gesellschaft und ihre Feinde, I–II, Bern 1957/1958, rev. Tübingen ^{7}1992); D. D. Raphael, Problems of Political Philosophy, London 1970, Basingstoke/New York ^{2}1990, 1993; W. Reese-Schäfer, Antike p. P.. Zur Einführung, Hamburg 1998; H.-M. Schönherr-Mann, Was ist p. P.?, Frankfurt/New York 2012; A. J. Simmons, Political Philosophy, New York/Oxford 2008; R. L. Simon (ed.), The Blackwell Guide to Social and Political Philosophy, Malden Mass./Oxford 2002, 2007; U. Steinvorth, Stationen der politischen Theorie. Hobbes, Locke, Rousseau, Kant, Hegel, Marx, Weber, Stuttgart 1981, erw. ^{3}1994; ders., Gleiche Freiheit. P. P. und Verteilungsgerechtigkeit, Berlin 1999; R. G. Stevens, Political Philosophy. An Introduction, Cambridge etc. 2011; C. Thornhill, German Political Philosophy. The Metaphysics of Law, London/New York 2007; C.

Tyler, Idealist Political Philosophy. Pluralism and the Conflict in the Absolute Idealist Tradition, London 2006; J. Wolff, An Introduction to Political Philosophy, Oxford/New York 1996, rev. ²2006. H. S.

Philosophie, positive, aus unterschiedlichen Gründen gleichzeitig von A. Comte und F. W. J. Schelling in dessen Spätphilosophie zur Charakterisierung ihrer philosophischen Positionen verwendete Bezeichnung. Comte und Schelling stimmen in ihrer Orientierung an der Positivität und Unhintergehbarkeit des Faktischen überein, wobei das Faktische allerdings für Schelling ein Gesetztes, für Comte das für die Erkenntnis wirklich Vorgegebene ist. Nach Schelling, der sich vor allem von G. W. F. Hegels absolutem Idealismus (↑Idealismus, absoluter) absetzt, ist alle bisherige Philosophie in ihrer logischen Orientierung nur ein ›System der Notwendigkeit‹, ›negative Philosophie‹ (Die Philosophie der Offenbarung, Stuttgart/Augsburg 1858 [repr. Darmstadt 1966, 1983], ed. M. Frank, Frankfurt 1977, erw. ²1993; ders., Die Urfassung der Philosophie der Offenbarung, I–II, ed. W. E. Ehrhardt, Hamburg 1992). Sie steigt vom Endlichen zum ↑Absoluten auf, ist ↑›regressiv‹ und ›subjektiv‹. Die p. P. faßt dagegen das Absolute als reinen Akt vollkommener Freiheit (›System der Freiheit‹) auf; sie nimmt in einer voluntativ bestimmten Kehre den Ausgang vom Absoluten selbst, ist ↑›progressiv‹ und ›objektiv‹. Sie allein kann geschichtliche Philosophie sein, weil sie die »Welt aus Freiheit, Wille und Tat und demnach nicht aus einer bloss logischen Emanation irgendeines Princips erklärt« (Grundlegung der positiven Philosophie. Münchner Vorlesung WS 1832/33 und SS 1833, ed. H. Fuhrmans, Turin 1972, 84). Insofern das ›Sein‹ des Absoluten als bloße ›Tatsache‹ nicht apriorisch-begrifflich abgeleitet werden kann, sondern rezeptiv hingenommen werden muß, lehrt Schelling einen die Übersinnlichkeit mitumfassenden ›Empirismus‹.

Für Comte (Cours de philosophie positive, I–VI, Paris 1830–1842, Neudr. als: Œuvres d'Auguste Comte, I–VI, Paris 1968–1969 [dt. Teilübers. P. P., I–II, ed. J. Rig, Leipzig 1883/1884]) ist die p. P. die den demokratisch-industriegesellschaftlichen Verhältnissen nach dem ↑Dreistadiengesetz entsprechende wissenschaftliche Weltauffassung. In diesem letzten Entwicklungsstadium, in dem die Menschen in ihrem Bemühen um Erkenntnis sich ausschließlich auf das ihnen vorgegebene Empirisch-Faktische konzentrieren, wird die metaphysische (↑Metaphysik) Suche nach ↑Letztbegründungen aufgegeben. Der Mensch beschränkt sich, geleitet von dem Zweck einer besseren Lebensbewältigung, auf die Suche nach den Gesetzmäßigkeiten der natürlichen Abläufe und nach den allgemeinen strukturellen Regelmäßigkeiten des Handelns. Die Aufgabe, auch das Handeln wissenschaftlich zu erfassen, übernimmt die ↑Soziologie (›soziale Physik‹), die als letzte positive Ausprägung der Wissenschaft deren Entwicklung von der Mathematik, der Astronomie über die Physik, die Chemie und die Biologie abschließt. Jede Wissenschaft ist dabei hinsichtlich der Entwicklung ihrer ↑Methodologie von der jeweils vorausgehenden abhängig, so daß jede eine eigene, nur wissenschaftshistorisch zu rekonstruierende Wissenschaftslogik besitzt. Daraus folgt für Comte, daß ↑Wissenschaftstheorie in den nicht-formalen Wissenschaften nur als Beschreibung des faktischen Wissenschaftsbetriebes möglich ist. – In seinem Spätwerk proklamiert Comte eine sinnstiftende atheistische ›positive Religion der Humanität‹. Mit seiner p.n P. wird er zum Begründer des Positivismus (↑Positivismus (historisch)).

Literatur: H. B. Acton, Comte's Positivism and the Science of Society, Philos. 26 (1951), 291–310; F. Brentano, August Comte und die p. P., Chilianeum. Blätter für kathol. Wiss., Kunst u. Leben NF 2 (1869), H. 7, 15–37, Neudr. in: ders., Die vier Phasen der Philosophie und ihr augenblicklicher Stand, ed. O. Kraus, Leipzig/Hamburg 1926, Hamburg ²1968, 97–133; T. Buchheim, Eins von Allem. Die Selbstbescheidung des Idealismus in Schellings Spätphilosophie, Hamburg 1992, bes. 65–107; H. Czuma, Der philosophische Standpunkt in Schellings Philosophie der Mythologie und Offenbarung, Innsbruck 1969; C. Ertel, Schellings p. P.. Ihr Werden und Wesen, Limburg 1933; M. Frank, Eine Einführung in Schellings Philosophie, Frankfurt 1985, ²1995; H. Fuhrmans, Schellings letzte Philosophie. Die negative und p. P. im Einsatz des Spätidealismus, Berlin 1940; W. Kasper, Das Absolute in der Geschichte. Philosophie und Theologie der Geschichte in der Spätphilosophie Schellings, Mainz 1965, Nachdr. als: ders., Ges. Schriften II, Freiburg 2010; J. Lacroix, La sociologie d'Auguste Comte, Paris 1956, ⁴1973; L. Levy-Bruhl, La philosophie d'Auguste Comte, Paris 1900, ⁴1921 (dt. Die Philosophie August Comte's, Leipzig 1902; engl. The Philosophy of Auguste Comte, London, New York 1903 [repr. New York 1973]); F. S. Marvin, Comte. The Founder of Sociology, London 1936, New York 1965; P. Parrini, Conoscenza e realtà. Saggio di filosofia positiva, Rom 1995 (engl. Knowledge and Reality. An Essay in Positive Philosophy, Dordrecht/London 1998 [Western Ont. Ser. Philos. Sci. LIX]); R. C. Scharff, Comte after Positivism, Cambridge etc. 1995, 2002; W. Schulz, Die Vollendung des deutschen Idealismus in der Spätphilosophie Schellings, Stuttgart/Köln 1955, Pfullingen ²1975; K. Thompson, Auguste Comte. The Foundation of Sociology, London 1976; C. Wild, Reflexion und Erfahrung. Eine Interpretation der Früh- und Spätphilosophie Schellings, Freiburg/München 1968. H. R. G./S. B.

Philosophie, praktische, im engeren Sinne synonym für ↑Ethik oder ↑Moralphilosophie verwendete Bezeichnung, im weiteren Sinne außerdem die Grundlagen der Gesellschafts-, Rechts- und Staatswissenschaften umfassend. Das heutige Verständnis von P.r P. ist geprägt durch die im 17. und 18. Jh. ausgebildete Einteilung der Philosophie (insbes. C. Wolff), die ihrerseits auf Aristotelische Unterscheidungen zurückgeht. Aristoteles stellt der Gruppe der theoretischen Wissenschaften (oder ›Philosophien‹), nämlich Physik, Mathematik und

Theologie, die auf das praktische und politische Handeln des Menschen bezogenen Lehren der Ethik, Ökonomie (Hauswirtschaftslehre) und Politik gegenüber. Die damit vorgezeichnete Unterscheidung von P.r P. und Theoretischer Philosophie (↑Philosophie, theoretische) wird vom ↑Aristotelismus tradiert und schließlich in der ↑Schulphilosophie des 18. Jhs. terminologisch fixiert. Wolff greift sie in modifizierter Weise auf, indem er das philosophische Wissen in drei Abteilungen ordnet, die er theoretische, experimentelle (empirische) und P. P. nennt. Dabei zählen zur P.n P. neben der allgemeinen Ethik auch die ↑Rechtsphilosophie und die ↑Staatsphilosophie, ferner die Theorien der Politik (↑Philosophie, politische) und die Grundlagen der Ökonomie (im Aristotelischen Sinne) (Philosophia practica universalis. Methodo scientifica pertractata, I–II, Frankfurt/Leipzig 1738/1739 [repr. als Gesammelte Werke Abt. II (Lateinische Schriften), X–XI, ed. J. Ecole u. a., Hildesheim/New York 1971/1979]). – Während in den antiken, auf Aristoteles zurückgehenden Überlegungen zur P.n P. vorwiegend Fragen des guten und glücklichen Lebens (↑Leben, gutes) diskutiert wurden, geht es in den modernen, an I. Kant anknüpfenden Varianten P.r P. in erster Linie um Fragen der ↑Rechtfertigung und der ↑Begründung von ↑Handlungen, Normen (↑Norm (handlungstheoretisch, moralphilosophisch)) und ↑Institutionen.

Seit der Mitte des 19. Jhs. haben sich die speziellen Teile der klassischen P.n P. zunehmend aus dem gemeinsamen systematischen Zusammenhang mit der Moralphilosophie herausgelöst und sind in den zugehörigen Einzelwissenschaften aufgegangen. Zugleich reduzierte sich der Sinn des Terminus ›P. P.‹ mehr und mehr auf eine allgemeine Ethik oder, in der sprachanalytischen Philosophie (↑Philosophie, analytische), auf eine häufig als wertneutral betrachtete Analyse der moralisch relevanten Sätze oder Sprechhandlungen (↑Metaethik). Im angelsächsischen Sprachraum war es Anfang der 1970er Jahre J. Rawls' breit angelegte ›Theorie der ↑Gerechtigkeit‹, die eine Diskussion ethischer und sozialphilosophischer Fragen angeregt hat. Gleichzeitig kam es, zumal in der deutschsprachigen Philosophie und ↑Gesellschaftstheorie, zu einer Rehabilitierung der P.n P. in ihrer klassischen Funktion als gemeinsamen Fundaments der ↑Sozialwissenschaften (unter Einschluß der Rechts- und Wirtschaftswissenschaften). Dabei geht es im Unterschied zur Situation im 18. Jh. nicht nur um den Aufbau eines Systems materialer Sätze und Normen, sondern auch um die methodischen und institutionellen Bedingungen, die rationale praktische ↑Diskurse über materiale Orientierungen der gesellschaftlichen Institutionen erst möglich machen.

Zentrale Aspekte der Diskussion gruppieren sich um die der Hegelschen Kritik an Kants P.r P. entnommenen Begriffe der ↑Moralität und der ↑Sittlichkeit, d. h. unter anderem um das Problem, ob es die P. P. immer auch mit tradierten ↑Lebensformen zu tun hat und normative Fragen sich am Ende nur mit dem Hinweis auf eine faktisch gelebte Sittlichkeit beantworten lassen, ferner darum, wie weit eine vernünftige Begründung bestimmter Normen und der mit ihnen verbundenen Handlungsorientierungen jenseits konkreter Traditionen möglich ist. Vertreter der Philosophie L. Wittgensteins und des amerikanischen ↑Kommunitarismus mit ihrem Plädoyer für eine Kultur des Gemeinsinns wurden in der Debatte gegen Ende des 20. Jhs. gelegentlich als Neoaristoteliker einer Kant verpflichteten Vernunft- und Begründungsethik gegenübergestellt.

Neben diesen Debatten, die eher allgemeine Fragen der P.n P. betreffen, haben neue Entwicklungen der technisch-wissenschaftlichen Zivilisation zu einer philosophischen Bemühung um konkrete ethische Fragen geführt. Hier werden unter anderem Normen eines ökologischen Umgangs mit der Natur (↑Ökologie, ↑Ethik, ökologische) sowie ethische Probleme der Medizin (↑Ethik, medizinische) und der Gentechnologie erörtert (↑Ethik, angewandte). Im Anschluß an den Moralphilosophen P. Singer werden diese Untersuchungen unter dem Titel ›Praktische Ethik‹ zusammengefaßt.

Literatur: K.-O. Apel u. a. (eds.), P. P./Ethik I (Aktuelle Materialien. Reader zum Funkkolleg I), Frankfurt 1980; J. Badura, Die Suche nach Angemessenheit. P. P. als ethische Beratung, Münster/Hamburg/London 2002; ders./D. Böhler/G. Kadelbach (eds.), P. P./Ethik. Dialoge, I–II, Frankfurt 1984; P. Baumanns, Einführung in die p. P., Stuttgart-Bad Cannstatt 1977; H. Bielefeldt, Kants Symbolik. Ein Schlüssel zur kritischen Freiheitsanalyse, Freiburg/München 2001 (engl. Symbolic Representation in Kant's Practical Philosophy, Cambridge etc. 2003); D. Birnbacher, Verantwortung für zukünftige Generationen, Stuttgart 1988, 1995; ders./N. Hoerster (eds.), Texte zur Ethik, München 1976, 132007; T. Cobet, Husserl, Kant und die p. P.. Analysen zur Moralität und Freiheit, Würzburg 2003; D. Egonsson u. a. (eds.), Exploring Practical Philosophy. From Action to Values, Aldershot etc. 2001; J. Habermas, Moralbewußtsein und kommunikatives Handeln, Frankfurt 1983, 2006, 53–125 (Diskursethik – Notizen zu einem Begründungsprogramm); ders., Erläuterungen zur Diskursethik, Frankfurt 1991, 21992, 2001; ders., Faktizität und Geltung. Beiträge zur Diskurstheorie des Rechts und des demokratischen Rechtsstaats, Frankfurt 1992, 2006; T. Hitz, Jacques Derridas p. P., München 2005; O. Höffe/G. Kadelbach/G. Plumpe, P. P./Ethik II (Reader zum Funkkolleg II), Frankfurt 1981; A. Honneth (ed.), Kommunitarismus. Eine Debatte über die moralischen Grundlagen moderner Gesellschaften, Frankfurt/New York 1993, 31995; H. Jonas, Das Prinzip Verantwortung. Versuch einer Ethik für die technologische Zivilisation, Frankfurt 1979, 2000; E. Kadlec, P. P. – heute. Mit K. Popper zur Grundlegung einer Universalmoral, Berlin 2007; F. Kambartel (ed.), P. P. und konstruktive Wissenschaftstheorie, Frankfurt 1974, 1979; W. Kuhlmann (ed.), Moralität und Sittlichkeit. Das Problem Hegels und die Diskursethik, Frankfurt 1986; J. Lenman/Y. Shemmer (eds.), Contructivism in Practical Philosophy, Oxford etc. 2012; H. Lübbe, Fortschritt als Orientierungsproblem. Aufklärung in der Gegenwart, Freiburg 1975; C. Lumer/S. Nannini (eds.), Intentionality, Deliberation and Autonomy. The Action-Theoretic Basis of Practical Philosophy, Aldershot etc. 2007; A. MacIntyre, After Virtue. A Study in Moral Theory, Notre Dame Ind. 1981, ^{3}2007 (dt. Der Verlust der Tugend. Zur moralischen Krise der Gegenwart, Frankfurt/New York 1987, erw. 2006); J. Nida-Rümelin/T. Schmidt, Rationalität in der p.n P.. Eine Einführung, Berlin 2000; R. B. Pippin, Hegel's Practical Philosophy. Rational Agency as Ethical Life, Cambridge etc. 2008, 2010; F. Raffoul/D. Pettigrew (eds.), Heidegger and Practical Philosophy, Albany N. Y. 2002; J. Rawls, A Theory of Justice, Cambridge Mass. 1971, 2005 (dt. Eine Theorie der Gerechtigkeit, Frankfurt 1975, ^{18}2012); ders., Die Idee des politischen Liberalismus. Aufsätze 1978–1989, ed. W. Hinsch, Frankfurt 1992, 2007; T. Rentsch, Die Konstitution der Moralität. Transzendentale Anthropologie und p. P., Frankfurt 1990, 1999; M. Riedel (ed.), Rehabilitierung der p.n P., I–II, Freiburg 1972/1974; J. Ritter, Zur Grundlegung der p.n P. bei Aristoteles, Arch. Rechts- u. Sozialphilos. 46 (1960), 179–199; J. Rohbeck (ed.), P. P., Hannover 2003; H. Schnädelbach, Hegels p. P.. Ein Kommentar der Texte in der Reihenfolge ihrer Entstehung, Frankfurt 2000, 2001; O. Schwemmer, Philosophie der Praxis. Versuch zur Grundlegung einer Lehre vom moralischen Argumentieren in Verbindung mit einer Interpretation der p.n P. Kants, Frankfurt 1971, 1980; P. Singer, Practical Ethics, Cambridge/New York 1979, ^{3}2011 (dt. Praktische Ethik, Stuttgart 1984 , erw. ^{3}2013); R. Spaemann, Moralische Grundbegriffe, München 1982, ^{8}2009; C. Strub, Vom freien Umgang mit Gepflogenheiten. Eine Perspektive auf die p. P. nach Wittgenstein, Paderborn 2005; E. Tugendhat, Vorlesungen über Ethik, Frankfurt 1993, 2010; E. Weisser-Lohmann, Rechtsphilosophie als p. P.. Hegels »Grundlinien der Philosophie des Rechts« und die Grundlegung der p. P., München 2011; B. Williams, Ethics and the Limits of Philosophy, London 1985, London/New York 2006 (dt. Ethik und die Grenzen der Philosophie, Hamburg 1999); R. Wimmer, Universalisierung in der Ethik. Analyse, Kritik und Rekonstruktion ethischer Rationalitätsansprüche, Frankfurt 1980. F. K.

Philosophie, römische, Sammelbezeichnung für die im antiken Rom entstandenen, in gewisser Weise für die Römer typischen philosophischen Richtungen und Positionen. Charakteristisch für die r. P. ist (trotz einiger Neuerungen im Einzelnen) ihre geringe Originalität und ihr ↑Eklektizismus; ihre Bedeutung besteht vor allem in der Rezeption und Verbreitung griechischer Philosophie (↑Philosophie, griechische) und in der Übertragung der griechischen philosophischen Fachsprache ins Lateinische. Für die Philosophie und Theologie des lateinischen Mittelalters gewinnt die r. P. damit eine große wirkungs-, problem- und begriffsgeschichtliche Bedeutung. Dies gilt vor allem für die philosophischen Schriften M. T. Ciceros, der sich in der Erkenntnistheorie an der akademischen ↑Skepsis, in Ethik, Anthropologie und Theologie an der ↑Stoa orientiert. L. A. Seneca greift vor allem ethische Probleme auf; Lukrez verfaßt im Anschluß an Epikur ein Lehrgedicht »Über die Natur der Dinge« im Sinne der mechanistisch-materialistischen Philosophie des Demokriteischen ↑Atomismus; Marc Aurel deutet die materialistischen Elemente der Stoa weiter aus; Epiktet, einer der letzten bedeutenden Stoiker, propagiert ein Leben der Genügsamkeit, der ↑Autarkie und der ↑Ataraxie.

Literatur: J.-M. André, La philosophie à Rome, Paris 1977; W. Görler, Kleine Schriften zur hellenistisch-römischen Philosophie, ed. C. Catrein, Leiden/Boston Mass. 2004; M. Griffin/J. Barnes (eds.), Philosophia Togata. Essays on Philosophy and Roman Society, I–II, Oxford etc. 1989/1997; M. Harbsmeier, Betrug oder Bildung. Die römische Rezeption der alten Sophistik, Göttingen 2008; R. Heinze, Vom Geist des Römertums. Ausgewählte Aufsätze, Leipzig/Berlin 1938, Darmstadt ^{3}1960, Stuttgart, Darmstadt ^{4}1972; M. K. Kellogg, The Roman Search for Wisdom, Amherst N. Y. 2014; R. Klein (ed.), Das Staatsdenken der Römer, Darmstadt 1966, 1980; G. E. R. Lloyd, Science and Morality in Greco-Roman Antiquity. An Inaugural Lecture, Cambridge etc. 1985; B. Maier, Philosophie und römisches Kaisertum. Studien zu ihren wechselseitigen Beziehungen in der Zeit von Caesar bis Marc Aurel, Diss. Wien 1985; G. Maurach (ed.), R. P., Darmstadt 1976; ders., Geschichte der r.n P.. Eine Einführung, Darmstadt 1989, 2006; A. Michel, Rom und die griechische und hellenistische Philosophie und Rhetorik, in: E. Wischer (ed.), Propyläen-Geschichte der Literatur I (Die Welt der Antike), Frankfurt/Berlin 1981, 1988, 438–462; M. Morford, The Roman Philosophers. From the Time of Cato the Censor to the Death of Marcus Aurelius, London/New York 2002; H. Oppermann (ed.), Römische Wertbegriffe, Darmstadt 1967, ^{3}1983; J. Stenzel, Kleine Schriften zur griechischen Philosophie, Darmstadt 1956, 1972, 220–270; M. Trapp, Philosophy in the Roman Empire. Ethics, Politics and Society, Aldershot/Burlington Vt. 2007; weitere Literatur: ↑Philosophie, griechische, ↑Philosophie, hellenistische. M. G.

Philosophie, theoretische, Bezeichnung für den einen Zweig der verbreiteten Einteilung der ↑Philosophie in T. P. und Praktische Philosophie (↑Philosophie, praktische) verbunden mit einem die Tradition bis heute begleitenden Streit um den Primat entweder der theoretischen Lebensführung (*βίος θεωρητικός*), also auch der T.n P., oder der praktischen Lebensführung (*βίος πρακτικός*), also auch der Praktischen Philosophie (↑vita contemplativa). Dieser Streit leitet sich her von der Aristotelischen Dreiteilung der Wissenschaften, d. s. die mit den Ursachen (*αἰτία*, ↑causa) und ↑Prinzipien (*ἀρχαί*) befaßten Denkbemühungen (*διάνοιαι*) (vgl. Met. *E*, insbes. *E*1.1025b25–26), in (1) *theoretische* Wissenschaften, die von dem Bedürfnis nach *Wissen* oder ↑Weisheit (↑Sophia) herrühren und von ihm wiederum dreifach, in die mathematischen Wissenschaften, die Physik und die Erste Philosophie (↑Metaphysik), eingeteilt sind, (2) *poietische* (↑Poiesis) Wissenschaften (↑Philosophie, poietische), die sich dem Bedürfnis nach einem angenehmen Leben, mit äußeren und inneren Gütern, verdanken, und (3) *praktische* Wissenschaften, die auf dem Bedürfnis nach einem guten Leben (↑Leben, gutes) beruhen (vgl. Top. *Z*6.145a15–18, Met. *α*1.20–21). Paradoxerweise hatte Aristoteles diese den Primatstreit bestimmende Dreiteilung der Wissenschaften eingeführt, um ihn zu schlichten. Seine Grundidee war, daß Theorie zwar bezüglich des Gründegebens, Praxis hingegen bezüglich des Zielbestimmens den Primat hat. Die Aristotelische Dreiteilung wiederum geht zurück auf eine mit radikalen terminologischen Änderungen einhergehende Auseinandersetzung mit der von Platon unter ganz anderen Gesichtspunkten erörterten Zweiteilung in *ἐπιστήμη πρακτική*, Wissen als *Können* (operationales Wissen), und *ἐπιστήμη γνωστική*, Wissen als *Erkennen* (propositionales Wissen) in den beurteilenden (*κριτικὸν μέρος*) mathematischen Disziplinen und den gebietenden (*ἐπιτακτικὸν μέρος*)) politischen Disziplinen (vgl. Polit. 258e–261 a). Nach dieser Zweiteilung streben sowohl die T. P. als auch die Praktische Philosophie im Aristotelischen wie im neuzeitlichen und gegenwärtigen Verständnis nach Erkenntnis, die T. P. nach theoretischem Wissen – Sophia als Ziel der *Theorie* (↑Theoria) –, die Praktische Philosophie nach praktischem Wissen oder Einsicht (↑Phronesis). Das Wissen als Können (↑Technē, ↑ars) hingegen wird zum Ziel der von Aristoteles neu hinzugefügten poietischen Wissenschaften und gerät, weil weder mit der Aufgabe bedacht, wie die T. P. nach Gründen zu suchen, noch mit der Aufgabe, wie die Praktische Philosophie Ziele zu bestimmen, zunehmend in die Position einer philosophischen Disziplin minderen Ranges. Dies wirkt bis heute in manchen Auseinandersetzungen um das Verhältnis von Technik, einem technisch-praktischen Umgang mit Welt, und Politik, einem moralisch-praktischen Umgang mit Welt, nach.

Immer wieder muß in der philosophischen Tradition die Eigenständigkeit von Poiesis gegenüber Theorie und Praxis, nämlich als unentbehrliche Grundlage für jede Art von Erkenntnis, neu aufgesucht werden. So tritt sie z. B. bei A. Baumgarten verwandelt in Ästhetik (↑ästhetisch/Ästhetik), eine auf sinnliche statt auf begriffliche Erkenntnis und damit auf *Kennen* zwischen Können und Erkennen gerichtete Tätigkeit, auf; sie erhält zusammen mit der Logik einen bloß propädeutischen (↑Propädeutik) Status für die Philosophie. Bei I. Kant hingegen spielt sie, umgekehrt ›nachbereitend‹ statt ›vorbereitend‹, in der von der Einteilung in die theoretische Erkenntnis und in die praktische Erkenntnis der ↑Vernunft beherrschten Architektonik – unter den zwei ›Geschäften der Vernunft‹, der Selbsterkenntnis oder ›Kritik‹ und der Objekterkenntnis oder ›Metaphysik‹, ist die Objekterkenntnis im apriorischen Fall auf der einen Seite mit der Bestimmung der Begriffe, der T.n P., auf der anderen Seite mit der Verwirklichung der Begriffe, der Praktischen Philosophie, befaßt – nur noch in der die Verbindung von T.r P. und Praktischer Philosophie regierenden ↑Urteilskraft als ein Können auf höherer logischer Stufe eine untergeordnete Rolle. Sie wird von K. Marx wiederentdeckt, der den Menschen nicht durch geistige Vermögen, sondern durch seine Fähigkeit, sich die Lebensmittel erst zu produzieren und in diesem Sinne sein Leben herzustellen, also durch ↑Arbeit, charakterisiert. Das hat zur Folge, daß Machen von nun an als Fähigkeit zu zweckrationalem Handeln (↑Zweckrationalität) in einen Gegensatz zu moralisch oder politisch praktischem Handeln, dem Tun, tritt. Technik (im weiteren Sinne unter Einschluß von ↑Ökonomie etc.) und Politik erscheinen als Äußerungsformen der Praktischen Vernunft (↑Vernunft, praktische) mit zwei nicht gleichberechtigten Zweigen, einem technisch-praktischen (↑Praxeologie) und einem moralisch-praktischen.

Es bedurfte des ↑Pragmatismus, um dem fundierenden Charakter des Könnens vor (theoretischem) Sein und (praktischem) Sollen wieder Geltung zu verschaffen und so der objektgerichteten T.n P. (die im theoretisch-philosophischen Diskurs, also reflektiert, behandelten Aussagen treten deskriptiv, im feststellenden Modus, auf) und der subjektgerichteten Praktischen Philosophie (die im praktisch-philosophischen Diskurs, also reflektiert, behandelten Aussagen treten ↑normativ, im auffordernden Modus, auf) einen gegenüber dieser Subjekt-Objekt-Spaltung (↑Subjekt-Objekt-Problem) neutralen, weil auf die Bereitstellung der Hilfsmittel für beide konzentrierten Unterbau zu errichten. Auch die ↑Logik gehört, wie schon bei Aristoteles und anders als in der eine Dreiteilung der Philosophie in Physik (bei G. W. Leibniz: ›Theorik‹), Ethik (bei Leibniz: ›Praktik‹) und Logik vertretenden ↑Stoa, zum Werkzeug (↑Organon) und sollte daher zum Bestandteil weder der T.n P. noch der Praktischen Philosophie gerechnet werden. Die gleichwohl verbreitete Behandlung von Logik bzw. Ethik als paradigmatischer Disziplinen der T.n P. bzw. der Praktischen Philosophie kann allerdings einsichtig gemacht werden, wenn man dabei der Logik den Hilfsmittelcharakter für die T. P. als ›deskriptive Physik‹ (Feststellung und Beurteilung einer *gegebenen* Natur, ↑Physis) und der Ethik den Hilfsmittelcharakter für die Praktische Philosophie als ›normative Politik‹ (Entwerfen und Beurteilen einer zu *erzeugenden* Kultur, ↑Nomos) zuspricht. K. L.

Philosophie der Logik, Bezeichnung für eine philosophische Disziplin, zu deren auf der Reflexionsebene angesiedelten Fragestellungen hauptsächlich solche gehören, die sich mit der Bestimmung des Gebietes der Logik befassen, also neben Abgrenzungsfragen (etwa gegenüber der ↑Mereologie und der ↑Mengenlehre, aber auch gegenüber der ↑Rhetorik) vor allem Begründungsfragen, etwa im Zusammenhang mit überzeugendem Argumentieren (↑Argumentation) unter Einschluß des einen Sonderfall bildenden logischen Schließens (↑Schluß) und den zu deren Behandlung erforderlichen sprachlichen Kompetenzen (↑Grammatik); sie hat daher grundsätzlich als ein Bestandteil der ↑Logik selbst zu gelten. Mittlerweile ist es üblich, die P. d. L. sogar aus der Philosophischen Logik (↑Logik, philosophische) auszugliedern, weil diese sich grundsätzlich auf solche philosophischen Problemstellungen beschränke, die bereits zur formalen, allein die (logische) Form von Aussagen betreffenden Logik (↑Logik, formale) gehören und dank der Einbeziehung auch eines komplexeren Aufbaus von ↑Aussagen als des in der formalen Logik üblichen (z. B. durch Ausdrücke für ↑Modalitäten, wie ›notwendig‹ oder ›zufällig‹, oder für ›propositionale Einstellungen‹ [↑Einstellung, propositionale], wie ›glauben [daß]‹ oder ›wünschen [daß]‹, die *attitudinatives*) in der Regel zum Aufbau nicht-klassischer ↑Logikkalküle führen.

Rückblickend hat der Streit um den Status der Logik – soll sie als eine formale Logik auf der Basis einer eigens zu konstruierenden Idealsprache (↑Sprache, ideale) verstanden werden oder als eine nur deskriptiv zugängliche, die ›implication threads‹ zwischen Begriffen (G. Ryle) aufsuchende, nicht-formale Logik der ↑Alltagssprache (*language of daily life*), auch Umgangssprache (*ordinary language*) – innerhalb der Analytischen Philosophie (↑Philosophie, analytische), wie er insbes. zwischen B. Russell, später R. Carnap und W. V. O. Quine, auf der einen Seite und P. F. Strawson, auch G. Ryle und J. L. Austin, auf der anderen Seite geführt wurde, als paradigmatisch für Auseinandersetzungen auf dem Felde der P. d. L. zu gelten. Er läßt sich auch als ↑Abgrenzungskriterium verwenden, was die Zugehörigkeit von vorgebrachten Thesen zu den beiden Zweigen der Analytischen Philosophie betrifft, dem Logischen Empirismus (↑Empirismus, logischer) und dem Linguistischen Phänomenalismus (↑Phänomenalismus, linguistischer).

Seit der Antike wird darüber gestritten (↑Logik, antike), ob die Logik den Status einer ↑Wissenschaft (*ἐπιστήμη*, *scientia*) oder den einer Kunstfertigkeit (*τέχνη*, ↑ars) habe. In der ↑Scholastik sollte dieser Streit geschlichtet werden, indem unterschieden wurde zwischen einer *logica docens*, d. i. eine Wissenschaft über den Bereich der Syllogismen, und einer *logica utens*, d. i. eine Kunstfertigkeit der Verwendung von Syllogismen (↑use and mention). Der Streitpunkt läuft auf die Frage hinaus, ob Logik als ein von einer ↑Theoria (↑Theorie) erfaßtes System universeller Wahrheiten verstanden werden soll oder aber als ein sprachlich gefaßtes Regelsystem für die ↑Praxis ›richtigen‹ Schlußfolgerns. Diese Frage ist insofern noch immer virulent, als heute darüber debattiert wird, welches die ›wahre‹ Logik ist: die sich auf der Wahrheitsdefinitheit (↑wertdefinit/Wertdefinitheit) von ↑Aussagen gründende klassische Logik (↑Logik, klassische) oder die sich auf die allgemeinere Dialogdefinitheit (↑dialogdefinit/Dialogdefinitheit) von Aussagen stützende intuitionistische Logik (↑Logik, intuitionistische, ↑Logik, dialogische). Quine, der dezidiert für die klassische Logik argumentiert, gibt dieser Streitfrage folgende allgemeine Form: »Is logic a compendium of the broadest traits of reality, or is it just an effect of linguistic convention?« This question seems »to resound to the deepest level of the philosophy of logic« (Philosophy of Logic, 1970, 96). Es geht dabei auch um die beiden besonderen Abgrenzungsfragen der Logik: Worin unterscheidet sich die P. d. L. im ersten Fall von einer bloßen Abteilung der ↑Erkenntnistheorie oder, genereller, der *philosophy of science* (↑Wissenschaftstheorie), und worin unterscheidet sie sich im zweiten Fall von einer bloßen Abteilung der ↑Sprachphilosophie oder, spezieller, der ↑Argumentationstheorie? Für eine Lösung dieser Fragen ist es unerläßlich, die unaufhebbare Differenz und zugleich gegenseitige Abhängigkeit zu beachten, die besteht zwischen einem Gegenstand als Mittel für eine Untersuchung – er hat dann eine Zeichenrolle – und diesem Gegenstand als bloßem Gegenstand, der dann aber wiederum einer Bezugnahme auf ihn bedarf, soll er zum Gegenstand einer Untersuchung werden (↑Artikulation, ↑Objekt); diese Differenzierung unterläßt Quine bei der Formulierung seiner Alternative.

Literatur: Y. Bar-Hillel, Aspects of Language. Essays and Lectures on Philosophy of Language, Linguistic Philosophy and Methodology of Linguistics, Jerusalem 1970; E. W. Beth, The Foundations of Mathematics. A Study in the Philosophy of Science, Amsterdam 1959, 1968; S. Ebbesen, Logica docens/utens, Hist. Wb. Ph. V (1980, 353–355); G. Forbes, Philosophy of Logic, REP V (1998), 764–766; A. A. Fraenkel, Mengenlehre und Logik, Berlin 1959, [2]1968 (engl. Set Theory and Logic, Reading Mass. 1966); D. M. Gabbay (ed.), What Is a Logical System?, Oxford 1994; D. Jacquette (ed.), A Companion to Philosophical Logic, Malden Mass./Oxford 2002, 2005; ders. (ed.), Philosophy of Logic. An Anthology, Malden Mass./Oxford 2002; ders. (ed.), Philosophy of Logic (Handbook of the Philosophy of Science V), Oxford 2007; K. Lorenz, Die dialogische Rechtfertigung der effektiven Logik, in: F. Kambartel/J. Mittelstraß (eds.), Zum normativen Fundament der Wissenschaft, Frankfurt 1973, 250–280; ders., Rules Versus Theorems. A New Approach for Mediation between Intuitionistic and Two-Valued Logic, J. Philos. Log. 2 (1973), 352–369, ferner in: ders., Logic, Language and Method. On Polarities in Human Experience, Berlin/New York 2010, 3–19; R. M. Martin, Metaphysical Foundations. Mereology and Metalogic, München/Wien 1988; P. Natterer, Philosophie der Logik. Mit einem systematischen Abriss der Kant-Jäsche-Logik, Norderstedt 2010; W. V. O. Quine, Philosophy of Logic, Cambridge Mass. etc., Englewood Cliffs N. J. etc. 1970, 1994 (dt. Philosophie der Logik, Stuttgart etc. 1973, Bamberg 2005; franz. La philosophie de la logique, Paris 1975, 2008); S. Read, Thinking About Logic. An Introduction to the Philosophy of Logic, Oxford/New York 1994, 1995 (dt. Philosophie der Logik. Eine Einführung, Reinbek b. Hamburg 1997); L. Ridder, Mereologie. Ein Beitrag zur Ontologie und Erkenntnistheorie, Frankfurt 2002; T. Seebohm, Philosophie der Logik, Freiburg/München 1984; P. F. Strawson, Carnap's Views on Constructed Systems versus Natural Languages in Analytic Philosophy, in: P. A. Schilpp (ed.), The Philosophy of Rudolf Carnap, La Salle Ill./London 1963, 1997, 503–518 (und Carnap's Replies, a. a. O., 933–940); D. N. Walton, Informal Logic. A

Handbook for Critical Argumentation, Cambridge etc. 1989, mit Untertitel: A Pragmatic Approach, ^{2}2008. K. L.

Philosophie des Geistes, ursprünglich Bezeichnung für ein philosophisches Konzept des ↑Geistes im Deutschen Idealismus (↑Idealismus, deutscher), im Unterschied zu der heute, vor allem im Zuge der Analytischen Philosophie (↑Philosophie, analytische) und der ↑Kognitionswissenschaften, so bezeichneten ↑*philosophy of mind*, im wesentlichen eine Philosophie aller Formen des Geistes, ansetzend bei der Konzeption des subjektiven Geistes (↑Geist, subjektiver) im Sinne Hegels. Im gemeinsamen philosophiehistorischen Kontext geht es um das, was traditionell unter ↑Psyche, ↑Seele und ↑Gemüt, lat. ›anima‹ und ›mens‹, verstanden wird. Dabei steht, wie in der *philosophy of mind*, das Erkennen von präsentischen Phänomenen auf der Basis von Sinnesempfindungen (↑Wahrnehmung) und deren neurophysiologischen Verarbeitungen, ↑Gefühlen und ↑Erinnerungen, im Vordergrund. Eine umfassende P. d. G. geht auch schon vor den Konzeptionen des Deutschen Idealismus über den Bereich eines Protobewußtseins hinaus, das der Mensch mit den Tieren gemein hat und sich in die folgenden Momente gliedert: die Vigilanz oder Wachheit der Sinne im Kontrast zur Bewußtlosigkeit etwa eines komatösen Zustandes, die Awareness oder das Gewahrsein von Umwelt, und die Attention als eine gerichtete Aufmerksamkeit. Volles Bewußtsein (*conscientia*) des Menschen ist dagegen schon inhaltlich bestimmtes Wissen. Dieses ist, wiederum in der Hegelschen Terminologie, Thema einer Philosophie des objektiven Geistes (↑Geist, objektiver) und dessen, was in der philosophischen Tradition mit den Termini ↑›Nus‹, ›animus‹ und ›sapientia‹ bezeichnet wird.

In einer sprachphilosophisch übersetzten P. d. G. geht es zunächst um die Voraussetzung einer gemeinsam fokussierten Aufmerksamkeit (*joint intention and attention*), die das Zeigen (↑Zeigehandlung) ermöglicht. Eine solche Deixis (↑deiktisch) als gemeinsame Bezugnahme auf präsentische Dinge, Qualitäten, Prozesse und Handlungen liegt jeder basalen Nennung und Benennung, Prädikation und Aussage zugrunde, worauf die Arbeiten B. Russells, W. V. O. Quines, auch E. Husserls, W. Kamlahs und P. Lorenzens, neuerdings aber auch die psychologischen Arbeiten in der evolutionären Anthropologie (M. Tomasello) hinweisen. An das griechische Wort ›logos‹ (↑Logos) und seine lateinische Übersetzung ›ratio‹ sowohl für Rechenausdrücke als auch für Geist schließt sich die Vorstellung an, das Denken sei im wesentlichen eine schematische Verarbeitung von nicht-sprachlicher und sprachlicher Information nach deduktiven Regeln, einem logischen *calculus ratiocinator* (↑calculus universalis), wie ihn G. W. Leibniz entwirft. Eine derartige Computer- und Roboteranalogie wird in der *philosophy of mind* durch Theorien der Informationsverarbeitung (↑Informatik, ↑Informationstheorie) in biologischen neuronalen Prozessen abgelöst.

In dieser Entwicklung geraten die Themen der sich im wesentlichen hermeneutisch (↑Hermeneutik) verstehenden ↑Geisteswissenschaften mit ihrem Fundament in der Philosophie des Deutschen Idealismus aus dem Blick. Deren Inhalte und Formen sind auf Unterscheidungs-, Darstellungs- und Schlußschemata in ihren transsubjektiven (↑transsubjektiv/Transsubjektivität) Formen bezogen. Moderne Anschlüsse an den amerikanischen ↑Pragmatismus nach W. James, G. H. Mead und J. Dewey bei M. Schlick und L. Wittgenstein, dann auch bei W. Sellars, R. Rorty, R. Brandom und J. McDowell heben mit I. Kant deren ↑normativen Status hervor und unterstreichen mit G. W. F. Hegel den kooperationslogischen Rahmen geschichtlich tradierter Praxisformen und sozialkultureller ↑Institutionen. Wie im Falle des geistigen ↑Eigentums geht es dabei um alle möglichen individuell und gemeinsam reproduzierbaren und wiedererkennbaren Formen und Inhalte im Reden, Schreiben, Handeln und Beobachten. Hegels Begriff des absoluten Geistes (↑Geist, absoluter) faßt dann noch die drei Großformen eines selbstbewußten Wissens über das Wissen (die Aristotelische *νόησις νοήσεως*) zusammen, nämlich die Religion, die Kunst und die Philosophie als Wissenslogik. In ihnen werden geistige bzw. kulturelle Formen vergegenwärtigt, in einer religiösen Liturgie gefeiert, allegorisch in theologischen Mythen kommentiert und in Formen der künstlerischen Avantgarden, aber auch in Technik und Wissenschaft entwickelt. Die Bezeichnung ›absolut‹ steht hier im Kontrast zu ›relational‹, weil es nicht um den Bezug auf einen bestehenden Objektbereich, sondern darum geht, sich performativ zur Welt zu verhalten.

Literatur: G. E. M. Anscombe, The Collected Philosophical Papers II (Metaphysics and the Philosophy of Mind), Oxford, Minneapolis Minn. 1981; R. B. Brandom, Making It Explicit. Reasoning, Representing, and Discursive Commitment, Cambridge Mass./London 1994, 2001 (dt. Expressive Vernunft. Begründung, Repräsentation und diskursive Festlegung, Frankfurt 2000; franz. Rendre explicite. Raisonnement, représentation et engagement discursif, I–II, Paris 2010/2011); M. E. Bratman, Intention, Plans, and Practical Reason, Cambridge Mass./London 1987, Stanford Calif. 1999, 2000; M. Carrier/J. Mittelstraß, Geist, Gehirn, Verhalten. Das Leib-Seele-Problem und die Philosophie der Psychologie, Berlin/New York 1989 (engl. [erweitert] Mind, Brain, Behavior. The Mind-Body Problem and the Philosophy of Psychology, Berlin/New York 1991); D. J. Chalmers, Consciousness and Its Place in Nature, in: ders., Philosophy of Mind. Classical and Contemporary Readings, Oxford 2002, 247–272, ferner in: S. P. Stich/T. A. Warfield (eds.), The Blackwell Guide to Philosophy of Mind, Malden Mass. etc. 2003, 102–142; D. Davidson, Der Mythos des Subjektiven. Philosophische Essays, Stuttgart 1993, 2007; J. Dewey, How We Think, Boston Mass./New York/Chicago Ill. 1910, erw. mit Untertitel: A

Restatement of the Relation of Reflective Thinking to the Educative Process, Boston Mass./New York 1933, 1998 (dt. Wie wir denken. Eine Untersuchung über die Beziehung des reflektiven Denkens zum Prozess der Erziehung, Zürich 1951, 2009); F. Kambartel, Geist und Natur. Bemerkungen zu ihren normativen Grundlagen, in: G. Wolters/M. Carrier (eds.), Homo Sapiens und Homo Faber. Epistemische und technische Rationalität in Antike und Gegenwart. Festschrift für Jürgen Mittelstraß, Berlin/New York 2005, 253–265; J. Kim, Philosophy of Mind, Boulder Colo., Oxford 1996, [3]2011 (dt. P.d.G., Wien/New York 1998); F. v. Kutschera, P.d.G., Paderborn 2009; J. McDowell, Mind and World, Cambridge Mass./London 1994, 2000 (dt. Geist und Welt, Paderborn etc. 1998, Frankfurt 2012; franz. L'esprit et le monde, Paris 2007); M. Quante, Die Wirklichkeit des Geistes. Studien zu Hegel, Berlin 2011; G. Ryle 1949, The Concept of Mind, New York, London 1949, London/New York 2009 (dt. Der Begriff des Geistes, Stuttgart 1969, 2002; franz. La notion d'esprit. Pour une critique des concepts mentaux, Paris 1978, 2005); P. Stekeler-Weithofer, Denken. Wege und Abwege in der Philosophie des Geistes, Tübingen 2012; ders., Hegels Phänomenologie des Geistes. Ein dialogischer Kommentar in zwei Teilen, I–II, Hamburg 2013; M. Tomasello, The Cultural Origins of Human Cognition, Cambridge Mass./London 1999, 2003 (dt. Die kulturelle Entwicklung des menschlichen Denkens. Zur Evolution der Kognition, Frankfurt 2002, 2011; franz. Aux origines de la cognition humaine, Paris 2004); ders., Origins of Human Communication, Cambridge Mass./London 2008, 2010 (dt. Die Ursprünge der menschlichen Kommunikation, 2009, 2011). P. S.-W.

Philosophiegeschichte (engl. history of philosophy, franz. histoire de la philosophie), Bezeichnung einerseits für die Geschichte philosophischer Konzeptionen und Theorien, andererseits für die disziplinäre Beschäftigung der ↑Philosophie mit ihrer Geschichte – wie im Falle des Terminus ↑›Wissenschaftsgeschichte‹, der sowohl die Geschichte der Wissenschaften sowie ihrer Konzeptionen und Theorien als auch die Beschäftigung mit dieser Geschichte aus wissenschaftlicher oder philosophischer, in der Regel wissenschaftstheoretischer (↑Wissenschaftstheorie) oder wissenschaftsphilosophischer, Perspektive betrifft. Dabei umfaßt die zweite Bedeutung von ›P.‹ (entsprechend der zweiten Bedeutung von ›Wissenschaftsgeschichte‹) nicht nur die professionelle Geschichtsschreibung der Philosophie, sondern auch *Theorien der P.*, d.h. der historischen Genese der Philosophie, und *Theorien der Philosophiegeschichtsschreibung*, d.h. Theorien der Art und Weise, wie P. geschrieben werden sollte. Den Hintergrund für ein derartiges systematisches Interesse der Philosophie an der P. und der Philosophiegeschichtsschreibung bildet unter anderem das wachsende Ausmaß der historischen Forschung in der Philosophie (auch in Form von ↑Begriffsgeschichte und ↑Ideengeschichte der Philosophie), vor allem seit ihrer Eingliederung in die so genannten ↑Geisteswissenschaften als Teil ihrer Akademisierung im Zuge des 19. und 20. Jhs., das dazu geführt hat, daß der Philosophiebegriff der Philosophiegeschichtsschreibung weitgehend zum Philosophiebegriff der philosophischen Forschung selbst geworden ist.

Philosophiehistorische Analysen treten innerhalb der Philosophie zum ersten Mal bei Aristoteles auf, der im Rahmen der Explikation seiner Ursachenlehre (↑Ursache, ↑Kausalität) im Sinne eines Zurateziehens auch diejenigen zu Worte kommen lassen will, »die vor uns (...) über die Wahrheit nachgedacht haben« (Met. *A*3.983b1–3). Das in dieser Formulierung zum Ausdruck kommende *systematische* Interesse an historischen Betrachtungen innerhalb der philosophischen Reflexion bestimmt die weitere philosophische Entwicklung, obgleich mit doxographischen (↑Doxographie) Arbeiten (von Theophrast bis Diogenes Laërtios) bereits im griechischen Denken (↑Philosophie, griechische) auch der spätere Typ eines historischen Interesses an der Philosophie auftritt und ebenfalls Einfluß gewinnt, in der mittelalterlichen Philosophie (↑Scholastik) etwa über die kompilatorische Wiedergabe der Doxographie des Diogenes Laërtios bei W. Burley (De vita et moribus philosophorum, Köln 1470), in der neuzeitlichen Philosophie etwa bei T. Stanley (History of Philosophy, London 1655). Der Rekurs auf P. tritt in Aristotelischer Tradition im wesentlichen in einem systematischen Rahmen auf, d.h. geleitet durch ein Interesse an in der P. liegenden Einsichten und Argumentformen, aber, wie z.B. im Falle von J. Bruckers ›kritischer‹ P. (Historia critica philosophiae [...], I–VI [in 5 Bdn.], Leipzig 1742–1744, I–IV, [2]1766–1767), auch dort, wo das Interesse an der Darstellung des bisherigen Verlaufs der P. selbst im Vordergrund steht.

Systematisch kommt diese Unterordnung des historischen Interesses unter das systematische Interesse der Philosophie vor allem im Begriff der ↑philosophia perennis zum Ausdruck, und hier wiederum insbes. in der philosophischen Konzeption von G.W. Leibniz, in deren Rahmen aus dem Begriff der *philosophia perennis* ein *hermeneutisches Prinzip* wird, das auch den Systematiker zu Rekonstruktionsbemühungen (↑Rekonstruktion) gegenüber einer in ihrer sachlichen Bedeutung häufig unterschätzten und (z.B. aus terminologischen Gründen) mißverstandenen philosophischen Tradition verpflichtet (vgl. Brief vom 26.8.1714 an N. Remond, Philos. Schr. III, 624–625). Wo hingegen das historische Interesse an der P. das systematische Interesse der Philosophie überwiegt, trifft I. Kants spöttische Bemerkung zu, daß den Gelehrten, »die aus den Quellen der Vernunft selbst zu schöpfen bemüht sind«, solche gegenüberstehen, »denen die Geschichte der Philosophie (der alten sowohl, als neuen) selbst ihre Philosophie ist« (Proleg., Akad.-Ausg. IV, 255). Kant selbst erweitert im Begriff einer *philosophischen Geschichte* das Leibnizsche Rekonstruktionspostulat um die unterstellte Vernünftigkeit von (philosophischen) Entwicklungen. In einer ›philosophierenden Geschichte der Philosophie‹ (Lose Blätter, Akad.-Ausg. XX, 340) soll ein »Schema zu der Geschichte der Philosophie a priori« (a. a. O., 342) ausgearbeitet werden, ohne das die faktische P. aus sich selbst heraus unverständlich wäre, nämlich eine bloße »Geschichte der Meinungen, die zufällig hier oder da aufsteigen« (a. a. O., 343). Nach Kant können ohne eine Vermutung über die Vernünftigkeit von (philosophischen) Entwicklungen Rekonstruktionsbemühungen gar nicht erst ansetzen.

Wie Kant, dessen Vorstellungen im ↑Kantianismus zu ausgearbeiteten methodologischen Konzeptionen der P. führen (vgl. W. G. Tennemann, Geschichte der Philosophie, I–XI, Leipzig 1798–1819), betrachtet auch G. W. F. Hegel die Philosophie als eine sich geschichtlich entfaltende vernünftige Praxis, wobei allerdings aus der von Kant *unterstellten* Vernünftigkeit eine in den faktischen Formen der Philosophie *gegebene* vernünftige Entwicklung wird. Philosophie als ein ›System in der Entwicklung‹ (Vorles. Gesch. Philos. [1833–1836], Sämtl. Werke XVII, 58) bedeutet nach Hegel, »daß jede Philosophie notwendig gewesen ist, und noch ist«, und alle Philosophien »als Momente Eines Ganzen affirmativ in der Philosophie erhalten sind« (Vorles. Gesch. Philos., Sämtl. Werke XVII, 66). Eine derartige Auffassung führt, im Gegensatz zu Kants Konzeption, zur Ersetzung systematischer Beurteilungen durch geschichtsphilosophische Einordnungen und hat selbst historistische (↑Historismus) Konsequenzen, die ihrerseits (in der Entwicklung der ↑Hermeneutik von F. D. E. Schleiermacher und W. Dilthey bis M. Heidegger und H.-G. Gadamer) zur These von der ↑Geschichtlichkeit des ↑Verstehens führen – das philosophische Begreifen und damit die philosophische Forschung eingeschlossen. Die Linie Leibnizens und Kants wiederum kommt in der gegenwärtigen Philosophie der P. unter anderem in den Konzeptionen einer *konstruktiven* Hermeneutik (P. Lorenzen 1974; J. Mittelstraß 1976, 1991) zum Ausdruck.

Literatur: E. Angehrn/B. Baertschi (eds.), Philosophie und P./La philosophie et son histoire, Bern/Stuttgart/Wien 2002; J. A. Barash, Martin Heidegger and the Problem of Historical Meaning, Dordrecht etc. 1988, New York ²2003 (dt. Heidegger und der Historismus. Sinn der Geschichte und Geschichtlichkeit des Sinns, Würzburg 1999; franz. Heidegger et le sens de l'histoire, Paris 2006); A. Beelmann, Theoretische P.. Grundsätzliche Probleme einer philosophischen Geschichte der Philosophie, Basel 2001; L. Braun, Histoire de l'histoire de la philosophie, Paris 1973 (dt. Geschichte der P., Darmstadt 1990); R. M. Burns, Philosophies of History. From Enlightenment to Postmodernity, Oxford etc. 2000; E. Castelli (ed.), La filosofia della storia della filosofia. I suoi nuovi aspetti, Padua 1974 (Arch. filos. 1); V. Caysa/K.-D. Eichler (eds.), P. und Hermeneutik, Leipzig 1996; K. Döring, Historia Philosopha. Grundzüge der antiken Philosophiegeschichtsschreibung, Freiburg/Würzburg 1987; L. Dupré, Is the History of Philosophy Philosophy?, Rev. Met. 42 (1988/1989), 463–482; W. Ehrlich, Principles of a Philosophy of the History of Philosophy, Monist 53 (1969), 532–562; K. Flasch, Philosophie hat Geschichte, I–II, Frankfurt 2003/2005; M. Frede, The History of Philosophy as a Discipline, J. Philos. 85 (1988), 666–672; H.-G. Gadamer, Begriffsgeschichte als Philosophie, Arch. Begriffsgesch. 14 (1970), 137–151, Neudr. in: ders., Kleine Schriften III (Idee und Sprache. Platon, Husserl, Heidegger), Tübingen 1972, 236–250; D. Garber, Learning from the Past. Reflections on the Role of History in the Philosophy of Science, Synthese 67 (1986), 91–144; L. Geldsetzer, Was heißt P.?, Düsseldorf 1968; ders., Die Philosophie der P. im 19. Jahrhundert. Zur Wissenschaftstheorie der Philosophiegeschichtsschreibung und -betrachtung, Meisenheim am Glan 1968; ders., P., Hist. Wb. Ph. VII (1989), 912–921; J. E. J. Gracia, Philosophy and Its History. Issues in Philosophical Historiography, Albany N. Y. 1992; G. Graham, History, Philosophy of, REP IV (1998), 453–459; M. Gueroult, The History of Philosophy as a Philosophical Problem, Monist 53 (1969), 563–587; ders., Histoire de l'histoire de la philosophie, I–III, Paris 1984–1988; G. Hartung/V. Pluder (eds.), From Hegel to Windelband. Historiography of Philosophy in the 19th Century, Berlin 2014; E. Hoffmann, Über die Problematik der philosophiegeschichtlichen Methode, Theoria 1 (1937), 3–37, Neudr. in: ders., Platonismus und christliche Philosophie, Zürich/Stuttgart 1960, 5–41; A. J. Holland (ed.), Philosophy, Its History and Historiography, Dordrecht etc. 1985; W. Hübener, Die Ehe des Merkurius und der Philologie. Prolegomena zu einer Theorie der P., in: N. W. Bolz (ed.), Wer hat Angst vor der Philosophie? Eine Einführung in die Philosophie, Paderborn etc. 1982, 137–196, München/Paderborn 2012, 65–110; W. G. Jacobs, P., EP II (²2010), 2037–2049; P. Janich/F. Kambartel/J. Mittelstraß, Wissenschaftstheorie als Wissenschaftskritik, Frankfurt 1974, 131–137 (Kap. 30 Texthermeneutik); K. E. Kaehler, Kant und Hegel zur Bestimmung einer philosophischen Geschichte der Philosophie, Stud. Leibn. 14 (1982), 25–47; J.-M. Kang, Philosophische P.. Studien zur allgemeinen Methodologie der Philosophiegeschichtsschreibung mit besonderer Berücksichtigung der Philosophie der P., Konstanz 1998; P. Kolmer, P. als philosophisches Problem. Kritische Überlegungen namentlich zu Kant und Hegel, Freiburg/München 1998; H. Krämer, Funktions- und Reflexionsmöglichkeiten der Philosophiehistorie. Vorschläge zu ihrer wissenschaftstheoretischen Ortsbestimmung, Z. allg. Wiss.theorie 16 (1985), 67–95; J. Kreuzer, Über P., Oldenburg 2004; M. Longo, Historia philosophiae philosophica. Teorie e metodi della storia della filosofia tra Seicento e Settecento, Mailand 1986; P. Lorenzen, Konstruktive Wissenschaftstheorie, Frankfurt 1974, 113–118 (Konstruktivismus und Hermeneutik); H. Lübbe, P. als Philosophie. Zu Kants Philosophiegeschichtsphilosophie, in: K. Oehler/R. Schaeffler (eds.), Einsichten. Gerhard Krüger zum 60. Geburtstag, Frankfurt 1962, 204–229; J. Mittelstraß, Das Interesse der Philosophie an ihrer Geschichte, Studia Philosophica. Jb. Schweiz. Philos. Ges. 36 (1976), 3–15; ders., Die Philosophie und ihre Geschichte, in: H. J. Sandkühler (ed.), Geschichtlichkeit der Philosophie [s. u.], 11–30; J. A. Passmore (ed.), The Historiography of the History of Philosophy, 's-Gravenhage 1965 (Hist. Theory, Beih. 5); ders., Philosophy, Historiography of, Enc. Ph. VI (1967), 226–230; A. Peperzak, Systematiek en Geschiedenis. Een Inleiding in de Filosofie van de Filosofiegeschiedenis. Over Tekst en Uitleg, Denken en Tijd, Eenzaamheid en Dialoog, Waarheid en Retoriek, in de Beoefening van de Wijsbegeerte, Alphen 1981 (engl. System and History in Philosophy. On the Unity of Thought and Time, Text and Explanation, Solitude and Dialogue, Rhetoric and Truth in the Practice of Philosophy and Its History, Albany N. Y. 1986); J. C. Pitt, Problematics in the

History of Philosophy, Synthese 92 (1992), 117–134; R. W. Puster (ed.), Veritas filia temporis? Philosophiehistorie zwischen Wahrheit und Geschichte. Festschrift für Rainer Specht zum 65. Geburtstag, Berlin/New York 1995, bes. 7–75; J. H. Randall Jr., On Understanding the History of Philosophy, J. Philos. 36 (1939), 460–474; R. Rorty/J. B. Schneewind/Q. Skinner (eds.), Philosophy in History. Essays on the Historiography of Philosophy, Cambridge etc. 1984, 1998; D. M. Rosenthal, Philosophy and Its History, in: A. Cohen/M. Dascal (eds.), The Institution of Philosophy. A Discipline in Crisis?, La Salle Ill. 1989, 1991, 141–176; H. J. Sandkühler (ed.), Geschichtlichkeit der Philosophie. Theorie, Methodologie und Methode der Historiographie der Philosophie, Frankfurt etc. 1991; ders./H. H. Holz/L. Lambrecht (eds.), Philosophie als Geschichte. Probleme der Historiographie, Köln 1989 (Dialektik 18); G. Santinello (ed.), Storia delle storie generali della filosofia, I–V, Brescia 1979–2004; K. L. Schmitz, Why Philosophy Must Have a History: Hegel's Proposal, in: P. H. Hare (ed.), Doing Philosophy Historically, Buffalo N. Y. 1988, 251–266; U. J. Schneider, Die Vergangenheit des Geistes. Eine Archäologie der P., Frankfurt 1990 (mit Bibliographie, 334–369); A. U. Sommer, P. als Problem. Überlegungen im Anschluss an einige Neuerscheinungen zur Theorie der P., Philos. Rdsch. 55 (2008), 55–65; T. Sorell/G. A. J. Rogers (eds.), Analytic Philosophy and History of Philosophy, Oxford 2005; P. Stekeler-Weithofer, P., Berlin/New York 2006; M. A. del Torre, Le origini moderne della storiografia filosofica, Florenz 1976; J. W. Yolton, Is There a History of Philosophy? Some Difficulties and Suggestions, Synthese 67 (1986), 3–21; weitere Literatur: ↑Philosophie. J. M.

philosophy of mind, Terminus zur Bezeichnung der philosophischen Ansätze zur Klärung der Natur psychischer Phänomene. Zunächst auch im deutschen Sprachraum unter der englischsprachigen Bezeichnung geläufig, hat sich seit etwa 1980 auch wieder die ältere, der Konzeption des Deutschen Idealismus (↑Idealismus, deutscher) folgende Bezeichnung ↑›Philosophie des Geistes‹ eingebürgert. Die p. o. m. befaßt sich mit drei Problembereichen: (1) Einschätzung des Körper-Geist-Verhältnisses (↑Leib-Seele-Problem). (2) Mitwirkung an der Klärung der Funktionsweise des Geistes oder der ›kognitiven Architektur‹; die p. o. m. ist hier Teil des interdisziplinären Programms der *↑Kognitionswissenschaft* (cognitive science). (3) Begriffliche Untersuchungen zu besonderen, dem Anschein nach ausschließlich mentalen Phänomenen zukommenden Eigenschaften wie Sinnesqualitäten, Subjektivität oder ↑Bewußtsein.

Historisch beginnt die moderne p. o. m. mit der Analyse der Bedeutung psychologischer Aussagen im Rahmen der Verifikationstheorie (↑Verifikation, vor allem durch R. Carnap 1928). Danach ist die Bedeutung einer Aussage eindeutig durch die möglichen Ergebnisse einer Geltungsprüfung dieser Aussage festgelegt; die Aussage bezieht sich allein auf diese möglichen Ergebnisse. Da die Gültigkeit psychologischer Aussagen ausschließlich anhand von Verhaltensmerkmalen überprüfbar ist, sind solche Aussagen stets gleichbedeutend mit Aussagen über Verhaltensweisen. Die Annahme eigenständiger mentaler Zustände als der Ursachen dieser Verhaltensweisen hat demgegenüber keinen Sinn (↑Scheinproblem). Der auf diese Weise erkenntnistheoretisch begründete ›philosophische ↑Behaviorismus‹ wurde von G. Ryle (1949) aufgegriffen und ausgearbeitet sowie von B. F. Skinner als psychologisches Forschungsprogramm artikuliert (›psychologischer Behaviorismus‹). Die Behauptung der Übersetzbarkeit psychologischer Begriffe in Klassen von Verhaltensdispositionen wurde von R. M. Chisholm (1958) einer eingehenden Kritik unterzogen. In der Folge des Niedergangs der Verifikationstheorie seit etwa 1960 und der kognitiven Wende in der ↑Psychologie in den 1960er Jahren wurde der Behaviorismus weitgehend aufgegeben. An die Stelle ausschließlich erkenntnistheoretischer und sprachphilosophischer Erörterungen des Verhältnisses von psychischen und physischen Zuständen tritt damit ab Mitte des 20. Jhs. – wie schon zuvor im 19. Jh. – eine stärker wissenschaftsgestützte Diskussion. Das Leib-Seele- oder Körper-Geist-Problem wird danach aufgefaßt als die Frage nach dem Verhältnis von physikalischen oder neurophysiologischen Beschreibungen bzw. Erklärungen zu Erklärungsmustern der Alltagspsychologie oder der wissenschaftlichen Psychologie.

Als Alltagspsychologie gilt dabei die Erklärung von Verhalten durch Rückgriff auf inhaltlich gedeutete (intentionale, ↑Intentionalität) mentale Zustände, insbes. Überzeugungen und Ziele (›belief-desire psychology‹). Die Beschaffenheit der betreffenden Erklärungen wird gegenwärtig in zwei alternativen Denkansätzen spezifiziert. Nach der Theorientheorie (›theory theory‹) enthält die Alltagspsychologie ↑Generalisierungen zu Verhaltensweisen, so daß Erklärungen durch Subsumtion von Verhalten unter solche Gesetzmäßigkeiten gegeben werden. Nach der Simulationstheorie wird Verhalten durch Hineinversetzen in eine andere Person erklärt (↑Simulationstheorie/Theorientheorie des Mentalen). Man erfaßt das Verhalten anderer, indem man sich vorstellt, was man selbst unter den entsprechenden Umständen tun würde. Gegenwärtig werden im wesentlichen vier Ansätze zum Verhältnis von psychischen und physischen Zuständen vertreten: (1) Die Theorie der *Typenidentität* (vor allem H. Feigl 1958) geht von der Gleichheit psychologischer und physikalischer Ereignistypen aus. Danach sind allgemeine psychologische Arten wie Überzeugungen, Wünsche oder Gefühlszustände mit neurophysiologischen Arten zu identifizieren. Folglich sind geeignete psychologische und neurophysiologische Begriffe bezugsgleich (↑Referenz), obwohl sich deren Bedeutung (↑intensional/Intension) unterscheiden mag. Diese Bezugsgleichheit wird durch die Annahme der künftigen Reduzierbarkeit (↑Reduktion) psychologischer Aussagen auf neurophysiologische Gesetze gestützt. (2) Die *partikulare ↑Identitätstheorie* (oder die

Theorie der ›Tokenidentität‹) sieht dagegen lediglich eine Identifizierung konkreter psychischer Ereignisse mit konkreten physiologischen Ereignissen vor. Bei verschiedenen Personen oder bei der gleichen Person zu verschiedenen Zeitpunkten können die neurophysiologischen Gegenstücke eines psychischen Zustands unterschiedlich sein. Eines der Motive für diese Abschwächung der Typenidentität ist, daß sich Menschen untereinander und von anderen Organismen in neurophysiologischer Hinsicht unterscheiden, daß sie jedoch gleichwohl der gleichen psychischen Zustände (wie Freude) fähig sind (H. Putnam 1967). (3) Der ↑*Dualismus* behauptet die eigenständige Existenz psychischer und physischer Zustände (K. R. Popper/J. C. Eccles 1977). Dabei wird eine Interaktion (↑Interaktionismus) zwischen Objekten aus drei getrennten Wirklichkeitsbereichen angenommen, nämlich den Bereichen der physikalischen Körper (›Welt 1‹), der psychischen Phänomene (›Welt 2‹) und der ›objektiven Gedankeninhalte‹ (›Welt 3‹) (↑Dritte Welt). – Der pragmatische Dualismus (M. Carrier/J. Mittelstraß 1989) gesteht die Möglichkeit der Körper-Geist-Identität zu, hält jedoch einen pragmatischen psychophysischen Interaktionismus für die im Lichte des gegenwärtigen Standes von Psychologie und ↑Neurowissenschaften überzeugendste Option. (4) Der *eliminative Materialismus* (↑Materialismus, eliminativer) vertritt die These, daß die alltagspsychologische Auffassung psychischer Phänomene und die an deren Grundkonzepten orientierten Strömungen der wissenschaftlichen Psychologie ein grundlegend fehlerhaftes Bild dieser Phänomene vermitteln (P. M. Churchland, P. S. Churchland). Die Annahme der Intentionalität psychischer Zustände und damit insbes. die Vorstellung, diese seien durch bestimmte Inhalte charakterisiert, ist verfehlt. Die gegenwärtige Psychologie wird damit nicht etwa auf eine künftige Neurophysiologie reduziert, sondern durch diese ersetzt.

Die partikulare Identitätstheorie konkretisiert sich vor allem in der *funktionalistischen* Interpretation mentaler Zustände (↑Funktionalismus (kognitionswissenschaftlich)). Danach sind solche Zustände abstrakter Natur und können in unterschiedlichen informationsverarbeitenden Systemen auf verschiedene Weise umgesetzt sein (›multiple Realisierung‹). Die Individualität eines mentalen Zustands wird nicht durch seine physiologische Umsetzung, sondern durch die Art seiner Wechselbeziehungen charakterisiert. Psychologische Zustände sind durch ihr ›*kausales Profil*‹ bestimmt, also durch ihre Verknüpfungen mit bestimmten Sinnesreizen und bestimmten Verhaltensreaktionen sowie mit anderen mentalen Zuständen. Ein psychisches Einzelereignis wird zum Einzelfall einer psychologischen Art durch die Rolle, die es in einem kognitiven Mechanismus spielt. In dieser Sicht entspricht das Verhältnis zwischen Neurophysiologie und Psychologie der Beziehung zwischen der physikalisch-materiellen Beschreibung eines Computers, seiner Hardware, und der funktionalen Beschreibung, seiner Software. Da die Psychologie insofern von jeder konkreten Realisierung der von ihr vorgesehenen Zustände absieht, sind ihre Aussagen auf unterschiedliche Spezies (möglicherweise auch auf Computer und Extraterrestrier) anwendbar. Psychologische Zustände sind auf mehrfache, unterschiedliche Weise körperlich darstellbar und daher *supervenient* (↑supervenient/Supervenienz) zu den zugehörigen physischen Zuständen. Wegen dieser umfassenden und übergreifenden Anwendbarkeit können psychologische Aussagen auch nicht aus den für eine dieser Umsetzungen gültigen Gesetzmäßigkeiten (also etwa den Gesetzmäßigkeiten der Neurophysiologie) abgeleitet werden. Aus diesem Grund ist die Psychologie eine selbständige Disziplin und nicht auf die Neurophysiologie reduzierbar. Der Funktionalismus stellt daher im Selbstverständnis eine Version des nicht-reduktiven ↑Physikalismus dar.

Ein frühes Modell für eine funktionale Charakterisierung psychologischer Zustände ist die ↑*Turing-Maschine* (›Maschinentabellen-Funktionalismus‹). Eine Turing-Maschine stellt ein allgemeines Schema eines Algorithmus (↑Algorithmentheorie) dar, durch den formale (also inhaltlich nicht interpretierte) ↑Symbole nach formalen (also keine Inhalte berücksichtigenden) Wenn-dann-Regeln verknüpft werden. Die Zustände einer Turing-Maschine und ihre Verknüpfungsregeln (das ›Programm‹) sind unabhängig von jeder besonderen technischen Umsetzung festgelegt und tatsächlich stets auf mehrfache, unterschiedliche Weise technisch umsetzbar. Ein Turing-Programm umfaßt daher eine Abfolge funktional charakterisierter Zustände und liefert entsprechend ein Vorbild für die Funktionsweise kognitiver Mechanismen.

In den Rahmen des Funktionalismus gliedert sich die These des ›Erweiterten Geistes‹ (*extended mind*) ein, die 1998 von A. Clark und D. Chalmers formuliert worden ist. Danach sind kognitive Prozesse nicht auf das Gehirn beschränkt, sondern erstrecken sich auf die Umgebung. Grundlage für die Identifikation erweiterter kognitiver Prozesse ist das ›Paritätsprinzip‹: Wenn ein Prozeß als kognitiv gelten würde, wenn er sich im Gehirn abspielte, dann ist er auch dann kognitiv, wenn er sich in der Umgebung vollzieht. Wenn man für den Ort einer Verabredung sein Notizbuch konsultieren muß, dann ist dies dann nicht wesentlich verschieden von der Erinnerung an diesen Ort, wenn das Notizbuch ständig verfügbar ist, die Inhalte beim Eintragen für richtig gehalten und beim Ablesen nicht in Zweifel gezogen werden. Unter solchen Bedingungen ist der Gebrauch des Notizbuchs funktional äquivalent zur Erinnerung. Die These lautet entsprechend, daß Instrumente unter Umständen nicht Hilfsmittel für kognitive Prozesse sind, sondern deren Teil. Diese Position erfährt eine anhaltende kontroverse Diskussion; zu ihren deutschsprachigen Vertretern zählt H. Lyre.

Der Funktionalismus stellt den philosophischen Hintergrund für das ›transdisziplinäre‹ (↑Transdisziplinarität) Forschungsprogramm der ↑*Kognitionswissenschaft* dar, das eine Klärung kognitiver Mechanismen durch Beiträge aus Psychologie, Philosophie, Neurophysiologie, Linguistik und Computerwissenschaft anstrebt. In ihrer Standardform geht die Kognitionswissenschaft von zwei Annahmen aus, der *Repräsentationshypothese* und der *Symbolverarbeitungshypothese* (›Computertheorie‹). Der Repräsentationshypothese zufolge stellen mentale Zustände andere (etwa äußere) Zustände dar und besitzen insofern einen Inhalt (↑Repräsentation, mentale). Die Symbolverarbeitungshypothese besagt, daß kognitive Abläufe durch formale (oder ›syntaktische‹) Prozesse beschreibbar sind. Danach ist es ohne kausalen Einfluß auf diese Abläufe, welche Zustände die in diesen Prozessen auftretenden Symbole repräsentieren. Gleichwohl können die Symbole und ihre Verknüpfungsregeln aufgrund einer Isomorphiebeziehung (↑isomorph/Isomorphie) zu äußeren Zuständen diese Zustände repräsentieren. Aufgrund dieser Zuordnung ist es möglich, daß formale Prozesse sinnvoll interpretierbare, also repräsentationale Anfangswerte zu sinnvoll interpretierbaren, also repräsentationalen Resultaten verarbeiten.

Es ist das Ziel dieser Zugangsweise, die Relevanz von mentalen Repräsentationen (also Vorstellungsinhalten) für die Erklärung von Verhalten erkennbar werden zu lassen, ohne einen kausalen Einfluß dieser Repräsentationen auf kognitive Prozesse unterstellen zu müssen. Für einen solchen kausalen Einfluß läßt sich nämlich gegenwärtig kein plausibler Mechanismus angeben. Die kognitionswissenschaftliche Lösung dieses Problems sieht vor, daß die inhaltlich interpretierten Anfangswerte zum Zwecke der Verarbeitung in formale, syntaktische Symbolfolgen oder ›Datenstrings‹ umgewandelt und nach ausschließlich formalen Regeln verarbeitet werden. Damit dieser Prozeß eine formale Nachbildung inhaltlich signifikanter Verknüpfungen darstellt, muß das gesamte Ablaufschema der *Formalitätsbedingung* genügen: Die Symbole und ihre Verarbeitungsregeln sind von solcher Gestalt, daß sich alle inhaltlich relevanten Unterschiede in formalen Unterschieden zwischen den zugeordneten Symbolfolgen widerspiegeln. Das heißt, für inhaltlich zulässige Übergänge sind formale Transformationsregeln vorgesehen; inhaltlich unzulässige Übergänge sind durch formale Regeln ausgeschlossen. Zwar erfolgt demnach die Verarbeitung faktisch ohne Rückgriff auf die inhaltliche Interpretation der Symbole; sie geschieht gleichwohl so, *als ob* die Symbole inhaltlich interpretiert wären und *als ob* die Verknüpfungsregeln Zugang zu dieser Interpretation hätten. Auch beim Menschen beruhen kognitive Prozesse auf einer internen Codierung und Verarbeitung in einer ↑›Sprache des Denkens‹ (J. Fodor). Auf diese Weise strebt die Kognitionswissenschaft eine Erklärung intelligenter (↑Intelligenz) Leistungen an, ohne bereits den Einzelschritten der entsprechenden Prozesse die Fähigkeit zum Erbringen intelligenter Leistungen zuschreiben zu müssen.

In ihrer Standardform erklärt die Kognitionswissenschaft menschliche Kognition nach dem Vorbild von Computern; künstliche Intelligenz (↑Intelligenz, künstliche) und menschliche Kognition funktionieren auf gleiche Weise. Insbes. richtet diese Position die Funktionsweise kognitiver Mechanismen an der Arbeitsweise von so genannten von-Neumann-Computern aus. Diese operieren nach einem von J. v. Neumann in den 1940er Jahren skizzierten allgemeinen Strukturschema für informationsverarbeitende Systeme. Für von-Neumann-Computer ist charakteristisch, daß sowohl die Symbolfolgen als auch die Verknüpfungsregeln (das Programm) in dem jeweiligen informationsverarbeitenden System explizit codiert sind. Aufgrund der Übertragung dieses Schemas auf kognitive Prozesse im allgemeinen gelten auch diese als zentral gesteuert und explizit regelgeleitet. – Seit Beginn der 1980er Jahre gewinnt eine andersartige Sicht kognitiver Mechanismen an Verbreitung, die auf ›*neuronale Netze*‹ zurückgreift. Diese *konnektionistische* (↑Konnektionismus) Sicht kognitiver Strukturen galt zunächst als Alternative zur Kognitionswissenschaft; sie wird jedoch inzwischen weithin als andersartige Umsetzung des kognitionswissenschaftlichen Programms aufgefaßt. Neuronale Netze (↑Netzwerk, neuronales) werden als Nachbildung der Struktur des Nervensystems konzipiert und bestehen aus einer großen Zahl einfacher Einheiten, den Knoten (engl. *nodes*), die als Modell jeweils einer Nervenzelle betrachtet werden. Jeder Knoten ist durch gerichtete Verknüpfungen mit anderen Knoten verbunden, so daß jeweils festliegt, ob es sich um eine eingehende oder abgehende Verknüpfung handelt. Jeder Knoten erhält Signale von mehreren anderen Knoten und sendet selbst Signale an mehrere Knoten aus. Entsprechend wandelt jeder Knoten die einlaufenden Signale in ein Ausgangssignal um, das er an die nachgeschalteten Knoten weitergibt. Diese Umwandlung geschieht in zwei Stufen, die durch die *Gewichte* (engl. *weights*) der Verknüpfungen und durch die *Transferfunktion* (engl. *transition function*) erfaßt werden. Die Gewichte legen die Wirksamkeit der Eingangssignale auf den Aktivierungszustand des Empfängerknotens fest. Jeder Knoten summiert die gewichteten Eingaben zur Gesamteingabe auf; auf diese Gesamteingabe wird im zweiten Schritt die Transferfunktion angewendet. Diese Funktion ordnet jedem solchen Eingabewert einen Ausgabewert zu, der dann als Signal an die nachgeordneten Knoten abgesendet wird.

In einem neuronalen Netz wird ein Problem als Aktivitätsmuster der Eingabeknoten dargestellt. Die Bearbeitung geschieht dadurch, daß dieses Muster die Aktivitätszustände der nachgeordneten Knoten in geeigneter Weise beeinflußt. Das Aktivitätsmuster pflanzt sich in ständig modifizierter Form durch das neuronale Netz hindurch fort. Schließlich tritt an den Ausgabeknoten ein Aktivitätsmuster auf, das die vom System angebotene Lösung des gestellten Problems darstellt. Ein charakteristisches Merkmal neuronaler Netze ist die Fähigkeit zum Lernen. Dabei wird die Ausgabe der Netze mit der richtigen oder gewünschten Lösung verglichen und diese Diskrepanz über einen Korrekturalgorithmus (›Backpropagation‹) für eine Anpassung des Netzes benutzt. Bei wiederholtem Durchlaufen ändert dann das System die Ausgabe bei gegebener Eingabe. Diese Änderungen entstehen aus der Modifikation der Gewichte. Die Eigenschaften der Knoten selbst, also deren Transferfunktion und die Verknüpfungen mit anderen Knoten, bleiben unverändert; hingegen passen sich die Gewichte unter dem Einfluß der Erfahrung an. Ein Beispiel einer solchen Änderung ist, daß das Gewicht einer Verknüpfung zwischen zwei Knoten immer dann anwächst, wenn beide zugleich aktiv sind (›Hebbsche Regel‹). Die Aktivität eines dieser Knoten erhöht dann die Wahrscheinlichkeit dafür, daß auch der nachgeordnete Knoten ein Signal absendet. Diese Lernregel stellt ein Beispiel für einfaches assoziatives Lernen dar. Vorbild ist die so genannte Langzeit-Potenzierung (›long-term potentiation‹) in Synapsen, also die anhaltende Verstärkung synaptischer Verbindungen durch gemeinsame Aktivität.

Konnektionistische Systeme sind durch zwei wesentliche Merkmale von traditionellen von-Neumann-Computern unterschieden: (1) Die Informationsverarbeitung erfolgt nicht zentral gesteuert, sondern *verteilt* (engl. *distributed processing*). Die Verarbeitungsschritte werden nicht von einer übergeordneten Steuerungseinheit reguliert, sondern ergeben sich aus dem Zusammenwirken von jeweils einzeln operierenden Komponenten. Zudem wird in solchen Netzen eine Information nicht in einem eng begrenzten Bereich repräsentiert, sondern über größere Areale verstreut. Die Repräsentation drückt sich in den Beziehungen zwischen den Knoten aus. (2) Die Regeln der Verarbeitung sind nicht explizit im System repräsentiert; ein neuronales Netz enthält kein ausdrücklich im System codiertes Programm. Gleichwohl können alle Prozesse in neuronalen Netzen als regelgeleitet beschrieben und auf von-Neumann-Computern nachgebildet werden.

Neben der Klärung der Natur der kognitiven Mechanismen betrifft ein weiterer wichtiger Gegenstand der gegenwärtigen Diskussion das Verhältnis zwischen mentaler Symbolverarbeitung und mentaler Repräsentation. Dabei werden im Kern die folgenden vier Positionen vertreten: (1) Nach der Symbolverarbeitungstheorie sind kognitive Prozesse von den Inhalten der entsprechenden mentalen Zustände unabhängig. Die Wirksamkeit von Vorstellungsinhalten ist jedoch gerade für verständiges menschliches Denken charakteristisch. Das Durchlaufen formaler Algorithmen erzeugt kein Verständnis, sondern läßt allenfalls den irreführenden Eindruck entstehen, es liege Verständnis vor (›Argument des chinesischen Zimmers‹, ↑chinese room argument). Daher ist Symbolverarbeitung als Erklärung menschlicher Intelligenz untauglich (J. R. Searle). – (2) Nach dem Prinzip des *methodologischen Individualismus* (↑Individualismus, methodologischer; auch: methodologischer Solipsismus) muß jede psychologische Beschreibung einer Person an Zuständen ansetzen, die innerhalb dieser Person realisiert sein können (H. Putnam, Fodor). Dieses Prinzip schließt solche Zustände aus, für deren Charakterisierung auf die Beziehungen zwischen der Person und anderen Größen zurückgegriffen werden muß. Mentale Repräsentationen enthalten einen Bezug auf äußere Objekte oder Geschehnisse. Daher kann die psychologische Theoriebildung nicht (oder zumindest nicht direkt) an solchen Repräsentationen ansetzen. Im Gegensatz dazu sind formale Zustände durch ihr Verknüpfungsmuster innerhalb der kognitiven Prozesse der betrachteten Person festgelegt und genügen folglich dem Prinzip des methodologischen Individualismus. Die *syntaktische Theorie des Geistes* (S. Stich) reagiert auf diesen Befund mit der Interpretation, daß mentale Zustände allein formale Eigenschaften besitzen und die Annahme von Vorstellungsinhalten auf irreführenden, alltagspsychologisch geprägten Theoriebildungen beruht und entsprechend aufzugeben ist. Diese Sichtweise bedeutet eine Konkretisierung der allgemeinen Position des eliminativen Materialismus. – (3) Zwar sind mentale Inhalte durch das Prinzip des methodologischen Individualismus disqualifiziert, gleichwohl jedoch in einer Vielzahl von Verhaltenserklärungen von Nutzen. Daher sind mentale Inhalte *instrumentalistisch* (↑Instrumentalismus) zu interpretieren. Der Rückgriff auf diese Inhalte kennzeichnet einen besonderen Standpunkt der Beschreibung eines informationsverarbeitenden Systems (den ›intentional stance‹); es ist jedoch davon abzusehen, diese Zustände dem System tatsächlich zuzuschreiben (D. Dennett). – (4) Die Symbolverarbeitungstheorie erfaßt die Natur kognitiver Mechanismen erschöpfend. Repräsentationen sind ohne kausalen Einfluß auf diese Mechanismen; ihnen ist durch den ergänzenden theoretischen Ansatz der *Psychosemantik* Rechnung zu tragen. Da kognitive Repräsentationen von den Beziehungen zwischen einem informationsverarbeitenden System und der ↑Außenwelt abhängen, müssen sie durch eine Rekonstruktion dieser Beziehungen theoretisch erfaßt werden. Die Psychosemantik zielt entsprechend auf eine Klärung der Beziehungen zwischen mentalen Inhalten und äußeren Sachverhalten und folglich auf eine naturalistische (↑Naturalismus) Bestimmung dieser Inhalte. Durch die naturalistische Charakterisierung mentaler Repräsentationen sollen diese trotz der Verletzung des Prinzips des methodologischen Individualismus, die ihre Annahme mit sich bringt, zu wissenschaftlich akzeptablen Größen werden. Die führenden psychosemantischen Ansätze streben die Bestimmung mentaler Inhalte durch eine Betrachtung der äußeren Ursachen dieser Inhalte an (kausal-korrelationale Psychosemantik) (F. I. Dretske). Die Haltbarkeit dieser Ansätze ist umstritten.

Weiterhin werden im Rahmen der p. o. m. Untersuchungen zu Phänomenen durchgeführt, die dem Anschein nach für den Bereich des Mentalen kennzeichnend sind. Ein solches charakteristisches Phänomen ist etwa die besondere Natur der *Sinnesqualitäten* oder ↑*Qualia*, also die Beschaffenheit von Eindrücken der inneren und äußeren Wahrnehmung (Farbtöne, Klänge, Schmerzzustände, Selbstbewußtsein). Qualia sind dem Anschein nach subjektiv oder zumindest an die Perspektive einer biologischen Spezies gebunden und entziehen sich damit einer allgemeinen begrifflichen Beschreibung (T. Nagel). Diese Auffassung wird durch das Argument der fehlenden Qualia (engl. *absent qualia*) konkretisiert und gestützt, das in einer epistemischen und einer ontologischen Fassung vertreten wird. In der epistemischen Fassung besagt das Argument, daß aus der vollständigen Kenntnis der neurophysiologischen Mechanismen oder der funktionalen Architektur des Gehirns keinerlei Aufschluß über die Natur der Sinnesqualitäten zu erhalten ist (F. Jackson). In der ontologischen Fassung beinhaltet es die Behauptung, daß sämtliche kognitiven Prozesse auch ohne das Auftreten von Qualia in gleicher Weise ablaufen würden. Diese sind kausal überflüssig, und ihr Vorhandensein ist entsprechend unerklärlich (N. Block). Eine spezifisch gegen den Funktionalismus gerichtete Variante dieses Arguments unterstellt eine systematische Vertauschung von Qualia. Dieses Argument der invertierten Qualia sieht etwa eine Umkehrung der Farbqualitäten vor. Da bei einer solchen Umkehrung die Beziehungen zwischen den entsprechenden mentalen Zuständen erhalten bleiben und sich folglich das kausale Profil dieser Zustände nicht ändert, ist der Funktionalismus außerstande, diese Vertauschung begrifflich zu erfassen.

Gegenwärtig sind die folgenden Einschätzungen des Qualiaproblems verbreitet. (1) Theorie-Skeptizismus: Qualia sind subjektiv relevant, aber einer objektiven Beschreibung unzugänglich. Folglich besteht hier eine Erklärungslücke (Nagel, P. Bieri). Diese Position wird durch den Eigenschaftsdualismus von D. Chalmers verschärft, für den die Erklärung phänomenaler Bewußtseinsqualitäten das schwierigste Problem der p.o.m. darstellen (›the hard problem‹). Für Chalmers ist das phänomenale Bewußtsein eine fundamentale Größe, die nicht vollständig durch physikalische Eigenschaften erfaßt werden kann. (2) Qualia-Skeptizismus: Die Natur der Qualia ist kein sinnvoller Gegenstand wissenschaftlicher Erkenntnis, und die Unterstellung ihrer Vertauschung läßt sich nicht sinnvoll konkretisieren. Qualia sind kein relevantes kognitives Phänomen (Dennett). (3) Theoretische Erklärbarkeit: Die Natur der Qualia läßt sich neurophysiologisch (P. M. Churchland, P. S. Churchland) oder funktional (S. Shoemaker, O. Flanagan) erfassen.

Einen weiteren Schwerpunkt der Diskussion bilden Untersuchungen zur Natur des *Bewußtseins*. Dabei geht es vor allem um die Klärung der Auswirkungen von Befunden, die die kausale Relevanz bewußter Zustände und die Einheitlichkeit des Bewußtseins fraglich erscheinen lassen. Die Behauptung der kausalen Irrelevanz bewußter Zustände wird auf die Entdeckung der Verknüpfung zwischen Wahrnehmungen und zielgerichteten Handlungen ohne Beteiligung solcher Zustände gestützt. Beim ›Blindsehen‹ (engl. *blindsight*) reagieren Personen ohne visuelles Bewußtsein auf optische Reize; bewußte Zustände sind daher für die Erzeugung von Verhalten ohne Belang. Dagegen wird eingewendet, daß auf diese Weise nur sehr grobe und schematische Verhaltensweisen zustandekommen, so daß bewußte Zustände keinesfalls als insgesamt überflüssig gelten können (R. Lahav). Ebenfalls gegen das Erfordernis bewußter Zustände für die Kontrolle von Verhalten spricht die Existenz zweier getrennter neurophysiologischer Kanäle zur Verarbeitung visueller Informationen. Der so genannte dorsale Strang verläuft über die bewußte Kenntnisnahme und führt zur Festlegung von Handlungen (wie ›nach dem Glas greifen‹, ›ans Mikrofon treten‹); der ventrale Strang richtet sich auf die Umsetzung solcher Festlegungen und tritt nicht ins Bewußtsein. In psychologischen Experimenten zeigt sich entsprechend, daß bestimmte optische Täuschungen zwar auf der Ebene der bewußten Repräsentation, nicht aber auf der Ebene der Interaktion auftreten. So berichten Versuchspersonen von einer verzerrten Größenwahrnehmung von Gegenständen, greifen nach diesen Gegenständen aber in einer Weise, die eine unverzerrte haptische Größenschätzung anzeigt (Clark, 2007). Befunde dieser Art legen die Modularisierung der kognitiven Verarbeitung nahe, also das Fehlen eines Knotenpunkts, wie es traditionell das Bewußtsein bildet. Die Annahme der Einheit des Bewußtseins wird ferner durch Untersuchungen an Split-Brain-Patienten in Frage gestellt (bei denen die Verbindung zwischen beiden Hirnhälften aus medizinischen Gründen durchtrennt wurde). Hier zeigt sich eine unabhängige und jeweils unterschiedliche kognitive Verarbeitung in beiden Hirnhälften, obwohl subjektiv weiterhin der Eindruck der Einheitlichkeit des Bewußtseins besteht. Daraus wird geschlossen, daß die wahrgenommene Einheitlichkeit des Bewußtseins eine Täuschung ist. Danach besteht das mentale System des Menschen aus einer Vielzahl separater Untereinheiten oder Module, von denen jede unter geeigneten Umständen Verhalten erzeugen kann; der Geist ist ein ›soziologisches Gebilde‹. Das sprachfähige Ich interpretiert diese Verhaltensweisen durch Herstellung fiktiver Kausalzusammenhänge, hat aber keinen Zugang zu deren tatsächlichen Ursachen (M. Gazzaniga). Dagegen wird eingewendet, daß die fehlende Einheitlichkeit im Bewußtsein von Split-Brain-Patienten nicht den Schluß auf eine analoge Situation bei anatomisch intakten Menschen rechtfertigt. Es ist mindestens ebenso plausibel, daß das Bewußtsein erst durch den chirurgischen Eingriff den Zugang zu und den Zugriff auf die mentalen Untereinheiten verloren hat (Lahav). Jedoch zeigen auch die neurophysiologischen Daten keine zentrale Arena, in der die Fäden von Sensorik und Motorik, von Perzeption und Aktion zusammenlaufen, keinen herausgehobenen Ort im Gehirn, an dem die Welt gedeutet und die Handlung eingeleitet wird. Eher finden sich wechselnde Kopplungen neuronaler Verbände, möglicherweise vermittelt über die Frequenzen, mit denen Neuronen feuern. Dieses modularisierte Bild mentaler Aktivität beinhaltet eine separate und dezentrale Umsetzung von kognitiven Fähigkeiten und Merkmalen, die als einheitlich erlebt werden.

Neben die Modularisierungsthese tritt die weitergehende Position des ↑*Epiphänomenalismus*. Danach übt das Bewußtsein keinen kausalen Einfluß auf das Verhalten aus. Ein Bewußtseinszustand ist vielmehr lediglich Anzeichen eines zugehörigen Hirnzustands und kann deshalb als Grundlage einer Interpretation und Vorhersage von Verhalten genommen werden. Es besteht also eine einsinnige Verursachungsbeziehung, wonach das Gehirn zwar mentale Zustände erzeugt, diese Zustände aber selbst ohne weitere Wirkung bleiben und entsprechend ein Epiphänomen darstellen (T. H. Huxley u. a.).

Im Lichte solcher und ähnlicher Befunde wird von T. Metzinger u. a. die Auffassung vertreten, das bewußte ↑Ich oder ↑Selbst sei eine vom Gehirn produzierte Fiktion. Dem halten A. Newen (2011) u. a. entgegen, daß das Ich als ein Zentrum kognitiver Aktivität in der Erfahrung aufweisbar sei. Es drücke sich etwa in dem Gefühl der Urheberschaft eigener Handlungen aus oder in der Unterscheidung des eigenen Körpers und eigener mentaler Zustände von denen anderer. Auch wenn das Ich eine Konstruktion des Gehirns ist, so bezieht sich diese doch auf eine reale Größe. Im Zusammenhang damit steht die kontroverse Frage, ob sich mentale Zustände primär aus der Selbsterfahrung ergeben oder aus der Zuschreibung durch andere. Dem Primat der Perspektive der Ersten Person (Nagel u. a.) kontrastiert ein Primat der Zweiten Person, bei dem erst eine öffentliche Begrifflichkeit zur Einstufung psychischer Zustände die Selbstzuschreibung solcher Zustände begründet und entsprechend die soziale Praxis Vorrang vor der ↑Introspektion genießt (L. Wittgenstein u. a.).

Der nicht-reduktive ↑Physikalismus, der sich im Rahmen des Funktionalismus entfaltete und seit den 1970er Jahren stark verbreitet war, steht seit den 1990er Jahren wieder stärker unter dem Druck reduktionistischer (↑Reduktionismus) Strömungen. Diese setzen auf die Erklärungserfolge der Neurowissenschaft und streben – ähnlich wie der eliminative Materialismus – eine Rückführung mentaler Zustände und Eigenschaften auf basale neuronale Vorgänge an (J. Bickle 1998, 2003). Dieser neue Reduktionismus (›new wave reductionism‹) sieht einen engen Anschluß psychologischer Begriffe an neurowissenschaftliche Konzepte vor. Die oft als Reduktionshindernis betrachtete multiple Realisierung psychologischer Zustände gilt als praktisch bedeutungslos. Entsprechend werden neurowissenschaftliche Einzelheiten in den Vordergrund gerückt, die die Hoffnung nähren sollen, daß die neurowissenschaftliche Erklärung funktionalistische Denkansätze ersetzen wird. – Ein weiterer neuerer Denkansatz rückt die ›situierte Kognition‹ (*embodied cognition*) ins Zentrum. Ähnlich der These vom erweiterten Geist werden die äußeren Umstände kognitiver Prozesse hervorgehoben. Durch körperliche Einbindung kognitiver Systeme, entsprechend durch sensorische und motorische Interaktion mit ihrer Umgebung erschließen sich diese kognitive Dimensionen, die Computern ohne Weltbezug verschlossen bleiben. Künstliche Intelligenz gewinnt an Relevanz für die p. o. m., wenn die sensomotorische Wechselwirkung kognitiver Systeme mit ihrer Umwelt in Betracht gezogen wird, statt sich auf ausschließlich interne formale Operationen mit uninterpretierten Symbolen (wie die Symbolverarbeitungstheorie) zu beschränken (R. A. Brooks, Clark). Mentale Repräsentationen können danach spezifisch an bestimmte Wahrnehmungsmodi und Handlungsoptionen gebunden sein. So ist die Bildung visueller Repräsentationen keine Konstruktion abstrakter Modelle, sondern entscheidend mit der Körperlichkeit und den Bewegungen des betreffenden Akteurs verknüpft.

Nach ihrer anfänglichen Konzentration auf die erkenntnistheoretische und sprachphilosophische Untersuchung mentaler Phänomene hat sich die p. o. m. damit im Verlauf der letzten Jahrzehnte zur ↑Wissenschaftstheorie der Psychologie und der Neurowissenschaften entwickelt.

Literatur: W. Bechtel, P. o. M.. An Overview for Cognitive Science, Hillsdale N. J. 1988, New York/London 2009; ders., Mental Mechanisms. Philosophical Perspectives on Cognitive Neuroscience, New York/London 2008; A. Beckermann, Analytische Einführung in die Philosophie des Geistes, Berlin/New York 1999, ^{3}2008; ders./H. Flohr/J. Kim (eds.), Emergence or Reduction? Essays on the Prospects of Nonreductive Physicalism, Berlin/New York 1992; M. Bennett u. a., Neuroscience and Philosophy. Brain, Mind, and Language, New York 2007 (dt. Neurowissenschaft und Philosophie. Gehirn, Geist und Sprache, Berlin 2010); J. L. Bermúdez, Thinking Without Words, Oxford etc. 2003, 2007; J. Bickle, Psychoneural Reduction. The New Wave, Cambridge Mass./London 1998, 2010; ders., Philosophy and Neuroscience. A Ruthlessly Reductive Account, Dordrecht/Boston Mass./London 2003; ders., Has the Last Decade of Challenges to the Multiple Realization Argument Provided Aid and Comfort to Psychoneural Reductionists?, Synthese 177 (2010), 247–260; P. Bieri (ed.), Analytische Philosophie des Geistes, Königstein 1981, Weinheim/Basel ^{4}2007; ders., Trying Out Epiphenomenalism, Erkenntnis 36 (1992), 283–309; N. Block/O. Flanagan/G. Güzeldere (eds.), The Nature of Consciousness. Philosophical Debates, Cambridge Mass./London 1997, 2007; D. Bradden-Mitchell/F. Jackson, The P. o. M. and Cognition, Malden Mass./Oxford 1996, ^{2}2007; R. A. Brooks, Intelligence without Reason. AI Memo 1293, Cambridge Mass. 1991; ders., Cambrian Intelligence. The Early History of the New AI, Cambridge Mass./London 1999; ders., Flesh and Machines. How Robots Will Change Us, New York 2002, 2003 (dt. Menschmaschinen. Wie uns die Zukunftstechnologien neu erschaffen, Frankfurt/New York 2002, Frankfurt 2005); M. Bunge/R. Ardila, Philosophy of Psychology, New York etc. 1987 (dt. Philosophie der Psychologie, Tübingen 1990); M. Carrier/J. Mittelstraß, Geist, Gehirn, Verhalten. Das Leib-Seele-Problem und die Philosophie der Psychologie, Berlin/New York 1989, rev. 1995 (engl. [erw.] Mind, Brain, Behavior. The Mind-Body Problem and the Philosophy of Psychology, Berlin/New York 1991, rev. 1995); D. Chalmers, The Conscious Mind. In Search of a Fundamental Theory, New York/Oxford 1996, 2001; ders., The Character of Consciousness, Oxford etc. 2010; P. M. Churchland, Eliminative Materialism and the Propositional Attitudes, J. Philos. 78 (1981), 67–90; ders., Matter and Consciousness. A Contemporary Introduction to the P. o. M., Cambridge Mass./London 1984, ohne Untertitel, ^{3}2013 (franz. Matière et conscience, Seyseel 1999); ders., Reduction, Qualia, and the Direct Introspection of Brain States, J. Philos. 82 (1985), 8–28; P. S. Churchland, Neurophilosophy. Toward a Unified Science of the Mind-Brain, Cambridge Mass./London 1986, 2010; dies., Brain-Wise. Studies in Neurophilosophy, Cambridge Mass./London 2002; W. J. Clancey, Situated Cognition. On Human Knowledge and Computer Representations, Cambridge etc. 1997; A. Clark, Mindware. An Introduction to the Philosophy of Cognitive Science, New York/Oxford 2001, ^{2}2014; ders., Reasons, Robots, and the Extended Mind, Mind and Language 16 (2001), 121–145; ders., What Reaching Teaches. Consciousness, Control, and the Inner Zombie, Brit. J. Philos. Sci. 58 (2007), 563–594; ders., Supersizing the Mind. Embodiment, Action, and Cognitive Extension, Oxford etc. 2008, 2011; ders./D. Chalmers, The Extended Mind, Analysis 58 (1998), 7–19; T. Cleveland, Trying Without Willing. An Essay in the P. o. M., Aldershot etc. 1997; T. Crane, The Mechanical Mind. A Philosophical Introduction to Minds, Machines and Mental Representation, London/New York 1995, ^{2}2003; ders., Elements of Mind. An Introduction to the P. o. M., Oxford etc. 2001, 2009; J. S. Crumley, A Brief Introduction to the P. o. M., Lanham Md./Oxford 2006; S. Cunningham, What Is a Mind? An Integrative Introduction to the P. o. M., Indianapolis Ind./Cambridge Mass. 2000; W. A. Davis, Meaning, Expression, and Thought, Cambridge etc. 2003; D. C. Dennett, The Intentional Stance, Cambridge Mass./London 1987, 2002; ders., Consciousness Explained, Boston Mass./New York/London 1991, London etc. 1993, 2007 (dt. Philosophie des menschlichen Bewußtseins, Hamburg 1994); P. Dodwell, Brave New Mind. A Thoughtful Inquiry Into the Nature and Meaning of Mental Life, Oxford etc. 2000; F. I. Dretske, Knowledge and the Flow of Information, Oxford 1981, Stanford Calif. 1999; J. C. Eccles (ed.), Mind and Brain. The Many-Faceted Problems, Washington D. C. 1982, New York ^{2}1985, 1987; B. v. Eckardt, What Is Cognitive Science?, Cambridge Mass./London 1993, 1996; A. Elepfandt/G. Wolters (eds.), Denkmaschinen? Interdisziplinäre Perspektiven zum Thema Gehirn und Geist, Konstanz 1993; J. Ellis/D. Guevara (eds.), Wittgenstein and the P. o. M., Oxford etc. 2012, 2013; M. I. Eronen, Reduction in the P. o. M.. A Pluralistic Account, Frankfurt etc. 2011; H. Feigl, The ›Mental‹ and the ›Physical‹, in: ders./M. Scriven/G. Maxwell (eds.), Concepts, Theories, and the Mind-Body Problem [s. o.], 370–497, separat mit dem Untertitel: The Essay and a Postscript, Minneapolis Minn. 1967 (franz. Le ›mental‹ et le ›physique‹, Paris 2002); E. Feser, P. o. M.. A Beginner's Guide, Oxford 2005, 2008; O. Flanagan, Consciousness Reconsidered, Cambridge Mass./London 1992, 1998; J. A. Fodor, Psychological Explanation. An Introduction to the Philosophy of Psychology, New York/Toronto 1968; ders., The Language of Thought, New York 1975 (repr. Hassocks 1978); ders., Representations. Philosophical Essays on the Foundations of Cognitive Science, Brighton 1981, Cambridge Mass./London 1982, 1983; ders., The Modularity of the Mind. An Essay on Faculty Psychology, Cambridge Mass./London 1983, 2008; ders., Psychosemantics. The Problem of Meaning in the P. o. M., Cambridge Mass./London 1987, 1998; ders., In Critical Condition. Polemical Essays on Cognitive Science and the P. o. M., Cambridge Mass./London 1998, 2000; ders., LOT 2. The Language of Thought Revisited, Oxford etc. 2008, 2010; E. French/T. E. Uehling Jr./H. K. Wettstein (eds.), Studies in the P. o. M., Minneapolis Minn. 1986 (Midwest Stud. Philos. X); S. Gallagher, Brainstorming. Views and Interviews on the Mind, Exeter/Charlottesville Va. 2008; ders./D. Zahavi, The Phenomenological Mind. An Introduction to P. o. M. and Cognitive Science, London/New York 2008; M. S. Gazzaniga/J. E. LeDoux, The Integrated Mind, New York/London 1978, 1981; R. J. Gennaro (ed.), Higher-Order Theories of Consciousness. An Anthology, Amsterdam/Philadelphia Pa. 2004; P. Gerrans, The Measure of Madness. P. o. M., Cognitive Neuroscience, and Delusional Thought, Cambridge Mass./London 2014; S. Goldberg/A. Pessin, Gray Matters. An Introduction to the P. o. M., Armonk N. Y. etc. 1997; S. Guttenplan, Mind's Landscape. An Introduction to the P. o. M., Malden Mass./Oxford 2000; P. M. S. Hacker, The Intellectual Powers. A Study of Human Nature, Malden Mass./Oxford/Chichester 2013; J. Haugeland, Having Thought. Essays in the Metaphysics of Mind, Cambridge Mass./London 1998; J. Heal, Mind, Reason and Imagination. Selected Essays in P. o. M. and Language, Cambridge etc. 2003: H.-D. Heckmann/S. Walter (eds.), Qualia. Ausgewählte Beiträge, Paderborn 2001, ^{2}2006; J. Heil, P. o. M.. A Contemporary Introduction, London/New York 1998, ^{3}2013; ders., P. o. M.. A Guide and Anthology, Oxford etc. 2004; J. Hohwy/J. Kallestrup (eds.), Being Reduced. New Essays on Reduction, Explanation, and Causation, Oxford etc. 2008; J. Hornsby, Simple Mindedness. In Defense of Native Naturalism in the P. o. M., Cambridge Mass./London 1997; D. D. Hutton, The Presence of Mind, Amsterdam/Philadelphia Pa. 1999; F. Jackson, Epiphenomenal Qualia, Philos. Quart. 32 (1982), 127–136; C. Jamme/U. R. Jeck (eds.), Natur und Geist. Die Philosophie entdeckt das Gehirn, München 2013; W. Jaworski, P. o. M.. A Comprehensive Introduction, Malden Mass./Oxford/Chichester 2011; R. J. Jenkins/W. E. Sullivan (eds.), P. o. M., New York 2012; R. Kirk, Zombies and Consciousness, Oxford 2005, 2007; U. Kriegl (ed.), Current Controversies in P. o. M., New York/London 2014; A. Kukla/J. Walmsley, Mind. A Historical and Philosophical Introduction to the Major Theories, Indianapolis Ind./Cambridge Mass. 2006; R. Lahav, What Neuropsychology Tells Us about Consciousness, Philos. Sci. 60 (1993), 67–85; J. Levine, On Leaving Out What It's Like, in: M. Davies/G. W. Humphreys (eds.), Consciousness. Psychological and Philosophical Essays, Oxford, Cambridge Mass. 1993, 1994, 121–136; ders., Purple Haze. The Puzzle of Consciousness, Oxford etc. 2001, 2004; P. M. Livinston, Philosophical History and the Problem of Consciousness, Cambridge 2004; E. J. Lowe, An Introduction to the P. o. M., Cambridge etc. 2000, 2008; W. E. Lyons, Matters of the Mind, Edinburgh 2001; H. Lyre, Erweiterte Kognition und mentaler Externalismus, Z. philos. Forsch. 64 (2010), 190–215; C. Malabou, Que faire de notre cerveau?, Paris 2004, [2]2011 (dt. Was tun mit unserem Gehirn?, Zürich/Berlin 2006; engl. What Should We Do With Our Brain?, New York 2008); P. Mandik, This Is P. o. M.. An Introduction, Malden Mass./Oxford/Chichester 2013, 2014; M. Marraffa/M. De Caro/F. Ferretti (eds.), Cartographies of the Mind. Philosophy and Psychology in Intersection, Dordrecht etc. 2007; K. T. Maslin, An Introduction to the P. o. M., Cambridge/Oxford/Malden Mass. 2001, [2]2007, 2010; G. McCulloch, The Life of the Mind. An Essay in Phenomenological Externalism, London/New York 2003; ders./J. Cohen (eds.), Contemporary Debates in P. o. M., Malden Mass./Oxford/Carlton 2007; T. Metzinger, Subjekt und Selbstmodell. Die Perspektivität phänomenalen Bewußtseins vor dem Hintergrund einer naturalistischen Theorie mentaler Repräsentation, Paderborn 1993, [2]1999; ders. (ed.), Bewußtsein. Beiträge aus der Gegenwartsphilosophie, Paderborn 1995, [5]2005; ders., Being No One. The Self-Model Theory of Subjectivity, Cambridge Mass./London 2003, 2004; ders. (ed.), Grundkurs Philosophie des Geistes, I–III, Paderborn 2006–2010; ders., The Ego Tunnel. The Science of the Mind and the Myth of the Self, New York 2009, 2010 (dt. Der Ego-Tunnel. Eine neue Philosophie des Selbst: Von der Hirnforschung zur Bewusstseinsethik, Berlin 2009, [8]2011, München/Zürich 2014); J. G. Michel/G. Münster (eds.), Die Suche nach dem Geist, Münster 2013; P. A. Morton, A Historical Introduction to the P. o. M., Peterborough 1997, [2]2010; T. Nagel, What Is It Like to Be a Bat?, Philos. Rev. 83 (1974), 435–450, Neudr. in: ders., Mortal Questions, Cambridge etc. 1979, 165–180 (dt. Wie ist es, eine Fledermaus zu sein?, in: P. Bieri [ed.], Analytische Philosophie des Geistes [s. o.], 261–275); S. Nannini/H.-J. Sandkühler (eds.), Naturalism in the Cognitive Sciences and the P. o. M., Frankfurt etc. 2000; A Newen, Wer bin ich?, Spektrum Wiss. 3 (2011), 62–66; ders./K. Vogeley, Menschliches Selbstbewusstsein und die Fähigkeit zur Zuschreibung von Einstellungen, in: H. Förstl (ed.), Theory of Mind, Berlin 2007, 99–116, [2]2012, 161–180; ders./V. Hoffmann/M. Esfeld (eds.), Mental Causation, Externalism, and Self-Knowledge, Sonderheft Erkenntnis 67 (2007), 147–372; A. O'Hear (ed.), Current Issues in P. o. M., Cambridge etc. 1998; ders. (ed.), Minds and Persons, Cambridge etc. 2003; D. Papineau, Thinking About Consciousness, Oxford 2002, 2004; M. Pauen, Grundprobleme der Philosophie des Geistes. Eine Einführung, Frankfurt 2001, [4]2005; ders./M. Schütte/A. Staudacher (eds.), Begriff, Erklärung, Bewusstsein. Neue Beiträge zum Qualiaproblem, Paderborn 2007; R. Pfeifer/C. Scheier, Understanding Intelligence, Cambridge Mass./London 1999, 2001; U. T. Place, Identifying the Mind. Selected Papers, ed. G. Graham/E. R. Valentine, Oxford etc. 2004; K. R. Popper/J. C. Eccles, The Self and Its Brain. An Argument for Interactionism, Berlin etc. 1977 (repr. 1985), London/New York 1983, 2003 (dt. Das Ich und sein Gehirn, München/Zürich 1982, [10]2008); H. Putnam, Minds and Machines, in: S. Hook (ed.), Dimensions of Mind. A Symposium, New York/London 1960, 138–164, Neudr. in: ders., Mind, Language and Reality (= Philos. Papers II), Cambridge etc. 1975, 1997, 362–385; ders., Representation and Reality, Cambridge Mass./London 1988, 2011 (dt. Repräsentation und Realität, Frankfurt 1991, 2005); Z. W. Pylyshyn, Computation and Cognition. Toward a Foundation for Cognitive Science, Cambridge Mass./London 1984, [2]1985, 1989; ders./W. Demopoulos (eds.), Meaning and Cognitive Structure. Issues in the Computational Theory of the Mind, Norwood N. J. 1986; M. Rakova, P. o. M. A-Z, Edinburgh 2006; I. Ravenscroft, P. o. M.. A Beginner's Guide, Oxford etc. 2005, 2006 (dt. Philosophie des Geistes. Eine Einführung, Stuttgart 2008); W. S. Robinson, Understanding Phenomenal Consciousness, Cambridge etc. 2004; M. Rowlands, The Nature of Consciousness, Cambridge etc. 2001; ders., Externalism. Putting Mind and World Back Together Again, Chesham 2003, London/New York 2014; ders., Body Language. Representing in Action. Cambridge Mass./London 2006; R. Rupert, Challenges to the Hypothesis of Extended Cognition, J. Philos. 101 (2004), 389–428; ders., Cognitive Systems and the Extended Mind, Oxford etc. 2009, 2010; G. Ryle, The Concept of Mind, London/New York 1949 (repr. New York 1952), ed. J. Tanney, London/New York 2009 (dt. Der Begriff des Geistes, Stuttgart 1969, korr. [2]1982, 2002); J. Schröder, Die Sprache des Denkens, Würzburg 2001; J. R. Searle, Minds, Brains and Programs, The Behavioral and Brain Sci. 3 (1980), 417–457; ders., Intentionality. An Essay in the P. o. M., Cambridge etc. 1983, 1999; ders., The Rediscovery of the Mind, Cambridge Mass./London 1992, 2002; A. Seemann, Joint Attention. New Developments in Psychology, P. o. M., and Social Neuroscience, Cambridge Mass./London 2011; S. Sehon, Teleological Realism. Mind, Agency, and Explanation, Cambridge Mass./London 2005; L. A. Shapiro/E. Sober, Epiphenomenalism. The Dos and the Don'ts, in: G. Wolters/P. Machamer (eds.), Thinking about Causes. From Greek Philosophy to Modern Physics, Pittsburgh Pa. 2007, 235–264; S. Shoemaker, The Inverted Spectrum, J. Philos. 79 (1982), 357–381; ders., Qualia and Consciousness, Mind 100 (1991), 507–524; A. Sloman, The Computer Revolution in Philosophy. Philosophy, Science and Models of Mind, Hassocks, Atlantic Highlands N. J. 1978; E. Sosa/E. Villanueva (eds.), P. o. M.. Philosophical Issues XIII, Boston Mass./Oxford 2003, dies., P. o. M.. Philosophical Issues XX, Boston Mass./Oxford 2010; P. Spät (ed.), Zur Zukunft der Philosophie des Geistes, Paderborn 2008; M. Spivey, The Continuity of Mind, Oxford etc. 2007, 2008; E. Sprague, Persons and Their Minds. A Philosophical Investigation, Boulder Colo. 1999; M. Sprevak/J. Kallestrup (eds.), New Waves in P. o. M., Basingstoke/London 2014; L. Steels/R. A. Brooks (eds.), The Artificial Life Route to Artificial Intelligence. Building Embodied, Situated Agents, Hillsdale N. J. 1995; A. Stephan, Phänomenale Eigenschaften, phänomenale Begriffe und die Grenzen reduktiver Erklärung, in: W. Hogrebe (ed.), Grenzen und Grenzüberschreitungen. XIX. Deutscher Kongress für Philosophie, Bonn 2002, Berlin 2003, 404–416;

S. P. Stich, From Folk Psychology to Cognitive Science. The Case Against Belief, Cambridge Mass./London 1983, 1996; ders./T. A. Warfield (eds.), The Blackwell Guide to the P. o. M., Malden Mass. etc. 2003; N. A. Stillings u. a., Cognitive Science. An Introduction, Cambridge Mass./London 1987, [2]1995, 1998; P. Strasser, Diktatur des Gehirns. Für eine Philosophie des Geistes, Paderborn 2014; J. Sytsma (ed.), Advances in Experimental P. o. M., London etc. 2014; H. Tetens, Geist, Gehirn, Maschine. Philosophische Versuche über ihren Zusammenhang, Stuttgart 1994, 2013; M. Velmans, Understanding Consciousness, London/New York 2000, [2]2009; J. A. Waskan, Models and Cognition. Prediction and Explanation in Everyday Life and in Science, Cambridge Mass./London 2006; G. H. v. Wright, In the Shadows of Descartes. Essay in the P. o. M., Dordrecht/Boston Mass./London 1998; G. Zimmermann, Die Philosophie des Geistes im Spiegel der Informatik und der Komplexitätstheorie, Marburg 2011. M. C.

Phlogistontheorie, Bezeichnung für die von G. E. Stahl 1697 formulierte chemische Theorie, die große Teile der ↑Chemie des 18. Jhs. dominierte. Die P. entstammt der ›*Prinzipienchemie*‹, die selbst aus der alchimistischen Tradition (↑Alchemie) erwuchs. Prinzipien sind Träger allgemeiner Eigenschaften. Alle Stoffe gelten als aus einer geringen Zahl derartiger Grundelemente zusammengesetzt; die relativen Anteile der Prinzipien bestimmen die empirischen Merkmale des jeweiligen Stoffes. Seinem Lehrer J. J. Becher folgend nahm Stahl die beiden Prinzipien ›Erde‹ und ›Wasser‹ an, wobei Erde die (von Paracelsus eingeführten) Unterformen ›Salz‹, ›Schwefel‹ und ›Quecksilber‹ umfaßt. Die Prinzipien sind nicht mit den gleichnamigen Stoffen identisch, sondern abstrakte Größen, die jeweils eine Gruppe von Eigenschaften repräsentieren. So steht z. B. Schwefel für Brennbarkeit, Öligkeit und Farbigkeit. Die Prinzipien sind niemals in reiner Form zu isolieren, sondern treten immer in Verbindungen auf, wenn auch einzelne Prinzipien in bestimmten Stoffen in besonders hoher Konzentration vorhanden sind. Das Schwefel-Prinzip wurde von Stahl (nach dem griechischen Wort für ›brennbar‹) in ›Phlogiston‹ umbenannt. Bei der Verbrennung tritt Phlogiston aus dem brennenden Körper aus, der dadurch zu unbrennbarer Asche wird. Verbrennung bedeutet also die Zerlegung eines Stoffes in diese Bestandteile. Während das traditionelle Schwefelprinzip eine Vielzahl von Unterformen umfaßte, ist für die P. die *Universalitätsthese* zentral: Alle Verbrennungsprozesse und überdies alle ›Kalzinationen‹ (d. h. Metalloxidationen) sind als Abgabe des einheitlichen Prinzips Phlogiston aufzufassen. Folglich gelten Metalle als Verbindungen des entsprechenden ›Kalks‹ (des Oxids) mit Phlogiston (vgl. G. E. Stahl, Specimen Beccherianum [...], Leipzig 1703, 1738 [dt. Einleitung zur Grund-Mixtion derer unterirrdischen mineralischen und metallischen Cörper (...), Leipzig 1720, 1744]; ders., Zufällige Gedancken und nützliche Bedencken über den Streit von dem so genannten Sulphure [...], Halle 1718, 1747).

Die P. vereinheitlichte die chemische Theorie in beträchtlichem Maße. Überdies gelang Stahl die experimentelle Stützung der Universalitätsthese durch den Nachweis, daß Phlogiston aus Nichtmetallen geeignet war, Metallkalke in die zugehörigen Metalle zu überführen. Diese Vereinheitlichungsleistung ist – in modernem Verständnis – in der einheitlichen Interpretation aller beteiligten Vorgänge als Oxidationsprozesse erhalten geblieben. Die P. war nicht auf die Behandlung von Verbrennungs- und Kalzinationsprozessen beschränkt. Vielmehr erklärte sie vergleichsweise präzise eine große Zahl von Stoffeigenschaften und chemischen Reaktionen. Zudem standen diesen Erklärungsleistungen anfangs keine offenkundigen Schwierigkeiten gegenüber. Z. B. wurde der Tatsache, daß Verbrennungsprozesse in abgeschlossenen Gefäßen nach einiger Zeit zum Stillstand kommen und daß das Volumen der Luft dabei abnimmt, durch die Annahmen Rechnung getragen, die Ansammlung von Phlogiston über dem brennenden Körper verhindere den weiteren Phlogistonaustritt und das freigesetzte Phlogiston vermindere die ›Elastizität‹ der Luft (also nicht etwa deren Menge). Die Gewichtszunahme aller Metalle bei der Kalzination (geschweige denn aller Verbrennungsprodukte) war empirisch keineswegs eindeutig festgestellt. In einer durch J. Juncker und G. E. Rouelle geringfügig modifizierten Fassung war die P. um die Mitte des 18. Jhs. allgemein akzeptiert.

Der prinzipienchemische Ansatz geriet im Verlauf des 18. Jhs. in wachsendem Maße mit der auf R. Boyle zurückgehenden Forderung in Konflikt, chemische ↑Elemente sollten sich empirisch direkt aufweisen lassen. Die P. nahm diese ihrem ursprünglichen Selbstverständnis zuwiderlaufende Forderung erfolgreich auf; H. Cavendish identifizierte 1766 das von ihm entdeckte Wasserstoffgas mit Phlogiston. Er stellte fest, daß bei der Lösung von Metallen in Säuren ein extrem leichtes, gut brennbares Gas entwich, das allem Anschein nach aus dem Metall stammte. Diese Eigenschaften (sowie weitere stützende Indizien) legten den Schluß nahe, daß es sich bei Wasserstoff um reines Phlogiston handelt (Three Papers, Containing Experiments on Factitious Air, Philos. Transact. Royal Soc. 56 [1776], 141–184, Neudr. in: E. Thorpe [ed.], The Scientific Papers of the Honourable Henry Cavendish II [Chemical and Dynamical], Cambridge 1921, 77–101).

Nachdem L. B. Guyton de Morveau 1770 experimentell festgestellt hatte, daß das Gewicht aller Metalle bei der Kalzination zunimmt, bestätigte A. L. de Lavoisier diese Gewichtszunahme auch für einige Verbrennungsprodukte. Dieses Resultat bildete die Grundlage der in den folgenden Jahren von Lavoisier enwickelten Sauerstofftheorie, nach der Verbrennung und Kalzination als Bindung von Sauerstoff (und nicht als Abgabe von Phlogiston) aufzufassen sind. Lavoisiers Theorie sah weiterhin vor, daß gewöhnliche Luft eine Mischung aus Sauerstoff und Stickstoff darstellt und daß Metalle elementar (und keine Verbindungen wie in der P.) sind. Zudem wurde Wasser als Verbindung von Wasserstoff und Sauerstoff aufgefaßt und Gase als Verbindungen einer jeweils spezifischen Grundsubstanz mit Wärmestoff (↑Thermodynamik) betrachtet. Endlich galt Sauerstoff als Ursache saurer Eigenschaften. Die Ersetzung der P. durch die Sauerstofftheorie wird als ›Chemische Revolution‹ bezeichnet. – Die Präsenz einer erfolgreichen Alternativtheorie führte zu einer Aufsplitterung der P. in eine Vielzahl gegensätzlicher Versionen. Neben die ›Wasserstoffassung‹ traten dabei vor allem die auf P. J. Macquer zurückgehende ›Lichtversion‹ (1779) und die von Cavendish formulierte ›Wasservariante‹ (1784). Die Lichtversion ging davon aus, daß Phlogiston die stoffliche Grundlage des Lichts darstellt und fußte auf J. Priestleys Beobachtung, daß ›Quecksilberkalk‹ (Quecksilberoxid, HgO) durch bloßes Erhitzen mittels eines Brennglases und entsprechend ohne erkennbaren materiellen Phlogistonlieferanten in metallisches Quecksilber überführt werden kann. Der Gewichtszunahme bei der Verbrennung wurde – ebenso wie in der weiterentwickelten Wasserstoffassung – durch die Annahme einer zusätzlichen Sauerstoffbindung Rechnung getragen.

Cavendish stützte sich auf den von ihm entdeckten Befund, daß Wasserstoff und Sauerstoff (bei Vorliegen passender Volumenverhältnisse) vollständig zu Wasser reagieren und daß das entstandene Wasser das gleiche Gewicht wie die beiden Ausgangsgase besitzt. Während Lavoisier diesen Prozeß als Wassersynthese betrachtete, deutete Cavendish Wasserstoff nunmehr als phlogistiziertes Wasser, Sauerstoff dagegen als dephlogistiziertes Wasser und interpretierte den Prozeß als Phlogistontransfer vom Wasserstoff zum Sauerstoff. In diesem Modell stellt sich Oxidation als Bindung dephlogistizierten Wassers dar. Dieses nimmt bei der Bindung das Phlogiston des Metalls (bzw. der brennbaren Substanz) auf, so daß sich eine Verbindung eines dephlogistizierten Metalls (also eines traditionell aufgefaßten Kalks) mit Wasser ergibt. Die Gewichtszunahme resultiert aus dieser Wasserbindung (Experiments on Air, Philos. Transact. Royal Soc. 74 [1784], 119–153, Neudr. in: E. Thorpe [ed.], Scientific Papers [s. o.], 161–181; Experiments on Air, Philos. Transact. Royal Soc. 75 [1785], 372–384, Neudr. in: E. Thorpe [ed.], Scientific Papers [s. o.], 187–194). Cavendishs Variante der P. konnte der Gesamtheit der einschlägigen experimentellen Befunde gerecht werden und stellte die raffinierteste Fassung der P. dar. Demgegenüber spielte die Annahme eines ›negativen Gewichts‹ des Phlogiston in der zeitgenössischen Debatte nur eine verschwindende Rolle. Ab etwa 1790 ist die P. beinahe einhellig aufgegeben.

Literatur: M. Carrier, Cavendishs Version der Phlogistonchemie oder: Über den empirischen Erfolg unzutreffender theoretischer Ansätze, in: J. Mittelstraß/G. Stock (eds.), Chemie und Geisteswissenschaften. Versuch einer Annäherung, Berlin 1992, 35–52; J. B. Conant, The Overthrow of the Phlogiston Theory. The Chemical Revolution of 1775–1789, Cambridge Mass. 1950, [7]1967; H. Guerlac, Lavoisier – The Crucial Year. The Background and Origin of His First Experiments on Combustion in 1772, Ithaca N. Y. 1961, New York/Paris 1990; U. Klein/W. Lefèvre, Materials in Eighteenth-Century Science. A Historical Ontology, Cambridge Mass. 2007; P. Laupheimer, Phlogiston oder Sauerstoff. Die pharmazeutische Chemie in Deutschland zur Zeit des Übergangs von der Phlogiston- zur Oxidationstheorie, Stuttgart 1992; J. W. Llana, A Contribution of Natural History to the Chemical Revolution in France, Ambix 32 (1985), 71–91; H. G. McCann, Chemistry Transformed. The Paradigmatic Shift from Phlogiston to Oxygen, Norwood N. J. 1978; H. Metzger, Newton, Stahl, Boerhaave et la doctrine chimique, Paris 1930 (repr. 1974); dies., La chimie, Paris 1930 (engl. Chemistry, West Cornwall Conn. 1991); A. Musgrave, Why Did Oxygen Supplant Phlogiston? Research Programmes in the Chemical Revolution, in: C. Howson (ed.), Method and Appraisal in the Physical Sciences. The Critical Background to Modern Science 1800–1905, Cambridge etc. 1976, 181–209; D. R. Oldroyd, An Examination of G. E. Stahl's »Philosophical Principles of Universal Chemistry«, Ambix 20 (1973), 36–52; J. R. Partington, A History of Chemistry, I–IV, London, New York 1961–1970, II 1961, 653–686, III 1962, 605–639; ders./D. McKie, Historical Studies on the Phlogiston Theory, Ann. Sci. 2 (1937), 361–404, 3 (1938), 1–58, 337–371, 4 (1939), 113–149; R. Rappaport, Rouelle and Stahl. The ›Phlogistic Revolution‹ in France, Chymia 7 (1961), 73–102; H.-G. Schneider, Paradigmenwechsel und Generationenkonflikt. Eine Fallstudie zur Struktur wissenschaftlicher Revolutionen: die Revolution der Chemie des späten 18. Jahrhunderts, Frankfurt etc. 1992; E. Ströker, Denkwege der Chemie. Elemente ihrer Wissenschaftstheorie, Freiburg/München 1967, 108–127; dies., Theorienwandel in der Wissenschaftsgeschichte. Chemie im 18. Jahrhundert, Frankfurt 1982, 78–115. M. C.

Phonem (von griech. *φωνή*, Laut, Stimme, Rede), in der ↑Linguistik Bezeichnung für eine beim Aufbau einer (gesprochenen) natürlichen Sprache (↑Sprache, natürliche) aus ↑Morphemen auftretende Einheit der Lautung als Bestandteils eines Morphems. P.e werden in der Phonemik oder Phonologie systematisch behandelt. Bei der Einführung des Terminus 1873 durch A. Dufriche-Desgenettes als Übersetzung des deutschen Ausdrucks ›Sprachlaut‹ ins Französische war P. allerdings begrifflich noch nicht scharf unterschieden von einer artikulatorischen Lauteinheit, dem *Phon*, das der Gliederung grundsätzlich jeder akustisch realisierten verbalen Zeichenhandlung (↑Sprachhandlung) von Menschen dient und in der ursprünglich, aber fälschlich – bloße Laute ohne Zeichenfunktion werden hirnphysiologisch anders als Sprachlaute verarbeitet – rein naturwissenschaftlich verstandenen Phonetik untersucht wird. Bei Beachtung dieses Unterschieds dient ›Phonologie‹ zu-

weilen als Bezeichnung eines Oberbegriffs von Phonemik (oder Phonematik) und Phonetik.
Gehören zwei Phone, wie [x] und [ç] in ›Ba*ch*‹ und ›Li*ch*t‹, weil diese beiden Laute niemals zur Unterscheidung zweier Morpheme des Deutschen dienen, zum selben P. der deutschen Hochsprache, im Beispiel /x/, so heißen sie *Allophone*. Bei der feineren Zerlegung der P.e in – isoliert allerdings nicht mehr realisierbare – distinktive Einheiten wird nach ›vorhanden-nichtvorhanden‹ in Gegensatzpaaren geordneten Merkmalen Gebrauch gemacht, die auch bei der phonetischen Phonanalyse auftreten, z. B. [+stimmhaft] vs. [–stimmhaft] oder [+guttural] vs. [–guttural]. Diese weitere Zerlegung ermöglicht es auch, anstelle von P.en ihnen logisch übergeordnete Einheiten, die je nach morphologischer Stellung phonetisch verschieden realisierten *Morphophoneme* innerhalb eines Morphems, z. B. in {König} das Morphophonem ‹g› als [k] in ›königlich‹, als [g] in ›Könige‹ und als [ç] in ›König‹, als die zu bestimmenden lautlichen Einheiten einer Sprache derart auszuzeichnen, daß Phonematik zur Brückendisziplin zwischen Morphologie und Phonologie wird, wie es in der von N. S. Trubeckoj und R. Jakobson, maßgebenden Vertretern der Prager Schule des linguistischen Strukturalismus (↑Strukturalismus (philosophisch, wissenschaftstheoretisch)), begründeten Phonologie geschieht.

Literatur: L. Hjelmslev, On the Principles of Phonematics, in: D. Jones/D. B. Fry (eds.), Proceedings of the 2nd International Congress of Phonetic Sciences. Held at University College, London, 22–26 July 1935, Cambridge 1936, 49–54; E. Holenstein, Phonologie, P., Hist. Wb. Ph. VII (1989), 927–931; R. Jakobson/M. Halle, Fundamentals of Language, The Hague 1956, ²1971, ⁴1980, Berlin/New York 2002 (dt. Grundlagen der Sprache, Berlin 1960); D. Jones, The Phoneme. Its Nature and Use, Cambridge 1950, erw. ³1967 (repr. Cambridge etc. 1976, 2009); E. F. K. Koerner, Zu Ursprung und Entwicklung des P.begriffs, in: D. Hartmann/H. Linke/O. Ludwig (eds.), Sprache in Gegenwart und Geschichte. Festschrift für Heinrich Matthias, Köln/Wien 1978, 82–93; J. Krámsky, The Phoneme. Introduction to the History and Theories of a Concept, München 1974; K. L. Pike, Phonemics. A Technique for Reducing Languages to Writing, Ann Arbor Mich. 1947 (repr. 1989); H. Pilch, P.theorie I, Basel 1964, ³1974; N. S. Trubetzkoy [Trubeckoj], Grundzüge der Phonologie, Prag 1939 (repr. Nendeln 1968), Göttingen ²1958, ⁷1989 (franz. Principes de phonologie, Paris 1949, 1986; engl. Principles of Phonology, Berkeley Calif. 1969, 1971). K. L.

Photios, *Konstantinopel ca. 820, †891 oder 897 als Verbannter im Kloster Armeniakon, Patriarch von Konstantinopel (in den Jahren 858–867 und 877–886), Theologe, Schriftsteller, Philosoph und Kirchenpolitiker. P. gilt als der gelehrteste Mann seiner Zeit und als bedeutendster Vertreter der ›byzantinischen Renaissance‹ des 9. Jhs., die durch Wiederaufnahme der klassischen Antike eine neue Epoche der Überlieferungsgeschichte einleitete. Durch seine kirchenpolitischen Erfolge und seine theologischen und wissenschaftlichen Leistungen trug P. erheblich zur Verselbständigung der griechischen gegenüber der lateinischen Kirche bei; ihn deswegen ›Vater des Schismas‹ (1054) zu nennen, wie es im Westen üblich wurde, ist unberechtigt. In der orthodoxen Kirche wird P. seit dem 10. Jh. als Heiliger verehrt. – P. befaßte sich mit fast allen Wissenschaftsgebieten: Logik, Dialektik, Mathematik, Philosophie, Theologie, Medizin, Rechtswissenschaft, Grammatik und Rhetorik. Er schrieb Gedichte, Reden, Bibelkommentare, Homilien sowie dogmatische und polemische theologische Werke. Besonders erwähnenswert sind: (1) die so genannte »Bibliothek« (Myriobiblon), Exzerpte und Kompendien christlicher und nicht-christlicher Autoren, eine wichtige historische und philosophiehistorische Quelle; (2) das »Lexikon«, ein alphabetisches Verzeichnis griechischer Ausdrücke; (3) die »Amphilochia« (oder »Amphilochiae quaestiones«), eine Art Fortsetzung der so genannten »Bibliothek«, Antworten auf Anfragen des Metropoliten Amphilochios von Kyzikos, überwiegend theologischen, zum Teil auch philosophischen Inhalts.

Werke: MPG 101–104 (1860). – Photii Bibliotheca, I–II, ed. I. Bekker, Berlin 1824/1825 (engl. The Library of Photius, ed. J. H. Freese, London 1920; griech./franz. Bibliothèque, I–IX, ed. R. Henry, Paris 1959–1991; ital. Bibliotheca, ed. N. Wilson, Mailand 1992); Lexicon, I–II, ed. S. A. Naber, Leiden 1864/1865 (repr., in 1 Bd., Amsterdam 1965) unter dem Titel: Photii Patriarchae Lexicon, ed. C. Theodoridis, Berlin/New York 1982 ff. (erschienen Bde I–III); The Homilies of Photius, Patriarch of Constantinople, ed. C. Mango, Cambridge Mass. 1958; Epistulae et Amphilochia, I–III, ed. B. Laourdas/L. G. Westerink, IV–VI, ed. L. G. Westerink, Leipzig 1983–1987. – Totok II (1973), 238–239.

Literatur: O. Amsler, Die exegetische Methode des P., Diss. München 1981; H.-G. Beck, Kirche und theologische Literatur im byzantinischen Reich, München 1959, 1977; N. C. Conomis, Concerning the New Photius, I–II, Hellenika 33 (1981), 382–393, 34 (1982/1983), 151–190; F. Dvorník, Le second schisme de P.. Une mystification historique, Byzantion 8 (1933), 425–474; ders., Études sur P., ebd. 11 (1936), 1–19; ders., The Photian Schism. History and Legend, Cambridge 1948 (repr. Cambridge/London 1970); ders., The Patriarch Photius in the Light of Recent Research, in: F. Dölger (ed.), Berichte zum XI. Internationalen Byzantinisten-Kongreß. München 1958, München 1958, 1960 (repr. Nendeln 1978), 1–56 (separat paginiert) (repr. in: ders., Photian and Byzantine Ecclesiastical Studies [s. u.], Kap. VI); ders., Photian and Byzantine Ecclesiastical Studies, London 1974; M. Gordillo, Photius et Primatus Romanus, Orientalia Christiana Periodica 6 (1940), 5–39; V. Grumel, La liquidation de la querelle photienne, Échos d'Orient 33 (1934), 257–288; ders., Les lettres de Jean VIII pour le rétablissement de Photius, ebd. 39 (1940), 138–156; ders., Y eut-il un second schisme de Photius?, Rev. sci. philos. théol. 22 (1933), 432–457; T. Hägg, P. als Vermittler antiker Literatur. Untersuchungen zur Technik des Referierens und Exzerpierens in der Bibliotheke, Stockholm 1975; R. Haugh, Photius and the Carolingians. The Trinitarian Controversy, Belmont Mass. 1975;

G. L. Kustas, History and Theology in Photius, Greek Orthodox Theol. Rev. 10 (1964), 37–74; J. Schamp, A propos du Plutarque de P.: Notes et conjectures, Rev. ét. grec. 95 (1982), 440–452; B. Schultze, Das Weltbild des Patriarchen P. nach seinen Homilien, Kairos 15 (1973), 101–115; W. T. Treadgold, The Nature of the »Bibliotheca« of Photius, Washington D. C. 1980; I. Vassis, P., DNP IX (2000), 957–959; K. Ziegler, P., RE XXXIX (1941), 667–737; ders., P., KP IV (1972), 813–817. M. G.

Phronesis (griech. *φρόνησις*, lat. prudentia, Denken, Verstand, Sinnesart, insbes. vernünftige Einsicht, ↑Klugheit), Bezeichnung für eine der vier Kardinaltugenden (↑Tugend). Heraklit (VS 22 B 2) und Demokrit (VS 68 B 2, 119, 193) verstehen unter P. das geistige Vermögen, das den Zusammenhang von Erkennen und Handeln gewährleistet. Platon, der die P. nicht immer scharf von ↑Besonnenheit, ↑Sophrosyne (lat. temperantia) und ↑Weisheit (griech. sophia, lat. sapientia) unterscheidet, bestimmt sie als an der Ideenerkenntnis (letztlich an der Idee des Guten) orientierte Einsicht (↑Ideenlehre), die zur Beurteilung der Zwecke, Mittel und Wege moralischen Handelns, insbes. zum rechten Gebrauch von Gütern und Tüchtigkeiten, befähigt. Aristoteles zählt die P. zu den ›dianoetischen‹ Tugenden und definiert sie als vernunftorientierte praktische Grundhaltung (Habitus) in bezug auf menschliche Werte oder Güter (Eth. Nic. *Δ*5.1140b5–6, 1140b20–21), als Fähigkeit, konkrete Situationen auf ihre Tauglichkeit für das Glück (↑Glück (Glückseligkeit)) zu beurteilen. Aristoteles grenzt die P. terminologisch ab einerseits vom technischen Handeln (*τέχνη*, ↑Technē), das sich zwar wie die P. mit ›Veränderlichem‹ befaßt, aber nicht auf ↑Moralität, sondern auf ein Hervorbringen gerichtet ist, andererseits vom theoretischen Wissen (*ἐπιστήμη*), das sich mit strengem Beweisverfahren auf Allgemeines und Notwendiges (nicht Veränderliches) bezieht. Die Stoiker (↑Stoa) scheinen die P. weitgehend mit der Weisheit gleichzusetzen. Für Epikur ist P. die Grundlage aller anderen Tugenden.

Literatur: E. N. Buff, P. in the Works of Plato's Last Period, Ithaca N. Y. 1962; I. Düring, Problems in Aristotle's Protrepticus, Eranos 52 (1954), 139–171; O. Eikeland, The Ways of Aristotle. Aristotelian P., Aristotelian Philosophy of Dialogue, and Action Research, Bern etc. 2008; K. v. Fritz, *ΝΟΥΣ, ΝΟΕΙΝ*, and Their Derivatives in Pre-Socratic Philosophy (Excluding Anaxagoras) I (From the Beginnings to Parmenides), Class. Philol. 40 (1945), 223–242, II (The Post-Parmenidean Period), Class. Philol. 41 (1946), 12–34; ders./E. Kapp, Aristotle's Constitution of Athens and Related Texts, New York/London 1950, [3]1964, 32–57; J. Hirschberger, Die P. in der Philosophie Platons vor dem Staate, Leipzig 1932, 1972; F. Hüffmeier, P. in den Schriften des Corpus Hippocraticum, Hermes 89 (1961), 51–84; W. Jaeger, Aristoteles. Grundlegung einer Geschichte seiner Entwicklung, Berlin 1923, 82–86; E. Kapp, Theorie und Praxis bei Aristoteles und Platon, Mnemosyne 6 (1938), 179–194; E. A. Kinsella/A. Pitman (eds.), P. as Professional Knowledge. Practical Wisdom in the Professions, Rotterdam/Boston Mass./Taipei 2012; K. Oehler, Die Lehre vom Noetischen und Dianoetischen Denken bei Platon und Aristoteles. Ein Beitrag zur Erforschung der Geschichte des Bewußtseinsproblems in der Antike, München 1962, Hamburg [2]1985; C. J. Rowe, The Meaning of *ΦΡΟΝΗΣΙΣ* in the Eudemian Ethics, in: P. Moraux/D. Harlfinger (eds.), Untersuchungen zur Eudemischen Ethik. Akten des 5. Symposium Aristotelicum (Oosterbeek, Niederlande, 21.–29. August 1969), Berlin 1971, 73–92; ders., P., Hist. Wb. Ph. VII (1989), 933–936; H. J. Schaefer, P. bei Platon, Bochum 1981; L. S. Self, Rhetoric and ›P.‹. The Aristotelian Ideal, Philos. and Rhetoric 12 (1979), 130–145; B. Snell, *φρένες – φρόνησις*, Glotta 55 (1977), 34–64, Neudr. (erw.) in: ders., Der Weg zum Denken und zur Wahrheit. Studien zur frühgriechischen Sprache, Göttingen 1978, 53–90; F. Wiedmann/G. Biller, Klugheit, Hist. Wb. Ph. IV (1976), 857–863. M. G.

Physik (von griech. *φυσική* [*ἐπιστήμη*], Wissenschaft von den Naturdingen [*φυσικά*]; lat. physica, engl. physics, franz. physique), Bezeichnung für eine Wissenschaftsdisziplin, die sich aus antik-mittelalterlicher ↑Naturphilosophie und technisch-handwerklichen Traditionen in der Neuzeit zu einer mathematischen und experimentellen ↑Naturwissenschaft entwickelte, deren Einzeldisziplinen alle Zustandsformen und Bewegungen der ↑Materie sowie ihre Struktur und Eigenschaften, Kräfte und Wechselwirkungen erforschen und die damit grundlegend für die exakten Naturwissenschaften und ihre technischen Anwendungen wurde.

Nach ersten naturphilosophischen Materietheorien der ↑Vorsokratiker und ihrer mathematischen Deutung in pythagoreisch-platonischer Tradition unterscheidet Aristoteles die P. als eine der drei theoretischen Wissenschaften (Met. *E*1.1026a18–19) neben (philosophischer) ↑Theologie bzw. ↑Metaphysik (↑Philosophie, erste) und ↑Mathematik von den Herstellungslehren handwerklicher Techniken und den praktisch-ethischen Disziplinen. Während die Metaphysik die allgemeinen Prinzipien des Seienden untersucht, beschränkt sich die P. nach Aristoteles auf die Prinzipien der ↑Bewegung, die durch die vier Typen der materialen, formalen, wirkenden und finalen ↑Ursache bestimmt werden. Bewegung als Form der ↑Veränderung (*μεταβολή*) wird also nicht wie in der Neuzeit ausschließlich als Folge einer wirkenden Ursache, einer *causa efficiens* verstanden, sondern umfaßt alle natürlichen Veränderungsformen, vor allem Wachstums- und Entwicklungsprozesse, die als Folge einer finalen Ursache (↑Finalität) gelten. Diese Prozesse werden später anderen Einzeldisziplinen wie Chemie, Mineralogie, Geologie, Biologie, Psychologie und medizinischer Theorie zugeordnet. Damit unterscheidet sich die Aristotelische P. einerseits von ↑Technik und ↑Mechanik, die es mit künstlichen, von Menschen hergestellten Apparaten und ihren Bewegungen zu tun haben, andererseits von der Mathematik, die mit ihren Disziplinen Arithmetik, Geometrie, Astronomie und Harmonielehre (↑ars) nur quantitative Größen, nicht die

›Gründe‹ der physikalischen Vorgänge bestimmen kann. Die Gründe für physikalische Bewegungen im engeren Sinne, wie freier Fall und Steigbewegung eines Körpers, behandelt Aristoteles in seiner Theorie natürlicher Örter (↑Raum), nach der die schweren Elemente Erde und Wasser zum Mittelpunkt des geozentrischen Kosmos (↑Geozentrismus), die leichten Elemente Feuer und Luft zur Peripherie der Mondsphäre streben. Für den supralunaren Bereich nimmt Aristoteles gleichförmig um die Erde rotierende Planetensphären an, deren sichtbare Bewegungsfiguren in den geometrischen Planetenmodellen der antiken ↑Astronomie erklärt werden (↑Rettung der Phänomene).

Für die Aristotelische P. zentral ist die Widerlegung des ↑*Atomismus*, insbes. der Annahme eines leeren Raumes (↑Leere, das) in der Lehre vom ↑Kontinuum. Die Aristotelische These, wonach alles Bewegte von etwas bewegt werden müsse (↑*omne quod movetur ab alio movetur*), entspricht durchaus der Alltagserfahrung, etwa beim Ziehen einer Last auf einer rauhen Unterlage. Um beim Wurf eines Körpers dessen vermeintlich horizontale Bewegung nach Verlassen der Hand erklären zu können, nimmt Aristoteles die Mitwirkung des umgebenden Mediums der Luft an. Diese Auffassung kritisiert J. Philoponos in Form der ↑*Impetustheorie*, nach der der geworfene Stein nicht durch das umgebende Medium, sondern durch eine Kraftmenge (*impetus*), die ihm durch den Werfenden mitgeteilt wurde, weitergetrieben wird. Noch G. Galilei suchte zunächst (in »De motu«) diese modifizierte peripatetische (↑Peripatos) Bewegungslehre zu mathematisieren. ↑*Statik* und *Hydrostatik* wurden bereits von Archimedes mathematisiert, der nach Euklidischem Vorbild (↑Methode, axiomatische) aus ↑Axiomen Lehrsätze über Gleichgewicht, Schwerpunkt und spezifisches Gewicht ableitete. Dieser Stil findet sich auch in den optischen Schriften von Euklid und K. Ptolemaios. – Das griechisch-hellenistische physikalische Wissen wird über arabische Quellen in das Mittelalter überliefert und zu einer mathematischen Theorie peripatetischer Dynamik weiterentwikkelt. Es handelt sich dabei um theoretische Überlegungen über die Zu- und Abnahme von Qualitäten, die auf Änderungen des Bewegungs- und Wärmezustands angewendet und von Nikolaus von Oresme graphisch dargestellt wurden. *Experimentelle* Forschung setzt sich demgegenüber erst allmählich durch, z.B. bei Petrus Peregrinus de Maricourt (Epistola de magnete, 1269) und bei Nikolaus von Kues (De staticis experimentis, 1450).

Obwohl die mittelalterliche Astronomie von mathematisch exakten Planetenmodellen ausging und ihre Meß- und Beobachtungsdaten ständig verbesserte, blieb sie selbst bei N. Kopernikus an der Aristotelischen P. gleichförmig rotierender Planetensphären orientiert. Erst J. Kepler (Astronomia nova, 1609) entwickelte eine neue P. des Himmels (*physica coelestis*), in der die Planeten auf Ellipsenbahnen umlaufen, die durch (magnetische) Fernkräfte der Sonne erklärt wurden. Irdische und himmlische P. unterlagen dabei in gleicher Weise der Impetustheorie.

In der P. der Erde bildet Galilei die scholastische Lehre vom Impetus und der Zu- und Abnahme von Qualitäten zu einer ↑Kinematik der Fall- und Wurfbewegung um, in der Annahmen über funktionale Zusammenhänge von Meßgrößen (↑Messung) experimentell geprüft werden. In dieser Zeit entsteht die neuzeitliche P. als eine messende, experimentierende und mathematisierte Naturwissenschaft. Auf dem Hintergrund des technisch-handwerklichen Interesses der ↑Renaissance und der Erfindung neuer und genauerer Beobachtungs- und ↑Meßgeräte wird der Aristotelische Erfahrungsbegriff (↑Erfahrung) durch eine *scientia experimentalis* (↑Experimentalphilosophie) ersetzt, d.h. durch Beobachtung und Messung künstlich im Experiment hergestellter Naturabläufe unter kontrollierten Bedingungen (z.B. Messung des freien Falls mit einer Fallrinne) und durch Einführung von ↑Idealisierungen (z.B. Absehung von Reibungskräften). R. Descartes (Principia philosophiae, 1644) formuliert ein P.programm, in dem alle Erscheinungen auf Bewegungen unter der Wirkung von Druck und Stoß zurückzuführen und damit einer geometrisch-kinematischen Beschreibung zugänglich zu machen sind. Aus der Unveränderlichkeit Gottes schließt Descartes auf ↑*Erhaltungssätze* für physikalische Größen wie die Erhaltung des gerichteten ↑Impulses bei wechselwirkungsfreien Bewegungen (↑Trägheit) und des Impulsbetrags bei Wechselwirkungen (etwa bei Stößen). Aus solchen Erhaltungssätzen sucht Descartes alle physikalischen Gesetze abzuleiten. Das Cartesische Programm einer mechanistischen P. der Erhaltungssätze wird von C. Huygens und G.W. Leibniz präzisiert. Während Descartes von unmittelbaren Kontaktwirkungen korpuskularer Partikel ausgeht und entsprechend eine Kontinuumsphysik entwickelt, erneuert P. Gassendi den antiken Atomismus, der durch die Annahme verschieden großer Zwischenräume zwischen den Atomen die Dichte der Stoffe und ihre Aggregatzustände erklären konnte. I. Newton führt das Konzept der beschleunigenden Kraft ein und erklärt die Planetenbewegungen durch Annahme zentripetaler Kräfte. Zentraler Teil der Newtonschen P. ist die Ableitung sowohl der Keplerschen Planetengesetze als auch der Galileischen Gesetze für irdische Bewegungen aus dem *Gravitationsgesetz* (↑Gravitation) und den Axiomen der Mechanik. Entgegen der Newtonschen Methodologie (↑regulae philosophandi) und der Newtonschen Kritik am Gebrauch von ↑Hypothesen in der P. ist seine Annahme eines *absoluten Raums* (↑Raum, absoluter) und einer *absoluten Zeit* (↑Zeit, absolute) als des objektiven Bezugssystems aller physikalischen Ereignisse (↑Inertialsystem) durchaus hypothetisch, obwohl ein indirekter Nachweis durch beobachtbare Trägheitswirkungen (↑Eimerversuch) angestrebt wurde.

Neben der Mechanik der Körper war die Erscheinung des *Lichts* ein früher Gegenstand physikalischer Beobachtung. Das Sinusgesetz der Lichtbrechung wird um 1600 von T. Harriot, um 1620 von W. Snellius entdeckt und 1637 von Descartes publiziert (Dioptrique, 1637). Gemäß seiner mechanistischen Philosophie (↑Mechanismus) stellt sich Descartes die Brechung des Lichts an einer Grenzfläche wie die Bewegung von geschleuderten Kugeln vor. Huygens interpretiert das Licht demgegenüber als Erregung in einem Medium. Damit stehen sich die Korpuskulartheorie und die Wellentheorie des Lichts gegenüber (↑Optik). Newton (Opticks, 1704) gibt der Korpuskularvorstellung den Vorzug. Er zeigt durch Prismenzerlegung des weißen Lichts und Nachweis des Scheiterns der Prismenzerlegung einfarbigen Lichts, daß Farben Bestandteile des Lichts sind. *Magnetismus* und *Wärme* werden von Newton neben alchemistischen (↑Alchemie) und chemischen (↑Chemie) Themen behandelt und bleiben im 17. Jh. sekundäre Phänomene der P..

In der empiristischen Tradition Newtons wird die P. im 18. Jh. als induktive, mathematische ↑*Experimentalphilosophie* verstanden, in rationalistischer Tradition hingegen als *philosophia rationalis*, die Leibniz von der *philosophia experimentalis* (z. B. Chemie und Anatomie) abgrenzt (C., 525). I. Kant unterscheidet eine Erkenntnis aus empirischen Prinzipien (*cognitio ex principiis*) von einer Erkenntnis aus Daten (*cognitio ex datis*) und der ↑*Naturgeschichte.* P. gründet nach Kant im Unterschied zur damaligen Chemie sowohl auf ↑synthetisch-apriorischen (↑a priori) Prinzipien als auch auf Datenerkenntnis (Metaphysische Anfangsgründe der Naturwissenschaft [1786], Akad.-Ausg. IV, 467–468). Die Beibehaltung der Bezeichnung ›mathematische Naturphilosophie‹ für die P. ändert sich erst im 19. Jh., als sich die P. im Rahmen der Naturwissenschaften verselbständigt und gegen die ↑Geisteswissenschaften abgrenzt. Die P. des 18. Jhs. ist insbes. durch die Anwendung der ↑Infinitesimalrechnung auf mechanische Probleme starrer Systeme charakterisiert. – In der *analytischen Mechanik* von J. le Rond d'Alembert, L. Euler, Joh. und Jak. Bernoulli, P. L. M. de Maupertuis, J. L. Lagrange u. a. werden physikalische Probleme auf ↑Differentialgleichungen zurückgeführt; gleichzeitig wird die ↑Variationsrechnung zur Lösung von Extremalwertaufgaben entwickelt. Es folgen Anwendungen auf die *Mechanik der Kontinua* (Gase, Flüssigkeiten, Elastika), z. B. in der Hydrodynamik D. Bernoullis (1738) und Eulers (1766). Mit der analytischen Mechanik (↑Methode, analytische) ändert sich auch die Auffassung der ↑*Kausalität.* Während in der synthetischen Mechanik (↑Methode, synthetische) Newtons eine ›Kraft‹ als Ursache einer Wirkung gesucht wird, entspricht das physikalische Geschehen in der analytischen Mechanik den Lösungen von Differentialgleichungen, die durch Nebenbedingungen eindeutig determiniert sind.

Magnetische und elektrische Fluida, die qualitativ seit der Antike bekannt waren (z. B. Magnetstein, Reibungselektrizität) und im 17. und 18. Jh. technisch z. B. in Elektrisiermaschinen und Verstärkerflaschen erzeugt werden, bleiben im 18. Jh. unverbundene Phänomene. Ende des 18. Jhs. liegt mit dem Coulombschen Gesetz für die elektrische bzw. magnetische Kraft zwischen zwei Ladungen bzw. Magnetpolen eine quantitative Theorie der *Elektrostatik* vor (↑Ladung). Wärmeerscheinungen werden seit J. Blacks Einführung der spezifischen Wärme (1764) begrifflich und meßtechnisch als intensive ↑Größen (Temperatur auf Grund eines Thermometers) und extensive Größen (Wärmemenge auf Grund eines Kalorimeters) unterschieden. Die Natur der Wärme bleibt physikalisch offen; diese wird schließlich, angeregt von H. Boerhaave (1732), 1775 von A. L. de Lavoisier als besonderer Wärmestoff interpretiert, von einigen jedoch auch noch als lebendige Kraft (↑vis viva) kleinster Teilchen.

Während im 17. Jh. irdische Bewegungen und Planetenbewegungen in Newtons Mechanik vereinigt werden, bringt das 19. Jh. einheitliche physikalische Theorien für Wärme, Magnetismus, Elektrizität und Licht hervor. In der ↑*Optik* setzt sich in Analogie zur Akustik (entgegen Newtons Korpuskularvorstellung und im Anschluß an Huygens) eine Wellentheorie des Lichts durch, nachdem 1802 die Interferenz von Licht und 1808 seine Polarisation durch transversale Lichtwellen erklärt werden konnte. Nach Entdeckung der Fraunhoferschen Linien im Sonnenspektrum (1816) setzt mit G. R. Kirchhoff und R. Bunsen (1859) die Entwicklung von Spektralanalyse und Spektroskopie ein. Nachdem bereits O. C. Rømer aus Beobachtungen der Jupitermonde auf eine endliche Ausbreitungsgeschwindigkeit des Lichts geschlossen hatte, wird die *Lichtgeschwindigkeit* mit terrestrischen Versuchen von A. Fizeau (1849) genauer bestimmt. Ziel bleibt eine mechanische Erklärung des Lichts durch eine P. des ↑*Äthers* als eines unstofflichen Trägers der Lichtphänomene, die neben die P. der Materie treten soll. Die Entdeckung der magnetischen Wirkung des Stroms durch H. C. Ørsted (1820) eröffnet das Gebiet des *Elektromagnetismus.* A. M. Ampère führt in der unmittelbaren Folge magnetische Wirkungen auf elektrische Ströme zurück: Magnetismus wird danach durch Kreisströme mikroskopisch kleiner Teilchen in der Materie erzeugt, und stromdurchflossene Drähte üben anziehende oder abstoßende magnetische Kräfte aufeinander aus. Zentral werden die Arbeiten von M. Faraday, der 1831 entdeckt, daß veränderliche Magnetfelder elektrische Ströme zu erzeugen vermögen (›elektromagnetische Induktion‹), ein quantitatives Gesetz für elektrochemische Wirkungen des Stroms formuliert und mit seinen elektrischen und magnetischen Kraftlinien das anschauliche Modell des *elektromagnetischen Feldes* entwickelt. Als J. C. Maxwells Feldgleichungen vorliegen, treten mechanische Modelle in den Hintergrund. Es entsteht ein neuer Typ mathematisch-physikalischer Theorie, der nach H. Hertz nur durch seine mathematischen Gleichungen definiert ist und sich empirisch durch richtige Prognosen bzw. Erklärungen von Ereignissen bewähren muß. So prognostiziert Hertz die Existenz frei im Raum bewegter elektromagnetischer Wellen als Konsequenz der von Maxwell 1865 aufgestellten elektromagnetischen Theorie des Lichts und weist diese Wellen 1887 tatsächlich nach.

Ein wesentlicher Schritt zur Auffassung des elektromagnetischen ↑Feldes (Äther) als einer eigenen physikalischen Realität ist die *Elektronentheorie* von H. A. Lorentz, deren Gleichungen eine Wechselwirkung zwischen Äther und Materie beschreiben. Untersuchungen an Kathodenstrahlen von J. Perrin (1895), J. J. Thomson (1897) u. a. weisen die Existenz negativ geladener Teilchen von rund 1/2000 der Masse des Wasserstoffatoms nach, für die G. J. Stoney bereits 1894 die Bezeichnung ›Elektron‹ einführt. – In der Tradition der Wärmestofftheorie gelangt S. Carnot 1824 zu einer Theorie der Wärmekraftmaschine (Carnotprozeß), die die Gewinnung mechanischer Energie auf den ›Fall‹ des Wärmestoffs auf ein tieferes Temperaturniveau zurückführt (analog zum Wasserrad). Die seit dem 17. Jh. angenommene mechanische Energieerhaltung (›Erhaltung der lebendigen Kraft‹; ↑vis viva) wird in den 1840er Jahren unter dem Einfluß der romantischen Naturphilosophie (↑Naturphilosophie, romantische) und ihrer Annahme einer Einheit aller Naturkräfte durch Einschluß der Wärmeenergie zum Energieerhaltungssatz erweitert (↑Energie). Während J. R. Mayer 1842 qualitativ und naturphilosophisch argumentiert, bestimmt J. P. Joule 1843 empirisch das mechanische Wärmeäquivalent. H. Helmholtz gibt 1847 die allgemeine Formulierung des Energieerhaltungssatzes und die mathematischen Ausdrücke für verschiedene Formen der Energie (z. B. chemische und elektrische Äquivalente) an. *Energie* bzw. ↑›*Kraft*‹ wird als eigene physikalische Realität aufgefaßt und die Zurückführung der Wärmeerscheinungen auf die Mechanik kleinster Teilchen als spekulative Hypothese zunächst abgelehnt. Obgleich das nach dem Energieerhaltungssatz möglich sein sollte, ist die in Wärme umgesetzte Arbeit nicht vollständig in Arbeit zurückführbar. Solchen irreversiblen Prozessen trägt der *2. Hauptsatz der ↑Thermodynamik* Rechnung, wonach die ↑Entropie eines (abgeschlossenen) physikalischen Systems zunimmt bzw. im Gleichgewicht konstant bleibt, aber nicht abnehmen kann. L. Boltzmann deutet die von R. Clausius u. a. zunächst phänomenologisch vorgetragene Thermodynamik auf den Grundlagen der *statistischen Mechanik*, nach der die Entropie als statistisches Maß der ›Unordnung‹ der Teilchen (Moleküle, Atome) eines Systems aufgefaßt wird. Unordnung drückt sich in der Zahl der mikroskopischen Realisierungsmöglichkeiten eines makroskopischen Zustands aus und ist danach der wahrscheinlichere Zustand, in den ein abgeschlossenes System statistisch übergeht. Das schließt allerdings nicht aus, daß in begrenzten Raum-Zeit-Abschnitten eines Systems (z. B. auf der Erde) ordnungsbildende Prozesse, also Entropieabnahme, wie die Entwicklung des Lebens möglich sind. Diese lokale Zunahme von Ordnung wird nämlich durch wachsende Unordnung in der Umgebung kompensiert. – Naturphilosophisch stehen sich Ende des 19. Jhs. die Energetik W. Ostwalds und der Atomismus Boltzmanns unversöhnlich gegenüber. Während Boltzmann die Theoreme der phänomenologischen Thermodynamik aus Annahmen über Atome und deren Kollisionen ableitet, die Materie also als fundamental gilt, nimmt Ostwald die Energie als Grundgröße und versucht eine ↑Reduktion der Thermodynamik auf Energieaustauschprozesse. Materie erhält bei Ostwald einen lediglich abgeleiteten Status.

Zu Beginn des 20. Jhs. werden mit der Relativitätstheorie und der Quantentheorie die grundlegenden Rahmentheorien der modernen P. geschaffen. Die durch Optik und ↑Elektrodynamik aufgeworfene Frage nach der Existenz des Äthers (bzw., im Sinne der Mechanik, nach der Existenz des absoluten Raumes) mündet in A. Einsteins *Spezielle Relativitätstheorie* (↑Relativitätstheorie, spezielle). Der ↑Michelson-Morley-Versuch wird als Widerlegung der Ätherhypothese interpretiert. Unter Zugrundelegung der Hypothese der *Konstanz der Lichtgeschwindigkeit*, d. h. ihrer Unabhängigkeit von der Geschwindigkeit des Beobachters, und unter der Annahme des *speziellen Relativitätsprinzips*, d. h. der Gleichwertigkeit aller gleichförmig geradlinig zueinander bewegten Bezugssysteme (↑Inertialsystem), leitet Einstein 1905 die Lorentz-Transformation und damit die Invarianz der Maxwellschen Elektrodynamik ab (↑Lorentz-Invarianz). Bei hohen Geschwindigkeiten treten demnach Längenkontraktion und Zeitdilatation auf. Eine weitere Folge der Theorie ist die Äquivalenz von Masse und Energie ($E = mc^2$).

1907 postuliert Einstein, daß die Wirkungen von Beschleunigungen des Bezugssystems nicht von denen eines Gravitationsfeldes unterschieden werden können (Prinzip der Gleichheit der trägen und der schweren Masse). Unter Annahme des *allgemeinen ↑Relativitätsprinzips*, d. h. der Gleichberechtigung aller (also auch der zueinander beschleunigt bewegten) Koordinatensysteme, und der allgemeinen ↑Kovarianz der physikalischen Gesetze leitet Einstein (1913, endgültig 1915) kovariante *Feldgleichungen* ab. Mit diesen kann das von der Newtonschen Gravitationstheorie abweichende Vorrücken des Merkurperihels erklärt werden. Zusätzlich gelingt die Prognose der Krümmung von Lichtstrahlen in Gravitationsfeldern. Dieser Effekt wird 1919 von A. Eddington bestätigt. Gleichwohl gewinnt Einsteins Gravitationstheorie in niedrigster Näherung Anschluß an die Newtonschen Resultate. Bei der Aufstellung der Feldgleichungen ist Einstein philosophisch durch das ↑*Machsche Prinzip* beeinflußt, nach dem Trägheitswirkungen nicht auf einen hypothetischen leeren Raum im Sinne Newtons zurückzuführen sind, sondern auf beobachtbare Massen im Weltraum. Diese Massen bewirken nach Einstein eine lokale Verzerrung der Raumzeitgeometrie und führen so zu einer nicht-euklidischen Struktur der Raumzeit (↑Differentialgeometrie). Ausschließlich gravitativ bestimmte Bewegungen von Massenpunkten werden damit zu Trägheitsbewegungen (↑Relativitätstheorie, allgemeine). 1922 zeigt A. Friedmann, daß Einsteins Theorie auch die Möglichkeit eines instabilen Universums enthält, und schlägt eine Expansion des Universums vor. Unabhängig von Friedmann entwickelt G. E. Lemaître 1927 die Vorstellung einer Expansion des Universums; E. Hubble beobachtet daraufhin 1929 die Rotverschiebung von Galaxienspektren und interpretiert sie vor diesem Hintergrund als Effekt der Fluchtbewegung ferner Galaxien. Die beständige Expansion führt im Umkehrschluß zu der Vorstellung einer raumzeitlichen Anfangssingularität (›Urknall‹), aus der sich der gegenwärtige Zustand entwickelte (↑Astronomie, ↑Kosmologie). Seit 1998 ist die Annahme der Verlangsamung der Expansionsbewegung unter dem Einfluß der wechselseitigen Gravitationsanziehung der Galaxien zugunsten der entgegengesetzten Vorstellung einer beschleunigten Expansion (›dunkle Energie‹) aufgegeben.

Philosophisch bildete in den Jahrzehnten um die Mitte des 20. Jhs. die Frage der Konventionalität der physikalischen Geometrie die wichtigste Herausforderung. Vertreter der Konventionalitätsthese (R. Carnap, H. Reichenbach) behaupten die ↑Unterbestimmtheit geometrischer Größen (wie der Raum-Zeit-Metrik) durch einschlägige Meßergebnisse. Diese können durch Einführung universeller Maßstabsdeformationen stets mit verschiedenen Annahmen über die herrschende Raumzeit-Geometrie in Einklang gebracht werden. Seit dem Ende des 20. Jhs. steht eher die Frage des Verhältnisses von Raumzeit und Materie im Vordergrund der philosophischen Diskussion. Diese Diskussion knüpft an die klassischen Standpunkte der relationalen und der absoluten Sicht von Raum und Zeit an. Newton hatte den Raum als unabhängig von der Materie betrachtet und die Vorstellung eines wahrhaft ruhenden Bezugssystems eingeführt (↑Raum, absoluter), während für Leibniz der Raum nur die Gesamtheit der Anordnungen von Körpern darstellt (↑Raum). In der gegenwärtigen, an die Allgemeine Relativitätstheorie anschließenden Diskussion hebt die absolute Position hervor, daß diese Theorie Modelle enthält, bei denen die raumzeitlichen Strukturen nicht auf die Materie- und Energieverteilung zurückgeführt werden können. Die raumzeitlichen Strukturen sind also unabhängig von ihrer materiellen Erfüllung und in diesem Sinne absolut, auch wenn sie sich inhaltlich von Newtons absolutem Raum unterscheiden und stattdessen eine ausgezeichnete Metrik und Geodätenstruktur umfassen. Die relationale Position betont demgegenüber, daß die Modelle, die das existierende Universum beschreiben, keine solchen unabhängigen Raumzeit-Strukturen vorsehen (↑Machsches Prinzip).

Zu tiefgreifenden Veränderungen des Kausalitäts- und des Materiebegriffs führt die ↑*Quantentheorie.* M. Plancks *Energiequantum h*, das dieser zur Formulierung seines Gesetzes der Hohlraumstrahlung einführt, erweist sich als grundlegende Naturkonstante. Sie bewegt Einstein zur Annahme einer teilchenartigen Struktur des Lichts, die eine Erklärung des Photoeffekts ermöglicht. N. Bohr benutzt 1913 Plancks Konstante zu einer Drehimpulsquantisierung des Elektrons im Wasserstoffatom und vermag so das Emissionsspektrum des Wasserstoffs zu berechnen. Eine Verschärfung des Bohrschen Ansatzes quantisierter Naturgrößen liefert die *Quantenmechanik* von M. Born, W. Heisenberg und P. Jordan. Die Größen der klassischen Mechanik (z. B. Ort, Impuls), mit denen physikalische Abläufe durch die Hamilton-Funktion (↑Hamiltonprinzip) beschrieben werden können, werden durch Matrizen ersetzt, die bestimmte Vertauschungsbeziehungen erfüllen. Die Dualität von Lichtquanten und Lichtwellen verallgemeinert L. de Broglie auf Materieteilchen. Das ist zugleich der Anlaß für E. Schrödingers ↑*Wellenmechanik*, in der eine Veränderung der klassischen Zustandsgrößen, z. B. Ort und Impuls, nicht mehr durch eine ↑Bewegungsgleichung eindeutig determiniert ist. Die wellenmechanische Zustandsfunktion (Ψ-Funktion) erlaubt vielmehr im allgemeinen lediglich die Angabe von Wahrscheinlichkeitsverteilungen für beobachtbare Größen (›Observable‹). Den Beweis für den Wellencharakter bewegter Teilchen liefern Beugungsversuche mit Elektronen- und Atomstrahlen. Man spricht daher auch vom ↑*Korpuskel-Welle-Dualismus.*

Eine *Axiomatisierung des mathematischen Formalismus* der Quantenmechanik liefert J. v. Neumann. Jedem physikalischen System entspricht danach ein Hilbert-Raum, dessen ↑Vektoren (Zustandsvektoren bzw. Wellenfunktionen) die Zustände des Systems vollständig beschreiben. Den Observablen entsprechen (selbstadjungierte) Operatoren im Hilbert-Raum. Die zeitliche Entwicklung der Zustandsvektoren wird durch die ↑Schrödinger-Gleichung bestimmt, aus der sich nach Borns probabilistischer Deutung die Wahrscheinlichkeit von Meßergebnissen der Observablen aus dem Betragsquadrat der betreffenden Ψ-Funktion ergibt. Heisenbergs Matrizenmechanik und Schrödingers Wellenmechanik erweisen sich mathematisch als isomorph (↑isomorph/Isomorphie). Die ↑Kopenhagener Deutung des quantenmechanischen Formalismus betrachtet die Zustandsfunktionen als vollständige Beschreibungen individueller Systeme (z. B. einzelner Elektronen) und deutet die auftretenden Wahrscheinlichkeitsverteilungen als Folgen des experimentellen Eingriffs in die subatomare Welt (↑Unschärferelation). Durch den Akt der Messung kollabiert die Wahrscheinlichkeitsverteilung auf einen Meßwert (›Kollaps der Wellenfunktion‹). Der Korpuskel-Welle-Dualismus wird nicht als Ausdruck einer Doppelnatur mikrophysikalischer Gegenstände verstanden; vielmehr handelt es sich bei Teilchen und Welle um komplementäre Modelle, mit denen der Experimentator je nach Meßsituation den abstrakten quantenmechanischen Formalismus interpretiert (↑Komplementaritätsprinzip). Erst durch die Beziehung eines Quantensystems zu einer Meßapparatur oder durch einen Meßakt entstehen physikalische Größen mit Wirklichkeitsbezug. Der Formalismus der Theorie ist für die Kopenhagener Deutung hingegen instrumentalistisch (↑Instrumentalismus) zu verstehen.

Ein alternativer Interpretationsansatz ist die ↑*Quantenlogik*. In dieser werden komplementäre Zustände als Abweichungen von der klassischen zweiwertigen Logik (↑Logik, zweiwertige) gedeutet, denen in nicht-klassischen (mehrwertigen, operativen) Logiksystemen Rechnung zu tragen ist (↑Logik, mehrwertige).

Die beiden wichtigsten philosophischen Herausforderungen der Quantentheorie bilden gegenwärtig die EPR-Korrelationen (↑Einstein-Podolsky-Rosen-Argument) und das Quantenmeßproblem. Die EPR-Korrelationen gehen auf ein 1935 von Einstein, B. Podolsky und N. Rosen als Gedankenexperiment entworfenes, 1964 von J. Bell präzisiertes und seit 1982 experimentell realisiertes Szenario zurück (Bellsche Ungleichung), demzufolge raumartig (↑Relativitätstheorie, spezielle) zueinander gelegene Meßereignisse zu eng korrelierten Ergebnissen führen können, deren Zusammenhang weder auf direkte Verursachung noch auf gemeinsame Verursachung (↑Ursache) zurückführbar ist. Einstein hielt als Anhänger eines naturphilosophischen ↑Determinismus und Realismus (↑Realismus (erkenntnistheoretisch), ↑Realismus (ontologisch)) den quantenmechanischen Formalismus für unvollständig. Da die von Einstein favorisierte Vervollständigung der Quantenmechanik durch lokale verborgene Parameter empirisch ausgeschlossen werden konnte (Verletzung der Bellschen Ungleichung), wird stattdessen versucht, den Korrelationen auf der Grundlage der existierenden Theorie Rechnung zu tragen. Als Erklärungen werden die Nicht-Lokalität oder der ↑Holismus von Quantenzuständen diskutiert.

Das Quantenmeßproblem geht auf v. Neumann (1932) zurück und besagt, daß die Ankopplung eines Quantensystems an ein Meßgerät der Schrödinger-Gleichung zufolge nur eine Überlagerung von Systemzuständen produziert, nicht aber einen spezifischen Meßwert. Gerade ein solcher tritt unter derartigen Bedingungen auf. Die Kopenhagener Deutung hatte entsprechend den ›Kollaps der Wellenfunktion‹ als einen besonderen, nicht von der Schrödinger-Gleichung erfaßten Prozeß eingeführt (s. o.). Dieser Kollaps bedeutet den in seiner Beschaffenheit nicht näher spezifizierten Übergang von einer ↑Superposition von Zuständen zum Meßwert einer Observablen.

Eine alternative Interpretation ist die auf H. Everett III. zurückgehende Viele-Welten-Theorie, deren primäres Anliegen darin besteht, den Kollaps der Wellenfunktion zu vermeiden und der Schrödinger-Gleichung uneingeschränkte Geltung zuzumessen. Das Problem der Auswahl tatsächlich angenommener Meßwerte aus dem Spektrum der Möglichkeiten wird durch die Annahme vermieden, daß in Wirklichkeit sämtliche möglichen Meßwerte in unterschiedlichen Zweigen des Universums realisiert werden. Dieses spaltet sich also bei jeder Messung in eine Vielzahl unabhängiger Welten auf, die keine Kenntnis voneinander haben können.

Die auf D. Bohm zurückgehende Interpretation ist eher eine alternative Formulierung der Quantenmechanik. Die Bohmsche Theorie führt neben der Wellenfunktion den Teilchenort als verborgenen Parameter ein (↑ Parameter, verborgene) sowie das Quantenpotential, das der klassischen Bewegungsgleichung für das Teilchen hinzugefügt wird. Dieses Potential ist nicht-lokal, beinhaltet also eine Fernwirkung, und ist für die Verletzung der Bellschen Ungleichung verantwortlich. Die Bohmsche Interpretation bewahrt die klassische Ontologie von Teilchen und Feld und führt durch das Quantenpotential eine von der klassischen abweichende ↑Dynamik ein. Probabilistische Beobachtungsgrößen werden auf die zufällige Verteilung der Teilchenorte zurückgeführt.

Demgegenüber gewinnt seit den 1990er Jahren die (bereits in den 1970er Jahren von H. D. Zeh konzipierte) *Dekohärenzinterpretation* an Bedeutung. Diese geht ausschließlich von der Schrödinger-Gleichung aus, bezieht dann aber die weitere Umgebung von Quantensystem und Meßapparatur in die Betrachtung ein. Die Verschränkung zwischen dem System und seiner Umgebung hat dann nach der Schrödinger-Gleichung zur

Folge, daß die Zustandsüberlagerungen für lokale Beobachter nicht zugänglich sind und entsprechend der Anschein entsteht, es würde ein spezifischer Meßwert angenommen. Die Dekohärenz erklärt damit, unter welchen Bedingungen Quantensysteme als separate Objekte erscheinen – obwohl sie weiterhin in Verschränkungen vorliegen.

Die Quantenfeldtheorie (z. B. die Quantenelektrodynamik) bezieht Felder in die Quantenmechanik ein und erreicht insbes. eine Lorentz-invariante (↑Lorentz-Invarianz) Darstellung. Die Theorie ordnet jeder Teilchenart ein Feld zu; Teilchen sind Feldzustände. Aus diesem Ansatz erklärt sich die Ununterscheidbarkeit gleichartiger Teilchen: es handelt sich sämtlich um Anregungen des gleichen Feldes. Teilchen und Felder werden daher als einheitliche Größen betrachtet. Entsprechend unterscheiden sich diese von klassischen Teilchen: weder lassen sie sich lokalisieren, noch bleibt ihre Zahl erhalten. Insbes. findet man Teilchen auch im Vakuum.

Die neuere Entwicklung der P. ist vor allem durch die Erforschung der Elementarteilchen und ihrer Wechselwirkungen im Rahmen quantenfeldtheoretischer Ansätze gekennzeichnet. Der *Quantenchromodynamik* zufolge sind die *Hadronen* (von griech. ἁδρός, stark; z. B. Protonen und Neutronen) Kombinationen von (nicht frei vorkommenden) Quarks, zwischen denen Gluonen (von engl. glue, Leim) die *starke Wechselwirkung* vermitteln. Die *elektromagnetische Wechselwirkung* wird durch das masselose Photon übertragen; die *schwache Wechselwirkung* hat W- und Z-Bosonen als Träger. Während die schwache und die elektromagnetische Wechselwirkung nach S. Glashow, A. Salam und S. Weinberg in einer einheitlichen Eichtheorie (*gauge theory*) zusammengefaßt werden konnten (elektroschwache Theorie), deren unitäre Transformationsgruppe sich ebenso wie die der starken Wechselwirkung (M. Gell-Mann) durch hohe Symmetrie auszeichnet, steht eine einheitliche Eichtheorie aller Naturkräfte noch aus. Der Quantenchromodynamik und der elektroschwachen Theorie liegt das Standardmodell der ↑Teilchenphysik zugrunde. Dieses sieht neben sechs Quarks und den vier genannten Überträgerteilchen sechs Leptonen (darunter das Elektron und sein Neutrino) sowie das 2012 entdeckte Higgs-Boson vor, das die ↑Trägheit von Materie (bzw. die träge Masse) erzeugt. Das Standardmodell hat sich empirisch glänzend und mit großer Präzision bestätigt, weist aber viele Lücken auf. Es schließt nicht die Gravitation ein und enthält eine große Zahl frei anpaßbarer Parameter. Das Standardmodell genügt daher nicht dem Anspruch, eine Vielzahl von Phänomenen aus nur wenigen Prinzipien zu erklären.

Wissenschaftstheoretisch führte die moderne P. also zu Präzisierungen und Revisionen erkenntnistheoretischer Grundbegriffe, z. B. von Raum und ↑Zeit in der Relativitätstheorie, ↑Kausalität in der Quantentheorie und ↑Materie in der Elementarteilchenphysik. Mit solchen spezifischen Auswirkungen befaßt sich die Wissenschaftstheorie der P., im Unterschied zur allgemeinen Wissenschaftstheorie, die auf die Methodologie gerichtet ist.

Literatur: A. d'Abro, The Decline of Mechanism (in Modern Physics), New York 1939, unter dem Titel: The Rise of New Physics. Its Mathematical and Physical Theories, I–II, ²1951, 1952; P. Achinstein/O. Hannaway (eds.), Observation, Experiment, and Hypothesis in Modern Physical Science, Cambridge Mass./London 1985; J. Agassi, The Continuing Revolution. A History of Physics from the Greeks to Einstein, New York etc. 1968; R. Batterman (ed.), The Oxford Handbook of Philosophy of Physics, Oxford/New York 2013; S. Bauberger, Was ist die Welt? Zur philosophischen Interpretation der P., Stuttgart 2003, ³2009; N. Bohr, Atomfysik og menneskelig erkendelse, I–II, Kopenhagen 1957/1964 (dt. Atomphysik und menschliche Erkenntnis, I–II, Braunschweig 1958, ²1964/1966, gekürzt Braunschweig/Wiesbaden 1985); M. Born, Physics in My Generation. A Selection of Papers, London 1956, New York 1969 (dt. P. im Wandel meiner Zeit, Braunschweig, Berlin 1957, ⁴1966, 1983); H.-H. v. Borzeszkowski/R. Wahsner, Physikalischer Dualismus und dialektischer Widerspruch. Studien zum physikalischen Bewegungsbegriff, Darmstadt 1989; H. Breger, Die Natur als arbeitende Maschine. Zur Entstehung des Energiebegriffs in der P. 1840–1850, Frankfurt/New York 1982; O. Breidbach/R. Burwick (eds.), P. um 1800. Kunst, Wissenschaft oder Philosophie?, München/Paderborn 2012; P. W. Bridgman, The Logic of Modern Physics, New York 1927 (repr. 1980, Salem 1993), 1961 (dt. Die Logik der heutigen P., München 1932); S. G. Brush, The Kind of Motion We Call Heat. A History of the Kinetic Theory of Gases in the 19th Century, I–II, Amsterdam/New York/Oxford 1976; ders., Statistical Physics and the Atomic Theory of Matter from Boyle and Newton to Landau and Onsager, Princeton N. J. 1983; ders. (ed.), History of Physics. Selected Reprints, College Park Md. 1988; J. Bub, The Interpretation of Quantum Mechanics, Dordrecht/Boston Mass. 1974 (Western Ont. Ser. Philos. Sci. III); J. Buchwald, From Maxwell to Microphysics. Aspects of Electromagnetic Theory in the Last Quarter of the Nineteenth Century, Chicago Ill. 1985, 1988; ders., The Rise of the Wave Theory of Light. Optical Theory and Experiment in the Early Nineteenth Century, Chicago Ill./London 1989; ders., The Creation of Scientific Effects. Heinrich Hertz and Electric Waves, Chicago Ill./London 1994; ders. (ed.), Scientific Practice. Theories and Stories of Doing Physics, Chicago Ill./London 1995; M. Bunge, Foundations of Physics, Berlin/Heidelberg/New York 1967; ders. (ed.), Problems in the Foundations of Physics, Berlin/Heidelberg/New York 1971; ders., Philosophy of Physics, Dordrecht/Boston Mass. 1973; E. A. Burtt, The Metaphysical Foundation of Modern Physical Science. A Historical and Critical Essay, New York, London 1925, New York ²1932, Abingdon/New York 2014; J. Butterfield/C. Pagonis (eds.), From Physics to Philosophy, Cambridge etc. 1999, 2010; M. Čapek, The Philosophical Impact of Contemporary Physics, Princeton N. J. etc. 1961; M. Carrier, Nikolaus Kopernikus, München 2001; ders., Raum-Zeit, Berlin/New York 2009; ders., Die Struktur der Raum-Zeit in der klassischen P. und der allgemeinen Relativitätstheorie, in: M. Esfeld (ed.), Philosophie der P. [s. u.], 13–31; ders., What the Philosophical Interpretation of Quantum Theory Can Accomplish, in: P.

Blanchard/J. Fröhlich (eds.), The Message of Quantum Science. Attempts Towards a Synthesis, Berlin 2015, 47–63; E. Cassirer, Determinismus und Indeterminismus in der modernen P.. Historische und systematische Studien zum Kausalproblem, Göteborg 1937, ferner in: Zur modernen P., Darmstadt, Oxford 1957, Darmstadt 1994, 1–125, ferner als: Ges. Werke Bd. XIX, ed. B. Recki, Hamburg 2004; M. Clagett, The Science of Mechanics in the Middle Ages, Madison Wis., London 1959, 1979; I. B. Cohen, The Birth of a New Physics, Garden City N. Y. 1960, New York/London ^{2}1985, London 1992 (dt. Geburt einer neuen P.. Von Kopernikus zu Newton, München/Wien/Basel 1960; franz. Les origines de la physique moderne, Paris 1962, 1993); ders./G. E. Smith (eds.), The Cambridge Companion to Newton, Cambridge etc. 2002; R. S. Cohen/M. W. Wartofsky, Physical Sciences and History of Physics, Dordrecht/Boston Mass./Lancaster 1984 (Boston Stud. Philos. Sci. LXXXII); R. G. Colodny (ed.), From Quarks to Quasars. Philosophical Problems of Modern Physics, Pittsburgh Pa. 1986; R. P. Crease/C. C. Mann, The Second Creation. Makers of the Revolution in Twentieth-Century Physics, New York 1986, London 1997; A. C. Crombie, Augustine to Galileo. The History of Science, A. D. 400–1650, I–II, London 1952 (repr. 1964, unter dem Titel: The History of Science from Augustine to Galileo, New York 1995), ohne Untertitel ^{2}1961, Cambridge Mass. 1979 (dt. Von Augustinus bis Galilei. Die Emanzipation der Naturwissenschaften, Köln/Berlin 1959, ^{2}1965, München 1977); ders., Styles of Scientific Thinking in the European Tradition. The History of Argument and Explanation Especially in the Mathematical and Biomedical Sciences and Arts, I–III, London 1994; J. T. Cushing, Quantum Mechanics. Historical Contingency and the Copenhagen Hegemony, Chicago Ill./London 1994; ders., Philosophical Concepts in Physics. The Historical Relation between Philosophy and Scientific Theories, Cambridge etc. 1998, 2003; O. Darrigol, Electrodynamics from Ampère to Einstein, Oxford etc. 2000, 2005; ders., Worlds of Flow. A History of Hydrodynamics from the Bernoullis to Prandtl, Oxford etc. 2005, 2009; E. J. Dijksterhuis, De Mechanisering van het Wereldbeeld, Amsterdam 1950, ^{3}1977, 2006 (dt. Die Mechanisierung des Weltbildes, Berlin/Göttingen/Heidelberg 1956 [repr. Berlin/Heidelberg/New York 1983, 2002]; engl. The Mechanization of the World Picture, Oxford 1961, Princeton N. J. 1986); R. Dugas, Histoire de la mécanique, Neuchâtel, Paris 1950, Paris 1996 (engl. A History of Mechanics, Neuchâtel, New York 1955, New York 1988); ders., La mécanique au XVIIe siècle (Des antécédents scolastiques à la pensée classique), Paris 1954 (engl. Mechanics in the Seventeenth Century [From the Scholastic Antecedents to Classical Thought], Neuchâtel, New York 1958); A. S. Eddington, The Nature of the Physical World, Cambridge, New York 1928, Newcastle upon Tyne 2014 (dt. Das Weltbild der P. und ein Versuch seiner philosophischen Deutung, Braunschweig 1931, 1939); A. Einstein/L. Infeld, The Evolution of Physics. The Growth of Ideas from Early Concepts to Relativity and Quanta, New York 1938, unter dem Titel: The Evolution of Physics. From Early Concepts to Relativity and Quanta, New York 2007 (dt. P. als Abenteuer der Erkenntnis, Leiden 1938, ^{2}1949, unter dem Titel: Die Evolution der P.. Von Newton bis zur Quantentheorie, Wien ^{3}1950, ohne Untertitel, Köln 2014); G. G. Emch, Mathematical and Conceptual Foundations of 20th-Century Physics, Amsterdam/New York/Oxford 1984, 1986; M. Esfeld (ed.), Philosophie der P., Berlin, 2012, ^{4}2013; B. d'Espagnat, Conceptions de la physique contemporaine. Les interprétations de la mécanique quantique et de la mesure, Paris 1965 (dt. Grundprobleme der gegenwärtigen P., Braunschweig 1971); ders., Traité de physique et de philosophie, Paris 2002 (engl. On Physics and Philosophy, Princeton N. J. 2006, 2013); M. Ferrari/I.-O. Stamatescu (eds.), Symbol and Physical Knowledge. On the Conceptual Structure of Physics, Berlin etc. 2001, 2002; R. P. Feynman, The Character of Physical Law, Cambridge Mass./London 1967, New York 1994 (dt. Vom Wesen physikalischer Gesetze, München/Zürich 1990, 2012); C. Friebe u. a., Philosophie der Quantenphysik. Einführung und Diskussion der zentralen Begriffe und Problemstellungen der Quantentheorie für Physiker und Philosophen, Berlin/Heidelberg 2015; S. Gaukroger, Explanatory Structures. A Study of Concepts of Explanation in Early Physics and Philosophy, Atlantic Highlands N. J., Hassocks 1978; E. Gerland, Geschichte der P. von den ältesten Zeiten bis zum Ausgange des achtzehnten Jahrhunderts, München/Berlin 1913, Nachdr. New York 1965; ders./F. Traumüller, Geschichte der physikalischen Experimentierkunst, Leipzig 1899 (repr. Hildesheim 1965); O. Gingerich, The Physical Sciences in the Twentieth Century, New York 1989; E. Grant, Physical Sciences in the Middle Ages, New York 1971, Cambridge etc. 1993 (dt. Das physikalische Weltbild des Mittelalters, Zürich/München 1980; franz. La physique au Moyen Age. VIe–XVe siècle, Paris 1995); A. Grünbaum, Philosophical Problems of Space and Time, New York 1963, London 1964, Dordrecht/Boston Mass. ^{2}1973, 1974; R. Haller/J. Götschl (eds.), Philosophie und P., Braunschweig 1975; R. Harré, The Physical Sciences since Antiquity, London/Sydney, New York 1986; S. Hartmann, Metaphysik und Methode. Strategien der zeitgenössischen P. in wissenschaftsphilosophischer Perspektive, Konstanz 1995; H. Hattab, Descartes on Forms and Mechanisms, Cambridge etc. 2009; J. L. Heilbron, Electricity in the 17th and 18th Centuries. A Study of Early Modern Physics, Berkeley Calif./Los Angeles/London 1979, Mineola N. Y. 1999; ders. (ed.), The Oxford Guide to the History of Physics and Astronomy, Oxford/New York 2005; W. Heisenberg, Das Naturbild der heutigen P., Hamburg 1955, Reinbek b. Hamburg 1979; ders., P. und Philosophie [...], Stuttgart, Frankfurt 1959 [repr. in: ders., Ges. Werke. Collected Works Abt. C II, ed. W. Blum/H.-P. Dürr/H. Rechenberg, München/Zürich 1984, 3–201], Stuttgart ^{7}2007 (engl. Physics and Philosophy. The Revolution in Modern Science, New York 1958, 2007); M. B. Hesse, Forces and Fields. The Concept of Action at a Distance in the History of Physics, London/New York 1961, New York 1962 (repr. Westport Conn. 1970), Mineola N. Y. 2005; G. Holton/S. G. Brush, Physics, the Human Adventure. From Copernicus to Newton and Beyond, New Brunswick N. J. 2001, 2004; H. Hörz u. a., Philosophische Probleme der P., Berlin (Ost) 1978, 1980 (engl. Philosophical Problems in Physical Science, Minneapolis Minn. 1980); R. Huber, Einstein und Poincaré. Die philosophische Beurteilung physikalischer Theorien, Paderborn 2000; N. Huggett, Philosophical Foundations of Quantum Field Theory, Brit. J. Philos. Sci. 51 (2000), 617–637; ders./R. Weingard, Interpretations of Quantum Field Theory, Philos. Sci. 61 (1994), 370–388; M. Jammer, Concepts of Space. The History of Theories of Space in Physics, Cambridge Mass. 1954, New York ^{3}1993 (dt. Das Problem des Raumes. Die Entwicklung der Raumtheorien, Darmstadt 1960, ^{2}1980; franz. Concepts d'espace. Une histoire des théories de l'espace en physique, Paris 2008); ders., Concepts of Force. A Study in the Foundations of Dynamics, Cambridge Mass. 1957, Mineola N. Y. 1999; ders., Concepts of Mass in Classical and Modern Physics, Cambridge Mass. 1961 (repr. Mineola N. Y. 1997), New York 1964 (dt. [erw.] Der Begriff der Masse in der P., Darmstadt 1964, ^{3}1981); ders., The Conceptual Development of Quantum Mechanics, New York etc.

1966, Los Angeles etc. ²1989; ders., The Philosophy of Quantum Mechanics. The Interpretations of Quantum Mechanics in Historical Perspective, New York etc. 1974; P. Janich, Die Protophysik der Zeit, Mannheim/Wien/Zürich 1969, erw. mit Untertitel: Konstruktive Begründung und Geschichte der Zeitmessung, Frankfurt ²1980 (engl. Protophysics of Time. Constructive Foundation and History of Time Measurement, Dordrecht/Boston Mass./Lancaster 1985 [Boston Stud. Philos. Sci. XXX]); J. Jeans, Physics and Philosophy, Cambridge 1942, 2008 (dt. P. und Philosophie, Zürich 1944, Zürich, Konstanz 1951; franz. Physique et philosophie, Paris 1954); C. Jungnickel/R. McCormmach, Intellectual Mastery of Nature. Theoretical Physics from Ohm to Einstein, I–II, Chicago Ill./London 1986, 1990; A. Kamlah, Der Griff der Sprache nach der Natur. Eine Semantik der klassischen P., Paderborn 2002; B. Kanitscheider, Philosophie und moderne P.. Systeme, Strukturen, Synthesen, Darmstadt 1979; ders., Im Innern der Natur. Philosophie und moderne P., Darmstadt 1996, 2010; A. Kleinert (ed.), P. im 19. Jahrhundert, Darmstadt 1980; K. Kleinknecht (ed.), Quanten, I–II, Stuttgart 2013 (Schriftenreihe der Heisenberg-Gesellschaft) [mit Beiträgen von A. Zeilinger, F. Steinle, W. Blum, K. Mainzer und J. Audretsch]; A. Koyré, Études galiléennes, I–III, Paris 1939, 2008 (engl. Galileo Studies, Hassocks, Atlantic Highlands N. J. 1978); ders., From the Closed World to the Infinite Universe, Baltimore Md., New York 1957, Baltimore Md./London 1994 (franz. Du monde clos à l'univers infini, Paris 1962, 1988; dt. Von der geschlossenen Welt zum unendlichen Universum, Frankfurt 1969, ²2008); ders., Newtonian Studies, ed. I. B. Cohen, Cambridge Mass. 1965, Chicago Ill. 1968; F. Krafft, Das Selbstverständnis der P. im Wandel der Zeit. Vorlesungen zum Historischen Erfahrungsraum physikalischen Erkennens, Weinheim 1982; H. Kragh, Cosmology and Controversy. The Historical Development of Two Theories of the Universe, Princeton N. J. 1996, 1999; ders., Quantum Generations. A History of Physics in the Twentieth Century, Princeton N. J. 1999, 2002; G. Kropp, Das Außenweltproblem der modernen Atomphysik, Berlin 1948; L. Krüger (ed.), Erkenntnisprobleme der Naturwissenschaften. Texte zur Einführung in die Philosophie der Wissenschaft, Köln/Berlin 1970; ders./B. Falkenburg (eds.), P., Philosophie und die Einheit der Wissenschaften. Für Erhard Scheibe, Heidelberg/Berlin/Oxford 1995; M. Kuhlmann, Quantum Field Theory, SEP 2006, rev. 2012; ders., The Ultimate Constituents of the Material World: In Search of an Ontology for Fundamental Physics, Frankfurt etc. 2010; ders., What Is Real?, Sci. Amer. 309 (2013), 40–47 (dt. Was ist real?, Spektrum Wiss. [2014], H. 7, 46–53); ders./H. Lyre/A. Wayne (eds.), Ontological Aspects of Quantum Field Theory, Singapore etc. 2002; ders./M. Stöckler, Philosophie der P., EP II (²2010), 1997–2003; M. Lange, An Introduction to the Philosophy of Physics. Locality, Fields, Energy, and Mass, Oxford 2002, Malden Mass. 2008; K. Lanius, Mikrokosmos, Makrokosmos. Das Weltbild der P., Leipzig/Jena/Berlin (Ost), München 1988, ²1989, Frankfurt/Wien 1990; J. Leplin, The Creation of Ideas in Physics. Studies for a Methodology of Theory Construction, Dordrecht/Boston Mass. 1995; R. Locqueneux, Histoire de la physique, Paris 1987 (dt. Kurze Geschichte der P., Göttingen 1989); G. Ludwig, Die Grundstrukturen einer physikalischen Theorie, Berlin 1978, Berlin etc. ²1990 (franz. Les structures de base d'une théorie physique, Berlin 1990); E. Mach, Die Mechanik in ihrer Entwickelung. Historisch-kritisch dargestellt, Leipzig 1883, ⁹1933 (repr. Darmstadt 1963, 1991), Neudr. [der 7. Aufl. von 1912] Berlin 2012; W. F. Magie, A Source Book in Physics, New York 1935, Cambridge Mass. 1969; K. Mainzer, P., Hist. Wb. Ph. VII (1989), 937–947; ders./W. Schirmacher (eds.), Quanten, Chaos und Dämonen. Erkenntnistheoretische Aspekte der modernen P., Mannheim etc. 1994; H. Margenau, The Nature of Physical Reality. A Philosophy of Modern Physics, New York 1950 (repr. Woodbridge Conn. 1977); ders., Physics and Philosophy. Selected Essays, Dordrecht/Boston Mass./London 1978; J.-P. Mathieu (ed.), Histoire de la physique II (La physique au XXᵉ siècle), Paris 1991; T. Maudlin, Philosophy of Physics. Space and Time, Princeton N. J./Oxford 2012; R. McCormmach, Night Thoughts of a Classical Physicist, Cambridge Mass./London 1982, 1991 (dt. Nachtgedanken eines klassischen Physikers, Frankfurt 1984, 1990); J. Mehra (ed.), The Physicist's Conception of Nature [. . .], Dordrecht/Boston Mass. 1973, 1987; W. Meißner, Wie tot ist Schrödingers Katze? Physikalische Theorie und Philosophie, Mannheim etc. 1992; U. Meixner, Philosophische Anfangsgründe der Quantenphysik, Heusenstamm 2009; J. Merleau-Ponty, Leçons sur la genèse des théories physiques. Galilée, Ampère, Einstein, Paris 1974, 1987; C. v. Mettenheim, Popper versus Einstein. On the Philosophical Foundations of Physics, Tübingen 1998; A. I. Miller, Imagery in Scientific Thought. Creating 20th-Century Physics, Boston Mass./Basel/Stuttgart 1984, Cambridge Mass. 1987; ders., Frontiers of Physics: 1900–1911. Selected Essays, Boston Mass./Basel/Stuttgart 1986; P. Mittelstaedt, Philosophische Probleme der modernen P., Mannheim 1963, Mannheim/Wien/Zürich ⁷1989 (engl. Philosophical Problems of Modern Physics, Dordrecht/Boston Mass. 1976); ders., Sprache und Realität in der modernen P., Mannheim/Wien/Zürich 1986; J. Mittelstraß, Neuzeit und Aufklärung. Studien zur Entstehung der neuzeitlichen Wissenschaft und Philosophie, Berlin/New York 1970, 207–341; J. Nitsch/J. Pfarr/E.-W. Stachow (eds.), Grundlagenprobleme der modernen P.. Festschrift für Peter Mittelstaedt zum 50. Geburtstag, Mannheim/Wien/Zürich 1981; M. J. Nye, Before Big Science. The Pursuit of Modern Chemistry and Physics, 1800–1940, New York, London 1996, Cambridge Mass./London 1999; A. Pais, Subtle Is the Lord. The Science and the Life of Albert Einstein, Oxford, Oxford/New York 1982, Oxford/New York 2008 (dt. »Raffiniert ist der Herrgott . . .«. Albert Einstein, eine wissenschaftliche Biographie, Braunschweig/Wiesbaden 1986, Heidelberg 2009); ders., Inward Bound. Of Matter and Forces in the Physical World, Oxford, Oxford/New York 1986, 2002; ders., Niels Bohr's Times. In Physics, Philosophy, and Polity, Oxford, Oxford/New York 1991, 1993; D. Park, The How and the Why. An Essay on the Origins and Development of Physical Theory, Princeton N. J. 1988, 1990; O. Pedersen/M. Pihl, Historisk Indledning til den Klassiske Fysik, Kopenhagen 1963 (engl. Early Physics and Astronomy. A Historical Introduction, London, New York 1974, Cambridge etc. 1996); H. Poser/U. Dirks (eds.), Hans Reichenbach. Philosophie im Umkreis der P., Berlin 1998; R. Rompe/H.-J. Treder, Über die Einheit der exakten Wissenschaften, Berlin (Ost) 1982; T. Rothman, Science à la Mode. Physical Fashions and Fictions, Princeton N. J. 1989; E. Rudolph/I.-O. Stamatescu (eds.), Philosophy, Mathematics and Modern Physics. A Dialogue, Berlin etc. 1994; S. Sambursky (ed.), Physical Thought from the Presocratics to the Quantum Physicists. An Anthology, London 1974, New York 1975 (dt. Der Weg der P.. 2500 Jahre physikalischen Denkens. Texte von Anaximander bis Pauli, Zürich/München 1975, München 1978); E. Scheibe, Die Philosophie der Physiker, München 2006, ²2012; H.-G. Schöpf, Von Kirchhoff bis Planck. Theorie der Wärmestrahlung in historisch-kritischer Darstellung, Braunschweig, Berlin 1978; J. Schröter, Zur Meta-Theorie der P., Berlin/New York 1996; E.

Segrè, From Falling Bodies to Radio Waves. Classical Physicists and Their Discoveries, New York 1984, Mineola N. Y. 2007 (dt. Von den fallenden Körpern zu den elektromagnetischen Wellen. Die klassischen Physiker und ihre Entdeckungen, München/Zürich 1984, unter dem Titel: Die großen Physiker und ihre Entdeckungen. Von den fallenden Körpern zu den elektromagnetischen Wellen, 1990, mit Untertitel: Von Galilei bis Boltzmann, 2002; franz. Les physiciens classiques et leurs découvertes. De la chute des corps aux ondes hertziennes, Paris 1987); S. Shapin, The Scientific Revolution, Chicago Ill./London 1996, 2004 (dt. Die wissenschaftliche Revolution, Frankfurt 1998; franz. La révolution scientifique, Paris 1998); N. Sieroka, Philosophie der P.. Eine Einführung, München 2014; L. Sklar, Philosophy and Spacetime Physics, Berkeley Calif./Los Angeles/London 1985; ders., Philosophy of Physics, Oxford/New York, Boulder Colo./San Francisco Calif. 1992, Oxford/New York 2002; ders., Physics and Chance. Philosophical Issues in the Foundations of Statistical Mechanics, Cambridge/New York/Oakleigh 1993, 1998; C. Smith, The Science of Energy. A Cultural History of Energy Physics in Victorian Britain, Chicago Ill. 1998; J. D. Sneed, The Logical Structure of Mathematical Physics, Dordrecht 1971, Dordrecht/Boston Mass./London ²1979; R. Staley, Einstein's Generation. The Origins of the Relativity Revolution, Chicago Ill./London 2008; W. Stegmüller, Probleme und Resultate der Wissenschaftstheorie und Analytischen Philosophie II/2 (Theorienstrukturen und Theoriendynamik), Berlin/Heidelberg/New York 1973, ²1985 (engl. The Structures and Dynamics of Theories, New York/Heidelberg/Berlin 1976); ders., The Structuralist View of Theories. A Possible Analogue of the Bourbaki Programme in Physical Science, Berlin/Heidelberg/New York 1979; M. Strauß, Modern Physics and Its Philosophy. Selected Papers in the Logic, History and Philosophy of Science, Dordrecht 1972; I. Szabó, Geschichte der mechanischen Prinzipien und ihrer wichtigsten Anwendungen, Basel 1976, Basel/Boston Mass./Stuttgart ²³1987, Basel/Boston Mass./Berlin 1996; M. Tavel, Contemporary Physics and the Limits of Knowledge, New Brunswick N. J./London 2002; P. Teller, An Interpretive Introduction to Quantum Field Theory, Princeton N. J. 1995, 1997; H. Tetens, Experimentelle Erfahrung. Eine wissenschaftstheoretische Studie über die Rolle des Experiments in der Begriffs- und Theoriebildung der P., Hamburg 1987; R. Torretti, The Philosophy of Physics, Cambridge etc. 1999; R. Wahsner/H.-H. v. Borzeszkowski, Die Wirklichkeit der P.. Studien zu Idealität und Realität in einer messenden Wissenschaft, Frankfurt etc. 1992; G. J. Weisel, Physics, NDHI V (2005), 1809–1821; J. A. Weisheipl, The Development of Physical Theory in the Middle Ages, London/New York 1959, Ann Arbor Mich. 1971; C. F. v. Weizsäcker, Zum Weltbild der P., Leipzig 1943, Stuttgart ¹⁴2002; ders./J. Juilfs, P. der Gegenwart, Bonn 1952, Göttingen ²1958 (engl. Contemporary Physics, London 1957, New York 1962); ders., Die Einheit der Natur. Studien, München, Zürich 1971, München ⁸2002 (engl. The Unity of Nature, New York 1980); C. Westphal, Von der Philosophie zur P. der Raumzeit, Frankfurt etc. 2002; E. T. Whittaker, A History of the Theories of Aether and Electricity. From the Age of Descartes to the Close of the Nineteenth Century, London etc. 1910, ohne Untertitel in 2 Bdn., New York 1951, 1989; W. Wieland, Die aristotelische P.. Untersuchungen über die Grundlegung der Naturwissenschaft und die sprachlichen Bedingungen der Prinzipienforschung bei Aristoteles, Göttingen 1962, ³1992; F. Wilczek/B. Devine, Longing for the Harmonies. Themes and Variations from Modern Physics, New York/London 1988, 1989; R. Williamson (ed.), The Making of Physicists, Bristol 1987. K. M./M. C.

Physikalismus (engl. physicalism), innerhalb der Wissenschaftstheorie des Logischen Empirismus (↑Empirismus, logischer) Bezeichnung für das Programm, die Bedeutung der nicht-logischen Ausdrücke der als einheitlich für alle Wissenschaften konzipierten Wissenschaftssprache (↑Einheitswissenschaft) mit den Mitteln der Sprache der Physik auszudrücken. Die Basis der ↑Wissenschaftssprache ist daher eine ↑Beobachtungssprache, die grundsätzlich nur Ausdrücke enthält, die Eigenschaften von ↑Körpern darstellen und nicht etwa ↑Sinnesdaten wie bei der Erlebnissprache im ↑Phänomenalismus. R. Carnap hatte zunächst eine phänomenalistische Position vertreten (Der logische Aufbau der Welt, 1928), wurde aber später zu einem Anhänger des P. (Die physikalische Sprache als Universalsprache der Wissenschaft, Erkenntnis 2 [1931], 432–465), weil sich anders die intersubjektive ↑Überprüfbarkeit der Beobachtungsaussagen nicht sicherstellen lasse. Ähnlich vertraten auch andere Mitglieder des ↑Wiener Kreises (vor allem O. Neurath) die Angemessenheit einer ›Dingsprache‹ für die Beschreibung der Beobachtungen und damit einen P. in diesem Sinne. Dies hatte insbes. zur Folge, daß auch die Beobachtungsgrundlage der Psychologie in der Beschreibung von körperlichen Zuständen (vor allem von Verhaltensweisen) besteht. Daraus ergibt sich eine erkenntnistheoretisch begründete Verpflichtung auf den ↑Behaviorismus.

Umstritten ist, ob der P. im Sinne der Forderung nach Beschreibung der Beobachtungen durch Merkmale von Körpern einen erkenntnistheoretischen Realismus (↑Realismus (erkenntnistheoretisch)) nach sich zieht oder einen Materialismus im Sinne eines Kritischen Realismus (↑Realismus, kritischer). Einerseits erhält die Beobachtungssprache ihren fundierenden Charakter durch ihre Eigenschaft, eine außersprachliche Wirklichkeit darzustellen, und legitimiert insofern einen ›metaphysischen Realismus‹ (W. Sellars), andererseits bestreiten Carnap und W. V. O. Quine diese Verknüpfung zwischen P. und dem Anspruch der Wiedergabe tatsächlich bestehender Sachverhalte. Für Carnap ist die Wahl der Dingsprache eine pragmatische Entscheidung. Diese Wahl führe lediglich zu Existenzbehauptungen im Rahmen des gewählten Sprachsystems und habe keine Konsequenzen für die Beschaffenheit einer sprachunabhängigen Wirklichkeit (›interne‹ vs. ›externe‹ Existenzbehauptungen; Bedeutung und Notwendigkeit. Eine Studie zur Semantik und modalen Logik, Wien etc. 1972, 256–261). Quines These der Relativität der Ontologie besagt, daß jede Fixierung des Gegenstandsbezugs nur relativ zu einer Rahmensprache mit letztlich unerforschlichem Gegenstandsbezug gelingt (Ontologische Relativität und andere Schriften, Stuttgart 1975, 66–96).

In einem anderen Verständnis bezeichnet P. die Behauptung, daß alle Beobachtungen letztlich als durch die

Physik erklärbar nachgewiesen werden. Danach lassen sich die Theorien aller Wissenschaftsdisziplinen letztlich auf physikalische Theorien zurückführen (↑Reduktion, ↑Reduktionismus). Dieser *reduktive* P. ist ebenfalls bereits im Wiener Kreis verbreitet, wird aber im Gegensatz zur erkenntnistheoretisch begründeten physikalischen Beschreibbarkeit als plausible empirische Hypothese eingestuft, über deren Gültigkeit der wissenschaftliche Fortschritt zu entscheiden habe. Aus der universellen physikalischen Beschreibbarkeit der Beobachtungen folgt nicht die Ableitbarkeit der jeweils einschlägigen Gesetze aus physikalischen Grundgesetzen. Im Logischen Empirismus wird dieser reduktive P. weithin als ›Arbeitshypothese‹ angenommen (H. Putnam/P. Oppenheim, Einheit der Wissenschaft als Arbeitshypothese, in: L. Krüger [ed.], Erkenntnisprobleme der Naturwissenschaften [...], Köln/Berlin 1970, 339–371). Bei der Anwendung dieses reduktiven P. auf die Psychologie ergibt sich die Position der ↑Identitätstheorie (↑Leib-Seele-Problem). Danach erweisen sich psychische und neurophysiologische Zustände als Folge der Reduktion psychologischer Gesetze auf neurophysiologische Theorien als miteinander identisch (↑philosophy of mind). – In der Philosophie des Geistes ist ferner ein *nicht-reduktiver* P. verbreitet. Danach sind zwar alle psychischen Zustände neurophysiologischer – und damit physikalischer – Natur; ihre Eigenschaften sind jedoch nicht anhand ihrer physikalischen Merkmale erschöpfend erklärbar. Psychologische ↑Generalisierungen sind nicht auf neurophysiologische Gesetze (↑Gesetz (exakte Wissenschaften)) reduzierbar. Als Gründe der Nicht-Reduzierbarkeit gelten unter anderem die multiple neurophysiologische Realisierbarkeit eines psychologischen Zustands (↑Funktionalismus (kognitionswissenschaftlich), ↑philosophy of mind) oder das Bestehen von Supervenienz (↑supervenient/Supervenienz) bzw. Emergenz (↑emergent/Emergenz).

Literatur: T. Alter/S. Walter (eds.), Phenomenal Concepts and Phenomenal Knowledge. New Essays on Consciousness and Physicalism, Oxford/New York 2007, 2009; A. Beckermann/H. Flohr/J. Kim (eds.), Emergence or Reduction? Essays on the Prospects of Nonreductive Physicalism, Berlin/New York 1992; R. Carnap, Logical Foundations of the Unity of Science, in: O. Neurath u. a. (eds.), Encyclopedia and Unified Science, Chicago Ill. 1938, Chicago Ill./London, Toronto 1965 (International Encyclopedia of Unified Science I/1), 42–62; M. Carrier/J. Mittelstraß, Die Einheit der Wissenschaft, in: Akademie der Wissenschaften zu Berlin (ed.), Jahrbuch 1988, Berlin/New York 1989, 93–118; dies., Geist, Gehirn, Verhalten. Das Leib-Seele-Problem und die Philosophie der Psychologie, Berlin/New York 1989, 178–192 (Kap. VI.4 Dualismus, P. und die Einheit der Wissenschaft) (engl. [erw.] Mind, Brain, Behavior. The Mind-Body Problem and the Philosophy of Psychology, New York/Berlin 1991, 1995, 167–179 [Chap. VI.4 Dualism, Physicalism and the Unity of Science]); J. Corbi/J. Prades, Minds, Causes, and Mechanisms. A Case against Physicalism, Malden Mass./Oxford, London 2000; T. Crane/D. H. Mellor, There Is no Question of Physicalism, Mind NS 99 (1990), 185–206; H. Feigl, Physicalism, Unity of Science and the Foundations of Psychology, in: P. A. Schilpp (ed.), The Philosophy of Rudolf Carnap, La Salle Ill./London/Cambridge 1963, 1997, 227–267; H. Field, Physicalism, in: J. Earman (ed.), Inference, Explanation, and Other Frustrations. Essays in the Philosophy of Science, Berkeley Calif./Los Angeles/Oxford 1992, 271–291; M. Friedman, Physicalism and the Indeterminacy of Translation, Noûs 9 (1975), 353–374; C. Gillett/B. Loewer (eds.), Physicalism and Its Discontents, Cambridge etc. 2001; B. P. Göcke (ed.), After Physicalism, Notre Dame Ind. 2012; G. P. Hellman/F. W. Thompson, Physicalist Materialism, Noûs 11 (1977), 309–345; D. D. Hutto, Beyond Physicalism, Amsterdam/Philadelphia Pa. 2000; A. D. Irvine (ed.), Physicalism in Mathematics, Dordrecht/Boston Mass./London 1990 (Western Ont. Ser. Philos. Sci. XLV); J. Kekes, Physicalism, the Identity Theory, and the Doctrine of Emergence, Philos. Sci. 33 (1966), 360–375; J. Kim, Physicalism, Or Something Near Enough, Princeton N. J./Oxford 2005, 2008; F. v. Kutschera, Carnap und der P., Erkenntnis 35 (1991), 305–323; T. Lampert, Wittgensteins P.. Die Sinnesdatenanalyse des »Tractatus Logico-Philosophicus« in ihrem historischen Kontext, Paderborn 2000; A. Melnyk, A Physicalist Manifesto. Thoroughly Modern Materialism, Cambridge etc. 2003; J. G. Michel, Der qualitative Charakter bewusster Erlebnisse. P. und phänomenale Eigenschaften in der analytischen Philosophie des Geistes, Paderborn 2011; O. Neurath, Gesammelte philosophische und methodologische Schriften, I–II, ed. R. Haller/H. Rutte, Wien 1981; ders., Philosophical Papers 1913–1946, ed. R. S. Cohen/M. Neurath, Dordrecht/Boston Mass./Lancaster 1983; D. Pereboom, Consciousness and the Prospects of Physicalism, Oxford/New York 2011; P. Pettit, A Definition of Physicalism, Analysis 53 (1993), 213–223; J. Poland, Physicalism. The Philosophic Foundations, Oxford etc. 1994, 2001; M. Quante, Mentale Verursachung. Die Krisis des nicht-reduktiven P., Z. philos. Forsch. 47 (1993), 615–629; W. V. O. Quine, Facts of the Matter, Southwestern J. Philos. 9 (1978), 155–169, ferner in: R. W. Shahan/C. Swoyer (eds.), Essays on the Philosophy of W. V. Quine, Norman Okla./Hassocks 1979, 155–169; H. Robinson (ed.), Objections to Physicalism, Oxford/New York 1993, 1996 (mit Bibliographie, 315–324); J. Schröder, P., EP II (1999), 1249–1256, EP II (^{2}2010), 2049–2057; S. Shoemaker, Physicalism, in: R. Audi (ed.), The Cambridge Dictionary of Philosophy, Cambridge etc. 1995, 617–618, ^{2}1999, 706–707; ders., Physical Realization, Oxford/New York 2007, 2009; D. Stoljar, Physicalism, SEP 2001, rev. 2009; ders., Physicalism, London/New York 2010; B. Stroud, Quine's Physicalism, in: R. B. Barrett/R. F. Gibson (eds.), Perspectives on Quine, Cambridge Mass./Oxford 1990, Oxford etc. 1993, 321–333; S. Walter/H.-D. Heckmann (eds.), Physicalism and Mental Causation. The Metaphysics of Mind and Action, Exeter/Charlottesville Va. 2003. K. L./M. C.

Physikotheologie (engl. physico-theology, franz. physico-théologie), seit dem 17. Jh., ausgehend von England (W. Charleton, The Darkness of Atheism Dispelled by the Light of Nature. A Physico-Theologicall Treatise, London 1652; J. Ray, The Wisdom of God Manifested in the Works of Creation, London 1691; W. Derham, Physico-Theology [...], London 1713), Bezeichnung für den theologischen, auf einem entsprechenden ↑Gottesbeweis beruhenden Versuch, Gott aus der zweckmäßi-

gen und vollkommenen Einrichtung seiner Werke zu erweisen (engl. argument from design).
Entsprechende Vorstellungen treten bereits in der Antike (im Anschluß an Platon, Tim. 27cff.) und in der scholastischen (↑Scholastik) Philosophie (z. B. in Form des Beweises *ex finalitate* im Rahmen der *quinque viae* bei Thomas von Aquin [S. th. I qu. 2 art. 3]; ↑Gottesbeweis) auf, wobei (nach Thomas von Aquin) nicht mit Hilfe eines Finalitätsprinzips aus der Zielgerichtetheit von Naturvorgängen auf ein höchstes Ziel, sondern mit Hilfe des Kausalitätsprinzips auf den Urheber einer begrenzten ↑Teleologie nicht-menschlicher Wesen und des Menschen geschlossen wird. Der insofern auch als *teleologisch* bezeichnete physikotheologische Gottesbeweis wird von C. Wolff (Vernünfftige Gedancken von den Absichten der natürlichen Dinge, Halle 1724) und I. Kant (P. als der »Versuch der Vernunft, aus den Zwekken der Natur [...] auf die oberste Ursache der Natur und ihre Eigenschaften zu schließen«, KU § 85 [Akad.-Ausg. V, 436], vgl. KrV B 655) aufgenommen und weiter ausgearbeitet, von Kant zugleich aber auch, wegen seiner Abhängigkeit vom *kosmologischen* Gottesbeweis, zurückgewiesen (KrV B 648–658). Näher an den Naturwissenschaften, aber ohne großen Widerhall, blieben Versuche J. J. Scheuchzers (1672–1733), das Wirken Gottes aus der Welt des Lebendigen zu demonstrieren. Vor allem in der erbaulichen Literatur des 18. Jhs. nimmt die P. in Form von Litho-, Hydro-, Pyro- und anderen Naturteiletheologien einen breiten Raum ein (vgl. W. Philipp 1957).
Zu den besonders einflußreichen Vertretern der P. zählt W. Paley, dessen »Natural Theology, or Evidences of the Existence and Attributes of the Deity, Collected from the Appearances of Nature« (London 1802) im 19. Jh. starke Verbreitung findet. Paley argumentiert, daß der komplexe und an die jeweils vorherrschenden Lebensumstände angepaßte Aufbau der Lebewesen am besten als Ergebnis eines einsichtsvollen und wohlwollenden Eingreifens zu verstehen sei. Die alternative Erklärung durch Zufall sei in jedem Falle ungeeignet. Schließlich würde man auch bei Auffinden einer Taschenuhr aus der Komplexität des Mechanismus und dessen Eignung für den Zweck der Zeitmessung auf einen menschlichen Konstrukteur schließen und nicht ein bloß zufälliges Zusammenspiel der Naturkräfte als Grund für die Entstehung der Uhr annehmen. D. Hume hatte zuvor die Haltbarkeit physikotheologischer Argumente zurückgewiesen (Dialogues Concerning Natural Religion, London 1779), aber deren Verbreitung kaum zu beeinträchtigen vermocht. Hume stuft das Argument des zweckmäßigen Entwurfs (*argument from design*) ein als auf einer Analogie zwischen menschlichen Artefakten und Lebewesen beruhend. Er hebt jedoch hervor, daß die Schlüssigkeit von Analogieargumenten mit der Zunahme der Unterschiede zwischen den als analog unterstellten Objektbereichen abnimmt und es tiefgreifende Unterschiede zwischen den für das Argument des zweckmäßigen Entwurfs relevanten Objektbereichen der Artefakte und der Lebewesen gebe.
Die trotz der Kritik Humes insbes. in England verbreiteten physikotheologischen Argumente treten erst nach der Formulierung der ↑Evolutionstheorie durch C. Darwin (1859) zurück. Darwins Theorie macht deutlich, daß der (wenig plausible) Rückgriff auf den Zufall nicht die einzige Alternative zur Erklärung durch zweckmäßigen Entwurf bildet; die natürliche ↑Selektion stellt einen physischen Mechanismus für die Ausbildung komplexer Lebewesen und für deren Anpassung an die Umweltbedingungen dar. Die Evolutionstheorie ermöglicht damit eine kausale Erklärung anscheinend teleologischer Prozesse, die darüber hinaus den Vorzug genießt, auch Fehlanpassungen Rechnung tragen zu können. Die Vielfalt angepaßter Lebensformen entspringt danach nicht der planenden Weitsicht eines Ingenieursgottes, sondern »aus dem Kampfe der Natur, aus Hunger und Tod« (Darwin, Die Entstehung der Arten durch Naturauslese, Ges. Werke II, 578). In diesem Sinne ist das Jahr 1859 auch als das Todesjahr der P. bezeichnet worden.

Literatur: M. Büttner/F. Richter (eds.), Forschungen zur P. im Aufbruch, Münster/Hamburg 1995ff. (erschienen Bde I, III); M. H. Carré, Physicotheology, Enc. Ph. VI (1967), 300–305, VII ([2]2006), 556–563; A. Faivre, Philosophie de la nature. Physique sacrée et théosophie XVIIIe–XIXe siècle, Paris 1996; R. Felfe, Naturgeschichte als kunstvolle Synthese. P. und Bildpraxis bei Johann Jakob Scheuchzer, Berlin 2003; F. Gebler, Die Gottesvorstellungen in der frühen Theologie Immanuel Kants, Würzburg 1990, 67–121 (Kants Naturtheologie); U. Krolzik, P., TRE XXVI (1996), 590–596; ders., P., RGG VI ([4]2003), 1328–1330; S. Lorenz, P., Hist. Wb. Ph. VII (1989), 948–955; P. Michel, P.. Ursprünge, Leistung und Niedergang einer Denkform, Zürich 2008; W. Philipp, Das Werden der Aufklärung in theologiegeschichtlicher Sicht, Göttingen 1957, bes. 21–73, 140–168 (mit Bibliographie, 186–218); ders., Physicotheology in the Age of Enlightenment. Appearance and History, Stud. Voltaire 18th Cent. 57 (1967), 1233–1267; J.-M. Rohrbasser, Dieu, l'ordre et le nombre. Théologie physique et dénombrement au XVIIIe siècle, Paris 2001; S. Stebbins, Maxima in minimis. Zum Empirie- und Autoritätsverständnis in der physikotheologischen Literatur der Frühaufklärung, Frankfurt/Bern/Cirencester 1980; H. Steinmann, Absehen – Wissen – Glauben. P. und Rhetorik 1665–1747, Berlin 2008; H.-J. Waschkies, Physik und P. des jungen Kant. Die Vorgeschichte seiner Allgemeinen Naturgeschichte und Theorie des Himmels, Amsterdam 1987; R. S. Westfall, Science and Religion in Seventeenth-Century England, New Haven Conn. 1958, Ann Arbor Mich. 1973; W. Wiegrebe, Albrecht von Haller als apologetischer Physikotheologe. P.: Erkenntnis Gottes aus der Natur?, Frankfurt 2009. J. M./M. C.

Physiokratie (aus griech. *φύσις*, Natur, und *κράτος*, Herrschaft), Bezeichnung für die von F. Quesnay (1758) mit dem ›tableau économique‹ begründete, auf der Annahme der ausschließlichen Produktivität der Landwirtschaft beruhende volkswirtschaftliche Kreislauftheorie. Die P. der ›Ökonomisten‹ verstand sich als methodisch geleitete Erkenntnis des ›ordre naturel‹ und versuchte die auf eine Naturgesetzlichkeiten mißachtende, ›merkantilistische‹ (auf Vorrang von Geld und Handel gegründete) Wirtschaftspolitik zurückgeführte Staatskrise in Frankreich im Wege der Reform von oben zu überwinden.

Die physiokratische Lehre entstand im Zusammenhang mit der anhaltenden Finanz-, Agrar- und Versorgungskrise Frankreichs nach dem Tode Ludwig XIV., die schließlich auch die Legitimationsbasis des Ancien Régime berührte. Die intensive Auseinandersetzung mit wirtschaftspolitischen und staatstheoretischen Fragen in Frankreich erfolgte vor dem Hintergrund der gelungenen Revolution von 1688 in England und ihrer theoretischen Verarbeitung im Rahmen des wissenschaftlichen ↑Naturrechts und der Lehre vom ↑Gesellschaftsvertrag. Dabei galt in Fragen des Getreideanbaus und des Getreidehandels die Organisation der Landwirtschaft in England als vorbildlich. In diesem Sinne forderte Quesnay eine großbetriebliche Reorganisation der Agrarverfassung. Quesnay und (von ihm angeregt) V. de Mirabeau vertraten die Auffassung, daß die Landwirtschaft die einzige Grundlage des Nationalreichtums bilde. Der den gesamten Reproduktionszyklus graphisch erfassende ›tableau économique‹ geht davon aus, daß nur die Natur in dem Sinne produktiv ist, insofern sie neue Güter schafft, deren Gebrauchswert höher ist als die Summe der Gebrauchswerte der zu ihrer Herstellung in sie investierten Güter. Daraus folgt, daß es die vordringliche Aufgabe des Staates ist, durch Reorganisation der Agrarverfassung für eine gesunde Landwirtschaft zu sorgen, von deren Erträgen der Umfang der gesellschaftlichen Gesamtnachfrage abhängt.

Mit Hilfe eines neutralen ökonomisch-statistischen Klassenbegriffs (↑Klasse (sozialwissenschaftlich)) unterteilt Quesnay die Gesellschaft in (1) die ›Klasse der Grundbesitzer‹, deren sozialökonomische Funktion es ist, die regelmäßigen Vorleistungen für die Landwirtschaft zu erbringen, (2) die eigentlich ›produktive Klasse‹ der die Landwirtschaft betreibenden Großpächter, deren Funktion es ist, einen möglichst hohen Reinertrag zu erwirtschaften, der nach Abzug eines Betriebsgewinns an die Grundeigentümer abzuführen ist, und (3) die ›sterile Klasse‹ der Handwerker, Industriellen und Händler, zu der auch die Beamtenschaft und die freien Berufe zählen. Aufgabe dieser ›besoldeten Klasse‹ ist es, die übrigen ↑Bedürfnisse der Gesellschaft durch Verarbeitung von Bodenprodukten, die nach physiokratischer Auffassung keine Erhöhung, sondern nur eine Addition der in ihnen schon enthaltenen landwirtschaftlichen Werte darstellt, zu befriedigen. Die inhaltliche Füllung der schematischen volkswirtschaftlichen Kreislauftheorie zwingt zur Einbeziehung weiter Bereiche der Ordnungspolitik des Ancien Régime in das physiokratische System. Es werden Geld-, Wert-, und Zinstheorien entwickelt, die im Gegensatz zum traditionellen Verständnis merkantilistischer Interventions- und Wohlfahrtspolitik des absolutistischen Staates (↑Absolutismus) stehen.

Der für die physiokratische Lehre grundlegende Ansatz des ›ordre naturel‹ macht die Auseinandersetzung mit der Naturrechtstheorie (vgl. Quesnay, Observations sur le droit naturel des hommes réunis en société, Paris 1765), die Ablehnung merkantilistischer Ordnungspolitik im Bereich der Preis-, Zins- und Steuerpolitik eine neue Beantwortung der Frage nach der Funktion und der Legitimation des Staates notwendig, die schon bei Mirabeau zu einer zunächst ökonomisch begründeten, in ihren Konsequenzen erheblichen Beschränkung der monarchischen Souveränität im Hinblick auf die Wirtschaftsfreiheit des Individuums und sein Mitspracherecht bei der gesetzlichen Steuerfestsetzung führt. Obwohl das monarchische Prinzip von den Vertretern der physiokratischen Lehre nicht in Frage gestellt wird, entwickelt das vernunftrechtlich interpretierte Prinzip des ›ordre naturel‹ eine Eigendynamik, in der die personale Trägerschaft der Souveränität keine Rolle mehr spielt. In den Vordergrund rückt der ↑Staat, dessen Aufgabe es ist, als vernunftdiktierte Organisationsform im Rahmen des ›ordre positif‹ die Einheit von Naturgesetzen und Handlungsregeln im sozialen Bereich herbeizuführen. – Die Bezeichnung ›P.‹ wird erstmals von P. S. Du Pont de Nemour bei der Herausgabe von Schriften Quesnays verwendet (Physiocratie, ou constitution naturelle du gouvernement le plus avantageux au genre humain, I–II, Paris 1767/1768).

Literatur: J. G. Backhaus (ed.), Physiocracy, Antiphysiocracy and Pfeiffer, New York etc. 2011; M. Beer, An Inquiry into Physiocracy, London 1939, London/Edinburgh, New York 1966; M. Bloch, La lutte pour l'individualisme agraire dans la France du XVIIIe siècle, Ann. hist. économ. et soc. 2 (1930), 329–383, 511–556; E. Daire, Physiocrates. Quesnay, Dupont de Nemours, Mercier de la Rivière l'abbé Baudeau, Le Trosne, I–II, Paris 1846 (repr. Genf 1971), Nachdr. in 1 Bd. Osnabrück 1966; D. Dakin, Turgot and the Ancien Régime in France, London 1939, New York 1980; B. Delmas/T. Demals/P. Steiner (eds.), La diffusion internationale de la physiocratie (XVIIIe–XIXe). Actes du colloque international de Saint-Cloud, 23–24 septembre 1993, Grenoble 1995; W. Dreier, P./Physiokratismus, Hist. Wb. Ph. VII (1989), 963–964; G. Garner, État, économie, territoire en Allemagne. L'espace dans le caméralisme et l'économie politique 1740–1820, Paris 2005; R. Gömmel/R. Klump, Merkantilisten und Physiokraten in Frankreich, Darmstadt 1994; Y. Guyot, Quesnay et la physiocratie, Paris 1896; W. Hasbach, Die allgemeinen philosophischen Grundlagen der von François Quesnay und Adam Smith begründeten politischen Ökonomie, Leipzig 1890 (repr. Bad Feilnbach 1990) (Staats- u. socialwiss.

Forsch. X/2); H. Häufle, Aufklärung und Ökonomie. Zur Position der Physiokraten im siècle des Lumières, München 1978; F. Hensmann, Staat und Absolutismus im Denken der Physiokraten. Ein Beitrag zur physiokratischen Staatsauffassung von Quesnay bis Turgot, Frankfurt 1976; H. Higgs, The Physiocrats. Six Lectures on the French Economists of the 18th Century, London 1897, Bristol 1993; H.-W. Holub, Eine Einführung in die Geschichte des ökonomischen Denkens III (Physiokraten und Klassiker), Wien 2006, ²2010; H. D. Kurz, Physiocracy, IESS VI (²2008), 266–268; C. Larrère, L'invention de l'économie au XVIIIᵉ siècle. Du droit naturel à la physiocratie, Paris 1992; A. Oncken, Geschichte der Nationalökonomie I (Die Zeit vor Adam Smith), Leipzig 1902, ³1922, Neudr. Aalen 1971; S. Pressman, Quesnay's »Tableau èconomique«. A Critique and Reassessment, Fairfield N. J. 1994; B. P. Priddat, Le concert universel. Die P.. Eine Transformationsphilosophie des 18. Jahrhunderts, Marburg 2001; F. Quesnay, Tableau économique, Paris 1758, ³1759 (repr., ed. M. Kuczynski, Berlin 1965 [mit dt. Übers.], ed. M. Kuczynski/R. L. Meek, London, New York [mit Auszügen d. Ausg. 1758 u. ²1759 u. engl. Übers.], Tokio 1980), Nachdr. d. Aufl. 1758–³1759, in: ders., Œuvres économiques complètes et autres textes I, ed. C. Théré/L. Charles/J.-C. Perrot, Paris 2005, 391–526; ders., Œuvres économiques et philosophiques. Accompagnées des éloges et d'autre traveaux biographiques sur Quesnay par différents auteurs, ed. A. Oncken, Frankfurt/Paris 1888 (repr. Aalen 1965, New York 1969); ders., Ökonomische Schriften, I–II, ed. M. Kuczynski, Berlin (Ost) 1971/1976; G. Vaggi, The Economics of François Quesnay, Basingstoke, Durham 1987; L. Vardi, The Physiocrats and the World of the Enlightenment, Cambridge etc. 2012; G. Weulersse, Le mouvement physiocratique en France (de 1756 à 1770), I–II, Paris 1910 (repr. Paris etc. 1968, Genf 2003); ders., Les physiocrates, Paris 1931; ders., La physiocratie à la fin du règne de Louis XV (1770–1774), Paris 1959; ders., La physiocratie à l'aube de la Révolution, 1781–1792, ed. C. Beutler, Paris 1984, 1985; E. Zagari, Mercantilismo e fisiocrazia. La teoria e il dibattito, Napoli 1984; weitere Literatur: ↑Quesnay, F., ↑Turgot, A. R. J.. H. R. G.

Physis (griech. *φύσις*, Verbalsubstantiv zu *φύειν*, *φῦναι*, erzeugen, wachsen lassen, hervorbringen), entsprechend der terminologischen Bedeutung von *φύεσθαι* als ›von selbst Form gewinnen‹, d. h. dem ›Werden eines Wachsenden‹ (vgl. Aristoteles, Met. *Δ*4.1014b16–17), Terminus der griechischen Philosophie (↑Philosophie, griechische), vor allem seit dem 6. Jh. in Physik und Ethik (die meisten philosophischen Werke im 6. und frühen 5. Jh. trugen den Titel *περὶ φύσεως* [›Über die Natur‹]), der im Rahmen der Gegensätze P. – Nomos (Natur – Gesetz, vgl. Platon, Prot. 337c/d und das Antiphon-Fragment, VS 87 B 44) und P. – Technē (Natur – [konventionelle] Setzung) in der Regel dem Terminus ↑*Natur* der späteren philosophischen Tradition entspricht. Durch den ↑Nomos (*νόμος*), das Gesetz, werden natürliche Orientierungen und Handlungsweisen eingeschränkt bzw. zu rechtlicher Geltung gebracht (Platons These: die vernünftige Entsprechung von Nomos und menschlicher Natur); mit den Mitteln der ↑Technē (*τέχνη*), der Kunstfertigkeit, werden natürliche Vermögen des Menschen eingeschränkt. Der insbes. in der ↑Sophistik ausgebildete Gegensatz von P. und Nomos, wonach gesellschaftliche Normen und politische Institutionen entweder ›durch Vereinbarung‹ (*νόμῳ*) legitimiert und daher auch entsprechend veränderbar sind oder ›von Natur‹ (*φύσει*) und daher unveränderbar gelten, wird von Platon (im »Kratylos«) auch auf sprachphilosophische Untersuchungen übertragen.

In seiner systematischen Ausarbeitung bei Aristoteles bezeichnet ›P.‹ den Bereich dessen, was einen ›Ursprung von Bewegung und Stillstand in sich selbst‹ hat (Phys. *B*1.192b13–14). Im Gegensatz zur ↑Naturphilosophie der ↑Vorsokratiker, aber auch im Gegensatz zur späteren neuzeitlichen ↑Physik, bezieht sich ›P.‹ damit in erster Linie nicht auf einen Naturzusammenhang im Ganzen, sondern auf den einzelnen ›natürlichen‹ Gegenstand (*φύσει ὄν*). Die Aristotelische Physik ist in diesem Sinne nicht Theorie der Natur, sondern Theorie des natürlichen Gegenstandes, wobei dieser als ein Gegenstand definiert ist, der ein Prinzip der Bewegung in sich selbst hat. Von daher ist auch die für die griechische Philosophie insgesamt gesehen charakteristische Verbindung des Begriffs der P. mit dem Begriff des ↑Wesens (↑Usia) verständlich, die sich in einem ambivalenten Gebrauch des Ausdrucks ›Natur‹ (Dinge der Natur – Natur der Dinge) bewahrt hat: im Wissen von den Dingen der Natur bildet sich auch ein Wissen von der Natur der Dinge.

Literatur: F. L. Beeretz, Die Bedeutung des Wortes *φύσις* in den Spätdialogen Platons, Diss. Köln 1963; D. Bremer, Von der P. zur Natur. Eine griechische Konzeption und ihr Schicksal, Z. philos. Forsch. 43 (1989), 241–264; K. Deichgräber, Natura varie ludens. Ein Nachtrag zum griechischen Naturbegriff, Mainz 1954, 67–86 (Abh. Akad. Wiss. Mainz, geistes- u. soz.wiss. Kl. 1954, Nr. 3); L. Deitz, P./Nomos, P./Thesis, Hist. Wb. Ph. VII (1989), 967–971; H. Diller, Der griechische Naturbegriff, Neue Jb.er Antike u. dt. Bildung 2 (1939), 241–257, Neudr. in: ders., Kleine Schriften zur antiken Literatur, ed. H.-J. Newiger/H. Seyffert, München 1971, 144–161; M. Heidegger, Vom Wesen und Begriff der *Φύσις*. Aristoteles' Physik B, 1, Il pensiero 3 (1958), 131–156, 265–289, Neudr. in: ders., Wegmarken, Frankfurt 1967, 309–371, ferner in: ders., Gesamtausg. I. Abt. IX (Wegmarken), Frankfurt 1976, 239–301; F. Heinimann, Nomos und P.. Herkunft und Bedeutung einer Antithese im griechischen Denken des 5. Jahrhunderts, Basel 1945 (repr. Darmstadt 1965, 1987); E. Knobloch, Das Naturverständnis der Antike, in: F. Rapp (ed.), Naturverständnis und Naturbeherrschung. Philosophiegeschichtliche Entwicklung und gegenwärtiger Kontext, München 1981, 10–35; H. Leisegang, P. 2, RE XX/1 (1941), 1130–1164; D. Mannsperger, P. bei Platon, Berlin 1969; J. Mittelstraß, Das Wirken der Natur. Materialien zur Geschichte des Naturbegriffs, in: F. Rapp (ed.), Naturverständnis und Naturbeherrschung [s. o.], 36–69; G. Naddaf, The Greek Concept of Nature, Albany N. Y. 2005 (franz. Le concept de nature chez les présocratiques, Paris 2008); M. Ostwald, Plato on Law and Nature, in: H. F. North (ed.), Interpretations of Plato. A Swarthmore Symposium, Leiden 1977 (Mnemosyne Suppl. 50), 41–63; H. Patzer, P.. Grundlegung zu einer Geschichte des Wortes,

Stuttgart 1993 (Sitz.ber. Wiss. Ges. Johann Wolfgang Goethe-Univ. Frankfurt am Main XXX, 6); M. Pohlenz, Nomos und P., Hermes 81 (1953), 418–438; S. Sambursky, Das physikalische Weltbild der Antike, Zürich/Stuttgart 1965; E. Schrödinger, Nature and the Greeks, Cambridge 1954, Nachdr. in: ders., Nature and the Greeks and Science and Humanism, Cambridge etc. 1996, 2014, 1–99 (dt. Die Natur und die Griechen, Wien 1955, mit Untertitel: Kosmos und Physik, Hamburg 1956, ohne Untertitel, Zürich 1989); J. Schumacher, Der P.-Begriff bei Empedokles, Sudh. Arch. 34 (1941), 179–196; G. A. Seeck (ed.), Die Naturphilosophie des Aristoteles, Darmstadt 1975 (mit Bibliographie, 401–419); H. Simon/M. Simon, Die alte Stoa und ihr Naturbegriff. Ein Beitrag zur Philosophiegeschichte des Hellenismus, Berlin 1956; W. Wieland, Die aristotelische Physik. Untersuchungen über die Grundlegung der Naturwissenschaft und die sprachlichen Bedingungen der Prinzipienforschung bei Aristoteles, Göttingen 1962, [3]1992, 231–254 (§ 15 Natur und Naturbewegung); weitere Literatur: ↑Natur. J. M.

Piaget, Jean, *Neuchâtel (Schweiz) 9. Aug. 1896, †Genf 16. Sept. 1980, schweiz. Psychologe, Begründer der genetischen Erkenntnistheorie (↑Erkenntnistheorie, genetische). 1915–1918 (Promotion) Studium der Zoologie in Neuchâtel, 1918/1919 der Psychologie in Zürich, 1919–1921 der Psychopathologie, Logik und Philosophie der Naturwissenschaften, unter anderem bei A. Lalande und L. Brunschvicg, an der Sorbonne (Beginn der kinderpsychologischen Untersuchungen). 1921–1925 Forschungsdirektor und Privatdozent am Institut J.-J. Rousseau (später: Institut des Sciences de l'Education) in Genf, 1925–1929 Prof. für Philosophie in Neuchâtel, 1929–1939 Prof. für Kinderpsychologie und Wissenschaftsgeschichte in Genf, 1939–1971 für Soziologie ebendort, ab 1940 auch für Experimentelle Psychologie. Parallel dazu 1937–1954 Prof. für Genetische Psychologie in Lausanne, 1952–1963 für Kinderpsychologie an der Sorbonne. 1929–1967 Direktor des Bureau International de l'Education in Genf; 1929–1932 stellvertretender Direktor, 1932–1971 Co-Direktor des Institut des Sciences de l'Education, 1955–1980 Direktor des neugegründeten Centre International de l'Epistémologie Génétique in Genf.

In seinen kinderpsychologischen Arbeiten untersucht P. die Entwicklung und Struktur des Denkens, insbes. die Ausbildung logisch-mathematischer Operationen und vorwissenschaftlicher Begriffe (z. B. Zahl, Raum, Bewegung, Kausalität, Finalität). Nach P. entwickeln sich die logischen Operationen aus sensomotorischen Vorstufen der Intelligenz über einen stufenweisen Prozeß fortschreitender Verinnerlichung der Handlungen durch Sprache sowie durch Abstraktion der formalen Operationen von den Inhalten. Die Stufen entsprechen einer Abfolge kognitiver Strukturen, d. h. logisch beschreibbarer und unterscheidbarer Organisationsformen der Erfahrung. Sie stellen Zustände eines relativen Gleichgewichts dar im Prozeß wechselseitiger Anpassung des Subjekts an die Strukturen der Wirklichkeit (Akkomodation) und der Umwelt an die Strukturen des Subjekts (Assimilation). Die Abfolge der Gleichgewichtszustände folgt einer ›Entwicklungslogik‹. Entscheidend bleiben aber der interaktive, erfahrungsbedingte und konstruktive Charakter der einzelnen Entwicklungsschritte. Eine Ergänzung der psychogenetischen Untersuchungen durch soziogenetische wird von P. gefordert, doch kaum durchgeführt. Strukturelle Parallelen lassen sich nach P. zwischen individueller Psychogenese und der historischen Entwicklung wissenschaftlicher Begriffe ziehen. Als ›Embryologie der Vernunft‹ untersucht die Psychogenese die elementaren Etappen der Begriffsbildung; sie kann Hinweise auf die Konstruktion wissenschaftlicher Begriffe liefern.

Die biologische Begrifflichkeit zeugt von P.s früher und später auch theoretisch ausgearbeiteter Überzeugung, daß sich das biologische Problem der Beziehung zwischen ↑Organismus und ↑Umwelt in verwandelter Form auch auf dem Gebiet der Erkenntnis stellt und sich eine entwicklungs- und anpassungslogische Perspektive sowohl in der Kognitionspsychologie als auch in Wissenschaftsgeschichte und Wissenschaftstheorie fruchtbar anwenden läßt. Den theoretischen Hintergrund hierfür liefert die genetische Erkenntnistheorie. P. versteht seine Untersuchungen als eine Kritik und Revision der apriorischen Kategorienlehre I. Kants (↑Kategorie). Indem er die erkenntnistheoretische Problematik auf die Frage »wie wachsen die Kenntnisse an?« (Die Entwicklung des Erkennens I, Stuttgart 1972, 18) zurückführt und Erkenntnisse »als Funktion ihrer realen oder psychologischen Entstehung« (a. a. O., 19) untersucht, verfolgt er das Ziel, die ↑Erkenntnistheorie auf eine experimentelle Basis zu stellen und als von der Philosophie unabhängige wissenschaftliche Disziplin zu begründen. Dem Empirismusvorwurf setzt P. entgegen, daß die genetische Betrachtung auch zu apriorischen Folgerungen führen kann, wenn die Tatsachen in diesem Sinne entscheiden (a. a. O., 19, 29–37). Dem Psychologismusvorwurf (↑Psychologismus) meint er durch den interdisziplinären Ansatz seiner Forschungen begegnen zu können. P.s Untersuchungen haben vor allem die Entwicklungs- und Kognitionspsychologie sowie deren Anwendung in der Lernpädagogik beeinflußt.

Werke: Gesammelte Werke. Studienausgabe, I–X, Stuttgart 1975, II–IV, [2]1994–1998, VI [3]1999, I [5]2003, V [6]2009; Selected Works, I–IX, London/New York 1997. – Le langage et la pensée chez l'enfant, Neuchâtel/Paris 1923, erw. [3]1949, [10]1997 (engl. The Language and Thought of a Child, New York 1926, erw. London [3]1959 [repr. als: Selected Works (s. o.) V], London/New York 2001; dt. Sprechen und Denken des Kindes, Düsseldorf 1972, Frankfurt/Berlin/Wien 1983); Le jugement et le raisonnement chez l'enfant, Neuchâtel/Paris 1924, [8]1978, 1993 (engl. Judgement and Reasoning in the Child, London 1928, London 2002; dt. Urteil und Denkprozeß des Kindes, Düsseldorf 1972, Frankfurt/Berlin/Wien 1981); La représentation du monde chez l'enfant, Paris 1926, 81996, Neudr. 2003, 22012 (engl. The Child's Conception of the World, London 1929 [repr. als: Selected Works (s. o.) I, mit neuem Vorwort, Lanham Md. 2007], 1973; dt. Das Weltbild des Kindes, Stuttgart 1978, Stuttgart 2015 [= Schlüsseltexte in 6 Bänden I]); La causalité physique chez l'enfant, Paris 1927 (engl. The Child's Conception of Physical Causality, New York, London 1930 [repr. New York 1951, London 1999, New Brunswick N. J./London 2001]); Le jugement moral chez l'enfant, Paris 1932, 92000 (engl. The Moral Judgement of the Child, London 1932 [repr. 1999, New York 2013], Harmondsworth 1983; dt. Das moralische Urteil beim Kinde, Zürich 1954, Stuttgart 21983, München 1986, Stuttgart 2015 [= Schlüsseltexte in 6 Bänden III]); La naissance de l'intelligence chez l'enfant, Neuchâtel 1936, 1998 (engl. The Origin of Intelligence in the Child, London 1953 [repr. als: Selected Works (s. o.) III], Harmondsworth 1977; dt. Das Erwachen der Intelligenz beim Kinde, Stuttgart 1969, 52003 [= Ges. Werke I]); La construction du réel chez l'enfant, Neuchâtel 1937, 61977, 1996 (engl. The Construction of Reality in the Child [auch unter dem Titel: The Child's Construction of Reality], New York, London 1954 [repr. London/New York 1999, 2002], 1976; dt. Der Aufbau der Wirklichkeit beim Kinde, Stuttgart 1974, 1975, 21998 [= Ges. Werke II]); (mit B. Inhelder) Le développement des quantités physiques chez l'enfant. Conservatisme et atomisme, Neuchâtel 1941, Paris 41978 (engl. The Child's Construction of Quantities. Conservation and Atomism, London 1974 [repr. als: Selected Works (s. o.) VIII]; dt. Die Entwicklung der physikalischen Mengenbegriffe beim Kinde. Erhaltung und Atomismus, Stuttgart 1969, 1975, 31994 [= Ges. Werke IV]); (mit A. Szeminska) La genèse du nombre chez l'enfant, Neuchâtel 1941, 71991, 1997 (engl. The Child's Conception of Number, London 1952 [repr. als: Selected Works (s. o.) II], 1969; dt. Die Entwicklung des Zahlbegriffs beim Kinde, Stuttgart 1965, 1975, 21994 [= Ges. Werke III]); La formation du symbole chez l'enfant. Imitation, jeu et rêve, image et représentation, Neuchâtel/Paris 1945, 81994, 1998 (engl. Play, Dreams and Imitation in Childhood, New York, Melbourne, London 1951 [repr. New York 1962, London/New York 1999, 2007], London 1967; dt. Nachahmung, Spiel und Traum. Die Entwicklung der Symbolfunktion beim Kinde, Stuttgart 1969, 1975, 52003 [= Ges. Werke V], 62009); Le développement de la notion de temps chez l'enfant, Paris 1946, 31981 (dt. Die Bildung des Zeitbegriffs beim Kinde, Zürich 1955, Stuttgart 1980; engl. The Child's Conception of Time, New York, London 1969, London/New York 2007); Les notions de mouvement et de vitesse chez l'entfant, Paris 1946, 21972 (engl. The Child's Conception of Movement and Speed, London 1970); La psychologie de l'intelligence, Paris 1947, 71991, 2013 (dt. Psychologie der Intelligenz, Zürich/Stuttgart 1948, 21966, Neudr. Stuttgart 1980, 2015 [= Schlüsseltexte in 6 Bänden IV]; engl. The Psychology of Intelligence, London 1950 [repr. London/New York 1999], London/New York 2005); (mit B. Inhelder) La représentation de l'espace chez l'enfant, Paris 1948, 41981 (engl. The Child's Conception of Space, London 1956 [repr. als: Selected Works (s. o.) IV, London/New York 2001], 1971; dt. Die Entwicklung des räumlichen Denkens beim Kinde, Stuttgart 1971, 1975, 31999 [= Ges. Werke VI]); (mit B. Inhelder/A. Szeminska) La géométrie spontanée de l'enfant, Paris 1948, 21973 (engl. The Child's Conception of Geometry, New York, London 1960 [repr. London/New York 1999, 2013], New York 1970; dt. Die natürliche Geometrie des Kindes, Stuttgart 1974, 1975 [= Ges. Werke VII]); Introduction à l'épistémologie génétique, I–III, Paris 1950, I–II, 21973/1974 (dt. Die Entwicklung des Erkennens, I–III, Stuttgart 1972–1973, 1975 [= Ges. Werke VIII–X]); (mit B. Inhelder) La genèse de l'idée de hazard chez l'enfant, Paris 1951, 21974 (engl. The Origin of the Idea of Chance in Children, London, New York 1975); (mit B. Inhelder) De la logique de l'enfant à la logique de l'adolescent. Essai sur la construction des structures opératoires formelles, Paris 1955, 21970 (engl. The Growth of Logical Thinking from Childhood to Adolescence. An Essay on the Construction of Formal Operational Structures, New York 1958 [repr. London/New York 1999, 2003], London 1972; dt. Von der Logik des Kindes zur Logik des Heranwachsenden. Essay über die Ausformung der formalen operativen Strukturen, Olten/Freiburg 1977, Stuttgart 1980); (mit B. Inhelder) La genèse des structures logiques élémentaires. Classifications et sériations, Neuchâtel/Paris 1959, 51991, 1998 (engl. The Early Growth of Logic in the Child. Classification and Seriation, London 1964 [repr. London/New York 1999, 2000], New York 1970; dt. Die Entwicklung der elementaren logischen Strukturen, I–II, Düsseldorf 1973); Sagesse et illusions de la philosophie, Paris 1965, 31972, 1992 (engl. Insights and Illusions of Philosophy, New York 1971, London 1972 [repr. als: Selected Works (s. o.) IX], 1977; dt. Weisheit und Illusionen der Philosophie, Frankfurt 1974, 1985); (mit B. Inhelder) La psychologie de l'enfant, Paris 1966, 192003, 2013 (engl. The Psychology of the Child, New York 1969, 2000; dt. Die Psychologie des Kindes, Olten/Freiburg 1972, München 102009); (mit B. Inhelder) L'image mental chez l'enfant. Étude sur le développement des représentations imagées, Paris 1966, 21991 (engl. Mental Imagery in the Child. A Study of the Development of Imaginal Representation, London, New York 1971 [repr. als: Selected Works (s. o.) VI]; dt. Die Entwicklung des inneren Bildes beim Kind, Frankfurt 1979, 1990); Biologie et connaissance. Essai sur les relations entre les régulations organiques et les processus cognitifs, Paris 1967, Neudr. Neuchâtel 1992 (engl. Biology and Knowledge. An Essay on the Relations between Organic Regulations and Cognitive Processes, Edinburgh 1971, 1977; dt. Biologie und Erkenntnis. Über die Beziehungen zwischen organischen Regulationen und kognitiven Prozessen, Frankfurt 1974, 1992); Le structuralisme, Paris 1968, 2007 (engl. Structuralism, New York 1970, London, New York 1973; dt. Der Strukturalismus, Olten/Freiburg 1973, Stuttgart 1980, 2015 [= Schlüsseltexte in 6 Bänden V]); Psychologie et épistémologie, Paris 1970, 1980 (engl. Psychology and Epistemology, New York 1971, mit Untertitel: Towards a Theory of Knowledge, London, Harmondsworth 1972); P.'s Theory, in: P. H. Mussen (ed.), Carmichael's Manual of Child Psychology I, New York etc. 31970, 703–732 (dt. J. P. über J. P.. Sein Werk aus seiner Sicht, ed. R. Fatke, München 1981, unter dem Titel: Meine Theorie der geistigen Entwicklung, Frankfurt 21991, Weinheim 2010); L'épistémologie génétique, Paris 1970, 62005, 2011 (engl. Genetic Epistemology, New York/London 1970, unter dem Titel: The Principles of Genetic Epistemology, London 1972 [repr. als: Selected Works (s. o.) VII], 1977; dt. [aus dem Engl.] Einführung in die genetische Erkenntnistheorie. Vier Vorlesungen, Frankfurt 1973, 51992, unter dem Titel: Abriß der genetischen Epistemologie [aus dem Franz.], Olten/Freiburg 1974, Stuttgart 1980); Les explications causales, Paris 1971 (engl. Understanding Causality, New York 1974, 1977); Epistémologie des sciences de l'homme, Paris 1970, 1981 (dt. Erkenntnistheorie der Wissenschaften vom Menschen [...], Frankfurt/Berlin/Wien 1973); Problèmes de psychologie génétique, Paris 1972, 1983 (engl. The Child and Reality. Problems of Genetic Psychology, New York 1973, Harmondsworth etc. 1981; dt. Probleme der

Entwicklungspsychologie. Kleine Schriften, Frankfurt 1976, 1984, Neudr. Hamburg 1993); L'équilibration des structures cognitives. Problème central du développement, Paris 1975 (dt. Die Äquilibration der kognitiven Strukturen, Stuttgart 1976; engl. The Development of Thought. Equilibration of Cognitive Structures, New York 1977, Oxford 1978); Le comportement, moteur de l'évolution, Paris 1976 (engl. Behavior and Evolution, New York 1978, London/New York 1979; dt. Das Verhalten – Triebkraft der Evolution, Salzburg 1980); (mit R. Garcia) Psychogenèse et histoire des sciences, Paris 1983 (engl. Psychogenesis and the History of Science, New York 1989); (mit R. Garcia) Vers une logique des significations, Genf 1987 (engl. Toward a Logic of Meanings, Hillsdale N. J. 1991); Drei frühe Schriften zur Psychoanalyse [dt./franz.], ed. S. Volkmann-Raue, Freiburg 1993; De la pédagogie, ed. S. Parrat-Dayan/A. Tryphon, Paris 1998 (dt. [gekürzt] Über Pädagogik, Weinheim/Basel 1999); Schlüsseltexte in 6 Bänden, I–VI, ed. R. Kohler, Stuttgart 2015. – Catalogue of the Archives J. P., Université de Genève, Suisse/Catalog of the J. P. Archives, University of Geneva, Switzerland, Boston Mass. 1975; J. A. McLaughlin (ed.), Bibliography of the Works of J. P. in the Social Sciences, Lanham Md./ New York/London 1988; Fondation Archives J. P. (ed.), Bibliographie J. P./The J. P. Bibliography, Genf 1989; S. Volkmann-Raue/K. Mager (eds.), Deutschsprachige P.-Bibliographie (1970–2006) [elektronische Ressource: http://piaget-bibliographie.de/].

Literatur: C. Atkinson, Making Sense of P.. The Philosophical Roots, London 1983; J.-M. Barrelet/A.-N. Perret Clermont, J. P. et Neuchâtel. L'apprenti et le savant, Lausanne 1996 (engl. J. P. and Neuchâtel. The Learner and the Scholar, Hove/New York 2008); A. M. Battro, Dictionnaire d'épistémologie génétique, Paris 1966 (engl. P.. Dictionary of Terms, New York etc. 1973); A. Böhm, Die Egozentrismus-Konzeption J. P.s, Frankfurt 1994; F. Buggle, Die Entwicklungspsychologie J. P.s, Stuttgart 1985, [4]2001; M. Chapman, Constructive Evolution. Origins and Development of P.'s Thought, Cambridge etc. 1988; D. Cohen, P.. Une remise en question, Paris 1985, [2]1992; E. Damiano, J. P.. Epistemologiea e didattica, Mailand 2010; J.-M. Dolle, Pour comprendre J. P., Toulouse 1974, Paris [3]1997, 2005; J.-J. Ducret, J. P. savant et philosophe. Les années de formation, 1907–1924. Étude sur la formation des connaissances et du sujet de la connaissance, I–II, Genf 1984; ders., J. P.. Biographie et parcours intellectuel, Neuchâtel/Paris 1990; W. Edelstein/S. Hoppe-Graff (eds.), Die Konstruktion kognitiver Strukturen. Perspektiven einer konstruktivistischen Entwicklungspsychologie, Bern etc. 1993; L. Fedi, P. et la conscience morale Paris 2008; H. G. Furth, P. and Knowledge. Theoretical Foundations, Englewood Cliffs N. J. 1969, Chicago Ill. [2]1981 (dt. Intelligenz und Erkennen. Die Grundlagen der genetischen Erkenntnistheorie P.s, Frankfurt 1972, [2]1981, 1986); H. Ginsburg/S. Opper, P.'s Theory of Intellectual Development. An Introduction, Englewood Cliffs N. J. 1969, [3]1988 (dt. P.s Theorie der geistigen Entwicklung, Stuttgart 1975, [9]2004); A. Gopnik, P., REP VII (1998), 383–386; B. Inhelder/D. de Caprona/A. Carnu-Wells (eds.), P. Today, Hove/London 1987; T. Kesselring, J. P., München 1988, [2]1999; R. F. Kitchener, P.'s Theory of Knowledge. Genetic Epistemology & Scientific Reason, New Haven Conn./ London 1986; R. Kohler, J. P., Stuttgart, Bern 2008 (franz. J. P.. De la biologie à l'épistémologie, Lausanne 2009); ders., J. P., London/New York 2008; ders., P. und die Pädagogik. Eine historiographische Analyse, Bad Heilbrunn 2009; L. Maury, P. et l'enfant, Paris 1984, [3]1997; J. G. Messerly, P.'s Conception of Evolution. Beyond Darwin and Lamarck, Lanham Md./London 1996; G. Minnameier, Strukturgenese moralischen Denkens. Eine Rekonstruktion der Piagetschen Entwicklungslogik und ihre moraltheoretischen Folgen, Münster etc. 2000; S. Modgil/ C. Modgil/G. Brown (eds.), J. P.. An Interdisciplinary Critique, London etc. 1983, 2006; U. Müller/J. I. M. Carpendale/L. Smith (eds.), The Cambridge Companion to P., Cambridge etc. 2009; G. Neuhäuser, Konstruktiver Realismus. J. P.s naturalistische Erkenntnistheorie, Würzburg 2003; K. Reusser, J. P.s Theorie der Entwicklung des Erkennens, in: W. Schneider/F. Wilkening (eds.), Enzyklopädie der Psychologie C/V.1 (Theorien, Modelle und Methoden der Entwicklungspsychologie), Göttingen etc. 2006, 91–189; A. de Ribaupierre, P.'s Theory of Child Development, IESBS XVII (2001), 11434–11437; G. Rusch/S. J. Schmidt (eds.), P. und der Radikale Konstruktivismus, Frankfurt 1994; I. Scharlau, J. P. zur Einführung, Hamburg 1996, [3]2013; M. Seltman/P. Seltman, P.'s Logic. A Critique of Genetic Epistemology, London/Boston Mass./Sydney 1985, London/New York 2006; V. L. Shulman (ed.), The Future of Piagetian Theory. The Neo-Piagetians, New York/London 1985; H. J. Silverman (ed.), P., Philosophy and the Human Sciences, Atlantic Highlands N. J., Brighton 1980, Evanston Ill. 1997; L. Smith (ed.), Critical Readings on P., London/New York 1996, 2002; P. Sutherland, Cognitive Development Today. P. and His Critics, London 1992; M. Wimmer (ed.), Freud – P. – Lorenz. Von den biologischen Grundlagen des Denkens und Fühlens, Wien 1998. S. C.

Piccolòmini, Alessandro, *Siena 13. Juni 1508, †ebd. 12. März 1578, ital. Philosoph und Schriftsteller. Nach Studium in Padua und Rom ab 1540 Prof. der Moralphilosophie in Padua, für kurze Zeit auch in Rom, ab 1549 Koadjutor des Erzbischofs von Siena, 1574 Titularerzbischof von Patrasso. P., der neben Übersetzungen lateinischer und griechischer Autoren (darunter die »Poetik« des Aristoteles) auch Sonette im Stile F. Petrarcas, Lustspiele und einen freizügigen Dialog (Dialogo de la bella creanza de le donne, 1541) schrieb, widmete sich im Sinne des ↑Humanismus der popularisierenden Darstellung von Philosophie und Wissenschaft und verfaßte astronomische und naturphilosophische Werke (z. B. Della sfera del mondo, 1540; Della filosofia naturale, I–II, 1551/1554). Er verteidigt dabei die traditionelle Aristotelisch-Ptolemaiische Sichtweise und weist die Annahme der Bewegung der Erde mit physikalischen Gründen zurück. In der Physik vertritt P. den älteren Aristotelischen Mechanikbegriff (In Mechanicas quaestiones Aristotelis paraphrasis, 1547) und, im Anschluß an J. Buridan, die die Aristotelische Dynamik modifizierende ↑Impetustheorie. Auf diese stützt sich die physikalische Argumentation gegen die Erdbewegung.

Werke: Del la sfera del mondo, libri quattro [...]. Dele stelle fisse, libero uno, Venedig 1540, unter dem Titel: La sfera del mondo, 1595 (franz. La sphere du monde, Paris 1550, 1608); De le stelle fisse libro uno, zusammen mit: Del la sfera del mondo [s. o.], Venedig 1540, separat 1570, 1579; L'amor costante, Venedig 1540 (repr. Sala Bolognese 1990), 1586; Dialogo de la bella creanza de le donne, Venedig 1541, unter dem Titel: La Raffaella, Mailand 1862 (repr. Bologna 1974), Rom 2001 (ital./franz. La Raffaella. Dialogue de la gentille éducation des femmes, Paris o. J. [1913], franz. unter dem Titel: La Raphaëlle, Grenoble 2000; dt. Gespräch über die feine Erziehung der Frauen, Wien 1924, ed. H. Floerke, Frankfurt/Berlin/Wien 1984; engl. Raffaella or rather A Dialogue of the Fair Perfectioning of Ladies, Glasgow 1968); De la institutione di tutta la vita de l'huomo nato nobile, e in città libera, libri X, Venedig 1542, unter dem Titel: Della institutione [...] dell'huomo [...], 1559; Comedia intitulata Alessandro, Rom 1545, unter dem Titel: L'Alessandro, Mailand 1864 (repr. Sala Bolognese 1974), ed. F. Cerrata, Siena 1966 (engl. Alessandro, Ottawa 1984); In Mechanicas quaestiones Aristotelis paraphrasis [...] eiusdem Commentarium de certitudinem mathematicarum disciplinarum [...], Rom 1547, Venedig 1565; Cento sonetti, Rom 1549; L'instrumento de la filosofia, Rom 1551, Venedig 1552, 1565; Della filosofia naturale, I–II, Rom 1551/1554, Venedig 1560/1565, I–III, 1585 [III Instrumento della filosofia naturale]; Della grandezza della terra et dell'acqua, Venedig 1558, 1561; La prima parte delle theoriche, o vero speculationi de i pianeti, Venedig 1558, 1568; L'Hortensio, Siena 1571, Venedig 1597; Annotationi [...] nel libro della Poetica d'Aristotele, Venedig 1575; Per via d'annotationi. Le glosse inedite di A. P. all'»Ars poetica« di Orazio [lat./ital.], ed. E. Refini, Lucca 2009.

Literatur: R. Belladonna, Sperone Speroni and A. P. on Justification, Renaissance Quart. 25 (1972), 161–172; F. V. Cerreta, A. P.'s Commentaries on the »Poetics« of Aristotle, Studies in the Renaissance 4 (1957), 139–168; ders., A. P.. Letterato e filosofo senese del cinquecento, Siena 1960; D. Cozzoli, A. P. and the Certitude of Mathematics, Hist. and Philos. Log. 28 (2007), 151–171; A. De Pace, Le Matematiche e il Mondo. Ricerche su un dibattito in Italia nella seconda metà del Cinquecento, Mailand 1993, 21–75 (Kap. I.1 La critica aristotelica della matematica come scienza. Tra aristotelismo e neoplatonismo. A. P.), 254–256; dies., A. P., in: P. F. Grendler (ed.), Encyclopedia of the Renaissance V, New York 1999, 15; N. Kanas, A. P. and the First Printed Star Atlas (1540), Imago mundi 58 (2006), 70–76 [zu P.s De la sfera del mondo]; H. Mikkeli, The Cultural Programmes of A. P. and Sperone Speroni at the Paduan ›Accademia degli Infiammati‹ in the 1540 s, in: C. W. T. Blackwell/S. Kusukawa (eds.), Philosophy in the Sixteenth and Seventeenth Centuries. Conversations with Aristotle, Aldershot etc. 1999, 76–85; M.-F. Piéjus u. a. (eds.), A. P. (1508–1579). Un siennois à la croisée des genres et des savoirs. Actes du Colloque International (Paris, 23–25 settembre 2010), Paris 2011 [2012]; M. Schiavone, P., Enc. filos. VI (1982), 515; R. Suter, The Scientific Work of A. P., Isis 60 (1969), 210–222. J. M.

Piccolòmini, Francesco, *Siena 1520, †ebd. 1604, ital. Philosoph, Anhänger des ↑Averroismus. Nach Studium in Padua Prof. der Naturphilosophie in Siena, Macerata, Perugia und 1564–1601 in Padua. P. schrieb (wie sein Schüler B. Petrella) gegen die Methodologie seines Paduaner Kollegen G. Zabarella (Universa philosophia de moribus, 1583) und erneut (Comes politicus pro recta ordinis ratione propugnator, 1594) gegen dessen Erwiderung (De doctrinae ordine apologia, 1584). Gegen den ↑Alexandrismus vertritt P. im Anschluß an M. Zimara und auf der Seite C. Cremoninis, des späteren Nachfolgers Zabarellas, einen ↑Aristotelismus auf averroistischer Basis, allerdings mit starken platonistischen Elementen. Wie Zabarella und große Teile der Paduaner Schule (↑Padua, Schule von) hält P. an der analytischen Methode (↑Methode, analytische) als Methode der Entdeckung fest, betont aber gegen Zabarella die Unabdingbarkeit metaphysischer Grundlagen der ↑Naturphilosophie.

Werke: Universa philosophia de moribus, Venedig 1583, 1594, Frankfurt 1595, 1627; Comes politicus pro recta ordinis ratione propugnator, Venedig 1594, mit: Universa philosophia de moribus [s. o.], Frankfurt 1595, 1627; Librorum ad scientiam de natura attinentium, I–V, Venedig 1596, in einem Bd. Frankfurt 1597, I–V, Venedig 1600; De rerum definitionibus liber unus, Venedig, Frankfurt 1600; Librorum Aristotelis De ortu et interitu [...] expositio, Venedig 1602, unter dem Titel: In libros Aristotelis de ortu et interitu, mit: In tres libros eiusdem [Aristotelis], De anima, in: Commentarii duo, Frankfurt 1602; Discursus ad universam logicam attinens, Marburg 1603; Octavi libri naturalium auscultationum perspicua interpretatio, Venedig 1606; In libros Aristotelis De coelo [...] expositio, Venedig 1607; De arte definiendi et eleganter discurrendi liber singularis, Frankfurt 1611.

Literatur: A. E. Baldini, Per la biografia di F. P., Rinascimento 20 (1980), 389–420; ders., La politica ›etica‹ di F. P., Il pensiero politico 13 (1980), 161–185; G. Claessens, F. P. on Prime Matter and Extension, Vivarium 50 (2012), 225–244; ders., A Sixteenth-Century Neoplatonic Synthesis. F. P.'s Theory of Mathematics and Imagination in the »Academicae contemplationes«, Brit. J. Hist. Sci. 47 (2014), 421–431; D. A. Iorio, The Aristotelians of Renaissance Italy. A Philosophical Exposition, Lewiston N. Y./Queenston Ont./Lampeter 1991, 240–248; N. Jardine, Keeping Order in the School of Padua. Jacopo Zabarella and F. P. on the Offices of Philosophy, in: D. Di Liscia/E. Kessler/C. Methuen (eds.), Method and Order in Renaissance Philosophy of Nature. The Aristotle Commentary Tradition, Aldershot/Brookfield Vt. 1997, 183–209; L. A. Kennedy, F. P. (1520–1604) on Immortality, The Modern Schoolman 56 (1979), 135–150; J. Kraye, Eclectic Aristotelianism in the Moral Philosophy of F. P., in: G. Piaia (ed.), La presenza dell'aristotelismo padovano nella filosofia della prima modernità. Atti del Colloquio internazionale in memoria di Charles B. Schmitt (Padova, 4.–6. Settembre 2000), Rom/Padua 2002, 57–82; B. Nardi, Saggi sull'aristotelismo padovano dal secolo XIV al XVI, Florenz 1958, 424–442; S. Plastina, Concordia Discors. Aristotelismus und Platonismus in der Philosophie des F. P., in: M. Mulsow (ed.), Das Ende des Hermetismus, Tübingen 2002, 213–234; G. Saitta, Il pensiero italiano nell'umanesimo e nel rinascimento II (Il rinascimento), Bologna 1950, Florenz 1961, 408–422; M. Schiavone, P., Enc. filos. VI (1982), 516–517. J. M.

Pichler, Hans, *Leipzig 26. Febr. 1882, †Greifswald 10. Nov. 1958, dt. Philosoph. Ab 1901 Studium der Philosophie, Kunstgeschichte und Nationalökonomie an den Universitäten Straßburg, Berlin und Heidelberg. 1905 Promotion in Heidelberg (bei W. Windelband), 1913 Habilitation in Graz (bei A. Meinong), 1921–1949 o. Prof. in Greifswald (als Nachfolger J. Rehmkes). – P.s Philosophie verfolgt eine ›Wiedergeburt der ↑Ontologie‹ im Gegenzug zu den herrschenden Strömungen des Positivismus (↑Positivismus (historisch), ↑Positivismus (systematisch), ferner ↑Historismus, ↑Neukantianismus). Sie ist darin Teil der ontologischen Neuorientierung der deutschen Philosophie um die Jahrhundertwende, vertreten insbes. durch N. Hartmann und G. Jacoby, aber auch durch E. Husserls eidetische Ontologie (↑Phänomenologie) und M. Heideggers ↑Fundamentalontologie. Historisch schließt P. über C. Wolff vor allem an G.W. Leibniz an, deren beider Ideen er mit Problemstellungen der ↑Gegenstandstheorie A. Meinongs vermittelt (insbes. im Begriff der möglichen Gegenstände, mit dem P. eine durchgehende Rationalität der Welt verständlich machen will). Logik und Ontologie sind über die logischen Grundbegriffe ›Identität‹ und ›Nichtidentität‹ miteinander verknüpft, insofern die Ontologie deren ›Grundgesetze‹ feststellt. ↑Kategorien als Grundbegriffe aller möglichen Gegenstände werden in essentielle und existentielle unterschieden. Die formale Logik (↑Logik, formale) ist durch eine materiale ›Gemeinschaftslogik‹ zu ergänzen, die unter Anwendung des Satzes vom zureichenden Grund (↑Grund, Satz vom) die Anwendung der formalen Logik in der Verbindung von Einzelnem und Allgemeinem sichert, als ›Logik der idealen Gemeinschaft‹ den Kommunikationsrahmen in Wissenschaft, Kunst, Politik etc. absteckt und zwischen den Extremen partikularistischen ›Eigensinns‹ (Existenz) und alles Individuelle determinierender Allgemeinheit (Essenz) vermittelt.

Werke: Über die Arten des Seins, Wien/Leipzig 1906 (Diss.); Über die Erkennbarkeit der Gegenstände, Wien/Leipzig 1909; Über Christian Wolffs Ontologie, Leipzig 1910; Möglichkeit und Widerspruchlosigkeit, Leipzig 1912; Grundzüge einer Ethik, Graz/Wien/Leipzig 1919; Leibniz. Ein harmonisches Gespräch, Graz/Wien/Leipzig 1919; Von der Einseitigkeit der Gedanken, Granz/Leipzig 1919; Volk und Menschheit, Erfurt 1920 (Beitr. Philos. Dt. Ideal., Beiheft 4); Zur Philosophie der Geschichte, Tübingen 1922; Weisheit und Tat, Erfurt 1923; Zur Logik der Gemeinschaft, Tübingen 1924, Nachdr. in: ders., Ganzheit und Gemeinschaft [s. u.], 197–246; Vom Wesen der Erkenntnis, Erfurt 1926; Die Logik der Seele, Erfurt 1927; Einführung in die Kategorienlehre, Berlin 1937 (Kant.-St. Erg.hefte NF 2) (repr. Vaduz 1978); Das Geistvolle in der Natur, Berlin 1939; Persönlichkeit, Glück, Schicksal. Drei Aufsätze, Stuttgart 1947, Nachdr. in: ders., Ganzheit und Gemeinschaft [s. u.], 1–81; Vom Sinn der Weisheit, Stuttgart 1949; Ganzheit und Gemeinschaft, ed. E. Plewe/E. Sturm, Wiesbaden 1967. – Veröffentlichungen H. P.s, in: G. Jacoby, Denkmal H. P.s zum 5. Todestag [s. u., Lit.], 474–476; Bibliographie, in: Ganzheit und Gemeinschaft [s. o.], IX–X).

Literatur: G. Jacoby, Denkmal H. P.s zum 5. Todestag (*26. II. 1882 †10. XI. 1958), Z. philos. Forsch. 17 (1963), 462–476; G. Lehmann, Zur Grundlegung der sozialen Logik, Z. ges. Staatswiss. 92 (1932), 403–436; ders., Von der Gegenstandstheorie zur Gemeinschaftslogik. H. P. zum 70. Geburtstag am 26. 2. 1952, Z. philos. Forsch. 6 (1951/1952), 603–609; W. Sauer, Der frühe H. P., in: T. Binder u. a. (eds.), Bausteine zu einer Geschichte der Philosophie an der Universität Graz, Amsterdam/New York 2001, 255–261; H. Titze, Logik und Determinismus, Z. philos. Forsch. 17 (1963), 476–482. G. W.

Picht, Georg, *Straßburg 9. Juli 1913, †Hinterzarten 7. Aug. 1982, dt. Philosoph, Pädagoge und Bildungspolitiker. 1931–1938 Studium der Klassischen Philologie und Philosophie in Freiburg, Kiel und Berlin, 1943 Promotion in Freiburg mit einer Arbeit über die Ethik des Panaitios. 1946–1956 Leiter des Landerziehungsheims Schule Birklehof (Hinterzarten), 1958–1982 Leiter der Forschungsstätte der Evangelischen Studiengemeinschaft (Heidelberg), 1965–1978 o. Prof. für Religionsphilosophie (Universität Heidelberg), Initiator und langjähriger Leiter des Platon-Archivs. – Zentraler Gegenstand von P.s Denken ist, neben der Zeitphilosophie, das Verhältnis von Denken und (christlichem) Glauben. Ausgehend von einer Untersuchung der ↑transzendentalen und realen Bedingungen der Möglichkeit menschlichen Erkennens und verantwortlichen, vernünftigen Handelns bestimmt er sein Ziel unter anderem als systematische und historische Aufdeckung der metaphysischen Voraussetzungen des (wissenschaftlichen) europäischen Denkens, das, aus der griechischen ↑Ontologie erwachsend, seine Wurzeln im ↑Mythos hat. Die Krise der neuzeitlichen Wissenschaft, einschließlich der Theologie (alle neuzeitliche Wissenschaft ist nach P. ›angewandte Metaphysik‹), ist bedingt durch das Ende der ↑Metaphysik als ↑Fundamentalphilosophie, in der Philosophie und Theologie zusammenfallen, seine durch das gleichzeitige Festhalten der Wissenschaften an ihren metaphysischen Voraussetzungen. Aufklärung des vergangenen und gegenwärtigen Denkens ist Voraussetzung dafür, zukünftige Geschichte zu gestalten und (christlich verstandene) ↑Verantwortung für die Welt und vor einer überweltlichen Instanz wahrzunehmen. Zu dieser Verantwortung gehört auch, als ›angewandte Philosophie‹, die Auseinandersetzung mit Gegenwartsproblemen wie Frieden (↑Frieden (historisch-juristisch), ↑Frieden (systematisch)), globalen Krisenphänomenen (↑Krise), ↑Ökologie und Erziehung (z. B. Die deutsche Bildungskatastrophe, 1964). Geschichte bestimmt P. als die ›Erscheinung von Vernunft in der Zeit‹. Der Mensch ist als geschichtliches Wesen Teil der Natur, zu der alles, was in der Zeit ist, gehört. Sofern der Mensch *in* der Zeit denkt und handelt (nur im Denken kann er den ›Austritt aus der Zeit‹, d. h. den eigenen Tod, antizipieren), ist die Zeit der ›universale Horizont‹, ›universales Medium‹ allen Wissens. Die Philosophie muß deshalb die Einheit der Zeit in der Differenz ihrer Modi (Vergangenheit, Zukunft und Gegenwart, letztere immer auf die beiden ersten bezogen) zu ihrem Gegenstand machen.

Werke: Die Erfahrung der Geschichte, Frankfurt 1958; Die deutsche Bildungskatastrophe. Analyse und Dokumentation, Olten/Freiburg 1964, München 1965; Die Verantwortung des Geistes. Pädagogische und politische Schriften, Olten/Freiburg 1965, Stuttgart 1969; Prognose – Utopie – Planung. Die Situation des Menschen in der Zukunft der technischen Welt, Stuttgart 1967, ^{3}1971; Mut zur Utopie. Die großen Zukunftsaufgaben. Zwölf Vorträge, München 1969, 1970 (franz. Réflexions au bord du gouffre, Paris 1970, 1974); Wahrheit, Vernunft, Verantwortung. Philosophische Studien, Stuttgart 1969, ^{3}2004; (mit W. Huber/C. P. van Andel) Was heißt Friedensforschung?, Stuttgart, München 1971; Theologie und Kirche im 20. Jahrhundert, Stuttgart, München 1972; Philosophie und Völkerrecht, in: ders./C. Eisenbart (eds.), Frieden und Völkerrecht, Stuttgart 1973, 170–234; (ed., mit E. Rudolph) Theologie – was ist das?, Stuttgart/Berlin 1977; (ed., mit C. Eisenbart) Wachstum oder Sicherheit? Beiträge zur Frage der Kernenergie, München 1978; Ist Humanökologie möglich?, in: C. Eisenbart (ed.), Humanökologie und Frieden, Stuttgart 1979, 14–123; Hier und Jetzt. Philosophieren nach Auschwitz und Hiroshima, I–II, Stuttgart 1980/1981; Kants Religionsphilosophie, ed. C. Eisenbart, Stuttgart 1985, ^{3}1998; Kunst und Mythos, ed. C. Eisenbart, Stuttgart 1986, ^{5}1996; Aristoteles' »De Anima«, ed. C. Eisenbart, Stuttgart 1987, ^{2}1992; Nietzsche, ed. C. Eisenbart, Stuttgart 1988, ^{2}1993; Der Begriff der Natur und seine Geschichte, ed. C. Eisenbart, Stuttgart 1989, ^{4}1998; Platons Dialoge »Nomoi« und »Symposion«, ed. C. Eisenbart, Stuttgart 1990, ^{2}1992; Glauben und Wissen, ed. C. Eisenbart, Stuttgart 1991, ^{2}1994; Zukunft und Utopie, ed. C. Eisenbart, Stuttgart 1992; Geschichte und Gegenwart. Vorlesungen zur Philosophie der Geschichte, Stuttgart 1993; Die Fundamente der griechischen Ontologie, ed. C. Eisenbart, Stuttgart 1996; Von der Zeit, ed. C. Eisenbart, Stuttgart 1999; Das richtige Maß finden. Der Weg des Menschen ins 21. Jahrhundert, ed. C. F. v. Weizsäcker/C. Eisenbart, Freiburg/Basel/Wien 2001.

Literatur: C. Eisenbart (ed.), G. P. – Philosophie der Verantwortung, Stuttgart 1985; G. Hirsch Hadorn, Umwelt, Natur und Moral. Eine Kritik an Hans Jonas, Vittorio Hösle und G. P., Freiburg/München 2000; M. Kleiber, »Kunst und Mythos« bei G. P.. Ihre Bedeutung für die Frage des Menschen nach Wahrheit und Wirklichkeit, Hamburg 1996; R. Klein (ed.), Das Ganze und der Zwischenraum. Studien zur Philosophie G. P.s, Würzburg 1998; C. Link (ed.), Die Erfahrung der Zeit. Gedenkschrift für G . P., Stuttgart 1984; R. Neumann, Natur, Geschichte und Verantwortung im ›nachmetaphysischen Vernunftdenken‹ von G. P., Stuttgart 1994; P. Noss, P., BBKL VII (1994), 565–578; I. Tödt (ed.), Platon-Miniaturen für G. P., Heidelberg 1987; C. F. v. Weizsäcker, G. P., in: ders., Wahrnehmung der Neuzeit, München/Wien 1983, ^{5}1984, München 1985, 1990, 185–189. S. M. K.

Pico della Mirandola, Giovanni, *Mirandola (Provinz Modena) 24. Febr. 1463, †bei Florenz 17. Jan. 1494, ital. Humanist und Philosoph, neben M. Ficino bedeutendster Vertreter des Florentiner ↑Platonismus (↑Platonische Akademie (Academia Platonica)) in der Philosophie der ↑Renaissance. Nach Studium des kanonischen Rechts in Bologna (1477–1479) und der Philosophie in Ferrara und Padua (1479–1482), ferner Privatstudien des Hebräischen und Arabischen, mehrere Reisen nach Paris und Florenz. 1486 formulierte P. d. M. 900 Thesen, zu deren Verteidigung er alle Gelehrten Europas nach Rom einlud. Ein Einspruch gegen die Beanstandung von 13 dieser Thesen durch Innozenz VIII. führte zur Verurteilung aller Thesen und zur Flucht P. d. M.s nach Frankreich, wo er 1488 auf päpstliches Betreiben hin verhaftet, von Karl VIII. nach Intervention italienischer Adeliger aber wieder freigelassen wurde. Nach seiner Rückkehr nach Florenz unter dem persönlichen Schutz Lorenzo de' Medicis 1493 Aufhebung aller kirchlichen Sanktionen.

Das philosophische Werk P. d. M.s ist, beeinflußt von Ficino, durch den Versuch einer harmonisierenden Synthese unterschiedlicher Traditionen (Platonismus, Aristotelismus, orphische und kabbalistische Lehren) bestimmt. Er schrieb gegen die Astrologie (Disputationes adversus Astrologiam Divinatricem, postum 1496) und zeitlebens an einer umfassenden Arbeit »De concordia Platonis et Aristotelis«, deren einzig vorliegender Teil 1492 entstand (De ente et uno). In seinen kosmologischen Vorstellungen vertritt P. d. M. im wesentlichen einen christlichen Platonismus (De hominis dignitate oratio, 1486; Heptaplus, 1489). Der Mensch, nach Anlage und Fertigkeiten selbst ein Mikrokosmos (↑Makrokosmos), findet seinen gottgewollten Platz in dieser Welt als Bewunderer der Werke Gottes (*contemplator mundi*). Gegen die Tradition des ↑Neuplatonismus, der im christlichen Platonismus weiterlebt, hält P. d. M. diese und andere Lehren für mit der Lehrmeinung des Aristoteles systematisch verträglich. Unter dem Einfluß G. Savonarolas verstärkt sich in den letzten Jahren vor seinem Tode das religiöse Element seines synkretistischen (↑Synkretismus) Denkens. Hierin, sowie in seiner Einschätzung der Aristotelischen Philosophie, unterscheidet sich P. d. M. wesentlich von Ficino.

Werke: Opuscula [Opera], I–II, Bologna 1496; Opera Omnia, I–II, Basel 1557 (repr. Hildesheim 1969, 2005), 1572/1573 (Bd. I repr. als Bd. I von Opera Omnia, I–II, ed. E. Garin, Turin 1971 [Bd. II Faksimile-Nachdrucke v. Einzelausgaben: Rime, Carmina, Commentaria in Psalmos, Epistolae]), Basel 1601. – Commento sopra una Canzone d'amore [1486], ed. P. DeAngelis, Palermo 1994 (engl. Commentary on a Canzone of Benivieni, trans. J. Sears, New York etc. 1984, unter dem Titel: Commentary on a Poem of Love, trans. D. Carmichael, Lanham Md. 1986; franz. Commento, trans. S. Toussaint, Lausanne 1989; ital./dt. Kommentar zu einem Lied der Liebe, ed. T. Bürklin, Hamburg 2001); Conclusiones DCCCC publice disputandae, Rom 1486, unter dem Titel: Conclusiones sive Theses DCCCC Romae anno 1486 publice disputandae, sed non admissae, ed. B. Kieszkowski, Genf 1973, unter dem Titel: Conclusiones nongentae. Le novecento tesi dell'anno 1486 [lat./ital.], ed. A. Biondi, Florenz 1995 (engl. Syncretism in the West. Pico's 900 Theses [1486]. The Evolution of Traditional Religious and Philosophical Systems, ed. S. A. Farmer, Tempe Ariz. 1998; lat./franz. 900 Conclusions philosophiques, cabbalistiques e théologiques, ed. B. Schefer, Paris 1999, 2002); Oratio quaedam elegantissima [De hominis dignitate] [1486], in: De hominis dignitate, Heptaplus, De ente et uno [s. u.], 101–165, separat Pisa 2012, unter dem

Titel: Discorso sulla dignità dell'uomo [lat./ital.], ed. F. Bausi, Parma 2003, 2007 (engl. On the Dignity of Man, in: On the Dignity of Man. On Being and One, Heptaplus [s. u.], 1–34, unter dem Titel: Oration on the Dignity of Man. A New Translation and Commentary [lat./engl.], ed. F. Borghesi/M. Papio/M. Riva, Cambridge/New York 2012; lat./dt. De hominis dignitate, ed. E. Garin, übers. H. H. Reich, Bad Homburg/Berlin/Zürich 1968, unter dem Titel: De hominis dignitate/Über die Würde des Menschen, ed. A. Buck, übers. v. N. Baumgarten, Hamburg 1990, unter dem Titel: Oratio de hominis dignitate/Rede über die Würde des Menschen, ed. G. v. d. Gönna, Stuttgart 1997, 2009; lat./franz. De la dignité de l'homme, ed. Y. Hersant, Combas 1993, Paris 2008); Apologia, o. O. [Neapel] 1487, unter dem Titel: L'autodifesa di P. di fronte al tribunale dell'inquisizione [lat./ital.], ed. P. E. Fornaciari, Florenz 2010; Heptaplus de septiformi sex dierum genesos ennaratione, o. O. [Florenz], o. J. [1489/1490], in: De hominis dignitate, Heptaplus, De ente et uno [s. u.], 167–383 (engl. The Heptaplus. On the Sevenfold Narration of the Six Days of Genesis, in: On the Dignity of Man. On Being and One, Heptaplus [s. u.], 63–174, unter dem Titel: Heptaplus, or Discourse on the Seven Days of Creation, trans. J. Brewer McGaw, New York 1977); De ente et uno [1492], in: De hominis dignitate, Heptaplus, De ente et uno [s. u.], 385–441, unter dem Titel: Dell'ente e dell'uno [lat./ital.], ed. R. Ebgi/F. Bacchelli, Mailand 2010 (engl. Of Being and Unity, ed. V. M. Hamm, Milwaukee Wis. 1943, 1994, unter dem Titel: On Being and the One, in: On the Dignity of Man. On Being and One, Heptaplus [s. u.], 35–62; lat./franz. in: S. Toussaint, L'esprit du Quattrocento. Le »De Ente et Uno« de Pic de la Mirandole, Paris 1995, 133–189; lat./dt. Über das Seiende und das Eine, ed. P. R. Blum u. a., Hamburg 2006); Disputationes adversus astrologiam divinatoricem [postum 1496 in Opuscula (s. o.), II, (ohne Paginierung)], I–II, [lat./ital.] ed. E. Garin, Florenz 1946/1952 (repr. Turin 2004); Epistolae, o. O., o. J. [nach 1495], unter dem Titel: Aureae epistolae, Paris 1499, 1500; Exactissima expositio in orationem dominicam, Venedig 1537; Sonetti inediti, ed. F. Ceretti, Mirandola 1894, unter dem Titel: Sonetti, ed. G. Dilemmi, Turin 1994; Il Salmo XLVII di David commentato [...], ed. F. Ceretti, Mailand 1895; Ausgewählte Schriften, ed. A. Liebert, Jena/Leipzig 1905; De hominis dignitate, Heptaplus, De ente et uno, e scritti vari, ed. E. Garin, Florenz 1942 (repr. Turin 2004); Carmina latina, ed. W. Speyer, Leiden 1964; On the Dignity of Man. On Being and One, Heptaplus, trans. C. G. Wallis/P. J. W. Miller/D. Carmichael, Indianapolis Ind. 1965, 1998; Œuvres philosophiques [teilw. lat./franz.], ed. O. Boulnois, Paris 1993, ^{3}2004; Expositiones in Psalmos, ed. A. Raspanti, Florenz 1997. – Totok III (1980), 159–165; L. Quaquarelli/Z. Zanardi, Pichiana. Bibliografia delle edizioni e degli studi, Florenz 2005.

Literatur: M. Bertozzi (ed.), Nello specchio del cielo. G. P. d. M. e le »Disputationes« contro l'astrologia divinatoria. Atti del convegno di studi, Mirandola, 16 aprile 2004, Ferrara, 17 aprile 2004, Florenz 2008; C. Black, P.'s »Heptaplus« and Biblical Hermeneutics, Leiden/Boston Mass. 2006; P. C. Bori, Pluralità delle vie. Alle origini del »Discorso« sulla dignità umana di P. d. M., Mailand 2000 [mit Text der »Oratio« (lat./ital.), ed. S. Marchignoli, 95–153]; G. Busi, Vera relazione sulla vita e fatti di G. P. conte d. M., Turin 2010; ders./R. Ebgi, G. P. d. M.. Mito, magia, qabbalah, Turin 2014; E. Cassirer, Individuum und Kosmos in der Philosophie der Renaissance, Berlin 1927, Darmstadt ^{6}1987; ders., G. P. d. M.. A Study in the History of Renaissance Ideas, J. Hist. Ideas 3 (1942), 123–144, 319–346, ferner in: P. O. Kristeller/P. P. Wiener (eds.), Renaissance Essays. From the »Journal of the History of Ideas«, New York/Evanston Ill. 1968, 11–60; B. Copenhaver, P. d. M., in: P. F. Grendler (ed.), Encyclopedia of the Renaissance V, New York 1999, 16–20; ders., The Secret of Pico's »Oration«. Cabala and Renaissance Philosophy, Midwest Stud. Philos. 26 (2002), 56–81; ders., G. P. d. M., SEP 2008, rev. 2012; W. G. Craven, G. P. d. M.. Symbol of His Age. Modern Interpretations of a Renaissance Philosopher, Genf 1981; M. V. Dougherty (ed.), P. d. M.. New Essays, Cambridge/New York 2008, 2014; C. Dröge, P. d. M., BBKL VII (1994), 579–582; A. R. Dulles, Princeps Concordiae. P. d. M. and the Scholastic Tradition, Cambridge Mass. 1941; A. Edelheit, Ficino, P. and Savonarola. The Evolution of Humanist Theology 1461/2–1498, Leiden/Boston Mass. 2010; W. A. Euler, ›Pia philosophia‹ et ›docta religio‹. Theologie und Religion bei Marsilio Ficino und P. d. M., München 1998; S. Fellina (ed.), Modelli di episteme neoplatonica nella Firenze del '400. Le gnoseologie di G. P. d. M. e de Marsilio Ficino, Florenz 2014; M. Fumagalli Beonio Brocchieri, P. d. M., Casale Monferato 1999, Rom 2011; G. C. Garfagnini, G. P. d. M.. Convegno internazionale di studi nel cinquecentesimo anniversario della morte (1494–1994), Mirandola, 4–8 ottobre 1994, I–II, Florenz 1997; E. Garin, G. P. d. M., vita e dottrina, Florenz 1937 (repr. Rom 2011); ders., La cultura filosofica del Rinascimento italiano. Ricerche e documenti, Florenz 1961, ^{2}1979, 229–289; L. Gautier-Vignal, Pic de la Mirandole, Paris 1937; J. Hankins, P. d. M., REP VII (1998), 386–392; T. S. Hoffmann, Philosophie in Italien. Eine Einführung in 20 Porträts, Wiesbaden 2007, 107–133 (Kap. 5 G. P. d. M. [1463–1494]); J. Jacobelli, P. d. M., Mailand 1986; P. O. Kristeller, Eight Philosophers of the Italian Renaissance, Stanford Calif. 1964, 54–71, 173–174 (franz. Huit philosophes de la renaissance italienne, Genf 1975, 57–72, 161–162; dt. Acht Philosophen der italienischen Renaissance, Weinheim 1986, 47–61, 145–147); ders., G. P. d. M. and His Sources, in: L'opera e il pensiero di G. P. d. M. nella storia dell'umanesimo [s. u.] I, Florenz 1965, 35–142; ders., P. d. M., Enc. Ph. VI (1972), 307–310, VII (^{2}2006), 570–574 [mit ergänzter Bibliographie v. T. Frei]; H. de Lubac, Pic de la Mirandole. Etudes et discussions, Paris 1974; E. Monnerjahn, G. P. d. M.. Ein Beitrag zur philosophischen Theologie des italienischen Humanismus, Wiesbaden 1960; G. di Napoli, G. P. d. M. e la problematica dottrinale del suo tempo, Rom etc. 1965; J. Queron, Pic de la Mirandole. Contribution à la connaissance de l'humanisme philosophique renaissant, Aix-en-Provence 1986; A. Raspanti, Filosofia, teologia, religione. L'unità della visione in G. P. d. M., Palermo 1991; F. Roulier, Jean Pic de la Mirandole (1463–1494). Humaniste, philosophe et théologien, Genf 1989; G. Semprini, La filosofia di P. d. M., in: P. d. M., De hominis dignitate. Lettera a Ermolao Barbaro, Rom 1986, 81–202; A. Thumfart, Die Perspektive und die Zeichen. Hermetische Verschlüsselungen bei P. d. M., München 1996; S. Toussaint, G. P. d. M. (1463–1494). Synthetische Aussöhnung aller Philosophien, in: P. R. Blum (ed.), Philosophen der Renaissance. Eine Einführung, Darmstadt 1999, 65–76 (engl. G. P. d. M. [1463–1494]. The Synthetic Reconciliation of All Philosophies, in: P. R. Blum [ed.], Philosophers of the Renaissance, Washington D. C. 2010, 69–81); L. Valcke, Pic de la Mirandole. Un itinéraire philosophique, Paris 2005; P. Viti (ed.), P., Poliziano e l'umanesimo di fine Quattrocento, Florenz 1994; C. Wirszubski, P. d. M.'s Encounter with Jewish Mysticism, Cambridge Mass./London 1989; P. Zambelli, L'apprendista stregone. Astrologia, cabala e arte lulliana in P. d. M. e seguaci, Venedig 1995. – L'opera e il pensiero di G. P. d. M. nella storia dell'umanesimo. Convegno internazionale (Mirandola 15–18 Settembre 1963), I–II, Florenz 1965. – Studi pichiani

1 (1994)ff.; The Kabbalistic Library of G. P. d. M. 1 (2004) ff. [erscheint unregelmäßig]. J. M.

Pieper, Josef, *Elte (Westf.) 4. Mai 1904, †Münster 6. Nov. 1997, dt. Philosoph und kath. Sozialethiker. 1923–1928 Studium der Philosophie, Rechtswissenschaft und Soziologie in Münster und Berlin. 1928 Promotion in Philosophie an der Universität Münster; 1928–1932 Assistent am Forschungsinstitut für Organisationslehre und Soziologie ebendort, 1932–1940 freie schriftstellerische Tätigkeit. Ab 1935 leitende Mitarbeit am Institut für neuzeitliche Volksbildungsarbeit in Dortmund; 1940–1942 Wehrdienst. 1943 Wissenschaftlicher Mitarbeiter an der Hauptfürsorgestelle der Provinz Westfalen, 1944 erneute Einberufung, 1945 Kriegsgefangenschaft, 1946 Habilitation in Philosophie an der Universität Münster, 1946–1959 Prof. an der Pädagogischen Akademie Essen, 1950 Ernennung zum apl. Prof. an der Universität Münster, 1959–1972 o. Prof. für Philosophische Anthropologie ebendort. P.s philosophische Arbeit gilt insbes. der Interpretation der klassischen griechischen (↑Philosophie, griechische, ↑Philosophie, antike) und der mittelalterlichen Philosophie (↑Scholastik), vor allem der Schriften des Thomas von Aquin. Von thomistischen Positionen aus setzt sich P. mit Grundfragen der ↑Ethik auseinander. Inspiriert von R. Guardini, E. Przywara und G. Krüger geht es ihm um den Entwurf einer christlichen ↑Anthropologie. Danach gründet sich alles ↑Sollen auf das ↑Sein. Wer das ↑Gute erkennen will, soll seinen Blick nicht auf Gesinnung, ↑Gewissen und Werte richten, sondern, vom eigenen Akt absehend, auf die Wirklichkeit. Eine Ethik, die den ganzen Menschen angehen soll, ist in einer allen zugänglichen Sprache zu formulieren, da (so schon Platon, Aristoteles, S. A. Kierkegaard und J. H. Newman) die gewöhnliche Sprache die einzige ↑Metasprache ist. Ausgehend von traditionell-scholastischen Grundlagen verfaßte P. populäre Traktate über die weltlichen und göttlichen Tugenden, die weltweite Verbreitung gefunden haben.

Werke (Auswahl): Werke in acht Bänden, I–VIII.1–2 u. 2 Erg. bde, ed. B. Wald, Hamburg 1995–2008. – Die ontische Grundlage des Sittlichen nach Thomas von Aquin, Münster 1929, unter dem Titel: Die Wirklichkeit und das Gute nach Thomas von Aquin, ²1931, überarb. unter dem Titel: Die Wirklichkeit und das Gute, Leipzig 1935, München 1980, Nachdr. in: Werke in acht Bänden [s. o.] V, 48–98 (engl. Reality and the Good, Chicago Ill. 1967); Vom Sinn der Tapferkeit, Leipzig 1934, München ⁸1963, Nachdr. in: ders., Das Viergespann [s. u.], 163–198, ferner in: Werke in acht Bänden [s. o.] IV, 113–136, ferner in: ders., Über die Tugenden [s. u.], 145–177 (engl. Fortitude, in: ders., The Four Cardinal Virtues [s. u.], 115–141); Über die Hoffnung, Leipzig 1935, Nachdr. in: ders., Lieben, hoffen, glauben [s. u.], 189–254, München ⁸1992, ferner in: Werke in acht Bänden [s. o.] IV, 256–295, Einsiedeln/Freiburg 2006 (engl. On Hope, San Francisco Calif. 1986; franz. De l'espérance, Le Mont-Pèlerin 2001); Traktat über die Klugheit, Leipzig 1937, München ⁷1965, Nachdr. in: ders., Das Viergespann [s. u.], 13–64, ferner in: Werke in acht Bänden [s. o.] IV, 1–42, ferner in: ders., Über die Tugenden [s. u.], 15–59 (engl. Prudence, London, New York 1959, London 1960, ferner in: ders., The Four Cardinal Virtues [s. u.], 3–40); Zucht und Maß. Über die vierte Kardinaltugend, Leipzig 1939, München ⁹1964, Nachdr. in: ders., Das Viergespann [s. u.], 199–283, ferner in: Werke in acht Bänden [s. o.] IV, 137–197, ferner in: ders., Über die Tugenden [s. u.], 179–254 (engl. Temperance, in: ders., The Four Cardinal Virtues [s. u.], 143–206); Über Thomas von Aquin, Leipzig 1940, als Einleitung in: Thomas von Aquin, Frankfurt 1956, 7–32, ferner in: Thomas-Brevier [lat./dt.], München 1956, 9–40, unter dem Titel: Kurze Auskunft über Thomas von Aquin, München ³1963, als Einleitung in: Thomas von Aquin, Sentenzen über Gott und die Welt, Einsiedeln/Trier ²1987, 9–40 (engl. On Thomas Aquinas, in: ders., The Silence of St. Thomas [s. u.], 9–47); Wahrheit der Dinge. Eine Untersuchung zur Anthropologie des Hochmittelalters, Kolmar 1944, München ⁴1966, ferner in: Werke in acht Bänden [s. o.] V, 99–179 (engl. Living the Truth. The Truth of All Things and Reality and the Good, San Francisco Calif. 1989); Muße und Kult, München 1948, ⁹1995, ferner in: Werke in acht Bänden [s. o.] VI, 1–44, Neuausg. München 2007 (engl. Leisure, the Basis of Culture, in: Leisure, the Basis of Culture [...] London, New York 1952, 23–86, San Francisco Calif. 2009, 17–74; franz. Le loisir, fondement de la culture, Genf 2007); Was heißt Philosophieren? Vier Vorlesungen, München, Olten 1948, München ⁹1988, ferner in: Werke in acht Bänden [s. o.] III, 15–75, Freiburg 2003 (engl. The Philosophical Act, in: Leisure, the Basis of Culture [s. o.], 1952, 87–169, 2009, 75–143; franz. Qu'est ce que philosopher? Quatre conférences, Le Mont-Pèlerin 2004); Über das Ende der Zeit. Eine geschichtsphilosophische Meditation, München 1950, ³1980, ferner in: Werke in acht Bänden [s. o.] VI, 286–374, ed. B. Wald, Kevelaer 2014 (franz. La fin des temps. Méditation sur la philosophie de l'histoire, Paris 1953 [repr. Fribourg 1982], 2013; engl. The End of Time. A Meditation on the Philosophy of History, London, New York 1954, San Francisco Calif. 1999); Über das Schweigen Goethes, München 1951, ³1980, ferner in: Werke in acht Bänden [s. o.] VI, 45–71, Frankfurt 2012 (engl. The Silence of Goethe, South Bend Ind. 2009); Philosophia negativa. Zwei Versuche über Thomas von Aquin, München 1953, unter dem Titel: Unaustrinkbares Licht. Über das negative Element in der Weltansicht des Thomas von Aquin, ²1963, ferner in: Werke in acht Bänden [s. o.] II, 112–152, unter ursprünglichem Titel, Frankfurt 2012 (engl. The Negative Element in the Philosophy of St. Thomas Aquinas, in: ders., The Silence of St. Thomas [s. u.], 49–75); Über die Gerechtigkeit, München 1953, ⁴1965, Nachdr. in: ders., Das Viergespann [s. u.], 65–161, ferner in: Werke in acht Bänden [s. o.] IV, 43–112, ferner in: ders., Über die Tugenden [s. u.], 61–143 (engl. Justice, New York 1955, London 1958, Nachdr. in: ders., The Four Cardinal Virtues [s. u.], 41–113); Glück und Kontemplation, München 1957, ⁴1979, ferner in: Werke in acht Bänden [s. o.] VI, 152–216, ed. B. Wald, Kevelaer 2012 (engl. Happiness and Contemplation, New York 1958, South Bend Ind. 1998); The Silence of St. Thomas. Three Essays, London, New York 1957, South Bend Ind. 2003; Hinführung zu Thomas von Aquin. Zwölf Vorlesungen, München 1958, unter dem Titel: Thomas von Aquin. Leben und Werk, München ³1986, ⁴1990, ferner in: Werke in acht Bänden [s. o.] II, 153–298 (engl. Guide to Thomas Aquinas, New York 1962, unter dem Titel: Introduction to Thomas Aquinas, London 1963, unter ursprünglichem Titel, San Francisco Calif. 1991); Scholastik. Gestalten und Probleme der mittelalterlichen Philosophie, München 1960, 1978, [3]1991, ferner in: Werke in acht Bänden [s. o.] II, 299–440 (engl. Scholasticism. Personalities and Problems of Medieval Philosophy, New York 1960, South Bend Ind. 2001); Über den Glauben. Ein philosophischer Traktat, München 1962, [2]1967, Nachdr. in: ders., Lieben, hoffen, glauben [s. u.], 255–342, ferner in: Werke in acht Bänden [s. o.] IV, 198–255, Neudr. Freiburg 2010 (engl. Belief and Faith. A Philosophical Tract, London, New York 1963 [repr. Westport Conn. 1975], Chicago Ill. 1965; franz. De la foi. Traité philosophique, Paris 2011); Das Viergespann. Klugheit – Gerechtigkeit – Tapferkeit – Maß, München 1964, 1998, unter dem Titel: Über die Tugenden [...], 2004, 2010; Erkenntnis und Freiheit. Essays, München 1964; Über die platonischen Mythen, München 1965, ferner in: Werke in acht Bänden [s. o.] I, 332–374 (engl. The Platonic Myths, South Bend Ind. 2011); Verteidigungsrede für die Philosophie, München 1966, ferner in: Werke in acht Bänden [s. o.] III, 76–155 (engl. In Defense of Philosophy. Classical Wisdom Stands up to Modern Challenges, San Francisco Calif. 1992); Hoffnung und Geschichte. Fünf Salzburger Vorlesungen, München 1967, ferner in: Werke in acht Bänden [s. o.] VI, 375–440 (engl. Hope and History. Five Salzburg Lectures, London, New York 1969, San Francisco Calif. 1994); Tod und Unsterblichkeit, München 1968, [2]1979, ferner in: Werke in acht Bänden [s. o.] V, 280–397, ed. B. Wald, Kevelaer 2012 (engl. Death and Immortality, London 1969, South Bend Ind. 2000); Mißbrauch der Sprache – Mißbrauch der Macht, Zürich 1970, Ostfildern 1986, ferner in: Werke in acht Bänden [s. o.] VI, 132–151 (engl. Abuse of Language, Abuse of Power, San Francisco Calif. 1992; franz. Abus de langage, abus de pouvoir. Suivi de, Connaissance et liberté, Le Mont-Pèlerin 2002); Noch wußte es niemand. Autobiographische Aufzeichnungen 1904–1945, München 1976, [3]1979, unter dem Titel: Noch wußte es niemand (1904–1945), in: Werke in acht Bänden [s. o.] Erg.bd. II, 26–231 (engl. No One Could Have Known. An Autobiography. The Early Years 1904–1945, San Francisco Calif. 1987); Was heißt Interpretation?, Opladen 1979, ferner in: Werke in acht Bänden [s. o.] III, 212–235; Menschliches Richtigsein. Die Kardinaltugenden – neu bedacht, Freiburg 1980, Leipzig 1983; Suche nach der Weisheit. Vier Vorlesungen, Leipzig 1988; Arbeit, Freizeit, Muße. Was ist eine Universität?, Münster 1989; Philosophie, Kontemplation, Weisheit, Einsiedeln/Freiburg 1991; Schriften zum Philosophiebegriff, Hamburg 1995, 2004 [= Werke in acht Bänden III] (engl. For the Love of Wisdom. Essays on the Nature of Philosophy, San Francisco Calif. 2006). – P. Breitholz/M. van der Giet (eds.), J. P.. Schriftenverzeichnis 1929–1989, München 1989; Gesamtbibliographie, in: Werke in acht Bänden [s. o.] VIII/2, 749–815, bes. 749–795 (A. Primärbibliographie).

Literatur: C. Dominici, La filosofia di J. P. in relazione alle correnti filosofiche e culturali contemporanee, Bologna 1980; H. Holm, Die Unergründlichkeit der kreatürlichen Wirklichkeit. Eine Untersuchung zum Verhältnis von Philosophie und Wirklichkeit bei J. P., Dresden 2011; B. Kettern, P., BBKL XIX (2001), 1057–1076; G. Rodheudt, Die Anwesenheit des Verborgenen. Zugänge zur Philosophie J. P.s, Münster 1997; B. N. Schumacher, Une philosophie de L'espérance. la pensée de J. P. dans le contexte du débat contemporain sur l'espérance, Fribourg, Paris 2000 (dt. Rechenschaft über die Hoffnung. J. P. und die zeitgenössische Philosophie, Mainz 2000; engl. A Philosophy of Hope. J. P. and the Contemporary Debate on Hope, New York 2003); ders., A Cosmopolitan Hermit. Modernity and Tradition in the Philosophy of J. P., Washington D. C. 2009; B. Wald, P., in: B. Jahn (ed.), Biographische Enzyklopädie deutschsprachiger Philosophen, München 2001, 322–323; ders., P., NDB XX (2001), 427–428. C. F. G.

Pieri, Mario, *Lucca 22. Juni 1860, †Sant'Andrea di Còmpito (bei Lucca) 1. März 1913, ital. Mathematiker und Grundlagenforscher. Ab 1876 Studium in Bologna und Pisa, dort 1884 Promotion über ein differentialgeometrisches Thema. Anschließend Dozent in Pisa, 1891 Prof. für projektive und deskriptive Geometrie an der Accademia Militare in Turin, zugleich Wahrnehmung einer Professur an der dortigen Universität mit engen Verbindungen zur Peano-Schule, vor allem zu C. Burali-Forti und A. Padoa. 1900 a. o. Prof. (ab 1903 o. Prof.) für projektive und deskriptive Geometrie an der Universität Catania (Sizilien), 1908 o. Prof. (für dieselben Gebiete) an der Universität Parma.

Neben P.s Beiträgen zur algebraischen Geometrie (in der ein Satz und ein System von Formeln nach P. benannt wurden) sind seine Arbeiten zur axiomatischen Grundlegung der projektiven und der metrischen Geometrie sowie der Arithmetik von wissenschaftshistorischem und wissenschaftstheoretischem Interesse. P. gelang in Fortführung des Programms von C. v. Staudt der Aufbau der projektiven Geometrie als eigenständiger Disziplin und 1899 (kurz vor und unabhängig von D. Hilberts »Grundlagen der Geometrie« [1899]) die Konstruktion von Axiomensystemen der ↑Euklidischen Geometrie und der ↑nicht-euklidischen Geometrien mit den Grundbegriffen Punkt und Bewegung. Auf P.s Beiträge zur projektiven Geometrie stützt sich B. Russell in den geometrischen Teilen seiner »Principles of Mathematics« (1903); auf seine Entwicklung der Elementargeometrie aus den Begriffen von Punkt und Kugel greifen die geometrischen Arbeiten Burali-Fortis und A. Tarskis zurück.

Im Unterschied zu den meisten Mitgliedern des Peano-Kreises schenkte P. metamathematischen Fragen (↑Metamathematik) große Aufmerksamkeit, z. B. der Unabhängigkeit und Widerspruchsfreiheit von Axiomensystemen. Er bezeichnete diese als ›hypothetisch-deduktive Systeme‹ und gehörte zu den ersten, die sie als ›implizite Definitionen‹ (↑Definition, implizite) der in ihnen auftretenden Grundbegriffe interpretierten. P.s Vereinfachung des Peano-Dedekindschen Axiomensystems (↑Peano-Axiome) der Arithmetik führte ihn (offenbar unabhängig von G. Frege) zur Konzeption mengentheoretischer Modelle desselben und zu logizistischen Ideen (↑Logizismus), die wiederum Russell und das Programm der ↑*Principia Mathematica* beeinflußten.

Werke: Opere sui fondamenti della matematica, ed. Unione Matematica Italiana, Rom 1980. – Sui principii che reggono la geometria di posizione, Atti della Reale Accademia delle Scienze di Torino 2. Ser., classe di scienze fisiche, matematiche e naturali

30 (1894/1895), 607–641, 31 (1895/1896), 381–399, 457–470 (repr. in: Opere [s.o.], 13–82); Sugli enti primitivi della geometria proiettiva astratta, Atti della Reale Accademia delle Scienze di Torino 2. Ser., classe di scienze fisiche, matematiche e naturali 32 (1896/1897), 343–351 (repr. in: Opere [s.o.], 91–99); Un sistema di postulati per la geometria projettiva astratta degli iperspazi, Riv. mat. 6 (1896–1899), 9–16 (repr. in: Opere [s.o.], 83–90); I principii della geometria di posizione composti in sistema logico deduttivo, Memorie della Reale Accademia delle Scienze di Torino 2. Ser., classe di scienze fisiche, matematiche e naturali 48 (1897/1898), 1–62 (repr. in: Opere [s.o.], 101–162); Della geometria elementare come sistema ipotetico deduttivo. Monografia del punto e del moto, Memorie della Reale Accademia delle Scienze di Torino 2. Ser., classe di scienze fisiche, matematiche e naturali 49 (1899/1900), 173–222 (repr. in: Opere [s.o.], 183–233); Sur la géométrie envisagée comme un système purement logique, in: Bibliothèque du Congrès International de Philosophie I/3 (Logique et histoire des sciences), Paris 1901 (repr. Nendeln 1968), 367–404 (repr. in: Opere [s.o.], 235–272); Sopra una definizione aritmetica degli irrazionali, Bollettino delle sedute della Accademia Gioenia di Scienze Naturali in Catania 87 (1906), 14–22 (repr. in: Opere [s.o.], 367–375); Sur la compatibilité des axiomes de l'arithmétique, Rev. mét. mor. 14 (1906), 196–207; Sopra gli assiomi aritmetici, Bollettino delle sedute della Accademia Gioenia di Scienze Naturali in Catania 2. Ser. 2 (1908), 26–30 (repr. in: Opere [s.o.], 449–453). – Una lettera inedita di M. P. (an Eugenio Maccaferri), Bollettino di Matematica 21 (1925), 49–50; Letters [engl.], in: E. A. Marchisotto/J. T. Smith, The Legacy of M. P. in Geometry and Arithmetic [s.u., Lit.], 382–392. – E. A. Marchisotto, Annotated List of P.'s Works, in: dies., M. P. and His Contributions to Geometry and Foundations of Mathematics [s.u., Lit.], 295–301; P.'s Work, in: E. A. Marchisotto/J. T. Smith, The Legacy of M. P. in Geometry and Arithmetic [s.u., Lit.], 373–399.

Literatur: F. Arzarello, Dalla monografia del ›punto‹ e del ›moto‹ di M. P. ai software di geometria dinamica, Quaderni di storia dell'Università di Torino 10 (2009–2011), 63–79; M. Borga, Su alcuni contributi di Alessandro Padoa e M. P. al fondamenti della geometria, Epistemologia 34 (2011), 89–113; A. Brigaglia, M. P. e la Scuola di Corrado Segre, Quaderni di storia dell'Università di Torino 10 (2009–2011), 19–34; H. C. Kennedy, P., DSB X (1974), 605–606; B. Levi, M. P., Bollettino di Bibliografia e Storia delle Scienze Matematiche 15 (1913), 65–74 (repr. in: M. P., Opere [s.o., Werke], 1–10); ders., Correzione ed aggiunte alla necrologia di M. P., ebd. 16 (1914), 32 (repr. in: M. P., Opere [s.o., Werke], 11); E. Luciano, M. P. e la Scuola di Giuseppe Peano, Quaderni di storia dell'Università di Torino 10 (2009–2011), 35–62; E. A. Marchisotto, M. P.. His Contributions to the Foundations and Teaching of Geometry, Hist. Math. 16 (1989), 287–288; dies., The Contributions of M. P. to Mathematics and Mathematics Education, Diss. New York 1990; dies., M. P. and His Contributions to Geometry and Foundations of Mathematics, Hist. Math. 20 (1993), 285–303; dies., The Legacy of M. P.. The Man, the Scholar, the Teacher, Quaderni di storia dell'Università di Torino 10 (2009–2011), 3–18; dies./F. Rodríguez-Consuegra, The Work of M. P. in the Foundations and Philosophy of Mathematics, Hist. and Philos. Log. 14 (1993), 215–220; dies./J. T. Smith, The Legacy of M. P. in Geometry and Arithmetic, Boston Mass./Basel/Berlin 2007; F. Skof, Sull'opera scientifica di M. P., Boll. Unione mat. italiana 3. Ser. 15 (1960), 63–68; P. Soula, P., DP II (²1993), 2257. C. T.

Pietismus, Bezeichnung für eine von P. J. Spener (1635–1705, Pia Desideria [...], Frankfurt 1675, ed. K. Aland, Berlin 1940, ³1964) initiierte religiöse Bewegung des zunächst vor allem deutschen Protestantismus, in der Elemente des Luthertums, des reformatorischen ↑Spiritualismus, der ↑Mystik (J. Böhme, J. Arndt, J. V. Andreä), aber auch des spanischen (Teresa von Avila, Johannes vom Kreuz) bzw. französischen (J.-M. Guyon) Katholizismus sowie des Calvinismus und Puritanismus wirksam sind. Speners Schüler A. H. Francke führt den P. an der 1691 gegründeten Universität Halle ein (›Hallenser P.‹). – Kennzeichnend für den P. sind (1) die Betonung der subjektiven Religiosität, die sich durch Konzentration auf die Innerlichkeit und die Erweckung von ›Herzensfrömmigkeit‹ ausdrückt, (2) damit verbunden die kritische Verwerfung der dogmatischen und institutionellen (klerikalen) Abstützungen und Veräußerlichungen des Glaubens- und Frömmigkeitslebens zugunsten der biblischen Wortverkündigung als des wahren Glaubensgrundes, (3) die Auffassung von der unumgänglichen Notwendigkeit einer radikalen Veränderung des Lebens der einzelnen (›Wiedergeburt‹, anknüpfend an das urchristliche Verständnis von *μετάνοια*) in der Gestalt einmaliger gnaden- und geistgewirkter Bekehrung, (4) die Betonung eines Tatchristentums, das als innerweltliche Askese durch Arbeit aufgefaßt wird und sich auch in ökonomischem Erfolg dokumentieren soll, (5) die typische Organisationsform der Bekehrten in geistlichen Gemeinschaften (›collegia pietatis‹), von denen auch das spezifisch soziale und karitative Engagement der Bewegung (Gründung von Waisenhäusern, Krankenpflege, Bibelunterricht und Heidenmission) ausgeht.

Historisch zwischen altprotestantischer Orthodoxie und rationalistischer Aufklärungstheologie angesiedelt steht der P. innerkirchlich-innertheologisch gegen nachreformatorische Redogmatisierungsprozesse einer erstarkenden (und gegen die Gegenreformation entwickelten) protestantischen Scholastik, in der die ursprünglichen Motive der Reformation verdeckt werden. Der P. wendet sich gegen eine im Zuge der ↑Säkularisierung der westlichen Welt drohende Verflachung des religiösen Lebens. Die grundlegende Aufwertung des existenziellen Ranges des Individuums gegen Dogmen und Institutionen macht seine geistesgeschichtliche Bedeutung aus. Charakteristisch für die ethische Einstellung des P. ist die Ablehnung der ↑Adiaphora (›Mitteldinge‹). Diese bezeichnen den Spielraum religiös indifferenten Verhaltens, also einen Bereich zwischen Glaubensgerechtigkeit und Sündhaftigkeit. Der P. sieht stattdessen alles Tun als für das Seelenheil relevant an; der Mensch muß sich in jeder Handlung zwischen dem Guten und dem Bösen entscheiden. In Verbindung mit dem Askesegedanken führt dies dazu, daß jede Form der Zerstreuung, Muße und Entspannung für unerlaubt erklärt wird und allein Beten und Arbeiten die Lebensführung bestimmen sollen. Der sich hier abzeichnende ethische ↑Rigorismus dokumentiert sich auch darin, daß auf Grund von Intrigen Franckes C. Wolff wegen des Vorwurfs des ↑Atheismus die damalige Reformuniversität Halle verlassen muß. – Durch die Betonung von Subjektivität (↑Subjektivismus), ↑Innerlichkeit und religiöser Wiedergeburt leitet der P. die individualistischen Traditionen der ↑Romantik und der ↑Lebensphilosophie ein.

Durch den P. ist die literarische Kultur der Empfindsamkeit mit ihren Fortschritten psychologischer Nuancierung und Sensibilisierung (C. F. Gellert, F. G. Klopstock) geprägt. Er wirkt auf bedeutende autobiographische Leistungen des 18. Jhs., so auf »Anton Reiser« (Ein psychologischer Roman, I–V, Berlin 1785–1794) von K. P. Moritz und auf die Autobiographie J. H. Jung-Stillings (Heinrich Stillings Jugend. Eine wahrhafte Geschichte, Berlin 1777). Diese Vertiefung der frühbürgerlichen Selbstreflexion findet sich – ebenfalls unter pietistischem Einfluß – auch in der angelsächsischen puritanischen Tagebuchliteratur, die an der Praxis der persönlichen Gewissenserforschung geschult ist. J. C. Lavaters P. verbindet sich mit dem Geniebegriff (↑Genie). Die Erziehung im Geiste des P. beeinflußt J. W. v. Goethe, F. Schiller und G. E. Lessing, ferner J. G. Fichte, F. Hölderlin und Novalis. A. G. Baumgarten und G. F. Meier entstammen dem unmittelbaren Umkreis des Hallenser P.; ihre Aufwertung der Subjektivität und Begründung einer philosophischen Ästhetik (↑ästhetisch/Ästhetik), die die *cognitio sensitiva* emanzipatorisch aus dem logisch-deduktiven Schema der Wolffschen Begriffsbildung löst, gehen auf Grundmotive des P. zurück. Die auch biographisch manifeste Bedeutung des P. für I. Kant wird systematisch vornehmlich mit Blick auf seine Ethik und Religionsphilosophie gesehen. Indem er religionskritisch (↑Religionskritik) jede dogmatische Absicherung, ferner jede traditionalistische und klerikale Abstützung des Glaubens wie des moralischen Handelns entfernt und den einzelnen vor den absoluten Anspruch des Kategorischen Imperativs (↑Imperativ, kategorischer) und die Unbedingtheit des Gewissens stellt, vollzieht er eine dem P. nicht fernstehende gleichzeitige radikale Traditionskritik und Existenzialisierung. Der spezifisch schwäbische P. mit F. C. Oetinger (Entwicklung eines folgenreichen Lebensbegriffs, Grundbegriff der *cognitio centralis*, ›Leiblichkeit‹ als ›das Ende der Werke Gottes‹) und J. A. Bengel (Bibelhermeneutik und Heilsgeschichtsphilosophie) wirkt auf J. G. Hamann, F. W. J. Schelling und Hölderlin; ein entsprechender Einfluß auf G. W. F. Hegel wird zunehmend in Zweifel gezogen. F. D. E. Schleiermachers Bestimmung der Religion als Gefühl für das Unendliche bzw. als Gefühl schlechthinniger Abhängigkeit von Gott geht unmittelbar auf den P. zurück. Er beeinflußte auch S. Kierkegaard und die angloamerikanischen evangelikalen Glaubensgemeinschaften.

Literatur: K. Aland (ed.), P. und moderne Welt, Witten 1974; M. Beyer-Froehlich (ed.), P. und Rationalismus, Leipzig 1933 (repr. Darmstadt 1970); E. Beyreuther, Geschichte des P., Stuttgart 1978; M. Brecht u. a. (eds.), Geschichte des P., I–IV, Göttingen 1993–2004; ders., P., TRE XXVI (1996), 606–631; W. Breul/M. Meier/L. Vogel (eds.), Der radikale P.. Perspektiven der Forschung, Göttingen 2010; M. Greschat (ed.), Zur neueren P.forschung, Darmstadt 1977; ders. (ed.), Orthodoxie und P., Stuttgart etc. 1982, ^{2}1994; U. Groetsch, Pietism, NDHI V (2005), 1821–1823; A. C. Guelzo, Pietism, REP VII (1998), 392–396; E. Hirsch, Geschichte der neueren evangelischen Theologie im Zusammenhang mit den allgemeinen Bewegungen des europäischen Denkens, I–V, Gütersloh 1949–1954, ^{3}1964 (repr. Münster 1984), ^{5}1975, Waltrop 2000; H.-G. Kemper/H. Schneider (eds.), Goethe und der P., Tübingen 2001; A. Langen, Der Wortschatz des deutschen P., Tübingen 1954, ^{2}1968; J. T. McNeill, Modern Christian Movements, Philadelphia Pa. 1954, New York 1968; C. Peters/G. Sauder, P., LThK VIII (^{3}1999), 291–294; K. Reinhardt, Mystik und P., München 1925; A. Ritschl, Geschichte des P., I–III, Bonn 1880–1886 (repr. Berlin 1966); B. Sassen, 18th Century German Philosophy Prior to Kant, SEP 2002, rev. 2010; M. Schmidt, Wiedergeburt und neuer Mensch (Gesammelte Studien zur Geschichte des P. I), Witten 1969; ders., Der P. als theologische Erscheinung (Gesammelte Studien zur Geschichte des P. II), ed. K. Aland, Göttingen 1984; D. H. Shantz, An Introduction to German Pietism. Protestant Renewal at the Dawn of Modern Europe, Baltimore Md. 2013; E. E. Stoeffler, The Rise of Evangelical Pietism, Leiden 1965, Nachdr. 1971; ders., German Pietism During the Eighteenth Century, Leiden 1973; J. Wallmann, P., Hist. Wb. Ph. VII (1989), 972–974; ders., Der P., Göttingen 1990, ^{2}2005; ders. u. a., P., RGG VI (^{4}2003), 1341–1354; K. Yamashita, Kant und der P.. Ein Vergleich der Philosophie Kants mit der Theologie Speners, Berlin 2000. – P. und Neuzeit. Ein Jahrbuch zur Geschichte des neueren Protestantismus. Im Auftrag der Historischen Kommission zur Erforschung des P., ed. M. Brecht u. a., 1974 ff. (erschienen Bde I–XXXIX). T. R.

Pilzbarth, Jakob, *Ermatingen (Kanton Thurgau) 15. Jan. 1844, †Girenbad (Kanton Zürich) 23. Juli 1911, schweiz. Arzt, Zoologe und Philosoph, Entdecker der Anthropolyse. Studium der Medizin in Zürich und Wien, Promotion ebendort bei E. W. v. Brücke und Forschungstätigkeit, zeitweise gemeinsam mit S. Freud, dessen ↑Psychoanalyse stark durch P.s anthropolytische Theorie und Therapie beeinflußt wurde. – Bestimmte, mit der Therapie P.s verbundene operative Eingriffe verursachten 1898 in Wien einen öffentlichen Skandal, in dessen Verlauf P. an seinen Geburtsort Ermatingen (Bodensee) flüchtete. Dort Abfassung seines Hauptwerks (Die Überwindung des Menschseins durch Anthropolyse, 1900), in dem die Erfahrungen von ausgedehnten Forschungsreisen in Afrika (z. B. 1903 gemeinsam mit C. G. Jung nach Kenia) vorgreifend Eingang fanden. Danach Bäderarzt in Girenbad, wo sich zeitweise auch Jung (ohne nachhaltigen Erfolg) der Anthropolyse unterzog. P.s erfolgreiche anthropolytische Kuren bewirkten schwere Störungen des Züricher und Schweizerischen Wirtschaftslebens und führten deswegen zu seiner Verhaftung. In einem Geheimprozeß vor dem Züricher Obergericht wurde P. zu einer langjährigen Gefängnisstrafe verurteilt. Nach dreijähriger Haft starb er in der Züricher Strafanstalt Burghölzli. Aus Sicherheitsgründen hielten die Behörden das Ableben P.s geheim und versuchten, jede Spur seines Wirkens zu vernichten. Erst 1994 setzte mit einer anläßlich seines 150. Geburtstags in Zürich veranstalteten Ausstellung über P.s Theorie und Therapie P.s der noch nicht abgeschlossene Prozeß seiner Rehabilitierung ein. Möglicherweise bestehende verwandtschaftliche Beziehungen zu Gottlieb Theodor Pilz (1789–1856) (vgl. W. Hildesheimer, 1956 – ein Pilzjahr, in: ders., Gesammelte Werke in sieben Bänden I, ed. C. L. H. Nibbrig/V. Jehle, Frankfurt 1991, 97–106) sind noch ungeklärt.

P. gilt als der Begründer des evolutionären ↑Paradigmas in der Medizin; seine Anthropolyse steht in der Tradition der ↑Evolutionstheorie von J. B. de Monet Lamarck (↑Lamarckismus) und des biogenetischen Grundgesetzes (↑Grundgesetz, biogenetisches) von E. Haeckel, dem P. zu Durchbruch und Anerkennung verhalf. Ferner antizipierte P. in eigenwilliger Weise die Theorie des Wandels (›Typostrophe‹) und der Auflösung (›Typolyse‹) des morphologischen ↑Typus, die in den 20er bis 40er Jahren des 20. Jhs. von dem Tübinger Paläontologen O. H. Schindewolf entwickelt wurde. P. geht, im Anschluß an seine Schweizer Landsleute A. v. Haller und C. Bonnet (↑scala naturae) davon aus, daß – ähnlich wie im Buddhismus (↑Philosophie, buddhistische) – der Mensch eine leideninduzierende, defiziente Synthese zwischen dem tierischen und dem göttlichen Bereich darstellt. Allerdings besteht die Defizienz nach P. (anders als im Buddhismus) darin, daß im Verlauf der Individualentwicklung (›Ontogenese‹) verschiedene phylogenetische Stadien nicht mit der nach dem biogenetischen Grundgesetz erforderlichen Intensität durchlaufen wurden. Die Evolution, die P. (hier die Vorstellungen M.-J. P. Teilhard de Chardin vorbereitend) teilweise als einen zielgerichteten Prozeß (›Orthogenese‹) ansieht, kann jedoch nicht weiter voranschreiten, solange es den Menschen nicht gelingt, ihre ontogenetisch-phylogenetischen Defizite aufzuarbeiten.

P.s Theorie sowie sein darauf aufbauendes therapeutisches Konzept sind grundsätzlich ganzheitlich, so daß er als ein Vorläufer neuerer Ganzheitstheorien und Ganzheitstherapien, z. B. im Zusammenhang mit der so genannten New-Age-Bewegung und anderen Konzeptionen der Selbstverwirklichung und Bewußtseinserweiterung, gelten kann. Diese psycho-physische Ganzheitlichkeit zeigt sich darin, daß P. das gegenwärtige Menschsein durch eine Interaktion (↑Leib-Seele-Problem, ↑Interaktionismus) ›überwinden‹ will, um so die Basis für weiteren evolutionären Fortschritt hin zu ›posthominiden Wesen‹ zu schaffen. Der Überwindungsprozeß des Menschseins erfolgt in einem ganzheitlichen, d. h. sowohl morphologischen (↑Morphologie) als auch mentalen, Prozeß der ›Anthropolyse‹. Im einzelnen ist auf der mentalen Seite – hier antizipiert P. Konzepte M. Heideggers – insbes. diejenige ↑Gelassenheit und ↑Tapferkeit erforderlich, die der physische Rückgang in frühere phylogenetische Zustände erfordert. P. diskutiert diesen Sachverhalt unter der Bezeichnung ›phylogenetische Regressionskompetenz‹. Am Anfang steht (mittels eines phylogenetischen Assoziationstests) die je individuelle Diagnose jener Spezies, die im ontogenetischen Prozeß nicht genügend intensiv rekapituliert wurde. Die im phylogenetischen Assoziationstest festgestellte Regressionskompetenz erlaubt eine starke mentale Konzentration auf diejenige Spezies, für die die Versuchsperson als regressionskompetent ausgetestet wurde. Dies wiederum führt – ganz im Sinne Lamarcks – zur Bildung von Gewohnheiten (Lamarck: *habitudes*), die ihrerseits dieser Art entsprechende, morphologische Metamorphosen induzieren. Dieser Vorgang läßt sich als ein morphologisches Pendant zur schon länger bekannten sprachphilosophischen Kompression (↑Kompressor) verstehen. Der anthropolytische Metamorphoseprozeß kann sowohl pharmazeutisch durch das von P. synthetisierte ›Metamorphin‹, als auch elektrophysiologisch durch das ebenfalls von P. entwickelte Psychogalvanometer katalysiert werden.

P.s Einfluß auf neuere anthropologische und medizinische Theorien und Therapiekonzepte ist groß. Neben Freud und Jung sind vor allem W. Reichs Gedanke der Orgonakkumulation und die meisten auf Bewußtseinserweiterung zielenden, heute ›esoterisch‹ genannten Bewegungen zu nennen, die explizit oder implizit an P. anschließen. Ob auch die an Jung sich anlehnenden, anthropologischen Auffassungen des lange Zeit in Zürich lehrenden theoretischen Physikers W. Pauli und seiner Schule (›Pauli-Prinzip‹) direkt von P. beeinflußt wurden, ist ungewiß. Ebenso steht die Beantwortung der Frage, ob die Geburt P.s im Jahre 1844 im Bodenseegebiet in distantem Zusammenhang (↑argumentum in distans) mit der Tatsache steht, daß J. J. Feinhals sich genau 100 Jahre früher ebenfalls dort aufhielt, noch in ihren Anfängen.

Werke: How to Overcome the Human Nature?, Proc. Amer. Soc. Anthropol. 15 (1899), 45–63; Die Überwindung des Menschseins durch Anthropolyse, o. O. 1900; Nicht die Erhaltung der menschlichen Rasse, sondern deren Überwindung ist uns aufgetragen, Z. Rassenhyg. 3 (1901), 17–29.

Literatur: A. vom Bach, Die Anthropolyse. Eine Aufklärungsschrift, o. O., o. J. [ca. 1907], Neudr. in: J. Willi/M. Dubach (eds.), Die Überwindung des Menschseins nach der Heilmethode von Prof. P., Zürich 1994, 38–51; O. H. Schindewolf, Das Problem der Menschwerdung. Ein paläontologischer Lösungsversuch, Jb. Preuß. Geolog. Landesanstalt 49 (1928), 716–766; ders., Grundfragen der Paläontologie. Geologische Zeitmessung, organische Stammesentwicklung, biologische Systematik, Stuttgart 1950 (repr. New York 1980) (engl. Basic Questions in Paleontology. Geologic Time, Organic Evolution, and Biological Systematics, Chicago Ill. 1993); J. Willi, P., NDB XX (2001), 448; ders., Professor P.: ein verkanntes Genie war seiner Zeit voraus [...], Badener Neujahrsbl. 81 (2006), 192–194. G. W.

Planck, Max [Karl Ernst Ludwig], *Kiel 23. April 1858, †Göttingen 4. Okt. 1947, dt. Physiker, Begründer der ↑Quantentheorie. Ab 1874 Studium der Mathematik und Physik in München (bes. bei P. v. Jolly), 1877–1878 in Berlin, unter anderem bei K. Weierstraß, G. R. Kirchhoff und H. v. Helmholtz. 1878 Staatsexamen für das Höhere Lehramt und kurze Lehrtätigkeit in München, 1879 Promotion mit einer Arbeit über den 2. Hauptsatz der Thermodynamik, 1880 Habilitation mit einer Arbeit über »Gleichgewichtszustände isotroper Körper in verschiedenen Temperaturen«. 1885 a. o. Prof. der Theoretischen Physik an der Universität Kiel, 1888 an der Universität Berlin; 1892 o. Prof. ebendort als Nachfolger von Kirchhoff. 1894 Mitglied der Königlich-Preußischen Akademie der Wissenschaften zu Berlin, 1912–1938 einer ihrer vier Sekretäre, 1930–1937 und 1945–1946 Präsident der Kaiser-Wilhelm-Gesellschaft zur Förderung der Wissenschaften (nach P.s Tod in »M.-P.-Gesellschaft« umbenannt). 1918 Nobelpreis für Physik. P. war Träger des Ordens ›Pour le mérite‹ und der nach ihm benannten ›M.-P.-Medaille‹ der Deutschen Physikalischen Gesellschaft, deren Vorsitzender er viele Jahre war.

P.s wissenschaftliche Leistungen betreffen ↑Thermodynamik, Strahlungstheorie, Relativitätstheorie und Wissenschaftsphilosophie. In seinen frühen Arbeiten zur Thermodynamik bekennt sich P. noch zur phänomenologischen Methode von R. Clausius und lehnt die Atomhypothese und die statistische Deutung im Sinne von L. Boltzmann ab. Das ändert sich erst unter dem Eindruck genauerer Messungen und eigener Arbeiten im Bereich der Strahlungsphysik. W. Wien hatte zunächst 1893, dann verbessert 1896, ein Verteilungsgesetz für die Energiedichte der Hohlraumstrahlung vorgeschlagen, das Messungen für kurze Wellenlängen entsprach. P. versucht 1899 eine theoretische Erklärung der *Wienschen Formel,* indem er einen harmonischen Oszillator als Modell der Strahlung annimmt und seine ↑Entropie mit zwei positiven Konstanten definiert, die später zur Einführung der P.schen Konstante h führen. Ende 1899 werden Meßabweichungen von Wiens Gesetz und damit von P.s Theorie des Oszillators bekannt, die P. zu einer Modifikation der Strahlungsformel (Oktober 1900) zwingen. Im Dezember 1900 schlägt P. eine statistische Erklärung für seinen modifizierten Entropieansatz vor, indem er Oszillatoren auf Energiestufen $n \cdot \varepsilon$ verteilt und $\varepsilon = \mathrm{h} \cdot \nu$ (ν: Frequenz) annimmt. Diese Ableitung des *Planckschen Strahlungsgesetzes*

$$w(T,\nu) = \frac{8\pi}{c^3}\frac{\mathrm{h}\nu^3}{e^{\frac{\mathrm{h}\nu}{kT}} - 1}$$

als Funktion der Frequenz ν und der Temperatur T, vorgetragen am 14. 12. 1900 auf einer Sitzung der Deutschen Physikalischen Gesellschaft in Berlin, gilt als Geburtsstunde der Quantentheorie. Da die Abweichung von der klassischen statistischen Mechanik im Sinne von Boltzmann bald erkannt wird (J. H. Jeans, Lord Rayleigh), gilt P.s Theorie der Hohlraumstrahlung mit ihren Energiequanten zunächst als ↑ad-hoc-Hypothese zum Verständnis des harmonischen Oszillators. 1905 führt A. Einstein auf Grund einer thermodynamischen Analyse der Wienschen Formel seine Hypothese der Lichtquanten mit der Energie $\mathrm{h} \cdot \nu$ ein. 1906 deutet P. seine Konstante h durch Zustände im Phasenraum des Oszillators. Er entdeckt, daß die Energien $E = \mathrm{h}\nu n$ des harmonischen Oszillators den aus der statistischen Physik bekannten Phasenausdehnungen $\Phi = \oint p\, dx = \mathrm{h}n$ in einer Schwingungsperiode entsprechen, die sich geometrisch als Flächen in der Ort-Impuls-Ebene darstellen lassen (x: Ort, p: Impuls):

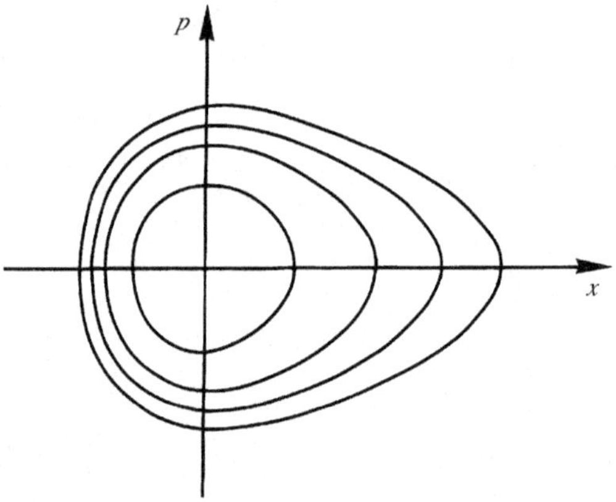

Abb.: Phasengebiete

Die ↑Konstante h ist nun Einheit für die Abzählung von Fällen der Statistik periodischer Systeme und keine willkürliche ad-hoc-Hypothese. Der entscheidende Durchbruch der P.schen Hypothese gelingt jedoch erst, als N. Bohr 1913 unter ihrer Voraussetzung Spektrallinien berechnet und die Theorie des Wasserstoffatoms begründet. P. erkennt 1906 als einer der ersten die Bedeutung

von Einsteins Spezieller Relativitätstheorie (↑Relativitätstheorie, spezielle) und fördert sie maßgeblich.
Obwohl P. *wissenschaftstheoretisch* mit einem phänomenologischen Ansatz in der Thermodynamik beginnt, vertritt er später unter dem Eindruck der Quantentheorie einen realistischen Ansatz in der Tradition von Boltzmann, verbunden mit einer Kritik am Positivismus (↑Positivismus (historisch)) von E. Mach und der Energetik von W. Ostwald. P. unterscheidet zwischen dem ›Weltbild‹ der Physik, das sich in den Gesetzen des mathematischen Formalismus der Quantentheorie ausdrückt, und der ›Wahrnehmungswelt‹ der Meßergebnisse. Da die Wellenfunktion Ψ durch die ↑Schrödinger-Gleichung eindeutig bestimmt ist, nimmt P. den ↑Indeterminismus nur für die Wahrnehmungswelt (also die Ergebnisse von Messungen von Ψ) an, während die Gesetze der realen Außenwelt als determiniert, objektiv und unabhängig vom menschlichen Bewußtsein aufgefaßt werden. Als Ziel der Physik formuliert P. bereits 1908 die Aufgabe, die ›Einheit des physikalischen Weltbildes‹ durch eine Vereinheitlichung der verschiedenen physikalischen Theorien zu erreichen, wie es J. C. Maxwell mit ↑Elektrodynamik und ↑Optik gelang.
Im Sinne I. Kants wird das Kausalgesetz (↑Kausalität) als Kategorie der Vernunft und Bedingung physikalischer Erkenntnis gedeutet. Im Sinne von Kants Praktischer Philosophie (↑Philosophie, praktische) nimmt P. keinen Gegensatz zwischen dem ↑Determinismus der physikalischen Welt und der ↑Willensfreiheit des Menschen an, die sich am Kategorischen Imperativ (↑Imperativ, kategorischer) zu orientieren hat. Hier wird P.s preußische Gesinnung deutlich, die sich in einem geradlinigen und unbeirrbaren Handeln zeigt und seine moralische Autorität unter den deutschen Physikern begründet. So verteidigt P. jüdische Kollegen, z. B. Einstein und W. Ernst, auch nach 1933. Er fordert von Hitler persönlich die Freilassung inhaftierter Wissenschaftler, später auch seines Sohnes Erwin, der wegen seiner Beteiligung an der Widerstandsbewegung nach dem Attentat von 1944 hingerichtet wurde. In seinem Verhältnis zur Religion ist P. von Kant und A. v. Harnack beeinflußt. Als engagiertes Mitglied der evangelischen Kirche bejaht er einen Gottesglauben im religiös-praktischen Leben, kritisiert aber gleichzeitig eine Pseudometaphysik, die aus der Quantentheorie ↑Gottesbeweise herzuleiten sucht.

Werke: Das Princip der Erhaltung der Energie, Leipzig 1887, Leipzig/Berlin [3]1913, 1924; Heinrich Rudolf Hertz. Rede, zu seinem Gedächtniss [...], Leipzig 1894; Vorlesungen über Thermodynamik, Leipzig 1897, erw. Berlin [11]1964 (engl. Treatise on Thermodynamics, London/New York/Bombay 1903, New York 1990); Ueber irreversible Strahlungsvorgänge, Ann. Phys. 1 (1900), 69–122, separat unter dem Titel: Die Entdeckung des Wirkungsquantums, München 1969; Vorlesungen über die Theorie der Wärmestrahlung, Leipzig 1906, [5]1923, unter dem Titel: Theorie der Wärmestrahlung. Vorlesungen von M. P., Leipzig [6]1966 (engl. The Theory of Heat Radiation, Philadelphia Pa. 1914, New York 1991); Die Einheit des physikalischen Weltbildes. Vortrag [...], Leipzig 1909; Acht Vorlesungen über theoretische Physik [...], Leipzig 1910 (engl. Eight Lectures on Theoretical Physics [...], New York 1915, Mineola N. Y. 1998); Einführung in die theoretische Physik, I–V, Leipzig 1916–1930, I, 1937, II, 1931, III, 1937, IV, 1931, V, 1932 (engl. Introduction to Theoretical Physics, I–V, London 1932–1933, New York 1949, I–IV, New York 1957); Physikalische Rundblikke. Gesammelte Reden und Aufsätze, Leipzig 1922 (engl. A Survey of Physics, London 1925, unter dem Titel: A Survey of Physical Theory, New York 1993); Wege zur physikalischen Erkenntnis. Reden und Vorträge, Leipzig 1933, [4]1944, erw. unter dem Titel: Vorträge und Erinnerungen, Stuttgart [5]1949 (repr. Darmstadt 1965, 1983) (franz. Initiations à la physique, Paris 1941, 2013); (ed.) 25 Jahre Kaiser-Wilhelm-Gesellschaft zur Förderung der Wissenschaften, I–III, Berlin 1936–1937; M. P. in seinen Akademie-Ansprachen. Erinnerungsschrift der Deutschen Akademie der Wissenschaften zu Berlin, Berlin (Ost) 1948; Wissenschaftliche Selbstbiographie. Mit einem Bildnis und der von Max von Laue gehaltenen Traueransprache, Leipzig 1948, [5]1970, Halle 1990 (engl. Scientific Autobiography and Other Papers, New York 1949 [repr. Westport Conn. 1968]; franz. Autobiographie scientifique et derniers écrits, Paris 1960, 1991); Physikalische Abhandlungen und Vorträge, I–III, ed. Verband Deutscher Physikalischer Gesellschaften/M.-P.-Ges. zur Förderung der Wissenschaften e. V., Braunschweig 1958; Vom Wesen der Willensfreiheit und andere Vorträge, ed. A. Hermann, Frankfurt 1991; Brieftagebuch zwischen M. P., Carl Runge, Bernhard Karsten und Adolf Leopold. Mit den Promotions- und Habilitationsakten M. P.s und Carl Runges im Anhang, ed. K. Hentschel/R. Tobies, Berlin 1999, [2]2003; Vorträge, Reden, Erinnerungen, ed. H. Roos/A. Hermann, Berlin etc. 2001. – H. Lowood, M. P.. A Bibliography of His Non-Technical Writings, Berkeley Calif. 1977; P. Hauke, M.-P.-Bibliographie, Ber. u. Mitteilungen d. M.-P.-Ges. 97 (1997), H. 4.

Literatur: M. Born, P., in: H. Heimpel/T. Heuss/B. Reifenberg (eds.), Die großen Deutschen. Deutsche Biographie IV, Berlin 1957, 214–226; C. Chevalley, M. P., DP II ([2]1993), 2267–2269; H. Dingler, M. P. und die Begründung der sogenannten theoretischen Physik, Berlin o. J. [1939]; E. Dinkler, M. P. und die Religion, Z. Theol. u. Kirche 56 (1959), 201–223; P. K. Feyerabend, P., Enc. Ph. VI (1967), 312–314, VII ([2]2006), 577–579; E. P. Fischer, Der Physiker. M. P. und das Zerfallen der Welt, München 2007, 2010; H. W. Gernand/W. J. Reedy, P., Kuhn, and Scientific Revolutions, J. Hist. Ideas 47 (1986), 469–485; H. Hartmann, M. P. als Mensch und Denker, Berlin 1938, rev. Basel [3]1953, Frankfurt/Berlin 1964; J. L. Heilbron, The Dilemmas of an Upright Man. M. P. as Spokesman for German Science, Berkeley Calif./Los Angeles/London 1986, mit Untertitel: M. P. and the Fortunes of German Science, Cambridge Mass./London 2000; W. Heisenberg, Die P.sche Entdeckung und die philosophischen Probleme der Atomphysik, Universitas 14 (1959), 135–148, Nachdr. in: ders., Ges. Werke/Collected Works Abt. C/II, ed. W. Blum/H.-P. Dürr/H. Rechenberg, München/Zürich 1984, 235–248; E. Henning (ed.), M. P. (1858–1947). Zum Gedenken an seinen 50. Todestag am 4. Oktober 1997, München 1997; A. Hermann, Frühgeschichte der Quantentheorie (1899–1913), Mosbach 1969 (engl. The Genesis of Quantum Theory (1899–1913), Cambridge Mass./London 1971); ders., M. P. in Selbstzeugnissen und Bilddokumenten, Reinbek b. Hamburg 1973, 2005; E. N. Hiebert, The Conception of Thermodynamics in the Scientific Thought of Mach and M. P., Freiburg 1968 (Ernst-Mach-Institut Freiburg. Wissenschaftl. Ber. 5); T. Hirosige/S. Nisio, The Genesis of the Bohr Atom Model and P.'s Theory of Radiation, Jap. Stud. Hist. Sci. 9 (1970), 35–47; D. Hoffmann, P., in: ders./H. Laitko/S. Müller-Wille (eds.), Lexikon der bedeutenden Naturwissenschaftler III, München 2004, 150–155; ders., M. P.. Die Entstehung der modernen Physik, München 2008; ders./C. Gearhart, P., in: N. Koertge (ed.), New Dictionary of Scientific Biography VI, Detroit Mich. etc. 2008, 111–115; D. Howard, P., REP VII (1998), 396–398; H. Kangro, Vorgeschichte des P.schen Strahlungsgesetzes. Messungen und Theorien der spektralen Energieverteilung bis zur Begründung der Quantenhypothese, Wiesbaden 1970 (engl. Early History of P.'s Radiation Law, London 1976); ders., P., DSB XI (1975), 7–17; M. J. Klein, M. P. and the Beginnings of Quantum Theory, Arch. Hist. Ex. Sci. 1 (1960–1962), 459–479; B. Kockel/W. Macke/A. Papapetrou (eds.), M.-P.-Festschrift 1958, Berlin (Ost) 1959; H. Kretzschmar, M. P. als Philosoph, München/Basel 1967; E. Lamla, M. P.. Die Eröffnung des Atomzeitalters durch die Quantentheorie, in: H. Schwerte/W. Spengler (eds.), Forscher und Wissenschaftler im heutigen Europa I (Weltall und Erde. Physiker, Chemiker, Erforscher des Weltalls, Erforscher der Erde, Mathematiker), Oldenburg/Hamburg 1955, 38–46; C. Liesenfeld, Philosophische Weltbilder des 20. Jahrhunderts. Eine interdisziplinäre Studie zu M. P. und Werner Heisenberg, Würzburg 1992; L. Meitner, M. P. als Mensch, Naturwiss. 45 (1958), 406–408; D. E. Newton, P., in: B. Narins (ed.), Notable Scientists from 1900 to the Present, Farmington Hills Mich. 2001, 1779–1781; A. v. Pufendorf, Die P.s. Eine Familie zwischen Patriotismus und Widerstand, Berlin 2006, 2007; M. Schlick, Positivismus und Realismus, Erkenntnis 3 (1932/1933), 1–31 (engl. Positivism and Realism, in: A. J. Ayer [ed.], Logical Positivism, Glencoe Ill., New York 1959 [repr. Westport Conn. 1978], 82–107); H. Vogel, Zum philosophischen Wirken M. P.s. Seine Kritik am Positivismus, Berlin (Ost) 1961; B. Weiss, P., in: B. Jahn, Biographische Enzyklopädie deutschsprachiger Philosophen, München 2001, 323–324; weitere Literatur: ↑Quantentheorie. K. M.

Platon, *Athen (oder Ägina) 428/427 v. Chr., †Athen 348/347 v. Chr., griech. Philosoph, mit Aristoteles Begründer der klassischen griechischen Philosophie (↑Philosophie, griechische). P. stammte aus einer reichen und vornehmen Familie Athens; seine Mutter Periktione war mit den Politikern Kritias und Charmides, vielleicht auch mit Solon, Chabrias und Timotheos verwandt; nach dem frühen Tod Aristons, P.s Vater, heiratete sie Pyrilampes, den Sohn des Antiphon. P. besaß zwei ältere Brüder, Adeimantos und Glaukon, und einen Halbbruder namens Antiphon; seine Schwester Potone war die Mutter des Speusippos, seines Nachfolgers in der Leitung der Akademie. Nach dem Tod des Sokrates (399 v. Chr.), dessen Schüler P. acht Jahre lang war und dessen Prozeß er miterlebte, hielt P. sich bei dem Eleaten (↑Eleatismus) Eukleides in Megara auf; wieder in Athen, soll er an Militärexpeditionen nach Tanagra (Böotien) und Korinth (um 394 v. Chr.) teilgenommen haben. Ob P. in dieser Zeit eine Reise nach Ägypten und Kyrene unternahm, ist ungewiß; sicher bezeugt sind die folgenden drei Reisen: (1) 388/387 v. Chr. nach Unteritalien und Sizilien (Anlaß unbekannt), wo P. die Denk- und Lebensweise der ↑Pythagoreer kennenlernte und mit Archytas von Tarent und Dion Freundschaft schloß; ob er nach seinem Bruch mit dem Tyrannen Dionysios I. von Syrakus gefangengenommen und von Spartanern als Sklave verkauft wurde, ist nicht sicher verbürgt. (2) 366/365 v. Chr. nach dem Tode Dionysios I. (367 v. Chr.) lud Dion P. nach Syrakus ein, um Dionysios II. zu unterweisen; nach politischen Intrigen und der Verbannung Dions kehrte P. nach Athen zurück. (3) 361/360 v. Chr. folgte P. einer Einladung Dionysios II., verließ ihn aber, da dieser seine unversöhnliche Haltung gegenüber Dion nicht aufgab. Die Gründung der P.ischen ↑Akademie fällt in die Zeit von 388–385 v. Chr..

Die *Schriften* P.s – bis auf die »Apologie« sind alle zweifelsfrei echten Werke Dialoge – sind in der Fassung vollständig erhalten, wie sie (vermutlich) Thrasyllos um Christi Geburt ordnete; dieses Verzeichnis enthält in neun Tetralogien alle von P. veröffentlichten Werke. Von der Vorlesung »Über das Gute« sind nur Fragmente der Nachschriften seiner Schüler erhalten. Die »Epinomis« und die außerhalb der Tetralogien überlieferten sechs kurzen Dialoge sowie ein Buch über Definitionen galten schon in der Antike als unecht; von den anderen bei Thrasyllos genannten Werken werden heute als nicht authentisch angesehen: »Alkibiades II«, »Hipparchos«, »Anterastai«, »Theages«, die 13 Briefe (bis auf den siebten und eventuell den sechsten) sowie die Vorspiele zur »Politeia« (»Kleitophon«) und zu den »Nomoi« (»Minos«); umstritten ist die Echtheit von »Hippias I« und »Hippias II«, »Alkibiades I«, »Menexenos« und des sechsten Briefes; der siebte Brief wird allgemein als echt angesehen. Für die *Chronologie* der Werke P.s gilt folgende Einteilung: (1) ›Sokratische‹ Schriften mit vorwiegend ethischer Thematik und aporetischer Grundtendenz: »Laches«, »Charmides«, »Euthyphron«, »Lysis«, »Politeia I« (auch »Thrasymachos« genannt), »Protagoras«, dazu »Apologie« und »Kriton« und (wenn echt) »Ion«. (2) Kritik der sophistischen Rhetorik: »Gorgias«, »Menon«, »Euthydemos«, »Kratylos«; außerdem (wenn echt) »Menexenos«, »Hippias I« und »Hippias II«. (3) Vorwiegend systematische Erörterungen über Erkenntnistheorie, Metaphysik, Ethik und Politik, verbunden mit der Ausbildung der Ideenlehre: »Symposion«, »Phaidon«, »Politeia II–X«, »Phaidros«. (4) Weiterführung der Ideenlehre, Naturphilosophie und Gesetzgebung: »Theaitetos«, »Parmenides«, »Sophistes«, »Politikos«, »Philebos«, »Timaios«, »Kritias«, »Nomoi« (von Philippos von Opus postum veröffentlicht).

P. hat seine *Lehre* nicht in systematischen Abhandlungen, sondern in Dialogen, und nicht für Philosophen, sondern für Laien niedergeschrieben. Die literarisch verfremdende Darstellungsform des Dialogs erlaubt es ihm, bestimmte systematisch wichtige Fragen auszuklammern, sie zwar an-, aber nicht auszudiskutieren, im Denk- und Sprachstil anderer deren Meinung zu referieren, ohne selbst Stellung zu nehmen, und seine eigene Position (die nicht immer mit der des Dialogpartners Sokrates identisch sein muß) teils deutlich, teils verhüllt zum Ausdruck zu bringen. Den eigentlichen Kern seiner Philosophie hat P., seiner eigenen Aussage nach, nicht schriftlich formuliert, einerseits wegen der prinzipiellen ›Ohnmacht der Sprache‹, insbes. in der Form der schriftlichen Fixierung (7. Brief 343a, 341b/d), andererseits um das ›Höchste‹, das ›Göttliche‹ vor der Profanierung zu schützen. Nur einmal, in seiner Vorlesung »Über das Gute«, scheint P. die Quintessenz seiner Lehre direkt vor der Öffentlichkeit ausgesprochen zu haben. – Die zahlreichen in den Dialogen begegnenden *Mythen* lassen sich in ihrer Funktion durch ihr Verhältnis zur diskursiven Erörterung bestimmen: Sie dienen teils der Veranschaulichung und Erläuterung, teils der Ergänzung des theoretisch Wißbaren; bisweilen bringen sie Unsagbares, d. h. in diskursiver Form nicht Sagbares, nicht mehr streng Kontrollierbares oder auch als Geheimnis zu Wahrendes verschlüsselt zum Ausdruck. Nie sind sie bloß unverbindliche Märchen; nie stehen sie im Gegensatz zum Wißbaren.

P. gewinnt seine Problemstellungen und viele seiner inhaltlichen und methodischen Argumente aus der kritischen Auseinandersetzung mit der Philosophie-, Wissenschafts- und Zeitgeschichte. Die Philosophie des Heraklit lernte er über Kratylos, die des Parmenides über Hermogenes kennen; mit der Pythagoreischen Lehre wurde er durch Archytas von Tarent vertraut; seine Schriften bezeugen eine gründliche Kenntnis von Anaxagoras, Demokrit und Empedokles sowie der Werke des Musiktheoretikers Damon und der griechischen Historiker. Der literarischen Form des Dialogs entspricht philosophisch gesehen eine offene dialogische Art und Weise des Philosophierens; diese bringt es mit sich, daß von einer ›Lehre‹ im Sinne eines mehr oder weniger geschlossenen Systems von ›Lehrsätzen‹ bei P. nicht die Rede sein kann. Im Sinne seines Lehrers Sokrates, der von sich sagte, er wisse nur dies, daß er nichts wisse (Apol. 21d), vermeidet es P., *inhaltliche* Lehrmeinungen als gesichertes Wissen hinzustellen; lediglich allgemeine Positionen der Art, daß man überhaupt Ideen (↑Idee (historisch)) annehmen und daß es eine Idee des Guten geben müsse, daß Unrecht tun schlimmer sei als Unrecht leiden, daß es besser sei, die Möglichkeit des Lernens anzunehmen als dessen Unmöglichkeit (Men. 86b–c) und daß ein Leben der Vernunft einem Leben der völligen Unvernunft vorzuziehen sei (Phileb. 18e–22c), formuliert er explizit als gesichertes Wissen. *Methodische* Einsichten lassen sich dagegen häufiger als sicheres Wissen bzw. als unabdingbar im Sinne der Philosophie P.s ausmachen, etwa die Methode der Dialogführung, die der ↑Definition und die der Prädikation sowie das für die Wahrheitsfähigkeit einer Aussage (logos) unverzichtbare Erfordernis der vollständigen Ausformulierung aller ihrer Teilelemente (Kratylos, 385b2–c16), das dann von Aristoteles (De int. II–IV, 16a20–17a8) pointiert aufgenommen und präzisiert wurde.

Wollte man dennoch versuchen, die Grundzüge der philosophischen Lehre P.s zu rekonstruieren, so läßt sich Folgendes festhalten: Die primär auf den Bereich der ↑Individualethik bezogene Frage des Sokrates nach dem ↑Guten und der ↑Gerechtigkeit stellt P. in den umfassenderen Kontext des politisch-sozialen Handelns, woraus sich unmittelbar die Auseinandersetzung mit der ↑Sophistik und der ↑Rhetorik, aber auch mit der Politik und mit Fragen der Erziehung ergibt. Um den ethischen ↑Relativismus der Sophisten durch eine gesicherte Argumentationstheorie zu überwinden, entwirft er eine allgemeine, am Modell des handwerklichen, ›technischen‹ Könnens (↑Technē) orientierte Theorie des Wissens, das er im »Menon« (97bff.) als Gründewissen, d. h. durch begründete Argumentation ›angebundenes‹ Wissen expliziert, im Gegensatz zur ›richtigen ↑Meinung‹, die zwar richtig, aber eben nicht durch Gründe gesichert und verankert ist. P.s Theorie des Wissens findet in der ↑*Ideenlehre* ihren Höhepunkt. Diese ist das Ergebnis seiner Auseinandersetzung mit der erkenntnistheoretischen Ontologie des Parmenides. Indem P. die Ideenlehre mit Pythagoreischer ↑Zahlenmystik und ↑Naturphilosophie verbindet, stellt er eine Synthese von Ethik, Erkenntnistheorie, Ontologie, Zahlentheorie und Kosmologie her. Im einzelnen unterscheidet P. die folgenden, nach Objekten bzw. nach Erkenntniswert hierarchisch gegliederten Stufen des Erkennens (7. Brief 342ff.): (1) Name (*ὄνομα*), (2) Definition bzw. Begriff oder Satz (*λόγος*, ↑Logos), (3) Abbild (*εἴδολον*), (4) eine Synthese von Wissenschaft (*ἐπιστήμη*), Einsicht (*νοῦς*, ↑Nus) und wahrer Meinung (*δόξα*), (5) das ›wahrhaft Seiende‹, die Idee, die wie ein Funke plötzlich aufflammen kann, wenn der Mensch die anderen vier Erkenntnisstufen zuvor durchlaufen hat.

Die Sokratisch-Platonische ↑*Dialektik* steht unter dem dezidiert ethischen Anspruch der gemeinsamen Bemühung um ↑Wahrheit (im Gegensatz zur sophistischen ↑Eristik, bei der nach P. bloße Überredung, Streit und Obsiegen im Gespräch ausschlaggebend sind [Men. 75c–d]). Dialektik in diesem Sinne bezieht sich nicht nur auf die Klärung des Wortgebrauchs, sondern auch auf die richtige Wahl des Ausgangspunktes im Gespräch, auf die jeweils einzuschlagenden methodischen Schritte, auf die Angemessenheit von Beispielen, Analogiehinweisen etc.; in jeder Phase des ↑Dialogs ist das Konsensprinzip (die gemeinsame, auf Vernunftgründen beruhende ›Übereinstimmung‹: *ὁμολογεῖν*) konstitutiv. Unter Rekurs auf dieses Dialektikverständnis bestimmt P. (Phaid. 100a3–7) Wahrheit als das Ergebnis eines kunstgerecht geführten Dialogs, das mit dem zunächst nur hypothetisch angenommenen Ausgangssatz des Gesprächs in konsistenter Weise übereinstimmt. In einem anderen Sinne ist von der ›Kunst der Dialektik‹ die Rede, wenn P. (Phaid. 265dff.) den Philosophen als Dialektiker bestimmt: Dieser zeichnet sich aus einerseits durch die Fähigkeit des ›Zusammenführens‹ oder ›Zusammenschauens‹, d.h. der Zu- und Unterordnung von Begriffen zu übergeordneten semantischen Systemen (↑Abduktion), andererseits durch die Fähigkeit des ›Zergliederns‹, d.h. der Analyse, der Zerlegung von Begriffen in Unterbegriffe, deren bevorzugte Variante fur P. die ↑Dichotomie ist (↑Dihairesis). Dieses Dialektikverständnis ist maßgebend für P.s Definitionstheorie, die eben in der korrekten Unter- und Überordnung von Begriffen besteht (Euthyph. 12e) und bei der er explizit zwischen extensionaler (↑extensional/Extension) und intensionaler (↑intensional/Intension) Definition unterscheidet (z.B. Men. 72dff.). P.s systematische Theorie des Wissens geht aus von dem Satz des Parmenides (VS 28 B 3), daß Denken und Sein identisch sind, und von dem erstmals bei Empedokles (VS 31 B 109) formulierten Grundsatz, daß Gleiches nur durch Gleiches erkannt werden könne, d.h., daß die Qualität der Erkenntnis von den Gegenständen der Erkenntnis abhängt. Da alle empirischen Gegenstände wandelbar sind, postuliert P. unwandelbare Ideen, um die Möglichkeit gesicherten, beständigen Wissens zu eröffnen.

Die *Ethik* P.s bezieht sich unmittelbar auf die krisenhafte politisch-gesellschaftliche Situation Athens: Das Ziel des Sokrates, der Auflösung der ethischen, gesellschaftlichen und politischen Traditionen und Normen mit Hilfe einer fundierten Theorie des praktischen Wissens entgegenzuwirken, führt P. zunächst mit dem Konzept der ›Kunst der Gesprächsführung‹ fort, das in diesem Kontext vorwiegend der Vorurteilskritik und Desillusionierung dient, d.h. dem kritischen Zweck, die Ansichten der Sophisten und Politiker über das richtige Handeln als ungesicherte bloße Meinung (Doxa) zu entlarven, zu widerlegen und den Gesprächspartner dadurch zum eigenen systematischen Nachdenken zu motivieren. Die Ideen der Ethik sind ↑kontrafaktische, ↑normative, nicht durch Beobachtung zu gewinnende Idealvorstellungen und insofern ›jenseits des Seienden‹ (Pol. 509b), d.h., sie transzendieren die empirische Realität der Gesellschaft. Eine Sonderstellung im Ideenkosmos nimmt die *Idee des Guten* ein: P. weist ihr einerseits den Primat in der Hierarchie der Ideen zu und bezeichnet sie andererseits als Idee der Ideen, als von den Ideen unterschiedene Metaidee. Die Idee des Guten, die P. an keiner Stelle inhaltlich bestimmt, hat die Funktion, die Brauchbarkeit der Ideen in Theorie und Praxis zu gewährleisten, den Mißbrauch von Wissen und Fähigkeiten zu verhindern und die richtige Ziel-Mittel-Relation für konkrete Einzelfälle zu bestimmen.

P.s Theorem von der *Lehrbarkeit der* ↑*Tugend* beruht auf der Annahme, daß Tugend Wissen sei und daß man nicht wider besseres Wissen handeln könne. Grundlage seiner Ethik- und Politiktheorie ist die Überzeugung, daß der Mensch angesichts der Alternative, eine ↑Lebensform der Unvernunft (der bloßen Lust) oder der ↑Vernunft zu wählen, sich nur für die letztere entscheiden könne. P. verwendet hier eine Argumentationsfigur der ↑›Letztbegründung‹, die ↑Widersprüche und Zirkel (↑zirkulär/Zirkularität) vermeidet: Die Entscheidung für ein Leben der Vernunft beruht nicht auf der theoretischen Abwägung von Vernunftgründen (das wäre zirkulär), sondern darauf, daß der Mensch auf Grund seines (anthropologischen) Selbstverständnisses die absehbaren Folgen eines Lebens der konsequenten Unvernunft nicht wollen könne (Phileb. 18e–22b). – Den *Staat* interpretiert Platon als Großindividuum, dessen Mitglieder analog zu den Seelenfunktionen des Menschen in drei Klassen gegliedert werden, denen jeweils eine spezifische Arbeit und Tugend zugeordnet ist: Dem erkennenden Seelenteil, dessen Tugend die Einsicht ist, entspricht der Herrscherstand, dem mutigen, dem die ↑Tapferkeit zugeordnet wird, der Kriegerstand und dem begehrenden Seelenteil, dem das Maßhalten zukommt, der Erwerbsstand; die Gerechtigkeit, die vierte ›Kardinaltugend‹, umgreift alle Stände und koordiniert ihre Tugenden. Für die beiden ersten Stände sieht P. Güter-, Frauen- und Kindergemeinschaft und völlige Gleichberechtigung der Frauen vor. Die Herrschaft der verschwindenden Minderheit der Regenten wird allein durch ihren höheren Wissensstand legitimiert: Die ↑›Philosophenkönige‹ (Pol. 473c–e) sind, weil und insofern sie die ›Idee des Guten‹ besitzen bzw. zu erfahren in der Lage sind, fähig und berechtigt, den Staat zu leiten. Für die beiden obersten Stände entwirft P. eine detaillierte Lebens- und Bildungsordnung (Pol. 521c–535a): Am Anfang der Ausbildung stehen Gymnastik und ›Musik‹ (d.h. Dichtung, Musik, Tanz/Rhythmik); die Begabteren werden (vom 20. bis 30. Lebensjahr) in den Disziplinen des mathematischen Quadriviums (Arithmetik, Geometrie, Astronomie, Harmonik; ↑ars), dem P. noch die Stereometrie hinzufügt, ausgebildet; für die Elite schließt sich eine Unterweisung in Philosophie an; erst mit dem 50. Lebensjahr beginnt die politische Praxis. Mit diesem Programm, das die ↑Philosophie an das Ende der Ausbildung verlegt, setzt P. sich bewußt von der üblichen Vorstellung ab, die Philosophie lediglich als vorübergehende Tändelei der Jugend toleriert. Die mathematische Schulung dient weniger der Vermittlung von Einzelkenntnissen als vielmehr der Ausbildung des auf die Ideen gerichteten Denkens und der Überwindung des Vertrauens auf die täuschende Sinneswahrnehmung und auf die bloße Meinung der Masse. Die Kritik am herrschenden Wissenschaftsverständnis, die P. als Teil seiner Politik- und Gesellschaftstheorie vorträgt, richtet sich gegen die Bindung dieser Disziplinen an Wahrnehmbares und gegen die nur hypothetische Form ihrer Basisannahmen, an deren Stelle P. die nicht-hypothetische Wahrheit (Philosophie) setzt.

Die ↑*Seele* wird als Prinzip des Handelns durch den ↑Antagonismus von Neigung und Vernunft bestimmt; der Leib ist der Widersacher und der ›Kerker‹ der Seele. Selbstzucht und philosophische Bildung lassen die Vernunft siegen. Weil eine gerechte Honorierung des Guten (und Bösen) nicht in diesem Leben stattfindet, postuliert P. (in mehreren Mythen) ein Totengericht im Jenseits. Als Lebensprinzip, d. h. als Prinzip der Selbstbewegung, ist die Seele unsterblich (↑Unsterblichkeit). Da sie die Ideen erkennt, muß sie (auf Grund des erkenntnistheoretischen Gleichheitstheorems) wie die Ideen unkörperlich und unsterblich sein. Die Erkenntnis der aus der Wahrnehmung nicht zu gewinnenden Ideen und theoretischen Zusammenhänge setzt ein Stadium der Präexistenz voraus, in dem die Seele die Ideen ›schaute‹. Lernen ist für P. kein Entdecken, sondern ein ›Wiedererinnern‹ (↑Anamnesis) an diese vorgeburtliche Ideenschau; Lehren ist nicht eine Belehrung, sondern eine durch geschicktes Fragen herbeizuführende ›Entbindung‹ (↑Mäeutik) des zwar vorhandenen, aber verborgenen und durch falsche Vormeinungen verstellten Wissens. Der erste Schritt der ›Belehrung‹ besteht demnach, wie es die P.ischen Dialoge selbst immer wieder vor Augen führen sollen, in der Vorurteilskritik.

Die ↑*Ontologie* P.s beruht auf der Annahme, daß den Erkenntnisvermögen unterschiedliche Gegenstandsbereiche entsprechen: dem Denken ordnet P. die Welt der Ideen oder Formen (*ἰδέα, εἶδος, μορφή*) zu (charakterisiert als unkörperlich, unwandelbar, ewig, wahrhaft und an sich seiend, Ur- und Vorbild der Sinnendinge), der Wahrnehmung die ↑Sinnenwelt (vorgestellt als körperlich, wandelbar, vergänglich, nicht an sich, sondern nur durch Partizipation [↑Methexis] an den Ideen seiend, Abbild und Nachahmung der Ideen). Nur in bezug auf die Ideen ist gesichertes Wissen (*ἐπιστήμη*) möglich; im Bereich der Sinnendinge gibt es nur Schein- bzw. Nicht-Wissen, bloße ›Meinung‹. P. verbindet die bei Parmenides starr getrennten Seinsbereiche (↑Chorismos) durch die Teilhabe-Relation (↑Teilhabe) und fügt zwischen dem Sein und dem Nichts das in bestimmter Hinsicht Nicht-Seiende (*μὴ ὄν*), das sowohl Seiende als auch Nicht-Seiende, ein (↑Sein, das, ↑Seiende, das). Auf diese Weise löst er das von Parmenides aufgegebene Problem der Möglichkeit von Bewegung. In seinem Spätwerk führt P. die ↑Zahlen (↑Ideenzahlenlehre) und den ↑Raum bzw. die qualitätslose Materie als vermittelnde Instanz zwischen Ideen und Sinnenwelt ein. Auf der Erkenntnisebene überbrückt er durch die Konzeption der ›richtigen Meinung‹ die Kluft zwischen Wissen und Nicht-Wissen.

Die Problematik der separaten Existenz der Ideen führte im Mittelalter zum ↑Universalienstreit; die neuere ↑Sprachphilosophie interpretiert die Ideen (unabhängig von den ontologischen Implikationen der Ideenlehre) teils als ↑Prädikatoren bzw. ↑Begriffe (Ideen der empirischen Gegenstände), teils als Ideatoren (Ideale der Geometrie, ↑Ideation), teils als praktisch-philosophische Normen (↑Norm (handlungstheoretisch, moralphilosophisch), ↑Norm (juristisch, sozialwissenschaftlich), ↑Norm (protophysikalisch)).

↑*Sprache* als Mittel des Erkennens hat bei P. die Funktion des Unterscheidens, des Benennens und der Belehrung; dabei deutet er die Benennung durch ↑Eigennamen als Kurzform einer elementaren ↑Prädikation, d. h., Eigennamen schließen nach P. prädikative Bestimmungen ein (vgl. K. Lorenz/J. Mittelstraß 1967). Die korrekte Form einer ↑Aussage (↑Behauptung) definiert er durch die Minimalbedingung der Verknüpfung von ↑Nominator (*ὄνομα*) und Prädikator (*ῥῆμα*). Die Wahrheit einer Aussage besteht darin, von den Dingen so zu sprechen, wie sie wirklich sind, d. h. in der Übereinstimmung der Aussage mit den durch sie verbundenen Ideen. Irrtum ist die falsche Verknüpfung von Ideen (Krat. 385b–c), nicht, wie bei Parmenides, eine Aussage über Nicht-Seiendes (das ontologisch Nicht-Seiende bei Parmenides wird als logisch Falsches rekonstruiert).

Im Unterschied zu Sokrates befaßt sich P. (im »Timaios«) auch mit Problemen der ↑*Naturphilosophie.* Neben der Material- und der Wirkursache der Naturphilosophen führt er den Zweck (Finalursache) und die Ideen (Formalursache) als weitere ↑Ursachen ein; damit sind die vier klassischen Ursachen des Aristoteles bereits genannt (Phaid. 96aff.). Ursache im eigentlichen Sinne ist für P. die ›Vorstellung des Besten‹, die Idee des Guten bzw. die Teilhabe an der Idee des ↑Schönen. Ausführlich erörtert er Fragen der Wahrnehmungspsychologie und der ↑Kosmologie. Der ↑Demiurg gestaltet die Welt als Abbild einer vollkommenen Idee (Tim. 29aff.); sie ist daher die beste aller möglichen Welten, ein unvergängliches, beseeltes, vernunftbegabtes Lebewesen. Die Welt besteht aus den vier Elementen in der Form regelmäßiger Polyeder (↑Platonische Körper), die auf zwei Urdreiecke zurückgeführt werden: Erde/Würfel, Feuer/Tetraeder, Luft/Oktaeder, Wasser/Ikosaeder (nicht völlig klar ist die Bedeutung des Dodekaeders, des fünften regelmäßigen Polyeders; ↑quinta essentia). Die Elemente stehen in folgender Relation zueinander: Feuer : Luft = Luft : Wasser = Wasser : Erde. Die Dialoge weisen P. als gründlichen Kenner der Medizin, der Kosmologie und der Astronomie seiner Zeit aus; das astronomische System des Eudoxos soll (wohl irrtümlich) die Antwort auf ein von P. formuliertes Forschungsprogramm sein, in dessen Rahmen die Frage gestellt wurde, ob sich die Planetenbewegung als gleichförmige Kreisbewegung darstellen lasse (↑Rettung der Phänomene). Proklos berichtet, daß P. die Mathematik erheblich bereicherte; Theaitetos' Entdeckung des Oktaeders und Ikosaeders und dessen Beweis, daß es nicht mehr als fünf regelmäßige Polyeder gibt, ging unmittelbar in die Kosmologie P.s ein. Daß P. in engem Kontakt mit Naturforschern und Mathematikern (z. B. Theaitetos, Theodoros von Kyrene, Archytas von Tarent, Eudoxos von Knidos, Menaichmos, Philistion von Lokroi) stand, läßt auf mehr als ein nur oberflächliches Interesse schließen, doch scheint er sich dabei nicht so sehr mit Detailfragen, als vielmehr mit Grundlagenproblemen befaßt und einzelwissenschaftliche Erkenntnisse nicht als Selbstzweck, sondern als Teil einer umfassenden, in der ›Ethik‹ ihr letztes Ziel findenden Weltdeutung angesehen zu haben. Jede Gottesvorstellung (Pol. 378eff.) muß nach P. vom Ideal eines ethisch vollkommenen, unveränderlichen und selbstgenügsamen Gottes ausgehen; er kritisiert Dichter und Mythen, die den Göttern verwerfliche Handlungen unterstellen; Opfer als Mittel der Beeinflussung der Götter deutet er als Bestechung. Nur für die beiden unteren Stände seines ›Idealstaates‹ erwähnt P. die Religion; im Erziehungsprogramm der ›Philosophenkönige‹ werden Theologie und Religion nicht aufgeführt; sie sind offenbar lediglich ein Philosophieersatz für die philosophischer Bildung nicht Fähigen. Die herausragende Rolle der Religion in den »Nomoi« ist ebenfalls aus ihrer politisch-erzieherischen Funktion in einem nicht-idealen Staat zu verstehen; den ↑Atheismus lehnt P. als Gefahr für den Bestand des Staates ab.

P.s Dichterkritik (Pol. 376eff.) enthält zugleich Hinweise auf die Möglichkeiten einer ›wahren‹ Dichtung: Die Dichter erfinden beliebige Geschichten, nicht nur erzieherisch wertvolle; sie wollen die Menschen nicht bessern, sondern nur ergötzen; ihre Werke nehmen den ontologisch defizientesten Rang der ↑Abbilder von Abbildern ein, da sie die empirische Wirklichkeit, die selbst ein Abbild der Ideen ist, abbilden; sie sind Nachahmungen menschlicher Handlungen in ihrer schlechten Faktizität, nicht wie sie sein sollten. Den dichterischen und darstellenden Enthusiasmus, der sonst als göttliche Gabe positiv gewertet wird, deutet P. negativ als vernunftloses Handeln und spricht damit der Kunst den Rang einer ›Technē‹ ab (Ion 533e–535a): sie ist keine ›Kunst‹ (↑ars) im Sinne eines einsichtigen und gerechtfertigten Verfahrens. Die Kunst kann zwar auch zur Tugend und zu den Ideen hinführen, doch warnt P. vor ihrem Mißbrauch, da sie über zunächst harmlose Anfänge leicht zur Zerstörung der Seele führen könne. – Wie das ästhetisch und das ethisch ↑Schöne, das nicht unter dem Aspekt der Nützlichkeit zu beurteilen ist, zusammenhängen und zur Idee des Guten und Schönen führen können, zeigt die Diotima-Rede (Symp. 201dff.): Über die Freude am schönen Körper gelangt man zum Begriff der körperlichen Schönheit, von dort zur Schönheit des Geistigen (im Handeln und in der Theorie). Auch hier sieht P. eine Ambivalenz: Das körperlich Schöne kann nicht nur zur Idee des Schönen, sondern auch zur Lust am Wahrnehmbaren und zum Besitzstreben führen. P. verzichtet auf eine inhaltliche Bestimmung des ethisch Schönen, das er mit der ↑Vollkommenheit gleichsetzt, und führt nur aus, daß es im Passenden, Maßvollen und in der richtigen Proportion bestehe.

Die P.-Forschung der Neuzeit beginnt mit F. Schleiermacher, der von der Ideenlehre her P.s Philosophie als geschlossene Einheit zu rekonstruieren sucht; ihm folgen P. Shorey und J. Hirschberger. Mit K. F. Hermann beginnt die biographisch-genetische P.-Interpretation, die mit sprachlich-stilistischen Arbeiten zur Chronologie der Werke P.s fortgeführt wird (C. Ritter, H. Raeder, M. Pohlenz, H. v. Arnim). Die Metaphysik und die Zahlentheorie der Alterswerke stehen im Vordergrund der Arbeiten von L. Robins, J. Stenzel, W. Jaeger, P. Wilpert, desgleichen bei H.-J. Kraemer und K. Gaiser, die über eine Rekonstruktion der verschollenen P.-Vorlesung »Über das Gute« und unter Hinzuziehung weiterer Hinweise bei Speusippos und Xenokrates, insbes. aber bei Aristoteles (Met. *A*6.987b33–35, *M*7.1082a23–35), die umstrittene Konzeption einer ›ungeschriebenen Lehre‹ entwickeln, die – in Konkurrenz zur schriftlich überlieferten – das eigentliche Kernstück der Philosophie P.s bilde. Die neueren sprachanalytischen und logischen Einzeluntersuchungen beziehen die Lehre P.s auf die philosophischen Probleme der Gegenwart (R. M. Hare, K. Lorenz, J. Mittelstraß, G. E. L. Owen, G. Ryle, G. Vlastos). In der Oralitäts-Literaritäts-debatte, insbes. im Kontext dekonstruktivistischer (↑Dekonstruktion (Dekonstruktivismus)) Denkweisen (J. Derrida), finden die Überlegungen P.s zur Defizienz der Schrift in bezug auf die Ideenerkenntnis (Phaidr. 274aff., 7. Brief 341 ff.) starke Beachtung.

Werke: Opera quae extant omnia, I–III, ed. H. Stephanus, Paris, Genf 1578; Werke, I–V, ed. F. D. E. Schleiermacher, Berlin 1804–1809, I/1, ^{3}1855, I/2, ^{3}1856, I/3, ^{2}1862, II/2, ^{3}1857, III/2, ^{3}1861, in 2 Bdn., Wien 1925, Neudr. unter dem Titel: Sämtliche Werke, I–VI, ed. W. F. Otto/E. Grassi/G. Plamböck, Reinbek b. Hamburg 1957–1959, I–V, 1998–1993; Sämtliche Werke, I–X, ed. K.-H. Hülser, Frankfurt/Leipzig 1991, VI, ^{2}1996; Sämtliche Werke [griech./dt.], I–IV, ed. U. Wolf, Reinbek b. Hamburg 1994, I, 2004, II, 2004, IV, 2006; Opera quae supersunt omnia, I–XII, ed. J. G. Stallbaum, Leipzig 1821–1825, unter dem Titel: Opera omnia, I–VIII, Gotha/Erfurt 1827–1865 (repr., I–X, New York/London 1980); Sämmtliche Werke, I–IX, ed. H. Müller/K. Steinhart, Leipzig 1850–1873; Opera, I–V, ed. J. Burnet, Oxford 1900–1907 (repr. 1988, 1992); Plato. With an English Translation, I–X, ed. H. N. Fowler u. a., London, Cambridge Mass., New York 1914–1935 (repr. London 1961–1963); Œuvres complètes [griech./franz.], I–XIII, ed. E. Chambry u. a., Paris 1920–1935, I–VII, 1939–2005; Sämtliche Dialoge, I–VII, ed. O. Apelt, Leipzig 1920–1922 (repr. Hamburg 1988), Hamburg 2004; Sämtliche Werke, I–VIII, ed. R. Rufener, Zürich 1948–1965 (repr. [ohne Register] Zürich/München 1974); Werke [griech./dt.], I–VIII, ed. G. Eigler, Darmstadt 1970–1983, [6]2011; Werke. Übersetzung und Kommentar, I–IX, ed. E. Heitsch/C. W. Müller/K. Sier, Göttingen 1993–2014, I/2, [2]2004; The Complete Works, ed. J. M. Cooper, Indianapolis Ind. 1997; Œuvres complètes, ed. L. Brisson, Paris 2008, [2]2011.

Lexika: O. Apelt, P.-Index. Zu der Übersetzung in der Philosophischen Bibliothek, Leipzig 1920, [2]1923; F. Ast, Lexicon Platonicum sive Vocum Platonicarum index, I–II, Leipzig 1835/1838 (repr. Bonn, Darmstadt 1956, New York 1969), Berlin [2]1908; L. Brandwood, A Word Index to Plato, Leeds 1976; L. Brisson/J.-F. Pradeau (eds.), Le vocabulaire de P., Paris 1998, 2004; M. Erler, Kleines Werklexikon P., Stuttgart 2007; O. Gigon/L. Zimmermann, P., Begriffslexikon zur achtbändigen Artemis-Jubiläumsausgabe, Zürich/München 1974 (= Sämtl. Werke, ed. R. Rufener [s. o.], VIII); C. Horn (ed.), P.-Handbuch. Leben – Werk – Wirkung, Stuttgart/Weimar 2009; H. Perls, Lexikon der platonischen Begriffe, Bern/München 1973; E. des Places, Lexique de la langue philosophique et religieuse de P., Paris 1964, [3]1989, 2003; C. Schäfer (ed.), P.-Lexikon. Begriffswörterbuch zu P. und der platonischen Tradition, Darmstadt 2007, [2]2013; M. Stockhammer, Plato Dictionary, London, New York 1963, Totowa N. J. 1965.

Bibliographien und Forschungsberichte: L. Brisson, P.. 1990–1995. Bibliographie, Paris 1999, 2004; H. Cherniss, Plato (1950–1957), Lustrum 4 (1959), 5–308, 5 (1960), 323–648; O. Gigon, P., Bern 1950; H. Leisegang, Die P.-Deutung der Gegenwart, Karlsruhe 1929; A. Levi, Sulle interpretazioni immanentistiche della filosofia di Platone, Turin/Mailand 1919; E. M. Manasse, Bücher über P., I–III, Tübingen 1957–1976 (Philos. Rdsch. Beihefte 1, 2, 7); R. D. McKirahan Jr., Plato and Socrates. A Comprehensive Bibliography, 1958–1973, New York/London 1978, Abingdon/New York 2013; T. G. Rosenmeyer, Platonic Scholarship 1945–1955, Class. Weekly 50 (1957), 173–182, 185–201, 209–211; T. J. Saunders/L. Brisson, Bibliography on Plato's »Laws«/Bibliography on the »Epinomis«, Sankt Augustin 2000; Totok I (1964), 147–212; U. Zimbrich, Bibliographie zu P.s Staat. Die Rezeption der Politeia im deutschsprachigen Raum von 1800 bis 1970, Frankfurt 1994.

Literatur: M. v. Ackeren (ed.), P. verstehen. Themen und Perspektiven, Darmstadt 2004, 2011; F. Ademollo, The »Cratylus« of Plato. A Commentary, Cambridge etc. 2011; A. Ahlvers, Zahl und Klang bei P.. Interpretationsversuche zur Hochzeitszahl im »Staat« und zu der Tonleiter und den regulären Polyedern im »Timaios«, Bern/Stuttgart 1952 (engl. A Translation of Arthur Ahlvers' »Zahl und Klang bei P.« – »Number and Sound in Plato«, ed. J. Black, Lewiston N. Y./Queenston/Lampeter 2002); K. Albert, Griechische Religion und platonische Philosophie, Hamburg 1980; D. J. Allan, P., DSB XI (1975), 22–31; R. E. Allen (ed.), Studies in Plato's Metaphysics, London/New York 1965, 1968; ders., Plato's »Euthyphro« and the Earlier Theory of Forms, London/New York 1970, Abingdon/New York 2013; ders., Plato's »Parmenides«. Translation and Analysis, Oxford 1983; E. Angehrn, Der Weg zur Metaphysik. Vorsokratik – P. – Aristoteles, Weilerswist 2000, 2005; J. Annas/C. Rowe (eds.), New Perspectives on Plato, Modern and Ancient, Washington D. C./Cambridge Mass./London 2002; J. P. Anton (ed.), Science and the Sciences in Plato, New York 1980, Delmar N. Y. 1997; O. Apelt, P.ische Aufsätze, Leipzig/Berlin 1912, Aalen 1975; R. D. Archer-Hind, The »Timaeus« of Plato, London/New York 1888 (repr. New York 1973, Salem N. H. 1988); H. v. Arnim, Die sprachliche Forschung als Grundlage der Chronologie der platonischen Dialoge und der »Kratylos«, Wien/Leipzig 1929; U. Arnold, Die Entelechie. Systematik bei P. und Aristoteles, Wien/München 1965; A. F. Ashbaugh, Plato's Theory of Explanation. A Study of the Cosmological Account in the »Timaeus«, Albany N. Y. 1988; E. v. Aster, P., Stuttgart 1925; A. Badiou, La »République« de P.. Dialogue en un prologue, seize chapitres et un épilogue, Paris 2012 (engl. Plato's »Republic«. A Dialogue in Sixteen Chapters, With a Prologue and an Epilogue, Cambridge/Malden Mass. 2012; dt. P.s »Staat«. Dialog in einem Prolog, sechzehn Kapiteln und einem Epilog, Zürich/Berlin 2013); K. Baier, Die Einwände des Aristoteles gegen die Ideenlehre P.s. Unter Berücksichtigung des Metaphysik-Kommentars von Thomas von Aquin, Wien 1982; O. Balaban, Plato and Protagoras. Truth and Relativism in Ancient Greek Philosophy, Lanham Md. etc. 1999; A. Balansard, Technè dans les dialogues de P.. L'empreinte de la sophistique, Sankt Augustin 2001; J.-F. Balaudé, P. et l'objet de la science. Six études sur P., Bordeaux 1996; ders., Le savoir-vivre philosophique. Empédocle, Socrate, P., Paris 2010; M. Baltes, Dianoēmata. Kleine Schriften zu P. und zum Platonismus, ed. A. Hüffmeier/M.-L. Lakmann/M. Vorwerk, Stuttgart/Leipzig, Berlin/New York 1999; R. Bambrough (ed.), New Essays on Plato and Aristotle, London, New York 1965, Abingdon/New York 2013; D. Barbarić (ed.), P. über das Gute und die Gerechtigkeit/Plato on Goodness and Justice/Platone sul Bene e sulla Giustizia, Würzburg 2005; R. Barney, Names and Nature in Plato's »Cratylus«, New York/London 2001; dies./T. Brennan/C. Brittain (eds.), Plato and the Divided Self, Cambridge etc. 2012; K. Bärthelein. Der Analogiebegriff bei den griechischen Mathematikern und P., ed. J. Talanga, Würzburg 1996; R. J. Baum, Philosophy and Mathematics. From Plato to the Present, San Francisco Calif. 1973; H.-U. Baumgarten, Handlungstheorie bei P.. P. auf dem Weg zum Willen, Stuttgart/Weimar 1998; T. M. S. Baxter, The »Cratylus«. Plato's Critique of Naming, Leiden/New York/Köln 1992; O. Becker, Versuch einer neuen Interpretation der platonischen Ideenzahlen, Arch. Gesch. Philos. 45 (1963), 119–124; F. L. Beeretz, Die Bedeutung des Wortes ›*ΦΥΣΙΣ*‹ in den Spätdialogen P.s, Diss. Köln 1963; W. Beierwaltes (ed.), Platonismus in der Philosophie des Mittelalters, Darmstadt 1969; S. Benardete, Socrates and Plato. The Dialectics of Eros, München 1999, 2002; H. H. Benson, Socratic Wisdom. The Model of Knowledge in Plato's Early Dialogues, New York/Oxford 2000; ders. (ed.), A Companion to Plato, Malden Mass./Oxford/Victoria 2006, 2009; T. Bénatouïl/E. Maffi/F. Trabattoni (eds.), Plato, Aristotle, or Both? Dialogues between Platonism and Aristotelianism in Antiquity, Hildesheim/Zürich/New York 2011; ders./M. Bonazzi (eds.), Theoria, Praxis and the Contemplative Life after Plato and Aristotle, Leiden/Boston Mass. 2012; H. H. Berger, Ousia in de dialogen van Plato. Een terminologisch onderzoek, Leiden 1961; M. Berger, Proportion bei P., Trier 2003; J. Beversluis, Cross-Examining Socrates. A Defense of the Interlocutors in Plato's Early Dialogues, Cambridge etc. 2000; C. P. Bigger, Participation. A Platonic Inquiry, Baton Rouge La. 1968; S. Blackburn, Plato's Republic. A Biography, New York 2006, 2007 (dt. Über P., der Staat, München 2007); S. Blandazi, P. und das Problem der Letztbegründung der Metaphysik. Eine historische Einführung, Frankfurt etc. 2014; R. Blondell, The Play of Character in Plato's Dialogues, Cambridge etc. 2002, 2004; R. S. H. Bluck, Plato's Life and Thought. With a Translation of the Seventh Letter, London 1949; ders., Plato's »Sophist«. A Commentary, Manchester, New York 1975; N. E. Bluestone, Women and the Ideal Society. Plato's »Republic« and Modern Myths of Gender, Amherst Mass., Oxford 1987; C. Bobonich, Plato's Utopia Recast. His Later Ethics and Politics, Oxford 2002, 2004; ders., Plato on Utopia, SEP 2002, rev. 2013; ders. (ed.), Plato's »Laws«, Cambridge etc. 2010; W. Boder, Die sokratische Ironie in den platonischen Frühdialogen, Amsterdam 1973; G. Böhme, Zeit und Zahl. Studien zur Zeittheorie bei P., Aristoteles, Leibniz und Kant, Frankfurt 1974, bes. 17–158 (P.s Zeitlehre im »Timaios«); ders., Idee und Kosmos. P.s Zeitlehre. Eine Einführung in seine theoretische Philosophie, Frankfurt 1996; R. Böhme, Von Sokrates zur Ideenlehre. Beobachtungen zur Chronologie des platonischen Frühwerks, Bern 1959; R. Bonan, P.s theoretische Philosophie, Stuttgart/Weimar 2000, Darmstadt 2004; ders., P., Paris 2014; H. Bonitz, P.ische Studien, Wien 1858 (Sitz.ber. Kaiserl. Akad. Wiss., philos.-hist. Cl. 27/1858), erw. Berlin ^{2}1875, ^{3}1886 (repr. Hildesheim 1968); M. Bordt, P., Freiburg etc. 1999, 2004; ders., P.s Theologie, Freiburg/München 2006; K. Bormann, P.. Die Idee, in: J. Speck (ed.), Grundprobleme der großen Philosophen. Philosophie des Altertums und des Mittelalters, Göttingen 1972, 44–83 (mit Bibliographie, 80–83), ^{5}2001, 38–77 (mit Bibliographie, 74–77); ders., P., Freiburg/München 1973, ^{4}2003; D. Bostock, Plato's »Theaetetus«, Oxford 1988, 2005; G. R. Boys-Stones/J. H. Haubold (eds.), Plato and Hesiod, Oxford etc. 2010; M. J. Brach, Heidegger – P.. Vom Neukantianismus zur existentiellen Interpretation des »Sophistes«, Würzburg 1996; L. Brandwood, The Chronology of Plato's Dialogues, Cambridge etc. 1990, 2009; B. Braun, Das Feuer des Eros. P. zur Einführung, Berlin/New York 2003; H. Breitenbach, P. und Dion. Skizze eines ideal-politischen Reformversuchs im Altertum, Zürich/Stuttgart 1960; Y. Brès, La psychologie de P., Paris 1968, 1973; T. C. Brickhouse/N. D. Smith, Routledge Philosophy Guidebook to Plato and the Trial of Socrates, New York/London 2004; L. Brisson, Le même et l'autre dans la structure ontologique du »Timée« de P.. Un commentaire systématique du »Timée« de P., Paris 1974, Sankt Augustin ^{3}1998; ders., Lectures de P., Paris 2000; S. Broadie, Nature and Divinity in Plato's »Timaeus«, Cambridge etc. 2012; W. Bröcker, Platos Gespräche, Frankfurt 1964, ^{5}1999; E. Brown, Plato's Ethics and Politics in »The Republic«, SEP 2003, rev. 2009; G. K. Browning, Plato and Hegel. Two Models of Philosophizing about Politics, New York/London 1991, Abingdon/New York 2013; R. S. Brumbaugh, Plato's Mathematical Imagination. The Mathematical Passages in the Dialogues and Their Interpretation, Bloomington Ind. 1954 (repr. New York 1968, Millwood N. Y. 1977); ders., Plato on the One. The Hypotheses in the »Parmenides«, New Haven Conn. 1961, Port Washington N. Y./London 1973; ders., Platonic Studies of Greek Philosophy. Form, Arts, Gadgets, and Hemlock, Albany N. Y. 1989; J. Bryan, Likeness and Likelihood in the Presocratics and Plato, Cambridge etc. 2012; M. Buchan, Women in Plato's Political Theory, New York/London 1999, Basingstoke/London 2002; H. Buchner, Eros und Sein. Erörterungen zu P.s »Symposion«, Bonn 1965; S. Burke, The Ethics of Writing. Authorship and Legacy in Plato and Nietzsche, Edinburgh 2008, 2010; W. Burkert, Weisheit und Wissenschaft. Studien zu Pythagoras, Philolaos und P., Nürnberg 1962 (engl. Lore and Science in Ancient Pythagoreanism, Cambridge Mass. 1972); J. Burnet, Greek Philosophy. Thales to Plato, London 1914 (repr. 1981), London/Melbourne/Toronto, New York 1964 (repr. London 1968); M. Burnyeat, The »Theaetetus« of Plato, Indianapolis Ind./Cambridge 1990, 2002; S. Büttner, Die Literaturtheorie bei P. und ihre anthropologische Begründung, Tübingen/Basel 2000; D. Cairns/F.-G. Herrmann/T. Penner (eds.), Pursuing the Good. Ethics and Metaphysics in Plato's »Republic«, Edinburgh 2007; G. R. Carone, Plato's Cosmology and Its Ethical Dimensions, Cambridge etc. 2005, 2011; D. Carpi (ed.), Why Plato? Platonism in Twentieth Century English Literature, Heidelberg 2005; C. Castoriadis, Sur »Le Politique« de P., Paris 1999 (engl. On Plato's »Statesman«, Stanford Calif. 2002); T. Chappell, Reading Plato's »Theaetetus«, Sankt Augustin 2004, Indianapolis Ind./Cambridge Mass. 2005; H. Cherniss, The Riddle of the Early Academy, Berkeley Calif./Los Angeles 1945, New York/London 1980 (dt. Die ältere Akademie. Ein historisches Rätsel und seine Lösung, Heidelberg 1962; franz. L'énigme de l'ancienne Académie, Paris 1993); ders., Aristotle's Criticism of Plato and the Academy I, Baltimore Md. 1944, New York 1972; K. M. Cherry, Plato, Aristotle, and the Purpose of Politics, Cambridge etc. 2012; G. S. Claghorn, Aristotle's Criticism of Plato's »Timaeus«, The Hague 1954; C. J. Classen, Sprachliche Deutung als Triebkraft platonischen und sokratischen Philosophierens, München 1959; D. Clay, Platonic Questions. Dialogues with the Silent Philosopher, University Park Pa. 2000; C. Collobert, Plato and Myth. Studies on the Use and Status of Platonic Myths, Leiden/Boston Mass. 2012; M. Colloud-Streit, Fünf platonische Mythen im Verhältnis zu ihren Textumfeldern, Fribourg 2005; K. Comoth, Vom Grunde der Idee. Konstellationen mit P., Heidelberg 2000; A. Cook, The Stance of Plato, Lanham Md./London 1996; J. A. Corlett, Interpreting Plato's Dialogues, Las Vegas Nev. 2005; G. Cornelli (ed.), Plato and the City, Sankt Augustin 2010; F. M. Cornford, Plato's Theory of Knowledge. The »Theaetetus« and the »Sophist« of Plato Translated with a Running Commentary, London, New York 1935, Mineola N. Y. 2003; ders., Plato's Cosmology. The »Timaeus« of Plato Translated with a Running Commentary, London, New York 1937, London 2003; ders., Plato und Parmenides. Parmenides' »Way of Truth« and Plato's »Parmenides« Translated with an Introduction and a Running Commentary, London 1939, Abingdon 2001; ders., The Republic of Plato, London/Oxford/New York 1942, Oxford/New York 1980; ders., The Unwritten Philosophy and Other Essays, ed. W. K. C. Guthrie, Cambridge 1950, 1967; K. Corrigan/E. Glazov-Corrigan, Plato's Dialectic at Play. Argument, Structure, and Myth in the »Symposium«, University Park Pa. 2004, 2006; J. M. Crombie, An Examination of Plato's Doctrines, I–II (I Plato on Man and Society, II Plato on Knowledge and Reality), London 1962/1963, Abingdon/New York 2013; ders., Plato. The Midwife's Apprentice, New York 1964 (repr. Westport Conn. 1981), Abingdon/New York 2013; R. C. Cross/A. D. Woozley, Plato's Republic. A Philosophical Commentary, London/Melbourne/Toronto, New York 1964, Basingstoke/London 1991; R. H. S. Crossman, Plato Today, London 1937, London, New York ^{2}1959, Abingdon/New York 2013; D. Cürsgen, Die Rationalität des Mythischen. Der philosophische Mythos bei P. und seine Exegese im Neuplatonismus, Berlin/New York 2002; R. M. Dancy, Plato's Introduction of Forms, Cambridge 2004, 2007; M. Demos, Lyric Quotation in Plato, Lanham Md. 1999; N. Denyer (ed.), Plato, Protagoras, Cambridge etc. 2008; J. Derbolav, Von den Bedingungen gerechter Herrschaft. Studien zu P. und Aristoteles, Stuttgart 1980; P. Destrée/F.-G. Hermann (eds.), Plato and the Poets, Leiden/Boston Mass. 2011; W. Detel, P.s Beschreibung des falschen Satzes im »Theätet« und »Sophistes«, Göttingen 1972; M. A. Diès, Le nombre de P.. Essai d'exégèse et d'histoire, Paris 1936; R. Dieterle, P.s »Laches« und »Charmides«. Untersuchungen zur elenktisch-aporetischen

Struktur der platonischen Frühdialoge, Diss. Freiburg 1966; J. Dilman, Morality and the Inner Life. A Study in Plato's »Gorgias«, London/Basingstoke, New York 1979; B. Disertori, Il messaggio del »Timeo«, Padua 1965; M. Dixsaut, Métamorphoses de la dialectique dans les dialogues de P., Paris 2001; E. Dönt, P.s Spätphilosophie und die Akademie. Untersuchungen zu den Platonischen Briefen, zu P.s »Ungeschriebener Lehre« und zur Epinomis des Philipp von Opus, Wien, Graz/Wien/Köln 1967 (Sitz.ber. Österr. Akad. Wiss., philos.-hist. Kl. 251/3); H. Dörrie, P.. Von P. zum Platonismus. Ein Bruch in der Überlieferung und seine Überwindung, Opladen 1976; I. Düring/G. E. L. Owen (eds.), Aristotle and Plato in the Mid-Fourth Century. Papers of the Symposium Aristotelicum Held at Oxford in August 1957, Göteborg 1960; T. Ebert, Meinung und Wissen in der Philosophie P.s. Untersuchungen zum »Charmides«, »Menon« und »Staat«, Berlin/New York 1974; J. Eckstein, The Platonic Method. An Interpretation of the Dramatic-Philosophic Aspects of the »Meno«, New York 1968; L. Edelstein, Plato's Seventh Letter, Leiden 1976; M. J. Edwards, Origen against Plato, Aldershot/Burlington Vt. 2002, 2004; G. F. Else, Plato and Aristotle on Poetry, ed. P. Burian, Chapel Hill N. C./London 1986; C. Emlyn-Jones, Plato »Crito«, Bristol 1999, 2001; W. Enßlin, P., RE XX/2 (1950), 2342–2535; T. Erbert/M.-A. Gavray/S. Delcomminette (eds.), Lire et interpréter P., Villeneuve d'Ascq 2006; K. v. Erickson, P.. True and Sophistic Rhetoric, Amsterdam 1979; M. Erler, Der Sinn der Aporien in den Dialogen P.s. Übungsstücke zur Anleitung im philosophischen Denken, Berlin/New York 1987; ders., P., München 2006; ders., Die Philosophie der Antike II/2 (P.), ed. H. Flashar, Basel 2007; D. W. Evans, Truth and Mockery in P. and in Modernity. A New Perception of P.'s »Euthyphron«, »Apology«, »Criton« and »Phaidon«, San Jose Calif. etc. 2001; G. Faden, P.s dialektische Phänomenologie, Würzburg 2005; J. A. Faris, Plato's Theory of Forms and Cantor's Theory of Sets, Belfast 1968; J. Farness, Missing Socrates. Problems of Plato's Writing, University Park Pa. 1991; M. Fattal, La Philosophie de P., I–II, Paris/Budapest/Turin 2001/2005; R. Ferber, Platos Idee des Guten, Sankt Augustin 1984, erw. ²1989; ders., Die Unwissenheit des Philosophen, oder, Warum hat Plato die »ungeschriebene Lehre« nicht geschrieben?, Sankt Augustin 1991, rev. unter dem Titel: Warum hat P. die ›ungeschriebene Lehre‹ nicht geschrieben?, München 2007; G. R. F. Ferrari, City and Soul in Plato's »Republic«, Sankt Augustin 2003, Chicago Ill./London 2005; ders. (ed.), The Cambridge Companion to Plato's »Republic«, Cambridge etc. 2007, 2010; A. J. Festugière, Contemplation et vie contemplative selon P., Paris 1936, ⁴1975; C. G. Field, The Philosophy of Plato, London 1949, ²1969 (dt. Die Philosophie P.s, Zürich/Wien 1951, Stuttgart 1952); J. N. Findlay, Plato. The Written und the Unwritten Doctrines, London, New York 1974, Abingdon/New York 2011; ders., Plato and Platonism. An Introduction, New York 1978 (dt. Plato und der Platonismus. Eine Einführung, Königstein 1981, ²1994); G. Fine, On Ideas. Aristotle's Criticism of Plato's Theory of Forms, Oxford etc. 1993, 2004; ders., Plato, I–II, Oxford 1999, in 1 Bd., Oxford 2000, I–II, 2003/2008; ders. (ed.), Plato on Knowledge and Forms. Selected Essays, Oxford 2003, 2008; ders. (ed.), The Oxford Handbook of Plato, Oxford etc. 2008, 2011; H. Flashar, Der Dialog »Ion« als Zeugnis platonischer Philosophie, Berlin 1958; E. Frank, Plato und die sogenannten Pythagoreer. Ein Kapitel aus der Geschichte des griechischen Geistes, Halle 1923 (repr. Tübingen 1962); D. Frede, Plato's Ethics. An Overview, SEP 2003, rev. 2013; M. Frede, Prädikation und Existenzaussage. P.s Gebrauch von ›... ist ...‹ und ›... ist nicht ...‹ im »Sophistes«, Göttingen 1967; J. Freely, Aladdin's Lamp. How Greek Science Came to Europe Through the Islamic World, New York 2009, 2010 (dt. P. in Bagdad. Wie das Wissen der Antike zurück nach Europa kam, Stuttgart 2012, 2014); P. Friedländer, P., I–II, Berlin/Leipzig 1928/1930 (I Eidos, Paideia, Dialogos, II Die platonischen Schriften), I–III, erw. Berlin ²1954–1960, erw. ³1964–1975 (I Seinswahrheit und Lebenswirklichkeit, II Die platonischen Schriften, 1. Periode, III Die platonischen Schriften, 2. und 3. Periode); K. v. Fritz, P., »Theaetet« und die antike Mathematik, Philol. NF 16 (1932), 40–62, 136–178 (repr. [erw. um einen Nachtrag] Darmstadt ²1969); ders., P. in Sizilien und das Problem der Philosophenherrschaft, Berlin 1968; H.-G. Gadamer, Platos dialektische Ethik. Phänomenologische Interpretationen zum »Philebos«, Leipzig 1931, Neudr. in: ders., Platos dialektische Ethik und andere Studien zur platonischen Philosophie, Hamburg 1968, XI–XIV, 1–178, ferner in: Ges. Werke V, Tübingen 1985, Hamburg 2000, 3–163 (engl. Plato's Dialectical Ethics. Phenomenological Interpretations to the »Philebus«, New Haven Conn./London 1991); ders., Dialektik und Sophistik im siebenten platonischen Brief, Heidelberg 1964 (Sitz.ber. Heidelberger Akad. Wiss., philos.-hist. Kl. 1964/2); ders., Idee und Wirklichkeit in P.s »Timaios«, Heidelberg 1974 (Sitz.ber. Heidelberger Akad. Wiss., philos.-hist. Kl. 1974/2), Neudr. in: Ges. Werke VI, Tübingen 1985, 1999, 242–270 (engl. Idea and Reality in Plato's »Timaeus«, in: ders., Dialogue and Dialectic. Eight Hermeneutical Studies on Plato, ed. P. C. Smith, New Haven Conn./London 1980, 156–193); ders., Die Idee des Guten zwischen Plato und Aristoteles, Heidelberg 1978, Neudr. in: Ges. Werke VII, Tübingen 1991, 1999, 128–227 (engl. The Idea of the Good in Platonic-Aristotelian Philosophy, New Haven Conn./London 1986); K. Gaiser, Protreptik und Paränese bei P.. Untersuchungen zur Form des platonischen Dialogs, Stuttgart 1959; ders., P. und die Geschichte, Stuttgart-Bad Cannstatt 1961; ders., P.s ungeschriebene Lehre. Studien zur systematischen und geschichtlichen Begründung der Wissenschaften in der P.ischen Schule, Stuttgart 1963, erw. ²1968; ders. (ed.), Das P.bild. Zehn Beiträge zum P.verständnis, Hildesheim 1969; P. Gardeya, Das Problem des Besten in P.s »Laches«. Interpretation und Bibliographie, Würzburg 1981, erw. unter dem Titel: P.s »Laches«. Interpretation und Bibliographie, ³2002; ders., P.s »Sophistes«. Interpretation und Bibliographie, Würzburg 1988; ders., P.s »Parmenides«. Interpretation und Bibliographie, Würzburg 1991; ders., P.s »Philebos«. Interpretation und Bibliographie, Würzburg 1993; ders., P.s »Phaidros«. Interpretation und Bibliographie, Würzburg 1998; ders., P.s »Menon«. Interpretation und Bibliographie, Würzburg 2000; ders., P.s »Theaitetos«. Interpretation und Bibliographie, Würzburg 2002; ders., P.s »Symposion«. Interpretation und Bibliographie, Würzburg 2005; ders., P.s »Gorgias«. Interpretation und Bibliographie, Würzburg 2007; H. Gauss, Philosophischer Handkommentar zu den Dialogen Platos, I–VII, Bern 1952–1967; S. Gersh, Reading Plato, Tracing Plato. From Ancient Commentary to Medieval Reception, Aldershot/Burlington Vt. 2005; L. P. Gerson, Knowing Persons. A Study in Plato, Oxford etc. 2003, 2006; O. Gigon, Gegenwärtigkeit und Utopie. Eine Interpretation von P.s »Staat« I (Buch I–IV), Zürich/München 1976; C. Gill/M. M. McCabe (eds.), Form and Argument in Late Plato, Oxford 1996, 2004; C. Glasmeyer, P.s »Sophistes«. Zur Überwindung der Sophistik, Heidelberg 2003; K. Gloy, Studien zur platonischen Naturphilosophie, Würzburg 1986; V. Goldschmidt, Les dialogues de P., Paris 1947, ⁵1993; ders., La religion de P., Paris 1949; H. Gomperz, P.s Selbstbiographie, Berlin/Leipzig 1928; H. Görgemanns, Beiträge zur Interpretation von P.s »Nomoi«, München 1960; J. C. B. Gosling, Plato, London/Boston Mass. 1973,

London 1983; J. Gould, The Development of Plato's Ethics, Cambridge 1955, New York 1972; A. Graeser, Probleme der platonischen Seelenteilungslehre. Überlegungen zur Frage der Kontinuität im Denken P.s, München 1969; ders., P.s Ideenlehre. Sprache, Logik und Metaphysik. Eine Einführung, Bern/Stuttgart 1975; ders., Plato, in: W. Röd (ed.), Geschichte der Philosophie II (Die Philosophie der Antike. Sophistik und Sokratik, Plato und Aristoteles), München 1983, 124–191, ^{2}1993, 125–202; A. Gregory, Plato's Philosophy of Science, London 2000, 2015; C. L. Griswold, Plato on Rhetoric and Poetry, SEP 2003, rev. 2012; H. Gundert, Der platonische Dialog, Heidelberg 1968; ders., Dialog und Dialektik. Zur Struktur des platonischen Dialogs, Amsterdam 1971; ders., P.studien, ed. K. Döring/F. Preißhofen, Amsterdam 1977; W. K. C. Guthrie, A History of Greek Philosophy, IV–V (IV Plato. The Man and His Dialogues. Earlier Period, V The Later P. and the Academy), Cambridge etc. 1975/1978, IV, 2000; G. Guzzoni, Vom Wesensursprung der Philosophie P.s, Bonn 1975; F.-P. Hager, Die Vernunft und das Problem des Bösen im Rahmen der platonischen Ethik und Metaphysik, Bern/Stuttgart 1963, erw. ^{2}1970; R.-P. Hägler, P.s »Parmenides«. Probleme der Interpretation, Berlin/New York 1983; R. W. Hall, Plato and the Individual, The Hague 1963; W. F. R. Hardie, A Study in Plato, Oxford 1936 (repr. Bristol 1993); J. Hardy, P.s Theorie des Wissens im »Theaitet«, Göttingen 2001; R. M. Hare, Plato, Oxford/New York 1982, 1996 (dt. P.. Eine Einführung, Stuttgart 1990, 1998); V. Harte, Plato on Parts and Wholes. The Metaphysics of Structure, Oxford 2002, 2006; M. Heidegger, P.s Lehre von der Wahrheit. Mit einem Brief über den »Humanismus«, Bern 1947, ohne Untertitel in: Gesamtausg. Abt. I/9 (Wegmarken), ed. F.-W. v. Hermann, Frankfurt 1976, ^{3}2004, 203–238; R. Heinaman (ed.), Plato and Aristotle's Ethics, Aldershot/Burlington Vt. 2003; E. Heitsch, Willkür und Problembewußtsein in P.s »Kratylos«, Stuttgart, Mainz 1984 (Abh. Akad. Wiss. u. der Literatur, geistes- u. sozialwiss. Kl. 1984/11); ders., Wege zu P.. Beiträge zum Verständnis seines Argumentierens, Göttingen 1992; ders., P. und die Anfänge seines dialektischen Philosophierens, Göttingen 2004; A. Hellwig, Untersuchungen zur Theorie der Rhetorik bei P. und Aristoteles, Göttingen 1973; D. Hellwig, Adikia in P.s »Politeia«. Interpretationen zu den Büchern VIII und IX, Amsterdam 1980; A. B. Hentschke, Politik und Philosophie bei P. und Aristoteles. Die Stellung der »Nomoi« im P.ischen Gesamtwerk und die politische Theorie des Aristoteles, Frankfurt 1971; A. Hermann, Untersuchungen zu P.s Auffassung von der Hedoné. Ein Beitrag zum Verständnis des platonischen Tugendbegriffes, Göttingen 1972; F.-G. Herrmann (ed.), New Essays on Plato. Language and Thought in Fourth-Century Greek Philosophy, Swansea 2006; H. Herter, P.s Akademie, Bonn 1946, ^{2}1952; W. Hirsch, P.s Weg zum Mythos, Berlin/New York 1971; E. Hoffmann, P., Zürich 1950; V. Hösle, P. interpretieren, Paderborn etc. 2004; C. E. Huber, Anamnesis bei Plato, München 1964; P. Huby, Plato and Modern Morality, London 1972; R. L. Hunter, Plato and the Traditions of Ancient Literature, Cambridge etc. 2012, 2014; W. Jaeger, Platos Stellung im Aufbau der griechischen Bildung. Ein Entwurf, Berlin/Leipzig 1928 (= Die Antike 4 [1928], 1–13, 85–98, 161–176); ders., Paideia. Die Formung des griechischen Menschen, I–III, Berlin 1934–1947 (repr. Berlin 1973, 1989), I, ^{4}1959, II, ^{3}1959, III, ^{3}1959; G. Jäger, »Nus« in P.s Dialogen, Göttingen 1967; C. Janaway, Images of Excellence. Plato's Critique of the Arts, 1995, 1998; M. Janka, P. als Mythologe. Neue Interpretationen zu den Mythen in P.s Dialogen, Darmstadt 2002, mit Untertitel: Interpretationen zu den Mythen in P.s Dialogen, Darmstadt ^{2}2014; W. Janke, Plato. Antike Theologien des Staunens, Würzburg 2007; C. Jermann, Philosophie und Politik, Untersuchungen zur Struktur und Problematik des P.ischen Idealismus, Stuttgart-Bad Cannstatt 1986; T. K. Johansen, Plato's Natural Philosophy. A Study of the »Timaeus-Critias«, Cambridge etc. 2004, 2006; E. Jouët-Pastré, Le jeu et le serieux dans les »Lois« de P., Sankt Augustin 2006; C. H. Kahn, Plato and the Socratic Dialogue. The Philosophical Use of a Literary Form, Cambridge etc. 1996, 2000; ders., Plato and the Post-Socratic Dialogue. The Return of the Philosophy of Nature, Cambridge etc. 2013; W. Kamlah, P.s Selbstkritik im »Sophistes«, München 1963; E. Kapp, Ausgewählte Schriften, ed. H. Diller/I. Diller, Berlin 1968; J. Karl, Selbstbestimmung und Individualität bei P.. Eine Interpretation zu frühen und mittleren Dialogen, Freiburg/München 2010; S. K. Knebel, In genere latent aequivocationes. Zur Tradition der Universalienkritik aus dem Geist der Dihärese, Hildesheim/Zürich/New York 1989, bes. 7–76 (P.); T. Kobusch (ed.), P.. Seine Dialoge in der Sicht neuer Forschungen, Darmstadt 1996, 2005; ders./B. Mojsisch (eds.), P. in der abendländischen Geistesgeschichte. Neue Forschungen zum Platonismus, Darmstadt 1997, 2006; D. Koch (ed.), P. und das Göttliche, Tübingen 2010; M. S. Kochin, Gender and Rhetoric in Plato's Political Thought, Cambridge etc. 2002; J. Kokkinos, Das mathematische Inkommensurable und Irrationale bei P., Frankfurt etc. 1997; G. Koumakis, P.s »Parmenides«. Zum Problem seiner Interpretation, Bonn 1971; A. Koyré, Introduction à la lecture de P., New York 1945, Paris 1991 (engl. Discovering Plato, New York 1945, 1968; ital. [erw.] Introduzione alla lettura di Platone, Florenz 1956; dt. Vergnügen bei P., Berlin 1997, 1998); H. J. Krämer, Arete bei P. und Aristoteles. Zum Wesen und zur Geschichte der platonischen Ontologie, Heidelberg 1959 (Abh. Heidelberger Akad. Wiss., philos.-hist. Kl. 1959/6) (repr. Amsterdam 1967); ders., Platone e i fondamenti della metafisica. Saggio sulla teoria dei principi e sulle dottrine non scritte di Platone con una raccolta dei documenti fondamentali in edizione bilinguale e bibliografia, Mailand 1982, ^{3}1989, 2001 (engl. Plato and the Foundations of Metaphysics. A Work on the Theory of the Principles and Unwritten Doctrines of Plato with a Collection of the Fundamental Documents, New York 1990); ders., Gesammelte Aufsätze zu P., ed. D. Mirbach, Berlin/Boston Mass. 2013, 2014; W. Kraus, P., KP IV (1972), 899–905; R. Kraut (ed.), Plato's »Republic«. Criticial Essays, Lanham Md. etc. 1997; ders., Plato, SEP 2004, rev. 2013; M. Kremer, Plato's »Cleitophon«. On Socrates and the Modern Mind, Lanham Md. etc. 2004; G. Krüger, Einsicht und Leidenschaft. Das Wesen des P.ischen Denkens, Frankfurt 1939, ^{6}1992; J. Kube, Texnh und Apeth. Sophistisches und P.isches Tugendwissen, Berlin 1969; W. Kühn, La fin du »Phedre« de P.. Critique de la rhétorique et de l'écriture, Florenz 2000; E. A. Laidlaw-Johnson, Plato's Epistemology. How Hard Is It to Know?, New York etc. 1996; A. Laks, Médiation et coercition. Pour une lecture des »Lois« de P., Villeneuve d'Ascq 2005; F. Lasserre, The Birth of Mathematics in the Age of Plato, London, Larchmont N.Y 1964 (franz. La naissance des mathématiques à l'époque de P., Fribourg, Paris 1990); J. Laurent, La mesure de l'human selon P., Paris 2002; H. Lawson-Tancred, Plato's »Republic« and the Greek Enlightenment, London 1998; G. M. Ledbetter, Poetics before Plato. Interpretation and Authority in Early Greek Theories of Poetry, Princeton N. J. 2002; J. Lege, »Politeía«. Ein Abenteuer mit P., Tübingen 2013; J. H. Lesher u. a. (ed.), Plato's »Symposium«. Issues of Interpretation and Reception, Cambridge Mass./London 2006, 2007; G. R. Levy, Plato in Sicily, London 1956; B. Liebrucks, P.s Entwicklung zur Dialektik. Untersuchungen zum Problem des Eleatismus,

Frankfurt 1949; F. L. Lisi, Plato's »Laws« and Its Historical Significance. Selected Papers of the First International Congress on Ancient Thought, Sankt Augustin 2002; R. C. Lodge, Plato's Theory of Art, London 1953, 2000; I. de Loewenclau, Der platonische Menexenos, Stuttgart 1961; G. Löhr, Das Problem des Einen und Vielen in P.s »Philebos«, Göttingen 1990; H. Lorenz, The Brute Within. Appetitive Desires in Plato and Aristotle, Oxford 2006, 2009; K. Lorenz/J. Mittelstraß, Theaitetos fliegt. Zur Theorie wahrer und falscher Sätze bei P. (Soph. 251d–263d), Arch. Gesch. Philos. 48 (1966), 113–152; dies., On Rational Philosophy of Language. The Programme in Plato's »Cratylus« Reconsidered, Mind NS 76 (1967), 1–20; A. Macé, P., philosophie de l'agir et du pâtir, Sankt Augustin 2006; J. Malcolm, Plato on the Self-Predication of Forms. Early and Middle Dialogues, Oxford 1991; E. M. Manasse, P.s »Sophistes« und »Politikos«. Das Problem der Wahrheit, Berlin 1937; D. Mannsperger, Physis bei P., Berlin 1969; B. Manuwald, P., Protagoras, Göttingen 1999, 2006; R. Marten, Ousia im Denken P.s, Meisenheim am Glan 1962; ders., Der Logos der Dialektik. Eine Theorie zu P.s »Sophistes«, Berlin 1965; ders., P.s Theorie der Idee, Freiburg/München 1975; E. Martens, P., Stuttgart 2009; G. Martin, P. in Selbstzeugnissen und Bilddokumenten, Reinbek b. Hamburg 1969, 1995; ders., P.s Ideenlehre, Berlin/New York 1973; R. Mayhew, Aristotle's Criticism of Plato's »Republic«, Landham Md. etc. 1997; ders., Plato. »Laws« 10, Oxford 2008, 2011; M. M. McCabe, Plato and His Predecessors. The Dramatisation of Reason, Cambridge etc. 2000; M. McCoy, Plato on the Rhetoric of Philosophers and Sophists, Cambridge etc. 2008, 2011; H. Meinhardt, Teilhabe bei P.. Ein Beitrag zum Verständnis P.ischen Prinzipiendenkens unter besonderer Berücksichtigung des »Sophistes«, Freiburg/München 1968; C. C. Meinwald, Plato's »Parmenides«, New York/Oxford 1991; H. Meissner, Der tiefere Logos P.s. Eine Auseinandersetzung mit dem Problem der Widersprüche in P.s Werken, Heidelberg 1978; D. J. Melling, Understanding Plato, Oxford/New York 1987, 1988; T. Menkhaus, Eidos, Psyche und Unsterblichkeit. Ein Kommentar zu P.s »Phaidon«, Frankfurt/Paris/Lancaster 2003; A. N. Michelini (ed.), Plato as Author. The Rhetoric of Philosophy, Leiden/Boston Mass. 2003; M. Migliori/L. M. Napolitano-Valditara/A. Fermani (eds.), Inner Life and Soul. Psychē in Plato, Sankt Augustin 2011; M. H. Miller Jr., The Philosopher in Plato's »Statesman«, The Hague/Boston Mass./London 1980, Las Vegas Nev. 2004; ders., Plato's »Parmenides«. The Conversion of the Soul, Princeton N. J. 1986, University Park Pa. 1991; S. G. Miller, The Berkeley Plato. From Neglected Relic to Ancient Treasure. An Archeological Detective Story, Berkeley Calif./Los Angeles/London 2009; J. Mittelstraß, Die Rettung der Phänomene. Ursprung und Geschichte eines antiken Forschungsprinzips, Berlin 1962; ders., P., in: O. Höffe (ed.), Klassiker der Philosophie I (Von den Vorsokratikern bis David Hume), München 1981, 38–62 (mit Bibliographie, 459–465), 516, ³1994, 38–62 (mit Bibliographie, 460–466), 522; ders., Die griechische Denkform. Von der Entstehung der Philosophie aus dem Geiste der Geometrie, Berlin/Boston Mass. 2014; M. Moes, Plato's Dialogue Form and the Care of the Soul, New York etc. 2000; R. D. Mohr, The Platonic Cosmology, Leiden 1985; S. S. Monoson, Plato's Democratic Entanglements. Athenian Politics and the Practice of Philosophy, Princeton N. J. 2000; K. R. Moore, Sex and the Second-Best City. Sex und Society in the »Laws« of Plato, New York/London 2005; J. M. E. Moravcsik (ed.), Patterns in Plato's Thought. Papers Arising out of the 1971 West Coast Greek Philosophy Conference, Dordrecht/Boston Mass. 1973; ders./P. Tempko (eds.), Plato on Beauty, Wisdom, and the Arts, Totowa N. J. 1982; P.-M. Morel, P. et l'objet de la science. Six études sur P., Bourdeaux 1996; K. A. Morgan, Myth and Philosophy from the Presocratics to Plato, Cambridge etc. 2000, 2006; C. Mugler, P. et la recherche mathématique de son époque, Straßburg 1948 (repr. Naarden 1969); ders., La physique de P., Paris 1960; G. Müller, Studien zu den P.ischen »Nomoi«, München 1951, erw. ²1968; N. R. Murphy, The Interpretation of Plato's »Republic«, Oxford 1951, 1967; P. Murray, Plato on Poetry. »Ion«, »Republic« 376e–398b9, »Republic« 595–608b10, Cambridge etc. 1996; R. A. Naddaff, Exiling the Poets. The Production of Censorship in Plato's »Republic«, Chicago Ill./London 2002; D. Nails, The People of Plato. A Prosopography of Plato and Other Socratics, Indianapolis Ind./Cambridge 2002; M. Narcy, P.. L'amour du savoir, Paris 2001; P. Natorp, P.s Ideenlehre. Eine Einführung in den Idealismus, Leipzig 1903, erw. ²1922, Berlin 2014; H.-G. Nesselrath, P. und die Erfindung von Atlantis, München/Leipzig 2002, 2010; A. W. Nightingale, Genres in Dialogue. Plato and the Construct of Philosophy, Cambridge etc. 1995, 2000; K. Noack, P. und der Immoralismus. Die Prototypen des extremen Naturrechts, Kallikles und Thrasymachos, in der Darstellung P.s, Bautzen, Frankfurt etc. 2010; T. Nummenmaa, Divine Motions and Human Emotions in the »Philebus« and in the »Laws«. Plato's Theory of Psychic Powers, Helsinki 1998; D. O'Brien, Le non-être. Deux études sur le »Sophiste« de P., Sankt Augustin 1995; M. J. O'Brien, The Socratic Paradoxes and the Greek Mind, Chapel Hill N. C. 1967; R. J. O'Connell, Plato on the Human Paradox, New York 1997; K. Oehler, Die Lehre vom noetischen und dianoetischen Denken bei P. und Aristoteles. Ein Beitrag zur Erforschung der Geschichte des Bewusstseinsproblems in der Antike, München 1962, Hamburg ²1985; A. Ophir, Plato's Invisible Cities. Discourse and Power in the »Republic«, London 1991; J. M. Van Ophuijsen (ed.), Plato and Platonism, Washington D. C. 1999; E. N. Ostenfeld (ed.), Essays on Plato's »Republic«, Aarhus 1998; G. E. L. Owen, Logic, Science, and Dialectic. Collected Papers in Greek Philosophy, ed. M. Nussbaum, Ithaca N. Y. 1986, bes. 27–44, 65–147; J. A. Palmer, Plato's Reception of Parmenides, Oxford 1999, 2006; N. Pappas, Routledge Philosophy Guidebook to Plato and the »Republic«, New York/London 1995, unter dem Titel: The Routledge Guidebook to Plato's »Republic«, New York/London ³2013; ders., Plato's Aesthetics, SEP 2008, rev. 2012; C. Partenie, Plato's Myths, Cambridge etc. 2009, 2010; dies., Plato's Myths, SEP 2009, rev. 2013; F. J. Pelletier, Parmenides, Plato, and the Semantics of Not-Being, Chicago Ill./London 1990; E. E. Pender, Images of Persons Unseen. Plato's Metaphors for the Gods and the Soul, Sankt Augustin 2000; T. Penner/C. Rowe, Plato's »Lysis«, Cambridge etc. 2005, 2007; J. E. Peterman, On Plato, Belmont Calif. 2000; S. Peterson, Socrates and Philosophy in the Dialogues of Plato, Cambridge etc. 2011; W. Pfannkuche, P.s Ethik als Theorie des guten Lebens, Freiburg/München 1988; G. Picht, P.s Dialoge »Nomoi« und »Symposion«, Stuttgart 1990, ²1992; J. Pieper, Über die platonischen Mythen, München 1965 (engl. The Platonic Myths, South Bend Ind. 2011); ders., Darstellungen und Interpretationen. P., ed. B. Wald, Hamburg 2002; S. Pirrotta, Plato comicus. Die fragmentarischen Komödien. Ein Kommentar, Berlin 2009; Z. Planinc, Plato's Political Philosophy. Prudence in the »Republic« and the »Laws«, Columbia Mo., London 1991; ders. (ed.), Politics, Philosophy, Writing. Plato's Art of Caring for Souls, Columbia S. C./London 2001; R. Polin, Plato and Aristotle on Constitutionalism. An Exposition and Reference Source, Aldershot etc. 1998, 2000; K. Popper, The Open Society and Its Enemies I (The Spell of Plato), London 1945, ⁵1966, Princeton N. J. 2013 (dt. Die offene Gesellschaft und ihre Feinde I [Der Zauber P.s], Bern 1957, Tübingen [8]2003); J.-F. Pradeau, P. et la cité, Paris 1997, [2]2010 (engl. Plato and the City. A New Introduction to Plato's Political Thought, Exeter 2002); G. Prauss, P. und der logische Eleatismus, Berlin 1966; G. A. Press u. a. (eds.), The Continuum Companion to Plato, London/New York 2012; W. J. Prior, Unity and Development in Plato's Metaphysics, London/Sydney, La Salle Ill. 1985, Abingdon/New York 2013; J. H. Randall Jr., Plato. Dramatist of the Life of Reason, New York/London 1970; J. E. Raven, Plato's Thought in the Making. A Study of the Development of His Metaphysics, Cambridge 1965 (repr. Westport Conn. 1985); G. Reale, Per una nuova interpretazione di Platone. Rilettura della metafisica dei grandi dialoghi alla luce delle ›Dottrine non scritte‹, Mailand 1984, 1997 (dt. Zu einer neuen Interpretation P.s. Eine Auslegung der Metaphysik der großen Dialoge im Lichte der ›ungeschriebenen Lehren‹, Paderborn etc. 1993, [2]2000); ders./S. Scolnicov (eds.), New Images of Plato. Dialogues on the Idea of the Good, Sankt Augustin 2002; C. D. C. Reeve, Philosopher-Kings. The Argument of Plato's »Republic«, Princeton N. J. 1988, Indianapolis Ind./Cambridge 2006; ders., Plato on Friendship and Eros, SEP 2004, rev. 2011; G. J. Reydams-Schils (ed.), Plato's »Timaeus« as Cultural Icon, Notre Dame Ind. 2003; D. H. Rice, A Guide to Plato's »Republic«, New York/Oxford 1998; F. Ricken, Gemeinschaft, Tugend, Glück. P. und Aristoteles über das gute Leben, Stuttgart 2004; S. C. Rickless, Plato's Forms in Transition. A Reading of the »Parmenides«, Cambridge etc. 2007; J. M. Rist, Plato's Moral Realism. The Discovery of the Presuppositions of Ethics, Washington D. C. 2012; C. Ritter, P.. Sein Leben, seine Schriften, seine Lehre, I–II, München 1910/1923 (repr. New York 1976); L. Robin, La théorie platonicienne des idées et de nombres d'après Aristote. Étude historique et critique, Paris 1908 (repr. Hildesheim 1963, 1984); ders., Les rapports de l'être et de la connaissance d'après P., Paris 1957; R. Robinson, Plato's Earlier Dialectic, Ithaca N. Y. 1941, Oxford [2]1953 (repr. 1966), 1984; R. J. Roecklein, Plato versus Parmenides. The Debate over Coming-Into-Being in Greek Philosophy, Lanham Md. etc. 2011; D. Roloff, Platonische Ironie. Das Beispiel: »Theaitetos«, Heidelberg 1975; G. Römpp, P., Köln/Weimar/Wien 2008; D. Roocknik, Of Art and Wisdom. Plato's Understanding of Techne, University Park Pa. 1996; S. Rosen, Plato's Statesman. The Web of Politics, New Haven Conn./London 1995, 1997, South Bend Ind. 2009; ders., Plato's »Republic«. A Study, New Haven Conn./London 2005; W. D. Ross, Plato's Theory of Ideas, Oxford 1951 (repr. 1961, 1971), Westport Conn. 1976; C. Rowe, Plato and the Art of Philosophical Writing, Cambridge etc. 2007, 2010; E. Rudolph (ed.), Polis und Kosmos. Naturphilosophie und politische Philosophie bei P., Darmstadt 1996; W. G. Runciman, Plato's Later Epistemology, Cambridge 1962; D. Russel, Plato on Pleasure and the Good Life, Oxford 2005, 2009; G. Ryle, P.'s Progress, Cambridge 1966 (repr. Bristol 1994); ders., Plato, Enc. Ph. VI (1967), 314–333; J. Sallis, Platonic Legacies, Albany N. Y. 2004; T. Samaras, Plato on Democracy, Frankfurt etc. 2002; G. Santas (ed.), The Blackwell Guide to Plato's »Republic«, Malden Mass./Oxford/Carlton 2006; S. Sayers, Plato's »Republic«. An Introduction, Edinburgh 1999, 2002; K. M. Sayre, Plato's Analytic Method, Chicago Ill./London 1969, Aldershot 1994; ders., Metaphysics and Method in Plato's »Statesman«, Camridge etc. 2006, 2007; ders., Plato's Late Ontology. A Riddle Resolved, Princeton N. J. 1983, Las Vegas Nev. 2005; H. J. Schaefer, Phronesis bei P., Bochum 1981; R. Schaerer, Dieu, l'homme et la vie d'après P., Neuchâtel 1944; L. Schäfer, Das Paradigma am Himmel. P. über Natur und Staat, Freiburg/München 2005; C. Schefer, P. und Apollon. Vom Logos zurück zum Mythos, Sankt Augustin 1996; ders., P.s unsagbare Erfahrung. Ein anderer Zugang zu P., Basel 2001, [2]2005; W. Scheffel, Aspekte der P.ischen Kosmologie. Untersuchungen zum Dialog »Timaios«, Leiden 1976; G. Schiemann/D. Mersch/G. Böhme (eds.), P. im nachmetaphysischen Zeitalter, Darmstadt 2006; C. Schildknecht, Philosophische Masken. Literarische Formen der Philosophie bei P., Descartes, Wolff und Lichtenberg, Stuttgart 1990; K. Schilling, P.. Einführung in seine Philosophie, Reutlingen, Wurzach 1948; A. E. Schmeck, Atlantis – P.s Idealstaat, Frankfurt 2003; G. Schmidt, P.s Vernunftkritik oder die Doppelrolle des Sokrates im Dialog »Charmides«, Würzburg 1985; P. Schmidt-Wiborg, Dialektik in P.s »Philebos«, Tübingen 2005; A. Schmitt, Die Moderne bei P.. Zwei Grundformen europäischer Rationalität, Stuttgart/Weimar, Darmstadt 2003, Stuttgart/Weimar [2]2008 (engl. Modernity and Plato. Two Paradigms of Rationality, Rochester N. Y. 2012); J.-G. Schneider, Wittgenstein und P.. Sokratisch-platonische Dialektik im Lichte der wittgensteinischen Sprachspielkonzeption, Freiburg/München 2002; M. Schofield, Plato, REP VII (1998), 399–421; ders., Plato. Political Philosophy, Oxford 2006, 2010; A. Schubert, P.. »Der Staat«. Ein einführender Kommentar, Paderborn etc. 1995; I. Schudoma, P.s »Parmenides«. Kommentar und Deutung, Würzburg 2001; P.-M. Schuhl, P. et l'art de son temps (arts plastiques), Paris 1933, erw. [2]1952; ders., L'œuvre de P., Paris 1954, [5]1971; D. J. Schulz, Das Problem der Materie in P.s »Timaios«, Bonn 1966; B. T. Schur, ›Von hier nach dort‹. Der Philosophiebegriff bei P., Göttingen 2013; M. Schwartz, Der philosophische ›bios‹ bei P.. Zur Einheit von philosophischem und gutem Leben, Freiburg/München 2013; B. Schweitzer, P. und die bildende Kunst der Griechen, Tübingen 1953; G. A. Scott, Plato's Socrates as Educator, Albany N. Y. 2000; ders. (ed.), Philosophy in Dialogue. Plato's Many Devices, Evanston Ill. 2007; D. Sedley, Plato's »Cratylus«, Cambridge etc. 2003, 2004; G. A. Seeck, Nicht-Denkfehler und natürliche Sprache bei P.. Gerechtigkeit und Frömmigkeit in P.s »Protagoras«, München 1997; P. Seligman, Being and Not-Being. An Introduction to Plato's »Sophist«, The Hague 1974; H. Seubert, Polis und Nomos. Untersuchungen zu P.s Rechtslehre, Berlin 2005; S. Sharafat, Elemente von P.s Anthropologie in den »Nomoi«, Frankfurt 1998; F. C. C. Sheffield, Plato's »Symposium«. The Ethics of Desire, Oxford etc. 2006, 2009; D. J. Sheppard, Plato's »Republic«, Edinburgh 2009; ders., Ancient Approaches to Plato's »Republic«, London 2013; A. Silverman, The Dialectic of Essence. A Study of Plato's Metaphysics, Princeton N. J./Oxford 2002; ders., Plato's Middle Period Metaphysics and Epistemology, SEP 2003, rev. 2014; C. Simbeck, Gleiche Bürger – gerechter Staat. Gerechtigkeitskonzepte von P. und Aristoteles, Marburg 2009; J. B. Skemp, The Theory of Motion in Plato's Later Dialogues, Cambridge 1942, erw. Amsterdam [2]1967, Cambridge etc. 2013; H. A. Slaatté, Plato's Dialogues and Ethics, Lanham Md./New York/Oxford 2000; S. R. Slings, Critical Notes on Plato's »Politeia«, ed. G. Boter/J. Van Ophijsen, Leiden/Boston Mass. 2005; R. K. Sprague, P.'s Use of Fallacy. A Study of the »Euthydemus« and Some Other Dialogues, London 1962, Abingdon/New York 2013; J. Sprute, Der Begriff der Doxa in der platonischen Philosophie, Göttingen 1962; D. Stauffer, Plato's Introduction to the Question of Justice, Albany N. Y. 2001; ders., The Unity of Plato's »Gorgias«. Rhetoric, Justice, and the Philosophic Life, Cambridge etc. 2006, 2007; P. M. Steiner, Psyche bei P., Göttingen 1992; J. Stenzel, Studien zur Entwicklung der P.ischen Dialektik von Sokrates bis Aristoteles, Breslau 1917, erw. Leipzig/Berlin [2]1931, Darmstadt 1961 (engl. Plato's Method of Dialectic, ed. D. J. Allan, Oxford 1940, New York 1973); ders., Zahl und Gestalt bei P. und Aristoteles, Leipzig/Berlin 1924, erw. ²1933, Darmstadt 1959; ders., P. – der Erzieher, Leipzig 1928 (repr. Hamburg 1961); P. Stern, Knowledge and Politics in Plato's »Theaetetus«, Cambridge etc. 2008; R. Sternfeld/H. Zyskind, Plato's »Meno«. A Philosophy of Man as Acquisitive, Carbondale Ill./Edwardsville Ill., London/Amsterdam 1978; dies., Meaning, Relation, and Existence in Plato's »Parmenides«. The Logic of Relational Realism, New York etc. 1987; L. Strauss, The Argument and the Action of Plato's »Laws«, Chicago Ill./London 1975, 1998 (franz. Argument et action des »Lois« de P., Paris 1990); G. Striker, Peras und Apeiron. Das Problem der Formen in P.s »Philebos«, Göttingen 1970; M. Suhr, P., Frankfurt/New York 1992, ²2001; J. Szaif, P.s Begriff der Wahrheit, Freiburg/München 1996, ²1998; T. A. Szlezak, P. und Aristoteles in der Nuslehre Plotins, Basel/Stuttgart 1979; ders., P. und die Schriftlichkeit der Philosophie, I–II, Berlin/New York 1985/2004; H. Tarrant, Plato's First Interpreters, Ithaca N. Y./New York 2000; ders. (ed.), Reading Plato in Antiquity, London 2006, 2012; A. E. Taylor, Plato. The Man and His Work, London 1926, ⁷1960, Abingdon/New York 2013; ders., A Commentary on Plato's »Timaeus«, Oxford 1928 (repr. Oxford 1962, New York 1987); H. Teloh, The Development of Plato's Metaphysics, University Park Pa./London 1981; ders., Socratic Education in Plato's Early Dialogues, Notre Dame Ind. 1986; D. Thiel, P.s Hypomnemata. Die Genese des Platonismus aus dem Gedächtnis der Schrift, Freiburg/München 1993; D. Thomsen, ›Technē‹ als Metapher und als Begriff der sittlichen Einsicht. Zum Verhältnis von Vernunft und Natur bei P. und Aristoteles, Freiburg/München 1990; R. Thurnher, Der siebte P.brief. Versuch einer umfassenden philosophischen Interpretation, Meisenheim am Glan 1975; E. Tielsch, Die P.ischen Versionen der griechischen Doxalehre. Ein philosophisches Lexikon mit Kommentar, Meisenheim am Glan 1970; M. Tuominen, The Ancient Commentators on Plato and Aristotle, Berkley Calif./Los Angeles 2000, 2001; W. B. Tyrrell, The Sacrifice of Socrates. Athenes, Plato, Girad, East Lansing Mich. 2012; G. Vlastos (ed.), Plato. A Collection of Critical Essays, I–II, Garden City N. Y. 1971/1972, Notre Dame Ind. 1987, I–II (Metaphysics and Epistemology, II Ethics, Politics, and Philosophy of Art and Religion); ders., Platonic Studies, Princeton N. J. 1973, ²1981; ders., Plato's Universe, Seattle 1975, Las Vegas Nev. 2005; H. D. Voigtländer, Die Lust und das Gute bei P., Würzburg 1960; K.-H. Volkmann-Schluck, Plato. Der Anfang der Metaphysik, Würzburg 1999; F. Vonessen, Metapher als Methode. Studien zu P., Würzburg 2001; ders., P.s Ideenlehre. Wiederentdeckung eines verlorenen Weges, I–III, Kusterdingen 2001–2005; J. Wahl, Étude sur le »Parménide« de P., Paris 1926, 1951; R. Wardy, The Birth of Rhetoric. Gorgias, Plato and Their Successors, New York/London 1996, 1998; A. E. C. Wedberg, Plato's Philosophy of Mathematics, Stockholm 1955 (repr. Westport Conn. 1977); R. H. Weingartner, The Unity of the Platonic Dialogue. The »Cratylus«, the »Protagoras«, the »Parmenides«, Indianapolis Ind./New York 1973; R. Weiss, Socrates Dissatisfied. An Analysis of Plato's »Crito«, Oxford etc. 1998; dies., Virtue in the Cave. Moral Inquiry in Plato's »Meno«, Oxford 2001; dies., The Socratic Paradox and Its Enemies, Chicago Ill./London 2006; W. A. Welton, Plato's Forms. Varieties of Interpretation, Lanham Md. etc. 2002; C. F. v. Weizsäcker, Ein Blick auf P.. Ideenlehre, Logik und Physik, Stuttgart 1981, 2002; D. S. Werner, Myth and Philosophy in Plato's »Phaedrus«, Cambridge etc. 2012; A. G. Wersinger, P. et la dysharmonie. Recherches sur la forme musicale, Paris 2001; D. A. White, Rhetoric and Reality in Plato's »Phaedrus«, Albany N. Y. 1993; ders., Myth, Metaphysics and Dialectic in Plato's »Statesman«, Aldershot/Burlington Vt. 2007; A. Wiehart, Philosophos. P.s Frage und ihre Verteidigung, Marburg 2008; W. Wieland, P. und die Formen des Wissens, Göttingen 1982, ²1999; U. v. Wilamowitz-Moellendorf, P., I–II, Berlin 1919, I, Berlin ⁵1959, II, ³1962, 1992; W. Windelband, P., Stuttgart 1900, ⁷1923, 1992; J. Wippern, Das Problem der ungeschriebenen Lehre P.s. Beiträge zum Verständnis der P.ischen Prinzipienphilosophie, Darmstadt 1972; B. Witte, Die Wissenschaft vom Guten und Bösen. Interpretationen zu P.s »Charmides«, Berlin 1970; D. Wolfsdorf, Trials of Reason. Plato and the Crafting of Philosophy, Oxford etc. 2008; K. Wood, Troubling Play. Meaning and Entity in Plato's »Parmenides«, Albany N. Y. 2005; M. R. Wright (ed.), Reasons and Necessity. Essays on Plato's »Timaeus«, London/Oakville Conn./Swansea 2000; E. A. Wyller, P.s »Parmenides« in seinem Zusammenhang mit »Symposion« und »Politeia«. Interpretationen zur P.ischen Henologie, Oslo 1960, Würzburg 2007; ders., Der späte P.. Tübinger Vorlesungen 1965, Hamburg 1970; B. Zehnpfennig, P. zur Einführung, Hamburg 1997, ⁴2011; W. M. Zeitler, Entscheidungsfreiheit bei P., München 1983; H. G. Zekl, Der »Parmenides«. Untersuchungen über innere Einheit, Zielsetzung und begriffliches Verfahren eines platonischen Dialogs, Marburg 1971; E. Zeller, P.ische Studien, Tübingen 1839 (repr. Amsterdam 1969, New York 1976); ders., Die Philosophie der Griechen in ihrer geschichtlichen Entwicklung II/1 (Sokrates und die Sokratiker, Plato und die alte Akademie), Tübingen 1859, Leipzig ⁵1922 (repr. Darmstadt 1963, Hildesheim 1990); C. Ziermann, P.s negative Dialektik. Eine Untersuchung der Dialoge »Sophistes« und »Parmenides«, Würzburg 2004. M. G.

Platonische Akademie (Academia Platonica), nach dem Vorbild der ↑Akademie Platons 1459 von Cosimo de' Medici, wohl auf Anregung G. G. Plethons, in Florenz gegründete, auch als ›Florentiner Akademie‹ (›Academia Florentina‹) bezeichnete philosophische Schule, institutioneller Mittelpunkt des ↑Platonismus der italienischen ↑Renaissance (Florentiner Platonismus) und des italienischen ↑Humanismus. Hauptvertreter der P.n A., die neben der Schule von Padua (↑Padua, Schule von), dem Mittelpunkt des (averroistischen) ↑Aristotelismus in Italien, die bedeutendste philosophische Schule in der italienischen Renaissancephilosophie war und bis 1522 bestand, sind M. Ficino und G. Pico della Mirandola, ferner L. B. Alberti (1404–1472), C. Landino (1424–1498) und A. Poliziano (1454–1494).

Der Platonismus der P.n A., von J. Reuchlin nach Deutschland getragen, bildet neben den methodologischen Elementen des Paduaner Aristotelismus ein wesentliches weiteres Element in der methodischen Begründung einer ›neuen Wissenschaft‹, d. h. der mit G. Galilei entstehenden neuzeitlichen Physik. So setzt mit der ›Kosmologie‹ Pico della Mirandolas (gegenüber der bei Ficino noch vorherrschenden kirchlichen Theologie) eine Entgöttlichung der Welt ein: Gott ist nicht *in* der Welt, sondern deren Konstrukteur. Damit kann die Welt zum Gegenstand einer (noch immer frommen) Naturwissenschaft werden, diesmal (gegenüber der Schule von Padua) unter platonischen Vorzeichen. Der Platonismus der ›neuen Wissenschaft‹ beruht dann allerdings weniger in einer ›Wiedererweckung‹ des antiken Platonismus und einer Fortsetzung spekulativer Tendenzen in der P.n A. als vielmehr in einer neuen methodischen Ordnung empirischer und nicht-empirischer (mathematischer) Teile der (naturwissenschaftlichen) Theoriebildung (↑Experimentalphilosophie, ↑Mechanik, ↑Methode, analytische).

Literatur: D. Béresniak, Les premiers Médicis et l'Académie Platonicienne de Florence. La resurgence d'Hermès, Paris 1984; G. Boas, Philosophies of Science in Florentine Platonism, in: C. S. Singleton (ed.), Art, Science and History in the Renaissance, Baltimore Md. 1967, 1970, 239–254; E. Cassirer, Individuum und Kosmos in der Philosophie der Renaissance, Berlin 1927, Hamburg 2013 (engl. The Individual and the Cosmos in Renaissance Philosophy, Oxford, New York 1963, Mineola N. Y. 2000); D. S. Chambers/F. Quiviger (eds.), Italian Academies of the Sixteenth Century, London 1995; A. Della Torre, Storia dell'Accademia Platonica di Firenze, Florenz 1902 (repr. Turin 1960, 1968); A. Field, The Origins of the Platonic Academy of Florence, Princeton N. J. 1988, 2014; ders., The Platonic Academy of Florence, in: M. J. B. Allen/V. Rees (eds.), Marsilio Ficino. His Theology, His Philosophy, His Legacy, Leiden/Boston Mass./Köln 2002, 359–376; S. Gersh, Platonism and the Platonic Tradition, Enc. Ph. VII (^{2}2006), 605–617, bes. 612–614; J. Hankins, Humanism and Platonism in the Italian Renaissance II (Platonism), Rom 2004, 2010, 187–395 (Part III The Myth of the Platonic Academy); ders., Humanist Academies and the ›Platonic Academy of Florence‹, in: M. Pade (ed.), On Renaissance Academies. Proceedings of the International Conference »From the Roman Academy to the Danish Academy in Rome [...]«, The Danish Academy in Rome, 11–13 October 2006, Rom 2011, 31–46; P. O. Kristeller, The Platonic Academy of Florence, Renaiss. News 14 (1961), 147–159, ferner in: ders., Renaissance Thought II (Papers on Humanism and the Arts), New York/Evanston Ill./London 1965, 89–101; M. Lentzen, Die humanistische Akademiebewegung des Quattrocento und die ›A. P.‹ in Florenz, in: Wolfenbütteler Renaissance-Mitteilungen 19 (1995), 58–78, ferner in: K. Garber/H. Wismann (eds.), Europäische Sozietätsbewegung und demokratische Tradition. Die Europäischen Akademien der Frühen Neuzeit zwischen Frührenaissance und Spätaufklärung, Tübingen 1996, 190–213; J. Monfasani, Two Fifteenth-Century ›Platonic Academies‹: Besarion's and Ficino's, in: M. Pade (ed.), On Renaissance Academies [s. o.], 61–76; M. Plaisance, L'Académie Florentine de 1541 à 1583. Permanence et changement, in: D. S. Chambers/F. Quiviger (eds.), Italian Academies of the Sixteenth Century [s. o.], 127–135; J. H. Randall Jr., The Career of Philosophy I (From the Middle Ages to the Enlightenment), New York/London 1962, 1970, 55–64; D. A. Rees, Platonism and the Platonic Tradition, Enc. Ph. VI (1967), 333–341, bes. 339; M. Schiavone, Accademia Platonica, Enciclopedia Filosofica I, Florenz 1982, 37–38. J. M.

Platonische Körper, im Anschluß an deren Behandlung in Platons »Timaios« eingeführte Bezeichnung für die regulären (konvexen) Polyeder im 3-dimensionalen Euklidischen Raum, die in der Geschichte der Mathematik und Naturphilosophie Anwendung fanden. Ein Polyeder heißt *regulär*, wenn (1) alle seine Ecken, Kanten und Flächen unter sich gleichberechtigt und (2) sämtliche Flächen reguläre Polygone sind. Nach Euklid (Elemente XIII) gibt es im 3-dimensionalen Euklidischen Raum genau fünf reguläre Polyeder, eben die P.n K..

Ein reguläres Polyeder darf keine einspringenden Ecken und Kanten besitzen. Da nämlich nicht alle Ecken und Kanten einspringen können, wären einige Ecken oder Kanten entgegen der Definition unterscheidbar. Daher muß auch die Summe der Polygonwinkel, die an einer Ecke zusammenstoßen, kleiner als 2π sein. Andernfalls lägen diese Polygone in einer Ebene, und es würden einspringende Kanten von dieser Ecke ausgehen. Zudem müssen mindestens drei Polygone in einer Ecke zusammenstoßen. Weiterhin müssen wegen der Regularität alle Polygonwinkel gleich sein. Daher müssen sie alle kleiner als $2\pi/3$ sein. Im regulären Sechseck beträgt der Polygonwinkel gerade $2\pi/3$. Da die Winkel für $n > 3$ im regulären n-Eck wachsen, können nur reguläre Drei-, Vier- und Fünfecke als Flächen regulärer Polyeder gewählt werden. Beim regulären Viereck, dem Quadrat, mit nur rechten Winkeln können nicht mehr als drei Quadrate in einer Ecke zusammenstoßen, ohne die Winkelsumme von 2π zu übertreffen. Beim regulären Fünfeck können nicht mehr als drei Fünfecke in einer Ecke zusammentreffen.

Ein regulärer Körper ist nach Definition bereits vollständig bestimmt, wenn die Anzahl der in einer Ecke zusammenstoßenden Flächen und deren Eckenzahl bekannt ist. Daher kann es höchstens nur jeweils ein reguläres Polyeder geben, das von Quadraten oder von regulären Fünfecken begrenzt wird. Demgegenüber können drei, vier oder fünf gleichseitige Dreiecke in einer Ecke zusammenstoßen, da erst sechs Dreiecke die Winkelsumme 2π ergeben. Das reguläre Dreieck kann daher bei drei verschiedenen Polyedern als Fläche auftreten. Insgesamt ergeben sich also fünf mögliche reguläre Polyeder (Abb. 1). Die *Existenz* der P.n K. wird von Euklid durch Konstruktion bewiesen.

Polyeder	Begrenzende Polygone	Anzahl der			
		Ecken	Kanten	Flächen	zusammenstoßenden Flächen in einer Ecke
Tetraeder	Dreieck	4	6	4	3
Oktaeder	Dreieck	6	12	8	4
Ikosaeder	Dreieck	12	30	20	5
Würfel	Viereck	8	12	6	3
Dodekaeder	Fünfeck	20	30	12	3

Abb. 1

Naturphilosophische Bedeutung gewinnen die P.n K. in Platons »Timaios«, wo Tetraeder, Oktaeder, Ikosaeder und Würfel den Elementen Feuer, Luft, Wasser und Erde zugeordnet werden (Abb. 2). Tetraeder, Oktaeder und Ikosaeder bestehen aus gleichseitigen Dreiecken, die

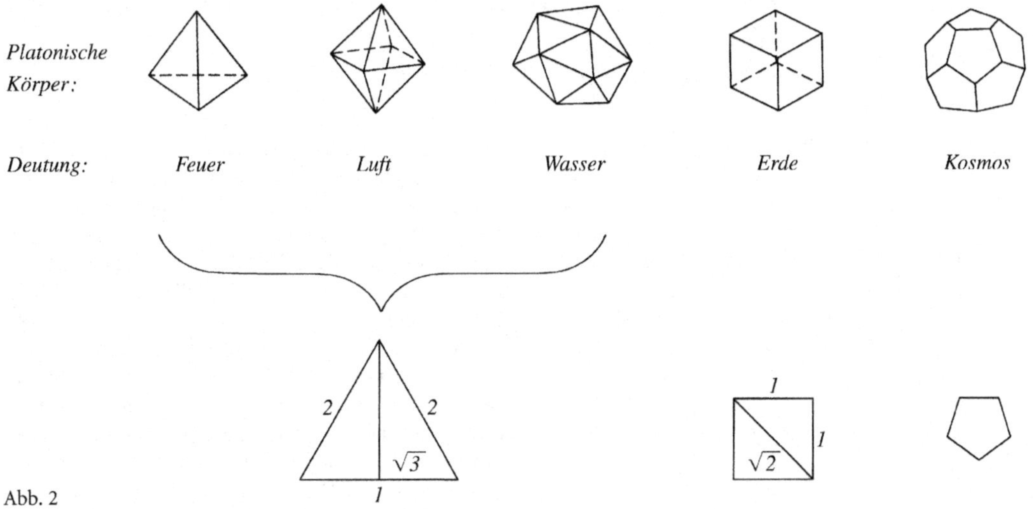

Abb. 2

halbiert rechtwinklige Dreiecke mit Seitenlängen 1, 2 und $\sqrt{3}$ ergeben, während die regulären Vierecke des Würfels halbiert rechtwinklige Dreiecke mit Seitenlängen 1, 1 und $\sqrt{2}$ ergeben (Abb. 2).
Mit diesen rechtwinkligen Dreiecken als Elementarbausteinen entwickelt Platon ein mathematisches Modell für die Analyse und Synthese von Elementen. So ergeben 2 Luftelemente, d. h. 2 Oktaeder mit 32 Dreiecken, und 1 Feuerelement, d. h. 1 Tetraeder mit 8 Dreiecken, zusammen 1 Wasserelement, d. h. 1 Ikosaeder mit 40 Dreiecken. Flüssige Elemente wie Wasser, Luft und Feuer lassen sich nach Platon verbinden, während ein fester Stoff aus Erde wegen der unterschiedlichen Dreiecke nur in einen anderen festen Stoff überführt werden kann. Das Dodekaeder interpretiert Platon wegen seiner kugelähnlichen Form als äußerste Sphäre des Kosmos. Jede seiner 12 Flächen entspricht einem der 12 Sternbilder. In der mittelalterlichen ↑Alchemie wird es als ↑›quinta essentia‹ gedeutet. Im ↑Neuplatonismus der ↑Renaissance gewinnen die P.n K. erneut Bedeutung. So baut Leonardo da Vinci erste Modelle der P.n K., wobei er für die Kanten Holzstäbe verwendet. J. Kepler (Mysterium cosmographicum, Tübingen 1596) deutet die Abstände der Planetensphären durch ein- und umbeschriebene Polyeder (↑Astronomie, Abb. 7) und sucht diese Abstände dadurch einer geometrischen Erklärung zugänglich zu machen. L. Pacioli (De divina proportione, Venedig 1509) bezeichnet die Verbindung zweier Tetraeder als ›octaedron elevatum‹, die auch in der Natur als Zwillingskristall vorkommt und hundert Jahre später von Kepler wiederentdeckt und ›stella octangula‹ genannt wird.
Die Auszeichnung der P.n K. hängt mit ihrer hohen *mathematischen Symmetrie* (↑symmetrisch/Symmetrie (geometrisch)) zusammen, die gruppentheoretisch (↑Gruppe (mathematisch)) durch Drehungs- und Spiegelungssymmetrie bestimmt ist. Würfel und Oktaeder bzw. Dodekaeder und Ikosaeder sind gruppentheoretisch ununterscheidbar. Bei Zuordnung entsprechender Ecken und Seiten lassen sich nämlich Würfel und Oktaeder bzw. Dodekaeder und Ikosaeder einander um- und einbeschreiben (Abb. 3).
Der Gedanke, daß die mathematische Struktur des Universums durch Symmetrie (↑symmetrisch/Symmetrie (naturphilosophisch)) bestimmt ist, hat in der modernen ↑Naturwissenschaft zentrale Bedeutung erlangt. Er wurde für die Elementarteilchenphysik (↑Teilchenphysik) von W. Heisenberg auf die Naturphilosophie Platons zurückgeführt.
Mathematisch läßt sich der Begriff der P.n K. für *n-dimensionale Euklidische Geometrien* verallgemeinern. So existieren im 4-dimensionalen Raum genau sechs reguläre Polyeder, die neben Ecken, Kanten und regulären Flächen auch reguläre 3-dimensionale Polyeder als Begrenzungsstücke besitzen. Für Euklidische Räume mit $n \geq 5$ sind nur jeweils drei reguläre n-dimensionale Polyeder möglich. Durch Projektion (↑Projektion (ma-

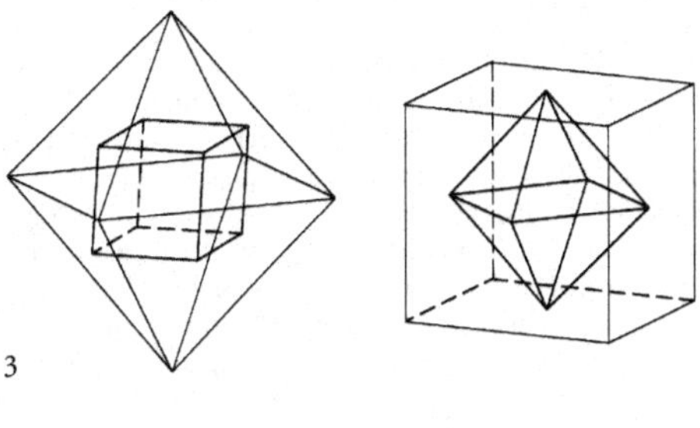

Abb. 3

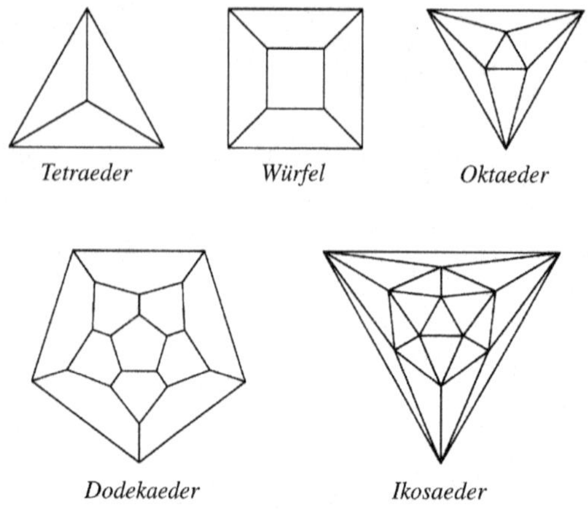

Abb. 4

thematisch)) können diese Polyeder in dem um eine Dimension niedrigeren Raum betrachtet werden. Sie erlauben auf diese Weise anschauliche 3-dimensionale Modelle der unanschaulichen 4-dimensionalen P.n K.. Die 3-dimensionalen P.n K. werden in der 2-dimensionalen Ebene als Schlegel-Diagramme (Abb. 4) dargestellt, wenn man das Projektionszentrum senkrecht direkt über die Mitte einer Seitenfläche legt und diese Fläche als Bildebene wählt. Anschaulich erhält man diese Ansichten, wenn man eine Fläche des Polyeders entfernt und durch das so entstandene Loch ins Innere sieht.

Die Schlegel-Diagramme der P.n K. sind Beispiele für einfach-zusammenhängende Gebiete (z. B. Landkarten), die der Descartes-Eulerschen Formel $E - K + F = 2$ mit E Eckenzahl, K Kantenzahl und F Flächenzahl genügen. Diese Formel wurde von H. Poincaré für n Dimensionen verallgemeinert und führte mit zur Entwicklung der modernen (simplizialen) ↑Topologie.

Literatur: E. M. Bruins, La chimie du Timée, Rev. mét. mor. 56 (1951), 269–282; H. S. M. Coxeter, Introduction to Geometry, New York 1961, ^{2}1969, 1989 (dt. Unvergängliche Geometrie, Basel/Stuttgart 1963, erw. ^{2}1981); W. Heisenberg, Die Plancksche Entdeckung und die philosophischen Grundfragen der Atomlehre, in: ders., Wandlungen in den Grundlagen der Naturwissenschaft. Zehn Vorträge, Stuttgart ^{9}1959, ^{11}1980, 160–183, ^{12}2005, 137–158; D. Hilbert/S. Cohn-Vossen, Anschauliche Geometrie, Berlin 1932 (repr. Darmstadt 1973 [mit einem Anhang: P. Alexandroff, Einfachste Grundbegriffe der Topologie]), Berlin etc. ^{2}1996 [mit Anhang v. P. Alexandroff], 2011; K. Mainzer, Geschichte der Geometrie, Mannheim/Wien/Zürich 1980; J. Mittelstraß, Die Rettung der Phänomene. Ursprung und Geschichte eines antiken Forschungsprinzips, Berlin 1962, 98–113; E. Sachs, Die fünf p.n K.. Zur Geschichte der Mathematik und der Elementenlehre Platons und der Pythagoreer, Berlin 1917 (repr. Hamburg 2010, 2013); A. Speiser, Die Theorie der Gruppen von endlicher Ordnung. Mit Anwendungen auf algebraische Zahlen und Gleichungen sowie auf die Krystallographie, Berlin 1923, Basel erw. ^{4}1956, ^{5}1980; G. Vlastos, Plato's Universe, Seattle, Oxford 1975 (repr. o. O. [Las Vegas] 2005), 66–97. K. M.

Platonismus, im weiteren Sinne Bezeichnung für an Platon anschließende philosophische Konzeptionen, im engeren Sinne die Philosophie der Schule Platons (↑Akademie). Man unterscheidet die ältere, mittlere und neue Akademie und im historischen Anschluß an diese den Mittel- und ↑Neuplatonismus. Nach dem Tod des Neuplatonikers Proklos (485) setzt die ↑Alexandrinische Schule (Ammonios Hermeiu) die Tradition des P. zum Teil fort; 529 wird der P. in Athen verboten.

Die *ältere Akademie* führt pythagoreisierend die ↑Ideenlehre und die ↑Ideenzahlenlehre Platons fort (mit mythischen Elementen) und wendet sich Problemen der praktischen Lebensführung zu (Speusippos, Xenokrates, Polemon, Krates, Herakleides Pontikos, Eudoxos von Knidos, Hermodoros, Krantor). Die *mittlere Akademie,* die so genannte ›akademische Skepsis‹, bezweifelt die Möglichkeit gesicherter Erkenntnis schlechthin (nicht nur, wie Platon, die Erkenntnis der Sinnenwelt) und läßt nur die Wahrscheinlichkeit, die begründete Vermutung gelten. Die ↑Skepsis (↑Skeptizismus) richtet sich vor allem gegen den Dogmatismus der ↑Stoa, deren Theologie Karneades bekämpft; sein Vorgänger Arkesilaos führt das Prinzip des Zweifelns und der Urteilsenthaltung (*ἐποχή*, ↑Epochē) ein. Die *neuere Akademie* sucht mit Philon von Larissa zwischen Karneades und der Stoa zu vermitteln und wendet sich mit Antiochos von Askalon wieder von der Skepsis ab. Der *Mittelplatonismus* (z. B. Eudoros, Theon von Smyrna, Albinos, Kelsos, Maximus von Tyros) ist durch einen ↑Synkretismus und einen ↑Eklektizismus gekennzeichnet, der nur die Lehre Epikurs ausschließt. Peripatetische (↑Peripatos) Logik, neupythagoreische (↑Neupythagoreismus) Mathematik, Mystik und Götterlehre (die zwischen Gott und der Welt ein Reich der Dämonen als Mittelwesen annimmt) sowie eine dem Zeitgeist entsprechende Hinwendung zur Religiosität bestimmen die sehr unterschiedlichen Mischformen dieses P.; erst mit dem Neuplatonismus entsteht wieder ein einheitliches System der Philosophie.

Der P. außerhalb der Schultradition ist außerordentlich vielfältig und oft nicht genau bestimmbar. Kennzeichnend für alle Varianten des P. dürfte der Begriffsrealismus (↑Realismus, semantischer) sein, der im Gegensatz zum ↑Nominalismus und ↑Konzeptualismus die Existenz von Ideen (↑Idee (historisch)), Begriffen, Klassen und anderen ↑Universalien unterstellt (↑Ockham's razor, ↑Platonismus (wissenschaftstheoretisch)). M. T. Cicero und M. T. Varro schließen sich zum Teil der neueren Akademie an. Das frühe Christentum übernimmt den P. einerseits als Bestandteil der hellenistischen Bildung (↑Hellenismus), andererseits für die Zwecke der Entwicklung einer eigenen ↑Theologie; die Vorstellungen des P. von der Unpersönlichkeit Gottes, der ↑Emanation der ↑Hypostasen (Plotinos) und der Erwartung des Heils aus der Philosophie (nicht aus dem Glauben) werden vom Christentum abgelehnt. Das Frühmittelalter kennt von Platon nur den »Timaios« (in den Übersetzungen von Cicero und Chalcidius); im 12. Jh. übersetzt Henricus Aristippus den »Menon« und den »Phaidon«. Hauptquelle des P. im Mittelalter ist jedoch der Neuplatonismus: A. Augustinus, Pseudo-Dionysios, Nemesios von Emesa, Gregor von Nyssa und A. M. T. S. Boethius. Um 1270 existiert in Paris neben dem ↑Aristotelismus eine starke an Augustinus anschließende Tradition des P. (J. Peckham). Vor allem bei naturwissenschaftlich interessierten Denkern (R. Grosseteste, R. Bacon, Witelo, Schule von Chartres) findet der P. Anklang.

Mit der Gründung der ↑Platonischen Akademie in Florenz gewinnt der P. erneut Einfluß. M. Ficino übersetzt 1483/1484 die Werke Platons. G. Pico della Mirandola und G. Bruno stehen dem P. nahe, ebenso Nikolaus von Kues, R. Descartes, G. W. Leibniz, B. de Spinoza, N. de Malebranche (der ›christliche Platon‹), die Schule von Cambridge (↑Cambridge, Schule von), G. W. F. Hegel, E. Husserl und A. N. Whitehead.

Literatur: E. Afonasin/J. Dillon/J. F. Finamore (eds.), Iamblichus and the Foundations of Late Platonism, Leiden/Boston Mass. 2012; K. Albert, P.. Weg und Wesen abendländischen Philosophierens, Darmstadt 2008; M. Balaguer, Platonism in Metaphysics, SEP 2004, rev. 2009; G. Bechtle, Iamblichus. Aspekte seiner Philosophie und Wissenschaftskonzeption. Studien zum späteren P., Sankt Augustin 2006; W. Beierwaltes (ed.), P. in der Philosophie des Mittelalters, Darmstadt 1969; ders., P. im Christentum, Frankfurt 1998, [3]2014; P.R. Blum/G. Gabriel/T. Rentsch, P., Hist. Wb. Ph. VII (1989), 977–988; J. Burnet, Platonism, Berkeley Calif. 1928 (repr. Westport Conn. 1983); E. Cassirer, Die platonische Renaissance in England und die Schule von Cambridge, Leipzig/Berlin 1932, Nachdr. in: ders., Gesammelte Werke XIV, ed. B. Recki, Hamburg, Darmstadt 2002, 221–380 (engl. The Platonic Renaissance in England, Edinburgh etc., Austin Tex. 1953 [repr. New York 1970]); H. Chadwick, Early Christian Thought and the Classical Tradition. Studies in Justin, Clement, and Origen, Oxford 1966, 1992; H. Cherniss, The Riddle of the Early Academy, Berkeley Calif./Los Angeles 1945 (repr. New York/London 1980), New York 1962 (dt. Die ältere Akademie. Ein historisches Rätsel und seine Lösung, Heidelberg 1966; franz. L'énigme de l'ancienne Académie, Paris 1993); W. Detel, Bemerkungen zum P. bei Galilei, Neue H. Philos. 15/16 (1979) 130–155; J. Dillon u. a., Platonism, REP VII (1996), 412–447; E.R. Dodds, The ›Parmenides‹ of Plato and the Origin of the Neoplatonic ›One‹, Class. Quart. 22 (1928) 129–142; H. Dörrie, Platonica Minora, München 1976, 524–548 (Bibliographischer Bericht über den Stand der Forschung zum mittleren und neueren P.); ders./M. Baltes/C. Pietsch (eds.), Der P. in der Antike. Grundlagen – System – Entwicklung, I–VII/1, Stuttgart-Bad Cannstatt 1987–2008; I. Düring/G. E. L. Owen (eds.), Aristotle and Plato in the Mid-Fourth Century. Papers of the Symposium Aristotelicum Held at Oxford in August 1957, Göteborg 1960; C. Elsas, Neuplatonische und gnostische Weltablehnung in der Schule Plotins, Berlin/New York 1975; K. Flasch (ed.), Parusia. Studien zur Philosophie Platons und zur Problemgeschichte des P., Frankfurt 1965; S. Gersh, Platonism and the Platonic Tradition, Enc. Ph. VII ([2]2006), 605–617; J. Halfwassen/C. Markschies, P., RGG VI ([4]2003), 1384–1393; D. Hedley/S. Hutton (eds.), Platonism at the Origins of Modernity. Studies on Platonism and Early Modern Philosophy, Dordrecht 2008; C. Helmig, Forms and Concepts. Concept Formation in the Platonic Tradition, Berlin/Boston Mass. 2012; H. Herter, Platons Akademie, Bonn 1944, [2]1952; E. Hoffmann, P. und Mystik im Altertum, Heidelberg 1935; ders., P. und christliche Philosophie, Zürich/Stuttgart 1960; E. v. Ivánka, Plato Christianus. Übernahme und Umgestaltung des P. durch die Väter, Einsiedeln 1964 (franz. Plato christianus. La reception critique du platonisme chez les Peres de l'eglise, Paris 1990); K. Kahnert u. a., P., Hist. Wb. Rhetorik VI (2003), 1268–1282; R. G. Khoury/J. Halfwassen (eds.), P. im Orient und Okzident. Neuplatonische Denkstrukturen im Judentum, Christentum und Islam, Heidelberg 2005; B. Kieszkowski, Studi sul platonismo del rinascimento in Italia, Florenz 1936; R. Klibansky, The Continuity of the Platonic Tradition During the Middle Ages, London 1939 (repr. München 1981, Millwood N. Y./London/Nendeln 1984), 1950; T. Kobusch/B. Mojsisch (eds.), Platon in der abendländischen Geistesgeschichte. Neue Forschungen zum P., Darmstadt 1997, 2006; H. J. Krämer, Der Ursprung der Geistmetaphysik. Untersuchungen zur Geschichte des P. zwischen Platon und Plotin, Amsterdam 1964, [2]1967; ders., Die Ältere Akademie, in: H. Flashar (ed.), Die Philosophie der Antike III (Ältere Akademie, Aristoteles – Peripatos), Basel/Stuttgart 1983, 1–174, Basel [2]2004, 1–165; K. Kremer, Die Neuplatonische Seinsphilosophie und ihre Wirkung auf Thomas von Aquin, Leiden 1966 (repr. 1971); H. Meinhardt/J. Gruber/R. Schmitz, Platon, P., LMA VII (1995), 7–14; P. Merlan, From Platonism to Neoplatonism, The Hague 1953, [3]1968 (repr. 1975); J. Mittelstraß, Neuzeit und Aufklärung. Studien zur Entstehung der neuzeitlichen Wissenschaft und Philosophie, Berlin/New York 1970; B. Mojsisch/O. F. Summerell (eds.), P. im Idealismus. Die platonische Tradition in der klassischen deutschen Philosophie, München/Leipzig 2003; J. M. van Ophuijsen (ed.), Plato and Platonism, Washington D. C. 1999; K. Praechter, Richtungen und Schulen im Neuplatonismus, in: ders., Kleine Schriften, ed. H. Dörrie, Hildesheim/New York 1973, 165–216; J.M. Rist, Platonism and Its Christian Heritage, London 1985, 1997; P. Shorey, Platonism, Ancient and Modern, Berkeley Calif. 1938; J. Szaif, Platon, P., LThK VIII ([3]1999), 349–353; A.E. Taylor, Platonism and Its Influence, London etc. 1925, New York 1963; W. Theiler, Die Vorbereitung des Neuplatonismus, Berlin 1930, Nachdr. Hildesheim 2001; ders., Forschungen zum Neuplatonismus, Berlin 1966; J.H. Waszink, Bemerkungen zum Einfluss des P. im frühen Christentum, Vigiliae Christ. 19 (1965), 129–162; A. Weische, Cicero und die neue Akademie. Untersuchungen zur Entstehung und Geschichte des antiken Skeptizismus, Münster 1961, 1975; E. A. Wyller/A. Louth, Plato, P., TRE XXVI (1996), 677–707; C. Zintzen (ed.), Die Philosophie des Neuplatonismus, Darmstadt 1977 (mit Bibliographie, 497–504). M. G.

Platonismus (wissenschaftstheoretisch), Bezeichnung für diejenige wissenschaftstheoretische Position, nach der abstrakte Objekte der Wissenschaft wie Theorien,

Gegenstände und Sachverhalte unabhängig von den Erkenntnisweisen und Darstellungsformen der Wissenschaft existieren (vgl. Platon, Eutyd. 290c). Soweit erkenntnis- bzw. sprachphilosophische Gesichtspunkte betroffen sind, spricht man statt von ›P.‹ in der Regel von ›Realismus‹ (↑Realismus (ontologisch)). Gegenpositionen zum P. sind z. B. ↑Konstruktivismus, ↑Nominalismus und ↑Operationalismus. Über den engeren wissenschaftlichen Rahmen hinausgehend stellt sich vor allem K. R. Popper mit seiner Theorie der ↑Dritten Welt explizit in die Tradition des P., zu der er auch G. W. F. Hegels Theorie des objektiven Geistes (↑Geist, objektiver) rechnet. Zur ›Welt 3‹ der ›objektiven Gedankeninhalte‹ von Poppers ›Erkenntnistheorie ohne ein erkennendes Subjekt‹ gehören auch dichterische Gedanken und Kunstwerke. In Mathematik und Logik sprechen z. B. in platonistischem Sinne B. Bolzano vom ↑›Satz an sich‹ und G. Frege vom ↑›Gedanken‹, der zwar ›gefaßt‹, aber nicht ›erzeugt‹ wird. In der Mathematikgeschichte, in der vor allem G. W. Leibniz als Vertreter des P. gelten kann, mischen sich platonistische Auffassungen gelegentlich mit metaphysisch-theologischen Spekulationen (z. B. N. Cusanus, G. Cantor).

Im mathematischen ↑Grundlagenstreit des 20. Jhs. stellt der P. eine der kontroversen Positionen dar. Dabei werden (wie ähnlich auch im P. der Mathematikgeschichte) folgende vier partiell voneinander abhängigen Auffassungen vertreten: (1) die Existenz aktual unendlicher (↑unendlich/Unendlichkeit) ↑Mengen unter Verzicht auf die Forderung ihrer Darstellbarkeit (↑Darstellung (logisch-mengentheoretisch)), (2) die Existenz der natürlichen ↑Zahlen unabhängig von Konstruktionshandlungen, (3) die unbeschränkte Gültigkeit des ↑tertium non datur, (4) die Gültigkeit indirekter Existenzbeweise (↑Beweis) und die Widerspruchsfreiheit (↑widerspruchsfrei/Widerspruchsfreiheit) als Existenzkriterium. Aktual unendliche Mengen werden z. B. bei Cantor im wesentlichen durch unbeschränkte Bildung von ↑Potenzmengen (z. B. der natürlichen Zahlen) gebildet, denen keine Darstellung und somit kein effektives Verfahren entspricht. Ziel ist die präzise Formulierung von Theorien über diese Mengen (transfinite Arithmetik). Freilich führt die (ebenfalls z. B. von Cantor vertretene) Auffassung, daß jede Eigenschaft eine Menge definiere, zu ↑Antinomien.

Die Gefahr antinomischer Begriffsbildungen ist im mathematischen P. stets auch dann gegeben, wenn man – unter Zugrundelegung des tertium non datur – davon ausgeht, daß eine mit den Ausdrucksmitteln einer beliebigen Sprache definierbare Eigenschaft eine wohlbestimmte, schon vorher existierende Menge von Gegenständen bezeichnet, von denen die fragliche Eigenschaft prädiziert werden kann (↑Komprehension). Die hierbei im Zusammenhang mit aktual unendlichen Mengen auftretenden Probleme (↑imprädikativ/Imprädikativität) sind für das Scheitern des Fregeschen Vorhabens verantwortlich, die Arithmetik (und mit ihr die nichtgeometrische Mathematik) auf die Logik zurückzuführen (↑Logizismus). B. Russells Versuch, das Programm des Logizismus widerspruchsfrei durchzuführen, vermeidet zwar Antinomien, muss jedoch unbewiesene Existenzpostulate wie das ↑Reduzibilitätsaxiom und wiederum platonistische Mittel wie die Existenz unendlicher Mengen und das ↑Auswahlaxiom einführen. Auch die im Anschluß an Cantors naive Mengenlehre eingeführten axiomatischen Mengenlehren (↑Mengenlehre, axiomatische) bedienen sich platonistischer Mittel, insofern sie uneingeschränkte Komprehension und damit imprädikative Begriffsbildungen verwenden. Faktisch haben sich jedoch diese Systeme bislang nicht als widersprüchlich herausgestellt.

Auf der unbeschränkten Gültigkeit des tertium non datur beruht auch die Möglichkeit indirekter Existenzbeweise: Da nach platonistischer Auffassung bei mathematischen Gegenständen und Sachverhalten von vornherein prinzipiell feststeht, ob sie existieren oder nicht, folgt aus dem Nachweis der Widersprüchlichkeit ihrer Nicht-Existenz unter Zugrundelegung des tertium non datur ihre Existenz, auch wenn die Mittel, diese positiv zu beweisen, nicht zur Verfügung stehen. Auch der auf D. Hilbert zurückgehende mathematische ↑Formalismus enthält platonistische Gedanken, insofern die Existenz mathematischer Gegenstände und Sachverhalte in formalen Systemen (↑System, formales) lediglich durch einen – wenngleich konstruktiven – Beweis der Widerspruchsfreiheit dieser Systeme unterstellt werden soll (↑Metamathematik). Außerdem sind indirekte Existenzbeweise zulässig. Varianten des P. in der Mathematik werden unter anderem von A. Fraenkel und K. Gödel vertreten.

Literatur: W. Aspray/P. Kitcher (eds.), History and Philosophy of Modern Mathematics, Minneapolis Minn. 1988 (Minn. Stud. Philos. Sci. XI); M. Balaguer, Platonism and Anti-Platonism in Mathematics, Oxford/New York 1998, 2001; P. Bernays, Sur le platonisme dans les mathématiques, L'enseignement mathématique 34 (1935), 52–69; E. W. Beth, The Foundations of Mathematics. A Study in the Philosophy of Science, Amsterdam 1959, [2]1965, 1968, 365–408 (Chap. 14 Cantorism); G. Boolos, Nominalist Platonism, Philos. Rev. 94 (1985), 327–344; N. B. Cocchiarella, Conceptual Realism versus Quine on Classes and Higher-Order Logic, Synthese 90 (1992), 379–436; J. Couture/J. Lambek, Philosophical Reflections on the Foundations of Mathematics, Erkenntnis 34 (1991), 187–209; S. Feferman, Kurt Gödel: Conviction and Caution, Philos. Nat. 21 (1984), 546–562; P. Finsler u. a., Für und gegen den P. in der Mathematik. Ein Gedankenaustausch, Dialectica 10 (1956), 250–277; B. Hale, Abstract Objects, Oxford/New York 1987, 1988; A. D. Irvine (ed.), Physicalism in Mathematics, Dordrecht/Boston Mass./London 1990; J. J. Katz, Language and Other Abstract Objects, Oxford, Totowa N. J. 1981; Ø. Linnebo, Platonism in the Philosophy of Mathematics, SEP 2009, rev. 2013; L. Luce,

Platonism from an Empirical Point of View, Philos. Top. 17 (1989), H. 2, 109–128; J. McDowell, Mathematical Platonism and Dummettian Anti-Realism, Dialectica 43 (1989), 173–192; W. P. Mendonça/P. Stekeler-Weithofer, Frege – ein Platonist?, Ratio 29 (1987), 157–169; H. Meschkowski, Der P. in der Mathematik des 20. Jahrhunderts, Der Mathematikunterricht 17 (1971), H. 4, 13–22; L. Pöffel, Mathematik zwischen Objekten. Zwei moderne platonistische Ansätze zur Philosophie der Mathematik im Vergleich, Stuttgart 2000; K. R. Popper, Objective Knowledge. An Evolutionary Approach, Oxford 1972, 1986, 106–152, 153–190 (dt. Objektive Erkenntnis. Ein evolutionärer Entwurf, Hamburg 1973, [4]1984, 1998, 123–171, 172–212); G. Radke, Die Theorie der Zahl im P.. Ein systematisches Lehrbuch, Tübingen/Basel 2003; H. Scholz, P. und Positivismus, in: ders., Mathesis Universalis. Abhandlungen zur Philosophie als strenger Wissenschaft, ed. H. Hermes/F. Kambartel/J. Ritter, Darmstadt, Basel/Stuttgart 1961, [2]1969, 388–398; ders./G. Hasenjäger, Grundzüge der mathematischen Logik, Berlin/Göttingen/Heidelberg 1961; S. Shapiro, Philosophy of Mathematics. Structure and Ontology, New York/Oxford 1997, 2000; ders., Realism and Naturalism, Mathematical, Enc. Ph. VIII ([2]2006), 273–279; P. Simons, Determinacy of Abstract Objects: The Platonist's Dilemma, Topoi 8 (1989), 35–42; W. Stegmüller, Glauben, Wissen, Erkennen. Das Universalienproblem einst und jetzt, Darmstadt 1965, [3]1974; G. Steiner, Mathematical Knowledge, Ithaca N. Y./London 1975; W. W. Tait, Truth and Proof. The Platonism of Mathematics, Synthese 69 (1986), 341–370; C. Thiel, Grundlagenkrise und Grundlagenstreit. Studien zum normativen Fundament der Wissenschaft am Beispiel von Mathematik und Sozialwissenschaft, Meisenheim am Glan 1972; H. Wang, To and From Philosophy – Discussions with Gödel and Wittgenstein, Synthese 88 (1991), 229–277. G. W.

Plechanow (Plechanov), Georgij Valentinovič, *Gudalovka (Selenogorsk) 29. Nov. 1856, †Terijoki (Finnland) 30. Mai 1918, russ. Sozialrevolutionär und Theoretiker des Materialismus (↑Materialismus (historisch)). Nach Abschluß der Militärakademie in Voronež 1873 studierte P. von 1874–1876 am Bergbauinstitut in St. Petersburg und schloß sich bis 1880 den revolutionärterroristischen Narodniki an. 1880 Emigration über Frankreich in die Schweiz. 1883 gründete P. in Genf mit dem Bund zur ›Befreiung der Arbeit‹ die erste russische sozialdemokratische Gruppe. In einflußreichen politischen Schriften der folgenden Jahre vertrat P. gegen populistische und revisionistische Strömungen eine sich auf K. Marx und F. Engels berufende Position. Sein philosophisches Interesse zielte einerseits auf eine Kritik des mechanizistischen Materialismus, andererseits auf eine systematische Darstellung des dialektischen Materialismus (↑Materialismus, dialektischer). Anfängliche politische und theoretische Zusammenarbeit mit W. I. Lenin führte zur gemeinsamen Gründung der gegen den antirevolutionären ›Revisionismus‹ vor allem von E. Bernstein gerichteten Zeitschrift »Iskra«. Später trennte sich P., der am Zwei-Phasen-Modell der Revolution (↑Revolution (sozial)) festhielt, von den Bolschewisten und schloß sich dem menschewistischen Flügel an.

P. hat vor allem sowohl die Entwicklung der Theorie der materialistischen Geschichtsauffassung vor der russischen Revolution als auch die theoretischen Auseinandersetzungen im ↑Marxismus der 1920er Jahre beeinflußt. Die Kritik des ↑Marxismus-Leninismus führte zur Wiederaufnahme politischer und philosophischer Positionen P.s, die von der orthodoxen Lehre, als von D. Hume und I. Kant beeinflußt, bekämpft worden waren. Das gilt für seine Bemühungen, durch Präzisierung des Adäquationsbegriffs das Verhältnis von Denken und Sein im Rahmen der Korrespondenztheorie der Wahrheit richtiger zu bestimmen (↑Wahrheitstheorien), wie auch für seine Kritik einer mechanizistischen Interpretation des Basis-Überbau-Verhältnisses (↑Basis, ökonomische, ↑Überbau) im Sinne der prinzipiellen Determiniertheit der Gesellschaft durch ökonomische Faktoren. Dem Anspruch, die Lehre von Marx unverfälscht fortzuführen, wird P. besonders durch die humanistischen Züge seiner Gesellschaftstheorie gerecht.

Werke: Socinenija, I–XXIV, Moskau 1922–1927; Literaturnoe nasledie G. V. Plechanova, I–VIII, Moskau 1934–1940; Iskusstvo i literatura, Moskau 1948 (dt. Kunst und Literatur, Berlin [Ost] 1955). – Socializm i političeskaja bor'ba, Genf 1883 (dt. Sozialismus und politischer Kampf, Frankfurt/Gelsenkirchen 1980); Anarchismus und Sozialismus, Berlin 1894, 1904 (repr. Graz 1973), 1911 (repr. 1995) (engl. Anarchism and Socialism, London, Chicago Ill., Minneapolis Minn. 1895; franz. Anarchisme et socialism, Paris 1923 (repr. 2007); K voprosu o razvitii monističeskogo vzgljada na istoriju, St. Petersburg 1895, Moskau 1949 (engl. In Defense of Materialism. The Development of the Monist View of History, London 1947; dt. Zur Frage der Entwicklung der monistischen Geschichtsauffassung, Berlin [Ost] 1956, 1975; franz. Essai sur le développement de la conception moniste de l'histoire, Paris 1956 [repr. 2008]); Beiträge zur Geschichte des Materialismus. I. Holbach, II. Helvetius, III. Marx, Stuttgart 1896, [3]1921, mit Untertitel: Holbach, Helvetius, Marx, Berlin 1946, Berlin (Ost) [2]1957, 1975 (engl. Essays in the History of Materialism, London 1934, New York 1967); Osnovnye voprosy marksizma, St. Petersburg 1908 (franz. Les questions fondamentales du marxisme, Paris 1927 [repr. 2008]; dt. Die Grundprobleme des Marxismus, Berlin [Ost] 1958, ed. D. Rjazanov, Berlin 1973; engl. Fundamental Problems of Marxism, New York, London 1929); O materialisticeskom ponimaj istorii, Moskau 1938 (dt. Über materialistische Geschichtsauffassung, Berlin 1946, 1958, ferner in: Über die Rolle der Persönlichkeit in der Geschichte, Über materialistische Geschichtsauffassung [s. u.], 1976, 55–97, 1982, 69–115); K voprosu o roli ličnosti v istorii, Moskau 1938 (dt. Über die Rolle der Persönlichkeit in der Geschichte, Moskau 1940, Leipzig 1961, ferner in: Über die Rolle der Persönlichkeit in der Geschichte, Über materialistische Geschichtsauffassung [s. u.], 1976, 9–54, 1982, 17–68; engl. The Role of the Individual in History, New York 1940, Moskau 1946); Über die Rolle der Persönlichkeit in der Geschichte, Über materialistische Geschichtsauffassung, Frankfurt 1976, Berlin [Ost] 1982; Eine Kritik unserer Kritiker. Schriften aus den Jahren 1898 bis 1911, ed. E. Mieth, Berlin 1982; Histoire de la pensée sociale russe, Paris 1984.

Literatur: S. H. Baron, Plekhanov. The Father of Russian Marxism, Stanford Calif., London 1963; B. A. Chagin, Plekhanov,

Moskau 1973; W. Euchner (ed.), Klassiker des Sozialismus I (Von Gracchus Babeuf bis G. W. P.), München 1991; V. A. Fomina, Filosofskje vzgljady G. V. Plechanova, Moskau 1955 (dt. Die philosophischen Anschauungen G. W. P.s, Berlin [Ost] 1957); P. M. Grujić, Čičerin, P. und Lenin. Studien zur Geschichte des Hegelianismus in Rußland, München 1985, 170–224; D. Jena, Georgi Walentinowitsch P.. Historisch-politische Biographie, Berlin 1989; W. H. Shaw, Plekhanov on the Role of the Individual in History, Stud. Sov. Thought 35 (1988), 247–265; D. Steila, Genesis and Development of Plekhanov's Theory of Knowledge. A Marxist between Anthropological Materialism and Physiology, Dordrecht 1991; E. Untermann, Die logischen Mängel des engeren Marxismus. G. P. et alii gegen Josef Dietzgen. Auch ein Beitrag zur Geschichte des Materialismus, ed. E. Dietzgen, München 1910. H. R. G.

Plessner, Helmuth, *Wiesbaden 4. Sept. 1892, †Göttingen 12. Juni 1985, dt. Philosoph, neben A. Gehlen und M. Scheler Begründer der modernen philosophischen ↑Anthropologie. 1910–1916 Studium der Medizin, Zoologie und Philosophie in Freiburg, Berlin, Heidelberg und Göttingen, 1916 philosophische Promotion in Erlangen, 1920 Habilitation bei Scheler und H. Driesch für Soziologie und Philosophie in Köln, Privatdozent ebendort. 1933 Entlassung wegen jüdischer Abstammung und Emigration in die Niederlande, 1934–1939 Forschungstätigkeit an der Universität Groningen, 1939–1943 und 1945–1951 o. Prof. zunächst für Soziologie, dann für Philosophie ebendort, 1951–1961 o. Prof. für Soziologie und Philosophie in Göttingen, 1965–1972 Lehrauftrag für Philosophie an der Universität Zürich.

Nach erkenntnistheoretischen, vor allem dem ↑Neukantianismus und der ↑Phänomenologie verpflichteten Arbeiten (1913–1920) beschäftigten P. vor allem Fragestellungen der Zoologie, Tierphysiologie, Ästhetik, Ideengeschichte, Wissenssoziologie und der soziologischen und politischen Theorie, und zwar auf dem Hintergrund einer philosophischen Anthropologie, deren zentraler Begriff die ›exzentrische Positionalität‹ des Menschen ist: Während Tiere ohne Distanz zu sich, zu ihrem Körper und zu ihrer Umwelt leben und insofern eine ›zentrische Positionalität‹ haben, zeichnet sich der Mensch durch ›Exzentrizität‹ aus. Näherhin ist er dadurch charakterisiert, ein ↑*Leib* zu *sein* und einen *Körper* zu *haben*. Der Mensch kann sich selbst und seine Geschichte planend gestalten. Wo jedoch das Gleichgewicht von zuständlichem (als Leib) und gegenständlichem Bewußtsein (als Körper) gestört ist, versagen die sozial und geschichtlich erarbeiteten Mittel, die selbsterzeugte Welt zu bewältigen.

P. erhebt die philosophische Anthropologie zu einer philosophischen Fundamentaldisziplin, die die Polarität von Körper und Geist, Leib und Seele, Sinnlichkeit und Vernünftigkeit, Gefühl und Verstand, Innen und Außen, Individuum und Gesellschaft in ihrer wechselseitigen Abhängigkeit zu begreifen und auf einer höheren Ebene der Betrachtung zu überwinden sucht. Sie führt so zu einer ›Strukturtheorie der menschlichen ↑Person‹, die sie in die menschliche Gattung und ihre Geschichte eingebunden, aber darin nicht aufgehen sieht. Der Mensch ist nämlich zugleich das Wesen, das sich über seine Natur und Geschichte erhebt und trotz seiner Natur- und Geschichtsverhaftetheit ›geschichtliches Zurechnungssubjekt seiner Welt‹ bleibt. In dieser gegenseitigen Bestimmtheit von Freiheit und Notwendigkeit besteht die Unergründlichkeit des Menschen und die Unabschließbarkeit seiner Selbstverstehensbemühungen.

Werke: Gesammelte Schriften, I–X, ed. G. Dux/O. Marquard/E. Ströker, Frankfurt 1980–1985, Darmstadt 2003. – Die wissenschaftliche Idee. Ein Entwurf über ihre Form, Heidelberg 1913 (repr. Nendeln 1973), Nachdr. in: Ges. Schr. [s. o.] I, 7–141; Krisis der transzendentalen Wahrheit im Anfang, Heidelberg 1918, Nachdr. in: Ges. Schr. [s. o.] I, 143–310; Untersuchungen zu einer Kritik der philosophischen Urteilskraft [Habilitationsschrift 1920], in: ders., Ges. Schr. [s. o.] II, 7–321; Die Einheit der Sinne. Grundlinien einer Ästhesiologie des Geistes, Bonn 1923 (repr. 1965), Nachdr. in: Ges. Schr. [s. o.] III, 7–315 [Anhang »Kants System unter dem Gesichtspunkt einer Erkenntnistheorie der Philosophie«, in: Ges. Schr. [s. o.] II, 323–435]; Grenzen der Gemeinschaft. Eine Kritik des sozialen Radikalismus, Bonn 1924, Nachdr. in: Ges. Schr. [s. o.] V, 7–133, Neudr. Frankfurt 2002, ^{4}2013 (engl. The Limits of Community. A Critique of Social Radicalism, Amherst N. Y. 1999); Die Stufen des Organischen und der Mensch. Einleitung in die philosophische Anthropologie, Berlin/Leipzig 1928, erw. um Vorw., Nachtrag und Reg., Berlin/New York ^{2}1965, ^{3}1975, Nachdr. als: Ges. Schr. [s. o.] IV; Das Schicksal des deutschen Geistes im Ausgang seiner bürgerlichen Epoche, Zürich/Leipzig 1935, erw. unter dem Titel: Die verspätete Nation. Über die politische Verführbarkeit bürgerlichen Geistes, Stuttgart etc. 1959, Frankfurt 1974, Nachdr. in: Ges. Schr. [s. o.] VI, 7–223, Frankfurt ^{6}1998; Lachen und Weinen. Eine Untersuchung der Grenzen menschlichen Verhaltens, Arnhem 1941, Bern ^{3}1961, Neudr. in: ders., Philosophische Anthropologie [s. u.], 11–171, ferner in: Ges. Schr. [s. o.] VII, 201–387 (engl. Laughing and Crying. A Study of the Limits of Human Behavior, Evanston Ill. 1970; franz. Le rire et le pleurer. Une étude des limites du comportement humain, Paris 1995); Zwischen Philosophie und Gesellschaft. Ausgewählte Abhandlungen und Vorträge, Bern 1953, Frankfurt 1979; Diesseits der Utopie. Ausgewählte Beiträge zur Kultursoziologie, Düsseldorf/Köln 1966, Frankfurt 1974; Philosophische Anthropologie. Lachen und Weinen. Das Lächeln. Anthropologie der Sinne, ed. G. Dux, Frankfurt 1970; Die Frage nach der Conditio humana. Aufsätze zur philosophischen Anthropologie, Frankfurt 1976, ^{2}1985; Mit anderen Augen. Aspekte einer philosophischen Anthropologie, Stuttgart 1982, 2009; Politik – Anthropologie – Philosophie. Aufsätze und Vorträge, ed. S. Giammusso/H.-U. Lessing, München 2001; Elemente der Metaphysik. Eine Vorlesung aus dem Wintersemester 1931/32, ed. H.-U. Lessing, Berlin 2002. – J. König/H. P.. Briefwechsel 1923–1933. Mit einem Briefessay von J. König über H. P.s »Die Einheit der Sinne«, ed. H.-U. Lessing/A. Mutzenbecher, Freiburg/München 1994. – Bibliographie H. P.s, in: K. Ziegler (ed.), Wesen und Wirklichkeit des Menschen [s. u., Lit.], 398–403).

Literatur: B. Accarino/M. Schloßberger (eds.), Expressivität und Stil. H. P.s Sinnes- und Ausdrucksphilosophie, Berlin 2008; G.

Arlt, Anthropologie und Politik. Ein Schlüssel zum Werk H. P.s, München 1996; H. P. Balmer, P., BBKL VII (1994), 735–739; J. Beaufort, Die gesellschaftliche Konstitution der Natur. H. P.s kritisch-phänomenologische Grundlegung einer hermeneutischen Naturphilosophie in »Die Stufen des Organischen und der Mensch«, Würzburg 2000; R. Becker/J. Fischer/M. Schloßberger (eds.), Philosophische Anthropologie im Aufbruch. Max Scheler und H. P. im Vergleich, Berlin 2010; A. Benk, Skeptische Anthropologie und Ethik. Die philosophische Anthropologie H. P.s und ihre Bedeutung für die theologische Ethik, Frankfurt etc. 1987; W. Bialas, Politischer Humanismus und ›verspätete Nation‹. H. P.s Auseinandersetzung mit Deutschland und dem Nationalsozialismus, Göttingen 2010; H. Bielefeldt, Kampf und Entscheidung. Politischer Existenzialismus bei Carl Schmitt, H. P. und Karl Jaspers, Würzburg 1994; R. Breun, P., in: J. Nida-Rümelin (ed.), Philosophie der Gegenwart in Einzeldarstellungen. Von Adorno bis v. Wright, Stuttgart 1991, 448–454, ^{2}1999, 567–573; C. Dejung, H. P.. Ein deutscher Philosoph zwischen Kaiserreich und Bonner Republik, Zürich 2003; B. Delfgaauw/H. H. Holz/L. Nauta (eds.), Philosophische Rede vom Menschen. Studien zur Anthropologie H. P.s, Frankfurt/Bern/New York 1986; C. Dietze, Nachgeholtes Leben. H. P. 1892–1985, Göttingen 2006, ^{2}2007; G. Dux, H. P.s philosophische Anthropologie im Prospekt, in: H. P., Philosophische Anthropologie [s. o., Werke], 253–316; ders./T. Luckmann (eds.), Sachlichkeit. Festschrift zum 80. Geburtstag von H. P., Opladen 1974; W. Eßbach, P.s »Grenzen der Gemeinschaft«. Eine Debatte, Frankfurt 2002; H. Fahrenbach, ›Lebensphilosophische‹ oder ›existenzphilosophische‹ Anthropologie? P.s Auseinandersetzung mit Heidegger, Dilthey-Jb. 7 (1990/1991), 71–111; ders., ›Phänomenologisch-transzendentale‹ oder ›historisch-genetische‹ Anthropologie – eine Alternative?, in: G. Dux/U. Wenzel (eds.), Der Prozeß der Geistesgeschichte. Studien zur ontogenetischen und historischen Entwicklung des Geistes, Frankfurt 1994, 64–91; ders., Philosophische Anthropologie und Ethik? Eine Grenzfrage im Werk H. P.s, Dt. Z. Philos. 52 (2004), 617–634; J. Friedrich/B. Westermann (eds.), Unter offenem Horizont. Anthropologie nach H. P., Frankfurt etc. 1995 (Daedalus VII); G. Gamm (ed.), Zwischen Anthropologie und Gesellschaftstheorie. Zur Renaissance H. P.s im Kontext der modernen Lebenswissenschaften, Bielefeld 2005; F. Hammer, Die exzentrische Position des Menschen. Methode und Grundlinien der philosophischen Anthropologie H. P.s, Bonn 1967; K. Haucke, P. zur Einführung, Hamburg 2000; ders., Das liberale Ethos der Würde. Eine systematisch orientierte Problemgeschichte zu H. P.s Begriff menschlicher Würde in den »Grenzen der Gemeinschaft«, Würzburg 2003; D. Kaesler, P., NDB XX (2001), 534–535; H. Kämpf, H. P.. Eine Einführung, Düsseldorf 2001; E. Kinhoun, La positionalité excentrique. Nouveau paradigme d'une anthropologie réaliste sans dogme, München 2014; R. Kramme, H. P. und Carl Schmitt. Eine historische Fallstudie zum Verhältnis von Anthropologie und Politik in der deutschen Philosophie der zwanziger Jahre, Berlin 1989; T. Kubitza, Identität – Verkörperung – Bildung. Pädagogische Perspektiven der Philosophischen Anthropologie H. P.s, Bielefeld 2005; S. Kuśmierz, Einheit und Dualität. Die anthropologische Differenz bei H. P. und Max Scheler, Bonn 2002; H.-U. Lessing, Hermeneutik der Sinne. Eine Untersuchung zu H. P.s Projekt einer ›Ästhesiologie des Geistes‹ nebst einem P.-Ineditum, Freiburg/München 1998; R. Meyer-Hansen, Apostaten der Natur. Die Differenzanthropologie H. P.s als Herausforderung für die theologische Rede vom Menschen, Tübingen 2013; O. Mitscherlich, Natur und Geschichte. H. P.s in sich gebrochene Lebensphilosophie, Berlin 2007; S. Pietrowicz, H. P.. Genese und System seines philosophisch-anthropologischen Denkens, Freiburg/München 1992; V. Rasini, Teorie della realtà organica. H. P. e Viktor von Weizsäcker, Modena 2002 (dt. Theorien der organischen Realität und Subjektivität. Bei H. P. und Viktor von Weizsäcker, Würzburg 2008); H. Redeker, H. P. oder Die verkörperte Philosophie, Berlin 1993; F. Schirrmacher, Der natürlichere Mensch. H. P.s religionsanthropologische Systematik in ihrer Bedeutung für die theologisch-anthropologische Urteilsbildung, Würzburg 2000; V. Schürmann, Souveränität als Lebensform. P.s urbane Philosophie der Moderne, Paderborn 2014; K. Schüßler, H. P.. Eine intellektuelle Biographie, Berlin/Wien 2000; P. Wilwert, Philosophische Anthropologie als Grundlagenwissenschaft? Studien zu Max Scheler und H. P., Würzburg 2009; K. Ziegler (ed.), Wesen und Wirklichkeit des Menschen. Festschrift für H. P., Göttingen 1957. R. Wi.

Plethon, Georgios Gemistos (eigentlich Georgios Gemistos, selbstgewählter Name: Plethon), *Konstantinopel um 1355/1360, †Mistra (Peloponnes) 26. Juni 1452, byzantin. Philosoph, bedeutender Erneuerer des Studiums der Platonischen Philosophie. P. nahm am Unionskonzil 1438/1439 von Ferrara-Florenz teil und gab nach einer Mitteilung von M. Ficino den Anstoß zur Gründung der Florentiner Akademie (↑Platonische Akademie (Academia Platonica)) durch Cosimo de' Medici (1459). P. schrieb »Über die Unterschiede zwischen Platon und Aristoteles« (erschienen 1541), verteidigt dabei Platons Philosophie gegenüber der Aristotelischen Kritik und empfiehlt eine Rückkehr zum griechischen ↑Polytheismus. Sein eigener Platonismus ist ein von Plotinos und A. Augustinus, ferner vom ↑Neupythagoreismus, geprägter christlicher ↑Platonismus. Durch die Übermittlung hellenistischen und älteren Gedankenguts übte P. großen Einfluß auf das humanistische Denken (↑Humanismus) aus; als sein bekanntester Schüler gilt Kardinal Bessarion.

Werke: Περι ὡν Αριςτοτελης προς Ρλατονα διαζερεται, in: B. Donato, De Platonicae atque Aristotelicae philosophiae differentia libellus, Paris 1541, unter dem Titel: Le De differentiis de Pléthon d'après l'autographe de la Marcienne [griech.], ed. B. Legarde, Byzantion 43 (1973), 312–343 (engl. On the Differences of Aristotle from Plato, in: C. M. Woodhouse, George G. P. [s. u., Literatur], 192–214; ital. Delle differenze fra Platone ed Aristotele, ed. M. Nero, Rimini 2001); MPG 160 (1866), 805–1020; *ΝΟΜΩΝ ΣΥΓΓΡΑΦΗΣ*/Traité des Lois [...] [griech./franz.], ed. C. Alexandre, Paris 1858 (repr. Amsterdam 1966, teilw. repr. unter dem Titel: Traité des lois. Une cité idéale au XVe siècle. L'utopie néo-paienne d'un Byzantine, ed. R. Brague, Paris 1982); *Περὶ ἀρετῶν*/Traité des vertus [griech./franz.], ed. B. Tambrun-Krasker, Athen, Leiden etc. 1987, unter dem Titel: Trattato delle virtù [griech./ital.], ed. M. Neri, Mailand 2010; Contra Scholarii pro Aristotele obiectiones [griech.], ed. E. V. Maltese, Leipzig 1988, unter dem Titel: Contre les objections de Scholarios en faveur d'Aristote (Réplique) [griech./franz.], ed. B. Lagarde, Byzantion 59 (1989), 354–507; G. G. P.. Politik, Philosophie und Rhetorik im spätbyzantinischen Reich (1355–1452), ed. W. Blum, Stuttgart 1988 (mit

Bibliographie, 196–204); Opuscula de historia graeca, ed. E. V. Maltese, Leipzig 1989; *Μαγικὰ λόγια τῶν ἀπὸ Ζωροάστρου μάγων*/Oracles chaldaiques. Recension de Georges Gémiste Pléthon [griech./franz.], ed. crit. e trad. B. Tambrun-Krasker, Athen 1992, 1995; Manuel d'astronomie, ed. A. Tihon/R. Mercier, Louvain 1998. – Totok III (1980), 151–153.

Literatur: C. P. Baloglou, G. G.-P.. Ökonomisches Denken in der spätbyzantinischen Geisteswelt, Athen 1998; L. C. Bargeliotes, P. as a Forerunner of Neo-Hellenic and Modern European Consciousness, Diotima 1 (1973), 33–60; L. G. Benakis/C. P. Baloglou (eds.), *Πρακτικὰ διεθνοῦς συνεδρίου ἀφιερωμένου στὸν Πλήθωνα καὶ τὴν ἐποχή του μὲ τὴ συμλήρωση* 550 *ἐτών ἀπό τὸ θάνατο του*/Proceedings of the International Congress on P. and His Time, Mystras, 26–29 June 2002, Athen 2003; W. Blum, La philosophie politique de Georges Gémiste P., Byzantin. Forsch. 11 (1987), 257–267; ders./W. Seitter (eds.), G. G. P. (1355–1452). Reformpolitiker, Philosoph, Verehrer alter Götter, Zürich/Berlin 2005; L. Couloubaritsis, La ›Métaphysique‹ de P.. Ontologie, théologie et pratique du mythe, in: A. Neschke-Hentschke (ed.), Images de Platon et lecture de ses œuvres. Les interprétations de Platon à travers les siècles, Louvain/Paris 1997, 117–152; D. Dedes, Die Handschriften und das Werk des G. G. (P.) (Forschungen und Funde in Venedig), Hellenika 33 (1981), 66–81; A. Diller, The Autographs of Georgius Gemistus Pletho, Scriptorium 10 (1956), 27–41; P. Garnsey, Gemistus P. and Platonic Political Philosophy, in: P. Rousseau/M. Papoutsakis (eds.), Transformations of Late Antiquity. Essays for Peter Brown, Farnham/Burlington Vt. 2009, 325–340; D. J. Geanakoplos, P., Enc. Ph. VI (1967), 350–351, VII (^{2}2006), 630–631 (mit erw. Bibliogr. v. K. Ierodiakonou); ders., Italian Renaissance Thought and Learning and the Role of the Byzantine Emigrés Scholars in Florence, Rome and Venice. A Reassessment, Riv. Studi Bizantini e Slavi 3 (1983), 129–157, ferner in: ders., Constantinople and the West. Essays on the Late Byzantine (Paleologan) and Italian Renaissance and the Byzantine and Roman Churches, Madison Wis. 1989, 3–37; V. Hladký, The Philosophy of G. P.. Platonism in Late Byzantium, Between Hellenism and Orthodoxy, Farnham/Burlington Vt. 2014 (mit Bibliographie, 325–361); T. S. Hoffmann, Philosophie in Italien. Eine Einführung in 20 Porträts, Wiesbaden 2007, 51–77 (2 G. G. P. [ca. 1355/60–1452]); B. Knös, Gémiste Pléthon et son souvenir, Bull. de l'Assoc. Guillaume Budé. Suppl. 9 (1950), 97–184; G. Makris, P., BBKL VII (1994), 739–740; F. Masai, P. et le Platonisme de Mistra, Paris 1956; ders./R. Masai, L'œuvre de Georges Gémiste Pléthon. Rapports sur des trouvailles récentes. Autographes et traités inédits, Bull. de l'Acad. royale de Belgique, Classe des Lettres 1954, 536–555; D. Melčić, G. G. P. – Denkansätze ohne Nachfolge, Rechtshist. J. 3 (1984), 225–242; J. Monfasani, Nicolaus Scutellius, O. S. A., as Pseudo-Pletho. The Sixteenth-Century Treatise »Pletho in Aristotelem« and the Scribe Michael Martinus Stella, Florenz 2005; T. Nikolaou, G. G. P. und Proklos. P.s ›Neuplatonismus‹ am Beispiel seiner Psychologie, Jb. österr. Byzantinistik 32/4 (1982), 387–399; ders., P., LThK VIII (^{3}1999), 356; D. Roller, Aristotle, Plato, and Gemisthos, in: E. Mendelsohn (ed.), Transformation and Tradition in the Sciences. Essays in Honor of I. Bernard Cohen, Cambridge etc. 1984, 423–440; F. Schultze, Geschichte der Philosophie der Renaissance I (G. G. P. und seine reformatorischen Bestrebungen), Jena 1874 (repr. Frankfurt, Leipig 1975); P. Schulz, G. G. P., Georgios Trapezuntios, Kardinal Bessarion. Die Kontroverse zwischen Platonikern und Aristotelikern im 15. Jahrhundert, in: R. Blum (ed.), Philosophen der Renaissance, Darmstadt 1999, 22–32 (engl. George G. P. [ca. 1360–1454], George of Trebizond [1396–1472], and Cardinal Bessarion [1403–1472]. The Controversy between Platonists and Aristotelians in the Fifteenth Century, in: R. Blum [ed.], Philosophers of the Renaissance, Washington D. C. 2010, 23–32); N. Siniossoglou, Radical Platonism in Byzantinum. Illumination and Utopia in G. P., Cambridge/New York 2011; B. Tambrun-Krasker, P.. Le retour de Platon, Paris 2006 (mit Bibliographie, 265–292); J. W. Taylor, Georgius Gemistus Pletho's Criticism of Plato and Aristotle, Menasha Wis. 1921; C. M. Woodhouse, George G. P.. The Last of the Hellenes, Oxford 1986 (mit Bibliographie, XVI–XXI). – Sul ritorno di Pletone. Un filosofo a Rimini. Sala della Cineteca Comunale di Rimini, 22 novembre – 20 dicembre 2002. Ciclo di Conferenze, Rimini 2003. J. M.

Plotinos, * (vermutlich) Lykopolis (Ägypten) 205, †bei Minturnae (Kampanien) 270, griech. Philosoph, Begründer des ↑Neuplatonismus. P. studierte in Alexandreia, wurde mit 28 Jahren Schüler des Platonikers Ammonios Sakkas, beteiligte sich am ruhmlosen Feldzug des Kaisers Gordianus (242/243) und gründete in Rom 244 eine platonische Philosophenschule, die er 25 Jahre lang leitete. Seine Schriften, die er selbst nicht mehr durchlas oder korrigierte, wurden in seinem Auftrag zunächst von dem Arzt Eustochius, dann (um 265) von seinem Schüler Porphyrios bearbeitet, der sie vollständig sammelte, die Titel festlegte, sie systematisch in 9 mal 6 Abteilungen (Enneaden) gliederte und sie zunächst in einer vorläufigen, zum Teil kommentierten (nicht erhaltenen), dann in einer endgültigen Fassung herausgab. Aufgrund der Sorgfalt des Porphyrios stehen die Vollständigkeit, die Echtheit und die Chronologie der Werke P.' zweifelsfrei fest. Seinen Vorlesungen, die beim römischen Adel starken Anklang fanden, legte P., wie es üblich war, Aristoteles- und Platonkommentare früherer Philosophen zugrunde. Ausgehend von einem statischen Wahrheitsbegriff, der eine Vermehrung des Wissens nicht zuläßt, verstand er sich lediglich als Interpret seiner Vorgänger, vor allem Platons, dessen Lehre er als unüberbietbares Dokument der Weisheit ansah. Trotz seiner wiederholten Beteuerungen, nichts Neues in die Philosophie einzubringen, lassen sich doch erhebliche Innovationen bei P. feststellen.

Das Kernstück der Philosophie des P. ist die ↑Ontologie mit der von ihm erstmals in dieser Form ausgearbeiteten Hypostasenlehre (↑Hypostase), deren Hauptelemente das ›Eine‹, der ›Geist‹ und die ›Seele‹ sind. Gemäß dieser Lehre geht alles Seiende aus dem *Einen* (*ἕν*, ↑Einheit, ↑Ideenzahlenlehre) hervor; dieses Ur-Eine, das P. auch das Gute oder Göttliche nennt, ist jenseits allen Seins und Denkens, unkörperlich, eigenschaftslos und zugleich die Ursache alles Seienden. Durch ›Ausstrahlung‹ (*ἔκλαμψις*) oder ↑Emanation, die keine Minderung des Ur-Einen bedeutet, geht aus dem Einen die Hypostase der *Weltvernunft*, des *Geistes* (*νοῦς*, ↑Nus) hervor, die erste Instanz der ↑Vielheit, der Ort der Ideen (↑Idee (historisch)) und damit des wahrhaft Seienden. Diese Zuordnung der Ideen zur Vernunft bildet die ideengeschichtliche Basis für die später (z. B. von A. Augustinus) vertretene Auffassung, die Ideen seien Gedanken Gottes. Die Hypostase der *Seele* versteht P. teils als ↑Weltseele, teils als individuelle Seele von Menschen, Tieren und Pflanzen; sie regiert die Welt im ganzen und in ihren Teilen. Somit ist die Welt als einheitlicher Organismus konzipiert; die Körper ziehen die Einzelseelen zur Materie, zum Bösen, hinab (P. scheint eine Bestrafung der menschlichen Seelen durch Wiedergeburt in Tierkörper angenommen zu haben). Es folgen die unvollkommenen Hypostasen: die Körperwelt und die Materie (das Böse). Die Ethik und die Ästhetik von P. stehen in engem Zusammenhang mit seiner Ontologie. Nur durch die Loslösung von der sinnlichen (körperlichen) Welt kann der Mensch zur Vollendung gelangen; die erste Stufe der ›Reinigung‹ (*κάθαρσις*) der Seele von der Materie (dem Bösen) führt zu den individual- und sozialethischen Tugenden; über diesen stehen die dianoetischen: das verstandesmäßige, diskursive Erkennen der zweiten und dritten Hypostase. Das höchste Ziel des Menschen ist das überrationale Einswerden mit dem Ur-Einen, das P. nach der »Vita Plotini« des Porphyrios viermal erreicht haben soll. Auch in der Ästhetik ist der Läuterungsprozeß der Seele von großer Bedeutung: Das Schöne, das P. nicht streng vom Wahren und Guten trennt, liegt in der Bewältigung des Stoffes durch die Idee; es tritt zunächst in der sinnlichen Welt auf, von der aus das rein geistige Ur-Schöne nicht durch einfache Nachahmung der Natur, sondern durch eine Repräsentation der Ideen erreicht werden kann. – Die Philosophie des P. läßt sich (nach H. Jonas 1993) in ihrer Gesamtheit als eine gnostische Transformation Platonischer Ideen verstehen, obwohl P. gnostische Spekulationen explizit ablehnte. Nach Jonas ist P. der Repräsentant der Transformation der ursprünglich mythologischen ↑Gnosis in eine philosophisch-metaphysische Form.

P. hat über den Neuplatonismus und die Gnosis hinaus die europäische Geistesgeschichte nachhaltig beeinflußt. Direkte Nachwirkungen finden sich bei zahlreichen Kirchenvätern (z. B. Augustinus), indirekte z. B. bei G. Bruno, A. A. C. Shaftesbury und G. Berkeley. In Deutschland sind vor allem J. G. v. Herder, F. H. Jacobi, F. Hemsterhuis und D. Tiedemann, ferner J. W. v. Goethe, Novalis, F. W. J. Schelling, und F. Creuzer (der 1835 P.' Werke übersetzte) zu nennen; G. W. F. Hegel sah in P. die Vollendung der griechischen Philosophie (↑Philosophie, griechische).

Werke: Complete Works [...], I–IV, ed. K. S. Guthrie, London 1918; Plotins Schriften [dt.], I–V, ed. R. Harder, Leipzig 1930–1937; Plotins Schriften [griech./dt.], I–VI (in 12 Teilen), ed. R. Harder u. a., Hamburg 1956–1971 (repr. Darmstadt 1999); Opera, I–III, ed. P. Henry/H. R. Schwyzer, Paris/Brüssel 1959–1973, Oxford 1964–1983; Plotinus, I–VII, ed. A. H. Armstrong, Cambridge Mass./London 1966–1988, I, 1995, II, 1990, III, 1993; Ennéades [griech./franz.], I–VI, ed. E. Bréhier, Paris 1924–1938, ³1963–1976; The Enneads [engl.], I–V, ed. S. MacKenna, London 1917–1930, in 1 Bd., London ²1956, ⁴1969, London/New York 1991; Ennéadi [ital.], I–III, ed. V. Cilento, Bari 1947–1949; Ausgewählte Schriften, ed. C. Tornau, Stuttgart 2001, 2011; Traites, I–IX, ed. L. Brisson/J.-F. Pradéau, Paris 2002–2010. – B. Mariën, Bibliografia critica degli studi plotiniani, in: V. Cilento (ed.), Plotino, Enneadi III/2, Bari 1949, 389–651; Totok I (1964), 335–343, (²1997), 596–611; H. Dörrie, Platonica Minora, München 1976, 524–548 (Bibliographischer Bericht über den Stand der Forschung zum Mittleren und Neueren Platonismus); R. Dufour, Plotinus. A Bibliography. 1950–2000, Phronesis 46 (2001), 237–239, 241–251, 253–269, 271–393, 395–411.

Literatur: P. J. About, Plotin et la quête de l'un. Présentation, choix et traduction des textes, bibliographie, Paris 1973; A. H. Armstrong, The Architecture of the Intelligible Universe in the Philosophy of Plotinus. An Analytical and Historical Study, Cambridge 1940 (repr. Amsterdam 1967), 2013 (franz. L'architecture de l'univers intelligible dans la philosophie de Plotin. Une étude analytique et historique, Ottawa 1984); ders., The Real Meaning of Plotinus' Intelligible World, Oxford 1949; ders., Plotinus, in: ders. (ed.), The Cambridge History of Later Greek and Early Medieval Philosophy, Cambridge etc. 1967, 1995, 195–268; ders., Plotinian and Christian Studies, London 1979; ders. u. a. (eds.), Les sources de Plotin. Dix exposés et discussions, Vanoeuvres/Genf 1960; R. Arnou, Le désir de Dieu dans la philosophie de Plotin, Paris 1921, Rom ²1967; J. Barion, Plotin und Augustinus. Untersuchungen zum Gottesproblem, Berlin 1935; O. Becker, Plotin und das Problem der geistigen Aneignung, Berlin 1940; W. Beierwaltes, Das wahre Selbst. Studien zu Plotins Begriff des Geistes und des Einen, Frankfurt 2001; H. Benz, ›Materie‹ und Wahrnehmung in der Philosophie Plotins, Würzburg 1990; H. J. Blumenthal, Plotinus' Psychology. His Doctrines of the Embodied Soul, The Hague 1971; E. Bréhier, La philosophie de Plotin, Paris 1928 (repr. 1998), ³1968 (engl. The Philosophy of Plotinus, Chicago Ill. 1958, 1967); W. Bröker, Platonismus ohne Sokrates. Ein Vortrag über Plotin, Frankfurt 1966; H. Buchner, Plotins Möglichkeitslehre, München/Salzburg 1970; J. Bussanich, The One and Its Relation to Intellect in Plotinus. A Commentary on Selected Texts, Leiden etc. 1988; J. M. Charrue, Plotin, lecteur de Platon, Paris 1978, ³1993; B. Collette-Ducic, Plotin et l'ordonnancement de l'être. Étude sur les fondements et les limites de la determination, Paris 2007; J. N. Deck, Nature, Contemplation, and the One. A Study in the Philosophy of Plotinus, Toronto 1967, New York 1991; E. R. Dodds, The Parmenides of Plato and the Origin of the Neoplatonic ›One‹, Class. Quart. 22 (1928), 129–142; H. Dörrie, Hypostasis. Wort- und Bedeutungsgeschichte, in: Nachr. Akad. Wiss. Göttingen, Göttingen 1955, 35–92; ders., P., KP IV (1972), 939–943; M. Edwards, Culture and Philosophy in the Age of Plotinus, London 2006; E. Eliasson, The Notion of ›That Which Depends on Us‹ in Plotinus and Its Background, Leiden/Boston Mass. 2008; E. K. Emilsson, Plotinus on Sense-Perception. A Philosophical Study, Cambridge etc. 1988; ders., Plotinus, REP VII (1998), 456–463; ders., Plotinus on Intellect, Oxford, Oxford/New York 2007; H. Fischer, Die Aktualität Plotins. Über die Konvergenz von Wissenschaft und Metaphysik, München 1956; M. de Gandillac, La sagesse de Plotin, Paris 1952, ²1966; L. P. Gerson (ed), The Cambridge Companion to Plotinus, Cambridge etc. 1996; ders., Plotinus, SEP 2003, rev. 2012; A. Graeser, Plotinus and the Stoics. A Preliminary Study, Leiden 1972; G. M. Gurtler, Plotinus. The Experience of Unity, New York etc. 1988; P. Hadot, Plotin ou la simplicité du regard, Paris 1963, [3]1989, 2008 (engl. Plotinus or the Simplicity of Vision, Chicago Ill./London 1993, 1998); ders./P. M. Schuhl (eds.), Le néoplatonisme, Paris 1971; F.-P. Hager, Plotin, in: O. Höffe (ed.), Klassiker der Philosophie I (Von den Vorsokratikern bis David Hume), München 1981, 137–153, [3]1994, 477–480; J. Halfwassen, Plotin und der Neuplatonismus, München 2004; R. Harder, Kleine Schriften, ed. W. Marg, München 1960, 257–274 (Plotins Leben, Wirkung und Lehre), 275–295 (Zur Biographie Plotins); P. Henry, Études plotiniennes, I–II, Paris/Brüssel 1938/1941, I, 1961, II, [2]1948; W. Himmerich, Eudaimonia. Die Lehre des Plotin von der Selbstverwirklichung des Menschen, Würzburg 1959; C. Horn, Plotin über Sein, Zahl und Einheit. Eine Studie zu den systematischen Grundlagen der Enneaden, Stuttgart/Leipzig 1995; ders., P., in: O. Höffe (ed.), Klassiker der Philosophie I (Von den Vorsokratikern bis David Hume), München 2008, 106–117; H. Jonas, Gnosis und spätantiker Geist II (Von der Mythologie zur mystischen Philosophie), ed. K. Rudolph, Göttingen 1993; H. J. Krämer, Der Ursprung der Geistmetaphysik. Untersuchungen zur Geschichte des Platonismus zwischen Platon und Plotin, Amsterdam 1964, [2]1967; K. Kremer, Die Neuplatonische Seinsphilosophie und ihre Wirkung auf Thomas von Aquin, Leiden 1966 (repr. 1971); J. Lacrosse, La philosophie de Plotin. Intellect et discursivité, Paris 2003; J. Lang, Plotin, in: R. Goulet (ed.), Dict. ph. ant. V/A, Paris 2012, 885–1070; P. P. Matter, Zum Einfluß des platonischen ›Timaios‹ auf das Denken Plotins, Winterthur 1964; G. Mehlis, Plotin, Stuttgart 1924, Nachdr. Bremen 2013; P. Merlan, From Platonism to Neoplatonism, The Hague 1953, [3]1968 (repr. 1975); ders., Monopsychism, Mysticism, Metaconsciousness. Problems of the Soul in the Neoaristotelian and Neoplatonic Tradition, The Hague 1963, [2]1969; M. R. Miles, Plotinus on Body and Beauty. Society, Philosophy, and Religion in Third-Century Rome, Oxford/Malden Mass. 1999; S. Möbuß, Plotin zur Einführung, Hamburg 2000; J. Moreau, Plotin ou la gloire de la philosophie antique, Paris 1970; G. J. P. O'Daly, Plotinus' Philosophy of the Self, Shannon 1973; D. J. O'Meara, Structures hiérarchiques dans la pensée de Plotin, Leiden 1975; J. Omtzigt, Die Beziehung zwischen dem Schönen und dem Guten in der Philosophie Plotins, Göttingen 2012; A. Ousager, Plotinus on Selfhood, Freedom and Politics, Århus 2004; M. Piclin, Plotin, D. P. II (1984), 2083–2091, ([2]1993), 2288–2297; S. Rappe, Reading Neoplatonism. Non-Discursive Thinking in the Texts of Plotinus, Proclus, and Damascius, Cambridge etc. 2000, 2007; P. Remes, Plotinus on Self. The Philosophy of the ›We‹, Cambridge etc. 2007, 2011; J. M. Rist, Plotinus. The Road to Reality, Cambridge 1967, 1980; C. Rutten, Les catégories du monde sensible dans les »Ennéades« de Plotin, Paris 1961; H. D. Saffrey, Le néoplatonisme après Plotin, Paris 2000; H. R. Schlette, Das Eine und das Andere. Studien zur Problematik des Negativen in der Metaphysik Plotins, München 1966; ders., Pronoia und Logos. Die Rechtfertigung der Weltordnung bei Plotin, München/Salzburg 1968; A. Schniewind, L'éthique du sage chez Plotin. Le paradigme du spoudaios, Paris 2003; V. Schubert, Plotin. Einführung in sein Philosophieren, Freiburg/München 1973; H. R. Schwyzer, P., RE XXI/1 (1951), 471–592; G. Siegmann, Plotin, TRE XXVI (1996), 712–717; S. Slaveva-Griffin, Plotinus on Number, Oxford/New York 2009; E. Song, Aufstieg und Abstieg der Seele. Diesseitigkeit und Jenseitigkeit in Plotins Ethik der Sorge, Göttingen 2009; T. A. Szlezák, Platon und Aristoteles in der Nuslehre Plotins, Basel/Stuttgart 1979; W. Theiler, Die Vorbereitung des Neuplatonismus, Berlin 1930, Berlin/Zürich [2]1964, Hildesheim 2001; ders., Forschungen zum Neuplatonismus, Berlin 1966; J. Trouillard, La procession plotinienne, Paris 1955; ders., La purification plotinienne, Paris 1955, 2001; E. Varessis, Die Andersheit bei Plotin, Stuttgart/Leipzig 1996; P. Villiers Pistorius, Plotinus and Neoplatonism. An Introductory Study, Cambridge 1952; C. J. de Vogel, Philosophia I (Studies in Greek Philosophy), Assen 1970, 399–416 (The Monism of Plotinus); K. H. Volkmann-Schluck, Plotin als Interpret der Ontologie Platos, Frankfurt 1941, [3]1966. M. G.

Ploucquet, Gottfried, *Stuttgart 25. Aug. 1716, †Tübingen 13. Sept. 1790, dt. Philosoph und Logiker. P. stammte aus einer nach Württemberg emigrierten Hugenottenfamilie. Nach Studium der Philosophie (Magister 1734) und Theologie (bis 1738) in Tübingen Tätigkeit als Vikar, Hauslehrer und Pfarrer. 1750 Prof. der Logik und Metaphysik in Tübingen, 1758 für ein Jahr an der Stuttgarter Militärakademie (unter anderem als Lehrer von F. Schiller). Die philosophischen Interessen P.s gelten der rationalen Psychologie und einer christlichen Interpretation der ↑Leibniz-Wolffschen Philosophie aus dem Geiste des ↑Pietismus sowie der Kommentierung antiker Autoren (Thales, Anaxagoras, Demokrit, Sextus Empiricus). P. ist einer der bedeutendsten Logiker des 18. Jhs.. Er versucht im Anschluß an die Kalkülidee (↑Kalkül) von G. W. Leibniz eine ↑Kalkülisierung der ↑Syllogistik auf der Basis der extensionalen Auffassung von Begriffen (↑extensional/Extension) sowie der Identitätsthese, wonach ↑affirmative Aussagen (›Urteile‹) eine Identität zwischen grammatikalischem Subjekt und Prädikat ausdrücken, die – gemäß P.s extensionalem Ansatz – in deren Umfangsgleichheit besteht.

Urteile erhalten die Symbolisierung ›$A - B$‹ (›A ist B‹) bzw. ›$A > B$‹ (›A ist nicht B‹). Die syllogistischen Satzarten *AaB*, *AeB*, *AiB*, *AoB* werden unter Verwendung der drei ↑Quantoren *O* (= *omnis*, jeder), *N* (= *nullum*, kein) und *Q* (= *quoddam*, einige) wie folgt notiert: ›$O.A - B$‹, ›$N.A - B$‹, ›$Q.A - B$‹, ›$Q.A > B$‹. Dabei sucht P. in der Kalkülfassung von 1763 mit folgender einziger Schlußregel auszukommen: In der ↑Konklusion dürfen die Begriffe keinen größeren ↑Umfang haben als in den ↑Prämissen, d. h., die Qualität des Urteils (*a*, *e*, *i* oder *o*) und die Quantität des grammatischen Subjekts richten sich nach der schwächeren Prämisse. P. ergänzt dies durch die Forderung, daß auch die *Quantität* des Prädikats von der Schlußregel betroffen sei. Dies erfordert ↑Quantifizierung des Prädikats, um den Extensionstyp zu kennzeichnen. – P. entdeckte das Konversionsgesetz $SoP \leftrightarrow PöS$ (mit $SöP \leftrightarrows \bar{S}o\bar{P}$) und den Modus ›Garderönt‹: $MaP \wedge SeM \rightarrow SöP$. Mit seiner klassenlogischen (↑Klassenlogik) Auffassung hat P. die Herausbildung der ↑Algebra der Logik im 19. Jh. vorbereitet.

Werke: Dissertatio theologica qua Celeb. Varignonii demonstratio geometrica possibilitatis transsubstantiationis enervatur, Diss. Tübingen 1740; Dissertation [...] sur le système des monades avec les pieces qui ont concouru, Berlin 1748; Methodus tractandi infinita in metaphysicis, Berlin 1748; De corporum organisatorum generatione disquisitio philosophica [...], Stuttgart, Berlin 1749; Dissertatio de materialismo. Cum supplementis et confutatione libelli: L'homme machine: inscripti, Tübingen 1751; Principia de substantiis et phenomenis, Frankfurt/Leipzig, Mannheim 1753, mit Untertitel: Accedit methodus calculandi in logicis ab ipso inventa, cui praemittitur commentatio de arte characteristica universali, Frankfurt/Leipzig, Tübingen ^{2}1764; Disputatio de miraculorum indole, criterio et fine, Tübingen 1755; Animadversiones in principia Dn. Helvetii [...], Tübingen 1759; Fundamenta philosophiae speculativae, Tübingen 1759; Examen meletematum celeberrimi Anglorum philosophi Lockii, de personalitate, Tübingen 1760; Observationes ad commentationem Dni. Immanuelis Kant, de uno possibili fundamento demonstrationis existentiae Dei/Von dem einzig moeglichen Beweis-Grund zu einer Demonstration des Daseyns Gottes, Tübingen 1763; Untersuchung und Abänderung der logicalischen Constructionen des Herrn Professor Lambert. Nebst einigen Anmerkungen über den logicalischen Calcul, Tübingen 1765; Sammlung der Schriften, welche den logischen Calcul Herrn Prof. P.s betreffen, mit neuen Zusätzen, ed. A. F. Bök, Frankfurt/Leipzig 1766 (repr. Stuttgart-Bad Cannstatt 1970); Rede über die Frage: Ob es möglich seye, daß eine Welt von Ewigkeit her existire, und, wenn es möglich ist, ob die Welt würklich von Ewigkeit her seye?, in: Sammlung der [...] Vorlesungen der Professorum und Rede-Uebungen der Studirenden und Herzoglichen Stipendiaten, Tübingen o. J. [1767], 164–175; Der goldene Lumpen-Spiegel. Ein Gemälde für viele, Paris 1768, 1797; Cogitationes celeberrimi domini Robineti de origine naturae expensae, Tübingen 1769; Institutiones philosophiae theoreticae sive de arte cogitandi, Tübingen 1772, unter dem Titel: Expositiones philosophiae theoreticae, Stuttgart 1782 (dt. Logik [lat./dt.], ed. M. Franz, Hildesheim/Zürich/New York 2006 [mit Einleitung, VII–LVII]); De rerum ortu duratione, alteratione et interitu, Tübingen 1774; Elementa philosophiae contemplativae [...], Stuttgart 1778; De principiis dynamicis, Tübingen 1780; Commentationes philosophiae. Selectiones antea seorsim editae, nunc ab ipso auctore recognitae et passim emendatae, Utrecht, 1781; Variae quaestiones metaphysicae cum subjunctis responsionibus, Tübingen 1782; Thesium inauguralium pars metaphysica [...], Tübingen 1790, mit dt. Übers. in: M. Franz (ed.), »... im Reiche des Wissens ›cavalieremente‹«? [s. u., Lit.], 30–37. – M. Franz, Bibliographie G. P.s (1716–1790), ebd., 65–69.

Literatur: K. Aner, G. P.s Leben und Lehren, Halle 1909 (repr. Hildesheim/Zürich/New York 1999); P. Bornstein, G. P.'s Erkenntnistheorie und Metaphysik, Potsdam 1898; F. Courtès, Deux lecteurs du jeune Kant: P. et Mendelssohn, Arch. philos. 46 (1983), 291–321; M. Frank, Auswege aus dem Deutschen Idealismus, Frankfurt 2007, bes. 328–339, 389–394; M. Franz, Exkurs zu P.s Logik, in: ders. (ed.), »... im Reiche des Wissens ›cavalieremente‹«? Hölderlins, Hegels und Schellings Philosophiestudium an der Universität Tübingen, Tübingen 2005, 527–534; ders., G. P.s Urteilslehre im Rahmen der Logikgeschichte des 18. Jahrhunderts, Z. philos. Forsch. 59 (2005), 95–113; ders./R. Pozzo, Erläuterungen zu P.s Inauguralthesen zur Metaphysik (1790), in: ders. (ed.), »... im Reiche des Wissens ›cavalieremente‹«? [s. o.], 39–64; B. Gerlach, Wer war der »große Mann«, der die Raumtheorie des transzendentalen Idealismus vorbereitet hat?, Kant-Stud. 89 (1998), 1–34; W. Lenzen, Der »logische Calcul Herrn Prof. P.s« I, Arch. Gesch. Philos. 90 (2008), 74–114; ders., P.'s ›Refutation‹ of the Traditional Square of Opposition, Logica universalis 2 (2008), 43–58; ders., The Quantification of the Predicate. Leibniz, P. and the (Double) Square of Opposition, in: J. A. Nicolás (ed.), Leibniz und die Entstehung der Modernität. Leibniz-Tagung in Granada, 1.–3. November 2007, Stuttgart 2010 (Stud. Leibn. Sonderh. XXXVII), 179–191; ders./H. v. Wulfen, Der »logische Calcul Herrn Prof. P.s« II, in: W. Lenski/W. Neuser (eds.), Logik als Grundlage von Wissenschaft, Heidelberg 2010, 17–51; H.-P. Neumann, Zwischen Materialismus und Idealismus. G. P. und die Monadologie, in: ders. (ed.), Der Monadenbegriff zwischen Spätrenaissance und Aufklärung, Berlin/New York 2009, 203–270; V. Peckhaus, Logik, Mathesis universalis und allgemeine Wissenschaft. Leibniz und die Wiederentdeckung der formalen Logik im 19. Jahrhundert, Berlin 1997, bes. 103–110; K. v. Prantl, P., ADB XXVI (1888), 319–320; W. Risse, Die Logik der Neuzeit II, Stuttgart-Bad Cannstatt 1970, bes. 276–284; R. Sommer, Grundzüge einer Geschichte der deutschen Psychologie und Aesthetik von Wolff – Baumgarten bis Kant – Schiller, Würzburg 1892 (repr. Hildesheim/New York 1975), Amsterdam 1966, 74–88; N. I. Styazhkin, History of Mathematical Logic from Leibniz to Peano, Cambridge Mass./London 1969; J. Venn, Symbolic Logic, London 1881, ^{2}1894 (repr. New York 1971, Providence R. I. 2006); M. Wolfes, P., BBKL XVIII (2001), 1162–1167. G. W.

Pluralismus (engl. pluralism), Terminus in Politik, Argumentations- und Wissenschaftstheorie zur Kennzeichnung bestimmter Diskussions- und Entscheidungsprozesse sowie der sie regelnden Institutionen und Normen. Ein ↑Diskurs läßt sich genau dann als *pluralistisch* bezeichnen, wenn kein relevantes Argument ›von vornherein‹ (durch die institutionelle Anlage der Beratungssituation, durch wirksame Herrschaft etc.) aus der Diskussion ausgeschaltet ist (*argumentativer* P.). Offenbar impliziert die Wahrheits- oder Vernunftorientierung eines theoretischen oder praktischen Diskurses seine pluralistische Anlage in diesem Sinne. Diese begriffliche Verbindung hat I. Kant als erster klar gesehen und formuliert. Er unterscheidet ›logische‹, ›ästhetische‹ und ›moralische‹ Formen des P. und stellt sie den entsprechenden Egoismen gegenüber: »Dem Egoism kann nur der Pluralism entgegengesetzt werden, d. i. die Denkungsart: sich nicht als die ganze Welt in seinem Selbst befassend, sondern als einen bloßen Weltbürger zu betrachten und zu verhalten« (Anthropologie in pragmatischer Hinsicht abgefaßt [1798] I, § 2, Akad.-Ausg. VII, 130). Den *logischen* P. verbindet Kant bereits mit einem Konsensverständnis der Wahrheit: »Wenn man seine Einsichten mit denjenigen anderer vergleicht und aus dem Verhältniß der Übereinstimmung mit anderer Vernunfft die Wahrheit entscheidet, ist das der logische Pluralism« (Logik, Akad.-Ausg. XXIV, 428). Ferner kann ein praktischer, insbes. politischer, Diskurs pluralistisch genau dann heißen, wenn die Zusammensetzung des Teilnehmerkreises die Vertretung aller von den Beratungsergebnissen erwartbar berührten relevanten ↑Interessen sichert (*praktischer* P.).

In der Moderne wird P. zunächst vor allem zur Kennzeichnung bestimmter metaphysischer und naturphilosophischer Positionen verwendet. W. James (A Pluralistic Universe, 1909, 1977 [=Works IV], 30) übernimmt den Ausdruck aus der Metaphysik H. Lotzes und grenzt seine Überlegungen damit von monistischen (↑Monismus) Auffassungen wie denjenigen G. T. Fechners ab. Der Gebrauch einer politischen Metapher bei James nimmt die Übertragung des Ausdrucks auf die politische Sphäre, die durch H. Laski (Studies in the Problem of Sovereignity, 1917) erfolgt, vorweg (»The pluralistic world is [...] more like a federal republic than like an empire or a kingdom«, 145).

Für *politische Entscheidungsprozesse* und das öffentliche Informationswesen werden pluralistische Positionen im Sinne eines liberalen Demokratieverständnisses (↑Liberalismus) vertreten. Man geht hier davon aus, daß eine demokratische politische Willensbildung das Einbringen von Argumenten und Interessen nicht auf bestimmte Gruppen, Schichten oder Klassen (↑Klasse (sozialwissenschaftlich)) beschränken darf, insbes. nicht auf ›im Namen des Volkes‹ sprechende Eliten oder Avantgarden. Dabei ist allerdings die Unterscheidung zwischen praktischem und argumentativem P. zu beachten. Eine Vertretung aller partikularen Interessen kann zwar eine einseitige Argumentation verhindern, führt jedoch nicht bereits eo ipso nur argumentativ begründete Orientierungen und Beschlüsse herbei. In interessenpluralistisch zusammengesetzten Diskussionskreisen sind nämlich z. B. möglich: (1) Konflikte mit Mehrheitsentscheidungen, (2) allgemein akzeptierte Kompromisse, (3) die Orientierung am größten (empirisch) gemeinsamen Nenner.

Für eine pluralistisch ausgerichtete ↑*Wissenschaftstheorie* plädiert vor allem der Kritische Rationalismus (↑Rationalismus, kritischer) K. R. Poppers und der methodische Anarchismus (↑Anarchismus, erkenntnistheoretischer) P. K. Feyerabends. Dabei werden in der Regel Rechtfertigungen, die für eine pluralistische Vertretung von Argumenten bzw. Interessen einsichtig sind, auf einen *Methoden-* oder ↑*Theorienpluralismus* übertragen. Von Methoden- oder Theorienpluralismus ist in bezug auf eine wissenschaftliche Diskussionssituation genau dann die Rede, wenn darin beliebige methodische (insbes. wissenschaftssprachliche) Normen oder theoretische Annahmen ohne weitere Begründung in Konkurrenz verwendet werden dürfen. Im Unterschied zu pluralistischen Normierungen von Diskursen ist der Methoden- oder Theorienpluralismus nicht unbedingt ein geeignetes Mittel zur Beförderung von ↑Rationalität. Im Blick auf die angestrebte ↑Intersubjektivität wissenschaftlicher Orientierungen sind nämlich nicht alle Methoden und ›Ansätze‹ gleichermaßen angemessen. Die methodische Organisation von Wissenschaft kann nicht vollständig darauf verzichten, durch geeignete methodische und theoretische Festlegungen zu sichern, daß Geltungsansprüche (↑Geltung) gestellt und vernünftig eingelöst werden.

Literatur: H. Albert, Traktat über kritische Vernunft, Tübingen 1968, [5]1991; D. Archard (ed.), Philosophy and Pluralism, Cambridge etc. 1996, 2005; M. Baghramian/A. Ingram (eds.), Pluralism. The Philosophy and Politics of Diversity, London/New York 2000; J. Beall/G. Restall, Logical Pluralism, Oxford 2006; U. Bermbach/F. Nuscheler (eds.), Sozialistischer P.. Texte zur Theorie und Praxis sozialistischer Gesellschaften, Hamburg 1973; W. E. Connolly, Pluralism, Durham N. C./London 2005, 2007; S. Ehrlich, Pluralism On and Off Course, Oxford/New York 1982; ders./G. Wootton (eds.), Three Faces of Pluralism. Political, Ethnic, and Religious, Westmead/Farnborough 1980; P.K. Feyerabend, Reply to Criticism. Comments on Smart, Sellars and Putnam, in: R. S. Cohen/M. W. Wartofsky (eds.), Proceedings of the Boston Colloquium for the Philosophy of Science, 1962–1964, New York 1965 (Boston Stud. Philos. Sci. II), 223–261 (dt. Antwort an Kritiker. Bemerkungen zu Smart, Sellars und Putnam, in: ders., Probleme des Empirismus. Schriften zur Theorie der Erklärung, der Quantentheorie und der Wissenschaftsgeschichte, Braunschweig/Wiesbaden 1981 [= Ausgew, Schr. II], 126–160); ders., Against Method. Outline of an Anarchistic Theory of Knowledge, in: M. Radner/S. Winokur (eds.), Analyses of Theories and Methods of Physics and Psychology, Minneapolis Minn. 1970 (Minn. Stud. Philos. Sci. IV), 17–130, erw. London 1975, ohne Untertitel, London/New York [4]2010 (dt. Wider den Methodenzwang. Skizze einer anarchistischen Erkenntnistheorie, Frankfurt 1976, [13]2013); ders., Erkenntnis für freie Menschen, Frankfurt 1979, [9]2010; E. Fraenkel/K. Sontheimer/B. Crick, Beiträge zur Theorie und Kritik der pluralistischen Demokratie, Bonn 1964, [3]1970; A. Gehlen, Moral und Hypermoral. Eine pluralistische Ethik, Frankfurt 1969, Wiesbaden [5]1986, bes. 37–45, erw. Frankfurt [6]2004, 31–40; H. Gudrich/S. Fett, Die pluralistische Gesellschaftstheorie. Grundpositionen und Kritik, Stuttgart etc. 1974; J. Habermas, Anerkennungskämpfe im demokratischen Rechtsstaat, in: C. Taylor, Multikulturalismus und die Politik der Anerkennung, ed. A. Gutman, Frankfurt 1993, 147–196; R. Hall, Monism and Pluralism, Enc. Ph. V (1967), 363–365, VI ([2]2006), 326–329; T. E. Hill, Respect, Pluralism, and Justice. Kantian Perspectives, Oxford etc. 2000, 2003; N. Hinske, P. und Publikationsfreiheit im Denken Kants, in: J. Schwartländer/D. Willoweit (eds.), Meinungsfreiheit. Grundgedanken und Geschichte in Europa und USA, Kehl/Straßburg 1986, 31–49; K.-C. Hsiao, Political Pluralism. A Study in Contemporary Political Theory, London, New York 1927, Nachdr. London/New York 2000, 2010; W. James, A Pluralistic Universe. Hibbert Lectures at Manchester College on the Present Situation in Philosophy, New York etc. 1909, ed. F. Bowers/I. K. Skrupskelis, Cambridge Mass./London 1977 (= Works IV) (dt. Das pluralistische Universum. Hibbert-Vorlesungen am Manchester College über die gegenwärtige Lage der Philosophie, Leipzig 1914 [repr., ed. K. Schubert/U. Wilkesmann, Darmstadt 1994]); J. Kekes, The Morality of Pluralism, Princeton N. J. 1993, 2010; ders., Pluralism in Philosophy. Changing the Subject, Ithaca N. Y./London 2000; S. H. Kellert/H. E. Londino/C. K. Waters (eds.), Scientific Pluralism, Minneapolis Minn./London 2006 (Minn. Stud. Philos. Sci. XIX); W.

Kerber/L. Samson, P., Hist. Wb. Ph. VII (1989), 988–995; O. F. Kraushaar, Lotze as a Factor in the Development of James's Radical Empiricism and Pluralism, Philos. Rev. 48 (1939), 455–471; H. Kremendahl, P.-Theorie in Deutschland. Entstehung, Kritik, Perspektiven, Leverkusen 1977; P. Lassman, Pluralism, Cambridge/Malden Mass. 2011; M. P. Lynch, Truth and Context. An Essay on Pluralism and Objectivity, Cambridge Mass./London 1998, 2001; J. H. Muirhead/F. C. S. Schiller/A. E. Taylor, Why Pluralism? A Symposium, Proc. Arist. Soc. NS 9 (1908/1909), 183–225; R. Münch, Das Regime des P.. Zivilgesellschaft im Kontext der Globalisierung, Frankfurt/New York 2010; A. Naess, The Pluralist and Possibilist Aspect of the Scientific Enterprise, Oslo, London 1972; F. Nuscheler/W. Steffani (eds.), P.. Konzeptionen und Kontroversen, München 1972, ³1976; J. Rawls, Die Idee des politischen Liberalismus. Aufsätze 1978–1989, ed. W. Hinsch, Frankfurt 1992, 2007; N. Rescher, Pluralism. Against the Demand for Consensus, Oxford 1993, 2005; L. Smith, Pluralism, IESS VI (²2008), 282–285; H. F. Spinner, P. als Erkenntnismodell, Frankfurt 1974; M. Walzer, The Spheres of Justice. A Defence of Pluralism and Equality, New York 1983, 2010 (dt. Sphären der Gerechtigkeit. Ein Plädoyer für Pluralität und Gleichheit, Frankfurt/New York 1992, 2006; franz. Sphères de justice. Une défense du pluralisme et de l'égalité, Paris 1997, 2013); W. Watson, The Architectonics of Meaning. Foundations of the New Pluralism, Albany N. Y. 1985, Chicago Ill./London 1993; M. Welsch, Postmoderne. Pluralität als ethischer und politischer Wert, Köln 1988. F. K.

Plutarchos von Chaironeia, *Chaironeia um 45, †nach 120, griech. Philosoph und Historiker, Schüler des Neuplatonikers Ammonias Sakkas; um 95 Priester in Delphi. Von P.s zahlreichen Schriften ist nur etwa die Hälfte erhalten; sie beschäftigen sich vor allem mit der Ethik und ihrer pädagogischen Vermittlung. Glück und Gemütsruhe sind nach P. die höchsten Ziele des Menschen; man erlangt sie durch Beherrschung der Leidenschaften, Bekämpfung der Laster, maßvolles Leben und Menschenliebe. Seine vergleichenden Biographien berühmter Römer und Griechen (wie Alexander oder Caesar) dienen nicht so sehr der Vermittlung historischen Wissens, sondern vielmehr als ›exempla vitae‹, nachahmenswerte oder abschreckende Beispiele einer bestimmten Art der Lebensführung. P. befaßte sich mit Literaturgeschichte und Exegese, ↑Rhetorik, Poetik und Religion, verfaßte philosophische Schriften über Menschen- und Tierpsychologie (Versuch, die Intelligenz der Tiere nachzuweisen), Kommentare zu Platon und Streitschriften gegen Stoiker (↑Stoa) und Epikureer (↑Epikureismus) sowie antiquarische Werke über das Brauchtum früherer Zeiten.

Werke: Plutarch's Werke, I–L, ed. J. G. Klaiber u. a., Stuttgart, Ulm 1828–1861. – Vitae parallelae, I–IV, ed. K. Ziegler, Leipzig 1960–1968, I, Leipzig ⁴1969, III–IV, Leipzig ²1971–1973, I–IV, München/Leipzig 1996–2014; Moralia, I–VII, ed. K. Ziegler, Leipzig 1925–1978, I–IV, Leipzig ²1971–1974, I–VI, München/Leipzig 1993–2013; Plutarch's Moralia [griech./engl.], I–XV, ed. T. E. Page u. a., London/Cambridge Mass. 1927–1969, I 1960; Plutarch's Lives, I–XI (griech./engl.), ed. T. E. Page u. a., London/Cambridge Mass. 1914–1926, ⁴1959–1962; Über Gott und Vorsehung, Dämonen und Weissagung, ed. K. Ziegler, Zürich/Stuttgart 1952; Plutarque de la musique. Texte, traduction, commentaire, ed. F. Lasserre, Olten/Lausanne 1954. – Totok I (1964), 324–328.

Literatur: G. J. D. Aalders, Plutarch's Political Thought, Amsterdam/New York 1982; D. Babut, Plutarque et le stoïcisme, Paris 1969; R. H. Barrow, Plutarch and His Times, London, Bloomington Ind. 1967, New York 1979; M. Beck (ed.), A Companion to Plutarch, Chichester 2014; W. Bernard, Spätantike Dichtungstheorien. Untersuchungen zu Proklos, Herakleitos und Plutarch, Stuttgart 1990; H. D. Betz (ed.), Plutarch's Ethical Writings and Early Christian Literature, Leiden 1978; B. Bucher-Isler, Norm und Individualität in den Biographien Plutarchs, Bern/Stuttgart 1972; F. le Corsu, Plutarque et les femmes dans les vies parallèles, Paris 1981; J. Dillon, Plutarch of Chaeronea, REP VII (1998), 464–470; H. Dörrie, Die Stellung Plutarchs im Platonismus seiner Zeit, in: R. B. Palmer/R. Hamerton-Kelly (eds.), Philomathes. Studies and Essays in the Humanities in Memory of Philip Merlan, The Hague 1971, 36–56; F. Fuhrmann, Les images de Plutarque, Paris 1964; C. J. Gianakaris, Plutarch, New York 1970; H. Görgemanns, Untersuchungen zu Plutarchs Dialog »De facie in orbe lunae«, Heidelberg 1970; R. Hirsch-Luipold (ed.), Gott und die Götter bei Plutarch. Götterbilder – Gottesbilder – Weltbilder, Berlin/New York 2005; H. G. Ingenkamp, Plutarchs Schriften über die Heilung der Seele, Göttingen 1971; C. P. Jones, Plutarch and Rome, Oxford 1971, 1972; R. M. Jones, The Platonism of Plutarch, Menasha Wis. 1916 (repr. unter dem Titel: The Platonism of Plutarch and Selected Papers, New York/London 1980, 1–153); F. Klotz/K. Oikonomopoulou (eds.), The Philosopher's Banquet. Plutarch's Table Talk in the Intellectual Culture of the Roman Empire, Oxford etc. 2011; R. Lamberton, Plutarch, New Haven Conn. 2001; J. Mossman (ed.), Plutarch and His Intellectual World. Essays on Plutarch, London 1997; C. B. R. Pelling u. a., P. [2], DNP IX (2000), 1159–1175; D. A. Russell, Plutarch, New York/London 1973, Bristol 2001; B. Scardigli (ed.), Essays on Plutarch's »Lives«, Oxford 1995; S. Schröder, Plutarchs Schrift De Pythiae oraculis. Text, Einleitung und Kommentar, Stuttgart 1990; M. H. Shackford, Plutarch in Renaissance England, Folcroft Pa. 1973; P. A. Stadter, Plutarch & His Roman Readers, Oxford 2014; R. Volkmann, Leben, Schriften und Philosophie des Plutarch von Chaeronea, I–II, Berlin 1869; H. Weber, Die Staats- und Rechtslehre Plutarchs von Chaironeia, Bonn 1959; A. Weizsäcker, Untersuchungen über Plutarchs biographische Technik, Berlin 1931, o. O. 1980; K.-D. Zacher, Plutarchs Kritik an der Lustlehre Epikurs. Ein Kommentar zu »Non posse suaviter vivi secundum Epicurum«, Kap. 1–8, Königstein 1982. M. G.

Pneuma (griech., Lufthauch, Atem, Geist), im vorphilosophischen Gebrauch sowie in der antiken Philosophie Bezeichnung für ein allgemeines Lebensprinzip. Bei Anaximenes gilt P. als lebenspendendes Prinzip der Individuen und des Kosmos insgesamt. Dessen Theorie aufgreifend, schreibt Diogenes von Apollonia dem P. stoffliche, geistige und göttliche Eigenschaften zu und sieht in ihm die Ursache für verschiedene biologische Funktionen der Lebewesen. Aristoteles zieht das P.-Prinzip, dessen Ursprung er in das Herz legt, bei der Beschreibung und Erklärung der Arten und Eigenschaften der Lebewesen, insbes. bei der Erklärung des Wahrnehmungsvorganges, hinzu; außerdem ist P. für ihn die im Samen befindliche Materialursache (↑causa) für die Seele. Bei den Stoikern (↑Stoa) gilt das P. einerseits als lebenspendende, ↑Makrokosmos und Mikrokosmos durchdringende und erhaltende göttliche Kraft, ferner als Vernunftelement, andererseits als eine Ausdehnung und Einwirkung der Körper aufeinander konstituierende bzw. erklärende ↑Dynamis. Diese Natur und Geist verbindende Mittlerrolle nimmt das P. auch im ↑Neuplatonismus ein. So gilt das P. bei Porphyrios als geistig-materielle Trägersubstanz, und zwar sowohl für das Erkenntnisvermögen der Phantasia als auch für die Weiterexistenz der Seele nach dem Tode. Im Christentum entwickelt sich ein neues P.-Verständnis, das seinen Höhepunkt in der Idee des ›Heiligen Geistes‹ (Hagion P.) findet. In der Medizin gilt seit Hippokrates das P. als zentrales Lebenselement, das Atem und Puls reguliert (↑Pneumatiker).

Literatur: S. Berryman, P., Enc. Ph. VII (^{2}2006), 649–650; A. P. Bos/R. Ferwerda, Aristotle, On the Life-Bearing Spirit (»De Spiritu«). A Discussion with Plato and His Predecessors on ›Pneuma‹ as the Intrumental Body of the Soul, Leiden/Boston Mass. 2008 [Original niederl.]; G. Buch-Hansen, »It Is the Spirit that Gives Life«. A Stoic Understanding of P. in John's Gospel, Berlin/New York 2010; F. Dünzl, P.. Funktionen des theologischen Begriffs in frühchristlicher Literatur, Münster 2000; M. Edwards, P. and Realized Eschatology in the Book of Wisdom, Würzburg 2012; V. Hamp/J. Schmid/F. Mussner, P., LThK VIII (1963), 568–576; W. W. Jaeger, Das P. im Lykeion, Hermes 48 (1913), 29–74; H. Kleinknecht, P., in: G. Friedrich (ed.), Theologisches Wörterbuch zum Neuen Testament VI, Stuttgart 1959, 330–357; V. Nutton, P., DNP IX (2000), 1183–1184; G. Verbeke, L'évolution de la doctrine du p.. Du stoïcisme à S. Augustin, Paris 1945 (repr. New York/London 1987); F. Wagner, Geist, in: F. Ricken (ed.), Lexikon der Erkenntnistheorie und Metaphysik, München 1984, 64–67. M. G.

Pneumatiker, vom Poseidonios-Schüler Athenaios von Attaleia im 1. Jh. v. Chr. gegründete, bis ins 4. Jh. n. Chr. wirksame Ärzteschule, deren theoretische Grundlage aus einer Verbindung von Pneuma- und Säftelehre mit stoischer Philosophie (Mikro-, Makrokosmos, Sympatheia) und hippokratischer Medizin besteht. Im ↑Pneuma sehen die P. den Träger des Lebens; Krankheiten führen sie auf eine Störung des Pneumas zurück. Die bekanntesten P. sind: Aretaios, Antyllos, Archigenes aus Apameia und Agathinos.

Literatur: F. Kudlien, Poseidonios und die Ärzteschule der P., Hermes 90 (1962), 419–429; ders., Pneumatische Ärzte, RE Suppl. XI (1968), 1097–1108; V. Nutton, P., DNP IX (2000), 1813–1814; W. Ullmann, P./Psychiker, Hist. Wb. Ph. VII (1989), 995–996; M. Wellmann, Die Pneumatische Schule bis auf Archigenes in ihrer Entwicklung dargestellt, Philolog. Unters. 14 (1895), 1–231. M. G.

Poetik (von griech. *ποίησις*, Kunst des Herstellens, insbes. von Dichtung), Bezeichnung für die Lehre von der Dichtkunst oder (nach modernem Sprachgebrauch) Literaturtheorie, einerseits als Philosophie des Wesens der Dichtung (Teil der Ästhetik, ↑ästhetisch/Ästhetik), andererseits als Theorie der Dichtungsverfahren, insbes. in den verschiedenen Dichtungsgattungen (Teil der Literaturwissenschaft). Praktisch sind beide Gesichtspunkte in der Geschichte der P. weitgehend vermischt. Das Erkenntnisinteresse richtet sich dabei, mit wechselnder Dominanz, auf den Produktions-, Darstellungs- und Wirkungsaspekt von Dichtung und hat teils ↑normativen, teils ↑analytischen Charakter oder beides.

I Nach verstreuten, oft kritischen Bemerkungen zur Dichtung (bei Xenophanes, Heraklit, Gorgias, Demokrit) finden sich ausgeprägte P.konzeptionen zuerst bei Platon, und zwar als (unvermittelt bleibender) Widerspruch zweier gegensätzlicher Thesen: Einerseits ist Dichtung (wie schon von Homer unterstellt) Manifestation göttlicher Inspiration (»Ion«, »Phaidros«, »Symposion«) und steht damit unter dem positiven Vorzeichen der Teilhabe (↑Methexis) an dem höheren und eigentlichen Sein der Ideen (letztlich des Wahren, Guten und Schönen). Andererseits steht sie unter dem für Platon negativen Vorzeichen der Nachahmung (↑Mimesis), wonach sich die Dichtung (wie die ↑Kunst überhaupt) auf einer ontologisch dritten Stufe (nach der der sinnlichen Realität) vom Urbild der Ideen weit entfernt (↑Idee (historisch), ↑Ideenlehre, ↑Liniengleichnis), diese sogar – entsprechend Platons Verdikt, daß die Dichter lügen – korrumpiert (vgl. Pol. X). Insgesamt gesehen gewinnt die letztere, negative Version bei Platon die Oberhand.

Entschieden (wenn auch unausdrücklich) gegen Platons Disqualifizierung der Dichtung wendet sich die erste einschlägige und exemplarisch bleibende Monographie der europäischen Kulturgeschichte, die P. des Aristoteles. Als Gattungspoetik angelegt, handelt sie hauptsächlich von der Tragödie (mit der antiplatonisch *pädagogischen* Pointe des Katharsisgedankens im Sinne einer durch die Tragödie bewirkten Selbstläuterung der von ihr erzeugten Affekte, insbes. der Furcht und des Mitleids), daneben vom Epos und (vor allem im verlorenen zweiten Teil) von der Komödie, enthält aber auch Reflexionen zur Dichtung (und zur Kunst) allgemein. Bemerkenswert ist die antiplatonisch *ontologische* Pointe der Lehre vom mehr auf das ↑Allgemeine gehenden, typischen Charakter der Dichtung nach Maßgabe von Wahrscheinlichkeit und Notwendigkeit, wodurch die dichterische Mimesis philosophischer und bedeutender sei als die dem Besonderen nach Maßgabe des je Faktischen verpflichtete Geschichtsschreibung (de art. poet. 9.1451b5–6), und zwar auf dem Hintergrund der antiplatonisch *anthropologischen* These, daß künstlerische und insbes. dichterische Nachahmung ein den Menschen als Lernwesen auszeichnendes Elementarbedürfnis sei. Die damit verbundene Dynamisierung des Mimesisbegriffs geht bereits über eine bloße Nachahmung der Natur hinaus in Richtung auf deren kreative Ergänzung und Vollendung.

Die weitere monographische P. der Antike, die (mit ähnlicher Nachhaltigkeit) als »Ars poetica« tradierte »Epistola ad Pisones« des Horaz, spricht zwar viele Detailfragen an, geht aber grundsätzlichen Streitpunkten mit einem eklektischen (↑Eklektizismus) Sowohl-als-auch aus dem Wege, vor allem in der produktionspoetologischen (↑Produktion, ↑Produktionstheorie) Addition von (platonisch) inspirativer Begabung und (aristotelisch) erlernbarem Kunstverstand wie auch im wirkungspoetologischen Junktim des ›prodesse et delectare‹. Mit der letzteren, vor allem Schule machenden Definition einer ebenso nutzbringenden wie erfreuenden Doppelfunktion der Dichtung unterläuft Horaz die Kontroverse zwischen dem Platonischen Nutzlosigkeitsvorwurf gegenüber der Kunst und dem Aristotelischen Nutzlosigkeitspostulat zugunsten einer durch Kunst zu realisierenden Muße im Sinne des eigentlichen, selbst- und endzweckhaften Lebensvollzugs.

Am Ausgang der Antike erweitert Plotin im Rahmen seines Systems (↑Neuplatonismus) das Teilhabemodell, das Platons Ästhetik ohne Abstrich oder Selbstdementi nur dem Naturschönen als Gegenstand der sinnlichen Liebe zugestanden hatte (in der Eroslehre des »Symposion«), auch auf den Bereich des Kunstschönen, zumal in der Dichtung, und wertet entsprechend Platons negative Auffassung der Mimesis um zu einer ontologischen Höherwertigkeit der Kunst kraft ihrer Vergeistigung und idealen Überbietung der Natur (Enneade I und V). Auf diese Weise nimmt Plotin zugleich die Aristotelische Dynamisierung des Mimesisbegriffs wieder auf und spitzt sie stellenweise sogar auf die (neuzeitliche) Vorstellung selbstschöpferischer Kunst und Dichtung hin zu. Damit ist in den wesentlichen Zügen die Geschichte der abendländischen Dichtungstheorie vorgezeichnet, deren zahlreiche P.en allerdings nur noch ausnahmsweise philosophischen Charakter haben. Überliefert wurde das poetologische Gedankengut der Antike seit dem Späthellenismus (↑Hellenismus) in der philosophisch verdünnten Form von Hand- und Lehrbüchern rhetorisch-stilistischen Zuschnitts. Der im Mittelalter unter christlich-theologischer Dominanz bewerkstelligten Wiederaneignung des Aristoteles blieb dessen auf die Welt des Homerischen Epos und der attischen Tragödie gemünzte P. fremd. Die ↑Renaissance entdeckte zwar die Aristotelische P. neu und kommentierte sie, gestützt auf Horaz, in breiten Traktaten (J. C. Scaliger u. a.), brachte aber ebensowenig philosophische Innovation wie die Flut der in Form klassizistischer Regelkanons verfaßten Barockpoetiken, die zum Streit darüber führten, ob die Vorbilder klassischer Dichtung oder zeitgenössische Neuerungen, zumal in volkssprachlicher Version, den Vorzug verdienen (C. Perrault, Parallèle des anciens et des modernes, I–IV, Paris 1688–1697 [repr., in 1 Bd., München 1964]). Im 18. Jh. beschließt J. C. Gottsched (im Geiste C. Wolffs) die lange Reihe klassizistischer Vorschriftspoetiken, gegen deren scholastische Rigidität und vermeintliche Rationalität sich die nachfolgende poetologische Reflexion – von der ↑Aufklärung über den Sturm und Drang bis zur ↑Romantik – vielfältig absetzt, nicht zuletzt durch die hier betroffenen Dichter selbst (G. E. Lessing, F. Schiller, F. Schlegel, Novalis).

Die philosophisch einschneidende Änderung in der Neuzeit ereignet sich mit I. Kant, der zwar keine P. im engeren Sinne schreibt, aber in seiner Ästhetik (innerhalb der KU) die antike Mimesisontologie auf den Kopf stellt. Dies geschieht mit der These, daß das ↑Schöne – ob rezeptiv oder produktiv, in der Natur oder in der Kunst betrachtet – nicht Gegenstand objektiven Urteils, sondern Sache des Subjekts sei, nämlich Projektion seines teleologischen (auf Sinn und Stimmigkeit der Welt ausgehenden, ↑Teleologie) Erkenntnisinteresses, das nicht objektiv zu befriedigen sei, sondern nur subjektiv in der ästhetischen Erfahrung (↑Erfahrung, ästhetische) als unabschließbar freiem Wechselspiel der Erkenntniskräfte von ↑Verstand und ↑Einbildungskraft. Das bedeutet einerseits sowohl Profilierung als auch Auflösung des in der Antike angelegten Dilemmas von Nachahmung und Überbietung der Natur durch die Kunst und wird andererseits bereits den künftigen Kunstformen der Moderne gerecht, in deren Verfremdungen und Abstraktionen jener Doppelaspekt der Kunst auf neue Weise faßbar wird, insbes. in der modernen Dichtung. Auch in der Folge sind kaum eigentliche P.en seitens der Philosophie zu verzeichnen. Wo dichtungstheoretische Abhandlungen noch vorkommen, stehen sie (im Anschluß an Kant, wenn auch ohne vergleichbare Revolution des Grundsätzlichen) im Rahmen allgemeiner Ästhetiken, die im poetologischen Problem weniger dessen Eigenart als die Frage nach dem Kunstschönen überhaupt verfolgen (F. W. J. Schelling, K. W. F. Solger, G. W. F. Hegel). Dabei tritt im 19. Jh. eine fortschreitend psychologische Betrachtungsweise in den Vordergrund (W. Dilthey). Für M. Heidegger ist (in einer modernen Wendung G. Vicos) dichterische Rede die sowohl überlegene als auch fundamentalere Form der menschlichen Sprache.

In der Gegenwart gibt es zahlreiche philosophisch ambitionierte Versuche einer Wiederaufnahme der P.tradition. Formalisten (z. B. V. Šklovskij) und Strukturalisten (z. B. R. Jakobson, C. Lévi-Strauss) suchen das Wesen der Dichtung in der (phonetisch-prosodisch-syntaktisch-semantischen) Mehrschichtigkeit literarischer

Rede zu fassen, ohne damit jedoch die Frage nach ihrem Sitz im Leben zu stellen, die der frühe Strukturalismus (J. Mukarovsky) und die phänomenologische Schichtenanalyse (R. Ingarden) vor Augen hatten. Die ↑Psychoanalyse besteht umgekehrt auf Lebensnähe und sucht Dichtung als Ersatzbefriedigung für frustrierte Triebwünsche (↑Trieb) in tagträumerischer Phantasie (S. Freud) oder als (Defizite des jeweiligen Zeitgeists ausgleichende) Übersetzung von ↑Archetypen (C. G. Jung) zu definieren, ohne damit jedoch der dichterischen Formqualität gerecht zu werden. Der orthodoxe Materialismus (↑Materialismus (historisch)) sucht Dichtung als die eigentlich wahre Widerspiegelung (↑Widerspiegelungstheorie) des (quasi-platonisch) hinter der oberflächlichen Erscheinung liegenden Wesens der (gesellschaftlichen) Wirklichkeit zu fassen (G. Lukács) und gerät damit in Selbstwiderspruch: Man muß jenes unterstellte Wesen anderweitig, gemäß der Lehre von den sozioökonomischen Gesetzmäßigkeiten, schon kennen, um es in der Dichtung (wie auch in jedem sonstigen Überbauphänomen [↑Überbau]) theoriegerecht widergespiegelt zu finden und so gute Dichtung (im Sinne des das Typische hervortreibenden Sozialistischen Realismus) von schlechter unterscheiden zu können. Damit aber ist der Charakter der überlegenen Wahrheitsinstanz, der die Dichtung auszeichnen sollte, wieder dahin. T. W. Adorno zieht daraus die Konsequenz mit seiner Auffassung der Dichtung (wie der Kunst überhaupt) als der erst in ihrer modernen und damit gerade nicht sozialrealistischen, sondern abstrakt offenen Form vollends authentischen Wahrheit im Modus tendenziell absoluter Negation, gegen die H. Marcuse wiederum das Postulat einer im Sinne des ästhetischen Werkcharakters stets zugleich geschlossenen und damit partiell immer auch affirmativen Form der Dichtung und eines entsprechend dynamischen Kunstverstandes stellt. Poetologische Impulse gehen nicht zuletzt von der Rezeptionsästhetik (↑Rezeptionstheorie) aus, die dem offenen Charakter von Dichtung und Kunst durch Hervorkehrung ihrer mitschöpferischen Rezeption und deren Geschichte Rechnung trägt.

Als historisch-systematisches Fazit eröffnet sich der Weg einer P., die Dichtung weder (nach antikem Muster) als mimetisches Abbild der Lebenswirklichkeit betrachtet noch (nach modernistischer Umkehrung) als deren schieres Gegenbild im Zeichen der Negation, sondern (in Weiterführung Kants) als sprachkritisch ausgezeichnete Antwort auf Lebenswirklichkeit. Diese Lebenswirklichkeit nimmt Dichtung – im Modus der Betroffenheit – darstellend in sich auf und überbietet sie zugleich ↑kontrafaktisch, kraft der Teleologie der inneren Stimmigkeit ihrer sinnlichen Vergegenwärtigungsmittel, im dialektischen Widerstreit mit der ateleologisch unstimmigen Sinnlosigkeit des Faktischen (vgl. F. Koppe, dessen »Grundbegriffe der Ästhetik« [1983, 2008] aus einer entsprechenden P. entwickelt sind, ↑ästhetisch/Ästhetik (endeetisch)).

II In neueren Dichtungstheorien, die insbes. durch die Analytische Philosophie (↑Philosophie, analytische) inspiriert worden sind, ist wieder der Erkenntniswert der Dichtung in den Blick gerückt. Damit kommt abermals die Aristotelische gegenüber der Platonischen Position zur Geltung. Dichtung wird dabei als fiktionale Literatur verstanden. Literarizität (Poetizität) und Fiktionalität werden ihrerseits als Abweichungen von normaler Rede bestimmt (H. Fricke, 1981). Dabei wird im Gegensatz zu postmodernen (↑Postmoderne) fiktionalistischen Tendenzen (↑Fiktionalismus), die Unterscheidung zwischen Wirklichkeit und Dichtung oder Fakten und Fiktionen zu nivellieren, an dieser Unterscheidung mit Nachdruck festgehalten. Auf der Grundlage einer sprechakttheoretischen (↑Sprechakt) Analyse fiktionaler Rede (↑Fiktion, literarische) kann dann der Vorwurf, daß die Dichter lügen, zurückgewiesen werden, weil die Dichter gar nicht behaupten und daher auch nicht lügen. Entgegen dekonstruktiver (↑Dekonstruktion (Dekonstruktivismus)) Kritik impliziert die Explikation fiktionaler Rede durch Bestimmung ihrer Abweichung von ›normaler‹ Rede weder deren Ausgrenzung noch deren Herabsetzung. Die negative Charakterisierung besagt lediglich, von welchen Verpflichtungen fiktionale Rede freigestellt ist. Letztlich geht es um die Frage, wie Dichtung trotz oder gerade wegen ihrer Aufhebung eines direkten Wirklichkeitsbezugs einen Wert und insbes. einen Erkenntniswert haben kann.

Im Rahmen der ↑Mögliche-Welten-Semantik ist die Idee der auf G. W. Leibniz zurückgehenden Aufklärungspoetik (C. Wolff, A. G. Baumgarten, J. C. Gottsched u. a.) aufgegriffen worden, daß der Poet ein Schöpfer möglicher Welten (↑Welt, mögliche) und die Wahrheit eines dichterischen Werkes eine Wahrheit in der entsprechenden möglichen Dichtungswelt ist. Vorausgesetzt ist dabei, daß der Erkenntniswert der Dichtung propositionaler Art ist, nämlich in wahren Aussagen besteht. Hier stellt sich die Frage, ob Dichtung nicht aufgrund ihres literarischen Charakters wesentlich nicht-propositional verfaßt ist, so daß sich deren Erkenntnisanspruch sprachlich weniger in Aussagen artikuliert. Was Dichtung wesentlich meint, wird danach nicht in ihr *gesagt*, sondern *gezeigt*, indem etwa ein fiktional berichtetes Geschehen mögliche menschliche Situationen vergegenwärtigt.

Die Vergegenwärtigung von Situationen Anderer (in Gestalt literarischer Figuren) erweitert den Horizont des ↑Verstehens; sie erlaubt eine imaginative (↑imaginativ) Teilnahme an vielfältigen Handlungszusammenhängen, Motiven, Gefühlen, Haltungen, Sichtweisen und Stimmungen. Das Interesse an solcher imaginativen

Teilnahme wird in neueren kognitionswissenschaftlichen (↑Kognitionswissenschaft) Literaturtheorien auf ein Nachahmungsbedürfnis des Menschen zurückgeführt, wobei dieses evolutionstheoretisch durch das Faktum so genannter ›Spiegelneuronen‹ zu erklären versucht wird (G. Lauer, Spiegelneuronen. Über den Grund des Wohlgefallens an der Nachahmung, in: K. Eibl/K. Mellmann/R. Zymner [eds.], Im Rücken der Kulturen, Paderborn 2007, 137–163). Aristoteles' Auffassung in der »Poetik«, daß die Nachahmung der menschlichen Natur gemäß sei, findet so eine empirische Bestätigung. – Wesentlich ist, daß eine Erkenntnis der Dinge und Situationen nicht nur durch deren propositionale Beschreibung erfolgen kann, sondern auch so, daß wir mit ihnen bekannt gemacht werden (vgl. B. Russell, Knowledge by Acquaintance and Knowledge by Description. Proc. Arist. Soc. NS 11 [19010/1911], 108–128). Zu unterscheiden ist zwischen propositionalem Wissen, *daß* etwas der Fall ist, und nicht-propositionalem Wissen, *wie* es ist, sich in der-und-der Stimmung oder Situation zu befinden.

Mit dem *Wissen-wie-es-ist* ist eine Dimension des Erkennens angesprochen, die insbes. in der Diskussion um die Erlebnisqualitäten in der so genannten Qualia-Debatte (↑Qualia) ihren Platz hat und in wahrnehmungstheoretischen Zusammenhängen zur Anerkennung nicht-propositionaler Erkenntnis geführt hat (vgl. C. Schildknecht, Sense and Self. Perspectives on Nonpropositionality, Paderborn 2002, 199–215). Zu wissen, *daß* etwas rot ist, ist etwas anderes als zu wissen, *wie* es ist, eine Rotwahrnehmung zu haben. Ein Farbenblinder kann ersteres Wissen erwerben, letzteres aber nicht. Die durch fiktionale Vergegenwärtigung vermittelte ›Bekanntschaft‹ ist allerdings nicht auf Erlebnisqualitäten beschränkt. Der Erkenntniswert der Literatur erstreckt sich außer auf die Bekanntschaft mit Gefühlen, Befindlichkeiten, Stimmungen usw. auch auf die Bekanntschaft mit Situationen und der *conditio humana* insgesamt. Eine wirkliche Bekanntschaft im Sinne eines direkten epistemischen Kontakts, eines *Wissens* durch Bekanntschaft, wie im Falle der Erlebnisqualitäten, kann durch literarische Vergegenwärtigung allerdings nicht erreicht werden kann. Positiv gesagt: eine unmittelbare Bekanntschaft bleibt einem erspart. Die gelungene (adäquate) literarische Vergegenwärtigung einer Situation ermöglicht es dem Leser, sich in diese Situation imaginativ zu versetzen. Kognitive Empathie führt aber nicht dazu, daß man wirklich *weiß*, wie es ist, sich in dieser Situation zu befinden, z. B. an einer Depression zu leiden. Aus diesem Grunde dürfte es angemessener sein, statt von einem *Wissen*-wie-es-ist von einem *Erkennen*-wie-es-ist zu sprechen. Andererseits fehlt in der Situation der wirklichen Bekanntschaft die reflexive Distanz, diese zu begreifen. Dazu verhilft erst die imaginative Vergegenwärtigung der Situation eines Anderen, in der man seine eigene Situation möglicherweise wiedererkennt.

Die Unterscheidung zwischen (nicht-propositionalem) Wissen-wie-es-ist und (nicht-propositionalem) Erkennen-wie-es-ist schließt ein, daß die Arten der Betroffenheit wesentlich verschieden sind. Damit dürfte sie auch für die vieldiskutierte Frage der Gefühlsqualität der Tränen, die mitunter bei der Lektüre fiktionaler Literatur vergossen werden, von Belang sein. Man wird zugestehen können, daß es sich nicht nur in physischer, sondern auch in psychischer Hinsicht um echte Tränen handelt. Es sind also keine ›Krokodilstränen‹, die Gefühle in heuchlerischer Absicht vortäuschen. Es handelt sich auch nicht bloß um Als-ob-Tränen, wie sie etwa der Schauspieler erzeugt. Dennoch sind es keine Tränen wie im wirklichen Leben, weil die Gefühle, von denen sie ausgelöst werden, weniger nachwirken und leichter ›abgeschüttelt‹ werden können. Die kathartische Wirkung ist ja gerade an das Abklingen der Gefühle gebunden. Dabei versteht es sich, daß eine tränenreiche Anteilnahme auf Seiten der Rezipienten nicht schon als Anzeichen *ästhetisch* gelungener Vergegenwärtigung auf Seiten des Werkes zu werten ist.

Literatur: E. Achermann (ed.), Johann Christoph Gottsched (1700–1766). Philosophie, P. und Wissenschaft, Berlin 2014; T. W. Adorno, Noten zur Literatur, I–IV, Frankfurt 1958–1974, in einem Bd., ed. R. Tiedemann 1981, [6]1994, 2003 (= Ges. Schr. XI); ders., Ästhetische Theorie, Frankfurt 1970, ed. G. Adorno/R. Tiedemann, Frankfurt [10]1990 (= Ges. Schr. VII), [19]2012; J. W. H. Atkins, Literary Criticism in Antiquity. A Sketch of Its Development, I–II, Cambridge 1934, Gloucester Mass. 1961; A. Avanessian/J. N. Howe (eds.), P.. Historische Narrative und aktuelle Positionen, Berlin 2014; C. S. Baldwin, Renaissance Literary Theory and Practice. Classicism in the Rhetoric and Poetic of Italy, France, and England 1400–1600, ed. D. L. Clark, New York 1939, Gloucester Mass. 1959; J. Barrett, Staged Narrative. Poetics and the Messenger in Greek Tragedy, Berkeley Calif./Los Angeles/London 2002; H.-P. Bayerdörfer, P. als sprachtheoretisches Problem, Tübingen 1967; W. Beutin (ed.), Literatur und Psychoanalyse. Ansätze zu einer psychoanalytischen Textinterpretation. Dreizehn Aufsätze, München 1972; H.-D. Blume/H. Wiegemann/G. Scholz, P., Hist. WB. Ph. VII (1989), 1011–1023; H. Boetius (ed.), Dichtungstheorien der Aufklärung, Tübingen 1971, Berlin/New York 2010; I. Braak/M. Neubauer, P. in Stichworten. Literaturwissenschaftliche Grundbegriffe. Eine Einführung, Kiel 1965, erw. Berlin/Stuttgart [8]2001, 2007; A. Buck, Italienische Dichtungslehren vom Mittelalter bis zum Ausgang der Renaissance, Tübingen 1952; ders./K. Heitmann/W. Mettmann (eds.), Dichtungslehren der Romania aus der Zeit der Renaissance und des Barock, Frankfurt 1972; D. Burdorf, P. der Form. Eine Begriffs- und Problemgeschichte, Stuttgart/Weimar 2001; G. Castor, Pléiade Poetics. A Study in Sixteenth-Century Thought and Terminology, Cambridge 1964 (franz. La poétique de la pléiade. Étude sur la pensée et la terminologie du XVIe siècle, Paris 1998); L. Doležel, Geschichte der strukturalen P.. Von Aristoteles bis zur Prager Schule, Dresden/München 1999; E. Faral, Les arts poétiques du XIIe et du XIIIe siècle. Recherches et documents sur la technique littéraire du moyen âge, Paris 1924 (repr. Genf/Paris 1982); L. Fischer, Gebundene Rede. Dichtung und Rhetorik in der literarischen Theorie des Barock in Deutschland, Tübingen 1968; S. Freud, Der Dichter und das Phantasieren, Neue Revue 1 (1908), 716–724, Neudr. in: ders., Ges. Werke VII (Werke aus den Jahren 1906–1909), ed. A. Freud u. a., London 1941, 213–223, ed. A. Mitscherlich/A. Richards/J. Strachey, Frankfurt 1969, 2000, 169–179; H. Fricke, Norm und Abweichung. Eine Philosophie der Literatur, München 1981; M. Fuhrmann, Einführung in die antike Dichtungstheorie, Darmstadt 1973, erw. unter dem Titel: Die Dichtungstheorie der Antike. Aristoteles, Horaz, ›Longin‹. Eine Einführung, Darmstadt ^{2}1992, Düsseldorf/Zürich 2003; G. Gabriel, Fiktion und Wahrheit. Eine semantische Theorie der Literatur, Stuttgart-Bad Cannstatt 1975; ders., Fiktion, Wahrheit und Erkenntnis in der Literatur, in: C. Demmerling/I. Vendrell Ferran (eds.), Wahrheit, Wissen und Erkenntnis in der Literatur. Philosophische Beiträge, Berlin 2014, 163–180; R. Greene u. a. (eds.), The Princeton Encyclopedia of Poetry and Poetics, Princeton N. J./ Oxford 1965, ^{4}2012; H. P. Herrmann, Naturnachahmung und Einbildungskraft. Zur Entwicklung der deutschen P. von 1670 bis 1740, Bad Homburg 1970; B. Hintzen/R. Simons (eds.), Norm und Poesie. Zur expliziten und impliziten P. in der lateinischen Literatur der Frühen Neuzeit, Berlin/Boston Mass. 2013; V. Hösle, Zur Geschichte der Ästhetik und P., Basel 2013; R. Ingarden, Das literarische Kunstwerk. Eine Untersuchung aus dem Grenzgebiet der Ontologie, Logik und Literaturwissenschaft, Halle 1931, mit Untertitel: Mit einem Anhang von den Funktionen der Sprache im Theaterschauspiel, Tübingen ^{2}1960, ^{4}1972; ders., Vom Erkennen des literarischen Kunstwerks, Tübingen/Darmstadt 1968 (= Ges. Werke XIII); R. Jakobson, Linguistics and Poetics, in: T. A. Sebeok (ed.), Style in Language, Cambridge Mass., New York/London 1960, 1978, 350–377 (dt. Linguistik und P., in: H. Blumensath [ed.], Strukturalismus in der Literaturwissenschaft, Köln 1972, 118–147); ders., P.. Ausgewählte Aufsätze 1921–1971, ed. E. Holenstein/T. Schelbert, Stuttgart 1978, ^{3}1993, Neudr. 2005; H. R. Jauß, Ästhetische Normen und geschichtliche Reflexion in der »Querelle des Anciens et des Modernes«, in: ders. (ed.), Charles Perrault. Parallèle des anciens et des modernes en ce qui regarde les arts et les sciences, München 1964, 8–64; ders., Ästhetische Erfahrung und literarische Hermeneutik, Frankfurt 1982, 2007 (engl. Aesthetic Experience and Literary Hermeneutics, Minneapolis Minn. 1982); ders., Rezeption, Rezeptionsästhetik, Hist. Wb. Ph. VIII (1992), 996–1004; C. G. Jung, Psychologie und Dichtung, in: E. Ermatinger (ed.), Philosophie der Literaturwissenschaft, Berlin 1930, 315–330, erw. in: ders., Ges. Werke XV, 97–120; W. Jung, Kleine Geschichte der P., Hamburg 1997; ders., P.. Eine Einführung, München 2007, Duisburg ^{2}2014; B. Kappl, Die P. des Aristoteles in der Dichtungstheorie des Cinquecento, Berlin/ New York 2006; D. Kemper/V. Tjupa/S. Taškenov (eds.), Die russische Schule der Historischen P., München 2013; B. Kimmelman, The Poetics of Authorship in the Later Middle Ages. The Emergence of the Modern Literary Persona, New York etc. 1996, 1999; E. Kleinschmidt, Gleitende Sprache. Sprachbewußtsein und P. in der literarischen Moderne, München 1992; M. Kommerell, Lessing und Aristoteles. Untersuchung über die Theorie der Tragödie, Frankfurt 1940, ^{5}1984; F. Koppe, Sprache und Bedürfnis. Zur sprachphilosophischen Grundlage der Geisteswissenschaften, Stuttgart-Bad Cannstatt 1977; ders., Grundbegriffe der Ästhetik, Frankfurt 1983, ^{3}1992, Paderborn 2004, erw. ^{2}2008; G. M. Ledbetter, Poetics before Plato. Interpretation and Authority in Early Greek Theories of Poetry, Princeton N. J./ Oxford 2002, 2003; F. Manakidou, Beschreibung von Kunstwerken in der hellenistischen Dichtung. Ein Beitrag zur hellenistischen P., Stuttgart 1993; H. Marcuse, Die Permanenz der Kunst. Wider eine bestimmte marxistische Ästhetik. Ein Essay, München/Wien 1977, ferner in: Schr. IX, Frankfurt 1987, 191–241; B. Markwardt, Geschichte der deutschen P., I–V, Berlin 1937–1971, I ^{3}1964, II ^{2}1970, III 1958 (repr. 1971]); P. J. McCormick, Fictions, Philosophies, and the Problems of Poetics, Ithaca N. Y./London 1988; N. Miller/V. Klotz/M. Krüger (eds.), Bausteine zu einer P. der Moderne, München/Wien 1987; D. Moraitou, Die Äußerungen des Aristoteles über Dichter und Dichtung außerhalb der P., Stuttgart/Leipzig 1994; B. Naumann, Philosophie und P. des Symbols. Cassirer und Goethe, München 1998; H. Paetzold, Neomarxistische Ästhetik, I–II, Düsseldorf 1974; J. S. Petöfi/T. Olivi (eds.), Approaches to Poetry. Some Aspects of Textuality, Intertextuality and Intermediality, Berlin/ New York 1994; M. Schmitz-Emans/U. Lindemann/M. Schmeling (eds.), P.en. Autoren – Texte – Begriffe, Berlin/New York 2009, 2011; R. M. Schusterman, Poetry, REP VII (1998), 472–478; E. Staiger, Grundbegriffe der P., Zürich/Freiburg 1946, München 1971, ^{5}1983 (franz. Les concepts fondamentaux de la poétique, Paris 1990; engl. Basic Concepts of Poetics, ed. M. Burkhard/L. T. Frank, University Park Pa. 1991); W.-D. Stempel (ed.), Texte der russischen Formalisten II (Texte zur Theorie des Verses und der poetischen Sprache) [russ./dt.], München 1972; J. Striedter (ed.), Texte der russischen Formalisten I (Texte zur allgemeinen Literaturtheorie und zur Theorie der Prosa) [russ./dt.], München 1969, [nur dt.] München 1971; W. Strube, Analytische Philosophie der Literaturwissenschaft. Untersuchungen zur literaturwissenschaftlichen Definition, Klassifikation, Interpretation und Textbewertung, Paderborn etc. 1993; K. Stüssel, Poetische Ausbildung und dichterisches Handeln. P. und autobiographisches Schreiben im 18. und beginnenden 19. Jahrhundert, Tübingen 1993; M. Thalmann, Romantiker als Poetologen, Heidelberg 1970; D. Till u. a., P., Hist. Wb. Rhetorik VI (2003), 1304–1393; T. Todorov, Poétique, in: O. Ducrot u. a., Qu'est-ce que le structuralisme?, Paris 1968, 97–166 (dt. P., in: F. Wahl [ed.], Einführung in den Strukturalismus, Frankfurt 1973, ^{3}1987, 105–179); S. Trappen, Gattungspoetik. Studien zur P. des 16. bis 19. Jahrhunderts und zur Geschichte der triadischen Gattungslehre, Heidelberg 2001; B. Urban (ed.), Psychoanalyse und Literaturwissenschaft. Texte zur Geschichte ihrer Beziehungen, Tübingen 1973; J. Walker, Rhetoric and Poetics in Antiquity, Oxford etc. 2000; R. Warning (ed.), Rezeptionsästhetik. Theorie und Praxis, München 1975, ^{4}1994; R. Wolff (ed.), Psychoanalytische Literaturkritik, München 1975. – O. J. Schrier, The »Poetics« of Artistotle and the »Tractatus Coislinianus«. A Bibliography from about 900 till 1996, Leiden 1998. F. Ko. (I)/G. G. (II)

Poiesis (griech. *ποίησις*, Herstellen, Hervorbringen, Ins-Werk-Setzen), in der griechischen Philosophie (↑Philosophie, griechische), speziell bei Platon und Aristoteles, im Unterschied zur ↑Praxis (einer Handlung bzw. einem Handlungszusammenhang, die ihre ↑Ziele und ↑Zwecke im Vollzug der Handlung bzw. des Handlungszusammenhanges finden) Bezeichnung für eine Tätigkeit, die in der Herstellung von Werken (*ἔργα*) besteht, deren Ziele und Zwecke also, wie etwa im Falle der handwerklichen Tätigkeit, außerhalb dieser Tätigkeit liegen. In diesem Sinne bedeutet ›P.‹ ein Herstellungshandeln

(↑Handlung, ↑Herstellung), dessen Ziel und Zweck ein (technisches oder künstliches) Werk ist. Platon bezeichnet P. als »alles, was Ursache für etwas ist, vom Nichtsein ins Sein überzugehen« (Symp. 205b8–c2).

Seine terminologische Fixierung, auch zur schärferen Unterscheidung zwischen P. und Praxis, erfährt der Terminus bei Aristoteles, insofern er nicht nur der Differenzierung des Handlungsbegriffes dient (vgl. Eth. Nic. Z2.1139b1–4), sondern in Form des Begriffs einer *poietischen Philosophie* (↑Philosophie, poietische) eine weitergehende systematische Bedeutung erhält. Im Rahmen der Aristotelischen Philosophie- und Wissenschaftssystematik ist Gegenstand der poietischen Philosophie das Wissen als *Können*. Insofern P. dabei als allgemeine Grundlage des Wissens aufgefaßt wird, bildet die poietische Philosophie die Grundlage von Theoretischer und Praktischer Philosophie (↑Philosophie, theoretische, ↑Philosophie, praktische). Darüber hinaus wird der P.begriff im Rahmen der Aristotelischen ↑Naturphilosophie auch auf die ↑Natur angewendet: Als ↑natura naturans, d.h. als ›schaffende‹ Natur, wird Natur im Sinne einer ›poietischen‹ Natur als Paradigma aller P. aufgefaßt (↑Autopoiesis, ↑Selbstorganisation).

Die philosophische Tradition beschränkt sich neben der Ausarbeitung des kunsttheoretischen Aspekts der P. (↑ästhetisch/Ästhetik) im wesentlichen auf den philosophie- und wissenschaftssystematischen Aspekt, wobei der P. in Form einer poietischen Philosophie nur noch ein abgeleiteter, nämlich propädeutischer (↑Propädeutik), Status zugewiesen wird. Erst im ↑Pragmatismus und ↑Operationalismus bzw. in dessen Weiterentwicklung im ↑Konstruktivismus (↑Wissenschaftstheorie, konstruktive, ↑Prototheorie), ferner in Form einer ↑Produktionstheorie im Rahmen der Analytischen Philosophie (↑Philosophie, analytische) wird im Sinne des Aristotelischen Begriffs der P. der fundierende Charakter des Könnens gegenüber dem (theoretischen) Sein und dem (praktischen) Sollen wieder hervorgehoben. Innerhalb der modernen ↑Linguistik und ↑Semiotik ist der P.begriff von besonderer Bedeutung für die Dichtungstheorie bei R. Jacobson. Auch M. Heidegger knüpft in seiner Technikphilosophie wieder unmittelbar an die Aristotelische Bedeutung des P.begriffs an (Physis neben Handwerk und Kunst als P. im ›höchsten Sinne‹; Die Frage nach der Technik [1953], in: Vorträge und Aufsätze, Pfullingen 1954, 19).

Literatur: L. Bressan, Aristotele e il bello. P., praxis, theoria, Lecce 2012; D. Cürsgen, Phänomenologie der P., Würzburg 2012; J. Derbolav/C. v. Wolzogen, P., Hist. Wb. Ph. VII (1989), 1024–1026; T. Ebert, Praxis und P.. Zu einer handlungstheoretischen Unterscheidung des Aristoteles, Z. philos. Forsch. 30 (1976), 12–30; D. Frede, P./techne, EP II (²2010), 2069–2071; P. Janich, Die Begründung der Geometrie aus der P., Stuttgart 2001 (Sitzungsber. Wiss. Ges. Johann-Wolfgang-Goethe-Universität Frankfurt 39/2); ders., Handwerk und Mundwerk. Über das Herstellen von Wissen, München 2015; B. Minca, P.. Zu Martin Heideggers Interpretation der aristotelischen Philosophie, Würzburg 2006; J. H. Randall Jr., Aristotle, New York/London 1960, 1971, 272–293 (Chap. XIII The Productive Sciences. Knowing How to Make Things); V. v. Rosen, P.. Zum heuristischen Nutzen eines Begriffs für die Kunst der Frühen Neuzeit, in: dies./D. Nelting/J. Steigerwald (eds.), P.. Praktiken der Kreativität in den Künsten der Frühen Neuzeit, Zürich/Berlin 2013, 9–41; G. Seebaß, P. und Praxis, in: ders., Handlung und Freiheit. Philosophische Aufsätze, Tübingen 2006, 1–29, 267–296; M. Sinclair, Heidegger, Aristotle, and the Work of Art. P. in Being, Basingstoke/New York 2006; D. Till, P., in: J.-D. Müller u.a. (eds.), Reallexikon der deutschen Literaturwissenschaft III, Berlin/New York ³2003, 113–115; G. Vattimo, Il concetto di fare in Aristotele, Turin 1961; W. Wieland, Aristoteles und die Idee der poietischen Wissenschaft. Eine vergessene philosophische Disziplin?, in: T. Grethlein/H. Leitner (eds.), Inmitten der Zeit. Beiträge zur europäischen Gegenwartsphilosophie, Würzburg 1996, 479–505; ders., P.. Das Aristotelische Konzept einer Philosophie des Herstellens, in: T. Buchheim/H. Flashar/R. A. H. King (eds.), Kann man heute noch was anfangen mit Aristoteles?, Hamburg, Darmstadt 2003, 223–247; R. Zill, Produktion/P., ÄGB V (2003), 40–86. J. M.

Poincaré, Jules Henri, *Nancy 29. April 1854, †Paris 17. Juli 1912, franz. Mathematiker, Physiker, Astronom und Philosoph (sein Vetter Raymond P. war 1913–1920 Präsident der franz. Republik). 1873 Aufnahme als Jahrgangsbester in die École Polytechnique, 1875–1877 Ingenieurstudium an der École des Mines, der er später (ab 1910) als ›inspecteur général‹ vorsteht; Ingenieurtätigkeit in Vesoul, gleichzeitig Promotion an der Universität Paris (1879). 1879–1881 Lehrtätigkeit in mathematischer Analysis an der Universität Caen, 1881–1885 an der ›Faculté des Sciences‹ von Paris. Dort zunächst (1885–1886) Lehrauftrag für physikalische und experimentelle Mechanik, dann (1886–1896) o. Prof. für mathematische Physik und Wahrscheinlichkeitstheorie und (ab 1896) für mathematische Astronomie und Himmelsmechanik. P. ist gleichzeitig Repetitor für Analysis (1883–1897) und Prof. (1904–1908) für allgemeine Astronomie an der École Polytechnique und unterrichtet an der École des Postes et Télégraphes ab 1902 das Fach theoretische Elektrizität. Mitglied der Académie des Sciences (1887), der Académie Française (1908) und zahlreicher in- und ausländischer gelehrter Gesellschaften.

P.s mathematisch-naturwissenschaftliches Werk ist von ungewöhnlicher thematischer Breite und Wirkung, geprägt durch problemorientierte, oft heterogene Einzelleistungen auf fast sämtlichen Gebieten der zeitgenössischen mathematisch-physikalischen Forschung. Dabei stehen inhaltlich ↑Differentialgleichungen und methodisch die Begriffe der ↑Stetigkeit und ›Qualität‹, ihrerseits mit algebraischen Hilfsmitteln (besonders der Gruppenstruktur) behandelt, im Vordergrund. Die Untersuchung der automorphen Funktionen einer komplexen Variablen (ab 1880) führt P. zur Lösung des Integrationsproblems für gewöhnliche Differentialgleichungen algebraischer Koeffizienten und, bei Verwendung einer topologischen Charakterisierung der Überlagerungsfläche, zur Lösung des Uniformisierungsproblems algebraischer Kurven. Auch in seinen Studien zu den Differentialgleichungen der Himmelsmechanik (1889 Preis des schwedischen Königs für eine Arbeit über das ↑Dreikörperproblem) verwendet P. topologische Methoden. Er zeigt 1893, daß für zahlreiche dynamische Probleme (darunter auch das Dreikörperproblem) keine integrablen Lösungen (bei denen durch geeignete Koordinatenwahl die Wechselwirkung der Systemkomponenten wegtransformiert wurde) existieren. Das hat zur Folge, daß die Stabilität derartiger Systeme (also auch des Sonnensystems) nicht beweisbar ist. In P.s ›letztem geometrischen Theorem‹ (1912) wird die Existenz periodischer Lösungen für das Dreikörperproblem auf die Existenz eines Fixpunktes für stetige Transformationen reduziert (bewiesen 1913 von G. D. Birkhoff). Solche konkreten Anwendungszusammenhänge führen P. dazu, die algebraische ↑Topologie unter der Bezeichnung ↑›Analysis situs‹ überhaupt erst als eigenständige Disziplin zu entwickeln (1895–1904) und fruchtbar zu machen. Auf P. geht die von L. E. J. Brouwer 1913 präzisierte Idee einer allgemeinen induktiven Definition der Dimensionszahl (↑Dimension) zurück. Berühmt und erst 2003 von G. Perelman bewiesen ist die P.sche Vermutung (1904), daß jede geschlossene Mannigfaltigkeit der Dimension $n = 3$, deren Fundamentalgruppe nur aus dem Einselement besteht, zur dreidimensionalen Sphäre homöomorph ist; analoge Behauptungen für $n = 2$ und $n \geq 4$ waren bekannt bzw. wurden von S. Smale 1961 ($n \geq 5$) und M. Freedman 1982 ($n = 4$) bewiesen.

Auf dem Gebiet der mathematischen Physik entdeckt P. die Gruppenstruktur (inhomogene Lorentzgruppe oder P.gruppe) der von ihm nach H. A. Lorentz benannten Transformationen und kommt zu einer exakten Formulierung der durch diese beschriebenen Invarianz (↑Lorentz-Invarianz) von Gleichungen der ↑Elektrodynamik bewegter Körper (1905, publiziert 1906). Zudem zieht P. als erster die Gültigkeit des ↑Relativitätsprinzips für die Elektrodynamik in Erwägung (1904), analysiert die Rolle der Signalgeschwindigkeit bei der Synchronisierung von Uhren (1898), repräsentiert wie später H. Minkowski die Zeit formal wie eine vierte Koordinate des Raumes (1905) und nimmt die Konstanz der Lichtgeschwindigkeit in allen Bezugssystemen an. Seine Untersuchungen stellen jedoch Beiträge zur Lorentzschen Elektronentheorie dar und setzen die Existenz eines ↑Äthers und damit eines absoluten Bezugssystems (↑Raum, absoluter) voraus. Der im Äther ruhende Beobachter ist privilegiert; wegen des kompensatorischen Effekts der Lorentz-Kontraktion ist dieses privilegierte Bezugssystem aber nicht zu ermitteln. Der konzeptuelle Rahmen der Systeme von P. und A. Einstein sind zu verschieden, um von einer Antizipation der Speziellen Relativitätstheorie (↑Relativitätstheorie, spezielle) durch P. zu sprechen, obwohl er über einige ihrer Elemente verfügte. In einer seiner letzten Arbeiten zeigt P. zur gleichen Zeit wie P. Ehrenfest (1911), daß die Quantenhypothese eine ausreichende und notwendige Bedingung des Planckschen Strahlungsgesetzes ist.

P.s Beiträge zur ↑Wissenschaftstheorie sind – meist zuvor in Zeitschriften publiziert – in zum Teil verkürzter oder populärwissenschaftlich gehaltener Form in vier Büchern zusammengefaßt (La science et l'hypothèse, 1902; La valeur de la science, 1905; Science et méthode, 1908; Dernières pensées, postum 1913). P. gilt dabei als einer der Begründer des ↑ *Konventionalismus*. Ausgangspunkt seiner philosophischen Überlegungen sind Begründungsprobleme der Geometrie, insbes. das von H. v. Helmholtz und S. Lie aufgeworfene Problem, wie die Euklidische und die beiden nicht-euklidischen Bewegungsgruppen vor anderen möglichen Bewegungsgruppen ausgezeichnet werden können (mathematisch gelingt P. eine solche Charakterisierung für die ›Ebene‹, d.h. für die Dimension zwei). Obwohl für P. die Erfahrung in Form von psycho-physiologischen Assoziationen kompensierbarer Lageänderungen (*déplacements*) im Sinnesraum den gruppentheoretischen Ansatz und die Beschränkung der Geometrie auf die drei von Lie präzisierten Typen reeller kontinuierlicher Bewegungsgruppen, d.h. auf Räume konstanter Krümmung (↑Geometrie, absolute), motiviert, erzwingt sie deshalb noch keine Auswahl aus den derart festgelegten metrischen Geometrien (↑experimentum crucis). Räumliche Mannigfaltigkeiten sind für P., in der Nachfolge B. Riemanns, ›metrisch amorph‹ (A. Grünbaum). Wählt man, wie P., die Euklidische Gruppe der orientierungserhaltenden Bewegungen starrer Körper (↑Körper, starrer) als Repräsentanten zur Naturbeschreibung, so ist dies nur eine von Bequemlichkeitskriterien (P. nennt formale Einfachheit und empirische Adäquatheit) bestimmte terminologische Konvention, die auf der gegenseitigen Übersetzbarkeit der metrischen Sprachen beruht (vgl. P.s Euklidisches Modell der hyperbolischen Geometrie, ↑Geometrie, hyperbolische). Da die Anwendung einer reinen Geometrie eine Verständigung über die meßtechnische Realisierung ihrer Grundbegriffe voraussetzt, besteht bei Auftreten von Diskrepanzen die Möglichkeit, entweder ein anderes geometrisches Axiomensystem zu verwenden oder die Annahmen über die physikalische Realisierung geometrischer Grundbegriffe zu korrigieren, also etwa Deformation von Maßstäben zu unterstellen. Die Auswahl der physikalischen Geometrie wird zu einer Konvention, wobei P. glaubt, man werde sich im Zweifelsfalle für den zweiten Weg entscheiden, die ↑Euklidische Geometrie wegen ihrer Einfachheit also beibehalten. Der auf diese Weise zunächst für die Metrik des Raumes eingeführte Konventionalismus wird dann von P. auch auf die Topologie des Raumes (Dimension) und schließlich auf einige physikalische Grundgesetze (z. B. Newtonaxiome, Energieprinzip) erweitert.

P. unterscheidet zwei Arten von Gesetzen: zum einen solche, die sich als Zusammenfassung experimenteller Ergebnisse auffassen lassen, zum anderen ↑Prinzipien, konventionelle ↑Postulate, die allgemein und in Strenge gelten und einer empirischen Überprüfung nicht zugänglich sind. Prinzipien stellen ›versteckte Definitionen‹ dar und sind aus Bequemlichkeitsgründen gewählt (↑Denkökonomie). So definieren etwa das Trägheitsprinzip oder der Energiesatz die Bedeutung der Ausdrücke ›Trägheitsbewegung‹ oder ›Energie‹; finden sich empirisch Abweichungen von diesen Prinzipien, so werden nicht sie in Frage gestellt, sondern störende Umstände eingeführt (↑Exhaustion). Die Gültigkeit der Prinzipien beruht demnach nicht mehr auf einem transzendentalen Schema (↑Schema, transzendentales; z. B. I. Kant, W. Whewell), sondern auf der Übereinkunft der Wissenschaftler. Allerdings sind auch die Prinzipien keine reinen Konventionen, da sie für tatsächlich realisierte Systeme approximativ gelten. Nach P. strebt die Wissenschaft danach, immer mehr bislang unverbunden scheinende Tatsachen miteinander in Beziehung zu bringen. Diesem Ziel der Einheitlichkeit wird sogar das für den Konventionalismus zentrale ↑Einfachheitskriterium nachgeordnet.

Für P.s als *Anti-Cantorismus* (↑Cantorismus) definierte Haltung im ↑Grundlagenstreit, die den Ausgangspunkt für den ↑Halbintuitionismus darstellt und sich in seinen letzten Lebensjahren verschärft, beruhen ↑Logizismus und ↑Formalismus auf einem Methodenirrtum, dessen deutlichstes Anzeichen die Antinomien (↑Antinomien, logische, ↑Antinomien, semantische) sind. Für P. wie für B. Russell beruhen die Antinomien auf imprädikativer (↑imprädikativ/Imprädikativität) Begriffsbildung. P. verwirft folglich die derartige Begriffsbildungen enthaltende logizistische Zurückführung der Arithmetik auf die Logik. Im Gegensatz zu den von P. angeregten Russellschen Varianten des ↑Vicious-Circle Principle finden seine eigenen Formulierungen erst in beweistheoretischen Überlegungen von G. Kreisel (1960) und S. Feferman (1964) eine formale Präzisierung, allerdings mit der Einschränkung, daß hier Prädikativität (↑imprädikativ/Imprädikativität) nur relativ zur Gesamtheit der natürlichen Zahlen definiert wird.

Werke: Œuvres, I–XI, ed. Académie des Sciences, Paris 1916–1956 (repr. 1995–2005). – Leçons sur la théorie mathématique de la lumière, I–II, Paris 1889/1892 (repr. in 1 Bd. 1995); Les méthodes nouvelles de la mécanique céleste, I–III, Paris 1892–1899 (repr. 1987), New York 1957 (engl. New Methods of Celestial Mechanics, I–III, Washington D. C. 1967, ed. D. L. Goroff, New York 1993); Calcul des probabilités, Paris 1896, [2]1912 (repr. 1987), 1923; On the Foundations of Geometry, Monist 9 (1898/1899), 1–43 (franz. Des fondements de la géométrie, Paris o. J. [1921]); La science et l'hypothèse, Paris o. J. [1902], ed. J. Vuillemin, Paris 1968, 2013 (dt. Wissenschaft und Hypothese, Leipzig 1904, [3]1914 [repr. Stuttgart, Darmstadt 1974], [4]1928, Berlin 2003; engl. Science and Hypothesis, London 1905, New York 1952); La valeur de la science, Paris o. J. [1905], ed. J. Vuillemin, Paris 1994 (dt. Der Wert der Wissenschaft, Leipzig 1906, [3]1921, Berlin 2003; engl. The Value of Science, New York 1907 [repr. New York 1958]); Les mathématiques et la logique, Rev. mét. mor. 13 (1905), 815–835, 14 (1906), 17–34, 294–317; Leçons de mécanique céleste, I–III, Paris 1905–1910 (repr. 2005); Science et méthode, Paris 1908, 2011 (engl. Science and Method, London/New York 1914 [repr. London, Bristol 1996, South Bend Ind. 2000, Mineola N. Y. 2003]; dt. Wissenschaft und Methode, Leipzig/Berlin 1914 [repr. Darmstadt, Stuttgart 1973], Berlin 2003); Sechs Vorträge über ausgewählte Gegenstände aus der reinen Mathematik und der mathematischen Physik, Leipzig/Berlin 1910; Savants et écrivains, Paris 1910; Leçons sur les hypothèses cosmogoniques, Paris 1911, [2]1913; Les sciences et les humanités, Paris 1911; Dernières pensées, Paris 1913, 1963 (dt. Letzte Gedanken, Leipzig 1913, Berlin 2003); Analyse des traveaux scientifiques de H. P. faite par lui-même, Acta Math. 38 (1921), 3–135, gekürzt unter dem Titel: Résumé analytique, in: F. E. Browder (ed.), The Mathematical Heritage of H. P. [s. u., Lit.] II, 257–357; Trois suppléments sur la découverte des fonctions fuchsiennes/Three Supplementary Essays on the Discovery of Fuchsian Functions [Text franz., Kommentar engl.], ed. J. J. Gray/S. A. Walter, Berlin, Paris 1997; H. P., Een nacht vol opwinding. Een keuze uit filosofische essays, Utrecht 1998; The Value of Science. Essential Writings of H. P., New York 2001; Scientific Opportunism/L'opportunisme scientifique. An Anthology, ed. L. Rollet. Basel/Boston Mass./ Berlin 2002. – La correspondance entre H. P. et Gösta Mittag-Leffler, ed. P. Nabonnand, Basel/Boston Mass./Berlin 1999; La correspondance entre H. P. et les physiciens, chimistes et ingénieurs, ed. S. Walter, Basel/Boston Mass./Berlin 2007. – Bibliography of H. P., in: F. E. Browder (ed.), The Mathematical Heritage of H. P. [s. u., Lit.] II, 447–466; Bibliography of P.'s Writings, in: Scientific Opportunism/L'opportunisme scientifique [s. o.], 179–203. – Internet-Ressourcen: Multimedia Quellen zu H. P.: (http://henri-poincare.ahp-numeripue.fr/); Bibliographie: (http://ahp-poincare-biblio.univ-lorraine.fr/); Korrespondenz: (http://www.univ-nancy2.fr/poincare/chp/); Archives H. P.: (http://poincare.univ-lorraine.fr/).

Literatur: P. Alexander, P., Enc. Ph. VI (1967), 360–363, VII ([2]2006), 650–654; P. Appell, H. P., Paris 1925 (repr. 2013); J. Barrow-Green, P. and the Three Body Problem, Providence R. I., London 1997; E. W. Beth u. a., Le livre du centenaire de la naissance de H. P.. 1854–1954, Paris 1955, Nachdr. in: H. P., Œuvres [s. o., Werke] XI (separat paginiert); M. Bollinger, Geschichtliche Entwicklung des Homologiebegriffs, Arch. Hist. Ex. Sci. 9 (1972/1973), 94–170, bes. 116–144; A. Boutroux, Vingt ans de ma vie, simple vérité. La jeunesse d'H. P. racontée par sa sœur (1854–1878), ed. L. Rollet, Paris 2012; F. E. Browder (ed.), The Mathematical Heritage of H. P., I–II, Providence R. I. 1983 (Proc. Symp. in Pure Math. XXXIX/1–2); M. Carrier, Raum-Zeit, Berlin/New York 2009; T. Dantzig, H. P.. Critic of Crisis. Reflections on His Universe of Discourse, New York 1954, 1968;

O. Darrigol, The Mystery of the Einstein-P. Connection, Isis 95 (2004), 614–626; M. Detlefsen, P. vs. Russell on the Rôle of Logic in Mathematics, Philos. Math. 1 (1993), 24–49; W. Diederich, Konventionalität in der Physik. Wissenschaftstheoretische Untersuchungen zum Konventionalismus, Berlin 1974, 13–61; J. Dieudonné, P., DSB XI (1975), 51–61; E. During, La science et l'hypothèse. P., Paris 2001; J. Folina, P. and the Philosophy of Mathematics, Basingstoke/London, New York 1992, 2000; M. Fortino, Jules H. P.. Vita, scienza e morale, Rom 2012 (Metamorphoseon III); H. Freudenthal, Die Grundlagen der Geometrie um die Wende des 19. Jahrhunderts, Math.-physikal. Semesterber. 7 (1961), 2–25; P. Galison, Einstein's Clocks and P.'s Maps. Empires of Time, New York, London 2003, 2004 (dt. Einsteins Uhren, P.'s Karten. Die Arbeit an der Ordnung der Zeit, Frankfurt 2003, 2006; franz. L'empire du temps. Les horloges d'Einstein et les cartes de P., Paris 2005, 2006); J. Gargani, P., le hasard et l'étude des systèmes complexes, Paris 2012; J. Giedymin, Science and Convention. Essays on H. P.'s Philosophy of Science and the Conventionalist Tradition, Oxford etc. 1982 (mit Bibliographie, 206–216); ders., Geometrical and Physical Conventionalism of H. P. in Epistemological Formulation, Stud. Hist. Philos. Sci. 22 (1991), 1–22; J.-M. Ginoux/C. Gerini, H. P.. Une biographie au(x) quotidien(s), Paris 2012; S. Goldberg, Understanding Relativity. Origin and Impact of a Scientific Revolution, Boston Mass./Basel/Stuttgart, Oxford 1984, 205–220; J. Gray, H. P.. A Scientific Biography, Princeton N. J./Oxford 2013; J.-L. Greffe/G. Heinzmann/K. Lorenz (eds.), H. P.. Science et philosophie. Congrès international, Nancy, France, 1994/Science and Philosophy [...]/Wissenschaft und Philosophie [...], Berlin/Paris 1996; J. Hadamard, The Early Scientific Work of H. P., The Rice Inst. Pamphlet 9 (1922), 111–183; ders., The Later Scientific Work of H. P., ebd. 20 (1933), 1–86; G. Heinzmann, Entre intuition et analyse. P. et le concept de prédicativité, Paris 1985; ders. Zwischen Objektkonstruktion und Strukturanalyse. Zur Philosophie der Mathematik bei J. H. P., Göttingen 1995; ders., H. P. et sa pensée en philosophie des sciences, in: É. Charpentier/É. Ghys/A. Lesne (eds.), L'héritage scientifique de P., Paris 2006, 404–423 (engl. H. P. and His Thoughts on the Philosophy of Science, in: É. Charpentier/É. Ghys/A. Lesne [eds.], The Scientific Legacy of P., Providence R. I., London 2010, 373–391); ders./D. Stump, H. P., SEP 2013; G. H. Keswani, Origin and Concept of Relativity, Brit. J. Philos. Sci. 15 (1964/1965), 286–306, 16 (1965/1966), 19–32, 273–294; G. Kreisel, La prédicativité, Bull. Soc. math. France 88 (1960), 371–391; E. Lebon, H. P.. Biographie, bibliographie analytique des écrits, Paris 1909, ²1912, ergänzt in: R. C. Archibald, J. H. P., Bull. Amer. Math. Soc. 22 (1915), 125–136; A. A. Logunov, H. P. and Relativity Theory, Moskau 2005; J. de Lorenzo, La filosofia de la matemática de J. H. P., Madrid 1974; G. Mittag-Leffler (ed.), H. P. in memoriam, Acta math. 38 (1921), 1–402 (mit Beiträgen von P. Appell, P. Boutroux, H. A. Lorentz, H. P., M. Planck, J. Hadamard u. a.), teilw. Nachdr. in: H. P., Oeuvres XI (1955), 137–347, ferner in: F. E. Browder (ed.), The Mathematical Heritage of H. P. [s. o.] II, 257–445; J. J. A. Mooij, La philosophie des mathématiques de H. P., Paris, Louvain 1966 (mit Bibliographie, 159–171); A. M. Mostepanenko, Complementarity of Physics and Geometry (Einstein and P.), in: Einstein and the Philosophical Problems of 20th-Century Physics, Moskau 1983, 181–210; F. P. O'Gorman, P.'s Conventionalism of Applied Geometry, Stud. Hist. Philos. Sci. 8 (1977), 303–340; D. O'Shea, The P. Conjecture. In Search of the Shape of the Universe, New York, London 2007, London 2008 (dt. P.s Vermutung. Die Geschichte eines mathematischen Abenteuers, Frankfurt 2007, 2012); M. de Paz/R. DiSalle (eds.), P., Philosopher of Science. Problems and Perspectives, Dordrecht etc. 2014 (Western Ont. Ser. Philos. Sci. LXXIX); J.-C. Pont, La topologie algébrique des origines à P., Paris 1974; L. Rollet, H. P.. Des mathématiques à la philosophie: étude du parcours intellectuel, social et politique d'un mathématicien au début du siècle, Villeneuve d'Asq 2001; L. Rougier, La philosophie géométrique de H. P., Paris 1920; A.-F. Schmid, Une philosophie de savant. H. P. et la logique mathématique, Paris 1978, erw. unter dem Titel: H. P.. Les sciences et la philosophie, Paris ²2001; E. Scholz, Geschichte des Mannigfaltigkeitsbegriffs von Riemann bis P., Boston Mass./Basel/Stuttgart 1980; D. Stump, H. P.'s Philosophy of Science, Stud. Hist. Philos. Sci. 20 (1989), 335–363; ders., P., REP VII (1998), 478–483; C. Thiel, Grundlagenkrise und Grundlagenstreit. Studie über das normative Fundament der Wissenschaften am Beispiel von Mathematik und Sozialwissenschaft, Meisenheim am Glan 1972, 130–156 (Kap. 4 Imprädikative Verfahren); R. Torretti, Philosophy of Geometry from Riemann to P., Dordrecht/Boston Mass./London 1978, 1984 (mit Bibliographie, 420–439); F. Verhulst, H. P.. Impatient Genius, New York etc. 2012; V. Volterra u. a., H. P.. L'œuvre scientifique, l'œuvre philosophique, Paris 1914; J. Vuillemin, P.'s Philosophy of Space, Synthese 24 (1972), 161–179; ders., Conventionalisme géométrique et théorie des espaces à courbure constante, in: Science et métaphysique. Colloque de l'Académie internationale de philosophie des sciences, introduction S. Dockx, Paris 1976, 65–105; S. Walter, P., in: N. Koertge (ed.), New Dictionary of Scientific Biography VI, Detroit etc. 2008, 121–125; E. Zahar, P.'s Philosophy. From Conventionalism to Phenomenology, Chicago Ill./La Salle Ill. 2001. – Sonderhefte: Rev. mét. mor. 21 (1913), H. 5 (L'œuvre d'H. P. [Beiträge von L. Brunschvicg, J. Hadamard, A. Lebeuf, P. Langevin]); Philosophiques 31 (2004), H. 1 (P. et la théorie de la connaissance). – Books and Articles about P., in: F. E. Browder (ed.), The Mathematical Heritage of H. P. [s. o.] II, 467–470; Publications récentes concernant P. (1998–1999), Philosophia Scientiae 4 (2000), H. 1, 187–188, erg. v. P. Nabonnand unter dem Titel: Bibliographie des traveaux sur l'œuvre de P. (2001–2005), Philosophia Scientiae 9 (2005), H. 1, 196–206. G. He./M. C.

Polanyi, Michael, *Budapest 11. März 1891, †Northampton 22. Febr. 1976, engl. Natur- und Wirtschaftswissenschaftler und Philosoph. 1908–1913 Studium der Physik, Chemie und Medizin an der Universität Budapest, 1914 Sanitätsarzt in der österr.-ungar. Armee, 1917 Promotion in physikalischer Chemie, 1920 Berufung an das Kaiser-Wilhelm-Institut für physikalische Chemie in Berlin (ab 1923 Vollmitglied), 1933 Emigration nach England, 1933–1948 Prof. der Physik und Chemie an der Universität Manchester. P., der auch Arbeiten zu ökonomischen und politischen Problemen vorlegte, wandte sich ab 1946 fast ausschließlich der Philosophie zu. 1948–1958 Prof. für soziale Studien in Manchester (ohne Lehrverpflichtungen). Aus den Gifford Lectures (Universität Aberdeen, 1951/1952) entstand P.s philosophisches Hauptwerk »Personal Knowledge« (1958), in dem er unter anderem die sprachlich nicht bewußten Strukturen und Fundamente alltäglichen und wissenschaftlichen Wissens und dessen personbezogene, aber

deshalb doch nicht subjektive Verfassung heraushebt: *Wissen* ist mehr, als sich *sagen* läßt, und beruht nicht nur auf Wahrnehmungen, Begriffsbildungen und Schlußfolgerungen, sondern auch (ähnlich wie die ↑Paradigmen T. S. Kuhns) auf ungeprüftem ›tacit knowing‹, das explizites Wissen vervollständigt und integriert.
Um die wissenschaftlichen, kulturellen und politischen Umwälzungen des 20. Jhs. zu verstehen, widmet sich P. in seinen philosophischen Arbeiten (unter Einbeziehung der ↑Gestalttheorie) vor allem dem wissenschaftlichen Forschungs- und Entdeckungsprozeß. Nach P. kann Wissenschaft primär nicht als logisches Hypothesengeflecht (↑Hypothese) betrachtet werden. Vielmehr ist vom tatsächlichen Handeln der Wissenschaftler auszugehen. Die Ausarbeitung und Anwendung von Theorien bedarf stets heuristischer (↑Heuristik) Leitlinien und wissenschaftstheoretischer Maximen, die jedoch lediglich als Kunstregeln wirksam sind, das Verhalten also nur anleiten, nicht determinieren. P. betont die kreativ-praktische, nicht-formale Natur dieser Kriterien, die häufig aus dem ↑Beispiel großer Wissenschaftler erwachsen. Naturwissenschaftliches Wissen hat so – entgegen einem objektivistischen Selbstmißverständnis der Wissenschaften – eine personale Wurzel und erlaubt die Versöhnung und Integration von Natur- und Sozialwissenschaften, ferner die Überwindung sowohl der neuzeitlichen Subjekt-Objekt-Dichotomie (↑Subjekt-Objekt-Problem) und Tatsache-Wert-Dichotomie als auch der Trennung von gesichertem Wissen und lebensorientierenden, vor allem religiösen Selbstverständnissen – dies unter anderem durch Hinweis auf die Tatsache, daß auch gesichertes Wissen einen Deutungs- und Handlungsrahmen voraussetzt, der von den innerhalb seiner und durch ihn aufgewiesenen Fakten nicht erzeugt und weder bewiesen noch widerlegt werden kann.

Werke: Atomic Reactions, London 1932; U. S. S. R. Economics. Fundamental Data, System and Spirit, Manchester 1936; The Contempt of Freedom. The Russian Experiment and After, London 1940, New York 1975; Full Employment and Free Trade, Cambridge 1945, 1948; Science, Faith and Society, Chicago Ill., London 1946, Chicago Ill. 1964, 1973; The Logic of Liberty. Reflections and Rejoinders, Chicago Ill., London 1951, London/New York, Indianapolis Ind. 1998; Personal Knowledge. Towards a Post-Critical Philosophy, Chicago Ill., London 1958, rev. Chicago Ill. 1962, 2009; The Study of Man. The Lindsay Memorial Lectures 1958, Chicago Ill., London 1959, Abingdon 2013; Beyond Nihilism. The Thirteenth Arthur Stanley Eddington Memorial Lecture 16 February 1960, Cambridge 1960, Neudr. in: Knowing and Being [s. u.], 3–23 (dt. Jenseits des Nihilismus. Dreizehnte Vorlesung zum Gedächtnis von Arthur Stanley Eddington 16. Februar 1960, Dordrecht/Stuttgart 1961); The Tacit Dimension, Garden City N. Y., London 1966, Chicago Ill. 2013 (dt. Implizites Wissen, Frankfurt 1985, 1990); The Growth of Science in Society, in: W. R. Coulson/C. R. Rogers (eds.), Man and the Science of Man, Columbus Ohio 1968, 11–29; The Body-Mind Relation, in: W. R. Coulson/C. R. Rogers (eds.), Man and the Science of Man [s. o.], 85–130, Neudr. in: Society, Economics & Philosophy [s. u.], 313–328; Knowing and Being. Essays, ed. M. Grene, Chicago Ill., London 1969, Chicago Ill. 1986; Scientific Thought and Social Reality. Essays, ed. F. Schwartz, New York 1974; (mit H. Prosch) Meaning, Chicago Ill., London 1975, Chicago Ill. 2012; Society, Economics & Philosophy. Selected Papers, ed. R. T. Allen, New Brunswick N. J./ London 1995, New Brunswick N. J. 1997. – Bibliography, in: The Logic of Personal Knowledge [s. u., Lit.], 239–248; R. L. Gelwick, A Bibliography of M. P.'s Social and Philosophical Writings, in: T. A. Langford/W. H. Poteat (eds.), Intellect and Hope [s. u., Lit.], 432–443; H. Prosch, Bibliography of M. P.'s Publications, in: ders., M. P.. A Critical Exposition [s. u., Lit.], 319–346; R. T. Allen, An Annotated Bibliography of M. P.'s Publications on Society, Economics, and Philosophy, in: M. P., Society, Economics & Philosophy [s. o.], 361–389.

Literatur: R. T. Allen, P., London 1990; ders., Transcendence and Immanence in the Philosophy of M. P. and Christian Theism, Lewiston N. Y. 1992; ders., Beyond Liberalism. The Political Thought of F. A. Hayek and M. P., New Brunswick N. J. 1998; ders., P., REP VII (1998), 489–492; A. Bagood, The Role of Belief in Scientific Discovery. M. P. and Karl Popper, Rom 1998; J. Crewdson, Christian Doctrine in the Light of M. P.'s Theory of Personal Knowledge. A Personalist Theology, Lewiston N. Y. 1994; M. Dua, Tacit Knowing. M. P.'s Exposition of Scientific Knowledge, München 2004; R. Gelwick, The Way of Discovery. An Introduction to the Thought of M. P., New York 1977; J. H. Gill, The Tacit Mode. M. P.'s Postmodern Philosophy, Albany N. Y. 2000; G. Heitmann, Der Entstehungsprozess impliziten Wissens. Eine Metaphernanalyse zur Erkenntnis- und Wissenstheorie M. P.s, Hamburg 2006; G. Holton, M. P. and the History of Science, Tradition and Discovery 19 (1992/1993), 16–30; R. E. Innis, In memoriam M. P. (1891–1976), Z. allg. Wiss.theorie 8 (1977), 22–29; S. Jacobs/R. T. Allen (eds.), Emotion, Reason and Tradition. Essays on the Social, Political and Economic Thought of M. P., Burlington 2005; S. R. Jha, Reconsidering M. P.'s Philosophy, Pittsburgh Pa. 2002; J. Kane, Beyond Empiricism. M. P. Reconsidered, New York etc. 1984; H. Mai, M. P.s Fundamentalphilosophie, Freiburg/München 2009; T. Margitay (ed.), Knowing and Being. Perspectives on the Philosophy of M. P., Newcastle 2010; M. T. Mitchell, M. P.. The Art of Knowing, Wilmington Del. 2006; T. Mwamba, M. P.'s Philosophy of Science, Lewiston N. Y. 2001; G. H. Neuweg, Könnerschaft und implizites Wissen. Zur lehr-lerntheoretischen Bedeutung der Erkenntnis- und Wissenstheorie M. P.s, Münster etc. 1999, ^{2}2001; M. J. Nye, M. P. and His Generation. Origins of the Social Construction of Science, Chicago Ill. 2011, 2013; W. Poteat, Polanyian Meditations, Durham N. C. 1985; H. Prosch, M. P.. A Critical Exposition, Albany N. Y. 1986; K. Salamun/S. Richmond (eds.), Aesthetic Criteria. Gombrich and the Philosophies of Science of Popper and P., Amsterdam/Atlanta Ga. 1994; A. F. Sanders, M. P.'s Post-Critical Epistemology. A Reconstruction of Some Aspects of ›Tacit Knowing‹, Amsterdam 1988; W. T. Scott/M. X. Moleski, M. P.. Scientist and Philosopher, Oxford 2005; M. Sexl, Sprachlose Erfahrung? M. P.s Erkenntnismodell und die Literaturwissenschaften, Frankfurt 1995. – The Logic of Personal Knowledge. Essays Presented to M. P. on His Seventieth Birthday 11th March 1961, London 1961, Glencoe Ill. 1961. – Society of Explorers 1 (1972) ff., seit 1973: The P. Society, seit 1984: Tradition and Discovery. The P. Society Periodical; Polanyiana. The Periodical of the M. P. Liberal Philosophical Association 1 (1991) ff.. R. Wi.

polar-konträr, Bezeichnung für einen Spezialfall des konträren ↑Gegensatzes (↑konträr/Kontrarität, ↑Opposition) zweier (einstelliger) ↑Prädikatoren oder Begriffe. Er liegt vor, wenn die beiden Prädikatoren einer Vergleichsskala entstammen oder ihr zugeordnet werden können, deren beide (relative) Enden sie bilden, z. B. ›groß‹ und ›klein‹ als (relative) Enden auf der Skala ›größer‹ bzw. der dazu konversen Skala ›kleiner‹. Häufig werden auch genereller zwei (mehrstellige) antonyme Prädikatoren (↑antonym/Antonymie), z. B. ›lieben‹ und ›hassen‹, p. genannt, wenn die bei Ersetzung aller Variablen bis auf eine in der zugehörigen ↑Aussageform durch Konstanten hervorgehenden einstelligen Prädikatoren, z. B. ›*n*-lieben‹ und ›*n*-hassen‹, im ursprünglichen Sinne p. sind. K. L.

politische Ökonomie, ↑Ökonomie, politische.

politische Philosophie, ↑Philosophie, politische.

Polnische Notation, ↑Notation, logische.

Pólya, George (vorher György/Georg), *Budapest 13. Dez. 1887, †Palo Alto Calif. 7. Sept. 1985, ung.-schweiz.-amerik. Mathematiker. Zunächst 1905–1907 Studium der Jurisprudenz, Sprachen und Literatur, dann Studium der Mathematik, Physik und Philosophie in Budapest und Wien, 1912 Promotion in Budapest. Nach Studienaufenthalten in Göttingen und Paris 1914 Privatdozent, 1920 Titularprofessor und 1928–1940 o. Prof. an der ETH Zürich. 1940–1942 Visiting Prof. an der Brown University, 1942–1946 Assoc. Prof., 1946–1953 Prof. an der Stanford University. – P. ist durch Arbeiten auf unterschiedlichen Gebieten der Reinen und der Angewandten Mathematik, vor allem zur ↑Analysis, ↑Funktionentheorie und mathematischen Physik, hervorgetreten. Bekannt wurde er insbes. durch Pionierarbeiten zur Heuristik und Methodologie der Mathematik, die zahlreiche Anregungen für philosophische, aber auch für psychologische und didaktische Forschungen gegeben haben (↑Heuristik, ↑Intelligenz, künstliche). Sein in viele Sprachen übersetztes Buch »How to Solve It« (1945) behandelt Grundbegriffe der Heuristik, z. B. ›Analogie‹, ›Hilfsaufgabe‹, ›Induktion‹, und gibt methodische Ratschläge zur Lösung mathematischer Probleme. In »Mathematik und plausibles Schließen« (1962/1963, engl. 1954) untersucht P. systematisch (und nicht nur auf die Mathematik bezogen) die Rolle, die Plausibilitätsüberlegungen im Entdeckungszusammenhang (↑Entdeckungszusammenhang/Begründungszusammenhang) wissenschaftlicher Probleme spielen.

Werke: (mit G. Szegö) Aufgaben und Lehrsätze aus der Analysis, I–II, Berlin 1925, Berlin/Heidelberg/New York ^{4}1970/1971 (engl. Problems and Theorems in Analysis, I–II, Berlin/Heidelberg/New York 1972/1976, rev. 1978 [repr. Berlin etc. 1998]); Wahrscheinlichkeitsrechnung. Fehlerausgleichung. Statistik, in: E. Abderhalden (ed.), Handbuch der biologischen Arbeitsmethoden V (Methoden zum Studium der Funktionen der einzelnen Organe des tierischen Organismus II/1), Berlin/Wien 1928, 669–758; (mit G. H. Hardy/J. E. Littlewood) Inequalities, Cambridge 1934, Cambridge etc. 2001; How to Solve It. A New Aspect of Mathematical Method, Princeton N. J. 1945, Princeton N. J./Oxford 2014 (dt. Schule des Denkens. Vom Lösen mathematischer Probleme, Bern 1949, Tübingen/Basel 2010); (mit G. Szegö) Isoperimetric Inequalities in Mathematical Physics, Princeton N. J. 1951 (repr. New York 1965); Mathematics and Plausible Reasoning, I–II, Princeton N. J. 1954, 1990 (dt. Mathematik und plausibles Schließen, I–II, Basel/Stuttgart 1962/1963, Basel/Boston Mass./Berlin ^{3}1988); Mathematical Discovery. On Understanding, Learning and Teaching Problem Solving, I–II, New York/London/Sydney 1962/1965, in 1 Bd., New York etc. 1981 (dt. Vom Lösen mathematischer Aufgaben. Einsicht und Entdeckung, Lernen und Lehren, I–II, Basel 1966/1967, ^{2}1979/1983); Mathematical Methods in Science, ed. L. Bowden, Stanford Calif. 1963, Washington D. C. ^{2}1977; Some Mathematicians I Have Known, Amer. Math. Monthly 76 (1969), 746–753; Methodology or Heuristics, Strategy or Tactics?, Arch. philos. 34 (1971), 623–629; (mit G. Latta) Complex Variables, New York etc. 1974; (mit J. Kilpatrick) The Stanford Mathematics Problem Book. With Hints and Solutions, New York 1974, Mineola N. Y. 2009; Collected Papers, I–II, ed. R. P. Boas, Cambridge Mass./London 1974, III, ed. J. Hersch/G.-C. Rota, Cambridge Mass./London 1984, IV, ed. G.-C. Rota, Cambridge Mass./London 1984 (mit Bibliographie, I, 799–808, II, 435–444, III, 529–536, IV, 635–642); (mit R. E. Tarjan/D. R. Woods) Notes on Introductory Combinatorics, Boston Mass./Basel/Stuttgart 1983 (Progress in Computer Science IV), 2010.

Literatur: D. J. Albers/G. L. Alexanderson (eds.), Mathematical People. Profiles and Interviews, Boston Mass./Basel/Stuttgart 1985, 246–253; G. L. Alexanderson, The Random Walks of G. P., Washington D. C. 2000; ders. u. a., Obituary. G. P., Bull. London Math. Soc. 19 (1987), 559–608; W. N. Everitt (ed.), Inequalities. Fifty Years on from Hardy, Littlewood and Pólya. Proceedings of the International Conference of London Mathematical Society, New York etc. 1991; T. Frank, G. P. and the Heuristic Tradition, Berlin 2004; C. D. Lord, G. P., Notable Scientists from 1900 to the Present IV, Farmington Hills Mich. 2001, 1791–1793; A. Newell, The Heuristic of G. P. and Its Relation to Artificial Intelligence, in: R. Groner/M. Groner/W. F. Bischof (eds.), Methods of Heuristics. Proceedings of an Interdisciplinary Symposium, Hillsdale N. J./London 1983, 195–243; G. Szegö u. a. (eds.), Studies in Mathematical Analysis and Related Topics. Essays in Honor of G. P., Stanford Calif. 1962. P. S.

Polylemma, in der traditionellen Logik (↑Logik, traditionelle) ursprünglich Bezeichnung für einen syllogistischen Schluß der 2. Figur (↑Syllogistik) mit einer hypothetisch-disjunktiven und einer remotiven ↑Prämisse mit gleicher Anzahl der Disjunktions- und der Weder-noch-Glieder. Später wurde der Begriff des P.s erweitert (1) durch Zulassung einer kategorisch-disjunktiven (statt der hypothetisch-disjunktiven) Prämisse, (2) durch Zulassung einer kopulativen (statt der remotiven) Prämisse. Den weitesten Begriff von P. hat R. H. Lotze vorgeschlagen, der diesen definiert als einen Schluß mit mehrgliedrigem »disjunktivem Obersatz und mehreren Untersätzen, deren Anzahl der Zahl der disjungierten Glieder im Obersatz gleich ist und die zusammen für jedes dieser Glieder eine und dieselbe Folge *T*, oder ein und dasselbe Prädikat *T*, behaupten« (Grundzüge der Logik § 46). Ist die Anzahl der Disjunktionsglieder 2, 3, 4, 5, so spricht man von einem ↑Dilemma, ↑Trilemma, Tetralemma bzw. Pentolemma. Demnach ist das Schema eines P. im engeren Sinne

$$\begin{array}{l} A \rightarrow B_1 \vee \ldots \vee B_n \\ \underline{\neg B_1 \wedge \ldots \wedge \neg B_n} \\ \neg A, \end{array}$$

wobei *A* und alle B_i die Standardform *SaP*, *SeP*, *SiP* oder *SoP* syllogistischer Prämissen bzw. ↑Konklusionen haben. Da von der syllogistischen Gestalt der Prämissen nirgends Gebrauch gemacht ist, handelt es sich bei allen betrachteten Fällen um rein junktorenlogische (↑Junktorenlogik) Schlußschemata, in denen *A* und die B_i beliebige Aussagen vertreten. Im weitesten, Lotzeschen Sinne sind also P.ta auch die Schemata

$$\frac{\begin{array}{c} A \vee B \\ (A \rightarrow C) \wedge (B \rightarrow D) \end{array}}{C \vee D} \quad \text{und} \quad \frac{\begin{array}{c} \neg C \vee \neg D \\ (A \rightarrow C) \wedge (B \rightarrow D) \end{array}}{\neg A \vee \neg B}$$

Literatur: R. H. Lotze, Grundzüge der Logik und Encyclopädie der Philosophie. Dictate aus den Vorlesungen, Leipzig 1883, [6]1922. C. T.

polymorph/Polymorphie (von griech. *πολύμορφος*, vielgestaltig), (1) vor allem in der älteren Literatur zur *mathematischen Logik* (↑Logik, mathematische) gebräuchliche Bezeichnung dafür, daß ein Axiomensystem nicht monomorph oder ↑kategorisch ist, d. h., daß nicht alle seine ↑Modelle untereinander isomorph (↑isomorph/Isomorphie) sind. (2) In ↑*Typentheorien* nennt man eine Funktion p., wenn sie nicht auf einen festen Typ von Argumenten, sondern auf vielerlei Typen anwendbar ist. Eine p.e Identitätsfunktion würde z. B. jedem Objekt *a* wieder *a* selbst zuordnen, unabhängig davon, ob *a* z. B. eine natürliche Zahl, eine zahlentheoretische Funktion oder ein ↑Funktional auf einem Funktionsraum ist. Der Polymorphismus dieser Art hat eine fundamentale Bedeutung in der theoretischen Informatik erlangt, insbes. in der Theorie funktionaler ↑Programmiersprachen, aber auch für die Implementation solcher Sprachen. P.e Funktionen verkörpern allgemeine Verfahren, die unabhängig vom jeweiligen Datentyp sind, auf den sie angewendet werden (vgl. J. C. Mitchell, Type Systems for Programming Languages, in: J. van Leeuwen [ed.], Handbook of Theoretical Computer Science B [Formal Models and Semantics], Amsterdam etc. 1990, 365–458, bes. 431–452; T. Coquand, Type Theory, SEP 2014). Die Idee des Polymorphismus, den man logisch durch höherstufige getypte ↑Lambda-Kalküle (mit Lambda-Abstraktion über Typen) beschreiben kann, ist verwandt mit der Idee indefiniter (↑indefinit/Indefinitheit) ↑Variabilitätsbereiche. (3) In der *Biologie* heißt eine Population einer ↑Spezies p., wenn phänotypische ↑Variationen, die nicht bloße Umweltadaptionen sind, in einem erheblichen Ausmaß auftreten und auf das Vorliegen unterschiedlicher Genvarianten in der Population zurückgehen. Beispiele sind unterschiedliche Färbungen bei Schmetterlingen (Industriemelanismus) oder unterschiedliche Blutgruppen. (4) In der *Kristallographie* und Materialwissenschaft bezeichnet P. die Tatsache, daß sich Substanzen gleicher chemischer Zusammensetzung in der Anordnung der Atome unterscheiden können. Die P. von Kristallen fand früh Beachtung. Danach besitzen Stoffe gleicher Zusammensetzung unter verschiedenen physikalischen Bedingungen (wie Druck und Temperatur) eine unterschiedliche Kristallstruktur. M. H. Klaproth behauptete bereits 1788, daß Kalziumkarbonat ($CaCO_3$) rhombisch als Aragonit und hexagonal als Kalzit kristallisiere. Die P. als allgemeiner Effekt wurde 1821 von E. Mitscherlich entdeckt und bildete in der Entwicklung der Kristalltheorie ein wichtiges Argument gegen R.-J. Haüys Auffassung, die eine eindeutige Beziehung zwischen chemischer Zusammensetzung und Kristallstruktur annahm. G. W./M. C./P. S.

Polysyllogismus (auch: syllogismus concatenatus, catena syllogismorum oder Schlußkette), Bezeichnung für eine Folge von vollständigen Syllogismen (↑Syllogistik), deren Schlußsatz (mit Ausnahme des letzten) jeweils Prämisse des nächstfolgenden ist. In jedem Paar S_1, S_2 unmittelbar aufeinanderfolgender Syllogismen einer solchen Kette nennt man den vorausgehenden Syllogismus S_1, dessen Schlußsatz eine Prämisse des nachfolgenden S_2 liefert, dessen ↑*Prosyllogismus*, S_2 den ↑*Episyllogismus* von S_1. Der P. tritt meist in verkürzter Form als ↑Kettenschluß (der folglich von der Schlußkette unterschieden werden muß) oder ↑Sorites auf. C. T.

Polytheismus (aus griech. *πολύς*, viel, und *θεός*, Gott), Vielgottglaube, Bezeichnung für eine religiös-theologische Position, nach der es (im Unterschied zum ↑Monotheismus) mehrere (im Gegensatz zum ↑Pantheismus) von der Welt getrennt existierende Gottheiten gibt. Die Annahme eines höchsten Gottes im P. wird als Henotheismus, die alleinige Anbetung einer Gottheit als Monolatrie bezeichnet. – Begrifflich ist der P. (wie auch der Henotheismus und die Monolatrie) dadurch gekennzeichnet, daß der Wortbestandteil ›Gott‹ als ↑Prädikator verwendet wird; die einzelnen Gottheiten werden durch ↑Eigennamen bzw. ↑Kennzeichnungen sprachlich repräsentiert (↑Monotheismus, ↑Gott (philosophisch)). Typisch für den P. ist ferner die Annahme von (gut- oder bösartigen) Geistern und Dämonen. Oft ist das Pantheon des P. nach Göttergeschlechtern oder Hierarchien, die zum Teil als Abbilder irdischer Herrschaftsstrukturen entstanden, gegliedert. Man unterscheidet Naturgottheiten (z. B. Sonnen- und Mondgottheiten), Lokalgottheiten (z. B. Marduk von Babylon) und Funktionsgottheiten (z. B. der Vegetation, der Geburt, der Liebe, des Krieges). Umstritten ist das Problem der historischen Priorität des P. bzw. des Monotheismus. Es stehen sich hier die These vom ›Urmonotheismus‹, d. h. vom Anfang der Religionsgeschichte mit dem Monotheismus, aus dem sich durch Abfall vom einen Gott der P. entwickelt habe, und die These, daß der P. aus ↑Animismus bzw. Fetischismus (durch Personifikation von Naturkräften) entstanden sei, gegenüber. – In der ↑Stoa und zum Teil im ↑Neuplatonismus wird der P. in philosophische Systeme integriert (↑Mythos, ↑Mythologie).

Literatur: G. Ahn u. a., Monotheismus und P., RGG V (⁴2002); 1457–1467; U. Berner, P., TRE XXVII (1997), 35–39; A. Brelich, Der P., Numen 7 (1960), 123–136; O. Gigon, Monotheismus, LAW (1965), 1987–1988; K. Goldammer, Die Formenwelt des Religiösen. Grundriss der systematischen Religionswissenschaft, Stuttgart 1960; J. Kirsch, God against the Gods. The History of the War between Monotheism and Polytheism, New York etc. 2004, 2005; R. G. Kratz/H. Spieckermann (eds.), Götterbilder, Gottesbilder, Weltbilder. P. und Monotheismus in der Welt der Antike, I–II, Tübingen 2006, ²2009; M. Krebernik/J. van Oorschot (eds.), P. und Monotheismus in den Religionen des Vorderen Orients, Münster 2002; G. Lanczkowski, P., Hist. Wb. Ph. VII (1989), 1087–1093; R. Launay, Polytheism, NDHI V (2005), 1844–1846; G. van der Leeuw, Phänomenologie der Religion, Tübingen 1933, ²1956, 1977;

G. Mensching, Die Religion. Erscheinungsformen, Strukturtypen und Lebensgesetze, Stuttgart 1959, München o. J. [1962]; E. Neubacher, P., LThK VIII (³1999), 406–407; J. Ochshorn, The Female Experience and the Nature of the Divine, Bloomington Ind. 1981; J. Paper, The Deities Are Many. A Polytheistic Theology, Albany N. Y. 2005; R. Parker, Polytheism and Society at Athens, Oxford/New York 2005, 2009; R. Pettazzoni, Essays on the History of Religions, Leiden 1954 (repr. 1967); W. Schmidt, Der Ursprung der Gottesidee. Eine historisch-kritische und positive Studie, I–XII, Münster 1912–1955 (Bd. I zuerst franz. unter dem Titel: Origine de l'idée de Dieu. Étude historico-critique et positive, Anthropos 3 [1908], 125–162, 336–368, 559–661, 801–836, 1081–1120, 4 [1909], 207–250, 505–524, 1075–1091, 5 [1910], 231–246, separat: Paris 1910); G. E. Swanson, The Birth of the Gods. The Origin of Primitive Beliefs, Ann Arbor Mich. 1960, 1989; J. de Vries, Forschungsgeschichte der Mythologie, Freiburg/München 1961. M. G.

Pomponazzi, Pietro, *Mantua 16. Sept. 1462, †Bologna 18. Mai 1525, ital. Philosoph, einer der bedeutendsten Vertreter der Schule von Padua (↑Padua, Schule von) und der (aristotelischen) Philosophie der ↑Renaissance. Studium der Philosophie und der Medizin bei N. Vernia in Padua und ab 1488 Prof. ebendort. Nach einem Aufenthalt in Ferrara 1499 Nachfolger Vernias in Padua und nach einem erneuten Aufenthalt 1509 in Ferrara ab etwa 1510 Prof. in Bologna. – P. vertrat im Rahmen der Schule von Padua gegenüber dem averroistischen ↑Aristotelismus, der gestützt auf die Konstruktion einer von den (sterblichen) Einzelseelen getrennten Gesamtseele (Geist) die (überindividuelle) ↑Unsterblichkeit der ↑Seele lehrte, die Auffassung, daß die Seele mit der Einzelseele identisch sei und daher mit dieser, die als ↑Entelechie des Körpers materiell sei, sterbe (De immortalitate animae, 1516). P. schließt sich mit dieser Auffassung von der Materialität und Sterblichkeit der Seele der Aristoteles-Interpretation des Alexander von Aphrodisias an und verwirft zugunsten ›natürlicher‹ (allerdings auch astrologische Aspekte einschließender) ↑Ursachen die Annahme dämonischer bzw. göttlicher Eingriffe in das physische Geschick des Menschen (De incantationibus, 1556). Um nicht mit dem kirchlichen Dogma der Unsterblichkeit der Einzelseele in Konflikt zu geraten, vertritt er dabei die seit dem 13. Jh. im Aristotelismus (Averroës, Avicenna) geläufige Lehre von der doppelten Wahrheit (↑Wahrheit, doppelte), d. i. die Behauptung, daß auch zwei zueinander konträre (↑konträr/Kontrarität) Aussagen wahr sein können, wenn es sich dabei einerseits um eine philosophische, andererseits um eine theologische Aussage handelt. In die Kontroverse um P.s alexandrinischen Aristotelismus griffen unter anderem A. Achillini, A. Nifo und der Dominikanertheologe Bartolomeo de Spina ein. Leo X. verlangte 1518 einen Widerruf P.s; dessen letztes Werk über die Unsterblichkeit (Defensorium, 1519) durfte nur mit einem Anhang, der die kirchlichen Ansichten vertrat, erscheinen. Zu einer förmlichen Anklage kam es nicht.

Werke: Tractatus utilissimus [...], Bologna 1514; Tractatus de reactione, Bologna 1515; Tractatus de immortalitate animae, Bologna 1516, ed. G. Gentile, Messina/Rom 1925, [lat./ital.] ed. G. Morra, Bologna 1954 (mit Bibliographie, 17–31) (engl. On the Immortality of the Soul, in: E. Cassirer/P. O. Kristeller/ J. H. Randall Jr. [eds.], The Renaissance Philosophy of Man, Chicago Ill. 1948, 1996, 280–381; lat./dt. Abhandlung über die Unsterblichkeit der Seele, ed. B. Mojsisch, Hamburg 1990, 2013 [mit Bibliographie, 255–264]; ital. Trattato sull'immortalità dell'anima, ed. V. Perrone Compagni, Florenz 1999; lat./franz. Traité de l'immortalité de l'âme/Tractatus de immortalitate animae, ed. T. Gontier, Paris 2012); Apologia, Bologna 1518 (ital. ed. V. Perrone Compagni, Florenz 2011); Defensorium, Bologna 1519; Tractatus de nutritione et auctione, Bologna 1521; Tractatus acutissimi, utillimi et mere peripatetici [...], Venedig 1525 (repr. ed. F. P. Raimondi, Casarano 1995) [Sammlung]; De naturalium effectuum causis, sive de incantationibus, Basel 1556, ferner in: Opera [s. u.], 1–327 (repr. Hildesheim/ New York 1970), unter dem Titel: De incantationibus, ed. V. Perrone Compagni/L. Regnicoli, Florenz 2011 (franz. Les causes des merveilles de la nature ou les enchantements, ed. H. Busson,

Paris 1930); Dubitationes in quartum meteorologicorum Aristotelis librum, Venedig 1563; De fato, libero arbitrio, de praedestinatione, providentia Dei libri V, in: Opera [s. u.], 329–1015, unter dem Titel: Petri Pomponatii Mantua libri quinque de fato, de libero arbitrio et de praedestinatione, ed. R. Lemay, Lugano 1957, Rom 2001, unter dem Titel: Il fato, il libero arbitrio e la predestinazione [lat./ital.], I–II, ed. V. Perrone Compagni, Turin 2004; Opera, Basel 1567 [enthält De incantationibus und De fato, libero arbitrio, praedestinatione] (repr. [nur von De incantationibus] Hildesheim/New York 1970); P. O. Kristeller, Two Unpublished Questions on the Soul of P. P., Medievalia et Humanistica 9 (1955), 76–101, Errata et corrigenda, 10 (1956), 151; Corsi inediti dell'insegnamento padovano, I–II, ed. A. Poppi, Padua 1966/1970 (I Super libello de substantia orbis expositio et quaestiones quattuor [1507], II Quaestiones physicae et animasticae decem [1499–1500, 1503–1504]); Utrum anima sit mortalis vel immortalis, ed. W. van Dooren, Nouvelles de la République des Lettres (Neapel) 1–2 (1989), 71–135; Expositio super primo et secundo De partibus animalium, ed. S. Perfetti, Florenz 2004; Tutti i trattati peripatetici [lat./ital.], ed. F. P. Raimondi/J. M. García Valverde, Mailand 2013.

Literatur: J. Biard/T. Gontier (eds.), P. P. entre traditions et innovations, Amsterdam/Philadelphia Pa. 2009; C. Carbonara, P., Enc. filos. VI (1982), 689–693; A. H. Douglas, The Philosophy and Psychology of P. P., Cambridge 1910 (repr. Hildesheim 1962); F. Fiorentino, P. P.. Studi storici su la scuola bolognese e padovana del secolo XVI, Florenz 1868 (repr. Neapel 2008); E. Garin, P. P. e l'Aristotelismo del Cinquecento, Nuova Antologia 79 (1944), 29–45; É. Gilson, Autour de P.. Problématique de l'immortalité de l'âme en Italie au début du XVIe siècle, Arch. hist. doctr. litt. moyen-âge 36 (1961), 163–279, ferner in: ders., Humanisme et renaissance, Paris 1983, 1986, 133–249; F. Graiff, Aspetti del pensiero di P. P. nelle opere e nei corsi del periodo bolognese, Annali dell'Istituto di Filosofia 1 (Florenz 1979), 69–130; T. S. Hoffmann, Philosophie in Italien. Eine Einführung in 20 Porträts, Wiesbaden 2007, 143–161 (Kap. 6 P. P. [1462–1525]); D. A. Iorio, The Problem of the Soul and the Unity of Man in P. P., New Scholasticism 37 (1963), 293–311; ders., The Aristotelians of Renaissance Italy. A Philosophical Exposition, Lewiston N. Y./Queenston Ont./Lampeter 1991, 105–140 (Chap. VI Paduan Exclusivism and P. P.); J. Kraye, P. P. (1462–1525). Weltlicher Aristotelismus in der Renaissance, in: P. R. Blum (ed.), Philosophen der Renaissance. Eine Einführung, Darmstadt 1999, 87–103 (engl. [rev.] P. P. (1462–1525). Secular Aristotelianism in the Renaissance, in: P. R. Blum [ed.], Philosophers of the Renaissance, Washington D. C. 2010, 92–115); P. O. Kristeller, Eight Philosophers of the Italian Renaissance, Stanford Calif. 1964, 1999, 72–90 (franz. Huit philosophes de la renaissance italienne, Genf 1975, 73–89, 162; dt. Acht Philosophen der italienischen Renaissance, Weinheim 1986, 61–78, 147–148); ders., P., Enc. Ph. VI (1967), 392–396, VII (2007), 680–685 (mit ergänzter Bibliographie v. T. Frei); ders., Aristotelismo e sincretismo nel pensiero di P. P., Padua 1983; C. Lohr, P., RGG VI (⁴2003), 1487–1488; A. Lumpe, P., BBKL VII (1994), 822–825; G. di Napoli, L'immortalità dell'anima nel rinascimento, Turin 1963, 227–338 (Kap. 5 P. P. e la teoresi della mortalitá, Kap. 6 La polemica Pomponazziana); ders., Libertà e fato in P. P., in: Università degli Studi di Bari. Facoltà di Lettere e Filosofia, Studi in onore di Antonio Corsano, Manduria 1970, 175–220, ferner in: ders., Studi sul Rinascimento, Neapel 1973, 85–159; B. Nardi, Studi su P. P., Florenz 1965; L. Olivieri, La scientificità della teoria dell'anima nell'insegnamento padovano di P. P., in: A. Poppi (ed.), Scienza e filosofia all'Università di Padova nel Quattrocento, Padua/Triest 1983, 203–222; G. Patzig, P., RGG V (³1961), 459–460; S. Perfetti, P. P., SEP 2004, rev. 2012; M. Pine, P. and the Problem of ›Double Truth‹, J. Hist. Ideas 29 (1968), 163–176; ders., P. P. and the Scholastic Doctrine of Free Will, Riv. crit. stor. filos. 28 (1973), 3–27; ders., P., DSB XI (1975), 71–74; ders., P. P.: Radical Philosopher of the Renaissance, Padua 1986; ders., P., REP VII (1998), 529–533; A. Poppi, Saggi sul pensiero inedito di P. P., Padua 1970; R. Ramberti, Il problema del libero arbitrio nel pensiero di P. P.. La dottrina etica del »De fato«. Spunti di critica filosofica e teologica nel Cinquecento, Florenz 2007; J. H. Randall Jr., The School of Padua and the Emergence of Modern Science, Padua 1961, 69–114 (The Place of P. in the Padua Tradition); L. Regnicoli, Processi di diffusione materiale delle idee. I manoscritti del »De incantationibus« di P. P., Florenz 2011; G. Saitta, Il pensiero italiano nell'Umanesimo e nel Rinascimento II (Il Rinascimento), Bologna 1950, Florenz 1961, 249–323 (IV La scienza della natura come scienza dell'uomo. P. P.); M. E. Scribano, Il problema del libero arbitrio nel »De Fato« di P. P., Annali dell'Istituto di Filosofia 3 (Florenz 1981), 23–69; M. Sgarbi (ed.), P. P.. Tradizione e dissenso. Atti del Congresso internazionale di studi su P. P., Mantova, 23–24 ottobre 2008, Florenz 2010; V. Sorge, Tra contingenza e necessità. L'ordine delle cause in P. P., Mailand 2010; J. B. South, P., in: P. F. Grendler (ed.), Encyclopedia of the Renaissance V, New York 1999, 116–118; E. Weil, Die Philosophie des P. P., Arch. Gesch. Philos. 41 (1932), 127–176 (franz. La Philosophie de P. P., in: La philosophie de P. P.. Pic de la Mirandole et la critique de l'astrologie, Paris 1986, 11–61, 181–194); J. Wonde, Subjekt und Unsterblichkeit bei P. P., Stuttgart/Leipzig 1994; G. Zanier, Ricerche sulla diffusione e fortuna del »De incantationibus« di P., Florenz 1975. J. M.

pons asinorum, ↑Eselsbeweis/Eselsbrücke.

Popper, Karl Raimund, *Wien 28. Juli 1902, †Croydon (bei London) 17. Sept. 1994, österr.-brit. Philosoph und Wissenschaftstheoretiker. 1918 Abbruch der Gymnasialausbildung, Vorlesungsbesuch an der Universität Wien (unter anderem Mathematik, Philosophie, Physik, Psychologie), Gelegenheitsarbeit und soziale Tätigkeit (insbes. in den Erziehungsberatungsstellen A. Adlers), 1922–1924 Tischlerlehre, 1922 Abitur als Externer und Studium an der Universität Wien, 1922–1923 Studium der Kirchenmusik am Wiener Konservatorium, gleichzeitig Lehrerausbildung, 1924 Grundschullehrbefähigung, Tätigkeit als Erzieher und Sozialarbeiter in einem Hort für sozial gefährdete Kinder, 1925–1927 als Mitglied des Pädagogischen Instituts der Stadt Wien Einsatz für die Schulreform, 1928 Promotion bei K. Bühler in Psychologie (Zur Methodenfrage der Denkpsychologie), 1929 Lehrbefähigung für Hauptschulen in Mathematik und Physik, ab 1930 Hauptschullehrer in Wien. Ab 1922 Kontakt mit Mitgliedern des ↑Wiener Kreises, insbes. mit M. Schlick, R. Carnap, V. Kraft und H. Feigl, jedoch selbst nicht Mitglied dieses Kreises. 1935 und 1936 Einladungen nach England, Vorträge in London, Oxford und Cambridge. 1937 Emigration nach Christchurch (Neuseeland), dort Dozent am Canterbury University College. 1946 Reader an der London School of Economics and Political Science, 1949–1969 Prof. für Logik und wissenschaftliche Methode ebendort. Zahlreiche Gastprofessuren und Ehrungen (unter anderem: Fellow British Academy 1958, geadelt 1965, Fellow Royal Society 1976, Companion of Honour 1982). P.s wissenschaftstheoretisches Hauptwerk ist die »Logik der Forschung« (1934), deren Ansätze für die späteren Arbeiten in allen Bereichen der Theoretischen Philosophie (↑Philosophie, theoretische) sowie in der Sozialphilosophie und der politischen Philosophie grundlegend blieben.

Die »Logik der Forschung« ist aus einer Auseinandersetzung einerseits mit dem Logischen Empirismus (↑Empirismus, logischer, ↑Neopositivismus) L. Wittgensteins und des Wiener Kreises, andererseits mit der ↑Transzendentalphilosophie I. Kants hervorgegangen. Der transzendentalphilosophische Einfluß (in neukantianischer Form; ↑Neukantianismus), der P. vom eher in der von E. Mach geprägten empiristischen Tradition (↑Empiriokritizismus, ↑Positivismus (historisch)) stehenden Logischen Empirismus unterscheidet, wird besonders deutlich im ersten Band (publiziert 1979) des 1930–1933 entstandenen zweibändigen Manuskripts »Die beiden Grundprobleme der Erkenntnistheorie«, das im Wiener Kreis zirkulierte (der zweite Band dieses Manuskripts, aus dem durch Überarbeitung und Kürzung die »Logik der Forschung« hervorging, ist, abgesehen von einigen Fragmenten, verschollen). P. versteht in der »Logik der Forschung« seine ›Erkenntnistheorie der modernen Naturwissenschaft‹ (Untertitel der 1. Auflage) als ›Methodenlehre‹, die Regeln der empirisch-wissenschaftlichen Forschung formuliert und untersucht (↑Logik der Forschung). Als die beiden Grundprobleme der Erkenntnistheorie betrachtet er das *Induktionsproblem* (mit welchem Recht lassen sich auf Grund einer beschränkten Anzahl von Beobachtungen allgemeine Sätze formulieren?) und das *Abgrenzungsproblem* (nach welchen Kriterien unterscheidet man Sätze der empirischen Wissenschaft von solchen der Metaphysik?).

P. übernimmt D. Humes Kritik an der ↑*Induktion*, wonach diese als gehaltserweiternder Schluß nicht logisch gültig sein kann, zu ihrer empirischen Begründung jedoch selbst ein Induktionsprinzip benötigt wird, was zu einem unendlichen Regreß führt (↑regressus ad infinitum). P. geht über Hume hinaus, indem er auch psychologische Begründungen von Induktionsschlüssen (↑Gewohnheit) ablehnt, da schon die begriffliche Zusammenfassung von Wahrgenommenem auf theoretischen Voreinstellungen beruhe und Wahrnehmungsprädikate als Dispositionsprädikate (↑Dispositionsbegriff) nicht theoriefrei seien (↑Theoriebeladenheit von ↑Beobachtungen). Popper ersetzt die induktive Methode (↑Methode, induktive) als ein Verfahren der Verifizierung wissenschaftlich-allgemeiner Sätze durch ↑Generalisierung aus Beobachtungen durch die ›hypothetisch-deduktive Methode‹ der Theorienprüfung, die wissenschaftliche Hypothesen durch Spezialisierung der Möglichkeit der ↑Falsifikation aussetzt (↑Prüfbarkeit). Aus allgemeinen Sätzen (↑Hypothesen, ↑Theorien) werden dabei unter Zuhilfenahme von (singularen) ↑Randbedingungen (↑Anfangsbedingung) (singulare) Voraussagen (↑Prognosen) abgeleitet, die mit der Erfahrungsbasis verglichen werden: Trifft die Voraussage nicht ein, gilt die Hypothese oder Theorie als falsifiziert, trifft jene ein, gilt diese als vorläufig bewährt. Die von P. betonte Asymmetrie von ↑Verifikation und Falsifikation besteht darin, daß allgemeine Sätze, um die es sich bei wissenschaftlichen Gesetzen in der Regel handelt (↑Gesetz (exakte Wissenschaften)), relativ zu einer Erfahrungsbasis nur widerlegt (falsifiziert), nicht jedoch verifiziert werden können. An die Stelle des Begriffs der induktiven Begründung tritt bei P. der Begriff der ↑Bewährung, der ausdrückt, daß sich eine Theorie oder eine Hypothese bisher als resistent gegen Widerlegungsversuche erwiesen haben. Anders als im ↑Induktivismus ist dabei für P. allerdings fundamental, daß die Regel, bestimmte nicht-falsifizierte Hypothesen anderen solchen Hypothesen als besser bewährt vorzuziehen, rein pragmatisch aufzufassen ist, d.h. auf einer nicht logisch oder empirisch begründeten (obgleich rational diskutierbaren) Entscheidung beruht, insbes. also keine Aussage über die Verläßlichkeit von Hypothesen für künftige Voraussagen darstellt. Bewährung besagt nur etwas über den bisherigen Verlauf der Prüfung einer Theorie. P. versucht später (Degree of Confirmation, 1954; Realism and the Aim of Science, 1956, publ. 1983), diesen Bewährungsbegriff mit wahrscheinlichkeitstheoretischen Hilfsmitteln durch die Idee eines Bewährungsgrades zu metrisieren. Der Bewährungsgrad ist nach P. jedoch selbst keine Wahrscheinlichkeit, da er nicht-additiv ist und damit die Axiome der ↑Wahrscheinlichkeitstheorie verletzt. P. grenzt sich dabei ausdrücklich von Bestätigungsbegriffen der induktiven Logik (↑Bestätigung, ↑Bestätigungsfunktion, ↑Logik, induktive) ab und wirft in einer Kontroverse mit R. Carnap dessen Theorie Inkonsistenz vor.

Das Falsifikationsprinzip ist in der »Logik der Forschung« zugleich das ↑*Abgrenzungskriterium* zur Unterscheidung zwischen Erfahrungswissenschaft und ↑Metaphysik: Ein Satz ist erfahrungswissenschaftlich zulässig, wenn er (relativ zur akzeptierten Erfahrungsbasis) falsifizierbar ist. Dieses Abgrenzungskriterium ist eine Alternative zu dem am Induktionsproblem scheiternden empiristischen ↑Verifikationsprinzip Wittgensteins und des Wiener Kreises, wonach ein Satz erfahrungswissenschaftlich sinnvoll ist, wenn er unter Rückgriff auf Elementarsätze verifiziert werden kann. P. geht dabei allerdings insofern noch weiter, als er das Falsifikationskriterium im Gegensatz zum Verifikationsprinzip nicht als Sinnkriterium auffaßt, das die von der Wissenschaft abgegrenzte Metaphysik als semantisch leer klassifiziert (↑Sinnkriterium, empiristisches). Vielmehr können nach P. metaphysische Theorien erfahrungswissenschaftlich fruchtbar und damit sinnvoll sein (wie das allgemeine Kausalprinzip [↑Kausalität] als Ausdruck der Regel, nach allgemeinen Gesetzmäßigkeiten zu suchen) und auch im Laufe der Wissenschaftsentwicklung zu wissenschaftlichen Theorien werden (wie etwa der antike ↑Atomismus).

Mit der Formulierung der hypothetisch-deduktiven Methode entwickelt P. im Anschluß an verwandte Ideen bei J. S. Mill den Begriff der kausalen ↑*Erklärung*, der dieselbe logische Struktur wie der Begriff der Hypothesenprüfung hat (Deduktion einer Beschreibung des zu erklärenden Ereignisses aus allgemeinen Gesetzen und Randbedingungen) und später von C. G. Hempel und P. Oppenheim weiterentwickelt worden ist. In bezug auf die *Erfahrungsbasis* (↑Erfahrung) wissenschaftlicher Hypothesen vertritt P. einen konventionalistischen Ansatz (↑Konventionalismus): ↑Basissätze werden im Verfahren der Prüfung von Theorien, motiviert durch Wahrnehmungen, von der Forschergemeinschaft festgelegt, können jedoch auf Grund ihrer Theoriebeladenheit prinzipiell revidiert und als Hypothesen selbst deduktiv geprüft werden (unter Heranziehung anderer Basissätze). Damit wendet sich P. gegen die Protokollsatzkonzeption (↑Protokollsatz) des Wiener Kreises, wonach es eine absolute (und damit theoriefreie) Beobachtungsbasis der Erfahrungswissenschaften gibt. P.s Ansatz widerspricht gleichzeitig der späteren, von Carnap und Hempel vorgeschlagenen ↑Zweistufenkonzeption wissenschaftlicher Theorien, nach der von der ↑Theoriesprache eine ↑Beobachtungssprache abgegrenzt werden kann. Akzeptierte Basissätze bestimmen nach P. den empirischen Gehalt (↑Gehalt, empirischer) einer Theorie als die Klasse derjenigen Basissätze, die von der Theorie ausgeschlossen wird. Je mehr eine Theorie verbietet, desto größer ist ihr empirischer Gehalt. Der empirische Gehalt bestimmt auch die Einfachheit (↑Einfachheitskriterium) einer Theorie (die gehaltvollste Theorie wird von P. als die einfachste aufgefaßt) und ihre Bewährbarkeit. Als Metrisierung des empirischen Gehalts einer Theorie hat P. später ihre logische Unwahrscheinlichkeit vorgeschlagen (je unwahrscheinlicher eine Theorie ist, desto gehaltvoller ist sie).

Überlegungen zur Prüfung statistischer Hypothesen, die auch relativ zu einer festen empirischen Basis nicht endgültig falsifizierbar sind, haben in der »Logik der Forschung« dazu geführt, das Falsifikationsprinzip, das selbst eine methodologische Regel ist, um die Regel zu erweitern, daß extrem Unwahrscheinliches als nicht willkürlich reproduzierbar vernachlässigt werden kann (was der Festlegung eines Signifikanzniveaus in statistischen Tests entspricht; ↑Statistik). Eine andere zentrale Regel ist das Verbot der ↑›Immunisierung‹ (H. Albert) von Theorien, d. h. das Prinzip, Theorien nicht durch das Aufstellen von ↑ad-hoc-Hypothesen vor der Widerlegung zu retten. Die *methodologischen Regeln*, die P. in der »Logik der Forschung« aufstellt, sind für ihn »Spielregeln des Spiels ›empirische Wissenschaft‹«, d. h. Festsetzungen, deren Adäquatheit sich am Selbstverständnis der Forschergemeinschaft bemißt. – Die methodologischen Ansätze der »Logik der Forschung« hat P. später im Hinblick auf die historische Entwicklung wissenschaftlicher Theorien (↑Theoriendynamik) weiter ausgebaut (Truth, Rationality, and the Growth of Scientific Knowledge, 1961/1962, publ. 1963 in: Conjectures and Refutations). Danach erfolgt Theorienfortschritt nach dem Schema der sukzessiven Kritik und Revision vorhandener Theorien, wobei dieser Prozeß unter der Leitidee der objektiven Wahrheit steht. ›Wahrheit‹ versteht P. hier im Sinne der Wahrheitstheorie A. Tarskis, die er unmittelbar nach Abschluß der »Logik der Forschung« kennenlernte und als erfolgreiche Formulierung einer realistischen Korrespondenztheorie der Wahrheit versteht (↑Wahrheitstheorien). Die Idee der ↑Wahrheit wird von P. ergänzt durch eine Theorie der Wahrheitsnähe oder ↑Wahrheitsähnlichkeit (*verisimilitude*), wonach sich die Nähe gegebener wissenschaftlicher Theorien zur Wahrheit unter Verwendung des metrischen Begriffs des empirischen Gehalts numerisch bestimmen läßt. P.s Definitionen der Wahrheitsnähe haben sich auf Grund technischer und inhaltlicher Probleme nicht durchsetzen können.

Für die Revision wissenschaftlicher Theorien ist bei P. die Unterscheidung zwischen den aktual zur Prüfung stehenden Hypothesen und dem dabei nicht in Frage gestellten (aber prinzipiell prüfbaren) Hintergrundwissen wichtig, um bei einer Falsifikation nicht die Theorie als ganze, sondern nur bestimmte Teile verwerfen zu müssen. P. plädiert dementsprechend für die Formulierung wissenschaftlicher Theorien in möglichst weit durchanalysierter Form, deren Bestandteile unabhängig voneinander prüfbar sind, und wendet sich gegen holistische Ansätze (↑Holismus, ↑experimentum crucis), nach denen nur ganze Theorien (wie bei P. Duhem) oder sogar nur das gesamte theoretische Wissen einschließlich Logik und Mathematik (wie bei W. V. O. Quine) zur Revision stehen. P. hat sein am Fortschritt zur Wahrheit hin orientiertes Modell der Rationalität wissenschaftlicher Entwicklung auch gegen die Einwände T. S. Kuhns verteidigt, der historische Argumente gegen den rationalen Charakter wissenschaftlicher Revolutionen vorträgt (↑Revolution, wissenschaftliche). Anders als seine Schüler I. Lakatos und P. K. Feyerabend, die zentrale Modifikationen an der Methodologie des Falsifikationismus vornahmen, hat P. an der Idee des Wissenschaftsfortschritts durch rational-kritische Prüfung festgehalten.

Die Idee des Theorienwandels durch Falsifikation und Revision hat P. zu einer allgemeinen Theorie der *Evolution des Wissens* erweitert (erstmals in: Evolution and the Tree of Knowledge, 1961, publ. 1972 in: Objective Knowledge), wobei ↑Wissen in Analogie zur Theorie der organismischen ↑Evolution allgemein als Anpassung verstanden wird. Das Schema des Wissenschaftsfortschritts von (1) Problemen über (2) versuchsweise Lösungen (Theorien) und (3) Fehlerbeseitigung zu (4) neuen Problemen wird dabei darwinistisch interpretiert als evolutionärer Übergang von (1) Organismen über (2) Variationen, Mutationen, Präferenzen oder Organe und (3) Auslese zum (4) Überleben besser angepaßter Organismen. Auf diese Weise glaubt P. eine (von D. Campbell als ›evolutionäre Erkenntnistheorie‹ bezeichnete; ↑Erkenntnistheorie, evolutionäre) umfassende Theorie zu erhalten, die die biologische Evolution mit der kulturellen und wissenschaftlichen Evolution verknüpft. Allerdings besteht P. auf dem rationalen Charakter der kulturell-wissenschaftlichen Evolution, versteht diese also nicht als naturwüchsigen Ablauf. Im Unterschied zu anderen Vertretern der evolutionären Erkenntnistheorie überträgt P. nicht nur die Idee der organismischen Evolution auf die Wissenschaftsentwicklung, sondern auch umgekehrt Ideen des Wissenschaftsfortschritts auf die vorkulturelle Evolution des Lebens, indem er alles Leben als Problemlösen (Buchtitel 1994) auffaßt. Freilich bleibt für den Wissenschaftsfortschritt, anders als für die natürliche Evolution, die Idee der bewußten Kritik maßgeblich. Vor allem verfällt P. nicht in den Kulturpessimismus mancher evolutionärer Erkenntnistheoretiker, sondern ist, wie zahlreiche Äußerungen (vor allem in seinem Alterswerk) dokumentieren, als dezidierter Kulturoptimist anzusehen.

Obwohl die Bewährung wissenschaftlicher Hypothesen nach P. keine ↑*Wahrscheinlichkeit* ist, baut sie auf dem Wahrscheinlichkeitsbegriff auf. In diesem Zusammenhang hat P. schon in der »Logik der Forschung« den Begriff der *logischen* Wahrscheinlichkeit geprägt und diese von der statistischen Wahrscheinlichkeit unterschieden. P. ist wahrscheinlichkeitstheoretischer Objektivist, d.h., beide Arten der Wahrscheinlichkeit sind für ihn keine Grade des Glaubens im Sinne einer subjektiven Theorie, sondern objektive Eigenschaften, die axiomatisch beschrieben werden. In diesem Kontext hat P. selbst eine Axiomatisierung des Wahrscheinlichkeitsbegriffs vorgeschlagen, die anders als diejenige A. N. Kolmogorovs auf der bedingten Wahrscheinlichkeit $P(A|B)$ (d.i. die Wahrscheinlichkeit von A unter der Voraussetzung, daß B gilt) aufbaut und hier zuläßt, daß B die (absolute) Wahrscheinlichkeit 0 hat. Dies ist für seine Bewährungstheorie im Zusammenhang mit der Nullbestätigung allgemeiner Gesetze wichtig. Die Tatsache, daß diese Axiomatisierung den Begriff der logischen ↑Folgerung nicht voraussetzt, hat in neuerer Zeit zur probabilistischen Semantik (↑Semantik, alternative) geführt, in der der logische Folgerungsbegriff auf den (axiomatisch charakterisierten) Begriff der bedingten Wahrscheinlichkeit zurückgeführt wird. Die statistische Wahrscheinlichkeit versteht P. in der »Logik der Forschung« im Sinne der Häufigkeitsinterpretation R. v. Mises'. Dort schlägt er auch, unabhängig von verwandten Ansätzen bei H. Reichenbach und der mathematischen Wahrscheinlichkeitstheorie, eine verbesserte Definition des Begriffs der zufälligen Folge vor (so genannte ›*n*-nachwirkungsfreie Folgen‹) und gibt ein Verfahren zur Konstruktion solcher Folgen an. Später wird er zum Vertreter der von ihm so genannten ›Propensitätsinterpretation‹ der Wahrscheinlichkeit (The Propensity Interpretation of Probability, 1959, und Part II von: Realism and the Aim of Science, 1956, publ. 1983). Danach ist für die statistische Wahrscheinlichkeit nicht die relative Häufigkeit von Massenerscheinungen grundlegend, sondern die Wahrscheinlichkeit von Einzelereignissen. Sie drückt die ↑Tendenz (›Geneigtheit‹, *propensity*) von experimentellen Anordnungen aus, ein bestimmtes Ergebnis hervorzubringen, und wird wissenschaftstheoretisch als theoretischer Begriff (↑Begriffe, theoretische) axiomatisiert. Hierbei ist wesentlich, daß Propensitäten nicht einzelnen Objekten und auch nicht einzelnen Ereignissen im physikalischen Sinne zugesprochen werden, sondern immer der gesamten Anordnung (z.B. der experimentellen Apparatur), die diese Ereignisse erzeugt.

Die Propensitätsinterpretation der Wahrscheinlichkeit ist eine zentrale Grundlage von P.s Wissenschaftstheorie der *Quantenphysik* (↑Quantentheorie; Quantum Theory and the Schism in Physics, 1956, publ. 1982; The Propensity Interpretation of the Calculus of Probability and the Quantum Theory, 1957). P. wendet sich gegen die ↑Kopenhagener Deutung der Quantenmechanik, nach der die ↑Unschärferelation prinzipielle Grenzen der Meßgenauigkeit setzt, die auf den unvermeidlichen Einfluß des Beobachters bei der Messung zurückgehen, und die damit ein neues, subjektivistisch gefärbtes Bild der physikalischen Realität propagiert hat. P. interpretiert die Unschärferelationen dagegen statistisch als Aussagen über untere Grenzen der statistischen Streuung bei Experimentfolgen, die genaue Messungen bei der Prüfung dieser Aussagen nicht ausschließen. Die Annahme eines ↑Korpuskel-Welle-Dualismus (↑Komplementaritätsprinzip) lehnt P. ab. Vielmehr sind z.B. Elektronen Teilchen, deren Wellentheorie (↑Schrödinger-Gleichung) ihren möglichen Zuständen Propensitäten zuordnet. Da diese Propensitäten sich auf die gesamte Versuchsanordnung beziehen, mit der man sie beobachtet, sind nach P. auch Ergebnisse des Doppelspalt-Experiments, die häufig für die Begründung dieses Dualismus herangezogen werden, nicht erstaunlich, da Öffnen oder Schließen eines Spalts diese Propensität verändert. P. ist ein Gegner sowohl des naturwissenschaftlichen als auch des metaphysischen ↑*Determinismus* (The Open Universe. An Argument for Indeterminism, 1956, publ. 1982). Mit Argumenten, die unabhängig von der Quantentheorie sind, also nur klassische Physik voraussetzen, sucht er zu zeigen, daß deterministische Ansätze auch in schwacher Form nicht haltbar sind. So argumentiert er, daß scheinbar deterministische physikalische Theorien wie die Newtonsche Mechanik (↑Laplacescher Dämon) vor allem für Vielkörpersysteme nicht in der Lage sind, aus einer beliebigen Vorhersageaufgabe den für die Vorhersage notwendigen Präzisionsgrad der Anfangsbedingungen zu bestimmen (*principle of accountability*), ferner, daß die Ergebnisse der zukünftigen Prüfung gegenwärtiger Theorien und damit des Wachstums des theoretischen Wissens grundsätzlich nicht prognostizierbar sind. Diese Argumente für den ↑Indeterminismus werden erweitert (Of Clouds and Clocks, 1965, publ. 1966) um Argumente für die prinzipielle Offenheit der Zukunft für freies Handeln (↑Freiheit, ↑Freiheit (handlungstheoretisch), ↑Wille), die eine wesentliche Voraussetzung von P.s Philosophie des Geistes, seiner Drei-Welten-Lehre und seiner sozialphilosophischen und politischen Theorie ist.

Im Bereich der Philosophie des Geistes (↑philosophy of mind) vertritt P. eine Lösung des ↑*Leib-Seele-Problems* im Sinne eines interaktionistischen (↑Interaktionismus) Dualismus, wonach Physisches und Psychisches verschiedene Bereiche sind, die kausal miteinander interagieren (Language and the Body-Mind Problem, 1953, zusammenfassendes Hauptwerk: The Self and Its Brain [mit J. C. Eccles], 1977). P. wendet sich explizit gegen behavioristische Positionen (↑Behaviorismus), die er als dem neopositivistischen Sinnkriterium verhaftet ansieht, gegen das Maschinenmodell des Menschen und gegen die Symbolverarbeitungstheorie des Geistes, der er schon 1950 (wie später J. R. Searle) die Nichtbeachtung des intentionalen (↑Intentionalität) Charakters des Psychischen vorhält, sowie gegen eine kausale Sprachtheorie, der er die Verkennung der Beschreibungs- und Argumentationsfunktion der Sprache zugunsten der bloßen Ausdrucks- und Signalfunktionen zum Vorwurf macht. P. greift dabei auf die Bühlersche Klassifikation der Funktionen der Sprache in Ausdruck (Bekundung), Appell (Signal) und Darstellung (Beschreibung) zurück, wobei er von der (höheren) Darstellungsfunktion noch eine argumentative Funktion unterscheidet. Letzte Ideen P.s (A Discussion of the Mind-Brain Problem, 1992, publ. 1993) betreffen einen Ansatz, Intentionen in Analogie zu physikalischen Kraftvektoren zu verstehen.

Der interaktionistische Leib-Seele-Dualismus ist ein Teil der *Drei-Welten-Lehre* (Trialismus) und erhält bei P. in deren Rahmen seine endgültige Begründung (erstmals vertreten in: Epistemology without a Knowing Subject, 1967, publ. 1968; Zur Theorie des objektiven Geistes, 1968, beide Arbeiten in: Objektive Erkenntnis). Ähnlich wie schon bei G. Frege (der von drei ›Reichen‹ spricht; ↑Gedanke), ist ›Welt 1‹ der Bereich des Physischen, ›Welt 2‹ der Bereich des Psychischen und ›Welt 3‹ der Bereich des Geistigen (ursprünglich benutzt P. die Terminologie ›Erste Welt‹/›Zweite Welt‹/↑›Dritte Welt‹). Welt 2 wirkt kausal auf Welt 1, während Welt 3 durch Vermittlung von Welt 2 auf Welt 1 wirkt. Gäbe es nicht Welt 2 als eigenständigen Bereich des Psychischen, ließe sich nicht die (nach P. offensichtliche) Wirksamkeit von Produkten des menschlichen Geistes (z. B. wissenschaftlichen Theorien, Weltanschauungen oder Kunstwerken) auf den Ablauf der physischen Welt verständlich machen: Da Welt 3 nicht auf Welt 1 reduzierbar ist, ist auch Welt 2 nicht auf Welt 1 reduzierbar, da Welt 3 nur durch Welt 2 auf Welt 1 wirkt. P. faßt Welt 3 einerseits als vom Menschen durch dessen geistige Produktion geschaffen auf, andererseits als Bereich, in dem Unbekanntes entdeckt wird (z. B. ist nach P. die Folge der natürlichen Zahlen eine menschliche Konstruktion, die Eigenschaften der natürlichen Zahlen werden jedoch entdeckt). Durch diese Auffassung glaubt P., dem Platonismusvorwurf in bezug auf Welt 3 begegnen zu können. Voraussetzung für die Drei-Welten-Lehre, wonach alle in irgendeiner Welt wirklichen Größen auch kausal wirksam sind, ist die mit P.s Indeterminismus einhergehende Ablehnung der kausalen Geschlossenheit von Welt 1.

Erkenntnistheoretisch vertritt P. durchgängig einen strengen Objektivismus und Realismus (↑Realismus (erkenntnistheoretisch), ↑Realismus, wissenschaftlicher), in dem das erkennende Subjekt nur eine marginale Rolle spielt und die erkannten Gehalte in den Mittelpunkt gerückt werden. Entsprechend grenzt sich P. strikt von der analytischen ↑Sprachphilosophie, einem zentralen Paradigma der Philosophie des 20. Jhs., ab, und zwar sowohl von ihrer natürlich-sprachlichen (↑Ordinary Language Philosophy) als auch von ihrer idealsprachlichen Version, die auf dem Begriff der ↑Explikation und der rationalen ↑Rekonstruktion aufbaut. Beide Varianten verkörpern für ihn einen idealistischen ↑Essentialismus – die These, durch Analyse der Sprache Einsicht in das Wesen der Realität zu erhalten –, verbunden mit der These, daß es mit der Sprache einen letzten, fundamentalen Bezugsrahmen gebe, was nach P. zum ↑Relativismus führt (The Myth of the Framework, 1965, publ. 1976). Sprachphilosophische Überlegungen können nur im Zusammenhang mit der Lösung von Problemen stehen und kein Fundament im Sinne einer Begründungsbasis abgeben; sie sind also ebenso wie Beobachtungen theorieabhängig. Im Bereich der Begründung der *deduktiven Logik* (New Foundations for Logic, 1947) vertritt P. zunächst einen regellogischen Ansatz (↑Regellogik), d. h. die Idee einer Semantik logischer Zeichen durch Angabe von charakteristischen Schlußregeln, die diese Zeichen betreffen (↑Kalkül des natürlichen Schließens). Später gibt er diesen Ansatz zugunsten der Idee auf, die Logik von ihrer Charakterisierung als ›Organon der Kritik‹ her zu begründen, d. h. diejenige Logik auszuzeichnen, die die kritische Prüfung von Hypothesen am stärksten erleichtert.

Der Begriff der ↑*Kritik* ersetzt im späteren Werk P.s den engeren wissenschaftstheoretischen Begriff der Falsifikation aus der »Logik der Forschung«. Die Anwendung des Verfahrens der kritischen Prüfung (↑Prüfung, kritische) auf Konzeptionen, die im Sinne des Abgrenzungskriteriums der »Logik der Forschung« nicht falsifizierbar und damit metaphysisch sind (Über die Möglichkeit der Erfahrungswissenschaft und der Metaphysik, 1957/1958), erlaubt es P. insbes., sich mit philosophischen Theorien, z. B. in seiner Diskussion des Leib-Seele-Problems oder des Determinismusproblems, auseinanderzusetzen. Zu diesem Verfahren gehört neben internen Konsistenzprüfungen vor allem die Untersuchung und der Vergleich solcher Theorien in bezug auf ihre Fähigkeit, bestimmte Probleme zu lösen. Die Position, die das Verfahren der kritischen Prüfung zu ihrer methodischen Grundregel macht, hat P. ›Kritischen Rationalismus‹ (↑Rationalismus, kritischer) genannt.

P.s *Sozialphilosophie* und *politische Theorie* gründen in einer Anwendung wissenschaftstheoretischer Prinzipien auf den Bereich des sozialen Handelns. Sie sind im wesentlichen in »The Poverty of Historicism« (1944/1945) und in »The Open Society and Its Enemies« (1945) ausgearbeitet, die während der Emigration in Neuseeland geschrieben wurden. P. kritisiert die von ihm als ↑›Historizismus‹ bezeichnete geschichtsphilosophische (↑Geschichtsphilosophie) Konzeption, wonach geschichts- und sozialwissenschaftliche Methoden einerseits von naturwissenschaftlichen Methoden grundsätzlich verschieden sind, es aber andererseits erlauben, Gesetze eines weltgeschichtlichen Ablaufs zu formulieren, der durch subjektives Handeln nicht grundsätzlich zu beeinflussen sei und dem nur aus historischer Einsicht zur Durchsetzung verholfen werden könne (Paradigma: die Geschichtsphilosophie des ↑Marxismus; ↑Materialismus, historischer). Gegen die am Bild des Organismus orientierte holistische Sicht der ↑Gesellschaft und ihrer Geschichte und einen damit verbundenen ↑Utopismus der globalen Gesellschaftsveränderung setzt P. die Idee der Stückwerksozialtechnik (*piecemeal social engineering*), die sich bei Entwurf, Erhalt und Umgestaltung sozialer ↑Institutionen an kleinen, revidierbaren Schritten orientiert, deren möglicher Schaden kontrollierbar ist, nicht an globalen Endzielen, deren Verfolgung prinzipiell nicht Gegenstand dieser Art von Sozialtechnik sein kann. Die Stückwerksozialtechnik läßt sich nach P. mit empirischer Sozialforschung (↑Sozialforschung, empirische) verbinden, insofern sie auf der Methode von Versuch und Irrtum (↑trial and error) basiert und so experimentell gestützte Modelle für soziale Abläufe im Sinne einer von P. vertretenen einheitlichen wissenschaftlichen Methodologie liefert, die sich nicht grundsätzlich von derjenigen der Naturwissenschaften unterscheidet. Für die historischen Wissenschaften (einschließlich bestimmter Zweige der Soziologie), die nach P. eher an der Erklärung singularer Ereignisse als an der Prüfung allgemeiner Gesetze interessiert sind, schlägt er, ebenfalls in Einklang mit der Idee einer grundsätzlich einheitlichen Methodologie für alle Wissenschaften, das Verfahren einer ↑›Situationslogik‹ vor, in der das Handeln von Individuen unter der Annahme rationaler Zwecksetzungen beschrieben wird, ohne in einen ↑Psychologismus zu verfallen (↑Individualismus, methodischer). Die Bedeutung der Situationslogik als einer ›objektiv-verstehenden‹ Methode einer ›objektiv-verstehenden‹ Sozialwissenschaft hat P. auch in seinem Referat »Die Logik der Sozialwissenschaften« (1961, publ. 1962) hervorgehoben, das zum Ausgangspunkt des ↑Positivismusstreits in der deutschen Soziologie wurde, der wiederum die P.-Rezeption in Deutschland maßgeblich bestimmt hat.

»Die offene Gesellschaft und ihre Feinde« erweitert die wissenschaftstheoretische Kritik am Historizismus zu einer Kritik der ↑Staatsphilosophien und ↑Gesellschaftstheorien vor allem von Platon, G. W. F. Hegel und K. Marx. Diese Theorien favorisieren nach P. geschlossene Gesellschaften im Sinne organischer Ganzheiten, die magisch, kollektivistisch, durch Tabus geregelt sind und auf der Nichtunterscheidung von ↑Natur und ↑Kultur beruhen. In einer offenen Gesellschaft sind dagegen Individuen für persönliche Entscheidungen selbst verantwortlich und stehen gesellschaftlichen Regelungen kritisch gegenüber. Ansätze zu einer solchen offenen Gesellschaft sieht P. erstmals in der athenischen Demokratie verwirklicht. Er wirft Platon, Hegel und Marx vor, den (sich immer noch vollziehenden) Übergang von der geschlossenen zur offenen Gesellschaft zu bekämpfen. Damit werden sie nach P. zu geistigen Wegbereitern totalitärer Staatsformen und Diktaturen. In diesem Zusammenhang kritisiert P. auch die in der staatsphilosophischen Tradition vorherrschende Fragestellung ›wer soll herrschen?‹ als verfehlten Ansatz, dessen wissenschaftstheoretisches Analogon das induktivistische Begründungsdenken ist. An die Stelle des Versuchs, das

Problem des besten Herrschers zu lösen, sollte in einer offenen Gesellschaft vielmehr die Idee der Kritik so institutionalisiert werden, daß auf diese Weise die Folgen schlechter ↑Herrschaft in Grenzen gehalten werden, man also insbes. schlechte Herrscher wieder los wird. Entsprechend hält P. Glück (↑Glück (Glückseligkeit)) und Leiden für moralisch asymmetrische Begriffe und ersetzt die utilitaristische Maxime (↑Utilitarismus) der Vermehrung der Glückseligkeit durch die der Verminderung des Leidens. Diese als Auseinandersetzung mit den geistigen Wurzeln des Nationalsozialismus und des ↑Kommunismus verstandene Staats- und Gesellschaftstheorie hat P. zu einem Theoretiker des politischen ↑Liberalismus gemacht, auf den sich Politiker verschiedenster Ausrichtung berufen haben (wobei sich P. selbst parteipolitisch nicht geäußert oder betätigt hat).

↑*Ethik* ist für P. keine Wissenschaft. Der Versuch, Sollenssätze (↑Sollen) zu begründen oder zu widerlegen, scheitert daran, daß sie nicht logisch mit Behauptungssätzen zusammenhängen (↑Naturalismus (ethisch)). Moralisches Handeln basiert nach P. auf Entscheidungen, die im Bewußtsein ihrer Konsequenzen getroffen werden. Da über die Konsequenzen von Handlungen im Sinne kritischer Prüfung befunden werden kann, sind für P. moralische Entscheidungen keineswegs irrational im Sinne der ↑Willkür, auch wenn sie nicht begründet oder widerlegt werden können. In diesem Sinne hat P. moralische Prinzipien formuliert und sich als Vertreter moralischer Werte erwiesen (z. B. in: Auf der Suche nach einer besseren Welt, 1984). Im Bereich der *Ästhetik* (↑ästhetisch/Ästhetik) gibt es vereinzelte Stellungnahmen P.s, z. B. gegen Kunst als Ausdruck der Persönlichkeit oder gegen die von ihm als historizistisch angesehene Idee eines Fortschritts in der Kunst. Diese Stellungnahmen zeigen, daß P. einer Werkästhetik zuneigt, die Kunstwerke analog zu wissenschaftlichen Theorien als geistige Inhalte (= Bestandteile von Welt 3) ansieht, deren Produktion ein Problemlösungsprozeß nach der Methode von Versuch und Irrtum ist.

Neben der Überzeugungskraft von P.s Argumenten hat die Kohärenz und Prägnanz seiner Auffassungen, wozu auch sein klarer Stil und seine Fähigkeit zu treffenden Begriffsbildungen gehören, zur Schulbildung beigetragen. Der von P. begründete Kritische Rationalismus ist dabei zu einer philosophischen Orientierung geworden, die über die institutionelle Philosophie weit hinausgeht und fast bis ins Weltanschauliche reicht. Seine öffentliche Wirkung hat der Kritische Rationalismus wesentlich durch die große Resonanz von P.s philosophisch-wissenschaftstheoretischen Werken in den empirischen Wissenschaften und seiner Gesellschaftstheorie in den Sozialwissenschaften und der Politik entfaltet.

Werke: Gesammelte Werke in deutscher Sprache, Tübingen 2001 ff. (erschienen Bde I–X, XII, XV), I–II, ed. T. E. Hansen, III, X, ed. H. Keuth, IV–VI, ed. H. Kiesewetter, VII–IX, ed. W. W. Bartley III., XII, ed. H.-J. Niemann, XV, ed. M. Lube. – Über die Stellung des Lehrers zu Schule und Schüler. Gesellschaftliche oder individualistische Erziehung?, Schulreform 4 (1925), 204–208, Nachdr. in: Ges. Werke [s. o.] I, 3–9; Zur Methodenfrage der Denkpsychologie, Diss. Wien 1928, Nachdr. in Ges. Werke [s. o.] I, 187–260 (franz. Question de méthode en psychologie de la pensée, Lausanne 2011); Logik der Forschung. Zur Erkenntnistheorie der modernen Naturwissenschaft, Wien 1935 [1934], Tübingen [10]1994, [11]2005 (= Ges. Werke III) (engl. The Logic of Scientific Discovery, London, New York 1959, London/New York 2010; franz. La logique de la découverte scientifique, Paris 1973); The Poverty of Historicism, Economica NS 11 (1944), 86–103, 119–137, 12 (1945), 69–89, Neudr. London, Boston Mass. 1957, London [2]1960, rev. 1961, London/New York 2007 (franz. Misère de l'historicisme, Paris 1956, Paris 1991; dt. Das Elend des Historizismus, Tübingen 1965, [7]2003 [= Ges. Werke IV]); The Open Society and Its Enemies, I–II (I The Spell of Plato, II The High Tide of Prophecy. Hegel, Marx, and the Aftermath), London 1945, [5]1966, in einem Bd. London/New York 2011, Princeton N. J. 2013 (dt. Die offene Gesellschaft und ihre Feinde, I–II [I Der Zauber Platons, II Falsche Propheten. Hegel, Marx und die Folgen], Bern 1957/1958, Tübingen [7]1992, [8]2003 [= Ges. Werke V/VI]; franz. La société ouverte et ses ennemis, I–II [I L'ascendant de Platon, II Hegel et Marx], Paris 1990/1991); New Foundations for Logic, Mind NS 56 (1947), 193–235; Indeterminism in Quantum Physics and in Classical Physics, Brit. J. Philos. Sci. 1 (1950), 117–133, 173–195; Language and the Body-Mind Problem, in: Proceedings of the 11th International Congress of Philosophy, Brussels, 20.–26. 8. 1953 VII (Philosophical Psychology), Amsterdam 1953, 101–107, Nachdr. in: Conjectures and Refutations [s. u.], 293–298; Degree of Confirmation, Brit. J. Philos. Sci. 5 (1954), 143–149, Neudr. in: The Logic of Scientific Discovery [s. o.], 395–402 (dt. Grad der Bewährung, in: Logik der Forschung [s. o.] [2]1966, [11]2005, 348–354); The Propensity Interpretation of the Calculus of Probability, and the Quantum Theory, in: S. Körner (ed.), Observation and Interpretation. A Symposium of Philosophers and Physicists, London 1957, 65–70, 88–89; Über die Möglichkeit der Erfahrungswissenschaft und der Metaphysik. Zwei Rundfunkvorträge, Ratio 1 (1957/1958), H. 2, 1–16 (engl. On the Status of Science and Metaphysics, in: Conjectures and Refutations [s. u.], 184–200); The Propensity Interpretation of Probability, Brit. J. Philos. Sci. 10 (1959), 25–42; Die Logik der Sozialwissenschaften, Kölner Z. Soz. Sozialpsychol. 2 (1962), 233–248, Neudr. in: T. W. Adorno u. a., Der Positivismusstreit in der deutschen Soziologie, Neuwied/Berlin 1969, München 1993, 103–123, ferner in: Auf der Suche nach einer besseren Welt [s. u.], 79–98 (engl. The Logic of the Social Sciences, in: In Search of a Better World. Lectures and Essays from Thirty Years [s. u.], 64–81); Conjectures and Refutations. The Growth of Scientific Knowledge, London, New York 1963, London [5]1974, rev. 1989, London/New York 2010 (franz. Conjectures et refutations. La croissance du savoir scientifique, Paris 1985, 2006; dt. Vermutungen und Widerlegungen. Das Wachstum der wissenschaftlichen Erkenntnis, I–II, Tübingen 1994, 1997, in einem Bd., Tübingen 2000, [2]2009 [= Ges. Werke X]); Of Clouds and Clocks. An Approach to the Problem of Rationality and the Freedom of Man. The Arthur Holly Compton Memorial Lecture Presented at Washington University, April 21, 1965, St. Louis Miss. 1966, Nachdr. in: Objective Knowledge [s. u.], 206–255; Quantum Mechanics without ›The Observer‹, in: M. Bunge (ed.), Quantum Theory and Reality,

Berlin/Heidelberg/New York 1967, 7–44, erw. Nachdr. in: Quantum Theory and the Schism in Physics [s. u.], 35–95; Epistemology Without a Knowing Subject, in: Logic, Methodology and Philosophy of Science. Proceedings of the Third International Congress for Logic, Methodology and Philosophy of Science, Amsterdam 1967, 333–373, Nachdr. in: Objective Knowledge [s. u.], 106–152; On the Theory of the Objective Mind, Akten des XIV. Internationalen Kongresses für Philosophie I, Wien 1968, 25–53, überarb. und erg. um Auszüge aus: Eine objektive Theorie des historischen Verstehens, Schweizer Monatshefte 50 (1970), 207–215, in: Objective Knowledge [s. u.], 153–190; Objective Knowledge. An Evolutionary Approach, Oxford 1972, 2003 (franz. La connaissance objective. Une approche évolutionniste, Brüssel 1972, Paris 2012; dt. Objektive Erkenntnis. Ein evolutionärer Entwurf, Hamburg 1973, 1998); Autobiography of K. P., in: P. A. Schilpp (ed.), The Philosophy of K. P. [s. u., Lit.] I, 1–181, rev. als: Unended Quest. An Intellectual Autobiography, Glasgow, London, La Salle Ill. 1976, erw. London/New York 2002 (dt. Ausgangspunkte. Meine intellektuelle Entwicklung, Hamburg 1979, Tübingen 2012 [= Ges. Werke XV]; franz. La quête inachevée, Paris 1981, 2012); Replies to My Critics, in: P. A. Schilpp (ed.), The Philosophy of K. P., [s. u., Lit.] II, 961–1197; The Myth of the Framework, in: E. Freeman (ed.), The Abdication of Philosophy. Philosophy and the Public Good, La Salle Ill. 1976, 23–48, Nachdr. London 1984, rev. in: The Myth of the Framework. In Defence of Science and Rationality [s. u.], 33–64; (mit J. C. Eccles) The Self and Its Brain. An Argument for Interactionism, Berlin etc. 1977, rev. 1981, London/New York 2006 (dt. Das Ich und sein Gehirn, München/Zürich 1982, ^{7}1987, Neuausg. 1989, ^{10}2008, ferner in: Ges. Werke [s. o.] XII, 185–465); Die beiden Grundprobleme der Erkenntnistheorie. Aufgrund von Manuskripten aus den Jahren 1930–1933, ed. T. E. Hansen, Tübingen 1979, ^{3}2010 (= Ges. Werke II) (franz. Les deux problèmes fondamentaux de la théorie de la connaissance, Paris 1999; engl. The Two Fundamental Problems of the Theory of Knowledge, ed. T. E. Hansen, London/New York 2009, 2012); (mit F. Kreuzer) Offene Gesellschaft – Offenes Universum. Ein Gespräch über das Lebenswerk des Philosophen, Wien 1982, ^{4}1986, gekürzt München/Zürich 1986, ^{3}1994; Quantum Theory and the Schism in Physics. From the ›Postscript to the Logic of Scientific Discovery‹, ed. W. W. Bartley III., London etc., London, Totowa N. J. 1982, London/New York 2000 (franz. La théorie quantique et le schisme en physique, ed. W. W. Bartley III., Paris 1996; dt. Die Quantentheorie und das Schisma der Physik, als: Ges. Werke [s. o.] IX); The Open Universe. An Argument for Indeterminism. From the ›Postscript to the Logic of Scientific Discovery‹, ed. W. W. Bartley III., Totowa N. J., London etc., London/New York 1982, London/New York 2000 (franz. L'univers irrésolu. Plaidoyer pour l'indéterminisme, ed. W. W. Bartley III., Paris 1984, 1986; dt. Das offene Universum, als: Ges. Werke [s. o.] VIII); Realism and the Aim of Science. From the ›Postscript to the Logic of Scientific Discovery‹, ed. W. W. Bartley III., Totowa N. J., London etc., London/New York 1983, 2000 (franz. Le réalisme et la science, ed. W. W. Bartley III., Paris 1990; dt. Realismus und das Ziel der Wissenschaft, als: Ges. Werke [s. o.] VII); A Pocket P., ed. D. Miller, London 1983, unter dem Titel: P. Selections, ed. D. Miller, Princeton N. J. 1985 (dt. K. P. Lesebuch. Ausgewählte Texte zur Erkenntnistheorie, Philosophie der Naturwissenschaften, Metaphysik, Sozialphilosophie, Tübingen 1995, 1997); Auf der Suche nach einer besseren Welt. Vorträge und Aufsätze aus dreißig Jahren, München/Zürich 1984, Neuausg. 1987, ^{16}2011 (engl. In Search of a Better World. Lectures and Essays from Thirty Years, London/New York 1992, 1996; franz. À la recherche d'un monde meilleur. Essais et conférences, Monaco 2000, Paris 2011); (mit K. Lorenz) Die Zukunft ist offen. Das Altenberger Gespräch. Mit den Texten des Wiener P.-Symposiums, ed. F. Kreuzer, München 1985, ^{6}1994 (franz. L'avenir est ouvert. Entretien d'Altenberg. Textes du Symposium P. à Vienne, ed. F. Kreuzer, Paris 1990, 1995); A World of Propensities, Bristol 1990, 1995 (franz. Un univers de propensions. Deux études sur la causalité et l'évolution, Combas 1992; dt. Eine Welt der Propensitäten, Tübingen 1995); »Ich weiß, daß ich nichts weiß – und kaum das«. K. P. im Gespräch über Politik, Physik und Philosophie, Bonn, Frankfurt/Berlin 1991, ^{2}1992; How the Moon Might Throw Some of Her Light upon the Two Ways of Parmenides, Class. Quart. NS 42 (1992), 12–19, ferner in: The World of Parmenides [s. u.], 79–96 (dt. Wie der Mond etwas von seinem Licht auf die Zwei Wege des Parmenides werfen könnte, in: Die Welt des Parmenides [s. u.], 137–161); La lezione di questo secolo, Venedig 1992 (franz. La leçon de ce siècle, Paris 1993, 1996; engl. The Lesson of this Century. With Two Talks on Freedom and the Democratic State, London/New York 1996, 2000); (mit B. I. B. Lindahl/P. Århem) A Discussion of the Mind-Brain Problem, Theoretical Medicine 14 (1993), 167–180; Alles Leben ist Problemlösen. Über Erkenntnis, Geschichte und Politik, München/Zürich, Darmstadt, Wien 1994, München/Zürich ^{15}2012 (franz. Toute vie est résolution de problèmes, I–II [I Questions autour de la connaissance de la nature, II Réflexions sur l'histoire et la politique], Arles 1997/1998; engl. All Life is Problem Solving, London/New York 1999, 2010); Knowledge and the Body-Mind Problem. In Defence of Interaction, ed. M. A. Notturno, London/New York 1994, 2008 (dt. Wissen und das Leib-Seele-Problem, in: Ges. Werke [s. o.] XII, 1–179); The Myth of the Framework. In Defence of Science and Rationality, ed. M. A. Notturno, London/New York 1994, 2006; The World of Parmenides. Essays on the Presocratic Enlightenment, ed. A. F. Petersen, London/New York 1998, London/New York 2012 (dt. Die Welt des Parmenides, München/Zürich 2001, ^{3}2012); Alle Menschen sind Philosophen, ed. H. Bohnet/K. Stadler, München/Zürich 2002, 2006; After the Open Society. Selected Social and Political Writings, ed. J. Shearmur/P. N. Turner, London/New York 2008, 2012. – Hans Albert. K. R. P. Briefwechsel 1958–1994, ed. M. Morgenstern/R. Zimmer, Frankfurt 2005. – T. E. Hansen, Bibliography of the Writings of K. P., in: P. A. Schilpp (ed.), The Philosophy of K. P. [s. u., Lit.] II, 1201–1287; Select Bibliography, in: K. P., Unended Quest, Glasgow 1976, 240–247, erw. London/New York 2002, 283–300; Auswahlbibliographie in: M. Geier, K. P. [s. u., Lit.], 146–155, ^{5}2009, 146–155; Totok VI (1990), 701–716; M. Lube, Die Schriften K. P.s, in: Ges. Werke [s. o.] XV, 357–402.

Literatur: J. Agassi, A Philosopher's Apprentice. In K. P.'s Workshop, Amsterdam etc. 1993, 2008; H. Albert, Der Kritische Rationalismus K. R. P.s, Arch. Rechts- u. Sozialphilos. 46 (1960), 391–415; J. A. Alt, K. R. P., Frankfurt 1992, ^{3}2001; W. W. Bartley III., The Philosophy of K. P., I–III (I Biology and Evolutionary Epistemology, II Consciousness and Physics. Quantum Mechanics, Probability, Indeterminism. The Mind-Body Problem, III Rationality, Criticism, and Logic), Philosophia 6 (1976), 463–494, 7 (1978), 675–716, 11 (1982), 121–221; J. Batieno, K. P. ou l'éthique de la science, Paris 2012; A. Boyer, P., DP II (1993), 2313–2319; T. A. Boylan/P. F. O'Gorman (eds.), P. and Economic Methodology. Contemporary Challenges, London/New York 2008; M. Bunge (ed.), The Critical

Approach to Science and Philosophy. Essays in Honor of K. R. P., Glencoe Ill./London, New York 1964; T. P. Burke, The Philosophy of P., Manchester 1983; M. Carrier/J. Mittelstraß, Geist, Gehirn, Verhalten. Das Leib-Seele-Problem und die Philosophie der Psychologie, Berlin/New York 1989, bes. 121–132 (engl. [erw.] Mind, Brain, Behavior. The Mind-Body Problem and the Philosophy of Psychology, Berlin/New York 1991, 1995, bes. 114–125); P. Catton/G. Macdonald (eds.), K. P.. Critical Appraisals, London/New York 2004; R. Corvi, An Introduction to the Thought of K. P., London/New York 1997; G. Currie/A. Musgrave (eds.), P. and the Human Sciences, Dordrecht/Boston Mass./Lancaster 1985; E. Döring, K. R. P.. Einführung in Leben und Werk, Hamburg 1987, Bonn ^{2}1992; ders., K. R. P. »Die offene Gesellschaft und ihre Feinde«. Ein einführender Kommentar, Paderborn etc. 1996; A. Firode, Théorie de l'esprit et pédagogie chez K. P.. Le ›seau‹ et le ›projecteur‹, Paris 2012; C. García, P.'s Theory of Science. An Apologia, New York 2006; S. Gattei, K. P.'s Philosophy of Science. Rationality Without Foundations, London/New York 2009; M. Geier, K. P., Reinbek b. Hamburg 1994, ^{5}2009; M. H. Hacohen, K. P.. The Formative Years 1902–1945. Politics and Philosophy in Interwar Vienna, Cambridge 2000, 2002; I. C. Jarvie, The Republic of Science. The Emergence of P.'s Social View of Science 1935–1945, Amsterdam 2001; ders./S. Pralong (eds.), P.'s Open Society after Fifty Years. The Continuing Relevance of K. P., London/New York 1999; ders./K. Milford/D. W. Miller (eds.), K. P.. A Centenary Assessment, I–III (I Life and Times, and Values in a World of Facts, II Metaphysics and Epistemology, III Science), Aldershot/Burlington Vt. 2006; I. Johansson, A Critique of K. P.'s Methodology, Göteborg, Stockholm 1975; H. Keuth, Realität und Wahrheit. Zur Kritik des Kritischen Rationalismus, Tübingen 1978; ders. (ed.), K. P.. Logik der Forschung, Berlin 1998, ^{4}2013; ders., Die Philosophie K. P.s, Tübingen 2000, ^{2}2011 (engl. The Philosophy of K. P., Cambridge 2005); M. I. de Launay/J.-F. Malherbe/A. Boyer, P., Enc. philos. universelle III/2 (1992), 3642–3645; P. Levinson (ed.), In Pursuit of Truth. Essays on the Philosophy of K. P. on the Occasion of His 80th Birthday, Atlantic Highlands N. J. 1982; B. Magee, P., London 1973, 1985 (dt. K. P., Tübingen 1986); ders., Philosophy and the Real World. An Introduction to K. P., La Salle Ill. 1982, 1990; A. C. Michalos, The P.-Carnap Controversy, The Hague 1971; D. W. Miller, Critical Rationalism. A Restatement and Defence, Chicago Ill. 1994; ders., Out of Error. Further Essays on Critical Rationalism, Aldershot/Burlington Vt. 2006; M. Morgenstern/R. Zimmer, K. P., München 2002; A. Naraniecki, Returning to K. P.. A Reassessment of His Politics and Philosophy, Amsterdam 2014; W. H. Newton-Smith, K. P., in: A. F. Martinich/D. Sosa (eds.), A Companion to Analytic Philosophy, Malden Mass./Oxford 2001, 2006, 110–116; M. Nguimbi, Penser l'épistemologie de K. P., Paris 2012; H.-J. Niemann, K. P. and the Two New Secrets of Life. Including K. P.'s Medawar Lecture 1986 and Three Related Texts, Tübingen 2014; M. A. Notturno, Science and the Open Society. The Future of K. P.'s Philosophy, New York 2000; A. O'Hear, K. P., London/Boston Mass./Henley 1980, 2002; ders. (ed.), K. P.. Philosophy and Problems, Cambridge 1995; ders. (ed.), K. P.. Critical Assessments of Leading Philosophers, I–IV, London/New York 2004; K. Pähler, P., in: J. Nida-Rümelin (ed.), Philosophie der Gegenwart in Einzeldarstellungen. Von Adorno bis v. Wright, Stuttgart 1991, 454–463, erw. ^{2}1999, 573–583; R. S. Percival, P., in: S. Brown (ed.), Dictionary of Twentieth Century Philosophers II, Bristol 2005, 801–806; D. Pimbe, L'explication interdite. Essai sur la théorie de la connaissance de K. P., Paris 2009; A. Quinton, P., Enc. Ph. VI (1967), 398–401, VIII (^{2}2006), 688–692; D. P. Rowbottom, P.'s Critical Rationalism. A Philosophical Investigation, New York 2011, 2013; H. G. Russ, P., in: F. Volpi (ed.), Großes Werklexikon der Philosophie II, Stuttgart 1999, 2004, 1210–1216; K. Salamun (ed.), K. R. P. und die Philosophie des Kritischen Rationalismus. Zum 85. Geburtstag von K. R. P., Amsterdam 1989; ders. (ed.), Moral und Politik aus der Sicht des Kritischen Rationalismus, Amsterdam/Atlanta Ga. 1991; R. Sassower, P.'s Legacy. Rethinking Politics, Economics and Science, Montreal, Stocksfield 2006; L. Schäfer, K. R. P., München 1988, ^{3}1996; P. A. Schilpp (ed.), The Philosophy of K. P., I–II, La Salle Ill. 1974; M. Schmid, Rationalität und Theoriebildung. Studien zu K. R. P.s Methodologie der Sozialwissenschaften, Amsterdam/Atlanta Ga. 1996; J. Schröder, K. P., Paderborn 2006; P. Schroeder-Heister, P., NDB XX (2001), 625–628; ders., P., IESBS XVII (2001), 11727–11733; M. Seiler/F. Stadler (eds.), Heinrich Gomperz, K. P. und die österreichische Philosophie. Beiträge zum internationalen Forschungsgespräch des Instituts ›Wiener Kreis‹ aus Anlaß des 50. Todestages von Heinrich Gomperz (1872–1942) und des 90. Geburtstages von Sir K. P. (*1902) 8. bis 9. Oktober 1992 in Wien, Amsterdam/Atlanta Ga. 1994; J. Shearmur, The Political Thought of K. P., London/New York 1996; C. G. F. Simkin, P.'s Views on Natural and Social Science, Leiden/New York/Köln 1993; G. Stokes, P.. Philosophy, Politics and Scientific Method, Cambridge 1998; S. Thornton, K. P., SEP 1997, rev. 2013; A. Wellmer, Methodologie als Erkenntnistheorie. Zur Wissenschaftslehre K. R. P.s, Frankfurt 1967, ^{2}1972; D. E. Williams, Truth, Hope and Power. The Thought of K. P., Toronto 1989. P. S.

Popularphilosophie, ausgehend von der antiken Unterscheidung zwischen esoterischer und exoterischer Philosophie (1) seit G. W. F. Hegel in der Regel pejorativ verstandene, historiographische Bezeichnung für meist anti-wolffianische Philosophen der deutschen ↑Aufklärung, die – deren Emanzipationsideal gemäß – von der Philosophie Verständlichkeit und lebenspraktische Anwendbarkeit für ein breites, gebildetes Publikum forderten (häufig explizit unter Einschluß der bis dahin von intellektuellen Bildungsprozessen ausgeschlossenen Frauen); (2) systematische Bezeichnung für philosophische Ansätze, die eine solche Verständlichkeit für eine Voraussetzung angemessenen Philosophierens halten. – Der in sich heterogenen und von der übrigen deutschen Aufklärungsphilosophie schwer abgrenzbaren Gruppe der Popularphilosophen, die sich mit Blick auf den Niedergang der Wolffschen Philosophie als Modernisierer verstanden, werden unter anderem zugerechnet: T. Abbt, J. G. Feder, J. H. S. Formey, J. C. Garve, M. Mendelssohn, C. F. Nicolai. Das Denken der P. ist vielfach durch Anschluß an den ↑Empirismus J. Lockes sowie durch eklektische (↑Eklektizismus) Tendenzen gekennzeichnet. Im Unterschied zu populären Trends der französischen Aufklärung ist die P. nicht antireligiös; zumeist wird der absolutistische Staat als Garant für politische, pädagogische und soziale Reformen betrachtet.
I. Kant weist in einer grundsätzlichen Reflexion des Verhältnisses von Philosophie und P. der Philosophie

eine Doppelrolle zu und unterscheidet (KrV A 832–851/B 860–879) einen systematischen ›Schulbegriff‹ der Philosophie von ihrem ›Weltbegriff‹, der »das betrifft, was jedermann notwendig interessiert« (KrV A 840/B 868), d.h. ↑Autonomie bzw. ↑Moralität. Um ihre moralische Orientierungsfunktion erfüllen zu können, bedürfe Philosophie nach ihrem Weltbegriff der populären Darstellung. Von dieser sei allerdings die Kritik des Vernunftvermögens grundsätzlich auszunehmen. – Die in der P. zutagetretende Spannung zwischen esoterischer und exoterischer Philosophie kennzeichnet auch heutiges Philosophieren mit seinen gegenläufigen Tendenzen der spezialisierenden ›Professionalisierung‹ und der generalisierenden Orientierungsbemühung.

Literatur: C. Altmayer, Aufklärung als P.. Bürgerliches Individuum und Öffentlichkeit bei Christian Garve, St. Ingbert 1992; Z. Batscha, »Despotismus von jeder Art reizt zur Widersetzlichkeit«. Die Französische Revolution in der deutschen P., Frankfurt 1989; L.W. Beck, Early German Philosophy. Kant and His Predecessors, Cambridge Mass., London 1969, Nachdr. Bristol 1996; C. Böhr, Philosophie für die Welt. Die P. der deutschen Spätaufklärung im Zeitalter Kants, Stuttgart-Bad Cannstatt 2003; H. Holzhey, P., Hist. Wb. Ph. VII (1989), 1093–1100; ders./W.C. Zimmerli (eds.), Esoterik und Exoterik der Philosophie. Beiträge zu Geschichte und Sinn philosophischer Selbstbestimmung, Basel/Stuttgart 1977; J. Rachold, Die aufklärerische Vernunft im Spannungsfeld zwischen rationalistisch-metaphysischer und politisch-sozialer Deutung. Eine Studie zur Philosophie der deutschen Aufklärung (Wolff, Abbt, Feder, Meiners, Weishaupt), Frankfurt etc. 1999; H.J. Schneider, Moses Mendelssohns Anthropologie und Ästhetik. Zum Begriff der P., Diss. Münster 1970; W. Schneiders, Aufklärung und Vorurteilskritik. Studien zur Geschichte der Vorurteilstheorie, Stuttgart-Bad Cannstatt 1983; ders., Hoffnung auf Vernunft. Aufklärungsphilosophie in Deutschland, Hamburg 1990, 111–156 (Kap. III Der Begriff der Philosophie); H. Traub, Johann Gottlieb Fichtes P. 1804–1806, Stuttgart-Bad Cannstatt 1992; G. Ueding, P., in: R. Grimminger (ed.), Deutsche Aufklärung bis zur Französischen Revolution 1680–1789, München/Wien 1980, ^{2}1984 (Hansers Sozialgeschichte der deutschen Literatur III), 605–634; W.C. Zimmerli, Arbeitsteilige Philosophie? Gedanken zur Teil-Rehabilitierung der P., in: H. Lübbe (ed.), Wozu Philosophie? Stellungnahmen eines Arbeitskreises, Berlin/New York 1978, 181–212. G. W.

Porphyrios von Tyros (eigentlich Malkos oder Malchos), *Tyros um 234 n. Chr., †Rom zwischen 301 und 305 n. Chr., griech. Philosoph, zuerst Schüler des Longinos in Athen, dann des Plotinos in Rom (um 263), dessen Schriften er (in einer von diesem autorisierten Fassung, mit einem Abriß der Lehre und einer Biographie) herausgab. Nach einem längeren Aufenthalt in Sizilien kehrte P. (um 270) nach Rom zurück, wo er nach dem Tode Plotins die Leitung der Schule übernahm. P. gilt als einer der Mitbegründer des ↑Neuplatonismus. Von seinen Schriften zur Mathematik, Harmonik, Astronomie und Geschichte der Philosophie sind nur Fragmente erhalten. Mit zahlreichen Kommentaren zu Platon und Aristoteles leitete P. die außerordentlich fruchtbare Phase der neuplatonischen Kommentierungstradition ein. Sein Kommentar und seine Einführung (Isagoge) in die »Kategorien« des Aristoteles fanden bis ins Mittelalter starke Beachtung, wozu vor allem die Kommentare und Übersetzungen des A. M. T. S. Boethius zur »Isagoge« beitrugen. In seinen 15 Büchern »Gegen die Christen« (448 von Theosodius II. öffentlich verbrannt) bekämpfte P. vor allem die christliche Lehre von der ↑Schöpfung und der Gottheit Christi. Trotzdem verschaffte er dem Neuplatonismus Eingang ins Christentum, indem er sich (im Unterschied zu Plotin) praktisch-religiösen Problemen zuwandte und die Erlangung des Seelenheils für die Einzelseele als Zweck des Philosophierens ansah. A. Augustinus fand über P. zum Neuplatonismus.

Durch den Einfluß Plotins gibt P. seine anfängliche These auf, daß die Ideen (↑Idee (historisch)) sich außerhalb des ↑Nus befänden, und verfaßt einen schriftlichen Widerruf. Er übernimmt das Hypostasenmodell (↑Hypostase) seines Lehrers, wendet sich aber vom überwiegend metaphysisch-spekulativen Denken Plotins hin zu eher praktischen Problemen: Das Hauptanliegen seiner Philosophie besteht darin, durch eine Lenkung des Denkens und des Willens den Weg zum Seelenheil zu bereiten, wobei er als Hindernis auf diesem Weg nicht nur die falsche Willensentscheidung, sondern auch das verderbliche Wirken von Dämonen ansieht. Die »Isagoge« zu den »Kategorien« des Aristoteles kann als das wirkungsgeschichtlich bedeutendste Werk des P. angesehen werden; über Boethius führte es zum mittelalterlichen ↑Universalienstreit. P. vertritt die These, daß die folgenden (schon bei Aristoteles vorkommenden) fünf allgemeinen Grundbegriffe (die ↑quinque voces), die später so genannten ↑Prädikabilien, nämlich: (1) Gattung (*genus*), (2) Art (*species*), (3) Unterschied (*differentia*), (4) wesentliches Merkmal (*proprium*) und (5) unwesentliches Merkmal (*accidens*), der Aristotelischen Kategorientheorie zugrundegelegt werden müßten. Daß P. diese Allgemeinbegriffe im nominalistischen Sinne (↑Nominalismus) verstanden habe, erscheint nicht unmittelbar evident.

Berühmt ist der ›porphyrische Baum‹ (↑arbor porphyriana), den P. in der »Isagoge« (4–5) vorstellt. Dabei wird das Verhältnis von Gattungs- und Artbegriffen in einer jeweils zweigliedrigen Aufteilung der Oberbegriffe (dichotomische Dihärese) aufgefaßt. In seiner Ethik verbindet P. das klassische ›Viergespann‹ der ›Kardinaltugenden‹ (↑Tugend) – Klugheit/Einsicht, Gerechtigkeit, Tapferkeit, Maß/Besonnenheit – mit einer an der Hypostasenlehre orientierten hierarchischen Stufenlehre von Tugendsphären: In ihrer niedrigsten Art erscheinen die Tugenden in der Sphäre menschlicher Gemeinschaft als politisch-soziale Tugenden. Es folgt die Sphäre der asketisch-kathartischen Tugenden (in der das Gute nicht nur in der Mäßigung, sondern in der völligen Überwindung der ↑Affekte besteht). Die dritte, kontemplative Stufe hat in der Seelensphäre ihren Ort, ist aber frei von Sinnlichkeit und nur der Nus-Hypostase verpflichtet, während die folgende paradigmatische Stufe allein im Nus angesiedelt ist. Mit seiner allegorischen (↑Allegorie) Homerdeutung sucht P. nicht nur Homer, sondern die Dichter überhaupt angesichts der vernichtenden Dichterkritik Platons in der »Politeia« zu rehabilitieren.

Werke: Porphyrii philosophi fragmenta [griech.], ed. A. Smith, Stuttgart/Leipzig 1993. – Porphyrii de philosophia ex oraculis haurienda librorum reliquae, ed. G. Wolff, Berlin 1856 (repr. Hildesheim 1962, Hildesheim/New York/Zürich 1983); Porphyrii philosophi platonici opuscula tria, ed. A. Nauck, Leipzig 1860; Porphyrii philosophi platonici opuscula selecta, ed. A. Nauck, Leipzig 1886 (repr. Hildesheim 1963, Hildesheim/New York/Zürich 1977); Porphyrii Isagoge et in Aristotelis Categorias Commentarium, ed. A. Busse, Berlin 1887, Berlin/New York 1990, 1–22 [lat. Übers. v. Boethius, 23–51] (CAG IV/1),unter dem Titel: Porfirio Isagoge [griech./ital.], ed. G. Girgenti, Mailand 1995, 2004, unter dem Titel: Isagoge [griech./lat./franz.], ed. A. de Libera/A. P. Segonds, Paris 1998 [lat. Übers. v. Boethius] (franz. Porphyre Isagoge, ed. J. Tricot, Paris 1947, 1984; engl. Porphyry the Phoenician. Isagoge, trans. E. W. Warren, Toronto 1975, unter dem Titel: Porphyry. Introduction, trans. J. Barnes, Oxford 2003, 2008; dt. Einführung in die Kategorien des Aristoteles (Isagoge), in: Aristoteles, Kategorien. Hermeneutik oder vom sprachlichen Ausdruck, ed. H. G. Zekl, Hamburg, Darmstadt 1998, 155–188); Porphyrii in Aristotelis Categorias expositio per interrogationem et responsionen, in: Porphyrii Isagoge et in Aristotelis Categorias Commentarium [s. o.], 53–142, unter dem Titel: Commentaire aux »categories« d'Aristote [griech./franz.], ed. R. Bodéüs, Paris 2008 (engl. Porphyry. On Aristotle Categories, ed. S. K. Strange, Ithaca N. Y., London 1992, London/New York 2014); Porphyrii Sententiae ad intelligibilia ducentes, ed. B. Mommert, Leipzig 1907, ed. E. Lamberz, Leipzig 1975, unter dem Titel: Sentenze sugli intellegibili [griech./ital., mit lat. Übers. v. Marsilio Ficino], ed. G. Girgenti, Mailand 1996, unter dem Titel: Sentences [griech./franz.], I–II, ed. L. Brisson, Paris 2005 (lat./dt. Die Sentenzen des Porphyrios. Handschriftliche Überlieferung, [lat. Übersetzung von Marsilio Ficino], übers. C. J. Larrain, Frankfurt etc. 1987; engl. Launching-Points to the Realm of Mind. An Introduction to the Neoplatonic Philosophy of Plotinus, trans. K. S. Guthrie, Grand Rapids Mich. 1988); P., »Gegen die Christen«, 15 Bücher. Zeugnisse, Fragmente und Referate, ed. A. v. Harnack, Berlin 1916 (Abh. Preuß. Akad. Wiss., philos.-hist. Kl., 1916, 1), unter dem Titel: Porfirio. Contro i cristiani. Nella raccolta di Adolf von Harnack con tutti i nuovi frammenti in appendice [griech./lat./ital.], ed. G. Muscolino, Mailand 2009 (engl. Porphyry's Against the Christians. The Literary Remains, trans. R. J. Hoffmann, Amherst N. Y. 1994, unter dem Titel: Porphyry. Against the Christians, trans. R. M. Berchman, Leiden/Boston Mass. 2005); Plotins Schriften V/C. P., Über Plotins Leben und über die Ordnung seiner Schriften [griech./dt.], ed. R. Harder/W. Marg, Hamburg 1958, unter dem Titel: Porphyry on the Life of Plotinus and the Order of His Books [griech./engl.], trans. A. H. Armstrong, als: ders. (ed.), Plotinus in Six Volumes I, London, Cambridge Mass. 1966, Plotinus in Seven Volumes I, Cambridge Mass./London 2000, unter dem Titel: La vie de Plotin [griech./franz.], I–II, ed. L. Brisson, Paris 1982/92, unter dem Titel: Vie de Plotin [griech./franz.], ed. E. Bréhier/S. Morlet, Paris 2013; Porphyrii in platonis timaeum commentariorum fragmenta [griech.], ed. A. R. Sodano, Neapel 1964; *Προς Μαρκελλαν*/Ad Marcellam [griech./lat.], ed. A. Maius, Mailand 1816, unter dem Titel: *ΠΡΟΣ ΜΑΡΚΕΛΛΑΝ* [griech./dt.], ed. W. Pötscher, Leiden 1969, unter dem Titel: Porphyry the Philosopher, To Marcella [griech./engl.], ed. K. O'Brien Wicker, Atlanta Ga. 1987 (engl. Porphyry the Philosopher to His Wife Marcella, trans. A. Zimmern, London 1896, unter dem Titel: Porphyry's Letter to His Wife Marcella Concerning the Life of Philosophy and the Ascent to the Gods, Grand Rapids Mich. 1986; griech./franz. Porphyre. Vie de Pythagore. Lettre à Marcella, ed. E. des Places, Paris 1982, 2003); Commentario al »Parmenide« di Platone [griech./ital.], ed. P. Hadot, Mailand 1993; De l'abstinence [griech./franz.], I–III, ed. J. Bouffartigue/M. Patillon, Paris 1977–1995, [2]2003 (dt. Vier Bücher von der Enthaltsamkeit. Ein Sittengemälde aus der römischen Kaiserzeit, übers. E. Baltzer, Nordhausen 1869, Leipzig 1879, unter dem Titel: Über die Enthaltsamkeit von fleischlicher Nahrung, ed. D. Weigt, Leipzig 2004; engl. On the Abstinence from Animal Food, trans. T. Taylor, ed. E. Wynne-Tyson, London 1965, unter dem Titel: On Abstinence from Killing Animals, ed. G. Clark, London, Ithaca N. Y. 2000, London etc. 2013); Porfirio. Sullo Stige [griech./ital.], ed. C. Castelletti, Mailand 2006; To Gaurus on How Embryos Are Ensouled and On What Is in Our Power [engl.], ed. J. Wilberding, London 2011, London etc. 2014; La filosofia rivelata dagli oracoli. Con tutti I frammenti di magia, stregoneria, teosofia e teurgia [griech./lat./ital.], ed. G. Girgenti/G. Muscolino, Mailand 2011; Sui simulacri [griech./ital.], ed. M. Gabriele/F. Maltomini, Mailand 2012; Sur la manière don't l'embryon reçoit l'âme [griech./franz./engl.], ed. L. Brisson u. a., trans. L. Brisson u. a. (franz.), M. Chase (engl.), Paris 2012; Lettre à Anébon l'Égyptien [griech./lat./franz.], ed. H. D. Saffrey/A.-P. Segonds, Paris 2012. – Totok I (1964), 343–344, ([2]1997), 611–613.

Literatur: F. Altheim/R. Stiehl, P. und Empedokles, Tübingen 1954; P. F. Beatrice, Porphyrius, TRE XXVII (1997), 54–59; G. Bechtle, The Anonymous Commentary on Plato's »Parmenides«, Bern/Wien 1999; R. Beutler, P., RE XXII/1 (1953), 275–313; J. Bidez, Vie de Porphyre. Le philosophe néo-platonicien. Avec les fragments des traités »Peri agalmaton« et »De regressu animae«, Gent 1913 (repr. Hildesheim 1964, 1980); J. Bouffartigue, Porphyre, DP II ([2]1993), 2319–2323; M. Chase, P., DNP X (2001), 174–180; H. Dörrie, P.' »Symmikta Zetemata«. Ihre Stellung in System und Geschichte des Neuplatonismus nebst einem Kommentar zu den Fragmenten, München 1959; ders., Die Schultradition im Mittelplatonismus und P., in: ders. u. a., Porphyre [s. u.], 1–32; ders. u. a., Porphyre. Huit exposés suivis de discussions, Genf 1966; S. Ebbesen, Porphyry's Legacy to Logic, in: R. Sorabji (ed.), Aristotle Transformed. The Ancient Commentators and Their Influence, Ithaca N. Y. 1990, 141–171; E. Emilsson, Porphyry, SEP 2005, rev. 2011; C. Evangeliou, Aristotle's Categories and Porphyry, Leiden etc. 1988; M. Frenschkowski, P., BBKL VII (1994), 839–848; R. Goulet u. a., Dict. ph. ant. V/A (2012), 1289–1468; P. Hadot, Porphyre et Victorinus, I–II, Paris 1968; ders., Plotin, Porphyre. Études néoplatoniciennes, Paris 1999, 2010; R. Harmon, Porphyrios, DNP X (2001), 174–181; A. P. Johnson, Religion and Identity in Porphyry of Tyre. The Limits of Hellenism in Late Antiquity, Cambridge etc. 2013; G. E. Karamanolis, Plato and Aristotle in Agreement? Platonists on Aristotle from Antiochus to Porphyry,

Oxford etc. 2006, Oxford 2013, 243–330 (Chap. VII Porphyry); ders./A. Sheppard (eds.), Studies on Porphyry, London 2007; A. C. Lloyd, Porphyry, Enc. Ph. VI (1967), 411–412, VII ([2]2006), 705–707; P. Merlan, P., LAW (1965), 2415–2416; W. Pötscher, P., KP IV (1972), 1064–1069; L. Siorvanes, Porphyry, REP VII (1998), 545–550; A. Smith, Porphyry's Place in the Neoplatonic Tradition. A Study in Post-Plotinian Neoplatonism, The Hague 1974; S. K. Strange, Plotinus, Porphyry, and the Neoplatonic Interpretation of the Categories, in: W. Haase, Aufstieg und Niedergang der Römischen Welt II.36.2, Berlin/New York 1987, 955–974; W. Theiler, P. und Augustin, Halle 1933; ders., Ammonios und P., in: H. Dörrie u. a., Porphyre [s. o.], 85–123; J.-H. Waszink, P. und Numenios, in: H. Dörrie u. a., Porphyre [s. o.], 33–83. M. G.

Port-Royal, Schule von, Zentrum der theologischen und philosophischen Kultur im Frankreich des 17. Jhs.. Das nahe Paris gelegene Zisterzienserinnenkloster Port-Royal des Champs wurde unter der Äbtissin J. M. Arnauld zur Hochburg des ↑Jansenismus. Unter Führung des jansenistischen Abtes J. Duvergier de Hauranne (genannt Saint-Cyran) entstanden Einsiedlerzellen für frommes Leben, in denen auch A. Arnauld, P. Nicole und B. Pascal wohnten. Von diesen ›Solitaires‹ aus gründeten sie ›petites écoles‹, kleine Schulen, in denen ein antijesuitisches pädagogisches Reformprogramm praktiziert wurde, das für die geistige Entwicklung Frankreichs bahnbrechend wurde (dort erzogen: J. Racine). Seit 1653 (päpstliche Bulle gegen den Jansenismus) bekämpften die Jesuiten die S. v. P.-R.. Dies führte nach langen Auseinandersetzungen schließlich zur Aufhebung (1709) und Zerstörung der Schule (1710–1712).

In die Phase kirchlicher Nichteinmischung (›Paix de l'église‹, etwa 1660–1679) fällt die wissenschaftliche Blütezeit der S. v. P.-R.. Es entstehen unter anderem die »Pensées« von Pascal (1670), die Bibelübersetzung von P.-R. (1672–1696), die »Grammaire de P.-R.« (1660) und die »Logique de P.-R.« (1662). Letztere (Verfasser: Arnauld und Nicole) stellt in ihrer Verbindung von Aristotelischer Schullogik mit Cartesischer und Pascalscher Methodenlehre die bedeutendste philosophisch-wissenschaftliche Leistung der S. v. P.-R. dar (La logique ou l'art de penser. Contenant, outre les règles communes, plusieurs observations nouvelles propres à former le jugement, Paris 1662 [repr. Hildesheim/New York 1970, Genf 1972], ed. P. Clair/F. Girbal, Paris 1965, [2]1981, rev. 1993, ed. D. Descotes, Paris, Genf 2011 [dt. A. Arnauld, Die Logik oder die Kunst des Denkens, Darmstadt 1972, [3]2005]). Der Kampf gegen die scholastische Metaphysik und Theologie bildet den ideenpolitischen Rahmen dieser Logik (IV 1). Das religiös motivierte Bestehen auf der Endlichkeit des menschlichen Geistes (IV 1) führt zur Einschränkung der wissenschaftlich möglichen Erkenntnis auf mögliche Erfahrung und zur Verwerfung aller Metaphysik (ebd.). Die Logik dient demgegenüber zur Gewinnung richtiger Erkenntnisse, d. h., sie erhält eine methodologische Funktion im Blick auf ihre mögliche Anwendung in den Einzelwissenschaften. Darüber hinaus artikuliert sich im vollständigen Titel »La Logique ou l'art de penser« (nicht: de raisonner) ein auf das vernünftige Denken (nicht lediglich auf das korrekte Schließen) insgesamt abzielender Anspruch der Autoren. ›Denkkunst‹ heißt die Logik, weil sie die grundlegenden Operationen des Verstandes – das Begreifen (Begriffsbildung), das Urteilen, das Schließen und das methodische Ordnen – zum Gegenstand hat. Dementsprechend gliedert sich die Logik von P.-R. in vier Teile. Die ersten drei Teile bearbeiten den klassischen Bestand der Logik, während der vierte, erkenntnistheoretisch-wissenschaftstheoretische Teil (unter dem Einfluß der Pascalschen Methodenlehre allein verfaßt von Arnauld) die Arten der methodischen Erkenntnisgewinnung thematisiert. Diese Einteilung in *Elementarlehre* (die drei ersten Teile) und *Methodenlehre* (vierter Teil) prägt z. B. noch die architektonische Grundstruktur der »Kritik der reinen Vernunft« I. Kants.

Der erste Teil der Logik von P.-R. behandelt die *Begriffsbildung* (↑Begriff) im engen Anschluß an die Fundamentalunterscheidungen der Cartesischen Ideenlehre (↑Idee (historisch), ↑Idee, angeborene), in der die Ideen nach Graden ihrer Klarheit und Deutlichkeit differenziert werden (↑klar und deutlich). Ferner werden einfache und zusammengesetzte sowie allgemeine, partikulare und singulare Begriffe unterschieden. Innovativ ist die hier (I 6) erstmals getroffene Unterscheidung zwischen ↑*Inhalt* (compréhension, Gesamtheit der wesentlichen Merkmale) und ↑*Umfang* (étendue, Gegenstandsbereich) der Begriffe (↑intensional/Intension, ↑extensional/Extension). Im Rahmen einer Kritik der Aristotelischen Kategorienlehre (↑Kategorie) wird der Vieldeutigkeit der ↑Alltagssprache das Ideal einer gereinigten philosophischen Sprache gegenübergestellt. – Der zweite Teil behandelt die Verknüpfung der Ideen in den einfachen und zusammengesetzten, bejahenden und verneinenden sowie universalen, partikularen und singularen ↑*Urteilen.* Originell sind die Diskussion der ↑Obversion sowie der ›selektiven‹ und ›eliminierenden‹ Urteile. Die *Schlußlehre* (dritter Teil) folgt im wesentlichen der Aristotelischen ↑Syllogistik. Speziell werden ↑Sophismen untersucht. Der vierte, unter starkem Einfluß Pascals stehende Teil unterscheidet eine *analytische Methode* (méthode d'invention), die zur Findung neuer Wahrheiten dient (↑Methode, analytische), von einer *synthetischen Methode* (méthode de doctrine, auch ›theoretische‹ genannt) zur Darstellung der gefundenen Wahrheiten (↑Methode, synthetische). Die Lehre von der Selbstevidenz der ↑Axiome (IV 6) ist euklidisch.

Die *Grammatik* von P.-R., verfaßt von Arnauld und C. Lancelot (Grammaire générale et raisonnée. Contenant Les fondemens de l'art de parler; expliquez d'une maniere claire & naturelle. Les raisons de ce qui est commun à toutes les langues, & des principales differences qui s'y rencontrent. Et plusieurs remarques nouvelles sur la Langue Françoise, Paris 1660 [repr. Menston 1967, Genf 1972], ^{2}1664, erw. I–II, ^{3}1676 [repr., ed. H. E. Brekle, Stuttgart-Bad Cannstatt 1966], ^{4}1679, Paris 2010) bestimmt diese als die Kunst zu reden, die Rede als Artikulation von Gedanken durch Zeichen, die die Menschen zu diesem Zweck erfunden haben. Es handelt sich um eine philosophische, ›spekulative‹, für das 17. Jh. typische rationale ↑Grammatik, bei der sich der universale Rekonstruktionsanspruch (↑Rekonstruktion) bezüglich aller natürlichen Sprachen (↑Sprache, natürliche) mit der systematischen Absicht der Schaffung einer wissenschaftlichen Präzisionssprache noch vermischt. Neu sind die Lösung der ↑Sprachanalyse von der die traditionellen Grammatiken kennzeichnenden Orientierung an den Wortklassen und Flexionen sowie die Konzentration auf ↑*Sätze* (mit Subjekt-Prädikat-Struktur) als die elementaren grammatischen Einheiten. Im Cartesischen Ansatz der Grammatik von P.-R. korrespondiert ein Satz (z. B. ›der unsichtbare Gott erschuf die sichtbare Welt‹) einer komplexen gedanklichen Vorstellung, die in kleinere semantische Einheiten (›es gibt einen Gott‹, ›Gott ist unsichtbar‹, ›Gott erschuf die Welt‹, ›die Welt ist sichtbar‹) zerlegt werden kann. Diese Freilegung der grammatischen ↑Tiefenstruktur als der sprachfundierenden Basis der Kompetenz der Sprecher dient bereits in der Grammatik von P.-R. zur Erklärung der Fähigkeit des Menschen, mit endlichen Mitteln (Lauten, Regeln) eine prinzipiell unendliche Zahl verstehbarer Sätze zu generieren. In N. Chomskys ›Cartesianischer Linguistik‹ (1966) wird in dieser Methode von P.-R. die systematische Antizipation der generativen ↑Transformationsgrammatik gesehen.

Literatur: J. L. Arce Carrascoso, Metodologia cartesiana y lógica de P.-R., Anales semin. de metafísica 7 (1972), 65–84; H. E. Brekle/H. J. Höller/B. Asbach-Schnitker, Der Jansenismus und das Kloster P.-R., in: J.-P. Schobinger (ed.), Grundriss der Geschichte der Philosophie. Die Philosophie des 17. Jahrhunderts II/2, Basel 1993, 475–528, 571–583; J. Buroker, P.-R. Logic, SEP 2014; L. Cavallone, I maestri e le piccole scuole di P.-R., Turin 1942; N. Chomsky, Cartesian Linguistics. A Chapter in the History of Rationalist Thought, New York/London 1966, Cambridge etc. ^{3}2009 (dt. Cartesianische Linguistik. Ein Kapitel in der Geschichte des Rationalismus, Tübingen 1971); J. J. Conley, Adoration and Annihilation. The Convent Philosophy of P.-R., Notre Dame Ind. 2009; W. R. De Jong, De taalfilosofie van P.-R. en het ontologisch vierkant. Over substantieven en adjectieven, Tijdschr. Filos. 55 (1993), 241–264; F. Delforge, Les petites écoles de P.-R. 1637–1660, Paris 1985; M. Escholier, P.-R., Paris 1965 (engl. P.-R.. The Drama of the Jansenists, New York 1968); F. Herzberg, Theo-Logik. Über den Beitrag des Jansenismus zur formalen Methode in Theologie und Religionsphilosophie, Bonn 2012; J. Laporte, La doctrine de P.-R.. La morale (d'après Arnauld), I–II, Paris 1951/1952; G. Lewis, Augustinisme et cartésianisme à P.-R., in: E. J. Dijksterhuis u. a., Descartes et le cartésianisme hollandais. Études et documents, Paris, Amsterdam 1950, 131–182; A. McKenna, P.-R., REP VII (1998), 550–555; L. Obertello, John Locke e P.-R.. Il problema della probabilità, Triest 1964; J.-C. Pariente, L'analyse du langage à P.-R.. Six études logico-grammaticales, Paris 1985; C. A. Sainte-Beuve, P.-R., I–V, Paris 1840–1859, ^{2}1860, I–VII, ^{3}1867–1871, in drei Bdn., ed. M. Leroy, Paris 1953–1955, in zwei Bdn., ed. P. Seillier, 2004; P. Sellier, P.-R. et la littérature, I–II, Paris 1999/2000, ^{2}2010/2012; J.-F. Thomas, Le problème moral à P.-R., Paris 1963; L. Verga, La teoria del linguaggio di P.-R., Riv. filos. neo-scolastica 62 (1970), 1–100. – P.-R. et la philosophie. Actes du colloque international organisé par la Société des Amis de P.-R. [...], Catane, 8–11 novembre 2010, Paris 2011. T. R.

Poseidonios von Apameia (genannt: der Rhodier), *Apameia (Syrien) um 135 v. Chr., †Rom um 50 v. Chr., stoischer Philosoph, Schüler des Panaitios von Rhodos, gründete (zwischen 100 und 95 v. Chr.) in Rhodos eine eigene Schule, wo ihn unter anderem G. Pompeius, M. T. Cicero und Q. Hortensius hörten. 87 v. Chr. kam P. als Gesandter von Rhodos nach Rom. Von seinen zahlreichen und zum Teil umfangreichen Schriften (25 Buchtitel sind überliefert) sind nur wenige Fragmente erhalten. P. schrieb Werke über Kosmologie, Geographie, Meteorologie, Astronomie, Theologie, Psychologie und Mantik; sein Geschichtswerk setzt das des Polybios fort (es behandelt die Zeit von 146–79 v. Chr.). – Die in der ↑Stoa von Beginn an vorhandene Annahme, daß der ↑Kosmos ein lebendiges Ganzes sei, entwickelt P. in dem Sinne fort, daß alles mit allem organisch verbunden ist: die Sonne ist das Herz des Kosmos, die Flüsse sind die Adern usw.. Auf dieser Basis ist die Lehre von der ›Bindung‹ (*σύνδεσμος*) und vom ›Mitempfinden‹ (*συμπάθεια*) aller Dinge allen gegenüber zu verstehen: die (schon bei Panaitios angelegte) Abwendung von der ↑Individualethik zu einer die ganze Welt umfassenden ›kosmischen‹ Ethik, die Neubestimmung der Kausalität als ›Sympathiebeeinflussung‹ und schließlich die positive Wertung der Seherkunst und der ↑Astrologie, die nach P. durch ↑Analogieschluß von schon bekannten Sympatheia-Beziehungen auf noch unbekannte Zusammenhänge Erkenntnisse, d. h. ↑Prognosen, liefern können. Die Vorsehung legitimiert P. durch die Annahme, daß die Gottheit als das alles durchdringende Lebensprinzip ›Bindung‹ und ›Sympathie‹ durch den gesamten ↑Makrokosmos und Mikrokosmos hindurch bestimmt. P. teilt nicht den Optimismus der alten Stoa, für die die Natur, da vom ↑Logos beherrscht, als gut und vernünftig galt; er trennt Logos und Natur und revidiert die altstoische Telos-Formel: Ziel des Menschen sei es nicht, ›gemäß der Natur‹, sondern vielmehr, ›gemäß dem Logos‹ zu leben. Die Einzelseele des Menschen ist Teil der allgemeinen ↑Weltseele und besteht aus feurigem ↑Pneuma. Nur durch die Feinheit ihrer Materie unterscheidet sie sich von anderem Stofflichen.

Sie hat die Aufgabe, dem Welt-Logos durch Erkenntnis- und Moralstreben möglichst nahe zu kommen, woran sie jedoch durch die Logosfeindlichkeit des Leibes gehindert werde.

P.' historische Forschungen dienen vor allem als Material zu einer pessimistisch-zyklischen Geschichtstheorie: Anfangs seien die Menschen noch unmittelbar zum Logos gewesen, unnötige und damit vernunftwidrige Erfindungen wie Waffen und Zivilisationstechniken hätten dann zum stetigen Verlust des Logos und zum Sittenzerfall geführt. Da die ›Bindung‹ durch den Logos mehr und mehr verlorengehe, zerfalle die Welt schließlich in einem selbstentzündeten Weltbrand (*ἐκπύρωσις*), nach dem sie aber sogleich wieder von neuem entstehe (die ewigen, unzerstörbaren Ursachen gehen nicht unter), und zwar in einer vollkommenen, vom Logos völlig durchdrungenen Gestalt. – P.' Forschungen zur Ethnologie (vor allem der Iberer, Germanen und Kelten) sind von anthropologischen und kulturhistorischen Interessen geleitet, ebenso wie seine geographischen und geologischen Untersuchungen. Seine im engeren Sinne natur- und erdkundlichen Schriften befassen sich z.B. mit der Entstehung von Flüssen und Inseln, mit der Erklärung von Naturphänomenen wie Blitz und Donner; er stellte Berechnungen über die Größe der Gestirne, den Abstand des Mondes und der Sonne von der Erde, ferner über den Erdumfang an. P. konnte im Unterschied zur Tradition der Stoa zahlreiche Theoreme von anderen Philosophen (z.B. von Platon, Aristoteles und den ↑Pythagoreern) übernehmen, da er jede Erkenntnis als vom göttlichen Logos stammend ansah. Indem er die unterschiedlichsten Traditionselemente seinem Gedankensystem einordnete und anpaßte, vermied er einen bloßen ↑Eklektizismus.

Werke: F. Jacoby, Die Fragmente der griechischen Historiker II/A, Berlin 1926 (repr. Berlin, Leiden 1961, 1986), 222–317, II/C, Berlin 1926 (repr. Berlin, Leiden 1963, 1993), 154–220; Posidonius, I–III in 4 Bdn., Cambridge etc. 1972–1999, 2004, I, ed. L. Edelstein/I. G. Kidd, Cambridge etc. 1972, [2]1989, II–III, ed. I. G. Kidd, Cambridge etc. 1988–1999; P.. Die Fragmente, I–II, ed. W. Theiler, Berlin/New York 1982; P., in: R. Nickel (ed.), Stoa und Stoiker II [griech./lat./dt.], Düsseldorf 2008, 388–925, 974–993.

Literatur: K.A. Algra, Posidonius' Conception of the Extra-Cosmic Void. The Evidence and the Arguments, Mnemosyne Ser. IV 46 (1993), 473–505; ders., Posidonius, REP VII (1998), 555–558; ders./J. Lang, Posidonius d'Apamée, Dict. ph. ant. V/B (2012), 1481–1501; K. Clarke, Between Geography and History. Hellenistic Constructions of the Roman World, Oxford 1999, 2002, bes. 129–192 (Chap. III Posidonius: Geography, History, and Stoicism); J.M. Cooper, Posidonius on Emotions, in: J. Sihvola/T. Engberg-Pedersen (eds.), The Emotions in Hellenistic Philosophy, Dordrecht 1998, 71–111; H. Dörrie, P., KP IV (1972), 1079–1084; J.-J. Duhot, Posidonius d'Apamée, DP II ([2]1993), 2324–2325; L. Edelstein, The Philosophical System of Posidonius, Amer. J. Philol. 57 (1936), 286–325; W. Gerhäußer, Der Protreptikos des P., München 1912; C.-V. Grewe, Untersuchung der naturwissenschaftlichen Fragmente des stoischen Philosophen P. und ihrer Bedeutung für seine Naturphilosophie, Frankfurt etc. 2008; B.L. Hijmans Jr., Posidonius' Ethics, Acta classica 2 (1959), 27–42; B. Inwood, P. [3], DNP X (2001), 211–215; R.M. Jones, Posidonius and the Flight of the Mind Through the Universe, Class. Philol. 21 (1926), 97–113; R. Liechtenhan, Die göttliche Vorherbestimmung bei Paulus und in der Posidonianischen Philosophie, Göttingen 1922; P. Merlan, Beiträge zur Geschichte des antiken Platonismus II: P. über die Weltseele in Platons Timaios, Philol. 89 (1934), 197–214; G. Nebel, Zur Ethik des P., Hermes 74 (1939), 34–57; M.P. Nilsson, Geschichte der griechischen Religion II, München 1950, [2]1961, 1988, 262–268; S. Papadi, Die Deutung der Affekte bei Aristoteles und P., Frankfurt etc. 2004; G. Pfligersdorffer, Studien zu P., Wien 1959; M. Pohlenz, P.' Affektenlehre und Psychologie, Nachr. Königl. Ges. Wiss. Gött., philol.-hist. Kl., H. 2 (1921), 163–194; ders., Die Stoa. Geschichte einer geistigen Bewegung I, Göttingen 1948, [7]1992, 208–238, II (Erläuterungen), Göttingen 1949, [7]1992, 103–122; K. Reinhardt, P., München 1921 (repr. Hildesheim/New York 1976); ders., Kosmos und Sympathie. Neue Untersuchungen über P., München 1926 (repr. Hildesheim/New York 1976); ders., P. über Ursprung und Entartung. Interpretation zweier kulturgeschichtlicher Fragmente, Heidelberg 1928 (repr. Nendeln 1975); ders., P., RE XXII/1 (1953), 558–826, separat unter dem Titel: P. v. A., der Rhodier genannt, Stuttgart 1954; R. Reitzenstein, Die Charakteristik der Philosophie bei P., Hermes 65 (1930), 81–91; G. Rudberg, Forschungen zu P., Uppsala, Leipzig 1918; K. Schindler, Die stoische Lehre von Seelenteilen und Seelenvermögen insbesondere bei Panaitios und P. und ihre Verwendung bei Cicero, München 1934; K. Schmidt, Kosmologische Aspekte im Geschichtswerk des P., Göttingen 1980; P. Steinmetz, P. aus A., in: H. Flashar (ed.), Die Philosophie der Antike IV/2 (Die hellenistische Philosophie), Basel 1994, 670–705 (mit Bibliographie, 694–705); H. Strohm, Theophrast und P., Hermes 81 (1953), 278–295; W. Theiler, Die Vorbereitung des Neuplatonismus, Berlin 1930, Hildesheim 2001; H. Vetter, P. v. A., BBKL VII (1994), 856–857; E.H. Warmington, Posidonius, DSB XI (1975), 103–106. M.G.

Position (von lat. ponere, setzen, stellen, legen; behaupten, äußern; bestimmen; griech. *τιθέναι*, davon *θέσις*, These), Lage, Stellung, Standpunkt, oft auch das Setzen (›Ponieren‹) im Sinne einer Annahme (↑Supposition, ↑Hypothese); antonym zu ↑Negation, im Unterschied zur ↑Affirmation jedoch grundsätzlich nur die Existenz *in mente*, nicht *in natura* betreffend, eben weil Wirklichkeit nicht gesetzt, sondern allein im Zusammenspiel von Erzeugen und Erfahren begriffen werden kann. Bei I. Kant ist ›Sein‹ bzw. ›Existenz‹ »bloß die P. eines Dinges, oder gewisser Bestimmungen an sich selbst« (KrV B 626) und keine der begrifflichen Bestimmungen eines Dinges. Im übrigen steht in der neuzeitlichen Philosophie das auf einer Setzung als Resultat der Verstandestätigkeit Beruhende dem durch die Sinne vermeintlich ↑Gegebenen gegenüber. Eine P. im Sinne von Standpunkt besteht in der Anerkennung eines ganzen Systems von Sätzen als gültig, zwar in der Regel unter Einschluß einer Begründung (↑Beweis), aber grundsätzlich ohne den Versuch seiner rationalen ↑Rekonstruktion (↑Genese). Dazu bedarf es des Übergangs vom Einnehmen einer P. zum Verfahren der ↑Reflexion, in der dreigliedrigen ↑Dialektik als Entwicklungstheorie (These – Antithese – Synthese) im Durchgang durch die Negation erreicht. K. L.

positiv (von lat. ponere, setzen, stellen, legen; behaupten, äußern, bestimmen; engl. positive, franz. positif), gebrauchssprachlich (ausgenommen fachsprachliche Sonderfälle, wie z. B. in der Grammatik die Bezeichnung der Grundstufe bei der Steigerung von Adjektiven durch ›gradus positivus‹ oder in der Instrumentenkunde die Bezeichnung einer kleinen Standorgel als ›Positiv‹) in der Regel eine zustimmende Beurteilung oder Bewertung artikulierende Bestimmung einem Prozeß oder einer Handlung, insbes. einer Sprachhandlung, gegenüber, z. B. eine p.e [= erfreuliche] Entwicklung, ein p.es Ergebnis [= Ergebnis, auf dem sich aufbauen läßt], ein p.er [= erfolgreicher] Test, ein p.er [= eine Hypothese bestätigender] Befund, eine p.e [= zuverlässige] Nachricht, ein p.es [= wirkliches] Wissen, ein p.es [= gewinnendes] Auftreten usw..

Da in der philosophischen Tradition ›p.‹ ebenso wie ›affirmativ‹ seit der Spätantike als Gegensatz von ↑›negativ‹ auftritt, und zwar sowohl im allgemeinen Sinn von Zustimmung versus Ablehnung als auch im besonderen Sinn von Bejahung versus Verneinung (↑Elementaraussage) – bei den lateinischen Grammatikern (↑Grammatik) bis hin zur *grammatica positiva* des Mittelalters, die man, ihrer engen Bindung an die ↑Rhetorik wegen (es geht um den *sermo congruus*, die richtig gebaute Rede), im Zuge der im 13. Jh. beginnenden Rezeption der logischen Schriften des Aristoteles von der logisch orientierten *grammatica speculativa* unterschied (hier geht es um die wahre Rede, den *sermo verus*), hatte sich die lateinische Übersetzung des griechischen Gegensatzpaares *θετικός – ἀρνητικός* (›setzend/p.‹ versus ›verneinend/negativ‹) durch ›affirmativus – negativus‹ durchgesetzt (vgl. J.-G. Blühdorn, P., Positivität I, Hist. Wb. Ph. VII [1989], 1106–1111) –, wird ›p.‹ auch gegenwärtig häufig im Sinne von ›bejahend‹ verwendet.

Damit konkurrierend spielt das auf der wörtlichen Bedeutung von ›ponere‹ (griech. *τιθέναι*) beruhende Gegensatzpaar *θέσει – φύσει* (›durch [willentliche] Setzung [die auch anders ausfallen könnte, nämlich »arte aut lege«]‹ versus ›von Natur [und damit stets gleichartig ausfallend, insbes. nach allgemeinen Regeln verlaufend]‹) seit der Antike eine in philosophischen Auseinandersetzungen bis heute zentrale Rolle (vgl. A. Lalande, Positif, in: ders., Vocabulaire technique et critique de la philosophie, Paris ^{2}1926, II, ^{4}1932, 595–598), etwa in der ↑Sprachphilosophie bei der Frage, wie sprachliche Ausdrücke ihre Bedeutungen erlangen (↑Semantik), oder in der ↑Rechtsphilosophie bei der Frage nach der Herkunft der Gesetze (*lex positiva* [↑Recht] versus *lex naturalis* [↑Naturrecht], letztere bei A. Augustinus auf der *lex aeterna* Gottes, der göttlichen Setzung, beruhend), aber auch in der ↑Naturphilosophie bei der Frage nach dem Status der ↑Naturgesetze (bei G. W. Leibniz [Essais de Théodicée sur la bonté de Dieu, la liberté de l'homme et l'origine du mal. Discours de la conformité de la foi avec la raison, § 2 (Philos. Schr. VI, 50)] sind dies die von den ›logisch, metaphysisch oder geometrisch‹ notwendigen Wahrheiten zu unterscheidenden p.en Wahrheiten, »parce qu'elles sont les loix qu'il a plût à Dieu de donner à la nature«, die sich a posteriori, durch Erfahrung, oder a priori, durch Vernunft, kennenlernen lassen).

Es ist dem in der Neuzeit wachsenden Einfluß der Erfahrungswissenschaften zuzuschreiben, auch eine Folge der für die Philosophie der ↑Aufklärung maßgebenden Rolle der Schriften F. Bacons, daß die mit ›p.‹ ausgedrückte Bewertung von Wahrheiten, und das sind die von wahren Aussagen über vermeintlich ›gegebene‹ Gegenstände der Natur (es sind nämlich nicht diese selbst, sondern bestimmte ihrer Eigenschaften, etwa Masse, Geschwindigkeit usw., und somit geeignet vorgenommene Schematisierungen der Gegenstände, die in diese Aussagen eingehen) artikulierten Naturgesetze, auf die Existenz der Gegenstände übertragen wird, von denen diese handeln. Damit tritt ›p.‹ im Sinne von ›[empirisch] festgestellt‹ (d. h. nicht mehr im Sinne von ›willentlich aufgestellt‹, vielmehr, wie man auch sagen kann, im Sinne von ›natürlich auftretend‹, also unter Vertauschung der Zuordnung in Bezug auf die Opposition *θέσει – φύσει*) als Kennzeichen der Erfahrungswissenschaften auf, und zwar erneut im Gegensatz zu ›spekulativ‹, dieses Mal aber (anders als im Falle der ›spekulativ‹ genannten Bemühungen um den Aufbau einer rationalen Grammatik [↑Grammatik, logische], und in der Regel – Leibniz gehört zu den Ausnahmen – unter Vernachlässigung oder Mißverstehen der nicht-empirischen logischen und mathematischen Disziplinen) im Sinne von ›ausgedacht/unwirklich‹.

Die p.en Wissenschaften werden als *positive Philosophie* – ausdrücklich bei C.-H. de Saint-Simon unter Berufung auf F. Bacon – vor der spekulativen Schulphilosophie besonders des 18. Jhs. ausgezeichnet, was schon zu Beginn des 19. Jhs. unter der Bezeichnung ›p.e Philosophie‹ (↑Philosophie, positive) so unterschiedlichen philosophischen Systemen eine Selbstbezeichnung erlaubt wie dem von A. Comte und dem von F. W. J. Schelling in seinem Alterswerk vertretenen.

Comte hat unter Anknüpfung an de Saint-Simon den Positivismus in seinem »Discours sur l'esprit positif« (1844) als eine ↑Position entwickelt (↑Positivismus (historisch)), gemäß der die Philosophie als Gesamtheit der p.en Wissenschaften unter Einschluß von deren ↑Methoden nach seinem ↑Dreistadiengesetz die letzte Stufe bildet und dabei der Stufe der metaphysischen Philosophie in der historischen Entwicklung nachfolgt. Auch im Logischen Empirismus (↑Empirismus, logischer) des 20. Jhs. (der sich der im wesentlichen von G. Frege geschaffenen Grundlagen der modernen formalen Logik [↑Logik, formale] bedient und der unter ›Philosophie‹ die ↑Wissenschaftstheorie – bei R. Carnap die ↑Wissenschaftslogik – der wie vorgefundene Gegenstände behandelten Werkzeuge der nun nicht mehr auf die Erfahrungswissenschaften beschränkten Einzelwissenschaften versteht) verfährt man ganz im Geiste des Positivismus von Comte; man spricht deshalb statt vom ›Logischen Empirismus‹ auch vom ›Logischen Positivismus‹ oder ↑›Neopositivismus‹. Bei dieser (vom Zustand insbes. der institutionalisierten Philosophie oft nahegelegten) Reduktion des Verständnisses von ↑Philosophie, die von Hause aus durch das Interesse an der Herkunft jeder Art von Wissen, verbunden mit dem Bemühen um dessen Legitimation (↑Begründung), und nicht durch das Vertreten einer Position charakterisiert ist, also weder p., d.i. dogmatisch, noch negativ, d.i. skeptisch, sondern reflexiv (↑reflexiv/Reflexivität), also kritisch (↑Kritik), verfährt – in diesem Fall der Gegenüberstellung von ›p.‹ und ›reflexiv‹ ist ›p.‹ grundsätzlich pejorativ konnotiert –, wird die Verwendung von ›p.‹ in der Gegenüberstellung zu ›bloß gedacht/vernünftelnd‹ von einer anerkennenden Bewertung begleitet.

Eben das geschieht auch in der Spätphilosophie Schellings, die er in Vorlesungen 1832/1833 ausdrücklich ›Grundlegung der p.en Philosophie‹ nennt und die er als Wissenschaft einer Rekonstruktion der Geschichte (insbes. der gesamten Religionsgeschichte von der natürlichen Religion der Mythologie zur Offenbarungsreligion des Christentums) in der Form einer Darstellung der Entfaltung der Freiheit, gleichbedeutend einer ↑Genese der sich geschichtlich realisierenden Vernunft, verstanden wissen will. Ihr steht, für ihn in Gestalt der Philosophie G. W. F. Hegels, die negative Philosophie der nur mit Notwendigem befaßten ›Vernunftwissenschaft‹ gegenüber. An dieser Stelle schließt sich Schelling (allerdings in reformierender Absicht – seine p.e Philosophie sollte zur Grundlage einer erneuerten protestantischen Theologie werden, die von F. D. E. Schleiermacher ohnehin als eine p.e Wissenschaft zur Lösung praktischer Aufgaben in der Gemeinde bezeichnet worden war) einer in der Theologie bereits seit dem Mittelalter verbreiteten Unterscheidung an. Der auf der Überzeugung von der Übereinstimmung von Vernunft und Glauben beruhenden und sich deshalb logischer Werkzeuge samt Argumentationen bedienenden scholastischen (auch: spekulativen oder dogmatischen) Theologie (später, im Protestantismus, der natürlichen oder rationalen Theologie der Aufklärung) wurde eine nur auf den Glauben an die Zeugnisse der Bibel – zuweilen erweitert um die offiziellen Lehren der Kirche – bezogene p.e Theologie (später, im Protestantismus, die allein den Offenbarungsinhalt explizierende *theologia revelata*) gegenübergestellt: »Theologia positiva, est scripturae sacrae cognitio rerumque divinarum explicatio, sine argumentatione operosa. [...] Theologia scholastica, est scientia ex principiis fidei educens demonstrative conclusiones de Deo, rebusque divinis« (J. Polman, Breviarium theologicum, Lyon 1696, 4).

In der formalen Logik (↑Logik, formale) schließlich ist ›p.‹ eine Bezeichnung für den Bereich der *negationsfreien* Aussagen (↑Negation), d. s. diejenigen Aussagen, die den Junktor ↑›nicht‹ nicht enthalten (↑Logik, positive). In der Mathematik wiederum dient ›p.‹ häufig zur Bezeichnung für einen durch disjunkte Zweiteilung gewonnenen Bereich von Gegenständen, z.B. die p.-rationalen ↑Zahlen als Menge der rationalen Zahlen $x > 0$. Andere Beispiele sind p.e ↑Orientierung (geometrischer Räume, in der Ebene durch Drehung *gegen* den Uhrzeigersinn realisiert) und p.e ↑Korrelation zwischen zwei abhängigen Größen, wenn statistisch das Ansteigen bzw. Abnehmen der einen linear zum Ansteigen resp. Abnehmen der anderen führt. K. L.

Positivismus (historisch), von H. de Saint-Simon geprägte Bezeichnung für die wissenschaftliche Methode und deren Übernahme durch die Philosophie, von A. Comte aufgenommen und im Anschluß an die von ihm formulierte ›philosophie positive‹ (↑Philosophie, positive) Bezeichnung für eine bedeutende philosophische Richtung im 19. Jh. und in der ersten Hälfte des 20. Jhs.. Der P. ist gekennzeichnet (1) durch die Betonung des Faktischen (der positiven Tatsachen) (↑Gegebene, das) und die Zurückweisung metaphysischer Spekulation (↑Metaphysikkritik) sowie (2) durch die Verpflichtung auf die Idee des ↑Fortschritts (↑Erkenntnisfortschritt). Der traditionelle P. wird in den sozialen P., den evolutionären P. und den ↑Empiriokritizismus unterteilt. Für den P. im 20. Jh. wird die Bezeichnung ↑Neopositivismus (↑Positivismus (systematisch)) oder Logischer P. (↑Empirismus, logischer) verwendet.

Der *soziale* P. strebt die Herbeiführung eines gerechten Sozialgefüges durch Rückgriff auf die Ergebnisse und Methoden der Wissenschaft an; er soll den gesellschaftlichen Fortschritt verbürgen. Diese Richtung wird (neben Saint-Simon) vor allem durch die französischen Frühsozialisten C. Fourier und P.-J. Proudhon und die englischen Utilitaristen (↑Utilitarismus) J. Bentham und J. S. Mill vertreten. Den Frühsozialisten geht es um die Verwirklichung einer sozial gerechten Gesellschaftsordnung, deren Herbeiführung durch eine umfassende Sozialtechnik befördert werden soll, die sich ihrerseits auf soziale Gesetzmäßigkeiten stützt. Die englische Variante konzentriert sich auf die Entwicklung einer ›wissenschaftlichen Ethik‹, die auf einer Assoziationspsychologie beruht und der Erfassung der Motive als der Verhaltensursachen dienen soll. Ebenso wie die Natur durch die Kenntnis der wirkenden Ursachen beherrschbar ist, kann menschliches Verhalten über die wirksamen Motive gesteuert werden.

Unter dem Einfluß Saint-Simons formuliert Comte in seiner ›positiven Philosophie‹ ein ↑Dreistadiengesetz, das für die Entwicklungsgeschichte der Menschheit das Durchlaufen eines theologischen, eines metaphysischen und letztlich eines positiven Stadiums vorsieht. In diesem letzten Stadium dominiert die Wissenschaft. Diese ist durch die Beschreibung der Tatsachen und die Absage an alle ↑Metaphysik gekennzeichnet. In den Bereich der Metaphysik gehört insbes. der Bezug auf ↑Ursachen und ↑Zwecke. Statt ersten Ursachen und letzten Zwekken nachzuspüren, beschränkt sich die Wissenschaft auf die Feststellung von Verknüpfungen zwischen Phänomenen; sie drückt diese Verknüpfungen in Gesetzen aus (↑Gesetz (exakte Wissenschaften), ↑Gesetz (historisch und sozialwissenschaftlich)), die die Grundlage für Vorhersagen und Eingriffe in den Naturablauf bilden. Die Wissenschaft von der Gesellschaft ist die ↑Soziologie, die nicht auf die Naturwissenschaft und auch nicht auf Gesetzmäßigkeiten im Verhalten isolierter Individuen reduziert (↑Reduktion) werden kann; vielmehr ist die Geselligkeit eine ursprüngliche soziale Tatsache. Teilgebiet der Soziologie ist die ›soziale Dynamik‹, die das Gesetz des Fortschritts in der Geschichte der Gesellschaft aufzudecken sucht. Am Ende des gesellschaftlichen Fortschritts steht eine ›Soziokratie‹, in der eine gerechte Sozialordnung auf der Grundlage der Wissenschaft und der Prinzipien der positiven Philosophie verwirklicht ist. Für Comte ergibt sich daraus insgesamt eine Verpflichtung auf die Wissenschaft als Grundlage der Betrachtung von Natur und Gesellschaft sowie des sozialen und politischen Handelns. Die Philosophie bedient sich keiner von den Erfahrungswissenschaften verschiedenen Methode und verfolgt das Ziel, die Gemeinsamkeiten dieser Wissenschaften aufzufinden.

In der 2. Hälfte des 19. Jhs. tritt die politisch-praktische Ausrichtung des sozialen P. hinter dem theoretischen Interesse des *evolutionären* P. zurück. Ebenfalls auf Wissenschaft und Fortschritt verpflichtet, stützt sich der evolutionäre P. auf Entwicklungen in Physik und Biologie. Veranlaßt durch C. Lyells geophysikalische Theorie, die eine graduelle Fortentwicklung der Gestalt der Erdoberfläche annimmt, und C. Darwins Selektionstheorie der biologischen ↑Evolution (↑Evolutionstheorie), die eine Veränderung von Organismen und Spezies im Laufe der Erdgeschichte unterstellt, gewinnt die Vorstellung einer Höherentwicklung des gesamten Universums Verbreitung. Darwins Theorie stellt einen Mechanismus zur Erklärung der Zweckmäßigkeit und der Höherentwicklung der organischen Natur bereit. In ausgreifender Verallgemeinerung wird dieser Befund als Grundlage für die Deutung genommen, die Wissenschaft habe die Notwendigkeit des Fortschritts in der Natur aufgedeckt. Dies wiederum wird als Stütze für die Vorstellung eines universellen Fortschritts aufgefaßt, die insbes. von H. Spencer artikuliert wird. Für Spencer ergibt sich durch einen fortwährenden Prozeß von Differenzierung und Integration eine umfassende Evolution des Weltalls, der Erde, der Organismen sowie letztlich auch des gesellschaftlichen und geistigen Lebens.

Auch der vor allem auf E. Mach und R. Avenarius zurückgehende *Empiriokritizismus* ist theoretisch orientiert. Sein Hauptakzent liegt jedoch nicht auf naturphilosophischen Vorstellungen, sondern im Bereich der Erkenntnis- und Wissenschaftstheorie. In Machs ›neutralem ↑Monismus‹ geht es um den Aufweis der Einheitlichkeit der Erscheinungswelt durch Rückgriff auf ontologisch neutrale ›Elemente‹, die als Sinnesempfindungen ohne empfindendes Subjekt konzipiert sind. Die Erfahrung liefert Empfindungskomplexe, von denen einige als körperliche Gegenstände und andere als psychologische Prozesse (als ›Ich‹) gedeutet werden. Die Elemente bilden demnach die Bestandteile sowohl der Gegenstände als auch der Subjekte. Die so gefaßte Erfahrung stellt die Grundlage von Erkenntnis und Wissenschaft dar. Die Wissenschaft dient dem alleinigen Zweck, den Zusammenhang der Empfindungen auf ›denkökonomische‹ (↑Denkökonomie) Weise zusammenzufassen. Die Vorstellung, der Wissenschaft gelinge ein Vorstoß ›hinter die Erscheinungen‹ und zu den ›wirklich‹ existierenden Dingen, ist haltlos (↑Instrumentalismus). Im Zuge der antimetaphysischen Grundhaltung wird (im Einklang mit Comte) der Begriff der Kausalität verworfen. Die Annahme einer ›wirkenden Ursache‹ beruht auf anthropomorphen Vorstellungen des Eingreifens und ist zurückzuweisen. Jeder Bezug auf Ursächlichkeit und Kausalität soll zugunsten des Begriffs der ›funktionalen Abhängigkeit‹ der Erscheinungen aufgegeben werden.

Machs Sichtweise war von prägendem Einfluß auf den ↑Wiener Kreis, der die Keimzelle des Neopositivismus bzw. des Logischen Empirismus bildet (M. Schlick, R. Carnap, O. Neurath u. a.). Maßgebend bleibt die Verpflichtung auf intersubjektiv Feststellbares und damit auf die Wissenschaft als Grundlage allen Erkennens und Handelns (›Wissenschaftliche Weltauffassung‹) sowie die Annahme einer durch gleiche Methoden und begriffliche Zugangsweisen ausgezeichneten ↑Einheitswissenschaft. Zusätzlich zur Tradition des P. werden empiristische Denkansätze (↑Empirismus) und Methoden der ↑Sprachanalyse herangezogen. Opponenten des Neopositivismus (T. W. Adorno, J. Habermas) betrachten auch den Kritischen Rationalismus (↑Rationalismus, kritischer) als Spielart des P., was dessen Vertreter (K. R. Popper, H. Albert) zurückweisen. Der so genannte ›↑Positivismusstreit in der deutschen Soziologie‹ der 1960er Jahre war tatsächlich eine Auseinandersetzung zwischen Kritischer Theorie (↑Theorie, kritische) und Kritischem Rationalismus.

Literatur: N. Abbagnano, Positivism, Enc. Ph. VI (1967), 414–419; Y. Bernart, Der Beitrag des erfahrungswissenschaftlichen P. in der Tradition Auguste Comtes zur Genese der Soziologie. Rekonstruktion exemplarischer Entwicklungslinien, Göttingen 2003; J. Blühdorn/J. Ritter (eds.), P. im 19. Jahrhundert. Beiträge zu seiner geschichtlichen und systematischen Bedeutung, Frankfurt 1971; J. Brankel, Theorie und Praxis bei Auguste Comte. Zum Zusammenhang zwischen Wissenschaftssystem und Moral, Wien 2008; R. Brown, Comte and Positivism, in: C. L. Ten (ed.), Routledge History of Philosophy VII, London/New York 1994, 148–176, 2003, 123–145; C. G. A. Bryant, Positivism in Social Theory and Research, Basingstoke/London, New York 1985; D. G. Charlton, Positivist Thought in France During the Second Empire. 1852–70, Oxford 1959 (repr. Westport Conn. 1976); H. Gouhier, La jeunesse d'Auguste Comte et la formation du positivisme, I–III, Paris 1933–1941, II ²1964, III ²1970; P. Halfpenny, Positivism and Sociology. Explaining Social Life, London/Boston Mass. 1982, Aldershot/Brookfield Vt. 1992; R. L. Hawkins, Positivism in the United States 1853–1861, Cambridge Mass./London 1938, New York 1969; L. Kołakowski, Filozofia pozytywistyczna. Od Hume'a do Kola Wiedeńskiego, Warschau 1966, 2004 (engl. The Alienation of Reason. A History of Positivist Thought, Garden City N. Y. 1968; dt. Die Philosophie des P., München 1971, ²1977; franz. La philosophie positiviste, Paris 1976); G. Misch, Zur Entstehung des französischen P., Arch. Gesch. Philos. 13 (1901), 1–39, 156–209, separat Darmstadt 1969; I. S. Narskij, Očerki po istorii pozitivism, Moskau 1960 (dt. Die Geschichte des P., in: ders., P. in Vergangenheit und Gegenwart, Berlin 1967, 15–160); A. Negri, Augusto Comte e l'umanesimo positivistico, Rom 1971; A. Petit, Auguste Comte, trajectoires positivistes, 1798–1998, Paris 2003; B. Plé, Die ›Welt‹ aus den Wissenschaften. Der P. in Frankreich, England und Italien von 1848 bis ins zweite Jahrzehnt des 20. Jahrhunderts. Eine wissenssoziologische Studie, Stuttgart 1996; H. Przybylski, P., Hist. Wb. Ph. VII (1989), 1118–1122; R. C. Scharff, Comte After Positivism, Cambridge etc. 1995, 2002; W. M. Simon, European Positivism in the Nineteenth Century. An Essay in Intellectual History, Ithaca N. Y. 1963, Port Washington N. Y./New York/London 1971; M. Sommer, Husserl und der frühe P., Frankfurt 1985; A. Wernick, Auguste Comte and the Religion of Humanity. The Post-Theistic Program of French Social Theory, Cambridge etc. 2001. H. R. G./M. C.

Positivismus (systematisch), Terminus der Philosophie und Wissenschaftstheorie in zweifacher Bedeutung: (1) Charakterisierung solcher Argumentationen und Standpunkte, die das rationale Fundament wissenschaftlicher Theorien und institutioneller Orientierungen allein in *Tatsachen*behauptungen, dem so genannten ›Positiven‹ sehen (↑positiv). In diesem ursprünglichen, für die ›philosophie positive‹ (↑Philosophie, positive) von A. Comte maßgeblichen Sinne wendet sich der P. z. B. gegen metaphysische oder theologische Spekulationen (↑Positivismus (historisch)). Darüber hinaus werden häufig neuere Formen des ↑Empirismus als P. oder ↑Neopositivismus bezeichnet (↑Empiriokritizismus, ↑Empirismus, logischer). Das hat darin seinen Grund, daß in den empiristischen Philosophien neben den analytisch wahren Sätzen nur auf ein Erfahrungsgegebenes gestützte Aussagen als intersubjektive Erkenntnisse gelten. Damit werden mit den ›metaphysischen‹ Sätzen auch alle allgemeinen Dispositionsaussagen ausgeschlossen, womit die ↑Metaphysikkritik des Empirismus über das Ziel hinausschießt und eigentlich nur noch konstative Sätze einer *historia* als wahr zuläßt und den besonderen zeitallgemeinen und damit gegenwartstranszendenten Status generischen Wissens einer *theoria* nicht mehr versteht. Die Folge ist ein Fehlverständnis theoretischer Sätze als vermeintlich empirische Allaussagen über ›alle‹ Situationen oder ›alle‹ empirisch möglichen Welten und Zukünfte. Der logisch richtige Gebrauch und das rechte Verständnis der ↑Alltagssprache und der ↑Wissenschaftssprache wird dabei kriterial eng und eindimensional gefaßt (↑Sinnkriterium, empiristisches). (2) Insofern nicht nur gute allgemeine Normalfallerwartungen, sondern auch ↑normative Empfehlungen, Handlungsregeln, Gebote oder Verbote, auch relativ zu individuellen oder gemeinsamen Zwecksetzungen, nicht aus einzelnen empirischen Tatsachenbehauptungen deduzierbar sind, verbindet sich mit einer überzogen ›antimetaphysischen‹ Haltung des P. in der Regel die Auffassung, ↑Werturteile seien keiner ›rationalen‹ oder ›wissenschaftlichen‹ Rechtfertigung zugänglich. Dabei wäre zumindest ein Spielraum variabler subjektiver Zwecke von allgemein anerkannten Zwecken eines guten gemeinsamen Lebens (↑Leben, gutes, ↑Leben, vernünftiges) zu unterscheiden. Dennoch wird in der Wissenschaftstheorie der Sozialwissenschaften häufig ein P. in einem zweiten Sinne verteidigt, nämlich als Forderung z. B. M. Webers, Werturteile aus wissenschaftlichen Erörterungen zu verbannen (↑Wertfreiheit, ↑Werturteilsstreit). Im entsprechenden Verständnis gelten dann auch manche empirismuskritischen Standpunkte wie der Kritische Rationalismus (↑Rationalismus, kritischer) als P..

Literatur: N. Abbagnano, Positivism, Enc. Ph. VI (1967), 414–419, bibl. erw. v. A. W. Carus, VII (²2006), 710–717; T. W. Adorno u. a., Der P.streit in der deutschen Soziologie, Neuwied/Berlin 1969, Darmstadt ¹⁴1991, München 1993; E. Kaila, Der logistische Neupositivismus. Eine kritische Studie, Turku 1930; E. Kaiser, Neopositivistische Philosophie im XX. Jahrhundert: W. Stegmüller und der bisherige P., Berlin 1979; J. P. Miranda, Apelo a la razón. Teoría de la ciencia y crítica del positivismo, México 1983, Salamanca 1988 (dt. Appell an die Vernunft. Wissenschaftstheorie und Kritik des P., México 2010, Berlin 2013); B. Plé, Die ›Welt‹ aus den Wissenschaften. Der P. in Frankreich, England und Italien von 1848 bis ins zweite Jahrzehnt des 20. Jahrhunderts. Eine wissenssoziologische Studie, Stuttgart 1996; ders., P., EP II (²2010), 2099–2104; H. Przybylski, P., Hist. Wb. Ph. VII (1989), 1118–1122; H. Schnädelbach, Erfahrung, Begründung und Reflexion. Versuch über den P., Frankfurt 1971; C. Thiel, Grundlagenkrise und Grundlagenstreit. Studie über das normative Fundament der Wissenschaften am Beispiel von Mathematik und Sozialwissenschaft, Meisenheim am Glan 1972; weitere Literatur: ↑Neopositivismus, ↑Positivismus (historisch). F. K./P. S.-W.

Positivismus, logischer, ↑Empirismus, logischer, ↑Neopositivismus.

Positivismusstreit, nach dem so genannten älteren ↑Methodenstreit zwischen den nationalökonomischen Schulen G. Schmollers und C. Mengers und dem so genannten jüngeren Methodenstreit zwischen der Weber-Sombart-Schule und den ›Praktikern‹ unter den Nationalökonomen Bezeichnung für die (bislang) letzte Phase des Methoden- und ↑Werturteilsstreites in den ↑Sozialwissenschaften. Der P. schloß sich an die Referate K. R. Poppers und T. W. Adornos auf einer Arbeitstagung der Deutschen Gesellschaft für Soziologie im Oktober 1961 in Tübingen an und wurde zwischen Vertretern der Kritischen Theorie (↑Theorie, kritische) und des Kritischen Rationalismus (↑Rationalismus, kritischer) geführt. Dabei trägt der (spätere) Bezug auf die erste (Tübinger) Phase des ›Streits‹ alle Zeichen eines Mißverständnisses, insofern sich Popper stets kritisch vom Positivismus (↑Positivismus (systematisch)) absetzt und Adorno Poppers Tübinger Thesen weitgehend zustimmte (vgl. H. J. Dahms, 2008).
Inhaltlich geht es erneut, im Anschluß an und in Auseinandersetzung mit M. Webers Grundsatz der ↑Wertfreiheit der Wissenschaft, um das Problem einer rationalen Begründung von Normen (↑Norm (handlungstheoretisch, moralphilosophisch), ↑Norm (juristisch, sozialwissenschaftlich)) und Wertungen. Während die Vertreter der Kritischen Theorie, vor allem J. Habermas, einen praktischen Begründungsbegriff fordern und zu ↑normativer Strenge aufrufen, eine methodische Basis für einen derartigen Begriff jedoch nicht angeben, argumentieren die Vertreter des Kritischen Rationalismus, vor allem H. Albert, für den Weberschen Grundsatz und für methodische Strenge ohne normative Basis (↑Szientismus) und bezeichnen die Tatsache, daß im Rahmen des P.s keine methodische Fassung des praktischen Begründungsbegriffs vorgelegt wurde, als weiteren Beweis dafür, daß Werturteile zwangsläufig auf nicht mehr begründbaren Dezisionen (↑Dezisionismus) beruhen. In dieser Form stellt der P. einen ↑Grundlagenstreit dar, der bislang nicht abgeschlossen wurde und die Sozialwissenschaften in einem Dilemma beläßt. Dieses besteht darin, daß sich auch ein Streit um Methoden, hier Methoden einer rationalen Normenbegründung, nur methodisch beilegen läßt, es aber zu den Besonderheiten des P.s gehört, daß eine solche Möglichkeit unter anderem gerade bestritten wird.

Literatur: T. W. Adorno u. a., Der P. in der deutschen Soziologie, Neuwied/Berlin 1969, Darmstadt [14]1991, München 1993 (engl. The Positivist Dispute in German Sociology, London, New York 1976, London 1977); H. Albert, Traktat über kritische Vernunft, Tübingen 1968, [5]1991, 2010 (engl. Treatise on Critical Reason, Princeton N. J. 1985); H. Baier, Soziale Technologie oder soziale Emanzipation? Zum Streit zwischen Positivismus und Dialektikern über die Aufgaben der Soziologie, in: B. Schäfers (ed.), Thesen zur Kritik der Soziologie, Frankfurt 1969, 9–25; A. Bohnen, Individualismus und Gesellschaftstheorie. Eine Betrachtung zu zwei rivalisierenden soziologischen Erkenntnisprogrammen, Tübingen 1975; H. J. Dahms, P.. Die Auseinandersetzung der Frankfurter Schule mit dem logischen Positivismus, dem amerikanischen Pragmatismus und dem kritischen Rationalismus, Frankfurt 1994, 2007; ders., Der P.. Ein kritischer Rückblick, in: F. Stadler (ed.), Bausteine wissenschaftlicher Weltauffassung. Lecture Series/Vorträge des Instituts Wiener Kreis 1992–1995, Wien/New York 1997, 75–89; ders., P., in: S. Gosepath/W. Hinsch/B. Rössler (eds.), Handbuch der Politischen Philosophie und Sozialphilosophie II, Berlin/New York 2008, 1015–1018; E. Gröbl-Steinbach Schuster, Wissenschaft oder Ideologie. Die Albert-Habermas Debatte des P.s, in: G. Franco (ed.), Der Kritische Rationalismus als Denkmethode und Lebensweise. Festschrift zum 90. Geburtstag von Hans Albert, Klagenfurt/Wien 2012, 239–254; H. Keuth, Wissenschaft und Werturteil. Zu Werturteilsdiskussion und P., Tübingen 1989; M. Liebscher, The ›Frankfurt School‹. Neues zum P., Wiener Jb. Philos. 33 (2001), 93–100; J. Mittelstraß, Sozialwissenschaften im System der Wissenschaft, in: M. Timmermann (ed.), Sozialwissenschaften. Eine multidisziplinäre Einführung, Konstanz 1978, 173–189, ferner in: ders., Die Häuser des Wissens. Wissenschaftstheoretische Studien, Frankfurt 1998, 134–158; R. Neck (ed.), Was bleibt vom P.?, Frankfurt etc. 2008; J. Ritsert, Einführung in die Logik der Sozialwissenschaften, Münster 1996, [2]2003, 65–240 (Teil II Der P.); ders., Der P., in: G. Kneer/S. Moebius (eds.), Soziologische Kontroversen. Beiträge zu einer anderen Geschichte der Wissenschaft vom Sozialen, Berlin 2010, 102–130; M. Schmid, Der P. in der deutschen Soziologie. 30 Jahre danach, Logos NF 1 (1993), 35–81 (mit Bibliographie, 71–81); C. Thiel, Grundlagenkrise und Grundlagenstreit. Studie über das normative Fundament der Wissenschaften am Beispiel von Mathematik und Sozialwissenschaft, Meisenheim am Glan 1972; A. Wellmer, Kritische Gesellschaftstheorie und Positivismus, Frankfurt 1969, 1977; R. Wiggershaus, Die Frankfurter Schule. Geschichte – Theoretische Entwicklung – Politische Bedeutung, München 1986, 2008, 628–646 (engl. The Frankfurt School. Its History, Theories, and Political Significance, Cambridge Mass. 1994, 2007, 566–582); K. Wuchterl, Streitgespräche und Kontroversen in der Philosophie des 20. Jahrhunderts, Bern/Stuttgart/Wien 1997, 53–70 (Kap. 1.4 Der P. in der deutschen Soziologie in den sechziger Jahren). J. M.

Post, Emil Leon, *Augustów (Polen) 11. Febr. 1897, †New York 21. April 1954, amerik. Mathematiker und Logiker. Nach Studium in New York (Promotion Columbia University 1920) durch Krankheitsperioden unterbrochene Lehrtätigkeit in Princeton N. J., Ithaca N. Y. (Cornell University) und New York (1927–1935 im Schuldienst, ab 1935 Lehre am City College). – In seiner Dissertation (Introduction to a General Theory of Elementary Propositions, 1921) untersucht P. den Aussagenkalkül (↑Junktorenlogik) der ↑*Principia Mathematica.* Hier wendet er erstmals die Wahrheitstafelmethode (↑Wahrheitstafel) als systematisches metamathematisches (↑Metamathematik) Hilfsmittel zur Lösung des ↑Entscheidungsproblems an und beweist ihre Vollständigkeit (↑vollständig/Vollständigkeit) und Widerspruchsfreiheit (↑widerspruchsfrei/Widerspruchsfreiheit), wobei er auch speziell für das Studium von Aussagenlogiken nützliche allgemeinere Begriffe (›P.-Vollständigkeit‹, ›P.-Widerspruchsfreiheit‹) einführt. Ferner behandelt P. Erweiterungen der Aussagenlogik um *n*-stellige ↑Wahrheitsfunktionen und analysiert vom metamathematischen Standpunkt aus Systeme der mehrwertigen Logik (↑Logik, mehrwertige). Darüber hinaus definiert er einen allgemeinen Begriff eines formalen Systems (↑System, formales) zur Symbolmanipulation (›P.sches Produktionssystem‹). Diese im Anschluß an die Dissertation weitergeführten Überlegungen haben sich als grundlegend für die Theorie formaler Sprachen (↑Sprache, formale) und formaler ↑Grammatiken (und damit auch für die ↑Informatik) erwiesen.

Später untersucht P. vor allem Fragen der Berechenbarkeit (↑berechenbar/Berechenbarkeit) und Entscheidbarkeit (↑entscheidbar/Entscheidbarkeit) und entwickelt unabhängig von A. Turing ein Prozeßmodell der Berechenbarkeit (Finite Combinatory Processes, 1936). Seine bedeutendste Leistung in diesem Zusammenhang ist der – unabhängig von A. A. Markov (1903–1979) – erstmals erbrachte Nachweis der Unentscheidbarkeit des Wortproblems für Halbgruppen (Recursive Unsolvability of a Problem of Thue, 1947). Ferner entwickelt er (ab 1944) den Gedanken der Unentscheidbarkeitsgrade (*degrees of* [*recursive*] *unsolvability*). Die 1965 postum veröffentlichte, auf Arbeiten aus den 1920er Jahren zurückgehende Abhandlung »Absolutely Unsolvable Problems [...]« zeigt, daß P. wichtige Resultate von A. Church, K. Gödel und Turing vorweggenommen hat.

Werke: Solvability, Provability, Definability. The Collected Works of E. L. P., ed. M. Davis, Boston Mass./Basel/Berlin 1994. – Introduction to a General Theory of Elementary Propositions, Amer. J. Math. 43 (1921), 163–185 (repr. in: ders., Solvability, Provability, Definability [s. o.], 21–43), Neudr. in: J. van Heijenoort (ed.), From Frege to Gödel. A Source Book in Mathematical Logic, 1879–1931, Cambridge Mass. 1967, 265–283; Finite Combinatory Processes. Formulation 1, J. Symb. Log. 1 (1936), 103–105 (repr. in: M. Davis [ed.], The Undecidable. Basic Papers on Undecidable Propositions, Unsolvable Problems and Computable Functions, Hewlett N. Y. 1965, Mineola N. Y. 2004, 289–291, ferner in: ders., Solvability, Provability, Definability [s. o.], 103–105); The Two-Valued Iterative Systems of Mathematical Logic, Princeton N. J. 1941 (Ann. Math. Stud. 5) (repr. in: ders., Solvability, Provability, Definability [s. o.], 249–374); Formal Reductions of the General Combinatorial Decision Problem, Amer. J. Math. 65 (1943), 197–215 (repr. in: ders., Solvability, Provability, Definability [s. o.], 442–460); Recursively Enumerable Sets of Positive Integers and Their Decision Problems, Bull. Amer. Math. Soc. 50 (1944), 284–316 (repr. in: M. Davis [ed.], The Undecidable [s. o.], 305–337, ferner in: ders., Solvability, Provability, Definability [s. o.], 461–494); Recursive Unsolvability of a Problem of Thue, J. Symb. Log. 12 (1947), 1–11 (repr. in: M. Davis [ed.], The Undecidable [s. o.], 293–303, ferner in: ders., Solvability, Provability, Definability [s. o.], 503–513); Degrees of Recursive Unsolvability [Abstract Nr. 269], Bull. Amer. Math. Soc. 54 (1948), 641–642 (repr. in: ders., Solvability, Provability, Definability [s. o.], 549–550); (mit S. C. Kleene) The Upper Semi-Lattice of Degrees of Recursive Unsolvability, Ann. Math. Second Series 59 (1954), 379–407 (repr. in: ders., Solvability, Provability, Definability [s. o.], 514–542); Absolutely Unsolvable Problems and Relatively Undecidable Propositions. Account of an Anticipation, in: M. Davis (ed.), The Undecidable [s. o.], 340–433, ferner in: ders., Solvability, Provability, Definability [s. o.], 375–441; The Modern Paradoxes, ed. I. Grattan-Guinness, Hist. and Philos. Log. 11 (1990), 85–91.

Literatur: M. Davis, E. P.'s Contributions to Computer Science, Proc. 4th Annual Symposium on Logic in Computer Science, Washington D. C. etc. 1989, 134–136; ders., E. L. P.. His Life and Work, in: ders. (ed.), Solvability, Provability, Definability [s. o., Werke], XI–XXVIII; I. Grattan-Guinness, The Manuscripts of E. L. P., Hist. and Philos. Log. 11 (1990), 77–83; H. C. Kennedy, P., DSB XI (1975), 106–108; F. J. Pelletier/N. M. Martin, P.'s Functional Completeness Theorem, Notre Dame J. Formal Logic 31 (1990), 462–475; M. Scanlan, P., REP VII (1998), 573–575; A. Urquhart, E. P., in: D. M. Gabbay/J. Woods (eds.), Handbook of the History of Logic V (Logic from Russell to Church), Amsterdam etc. 2009, 617–666. – Sonderheft: Stud. Logic Grammar Rhetoric 2 (1998) (E. L. P. and the Problem of Mechanical Provability. A Survey of P.'s Contributions in the Centenary of His Birth). P. S.

post hoc, ergo propter hoc (lat., danach, also dadurch), Bezeichnung für den ↑Fehlschluß von der zeitlichen Aufeinanderfolge zweier Ereignisse auf deren kausale Verknüpfung als Ursache (früheres Ereignis) und Wirkung (späteres Ereignis). Obwohl der Fehler nicht auf Grund der zeitlichen Relation allein, sondern nur bei Vorliegen weiterer Umstände (Kontiguität, vermuteter Gesetzeszusammenhang) etc. unterlaufen dürfte, ist er in der allgemeinen Methodologie doch so ernst genommen worden, daß er in der Form ›post hoc non est propter hoc‹ auch als ausdrückliche Warnung formuliert wurde. Das p. h., e. p. h. ist ein Spezialfall des ↑Trugschlusses der ›falschen Ursache‹; es wird jedoch oft fälschlich mit dem Aristotelischen ↑›non causa pro causa‹ (*τὸ ἀναίτιον ὡς αἴτιον*, vgl. Soph. El. *A*5.167b21, Rhet. *B*24.1401b30) identifiziert, obwohl es einfach in der unbegründeten Annahme einer Kausalverbindung besteht. Schon ältere Wissenschaftstheoretiker wie A. Sidgwick und F. C. S. Schiller haben die forschungspraktische Unentbehrlichkeit der Bildung von Kausalhypothesen (↑Kausalität) auf Grund der Beobachtung zeitlicher Abfolge betont und darauf hingewiesen, daß die warnende Behandlung der üblichen Gegenbeispiele

(z. B. der Aufeinanderfolge von Tag und Nacht) für den Wissenschaftsbetrieb nutzlose Belehrungen *ex post facto* darstellt.

Die Umkehrung ›propter hoc, ergo post hoc‹ liegt nicht nur dem alltagsweltlichen Verständnis des Ursache-Wirkung-Verhältnisses zugrunde, sondern auch deterministischen (↑Determinismus) Vorstellungen vom Ablauf des Weltgeschehens sowie Theorien, die die Zeitabfolge aus der Ordnung der Ereignisse durch den allgemeinen Kausalzusammenhang zu erklären suchen. Dies schließt jedoch in wissenschaftlichem Kontext anzuerkennende Fälle der Gleichzeitigkeit von ↑Wirkungen mit ihren ↑Ursachen und erst recht die seit etwa 1950 ernsthaft diskutierte, aber umstritten gebliebene Vorstellung von Fällen aus, in denen eine Wirkung ihrer Ursache zeitlich vorauszugehen scheint (›rückwirkende Verursachung‹, ↑Retrokausalität).

Literatur: C. L. Hamblin, Fallacies, London 1970, Newport News Va. 1998; W. S. Jevons, Elementary Lessons in Logic. Deductive and Inductive [...], London 1870, 1880 (repr. o. O. [Chestnut Hill Mass.] 2000), ^{22}1903, London, New York 1965 (dt. Leitfaden der Logik, Leipzig 1906, ^{3}1924); F. C. S. Schiller, Formal Logic. A Scientific and Social Problem, London 1912 (repr. New York 1977), ^{2}1931; A. Sidgwick, Fallacies. A View of Logic From the Practical Side, London 1883, New York 1884 (repr. Ann Arbor Mich. 1992), London ^{2}1886, ^{3}1901; J. Woods/D. Walton, P. h., e. p. h., Rev. Met. 30 (1976/1977), 569–593. C. T.

Postmoderne (engl. postmodernism), Bezeichnung zur historischen Einordnung der Gegenwart, mit der in systematischer Absicht suggeriert wird, das aufklärerische ›Projekt der Moderne‹ (J. Habermas) sei gescheitert und müsse deshalb aufgegeben werden. – Als ›postmodern‹ wurden zunächst neue Strömungen in den schönen Künsten bezeichnet, die sich von ihren jeweiligen ›modernen‹ Vorläufern (dem Funktionalismus in der Architektur, der übersteigerten Selbstreflexivität in der Literatur) absetzen wollten. An deren Stelle setzten sie den Rückgriff auf vielfältige Traditionen der Prämoderne, der allerdings spielerisch-ironisch durchgeführt wird (J. Barth). Diese Methode wurde perspektivistisch (↑Perspektivismus) in einer ›dekonstruktivistischen‹ (↑Dekonstruktion (Dekonstruktivismus)) Literaturtheorie radikalisiert, die nicht nur den Gattungsunterschied zwischen Primär- und Sekundärliteratur, sondern auch den zwischen Literatur und Philosophie verwischt und schließlich sogar leugnet (J. Derrida). Danach gibt es nur noch ›Texte‹, die auf andere Texte verweisen. Begründungsansprüche werden als ›logozentristisch‹ verworfen; an ihre Stelle treten ›kleine Erzählungen‹ (J.-F. Lyotard). – Die Forderungen der Vertreter der P., die generell an F. Nietzsches Vernunftkritik anknüpfen, gewinnen ihre Plausibilität nur vor dem Hintergrund einer dogmatischen ↑Metaphysik und einer naiven ↑Wissenschaftstheorie, die einem objektivistischen Mißverständnis von voraussetzungsloser (↑voraussetzungslos/Voraussetzungslosigkeit) wissenschaftlicher Forschung nachhängt. Gegen diese Forderungen wird eingewendet, daß die Philosophie an der Möglichkeit begrifflicher Klarheit und methodischer Strenge festhalten könne und müsse. Zudem steht jeder Versuch der Destruktion propositionaler Wahrheitsansprüche (↑Wahrheit) vor dem Dilemma, sich entweder in ↑transzendentale Widersprüche zu verwickeln oder in unkritisches Erzählen abzugleiten. Das Programm der P. bildet jedoch ein gewisses Korrektiv zu einem reduktionistischen (↑Reduktionismus) ↑Szientismus, der unter anderem die erkenntnistheoretische Bedeutsamkeit unterschiedlicher literarischer Formen der Philosophie vernachlässigt (G. Gabriel).

Literatur: J. Albertz/W. Welsch (eds.), Aufklärung und P.. 200 Jahre nach der französischen Revolution das Ende aller Aufklärung?, Berlin 1991; J. Barth, The Literature of Exhaustion and The Literature of Replenishment, Northridge Calif. 1982; S. Benhabib u. a., Der Streit um Differenz. Feminismus und P. in der Gegenwart, Frankfurt 1993, 1995 (engl. Feminist Contentions. A Philosophical Exchange, New York/London 1995); Y. Boisvert, Le monde postmoderne. Analyse du discours sur la postmodernité, Paris/Montréal 1996; C. Bürger/P. Bürger (eds.), P.. Alltag, Allegorie und Avantgarde, Frankfurt 1987, 1992; S. Connor (ed.), The Cambridge Companion to Postmodernism, Cambridge etc. 2004, 2010; P. Crowther, Critical Aesthetics and Postmodernism, Oxford 1993, 2000; ders., Philosophy after Postmodernism. Civilized Values and the Scope of Knowledge, London/New York 2003, 2005; P. Dews, Logics of Disintegration. Post-Structuralist Thought and the Claims of Critical Theory, London/New York 1987, 2007; T. Eagleton, The Illusions of Postmodernism, Oxford/Malden Mass. 1996, 2003 (dt. Die Illusionen der Postmoderne. Ein Essay, Stuttgart 1997); G. Eifler/O. Saame (eds.), P.. Anbruch einer neuen Epoche. Eine interdisziplinäre Erörterung, Wien 1990; P. Engelmann (ed.), P. und Dekonstruktion. Texte französischer Philosophen der Gegenwart, Stuttgart 1990, rev. 2010; J. Faye, After Postmodernism. A Naturalistic Reconstruction of the Humanities, Basingstoke/New York 2012; J. Francese, Narrating Postmodern Time and Space, Albany N. Y. 1997; M. Frank u. a., Kritik der P., Frankfurt 1988; G. Gabriel, Zwischen Logik und Literatur. Erkenntnisformen von Dichtung, Philosophie und Wissenschaft, Stuttgart 1991; ders./C. Schildknecht (eds.), Literarische Formen der Philosophie, Stuttgart 1990; M. Gasser, Die P., Stuttgart 1997; E. Gellner, Postmodernism, Reason and Religion, London/New York 1992, 2002; J. Georg-Lauer (ed.), P. und Politik, Tübingen 1992; H. Gumbrecht/R. Weimann (eds.), P. – Globale Differenz, Frankfurt 1991, ^{2}1992; J. Habermas, Der philosophische Diskurs der Moderne. Zwölf Vorlesungen, Frankfurt 1985, 2007; ders., Nachmetaphysisches Denken. Philosophische Aufsätze, Frankfurt 1988, 2009, bes. 153–186, 242–263; J. Hermand, Nach der P.. Ästhetik heute, Köln/Wien 2004; A. Hütter/T. Hug/J. Perger (eds.), Paradigmenvielfalt und Wissensintegration. Beiträge zur P. im Umkreis von Jean-François Lyotard, Wien 1992; D. Kamper/W. v. Reijen, Die unvollendete Vernunft. Moderne versus P., Frankfurt 1987, ^{2}1989; P. Koslowski/R. Spaemann/R. Löw (eds.), Moderne oder P.? Zur Signatur des gegenwärtigen Zeitalters, Weinheim 1986; D. Krause, ›P.‹. Über die Untauglichkeit eines Begriffs der Philosophie, Architekturtheorie und Literaturtheorie, Frankfurt 2007; N. Lucy, Postmodern Literary Theory. An Introduction, Oxford/Malden Mass. 1997, 1998; J.-F. Lyotard, La condition p.. Rapport sur le savoir, Paris 1979, 2009 (dt. Das p. Wissen. Ein Bericht, ed. P. Engelmann, Graz/Wien 1986, [7]2012); C. B. McCullagh, The Logic of History. Putting Postmodernism in Perspective, London/New York 2004, 2007; J. McGowan, Postmodernism and Its Critics, Ithaca N. Y./London 1991, 1994; S. Meier, P., Hist. Wb. Ph. VII (1989), 1141–1145; S. Morawski, The Troubles with Postmodernism, London/New York 1997; C. Norris, The Truth about Postmodernism, Oxford/Cambridge Mass. 1993, 1996; C. Rademacher (ed.), P. Kultur? Soziologische und philosophische Perspektiven, Opladen 1997; K. Riha, Prämoderne – Moderne – P., Frankfurt 1995; S. Sim (ed.), The Routledge Companion to Postmodernism, London/New York 2001, [3]2011; U. Stark, P.. Theorie, Grundlagen, Stuttgart 1988, [2]1993; K. Stierstorfer (ed.), Beyond Postmodernism. Reassessments in Literature, Theory, and Culture, Berlin/New York 2003; P. Tepe, P./Poststrukturalismus, Wien 1992; A. Wellmer, Zur Dialektik von Moderne und P.. Vernunftkritik nach Adorno, Frankfurt 1985, [5]1993; W. Welsch, Unsere p. Moderne, Weinheim 1987, [7]2012; ders. (ed.), Wege aus der Moderne. Schlüsseltexte der P.-Diskussion, Weinheim 1988, rev. [2]1994; P. V. Zima, Moderne/P.. Gesellschaft, Philosophie, Literatur, Basel/Tübingen 1997, [3]2014 (engl. Modern/Postmodern. Society, Philosophy, Literature, London 2010, 2012). B. G.

Postprädikamente, scholastischer Terminus sowohl bibliographisch für die den dritten Teil der Kategorienschrift des Aristoteles bildenden Kapitel 10–15 (schon J. Philoponos bezieht sich im 6. Jh. auf den letzten der von ihm unterschiedenen drei Teile der Schrift als ›*μετὰ τὰς κατηγορίας*‹) als auch systematisch für die dort behandelten Arten des *Gegensatzes* (vier Arten von *ἀντικείμενα* oder opposita, Kap. 10–11), des *Früher* (fünf Arten des *πρότερον* oder prius, Kap. 12), des *Zugleich* (zwei Arten des *ἅμα* oder simul, Kap. 13), der *Veränderung* oder *Bewegung* (sechs Arten von *κίνησις* oder motus, Kap. 14) und des *Habens* (acht Arten des *ἔχειν* oder habere, Kap. 15). Gelegentlich gelten als P. nur die letztgenannten vier.

Die oft vorgetragene Meinung, es handle sich dabei um aus den eigentlichen ↑Kategorien (oder ↑Prädikamenten) abgeleitete Begriffe, findet im Text der »Kategorien« keine Stütze. Aufgrund der textlichen und argumentativen Unzulänglichkeit des Schlußkapitels (z. B. tritt *ἔχειν* bereits unter den Kategorien selbst auf) hält man die P. nicht für einen Text des Aristoteles selbst, sondern für eine spätere Zutat der peripatetischen Schule (↑Peripatetiker), so daß auch die Lehre von den P.n nicht auf Aristoteles zurückginge. – Zu beachten ist, daß abweichend von dieser Tradition P. Abaelard in seiner Dialektik unter dem Titel ›P.‹ semantische Probleme aus Aristoteles' »De interpretatione« behandelt.

Literatur: P. Abaelard(us), Dialectica. First Complete Edition of the Parisian Manuscript, ed. L. M. de Rijk, Assen 1956, [2]1970; Aristoteles, Categoriae et Liber de Interpretatione, ed. L. Minio-Paluello, Oxford 1949 (repr. 1961), 2005; J. Philoponos, In Aristotelis Categorias Commentarium, ed. A. Busse, Berlin 1898 (CAG XIII/1). – H. M. Baumgartner/P. Kolmer, P., Hist. Wb. Ph. VII (1989), 1145–1146; C. Prantl, Geschichte der Logik im Abendlande, I–IV, Leipzig 1855–1870, II [2]1885 (repr., I–IV in 2 Bdn., Leipzig 1927, I–IV in 3 Bdn., Berlin, Graz, Darmstadt 1955, Hildesheim 1997, Bristol 2001). C. T.

Poststrukturalismus, ↑Strukturalismus (philosophisch, wissenschaftstheoretisch).

Postulat (lat., Forderung; griech. *αἴτημα*), Terminus der ↑Wissenschaftstheorie und Praktischen Philosophie (↑Philosophie, praktische). In der antiken Disputationstechnik sind P.e Sätze, die ein Gesprächspartner einer Erörterung zugrundelegt, ohne daß die anderen Gesprächspartner diesen beigepflichtet hätten. Deshalb hat ein auf P.en aufgebautes Gespräch ›hypothetischen‹ Charakter; seine Resultate sind nur gültig, wenn und insofern die P.e, ungeachtet der fehlenden Zustimmung, letztlich doch gelten. Bei Aristoteles (an. post. A10.76b31–34) werden ausschließlich (jedenfalls zunächst) nicht akzeptierte Voraussetzungen als ›P.e‹ bezeichnet. Von den Gesprächspartnern anerkannte Voraussetzungen werden von Aristoteles dagegen ↑›Hypothesen‹ genannt. P.e werden häufig terminologisch von ↑Axiomen unterschieden.

In den »Elementen« Euklids sind P.e diejenigen Sätze, in denen im wesentlichen die Ausführung geometrischer Grundkonstruktionen (Strecke, Gerade, Kreis) und das seit Proklos so genannte Parallelenpostulat (↑Parallelenaxiom) ›gefordert‹ werden. Bei Euklid sichern P.e auf konstruktive Weise die Existenz geometrischer Gegenstände. Dagegen handelt es sich nach den älteren wissenschaftstheoretischen Auffassungen bei Axiomen um Aussagen, deren Wahrheit auf Grund von ↑Evidenz allgemein akzeptiert wird. J. H. Lambert unterscheidet der Sache nach zwischen Axiomen als deskriptiven und P.en als präskriptiven Sätzen (↑deskriptiv/präskriptiv). Dabei werden in den P.en die Sprach- und Konstruktionshandlungen (als ›allgemeine und unbedingte Möglichkeiten‹) gesichert, die die Bedeutung der Basistermini axiomatischer Theorien bestimmen. Im Gegensatz zu diesen traditionellen Unterscheidungen werden heute ›P.‹ und ›Axiom‹ als Bestandteile axiomatischer Theorien (↑System, axiomatisches, ↑Methode, axiomatische) durchgehend synonym verwendet. In diesem Sinne verstanden z. B. die ›American Postulate Theorists‹ das Studium axiomatischer Systeme.

I. Kant unterscheidet mathematische P.e als Ausdruck der ›Synthesis‹, mit der Begriffe erzeugt werden (KrV A 234/B 287), von den »P.en des empirischen Denkens überhaupt« (KrV A 218/B 265) als Modalitätsbestimmungen (möglich, wirklich, notwendig; ↑Modalität) empirischer Aussagen. Die »P.e der reinen praktischen Vernunft« (KpV A219–241; Freiheit des Willens, Unsterblichkeit der Seele, Dasein Gottes) lassen sich zwar – ein Resultat der »Kritik der reinen Vernunft« – nicht theoretisch beweisen, sie haben jedoch eine grundlegende praktische Funktion. Ohne ihre Geltung ist nach Kant sittliches Handeln, zu dem der Mensch verpflichtet ist, nicht zu begründen.

Literatur: K. Düsing, Die Rezeption der kantischen P.enlehre in den frühen philosophischen Entwürfen Schellings und Hegels, in: R. Bubner (ed.), Das älteste Systemprogramm. Studien zur Frühgeschichte des deutschen Idealismus. Hegel-Tage Villigst 1969, Bonn 1973, 1982 (Hegel-Stud., Beih. 9), 53–90 (engl. The Reception of Kant's Doctrine of Postulates in Schelling's and Hegel's Early Philosophical Projects, in: M. Baur/D. O. Dahlstrom [eds.], The Emergence of German Idealism, Washington D. C. 1999 [Stud. Philos. Hist. Philos. XXXIV], 201–237); K.v. Fritz, Die *APXAI* in der griechischen Mathematik, Arch. Begriffsgesch. 1 (1955), 13–103; A. Gómez-Lobo, Aristotle's Hypotheses and the Euclidean P.es, Rev. Met. 30 (1977), 430–439; M. Kranz u. a., P., Hist. Wb. Ph. VII (1989), 1146–1157; M. Scanlan, Who Were the American Postulate Theorists?, J. Symb. Log. 56 (1991), 981–1002; ders., American Postulate Theorists and Alfred Tarski, Hist. Philos. Logic 24 (2003), 307–325; D. Thürnau, P., EP II (^{2}2010), 2104–2105; G. Vailati, Intorno al significato della differenza tra gli assiomi ed i postulati nella geometria greca [1905], in: ders., Scritti II (Scritti di scienza), ed. M. Quaranta, Sala Bolognese 1987, 240–245; G. Wolters, Some Pragmatic Aspects of the Methodology of Johann Heinrich Lambert, in: J. C. Pitt (ed.), Change and Progress in Modern Science, Dordrecht/Boston Mass./Lancaster 1985 (Western Ont. Ser. Philos. Sci. XXVII), 133–170. G. W.

Potenz, ↑Akt und Potenz.

Potenzmenge (engl. power set), Bezeichnung für die ↑Menge aller Teilmengen einer Menge *M*, in logischer Symbolik ausgedrückt als

$$\in_N(N \subseteq M) \text{ oder } \{N \mid N \subseteq M\},$$

wobei ›$N \subseteq M$‹ (›N ist Teilmenge von M‹) definiert ist als

$$\bigwedge_x(x \in N \rightarrow x \in M).$$

Durch eine Aussageform darstellbar (↑Darstellung (logisch-mengentheoretisch)) ist die P. jeder endlichen Menge; die P. einer unendlichen Menge ist eine indefinite (↑indefinit/Indefinitheit) Menge, für die sich eine darstellende Aussageform im allgemeinen nicht mehr angeben läßt, da die zur Bildung einer solchen Aussageform zulässigen Ausdrucksmittel stets noch erweitert werden können, also Teilmengen von *M* – und das heißt: Elemente der P. von *M* – durch immer neue Bedingungen angegeben werden können. Da P.n im (Normal-) Fall unendlicher Mengen also nicht effektiv konstruierbar sind, wird ihre Existenz in Systemen der axiomatischen Mengenlehre (↑Mengenlehre, axiomatische) durch ein eigenes Axiom postuliert (↑Potenzmengenaxiom). Die P. von *M* wird heute üblicherweise durch ›$\mathfrak{P}(M)$‹ oder ›$\mathrm{P}(M)$‹, seltener auch durch ›$\mathfrak{U}(M)$‹ (als Menge aller *U*ntermengen von *M*) bezeichnet. C. T.

Potenzmengenaxiom, ein Axiom der ↑Mengenlehre (↑Mengenlehre, axiomatische), nach dem zu jeder ↑Menge *M* eine Menge *P* existiert, deren Elemente genau die Teilmengen von *M* sind:

$$\bigwedge_M \bigvee_P \bigwedge_N (N \in P \leftrightarrow N \subseteq M),$$

$$\text{d.h.,} \; \bigwedge_M \bigvee_P \bigwedge_N (N \in P \leftrightarrow \bigwedge_x (x \in N \rightarrow x \in M)).$$

In Systemen der Mengenlehre, die Mengen und Klassen als verschiedene Sorten von Gegenständen zugrundelegen (↑Neumann-Bernays-Gödelsche Axiomensysteme), muß darüber hinaus gefordert und in der ↑Symbolisierung des P.s ausgedrückt werden, daß *P* eine Menge ist. Da sich die Eindeutigkeit des postulierten *P* leicht zeigen läßt, kann man eine ↑Kennzeichnung verwenden und von ›der‹ ↑Potenzmenge $\mathfrak{P}(M)$ von *M* sprechen. Die Bezeichnung hat ihren Ursprung darin, daß sich die Mächtigkeit von $\mathfrak{P}(M)$, wenn *m* die Mächtigkeit von *M* ist, als die Zweierpotenz 2^m ergibt. Das P. ist Bestandteil der mengentheoretischen Axiomensysteme von E. Zermelo (der es 1908 erstmals in axiomatischer Form benutzte), A. A. Fraenkel, J. v. Neumann und P. Bernays (↑Zermelo-Fraenkelsches Axiomensystem). K. Gödel verwendet ein Axiom, das zu jedem *M* die Existenz einer Obermenge von $\mathfrak{P}(M)$ fordert. Andere Autoren bevorzugen Axiomensysteme, aus denen ein Äquivalent des P.s als Satz herleitbar ist.

Literatur: P. Suppes, Axiomatic Set Theory, Princeton N. J. 1960, New York 1972, 46–48; M. Tiles, The Philosophy of Set Theory. An Introduction to Cantor's Paradise, Oxford/New York 1989, mit Untertitel: An Historical Introduction to Cantor's Paradise, Mineola N. Y. 2004, bes. 130–131; H. Wang, From Mathematics to Philosophy, London, New York 1974, 210–219; E. Zermelo, Untersuchungen über die Grundlagen der Mengenlehre I, Math. Ann. 65 (1908), 261–281. C. T.

Prabhākara, ca. 650–720, ind. Philosoph unsicherer Herkunft, vielleicht aus Mithilā oder Kerala, mit dem Ehrentitel ›Miśra‹ (= Meister). Nach einer glaubwürdigen Tradition Schüler von Kumārila (ca. 620–680) und in seinem Kommentar Bṛhatī [-ṭīkā] (= großer [Kommentar]) zum Śābara-bhāṣya Begründer des Prābhākara-Zweiges des Systems der ↑Mīmāṃsā. Nur Bruchstükke, insbes. im Kommentar Ṛjuvimalā seines Schülers Śālikanātha (8. Jh.) zur Bṛhatī, sind überliefert; zu einem weiteren Kommentar zum Śābara-bhāṣya, der Laghvī[-ṭīkā] (= kurzer [Kommentar]), gibt es hingegen nur sekundäre Quellen. Neben einer sich von Kumārila absetzenden konsequenten Durchsetzung des Primats der ↑Handlung auch in der ↑Semantik – die Bedeutung nominaler Ausdrücke, z. B. ›Kuh‹, wird wie im ↑Pragmatismus auf die Bedeutung verbaler Ausdrücke, z. B. solche für Umgangsweisen mit Kühen, zurückgeführt – ist P.s besondere Leistung eine Theorie des Irrtums. Sie wird von Maṇḍanamiśra (ca. 660–720) als akhyāti (= Nicht-offenbar-sein [einer Erinnerung als einer Erinnerung], d. h. ein wahrgenommenes DIES [soundso] wird im Beispiel ›dies ist ein Krug‹ mit der Erinnerung KRUG fälschlich identifiziert) bezeichnet, weil ihr zufolge ein Irrtum gar nicht als eine (unmittelbare) Erkenntnis gelten könne, und wird deshalb von ihm in Verteidigung der Position Kumārilas bekämpft (↑Logik, indische).

Werke: Prakaraṇa Pañcikā of Śālikanātha Miśra with Nyāya-Siddhi [of Jaipuri Nārāyaṇa Bhaṭṭa], ed. A. S. Sastri, Banaras 1961; Bṛhatī of P. Miśra [...] with Ṛjuvimalā Pañcikā of Śālikanātha [...], I–V, ed. S. S. Sastri, Madras 1934–1967 (Madras Univer. Sanskr. Ser. 3.1–2, 24–26).

Literatur: R. P. Das, P., in: K. L. Seshagiri Rao/K. Kapoor (eds.), Encyclopedia of Hinduism VIII, New Delhi 2011, 198–199; E. Freschi, Duty, Language and Exegesis in P. Mīmāṃsā. Including an Edition and Translation of Rāmānujācārya's »Tantrarahasya, Śāstraprameyapariccheda«, Leiden/Boston Mass. 2012; M. Hiriyanna, Prābhākaras: Old and New, J. of Oriental Res. 4 (Madras 1930), 99–108, Neudr. in: ders., Indian Philosophical Studies II, Mysore 1972, 49–59, I–II in einem Bd., Mysore 2001, 199–209; G. Jhā, The P. School of Pūrva Mīmāṃsā, Allahabad 1911 (repr. Delhi 1978); R. N. Sarma [Sharma], Verbal Knowledge in P. Mīmāṃsā, Delhi 1990; L. Schmithausen, Vorstellungsfreie und vorstellende Wahrnehmung bei Śālikanātha, Wien. Z. f. d. Kunde Süd- u. Ostasiens u. Arch. ind. Philos. 7 (1963), 104–115; ders., Maṇḍanamiśra's Vibhramavivekaḥ. Mit einer Studie zur Entwicklung der indischen Irrtumslehre, Graz/Wien/Köln 1965 (Sitz.ber. Österr. Akad. Wiss., philos.-hist. Kl. 247, Abh. 1); K. Yoshimizu, Der ›Organismus‹ des urheberlosen Veda. Eine Studie der Niyoga-Lehre P.s mit ausgewählten Übersetzungen der Bṛhatī, Wien 1997. K. L.

Prädestination (lat. praedestinatio, Vorherbestimmung), theologisch-metaphysischer Grundbegriff für die insbes. dem Judentum, Christentum, Islam und indischen ↑Brahmanismus (↑bhakti) eigene Vorstellung von der aus der ↑Allmacht Gottes folgenden Erwählung (und Verwerfung, dann: ›doppelte‹ P.) des Menschen ohne dessen Verdienst oder Schuld. Die religiösen Zeugnisse sind häufig preisende Bekundungen von Heilserfahrungen (›Doxologien‹), keine objektivierenden Behauptungen einer P.. Die christliche ↑Apologetik (↑Patristik) überführt solche Äußerungen des Gottvertrauens in metaphysische Behauptungen über das Verhältnis von Gott und Welt.

A. Augustinus entwickelt die für das Abendland maßgebliche P.slehre, in der die bedingungslose Gnade Gottes die Prädestinierten aus der sündigen Menschheit (*massa damnationis*) rettet (↑Gottesstaat). Er richtet sich dabei gegen die Pelagianer und ihren ›Synergismus‹, d. h. die Lehre von einer Mitwirkung des Menschen an seinem Heil, ferner gegen den ↑Manichäismus. Augustinus versucht vergeblich, die hier entspringenden theologischen Gegensätze zwischen ↑Determinismus, ↑Fatalismus und menschlicher ↑Freiheit (↑Willensfreiheit) aufzulösen. Bereits der Theologe Origenes hat, um angesichts der P. die Einheit von göttlicher Allmacht und Liebe zu wahren, eine endzeitliche Rettung aller Menschen (›Apokatastasis‹) gelehrt. Im Mittelalter wird versucht, den deterministischen Charakter der P. durch den Begriff der *Präszienz* (Vorherwissen) zu mildern: Gott sieht von Ewigkeit her voraus, wer erwählt bzw. verworfen wird, und zwar unter Einschluß der jeweils *freien* menschlichen Handlungen. Die zeitlose, ›ewige‹ Präszienz bewirkt nichts, tangiert also nicht den freien Willen (so argumentierten bereits Augustinus und A. M. T. S. Boethius). Die aristotelisch-thomistische Tradition (Albertus Magnus, Thomas von Aquin, ↑Thomismus) akzentuiert die ›intellektuelle‹ Präszienz, die augustinisch-franziskanische (Bonaventura, J. Duns Scotus, ↑Skotismus) die ›voluntative‹ P.. Der ↑Nominalismus (Petrus Aureoli, Wilhelm von Ockham) erörtert die P. mit Bezug auf das Problem der ↑Futurabilien und des ↑tertium non datur: Ockham (Tractatus de praedestinatione et de praescientia Dei respectu futurorum contingentium, in: Opera philosophica II, ed. P. Boehner, St. Bonaventure N. Y. 1978, 505–539) lehrt unter Bezug auf Aristoteles (de int. 9.18a33–19b4), daß die Präszienz Gottes mit der Kontingenz des ›vorhergewußten‹ Zukünftigen vereinbar ist und das ↑principium exclusi tertii gültig bleibt. Ein Streit um die *futura contingentia* setzt diese Diskussion der P. fort (vgl. L. Baudry, La querelle des futurs contingents [Louvain 1465–1475]. Textes inédits, Paris 1950). Die Reformatoren M. Luther (gegen Erasmus von Rotterdam), H. Zwingli und vor allem J. Calvin aktualisieren die Lehre von der doppelten P. (*decretum absolutum/aeternum*). Die Erwählung gilt im späteren Calvinismus als an wirtschaftlich erfolgreicher Arbeit ablesbar. Zusammen mit einem Verzichtsethos (›innerweltliche Askese‹) ist dadurch nach M. Weber eine Voraussetzung für die Entwicklung zur ↑Rationalisierung und zum ↑Kapitalismus gegeben (Die protestantische Ethik und der Geist des Kapitalismus [1905], in: ders., Gesammelte Aufsätze zur Religionssoziologie I, Tübingen 1920, ^{7}1978, 17–206).

Eine weitere Blüte erfährt die P.slehre im ↑Jansenismus (↑Port-Royal, Schule von) und ↑Okkasionalismus. G. W. Leibniz transformiert sie im Kontext der ↑Monadentheorie und der ↑Theodizee in sein ›System der vorherbestimmten Harmonie‹ (↑Harmonie, prästabilierte) als ›P. zur Freiheit‹. Im Rahmen von I. Kants ↑Metaphysikkritik und praktischer Philosophie erscheint ein »*absolutum decretum* [...] schlechterdings Gott unanständig«, denn »dadurch wird der Begriff von Gott ein Scandal, und alle Moralität ein Hirngespinst« (Akad.-Ausg. XXVIII/2.2, 1115). Die mit der P. verbundene Rede von der bedingungslosen Gnade Gottes mag ethisch so verstehbar sein, daß der Eintritt in ein gutes Leben (↑Leben, gutes) voraussetzungslos ist.

Literatur: G. Bonner, Freedom and Necessity. St. Augustine's Teaching on Divine Power and Human Freedom, Washington D. C. 2007; P. Gerlitz u. a., P., TRE XXVII (1997), 98–160; W. Härle/B. Mahlmann-Bauer (eds.), P. und Willensfreiheit. Luther, Erasmus, Calvin und ihre Wirkungsgeschichte, Leipzig 2009; G. I. Mavrodes, Predestination, REP VII (1998), 653–657; B. Mayer/G. Kraus/C. Link, P., LThK VIII (³1999), 467–475; K. Minho, Die umstrittene P.slehre. Luther – Calvin – Barth, Neukirchen-Vluyn 2013; D. Perler, P., Zeit und Kontingenz. Philosophisch-historische Untersuchungen zu Wilhelm von Ockhams »Tractatus de praedestinatione et de praescientia Dei respectu futurorum contingentium«, Amsterdam 1988; M.-J. Pernin-Ségissement, Nietzsche et Schopenhauer. Encore et toujours la prédestination, Paris/Montréal 1999; C. H. Ratschow u. a., P., in: RGG V (³1961), 479–489 (mit Bibliographie, 481, 483, 487, 489); G. Röhser/C. Link/U. Rudolph, P., RGG VI (⁴2003), 1524–1533; R. Schnackenburg u. a., P., LThK VIII (²1963), 661–672 (mit Bibliographie, 662, 670, 672). T. R.

Prädikabilien (lat. praedicabilia, genauer als ›modi praedicandi‹ bezeichnet, griech. *κατηγορούμενα*), bei Aristoteles, seinen Kommentatoren und in der ↑Scholastik Bezeichnung für die Grundarten der ↑Prädikation, d. h. der Beziehungen eines Prädikats zu demjenigen, wovon es prädiziert wird, im Unterschied zu den ↑Prädikamenten oder ↑Kategorien, die einen Begriff nicht als etwas Prädizierbares, sondern sprachunabhängig bestimmen sollten. Die diesen Aussagearten entsprechende Klassifikation der Prädikatoren führt bei Aristoteles in der »Topik« (*A*4.101b17–25) zu der Liste ›Definition, Genus, Unterschied, Eigenschaft (idion), Akzidens‹, die Porphyrios in seiner »Isagogē« durch Weglassung der Definition und Einfügung von ›Species‹ nach ›Genus‹ in die später als ↑quinque voces bezeichnete Zusammenstellung verwandelt (Guillelmus de Ockham, Expositio in librum Porphyrii De praedicabilibus, ed. E. A. Moody, in: ders., Opera Philosophica et Theologica. Opera Philosophica II, ed. Franciscan Institute, St. Bonaventure N. Y. 1978, 8–131; Porphyrii Isagoge et in Aristotelis Categorias Commentarium, ed. A. Busse, Berlin 1887 [repr. 1962]). – In der Neuzeit bezeichnet I. Kant (KrV A 82/B 108) die reinen, aber von den (Kantischen) Kategorien bereits abgeleiteten Verstandesbegriffe (↑Verstandesbegriffe, reine) als P., z. B. die P. ›Kraft‹, ›Handlung‹, ›Leiden‹ als abgeleitet von der Kategorie der ↑Kausalität. A. Schopenhauer vereinigt in einer Tafel der ›Praedicabilia a priori‹ alle »in unserer anschauenden Erkenntniß a priori wurzelnden Grundwahrheiten, ausgesprochen als oberste, von einander unabhängige Grundsätze« (Die Welt als Wille und Vorstellung II 1, § 4, in: Sämtliche Werke III, ed. A. Hübscher, Wiesbaden ³1972, 53).

Literatur: M. van Aubel, Accident, catégories et prédicables dans l'œuvre d'Aristote, Rev. philos. Louvain 61 (1963), 361–401; H. M. Baumgartner/P. Kolmer, P., P.lehre, Hist. Wb. Ph. VII (1989), 1178–1186; G. Englebretsen, Predicates, Predicables and Names, Critica 13 (1981), 105–108; C. Evangeliou, Aristotle's Doctrine of Predicables and Porphyry's Isagoge, J. Hist. Philos. 23 (1985), 15–34; H. W. B. Joseph, An Introduction to Logic, Oxford 1906, 53–96, ²1916, 1967, 66–110 (Chap. IV Of the Predicables); D. Perler, P., in: P. Prechtl/F.-P. Burkard (eds.), Metzler Lexikon Philosophie. Begriffe und Definitionen, Stuttgart/Weimar ³2008, 475; M. Schramm, Die Prinzipien der Aristotelischen Topik, München/Leipzig 2004; P. V. Spade, Predicables, in: R. Audi (ed.), The Cambridge Dictionary of Philosophy, Cambridge etc. ²1999, 732; M. Stadler, Die Dialektik des Aristoteles und die Findung der P., in: T. Albertini (ed.), Verum et factum. Beiträge zur Geistesgeschichte und Philosophie der Renaissance zum 60. Geburtstag von Stephan Otto, Frankfurt 1993, 51–70; A. Trendelenburg, Logische Untersuchungen, I–II, Berlin 1840, Leipzig ³1870 (repr., in 1 Bd., Hildesheim 1964); weitere Literatur: ↑quinque voces. C. T.

Prädikament (lat. praedicamentum, ›das zum Prädizieren Dienende‹), im allgemeinen synonym mit ↑›Kategorie‹, obwohl die Entscheidung für den einen oder den anderen Ausdruck in der Philosophiegeschichte faktisch meist unterschiedliche Verständnisse der Sache signalisiert. A. M. T. S. Boethius betrachtet in seiner lat. Übersetzung der »Isagoge« des Porphyrios ›praedicamentum‹ und ›categoria‹ als gleichbedeutende Übertragungen von griech. ›*κατηγορία*‹. Da er sich in diesem Kommentar auf eine ihm vorliegende lat. Übersetzung der »Isagoge« durch Marius Victorinus (Mitte 4. Jh.) bezieht, wird der Ausdruck ›praedicamentum‹ im allgemeinen auf diesen zurückgeführt. Durch das Studium des Boethius wurde ›praedicamentum‹ in der ↑Scholastik und noch bis zu T. Hobbes, J. Locke und G. W. Leibniz der gegenüber ›*κατηγορία*‹ bevorzugte Terminus.

Während Aristoteles und I. Kant unter den Kategorien die (zehn bzw. zwölf) allgemeinsten Gesichtspunkte verstehen, unter denen sich die von einem Subjekt aussagbaren ↑Merkmale zusammenfassen und anordnen lassen (»quae [...] de ceteris omnibus praedicantur«, Boethius, In Isagogen Porphyrii Commenta, ed. S. Brandt, Wien, Leipzig 1906 [Corpus Scriptorum Ecclesiasticorum Latinorum 48], 207), erklären die Autoren der sog. Zweiten Scholastik die P.e als die gesamte Folge oder Ordnung (›series, sive ordo‹) der Gattungen und Arten, die von einem Ding prädiziert werden können (»omnia, quae in linea praedicamentali, inter genus summum & speciem infimam collocantur«, P. Du Trieu, Manuductio ad Logicam, Sive Dialectica studiosae juventuti ad logicam praeparandae conscripta, Köln 1617, München 1653, 65). ›Linea praedicamentalis‹ bezeichnet dabei die Genus-species-Folge, deren Durchlaufen vom Individuum (dem vom Einzelding prädizierbaren Begriff) hinauf bis zum jeweiligen allgemeinsten Genus der ›Aufstieg‹ (ascensus) und in umgekehrter Richtung der ›Abstieg‹ (descensus) genannt wird. Als oberste Gattungen fungieren stets mehrere disjunkte allgemeinste Begriffe (d. h. solche, die nicht mehr Species eines weiteren Genus sind), während das stoische *ὄν* als höchster Gattungsbegriff aus dem Schema ausgeschlossen wird: »Ens ad nullam Lineam Praedicamentalem spectat, sed omnes transcendit, ideo in istis Lineis non attenditur« (J. Dedelley, Summulae Logicae, Usitata in Scholis Methodo propositae. Sive Dialectica [...], Ingolstadt 1733, ^{4}1744, 57). C. T.

Prädikat (von lat. praedicare, anklagen, aussagen), in der traditionellen Logik und Philosophie Bezeichnung für das dem ›Zugrundeliegenden‹ (↑Subjekt, ↑Substrat) ›Zugesprochene‹, also für einen der näheren Bestimmung von (partikularen) Gegenständen eines bestimmten Typs (↑type and token, ↑Gattung) dienenden sprachlichen, eben *prädikativen, Ausdruck*, der traditionell als ↑Name des von ihm repräsentierten oder ›bedeuteten‹ (↑Semantik) (Eigenschafts- oder Beziehungs-)↑Begriffs gilt, im logischen Sprachgebrauch daher ein *Begriffswort* ist. Die *linguistische* Verwendung von ›P.‹ für einen *Satzteil* – auch heute noch wird in der ↑Linguistik die Zerlegung von Sätzen in Satzgegenstand, also Subjekt(ausdruck) oder Nominalphrase (engl. noun phrase), und Satzaussage, also P.(ausdruck) oder Verbalphrase (engl. verb phrase), der auf ↑Elementaraussagen beschränkten logischen Zerlegung in gegebenenfalls mehrere ↑Nominatoren, eine ↑Kopula und einen ↑Prädikator ihrer universellen Verwendbarkeit wegen vorgezogen – muß sorgfältig unterschieden werden von der *logischen* Verwendung von ›P.‹ für Elementaraussageformen (↑Aussageform) mit von Variablen markierten Leerstellen für Nominatoren von Gegenständen, die solchen ↑Objektbereichen angehören, über die mit dem P. durch Einsetzen an dessen Leerstellen sinnvolle Aussagen gemacht werden können. Die meisten Substantive, Verben, Adjektive und Ausdrücke anderer *Wortarten* der traditionellen (indoeuropäischen) ↑Grammatik treten bei einer logischen Analyse (↑Analyse, logische) von Sätzen der ↑Gebrauchssprache als P.e im logischen Sinne auf, z. B. ›[etwas jemandem] geben‹ unter Verwendung der Kopula ›ε‹ als zweistellige Aussageform ›x,y ε geben‹ mit der ↑Variablen ›x‹ etwa für den Objektbereich der Menschen und der Variablen ›y‹ etwa für den Objektbereich der Dinge, oder ›Tanne‹ bzw. ›hoch‹ als einstellige Aussageformen ›x ε eine Tanne‹ bzw. ›x ε hoch‹ mit der Variablen ›x‹ etwa für den Objektbereich der Bäume.

Zur besseren Hervorhebung der Unterscheidung zwischen P.en im linguistischen und P.en im logischen Sinne wird, R. Carnap folgend, gegenwärtig meist ›Prädikator‹ anstelle von ›P.‹ verwendet, wenn von einem P. im logischen Sinne die Rede sein soll. So ist etwa in dem Satz ›der Regen tropft auf das Dach‹ der Ausdruck ›tropft auf das Dach‹ das grammatische P., hingegen ›tropfen auf‹ – genauer: ›x,y ε tropfen auf‹, alternative Notation (↑Notation, logische): ›x tropfen auf y‹ – das logische P. mit den ↑Kennzeichnungen ›der Regen‹ und ›das Dach‹ als Einsetzung an den Leerstellen der Aussageform ›x,y ε tropfen auf‹.

In den speziellen Subjekt-P.-Aussagen der traditionellen Logik (↑Minimalaussage), z. B. ›homo est animal rationale‹ (›der Mensch ist ein vernünftiges Lebewesen‹), werden sowohl ›Subjekt‹ als auch ›P.‹ in der Regel nicht für die sprachlichen Ausdrücke selbst, also die Prädikatoren, sondern für deren Bedeutungen, also die zugehörigen Begriffe, verwendet. Minimalaussagen sind logisch zumeist keine Elementaraussagen, und daher sowohl Subjekt als auch P. im wesentlichen Eigenschaftsbegriffe, also durch einstellige Prädikatoren dargestellt. Man muß nur, etwa im Beispiel, von der Funktion der Artikel ›der‹ im Subjektausdruck ›der Mensch‹ und ›ein‹ im P.ausdruck ›ist ein vernünftiges Lebewesen‹ und von der Verwendung von ›ist‹ zur Darstellung der begrifflichen Unterordnung absehen. Der Beispielsatz lautet dann in einer logischen Analyse: ›für alle Gegenstände, etwa des Bereichs der Lebewesen, gilt: wenn x ε Mensch dann x ε vernünftig[es Lebewesen]‹ (symbolisiert: $\bigwedge_x . x \in M \rightarrow x \in V.$).

Je nach der logischen Stufe des Gegenstandsbereichs, über den in Sätzen unter Verwendung von P.en etwas ausgesagt wird, unterscheidet man auch bei den P.en verschiedene Stufen. Z. B. ist ›symmetrisch‹ ein P. 2. Stufe, weil es nicht von ↑Individuen, sondern – intensional (↑intensional/Intension) – von zweistelligen ↑Relationsbegriffen wie ›kleiner als‹, ›Bruder von‹, ›ebenso alt wie‹ bzw. – extensional (↑extensional/Extension) – von zweistelligen ↑Relationen wie der Menge aller Paare von Gegenständen, die in der Beziehung ›kleiner als‹ (usw.) stehen, etwas aussagt. Auch ›Existenz‹ ist ein P. 2. Stufe, das, auf potentielle Kennzeichnungen angewendet, aussagt, daß es einen Gegenstand gibt, dem der für die Kennzeichnung verwendete prädikative Ausdruck zukommt. Schon I. Kant nennt deshalb ›Sein‹ (bzw. ›Existenz‹) ein logisches und kein reales P. (KrV B 626).

Die Theorie der logischen Beziehungen zwischen Aussagen, sofern bei den Elementaraussagen deren logische Binnenstruktur, insbes. das Auftreten von P.en im logischen Sinne, eine Rolle spielt, heißt daher auch ↑*Prädikatenlogik*, obwohl nicht die P.e – sie erscheinen in der formalen Logik (↑Logik, formale) nur als *Prädikatssymbole* oder schematische Buchstaben (↑Prädikatorenbuchstabe, schematischer) –, sondern die für die logische Zusammensetzung von Aussagen mit explizit gemachter Binnenstruktur wesentlichen ↑Quantoren entscheidend sind (↑Quantorenlogik). Wird nur die formale Logik der Minimalaussagen – beschränkt auf die traditionellen Schemata *SaP* (alle *S* sind *P*; ↑*a*), *SiP* (einige *S* sind *P*; ↑*i*), *SeP* (kein *S* ist *P*; ↑*e*) und *SoP* (einige

S sind nicht *P*; ↑*o*) mit P.en ›*S*‹ und ›*P*‹, aber erweitert um die Zusammensetzung mit den ↑Junktoren – behandelt, so betreibt man (intensional) ↑Begriffslogik oder (extensional) ↑Klassenlogik, zwei Möglichkeiten für die Deutung der traditionellen ↑Syllogistik.

Literatur: P.T. Geach, Reference and Generality. An Examination of Some Medieval and Modern Theories, Ithaca N. Y. 1962, rev. Ithaca N. Y./London ²1968, ³1980; M. Haase/S. Rödl, P./ Prädikation, EP II (²2010), 2105–2108; H. Hochberg/K. Mulligan (eds.), Relations and Predicates, Frankfurt 2004; W. V. O. Quine, Word and Object, Cambridge Mass. 1960, 2013 (dt. Wort und Gegenstand, Stuttgart 1980, 2007); B. Russell, An Inquiry into Meaning and Truth. The William James Lectures for 1940 Delivered at Harvard University, London 1940, Nottingham 2007; P. F. Strawson, Subject and Predicate in Logic and Grammar, London 1974, Aldershot 2004. – P., in: H. Bußmann (ed.), Lexikon der Sprachwissenschaft, Stuttgart ⁴2008, 541–542. K. L.

Prädikat, mengentheoretisches, ↑Struktur.

Prädikatbegriff (engl. predicate term), in der ↑Syllogistik Ausdruck für jeweils den zweiten Terminus in den behandelten vier Aussageformen *SaP* (alle *S* sind *P*), *SiP* (einige *S* sind *P*), *SeP* (kein *S* ist *P*) und *SoP* (einige *S* sind nicht *P*), im Unterschied zum so genannten ↑Subjektbegriff (engl. subject term), der jeweils den ersten Terminus darstellt (↑Subjekt). J. M.

Prädikatenkalkül, soviel wie Kalkül der ↑Quantorenlogik.

Prädikatenlogik, andere Bezeichnung für ↑Quantorenlogik. Die Bezeichnung ›P.‹ rührt daher, daß für die Theorie des logischen Schließens (↑Logik, formale) dann, wenn unter die behandelten Aussagen auch die mit ↑Quantoren, z. B. ›alle‹ und ›einige‹, logisch zusammengesetzten Aussagen gehören, anders als im Falle bloß junktorenlogisch zusammengesetzter Aussagen – man spricht dann von ↑›Junktorenlogik‹ oder auch von ›Aussagenlogik‹ – die Binnenstruktur der logisch einfachen Aussagen, also insbes. diejenige der ↑Elementaraussagen, nämlich deren Zerlegbarkeit in gegebenenfalls mehrere ↑Nominatoren, eine ↑Kopula und einen ↑Prädikator (d. s. ↑Prädikate im logischen Sinne), eine Rolle spielt. Treten Quantoren allein über Individuenbereichen auf, werden daher in den Aussagen die Prädikatoren ausschließlich schematisch verwendet – der Einsatz von bloßen Prädikatorensymbolen macht aus den Aussagen ↑Aussageschemata –, so spricht man von der ›P. 1. Stufe‹ (engl. first-order logic). P.en *höherer* Stufen zeichnen sich dadurch aus, daß daneben auch Quantoren über Prädikatorenbereichen bzw. über Bereichen der Extension (↑extensional/Extension) oder Intension (↑intensional/Intension) solcher Prädikatoren zugelassen sind, also über Bereichen von Klassen oder Begriffen (Objektbereichen höherer Stufe); eine P. höherer Stufe, auch ›Typenlogik‹ (↑Typentheorien) genannt, ist stets mit einem System der ↑Mengenlehre gleichwertig. Kalkülisierungen der P. führen zu den Prädikatenkalkülen (↑Logikkalkül). K. L.

Prädikation (von lat. praedicare, bekanntmachen, anklagen, äußern, d. i. griech. κατηγορεῖν; engl. predication, franz. prédication), Bezeichnung für die neben der ↑Artikulation grundlegende, in ↑Logik und ↑Sprachphilosophie behandelte ↑Sprachhandlung, mit deren Hilfe sich die einfachsten ↑Aussagen gewinnen lassen. Allerdings wird ›P.‹ in der Regel eingeschränkt verstanden und betrifft nur die Herstellung von ↑*Elementaraussagen* unter Ausschluß der noch elementareren Einwortaussagen; auch die ↑Minimalaussagen der Tradition gehören nicht ohne weiteres zu den Ergebnissen einer P..

Mit einer P. werden ↑*Eigenschaften* von partikularen Gegenständen, den konkreten oder abstrakten ↑Partikularia (↑Objekt), insbes. von den individuellen Einheiten (↑Individuum), ausgesagt, etwa Altsein von einem einzelnen Menschen (↑Qualität). Da allerdings von Eigenschaften häufig nicht ›absolut‹, sondern nur ›relativ‹, also im Vergleich zu einem anderen Gegenstand, dem als Maßstab dienenden Vergleichsgegenstand (↑Verhältnis), die Rede ist, werden dergleichen Eigenschaften als ↑*Relationen* bezeichnet, etwa das Altsein eines Menschen als Ältersein dieses Menschen im Vergleich zu einem jüngeren Menschen: Die Eigenschaft Altsein wird verstanden als die Relation Älter-Sein-als mit ihrer durch Vertauschung der beiden Relata, des älteren und des jüngeren Menschen, zu gewinnenden Umkehrung (↑konvers/Konversion) Jünger-Sein-als.

In einer sprachlogischen Rekonstruktion der Rede von Gegenständen und deren mit einer P. ausgesagten Eigenschaften, die sich von einer sorgfältigeren Beachtung derjenigen Differenz leiten läßt, die zwischen den Sprachhandlungen (etwa den P.en und ihrem Ergebnis, den logisch einfachen Aussagen) auf der einen Seite und den Mitteln, derer sich die Sprachhandlungen bei ihrer Ausübung bedienen (also den sprachlichen Bausteinen), auf der anderen Seite besteht – einer Differenz, die man traditionell mit der Unterscheidung zwischen sprachlichen Ausdrücken und ihrer Bedeutung zu erfassen versucht und gegenwärtig wesentlich allgemeiner unter der Frage behandelt, wie Gegenstände eine Zeichenrolle bekommen und was darunter zu verstehen ist (↑Zeichen (semiotisch), ↑Semantik, ↑Semiotik) –, wird eine P. im Kontext der Gewinnung von Elementaraussagen wie folgt beschrieben: Mit einem eine P. artikulierenden (ein- oder mehrstelligen) ↑*Prädikator* ›*P*‹ wird auf einem bereits gegebenen und für die P. einschlägigen Bereich von Q-Partikularia ($Q \neq P$) bzw. auf dem Bereich der

Paare oder Tripel, usw., solcher Partikularia gemäß einer vorangegangenen Einführung von ›*P*‹, etwa, im einstelligen Fall, durch *P*-Beispiele und *P*-Gegenbeispiele, eine Unterscheidung getroffen: Der Bereich der *Q*-Partikularia erfährt eine ↑Klassifikation durch ›*P*‹ in der Rolle eines ↑*Klassifikators*. Mit ›*P*‹ wird, streng genommen, nicht die Eigenschaft des *P*-Seins von *Q*-Partikularia ausgesagt, vielmehr werden *Q*-Partikularia, die zugleich *P*-Partikularia sind, von solchen unterschieden, die ausdrücklich keine *P*-Partikularia sind. Ein klassifizierend verwendeter Prädikator ›*P*‹ steht mit dem dieser Klassifikation zugrundeliegenden Kriterium, nämlich einer Eigenschaft des *M*-Seins von *Q*-Partikularia, die sie als *P*-Partikularia qualifiziert, in der Verbindung der Modifikation (↑Modifikator): Mit dem für das Aussagen des *M*-Seins verwendeten Prädikator ›*M*‹ wird ›*Q*‹ modifiziert und so ein zusammengesetzter Prädikator ›*MQ*‹ in der Rolle eines einen Bereich von *Q*-Partikularia klassifizierenden Prädikators ›*P*‹ gewonnen. (In der Tradition repräsentiert ›*M*‹ die ↑differentia specifica bei der ↑Definition einer ↑Art ***P*** – intensional [↑intensional/Intension] der Begriff des *P*-Seins oder auch extensional [↑extensional/Extension] die Klasse der *P*-Partikularia – durch Angabe der ↑Gattung ***Q*** – des Begriffs des *Q*-Seins oder auch der Klasse der *Q*-Partikularia – und der spezifischen Differenz *M* [↑Merkmal].)

Wenn ›*P*‹ derart einem bzw. mehreren jeweils durch einen ↑Nominator vertretenen *Q*-Partikulare bzw. *Q*-Partikularia *n, m, ... zugesprochen* (affirmative P.) oder *abgesprochen* (negative P.) wird (↑zusprechen/absprechen), sind affirmative oder negative Elementaraussagen der Form ›*n, m, ...* η *P*‹ (›η‹ dient als ↑Mitteilungszeichen für die affirmative ↑Kopula ›ε‹ und die negative Kopula ›ε′‹) das Ergebnis. Sie lassen sich am Maßstab der unterstellten Einführung von ›*P*‹ auf die Rechtmäßigkeit des Zu- oder Absprechens beurteilen (↑Urteil), also ob ›*P*‹ zukommt oder nicht zukommt (↑zukommen), mithin die entsprechenden Elementaraussagen wahr (↑wahr/das Wahre) oder ↑falsch sind. Ist eine solche Beurteilung erfolgreich, so gilt im Falle des Zukommens: Aussagen der Form ›*n, m, ...* ε *P*‹ sind wahr, Aussagen der Form ›*n, m, ...* ε′ *P*‹ hingegen falsch. Daher gilt für solche Elementaraussagen unter der Voraussetzung einer für den zugrundegelegten (nicht notwendig alle *Q*-Partikularia umfassenden) Bereich von *Q*-Partikularia stets erfolgreichen Beurteilung der Rechtmäßigkeit des mit ihnen artikulierten Zu- oder Absprechens eines Prädikators das bereits von Aristoteles formulierte Prinzip vom ausgeschlossenen Dritten (↑principium exclusi tertii): sie sind *entweder* wahr *oder* falsch, und damit wertdefinit (↑wertdefinit/Wertdefinitheit). Auch der betreffende Prädikator gilt aus diesem Grunde als wertdefinit (↑definit/Definitheit) auf dem betreffenden Bereich der *Q*-Partikularia.

Die dabei für das Zu- und Absprechen verwendeten Kopulae dürfen als Zeichen für interne (und zwar im Sinne semiotischer, die Konstitution von Gegenständen mit Zeichenfunktion betreffender) Beziehungen nicht mit Zeichen für gewöhnliche externe Relationen zwischen bereits konstituierten Gegenständen, deren Zu- und Absprechen von mehrstelligen Prädikatoren artikuliert wird, verwechselt werden (↑intern/extern). Diese Verwechslungsgefahr bildet den Hintergrund schon der ausgedehnten Dispute in der ↑Scholastik darüber, ob Subjekt-Prädikat-Sätze als sprachliche Darstellungen einer P. dreigliedrig, z.B. ›Socrates est currens‹, oder zweigliedrig, im Beispiel: ›Socrates currit‹, zu verstehen seien, was wiederum vom Ausgang eines besonderen Streits um die Rolle von ›est‹ in einer P. abhängig gemacht wurde. Bei diesem Streit zwischen einer Äquivokationstheorie von ›est‹ – ›est‹ ist einerseits Kopula mit der ausschließlichen Funktion, eine Verbindung zwischen den beiden Referenten von Subjektausdruck und Prädikatausdruck herzustellen (↑Suppositionslehre) (wobei im Regelfall der Stoff [*materia*] eines Gegenstandes die Rolle des Referenten des Subjektausdrucks und die Form [*forma*] eines [anderen] Gegenstandes die Rolle des Referenten eines Prädikatausdrucks spielt); andererseits ist ›est‹ ein eigenständiger Prädikatausdruck, mit dem vom Subjekt dessen Existenz (↑existentia) ausgesagt wird, wie etwa im Fall ›Socrates est‹ – und einer Interrelationstheorie von ›est‹ – Kopulafunktion und P.sfunktion werden in einer jeweils zu bestimmenden gegenseitigen Abhängigkeit zugleich ausgeübt (was allerdings erfordert, insbes. den bei Sätzen mit einem ›leeren‹ Subjektausdruck, wie z.B. ›Chimaera est opinabilis‹, entstehenden inneren Widerspruch auflösen zu können) – blieb unberücksichtigt, daß sich mit einer regelmäßigen Eingliederung des kopulativen ›est‹ in den Prädikatausdruck, wie sie bei Verben in finiter Verbform als Prädikatausdrücken ohnehin der Fall ist, der ursprüngliche Disput um die Zwei- oder Dreigliedrigkeit eines Subjekt-Prädikat-Satzes unmittelbar lösen läßt. Abaelard hat dies getan und gegen die Mehrheitsmeinung seiner Zeit die Zweigliedrigkeit elementarer Subjekt-Prädikat-Sätze vertreten. Bei internen Beziehungen nämlich, wie der mit der Kopula hergestellten, geht es um die Verbindung eines Stückes Sprache mit einem Stück Welt, d.h. weder um Beziehungen allein auf der Ebene der (konkreten oder abstrakten) ↑Objekte, den Bereich der Gegenstände um ein Reich von Sachverhalten oder denjenigen der Begriffe um ein Reich von Gedanken oder gar Urteilen erweiternd, noch um Beziehungen allein auf der Ebene der (sprachlichen) Zeichen, ↑Namen in der (grammatischen) Funktion von ↑Subjekt und ↑Prädikat zu (Aussage-)Sätzen verbindend. Bei einer Behandlung der P. als Fall einer externen Relation auf der Objektebene würde der Klassifikator als ein Eigenname, extensional (im einstelligen Fall) für eine Klasse (↑Klasse (logisch)) – die Kopula ›ε‹ wird zum ›Element-von‹-Relator ›∈‹ – oder intensional für einen Begriff – die Kopula wird zum ›fällt-unter‹-Relator –, auftreten; er hätte seine aussagende Kraft verloren. Dasselbe geschähe, würden die Kopulae bloß als Zeichen für syntaktische Relationen einer Grammatik verstanden.

Auch die auf G. Frege zurückgehende Deutung der P. als Anwendung einer von einem Prädikator ›*P*‹ in Gestalt einer ↑Aussageform, d. i. im einstelligen Fall ›$P(x)$‹, dargestellten ↑Aussagefunktion – mit Gegenständen als Argumenten und mit Aussagen bzw. ihren extensionalen Abstrakta (↑Abstraktum), den ↑Wahrheitswerten, oder ihren intensionalen Abstrakta, den ↑Propositionen (auch ↑Sachverhalten oder, bei Frege, ↑Gedanken), als Werten – eliminiert aufgrund der Behandlung von Aussageformen als Objektformen oder ↑Termen die Kopula zwar in der ↑Objektsprache und gegebenenfalls, bei Fortsetzung dieses Vorgehens, auch in höheren logischen Sprachstufen; in der jeweils obersten ↑Metasprache aber kehrt sie für die Formulierung von Gleichheits(meta)aussagen zwischen solchen Termen zurück, z. B. ›$P(n)$,Υ ε =‹ (in Worten: der Wert der Aussagefunktion $P(x)$ für das Argument *n* ist Υ, das Wahre; ↑verum).

Als Hintergrund für die Fregesche Gleichbehandlung der Nominatoren und Aussagen – beide sind für ihn ›gesättigte‹ Ausdrücke – läßt sich die seit Platon (Krat. 388b: Namen [*ὀνόματα*] dienen dazu, einander etwas beizubringen – *διδάσκειν τι ἀλλήλους* – und die Sachen zu unterscheiden – *διακρίνειν τὰ πράγματα*) vertraute doppelte Funktion der ↑Namen identifizieren, die im Zuge einer nicht auf die Gewinnung von Elementaraussagen beschränkten sprachlogischen Rekonstruktion der P. und anderer Sprachhandlungen den Ergebnissen der auch einer P. in logischer ↑Genese vorangehenden Sprachhandlung der Artikulation zuzuordnen sind, den Artikulatoren in Zeichenrolle. In seiner *kommunikativen* Funktion, dem *διδάσκειν*, ist ein ↑Artikulator inhaltlich das (gewöhnlich in Gestalt einer Laut- oder Schriftmarke realisierte) Ergebnis einer (einstelligen) P. (und damit ein ↑Prädikator), die formal in einem ↑Modus, z. B. im Behauptungsmodus oder anderen mithilfe von ↑Sprechakten hervorgebrachten Modi, vollzogen wird – der Artikulator tritt als (Einwort-)Satz auf; in seiner *signifikativen* Funktion (↑Benennung) hingegen, dem *διακρίνειν*, liegt ein Artikulator inhaltlich in einer wahrnehmbaren ↑Gegebenheitsweise vor und bildet formal das Ergebnis einer (einstelligen) ↑Ostension und ist damit ein logischer ↑Indikator – der Artikulator tritt als Wort auf. Dabei gibt es sprachliche Hilfsmittel sowohl für die ausdrückliche Trennung beider Funktionen als auch für den Übergang von einer Funktion zur anderen. Mit der Kopula ›ε‹ als einem Operator, der einen Artikulator ›*P*‹ in einen Artikulator mit ausschließlich prädikativer Rolle, also einen Prädikator ›ε*P*‹ (gelesen: ist [ein] *P*), oder, besser noch, in eine Aussageform ›_ ε *P*‹, einen ungesättigten Ausdruck im Sinne Freges, überführt, wird die signifikative Funktion des Artikulators ›*P*‹ abgeblendet und allein dessen kommunikative Funktion aufrechterhalten. Hingegen dient der ↑Demonstrator ›δ‹ dazu, einen Artikulator ›*P*‹ in einen seine Funktion des Zeigens nur in Verbindung mit dem Vollzug einer ↑Zeigehandlung erfüllenden logischen Indikator ›δ*P*‹ (gelesen: dies *P*) zu überführen, wobei die kommunikative Funktion von ›*P*‹ abgeblendet und allein dessen signifikative Funktion aufrechterhalten wird. Auch in diesem Falle sollte der gewonnene logische Indikator ›δ*P*‹ besser als eine Anzeigeform ›δ*P* _‹ verstanden werden und damit ebenfalls als ein ungesättigter Ausdruck im Sinne Freges, lassen sich doch mit Aussageformen und Anzeigeformen besser als mit Prädikatoren und logischen Indikatoren die einem scheinbar eigenständigen mentalen Bereich für zugehörig erklärten *Denkformen* bzw. *Anschauungsformen* der philosophischen Tradition (↑Ostension) als Ergebnisse von Zeichentätigkeit und damit semiotisch rekonstruieren. Ein ähnlicher Ausgang ist bei einer Rekonstruktion des bis in die Gegenwart in wechselnden Gestalten geführten ↑Universalienstreits (↑Universalien) zu beobachten.

Bei einer Artikulation mittels ›*P*‹, z. B. ›Holz‹, pragmatisch einer ↑Äußerung und semiotisch einer ↑Bezeichnung, wird zunächst ein noch nicht auf irgendeine Weise in partikulare Einheiten gegliederter Objektbereich artikuliert, nämlich ein allein in Gestalt seiner im Ausüben der Artikulation auftretenden beiden Seiten: des durch ›χ*P*‹ symbolisierten ↑universalen ↑Schemas und der durch ›δ*P*‹ indizierten ↑singularen Aktualisierungen. Der artikulierte Bereich ist anfangs ein bloßes Quasiobjekt (↑Objekt), da auch das verbale Artikulieren neben anderen Arten des Artikulierens wie etwa graphischem Skizzieren nichts anderes ist als eine Verselbständigung der semiotischen Funktion des Schematisierens und Aktualisierens eines Bereichs *P* im distanzierenden und aneignenden Umgang mit ihm, nämlich einem Handeln in epistemischer und nicht in eingreifender Rolle (↑Handlung). In dieser Rolle ist der distanzierende Umgang, etwa mit Holz, ein durch Artikulieren – auf seiner (universalen) Handlungsbild-Seite – theoretisch vermitteltes, d. i. im verbalen Fall redend und verstehend sich äußerndes, Wahrnehmen von (Eigenschafts-)Unterschieden, etwa von rauh versus glatt oder von zu-Stühlen-geformt versus zu-Schränken-geformt, der aneignende Umgang indessen ein durch Artikulieren – auf seiner (singularen) Handlungsvollzug-Seite – praktisch vermitteltes, d. i. weitergegebenes, Hervorbringen von Einteilungen, etwa von rauhe Stellen versus glatte Stellen oder von Stuhlholz versus Schrankholz. Wie jedes Quasiobjekt *erscheint* auch Holz – es sind das Schema χHolz und seine Aktualisierungen δHolz – in Entfaltung seiner Grundbestimmung ›Holz‹ (distanziert) *unter Aspekten* und ist (angeeignet) *verkörpert in Phasen*.

Erst mit der Objektivierung des Schematisierens und Aktualisierens jedoch, und zwar durch *Summierung* der Aktualisierungen δP zur ↑*Substanz* κP (= Gesamt-P) zusammen mit der *Identifizierung* der Aktualisierungen δP zur ↑*Eigenschaft* σP, wird das Quasiobjekt P in ein Objekt überführt, nämlich den durch die (allgemeine) *Form* σP (↑Allgemeine, das) zu einer besonderen individuellen Einheit geformten *Stoff* κP, nämlich in die (einzige) Instanz γP eines Typs $\tau_0 P$, also das P-Ganze (↑Teil und Ganzes, ↑type and token). Dieses P-Ganze, im Beispiel ›das ganze Holz‹, ist allerdings nur semiotisch, durch Artikulation indiziert und symbolisiert, zugänglich, pragmatisch hingegen hat es jeder Sprecher nur mit Teilen des P-Ganzen zu tun, den P-Partikularia, die im Umgang mit ihnen – nur semiotisch, nicht aber pragmatisch vom Umgang mit dem P-Ganzen unterschieden – sowohl (distanziert) unter Aspekten als auch (angeeignet) in Phasen wahrnehmend und hervorbringend zugänglich werden.

Die Rekonstruktion der bei dieser Redeweise unterstellten ↑Individuation des Quasiobjekts P, einer auf zahllose verschiedene Weisen möglichen Überführung von P in Bereiche von jeweils auch jenseits der Äußerungssituation grundsätzlich identifizierbaren P-Partikularia, erfolgt in Schritten, um insbes. die Trennung von kommunikativer und signifikativer Funktion eines Artikulators und damit die Artikulation von P.en von Objekten und von Ostensionen an Objekten insbes. dann durchsetzen zu können, wenn die Situation, *in* der sich die miteinander Redenden befinden, und die Situation, *über* die sie dabei reden, voneinander unterschieden sind. Der erste Schritt einer Individuation, der zu lediglich situativ bestimmten Partikularia führt, besteht darin, der gleichsam ›natürlichen‹, durch die jeweilige Situation der Äußerung von ›P‹ festgelegten Untergliederung des Quasiobjekts P in allein der Handlungsebene zugehörige Abschnitte in Gestalt von (nicht notwendig disjunkten) ↑*Zwischenschemata* des Schemas χP zu folgen. In diesem Fall werden Zwischenschemata zu partikularen ↑Objekten ιP (gelesen: ›dieses P‹, im Unterschied zu ›dies P‹ im Fall von ›δP‹) ›objektiviert‹, indem durch Summierung der Aktualisierungen δP eines Zwischenschemas zu einem Anteil $\kappa(\iota P)$ der Substanz κP in Verbindung mit der Überführung von $\kappa(\iota P)$ in eine P-Einheit durch Identifizierung aller Aktualisierungen des Schemas χP und damit auch des Zwischenschemas zur allgemeinen Form σP eine Bezugnahme auf das dialogisch konzipierte, sich im Schematisieren (Du-Rolle) und Aktualisieren (Ich-Rolle) verwirklichende, Handeln ermöglicht wird (↑Handlung).

Die durch ›ιP‹, einen *Individuator*, benannten P-Einheiten (↑Nominator), d. s. die ↑Partikularia als Instanzen eines P-Typs, bestehen aus Stoff $\kappa(\iota P)$ und – seine allgemeine Form, die Eigenschaft des P-Seins, einschließender – individueller Form $\sigma(\iota P)$, zum Beispiel ein Holzstück aus Stoff, einem Anteil des Materials, d. i. der Substanz, Holz, und Form, der Gesamtheit seiner Eigenschaften, insbes. des Hölzern-Seins der durch die Hinzufügung von ›Stück‹ markierten Holzeinheit. Über Identität und Verschiedenheit der durch die Individuatoren rein ↑deiktisch gekennzeichneten Partikularia ist unabhängig von der Äußerungssituation noch keine Aussage möglich. Die Ergebnisse einer P. von einem Partikulare ιP und einer Ostension an einem Partikulare ιP sind nach dem ersten Schritt einer Individuation von P allein (wahre) ›Eigenaussagen‹ der Form ›$\iota P \varepsilon P$‹ (dieses P ist [ein] P, z. B.: dieser Mensch ist ein Mensch, d. h., von diesem Menschen wird [berechtigt, und zwar bereits ›analytisch‹, d. h. nach Konstruktion] die Eigenschaft Mensch-Sein ausgesagt, oder: diesem Menschen kommt die Eigenschaft Mensch-Sein zu) und (treffende) ›Eigenanzeigen‹ der Form ›$\delta P \iota P$‹ (dies P an diesem P, z. B.: dies Holz an diesem Holz[stück], d. h., an dem Holzstück wird [treffend, und zwar ebenfalls ›analytisch‹] die Substanz Gesamt-Holz angezeigt). Sie scheinen daher dem Sokratiker Antisthenes rechtzugeben, der – wie Aristoteles, dabei Platons impliziter Kritik (Soph. 259a) folgend, berichtet und kritisiert (Met. Δ29.1024b32–34) – keinen anderen Elementaraussagen die Möglichkeit zubilligte, wahr zu sein.

Erst mit den nächsten Schritten einer Individuation von P, die sukzessive durch die Artikulation je der Aspekte und Phasen eines zunächst nur durch die Äußerungssituation bestimmten P-Partikulare ιP gewonnen werden und daher die Artikulation von deren Zusammenhang mit den Aspekten und Phasen eines weiteren durch dieselbe Äußerungssituation bestimmten Q-Partikulare ιQ betreffen, lassen sich auch (partielle) Identität (↑Gleichheit (logisch)) und Verschiedenheit zwischen den ιP artikulieren. Für die Artikulation des gesuchten Zusammenhangs aber gibt es zwei Möglichkeiten, die sich mit den vertrauten zweigliedrigen Elementaraussagen ›$\iota P \varepsilon Q$‹ und ›$\iota Q \varepsilon P$‹, den Ergebnissen der P.en εQ von ιP bzw. εP von ιQ, wiedergeben lassen. Mit den Beispielen ›P‹ = ›Holz‹ und ›Q‹ = ›Stuhl‹ besagt die Aussage ›dieses Holz[stück] ist [ein] Stuhl‹ in genauerer Analyse: Von dem mit ›dieses Holz[stück]‹ benannten bloßen Stoff des Holzstücks wird mit dem Aussagen der Eigenschaft Stuhl-Sein gesagt, daß er einen Anteil habe, der mit dem Stoff eines Stuhls *koinzidiert* (↑Mereologie), d. h., der Stuhl ιQ tritt als ein Teil des Holzstücks ιP auf, weil der Stoff $\kappa(\iota Q)$ mit einem Anteil des Stoffes $\kappa(\iota P)$ übereinstimmt; Form von ιQ und Stoff von ιP ›passen‹ zueinander: $\kappa(\iota Q) \subset \kappa(\iota P)$, also $\iota Q < \iota P$. Die Aussage

›dieser Stuhl ist [aus] Holz/hölzern‹ hingegen besagt, daß ein Anteil der Substanz Holz mit dem Stoff des Stuhls koinzidiert, d.h., es gibt eine Holzeinheit, die Teil des Stuhls ist; Form von ιP und Stoff von ιQ ›passen‹ zueinander: $\kappa(\iota P) \subset \kappa(\iota Q)$, also $\iota P < \iota Q$.

Bei der Elementaraussage ›ιQ ε P‹ (im Beispiel: dieser Stuhl ist [aus] Holz) hat man es mit einer Darstellung der kommunikativen Funktion eines zusammengesetzten Artikulators ›$Q \otimes P$‹ (im Beispiel: Stuhl-Holz) zu tun, bei der $Q \otimes P$-Partikularia in einstelliger Projektion als P-Partikularia mit einer durch Relativierung (↑relativ/Relativierung) gewonnenen ↑Spezialisierung von P zu P_Q (im Beispiel: Holz von [einem] Stuhl) aufgrund der Definition $\varepsilon(P \otimes Q) \leftrightharpoons \varepsilon P_Q$ auftreten. Entsprechendes ergibt sich bei einer Vertauschung von ›P‹ und ›Q‹. Für die beiden jeweils zugehörigen elementaren Anzeigen ›$\delta Q \iota P$‹ und ›$\delta P \iota Q$‹ hat man es im Falle der das Verstehen von ιQ ε P artikulierenden Anzeige ›$\delta Q \iota P$‹ (im Beispiel: dies Stuhl[moment] an diesem Holz[stück]; ↑Ostension) mit einer Darstellung der signifikativen Funktion von $Q \otimes P$ zu tun, bei der $Q \otimes P$-Partikularia in einstelliger Projektion als Q-Partikularia mit einer durch Modifizierung (↑Modifikator) gewonnenen Spezialisierung von Q zu PQ (im Beispiel: hölzerner Stuhl) aufgrund der Definition $\delta(P \otimes Q) \leftrightharpoons \delta(PQ)$ auftreten. (In genauerer Analyse besagt die Anzeige ›dies Stuhl[moment] an diesem Holz[stück]‹ Folgendes: Unabhängig davon, daß in diesem Falle die durch Hinzutreten von ›Stück‹ artikulierte Einheit des vom Artikulator ›Holz‹ artikulierten Quasiobjekts von der vom Artikulator ›Stuhl‹ bereits mitgeführten Einheitenbildung induziert ist – ›Stuhl‹ ist ein ↑Individuativum, ›Holz‹ hingegen ein ↑Kontinuativum –, besagt die ↑Ostension der Substanz κ Stuhl an dem Holz[stück] von der Form eines Stuhls in platonischer Redeweise die *Partizipation*, nämlich ↑›Teilhabe‹ (↑Methexis), des Stuhls oder auch nur der Form σ Stuhl an der Form σ Holz. Das aber heißt: die Eigenschaft Stuhl-Sein gehört zu den Eigenschaften von diesem Holz[stück]).

Mit der Möglichkeit, zwei Partikularia als ein komplexes Partikulare zu behandeln, etwa, wie im klassischen Beispiel aus Platons Dialog »Sophistes«, einen einzelnen Menschen Theaitetos und einen einzelnen Akt der Handlung Sitzen miteinander verbunden entweder als ein Sitzen des Theaitetos oder als einen sitzenden Theaitetos, läßt sich verständlich machen, daß man zwar einerseits Theaitetos seinem Stoff nach als Träger der Eigenschaft Sitzen auffassen kann, wobei die Substanz Gesamt-Sitzen, d.i. der Stoff des aus allen Sitzakten gebildeten Ganzen, unter der Form eines Menschen verkörpert erscheint, man zugleich aber auch andererseits den Sitzakt seinem Stoff nach zum Träger der Eigenschaft, Theaitetos zugehörig zu sein, erklären kann, wobei die Substanz Gesamt-Mensch, d.i. der Stoff der das Ganze aus allen Menschen bildenden ›Menschheit‹, in Gestalt eines einzelnen Menschen unter der durch ihn verkörperten Form Sitzen erscheint.

Jedes P-Partikulare ιP, insbes. diejenigen, die kein anderes P-Partikulare als echten Teil haben und damit als ↑Individuen im engeren Sinne ausgezeichnet sind, hat als vollbestimmt zu gelten, wenn sein Stoff $\kappa(\iota P)$ als Vereinigung aller seiner zu Stoffen $\kappa(\iota Q)$ summierten Phasen δQ von Q-Aktualisierungen an ιP und seine (individuelle) Form $\sigma(\iota P)$ als Menge aller seiner durch Identifikation der δQ zu Eigenschaften σQ gewordenen Aspekte χQ von Q-Schematisierungen von ιP gewonnen sind. Dieser Bestimmungsprozeß ist grundsätzlich unabgeschlossen, zumal bei jedem Schritt des Aussagens einer Eigenschaft σQ von ιP durch die P. mit ›εQ‹ und des Anzeigens einer Substanz κQ an ιP durch die Ostension mit ›δQ‹ noch die Berechtigung der vorgenommenen Zuschreibung nachzuweisen ist: Die Aussage ιP ε Q ist berechtigt, wenn für einen Teilgegenstand $\iota Q < \iota P$ dessen Stoff $\kappa(\iota Q)$ mit einem Anteil des Stoffes $\kappa(\iota P)$ koinzidiert ($\kappa(\iota Q) \subset \kappa(\iota P)$), während die Anzeige $\delta Q \iota P$ berechtigt ist, wenn für einen Teilgegenstand $\iota Q < \iota P$ die Eigenschaft σQ zu den Eigenschaften von ιP gehört ($\sigma Q \in \sigma(\iota P)$). Bei Individuen sind die ihnen mit einer P. attribuierten ›äußeren‹ Eigenschaften und die ihnen durch ↑Partition einer Substanz (↑Teil und Ganzes) im Zuge einer Ostension zugeordneten ›inneren‹ Anteile dieser Substanz eineindeutig (↑eindeutig/Eindeutigkeit) aufeinander abbildbar.

Damit steht eine sprachlogische Rekonstruktion und zugleich Legitimation des auf Aristoteles zurückgehenden Verständnisses einer P. zur Verfügung: Prädizieren ist ein begriffliches Bestimmen eines bereits unter einer (allgemeinen) Form (*εἶδος*) aufgefaßten zugrundeliegenden Stoffes (*ὕλη*) und damit eines Einzelnen, was im übrigen immer wieder von einem Prioritätsstreit darüber begleitet war und ist, ob dabei dem Allgemeinen oder dem Einzelnen der Vorrang gebühre, etwa ontologisch dem Allgemeinen, epistemologisch hingegen dem Einzelnen (↑Realismus (ontologisch), ↑Realismus (erkenntnistheoretisch)). Zugleich ist in dieser Rekonstruktion die P. mit einem zu jeder Sprachhandlung (z.B. einer Bitte, einer Warnung, einer Erwartung oder einer Behauptung) in ihrer kommunikativen Funktion gehörenden *Aussagekern* (engl. propositional kernel) identifiziert und deshalb jede Sprachhandlung in ihrer kommunikativen Funktion als P. in einem Modus, nämlich unter Vollzug eines Sprechakts, aufzufassen. Das bedeutet, daß die P. nicht selbst zu den Sprechakten gehört, und damit ist sie weder der als bloßes Benennen mißverstandenen Artikulation gleichwertig – was aber gegenwärtig noch umstritten ist – noch der zudem einen Wahrheitsanspruch erhebenden Behauptung.

Die weitergehenden Unterscheidungen von Aristoteles in zehn verschiedene P.sarten (*σχήματα τῶν κατηγοριῶν*,

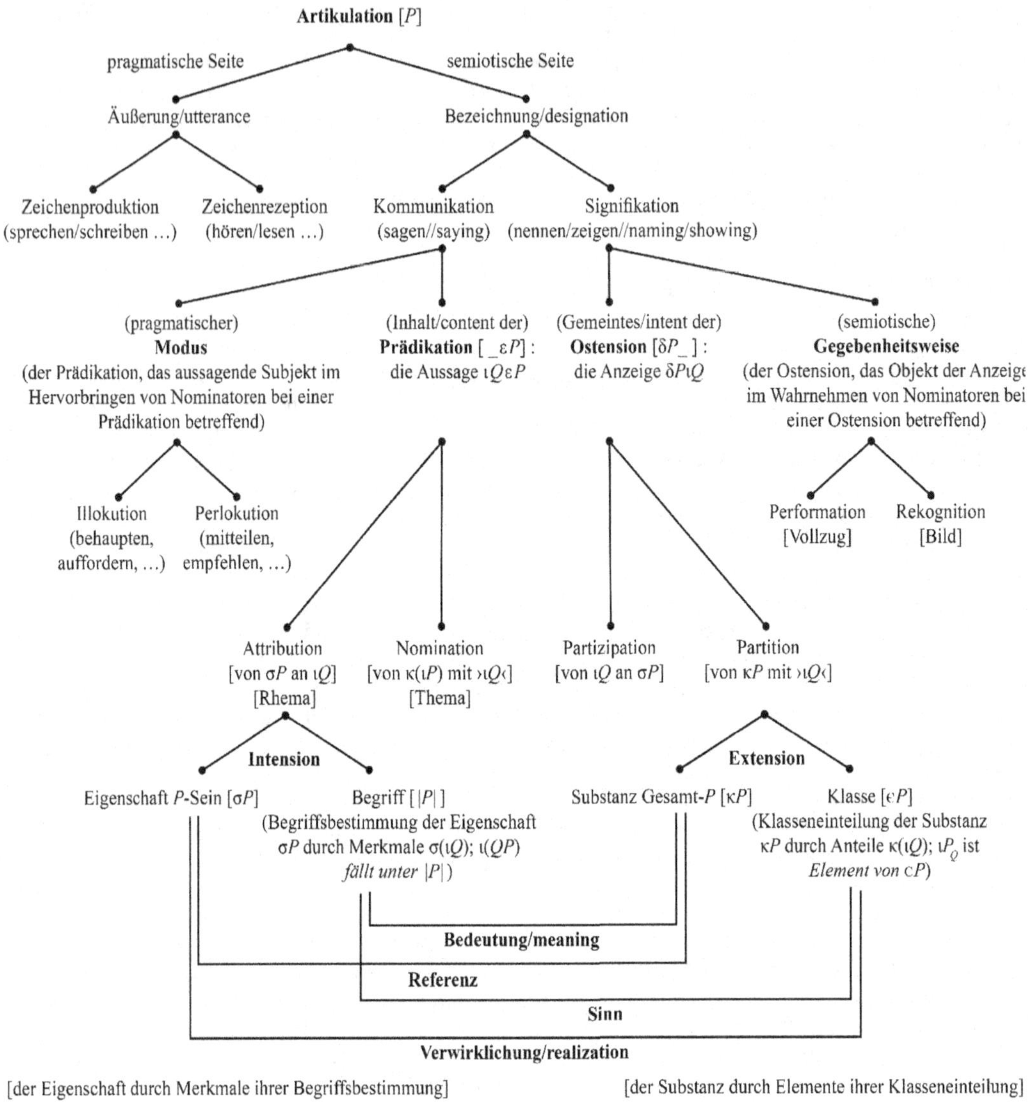

Abb. 1

Top. *A*9; ↑Kategorie) machen von besonderen Strukturen einzelner natürlicher Sprachen (↑Sprache, natürliche) Gebrauch und gehören nicht mehr zu einer universalsprachlich konzipierten logischen ↑Grammatik (↑Grammatik, logische). Wohl aber lassen sich schon mit den bisher bereitgestellten allgemeinen sprachlogischen Mitteln die in der philosophischen Tradition seit der mittelalterlichen Logik (↑Logik, mittelalterliche) miteinander rivalisierenden P.stheorien, einer P. durch Inhärenz (↑inhärent/Inhärenz) und einer P. durch (partielle) Identität, als verschiedene Darstellungen derselben Sache verstehen. Im ersten Falle wird die zwischen dem Anteil einer ↑Substanz und einer Eigenschaft eines (partikularen) Objekts bestehende interne Beziehung der Inhärenz, also die *Attribution* (der Eigenschaft ihrem Träger), als Lesart einer elementaren P. in den Mittelpunkt gestellt. Im zweiten Falle wird die damit gleichwertige und zunächst mit einer elementaren Ostension erfaßte interne Beziehung zwischen der Form eines (partikularen) Objekts und einem seiner substanziellen Anteile (meist in der als analytische ↑Urteilstheorie – *praedicatum inest subiecto* – bezeichneten Fassung, daß der

Begriff eines Objekts, sein ↑Individualbegriff, den Begriff eines seiner Teile [gelesen als Eigenschaft, diesen Teil zu *haben*] einschließe), also die *Partition* (einer Substanz in Anteile), unter der Beschreibung einer (partiellen oder, bei G. W. Leibniz, virtuellen begrifflichen) Identität als elementare P. behandelt. Es wird dabei berücksichtigt, daß sich (1) sowohl eine Substanz κP auf viele verschiedene Weisen in Anteile zerlegen läßt, die den Stoff von Elementen einer Klasse $\in P$ bilden (↑Klasse (logisch)), als auch (2) die verschiedenen von *P*-Partikularia aussagbaren Eigenschaften auf genau eine Weise zu einem ↑Begriff $|P|$ zusammenfassen lassen. Dessen ↑Merkmale werden von den *wesentlichen* Eigenschaften von *P*-Partikularia realisiert, d. s. solche, die sich von *allen* *P*-Partikularia berechtigt aussagen lassen. Die Elemente der Klasse $\in P$ sind *Exemplifikationen eines Konkretums*, d. i. des *P*-Ganzen γP, einer ›natürlichen Art‹ (*natural kind*) im Sinne S. Kripkes, während die Eigenschaften, die von den Merkmalen des Begriffs $|P|$ begrifflich erfaßt sind, als *Repräsentationen eines Abstraktums* zu gelten haben, nämlich des von γP instantiierten Typs $\tau_0 P$, des ›Urbilds‹ oder ↑Paradigmas von *P* im Sinne des antiken Urbild-Abbild-Modells des Erkennens (↑Abbild) dann, wenn *P* eine Standardindividuation hat, wie sie, etwa im Falle grammatischer Individuativa, vom Artikulator ›*P*‹ mitgeführt wird. Damit steht den beiden Komponenten Klasse $\in P$ (extensionaler Sinn) und Eigenschaft σP (intensionale Referenz) die *Bedeutung* (*meaning*) eines Artikulators ›*P*‹ gegenüber, unter der in Verfeinerung der üblichen Unterscheidung (↑Semantik) zwischen intensionaler und extensionaler Bedeutung eines sprachlichen Ausdrucks (*sense and reference*; ↑Sinn, ↑Referenz) beide Komponenten zusammengenommen, Begriff $|P|$ (der intensionale Sinn) und Substanz κP (die extensionale Referenz), verstanden werden sollten (Abb. 1).

In einer (einstelligen) Elementaraussage ›$\iota P \ \varepsilon \ Q$‹ kann ιP, außer im Falle $P = Q$, als mit einem echten *Q*-Teil ιQ ausgestattet begriffen werden; gleichwohl ist ιP selbst keines der *Q*-Objekte: Der Prädikator ›εQ‹ tritt in ›$\iota P \ \varepsilon \ Q$‹ als ein ↑*Apprädikator* auf, während ›εQ‹ in ›$\iota(PQ) \ \varepsilon \ Q$‹, weil auch $\iota(PQ)$ zu den *Q*-Objekten gehört, die Rolle eines ↑*Eigenprädikators* hat. Dabei ist nach Konstruktion ›$\iota(PQ) \ \varepsilon \ Q$‹ gleichwertig mit ›$\iota Q \ \varepsilon \ (PQ)$‹, so daß hier auch ›$(PQ)$‹ im Unterschied zum apprädikativ verwendeten ›*P*‹ eigenprädikativ auftritt: ›(PQ)‹ ist ein Klassifikator auf dem Bereich der *Q*-Objekte, der diesen in (PQ)-Beispiele und (PQ)-Gegenbeispiele einteilt. Der für die Spezialisierung von ›*Q*‹ verwendete *Modifikator* ›*M*‹ ist der für die Klassifizierung herangezogene, der Unterscheidung dienende Gesichtspunkt. In Aussagen ›$\iota P \ \varepsilon \ Q$‹ ist dabei stets erst der Übergang von ›*Q*‹ zu ›(QP)‹ auszuführen, wenn man sagen will, daß im Bereich der *P*-Objekte eine Unterscheidung, nämlich eine Klassifikation mit ›(QP)‹, getroffen wurde.

In einer P. ist bei einer Attribution ebenso wie bei einer Klassifikation eine Benennung unterstellt, die aufgrund der P. – durch Überführung des apprädikativ verwendeten Prädikators (bei einem Klassifikator ist dieser erst als Modifikator herauszuziehen) in attributive Stellung bezüglich des zur Benennung verwendeten Artikulators – in eine bestimmtere Benennung umgewandelt werden kann, z. B. ›dieser Stuhl ist hölzern‹ in ›dieser hölzerne Stuhl ist . . .‹. Umgekehrt wird bei einer mit einem zusammengesetzten Artikulator vorgenommenen Benennung in einer P. eine Attribution oder Klassifikation offengehalten, während eine andere Attribution dabei als bereits vollzogen unterstellt ist; z. B. wird mit ›dieser Holzstuhl ist . . .‹ die Attribution ›dieser Stuhl ist aus Holz/hölzern‹ präsupponiert. Ein in der Konstruktiven Wissenschaftstheorie (↑Konstruktivismus, ↑Wissenschaftstheorie, konstruktive) unternommener Versuch, die elementare P. weiter zu differenzieren, wobei die eigenprädikative und die apprädikative Verwendung von Prädikatoren Anlaß zur Einführung verschiedener Prädikatorensorten werden und die Unterscheidung insbes. von Tatprädikatoren (gewissen Verben) und Dingprädikatoren (gewissen Substantiven) wiederum neben der üblichen, dann ›Seinskopula‹ genannten, Kopula noch weitere Kopulae, darunter eine Tatkopula (gelesen: tut), zu berücksichtigen nach sich zieht, kann als Wiederaufnahme und Weiterführung des Aristotelischen Programms einer Klassifikation von Aussageweisen relativ zu einer gegebenen natürlichen Sprache bzw. Sprachfamilie verstanden werden. Die Ebene einer in Bezug auf die Sprachhandlung P. bloß logischen Analyse der Sprache und deren Rekonstruktion durch den Aufbau einer logischen Grammatik ist damit allerdings verlassen.

Literatur: I. Angelelli, Predication. New and Old, Crítica rev. hispanoamer. filos. 14 (1982), 121–125; J. Bogen/J. E. McGuire (eds.), How Things Are. Studies in Predication and the History of Philosophy and Science, Dordrecht/Boston Mass./Lancaster 1985; P. Bricker, Ontological Commitment, SEP 2014 (bes. 3.3 The Problem of Inessential Predication); ders., Supplement on the Problem of Inessential Predication, SEP 2014; P. Butchvarov, Being Qua Being. A Theory of Identity, Existence, and Predication, Bloomington Ind./London 1979; N. B. Cocchiarella, Logical Investigations of Predication Theory and the Problem of Universals, Neapel 1986; ders., Philosophical Perspectives on Formal Theories of Predication, in: D. M. Gabbay/F. Guenthner (eds.), Handbook of Philosophical Logic IV, Dordrecht/Boston Mass./London 1989, 1994, 253–326; G. Englebretsen, Predication. Old and New, Crítica rev. hispanoamer. filos. 14 (1982), 117–120; G. Frege, Funktion, Begriff, Bedeutung. Fünf logische Studien, ed. G. Patzig, Göttingen 1962, 2008; D. M. Gabbay/F. Guenthner (eds.), Handbook of Philosophical Logic, I–IV, Dordrecht 1983–989, I–XVII, [2]2011–2014; P. T. Geach, Subject and Predicate, Mind NS 59 (1950), 461–482; M. Haase/S. Rödl, Prädikat/P., EP II ([2]2010), 2105–2108; R. Haller (ed.), Non-Existence and Predication, Amsterdam 1986 (Grazer philos. Stud. XXV/XXVI); R. Hegselmann, Klassische und konstruktive

Theorie des Elementarsatzes, Z. philos. Forsch. 33 (1979), 89–107; K. Jacobi, Peter Abelard's Investigations into the Meaning and Functions of the Speech Sign ›Est‹, in: J. Hintikka/S. Knuuttila (eds.), The Logic of Being. Historical Studies, Dordrecht etc. 1986, 145–180; W. Kamlah/P. Lorenzen, Logische Propädeutik oder Vorschule des vernünftigen Redens, Mannheim/Wien/Zürich 1967, [2]1973, Stuttgart 1996 (engl. Logical Propaedeutic. Pre-School of Reasonable Discourse, Lanham Md./London 1984); S. Körner, Conceptual Thinking. A Logical Inquiry, Cambridge 1955, New York 1959; S. Kripke, Naming and Necessity, Cambridge Mass., Oxford 1980, Oxford 2010 (dt. Name und Notwendigkeit, Frankfurt 1981, 2005; franz. La logique de noms propres, Paris 1982, 2008); K. Lorenz, Elemente der Sprachkritik. Eine Alternative zum Dogmatismus und Skeptizismus in der Analytischen Philosophie, Frankfurt 1970, 1971; ders., Artikulation und P., HSK VII/2 (1996), 1098–1122; ders./J. Mittelstraß, On Rational Philosophy of Language. The Programme in Plato's Cratylus Reconsidered, Mind NS 76 (1967), 1–20; P. Lorenzen/O. Schwemmer, Konstruktive Logik, Ethik und Wissenschaftstheorie, Mannheim/Wien/Zürich 1973, [2]1975; M. N. Mitra, Problems of Predication Modelled by Truth-Conditions, Ann Arbor Mich./London 1982; J. Mittelstraß, Die P. und die Wiederkehr des Gleichen, in: H.-G. Gadamer (ed.), Das Problem der Sprache (VIII. Deutscher Kongreß für Philosophie, Heidelberg 1966), München 1967, 87–95, ferner in: J. Mittelstraß, Die Möglichkeit von Wissenschaft, Frankfurt 1974, 145–157 (engl. Predication and Recurrence of the Same, Ratio 10 [1968], 78–87); W. V. O. Quine, Word and Object, New York/Cambridge Mass. 1960, Cambridge Mass. 2013 (franz. Le mot et la chose, Paris 1977, 1999; dt. Wort und Gegenstand, Stuttgart 1980, 2007); H. J. Schneider, Ist die P. eine Sprechhandlung? Zum Zusammenhang zwischen pragmatischen und syntaktischen Funktionsbestimmungen, in: K. Lorenz (ed.), Konstruktionen versus Positionen. Beiträge zur Diskussion um die Konstruktive Wissenschaftstheorie II, Berlin/New York 1979, 23–36; J. R. Searle, Speech Acts. An Essay in the Philosophy of Language, Cambridge 1969, [31]2009 (dt. Sprechakte. Ein sprachphilosophischer Essay, Frankfurt 1971, 2013; franz. Les actes de langage. Essai de philosophie de langage, Paris 1972, 2009); F. Sommers, Predication in the Logic of Terms, Notre Dame J. Formal Logic 31 (1990), 106–126; P. F. Strawson, Subject and Predicate in Logic and Grammar, London 1974, Aldershot 2004; H. Weidemann/H. J. Schneider, P., Hist. Wb. Ph. VII (1989), 1194–1211; G. H. v. Wright, The Logic of Predication, in: ders., Philosophical Papers III (Truth, Knowledge, and Modality), Oxford/New York 1984, 42–51. K. L.

prädikativ/Prädikativität, ↑imprädikativ/Imprädikativität.

Prädikatkonstante (engl. predicate constant), in formalen Systemen (↑System, formales) Bezeichnung für solche Prädikatzeichen, die als nicht-logische ↑Konstanten für bestimmte Prädikatoren stehen, die also weder schematische Prädikatzeichen (↑Prädikatorenbuchstabe, schematischer) sind noch ↑Prädikatvariablen, über die man quantifizieren könnte. In der ↑Quantorenlogik 1. Stufe mit Identität ist z. B. das Identitätszeichen (›=‹) eine zweistellige P.. P. S.

Prädikator (engl. predicator, general term), Bezeichnung für einen umgangssprachlich unter Umständen auch zusammengesetzten sprachlichen Ausdruck ›*P*‹, der die ↑Sprachhandlung des Aussagens (↑Aussage) entweder (im einstelligen, nur einen partikularen Gegenstand betreffenden Fall) der *Eigenschaft* des *P*-Seins oder (im mehrstelligen, mehr als einen partikularen Gegenstand betreffenden Fall) der *Relation* des *P*-Seins artikuliert. P.en, auch ↑Prädikate im logischen Sinne oder, falls deren Austauschbarkeit durch gleichwertige als zulässig vereinbart ist (↑synonym/Synonymität, ↑Übersetzung), *Begriffsworte* für Eigenschafts- bzw. Beziehungsbegriffe, gehören zu den grundlegenden Bausteinen bei der logischen Analyse von Aussagen (↑Analyse, logische, ↑Aussage). Sie dienen der Unterscheidung und in diesem Sinne einer Bestimmung von Gegenständen im Unterschied zu deren ↑Benennung durch ↑Nominatoren. Im dialogisch-konstruktiven Aufbau einer logischen Grammatik (↑Grammatik, logische) geht ein (einstelliger) P. ›*P*‹ grundsätzlich aus einem sowohl mit kommunikativer als auch mit signifikativer Funktion ausgestatteten ↑Artikulator ›*P*‹ – er artikuliert kommunikativ die Sprachhandlung des *Aussagens* (↑Prädikation) und signifikativ die Sprachhandlung des nicht mit dem Benennen zu verwechselnden *Anzeigens* (↑Ostension) – durch Abblenden von dessen signifikativer Funktion hervor. Mit den Artikulatoren einer solchen logischen Grammatik gelingt eine ↑Rekonstruktion der ↑Namen im Sinne der *nomina appellativa*, unter Ausschluß der *nomina propria* (↑Eigenname), aber unter Einschluß insbes. der Adjektive und Verben, in der traditionellen ↑Grammatik. Das Abblenden erfolgt mit Hilfe zweier ↑Operatoren: der ↑Kopula ›ε‹ zur Abblendung der signifikativen Funktion und des ↑Demonstrators ›δ‹ zur Abblendung der kommunikativen Funktion. Es sollten daher bei einer ausdrücklichen Markierung des Unterschieds zwischen einem Artikulator ›*P*‹ und dem zugehörigen P. ›εP‹ (= ist [ein] *P*) ebenso wie bei der Markierung des Unterschieds zwischen dem Artikulator ›*P*‹ und dem logischen ↑Indikator ›δP‹ (= dies *P*) der P. ›εP‹ als eine ↑Aussageform ›_ ε *P*‹ und entsprechend der logische Indikator ›δP‹ als eine *Anzeigeform* ›δP_‹ und damit beide als ungesättigte Ausdrücke im Sinne G. Freges verstanden werden. Sie bedürfen in beiden Fällen einer Vervollständigung durch die in die Leerstellen einzufügenden Nominatoren für Gegenstände, *von* denen etwas ausgesagt bzw. *an* denen etwas angezeigt wird, und ergeben dann elementare (einstellige) Aussagen bzw. Anzeigen (↑Elementaraussage).

Abgesehen von den Nominatoren, die in der Rekonstruktion grundsätzlich aus einem Zusammenwirken der kommunikativen und der signifikativen Funktion von Artikulatoren hervorgehen (↑Objekt), ist das Auftreten von Adverba und Adnomina in einer natürlichen

Sprache (↑Sprache, natürliche) ein Hinweis darauf, daß in Sätzen dieser Sprache unter einer logischen Analyse neben rein prädikativen Ausdrücken regelmäßig Ausdrücke vorkommen, die als Artikulatoren zu rekonstruieren sind, also im selben Satz an derselben Stelle beide Funktionen, die kommunikative und die signifikative, ausüben. So hat z. B. im deutschen Satz ›dieser Mensch läuft schnell‹ das Verb ›laufen‹ (ebenso wie das adverbial modifizierte Verb ›schnell laufen‹) eine kommunikative Funktion als Aussage über einen (unter Heranziehung des Kontextes einer Äußerung des Beispielsatzes) mit ›dieser Mensch‹ benannten Menschen, während an derselben Stelle das Verb ›laufen‹ in Bezug auf seine Modifikation durch ›schnell‹ als ›dieses Laufen eines Menschen‹ und damit als ein auch auf der signifikativen Funktion von ›laufen‹ beruhender (deiktischer) Nominator für einen ↑Vorgang zu rekonstruieren ist, von dem die Eigenschaft Schnell-Sein ausgesagt wird. Zweckmäßigerweise wird man aus diesem Grunde einen prädikativen Ausdruck einer natürlichen Sprache nur mit eigens hinzugefügter oder aber als bereits integriert betrachteter Kopula als einen P. im strengen Sinne ansehen, ohne Kopula hingegen – wie etwa als Lemma in einem ↑Lexikon – als einen Artikulator, der noch über beide Funktionen, die kommunikative und die signifikative, verfügt, wie es z. B. regelmäßig bei Verben, aber auch bei Adjektiven, der Fall ist.

Im übrigen sind neben den beiden Operatoren Kopula und Demonstrator zur jeweiligen Isolierung der beiden Funktionen eines Artikulators, die ihn in einen P. bzw. einen logischen Indikator verwandeln, noch weitere Operatoren in Gebrauch, die dazu dienen, auch zwischen P.en und Nominatoren einen Zusammenhang herzustellen. So überführt etwa der ↑Kennzeichnungsoperator ›ι‹ unter bestimmten Bedingungen prädikative Ausdrücke in benennende, nämlich wenn sich ein Gegenstand eindeutig auch durch eine endliche Anzahl von Eigenschaften, die man von ihm rechtmäßig aussagen kann, charakterisieren läßt (↑Kennzeichnung). Aber auch durch ↑Abstraktion (↑abstrakt), ein Verfahren, das die Austauschbarkeit von P.en in Bezug auf eine für einen ganzen Bereich von P.en erklärte ↑Äquivalenzrelation erlaubt, lassen sich P.en in Nominatoren für die durch die Äquivalenzrelation bestimmten abstrakten Gegenstände (↑Abstraktum) überführen. Die beiden wichtigsten Beispiele werden gebildet von der rein formallogisch definierten ›extensionalen Äquivalenz‹ zwischen den P.en auf einem Bereich von Gegenständen, denen sie ↑zukommen können, also von: $\_\, \varepsilon\, P \approx \_\, \varepsilon\, Q \leftrightharpoons \bigwedge_x . x\, \varepsilon\, P \leftrightarrow x\, \varepsilon\, Q.$, und von der ›intensionalen Äquivalenz‹ zwischen P.en eines ganzen Bereichs von P.en, der durch Sprachregeln der Art ›$P \Rightarrow Q$‹, seien es, meist schon für Artikulatoren formulierte, intersprachliche Übersetzungsregeln (↑Übersetzung) oder intrasprachliche, dem Aufbau einer ↑Terminologie (↑Terminus) dienende ↑Prädikatorenregeln (↑Regulation), insbes. ↑Definitionen, strukturiert ist, also von: $\_\, \varepsilon\, P \sim \_\, \varepsilon\, Q \leftrightharpoons P \Leftrightarrow Q$. Im extensionalen Fall sind die Abstrakta die mithilfe des als Operator verwendeten Relators ›$\in$‹ benannten Klassen $\in P$ von Gegenständen, denen εP (und jeder mit ›εP‹ äquivalente P.) zukommt (↑Klasse (logisch)); im intensionalen Fall erhält man als Abstrakta die ↑Begriffe. Allerdings zieht dieses Verfahren der Klassenbildung – und Entsprechendes gilt für das Verfahren der Begriffsbildung – durch Überführung eines P.s ›εP‹ in den Nominator ›$\in P$‹ für die Klasse $\in_x x\, \varepsilon\, P$ aller Gegenstände, denen er zukommt, und damit die Umwandlung der Elementaraussage ›$n\, \varepsilon\, P$‹ (gelesen: n ist [ein] P) in die Elementaraussage ›$n \in \in P$‹ (gelesen: n ist ein Element der Klasse $\in P$), nach sich, daß in logischer Analyse die neugewonnene Elementaraussage normiert durch ›$n, \in P\, \varepsilon \in$‹ (= Gegenstand n und Klasse $\in P$ – ein Gegenstand logisch höherer, durch Abstraktion gewonnener Stufe – stehen in der Elementbeziehung $\in$ zueinander) wiederzugeben ist; die Kopula ist nicht eliminierbar.

Wohl aber kann ein P. ›εP‹ eingeführt worden sein, ohne zuvor als Artikulator einer (verbalen) ↑Artikulation eines Quasiobjekts P (↑Objekt) fungiert zu haben. Er ist einführbar als ↑Klassifikator auf einem Bereich bereits unabhängig von ›P‹ verfügbarer ↑Partikularia durch *exemplarische Bestimmung* (engl. ostensive definition; ↑Ostension) anhand von ↑Beispielen und Gegenbeispielen. Ist z. B. der schon verfügbare Bereich von Q-Partikularia der der Artefakte und ›P‹ der einzuführende P. ›ε Tisch‹, so liefert die Prädikation sowohl (↑positive) Elementaraussagen $\iota Q\, \varepsilon\, P$ (= dieses Artefakt ist ein [Beispiel für] Tisch) als auch – und das geht über das hinaus, was sich mit den aus Artikulationen ohne Rückgriff auf schon verfügbare Objektbereiche hergeleiteten P.en gewinnen läßt – (↑negative) Elementaraussagen $\iota Q\, \varepsilon'\, P$ (= dieses Artefakt [etwa ein Stuhl oder eine Vase] ist kein Tisch [sondern ein Gegenbeispiel]). Derart auf einem Bereich von Q-Partikularia eingeführte P.en ›εP‹ *klassifizieren* diesen Bereich, treten also in eigenprädikativer (↑Eigenprädikator) Verwendung auf.

In nicht als Bestandteil einer exemplarischen Bestimmung von P.en vorgesehenen Beispielsätzen wie etwa ›die erste Primzahl ist eine gerade Zahl‹ und ›Konstanz und Meersburg verfügen über eine Fährverbindung‹ wird den mit den ↑Nominatoren ›die erste Primzahl‹, ›Konstanz‹, ›Meersburg‹ benannten Gegenständen der prädikativ auftretende Ausdruck ›gerade [Zahl]‹ bzw. ›verfügen über eine Fährverbindung [zwischen dem Erstgenannten und dem Zweitgenannten]‹ im Aussagen zugesprochen (↑zusprechen/absprechen), und hier bedarf es in einem zweiten Schritt noch einer ausdrücklichen Beurteilung (↑Urteil) der mit diesen Sätzen artikulierten Aussagen auf die Rechtmäßigkeit des Zusprechens und damit die ↑Wahrheit dieser Aussagen. Bei den Beispielen handelt es sich um ein- bzw. zweistellige Elementaraussagen in der mit der Kopula gebildeten normierten Form ›die erste Primzahl ε gerade‹ – der P. ›gerade‹ tritt hier in apprädikativer (↑Apprädikator) Verwendung auf – oder ›die erste Primzahl ε [eine] gerade Zahl‹ – ›gerade‹ dient in diesem Fall als ↑Modifikator des in eigenprädikativer Verwendung auftretenden P.s ›Zahl‹ dazu, den Klassifikator ›gerade Zahl‹ auf dem Bereich der Grundzahlen zu bilden – bzw. ›Konstanz, Meersburg ε über eine Fährverbindung [zwischen dem Erstgenannten und dem Zweitgenannten] verfügen‹. Im zweiten Beispiel einer zweistelligen Elementaraussage mit dem als ↑*Relator* auftretenden P. ›über eine Fährverbindung verfügen‹, der einem Paar von Partikularia – in diesem Fall an beiden Nominatorenstellen Städten – zugesprochen ist, wird der Relator, wie grundsätzlich alle Relatoren, als Klassifikator auf dem Bereich der geordneten Paare von bereits verfügbaren Partikularia behandelt, d.h. von Gegenständen, die als Instanzen von Gegenstandstypen (↑type and token) auftreten. Es findet in der Regel keine Zurückführung von Relatoren auf die kommunikative Funktion von (dann mehrstelligen) Artikulatoren statt, wie es im Rahmen eines dialogisch-konstruktiven Aufbaus einer logischen Grammatik (↑Grammatik, logische) zur Rekonstruktion von einstelligen Elementaraussagen $\iota Q \varepsilon P$ immer dann erforderlich ist, wenn auf Q-Partikularia ($Q \neq P$) als Gegenstände, von denen P-Sein durch (berechtigtes) Zusprechen des P.s ›P‹ ausgesagt wird, nicht zurückgegriffen werden kann (↑Ostension). Relatoren treten grundsätzlich in eigenprädikativer Verwendung auf.

Werden in ↑Regulationen mit Hilfe von ↑Prädikatorenregeln auch Abgrenzungen der P.en untereinander festgehalten, so heißen die P.en *terminologisch bestimmt* oder ›Termini‹ (↑Terminus). Interessiert dabei nur ihr Ort im terminologischen Netz, wird also von der besonderen Laut- oder Schreibgestalt der P.en abgesehen, so gilt die Aufmerksamkeit allein dem begrifflichen Gehalt der P.en: Termini können dann als (Eigen-)Namen von ↑Begriffen aufgefaßt, Begriffe durch Abstraktion aus P.en in Bezug auf Gleichwertigkeit in einem terminologischen Netz gewonnen werden. Wieder ist dabei zu beachten, daß im Falle der Deutung eines P.s als Begriffsname auch die Kopula in einer Elementaraussage $\iota Q \varepsilon P$ als Begriffswort für die Beziehung des Unter-einen-Begriff-Fallens umgedeutet wird, es dann also um eine durch ›ιQ, Begriff $|P|$ ε [das Erstgenannte] fällt unter [das Zweitgenannte]‹ zu artikulierende (zweistellige) Elementaraussage geht. Weder die bei eigenprädikativer Verwendung von ›P‹ in einer durch ›$n \varepsilon P$‹ artikulierten Elementaraussage bevorzugte extensionale (↑extensional/Extension) Lesart ›n ist ein Element der Klasse $\in P$‹ noch die bei apprädikativer Verwendung von ›P‹ in derselben Elementaraussage bevorzugte intensionale (↑intensional/Intension) Lesart ›n fällt unter den Begriff $|P|$‹ können die Kopula eliminieren und auf diese Weise gegen die Erklärung ins Feld geführt werden, daß P.en bzw. prädikative Ausdrücke in logischer Analyse ausschließlich als Aussageformen zu behandeln sind.

In formalen Sprachen (↑Sprache, formale), wie sie von der modernen formalen Logik seit G. Frege (↑Logik, formale) als Werkzeug eingesetzt werden, um Wissensbestände hinreichend entwickelter Einzelwissenschaften in Gestalt von Bereichen wahrer Aussagen unter bestimmten Aspekten – etwa denen der Widerspruchsfreiheit (↑widerspruchsfrei/Widerspruchsfreiheit), der Axiomatisierbarkeit (↑System, axiomatisches), der Entscheidbarkeit (↑entscheidbar/Entscheidbarkeit) etc. – zu untersuchen, treten P.en nur in der Form schematischer P.enbuchstaben (↑Prädikatorenbuchstabe, schematischer) zur Bildung ein- und mehrstelliger Primaussageschemata (↑Primaussage) auf, die erst bei einer Interpretation (↑Interpretationssemantik) der formalen Sprache in reale P.en einer derart formalisierten Wissenschaft überführt werden. K. L.

Prädikatorenbuchstabe, schematischer, Bezeichnung für die in formalen Systemen (↑System, formales) der ↑Quantorenlogik 1. Stufe auftretenden n-stelligen Prädikatzeichen, über die (im Gegensatz zu ↑Individuenvariablen) nicht quantifiziert werden kann und die damit einen ähnlichen Status wie schematische Buchstaben für Aussagen in der Junktorenlogik (↑Aussagenvariable) haben (z.B. ›P‹ und ›Q‹ in: $\bigwedge_x(P(x) \rightarrow Q(x))$). Von s.n P.n sind ↑Prädikatkonstanten zu unterscheiden, die eine feste Bedeutung haben und nicht schematisch zu verstehen sind, sowie – in Logiksystemen höherer Stufe (↑Stufenlogik, ↑Typentheorien) – ↑Prädikatvariablen, über die quantifiziert werden kann. In vielen Lehrbüchern werden s. P.n auch als ›Prädikatvariablen‹ bezeichnet, da es sich nicht um Prädikatkonstanten handelt und sie zur Darstellung des bereichsunabhängigen (›schematischen‹) Schließens für beliebige ↑Prädikatoren verwendet werden. Für die Wahl der Terminologie ist entscheidend, ob man von einer ›Variablen‹ erst dann sprechen will, wenn ein ↑Variabilitätsbereich für sie festgelegt ist und eventuell sogar über sie quantifiziert werden darf, oder ob auch die Repräsentanten des schematischen Schließens als (dann grundsätzlich freie) ›Variablen‹ bezeichnet werden sollen (↑Variable, ↑Variable, schematische). P. S.

Prädikatorenregel (engl. meaning postulate), Bezeichnung für die Abgrenzung und damit terminologische Bestimmung zunächst bloß exemplarisch bestimmter ↑Prädikatoren untereinander durch geeignete ↑*Regula-*

tionen, z. B. (1) Unterordnung bzw. Subsumtion (↑Subordination) oder *Hyponymie* im Falle etwa der P. ›Eichen sind Bäume‹ (symbolisiert: ›Eiche ⇒ Baum‹ oder ›x ε Eiche ⇒ x ε Baum‹ unter Benutzung elementarer ↑Aussageformen wie ›__ ist eine Eiche‹ und des in der Theorie der ↑Kalküle üblichen Regelpfeils ›⇒‹), (2) Ausschließung oder ↑Exklusion im Falle etwa der P. ›Kinder sind keine Haustiere‹ (symbolisiert: ›Kind ⇒ $\overline{\text{Haustier}}$‹ oder ›$x$ ε Kind ⇒ x ε′ Haustier‹) – ein Spezialfall ist die *Antonymie* (↑antonym/Antonymie) bei ↑polar-konträren (einstelligen) Prädikatoren, etwa ›x ε lang ⇒ x ε′ kurz‹ – und (3) Bedeutungsgleichheit oder *Synonymie* (↑synonym/Synonymität) im Falle etwa der P. ›Großmütter heißen auch Omas‹ (symbolisiert: ›Großmutter ⇒ Oma‹ als Zusammenfassung der beiden P.n ›Großmutter ⇒ Oma‹ und ›Oma ⇒ Großmutter‹). Für die Normierung von ↑Wissenschaftssprachen und damit für die Schaffung einer ↑Terminologie ist das Hilfsmittel der P.n ebenso unentbehrlich wie unter anderem für die adäquate Beschreibung natürlicher Sprachen (↑Sprache, natürliche), z. B. zur Erfassung der Struktur des ↑Lexikons, also der Worterklärungen. K. L.

Prädikatvariable (engl. predicate variable), Bezeichnung für in formalen Systemen (↑System, formales) der ↑Quantorenlogik auftretende Prädikatzeichen, die keine ↑Prädikatkonstanten sind, terminologisch meist unter Einschluß von schematischen Prädikatorenbuchstaben (↑Prädikatorenbuchstabe, schematischer) der Logik 1. Stufe. In Systemen höherer Stufe, z. B. ↑Typentheorien, unterscheidet man zwischen freien und gebundenen P.n in derselben Weise wie zwischen freien und gebundenen ↑Individuenvariablen in der Logik 1. Stufe. P. S.

Präferenzlogik, auch: Präferenztheorie bzw. prohairetische Logik (vgl. G. H. v. Wright 1963, 21; von lat. praeferre, vorziehen, bzw. griech. *προαιρεῖν*, vorziehen; engl. logic of preference, prohairetic logic), Teil der philosophischen Logik (↑Logik, mathematische) zur systematischen Analyse der Präferenzrelation (›p ist besser als q‹, Abkürzung: ›Bpq‹; je nach semantischer Hintergrundtheorie sind unterschiedliche Paraphrasen möglich, z. B. ›p ist q vorzuziehen‹, ›der Sachverhalt p wird dem Sachverhalt q vorgezogen‹) und der Untersuchung des semantisch-syntaktischen Aufbaus sowie der Anwendbarkeit formallogischer Systeme, die die Präferenzrelation als Grundbegriff verwenden. Die Präferenzrelation B wird dabei meist als irreflexiv (↑reflexiv/Reflexivität), asymmetrisch (↑asymmetrisch/Asymmetrie) und transitiv (↑transitiv/Transitivität) aufgefaßt. Vielfach wird die P. als logische Basistheorie für die ↑Entscheidungstheorie entwickelt, gelegentlich auch zur Begründung der deontischen Logik (↑Logik, deontische) oder deren Erweiterung zu einer ordinalen (komparativen) deontischen Logik herangezogen. Für die ↑Ethik ist die P. wegen ihres Beitrags zur Rekonstruktion eines (komparativen oder sogar metrischen) Wert- bzw. Normbegriffs (↑Norm (handlungstheoretisch, moralphilosophisch), ↑Nutzen, ↑Wert (moralisch)) von Bedeutung. Zusammen mit der Entscheidungstheorie und häufig weiteren Disziplinen, die sich mit der Rekonstruktion rationalen Handelns befassen (besonders der ↑Spieltheorie), spielt die P. eine fundamentale methodologische Rolle z. B. in ↑Soziologie, ↑Ökonomie und Rechtstheorie (↑Rechtsphilosophie).

Erste, noch nicht formallogische Hinweise zu formalen Eigenschaften der Präferenzrelation finden sich bei Aristoteles. Dessen Bemerkungen zum ›Vorzuziehenden‹ (*αἱρετώτερον*) zielen auf eine rationale ↑Rekonstruktion evaluativer Redeformen (Top. *Γ*1–3). Dieser Gedanke wird jedoch in der abendländischen Logik über lange Zeit nicht aufgegriffen. Im 20. Jh. geht die P. wie die anderen Disziplinen der ›normativen‹ Logik (↑Imperativlogik, ↑Logik, deontische) auf die These F. Brentanos von der prinzipiellen Gleichrangigkeit aller intentionalen Akte zurück (↑Intentionalität). Unter den Brentano-Schülern hat vor allem H. Schwarz das ›Vorziehen‹ als sittlichen Grundakt analysiert und versucht, auf der Basis einer formalen Rekonstruktion der Strukturen dieses Aktes eine Theorie der Wertordnung zu rechtfertigen. M. Scheler hat dem ›Vorziehen‹ im Rahmen der ↑Wertethik die Funktion eines nicht-intentionalen (daher vom ›Wählen‹ zu unterscheidenden) apriorischen Akts zugesprochen, durch den die Wertordnung konstituiert wird. Die ersten Arbeiten zu Systemen der P. im Sinne der modernen Logik sind erst in den 50er Jahren des 20. Jhs. erschienen. D. Davidson, J. McKinsey und P. Suppes betrachten die P. als Theorie der formalen Bedingungen rationalen Wahlhandelns, die im Interesse einer formalen Theorie von Wertungen aufgebaut werden soll. Mit ausdrücklichem Bezug auf I. Kant werden in der Praktischen Philosophie (↑Philosophie, praktische) durch formale Analyse gewonnene ↑Rationalitätskriterien für möglich gehalten. Für die Grundbegriffe Bpq (›p ist besser als q‹) und Gpq (›p und q sind gleich gut‹) werden folgende Axiome formuliert, durch die die Grundbegriffe als implizit definiert (↑Definition, implizite) gelten sollen (Suppes 1957, 169):

(A1) $Bpq \wedge Bqr \rightarrow Bpr$ (B ist transitiv)
(A2) $Gpq \wedge Gqr \rightarrow Gpr$ (G ist transitiv)
(A3) $Bpq \rightarrowtail\!\!\!\leftarrow Bqp \rightarrowtail\!\!\!\leftarrow Gpq$ (B ist irreflexiv und asymmetrisch)

Ferner hat Suppes (a. a. O., 63) gezeigt, daß Bpq und Gpq durch den Grundbegriff Qpq (›p ist mindestens so gut wie q‹) definiert werden können:

(DB) $Bpq \leftrightharpoons \neg Qqp$,
(DG) $Gpq \leftrightharpoons Qpq \wedge Qqp$,

so daß man mit folgenden Axiomen auskommt:

(B1) $Qpq \wedge Qqr \rightarrow Qpr$,
(B2) $Qpq \vee Qqp$.

Fügt man (A1)–(A3) bzw. (B1) und (B2) der klassischen ↑Junktorenlogik hinzu, sind z. B. folgende Ausdrücke beweisbar (vgl. A. A. Ivin 1975, 265):

Gpp	(identische Sachverhalte sind gleich gut),
$Bpq \rightarrow \neg Bqp$	(wenn p besser als q ist, dann ist q nicht besser als p),
$Gpq \wedge Bqr \rightarrow Bpr$	(wenn p gleich gut ist wie q und q besser als r, dann ist auch p besser als r).

G, B und Q sind dabei satzbindende und satzbildende ↑Operatoren, wie sie analog in der ↑Modallogik verstanden werden.

Davidson, McKinsey und Suppes legen für den Definitionsbereich von $p, q, r, \ldots$ keine Beschränkungen fest; die ↑Variablen können somit Dinge, Ereignisse, Zustände, Eigenschaften, Handlungen, Zwecke etc. bezeichnen. Die Axiome legen jedoch fest, daß nicht jede beliebige Menge von wählbaren Sachverhalten eine *rationale* Wahl erlaubt: Wenn es nämlich (was durch (A1) nicht ausgeschlossen wird) unter den Sachverhalten $p, q, r, \ldots$ keinen besten Sachverhalt gibt, d. h., wenn zu jeder gewählten Alternative wiederum eine bessere gefunden werden kann, dann ist keine rationale Wahl möglich. (A2) impliziert, daß in einer Reihe von Wahlalternativen $p_1, \ldots, p_n$ zwischen mindestens zwei Nachbargliedern Wertunterschiede bestehen, wenn ein Wertunterschied zwischen p_1 und p_n besteht. (A3) unterstellt, daß die Sachverhalte $p, q, r, \ldots$ der gleichen ›Wertgattung‹ angehören und somit untereinander vergleichbar sind; damit wird auch der inhaltliche Zusammenhang zwischen der P. und einer Logik der Werte (↑Logik, deontische) deutlich. Diese Rationalitätsbedingungen sind im Laufe der Diskussion eingehend erörtert und verschiedentlich variiert worden.

S. Halldéns Untersuchungen zur Logik der Besser-Beziehung verwenden die gleichen Grundbegriffe der Bevorzugung und der Gleichwertigkeit, schränken den Definitionsbereich der Variablen jedoch auf ›mögliche Zustände‹ ein. Zur begrifflichen Präzisierung der Relatoren ›... ist besser als —‹ (B) und ›... ist gleich gut wie —‹ (G) stellt Halldén zwei Axiomensysteme C und D auf, die sich dadurch unterscheiden, daß in C beliebig komplexe Argumente für die Relatoren B und G zulässig sind, während in D nur affirmierte (↑Affirmation) oder negierte (↑Negation) syntaktische Variablen als Argumente auftreten können. In beiden Systemen gelten die klassisch beweisbaren Formeln der Junktorenlogik, ferner die ↑Abtrennungsregel, die Ersetzungsregel (↑Ersetzung) und die Extensionalitätsregel (ist $A \leftrightarrow B$ logisch gültig, dann auch $f(A) \leftrightarrow f(B)$; ↑Extensionalitätsprinzip).

System C
(C1) $Bpq \rightarrow \neg Bqp$,
(C2) $Bpq \wedge Bqr \rightarrow Bpr$,
(C3) Gpp,
(C4) $Gpq \rightarrow Gqp$,
(C5) $Gpq \wedge Gqr \rightarrow Gpr$,
(C6) $Bpq \wedge Gqr \rightarrow Bpr$,
(C7) $Bpq \leftrightarrow B(p \wedge \neg q)(q \wedge \neg p)$,
(C8) $Gpq \leftrightarrow G(p \wedge \neg q)(q \wedge \neg p)$.

Im System C sind z. B. folgende Formeln beweisbar:

$Bpq \leftrightarrow B\neg q\neg p$	(p ist besser als q genau dann, wenn nicht-q besser ist als nicht-p),
$Bpq \rightarrow \neg Gpq$	(wenn p besser ist als q, dann sind p und q nicht gleich gut).

Dagegen sind z. B. nicht beweisbar:

$B(p \wedge q)r \rightarrow Bpr \wedge Bqr$	(wenn p und q besser als r sind, dann ist p besser als r und q besser als r),
$Bpq \vee Gpq \vee Bqp$	(für zwei mögliche Zustände p und q gilt, daß p besser als q ist oder p schlechter als q ist oder p und q gleich gut sind).

Die letzte Formel ist jedoch (wie schon in den Systemen A und B von Davidson, McKinsey und Suppes) Axiom in System D.

System D
(D1)–(D4): wie (C1)–(C4),
(D5): wie (C6),
(D6) $Bpq \rightarrow B\neg q\neg p$,
(D7) $Bpq \vee Gpq \vee Bqp$.

In weiteren Arbeiten hat Halldén diese präferenzlogischen Systeme zu einer formalen Auswahltheorie weiterentwickelt, wobei eine Auswahlsituation dadurch charakterisiert ist, daß das wählende Subjekt kein Wissen über die ↑Wahrscheinlichkeit der Alternativen hat.

Auf der Basis der klassischen Junktorenlogik befaßt sich die P. lediglich mit *formal beweisbaren* Formeln wie $\neg Bpp$, nicht dagegen mit möglicherweise material (z. B. *ethisch*) *gültigen* Formeln wie $Bpq \leftrightarrow B(Bpq)(\neg Bpq)$ (p

ist besser als q genau dann, wenn gilt, daß es besser ist, daß p besser als q ist, als daß p nicht besser als q ist). Gleichwohl ist die P. junktorenlogisch nicht trivial, weil über die junktorenlogisch beweisbaren Formeln (z. B. $Bpp \leftrightarrow Bpp$) hinaus auch spezifisch präferenzlogisch beweisbare Formeln deduziert werden können (z. B. $\neg Bpp$). Das Interesse an der P. gilt diesen spezifisch präferenzlogisch gültigen Ausdrücken.

Für die weitere Diskussion sind vor allem die begrifflichen Präzisierungen und Einschränkungen v. Wrights wirksam geworden. V. Wright (1963) unterscheidet zunächst zwischen äußerer (*extrinsic*) und innerer (*intrinsic*) Präferenz. *Innere* Präferenz ist eine solche, die nicht (oder nur scheinbar) durch Nutzenerwägungen gerechtfertigt ist (z. B. ›ich ziehe Rotwein grundsätzlich Weißwein vor‹). Sie besteht auch bei Außerachtlassung aller bzw. bei Unterstellung immer gleicher Nutzens- oder Schadenspotentiale der zu vergleichenden Wahlmöglichkeiten und thematisiert damit Entscheidungskriterien, die außerhalb des Zuständigkeitsbereichs der ↑Entscheidungstheorie liegen. Äußere Präferenz dagegen liegt vor, wenn die Bevorzugung mit der tatsächlichen utilitären Überlegenheit begründet werden kann (z. B. ›ich ziehe Rotwein Weißwein vor, weil er gesünder für mich ist‹). Die P. befaßt sich nach v. Wright ausschließlich mit der inneren Präferenz ohne Berücksichtigung einer im Falle der äußeren Präferenz gegebenenfalls bestehenden logischen Abhängigkeit der Präferenzbehauptung von bestimmten Prämissen.

V. Wright präzisiert ferner den Definitionsbereich der Variablen: $p, q, r, \ldots$ sind (metasprachliche Mitteilungszeichen für) Propositionen, die allgemeine (›generische‹) Zustände darstellen. Generische Zustände werden dabei durch solche Aussagen dargestellt, die mehrfach und unter verschiedenen Umständen korrekt behauptet werden können. Bloß singulare Zustände können nicht generell Objekte einer Bevorzugung sein (oft hat man in solchen Fällen ›keine Wahl‹). Das Subjekt der Bevorzugung ist dagegen ein (nicht spezifiziertes) Individuum in einer konkreten Situation. Weitere Probleme der P. diskutiert v. Wright im Zusammenhang mit seinen fünf Prinzipien der P.. Die ersten beiden (Asymmetrie und Transitivität) betreffen formale Eigenschaften der Präferenzrelation, während die übrigen drei durch Angabe von Regeln für die Transformation eines beliebigen Präferenzausdrucks in eine distributive ↑Normalform ein Entscheidungsverfahren festlegen. Im Interesse der Vergleichbarkeit seien die Prinzipien hier als Axiome eines Axiomensystems betrachtet (vgl. A. A. Ivin 1975, 287).

(E1) $Bpq \rightarrow \neg Bqp$:

Die Asymmetrieregel teilt v. Wrights System mit denen von Davidson, Halldén und fast allen späteren.

(E2) $Bpq \wedge Bqr \rightarrow Bpr$:

V. Wrights Diskussion der Transitivität soll unter anderem zeigen, warum die Beschränkung auf die innere Präferenz und die Beziehung zu einem Individuum zu einem bestimmten Zeitpunkt unvermeidlich sind. Denn mit Bezug auf bestimmte begründende ↑Prämissen (also im Falle der äußeren Bevorzugung) gilt die Transitivität nicht allgemein. (Beispiel: Man ordnet die Präferenzbeziehungen zwischen dem Konsum von drei Weinsorten nach den Gesichtspunkten der Bekömmlichkeit und des Preises. Unglücklicherweise seien die Weine um so teurer, je bekömmlicher sie sind; p ist somit bekömmlicher als q, q bekömmlicher als r, p ist jedoch unerschwinglich. Ein Mensch, der lieber unbekömmlichen Wein trinkt als gar keinen, wird zwar einerseits p gegenüber q bevorzugen und q gegenüber r, aber andererseits r gegenüber p bevorzugen – man wird schlecht sagen können, er habe sich dabei in einen logischen Widerspruch verwickelt.) Ferner kann ein Individuum seine Präferenz im Zuge von drei Wahlhandlungen ändern. Diese Fälle sind jedoch ausgeschlossen, wenn man die Präferenzrelation auf innere Präferenzen eines Individuums zu einem bestimmten Zeitpunkt beschränkt.

(E3) $Bpq \leftrightarrow B(p \wedge \neg q)(q \wedge \neg p)$:

Dieses Axiom betrifft den Zusammenhang zwischen einer Präferenz und einer Veränderung der ›Zustandswelt‹. Zieht ein Individuum A den Zustand p dem Zustand q vor, dann heißt das, daß A eine Situation, in der p der Fall ist, bevorzugt, unabhängig davon, ob q eintritt oder nicht. Damit wird auch die Unabhängigkeit der B-Relation als Ausdruck der inneren Bevorzugung ausgedrückt: Wird p bevorzugt, dann wird es bevorzugt unabhängig davon, was sonst der Fall ist.

(E4)
$$\begin{aligned} B(p \vee q)(r \vee s) \leftrightarrow\ & B(p \wedge \neg r \wedge \neg s)(\neg p \wedge \neg q \wedge r) \\ \wedge\ & B(p \wedge \neg r \wedge \neg s)(\neg p \wedge \neg q \wedge s) \\ \wedge\ & B(q \wedge \neg r \wedge \neg s)(\neg p \wedge \neg q \wedge r) \\ \wedge\ & B(q \wedge \neg r \wedge \neg s)(\neg p \wedge \neg q \wedge s): \end{aligned}$$

Das Axiom besagt, daß die Bevorzugungsrelation bezüglich adjunktiv (↑Adjunktion) gebildeter Zustandskomplexe konjunktiv distributiv (↑Konjunktion, ↑distributiv/Distributivität) ist. Wer komplexe Zustände p oder q dem Verhältnis r oder s vorzieht, wird im Falle der Verwirklichung von p bei Nicht-Existenz von r und s dies der Situation vorziehen, daß nicht p und nicht q der Fall sind, wohl aber r; usw..

(E5)
$$\begin{aligned} Bpq \leftrightarrow\ & B(p \wedge r)(q \wedge r) \\ \wedge\ & B(p \wedge \neg r)(q \wedge \neg r): \end{aligned}$$

Durch dieses Axiom drückt v. Wright den ›holistischen‹ Charakter (↑Holismus) der Präferenzrelation aus. Danach bleibt die Präferenzrelation unverändert, wenn die Zustände, die in die Präferenzbeziehung eingehen, mit beliebigen anderen Zuständen gemeinsam auftreten bzw. nicht auftreten. Auch hier sind allerdings Abgrenzungen gegenüber anderen Interpretationen der Präferenz notwendig: Eine Präferenz von p gegenüber q heißt *absolut*, wenn das Subjekt eine Veränderung, die zu $p \wedge \neg q$ führt, in jedem Falle einer Veränderung, die zu $\neg p \wedge q$ führt, vorzieht, d.h. unabhängig von der Frage, was sich auf Grund der Veränderung sonst noch verändert. Aus logischen Gründen kann ein Subjekt (zu einem bestimmten Moment) nur genau eine absolute Präferenz haben. Gäbe es nämlich neben der absoluten Präferenz $B_a pq$ noch eine weitere absolute Präferenz $B_a rs$, dann würde aus der ersten Präferenz

$$B(p \wedge \neg q \wedge \neg r \wedge s)(\neg p \wedge q \wedge r \wedge \neg s)$$

und aus der zweiten

$$B(\neg p \wedge q \wedge r \wedge \neg s)(p \wedge \neg q \wedge \neg r \wedge s)$$

folgen, was der Asymmetriebedingung (E1) widerspricht. Eine *bedingte* Bevorzugung liegt vor, wenn das Subjekt die Präferenz nur unter der Bedingung befürwortet, daß sich sonst nichts ändert, wenn sich $p \wedge \neg q$ ergibt. Würde man die Präferenzrelation als bedingte Relation interpretieren, müßten alle präferenzlogischen Theoreme ein ↑Antezedens mit der Menge aller (unübersehbar vielen) sonstigen Zustände erhalten.

Während die Annahme absoluter Präferenzen inadäquat ist, führt die Annahme bedingter Präferenzen zu logischer Inoperabilität. Daher ist die der P. zugrundeliegende Präferenzrelation notwendigerweise als *unbedingte* (v. Wright unterscheidet terminologisch zwischen ›absolut‹ und ›unbedingt‹) zu verstehen (s.o. E3). Dabei ist zu beachten, daß ›q‹ in $Bpq \leftrightarrow B(p \wedge \neg q)(q \wedge \neg p)$ für einen beliebig komplexen Ausdruck $r_1 \wedge r_2 \wedge r_3 \wedge \ldots$ stehen kann, so daß die Zahl der in einer ↑ceteris-paribus-Klausel auszuschließenden Zustände beliebig groß sein kann. Daher begrenzt v. Wright die Menge der Zustände auf das ↑universe of discourse, d.i. eine im Kalkül explizit aufgeführte Menge von ↑Mitteilungszeichen (und nicht etwa beliebig substituierbaren Variablen), was einer sehr starken Idealisierung der Anwendbarkeit der P. gleichkommt. Das von v. Wright gewählte Entscheidungsverfahren über die Bildung der ausgezeichneten adjunktiven Normalform enthält dieses Prinzip ebenfalls.

Mit Hilfe der im System E charakterisierten Präferenzrelation definiert v. Wright zentrale Begriffe der Ethik. Danach ist ein Zustand *gut*, wenn er (im unbedingten Sinne) seiner Negation vorgezogen wird ($\text{gut}(p) \leftrightharpoons Bp\neg p$); entsprechend ist er *schlecht*, wenn seine Negation ihm vorgezogen wird (↑Gute, das). Ein Zustand ist *indifferent*, wenn er weder gut noch schlecht ist. Zwei Zustände p und q sind *zueinander indifferent*, wenn keiner von beiden dem anderen vorgezogen wird ($Ipq \leftrightharpoons \neg Bpq \wedge \neg Bqp$). Zwei Zustände p und q sind schließlich *gleichwertig* (oder indifferent im starken Sinne), wenn unter keinen Umständen der Zustand $p \wedge \neg q$ dem Zustand $\neg p \wedge q$ vorgezogen wird, und umgekehrt. Gemäß diesen Definitionen ist Wertgleichheit eine stärkere Eigenschaft als Indifferenz, d.h., wertgleiche Zustände sind zwar notwendig zueinander indifferent, die Umkehrung gilt aber nicht. Ein Zustand ist *ohne Wert* (hat ›Nullwert‹), wenn er gleichwertig mit seiner Negation ist. – V. Wrights ethische Terminologie auf Basis der P. macht die Präzisierungsleistung der P. für die Ethik deutlich, läßt aber auch die Grenzen der Leistungsfähigkeit der P. erkennen. Sie liegen in den Restriktionen, die für die einzelnen ↑Postulate angenommen werden müssen, damit der präferenzlogische ↑Kalkül interpretierbar wird. Insbes. wird der Begriff des Guten wegen der notwendigen Beschränkung der B-Relation auf den *inneren* Präferenzbegriff auf die momentane, unbegründete (›innere‹) Wahl eines Individuums bezogen. Eine solche Festlegung ist für viele ethische Konzeptionen aber nicht akzeptabel.

Die Arbeiten von Davidson, McKinsey und Suppes, Halldén und v. Wright können insofern als die klassischen Arbeiten der P. gelten, als fast alle weiteren Untersuchungen affirmativ oder negativ auf sie Bezug nehmen. Die weitere Entwicklung ist vor allem geprägt durch die Erweiterung der Ausdrucksmittel und Definitionen (R. M. Martin, R. M. Chisholm, E. Sosa), die Verallgemeinerung der P. durch Aufhebung der einzelnen, vor allem von v. Wright herausgestellten Restriktionen (B. Hansson), im Zusammenhang damit die Modifikation und Interpretation von Systemen angesichts einer Reihe von ↑Paradoxien, die Verbindung mit bzw. Einbettung in andere logische Konzeptionen der normativen Logik (↑Logik, normative) und ontischen ↑Modallogik (L. Åqvist, S. Danielsson, S. Saito), Untersuchungen zur semantischen Fundierung (N. Rescher) und detaillierte Untersuchungen zur Anwendung der P. in ihren zahlreichen Varianten in Ethik, Ökonomie und Rechtstheorie.

Wegen der Restriktionen des v. Wrightschen Systems sucht Hansson eine *allgemeine* Logik der Bevorzugung zu formulieren. Sie soll unabhängig sowohl vom Charakter der Bevorzugung (z.B. der Unterscheidung von innerer und äußerer Bevorzugung) als auch vom Typ der Bevorzugung (z.B. der Unterscheidung von moralischer, ästhetischer und ökonomischer Präferenz) sein. Bezüglich der Objekte kehrt Hansson zur Konzeption von Halldén zurück, nach der die P. bezüglich beliebiger Objekte gültig sein muß. Hanssons Basistheorie oder ›triviale‹ Theorie der Bevorzugung verwendet, wie schon Suppes, den Prädikator ›*p* ist mindestens so gut wie *q*‹ (Q*pq*) als Grundbegriff, gibt für die Präferenzrelation aber die Definition an:

(D'B) $Bpq \leftrightharpoons Qpq \wedge \neg Qqp$.

(D'B) ›verbietet‹ mehr Fälle als (DB) und ist in diesem Sinne ›stärker‹: nach (D'B) kann ›besser als‹ in weniger Fällen verwendet werden. Das System entsteht dann durch Erweiterung der Junktorenlogik um folgende Axiome:

(F1) $Qpq \wedge Qqr \rightarrow Qpr$,
(F2) $Qpq \vee Qqp$,
(F3) $Qpq \wedge Qpr \rightarrow Qp(q \vee r)$,
(F4) $Qpr \wedge Qqr \rightarrow Q(p \vee q)r$.

In diesem System sind z. B. folgende Ausdrücke nicht beweisbar, die in den Systemen von Halldén und v. Wright Axiome oder Theoreme sind (Hansson erklärt sie angesichts eines uneingeschränkten Präferenzbegriffs für paradox):

(1) $Bpq \leftrightarrow B(p \wedge \neg q)(\neg p \wedge q)$,
(2) $Bpq \leftrightarrow B\neg q \neg p$,
(3) $Bpq \leftrightarrow B(p \wedge r)(q \wedge r) \wedge B(p \wedge \neg r)(q \wedge \neg r)$.

Neben den Systemen von Halldén, v. Wright und Hansson haben Chisholm und Sosa, Martin u. a. weitere, zum Teil erheblich abweichende Kalküle vorgeschlagen, die auch hinsichtlich einfacher ↑Theoreme zu unterschiedlichen Interpretationen führen (Übersicht bei Rescher 1967, 53). Rescher sucht durch eine *semantische Fundierung* der P. unter Zuhilfenahme der semantischen Instrumente der ↑Mögliche-Welten-Semantik eine Entscheidungsbasis für die Wahl eines syntaktischen Systems zu schaffen. Dabei will er nicht primär eines der vorgelegten Axiomensysteme begründen, sondern die Divergenzen auf unterschiedliche vernünftige Interpretationsmöglichkeiten der Präferenzrelation zurückführen. Rescher hält für unbestreitbar, (1) daß die Präferenzrelation geordnet ist, d. h. transitiv, asymmetrisch und irreflexiv, und (2) daß die Präferenzrelation in dem Sinne extensional (↑extensional/Extension) ist, daß für die Variablen bzw. Satzformen logisch äquivalente Ausdrücke eingesetzt werden dürfen. Er unterscheidet zwischen Bevorzugungen erster Ordnung und differentiellen Bevorzugungen, in denen unterschiedliche Bewertungsumstände beachtet werden müssen. Beispiel für eine Bevorzugungssituation *erster Ordnung* ist:

Wenn ... der Fall ist,	erhält man —.
p	+ $10
$\neg p$	(nicht festgelegt)
q	+ $1
$\neg q$	(nicht festgelegt).

In diesem Falle wird jemand, der den Zustand p dem Zustand q vorzieht, auch $p \wedge \neg q$ dem Zustand $\neg p \wedge q$ vorziehen, d. h. die Bevorzugung von p beibehalten. Diese Beziehungen gelten jedoch nicht für die *differentielle Bevorzugungssituation*:

Wenn ... der Fall ist,	erhält man —.
p	+ $2
$\neg p$	+ $2
q	+ $1
$\neg q$	– $100 (Verlust).

In diesem Falle wird jemand, der die Situation p der Situation q vorzieht, den Zustand $\neg p \wedge q$ dem Zustand $p \wedge \neg q$ vorziehen, d. h. die isolierte Bevorzugung von p in einem komplexen Zustand aufgeben. Während im Sinne der Präferenzrelation erster Ordnung weiterhin gilt, daß der Zustand p dem Zustand q vorgezogen wird, und p und $\neg p$ indifferent sind, wird q dem Zustand $\neg q$ eindeutig vorgezogen. Da beliebig ist, ob q mit p oder $\neg p$ zusammentrifft, hat q in einem spezifischen Sinne Präferenz. Im Sinne differentieller Bevorzugung ist also q besser als p. Rescher formuliert seine Theorie für die Präferenz erster Ordnung und die differentielle Präferenz so, daß jede Zustandskombination einen eindeutigen Wert erhält. Dabei ist der Präferenzbegriff neutral bezüglich der Fragen, wer Subjekt der Präferenz ist (Individuen oder Gruppen) und ob es sich um innere oder äußere Präferenz handelt. Der grundlegende semantische Ansatz liegt darin, bestimmten Zustandskonstellationen (›Welten‹) einen eindeutigen Bewertungsindex (Wünschbarkeitsgrad) zuzuordnen. Jede Welt aus der Menge der möglichen Welten w_i ($i = 1, 2, \ldots, n$) erhält dadurch eine reelle Wertzahl $\#(w_i)$ zugeordnet. Für jede komplexe Proposition A, die als wahrheitsfunktionale Komponente von w_i zu verstehen ist, läßt sich ein Wert $\#(A)$ erhalten, der das arithmetische Mittel der #-Werte aller möglichen Welten ist, in denen A wahr ist (für logisch falsche Propositionen ist # nicht definiert). Die Präferenz erster Ordnung bezüglich des einen Wünschbarkeitsmaßes # läßt sich wie folgt definieren:

$$B^{\#}(A,C) \leftrightharpoons \#(A) > \#(C).$$

Ein Wünschbarkeitsmaß ★ für die differentielle Präferenz kann aus # abgeleitet werden durch die Gleichung

$$\bigstar(A) = \#(A) - \#(\neg A).$$

Aus dieser Beziehung folgt für ★ – nicht aber für # – die Gleichung $\bigstar(\neg A) = -\bigstar(A)$. Ferner gilt für B*, nicht aber für B#, das Prinzip $Bpq \rightarrow B\neg q\neg p$. Mit Hilfe dieses Instrumentariums lassen sich die unterschiedlichen Systeme der P. teilweise bestimmten Präferenzvorstellungen zuordnen, teilweise auch verwerfen.

Literatur: R. Ackermann, Comments on N. Rescher's »Semantic Foundations for the Logic of Preference«, in: N. Rescher (ed.), The Logic of Decision and Action, Pittsburgh Pa. 1967, 71–76; L. Åqvist, Deontic Logic Based on a Logic of ›Better‹, in: Proceedings of a Colloquium on Modal and Many-Valued Logics, Helsinki, 23–26 August, 1962, Helsinki 1963 (Acta Philos. Fennica 16), 285–289; ders., Chisholm-Sosa Logics of Intrinsic Betterness and Value, Noûs 2 (1968), 253–270; R. M. Chisholm/E. Sosa, On the Logic of ›Intrinsically Better‹, Amer. Philos. Quart. 3 (1966), 244–249; dies., Intrinsic Preferability and the Problem of Supererogation, Synthese 16 (1966), 321–331; T. Cornides, Ordinale Deontik. Zusammenhänge zwischen Präferenztheorie, Normlogik und Rechtstheorie, Wien/New York 1974; S. Danielsson, Preference and Obligation. Studies in the Logic of Ethics, Uppsala 1968; D. Davidson/J. C. C. McKinsey/P. Suppes, Outlines of a Formal Theory of Value I, Philos. Sci. 22 (1955), 140–160; J. M. Davis, The Transitivity of Preferences, Behav. Sci. 3 (1958), 26–33; C. Fehige/U. Wessels (eds.), Preferences, Berlin/New York 1998, bes. 114–131; S. Halldén, On the Logic of ›Better‹, Lund, Kopenhagen 1957; ders., Preference Logic and Theory Choice, Synthese 16 (1966), 307–320; B. Hansson, Fundamental Axioms for Preference Relations, Synthese 18 (1968), 423–442; ders., Preference Logic. Philosophical Foundations and Applications in the Philosophy of Science, Lund 1970; ders., Transitivity and Topological Structure of the Preference Space, in: Proceedings of the 1st Scandinavian Logic Symposium Åbo 1968, Uppsala 1970 (Filosofiska Studier 8), 3–18; ders./T. Grüne-Yanoff, Preferences, SEP 2006, rev. 2011; H. S. Houthakker, On the Logic of Preference and Choice, in: A.-T. Tymieniecka (ed.), Contributions to Logic and Methodology in Honor of J. M. Bocheński, Amsterdam 1965, 193–207; O. Huber, An Axiomatic System for Multidimensional Preferences, Theory and Decision 5 (1974), 161–184; ders., Zur Logik multidimensionaler Präferenzen in der Entscheidungstheorie, Berlin 1977; F. W. Irwin, An Analysis of the Concepts of Discrimination and Preference, Amer. J. Psychol. 71 (1958), 152–163; A. A. Ivin [Iwin], Osnovaniia logiki otsenok, Moskau 1970 (dt. [erw.] Grundlagen der Logik von Wertungen, Berlin 1975, 260–298 [Kap. 7 Die Logik von komparativen Wertungen]); R. E. Jennings, Preference and Choice as Logical Correlates, Mind NS 76 (1967), 556–567; J. G. Kemeny/J. L. Snell, Mathematical Models in the Social Sciences, Waltham Mass./Toronto/London 1962, Cambridge Mass./London 1978, 9–23 (Chap. II Preference Rankings. An Axiomatic Approach); W. Krelle, Präferenz- und Entscheidungstheorie, Tübingen 1968; F. v. Kutschera, Einführung in die Logik der Normen, Werte und Entscheidungen, Freiburg/München 1973; F. Liu, Reasoning about Preference Dynamics, Dordrecht etc. 2011; R. D. Luce/H. Raiffa, Games and Decisions. Introduction and Critical Survey, New York/London/Sydney 1957, New York 1989; R. D. Luce/P. Suppes, Preference, Utility, and Subjective Probability, in: R. D. Luce/R. R. Bush/E. Galanter (eds.), Handbook of Mathematical Psychology III, New York/London/Sydney 1965, 249–410; R. M. Martin, Intension and Decision. A Philosophical Study, Englewood Cliffs N. J. 1963, 40–60 (Chap. II Preference); N. J. Moutafakis, The Logics of Preference. A Study of Prohairetic Logics in Twentieth Century Philosophy, Dordrecht etc. 1987 (Episteme XIV); R. Z. Parks, On Jennings on Von Wright on Preference, Mind NS 80 (1971), 288–289; M. Philips, Must Rational Preferences be Transitive?, Philos. Quart. 39 (1989), 477–483; P. Rawlings, The Ranking of Preferences, Philos. Quart. 40 (1990), 495–501; N. Rescher, Semantic Foundations for the Logic of Preference, in: ders. (ed.), The Logic of Decision and Action, Pittsburgh Pa. 1967, 37–62, Nachdr. unter dem Titel: The Logic of Preference in: ders., Topics in Philosophical Logic, Dordrecht 1968, 287–320; ders., Introduction to Value Theory, Englewood Cliffs N. J. 1969, Washington D. C. 1982; S. Saito, Modality and Preference Relation, Notre Dame J. Formal Logic 14 (1973), 387–391; M. Scheler, Der Formalismus in der Ethik und die materiale Wertethik, Jb. Philos. phänomen. Forsch. 1 (1913), 405–565, 2 (1916), 21–478, separat, in 1 Bd. mit Untertitel: Neuer Versuch der Grundlegung eines ethischen Personalismus, Halle 1916, Bern/München [6]1980, Bonn [8]2009, Hamburg 2014 (engl. Formalism in Ethics and Non-Formal Ethics of Values. A New Attempt Toward the Foundation of an Ethical Personalism, Evanstone Ill. 1973); F. Schick, Arrow's Proof and the Logic of Preference, Philos. Sci. 36 (1969), 127–144; K. Segerberg, Kripke-Type Semantics for Preference Logic, in: T. Pauli (ed.), Logic and Value. Essays Dedicated to Thorild Dahlquist on His Fiftieth Birthday, Uppsala 1970, 128–134; P. Suppes, Introduction to Logic, Princeton N. J. etc. 1957, Mineola N. Y. 1999; R. W. Trapp, Utility Theory and Preference Logic, Erkenntnis 22 (1985), 301–339; A. Tversky, Intransitivity of Preferences, Psychol. Rev. 76 (1969), 31–48; G. H. v. Wright, The Logic of Preference. An Essay, Edinburgh 1963, 1971; ders., The Logic of Preference Reconsidered, Theory and Decision 3 (1972), 140–169. C. F. G.

Pragmatik (engl. pragmatics), im philosophischen Gebrauch zunächst allgemein Bezeichnung für handlungstheoretische Untersuchungen (↑Handlungstheorie), häufig eingeschränkt auf die Analyse von so genannten Rede- oder Sprechhandlungen (↑Sprechakt) bezogen (linguistische oder sprachphilosophische P.). In der engeren Bedeutung bildet die P. mit der ↑Semantik und der ↑Syntax eine Trias, deren Verständnis zunächst durch die Sprachphilosophie und Logik des Logischen Empirismus (↑Empirismus, logischer), hier vor allem durch C. W. Morris und R. Carnap, bestimmt worden ist. Während die Syntax sich dabei mit den rein figurativ-formalen Regeln des Aufbaus korrekt gebildeter Ausdrücke (↑well-formed formula) befaßt, die Semantik Möglichkeiten behandelt, diesen Ausdrücken (methodisch nachträglich) ›Bedeutungen‹ zuzuordnen, wird der P. hier im allgemeinen die Aufgabe zugewiesen, Abhängigkeiten der Bedeutungsfunktionen von den Verwendungssituationen der sprachlichen Ausdrücke zu untersuchen. Sprachliche ↑Bedeutungen treten bei diesem Ansatz als konkrete oder abstrakte *Objekte* (Gegenstände, Attribute, Funktionen) in Erscheinung, die mit rein sprachlichen Gegenständen funktional verbunden sind. Die zugehörige P. differenziert diesen Ansatz dann insofern, als sie für die semantischen Funktionen weitere Stellen (die in der Regel so genannten ›Indizes‹, ↑Index) vorsieht, mit Funktionsvariablen, die sich auf objektivierte Elemente des Verwendungskontextes sprachlicher Ausdrücke beziehen. In dieser Tradition wird also (1) systematisch von der Syntax über die Semantik zur P. fortgeschritten, d. h. die P. einer davon unabhängig aufgebauten Syntax und Semantik *am Ende* lediglich adjungiert, (2) ein P.verständnis zugrundegelegt, das den Handlungscharakter der Sprache objektivistisch wiedergibt.

Dem geschilderten Ansatz stehen Sprachtheorien gegenüber, die das Verständnis der Sprache als *Handlungszusammenhang* und damit eine linguistische und kommunikative P. methodisch an den Anfang stellen, um auf dieser Basis dann die semantischen und syntaktischen Kategorien als ↑*pragmatisch* fundierte Unterscheidungen zu begreifen. Diese methodische Einstellung kann sich, wenn auch nur sehr begrenzt, bereits auf den philosophischen ↑Pragmatismus von C. S. Peirce berufen. Einen überzeugenden Ausdruck hat sie in den »Philosophischen Untersuchungen« des späten L. Wittgenstein gefunden, an die sich sowohl die von den ↑Sprachhandlungen ausgehende und als Verallgemeinerung der Sprechakttheorie (z. B. durch Untersuchungen zur Funktion und Struktur von Kontroversen, um aus ihnen die streitigen Positionen allererst rekonstruieren zu können) auftretende Pragmalinguistik als auch die von beliebigen ↑Handlungen ausgehende *contextual pragmatics* der vor allem in den skandinavischen Ländern verbreiteten, auf J. Meløe zurückgehenden und seit den 1970ger Jahren des letzten Jhs. auch als ↑Praxeologie bezeichneten Bewegung anschließt. Letztere arbeitet vor allem mit dem Verfahren von Fallstudien zur Art und Weise der Verankerung von Gegenständen und Personen in Handlungszusammenhängen und weiß sich in ihrer Überzeugung davon, daß man handelnd stets auch (unter Umständen stillschweigend) weiß, was man tut und allein dadurch etwas von sich und der Welt weiß, ebenso wie die Pragmalinguistik in Übereinstimmung auch mit der Sprachphilosophie (↑Konstruktivismus) der ↑Erlanger Schule (F. Kambartel, K. Lorenz, P. Lorenzen, H. J. Schneider, P. Stekeler-Weithofer) und den ↑›Transzendentalpragmatik‹ oder ↑›Universalpragmatik‹ genannten Analysen allgemeiner Bedingungen kommunikativen Handelns (K.-O. Apel, J. Habermas).

Literatur: K. Allan/K. M. Jaszczolt (eds.), The Cambridge Handbook of Pragmatics, Cambridge etc. 2011, 2013; K.-O. Apel, Zur Idee einer transzendentalen Sprachpragmatik. Die Dreistelligkeit in der Zeichenrelation und die ›abstractive fallacy‹ in den Grundlagen der klassischen Transzendentalphilosophie und der sprachanalytischen Wissenschaftslogik, in: J. Simon (ed.), Aspekte und Probleme der Sprachphilosophie, Freiburg/München 1974, 283–326; ders. (ed.), Sprachpragmatik und Philosophie, Frankfurt 1976, 1982; M. Ariel, Defining Pragmatics, Cambridge etc. 2010; Y. Bar-Hillel (ed.), Pragmatics of Natural Language, Dordrecht 1971; B. J. Birner, Introduction to Pragmatics, Malden Mass./Oxford 2012, 2013; D. Böhler/T. Nordenstam/G. Skirbekk (eds.), Die pragmatische Wende. Sprachspielpragmatik oder Transzendentalpragmatik?, Frankfurt 1986, 1987; A. Capone/F. Lo Piparo/M. Carapezza (eds.), Perspectives on Pragmatics and Philosophy, Cham etc. 2013; R. Carnap, Introduction to Semantics, Cambridge Mass. 1942, 1948, Neudr. in: ders., Introduction to Semantics and Formalization of Logic, Cambridge Mass. 1943, 1975; P. Cole (ed.), Radical Pragmatics, New York etc. 1981; M. Dascal (ed.), Dialogue. An Interdisciplinary Approach, Amsterdam 1985; ders., Epistemología, Controversias y Pragmática, Isegoría 12 (1995), 8–43; C. F. Gethmann, Logik und P.. Zum Rechtfertigungsproblem logischer Sprachregeln, Frankfurt 1982; F. Gil (ed.), Controvérsias científicas e filosóficas. Controverses scientifiques et philosophiques. Scientific and Philosophical Controversies, Lissabon 1990; H. P. Grice, Studies in the Way of Words, Cambridge Mass./London 1989; J. Habermas, Was heißt Universal-P.?, in: K.-O. Apel (ed.), Sprachpragmatik und Philosophie, Frankfurt 1976, 1982, 174–272; ders., Theorie des kommunikativen Handelns, I–II, Frankfurt 1981, [3]1985, 2006; H. Høibraaten (ed.), Essays in Pragmatic Philosophy II, Oslo 1990; L. R. Horn/G. Ward (eds.), The Handbook of Pragmatics, Malden Mass./Oxford/Carlton 2004, 2010; Y. Huang, Pragmatics, Oxford etc. 2007, [2]2014; ders., The Oxford Dictionary of Pragmatics, Oxford etc. 2012; F. Kambartel/H. J. Schneider, Constructing a Pragmatic Foundation for Semantics, in: G. Fløistad (ed.), Contemporary Philosophy. A New Survey I, The Hague/Boston Mass./London 1981, 155–178; F. Kambartel/P. Stekeler-Weithofer, Ist der Gebrauch der Sprache ein durch ein Regelsystem geleitetes Handeln? Das Rätsel der Sprache und die Versuche seiner Lösung, in: A. v. Stechow/M.-T. Schepping, Fortschritte in der Semantik. Ergebnisse aus dem Sonderforschungsbereich 99 »Grammatik und sprachliche Prozesse« der Universität Konstanz, Weinheim 1988, 201–223; A. Kasher, Foundations of Philosophical Pragmatics, in: R. E. Butts/J. Hintikka (eds.), Basic Problems in Methodology and Linguistics. Part Three of the Proceedings of the 5th International Congress of Logic, Methodology and Philosophy of Science, Dordrecht/Boston Mass. 1977, 225–242; ders., Pragmatics. Critical Concepts II (Speech Act Theory and Particular Speech Acts), London/New York 1998, 2012; K. Kepa/J. Perry, Critical Pragmatics. An Inquiry into Reference and Communication, Cambridge etc. 2011; J. Longhi/G. E. Sarfati (eds.), Dictionnaire de pragmatique, Paris 2011, 2012; K. Lorenz, Elemente der Sprachkritik. Eine Alternative zu Dogmatismus und Skeptizismus in der Analytischen Philosophie, Frankfurt 1970, 1971; ders., Sprachphilosophie, in: H. P. Althaus/H. Henne/H. E. Wiegand (eds.), Lexikon der germanistischen Linguistik, Tübingen 1973, [2]1980, 1–28; P. Lorenzen, Semantisch normierte Orthosprachen, in: F. Kambartel/J. Mittelstraß (eds.), Zum normativen Fundament der Wissenschaft, Frankfurt 1973, 231–249; U. Maas/D. Wunderlich, P. und sprachliches Handeln. Mit einer Kritik am Funkkolleg »Sprache«, Frankfurt 1972, erw. [3]1974; R. M. Martin, Toward a Systematic Pragmatics, Amsterdam 1959 (repr. Westport Conn. 1974); J. Meløe, The Agent and His World, in: G. Skirbekk (ed.), Praxeology. An Anthology, Bergen etc. 1983, 13–29; J. L. Mey (ed.), Pragmalinguistics. Theory and Practice, The Hague/Paris/New York 1979; ders., Concise Encyclopedia of Pragmatics, Amsterdam etc. 1998, [2]2009; R. Montague, Pragmatics, in: R. Klibansky (ed.), Contemporary Philosophy. A Survey I, Florenz 1968, 102–122, Neudr. in: ders., Formal Philosophy. Selected Papers of Richard Montague, ed. R. H. Thomason, New Haven Conn./London

1974, 95–118; ders., Pragmatics and Intensional Logic, Synthese 22 (1970), 68–94 (dt. P. und intensionale Logik, in: S. J. Schmidt [ed.], P. [s. u.] I, 187–211); C. W. Morris, Foundations of the Theory of Signs, Chicago Ill./London, Toronto 1938 (Int. Enc. Unified Sci. I.2), Nachdr. in: Writings on the General Theory of Signs, The Hague/Paris 1971, 13–71, separat Chicago Ill./London 1979 (dt. Grundlagen der Zeichentheorie, in: ders., Grundlagen der Zeichentheorie/Ästhetik und Zeichentheorie, München 1972, ^{2}1975, Frankfurt 1988, 15–88); ders., Signs, Language, and Behavior, New York 1946, 1955, Nachdr. in: Writings on the General Theory of Signs [s. o.], 73–397 (dt. Zeichen, Sprache und Verhalten, Düsseldorf 1973, Frankfurt/Berlin/Wien 1981); ders., Pragmatism and Logical Empiricism, in: P. A. Schilpp (ed.), The Philosophy of Rudolf Carnap, La Salle Ill., London 1963, 1991, 87–98; ders., Signification and Significance. A Study of the Relations of Signs and Values, Cambridge Mass. 1964, 1976 (dt. Bezeichnung und Bedeutung. Eine Untersuchung der Relationen von Zeichen und Werten, in: ders., Zeichen, Wert, Ästhetik, Frankfurt 1975, 193–319); C. S. Peirce, Collected Papers, I–VIII, ed. C. Hartshorne/P. Weiss, VII–VIII, ed A. W. Burks, Cambridge Mass. 1931–1958 (repr. Bristol 1998), in 4 Bdn. 1978 (bes. V Pragmatism and Pragmaticism); ders., Schriften, I–II, ed. K.-O. Apel, Frankfurt 1967/1979, Neudr. unter dem Titel: Schriften zum Pragmatismus und Pragmatizismus, Frankfurt ^{2}1976, 1991; ders., Semiotische Schriften, I–III, ed. C. Kloesel/H. Pape, Frankfurt 1986–1993, 2000; F. Recanati, Truth-Conditional Pragmatics, Oxford 2010; D. Robinson, Introducing Performative Pragmatics, London/New York 2006; S. J. Schmidt (ed.), P. I. (Interdisziplinäre Beiträge zur Erforschung der sprachlichen Kommunikation), München 1974; H. J. Schneider, P. als Basis von Semantik und Syntax, Frankfurt 1975; ders., Gibt es eine ›Transzendental-‹ bzw. ›Universal-P.‹?, Z. philos. Forsch. 36 (1982), 208–226; ders., P., Hist. Wb. Ph. VII (1989), 1234–1241; ders., Phantasie und Kalkül. Über die Polarität von Handlung und Struktur in der Sprache, Frankfurt 1992, 1999; J. R. Searle, Speech Acts. An Essay in the Philosophy of Language, Cambridge etc. 1969, 2011 (dt. Sprechakte. Ein sprachphilosophischer Essay, Frankfurt 1971, ^{4}1990); ders./F. Kiefer/M. Bierwisch (eds.), Speech-Act Theory and Pragmatics, Dordrecht/Boston Mass./London 1980; ders./D. Vanderveken, Foundations of Illocutionary Logic, Cambridge 1985, 1989; W. Simon, Erkenntnistheorie oder P.? Das soziologische Verwendungsproblem bei Weber, Popper, Kuhn und Rorty, Wien 2000; G. Skirbekk, Rationality and Modernity. Essays in Philosophical Pragmatics, Oslo 1993, 1994; S. Staffeldt/J. Hagemann (eds.), P.theorien. Analysen im Vergleich, Tübingen 2014; P. Stekeler-Weithofer (ed.), The Pragmatics of »Making It Explicit«. On Robert B. Brandom, Amsterdam/Philadelphia Pa. 2005 (Pragmatics and Cognition XIII); W. Sucharowski, Problemfelder einer linguistischen P.. Annäherungsversuche, Regensburg 1993; P. Weingartner/G. Schurz/G. Dorn (eds.), Die Rolle der P. in der Gegenwartsphilosophie, Akten des 20. Internationalen Wittgenstein-Symposions, Wien 1998; D. Wunderlich (ed.), Linguistische P., Wiesbaden 1972, ^{3}1980; G. Yule, Pragmatics, Oxford etc. 1996, 2008. – J. Nuyts/J. Verschueren (eds.), A Comprehensive Bibliography of Pragmatics, I–IV, Amsterdam/Philadelphia Pa. 1987; J. Verschueren, Pragmatics. An Annotated Bibliography, Amsterdam 1978. F. K./K. L.

pragmatisch, philosophischer Terminus, (1) bezogen auf ↑Handlungen allgemein, (2) zur Bezeichnung eines klugen Umgangs mit praktischen Situationen und Problemen. In dieser Bedeutung hebt I. Kant (Verkündigung des nahen Abschlusses eines Traktats zum ewigen Frieden in der Philosophie, Akad.-Ausg. VIII, 420–421; Anthropologie, Akad.-Ausg. VII, 234–235, 267; Grundl. Met. Sitten, Akad.-Ausg. IV, 416–417, 419) den Ausdruck gegenüber ›moralisch‹ oder einem auf moralische Intentionen eingeschränkten Sinn von ↑›praktisch‹ ab. Auch in Unterscheidungen zwischen ›p.en‹ und ›theoretischen‹ oder ›spekulativen‹ Erkenntnissen und Disziplinen, etwa in Bildungen wie ›p.e Anthropologie‹ (z. B. J. C. Gruber, Versuch einer p.en Anthropologie, Leipzig 1803; J. Hillebrand, P.e Anthropologie, Mainz 1823), ›p.e Psychologie‹ (z. B. F. E. Beneke, P.e Psychologie oder Seelenlehre in der Anwendung auf das Leben, I–II, Berlin 1850; ders., Lehrbuch der p.en Psychologie, Berlin 1853), wird ›p.‹ in einem anwendungsbezogenen, auf praktische Probleme gerichteten Sinne verwendet. Ebenfalls im Sinne von Lebensklugheit geht der Ausdruck ›p.‹ in die politische Entgegensetzung ›p.er‹ und ›grundsätzlicher‹ Lösungen und Argumente ein. Systematische Bedeutung erhält der Begriff p. in der neueren Philosophie und Wissenschaftstheorie vor allem im konzeptionellen Rahmen von ↑Pragmatik und ↑Pragmatismus. Ein Prinzip der methodischen Ordnung wird in der Konstruktiven Wissenschaftstheorie (↑Wissenschaftstheorie, konstruktive) als ↑Prinzip der p.en Ordnung (↑Prinzip, methodisches) formuliert.

Literatur: D. Böhler/T. Nordenstam/G. Skirbekk (eds.), Die p.e Wende. Sprachspielpragmatik oder Transzendentalpragmatik?, Frankfurt 1986; A. Fuhrmann/E. J. Olsson (eds.), P. denken, Frankfurt/Lancaster 2004; G. Kühne-Bertram, Aspekte der Geschichte und der Bedeutungen des Begriffs ›p.‹ in den philosophischen Wissenschaften des ausgehenden 18. und des 19. Jahrhunderts, Arch. Begriffsgesch. 27 (1983), 158–186; dies., p., Hist. Wb. Ph. VII (1989), 1241–1244; H. Stachowiak (ed.), Pragmatik. Handbuch p.en Denkens, I–V, Hamburg 1986–1995, 1997. F. K.

Pragmatismus (von griech. πρᾶγμα, Handlung, Gegenstand der Handlung, Sache), im umgangssprachlichen Gebrauch Bezeichnung für eine Einstellung zu Handlungsentscheidungen, die sich nicht an (z. B. moralischen) Prinzipien oder langfristigen Zielsetzungen, sondern am erwarteten Nutzen der vermuteten (kurzfristigen) Handlungsfolgen orientiert; als philosophischer Terminus Bezeichnung für eine Richtung, die unter diesem Namen von C. S. Peirce (1839–1914) im Zusammenhang der Diskussionen im »Metaphysical Club« in Cambridge Mass. etwa 1871/1872 (unter terminologischem Bezug auf I. Kant) entwickelt wurde. Neben den Gründern Peirce und W. James (1842–1910) gehörten dem Club unter anderem an: der Mathematiker und Philosoph C. Wright (1830–1875), der Jurist und J. Bentham-Schüler N. S. J. Green, F. E. Abbot (1836–1903) und der Rechtsphilosoph und spätere Richter am Supreme Court O. W. Holmes Jr. (1841–1935). Diese Richtung wurde von James durch die Vorlesung »Philosophical Conceptions and Practical Results« (1898) und ihre spätere Publikation (1904) auch öffentlich wirksam gemacht.

Im P., der im Selbstverständnis seiner Begründer kein philosophisches System, sondern ein philosophisches Verfahren darstellt, werden durch Reflexion auf die erfolgreiche, kombiniert logisch-mathematische und experimentelle Methode der Naturwissenschaften die historischen Prozesse hin zu sicherer Erkenntnis unter Bezug auf ihre praktischen Folgen rekonstruiert und ihre Rolle im Kontext der (individuellen und sozialen) Lebensführung artikuliert. Jede bloß verbale Spekulation, die für den Lebenszusammenhang folgenlos bleibt, ist verpönt. Dabei werden die wissenschaftliche Methode selbst, und nicht nur ihre Gegenstände, als in die Dynamik historischer Entwicklung eingebettet aufgefaßt, wobei sich die ganze Spannweite des Verständnisses dieser Evolution von etwas empirisch Gegebenem bis hin zu etwas rational Erzeugtem unter den Vertretern des P. auch tatsächlich wiederfindet (für das erstere z. B. James, für das letztere z. B. der Peirce- und James-Schüler J. Dewey [1859–1952]). Im Zusammenhang einer Bestimmung des Wahrheitsbegriffs (↑Wahrheit, ↑Wahrheitstheorien) zieht z. B. Peirce die Konsequenz: »The opinion which is fated to be ultimately agreed to by all who investigate, is what we mean by the truth, and the object represented in this opinion is the real« (The Essential Peirce I, ed. N. Houser/C. Kloesel, Bloomington Ind. 1992, 139), während James das Wahre für »only the expedient in the way of our thinking (…) expedient in the long run and on the whole« (Pragmatism. A New Name for Some Old Way of Thinking, Cambridge Mass./London 1975, 106) hält, eine Differenz, die für Peirce der Anlaß gewesen ist, seine eigene Version des P. als ›Pragmatizismus‹ zu bezeichnen. Es ist daher auch nicht sinnvoll, dem P. einen Platz innerhalb der hergebrachten Koordinaten ↑Idealismus – Materialismus (↑Materialismus (systematisch)) oder Realismus (↑Realismus (erkenntnistheoretisch)) – ↑Nominalismus zuzuweisen; vielmehr setzen seine Vertreter ganz verschiedene Akzente: Peirce etwa versteht sich als ein Universalienrealist (↑Universalien), James als ein Nominalist; J. Royce (1855–1916) wiederum, ein Schüler von Peirce und ein Lehrer von C. I. Lewis, ist ein G. W. F. Hegel verpflichteter Idealist, der seine antiintellektualistische Position als *absoluten* P. bezeichnet hat. Man darf ferner nicht erwarten, daß sich die übliche Unterscheidung Theoretischer von Praktischer Philosophie (↑Philosophie, praktische, ↑Philosophie, theoretische) innerhalb des P. sinnvoll vornehmen läßt; für den P. ist es nämlich charakteristisch, den ↑normativen Charakter auch der theoretischen Disziplinen wie Logik und Mathematik zu betonen (Peirce) und die deskriptiven (↑deskriptiv/präskriptiv) Elemente der praktischen Disziplinen wie Pädagogik und Soziologie zu untersuchen (Dewey). Auch in der neueren Rezeption des P., etwa bei R. Rorty, spielt der normative und damit maßstabsetzende Charakter des Wirklichseins, dem Universalienrealismus von Peirce folgend, eine zentrale Rolle. Gleichgültig, in welcher Ausprägung der P. auftritt, stets läßt er sich systematisch daran erkennen, daß die scharfe Trennung von ↑Ontologie und ↑Erkenntnistheorie (Epistemologie) aufgehoben ist: die Konstitution der Gegenstände läßt sich unabhängig von der Sicherung der Aussagen über die Gegenstände nicht vornehmen; was es gibt (›what there is‹) und was wahr ist (›what is true‹) sind zusammengehörige Fragestellungen. Nach diesem Kriterium lassen sich auch ältere philosophische Lehrmeinungen, z. B. die Anthropologie des Protagoras oder die Common-Sense-Lehre (↑common sense) des T. Reid, aber auch die Wahrnehmungstheorie von G. Berkeley, als Formen eines P. verstehen.

Es gehört zu den Konsequenzen dieser Charakteristik des P., daß insbes. vier Faktoren für die im weiteren Sinne erste Generation der amerikanischen Pragmatisten in wechselnder Hervorhebung bestimmend gewesen sind: (1) eine wissenschaftliche Methodenlehre (prominent im *evolutionären Pragmatizismus* von Peirce), (2) ein Beginn bei empirischen Phänomenen des Alltags (prominent im *radikalen Empirismus* von James), (3) eine Orientierung an demokratischen Idealen (prominent im *sozialen Instrumentalismus* von Dewey) und (4) eine Beachtung der biologischen Evolution (prominent im *symbolischen Interaktionismus* von G. H. Mead [1863–1931]). Erst die gemeinsame Ausbildung aller vier Faktoren – des logischen, des empirischen, des moralischen und des genetischen – innerhalb einer Philosophie, die den Prozeß kontrollierten menschlichen Handelns in den Mittelpunkt ihres Interesses rückt, wie es historisch in der von den Freunden Dewey und Mead im Rahmen der bei Gründung der Universität Chicago 1894 auch institutionell verankerten »Chicago School« verwirklicht wurde, erlaubt es, von P. zu sprechen. Es ist auf eine verfälschende Rezeption insbes. der Wahrheitstheorie von James im deutschen Sprachraum zurückzuführen, daß der P. lange Zeit mit dem umgangssprachlichen Verständnis von ›P.‹ identifiziert und für eine unzulässige Erweiterung des ↑Utilitarismus auch auf das Gebiet der Theoretischen Philosophie gehalten wurde.

In der zweiten Generation der Pragmatisten gehört Lewis (1883–1964) mit seinem *konzeptualistischen* P. zu denjenigen Philosophen, die durch konsequenten Einsatz der mittlerweile fortentwickelten logischen Hilfsmittel das Problem sowohl der Vermittlung von ↑Empirismus und ↑Rationalismus als auch der Verbindung von Tatsachen- und Werturteilen im P. einer Behandlung zugänglich gemacht haben, die den gegenwärtigen, von der Analytischen Philosophie (↑Philosophie, analytische) entwickelten Standards entspricht. Damit ist eine *pragmatische Wende* der Analytischen Philosophie möglich geworden, die sich in den Auseinandersetzungen des amerikanischen P. mit europäischen philosophischen Strömungen (z. B. ↑Empirismus, logischer, ↑Phänomenologie, ↑Existenzphilosophie) und umgekehrt europäischer analytischer Philosophen, z. B. F. P. Ramseys und L. Wittgensteins, mit dem P. – insbes. auf dem Wege einer Rezeption von Lady V. Welbys, einen berühmten Briefwechsel mit Peirce auslösende Arbeit über das Bedeutungsproblem (What Is Meaning?, 1903, ↑Signifik), die erst durch C. K. Ogden und I. A. Richards (The Meaning of Meaning, 1923) eine breitere Öffentlichkeit erreichte – anbahnt und von einer dritten Generation von Pragmatisten getragen wird, die für die gegenwärtige philosophische Diskussion von großer Bedeutung ist. In dieser dritten Generation vor allem beim *holistischen Evolutionismus* des seinen Lehrern Lewis und R. Carnap verpflichteten W. V. O. Quine und bei der *behavioristischen Semiotik* des aus der »Chicago School« hervorgegangenen und ebenfalls von Carnap geprägten C. W. Morris (↑Semiotik), ist die Verschmelzung des P. mit der Analytischen Philosophie so vollständig vollzogen, daß die jeweils zugrundeliegenden methodologischen Prinzipien, die auf Peirce zurückgehende pragmatische Maxime im P. und das Verfahren der logischen Analyse (↑Analyse, logische) der Sprache in der Analytischen Philosophie, nicht mehr trennscharf auseinandergehalten werden können.

Zu den ersten und seinerzeit bedeutendsten europäischen Anhängern des P. gehören der aus Deutschland stammende, in Oxford einen *pragmatischen Humanismus* lehrende F. C. S. Schiller (1864–1937) und der Italiener G. Papini (1881–1956) als Haupt der einen *magischen* P. vertretenden Gruppe um die Zeitschrift »Leonardo«, der unter anderem auch der G. Peano nahestehende Mathematiker G. Vailati (1863–1909) und der Rechtswissenschaftler M. Calderoni (1879–1914) angehörten. Die unter dem Namen ›P.‹ veröffentlichte Philosophie von É. Le Roy, eines Schülers sowohl von H. Bergson als auch von H. Poincaré, gehört zum Umkreis der die liberale Bewegung des katholischen Modernismus in Frankreich stützenden ›Philosophie der Aktion‹ von M. Blondel. Sie steht trotz ihrer teilweisen Verwandtschaft mit Überzeugungen von James, der Bergson verehrte, Blondel und Le Roy las, mit dem von Peirce begründeten P. nur in einem sehr losen Zusammenhang, obwohl sich gerade Poincarés methodologische Auffassungen durch große sachliche Nähe zu denjenigen von Peirce auszeichnen.

Literatur: R. Abel, The Pragmatic Humanism of F. C. S. Schiller, New York 1955, 1973; M. Aboulafia/M. Bookman/C. Kemp (eds.), Habermas and Pragmatism, London/New York 2002; B. Aune, Rationalism, Empiricism, and Pragmaticism. An Introduction, New York 1970; A. J. Ayer, The Origins of Pragmatism. Studies in the Philosophy of Charles Sanders Peirce and William James, San Francisco Calif., London/Basingstoke 1968, 2004; M. Bacon, Pragmatism. An Introduction, Cambridge/Malden Mass. 2012; R. J. Bernstein, Praxis and Action. Contemporary Philosophies of Human Activity, Philadelphia Pa. 1971, 1999 (dt. Praxis und Handeln, Frankfurt 1975); ders., The Pragmatic Turn, Cambridge/Malden Mass. 2010; R. Brandom, Perspectives on Pragmatism. Classical, Recent, and Contemporary, Cambridge Mass./London 2011; M. Calderoni/G. Vailati, Il pragmatismo, ed. G. Papini, Lanciano 1920 (repr. 2010); J. P. Diggins, The Promise of Pragmatism. Modernism and the Crisis of Knowledge and Authority, Chicago Ill./London 1994, 1995; R. B. Goodman (ed.), Pragmatism. Critical Concepts in Philosophy, I–IV, London/New York 2005; S. Haack, Pragmatism, Enc. Ph. VII (²2006), 741–750; J. Habermas, Erkenntnis und Interesse, Frankfurt 1968, ³1973, Hamburg 2008; M. Hampe, Erkenntnis und Praxis. Zur Philosophie des P., Frankfurt 2006; M. Hartmann/J. Liptow/M. Willaschek (eds.), Die Gegenwart des P., Berlin 2013; M. Hébert, Le pragmatisme. Étude de ses diverses formes anglo-américaines, françaises, italiennes, et de sa valeur religieuse, Paris 1908, ²1910; A. Hetzel/J. Kertscher/M. Rölli (eds.), P. – Philosophie der Zukunft?, Weilerswist 2008; C. Hookway, Truth, Rationality, and Pragmatism. Themes from Peirce, Oxford 2000, 2006; ders., Pragmatism, SEP 2007, rev. 2013; ders., The Pragmatic Maxim. Essays on Peirce and Pragmatism, Oxford etc. 2012; G. Jacoby, Der P.. Neue Bahnen der Wissenschaftslehre des Auslandes. Eine Würdigung, Leipzig 1909; J. v. Kempsky, Charles Sanders Peirce und der Pragmatismus, Stuttgart/Köln 1952; P. Kitcher, Preludes to Pragmatism. Toward a Reconstruction of Philosophy, Oxford etc. 2012; J. Knight/J. Johnson, The Priority of Democracy. Political Consequences of Pragmatism, New York, Princeton N. J./Oxford 2011; C. Koopman, Pragmatism as Transition. Historicity and Hope in James, Dewey, and Rorty, New York 2009; B. Kuklick, The Rise of American Philosophy. Cambridge, Massachusetts, 1860–1930, New Haven Conn./London 1977, 1979; J. Lege, P. und Jurisprudenz. Über die Philosophie von Charles Sanders Peirce und über das Verhältnis von Logik, Wertung und Kreativität im Recht, Tübingen 1999; É. Le Roy, Dogme et critique, Paris 1907, ²1987; A. O. Lovejoy, The Thirteen Pragmatisms and Other Essays, Baltimore Md., London 1963 (repr. Westport Conn. 1983); H. Madden, Chauncey Wright and the Foundations of Pragmatism, Seattle 1963; A. Malachowski (ed.), Pragmatism, I–III, London/Thousand Oaks Calif./New Dehli 2004; ders., The New Pragmatism, Durham 2010; ders. (ed.), The Cambridge Companion to Pragmatism, Cambridge etc. 2013; J. Margolis, Persistence of Reality I (Pragmatism without Foundations. Reconciling Realism and Relativism), Oxford/New York 1986; ders., Reinventing Pragmatism. American Philosophy at the End of the Twentieth Century, Ithaca N. J./London 2002 (dt. Die Neufindung des P., Weilerswist 2004); ders., Pragmatism's Advantage. American and European Philosophy at the End of the Twentieth Century, Stanford Calif. 2010; E. Martens (ed.), Texte der Philosophie des P.. Charles Sanders Peirce, William James, Ferdinand Canning Scott Schiller, John Dewey, Stuttgart 1975, 2009; C. Misak, New Pragmatists, Oxford 2007, 2009; dies., The American Pragmatists, Oxford etc. 2013; A. W. Moore, Pragmatism and Its Critics, Chicago Ill. 1910, ferner als: Collected Writings II, ed. J. R. Shook, Bristol 2003; E. C. Moore, American Pragmatism. Peirce, James, and Dewey,

New York 1961, Westport Conn. 1985; C. Morris, The Pragmatic Movement in American Philosophy, New York 1970; J. P. Murphy, Pragmatism. From Peirce to Davidson, Boulder Colo./San Francisco Calif./Oxford 1990; L. Nagl, P.., Frankfurt/New York 1998; P. Ochs, Peirce, Pragmatism and the Logic of Scripture, Cambridge etc. 1998, 2004; C. K. Ogden/I. A. Richards, The Meaning of Meaning. A Study of The Influence of Language upon Thought and of The Science of Symbolism, London, New York 1923, London ^{10}1949, ferner als: I. A. Richards, Selected Works II, ed. J. Constable, London/New York 2001 (dt. Die Bedeutung der Bedeutung. Eine Untersuchung über den Einfluß der Sprache auf das Denken und über die Wissenschaft des Symbolismus, Frankfurt 1974); K. Oehler, Sachen und Zeichen. Zur Philosophie des P., Frankfurt 1995; ders. (ed.), William James. P.. Ein neuer Name für einige alte Wege des Denkens, Berlin 2000; H. Pape, P., EP II (1999), 1297–1301, (^{2}2010), 2116–2122; ders, Der dramatische Reichtum der konkreten Welt. Der Ursprung des P. im Denken von Charles S. Peirce und William James, Weilerswist 2002; R. B. Perry, Present Philosophical Tendencies. A Critical Survey of Naturalism, Idealism, Pragmatism, and Realism Together with a Synopsis of the Philosophy of William James, New York etc. 1912, 1929 (repr. New York 1972); H. Price u. a., Expressivism, Pragmatism and Representationalism, Cambridge etc. 2013; J. Renn/G. Sebald/J. Weyand (eds.), Lebenswelt und Lebensform. Zum Verhältnis von Phänomenologie und P., Weilerswist 2012; H. Putnam, Il Pragmatismo. Una Questione Aperta, Rom 1992 (engl. Pragmatism. An Open Question, Malden Mass./Oxford 1995, 2000; dt. Pragmatismus. Eine offene Frage, Frankfurt/New York); N. Rescher, Methodological Pragmatism. A System-theoretic Approach to the Theory of Knowledge, Oxford, New York 1977; ders., Realistic Pragmatism. An Introduction to Pragmatic Philosophy, New York 2000; ders., Cognitive Pragmatism. The Theory of Knowledge in Pragmatic Perspective, Pittsburgh Pa. 2001; ders., Collected Papers II (Studies in Pragmatism), Frankfurt etc. 2005; ders., Epistemic Pragmatism. And Other Studies in the Theory of Knowledge, Frankfurt etc., Berlin/New York 2008; S. Rohr/M. Strube (eds.), Revisiting Pragmatism. William James in the New Millennium, Heidelberg 2012; A. Rorty (ed.), Pragmatic Philosophy. An Anthology, Garden City N. Y. 1966; R. Rorty, Consequences of Pragmatism. Essays 1972–1980, Minneapolis Minn. 1982, 2003; ders., Pragmatism, REP VII (1998), 633–640; H. J. Saatkamp, Rorty and Pragmatism. The Philosopher Responds to His Critics, Nashville Tenn./London 1995, 2000; M. Sandbothe (ed.), Die Renaissance des P.. Aktuelle Verflechtungen zwischen analytischer und kontinentaler Philosophie, Weilerswist 2000; A. Santucci, Il pragmatismo in Italia, Bologna 1963; I. Scheffler, Four Pragmatists. A Critical Introduction to Peirce, James, Mead, and Dewey, New York, London 1974, London/New York 2011; R. W. Shahan/K. R. Merril (eds.), American Philosophy from Edwards to Quine, Norman Okla. 1977; J. R. Shook/J. Margolis (eds.), A Companion to Pragmatism, Malden Mass./Oxford/Carlton 2006, 2009; J. E. Smith, Purpose and Thought. The Meaning of Pragmatism, New Haven Conn., London 1978, Chicago Ill. 1984; J. J. Stuhr (ed.), 100 Years of Pragmatism. William James's Revolutionary Philosophy, Bloomington Ind./Indianapolis Ind. 2010; H. S. Thayer, Pragmatism, Enc. Ph. VI (1967), 430–436, VII (^{2}2006), 741–746; ders., Meaning and Action. A Critical History of Pragmatism, Indianapolis Ind./New York 1968, Indianapolis Ind./Cambridge Mass. ^{2}1981, 1992, gekürzte Fassung mit Untertitel: A Study of American Pragmatism, Indianapolis Ind./New York 1973; R. M. Unger, The Self Awakened. Pragmatism Unbound, Cambridge Mass./London 2007; C. de Waal, On Pragmatism, Belmont Calif. 2005; V. Welby, What Is Meaning? Studies in the Development of Significance, London 1903 (repr. Amsterdam/Philadelphia Pa. 1983); C. West, The American Evasion of Philosophy. A Genealogy of Pragmatism, Basingstoke/London, Madison Wis. 1989; M. White, Social Thought in America. The Revolt Against Formalism, New York 1949, 1952, Boston Mass. ^{2}1957, 1970, Oxford/London/New York 1976; ders., Pragmatism and the American Mind. Essays and Reviews in Philosophy and Intellectual History, London/Oxford/New York 1973, 1975; ders., A Philosophy of Culture. The Scope of Holistic Pragmatism, Princeton N. J./Oxford 2002, 2005; P. P. Wiener, Evolution and the Founders of Pragmatism, Cambridge Mass. 1949 (repr. Gloucester Mass. 1969), New York/Evanston Ill./London 1965; ders., Pragmatism, DHI III (1973), 551–570; J. W. Woell, Peirce, James, and a Pragmatic Philosophy of Religion, London/New York 2012, London etc. 2013. – J. R. Shook, Pragmatism. An Annotated Bibliography 1898–1940, Amsterdam/Atlanta Ga. 1998. K. L.

prajñā (sanskr., Entschluß, Einsicht), Grundbegriff der indischen Philosophie (↑Philosophie, indische). (1) In den Upaniṣaden (↑upanisad) das die Erfüllung von Wünschen möglich machende, vom Atem (prāṇa) getragene Erkennen; (2) im allgemeinen, ebenso wie ↑›jñāna‹, in vielen Kontexten synonym zu dem in der epischen Periode erstmals in dieser Bedeutung auftretenden ↑›buddhi‹, wobei p. als ein primär praktisches Wissen, dabei allerdings praktisches oder auch theoretisches Können, also ein *Kennen* im Sinne einer Beherrschung von Fertigkeiten (↑ars) wie im Falle von ↑›vidyā‹ übersteigend, gleichwohl nicht umstandslos mit dem von ›jñāna‹ in der Regel wiedergegebenen und oft dabei das Kennen unterschiedslos mit einbeziehenden *Erkennen*, einem entweder diskursiven oder intuitiven theoretischen Wissen, gleichgesetzt oder gar mit dem sich der unaufhebbaren Zusammengehörigkeit von (praktischem) Kennen und (theoretischem) Erkennen bewußten *Reflexionswissen* (↑vijñāna) verwechselt werden sollte.

Im Anschluß an die der Aufhebung von Unwissenheit (↑avidyā) dienende Zweiergruppe in den acht ›Geboten‹ des buddhistischen Mittleren Wegs (↑Philosophie, buddhistische), die den Titel ›Weg zur p.‹ trägt, erhält p. im ↑Mahāyāna-Buddhismus eine Schlüsselrolle: p. bezeichnet die wichtigste der sechs (oder zehn) Vollkommenheiten (pāramitā) eines bodhisattva, die *Weisheit*, d. i. die Erkenntnis auf der Ebene der höchsten Wahrheit (paramārtha satya), und unterscheidet sie vom Wissen (jñāna), d. h. der Erkenntnis auf der Ebene der konventionellen Wahrheit (saṃvṛti satya). Die p. richtet sich auf die Daseinsfaktoren (↑dharma) und weiß um deren Substanzlosigkeit oder Leerheit (↑śūnyatā), während das jñāna das Wissen von der Welt in den üblichen kategorialen Gliederungen verkörpert. Im Vollzugsaspekt erscheint p. dabei als ↑dhyāna (= Versenkung). So wird sichergestellt, daß die im Prozeß des Sich-sein-Tun-Bewußtmachens üblicherweise enthaltene Abspaltung eines erkennenden Subjekts nicht mehr stattfindet.

Literatur: G. Bugault, La notion de ›p.‹ ou de sapience selon les perspectives du ›Mahāyāna‹. Part de la connaissance et de l'inconnaissance dans l'anagogie bouddhique, Paris 1968; E. J. D. Conze, Buddhist ›p.‹ and Greek ›sophia‹, Religion 5 (1975), 160–167; G. H. Sasaki, Jñāna, p., prajñāpāramitā, J. Orient. Inst. 15 (1966), 258–272, separat: Baroda 1966. – P., in: R. E. Buswell Jr./D. S. Lopez Jr., The Princeton Dictionary of Buddhism, Princeton N. J./Oxford 2014, 655. K. L.

prakṛti (sanskr., das Ursprüngliche, die Grundlage), im dualistischen System des ↑Sāṃkhya innerhalb der indischen Philosophie (↑Philosophie, indische) Bezeichnung für die tätige Urmaterie, aus der sich die in Name und Gestalt (↑nāmarūpa) gegliederte Welt als ständiger Übergang vom Möglichen zum Wirklichen (↑tattva) entwickelt. Im undifferenzierten Zustand ist die p. nicht wahrnehmbar, sie ist das nur erschlossene schlechthin Ununterschiedene (mūlaprakṛti) und Primäre (pradhāna), die erste Ursache (↑kāraṇa). Die Evolution der p. ist durch ihre drei gestaltenden Kräfte (↑guṇa) bewirkt: Glück-Hervorbringen durch Bewußtheit (sattva), Leid-Hervorbringen durch Tun (rajas) und Trägheit-Hervorbringen durch Widerstand (tamas). Sie wird ausgelöst von dem das Gleichgewicht der drei guṇa, aus denen die p. besteht, störenden, selbst aber wandellosen ↑puruṣa, dem passiv schauenden und insofern die Evolution wirklich machenden, weil darstellenden Geist. In Rāmānujas kritisch gegen Śaṃkara entwickelten Viśiṣṭādvaita (↑Advaita, ↑Vedānta) wird p. unter Übernahme von Evolutionsgedanken des Sāṃkhya, jedoch ohne dessen strengen ↑Dualismus, Bezeichnung für die wirkliche und nicht bloß scheinbare Welt; sie gilt nämlich zugleich als der Körper brahmans. K. L.

praktisch (von griech. πρᾶξις, Tätigkeit), philosophischer Terminus zur Bezeichnung von Handlungszusammenhängen, vor allem in Abhebung von den Termini ↑›theoretisch‹ und ↑›pragmatisch‹ verwendet. Mit Hilfe des Begriffspaares theoretisch/praktisch wird in der Regel der Bereich wissenschaftlicher oder philosophischer *Theorien* den individuellen und gesellschaftlich-institutionellen *Handlungs*zusammenhängen des Menschen gegenübergestellt. Zur Verwirrung gibt diese globale Einteilung insbes. deswegen Anlaß, weil die Konstruktion und Rechtfertigung von Theorien selbst nicht anders als ein Handeln begriffen werden kann. Meist ist daher auch bei der Unterscheidung p.er von theoretischen Tätigkeiten bereits eine Herauslösung des theoretischen Lebens aus dem Zusammenhang des alltäglichen und des politischen Lebens unterstellt, so z. B. in der für diesen Sprachgebrauch weitgehend verantwortlichen Einführung und Erörterung dreier ↑Lebensformen, des apolaustischen (lustorientierten), politischen und theoretischen Bios, bei Aristoteles (Eth. Nic. *A*5.1095b14–19). Entsprechendes gilt für die traditionelle Entgegensetzung einer *vita activa* und einer ↑*vita contemplativa*.

In einem engeren Sinne steht ›p.‹ für Argumentationen und Unterscheidungen, die sich ↑normativ auf die Orientierung und ↑Rechtfertigung von ↑Handlungen und ↑Zwecken beziehen, und zwar in Abhebung von Problemen reinen Wissens und seines Erwerbs. So werden etwa P.e Philosophie (↑Philosophie, praktische) und Theoretische Philosophie (↑Philosophie, theoretische), p.e und theoretische Urteile, p.e und theoretische (oder epistemische) Verständnisse der Ausdrücke ›möglich‹ (↑möglich/Möglichkeit) und ›notwendig‹ (↑notwendig/Notwendigkeit), d. h. p.e und epistemische ↑Modalitäten, voneinander unterschieden. Entsprechend einem in I. Kants KrV entwickelten Vorschlag werden schließlich moralisch-p.e Argumente und Aussagen den als technisch-p. bezeichneten bloßen Zweck-Mittel-Beurteilungen gegenübergestellt. – Häufig wird der Bezug auf Handlungen, wenn noch keine normative Rechtfertigung intendiert ist, mit ↑›pragmatisch‹ ausgedrückt, so daß dann (normativ-)p.e von pragmatischen Überlegungen zu unterscheiden sind.

Literatur: K.-O. Apel, Weshalb benötigt der Mensch Ethik?, in: ders./D. Böhler/G. Kadelbach (eds.), Funkkolleg P.e Philosophie, Ethik. Dialoge I (Studientexte), Frankfurt 1984, 49–160, Neudr. ed. ders./D. Böhler/K. Rebel, Weinheim/Basel 1984, 10–153; K. Bayertz (ed.), P.e Philosophie. Grundorientierungen angewandter Ethik, Reinbek b. Hamburg 1991, 1994; L. Honnefelder (ed.), Sittliche Lebensform und p.e Vernunft, Paderborn etc. 1992; V. Hösle, P.e Philosophie in der modernen Welt, München 1992, [2]1995; F. Kambartel (ed.), P.e Philosophie und konstruktive Wissenschaftstheorie, Frankfurt 1974, 1979; H. Kleger, Praxis, p., Hist. Wb. Ph. VII (1989), 1277–1307; J. König, Der logische Unterschied theoretischer und p.er Sätze und seine philosophische Bedeutung, ed. F. Kümmel, Freiburg/München 1994; W. Kuhlmann (ed.), Moralität und Sittlichkeit. Das Problem Hegels und die Diskursethik, Frankfurt 1986; N. Lobkowicz, Theory and Practice. History of a Concept from Aristotle to Marx, Notre Dame Ind./London 1961, Lanham Md./London 1983; J. Lohmann, Theorie und Praxis im Lichte der europäischen und der allgemeinen Begriffsgeschichte, in: P. Engelhardt (ed.), Zur Theorie der Praxis. Interpretationen und Aspekte, Mainz 1970, 1–26; P. Lorenzen, P.e und theoretische Modalitäten, Philos. Nat. 17 (1979), 261–279; W. Oelmüller (ed.), Materialien zur Normendiskussion, I–III, Paderborn 1978–1979; A. Pieper, Ethik und Moral. Eine Einführung in die p.e Philosophie, München 1985, rev. Neudr. unter dem Titel: Einführung in die Ethik, Tübingen 1991, Tübingen/Basel [6]2007; M. Sänger, Kurswissen P.e Philosophie – Ethik. Grundpositionen der normativen Ethik, Stuttgart/Dresden 1993, [3]1996; M. Willaschek, P.e Vernunft. Handlungstheorie und Moralbegründung bei Kant, Stuttgart/Weimar 1992; weitere Literatur: ↑Philosophie, praktische. F. K.

Praktische Philosophie, ↑Philosophie, praktische.

pramāṇa (sanskr., Maßstab, Norm, Beweismittel), Grundbegriff der klassischen indischen Philosophie (↑Philosophie, indische) zur Bezeichnung einer eigenständigen Quelle oder Ursache (↑kāraṇa) als ›wahr‹ beurteilten Wissens (pramā), und zwar speziell einer Wirkursache oder eines Instruments (karaṇa), wobei im Buddhismus (↑Logik, indische) zwischen p. (= Erkenntnismittel) und pramā (= Erkenntnisresultat) grundsätzlich nicht unterschieden wird. Die verschiedenen philosophischen Systeme (darśana) lassen sich durch Anzahl und Behandlung der von ihnen im Laufe der Zeit anerkannten p.s grundsätzlich charakterisieren: Das ↑Lokāyata, der indische Materialismus, erkennt nur äußere Wahrnehmung (↑pratyakṣa) als einziges p. an; in der buddhistischen Philosophie (↑Philosophie, buddhistische) und im jüngeren Vaiśeṣika tritt zur (äußeren und inneren) Wahrnehmung noch Schlußfolgerung (↑anumāna) hinzu; ↑Sāṃkhya und ↑Yoga sowie der Kevalādvaita Śaṃkaras kennen außerdem als drittes p. zuverlässige Mitteilung oder Überlieferung (↑śabda) bzw. das ältere Vaiśeṣika stattdessen Erinnerung (↑smṛti). Darüber hinaus gibt es im ↑Nyāya noch Vergleich (↑upamāna). In der ↑Mīmāṃsā sind zunächst nur śabda und pratyakṣa die p.s; später werden es in der Schule der Prābhākaras fünf (neben pratyakṣa, anumāna, śabda und upamāna noch Festsetzung [arthapātti]) und in der Schule der Bhāṭṭas – wie auch grundsätzlich im Advaita-↑Vedānta – sogar sechs, nämlich außerdem noch Nichterfassen oder Abwesenheit [anupalabdhi oder abhāva]). Weitere gelegentlich selbständig vertretene p.s spielen für die Diskussion in der indischen Erkenntnistheorie (p.-śāstra) keine besondere Rolle.

Literatur: N. Bandyopadhyay, The Buddhist Theory of Relations Between pramā and p.. A Comparative Estimate in Relation to the Sāṁkhya-Yoga, the Advaita, the Mīmāṁsaka and the Jaina Theories, J. Indian Philos. 7 (1979), 43–78; S. R. Bhatt/A. Mehrotra, Buddhist Epistemology, Westport Conn./London 2000, bes. 11–24 (Chap. 1 The Buddhist Theory of Knowledge); S. Chatterjee, The Nyāya Theory of Knowledge. A Critical Study of Some Problems of Logic and Metaphysics, Kalkutta 1939, [2]1950, rev. Delhi 2008; D. M. Datta, The Six Ways of Knowing. A Critical Study of the Vedānta Theory of Knowledge, London 1932, Kalkutta [2]1960, 1972; C. V. Kher, The Concept of p. According to Dinnāga and Dharmakīrti, J. Oriental Inst. 22 (Baroda 1973), 256–264; G. C. Pande, The Concept of p. in Philosophy, Viśva-Bhāratī J. Philos. 3 (1967), H. 2, 15–24; S. S. Roy, P.. A Study in Indian Criteriology, Univ. of Allahabad Stud., Philos. Sect. 39 (1963/1964), 1–40; K. C. Varadachari, A Critique of the p.s, J. Ganganatha Jha Research Inst. 5 (Allahabad 1947), 93–119. – P., in: R. E. Buswell Jr./D. S. Lopez Jr., The Princeton Dictionary of Buddhism, Princeton N. J./Oxford 2014, 660–661. K. L.

Prämisse (lat. praemissa, Voraussetzung, von lat. praemittere, vorausschicken; engl., seit C. S. Peirce, *premiss* zur Unterscheidung von dem allgemeiner verwendeten *premise*, franz. prémisse), Bezeichnung für eine bei einer ↑Argumentation bereits als gültig zugestandene ↑Aussage, in der Logik diejenige Aussage, aus der, eventuell unter Verwendung weiterer P.n, eine Aussage, die ↑Konklusion (lat. conclusio, griech. *συμπέρασμα* oder, in der Stoa, *ἐπιφορά*), durch einen ↑Schluß gewonnen wird. Bei der im 12. Jh. einsetzenden Vermittlung der arabischen Rezeption der Aristotelischen ↑Syllogistik erscheint ›praemissa‹ als lat. Übersetzung des im ↑Peripatos üblichen griechischen Terminus *πρότασις* in Konkurrenz zu dem sonst an dieser Stelle seit M. T. Cicero (De inventione I § 67) verwendeten Terminus ↑›propositio‹. Auf die beiden P.n eines Syllogismus, die Vordersätze, die bei Aristoteles (der sie in seiner Definition desselben ganz wörtlich als *τεθέντα* [= die Gesetzten, an. pr. *A*1.24b18–20] bezeichnet) terminologisch noch ungeschieden sind (↑Logik, antike), wird in der Tradition (von C. Wolff durchgesetzt) mit den Termini ›propositio maior‹ (↑Obersatz) und ›propositio minor‹ (↑Untersatz) Bezug genommen (↑Logik, traditionelle). Hingegen hat sich für die P.n eines Schlusses der stoische Terminus *λῆμμα* (↑Logik, stoische) anstelle des peripatetischen *πρότασις* in der von Cicero (De divinatione II 53) gewählten lateinischen Übersetzung ›sumptio‹ (Cicero gibt darüber hinaus die in der Stoa bei Schlüssen mit zwei Prämissen, den *λήμματα*/*sumptiones*, terminologisch zuweilen durch *πρόσληψις* hervorgehobene zweite P. durch den lat. Terminus ›adsumptio‹ [engl. assumption] wieder) gegen ›propositio‹ in der Tradition nicht allgemein durchsetzen können. Aber auch ›propositio‹ hat jenseits seiner Verwendung in der Syllogistik aufgrund der wesentlich allgemeineren Bedeutung von ↑›Proposition‹ in der modernen Logik und Sprachphilosophie seine Rolle als ein zu ›P.‹ grundsätzlich synonymer Terminus verloren.

Im Beispiel der Warnung ›wenn du jetzt nicht aufräumst, lese ich keine Geschichte mehr vor‹ ist diese zusammen mit der weiteren Voraussetzung ›du räumst jetzt nicht auf‹ eine P. für die dann als Konklusion zu gewinnende Ankündigung ›ich lese keine Geschichte mehr vor‹. In diesem Falle stellt der Übergang von den beiden P.n zur Konklusion eine logische ↑Folgerung dar, die wegen der ↑Abtrennungsregel (↑modus ponens) $A, A \rightarrow B \Rightarrow B$ berechtigt ist. Daneben wird jedoch zuweilen auch bei einem bloßen Bedingungszusammenhang zwischen zwei Aussagen *A* und *B*, und d. h., bei einer gültigen ↑Implikation $A \prec B$ (›wenn *A*, dann *B*‹) – sie wird auch als ›hypothetisches Urteil‹ (↑Urteil, hypothetisches) bezeichnet – von *A* als einer ›P.‹ gesprochen, obwohl in diesem Falle *A* selbst nicht behauptet wird, sondern nur als eine ↑Annahme auftritt, also gegenüber *B* als eine ↑Hypothese zu gelten hat. – Da die korrekten logischen Schlüsse in einem ↑Logikkalkül die Gestalt von Kalkülregeln haben, heißt oft in beliebigen ↑Kalkülen ein vor dem Regelpfeil stehender Ausdruck eine ›P.‹, ein hinter ihm stehender Ausdruck eine ›Konklusion‹ relativ zur fraglichen Regel. K. L.

Prämisseninduktion, Bezeichnung für eine verallgemeinerte Induktion, die im Unterschied zu der auf den ↑Strichkalkül bezogenen arithmetischen Induktion durch Bezug auf einen beliebigen ↑Kalkül durchgeführt wird (↑Logik, operative, ↑Induktion, vollständige). K. L.

Prantl, Karl von, *Landsberg am Lech 28. Jan. 1820, †Obersdorf 14. Sept. 1888, dt. Philologe und Philosoph. 1837–1843 Studium der Klassischen Altertumswissenschaften in München und Berlin (1842/1843, unter anderem bei A. Boeckh und F. A. Trendelenburg). 1841 Promotion, 1843 Habilitation in München. Ebendort 1849 a. o. Prof., 1859 o. Prof. für Philologie, 1864 o. Prof. für Philosophie. P.s philosophische Auffassungen orientieren sich an Positionen G. W. F. Hegels und F. W. J. Schellings. Seine bedeutendste Leistung ist die »Geschichte der Logik im Abendlande« (1855–1870), der erste großangelegte Versuch, an Hand bis dahin unbekannten und heute noch nützlichen Quellenmaterials insbes. zur mittelalterlichen Logik einen Überblick über die Geschichte dieser Disziplin zu verschaffen. P. sucht mit diesem Werk I. Kants Diktum zu belegen, daß die Logik seit Aristoteles keine Fortschritte gemacht habe. Aus dieser Intention resultiert eine falsche Beurteilung vor allem der stoischen und der mittelalterlichen Logik (↑Logik, mittelalterliche, ↑Logik, stoische), die insbes. darauf beruht, daß P. den formalen Charakter der Logik verkennt.

Werke: De Solonis legibus specimina [...], Diss. München 1841; De Aristotelis librorum ad historiam animalium pertinentium ordine atque dispositione, München 1843; Aristoteles über die Farben, erläutert durch eine Uebersicht der Farbenlehre der Alten, München 1849 (repr. Aalen 1978); Die Bedeutung der Logik für den jetzigen Standpunkt der Philosophie, München 1849; Die gegenwärtige Aufgabe der Philosophie. Festrede [...], München 1852; Ueber die Entwicklung der Aristotelischen Logik aus der Platonischen Philosophie, Abh. Bayer. Akad. Wiss., philos.-philol. Kl. 7 (1853), 129–211 (repr. Darmstadt 1968), separat München 1953; Geschichte der Logik im Abendlande, I–IV, Leipzig 1855–1870, II ^{2}1885 (repr. I–IV [Bd. II nach der 2. Aufl.] in 2 Bdn., Leipzig 1927, in 3 Bdn., Berlin, Graz 1955, Darmstadt 1957, Hildesheim 1997); Reformgedanken zur Logik, Sitz.ber. Bayer. Akad. Wiss., philos.-philol. Kl. 1875, 159–214, ferner in: G. Spicker, Mensch und Thier [s. u., Lit.] 2010, 73–108; Geschichte der Ludwig-Maximilians-Universität in Ingolstadt, Landshut, München [...], I–II, München 1872 (repr. Aalen 1968). – Veröffentlichte Schriften P.s, in: W. v. Christ, Gedächtnisrede auf K. v. P. [s. u., Lit.], 45–48 (= Anm. 28).

Literatur: C. Baeumker, Carl. v. P., ADB LV (1910), 854–872; W. v. Christ, Gedächtnisrede auf K. v. P. [...], München 1889; G. Spicker, Mensch und Thier. Eine psychologisch-metaphysische Abhandlung mit besonderer Rücksicht auf Carl v. P.'s Reformgedanken zur Logik, Z. Philos. phil. Kritik NF 69 (1876), 193–270, ferner in: ders., Mensch und Thier samt Carl v. P.'s Reformgedanken zur Logik, ed. A. Herbst/K. Zeyer, Regensburg 2010, 1–56. – P., in: B. Jahn, Biographische Enzyklopädie deutschsprachiger Philosophen, München 2001, 330. G. W.

Praśastapāda, ca. 550–600, ind. Philosoph, neben Candramati (ca. 450–500) wichtigster Repräsentant des klassischen Systems des ↑Vaiśeṣika. Seine unter verschiedenen Titeln überlieferte Schrift Padārthadharmasaṃgraha (Zusammenfassung der Eigenschaften der Kategorien) ist eine selbständige und für die Folgezeit maßgebende systematische Exposition des Vaiśeṣika und kein strenger Kommentar der dieses System begründenden Sūtras, auf die P. sich gleichwohl häufig bezieht. P. verteidigt die orthodoxe Gestalt des Vaiśeṣika, den mit Mitteln von sechs Kategorien (↑padārtha) dargestellten Aufbau der Natur, gegen die versuchten Neuerungen seines Vorgängers Candramati. P.s Werk ist wahrscheinlich bereits Resultat der Auseinandersetzung mit seinem älteren Zeitgenossen Dignāga, dem Begründer der logischen Schule des Buddhismus (↑Logik, indische). Besondere Bedeutung für die Verteidigung der selbständigen Existenz eines Ganzen neben seinen Teilen gegen die buddhistische Reduktion jedes Ganzen auf seine ›feinsten‹ Teile, die streng singularen Momente (kṣaṇa), erhält P.s Unterscheidung zwischen Eigenschaften, die ihr Substrat ganz durchdringen (z. B. farbig), und solchen, die es nicht tun, im späteren Navya Nyāya, einer Verschmelzung des Vaiśeṣika mit dem System des ↑Nyāya. Daneben geht auch eine dem späteren Vaiśeṣika eigentümliche Theorie der Erschaffung und Vernichtung der vier zu den ›vergänglichen‹ (anitya) Substanzen (↑dravya) gehörenden Elemente Luft, Wasser, Erde und Feuer durch Aufbau und Abbau aus ihren unvergänglichen (nitya) Atomen vermöge Bewegung (karma) auf P. zurück.

Text: The Padārthadharmasangraha of P. with the Nyāyakandalī of Śrīdhara [ein 991 verfaßter Kommentar Śrīdhara's], trans. G. N. Jha, Benares 1916, Varanasi 1982; Praśastapādabhāsyam, with the Commentary Kiraṇāvali of Udayanācārya, ed. J. S. Jetly, Baroda 1971.

Literatur: E. Frauwallner, Geschichte der indischen Philosophie II (Die naturphilosophischen Schulen und das Vaiśeṣika-System. Das System der Jaina. Der Materialismus), Salzburg 1956, 189–197, Aachen 2003, 123–128 (engl. History of Indian Philosophy II [The Nature-Philosophical Schools and the Vaiśeṣika System. The System of the Jaina. The Materialism], Delhi/Patna/Varanasi 1973, 1995, 134–141); W. Halbfass, On Being and What there Is. Classical Vaiśeṣika and the History of Indian Ontology, Albany N. Y. 1992, Delhi 1993; K. Haravu, Concept of Matter in the Vaiśeṣika darśana and the P. Bhāṣya [= Padārthadharmasaṃgraha] from the Perspective of Physics, J. Kerala Univ. Oriental Manuscripts Library 20 (1975), 21–39; ders., Concept of Space in the Vaiśeṣika darśana and the P. Bhāṣya Compared with Those of Physics, ebd., 77–92; ders.,

The Role of Mathematics and Physics and Its Absence in the Vaiśeṣika Sūtra and the Praśastapāda Bhāṣya, ebd., 21 (1976), 1–10; M. Hattori, P. and Dignāga. A Note on the Development of the Vaiśeṣika Theory of anumāna, Wiener Z. Kunde Südasiens u. Arch. ind. Philos. 16 (1972), 169–180; B. K. Matilal, Epistemology, Logic and Grammar in Indian Philosophical Analysis, The Hague/Paris 1971, ed. J. Ganeri, New Delhi/New York/London 2005; U. Mishra, Conception of Matter According to Nyāya-Vaiśeṣika, Allahabad 1936 (repr. Delhi 1987), rev. unter dem Titel: Nyāya-Vaiśeṣika. Conception Matter in Indian Philosophy, New Delhi 2007; C. Sabramaniam, P., in: K. L. Seshagiri Rao/K. Kapoor (eds.), Encyclopedia of Hinduism VIII, New Delhi 2011, 253–254; L. Schmithausen, Zur Lehre von der vorstellungsfreien Wahrnehmung bei P., Wiener Z. Kunde Südasiens u. Arch. ind. Philos. 14 (1970), 125–129. K. L.

Präsentation (engl. presentation, franz. présentation), semiotischer (↑Semiotik) Terminus für das *Gegebene* der Tradition im Sinne von ›etwas gegenwärtig machen‹, ›vorzeigen‹, ›darbieten‹. So werden in der ↑Gegenstandstheorie von A. Meinong durch Erlebnisse die Gegenstände insofern präsentiert, als sie noch nicht erfaßt, sondern dem Erfassen dargeboten werden (Meinong 1972, 182). Im Zuge seiner intentionalen Analyse der Wahrnehmung charakterisiert E. Husserl bei der Betrachtung der ›Wahrnehmung abstrakt für sich‹ ihre ›intentionale Leistung‹ als ›P.‹, als »Gegenwärtigung, das Objekt gibt sich als ›da‹, original da und in Präsenz« (Husserl 1962, 163). Nächste Nähe eines Zeichens zum Gegenstand wird in der Regel für die P. insofern behauptet, als das Zeichen als semiotischer Teil des Bezeichneten auftritt, so daß damit zugleich das semiotisch gegliederte Material (↑Medium (semiotisch)) für die Zeichengestalt des präsentiert gebrauchten Zeichens bereitgestellt werden muß. Entgegen der traditionellen Auffassung ist hier die Frage nach der Gliederung, der ↑Artikulation sowohl auf der Gegenstandsebene als auch auf der Zeichenebene zu stellen (K. Lorenz 1995), insofern Teil-Ganzes-Relation (↑Teil) und Einzelnes-Allgemeines-Relation in unmittelbare Abhängigkeit voneinander geraten. Beruht die Zeichenrelation auf materialen Beziehungen (etwa kausaler Art) wie im Falle eines als ↑Symptom (z. B. Rauch als Zeichen für Feuer) verwendeten Zeichens, ist unter einheitswissenschaftlichen Gesichtspunkten (wie im ↑Wiener Kreis, etwa in M. Schlicks ↑Konstatierung) nicht von Zeichen und ihrer Verwendung die Rede, da das Zeichen noch nicht unabhängig vom bezeichneten Gegenstand besteht, d. h. keinen eigenen Zeichengegenstand bildet.

In der Tradition werden Verfahren, nächste Nähe zum Gegenstand zu erreichen, immer wieder als gegeben vorausgesetzt, selten jedoch methodisch ausgearbeitet wie etwa bei N. Goodman in der Theorie der ↑Exemplifikation, die explizit den Weg vom Gegenstand zu dessen Bezeichnung nimmt und von dieser wieder zurück zum Gegenstand (Goodman 1995, D. Gerhardus 1994). Exemplifikation ist Kern der Goodmanschen Formel, daß wir ›Gegebenes‹ (*the given*) erst als ›Genommenes‹ (*as taken*) erkennen (Goodman 1978, 7). Unter dem Stichwort ›articulate product‹ diskutiert S. K. Langer (1967, 89) den jeweiligen semiotischen Leistungsbereich von ›discursive and presentational forms‹. Faßt man ↑Repräsentation mit E. Cassirer weit als freies In-Beziehung-Setzen, liegt P. nicht außerhalb, sondern innerhalb des repräsentationalen Feldes; P. kann als Darstellung von der ›in mente‹ als Vorstellung (d. h. Repräsentation im engeren Sinne) wiederhergestellten Darstellung unterschieden werden (»Nur im Hin und Her vom ›Darstellenden‹ zum ›Dargestellten‹, und von diesem wieder zu jenem zurück, resultiert ein Wissen vom Ich und ein Wissen von ideellen, wie reellen Gegenständen«) (Philosophie der symbolischen Formen III, ²1954, 236).

Literatur: E. Cassirer, Philosophie der symbolischen Formen I (Die Sprache), Berlin 1923, Darmstadt ²1953 (repr. 1956, 1997), ferner als: Ges. Werke XI, ed. B. Recki, Hamburg 2001, 2010 (engl. Philosophy of Symbolic Forms I [Language], New Haven Conn./London 1953, 1985); ders., Philosophie der symbolischen Formen III (Phänomenologie der Erkenntnis), Berlin 1929, Darmstadt ²1954 (repr. 1958, 1997), ferner als: Ges. Werke XIII, ed. B. Recki, Hamburg 2002, 2010 (engl. Philosophy of Symbolic Forms III [The Phenomenology of Knowledge], New Haven Conn./London 1957, 1985); D. Gerhardus, Die Rolle von Probe und Etikett in Goodmans Theorie der Exemplifikation, in: G. Meggle/U. Wessels (eds.), Analyomen I (Proceedings of the 1st Conference »Perspectives in Analytical Philosophy«), Berlin/New York 1994, 882–891; N. Goodman, Languages of Art. An Approach to a Theory of Symbols, Indianapolis Ind. 1968, ²1976, 1997 (dt. Sprachen der Kunst. Ein Ansatz zu einer Symboltheorie, Frankfurt 1973, unter dem Titel: Sprachen der Kunst. Entwurf einer Symboltheorie, Frankfurt 1995, 2012); ders., Ways of Worldmaking, Indianapolis Ind./Cambridge 1978, Indianapolis Ind. 2001 (dt. Weisen der Welterzeugung, Frankfurt 1984, 2010); E. Husserl, Die Krisis der europäischen Wissenschaften und die transzendentale Phänomenologie. Eine Einleitung in die phänomenologische Philosophie, Philosophia 1 (1936), 77–176, separat, ed. W. Biemel, Den Haag 1954, ²1962 (Husserliana VI), ed. E. Ströker, Hamburg 1977, ³1996, 2012 (engl. The Crisis of European Science and Transcendental Phenomenology. An Introduction to Phenomenological Philosophy, Evanston Ill. 1970); S. K. Langer, Philosophy in a New Key. A Study in the Symbolism of Reason, Rite, and Art, New York, Cambridge Mass. 1942, Cambridge Mass./London ³1967, 1996 (dt. Philosophie auf neuem Wege. Das Symbol im Denken, im Ritus und in der Kunst, Frankfurt 1965, 1992); K. Lorenz, Artikulation und Prädikation, HSK VII/2 (1995), 1098–1122; A. Meinong, Über Möglichkeit und Wahrscheinlichkeit. Beiträge zur Gegenstandstheorie und Erkenntnistheorie, Leipzig 1915, Neudr. als: Gesamtausg. VI, ed. R. Haller/R. Kindinger/R. M. Chisholm, Graz 1972; G. Reibenschuh/K. Held, P., Hist. Wb. Ph. VII (1989), 1256–1257; M. Schlick, Sur les ›constatations‹, in: ders., Sur le fondement de la connaissance, Paris 1935, 44–54 (dt. Über ›Konstatierungen‹, in: ders., Philosophische Logik, ed. B. Philippi, Frankfurt 1986, 2005, 230–237). B. P./D. G.

präskriptiv, ↑deskriptiv/präskriptiv.

Präskriptivismus (von lat. praescribere, vorschreiben, befehlen), Bezeichnung einer metaethischen (↑Metaethik) Position, derzufolge der Gegenstand der ↑Ethik (nämlich das Ethos, die Moral, die Sitte) notwendig regulative Sprechhandlungen enthalten muß, d. h. solche, denen handlungsanleitende (↑Handlung) Funktion zukommt (↑deskriptiv/präskriptiv). Performativ inexplizite moralische ↑Äußerungen können dabei durchaus in der Form eines assertorischen Satzes erscheinen und somit den Anschein einer konstativen Redehandlung (wie Behauptung, Beschreibung, Voraussage) erwecken (Beispiele: ›das hat er prima gemacht‹, ›er ist ein anständiger Kerl‹); als moralische Äußerungen enthalten sie dann jedoch (in einem logischen oder semantischen Sinn) immer auch eine Empfehlung oder Aufforderung, in ähnlichen Situationen auch so zu handeln oder dem so Ausgezeichneten nachzufolgen. Charakteristisch für diese Äußerungen ist insbes. die Verwendung sog. ›wertender‹ Prädikate, als deren allgemeinste ›... ist gut‹ und ›... sollte ...‹ (engl. ›... ought ...‹) aufgefaßt werden. Meist jedoch wird nicht behauptet, daß derartige Prädikate stets ↑Indikator für regulatives Redehandeln sind, sondern nur, daß sie präskriptiv gebraucht werden können und daß in der moralischen Rede dieser Gebrauch wesentlich ist. Indem der P. diesen Gebrauch darüber hinaus für nicht rückführbar auf den rein deskriptiven Gebrauch von Ausdrücken erklärt (↑Fehlschluß, deskriptivistischer), vertritt er eine Gegenposition zu Naturalismus (↑Naturalismus (ethisch), ↑Deskriptivismus) und Intuitionismus (↑Intuitionismus (ethisch)), für die auch die in moralischen Äußerungen verwendeten Prädikate allein der Beschreibung, der Deskription von Gegenständen oder Handlungen dienen. Gemeinhin gelten dem P. die nicht-deskriptiven moralischen Äußerungen als nicht begründungszugänglich, solange nicht das Wünschen und Für-Gut-Halten der moralischen Akteure in die Begründung von Präskriptionen einbezogen wird. Der P. stellt damit eine nicht-kognitivistische (↑Kognitivismus), anti-realistische (↑Realismus, ethischer) Position dar. Damit ist jedoch die Auffassung verträglich, daß Präskriptionen Gegenstand von Rechtfertigungsdiskursen (↑Diskurs, ↑Rechtfertigung) sein können. Hierin setzt sich der P. innerhalb der nicht-deskriptiven Ethikkonzeptionen auch vom ↑Emotivismus ab, der in moralischen Äußerungen lediglich den Ausdruck individueller Einstellungen des Sprechers sieht.

In der auf R. M. Hare zurückgehenden systematischen und die Debatte prägenden Ausarbeitung wird der P. im Rahmen sprachphilosophischer (↑Sprachphilosophie) Überlegungen formuliert. Diese führen Hare auf eine rationale Ethik mit sowohl Kantischen als auch utilitaristischen (↑Utilitarismus) Zügen. Insofern die ›Sprache der Moral‹ (Hare) sich nicht in den auf situative Kontexte bezogenen Präskriptionen, den ↑Imperativen, erschöpft, sondern auch und gerade kontext- und parteieninvariante Vorschriften, Normen (↑Norm (handlungstheoretisch, moralphilosophisch)) umfaßt, ist für die Äußerungen in dieser Sprache allgemeine Zustimmungsfähigkeit (›universalizability‹) gefordert. Die Zustimmung kann in Rechtfertigungsdiskursen mit Hilfe von logischen Mitteln in sog. praktischen Schlüssen, in denen Präskriptionen als Prämissen und Konklusionen vorkommen, eingeholt werden (↑Imperativlogik). – Sowohl in der sprachphilosophischen Charakterisierung moralischer Rede als auch in der sich an I. Kant anschließenden Konzeption der Regel der Universalisierbarkeit (↑Universalisierung) als ↑Vernunftprinzip zeigt dieser sog. ›universelle P.‹ Hares deutliche Parallelen zur ↑Protoethik.

Literatur: J. C. Beal/C. Nocera/M. Sturiale (eds.), Perspectives on Prescriptivism, Bern etc. 2008; A. Berlich, Universeller P.. Richard M. Hares analytische Ethik, St. Ingberg 1985; H. Biesenbach, Zur Logik der moralischen Argumentation. Die Theorie Richard M. Hares und die Entwicklung der Analytischen Ethik, Düsseldorf 1982; U. Czaniera, Präskription/P., EP II (^{2}2010), 2122–2127; N. O. Dahl, A Prognosis for Universal Prescriptivism, Philos. Stud. 51 (1987), 383–424; H. J. Gensler, The Prescriptivism Incompleteness Theorem, Mind NS 85 (1976), 589–596; C. W. Gowans, Moral Dilemmas and Prescriptivism, Amer. Philos. Quart. 26 (1989), 187–197; R. M. Hare, The Language of Morals, Oxford 1952, 2003 (dt. Die Sprache der Moral, Frankfurt 1972, 1997); ders., Freedom and Reason, Oxford 1963, 2003 (dt. Freiheit und Vernunft, Düsseldorf 1973, Frankfurt 1983); ders., Moral Thinking. Its Levels, Method, and Point, Oxford 1981, ^{7}1992 (dt. Moralisches Denken. Seine Ebenen, seine Methode, sein Witz, Frankfurt 1992); ders., Universal Prescriptivism, in: P. Singer (ed.), A Companion to Ethics, Oxford 1991, 2012, 451–463; ders., Prescriptivism, in: L. C. Becker/C. B. Becker (eds.), Encyclopedia of Ethics II, New York/London 1992, 1007–1010, III ^{2}2001, 1369–1371; ders., Prescriptivism, REP VII (1998), 667–671; R. Hegselmann, Normativität und Rationalität. Zum Problem praktischer Vernunft in der Analytischen Philosophie, Frankfurt/New York 1979, bes. 105–126; W. D. Hudson, Modern Moral Philosophy, London 1970, ^{2}1983, 155–248 (Chap. 5 Prescriptivism); J. Ibberson, The Language of Decision. An Essay in Prescriptivist Ethical Theory, Atlantic Highlands N. J., Basingstoke/London 1986; F. Kaulbach, Ethik und Metaethik. Darstellung und Kritik metaethischer Argumente, Darmstadt 1974; H. J. McCloskey, Universalized Prescriptivism and Utilitarianism. Hare's Attempted Forced Marriage, J. Value Inqu. 13 (1979), 63–76; P. J. McGrath, R. M. Hare. A Prescriptive Theory of Ethics, Philos. Stud. 14 (Dublin 1964), 30–54; J. W. McGray, Universal Prescriptivism and Practical Scepticism, Philos. Papers 19 (1990), 37–51; A. Oldenquist, Universalizability and the Advantages of Nondescriptivism, J. Philos. 65 (1968), 57–79; P. Railton, Naturalism and Prescriptivity, Social Philos. and Policy 7 (1989), 151–174; D. A. J. Richards, Prescriptivism, Constructivism, and Rights, in: D. Seanor/N. Fotion (eds.), Hare and Critics. Essays on ›Moral Thinking‹, Oxford 1988, 1990, 113–128; J. Schroth, Die Universalisierbarkeit moralischer Urteile, Paderborn 2001, 144–168 (§ 13 Universalisierbarkeit und Präskriptivität); W. Vossenkuhl, Präskriptiv, Hist. Wb. Ph. VII (1989), 1265–1266; G. J. Warnock, Contemporary Moral Philosophy, London/Melbourne/Toronto, New York 1967, 1985, 30–47 (Chap. IV Prescriptivism). C. F. G.

Präsupposition (engl. presupposition), allgemein Bezeichnung für eine (stillschweigende) ↑Voraussetzung, die erfüllt sein muß, damit eine Aussage wahr (↑wahr/das Wahre) oder ↑falsch sein kann, bzw. eine Frage mit ja oder nein beantwortet werden kann. Bereits in der Antike werden ↑Fangfragen bzw. ↑Fangschlüsse diskutiert, die davon Gebrauch machen, daß bestimmte P.en nicht erfüllt sind (↑Cornutus, ↑Katasyllogismus). Der Begriff der P. im engeren Sinne läßt sich folgendermaßen präzisieren: Eine Aussage A_1 präsupponiert eine Aussage A_2 genau dann, wenn die Wahrheit von A_2 notwendige Voraussetzung ist für die Wahrheit oder Falschheit von A_1.

Von besonderem Interesse für die Logik und die Sprachphilosophie ist die Frage der so genannten Existenzpräsuppositionen. So geht die traditionelle Logik (↑Logik, traditionelle) davon aus, daß die in ↑Urteilen verknüpften Begriffe nicht leer sind. Damit macht sie insbes. bei generell bejahenden Urteilen eine Existenzpräsupposition, indem sie voraussetzt, daß in Urteilen der Form ›*SaP*‹ (alle *S* sind *P*) der ↑Subjektbegriff *S* auf mindestens einen Gegenstand zutrifft. Dagegen werden in der neueren formalen Logik seit G. Frege, der hier auf Einsichten H. Lotzes zurückgreift, diese Urteile als hypothetische Urteile der Form ›$\bigwedge_x (x \in S \rightarrow x \in P)$‹ analysiert, die auch dann zulässig (↑zulässig/Zulässigkeit) und sogar wahr sind, wenn ›$x \in S$‹ für kein x erfüllt ist, der Subjektbegriff also leer ist. Zumindest für die Logik der ↑Alltagssprache, so hat P. F. Strawson geltend gemacht, ist die traditionelle Auffassung jedoch adäquater. Eine entsprechende Auffassung vertritt Strawson, hier in Übereinstimmung mit Frege, für Existenzpräsuppositionen bei ↑Kennzeichnungen. Danach wird (entgegen der Auffassung von B. Russell) in einer Aussage wie »der gegenwärtige König von Frankreich ist kahlköpfig« (mit einer Kennzeichnung an Subjektstelle) nicht *mitbehauptet*, sondern *vorausgesetzt*, daß es (genau) einen gegenwärtigen König von Frankreich gibt. Dies bedeutet dann insbes., daß eine entsprechende Aussage mit nichterfüllter Existenzpräsupposition (bei ↑Pseudokennzeichnungen) nicht wie in Russells Analyse falsch, sondern, wie bereits Frege argumentiert, weder wahr noch falsch ist. Wenn man den Bereich behauptender Sprache verläßt und z. B. fiktionale Rede analysiert, die unter anderem dadurch ausgezeichnet ist, daß Existenzpräsuppositionen nicht erfüllt sein müssen (↑Fiktion, literarische), verdient Freges Rekonstruktion den Vorzug.

Eine alternative Logik zur Analyse von Existenzpräsuppositionen stellt – teilweise antizipiert von E. Mally und J. B. Rosser – die von K. Lambert und anderen entwickelte Freie Logik (↑Logik, freie) dar. Mit der Begründung, eine Trennung von Ontologie und Logik vorzunehmen, werden hier singulare Terme (↑Nominator) grundsätzlich ohne Existenzvoraussetzungen verstanden. In diesem Rahmen sind die relevanten Theorien von Frege und Russell als Spezialfälle einer allgemeineren Kennzeichnungstheorie (↑Kennzeichnung) darstellbar.

In der Diskussion nach Strawson wurde sowohl eine Erweiterung des betrachteten Phänomenbereichs als auch eine Präzisierung der begrifflichen Fragen betrieben. Die Beschränkung auf Existenzpräsuppositionen wird aufgehoben, ferner werden unter dem Stichwort ›P.‹ allgemeinere Voraussetzungen für die Wahrheit von Aussagen und (später) für die Annehmbarkeit von Behauptungen untersucht. So werden z. B. die Sätze

(1) es war Hans, der das Buch mitnahm,
(2) Hans hat aufgehört zu arbeiten,
(3) Hans weiß, daß er durch die Prüfung gefallen ist,

als P.en erzeugend verstanden. Die entsprechenden präsupponierten Sätze sind:

(P1) irgend jemand nahm das Buch mit,
(P2) Hans hat gearbeitet,
(P3) Hans ist durch die Prüfung gefallen.

Die Sätze (1)–(3) sind als weder wahr noch falsch anzusehen, wenn die jeweils zugehörige P. nicht erfüllt ist. Angesichts des vielfältigen Auftretens von *Wahrheitswertlücken* stellt sich das Problem, daß das Bivalenzprinzip (↑Zweiwertigkeitsprinzip) und die auf ihm aufbauende klassische Logik (↑Logik, klassische) etwa zugunsten einer dreiwertigen Logik (B. C. van Fraassen, U. Blau, P. A. M. Seuren; ↑Logik, mehrwertige) aufgegeben, andererseits bei der Analyse der Bedeutung von ↑Sätzen neben Wahrheitsfragen (↑Wahrheit, ↑Wahrheitstheorien) stets auch P.sfragen mit berücksichtigt werden müssen. Für eine kompositionale ↑Semantik, welche Regeln angeben will, wie sich die ↑Bedeutung zusammengesetzter Ausdrücke systematisch aus der Bedeutung ihrer Teile ergibt, heißt dies insbes., daß die Vererbung von P.en einfacher Sätze zu untersuchen ist, die in komplexen Sätzen eingebettet sind (dies ist das so genannte *Projektionsproblem* für P.en). Charakteristischerweise bleiben P.en in intern verneinten Sätzen erhalten, wie dies an den Beispielen (1) bis (3) zu beobachten ist:

(1′) es war nicht Hans, der das Buch mitnahm,
(2′) Hans hat nicht aufgehört zu arbeiten,
(3′) Hans weiß nicht, daß er durch die Prüfung gefallen ist.

Anders verhält sich dies bei Formulierungen der so genannten äußeren ↑Negation (Russell), die die P. löscht:

(2″) es ist nicht der Fall, daß Hans aufgehört hat zu arbeiten. (Denn er hat ja nie gearbeitet.)

Das Verhalten von P.en in Zusammensetzungen mit ›und‹, ›oder‹, ›wenn-dann‹, ›möglicherweise‹ etc. ist noch nicht völlig geklärt.

Im Anschluß an Arbeiten von R. Stalnaker wird heute ein den logisch-semantischen P.sbegriff erweiternder *pragmatischer* P.sbegriff diskutiert. Mit Akzeptabilitätsbedingungen statt ↑Wahrheitsbedingungen arbeitend, ist eine P. nach dieser Auffassung eine Anforderung, die an den ↑Kontext oder die Hintergrundannahmen eines Diskurses gestellt werden muß, damit die Sinnhaftigkeit der ↑Äußerung eines Satzes gewährleistet ist. Diese Theorie sieht auch eine Anpassung der jeweils aktuellen Hintergrundannahmen an geäußerte Sätze vor. So kann z. B. (1) als Beitrag zu einem Diskurs geäußert werden, auch wenn (P1) noch nicht zum gemeinsamen Wissen gehört. Sofern (P1) diesem nicht direkt widerspricht, wird es automatisch hinzugefügt. Eine formale Kontextsemantik wurde von I. Heim vorgeschlagen und von G. Link als äquivalent mit einer kontextfreien dreiwertigen Logik erwiesen. – Weitergehende Mechanismen einer (Um-)Interpretation von Äußerungen im Hinblick darauf, daß sie sinnvolle Beiträge zu einem Diskurs sind, werden systematisch in der Griceschen Theorie der konventionellen und konversationellen ↑Implikaturen behandelt. Während diese der ↑Pragmatik des ↑Sprachgebrauchs zuzurechnen sind, gelten P.en im allgemeinen als ein Phänomen, das in der Semantik oder in einer formalen Theorie der Sprache zu behandeln ist.

Von P.en sind als ebenfalls stillschweigende Voraussetzungen *Kontextimplikationen* (↑Implikation) zu unterscheiden, wie sie insbes. im Rahmen der Theorie der ↑Sprechakte untersucht worden sind (J. L. Austin). So erlaubt (in einem wissenschaftlichen Kontext) der Sprechakt der ↑Behauptung die Unterstellung oder Erwartung, daß der Sprecher der Behauptung Voraussetzungen der folgenden Art erfüllt: (1) er glaubt, daß seine Behauptung wahr ist (Aufrichtigkeitsbedingung); (2) er ist bereit, seine Behauptung auf Verlangen zu verteidigen (Ernsthaftigkeitsbedingung); (3) er ist bereit, die ↑Folgerungen aus seiner Behauptung zu übernehmen (Konsequenzbedingung). Diese Voraussetzungen sind lediglich solche des pragmatischen Kontextes und keine Voraussetzungen für die Wahrheitsfähigkeit der entsprechenden Aussage, d. h., ihre Nichterfüllung läßt die Wahrheitsfrage unberührt. Soweit man auch im Falle dieser Kontextimplikationen von ›P.en‹ spricht, sollte man diese deshalb durch den Zusatz ›kommunikativ‹ von den P.en im engeren Sinne unterscheiden.

Literatur: B. Abbott, Presuppositions as Nonassertions, J. Pragmatics 32 (2000), 1419–1437; J.-C. Anscombre, Présupposition, Enc. philos. universelle II/2 (1990), 2033; N. Asher/A. Lascarides, The Semantics and Pragmatics of Presupposition, J. Semantics 15 (1998), 239–300; M. Astroh, P. und Implikatur, HSK VII/2 (1996), 1391–1407; J. D. Atlas, Presupposition, in: L. R. Horn/G. Ward (eds.), The Handbook of Pragmatics, Malden Mass./Oxford/Melbourne 2004, 2006, 29–52; J. L. Austin, How to Do Things with Words. The William James Lectures Delivered at Harvard University in 1955, ed. J. O. Urmson, London/Oxford/New York 1962, ed. mit M. Sbisà, Oxford/New York, Cambridge Mass. [2]1975, 2009 (dt. Zur Theorie der Sprechakte, ed. E. v. Savigny, Stuttgart 1972, [2]1981, 2010); D. I. Beaver, Presupposition, in: J. van Benthem/A. ter Meulen (eds.), The Handbook of Logic and Language, Amsterdam etc. 1997, 939–1008; ders., Presupposition and Assertion in Dynamic Semantics, Stanford Calif. 2001; ders./B. Geurts, Presupposition, SEP 2011; dies., P., HSK XXXIII/3 (2012), 2432–2460; E. Bencivenga/K. Lambert/B. C. van Fraassen, Logic, Bivalence and Denotation, Atascadero Calif. 1986, [2]1991; A. Bezuidenhout, Grice on Presupposition, in: K. Petrus (ed.), Meaning and Analysis. New Essays on Grice, Basingstoke 2010, 75–102; U. Blau, Die dreiwertige Logik der Sprache. Ihre Syntax, Semantik und Anwendung in der Sprachanalyse, Berlin/New York 1977, 1978; N. Burton-Roberts, The Limits to Debate. A Revised Theory of Semantic Presupposition, Cambridge 1989, 2008; G. Chierchia, Dynamics of Meaning. Anaphora, Presupposition, and the Theory of Grammar, Chicago Ill./London 1995; F. Delogu, Presupposition, in: J.-O. Östman/J. Verschueren (eds.), Handbook of Pragmatics V, Amsterdam/Philadelphia Pa. 2007, Neudr. in: dies. (eds.), Key Notions for Pragmatics, Amsterdam/Philadelphia Pa. 2009, 195–207; O. Ducrot, Dire et ne pas dire. Principes de sémantique linguistique, Paris 1972, erw. [2]1980, erw. [3]1991, 2008; K. v. Fintel, Would You Believe It? The King of France Is Back! (Presuppositions and Truth-Value Intuitions), in: M. Reimer/A. Bezuidenhout (eds.), Descriptions and Beyond, Oxford etc. 2004, 2009, 315–341; ders., What Is Presupposition Accommodation, Again?, Philos. Perspectives 22 (2008), 137–170; B. C. van Fraassen, Presupposition, Implication, and Self-Reference, J. Philos. 65 (1968), 136–152, Neudr. in: K. Lambert (ed.), Philosophical Applications of Free Logic, New York/Oxford 1991, 205–221; ders., Presuppositions, Supervaluations, and Free Logic, in: K. Lambert (ed.), The Logical Way of Doing Things, New Haven Conn./London 1969, 67–91; G. Frege, Über Sinn und Bedeutung, Z. Philos. phil. Kritik NF 100 (1892), 25–50, Neudr. in: ders., Funktion, Begriff, Bedeutung. Fünf logische Studien, ed. G. Patzig, Göttingen 1962, [7]1994, 40–65, ed. M. Textor, 2002, ed. G. Patzig, 2008, 23–46; C. Gauker, What Is a Context of Utterance?, Philos. Stud. 91 (1998), 149–172; G. Gazdar, Pragmatics. Implicature, Presupposition, and Logical Form, New York/San Francisco/London 1979, 1984; B. Geurts, Presuppositions and Pronouns, Amsterdam etc. 1999; M. Glanzberg, Presupposition, Truth Values, and Expressing Propositions, in: G. Preyer/G. Peter (eds.), Contextualism in Philosophy. Knowledge, Meaning, and Truth, Oxford etc. 2005, 2010, 349–396; H. P. Grice, Logic and Conversation, in: P. Cole/J. L. Morgan (eds.), Syntax and Semantics III (Speech Acts), New York/San Francisco/London 1975, 41–58, Neudr. in: ders., Studies in the Way of Words, Cambridge Mass./London, 1989, 1995, 22–40 (dt. Logik und Konversation, in: G. Meggle [ed.], Handlung – Kommunikation

– Bedeutung, Frankfurt 1979, 1993, 243–265); ders., Presupposition and Conversational Implicature, in: P. Cole (ed.), Radical Pragmatics, New York etc. 1981, 183–198, Neudr. in: ders., Studies in the Way of Words [s. o.], 269–282; I. Heim, On the Projection Problem for Presuppositions, in: M. Barlow/D. P. Flickinger/M. T. Wescoat (eds.), Proceedings of the Second West Coast Conference on Formal Linguistics, Stanford Calif. 1983, 114–125; L. R. Horn, Presupposition and Implicature, in: S. Lappin (ed.), The Handbook of Contemporary Semantic Theory, Oxford etc. 1996, 1997, 299–320; ders., Implicature, in: ders./G. Ward (eds.), The Handbook of Pragmatics, Malden Mass./Oxford/Melbourne 2004, 2010, 3–28; Y. Huang, Pragmatics, Oxford etc. 2007, 2011, 64–92 (Chap. 3 Presupposition); N. Kadmon, Formal Pragmatics. Semantics, Pragmatics, Presupposition, and Focus, Malden Mass./Oxford 2001; L. Karttunen, Presupposition and Linguistic Context, Theoretical Linguistics 1 (1974), 181–194; ders./S. Peters, Conventional Implicature, in: C.-K. Oh/D. A. Dinneen (eds.), Syntax and Semantics [s. u.] XI, 1–56; A. Kemmerling, Implikatur, HSK VI (1991), 319–333; R. M. Kempson, Presupposition and the Delimitation of Semantics, Cambridge etc. 1975, 1979; E. Krahmer, Presupposition and Anaphora, Stanford Calif. 1998; S. A. Kripke, Presupposition and Anaphora. Remarks on the Formulation of the Projection Problem, Linguist. Inquiry 40 (2009), 367–386, Neudr. in: ders., Collected Papers I (Philosophical Troubles), New York 2011, 2013, 352–372; P.-J. Labarrière, Présupposition, Enc. philos. universelle II/2 (1990), 2032–2033; K. Lambert, A Theory of Definite Descriptions, in: ders. (ed.), Philosophical Applications of Free Logic [s. o.], 17–27; ders., A Theory about Logical Theories of »Expressions of the Form ›The So and So‹, where ›The‹ is in the Singular«, Erkenntnis 35 (1991), 337–346; G. Link, Prespie in Pragmatic Wonderland or: The Projection Problem for Presuppositions Revisited, in: J. Groenendijk/D. de Jongh/M. Stokhof (eds.), Foundations of Pragmatics and Lexical Semantics, Dordrecht/Providence R. I. 1987, 101–126; P. Ludlow, Presupposition, Enc. Ph. Suppl.bd. (1996), 460–461, Enc. Ph. VII ([2]2006), 770–771; C.-K. Oh/D. A. Dinneen (eds.), Syntax and Semantics XI (Presupposition), New York/San Francisco/London 1979; J. S. Petőfi/D. Franck (eds.), P.en in Philosophie und Linguistik/Presuppositions in Philosophy and Linguistics, Frankfurt 1973; I. Rumfitt, Presupposition, REP VII (1998), 672–675; B. Russell, On Denoting, Mind NS 14 (1905), 479–493, ferner in: ders., The Collected Papers IV, ed. A. Urquhart, London/New York 1994, 414–427 (dt. Über das Kennzeichnen, in: ders., Philosophische und politische Aufsätze, Stuttgart 1971, 2009, 3–22); R. M. Sainsbury, Fiction and Fictionalism, London/New York 2010; R. A. van der Sandt, Context and Presupposition, London/New York/Sydney 1988; ders., Presupposition and Accommodation in Discourse, in: K. Allan/K. M. Jaszczolt (eds.), The Cambridge Handbook of Pragmatics, Cambridge etc. 2012, 329–350; P. Schlenker, Be Articulate. A Pragmatic Theory of Presupposition, Theoretical Linguistics 34 (2008), 157–212; W. Sellars, Presupposing, Philos. Rev. 63 (1954), 197–215; P. A. M. Seuren, Discourse Semantics, Oxford 1985; ders., P.en, HSK VI (1991), 286–318; M. Simons, Presupposition and Accommodation: Understanding the Stalnakerian Picture, Philos. Stud. 112 (2003), 251–278; dies., Presupposition and Relevance, in: Z. G. Szabó (ed.), Semantics vs. Pragmatics, Oxford 2005, 2008, 329–355; dies., Foundational Issues in Presupposition, Philos. Compass 1 (2006), 357–372; dies., Presupposing, in: M. Sbisà/K. Turner (eds.), Pragmatics of Speech Actions, Berlin/Boston Mass. 2013, 143–172; S. Soames, Presupposition, in: D. M. Gabbay/F. Guenthner (eds.), Handbook of Philosophical Logic IV (Topics in the Philosophy of Language), Dordrecht/Boston Mass./London 1989, 553–616; R. C. Stalnaker, Presuppositions, J. Philos. Log. 2 (1973), 447–457; ders., Pragmatic Presuppositions, in: M. K. Munitz/P. K. Unger (eds.), Semantics and Philosophy, New York 1974, 197–214, Neudr. in: ders., Context and Content. Essays on Intentionality in Speech and Thought, Oxford etc. 1999, 2009, 47–62; ders., On the Representation of Context, J. Log. Lang. Information 7 (1998), 3–19, Neudr. in: ders., Context and Content [s. o.], 96–113; ders., Common Ground, Linguistics and Philos. 25 (2002), 701–721; ders., Context, Oxford 2014; P. Stekeler-Weithofer, P., EP II ([2]2010), 2131–2136; ders./C. Demmerling/U. Egli, P., Hist. Wb. Ph. VII (1989), 1267–1274; P. F. Strawson, On Referring, Mind NS 59 (1950), 320–344, Neudr. in: ders., Logico-Linguistic Papers, London 1971, 1–27, Aldershot/Burlington Vt. [2]2004, 1–20 (dt. Bezeichnen, in: ders., Logik und Linguistik. Aufsätze zur Sprachphilosophie, München 1974, 83–116); A. Stroll, Presupposing, Enc. Ph. VI (1967), 446–449, bibliographisch erw. v. B. Fiedor, VII ([2]2006), 765–769; F. Veltman, Defaults in Update Semantics, J. Philos. Log. 25 (1996), 221–261; D. Wilson, Presuppositions and Non-Truth-Conditional Semantics, London/New York/San Fransisco 1975, Aldershot 1991; S. Yablo, Non-Catastrophic Presupposition Failure, in: J. J. Thomson/A. Byrne (eds.), Content and Modality. Themes from the Philosophy of Robert Stalnaker, Oxford 2006, 164–190. – Sonderhefte: J. Semantics 9 (1992), H. 3/4; Langages 186 (2012) (Présupposition et présuppositions). G. G./H. R.

pratyakṣa (sanskr., offenbar, deutlich, Augenschein), Grundbegriff der indischen Philosophie: die Wahrnehmung. Das p. wird in allen Systemen außer dem frühen ↑Saṃkhya unter den jeweils als eigenständig anerkannten Erkenntnismitteln (↑pramāṇa) zuerst behandelt, weil es zu unvermitteltem Wissen (↑jñāna) führt; anders als z. B. die Schlußfolgerung (↑anumāna), die letztlich auf durch p. gesicherte Prämissen angewiesen ist. Gleichwohl wird die Möglichkeit irrtümlicher Wahrnehmung zugestanden, z. B. im Bhāṭṭa-Zweig der ↑Mīmāṃsā. Das liegt daran, daß p. grundsätzlich durch den Kontakt der Sinnesorgane (indriya), sowohl der äußeren als auch des inneren Sinnes (↑manas), mit ihrem Gegenstand entsteht; es wird aber auch ein weder von den fünf Sinnen noch vom Verstandessinn abhängiges übersinnliches p. vertreten, z. B. im Jainismus (↑Philosophie, jainistische). Im ↑Vedānta kommt das p. zustande, indem allein das manas durch die Sinnesorgane hindurch zu den Gegenständen der Wahrnehmung hinaustritt und deren Gestalt annimmt. Im System des Navya-Nyāya (↑Nyāya) wiederum wird eine normale (laukika) Wahrnehmung, z. B. einer einzelnen Kuh, von einer nicht-normalen (alaukika) Wahrnehmung, nämlich des Kuhseins (ein sāmānya-lakṣaṇa, d. i. ein allgemeiner Zug) beim Wahrnehmen einer einzelnen Kuh und damit einer Wahrnehmung ›jeder‹ Kuh, unterschieden. Dies steht im Gegensatz zur logischen Schule des Buddhismus (↑Logik, indische), wo nur Singulares (svalakṣaṇa), ein Dies-da, ohne jede prädikative Bestimmung, die stets auf durch Erinnerung vermittelter

Schlußfolgerung beruht, wahrgenommen werden kann, aber auch im Gegensatz zum Vedānta, der zwar grundsätzlich die Wahrnehmung allgemeiner Züge anerkennt, aber nicht dadurch schon die Wahrnehmung aller Individuen, die einen solchen allgemeinen Zug tragen. Hinzu kommt die in allen Systemen verwendete Unterscheidung in (prädikativ) bestimmte (savikalpaka) und (prädikativ) unbestimmte (nirvikalpaka) p., bei der alle Spielarten zwischen den Extremen ›es gibt nur bestimmte gültige Wahrnehmung‹ – in der Schule der Grammatiker (z.B. bei Bhartṛhari) – und ›es gibt nur unbestimmte gültige Wahrnehmung‹ – in der logischen Schule des Buddhismus (z.B. bei Dignāga) – auftreten.

Literatur: S.R. Bhatt/A. Mehrotra, Buddhist Epistemology, Westport Conn./London 2000, bes. 25–48 (Chap. 2 The Buddhist Theory of Perception); S. Bhattacharya, Perception and Predication. An Enquiry into Some Fundamentals of Epistemology, Kalkutta 1968; S. Chatterjee, The Nyāya Theory of Knowledge. A Critical Study of Some Problems of Logic and Metaphysics, Kalkutta 1939, ²1950, rev. Delhi 2008; S. Chennakesavan/K. Pampapathi Rao (eds.), Perception. A Seminar Conducted by the Philosophy Department of Sri Venkateswara University, 1964, London 1966; D.M. Datta, The Six Ways of Knowing. A Critical Study of the Vedānta Theory of Knowledge, London 1932, Kalkutta ²1960, 1972; R. Gupta, The Buddhist Concepts of pramāṇa and p., New Delhi 2006; A. Kunst, Some Notes on the Interpretation of the Śvetāśvatara Upaniṣad, Bull. School of Oriental and African Stud. 31 (1968), 309–314; T.R.V. Murti, Perception and Its Object, Philos. Quart. 10 (Madras 1934), 93–103; L. Schmithausen, The Definition of pratyakṣam in the Abhidharmasamuccayaḥ [von Asaṅga, ca. 290–380], Wien. Z. f. d. Kunde Südasiens 16 (1972), 153–163; J. Sinha, Indian Epistemology of Perception, Kalkutta 1969, unter dem Titel: Indian Psychology III (Epistemology of Perception), ²1985, 1996; T. Stcherbatsky, Dignāga's Theory of Perception, Taisho Daigaku Gakure, 6./7. Part II (1930), 89–130. – P., in: R.E. Buswell Jr./D.S. Lopez Jr., The Princeton Dictionary of Buddhism, Princeton N.J./Oxford 2014, 671. K.L.

Praxeologie, neben einer älteren, mit Praktischer Philosophie (↑Philosophie, praktische) im Sinne von Aristoteles grundsätzlich übereinstimmenden Verwendung von ›P.‹ (S. Strimesius, Praxiologia apodictica, Seu Philosophia moralis demonstrativa, Frankfurt/Oder 1677) und einer neueren, in den skandinavischen Ländern für eine Version der contextual pragmatics (↑Pragmatik) schließlich gewählten Verwendung von ›P.‹ (G. Skirbekk, P. An Anthology, 1983) die Bezeichnung für die von T. Kotarbiński geschaffene Untersuchung des begrifflichen Rahmens für eine allgemeine Theorie zweckrationalen (↑Zweckrationalität) Handelns. In ihr sollen alle für die Beschreibung, Beurteilung und Planung von zweckrationalen ↑Handlungen relevanten Begriffe analysiert werden. Sie enthält also einen theoretisch-deskriptiven und einen praktisch-normativen (↑deskriptiv/präskriptiv) Anteil, wobei es darauf ankommt, die moralisch-praktische Frage nach gutem Handeln von der technisch-praktischen Frage nach effizientem Handeln begrifflich zu trennen. Zusammen mit der Methodenlehre einer allgemeinen ↑Handlungstheorie, etwa im Sinne M. Blondels, G.H. Meads oder S. Hampshires, wird die P. von Kotarbiński als Teil einer Theorie der ↑Kausalität verstanden.

Zu den zentralen Begriffen für die Beurteilung effizienten Handelns, also zu den *praktischen Werten*, gehört der Relationsbegriff ›ökonomischer als‹: eine Handlung *a* ist ökonomischer als eine Handlung *b* genau dann, wenn, unter gleichen verfügbaren ↑Ressourcen (Energie, Zeit, Material etc.) und bei gleichem Zweck, *a* ›weniger‹ Ressourcen verbraucht als *b*, um diesen Zweck zu erreichen. Kotarbiński bezeichnet Pläne für eine intendierte Handlung, wenn die Entscheidung zur Verwirklichung gefallen ist, als Programme und verlangt von diesen neun Eigenschaften, darunter Konsistenz, Einfachheit, Flexibilität, Detailliertheit und Rationalität, damit sie ›gut‹ heißen dürfen. Sowohl die ↑Methodologien der Wissenschaften als auch die modernen ↑Entscheidungstheorien und Planungstheorien, sei es im Management, in der Organisation, in der Erziehung, im Sport etc., gehören zur so konzipierten P. und werden deshalb mit den Hilfsmitteln der ↑Systemtheorie behandelt. Als historische Vorläufer der P. gelten die Arbeiten unter anderem von L. Bourdeau, der unter P. die ›Wissenschaft von den Funktionen, i.e. von den Handlungen‹ versteht, die Theorie des Verhaltens (conduct) von C.A. Mercier und vor allem das Werk »Les origines de la technologie« (Paris 1897) von A. Espinas, dem Kotarbiński den Terminus ›P.‹ entnommen hat. Einen allgemeineren Begriff von P. im Sinne einer allgemeinen Handlungstheorie unter Beschränkung auf intentionales (↑Intentionalität) und effizientes Handeln oder Unterlassen (↑Unterlassung) – andernfalls gehe es gar nicht um Handeln – verwendet L. v. Mises, um die ↑Ökonomie im Ganzen als Teil der P. behandeln zu können.

Literatur: V. Alexandre (ed.), The Roots of Praxiology. French Action Theory from Bourdeau and Espinas to Present Days, New Brunswick N.J. 2000; ders./W.W. Gasparski (eds.), French and Other Perspectives in Praxiology, New Brunswick N.J. 2005; M. Blondel, L'action. Essai d'une critique de la vie et d'une science de la pratique, Paris 1893, ⁴1993 (dt. Die Aktion (1893). Versuch einer Kritik des Lebens und einer Wissenschaft der Praktik, Freiburg/München 1965); L. Bourdeau, Théorie des sciences. Plan de science intégrale, I–II, Paris 1882; G. Gäfgen, Theorie der wirtschaftlichen Entscheidung. Untersuchungen zur Logik und ökonomischen Bedeutung des rationalen Handelns, Tübingen 1963, erw. ³1974; S. Hampshire, Thought and Action, New York 1959, Notre Dame Ind. 1983; J. Jordan [= J. Ostrowski], Metody badań nad działaniem, Ruch Filozoficzny 1 (1962), 7–22; T. Kotarbiński, Traktat o dobrej robocie, Łodz 1955, Breslau ⁷1982, ferner als: Dzieła wszystkie V, ed. T. Pszczołowski, Breslau/Warschau/Krakau 2000 (engl. [erw.] Praxiology. An Introduction to the Sciences of Efficient Action, Oxford etc. 1965); ders., Wybór Pism I (Myśli o działaniu), Warschau 1957;

N. Luhmann, Politische Planung. Aufsätze zur Soziologie von Politik und Verwaltung, Opladen 1971, [5]2007; G. Maluschke, P., Hist. Wb. Ph. VII (1989), 1274–1277; G. H. Mead, Mind, Self, and Society. From the Standpoint of a Social Behaviorist, ed. C. W. Morris, Chicago Ill./London 1934, 2005 (dt. Geist, Identität und Gesellschaft. Aus der Sicht des Sozialbehaviorismus, Frankfurt 1968, [3]1978, 2013); C. A. Mercier, Conduct and Its Disorders Biologically Considered, London 1911; L. v. Mises, Nationalökonomie. Theorie des Handelns und Wirtschaftens, Genf 1940, ed. M. Kastner, Flörsheim 2010; ders., Human Action. A Treatise on Economics, London, New Haven Conn. 1949, Chicago Ill. [3]1969, I–IV, ed. B. B. Greaves, Indianapolis Ind. 2007; L. V. Ryan/F. B. Nahser/W. W. Gasparski (eds.), Praxiology and Pragmatism, New Brunswick N. J. 2002; G. Skirbekk (ed.), Praxeology. An Anthology, Bergen etc. 1983; H. Skolimowski, Polish Analytical Philosophy. A Survey and a Comparison with British Analytical Philosophy, London, New York 1967; W. Spohn, Grundlagen der Entscheidungstheorie, Kronberg 1978; H. Stachowiak (ed.), Werte, Ziele und Methoden der Bildungsplanung. Ein Diskussionsbeitrag jenseits von Utopie und Ad-hoc-Pragmatismus, Paderborn 1977; F. H. Tenbruck, Zur Kritik der planenden Vernunft, Freiburg/München 1972. K. L.

Praxis, als philosophischer Terminus Bezeichnung für menschliche Lebenstätigkeit im allgemeinen, verstanden als tätige Auseinandersetzung des Menschen mit der ihn umgebenden Wirklichkeit. In der Geschichte der Philosophie hat dieser Gebrauch des Wortes ›P.‹ zu einer Fülle von Gegenüberstellungen und Unterscheidungen geführt, wobei vor allem das Verhältnis des P.begriffs zu Begriffen wie ↑Arbeit, ↑Handlung, ↑Poiesis und ↑Theorie diskutiert wurde.

Mit der menschlichen P. beschäftigt sich nach der Aristotelischen Disziplinenarchitektonik die Praktische Philosophie (↑Philosophie, praktische). Danach beschreiben die praktischen Lehren in ↑Ethik und Politik (↑Philosophie, politische) nicht nur die menschliche P., sondern betrachten diese immer auch unter dem ↑normativen Gesichtspunkt ihres Gelingens. Für das von Aristoteles entwickelte Handlungsverständnis ist die Differenzierung von Poiesis und P. konstitutiv (Eth. Nic. A1.1094a3–22). Bei der Poiesis handelt es sich um eine Form der Tätigkeit, die ihre Ziele und Zwecke außerhalb ihrer selbst hat; z. B. zielt die handwerkliche Tätigkeit auf die Hervorbringung und Herstellung von nach ihrer Vollendung unabhängig existierenden Produkten bzw. Dingen. Bei der P. hingegen ist der Vollzug der Handlung selbst ihr eigentliches Ziel. Als allein um gelingendes Leben bemühtes Handeln kennt die P. keine außerhalb ihrer liegenden Zwecke. Auf der genannten Unterscheidung zweier Tätigkeitsformen beruht die für die Praktische Philosophie des Aristoteles wesentliche Differenzierung zweier Wissensweisen bzw. Rationalitätsformen (↑Rationalität), nämlich die ↑Technē und die auf die P. bezogene ↑Phronesis. Mit dieser Unterscheidung richtet sich bereits Aristoteles gegen instrumentalistische und technizistische Mißverständnisse von Ethik und Politik. In der neueren Sozialphilosophie wurden die Aristotelischen Unterscheidungen vor allem von H. Arendt und J. Habermas aufgegriffen.

Eine zentrale Rolle spielt der Begriff der P. in der marxistischen Erkenntnis- und Gesellschaftskritik. Bereits in den Schriften des jungen K. Marx wird der Begriff der P. in einem doppelten Sinne verwendet: zum einen wird mit ihm das materiale Fundament der von I. Kant inaugurierten Erkenntniskritik bezeichnet, zum anderen fungiert der Begriff als Leitbegriff der Marxschen Gesellschaftskritik (Thesen über Feuerbach [1845], MEW III [1958], 5–7). Der theoretische Sinn des P.begriffs ergibt sich aus Marx' materialistischer Transformation des idealistischen Erzeugungsgedankens. Galt die Welt im Fichteschen ↑Idealismus als Erzeugnis der Setzungen eines Subjekts, so versteht Marx sie als Ergebnis einer gemeinsamen P., die vor allem durch Arbeit gekennzeichnet ist. Marx spricht vom »praktischen Erzeugen einer gegenständlichen Welt« (MEW XL, Erg.bd. I [1973], 516) und weist darauf hin, daß Kategorien ›Daseinsformen‹ und ›Existenzbestimmungen‹ (MEW XIII [1961], 637) sind. An einen derart verstandenen gegenstandskonstitutiven P.begriff schließt sich vor allem bei G. Lukács ein emanzipatorisch-normativer Sinn des Begriffs an.

Als *Praxisphilosophie* bezeichnet man die verschiedenen Ansätze, die alle in der einen oder anderen Form und häufig im Anschluß an den frühen Marx die menschliche Lebenstätigkeit in das Zentrum ihrer Analysen rücken. Gemeinsam ist den meisten dieser Ansätze das Ziel, eine ↑pragmatische Transformation der klassischen ↑Transzendentalphilosophie zu leisten. Der Rückgriff auf und die Orientierung an der P. sollen dabei nicht nur die Überwindung der subjektphilosophischen Prämissen der klassischen Transzendentalphilosophie (↑Subjekt, transzendentales) ermöglichen, sondern auch ein normatives Fundament für kritische Überlegungen ethischer und gesellschaftstheoretischer Art zur Verfügung stellen. Nicht nur marxistische Autoren wie Lukács oder A. Gramsci sind Vertreter der skizzierten Auffassung, auch radikaldemokratische Spielarten des ↑Pragmatismus bei G. H. Mead und J. Dewey, ferner die existenziale (↑Existenzialien) Analytik M. Heideggers gelten in diesem Sinne als P.philosophie.

Der so verstandene Begriff der P. steht in enger Beziehung zu dem phänomenologischen (↑Phänomenologie) Begriff der ↑Lebenswelt. P. wird nicht im Gegensatz zu Theorie verstanden, vielmehr werden auch Theoriegebilde als Erzeugnisse einer P. begriffen. Auf diese Weise ergeben sich Parallelen zum Operationismus (↑Operationalismus, ↑operativ) H. Dinglers, der sich im Handlungs- und P.verständnis der Konstruktiven Wissenschaftstheorie (↑Wissenschaftstheorie, konstruktive) fortsetzt. Im Bereich der Praktischen Philosophie mischt sich die P.auffassung mit Elementen des Aristotelischen und Marxschen P.begriffs. – Innerhalb der Analytischen Philosophie (↑Philosophie, analytische) ist es vor allem die spätere Philosophie L. Wittgensteins, die die Formulierung einer sprachphilosophisch transformierten Philosophie der P. erlaubt.

Literatur: H. Arendt, The Human Condition, Chicago Ill. 1958 (dt. Vita activa oder Vom tätigen Leben, Stuttgart 1960, Neudr. München 1967, München/Zürich 1981, [6]1992)-; J. P. Arnason, P. und Interpretation. Sozialphilosophische Studien, Frankfurt 1988; G. Bien/T. Kobusch/H. Kleger, P./praktisch, Hist. Wb. Ph. VII (1989), 1277–1307; C. Chwaszcza, Praktische Vernunft und vernünftige P.. Ein Grundriß, Weilerswist 2003, [2]2004; C. Demmerling, Sprache und Verdinglichung. Wittgenstein, Adorno und das Projekt einer Kritischen Theorie, Frankfurt 1994; M. Epple/C. Zittel (eds.), Science als Cultural Practice I (Cultures and Politics of Research from the Early Modern Period to the Age of the Extremes), Berlin 2010; A. Gramsci, Philosophie der P.. Eine Auswahl, ed. C. Riechers, Frankfurt 1967; M. Grauer/G. Heinemann/W. Schmied-Kowarzik (eds.), Die P. und das Begreifen der P.. Vorträge einer interdisziplinären Arbeitstagung vom 20. bis 23. Juni 1984, Kassel 1985; J. Habermas, Theorie und P.. Sozialphilosophische Studien, Neuwied/Berlin 1963, erw. Frankfurt 1971, [7]2000 (engl. Theory and Practice, Cambridge/New York 1973, 1988); ders., Technik und Wissenschaft als ›Ideologie‹, Frankfurt 1968, [19]2009; ders., Theorie des kommunikativen Handelns, I–II, Frankfurt 1981, rev. [4]1987, 1995; ders., Der philosophische Diskurs der Moderne. Zwölf Vorlesungen, Frankfurt 1985, [10]2007; M. Hampe, Erkenntnis und P.. Zur Philosophie des Pragmatismus, Frankfurt 2006; A. Honneth/U. Jaeggi (eds.), Arbeit, Handlung, Normativität. Theorien des Historischen Materialismus II, Frankfurt 1980; F. Kambartel/J. Mittelstraß (eds.), Zum normativen Fundament der Wissenschaft, Frankfurt 1973; P. Kebel, P. und Versachlichung. Konzeptionen kritischer Sozialphilosophie bei Habermas, Castoriadis und Sartre, Hamburg 2005; K. Kosík, Dialektika konkrétního. Studie o problematice člověka a světa, Prag 1963, [2]1966 (dt. Die Dialektik des Konkreten. Eine Studie zur Problematik des Menschen und der Welt, Frankfurt 1967, 1986; franz. La dialectique du concret, Paris 1970, 1988; engl. Dialectics of the Concrete. A Study on Problems of Man and World, Dordrecht/Boston Mass. 1976 [Boston Stud. Philos. Sci. LII]); D. Lamb, The Philosophy of ›P.‹ in Marx and Wittgenstein, Philos. Forum 11 (1980), 273–298; N. Lobkowicz, Theory and Practice. History of a Concept from Aristotle to Marx, Notre Dame Ind./London 1967, Lanham Md./London 1983; G. Lukács, Geschichte und Klassenbewußtsein. Studien über marxistische Dialektik, Berlin 1923 (repr. Amsterdam 1967), Neudr. in: ders., Werke II (Frühschriften II), Neuwied/Berlin 1968, [2]1977, 161–517, separat Darmstadt [10]1988; J. Margolis, Life Without Principles. Reconciling Theory and Practice, Cambridge Mass./Oxford 1996; M. Marsonet, Idealism and P.. The Philosophy of Nicholas Rescher, Frankfurt etc. 2008; T. Rentsch (ed.), Einheit der Vernunft? Normativität zwischen Theorie und P., Paderborn 2005; N. Rescher, Rationalität, Wissenschaft und P., Würzburg 2002; H. Schäfer, Die Instabilität der P.. Reproduktion und Transformation des Sozialen in der Praxistheorie, Weilerswist 2013; A. Schmidt, P., Hb. ph. Grundbegriffe II (1973), 1107–1138; O. Schwemmer, Philosophie der P.. Versuch zur Grundlegung einer Lehre vom moralischen Argumentieren, Frankfurt 1971, Neudr. 1980; H. R. Sepp, P. und Theoria. Husserls transzendentalphänomenologische Rekonstruktion des Lebens, Freiburg/München 1997; M. Zichy/H. Grimm (eds.), P. in der Ethik. Zur Methodenreflexion in der anwendungsorientierten Moralphilosophie, Berlin/New York. C. D.

Präzessionsgesetz, ↑Koexistenzgesetz.

Priestley, Joseph, *Fieldhead (Yorkshire) 13. März 1733, †Northumberland (Pennsylvania) 6. Febr. 1804, engl. Chemiker, wichtiger Vertreter der ↑Phlogistontheorie. 1752–1755 theologische Ausbildung an der (amtskirchenkritischen) Akademie in Daventry, wobei P. die christliche Trinitätslehre ablehnte und sich dadurch die Gegnerschaft der Amtskirche zuzog, anschließend Tätigkeit als Pfarrer und Schullehrer. 1773–1780 Bibliothekar und Berater von Lord Shelburne, 1780–1794 Pfarrer in Birmingham. P. stand der Französischen Revolution zustimmend gegenüber und sah sich in England zunehmend politischen Repressalien ausgesetzt; daher 1794 Auswanderung in die USA. P. konnte sich finanziell nicht selbst unterhalten und war zeit seines Lebens von der Unterstützung durch Freunde und Gönner abhängig.

P. vertritt die Materietheorie von R. J. Boscovič, nach der ausgedehnte Körper aus materiellen Punkten bestehen, die durch anziehende und abstoßende Kräfte miteinander verbunden sind. Für ihn umriß diese Theorie einen zugleich materiellen und spirituellen Begriff der ↑Materie, der entsprechend sowohl als Grundlage der körperlichen als auch der geistigen Welt geeignet war. Diesen anti-Cartesischen ↑Monismus verband P. mit der Festlegung auf einen universellen Naturdeterminismus (↑Determinismus), in dessen Rahmen er die Vorstellung der ↑Willensfreiheit zurückwies. Seine wichtigsten Leistungen auf dem Gebiet der Naturforschung liegen in der ›pneumatischen Chemie‹. Dieser Forschungszweig entwickelte sich im Zusammenhang mit der Entdeckung J. Blacks (1756), daß das (später so genannte) Kohlendioxid ein von der Luft verschiedenes Gas ist. P. gelang die experimentelle Identifikation mehrerer, zuvor unbekannter Gase, darunter (in heutiger Terminologie) Chlorwasserstoff (1772), Ammoniak (1773/1774) und Schwefeldioxid (1774). Besonders wichtig wurde seine Entdeckung des Sauerstoffs 1774/1775. P. bemerkte, daß bei der Erhitzung von (heute so genanntem) Quecksilberoxid eine neue Art von Gas freigesetzt wird, das die Verbrennung besser unterstützt als gewöhnliche Luft. Er hielt dieses Gas für ›dephlogistizierte Luft‹ und entwickelte eine Reihe gegensätzlicher Hypothesen über dessen Zusammensetzung. Sauerstoff wurde etwa gleichzeitig von C. W. Scheele und A. L. de Lavoisier gefunden (der ihn zuerst als einen Bestandteil der atmosphärischen Luft identifizierte).

P. hielt sein Leben lang an (wechselnden Versionen) der Phlogistontheorie fest und wurde nach der allgemeinen Annahme der chemischen Theorie A. L. de Lavoisiers zum letzten Repräsentanten dieses als überholt geltenden Modells. Seine eigenen Arbeiten zeigen wenig systematische Kraft und sind in Baconscher Orientierung auf das Sammeln von Tatsachen gerichtet. Sie stellen eine Vielzahl von Experimenten dar, über die jeweils in ihrer zeitlichen Abfolge unter Einschluß aller Irrtümer und Fehlgänge berichtet wird. P. war vor allem an konkreten, praktisch nutzbaren Resultaten interessiert. Zu diesen Resultaten zählte insbes. seine erstmalige künstliche Herstellung von Mineralwasser durch Sättigung von Wasser mit Kohlendioxid.

Werke: The Theological and Miscellaneous Works of J. P., I–XXV, ed. J. T. Rutt, London 1817–1832 (repr. New York 1972, Bristol 1999); J. P.. Selections from His Writings, ed. I. V. Brown, University Park Pa. 1962. – The History and Present State of Electricity, with Original Experiments, I–II, London 1767, erw. ²1769 (repr. New York/London 1966) (dt. Geschichte und gegenwärtiger Zustand der Elektricität, nebst eigenthümlichen Versuchen, Berlin/Stralsund 1772 [repr. Hannover 1983]), ⁵1794); The History and Present State of Discoveries Relating to Vision, Light, and Colours, London 1772 (repr. Milwood N. Y. 1978) (dt. Geschichte und gegenwärtiger Zustand der Optik [...], I–II, Leipzig 1775/1776); Experiments and Observations on Different Kinds of Air, I–III, London 1774–1777 (franz. Expériences et observations sur différentes espèces d'air, I–V, Paris 1777–1780; dt. Versuche und Beobachtungen über verschiedene Gattungen der Luft, I–III, Wien/Leipzig 1778–1787), erw. um: Experiments and Observations, Relating to Various Branches of Natural Philosophy. With a Continuation of the Observations on Air, I, London 1779, II–III, Birmingham 1781/1786 (repr. Millwood N. Y. 1977) [= Experiments and Observations on Different Kinds of Air, IV–VI], beide Ausg. unter dem Titel: Experiments and Observations on Different Kinds of Air, and Other Branches of Natural Philosophy, Connected with the Subject, I–III, Birmingham 1790 (repr. New York 1970); Heads of Lectures on a Course of Experimental Philosophy, Particularly Including Chemistry, Dublin 1794 (repr. New York 1970); Considerations on the Doctrine of Phlogiston, and the Decomposition of Water, Philadelphia Pa. 1796, Neudr. in: J. P./J. MacLean, Lectures on Combustion, ed. W. Foster, Princeton N. J. 1929 (repr. New York 1969), 19–42; The Doctrine of Phlogiston Established, and That of the Composition of Water Refuted, Northumberland 1800, erw. Northumberland/Philadelphia Pa. ²1803; A Scientific Autobiography of J. P., 1733–1804, ed. R. E. Schofield, Cambridge Mass./London 1966. – Scientific Correspondence of J. P., Ninety-Seven Letters, ed. H. C. Bolton, New York 1892 (repr. New York 1969). – R. E. Crook, A Bibliography of J. P. 1733–1804, London 1966.

Literatur: R. G. W. Anderson/C. Lawrence (eds), Science, Medicine and Dissent. J. P. (1733–1804). Papers Celebrating the 250th Anniversary of the Birth of J. P. [...], London 1987; J. S. Birch (ed.), J. P.. A Celebration of His Life and Legacy. Bicentennial Commemorative Collection, Lancaster 2007; L. R. Bowden/L. Rosner (eds.), J. P. – Radical Thinker. A Catalogue to Accompany the Exhibit of the Chemical Heritage Foundation Commemorating the 200th Anniversary of the Death of J. P., Philadelphia Pa. 2005; J. R. Clark, J. P.. A Comet in the System, Oakland Calif./San Diego Calif. 1990; J. B. Conant, The Overthrow of the Phlogiston Theory. The Chemical Revolution of 1775–1789, in: ders. u. a. (eds.), Harvard Case Histories in Experimental Science I, London, Cambridge Mass. 1948, 1970, 65–116, separat Cambridge Mass. 1967; M. Crosland, The Image of Science as a Threat. Burke versus P. and the ›Philosophic Revolution‹, Brit. J. Hist. Sci. 20 (1987), 277–307; M. Dick, J. P. and Birmingham, Studley 2005; C. Giuntini, I poteri della natura e la scienza della mente. J. P. e Erasmus Darwin, Riv. filos. 76 (1985), 75–112; J. V. Golinski, Utility and Audience in 18th-Century Chemistry. Case Studies of William Cullen and J. P., Brit. J. Hist. Sci. 21 (1988), 1–31; J. Graham, Revolutionary in Exile. The Emigration of J. P. to America (1794–1804), Philadelphia Pa. 1995; H. Hartley, Studies in the History of Chemistry, Oxford 1971, 1–18; J. J. Hoecker, J. P. and the Idea of Progress, New York/London 1987; A. Holt, A Life of J. P., London 1931 (repr. Westport Conn. 1970); L. Kieft/B. R. Willeford (eds.), J. P.. Scientist, Theologician, and Metaphysician. A Symposium Celebrating the Two Hundredth Anniversary of the Discovery of Oxygen by J. P. in 1774, Lewisburg Pa./Cranbury N. J. 1980; I. Kramnick, Eighteenth-Century Science and Radical Social Theory. The Case of J. P.'s Scientific Liberalism, J. Brit. Stud. 25 (1986): 1–30; H. G. McCann, Chemistry Transformed. The Paradigmatic Shift from Phlogiston to Oxygen, Norwood N. J. 1978; J. G. McEvoy, J. P.. Philosopher, Scientist and Divine, Diss. Pittsburgh Pa. 1975; ders., J. P., ›Aerial Philosopher‹. Metaphysics and Methodology in P.'s Chemical Thought, from 1762 to 1781, Ambix 25 (1978), 1–55, 93–116, 153–175, 26 (1979), 16–38; ders., Electricity, Knowledge, and the Nature of Progress in P.'s Thought, Brit. J. Hist. Sci. 12 (1979), 1–30; ders./J. E. McGuire, God and Nature. P.'s Way of Rational Dissent, Hist. Stud. Phys. Sci. 6 (1975), 325–404; P. O'Brian, Debate Aborted 1789–91. P., Paine, Burke and the Revolution in France, Edinburgh/Cambridge 1996; J. R. Partington, A History of Chemistry III, London, New York 1962, 1970, 237–301; J. Passmore, J. P., Enc. Ph. VIII (²2006), 4–8; I. Rivers/D. Wykes (eds.), J. P., Scientist, Philosopher, and Theologian, Oxford etc. 2008; S. Schaffer, P.'s Questions. A Historiographical Survey, Hist. Sci. 22 (1984), 151–183; R. E. Schofield, J. P., the Theory of Oxydation and the Nature of Matter, J. Hist. Ideas 25 (1964), 285–294; ders., P., DSB XI (1975), 139–147; ders., The Enlightened J. P.. A Study of His Life and Work from 1733 to 1773, University Park Pa. 1997; ders., The Enlightened J. P.. A Study of His Life and Work from 1773 to 1804, University Park Pa. 2004; A. T. Schwartz/J. G. McEvoy (eds.), Motion Toward Perfection. The Achievement of J. P., Boston Mass. 1990; T. E. Thorpe, J. P., London, New York 1906 (repr. New York 1976, Bristol 1993). M. C.

Prigogine, Ilya, *Moskau 25. Jan. 1917, †Brüssel 28. Mai 2003, belgischer physikalischer Chemiker. Nach Studium der Chemie in Brüssel 1941 Promotion ebendort; ab 1947 Prof. für Physikalische Chemie an der Freien Universität Brüssel, ab 1958 Direktor des Solvay-Instituts für Physik und Chemie ebendort, ab 1967 zusätzlich Direktor des Center for Statistical Mechanics and Thermodynamics in Austin Tex.. 1977 Nobelpreis für Chemie. – Gegenstand von P.s wissenschaftlichem Werk ist die ↑Thermodynamik irreversibler (↑reversibel/Reversibilität) Prozesse, die sich mit Vorgängen fern vom thermischen Gleichgewicht befaßt. Dabei ist das Auftreten von Symmetriebrechungen und Ordnungsstrukturen wesentlich: Durch Fluktuationen unter Zwangsbedingungen kann ›Ordnung aus dem Chaos‹ (↑Chaostheorie) entstehen. In diesen ›dissipativen‹, durch den beständigen Durchfluß von Energie und Materie aufrechterhaltenen Strukturen treten Ordnungsmuster (anders als bei kristallinen Strukturen) nicht als Resultat eines statischen Gleichgewichts, sondern als Ergebnis nichtlinearer (autokatalytischer oder zyklisch katalytischer) Prozesse (↑Selbstorganisation, ↑Synergetik) auf. Neben einer Zahl von chemischen Prozessen, darunter insbes. koordinierte Oszillationen der Konzentration von Reaktanden, sind biologische Organismen für P. wichtige Beispiele solcher stationärer Nichtgleichgewichtsstrukturen.

In der naturphilosophischen Interpretation der irreversiblen Thermodynamik betont P. vor allem den ↑*Indeterminismus* und die *Irreversibilität* der Naturvorgänge. An den Verzweigungspunkten (Bifurkationen) dissipativer Strukturen und allgemein beim deterministischen Chaos ist die Kenntnis des Systemzustands mit beliebiger endlicher Genauigkeit für die Vorhersage der Systementwicklung nicht hinreichend. Aus diesem Grund ist der ↑Determinismus als inadäquat aufzugeben und stattdessen von fundamental indeterministischem Verhalten auszugehen, das eher durch Konzeptionen wie ›statistische Verteilung‹ oder ›spontane Fluktuation‹ zu beschreiben ist als mit den der ↑Mechanik entlehnten Vorstellungen von Bahnbewegungen. Ebenso zeigen einige dissipative Strukturen ein zeitlich gerichtetes Verhalten; die entsprechenden Prozesse verlaufen einsinnig und sind daher faktisch irreversibel. P. schließt daraus, daß unter solchen Umständen die Zeit zu einem ›Maß der inneren Entwicklung‹ des Systems wird und diese Entwicklung ›neuartige‹ Strukturen hervorbringen kann. Irreversible Prozesse fern vom Gleichgewicht können also Ordnung erzeugen. Dies bleibt im Einklang mit dem Zweiten Hauptsatz der Thermodynamik, da in der Umgebung vermehrt ↑Entropie und Unordnung erzeugt wird. – Im Einklang mit dieser Betonung der Einsinnigkeit von Entwicklungen betont P. (unter Rückgriff auf Vorstellungen H. L. Bergsons und A. N. Whiteheads) den Primat von Wandel und Veränderung; das ›Sein‹ der klassischen Mechanik wird durch das ›Werden‹ der Thermodynamik ergänzt bzw. ersetzt. In Verallgemeinerung dieser Sicht betrachtet P. die mechanische (bzw. quantenmechanische) Beschreibung von Systemen durch Bahnbewegungen (bzw. Wellenfunktionen; ↑Wellenmechanik) als ↑Idealisierung, die nur unter selten realisierten Bedingungen der Wechselwirkungsfreiheit angemessen ist. In allen anderen Fällen ist eine thermodynamische Betrachtungsweise zwingend, so daß sich insgesamt eine ›neue Komplementarität‹ (↑Komplementaritätsprinzip) zwischen der mechanischen (bzw. quantenmechanischen) und der thermodynamischen Beschreibung ergibt.

Werke: (mit P. Glansdorff) Thermodynamic Theory of Structure, Stability, and Fluctuation, London etc. 1971, 1978; (mit G. Nicolis) Self-Organization in Nonequilibrium Systems. From Dissipative Structures to Order Through Fluctuations, New York etc. 1977; (mit I. Stengers) La nouvelle alliance. Métamorphose de la science, Paris 1979, ²1986, 2005 (dt. Dialog mit der Natur. Neue Wege naturwissenschaftlichen Denkens, München/Zürich 1980, ⁷1993; engl. Order out of Chaos. Man's New Dialogue with Nature, Boulder Colo., London, Toronto/New York/London 1984, mit Untertitel: The Complex Structure of Living Systems, Weinheim etc. 1993); Vom Sein zum Werden. Zeit und Komplexität in den Naturwissenschaften, München/Zürich 1979, ⁶1992 (engl. Original: From Being to Becoming. Time and Complexity in the Physical Sciences, San Francisco Calif. 1980 [franz. Physique, temps et devenir, Paris/New York/Barcelona 1980, ²1982]); (mit G. Nicolis) Die Erforschung des Komplexen. Auf dem Weg zu einem neuen Verständnis der Naturwissenschaften, München/Zürich 1987 (engl. Original: Exploring Complexity, New York 1989, 1998 [franz. À la rencontre du complexe, Paris 1992]); (mit I. Stengers) Entre le temps et l'éternité, Paris 1988, 2009; »Wir sind keine Zigeuner am Rande des Universums«, in: A. Reif/R. R. Reif (eds.), Grenzgespräche. Dreizehn Dialoge über Wissenschaft, Stuttgart 1993, 11–18; (mit I. Stengers) Das Paradox der Zeit. Zeit, Chaos und Quanten, München/Zürich 1993 (engl. The End of Certainty. Time, Chaos, and the New Laws of Nature, New York etc. 1996, 1997; franz. La fin des certitudes. Temps, chaos et les lois de la nature, Paris 1996, 2009).

Literatur: G. Altner (ed.), Die Welt als offenes System. Eine Kontroverse um das Werk von I. P., Frankfurt 1986; C. A. Brebbia (ed.), Ecodynamics. The P. Legacy, Southampton/Billerica Mass. 2012; I. R. Epstein/J. A. Pojman, I. P., in: N. Koertge (ed.), New Dictionary of Scientific Biography VI, Detroit etc. 2008, 164–168; A. Rae, Quantum Physics. Illusion or Reality?, Cambridge etc. 1986, 94–118, ²2012, 101–117 (dt. Quantenphysik. Illusion oder Realität?, Stuttgart 1996, 150–163); S. A. Rice (ed.), For I. P., New York etc. 1978; ders. (ed.), Special Volume in Memory of I. P., New York etc. 2007; M. Sandbothe, Die Verzeitlichung der Zeit. Grundtendenzen der modernen Zeitdebatte in Philosophie und Wissenschaft, Darmstadt 1998 (engl. The Temporalization of Time. Basic Tendencies in the Modern Debate on Time in Philosophy and Science, Lanham Md. etc. 2001); N. Stiller, Ordnung durch Fluktuation. Ein Gespräch mit I. P., Nobelpreis für Chemie 1977, Krefeld 1979; R. P. Trimble, I. P., in: B. Narins (ed.), Notable Scientists from 1900 to the Present IV, Farmington Hills Mich. 2011, 1813–1815; H. Wehrt, Die Tragweite der P.schen Thermodynamik zeitlicher Prozesse vor der Hintergrundkulisse zeitloser Symmetrie-Prinzipien. Humanökologische Anfragen an die moderne Physik, Wuppertal 1997. M. C.

Primaussage (auch: atomare Aussage oder Atomsatz; engl. atomic proposition, atomic sentence), Bezeichnung für eine logisch einfache ↑Aussage, d. h. eine Aussage, die nicht mit Hilfe logischer Konstanten (↑Partikel, logische) zusammengesetzt ist, z. B. eine ↑Elementaraussage. In formalen Systemen (↑System, formales) bezeichnet man ↑Primformeln ohne freie Variablen als P.n. P. S.

Primformel (auch: atomare Formel oder Atomformel; engl. atomic formula), in formalen Systemen der Logik (↑System, formales) Bezeichnung für eine ↑Formel, die keine logischen Zeichen (↑Partikel, logische) enthält, d. h. in der Regel eine ↑Aussagenvariable (in der ↑Junktorenlogik) bzw. das Resultat der Anwendung eines Prädikatzeichens (↑Prädikatorenbuchstabe, schematischer, ↑Prädikatkonstante, ↑Prädikatvariable) auf Terme als Argumentzeichen (in der ↑Quantorenlogik). P. S.

primitiv, in der Logik soviel wie ›nicht zusammengesetzt‹; meist bezogen auf die durch Syntaxregeln beschriebene Zusammensetzung von Ausdrücken (↑Ausdruck (logisch), ↑Ausdruckskalkül), insbes. von ↑Formeln und Aussagen mit Hilfe von logischen Zeichen (↑Primformel, ↑Primaussage). P. S.

primitiv-rekursiv, Bezeichnung einer fundamentalen Klasse berechenbarer Funktionen (↑berechenbar/Berechenbarkeit) natürlicher Zahlen, die sich aus Nullfunktionen, Nachfolgerfunktion und Projektionsfunktionen als Grundfunktionen mit Hilfe der Schemata der Einsetzung und der primitiven Rekursion definieren lassen; diese bilden eine echte Teilklasse der Klasse der berechenbaren Funktionen (zur genauen Definition: ↑Funktion, rekursive, ferner ↑Algorithmentheorie). Ein zahlentheoretisches Prädikat bzw. eine Menge von oder Relation zwischen natürlichen Zahlen heißt p.-r., wenn seine bzw. ihre charakteristische Funktion (↑Funktion, charakteristische) p.-r. ist. P. S.

Primzahl, in der ↑Zahlentheorie Bezeichnung für eine natürliche Zahl größer als 1, die keine echten Teiler (Teiler außer sich selbst und 1) hat. P. S.

Principia Mathematica, Titel des 1910–1913 erschienenen dreibändigen Werkes von A. N. Whitehead und B. Russell zur Grundlegung der Mathematik. Sein Vorläufer ist Russells »The Principles of Mathematics« (Cambridge 1903, London ^{2}1937), als dessen Erweiterung die P. M. ursprünglich geplant waren; sie gehen jedoch weit über eine derartige Erweiterung hinaus. Whitehead brachte seine Arbeiten zur ↑Algebra der Logik ein (A Treatise on Universal Algebra, with Applications I, Cambridge 1898, repr. New York 1960, Cambridge 2009). Die unveränderte zweite Auflage (1925–1927) ist um eine Einleitung und um drei Anhänge zum ersten Band ergänzt. Wirkungsgeschichtlich steht der *Titel* ›P. M.‹ gleichzeitig für das in diesem Werk vertretene Programm und für das dort gegebene Modell eines logischen Systems.

Als *Programm* repräsentiert ›P. M.‹ das Projekt des ↑Logizismus, d. h. einer Einbettung der Mathematik in einen geeignet konzipierten logischen ↑Formalismus. In den P. M. ist dies die verzweigte Typentheorie (↑Typentheorien), die von Whitehead und Russell im Anschluß an das typentheoretische System G. Freges (Grundgesetze der Arithmetik. Begriffsschriftlich abgeleitet, I–II, Jena 1893/1903 [repr. in 1 Bd., Hildesheim 1962, 1998]) entworfen wurde. Dieses System hat sich in der in den P. M. vorgeschlagenen Form nicht durchgesetzt, unter anderem wegen der durch das ↑Reduzibilitätsaxiom verursachten Abkehr vom ursprünglich intendierten prädikativen Ansatz (↑imprädikativ/Imprädikativität). Unabhängig vom Prädikativitätsproblem wurde in der Folgezeit auch eher die Axiomatisierung der ↑Mengenlehre als erfolgversprechender Ausweg aus der durch die logischen und mengentheoretischen ↑Antinomien verursachten ↑Grundlagenkrise der Mathematik angesehen. Erst in neuerer Zeit haben typentheoretische Systeme wieder an Boden gewonnen, vor allem konstruktive Ansätze im Rahmen von Anwendungen in der Theoretischen Informatik. Inwiefern solche Systeme als in der logizistischen Tradition der P. M. stehend gelten können, hängt davon ab, wie weit man den Begriff Logizismus faßt, d. h. von der durchaus nicht trivialen Abgrenzung des Logischen vom Nicht-Logischen.

Als *Modell* stehen die P. M. für die moderne Gestalt der formalen Logik (↑Logik, formale), die auf streng durchgeführter Kalkülisierung beruht (↑Kalkül). Philosophische Richtungen wie der ↑Neopositivismus (↑Empirismus, logischer) sahen darin die logische Grundlage für die moderne Naturwissenschaft und damit die Basis für eine logikorientierte ↑Wissenschaftstheorie; insofern waren die P. M. für die frühe Wissenschaftstheorie wegweisend. Der junktorenlogische Teil des Systems der P. M. wurde zum Vorbild für Axiomatisierungen der ↑Junktorenlogik bzw. war derjenige Ansatz, mit dem sich alternative junktorenlogische Ansätze auseinandersetzten (z. B. C. I. Lewis' Theorie der strikten Implikation; ↑Modallogik). Für K. Gödel waren die P. M. noch der Prototyp eines die Arithmetik der natürlichen Zahlen umfassenden Systems, so daß sich seine Präsentation des ↑Unvollständigkeitssatzes ausdrücklich auf die ›P. M. und verwandte Systeme‹ bezieht. Auch terminologisch und notationsmäßig hatten die P. M. Vorbildcharakter. Die an G. Peano angelehnte logische Notation (↑Notation, logische) der P. M. ist bis auf kleinere Modifikationen bis heute ein zentrales Notationssystem.

›P. M.‹ bezeichnet damit in gewissem Sinne ein logisches Paradigma. Daß ein aufgrund seiner (mit Ausnahme der Einleitung) durchgehenden Symbolisierung äußerst technisches Werk auch außerhalb der Mathematischen Logik (↑Logik, mathematische) in der philosophischen Öffentlichkeit wirksam werden konnte (im Gegensatz etwa zu Freges »Grundgesetzen«, deren Vorbildcharakter von Whitehead und Russell selbst anerkannt wird), hängt auch mit externen Faktoren (↑intern/extern) zusammen, wobei der an I. Newtons Hauptwerk (Philosophiae Naturalis Principia Mathematica, London 1687) erinnernde, in seiner lateinischen Form nicht ganz unprätentiöse Titel sicher seinen Teil beitrug.

Literatur: A. N. Whitehead/B. Russell, P. M., I–III, Cambridge 1910–1913 (repr. o. O. 2009), [2]1925–1927 (repr. Cambridge etc. 1950, 1978, Teilrepr. unter dem Titel: P. m. to *56, Cambridge 1962, 1997) (dt. Vorwort und Einleitungen beider Auflagen unter dem Titel: Einführung in die mathematische Logik. Die Einleitung der »P. m.«, München/Berlin 1932, [um einen Beitrag von K. Gödel erw.] unter dem Titel: P. m.. Vorwort und Einleitungen, Wien/Berlin 1984, Frankfurt 1986, 2008]). P. S.

principium contradictionis, ↑Widerspruch, Satz vom.

principium exclusi tertii (lat., Satz vom ausgeschlossenen Dritten), Bezeichnung für einen Grundsatz der klassischen Logik (↑Logik, klassische): Jede ↑Aussage ist entweder wahr oder falsch, also wertdefinit (↑wertdefinit/Wertdefinitheit, ↑Zweiwertigkeitsprinzip). Aristoteles (Met. *Γ* 7) leitet das p. e. t. aus der begrifflichen Bestimmung des Wahren und des Falschen mit Hilfe des Widerspruchsprinzips (↑Widerspruch, Satz vom) ab; angewendet auf das Metaprädikat (↑Metaprädikator) ›wahr oder falsch sein‹ folgert er den traditionell als ›p. e. t.‹ bezeichneten Satz ›es ist notwendig, eins [ein Prädikat] einem [Subjekt] entweder zuzusprechen oder abzusprechen‹ (Met. *Γ*7.1011b24). Aristoteles beschränkt dabei das p. e. t. auf Aussagen über Vergangenes und Gegenwärtiges (De int. 9; ↑Futurabilien) und – in Ermangelung expliziter Einführungen der logischen Partikel (↑Partikel, logische) – auf ↑Elementaraussagen. Postuliert man das p. e. t. jedoch für beliebige Aussagen, so wird es bei der üblichen Definition der ↑Junktoren gleichwertig mit dem traditionell ebenfalls als ›p. e. t.‹ bezeichneten ↑tertium non datur: Für alle Aussagen A gilt ›A oder nicht-A‹ (↑Gegensatz).

In einem formalen System (↑System, formales) kann jedoch im allgemeinen aus der Geltung des p. e. t. allein für Elementaraussagen und damit des *tertium non datur*, obwohl für Elementaraussageformen $a(x)$ die Geltung der Universalisierung $\bigwedge_x .a(x) \vee \neg a(x)$. (↑Generalisierung) dann eingeschlossen ist, das *tertium non datur* nicht generell auch für die zugehörigen Allaussagen $\bigwedge_x a(x)$ gefolgert werden (↑ω-vollständig/ω-Vollständigkeit). Es sollte daher das auf Elementaraussagen (und deren übliche junktorenlogische Zusammensetzungen) beschränkte p. e. t. vom *tertium non datur* begrifflich unterschieden bleiben, das in seiner Geltung von der Definition der Junktoren ›oder‹ (↑Adjunktor) und ›nicht‹ (↑Negator) abhängt.

Das *tertium non datur* wird mit der klassisch-logischen Allgemeingültigkeit (↑allgemeingültig/Allgemeingültigkeit) des Aussageschemas $A \vee \neg A$ ausgesagt, während das auf dem p. e. t. beruhende Analogon in der Formulierung von Aristoteles lediglich besagt: ›es ist unmöglich, daß es zwischen [zwei zueinander] kontradiktorischen Urteilen ein Mittleres gibt‹ (Met. *Γ*7.1011b23). K. L.

principium identitatis (lat., Satz der Identität), seit C. S. Peirce meist Bezeichnung für die ↑Tautologie $A \rightarrow A$ (wenn A, dann A), in der traditionellen Logik (↑Logik, traditionelle) Bezeichnung für die Geltung (oder auch die Forderung nach Geltung) des ebenfalls im Wortsinne ›tautologischen‹ identischen Urteils (↑Urteil, identisches) ›P ist P‹ für einen beliebigen ↑Artikulator P, was bei sprachkritischer Rekonstruktion zu einer Reihe von Lesarten des traditionellen p. i. führt:

(1) Jede Instanz des P-Typs ist ein P (↑type and token);
(2) $\bigwedge_x x \varepsilon P \prec n \varepsilon P$ (↑Quantorenlogik);
(3) $\bigwedge_{x \varepsilon P} x \equiv x$ (↑Identität);
(4) $P \Rightarrow P$ (↑Prädikatorenregel);
(5) Eigenaussage $\iota P \varepsilon P$ mit der ↑deiktischen Kennzeichnung ›ιP‹ (= dieses P) (↑indexical). K. L.

principium identitatis indiscernibilium (lat., Satz von der Identität der Ununterscheidbaren, d. h. der ununterscheidbaren Gegenstände), von G. W. Leibniz, auch unter der Bezeichnung ›principe de distinction‹ (Nouv. essais II 27), formulierter, sachlich bereits in der ↑Stoa (z. B. L. A. Seneca, Ad Lucilium Epist. Morales CXIII 16: »verschieden und ungleich sei, was anders ist«) vertretener Grundsatz der traditionellen Metaphysik und Logik (↑Identität). Das p. i. i. wird von Leibniz unter anderem zur Begründung einer relationalen Theorie des ↑Raumes herangezogen. Würden nämlich im Universum alle Richtungen (z. B. Ost und West) miteinander vertauscht, die relative Anordnung aller Körper jedoch beibehalten, wäre der resultierende Zustand vom gegebenen ununterscheidbar. Auf Grund des p. i. i. haben sie daher auch als identisch zu gelten, so daß man nicht vom absoluten Ort der Körper im Raum, sondern nur von ihren Lagebeziehungen zueinander sprechen kann (vgl. Leibniz, Philos. Schr. VII, 363–364). K. L.

principium melioris (lat., Prinzip des Besten, auch: principe du meilleur, principium perfectionis, principium existentiae), bei G. W. Leibniz Bezeichnung für den Satz vom Grund (*principium rationis sufficientis*; ↑Grund, Satz vom), insofern dieser auf Gottes Handeln bezogen wird: Gottes Handeln hat einen zureichenden Grund, und dieser bringt sich in der Schaffung der bestmöglichen Welt (↑Welt, beste, ↑Welt, mögliche) zum Ausdruck (Essais de théodicée, Préf. [Philos. Schr. VI, 44], Disc. mét. § 36 [Philos. Schr. IV, 462; Akad.-Ausg. 6.4B, 1586], Monadologie § 48 [Philos. Schr. VI, 615]). In dieser Form findet das p. m. Anwendung auch in der Logik (als Prinzip der Kontingenz [↑kontingent/Kontingenz], vgl. 5. Brief an S. Clarke § 9 [Philos. Schr. VII, 389–420]) und in der Ethik (als Handlungsprinzip).

Literatur: N. Rescher, Leibniz. An Introduction to His Philosophy, Oxford 1979, Nachdr. Aldershot/Hampshire 1993, 25–27; weitere Literatur: ↑Grund, Satz vom. J. M.

principium rationis sufficientis, ↑Grund, Satz vom.

Prinzip (von lat. principium, ↑Anfang, Ursprung, Grundlage, erste Stelle; engl. principle, franz. principe), in Philosophie und Wissenschaft im allgemeinen Bezeichnung für Einsichten, Normen und Ziele, die methodisch gesehen am *Anfang* eines theoretischen Aufbaus oder Systems von Handlungsorientierungen stehen. Außerdem wird für P.ien in der Regel verlangt, daß sie die (eventuell charakteristische) inhaltliche oder methodische *Grundlage* eines theoretischen oder praktischen Begründungszusammenhanges darstellen. ›P.‹ ist daher, je nach Anwendungsbereich, ein Synonym für ↑›Grundsatz‹, ›Grundnorm‹ oder ›Grundregel‹. In diesem Sinne spricht man etwa in der Logik vom Kontradiktionsprinzip und in der Ethik von dem P. oder den P.ien der Moral.

Die philosophische Bedeutung des lateinischen Begriffs *principium* geht auf den philosophischen Begriff ↑Archē in der griechischen Philosophie (↑Philosophie, griechische) zurück, der auf den Anfang, die Grundlage sowohl des Wissens als auch der Welt des Seins verweist. Aristoteles deutet das Projekt der Ersetzung der Geschichten von einer göttlichen Schöpfung der Welt in der vorsokratischen Philosophie durch eine genauer zu bestimmende Archē als Suche nach Elementen, auch Urstoffen, im Sinne der Bestandteile einer Zusammensetzung der Welt, oder auch nach ersten Ursachen der Naturerscheinungen, wobei es auch um den Beginn eines wissenschaftlichen Wissens über die Welt und um die Grundlagen eines solchen Wissens ging. Daher werden ↑Termini oder ↑Begriffe, die am Anfang eines definitorischen Aufbaus stehen, in der Philosophie- und Wissenschaftsgeschichte immer auch schon zu den P.ien theoretischer Erklärungen gezählt. Eine systematische Verbindung zum naturphilosophischen P.iendenken insbes. der Griechen entsteht auch dadurch, daß der Aufbau eines Begriffssystems in der klassischen Definitionstheorie bis weit ins 19. Jh. hinein häufig in Analogie zur Zusammensetzung von Naturstoffen verstanden wird. Dabei hatte Aristoteles bereits die Mehrdeutigkeiten in der Rede von ›Anfängen‹ erkannt, insofern er die heterogene Lesart in der Formel zusammenfasst, daß P.ien »ein Erstes sind, auf dessen Grundlage etwas entweder existiert oder entsteht oder gewußt wird« (Met. *Δ*1.1013a18–19). Es lassen sich hier drei Arten von P.ien bestimmen: ↑Axiome stellen als unbeweisbare (nicht weiter begründbare), evidente (↑Evidenz) Sätze die Grundprinzipien jeglichen Erkennens dar. Im Unterschied dazu sind ↑Hypothesen und ↑Definitionen die P.ien eingegrenzter oder eingrenzbarer Erkenntnisbereiche (An. post. *A*2.72a14–24).

Die Frage, ob die P.ien wissenschaftlicher, insbes. naturwissenschaftlicher, Theorien sich einer an sich gegebenen Ordnung in der Welt bzw. Natur verdanken oder methodische und teleologische Ordnungsleistungen des Menschen darstellen, wird bereits von Aristoteles zugunsten methodischer und teleologischer Überlegungen entschieden, aber erst von I. Kant im Sinne eines durchgehend methodischen Verständnisses systematisch ausgearbeitet. Für Kant und die neuere ↑Wissenschaftstheorie gehen sowohl die Begriffsbildungen als auch die allgemeinen Behauptungen und Erfahrungssätze in den Wissenschaften auf Leistungen der ↑Vernunft und des ↑Verstandes, nicht auf eine natürliche oder göttliche Einrichtung zurück. Kant bezeichnet die Vernunft geradezu als das Vermögen der P.ien. P.ien sind dabei praktisch durch ihr universalistisches (↑universal) Verständnis von bloßen ↑Regeln unterschieden.

Literatur: P. Aubenque u. a., P., Hist. Wb. Ph. VII (1989), 1336–1373; L. Couloubaritsis, Y-a-t-il une intuition des principes chez Aristote?, Rev. int. philos. 34 (1980), 440–471; K. v. Fritz, Die *APXAI* in der griechischen Mathematik, Arch. Begriffsgesch. 1 (1955), 13–103, Nachdr. in: ders., Grundprobleme der Geschichte der antiken Wissenschaft, Berlin/New York 1971, 335–429; S. Herrmann-Sinai, P., EP II (^{2}2010), 2143–2146; P. Janich/F. Kambartel/J. Mittelstraß, Wissenschaftstheorie als Wissenschaftskritik, Frankfurt 1974; C. H. Kahn, Anaximander and the Origins of Greek Cosmology, New York/London 1960, Nachdr. Indianapolis Ind./Cambridge 1994; A. Lumpe, Der Terminus ›P.‹ von den Vorsokratikern bis auf Aristoteles, Arch. Begriffsgesch. 1 (1955), 104–116; C. Pietsch, Prinzipienfindung bei Aristoteles. Methoden und erkenntnistheoretische Grundlagen, Stuttgart 1992; T. Wesche, P., RGG VI (^{4}2003), 1667–1668; W. Wieland, Die aristotelische Physik. Untersuchungen über die Grundlegung der Naturwissenschaft und die sprachlichen Bedingungen der Prinzipienforschung bei Aristoteles, Göttingen 1962, ^{3}1992. F. K.

Prinzip, anthropisches, von B. Carter 1974 geprägte Bezeichnung für den Einfluß der Existenz menschlicher Beobachter auf Annahmen zur Beschaffenheit des Universums: in Carters Formulierung: »what we can expect to observe must be restricted by the conditions necessary for our presence as observers« (1974, 291). Carter zieht das A. P. insbes. zur Charakterisierung einer Erklärung der ↑Isotropie des Universums heran, wie sie C. B. Collins und S. W. Hawking 1973 gegeben hatten. Beide hatten gezeigt, daß diese Isotropie nur in einem sehr schmalen Bereich um die tatsächliche Masse-Energie-Dichte (bzw. nur bei nahezu verschwindender Raum-Zeit-Krümmung [↑Relativitätstheorie, allgemeine]) stabil ist. Das Auftreten dieses Werts konnte jedoch nicht durch plausible ↑Anfangsbedingungen erklärt werden. Collins und Hawking argumentierten stattdessen, daß bei spürbarer Anisotropie das Universum entweder eine chaotische Entwicklung nähme oder schnell rekollabierte. Keiner dieser Umstände sei aber mit der Evolution des Menschen verträglich. Die Antwort auf die Frage, warum das Universum isotrop ist, lautete entsprechend: weil es uns gibt (Collins/Hawking 1973, 334). – Neben die Auszeichnung von Anfangsbedingungen tritt bei Carter die gegenwärtig besonders prominente so genannte ›Feinabstimmung von Naturkonstanten‹ als zweiter Anwendungsfall des A.n P.s. So ist das faktische Intensitätsverhältnis der vier Grundkräfte eine Vorbedingung für die Entstehung von Leben. Wäre etwa die Intensität der schwachen Kraft um ein Geringes erhöht (im Verhältnis zu den anderen Kräften), so könnten keine Supernovae entstehen und folglich keine schweren Elemente. Wäre die elektromagnetische Wechselwirkung nur wenig stärker, wären alle Sterne rote Zwerge, wäre sie geringfügig schwächer, wären die Sterne heiß und kurzlebig. Unter solchen Bedingungen hätten sich keine Gesteinsplaneten in habitablen Zonen bilden können. Ähnliche Argumente gelten auch für die Intensität der starken Wechselwirkung und der Gravitation (McMullin 1993, 378).

Das A. P. rückt unwahrscheinliche Anfangsbedingungen oder Feinabstimmungen ins Licht, für die zunächst keine Erklärung erkennbar ist und die zugleich eine notwendige Bedingung für die Existenz menschlicher Beobachter darstellen. Der relevante Begriff von ›Unwahrscheinlichkeit‹ ist in beiden Fällen allerdings verschieden. Beim Isotropieproblem geht es um das Eintreten besonderer Situationsumstände, das angesichts der Fülle alternativer Umstände nicht zu erwarten war. Die Feinabstimmung betrifft dagegen die Geltung der tatsächlich bestehenden Naturgesetze im Vergleich zu leicht abweichenden Varianten. In beiden Fällen scheint eine Vielzahl alternativer Szenarien in gleicher Weise möglich.

Bereits Carter unterscheidet zwischen einer schwachen und einer starken Version des A.n P.s. Das schwache Prinzip besagt, daß die Beschaffenheit des Universums mit dem Auftreten menschlicher Beobachter verträglich sein muß. Diese Version entspricht der eingangs zitierten Formulierung. Gegen die schwache Version wird verbreitet eingewendet, sie sei trivial und bringe lediglich zum Ausdruck, daß jede Erklärung der Beschaffenheit des Universums empirisch adäquat zu sein habe – indem sie nämlich die Existenz menschlicher Beobachter nicht ausschließen dürfe. Demgegenüber legt Carters starke Fassung nahe, daß das Universum seiner Beschaffenheit nach früher oder später Leben hervorbringen mußte (»The Universe [...] must be such as to admit the creation of observers within it at some stage« [1974, 294]). In der Rezeption wurde diese starke Fassung als die Behauptung der Notwendigkeit der Existenz von Beobachtern verstanden. In dieser Form hat sie keine Verbreitung gefunden.

Das schwache A. P. gilt nicht als Grundlage einer Erklärung privilegierter Anfangsbedingungen oder abgestimmter Naturkonstanten. Der Grund ist, daß die Argumentation des Prinzips an kausalen Folgen (der Existenz von Beobachtern) ansetzt, die das Auftreten der genannten ↑Ursachen lediglich anzeigen, aber nicht zu erklären vermögen. Zwar mögen diese ↑Wirkungen einen Schluß auf das Vorliegen der Ursachen erlauben (wie der schnelle Abfall des Barometers den Schluß auf den heraufziehenden Sturm), sie stellen aber keinen Naturgrund für diese Ursachen bereit. Collins und Hawking (und nachfolgend andere Vertreter dieses Denkansatzes) zogen jedoch bereits einen weiteren Grundsatz hinzu, nämlich die durch die Viele-Welten-Interpretation der ↑Quantentheorie nahegelegte Existenz einer Mehrzahl von Universen (›Multiversum‹). Danach tritt bei jeder Feststellung des Werts einer quantentheoretischen Observablen aus dem Spektrum der Möglichkeiten eine Aufspaltung des Universums ein. In jedem der entstehenden Zweige ist jeweils eine andere dieser Möglichkeiten realisiert. Mit dieser Annahme der realen Existenz von Paralleluniversen wird das A. P. zur Erklärungsgrundlage der Auszeichnung von Anfangsbedingungen. Diese stellen dann einen Selektionseffekt dar: Aus der Vielzahl der vorhandenen Möglichkeiten sind nur wenige beobachtbar – und dies erklärt deren tatsächliche Beobachtung. Diese Erklärung ist dann analog zur Erklärung der Eignung der Erde für die Lebensentstehung, die ebenfalls eine Vielzahl von unwahrscheinlichen Voraussetzungen verlangt. Das Argument lautet dann, daß viele andere Planeten existieren, auf denen diese Bedingungen nicht vorliegen und auf denen entsprechend kein Leben entstehen konnte. Der Bezug auf eine Verkettung günstiger Zufälle gewinnt vor dem Hintergrund einer Vielzahl von weniger glücklichen Alternativen an Plausibilität und Wahrscheinlichkeit. Allerdings taugt die Viele-Welten-Interpretation lediglich für die Erklärung der ausgezeichneten Anfangsbedingungen; sie ist nicht geeignet für eine Erklärung der Feinabstimmung, und sie ist in ihrer Annehmbarkeit selbst stark umstritten. Mit dem Aufkommen der Hypothese der kosmischen Inflation in den 1980er Jahren schien das Problem der Anfangsbedingungen allerdings ohnehin gelöst. Danach ist die rapide Expansion des Universums unmittelbar nach dem Urknall die Ursache der verschwindenden Raum-Zeit-Krümmung und damit der Isotropie des Universums. Allerdings zeigte sich, daß die kosmische Inflation ihrerseits die Fixierung bestimmter unwahrscheinlicher Anfangsbedingungen verlangt. Multiversen werden unabhängig vom Anfangsbedingungs- und Abstimmungsproblem in hypothetischen

Theorien der ↑Teilchenphysik und in alternativen Kosmologien angenommen. In diesem Rahmen wird auch der Frage der Naturkonstanten Beachtung geschenkt. Insgesamt sind plausible Kausalerklärungen der beiden Explananda, für die das A. P. formuliert wurde, nicht bekannt; sie werden aber weithin von einer Weiterentwicklung der Teilchenphysik erwartet. Alternativ wird eine theistische (↑Theismus) Erklärung (in Form einer neuen Variante der natürlichen Theologie) vorgeschlagen, derzufolge Gott die ↑Schöpfung so gestaltete, daß menschliches Leben möglich wurde. Allerdings gilt diese Erklärung verbreitet als zu unspezifisch und als nicht unabhängig prüfbar.

Literatur: J. D. Barrow/F. J. Tipler, The Anthropic Cosmological Principle, Oxford etc. 1986, 1996; N. Bostrom, Anthropic Bias. Observation Selection Effects in Science and Philosophy, New York/London 2002, 2010; B. Carr (ed.), Universe or Multiverse?, Cambridge etc. 2007, 2009; B. Carter, Large Number Coincidences and the Anthropic Principle in Cosmology, in: M. S. Longair (ed.), Confrontation of Cosmological Theories with Observational Data, Dordrecht/Boston Mass. 1974, 291–298, Neudr. in: J. Leslie (ed.), Physical Cosmology and Philosophy [s. u.], 125–133; ders., The Anthropic Principle and Its Implications for Biological Evolution, Philos. Transact. Royal Soc. A 310 (1983), 347–363; C. B. Collins/S. W. Hawking, Why Is the Universe Isotropic?, Astrophysical J. 180 (1973), 317–334; M. Colyvan/J. L. Garfield/G. Priest, Problems with the Argument from Fine-Tuning, Synthese 145 (2005), 325–338; J. Gribbin/M. Rees, Cosmic Coincidences. Dark Matter, Mankind, and Anthropic Cosmology, New York 1989, London 1991 (dt. Ein Universum nach Maß. Bedingungen unserer Existenz, Basel/Boston Mass./ Berlin 1991, Frankfurt/Leipzig 1994); B. Kanitscheider, Kosmologie. Geschichte und Systematik in philosophischer Perspektive, Stuttgart 1984, [3]2002, 2012, 267–276; P. Kirschenmann, Does the Anthropic Principle Live Up to Scientific Standards?, Ann. Jap. Ass. Philos. of Sci. 8 (1992), 21–48; H. Kragh, Contemporary History of Cosmology and the Controversy over the Multiverse, Ann. Sci. 66 (2009), 529–551; J. Leslie, Anthropic Principle, World Ensemble, Design, Amer. Philos. Quart. 19 (1982), 141–151; ders., Modern Cosmology and the Creation of Life, in: E. McMullin (ed.), Evolution and Creation, Notre Dame Ind. 1985, 91–120; ders. (ed.), Physical Cosmology and Philosophy, New York/London 1990, Amherst N. Y. 1998; E. McMullin, Indifference Principle and Anthropic Principle in Cosmology, Stud. Hist. Philos. Sci. 24 (1993), 359–389; H. B. Nielsen, Did God Have to Fine Tune the Laws of Nature to Create Light, in: I. Andric/I. Dadic/N. Zovko (eds.), Particle Physics 1980 [...], Amsterdam/New York 1981, 125–142; Q. Smith, The Anthropic Principle and Many-Worlds Cosmologies, Australas. J. Philos. 63 (1985), 336–348; E. Sober, Absence of Evidence and Evidence of Absence. Evidential Transitivity in Connection with Fossils, Fishing, Fine-Tuning, and Firing Squads, Philos. Stud. 143 (2009), 63–90; V. J. Stenger, Is the Universe Fine-Tuned for Us?, in: M. Young/T. Edis (eds.), Why Intelligent Design Fails. A Scientific Critique of the New Creationism, New Brunswick N. J. 2004, 2006, 172–184; M. A. Walker/M. Cirkovic, Anthropic Reasoning, Naturalism and the Contemporary Design Argument, Int. Stud. Philos. Sci. 20 (2006), 285–307; P. A. Wilson, What Is the Explanandum of the Anthropic Principle?, Amer. Philos. Quart. 28 (1991), 167–173. M. C.

Prinzip, dialogisches, das die Weiterentwicklung des ↑Konstruktivismus der ↑Erlanger Schule zum Dialogischen Konstruktivismus (↑Konstruktivismus, dialogischer) leitende Prinzip: ›Achte beim Umgang mit Menschen und Sachen stets auf den Unterschied von Ich-Rolle und Du-Rolle einer Handlungsausübung!‹. Jede ↑Handlung, trete sie funktional auf als ein im Einsatz befindliches (und nicht nur bereitstehendes) Mittel der Untersuchung eines Gegenstandes (↑Objekt), und zwar im pragmatischen Kontext ihrer (singularen, ↑Singularia) Handlungsvollzüge oder im semiotischen Kontext ihrer (universalen, ↑Universalia) Handlungsbilder, oder aber ihrerseits vergegenständlicht zu (konkret-partikularen, ↑Partikularia) Instanzen eines (abstrakt-partikularen) Handlungstyps und damit als Gegenstand einer Bezugnahme (↑use and mention), ist vor anderen Gegenständen durch ihre dialogische Polarität ausgezeichnet: In Ich-Rolle ist eine Handlung ausgeführt oder vollzogen/getan, in Du-Rolle ist sie angeführt oder erlebt/widerfahren, und die Berücksichtigung beider Rollen auch bei Handlungen der Bezugnahme auf insbes. Handlungen in Gestalt der Handlungsvollzüge und Handlungserlebnisse, also bei deren Überführung in Gegenstände, die in der Ich-Rolle einer Bezugnahme angeeignet und in deren Du-Rolle distanziert sind, läßt Handlungen als (partikulare) Instanzen eines (partikularen) Typs, eines ↑Handlungsschemas, auftreten (↑type and token). Damit erscheint die dialogische Polarität als eine Bedingung der Möglichkeit für die beiden Unterscheidungen zwischen dem funktionalen und dem gegenständlichen Charakter von Handlungen einerseits und zwischen einem pragmatischen und einem semiotischen Kontext von Handlungen andererseits, a fortiori auch zwischen Handlungen als Handlungen und Handlungen als ↑Zeichenhandlungen, insbes. ↑Sprachhandlungen.

Das zur Beachtung der dialogischen Polarität von Handlungen auffordernde d. P. verdankt sich der Herausarbeitung der über die Forderung nach Transsubjektivität (↑transsubjektiv/Transsubjektivität) bei Argumentationen hinausgehenden, nämlich sämtliche Handlungen betreffenden Rolle des ↑Vernunftprinzips in der Erlanger Schule und vermag auf diese Weise aufzudecken, daß auch das den Konstruktivismus ursprünglich leitende methodische Prinzip (↑Prinzip, methodisches) auf dem Zusammenspiel zweier Prinzipien beruht, einem Prinzip des *methodischen Aufbaus* von Wissenschaft und Philosophie und damit dem Gewinn von lehr-und lernbarem Können und einem Prinzip der *begrifflichen Organisation*, auf dem insbes. die Begründbarkeit von allgemeinem wissenschaftlichen und philosophischen Wissen beruht. Hinzu kommt, daß das d. P. auch die Überführung methodischen Könnens in dessen sinnlich-symptomatisches Wissen ausmachende Tradierbarkeit

(↑Objektkompetenz) und ebenso die Überführung begrifflichen Wissens in dessen sprachlich-symbolisches Können ausmachende Zugänglichkeit (↑Metakompetenz) regiert.

Literatur: ↑Prinzip, methodisches. K. L.

Prinzip, methodisches, ursprünglich die Bezeichnung für den einem methodischen Denken verpflichteten Aufbau der Wissenschaften und der Philosophie im deshalb ›methodisch‹ genannten ↑Konstruktivismus der ↑Erlanger Schule (↑Philosophie, konstruktive, ↑Wissenschaftstheorie, konstruktive). Dabei soll die Charakterisierung als ›methodisch‹, die grundsätzliche Gleichsetzung von methodischem Vorgehen mit wissenschaftlichem Vorgehen (↑Methode) spezifizierend, die Weise des planvoll und schrittweise zu erfolgenden Aufbaus samt der sie dabei leitenden philosophischen Reflexion durch zwei weitere Forderungen näher eingrenzen, die Forderung nach Lückenlosigkeit und die nach Zirkelfreiheit der Verfahrensschritte (↑Prinzip der pragmatischen Ordnung), und zwar sowohl praktisch im methodischen Handeln der Wissenschaften im Aspekt der ↑Forschung als auch theoretisch, auf der Ebene sprachlicher ↑Artikulation, im methodischen Denken der Wissenschaften im Aspekt der Darstellung (↑Darstellung (semiotisch)). Bloß beschreibendes Vorgehen gegenüber den faktisch betriebenen Wissenschaften wird zugunsten ihrer methodischen oder rationalen ↑Rekonstruktion zurückgestuft zu einem bloßen, wenngleich problematischen Bestandteil der über einen unproblematischen Kern – zumindest für den Beginn eines methodischen Aufbaus der Wissenschaften als deren Basis – verfügenden ↑Lebenswelt mit ihrer ↑Alltagssprache.

Für die nicht mit dem m.n P. erfaßten Begründungsleistungen des methodischen Konstruktivismus soll darüber hinaus ein zunächst nur für Sprachhandlungen formuliertes und vor allem für die ↑normativen Wissenschaften im Kontext der Praktischen Philosophie (↑Philosophie, praktische) in Anspruch genommenes Prinzip rationaler ↑Argumentation, die auch als ↑Vernunftprinzip bezeichnete Forderung nach Transsubjektivität (↑transsubjektiv/Transsubjektivität), den Leitfaden bilden.

In der vom Dialogischen Konstruktivismus (↑Konstruktivismus, dialogischer) betriebenen Fortentwicklung des methodischen Konstruktivismus wird der dialogische Charakter des Vernunftprinzips deutlicher herausgearbeitet, indem es nicht mehr auf Argumentationen beschränkt verstanden wird, vielmehr als ein für Gegenstände (↑Objekt), insbes. ↑Handlungen, und für Zeichen, insbes. die sich vor allem auf ↑Sprachhandlungen erstreckenden ↑Zeichenhandlungen, sowie für deren gegenseitigen Bedingungszusammenhang maßgebendes dialogisches Prinzip (↑Prinzip, dialogisches), das bei jeder Handlung die Ich-Rolle des Vollziehens und die Du-Rolle des Erlebens sowie deren Aneignung in einer für ein (individuelles) Subjekt konstitutiven Ich-und-Du-Rolle (Selbstaneignung) und deren Distanzierung in einer Transsubjektivität ausmachenden und so auch die Konstitution von (partikularen) Objekten ermöglichenden Er/Sie-Rolle (Selbstdistanz) auseinanderzuhalten verlangt. Dabei zeigt es sich, daß das m. P. allein den methodischen Aufbau in Gestalt einer regelgeleiteten Erzeugung von lehr- und lernbarem Können (↑Lehren und Lernen), einem ›knowing-how‹, regiert, und zwar sowohl auf der Ebene der nicht nur die Wissenschaft betreffenden Handlungen als auch auf der Ebene der nicht nur eine ↑Wissenschaftssprache betreffenden Sprachhandlungen, während ein bisher in seiner Eigenständigkeit unbemerkt gebliebenes begriffliches Prinzip für die begriffliche Organisation von Wissen, ein ›knowing-that‹, verantwortlich ist, und zwar in Gestalt von Invarianzforderungen (↑invariant/Invarianz) an die sprachlichen Hilfsmittel jeder Sprache, nicht nur der Wissenschaftssprache. Nur im Zusammenspiel beider Prinzipien, läßt sich die systematische Rolle der Differenz zwischen (lebensweltlichem) Können und (wissenschaftlichem) Wissen unter Berücksichtigung der ebenfalls eigenständigen Ebenen von (wissenschaftlichem) Können und (lebensweltlichem) Wissen voll entfalten.

Die gegenseitige Abhängigkeit von methodisch aufgebautem Können und begrifflich organisiertem Wissen tritt besonders hervor, wenn man beachtet, daß es im Zuge der Rekonstruktion von Können und Wissen noch zweier weiterer, vom dialogischen Prinzip geleiteter, Schritte bedarf, um methodisches Können und begriffliches Wissen auch allgemein verfügbar zu machen: Das Können betreffend vermöge der normierenden Funktion des praktischen Vermittelns, einer ›regimentation‹ im Sinne W. V. O. Quines, und damit der Tradierbarkeit eines Könnens – ein Akt der Distanzierung überführt das methodisch aufgebaute Können in sinnlich-symptomatisches Wissen (↑Objektkompetenz): Können ist stabilisiert – und das Wissen betreffend vermöge der Übersetzungsfunktion des theoretischen Vermittelns, insbes. des sprachlichen Artikulierens, und damit der Zugänglichkeit eines Wissens – ein Akt der Aneignung überführt das begrifflich organisierte Wissen in sprachlich-symbolisches Können (↑Metakompetenz): Wissen ist objektiviert.

Literatur: H. Dingler, Grundriß der methodischen Philosophie. Die Lösungen der philosophischen Hauptprobleme, Füssen 1949; K. Lorenz, Das Vorgefundene und das Hervorgebrachte. Zum Hintergrund der ›Erlanger Schule‹ des Konstruktivismus, in: J. Mittelstraß (ed.), Der Konstruktivismus in der Philosophie im Ausgang von Wilhelm Kamlah und Paul Lorenzen, Paderborn 2008, 19–31, ohne Untertitel in: K. Lorenz, Dialogischer Konstruktivismus, Berlin/New York 2009, 159–173; ders., Zum dialogischen Prinzip in der Philosophie der ›Erlanger Schule‹ in:

P. E. Bour/M Rebouschi/L. Rollet (eds.), Construction. Festschrift for Gerhard Heinzmann, London 2010, 477–488, rev. unter dem Titel: Das dialogische Prinzip, in: K. Lorenz, Philosophische Variationen, Berlin/New York 2011, 509–519; P. Lorenzen, Methodisches Denken, Frankfurt 1968, ^{3}1988; H. Sarkar, A Theory of Method, Berkeley Calif./London 1983; H. Wohlrapp, Was ist ein methodischer Zirkel? Erläuterungen einer Forderung, welche die konstruktive Wissenschaftstheorie an Begründungen stellt, in: J. Mittelstraß/M. Riedel (eds.), Vernünftiges Denken. Studien zur praktischen Philosophie und Wissenschaftstheorie, Berlin/New York 1978, 87–103. K. L.

Prinzip der kleinsten Wirkung (engl. principle of least action, franz. principe de la moindre action), Bezeichnung für ein mathematisches Variationsprinzip (↑Variation), das im 18. Jh. einen Streit über die mechanische (↑Mechanik) Rechtfertigung der ↑Theodizee auslöste und im 19. und 20. Jh. Anwendung in weiteren physikalischen Theorien fand. – Im Zusammenhang mit Variationsproblemen führt G. W. Leibniz den Begriff der unmittelbaren Wirkung (*effectus immediatus*) eines bewegten Körpers ein, die als Produkt $mv\,ds$ aus Masse m, Geschwindigkeit v und durchlaufenem Wegelement ds definiert wird (Brief vom März 1696 an J. Bernoulli, Akad.-Ausg. 3.6, 707). Unter der bewegenden Aktion (*actio motrix*) A des bewegten Körpers versteht Leibniz die Zusammensetzung (Integral) aller unmittelbaren Wirkungen, d. h. $\int mv\,ds = A$. Mit Hinweis auf den Differentialquotienten der Geschwindigkeit $v = ds/dt$ aus Wegelement ds und Zeitelement dt verweist er auf die äquivalente Formulierung aus Zeitelement und ›lebendiger Kraft‹ mv^2 (↑vis viva) mit $\int mv^2\,dt = A$. In einem verschollenen Brief an J. Hermann (16. 10. 1708) soll Leibniz bereits geäußert haben, daß die bewegende Aktion A »in den Bewegungsänderungen ständig zum Maximum oder zum Minimum wird«, d. h., daß der Integralausdruck Extremalwerte, nämlich Maxima und Minima (↑Extremalprinzipien) annehmen kann. Ein einfaches Anwendungsbeispiel ist das Variationsproblem $\int v\,ds$ = Extremum, bei dem die Kurve eines geworfenen Körpers im Schwerefeld g mit der Geschwindigkeit $v = \sqrt{2gs}$ zu berechnen ist.

1740 zeigt P. L. M. de Maupertuis in »Loi du repos des corps«, daß ein materielles Körpersystem unter der Einwirkung von Zentralkräften im Gleichgewicht ist, wenn die Summe bestimmter Produkte im Falle stabiler Lage minimal oder im Falle labiler Lage maximal ist. Durch dieses Extremalkriterium der ↑Statik, nämlich das Prinzip der virtuellen Verschiebungen, angeregt, versucht Maupertuis auch Anwendungen auf dynamische Probleme. Als Ursache für Bewegungsänderungen führt er Leibnizens Aktionsbegriff (*la quantité d'action*) an, der durch eine falsche Anwendung auf das ↑Fermatsche Prinzip minimal wurde. Das reichte Maupertuis, um 1746 ein universales P. d. k. W. zu formulieren: »Tritt in der Natur irgendeine Änderung ein, so ist die für diese Änderung notwendige Aktionsmenge die kleinstmögliche« (Les lois du mouvement et du repos, déduites d'un principe de métaphysique, Histoire de l'Académie Royale des Sciences et Belles-Lettres de Berlin [1746], Berlin 1748, 267–294, teilw. Nachdr. unter dem Titel: Recherche des lois du mouvement, in: ders., Oeuvres IV, Lyon 1756, ^{2}1768, 36). Dieses Minimalprinzip interpretiert Maupertuis als großes ›Spargesetz der Natur‹, mit dem er die Planetenbewegungen ebenso erklären wollte wie z. B. das Wachsen der Pflanzen und Tiere. – Der Versuch von Maupertuis, aus dem P. d. k. W. teleologisch (↑Teleologie) sowohl die Existenz Gottes als auch das moralische Handeln des Menschen abzuleiten, führte an der Berliner Akademie zu einer heftigen Kontroverse mit Voltaire, in der unter anderem L. Euler und Friedrich der Große Partei ergriffen. Anlaß war ein Artikel des Schweizer Mathematikers S. Koenig, der 1751 historisch-kritisch die Priorität des Prinzips für Leibniz reklamierte, mathematisch auf die Möglichkeit von Maxima *und* Minima aufmerksam machte und damit dem ›Spargesetz‹ den Boden entzog. Obwohl Euler in diesem Streit gegen Voltaire und Koenig für seinen Akademiepräsidenten Maupertuis und den König von Preußen Partei ergriff, fand sich im Additamentum II von »Methodus inveniendi« eine korrekte Formulierung des Prinzips. Philosophisch, so Euler, könne man die Naturerscheinungen sowohl aus den wirkenden Ursachen als auch aus dem Endzweck erklären. Im letzten Falle würde man von vornherein vermuten, daß jede Naturerscheinung ein Maximum oder Minimum annimmt. Diese Frage aber lasse sich nicht durch ↑Metaphysik, sondern nur durch Mathematik entscheiden.

Ein allgemeines P. d. k. W. in der Mechanik liefert erst J. L. Lagrange in seinem Variationskalkül. Dabei geht es formal nur noch darum, ein ↑Integral zu finden, dessen ↑Variation, gleich Null gesetzt, die ↑Bewegungsgleichungen der Mechanik liefert. In dieser Form bleibt das P. d. k. W. allerdings auf die Mechanik beschränkt. Für andere physikalische Theorien anwendbar wurde es erst nach der Erweiterung zum ↑Hamiltonprinzip. Dabei tritt an die Stelle des Leibnizschen Wirkungselementes $mv\,ds$ bzw. $mv^2\,dt$ ein allgemeines Element $L\,dt$ mit der Lagrange-Funktion L des physikalischen Systems. Aus ↑Variationsprinzipien der Form $\int L\,dt = 0$ lassen sich bei geeigneter Interpretation nicht nur die mechanischen Bewegungsgleichungen ableiten, sondern auch die Grundgleichungen der ↑Elektrodynamik und (wie D. Hilbert gezeigt hat) auch der Einsteinschen Gravitationstheorie (↑Gravitation, ↑Relativitätstheorie, allgemeine). Nach R. P. Feynman finden solche Prinzipien auch in der Quantenmechanik (↑Quantentheorie) Anwendung. M. Planck hatte bereits 1915 das P. d. k. W. als ein formales Prinzip bezeichnet, das alle reversiblen Vorgänge der Physik zu ›beherrschen‹ scheint.

Literatur: C. Carathéodory, Basel und der Beginn der Variationsrechnung, in: Festschrift zum 60. Geburtstag von Prof. Dr. Andreas Speiser, Zürich 1945, 1–18, Neudr. in: ders., Gesammelte mathematische Schriften II, ed. Bayer. Akad. Wiss., München 1955, 108–128; R. Dugas, Le principe de la moindre action dans l'œuvre de Maupertuis, Rev. sci. 80 (1942), 51–59; L. Euler, Methodus inveniendi lineas curvas. Maximi minimive proprietate gaudentes sive solutio problematis isoperimetrici latissimo sensu accepti. Additamentum II: De Motu proiectorum in medio non resistente, per methodum maximorum ac minimorum determinando, in: ders., Opera omnia. Ser. I, XXIV, ed. C. Carathéodory, Bern 1952, 298–308; R. P. Feynman/R. B. Leighton/M. Sands, Feynman Vorlesungen über Physik/The Feynman Lectures on Physics II 1 (Hauptsächlich Elektromagnetismus und Struktur der Materie/Mainly Electromagnetism and Matter) [dt./engl.], München/Wien, Reading Mass. 1973, 19.1–22, München/Wien [5]2007, 2010, 345–366 (Kap. 19 Das P. d. k. W./ The Principle of Least Action); J. H. Graf, Der Mathematiker Johann Samuel Koenig und das Princip der kleinsten Aktion. Ein akademischer Vortrag, Bern 1889; D. Hilbert, Die Grundlagen der Physik, in: Nachr. Königl. Ges. Wiss. Gött. 1915, 395–407, 1917, 53–76, Neudr. in: Math. Ann. 92 (1924), 1–32, ferner in: ders., Gesammelte Abhandlungen III (Analysis – Grundlagen der Mathematik – Physik – Verschiedenes. Nebst einer Lebensgeschichte), Berlin 1932, 1935 (repr. New York 1965, Berlin/Heidelberg/New York 1970), 258–289 (repr. in: ders., Hilbertiana. Fünf Aufsätze, Darmstadt 1964, 47–78); P. E. B. Jourdain, The Principle of Least Action. Remarks on Some Passages of Mach's Mechanics, Monist 22 (1912), 285–304; ders., Maupertuis and the Principle of Least Action, Monist 22 (1912), 414–459; ders., The Nature and Validity of the Principle of Least Action, Monist 23 (1913), 277–293; J. Katzav, Dispositions and the Principle of Least Action, Analysis 64 (2004), 206–214; A. Kneser, Das P. d. k. W. von Leibniz bis zur Gegenwart, Leipzig/Berlin 1928; S. Koenig, De universali principio aequilibrii et motus, in vi viva reperto, deque nexu inter vim vivam et actionem, utriusque minimo, Dissertatio, Nova acta eruditorum (1751), 125–135, 162–176, Nachdr. in: L. Euler, Opera omnia. Ser. I, V, ed. J. O. Fleckenstein, Lausanne 1957, 303–324; K. Mainzer, Friedrich der Große und der Krieg der Philosophen. Zum Verhältnis von Physik, Philosophie und Religion bei Leibniz bis zur Aufklärung, Ann. Ist. Storico italogerm. Trento. Jb. ital.-dt. hist. Inst. Trient 11 (1985), 103–140; ders., Symmetrien der Natur. Ein Handbuch zur Natur- und Wissenschaftsphilosophie, Berlin/New York 1988 (engl. Symmetries of Nature. A Handbook for Philosophy of Nature and Science, Berlin/New York 1996); P. L. M. de Maupertuis, Les lois du mouvement et du repos, déduites d'un principe de métaphysique, Histoire de l'Académie Royale des Sciences et Belles-Lettres de Berlin (1746), Berlin 1748, 267–294, teilw. Nachdr. unter dem Titel: Recherche des lois du mouvement, in: ders., Œuvres IV, Lyon 1756, [2]1768 (repr. Hildesheim 1965), 31–42; ders., Essai de philosophie morale, Berlin 1749, Leiden 1951, ferner in: Œuvres I, Lyon 1756, [2]1768 (repr. Hildesheim/New York 1974), 171–252, separat Paris 2010; ders., Essai de cosmologie, Berlin 1750, o. O. [Leiden] [2]1751, ferner in: ders., Œuvres I, Lyon 1756, [2]1768 (repr. Hildesheim/New York 1974), 3–78; J. Petzold, Maxima, Minima und Ökonomie, Altenburg 1891; M. Planck, Das P. d. k. W., in: P. Hinneberg (ed.), Die Kultur der Gegenwart. Ihre Entwicklung und ihre Ziele, Abt. III/3, Bd. 1 (Physik), Leipzig/Berlin 1915, 692–702 (repr. in: ders., Physikalische Abhandlungen und Vorträge III, ed. Verband deutscher physikalischer Gesellschaften/Max-Planck-Gesellschaft zur Förderung der Wissenschaften e. V., Braunschweig 1958, 91–101), [2]1925, 772–782; H. Pulte, Das P. d. k. W. und die Kraftkonzeptionen der rationalen Mechanik. Eine Untersuchung zur Grundlegungsproblematik bei Leonhard Euler, Pierre Louis Moreau de Maupertuis und Joseph Louis Lagrange, Stuttgart 1989; K. F. Siburg, The Principle of Least Action in Geometry and Dynamics, Berlin etc. 2004; O. Spieß, Leonard Euler. Ein Beitrag zur Geistesgeschichte des XVIII. Jahrhunderts, Frauenfeld/Leipzig 1929, 110–163; M. Stöltzner, Das P. d. k. W. als Angelpunkt der Planck'schen Epistemologie, in: D. Hoffmann (ed.), Max Planck und die Moderne Physik, Berlin etc. 2010, 167–184; ders./P. Weingartner (eds.), Formale Teleologie und Kausalität in der Physik. Zur philosophischen Relevanz des P.s d. k. W. und seiner Geschichte/Formal Teleology and Causality in Physics, Paderborn 2005; I. Szabó, Geschichte der mechanischen Prinzipien und ihrer wichtigsten Anwendungen, Basel/Stuttgart, Hannover 1976, ed. E. A. Fellmann/P. Zimmermann, Basel/Boston Mass./Stuttgart [3]1987, 1996. K. M.

Prinzip der methodischen Ordnung, ↑Prinzip, methodisches, ↑Prinzip der pragmatischen Ordnung.

Prinzip der pragmatischen Ordnung, auf H. Dingler (Die Methode der Physik, München 1938, 116–117) zurückgehender methodologischer Grundsatz der Konstruktiven Wissenschaftstheorie (↑Wissenschaftstheorie, konstruktive), der fordert, in wissenschaftlichen Handlungszusammenhängen – in Analogie etwa zur pragmatisch erforderlichen Reihenfolge von Schritten beim Bau eines Hauses – nur von solchen Mitteln Gebrauch zu machen, die bereits konstruktiv zur Verfügung stehen, und nur solche Resultate zu verwenden, die ihrerseits konstruktiv begründet wurden. Verstöße gegen das P. d. p. O. werden ›pragmatische Zirkel‹ genannt. Sie können nur auf der sprachlichen Ebene entstehen, da gegen das P. d. p. O. verstoßende Handlungen mit materiellen Objekten nicht durchführbar sind. – Das P. d. p. O. spielt in der ↑Protophysik als einer der empirischen Physik vorausliegenden Theorie der ↑Messung eine wichtige Rolle. Hier wird z. B. angenommen, daß die Herstellung eines ersten Lineals mit einer Maschine, die ihrerseits nicht ohne Lineal gebaut werden kann, einen Verstoß gegen das P. d. p. O. und mithin einen pragmatischen Zirkel darstelle. Das P. d. p. O. wird auch als ›Prinzip der methodischen Ordnung‹ (↑Prinzip, methodisches) bezeichnet. Gegen Dinglers Begriff des pragmatischen Zirkels wurde von N. Rescher eingewendet, daß pragmatisch zirkuläre Situationen in Fällen von zirkulärem Feedback sehr wohl pragmatisch konsistent sein könnten.

Literatur: P. Janich, Die Protophysik der Zeit, Mannheim/Wien/ Zürich 1969, erw. unter dem Titel: Die Protophysik der Zeit. Konstruktive Begründung und Geschichte der Zeitmessung, Frankfurt 1980 (engl. Protophysics of Time. Constructive Foundation and History of Time Measurement, Dordrecht/Boston Mass./Lancaster 1985); ders., Eindeutigkeit, Konsistenz und methodische Ordnung. Normative versus deskriptive Wissenschaftstheorie zur Physik, in: F. Kambartel/J. Mittelstraß (eds.), Zum normativen Fundament der Wissenschaft, Frankfurt 1973, 131–158; ders., Konstruktivismus und Naturerkenntnis, Frankfurt 1996; J. Mittelstraß, Die Möglichkeit von Wissenschaft, Frankfurt 1974, 92–93, 97; N. Rescher, Methodological Pragmatism. A Systems-Theoretic Approach to the Theory of Knowledge, Oxford, New York 1977, 6; H. Wohlrapp, Was ist ein methodischer Zirkel? Erläuterung einer Forderung, welche die konstruktive Wissenschaftstheorie an Begründungen stellt, in: J. Mittelstraß/M. Riedel (eds.), Vernünftiges Denken. Studien zur praktischen Philosophie und Wissenschaftstheorie, Berlin/New York 1978, 87–103. G. W.

Prinzip der rückwirkenden Verpflichtung (lat. principium obligationis in praeteritum valentis), auch: Rückverpflichtungsprinzip, Bezeichnung für ein dem spätestens in der ↑Stoa als Prinzip einer ↑Moralphilosophie in pragmatischer Absicht anerkannten Prinzip ↑*ultra posse nemo obligatur* (auch: *ultra posse nemo tenetur*) entgegenstehendes Handlungsprinzip. Nach dem Prinzip *ultra posse nemo obligatur* kann z. B. niemand zu ↑Handlungen verpflichtet werden, zu deren Ausführung ihm – etwa aus zeitlichen Gründen – die Möglichkeit fehlt. Dies bedeutet insbes. den Ausschluß so genannter Rückverpflichtungen, durch die, wie im P. d. r. V., eine Person zur Ausführung von Handlungen in der Vergangenheit angehalten wird. Bisher ist für keines der beiden konkurrierenden Prinzipien ein positiver Beweis erbracht worden; jedoch wird mitunter die erfolgreiche Anwendung des P.s d. r. V. als Widerlegung des Prinzips *ultra posse nemo obligatur* angesehen. Dabei sind allerdings die Kriterien für das Vorliegen einer erfolgreichen Anwendung umstritten.

In außereuropäischen Kulturen läßt sich gelegentlich – vor allem dort, wo die Vorstellung einer ↑Seelenwanderung mit einem zyklischen Geschichtsmodell (↑Geschichte) in Zusammenhang gebracht wird – ein tiefes Mißtrauen gegen das Prinzip *ultra posse nemo obligatur* und eine Bereitschaft zur Verfolgung des P.s d. r. V. feststellen. Sollte nämlich für die Ausführung einer Handlung *H* ein Zeitraum Δt ›verbraucht‹ sein, läßt sich in diesem Kontext vorstellen, daß eine Handlung *H′* später als *H*, aber doch vor *H* (nämlich nach Durchlaufen des Zyklus) ausgeführt wird. Ob dasselbe auch für das Unterlassen von Handlungen gilt, wird von verschiedenen Observanzen unterschiedlich beurteilt; hier setzt man sich vor allem mit dem (scheinbaren) Paradox (↑Paradoxie) auseinander, daß eine Handlung *H* unterlassen werden könnte, nachdem sie ausgeführt worden ist. In diesem Zusammenhang ist auch von Bedeutung, daß nach den Beobachtungen von J. J. Feinhals (Javanische Grammatik [...], 1729, Randnr. 170 ff.) in manchen javanischen Dialekten ein Konjunktiv des Futur II für Sollenssätze vorgesehen ist (z. B. *ging~vai), der bei einer Verwendung im ↑Antezedens eines ↑Konditionalsatzes im ↑Sukzedens immer einen Indikativ Präsens der Selbstverpflichtung nach sich zieht (also *ging~vai~~va, dt. etwa: ›ich werde *H* gesollt haben können, also führe ich *H* aus‹). Ob Feinhals' Feststellung, daß diese Verbformen nur in Dialekten von Stämmen vorkommen, in denen der Glaube an die Seelenwanderung etabliert ist, zutrifft, wird in der ethnologischen Forschung (H. Snowdown 1981) neuerdings bestritten.

In der abendländischen Philosophie scheint J. Mittelstraß als erster die starke Voraussetzungshaftigkeit des Prinzips *ultra posse nemo obligatur* im Sinne eines P.s d. r. V. bemerkt zu haben. In Weiterführung bestimmter Motive der Moralphilosophie I. Kants (»Der Mensch ist durch seine Vernunft bestimmt, in einer Gesellschaft mit Menschen zu sein und in ihr sich durch Kunst und Wissenschaften zu *kultivieren*, zu *zivilisieren* und zu *moralisieren*, wie groß auch sein tierischer Hang sein mag, sich den Anreizen der Gemächlichkeit und des Wohllebens, die er Glückseligkeit nennt, *passiv* zu überlassen«, Anthropologie in pragmatischer Hinsicht B 319 [Akad.-Ausg. VII, 324–325]) hat er die Vorstellung einer eine Handlungsunterlassung entschuldigenden Begrenztheit von ↑Zeit und ↑Kraft (↑Protophysik) als unbegründet zurückgewiesen. Das P. d. r. V. verbindet sich hier mit der Konzeption der *strengen Kompression* (↑Kompressor), etwa im Sinne von Erzwingungsstrategien, denen ↑Enzyklopädien seit dem 18. Jh. ihre Vollendung verdanken, bzw. dem Begriff des *Mittelstreß*. In seinen berühmten (noch unveröffentlichten) Rundschreiben hat Mittelstraß sich der Vorstellung, Individuen auch zum Vollzug von Handlungen in die Vergangenheit hinein anzuhalten, entschieden genähert. Nach genauerer handlungstheoretischer Ausarbeitung steht zu erwarten, daß nach Mittelstraß Menschen zur rechtzeitigen Ausführung bestimmter Handlungen z. B. auch bis zum Ende des bereits verflossenen Monats verpflichtet werden können.

Mittelstraß macht in diesem Zusammenhang darauf aufmerksam, daß das Prinzip *ultra posse nemo obligatur* nur gilt, wenn im Rahmen eines linearen Geschichtsverständnisses von einer problematischen Dramatisierung der Zeitbegrenztheitserfahrung (etwa: *ars longa, vita brevis*) Gebrauch gemacht wird, die letztlich auf die Naherwartungsvorstellungen der christlichen Urgemeinde zurückzuführen ist. Unter Hinweis auf das von O. Neurath in der Münchener Räterepublik (1919) eingeführte Prinzip der staatlichen Zeitkontingentierung auf der Basis individueller Zeitbedürfniskataster verlangt er eine staatliche Regelung der kollektiven Zeitverschwendung (so neuerdings auch P. K. Feyerabend 1995). Die Kontingentierung soll von einem Zeit-Ombudsmann oder einem Zeit-Rat vorgenommen werden, der ähnlich dem Wissenschaftsrat organisiert ist.

Literatur: A. Domani, L. Wittgensteins ›Gruß der Philosophen‹ und die Lexikographie, in: Y. Subito (ed.), Philosophie, Wissenschaftstheorie, Enzyklopädie III, Mannheim 1986, 10365–10377; J. J. Feinhals, Javanische Grammatik auf Grund eigener Kenntniss, Amsterdam 1729; P. K. Feyerabend, Killing Time. The Autobiography of Paul Feyerabend, Chicago 1995 (dt. Zeitverschwendung, Frankfurt 1995); P. Kannich, Proto-Zeitmanagement, Frankfurt 1996; I. Kant, Über den Gemeinspruch ›Gut Ding will Weile haben‹ [1804], Akad.-Ausg. LVII, 32–99; J. Mittelstraß, Rundschreiben I/1978; ders., Das Bedürfnis nach Zeit. Eine chronologische Skizze, Jb. zur Staats- und Verwaltungswissenschaft 5 (1991), 13–27; ders., From Time to Time. Remarks on the Difference Between the Time of Nature and the Time of Man, in: J. Earman u. a. (eds.), Philosophical Problems of the Internal and the External Worlds. Essays on the Philosophy of Adolf Grünbaum, Pittsburgh Pa./Konstanz 1993, 83–101; ders, Zeitbedürfnis und Zeitbedarf in der Omega-Welt, in: ders., Wissenschaft in der Omega-Welt. Unangenehme Bemerkungen, Frankfurt 1997, [2]1993, 82; O. Neurath, Das umgekehrte Taylorsystem, in: ders., Durch Kriegswirtschaft zur Naturalwirtschaft, München 1919, 205–208; ders., Modern Man in the Making, New York/London 1939; H. Snowdown, Dates and Times with Margaret, London (Rainbow Press) 1981. C. F. G.

Prior, Arthur Norman, *Masterton (Neuseeland) 4. Dez. 1914, †Trondheim (Norwegen) 6. Okt. 1969, neuseeländ. Philosoph. 1932–1937 Studium an der Universität von Otago (Neuseeland). 1946–1960 Dozent, ab 1952 Prof. für Philosophie an der Universität von Canterbury (Neuseeland). 1956 John-Locke-Lecturer an der Universität Oxford, 1960–1966 Prof. für Philosophie an der Universität Manchester, 1966–1969 Fellow und Tutor Balliol College, Oxford. – Zu P.s bekanntesten Arbeiten zählen vor allem seine Untersuchungen zum so genannten naturalistischen Fehlschluß in der Ethik (↑Naturalismus (ethisch)), zur Logik temporaler Ausdrücke (↑Logik, temporale) und zu Zuschreibungen epistemischer Zustände. In diesen Untersuchungen nimmt P. zumeist einen nicht-reduktionistischen (↑Reduktionismus) Standpunkt ein: Statt intensionale (↑intensional/Intension) Bestandteile der Alltagssprache extensional (↑extensional/Extension) zu rekonstruieren, bemüht er sich um eine direkte Analyse der Logik intensionaler Ausdrücke. Damit verfolgt P. ein philosophisches Programm, das in direktem Gegensatz zu dem von W. V. O. Quine steht und in die Begründung wichtiger Teilbereiche der ↑Modallogik (↑Logik, temporale, ↑Logik, epistemische und ↑Logik, deontische) mündet.

Werke: Logic and the Basis of Ethics, Oxford 1949; Formal Logic, Oxford 1955, [2]1962, 1975; Time and Modality. Being the John Locke Lectures for 1955–6 Delivered in the University of Oxford, Oxford 1957, 2003; Past, Present and Future, Oxford 1967, 2002; Papers on Time and Tense, London 1968, ed. P. Hasle u. a., Oxford etc. 2003, 2010; Objects of Thought, ed. P. T. Geach/A. J. P. Kenny, Oxford 1971 (franz. Objets de pensée, Paris 2002); The Doctrine of Propositions and Terms, ed. P. T. Geach/A. J. P. Kenny, London, Amherst Mass. 1976; Papers in Logic and Ethics, ed. P. T. Geach/A. J. P. Kenny, London 1976; Worlds, Times and Selves, ed. K. Fine, London, Amherst Mass. 1977. – P. Øhstrøm/O. Flo, Bibliography of A. N. P.'s Philosophical Writings, in: B. J. Copeland (ed.), Logic and Reality [s. u., Lit.], 519–532.

Literatur: J. Butterfield, P.'s Conception of Time, Proc. Arist. Soc. 84 (1983/1984), 193–209; B. J. Copeland (ed.), Logic and Reality. Essays on the Legacy of A. P., Oxford 1996, 2004; K. Fine, P. on the Construction of Possible Worlds and Instants, in: A. N. P., Worlds, Times and Selves, ed. K. Fine, London 1977, 116–161; M. Grimshaw, The Prior P.. Neglected Early Writings of A. N. P., Heythorp J. 43 (2002), 480–495; A. Kenny, A. N. P. (1914–1969), Proc. Brit. Acad. 56 (1970), 321–349; T. Müller, A. P.s Zeitlogik. Eine problemorientierte Darstellung, Paderborn 2002; J. J. C. Smart, P. and the Basis of Ethics, Synthese 53 (1982), 3–17; J. E. Tomberlin, P. on Time and Tense, Rev. Met. 24 (1970), 57–81. – Synthese 188 (2012), H. 3 (From a Logical Angle. Some Studies in A. N. P.'s Ideas on Time, Discourse, and Metaphysics). A. F.

Priorsche Paradoxie (engl. Prior's paradox), auch: paradox of derived obligation, paradox of commitment, Bezeichnung für eine Gruppe von Theoremen der Standardkalküle der deontischen Logik (↑Logik, deontische), auf deren paradoxalen Charakter (↑paradox) mit besonderem Nachdruck A. N. Prior hingewiesen hat. Ähnlich der ↑Chisholmschen Paradoxie beruht die P. P. wesentlich auf der von G. H. v. Wright eingeführten formalen Darstellung bedingter Normen durch

(1) $\mathrm{O}(p \rightarrow q)$,

wobei ›O‹ den Gebotenheitsoperator bezeichnet. Die P. P. ist somit eine Variante der so genannten *paradoxes of contrary-to-duty imperatives*: Ist (1) Theorem in einem Normensystem *S*, dann ist in *S* intuitionistisch oder stärker auch

(2) $\mathrm{O}(\neg p) \rightarrow \mathrm{O}(p \rightarrow q)$

beweisbar. Damit aber wäre, wer eine verbotene Handlung *p* ausführt, zufolge dieser Logik zu beliebigen Handlungen *q* verpflichtet. Da (2) in den Standardkalkülen der deontischen Logik als eine Variante des ↑ex falso quodlibet bereits mit rein aussagenlogischen Mitteln (↑Junktorenlogik) gewonnen werden kann, kann *q* sogar grundsätzlich für alles stehen, und damit kann – sofern nur irgendjemand etwas Verbotenes tut – alles geboten sein, was in *S* durch eine wohlgeformte Formel (↑well-formed formula) ausdrückbar ist.

In Reaktion auf diese Resultate hat v. Wright eine so genannte *dyadische* deontische Logik entwickelt, in der bedingte Normen durch zweistellige ↑Operatoren wie $\mathrm{O}(p/q)$ dargestellt werden, so daß (2) nicht mehr ableitbar ist (↑Logik, deontische). Prior und andere hingegen weisen die Adäquatheit der Darstellung bedingter Normen durch (1) zurück und schlagen stattdessen die ↑Formalisierung

(3) $p \rightarrow Oq$

vor, wodurch die Ableitung der paradoxen Formeln verhindert wird. Dieser Ansatz hat zudem den Vorteil, daß so die Formulierung einer speziellen ↑Abtrennungsregel, die den Übergang von p und $O(p \rightarrow q)$ zu Oq erlaubt, hinfällig wird. Auch im Rahmen einer Konstruktiven Logik (↑Logik, konstruktive) ist zwar (3), nicht aber (1) erreichbar, so daß hier die P. P. nicht auftreten kann.

Literatur: L. Åqvist, Deontic Logic, in: D. Gabbay/F. Guenthner (eds.), Handbook of Philosophical Logic II (Extensions of Classical Logic), Dordrecht/Boston Mass./Lancaster 1984, 605–714, erw. in: dies. (eds.), Handbook of Philosophical Logic VIII, Dordrecht/Boston Mass./London ²2002, 147–264; ders., Introduction to Deontic Logic and the Theory of Normative Systems, Neapel 1987, 1988, bes. 25–87 (Chap. 2 Paradoxes and Dilemmas); D. Bonevac, Against Conditional Obligation, Noûs 32 (1998), 37–53; J. Carmo/A. Jones, Deontic Logic and Contrary-to-Duties, in: D. Gabbay/F. Guenther (eds.), Handbook of Philosophical Logic VIII [s. o.], 265–343; H.-N. Castañeda, The Paradoxes of Deontic Logic. The Simplest Solution to All of Them in One Fell Swoop, in: R. Hilpinen (ed.), New Studies in Deontic Logic. Norms, Actions and the Foundations of Ethics, Dordrecht/Boston Mass./London 1981, 37–85; D. Føllesdal/R. Hilpinen, Deontic Logic, in: R. Hilpinen (ed.), Deontic Logic. Introductory and Systematic Readings, Dordrecht/Boston Mass./London 1971, 1981, 1–35; J. Hansen, The Paradoxes of Deontic Logic. Alive and Kicking, Theoria 72 (2006), 221–232; A. al-Hibri, Deontic Logic. A Comprehensive Appraisal and a New Proposal, Washington D. C. 1978; R. Hilpinen, Deontic Logic, in: L. Goble (ed.), The Blackwell Guide to Philosophical Logic, Malden Mass. 2001, 2008, 159–182; G. Kamp, Logik und Deontik. Über die sprachlichen Instrumente praktischer Vernunft, Paderborn 2001, bes. 218–281 (Kap. 5 Rechtfertigbarkeitsdefizite der deontischen Logik); P. Lorenzen, Normative Logic and Ethics, Mannheim/Wien/Zürich 1969, ²1984; ders./O. Schwemmer, Konstruktive Logik, Ethik und Wissenschaftstheorie, Mannheim/Wien/Zürich 1973, ²1975; P. McNamara, Deontic Logic, in: D. M. Gabbay/J. Woods (eds.), Handbook of the History of Logic VII (Logic and the Modalities in the Twentieth Century), Amsterdam etc. 2006, 197–288, bes. 239–243 (Chap. 4.5 Puzzles Centering around Deontic Conditionals); ders., Deontic Logic, SEP 2006, rev. 2010 (mit Supplement: The Paradox of Derived Obligation/Commitment); E. Morscher, Normenlogik. Grundlagen, Systeme, Anwendungen, Paderborn 2012, bes. 167–183 (Kap. 11 Inhaltliche Einwände gegen das Standardsystem. Normenlogische Paradoxien und Normkonflikte); P. Øhrstrøm/P. F. V. Hasle, A. N. Prior's Logic, in: D. M. Gabbay/J. Woods (eds.), Handbook of the History of Logic VII [s. o.], 399–446, bes. 405–410 (Chap. 1 The Logic of Ethics); A. N. Prior, The Paradoxes of Derived Obligation, Mind NS 63 (1954), 64–65; G. Schurz, The Is-Ought Problem. An Investigation in Philosophical Logic, Dordrecht/Boston Mass./London 1997, bes. 10–12 (Kap. 1.4 Difficulties in the Explication of Hume's Thesis. Prior's Paradox), 68–103 (Chap. 3 The Logical Explication of Hume's Thesis); G. H. v. Wright, A Note on Deontic Logic and Derived Obligation, Mind NS 65 (1956), 507–509. C. F. G.

prisoner's dilemma, ↑Gefangenendilemma.

Privation, ↑Steresis.

Privatsprache (engl. private language), im Anschluß an L. Wittgensteins Ausdrucksweise ›private Sprache‹ eingeführte Bezeichnung für eine Sprache, die nur ein einziger Sprecher verstehen kann. Die Unzugänglichkeit der Bedeutungen soll dabei auf prinzipiellen und nicht auf faktischen Gründen (wie im Falle einer Geheimsprache) beruhen. Geheimsprachen sind Sprachen, die von anderen Sprechern verstanden werden können, sobald sie die Regeln gelernt oder durchschaut haben, und insofern verschlüsselte öffentliche Sprachen. Eine P. ist dagegen eine Sprache, deren Wörter sich auf das beziehen sollen, »wovon nur der Sprechende wissen kann; auf seine unmittelbaren, privaten, Empfindungen« (Philos. Unters. § 243). Dieser Ausgangspunkt stimmt insbes. mit Voraussetzungen des ↑Phänomenalismus und bestimmter Sinnesdatentheorien (↑Sinnesdaten) überein. Die Konsequenzen des sog. *P.n-Arguments*, bei dem es sich eigentlich um mehrere Argumente handelt, treffen aber nicht nur diese Position. Das P.n-Argument ist negativer Art; es versucht zu zeigen, daß eine P. *als Sprache* nicht möglich ist. Von einer Sprache ist zu erwarten, daß ihr Gebrauch in dem Sinne geregelt ist, daß ihre Wörter (Prädikate) zutreffen oder nicht zutreffen. Es bedarf also ↑Kriterien des *richtigen* Gebrauchs. Solche Kriterien können aber nicht privater Natur sein, weil private Kriterien keine Kontrolle darüber bieten, daß ein Wort richtig, d. h. im Sinne der ursprünglichen Festlegung, verwendet wird. Die Erinnerung könnte den Sprecher täuschen. Es ist denkbar, daß er das Wort anders verwendet, ohne es zu merken. Bei einer privaten Kontrolle wäre richtig, »was immer als richtig erscheinen wird« (Philos. Unters. § 258), so daß das Kriterium hinfällig würde.

Der Begriff einer Sprache setzt nach Wittgenstein den Begriff einer ↑Regel voraus, und von Regeln kann nur gesprochen werden, wenn deren Befolgung prinzipiell kontrollierbar ist. Eine solche Kontrolle kann nur *öffentlich* erfolgen. Ob damit eine *faktische* Sprachgemeinschaft gefordert ist, die den Regeln selber folgt, oder nur die *Idee* einer öffentlichen Instanz, ist – ungeachtet der richtigen Interpretation des Autors Wittgenstein – umstritten. Einigkeit besteht darin, daß eine P. aus begrifflichen Gründen ausgeschlossen ist. Dieses Ergebnis ist über die Sprachphilosophie hinaus von weitreichender Bedeutung, insbes. im Rahmen der sprachanalytischen Kritik (↑Sprachanalyse) an der neuzeitlichen Subjektphilosophie mit deren Innen-Außen-Dichotomie und den sich hieraus ergebenden Problemen. Ausgehend von der ↑transzendentalen Funktion der Sprache für die Erkenntnis dient die P.n-Kritik als Argument gegen den privilegierten Zugang zum Inneren überhaupt oder zumindest gegen einen durch Wissen fundierten Zugang. Entsprechend werden mit ihrer Hilfe die Probleme der Realität des Fremdpsychischen (↑other minds) und der Realität der ↑Außenwelt (↑Realismus (erkenntnistheoretisch), ↑Realismus (ontologisch)) als ↑Scheinprobleme zurückgewiesen. Im Kern richtet sich die Kritik sowohl gegen rationalistische (↑Rationalismus) als auch gegen empiristische (↑Empirismus) Formen eines methodischen ↑Solipsismus. Verteidigungen des methodischen Solipsismus, etwa als Forschungsstrategie der kognitiven Psychologie (J. A. Fodor 1975), haben denn auch erneut die Idee einer P. ins Spiel gebracht.

Literatur: J. A. Fodor, The Language of Thought, New York, Cambridge Mass. 1975, Hassocks 1976, 1980, 55–97 (Chap. 2 Private Language, Public Languages); P. M. S. Hacker, Wittgenstein: Meaning and Mind. An Analytical Commentary on the Philosophical Investigations III, Oxford/Cambridge Mass. 1990, 3–286, in 2 Bdn. Oxford/Cambridge Mass. 1993, 2001, III/1, 1–141 (Chap. 1 The Private Language Arguments); R. Hörner, Ludwig Wittgenstein. Das P.n-Argument. Eine Einführung, Wörth 2006; O. R. Jones (ed.), The Private Language Argument, London/Basingstoke 1971; S. A. Kripke, Wittgenstein on Rules and Private Language. An Elementary Exposition, in: I. Block (ed.), Perspectives on the Philosophy of Wittgenstein, Oxford 1981, 238–312, erw. separat Oxford, Cambridge Mass. 1982, Oxford 2004 (dt. Wittgenstein über Regeln und P.. Eine elementare Darstellung, Frankfurt 1987, 2006); S. Mulhall, Wittgenstein's Private Language. Grammar, Nonsense and Imagination in »Philosophical Investigations«, §§ 243–315, Oxford 2007, 2008; K. S. Nielsen, The Evolution of the Private Language Argument, Aldershot 2008; A. Roser, Die P. der P.nkritik bei Ludwig Wittgenstein, Frankfurt etc. 1991; J. T. Saunders/D. F. Henze, The Private-Language Problem. A Philosophical Dialogue, New York 1967; S. Schroeder, Private Sprache, EP II (^{2}2010), 2146–2149; W. B. Smerud, Can There Be a Private Language? An Examination of Some Principal Arguments, The Hague/Paris 1970; D. Stern, Private Language, in: O. Kuusela/M. McGinn (eds.), The Oxford Handbook of Wittgenstein, Oxford/New York 2011, 333–350; P. H. Werhane, Skepticism, Rules, and Private Languages, Atlantic Highlands N. J./London 1992; R. Zimmermann, P.nargument, Hist. Wb. Ph. VII (1989), 1383–1388. G. G.

Probabilismus (von lat. probabilis, wahrscheinlich), (1) im 17. Jh. verwendete Bezeichnung für eine in der katholischen Moraltheologie des 16. Jhs. (zuerst 1577 bei dem Dominikaner B. de Medina in seiner Schrift »Scholastica Commentaria In D. Thomae Aquinatis Doct. Angelici. Primam Secundae« [Köln 1619]) vorgenommene Unterscheidung, wonach für die Rechtfertigung der moralischen Erlaubtheit einer Handlung oder Unterlassung bei Fehlen absoluter und Vorliegen konkurrierender relativer (probabler, d. h. mit Gründen gestützter) Normen (↑Norm (handlungstheoretisch, moralphilosophisch)) auch die Wahl einer weniger probablen, aber immer noch mit Gründen gestützten Norm sittlich gerechtfertigt sei. Entsprechend besteht schon bei probablen Gegengründen gegen eine Handlung keine moralische Verpflichtung zu dieser Handlung. Gegen die dem P. innewohnende (vor allem im Jesuitenorden vertretene) Tendenz zur Reduktion moralischer Verpflichtungen und zur Ausweitung des Bereichs freien Handelns wandte sich vor allem der von B. Pascal inspirierte ↑Jansenismus, der erst bei absolut gewissem Nichtbestehen einer moralischen Verpflichtung freies Handeln als erlaubt ansieht (so auch der von I. Kant [Akad.-Ausg. VI, 185–186] vertretene ›Tutiorismus‹). Generell förderte der P. die erkenntnistheoretische Analyse einer Wahl bei konkurrierenden Meinungen. Die mit dem P. verbundene Enthaltung hinsichtlich der Wahrheit von Handlungsprämissen trifft sich mit Ansätzen des neuzeitlichen ↑Skeptizismus. Wahrscheinlichkeitstheoretische Überlegungen spielen im P. (noch) keine Rolle. Als ›Probabiliorismus‹ bezeichnet man eine ›interne‹ Verschärfung der probabilistischen Auffassung: unter konkurrierenden Normen muß jeweils die wahrscheinlichere gewählt werden.

(2) In der Wissenschaftstheorie bezeichnet man als ›probabilistisch‹ solche Theorien, in denen (wie in der ↑Quantentheorie) eine prinzipielle Beschränkung auf Wahrscheinlichkeitsaussagen (↑Wahrscheinlichkeit, ↑Wahrscheinlichkeitstheorie) besteht. Von diesen sind solche Aussagen zu unterscheiden, die auf Grund unvollständiger Daten probabilistisch sind. Der P. in den Wissenschaften läßt sich als ein Kennzeichen der allgemeinen Wissenschaftsentwicklung im 20. Jh. verstehen; er steht im Gegensatz zum ↑Determinismus der klassischen Physik. Daran anknüpfend bezeichnet P. als allgemeinere wissenschaftsphilosophische Position die Auffassung, daß den Naturprozessen wesentliche Zufälligkeiten innewohnen. Insbes. treten zufallsbestimmte Verzweigungen in dem Sinne auf, daß es im Einzelfall keinen Grund dafür geben mag, daß ein Prozeß gerade so und nicht anders abläuft. Der faktische Ablauf ist dann vor möglichen alternativen Verläufen nicht durch physikalische Gründe ausgezeichnet.

Literatur: J. Chandler/V. S. Harrison (eds.), Probability in the Philosophy of Religion, Oxford 2012; J. Fleming, Defending Probabilism. The Moral Theology of Juan Caramuel, Washington D. C. 2006; M. Heidelberger/L. Krüger (eds.), Probability and Conceptual Change in Scientific Thought, Bielefeld 1982; dies./R. Rheinwald (eds.), Probability since 1800. Interdisciplinary Studies of Scientific Development, Bielefeld 1983; M. Heidelberger u. a., P., probabilistisch, Hist. Wb. Ph. VII (1989), 1388–1397; C. Hitchcock, Probabilistic Causation, SEP 1997, rev. 2010; L. Krüger/L. J. Daston/M. Heidelberger (eds.), The Probabilistic Revolution I (Ideas in History), Cambridge Mass./London 1987, 1990; L. Krüger/G. Gigerenzer/M. S. Morgan (eds.), The Probabilistic Revolution II (Ideas in the Sciences), Cambridge Mass./London 1987, 1990; R. Schüßler, Moral im Zweifel I (Die scholastische Theorie des Entscheidens unter moralischer Unsicherheit), Paderborn 2003, bes. 145–184 (Kap. IV Die ethische Entscheidungslehre des P.), 185–223 (Kap. V Varianten des P.); ders., Moral im Zweifel II (Die Herausforderung des P.), Paderborn 2006; ders. P., EP II (^{2}2010), 2149–2151. G. W.

Problem (von griech. πρόβλημα, das Vorgehaltene, Aufgabe, Streitfrage), in ↑Wissenschaftstheorie, ↑Ethik und ↑Alltagssprache definitorisch nicht scharf umrissene Bezeichnung für die Unvereinbarkeit von einzelnen ↑Sätzen oder ↑Sachverhalten (eben den ›P.en‹) mit der Menge der für wahr gehaltenen bzw. akzeptierten Sätze oder Sachverhalte. Häufig wird ›P.‹ auch bloß zur Kennzeichnung von umstrittenen Fragestellungen der Philosophie oder der Wissenschaften verwendet (z. B. ›das P. der Kausalität‹, ›das P. der Willensfreiheit‹, ›das P. der Gravitation‹). P.e, die im wesentlichen auf einem Verkennen der Sprachlogik beruhen, werden als ↑Scheinprobleme bezeichnet. – In der antiken terminologischen Wortverwendung, z. B. in Euklids »Elementen«, stellen P.e praktische Konstruktionsaufgaben dar und stehen im Aufbau seines axiomatischen Systems (↑System, axiomatisches) den ↑Theoremen (Lehrsätzen) gegenüber. Dieser Opposition von Handlungs- und Theoriekomponente im Aufbau des Euklidischen Systems entspricht an der Systembasis diejenige von ↑Postulaten und ↑Axiomen. Die von Euklid vorgegebene methodologische Stellung der P.e ist teilweise noch in den Untersuchungen der neuzeitlichen Physik (G. Galilei, I. Newton) erhalten.

In der neueren Wissenschaftstheorie wird P.en gelegentlich eine zentrale Rolle bei der Kennzeichnung des Unternehmens ›Wissenschaft‹ zugewiesen. So ist etwa für K. R. Popper eine wissenschaftliche Theorie annehmbar, wenn sie vorliegende P.e löst. L. Laudan vertritt darüber hinaus die Auffassung, daß Wissenschaft wesentlich P.lösungshandeln ist, und daß im Falle von Theorienkonkurrenz diejenige Theorie akzeptiert werden sollte, die die größere P.lösungsleistung aufweist. – Der Status philosophischer P.e im Sinne der philosophischen Tradition ist umstritten. Während Popper darauf beharrt, daß auch die Philosophie (zumeist in den Wissenschaften wurzelnde) P.e zu lösen habe, gehen an L. Wittgenstein (z. B. Tract. 4.112) orientierte Philosophen davon aus, daß die ›Lösung‹ philosophischer P.e im allgemeinen nicht – wie in den Wissenschaften – in auf sie antwortenden, ›Entdeckungen‹ mitteilenden, neuen Sätzen, sondern im ›grammatischen‹, d. h. sprachlogischen ›Klarwerden‹ des P.s, bestehe (vgl. Philos. Unters. § 123–127).

Literatur: D. Borchers, P., philosophisches, EP II (^{2}2010), 2151–2158; J. Hattiangandi, The Structure of P.s, Philos. Soc. Sci. 8 (1978), 345–365, 9 (1979), 49–76; H. Holzhey, P., Hist. Wb. Ph. VII (1989), 1397–1408; L. Laudan, Progress and Its P.s. Towards a Theory of Scientific Growth, London/Henley, Berkeley Calif. etc. 1977, Berkeley Calif. etc. 1978 (franz. La dynamique de la science, Brüssel 1987); J. Mittelstraß, Was ist ein philosophisches P.?, in: ders., Der philosophische Blick. Elf Studien über Wissen und Denken, Wiesbaden 2015, 120–138; K. R. Popper, Conjectures and Refutations. The Growth of Scientific Knowledge, New York/London 1962, London 1963, ^{5}1974, London/New York 2010; J. Schulte/U. J. Wenzel (eds.), Was ist ein ›philosophisches‹ Problem?, Frankfurt 2001; F. Waismann, Was ist logische Analyse? Gesammelte Aufsätze, ed. G. H. Reitzig, Frankfurt 1973, 81–103, ed. K. Buchholz, Hamburg 2008, 118–144 (Von der Natur eines philosophischen P.s). G. W.

Prodikos von Keos, 2. Hälfte des 5. Jhs. v. Chr., Philosoph und Rhetor, einer der Hauptvertreter der ↑Sophistik; vielleicht Schüler des Protagoras und Lehrer von Euripides, Theramenes und Isokrates, Verfasser von »Über die Natur« und »Die Horen« (wahrscheinlich mit ethischer Thematik). Platon sieht in P. den Wegbereiter der Sokratischen Definitionskunst. Viele antike Berichte über P. sind Legende. P. gilt als Begründer der wissenschaftlichen Synonymik (↑synonym/Synonymität) und der ↑Topik. Die sprachtheoretischen Untersuchungen zur Synonymik sind nicht nur deskriptiv, sondern haben auch einen sprachnormierenden und präzisierenden Charakter. Insbes. kritisiert und korrigiert P. die Verwendung sinnverwandter Ausdrücke in der Wissenschaftssprache der zeitgenössischen Medizin, weil sie zu folgenschweren Fehlern in Theorie und Diagnose führten. – Im Kontext seiner semantischen Differenzierungen hat P. auch die Methode der Begriffszergliederung, der ↑Dihairesis, entwickelt, die für Platons Konzeption der Sprachphilosophie und der ↑Dialektik konstitutiv werden sollte (vgl. Phaidr. 266B). Auf P. geht die von Xenophon (mem. 2,1, 21–34) überlieferte Erzählung von Herakles am Scheidewege zurück.

Werke: VS 84; W. Capelle (ed.), Die Vorsokratiker, Leipzig 1935, Stuttgart ^{4}1968, 360–369, ^{9}2008, 294–301; Prodicus the Sophist. Texts, Translations, and Commentary [griech./engl.], ed. R. Mayhew, Oxford etc. 2011.

Literatur: H. Dörrie, P., KP IV (1972), 1153–1154; K. v. Fritz, P., RE XXIII/1 (1957), 85–89; M. Gatzemeier, Sprachphilosophische Anfänge, HSK VII/1 (1992), 15 (9.3 P. von K.); C. H. Kahn, Prodicus, REP VII (1998), 731–733; G. B. Kerferd/P. Woodruff, Prodicus of Ceos, Enc. Ph. VIII (^{2}2006), 44–45; G. B. Kerferd/H. Flashar, P. aus K., in: H. Flashar (ed.), Die Philosophie der Antike II/1, Basel 1998, 58–63 (mit Bibliographie, 128–129); H. Mayer, P. v. K. und die Anfänge der Synonymik bei den Griechen, Paderborn 1913; M. Narcy, P. v. K., DNP X (2001), 370–371; ders., Prodicus de Céos, Dict. ph. ant. V/B (2012), 1691–1695; W. Nestle, Die Horen des P., Hermes 71 (1936), 151–170; G. Romeyer-Dherbey, Prodicos, DP II (^{2}1993), 2348–2351; E. Siebenborn, Die Lehre von der Sprachrichtigkeit und ihren Kriterien. Studien zur antiken normativen Grammatik, Amsterdam 1976, bes. 20–22; A. Tordesillas, Prodicos de Céos, Enc. philos. universelle III/1 (1992), 292–293; ders., Socrate et Prodicos dans les »Mémorables«, in: M. Narcy/A. Tordesillas (eds.), Xénophon et Socrate. Actes du colloque d'Aix-en-Provence (6–9 novembre 2003), Paris 2008, 87–110; D. Wolfsdorf, Hesiod, Prodicus, and the Socratics on Work and Pleasure, Oxford Stud. in Ancient Philos. 35 (2008), 1–18. M. G.

Produkt (logisch), vor allem auf die ↑Algebra der Logik zurückgehende, heute veraltete Bezeichnung für das Resultat $M \cap N$ bzw. $A \wedge B$ der – dann auch ›Multiplikation‹ (↑Multiplikation (logisch)) genannten – Durchschnittsbildung zweier Klassen M und N (↑Durchschnitt) bzw. der konjunktiven Verknüpfung zweier Aussagen A und B (↑Konjunktion). P. S.

Produkt (mathematisch), Bezeichnung für das Resultat einer Multiplikation (↑Multiplikation (mathematisch)).

Produkt (mengentheoretisch), Bezeichnung für das ›kartesische Produkt‹ $M \times N$ zweier ↑Mengen M und N, d. i. die Menge, deren Elemente gerade die geordneten Paare (a, b) (↑Paar, geordnetes) mit $a \in M$ und $b \in N$ sind. Mengentheoretisch aufgefaßte ↑Relationen zwischen Elementen von M und Elementen von N sind damit Teilmengen von $M \times N$. Die Bildung des kartesischen P.s ist nicht assoziativ (d. h., im allgemeinen ist $M \times (N \times O) \neq (M \times N) \times O$; ↑assoziativ/Assoziativität) und auch nicht kommutativ (wenn $M \neq N$ ist, so ist $M \times N \neq N \times M$; ↑kommutativ/Kommutativität). Bei der Definition des P.s von ↑Kardinalzahlen (und damit insbes. bei der mengentheoretischen Einführung des Begriffs der natürlichen Zahl als endlicher Kardinalzahl) spielt das kartesische P. eine zentrale Rolle. Man definiert $\kappa \cdot \lambda \leftrightharpoons |\kappa \times \lambda|$ für Kardinalzahlen κ und λ, wobei $|\kappa \times \lambda|$ die Mächtigkeit (↑Kardinalzahl) des kartesischen P.s $\kappa \times \lambda$ der (als Mengen aufgefaßten) Kardinalzahlen κ und λ ist. Für die so definierte Multiplikation von Kardinalzahlen gelten das ↑Assoziativgesetz und das ↑Kommutativgesetz. – Typentheoretisch (↑Typentheorien) ist das kartesische P. zweier Typen A und B der Produkttyp $A \times B$, d. h. der Typ aller geordneten Paare (a, b), bei denen a vom Typ A und b vom Typ B ist.

Literatur: ↑Mengenlehre, ↑Typentheorien. P. S.

Produktion (semiotisch), Bezeichnung für künstlerisches Handeln, das sowohl als Vorführen (Tanz, Performance, Theater) als auch als Hervorbringen (Bild- und Baukunst) auftritt. P. als künstlerische Herstellungshandlung läßt sich in Teilhandlungen zerlegen. Es geht zum einen um das Auffinden von Anfangsstükken von Zeichenprozessen, wo semiotische Mittel bereitgestellt, geeignet gebildet und ihre Verwendungsweisen (aus)probiert werden; zum anderen um die Ausbildung von Teilfertigkeiten (freihändig einen Kreis zeichnen) mit dem Ziel ihrer beherrschten Ausführung und ständigen Verbesserung. Die Ausbildung von Fertigkeiten ist Ausgangspunkt für das Beschaffen weiterer (semiotischer) Mittel sowie von Methoden ihrer Verwendung. Sowohl propositionales Wissen (es gibt mehrere Fingersätze, e-Moll auf der Klarinette zu spielen) als auch prozedurales Wissen (wie e-Moll mit verschiedenen Fingersätzen gespielt wird) ist daran beteiligt. Dieses Wissen findet implizit oder explizit in Atelierreflexionen bzw. Künstlertheorien Eingang. »Denn das von künstlerischer Produktionstätigkeit implizierte rezeptive Verhalten trägt stets einen teleologischen Akzent: Es ist [...] Wahrnehmen von Gegebenem als einem möglichen Mittel zur P. eines Kunstwerks« (Schmücker 1998, 281).

Die Art der P. ist eng mit dem Werkbegriff in den verschiedenen Künsten verbunden. Wo eine ↑Notation existiert (etwa die Standardnotation in der Musik), enthält sie Anweisungen für die P. korrekter Aufführungen des Werkes. Zu unterscheiden ist hierbei jedoch die Werkbewahrung, die auf Grund von Standards der Korrektheit die Identität von Aufführung zu Aufführung sicherstellt, von der Werktreue, bei der es um die P. eines gelungenen Klangobjekts oder Bild- bzw. Bauwerks als Maßstab für weitere Realisierungen geht. Als werktreu gelten Aufführungen, die das ästhetische Potential eines Noten- oder Dramentextes ausschöpfen (G. Gründgens Faust-Inszenierung, G. Goulds Goldberg-Variationen). Die künstlerische Praxis im 20. Jh. ist gekennzeichnet von der Auflösung des strikten Werkbegriffs und der mit ihm verbundenen P.sformen. In der Bildkunst etwa reduzieren Künstler vom Zeichen auf das Material, um vom Material aus den Gegenstand bis zum Zeichengegenstand möglichst ohne weitere Vorgaben selbst herauszubilden und zu gestalten. Materialgerechtheit und Materialechtheit (Bauhaus) werden Ausgangspunkt eines neuen Interesses am Material und der Materialanalyse (Fett und Filz bei J. Beuys). In der Musik führen die Neugewichtung von Parametern wie Klang und Raum, neue Spieltechniken und die Optionen elektronischer Klangerzeugung zur Parallelentwicklung neuer Notationsformen, deren graphische Elemente jeweils zweckentsprechend gestaltet und definiert werden. Extremformen freier Notation münden in die musikalische Graphik (John Cage), die kompositorische Intentionen eher assoziativ vermitteln will.

Literatur: K. v. d. Berg/U. Pasero (eds.), Art Production Beyond the Art Market?, Berlin 2013; H. M. Curtler (ed.), What Is Art?, New York 1983; A. C. Danto, The Transfiguration of the Commonplace. A Philosophy of Art, Cambridge, Mass. 1981, 1996 (dt. Die Verklärung des Gewöhnlichen. Eine Philosophie der Kunst, Frankfurt 1984, 2011); J. Dewey, Experience and Nature, Chicago Ill./London 1925, ferner als: Later Works I (1925–1953), ed. J. A. Boydston, Carbondale Ill. etc. 1981, 2008 (dt. Erfahrung und Natur, Frankfurt 1995, 2007); ders., Art as Experience, London, New York 1934, ferner als: Later

Works X, ed. J. A. Boydston, Carbondale Ill. etc. 1987, [2]1997 (dt. Kunst als Erfahrung, Frankfurt 1980); S. Egenhofer, P.sästhetik, Zürich 2010; C. Fiedler, Über den Ursprung der künstlerischen Tätigkeit, Leipzig 1887, Nachdr. in: H. Eckstein (ed.), Conrad Fiedler. Schriften über Kunst, Köln 1977, 1996, 131–240 (franz. Sur l'origine de l'activité artistique, Paris 2003); E. Fischer-Lichte u. a. (eds.), Inszenierung von Authentizität, Tübingen/Basel 2000, [2]2007; D. Gerhardus, Sprachphilosophie in den nichtwortsprachlichen Künsten, HSK VII/2 (1996), 1567–1585; N. Goodman, Of Mind and Other Matters, Cambridge Mass./London 1984 (dt. Vom Denken und anderen Dingen, Frankfurt 1987); ders./C. Z. Elgin, Reconceptions in Philosophy and Other Matters, Indianapolis Ind. 1988, London/New York 1999 (dt. Revisionen. Philosophie und andere Künste und Wissenschaften, Frankfurt 1989, 1993); R. Hilpinen, On Artifacts and Works of Art, Theoria 58 (1992), 58–82; V. A. Howard, Artistic Practice and Skills, in: D. Perkins/B. Leondar (eds.), The Arts and Cognition, Baltimore Md./London 1977, 208–240; A. v. Hülsen-Esch (ed.), P. von Kultur – La production de la culture. Eine Dokumentation, Düsseldorf 2011; A. Kern/R. Sonderegger (eds.), Falsche Gegensätze. Zeitgenössische Positionen zur philosophischen Ästhetik, Frankfurt 2002; S. K. Langer (ed.), Reflections on Art. A Source Book of Writings by Artists, Critics, and Philosophers, Baltimore Md. 1958, New York/London/Oxford 1972; dies., Problems of Art. Ten Philosophical Lectures, New York 1957; R. Rudner/I. Scheffler (eds.), Logic and Art. Essays in Honor of Nelson Goodman, Indianapolis Ind./New York 1972; S. Mahrenholz, Musik und Erkenntnis. Eine Studie im Ausgang von Nelson Goodmans Symboltheorie, Stuttgart/Weimar 1998, [2]2000; J. Margolis (ed.), Philosophy Looks at the Arts. Contemporary Readings in Aesthetics, Philadelphia Pa. 1978, [3]1987; ders., Art and Philosophy, Brighton, Atlantic Highlands N. J. 1980; ders., What, after All, Is a Work of Art? Lectures in the Philosophy of Art, University Park Pa. 1999; R. Schmücker, Was ist Kunst? Eine Grundlegung, München 1998, Frankfurt [2]2014; A. Wellmer, Versuch über Musik und Sprache, München 2009; R. Wollheim, Art and Its Objects. An Introduction to Aesthetics, Cambridge etc. 1968, mit Untertitel: With Six Supplementary Essays, Cambridge etc. [2]1980, 1992 (dt. Objekte der Kunst, Frankfurt 1982, 2008); ders., On Art and the Mind. Essays and Lectures, London 1973, ohne Untertitel: Cambridge Mass./London 1974, 1983; N. Wolterstorff, Works and Worlds of Art, Oxford 1980, 2003. B. P.

Produktionstheorie (engl. philosophy of production), im Zuge der Analytischen Philosophie (↑Philosophie, analytische) Bezeichnung für eine spezielle ↑Handlungstheorie, die sich unter Anknüpfung vornehmlich an Aristotelische Begriffsbildungen (insbes. die Unterscheidungen *πρᾶξις – ποίησις, μίμησις – ποίησις, τέχνη – ἐπιστήμη*) mit künstlerisch-ästhetischen (›produktionsästhetischen‹), technischen und ökonomischen Fragestellungen auseinandersetzt, die auf das Handlungsergebnis (Handlungsresultat) zielen. Die das Resultat herbeiführende ↑Handlung (mit ihren Teilhandlungen) und das Handlungsresultat selbst werden als Zweck-Mittel-Relation erläutert, in der Regel ausgehend vom jeweiligen ↑Zweck. Dabei geht es um den aktiven Teil des Handelns, zu dem ↑Intentionalität gehört; der passive Teil des Handelns mit Widerfahrnischarakter (↑Widerfahrnis) ist einer Planung und Beabsichtigung nicht zugänglich.

Eine philosophische P. befaßt sich mit den begrifflichen Grundlagen historisch-empirischer P.n, die jeweils verwendeten Methodologien (darunter die historisch-hermeneutische, marxistische, instrumentalistische) eingeschlossen, deren Bestimmung des Gegenstandsbereichs sich bereits als uneinheitlich herausstellt. In wirkungstheoretischen Ansätzen z. B. wird die Untersuchung nicht auf das Handlungsresultat bezogen, das als intendiertes Handlungsziel bereits begrifflich zur Handlung (z. B. die Handlung DIE-TÜR-SCHLIESSEN mit dem Ergebnis ›die Tür ist zu‹) gehört, sondern auf den Spielraum als gleichrangig aufgefaßter Handlungswirkungen (z. B. die Handlung MILCH-ERHITZEN mit den Wirkungen ›Milch kocht‹, ›Milch kocht über‹, ›Milch schmeckt angebrannt‹). Während im ↑Utilitarismus und in verwandten Theorien zweckorientiert argumentiert wird, verlangt J. Dewey in seinem aus dem ↑Pragmatismus kommenden ↑Instrumentalismus die ›Demokratisierung der Mittel‹, insofern sich deren Beschaffung keineswegs in der Beziehung zu einem bestimmten Zweck erschöpft. Auch unser »Wissen (ist) nicht auf sich selbst beschränkt und Selbstzweck (...), sondern instrumental für die Neugestaltung von Situationen«. Gerade »weil es ein hoch verallgemeinertes Werkzeug ist, ist es in der Anwendung auf unvorhergesehene Verwendungen um so flexibler« (Dewey 1989, 190, 193). Schon für I. Kant besteht die Kultivierung des Menschen in der »Verschaffung der Geschicklichkeit. Diese ist der Besitz eines Vermögens, welches zu allen beliebigen Zwecken zureichend ist. (...) Wegen der Menge der Zwecke wird die Geschicklichkeit gewissermaßen unendlich« (Über Pädagogik [1803], Akad.-Ausg. IX, 449–450). Zur Aufwertung der Mittel gegenüber den Zwecken gehört die Rehabilitierung des Könnens als eine Art des Wissens (E. Cassirer [1930] 1985, J. Mittelstraß 1992, K. Lorenz 1993, D. Gerhardus 1996). Identifiziert man Können als eine Art Wissen (›jemand kann Koffer packen‹ = ›jemand weiß [versteht sich darauf], Koffer zu packen‹) und unterscheidet es gegenüber dem propositionalen als operationales Wissen, gehören Gestalten des Könnens wie Kunst und Technik zu den ›symbolischen Formen‹ (↑Symboltheorie): ↑Kunst als die Gestalt des Könnens selbst ausdrückende freie Kunst (Gerhardus 1996), ↑Technik als in die Zweck-Mittel-Relation eingebundene dienende Kunst – eine Unterscheidung, die dem im griech. *τέχνη* angelegten Bedeutungsfeld wieder zu seinem Recht verhilft (H. Schneider 1989). Im (Produkt-)Design z. B. verbinden sich der freie und der dienende Anteil der *τέχνη*.

Praxis, verstanden als ›Handlungswelt‹, bildet für operationales wie für propositionales Wissen den Orientierungsrahmen, in dem sich der Mensch als (1) »Teilnehmer eines gemeinsamen, normativ bestimmten Lebenszusammenhanges« (F. Kaulbach 1986, 2) bewegt und der (2) die sich auf ›Bewirken‹ verengende neuzeitliche Bedeutung von Praxis (H. Arendt 1981) mitumfaßt. In der mimetischen (↑Mimesis) Sphäre (*imitatio*) werden Teile der Praxis nachgeahmt (F. Tomberg 1968), um Formen des Könnens darzustellen oder um sie im Vollzug der Nachahmung zu erfinden: *inventio 1. Stufe* (z. B. die revolutionäre Erfindung der Verkürzung, um etwa Füße von vorn darstellen zu können, E. H. Gombrich [5]1992, 61, Abb. 49), womit sie durch Erproben bzw. Ausprobieren für die eigene Praxis oder durch Erkunden bzw. Auskundschaften als ›neue Teile‹ für die Gesamtpraxis gewonnen werden. Beides gelingt mit den der Leiblichkeit (↑Leib) unmittelbaren, natürlichen Mitteln. Genannt wird hier seit Aristoteles das Mittel Hand, das als Paradigma für natürliche Mittel gilt und über reflexive ›Organprojektion‹ (E. Kapp) Vorbild für viele künstliche Werkzeuge wird. In der poietischen (↑Poiesis) Sphäre werden Gegenstände allein mit künstlichen und in diesem Sinne auch in allen Teilen selbsterzeugten Mitteln hergestellt und in die Handlungswelt eingeführt, um dort wiederum als Mittel verwendet zu werden (›ein Werkzeug [als Gegenstand] machen‹ – ›von einem gemachten Werkzeug [als Mittel] Gebrauch machen‹). Dabei handelt es sich um eine *inventio 2. Stufe*, die eine durchgreifend artefaktische Welt als ›Leonardo-Welt‹ (Mittelstraß) konstituiert, wobei auf die inventio 1. Stufe reflektiert wird. Eine in der poietischen Sphäre selbst zu entwickelnde Technik der Mittelbeschaffung wird hierzu erforderlich, die dann als ausgebildet gelten kann, wenn sie (zumindest prinzipiell) (1) alle verfügbaren Gestalten des Wissens einzusetzen weiß, um (2) Mittel für viele mögliche Zwecke bereitstellen zu können.

Produktionstheoretisch muß ein weiterer und ein engerer Geltungsbereich unterschieden werden. Hinsichtlich der Handlungswelt als Orientierungsrahmen bedarf es einer Begründung, insofern Gegenstände der Leonardo-Welt nicht nur auf ihr basieren, sondern diese auch verändern, so daß sie mit Rücksicht auf alle Betroffenen kontrolliert werden müssen (z. B. Technikbewertung, J. Rohbeck 1993, H. Hastedt 1994). Innerhalb der poietischen Sphäre geht es um zweierlei: (1) »um das unter pragmatischen Gesichtspunkten möglichst gute, d. h. ›handwerkliche‹ Fehler vermeidende, Herstellen von Gegenständen« (Mittelstraß 1972, 56) (›eine gute Arbeit‹), bei dem Machen und Gebrauch-Machen aufs engste aufeinander bezogen bleiben, (2) um symbolische Richtigkeit (›rightness‹, N. Goodman), insofern etwa eine »Probe eine gute, repräsentative Probe der Mischung« sein muß; die »Nachprüfung der Richtigkeit« ist nach Goodman »eine Sache des Passens: Passen auf das, worauf in der einen oder anderen Weise Bezug genommen wird, oder Passen auf andere Wiedergaben, auf Arten und Weisen der Organisation« (Goodman 1984, 163, 167).

Literatur: H. Arendt, The Human Condition, Chicago Ill. 1958, [2]1998 (dt. Vita activa oder Vom tätigen Leben, Stuttgart, München 1960, [10]1998); E. Cassirer, Form und Technik [1930], in: ders., Symbol, Technik, Sprache. Aufsätze aus den Jahren 1927–1933, ed. E. W. Orth/J. M. Krois, Hamburg 1985, 39–91, ferner in: Ges. Werke XVII, ed. B. Recki, Hamburg 2004, 139–183; ders., An Essay on Man. An Introduction to a Philosophy of Human Culture, New Haven Conn. 1944, 1992, ferner als: Ges. Werke XXIII, ed. B. Recki, Hamburg 2006 (dt. Versuch über den Menschen. Einführung in eine Philosophie der Kultur, Frankfurt 1990); F. Dessauer, Streit um die Technik, Frankfurt 1956, gekürzt Freiburg/Basel/Wien 1959; J. Dewey, Reconstruction in Philosophy, New York 1920, Boston Mass. 1966, Neudr. in: Middle Works XII, ed. J. A. Boydston, Carbondale Ill. etc. 1985, 77–201 (dt. Die Erneuerung der Philosophie, Hamburg 1989); A. Du Bois-Reymond, Erfindung und Erfinder, Berlin 1906; D. Gerhardus, Sprachphilosophie in den nichtwortsprachlichen Künsten, HSK VII/2 (1996), 1567–1585; ders., Sprachphilosophie in der Ästhetik, ebd., 1519–1528; ders., Vom visuellen Material zum Bildmedium. Ein produktionstheoretischer Ansatz, in: K. Sachs-Hombach (ed.), Was ist Bildkompetenz? Studien zur Bildwissenschaft, Wiesbaden 2003, 43–49; E. H. Gombrich, The Story of Art, London/New York 1950, [14]1985, rev. [16]1995, 2007 (dt. Die Geschichte der Kunst, Köln, London 1952, Stuttgart/Zürich [5]1992, Berlin [10]2013; franz. L'art et son histoire des origines à nos jours, I–II, Paris 1967, in 1 Bd. unter dem Titel: Histoire de l'art, Paris 1986, 2006); N. Goodman, Ways of Worldmaking, Indianapolis Ind., Hassocks 1978, Indianapolis Ind. 2001 (dt. Weisen der Welterzeugung, Frankfurt 1984, [4]1998, 2005); H. Hastedt, Aufklärung und Technik. Grundprobleme einer Ethik der Technik, Frankfurt 1991, 1994; F. G. Jünger, Die Perfektion der Technik, Frankfurt 1946, [8]2010 (engl. The Failure of Technology. Perfection Without Purpose, Hinsdale Ill. 1949, Washington D. C. 1990); E. Kapp, Grundlinien einer Philosophie der Technik. Zur Entstehungsgeschichte der Cultur aus neuen Gesichtspunkten, Braunschweig 1877 (repr. Düsseldorf 1978); F. Kaulbach, Einführung in die Philosophie des Handelns, Darmstadt 1982, [2]1986; F. Koppe (ed.), Perspektiven der Kunstphilosophie, Frankfurt 1991, [2]1993; J. Mittelstraß, Das praktische Fundament der Wissenschaft und die Aufgabe der Philosophie, Konstanz 1972; ders., Leonardo-Welt. Über Wissenschaft, Forschung und Verantwortung, Frankfurt 1992, [2]1996; J. Rohbeck, Technologische Urteilskraft. Zu einer Ethik technischen Handelns, Frankfurt 1993; H. Schneider, Das griechische Technikverständnis. Von den Epen Homers bis zu den Anfängen der technologischen Fachliteratur, Darmstadt 1989; F. Tomberg, Mimesis der Praxis und abstrakte Kunst. Ein Versuch über die Mimesistheorie, Neuwied/Berlin 1968. D. G.

profan/Profanität, in der Anthropologie von W. Kamlah Terminus für den Zustand vollständiger Profanisierung als vollständigen Verlusts von ↑Religion, im Unterschied zu ↑Säkularisierung im Sinne einer Beibehaltung einstmals religiös motivierter theoretischer oder praktischer Verhaltensweisen, auch wenn deren religiöse Motivation verlorengeht. Im Kontext der Diskussionen um Entmythologisierung und Säkularisierung in der Mitte des 20. Jhs. stellt Kamlah sich Versuchen entgegen, neuzeitliche P. auf christlich-religiöse Motive (etwa die christliche ›Entgötterung‹ der Welt, die Augustinische Zwei-Reiche-Lehre oder deren reformatorische Rezeption) zurückzuführen oder sie (etwa im Sinne Lutherscher *revelatio sub contrario*) in christliche Religion zurückzudeuten. Allerdings geht Kamlahs Augenmerk dabei zunächst nicht auf die genuine ›Legitimität der Neuzeit‹ (H. Blumenberg), sondern auf die Erfahrung der P. als radikale Möglichkeit menschlicher Existenz. In dieser als vollständigem Verlust der Fähigkeit des Menschen, seine unverfügbaren letzten Sinn- und Lebensbedingungen religiös zu vergegenwärtigen und zu bewältigen, gehe schließlich auch jegliche aufklärerische (↑Aufklärung) Eigenmächtigkeit der ↑Vernunft zugrunde. Gerade so öffne sich allerdings die Möglichkeit, daß der Mensch seine letzten Sinn- und Lebensbedingungen erfahre, nun aber erst in deren ganzer Unverfügbarkeit. Die Vernunft verliere so ihre p.e, eigenmächtige Selbstentstellung und erscheine wieder in ursprünglicher Weise, nämlich als ›vernehmende Vernunft‹. Diese ›Grunderfahrung‹ sieht Kamlah wiederum in zahlreichen Formen präfiguriert, in denen christliches Denken den Menschen als heteronom begriffen hat, weshalb er hier nun seinerseits in säkularisierender Verwandlung auf die religiöse Tradition des Abendlands zurückgreift.

Literatur: A. Kamlah, Mein Beitrag zum Verständnis von Wilhelm Kamlah, in: J. Mittelstraß (ed.), Der Konstruktivismus in der Philosophie im Ausgang von Wilhelm Kamlah und Paul Lorenzen, Paderborn 2008, 111–130; W. Kamlah, Die Wurzeln der neuzeitlichen Wissenschaft und P., Wuppertal 1948, [gekürzt] in: ders., Von der Sprache zur Vernunft. Philosophie und Wissenschaft in der neuzeitlichen P., Mannheim/Wien/Zürich 1975, 9–27; ders., Der Mensch in der P.. Versuch einer Kritik der p.en durch vernehmende Vernunft, Stuttgart 1949; ders., Profanisierung und Säkularisierung, in: ders., Utopie, Eschatologie, Geschichtsteleologie. Kritische Untersuchungen zum Ursprung und zum futurischen Denken der Neuzeit, Mannheim/Wien/Zürich 1969, 53–70, ferner in: ders., Von der Sprache zur Vernunft [s. o.], 28–44; M. Langanke, Fundamentalphilosophie und philosophische Anthropologie im Werk Wilhelm Kamlahs, Dt. Z. Philos. 51 (2003), 639–657, bes. 643–645. T. G.

Prognose (von griech. *πρό* [vor] und *γνῶσις* [Kenntnis]; engl. prediction), Bezeichnung für die Vorhersage von Ereignissen oder Gesetzen (↑Gesetz (exakte Wissenschaften)). Insbes. wird bei einer P. ein zukünftiges Ereignis aus gegebenen ↑Anfangsbedingungen und ↑Randbedingungen abgeleitet. Das heißt, bei einer P. folgt das vorhergesagte Ereignis zeitlich (1) den in den Randbedingungen herangezogenen Umständen und (2) dem Zeitpunkt der Vorhersage nach. Ein Beispiel ist die Ableitung einer künftigen Sonnenfinsternis aus gegenwärtigen oder vergangenen Positionen der beteiligten Himmelskörper (und den Gesetzen der Himmelsmechanik). Der Gegenbegriff zur P. ist ↑*Retrodiktion*. Bei der Retrodiktion wird ein vergangenes Ereignis aus Umständen abgeleitet, die auf das Ereignis folgen. Ein Beispiel ist die Ableitung einer vergangenen Sonnenfinsternis aus gegenwärtigen oder vergangenen (aber in jedem Falle dem relevanten Ereignis zeitlich nachfolgenden) Positionsdaten. P. und Retrodiktion sind gemeinsam gegen ↑Erklärungen dadurch abzugrenzen, daß bei ersteren die entsprechenden Explanandum-Ereignisse erschlossen werden, während sie bei Erklärungen gegeben sind.

Nach der von C. G. Hempel und P. Oppenheim entwickelten These der *Strukturidentität* von Erklärung und P. (Hempel/Oppenheim 1948) unterliegen erklärende und prognostische Ableitungsformen dem gleichen logischen Schema (nämlich den Modellen der deduktiv-nomologischen oder der induktiv-statistischen Erklärung, ↑Erklärung) und unterscheiden sich allein in pragmatischer Hinsicht. So muß sich die Voraussage einer zukünftigen Sonnenfinsternis in gleicher Weise auf allgemeine Gesetze und besondere Randbedingungen stützen wie die Erklärung einer vergangenen Sonnenfinsternis. Lediglich ist bei der P. das Explanandum-Ereignis (a) gesucht und (b) zukünftig, bei der Erklärung hingegen (a) gegeben und (b) vergangen oder gegenwärtig. Hempels These der Strukturidentität ist in zwei Teilbehauptungen aufzuschlüsseln: (1) Jede adäquate Erklärung kann unter anderen pragmatischen Umständen prognostische Kraft entfalten; (2) jede adäquate P. ist auch eine mögliche Erklärung.

Die erste Teilthese besagt, daß jede adäquate Erklärung deutlich macht, daß das Eintreten des Explanandum-Ereignisses zu erwarten war und daß daher diese Erklärung auch als Grundlage einer P. dieses Ereignisses hätte dienen können. Das gilt nach Hempel auch für induktiv-statistische oder probabilistische (↑Wahrscheinlichkeit) Erklärungen, die höchstens die Auftretenswahrscheinlichkeit eines Ereignisses angeben. Adäquate Erklärungen dieser Art müssen nämlich hohe Wahrscheinlichkeiten angeben und taugen unter solchen Umständen auch als P.. Hiergegen wandten R. C. Jeffrey (1969), P. Railton (1978) und W. C. Salmon (1990) einflußreich ein, daß die Adäquatheit einer probabilistischen Erklärung nicht auf dem zugeschriebenen Wahrscheinlichkeitswert, sondern auf der Bestimmung der Gründe für diesen Wert fußt. Danach kann auch ein niedriger Wahrscheinlichkeitswert eine angemessene Erklärung bereitstellen, wenn der einschlägige probabilistische Mechanismus angegeben wird. So mag etwa ein bestimmter radioaktiver Zerfall in einem gegebenen Zeitraum nur mit einer geringen Wahrscheinlichkeit eintreten und entsprechend nicht vorhersagbar sein. Tritt der Zerfall gleichwohl ein, wird er durch die zugrundeliegenden Gesetze erklärt. Ähnlich ist die Vervollständigung von partiellen Erklärungen oft ausgeschlossen, so daß eine P. verfehlt wird. Z. B. hängt die Entwicklung biologischer ↑Spezies von unüberschaubar vielfältigen Umständen ab und ist nicht vorhersehbar, während umgekehrt eine gegebene Entwicklung als Anpassungsleistung rekonstruiert und entsprechend durch den Mechanismus von Variation, Vererbung und Selektion (↑Evolutionstheorie) erklärt werden kann.

Die zweite Teilthese wurde bereits von Hempel selbst aufgegeben (Hempel 1977). Eines der relevanten Argumente beruht auf einer Unterscheidung zwischen ↑Symptomen und ↑Ursachen. Während es legitim ist, die Voraussage eines Phänomens ausschließlich auf dessen Symptome, also auf seine kausalen Folgen (↑Kausalität) zu stützen, bedarf eine Erklärung des Rückgriffs auf Ursachen. So kann man etwa das Auftreten eines Sturms aus einem vorangegangenen plötzlichen Abfall des Barometerstandes voraussagen, aber nicht adäquat durch diesen erklären.

Die Fähigkeit zur P. gilt vielfach als wesentliches Ziel wissenschaftlicher Tätigkeit. Hierbei geht es zunächst um die Vorhersage von Einzelereignissen auf Grund allgemeiner Gesetze, wodurch Abschätzungen von Handlungsfolgen verbessert und gezielte Eingriffe in natürliche Abläufe ermöglicht werden. So bezeichnet es H. Hertz als die wichtigste Aufgabe der Naturwissenschaft, »dass sie uns befähige, zukünftige Erfahrungen vorauszusehen, um nach dieser Voraussicht unser gegenwärtiges Handeln einrichten zu können« (Die Prinzipien der Mechanik, ed. P. E. A. Lenard, Leipzig 1895 [Ges. Werke III], 1). Während prognostische Kraft in diesem Sinne jedem gültigen Gesetz zukommt, gilt die P. neuartiger Gesetzmäßigkeiten, also bislang unbekannter Phänomene, vielfach als Merkmal besonderer methodologischer Qualifikation einer Theorie. Ebenso wie umfassendere Theorien Gesetze erklären können (unter Zugrundelegung des gleichen logischen Schemas wie für die Erklärung einzelner Sachverhalte; ↑Reduktion), vermögen sie auch zuvor nicht entdeckte Gesetze vorherzusagen. So prognostizierte z. B. die Kopernikanische Theorie die Fixsternparallaxe und die genaue Form der Venusphasen; die Allgemeine Relativitätstheorie (↑Relativitätstheorie, allgemeine) sagte die korrekte Größe der Lichtablenkung im Gravitationsfeld voraus. Anders als Einzelereignisse enthalten dabei Gesetze keinen Bezug auf einen bestimmten Zeitpunkt, sondern beanspruchen zeitlose Gültigkeit. Daher kann man nicht im strengen Sinne von *Gesetzesprognosen* sprechen. Gemeint ist, daß die begründete Behauptung der Geltung einer empirischen ↑Generalisierung ihrem Aufweis in der ↑Erfahrung vorangeht. Die Bedeutsamkeit derartiger P.n für die methodologische Einschätzung von Theorien ist vor allem von G. W. Leibniz, W. Whewell, P. Duhem, K. R. Popper und I. Lakatos hervorgehoben worden.

P.n können aus einer Vielzahl von Gründen fehlgehen. Relevante Gesetzmäßigkeiten existieren vielleicht nicht, oder sie sind unbekannt oder von bloß probabilistischer Natur. Die Anfangs- und Randbedingungen können nicht bekannt und nicht zu ermitteln oder von so großem Einfluß auf die Entwicklung sein, daß diese nicht vorhersehbar ist. Die letztgenannte Möglichkeit ist beim deterministischen Chaos (↑Chaostheorie) realisiert, bei dem die P. trotz deterministischer Gesetzmäßigkeiten daran scheitert, daß selbst geringfügige Änderungen in den Anfangs- und Randbedingungen substantielle Änderungen in der Zeitentwicklung des betreffenden Systems zur Folge haben. Die prognostische Kraft der ↑Sozialwissenschaften wird oft als prinzipiell dadurch beschränkt betrachtet, daß Akteure um diese P.n wissen und sie bei ihrem Verhalten berücksichtigen können. Dadurch können sich P.n , jeweils in Abhängigkeit von den vorliegenden Umständen, selbst erfüllen oder selbst aufheben (↑self-fulfilling prophecy).

P.n stützen sich herkömmlich auf theoretische Erklärungen oder das wissenschaftliche Durchdringen des betreffenden Phänomenbereichs. Dagegen wird geltend gemacht, daß Computersimulationen oder die schematische Durchmusterung großer Datenmengen (›Big Data‹) Verstehen und Vorhersagen tendenziell entkoppeln. Der P.erfolg von Computersimulationen beruht danach unter Umständen weniger auf den herangezogenen Grundsätzen und Gesetzmäßigkeiten als auf den Verfahren zur Umsetzung der entsprechenden Modelle auf dem Computer (z. B. Prozeduren zur Kompensation von Digitalisierungsfehlern) (Lenhard 2009; Lenhard/Johnson 2011). Ebenso dienen automatische, lernfähige Algorithmen zur Übertragung von Mustern in den Daten auf neue Fälle. Der künftige Verlauf von Stürmen läßt sich besser durch das Training neuronaler Netze vorhersagen als durch kausale meteorologische Modelle (Napoletani u. a. 2011). Diese Entwicklungen werden zum Teil als Erweiterung der wissenschaftlichen P.möglichkeiten begrüßt, zum Teil als Verlust an epistemischer Durchdringung beklagt.

Literatur: E. C. Barnes, The Paradox of Predictivism, Cambridge etc. 2008, 2011; M. Carrier, Prediction in Context. On the Comparative Epistemic Merit of Predictive Success, Stud. Hist. Philos. Sci. 45 (2014), 97–102; H. E. Douglas, Reintroducing Prediction to Explanation, Philos. Sci. 76 (2009), 444–463; A. Grünbaum, Philosophical Problems of Space and Time, New York 1963, erw. Dordrecht/Boston Mass. [2]1973, 290–311; C. G. Hempel, The Function of General Laws in History, J. Philos. 39 (1942), 35–48, Neudr. in: ders., Aspects of Scientific Explanation and Other Essays in the Philosophy of Science, New York, London 1965, 231–243; ders./P. Oppenheim, Studies in the Logic of Explanation, Philos. Sci. 15 (1948), 135–175, Neudr. in: ders., Aspects of Scientific Explanation [s. o.], 245–295, Neudr. in: J. C. Pitt (ed.), Theories of Explanation, New York/Oxford 1988, 9–46; ders., Aspects of Scientific Explanation, in: ders., Aspects of Scientific Explanation [s. o.], 331–496 (dt. [erw.] Aspekte wissenschaftlicher Erklärung, Berlin/New York 1977); R. C. Jeffrey, Statistical Explanation versus Statistical Inference, in: N. Rescher (ed.), Essays in Honor of Carl G.

Hempel. A Tribute on the Occasion of His Sixty-Fifth Birthday, Dordrecht etc. 1969, 104–113; Y. A. Kravtsov (ed.), Limits of Predictability, Berlin etc. 1993; I. Lakatos, The Methodology of Scientific Research Programmes. Philosophical Papers I, ed. J. Worrall/G. Currie, Cambridge/London/New York 1978 (dt. Die Methodologie wissenschaftlicher Forschungsprogramme. Philosophische Schriften I, Braunschweig/Wiesbaden 1982); J. Lenhard, The Great Deluge. Simulation Modeling and Scientific Understanding, in: H. W. de Regt/S. Leonelli/K. Eigner (eds.), Scientific Understanding. Philosophical Perspectives, Pittsburgh Pa. 2009, 169–186; ders./A. Johnson, Toward a New Culture of Prediction. Computational Modeling in the Era of Desktop Computing, in: A. Nordmann/H. Radder/G. Schiemann (eds.), Science Transformed? Debating Claims of an Epochal Break, Pittsburgh Pa. 2011, 189–199; C. Menke, Zum methodologischen Wert von Vorhersagen, Paderborn 2009; D. Napoletani/M. Panza/D. C. Struppa, Agnostic Science. Towards a Philosophy of Data Analysis, Found. Sci. 16 (2011), 1–20; K. R. Popper, Conjectures and Refutations. The Growth of Scientific Knowledge, London 1963, ²1965, ³1969, London/Melbourne/Henley ⁴1972, London 1989 (repr. 1991), 215–250; P. Railton, A Deductive-Nomological Model of Probabilistic Explanation, Philos. Sci. 45 (1978), 206–226; N. Rescher, Predicting the Future. An Introduction to the Theory of Forecasting, Albany N. Y. 1998; W. C. Salmon, Four Decades of Scientific Explanation, Minneapolis Minn. 1990, Pittsburgh Pa. 2006; D. Sarewitz, Prediction, in: C. Mitcham (ed.), Encyclopedia of Science, Technology and Ethics III, Detroit Mich. etc. 2005, 1479–1482; ders./R. A. Pielke Jr./R. Byerly Jr. (eds.), Prediction. Science, Decision Making, and the Future of Nature, Washington D. C. etc. 2000; W. Stegmüller, Probleme und Resultate der Wissenschaftstheorie und Analytischen Philosophie I (Erklärung, Begründung, Kausalität), Berlin/Heidelberg/New York ²1983, 191–245; D. Weidner/S. Willer (eds.), Prophetie und Prognostik. Verfügungen über Zukunft in Wissenschaften, Religionen und Künsten, München 2013. M. C.

Programmiersprachen, Bezeichnung für formale Sprachen (↑Sprache, formale) zur Programmierung von Rechnern. Genauer dienen P. der Formulierung von Programmen, die dann von Rechnern ausgeführt werden. ›Maschinensprachen‹ erzeugen Folgen von Maschinenbefehlen, ›niedere‹ P. oder ›Assemblersprachen‹ symbolische ↑Kodierungen solcher Folgen. Derartige P. sind maschinennah, d. h., die Formulierung ihrer Befehle ist abhängig von der Struktur des Prozessors der verwendeten Hardware und der Syntax von dessen Befehlssprache. Dagegen sind Programme in ›höheren‹ P. (die erste war *Fortran*) von abstrakterer Natur.

Ein Programm in einer solchen Sprache ist eine Folge von Befehlen, die selbst nicht in der Syntax der Maschinensprache formuliert sind, sondern erst in diese übersetzt (›interpretiert‹ oder ›kompiliert‹) werden müssen. Die Syntax von Programmen wird in der Regel durch kontextfreie Grammatiken angegeben, für die Standardverfahren zur syntaktischen Analyse (›Parsing‹) zur Verfügung stehen, die Voraussetzung der Kompilierung ist. Semantisch werden die Befehle einer höheren Programmiersprache als Beschreibungen von Operationen einer abstrakten Maschine – eines mathematischen Maschinenmodells – aufgefaßt (operationale Semantik von P.), als Transformationen, die bestimmte Anfangsbedingungen in bestimmte Endbedingungen überführen, wobei diese Übergänge bestimmten logischen Prinzipien gehorchen (axiomatische Semantik), oder allgemeiner als Beschreibungen mathematischer Funktionen auf Zustandsräumen, die Zustände in neue Zustände überführen (denotationelle Semantik). Alle diese Charakterisierungen der Bedeutung von Programmen sind maschinenunabhängig. Bei der Entwicklung solcher ›imperativer‹ oder ›prozeduraler‹ P. hat insbes. die Idee der ›strukturellen Programmierung‹ (E. W. Dijkstra) eine herausragende Rolle gespielt, d. h. die Idee, daß Programme kompositionell gegliedert sein sollten, basierend auf den verwendeten Algorithmen und Datenstrukturen sowie auf deren Zusammenhang. Entsprechende Sprachkonstrukte werden etwa in Form von Prozeduren oder von Strukturen zur Implementation rekursiver (↑rekursiv/Rekursivität) Algorithmen angeboten (so in *Algol*artigen Sprachen, z. B. *Pascal*). Sprachen wie *C* (auf der das maßgebliche Betriebssystem *Unix* basiert und die entsprechend weit verbreitet ist) verbinden Begriffe der maschinennahen und der höheren P..

Allgemeiner als *imperative* P. sind *deklarative* P.. Programme in solchen Sprachen dienen nicht der (abstrakten) Formulierung von Befehlen. Vielmehr wird nur die Aufgabe spezifiziert, die man lösen will; die Umsetzung in Befehle wird dem System überlassen, das programmiert wird. Deklarative P. gliedern sich in funktionale und relationale Sprachen. Programme in *funktionalen* Sprachen bestehen aus Definitionen von ↑Funktionen im intensionalen (↑intensional/Intension) Sinne, d. h., sie spezifizieren ein Berechnungsverfahren. Anwendungen von funktionalen Programmen sind Auswertungen definierter Funktionen. Die klassische funktionale Sprache, deren Anwendungen insbes. im Bereich der Künstlichen Intelligenz (↑Intelligenz, künstliche) liegen, ist *Lisp* (ein weitverbreiteter neuerer Dialekt ist *Scheme*). Theoretische Grundlage der funktionalen Programmierung ist der ↑Lambda-Kalkül, den man selbst als (rudimentäre) funktionale Programmiersprache auffassen kann, da er das applikative Verhalten von Funktionen beschreibt. Die Leistungsfähigkeit moderner funktionaler P. (z. B. *ML* oder *Haskell*) liegt in der Einbeziehung hierarchischer Typkonzepte, die es möglich machen, Funktionen selbst als Argumente und Werte zu behandeln. Die Nähe der funktionalen Programmierung zu konstruktiven ↑Typentheorien hat die Weiterentwicklung solcher Typentheorien in der Mathematischen Logik (↑Logik, mathematische) stark beeinflußt und zur Verschmelzung von Logik und Entwicklung von P. beigetragen. Moderne Beweiseditoren und Beweisassistenten wie *Coq* bauen in starkem Maße auf Konzepten funktionaler P. auf.

Programme in *relationalen* P. (hier maßgeblich *Prolog*) bestehen aus Beschreibungen eines Bereichs von Gegenständen durch ↑Prädikate und ↑Relationen unter Verwendung von Klauseln, die die Bedingungen angeben, unter denen Prädikate auf Objekte zutreffen oder Relationen zwischen Objekten bestehen, und die man als Definitionen auffassen kann (z. B. ›*a* ist Großvater von *b*, falls *a* Vater von *c* und *c* Elternteil von *b* ist‹); Klauseln sind also mit Regeln in elementaren Produktionssystemen und auch mit ↑Prädikatorenregeln verwandt (↑Definition). Anwendungen von Programmen bestehen dann in der Beantwortung von Anfragen (*queries*), ob es auf Grund der Spezifikation des Programms Gegenstände gibt, die in einer bestimmten Relation zueinander stehen, und wenn ja, welche es sind. Da dies ein logisches Deduktionsproblem ist, spricht man auch von ›Logikprogrammierung‹.

Die Auswertungsalgorithmen in logischen P. sind mit gewissen Verfahren des automatischen Beweisens eng verwandt. Das Verfahren des *backtracking*, bei dem auf der Suche nach Lösungen Suchbäume in systematischer Weise durchlaufen werden, spielt hier eine zentrale Rolle. Die Grundidee deklarativer P., nur eine Problemspezifikation (durch Definition einer Menge von Funktionen oder Relationen) anzugeben, ohne explizit Steuerungsstrukturen für die Lösung vorzugeben, hat sich jedoch als zu weitgehende Idealisierung erwiesen. De facto programmiert man auch hier Steuerungsstrukturen (allerdings in Form von Funktions- bzw. Relationsdefinitionen). Auf der Seite der Beweisassistenten hat *Isabelle* neben seinen Wurzeln in der funktionalen Programmierung Aspekte der Logikprogrammierung einbezogen.

In den vergangenen zwei Jahrzehnten ist die *objektorientierte* Programmierung als neues Paradigma in den Vordergrund gerückt, das quer zur Unterscheidung von imperativer und deklarativer Programmierung steht. Objektorientierte P. sind z. B. *Smalltalk*, *C++* [als Erweiterung von *C*] und, als prominenteste Sprache, die einen gewissen Standard in der Informatikausbildung und Informatikanwendung darstellt, *Java*. Hier verallgemeinert man die Idee von Modulen (d. h. unabhängigen Teilen eines Programms, bei denen nur bestimmte Parameter von außen ›sichtbar‹ sind) und abstrakten Datentypen (d. h. Klassen von Daten, die durch bestimmte für sie charakteristische Regeln definiert sind). Die ›Objekte‹ solcher Programme sind unabhängige Einheiten, die miteinander kommunizieren und in bestimmter Weise Eigenschaften aufeinander übertragen (›vererben‹) können. Die objektorientierte Programmierung spielt in der Softwaretechnik vor allem unter dem Aspekt der Unabhängigkeit, Erweiterbarkeit und Wiederverwertbarkeit von Softwarebestandteilen eine besondere Rolle. Schließlich ist die Entwicklung von P. für die parallele Verarbeitung von Daten ein intensiv erforschtes Gebiet im Zusammenhang mit der Entwicklung von Rechnerarchitekturen, die die Nachteile des auf J. v. Neumann zurückgehenden, auf serieller Verarbeitung beruhenden Rechnerkonzepts zu überwinden suchen.

Die Tatsache, daß höhere P. hardwareunabhängig sind, in ihnen geschriebene Programme also auf verschiedensten Hardwareplattformen lauffähig sind (das Vorhandensein geeigneter Übersetzer [Compiler oder Interpreter] vorausgesetzt), hat ein Modell für den neueren Funktionalismus in der ↑Psychologie und allgemeiner für Diskussionen des ↑Leib-Seele-Problems in der ↑Philosophie des Geistes (↑philosophy of mind) abgegeben, insbes. für die These, daß sich psychische Eigenschaften als ›Software-Phänomene‹ unabhängig von ihren Realisierungen in der ›Hardware‹ des Gehirns studieren lassen. Diese ›Computertheorie‹ bzw. ›Symbolverarbeitungstheorie‹ des Geistes wird in der klassischen ↑Kognitionswissenschaft im Zusammenhang mit der Ansicht vertreten, daß menschliche Informationsverarbeitung auf der Verwendung symbolischer Repräsentationen (↑Repräsentation, mentale) aufbaut, sich also einer ↑*Sprache des Denkens* bedient.

Literatur: H. Abelson/G. J. Sussman/J. Sussman, Structure and Interpretation of Computer Programs, Cambridge Mass. 1985, [2]1996, 2002 (franz. Structure et interpretation des programmes informatiques, Paris 1989, [3]1992; dt. Struktur und Interpretation von Computerprogrammen. Eine Informatik-Einführung, Berlin etc. 1991, [4]2001, 2002); A. Clausing, P.. Konzepte, Strukturen und Implementierung in Java, Heidelberg 2011; O.-J. Dahl/E. W. Dijkstra/C. A. R. Hoare, Structured Programming, London/New York 1972, [11]1990; E. Fehr, Semantik von P., Berlin etc. 1989; R. Harper, Practical Foundations for Programming Languages, Cambridge etc. 2013; H. Klaeren/M. Sperber, Die Macht der Abstraktion. Einführung in die Programmierung, Wiesbaden 2007; T. Nipkow/L. C. Paulson/M. Wenzel, Isabelle/HOL. A Proof Assistant for Higher-Order Logic, Berlin etc. 2002; R. W. Sebesta, Concepts of Programming Languages, Redwood City Calif. etc. 1989, Boston Mass./London [11]2015; P. Sestoft, Programming Language Concepts, London etc. 2012; A. Tucker/R. E. Noonen, Programming Languages, New York etc. 1977, [2]1986, mit Untertitel: Principles and Paradigms, Boston Mass. etc. 2002, 2007 (franz. Les langages de programmation, Auckland/Bogota etc. 1987); R. Turner, The Philosophy of Computer Science, SEP 2013; N. Wirth, Algorithmen und Datenstrukturen, Stuttgart 1975, 1983 (engl. Algorithms and Data Structures. Programs, Englewood Cliffs N. J. 1976, 1986), erw. unter den Titeln: Algorithmen und Datenstrukturen mit Modula 2, Stuttgart 1986, 1996, und: Algorithmen und Datenstrukturen. Pascal-Version, Stuttgart 1986, 2000. – The Coq Reference Manual. Online unter https://coq.inria.fr/doc/index.html. P. S.

progressiv (von lat. progredi, fortschreiten; fortschreitend, fortschrittlich), in Gesellschaftstheorie, Logik, Mathematik und Wissenschaftstheorie in unterschiedlicher Verwendung auftretender Terminus; Gegensatz ↑regressiv. (1) In gesellschaftstheoretischen und geschichtsphilosophischen Zusammenhängen (↑Geschichtsphilosophie) Bezeichnung für Entwicklungen und ein sie bestimmendes oder durch sie bestimmtes Bewußtsein auf dem Hintergrund einer ausgearbeiteten (eventuell auch nur rhetorisch unterstellten) Theorie des ↑Fortschritts. (2) In der traditionellen Logik (↑Logik, traditionelle) wird ein Schluß als ›p.‹ (*a principiis ad principiata*), ferner als ›episyllogistisch‹ oder ›synthetisch‹, bezeichnet, wenn ein Fortschreiten vom ↑Prosyllogismus zum ↑Episyllogismus vorliegt. In diesem Sinne sind alle Schlußketten und ↑Kettenschlüsse (↑Polysyllogismus) p.. Darüber hinaus wird in der traditionellen Logik das Begriffspaar p./regressiv mit der Unterscheidung ↑demonstratio propter quid/demonstratio quia in Verbindung gebracht (bei G. Zabarella im Rahmen eines insgesamt als regressiv bezeichneten Beweisverfahrens) und innerhalb eines allgemeinen begründungstheoretischen Rahmens von einem ›progressus rationum‹ gesprochen, sofern das Begründen zu keinem Ende kommt (↑regressus ad infinitum). Der Übergang vom Prosyllogismus zum Episyllogismus wird von I. Kant auf methodische Schritte nicht formallogischer Art übertragen und die Unterscheidung p./regressiv mit der Unterscheidung synthetisch/analytisch (↑analytisch, ↑synthetisch) verbunden. Danach stellt die »Kritik der reinen Vernunft« eine p.-synthetische Lehrart dar, während die »Prolegomena« eine regressiv-analytische Lehrart verfolgen (vgl. Proleg. § 5 Anm., Akad.-Ausg. IV, 276). (3) In der Mathematik tritt ›p.‹ (bzw. ›Progression‹) als Bezeichnung für eine fortschreitende, abzählbar unendliche Folge (↑abzählbar/Abzählbarkeit, ↑Folge (mathematisch)) auf, deren Glieder voneinander verschieden und jeweils vom ersten Glied aus durch endlich viele Nachfolgerschritte erreichbar sind. Jede Progression kann durch die ↑Peano-Axiome charakterisiert werden und ist demnach isomorph (↑isomorph/Isomorphie) zur Struktur der natürlichen Zahlen. (4) In der ↑Wissenschaftstheorie (↑Theoriendynamik) gelten empirische Theorien (hinsichtlich des Maßes ihrer Prognoseeigenschaften [↑Prognose]) bzw. ↑Forschungsprogramme, die sich auf derartige Theorien stützen, als p. oder nicht-p.. Nach I. Lakatos ist eine Theorienfolge p., wenn die jeweils neue Theorie einen empirischen Gehalt (↑Gehalt, empirischer) besitzt, der dem nicht-falsifizierten (↑Falsifikation) Teil der vorausgehenden Theorie empirisch wenigstens gleich ist, im anderen Falle degenerativ. Entsprechend liegt eine p.e bzw. degenerative Problemverschiebung vor, an der wiederum der Fortschritt in der Theorieentwicklung gemessen wird.

Literatur: I. Lakatos, Falsification and the Methodology of Scientific Research Programmes, in: ders./A. Musgrave (eds.), Criticism and the Growth of Knowledge, Cambridge 1970, Cambridge etc. 2004, 91–195, Neudr. in: ders., The Methodology of Scientific Research Programmes. Philosophical Papers I, ed. J. Worrall/G. Currie, Cambridge etc. 1978, 1999, 8–101 (dt. Falsifikation und die Methodologie wissenschaftlicher Forschungsprogramme, in: ders./A. Musgrave [eds.], Kritik und Erkenntnisfortschritt, Braunschweig 1974, 89–189, ferner in: ders., Die Methodologie wissenschaftlicher Forschungsprogramme. Philosophische Schriften I, ed. J. Worrall/G. Currie, Braunschweig/Wiesbaden 1982, 7–107); K. Yamaguchi, P./regressiv, Hist. Wb. Ph. VII (1989), 1449–1450. J. M.

progressus in infinitum, ↑regressus ad infinitum.

Prohairesis (griech. προαίρεσις, Entschluß, Vorsatz, Wahl), im Rahmen der ↑Ethik und ↑Handlungstheorie von Aristoteles geprägter Terminus zur Bezeichnung eines überlegten Entschlusses, der sowohl durch Einsicht (διάνοια), hier als praktische Einsicht (φρόνησις; ↑Phronesis) aufgefaßt, als auch durch Begehren (ὄρεξις) im Sinne eines überlegten (erwägenden) Begehrens gebildet wird (Eth. Nic. Γ3.1112b11 ff., 1113a9–14). Die P. betrifft dabei in ihrer Aristotelischen Fassung in erster Linie die zur Realisierung eines Handlungszieles geeigneten ↑Mittel, nicht das Handlungsziel selbst. Gleichwohl orientiert sich die P. in ihrer Bindung an die praktische Einsicht am Erreichen des ↑Guten, während sie im Begehren ihre materiale Bestimmtheit erhält. In diesem Sinne gehört der Begriff der P., der in der ↑Stoa weiter ausgearbeitet wird, in die Geschichte der Begriffe der ↑Freiheit und des ↑Willens (↑Willensfreiheit).

Literatur: J. L. Ackrill, Aristotle the Philosopher, Oxford/New York 1981, 1996, 142–145 (dt. Aristoteles. Eine Einführung in sein Philosophieren, Berlin/New York 1985, 209–213); A. Dihle, The Theory of Will in Classical Antiquity, Berkeley Calif./Los Angeles/London 1982 (dt. Die Vorstellung vom Willen in der Antike, Göttingen 1985); D. Fonfara, Freiwilliges Handeln und Tugend. Aristoteles' Lehre von der P. im Rahmen einer eudaimonistischen Ethik, in: E. Düsing/K. Düsing/H.-D. Klein (eds.), Geist und Willensfreiheit. Klassische Theorien von der Antike bis zur Moderne, Würzburg 2006, 15–45; M. Ganter, Mittel und Ziel in der praktischen Philosophie des Aristoteles, Freiburg/München 1974; A. Kenny, Aristotle's Theory of the Will, New Haven Conn., London 1979, 67–107; H. Kuhn, Der Begriff der P. in der Nikomachischen Ethik, in: D. Henrich/W. Schulz/K.-H. Volkmann-Schluck (eds.), Die Gegenwart der Griechen im neueren Denken. Festschrift für Hans-Georg Gadamer zum 60. Geburtstag, Tübingen 1960, 123–140; E. Kullmann, Beiträge zum aristotelischen Begriff der ›P.‹, Diss. Basel 1943; A. Laks, P., Hist. Wb. Ph. VII (1989), 1451–1458; A. A. Long, The Early Stoic Concept of Moral Choice, in: F. Bossier u. a. (eds.), Images of Man in Ancient and Medieval Thought. Studia Gerardo Verbeke [...] dicata, Louvain 1976, 77–92; J. M. Rist, P.. Proclus, Plotinus et alii, in: H. Dörrie (ed.), De Jamblique à Proclus, Genf 1975, 103–117. J. M.

Projektion (mathematisch) (von lat. proicere, vorwerfen, vorstrecken), Bezeichnung für bestimmte geometrische und lineare Abbildungen. P.en finden bereits in der griechischen Kunst und Geometrie Anwendung (↑Perspektive). K. Ptolemaios führt in der antiken Kartographie die orthographische P. ein, die Punkte der Kugeloberfläche senkrecht auf drei zueinander senkrechte Ebenen projiziert, im ›Planisphaerium‹ die stereographische P. (↑Differentialgeometrie). Diese bildet die Oberflächenpunkte P der Kugel durch einen P.sstrahl von einem Kugelpol auf eine Ebene ab, die den Äquator schneidet (Abb. 1).

In der technischen Geometrie der Neuzeit findet die P. Anwendung bei Künstlern und Ingenieuren. J. Keplers Stetigkeitsprinzip zur projektiven Erzeugung von Kegelschnitten (↑Perspektive) tritt auch bei G. W. Leibniz auf (Principium quoddam Generale ... [Über das Kontinuitätsprinzip], 1688). Zu den Vorläufern der projektiven Geometrie gehören der französische Architekt R. Desargues, sein Schüler P. de la Hire und B. Pascal. Ihr Begründer im engeren Sinne ist J. V. Poncelet (Traité des propriétés projectives des figures, Paris 1822).

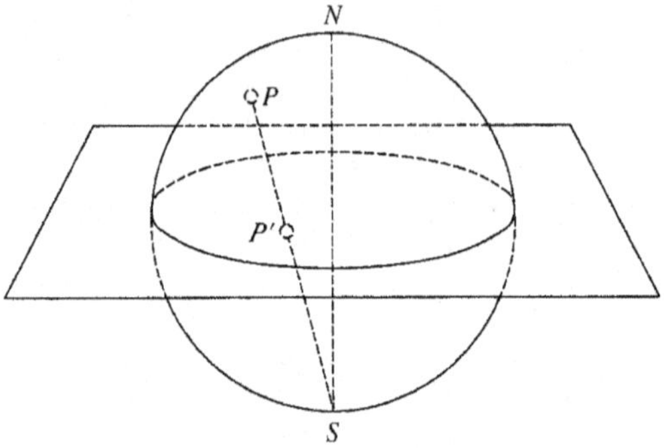

Abb. 1: Stereographische Projektion

Allgemein unterscheidet man in der projektiven Geometrie zwischen der Zentral- und der Parallelprojektion. Eine *Zentralprojektion* einer Ebene ε auf eine Ebene ε' mit 0 als P.szentrum ist eine Abbildung, die als Bild jedes Punktes P von ε den Punkt P' auf ε' definiert, der auf derselben Geraden durch 0 wie P liegt (Abb. 2). Von einer *Parallelprojektion* wird gesprochen, wenn alle projizierenden Geraden parallel laufen (Abb. 3). Entsprechend läßt sich die P. einer Geraden g in ε auf die Gerade g' in ε' von einem P.spunkt 0 aus definieren. Durch Zuordnung unendlich ferner Punkte zu parallelen Geraden (analog dem Schnittpunkt bei sich schneidenden Geraden) wird die Parallelprojektion der Zentralprojektion untergeordnet.

Jede Abbildung einer Figur auf eine andere durch Zentral- oder Parallelprojektion heißt eine *projektive Transformation.*

Dann besteht die projektive Geometrie der Ebene oder der Geraden aus der Gesamtheit derjenigen Sätze, die bei beliebigen projektiven Transformationen der betreffenden Figuren unverändert gültig (invariant) bleiben. Beispiel einer projektiven invarianten Eigenschaft ist das *Doppelverhältnis.* Projiziert man vier Punkte A, B, C, D in g auf A', B', C', D' in g' (Abb. 4), so bleibt ihr Doppelverhältnis unverändert:

$$\frac{CA}{CB} : \frac{DA}{DB} = \frac{C'A'}{C'B'} : \frac{D'A'}{D'B'}.$$

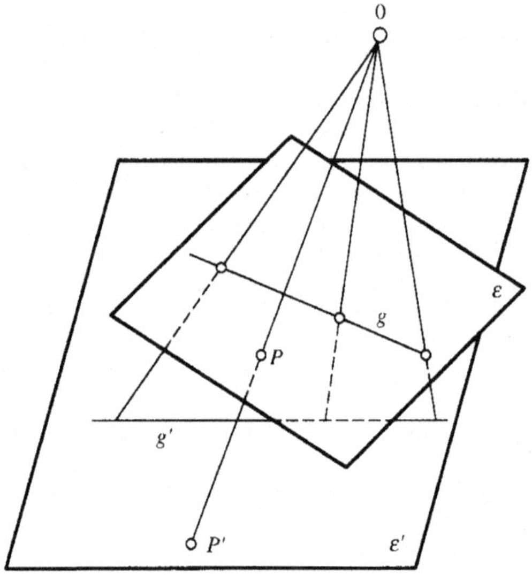

Abb. 2: Zentralprojektion

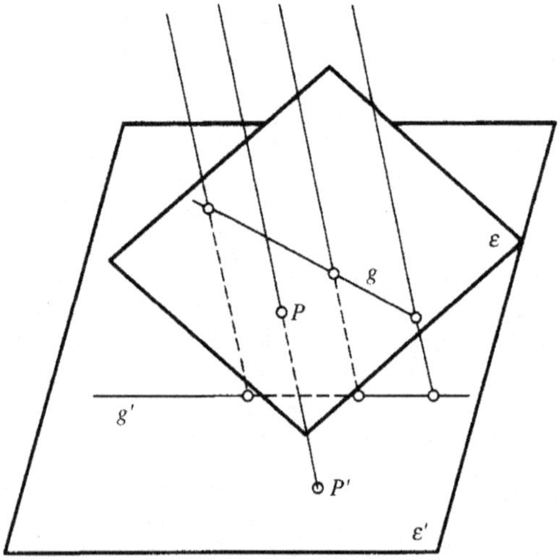

Abb. 3: Parallelprojektion

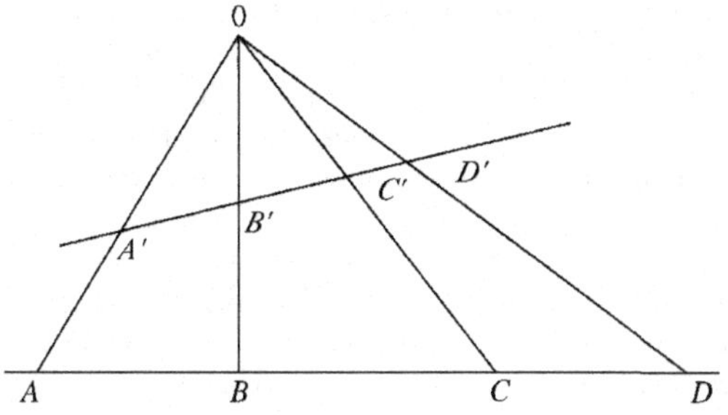

Abb. 4: Doppelverhältnis

Demgegenüber ist die Proportion zweier Strecken, z. B. *AB* und *BC*, im allgemeinen keine projektiv invariante Eigenschaft. Daher tritt das Doppelverhältnis in der projektiven Geometrie an die Stelle der Invarianz der Streckenlänge in der metrischen Geometrie.

Charakteristisch für die projektive Geometrie ist das *Dualitätsprinzip* (↑dual/Dualität), nach dem aus wahren Sätzen durch Ersetzung dualer Grundbegriffe (z. B. ›Punkt‹ anstelle von ›Gerade‹) wieder wahre Sätze entstehen (z. B. der Satz von Pascal als duales Gegenstück zum Satz von Brianchon). Durch projektive Zuordnung (häufig auch *Perspektivität* genannt) von Punkten, Strahlenbündeln, Ebenenbündeln lassen sich geometrische Formen wie z. B. Kreise, Kegelschnitte oder Flächen 2. Ordnung (z. B. Zylinder, Kegel und Hyperboloid) erzeugen. Ein Beispiel ist die Ellipse (Abb. 5), die durch projektive Zuordnung zweier Geradenbündel erzeugt wird. An die Stelle der Winkelgrößen bzw. Kongruenzeigenschaften der beiden Strahlenbündel, die im allgemeinen nicht erhalten bleiben, tritt wieder das invariante Doppelverhältnis.

Die Pointe der projektiven Erzeugung geometrischer Figuren liegt darin, daß dabei prinzipiell auf metrische Begriffsbildungen verzichtet werden kann (K. G. C. v. Staudt, Geometrie der Lage, Nürnberg 1847). Der Abstandsbegriff des Archimedischen Meßbarkeitsaxioms

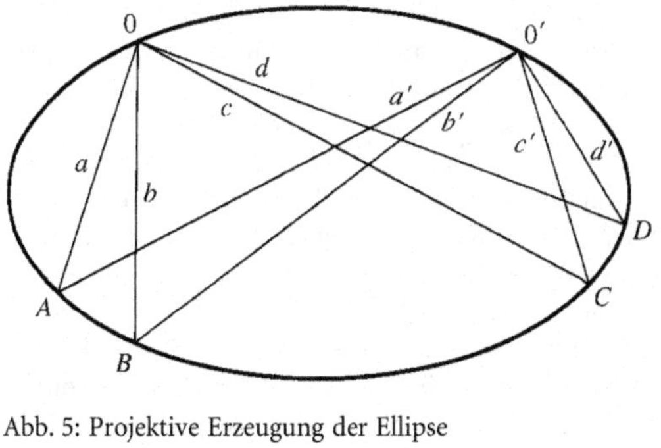

Abb. 5: Projektive Erzeugung der Ellipse

kann projektiv nur unter Voraussetzungen der *metrikfreien* Anordnungsaxiome eingeführt werden. Nach F. Kleins *Invariantentheorie* (↑Geometrie) erwies sich die projektive Geometrie als sehr reichhaltige Theorie, die z. B. die metrische Geometrie umfaßt. A. Cayleys Satz »descriptive geometry is *all* geometry« (The Collected Mathematical Papers II, Cambridge 1889, 592; ›descriptive‹ hier, wie damals üblich, für das heutige ›projective‹) trifft zwar für ↑Differentialgeometrie und ↑Topologie nicht zu, doch erweist sich diese Geometrie bis zur modernen algebraischen Geometrie als wichtiges mathematisches Forschungsgebiet.

Allgemein bezeichnet man in Logik und Mathematik als P. eine mehrstellige Funktion (über beliebigen Gegenstandsbereichen), die einem n-Tupel von Argumenten jeweils *eines* dieser Argumente als Wert zuordnet, d. h. genauer, bei der für ein gewisses i mit $1 \leq i \leq n$ stets gilt:

$$f(x_1,\ldots,x_n) = x_i.$$

Falls V ein Vektorraum (↑Vektor) mit Skalarprodukt ist, U ein Unterraum von V, $\perp U$ der zu U orthogonale Unterraum von V (dessen Elemente die Vektoren sind, die zu denen aus U orthogonal sind) und ferner $V = U \oplus \perp U$ (direkte Summe) ist, läßt sich jedes $f \in V$ eindeutig als $f = f_U + f_{\perp U}$ schreiben mit $f_U \in U$ und $f_{\perp U} \in \perp U$. Die Abbildung P_U von V nach U, die jedem $f \in V$ dieses $f_U \in U$ zuordnet, heißt *Orthogonalprojektion* von V auf U. Da $V = U \oplus \perp U$ insbes. für Unterräume von Hilberträumen $\mathscr{H}$ gilt, ist hier die Orthogonalprojektion immer definiert. Sie bildet einen *Projektionsoperator*, d. h. einen beschränkten linearen Operator P auf $\mathscr{H}$, der selbstadjungiert ($P = P^*$) und idempotent (↑idempotent/Idempotenz) ist ($P^2 = P$). Umgekehrt definiert jeder P.soperator P eindeutig einen Unterraum U_P.

In der ↑*Quantentheorie* ist der Begriff der P. grundlegend für die Präzisierung von Eigenschaften in Quantensystemen. Physikalisch entsprechen die Eigenwerte eines selbstadjungierten Operators A den möglichen Meßwerten einer Observablen $\vartheta(A)$. Die ↑Wahrscheinlichkeit w_a für das Auftreten eines Eigenwerts a ist gegeben durch das Absolutquadrat der P. des Zustandsvektors f vor der Messung auf den zugehörigen Eigenvektor. Diese Wahrscheinlichkeit kann auch als Erwartungswert des P.soperators P_A aufgefaßt werden. Durch eine Messung P_A kann entschieden werden, ob eine Observable $\vartheta(A)$ einen vorgegebenen Wert annimmt. Dem P.soperator P_A entspricht die Observable $\mathscr{P}_A$: ›ist das System im Zustand f_A?‹. Die Messung von $\mathscr{P}_A$ liefert also nur Ja-Nein-Entscheidungen, denen die Eigenwerte 0 und 1 entsprechen. Für den quantenphysikalischen Meßprozeß nahm J. v. Neumann die Gültigkeit eines *Projektionspostulats* an, demzufolge bei einer unmittelbaren

Wiederholung einer gleichartigen Messung das Meßergebnis unverändert sein sollte.

Literatur: G. Birkhoff/J. v. Neumann, The Logic of Quantum Mechanics, Ann. Math. 37 (1936), 823–843; U. Graf, Darstellende Geometrie, Heidelberg 1937, bearb. v. M. Barner/F. Flohr, [12]1991; D. Hilbert/S. Cohn-Vossen, Anschauliche Geometrie, Berlin 1932 (repr. Darmstadt 1973, mit einem Anhang: P. Alexandroff, Einfachste Grundbegriffe der Topologie), [2]2011; G. Ludwig, Einführung in die Grundlagen der theoretischen Physik III (Quantentheorie), Braunschweig/Wiesbaden, Düsseldorf 1976, Braunschweig/Wiesbaden [2]1984; K. Mainzer, Geschichte der Geometrie, Mannheim/Wien/Zürich 1980; P. Mittelstaedt, Quantum Logic, Dordrecht/Boston Mass./London 1978; J. v. Neumann, Mathematische Grundlagen der Quantenmechanik, Berlin 1932 (repr. Berlin/Heidelberg/New York 1968, 1981), [2]1996; P. Schreiber, Theorie der geometrischen Konstruktionen, Berlin (Ost) 1975; M. Wermann, Zur Rolle der P. in mathematischer Rede. Ein Beitrag zur Strukturanalyse mathematischer Argumentationen, Mathematica Didactica 37 (2014), 61–85. K. M.

Projektion (psychoanalytisch und sozialpsychologisch) (von lat. proicere, vorwerfen, vorstrecken), Bezeichnung für die vorstellungsmäßige Verlagerung einer eigenen, individuen- oder gruppeninternen Einstellung auf andere Individuen oder Gruppen. In der ↑Psychoanalyse wird die Zuschreibung eigener Wünsche und Fehler auf andere unter die so genannten Abwehrmechanismen (↑Abwehr) gerechnet, durch die sich der einzelne vor unangenehmen ↑Affekten (z. B. vor Angst oder Selbstverurteilung) zu schützen sucht. Sozialpsychologisch erscheint dieser Sachverhalt unter anderem als Sündenbockphänomen (z. B. im Judenhaß). Die bei Kindern und in archaischen Kulturen anzutreffende Tendenz, leblosen Gegenständen Gefühlszustände und Handlungsabsichten zu unterstellen, wird ›animistische P.‹ genannt (↑Animismus). Auch die anthropomorphe Charakterisierung Gottes (z. B. als Vater) wird häufig als P. angesehen und kritisch gegen theistische Religionen (↑Theismus) ins Feld geführt (↑Religionskritik), so vor allem von L. Feuerbach, F. Nietzsche und S. Freud. – Schwere, die Realität besonders stark verzerrende P.en treten bei Psychosen (Depression, Schizophrenie, Verfolgungswahn) auf. Als ›projektive Tests‹ bezeichnet man in der ↑Psychologie solche diagnostischen Verfahren, die dazu dienen sollen, die emotionalen und sonstigen Reaktionen einer zu untersuchenden Person auf relativ unstrukturierte Situationen oder bildliche Darstellungen (z. B. die Klecksfiguren des Rorschachtests oder die Zeichnungen des Thematischen Apperzeptionstests [TAT]) nach ihren Einstellungen und sonstigen Persönlichkeitsmerkmalen zu erforschen. R. Wi.

Proklos, *Konstantinopel (heute: Istanbul) 8. Febr. 412, †Athen 17. April 485, griech. Philosoph, Vertreter des ↑Neuplatonismus. Nach Kindheit in Lykien (daher der Beiname ›Lykios‹) studierte P. in Alexandreia zunächst Rhetorik, Latein und Römisches Recht, dann Philosophie. Schon vor 432 Fortsetzung des Philosophiestudiums in der Athener ↑Akademie. Vermutlich 437 wurde P. nach dem Tode seines Lehrers Syrianos deren Leiter, daher sein Beiname ›Diadochos‹ (d. h. ›Nachfolger‹ [Platons]). – Rund 50, sich über das gesamte damalige Wissen erstreckende Schriften des P. sind bekannt, meist aus dem (vor allem Platon und Aristoteles) kommentierenden Unterricht der Akademie erwachsen. Viele sind nicht, viele auch nur fragmentarisch oder in lateinischen Übersetzungen des Mittelalters (Wilhelm von Moerbeke) überliefert.

P. sucht das Wissen seiner Zeit in das neuplatonische Denksystem, als dessen Vollender er für G. W. F. Hegel gilt, einzuordnen. Sein systematisches Grundproblem ist – wie bei allen Vertretern des Neuplatonismus – die Vermittlung des unendlichen ›Einen‹ (*τὸ ἕν*, ↑Einheit) oder Guten mit der ↑›Vielheit‹ der endlichen Dinge der Welt (↑Ideenzahlenlehre). Diese Vermittlung vollzieht sich nach P. in einer ↑Emanation aus dem Einen oder Guten, die nicht durch Teilhabe (↑Methexis), sondern durch Verursachung bestimmt ist. Diese Verursachung erfolgt in einer unter dem Bild der Strahlung in der pythagoreischen Entgegensetzung und Mischung von Begrenztheit (*πέρας*) und Unbegrenztheit (*ἀπειρία*) betrachteten Mitteilung einender Kräfte (*δυνάμεις, ἑνώσεις*). Auf diese Weise entstehen sechs, dem Einen nachgeordnete und einander jeweils übergeordnete Wirklichkeitsbereiche: Seiendes (*ὄντα*), Vernunft (*νοῦς*), Leben (*ζωή*), Seele (*ψυχή*), Natur (*φύσις*), Körper (*σῶμα*). Jede Stufe der neuplatonischen Weltordnung wird aus der vorhergehenden in drei dialektischen Phasen (Verweilen [*μονή*] – Heraustreten [*πρόοδος*] – Zurückwenden [*ἐπιστροφή*] bzw. Begrenztes – Unbegrenztes – Gemischtes [*μικτόν*]) konstituiert: Insofern die jeweils niedrigere Stufe durch die höhere ›verursacht‹ ist, ›verweilt‹ sie zunächst in der höheren; insofern sie, als verursacht, von der Ursache verschieden und ›geringer‹ ist, tritt sie aus dieser heraus; insofern die höchste Ursache auf allen Stufen gegenwärtig ist, wendet sich die niedrigere Stufe zur jeweils höheren zurück.

Die Philosophie des P. übte großen Einfluß auf das Mittelalter aus (insbes. Pseudo-Dionysios Areopagita, M. Psellos, Dietrich von Freiberg, der »liber de causis«, Meister Eckhart, J. Tauler, Nikolaus von Kues), aber auch auf die ↑Renaissance (M. Ficino bis hin zu J. Kepler) und den Deutschen Idealismus (↑Idealismus, deutscher), vor allem Hegels. Noch die Platon-Interpretation von G. W. Leibniz ist wesentlich durch die Platonkommentare des P. bestimmt.

P.' Kommentar zum ersten Buch der »Elemente« Euklids ist der älteste bekannte Versuch einer Philosophie der Mathematik. Aus platonischer Sicht entwirft P. hier eine Theorie der Seinsweise mathematischer Gegenstände (ontologische Zwischenstellung zwischen Vernunft- und Wahrnehmungsobjekten) und liefert eine methodologische Analyse des von Euklid verwendeten axiomatischen Verfahrens (↑Methode, axiomatische), die die Auffassungen von Nikolaus von Kues, Kepler und Leibniz beeinflußte. P. verwendete als erster den Ausdruck ›Parallelenpostulat‹ für das fünfte Postulat der Geometrie Euklids (↑Parallelenaxiom). Mit seiner Behauptung, es handle sich dabei nicht wirklich um ein ↑Postulat, sondern um ein zu beweisendes ↑Theorem, steht P. in der langen Reihe der durch die Entdeckung der ↑nicht-euklidischen Geometrie prinzipiell zum Scheitern verurteilten Versuche, das Parallelenpostulat aus den übrigen geometrischen ↑Axiomen und Postulaten herzuleiten.

Werke: Procli Philosophi Platonici Opera, I–VI, ed. V. Cousin, Paris 1820–1827, unter dem Titel: Procli Philosophi Platonici Opera inedita, Paris ²1864 (repr. Hildesheim 1961, Frankfurt 1962, 1964, Hildesheim/New York 1980); I manuali. Elementi di fisica – Elementi di teologia – I testi magico-teurgici – Marino di Neapoli: Vita di Proclo [ital.], ed. C. Faraggiana di Sarzana/ G. Reale, Mailand 1985; Proclus' Life, Hymns & Works, ed. K. S. Guthrie, New York 1925 [mit engl. Übers. der Biographie von Marino]. – In Platonis Timaeon Commentariorum Procli [griech.], Basel 1534, unter dem Titel: In Platonis Timaeum commentarii, I–III, ed. E. Diehl, Leipzig 1903–1906 (repr. Amsterdam 1965) (engl. The Commentaries of Proclus on the Timæus of Plato in Five Books [...], I–II, trans. T. Taylor, London 1820, unter dem Titel: Proclus' Commentary on the Timaeus of Plato, Frome (Somerset) 1998, unter dem Titel: Commentary on Plato's Timaeus, ed. H. Tarrant u. a., Cambridge 2007 ff. [erschienen Bde I–V]; franz. Commentaire sur le Timée, I–V, übers. A.-J. Festugière, Paris 1966–1968); *ΥΠΟΤΥΠΩΣΙΣ ΤΩΝ ΑΣΤΡΟΝΟΜΙΚΩΝ ΥΠΟΘΕΣΕΩΝ*, Basel 1540, unter dem Titel: *ΥΠΟΤΥΠΩΣΙΣ ΤΩΝ ΑΣΤΡΟΝΟΜΙΚΩΝ ΥΠΟΘΕΣΕΩΝ*/Hypotyposis astronomicarum positionum [griech./dt.], ed. C. Manitius, Leipzig1909 (repr. Stuttgart 1974); In primum Euclidis elementorum librum commentariorum ad universam mathematicam disciplinam, Padua 1560, unter dem Titel: In primum Euclidis elementorum librum commentarii, ed. G. Friedlein, Leipzig 1873 (repr. Hildesheim 1967, 1992) (dt. Kommentar zum ersten Buch von Euklids »Elementen«, übers. L. Schönberger, ed. M. Steck, Halle 1945; franz. Les commentaires sur le premier livre des éléments d'Euclide, ed. P. ver Eecke, Brügge 1948; engl. A Commentary on the First Book of Euclid's Elements, ed. G. R. Morrow, Princeton N. J. 1970, 1992; ital. Commento al I libro degli elementi di Euclide, ed. M. Timpanaro Cardini, Pisa 1978); Hymni in Solem et musas, Paris 1616, unter dem Titel: Hymni. Accedunt hymnorum fragmenta, epigrammata, scholia, fontium et locarum similum apparatus, indices, ed. E. Vogt, Wiesbaden 1957 (ital. Inni, ed. D. Giordano, Florenz 1957, ital./griech., ed. E. Pinto, Neapel 1975; franz./griech. Hymnes et prières, übers. H. D. Saffrey, Paris 1994; engl./griech. Proclus' Hymns. Essays, Translations, Commentary, ed. R. M. van den Berg, Leiden/Boston Mass./Köln 2001); *ΕΙΣ ΤΗΝ ΠΛΑΤΩΝΟΣ ΘΕΟΛΟΓΙΑΝ ΒΙΒΛΙΑ ΕΞ*/In Platonis theologiam libri sex [griech./lat.], ed. A. Portus, Hamburg 1618 (repr. Frankfurt 1960) (engl. The Six Books of Proclus, the Platonic Successor, On the Theology of Plato [...], I–II, trans. T. Taylor, London 1816 [repr. Kew Gardens N. Y. 1985/1986]; ital. La teologia platonica, ed. E. Turolla, Bari 1957, unter dem Titel: Teologia platonica [griech./ital.], übers. M. Abbate, Mailand 2005; franz./griech. Théologie platonicienne, I–VI, ed. H. D. Saffrey, Paris 1968–1997); *ΠΡΟΚΛΟΥ ΕΚ ΤΗΣ ΧΑΛΔΑΙΚΗΣ ΦΙΛΟΣΟΦΙΑΣ*/Eclogae e Proclo de philosophia Chaldaica, sive de doctrina oraculorum Chaldaicorum [griech.], ed. A. Jahn, Halle 1891 (repr. Brüssel 1969); In Platonis Rem Publicam Commentarii, I–II, ed. W. Kroll, Leipzig 1899/1901 (repr. Amsterdam 1965) (franz. Commentaire sur la République, I–III, ed. A. J. Festugière, Paris 1970); In Platonis Cratylum Commentaria [griech.], ed. G. Pasquali, Leipzig 1908 (repr. Stuttgart/Leipzig 1994) (ital./griech. Lezioni sul Cratilo di Platone, übers. F. Romano, Rom 1989; engl. On Plato's Cratylus, trans. B. Duvick, London, Ithaca N. Y. 2007, London etc. 2014); *ΣΤΟΙΧΕΙΩΣΙΣ ΦΥΣΙΚΗ*/Institutio physica [griech./dt.], ed. A. Ritzenfeld, Leipzig 1911, 1912, unter dem Titel: Die mittelalterliche Übersetzung der *ΣΤΟΙΧΕΙΩΣΙΣ ΦΥΣΙΚΗ* des P./Procli Diadochi Lycii Elementatio physica [griech./lat.], ed. H. Boese, Berlin 1958; *ΣΤΟΙΧΕΙΩΣΙΣ ΘΕΟΛΟΓΙΚΗ* – P.. The Elements of Theology [griech./engl.], ed. E. R. Dodds, Oxford 1933, ²1963 (repr. 1992, 2004) (ital. Elementi di teologia, übers. M. Losacco, Lanciano 1917, übers. E. Di Stefano, Florenz 1994; arab./dt. [Teilübers.], Proclus Arabus. Zwanzig Abschnitte aus der »Institutio Theologica« in arabischer Übersetzung, ed. G. Endress, Beirut, Wiesbaden 1973; lat. Elementatio theologica, übers. Wilhelm von Moerbecke, ed. H. Boese, Leuven 1987; dt./griech. Grundkurs über Einheit. Grundzüge der neuplatonischen Welt. Text, Übersetzung, Einleitung und Kommentar, ed. E. Sonderegger, Sankt Augustin 2004, unter dem Titel: Elemente der Theologie, übers. I. Zurbrügg, Remscheid 2004, Erg.bd. unter dem Titel: Enchiridion – Handbuch. Zur Erläuterung, Kommentierung und Vertiefung der Übersetzung der Elemente der Theologie des P., Remscheid 2005); Commentary on the First Alcibiades of Plato [griech.], ed. L. G. Westerink, Amsterdam 1954 (engl. Alcibiades I, ed. W. O'Neill, The Hague 1965, [zusammen mit L. G. Westerinks Edition] unter dem Titel: Commentary on the First Alcibiades/In Platonis Alcibiadem Commentarii [engl./griech.], Dilton Marsh 2011; franz/griech. Sur le premier alcibiade de Platon, I–II, ed. A. P. Segonds, Paris 1985/1986); Tria opuscula (de providentia, libertate, malo). Latine Guilelmo de Moerbeka vertente et graece ex Isaacii Sebastocratoris aliorumque scriptis collecta [griech./lat.], ed. H. Boese, Berlin 1960, unter dem Titel: P., »Tria Opuscula«. Textkritisch kommentierte Retroversion der Übersetzung Wilhelms von Moerbeke [griech.], übers. B. Strobel, Berlin/Boston Mass. 2014 (engl. [Teilübers.] Two Treatises of Proclus, the Platonic Successor. The Former Consisting of Ten Doubts Concerning Providence, and a Solution of those Doubts, and the Latter Containig a Development of the Nature of Evil, trans. T. Taylor, London 1833 [repr. unter dem Titel: Proclus the Neoplatonic Philospher: Ten Doubts Concerning Providence [...] and On the Subsistence of Evil, Chicago Ill. 1980], [Teilübers.] On the Existence of Evils, trans. J. Opsomer/ C. Steel, London, Ithaca N. Y. 2003, London etc. 2014, [Teilübers.] On Providence, trans. C. Steel, London, Ithaca N. Y. 2007, London etc. 2014, [Teilübers.] Ten Problems Concerning Providence, trans. J. Opsomer/C. Steel, London 2012, London etc. 2014; dt. [Teilübers.] Zehn Aporien über die Vorsehung. Frage 1–5, übers. K. Feldbusch, Diss. Köln 1971, [Teilübers.] Zehn Aporien über die Vorsehung. Frage 6–10, übers. I. Böhme, Diss. Köln 1975, [Teilübers.] Über die Existenz des Bösen, übers. M. Erler, Meisenheim am Glan 1978, [Teilübers.] Über die Vorsehung, das Schicksal und den freien Willen an Theodoros den Ingenieur [Mechaniker], übers. T. Borger, ed. M. Erler, Meisenheim am Glan 1980; franz./lat./griech. Trois études sur la providence, I–III, ed. D. Isaac, Paris 1977–1982, 2003); Procli Commentarium in Platonis Parmenidem [griech.], Hildesheim 1961, 2002 (= repr. aus: Opera inedita, Paris ^{2}1864, 603–1314), unter dem Titel: Procli in Platonis Parmenidem commentaria, I–III, ed. C. Steel, Oxford 2007–2009 (franz. Commentaire sur le Parménide, suivi du commentaire anonyme sur les VII dernières hypothèses [...], I–III, ed. A.-E. Chaignet, Poitiers 1900–1903 [repr. Frankfurt 1962]), unter dem Titel: Commentaire sur le Parménide de Platon [griech./franz.], I–V, ed. C. Luna/A. P. Segonds, Paris 2007–2014; lat. Parmenides, usque ad finem primae hypothesis nec non Procli commentarium in Parmenidem, pars ultima adhuc inedita, übers. Wilhelm von Moerbecke, ed. R. Klibansky/C. Labowsky, London 1953 [repr. Nendeln 1973] [= Corpus Platonicum Medii Aevi, Plato Latinus III], unter dem Titel: Commentaire sur le Parménide de Platon [lat.], I–II, ed. C. Steel, Leuven, Leiden 1982/1985; engl. Proclus' Commentary on Plato's »Parmenides«, trans. G. R. Morrow/J. M. Dillon, Princeton N. J. 1987, 1992; dt. [Teilübers.], Kommentar zu Platons »Parmenides« 141E–142A, übers. R. Bartholomai, St. Augustin 1990, ^{2}2002); On the Eternity of the World/De Aeternitate Mundi [griech./engl.], ed. H. S. Lang/A. D. Macro, Berkeley Calif./Los Angeles/London 2001 (dt. B. Gleede, Platon und Aristoteles in der Kosmologie des P.. Ein Kommentar zu den 18 Argumenten für die Ewigkeit der Welt bei Johannes Philoponos, Tübingen 2009); P. Marzillo, Der Kommentar des Proklos zu Hesiods »Werken und Tagen«. Edition, Übersetzung und Erläuterung der Fragmente [griech./dt.], Tübingen 2010. – Totok I (1964), 346–348, (^{2}1997), 617–622; N. Scotti Muth, Proclo negli ultimi quarant'anni. Bibliografia ragionata della letteratura primaria e secondaria riguardante il pensiero procliano e i suoi influssi storici (anni 1949–1992), Mailand 1993.

Literatur: S. Ahbel-Rappe, Reading Neoplatonism. Non-Discursive Thinking in the Texts of Plotinus, Proclus, and Damascius, Cambridge etc. 2000, 2007; M. Baltes, Die Weltentstehung des platonischen »Timaios« nach den antiken Interpreten II (P.), Leiden 1978; W. Beierwaltes, P.. Grundzüge seiner Metaphysik, Frankfurt 1965, ^{3}2014; ders., Hegel und P., in: R. Bubner/K. Cramer/R. Wiehl (eds.), Hermeneutik und Dialektik. Aufsätze II (Sprache und Logik, Theorie der Auslegung und Probleme der Einzelwissenschaften), Tübingen 1970, 243–272; ders., Denken des Einen. Studien zur neuplatonischen Philosophie und ihrer Wirkungsgeschichte, Frankfurt 1985; ders., Procliana. Spätantikes Denken und seine Spuren, Frankfurt 2007; R. M. van den Berg, Proclus' Commentary on the Cratylus in Context. Ancient Theories of Language and Naming, Leiden/Boston Mass. 2008; W. Bernard, Spätantike Dichtungstheorien. Untersuchungen zu P., Herakleitos und Plutarch, Stuttgart 1990; R. Beutler, P., RE XXIII/1 (1957), 186–247; E. P. Bos/P. A. Meijer (eds.), On Proclus and His Influence in Medieval Philosophy, Leiden/New York/Köln 1992; G. Boss/G. Seel (eds.), Proclus et son influence. Actes du colloque de Neuchâtel, 20–23 juin 1985, Zürich 1987; A. Charles-Saget, L'architecture du divin. Mathématique et philosophie chez Plotin et Proclus, Paris 1982; R. Chlup, Proclus. An Introduction, Cambridge etc. 2012; J. J. Cleary, Studies on Plato, Aristotle and Proclus. Collected Essays on Ancient Philosophy, ed. J. M. Dillon/B. O'Byrne/F. O'Rourke, Leiden/Boston Mass. 2013; D. Cürsgen, Henologie und Ontologie. Die metaphysische Prinzipienlehre des späten Neuplatonismus, Würzburg 2007, 37–284 (II P.'s Metaphysik der Einheit); B. Dalsgaard Larsen/H. Dörrie (eds.), De Jamblique à Proclus. Neuf exposés suivis de discussions, Vandœuvres-Genève 26–31 août 1974, Genf 1975; F. Drews, Menschliche Willensfreiheit und göttliche Vorsehung bei Augustinus, P., Auleius und John Milton I (Augustinus und P.), Frankfurt etc. 2009; P. F. Galli, Il resto del pensiero. Origine dello spazio e problematicità dell'estetico in Platone, Plotino, Proclo, Mailand 2014; S. E. Gersh, *ΚΙΝΗΣΙΣ ΑΚΙΝΗΤΟΣ*. A Study of Spiritual Motion in the Philosophy of Proclus, Leiden 1973; ders. (ed.), Interpreting Proclus. From Antiquity to the Renaissance, Cambridge etc. 2014; R. Glasner, The Problem of Beginning, Middle and End in Proclus' Commentary on Plato's Parmenides 137 d, Hermes 120 (1992), 194–204; dies., Proclus' Commentary on Euclid's Definitions I,3 and I,6, Hermes 120 (1992), 320–333; W. L. Gombocz, Geschichte der Philosophie IV (Die Philosophie der ausgehenden Antike und des frühen Mittelalters), München 1997, 203–222, 446–447 (II.10 Proclus und seine Schule); E. Gritti, Proclo. Dialettica, Anima, Esegesi, Mailand 2008; H.-C. Günther, Die Übersetzungen der »Elementatio Theologica« des P. und ihre Bedeutung für den P.text, Leiden/Boston Mass. 2007; N. Hartmann, Des Proklus Diadochus philosophische Anfangsgründe der Mathematik nach den ersten zwei Büchern des Euklidkommentars, Gießen 1909 (repr. Berlin 1969); C. Helmig, Forms and Concepts. Concept Formation in the Platonic Tradition, Berlin/Boston Mass. 2012; ders./C. Steel, Proclus, SEP 2011, rev. 2012; N. C. Kavvadas, Die Natur des Schlechten bei P.. Eine Platoninterpretation und ihre Rezeption durch Dionysios Areopagites, Berlin/New York 2009; O. Kuisma, Proclus' Defence of Homer, Helsinki 1996; E. Kutash, Ten Gifts of the Demiurge. Proclus on Plato's Timaeus, London/New York 2011; A. Lernould, Physique et Théologie. Lecture du »Timée« de Platon par Proclus, Villeneuve d'Asq 2001; ders. (ed.), Études sur le commentaire de Proclus au premier livre des »Eléments« d'Euclide, Villeneuve d'Asq 2010; C. van Liefferinge, La Théurgie. Des »Oracles chaldaïques« à Proclus, Liège 1999; A. C. Lloyd, The Anatomy of Neoplatonism, Oxford etc. 1998, 2005; J. M. P. Lowry, The Logical Principles of Proclus' *ΣΤΟΙΧΕΙΩΣΙΣ ΘΕΟΛΟΓΙΚΗ* as Systematic Ground of the Cosmos, Amsterdam 1980; C. Luna/A.-P. Segonds/G. Endress, Proclus de Lycie, Dict. ph. ant. V/b (2012), 1546–1674; Marinos, Vita Procli [griech./lat.], ed. J. F. Boissonade, Leipzig 1814, ferner in: Procli Philosophi Platonici. Opera inedita [s. o.], 1–66 (franz. Vie de Proclus. Proclus ou du bonheur, in: Commentaire sur le Parmenide suivi[...] I, ed. A.-E. Chaignet [s. o., Werke], 3–43, separat unter dem Titel: Proclus ou Sur le bonheur [griech./franz.], ed. H. D. Saffrey/A.-P. Segonds, Paris 2001, 2002; engl. Life of Proclus, in: K. S. Guthrie, Proclus' Life, Hymns & Works [s. o., Werke], 1–46, separat: The Life of Proclus. Or Concerning Happiness, übers. K. S. Guthrie, Grand Rapids Mich. 1986, unter dem Titel: Proclus, or on Happiness, in: M. Edwards, Neoplatonic Saints. The Lives of Plotinus and Proclus by Their Students, Liverpool 2000, 58–115;);M. Martijn, Proclus on Nature. Philosophy of Nature and Its Methods in Proclus' Commentary on Plato's »Timaeus«, Leiden/Boston Mass. 2010; G. R. Morrow, Proclus, DSB XI (1975), 160–162; E. A. Moutsopoulos, Les structures de l'imaginaire dans la philosophie de Proclus, Paris 1985, 2006; J. Pépin/H. D. Saffrey (eds.), Proclus. Lecteur et interprète des anciens. Actes du colloque international du CNRS, Paris (2–4 octobre 1985), Paris 1987; M. Perkams/R. M. Piccione (eds.), P.. Methode, Seelenlehre, Metaphysik. Akten der Konferenz in Jena vom 18.–20. September 2003, Leiden/Boston Mass. 2006; J. Phillips, Order from Disorder. Proclus' Doctrine of Evil and Its Roots in Ancient Platonism, Leiden/Boston Mass. 2007; R.

Pichler, Allegorese und Ethik bei P.. Untersuchungen zum Kommentar zu Platons »Politeia«, Berlin 2006; P. Plass, The Metaphysical Aspect of Tenses in Proclus, Int. Philos. Quart. 33 (1993), 143–151; G. Radke, Das Lächeln des Parmenides. P. Interpretationen zur Platonischen Dialogform, Berlin/New York 2006; G. Reale, Introduzione a Proclo, Roma/Bari 1989; G. van Riel, Pleasure and the Good Life. Plato, Aristotle and the Neoplatonists, Leiden/Boston Mass./Köln 2000, bes. 94–133 (Chap. 2 The Standard Neoplatonic Theory: Plotinus and Proclus); L. M. de Rijk, Two Short Questions on Proclean Metaphysics in »Paris B. N. lat. 16.096«, Vivarium 29 (1991), 1–12; L. J. Rosán, The Philosophy of Proclus. The Final Phase of Ancient Thought, New York 1949, Westbury [2]2009; V. M. Roth, Das ewige Nun. Ein Paradoxon in der Philosophie des P., Berlin 2008; H. D. Saffrey, Le néoplatonisme après Plotin, Paris 2000; ders., Proklos [2], DNP X (2001), 383–388; M. Schmitz, Euklids Geometrie und ihre mathematiktheoretische Grundlegung in der neuplatonischen Philosophie des P., Würzburg 1997; P. Segonds/C. Steel (eds.), Proclus et la Théologie Platonicienne. Actes du Colloque International de Louvain (13–16 mai 1998) en l'honneur de H. D. Saffrey et L. G. Westerink, Leuven, Paris 2000; F. Sezgin (ed.), Proclus Arabus and the »Liber de causis« (KITĀB AL-ĪḌĀḤ FI L-KHAYR AL-MAḌḤ). Texts and Studies, Frankfurt 2000 (Islamic Philos. 106); A. D. R. Sheppard, Studies on the 5th and 6th Essays of Proclus' Commentary on the Republic, Göttingen 1980; dies., Proclus' Attitude to Theurgy, Class. Quart. NS 32 (1982), 212–224; L. Siorvanes, Proclus. Neo-Platonic Philosophy and Science, Edinburgh, New Haven Conn. 1996; ders. Proclus, REP VII (1998), 723–731; A. Speiser, Proklus Diadochus über die Mathematik, in: ders., Die mathematische Denkweise, Zürich 1932, 65–75, Basel [2]1945, 57–65, Basel [3]1952, 59–67;C. Steel, Proclus, Enc. Ph. VIII ([2]2006), 40–44; ders., Proclus, in: L. P. Gerson, The Cambridge History of Philosophy in Late Antiquity II, Cambridge etc. 2010, 630–653 (mit Bibliographie, 1124–1128); H. Tarrant/D. Baltzly (eds.), Reading Plato in Antiquity, London 2006, 2012; J. Trouillard, L'un et l'âme selon Proclos, Paris 1972; ders., La mystagogie de Proclos, Paris 1982; ders., Raison et mystique. Études néoplatoniciennes, ed. M. Goy, Paris 2014; R. T. Wallis, Neoplatonism, London 1972, [2]1995, 2002; T. Whittaker, The Neo-Platonists. A Study in the History of Hellenism, Cambridge 1901, mit Zusatz: With a Supplement on the Commentaries of Proclus, [2]1918 (repr. Bristol 1993), [4]1928 (repr. Hildesheim 1961, 1987); E. Zeller, Die Philosophie der Griechen in ihrer geschichtlichen Entwicklung III/2.2, Leipzig [5]1923 (repr. Hildesheim, Darmstadt 1963, Hildesheim/Zürich/New York 1990), bes. 834–890. – Lustrum 44 (2002) (Fifteen Years of Research (1990–2004). An Annotated Bibliography); Proclus Bibliography [http://hiw.kuleuven.be/dwmc/ancient-philosophy/proclus/proclusbiblio.html]. G. W.

Prolepsis (griech. πρόληψις, Vorwegnahme, Vorgriff, Vorverständnis, ›Vorbegriff‹; lat. anticipatio, praenotio), ein in mehreren Disziplinen für unterschiedliche Phänomene verwendeter Fachterminus, z. B. in Grammatik und ↑Rhetorik. Erstmals wurde der Ausdruck in der antiken Philosophie terminologisch gebraucht, als Epikur ein P.-Konzept entwarf, das von der ↑Stoa übernommen wurde; es bildet das unterscheidende Kennzeichen der hellenistischen (↑Hellenismus) gegenüber der vorangehenden, besonders der Platonischen Erkenntnislehre. – Erkenntnis-, Lehr- und Lernprozesse suchte Platon unter Hinweis auf Ideen (↑Idee (historisch)) und vorgeburtliches Wissen zu verstehen. Wer dem widersprach, mußte für solche Prozesse eine grundlegend andere Deutung anbieten. Diesem Ziel dienten bei den Epikureern und den Stoikern die Prolepsen: Der menschliche Geist sei von Hause aus eine ↑*tabula rasa* und entwickle durch wiederholte Sinneseindrücke von gleichartigen Gegenständen Vorverständnisse oder ›Vorbegriffe‹ dieser Gegenstände, die für die weitere Orientierung in der Welt wichtig seien und die Bedeutungen der Wörter bestimmten. Auf höheren Stufen könne eine P. dann außer durch Sinneseindrücke auch auf der Basis gedanklicher Operationen sowie durch kulturelle Vermittlungsleistungen (Lehr- und Lerntraditionen) entstehen. Derart bestimmt bilden Prolepsen die Bedeutungen der Wörter und treten als Wahrheitskriterien auf. Sie gewährleisten einerseits, daß man, wenn etwas gesagt wird, weiß oder erklären kann, was gemeint ist, und ermöglichen andererseits zu prüfen, ob bestimmte Wörter und Begriffe mit Recht für diejenigen Gegenstände verwendet werden, auf die man sich mit ihnen (z. B. im Rahmen einer Sinneswahrnehmung) beziehen möchte. Füglich muß jeder Mensch mit einer hinreichend großen Anzahl von Prolepsen unter beiden Gesichtspunkten umzugehen gelernt haben, um seine Muttersprache zu beherrschen und als verständig anerkannt zu werden.

Insofern eine P. die bei ihrer Genese festgehaltenen Eigenschaften gewisser Gegenstände enthält, gilt sie auch als der ›Begriff‹ (*ἔννοια*) dieser Gegenstände (↑communes conceptiones) und hält eine untrügliche Kenntnis fest, weshalb sie im ↑Epikureismus auch als Erkenntnis (*κατάληψις*) und richtige Ansicht (*δόξα ὀρθή*) bezeichnet wird (Diog. Laert. X 33). Die Stoiker sahen die Rolle der P. bei der Wahrheitsfindung etwas anders und schrieben die Hauptfunktion der ↑Katalepsis (Erkenntnis) zu. Weiter diskutierten die beiden Schulen darüber, welche Normierungen möglich und nötig sind, um eine empirisch fundierte P. begrifflich abzuschließen und für Schlußfolgerungen verwenden zu können.

Texte: H. Usener (ed.), Epicurea, Leipzig 1887 (repr. Rom 1963, Stuttgart 1966), 179 ff., bes. 187–190; Philodemus, On Methods of Inference. A Study in Ancient Empiricism, ed. P. H. De Lacy/E. A. De Lacy, Philadelphia Pa. 1941, unter dem Titel: On Methods of Inference, ed. mit M. Gigante/F. L. Auricchio/A. T. Guerra, Neapel [2]1978; ders., πρόληψις, in: Glossarium Epicureum, ed. M. Gigante/W. Schmid, Rom 1977, 574–575; A. A. Long/D. N. Sedley, The Hellenistic Philosophers, I–II, Cambridge 1987, 2006, I, 87–90, II, 91–93 (§ 17), I, 241–253, II, 243–245 (§ 40) (dt. Die hellenistischen Philosophen. Texte und Kommentare, Stuttgart/Weimar 1999, 2006, 101–105 [§ 17], 287–301 [§ 40]); SVF IV (Index), Stichwort ›πρόληψις‹; FDS I, Nr. 255, 276–281, 300–310, 343–346.

Literatur: N. W. De Witt, Epicurus and His Philosophy, Minneapolis Minn. 1954 (repr. Westport Conn. 1973), Cleveland

Ohio/New York 1967, 133–154 (Chap. VIII Sensations, Anticipations, and Feelings), bes. 142–150; H. Dyson, P. and Ennoia in the Early Stoa, Berlin/New York 2009; V. Goldschmidt, Remarques sur l'origine épicurienne de la ›prénotion‹, in: J. Brunschwig (ed.), Les stoïciens et leur logique. Actes du Colloque de Chantilly, 18–22 septembre 1976, Paris 1978, 155–169, Paris [2]2006, 41–60; A. A. Long/D. N. Sedley, The Hellenistic Philosophers I (Translations of the Principal Sources, with Philosophical Commentary), Cambridge 1987, 2006, 88–90, 249–253 (dt. Die hellenistischen Philosophen. Texte und Kommentare, Stuttgart/Weimar 1999, 2006, 101–105, 296–301); A. Manuwald, Die P.lehre Epikurs, Bonn 1972; J. M. Rist, Epicurus. An Introduction, Cambridge 1972, 1977, 14–40 (Chap. II Canonic), bes. 26–30, 37–40; F. H. Sandbach, Ennoia and P. in the Stoic Theory of Knowledge, in: A. A. Long (ed.), Problems in Stoicism, London 1971, 1996, 22–37; G. Striker, Epikur (341–271 v. Chr.), in: O. Höffe (ed.), Klassiker der Philosophie I (Von den Vorsokratikern bis David Hume), München 1981, [3]1994, 95–115, bes. 98–103; R. B. Todd, The Stoic Common Notions. A Re-Examination and Reinterpretation, Symbolae Osloenses 48 (1973), 47–75. K. H. H.

Proliferationsprinzip (von lat. proles, Nachwuchs, und ferre, hervorbringen, über franz. prolifère, stark wachsend; engl. principle of proliferation), Bezeichnung für eine von P. K. Feyerabend in Auseinandersetzung mit T. S. Kuhn (1962) gewonnene und im Rahmen einer anarchistischen Erkenntnistheorie (↑Anarchismus, erkenntnistheoretischer) – gegen ↑Induktivismus (↑Induktion), Falsifikationismus (↑Falsifikation) und eine Methodologie der ↑Forschungsprogramme – erweiterte methodologische Maxime. Gemäß dem P. sollte keine Überlegung, theoretische Annahme oder Theorie aus dem wissenschaftlichen Prozeß ausgeschlossen werden (↑Theorienpluralismus).

In Kuhns früher Konzeption der ↑Theoriendynamik wird die Existenz alternativer Theorien als Kennzeichen der vor-paradigmatischen oder revolutionären Phase der Wissenschaft (↑Paradigma, ↑Revolution, wissenschaftliche) ausgewiesen. Demgegenüber werde in der Phase der normalen Wissenschaft (↑Wissenschaft, normale) an einem einzigen Paradigma festgehalten, selbst wenn ihm (vermeintliche) Tatsachen oder theoretische Wissenselemente widersprechen (↑Anomalien). Eine grundsätzliche Schwierigkeit der Konzeption Kuhns liegt in der Feststellung, daß wissenschaftliche Revolutionen einen Wechsel von Paradigmen mit sich bringen: die Annahme, daß der Wechsel die Situation in der Wissenschaft verbessert, ist unvereinbar mit der Behauptung, daß vor- und postrevolutionäre Paradigmen inkommensurabel (↑inkommensurabel/Inkommensurabilität, ↑Relationen, intertheoretische) sind. Kuhns Beschreibung der Theoriendynamik ist von Feyerabend unter methodologischen und historischen Gesichtspunkten untersucht worden. Methodologisch stellt sich demnach die normale Wissenschaft als ein Verfahren dar, an einer Theorie trotz *prima facie* widerlegender Beobachtungen sowie logischer und mathematischer Gegenargumente festzuhalten.

Kuhns Vorschlag, aus einer Anzahl von Theorien diejenige auszuwählen, die die meisten ›Rätsel zu lösen‹ verspricht, und an dieser Theorie trotz beträchtlicher Schwierigkeiten festzuhalten, nennt Feyerabend – nach I. Levi – das *Prinzip der Beharrlichkeit.* Methodologisch scheint dieses Prinzip geboten, da es selten zu einem unmittelbaren Vergleich zwischen Theorie und ›theoriefreien‹ Tatsachen kommt: Was als relevante ↑Evidenz gilt und was nicht, hängt nicht allein von der Theorie ab, sondern von anderen Disziplinen, die sich nach I. Lakatos (1968) als ›Prüfsteintheorien‹ bezeichnen lassen. Solche Theorien fungieren als zusätzliche Prämissen bei der Ableitung prüfbarer Behauptungen, verändern unter Umständen die ↑Beobachtungssprache oder dienen als Begriffsinventar. Der Wissenschaftler hat keine Garantie dafür, daß z. B. der Wechsel vom geozentrischen (↑Geozentrismus) zum heliozentrischen (↑Heliozentrismus) Standpunkt von einer Verbesserung aller relevanten Prüfsteintheorien begleitet sein wird. Das bedeutet, daß eine ›Phasenverschiebung‹ zwischen diesen und den grundlegenden Theorien erwartbar ist: man erhält widerlegende Instanzen, die aber nicht die neue Theorie verwerfen, sondern gegen die Prüfsteintheorie sprechen. Feyerabends Beispiel ist, daß in der Zeit der Kopernikanischen Revolution die Erdbewegung vor dem Hintergrund der mittelalterlichen physikalischen Dynamik (↑Impetustheorie) einen Einfluß auf Körperbewegungen auf der Erde hätte ausüben sollen, von dem sich in den Beobachtungen nichts findet. Diese Anomalien beruhen auf einer unzulänglichen Prüfstein- oder Beobachtungstheorie; die Verwerfung der Annahme der Erdbewegung wäre daher voreilig. Statt dessen ist es erforderlich, auch alternative Beobachtungstheorien heranzuziehen. Allgemein verlangt die wirksame Herausforderung oder Verteidigung einer Theorie T den Rückgriff auf weitere Theorien T_1, T_2, …, T_n, die die Schwierigkeiten von T systematisieren und ihre Behebung versprechen. Zur Erklärung von Paradigmenwechseln muß man demnach Alternativen zu T einführen, also ein P. verfolgen. Methodologisch wäre der Wissenschaftsprozeß als beständiges Wechselspiel von Konservieren und Proliferieren darzustellen. Beide Tätigkeitsformen sind nicht an spezifische Phasen der Wissenschaftsentwicklung gebunden, wodurch die Kuhnsche Unterscheidung zwischen normaler und revolutionärer Wissenschaft hinfällig wird.

In historischen Studien hat Feyerabend versucht, die in seiner Kritik der Normalwissenschaft auftretenden Charakteristika des P.s zu belegen: Erstens ist das P. notwendiger Bestandteil des wissenschaftlichen Fortschritts, zweitens erhöht es den empirischen Gehalt (↑Gehalt, empirischer) der gerade präferierten Theorie, drittens verhindert es die Ausscheidung von Theorien, die als widerlegt gelten (widerlegte Theorien können nicht nur eine Renaissance erfahren, sondern tragen auch zum Gehalt der widerlegenden Theorie bei). – In K. R. Poppers Konzeption des Kritischen Rationalismus (↑Rationalismus, kritischer) ergibt sich eine scheinbar entsprechende Forderung auf Grund des Falsifikationismus (↑Falsifikation): da Theorien prinzipiell nur falsifiziert werden können, kommt es darauf an, möglichst viele Hypothesen aufzustellen, um eine bestehende Theorie zu testen. Allerdings ist der Poppersche Falsifikationismus ein monotheoretisches Prüfmodell, da immer nur eine Theorie durch gegebenenfalls falsifizierende Hypothesen (und ↑Basissätze) getestet wird.

Literatur: P. K. Feyerabend, Consolations for the Specialist, in: I. Lakatos/A. Musgrave (eds.), Criticism and the Growth of Knowledge, London/New York 1970 (Proc. Int. Coll. Philos. Sci., London 1965, IV), ²1980, 197–230, erw. in: ders., Philosophical Papers II, Cambridge etc. 1981, 131–167 (dt. Kuhns Struktur wissenschaftlicher Revolutionen – ein Trostbüchlein für Spezialisten?, in: I. Lakatos/A. Musgrave [eds.], Kritik und Erkenntnisfortschritt, Braunschweig 1974 [Abh. Int. Koll. Philos. Wiss., London 1965, IV], 191–222, ferner [mit einem Nachtrag 1977] in: ders., Ausgewählte Schriften I [Der wissenschaftstheoretische Realismus und die Autorität der Wissenschaften], Braunschweig/Wiesbaden 1978, 153–204); ders., Against Method. Outline of an Anarchistic Theory of Knowledge, in: M. Radner/S. Winokur (eds.), Analyses of Theories and Methods of Physics and Psychology, Minneapolis Minn. 1970 (Minn. Stud. Philos. Sci. IV), 17–130, erw. London, Atlantic Highlands N. J. 1975, London/New York ³1993 (dt. [erw.] Wider den Methodenzwang. Skizze einer anarchistischen Erkenntnistheorie, Frankfurt 1976, ohne Untertitel ³1983, ⁷1999); T. S. Kuhn, The Structure of Scientific Revolutions, Chicago Ill., London 1962, erw. ²1970, 2007 (dt. Die Struktur wissenschaftlicher Revolutionen, Frankfurt 1967, ²1976 [mit Postskriptum von 1969], 2007); I. Lakatos (ed.), The Problem of Inductive Logic, Amsterdam 1968; H. F. Spinner, Pluralismus als Erkenntnismodell, Frankfurt 1974. C. F. G.

Proliferationsprinzip, philosophisches (engl. philosophical principle of proliferation), Bezeichnung für ein allgemeines editorisches Prinzip, welches besagt, daß philosophische Werke, die auf eine bestimmte Anzahl von Bänden geplant sind, im Prozeß ihrer Fertigung die Tendenz haben, die geplante Bandzahl zu überschreiten. Im Gegensatz zum ↑Proliferationsprinzip (ohne Qualifikation), das methodologisch-normativer Natur ist, handelt es sich beim p.n P. um ein deskriptives Tendenzprinzip. Die Autoren oder Herausgeber der entsprechenden (auch enzyklopädischen) Werke verfahren vielfach kompensatorisch zum p.n P., indem sie die geplanten Bände in Halb- bzw. Teilbände unterteilen, so daß die ursprünglich angegebene (gegebenenfalls bereits öffentlich annoncierte) Anzahl der Bände nominell nicht überschritten wird, diese sich aber nicht mehr mit der Anzahl der Bücher im handgreiflich-pragmatischen Sinne deckt. Einige deutschsprachige Philosophen analytischer Provenienz (↑Philosophie, analytische) führen das p. P. auf W. Stegmüller zurück, dessen Werk »Probleme und Resultate der Wissenschaftstheorie und Analytischen Philosophie« (1969–1983) sowohl das p. P. als auch seine Kompensation in paradigmatischer Weise darstellt. Tatsächlich geht das p. P. der Sache nach auf Aristoteles zurück, wie J. J. Feinhals schon im 18. Jh. in seinen weitgehend unbekannt gebliebenen Forschungen zur Genese der »Metaphysik« des Aristoteles zeigen konnte. Diese war nämlich ursprünglich keineswegs auf 14, sondern nur auf 9 Bücher angelegt. Die Durcharbeitung des zum Teil sehr sperrigen metaphysischen Materials nötigte Aristoteles aber, Zug um Zug weitere Bücher ein- bzw. hinzuzufügen, was insgesamt in einer gewissen Uneinheitlichkeit des Werkes resultiert. Andere Autoren führen diese Uneinheitlichkeit dagegen darauf zurück, daß das Werk eine durch Editoren vorgenommene Kompilation sei.

Literatur: J. Endweg/M. Träger, An Attempt to Falsify the Philosophical Principle of Proliferation (masch.schr. vervielf.), Konstanz 1987; J. J. Feinhals, Die Aristotelische Metaphysik, nach ihrer Entstehung betrachtet, Rotterdam 1768; O. Wunderlich (ed.), Entfesselte Wissenschaft. Beiträge zur Wissenschaftsbetriebslehre, Opladen 1993. P. H.-H.

Propädeutik (von griech. *πρό*, vor, und *παιδεύειν*, unterrichten), allgemein der vorbereitende Unterricht, die ›Vorschule‹, einer Kunst oder Wissenschaft. Eine propädeutische Funktion kam ursprünglich den *artes liberales* (↑ars) zu, im mittelalterlichen Lehrbetrieb insbes. als P. der ›höheren‹ Fakultäten (Theologie, Jurisprudenz, Medizin). Dieser Gedanke hat sich teilweise in der Einrichtung des ›Collegium Logicum‹ erhalten. Eine explizite Beschränkung der P. auf die Logik findet sich z. B. bei C. Wolff. In diesem Sinne heißt es auch bei I. Kant, die Logik sei »als *Grundlage* zu allen andern Wissenschaften und als die *P.* alles Verstandesgebrauchs anzusehen« (Logik. Ein Handbuch zu Vorlesungen, Akad.-Ausg. IX, 13). Von ›logischer P.‹ spricht man heute sowohl im Sinne dieser propädeutischen Funktion der Logik (W. Kamlah/P. Lorenzen 1967, ²1973) als auch im Sinne einer Einführung in die Logik (P. Hinst 1974; E. Tugendhat/U. Wolf 1983).

Nicht im Sinne einer systematischen Ordnung, sondern einer pädagogischen Hinführung ist es gemeint, wenn der voruniversitäre, gymnasiale Philosophieunterricht als ›philosophische P.‹ bezeichnet wird (ab 1825 bis in die erste Hälfte des 20. Jhs.). Ausgehend von Stellungnahmen G. W. F. Hegels und J. F. Herbarts traten für die Einrichtung einer philosophischen P. an Gymnasien vor allem A. Trendelenburg (in Preußen) und R. Zimmermann, A. Meinong und A. Höfler (in Österreich) ein. Die philosophische P. umfaßte dabei vor allem Logik, ferner (empirische) Psychologie und (in Ausschnitten) Geschichte der Philosophie, später auch Grundbegriffe der Ethik und Ästhetik. Nach Trendelenburg sollte sie auf Logik beschränkt bleiben (vgl. Erläuterungen zu den Elementen der aristotelischen Logik. Zunächst für den Unterricht in Gymnasien, Berlin ^{3}1876, XV–XVII). Insgesamt wurde der philosophischen P. in Österreich größeres Gewicht beigemessen als in Deutschland (Preußen), wo sie zeitweise ganz vom Lehrplan verschwand. Die seinerzeit geführte Diskussion hat in Deutschland ihre Fortsetzung in der Auseinandersetzung um die (bundesweit nicht einheitliche) Stellung der Philosophie im Unterricht der gymnasialen Oberstufe gefunden.

Literatur: C. Günzler, P., philosophische, Hist. Wb. Ph. VII (1989), 1468–1471; P. Hinst, Logische P.. Eine Einführung in die deduktive Methode und logische Sprachanalyse, München 1974; A. Höfler (unter Mitwirkung von A. Meinong), Philosophische Propädeutik I (Logik), Prag/Wien/Leipzig 1890, erw. unter dem Titel: Logik und Erkenntnistheorie I (Logik), Wien/Leipzig ^{2}1922; ders., Psychologie, Wien/Prag 1897, erw. Wien/Leipzig ^{2}1930; P. Janich, Logisch-pragmatische P.. Ein Grundkurs im philosophischen Reflektieren, Weilerswist 2001; W. Kamlah/P. Lorenzen, Logische P. oder Vorschule des vernünftigen Redens, Mannheim 1967, rev. 1967, unter dem Titel: Logische P.. Vorschule des vernünftigen Redens, Mannheim/Wien/Zürich ^{2}1973, Stuttgart ^{3}1996 (engl. Logical Propaedeutic. Pre-School of Reasonable Discourse, Lanham Md./London 1984); F. Kern, Philosophische P., in: Encyklopädie des gesamten Erziehungs- und Unterrichtswesens VI, ed. K. A. Schmid, Leipzig ^{2}1885, 57–89; R. Lehmann, Wege und Ziele der philosophischen P., Berlin 1905; ders., Lehrbuch der philosophischen P., Berlin 1905, Leipzig ^{5}1922; A. Meinong, Über philosophische Wissenschaft und ihre P., Wien 1885, Nachdr. in: ders., Gesamtausg. V, bearb. v. R. M. Chisholm, ed. R. Haller/R. Kindinger, Graz 1973, 1–196; F. Paulsen, Philosophische P., in: Encyklopädisches Handbuch der Pädagogik VI, ed. W. Rein, Langensalza ^{2}1907, 797–806; L. G. Richter, P. der Philosophie, Amsterdam/Würzburg 1991; A. Trendelenburg, Erläuterungen zu den Elementen der aristotelischen Logik. Zunächst für den Unterricht in Gymnasien, Berlin 1842, ^{3}1876; E. Tugendhat/U. Wolf, Logisch-semantische P., Stuttgart 1983, 2010; R. Zimmermann, Philosophische P. für Obergymnasien, I–II, Wien 1858, erw. unter dem Titel: Philosophische Propädeutik. Prolegomena, Logik, Empirische Psychologie. Zur Einleitung in die Philosophie, ^{2}1860, ^{3}1867. G. G.

Proponent (von lat. proponere, vorlegen, vorschlagen), in der Dialogischen Logik (↑Logik, dialogische) Bezeichnung desjenigen Diskussionspartners, der im geregelten ↑Dialog um eine ↑Aussage diese als Behauptung aufstellt und gegen die Argumente des ↑Opponenten verteidigt. Die Bezeichnung knüpft an eine scholastische (↑Scholastik) Terminologie für die Disputation (↑disputatio) an, in der auch die Bezeichnungen ›Defendent‹ oder ›Respondent‹ für den ›P.en‹ auftreten. K. L.

Proportionalitätsanalogie (lat. analogia proportionalitatis), Bezeichnung für die Art der ↑Analogie, also der Gleichheit (↑Gleichheit (logisch)) oder Ähnlichkeit (↑ähnlich/Ähnlichkeit) von Verhältnissen zwischen Begriffen oder Gegenständen, mit der Form: ›wie sich *A* zu *B* verhält, so verhält sich *C* zu *D*‹. Platon bestimmt das Verhältnis der Erkenntnisebenen gemäß der P. (↑Liniengleichnis): Wie sich Sein zum Werden verhält, so Vernunfteinsicht zur bloßen Meinung; und wie sich Wissenschaft zum Glauben an die Sinne verhält, so Verstandeseinsicht zu Scheinwissen (Pol. 509d–511e, 533e–534a). Platon verwendet die P. ferner *kosmologisch* (Bestimmung der göttlichen Weltordnung, Tim. 32b) und *ethisch* (Sonnengleichnis für das ↑Gute, Pol. 508a–509b). Auch bei Aristoteles ist die P. ein philosophisch wie wissenschaftstheoretisch zentrales Verfahren: Man kann nicht alles definieren, sondern muß in vielen Fällen das Analoge (*ἀνάλογον*) erfassen (Met. *Θ*6.1048a35–37). Das gilt für die Bestimmung philosophischer Kategorien selbst (z. B. für die Klärung des Verhältnisses der ↑Dynamis zur ↑Energeia, Met. *H*2.1042b9–35), für die Erläuterung der Einheit aller Wissenschaften gemäß ihren *analogen* Gründen und Prinzipien (Met. *Λ*4.1070a31 ff., vgl. An. post. *A*10.76a37 ff.) und für die Erörterung des Begriffs der Rechtsgleichheit im Verhältnis von Personen gemäß dem Grundsatz ›jedem das Seine‹ (Eth. Nic. *E*6.1131a31 ff.).

Die P. rückt auf Grund der von ihr eröffneten (und vor allem von Averroës behaupteten) Möglichkeit, bestimmte Unterscheidungen in bezug auf verschiedene Gegenstandsbereiche weder ↑univok noch ↑äquivok, sondern mehrdeutig (›analog‹) zu verwenden, im Mittelalter systembildend ins Zentrum der Klärung des Status religiöser Rede und der Bestimmung des Verhältnisses von Gott und Welt; dies insbes., um den ↑Pantheismus (im Falle der Univozität) wie den ↑Agnostizismus (im Falle der Äquivozität der Rede von Gott und Welt) zu vermeiden. Thomas von Aquin analogisiert das Verhältnis der Eigenschaften Gottes zu seinem Wesen mit dem Verhältnis der Eigenschaften der Kreaturen zu ihrem Wesen (De verit. qu. 2 art. 11, ↑analogia entis). Der systematische Stellenwert der P. für das Spätwerk des Thomas ist umstritten, ebenso zwischen Thomisten (↑Thomismus) und Skotisten (↑Skotismus). Bereits Wilhelm von Ockham lehnt die behauptete ›Zwischenstellung‹ der P. ab, da die in den Gliedern der Analogie verwendeten Termini aus den Bereichen des ›Unendlichen‹ bzw. des ›Endlichen‹ jeweils bereits für sich und unabhängig voneinander erläutert werden müßten, so daß auch die P. lediglich eine Form der negativen ↑Theologie darstelle. Gleichwohl erklärt der orthodoxe Schulthomist T. Cajetan die P. zur allein gültigen Form der Analogie in der Theologie.

I. Kant interpretiert die P. kritisch: sie ist in der Theologie nötig, darf jedoch, um den ↑Anthropomorphismus auszuschließen, nicht zwischen Objekten, sondern nur bezüglich sprachlicher Unterscheidungen konstatiert werden, und ist nicht als Erweiterung, sondern nur als Erläuterung der Erkenntnis zu verstehen (Proleg. §§ 57–58, Akad.-Ausg. IV, 350–360). Die behauptete Ähnlichkeit der Verhältnisse besteht nicht zwischen den beiden verglichenen Dingen, »wohl aber zwischen den Regeln, über beide [...] zu reflectiren« (KU § 59, Akad.-Ausg. V, 352). – J. M. Bocheński sieht bereits in den mittelalterlichen Analysen der P. eine Präzisierung *semantischer* Fragen und eine erste Formulierung des Gedankens der Isomorphie (↑isomorph/Isomorphie) und der strukturellen Ähnlichkeit (Formale Logik, München ³1970, 205–208).

Literatur: J. M. Bocheński, Formale Logik, Freiburg/München 1956, 2002 (engl. A History of Formal Logic, Notre Dame Ind. 1961, New York 1970); L. B. Puntel, Analogie und Geschichtlichkeit I (Philosophiegeschichtlich-kritischer Versuch über das Grundproblem der Metaphysik), Freiburg/Basel/Wien 1969, 14–27, 39 ff., 282–291. T. R.

Proportionalregel (engl. straight rule), in der induktiven Logik (↑Logik, induktive) Bezeichnung für die Regel, nach der die relative Häufigkeit eines Prädikats R in einer Stichprobe die ↑Wahrscheinlichkeit des Auftretens von R im ganzen Bereich determiniert. Die P. entspricht dem Grenzfall $\lambda = 0$ der R. Carnaps ›Kontinuum der induktiven Methoden‹ kennzeichnenden Gleichung (*) (↑Logik, induktive) und wird von Carnap *nicht* als adäquate induktive Methode angesehen. Die P. korrespondiert einer (ebenfalls ›straight rule‹ genannten) Induktionsregel von H. Reichenbach zum Schluß von beobachteten relativen Häufigkeiten auf Grenzhäufigkeiten.

Literatur: R. Carnap, The Continuum of Inductive Methods, Chicago Ill. 1952; ders./W. Stegmüller, Induktive Logik und Wahrscheinlichkeit, Wien 1959, 221–223. P. S.

Proportionenlehre (von lat. proportio, Verhältnis), Theorie der Zahl- und Größenverhältnisse in der griechischen Mathematik. Obwohl bereits in vorgriechischer Zeit praktische Aufgaben mit Zahl- und Größenverhältnissen behandelt werden, entwickeln erst griechische Mathematiker eine allgemeine Lehre des Rechnens mit Proportionen. Die griechische Definition der ↑Zahl kennt nur die positiven ganzen Zahlen, während die rationalen und irrationalen Zahlen als Proportionsverhältnisse von Zahlen oder Größen behandelt werden. Das Rechnen mit Zahlenproportionen ist im 7. Buch von Euklids Elementen (↑Euklidische Geometrie) dargestellt. Nach Definition 20 stehen vier Zahlen a, b, c, d in Proportion bzw. im gleichen Verhältnis (*ἀνάλογον εἰσιν*), wenn jeweils a und c sich als m/n-faches (mit teilerfremden Zahlen m, n) von b bzw. d darstellen lassen, d. h., es gilt $a : b = c : d$, wenn $a = b \cdot m/n$ und $c = d \cdot m/n$ ist. Aufgrund dieser Definition beweist Euklid Rechenregeln für Zahlenproportionen. Im 8. Buch betrachtet er sogar beliebig viele Zahlen, die aufeinander folgend bzw. zusammenhängend proportional (*ἑξῆς ἀνάλογον*) sind, d. h. eine geometrische Folge, also eine Folge $a_1, a_2, a_3, \ldots$ mit $a_1 : a_2 = a_2 : a_3 = \ldots$, bilden. Euklids 5. Buch geht auf die P. der ↑Pythagoreer zurück, die nach Aristoteles (Met. *A*5.985b31–32) das Wesen der Zusammenklänge der Musik in den zugehörigen Zahlenverhältnissen erblickten. Nach Nikomachos ist die pythagoreische P. unentbehrlich für die Naturwissenschaften sowie für die Sätze der Musik, der Sphärik und der Kurventheorie. Archytas von Tarent weist den arithmetischen, den geometrischen und den harmonischen Proportionen eine ausgezeichnete Stellung zu.

Das pythagoreische Weltbild (↑Pythagoreismus), wonach alle Größenverhältnisse auf Zahlenverhältnisse zurückführbar waren, wurde durch die Entdeckung inkommensurabler (↑inkommensurabel/Inkommensurabilität) Größenverhältnisse erschüttert. Eine Lösung lieferte die *geometrische P.* des Eudoxos von Knidos, die im 5. Buch von Euklids Elementen dargestellt wird. Dabei werden die Größen von Bereichen derselben Art (z. B. Flächen, Volumina, Strecken) durch Zahlenverhältnisse ausgedrückt. Zwei Größenverhältnisse $a : b$ und $A : B$ (z. B. für Strecken a, b und Flächen A, B) heißen gleich, wenn für alle möglichen Zahlen m, n gilt:

Aus $a/b > m/n$ folgt $A/B > m/n$,
aus $a/b = m/n$ folgt $A/B = m/n$,
und aus $a/b < m/n$ folgt $A/B < m/n$.

Zwei Größenverhältnisse (modern: reelle Zahlen) heißen also gleich, wenn sie zwischen denselben Zahlenverhältnissen (modern: rationalen Zahlen) liegen. Da die Griechen die Relationen $>$, $=$, $<$ nur für positive ganze Zahlen und geometrische Größen derselben Art, nicht für deren Verhältnisse eingeführt hatten, mußte Eudoxos folgende Definition (Euklid V, Def. 5) angeben: Es gilt $a : b = A : B$, wenn für alle Zahlen m, n gilt: aus $n \cdot a > m \cdot b$ folgt $n \cdot A > m \cdot B$, aus $n \cdot a = m \cdot b$ folgt $n \cdot A = m \cdot B$, und aus $n \cdot a < m \cdot b$ folgt $n \cdot A < m \cdot B$. Die betrachteten Größen sind untereinander vergleichbar, abgeschlossen gegen Addition und Subtraktion (falls $a > b$) und genügen dem ↑Archimedischen Axiom. Mit den Gesetzen der Addition und Multiplikation von Größenverhältnissen, die Euklid im 5. Buch beweist, besitzen die Griechen ein geometrisches Analogon zum heutigen archimedisch angeordneten Körper der reellen Zahlen. Auf dieser Grundlage werden z. B. Euklids Strahlen- und Integrationssätze nach dem Exhaustionsverfahren des Archimedes (↑Exhaustion) exakt bewiesen.

Die griechische P. dient bis in die Neuzeit als ein wichtiges Mittel zur Beschreibung funktionaler Zusammenhänge. So spielt der Begriff der Zusammensetzung von Verhältnissen sowohl in der Aristotelischen Physik (Phys. *Z*4–5.250a8–9) als auch in der darauf aufbauenden Dynamik der ↑Scholastik eine besondere Rolle. Noch L. Euler hebt in seiner »Vollständigen Anleitung zur Algebra« (1770) den Nutzen der P. in Handel und Wandel hervor. Strenggenommen wird erst durch die mathematische Präzisierung der reellen Zahl im 19. Jh. bei R. Dedekind und G. Frege ein Ersatz für die logisch exakte geometrische P. geschaffen.

Literatur: Die Fragmente des Eudoxos von Knidos, ed. F. Lasserre, Berlin 1966; Euclidis Opera Omnia, I–VIII u. 1 Suppl.bd., ed. J. L. Heiberg/H. Menge, Leipzig 1883–1916, I–V, als: Euclidis Elementa, I–V/1–2, ed. E. S. Stamatis, Leipzig ²1969–1977 (dt. Die Elemente. Buch 1–13, I–V, ed. C. Thaer, Leipzig 1933–1937 [repr. in 1 Bd., Darmstadt 1962, 2005]); Nicomachi Geraseni Pythagorei, Introductionis Arithmeticae libri II. Accedunt codicis Cizensis problemata arithmetica, ed. R. Hoche, Leipzig 1866, unter dem Titel: Iamblichi in Nicomachi arithmeticam introductionem liber, ed. H. Pistelli, Leipzig 1894 (engl. Nicomachus of Gerasa, Introduction to Arithmetic. With Studies in Greek Arithmetic by F. E. Robbins/L. C. Karpinski, New York/London 1926 [repr. New York 1972]); L. Euler, Vollständige Anleitung zur Algebra, I–II, St. Petersburg 1770, ed. J. E. Hofmann, Stuttgart 1959. – M. Berger, Proportion bei Platon, Trier 2003; K. Mainzer, Geschichte der Geometrie, Mannheim/Wien/Zürich 1980; ders., Reelle Zahlen, in: H.-D. Ebbinghaus u. a., Zahlen, Berlin/Heidelberg/New York 1983, Berlin etc. ³1992, 23–44; R. Padovan, Proportion. Science, Philosophy, Architecture, London/New York 1999, 2003; M. Schramm/W. Kambartel, Proportion, Hist. Wb. Ph. VII (1989), 1482–1508; J. Tropfke, Geschichte der Elementarmathematik I (Arithmetik und Algebra), Leipzig 1902, vollst. neu bearb. K. Vogel/K. Reich/H. Gericke, Berlin/New York ⁴1980; B. L. van der Waerden, Die Pythagoreer. Religiöse Bruderschaft und Schule der Wissenschaft, Zürich/München 1979. K. M.

propositio (1) (lat., Satz, Vordersatz), M. T. Ciceros Übersetzung (de invent. I 37 § 67) des Aristotelischen Terminus *πρότασις*, noch lange in dessen eigentlicher Bedeutung von ↑›Prämisse‹ verwendet. In der ↑Syllogistik wird diejenige Prämisse eines Syllogismus, die den Prädikatterm der ↑Konklusion enthält, ›p. maior‹ genannt, die den Subjektterm der Konklusion enthaltende Prämisse ›p. minor‹. Seit den Kommentaren von Apuleius und A. M. T. S. Boethius zur Aristotelischen Schrift »Peri Hermeneias« wird ›p.‹ – konkurrierend mit ›enuntiatio‹ (von *ἀπόφανσις*, ↑Apophansis) – dann zunehmend allgemein für ↑›Aussage‹ im Sinne einer *oratio verum falsumve significans*, d.h. eines behauptend verwendeten Deklarativsatzes, gebraucht. Aristoteles selbst spricht vom ›logos apophantikos‹ (*λόγος ἀποφαντικός*) als Träger des ↑Wahrheitswertes, jedoch in einem sekundären Sinne: die sprachlichen Zeichen verweisen auf Einheiten des Denkens, der *λόγος* verweist auf einen – im primären Sinne – wahren oder falschen Gedanken. In Fortsetzung dieser Tradition unterscheidet die mittelalterliche Logik (↑Logik, mittelalterliche) gesprochene und geschriebene Propositionen von mentalen Propositionen; der ↑Terminismus entwickelt eine Theorie über das Zusammenwirken der die p. konstituierenden ↑kategorematischen und ↑synkategorematischen Terme. Debattiert wird vor allem die Frage einer (abstrakten) Entität als *significatum* oder ↑›Bedeutung‹ der p. (↑Proposition). (2) In der ↑Rhetorik nach Quintilian (Institutiones Oratoriae Lib. XII. [...], ed. J. A. Campanus, Rom 1470, ed. M. Winterbottom, Oxford/New York 1970 [dt. Ausbildung des Redners. Zwölf Bücher (lat./dt.), I–II, Darmstadt 1975, ⁵2011]) als Darlegung der These(n) auch Teil der *divisio*.

Literatur: ↑Proposition. R. B.

Proposition (von lat. ↑propositio), Terminus der modernen Logik und Sprachphilosophie zur Bezeichnung derjenigen abstrakten Entitäten, die (1) die Inhalte oder Objekte von mentalen Akten wie Wollen, Glauben, Hoffen (vgl. das ›Objektiv‹ der ↑Gegenstandstheorie) bzw. von ↑Sprechakten wie Behaupten (↑Behauptung) oder Versprechen sind und ihren typischen sprachlichen Ausdruck in einem ›daß‹-Satz haben, (2) mit der Äußerung eines Satzes in einer Situation ausgedrückt werden (wobei Sätze mit verschiedener Illokution denselben propositionalen Gehalt haben können: ›Hans kommt‹, ›kommt Hans?‹). Diskutiert wird allerdings, ob nur eine Entität diesen Anforderungen entspricht. Die Annahme von P.en ergibt sich also einerseits aus der Theorie der ↑Intentionalität des Bewußtseins, andererseits aus der Bedeutungstheorie (↑Bedeutung): Wenn Othello glaubt, daß Desdemona Cassio liebt, dann kann der Inhalt seines Glaubens kein ↑Sachverhalt sein, der zugleich existiert, also eine ↑Tatsache ist (denn Desdemona liebt Cassio nicht); also muß es eine als Bedeutung von ›Desdemona liebt Cassio‹ anzusehende, von der Wirklichkeit unabhängige Entität geben, zu der Othello in der Relation des ›Glaubens‹ steht. Für solche Relationen hat B. Russell den Ausdruck ›propositionale Einstellung‹ (*propositional attitude*) geprägt. Die von einem Satz in einer Situation ausgedrückte P. braucht nicht mit der (situationsunabhängigen) Satzbedeutung übereinzustimmen: die (invariante) Satzbedeutung läßt sich als eine propositionale Funktion auffassen, die von der jeweiligen Äußerungssituation (↑Äußerung) zur jeweils ausgedrückten P. führt (z.B. von Zeiten zu P.en in der temporalen Logik; ↑Logik, temporale).

Offen ist die Frage der Individuierung von P.en: Haben sie eine interne Struktur, und wenn ja, welche? Meist wird die P. mit der Intension (↑intensional/Intension, ↑Logik, intensionale) einer ↑Aussage (= Behauptungssatz einschließlich seiner Bedeutung, d.i. der Intension) identifiziert. Da logisch äquivalente Aussagen intensionsgleich sind, gibt es nur je eine logisch wahre bzw.

logisch falsche P.. Und da intensionsgleiche Sätze gerade im Kontext einer propositionalen Einstellung im allgemeinen nicht füreinander substituierbar sind (obwohl ›7 + 5 = 12‹ und ›6 – 4 = 2‹ unter der Annahme, daß alle mathematischen Sätze entweder die logisch wahre oder die logisch falsche P. ausdrücken, intensionsgleich sind, kann ihre Einbettung in einen Kontext wie ›Eva glaubt, daß ...‹ zu unterschiedlichen Wahrheitswerten führen), entsteht das (unter anderem in der epistemischen Logik [↑Logik, epistemische]) vieldiskutierte Problem einer womöglich noch feineren Individuierung von P.en. Aus diesem Grund gibt es Ansätze, die P.en als komplexe Entitäten auffassen, deren intensionale Struktur (R. Carnap) z. B. den syntaktischen Aufbau des Satzes und die Intensionen der darin vorkommenden Designatoren spiegelt (so die strukturierten P.en von D. Lewis).

Die moderne Begriffsverwendung zur Bezeichnung des Äußerungsinhalts hat ihre Wurzeln in der stoischen Dialektik (↑Logik, stoische), in der erstmals die Zeichen von den bezeichneten Dingen unterschieden werden. Zu letzteren gehört das *Axioma*, das als vollständiges ↑Lekton Träger des ↑Wahrheitswertes ist. Begriffsgeschichtlich dominant blieb jedoch (insbes. im Mittelalter) die peripatetische Tradition, in der ›propositio‹ diejenige Form der Aussage bezeichnet, kraft derer sich etwas Wahres oder Falsches ausdrücken läßt. Das, was mit der Äußerung einer solchen Aussage gesagt wird, also die P. im modernen Sinne, der ↑Inhalt der Aussage, wird unter den Bezeichnungen ›significatum‹ (›significabile‹), ›dictum‹ (›dicibile‹) oder auch ›enuntiatum‹ (›enuntiabile‹) diskutiert. Im Bedeutungswandel des Begriffs der P. von der Bezeichnung der Äußerungs*form* zur Bezeichnung des Äußerungs*inhalts* spiegelt sich die fortschreitende Reifikation des *significatum*. Verschiedene Stadien auf diesem Wege diskutiert z. B. Paulus Venetus: (1) das *significatum* ist eine sprachliche Entität, (2) das *significatum* ist eine mentale Entität, (3) das *significatum* konstituiert sich aus den von den ↑Termen bezeichneten Dingen bzw. einer Seinsweise dieser Dinge (*modus rei*). P. Abaelard wiederum diskutiert das Problem, daß die P. nicht nur einen komplexen Gedanken (2) über die von den Termen bezeichneten Dinge (3) hervorruft, sondern darüber hinaus auch sagt, daß etwas der Fall ist oder nicht, ferner daß mit der Äußerung einer P. auf die bezeichneten Dinge (3) Bezug genommen wird, nicht aber auf die Worte (1) oder die begleitenden mentalen Akte oder Entitäten (2). Das Postulat der Unabhängigkeit des objektiven Aussageinhalts von einer besonderen sprachlichen Form einerseits und einem subjektiven mentalen Gehalt andererseits führt in der modernen Diskussion zur Unterscheidung zwischen dem ↑Satz und dem ↑Satz an sich (B. Bolzano), dem ausgedrückten objektiven Gedanken (G. Frege) und schließlich der abstrakten P..

Literatur: R. Carnap, Meaning and Necessity. A Study in Semantics and Modal Logic, Chicago Ill./London 1947, [2]1956, 1988 (dt. Bedeutung und Notwendigkeit. Eine Studie zur Semantik und modalen Logik, Wien/New York 1972); M. Carrara/E. Sacchi (eds.), P.s. Semantic and Ontological Issues, Amsterdam/New York 2006 (Grazer philos. Stud. 72); R. M. Gale, P.s, Judgements, Sentences, and Statements, Enc. Ph. VI (1967), 494–505; R. Gaskin, The Unity of the P., Oxford/New York 2008; P. Gochet, Esquisse d'une théorie nominaliste de la proposition. Essai sur la philosophie de la logique, Paris 1972 (engl. Outline of a Nominalist Theory of P.s. An Essay in the Theory of Meaning and in the Philosophy of Logic, Dordrecht/Boston Mass./London 1980); P. Hylton, P.s, Functions and Analysis. Selected Essays on Russell's Philosophy, Oxford 2005, 2008, bes. 9–29 (Chap. 1 The Nature of the P. and the Revolt against Idealism); A. Iacona, P.s, Genua 2002; J. C. King, The Nature and Structure of Content, Oxford/New York 2007, 2009; ders./S. Soames/J. Speaks, New Thinking about P.s, Oxford/New York 2014; N. Kretzmann, Medieval Logicians on the Meaning of the Propositio, J. Philos. 67 (1970), 767–787; D. Lewis, General Semantics, Synthese 22 (1970), 18–67; G. Nuchelmans, Theories of the P.. Ancient and Medieval Conceptions of the Bearers of Truth and Falsity, Amsterdam/London 1973; ders., Late-Scholastic and Humanist Theories of the P., Amsterdam/Oxford/New York 1980; ders., The Semantics of P.s, in: N. Kretzmann/A. Kenny/J. Pinborg (eds.), The Cambridge History of Later Medieval Philosophy. From the Rediscovery of Aristotle to the Disintegration of Scholasticism 1100–1600, Cambridge etc. 1982, 2000, 197–210; ders., P., Hist. Wb. Ph. VII (1989), 1508–1525; P. L. Peterson, Fact P. Event Dordrecht/Boston Mass./London 1997 (Stud. Linguistics Philos. LXVI); M. E. Richard, P.s, Enc. Ph. VIII ([2]2006), 88–89 [Erg. v. P. W. Hanks, 90–91]; B. Russell, An Inquiry into Meaning and Truth. The William James Lectures for 1940 Delivered at Harvard University, London 1940, Nottingham 2007; R. Stalnaker, P.s, in: A. F. MacKay/ D. D. Merrill (eds.), Issues in the Philosophy of Language. Proceedings of the 1972 Oberlin Colloquium in Philosophy, New Haven Conn./London 1976, 79–91; G. Stevens, The Russellian Origins of Analytical Philosophy. Bertrand Russell and the Unity of the P., London/New York 2005; D. Vanderveken, Meaning and Speech Acts I (Principles of Language Use), Cambridge etc. 1990, 2009, 76–102 (Chap. 3 On the Logical Form of P.s). R. B.

proprietates terminorum (lat., Eigenschaften der Termini), in der mittelalterlichen ↑Sprachphilosophie der logica moderna (↑logica antiqua, ↑Terminismus) Bezeichnung für *kontextbezogene*, semantische Eigenschaften, die den ↑Termini zugeschrieben werden und zur Analyse der Begriffe der Wahrheit, des Beweises und zu Beginn insbes. der Fehlschlüsse dienen. Danach variiert die ↑Bedeutung von Termini je nachdem, ob sie z. B. an Subjekt- oder Prädikatstelle eines ↑Urteils stehen, ob in der Umgebung explizit oder implizit ↑Negationen auftreten, ob sie partikular oder universell verwendet werden oder ob Modalbestimmungen vorkommen. Die wichtigsten p. t. sind *Bezeichnung* (↑significatio) und ↑*Supposition*, ferner: *copulatio* (Einsetzungsmöglichkeiten des Prädikatterminus in einem gegebenen Urteil, die zu wahren Urteilen führen), *amplificatio* (Erweiterung der Extension eines Terminus), *appellatio* (auf gegenwärtig Existierendes beschränkte Bezeichnungsfunktion eines Terminus), *restrictio* (Beschränkung der Extension eines Terminus durch ↑kategorematische Differenzierungen [z. B. ›Fisch‹ – ›Meeresfisch‹] oder durch Synkategoremata [↑synkategorematisch] wie ›einige‹ oder durch das vergangene oder zukünftige Tempus des Verbs). Die ↑Fehlschlüsse (*fallaciae*) werden als eine Art Motivation und zugleich praktische Anwendung der semantischen Unterscheidungen der Lehre von den p. t. aufgefaßt.

Vor 1200 wurden keine ausgebildeten Theorien der p. t. formuliert, sondern lediglich einzelne p. t. untersucht. Zu Beginn des 13. Jhs. (Wilhelm von Shyreswood, Petrus Hispanus) treten erste systematische Erörterungen auf. Grund für die Ausbildung der Theorie der p. t. waren (1) das Interesse an der Untersuchung von Fehlschlüssen (↑Sophisma), (2) allgemeinere logische, grammatische und sprachphilosophische Fragen im Zusammenhang argumentativer Rede. In der Folge (z. B. bei Wilhelm von Ockham) verlagerte sich das Interesse vom ursprünglichen argumentationstheoretischen Kontext hin zu einem systematischen Aufbau der Logik, an dessen Anfang eine Untersuchung der Termini als der Bestandteile des logischen ↑Schlusses stand. – G. Saccheri (1667–1733) scheint der letzte Logiker gewesen zu sein, der noch in der mittelalterlichen Tradition der Lehre der p. t. steht. Später wurden die dort behandelten Probleme nicht mehr verstanden. Erst die Logik und Semantik des 20. Jhs. (z. B. G. Frege, R. Carnap, P. Geach, R. M. Martin) haben Fragestellungen der p. t. in neuem Kontext wieder aufgegriffen.

Literatur: E. J. Ashworth, Terminist Logic, in: R. Pasnau/C. van Dyke (eds.), The Cambridge History of Medieval Philosophy I, Cambridge etc. 2010, 146–158; I. M. Bocheński, Formale Logik, Freiburg/München 1956, [5]2002 (engl. A History of Formal Logic, Notre Dame Ind. 1961, New York 1970); C. A. Dufour, Die Lehre der P. T.. Sinn und Referenz in mittelalterlicher Logik, München/Hamden Conn./Wien 1989; A. Dumitriu, History of Logic II, Tunbridge Wells 1977, bes. 130–141 (Chap. XX The Properties of Terms); P. T. Geach, Reference and Generality. An Examination of Some Medieval and Modern Theories, Ithaca N. Y. 1962, Ithaca N. Y./London [3]1980; K. Jacobi, Die Lehre der Terministen, HSK VII/1 (1992), 580–596; G. Klima, Nominalist Semantics, in: R. Pasnau/C. van Dyke (eds.), The Cambridge History of Medieval Philosophy I, Cambridge etc. 2010, 159–172; W. Kneale/M. Kneale, The Development of Logic, Oxford 1962, 2008, bes. 246–274 (IV.4 P. T.); A. Maierù, Terminologia logica della tarda scolastica, Rom 1972; R. M. Martin, Pragmatics, Truth, and Language, Dordrecht/Boston Mass./London 1979; J. Pinborg, Logik und Semantik im Mittelalter. Ein Überblick, Stuttgart-Bad Cannstatt 1972, 1977; S. Read, Medieval Theories: Properties of Terms, SEP 2002, rev. 2011; L. M. de Rijk, Logica Modernorum. A Contribution to the History of Early Terminist Logic, I–II (in 3 Bdn.), Assen 1962–1967; ders., The Origins of the Theory of the Properties of Terms, in: N. Kretzmann/A. Kenny/J. Pinborg (eds.), The Cambridge History of Later Medieval Philosophy. From the Rediscovery of Aristotle to the Disintegration of Scholasticism 1100–1600, Cambridge etc. 1982, 2012, 161–173; W. Risse, Die Logik der Neuzeit I (1500–1640), Stuttgart-Bad Cannstatt 1964. G. W.

proprium (lat., das Eigentümliche, griech. *ἴδιον*), bei Aristoteles, seinen Kommentatoren und in der mittelalterlichen Logik (↑Logik, mittelalterliche) Bezeichnung für eines der fünf ↑Prädikabilien, d. h. der möglichen Beziehungen zwischen dem grammatikalischen Subjekt (bzw. den Elementen der von diesem bezeichneten Gegenstandsklasse) und dem grammatikalischen Prädikat eines Urteils. Ein Prädikat (bzw. ↑Prädikator) ist ein p., wenn es (bzw. er) eine Eigenschaft ausdrückt, die dem Subjekt (bzw. den Elementen der Klasse des Subjektprädikators) zwar nicht ›wesentlich‹, aber dennoch ›notwendig‹ zukommt, wogegen ›wesentliche‹ Eigenschaften durch das Prädikabile ›Definition‹ angesprochen werden. *Propria* gelten wechselseitig: vertauscht man in einem Urteil Subjekt und Prädikat, wird das vormalige Subjekt zu einem p., wenn vorher das Prädikat ein p. war. So ist etwa ›grammatikfähig‹ nach Aristoteles (Top. *A*5.102a18–30) ein p. des Menschen. Umgekehrt gilt, daß ›Mensch‹ ein p. eines grammatikfähigen Wesens darstellt. Dies läßt sich so reformulieren, daß zwischen den Prädikatoren ›Mensch‹ und ›grammatikfähig‹ wechselseitige Prädizierbarkeit vorliegt, die sich durch die folgenden ↑Prädikatorenregeln darstellen läßt: $x \varepsilon$ Mensch $\Rightarrow x \varepsilon$ grammatikfähiges Wesen, und $x \varepsilon$ grammatikfähiges Wesen $\Rightarrow x \varepsilon$ Mensch. – In der traditionellen Konzeption bleibt die Unterscheidung der *propria* eines Gegenstandes von seinen ›wesentlichen‹ Eigenschaften einerseits und die seiner *propria* von seinen ›akzidentellen‹ Eigenschaften andererseits weitgehend ungeklärt.

Literatur: H. M. Baumgartner/P. Kolmer, P., Hist. Wb. Ph. VII (1989), 1525–1527; FM III (1979), 2709–2711; S. Matuschek/A. Urban, Proprietas/Improprietas, Hist. Wb. Rhetorik VII (2005), 315–320. G. W.

Prosyllogismus, im Anschluß an Aristoteles (an. pr. *A*25.42a4–5, *A*28.44a22–23) Bezeichnung für einen einfachen kategorischen Syllogismus (↑Syllogismus, kategorischer), dessen Schlußsatz als ↑Prämisse eines anderen Syllogismus dient. Genaugenommen hat man es also mit einem zweistelligen ↑Relator zu tun, der Paaren von Syllogismen in einer Schlußkette (↑Polysyllogismus) zu- oder abgesprochen (↑zusprechen/absprechen) wird. Z. B. ist in der Schlußkette

$$\left.\begin{array}{ll} & \text{kein } B \text{ ist } A \\ & \text{alle } C \text{ sind } B \\ \cline{2-2} \text{daher:} & \text{kein } C \text{ ist } A \end{array}\right\} \quad \text{P.}$$

	manche D sind A
daher:	manche D sind nicht C

der aus den ersten drei Zeilen bestehende Syllogismus nach dem Modus ↑Celarent P. *in bezug auf* den aus den letzten drei Zeilen bestehenden Syllogismus nach dem Modus Festino; dieser heißt in bezug auf jenen ↑›Episyllogismus‹.

Literatur: F. Ueberweg, System der Logik und Geschichte der logischen Lehren, Bonn 1857, 358–360, ed. J. B. Meyer, [5]1882, 413–415 (engl. System of Logic and History of Logical Doctrines, London 1871 [repr. Bristol 2001], 463–466). C. T.

Protagoras, *Abdera (Thrakien) um 480 v. Chr., †um 421 v. Chr., griech. Philosoph, bedeutendster Vertreter der älteren ↑Sophistik. P. lehrte umherreisend in vielen Städten Griechenlands, vor allem in Athen, und arbeitete für Perikles 444 eine Verfassung für die neugegründete unteritalienische Kolonie Thurioi aus. Zweifelhaft ist die vielfach bezeugte Nachricht (Diog. Laert. IX 54), daß P. wegen des in seiner Schrift »Über die Götter« vertretenen ↑Agnostizismus (»Über die Götter vermag ich nichts zu wissen, weder daß sie sind, noch daß sie nicht sind, noch welcher Gestalt sie sind; denn vieles hindert das Erkennen: die Nichtwahrnehmbarkeit und die Kürze des menschlichen Lebens«, VS 80 B 4) der Gottlosigkeit angeklagt wurde (um 422/421). Er soll auf der Flucht nach Sizilien bei einem Schiffbruch ertrunken sein.

Schriften des P. sind nicht überliefert; die Rekonstruktion seiner erkenntnistheoretischen und politischen Lehren, die vermutlich auch grammatisch-rhetorische Teile einschlossen, stützt sich auf die Berichte bei Platon (insbes. in den Dialogen »Protagoras« und »Theaitetos«), Aristoteles und Sextus Empiricus. Kernstück der Philosophie des P. ist der ↑Homo-mensura-Satz, Einleitungssatz zweier unter den Titeln »Wahrheit« (*ἀλήθεια*) und »Antilogien« (*καταβάλλοντες* [*λόγοι*]) erwähnter Schriften, mit dem, ausgehend von einer Analyse des in der Sinnlichkeit gegebenen (subjektiven) Wissens, erkenntniskritisch eine generelle relativistische Position (↑Relativismus, ↑Subjektivismus) begründet wird (»Der Mensch ist das Maß aller Dinge, der seienden, wie [daß] sie sind, der nicht seienden, wie [daß] sie nicht sind«, VS 80 B 1; Platon, Theait. 152a2–4). Zweifelhaft ist auch hier, ob P. selbst derartige subjektivistische und relativistische Konsequenzen (vgl. Platon, Theait. 166d1–8), die dann für die jüngere Sophistik charakteristisch sind, aus seiner Analyse gezogen hat. Möglich ist, daß der Homo-mensura-Satz lediglich gegen (ihrem Ursprung nach Parmenideische) Theorien ins Feld geführt wurde, die mit der Unterscheidung zwischen einer ›wahren‹ und einer ›scheinbaren‹ Welt operierten. Mit P. betont die Sophistik in diesem Zusammenhang, daß die Rede von einer ›wahren‹ Welt keinen angebbaren Sinn habe, da man eine solche Welt, selbst wenn es sie gäbe, von der wirklichen nicht unterscheiden könne. Immerhin scheint P. daraus wiederum ein (naives) Argument gegen die Geometrie als Wissenschaft abgeleitet zu haben. Es wird berichtet, daß er sich unter Berufung auf die Sinneswahrnehmung gegen die empirische Gültigkeit des geometrischen Satzes wandte, daß eine Tangente den Kreis nur in einem Punkt berührt (Arist. Met. *B*2.998a1–4). Platons Erkenntnistheorie ist wesentlich durch ihre Opposition zu derartigen Thesen des P. bestimmt.

Werke: VS 80 (II, 253–271) (engl. in: The Older Sophists. A Complete Translation by Several Hands of the Fragments in Die Fragmente der Vorsokratiker Edited by Diels-Kranz with a New Edition of Antiphon and of Euthydemus, ed. R. K. Sprague Columbia S. C. 1972, Indianapolis Ind. 2001, 3–28); Die Vorsokratiker. Die Fragmente und Quellenberichte, ed. W. Capelle, Leipzig 1935, 323–340, Stuttgart [9]2008, 265–278; Protagora. Le testimonianze e i frammenti. Edizione riveduta e ampliata con uno studio su la vita, le opere, il pensiero e la fortuna, ed. A. Capizzi, Florenz 1955; The Texts of Early Greek Philosophy. The Complete Fragments and Selected Testimonies of the Major Presocratics [griech./engl.], I–II, ed. D. W. Graham, Cambridge etc. 2010, 2011, II, 689–724 (Chap. 15 P.).

Literatur: F. Adorno, Protagora nel IV secolo d. C.. Da Platone a Didimo Cieco, in: ders. u. a., Protagora, Antifonte, Posidonio, Aristotele. Saggi su frammenti inediti e nuove testimonianze da papiri, Florenz 1986, 9–60; L. J. Apfel, The Advent of Pluralism. Diversity and Conflict in the Age of Sophocles, Oxford/New York 2011, 45–78 (II. Pluralism and P.. The Plurality of Truth); O. Balaban, Plato and P.. Truth and Relativism in Ancient Greek Philosophy, Lanham Md. 1999; J. Barnes, The Presocratic Philosophers, I–II, London/Henley/Boston Mass. 1979, II, bes. 239–251, 314, rev. in einem Bd., London/New York 1982, 2006, 541–553, 644; J. Burnet, Greek Philosophy. Thales to Plato, London 1914 (repr. 1981), 89–95; M. F. Burnyeat, P. and Self-Refutation in Later Greek Philosophy, Philos. Rev. 85 (1976), 44–69; ders., P. and Self-Refutation in Plato's »Theaetetus«, Philos. Rev. 85 (1976), 172–195, ferner in: S. Everson (ed.), Epistemology, Cambridge etc. 1990, 1999, 39–59; C. J. Classen (ed.), Sophistik, Darmstadt 1976; ders., P.' »Aletheia«, in: P. Huby/G. Neal (eds.), The Criterion of Truth. Essays Written in Honour of George Kerferd […], Liverpool 1989, 13–38; M. Corradi, Protagora tra filologia e filosofia. Le testimonianze di Aristotele, Pisa/Rom 2012; J. Dalfen, »Aller Dinge Maß ist Mensch«. Was P. gemeint und was Platon daraus gemacht hat, in: M. van Ackeren/J. Müller (eds.), Antike Philosophie verstehen/Understanding Ancient Philosophy, Darmstadt 2006, 87–109 (repr. in: ders., Parmenides – P. – Platon – Marc Aurel. Kleine Schriften zur griechischen Philosophie, Politik, Religion und Wissenschaft, Stuttgart 2012, 413–435); F. Decleva Caizzi, P. and Antiphon. Sophistic Debates on Justice, in: A. A. Long (ed.), The Cambridge Companion to Early Greek Philosophy, Cambridge 1999, 2006, 311–331 (dt. P. und Antiphon. Sophistische Erörterungen über Gerechtigkeit, in: A. A. Long (ed.), Handbuch Frühe Griechische Philosophie. Von Thales bis zu den Sophisten, Stuttgart/Weimar 2001, 285–303); P. Demonst, P. d'Abdère, Dict. ph. ant. V/b (2012), 1700–1708; K.-M. Dietz, P. von Abdera. Untersuchungen zu seinem Denken, Bonn 1976; J.-P. Dumont, P., DP II (1984), 2138–2142, ([2]1993), 2351–2354; E. Dupréel, Les sophistes. P., Gorgias, Prodicus, Hippias, Neuchâtel 1948, 11–58; M. Emsbach, Sophistik als Aufklärung. Untersuchungen zu Wissenschaftsbegriff und Geschichtsauffassung bei P., Würzburg 1980; C. Farrar, The Origins of Democratic Thinking. The Invention of Politics in Classical Athens, Cambridge etc. 1988, 2008, 44–98 (Chap. 3 P.. Measuring Man); G. Fine, Protagorean Relativisms, Proc. Boston Area Colloq. Ancient Philos. X (1994), 211–243, ferner in: dies., Plato on Knowledge and Forms. Selected Essays, Oxford 2003, 2008, 132–159; dies., Plato's Refutation of P. in the »Theaetetus«, Apeiron 31 (1998), 201–234, ferner in: dies., Plato on Knowledge and Forms [s. o.], 184–212; K. v. Fritz, P., RE XXIII/1 (1957), 908–921; A. Graeser, Die Philosophie der Antike II (Sophistik und Sokratik, Plato und Aristoteles), München 1983, [2]1993, 20–32; W. K. C. Guthrie, A History of Greek Philosophy III (The Fifth-Century Enlightenment), Cambridge 1969, 2000, 262–269; K. F. Hoffmann, Überlegungen zum Homo-Mensura-Satz des P., in: S. Kirste/K. Waechter/M. Walther (eds.), Die Sophistik. Entstehung, Gestalt und Folgeprobleme des Gegensatzes von Naturrecht und positivem Recht, Wiesbaden 2002, 17–31; B. Huss, Der Homo-Mensura-Satz des P.. Ein Forschungsbericht, Gymnasium 103 (1996), 229–257; C. H. Kahn, P. (c. 490–c. 420 BC), REP VII (1998), 788–791; G. B. Kerferd, P. of Abdera, Enc. Ph. VI (1967), 505–507, VIII ([2]2006), 91–93 (erw. Bibliographie v. P. Woodruff); ders./H. Flashar, P. aus Abdera, in: H. Flashar (ed.), Die Philosophie der Antike 2/1 (Sophistik, Sokrates, Sokratik, Mathematik, Medizin), Basel 1998, 28–43, 117–123 (Bibliographie); I. Lana, Protagora, Turin 1950; M.-K. Lee, Epistemology after P.. Responses to Relativism in Plato, Aristotle, and Democritus, Oxford/New York 2005, 2008; F. Li Vigni, Protagora e l'arte politica, Neapel 2010; J. Mansfeld, P. on Epistemological Obstacles and Persons, in: G. B. Kerferd (ed.), The Sophists and Their Legacy. Proceedings of the Fourth International Colloquium on Ancient Philosophy [...], Wiesbaden 1981, 38–53; K. Meister, »Aller Dinge Maß ist der Mensch«. Die Lehre der Sophisten, München/Paderborn 2010, bes. 141–150 (Kap. 4.1 P.); M. Mendelson, Many Sides. A Protagorean Approach to the Theory, Practice and Pedagogy of Argument, Dordrecht/Boston Mass./London 2002; J. Mittelstraß, Neuzeit und Aufklärung. Studien zur Entstehung der neuzeitlichen Wissenschaft und Philosophie, Berlin/New York 1970, 41–44; M. Narcy, P., DNP X (2001), 456–458; O. Neumaier (ed.), Ist der Mensch das Maß aller Dinge? Beiträge zur Aktualität des P., Möhnesee 2004; J. M. van Ophuijsen/M. van Raalte/P. Stork (eds.), P. of Abdera. The Man, His Measure, Leiden/Boston Mass. 2013; S. Peverada, Il canto delle sirene. Protagora e la metafisica, Mailand 2002; W. H. Pleger, Die Vorsokratiker, Stuttgart 1991, 139–148; E. Schiappa, P. and Logos. A Study in Greek Philosophy and Rhetoric, Columbia S. C. 1991, [2]2003; J. Sihvola, Decay, Progress, the Good Life? Hesiod and P. on the Development of Culture, Helsinki 1989, 68–147 (Part Two P.); C. C. W. Taylor/M.-K. Lee, The Sophists (1. P.), SEP 2011; M. Untersteiner, I sofisti, Fasc. I, Turin 1949, 14–117 (engl. The Sophists, Oxford 1954, 1–91), I–II, Mailand 1967, I, 13–149 (franz. Les Sophistes, I–II, Paris 1993, I, 15–139); G. Vlastos, Introduction. Part One: P., in: ders. (ed.), Plato, P., New York 1956, VII–XXIV; P. Woodruff, Rhetoric and Relativism. P. and Gorgias, in: A. A. Long (ed.), The Cambridge Companion to Early Greek Philosophy [s. o.], 290–310 (dt. Rhetorik und Relativismus. P. und Gorgias, in: A. A. Long [ed.], Handbuch Frühe Griechische Philosophie [s. o.], 264–284); ders., P. of Abdera, in: M. Gagarin/E. Fantham (eds.), The Oxford Encyclopedia of Ancient Greece and Rome VI, Oxford/New York 2010, 49–52; S. Zeppi, Protagora e la filosofia del suo tempo, Florenz 1961; U. Zilioli, P. and the Challenge of Relativism. Plato's Subtlest Enemy, Aldershot/Burlington Vt. 2007. J. M.

Protobiologie, im Rahmen der Konstruktiven Wissenschaftstheorie (↑Wissenschaftstheorie, konstruktive) Bezeichnung für die der empirischen ↑Biologie methodisch vorausgehende ↑Prototheorie zur Bestimmung biologischer Grundbegriffe. Die moderne Biologie besteht zu einem Hauptteil aus Organismustheorien in evolutionstheoretischer (↑Evolutionstheorie) Ausrichtung, auf die sich mikrobiologische Forschungen entweder in erklärender Absicht beziehen oder deren reduktionistische (↑Reduktionismus) Überwindung bis zum Verzicht auf Organismuskonzepte sie verfolgen. In praktisch allen Spielarten wird die Biologie naturalistisch (↑Naturalismus) betrieben und verstanden, d. h., sie begreift ihre Forschungsresultate als zutreffende Entdeckungen naturgegebener Tatsachen. Prägend ist dafür ein ↑Darwinismus geworden, der das Evolutionsgeschehen als Ausbildung heute vorfindlicher, artspezifischer Organismuseigenschaften durch natürliche ↑Selektion beschreibt. Die moderne Form naturalistischer Biologie, dort erstmals in wissenschaftstheoretischen Unterscheidungen diskutiert, ist die ›synthetische Theorie‹ (E. Mayr), in deren Rahmen ↑Organismen, Arten (↑Spezies) und andere Gegenstände biologischer Theorien als naturgegeben gelten. Theoretische Alternativen wurden nur im ↑Vitalismus entwickelt, der sich jedoch Begriffen und Methoden einer experimentell gestützten Kausalerklärung in der Biologie entzieht.

Die kulturalistische Alternative einer methodischen Biologiebegründung, die statt bei postulierten oder behaupteten Naturtatsachen bei (poietischen, sprachlichen und praktischen) Handlungen von Menschen ansetzt, sucht durch Rückgang auf lebensweltliche, erfolgreiche Praxen des Unterscheidens und des Einwirkens in die Natur (z. B. in Praxen der Tier- und Pflanzenzüchter, der Heilkundigen, der Ärzte, der Anatomen und der Metzger) eine Gegenstandskonstitution für die Wissenschaft Biologie zu rekonstruieren. Die heute auch in der Biologie diskutierten Probleme des Artbegriffs und des Organismusbegriffs etc. werden dabei im wesentlichen auf zwei Anfänge gegründet: (1) Organismen werden ›konstruktionsmorphologisch‹ nach den Gesetzen von Physik und Chemie in technischen oder Maschinenmodellen als für sich funktionsfähige, kohärente, kraftschlüssige und im Stoff-, Energie- und Informationsaustausch mit der Umwelt stehende Systeme beschrieben; (2) nach der schon bei C. Darwin als Modell dienenden Züchtungspraxis wird ein Evolutionsgeschehen handlungstheoretisch rekonstruiert, statt ›Evolution‹ als vorgefundenen Naturgegenstand zu postulieren. Mikrobiologische, molekulargenetische oder embryologische Probleme gewinnen ihre Explananda aus empirisch gesicherten, methodisch primären Naturbeschreibungen im Größenbereich einzelner Organismen oder Populationen. Dabei sind durch die P. auch moderne Ansätze der System- und der Autopoiesistheorie (↑Systemtheorie, ↑Selbstorganisation) nach dem Prinzip der methodischen Ordnung (↑Prinzip der pragmatischen Ordnung) zu rekonstruieren.

Literatur: K. Edlinger (ed.), Form und Funktion. Ihre stammesgeschichtlichen Grundlagen, Wien 1989; W. F. Gutmann, Die Evolution hydraulischer Konstruktionen. Organismische Wandlung statt altdarwinistischer Anpassung, Frankfurt 1989, ^{2}1995; ders. (ed.), Die Konstruktion der Organismen I (Kohärenz, Energie und simultane Kausalität), Frankfurt 1992 (Aufsätze u. Reden d. Senckenbergischen Ges. XXXVIII); M. Gutmann, Life, Organism or System? Some Methodological Reconstruction Concerning Biological Individuals, Ann. Hist. Philos. Biol. 16 (2011), 81–95; ders./M. Weingarten, Veränderungen in der evolutionstheoretischen Diskussion. Die Aufhebung des Atomismus in der Genetik, in: Natur und Museum. Berichte d. Senckenbergischen Naturforschenden Ges. 124 (1994), H. 6, 189–195; P. Janich, Grenzen der Naturwissenschaft. Erkennen als Handeln, München 1992, 85–101 (Naturgeschichten. Benötigt die Biologie eine relativistische Revision?); ders., Der Informationsbegriff in der Morphologie, in: W. F. Gutmann/M. Weingarten (eds.), Die Konstruktion der Organismen II (Struktur und Funktion), Frankfurt 1995, 39–52 (Aufsätze u. Reden d. Senckenbergischen Naturforschenden Ges. XLIII); ders./M. Weingarten, Wissenschaftstheorie der Biologie. Methodische Wissenschaftstheorie und die Begründung der Wissenschaften, München 1999; E. Mayr, Principles of Systematic Zoology, New York etc. 1969, ^{2}1991 (dt. Grundlagen der zoologischen Systematik. Theoretische und praktische Voraussetzungen für Arbeiten auf systematischem Gebiet, Hamburg/Berlin 1975); M. Weingarten, Organismuslehre und Evolutionstheorie, Hamburg 1992; ders., Organismen – Objekte oder Subjekte der Evolution? Philosophische Studien zum Paradigmenwechsel in der Evolutionsbiologie, Darmstadt 1993. P. J.

Protochemie, im Rahmen der Konstruktiven Wissenschaftstheorie (↑Wissenschaftstheorie, konstruktive) Bezeichnung für die der empirischen ↑Chemie methodisch vorausgehende ↑Prototheorie zur operationalen ↑Definition chemischer Grundbegriffe. Da das heutige chemische Wissen in anderer Theorieform vorliegt als die Theorien der mathematischen Physik, muß sich die Auszeichnung chemischer Grundbegriffe zum Zwecke ihrer terminologischen Rekonstruktion an der Hochstilisierung erfolgreicher lebensweltlicher Praxen zur wissenschaftlichen Chemie orientieren. Vor- und außerwissenschaftlich ist die Beherrschung der Eigenschaften von Werk-, Wirk- und Brennstoffen in den Praxen der Metallscheidekunst, des Gerbens und Färbens, der Zubereitung und Konservierung von Lebensmitteln, von Heilmitteln und schließlich von Stoffen für Beleuchtung und Heizung weit gediehen. Daran lassen sich exemplarisch elementare ↑Prädikatoren für Stoffeigenschaften (z. B. Farbe, Härte, Konsistenz) ebenso wie für handwerkliche Verfahren (z. B. Schmelzen, Filtrieren, Mischen) einführen und durch ein System von ↑Prädikatorenregeln zu einem kohärenten und konsistenten terminologischen System verbinden. Hinzu kommen aus der Physik übernommene Grundbegriffe (z. B. für Volumen, Gewicht, Temperatur, elektrische Leitfähigkeit), die auf der Grundlage der ↑Protophysik durch operationale Definition terminologisch normiert werden. Chemiespezifische Begriffsbildungen wie ›Stoff‹, ›chemischer Reinstoff‹, ›Element‹ (versus ›Verbindung‹, ›Gemisch‹, ›Lösung‹ usw.) sind teils über ↑Abstraktionen (↑abstrakt; bezüglich der Äquivalenzrelation ›stoffgleich‹ in der Pluralrede von ›Stoffen‹), teils als ↑Reflexionstermini (über den metasprachlichen Sortierungsprädikator ›stofflich‹ für Termini wie der Farbe, Dichte, Härte usw.), teils über Ketten operationaler Definitionen für die Herstellung und Kontrolle von Gemischen, Lösungen usw. festzulegen. Hierbei werden Sätze (z. B. das ›Gesetz der konstanten Proportionen‹), die traditionell als empirische gelten, aus logischen Gründen als Definitionsprinzipien eingesetzt. Wie sich daran das Atom-Molekül-Reaktionskonzept und die für chemische Modellbildung übliche Sprache etwa zur Beschreibung von Molekülstrukturen anschließen, ist gegenwärtig Gegenstand protochemischer Forschung.

Ziel der P. ist es unter anderem, durch ein Unterscheidungssystem, das aus den (im Zweck-Mittel-Schema rekonstruierten) technischen Verfahren der Laborchemie gewonnen ist, die gesetzten von den erfahrungsabhängigen Teilen der Chemie zu unterscheiden, leitende Forschungsparadigmen zu erkennen, ein geklärtes Vokabular für die Diskussion des Verhältnisses von Chemie und Nachbardisziplinen wie Physik oder Biologie bereitzustellen (z. B. geht Chemie mit ihrer technischen und begrifflichen Leistung der ↑Reproduzierbarkeit von Verbindungen und Elementen jeder Atom- und Kernphysik methodisch voraus) sowie den weltbildformenden Beitrag der Chemie kenntlich zu machen. Die Zweideutigkeit des Wortes ›Chemie‹ als Bezeichnung des Objektbereichs chemischer Forschung und der (kultürlichen) Wissenschaft Chemie selbst ist ebenso aufzuklären wie eine Definition von ›Chemie‹ anzugeben, die nicht schon Kenntnis und Anerkennung ihrer Resultate in Anspruch nimmt.

Literatur: J. van Brakel, Philosophy of Chemistry. Between the Manifest and the Scientific Image, Leuven 2000; G. Hanekamp, P.. Vom Stoff zur Valenz, Würzburg 1997; P. Janich, Grenzen der Naturwissenschaft. Erkennen als Handeln, München 1992, 63–85 (Chemie als Kulturleistung. Zum Selbstverständnis der Chemie im Spiegel der Kulturgeschichte); ders., P.. Programm einer konstruktiven Chemiebegründung, Z. allg. Wiss.theorie 25 (1994), 71–87; ders. (ed.), Philosophische Perspektiven der Chemie, Mannheim etc. 1994; ders., Die Rationalität der Chemie, in: A. Scheffler/H.-J. Strüh (eds.), Handeln und Erkennen in der Chemie, Dornach 2002 (Elemente d. Naturwiss., Sonderheft Frühjahr 2002), 65–75; ders./C. Rüchardt (eds.), Natürlich, technisch, chemisch. Verhältnisse zur Natur am Beispiel der Chemie, Berlin/New York 1996; ders./N. Psarros (eds.), Die Sprache der Chemie, Würzburg 1996; ders./N. Psarros (eds.), The Autonomy of Chemistry, Würzburg 1998; ders./P. C. Thieme/N. Psarros (eds.), Chemische Grenzwerte. Eine Standortbestimmung von Chemikern, Juristen, Soziologen und Philosophen, Weinheim etc. 1999; N. Psarros, Sind die ›Gesetze‹ der konstanten und der multiplen Proportionen empirische Naturgesetze oder Normen?, in: P. Janich (ed.), Philosophische Perspektiven der Chemie [s.o.], 53–63; ders., Die Elemente der Chemie. Umriß einer Prototheorie der Chemie, in: E. Jelden (ed.), Prototheorien – Praxis und Erkenntnis?, Leipzig 1995, 123–133; ders., Die Chemie und ihre Methoden. Eine philosophische Betrachtung, Weinheim etc. 1999. P. J.

Protoethik, von C. F. Gethmann eingeführte, in Analogie zu Begriffen wie ↑Protologik und ↑Protophysik (↑Prototheorie) gebildete Bezeichnung für die systematische Rekonstruktion lebensweltlicher (↑Lebenswelt, ↑vorwissenschaftlich) Rechtfertigungsdiskurse (↑Rechtfertigung). Die Einführung des Begriffs der P. soll vor allem eine genaue methodologische Unterscheidung zwischen der normativen Ethik (↑Ethik, normative) und dem ihr zugrundeliegenden Regel-know-how im Umgang mit verschiedenen Formen von ↑Imperativen (auch in außermoralischen Kontexten) erlauben, die in früheren Konzeptionen der konstruktiven Ethik ungeschieden behandelt wurden (↑Ethik, ↑Konstruktivismus).

Eine gemäß dieser Untersuchung entwickelte P. ist weder normative Ethik (sie generiert keine elementaren Aufforderungen), noch deskriptive ↑Metaethik in dem Sinne, daß sie analytisch-deskriptiv darüber berichtet, wie *de facto* in ↑Diskursen geredet wird. Sie gewinnt vielmehr durch ↑Rekonstruktion lebensweltlich immer schon anerkannter Kommunikationsregeln präskriptiver Diskurse (↑deskriptiv/präskriptiv) diejenigen Bausteine, aus denen sich Kriterien zur Beurteilung allgemeiner Aufforderungen konstruieren lassen. Sie stützt sich auf das Gelingen von Diskursen über ›erste‹ lebensweltliche Aufforderungen. ›Protoethisch‹ heißen somit diejenigen in einer lebensweltlich schon eingeübten Kultur des Umgangs mit Aufforderungen befolgten ↑Regeln, mit deren Hilfe sich über die Richtigkeit oder Unrichtigkeit von Aufforderungen mit universellem Geltungsanspruch allererst befinden läßt. Die P. soll zur Demonstration der These dienen, daß es möglich ist, in bestimmten Fällen präskriptive Diskurse bis zur Auszeichnung von Aufforderungen mit Geltungsanspruch für jedermann zu rekonstruieren. Aufforderungen (verschiedenen Typs) erweisen sich insofern als nicht weniger rational als ↑Behauptungen. Sie gehorchen jedoch nicht denselben Rationalitätsstandards (↑Rationalität, ↑Rationalitätskriterium). Präskriptive Rationalität ist eine Rationalität *sui generis*, d.h., die Rechtfertigung von Aufforderungen folgt anderen Regeln als die Begründung von Behauptungen. Sie folgt gleichwohl Regeln im Sinne universeller, zweckmäßiger Handlungsvorschriften. Die meisten Skeptiker bezüglich der Rationalitätsfähigkeit präskriptiver Äußerungen behandeln demgegenüber die Rechtfertigung von Aufforderungen in strenger Analogie zur Begründung von Behauptungen oder reduzieren jene auf diese. Die Kritik an dieser Möglichkeit, z.B. die Kritik am so genannten naturalistischen Fehlschluß (↑Naturalismus (ethisch)), ergibt für diesen Zugang dann die Unmöglichkeit der rationalen Auszeichnung von Aufforderungen. Gegenüber derartigen Mißverständnissen kommt es in der P. darauf an, die spezifischen Formen der Einlösung präskriptiver Geltungsansprüche als lebensweltlich schon immer in Anspruch genommen zu rekonstruieren und, darauf aufbauend, diejenigen Regeln herauszustellen, deren Befolgung die allgemeine Zustimmungsfähigkeit von Aufforderungen sichert (↑Präskriptivismus).

Die Rekonstruktionsbemühungen der P. bestehen jeweils aus zwei Schritten: (1) Es sind die faktischen diskursiven Handlungen durch eine angemessene Terminologie zu erfassen. Dabei ist zu zeigen, daß empfohlene sprachliche Unterscheidungen und die mit ihrer Hilfe charakterisierten Handlungen Mittel zum Zweck, nämlich der Konfliktbewältigung bzw. Konfliktvermeidung zwischen Menschen, sind. (2) Es sind mit Hilfe der so erarbeiteten Terminologie die Regeln zu rekonstruieren und zu rechtfertigen, deren Befolgung wiederum Mittel zum Zweck ist. Termini und Regeln beziehen sich auf Redehandlungen in Diskursen (↑Sprechakt). Das bedeutet allerdings nicht, daß auf eine bereits anderweitig erhältliche ↑Handlungstheorie zurückgegriffen werden könnte. Eine Handlungstheorie ist vielmehr, soweit ↑Handlungen Befolgungen von Aufforderungen sind, von der protoethischen Diskursrekonstruktion methodisch abhängig. Dies bedeutet nicht, daß die Fragestellung der P. in dem Sinne voraussetzungslos ist, daß sie sich ihr Thema, Diskurse um Aufforderungen, allererst erzeugen müßte. Vielmehr muß unterstellt werden, daß lebensweltlich eingeübte Handlungen (z.B. elementare Aufforderungen) und faktisch anerkannte ↑Zwecke im Zusammenhang einer ›Diskurskultur‹ bereits zur Verfügung stehen, ehe auf dieser Basis z.B. die Frage nach universellen Aufforderungen überhaupt aufgeworfen werden kann. Die terminologische und regulative Rekonstruktion lebensweltlich elementarer Handlungen – die im übrigen nur möglich ist, wenn bereits lebensweltlich eine wenigstens ansatzweise Selbstthematisierung (›Reflexivität‹) sprachlichen Handelns vorliegt – bezieht sich also auf ein schon vorhandenes ›Können‹ und ist eher eine Kunst als eine Wissenschaft (↑Pragmatik).

Die protoethische Rekonstruktion geht davon aus, daß menschliche ↑Kommunikation und ↑Kooperation über weite Strecken störungsfrei verlaufen. Treten Störungen auf oder sollen solche vermieden werden, ist ferner auf Grund von kollektiven und/oder individuellen Erfahrungen klar, daß die Störungsbehebung durch kommunikative Handlungen gegenüber anderen Behebungsformen, z. B. gewaltsamer Unterdrückung von Handlungsalternativen, zweckmäßiger ist, erhält die Redepraxis eine unmittelbar instrumentelle Bedeutung für die gemeinsame praktische und technische Weltbewältigung. Wer an derartigem kommunikativen Handeln und damit auch an den durch dieses Handeln gestützten Kooperationsweisen aussichtsreich teilnehmen will, muß über erste Handlungskapazitäten bereits verfügen. Mit Hilfe dieser ist es dann möglich, in ↑Lehr- und Lernsituationen weitere Handlungsmöglichkeiten zu eröffnen. Zu den primären Fähigkeiten, auf die sich eine Pragmatik stützen kann, gehört jedenfalls die Fähigkeit, Aufforderungen zu vollziehen. Mit der pragmatischen Rekonstruktion von Aufforderungen ist somit ein elementarer Ausgangspunkt gewählt, bezüglich dessen vermutet werden darf, daß die in diesem Zusammenhang entstehenden Probleme und ihre Lösungen von hinreichend allgemeiner Bedeutung sind.

Unter Weiterführung der von P. Lorenzen und O. Schwemmer durchgeführten Rekonstruktion verschiedener Typen von Imperativen geht die P. von der Schematisierung (↑Handlungsschema) einfacher unbedingter Imperative aus und untersucht auf dieser Basis den diskursiven Umgang mit finalen, generellen und universellen Imperativen, d. h. Normen (↑Norm (handlungstheoretisch, moralphilosophisch)). Der mit Normen geäußerte Universalitätsanspruch (Parteieninvarianz, ↑Universalität (ethisch)) läßt sich jedoch durch präinstitutionelle Diskurse nicht durchweg operativ einlösen. Die P. umfaßt somit auch die Rekonstruktion der Institutionalisierung (↑Institution) mit ihren pragmatischen Vorstufen der Habitualisierung und Traditionalisierung von Handlungen in Rechtfertigungsdiskursen, vor allem Zustimmungen. Auf Grund dieses Zusammenhanges erweist sich eine Unterscheidung von ↑Individualethik und ↑Sozialethik oder von Ethik und Politik als eher willkürlich. In den Zuständigkeitsbereich der P. gehört schließlich die ↑Kalkülisierung der präskriptiven Diskursregeln, auf Grund derer über eine Logik von Imperativen (↑Imperativlogik) auch die (↑normativ interpretierte) deontische Logik (↑Logik, deontische) als diskursiv fundiertes Argumentationsinstrument herausgestellt werden kann.

Literatur: C. F. Gethmann, Zur formalen Pragmatik der Normenbegründung, in: J. Mittelstraß (ed.), Methodenprobleme der Wissenschaften vom gesellschaftlichen Handeln, Frankfurt 1979, 46–76; ders., Proto-Ethik. Zur formalen Pragmatik von Rechtfertigungsdiskursen, in: H. Stachowiak/T. Ellwein (eds.), Bedürfnisse, Werte und Normen im Wandel I (Grundlagen, Modelle und Prospektiven), München etc. 1982, 113–143 (engl. Protoethics. Towards a Formal Pragmatics of Justificatory Discourse, in: R. E. Butts/J. R. Brown [eds.], Constructivism and Science. Essays in Recent German Philosophy, Dordrecht/Boston Mass./London 1989, 191–220); ders., Universelle praktische Geltungsansprüche. Zur philosophischen Bedeutung der kulturellen Genese moralischer Überzeugungen, in: P. Janich (ed.), Entwicklungen der methodischen Philosophie, Frankfurt 1992, 148–175; ders., Warum sollen wir überhaupt etwas und nicht vielmehr nichts? Zum Problem einer lebensweltlichen Fundierung von Normativität, in: P. Janich (ed.), Naturalismus und Menschenbild, Hamburg 2008 (Dt. Jb. Philos. 1), 138–156; W. Kamlah, Philosophische Anthropologie. Sprachkritische Grundlegung und Ethik, Mannheim/Wien/Zürich 1972, 1984; P. Lorenzen, Normative Logic and Ethics, Mannheim/Zürich 1969, Mannheim/Wien/Zürich [2]1984; ders./O. Schwemmer, Konstruktive Logik, Ethik und Wissenschaftstheorie, Mannheim/Wien/Zürich 1973, [2]1975; O. Schwemmer, Philosophie der Praxis. Versuch zur Grundlegung einer Lehre vom moralischen Argumentieren in Verbindung mit einer Interpretation der praktischen Philosophie Kants, Frankfurt 1971, [2]1980; ders., Praktische Vernunft und Normbegründung. Grundprobleme beim Aufbau einer Theorie praktischer Begründungen, in: D. Mieth/F. Compagnoni (eds.), Ethik im Kontext des Glaubens. Probleme – Grundsätze – Methoden, Freiburg (Schweiz)/Wien 1978, 138–156. C. F. G.

Protogeometrie, Bezeichnung für eine ↑Prototheorie, die nach P. Lorenzen der ↑Euklidischen Geometrie vorausgeht und dazu dient, aus der vorwissenschaftlichen Praxis die Definitionen der geometrischen Grundformen (Ebene, Gerade und rechter Winkel) zu begründen. Die P. rekonstruiert damit systematisch das, was historisch die ›Definitionen‹ Euklids leisten sollten. Die Geometrie ist dann diejenige Theorie, deren Sätze über konstruierbare Figuren allein aus den protogeometrischen Definitionen der Grundformen und den Konstruktionsvorschriften (Euklid: ›Postulate‹) zu beweisen sind.

Um ebene Flächenstücke und gerade Linienstücke definieren zu können, wird an die handwerkliche Praxis erinnert, die Flächen, Linien und Punkte an Körpern unterscheidet. Der Übergang von Körpern zu Flächen, von Flächen zu Linien und von Linien zu Punkten geschieht durch Zerlegen der Körper in Teilkörper mit Schnitt- bzw. Oberflächen, der Flächen in Teilflächen mit Schnitt- bzw. Randlinien und der Linien in Teillinien mit Schnitt- bzw. Endpunkten. Zerlegt man einen Körper durch einen ↑Schnitt, heißt dies, daß die entstehenden Oberflächenstücke der Teilkörper zueinander passen. Es gibt dann eine Berührung der Teilkörper, bei der alle Punkte der beiden Schnittflächen Berührungspunkte sind. Das Passen von Flächenstücken ist für die Praxis der Herstellung von Kopien eines Oberflächenstücks wichtig. Ein Flächenstück kann z. B. in der Gußtechnik als passender Abdruck eines Originals produziert werden. Stellt man von einem Original F_0 einen passenden Abdruck F_1 ($F_0 \, \mathrm{p} \, F_1$) und von diesem Abdruck einen passenden Abdruck F_2 her (also eine Kopie des Originals), so paßt der Abdruck F_3 der Kopie F_2 auch zum Original F_0, d. h.,

(1) wenn F_0 p F_1 und F_1 p F_2 und F_2 p F_3, dann F_0 p F_3.

Für das *Passen* p gilt nur die schwache Transitivität (↑transitiv/Transitivität). Man sagt auch, daß zwei Flächenstücke F_0 und F_2 *kongruent* (↑kongruent/Kongruenz) sind, wenn man ein Flächenstück F_1 angeben kann, zu dem F_0 paßt und das zu F_2 paßt:

(2) $F_0 \equiv F_2 \leftrightharpoons F_0$ p F_1 und F_1 p F_2 für ein F_1.

Algebraisch ist diese Kongruenz eine ↑Äquivalenzrelation. Um ebene Flächenstücke zu definieren, werden Berührungspunkte ausgezeichnet, in denen Linien der Oberfläche enden (›Endelemente‹). Statt von ›Endelementen‹ spricht man auch von ›Richtungen‹, die vom Berührungspunkt ausgehen. Flächenstücke können hinsichtlich ausgezeichneter Endelemente ›klappsymmetrisch‹ sein. Bei einer Klappung gehen die Punkte einer Linie, die durch das ausgezeichnete Endelement hindurchgeht (›Klapplinie‹), in sich selbst über. Die Klapplinie teilt das Flächenstück in zwei Seiten, die durch die Klappung miteinander vertauscht werden und symmetrisch (↑symmetrisch/Symmetrie (geometrisch)) zueinander liegen. So hat eine Stufenfläche nur eine Klapplinie, die im ebenen Schnitt (Abb. 1a) als Punkt ausgezeichnet ist, während eine Wellfläche (Abb. 1b) für jeden Wendepunkt eine Klapplinie besitzt.
Es läßt sich allgemein ein *Passungssatz* beweisen, wonach zwei klappsymmetrische Flächenstücke, die sich in ihren ausgezeichneten Endelementen berühren, teilweise zueinander passen. Die Beispiele der Stufen- und der Wellfläche zeigen aber, daß ein Flächenstück mit ausgezeichnetem Endelement, das zu einem kongruenten Flächenstück um das ausgezeichnete Endelement herum paßt, nicht eben zu sein braucht. Ein Flächenstück heißt genau dann ›eben‹, wenn es für jedes frei gewählte Endelement klappsymmetrisch ist (Abb. 1c). Die Klapplinien von ebenen Flächenstücken heißen ›gerade‹. Aus dem Passungssatz für klappsymmetrische Flächenstücke folgt, daß je zwei ebene Flächenstücke bei beliebiger Wahl der Endelemente (teilweise) zueinander passen.

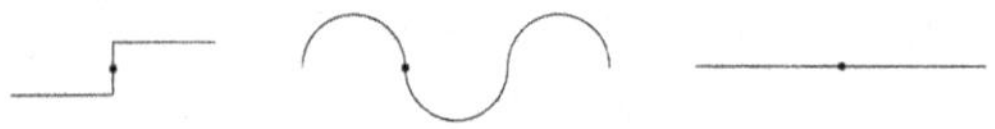

Abb. 1a Abb. 1b Abb. 1c

Insbes. sind drei Flächenstücke, die jeweils paarweise bei beliebiger Berührung zueinander passen, eben. Das paarweise freie Passen von drei Flächen ist nämlich mit der freien Klappsymmetrie der drei Flächen äquivalent. Daher kann die Herstellungspraxis ebener Flächenstücke auch durch das ↑*Dreiplattenverfahren* realisiert werden: Man schleift drei Platten wechselseitig gegeneinander ab, bis sie paarweise frei zueinander passen. Allerdings handelt es sich dabei nur um eine technische Realisierung der Definition ebener Flächenstücke. Ebenso ist ein Lineal eine technische Realisierung der Definition gerader Klapplinien. Die Rede von ›Ebenen‹ und ›Geraden‹ wird dann eingeführt durch Abstraktion von Randlinien bzw. Endpunkten bei Flächenstücken bzw. Linienstücken.
Neben den *Grundelementen* (Ebene, Gerade, Punkt) werden in der P. die *Grundbegriffe* (Inzidenz, Anordnung, Orthogonalität) begründet, mit denen über die Grundelemente gesprochen wird. Zur Definition orthogonaler Geraden wird die freie Klappsymmetrie einer Ebene benutzt. Danach läßt sich eine Gerade g als Klapplinie auffassen, mit der die Grundebene in zwei Halbebenen geteilt wird. Eine Gerade h, die g schneidet, geht bei Klappung in h' über (Abb. 2a). Da die Geraden h und h' symmetrisch zu g liegen, besagt dies auch, daß g den von h und h' eingeschlossenen Winkel in die beiden kongruenten Winkel α und α' teilt (›Winkelhalbierende‹). Die Geraden h und g heißen genau dann *orthogonal* zueinander ($h \perp g$), wenn sie nicht zusammenfallen ($h \neq g$), aber $h = h'$ ist (Abb. 2b). Ein Lineal mit zwei

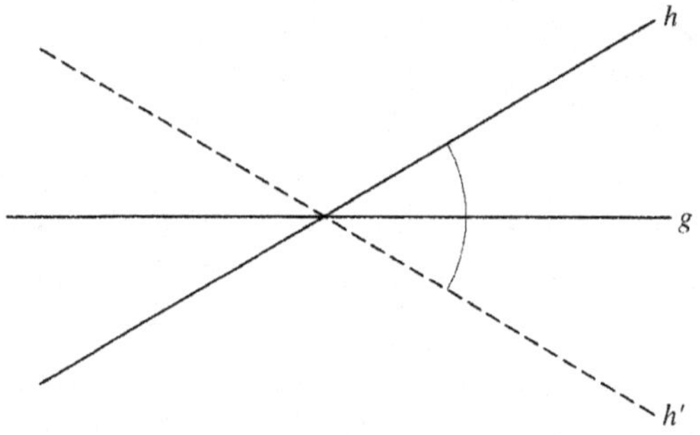

Abb. 2a

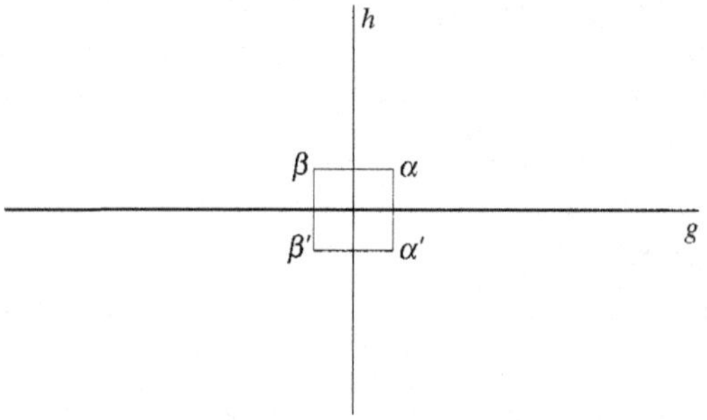

Abb. 2b

orthogonalen Kanten ist eine technische Realisierung dieser Definition. Es läßt sich beweisen, daß es zu der Gerade g und einem auf ihr gelegenen Punkt A höchstens eine Orthogonale h zu g durch A gibt. Mit einem orthogonalen Kantenlineal kann schließlich zu jeder Gerade g und einem auch außerhalb von g gelegenen Punkt A *die* Orthogonale durch A zu g ($A \dashv g$) konstruiert werden. Die Klappsymmetrie in Abb. 2b liefert nur die Kongruenz der rechten Winkel α und α' bzw. β und β'. Erst nach Beweis von $\alpha = \beta$ ist der *rechte Winkel* eine protogeometrisch eindeutig definierte *Form*. Dann folgt aus $h \perp g$ auch $g \perp h$, d.h., die Orthogonalität $\perp$ ist eine symmetrische Relation.

Mit Hilfe der Orthogonalität sind die Winkelhalbierenden definierbar. Man führt dazu das so genannte *Thalesviereck* (Abb. 3) ein. Dieses ist dadurch charakterisiert, daß es durch seinen Mittelpunkt, d.h. den Schnittpunkt der Diagonalen, zwei zueinander orthogonale Geraden

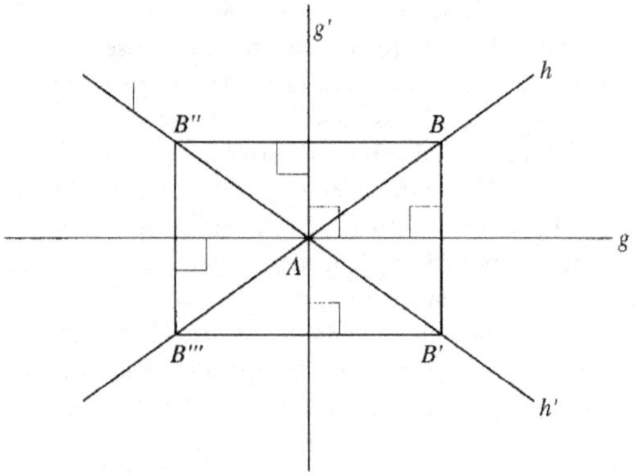

Abb. 3

gibt, die jeweils orthogonal zu gegenüberliegenden Viereckseiten sind. Mit dem Thalesviereck läßt sich beweisen, daß die *Winkelhalbierenden* g und g' mit $g \perp g'$ eindeutig durch h und h' bestimmt sind. Sie werden daher auch mit $h * h'$ und $h' * h$ bezeichnet, die sich nur durch Auszeichnung von Halbgeraden unterscheiden lassen.

Neben der Verbindungsgeraden $A \sqcup B$ zweier Punkte A und B und der Orthogonalen $A \dashv g$ werden nur noch die Winkelhalbierenden $h * h'$ und $h' * h$ zweier sich schneidender Geraden als *Grundkonstruktionen* einer protogeometrisch begründeten Geometrie benutzt. Euklid hatte zur Konstruktion von Orthogonalen und Winkelhalbierenden den Kreis als Grundkonstruktion verwendet. Für die Konstruktion von Winkelhalbierenden reicht jedoch die Orthogonalität als Grundbegriff aus.

Neben Inzidenz und Orthogonalität ist die *Anordnung* als Grundbegriff protogeometrisch zu begründen. Man sagt, daß eine Gerade g einer Ebene genau dann zwischen zwei Punkten A und B der Ebene liegt (AgB), wenn A auf einer und B auf der anderen durch g erzeugten Halbebene liegt. Die *ebene Zwischenrelation* AgB ist irreflexiv:

(3) Wenn AgB, dann $A \neq B$.

Ferner gilt der Satz:

(4) Wenn AgB, dann AgC oder BgC (für alle C, die nicht auf g liegen).

Von der ebenen Zwischenrelation gelangt man zur *linearen Anordnung* von Punkten auf Geraden dadurch, daß jede Gerade g nicht nur die Ebene in zwei Halbebenen zerlegt, sondern auch jede g schneidende Gerade h in zwei Halbgeraden (Abb. 4).

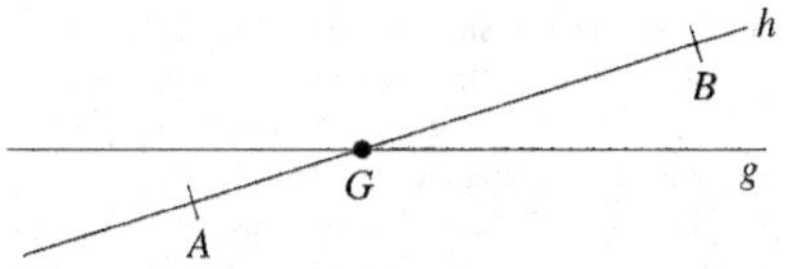

Abb. 4

Man sagt, daß auf einer Geraden h ein Punkt G zwischen den Punkten A und B liegt (AGB) genau dann, wenn für irgendeine Gerade g, die durch G geht, AgB gilt. Mit der Linearität, der Irreflexivität und dem Satz von Pasch für die lineare Zwischenrelation läßt sich auf jeder Halbgeraden eine lineare Ordnung $<$ definieren. Es sei dazu D/E diejenige Halbgerade der Geraden $D \sqcup E$, die den Punkt D als Anfangspunkt hat und E nicht enthält (Abb. 5). Für zwei beliebige Punkte der Halbgeraden wird die Relation

(5) $A < B \leftrightharpoons DAB$

definiert.

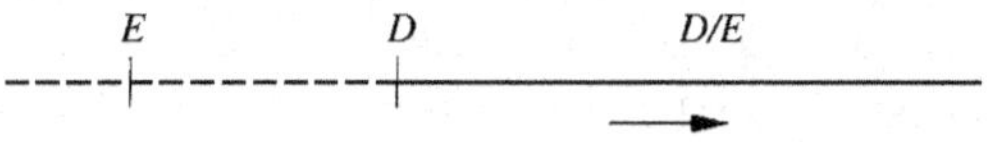

Abb. 5

Historisch setzte Euklid die Anordnung als selbstverständlich voraus. In der *Hilbertschen* ↑*Axiomatik* wird die lineare Zwischenrelation durch Axiome bestimmt, um damit die ebene Zwischenrelation zu definieren. Die Zwischenrelationen sind insbes. erforderlich, um die lineare, die ebene und die räumliche Orientierung einzuführen.

Die eingeführten Relationen und Konstruktionen lassen sich für die räumliche Geometrie erweitern. Axiomatisch gesehen entsprechen die protogeometrisch begründeten Sätze über die Grundelemente (Ebene, Gerade und Punkt) und Grundbegriffe (Inzidenz, Anordnung und Orthogonalität) der *absoluten Orthogonalgeometrie*, die unabhängig vom Euklidischen ↑Parallelenaxiom ist. In der Hilbertschen Axiomatik wird neben Inzidenz und Anordnung die Kongruenz anstelle der Orthogonalität als dritter Grundbegriff verwendet.

Literatur: L. Amiras, Zur Operativen Grundlegung der Geometrie bei H. Dingler, Philos. Nat. 39 (2002), 235–258; ders., Lobatschefskis Anfangsgründe der Geometrie als Figurentheorie, Philos. Nat. 40 (2003), 127–153; H. Dingler, Die Grundlagen der angewandten Geometrie. Eine Untersuchung über den Zusammenhang zwischen Theorie und Erfahrung in den exakten Wissenschaften, Leipzig 1911; D. Hilbert, Grundlagen der Geometrie, Leipzig 1899, Stuttgart [13]1987, Stuttgart/Leipzig 1999; R. Inhetveen, Über die Konstitution geometrischer Gegenstände, in: W. Diederich (ed.), Zur Begründung physikalischer Geo- und Chronometrien. Beiträge zu einem Kolloquium am 2. und 3. April 1979, Bielefeld 1979, 42–58; ders., Konstruktive Geometrie. Eine formentheoretische Begründung der euklidischen Geometrie, Mannheim/Wien/Zürich 1983; P. Janich, Zur Protophysik des Raumes, in: G. Böhme (ed.), Protophysik. Für und wider eine konstruktive Wissenschaftstheorie der Physik, Frankfurt 1976, 83–130; ders., Was heißt »eine Geometrie operativ begründen«?, in: W. Diederich (ed.), Zur Begründung physikalischer Geo- und Chronometrien [s. o.], 59–77; ders., Euklids Erbe. Ist der Raum dreidimensional?, München 1989 (engl. Euclid's Heritage. Is Space Three-Dimensional?, Dordrecht/Boston Mass./London 1992); P. Lorenzen, Eine konstruktive Theorie der Formen räumlicher Figuren, Zentralbl. Didaktik Math. 9 (1977), 95–99; ders., Elementargeometrie. Das Fundament der Analytischen Geometrie, Mannheim/Wien/Zürich 1984; K. Mainzer, Geschichte der Geometrie, Mannheim/Wien/Zürich 1980; H. Meschkowski, Grundlagen der Euklidischen Geometrie, Mannheim/Wien/Zürich 1966, [2]1974; R. Schnabel, Euklidische Geometrie, Habil.schr. Kiel 1981. K. M.

Protokollsatz (engl. protocol sentence), im Rahmen des ↑Wiener Kreises und des Logischen Empirismus (↑Empirismus, logischer) Bezeichnung für die grundlegenden Erfahrungssätze (↑Erfahrung) und Beobachtungssätze (↑Beobachtung) der Wissenschaft. P.e drücken das Konzept des ↑Gegebenen des älteren Positivismus (↑Positivismus (historisch), ↑Positivismus (systematisch)) in der (von R. Carnap so genannten) formalen, d. h. begriffs- und sprachanalytischen, Redeweise aus und waren zunächst an der von L. Wittgenstein entwickelten Vorstellung von ›Elementarsätzen‹ (↑Elementaraussage), die als sprachlicher Ausdruck grundlegender Sachverhalte aufgefaßt wurden, orientiert. – In den 1930er Jahren fand eine grundlegende Debatte über die P.e statt, in deren Mittelpunkt drei Problemschwerpunkte standen: (1) *Erkenntnistheoretischer Status*, d. h. die Frage, ob P.e als bloße Wiedergabe elementarer Erfahrungen betrachtet werden können und ihnen daher Gewißheit und Unkorrigierbarkeit zukommt, oder ob sie konventionelle Anteile (↑Konventionalismus) enthalten und daher revidierbar sind. (2) *Begriffliche Form*, d. h. die Frage, ob P.e in phänomenalistischen Begriffen (↑Phänomenalismus), also unter ausschließlicher Verwendung von Wahrnehmungstermini formuliert werden müssen, oder ob in ihnen auch physikalistische Begriffe (↑Physikalismus), also Bezeichnungen für Eigenschaften von und ↑Relationen zwischen Gegenständen auftreten dürfen. (3) *Sachliche Geltungsbedingungen*, d. h. die Frage, ob wahre P.e durch die Korrespondenz mit bestehenden Sachverhalten oder durch ihre Kohärenz mit einem umfassenderen Satzsystem ausgezeichnet sind (↑Wahrheitstheorien).

Carnap hatte zunächst (1931) phänomenalistisch P.e als unmittelbare ↑Beschreibungen von Erlebnissen aufgefaßt; P.e enthalten demnach keinerlei Verarbeitung der Erfahrung oder Schlüsse aus dieser. Daher sind sie auch keiner Prüfung bedürftig, sondern bilden ihrerseits die Grundlage der Prüfung aller anderen ↑synthetischen Sätze. Inhaltlich beziehen sich P.e auf integrale Wahrnehmungseindrücke (wie ›roter Kreis‹), d. h. weder auf einfache Sinnesempfindungen (die erst durch Abstraktion aus jenen Gesamteindrücken entstehen) noch auf konkrete Gegenstände. Sie galten demnach anfangs als getreue Abbildungen des Faktischen, die ihre Geltung der Korrespondenz mit Sachverhalten verdanken und auf der Grundlage einer eigenpsychischen Begrifflichkeit formuliert werden. Dagegen wandte O. Neurath (1932/1933) ein, daß Sätze nicht mit Tatsachen, sondern nur mit anderen Sätzen verglichen werden können. Deshalb kann über die Gültigkeit von P.en nur anhand des Kriteriums der Widerspruchsfreiheit (↑widerspruchsfrei/Widerspruchsfreiheit) umfassenderer Aussagensysteme entschieden werden, so daß auch P.e revidierbar sind. Dies gilt auch für die Beschreibung eigener Erlebnisinhalte, denen demnach keine Sonderstellung zukommt. P.e stehen damit der Sache nach auf der gleichen Stufe wie andere synthetische Sätze und sind allein durch ihre syntaktische Form (↑Syntax) ausgezeichnet: sie enthalten einen Eigennamen, einen Wahrnehmungsbegriff sowie Orts- und Zeitbestimmungen.

In gleicher Weise bestritt K. R. Popper (1935) die Unbezweifelbarkeit der P.e (von ihm als ↑Basissätze bezeichnet). Für Popper besteht eine Unausschöpfbarkeit der möglichen Prüfungen von Basissätzen, wonach weder deren direkter Beobachtungsgehalt noch deren indirekte Beobachtungskonsequenzen umfassend empirisch gesichert werden können. Der direkte Beobachtungsgehalt ist nicht zu sichern, weil in Basissätze stets allgemeine Begriffe (wie ↑Prädikatoren) eingehen. Daher beinhaltet ein Basissatz stets einen impliziten Bezug auch auf andere, ähnlich gelagerte Sachverhalte; das strikt einzelne Ereignis ist nicht begrifflich, d.h. allgemein, beschreibbar. Folglich sind Basissätze nicht aus Wahrnehmungserlebnissen ableitbar. Basissätze werden durch Ableitung indirekter Beobachtungskonsequenzen, also weiterer Basissätze, geprüft. Da sich die Prüfungshinsichten nach Belieben erweitern und die Prüfungsanforderungen nach Belieben erhöhen lassen, gelangt dieses Prüfverfahren niemals zu einem sachlichen Abschluß. Auf keiner Stufe kann ein Basissatz als endgültig gesichert gelten; seine Annahme bedeutet auch eine Festsetzung. Basissätze haben die Form einer singularen ↑Existenzaussage und drücken aus, daß sich an einem bestimmten Ort zu einer bestimmten Zeit ein bestimmter beobachtbarer Vorgang abspielt. Für Neurath und Popper enthalten damit P.e konventionelle Elemente; sie sind in physikalistischen Begriffen formuliert und leiten ihre Gültigkeit aus der Kohärenz (↑kohärent/Kohärenz) mit anderen Aussagen ab.

Carnap (1932/1933b), C.G. Hempel (1935) und A.J. Ayer (1936) schlossen sich dieser Ansicht an. Carnap versuchte darüber hinaus zu zeigen, daß eine Modifikation seiner ursprünglichen phänomenalistischen Position der später vertretenen physikalistischen Auffassung gleichwertig ist. Man kann nämlich, statt mit Neurath und Popper P.e als Teil der intersubjektiven ↑Wissenschaftssprache (↑Intersubjektivität) zu behandeln, diese auch als bloße ›Signale‹ betrachten, die in einer ↑Privatsprache formuliert sind. Die solcherart gedeuteten P.e können nicht sinnvoll bestritten werden, bedürfen jedoch für ihre weitere Verwendung der Übersetzung in die intersubjektive Sprache, und diese Übersetzungsregeln sind korrigierbar. Alle wissenschaftlich nutzbaren Erfahrungssätze sind daher der Prüfung sowohl zugänglich als auch bedürftig.

Carnap hielt die Wahl zwischen beiden Interpretationsformen der P.e (ebenso wie deren syntaktische Struktur und begriffliche Form) für eine Frage linguistischer Konvention. Dagegen wandte M. Schlick (1934), ähnlich H. Reichenbach (1938), ein, daß eine strikt kohärenztheoretische Deutung der Erfahrungssätze zahlreiche intern konsistente, aber miteinander unverträgliche Systeme von P.en zuläßt. Zwar gestand auch Schlick den hypothetischen Charakter der P.e zu, führte jedoch eine besondere Klasse von Sätzen, die ↑Konstatierungen ein, die den sachlichen (und nicht bloß psychologischen) Anlaß zur Formulierung von P.en bilden. Konstatierungen drücken eigene, gegenwärtige Wahrnehmungen aus und bedienen sich ↑deiktischer Ausdrücke (↑Indikatoren, z.B. ›hier jetzt rot‹). Bei den Konstatierungen ist ein unmittelbarer Vergleich mit Tatsachen möglich, so daß sie keinerlei konventionelle oder hypothetische Aspekte aufweisen.

Carnap hatte zunächst (1932/1933a) eingeräumt, daß die Auszeichnung eines bestimmten Systems von P.en als historisch kontingente Eigentümlichkeit einzustufen ist; faktisch gelingt Angehörigen unseres Kulturkreises eine Einigung über die als gültig zu betrachtenden P.e (ähnlich Popper [1935], Hempel [1935]). Später (1936) kehrte er jedoch zu einer begrenzt korrespondenztheoretischen Interpretation (↑Wahrheitstheorien) der P.e zurück und hielt zwar einen Vergleich zwischen P.en und Wirklichkeit weiterhin für ausgeschlossen, eine Konfrontation von P.en mit Beobachtungen gleichwohl für möglich. Dieses Verfahren vermag zwar die Auszeichnung bestimmter P.e zu begründen, aber nicht ihre Wahrheit sicherzustellen. Carnap formulierte damit eine fallibilistische (↑Fallibilismus) Korrespondenztheorie der empirischen Basis. Die neuere Entwicklung des Basisproblems ist durch die Betonung der ↑Theoriebeladenheit der Beobachtungssätze gekennzeichnet.

Literatur: R. W. Ashby, Basic Statements, Enc. Ph. I (1967), 251–254, bibliographisch erw. I (^{2}2006), 483–488; A. J. Ayer, Language, Truth, and Logic, London/New York 1936, ^{2}1946, 87–102 (Chap. V Truth and Probability), Basingstoke 2004, 84–103 (dt. Sprache, Wahrheit und Logik, Stuttgart 1970, 1987, 114–134 [Kap. V Wahrheit und Wahrscheinlichkeit]); R. Carnap, Die physikalische Sprache als Universalsprache der Wissenschaft, Erkenntnis 2 (1931), 432–465; ders., Erwiderung auf die vorstehenden Aufsätze von E. Zilsel und K. Duncker, Erkenntnis 3 (1932/1933a), 177–188; ders., Über P.e, Erkenntnis 3 (1932/1933b), 215–228 (repr. in: H. Schleichert [ed.], Logischer Empirismus [s.u.], 81–94); ders., Wahrheit und Bewährung, Actes du Congrès international de philosophie scientifique IV (Induction et probabilité), Paris 1936, 18–23 (Neudr. in: G. Skirbekk [ed.], Wahrheitstheorien [s.u.], 89–95); A. Coffa, Erläuterungen, Bemerkungen und Verweise zu dem Buch »Erfahrung und Prognose«, daraus: Erläuterungen zu §§ 29–31: Die Kontroverse über P.e, in: H. Reichenbach, Gesammelte Werke IV, ed. A. Kamlah/M. Reichenbach, Braunschweig/Wiesbaden 1983, 278–287; U. Czaniera, Basissätze/P.e, EP I (^{2}2010), 208–213; R.N. Giere/A.W. Richardson (eds.), Origins of Logical Empiricism, Minneapolis Minn. 1996 (Minn. Stud. Philos. Scie. XVI); D. Gillies, Philosophy of Science in the Twentieth Century. Four Central Themes, Oxford/Cambridge Mass. 1993; R. Hegselmann, Protokoll(satz), WL (1978), 463–464; C.G. Hempel, On the Logical Positivists' Theory of Truth, Analysis 2 (1935), 49–59 (dt. Zur Wahrheitstheorie des logischen Positivismus, in: G. Skirbekk [ed.], Wahrheitstheorien [s.u.], 96–108); ders., Schlick und Neurath. Fundierung versus Kohärenz in der wissenschaftlichen Erkenntnis, Grazer philos. Stud. 16/17 (1982), 1–18; F. Hofmann-Grüneberg, Radikal-empiristische Wahrheitstheorie. Eine Studie über Otto Neurath, den Wiener Kreis und das Wahrheitsproblem, Wien 1988, bes. 69–127 (Kap. 5 Das Problem der empirischen Wahrheit); V. Kraft, Der Wiener Kreis. Der Ursprung des Neopositivismus. Ein Kapitel der jüngsten Philosophiegeschichte, Wien 1950, Wien/New York ^{2}1968, ^{3}1997; ders., P., Hist. Wb. Ph. VII (1989), 1536–1537; R. v. Mises, Kleines Lehrbuch des Positivismus. Einführung in die empiristische Wissenschaftsauffassung, Den Haag 1939, 88–101, Frankfurt 1990, 163–176 (Kap. 8 Prokollsätze) (engl. Positivism. A Study in Human Understanding, Cambridge Mass. 1951, New York 1968, 91–100 [Chap. 8 Protocol Sentences]); O. Neurath, P.e, Erkenntnis 3 (1932/1933), 204–214 (repr. in: H. Schleichert [ed.], Logischer Empirismus [s. u.], 70–80); ders., Radikaler Physikalismus und ›Wirkliche Welt‹, Erkenntnis 4 (1934), 346–362 (repr. in: ders., Wissenschaftliche Weltauffassung, Sozialismus und Logischer Empirismus, ed. R. Hegselmann, Frankfurt 1979, 102–119); N. Nottelmann, Otto Neurath on the Structure of Protocol Sentences. A New Approach to an Interpretative Puzzle, J. General Philos. Sci. 37 (2006), 165–186; T. Oberdan, Moritz Schlick 8 (The Protocol Sentence Controversy), SEP 2013; K. R. Popper, Logik der Forschung. Zur Erkenntnistheorie der modernen Naturwissenschaften, Wien 1935, 51–67, ohne Untertitel Tübingen 1966, 60–76, Tübingen [11]2005, 69–89 (engl. The Logic of Scientific Discovery, London, New York 1959, rev. London 1968, London etc. 2010, 93–111); H. Reichenbach, Experience and Prediction. An Analysis of the Foundations and the Structure of Knowledge, Chicago Ill. 1938, Notre Dame Ind. 2006, 262–293 (§§ 29–31) (dt. Erfahrung und Prognose. Eine Analyse der Grundlagen und der Struktur der Erkenntnis, ed. A. Kamlah/M. Reichenbach, Braunschweig/Wiesbaden 1983 [Ges. Werke IV], 165–184 [§§ 29–31]); H. Schleichert (ed.), Logischer Empirismus. Der Wiener Kreis, München 1975; M. Schlick, Über das Fundament der Erkenntnis, Erkenntnis 4 (1934), 79–99 (Neudr. in: ders., Gesammelte Aufsätze, ed. F. Waismann, Wien 1938 [repr. Hildesheim 1969], 289–310); ders., Facts and Propositions, Analysis 2 (1935), 65–70; G. Skirbekk (ed.), Wahrheitstheorien. Eine Auswahl aus den Diskussionen über Wahrheit im 20. Jahrhundert, Frankfurt 1977, [11]2012; R. Stranzinger, Basis, Basissatz, Hb. wiss.theor. Begr. I (1980), 48–49; T. E. Uebel, Neuraths P.e als Antwort auf Kritik seines Fallibilismus, Conceptus 25 (1991), 85–104; ders., Overcoming Logical Positivism from Within. The Emergence of Neurath's Naturalism in the Vienna Circle's Protocol Sentence Debate, Amsterdam/Atlanta Ga. 1992; ders., Rational Reconstruction as Elucidation? Carnap in the Early Protocol Sentence Debate, Synthese 93 (1992), 107–140; ders., Neurath's Protocol Statements. A Naturalistic Theory of Data and Pragmatic Theory of Theory Acceptance, Philos. Sci. 60 (1993), 587–607; ders., Empiricism at the Crossroads. The Vienna Circle's Protocol-Sentence Debate Revisited, La Salle Ill. 2007; ders., Interpreting Neurath's Protocols. Reply to Nottelmann, J. General Philos. Sci. 38 (2007), 383–391. M. C.

Protologik, von P. Lorenzen (1955) im Rahmen der Operativen Logik (↑Logik, operative) in bewußter Abgrenzung zum Terminus ↑›Metalogik‹ eingeführter Begriff zur Bezeichnung der Lehre von denjenigen (sprachlichen) Handlungen, auf die bei einer Begründung der (formalen) Logik (↑Logik, formale) zurückgegriffen werden muß. Dabei wird von der Fragestellung ausgegangen, mit welchem Recht einige der zahlreichen möglichen Übergänge von ↑Prämissen zu ↑Konklusionen als ›logische‹ Übergänge ausgezeichnet werden. Zur Beantwortung wird von der lebensweltlich eingeübten Fähigkeit Gebrauch gemacht, *Figuren* (↑Figur (logisch)) identifizieren und aus vorgegebenen Figuren nach Regeln neue Figuren herstellen zu können. Ein Operationsschema zur Herstellung solcher Figuren heißt ein ↑*Kalkül*. Zu einem Kalkül gehören bestimmte erste (Atom-)Figuren (↑Atomfigur), ↑Variable für Figuren sowie Anfänge (↑Anfangsregel) und ↑Regeln zur Herstellung weiterer Figuren. Eine Figur ist in einem Kalkül *ableitbar* (↑ableitbar/Ableitbarkeit), wenn sie durch endlich viele Anwendungen der Regeln aus Anfängen des Kalküls erzeugt werden kann. Regeln sind *zulässig* (↑zulässig/Zulässigkeit), wenn ihre Anwendung nicht zu einer echten Zunahme der ableitbaren Figuren führt. Regeln, für die bewiesen werden kann, daß sie in jedem Kalkül zulässig sind (↑allgemeinzulässig/Allgemeinzulässigkeit), werden ›logisch‹ genannt. Aufbauend auf bestimmten protologischen Prinzipien rechtfertigt Lorenzen die Regeln der Konstruktiven (intuitionistischen) Logik (↑Logik, intuitionistische, ↑Logik, konstruktive) in diesem Sinne, wobei Regeln mit ↑Subjunktion und ↑Negation direkt als ›allgemeinzulässig‹, ↑Konjunktion, ↑Adjunktion und Existenzquantor (↑Einsquantor) durch ›relativ zulässige‹ Regeln eingeführt werden, die jedem Kalkül angegliedert werden können (↑Logik, operative).

Nachdem der kalkülmäßige Zugang der P. von Lorenzen zunächst auch als Ansatz für die *Dialogische Logik* (↑Logik, dialogische) festgehalten wurde (Logik und Agon, 1958), geht in den späteren Arbeiten zur Dialogischen Logik die protologische Fragestellung in der spieltheoretischen Semantik auf. Dabei ist, neben eher ›technischen‹ Problemen der Operativen Logik (z. B. der Deutung von Subjunktion, Negation und Allquantor durch die Betrachtung von Metakalkülen), vor allem der Gesichtspunkt leitend, daß die Beschränkung der Logik auf Ableitbarkeitsbehauptungen gegenüber dem umgangssprachlichen und wissenschaftlichen Argumentieren inadäquat ist.

Für die Dialogische Logik wird die P. im Sinne einer Fundierung der Logik im vorwissenschaftlichen schematischen Operieren überflüssig. Dennoch bleibt der Anspruch der Dialogischen Logik, die argumentative Praxis zu rekonstruieren, uneingelöst (vgl. C. F. Gethmann, F. Kambartel, H. Lenk), wenn man verlangt – das ist strittig –, daß die Operatorenbedeutungsregeln der Dialogischen Logik aus einer Rekonstruktion der typischen argumentativen Handlungen (Behaupten, Auffordern, Zweifeln, Zustimmen etc.) entwickelt werden. Gethmann hat daher vorgeschlagen, nach dem allgemeinen methodologischen Konzept der ↑Prototheorie eine entsprechende vorlogische Konzeption argumentativer Handlungen, deren Aufgabe in einer (nunmehr diskursiven) ›operativen‹ Fundierung der Logik besteht, wiederum ›P.‹ zu nennen, um herauszustellen, daß die methodologische Funktion (wenn auch nicht der Inhalt), die die P. gegenüber der Operativen Logik einnahm, unabdingbar ist. Der Inhalt der so reformulierten P. ist die systematische Rekonstruktion diskursiver Redehandlungen. Dazu werden aus der lebensweltlichen diskursiven Praxis solche Regeln ausgegrenzt, für die Kontext- und Parteieninvarianz festgestellt werden kann (›logische‹ Regeln).

Für die schrittweise Rekonstruktion logischer Regeln lassen sich drei methodisch aufeinander aufbauende und durch unterschiedliche methodische Zwecke charakterisierbare Abschnitte der P. unterscheiden: (1) Zunächst sind diejenigen Redehandlungen (↑Sprechakt) zu rekonstruieren, die für jedes argumentative Handeln elementare Bedeutung haben. Ausgehend von den in solchen Redehandlungen unterstellten Zwecken der Verständlichkeit und Verläßlichkeit lassen sich dann Sukzessionen von Redehandlungen konstruieren, die diesen Zwecken am besten dienen. Auf diese Weise gelangt man zu bestimmten Sukzessionsschemata von Redehandlungen bzw. ↑Diskursen. Der erste Schritt des methodischen Aufbaus besteht somit in einer ↑Schematisierung von Diskursen. (2) Diskursive Meinungs- und Willensbildung unter den Zwängen knapper Zeit und hoher Komplexität führen unter dem Gesichtspunkt der Diskursabkürzung zu der Überlegung, Sequenzen von Diskursen unter Beibehaltung ihrer argumentativen Kraft zu modifizieren. Die Rekonstruktion entsprechender Regeln wird als *Logisierung* von Diskursen bezeichnet. (3) Die Vielzahl logischer Regeln führt das ↑pragmatische Bedürfnis herbei, einen systematischen Überblick unter den Gesichtspunkten der Vollständigkeit und der Zuverlässigkeit des Regelwissens zu ermöglichen. Dieser Schritt wird ↑*Kalkülisierung* von Diskursen genannt (↑Logikkalkül).

Literatur: R. Enskat, Kants P.. Wege aus der Sterilität von falschen Konkurrenzen divergierender Logik-Konzeptionen, in: A. Lorenz (ed.), Transzendentalphilosophie heute. Breslauer Kant-Symposium 2004, Würzburg 2007, 185–210; J. Friedmann, Bemerkungen zur Logikbegründung im Deutschen Konstruktivismus, Z. allg. Wiss.theorie 8 (1982), 383–402; C. F. Gethmann, P.. Untersuchungen zur formalen Pragmatik von Begründungsdiskursen, Frankfurt 1979; ders. (ed.), Theorie des wissenschaftlichen Argumentierens, Frankfurt 1980; ders., Die Logik der Wissenschaftstheorie, in: ders. (ed.), Theorie des wissenschaftlichen Argumentierens [s. o.], 15–42 (engl. The Philosophy of Science and Its Logic, in: R. E. Butts/J. R. Brown [eds.], Constructivism and Science. Essays in Recent German Philosophy, Dordrecht/Boston Mass./London 1989, 19–45); ders., Zur methodischen Ordnung regellogischer Kalkültypen, in: ders. (ed.), Logik und Pragmatik. Zum Rechtfertigungsproblem logischer Sprachregeln, Frankfurt 1982, 53–77; ders., Zur Pragmatik des konstruktiven Subjunktors, Z. philos. Forsch. 37 (1983), 421–424; ders., Handlung – Bedeutung – Folgerung. Probleme des methodischen Aufbaus bei der Logikrechtfertigung, Philosophica 35 (1985), 21–32; ders., Zur formalen Pragmatik des Negators, Philosophica 35 (1985), 39–67; D. Hartmann, Eine gebrauchstheoretische Semantik formal relevanten Schlussfolgerns, in: G. Kamp/F. Thiele (eds.), Erkennen und Handeln. Festschrift für Carl Friedrich Gethmann zum 65. Geburtstag, Paderborn/München 2009, 123–174; F. Kambartel, Überlegungen zum pragmatischen und argumentativen Fundament der Logik, in: K. Lorenz (ed.), Konstruktionen versus Positionen. Beiträge zur Diskussion um die Konstruktive Wissenschaftstheorie, I–II, Berlin/New York 1979, I, 216–228; H. Lenk, Kritik der logischen Konstanten. Philosophische Begründungen der Urteilsformen vom Idealismus bis zur Gegenwart, Berlin 1968, 538–600 (Die Begründung der logischen Konstanten in der operativen Logik Lorenzens); ders., Philosophische Logikbegründung und rationaler Kritizismus, Z. philos. Forsch. 24 (1970), 183–205, Nachdr. in: ders., Metalogik und Sprachanalyse. Studien zur analytischen Philosophie, Freiburg 1973, 88–109; K. Lorenz, Die dialogische Rechtfertigung der effektiven Logik, in: F. Kambartel/J. Mittelstraß (eds.), Zum normativen Fundament der Wissenschaft, Frankfurt 1973, 250–280, Nachdr. in: P. Lorenzen/K. Lorenz, Dialogische Logik, Darmstadt 1978, 179–209; ders., Logik, operative, Hist. Wb. Ph. V (1980), 444–452; P. Lorenzen, Einführung in die operative Logik und Mathematik, Berlin/Göttingen/Heidelberg 1955, Berlin/Heidelberg/New York ²1969; ders., P.. Ein Beitrag zum Begründungsproblem der Logik, Kant-St. 47 (1955/1956), 350–358, Nachdr. in: ders., Methodisches Denken, Frankfurt 1968, ²1974, 81–93; ders., Logik und Agon, Atti del XII congresso internazionale di filosofia (Venezia, 12–18 Settembre 1958) IV, Florenz 1960, 187–194, Nachdr. in: ders./K. Lorenz, Dialogische Logik [s. o.], 1–8; weitere Literatur: ↑Logik, operative. C. F. G.

proton pseudos (griech. *πρῶτον ψεῦδος*, erste Täuschung), in der Aristotelischen Logik die für die falsche Konklusion eines Schlusses (↑Syllogistik) verantwortliche Prämisse (der ›falsche Anfang‹, an. pr. *B*18.66a16–24), allgemein ein Beweisfehler (↑Beweis), der dann vorliegt, wenn der Anfang einer Kette korrekter Folgerungen selbst eine falsche Aussage ist. Von daher im übertragenen Sinne auch: Grundirrtum, Grundfehler. J. M.

Protophilosophie, von R. Eisler eingeführter Terminus zur Bezeichnung mythischer Vorstufen (↑Mythos) der Philosophie (›Volksmetaphysik‹). Unabhängig davon bezeichnet G. Boas (1948) solche Voraussetzungen der Philosophie als protophilosophisch, die z. B. in Form von metaphorischen, linguistischen und pragmatischen Elementen implizit deren Forschungs- und Darstellungsform bestimmen. Moderner Ausdruck einer derartigen P. wären etwa ↑Logik (im weiteren Sinne), ↑Metaphilosophie, ↑Pragmatik, ↑Semiotik und ↑Sprachanalyse. Auch in diesem Zusammenhang, desgleichen in Gestalt einer erneuerten ›ersten‹ Philosophie (D. Markis, 1980; ↑Philosophie, erste), empfiehlt sich allerdings der Terminus ›P.‹ nicht, insofern die ↑Philosophie selbst mit dem Anspruch auftritt, in Begründungs- und Fundierungszusammenhängen prototheoretische Aufgaben zu erfüllen, z. B. im Rahmen der ↑Protologik, der ↑Protoethik und der ↑Protophysik (↑Prototheorie).

Literatur: G. Boas, The Role of Protophilosophies in Intellectual History, J. Philos. 45 (1948), 673–684; R. Eisler, Wörterbuch der philosophischen Begriffe II, Berlin ³1910, 1063, ⁴1929, 505; M.

Kranz, P., Hist. Wb. Ph. VII (1989), 1537–1538; D. Markis, P.. Zur Rekonstruktion der philosophischen Sprache, Frankfurt 1980. J. M.

Protophysik, im ↑Konstruktivismus (↑Wissenschaftstheorie, konstruktive) Bezeichnung für die der empirischen ↑Physik methodisch vorausgehende ↑Prototheorie zur operationalen ↑Definition physikalischer Grundgrößen. Von lateinischen Vorläufern anderer Bedeutung abgesehen, wird der Ausdruck ›P.‹ zum ersten Mal von F. R. Lipsius (1927) für den Ansatz H. Dinglers verwendet und 1964 von P. Lorenzen programmatisch auf eine methodische Physikbegründung bezogen. Während die Bezeichnung P. in der P.-Diskussion der 1970er und 1980er Jahre auf die methodische Bestimmung der fundamentalen Maßgrößen der Physik beschränkt blieb, erfährt sie, beeinflußt durch die Entwicklung anderer Prototheorien, auch innerhalb des Konstruktivismus eine Ausweitung auf ein konstruktives Begründungsprogramm von Erfahrungswissenschaften im allgemeinen (↑Protobiologie, ↑Protochemie) und jeder theoriefähigen Bemühung (↑Protoethik, ↑Protologik). – Auch im Rahmen anderer wissenschaftstheoretischer Ansätze werden P.en diskutiert, etwa bei M. Bunge oder S. Müller-Markus, die jedoch nicht den Anspruch einer methodischen Physikbegründung erheben.

Die P. ist primär als Gegenentwurf zu empiristischen (↑Empirismus, logischer) und formalistischen, weithin sprachfixierten Wissenschaftstheorien von Geometrie und Physik entstanden. Sie gründet letztlich auf den Einsichten, daß (1) naturwissenschaftliche Erfahrung auf geeignete Geräte (eine Labortechnik) angewiesen ist, und daß (2) empirische Gesetze (↑Gesetz (exakte Wissenschaften)) der Naturwissenschaften nicht hinreichen, die ungestörte Funktion von Geräten für Messung, Beobachtung und Experiment auszuzeichnen, da sie auch für gestörte Geräte, z. B. zur Erklärung von Störungen, herangezogen werden. Darauf antwortet die P. mit dem Programm, die Ungestörtheit von Geräten durch Funktionsnormen (↑Norm (protophysikalisch)) zu definieren und damit die Physik sowohl in ihren technisch-praktischen als auch in ihren begrifflich-theoretischen Teilen ›methodisch zu rekonstruieren‹. Als ›methodische ↑Rekonstruktion‹ zählt – nach der linguistischen (↑Wende, linguistische) und der pragmatischen Wende der Wissenschaftsphilosophie – eine im wesentlichen aus Normen bestehende Theorie, die Herstellungsanweisungen für wissenschaftliche Instrumente bis zur expliziten Definition physikalischer Grundgrößen in ihren mathematisch-logischen Eigenschaften enthält. Dabei soll die tatsächliche prognostische, explikative und technische Leistungsfähigkeit der historisch vorfindlichen Physik bewahrt werden. Dafür werden, neben den im Konstruktivismus entwickelten Terminologiebildungsverfahren, vor allem handlungstheoretische (↑Handlungstheorie) Mittel eingesetzt, um den methodischen Aufbau in einer geschlossenen Zweck-Mittel-Hierarchie durch die poietische (↑Poiesis) und sprachliche Praxis der Forscher darzustellen.

Das ›Anfangsproblem‹ (↑Anfang) argumentativer Begründungsketten wird durch elementare Handlungsvorschriften zur Bearbeitung von Körpern und die dabei zugleich eingeübten Sprachgebräuche für die bezweckten bzw. tatsächlich hergestellten Geräteeigenschaften gelöst. Die in der Rekonstruktion zu erreichenden Zwecke sind bestimmt einerseits durch die inhaltlichen Zwecke der Physik, eine Messung von ↑Länge, Dauer, ↑Masse und ↑Ladung für die Beschreibung der ↑Bewegungen von Körpern in Kraftfeldern anzugeben, andererseits durch die methodologischen Zwecke, die transsubjektive (↑transsubjektiv/Transsubjektivität) Geltung empirischer Aussagen durch die technische ↑Reproduzierbarkeit der Meß- und Experimentalbedingungen einzulösen. Die explizite Rekonstruktion, die in ihrem Bezug auf die Zweck-Mittel-Rationalität der (einer Erfahrungsgewinnung vorausliegenden) Bereitstellung technischer Mittel über eine bloße analytische Beschreibung vorhandenen Laborbetriebs hinausgeht, orientiert sich an einem *Prinzip der methodischen Ordnung* (↑Prinzip der pragmatischen Ordnung), das für deskriptive und präskriptive (↑deskriptiv/präskriptiv) Theorien Reihenfolgen definitorischer und argumentativer Schritte verbietet, die von der zum Erfolg technischer Maßnahmen führenden Reihenfolge von Teilhandlungen abweichen. Dieses Prinzip der methodischen Ordnung unterscheidet die Ansätze des Konstruktivismus und der P. prinzipiell von analytisch-empiristischen Wissenschaftstheorien (↑Wissenschaftstheorie, analytische).

Dem Prinzip der methodischen Ordnung zufolge beginnt die P. mit der Geometrie, die weder als formale Theorie der Mathematik noch als empirische Theorie der Physik, sondern als normative Theorie räumlicher Formen zur technischen Reproduzierbarkeit wissenschaftlichen Geräts aufgefaßt wird. Der Ansatz der P. ist ›formentheoretisch‹ (im Gegensatz zu größentheoretisch), insofern – dem Prinzip der methodischen Ordnung entsprechend – räumliche Formen nicht durch Maße (etwa die Gerade als kürzeste Verbindung) charakterisiert werden können, sondern nur in umgekehrter Reihenfolge Maßbegriffe (Kongruenz [↑kongruent/Kongruenz], Längenverhältnis) durch Formbegriffe. Die formentheoretischen Grundbegriffe der Geometrie sind ›eben‹ und ›orthogonal‹ (für die absolute Geometrie, ↑Geometrie, absolute) und ↑›parallel‹ (für die ↑Euklidische Geometrie). Eine methodisch primäre, d. h. nicht auf die technische Verfügbarkeit räumlicher Formen angewiesene, Produktion der Ebene (als Gestalt von Oberflächenstücken an Körpern) kann z. B. durch das

↑Dreiplattenverfahren erfolgen, in dem drei Platten wechselweise bis zur Passung aneinander abgeschliffen werden. Dieses (›Realisierungs-‹)Verfahren wird als Mittel interpretiert, den (technischen) Zweck homogener, d.h. in Teilen ununterscheidbarer, Oberflächenformen an Körpern herzustellen. Realisierungsverfahren sind also Mittel, die in ↑*Homogenitätsprinzipien* formulierten Herstellungsziele zu erreichen.

Homogenitätsprinzipien, in der Geometrie zurückgreifend auf das ↑*principium identitatis indiscernibilium* (G.W. Leibniz, und einem ursprünglichen Vorschlag Lorenzens zur Interpretation einschlägiger Arbeiten Dinglers folgend), erlauben es, über ein Ideationsverfahren (↑Ideation) den Terminologiebildungsschritt von der Rede über Oberflächenformen an realen Körpern zur Rede über ideale oder mathematische Gegenstände zu leisten. Die ›ideative‹ Rede zeigt an, daß man sich im Bereich der von Homogenitätsprinzipien (als Aussagen gelesenen und damit in der ↑kontrafaktischen Annahme ihrer Erfüllung) logisch implizierten Sätze bewegt und damit inhaltlich z.B. auf Realisierungsmängel oder die Beschränkung der Größe ebener Oberflächenstücke nicht Bezug nimmt. Dadurch ist das von Dingler so genannte ›Anwendungsproblem‹ gelöst, das die Adäquatheit geometrisch-mathematischer Begriffe gegenüber physischen Realitäten aufwirft und das anschaulich darin besteht, die mathematische Geometrie (einschließlich der analytischen Geometrie, ↑Geometrie, analytische) als eine Hochstilisierung des Sprechens über die technischen Herstellungsziele von Forschungsgeräten unabhängig vom Grad der Realisierungsgüte zu interpretieren.

Homogenitätsprinzipien als Herstellungsziele erlauben es außerdem, die Forderung nach *Eindeutigkeit* (↑eindeutig/Eindeutigkeit) geometrischer und anderer protophysikalischer Grundformen (nämlich Zeit, Stoff, Elektrizität und Magnetismus) handlungstheoretisch zu deuten und einzulösen: Homogene Formen sind ›prototypenfrei reproduzierbar‹, d.h., voneinander unabhängige Durchführungen des Realisierungsverfahrens für protophysikalische Grundformen führen zu demselben Ergebnis. Das bedeutet, daß etwa alle Ebenen aufeinander passen oder daß sich alle rechtwinkligen Keile zu einer Ebene ergänzen, jeweils unabhängig davon, aus welchen Produktionsverfahren sie stammen (damit gewinnt zugleich das Axiom Euklids einen operativen Sinn, wonach alle rechten Winkel gleich sind). ›Prototypenfreie Reproduzierbarkeit‹ bedeutet anschaulich, daß kein ›Prototyp‹ für eine räumliche Form – in Analogie zum Pariser Urmeter für eine Größe – die Reproduzierbarkeit durch Nehmen von Abdrücken erfordert, sondern daß ein (logisch: eigennamenfreies) Rezeptewissen ausreicht, die immer gleichen Formen zu reproduzieren und deren Gleichheit als ein Wissen über das Produktionsverfahren auszuzeichnen. Empirisch ungleiche Realisate werden dann per definitionem als ›gestört‹ betrachtet und einer empirischen ↑Exhaustion von Störhypothesen am Kriterium gelingender Störungsbeseitigung unterworfen. In diesem Sinne wird eine Geometrie (entsprechend auch die anderen Teildisziplinen der P.) technisch durchgesetzt oder ›erzwungen‹. Die Behauptung der Erzwingbarkeit wird durch den Nachweis der Existenz eines Realisierungsverfahrens für Homogenitätsprinzipien mit bewiesener Eindeutigkeit geleistet.

Kontrovers ist die P. aus empiristischer Sicht vor allem deshalb diskutiert worden, weil dort als Revisionsmöglichkeiten nur die aus den empirischen Teilen der Physik bekannte Widerlegung durch messende Beobachtung in Betracht gezogen wird. Auch für Theorien der P. stehen Revisionsmöglichkeiten offen, die neben logischen, methodischen oder (bezüglich technischer Leistungsfähigkeit) Adäquatheitsgesichtspunkte betreffenden Einwänden auch empirische sein können, sofern sie nicht gerade mit der durch die Prototheorie selbst begründeten Messung erfolgen sollen. Wo empirisches Wissen die Befolgbarkeit (Realisierbarkeit) einer Norm ausschließt, ohne diese selbst in Anspruch zu nehmen, ist diese Norm prototheoretisch ungeeignet. – Die konstruktive Zurückweisung empiristischer P.kritik bezieht sich im wesentlichen auf die Zirkularität des Einwandes, z.B. mit empirischen Meßdaten gegen die Theorie zu argumentieren, die die Gewinnbarkeit und Geltung dieser Meßdaten ermöglicht und bisher durch keinen anderen Erklärungsansatz als den der methodischen Rekonstruktion in seiner Leistungsfähigkeit begründet ist.

Innerhalb des protophysikalischen Ansatzes konkurriert im Rahmen der Geometrie mit den von Dingler und P. Janich verfolgten Ansätzen bei Homogenitäten der Ansatz eines ›Formprinzips‹ bei R. Inhetveen und Lorenzen. Das Formprinzip, wonach konstruktionsgleiche Figuren als formgleich gelten, führt zu einer ›Euklidischen‹ oder Ähnlichkeitsgeometrie. Der systematische Nachteil des Formprinzips liegt darin, daß speziell für die Euklidizität ein anderes Prinzip als für die Definition räumlicher Grundformen (Ebene, Orthogonale) gewählt wird, das sich zudem nicht auf die anderen Teildisziplinen der P. übertragen läßt. In dem auf Homogenitätsprinzipien basierenden Ansatz wird für die Parallelität ein eigenes Homogenitätsprinzip formuliert (Janich 1992) und bewiesen, bei dem die technische Erzwingbarkeit Euklidischer Verhältnisse auf eine formentheoretische Keil-Kerbe-Invarianz gegründet wird, wie sie z.B. in der Unabhängigkeit der Passung von Schraube und Mutter von deren relativer Orientierung technisch bekannt und genutzt ist. Euklidizität kann also formentheoretisch als Konsequenz von ↑Isotropie nachgewiesen werden, in Konkurrenz zu den größentheoretischen Ansätzen, die die freie Transportierbarkeit des starren Körpers (↑Körper, starrer) bzw. ihre in der empiristischen Meßtheorie seit B. Riemann und H. v. Helmholtz diskutierte empirische Entscheidbarkeit als systematischen Ort der Entscheidung für oder gegen Euklidizität in der Physik ansehen.

Die ↑*Chronometrie* (↑Zeit) ist von Janich (1969, 1980) vorgelegt worden. Mit Hilfe einer protophysikalisch begründeten, ↑operativen Geometrie werden Vergleiche gleichzeitiger Körperbewegungen anhand geometrischer Verhältnisse definierbar. Das so gewonnene Unterscheidungssystem wird zur Definition relativ wiederholbarer Vorgänge an Geräten genutzt, die dann über definitorische Einschränkungen bis zur (uhrenfreien) Gewinnung eines Kriteriums für ein konstantes, d.h. nullpunkt- und einheiteninvariantes, Ganggeschwindigkeitsverhältnis zweier Geräte führt. Daraus läßt sich nach Berücksichtigung einer Auswahlnorm, die die relative Wiederholbarkeit von Vorgängen fordert, ein eindeutiges Homogenitätsprinzip der Chronometrie gewinnen, wonach alle Uhren zueinander konstantes Gangverhältnis haben, gleich welchem Realisierungsverfahren sie entstammen. Dieser Eindeutigkeitssatz mit Beweis erlaubt die empirische Exhaustion von Störungen wie z.B. Gangschwankungen von Uhren unter dem Einfluß von Schwankungen der Temperatur, des Gravitationsfeldes etc..

Die seit Dingler (der selbst noch nicht über eine P. der Zeit verfügte) kontrovers geführte Diskussion zwischen Vertretern der P. und Anhängern der Speziellen Relativitätstheorie (↑Relativitätstheorie, spezielle) läßt sich aus konstruktiver Sicht auf die Frage zuspitzen, ob beobachtete oder erschlossene Gangverlangsamungen bewegter Uhren zirkelfrei als empirisch unbehebbare Störungen des Uhrengangs ausgezeichnet oder als Zeitmeßprinzipien expliziert werden können. Aus der Sicht empiristischer Vertreter der Relativitätstheorie wird mit Verweis auf das Faktum des explikativen Erfolgs dieser Theorie dem (empiristisch ungelösten) Problem einer Begründung der faktisch in Anspruch genommenen Zeitmeßtheorie keine besondere Bedeutung beigemessen.

Im Bereich der Massenmessung konkurrieren drei protophysikalische Ansätze: (1) der älteste, letztlich das Gravitationsgesetz als Definitionsprinzip in Anspruch nehmende Ansatz von B. Thüring und Dingler, der Bewegung unter Kraftwirkung von Anfang an kosmologisch auf ein astronomisches Fundamentalkoordinatensystem bezieht und dabei einen geometrisch begründeten Flächenwirkungssatz (die Kraftwirkung eines Punktkörpers nimmt bei Verdoppelung des Abstandes auf ein Viertel ab) zugrundelegt; (2) der auf G. Galilei und H. Weyl Bezug nehmende Vorschlag Lorenzens, den ideal unelastischen Stoß zweier Körper, d.h. einen Vergleich des ›Überrennungsvermögens‹ zur Definition der Massengleichheit, heranzuziehen; (3) der Ansatz von Janich, methodisch vor einer Unterscheidung von träger und schwerer Masse Körper als ununterscheidbar bei Zug durch eine ›Seilwaage‹ (ein symmetrisches Zuggeschirr in beliebig gerichteter Anwendung relativ zur Erde) zu definieren und damit die homogene Massendichte (beliebige, gleichvolumige Teile eines Standardmaterials sind ›zugleich‹) auszuzeichnen, aus denen dann Massenverhältnisse auf Volumenverhältnisse (bei der Herstellung von Gewichtssätzen) zurückgeführt werden. Dieser (bezugssysteminvariante) Massenbegriff erlaubt es, neben einer zirkelfreien und methodisch lückenlosen Unterscheidung von träger und schwerer Masse, die ↑Stoßgesetze für die operationale Definition des ↑Inertialsystems zu reservieren und das Problem des älteren Vorschlags zu lösen, daß eine Massendefinition durch inelastischen Stoß nicht bezugssysteminvariant (und damit nicht eindeutig) ist.

Literatur: R. Ascheberg, Kritik der »P. der Zeit« und der »Logischen Propädeutik«. Zur Kritik des neueren Konstruktivismus, Idstein 1995; G. Böhme (ed.), P.. Für und wider eine konstruktive Wissenschaftstheorie der Physik, Frankfurt 1976; R.E. Butts/J.R. Brown (eds.), Constructivism and Science. Essays in Recent German Philosophy, Dordrecht/Boston Mass./London 1989; H. Dingler, Die Grundlagen der angewandten Geometrie. Eine Untersuchung über den Zusammenhang zwischen Theorie und Erfahrung in den exakten Wissenschaften, Leipzig 1911; ders., Die Grundlagen der Physik. Synthetische Prinzipien der mathematischen Naturphilosophie, Berlin/Leipzig 1919, erw. [2]1923; ders., Die Grundlagen der Geometrie. Ihre Bedeutung für Philosophie, Mathematik, Physik und Technik, Stuttgart 1933; ders., Die Methode der Physik, München 1938; R. Inhetveen, Konstruktive Geometrie. Eine formentheoretische Begründung der euklidischen Geometrie, Mannheim/Wien/Zürich 1983; ders., Die Rolle der Eindeutigkeit in der Philosophie Hugo Dinglers, in: P. Janich (ed.), Methodische Philosophie. Beiträge zum Begründungsproblem der exakten Wissenschaften in Auseinandersetzung mit Hugo Dingler, Mannheim/Wien/Zürich 1984, 77–89; ders., Abschied von den Homogenitätsprinzipien? Paul Lorenzen zum 70. Geburtstag, Philos. Nat. 22 (1985), H. 1 (Sonderheft P. heute, ed. P. Janich), 132–144; P. Janich, Die P. der Zeit, Mannheim/Wien/Zürich 1969, erw. mit Untertitel: Konstruktive Begründung und Geschichte der Zeitmessung, Frankfurt 1980 (engl. Protophysics of Time. Constructive Foundation and History of Time Measurement, Dordrecht/Boston Mass./Lancaster 1985 [Boston Stud. Philos. Sci. XXX]); ders., Zur P. des Raumes, in: G. Böhme (ed.), P. [s.o.], 83–130; ders., Ist Masse ein ›theoretischer Begriff‹?, Z. allg. Wiss.theorie 8 (1977), 302–314; ders., Was heißt »eine Geometrie operativ begründen«?, in: W. Diederich (ed.), Zur Begründung physikalischer Geo- und Chronometrien, Bielefeld 1979, 59–77; ders., Das Maß der Masse, in: K. Lorenz (ed.), Konstruktionen versus Positionen. Beiträge zur Diskussion um die konstruktive Wissenschaftstheorie I (Spezielle Wissenschaftstheorie), Berlin/New York 1979, 340–350; ders., Hugo Dingler, die P. und die spezielle Relativitätstheorie, in: ders. (ed.), Methodische Philosophie [s.o.], 113–127; ders., Euklids Erbe. Ist der Raum dreidimensional?, München 1989 (dt. Euclid's Heritage. Is Space Three-Dimensional?, ed. R.E. Butts, Dordrecht/Boston Mass./London 1992); ders., Die Galileische Geometrie. Zum Verhältnis der geometrischen Idealisierung bei E. Husserl und der protophysikalischen Ideationstheorie, in: C.F. Gethmann (ed.), Lebenswelt und Wissenschaft. Studien zum Verhältnis von Phänomenologie und Wissenschaftstheorie, Bonn 1991, 164–179; ders., Form und Größe. Eine Wissenschaft wovon ist die Geometrie?, in: ders., Grenzen der Naturwissenschaft. Erkennen als Handeln, München 1992, 26–43; ders., Wissen von der Welt. Handlungszwecke als synthetisches Apriori der modernen Physik, in: ders., Grenzen der Naturwissenschaft [s. o.], 44–63; ders., Die technische Erzwingbarkeit der Euklidizität, in: ders. (ed.), Entwicklungen der methodischen Philosophie, Frankfurt 1992, 68–84; ders., Das Maß der Dinge. P. von Raum, Zeit und Materie, Frankfurt 1997; A. Kamlah, Methode oder Dogma? Eine Auseinandersetzung mit der zweiten Auflage von P. Janichs P. der Zeit, Z. allg. Wiss.theorie 12 (1981), 138–162; F. Köhler, Bemerkungen zu dem Verhältnis zwischen P. und wissenschaftlichem Realismus, in: C. Halbig/C. Suhm (eds.), Was ist wirklich? Neuere Beiträge zu Realismusdebatten in der Philosophie, Frankfurt/Lancaster 2004, 259–276; P. Lorenzen, Das Begründungsproblem der Geometrie als Wissenschaft der räumlichen Ordnung, Philos. Nat. 6 (1960/1961), 415–431, Nachdr. in: ders., Methodisches Denken, Frankfurt 1968, ^{3}1988, 120–141; ders., Wie ist die Objektivität der Physik möglich?, in: H. Delius/G. Patzig (eds.), Argumentationen. Festschrift für Josef König, Göttingen 1964, 143–150; ders., Methodisches Denken, Frankfurt 1968, ^{3}1988; ders., Zur Definition der vier fundamentalen Meßgrößen, Philos. Nat. 16 (1976), 1–9; ders., Geometrie als meßtheoretisches Apriori der Physik, in: O. Schwemmer (ed.), Vernunft, Handlung und Erfahrung. Über die Grundlagen und Ziele der Wissenschaften, München 1981, 49–63; ders., Elementargeometrie. Das Fundament der Analytischen Geometrie, Mannheim/Wien/Zürich 1984; ders., Neue Grundlagen der Geometrie, in: P. Janich (ed.), Methodische Philosophie [s. o.], 101–112; O. Schlaudt, Messung als konkrete Handlung. Eine kritische Untersuchung über die Grundlagen der Bildung quantitativer Begriffe in den Naturwissenschaften, Würzburg 2009; ders., Zur P. der Zeit. Antwort auf die vorgebliche Widerlegung von H. Andreas nebst einer Anmerkung über die Tragweite protophysikalischer Begründungsansprüche, J. General Philos. Sci. 42 (2011), H. 2, 157–167; W. Schonefeld, P. und spezielle Relativitätstheorie, Würzburg 1999; H. Tetens, Physik am normativen Gängelband? Über das Verhältnis der P. zur empirischen Physik, Z. allg. Wiss.theorie 15 (1984), 142–160; B. Thüring, Die Gravitation und die philosophischen Grundlagen der Physik, Berlin 1967; ders., Operative oder analytische Definition des Begriffs Inertialsystem?, Philos. Nat. 18 (1980), 225–242; ders., Ist das Gravitationsgesetz eine Hypothese?, Philos. Nat. 19 (1982), 471–483. – G. H. Hövelmann, Bibliographie zur P. und ihrer Rezeption und Diskussion, Philos. Nat. 22 (1985), H. 1 (Sonderheft P. heute, ed. P. Janich), 145–156. P. J.

Protopsychologie, im Rahmen der Konstruktiven Wissenschaftstheorie (↑Wissenschaftstheorie, konstruktive) Bezeichnung für die der empirischen ↑Psychologie methodisch vorausgehende ↑Prototheorie. Die Psychologie unterscheidet sich von den Naturwissenschaften Physik, Chemie und Biologie insofern, als für ihre methodische Begründung nicht im selben Sinne unterstellt werden darf, daß sie eine technische Naturwissenschaft ist. Vielmehr zeigt, einem Vorschlag D. Hartmanns (1993) folgend, eine Beschreibung der vor- und außerwissenschaftlichen Praxen, die durch die akademische Psychologie gestützt werden, daß dort technische Bemühungen (z. B. die Wiederherstellung kognitiver oder emotiver Leistungsfähigkeit) ebenso vorkommen wie ›praktische‹ Bemühungen, die auf Kritik und Transformation von Zwecken (z. B. zur Bewältigung innerer Konflikte durch Therapie) gerichtet sind. Psychologie ist daher eine empirische Wissenschaft (Realwissenschaft), die sowohl einen naturwissenschaftlichen als auch einen kulturwissenschaftlichen Zweig aufweist.

Neben der Verortung der Psychologie im Gesamtkorpus der Wissenschaften auf dem Hintergrund der Klärung ihrer erkenntnisleitenden Interessen (d. h. der Stützung verschiedener Praxen) lassen sich, wiederum D. Hartmann (1998) folgend, weitere Aufgaben der P. ausmachen: die Einteilung der Psychologie in Unterdisziplinen (z. B. Individualpsychologie, Sozialpsychologie, kognitive und emotive Psychologie), die Begründung ihrer Forschungsmethoden (z. B. Experiment) sowie die Rekonstruktion ihrer Grundbegriffe (z. B. Wahrnehmung, Denken, Gedächtnis, Emotion, Motivation) und Theorien.

Dabei bedient sich die P. zur rekonstruktiven (↑Rekonstruktion) Bestimmung von Grundunterscheidungen einer konstruktiven Handlungs- und Sprachtheorie und des hier geltenden Prinzips der methodischen Ordnung (↑Prinzip der pragmatischen Ordnung, ↑Protophysik). In Bezug auf die Aufgabe der Rekonstruktion der Forschungsmethoden klärt sie insbes., mit welchen technischen Normen (↑Norm (protophysikalisch)) reproduzierbare (↑Reproduzierbarkeit) Beobachtungs- und Experimentierbedingungen einschließlich erforderlicher Quantifizierungsverfahren möglich sind, um zu Kausalerklärungen (↑Kausalität) von menschlichem Verhalten oder von Handlungsdispositionen und Handlungsbedingungen zu kommen. Die theoretische Integration der über solche Experimente etablierten Phänomene bedarf einer für die Psychologie spezifischen – und von der P. aufzuklärenden – Form der Konstruktbildung, welche es erlaubt, eine Hierarchie von fundamentaleren und beobachtungsnäheren Gesetzen zu formulieren. Nur so lassen sich z. B. Gedächtnisphänomene über postulierte Konstrukte in einen einheitlichen, theoretischen Rahmen integrieren. – Insgesamt stehen die der P. zugeordneten Rekonstruktionsaufgaben unter der weitergehenden Zielsetzung der Etablierung eines psychologisch gestützten Menschenbildes und tragen damit zu einer mit modernen Mitteln unternommenen Fortsetzung des Programms einer Vernunftkritik bei.

Literatur: T. Galert, Vom Schmerz der Tiere. Grundlagenprobleme der Erforschung tierischen Bewußtseins, Paderborn 2005; D. Hartmann, Naturwissenschaftliche Theorien. Wissenschaftstheoretische Grundlagen am Beispiel der Psychologie, Mannheim etc. 1993; ders., Psychologie. Natur- oder Kulturwissenschaft?, in: E. Jelden (ed.), Prototheorien – Praxis und Erkenntnis?, Leipzig 1995, 177–189; ders., Philosophische Grundlagen der Psychologie, Darmstadt 1998; P. Janich, Naturwissenschaft kulturalistisch verstehen – ein Angebot an die Psychologie?, in: G. Jüttemann (ed.), Individuelle und soziale Regeln des Handelns. Beiträge zur Weiterentwicklung geisteswissenschaftlicher Ansätze in der Psychologie, Heidelberg 1991, 177–184; ders., Grenzen der Naturwissenschaft: Erkennen als Handeln, München 1992, 118–138 (Verhalten und Handeln. Ist Psychologie auf der Grundlage technischer Rationalität als Wissenschaft möglich?); ders., Das Experiment in der Psychologie, in: H. P. Langfeldt (ed.), Sein, Sollen und Handeln. Beiträge zur pädagogischen Psychologie und ihren Grundlagen. Festschrift für Lothar Tent, Göttingen etc. 1995, 41–51. A. P./P. J.

Prototheorie, im Rahmen der Konstruktiven Wissenschaftstheorie (↑Wissenschaftstheorie, konstruktive) Bezeichnung für die einer theoriefähigen Bemühung methodisch vorausgehende ›erste‹ oder Vor-Theorie (von griech. πρῶτος, erster, bzw. πρῶτον, zuerst). Im ↑Konstruktivismus wird, darin eine Einsicht der ↑Phänomenologie E. Husserls aufnehmend, die theoretische Ausarbeitung menschlichen Wissens in Wissenschaft und Philosophie als Hochstilisierung lebensweltlicher Praxen mit ihren vor- und außerwissenschaftlich zugänglichen Handlungsvermögen gesehen. In der Tradition sowohl der Wissenschaftsphilosophien als auch anderer philosophischer Teilgebiete wie Logik und Ethik wird dem Übergang von ↑Lebenswelt zu Wissenschaft und Philosophie üblicherweise wenig Beachtung geschenkt. Dort setzen P.n an: Was in der Lebenswelt als individuelles oder kollektives Handlungsvermögen einschließlich sprachlich artikulierter Wissensbestände vorhanden ist, wird mit den Mitteln von ↑Handlungstheorie und ↑Sprachphilosophie analysiert und ›rekonstruiert‹ (↑Rekonstruktion), d. h. in terminologisch geklärter Form als methodisch geordnete, in Zweck-Mittel-Rationalität auf explizit anzugebende Zwecke orientierte Reihenfolge dargestellt und so als ›Methode‹, d. h. als normierte Handlungsweise, gefaßt.

Vorschläge H. Dinglers aufnehmend, ist zunächst programmatisch von P. Lorenzen als Spezialfall einer P. die ↑Protophysik als Theorie einer operativen Bestimmung der Maßgrößen der klassischen Physik vorgeschlagen worden (Wie ist die Objektivität der Physik möglich?, 1964). Die erste Ausführung einer protophysikalischen Teiltheorie wurde für die Zeitmessung von P. Janich (Die Protophysik der Zeit, 1969) vorgelegt. Fortgesetzt wurde dieses Programm auch für andere Teile der Philosophie von C. F. Gethmann in Form einer ↑Protologik (Protologik, 1979) und einer ↑Protoethik (Proto-Ethik, 1982). Der Terminus ›Protologik‹ tritt, wenn auch noch für einen anderen Begründungstypus, schon bei P. Lorenzen (Einführung in die operative Logik und Mathematik, 1955) und, mit einem prototheoretischen Ansatz, erneut 1968 (Protologik, 1968) auf. Inzwischen sind P.n auch zur Chemie (↑Protochemie), Biologie (↑Protobiologie) und Psychologie (↑Protopsychologie) teils als Programme publiziert und in Ausarbeitung, teils in Stücken ausgearbeitet.

Grundlage aller P.n ist – in Abhebung von analytischen (↑Wissenschaftstheorie, analytische), empiristischen (↑Empirismus, logischer) und realistischen (↑Realismus, wissenschaftlicher) Philosophien – ein Lösungstyp für das (auf die Physik bezogen von Dingler so genannte) ›Anfangsproblem‹ (↑Anfang) des begründenden oder rechtfertigenden Argumentierens in Form eines Rückgangs auf eine sprachfreie, zunächst noch ungeschieden das poietische (↑Poiesis) und das im engeren Sinne ↑praktische Handeln umfassende Praxis, deren (sprachliche) Normierung zugleich die ↑Semantik, eingebettet in die ↑Pragmatik, liefert. Was sich historisch als ›pragmatische Wende‹ (↑Wende, linguistische) im Anschluß an den ›linguistic turn‹ darstellt und in analytischen Ansätzen als pragmatische Ergänzung syntaktischer und semantischer Analysen angeboten wird, kehrt sich in methodischer Reihenfolge um. P.n setzen bei einem immer schon konstituierten poietischen und praktischen Handeln an und zeichnen rekonstruierend die graduellen Übergänge lebensweltlicher Fachsprachen, Verfahren und Wissensbestände zu wissenschaftlichen Terminologien, Methoden und Theorien nach. P.n sind insofern konstruktiv (↑konstruktiv/Konstruktivität) und fügen vorfindlichen wissenschaftlichen und philosophischen Theorien etwas hinzu, insofern sie in erkenntnistheoretischer und ethischer Absicht historisch bewährten Theorien oder Wissens- und Reflexionsbeständen eine Deutung als Resultate zweckrationalen (↑Zweckrationalität) Handelns geben. Sie führen damit auch das Programm einer Vernunftkritik mit modernen Mitteln fort, das eine Beurteilung wissenschaftlicher bzw. philosophischer Bemühungen nicht absolut oder *sub specie aeternitatis* beansprucht, sondern als hinreichendes Mittel zu explizit anzugebenden und zu rechtfertigenden Zwecken leistet.

Literatur: T. Galert, Vom Schmerz der Tiere. Grundlagenprobleme der Erforschung tierischen Bewußtseins, Paderborn 2005; C. F. Gethmann, Protologik. Untersuchungen zur formalen Pragmatik von Begründungsdiskursen, Frankfurt 1979; ders., Proto-Ethik. Zur formalen Pragmatik von Rechtfertigungsdiskursen, in: H. Stachowiak u. a. (eds.), Bedürfnisse, Werte und Normen im Wandel I (Grundlagen, Modelle und Prospektiven), München etc. 1982, 113–143; ders., Letztbegründung vs. lebensweltliche Begründung des Wissens und Handelns, in: Forum für Philosophie Bad Homburg (ed.), Philosophie und Begründung, Frankfurt 1987, 268–302; ders. (ed.), Lebenswelt und Wissenschaft. Studien zum Verhältnis von Phänomenologie und Wissenschaftstheorie, Bonn 1991; ders., Universelle praktische Geltungsansprüche. Zur philosophischen Bedeutung der kulturellen Genese unserer moralischen Überzeugungen, in: P. Janich (ed.), Entwicklungen der methodischen Philosophie, Frankfurt 1992, 148–175; G. Hanekamp, Protochemie. Vom Stoff zur Valenz, Würzburg 1997; D. Hartmann, Protowissenschaft und

Rekonstruktion, Z. allg. Wiss.theorie 27 (1996), 55–69; ders., Philosophische Grundlagen der Psychologie, Darmstadt 1998; ders., Kulturalistische Logikbegründung, in: D. Hartmann/P. Janich (eds.), Die Kulturalistische Wende. Zur Orientierung des philosophischen Selbstverständnisses, Frankfurt 1998, 57–128; P. Janich, Die Protophysik der Zeit, Mannheim/Wien/Zürich 1969, mit Untertitel: Die Protophysik der Zeit. Konstruktive Begründung und Geschichte der Zeitmessung, Frankfurt 1980 (engl. Protophysics of Time. Constructive Foundation and History of Time Measurement, Dordrecht/Boston Mass./Lancaster 1985); ders., Naturgeschichte und Naturgesetz, in: O. Schwemmer (ed.), Über Natur. Philosophische Beiträge zum Naturverständnis, Frankfurt 1987, [2]1991, 105–122; ders., Protochemie. Programm einer konstruktiven Chemiebegründung, Z. allg. Wiss.theorie 25 (1994), 71–87; ders., Das Experiment in der Psychologie, in: H. P. Langfeldt (ed.), Sein, Sollen und Handeln. Beiträge zur pädagogischen Psychologie und ihren Grundlagen, Göttingen etc. 1995, 41–51; E. Jelden (ed.), P.n – Praxis und Erkenntnis?, Leipzig 1995; F. Kambartel, Überlegungen zum pragmatischen und zum argumentativen Fundament der Logik, in: K. Lorenz (ed.), Konstruktionen versus Positionen. Beiträge zur Diskussion um die konstruktive Wissenschaftstheorie I (Spezielle Wissenschaftstheorie), Berlin/New York 1979, 216–228; ders., Pragmatische Grundlagen der Semantik, in: C. F. Gethmann (ed.), Theorie des wissenschaftlichen Argumentierens, Frankfurt 1980, 95–114; R. Lange, Experimentalwissenschaft Biologie. Methodische Grundlagen und Probleme einer Wissenschaft vom Lebendigen, Würzburg 1999; P. Lorenzen, Einführung in die operative Logik und Mathematik, Berlin/Göttingen/Heidelberg 1955, Berlin/Heidelberg/New York [2]1969; ders., Wie ist die Objektivität der Physik möglich?, in: H. Delius/G. Patzig (eds.), Argumentationen. Festschrift für Josef König, Göttingen 1964, 143–150; ders., Protologik. Ein Beitrag zum Begründungsproblem der Logik, in: ders., Methodisches Denken, Frankfurt 1968, [3]1988, 81–93; G. Preyer/G. Peter/A. Ulfig (eds.), Protosoziologie im Kontext. ›Lebenswelt‹ und ›System‹ in Philosophie und Soziologie, Würzburg 1996; N. Psarros, Die Chemie und ihre Methoden. Eine philosophische Betrachtung, Weinheim etc. 1999; W. Schonefeld, Relativistische Protophysik, in: D. Hartmann/P. Janich (eds.), Methodischer Kulturalismus. Zwischen Naturalismus und Postmoderne, Frankfurt 1996, 197–224; ders., Protophysik und Spezielle Relativitätstheorie, Würzburg 1999; O. Schwemmer, Ethische Untersuchungen. Rückfragen zu einigen Grundbegriffen, Frankfurt 1986, 13–32 (Das Problem der Normbegründung. Praktische Vernunft und Normbegründung); M. Weingarten, Organismuslehre und Evolutionstheorie, Hamburg 1992; ders., Organismen – Objekte oder Subjekte der Evolution? Philosophische Studien zum Paradigmawechsel in der Evolutionsbiologie, Darmstadt 1993. P. J.

Protothetik, in formalisierter Gestalt zusammen mit einer ebenfalls als ↑Kalkül aufgebauten Ontologie die von S. Leśniewski geschaffene logische Grundlage für seine ↑Mereologie. Die Ontologie ist die Theorie einer zweistelligen $\in$-Relation zwischen Gegenständen, die durch Elemente der semantischen Kategorie (↑Kategorie, semantische) ↑*Name*, und zwar Eigennamen ebenso wie Gattungsnamen, vertreten sind, so daß die $\in$-Relation weder als Elementbeziehung (↑Element) noch als ↑Kopula gelesen werden darf, sondern in einem gewissen Sinne die Eigenschaften der Kopula und der ↑Identität miteinander vereinigt. Die P. wiederum, auf der die Ontologie aufbaut, ist eine Theorie der Aussagen, deren Logik unter Benutzung von Elementen der semantischen Kategorie ↑*Satz* einschließlich satzbildender Funktoren beliebiger Stellenzahl mit Sätzen als Argumenten als eine ↑Typentheorie für Aussagen auf der Basis des Bisubjunktors (↑Bisubjunktion) und des ↑Allquantors in Bezug auf Satzvariable gewonnen wird.

Die ↑Negation läßt sich auf dieser Grundlage z. B. definieren durch $\neg p \leftrightharpoons p \leftrightarrow \bigwedge_q q$, die Konjunktion durch $p \wedge q \leftrightharpoons \bigwedge_f (p \leftrightarrow (f(p) \leftrightarrow f(q)))$. Dabei müssen die zugehörigen Sätze $\bigwedge_p (\neg p \leftrightarrow (p \leftrightarrow \bigwedge_q q))$ und $\bigwedge_{p,q} (p \wedge q \leftrightarrow \bigwedge_f (p \leftrightarrow (f(p) \leftrightarrow f(q))))$ – ebenso im Falle weiterer Definitionen, die in der P. grundsätzlich kreativ sind (↑Definition) – dem einzigen Anfang des Kalküls der P., nämlich

$$\bigwedge_{p,q}((p \leftrightarrow q) \leftrightarrow \\ \bigwedge_f (f(p, f(p, \bigwedge_u u)) \leftrightarrow \bigwedge_r (f(q, r) \leftrightarrow (q \leftrightarrow q)))),$$

hinzugefügt werden. Als Regeln des Kalküls der P. dienen die üblichen: ↑modus ponens, Regeln der ↑Substitution unter Beachtung der Extensionalität (↑extensional/Extension), Regeln der Vertauschung von ↑Quantoren (↑Quantorenvertauschung). Darüber hinaus gibt es noch Definitionsregeln zur Erzeugung von Sätzen und satzbildenden ↑Funktoren höherer Stufe, so daß in diesem Kalkül, anders als sonst bei einem ↑Formalismus, die beiden Kalküle der Ausdrucksbestimmungen und der Satzbestimmungen nicht getrennt voneinander bestimmt sind. Die P. ist semantisch vollständig, d. h., für jeden erzeugbaren Satz a ist entweder a oder $\neg a$ ableitbar.

Literatur: G. Küng, Leśniewski's Systems. Protothetics, Ontology, Mereology, in: W. Marciszewski (ed.), Dictionary of Logic as Applied in the Study of Language. Concepts, Methods, Theories, The Hague/Boston Mass./London 1981, 168–177, Berlin 2010; F. Lepage, Partial Monotonic Protothetics, Stud. Log. 66 (2000), 147–163; E. C. Luschei, The Logical Systems of Leśniewski, Amsterdam 1962; R. Poli/M. Libardi, Logic, Theory of Science, and Metaphysics According to Stanislaw Leśniewski, Grazer philos. Stud. 57 (1999), 183–219; V. F. Rickey, A Survey of Leśniewski's Logic, Stud. Log. 36 (1977), 407–426; J. Słupecki, St. Leśniewski's Protothetics, Stud. Log. 1 (1953), 44–112; B. Sobociński, On the Single Axioms of Protothetic, Notre Dame J. Formal Logic 1 (1960), 52–73, 2 (1961), 111–126, 129–148; S. J. Surma u. a. (eds.), S. Leśniewski. Collected Works, I–II, Dordrecht/Boston Mass./London 1992. K. L.

Proudhon, Pierre-Joseph, *Besançon 15. Jan. 1809, †Paris 19. Jan. 1865, franz. Sozialtheoretiker, Begründer einer besonderen Form des ↑Anarchismus. 1827 aus finanziellen Gründen Abbruch einer wissenschaftlichen Ausbildung und Tätigkeit als Setzer und Korrektor. Autodidaktische Weiterbildung führte zur Mitarbeit an einer Bibelübersetzung und sprachwissenschaftlichen Projekten. 1838 Stipendium der Akademie von Besançon für ein Studium in Paris. P.s Schrift »Qu'est-ce que la propriété?« (1840) begründete durch polemische Formulierungen wie ›Eigentum ist Diebstahl‹ (erstmals 1780 bei J.-P. Brissot) seinen Ruf als Revolutionär, obwohl P. die Idee des Privateigentums (↑Eigentum) nicht verwarf. Sein nationalökonomisches Hauptwerk (Système des contradictions économiques, ou philosophie de la misère, 1846) veranlaßte K. Marx zu einer Gegenschrift (Misère de la philosophie, réponse à la philosophie de la misère de M. P., 1847) gegen den ›Bourgeoissozialisten‹ P.. P. gab seine erfolgreiche Unternehmertätigkeit zugunsten der Ausarbeitung eigener Reformprogramme auf, die im Gegensatz zu den sozialistischen Vorstellungen von L. Blanc und zum Fourierismus (F. M. C. ↑Fourier) und ↑Kommunismus standen. Als Abgeordneter der Konstituierenden Versammlung scheiterte P. mit seinem Antrag, die II. Republik wirtschaftlich auf unentgeltlichen Krediten aufzubauen, die durch Einziehung eines Drittels von nicht erarbeitetem Einkommen finanziert werden sollten. Auch sein Konzept einer Tauschwirtschaft scheiterte. Politische Äußerungen führten zu einer Haftstrafe. Einer erneuten Verurteilung wegen seiner Schrift über Gerechtigkeit (1858) entzog sich P. durch die Flucht nach Brüssel.

Ausgangspunkt und Ziel der Sozialphilosophie P.s ist das freie Individuum als verantwortliches Mitglied eines auf Gegenseitigkeit beruhenden Sozialverbandes. Diesem soll eine das Prinzip der ökonomischen und sozialen Gerechtigkeit verwirklichende Gesellschaftsordnung die institutionellen Rahmenbedingungen für eine autonome Entfaltung seiner Persönlichkeit zur Verfügung stellen. P. versteht das Gleichheitsprinzip (↑Gleichheit (sozial)) nicht mechanisch, sondern – im Sinne des modernen Begriffs der Chancengleichheit – im Spannungsverhältnis zum Freiheitsprinzip (↑Freiheit). Wirtschaftliche und politische Freiheit sind Voraussetzung für die Entwicklung sowohl der kreativen und produktiven als auch der moralischen Kräfte des Individuums. Die Ursache für die ungerechte Gesellschaftsordnung sieht P. anders als die meisten sozialistischen Denker seiner Zeit nicht in der Institution des Privateigentums, dem er sogar eine bedeutende Funktion für die Bewahrung individueller Freiheiten gegenüber staatlichem Zwang zuschreibt. Seine Reformpläne zielen auf die Sozialbindung eines durch Arbeit begründeten Eigentums (*possession*) und auf Beseitigung der im Rahmen der geltenden Rechtsordnung geschützten, auf Ausbeutung gerichteten Eigentumsformen (*propriété*). Durch die Errichtung eines unentgeltlichen Kreditwesens auf der Grundlage von Gütertauschbanken hofft er die Ausgangsbedingungen für ein auf Gegenseitigkeit beruhendes Wirtschaftssystem zu schaffen, in dem nach Beseitigung der Handelsspannen die Güter im wesentlichen nur nach ihrem Arbeitswert (↑Arbeit) ausgetauscht werden sollten (Mutualismus).

P. betrachtet die Wirkung der im *ökonomischen* Mutualismus verwirklichten und erlebten ↑Gerechtigkeit als Voraussetzung für die Entwicklung eines *moralischen* Mutualismus. Die Einsicht, daß das Geflecht der gerechten gesellschaftlichen Austauschbeziehungen auf der Erfüllung vertraglicher Verpflichtungen beruht, soll den Einsatz staatlicher Zwangsinstrumente tendenziell entbehrlich machen (Verträge statt Gesetze). Zur Charakterisierung einer solchen Synthese von gesellschaftlicher Ordnung und individueller Freiheit verwendet P. den Ausdruck ›Anarchie‹. Abweichend vom späteren Sprachgebrauch ist die gewaltsame Zerschlagung politisch-staatlicher Institutionen für P. kein geeignetes Mittel zur Herstellung einer gerechten Gesellschaftsordnung. Der angestrebte Zustand einer das Gegenüber respektierenden ↑Autonomie des Individuums ist vielmehr eine Folge von Bewußtseinsprozessen, die durch Strukturveränderungen im ökonomischen Bereich ausgelöst werden und im Erlebnis sozialer Gerechtigkeit die Praxis moralischen Handelns stabilisieren. Der Einübung sozial verantwortlichen Handelns dient ein dezentralisierter, föderalistischer Staatsaufbau mit beschränkten und geteilten Gewalten, der die Interessenartikulation betroffener Gruppen und die Selbstverwaltung kleiner politischer Einheiten ermöglichen soll. Für den späten P. ist der Föderalismus die Übertragung des mutualistischen Prinzips auf den Politikbereich.

Werke: Œuvres complètes, I–XVI, ed. C. Bouglé/H. Moysset, Paris 1923–1974 (repr. Genf/Paris 1982). – Qu'est-ce que la propriété? Ou Recherches sur le principe du droit et du gouvernement, Paris 1840, [2]1848, ferner in: Œuvres complètes [s. o.] IV, 97–363, ed. R. Damien, Paris 2009, 2012 (dt. Was ist das Eigenthum oder Untersuchungen über den letzten Grund des Rechts und des Staates, Bern 1844, unter dem Titel: Was ist das Eigentum?, Münster 2014; engl. What Is Property? An Inquiry into the Principle of Right and Government, Princeton N. J. 1876, unter dem Titel: What Is Property?, Cambridge etc. 1994, 2002); De la création de l'ordre dans l'humanité ou principes d'organisation politique, Paris 1843, [2]1849, ferner als: Œuvres complètes [s. o.] V; Système des contradictions économiques ou philosophie de la misère, I–II, Paris 1846, Paris/Brüssel [4]1872, ferner als: Œuvres complètes [s. o.] I (dt. Philosophie der Staatsökonomie oder Notwendigkeit des Elends, I–II, Darmstadt 1847 [repr. Aalen 1966], unter dem Titel: System der ökonomischen Widersprüche oder: Philosophie des Elends, ed. L. Roemheld/G. Senft, Berlin 2003; engl. System of Economical Contradictions: or, the Philosophy of Misery, Charlottesville Va. 1996); Le droit au travail et le droit de propriété, Paris 1848, [2]1850, ferner in: Œuvres complètes [s. o.] X, 408–462 (dt. Das Recht auf Arbeit und das Recht des Eigenthums, in: Ausgew. Schr. [s. u.] III, 1–62); Organisation du crédit et de la circulation et solution du problème social [...], Paris 1848, [3]1849 (dt. Organisation des Kredits und der Zirkulation und Lösung der sozialen Frage, in: Ausgew. Schr. [s. u.] III,

63–109); Solution du problème social, Paris 1848; Les confessions d'un révolutionaire, pour servir à l'histoire de la révolution de février, Paris 1849, ferner als: Œuvres complètes [s. o.] VII (dt. Bekenntnisse eines Revolutionärs, in: Ausgew. Schr. [s. u.] I, unter dem Titel: Bekenntnisse eines Revolutionärs, um zur Geschichtsschreibung der Februarrevolution beizutragen, Reinbek b. Hamburg 1969); Ausgewählte Schriften, I–III, ed. A. Ruge, Leipzig 1851 [repr. Aalen 1973]; De la justice dans la révolution et dans l'église [...], I–III, Paris 1858, ferner als: Œuvres complètes [s. o.] VIII (dt. Die Gerechtigkeit in der Revolution und in der Kirche. Neue Prinzipien praktischer Philosophie [...], I–II, Hamburg, Zürich 1858/1860); La guerre et la paix. Recherches sur le principe et la constitution du droit de gens, I–II, Brüssel, Leipzig, Paris 1861, ferner als: Œuvres complètes [s. o.] VI, ed. A. Panero, Paris 2012; Du principe fédératif et de la nécessité de reconstituer le parti de la révolution, Paris 1863, ferner in: Œuvres complètes [s. o.] XIV, 270–443 (dt. Über das föderative Prinzip und die Notwendigkeit, die Partei der Revolution wieder aufzubauen, I–III, Franfurt etc. 1989–1999); Kleiner politischer Katechismus, in: E. V. Zenker, Der Anarchismus. Kritische Geschichte der anarchistischen Theorie, Jena 1895 (repr. Frankfurt 1995), 219–252. – Correspondance, I–XIV, Paris 1875 (repr. Genf 1971). – J. Hilmert/L. Roemfeld (eds.), P. – Bibliographie, Frankfurt etc. 1989.

Literatur: P. Ansart, Sociologie de P., Paris 1967 (dt. Die Soziologie P.-J. P.s, Frankfurt etc. 1994); ders., Naissance de l'anarchisme. Esquisse d'une explication sociologique du proudhonisme, Paris 1970; P. Bécat, L'anarchiste P., apôtre de la révolution sociale, Paris 1971; M. Blaug (ed.), Dissenters: Charles Fourier (1772–1837), Henri de St. Simon (1760–1825), P.-J. P. (1809–1865), John A. Hobson (1858–1940), Aldershot/Brookfield Vt. 1992; A. M. Bonanno, Dio e lo stato nel pensiero di P., Ragusa 1976; Centre nationale d'étude des problèmes de sociologie et d'économie européennes (ed.), L'actualité de P.. Colloque des 24 et 25 novembre 1965, Brüssel 1967; O. Chaïbi, P. et la banque du peuple (1848–1849), Paris 2010; A.-S. Chambost, De la justice dans la révolution et dans l'église. Une philosophie du droit chez P.-J. P., Paris 1997; dies., P. et la norme. Pensée juridique d'un anarchiste, Rennes 2004; dies., P.. L'enfant terrible du socialisme, Paris 2009; F. Dagognet, Trois philosophies revisitées. Saint-Simon, P., Fourier, Hildesheim/Zürich/New York 1997; R. Damien, P., Paris 2004; M. Deleplace, L'anarchie de mably à P. (1750–1850). Histoire d'une appropriation polémique, Lyon 2001; J. Ehrenberg, P. and His Age, Atlantic Highlands N. J. 1996; C. Gaillard, P.. Héraut et philosophe du peuple, Paris 2004; dies./G. Navet, Dictionnaire P., Brüssel 2011; D. Guérin, P., oui et non, Paris 1978; G. Gurvitch, Pour le centenaire de la mort de P.-J. P.. P. et Marx: Une confrontation (Cours publique 1963–64), Paris 1964; ders., P., sa vie, son œuvre, avec un exposé de sa philosophie, Paris 1965; K. Hahn, Föderalismus. Die demokratische Alternative. Eine Untersuchung zu P.-J. P.s sozial-republikanisch-föderativem Freiheitsbegriff, München 1975; D. Halévy, La vie de P. 1809–1847, I–III, Paris 1948; P. Haubtmann, Marx et P.. Leurs rapports personnels, 1844–1847. Plusieurs textes inédits, Paris 1947; ders., P.-J. P., genèse d'un antithéiste, Paris 1969; ders., La philosophie sociale de P.-J. P., Grenoble 1980; ders., P.-J. P.. Sa vie et sa pensée (1809–1849), Paris 1982; R. L. Hoffmann, Revolutionary Justice. The Social and Political Theory of P.-J. P., Urbana Ill./Chicago Ill./London 1972; E. Jourdain, P., dieu et la guerre. Une philosophie du combat, Paris 2006; ders., P.. Un socialisme libertaire, Paris 2009; J. Langlois, Défense et actualité de P., Paris 1976; C. Matossian, Saturne et le Sphinx. P., Courbet et l'art justicier, Genf 2002; A. Prichard, Justice, Order and Anarchy. The International Political Theory of J.-P. P., London/New York 2013; A. Ritter, The Political Thought of P.-J. P., Princeton N. J. 1969 (repr. Westport Conn. 1980); P. Riviale, P.. La justice, contre le souverain. Tentative d'examen d'une théorie de la justice fondée sur l'équilibre économique, Paris 2003; L. Roemheld (ed.), Erinnerung an P.-J. P.. Zur Akutalität seines Denkens für die Zukunft der Sozialdemokratie, Münster 2004; A. Skirda, Facing the Enemy. A History of Anarchist Organization from P. to May 1968, Edinburgh/Oakland Calif. 2002; K. S. Vincent, P.-J. P. and the Rise of French Republican Socialism, Berkley Calif. 1981, New York/Oxford 1984; B. Voyenne, Le fédéralisme de P. J. P., Paris 1973 (dt. Der Föderalismus P.-J. P.s, Frankfurt etc. 1982); ders., P. et dieu. Le combat d'un anarchisme. Suivi de Pascal, P., Péguy, Paris 2004. H. R. G.

Prozeß (von lat. procedere, hervorgehen, vorgehen, vorrücken), in den Natur- und Sozialwissenschaften Bezeichnung für den gerichteten Ablauf eines Geschehens. Teleologische (↑Teleologie) P.e sind zweck- oder zielgerichtet, Kausalprozesse sind ursachengetrieben (↑Ursache). Bei *deterministischen* (↑Determinismus) P.en ist jeder Zustand von anderen Zuständen kausal vollständig festgelegt (↑Kausalität), bei *stochastischen* oder *probabilistischen* P.en folgt ein Zustand anderen Zuständen nur mit einer gewissen ↑Wahrscheinlichkeit, so daß für sein Auftreten nur statistische Gesetze angegeben werden können. Reversible (↑reversibel/Reversibilität) P.e sind zeitumkehrbar (wie die Bewegung von Kugeln auf dem Billardtisch), irreversible P.e verlaufen dagegen einsinnig (wie der selbständige Ausgleich von Temperaturunterschieden), zyklische P.e treten in regelmäßiger Wiederholung auf (wie die Rotation der Erde um die Sonne). Zu Beginn der neuzeitlichen Naturwissenschaft wurde die Aristotelische ›causa finalis‹ (↑causa) verworfen und Kausalität auf Wirkursachen eingeschränkt (F. Bacon). Teleologische P.e sind danach auf psychische P.e beschränkt. Aber auch bei diesen werden kognitive Ziele über vorangehende Motive kausal wirksam, so daß es sich ebenfalls nicht um genuin teleologische P.e handelt. Von Bacon wird die im mittelalterlichen ↑Aristotelismus wichtige Unterscheidung zwischen natürlichen und künstlichen P.en verworfen. Beide unterliegen der Naturkausalität, so daß auch technische P.e in diesem Sinne natürlich sind. Im 19. Jh. wird stärker eine *dynamisch-prozeßhafte* Betrachtungsweise betont, im Gegensatz zu dem eher *statisch-klassifikatorischen* Zugang im 18. Jh.. So sieht etwa die Chemie des 18. Jhs. in der Klassifikation von Substanzeigenschaften ein wichtiges Ziel (z. B. A. L. de Lavoisier, Traité élémentaire de chimie [1789], in: ders., Œuvres I, Paris 1862, 9–10). Dagegen konzentriert man sich im 19. Jh. stärker auf die Untersuchung chemischer Umsetzungsprozesse (Massenwirkungsgesetz, Reaktionskinetik). Analog dazu wird in der Biologie die statische Artenklassifizierung (C. v. Linné) durch eine Analyse des P.es des Artenwandels ergänzt (J.-B. Lamarck, C. Darwin). Dieser Übergang spiegelt sich wissenschaftstheoretisch in W. Whewells Dynamisierung von I. Kants statischem Kategoriensystem: Die Bedingungen der Möglichkeit der Erkenntnis stellen sich erst im Verlauf des Wissenschaftsprozesses heraus. Parallel dazu werden in der Politischen Philosophie (↑Philosophie, politische) die Konstruktionen einer geschichtslos vernünftigen Gesellschaft aus Naturzustandsfiktionen (T. Hobbes, J. Locke, mit Einschränkungen J.-J. Rousseau) durch die Analyse des gesellschaftlichen Wandlungsprozesses abgelöst (G. W. F. Hegel, K. Marx). Im ↑Historismus steigert sich dies zu einer Absage an alle die geschichtliche Relativität übersteigenden Maßstäbe.

In der Psychologie wird ›P.‹ häufig undifferenziert auf alle bewußten und unbewußten psychischen Vorgänge bezogen, z. B. um statischen Auffassungen von der Natur des Psychischen entgegenzutreten. So stehen so genannte ›P.theorien‹ in Gegensatz zu mechanistischen und strukturellen Persönlichkeitstheorien, die sich vor allem mit den überdauernden und verläßlichen Zügen einer Person und ihres Verhaltens befassen. P.theorien werden vornehmlich in der Entwicklungspsychologie vertreten. Die ↑Psychoanalyse bezeichnet als ›Primär-‹ und ›Sekundärprozeß‹ (auch ›Primär-‹ und ›Sekundärvorgang‹ genannt) die mit der Es-Funktion (›Lustprinzip‹) und der Ich-Funktion (›Realitätsprinzip‹) des psychischen Apparats gegebenen Vorgänge. Primärprozesse drängen auf die Befriedigung der dem Es oder dem infantilen Ich entstammenden Trieb- und Instinktansprüche. Sekundärprozesse treten diesen entgegen, üben Kontrolle des Ich aus und bewirken so häufig einen Aufschub der erstrebten Befriedigung oder auch den Verzicht auf sie. Beide Arten von P.en und die zwischen ihnen stattfindenden ↑Konflikte können unbewußt (↑Unbewußte, das) bleiben. Soziale P.e im weitesten Sinne sind Vorgänge und Verläufe im sozialen Leben von Tier und Mensch. Im menschlichen Bereich sind sie die von Individuen, Gruppen oder Institutionen in unterschiedlichen Graden von Bewußtheit und Absichtlichkeit in Gang gesetzten Abläufe. Es werden vier Haupttypen sozialer P.e angegeben: Konflikt, Konkurrenz, Kooperation und ↑Konsens. Soziale Veränderungen und Entwicklungen können sich innerhalb des gesellschaftlich gesetzten Rahmens bewegen oder ihn überschreiten, so daß sich die Gesellschaft als ganze transformiert (↑Revolution (sozial)).

In der Geistesgeschichte entwickelt sich im späten 19. Jh. eine gegen die Tradition des ontologischen Primats des statischen ↑Seins gerichtete Strömung. Die letzten Bausteine der ↑Realität sind nicht unveränderlich, sondern haben P.charakter (H. Bergson, W. James, E. Meyerson, A. N. Whitehead). Das ›schöpferische Werden‹ der Natur wird als nicht auf beständige ↑Elemente reduzierbar betrachtet. Für Bergson besteht die erlebte ↑Zeit nicht aus einer Folge von Zeitpunkten; jede ›wahre Dauer‹ führt stattdessen ein Element der Neuartigkeit ein, das nicht in der Vergangenheit enthalten war. Ebensowenig kann ein P. auf eine Abfolge instantaner ↑Zustände reduziert werden. Bergson und Meyerson wenden sich gegen eine statische Interpretation der Minkowski-Welt (↑Relativitätstheorie, spezielle, ↑Thermodynamik, ↑Werden). Von Bergson beeinflußt betrachtet James das ↑Bewußtsein nicht als in einzelne Elemente zerlegbar und spricht stattdessen von einem beständigen ↑›Bewußtseinsstrom‹. Whitehead betont die prozeßhafte Natur der Grundelemente der Wirklichkeit. Dabei handelt es sich für Whitehead um Geschehnisse, die eine Zeitspanne zum Entstehen benötigen und daraufhin wieder vergehen, um von anderen, gleichartigen gefolgt zu werden. ↑Dinge sind als P.e zu denken. Dieser Gedanke wird in der ↑Synergetik und von I. Prigogine wieder aufgegriffen, wonach bestimmte beständige Entitäten (dissipative Strukturen) als durch Wechselwirkungsprozesse hervorgebracht zu betrachten sind. P.e erhalten damit grundlegenden und nicht lediglich abgeleiteten Status.

Literatur: H. Bergson, L'évolution créatrice, Paris 1907, 2013 (dt. Schöpferische Entwicklung, Jena 1912, Zürich 1974); ders., La pensée et le mouvant. Essais et conférences, Paris 1934, 2013 (dt. Denken und schöpferisches Werden. Aufsätze und Vorträge, Meisenheim am Glan 1948, Nachdr. Hamburg 2008); R. E. Butts (ed.), William Whewell's Theory of Scientific Method, Pittsburgh Pa. 1968; M. Čapek, The Philosophical Impact of Contemporary Physics, Princeton N. J. 1961; D. Emmet, The Passage of Nature, London etc., Philadelphia Pa. 1992; dies., Processes, REP VII (1998), 720–723; W. James, The Stream of Thought, in: ders., The Principles of Psychology, I–II, New York 1890 (repr. 2007), I, 224–290, Cambridge Mass./London 1981, I, 219–278; I. Prigogine, Vom Sein zum Werden. Zeit und Komplexität in den Naturwissenschaften, München/Zürich 1979, ^{6}1992 (engl. Original: From Being to Becoming. Time and Complexity in the Physical Sciences, San Francisco Calif. 1980 [franz. Physique, temps et devenir, Paris/New York/Barcelona 1980, ^{2}1982]); ders./I. Stengers, La nouvelle alliance. Métamorphose de la science, Paris 1979, 2005 (dt. Dialog mit der Natur. Neue Wege naturwissenschaftlichen Denkens, München/Zürich 1980, ^{7}1993; engl. Order out of Chaos. Man's New Dialogue with Nature, London, Toronto 1984, 1988); N. Rescher, Process Metaphysics. An Introduction to Process Philosophy, Albany N. Y. 1996; ders., Process Philosophy. A Survey of Basic Issues, Pittsburgh Pa. 2000; K. Röttgers, Prozess, EP II (^{2}2010), 2163–2169: ders./J. P. Beckmann/W. Janzarik, P., Hist. Wb. Ph. VII (1989), 1543–1562; J. Seibt, Process Philosophy, SEP 2012; dies., Forms of Emergent Interaction in General Process Theory, Synthese (2009), 479–512; W. Sellars, Naturalism and Process, Monist 64 (1981), 37–65; W. Sohst, P.ontologie. Ein systematischer Entwurf der Entstehung von Existenz, Berlin 2009; A. N. Whitehead, Process and Reality. An Essay in Cosmology, New York/Cambridge 1929, New York 1979 (dt. P. und Realität. Entwurf einer Kosmologie, Frankfurt 1979, ^{2}1984, 2008). M. C./R. Wi.

Prüfbarkeit (engl. testability), in den Methodologien K. R. Poppers und R. Carnaps Bezeichnung für die Möglichkeit einer empirischen Auszeichnung von Aussagen. Für Popper bildet die P. – von ihm häufig mit Falsifizierbarkeit (↑Falsifikation) synonym verwendet – das ↑Abgrenzungskriterium zwischen wissenschaftlichen und nicht-wissenschaftlichen Sätzen: eine wissenschaftliche ↑Hypothese muß an der Erfahrung scheitern können. Die Prüfung einer Hypothese erfolgt durch Ableitung ihrer Konsequenzen und anschließenden Vergleich untereinander sowie mit ↑Basissätzen (↑Prüfung, kritische). P. ist dabei keine von vornherein gegebene Eigenschaft einer Aussage, da stets die Möglichkeit der ↑Immunisierung besteht, ein möglicher Konflikt mit der Erfahrung also durch Modifikation der Beobachtungstheorien (die die Interpretation der Daten liefern; ↑Theoriebeladenheit), durch Hinzufügung theoretischer Hilfsannahmen oder durch Behauptung des Vorliegens veränderter Umstände (↑ceteris-paribus-Klausel) entschärft werden kann (Duhem-Quine-These, ↑experimentum crucis). Die P. wissenschaftlicher Sätze setzt daher stets die methodologische Entscheidung voraus, keine Immunisierungsstrategien zu verwenden. So fordert Popper, daß nur solche Hilfshypothesen zulässig sind, die die P. des theoretischen Systems vergrößern (Ausschluß von ↑ad-hoc-Hypothesen). Um die P. statistischer Aussagen herbeizuführen, bedarf es zudem eines methodologischen Beschlusses darüber, welche Abweichungen vom vorausgesagten Verhalten als Gegeninstanz einer statistischen Aussage zu werten sind (Logik der Forschung, §§ 6, 19–21).

Für Popper stellt P. nicht einen klassifikatorischen (↑Klassifikation), sondern einen komparativen (↑komparativ/Komparativität) Begriff dar. Dabei werden die Grade der P. durch die Menge der Falsifikationsmöglichkeiten einer Hypothese, d. h. durch ihren empirischen Gehalt (↑Gehalt, empirischer), bestimmt. Der Vergleich der P.sgrade zweier Hypothesen erfolgt entweder durch unmittelbaren Vergleich der jeweiligen empirischen Gehalte – was jedoch nur bei Vorliegen einer Klasseninklusionsbeziehung zwischen beiden Gehalten durchführbar ist – oder durch Vergleich der für eine Falsifikation erforderlichen Komplexität (↑komplex/Komplex) von Basissätzen. Ist keines der beiden Verfahren anwendbar, so heißen beide Hypothesen hinsichtlich ihres P.sgrades inkommensurabel (↑inkommensurabel/Inkommensurabilität; Logik der Forschung, §§ 31–40). Die Bewährbarkeit einer Hypothese, d. h. der höchste erreichbare Grad der ↑Bewährung, ist dabei durch den Grad der P. bestimmt. Das Ziel der Wissenschaft erblickt Popper im Wachstum des empirischen Gehalts, also in der Formulierung von Hypothesen mit immer höheren Graden der P.. Auf diese Forderung ständig wachsender P. werden auch die methodologischen Normen der Allgemeinheit, Bestimmtheit und Einfachheit zurückgeführt (Logik der Forschung § 83). Zentral für die antiinduktivistische (↑Induktivismus) Richtung der Popperschen Methodologie ist die Gleichsetzung der P. einer Hypothese mit ihrer apriorischen (↑a priori) Unwahrscheinlichkeit, wodurch ihre Bewährbarkeit mit ihrer apriorischen ↑Wahrscheinlichkeit abnimmt. Später hat Popper die Bedingung der P. durch die Forderung nach unabhängiger experimenteller P. ausgedrückt. Danach müssen Theorien unabhängig von den Erfahrungen, zu deren ↑Erklärung sie gebildet wurden, neue prüfbare Konsequenzen haben, wobei Popper die Bedeutsamkeit der ↑Prognosen neuartiger Tatsachen hervorhebt. Diese Forderung soll das Abgleiten in die Strategie einer bloßen ↑›Rettung der Phänomene‹ verhindern (Conjectures and Refutations, 2010, 291–338 [Chap. 10 Truth, Rationality and the Growth of Scientific Knowledge]).

Während in der Popperschen Methodologie die Forderung der P. den Status eines methodologischen Abgrenzungskriteriums besitzt, wird bei Carnap ›P.‹ anfangs verifikationistisch (↑Verifikation) verstanden und in das empiristische Sinnkriterium (↑Sinnkriterium, empiristisches) eingebunden. ›Verifizierbarkeit‹ (↑verifizierbar/Verifizierbarkeit) bedeutet für Carnap ›P. an den Erlebnissen‹, was wiederum mit der Übersetzbarkeit einer Aussage in Aussagen über Beziehungen zwischen Elementarerlebnissen gleichbedeutend ist (Der logische Aufbau der Welt, 1928, 252–253 [§ 179 Die Aufgabe der Wissenschaft]; ↑Protokollsatz). Unter dem Einfluß der Kritik Poppers am Verifikationsbegriff modifiziert Carnap sein ↑Verifikationsprinzip, hält jedoch an dessen Status als Sinnkriterium fest (Testability and Meaning, 1936/1937). Statt von Verifizierbarkeit bzw. Falsifizierbarkeit spricht Carnap nun von Bestätigungsfähigkeit und P. von Aussagen. Bestätigungsfähig heißt eine Aussage, wenn ihre ↑Bestätigung zurückführbar ist auf die Bestätigung einer endlichen Klasse *K* von Beobachtungsaussagen (↑Beobachtungssprache). Die Bestätigungsfähigkeit ist vollständig, wenn die Zurückführung auf *K* ausschließlich logische Folgerungsbeziehungen verwendet; sie ist unvollständig, wenn die Zurückführung mindestens eine ↑Generalisierung erfordert. P. einer Aussage besteht darüber hinaus, wenn *K* nicht allein denkbare Beobachtungsaussagen umfaßt, sondern die entsprechenden Beobachtungen mit verfügbaren experimentellen Verfahren tatsächlich durchführbar sind. P. ist demnach eine Verschärfung der Bestätigungsfähigkeit, wobei Carnap analog zu dieser zwischen vollständiger und unvollständiger P. unterscheidet. Das empiristische Sinnkriterium läßt sich dann als die Forderung nach vollständiger bzw. unvollständiger P. bzw. Bestätigungsfähigkeit aller sinnvollen Sätze ausdrücken, wobei Carnap für die schwächste Variante, die Forderung nach unvollständiger Bestätigungsfähigkeit, optiert.

Literatur: R. Carnap, Der logische Aufbau der Welt, Berlin 1928, Hamburg [2]1961, [4]1974, 1998; ders., Testability and Meaning, Philos. Sci. 3 (1936), 419–471, 4 (1937), 1–40 (repr. New Haven Conn. 1950, 1954), Neudr. in: S. Sarkar, Logical Empiricism at Its Peak, New York etc. 1996, 200–265; M. Friedman/R. Creath (eds.), The Cambridge Companion to Carnap, Cambridge 2007; R. Haller, Neopositivismus. Eine historische Einführung in die Philosophie des Wiener Kreises, Darmstadt 1993, 2005; C. G. Hempel, The Concept of Cognitive Significance: A Reconsideration, Proc. Amer. Acad. Arts Sci. 80 (1951), 61–77 (dt. Der Begriff der kognitiven Signifikation. Eine erneute Betrachtung, in: J. Sinnreich [ed.], Zur Philosophie der idealen Sprache. Texte von Quine, Tarski, Martin, Hempel und Carnap, München 1972, 126–144); H. Keuth, Die Philosophie Karl Poppers, Tübingen 2000, [2]2011 (engl. The Philosophy of Karl Popper, Cambridge/New York 2005); ders. (ed.), Karl Popper: Logik der Forschung, Berlin 1998, [4]2013 (Klassiker Auslegen XII); L. Krauth, Die Philosophie Carnaps, Wien/New York 1970, 1997; W. Lenzen, Überprüfung, Hb. wiss.theoret. Begr. III (1980), 658–666; J. F. Malherbe, La philosophie de Karl Popper et le positivisme logique, Namur 1976, [2]1979; T. Mormann, Rudolf Carnap, München 2000; K. R. Popper, Logik der Forschung. Zur Erkenntnistheorie der modernen Naturwissenschaften, Wien 1934, ohne Untertitel: Tübingen 1966, [11]2005 (engl. The Logic of Scientific Discovery, London, New York 1959, rev. London 1968, London etc. 2010); ders., Conjectures and Refutations. The Growth of Scientific Knowledge, London 1963, rev. [4]1972, rev. [5]1989, 2010 (dt. Vermutungen und Widerlegungen. Das Wachstum der wissenschaftlichen Erkenntnis, I–II, Tübingen 1994/1997, in einem Bd. Tübingen 2000, [2]2009); ders., Objective Knowledge. An Evolutionary Approach, Oxford 1972, 1994 (dt. Objektive Erkenntnis. Ein evolutionärer Entwurf, Hamburg 1973, [4]1984, 1998); L. Schäfer, Karl R. Popper, München 1988, [3]1996; P. A. Schilpp (ed.), The Philosophy of Rudolf Carnap, La Salle Ill., London 1963, 1997; ders. (ed.), The Philosophy of Karl Popper, I–II, La Salle Ill. 1974; E. Sober, Testability, Proc. Amer. Philos. Ass. 73 (1999), 47–76; W. Stegmüller, Hauptströmungen der Gegenwartsphilosophie I, Stuttgart [2]1960, [6]1976, 1978, 402–411; S. Thornton, Karl Popper, SEP 1997, rev. 2013; A. Wellmer, Methodologie als Erkenntnistheorie. Zur Wissenschaftslehre Karl R. Poppers, Frankfurt 1967, 1972. M. C.

Prüfung, kritische (engl. critical or severe test), im Kritischen Rationalismus (↑Rationalismus, kritischer) K. R. Poppers Bezeichnung zur Kennzeichnung der wissenschaftlichen ↑Methode, von Popper oft synonym mit ›strenger Prüfung‹ gebraucht. Das Prinzip der k.n P. charakterisiert im Rahmen der ↑Logik der Forschung die Idee wissenschaftlicher ↑Rationalität und erscheint als Gegenbegriff zum Prinzip der zureichenden ↑Begründung, dessen Schwierigkeiten das ↑Münchhausen-Trilemma aufzeigen soll. Es stützt die Geltungsprüfung einer Theorie nicht auf eine Untersuchung ihres Ursprungs oder ihrer Herkunft, sondern auf eine ↑Kritik ihrer Konsequenzen. Aus einer unbegründbaren ↑Hypothese werden ↑Folgerungen abgeleitet und untereinander sowie mit ↑Basissätzen verglichen. Dabei werden in einem ersten Schritt Konsistenz (↑widerspruchsfrei/Widerspruchsfreiheit) und empirischer Gehalt (↑Gehalt, empirischer) beurteilt – ob also eine Hypothese falsifizierbar (↑Falsifikation) und damit wissenschaftlich ist und ob sie (erfolgreiche k. P. unterstellt) einen wissenschaftlichen Fortschritt darstellen würde – und anschließend deren Konsequenzen empirisch überprüft (vgl. Popper, Logik der Forschung, [8]1984, 7–8). Die empirische Nachprüfung muß dabei ›streng‹ sein, eine Anforderung, die von Popper so gekennzeichnet wird, daß es sich bei ›strengen Prüfungen‹ um ernsthafte Widerlegungsversuche »im Lichte unseres ganzen objektiven Wissens und mit aller Erfindungskraft« (Objective Knowledge, 1972, 81 [dt. Objektive Erkenntnis, [4]1984, 83]) handeln soll. Die Konsequenzen, auf deren Untersuchung sich die k. P. stützt, müssen unwahrscheinlich im Lichte des Hintergrundwissens sein (Conjectures and Refutations, 1963, 215–250 [Chap. 10 Truth, Rationality and the Growth of Scientific Knowledge]). Dabei hängt die mögliche Strenge einer Prüfung vom Grad der ↑Prüfbarkeit einer Theorie ab. Das Ergebnis der (im Grundsatz nicht abschließbaren) k.n P. wird durch einen (vorläufigen) Grad der ↑Bewährung ausgedrückt, den Popper dem induktiven Grad der ↑Bestätigung entgegensetzt. Bestätigung zielt nämlich auf möglichst wahrscheinliche Annahmen, während gut bewährte Hypothesen zunächst unwahrscheinlich sind, aber der k.n P. gleichwohl standgehalten haben.

Das Prinzip der k.n P. wird später von Popper und vor allem H. Albert in der Weise erweitert, daß eine Nachprüfung nicht allein durch Basissätze, sondern durch jede intersubjektiv formulierbare ↑Argumentation erfolgen kann (↑Intersubjektivität). Für den Kritischen Rationalismus wird damit das Prinzip der k.n P. zu einem umfassenden Modell aller Rationalität, dessen Anwendungsbereich auch ↑Ethik und politische Philosophie (↑Philosophie, politische) umfaßt. – Der Begriff der strengen Prüfung (›severe test‹) ist bei D. Mayo aufgenommen. Sie setzt wie Popper auf die empirische Untersuchung spezifischer Hypothesen (im Gegensatz zu einem Bestätigungsholismus) und betont das Lernen aus Irrtümern und Fehlern (1996, 1–20 [Chap. 1 Learning from Error]).

Literatur: H. Albert, Traktat über kritische Vernunft, Tübingen 1968, [5]1991; J. M. Böhm/H. Holweg/C. Hoock (eds.), Karl Poppers kritischer Rationalismus heute. Zur Aktualität kritisch-rationaler Wissenschaftstheorie, Tübingen 2002; M. Leschke/ I. Pies (eds.), Karl Poppers kritischer Rationalismus, Tübingen 1999; D. G. Mayo, Error and the Growth of Experimental Knowledge, Chicago Ill./London 1996; K. R. Popper, Logik der Forschung. Zur Erkenntnistheorie der modernen Naturwissenschaften, Wien 193, ohne Untertitel Tübingen 1966, [11]2005 (engl. The Logic of Scientific Discovery, London, New York 1959, rev. London 1968, London etc. 2010); ders., Conjectures and Refutations. The Growth of Scientific Knowledge. An Evolutionary Approach, London 1963, 2007; ders., Objective Knowledge. An Evolutionary Approach, Oxford 1972, 1994 (dt. Objektive Erkenntnis. Ein evolutionärer Entwurf, Hamburg 1973, [4]1984, 1998); S. Thornton, Karl Popper, SEP 1997, rev. 2013. M. C.

Psellos, Michael (angenommener Mönchsname, eigentlich: Konstantinos), *Nikomedeia 1018, †Konstantinopel um 1078, bedeutender byzantinischer Gelehrter und Staatsmann. Nach Studium der Rhetorik, Philosophie und Rechtswissenschaften (unter seinen Lehrern J. Mauropus und Niketas von Byzanz) Richter und kaiserlicher Sekretär (unter Michael V.). 1045–1054, nach Neugründung der Universität von Konstantinopel, Prof. der Philosophie (Leitung der philosophischen Studien). 1054 aus politischen Gründen Rückzug als Mönch auf den Olympos (Bithynien); 1055, nach dem Tode des Kaisers Konstantinos IX. Monomachos, Rückkehr nach Konstantinopel. 1059–1063 erneut aus politischen Gründen erzwungener Klosteraufenthalt. – P. bemühte sich im Geiste eines christlichen Humanismus um eine Erneuerung der Philosophie des ↑Neuplatonismus unter Rückgang auf Platon (Timaios-Kommentar) und um eine Vermittlung zwischen ↑Platonismus und ↑Aristotelismus. Theologisches Wissen soll über naturwissenschaftliches und mathematisches Wissen schrittweise erworben werden. P. schrieb in meist kompilatorischer Form über theologische, rhetorische, grammatische, naturwissenschaftliche und medizinische Themen; seine Schriften stellen wichtige Quellen sonst nicht überlieferter Werke (z. B. von Iamblichos und Proklos) dar. Als sein bedeutendstes Werk gilt die »Chronographie« (biographische Berichte über die Kaiser von 976 bis 1078).

Werke: MPG 122, 537–1455. – P. de Daemonibus [lat.], trans. M. Ficino, in: Iamblichus De mysteriis Aegyptiorum, Chaldaeorum, Assyriorum [...], Venedig 1497, 1503 (repr. Frankfurt 1972), separat unter dem Titel: Dialogus de energia, seu operatione Dæmonum [lat.], ed. P. Moreau, Paris 1577, unter dem Titel: *Περὶ ἐνεργείας δαιμόνων διάλογος*/De operatione dæmonum dialogus [griech./lat.], ed. G. Gaulmin, Paris 1615, Kiel 1688, unter dem Titel: De operatione daemonum, ed. J. F. Boissonade, Nürnberg 1838 (repr. Amsterdam 1964) (franz. Traicté par dialogue de l'énergie ou operation des diables, übers. P. Moreau, Paris o. J. [1576], unter dem Titel: Une traduction française du *ΠΕΡΙ ΕΝΕΡΓΕΙΑΣ ΔΑΙΜΟΝΩΝ* de Michel P., ed. É. Renauld, Rev. ét. grec. 33 [1920], 56–95; engl. Dialogue on the Operation of Daemons, trans. M. Collisson, Sydney 1843; griech./ital. Sull'attività dei demoni, trans. F. Albini/U. Albini, Genua 1985); *Τοῦ σοφωτάτου Ψελλοῦ ἐπίλυσις εἰς τοὺς ἓξ τῆς φιλοσοφίας τρόπους* [...]/Introductio in sex philosophie modos [...] [griech./lat.], trans. J. Foscarenus, Venedig 1532, unter dem Titel: Introductio in philosophiae modos [...], Paris 1541; *Σύνταγμα εὐσύνπτον εἰς τὰς τέσσαρας μαθηματικὰς ἐπιστήμας* [...]/Opus dilucidum in quattuor mathematicas disciplinas, arithmeticam, musicam, geometriam et astronomiam [griech.], Venedig 1532, Paris 1545, unter dem Titel: Liber de quatuor mathematicis scientiis, arithmetica, musica, geometria & astronomia [lat.], Basel 1556; Pselli [...] in Physicen Aristotelis commentarii, Venedig 1554 (repr. unter dem Titel: Commentarii in Physicen Aristotelis, Stuttgart-Bad Cannstatt 1990); Arithmetica, musica et geometrica, Paris 1557, Tournon 1592; Metaphrasis libri secundi Posteriorum analyticorum Aristotelis, ed. E. Margunios, Venedig 1574; Synopsis organi Aristotelici [griech./lat.], ed. E. Ehinger, o. O. [Augsburg] 1597; Synopsis legum, versibus iambis et politicis [griech./lat.], ed. F. Bosquet, Paris 1632, Leipzig 1789; Compendium mathematicum, aliaque tractatus eodem pertinentes, Leiden 1647 [enthält auch Opus dilucidum in quattuor mathematicas disciplinas (s. o.)]; De lapidum virtutibus [griech./lat.], ed. P. J. de Maussac/J. S. Bernard, Leiden 1745, unter dem Titel: Il De lapidum virtutibus di Michele Psello [griech./ital.], ed. P. Galigani, Florenz 1980; In Platonis De animæ procreatione præcepta commentarius [griech./lat.], ed. C. G. Linder, Uppsala 1854; Historikoi logoi, epistolai, kai alla anekdota, ed. C. Sathas, Venedig/Paris 1876 (repr. Hildesheim 1972); The History of Psellus [griech.], ed. C. Sathas, London 1899 (repr. New York 1979), unter dem Titel: Chronographie, ou histoire d'un siècle de Byzance (976–1077) [griech./franz.], I–II, ed. É. Renauld, Paris 1926/1928, ²1967, unter dem Titel: Imperatori di Bisanzio (Cronografia) [griech./ital.], I–II, ed. S. Impellizzeri, übers. S. Ronchey, o. O. [Mailand] 1984, ²1993, unter dem Titel: Chronographia [griech.], I–II, Berlin 2014 (I Einleitung u. griech. Text, II Textkritischer Kommentar und Indices) (engl. The »Chronographia« of Michael Psellus, ed. D. R. Reinsch, Berlin/Boston Mass. 2014, ed. E. R. A. Sewter, London, New Haven Conn. 1953, rev. unter dem Titel: Fourteen Byzantine Rulers. The »Chronographia«, Harmondsworth 1966, 2007; dt. Leben der byzantinischen Kaiser [976–1075], übers. D. R. Reinsch, Berlin/München/Boston Mass. 2015); De Gregorii theologi charactere iudicium. Accedit [...] De Ioannis Chrysostomi charactere iudicium ineditum [griech.], ed. P. Levy, Leipzig 1912; La chronologie appliquée de M. P., ed. G. Redl, Byzantion 4 (1927/1928), 197–236, 5 (1929), 229–286; Épître sur la chrysopée. Opuscules et extraits sur l'alchimie, la météorologie et la démonologie, ed. J. Bidez, Brüssel 1928; Scripta minora, I–II, ed. E. Kurtz/F. Drexl, Mailand 1936/1941; De omnifaria doctrina [griech.], ed. L. G. Westerink, Nijmegen, Utrecht 1948; Versi e un opuscolo inediti di Michele Psello, ed. A. Garzya, Neapel 1966; Encomium in Johannem Euchaitam. Encomio per Giovanni, piissimo Metropolita di Euchaita e Protosincello [ital.], ed. R. Anastasi, Padua 1968; Démonologie populaire, démonologie critique au XIe siècle. La vie inédite de S. Auxence [griech./franz.], ed. P.-P. Joannou, Wiesbaden 1971; Epistola a Giovanni Xifilino [griech./ital.], ed. U. Criscuolo, Neapel 1973, ²1990; Epistola a Michele Cerulario [griech./ital.], ed. U. Criscuolo, Neapel 1973, ²1990; Nozioni paradossali [griech./ital.], ed. O. Musso, Neapel 1977; Basilikoi logoi inédits de M. P., ed. P. Gautier, Siculorum Gymnasium 33 (1980), 717–771; Tre epistole inedite di M. P., ed. M. L. Agati, Siculorum Gymnasium 33 (1980), 909–916; Orazione in memoria di Costantino Lichudi [ital.], ed. U. Criscuolo, Messina 1983; In Mariam Sclerenam [griech./ital.], ed. M. D. Spadaro, Catania 1984; Oratoria minora, ed. A. R. Littlewood, Leipzig 1985; The Essays on Euripides and George of Pisidia and on Heliodorus and Achilles Tatius, ed. A. R. Dyck, Wien 1986; Due epistole inedite di Psello ad un Monaco del Monte Olimpo [griech./ital.], ed. M. L. Agati, in: Studi albanologici, balcanici, bizantinici e orientali in onore di Giuseppe Valentini, S. J., Florenz 1986, 177–190; Quelques lettres de P. inédites ou déjà éditées [griech./franz.], ed. P. Gautier, Rev. ét. Byzantines 44 (1986), 111–197; Epistole inediti, I–III, ed. E. V. Maltese, Studi ital. filol. class., 3. Ser. 5 (1987), 82–98, 214–223, 3. Ser. 6 (1988), 110–134; Excerpta neoplatonici inediti di Michele Psello, ed. R. Masullo, Atti dell'Accademia Pontaniana NS 37 (Neapel 1988), 33–47; Autobiografia. Encomio per la madre [griech./ital.], ed. U. Criscuolo, Neapel 1989; Theologica, I–II, I, ed. P. Gautier, Leipzig 1989, II, ed. L. G. Westerink/J. M. Duffy, München/Leipzig 2002; Philosophica minora, I–II, ed. J. M. Duffy/D. J.

O'Meara, I, Stuttgart/Leipzig 1992, II, Leipzig 1989 (repr., I–II, Berlin/Boston Mass. 2013); Historia Syntomos. Editio princeps, ed. W. J. Aerts, Berlin/New York 1990; Un discours inédit de Michel P. sur la Crucifixion [griech.], Rev. ét. Byzantines 49 (1991), 5–66; Poemata, ed. L. G. Westerink, Stuttgart/Leipzig 1992; Orationes forenses et acta, ed. G. T. Dennis, Stuttgart/Leipzig 1994; Orationes hagiographicae, ed. E. A. Fisher, Stuttgart/Leipzig 1994; Orationes panegyricae, ed. G. T. Dennis, Stuttgart/Leipzig 1994; Un opuscolo inedito di Michele Psello »Solutiones medicae« [griech./ital.], ed. A. M. Ieraci Bio, in: U. Criscuolo/R. Maisano (eds.), Synodia. Studia humanitatis Antonio Garzya septuagenario ab amicis atque discipulis dicata, Neapel 1997, 459–474; Der unedierte Schlußteil der Grabrede des M. P. auf den Patriarchen Johannes Xiphilinos, ed. A. Sideras, Göttinger Beitr. z. byzant. u. neugriech. Philol. 2 (2002), 113–132; Mothers and Sons, Fathers and Daughters. The Byzantine Family of M. P., ed. A. Kaldellis, Notre Dame Ind. 2006; Kommentar zur Physik des Aristoteles. Editio princeps [griech.], ed. L. G. Benakis, Athen 2008; Vita di S. Aussenzio di Bitinia [griech./ital.], ed. P. Varalda, Alessandria 2014; Orationes funebres [griech.] I, ed. I. Polemis, Berlin/Boston Mass. 2014. – Totok II (1973), 239–240; P. Moore, Iter Psellianum. A Detailed Listing of Manuscript Sources for All Works Attributed to M. P., Including a Comprehensive Bibliography, Toronto 2005.

Literatur: R. Anastasi, Studi sulla »Chronographia« di Michele Psello, Catania 1969; P. Athanassiadi, Byzantine Commentators on the Chaldaean Oracles: P. and Plethon, in: K. Ierodiakonou (ed.), Byzantine Philosophy and Its Ancient Sources, Oxford 2002, 2006, 237–252; C. Barber/D. Jenkins (eds.), Reading M. P., Leiden/Boston Mass. 2006; L. Benakis, Studien zu den Aristoteles-Kommentaren des M. P. I (Ein unedierter Kommentar zur Physik des Aristoteles von M. P.), Arch. Gesch. Philos. 43 (1961), 215–238, II (Die aristotelischen Begriffe Physis, Materie, Form nach M. P.), Arch. Gesch. Philos. 44 (1962), 33–61; ders., M. P.' Kritik an Aristoteles und seine eigene Lehre zur »Physis«- und »Materie-Form«-Problematik, Byzantinische Z. 56 (1963), 213–227; A. Berger, P., DNP X (2001), 506–508; G. Böhlig, Untersuchungen zum rhetorischen Sprachgebrauch der Byzantiner. Mit besonderer Berücksichtigung der Schriften des M. P., Berlin 1956; M.-H. Congourdeau, P., Enc. philos. universelle III/1 (1992), 785–787; U. Criscuolo, Tardoantico e umanesimo bizantino. Michele Psello, *ΚΟΙΝΩΝΙΑ* 5 (Neapel 1981), 7–23; É. Des Places, Le renouveau platonicien du XIe siècle. Michel Psellus et les »Oracles chaldaïques«, Académie des Inscriptions et Belles-Lettres. Comptes rendues 110 (1966), 313–324; J. Duffy, Hellenic Philosophy in Byzantium and the Lonely Mission of M. P., in: K. Ierodiakonou (ed.), Byzantine Philosophy and Its Ancient Sources, Oxford 2002, 2006, 139–181; G. Emrich, P., BBKL VII (1994), 1017–1019; A. Gadolin, A Theory of History and Society. With Special Reference to the »Chronographia« of M. P., 11th Century Byzantium, Stockholm/Göteborg/Uppsala 1970, Amsterdam 1987; H. Gärtner, P., KP IV (1972), 1210–1211; P. Gautier, Collections inconnues ou peu connues de textes pselliens, Riv. studi bizantini e slavi 1 (1981), 39–69; ders., Deux manuscrits pselliens: Le Parisinus graecus 1182 et le Laurentianus graecus 57–40, Rev. ét. Byzantines 44 (1986), 45–110; A. Hohlweg, Medizinischer ›Enzyklopädismus‹ und das *ΠΟΝΗΜΑ ΙΑΤΡΙΚΟΝ* des M. P.. Zur Frage seiner Quelle, Byzantinische Z. 81 (1988), 39–49; H. Hunger, Die hochsprachliche profane Literatur der Byzantiner, I–II, München 1978 (Handbuch der Altertumswissenschaft Abt. XII/5.1–5.2), bes. I, 372–382; J. M. Hussey, Church & Learning in the Byzantine Empire 867–1185, London 1937, New York 1963, 73–88 (Chap. IV M. P.); K. Ierodiakonou, P.' Paraphrasis on Aristotle's »De interpretatione«, in: dies., Byzantine Philosophy and Its Ancient Sources, Oxford 2002, 2006, 157–181; dies., M. P., in: H. Lagerlund (ed.), Encyclopedia of Medieval Philosophy. Philosophy Between 500 and 1500 II, Dordrecht etc. 2011, 789–791; dies., P., Dict. ph. ant. V/B (2012), 1712–1717; A. Kaldellis, The Argument of P.' »Chronographia«, Leiden/Boston Mass./Köln 1999; ders., Hellenism in Byzantium. The Transformations of Greek Identity and the Reception of the Classical Tradition, Cambridge etc. 2007, 2011, bes. 191–224 (Chap. 4 M. P. and the Instauration of Philosophy); E. Kriaras, P., RE Suppl. XI (1968), 1124–1182; F. Lauritzen, The Depiction of Character in the »Chronographia« of M. P., Turnhout 2013; E. N. Papaioannou, M. P.. Rhetoric and Authorship in Byzantium, Cambridge etc. 2013; E. Pietsch, Die »Chronographia« des M. P.. Kaisergeschichte, Autobiographie und Apologie, Wiesbaden 2005; D. Pingree, Psellus, DSB XI (1975), 182–186; G. Redl, Untersuchungen zur technischen Chronologie des M. P., Byzantinische Z. 29 (1929/1930), 168–187; É. Renauld, Étude de la langue et du style de Michel P., Paris 1920; S. Ronchey, Indagini ermeneutiche e critico-testuali sulla »Cronografia« di Psello, Rom 1985; M. Sicherl, M. P. und Iamblichos »De Mysteriis«, Byzantinische Z. 53 (1960), 8–19; S. A. Sofroniou, M. P.' Theory of Science, *ΑΘΗΝΑ* 69 (1966/1967), 78–90; B. Tatakis, La philosophie byzantine, Paris 1949, ²1959, 161–209; F. Tinnefeld, P., TRE XXVII (1997), 637–639; W. Treadgold, The Middle Byzantine Historians, Basingstoke/New York 2013, bes. 271–308 (Chap. VIII M. P.); R. Volk, Der medizinische Inhalt der Schriften des M. P., München 1990; C. Zervos, Un philosophe néoplatonicien du XIe siècle. Michel P.. Sa vie, son œuvre, ses luttes philosophiques, son influence, Paris 1920 (repr. New York 1973). J. M.

Psephoi (Plural von griech. *ψῆφος*), griech. Terminus für Steinchen, die bei geheimen Abstimmungen und als Mosaiksteine oder Spielsteine von Brettspielen, für magisch-mantische Zwecke (*ἡ διὰ ψήφων μαντική*) oder als Rechensteine (›Rechenpfennige‹) in der Rechenpraxis der griechischen Antike (↑Abacus) sowie zum Auslegen ›figurierter Zahlen‹ Verwendung fanden. Beispiele für letztere sind die als Abb. 1–3 wiedergegebenen Konfigu-

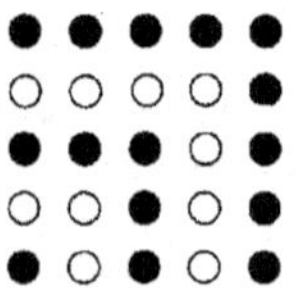

Abb. 1

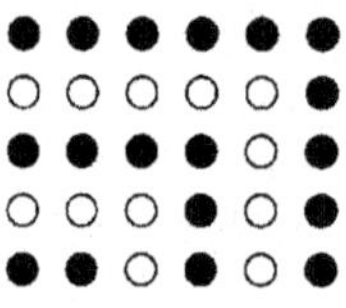

Abb. 2

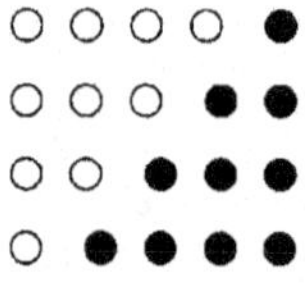

Abb. 3

rationen, bei denen die Anordnung der Steinchen bzw. der sie vertretenden Punkte in Abb. 1 eine ›Quadratzahl‹, in Abb. 2 eine ›Rechteckszahl‹ und die der weißen (ebenso wie die der schwarzen) Punkte in Abb. 3 eine ›Dreieckszahl‹ repräsentiert.

Darstellungen dieser Art spielen eine bislang nicht restlos geklärte Rolle in der so genannten Pythagoreischen Arithmetik (›P.-Arithmetik‹) des 5. vorchristlichen Jahrhunderts und (H.-J. Waschkies 1989) bereits in der vorgriechischen babylonischen Mathematik (für die durch neuere Funde auch die Verwendung verschiedenfarbiger Rechensteine belegt ist). Obwohl Verfahren der P.-Arithmetik im einzelnen erst bei Neuplatonikern (↑Neuplatonismus) des 2. und 3. nachchristlichen Jahrhunderts (Theon von Smyrna, Nikomachos von Gerasa, Iamblichos) erörtert und auch erst von ihnen ausdrücklich dem Pythagoras bzw. den ↑Pythagoreern zugeschrieben werden, läßt sich ihre Bekanntheit und Verbreitung in voreuklidischer Zeit aus Bezugnahmen schon bei Platon, Aristoteles (vgl. Met. *N*5.1092b11–12) u. a. erschließen.

Die Wissenschaftsgeschichtsschreibung hat bis vor kurzem den Sinn der P.-Darstellungen darin gesehen, daß sich an ihnen (anders als bei Verwendung rein konventioneller Zählzeichen) manche arithmetischen Eigenschaften der dargestellten Zahlen unmittelbar ›ablesen‹ lassen und dadurch das ›Wesen‹ dieser Zahlen erkennbar wird (P.-H. Michel 1950), das in der Tat den Gegenstand der Zahlenspekulation in den neuplatonischen Quellen bildet. Bei dieser Auffassung erscheint die P.-Arithmetik allenfalls als auf die gängige Rechenpraxis (↑Logistik) reflektierende ›populäre Arithmetik‹ (B. L. van der Waerden 1979, 392) ohne theoretischen Anspruch, da die Funktion einer P.-Konfiguration auf die *Veranschaulichung* einer individuellen Sachlage beschränkt wird. Demgegenüber ist in neuerer Zeit (vor allem durch Untersuchungen von Waschkies) die wissenschaftsgeschichtliche Bedeutung der P.-Arithmetik deutlich geworden. Die Anordnung der Steinchen oder Punkte einer P.-Konstellation erfolgt ja nach festen, allenfalls für gerade und ungerade Zahlen unterschiedlichen, ↑*Handlungsschemata*; die in der P.-Konstellation dargestellten arithmetischen Eigenschaften werden nicht der einzelnen Figur entnommen, sondern den Anweisungen für ihre Herstellung. Da diese als *Regeln* in jedem Einzelfall anwendbar und in diesem Sinne allgemein sein müssen, haben wir hier »kein auf konkrete Fälle abzielendes Rechnen, sondern ein kalkülmäßiges Ableiten im Rahmen einer operativ begründenden Arithmetik« (Waschkies 1989, 54). Wenn z. B. durch das Auslegen L-förmiger Steinchenreihen (↑›Gnomone‹) in Abb. 1 einsichtig wird, daß jede mit 1 beginnende Summe von aufeinanderfolgenden ungeraden Zahlen (dargestellt durch die abwechselnd schwarzen und weißen Gnomone der Figur) eine Quadratzahl liefert, jede mit 2 beginnende Summe aufeinanderfolgender gerader Zahlen (Abb. 2) eine Rechteckszahl der Form $n(n+1)$, und jede mit 1 beginnende Summe aufeinanderfolgender natürlicher Zahlen die Hälfte $n(n+1)/2$ dieser Rechteckszahl (vgl. das weiße und das schwarze Dreieck in Abb. 3), so enthalten die P.-Konfigurationen für diese arithmetischen Sachverhalte völlig allgemeine (d. h. für jedes *n* gültige) Beweise, die sich auf die in der einzelnen P.-Figur veranschaulichte allgemeine Konstruktionsregel für dieselbe stützen.

Obwohl die in solchen Verfahren liegenden Beweismöglichkeiten fast ausnahmslos erst in Rekonstruktionen durch Mathematikhistoriker des 20. Jhs. aufgewiesen worden sind und unstrittige historische Belege für ihre Bekanntheit in griechischer oder vorgriechischer Zeit bisher nicht vorliegen, macht die Analyse einzelner Quellen doch wahrscheinlich, daß mit Hilfe solcher Verfahren schon in der babylonischen Mathematik die Summe der Zweierpotenzen $2^0 + 2^1 + 2^2 + \cdots + 2^n$ für beliebiges *n* gefunden worden ist, daß die Inkommensurabilität (↑inkommensurabel/Inkommensurabilität) von Seite und Diagonale des Quadrats innerhalb der P.-Arithmetik bereits in vorklassischer Zeit entdeckt worden sein kann (nämlich durch die Einsicht in die Unmöglichkeit bestimmter P.-Konstellationen; vgl. Waschkies 1971), und daß der Euklidische Satz vom Nichtabbrechen der Primzahlenfolge (Elemente IX, 20) schon vor Euklid mit P.-Methoden gefunden worden war (Waschkies 1989, 293–301). Das Operieren mit P.-Figuren stellt sich somit als »eine alternative Form des wissenschaftlichen Beweisens« (Waschkies 1989, 186) dar, die sich als eine frühe Gestalt der Operativen Arithmetik (↑Arithmetik, konstruktive, ↑Mathematik, operative) verstehen läßt.

Literatur: O. Becker, Grundlagen der Mathematik in geschichtlicher Entwicklung, Freiburg/München 1954, ²1964, Frankfurt 1975, 1990, 34–37 (Die Arithmetik der Spielsteine (ψῆφοι)); ders., Das mathematische Denken der Antike, Göttingen 1957, ²1966; W. Burkert, Weisheit und Wissenschaft. Studien zu Pythagoras, Philolaos und Platon, Nürnberg 1962, 404–423 (engl. Lore and Science in Ancient Pythagoreanism, Cambridge Mass. 1972, 427–447); T. L. Heath, A History of Greek Mathematics I (From Thales to Euclid), Oxford 1921 (repr. 1965, Bristol 1993), bes. 76–84; W. R. Knorr, The Evolution of the Euclidean Elements. A Study of the Theory of Incommensurable Magnitudes and Its Significance for Early Greek Geometry, Dordrecht/Boston Mass. 1975; S. Krämer, Die magische Identität von Symbol und Symbolisiertem in der pythagoreischen Rechensteinarithmetik, in: dies., Berechenbare Vernunft. Kalkül und Rationalismus im 17. Jahrhundert, Berlin/New York 1991, 12–31; W. Lefèvre, Rechenstein und Sprache. Zur Begründung der wissenschaftlichen Mathematik durch die Pythagoreer, in: P. Damerow/W. Lefèvre (eds.), Rechenstein, Experiment, Sprache. Historische Fallstudien zur Entstehung der exakten Wissenschaften, Stuttgart 1981, 115–169; P.-H. Michel, De Pythagore à

Euclide. Contribution à l'histoire des mathématiques préeuclidiennes, Paris 1950; K. Reidemeister, Die Arithmetik der Griechen, Leipzig/Berlin 1940, ferner in: ders., Das exakte Denken der Griechen. Beiträge zur Deutung von Euklid, Plato, Aristoteles, Hamburg 1949 (repr. Darmstadt 1972, 1974), 15–43; A. Rey, La jeunesse de la science grecque, Paris 1933, 270–300 (Chap. 5 L'arithmo-géométrie pythagoricienne); B. L. van der Waerden, Die Arithmetik der Pythagoreer, Math. Ann. 120 (1947/1949), 127–153, 676–700; ders., Die Pythagoreer. Religiöse Bruderschaft und Schule der Wissenschaft, Zürich/München 1979, 392–423 (Kap. 17 Die Arithmetik der Pythagoreer); H.-J. Waschkies, Eine neue Hypothese zur Entdeckung der inkommensurablen Größen durch die Griechen, Arch. Hist. Ex. Sci. 7 (1971), 325–353; ders., Anfänge der Arithmetik im Alten Orient und bei den Griechen, Amsterdam 1989. C. T.

Pseudo-Dionysios Areopagites, unbekannter syrischer Verfasser einer Reihe mystisch-theologischer Schriften des 5. oder 6. Jhs., der sich D. A. nannte, um sich mit der Autorität eines unmittelbaren Schülers des Apostels Paulus (gemäß dessen Missionierung auf dem Areopag, Apg. 17,34) zu versehen. Seine Schriften »De divinis nominibus«, »De mystica theologia« und über die himmlische und die kirchliche Hierarchie verbinden neuplatonische (Einfluß von Plotinos, Iamblichos, Proklos, ↑Neuplatonismus) mit christlichen Lehren, so vom dreifachen Schriftsinn (Origenes [↑Hermeneutik], ↑Allegorese) und vom unendlichen Aufstieg (Gregor von Nyssa).

Nach P.-D. A. ist Gott das unterscheidungslose *Eine* (*ἕν*), dem Prädikate weder zu- noch abgesprochen (↑zusprechen/absprechen) werden können und das somit unerkennbar ist. Sowohl die positive (*καταφατική*) als auch die negative (*ἀποφατική*) Theologie des P.-D. A. spricht jedoch in paradoxer und hymnischer Form von diesem göttlichen Einen. Vom Einen geht alles aus (*πρόδρομος*), zu ihm kehrt am Ende alles zurück (*ἐπιστροφή*): Unterscheidungen interpretiert P.-D. A. neuplatonisch als ↑Emanationen aus Gott, ähnlich der Hypostasenlehre (↑Hypostase) des Plotinos. Die Emanationen des Einen sind gemäß einer hierarchischen Rangordnungsontologie gestuft und stehen in Teilhabeverhältnissen (↑Methexis, ↑Teilhabe) zueinander. Dieses Grundmodell interpretiert P.-D. A. kosmologisch-ontologisch, ekklesiologisch und mystisch. Als Ordnung der Welt zeigt es sich im ›Ausströmen‹ der Engel, Menschen und Materie aus dem unsichtbaren göttlichen ›Urquell‹, als kirchliche Organisation in den Ämtern und Sakramenten, als Gliederung des mystischen Aufstiegs in der Reinigung (*via purgativa*), Erleuchtung (*via illuminativa*) und Vereinigung mit Gott (*via unitiva*).

Diese Gliederung wurde für die mittelalterliche ↑Mystik vorbildlich. Vor allem die neuplatonische negative ↑Theologie des P.-D. A. wirkte (angesichts seiner unterstellten nahezu apostolischen Autorität) nachhaltig auf die kirchliche Theologie: Um 850 übersetzte J. S. Eriugena die Schriften des P.-D. A. ins Lateinische. Er beeinflußte die Mystik der Viktoriner (↑Sankt Viktor, Schule von), Albertus Magnus und Thomas von Aquin, der ihn häufiger als Aristoteles zitiert. Im Spätmittelalter wird P.-D. A. wichtig für Meister Eckhart und für Grundbegriffe des Nikolaus von Kues an der Schwelle zur Neuzeit: ↑docta ignorantia und ↑coincidentia oppositorum. L. Valla und Erasmus von Rotterdam bestreiten als erste die Echtheit des Corpus Dionysianum. – In der philosophischen Gegenwartsdiskussion beziehen sich J.-L. Marion und J. Derrida wieder auf die negative Theologie des P.-D. A..

Werke: Opera, Straßburg 1503 (repr. Frankfurt 1970); MPG 3–4 (Paris 1857); The Works of Dionysius the Areopagite, I–II, ed. J. Parker, London 1897/1899 (repr., in 1 Bd., Merrick N. Y. 1976); Œuvres complètes du Pseudo-Denys l'Aréopagite, ed. M. de Gandillac, Paris 1943, 1990; Tutte le opere. Gerarchia celeste, gerarchia ecclesiastica, nomi divini, teologia mistica, lettere, ed. E. Bellini, Mailand 1981, ⁴1999 (mit Bibliographie, 55–65), 2009; The Complete Works, ed. C. Luibheid u. a., Mahwah N. J., London 1987; The Armenian Version of the Works Attribued to Dionysius the Areopagite [griech./engl.], I–II, ed. R. W. Thomson, Louvain 1987; Corpus Dionysiacum, I–II, ed. B. R. Suchla/G. Heil/A. M. Ritter, Berlin/New York 1990/1991, II, ed. G. Heil/A. M. Ritter, Berlin/Boston Mass. ²2012. – Die Hierarchien der Engel und der Kirche, ed. W. Tritsch, München 1955; Dionysius Areopagita. Mystische Theologie und andere Schriften. Mit einer Probe aus der Theologie des Proklus, ed. W. Tritsch, München 1956; The Divine Names and Mystical Theology, ed. J. D. Jones, Milwaukee Wis. 1980, 1999; Über die himmlische Hierarchie. Über die kirchliche Hierarchie, ed. G. Heil, Stuttgart 1986; Die Namen Gottes, ed. B. R. Suchla, Stuttgart 1988; La théologie mystique. Lettres, ed. D. A. Gozier, Paris 1991; Über die mystische Theologie und Briefe, ed. A. M. Ritter, Stuttgart 1994; Schriften, ed. G. Wehr, Wiesbaden 2013. – B. Faes de Mottoni, Il Corpus Dionysianum nel Medioevo. Rassegna di studi. 1900–1972, Bologna 1977 [kommentierte Bibliographie].

Literatur: Y. de Anida, L'union à dieu chez l'Aréopagite, Leiden/New York/Köln 1996; R. A. Arthur, Pseudo-Dionysius as Polemicist. The Development and Purpose of the Angelic Hierarchy in Sixth Century Syria, Aldershot/Burlington Vt. 2008; T. Boiadjiev/G. Kapriev/A. Speer (eds.), Die Dionysius-Rezeption im Mittelalter. Internationales Kolloquium in Sofia vom 8. bis 11. April 1999 unter der Schirmherrschaft der Société Internationale pour l'Étude de la Philosophie Médiévale, Turnhout 2000; B. Brons, Gott und die Seienden. Untersuchungen zum Verhältnis von neuplatonischer Metaphysik und christlicher Tradition bei Dionysius Areopagita, Göttingen 1976; S. Coakley/C. M. Stand (eds.), Re-Thinking Dionysius the Areopagite, Malden Mass./Oxford 2009; J. D. Copp, Dionysius the Pseudo-Areopagite. Man of Darkness/Man of Light, Lewiston N. Y. 2007; K. Corrigan/L. M. Harrington, Pseudo-Dionysius the Areopagite, SEP 2004, rev. 2014; M. Craig, Mystery in Philosophy. An Invocation of Pseudo-Dionysius, Lanham Md. etc. 2012; J. Derrida, Comments ne pas parler. Dénégations, in: ders., Psyché. Inventions de l'autre, Paris 1987, 535–595 (separat dt. Wie nicht sprechen. Verneinungen, ed. P. Engelmann, Wien 1989, ³2014; engl. How to Avoid Speaking. Denials, in: H. Howard/T. Fosbay [eds.], Derrida and Negative Theology, Albany N. Y.

1992, 73–142); F. Drews, Methexis, Rationalität und Mystik in der »Kirchlichen Hierarchie« des Dionysius Areopagita, Berlin 2011; B. Forte, L'universo dionisiano nel prologo della »Mistica Teologia«, Medioevo 4 (1978), 1–57; S. Gersh, From Iamblichus to Eriugena. An Investigation of the Prehistory and Evolution of the Pseudo-Dionysian Tradition, Leiden/New York 1978; R. F. Hathaway, Hierarchy and the Definition of Order in The »Letters« of Pseudo-Dionysius. A Study in the Form and Meaning of the Pseudo-Dionysian Writings, The Hague 1969; E.v. Ivánka, Plato Christianus. Übernahme und Umgestaltung des Platonismus durch die Väter, Einsiedeln 1964, 223–289 (Kap. VI Pseudo-Dionysius Areopagita); F. Ivanović, Symbol and Icon. Dionysius the Areopagite and the Iconoclastic Crisis, Eugene Or. 2010; ders. (ed.), Dionysius the Areopagite between Orthodoxy and Heresy, Newcastle 2011; H. Jarka-Sellers, Pseudo-Dionysius, REP VII (1998), 804–808; A. Jülicher, D. der Areopagite, RE IX (1903), 996–999; G.-K. Kaltenbrunner, Dionysius vom Areopag. Das Unergründliche, die Engel und das Eine, Zug 1996; A. Louth, The Origins of the Christian Mystical Tradition from Plato to Denys, London/New York 1981, Oxford etc. ^{2}2007; ders., Denys the Areopagite, London/Wilton Conn. 1989; J.-L. Marion, Dieu sans l'être, Paris 1992, ^{3}2010 (dt. Sein ohne Gott, ed. K. Ruhstorfer, Paderborn etc. 2014); W. Müller, D. A.. Der Vater des esoterischen Christentums, Basel 1976, mit Untertitel: Und sein Wirken bis heute, Basel ^{2}1976; V. Muñiz Rodríguez, Significado de los nombres de Dios en el Corpus Dionysiacum, Salamanca 1975; W. M. Neidl, Therarchia. Die Frage nach dem Sinn von Gott bei Pseudo-Dionysius Areopagita und Thomas von Aquin (dargestellt anhand der Texte von *ΠΕΡΙ ΘΕΙΩΝ ΟΝΟΜΑΤΩΝ* und des dazu verfaßten Kommentars des Aquinaten), Regensburg 1976; M. Nientied, Reden ohne Wissen. Apophatik bei Dionysius Areopagita, Moses Maimonides und Emmanuel Levinas. Mit einem Exkurs zu Niklas Luhmann, Regensburg 2010; M. Ninci, L'universo e il non-essere I (Transcendenza di Dio e molteplicità del reale nel monismo dionisiano), Rom 1980; F. O'Rourke, Pseudo-Dionysius and the Metaphysics of Aquinas, Leiden/New York/Köln 1992, Notre Dame Ind. 2005; R. Padellaro de Angelis, L'influenza di Dionigi l'Areopagita sul pensiero medievale, Rom 1975; E. D. Perl, Theophany. The Neoplatonic Philosophy of Dionysius the Areopagite, Albany N. Y. 2007; S. la Porta, Two Anonymous Sets of Scholia on Dionysios the Areopagite's »Heavenly Hierarchy«, Louvain 2008; A. M. Ritter, Dionysius Areopagita, RGG II (^{4}1999), 859–860; D. F. T. Rodier, Meditative States in the Abhidharma and in Pseudo-Dionysius, in: R. B. Harris (ed.), Neoplatonism and Indian Thought, Norfolk Va. 1982, 121–136; R. Roques, L'univers dionysien. Structure hiérarchique du monde selon le Pseudo-Denys, Paris 1954, 1983; P. Rorem/J. C. Lamoraux, John of Scythopolis and the Dionysian Corpus. Annotating the Areopagite, Oxford 1998, 2006; P. Scazzoso, Ricerche sulla struttura del linguaggio dello Pseudo-Dionigi Areopagita. Introduzione alla lettura delle opere pseudo-dionisiane, Mailand 1967; C. Schäfer, Philosophy of Dionysius the Areopagite. An Introduction to the Structure and the Content of the Treatise »On the Divine Names«, Leiden/Boston Mass./Köln 2006; C. M. Stang, Apophasis and Pseudonymity in Dionysius the Areopagite. ›No Longer I‹, Oxford etc. 2012; E. Stein, Wege der Gotteserkenntnis. D. der Areopagit und seine symbolische Theologie, München 1979, Freiburg/Basel/Wien 2003, ^{2}2007 (= Ges. Ausg. XVII) (franz. Les voies de la connaissance de Dieu. La théologie symbolique de Denys l'Aéropagite, ed. P. Secretan/C. Rastoin, Genf 2003); W.-M. Stock, Theurgisches Denken. Zur »Kirchlichen Hierarchie« des Dionysius Areopagita, Berlin/New York 2008; B. R. Suchla, Dionysius Areopagita. Leben – Werk – Wirkung, Freiburg/Basel/Wien 2008; A. Touwaide, D. A., DNP III (1997), 647–648; J. Vanneste, Le mystère de Dieu. Essai sur la structure rationnelle de la doctrine mystique du Pseudo-Denys l'Aréopagite, Brüssel/Paris/Brügge 1959; W. Völker, Kontemplation und Ekstase bei Pseudo-Dionysius Areopagita, Wiesbaden 1958; M. V. Walton, Expressing the Inexpressible in Lyotard and Pseudo-Dionysius. Bearing Witness as Spiritual Exercise, Lanham Md. etc. 2013; S. K. Wear, Dionysius the Areopagite and the Neoplatonist Tradition. Despoiling the Hellenes, Aldershot/Burlington Vt. 2007; C. Yannaras, De l'absence et de l'inconnaissance de Dieu. D'après les écrits aréopagitiques et Martin Heidegger, Paris 1971. T. R.

Pseudoerklärung, von C. G. Hempel terminologisch verwendete Bezeichnung zur Unterscheidung zwischen fehlerhaften und korrekten Erklärungsversuchen. Im Unterschied zu einer P. liegt eine (echte) ↑Erklärung jedenfalls dann vor, wenn aus allen erforderlichen wahren (und empirisch gehaltvollen) Prämissen korrekt – nach dem jeweiligen Erklärungsschema – geschlossen wird. Auch unvollständige Erklärungen bzw. Erklärungsskizzen brauchen noch keine P.en zu sein, wenn sie nämlich um fehlende ↑Prämissen oder weitere eingrenzende Erklärungen vervollständigt werden können. Eine P. liegt dann vor, wenn eine Prämisse falsch, ein Schluß nicht korrekt oder eine Erklärungsskizze nicht vervollständigbar ist. Vor allem die Unterscheidung zwischen P.en und Erklärungsskizzen ist in der Praxis schwierig, da es auf der Basis des jeweils anerkannten Wissensstandes vielfach nicht entscheidbar ist, ob eine Erklärungsskizze vervollständigt werden kann oder nicht.

Literatur: C. G. Hempel, Aspects of Scientific Explanation and Other Essays in the Philosophy of Science, New York, London 1965, 240, 433 (dt. [Teilübers.] Aspekte wissenschaftlicher Erklärung, Berlin/New York 1977, 152); O. Schwemmer, Theorie der rationalen Erklärung. Zu den methodischen Grundlagen der Kulturwissenschaften, München 1976; W. Stegmüller, Probleme und Resultate der Wissenschaftstheorie und Analytischen Philosophie I (Erklärung – Begründung – Kausalität), Berlin/Heidelberg/New York 1969, erw. ^{2}1983. O. S.

Pseudokennzeichnung, Bezeichnung für eine ↑Kennzeichnung, die nicht die Bedingung erfüllt, genau einen Gegenstand zu charakterisieren, die also mehr als einen oder gar keinen Gegenstand bestimmt. Im zweiten Fall wird die P. auch *fiktional* (↑Fiktion) genannt. – Zur Bewertung von P.en in Aussagen sind in der analytischen Sprachphilosophie (↑Philosophie, analytische) im wesentlichen zwei Auffassungen vertreten worden. Nach B. Russells Analyse sind P.en enthaltende Aussagen, z. B. ›der gegenwärtige König von Frankreich ist kahlköpfig‹, als falsch zu bewerten. Dabei geht Russell davon aus, daß die (falsche) ↑Existenzaussage ›es gibt gegenwärtig einen (und nur einen) König von Frankreich‹ *mitbehauptet* wird. Bereits G. Frege vertrat dagegen die Ansicht, daß die Existenz der durch ↑Kennzeichnungsterme benannten Gegenstände bei Aussagen *vorausgesetzt* (↑Präsupposition) ist. P.en enthaltende Aussagen (der genannten Art) werden von Frege daher als ›weder wahr noch falsch‹ bewertet. Diese Bestimmung erlaubt eine angemessene Charakterisierung fiktionaler Rede, wie sie insbes. in der Dichtung (↑Fiktion, literarische) legitimerweise vorkommt.

Literatur: G. Frege, Über Sinn und Bedeutung, Z. Philos. phil. Kritik NF 100 (1892), 25–50, Neudr. in: ders., Funktion, Begriff, Bedeutung. Fünf logische Studien, ed. G. Patzig, Göttingen 1962, [7]1994, 40–65, ed. M. Textor, 2002, ed. G. Patzig, 2008, 23–46; B. Russell, On Denoting, Mind NS 14 (1905), 479–493, ferner in: ders., The Collected Papers IV, ed. A. Urquhart, London/New York 1994, 414–427 (dt. Über das Kennzeichnen, in: ders., Philosophische und politische Aufsätze, ed. U. Steinvorth, Stuttgart 1971, 2009, 3–22). G. G.

Pseudo-Longinos, auf Longinos als hypothetischen Autor der anonym überlieferten Schrift »Über das Erhabene« (»Über den erhabenen Stil«: περὶ ὕψους) hinweisende Verfasserbezeichnung. Durch diese aus der 1. Hälfte des 1. Jh. n. Chr. stammende (bisweilen immer noch fälschlich unter dem Namen Longinos geführte) Schrift wurde das Erhabene neben dem Schönen als bedeutende Kategorie der Ästhetik (↑ästhetisch/Ästhetik) eingeführt. M. G.

Psychoanalyse, von S. Freud begründetes *Verfahren* zur Untersuchung unbewußter psychischer Vorgänge (↑Unbewußte, das) und zu deren Behandlung, sofern diese zu schweren Beeinträchtigungen der individuellen Lebens-, Erlebens- und Handlungsfähigkeit führen (neurotische Konflikte, psychotische Störungen), ferner die auf einem solchen Verfahren beruhende *Theorie* dieser Vorgänge. Grundlegend ist die Vorstellung, daß eine Strebung dann pathogen wird, wenn ihr Gegenstand mit anderen (vor allem gesellschaftlich vermittelten) psychischen Tendenzen in Konflikt steht und die ›Abwehr‹ des Individuums hervorruft. Diese Abwehr hindert den ↑Konflikt bzw. die für ihn verantwortlichen antagonistischen (↑Antagonismus) Strebungen daran, bewußt zu werden, oder drängt sie, falls sie bewußt sind, ins Unterbewußte ab (›Verdrängung‹). Wird in der P. ihre Bewußtmachung versucht, nimmt der Analytiker die verdrängenden Kräfte als ›Widerstand‹ wahr.
Als die wichtigsten Abwehrmechanismen gelten in der P. die Projektion (↑Projektion (psychoanalytisch und sozialpsychologisch)) und die Übertragung, in der der Analysand sowohl positive, zärtliche als auch negative, feindselige Einstellungen, die überwiegend aus Erfahrungen mit Bezugspersonen seiner Kindheit stammen, auf den Analytiker überträgt (der seinerseits häufig mit einer in Eigenanalyse aufzuarbeitenden Gegenübertragung reagiert). Die Abwehrmechanismen und die ihnen zugrundeliegenden psychischen Prozesse werden aus der Analyse solcher seelischen Ausdrucksformen erschlossen, bei denen der Widerstand des Analysanden herabgesetzt ist, also etwa aus Träumen, freien Assoziationen und Fehlleistungen. Auf diese Weise, aber auch durch Analyse aktueller Motiv- und Gefühlskonflikte, werden die in früher Kindheit real oder in der Phantasie durchlebten und so erlernten, jedoch den eigenen ↑Bedürfnissen und ↑Interessen teilweise zuwiderlaufenden Beziehungs- und Verhaltensmuster bewußt und so einer Veränderung zugänglich gemacht. Die Entdeckung der frühkindlichen Sexualität führte Freud dazu, die Hauptursache neurotischer Störungen im Widerstreit zwischen dem frühkindlichen Triebstreben nach oraler, analer und genitaler Befriedigung – letztere nicht nur auf den eigenen Körper, sondern auch auf den gegengeschlechtlichen Elternteil bezogen (›Ödipus-Komplex‹) – und den von außen auferlegten Hemmungen und Schranken zu sehen. Die Fixierung der Sexualenergie, der ↑Libido, auf eine der beiden genannten prägenitalen Organisationsstufen und ihre spezifischen Objektbereiche führt nach Freuds Auffassung zu Perversionen.
Freud hatte bis 1923 eine strukturelle und topologische Zweiteilung des Psychischen vertreten (›Es‹ und ›Ich‹ bzw. ›unbewußt‹ und ›bewußt‹); ab 1923 erfolgt eine Dreiteilung (strukturell: ›Es‹, ›Ich‹, ›Über-Ich‹; topologisch: ›unbewußt‹, ›vorbewußt‹, ›bewußt‹). In der zweiten Konzeption wird das Ich als Mittler zwischen den Instanzen des ↑Es und des Über-Ich betrachtet, wobei das Es die Triebansprüche repräsentiert (›Lustprinzip‹), das Ich die Vernunftansprüche nach Kompromiß und Ausgleich (›Realitätsprinzip‹) und das Über-Ich die sozialen Ansprüche und Autoritäten. Die Es-Strebungen werden auch ›Primärprozesse‹, die Ich-Kontrollen ›Sekundärprozesse‹ genannt (↑Prozeß); der Vorgang einer erfolgreichen Umlenkung von Es-Strebungen auf kulturell hoch bewertete Ziele heißt ↑›Sublimierung‹.
Die P. nimmt eine der Tradition der ↑Aufklärung verpflichtete kultur- und gesellschaftskritische Haltung ein. Diese geht dort verloren, wo P. lediglich als Instrument der Anpassung an die gegebenen persönlichen und sozialen Umstände eines Individuums angesehen und praktiziert wird. Der Status der psychoanalytischen Theorie ist umstritten. Freud bediente sich sowohl naturwissenschaftlicher als auch geisteswissenschaftlicher Beschreibungs- und Erklärungskonzepte. Seine Anlehnung an physikalische, physiologische und biologische Begriffsbildungen seiner Zeit gilt als überholt. Auch ließ sich der Anspruch auf eine nomologische ↑Erklärung psychischer Vorgänge nicht einlösen. So analysierte A. Grünbaum die Stichhaltigkeit der empirischen Begründung der P. durch Freud und gelangte zu einem im allgemeinen negativen Ergebnis, weil es Freud unter anderem nicht gelang, Störfaktoren – wie die suggestive

Einwirkung des Analytikers oder die Möglichkeit von Placebo-Effekten in der Therapie – zu eliminieren, um zu verläßlichen Schlüssen über die zugrundeliegenden psychischen Vorgänge und ihre Gesetzlichkeiten zu gelangen. Schließlich werden in Theorie und Praxis der P. empirische und begriffliche Fragen häufig nicht deutlich voneinander geschieden. Abgesehen von diesen (teilweise behebbaren) Schwächen der psychoanalytischen Theorie (und Praxis) beruht ihr prekärer Status auf der unvermeidlichen und unüberwindlichen Vielgesichtigkeit ihres Gegenstandes, des Unbewußten, in dem sich leibnahe triebhafte, intentionale und sozial-gesellschaftliche Einflüsse miteinander verbinden, wodurch ein rein kausales (↑Kausalität) oder rein hermeneutisches (↑Hermeneutik) Verständnis ausgeschlossen ist.
Als Institution und Bewegung neigt die P. zur Schul- und Sektenbildung. Schon früh spalteten sich von ihr die Individualpsychologie A. Adlers und die Analytische Psychotherapie C. G. Jungs ab. Adler postulierte das Geltungsstreben als menschlichen Grundtrieb, während Jung die Existenz eines kollektiven Unbewußten, das eine der gesamten Menschheit gemeinsame Symbolik enthält, unterstellte. Die P. verlor ihre im deutschen Sprachraum beherrschende Stellung mit der nationalsozialistischen Machtergreifung. Ihre Hauptvertreter, meist jüdischer Abstammung, emigrierten überwiegend nach England und in die USA. Dort erlebte die P. nach dem Zweiten Weltkrieg den Höhepunkt ihres Ansehens und ihrer Wirksamkeit, zugleich aber ihre Medizinalisierung und eine damit einhergehende gesellschaftliche Anpassung sowie ihre Zersplitterung in eine Vielzahl von Schulen und Richtungen (K. Abraham, F. Alexander, B. Bettelheim, E. Erikson, H. Hartmann, K. Horney, O. Rank, W. Reich, R. Spitz, H. S. Sullivan). In den letzten Jahrzehnten fand ein reger Reimport amerikanischer Konzepte und Methoden nach Deutschland statt. Die jüngste Entwicklung ist neben dem Beharren auf orthodoxen Standpunkten von Versuchen geprägt, die P. für Gesellschaftskritik und soziale Reformen nutzbar zu machen (H. Dahmer, A. Mitscherlich, M. Mitscherlich-Nielsen, P. Parin, H. E. Richter). – Die P. hat fast alle Geistes- und Humanwissenschaften beeinflußt und selbst zahlreiche Einflüsse, z. B. aus ↑Anthropologie, Lerntheorie, ↑Kommunikationstheorie und ↑Systemtheorie, aufgenommen, was zum Teil auf die Ausweitung ihres Betätigungsfeldes zurückzuführen ist (vor allem auf die Analyse von familiären und Gruppenprozessen).

Literatur: K. Abraham, Ges. Schriften in zwei Bänden, I–II, ed. J. Cremerius, Frankfurt 1982; L. Althusser, Freud et Lacan, La Nouvelle Critique 161–162 (1964/1965), 88–108, ferner in: Écrits sur la psychanalyse. Freud et Lacan, ed. O. Corpet/F. Matheron, Paris 1993, 15–51 (dt. Freud und Lacan, Berlin 1970, ferner in: ders./M. Tort, Freud und Lacan/Die P. im historischen Materialismus 1976, 5–42); C. H. Bachmann (ed.), P. und Verhaltenstherapie, Frankfurt 1972, 1976; R. Battegay, Psychoanalytische Neurosenlehre. Eine Einführung, Bern/Stuttgart/Wien 1971, Frankfurt 1996; M. Boss, P. und Daseinsanalytik, Bern/Stuttgart 1957, München 1980 (engl. Psychoanalysis and Daseinsanalysis, New York/London 1963, 1982; franz. Psychanalyse et analytique du Dasein, Paris 2007); J. Bowlby, Attachment and Loss, I–III, London, New York 1969–1980, London 1997–1998 (franz. Attachement et perte, I–III, Paris 1978–1984, I, [5]2002, 2013, II, [4]2007, 2013, III, [3]2013; dt. Bindung und Verlust, I–III, München 2006); I. A. Caruso, Soziale Aspekte der P., Stuttgart 1962, rev. Hamburg 1972 (franz. La Psychanalyse contre la société?, Paris 1977); M. Cavell, The Psychoanalytic Mind. From Freud to Philosophy, Cambridge Mass./London 1993, 1996 (dt. Freud und die analytische Philosophie des Geistes. Überlegungen zu einer psychoanalytischen Semantik, Stuttgart 1997); P. Clark/C. Wright (eds.), Mind, Psychoanalysis and Science, Oxford/New York 1988, 1989; H. Dahmer (ed.), Analytische Sozialpsychologie, I–II, Frankfurt 1980 (repr. Gießen 2013); ders., Pseudonatur und Kritik. Freud, Marx und die Gegenwart, Frankfurt 1994, Münster [2]2013; G. Deleuze/F. Guattari, Capitalisme et schizophrénie, I–II, Paris 1972/1980, 2012/2013 (dt. Kapitalismus und Schizophrenie, I–II, Frankfurt 1974/1992, I, 2000, II, Berlin 2005; engl. Capitalism and Schizophrenia, I–II, Minneapolis Minn. 1983/1987, I, New York/London 2009, II, London 2013); A. Dührssen, Ein Jahrhundert psychoanalytische Bewegung in Deutschland. Die Psychotherapie unter dem Einfluss Freuds, Göttingen/Zürich 1994; M. N. Eagle, Recent Developments in Psychoanalysis. A Critical Evaluation, New York 1984, Cambridge Mass. 1987 (dt. Neuere Entwicklungen in der P.. Eine kritische Würdigung, München 1988, Stuttgart [2]1994); ders. u. a., Psychoanalysis, in: A. E. Kazdin (ed.), Encyclopedia of Psychology VI, Oxford/New York 2000, 340–359; M. Edelson, Psychoanalysis. A Theory in Crisis, Chicago Ill./London 1988, 1990; A. Elliott, Psychoanalytical Theory. An Introduction, Oxford/New York 1994, Durham N. C. [2]2002; H. J. Eysenck, Decline and Fall of the Freudian Empire, Harmondsworth etc. 1985, New Brunswick N. J. 2005 (dt. Sigmund Freud. Niedergang und Ende der P., München 1985; franz. Déclin et chute de l'empire freudien, Paris 1994); ders./G. D. Wilson (eds.), The Experimental Study of Freudian Theories, London 1973 (repr. London/New York 2013) (dt. Experimentelle Studien zur P. Sigmund Freuds. Eine kritische Bestandesaufnahme der theoretischen Überlegungen Sigmund Freuds auf der Grundlage naturwissenschaftlich-experimenteller Methoden, Wien/München/Zürich 1979); B. A. Farrell, Philosophy and Psychoanalysis, New York/Toronto 1994; O. Fenichel, The Psychoanalytic Theory of Neurosis, New York 1945, 1996 (franz. La théorie psychanalytique des névroses, I–II, Paris 1953, 1987; dt. Psychoanalytische Neurosenlehre, I–III, Olten 1974–1977, I, [2]1980, II, [3]1982, III, [3]1981, Nachrdr. I–III Gießen 2014); S. Ferenczi, Bausteine zur P., I–IV, Leipzig 1927–1938, Bern etc. 1984, Nachdr. 1985; ders., Zur Erkenntnis des Unbewußten und andere Schriften zur P., ed. H. Dahmer, München 1978; R. Fine, A History of Psychoanalysis, New York/Guildford 1979, 1990; J. M. Fischer (ed.), Psychoanalytische Literaturinterpretationen. Aufsätze aus »Imago. Zeitschrift für Anwendung der P. auf die Geisteswissenschaften« (1912–1937), Tübingen/München 1980; D. Flader/W.-D. Grodzicki/K. Schröter (eds.), P. als Gespräch. Interaktionsanalytische Untersuchungen über Therapie und Supervision, Frankfurt 1982; C. Frank (ed.), Wege zur Deutung. Verstehensprozesse in der P., Opladen 1994; A. Freud, Das Ich und die Abwehrmechanismen, Wien 1936, Frankfurt [20]2009 (engl. The Ego and the Mechanisms of Defence, London 1937, rev. 1967; franz. Le moi et les mécanismes de défense, Paris 1949, 2009); dies., The Writings of Anna Freud, I–VIII, New York 1965–1982 (dt. Die Schriften der Anna Freud, I–X, München 1980, rev. Frankfurt 1987); S. Freud, Ges. Werke, I–XVIII, ed. A. Freud, London 1940–1952, erw. um Nachtragsbd. (Texte aus den Jahren 1885–1938), ed. A. Richards, Frankfurt 1987, 1999; ders., The Standard Edition of the Complete Psychological Works, I–XXIV, ed. J. Strachey, London 1953–1974, 2001; ders., Studienausgabe, I–X u. 1 Erg.bd., ed. A. Mitscherlich/A. Richards/J. Strachey, Frankfurt 1969–1979, rev. 1989, 2001; S. Gardner, Irrationality and the Philosophy of Psychoanalysis, Cambridge etc. 1993, 2006; R. R. Greenson, Explorations in Psychoanalysis, New York 1978 (dt. [teilw.] Psychoanalytische Erkundungen, Stuttgart 1982, 1993); A. Grünbaum, The Foundations of Psychoanalysis. A Philosophical Critique, Berkeley Calif./Los Angeles/London 1984, 1985 (dt. Die Grundlagen der P.. Eine philosophische Kritik, Stuttgart 1988); ders., Précis of »The Foundations of Psychoanalysis: A Philosophical Critique« [mit Open Peer Commentary], Behavioral and Brain Sci. 9 (1986), 217–284; ders., P. in wissenschaftstheoretischer Sicht. Zum Werk Sigmund Freuds und seiner Konzeption, Konstanz 1987; ders., Validation in the Clinical Theory of Psychoanalysis. A Study in the Philosophy of Psychoanalysis, Madison Conn. 1993; B. Grunberger, Narcisse et Anubis. Études psychanalytiques. 1954–1986, Paris 1989 (dt. Narziss und Anubis. Die P. jenseits der Triebtheorie, I–II, München/Wien 1988); J. Habermas, Erkenntnis und Interesse, Frankfurt 1968, [13]2001, Hamburg 2008; L. Haesler, P.. Therapeutische Methode und Wissenschaft vom Menschen, Stuttgart/Berlin/Köln 1994; M. Hagel, Die Validität psychoanalytischer Deutungen. Zur Begründungslogik einer sinnverstehenden Diagnostik, München/Wien 1993; H. Hartmann, Die Grundlagen der P., Leipzig 1927, Stuttgart 1972; ders., Psychoanalysis and Moral Values, New York 1960 (dt. P. und moralische Werte, Stuttgart 1973, Frankfurt 1992; franz. Psychanalyse et valeurs morales, Toulouse 1975); ders., Essays on Ego-Psychology. Selected Problems in Psychoanalytic Theory, New York, London 1964, New York 1981 (dt. Ich-Psychologie. Studien zur psychoanalytischen Theorie, Stuttgart 1972,[2]1997); A. Heigl-Evers/P. Günther (eds.), Blick und Widerblick. Gegensätzliche Auffassungen von der P., Göttingen/Zürich 1994; W. W. Hemecker, Vor Freud. Philosophiegeschichtliche Voraussetzungen der P., München 1991; A. Hesnard, De Freud à Lacan, Paris 1970, [3]1977; H. Hildebrandt/R. Heinz, P., Hist. Wb. Ph. VII (1989), 1572–1590; R. Hinrichs, Freuds Werke. Ein Kompendium zur Orientierung in seinen Schriften, Göttingen/Zürich 1994; S. O. Hoffmann, Charakter und Neurose. Ansätze zu einer psychoanalytischen Charakterologie, Frankfurt 1979, [2]1996; S. Hook (ed.), Psychoanalysis, Scientific Method and Philosophy, New York 1959, New Brunswick N. J. 1990; J. Hopkins, Psychoanalysis, Post-Freudian, REP VII (1998), 817–824; K. Horney, New Ways in Psychoanalysis, New York 1939, London 1999 (dt. Neue Wege in der P., Stuttgart 1951, München [2]1977, Eschborn 2007; franz. Les voies nouvelles de la psychanalyse, Paris 1951, unter dem Titel: Voies nouvelles en psychanalyse. Une critique de la theorie freudienne, Paris 1976); W. Huber, P. in Österreich seit 1933, Wien/Salzburg 1977; L. Irigaray, Unbewußtes, Frauen, P., Berlin 1977; C. G. Jung, Ges. Werke, I–XX, ed. M. Niehus-Jung/L. Hurwitz-Eisener/F. Riklin, Zürich/Stuttgart (ab 1971 Olten/Freiburg) 1958–1994, Ostfildern 2011; ders., Collected Works, I–XX, ed. H. Read/M. Fordham/G. Adler, London, New York (ab 1966 Princeton N. J.) 1953–1991; ders., Grundwerk, I–IX, ed. H. Barz u. a., Olten/Freiburg 1984–1985 (I [3]1991, II, [4]1999, III, [3]1990, IV, [3]1989, V, [5]1991, VI–VII, [3]1989, VIII–IX, [2]1987); E. R. Kandel, Psychiatry, Psychoanalysis, and the New Biology of Mind, Washington D. C. 2005 (dt. Psychiatrie, P. und die neue Biologie des Geistes, Frankfurt 2006, 2010); O. F. Kernberg, Borderline Conditions and Pathological Narcissism, New York 1975, Lanham Md. 2004 (dt. Borderline-Störungen und pathologischer Narzißmus, Frankfurt 1978, 2009; franz. La personnalité narcissique, Paris 1980, 1997); ders., Object-Relations Theory and Clinical Psychoanalysis, New York 1976, Lanham Md. 2004 (dt. Objektbeziehungen und Praxis der P., Stuttgart 1981, [5]1992); ders., Severe Personality Disorders. Psychotherapeutic Strategies, New Haven Conn. 1984, 1993 (dt. Schwere Persönlichkeitsstörungen. Theorie, Diagnose, Behandlungsstrategien, Stuttgart 1988, [8]2013; franz. Les troubles graves de la personnalité. Stratégies psychothérapiques, Paris 1989, [2]2004); P. Kitcher, Psychoanalysis, Methodological Issues in, REP VII (1998), 811–817; M. Klein, Die P. des Kindes, Wien 1932, Frankfurt 1987, ferner in: dies., Ges. Schriften II, ed. R. Cycon/ H. Erb, Stuttgart-Bad Cannstatt 1997 (engl. The Psychoanalysis of Children, London/New York 1932, New York 1984; franz. La psychanalyse des enfants, Paris 1959, 2013); dies., The Writings of Melanie Klein, I–IV, ed. R. Money-Kyrle, London 1975, 1992–1998 (dt. Melanie Klein. Ges. Schriften, I–IV, ed. R. Cycon, Stuttgart-Bad Cannstatt 1995–2002); T. Köhler, Abwege der P.-Kritik. Zur Unwissenschaftlichkeit der Anti-Freud-Literatur, Frankfurt 1989; H. Kohut, The Analysis of the Self. A Systematic Approach to the Psychoanalytic Treatment of Narcissistic Personality Disorders, New York, London 1971, Chicago Ill./London 2009 (dt. Narzißmus. Eine Theorie der psychoanalytischen Behandlung narzistischer Persönlichkeitsstörungen, Frankfurt 1973, 2007); ders., Die Zukunft der P.. Aufsätze zu allgemeinen Themen und zur Psychologie des Selbst, Frankfurt 1975, [2]1985; ders., The Restoration of the Self, New York 1977, Chicago Ill./ London 2009 (dt. Die Heilung des Selbst, Frankfurt 1979, 2006); L. S. Kubie, Symbol and Neurosis. Selected Papers, ed. H. J. Schlesinger, New York 1978; P. Kutter/R. Páramo-Ortega/P. Zagermann (eds.), Die psychoanalytische Haltung. Auf der Suche nach dem Selbstbild der P., München/Wien 1988, München/ Wien, Stuttgart [2]1993; P. Kutter (ed.), Psychoanalysis International. A Guide to Psychoanalysis Throughout the World I–II, Stuttgart-Bad Cannstatt 1992/1995; J. Lacan, Écrits, I–II, Paris 1966, 1999 (dt. Schriften, I–III, ed. N. Haas, Olten/Freiburg 1975–1980, I, Weinheim/Berlin [4]1996, II, [3]1991, III, [3]1994); ders., Le séminaire de Jacques Lacan. Texte établi par J.-A. Miller, Paris 1975–2006 (erschienen Bde. I–IV, VII–VIII, XI, XVII, XX, XXIII) (dt. Das Seminar von Jacques Lacan, I–V, VII–VIII, X–XI, XX, Olten/Freiburg, Weinheim/Berlin, Wien 1978–2010, I–II, Olten/Freiburg [2]1990, IV, Wien [2]2007, XI, Weinheim/Berlin [4]1996, XX, [2]1991); H. Lang, Die Sprache und das Unbewußte. J. Lacans Grundlegung der P., Frankfurt 1973, [3]1998 (engl. Language and the Unconscious. Lacan's Hermeneutics of Psychoanalysis, Atlantic Highlands N. J. 1997); E. List, P.. Geschichte, Theorien, Anwendungen, Wien 2009, [2]2014; W. Loch, Perspektiven der P., Stuttgart 1986; R. Lockot, Erinnern und Durcharbeiten. Zur Geschichte der P. und Psychotherapie im Nationalsozialismus, Frankfurt 1985, Gießen 2002; A. Lorenzer, Kritik des psychoanalytischen Symbolbegriffs, Frankfurt 1970, [2]1972; ders., Über den Gegenstand der P. oder: Sprache und Interaktion, Frankfurt 1973; ders., Die Wahrheit der psychoanalytischen Erkenntnis. Ein historisch-materialistischer Entwurf, Frankfurt 1974, [2]1985; A. C. MacIntyre, The Unconscious. A Conceptual Analysis, London 1958, rev. New York/

London 2004 (dt. Das Unbewußte. Eine Begriffsanalyse, Frankfurt 1968; franz. L' inconscient. Analyse d'un concept, Paris 1984); P. J. Mahony, Psychoanalysis and Discourse, London, New York 1987; H. Marcuse, Triebstruktur und Gesellschaft. Ein philosophischer Beitrag zu Sigmund Freud, Frankfurt 1967, 1979, Nachdr. als: ders., Schriften V, Springe 2004; O. Marquard, Transzendentaler Idealismus, Romantische Naturphilosophie, P., Köln 1987; P. v. Matt, Literaturwissenschaft und P.. Eine Einführung, Freiburg 1972, ohne Untertitel Stuttgart 2001, 2013; W. Mertens, Kompendium psychoanalytischer Grundbegriffe, München 1992, unter dem Titel: Psychoanalytische Grundbegriffe. Ein Kompendium, Weinheim ^{2}1998; ders., P. im 21. Jahrhundert. Eine Standortbestimmung, Stuttgart 2014; ders./B. Waldvogel (eds.), Handbuch psychoanalytischer Grundbegriffe, Stuttgart, Berlin/Köln 2000, Stuttgart ^{3}2008, ohne B. Waldvogel ^{4}2014; S. A. Mitchell/M. J. Black, Freud and Beyond. A History of Modern Psychoanalytic Thought, New York 1995, 1996; U. Möllenstedt, Kritik der psychoanalytischen Wissenschaftstheorie, Bern/Frankfurt 1976; H.-J. Möller, P. – erklärende Wissenschaft oder Deutungskunst? Zur Grundlagendiskussion in der Psychowissenschaft, München 1978; B. E. Moore/B. D. Fine, A Glossary of Psychoanalytic Terms and Concepts, New York ^{2}1968, 1971, unter dem Titel: Psychoanalytic Terms and Concepts, New Haven Conn./London 1990; H. Nagera (ed.), Basic Psychoanalytic Concepts on the Libido Theory, London, New York 1969, 1990 (dt. Libido- und Triebtheorie, in: Psychoanalytische Grundbegriffe. Eine Einführung in Sigmund Freuds Terminologie und Theoriebildung, Frankfurt 1974, Eschborn ^{2}2007, 117–238); ders. (ed.), Psychoanalytic Concepts on the Theory of Dreams, London, New York 1969, London 1990 (dt. Traumtheorie, in: Psychoanalytische Grundbegriffe [s. o.], 230–333); ders. (ed.), Psychoanalytic Concepts on the Metapsychology, Conflicts, Anxiety and Other Subjects, New York, London 1970, London/New York 2014 (dt. Metapsychologie und andere Konzepte, in: Psychoanalytische Grundbegriffe [s. o.], 335–538); ders. (ed.), Psychoanalytic Concepts on the Theory of Instincts, London, New York 1970, London/New York 2014 (dt. Libido- und Triebtheorie, in: Psychoanalytische Grundbegriffe [s. o.], 17–115); M. Pohlen/M. Bautz-Holzherr, P. – das Ende einer Deutungsmacht, Reinbek b. Hamburg 1995; D. Rapaport, The Structure of Psychoanalytic Theory. A Systematizing Attempt, New York 1960, 1969 (dt. Die Struktur der psychoanalytischen Theorie. Versuch einer Systematik, Stuttgart 1961, 1973); H.-E. Richter, Bedenken gegen Anpassung. P. und Politik, Hamburg 1995, unter dem Titel: P. und Politik. Zur Geschichte der politischen P., Gießen 2003; P. Ricoeur, De l'interpretation. Essai sur Freud, Paris 1965, 2006 (dt. Die Interpretation. Ein Versuch über Freud, Frankfurt 1969, ^{4}1999); E. Roudinesco, La bataille de 100 ans. Histoire de la psychanalyse en France, I–II, Paris 1982/1986, in 1 Bd. unter dem Titel: Histoire de la psychanalyse en France. Jacques Lacan, esquisse d'une vie, histoire d'un système de pensée, Paris 2009; H. J. Sandkühler (ed.), P. und Marxismus. Dokumentation einer Kontroverse, Frankfurt 1970, 1971; R. Schafer, A New Language for P., New Haven Conn./London 1976, 1978 (dt. Eine neue Sprache für die P., Stuttgart 1982; franz. Un nouveau langage pour la psychanalyse, Paris 1990); C. E. Scheidt, Die Rezeption der P. in der deutschsprachigen Philosophie vor 1940, Frankfurt 1986; M. Schneider, Neurose und Klassenkampf. Materialistische Kritik und Versuch einer emanzipativen Neubegründung der P., Reinbek b. Hamburg 1973, ^{4}1977 (engl. Neurosis and Civilization. A Marxist Freudian Synthesis, New York 1975); J. A. Schülein, Die Logik der P.. Eine erkenntnistheoretische Studie, Gießen 1999; H. Schultz-Hencke, Lehrbuch der analytischen Psychotherapie, Stuttgart 1951, Stuttgart/New York 1988; S. Spielrein, Sämtliche Schriften, Freiburg 1987, Gießen 2002; J. Starobinski, La relation critique, Paris 1970, 2002 (dt. P. und Literatur, Frankfurt 1973, 1990); B. H. F. Taureck (ed.), P. und Philosophie. Lacan in der Diskussion, Frankfurt 1992; H. Thomä/H. Kächele, Wissenschaftstheoretische und methodologische Probleme der klinisch-psychoanalytischen Forschung, Psyche 27 (1973), 205–236, 309–355; E. Urban (ed.), P. und Literaturwissenschaft. Texte zur Geschichte ihrer Beziehungen, Tübingen 1973; O. Urbanitsch, Wissenschaftstheoretische und philosophisch-anthropologische Aspekte der Freudschen P., Basel/Boston Mass./Stuttgart 1983; H. Vetter/L. Nagl (eds.), Die Philosophen und Freud. Eine offene Debatte, Wien/München 1988; H. Wahl, P., RGG VI (^{4}2003), 1795–1797; M. Whitford, Feminism and Psychoanalysis, REP III (1998), 583–588; K. Winkler, P./Psychotherapie, TRE XXVII (1997), 677–684; D. W. Winnicott, Collected Papers. Through Pediatrics to Psycho-Analysis, New York 1958, Abingdon/Oxon/New York 2014; J. Wisdom, Philosophy and Psycho-Analysis, Oxford 1953, Oxford, Berkeley Calif./Los Angeles 1969; R. Wollheim/J. Hopkins (eds.), Philosophical Essays on Freud, Cambridge etc. 1982, 1988; D. Wyss, Die tiefenpsychologischen Schulen von den Anfängen bis zur Gegenwart. Entwicklung, Probleme, Krisen, Göttingen 1961, ^{6}1991 (engl. Depth Psychology. A Critical History. Development, Problems, Crises, London 1966, unter dem Titel: Psychoanalytic Schools from the Beginning to the Present, New York 1973); M. Zentner, Die Flucht ins Vergessen. Die Anfänge der P. Freuds bei Schopenhauer, Darmstadt 1995. – Psychoanalytische Zeitschriften: Imago. Zeitschrift für Anwendung der P. auf die Natur- und Geisteswissenschaften (Leipzig/Wien 1912–1937) (ab 1933 mit dem Untertitel: Zeitschrift für Psychoanalytische Psychologie, ihre Grenzgebiete und Anwendungen); The International Journal of Psychoanalysis (London 1920 ff.); Jahrbuch der P.. Beiträge zur Theorie und Praxis (Opladen etc. 1960 ff.); Jahrbuch der psychoanalytischen und psychopathologischen Forschungen (Leipzig/Wien 1909–1914); Journal of the American Psychoanalytical Association (New York 1953 ff.); The Psychoanalytic Quarterly (New York 1932 ff.); The Psychoanalytic Study of Society (New York 1960–1994).

Bibliographien: A. Grinstein (ed.), The Index of Psychoanalytic Writings, I–XIV, New York 1956–1975; ders. (ed.), Sigmund Freud's Writings. A Comprehensive Bibliography, New York 1977; I. Meyer-Palmedo (Bearb.), Sigmund Freud-Konkordanz und -Gesamtbibliographie, Frankfurt 1975, ^{3}1980, mit G. Fichtner rev. unter dem Titel: Freud-Bibliographie mit Werkkonkordanz, Frankfurt 1989, ^{2}1999. R. Wi.

Psychologie (von griech. ψυχή, Seele, und λόγος, Lehre; lat. psychologia, engl. psychology, wörtlich ›Seelenkunde‹), Bezeichnung für die Wissenschaft von Funktion und Struktur des menschlichen ↑Erlebens, Vorstellens (↑Vorstellung) und Verhaltens (↑Verhalten (sich verhalten)). Sie wird z. B. charakterisiert als Wissenschaft, die »die bewußten Vorgänge und Zustände sowie ihre Ursachen und Wirkungen untersucht« (H. Rohracher ^{6}1958, 8), als »Wissenschaft von den subjektiven Lebensvorgängen, die in gesetzmäßiger Verbindung mit objektivem organischem Geschehen gegeben sind« (R. Pauli,

Einführung in die experimentelle P., Leipzig 1927, 12), oder, unter stärkerer Betonung des Verhaltensaspekts, als Wissenschaft, die anstrebt, »menschliches Verhalten und Erleben möglichst angemessen [zu] erfassen, d. h. es nach Konstanz und Veränderlichkeit [zu] beschreiben und wenn möglich [zu] messen, die Bedingungen von Konstanz und Veränderlichkeit fest[zu]stellen und den künftigen Verlauf, soweit es geht, vorher[zu]sagen« (H. Thomae/H. Feger 1969, 1). Innerhalb der Philosophie existiert die P. als Lehre von der ↑Seele ansatzweise schon in den alten ägyptischen und chinesischen Kulturen, im Abendland seit den ↑Vorsokratikern und vor allem seit Aristoteles.

Als Terminus wird ›P.‹ erstmals von R. Goclenius im Titel eines Sammelbandes verwendet (*Ψυχολογία*, hoc est de hominis perfectione [...], Marburg 1590), von O. Casmann erstmals als Titel einer Monographie (Psychologia anthropologica, sive animae humanae doctrina [...], Hanau 1594). In der lateinischen Gelehrtensprache setzt sich der Terminus im 18. Jh. unter dem Einfluß von C. Wolff durch (Psychologia empirica, 1732; Psychologia rationalis, 1734). J. F. Herbart (P. als Wissenschaft, 1824/1825) fordert, P. müsse als Erfahrungswissenschaft mit Hilfe der Mathematik betrieben werden. F. Galton wendet 1869 die ↑Evolutionstheorie seines Cousins C. Darwin auf die Untersuchung genialer Begabungen an. In diesem Zusammenhang entwickelt er Maße, die den Zusammenhang von Eigenschaften zum Ausdruck bringen (Korrelation, Regression). Galton und seine Schüler C. H. Spearman und K. Pearson gelten daher als die Begründer der Anwendung statistischer Methoden in der P.. Gleichzeitig führt eine empiristische (↑Empirismus) Orientierung zu einer verstärkten Forschung in den Bereichen Sinnesphysiologie und Sinnespsychologie (insbes. J. Müller, H. v. Helmholtz). E. H. Weber und G. T. Fechner verknüpfen psychologische Fragestellungen mit physikalischen und mathematischen Methoden (Schwellenbestimmungen, Zusammenhänge zwischen Reizintensität und Empfindungen) und begründen so die ↑Psychophysik (↑Weber-Fechnersches Gesetz). Oft wird der Beginn der wissenschaftlichen P. mit der Gründung des ersten psychologischen Universitätsinstituts durch W. Wundt in Leipzig (1879) verbunden. Diese Datierung betont den experimentellen Charakter (↑Experiment) der P. und damit deren Unabhängigkeit von der Philosophie. Generell versucht man seit dem 19. Jh., in Abgrenzung zur spekulativen älteren P., die psychologische Forschung auf exakte, sich an den Naturwissenschaften orientierende Verfahrensweisen zu gründen. Die Beschäftigung mit der ›Seele‹ wird an Theologie und Philosophie verwiesen. Im Zusammenhang mit der Betonung der Erforschung menschlichen Verhaltens wird auch von einer ›P. ohne Seele‹ gesprochen.

Im Zusammenhang mit der Psychophysik und den Arbeiten von Galton steht die Entwicklung der Messung individueller Unterschiede (Testpsychologie). A. Binet entwickelt 1905 in Frankreich den ersten ↑Test zur Messung der ↑Intelligenz. Diese Methode wird von J. M. Cattell in den USA eingeführt und von E. L. Thorndike weiterentwickelt. H. Ebbinghaus gelingt es (Über das Gedächtnis, 1885), die Phänomene des Erinnerns und Vergessens auf mathematischer Grundlage experimentell zu erforschen, was Herbart noch für unmöglich gehalten hatte. Er entwickelt verschiedene Aufgabenarten und Untersuchungstechniken, die heute noch Verwendung finden. Kritisiert wurde Ebbinghaus vor allem von W. Dilthey, weil er in seinen Experimenten zur Erfassung der Gesetzmäßigkeiten des Gedächtnisses sinnlose Silben benutzte (ein Verfahren, das auch heute noch weit verbreitet ist). Dilthey wendet sich gegen diese ›zergliedernde Methode‹ und propagiert eine ›beschreibende Psychologie‹, die besonders in Deutschland Anklang fand (Ausdrucks- und Gestaltpsychologie).

Die unterschiedlichen theoretischen und inhaltlichen Ansätze der P. lassen sich in Schulbildungszusammenhänge fassen. Die methodische Position der durch Wundt geprägten *Leipziger Schule*, für die Messungen im Sinne der Psychophysik, Selbstbeobachtung (↑Introspektion) und physiologische Maße die empirischen Grundlagen der Theorienbildung darstellen, werden durch philosophische ↑Assoziationstheorien beeinflußt. Wundt strebt eine objektive und analytische Erfassung von Bewußtseinselementen an und sucht nach Gesetzmäßigkeiten ihrer Verknüpfung. Das Methodenproblem der Leipziger Schule besteht darin, daß Introspektion nur mit Versuchspersonen durchführbar ist, die über hohe sprachliche Fähigkeiten verfügen, also z. B. nicht mit Kleinkindern, geistig Behinderten oder psychisch gestörten Erwachsenen. Daher wird in diesem Rahmen auch eine ›Introspektion durch Analogie‹ (E. B. Titchener 1909/1910) vorgeschlagen, d. h., der Psychologe soll sich in den Beobachteten hineinversetzen und interpretieren, was dieser fühlt und denkt. Dagegen wendet sich der ↑Behaviorismus, der das Subjektive in der P. auszuschalten sucht. Sein Begründer J. B. Watson (Psychology as the Behaviorist Views It, 1913) läßt als Methode nur noch die Beobachtung des Verhaltens mit oder ohne apparative Messung gelten. Er schließt an die Untersuchungen von I. P. Pavlov an, der sich mit der Speichelsekretion von Hunden befaßt (1929) und dabei entdeckt hatte, daß eine biologische Reaktion (Speichelfluß) nicht nur durch einen natürlichen Reiz (Futter), sondern auch durch einen anderen, zunächst neutralen Reiz (z. B. einen Ton), der häufig mit diesem räumlich und zeitlich gekoppelt dargeboten wird, ausgelöst werden kann (›Klassisches Konditionieren‹). Auf diesem Modell basieren nicht nur Lerntheorien und andere psychologische Ansätze zur Verhaltenserklärung, sondern auch eine sehr erfolgreiche Psychotherapieform (Verhaltenstherapie), für deren Entwicklung insbes. Watsons empirische Arbeiten zur Entstehung und Löschung von Furchtverhalten bei Kindern wesentlich waren.

Die Bedeutung, die Wundt und die auch als ›Strukturalismus‹ bezeichnete Leipziger Schule für die europäische P. hatten, kommt W. James und seiner (auch als Funktionalismus – im älteren Sinne – bezeichneten) *Chicagoer Schule* für die amerikanische P. zu. James propagiert statt einer Elementenanalyse die Untersuchung des ↑Bewußtseinsstroms, d.h. des Bewußtseins als eines fortlaufenden Prozesses, da Gewohnheiten, Wissen und Wahrnehmungen sich in ständiger Auseinandersetzung mit der Umwelt herausbilden (The Principles of Psychology, 1890). Einflüsse dieser Richtung finden sich heute in der Lernpsychologie, der Wahrnehmungspsychologie, der Sozialpsychologie und der ökologischen P.. – O. Külpe und mit ihm N. Ach, K. Bühler, K. Duncker, K. Marbe und A. Messer werden als die wichtigsten Vertreter der *Würzburger Schule* angesehen. Sie befassen sich hauptsächlich mit der Erforschung von ↑Denken, ↑Sprache und Willensphänomenen (↑Wille) und schließen ausdrücklich an intentionalitätstheoretisch orientierte Philosophien an, insbes. an diejenige F. Brentanos (der in der P. auch als ›Aktpsychologe‹ bezeichnet wird). Erforscht werden in diesem Zusammenhang die Beziehungen zwischen ↑Akten (↑Wahrnehmungen, ↑Urteilen, ↑Gefühlen) und den Gegenständen oder Inhalten, auf die diese sich beziehen (↑Intentionalität). Als Methode bevorzugt man das ›Ausfrageexperiment‹, bei dem die Versuchsperson unter kontrollierten Bedingungen eine Selbstbeobachtung oder Selbstbeschreibung abgibt, ferner Elemente der ›phänomenologischen Reduktion‹ (↑Reduktion, phänomenologische), die E. Husserl als Methode zur Analyse des ↑Bewußtseins und seiner Struktur vorschlug. Bühler nimmt in diesem Kreis eine gewisse Sonderstellung ein. Er befaßt sich vor allem mit Ausdrucks- und Sprachpsychologie, steht in Kontakt zu den Gestaltpsychologen und setzt sich einerseits mit der von R. Descartes beeinflußten Bewußtseinspsychologie und Phänomenologie, andererseits mit den Ansätzen der empirischen Strukturalisten und Funktionalisten auseinander.

Außerhalb der P. entwickelt S. Freud auf dem Hintergrund von praktischen Erfahrungen mit Patienten, bei denen sich keine körperlichen Ursachen für ihre Störungen finden ließen, die ↑*Psychoanalyse*. Deren bevorzugte Methoden sind freies Assoziieren und die Deutung von Trauminhalten. Die Psychoanalyse nimmt an, daß das Verhalten des Menschen in erheblichem Maße durch die Verarbeitung von unbewußten Eindrücken bedingt ist. In der Folge bilden sich durch A. Adler, C. G. Jung u.a. weitere tiefenpsychologische (↑Tiefenpsychologie) Schulen heraus, die von Freud abweichende Positionen vertreten und andere Schwerpunkte setzen. – Die Psychoanalyse ist wissenschaftstheoretisch scharf kritisiert worden, insbes. wegen ihrer Tendenz zur ↑Immunisierung gegen widersprechende empirische Evidenz; nach K. R. Popper handelt es sich bei ihr daher um eine ›Pseudowissenschaft‹. Ein Verdienst der Psychoanalyse liegt auf jeden Fall darin, die Bedeutung der Sexualität des Menschen betont und den Blick verstärkt auf das Erleben von Kindern und die späteren Folgen dieser Eindrücke im Erwachsenenalter gerichtet zu haben. Die tiefenpsychologischen Schulen haben in der Praxis der Psychotherapie (vor allem in den USA) und im allgemeinen Bewußtsein große Popularität erlangt. Psychoanalytische Theorien werden häufig auch in Soziologie, sich kritisch verstehender Sozialphilosophie (↑Theorie, kritische), Theologie und Literaturwissenschaft als Argumentationshilfe herangezogen.

Wichtigste Vertreter der *Gestaltpsychologie* bzw. ↑*Gestalttheorie* sind C. v. Ehrenfels, W. Köhler, K. Koffka, F. Krueger, K. Lewin und M. Wertheimer. Diese Forschungsrichtung gilt als antielementaristisch und antifunktionalistisch. Maßgeblich für die Gestaltpsychologie insgesamt ist Ehrenfels' Publikation »Über Gestaltqualitäten« (Vierteljahrsschr. wiss. Philos. 14 [1890], 249–292), in der als Beispiel für Übersummenhaftigkeit (›das Ganze ist mehr als die Summe seiner Teile‹) die Tatsache der Transponierbarkeit von Melodien in eine andere Tonart ohne Verlust ihrer Eigenart angeführt wird. Wertheimer sucht antike Vorstellungen und phänomenologische Aspekte (↑Phänomenologie) mit experimentellen Forschungsmethoden und physiologischen Konzepten zu verbinden. Eines seiner Themen ist die Erforschung von ›Scheinbewegungen‹, die er auch ›Phi-Phänomene‹ nennt. Er hatte z.B. beobachtet, daß bei unmittelbar aufeinanderfolgender Darbietung eines senkrechten und eines waagerechten Strichs die Versuchsperson eine Senkrechte wahrnimmt, die sich in die Waagerechte bewegt. Weder eine Elementanalyse im Sinne Wundts noch die Annahme von Assoziationen kann diesem Phänomen gerecht werden. Aus den Ergebnissen solcher Versuche wurde geschlossen, daß der Mensch stets das Ganze (eine Gestalt) wahrnimmt (Prägnanzgesetz) und daß deshalb die Konstanzhypothese der klassischen Psychophysik, nach der jedem einzelnen Umweltreiz eine entsprechende Erregung oder Empfindung zugeordnet sein soll, aufgegeben werden muß. Als entscheidende Faktoren, die die Wahrnehmung von Gestalten begünstigen, betrachtet man Nähe, Fortsetzung, Ähnlichkeit, Geschlossenheit und die Figur-Grund-Beziehung. Auch Denkprozesse werden unter dem Aspekt der Einsicht und des Erkennens einer Gestalt erforscht (z.B. bei Köhlers Versuchen mit Menschenaffen), was auch einen gewissen Einfluß auf die

Pädagogik hatte, da Lernen in diesem Zusammenhang nicht als mechanischer Vorgang, sondern als Prozeß zunehmender Gestaltetheit verstanden wird. Durch Lewin wird der Gestaltbegriff zu einer Feldtheorie des Verhaltens ausgeweitet und nach dem Vorbild der mathematischen ↑Topologie zu formalisieren versucht. Seine Arbeiten haben Einfluß auf die moderne Motivations-, Persönlichkeits- und Sozialpsychologie (Gruppendynamik). Krueger, Nachfolger Wundts in Leipzig, begründet eine Richtung der Gestaltpsychologie, die stärker von philosophischen Überlegungen beeinflußt ist. Während die Gruppe um Wertheimer, abgesehen von Lewin, eher zu einer physiologischen Reduktion experimenteller Befunde neigt, sieht diese ganzheitspsychologische Richtung eine Philosophie des menschlichen ›Seins‹ als übergeordneten Gesichtspunkt an (›Seinspsychologie‹ statt ›Bewußtseinspsychologie‹). Krueger und seine Mitarbeiter postulieren einen genetischen oder funktionalen Primat ganzheitlicher Gefühle, die sie ›Struktur‹ nennen, weshalb diese Richtung auch als ›Strukturtheorie‹ oder ›genetische Ganzheitspsychologie‹ bezeichnet wird. In dieser Tradition stehen auch der Ausdruckspsychologe L. Klages und andere Vertreter der so genannten *verstehenden P.*.

Nach moderner Klassifikation läßt sich die P. in etwa 50 ›P.en‹ aufspalten. Die APA (American Psychological Association), die heute weltweit führend ist und z.B. auch die ethischen Grundsätze der psychologischen Forschung, weitgehend auch die Konventionen zur Abfassung psychologischer Forschungsberichte bis hin zu Zitationsregeln bestimmt, unterscheidet 22 Hauptgebiete, die der Literaturdokumentation »Psychological Abstracts« zugrundeliegen. Das verbindende Element dieser Gebiete ist neben dem Gegenstand (menschliches Verhalten und Erleben) die Methode (↑Experiment, Testen von Hypothesen, ↑Statistik). Die wichtigsten Fächer sind dabei die *Allgemeine P.*, die z.B. die Gebiete Wahrnehmung, Sprache, Denken und Kognition, Motivation, Lernen und die Methodenlehre umfaßt, die *Entwicklungspsychologie*, die Veränderungen psychischer Eigenarten in Abhängigkeit vom Lebensalter untersucht, die *Differentielle und Persönlichkeitspsychologie*, die auf individuelle Unterschiede abhebt, wozu die Erforschung der Intelligenz und die Konstruktion entsprechender Tests gehören, die *Sozialpsychologie*, die Erleben und Verhalten unter dem Aspekt der Gruppe, d.h. des Einflusses anderer Menschen auf das Individuum, erforscht, die *Physiologische P.* als Untersuchung der physiologischen Grundlagen und der Korrelate von Verhalten und Erleben (einschließlich der Tierforschung), die *Arbeits- und Betriebspsychologie*, die Aspekte, die mit der Berufstätigkeit des Menschen zusammenhängen, behandelt (einschließlich der Werbepsychologie), die *Pädagogische P.* als Lehre der psychologischen Aspekte, die mit der Erziehung und der schulischen Situation von Kindern zu tun haben, die *Klinische P. und Psychotherapie*, deren Gegenstand die Erforschung von Veränderungen im Fühlen und Verhalten und deren Therapie ist, sowie die *Mathematische P.*, die mathematische Modelle und Methoden der Theorienbildung untersucht und entwikkelt. Daneben tritt eine Vielzahl anwendungsbezogener Teilgebiete der P. wie *Forensische P.*, *Gerontopsychologie* und *Neuropsychologie*. – Die psychologische Forschung beschäftigt sich heute überwiegend mit der Untersuchung von Detailproblemen innerhalb der einzelnen Fachgebiete und mit der Formulierung und Überprüfung von Theorien mit begrenzter Reichweite. Dies hängt einerseits mit der Komplexität der betrachteten Sachverhalte und dem Aufwand der experimentellen Arbeit zusammen, andererseits aber auch damit, daß es nur wenige auf übergreifende Theoriebildung ausgerichtete Forscher gibt. Ein Zweig ›Theoretische P.‹ analog zur ›Theoretischen Physik‹ existiert (noch) nicht. Die gegenwärtige P. ist gekennzeichnet durch die ›kognitive Wende‹, die in den 1960er Jahren die Vorherrschaft des Behaviorismus gebrochen hat, indem immer mehr in mentalistischer Sprache (↑Mentalismus) beschriebene intervenierende Variablen eingeführt wurden. Im Zusammenhang mit der Entwicklung der Nachrichten- und Computertechnik wurde die P. stärker unter dem Aspekt der Informationsverarbeitung betrieben. Dabei spielt nicht nur die Computersimulation (↑Simulation) eine große Rolle, vielmehr wird im Sinne einer Computertheorie des Geistes der Mensch bzw. sein Gehirn selbst als informationsverarbeitendes System verstanden, das mit symbolisch strukturierten mentalen Repräsentationen (↑Repräsentation, mentale) operiert. Entsprechend einflußreichen Ansätzen der Künstlichen Intelligenz (↑Intelligenz, künstliche) wird im Sinne der Hardware/Software-Unterscheidung bei elektronischen Rechnern häufig die These vertreten, daß die P. nur für die Software relevant ist, d.h. für die Funktion, die interne Verarbeitungsstrukturen im Informationsverarbeitungsprozeß einnehmen, nicht für deren physische Realisierung (↑Funktionalismus (kognitionswissenschaftlich)). Der Terminus ›cognitive psychology‹ wurde dabei 1967 von U. Neisser geprägt. Im Deutschen spricht man von ›Kognitionspsychologie‹ und ›Kognitiver P.‹, wobei gelegentlich zwischen beiden im Sinne (1) einer ›Theorie der Kognition‹ und (2) des ›kognitiven‹ (d.h. informationsverarbeitungsbezogenen) Zugangs zu psychischen Phänomenen unterschieden wird. Die kognitive P. kann als Teil der interdisziplinären ↑*Kognitionswissenschaft* (*cognitive science*) angesehen werden, deren philosophische Grundlagen zur ↑Philosophie des Geistes gehören (↑philosophy of mind). Die Durchführbarkeit der strikten Unterscheidung zwischen ›Hardware‹ und ›Software‹ in diesem Zusammenhang, damit auch die

Grundthese des kognitionswissenschaftlichen Funktionalismus, wird allerdings in neuester Zeit immer mehr in Frage gestellt. In der modernen *Neuropsychologie* versucht man vielmehr, informationsverarbeitende Prozesse im Zusammenhang mit physiologischen Prozessen im Gehirn zu erforschen, z. B. mit Hilfe bildgebender Verfahren und elektrophysiologischer Methoden. Die hervorragende Methode bei der Erforschung der menschlichen Informationsverarbeitung ist aber weiterhin die Reaktionszeitmessung, eine Technik, die auf F. C. Donders (Die Schnelligkeit psychischer Processe, Arch. Anatomie, Physiologie u. wiss. Medizin 6 [1868], 657–681) zurückgeht und zu zahlreichen theoretischen Ansätzen geführt hat, z. B. zur Methode der additiven Faktoren, aus der man mit statistischen Verfahren erschließt, ob Parameter eines Reizes im selben oder in aufeinanderfolgenden Stadien verarbeitet werden (S. Sternberg, 1969). Die Wende zur kognitiven P. hat insgesamt eine integrative Funktion gehabt, insofern in ihr sowohl bewußte als auch unbewußte, automatisch ablaufende Prozesse untersucht werden und die Trennung zwischen Wahrnehmung, Denken, Sprache, Vorstellen und Aufmerksamkeit in gewisser Weise aufgehoben ist, da der Kognitionsbegriff diese umfaßt, sie also zusammenhängend behandelt werden.

In den USA hat sich, besonders aus der Praxis heraus, eine Gegenrichtung zu einer ›objektivistisch reduzierten‹ P. gebildet, die so genannte *Humanistische P.*. Deren Vertreter, meist therapeutisch arbeitende Psychologen, wenden sich besonders gegen den Neobehaviorismus und die Tierforschung, aber auch gegen die orthodoxe Psychoanalyse. Eine einheitliche Theorie wird nicht vertreten, Einflüsse des Existentialismus (↑Existenzphilosophie), der ↑Phänomenologie und des Zen-Buddhismus (↑Zen) werden deutlich, aber keine klare Orientierung an den Geisteswissenschaften. – Eine weitere aktuelle Richtung der P. ist die *Ökopsychologie* oder *ökologische P.* (*environmental psychology, ecological psychology*). Der Begriff einer ökologischen P. kann sowohl inhaltliche als auch theoretische Aspekte bezeichnen. Ihre Vertreter führen Verhalten nicht einfach auf Eigenschaften eines Individuums zurück, sondern auf ökologische Systeme, d. h., Umwelt und Individuum werden nicht als unabhängig voneinander betrachtet. Anfänge dieser Richtung finden sich schon bei W. Hellpach (1924) und bei Lewin (1951). Heute umfaßt sie Arbeiten sehr unterschiedlicher Thematik, deren Gemeinsamkeit darin besteht, daß die Umgebungsbedingungen im Alltag, sowohl die sozialen als auch die materiellen und räumlichen, den Untersuchungsschwerpunkt bilden. Die Komplexität der zu untersuchenden Systeme führt dazu, daß Feldexperimente und deskriptive Ansätze überwiegen. Die ökologische P. ist heute neben neurowissenschaftlichen Ansätzen (↑Neurowissenschaften) der stärkste Konkurrent des ↑Kognitivismus in der P., insofern von dieser Position her Wahrnehmung und Kognition nicht mehr als singulare Eigenschaften erforscht werden können, sondern nur im Kontext eines Individuum und Umwelt einbeziehenden Systems.

Neben diese Formen einer wissenschaftlichen P. tritt, insbes. im Zusammenhang der ↑Philosophie des Geistes, die ›Alltagspsychologie‹. Diese geht, ähnlich wie die kognitive P., von mentalen Repräsentationen oder Vorstellungsinhalten aus, die durch ebenfalls inhaltlich verstandene Motive oder Ziele verhaltenswirksam werden (↑Intentionalität). Ein Beispiel für die relevanten Verallgemeinerungen ist der praktische Syllogismus (↑Syllogismus, praktischer): wenn Menschen bestimmte Zielvorstellungen verfolgen und der Überzeugung sind, daß bestimmte ↑Handlungen dem Erreichen dieser Ziele dienen, dann beginnen sie mit solchen Handlungen (es sei denn, dem stehen andere Gründe entgegen). Ein wesentlicher Gegenstand der einschlägigen philosophischen Diskussion ist, ob die Alltagspsychologie einen unveränderlichen lebenspraktischen Rahmen darstellt, der durch Entwicklungen in der wissenschaftlichen P. und den ↑Neurowissenschaften nicht aufgehoben wird, oder ob umgekehrt die Alltagspsychologie durch solche Entwicklungen auch verworfen oder beiseite gestellt werden kann (↑philosophy of mind). Eine andere zentrale Streitfrage ist, ob die alltagspsychologisch ausgezeichneten Ziele und Überzeugungen introspektiv (↑Introspektion) erfaßt werden und unmittelbar zugänglich sind (Primat der ersten Person) oder ob sie sich aus Zuschreibungen anderer ergeben und erst durch eine anhaltende Praxis der Verhaltensinterpretation durch andere und der Rechtfertigung von Handlungen gegenüber anderen internalisiert werden (Primat der zweiten Person, Askriptivismus [↑Askription/Askriptivismus]).

Literatur: J. R. Anderson, Cognitive Psychology and Its Implications, San Francisco Calif. 1980, New York [8]2014 (dt. Kognitive P.. Eine Einführung, ed. J. Funke, Heidelberg 1988, [6]2007, 2012); G. Benetka, Denkstile der P.. Das 19. Jahrhundert, Wien 2002; J. L. Bermúdez, Philosophy of Psychology. A Contemporary Introduction, New York/London 2005, 2012; ders./B. N. Towl (eds.), Philosophy of Psychology. Critical Concepts in Philosophy, I–IV, New York/London 2013; A. Binet/T. Simon, Sur la nécessité d'établir un diagnostic scientifique des étas inférieurs de l'intelligence, L'année psychologique 11 (1904), 163–190; G. Botterill/P. Carruthers, The Philosophy of Psychology, Cambridge etc. 1999; L. A. W. Brakel, The Ontology of Psychology. Questioning Foundations in the Philosophy of Mind, New York/London 2013; S. D. Brown/P. Stenner, Psychology Without Foundations. History, Philosophy and Psychosocial Theory. Constructionism, Mediation and Critical Psychology, London etc. 2009; M. Carrier/J. Mittelstraß, Geist, Gehirn, Verhalten. Das Leib-Seele-Problem und die Philosophie der Psychologie, Berlin/New York 1989 (engl. [ergänzt], Mind, Brain, Behavior. The Mind-Body Problem and the Philosophy of Psychology Berlin/New York 1991, 1995); M. C. Chung/M. E. Hyland, History and Philosophy of Psychology, Chichester/Malden Mass. 2012; J. Coulter/W. W. Sharrock, Brain, Mind, and Human Behavior in Contemporary Cognitive Science. Critical Assessments of the Philosophy of Psychology, Lewiston N. Y./Lampeter 2007; K. Crone/R. Schnepf/J. Stolzenberg (eds.), Über die Seele, Berlin 2010; M. Cursio, Intentionalität als kulturelle Realität. Wittgensteins Philosophie der P. im Kontext von analytischer Philosophie des Geistes und empirischer P., Frankfurt etc. 2006; W. Dilthey, Ideen über eine beschreibende und zergliedernde P., Berlin 1894, ferner in: Gesammelte Schriften V, Leipzig/Berlin 1924, [6]1974, 139–240; P. Engel, Philosophie et psychologie, Paris 1996; D. Fenner, Philosophie contra P.? Zur Verhältnisbestimmung von philosophischer Praxis und Psychotherapie, Tübingen 2005; M. Galliker/M. Klein/S. Rykart (eds.), Meilensteine der P.. Die Geschichte der P. nach Personen, Werk und Wirkung, Stuttgart 2007; F. Galton, Hereditary Genius. An Inquiry into Its Laws and Consequences, London 1869, London/New York [2]1892, Nachdr. Gloucester Mass. 1972 (dt. Genie und Vererbung, Leipzig 1910); ders., Inquiries into Human Faculty and Its Development, London 1883, London, New York [2]1907 (repr. New York 1973), 1919; G. Gasser/J. Quitterer (eds.), Die Aktualität des Seelenbegriffs. Interdisziplinäre Zugänge, Paderborn etc. 2010; C. D. Green/M. Shore/T. Teo (eds.), The Transformation of Psychology. Influences of 19th-Century Philosophy, Technology and Natural Science, Washington D. C. 2001; A. Grünbaum, The Foundations of Psychoanalysis. A Philosophical Critique, Berkeley Calif./Los Angeles/London 1984, 1985 (dt. Die Grundlagen der Psychoanalyse. Eine philosophische Kritik, Stuttgart 1988; franz. Les fondements de la psychanalyse. Une critique philosophique, Paris 1996); S. Heinämaa/M. Reuter (eds.), Psychology and Philosophy. Inquiries Into the Soul from Late Scholasticism to Contemporary Thought, Dordrecht etc. 2009; W. Hellpach, P. der Umwelt, Berlin/Wien 1924; J. F. Herbart, P. als Wissenschaft, neu gegründet auf Erfahrung, Metaphysik und Mathematik, I–II, Königsberg 1824/1825, ferner als: Sämtliche Werke V–VI, ed. G. Hartenstein, Leipzig 1850 (repr. Amsterdam 1968), ed. K. Kehrbach/O. Flügel, Aalen 1964; O. Houdé, Vocabulaire de sciences cognitives. Neuroscience, psychologie, intelligence artificielle, linguistique et philosophie, Paris 1998, 2003 (engl. Dictionary of Cognitive Science. Neuroscience, Psychology, Artificial Intelligence, Linguistics, and Philosophy, New York/Hove 2004); D. Hume, Elements of Mentality. The Foundations of Psychology and Philosophy, Toronto 2003; D. Jacquette (ed.), Philosophy, Psychology, and Psychologism. Critical and Historical Readings on the Psychological Turn in Philosophy, Dordrecht/Boston Mass. 2003; W. James, The Principles of Psychology, I–II, New York 1890 (repr. 1950), ferner als: Works VIII, ed. F. H. Burkhardt u. a., Cambridge Mass. 1981, New York 2007; P. Janich/R. Orterer, Der Mensch zwischen Natur und Kultur, Göttingen 2012; M. Kaiser-el-Safti/W. Loh, Die Psychologismus-Kontroverse, Göttingen 2011; S. Koch (ed.), Psychology. A Study of a Science, I–VI, New York/Toronto/London 1959–1963; D. Krech/R. S. Crutchfield, Elements of Psychology, New York 1958, mit N. Livson/W. A. Wilson [4]1982 (dt. Grundlagen der P., I–II, Weinheim/Berlin/Basel 1968/1971, erw. I–VIII, 1985, in 1 Bd. Augsburg 2006); U. Laucken, Theoretische P.. Denkformen und Sozialpraxen, Oldenburg 2003; D. J. Levitin (ed.), Foundations of Cognitive Psychology. Core Readings, Cambridge Mass./London 2002, Boston Mass./London/München [2]2012; U. Lorenz (ed.), Philosophische P., Freiburg/München 2003; C. Macdonald/G. Macdonald (eds.), Philosophy of Psychology. Debates on Psychological Explanation, Oxford 1995; M. Marraffa/M. De Caro/F. Ferretti (eds.), Cartographies of the Mind. Philosophy and Psychology in Intersection, Dordrecht 2007; U. Neisser, Cognitive Psychology, New York, Englewood Cliffs N. J. 1967 (dt. Kognitive P., Stuttgart 1974); W. O'Donohue/R. F. Kitchener (eds.), The Philosophy of Psychology, London/Thousand Oaks Calif./New Delhi 1996; I. P. Pavlov, Die höchste Nerventätigkeit (das Verhalten) von Tieren […] [russ. Original 1923], München 1923, [3]1926; U. Petersen, Philosophie der P., Psychogenealogie und Psychotherapie. Ein Leitfaden für philosophische Praxis, Hamburg 2010; L. J. Pongratz, Problemgeschichte der P., Bern/München 1967, München [2]1984; A. Raftopoulos, Cognition and Perception. How Do Psychology and Neural Science Inform Philosophy?, Cambridge Mass./London 2009; H. Rohracher, Einführung in die P., Wien 1946, [6]1958, [10]1971, München/Weinheim [13]1988; M. Rowlands, Philosophy of Psychology, Chesham 2005; E. Scheerer, P., Hist. Wb. Ph. VII (1989), 1599–1653; N. D. Schmidt, Philosophie und P.. Trennungsgeschichte, Dogmen und Perspektiven, Reinbek b. Hamburg 1995; R. Smith, Between Mind and Nature. A History of Psychology, London 2013; S. Sternberg, Memory-Scanning. Mental Processes Revealed by Reaction-Time Experiments, Amer. Scient. 57 (1969), 421–457; J. Symon/P. Calvo (eds.), The Routledge Companion to Philosophy of Psychology, London/New York 2009, 2011; P. Thagard (ed.), Philosophy of Psychology and Cognitive Science, Amsterdam etc. 2007; H. Thomae/H. Feger, Einführung in die P. VII (Hauptströmungen der neueren P.), Frankfurt, Bern/Stuttgart 1969, [3]1976; E. B. Titchener, A Text-Book of Psychology, I–II, New York 1909/1910, 1914 (repr. Delmar N. Y. 1980) (dt. Lehrbuch der P., I–II, Leipzig 1910/1912, [2]1926; franz. Manuel de psychologie, Paris 1922); W. Traxel, Einführung in die Methodik der P., Bern/Stuttgart 1964, erw. unter dem Titel: Grundlagen und Methoden der P.. Eine Einführung in die psychologische Forschung, Bern/Stuttgart/Wien [2]1974; F. Vidal, Les sciences de l'âme XVIe–XVIIIe siècle, Paris 2006; T. G. Walsh/T. Teo/A. Baydala, A Critical History and Philosophy of Psychology. Diversity of Context, Thought, and Practice, Cambridge etc. 2014; D. Wyss, Die tiefenpsychologischen Schulen von den Anfängen bis zur Gegenwart. Entwicklung, Probleme, Krisen, Göttingen 1961, [6]1991. G. Hei.

Psychologismus, allgemeine Bezeichnung für die Auffassung, daß die ↑Psychologie die Grundlage aller nicht-naturwissenschaftlichen (›geisteswissenschaftlichen‹) Disziplinen und Wissenschaften, insbes. der Philosophie, abzugeben habe. Der Sache nach geht diese Auffassung auf den britischen ↑Empirismus (J. Locke, D. Hume) und dessen Methode der ↑Introspektion zurück. Eine psychologistische Grundauffassung leitet insbes. Lockes Argumentation gegen die Lehre von den angeborenen Ideen und Prinzipien (↑Idee, angeborene) mit ihrem genetisch-psychologischen Zugang zur Geltungsfrage (*quaestio iuris*): Geltung der Erkenntnis soll bei Locke durch Aufweis ihrer ›richtigen‹ Genese, d. h. ihres Ursprungs in der ↑Erfahrung, begründet werden. Die *quaestio iuris* wird so zur *quaestio facti*. Dieses Vorgehen führt später insbes. zum Verständnis der ↑Denkgesetze als empirischer Naturgesetze des Denkens, z. B. in der Assoziationspsychologie (↑Assoziationstheorie) im Anschluß an Hume.

An der Frage nach dem Status der Denkgesetze und ihrer empirisch-relativen oder nichtempirisch-objektiven Geltung entzündet sich die eigentliche P.kontroverse als Auseinandersetzung um das Verhältnis von Psychologie und Logik. Zwar hatte bereits I. Kant die Unterscheidung von *empirischer* Psychologie und *normativer* Logik hervorgehoben und von daher psychologische Prinzipien in der Logik als ›ungereimt‹ zurückgewiesen (Logik. Ein Handbuch zu Vorlesungen, Akad.-Ausg. IX, 14), doch gewann im 19. Jh. der P. auch in Deutschland (J. F. Fries, F. E. Beneke) an Boden und schließlich, unter dem Einfluß von J. S. Mill (A System of Logic, 1843), sogar die Oberhand. Die Logik wird von Mill als Teildisziplin einer empirischen Psychologie verstanden; die logischen Grundgesetze (z. B. der Satz vom ausgeschlossenen Widerspruch, ↑Widerspruch, Satz vom), desgleichen die Axiome der Mathematik erhalten den Status allgemeingültiger Erfahrungssätze. Die Philosophen der psychologistischen Tradition folgen Mill allerdings nicht in allen Punkten. Während einige Autoren wie Mill eine Unterordnung der Logik unter die Psychologie vornehmen (vgl. T. Lipps, Grundzüge der Logik, Hamburg/Leipzig 1893), widersprechen hier andere ausdrücklich wegen der empiristischen Konsequenzen (vgl. B. Erdmann, Logische Elementarlehre, Halle ^{2}1907, 32) oder verstehen die Logik zwar als ›empirische Erkenntniswissenschaft‹ (W. Wundt, Allgemeine Logik und Erkenntnistheorie, Stuttgart ^{4}1919, VIII), halten aber dennoch daran fest, daß sie sich als ›normative Wissenschaft‹ von der Psychologie unterscheidet: »Während die Psychologie uns lehrt, wie sich der Verlauf unserer Gedanken wirklich vollzieht, will die Logik feststellen, wie er sich vollziehen *soll*, damit er zu wissenschaftlichen Erkenntnissen führe« (Wundt, a. a. O., 1). In diesem Sinne erklärt auch C. Sigwart (Logik I, Tübingen ^{3}1904, 22), daß die Logik »nicht eine Physik, sondern eine Ethik des Denkens sein will«. Den Widerspruch zwischen der Auffassung der Logik als empirischer *und* ↑normativer Wissenschaft löst Wundt so auf, daß ›normativ‹ als zweckrational (↑Zweckrationalität) im folgenden Sinne aufgefaßt wird: Wer gewissermaßen geistig überleben will, wird nach allem, was man *aus Erfahrung* weiß, diesen Gesetzen folgen *müssen*. Hieraus wird klar, daß sich eine Kritik des P. letztlich nicht damit begnügen kann, den normativen Charakter logischer Gesetze gegen den empirischen Charakter psychologischer Gesetze auszuspielen. Die Kritik hat vielmehr so anzusetzen, daß sie denjenigen Gebilden, denen Geltung zukommt (oder nicht zukommt), z. B. Sätzen, Gedanken und Propositionen, von vornherein einen psychischen Status bestreitet (ohne deshalb unbedingt eine platonistische Hypostasierung dieser Gebilde vorzunehmen, wie dies häufig alternativ der Fall ist).

Die meisten ›Psychologisten‹, zu denen außer den bereits Genannten auch F. Brentano und seine Schule (C. Stumpf, A. Marty und der frühe A. Meinong) gezählt werden, haben sich selbst nicht als Psychologisten verstanden und sich ausdrücklich gegen die vor allem von E. Husserl (Logische Untersuchungen I [Prolegomena zur reinen Logik], Halle 1900) entwickelte Charakterisierung verwahrt. Was Husserl jedoch zu seiner pauschalen Charakterisierung berechtigt, ist der Umstand, daß die genannten Autoren, bei allen Differenzierungen im einzelnen, am psychischen Status der Gesetze der Logik insofern festhalten, als sie diese auf ›Bewußtseinserlebnisse‹, ›Denkprozesse‹ etc. beziehen. Obwohl Husserls »Logische Untersuchungen« wirkungsgeschichtlich zum klassischen Text des Antipsychologismus (häufig auch als ›Logismus‹ oder ↑›Logizismus‹ bezeichnet) werden, finden sich die wesentlichen Argumente bereits bei G. Frege. Vor allem Freges gegen relativistische Konsequenzen des P. geltend gemachte Feststellung, daß die Gesetze der Logik »nicht psychologische Gesetze des Fürwahrhaltens, sondern Gesetze des Wahrseins« sind (Grundgesetze der Arithmetik I, Jena 1893, XVI), ist von Husserl aufgegriffen worden. Freges Argumentation läuft letztlich darauf hinaus, daß es ein ↑Kategorienfehler ist, einem subjektiven psychischen Gebilde, einem ›Vorstellungsknäuel‹, Wahrheit zu- oder abzusprechen (↑zusprechen/absprechen).

Wie weit Freges antipsychologistische Kritik an Husserls »Philosophie der Arithmetik« (Halle 1891) dessen eigene spätere Position allererst vorbereitet hat, ist umstritten. Als Vorläufer nennt Husserl selbst Kant, B. Bolzano, J. F. Herbart und H. Lotze. In die antipsychologistische Tradition gehören auch einzelne Vertreter des ↑Neukantianismus (H. Cohen, P. Natorp). Vor allem die werttheoretische »Südwestdeutsche Schule« (W. Windelband, H. Rickert, E. Lask) ist dabei, wie auch Frege, von Lotzes Thematisierung des Geltungsbegriffs beeinflußt worden. Als ↑Biologismus hat der P. in der evolutionären Erkenntnistheorie (↑Erkenntnistheorie, evolutionäre) eine Wiederbelebung erfahren.

Literatur: J. Aach, Psychologism Reconsidered: A Re-Evaluation of the Arguments of Frege and Husserl, Synthese 85 (1990), 315–338; N. Abbagnano, Psychologism, Enc. Ph. VI (1967), 520–521, VIII (^{2}2006), 114–116; R. R. Brockhaus, Realism and Psychologism in 19th Century Logic, Philos. Phenom. Res. 51 (1991), 493–524; J. Cavallin, Content and Object. Husserl, Twardowski and Psychologism, Dordrecht/Boston Mass./London 1997; J. Cohen, Frege and Psychologism, Philos. Pap. 27 (1998), 45–67; T. Crane, Aspects of Psychologism, Cambridge Mass./London 2014; G. Currie, Frege and Popper. Two Critics of Psychologism, in: K. Gavroglu/Y. Goudaroulis/P. Nicolacopoulos (eds.), Imre Lakatos and Theories of Scientific Change, Dordrecht/Boston Mass./London 1989 (Boston Stud. Philos. Sci. CXI), 413–430; A. Cussins, Varieties of Psychologism, Synthese 70 (1987), 123–154; R. George, Psychologism in Logic. Bacon to Bolzano, Philos. Rhet. 30 (1997), 213–242; R. Hanna, Rationality and Logic, Cambridge Mass. 2006; K. Heim, P. oder Antipsychologismus? Entwurf einer erkenntnistheoretischen Fundamentierung der modernen Energetik [...], Berlin 1902; T. Horgan, Psychologism, Semantics, and Ontology, Noûs 20 (1986), 21–31; D. Jacquette, Philosophy, Psychology, and Psychologism. Critical and Historical Readings on the Psychological Turn in Philosophy, Dordrecht/Boston Mass. 2003; P. Janssen, P., Hist. Wb. Ph. VII (1989), 1675–1678; M. Kaiser-el-Safti/W. Loh, Die P.-Kontroverse, Göttingen 2011; P. Kitcher, Revisiting Kant's Epistemology. Skepticism and Psychologism, Noûs 29 (1995), 285–315; M. Kusch, Psychologism. A Case Study in the Sociology of Philosophical Knowledge, London/New York 1995; W. Moog, Logik, Psychologie und P.. Wissenschaftssystematische Untersuchungen, Halle 1919; M. Palágyi, Der Streit der Psychologisten und Formalisten in der modernen Logik, Leipzig 1902; H. Pfeil, Der P. im englischen Empirismus, Paderborn 1934 (repr. Meisenheim am Glan 1973); M. Plümacher, P., EP II ([2]2010), 2169–2173. G. G.

Psychophysik, von G. T. Fechner in der 2. Hälfte des 19. Jhs. begründete und so bezeichnete Disziplin der ↑Psychologie. Fechner konzipiert die P. als umfassendes Gebiet, in dem die Beziehung zwischen physischen Reizen und psychischen Empfindungen untersucht wird. In diesem Sinne steht für ihn die P. im Zusammenhang mit seinen Theorien zum ↑Leib-Seele-Problem. Vor allem sollte die P. den Nachweis führen, daß Empfindungsstärken skalierbar sind und Psychisches damit meßbar ist. Entsprechend ist das Ziel der psychophysischen Forschung die Angabe psychophysischer Funktionen $E = f(R)$, die nach dem Muster des ↑Weber-Fechnerschen Gesetzes Empfindungsgrößen in Abhängigkeit von Reizgrößen darstellen.

Die P. hat zur Aufstellung zahlreicher psychophysischer Skalen und Gesetzmäßigkeiten geführt, die teilweise von erheblicher praktischer Bedeutung sind (z. B. in neuerer Zeit in der Psychoakustik im Zusammenhang mit der rechnergestützten Generierung und Kodierung akustischen Materials). Wissenschaftstheoretisch ist dabei schon seit dem 19. Jh. umstritten, ob sich in der P. überhaupt zu Recht von einer Relation unabhängiger Bereiche (des Physischen und des Psychischen) reden läßt, da die Empfindungsskalen nicht unabhängig von physikalischen Skalen definiert werden können. Die empirische und die theoretische P. haben verschiedenartige Verfahren entwickelt, Empfindungsskalen aufzustellen, etwa mehrere Verfahren des Reizvergleichs, bei denen man versucht, den kleinsten gerade noch merklichen Unterschied zu einem Standardreiz zu bestimmen, oder die Theorie der Signalentdeckung, in der Bedingungen für Urteile über das Vorliegen bzw. Nicht-Vorliegen eines Reizes untersucht werden, oder auch direkte Schätzungen des Größenverhältnisses von Reizpaaren. Dies hat in der psychologischen ↑Meßtheorie zur Weiterentwicklung von mathematischen Theorien der Skalenbildung geführt; insbes. sind Theoreme über die (unter bestimmten Bedingungen) meßtheoretisch möglichen psychophysischen Gesetze bewiesen worden. Die P. ist durch ihren Beitrag zur Skalierung nicht nur eine zentrale Grundlage der Experimentalpsychologie, sondern auch der theoretischen Psychologie, insbes. der psychologischen Methodenlehre, geworden. Alternativen zur an der Skalenbildung orientierten klassischen P. stellen kognitiv-funktionalistische und auch sinnesphysiologische Ansätze zur Interpretation von Wahrnehmungsleistungen dar.

Literatur: J.-C. Falmagne, Elements of Psychophysical Theory, Oxford, New York 1985, Oxford etc. 2002; G. T. Fechner, Elemente der P., I–II, Leipzig 1860 (repr. Amsterdam 1964), [3]1907; ders., In Sachen der P., Leipzig 1877 (repr. Amsterdam 1968, Saarbrücken 2006); G. A. Gescheider, Psychophysics. Method and Theory, Hillsdale N. J. 1976, mit Untertitel: The Fundamentals, Mahwah N. J./London [3]1997; H. Gundlach, Entstehung und Gegenstand der P., Berlin etc. 1993; M. Heidelberger, Die innere Seite der Natur. Gustav Theodor Fechners wissenschaftlich-philosophische Weltauffassung, Frankfurt 1993, 217–288 (Kap. V P.. Die Messung des Psychischen); H. Irtel, Methoden der P., in: E. Erdfelder u. a. (eds.), Handbuch Quantitative Methoden, Weinheim 1996, 479–489; F. A. A. Kingdom/N. Prins, Psychophysics. A Practical Introduction, Amsterdam etc. 2010; R. D. Luce/C. L. Krumhansl, Measurement, Scaling, and Psychophysics, in: R. C. Atkinson u. a. (eds.), Stevens' Handbook of Experimental Psychology I (Perception and Motivation), New York etc. [2]1988, 3–74; J. Lukas, P. der Raumwahrnehmung, Weinheim 1996; R. Mausfeld, Methodologische Grundlagen und Probleme der P., in: T. Herrmann/W. H. Tack (eds.), Methodologische Grundlagen der Psychologie, Göttingen etc. 1994 (Enzyklopädie der Psychologie B I 1), 137–198; M. Possmayer, Von der P. zu den Neurowissenschaften. Ein neuer Name für alte Denkmethoden, Aachen 2009; R. Röhler, Sehen und Erkennen. P. des Gesichtssinnes, Berlin etc. 1995; F. Sixtl, Meßmethoden der Psychologie. Theoretische Grundlagen und Probleme, Weinheim 1967, 57–117, Weinheim/Basel [2]1982, 65–127; S. S. Stevens, Psychophysics. Introduction to Its Perceptual, Neural, and Social Prospects, ed. G. Stevens, New York etc. 1975 (repr. New Brunswick N. J. 2000); W. H. Tack, Psychophysische Methoden, in: H. Feger/J. Bredenkamp (eds.), Messen und Testen, Göttingen/Toronto/Zürich 1983 (Enzyklopädie der Psychologie B I 3), 346–426; W. Witte, P., Hist. Wb. Ph. VII (1989), 1688–1691. G. Hei./P. S.

Ptolemaios, Klaudios, *um 100 n. Chr., †um 170 n. Chr., alexandrinischer Astronom, Geograph und Mathematiker, Begründer des nach ihm benannten Ptolemaiischen Weltbildes. Biographisches ist kaum bekannt. Der Name ›P.‹ deutet auf Ägypten und griechische Herkunft, der Hinweis im »Almagest«, seinem Hauptwerk, daß er Beobachtungsdaten von einem Theon zwischen 127 und 132 n. Chr. erhalten habe, auf seinen Lehrer. Die Beobachtungen, auf denen der »Almagest« insgesamt beruht, stammen aus der Zeit zwischen März 127 und Februar 141 n. Chr.. – Der »Almagest« bildet für fast eineinhalbtausend Jahre die Grundlage der gesamten mathematischen Astronomie und des geozentrischen

Weltbildes. Der ursprüngliche Titel des aus 13 Büchern bestehenden Werkes lautet »Mathematische Sammlung« (*μαθηματικὴ σύνταξις*), später »Die Große Sammlung« (*ἡ μεγάλη σύνταξις* oder *ἡ μεγίστη σύνταξις*). In der arabischen Übersetzung wurde *ἡ μεγίστη* mit ›al-Maǧisṭī‹ übersetzt, woraus in der lateinischen Übersetzung des Mittelalters schließlich die Bezeichnung ›almagesti‹ oder ›almagestum‹ entstand. Naturphilosophisch bzw. physikalisch setzt P. das Aristotelische Weltbild voraus, ohne jedoch der Aristotelischen Konzeption in allen Details zu folgen. Astronomiegeschichtlich steht er in der Tradition von Apollonios von Perge und Hipparchos von Nikaia, geht aber in wesentlichen mathematischen und astronomischen Beiträgen über seine Vorgänger hinaus.

In den ersten beiden Büchern werden das geozentrische Weltbild und die im »Almagest« verwendeten mathematischen Methoden eingeführt. P. beruft sich auf die Aristotelische Einteilung des theoretischen Wissens in Physik, Mathematik und Theologie, wobei Theologie als diejenige Disziplin definiert wird, die sich mit dem unsichtbaren ersten Beweger (↑Beweger, unbewegter) beschäftigt, während Gegenstand der Physik die in ständiger Bewegung befindliche Materie der sublunaren Welt ist. Die Mathematik ist nach dieser Auffassung nur auf die supralunare Welt mit ihren gleichförmigen Kreisbewegungen anwendbar (↑Rettung der Phänomene). Anschließend werden die Grundannahmen des geozentrischen Systems (↑Geozentrismus) begründet, wonach (1) das ↑Universum Kugelgestalt hat und sich wie eine Kugel dreht, (2) die Erde ihrer Gestalt nach für die Wahrnehmung als Ganzes betrachtet gleichfalls kugelförmig ist, (3) sie ihrer Lage nach, einem Zentrum gleich, die Mitte des Universums einnimmt und (4) keinerlei Ortsveränderung verursachende Bewegung hat.

Von mathematischem Interesse sind die *sphärische Geometrie*, die P. im »Almagest« verwendet, und die *trigonometrischen Methoden* in Form von Sehnentafeln. Mit seinem berühmten Diagonalsatz für Vierecke begründet P. eine Möglichkeit, ein Analogon für das Additionstheorem des Sinus zu beweisen, um damit Sehnentafeln aufstellen zu können. Er zeigt zunächst, daß für ein konvexes Viereck $ABCD$ im Kreis (Abb. 1) gilt: $AD \cdot BC + AB \cdot CD = AC \cdot BD$. Die Additions- bzw. Subtraktionstheoreme für Sinus und Cosinus erhält man dann durch folgende Überlegung: Sei $AB = 1$ der Durchmesser eines Kreises (Abb. 2); dann ist $CD + AD \cdot BC = AC \cdot BD$. Nach dem Satz des Thales ist $AD = \cos\alpha$, $AC = \cos\beta$, $DB = \sin\alpha$, $CB = \sin\beta$, $DC = \sin(\alpha - \beta)$, also $\sin(\alpha - \beta) = \sin\alpha\cos\beta - \cos\alpha\sin\beta$. Ebenso schließt man auf $\sin(\alpha + \beta) = \sin\alpha\cos\beta + \cos\alpha\sin\beta$ und $\cos(\alpha \pm \beta) = \cos\alpha\cos\beta \mp \sin\alpha\sin\beta$.

Auch das Analogon zu $\sin\frac{\alpha}{2} = \sqrt{\frac{1-\cos\alpha}{2}}$ war P. bekannt. Betrachtet man nämlich das Kreisviereck mit $AC = 1$, $AB = AE$ und Bogen BD = Bogen DC (Abb. 3),

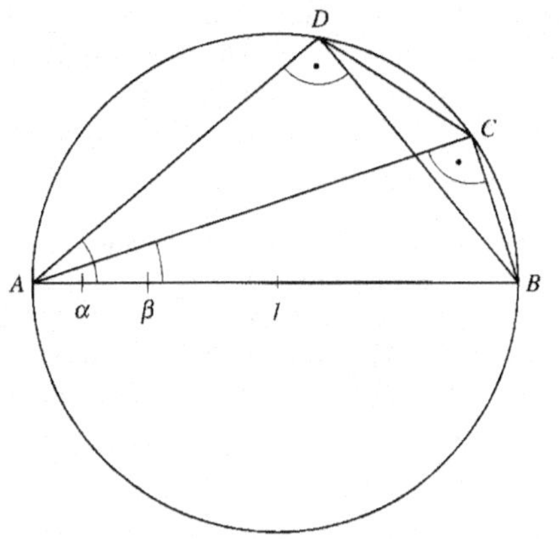

Abb. 2

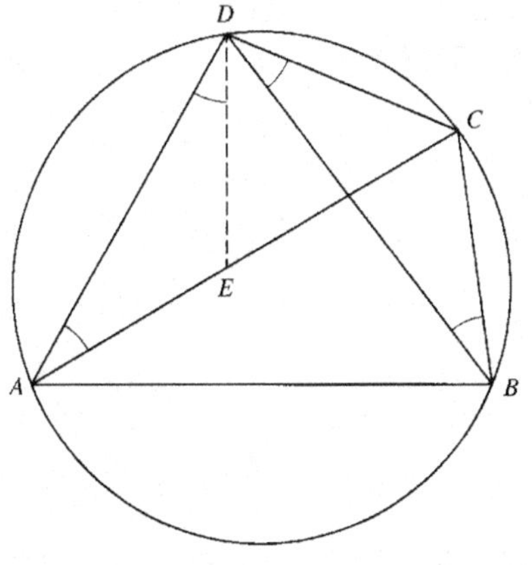

Abb. 1

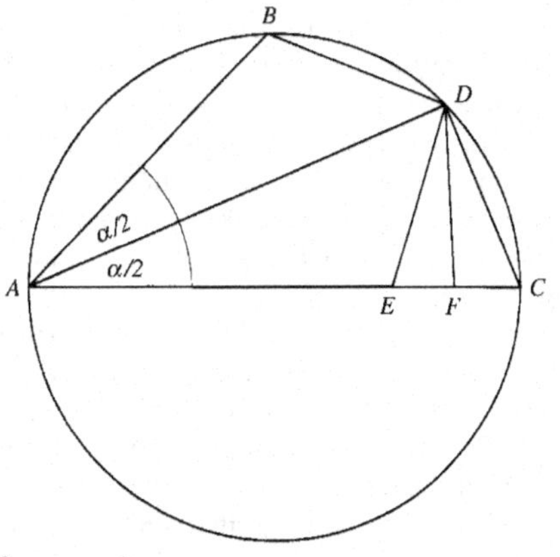

Abb. 3

so ist $FC = 1/2\ (1 - AB)$ und ECD ein gleichschenkliges Dreieck der Höhe DF. Nach dem Höhensatz ist $DF^2 = AF \cdot FC$, also nach dem ↑Pythagoreischen Lehrsatz $DC^2 = DF^2 + FC^2 = (AF + FC)\ FC = AC \cdot FC = FC$. Da $DC = \sin\frac{\alpha}{2}$ und $AB = \cos\alpha$ ist, folgt die Behauptung.

Mit diesen Formeln konnte P. seine Sehnentafeln aufstellen, wobei er den Kreisradius in 60 Einheiten teilt, um die Bogenlänge im Sexagesimalsystem der Babylonier ausdrücken zu können. Für die heutigen Sinus- und Cosinuswerte erhält man folgende Umrechnung auf die Sehnentafeln des P. (Abb. 4):

$$\sin\alpha = \frac{AC}{AD} = \frac{2 \cdot AC}{2 \cdot AD} = \frac{\text{Sehne}(2\alpha)}{120}$$
$$\cos\alpha = \frac{CD}{AD} = \frac{\text{Sehne}(180^\circ - 2\alpha)}{120}$$

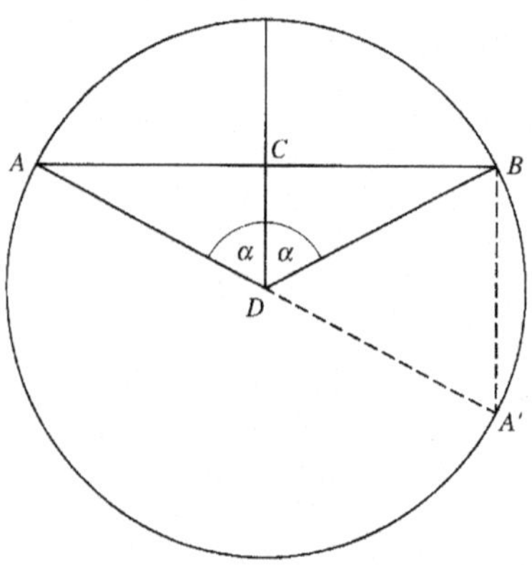

Abb. 4

Exzentrizität e gleich sind. Die Äquivalenz von Epizykel- und Exzenterhypothese, die von Hipparchos nur vermutet wurde, beweist P. exakt. Die Jahreslänge, berechnet aus den Beobachtungen der Tag- und Nachtgleichenpunkte und der Sonnenwendepunkte, wird bei P. auf ca. 365 Tage, 5 Stunden und 55 Minuten angegeben. Die Bücher 4 und 5 behandeln die Mondtheorie, wobei Buch 4 im wesentlichen die Mondtheorie nach Hipparchos wiedergibt, die nur eine Anomalie annimmt und daher durch ein einfaches Epizykelmodell oder ein äquivalentes Exzentermodell erklärt werden kann, und Buch 5 die eigene Mondtheorie entwickelt. P.' eigene Beobachtungen schienen nämlich zu zeigen, daß sich die Größe des Mondepizykels zwischen Opposition und Konjunktion verändert. P. ergänzte daher das Epi-

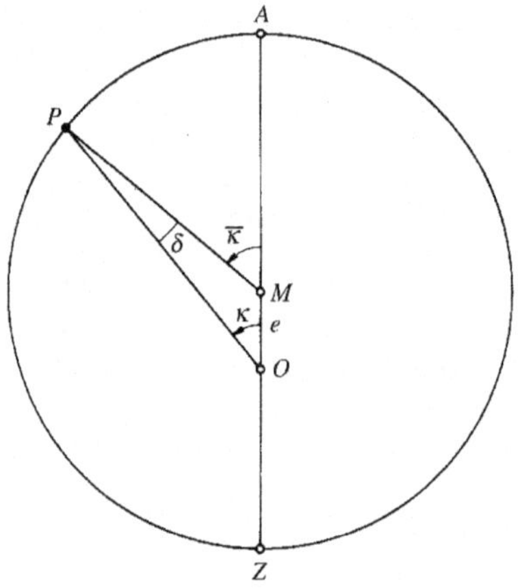

Abb. 5 (nach G. J. Toomer 1975, 190)

Das dritte Buch des »Almagest« behandelt die jährliche Sonnenbewegung. Ihre Anomalie der Geschwindigkeitsveränderung kommt in der unterschiedlichen Länge der Jahreszeiten zum Ausdruck, die P. durch die Exzenter- und Epizykelhypothese erklärt. Nach der Exzenterhypothese bewegt sich die Sonne gleichförmig um einen gedachten Mittelpunkt M (Abb. 5), während die Erde außerhalb im Exzenterpunkt O steht. Mit diesem auf Hipparchos von Nikeia zurückgehenden Modell ist die auf Apollonios zurückgehende Epizykelkonstruktion äquivalent (Abb. 6).

Danach bewegt sich der Mittelpunkt C des Sonnenepizykels gleichförmig um die im Mittelpunkt O des Deferenten ruhende Erde, während sich die Sonne gleichförmig auf ihrem Epizykel in entgegengesetzter Richtung bewegt. Beide Erklärungen sind geometrisch äquivalent, wenn die Winkelgeschwindigkeiten von Sonne und Epizykel gleich und der Radius r des Epizykels und die

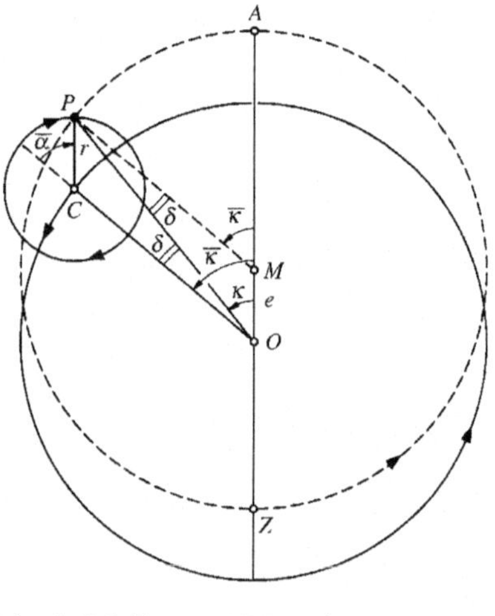

Abb. 6 (nach G. J. Toomer 1975, 190)

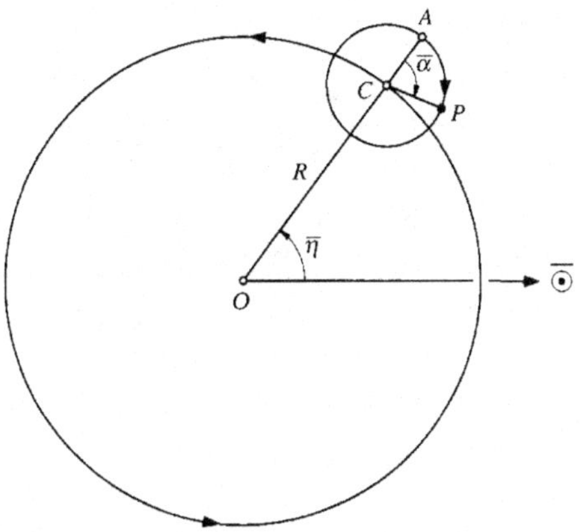

Abb. 7 (nach G. J. Toomer 1975, 193)

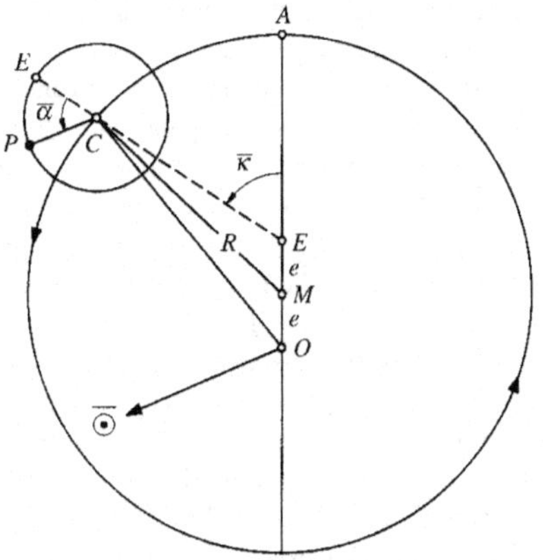

Abb. 9 (nach G. J. Toomer 1975, 195)

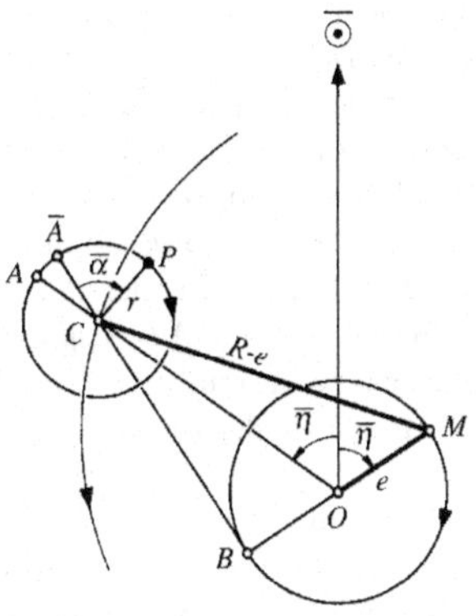

Abb. 8 (nach G. J. Toomer 1975, 193)

zykelmodell (Abb. 7) durch einen Kurbelmechanismus (Abb. 8), wonach sich das Epizykelzentrum *C* gleichförmig um die Erde *O*, der Mittelpunkt *M* des Deferenten aber in entgegengesetzter Richtung um *O* bewegt. Für die mittlere Opposition und Konjunktion sind beide Modelle identisch.

Buch 6 handelt von den Mond- und Sonnenfinsternissen, wobei P. im Rahmen seiner Mondtheorie auch das von ihm zur Messung der Mondpositionen benutzte Astrolabium beschreibt. Es werden Daten für den Abstand des Mondes von der Erde und, unter Rekurs auf Mondfinsternisse, der Abstand der Sonne von der Erde auf 1210 Erdradien berechnet. Dieser Wert, der zwanzigmal kleiner als der richtige ist, wurde bis zum 17. Jh. benutzt. Die Bücher 7 und 8 sind den Fixsternen gewidmet. Dabei wird die von Hipparchos entdeckte Präzession der Tagundnachtgleiche auf Grund weiterer Daten neu berechnet. Der angegebene Wert von 1° in 100 Jahren ist jedoch gegenüber dem von Hipparchos errechneten größeren Betrag eine Verschlechterung, wobei der richtige Wert 1° in 72 Jahren beträgt. Im achten Buch werden für über tausend Fixsterne (also für ca. 200 Sterne mehr als im verlorengegangenen Sternenkatalog von Hipparchos) Positions- und Größenangaben gemacht, wobei P. im Rahmen seiner Fixsterntheorie eine Einteilung nach Sternbildern vorträgt, die bis heute verwendet wird.

Die restlichen Bücher 9 bis 13 behandeln die Bahnen der damals bekannten fünf Planeten Merkur, Venus, Mars, Jupiter und Saturn. Um ein möglichst adäquates geometrisches Modell für die rückläufigen Planetenbewegungen zu erhalten, kombiniert P. in seiner Planetentheorie die Epizykel- und Exzentermethode seiner Vorgänger in einem Modell und ergänzt sie durch die Einführung des so genannten *Ausgleichspunktes* (*punctum aequans*). Ausdrücklich wendet sich P. gegen das Planetenmodell des Aristoteles (Met. *Λ*8.1073b3–1074a14; *M*2.1077a1–1077a4) und dessen Versuch, sämtliche Planetenbewegungen durch Verwendung rückläufiger Sphären in einem System zusammenzufassen. Er bleibt jedoch insofern dem klassischen Eudoxischen System (↑Eudoxos von Knidos) verbunden, als er an den gleichförmigen Kreisbewegungen der Planeten festhält und jedem Planeten eine eigene ›Lebenskraft‹ zuordnet, von der die Epizykel und Deferenten angetrieben werden. Im einzelnen bewegt sich ein Planet *P* auf einem Epizykel (Abb. 9), dessen Zentrum sich in dieselbe Richtung auf dem Deferenten mit dem Zentrum *M* bewegt. Diese Bewegung von *C* ist jedoch nicht gleichförmig zu *M*, sondern zum Ausgleichspunkt *E*, der sich auf der entgegengesetzten Seite zum Exzenterpunkt *O* befindet, in dem die Erde ruht. Die Verwendung von Ausgleichspunkten wurde später von N. Kopernikus als Verletzung des klassischen Forschungsprogramms einer ↑Rettung der Phänomene kritisiert, wonach sich Himmelskörper

kreisförmig mit gleichförmiger Winkelgeschwindigkeit um ein Zentrum zu bewegen haben.
Die Handtafeln, die P. im »Almagest« für astronomische Berechnungen benutzt, werden später von ihm noch einmal gesondert unter dem Titel *πρόχειροι κανόνες* zusammengestellt, ferner wird die Planetentheorie in einem späteren Werk unter dem Titel *ὑποθέσεις τῶν πλανωμένων* in zwei Büchern nochmals verbessert entwickelt. Insbes. versucht P. hier seine mathematisch-geometrischen Modelle aus dem »Almagest« mit der physikalischen Annahme homozentrischer Sphären in Einklang zu bringen. In Abb. 10 ist der Planetenumlauf für massive (›kristalline‹) Sphären im Sinne der Aristotelischen Physik vereinfacht (ohne Ausgleichspunkt) dargestellt. Der Planet bewegt sich im Hohlraum einer massiven Kugel (›Epizykel‹), die sich wiederum zwischen zwei massiven Kugeloberflächen g_1 und g_2 mit Zentrum G bewegt:

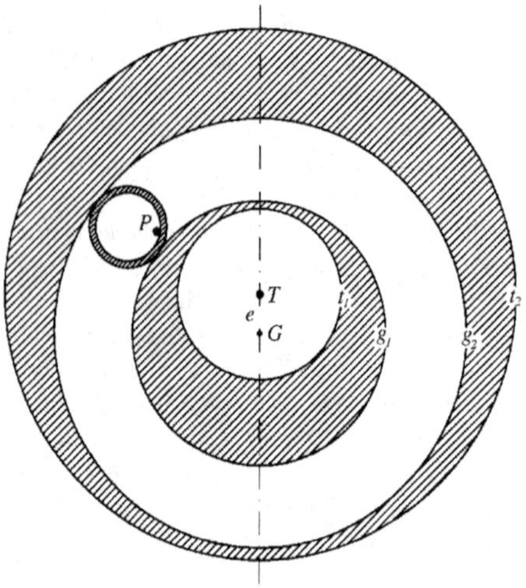

Abb. 10 (nach J. V. Field 1981, 351)

Die Erde T steht im Exzenterpunkt und bildet das Zentrum für die massiven Kugeloberflächen t_1 und t_2. Im Gesamtsystem des ↑Kosmos muß man sich solche massiven Sphärenschalen ineinandergeschachtelt vorstellen. Dabei können allerdings nur die relativen Größen der Sphärenschalen auf Grund von Beobachtungen bestimmt werden. Auf diese Weise werden die bloß mathematischen Modelle des »Almagest« physikalisch umgesetzt und gelten P. als Bestandteile des Kosmos.
Von mathematischer Bedeutung sind die kartographischen Projektionen, die P. in zwei kleineren Werken entwickelt. In der Schrift »Über das Analemma« (*περὶ ἀναλήμματος*) wird die orthogonale Projektion definiert, die Punkte der Kugeloberfläche senkrecht auf drei

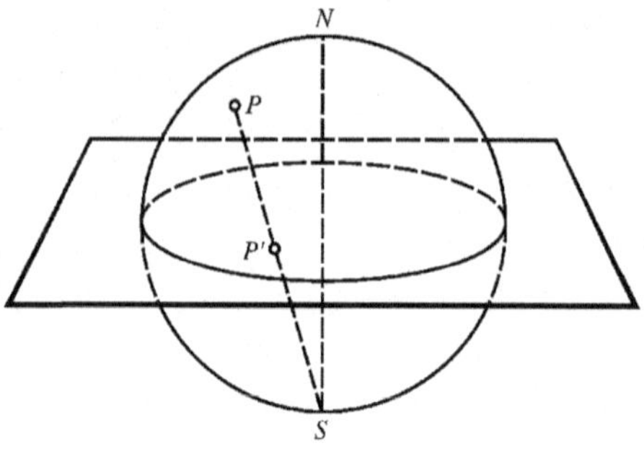

Abb. 11

zueinander senkrechte Ebenen projiziert. Im »Planisphaerium« (*ἅπλωσις ἐπιφανείας σφαίρας*) führt P. die stereographische Projektion ein (Abb. 11). Sie bildet die Oberflächenpunkte P der Kugel durch einen Projektionsstrahl von einem Kugelpol auf eine Ebene ab, die den Äquator schneidet. Dabei ist P. bekannt, daß Kreise, die nicht durch den Projektionspol verlaufen, auf der Projektionsebene wieder in Kreise übergehen, während Kreise durch den Projektionspol in Geraden übergehen. P. erkennt die stereographische Projektion auch als winkeltreue (konforme) Abbildung (↑Differentialgeometrie).
Die »Geographia« (*γεωγραφικὴ ὑφήγησις*) stellt neben dem »Almagest« das zweite große Werk von P. dar. Buch 1 gibt an, wie eine Karte der (damals bekannten) Erde anzufertigen ist; die Bücher 2 bis 7 geben die Längen- und Breitengrade von Orten und Gegenden an und enthalten Tabellen und Angaben von ca. 8000 Orten. Buch 8 teilt die Erde in 26 Einzelkarten von kleineren Abschnitten auf. Vermutlich war P. der erste Geograph, der systematisch Längen- und Breitengrade benutzte. Allerdings weisen seine Messungen erhebliche Fehler auf (z. B. 180.000 Stadien für den Erdumfang anstelle von 250.000 Stadien nach der Berechnung des Eratosthenes). Das Verzeichnis von P. gilt als älteste Quelle für viele geographische und ethnologische Bezeichnungen. Ferner verfaßt P. ein Werk zur Optik in fünf Büchern, das allerdings nur in einer mittelalterlichen lateinischen Übersetzung aus dem Arabischen erhalten ist. Buch 1 handelt von einer Theorie des Sehens, wonach in griechischer Tradition Sehstrahlen aus den Augen des Beobachters die Gegenstände abtasten. Buch 2 geht auf die Rolle des Lichtes und der Farben ein; die Bücher 3 und 4 behandeln die Theorie der Reflexion. Während die Bücher 1 bis 4 in der Tradition von Euklid, Archimedes und Heron von Alexandreia bleiben, untersucht P. in Buch 5 die Brechungsgesetze und geht dabei wesentlich über seine Vorgänger hinaus. Mit einer graduierten Scheibe mißt er Einfalls- und Brechungswinkel für die Übergänge Luft–Wasser, Luft–Glas, Wasser–Glas. Die Messungen für Einfallswinkel stimmen gut mit dem auf W. Snellius

zurückgehenden Sinusgesetz überein, das P. zwar nicht quantitativ formuliert, aber qualitativ erkennt.
In seiner »Harmonielehre« (*ἁρμονικά*) geht P. auf unterschiedliche Theorien musikalischer Intervalle seit den ↑Pythagoreern ein. In seinem astrologischen Hauptwerk, dem so genannten »Viererbuch« (*τετράβιβλος*), untersucht P. den Einfluß der Sternkonstellationen auf irdische Vorgänge wie das menschliche Leben. Er faßt diese Einflüsse als physikalische auf, für die bei sorgfältiger Beobachtung Voraussagen, z. B. über das Wetter oder das menschliche Leben, gemacht werden können. Dabei werden Tierkreis- und Planetenastrologie miteinander verbunden.

Werke: Omnia, quae extant, opera, Geographia excepta, Basel 1541, unter dem Titel: Omnia quae extant opera, praeter Geographia [...], 1551; Opera quae exstant omnia, I–II (in 3 Bdn.), ed. J. L. Heiberg, Leipzig 1898–1907, I/1–2, 1903, III/1, ed. F. Boll/E. Boer, 1940, 1954, ed. W. Hübner, Berlin 1998, III/2, 1952, ²1961. – Cosmographia [lat.], Vicenza 1475, Bologna 1477 (repr. Amsterdam 1963), Rom 1478 (repr. Amsterdam 1966), Ulm 1482 (repr. Amsterdam 1963), 1486, Rom 1490, unter dem Titel: Geographia, Venedig 1511 (repr. Amsterdam/Chicago Ill. 1969), Straßburg 1513 (repr. Amsterdam 1966), unter dem Titel: Opus Geographiae, Straßburg 1522, unter dem Titel: Geographia, Basel 1540 (repr. Amsterdam 1966) u. ö., griech. Original: De Geographia libri octo [griech.], ed. Desiderius Erasmus, Basel 1533, unter dem Titel: Geographia [griech.], I–III, ed. K. F. A. Nobbe, Leipzig 1843–1845 (repr., in 1 Bd., Hildesheim 1966), unter dem Titel: Handbuch der Geographie [griech./dt.], I–II, ed. A. Stückelberger/G. Graßhoff, Erg.bd. ed. A. Stückelberger/F. Mittenhuber, Basel 2006–2009 (franz. [Teilausg.] La Géographie de Ptolémée. L'Inde, ed. L. Renou, Paris 1925; engl. The Geography of Claudius Ptolemy, ed. E. L. Stevenson, New York 1932 [repr. 1991, 2011], [Teilausg.] unter dem Titel: Ptolemy. Geography Book 6. Middle East, Central and North Asia, I–II [I Text and English/German Translation, II Maps in Simplified Reconstruction, Notes and Indexes, with a Supplement NW and W India], ed. H. Humbach/S. Ziegler, Wiesbaden 1998/2002, [Teilausg.] unter dem Titel: Ptolemy's Geography. An Annotated Translation of the Theoretical Chapters, trans. J. L. Berggren/A. Jones, Princeton N. J./Oxford 2000; dt. [Teilausg.] Einführung in die darstellende Erdkunde I [Theorie und Grundlagen der darstellenden Erdkunde: Geografike ifegesis I und II Vorwort], ed. H. v. Mžik, Wien 1938 [mehr nicht erschienen]); Liber quadripartiti Ptolemaei id est quattuor tractatuum [...] [lat.], Venedig 1484, unter dem Titel: Tetrabiblos syntaxis [...] [griech./lat.], ed. J. Camerarius, Nürnberg 1535, unter dem Titel: Quadripartitum [...] [lat.], übers. A. Gogava, Louvain 1548, unter dem Titel: De praedictionibus astronomicis, cui titulum fecerunt Quadripartitu libri IV [lat./griech.], ed. J. Camerarius, übers. P. Melanchthon, Basel 1553, ferner als: Opera quae exstant omnia [s. o.] III/1 [griech.] (engl. The Quadripartite [...], trans. J. Whalley, London 1701, ²1786, trans. J. M. Ashmand, London 1822 [repr. Bel Air Md. 2002], unter dem Titel: Tetrabiblos [griech./engl.], ed. F. E. Robbins, Cambridge Mass., London 1940, 2001; dt. Tetrabiblos. Die hundert Aphorismen. Nach der von Philipp Melanchthon besorgten und mit einer Vorrede versehenen seltenen Ausgabe aus dem Jahre 1553, I–II, ed. M. E. Winkel, Berlin 1923, Nachdr., ed. R. Stiehle, Mössingen 1995, Tübingen 2012; ital./griech. Le previsioni astrologiche (Tetrabiblos), ed. S. Feraboli, Mailand 1985, 2010; franz. Tétrabiblos. Le livre fondamental de l'astrologie, ed. A. Barbault, Paris 1986, 2007); Almagestum [lat.], Venedig 1515, Basel 1538, 1543, griech. Original: *ΜΑΘΗΜΑΤΙΚΗ ΣΥΝΤΑΞΙΣ*/Composition mathématique [griech./franz.], I–II, ed. M. Halma, Paris 1813/1816 (repr. Paris 1927, Bordeaux, Paris 1988), unter dem Titel: Syntaxis Mathematica [griech.], als: Opera quae exstant omnia [s. o.], I/1–2 (franz./griech. [Teilausg.] unter dem Titel: Commentaire de Théon d'Alexandrie sur le livre III de l'Almageste de Ptolémée. Tables manuelles des mouvements des astres, I–III, ed. M. Halma, Paris 1822–1825, Neudr. 1990; dt. Des Claudius Ptolemäus Handbuch der Astronomie, I–II, ed. K. Manitius, Leipzig 1912/1913, ed. O. Neugebauer, ²1963; engl. Ptolemy's Almagest, übers. G. J. Toomer, London 1984, Princeton N. J. 1998; arab./dt./lat. [Teilausg.] unter dem Titel: Der Sternkatalog des Almagest. Die arabisch-mittelalterliche Tradition, I–III, ed. P. Kunitzsch, Wiesbaden 1986–1991); De inerrantium stellarum significationes, Venedig 1516, Antwerpen 1527, Venedig 1533, Basel 1578, Urbino 1592; Liber de analemmate [lat.], ed. F. Commandino, Rom 1562, ferner in: Opera quae exstant omnia [s. o.] II, 187–223, unter dem Titel: Ptolemy's Peri analēmmatos. An Annotated Transcription of Moerbeke's Latin Translation and of the Surviving Greek Fragments with an English Version and Commentary, Diss. Providence R. I. 1984, unter dem Titel: L'Analemma di Tolomeo [lat./ital.], ed. R. Sinisgalli/S. Vastola, Florenz 1992 (franz. Analemme (cadran solaire). D'après l'édition d'une traduction latine, suivie de commentaires, et d'une description personelle des horloges, par Frédéric Commandin, übers. J. Peyroux, Paris 2009); Harmonicorum, sive de Musica libri tres [lat.], in: Aristoxeni musici antiquiss. Harmonicorum elementorum libri III [...], ed. A. H. Gogava, Venedig 1562, 51–150, separat unter dem Titel: *ΚΛΑΥΔΙΟΥ ΠΤΟΛΕΜΑΙΟΥ ΑΡΜΟΝΙΚΩΝ ΒΙΒΛΙΑ Γ'*/Harmonicorum libri tres [griech./lat.], ed. J. Wallis, Oxford 1682 (repr. New York 1977), Nachdr. in: J. Wallis, Opera Mathematica III, Oxford 1699 (repr. Hildesheim/New York 1972), 1–182, ferner in: I. Düring (ed.), Die Harmonielehre des K. P. [griech.], Göteborg 1930 (repr. New York 1980, Hildesheim/Zürich/New York 1982), 1–121 (dt. Übersetzung der Harmonielehre des K. P., in: P. und Porphyrios über die Musik, ed. I. Düring, Göteborg 1934 [repr. Hildesheim/Zürich/New York 1987], 19–136; engl. Ptolemy »Harmonics«. Translation and Commentary, trans. J. Solomon, Leiden/Boston Mass./Köln 2000; ital. La scienza armonica di Claudio Tolemeo. Saggio critico, traduzione e commento, übers. M. Raffa, Messina 2002); De hypothesibus planetarum liber singularis [griech./lat.], London 1620, unter dem Titel: *ΥΠΟΘΕΣΕΩΝ ΤΩΝ ΠΛΑΝΩΜΕΝΩΝ*/Schrift [...] über die Darlegung des gesamten Verhaltens der Planeten [griech./dt.], in: Opera quae exstant omnia [s. o.] II, 69–145 (arab./engl. The Arabic Version of Ptolemy's Planetary Hypotheses, ed. B. R. Goldstein, Philadelphia Pa. 1967 [Transact. Amer. Philos. Soc. NS LVII, 4]); *ΠΕΡΙ ΚΡΙΤΗΡΙΟΥ ΚΑΙ ΗΓΕΜΟΝΙΚΟΥ*/Tractatus de judicandi facultate et animi principatu [griech./lat.], ed. I. Bouilliau, Paris 1663, unter dem Titel: *ΠΕΡΙ ΚΡΙΤΗΡΙΟΥ ΚΑΙ ΗΓΕΜΟΝΙΚΟΥ* [griech.], in: Opera quae exstant omnia [s. o.] III/2, 1–36, unter dem Titel: On the Kriterion and Hegemonikon [griech./engl.], in: P. Huby/G. Neal (eds.), The Criterion of Truth. Essays Written in Honour of George Kerferd [...], Liverpool 1989, 179–230; *ΠΤΟΛΕΜΑΙΟΥ ΠΡΟΣ ΦΛΩΡΑΝ ΕΠΙΣΤΟΛΗ*, in: A. Stieren, De Ptolemaei Valentiniani ad floram epistola partic. I, Diss. Jena 1843, 49–64, Neudr. in: A. Harnack, Der Brief des Ptolemäus an die Flora. Eine religiöse Kritik am Pentateuch im

2. Jahrhundert, Sitz.ber. Königl. Preuss. Akad. Wiss. 1902, 507–545, 513–519 [dt.], 536–541 [griech.], separat: Brief an die Flora [griech.], ed. A. Harnack, Bonn 1904, unter dem Titel: The Letter of Ptolemaeus to Flora [griech.], ed. A. Harnack, Cambridge 1904, unter dem Titel: Lettre à Flora [griech./franz.], ed. G. Quispel, Paris 1949, ^{2}1966; L'Ottica di Claudio Tolomeo, da Eugenio, ammiraglio di Sicilia, scrittore del secolo XII, ridotta in latino sovra la traduzione araba di un testo greco imperfetto, ed. G. Govi, Turin 1885 (repr. in: F. Sezgin [ed.], The Optics of Ptolemy and Its Arabic-Latin Transmission [s. u., Lit.], 101–331), unter dem Titel: L'optique de Claude Ptolémée dans la version latine d'après l'arabe de l'émir Eugène de Sicile, ed. A. Lejeune, Louvain 1956, erw. [um franz. Übers.] Leiden etc. ^{2}1989 (engl. Ptolemy's Theory of Visual Perception. An English Translation of the »Optics« with Introduction and Commentary, trans. A. M. Smith, Philadelphia Pa. 1996 [Transact. Amer. Philos. Soc. LXXXVI, 2]); Planisphaerium [lat.], in: Opera quae exstant omnia [s. o.], II, 225–259 (arab./engl. C. Anagnostakis, The Arabic Version of Ptolemy's Planisphaerium, Diss. New Haven Conn. 1984).

Literatur: G. Aujac, Claude Ptolémée, astronome, astrologue, géographe. Connaissance et représentation du monde habité, Paris 1993, erw. ^{3}2012; A. Barker, Scientific Method in Ptolemy's »Harmonics«, Cambridge etc. 2000 (mit Bibliographie, 270–273); F. Boll, Studien über Claudius Ptolemäus. Ein Beitrag zur Geschichte der griechischen Philosophie und Astrologie, Jahrbücher klass. Philologie Suppl. 21 (1894), 49–244, separat Leipzig 1894; A. Bouché-Leclerq, L'astrologie grecque, Paris 1899 (repr. Brüssel 1963, Aalen 1979); E. J. Dijksterhuis, De Mechanisering van het Wereldbeeld, Amsterdam 1950, 2006, 59–74 (dt. Die Mechanisierung des Weltbildes, Berlin/Göttingen/Heidelberg 1956 [repr. Berlin/Heidelberg/New York 1983, 2002], 61–76; engl. The Mechanization of the World Picture, Oxford 1961, Princeton N. J. 1986, 54–67); J. L. E. Dreyer, History of the Planetary Systems from Thales to Kepler, Cambridge 1906 (repr. 2014), unter dem Titel: A History of Astronomy from Thales to Kepler, New York ^{2}1953, 1997; J. Evans, On the Origin of the Ptolemaic Star Catalogue, I–II, J. Hist. Astron. 18 (1987), 155–172, 233–278; ders., Ptolemaic Planetary Theory, in: N. S. Hetherington (ed.), Encyclopedia of Cosmology. Historical, Philosophical, and Scientific Foundations of Modern Cosmology, New York/London 1993, 513–526; ders., Ptolemy's Cosmology, in: N. S. Hetherington (ed.), Encyclopedia of Cosmology [s. o.], 528–544; J. Feke/A. Jones, Ptolemy, in: L. P. Gerson (ed.), The Cambridge History of Philosophy in Late Antiquity I, Cambridge etc. 2010, 197–209; J. V. Field, Ptolemaic Astronomy, in: W. F. Bynum/E. J. Browne/R. Porter (eds.), Dictionary of the History of Science, London/Basingstoke 1981, Princeton N. J. 2014, 348–352; M. Folkerts/R. Harmon/W. Hübner, P. [65], DNP X (2001), 559–570; O. Gingerich, The Eye of Heaven. Ptolemy, Copernicus, Kepler, New York 1993, bes. 53–157 (Ptolemy and the Geocentric Universe); G. Graßhoff, The History of Ptolemy's Star Catalogue, New York 1990; C. H. Haskins, Studies in the History of Mediaeval Science, Cambridge Mass. 1924 (repr. New York 1960, Ann Arbor Mich. 1984), ^{2}1927; T. Heath, A History of Greek Mathematics II (From Aristarchos to Diophantus), Oxford 1921 (repr. Bristol 1993, London 2014), 1981, 273–297; J. A. Henderson, On the Distances between Sun, Moon, and Earth According to Ptolemy, Copernicus, and Reinhold, Leiden 1991; N. Herz, Geschichte der Bahnbestimmung von Planeten und Kometen I, Leipzig 1887, 86–169 (III. Ptolemäus); A. Jones, Ptolemy's First Commentator, Philadelphia Pa. 1990 (Transact. Amer. Philos. Soc. LXXX, 7); ders., Ptolemy, in: N. Koertge (ed.), New Dictionary of Scientific Biography VI, Detroit etc. 2008, 173–178; ders. (ed.), Ptolemy in Perspective. Use and Criticism of His Work from Antiquity to the Nineteenth Century, Dordrecht etc. 2010; B. Kanitscheider, Philosophisch-historische Grundlagen der physikalischen Kosmologie, Stuttgart etc. 1974; F. X. Kugler, Die Babylonische Mondrechnung. Zwei Systeme der Chaldäer über den Lauf des Mondes und der Sonne, Freiburg 1900, 4–46; P. Kunitzsch, Der Almagest. Die Syntaxis Mathematica des Claudius Ptolemäus in arabisch-lateinischer Überlieferung, Wiesbaden 1974; A. Lejeune, Euclide et Ptolémée. Deux stades de l'optique géométrique grecque, Louvain 1948; A. A. Long, Ptolemy »On the Criterion«. An Epistemology for the Practicing Scientist, in: J. M. Dillon/A. A. Long (eds.), The Question of »Eclecticism«. Studies in Later Greek Philosophy, Berkeley Calif. 1988, 1996, 176–207, ferner in: P. Huby/G. Neal (eds.), The Criterion of Truth. Essays Written in Honour of George Kerferd [...], Liverpool 1989, 151–178; P. Luckey, Das Analemma von Ptolemäus, Astronom. Nachr. 230 (1927), 17–46; K. Mainzer, Geschichte der Geometrie, Mannheim/Wien/Zürich 1980; J. Mittelstraß, Die Rettung der Phänomene. Ursprung und Geschichte eines antiken Forschungsprinzips, Berlin 1962, 164–173; ders., Ptolemäisch, Ptolemäisches Weltsystem, Hist. Wb. Ph. VII (1989), 1708–1710; O. Neugebauer, The Early History of the Astrolabe. Studies in Ancient Astronomy IX, Isis 40 (1949), 240–256; ders., The Exact Sciences in Antiquity, Providence R. I. ^{2}1957 (repr. New York 1969), 1970, 191–207 (Appendix I The Ptolemaic System); R. R. Newton, The Crime of Claudius Ptolemy, Baltimore Md./London 1977, 1978; J. North, Cosmos. An Illustrated History of Astronomy and Cosmology, Chicago Ill./London 2008, bes. 105–133; A. de Pace, Elementi aristotelici nell' »Ottica« di Claudio Tolomeo, Riv. crit. stor. filos. 36 (1981), 123–138, 37 (1982), 243–276; O. Pedersen, A Survey of the »Almagest«, Odense 1974, mit Untertitel: With Annotations and New Commentary, überarb. v. A. Jones, New York ^{2}2011; C. H. F. Peters/E. B. Knobel, Ptolemy's Catalogue of Stars. A Revision of the Almagest, Washington D. C. 1915; V. M. Petersen, The Three Lunar Models of Ptolemy, Centaurus 14 (1969), 142–171; E. Polaschek, K. P.. Das geographische Werk, RE Suppl. X (1965), 680–833; D. J. Price, Precision Instruments: To 1500, in: C. Singer u. a. (eds.), A History of Technology III, Oxford 1957, 1969, 582–609; F. F. Repellini, Ptolemy, REP VII (1998), 830–832; M. Riley, Science and Tradition in the »Tetrabiblos«, Proc. Amer. Philos. Soc. 132 (1988), 67–84; A. Rome, Commentaires de Pappus et de Théon d'Alexandrie sur l'Almageste, I–III, Rom 1931–1943 (repr. Rom 1967–1984); G. Schmidt, Die Nebenüberlieferung des 6. Buchs der »Geographie« des P.. Griechische, lateinische, syrische, armenische und arabische Texte, Wiesbaden 1999; H. Schmidt-Falkenberg, Die »Geographie« des P. und ihre Bedeutung für die europäische Kartographie, Forschungen und Fortschritte 39 (1965), 353–357; F. Sezgin (ed.), The Optics of Ptolemy and Its Arabic-Latin Transmission, Texts and Studies, Frankfurt 2007; Z. Shalev/C. Burnett (eds.), Ptolemy's »Geography« in the Renaissance, London, Turin 2011; H. Siebert, Die ptolemäische »Optik« in Spätantike und byzantinischer Zeit. Historiographische Dekonstruktion, textliche Neuerschließung, Rekontextualisierung, Stuttgart 2014; G. Simon, Experiment and Theory in Ptolemy's »Optics«, in: D. Batens/J. P. van Bendegen (eds.), Theory and Experiment. Recent Insights and New Perspectives on Their Relation, Dordrecht etc. 1988, 177–188; A. M. Smith, The Psychology of Visual Perception in Ptolemy's »Optics«, Isis 79

(1988), 189–207; ders., Ptolemy and the Foundations of Ancient Mathematical Optics. A Source Based Guided Study, Philadelphia Pa. 1999 (Transact. Amer. Philos. Soc. LXXXIX, 3); W. H. Stahl, Ptolemy's Geography. A Select Bibliography, New York 1953; A. Stückelberger, K. P., in: W. Hübner (ed.), Geschichte der Mathematik und der Naturwissenschaften in der Antike II (Geographie und verwandte Wissenschaften), Stuttgart 2000, 185–208; N. M. Swerdlow, Ptolemy's Theory of the Distances and Sizes of the Planets. A Study of the Scientific Foundations of Medieval Cosmology, Diss. New Haven Conn. 1968 (repr. Ann Arbor Mich. 1990); ders., Ptolemy's Theory of the Inferior Planets, J. Hist. Astron. 20 (1989), 29–60; P. Tannery, Recherches sur l'histoire de l'astronomie ancienne, Paris 1893 (repr. New York, Hildesheim/New York 1976, Paris 1995); L. C. Taub, Ptolemy's Universe. The Natural Philosophical and Ethical Foundations of Ptolemy's Astronomy, Chicago Ill./La Salle Ill. 1993, 1994; G. J. Toomer, The Size of the Lunar Epicycle According to Hipparchus, Centaurus 12 (1968), 145–150; ders., The Chord Table of Hipparchus and the Early History of Greek Trigonometry, Centaurus 18 (1974), 6–28; ders., Ptolemy, DSB XI (1975), 186–206; H. Vogt, Der Kalender des Claudius Ptolemäus, Heidelberg 1920 (Sitz.ber. Heidelberger Akad. Wiss., philos.-hist. Kl. 1920, Abh. 15); ders., Versuch einer Wiederherstellung von Hipparchs Fixsternverzeichnis, Astron. Nachr. 224 (1925), 17–54; B. L. van der Waerden, Bemerkungen zu den Handlichen Tafeln des P., Sitz.ber. Bayer. Akad. Wiss. zu München, math.-naturwiss. Kl. 1953, 261–272; ders., Ontwakende wetenschap. Egyptische, babylonische en griekse wiskunde, Groningen 1950 (engl. Science Awakening, Groningen 1954, unter dem Titel: Science Awakening I [Egyptian, Babylonian, and Greek Mathematics], Dordrecht 1975, 1988; dt. Erwachende Wissenschaft I [Ägyptische, babylonische und griechische Mathematik], Basel/Stuttgart 1956, ²1966); ders., Die Handlichen Tafeln des P., Osiris 13 (1958), 54–78; K. Ziegler u. a., P. (66), RE XXIII/2 (1959), 1788–1859; E. Zinner, Astronomie. Geschichte ihrer Probleme, Freiburg/München 1951. J. M./K. M.

public choice (engl., dt. Neue Politische Ökonomie, franz. Théorie des choix publics), Bezeichnung für ein Forschungsprogramm, das die Methoden und Instrumente der modernen ↑Ökonomie für die Analyse der politischen ↑Interaktion in demokratisch gefaßten Gemeinschaften und die Begründung von Gestaltungsempfehlungen für deren institutionellen Rahmen fruchtbar machen will. Die Bezeichnung ›P. C. Theory‹ dient (sofern sie nicht synonym zu ›P. C.‹ gebraucht wird) zur Bezeichnung der theoretischen Grundlagen des Programms. Dazu gehören insbes. die Prinzipien strategisch-rationalen, eigennutzorientierten Entscheidens, wie sie in der ↑Entscheidungstheorie und der ↑Spieltheorie untersucht werden. Für die Deutung des Entscheidens und Handelns der politischen Akteure (Wähler, Politiker, Vertreter von Verwaltungen, Interessengruppen, Medien etc.) werden damit das heuristische Prinzip (↑Heuristik) des methodologischen Individualismus (↑Individualismus, methodologischer) und die Modellannahmen (↑Modell) des ↑homo oeconomicus maßgeblich: Das handlungs- und entscheidungstheoretische Begriffsinventar (›Zwecke setzen‹, ›Optionen wählen‹, ›Nutzen erzielen‹ etc.) ist nur für Individuen definiert und allenfalls im übertragenen Sinne auf Kollektive anzuwenden – methodisch wären daher die Aktivitäten von Verbänden, Parteien, Organisationen, Institutionen etc. immer als Funktion des Handelns ihrer individuellen Mitglieder zu deuten. Auch würden die Individuen, sofern sie in ihrem Entscheiden und Handeln nicht gestört werden (und sich also allein von rationalen Erwägungen bestimmen lassen) immer diejenige Option wählen, die ihnen bei gegebenen Mitteln einen höheren ↑Nutzen verspricht, bzw. diejenige Option, die ihnen die Erreichung eines bestimmten Nutzens mit dem geringstmöglichen Mitteleinsatz in Aussicht stellt. Alle faktischen wie virtuellen (allererst planerisch entworfenen, durch Schaffung entsprechender Institutionen noch herzustellenden) politischen Interaktionsverhältnisse, vom Wahlverhalten Einzelner bis hin zur Ausbildung staatlicher und überstaatlicher Organisationen, werden damit methodisch auf die Opportunitätserwägungen individueller Akteure unter gegebenen Restriktionen zurückgeführt. Unter der Annahme, daß das Entscheidungsverhalten der Akteure in politischen Zusammenhängen denselben Prinzipien folgt wie in wirtschaftlichen, wird etwa der Wähler analog dem Nachfrager an einem Markt konzipiert, der zu möglichst geringen eigenen Kosten über politische Rahmenbedingungen verfügen will, die ihm eine möglichst sichere und effiziente Erreichung seiner individuellen Zwecke gewährleisten. Die staatlichen Akteure treten entsprechend als Anbieter öffentlicher Güter wie z. B. innere und äußere Sicherheit, faire und erwartungsstabile Handlungsvoraussetzungen, effiziente Konfliktbewältigung, technische Infrastrukturen und anderer mehr auf. Die Verarbeitung tagesaktueller politischer Informationen und der Aufwand zur Kontrolle der politischen Akteure erscheinen in dieser ökonomistischen Rekonstruktion dann als ›Transaktionskosten‹ für einen rationalen eigennutzorientierten Wähler und unterliegen ebenso der Grenznutzenbetrachtung wie der Aufwand, den die Vertreter konkurrierender Parteien um den einzelnen Wähler treiben: Wo das Gros der Wähler durch leicht realisierbare und gut wahrnehmbare Aktionen gewonnen wird und die Zustimmung zusätzlicher Wähleranteile erheblich höhere Anstrengungen erfordern würde, müßte nach dieser Analyse der Politiker seine knappen zeitlichen Ressourcen bevorzugt auf Maßnahmen konzentrieren, die mit möglichst geringen Kosten und Risiken für ihn selbst verbunden, aber medienwirksam umsetzbar sind.

Mit seinen methodischen Annahmen steht der P. C.-Ansatz als ›neue‹ politische Ökonomie (↑Ökonomie, politische) solchen politik-, wirtschafts- und sozialwissenschaftlichen Vorstellungen entgegen, die etwa soziale Klassen (↑Klasse (sozialwissenschaftlich)) als Akteure bzw. das individuelle Handeln als determiniert durch

Klasseninteressen verstehen, solchen, die neue ↑Institutionen als effiziente Produzenten einer erwünschten Leistung entwerfen und dabei die individuellen Macht- und Budgetinteressen der Beteiligten außer Acht lassen, oder solchen, die das Engagement politischer Interessengruppen lediglich von den Idealen getragen sehen, in deren Namen sie auftreten. Der rein methodisch fundierte Ansatz des P. C. ermögliche demgegenüber eine »Politics without Romance« (J. Buchanan), indem er politische Phänomene einer einheitlichen und handlungsrelevanten Analyse zuglänglich mache, Politikentscheidungen in erprobten Modellen fundiere und institutionelles Handeln durch realistische Abschätzung der erwartbaren Folgen optimiere.

Das Programm wurde seit den 1960er Jahren, aufbauend auf Arbeiten von A. Downs, Buchanan, G. Tullock, K. Arrow, W. A. Niskanen, M. Olson u. a. entwickelt und ist in seinen Ansätzen, Verfahren und Ergebnissen heute in weiten Bereichen der Ökonomik anerkannt, Vertreter des P. C. haben dort wesentlich zur Methodenentwicklung beigetragen; umgekehrt wurden auch neue Ansätze, etwa der einer empirisch forschenden Verhaltensökonomie, für die Fortentwicklung des Programms fruchtbar gemacht. Insbes. hinsichtlich des Institutionenverständnisses finden sich zahlreiche Einflüsse auch auf die Politik- und Sozialwissenschaften sowie auf die Staatsphilosophie und die philosophische Ethik, insbes. dort, wo diese einem kontraktualistischen Verständnis der Moral als soziales Instrument der wechselseitigen Verhaltensregulierung anhängt (↑Kontraktualismus). Innerhalb wie außerhalb der Ökonomie findet sich aber auch breite Kritik am Ansatz der P. C.-Theory hinsichtlich ihres Generalitätsanspruchs (›economic imperialism‹) sowie der unterstellten Annahmen des rationalen Entscheidens (↑rational choice), insbes. hinsichtlich der explanatorischen Fruchtbarkeit und/ oder der empirischen Angemessenheit des zugrundegelegten Verhaltensmodells und des durchgängig individualistischen Ansatzes.

Literatur: P. H. Aranson, The Democratic Order and P. C., in: G. Brennan/L. E. Lomasky (eds.), Politics and Process. New Essays in Democratic Thought, Cambridge etc. 1989, 97–148; K. J. Arrow, Social Choice and Individual Values, New York, London 1951 (repr. Mansfield Centre Conn. 2012), New Haven Conn./ London, New York/London/Sydney [2]1963, New Haven Conn./ London [3]2012 (franz. Choix collectif et préférences individuelles, Paris 1974); R. J. Barro, The Control of Politicians. An Economic Model, Public Choice 14 (1973), 19–42; S. Behrends, Neue Politische Ökonomie. Systematische Darstellung und kritische Beurteilung ihrer Entwicklungslinien, München 2001; D. Black, On the Rationale of Group Decision-Making, J. Political Economy 56 (1948), 23–34; ders., The Theory of Committees and Elections. Cambridge 1958, Boston Mass. 1987, rev. in: ders./ R. A. Newing, The Theory of Committees and Elections/Committee Decisions with Complementary Valuation, Boston Mass./ Dordrecht/London [2]1998, 1–270; G. Brennan/J. M. Buchanan, The Reason of Rules. Constitutional Political Economy, Cambridge etc. 1985, 2008 (dt. Die Begründung von Regeln. Konstitutionelle politische Ökonomie, Tübingen 1993); ders./A. Hamlin, Constitutional Political Economy: The Political Philosophy of ›Homo economicus‹?, J. Political Philos. 3 (1995), 280–303; dies., Democratic Devices and Desires, Cambridge etc. 2000; J. van den Broeck (ed.), P. C., Dordrecht 1988; J. M. Buchanan, Demand and Supply of Public Goods, Chicago Ill. 1968, Indianapolis Ind. 2001; ders., Cost and Choice. An Inquiry in Economic Theory, Chicago Ill. 1969, Indidanapolis Ind. 2001; ders., Politics without Romance. A Sketch of Positive P. C. Theory and Its Normative Implications, IHS-Journal Ser. B 3 (1979), 1–11, ferner in: ders./R. D. Tollison (eds.), The Theory of P. C. [s. u.] II, 11–22 (dt. Politik ohne Romantik: Grundzüge einer positiven Theorie der öffentlichen Wahlhandlung und ihrer normativen Bedeutung, ferner in: ders., Politische Ökonomie als Verfassungstheorie, Zürich 1990, 23–40); ders., Ethics, Efficiency, and the Market, Oxford, Totowa N. J. 1985; ders., P. C.. The Origins and Development of a Research Program, Fairfax Va. 2003 (elektronische Ressource); ders./G. Tullock, The Calculus of Consent. Logical Foundations of Constitutional Democracy, Ann Arbor Mich. 1962, Nachdr. als: The Selected Works of G. Tullock II, Indidanapolis Ind. 2004; ders./R. D. Tollison (eds.), The Theory of P. C. II, Ann Arbor Mich. 1984, 1991; A. Downs, An Economic Theory of Democracy, New York 1957, Boston Mass. 1985 (dt. Ökonomische Theorie der Demokratie, Tübingen 1968, 2013; franz. Une théorie économique de la démocratie, Brüssel 2013); ders., Inside Bureaucracy, Boston Mass. 1967, Prospect Heights Ill. 1994; B. S. Frey, Theorie demokratischer Wirtschaftspolitik, München 1981, mit G. Kirchgässner, unter dem Titel: Demokratische Wirtschaftspolitik. Theorie und Anwendung, [2]1994, [4]2014; J. D. Gwartney, Economics. Private and P. C.. 1976, mit R. Stroup, New York/San Francisco/London [2]1980, mit R. Stroup/R. S. Sobel, [9]2000, mit R. Stroup/R. S. Sobel/D. Macpherson, Mason Ohio [10]2003, [12]2009; ders./R. E. Wagner (eds.), P. C. and Constitutional Economics, Greenwich Conn./London 1988; R. Hardin, Collective Action, Baltimore Md./London 1982, 1993; J. C. Heckelman (ed.), Readings in P. C. Economics, Ann Arbor Mich. 2004; R. G. Holcombe, An Economic Analysis of Democracy, Carbondale Ill./Edwardsville Ill. 1985; ders., The Economic Foundations of Government, Basingstoke/London, New York 1994; G. Kirsch, Ökonomische Theorie der Politik, Tübingen 1974, unter dem Titel: Neue Politische Ökonomie, Düsseldorf [2]1983, Stuttgart, [5]2004; H. Kliemt, P. C. from the Perspective of Philosophy, in: C. K. Rowley/F. Schneider (eds.), The Encyclopedia of P. C. [s. u.] I, 235–244; D. R. Lee (ed.), P. C., Past and Present. The Legacy of James M. Buchanan and Gordon Tullock, New York 2013; R. E. McCormick/R. D. Tollison, Politicians, Legislation, and the Economy. An Inquiry into the Interest-Group Theory of Government, Boston Mass./The Hague/London 1981; T. M. Moe, The Organization of Interests. Incentives and the Internal Dynamics of Political Interest Groups, Chicago Ill./London 1980, 1988; D. C. Mueller, P. C.. A Survey, J. Economic Lit. 14 (1976) 395–433, ferner in: J. M. Buchanan/R. D. Tollison (eds.), The Theory of P. C. [s. o.] II, 23–67; ders., The ›Virginia School‹ and P. C., Fairfax Va. 1985; ders., P. C. II, Cambridge etc. 1989, 1997; ders. (ed.), Perspectives on P. C.. A Handbook, Cambridge etc. 1997, 2005; ders., P. C. III, Cambridge etc. 2003, 2009 (franz. Choix publics. Analyse économique des décisions publiques, Brüssel 2010); M. Olson, The Logic of Collective Action. Public Goods and the Theory of Groups, Cambridge Mass. 1965, 2003 (dt. Die Logik des kollektiven Handelns. Kollektivgüter und die

Theorie der Gruppen, Tübingen 1968, 2004; franz. Logique de l'action collective, Paris 1978, Brüssel, Paris 2011); ders., The Rise and Decline of Nations. Economic Growth, Stagflation, and Social Rigidities, New Haven Conn. 1982 (franz. Grandeur et décadence des nations. Croissance économique, stagflation et rigidités sociales, Paris 1983; dt. Aufstieg und Niedergang von Nationen. Ökonomisches Wachstum, Stagflation und soziale Starrheit, Tübingen 1985, 2004); E. Ostrom, Governing the Commons. The Evolution of Institutions for Collective Action, Cambridge etc. 1990, 2011 (dt. Die Verfassung der Allmende. Jenseits von Staat und Markt, Tübingen 1999, 2013); C. R. Plott, Ethics, Social Choice Theory and the Theory of Economic Policy, J. Math. Sociology 2 (1972), 181–208; C. K. Rowley/F. Schneider (eds.), The Encyclopedia of P. C. I, New York etc. 2004; ders./R. D. Tollison/G. Tullock, The Political Economy of Rent Seeking, Boston Mass./Dordrecht/Lancaster 1988, 1996; E. Schöbel, Neue Politische Ökonomie, in: Gabler Wirtschaftslexikon Ko–Pe, Wiesbaden [18]2014, 2289–2291; W. F. Shughart II, P. C., in: D. R. Henderson (ed.), The Concise Encyclopedia of Economics, Indianapolis Ind. 2008, 427–430; ders./L. Razzolini (eds.), The Elgar Companion to P. C., Cheltenham/Northampton Mass. 2001, [2]2013; T. N. Tideman/G. Tullock, A New and Superior Process for Making Social Choices, J. Political Economy 84 (1976), 1145–1159, ferner in: J. M. Buchanan/R. D. Tollison (eds.), The Theory of P. C. [s. o.] II, 121–133; R. D. Tollison/T. D. Willett, Some Simple Economics of Voting and Not Voting, Public Choice 16 (1973), 59–71; G. Tullock, The Politics of Bureaucracy, Washington D. C. 1965, Lanham Md./London 1987; ders./A. Seldon/G. L. Brady, Government. Whose Obedient Servant?, London 2000, rev. unter dem Titel: Government Failure. A Primer in P. C., Washington D. C. 2002, 2005; D. Wittman, Why Democracies Produce Efficient Results, J. Political Economy 97 (1989), 1395–1424. G. K.

pudgala (sanskr., Körper, Individuum), in der indischen Philosophie neben ↑jīva häufiger Terminus für die empirische, psychophysisch organisierte individuelle Person, im Unterschied zu jīva aber grundsätzlich unter Ausschluß der Ebene der Selbstdarstellung, also des Bewußtseins oder Geistes, wie sie mit ↑ātman oder ↑puruṣa begrifflich gefaßt wird. Anders im Jainismus (↑Philosophie, jainistische), wo p. als die mit Gestalt ausgestattete leblose (ajīva) Substanz jeweils die individuellen Körper der individuellen Geister (jīva) bildet. K. L.

Pufendorf, Samuel von, *Dorfchemnitz (Sachsen) 8. Jan. 1632, †Berlin 26. Okt. 1694, dt. Staatstheoretiker, Natur- und Völkerrechtstheoretiker und Historiker. 1650–1656 Studium des römischen Rechts, der Geschichte und der Staatswissenschaften in Leipzig, ab 1656 der Mathematik und der Philosophie in Jena, unter anderem bei E. Weigel; ab 1661 Prof. für Politik in Heidelberg. Unter dem Pseudonym Severinus de Monzambano ließ P. 1667 in Holland seine berühmte Kritik an der Verfassung des Deutschen Reiches erscheinen. 1668 Prof. für Natur- und Völkerrecht in Lund (Schweden), ab 1677 Reichshistoriograph, Geheimer Rat und Staatssekretär, ab 1687 Prof. in Berlin.

Den Vorstellungen seines Lehrers Weigel folgend sucht P. die geometrische Methode (↑more geometrico) auf Moralphilosophie und Politik anzuwenden. Darüber hinaus verfolgt er das Ziel, moralphilosophische und naturrechtliche (↑Naturrecht) Überlegungen mit einem stärkeren Praxisbezug zu versehen. Dieses Motiv bestimmt P.s Beschäftigung mit der Geschichte, in der er eine Konkretisierung des Naturrechts erblickt. Dogmengeschichtlich wird P. die Systematisierung sowohl des Naturrechts als auch des von H. Grotius begründeten Völkerrechts zugeschrieben. Im Gegensatz zu Grotius, der von dem traditionellen Gemeinschaftsbegriff aus die Herrschaft der Vernunft teleologisch (↑Teleologie) zu begründen sucht, folgt P. nicht nur der Methodologie T. Hobbes, sondern auch dessen Theorie von der Triebnatur des Menschen und begründet – wie dieser – den Imperativ des naturwissenschaftlichen Naturrechts kausal aus der menschlichen Selbsterhaltung in einer nur noch funktional verstandenen Gesellschaft. In Umkehrung des natürlichen Vernunftrechts sind im naturwissenschaftlichen Naturrecht die Normen des Naturrechts nicht mehr in ihrer Substanz vorstaatlich, sondern vermittels des positiven Rechts des Staates zu konkretisieren. Ausgangspunkt für die Kritik des historischen Staates ist der Widerspruch zwischen den positiven Gesetzen und den ›leges naturales‹, in ihrer spezifischen, aus dem Selbsterhaltungsrecht abgeleiteten Funktion. Das unteilbare Souveränitätsrecht des absoluten Fürsten gründet P. als ›dictamen rectae rationis‹ auf einen ursprünglichen Herrschaftsvertrag. Ähnlich wie Hobbes kennt auch P. daher nur eine faktische Revolution, aber kein Recht auf Revolution (↑Revolution (sozial)).

Werke: Gesammelte Werke, I–IX, ed. W. Schmidt-Biggemann, Berlin/Boston Mass. 1996–2014. – Elementorum jurisprudentiae universalis libri duo, Den Haag 1660, I–II, ed. W. A. Oldfather, Oxford, London 1931 [lat./engl.] (repr. Buffalo N. Y. 1995), ferner als: Ges. Werke [s. o.] III (engl. Two Books of the Elements of Universal Jurisprudence, ed. T. Behme, Indianapolis Ind. 2009); (unter dem Pseudonym: Severinus de Monzambano Veronensis) De statu imperii germanici ad laelium fratrem dominum trezolani liber unus, Den Haag 1667, ed. F. Salomon, Weimar 1910 (engl. The Present State of Germany [...], London 1690, ed. M. J. Seidler, Indianapolis Ind. 2007; dt. Über die Verfassung des deutschen Reiches, ed. H. Bresslau, Berlin 1870, ed. H. Dove, Leipzig 1877, unter dem Titel: Die Verfassung des deutschen Reiches, ed. H. Denzer, Stuttgart 1976, 1994, Frankfurt/Leipzig 1994); De jure naturae et gentium libri octo, London 1672, I–II, ed. G. Mascovius, Frankfurt/Leipzig 1759 (repr. Frankfurt 1967), ed. C. H. Oldfather/W. A. Oldfather, Oxford, London 1934 [lat./engl.] (repr. New York 1964), Buffalo N. Y. 1995 (franz. Le droit de la nature et des gens [...], I–II, ed. J. Barbeyrac, Amsterdam 1706; dt. Acht Bücher vom Natur- und Völkerrecht [...], I–II, ed. I. Weber/D. Schneider, Frankfurt 1711, Hildesheim/Zürich/New York 1998/2001); De officio hominis et civis juxta legem naturalem libri duo, Lund 1673, 1682 (repr., I–II [I The Photographic Reproduction of the Edition of 1682, II The Translation], ed. F. G. Moore, New York etc. 1927,

New York, London 1964), ferner als: Ges. Werke [s. o.] II (franz. Les devoirs de l'homme et du citoyen, tels qu'ils lui sont prescrits par la loi naturelle, ed. J. Barbeyrac, Amsterdam 1707; dt. Die Gemeinschaftspflichten des Naturrechts. Ausgewählte Stücke aus »De officio et civis«, Frankfurt 1943, ²1948, unter dem Titel: Über die Pflicht des Menschen und des Bürgers nach dem Gesetz der Natur, ed. K. Luig, Franfurt/Leipzig 1994; engl. On the Duty of Man and Citizen According to Natural Law, ed. J. Tully, Cambridge etc. 1991, 1995).

Literatur: T. Behme, S. v. P.. Naturrecht und Staat. Eine Analyse und Interpretation seiner Theorie, ihrer Grundlagen und Probleme, Göttingen 1995; H. Denzer, Moralphilosophie und Naturrecht bei S. P.. Eine geistes- und wissenschaftsgeschichtliche Untersuchung zur Geburt des Naturrechts aus der Praktischen Philosophie, München 1972; ders., P., in: H. Rausch (ed.), Politische Denker I, München 1966, 136–146, ⁶1987, 147–159; ders., P., in: H. Maier/H. Rausch/H. Denzer (eds.), Klassiker des politischen Denkens II, München ⁵1987, 27–44; D. Döring, S. P. und die Leipziger Gelehrtengesellschaft in der Mitte des 17. Jahrhunderts, Berlin 1989; ders., P.-Studien. Beiträge zur Biographie S. v. P.s und zu seiner Entwicklung als Historiker und theologischer Schriftsteller, Berlin 1992 (mit Bibliographie, 214–266); H. Dreitzel, S. P., in: F. Ueberweg/H. Holzhey/W. Schmidt-Biggemann (eds.), Grundriss der Geschichte der Philosophie. Die Philosophie des 17. Jahrhunderts IV/2, Basel 2001, 757–812; V. Fiorillo (ed.), S. P.. Filosofo del diritti e della politica. Atti des convegno internazionale Milano, 11–12 novembre 1994, Neapel 1996; J. D. Ford, S. P., REP VII (1998), 835–836; B. Geyer/H. Goerlich (eds.), S. P. und seine Wirkungen bis auf die heutige Zeit, Baden-Baden 1996; J. Haas, Die Reichstheorie in P.s »Severinus De Monzambano«. Monstrositätsthese und Reichsdebatte im Spiegel der politisch-juristischen Literatur von 1667 bis heute. Schriften zur Verfassungsgeschichte, Berlin 2007; D. Hüning (ed.), Naturrecht und Staatstheorie bei S. P., Baden-Baden 2009; H. Medick, Naturzustand und Naturgeschichte der bürgerlichen Gesellschaft. Die Ursprünge der bürgerlichen Sozialtheorie als Geschichtsphilosophie und Sozialwissenschaft bei S. P., John Locke und Adam Smith, Göttingen 1973, ²1981; S. Müller, Gibt es Menschenrechte bei S. P.?, Frankfurt etc. 2000; F. Palladini/G. Hartung (eds.), S. P. und die europäische Frühaufklärung. Werk und Einfluss eines deutschen Bürgers der Gelehrtenrepublik nach 300 Jahren (1694–1994), Berlin 1996; H. Rabe, Naturrecht und Kirche bei S. v. P.. Eine Untersuchung der naturrechtlichen Einflüsse auf den Kirchenbegriff P.s als Studie zur Entstehung des modernen Denkens, Tübingen 1958; K. Saastamoinen, The Morality of the Fallen Man. S. P. on Natural Law, Helsinki 1995; J. B. Schneewind, P.'s Place in the History of Ethics, Synthese 72 (1987), 123–155; M. Seidler, P.'s Moral and Political Philosophy, SEP 2013. H. R. G.

purāṇa (sanskr., alt, aus der Vorzeit stammend), Bezeichnung für eine Gattung der indischen religiösen Literatur, die aus einer Fülle einzelner, für den mündlichen Vortrag vorgesehenen und in fast allen indischen Sprachen in metrisch gebundener Form überlieferten, Textmassen, den P.s, besteht. Die P.s, darunter die von der Tradition als ›groß‹ ausgezeichneten 18 Mahāpurāṇas, die zu gleichen Teilen den drei Gottheiten der Trimūrti: Brahma (↑brahman), Viṣṇu und Śiva zugeordnet sind, entstanden auf der Grundlage von älteren Vorstufen gegen Ende der epischen Periode (um 500 n. Chr.) und weiter in den folgenden Jh.en; sie wurden tradiert und bis in die Gegenwart neu gebildet. Dabei erfuhren die überlieferten P.s regional sowie im Laufe der Zeit ständig Abänderungen, um für die Zuhörer an verschiedenen Orten und zu verschiedenen Zeiten zugänglich und darüber hinaus aktuell zu bleiben (↑Philosophie, indische).

Die auf dem Hintergrund der ↑bhakti-Frömmigkeit entfalteten Erzählungen der p.s behandeln eklektisch grundsätzlich alle Gegenstände sozio-kulturellen Lebens, wobei ebenso grundsätzlich fünf Bereiche, die in Einzelfällen auch gänzlich fehlen können, eine maßgebende Rolle spielen: Kosmogonien, Kosmologien, Genealogien von Herrschern und Legenden über deren Herrschaft, schließlich Weltgeschichte während jeweils einer Regentschaft. In den eher philosophischen P.s, etwa den beiden Vaiṣṇava-Mahāpurāṇas: Bhāgavata-P. und Nārada-P., treten zusätzlich die hauptsächlich mit der Befreiung (↑mokṣa) vom Kreislauf der Wiedergeburten (↑saṃsāra) befaßten Lebensbereiche in den Vordergrund. Stets wird mit historisch greifbaren, dem brahmanischen Weltbild gehorchenden Zusammenhängen begonnen, um von dort ausgehend ohne markierte Grenzziehungen deren Verankerung in einer grundsätzlich von allen als verbindlich anerkannten mythischen Vorzeit aufzusuchen. Die Frage nach dem Verhältnis zwischen realer Welt und der Welt des Mythos wird nicht gestellt.

Die p.s vermitteln ein vielfältiges, religiöse Rituale (↑dharma) ebenso wie wissenschaftliche Kenntnisse (↑vidyā) betreffendes Wissen, das zum (im ↑Veda, insbes. den Upanischaden, ↑upaniṣad) geoffenbarten Wissen (↑śruti) und zum (den Veda, insbes. im Epos, ergänzenden) tradierten Wissen (↑smṛti) in Gestalt eines durch religiöse Geschichten mythisch illustrierten Wissens hinzutritt. In verschiedenen Schulen des ↑Vedānta galten einzelne p.s dem Veda gleichrangig. Z. B. wurde das Bhāgavata-P. im Dvaita von Madhva zum 5. Veda gezählt, während Vallabha es in seinem Śuddhādvaita das 4. prasthāna (Grundlage) nannte, neben den für den Vedānta sonst verbindlichen drei Grundlagen: den Upanischaden, der Bhagavadgītā und dem Vedāntasūtra.

Literatur: G. Bailey, puranas, in: O. Leaman (ed.), Encyclopedia of Asian Philosophy, London/New York 2001, 437–443; ders., Purāṇas, in: K. A. Jacobsen (ed.), Brill's Encyclopedia of Hinduism II, Leiden/Boston Mass. 2010, 127–152 (mit Bibliographie, 151–152); M. Biardeau, Some Remarks on the Links Between the Epics, the Purāṇas and Their Vedic Sources, in: G. Oberhammer (ed.), Studies in Hinduism. Vedism and Hinduism, Wien 1997, 69–177; W. Doniger (ed.), Purāṇa Perennis. Reciprocity and Transformation in Hindu and Jaina Texts, Albany N. Y. 1993; T. S. Parasarathy, Purāṇic Mythology, in: K. L. Seshagiri Rao/K. Kapoor (eds.), Encyclopedia of Hinduism VIII, Neu-Delhi 2011, 323–327; L. Rocher, The Purāṇas, Wiesbaden 1986 (mit Bibliographie, 259–264). – H. v. Stietencron u. a. (eds.), Epic and Purāṇic Bibliography (up to 1985). Annotated and with Indexes, I–II, Wiesbaden 1992. K. L.

puruṣa (sanskr., Mensch, Mann, Generation, Lebenskraft, Weltgeist), Grundbegriff der indischen Philosophie (↑Philosophie, indische), grundsätzlich synonym zu ↑ātman im Sinne des wahren Ich. In den dualistischen Systemen des ↑Sāṃkhya und ↑Yoga steht p. für den Veränderungen weder unterworfenen noch selbst tätigen Geist, dessen Schauen gleichwohl die Evolution der Materie (↑prakṛti) erst wirklich macht. Mit der Evolution auch der mentalen Funktionen entsteht zugleich das Nichtwissen um die strenge Unterschiedenheit von passivem p. und aktiver prakṛti und damit der Schein einer Existenz vieler verschiedener p. (= Einzelseelen), obwohl die individuellen Lebewesen (↑jīva) lediglich die in bestimmten Entwicklungsstufen der prakṛti verkörperten Individuationen des p. bilden. K. L.

Putnam, Hilary, *Chicago Ill. 31. Juli 1926, amerik. Philosoph. Nach Studium der mathematischen Logik und der Philosophie bei W. V. O. Quine, H. Reichenbach u. a. 1948 B. A. in Philosophie an der University of Pennsylvania, 1951 Ph.D. an der University of California in Los Angeles. 1951–1952 Research Fellow der Rockefeller Foundation, 1952–1953 Instructor an der Northwestern University Chicago, 1953–1960 Assist. Prof. an der Princeton University; dort Begegnung mit R. Carnap. 1960–1961 Fellow der Guggenheim Foundation, 1961–1965 Prof. für Wissenschaftstheorie am Massachusetts Institute of Technology (MIT), 1965 Prof. der Philosophie an der Harvard University, 1976–1995 Walter Beverly Pearson Professor of Modern Mathematics and Mathematical Logic, seit 1995 Cogan University Professor ebendort. – Neben einer Reihe vielbeachteter mathematischer (z. B. zu Hilberts 10. Problem) und logischer (z. B. zur ↑Quantenlogik) Untersuchungen hat sich P. mit einer Reihe philosophischer Grundfragen, ausgehend vom Realismusproblem und der Frage einer adäquaten Explikation des Bedeutungsbegriffs bis hin zum ↑Leib-Seele-Problem beschäftigt und dabei mehrfach seine Grundpositionen revidiert. Als sich durchhaltendes Kernthema tritt dabei immer wieder die Widerlegung des ↑Skeptizismus in unterschiedlichen Zusammenhängen hervor.

Im Bereich der Erkenntnis- und Wissenschaftstheorie teilt P. die Auffassung Quines, daß Begründungen und Widerlegungen Theorien als ganze und nicht einzelne Sätze betreffen (↑Holismus). Mit Quine schließt er daraus, daß die Unterscheidung von ↑analytischen und ↑synthetischen Sätzen im Sinne Carnaps aufzugeben ist. Die Sätze der Logik und der Mathematik sind ebenso revisionsfähig wie die Gesetze der Physik. Eine wichtige Folgerung daraus ist für P., daß die Quantenmechanik einer eigenen Quantenlogik folgt (↑Quantentheorie), die wie die Logik überhaupt einen empirischen Status hat. Durch Untersuchungen zum Begriff der ↑Referenz glaubt P. in seinen früheren Arbeiten eine epistemologische Position verteidigen zu können, die er später als ›metaphysischen Realismus‹ kritisiert. Der Kern dieses Realismus liegt in der korrespondenztheoretischen Vorstellung (↑Wahrheitstheorien), daß sich eine wahre Theorie eindeutig und vollständig auf die Welt bezieht. Mit dieser Vorstellung ist jedoch die Unbestimmtheit und Pluralität wissenschaftlicher Theorien unvereinbar. Der metaphysische Realismus unterstellt die Möglichkeit, aus der menschlichen Sprache herauszutreten und gewissermaßen aus der Vogelflugposition oder als Auge Gottes Urteile über die Angemessenheit des Verhältnisses von Sprache und Welt abgeben zu können. Demgegenüber ist anzuerkennen, daß sich der erkennende Mensch immer nur im Rahmen von menschlichen Sprachen bewegt. Diese Sicht eines ›internen Realismus‹ impliziert, daß der Weltbezug durch eine Pluralität von sprach- bzw. theoriegebundenen Perspektiven gekennzeichnet ist. In diesem Zusammenhang schlägt P. zeitweise vor, den Begriff der ↑Wahrheit durch den der begründeten Zustimmungsfähigkeit zu ersetzen, eine Auffassung, die P. später wieder zurücknimmt, weil sie ihn in die Nähe des Antirealismus zu bringen scheint. Der Gefahr des epistemologischen Relativismus glaubt P. dadurch entgehen zu können, daß er perspektiveninvariante, durch die Sprachgemeinschaft als ganze garantierte Bedeutungen unterstellt (↑Perspektivismus, ↑Realismus (erkenntnistheoretisch)).

In seinen sprachphilosophischen Arbeiten setzt P. sich kritisch mit den Bestrebungen der ›kalifornischen‹ Semantik auseinander, eine intensionale Semantik (↑Semantik, intensionale) nach dem von Carnap angeregten und von S. Kripke ausgeführten Muster auszubauen, wonach ein individueller psychischer Zustand – das Verstehen eines Ausdrucks – die Extension (↑extensional/Extension) dieses Ausdrucks bestimmt. P. kritisiert an dieser Auffassung, daß sie nicht in der Lage sei, die Invarianz von Bedeutungen relativ zu den Überzeugungen mehrerer Individuen und relativ zu den Änderungen der Verwendung sprachlicher Ausdrücke über die Zeit hinweg zu erklären. Demgegenüber zeigt er, daß die Referenzbestimmung (↑Referenz) auch von der sozialen und der physischen Umgebung abhängt. Bei zahlreichen ↑Prädikatoren kann nur ein Teil der Sprachbenutzer – nämlich die Experten – zuverlässig feststellen, auf welche Gegenstände sie zutreffen. Die übrigen Sprecher sind bei der Verwendung auf die Kooperation mit diesen Experten angewiesen (›semantische Arbeitsteilung‹), obwohl auch sie ein Wort wie ›Gold‹ sinnvoll verwenden können, ohne über die fachlichen Kenntnisse eines Chemikers zu verfügen. Die Referenzbestimmung liegt also in der Kompetenz der Sprachgemeinschaft als ganzer. Außerdem enthalten die Bezeichnungen natürlicher Arten eine verborgene Indexkomponente (↑Index). Ein Ausdruck kann eingeführt werden, indem man auf das Gemeinte zeigt und gleichzeitig das entsprechende Wort äußert. Dieses ›Einführungsereignis‹ bildet den Ausgangspunkt einer ›kausalen Kette‹ weiterer Verwendungen des Ausdrucks in der Sprachgemeinschaft (kausale Theorie der Referenz). Im Gegensatz zum Intensionalismus erhebt P. nicht den Anspruch, unter Berufung auf die ↑Bedeutung ↑analytische Sätze bilden zu können. Die Bedingungen, unter denen ein Satz geäußert wird, können nicht an eine isolierte Entität wie etwa den ↑Sinn des Satzes gebunden werden, sie hängen vielmehr vom System als ganzem ab.

Die philosophischen Fragen im Zusammenhang mit dem ↑Leib-Seele-Problem sieht P. ursprünglich als Fragen logischer und sprachlicher Natur, denen analoge Fragestellungen bei Computern entsprechen. Gleiche logische Maschinenzustände können auf verschiedene Weise physisch verwirklicht sein. Entsprechend lassen sich intentionale (↑Intentionalität) Zustände und die Bedeutung von Begriffen durch deren jeweilige ›funktionale Rolle‹ charakterisieren (↑Funktionalismus (kognitionswissenschaftlich)). Auf diese Weise glaubt P. einen Materialismus vertreten zu können, der der Sphäre des Mentalen gleichwohl einen irreduziblen Status einräumt. Indem P.s sprachphilosophische Untersuchungen herausstellen, daß Bedeutungen nicht allein von Gehirnzuständen abhängen, sondern auch von der sozialen und physischen Umgebung, führen sie jedoch zu einer Widerlegung des Funktionalismus. Dieser ist vor allem nicht in der Lage, die wesentliche Rolle der Intentionalität bei allen Arten propositionaler Einstellungen (↑Einstellung, propositionale) zu erklären.

Werke: Philosophy of Logic, London etc. 1971, Abingdon, New York 2010 (franz. Philosophie de la logique, Combas 1996); Philosophical Papers, I–III (I Mathematics, Matter and Method, II Mind, Language and Reality, III Realism and Reason), Cambridge etc. 1975–1983, I erw. ^{2}1979, I–III, 2002–2003; The Meaning of ›Meaning‹, in: K. Gunderson (ed.), Language, Mind, and Knowledge, Minneapolis Minn. 1975 (Minn. Stud. Philos. Sci. VII), 131–193, ferner in: ders., Philosophical Papers [s. o.] II, 215–271 (dt. Die Bedeutung von ›Bedeutung‹, ed. W. Spohn, Frankfurt 1979, erw. ^{3}2004); Meaning and the Moral Sciences, London/Henley/Boston Mass. 1978, Abingdon, New York 2010; Reason, Truth and History, Cambridge etc. 1981, 2004 (dt. Vernunft, Wahrheit und Geschichte, Frankfurt 1982, 2005; franz. Raison, vérité et histoire, Paris 1984, 1994); The Many Faces of Realism, La Salle Ill. 1987, 1995; Representation and Reality, Cambridge Mass./London 1988, 2001 (franz. Représentation et réalité, Paris 1990; dt. Repräsentation und Realität, Frankfurt 1991, 2005); The Meaning of the Concept of Probability in Application to Finite Sequences, New York etc. 1990, New York 2011 [Diss. Los Angeles 1951]; Realism with a Human Face, Cambridge Mass. 1990, 1992 (franz. Le réalisme à visage humain, Paris 1994, 2011); Renewing Philosophy, Cambridge Mass./London 1992, 1995 (dt. Für eine Erneuerung der Philosophie, Stuttgart 1997); Why Reason Can't Be Naturalized, in: Philosophical Papers [s. o.] III, 229–247 (franz. Définitions. Pourquoi ne peut-on pas ›naturaliser‹ la raison?, Combas 1992 [erw. um ein Interview]); Il pragmatismo. Una questione aperta, Rom etc. 1992, 2003 (engl. Original: Pragmatism. An Open Question, Oxford/Cambridge 1995 [dt. Pragmatismus – eine offene Frage, Frankfurt 1995]); Von einem realistischen Standpunkt. Schriften zu Sprache und Wirklichkeit, Reinbek b. Hamburg 1993; Words and Life, Cambridge Mass./London 1994, 1996; The Threefold Cord: Mind, Body, and World, New York, 1999, 2000; Enlightenment and Pragmatism, Assen 2001, ferner in: Ethics without Ontology [s. u.], 87–129; The Collapse of the Fact/Value Dichotomy and Other Essays, Cambridge Mass./London 2002, 2004 (franz. Fait/Valeur. La fin d'un dogme et autres essais, Paris/Tel Aviv 2004); Ethics Without Ontology, Cambridge, Mass./London, 2004, 2005 (franz. L'éthique sans l'ontologie, Paris 2013); Jewish Philosophy as a Guide to Life: Rosenzweig, Buber, Levinas, Wittgenstein, Bloomington Ind./ Indianapolis Ind. 2008 (franz. La philosophie juive comme guide de vie, Paris 2011); Philosophy in an Age of Science. Physics, Mathematics, and Skepticism, ed. M. De Caro/D. Macarthur, Cambridge Mass./London 2012; (ed. mit V. Walsh) The End of Value-Free Economics, London/New York 2012 [mit Beiträgen von H. P.].

Literatur: V. Ambrus, Vom Neopositivismus zur nachanalytischen Philosophie. Die Entwicklung von P.s Erkenntnistheorie, Frankfurt etc. 2002; M. Baghramian (ed.), Reading P., London/ New York 2013; Y. Ben-Menahem, P., REP VII (1998), 839–844; dies. (ed.), H. P., Cambridge etc. 2005; M. Binder, Zwischen Metaphysik und Relativismus. Zu H. P.s Wahrheitssuche im Kontext der klassischen Wahrheitstheorien, Münster 2004; J. Buechner, Gödel, P. and Functionalism. A New Reading of »Representation and Reality«, Cambridge Mass./London 2008; A. Burri, H. P., Frankfurt/New York 1994; P. Clark/B. Hale (eds.), Reading P., Oxford/Cambridge Mass. 1994, 1995; J. Conant/U. M. Żegleń (eds.), H. P.. Pragmatism and Realism, London/New York 2002, 2006; H. J. Cormier, H. P., in: J. R. Shook/J. Margolis (eds.), A Companion to Pragmatism, Malden Mass./Oxford/Victoria 2006, 2009, 108–119; S. Cursiefen, P. vs. P.. Für und wider den Funktionalismus in der Philosophie des Geistes, Hamburg 2008; P. A. French/T. E. Uehling/H. K. Wettstein (eds.), Realism and Antirealism, Minneapolis Minn. 1988; M. Q. Gardiner, Semantic Challenges to Realism. Dummett and P., Toronto/Buffalo N. Y./London 2000; M. de Gaynesford, H. P., Chesham, Montreal 2006; J. Heil, H. P., in: A. Martinich/D. Sosa (eds.), A Companion to Analytic Philosophy, Malden Mass./Oxford 2001, 2006, 393–412; L. P. Hickey, H. P., London/New York 2009; F. Jacques, P., DP II (^{2}1993), 2366–2370; G. Kamp, H. P., in: F. Volpi (ed.), Großes Werklexikon der Philosophie, Stuttgart 1999, 2004, 1237–1240; T. Loppe, Bedeutungswissen und Wortgebrauch. Entwurf einer Semantik im Anschluss an Wittgenstein und P., Tübingen, 2010; K. Maitra, On P., Belmont Calif. 2003; A. Malachowski, The New Pragmatism, Durham 2010; T. M. Mosteller, Relativism in Contemporary American Philosophy, London etc. 2006, 2008, 77–123 (Chap. 4 Relativistic Tensions in P.'s Epistemology); A. Mueller, Referenz und Fallibilismus. Zu H. P.s pragmatischem Kognitivismus, Berlin/New York 2001; F. Mühlhölzer, P., in: J. Nida-Rümelin (ed.), Philosophie der Gegenwart in

Einzeldarstellungen. Von Adorno bis v. Wright, Stuttgart 1991, 464–473, ²1999, 583–593, ohne Untertitel, ed. mit E. Özmen, ³2007, 505–517 (mit T. Kraft); O. L. Müller, Wirklichkeit ohne Illusionen I (H. P. und der Abschied vom Skeptizismus oder Warum die Welt keine Computersimulation sein kann), Paderborn 2003; C. Nimtz, Wörter, Dinge, Stellvertreter. Quine, Davidson und P. zur Unbestimmtheit der Referenz, Paderborn 2002; C. Norris, H. P.. Realism, Reason and the Uses of Uncertainty, Manchester/New York 2002; R. Noske, Die Sprachphilosophie H. P.s, Frankfurt etc. 1997; A. Pessin/S. Goldberg (eds.), The Twin Earth Chronicles. Twenty Years of Reflection on H. P.'s »The Meaning of ›Meaning‹«, Armonk N. Y. etc. 1996; M.-L. Raters/M. Willaschek (eds.), H. P. und die Tradition des Pragmatismus, Frankfurt 2002; M. U. Rivas Monroy/C. Cancela Silva/C. Martínez Vidal (eds.), Following P.'s Trail. On Realism and Other Issues, Amsterdam/New York 2008 (Poznań Stud. Philos. Sci. and the Humanities XCV); B. Taylor, Models, Truth, and Realism, Oxford 2006; R. Schantz, Wahrheit, Referenz und Realismus. Eine Studie zur Sprachphilosophie und Metaphysik, Berlin/New York 1996, 287–322 (Kap. X Metaphysischer Realismus: P.s Kritik), 323–357 (Kap. XI Interner Realismus: P.s Zwischenlösung); W. Stegmüller, Interner Realismus: H. P., in: ders., Hauptströmungen der Gegenwartsphilosophie. Eine kritische Einführung II, Stuttgart ⁸1987, 345–467; C. Tiercelin, H. P.. L'héritage pragmatiste, Paris 2002. – Sonderhefte: Erkenntnis 34 (1991), H. 3 (Special Issue on P.'s Philosophy); Rev. int. philos. 218 (2001) (P. with His Replies); Philosophica 69 (Gent 2002) (H. P.'s Philosophy. Implications for Informal Logic). C. F. G.

Pyrrhon von Elis, etwa 365–275 v. Chr., griech. Philosoph. P. gründete um 300 v. Chr. in Athen die Schule der sog. pyrrhonischen (oder älteren) ↑Skepsis, die im Unterschied zum gemäßigten ↑Skeptizismus der mittleren ↑Akademie (↑Platonismus) einen radikalen ↑Agnostizismus vertritt. Ausgehend von der Annahme, daß praktische Urteile und Wertungen lediglich auf Konvention (Sitte und Gesetz) beruhen und nicht bzw. ebensogut wie ihr Gegenteil zu begründen sind, bestreitet P. auch die Begründbarkeit theoretischer Aussagen. Der Erkenntnis seien nur die ↑Erscheinungen (↑Sinnesdaten) zugänglich, und die Sinneswahrnehmung unterliege der Täuschung. Aus dem prinzipiell immer gegebenen Gleichgewicht der Gründe und Gegengründe zieht P. die theoretische Konsequenz einer vollständigen Enthaltung des Urteils (↑Epochē). Für die Praxis folgert P., daß der Mensch nur durch Verzicht auf (unbegründbare) Wertungen (bezüglich seines Schicksals und seiner Handlungsziele) die Ungestörtheit des Gemüts (↑Ataraxie) und damit das Glück (↑Glück (Glückseligkeit)) erreichen könne. – P. hat seine Lehre nicht schriftlich formuliert; sie wurde durch seinen Schüler Timon von Phlius überliefert.

Quelle: Diog. Laert. IX, 61–108; Sextus Empiricus, Grundriß der pyrrhonischen Skepsis, ed. M. Hossenfelder, Frankfurt 1968, ⁷2013; F. Decleva Caizzi (ed.), Pirrone testimonianze [griech./ital.], Neapel 1981 (Elenchos V); A. A. Long/D. N. Sedley, The Hellenistic Philosophers, I–II, Cambridge etc. 1987, 2010, I, 13–24 (Early Pyrrhonism [engl.]), II, 1–17 (Early Pyrrhonism [griech./lat.]) (dt. [Bd. I] Die hellenistischen Philosophen. Texte und Kommentare, Stuttgart/Weimar 2000, 2006, 13–27 [Der frühe Pyrrhonismus]); M. Hossenfelder (ed.), Antike Glückslehren. Kynismus und Kyrenaismus, Stoa, Epikureismus und Skepsis, Stuttgart 1996, 287–369, mit Untertitel: Quellen zur hellenistischen Ethik in deutscher Übersetzung, aktualisiert v. C. Rapp, ²2013, 292–374 (Die pyrrhonische Skepsis).

Literatur: H. W. Ausland, On the Moral Origin of the Pyrrhonian Philosophy, Elenchos 10 (1989), 359–434; C. I. Beckwith, Pyrrho's Logic. A Re-Examination of Aristocles' Record of Timon's Account, Elenchos 32 (2011), 287–327; R. Bett, Aristocles on Timon on Pyrrho. The Text, Its Logic, and Its Credibility, Oxford Stud. Ancient Philos. 12 (1994), 137–181; ders., What Did Pyrrho Think about ›The Nature of the Divine and the Good‹?, Phronesis 34 (1994), 303–337; ders., Pyrrho, His Antecedents, and His Legacy, Oxford etc. 2000, 2003; ders., Pyrrho, SEP 2002, rev. 2014; T. Brennan, Pyrrho on the Criterion, Ancient Philos. 18 (1998), 417–434; J. Brunschwig, Pyrrho, REP VII (1998), 844–848; ders., Introduction: the Beginnings of Hellenistic Epistemology, in: K. Algra u. a. (eds.), The Cambridge History of Hellenistic Philosophy, Cambridge etc. 1999, 2008, 229–259, bes. 241–251; D. Clayman, Timon of Phlius. Pyrrhonism into Poetry, Berlin/New York 2009; J.-P. Dumont, Le scepticisme et le phénomène. Essai sur la signification et les origines du pyrrhonisme, Paris 1972, ²1985; M. Frede, P., DNP X (2001), 644–645; G. Giannantoni (ed.), Lo scetticismo antico, I–II, Neapel 1981 (Elenchos VI.1–2); W. Görler, P. aus E., in: H. Flashar (ed.), Grundriss der Geschichte der Philosophie. Die Philosophie der Antike IV/2, Basel 1994, 733–759; G. Lesses, Pyrrho the Dogmatist, Apeiron 35 (2002), 255–271; B. Pèrez, P. d'Élis, Dict. ph. ant. V/b (2012), 1749–1771; G. Reale, Il dubbio di Pirrone. Ipotesi sullo scetticismo, Saonara 2008; L. Robin, P. et le scepticisme grec, Paris 1944 (repr. New York/London 1980); M. R. Stopper, Schizzi Pirroniani, Phronesis 28 (1983), 265–297; S. H. Svavarsson, Pyrrho's Undecidable Nature, Oxford Stud. Ancient Philos. 27 (2004), 249–295; ders., Pyrrho and Early Pyrrhonism, in: R. Bett (ed.), The Cambridge Companion to Ancient Scepticism, Cambridge etc. 2010, 36–57. M. G.

Pythagoras, *Samos um 570/560 v. Chr., †Metapont/Unteritalien um 480 v. Chr., griech. Philosoph, bedeutender Vertreter der vorsokratischen Philosophie (↑Vorsokratiker). Über das Leben des P. gibt es keine gesicherten Daten, außer daß er sich (angeblich um der Tyrannis des Polykrates zu entgehen) 532/531 v. Chr. nach Unteritalien begab, wo er in Kroton eine Lebensgemeinschaft mit philosophisch-wissenschaftlichen, moralischen, religiösen und politischen Zielsetzungen gründete (↑Pythagoreer). Die Affinität seiner Vorstellungen mit denen der herrschenden Aristokratie ließ ihn zunächst großen politischen Einfluß (über Kroton hinaus) gewinnen. Später zwang ihn die erstarkende demokratische Bewegung, Kroton zu verlassen (um 510 v. Chr.) und in Metapont Zuflucht zu suchen. Vermutlich hörte P. in Samos den Vorsokratiker Pherekydes und unternahm Reisen nach Ägypten und Babylonien. Die Nachrichten über die Familie des P. haben keinen historischen Quellenwert.

Das philosophische Profil des P. ist in der Forschung umstritten. Einigen gilt er als bedeutender Philosoph und Mathematiker, andere halten ihn für einen Magier und Mystagogen. Für seine Schüler war er der vollkommene Weise; schon zu Lebzeiten genoß er göttliche Verehrung (als Inkarnation Apollons). P. selbst betrachtete seine Lehre als Geheimwissen; er fixierte sie nicht schriftlich und untersagte ihre Weitergabe an Unbefugte. Dies führte schon bald zu Fehldeutungen, Entstellungen und Fälschungen, so daß heute der genuine Anteil des P. an der Lehre der frühen Pythagoreer nicht mehr mit Sicherheit zu ermitteln ist. Vermutlich geht der Satz ›alles ist Zahl‹ auf P. selbst zurück; der so genannte ↑Pythagoreische Lehrsatz ist wahrscheinlich früheren Ursprungs. – Folgende Lehrstücke dürfen mit großer Wahrscheinlichkeit als authentisch angesehen werden: (1) die Lehre von der ↑Seelenwanderung, damit verbunden das Fleischtabu und die Vorstellung eines Leib-Seele-Dualismus; (2) die Reinigungslehre, bei der in ethischer Umdeutung ritueller Reinigungen der ↑Orphik die seelische Reinheit der Lebensführung im Vordergrund steht (als Vorbedingung der Erkenntnis); (3) die (auch ontologisch zu verstehende) Zahlenlehre, nach der die gesamte Welt aus Zahlen besteht und nach Zahlenverhältnissen geordnet ist (↑Tetraktys); (4) eine musikalisch-mathematische Harmonielehre, die in engem Zusammenhang mit der pythagoreischen Zahlenlehre steht (↑Sphärenharmonie). Diese Lehren sind in der Telosformel ἕπου θεῷ (›folge Gott‹), die sich sowohl auf die sittliche ›Praxis‹ als auch auf das theoretische Wissen bezieht, zusammengefaßt: Erkenntnis und rechte Lebensführung machen den Menschen gottgleich (↑Pythagoreismus).

Werke: VS I, 96–105; M. Timpanaro Cardini, Pitagorici. Testimonianze e frammenti, I–III, Florenz 1958–1964 (repr. I–II, 1969), III, ²1973 (mit ital. Übers., Komm. u. Bibliographien: I [1958], XI–XIX, II [1962], IX–XIX, III [1964], IX–XVII); I. v. Wedemeyer (ed.), Die goldenen Verse des P.. Lebensregeln zur Meditation, Heilbronn 1983, ⁴1993; M. Timpanaro Cardini/G. Girgenti, Pitagorici antichi. Testimonianze e frammenti. Testo greco a fronte, Mailand 2010. – Totok I (1964), 115–119, (²1997), 178–184; L. E. Navia, P.. An Annotated Bibliography, New York 1990.

Literatur: A. Alessio, Pitagora, Mailand 1940; J. C. Balty, Pour une iconographie de Pythagore, Bull. d. musées royaux d'art et d'hist. 48 (1976), 5–34; P. Baptist, P. und kein Ende?, Leipzig/Stuttgart 1997, 2000; J. Barnes, The Presocratic Philosophers I (Thales to Zeno), London/Henley/Boston Mass. 1979, 100–120, in einem Bd., London/New York ²1982, 2006, 78–94; J. Baumann, Die Entfesselung des Denkens – P., Zürich 2003; E. Bindel, P.. Leben und Lehre in Wirklichkeit und Legende, Stuttgart 1962; S. Brentjes, P. von Samos, in: S. Gottwald/H.-J. Ilgauds/K.-H. Schlote (eds.), Lexikon bedeutender Mathematiker, Thun/Frankfurt 1990, 382–384; W. Burkert, Weisheit und Wissenschaft. Studien zu P., Philolaos und Platon, Nürnberg 1962 (engl. Lore and Science in Ancient Pythagoreanism, Cambridge Mass. 1972); J. Burnet, Early Greek Philosophy, London/Edinburgh 1892, 300–321, London ⁴1930, 1975, 276–309 (Chap. VII The Pythagoreans) (dt. Die Anfänge der griechischen Philosophie, Berlin/Leipzig 1913, 252–281 [Kap. VII Die Pythagoreer]); ders., Greek Philosophy. Thales to Plato, London 1914, London/New York 1981, 29–44; V. Capparelli, La sapienza di Pitagora, I–II, Padua 1941/1944, Rom 2003; F. M. Cornford, From Religion to Philosophy. A Study in the Origins of Western Speculation, London, New York 1912, Princeton N. J. 1991, 194–214; R. Cuccioli Melloni, Ricerche sul pitagorismo I (Biografia di Pitagora), Bologna 1969; K. Dietzfelbinger, P.. Spiritualität und Wissenschaft, Königsdorf 2005; H. Dörrie, P., KP IV (1972), 1264–1270; E. Frank, Plato und die sogenannten Pythagoreer. Ein Kapitel aus der Geschichte des griechischen Geistes, Halle 1923, Darmstadt, Tübingen ²1962; K. Freeman, The Pre-Socratic Philosophers. A Companion to Diels, »Fragmente der Vorsokratiker«, Oxford 1946, ³1953 (repr. 1966), 73–88; K. v. Fritz, The Discovery of Incommensurability by Hippasus of Metapontum, Ann. Math. 46 (1945), 242–264, Neudr. in: R. E. Allen/D. J. Furley (eds.), Studies in Presocratic Philosophy I (The Beginnings of Philosophy), London, New York 1970, 382–412 (dt. Die Entdeckung der Inkommensurabilität durch Hippasos von Metapont, in: O. Becker [ed.], Zur Geschichte der griechischen Mathematik, Darmstadt 1965, 1986, 271–307); ders., P., RE XXIV (1963), 171–209; ders., P. of Samos, DSB XI (1975), 219–225; O. Gigon, Der Ursprung der griechischen Philosophie. Von Hesiod bis Parmenides, Basel 1945, Basel/Stuttgart ²1968, 120–153; I. Gobry, Pythagore ou la naissance de la philosophie. Présentation, choix de textes de Pythagore, Paris 1973; ders., Pythagore, Paris 1992; W. K. C. Guthrie, A History of Greek Philosophy I (The Earlier Presocratics and the Pythagoreans), Cambridge etc. 1962, 1997, 143–340; A. Hasnaoui (ed.), Pythagore. Un dieu parmi les hommes, Paris 2002; W. A. Heidel, The Pythagoreans and Greek Mathematics, in: R. E. Allen/D. J. Furley (eds.), Studies in Presocratic Philosophy I [s. o.], 350–381, ferner in: Amer. J. Philol. 61 (1940), 1–33; D. Heller-Roazen, The Fifth Hammer. P. and the Disharmony of the World, New York, Cambridge Mass. 2011 (dt. Der fünfte Hammer. P. und die Disharmonie der Welt, Frankfurt 2014; franz. Le cinquième marteau. Pythagore et la dysharmonie du monde, Paris 2014); A. Hermann, The Illustrated ›To Think Like God‹. P. and Parmenides. The Origins of Philosophy, Las Vegas Nev. 2004; C. Huffman, P., SEP 2005, rev. 2014; K. Hülser, P., RGG VI (⁴2003), 1845–1846; D. Karamanides, P.. Pioneering Mathematician and Musical Theorist of Ancient Greece, New York 2006; J. Kerschensteiner, Kosmos. Quellenkritische Untersuchungen zu den Vorsokratikern, München 1962, 192–232 (Kap. 7 P. und die Pythagoreer); G. S. Kirk/J. E. Raven, The Presocratic Philosophers. A Critical History with a Selection of Texts, Cambridge etc. 1957, 1979, 217–262, (mit M. Schofield) ²1983, 2003, 214–238 (dt. Die Vorsokratischen Philosophen. Einführung, Texte und Kommentare, Stuttgart/Weimar 1994, 2001, 237–262); A. A. Martínez, The Cult of P.. Math and Myths, Pittsburgh Pa. 2012; J.-F. Mattéi, Pythagore et les pythagoriciens, Paris 1993, ⁴2013; ders., P., DP II (²1993), 2373–2381; P.-H. Michel, De Pythagore à Euclide. Contribution à l'histoire des mathématiques préeuclidiennes, Paris 1950; F. Millepierres, Pythagore fils d'Apollon, Paris 1953; J. S. Morrison, P. of Samos, Class. Quart. 50, NS 6 (1956), 135–156; J. A. Philip, P. and Early Pythagoreanism, Toronto 1966, 1968; C. Riedweg, P., DNP X (2001), 649–653; ders., P.. Leben, Lehre, Nachwirkung. Eine Einführung, München 2002, ²2007 (engl. P.. His Life, Teaching, and Influence, Ithaca N. Y./London 2005, 2008); G. Sarton, A

History of Science I (Ancient Science Through the Golden Age of Greece), Cambridge Mass. 1952, New York 1970, 199–217, 275–297; W. Schadewaldt, Die Anfänge der Philosophie bei den Griechen. Die Vorsokratiker und ihre Voraussetzungen. Tübinger Vorlesungen I, ed. I. Schudoma, Frankfurt 1978, 267–293; H. S. Schibli, P., REP VII (1998), 855–857; D. Sider/D. Obbink (eds.), Doctrine and Doxography. Studies on Heraclitus and P., Berlin/Boston Mass. 2013; A. Staedele, Die Briefe des P. und der Pythagoreer, Meisenheim am Glan 1980; E. Strohl, Pythagore. Pérennité de sa philosophie, Paris 1968; C. Strohmeier/ P. Westbrook, Divine Harmony. The Life and Teaching of P., Berkeley Calif. 1999, 2003; D. Teti, Alcmeone e Pitagora. Scuola medica crotoniate e scuola pitagorica italica, Padua 1970; C. J. de Vogel, P. and Early Pythagoreanism. An Interpretation of Neglected Evidence on the Philosopher P., Assen 1966; B. L. van der Waerden, P., RE Suppl. X (1965), 843–864; L. Zhmud [Žmud], Nauka, filosofija i religija v rannem pifagoreizme, Sankt Petersburg 1994 (dt. Wissenschaft, Philosophie und Religion im frühen Pythagoreismus, Berlin 1997; engl. P. and the Early Pythagoreans, Oxford etc. 2012); weitere Literatur: ↑Pythagoreer, ↑Pythagoreismus. M. G.

Pythagoreer, Bezeichnung für die Mitglieder der von Pythagoras gegründeten Philosophenschule (zur Wirkungsgeschichte pythagoreischer Philosophie außerhalb der Schultradition: ↑Pythagoreismus). Die bedeutendsten P. sind: Philolaos von Kroton, Aristoxenos und Archytas von Tarent, Hippodamos von Milet, Hippasos von Metapont, Ekphantos von Syrakus, Hiketas und Alkmaion von Kroton. Als den P.n nahestehend gelten unter anderen die Mathematiker Hippokrates von Chios und Eudoxos von Knidos, der Kosmologe Petron aus Himera, die Ärzte Kalliphon und Demokedes, der Bildhauer Polyklet, die Dichter Epicharm und Ion von Chios, der Musiktheoretiker Damon sowie etliche Gesetzgeber. Der eher praktisch als theoretisch orientierten Lebensgemeinschaft der P. gehören zahlreiche philosophisch nicht bedeutsame Mitglieder an (z. B. die Athleten Milon von Kroton und Ikkos von Tarent).

Die Lebensgemeinschaft, die Pythagoras bald nach seiner Ankunft (um 532/531 v. Chr.) in Kroton (Unteritalien) gründet, verfolgt außer philosophisch-wissenschaftlichen auch moralische, religiöse und vor allem politische Ziele. Das Schicksal der P. in Unteritalien ist eng mit der politischen Entwicklung verknüpft. Die Affinität der aristokratisch-oligarchischen Vorstellungen der frühen P. mit der herrschenden Aristokratie verschafft ihnen zunächst großen politischen Einfluß; auf Betreiben der pythagoreischen Gemeinschaften in Metapont, Tarent, Lokroi, Aminapa und Poseidonia (Paestum) schließen sich diese Städte zu einem Bündnis zusammen. Um 490 v. Chr. kommt es unter Kylon zu einem ersten Aufstand gegen die P. in Kroton; um 450 v. Chr. werden sie von der demokratischen Gegenbewegung aus Unteritalien vertrieben. Die Überlebenden lassen sich zum Teil in Theben und Phleios nieder, wo sie sich bis etwa 250 v. Chr. halten; zum Teil kehren sie später nach Italien zurück und suchen mit dort vereinzelt noch verbliebenen P.n ihren Bund durch Aufnahme demokratischer Ideen zu erneuern. Um 390 v. Chr. werden sie erneut vertrieben; lediglich in Tarent können sie sich zunächst halten. Nach 350 v. Chr. gibt es in Unteritalien keinen Bund der P. mehr. – Anhand dieser politischen Ereignisse unterscheidet man die *älteren* P. (von der Schulgründung um 530 v. Chr. bis zur ersten Vertreibung um 450 v. Chr.) und die *jüngeren* P. (von 450 bis 350 v. Chr.). Eine differenziertere Sicht ergibt (nach B. L. van der Waerden) folgende Einteilung: 1. Pythagoras (530–500), 2. Hippasos und Alkmaion (520–480), 3. anonyme Mathematiker und Akusmatiker (480–430), 4. Philolaos und Theodoros (440–400), 5. Archytas und die Schüler des Philolaos und Eurytos in Phleios (400–360). Der ↑Neupythagoreismus kann nicht als genuine Pythagoras-Nachfolge angesehen werden.

Grundlage des pythagoreischen Bundes ist die Telosformel ›folge Gott‹ (*ἕπου θεῷ*), nach der das Ziel des Menschen im Nachvollzug göttlicher (Welt-)Ordnung besteht. Da dieses Ziel nur durch Erkenntnis (*μάθησις*) und diese wiederum nur durch Überwindung der Trägheit des Körpers aufgrund ständiger Enthaltsamkeitsübung (*ἄσκησις*) zu erreichen ist, bildet die Einheit von Mathesis (theoretischem Wissen) und Askesis (praktischer Lebensführung) den Kern pythagoreischen Selbstverständnisses. Die praktische pythagoreische *Lebensführung* (*vita Pythagorica*) ist geprägt von zahlreichen Tabus (z. B. Fleisch- und Bohnenverbot) und Verhaltensregeln ethischen, religiösen und hygienisch-medizinischen Inhalts, die zum Teil aus den Reinigungskulten der ↑Orphik übernommen werden. Früh ist die Einteilung der P. in *Exoteriker* und *Esoteriker* sowie in *Akusmatiker* und *Mathematiker* bezeugt. Die Unterscheidung Exoteriker/Esoteriker bezieht sich auf den Grad der Einweihung in die Geheimnisse des Bundes: Nach einer allgemeinen Eignungsprüfung beginnt eine dreijährige Probezeit, der eine fünfjährige Lehrzeit folgt, die mit der endgültigen Aufnahme in den Kreis der Esoteriker abgeschlossen wird. Diese Vollmitglieder bilden eine geschlossene Lebensgemeinschaft mit voller Gütergemeinschaft (nur bis 450 v. Chr.) und streng geregeltem Tagesablauf. Die Unterscheidung Akusmatiker/Mathematiker geht vermutlich auf die ältere Einteilung in ›Politiker‹ (die ein öffentliches Amt bekleiden und deshalb bestimmte Lebensregeln nicht einhalten müssen) und ›Theoretiker‹ zurück. Sowohl Akusmatiker als auch Mathematiker sind Vollmitglieder (Esoteriker). Die Akusmatiker (von *ἀκούεις*, hören) verstehen sich als Vertreter der authentischen Lehre, als deren Quelle sie vor allem die ›akusmata‹, d. h. die praktische Lebensregeln enthaltenden Sinnsprüche des Pythagoras, ansehen, während die Mathematiker sich vor allem den Wissenschaften widmen. Nach dem Tode des Pythagoras kommt es zu einer Spaltung: Die Akusmatiker halten eine Vermehrung des vom Meister gehörten Wissens (*αὐτὸς ἔφα*, ›er hat es selbst gesagt‹) nicht für möglich und wollen es – bei wörtlicher Einhaltung der Taburegeln – nur rein bewahren und tradieren. Dagegen plädieren die Mathematiker (unter Führung des Hippasos) für eine Weiterentwicklung der Lehre und deuten die Tabus teils allegorisch, teils rationalistisch um (z. B. das Fleischverbot als bloße Diätvorschrift). – Die Tradition der Mathematiker wird von Platon und Aristoteles sowie anderen Wissenschaftlern fortgeführt. Die späten Akusmatiker treten (unter der Bezeichnung ›Pythagoristen‹: *Πυθαγορισταί*) in der ›Mittleren Komödie‹ als zerlumpte Bettelphilosophen auf und können als Wegbereiter des ↑Kynismus angesehen werden.

Die *Lehre* der älteren P. läßt sich in einen allgemeinen philosophischen und einen spezifisch wissenschaftlichen Teil differenzieren. Die *allgemeine* philosophische Lehre umfaßt (1) *Anthropologie und Ethik:* Das oberste Ziel des Menschen, die Glückseligkeit (Eudämonie; ↑Glück (Glückseligkeit)), wird in der Übereinstimmung mit Gott gesehen; die ↑Seele, präexistent, göttlichen Ursprungs und unsterblich, muß durch Übung (*ἄσκησις*) und Reinigung (*κάθαρσις*) das durch ihre Einkörperung bedingte Böse überwinden; der von den Orphikern übernommene Leib-Seele-Dualismus ist verbunden mit einem weltimmanenten ↑Pessimismus und einer Abwertung alles Leiblichen. Die Seele muß sich in verschiedenen Reinkarnationen läutern, um schließlich zu ihrer göttlichen Heimat zurückkehren zu können. Aus dem gemeinsamen göttlichen Ursprung aller Seelen ergibt sich die Gleichheit/Verwandtschaft aller Lebewesen und daraus das Tötungs- und das Fleischverbot. Ob schon die frühen P. die Seele als Zahl oder Harmonie angesehen haben, ist ungewiß.

(2) *Kosmologie und Theologie:* Die Gestirne werden als Lebewesen angesehen. Das gesamte Weltgeschehen wiederholt sich nach Ablauf eines ›Großen Jahres‹ (dem Erreichen der Anfangskonstellation aller Gestirne); dieser kosmologische ↑Fatalismus steht für die P. offenbar nicht im Widerspruch zu ihrer anthropologisch-ethischen Telosformel, die die ↑Willensfreiheit voraussetzt. Die gesamte Welt ist für die P. ein durchgängig nach mathematischen (harmonischen) Prinzipien konstruiertes Ordnungssystem (›alles ist Zahl‹). Das Theorem von der ↑Sphärenharmonie, nach dem jeder Planet einen Ton erzeugt und die Töne aller Planeten einen Wohlklang bzw. eine Tonleiter ergeben, ist für die älteren P. belegt.

(3) *Ontologie/Ontogenese:* Die Grundannahme der P., daß alles aus Zahlen bestehe und entstanden sei, setzt eher einen geometrisch fundierten, metaphysischen als einen arithmetischen Zahlbegriff voraus. Dieser Zahlbegriff bildet mit den drei ersten Gegensatzpaaren (Grenze – Unbegrenztes, Ungerades – Gerades, Einheit – Vielheit) die vorkosmische Basis der Ontogenese: Das unbegrenzte und daher unerkennbare ↑Apeiron (mit dem Geraden in gewissem Sinne gleichgesetzt) wird durch das Ungerade begrenzt und dadurch zu einer erkennbaren Einheit, die ihrerseits den Anfang der Zahlenreihe bildet. Die Erzeugung der Zahlen erfolgt mit Hilfe einer ↑›Gnomon‹ (↑Psephoi) genannten Figur (Figurativzahlenlehre), d. h. durch rechtwinklige Anordnung von Einheitspunkten neben- und übereinander. Bei der Erzeugung der ungeraden Zahlen (Abb. 1) beginnt der Gnomon mit einem Punkt (wobei sich aus der Addition der Konstruktionsschritte die Quadratzahlen ergeben), bei der Erzeugung der geraden Zahlen mit zwei Punkten (Abb. 2):

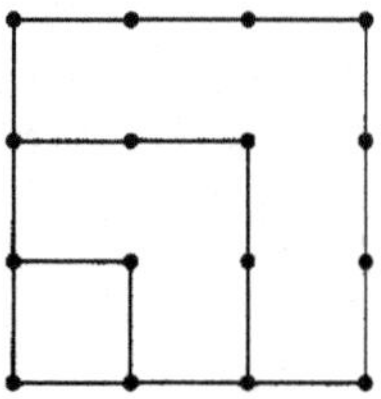

Abb. 1

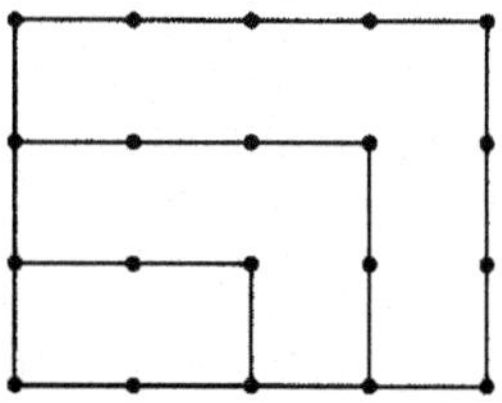

Abb. 2

Die geometrischen Figuren werden durch die Mindestzahl der für ihre Begrenzung notwendigen Punkte konstituiert, was zur folgenden Reihenfolge führt: 1. Punkt, 2. Linie (zwei Punkte), 3. Dreieck (drei Punkte), 4. Pyramide (vier Punkte). Späteren Ursprungs dürfte die den P.n zugeschriebene Fluxustheorie sein, die die Entstehung geometrischer Figuren durch ›Fließen‹ eines Punktes erklärt, wodurch nach dem Punkt und der Linie als dritte Figur das Quadrat und als vierte der Würfel entsteht. Der Übergang von den geometrischen zu den physikalischen (materiellen) Körpern bereitet den P.n insofern keine Schwierigkeiten, als sie die Zahlen nicht rein mathematisch, sondern als Größen mit Ausdehnung, als ›sinnliche Substanzen‹ (Aristoteles) verstehen. Die P. nehmen das ↑Leere als notwendiges Unterscheidungsprinzip in allen Bereichen der Ontogenese (Zahlen, geometrische und physikalische Körper) an.

(4) *Spekulative Zahlenlehre:* Die Definition der ›vollkommenen Zahl‹ (↑Zahl, vollkommene) als Summe ihrer ganzzahligen Teiler (z. B. $6 = 1 + 2 + 3$ und $28 = 1 + 2 + 4 + 7 + 14$) stammt vermutlich aus späterer Zeit. Älter ist die Vorstellung der ↑Tetraktys (Vierheit) als vollkommener Zahl, der 10 als Summe der ersten vier natürlichen ganzen Zahlen $(1 + 2 + 3 + 4)$, dargestellt in der Form eines gleichschenkligen (oder gleichseitigen) Dreiecks:

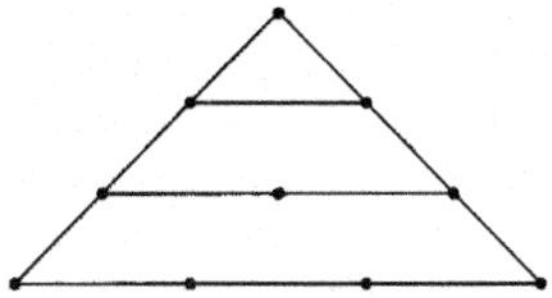

Abb. 3

Die P. sahen die Tetraktys als magische, heilige Zahl an und verwendeten sie in ihrer Eidesformel. Neben den geometrischen Figuren dienten auch bestimmte Buchstaben der einprägsamen Darstellung von Zahlenfolgen, so etwa das griechische Lambda (›Λ‹), mit dem Folgen von Quadratzahlen (als Tetraktys und als Doppel-Tetraktys) konstruiert wurden; dieses Verfahren ist ausführlich überliefert bei Krantor von Soloi in dessen Kommentar zu Platons »Timaios«.

(5) *Ethik:* Eine ethische Theorie im Sinne einer philosophischen Reflexion der Grundbegriffe und der Rechtfertigung von Normen (↑Norm (handlungstheoretisch, moralphilosophisch)) ist von den frühen P.n nicht überliefert. Die Orientierung der Ethik an religiösen Vorstellungen und subjektiver Eudämonie deutet auf eine metaphysisch-religiös verankerte individualistische Heilsethik hin. Erstmals in der Philosophiegeschichte wird bei den P.n eine dezidierte Abkehr von äußeren Glücksgütern und von den Tugendidealen des Kriegerstandes sowie eine Hinwendung zu geistigen Werten (Freundschaft, Besonnenheit, Gerechtigkeit, Weisheit und Frömmigkeit) erkennbar. Die Übertragung der Zahlenspekulation auf die Ethik führt zu einer Zuordnung von Zahlen zu Tugenden (die 10 wird – als Summe von 1, 2, 3, 4 – den vier Kardinaltugenden zugeordnet) und sozialen Institutionen (z. B. der Heirat).

Die vier pythagoreischen *Wissenschaften* Arithmetik, Geometrie, Astronomie, Musik (vgl. das mittelalterliche Quadrivium; ↑ars) bzw. entsprechende wissenschaftliche Erkenntnisse der frühen P. können in der Regel nicht bestimmten Personen zugeordnet werden; sie stammen überwiegend aus dem Kreis der so genannten ›anonymen P.‹ bzw. ›anonymen Mathematiker‹ (ca. 480–430 v. Chr.). (1) Die *Arithmetik* als Theorie der positiven ganzen Zahlen bildet das Fundament der pythagoreischen Wissenschaften, da die P. von der Annahme ausgehen, daß alle Größenverhältnisse in Geometrie, Astronomie und Musik durch ganzzahlige Zahlenrelationen darstellbar sind. Diese Grundannahme der P. wird schon früh durch die (Hippasos von Metapont zugeschriebene) Entdeckung inkommensurabler Zahlen (↑inkommensurabel/Inkommensurabilität) erschüttert; diese führen zu einer intensiven Auseinandersetzung mit dem Problem der irrationalen Zahlen. Bei Euklid ist (im Anhang zum 10. Buch der »Elemente«) ein Beweis der Inkommensurabilität erhalten, der auf der altpythagoreischen Lehre von den ›geraden und ungeraden Zahlen‹ beruht. Die Lehre von den ›Seiten- und Diagonalzahlen‹ dient dem Zweck, Näherungswerte für $\sqrt{2}$ zu ermitteln: Für die Länge der Seite (s) und der Diagonale (d) eines Quadrats wird, jeweils mit 1 beginnend, ein neuer Wert nach der Formel $s' = s + d$ und $d' = 2s + d$ errechnet, anschließend wird der Wert der Diagonale durch den der Seite dividiert; der Quotient ergibt einen zunehmend genaueren Näherungswert für $\sqrt{2}$:

1) $1 + 1 = 2$; $2 + 1 = 3$; $3 : 2 = 1{,}5$ ($1{,}5^2 = 2{,}25$)
2) $2 + 3 = 5$; $4 + 3 = 7$; $7 : 5 = 1{,}4$ ($1{,}4^2 = 1{,}96$)
3) $5 + 7 = 12$; $10 + 7 = 17$; $17 : 12 = 1{,}416$ ($1{,}416^2 = 2{,}0069$).

Der Beweis für das zugrundeliegende Theorem, daß, wenn s und d Seite bzw. Diagonale eines Quadrates sind, $s' = s + d$ und $d' = 2s + d$ wiederum Seite und Diagonale eines Quadrates sind, wird von den P.n sowohl arithmetisch als auch geometrisch geführt; es handelt sich um den ersten bekannten Beweis durch vollständige Induktion (↑Induktion, vollständige). – Der so genannte ›Euklidische Algorithmus‹ (Elemente, Buch VII), der auf die ›anonymen P.‹ zurückgeht, dient der Bestimmung des größten gemeinsamen Teilers zweier Zahlen: Man beginnt mit zwei verschiedenen ganzen Zahlen und subtrahiert so oft wie möglich die kleinere von der größeren. Endet das Verfahren mit 0, so ist die kleinere Zahl der gesuchte Teiler; bleibt ein Rest (r), so setzt man das Verfahren mit r und der kleineren Zahl fort.

(2) Die *Geometrie* der frühen P. befaßt sich unter anderem mit dem Anlegen von Flächen an Flächen bzw. Strecken, so daß eine bestimmte Figur (Figurenkonstellation) entsteht, dem ›Goldenen Schnitt‹ (↑Schnitt, goldener) sowie der Konstruktion regulärer Polygone und Körper (Würfel, Pyramide, Dodekaeder; ↑Platonische Körper). Für den Beweis, daß die Winkelsumme im Dreieck gleich zwei rechten Winkeln ist, bedienen sich die P. einer Hilfslinie parallel zu einer Seite des Dreiecks und des Satzes von der Gleichheit der Wechselwinkel. Der Beweis für den ›Satz des Pythagoras‹ oder ↑›Pythagoreischer Lehrsatz‹ ($a^2 + b^2 = c^2$, im rechtwinkligen Dreieck) wird mit Hilfe von (für die Geometrie der P. typischen) Proportionengleichungen erbracht: daß die Rechtecke $\overline{pc} = a^2$ und $qc = b^2$ sind (woraus unmittelbar $a^2 + b^2 = c^2$ folgt), wird durch die Proportionengleichungen $p : a = a : c$ und $q : b = b : c$ bewiesen (Abb. 4).

(3) Über die *Astronomie* der frühen P. ist wenig bekannt, doch läßt sich aus späteren Schriften entnehmen, daß sie mit geometrisch-kinematischen Grundvorstellungen die Himmelsphänomene und Himmelsbewegungen zu erklären suchten. Das gesamte All dreht sich gleichförmig

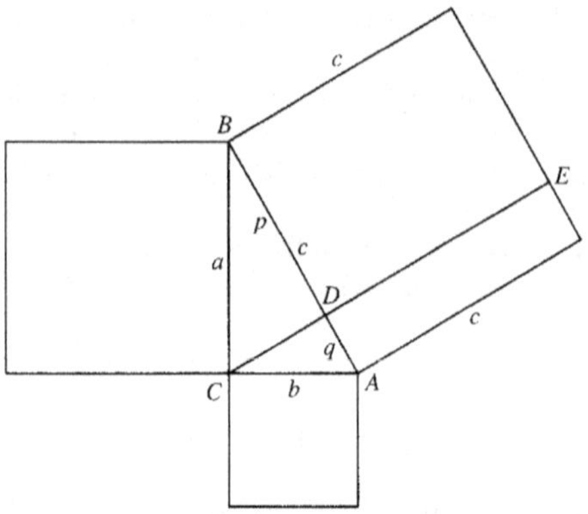

Abb. 4

im Uhrzeigersinn um eine Achse, die durch die kugelförmige, in der Mitte frei schwebende Erde hindurchgeht. Außerdem vollziehen Sonne, Mond und Planeten eine Kreisbewegung in entgegengesetzter Richtung. Die Entfernung der Gestirne von der Erde ist verschieden; ihre Umlaufzeiten verhalten sich wie ganze Zahlen. Das gemeinsame Vielfache aller Umlaufzeiten ist die Bedingung dafür, daß alle Gestirne in gewissen Zeitabständen (›Großes Jahr‹) dieselbe Konstellation wieder einnehmen.

(4) Die *Musiktheorie* der P. ist eine mathematische, deduktiv und axiomatisch verfahrende Theorie, die mit Zahlenrelationen als ↑Postulaten beginnt und mit mathematischen ↑Ableitungen fortgeführt wird. Hauptthema der Musiktheorie ist die mathematische Bestimmung der Harmonien. Ausgangspunkt ist die Zahl 12, von der die Hälfte, zwei Drittel und drei Viertel wiederum ganze Zahlen (als Längenmaße von Seiten) ergeben: 12, 9, 8, 6. Diese Zahlen bilden die Proportion $12 : 9 = 8 : 6$, wobei 9 das ›arithmetische Mittel‹ zwischen 12 und 6 ist (d. h. die Differenzen $12 - 9$ und $9 - 6$ sind gleich) und 8 das ›harmonische Mittel‹ zwischen 12 und 6 (d. h. die Differenzen $12 - 8$ und $8 - 6$ verhalten sich zueinander wie $12 : 6$). Die Verhältnisse von 12 zu 9, 8 und 6 ergeben die Quarte $(4 : 3)$, die Quinte $(3 : 2)$ und die Oktave $(2 : 1)$. Die Berichte über die Erfindung dieser Relationen durch Pythagoras sind Legenden aus späterer Zeit.

Von den *jüngeren Pythagoreern* (ca. 450–350 v. Chr.) sind vor allem Philolaos von Kroton (etwa 470–390 v. Chr.) und Archytas von Tarent (um 375 v. Chr.) von Bedeutung. Weiterhin sind namentlich bekannt: Archippos v. Tarent (VS 46). Lysis von Tarent (VS 46) flieht 450 v. Chr. nach Theben, wo er 390/385 v. Chr. stirbt; er versteht Philosophie als mystische Geheimlehre und gilt als strenger Verfechter altpythagoreischer Sitte. Opsimos (VS 46) definiert Gott als das, wodurch die ›größte‹ Zahl, gemeint ist die vollkommene Zahl 10 (die Tetraktys), ihren Vorgänger übertrifft, d. h. als Eins. Dabei gilt die Eins als Erzeugungsprinzip der Zahlen den P.n nicht selbst als Zahl im eigentlichen Sinne. Der Gruppe der Schüler und jüngeren Zeitgenossen des Philolaos gehören an: Eurytos (VS 45), der das Wesen nicht nur geometrischer, sondern auch physikalischer Körper (Naturdinge) durch sie begrenzende Zahlen zu definieren sucht (er bestimmt als Wesenszahl des Menschen 250, der Pflanze 360), der Musiktheoretiker Xenophilos von Theben (VS 52) sowie Phanton, Diokles, Echekrates, Polymnastos, Arion (alle VS 53), Schüler des Philolaos und Eurytos, Mitglieder der Schule der P. in Phleios. Hiketas aus Syrakus (VS 50), der von N. Kopernikus hoch geschätzt wurde, behauptet, die Erde drehe sich um ihre eigene Achse, alle anderen Himmelskörper dagegen bewegten sich nicht. Dessen Schüler Ekphantos aus Syrakus (VS 51) übernimmt diese Lehre und deutet die Zahlen als Atome; im Unterschied zum mechanistischen ↑Atomismus nimmt er eine ›göttliche Vorsehung‹ (*πρόνοια*) an, die mit der Kraft des Geistes (*νοῦς*) oder der Seele (*ψυχή*) die Einheiten in der Welt konstituiert und ihre Bewegungen lenkt. Als spätere Nachfolger der P. sind bekannt: Simmias und Kebes aus Theben (Freunde bzw. Schüler des Sokrates, Dialogpartner in Platons »Phaidon« und »Kriton«), Theodoros aus Kyrene (VS 43; Freund des Sophisten Protagoras und einer der Lehrer Platons), Lykon (VS 57; Zeitgenosse des Aristoteles) sowie Aristangeles, Melanippos und Proros, die in Kyrene einen pythagoreischen Bund bilden. Von Simos aus Poseidonia, Myonides und Euphranor (alle VS 56) ist nur bekannt, daß sie sich mit mathematischer Musiktheorie befaßten.

Werke: VS I, 96–113, 446–480, 489, 503–504; Femmes pythagoriciennes. Fragments et lettres de Théano, Périctioné, Phintys, Mélissa, et Myia [griech./franz.], ed./trans. M. Meunier, Paris 1932, 1980; Die Vorsokratiker. Die Fragmente und Quellenberichte, ed./übers. W. Capelle, Leipzig 1935, Stuttgart [8]1973, 98–112 (Pythagoras und die älteren P.), 471–501 (Die jüngeren P.), [9]2008, 67–80, 390–417; Ancilla to The Pre-Socratic Philosophers. A Complete Translation of the Fragments in Diels, »Fragmente der Vorsokratiker«, trans. K. Freeman, Oxford 1947, Cambridge Mass. 1983, 1996, 40–41, 70–71, 73–77, 78–81; Greek Philosophy. A Collection of Texts I (Thales to Plato) [griech.], ed. C. J. de Vogel, Leiden 1950, [4]1969, 10–22 (Pythagoras and the Older Pythagoreans); I Pitagorici [griech./ital.], ed./trans. A. Maddalena, Bari 1954; The Pythagorean Texts of the Hellenistic Period, ed. H. Thesleff, Åbo 1965; Die Vorsokratiker I (Milesier, P., Xenophanes, Heraklit, Parmenides) [griech./dt.], ed. J. Mansfeld, Stuttgart 1983, 2003, 98–203; The Pythagorean Writings. Hellenistic Texts from the 1st Cent. B. C. to 3rd Cent. A. D. on Life, Morality, and the World. Comprising a Selection of the Neo-Pythagorean Fragments, Texts, and Testimonia of the Hellenistic Period, Including those of Philolaus and Archytas, ed. R. Navon, trans. K. S. Guthrie/T. Taylor, Kew Gardens N. Y. 1986. – Totok I (1964), 115–119, ([2]1997), 178–184.

Literatur: A. Barbera, Another Look on Plato and the Pythagoreans, Amer. J. Philol. 102 (1981), 395–410; A. Barker, *Οἱ καλούμενοι ἁρμονικοί.* The Predecessors of Aristoxenus, Proc. Cambr. Philolog. Soc. 204 (1978), 1–21; W. Burkert, Hellenistische Pseudopythagorica, Philol. 105 (1961), 16–43, 226–246; ders., Weisheit und Wissenschaft. Studien zu Pythagoras, Philolaos und Platon, Nürnberg 1962 (engl. Lore and Science in Ancient Pythagoreanism, Cambridge Mass. 1972); F. M. Cleve, The Giants of Pre-Sophistic Greek Philosophy II (An Attempt to Reconstruct Their Thoughts), The Hague 1965, [3]1973, 449–520; F. M. Cornford, Mysticism and Science in the Pythagorean Tradition, Class. Quart. 16 (1922), 137–150, 17 (1923), 1–12; A. Delatte, Études sur la littérature pythagoricienne, Paris 1915 (repr. Genf 1974, 1999); ders., Essai sur la politique pythagoricienne, Liège/Paris 1922 (repr. Genf 1979, 1999); ders., La constitution des États-Unis et les pythagoriciens, Paris 1948; H. Diels, Ein gefälschtes Pythagorasbuch, Arch. Gesch. Philos. 3 (1890), 451–472 (repr. in: ders., Kleine Schriften zur Geschichte der antiken Philosophie, ed. W. Burkert, Hildesheim, Darmstadt 1969, 266–287); H. Dörrie, P., KP IV (1972), 1270–1272; H. Fränkel, Dichtung und Philosophie des frühen Griechentums. Eine Geschichte der griechischen Literatur von Homer bis Pindar, New York 1951, 351–363, mit Untertitel: Eine Geschichte der griechischen Epik, Lyrik und Prosa bis zur Mitte des fünften Jahrhunderts, München [5]2006, 309–318 (engl. Early Greek Poetry and Philosophy. A History of Greek Epic, Lyric, and Prose to the Middle of the Fifth Century, New York/London 1982, 271–279); K. Freeman, The Pre-Socratic Philosophers. A Companion to Diels, »Fragmente der Vorsokratiker«, Oxford, Cambridge Mass. 1946, Oxford [3]1953 (repr. 1966), 244–261; K. v. Fritz, Pythagorean Politics in Southern Italy. An Analysis of the Sources, New York 1940 (repr. 1977); ders., Mathematiker und Akusmatiker bei den alten P.n, München 1960 (Sitz.ber. Bayer. Akad. Wiss., philos.-hist. Kl., H. 11); B. Gallotta, Nuovo contributo alla conoscenza della cultura romano-italica e del fondamento ideologico del regime augusteo, Atti Centro Studi e Docum. sull'Ital. Rom. 6 (1974/1975), 139–164; M. Gatzemeier, Krantors Lambda (Λ) oder: Der Raffael-Code, in: ders., Unser aller Alphabet. Kleine Kulturgeschichte des Alphabets. Mit einem Exkurs über den Raffael-Code. In honorem Christian Stetter, Aachen 2009, 43–56; R. Haase, Geschichte des harmonikalen Pythagoreismus, Wien 1969; S. Heller, Die Entdeckung der stetigen Teilung durch die P., Berlin 1958; J. D. Hughes, The Environmental Ethics of the Pythagoreans, Environm. Eth. 2 (1980), 195–213; P. Kucharski, Étude sur la doctrine pythagoricienne de la tétrade, Paris 1952; W. Lefèvre, Rechensteine und Sprache. Zur Begründung der wissenschaftlichen Mathematik durch die P., in: P. Damerow/W. Lefèvre (eds.), Rechenstein, Experiment, Sprache. Historische Fallstudien zur Entstehung der exakten Wissenschaften, Stuttgart 1981, 115–169; I. Lévy, Recherches esséniennes et pythagoriciennes, Genf, Paris 1965; E. S. Loomis, The Pythagorean Proposition. Its Demonstrations Analysed and Classified, and Bibliography of Sources for Data of the Four Kinds of ›Proofs‹, Washington D. C. 1968, [2]1972; G. Méautis, Recherches sur le pythagorisme, Neuchâtel 1922, Neudr. Brüssel 2007; E. L. Minar, Early Pythagorean Politics. In Practice and Theory, Baltimore Md. 1942 (repr. New York 1979); O. Neugebauer, The Exact Sciences in Antiquity, Kopenhagen 1951, Providence R. I. [2]1957, 1970; P. H. Nidditch, The First Stage of the Idea of Mathematics. Pythagoreans, Plato, Aristotle, Midwest Stud. Philos. 8 (1983), 3–34; J. A. Philip, Pythagoras and Early Pythagoreism, Toronto 1966; F. Prontera, Gli »ultimi« Pitagorici. Contributo per una revisione della tradizione, Dialoghi di archeol. 9/10 (1976/1977), 267–332; J. E. Raven, Pythagoreans and Eleatics. An Account of the Interaction Between the Two Opposed Schools During the Fifth and Early Fourth Centuries B. C., Cambridge 1948 (repr. Amsterdam 1966, Cambridge 1968); T. Reiser, Das Geheimnis der pythagoreischen Tetraktys, Heidelberg 1967; C. Riedeweg, Pythagoreische Schule, DNP X (2001), 656–659; W. Röd, Die Philosophie der Antike I (Von Thales bis Demokrit), München 1976, 50–74, [3]2008, 53 –80 (Kap. IV Pythagoras und die P.); E. Sachs, Die fünf platonischen Körper. Zur Geschichte der Mathematik und der Elementenlehre Platons und der P., Berlin 1917 (repr. Hamburg 2010, 2013); S. Sambursky, Das physikalische Weltbild der Antike, Zürich/Stuttgart 1965, 44–111; A. Städele, Die Briefe des Pythagoras und der P., Meisenheim am Glan 1980; L. Sweeney, Infinity in the Presocratics. A Bibliographical and Philosophical Study, The Hague 1972, 74–92; J. Taylor, Pythagoreans and Essenes. Structural Parallels, Louvain/Paris 2004; T. Taylor, The Theoretic Arithmetic of the Pythagoreans, London 1816 (repr. York Beach Me. 1983, 1991), New York 1972, 1978, Storminster Newton 2006; H. Thesleff, An Introduction to the Pythagorean Writings of the Hellenistic Period, Åbo 1961; G. Thomson, Studies in Ancient Greek Society II (The First Philosophers), London 1955, 1961, 249–270 (dt. Forschungen zur altgriechischen Gesellschaft II [Die ersten Philosophen], Berlin 1961, [4]1980, 207–226); W. J. Tucker, Harmony of the Spheres, the Real Numerology. A Reconstruction of the Lost Theory of Pythagoras, Sidcup 1960, [2]1966; G. Vlastos, Raven's »Pythagoreans and Eleatics«, in: R. E. Allen/D. J. Furley (eds.), Studies in Presocratic Philosophy II (The Eleatics and Pluralists), London 1975, 166–176; C. J. de Vogel, Philosophia I (Studies in Greek Philosophy), Assen 1970, 78–106; B. L. van der Waerden, Die Harmonielehre der P., Hermes 78 (1943), 163–199; ders., Die Arithmetik der P., I–II, Math. Ann. 120 (1947/1949), 127–153, 676–700; ders., Die Astronomie der P., Verhandelingen Nederl. Akad. van Wetenschappen, Afd. Natuurk., 1. Reeks, 20 (1951), H. 1; ders., Das große Jahr und die ewige Wiederkehr, Hermes 80 (1952), 129–155; ders., Erwachende Wissenschaft I (Ägyptische, babylonische und griechische Mathematik), Basel/Stuttgart 1956, Basel [2]1966; ders./K. v. Fritz, P., RE XXIV (1963), 209–268, 277–300; ders., Die Postulate und Konstruktionen in der frühgriechischen Geometrie, Arch. Hist. Ex. Sci. 18 (1978), 343–357; ders., Die P.. Religiöse Bruderschaft und Schule der Wissenschaft, München/Zürich 1979. M. G.

Pythagoreischer Lehrsatz (auch: Satz des Pythagoras, engl. Pythagorean Theorem/Theorem of Pythagoras, franz. théorème de Pythagore), Name einer geometrischen Beziehung, derzufolge im rechtwinkligen Dreieck die Summe der Quadrate der beiden Katheten a und b gleich dem Quadrat der Hypotenuse c ist: $a^2 + b^2 = c^2$. Die natürlich-zahligen Lösungen dieser Gleichung sind die ↑Pythagoreischen Zahlen. Der P. L. ist als Rechenregel bereits in der babylonischen Mathematik bekannt. Es ist umstritten, ob Pythagoras selbst einen Beweis entwickelt hat; der klassische Beweis wurde vermutlich von Euklid aufgestellt. Neben diesem sind heute mehrere hundert weitere Beweise für den P. L. bekannt.
Im 19. Jh. gewann der P. L. durch die von C. F. Gauß formulierte Theorie gekrümmter Flächen an Bedeutung.

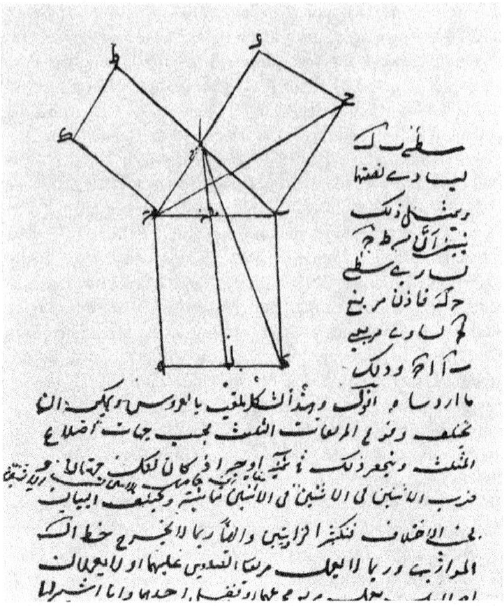

P. L. mit dem angedeuteten Beweis des Euklid in einer arabischen Handschrift aus dem 14. Jh. (Kleine Enzyklopädie Mathematik, Thun/Frankfurt 1977, Bildtafel 15)

Gauß bestimmte die Bogenlänge auf solchen Flächen durch Anwendung einer infinitesimalen Fassung des P.n L.es (↑Differentialgeometrie). B. Riemann verallgemeinerte 1854 den Gaußschen Ansatz auf beliebige n-dimensionale ↑Mannigfaltigkeiten. H. v. Helmholtz zeigte 1866, daß sich die infinitesimale Geltung des P.n L.es in der physikalischen ↑Geometrie aus der Annahme der ›freien Beweglichkeit‹ von Körpern ableiten läßt. Dies bezeichnet die Möglichkeit, kleine Figuren ohne Formänderung zu verschieben und zu drehen. Auch in der Allgemeinen Relativitätstheorie (↑Relativitätstheorie, allgemeine) ist die infinitesimale Fassung des P.n L.es – wenn auch in ›indefiniter‹ Form (↑Weltlinie) – die Grundlage der ↑Metrik (↑Gravitation).

Literatur: C. B. Boyer/U. C. Merzbach, A History of Mathematics, New York etc. 1968, [3]2011; W. Burkert, Weisheit und Wissenschaft. Studien zu Pythagoras, Philolaos und Platon, Nürnberg 1962 (engl. Lore and Science in Ancient Pythagoreanism, Cambridge Mass. 1972); A. M. Fraedrich, Die Satzgruppe des Pythagoras, Stuttgart 1990, Mannheim etc. 1994, 1995; R. Kaplan/E. Kaplan, Hidden Harmonies. The Lives and Times of the Pythagorean Theorem, New York etc. 2011; K. Mainzer, Geschichte der Geometrie, Mannheim/Wien/Zürich 1980; E. Maor, The Pythagorean Theorem. A 4,000-Year History, Princeton N. J./Oxford 2007; A. S. Posamentier, The Pythagorean Theorem. The Story of Its Power and Beauty, Amherst N. Y. 2010; L. Sklar, Space, Time, and Spacetime, Berkeley Calif./Los Angeles/London 1974, 2000; R. Torretti, Philosophy of Geometry from Riemann to Poincaré, Dordrecht/Boston Mass./London 1978, 1984; L. Zhmud [Žmud], Nauka, filosofija i religija v rannem pifagoreizme, Sankt Petersburg 1994 (dt. Wissenschaft, Philosophie und Religion im frühen Pythagoreismus, Berlin 1997; engl. Pythagoras and the Early Pythagoreans, Oxford etc. 2012). M. C.

Pythagoreische Zahlen (auch: Pythagoreisches Tripel), Bezeichnung für drei natürliche Zahlen a, b, c, zwischen denen die Beziehung $a^2 + b^2 = c^2$ besteht. Das einfachste Beispiel für P. Z. ist das Tripel 3, 4, 5. Wahrscheinlich sind die Babylonier die Urheber der Entdeckung, daß ein Dreieck mit den Seitenverhältnissen 3 : 4 : 5 stets rechtwinklig ist und gleichzeitig gilt: $3^2 + 4^2 = 5^2$. Auch der allgemeine ↑*Pythagoreische Lehrsatz*, nach dem in beliebigen rechtwinkligen Dreiecken die Summe der Kathetenquadrate gleich dem Hypotenusenquadrat ist, war bei den Babyloniern als praktische Rechenregel routinemäßig im Gebrauch (O. Neugebauer 1951, 35). Wahrscheinlich lernte Pythagoras das Theorem bei diesen kennen. Zwar lassen sich einfache Beweise konstruieren, doch ist es strittig, ob Pythagoras tatsächlich einen solchen angegeben hat. Jedenfalls stammt der klassische Beweis aus Euklids »Elementen« vermutlich von Euklid selbst.

Der Pythagoreische Lehrsatz legte die Frage nahe, welche Quadrate natürlicher Zahlen sich als Summe zweier solcher Quadrate darstellen lassen, also auch die Frage, ob es außer dem angegebenen Beispiel weitere Tripel natürlicher Zahlen gibt, die die Seitenverhältnisse rechtwinkliger Dreiecke darstellen. Dem Zeugnis des Proklos zufolge ist Pythagoras selbst der Entdecker eines allgemeinen Ausdrucks der P.n Z.. Für ungerades n gilt nämlich:

$$n^2 + \left(\frac{n^2-1}{2}\right)^2 = \left(\frac{n^2-1}{2}+1\right)^2$$

(K. v. Fritz 1963, 198). Platon und später auch Euklid ergänzten und verbesserten diesen Ausdruck. Allgemein lassen sich P. Z. a, b, c in der Form $a = 2mn$, $b = m^2 - n^2$, $c = m^2 + n^2$ mit natürlichen Zahlen m und n darstellen. Ein Beispiel für $m = 2$ und $n = 3$ sind die P.n Z. $a = 12$, $b = 5$, $c = 13$.

Pythagoras' Untersuchungen bildeten den Auftakt einer Arithmetik als reiner Zahlenlehre, unterschieden von einer an praktischen Bedürfnissen orientierten Rechenkunst. Die P.n Z. galten dabei als Beweis, daß sich geometrische Figuren (wie Dreiecke) und damit sinnlich wahrnehmbare Gestalten durch Zahlenverhältnisse wiedergeben lassen. Zusammen mit der Entdeckung des Pythagoras, daß Tonintervalle als kleine ganzzahlige Verhältnisse von Saitenlängen formuliert werden können, und mit der Erkenntnis der Babylonier, daß die Bewegungen der Himmelskörper in einer regelmäßigen, in Zahlen erfaßbaren Weise vonstatten gehen, führte dies zu der Auffassung, daß das Wesen der Dinge letztlich in Zahlen zu suchen sei. Dieser Ansatz brachte unmittelbar die methodologische Maxime mit sich, die Erforschung der Natur über das Studium der Zahlen zu betreiben. Im ↑Pythagoreismus konkretisierte sich dieses Programm in zahlreichen Ideen, wie etwa den mit dem Geraden und dem Ungeraden assoziierten zehn Gegensatzpaaren des Philolaos oder dem Versuch, den Umlauf der Himmelskörper mit Tonintervallen in Verbindung zu bringen, woraus sich die Vorstellung einer ↑Sphärenharmonie ergab.

Lange Zeit ungelöst war das Problem, ob eine verallgemeinerte Form von P.n Z. derart angebbar ist, daß die Gleichung $a^n + b^n = c^n$ auch für natürliche Zahlen $n > 2$ erfüllt ist. P. de Fermat hatte behauptet, einen Beweis dafür gefunden zu haben, daß dies nicht der Fall ist (›Fermatsche Vermutung‹ bzw. ›Fermats letztes Theorem‹ bzw. ›Großer Fermatscher Satz‹). Es ist unbekannt, ob und gegebenenfalls auf welche Weise Fermat einen Beweisversuch unternommen hat. A. J. Wiles u. a. gelang 1993/1994 der Beweis, daß die Fermatsche Vermutung tatsächlich zutrifft.

Literatur: O. Becker, Das mathematische Denken der Antike, Göttingen 1957, ²1966; ders. (ed.), Zur Geschichte der griechischen Mathematik, Darmstadt 1965, 1986; W. Burkert, Weisheit und Wissenschaft. Studien zu Pythagoras, Philolaos und Platon, Nürnberg 1962 (engl. Lore and Science in Ancient Pythagoreanism, Cambridge Mass. 1972); K. v. Fritz, Pythagoras, RE XXIV (1963), 171–209; ders., Pythagoras of Samos, DSB XI (1975), 219–225; T. L. Heath, A Manual of Greek Mathematics, Oxford 1931, Mineola N. Y. 2003; E. Hoppe, Mathematik und Astronomie im klassischen Altertum, Heidelberg 1911 (repr. Wiesbaden 1966), I–II, 2011/2012; S. Jacquemard, Pythagore et l'harmonie des sphères, Paris 2004; E. A. Maziarz/T. Greenwood, Greek Mathematical Philosophy, New York 1968, New York etc. 1995; O. Neugebauer, The Exact Sciences in Antiquity, Kopenhagen 1951 (repr. Amsterdam 1968), Providence R. I. ²1957, 1970 (franz. Les sciences exactes dans l'antiquité, Arles 1990); J.-L. Périllié, Symmetria et rationalité harmonique. Origine pythagoricienne de la notion grecque de symétrie, Paris/Budapest/Turin 2005; W. Sierpiński, Trójkty pitagorejskie, Warschau 1954 (engl. Pythagorean Triangles, New York 1962, Mineola N. Y. 2003); M. Simon, Geschichte der Mathematik im Altertum in Verbindung mit antiker Kulturgeschichte, Berlin 1909, unter dem Titel: Geschichte der Mathematik im Altertum. Vorlesungen, in Verbindung mit antiker Kulturgeschichte [...], Amsterdam 1973; L. Zhmud [Žmud], Nauka, filosofija i religija v rannem pifagoreizme, Sankt Petersburg 1994 (dt. Wissenschaft, Philosophie und Religion im frühen Pythagoreismus, Berlin 1997; engl. Pythagoras and the Early Pythagoreans, Oxford etc. 2012). M. C.

Pythagoreismus, Bezeichnung für die Wirkungsgeschichte pythagoreischer Vorstellungen außerhalb der Schultradition der ↑Pythagoreer. Elemente des P. finden sich im ↑Kynismus, bei Platon (z. B. im »Timaios«), in der ↑Stoa, vor allem im ↑Neuplatonismus, in der Naturphilosophie (insbes. in ↑Astronomie und ↑Kosmologie), in Mathematik und Musiktheorie, in Malerei und Dichtung, in Gesetzgebung, Münzprägung und politischer Theorie, in der Religionsgeschichte (Christentum und ↑Gnosis), in antiker Tempelarchitektur und christlichem Kirchenbau sowie in der Medizingeschichte. Inhaltliche Schwerpunkte des P. sind die Zahlen-, Musik- und Harmonietheorie sowie die ›pythagoreische Lebensweise‹ (*vita Pythagorica*). Da der P. oft von Platonikern vertreten wird, z. B. von A. Augustinus (354–430), A. M. T. S. Boethius (ca. 480–524), G. Plethon (1355–1450) und M. Ficino (1433–1499), und da sich manche Autoren in der Aufnahme pythagoreischer Lehrstücke nicht auf die Pythagoreer, sondern auf Platon berufen, ist der P. weitgehend mit dem (Neu-)Platonismus gleichgesetzt bzw. verwechselt worden.

In der *Literatur* finden sich Spuren des P. bei Ennius, Lukianos aus Samosata (2. Jh.) in einer Verspottung pythagoreischer Gemeinplätze, bei Martianus Capella (5. Jh.) in einer ↑Allegorese der Künste und der Sphärenharmonie, bei Dante Alighieri (1265–1321), in christlichen Hymnen und in der Renaissance-Dichtung. In der *Malerei* begegnet die pythagoreisch-platonische Makrokosmos-Mikrokosmos-Analogie (↑Makrokosmos) z. B. im »Glossarium Salomonis« (1165) aus dem Kloster Prüfening (Regensburg), mit ausdrücklichem Bezug auf Vitruv (1. Jh.) bei L. Pacioli (1445–1510), der in seiner Proportionenlehre (von Leonardo da Vinci illustriert) aus den Maßverhältnissen des Menschen die Proportionen der Architektur ableitet, und bei F. Giorgi, der die Darstellung des Menschen im Kreis als Abbild der Welt ansieht (↑Makrokosmos [Illustration von R. Fludd]). Auf Raffaels Bild »Schule von Athen« (1509/1510) findet sich ein Diagramm der pythagoreischen Tonleiter und ↑Tetraktys. In der *Musiktheorie* beruft sich F. Gaffori (Gafurius, 1451–1522) auf Pythagoras als Entdecker der musikalischen Harmonien; seine Werke »De harmonia musicorum instrumentorum opus« (1518) und »Theorica musice« (1492) sind mit Darstellungen von Pythagoraslegenden über die Entdeckung der Harmonien illustriert. Bis J. Kepler und Fludd reicht die Wirkungsgeschichte der pythagoreischen ↑Sphärenharmonie in der *Astronomie*.

Über Philon von Alexandreia (15/10 v. Chr. – 45/50 n. Chr.), der den Himmel als Urbild aller Musikinstrumente versteht und in Gott den Schöpfer der Sphärenharmonie sieht, und Clemens Alexandrinus (ca. 140/150 – 216/217), für den Zahlenrelationen und Harmonien die Grundprinzipien der Welt sind, gewinnt der P. Einfluß auf die *christliche Philosophie* und *Theologie*. Der Satz »Aber alles hast du geordnet nach Maß, Zahl und Gewicht« (Weish. 11,20) erfährt bei den Kirchenvätern zunehmend eine pythagoreische Deutung und wird in diesem Verständnis zur metaphysischen Grundlage des mittelalterlichen Ordo- und Seinsdenkens (↑ordo). Nach Augustinus beruht die Ordnung, die Begrenzbarkeit und Meßbarkeit auf bestimmten, von Gott eingegebenen Zahlenverhältnissen, die zugleich die Erkennbarkeit der Welt ermöglichen; den einzelnen Zahlen komme eine bestimmte göttliche Kraft zu, nach der sich ihr unterschiedlicher Wert bemesse. Die 6 z. B. sei eine vollkommene Zahl (↑Zahl, vollkommene), weshalb Gott die Welt in sechs Tagen erschaffen habe. Hugo von St. Viktor (Ende 11. Jh. – 1141) konzipiert die Theologie als pythagoreistische ↑Zahlenmystik; Clarenbald von Amiens (ein Schüler Hugos) entwirft eine neue Metaphysik als Zahlenspekulation und Alanus ab Insulis (um 1120–1203) sowie Nikolaus von Amiens (um 1190) entwickeln ↑›more geometrico‹ eine deduktiv-axiomatische Theologie. Für Thierry von Chartres (1141–1150 Leiter der Schule von Chartres, ↑Chartres, Schule von) sind die vier pythagoreischen Wissenschaften (↑Pythagoreer) notwendige Hilfsdisziplinen der Theologie; Geometrie dient dem Zweck, den Schöpfer in seinen Werken zu erkennen. Die Einheitslehre Bonaventuras (1221–1274) stützt sich auf die pythagoreische Zahlentheorie und die Eins- und Emanationslehre (↑Emanation) des Plotinos. – Nachdem M. T. Varro (116–27 v. Chr.) und Vitruv vergeblich versucht hatten, die *Architektur* den artes liberales (↑ars) zuzuordnen, gelingt dies Augustinus.

Dieser versteht die Architektur als Nachahmung der Schöpfung Gottes, die er ihrerseits als Natur und Gesellschaft umfassendes, den Gesetzmäßigkeiten der musikalischen Harmonien genügendes Ordnungssystem auffaßt. Wie Rabanus Maurus (780–856) begründet er die Theoriefähigkeit der Architektur durch ihre Anbindung an die mathematischen Disziplinen auf der Basis der pythagoreischen Zahlenlehre. Explizit auf Pythagoras bezieht sich Alanus ab Insulis, der Baumeister der Kathedrale von Chartres, an deren Königsportal sich eine Skulptur des Pythagoras befindet (Abb.).

Für Suger von St. Denis (ca. 1080–1151) ist die sinnliche Darstellung göttlicher Harmonie und Geometrie sowie die mit deren Betrachtung verbundene Läuterung und Hinführung der Seele zu Gott Grundlage der Aufwertung der Architektur. Albertus Magnus (ca. 1200–1280) zählt die Architektur zu den Künsten, weil sie sich an übersinnlichen Prinzipien orientiere. Ficino sieht die Architektur gegenüber dem Handwerk (*artes mechanicae*) als höheres Wissen an, weil Gott als Geometer die Welt geschaffen habe und der Architekt sie nachahme, indem er die Gesetze der Geometrie anwende. L. B. Alberti (1404–1472) leitet die ›concinnitas‹ (gesetzmäßige Übereinstimmung aller Teile) als allgemeinstes Prinzip der Schönheit aus der pythagoreischen Harmonielehre ab und fordert deren Gültigkeit auch für die Proportionen in der Architektur. Noch Le Corbusier (1887–1965) läßt Spuren des P. erkennen, wenn er die Ordnung baulicher Formen als Einklang mit der Weltordnung versteht.

Literatur: K. Benrath, ›Mensura fidei‹. Zahlen und Zahlenverhältnisse bei Bonaventura, in: A. Zimmermann (ed.), Mensura. Maß, Zahl, Zahlensymbolik im Mittelalter I, Berlin/New York 1983, 65–85; B. Bilinski, Il pitagorismo di Niccolò Copernico, Breslau etc. 1977; M. Bonazzi/C. Lévy/C. Steel (eds.), A Platonic Pythagoras. Platonism and Pythagoreanism in the Imperial Age, Turnhout 2007; W. Burkert, Weisheit und Wissenschaft. Studien zu Pythagoras, Philolaos und Platon, Nürnberg 1962 (engl. Lore and Science in Ancient Pythagoreanism, Cambridge Mass. 1972); ders. u. a., P., Hist. Wb. Ph. VII (1989), 1724–1732; G. Camassa, Il mutamento delle leggi nella prospettiva pitagorica (A propositio di Giamblico, »Vita Pitagorica« 176), Ann. Fac. di Lett. e Filos. 14 (1976/1977), 457–471; A. J. Cappelletti, Ciencia jónica y pitagórica, Caracas 1980; J. Carcopino, De Pythagore aux apôtres. Études sur la conversion du monde romain, Paris 1956, ^{2}1968; C. S. Celenza, Piety and Pythagoras in Renaissance Florence. The Symbolum Nesianum, Leiden/Boston Mass./Köln 1999; G. Cornelli, In Search of Pythagoreanism. Pythagoreanism as a Historiographical Category, Berlin/Boston Mass. 2013; dies./R. McKirahan/C. Macris (eds.), On Pythagoreanism, Berlin/Boston Mass. 2013; B. Disertori, Il »De nuptiis Philologiae et Mercurii« di Marziano Capella. Il pitagorismo nella Divina Commedia […], Atti Accad. Roveretana degli Agiati, Cl. di Sci. umane, Lett. ed Arti, 6. Ser., 14/15 (1974/1975), 67–92; G. Duby, Saint-Bernard. L'art cistercien, Paris 1976, 2010 (dt. Der heilige Bernard und die Kunst der Zisterzienser, Stuttgart 1981, Frankfurt 1991, 1993); E. Garin, Der italienische Humanismus [ital.], Bern 1947 (engl. Italian Humanism. Philosophy and Civic Life in the Renaissance, Oxford 1965 [repr. Westport Conn. 1975]); M. Gatzemeier, Krantors Lambda (Λ) oder: Der Raffael-Code, in: ders., Unser aller Alphabet. Kleine Kulturgeschichte des Alphabets. Mit einem Exkurs über den Raffael-Code. In honorem Christian Stetter, Aachen 2009, 43–56; J. Gau, ›Circulus mensurat omnia‹, in: A. Zimmermann (ed.), Mensura. Maß, Zahl, Zahlensymbolik im Mittelalter II, Berlin/New York 1984, 435–454; W. Harms, Das pythagoreische Y auf illustrierten Flugblättern des 17. Jahrhunderts, Antike u. Abendland 21 (1975), 97–110; S. K. Heninger, Touches of Sweet Harmony. Pythagorean Cosmology and Renaissance Poetics, San Marino 1974; H. Hettner, Italienische Studien. Zur Geschichte der Renaissance, Braunschweig 1879; P. S. Horkey, Plato and Pythagoreanism, Oxford etc. 2013; C. A. Huffman (ed.), Pythagoreanism, SEP 2006, rev. 2014; ders. (ed.), The History of Pythagoreanism, Cambridge etc. 2014; K. Hülser, Pythagoreer/P., RGG VI ([4]2003), 1846–1848; C. L. Joost-Gaugier, Measuring Heaven. Pythagoras and His Influence on Thought and Art in Antiquity and the Middle Ages, Ithaca N. Y. 2006, 2007; dies., Pythagoras and Renaissance Europe. Finding Heaven, Cambridge etc. 2009; H. Junecke, Die wohlbemessene Ordnung. Pythagoreische Proportionen in der historischen Architektur, Berlin 1982; C. H. Kahn, Pythagoras and the Pythagoreans. A Brief History, Indianapolis Ind./Cambridge Mass. 2001, 2006; A. Katzenellenbogen, The Sculptural Programs of Chartres Cathedral. Christ, Mary, Ecclesia, Baltimore Md. 1959, 1968; P. Kingsley, Ancient Philosophy, Mystery, and Magic. Empedocles and Pythagorean Tradition, Oxford 1995, 1996 (franz. unter dem Titel: Empédocle et la tradition pythagoricienne. Philosophie ancienne, mystère et magie, Paris 2010); F. W. Köhler (ed.), Hieroclis in aureum Pythagoreorum carmen commentarius, Stuttgart 1974 (dt. Hierokles, Kommentar zum pythagoreischen goldenen Gedicht, Stuttgart 1983); H. Krings, Ordo. Philosophisch-historische Grundlegung einer abendländischen Idee, Dresden 1938, Hamburg [2]1982; M. Kurdzialek, Der Mensch als Abbild des Kosmos, in: A. Zimmermann (ed.), Der Begriff der repraesentatio im Mitteltalter. Stellvertretung, Symbol, Zeichen, Bild, Berlin/New York 1971, 35–75; F. R. Levin, The Harmonics of Nicomachus and the Pythagorean Tradition, University Park Pa. 1975; J. Luchte, Pythagoras and the Doctrine of Transmigration. Wandering Souls, London/New York 2009; E. Maula, The Constants of Nature. A Study in the Early History of Natural Law, *Φιλοσοφία* 4 (Athen 1974), 211–242; A. Michel, In hymnis et canticis. Naissance de l'hymnique chrétienne de Pythagore à Augustin. Culture et beauté dans l'hymnique chrétienne latine, Louvain, Paris 1976; B. Münxelhaus, Pythagoras musicus. Zur Rezeption der pythagoreischen Musiktheorie als quadrivialer Wissenschaft im lateinischen Mittelalter, Bonn 1976; P. v. Naredi-Rainer, Architektur und Harmonie. Zahl, Maß und Proportionen in der abendländischen Baukunst, Köln 1982, [7]2001; F. Ohly, Deus Geometra. Skizzen zur Geschichte einer Vorstellung von Gott, in: N. Kamp/J. Wollasch (eds.), Tradition als historische Kraft, Berlin/New York 1982, 1–42; D. J. O'Meara, Pythagoras Revived. Mathematics and Philosophy in Late Antiquity, Oxford 1989, 1997; J. Pepin, Neopitagorismo e Neoplatonismo, in: M. dal Pra (ed.), Storia della filosofia IV (La filosofia ellenistica e la patristica cristiana dal III secolo a.C. al V secolo d.C.), Mailand 1975, 307–328; J. Peri, ›Omnia Mensura et numero et pondere disposuisti‹. Die Auslegung von Weish 11,20 in der lateinischen Patristik, in: A. Zimmermann (ed.), Mensura [s. o.] I, 1–21; H. Reis, Harmonie und Komplementarität. Harmonikale Interpretation des pythagoreischen Lehrsatzes, Bonn 1983; F. Sarri, Il problema del rapporto tra il »De mundo« attribuito ad Aristotele e la letteratura pitagorica dell'età ellenistica, Pensamiento 35 (1979), 267–314; J. Sauer, Symbolik des Kirchengebäudes und seiner Ausstattung in der Auffassung des Mittelalters [...], Freiburg 1902, [2]1924 (repr. Münster 1964); H. Schavernoch, Die Harmonie der Sphären. Die Geschichte der Idee des Welteneinklangs und der Seeleneinstimmung, Freiburg/München 1981; H. S. Schibli, P., REP VII (1998), 857–861; J. Schwabe, Hans Kaysers letzte Entdeckung. Die pythagoreische Tetraktys auf Raffaels »Schule von Athen«, Symbolon 5 (1966), 92–102; O. G. v. Simson, The Gothic Cathedral. The Origins of Gothic Architecture and the Medieval Concept of Order, London, New York 1956, Princeton N. J. 1974, [3]1988, 1989 (dt. Die Gotische Kathedrale. Beiträge zu ihrer Entstehung und Bedeutung, Darmstadt 1968, [6]2010); G. Staab, Pythagoras in der Spätantike. Studien zu »De Vita Pythagorica« des Iamblichos von Chalkis, München/Leipzig, Berlin/New York 2001, 2002; R. Wittkower, Architectural Principles in the Age of Humanism, London 1949, [4]1977, Chichester 1998 (dt. Grundlagen der Architektur im Zeitalter des Humanismus, München 1969, [2]1990); L. J. Zhmud, ›All Is Number?‹ ›Basic Doctrine‹ of Pythagoreanism Reconsidered, Phronesis 34 (1989), 270–292. M. G.

Q

Quadrat, logisches (engl. square of opposition, franz. carré logique, auch: carré des propositions), Bezeichnung der traditionellen Logik (↑Logik, traditionelle) für ein quadratisches oder rechteckiges Diagramm zur Veranschaulichung von Gegensatz- und Unterordnungsverhältnissen zwischen Aussagen oder Begriffen. Die normale Interpretation betrifft die in der ↑Syllogistik betrachteten Typen von Relationsaussagen über Prädikatoren ›*P*‹ und ›*Q*‹:

↑*a*: alle *P* sind *Q*,	↑*i*: manche *P* sind *Q*,
↑*e*: kein *P* ist *Q*,	↑*o*: manche *P* sind nicht *Q*.

Für diese gilt, daß jeweils *a* und *o* sowie *i* und *e* zueinander kontradiktorisch sind (d. h., aus der Wahrheit der einen Aussage folgt jeweils die Falschheit der anderen; ↑kontradiktorisch/Kontradiktion), daß *a* und *e* zueinander konträr sind (d. h., es sind niemals beide zugleich wahr, möglicherweise aber beide zugleich falsch; ↑konträr/Kontrarität) und daß *i* und *o* zueinander ↑subkonträr sind (d. h., es sind niemals beide Aussagen zugleich falsch, möglicherweise aber beide zugleich wahr). Ferner folgt aus der Wahrheit von *a* bzw. *e* die Wahrheit von *i* resp. *o* (›Subalternation‹ von *i* bzw. *o* unter *a* resp. *e*).

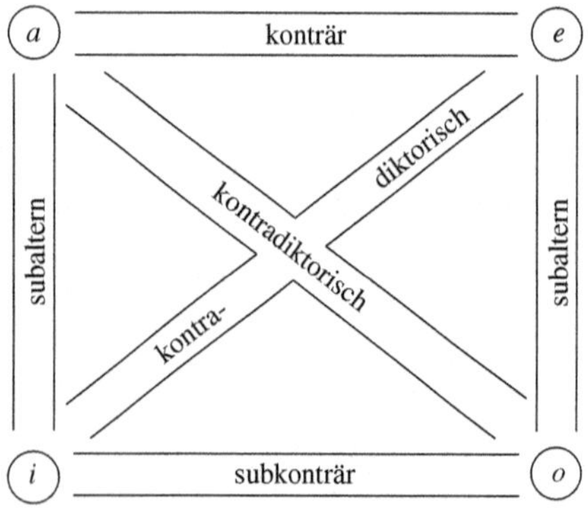

Abb. 1: Quadrat der Gegensätze zwischen den Satztypen *a*, *e*, *i* und *o*.

Das Schema in Abb. 1 veranschaulicht zugleich diese Verhältnisse und die auf ihnen beruhenden ›unmittelbaren Schlüsse‹ (↑Schluß), die von nur einer ↑Prämisse, ohne Vermittlung weiterer Prämissen, zu einer ↑Konklusion führen. Das Schema setzt voraus, daß Subjekt- und Prädikatbegriff (↑Subjektbegriff, ↑Prädikatbegriff) nicht-leer sind. Interpretiert man wie heute üblich *PaQ* als $\bigwedge_x(P(x) \to Q(x))$ *ohne* diese Existenzvoraussetzung, *PiQ* aber als $\bigvee_x(P(x) \wedge Q(x))$ *mit* der Existenzvoraussetzung, so gelten von den Implikationsbeziehungen im l.n Q. die beiden Subalternationen und der konträre Gegensatz nicht. Das gleiche Schema eignet sich zur Veranschaulichung entsprechender Verhältnisse in der ↑Modallogik, wenn man die Buchstaben *a*, *e*, *i*, *o* hinsichtlich einer Aussage *A* wie folgt interpretiert:

a: *A* ist notwendigerweise wahr,
e: *A* ist notwendigerweise falsch,
i: *A* ist möglicherweise wahr,
o: *A* ist möglicherweise falsch.

Beide Interpretationen finden sich bereits bei Aristoteles, die erste in an. pr. *A*4 und *A*7, die zweite in de int. 13.22a14 ff.. Das erste bekannte l. Q. findet sich in einer aus dem 9. Jh. stammenden Handschrift des dem Ap(p)uleius von Madaura (2. Jh.) zugeschriebenen Kommentars zu Aristoteles' »Peri Hermeneias«.

Eine Variante des l.n Q.s hat M. W. Drobisch 1851 in der 2. Auflage seiner »Neuen Darstellung der Logik« im Anschluß an die von ihm akzeptierte Kritik F. A. Trendelenburgs an der damals üblichen Auffassung des konträren Gegensatzes eingeführt. Dabei werden, um den konträren Gegensatz als den ›weitestmöglichen‹ zu veranschaulichen, konträrer und subkonträrer Gegensatz (statt des kontradiktorischen Gegensatzes) durch die Diagonalen des Quadrats oder Rechtecks wiedergegeben (ungeachtet dessen, daß dabei die Subalternation zwischen *i* und *a* von unten nach oben, diejenige zwischen *o* und *e* dagegen von oben nach unten gelesen werden muß; s. Abb. 2).

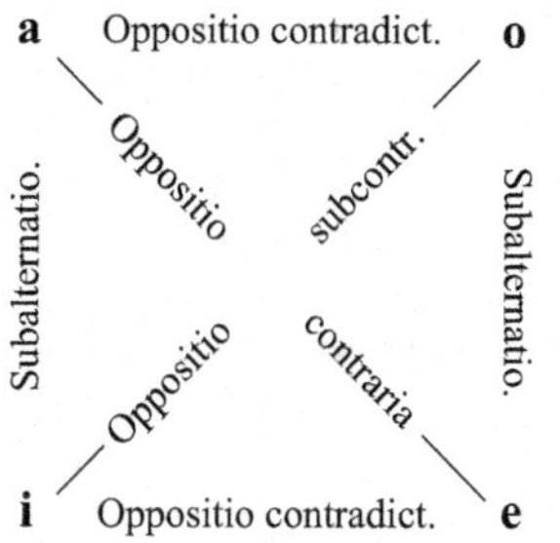

Abb. 2

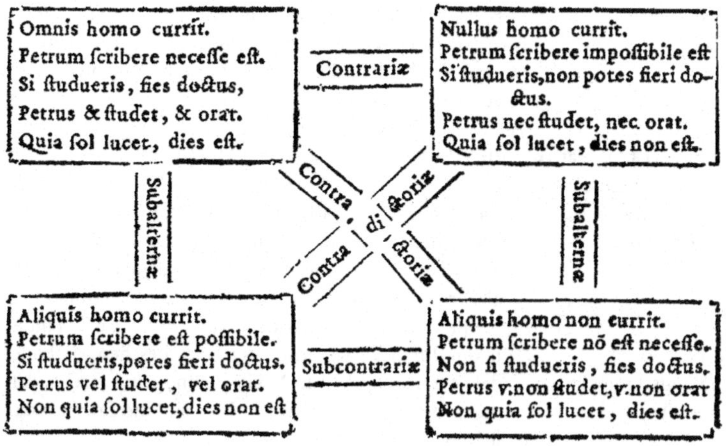

Abb. 3: L. Q. nach A. Reviczky, Elementa philosophiae rationalis seu logica, Tyrnavia 1757.

Diese Alternativform hat sich zwar nicht durchgesetzt, tritt aber in mehreren verbreiteten Lehrbüchern der traditionellen Logik noch während des ersten Drittels des 20. Jhs. auf.

Literatur: Apuleius, Peri Hermeneion, ed. P. Meiss, Lörrach 1886, unter dem Titel: Peri Hermeneias, in: Apulei Platonici Madaurensis. Opera quae supersunt III (De Philosophia Libri), ed. P. Thomas, Leipzig 1908 (repr. Stuttgart 1970), 176–194 (Abb. S. 180), ed. C. Moreschini, Stuttgart/Leipzig 1991, 189–215 (Abb. S. 195); M. W. Drobisch, Neue Darstellung der Logik nach ihren einfachsten Verhältnissen. Mit Rücksicht auf Mathematik und Naturwissenschaft, Leipzig [5]1887, 82; FM III (1979), Oposición [I], 2439–2442, (1994), 2640–2643; A. Menne/Red., Gegensatz II, Hist. Wb. Ph. III (1974), 117–119; J. B. Ogden/H. B. Veatch, Putting the Square Back into Opposition, New Scholasticism 30 (1956), 409–440; H. Schepers, Quadrat [1], Hist. Wb. Ph. VII (1989), 1733–1736; C. Thiel, The Twisted Logical Square, in: J. Echeverría/J. de Lorenzo/L. Peña (eds.), Calculemos ... Matemáticas y libertad. Homenaje a Miguel Sánchez-Mazas, Madrid 1996, 119–126. C. T.

Quadratur des Kreises (engl. squaring of the circle, franz. quadrature du cercle), Bezeichnung für ein geometrisches Konstruktionsproblem der griechischen ↑Mathematik mit grundlegender Bedeutung für die neuzeitliche Integralrechnung und Theorie der transzendenten Zahlen. Schon die geometrische Algebra der ↑Pythagoreer stellte die Aufgabe, flächengleiche Figuren verschiedener Gestalt ineinander zu überführen. So entspricht nach dem Satz des Pythagoras (↑Pythagoreischer Lehrsatz) die Summe zweier Quadrate einem flächengleichen dritten Quadrat. Nach dem Höhensatz kann ein Rechteck in ein flächengleiches Quadrat überführt werden. Ferner läßt sich ein Dreieck in ein flächengleiches Dreieck halber Dreieckshöhe überführen. Da Polygone in Dreiecke zerlegbar sind, können sie durch diese Schritte auch in flächengleiche Quadrate überführt werden; und da diese Schritte mit Zirkel und Lineal ausführbar sind, ist die Aufgabe der *Quadratur beliebiger Polygone* konstruktiv gelöst. Das Problem der Quadratur krummliniger Flächen wie des Kreises löste Hippokrates von Chios teilweise durch die Quadratur der ›Möndchen‹ (›lunulae Hippocratis‹).

Die Q. d. K. gelang jedoch erst, als die klassischen Konstruktionsmittel von Zirkel und Lineal durch *kinematische Konstruktionsmethoden* für neue Kurven erweitert wurden (↑Kinematik, ↑Geometrie). So führte Hippias von Elis kinematisch die Quadratrix ein, die durch die Proportionsgleichung (↑Hippias von Elis, Abb.)

$$\sphericalangle BAD : \sphericalangle EAD = \text{Bogen } BED : \text{Bogen } ED = AB : FG$$

bestimmt ist. In moderner Sprache erhält man für $s = AF$, Drehwinkel α und Quadratseite a die Formel

$$(s \cdot \sin \alpha)/a = 2\alpha/\pi.$$

Unter Voraussetzung des Limesbegriffs (↑Grenzwert) ist

$$2a/\pi = \lim_{\alpha \to 0}(s \cdot \sin \alpha)/a$$

die Strecke AM, die von der Quadratrixkurve q auf der Seite AM abgetrennt wird. Dann gilt:

$$\text{Bogen } BED = \pi a/2 = a^2/AM,$$

womit $\pi = 2a/AM$ unter Voraussetzung der Quadratrix konstruierbar ist. Da die Griechen aber keinen Limesbegriff und keine reelle Zahl π kennen, zeigen sie in einem Beweis durch Widerspruch (↑reductio ad absurdum) die Proportionsgleichung

$$\text{Bogen } BED : AB = AB : AM.$$

Archimedes benutzt später die Spirale als kinematisch erzeugte Kurve, um unter ihrer Voraussetzung das Problem der Q. d. K. zu lösen.

Auf der Grundlage der geometrischen ↑Proportionenlehre beweist Archimedes ferner, daß die Fläche F_1 eines Kreises mit Umfang U und Radius r gleich der Fläche F_2 eines Dreiecks der Höhe r und Basis U ist. Dazu werden die logischen Alternativen $F_1 < F_2$ und $F_1 > F_2$ in endlich vielen Schritten durch ↑Exhaustion widerlegt. Der exakte Beweis von Archimedes wird später für ein *approximatives Bestimmungsverfahren* nach der infinitesimalen Methode verwendet. So stellt sich J. Kepler die Kreisfläche in unendlich viele gleich große Dreiecke mit infinitesimal kleiner Basis am Kreisrand und Spitze im Kreismittelpunkt vor (↑Kepler, Abb. 8). Das ›unendliche Aufsummieren‹ dieser Dreiecke wird jedoch erst in der *Integrationstheorie* (↑Integral, ↑Infinitesimalrechnung) begründet. Obwohl ›Q. d. K.‹ bildungssprachlich als Metapher für unlösbare Probleme verwendet wird, hat diese sich als durch Erweiterung geometrischer Konstruktionsverfahren auf der Grundlage antiker Proportionenlehre und moderner Integrationstheorie lösbar erwiesen. Der Beweis, daß ein Kreis prinzipiell nicht mittels Zirkel und Lineal in ein flächengleiches Quadrat überführt werden kann, gelang allerdings erst auf der Grundlage der modernen Algebra und Zahlentheorie. In der Algebra zeigt man nämlich, daß eine Strecke von der Länge einer reellen Zahl genau dann mit Zirkel und Lineal konstruierbar ist, wenn die entsprechende Zahl in einer endlichen Körpererweiterung des Körpers $\mathbb{Q}$ der rationalen Zahlen (↑Körper (mathematisch)) liegt, die durch sukzessive ↑Adjunktion von Quadratwurzeln entsteht (↑Delisches Problem). Insbes. sind also höchstens solche Zahlen mit Zirkel und Lineal konstruierbar, die algebraisch (über $\mathbb{Q}$) sind, d.h., die ein Polynom $f \in \mathbb{Q}[x]\backslash\{0\}$ annullieren. Das Problem der Q. d. K. ist äquivalent mit der Frage, ob π mit Zirkel und Lineal konstruierbar ist. Dazu müßte also π eine algebraische Zahl sein. Schon L. Euler, J. H. Lambert und A.-M. Legendre glaubten, daß diese Annahme nicht zutrifft. Nicht-algebraische Zahlen heißen in Anlehnung an die Formulierung ›omnem rationem transcendunt‹ *transzendent.* 1844 zeigte J. Liouville, daß alle so genannten Liouville-Zahlen, die ›sehr gut‹ durch rationale Zahlen approximierbar sind, z. B.

$$10^{-1!} + 10^{-2!} + 10^{-3!} + \cdots = 0{,}1100010000\ldots,$$

transzendent sind. 1874 gab G. Cantor einen Existenzbeweis mit seinem Abzählungsargument, daß es überabzählbar viele transzendente und nur abzählbar viele algebraische Zahlen gebe. 1873 zeigte C. Hermite, daß die Euler-Zahl e transzendent ist, 1882 C. L. F. v. Lindemann durch Verfeinerung der Hermiteschen Methode, daß π transzendent ist. Damit war endgültig gezeigt, daß die Q. d. K. prinzipiell mit Zirkel und Lineal nicht möglich ist.

Literatur: E. Beutel, Die Q. d. K., Leipzig 1913, [5]1951; H.-D. Ebbinghaus u. a., Zahlen, Berlin etc. 1983, [3]1992 (engl. Numbers, New York etc. 1990, [3]1995); C. H. Edwards Jr., The Historical Development of the Calculus, New York/Heidelberg/Berlin 1979, 1994; F. Lindemann, Ueber die Zahl π, Math. Ann. 20 (1882), 213–225; K. Mainzer, Geschichte der Geometrie, Mannheim/Wien/Zürich 1980; ders., Grundlagenprobleme in der Geschichte der exakten Wissenschaften, Konstanz 1981; T. Schneider, Einführung in die transzendenten Zahlen, Berlin/Göttingen/Heidelberg 1957; P. Schreiber, Theorie der geometrischen Konstruktionen, Berlin (Ost) 1975; C. L. Siegel, Transcendental Numbers, Princeton N. J. 1949 (repr. New York 1965) (dt. Transzendente Zahlen, Mannheim 1967); T. Vahlen, Konstruktionen und Approximationen in systematischer Darstellung. Eine Ergänzung der niederen, eine Vorstufe zur höheren Geometrie, Leipzig 1911. K. M.

Quadrivium, ↑ars.

quaestio (lat., [Streit-]Frage), Bezeichnung für die im Anschluß an die Aristotelische ↑Topik entwickelte scholastische Disputationstechnik und Terminus zur Bezeichnung einer bestimmten Textsorte der philosophischen Literatur des Mittelalters, die der Behandlung inhaltlich unterschiedlicher Fragestellungen unter den Aspekten der Existenz (*an sit*), des Wesens (*quid sit*), der Eigenschaft (*qualis sit*) oder der Ursache (*cur sit*) dienen. Als zentrale darstellungsmethodische Grundform von *lectio* (kommentierende Vorlesung), ↑*disputatio* und *summa* (↑Summe) reflektiert die q. die Kontinuität der ›scholastischen‹ mit der agonalen und zetetischen Methode antiken Philosophierens sowie deren Primat der Mündlichkeit, wobei sie als *q. disputata* zunehmend eine der *lectio* gegenüber eigenständige, regelgeleitete Form der dialektischen Methode (↑Dialektik) darstellt. – Seit dem 13. Jh. unterscheidet man zwischen der privaten Disputation eines Magisters *in scolis* und der universitätsöffentlichen *disputatio ordinaria*, wobei die klassische schriftliche Grundform der q. (etwa bei Thomas von Aquin) folgendes Schema aufweist: Innerhalb der Disziplinen gewidmeten Teile (*partes*) einer Summe (*summa*) werden einzelne Probleme (*quaestiones*) behandelt, die ihrerseits in Unterfragen (*articuli*) gegliedert sind. Eine Sonderform der q. bilden die *quaestiones quodlibetales* (↑quodlibet), in denen ab der ersten Hälfte des 13. Jhs. von jedem (*a quodlibet*) und über alles (*de quodlibet*) gefragt und argumentiert werden kann. Im 14. Jh. wird das Schema zwar beibehalten, die q.-Methode jedoch klassischen Autoritäten gegenüber systematisch autonom.

Literatur: B. C. Bazan u. a., Les questions disputes et les questions quodlibétiques dans les facultés de théologie, de droit et de medicine, Turnhout 1985; M. Grabmann, Die Geschichte der scholastischen Methode. Nach den gedruckten und ungedruckten Quellen dargestellt, I–II, Freiburg 1909/1911 (repr. Darmstadt 1961, Berlin [Ost], Darmstadt 1988); P. Hadot, La préhistoire des genres littéraires philosophiques médiévaux dans l'antiquité, in: L'institut d'études médiévales de l'université catholique de Louvain (ed.), Les genres littéraires dans les sources théologiques et philosophiques médiévales. Définition, critique et exploitation. Actes du Colloque international de Louvain-la-Neuve 25–27 mai 1981, Louvain-la-Neuve 1982, 1–9; L. Hödl, Q., Q.nenliteratur, LMA VII (1995), 349–350; W. J. Hoye, Die mittelalterliche Methode der Q., in: N. Herold/S. Mischer (eds.), Philosophie. Studium, Text und Argument, Münster 1997, [2]2003, 155–178; A. Kenny/J. Pinborg, Medieval Philosophical Literature, in: N. Kretzmann/A. Kenny/J. Pinborg (eds.), The Cambridge History of Later Medieval Philosophy. From the Rediscovery of Aristotle to the Disintegration of Scholasticism 1100–1600, Cambridge etc. 1982, 2003, 11–42; U. Köpf, Q., RGG VI ([4]2003), 1852–1853; B. Lawn, Rise & Decline of the Scholastic ›Questio disputata‹ with Special Emphasis on Its Use in the Teaching of Medicine & Science, Leiden/New York/Köln 1993; J. Marenbon, Later Medieval Philosophy (1150–1350). An Introduction, London/New York 1987; T. Rentsch, Die Kultur der q.. Zur literarischen Formgeschichte der Philosophie im Mittelalter, in: G. Gabriel/C. Schildknecht (eds.), Literarische Formen der Philosophie, Stuttgart 1990, 73–91; R. Schönberger, Was ist Scholastik, Hildesheim 1991, 52–80 (Die Q.). C. S.

Qualia (Singular: Quale), ein von C. I. Lewis (Mind and the World Order, 1929, 36–66 [Chap. II The Given Element in Experience]) im Zusammenhang einer kritischen Behandlung der Theorie der ↑Sinnesdaten als empirischer Basis der Naturwissenschaften eingeführter Terminus für ›the content of a presentation‹, wobei er unter ↑Präsentation »the given element in a single experience of an object« (a. a. O., 59), die (elementare) phänomenale Gegebenheit bei einem Erfassen eines Objekts, versteht (↑Gegebene, das), also eine ›Sinnesqualität‹ (auch: [Sinnes-]Eindruck oder [Sinnes-]Empfindung) im herkömmlichen, terminologisch meist nicht näher fixierten Sprachgebrauch. Aber erst zusammen mit diesem Erfassen eines Q. oder eines bereits als aus Q. zusammengesetzt aufgefaßten Q.-Komplexes (etwa durch ›Baum[eindruck]‹ oder eine, vielleicht sogar farbige, Baumskizze), mit seiner ↑Artikulation also, läßt sich die Sinnesqualität zu einem auch intersubjektiv zugänglichen Sinnesdatum oder einem Komplex (↑komplex/Komplex) solcher auf äußerer Wahrnehmung beruhender Daten objektivieren (↑Objekt, ↑Atomismus, logischer). Eine zugleich auch Einheitenbildung der Q. (↑Individuation) ermöglichende Artikulation wird, wie im komplexen Fall der Wahrnehmung eines Baumes, wortsprachlich oder mit Hilfe anderer ↑Zeichenhandlungen, etwa bildnerischer oder gestischer, vorgenommen, im einfachen Falle einer somatischen Wahrnehmung, etwa eines spezifischen Schmerzes, durch ›stechend‹ oder durch eine entsprechende Geste, im ebenso einfachen Falle einer visuellen Wahrnehmung wiederum, etwa eines bestimmten blaugrünen Farbtons, durch ›türkis‹ oder die Herstellung eines passenden Farbflecks. Schmerzeindrücke und Farbeindrücke (*what it is like* for a person to experience a specific pain or a specific colour) sind in der gegenwärtigen Diskussion als Paradigmata von Q. ausgezeichnet. Das liegt hauptsächlich daran, daß sie, anders als Sinnesqualitäten wie z. B. die meist als ↑Empfindungen (*sensations*) und nicht als rein passive Eindrücke (*impressions*) behandelten Inhalte von Temperatur- oder Gewichtswahrnehmungen, artikuliert durch ›heiß‹ oder ›schwer‹, die sich auf intersubjektiv verfügbare und dabei sogar physikalisch normierte Vergleichsskalen, etwa ›heiß‹ auf ›heißer als‹ und ›schwer‹ auf ›schwerer als‹, zurückführen lassen (↑polar-konträr), eine derartige Zurückführung und damit Elimination nicht zuverlässig zu erlauben scheinen. Allerdings wird ein solcher Schritt durch die Annahme auch relationaler Q., wie sie schon von Lewis als Möglichkeit eingeräumt worden waren und bei R. Carnap eine systematische Rolle bei der Einführung des Begriffs der ↑Ähnlichkeitserinnerung spielen, seines Gewichts im Streit um die Existenz unbezweifelbarer, durch die Autorität der ersten Person gedeckter, Gewißheiten beraubt.

Weil Q. stets unmittelbar gegeben sind und daher mangels noch fehlender Objektivierung weder ein von ihnen unterscheidbarer Bezug auf sie noch eine ihnen zuschreibbare Darstellungsfunktion möglich ist, spricht man von ihrer *Transparenz* und, daraus folgend, von ihrer *Präsenz* und ihrer *Nicht-Intentionalität* (↑Intention), und zwar ausschließlich für die wahrnehmende

Person und niemand anderen. Lewis besteht auf dem Unterschied und zugleich der Zusammengehörigkeit von dem ein Q. ausmachenden unvermittelten (subjektiven) Erleben eines solchen (*immediate awareness*) und dessen durch Interpretation des Gegebenen (*conceptualization*) bewerkstelligter Objektivierung zu einer von einem Objekt – im Falle von Schmerzen dem eigenen Körper oder, genauer lokalisiert, einem seiner Teile, etwa dem Kopf – getragenen Eigenschaft, eben einem seinerseits ›objektivierten‹, etwas darstellenden Sinnesdatum, was im übrigen vom Wissen um die Differenz zwischen Erleben und dessen Objektivierung, wie es bereits von M. Schlick als Differenz zwischen Erleben und Erkennen auf den Begriff gebracht worden war, untrennbar ist. Anders als bei äußeren Wahrnehmungen bildet der Inhalt innerer Wahrnehmungen, handele es sich etwa um inneres Hören, inneres Sehen, inneres Sprechen/Denken ohne oder mit begleitendem Darum-Wissen – im Falle des auch Darum-Wissens, und zwar sowohl bei innerer als auch bei äußerer Wahrnehmung, spricht man von ›bewußtem Hören‹ oder, besser noch, von ›denkendem Hören‹ usw. (↑Denken, ↑Bewußtsein) – oder auch nur um (sinnliche) Nachbilder, Einfälle, etwa Vorstellungen, oder um Phantasien oder gar Halluzinationen, dann, wenn er durch Artikulation, z. B. sprechend oder zeichnend, objektiviert wird, einen Bestandteil der wahrnehmenden Person, speziell ihres ›Seelenlebens‹, also eines mentalen Prozesses in Gestalt eines seiner Momente, eines ›mentalen Zustands‹ (*mental state*) in der gegenwärtig üblichen Ausdrucksweise. Dieser Unterschied zwischen äußerer und innerer Wahrnehmung beruht darauf, daß es zwar zu jeder äußeren Wahrnehmung auch eine innere gibt, nämlich wenn man das zunächst nur als *Mittel* einer äußeren Wahrnehmung und deshalb transparent auftretende Q. in ein dem Wahrnehmungsakt und damit dem wahrnehmenden Subjekt zugehöriges *Objekt* verwandelt, das zwar weiterhin präsent, aber nicht mehr transparent ist, nicht jedoch umgekehrt. Denn zu einer z. B. im Traum geschauten und so zu Papier gebrachten Blume braucht es kein durch äußere Wahrnehmung zugängliches Pendant zu geben; fiktionale Objekte (↑Poetik, ↑Fiktion, literarische) gibt es ausschließlich als durch allgemeine Bestimmungen bezeichnete und nicht als Gegenstände intersubjektiv möglichen tätigen Umgangs.

Im Zuge seiner Objektivierung zu einem Sinnesdatum läßt sich der Inhalt einer äußeren Wahrnehmung, ein Q. oder ein Q.-Komplex, als ein ikonisches Zeichen (↑Ikon) für ein Objekt auffassen, so daß dieser Inhalt jeweils einen schematischen Aspekt dieses Objekts erlebbar und so das Objekt als Instanz eines Schemas begreifbar macht, und zwar auch dann, wenn es sich bei dem Objekt um die wahrnehmende Person selbst handelt. Bei einer inneren Wahrnehmung hingegen ist dann, wenn sie nicht mit einer zum Vollzug einer Handlung statt nur ihrem Erleben gehörenden äußeren Wahrnehmung einhergeht, die Übernahme einer Zeichenrolle für ihren (objektivierten) Inhalt – Ikon für die Eigenschaft eines (natürlichen) Objekts – nicht möglich, wohl aber bleiben die objektivierten Q. Zeichen für nur kraft Bezeichnung, mithin allgemeiner Bestimmungen, existente, bloß semiotische und nicht natürliche Objekte. Es handelt sich, vorausgesetzt, diese Bestimmungen sind nicht, wie etwa bei ›rund und eckig‹, schon in sich widersprüchlich, in hergebrachter Ausdrucksweise um allein *gedachte* Objekte, tätigen Zugriffs entzogene, von denen sich aber, neben anderen Arten der Bezugnahme, durchaus, wie etwa im Märchen vom Rotkäppchen von seiner roten Kappe oder in der *science fiction* ›Raumschiff Enterprise‹ von Vulkaniern, erzählen läßt. Selbst die auf optischen Täuschungen beruhenden ›unmöglichen‹ Figuren M. C. Eschers sind in diesem Sinne existent, wenngleich nicht herstellbar (↑Herstellung). Sowohl als Zeichengegenstand – das ist nicht der bezeichnete Gegenstand, den es gar nicht neben seinem bloßen Gedachtsein zu geben braucht – als auch bloß als Gegenstand ist ein objektiviertes Q. ein Bestandteil des wahrnehmenden Subjekts, und zwar in Gestalt eines mentalen Zustands im ersten Falle und in Gestalt eines Gehirnzustands (*brain state*) als dessen ↑Symptom im zweiten Falle. Es geht in dieser Fassung des ↑Leib-Seele-Problems um eine genauere Bestimmung und damit Klärung des Zusammenhangs von Zeichengegenständen und bloßen Gegenständen angesichts der Dualität von Gegenstand (↑Objekt) und Verfahren (↑Operation).

In der gegenwärtigen Philosophie des Geistes (↑philosophy of mind), einem der Ergebnisse der Auseinandersetzung mit der weitgehend vom cartesischen Dualismus ›res extensa versus res cogitans‹ (↑res cogitans/res extensa) beherrschten neuzeitlichen Philosophie, gehört die Debatte um Wesen und Funktion der Q. im Kontext der für wissenschaftliche Darstellung fragwürdig bleibenden *Autorität* der ersten Person – damit kontrastiert die zunehmend für wissenschaftliche ↑Forschung als unentbehrlich begriffene *Kreativität* der ersten Person, z. B. beim bildhaften Denken – zum Kern einer Theorie des Bewußtseins, insbes. seiner kognitiven Leistungen. Dabei wird vor allem, und dabei die Argumentationen häufig mit kunstvoll ersonnenen ↑Gedankenexperimenten stützend (vgl. etwa die Einleitung zu: T. Metzinger, Bewußtsein, [5]2005, 15–56), darüber gestritten, ob zur empirischen Basis einer solchen Theorie allein die neurophysiologisch erhebbaren Daten des Zentralnervensystems, insbes. Eigenschaften von Gehirnzuständen, gehören (↑Physikalismus), oder ob mentale Daten, wie sie in objektivierten individuellen Erlebnissen der *prima facie* einfachen Q. vorliegen, zumindest in einem gewissen Umfang eine weitere nicht-physikalische empirische

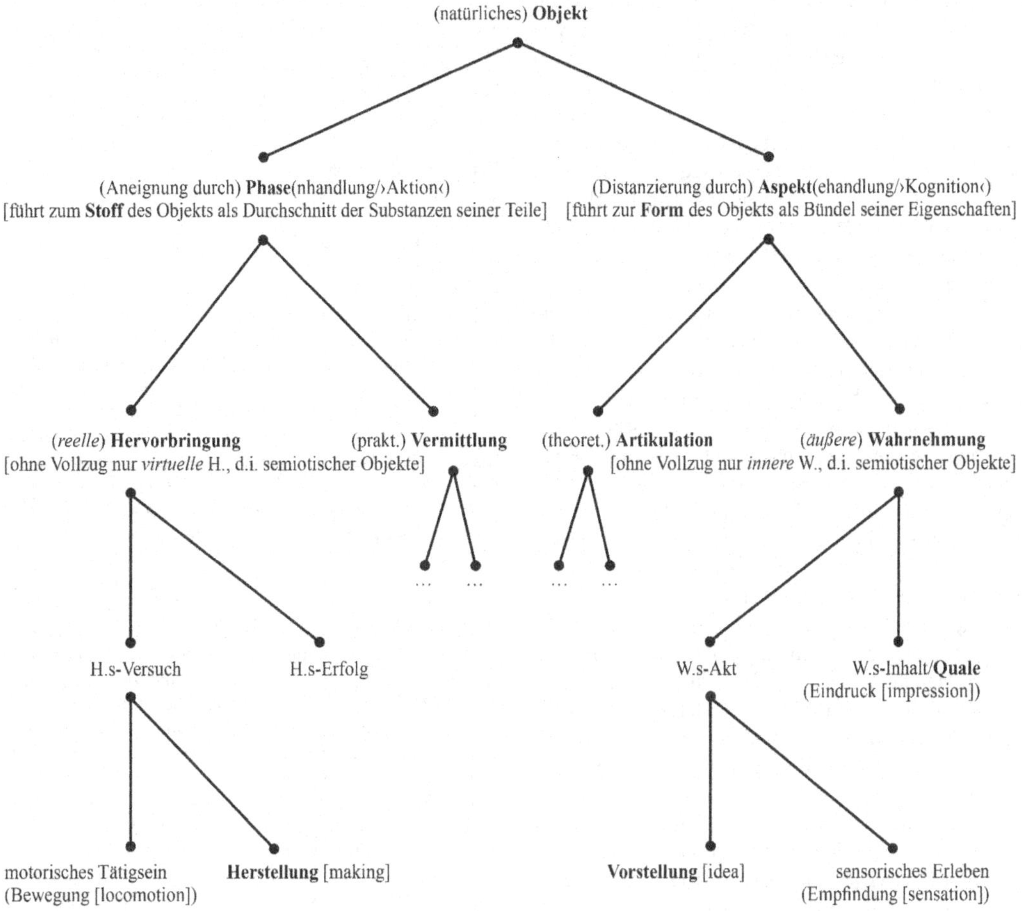

Basis, genannt: ›das phänomenale Bewußtsein‹, bilden, die in dem Sinne eigenständig ist, als nicht bloß in einer anderen Sprache, einer Sprache der Psychologie anstelle einer Sprache der Physiologie, vom Selben die Rede ist. Es gilt als eine Aufgabe der insbes. mit der Untersuchung des Zusammenhangs von neuronalen Prozessen und psychischen Phänomenen befaßten Neurowissenschaften, zu denen auch die kognitive Psychologie und die neuerdings aus der klinischen Psychologie ausgegliederte Neuropsychologie gehören, überzeugende Argumente zur Schlichtung dieses Streits beizusteuern. Dort, wo es in der Philosophie des Geistes vor allem um diesen Problemkreis geht, spricht man auch von ›Neurophilosophie‹ (P. S. Churchland).

In einer, ebenso wie ursprünglich schon bei Lewis, der Methodologie des ↑Pragmatismus verpflichteten, diese dabei weiterentwickelnden dialogisch-konstruktiv (↑Konstruktivismus, dialogischer) verfahrenden Genese des Sprechens von Objekten und damit von deren Artikulation (↑Ostension, ↑Prädikation) auf der Basis von ↑Handlungen des Umgehens mit Objekt[bereich]en, bilden Q. jeweils das in deren Vollzug allein von der handelnden Person erlebte ↑universale Schema einer Wahrnehmung des Objekts in einer zu seinem jeweiligen Aspekt gehörenden ↑Gegebenheitsweise. Vorausgesetzt ist dabei, daß im Zuge einer solchen Rekonstruktion mit ›Wahrnehmung‹ die in eine eigenständige Handlung verwandelte passive Seite eines Aspekts des Objekts der Wahrnehmung artikuliert wird. Diese Gleichsetzung von Q. mit subjektiven Wahrnehmungsschemata wiederum ist in ihren Konsequenzen durchaus gleichwertig damit, Q. als die wiederholbaren, jedoch, weil ↑singular und nicht individuell, nicht nennbaren (wie bereits von Lewis bemerkt) Aktualisierungen solcher Wahrnehmungsschemata gelten zu lassen. Jede bloß beschreibende Bezugnahme auf Q. bleibt unvollständig, solange die vertrauten ↑Artikulatoren für sie, z. B. ›stechend‹ oder ›türkis‹, nicht durch Hinzufügung des ↑Indikators

›mein‹ in ↑Spezialisierungen verwandelt werden, damit die Relativierung (↑relativ/Relativierung) auf die von ihren Wahrnehmungen gerade sprechende Person zum Ausdruck kommt. Schon aus methodischen Gründen ist es daher unerläßlich (↑Privatsprache), bei der Rekonstruktion der Rede von Q. neben der subjektinvarianten Bestimmung der Objekte beim Umgehen mit ihnen auch die intersubjektive Zugänglichkeit des unhintergehbar subjektiven Wahrnehmens – diese Zugänglichkeit ist wegen der regelmäßig vorhandenen sozialen Sprachkompetenz für Farbwörter ebenso wie für andere Ausdrücke von Q. eine grundsätzlich unbezweifelbare Tatsache – eigens zu rekonstruieren. Störungen oder sogar partielle Ausfälle der sinnlichen Ausstattung zwingen dabei dazu, sich zu Beginn auf intersensuale Wahrnehmungsschemata, wie sie von den Gegebenheitsweisen von Objekten beim Umgang mit ihnen in der Regel induziert werden, zu beschränken und monosensuale Schemata, wie Farben, Schmerzen oder Gerüche, sowie multisensuale Schemata, wie sie etwa durch ›groß‹, ›fröhlich‹, oder ›aufrecht‹ artikuliert sind, komplexeren Konstruktionen zu überantworten. In einem solchen Umgehen nämlich, etwa mit [einem] Baum durch Erklettern, erfolgt mit jedem Kletterakt sowohl – im singularen Handlungsvollzug – eine (aktualisierende) Aneignung, als auch – im universalen Handlungserleben – eine (schematisierende) Distanzierung des Baums. Der Akt des Kletterns fungiert in Bezug auf Baum pragmatisch als ein ↑Index (↑indexical) und semiotisch als ein Ikon von Baum, wobei mit der Verselbständigung der Distanzierung zu einer eigenständigen Handlung das Ikonisieren seinerseits aktiv als ein (noch nicht durch eigenständige Zeichenhandlungen vertretenes) Artikulieren und passiv als ein (äußeres) Wahrnehmen (von Baum in der Gegebenheitsweise *aller* dem Subjekt beim Erklettern verfügbaren Sinne) auftritt.

Literatur: T. Alter/W. Walter (eds.), Phenomenal Concepts and Phenomenal Knowledge. New Essays on Consciousness and Physicalism. Oxford etc. 2006, 2009; D. M. Armstrong/N. Malcolm (eds.), Consciousness and Causality. A Debate on the Nature of Mind, Oxford 1984, 1985; N. Block/O. Flanagan/G. Güzeldere (eds.), The Nature of Consciousness. Philosophical Debates, Cambridge Mass./London 1997, 2007; B. Brewer, Perception and Its Objects, Oxford etc. 2011, 2013; M. Carrier/J. Mittelstraß, Geist, Gehirn, Verhalten. Das Leib-Seele-Problem und die Philosophie der Psychologie, Berlin/New York 1989 (engl. [erweitert] Mind, Brain, Behavior. The Mind-Body Problem and the Philosophy of Psychology, Berlin/New York 1991); P. S. Churchland, Neurophilosophy. Toward a Unified Science of the Mind-Brain, Cambridge Mass./London 1986, 2010; A. Clark, Sensory Qualities, Oxford 1993, 2007; K. Crone, Q., EP III (^{2}2010), 2181–2184; M. Davies/G. Humphreys, Consciousness. Psychological and Philosophical Essays, Oxford/Cambridge Mass. 1993; D. C. Dennett, Consciousness Explained, Boston Mass./New York/London 1991, London etc. 1993, 2007; F. Dretske, Naturalizing the Mind, Cambridge Mass./London 1995, 1999 (dt. Die Naturalisierung des Geistes, Paderborn etc. 1998); V. Gadenne, Q., Information Philos. 5 (2000), 42–45; N. Goodman, The Structure of Appearance, Cambridge Mass. 1951, Indianapolis Ind. ^{2}1966, Dordrecht/Boston Mass. ^{3}1977 (Boston Stud. Philos. Sci. LIII); S. Guttenplan (ed.), A Companion to the Philosophy of Mind, Oxford/Malden Mass. 1994, 2005; C. L. Hardin, Color for Philosophers. Unweaving the Rainbow, Indianapolis Ind./Cambridge Mass. 1988, ^{2}1993; H.-D. Heckmann/S. Walter (eds.), Q.. Ausgewählte Beiträge, Paderborn 2001, ^{2}2006; R. Kirk, Raw Feeling. A Philosophical Account of the Essence of Consciousness, Oxford 1994, 2008; P. Lanz, Das phänomenale Bewußtsein, Frankfurt 1996; J. Levin, Q., REP VII (1998), 836–867; J. Levine, Q., Enc. Ph. VIII (^{2}2006), 191–195; W. G. Lycan (ed.), Mind and Cognition. A Reader, Oxford/Cambridge Mass. 1990, mit Untertitel: An Anthology, Oxford/Cambridge Mass. ^{2}1999, mit J. J. Prinz, Oxford/Malden Mass. ^{3}2008; ders., Consciousness and Experience, Cambridge Mass./London 1996, 1997; B. McLaughlin/J. Cohen (eds.), Contemporary Debates in Philosophy of Mind, Oxford/Malden Mass. 2007; T. Metzinger (ed.), Bewußtsein. Beiträge aus der Gegenwartsphilosophie, Paderborn etc. 1995, Paderborn ^{5}2005; A. Newen/K. Vogeley (eds.), Selbst und Gehirn. Menschliches Selbstbewußtsein und seine neurobiologischen Grundlagen, Paderborn 1999, ^{2}2001; G. Northoff, Philosophy of the Brain. The Brain Problem, Amsterdam/Philadelphia Pa. 2004; D. Papineau, Thinking about Consciousness, Oxford etc. 2002, 2008; S. Pinker (ed.), Visual Cognition, Cambridge Mass./London 1985, 1988; D. M. Rosenthal (ed.), The Nature of Mind, Oxford etc. 1991; J. Searle, The Rediscovery of the Mind, Cambridge Mass./London 1992, 2002; S. Siegel, The Contents of Visual Experience, Oxford etc. 2011; S. Sturgeon, Matters of Mind. Consciousness, Reason and Nature, New York/London 2000; D. Sturma (ed.), Philosophie und Neurowissenschaft, Frankfurt 2006, ^{2}2013; J. Tomberlin (ed.), Philosophical Perspectives IV (Action Theory and Philosophy of Mind), Atascadero Calif. 1990; M. Tye, Ten Problems of Consciousness. A Representational Theory of the Phenomenal Mind, Cambridge Mass./London 1995, 1999; ders., Q., SEP 1997, rev. 2014; M. Velmans/S. Schneider (eds.), The Blackwell Companion to Consciousness, Oxford/Malden Mass. 2007, ^{2}2008, 2010; E. Wright (ed.), The Case for Q., Cambridge Mass./London 2008. K. L.

qualitas occulta (engl. occult quality), naturphilosophischer Terminus zur Bezeichnung verborgener Eigenschaften. In der vorneuzeitlichen Wissenschaft und Heilkunst standen *qualitates occultae* im Gegensatz zu manifesten Eigenschaften. Im ↑Aristotelismus waren *qualitates occultae* nicht sinnlich wahrnehmbare und nicht verständliche natürliche Eigenschaften der Dinge. Sie galten als prinzipiell nicht durch die vier sublunaren (manifesten, verständlichen) Eigenschaften der Aristotelischen Kosmologie (Wärme, Kälte, Trockenheit, Feuchtigkeit) ausdrückbar und wurden stattdessen direkt auf substantielle Formen oder den Einfluß der Gestirne zurückgeführt (vgl. Thomas von Aquin, S.th. II.II, qu. 96, art. 2). In Disziplinen, die sich enger an der Praxis orientierten und ohne Einbettung in die Aristotelische Naturphilosophie blieben – insbes. Metallurgie und ↑Chemie, aber auch in der auf Paracelsus zurückgehenden medizinischen Tradition – wurde die Nicht-reduzierbarkeit der *qualitates occultae* nicht in jedem Fall mit Unverständlichkeit gleichgesetzt. Typische *qualitates occultae* waren Magnetismus, die Wirksamkeit von Giften und Medikamenten, Fernwirkungen (↑actio in distans), Sympathien, Anziehungen und die Fähigkeit des (elektrischen) Torpedo-Fisches (Zitterrochen), die Hand von Fischern zu lähmen.

Im 17. Jh. wurden *qualitates occultae* von den Begründern der mechanischen Philosophie (↑Mechanismus, z. B. F. Bacon, R. Boyle, W. Charleton, R. Descartes, P. Gassendi, T. Hobbes) abgelehnt und auch polemisch angegriffen: eine q. o. erkläre nichts; sie belege das nicht-Erklärte mit einem Namen und verschleiere damit unsere Unwissenheit. Die Mechanisten führten die durch *qualitates occultae* erklärten Phänomene zumindest spekulativ auf die ›mechanischen‹ Eigenschaften der Materie (Gestalt, Größe, Lage, Bewegung usw.) zurück. Die Anführung explizit immaterieller Ursachen bzw. mentaler Qualitäten (wie die ›plastick nature‹ von R. Cudworth) fiel allerdings nicht unter das Verbot der *qualitates occultae*, die immer als materiell betrachtet wurden.

Eine neue, methodologische Wendung nahm die Diskussion über *qualitates occultae* im 18. Jh. im Streit zwischen G. W. Leibniz und I. Newton über den Status der ↑Gravitation. Leibniz warf Newton vor, eine ›scholastische‹ q. o. wieder in die Wissenschaft eingeführt zu haben, indem er eine Attraktionskraft, die in der Ferne wirke, annehme. Newton bestritt, daß die Gravitationsbeschleunigung auf Fernwirkung zurückzuführen sei. Gravitation sei keine q. o., sondern eine manifeste ↑Wirkung, deren ↑Ursache allein verborgen sei – und über diese erdenke er keine Hypothesen. Mit der Behauptung, die Ursache der Gravitation sei ›okkult‹, war allerdings nicht gemeint, diese sei prinzipiell unzugänglich, sondern lediglich (noch) unbekannt; obgleich Newton nach anfänglichen Versuchen mit mechanischen Erklärungen dazu neigte, eine *immaterielle* Ursache anzunehmen. – Im Laufe des 18. Jhs. wurden in der ↑Biologie häufig analoge Argumente im Zusammenhang mit verschiedenen Lebenskräften (↑Vitalismus) vorgebracht: die Wirkungen der Irritabilität (A. v. Haller), des ›living principle‹ (J. Hunter) oder des Bildungstriebs (J. F. Blumenbach) seien manifest und gesetzmäßig, auch wenn ihre Ursachen ebenso verborgen seien wie die der Gravitation. Vergleichbare Diskussionen im 19. und 20. Jh. wurden eher mit den Begriffen ↑vera causa oder theoretischer Begriff (↑Begriffe, theoretische) geführt.

Literatur: P. R. Blum, Q. o., Hist. Wb. Phil. VII (1989), 1743–1748; ders., Qualitates Occultae: Zur philosophischen Vorgeschichte eines Schlüsselbegriffs zwischen Okkultismus und Wissenschaft, in: A. Buck (ed.), Die okkulten Wissenschaften in der Renaissance, Wiesbaden 1992, 45–64; B. J. T. Dobbs, Newton's Alchemy and His ›Active Principle‹ of Gravitation, in: P. B. Scheurer/G. Debrok (eds.), Newton's Scientific and Philosophical Legacy, Dordrecht/Boston Mass./London 1988, 55–80; B. Easlea, Witch Hunting, Magic and the New Philosophy. An Introduction to Debates of the Scientific Revolution 1450–1750, Brighton, Atlantic Highlands N. J. 1980, New York 1989; G. Freudenthal, Atom und Individuum im Zeitalter Newtons. Zur Genese der mechanistischen Natur- und Sozialphilosophie, Frankfurt 1982, 1989 (engl. Atom and Individual in the Age of Newton, Dordrecht etc. 1986); T. S. Hall, On Biological Analogs of Newtonian Paradigms, Philos. Sci. 35 (1968), 6–27; J. Heilbron, Electricity in the 17th and 18th Centuries. A Study of Early Modern Physics, Berkeley Calif./Los Angeles/London 1979, Mineola N. Y. 1999; J. Henry, Occult Qualities and the Experimental Philosophy. Active Principles in pre-Newtonian Matter Theory, Hist. Sci. 24 (1986), 335–381; K. Hutchison, What Happened to Occult Qualities in the Scientific Revolution?, Isis 73 (1982), 233–253, ferner in: P. Dear (ed.), The Scientific Enterprise in Early Modern Europe. Readings from »Isis«, Chicago Ill./London 1997, 86–106; A. Janiak, Newton as Philosopher, Cambridge etc. 2008, 2010, 88–102 (Is Gravity an Occult Quality?); J. E. McGuire, The Origins of Newton's Doctrine of Essential Qualities, Centaurus 12 (1968), 233–260; P. McLaughlin, Newtonian Biology and Kant's Mechanistic Conception of Causality, in: G. Funke (ed.), Akten des 7. Internationalen Kant-Kongresses […] II.2 (Sektionsbeiträge Sektionen G–P), Bonn 1991, 57–66, ferner in: P. Guyer (ed.), Kant's Critique of the Power of Judgment. Critical Essays, Lanham Md. etc. 2003, 209–217; E. McMullin, Newton on Matter and Activity, Notre Dame Ind./London 1978; C. Meinel, Okkulte und exakte Wissenschaften, in: A. Buck (ed.), Die okkulten Wissenschaften in der Renaissance [s. o.], 21–43; R. Millen, The Manifestation of Occult Qualities in the Scientific Revolution, in: M. J. Osler/P. L. Farber (eds.), Religion, Science, and Worldview. Essays in Honor of R. S. Westfall, Cambridge 1985, Cambridge etc. 2002, 185–216; L. Thorndike, A History of Magic and Experimental Science, I–VIII, New York 1923–1958, 1979; I. Wild, Zur Geschichte der qualitates occultae, Jb. Philos. spekulat. Theol. 20 (1906), 307–345. P. M.

Qualität (von lat. qualitas, Beschaffenheit, Eigenschaft; griech. *ποιότης*), seit Aristoteles in der philosophischen Tradition eine ↑Kategorie, unter die Aussagen über – zumeist sinnlich wahrnehmbare – ↑Eigenschaften von Gegenständen fallen, bzw. ontologisch das System derjenigen Eigenschaften, die ein Ding zu dem machen, was es ist, und es von anderen Dingen unterscheiden (↑Individuation). Auf Aristoteles geht die Unterscheidung von objektiven, ›wesentlichen‹ und subjektiven Q.en zurück (J. Locke: ›primäre‹ und ›sekundäre‹ Q.en). Danach sind ›objektive‹ Q.en wie Bewegung, Ausdehnung etc. in der Natur unabhängig von der spezifischen Transformation durch menschliche Verarbeitung in der Wahrnehmung vorhanden, wogegen ›subjektive‹ Qualitäten wie Farbe, Töne, Geschmack etc. nicht ›wirklich‹ in oder an den Dingen sind; die Dinge induzieren lediglich die in Frage kommenden Empfindungen (↑Qualia). G. Berkeley und D. Hume halten diese Unterscheidung für falsch und erklären alle Q.en zu subjektiven Q.en. – Der Q. der Urteile (bejahende, verneinende, ›unendliche‹ Urteile) ordnet I. Kant die Kategorien der Q., nämlich ›Realität‹, ›Negation‹ und ›Limitation‹, als ↑transzendentale Ordnungschemata zu. G. W. F. Hegels objektivistische Wendung der Bestimmungen Kants wird von der marxistischen Philosophie (↑Marxismus) übernommen. Ebenso geht das ›Gesetz vom Umschlagen quantitativer Veränderungen in qualitative‹ (Umschlag von Quantität in Q.), das im Dialektischen Materialismus (↑Materialismus, dialektischer) als universelles Struktur-, Veränderungs- und Entwicklungsgesetz der Natur, der Gesellschaft und des menschlichen Denkens angesehen wird, auf Hegel zurück.

In der neueren Analytischen Philosophie (↑Philosophie, analytische) wird der Unterscheidung zwischen primären und sekundären Q.en eine dritte, diejenige von dispositionellen Eigenschaften (↑Dispositionsbegriff) als tertiäre Q.en hinzugefügt. Beispiele sind Q.en wie ›Zerbrechlichkeit‹, ›Schmelzbarkeit‹ und dergleichen. Die zutreffende ↑Prädikation einer tertiären Q. eines Gegenstands *G* beruht auf der Geltung einer ›operativen‹ ↑Subjunktion: wenn eine Handlung *x* mit *G* ausgeführt wird, dann erweist sich *G* als *P*; z. B. »wenn man ein Stück Eisen (*G*) auf über 1.538 Grad Celsius erhitzt (*x*), dann schmilzt es (*P*).«

Literatur: S. Blasche/W. Urban/W. Hübener, Q., Hist. Wb. Ph. VII (1989), 1748–1780; R. J. Hirst, Primary and Secondary Qualities, Enc. Ph. VIII (²2006), 8–12; P. Kügler, Die Philosophie der primären und sekundären Q.en, Paderborn 2002; C. McGinn, The Subjective View. Secondary Qualities and Indexical Thoughts, Oxford 1983, 2002; L. Nolan (ed.), Primary and Secondary Qualities. The Historical and Ongoing Debate, Oxford etc. 2011, 2012; P. Stekeler-Weithofer, Q./Quantität, EP III (²2010), 2184–2191. G. W.

Quantenlogik (engl. quantum logic), Bezeichnung für eine logische Theorie zur Beschreibung quantenphysikalischer Systeme. Einige Interpretationen der ↑Quantentheorie legen nahe, die Ereignisse in einem quantenphysikalischen System nicht als ↑Boolesche Algebra, sondern als orthomodularen Verband (↑Verband, orthomodularer) darzustellen. So sind diesen Interpretationen zufolge einige klassische (›Boolesche‹) Schlußformen, insbes. das Distributivgesetz (↑distributiv/Distributivität)

(D) $A \wedge (B \vee C) \vdash (A \wedge B) \vee (A \wedge C)$,

für quantenphysikalische Systeme nicht gültig. Stattdessen wird vorgeschlagen, sich einer schwächeren Logik zu bedienen, die den Eigenarten mikrophysikalischer Phänomene Rechnung trägt.

Die Q. verhält sich zu orthomodularen Verbänden wie die klassische Logik (↑Logik, klassische) zu Booleschen Algebren. Sie läßt sich wie folgt axiomatisieren:

(1) $A \vdash A$
(2) $A \wedge B \vdash A$
(3) $A \wedge B \vdash B$
(4) $A \vdash \neg\neg A$
(5) $\neg\neg A \vdash A$
(6) $A \wedge \neg A \vdash B$
(7) wenn $A \vdash B$ und $B \vdash C$, dann $A \vdash C$
(8) wenn $A \vdash B$ und $A \vdash C$, dann $A \vdash B \wedge C$
(9) wenn $A \vdash B$, dann $\neg B \vdash \neg A$
(10) $A \wedge (\neg A \vee (A \wedge B)) \vdash B$

Die Postulate (1)–(9) kennzeichnen das System der Orthologik (OL), manchmal auch ›minimale Q.‹ genannt, das meist als Ausgangspunkt für Untersuchungen der Q. dient. OL verhält sich zu Orthoverbänden (↑Verband, orthomodularer) wie die Q. zu orthomodularen Verbänden.

Durch Hinzufügung von (D) zu den Postulaten (1)–(10) entsteht eine Axiomatisierung der klassischen Aussagenlogik. In vielerlei Hinsicht ist OL ein ›natürlicheres‹ logisches System als die Q.. So läßt sich OL in die Brouwersche ↑Modallogik abbilden und durch eine Klasse von Kripke-Rahmen (↑Kripke-Semantik) vollständig charakterisieren. In diesen beiden Aspekten ist OL der intuitionistischen Logik (↑Logik, intuitionistische) verwandt. Aus der Charakterisierung durch Kripke-Rahmen läßt sich die endliche Modelleigenschaft (↑Modelltheorie) von OL nachweisen. Da OL endlich axiomatisierbar (↑System, axiomatisches) ist, folgt nach einem Satz von R. Harrop, daß OL entscheidbar (↑entscheidbar/Entscheidbarkeit) ist. Diese Resultate lassen sich jedoch nicht auf die Q. ausdehnen, da das Axiom (10) keiner in der Sprache der 1. Stufe (↑Prädikatenlogik) formulierbaren Rahmen-Bedingung entspricht. Die Frage, ob die Q. entscheidbar ist, ist weiterhin offen. Ein besonderes Problem stellt die Definition einer geeigneten Implikationsverknüpfung (↑Implikation) für die Q. dar. – Es ist umstritten, ob die Eigenarten quantenphysikalischer Systeme – insbes. der scheinbar irreduzibel statistische Charakter von Zustandsbeschreibungen solcher Systeme – die Einführung einer neuen Logik rechtfertigen. Die Q. gibt ferner Anlaß zu philosophischen Überlegungen darüber, ob Logik bereichsabhängig oder gar empirisch ist.

Literatur: G. Birkhoff/J. v. Neumann, The Logic of Quantum Mechanics, Ann. Math. 37 (1936), 823–843; J. Bub, Quantum Logic, in: R. Audi (ed.), The Cambridge Dictionary of Philosophy, Cambridge etc. ²1999, 765; M. L. Dalla Chiara/R. Giuntini, Quantum Logics, in: D. M. Gabbay/F. Günthner (eds.), Handbook of Philosophical Logic VI, Dordrecht/Boston Mass./London ²2002, 129–228; K. Engesser/D. M. Gabbay/D. Lehmann (eds.), Handbook of Quantum Logic and Quantum Structures, I–II (I Quantum Logic, II Quantum Structures), Amsterdam etc. 2007/2008, I, 2009; P. Forrest, Quantum Logic, REP (1998),

882–886; B. C. van Fraassen, The Labyrinth of Quantum Logics, in: R. S. Cohen/M. W. Wartofsky (eds.), Logical and Epistemological Studies in Contemporary Physics, Dordrecht/Boston Mass. 1974 (Boston Stud. Philos. Sci. XIII), 224–254; R. I. Goldblatt, Semantic Analysis of Orthologic, J. Philos. Log. 3 (1974), 19–35; ders., Orthomodularity Is Not Elementary, J. Symb. Log. 49 (1984), 401–404; G. Kalmbach, Orthomodular Logic, Z. math. Logik u. Grundlagen d. Math. 20 (1974), 395–406; S. Kochen/E. P. Specker, The Problem of Hidden Variables in Quantum Mechanics, J. Mathematics and Mechanics 17 (1967), 59–87; P. Mittelstaedt, Logik und Q., in: ders., Philosophische Probleme der modernen Physik, Mannheim 1963, 108–147, Mannheim/Wien/Zürich [7]1989, 172–218; ders., Quantum Logic, Dordrecht/Boston Mass./London 1978; I. Pitowsky, Quantum Probability – Quantum Logic, Berlin etc. 1989; H. Putnam, Is Logic Empirical?, in: R. S. Cohen/M. W. Wartofsky (eds.), Proceedings of the Boston Colloquium for the Philosophy of Science 1966/1968, Dordrecht 1969 (Boston Stud. Philos. Sci. V), 216–241, Neudr. unter dem Titel: The Logic of Quantum Mechanics, in: ders., Philosophical Papers I, Cambridge etc. 1975, [2]1979, 1995, 174–197; K. Svozil, Quantum Logic, Singapur etc. 1998; P. Weingartner (ed.), Alternative Logics. Do Sciences Need Them?, Berlin etc. 2004; A. Wilce, Quantum Logic and Probability Theory, SEP 2002, rev. 2012. A. F.

Quantentheorie (engl. quantum theory), Bezeichnung für eine fundamentale Theorie der modernen ↑Physik, deren Prinzipien die mikrophysikalische Struktur der ↑Materie berücksichtigen und von grundlegender Bedeutung für die moderne ↑Naturphilosophie und ↑Wissenschaftstheorie sind. Die Q. entstand 1900, als M. Planck bei der Begründung seines Strahlungsgesetzes für schwarze Körper das elementare Wirkungsquantum h einführte. A. Einstein verwendete 1905 Plancks Annahme kleinster Energiequanten zur Erklärung des Photoeffekts und erweiterte sie für Lichtquanten (Photonen), deren Existenz 1923 durch den Compton-Effekt empirisch bestätigt wurde. N. Bohr wendete 1913 die Quantenhypothese auf das Rutherfordsche Atommodell an, um damit eine Theorie des Spektrums des Wasserstoffatoms zu begründen und anschließend Deutungen von Spektren weiterer Atome zu ermöglichen. Dazu führte er das ↑Korrespondenzprinzip ein, um bekannte Resultate der klassischen ↑Mechanik heuristisch in die Q. zu übertragen. In dieser älteren Q. stellte sich das mikrophysikalische Geschehen im Unterschied zur klassischen Physik mit so genannten Quantensprüngen dar, bei denen sich die Energie unstetig um kleine, unteilbare Beträge (Quanten) ändert bzw. durch sie quantisiert ist (↑natura non facit saltus). Die physikalischen Prinzipien dieser Vorgänge lieferte erst die Quantenmechanik, die 1925 zunächst von W. Heisenberg (mit M. Born und P. Jordan) formuliert und 1926 durch die äquivalente Version der Schrödingerschen Wellenmechanik ergänzt wurde. E. Schrödinger wurde durch die These von L. V. de Broglie beeinflußt, wonach der beim Licht vorhandene Dualismus von Welle und Teilchen auch bei materieller Strahlung (z. B. Kathodenstrahlung) besteht. Während Schrödingers Bewegungsgleichung Galilei-invariant (↑Galilei-Invarianz) ist, stellte P. A. M. Dirac 1928 eine relativistische (↑Lorentz-Invarianz) ↑Bewegungsgleichung für Elektronen und andere Teilchen mit Spin 1/2 auf. Demgegenüber beschreibt die ebenfalls relativistische Klein-Gordon-Gleichung (1926) Teilchen mit ganzzahligem Spin. Damit war ab 1929 die Quantisierung der ↑Elektrodynamik und anderer Feldtheorien begonnen, die zu den modernen Entwicklungen der Quantenfeldtheorien führt. Hierbei stellt sich das weitere Problem, ob auch die ↑Gravitation quantisierbar ist. Schrödingers Bewegungsgleichung (1926) führte 1927 zur molekularen Bewegungsgleichung von W. Heitler und F. London, mit der erstmals die kovalente chemische Bindung geklärt werden konnte.

Der mathematische Formalismus der *Hilberträume*, in dem die Q. heute formuliert wird, geht auf J. v. Neumann (1932) zurück. Um das Korrespondenzprinzip anwenden zu können, muß man die Hamiltonsche Variante der klassischen Mechanik (↑Hamiltonprinzip) wählen, die Punktteilchen mit den kanonischen Vektoren des Ortes $\vec{q} = (q_x, q_y, q_z)$ und des Impulses $\vec{p} = (p_x, p_y, p_z)$ für die cartesischen Koordinaten x, y, z beschreibt. Ein klassisches System der Quantenmechanik wird dann durch die klassische Hamiltonfunktion $H(\vec{q}, \vec{p})$ bestimmt. In der Quantenmechanik werden die Orts- und Impulsvektoren $\vec{q}$ und $\vec{p}$ durch Orts- und Impulsoperatoren $\hat{\vec{q}} = (\hat{q}_x, \hat{q}_y, \hat{q}_z)$ und $\hat{\vec{p}} = (\hat{p}_x, \hat{p}_y, \hat{p}_z)$ ersetzt, die den Heisenbergschen Vertauschungsrelationen

$$(1)\quad \hat{q}_\nu \hat{p}_\mu - \hat{p}_\mu \hat{q}_\nu = i\hbar\delta_{\nu\mu}$$

(mit $\nu, \mu = x, y, z$ und $\hbar = h/2\pi$) genügen (↑Unschärferelation). Wäre die Plancksche Konstante wie im makroskopischen Maßstab Null, so wären die Größen $\hat{q}_\nu$ und $\hat{p}_\nu$ wie in der klassischen Mechanik kommutativ (↑kommutativ/Kommutativität). Nach dem *Korrespondenzprinzip* sollte sich daher im Grenzfall $\hbar \rightarrow 0$ die Quantenmechanik auf die klassische Hamiltonsche Mechanik reduzieren lassen (↑Reduktion). Die Energie eines abgeschlossenen Quantensystems (z. B. Elektronen, Atome) wird durch den Hamiltonoperator $\hat{H} = H(\hat{\vec{q}}, \hat{\vec{p}})$ repräsentiert, wobei H die klassische Hamiltonfunktion ist. Allgemein entspricht nach dem Korrespondenzprinzip einer klassischen Größe $G(\vec{q}, \vec{p})$ ein Operator $\hat{G} = G(\hat{\vec{q}}, \hat{\vec{p}})$. Die Q. kennt jedoch auch Größen wie den Spin $\hat{\vec{s}} = (\hat{s}_x, \hat{s}_y, \hat{s}_z)$ eines Quantensystems, für den es kein klassisches Analogon gibt und für dessen Operatoren $\hat{s}_\nu$ Vertauschungsrelationen postuliert werden müssen.

Nach Schrödinger kann man sich die Zustände eines Atoms zum Zeitpunkt t als *Wellenfunktion* $\Psi(\vec{r}, t)$ vorstellen, wobei der ↑Vektor $\vec{r} = (x_1, \ldots, x_n)$ die n Freiheitsgrade des Systems angibt. Diese Wellenfunktion liefert für jedes Argumentepaar $\vec{r}, t$ eine (im allgemeinen nicht-reelle) komplexe Zahl. Born stellte eine Verbindung zwischen Wellen- und Teilchenbild her, indem er die reelle Zahl $|\Psi(\vec{r}, t)|^2 dV$ als die ↑Wahrscheinlichkeit interpretierte, daß sich ein Elektron zum Zeitpunkt t in dem um $\vec{r}$ zentrierten Volumenelement dV befindet. Die Normierung der Wellenfunktion muß daher so gewählt werden, daß die totale Wahrscheinlichkeit, in einer bestimmten Position zu sein, gleich der Einheit ist, d. h.

$$(2) \quad \int |\Psi(\vec{r}, t)|^2 dV = 1,$$

wobei das Integral über alle Werte der Koordinaten läuft. Allgemein werden dann die *Zustände* eines Quantensystems durch die Funktionen eines komplexen Hilbertraums $\mathcal{H}$ beschrieben. Dieser Hilbertraum wird durch die Gesamtheit aller Eigenvektoren des Hamiltonoperators $\hat{H}$ des Quantensystems aufgespannt. Die Einheitsvektoren von $\mathcal{H}$ sind die Repräsentanten der möglichen Zustände des Systems. Nach dem *Superpositionsprinzip* der Quantenmechanik kann jeder mögliche Zustand des Systems linear aus diesen oder anderen Zustandsfunktionen aufgebaut werden, d. h.,

$$(3) \quad \Psi = \sum_i c_i \Psi_i$$

mit $c_i \in \mathbb{C}$. Kann durch einen geeigneten äußeren Eingriff das System aus einem Anfangszustand (z. B. einem Grundzustand des Wasserstoffatoms) mit dem Zustandsvektor Ψ in einen Endzustand mit Zustandsfunktion Φ (z. B. einen angeregten Zustand des Atoms) überführt werden, so ist ein solcher Eingriff als Einzelexperiment nie deterministisch reproduzierbar. Wiederholt man aber dasselbe Experiment genügend oft, so ist die statistische Wahrscheinlichkeit für diesen Übergang mit Hilfe des inneren Produkts der Zustandsfunktionen durch $0 \leq |(\Psi, \Phi)|^2 \leq 1$ mit $(\Psi, \Psi) = (\Phi, \Phi) = 1$ gegeben.

Die Zeitentwicklung eines Quantenzustands wird durch die *zeitabhängige* ↑*Schrödinger-Gleichung*

$$(4) \quad i\hbar \frac{\partial \Psi_t}{\partial t} = \hat{H} \Psi_t$$

beschrieben, wobei Ψ_t der Zustandsvektor des Systems zur Zeit t ist. Als Spezialfall erhält man aus (4) die *zeitunabhängige Schrödinger-Gleichung*

$$(5) \quad \hat{H} \Psi = E \Psi,$$

wobei der Eigenvektor Ψ einen *stationären* Zustand des Systems repräsentiert und der Eigenwert E als *Energiewert* des Systems im Zustand Ψ interpretiert wird.

In der von Neumannschen Quantenmechanik werden physikalische Größen wie Ortsvektor, Impuls, Drehimpuls und Energie durch *Observable* dargestellt, d. h. durch lineare selbstadjungierte Operatoren $\hat{A}$ auf dem Hilbertraum $\mathcal{H}$ der Zustandsvektoren des Systems. Selbstadjungierte Operatoren haben reelle Eigenwerte und kommen deshalb als mögliche Beobachtungs- und Meßgrößen in Frage. Falls der Zustandsvektor Ψ des Systems ein dem (reellen) Eigenwert a zugehöriger Eigenvektor der Observablen $\hat{A}$ ist, d. h., falls

$$(6) \quad \hat{A} \Psi = a \Psi,$$

hat die Observable $\hat{A}$ in diesem Zustand den Wert a. Im allgemeinen haben aber Observable keinen definiten Wert; sie repräsentieren *potentielle* Eigenschaften von Quantensystemen. Nur wenn zu einem bestimmten Zeitpunkt t der Zustandsvektor Ψ_t des Systems Eigenvektor der Observablen $\hat{A}$ ist, hat $\hat{A}$ zu diesem Zeitpunkt einen Wert a_t. Die Observable $\hat{A}$ repräsentiert dann eine zur Zeit t aktualisierte Eigenschaft. Jederzeit und für alle möglichen Zustände aktualisierte Observable heißen ›klassische‹ Observable und sind Größen der klassischen Physik.

Zwei Eigenschaften eines Systems, die in beliebiger Reihenfolge gemessen werden können, ohne daß das Meßergebnis dadurch beeinflußt wird, heißen *kompatible* (auch: kommensurable; ↑kommensurabel/Kommensurabilität) Eigenschaften. Zwei kompatible Eigenschaften werden in der Quantenmechanik durch kommutierende Observablen $\hat{A}$, $\hat{B}$ mit $\hat{A}\hat{B} = \hat{B}\hat{A}$ dargestellt. In der klassischen Physik wurde angenommen, daß alle Eigenschaften eines physikalischen Systems miteinander kompatibel sind. Wie die Q. zeigt, ist das aber im allgemeinen nicht der Fall. *Inkompatible* (auch: inkommensurable; ↑inkommensurabel/Inkommensurabilität) Eigenschaften (z. B. Ort und Impuls) ein und desselben Systems lassen sich nicht exakt zur selben Zeit messen. Inkompatible Eigenschaften werden durch nicht-kommutierende Observablen repräsentiert. Für $\hat{A}\hat{B} \neq \hat{B}\hat{A}$ gibt es aber im allgemeinen keinen gemeinsamen Eigenvektor Ψ zu $\hat{A}$ und $\hat{B}$, d. h., mathematisch lassen sich die Eigenwertgleichungen $\hat{A}\Psi = a\Psi$ und $\hat{B}\Psi = b\Psi$ im allgemeinen nicht simultan erfüllen. Daher können zwei nicht-kommutierende Observable im allgemeinen nicht gleichzeitig einen exakten Wert annehmen. Inkompatible Eigenschaften sind nur in verschiedenen Zuständen ein und desselben Systems aktualisierbar und entsprechend exakt meßbar.

Im Unterschied zur klassischen statistischen Mechanik sind inkompatible Eigenschaften von Quantensystemen prinzipiell unbestimmt und auch mit besseren experimentellen Kenntnissen nicht beliebig genau bestimmbar (↑Indeterminismus). Daher kann die Q. nur probabilistische Aussagen über den Ausgang von Experimenten machen, obwohl die Zustände eines Quantensystems durch Schrödingers Differentialgleichung (4) eindeutig determiniert sind (↑Gesetz (exakte Wissenschaften), ↑Kausalität). Der *statistische Erwartungswert* einer physikalischen Größe wird durch die Observable $\hat{A}$ und den Zustandsvektor Ψ ausgedrückt. Wenn der Zustand eines Systems durch den normierten Zustandsvektor Ψ charakterisiert ist, wird das innere Produkt $(\Psi, \hat{A}\Psi)$ über den Hilbertraum $\mathscr{H}$ als der Erwartungswert der Observable $\hat{A}$ in diesem Zustand bezeichnet. Er läßt sich nicht auf die Summe der Erwartungswerte von $\hat{A}$ in den Zuständen Ψ_i reduzieren, aus denen sich Ψ nach dem Superpositionsprinzip (3) zusammensetzt. Bei der Berechnung von $(\Psi, \hat{A}\Psi)$ treten nämlich zusätzlich Interferenzterme $(\Psi_i, \hat{A}\Psi_j)$ der Zustände Ψ_i und Ψ_j mit $i \neq j$ auf, die im allgemeinen von Null verschieden sind. Zur experimentellen Bestimmung wird ein Erwartungswert $(\Psi, \hat{A}\Psi)$ als arithmetisches Mittel $\bar{a}$ der Resultate der Messungen der Observablen $\hat{A}$ an einer großen Anzahl von gleichartigen Systemen interpretiert, die alle vor der Messung in dem durch den Zustandsvektor charakterisierten Anfangszustand präpariert worden sind.

Ein quantenmechanisches Elementarsystem ist durch seine Masse, seinen Spin und seine elektromagnetischen Momente (z. B. elektrische Ladung, magnetisches Dipolmoment) vollständig charakterisiert. Haben zwei Elementarsysteme gleiche Masse, gleichen Spin und gleiche elektromagnetische Momente, so sind sie ununterscheidbar bzw. identisch. Nach dem (verallgemeinerten) *Pauli-Prinzip* sind genau zwei Klassen von Elementarsystemen gegeben, die sich in Bezug auf das Verhalten der Zustandsvektoren beim Vertauschen der Teilchenkoordinaten unterscheiden: Teilchen mit ganzzahligem Spin ($s = 0, 1, 2, \ldots$) heißen ›Bosonen‹ und haben eine symmetrische Zustandsfunktion Ψ, die beim Vertauschen von zwei beliebigen Teilchenkoordinaten unverändert bleibt; Teilchen mit halbzahligem Spin ($s = 1/2, 3/2, 5/2, \ldots$) heißen ›Fermionen‹, deren antisymmetrische (↑antisymmetrisch/Antisymmetrie) Zustandsfunktion beim Vertauschen das Vorzeichen ändert.

Mehrere Quantensysteme lassen sich zu einem Gesamtsystem zusammenfassen. Wenn zwei Quantensysteme durch die Zustandsvektoren zweier Hilberträume $\mathscr{H}_1$ und $\mathscr{H}_2$ beschrieben sind, wird das gesamte System durch das Tensorprodukt

$$(7)\quad \mathscr{H} = \mathscr{H}_1 \otimes \mathscr{H}_2$$

dargestellt. Besteht zwischen den beiden Teilsystemen keine Wechselwirkung, ist der Hamiltonoperator des Gesamtsystems die Summe der Hamiltonoperatoren der Teilsysteme. Bei Wechselwirkungen treten Wechselwirkungsoperatoren hinzu. In diesem Falle hat ein Zustandsvektor $\Psi \in \mathscr{H}$ des Gesamtsystems nach dem Superpositionsprinzip (3) die allgemeine lineare Form

$$(8)\quad \Psi = \sum_i c_i \psi_i \otimes \varphi_i$$

mit $\psi_i \in \mathscr{H}_1$, $\varphi_i \in \mathscr{H}_2$ und $c_i \in \mathbb{C}$. In diesem Falle sind die Teilsysteme bzw. ihre Teilzustände *korreliert.* Hat Ψ hingegen die Produktform $\Psi = \psi \otimes \varphi$ mit $\psi \in \mathscr{H}_1$ und $\varphi \in \mathscr{H}_2$, so sind die Teilsysteme *separiert,* d. h. nicht korreliert.

Die Observable korrelierter Teilsysteme lassen sich nicht eindeutig bestimmen, da ihre Teilzustände nach dem Superpositionsprinzip korreliert sind. Die uneingeschränkte Gültigkeit des Superpositionsprinzips, wie sie in der von Neumannschen Quantenmechanik angenommen wird, hat zur Folge, daß Quantensysteme, die einmal in Wechselwirkung standen, selbst dann korreliert bleiben, wenn sie räumlich getrennt und ohne physikalische Wechselwirkung sind (↑Einstein-Podolsky-Rosen-Argument). Dieser grundlegende Unterschied wechselwirkender Quantensysteme gegenüber der klassischen Physik ist durch die Experimente nach A. Aspect (1981/1982) bestätigt worden. Man untersuchte dort z. B. auseinanderfliegende Photonenpaare, die eine Quelle Q in z-Richtung bzw. in $(-z)$-Richtung verlassen und auf zwei Analysatoren A_1 und A_2 mit bestimmten Einstellwinkeln a und b treffen (Abb. 1). Je nach Einstellung der Analysatoren werden die polarisierten Photonen von zwei Detektoren D_1 und D_2 registriert. Die Zustände ψ_1 und ψ_2 repräsentieren die Polarisationszustände von Photon 1 entlang der x- und y-Achse, entsprechend die Zustände φ_1 und φ_2 für Photon 2. Der Gesamtzustand Φ der auseinanderfliegenden Systeme 1 und 2 ist nach dem Superpositionsprinzip durch

$$\Phi = \frac{1}{\sqrt{2}} (\psi_1 \otimes \varphi_1 + \psi_2 \otimes \varphi_2)$$

gegeben. Es zeigt sich, daß dieser Gesamtzustand nicht auf eine Produktform zweier Teilzustände reduziert werden kann, d. h., daß das Gesamtsystem nicht in zwei Teilsysteme separierbar ist: Das Ganze ist also im Unterschied zur klassischen Physik verschieden von der Summe seiner Teile.

Die Unterschiede zwischen Quantenmechanik und klassischer Physik führten zu verschiedenartigen *philosophi-*

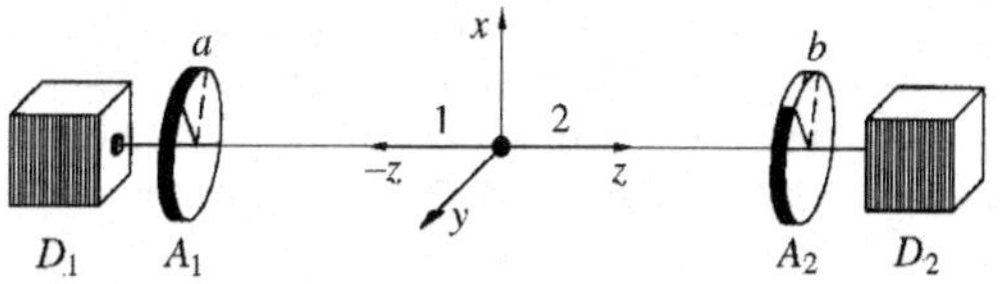

Abb. 1

schen Interpretationen. Schrödinger nannte 1935 wechselwirkungsfreie Systeme in Korrelationszuständen ›verschränkt‹. Demgegenüber vertrat Einstein seit 1935 die Auffassung, daß es wie in der klassischen Physik immer möglich sei, zwei Teilsysteme derart zu trennen, daß eine Messung des einen Systems eine Messung des anderen Systems nicht beeinflußt. Philosophisch vertrat Einstein also eine realistische Position (↑Realismus (erkenntnistheoretisch)), nach der Objekte mit wohlbestimmten Eigenschaften voneinander unabhängig (›Separierbarkeit‹) und unabhängig vom Meß- und Beobachtungskontext existieren. Der (von Neumannsche) Formalismus der Quantensysteme wurde daher von ihm als ›unvollständig‹ und vorläufig eingestuft. Zusammen mit der Lokalitätsannahme der Speziellen Relativitätstheorie (↑Relativitätstheorie, spezielle), wonach Wirkungen nicht schneller als mit Lichtgeschwindigkeit übertragen werden können, wurden im Anschluß an das Argument von Einstein, B. Podolsky und N. Rosen (*EPR-Argument*) so genannte *lokal-realistische Theorien* entwickelt, die alternativ zum Formalismus der Quantenmechanik Experimente erklären sollten, ohne auf die Annahme indefiniter Eigenschaften und verschränkter Systeme zurückgreifen zu müssen. Dies geschah durch die Einführung *verborgener Parameter* (↑Parameter, verborgene), die die Eigenschaften von Quantensystemen durchgängig, also unabhängig von bestimmten Meßakten, festlegen sollten. Wie sich aus der von J. S. Bell 1966 formulierten *Bellschen Ungleichung* ergibt, führt jede derart lokal-realistische Theorie zu von der Q. abweichenden Voraussagen für die Ergebnisse von EPR-Experimenten. Aspects Experimente bestätigten jedoch die Q..

Bereits Bohr hatte die Trennung zwischen dem messenden und beobachtenden Experimentator bzw. Erkenntnissubjekt und einer davon unabhängigen realen Welt der Erkenntnisobjekte als für die Q. unangebracht kritisiert. Nach der ↑*Kopenhagener Deutung* der Q. ist die klassische Physik insofern ausgezeichnet, als sie die makroskopischen Meßinstrumente beschreibt, mit denen Quantensysteme überhaupt erst meß- und beobachtbar werden. Zudem liefert die klassische Physik die anschaulichen Modelle, mit denen quantenmechanische Prozesse in sich ausschließenden, aber komplementär ergänzenden Bildern wie z. B. der Wellen- und der Teilchenvorstellung beschrieben werden (↑Komplementaritätsprinzip).

Interpretationsprobleme treten insbes. beim *quantenmechanischen Meßprozeß* auf, bei dem es zu einer Wechselwirkung von mikroskopischen Quantensystemen als Meßobjekten und makroskopischen Meßinstrumenten kommt. Dazu seien die Zustände eines Quantensystems durch die Zustandsvektoren eines Hilbertraums $\mathscr{H}_1$ repräsentiert. Die Observable $\hat{A}$ des Systems sei mit einem diskreten und nicht-degenerierenden Spektrum $a_1, a_2, \ldots$ verbunden, d. h., $\hat{A}\psi_n = a_n\psi_n$ mit $(\psi_n, \psi_m) = \delta_{nm}$. Der Meßapparat sei ein Digitalanzeiger, dessen Zustände durch den Hilbertraum $\mathscr{H}_2$ beschrieben werden, d. h., die Observable $\hat{B}$ des Apparats habe Digitalwerte $b_1, b_2, \ldots$ mit $\hat{B}\varphi_n = b_n\varphi_n$ und $(\varphi_n, \varphi_m) = \delta_{nm}$. Das Gesamtsystem aus Quantensystem und Meßapparat wird durch den Tensorprodukt-Hilbertraum $\mathscr{H}_1 \otimes \mathscr{H}_2$ erfaßt. Im Anfangszustand Φ der Messung zum Zeitpunkt $t = 0$ seien beide Systeme in getrennten Zuständen ψ und φ mit $\Phi(0) = \psi \otimes \varphi$ präpariert. Während des Meßprozesses findet eine Wechselwirkung von Quantensystem und Meßapparat statt, die zu einer *Verschränkung* von System und Meßapparat führt. D. h., für den Endzustand $\Phi(t)$ ist die Observable des Meßapparats unbestimmt. Tatsächlich zeigt aber der Meßapparat definite Werte an, was offenbar durch die Dynamik der (von Neumannschen) Quantenmechanik nicht erklärt werden kann.

Schrödinger hat dieses Problem in seiner berühmten *Katzenparadoxie* zugespitzt: Eine Katze sei in einem Stahlkasten mit einem Radiumpräparat eingeschlossen, das bei Zerfall über einen Mechanismus eine Flasche mit Blausäure zerbrechen läßt (Abb. 2). Der Zustand der Katze, ›tot‹ oder ›lebendig‹, wird als Meßanzeige für den Zustand des Radiumpräparats, ›zerfallen‹ oder ›nicht zerfallen‹, gedeutet, der nach der Halbwertszeit mit einer Wahrscheinlichkeit 1/2 eintritt. Die Quantenmechanik sagt dann nach Schrödinger einen superponierten Zustand voraus, in dem die Katze weder tot noch lebendig ist. Bei Öffnen des Stahlkastens ist die Katze aber faktisch entweder tot oder lebendig.

Einige Autoren (z. B. E. P. Wigner) deuten die Meßanzeige erkenntnistheoretisch als einen ›Kollaps‹ des superponierten Wellenpakets $\Phi(t)$ aus Quantensystem und Meßapparat, der durch den menschlichen Erkenntnisvorgang, d. h. durch einen Eingriff des Erkenntnissubjekts, von außen ausgelöst wurde. In diesem Zusammenhang wird auch von einem *epistemischen Schnitt* des Beobachters (Heisenberg, P. Mittelstaedt) gesprochen, der zum Kollaps des Wellenpakets führt. Gemeint ist mathematisch, daß zusätzlich ein Projektionsoperator

Abb. 2 (nach DeWitt 1970)

eingeführt wird, der das Gesamtsystem auf den Teil-Hilbertraum des gemessenen Systems abbildet. Durch diesen Prozeß werden die Terme für die Interferenz zwischen gemessenem System und Meßapparat beseitigt. Wissenschaftstheoretisch muß bei dieser Interpretation die zusätzliche ↑ad-hoc-Hypothese eines Projektionsoperators herangezogen werden, der in der Quantendynamik nicht vorausgesetzt ist.

Neben erkenntnistheoretischen Erklärungen wurden auch *ontologische* Deutungen (↑Ontologie) des Meßprozesses vorgeschlagen, z. B. in der *Viele-Welten-Interpretation* von H. Everett III und J. A. Wheeler. Grundlegend ist hier die Annahme, daß alles, was möglich ist, auch realisiert wird. Entsprechend wird die Unterscheidung von ›möglichen‹ und ›aktualisierten‹ Observablen fallengelassen. Man betrachtet dazu einen der Wechselwirkung (8) von Systemen analogen Meßprozeß. Die Zeitentwicklung als Gesamtsystem wird durch

(9) $\Phi(t) = \sum_i c_i(t)\,\psi_i \otimes \varphi_i$

beschrieben, wobei sich die Zustände φ_i auf die Anzeigewerte des Meßinstruments beziehen. Nach Everett zerfällt der Zustandsvektor $\Phi(t)$ nie in reine Komponenten. Vielmehr werden alle Teilzustände $\psi_i \otimes \varphi_i$ realisiert. Die Superposition $\Phi(t)$ beschreibt eine Vielfalt von gleichzeitig existierenden realen Welten, wobei ein $\psi_i \otimes \varphi_i$ jeweils dem Zustand der i-ten parallelen Welt entspricht. So ist z. B. in einer dieser Welten die Blausäureflasche zerbrochen und Schrödingers Katze entsprechend tot; in einer anderen Welt ist die Flasche unversehrt und die Katze lebendig. Falls man φ_n als Erinnerungszustände auszeichnet, kann ein Beobachter mit einem definiten Gedächtnis sich nur des eigenen Weltzweiges (z. B. $\psi_n \otimes \varphi_n$) bewußt sein. Die anderen Teilwelten aber vermag er nicht wahrzunehmen, so daß der Zerfall des Gesamtuniversums in Teilwelten für ihn prinzipiell unbeobachtbar bleibt. Diese Interpretation hat den Vorteil, daß der Meßprozeß ohne die ad-hoc-Hypothese des Kollapses des Wellenpakets bzw. des Projektionsoperators verstanden werden kann. Dieser methodische Vorteil muß jedoch durch die Annahme einer geradezu verschwenderischen Ontologie erkauft werden. Die Everett-Interpretation impliziert nämlich die Existenz einer Vielzahl von prinzipiell unbeobachtbaren Welten. Daher kann die Kernannahme dieser Interpretation experimentell prinzipiell nicht überprüft werden.

Daneben treten die von D. Bohm formulierte alternative Interpretation der Q., die die klassische Ontologie zu bewahren versucht, sowie die Dekohärenzinterpretation, die das Quantenmeßproblem durch Berücksichtigung der Verschränkung des betreffenden Quantensystems mit der Umgebung zu lösen sucht (↑Physik).

Philosophisch eröffnet die Quantenmechanik eine Skala von Interpretationsmöglichkeiten, die von einer bloß instrumentalistischen Akzeptanz (↑Instrumentalismus) des Rechenformalismus über erkenntnistheoretische Erklärungen bis zu ontologischen Deutungen reicht. Für jede dieser Positionen lassen sich Vor- und Nachteile angeben. Einige Interpretationsmöglichkeiten wie der lokal-realistische Ansatz mußten aber ausgeschlossen werden. Historisch entstanden philosophische Interpretationsprobleme häufig dadurch, daß der traditionelle von Neumannsche Formalismus der Quantenmechanik nicht adäquat ist. So ist der Meßprozeß ein Beispiel für eine Wechselwirkung zwischen einem klassischen makroskopischen System (Meßinstrument) und nicht-klassischen mikroskopischen Quantensystemen. Der traditionelle von Neumannsche Formalismus mit seiner unbeschränkten Gültigkeit des Superpositionsprinzips beschreibt aber nur korrelierte Quantensysteme mit korrelierten Zuständen, deren inkompatible Observable im allgemeinen nicht eindeutig bestimmt sind und bei denen die Reihenfolge der Messungen nicht umkehrbar ist. Um also auch klassische Systeme mit klassischen Observablen beschreiben zu können, wird das Superpositionsprinzip in den modernen Ansätzen einer *verallgemeinerten algebraischen Quantenmechanik* eingeschränkt. Mathematisch wird dazu das Zentrum $Z(\mathscr{A})$ der Observablenalgebra $\mathscr{A}$ als die Menge derjenigen Elemente von $\mathscr{A}$ definiert, die mit allen Elementen von $\mathscr{A}$ kommutieren:

(10) $Z(\mathscr{A}) = \{\hat{Z} \mid \text{für jedes } \hat{A} \in \mathscr{A} \text{ gilt } \hat{Z}\hat{A} = \hat{A}\hat{Z}\}.$

Das Zentrum enthält also die klassischen Observablen der Theorie. Im Falle der klassischen Physik ist die Observablenalgebra mit ihrem Zentrum identisch, d. h., $Z(\mathscr{A}) = \mathscr{A}$; im Falle der von Neumannschen Quantenmechanik mit uneingeschränktem Superpositionsprinzip besteht es nur aus Vielfachen des Einheitsoperators. Eine Einschränkung des Superpositionsprinzips liegt offenbar dann vor, wenn die Interferenzterme von Zuständen ψ und φ für alle Observablen $\hat{A}$ verschwinden, d. h., wenn

(11) $(\psi, \hat{A}\varphi) = (\varphi, \hat{A}\psi) = 0$ für alle $\hat{A} \in \mathscr{A}$.

In diesem Falle liegt eine *Superauswahlregel* zwischen ψ und φ vor. Historisch kommt dieser Begriff aus der Spektroskopie. Verschwindet dort der Ausdruck $(\psi, \hat{A}\varphi)$ für einen Operator $\hat{A}$, so spricht man von einer ›Auswahlregel‹ zwischen den Zuständen ψ und φ und meint damit, daß (in erster Annäherung) der Störoperator $\hat{A}$ das System nicht aus dem Zustand ψ in den Zustand φ überführen kann.

Die Menge aller Vektoren aus einem Hilbertraum $\mathscr{H}$, die durch eine Superauswahlregel von einem Vektor ψ

aus $\mathcal{H}$ getrennt sind, bildet einen Unterraum (›Sektor‹) von $\mathcal{H}$. Die Gültigkeit des Superpositionsprinzips ist dann auf die Sektoren eines Hilbertraums eingeschränkt. Es läßt sich allgemein beweisen, daß die Existenz von Superauswahlregeln der Quantenmechanik äquivalent ist mit der Existenz klassischer Observablen, d.h. mit der Existenz eines nicht-trivialen Zentrums $Z(\mathcal{A})$ der Observablenalgebra $\mathcal{A}$. Ein Beispiel ist die Observable der Masse, die in der Diracschen relativistischen Quantenmechanik nicht-klassisch ist, aber beim Übergang $c \to \infty$ von einer Lorentz-invarianten zu einer Galilei-invarianten Raumzeit klassisch wird. So untersuchen z.B. Chemiker die Masse eines Moleküls als klassische Observable und sind in der molekularen Quantenchemie auf einen Theorierahmen mit sowohl klassischen als auch nicht-klassischen Observablen (z.B. Spin) angewiesen. Ebenso sind Temperatur und chemisches Potential klassische Observable mit definiten (dispersionsfreien) Werten, die sich jedoch auf makroskopische Systeme der ↑Thermodynamik beziehen. Daher werden in den modernen Verallgemeinerungen der Q. auch thermodynamische Systeme eingeschlossen. Mathematisch ergeben sich makroskopische Systeme, indem durch einen idealisierenden Grenzprozeß Systeme mit unendlich vielen Freiheitsgraden eingeführt werden. So kann in diesem neuen Theorierahmen ein Meßapparat als ein irreversibles dynamisches System betrachtet werden, das die Zeitsymmetrie im Sinne eines kausalen Systems bricht. Diese Möglichkeit besteht nur, wenn der Apparat als makroskopisches System mit unendlich vielen Freiheitsgraden beschrieben wird. Das Meßproblem der Quantenmechanik reduziert sich dann auf einen Wechselwirkungsprozeß zwischen einem nicht-klassischen System (dem quantenmechanischen Meßobjekt) und einem unendlichen, makroskopischen System (dem Meßapparat). Für den so beschriebenen Meßapparat ist der Nachweis entscheidend, daß er unverbundene (separierte) Endzustände liefert, die vom Meßobjekt unabhängig sind.

Die Struktur von Quantensystemen wird auch durch die Einführung einer besonderen ↑*Quantenlogik* zu klären versucht. Der Logik der Meßaussagen entspricht dabei im allgemeinen keine ↑Boolesche Algebra wie in der klassischen Physik, sondern ein *nicht-distributiver Verband*. Die Verletzung des Distributivgesetzes (↑distributiv/Distributivität) entspricht der Tatsache, daß die Quantenmechanik inkompatible Experimente erlaubt. In der Dialogischen Logik (↑Logik, dialogische) lassen sich die logischen Verknüpfungen der nicht-klassischen Quantenlogik operativ deuten. Der Quantenmechanik mit uneingeschränkter Gültigkeit des Superpositionsprinzips entspricht eine Quantenlogik ohne kompatible Meßaussagen. Analog zum Zentrum (10) einer verallgemeinerten Observablenalgebra läßt sich das Zentrum $Z(L)$ einer *verallgemeinerten* (*orthomodularen*) *Quantenlogik* L als die Menge derjenigen Meßaussagen aus L definieren, die mit allen Meßaussagen aus L kompatibel sind. Das Zentrum des orthomodularen Verbandes L ist eine Boolesche Algebra. Im Falle eines klassisch-physikalischen Systems ist also die Logik der Meßaussagen Boolesch bzw. klassisch, d.h., $Z(L) = L$. Im Falle einer verallgemeinerten Quantenmechanik mit eingeschränktem Superpositionsprinzip enthält das Zentrum die kompatiblen Meßaussagen.

Literatur: E. Agazzi (ed.), Realism and Quantum Physics, Amsterdam/Atlanta Ga. 1997; D. Albert/B. Loewer, Interpreting the Many Worlds Interpretation, Synthese 77 (1988), 195–213; J. Allday, Quantum Reality. Theory and Philosophy, Boca Raton Fla./London/New York 2009; A. Aspect, Expériences basées sur les inégalités de Bell, J. phys. colloques 42 (1981), C 2, 63–80; J. Audretsch/K. Mainzer (eds.), Wieviele Leben hat Schrödingers Katze? Zur Physik und Philosophie der Quantenmechanik, Mannheim/Wien/Zürich 1990, Heidelberg/Berlin/Oxford 1996; J. Baggott, Beyond Measure. Modern Physics, Philosophy, and the Meaning of Quantum Theory, Oxford etc. 2004, 2009; J. A. Barrett, The Quantum Mechanics of Minds and Worlds, Oxford etc. 1999, 2003; T. Bastin (ed.), Quantum Theory and Beyond. Essays and Discussions Arising from a Colloquium, Cambridge 1971; K. Baumann/R. U. Sexl (eds.), Die Deutungen der Q., Braunschweig/Wiesbaden 1984, [3]1987, 1999; J. S. Bell, On the Problem of Hidden Variables in Quantum Mechanics, Rev. Mod. Phys. 38 (1966), 447–452, Neudr. in: ders., Speakable and Unspeakable in Quantum Mechanics. Collected Papers on Quantum Philosophy, Cambridge etc. 1987, [2]2004, 1–13; D. Bohm, A Suggested Interpretation of the Quantum Theory in Terms of ›Hidden‹ Variables I, Phys. Rev. 85 (1952), 166–179; ders., Wholeness and the Implicate Order, London/Boston Mass./Henley 1980, London/New York 2010 (dt. Die implizite Ordnung. Grundlagen eines dynamischen Holismus, München 1985, 1987; franz. La plénitude de l'univers, Paris 1987); N. Bohr, Abhandlungen über Atombau aus den Jahren 1913–1916, Braunschweig 1921; ders., The Quantum Postulate and the Recent Development of Atomic Theory, Nature 121 Suppl. (1928), 580–590, Neudr. in: J. A. Wheeler/W. H. Zurek (eds.), Quantum Theory and Measurement [s. u.], 87–126; ders., Kausalität und Komplementarität, Erkenntnis 6 (1936), 293–303; ders., Discussion with Einstein on Epistemological Problems in Atomic Physics, in: P. A. Schilpp (ed.), Albert Einstein. Philosopher – Scientist, La Salle Ill. 1949, [3]1988, 2000, 199–241 (dt. Diskussion mit Einstein über erkenntnistheoretische Probleme in der Atomphysik, in: P. A. Schilpp [ed.], Albert Einstein als Philosoph und Naturforscher, Stuttgart 1951, Wiesbaden [2]1983, 84–119); ders., Quantum Physics and Philosophy. Causality and Complementarity, in: R. Klibansky (ed.), Philosophy in the Mid-Century I (Logic and Philosophy of Science), Florenz 1958, [2]1961, 308–314 (dt. Über Erkenntnisfragen der Quantenphysik, ed. B. Kockel/W. Macke/A. Papapetrou, Berlin 1959, Neudr. in: K. Baumann/R. U. Sexl [eds.], Die Deutungen der Q. [s. o.], 156–162); A. Bokulich, Reexamining the Quantum–Classical Relation. Beyond Reductionism and Pluralism, Cambridge etc. 2008; M. Born, Zur statistischen Deutung der Q., Stuttgart 1962; J. Bub, The Interpretation of Quantum Mechanics, Dordrecht/Boston Mass. 1974; M. Bunge (ed.), Quantum Theory and Reality, Berlin/Heidelberg/New York 1967; ders., Matter and Mind. A Philosophical Inquiry, Dordrecht/New York 2010; P.

Busch, Indeterminacy Relations and Simultaneous Measurements in Quantum Theory, Int. J. Theoret. Phys. 24 (1985), 63–92; M. Carrier, What the Philosophical Interpretation of Quantum Theory Can Accomplish, in: P. Blanchard/J. Fröhlich (eds.), The Message of Quantum Science. Attempts Towards a Synthesis, Berlin etc. 2015, 47–63; J. F. Clauser/M. A. Horne, Experimental Consequences of Objective Local Theories, Phys. Rev. D 10 (1974), 526–535; J. T. Cushing, Quantum Mechanics. Historical Contingency and the Copenhagen Hegemony, Chicago Ill./London 1994; ders./E. McMullin (eds.), Philosophical Consequences of Quantum Theory. Reflections on Bell's Theorem, Notre Dame Ind. 1989; B. S. DeWitt, Quantum Mechanics and Reality. Could the Solution of the Dilemma of Indeterminism Be a Universe in which All Possible Outcomes of an Experiment Actually Occur?, Physics Today 23 (1970), H. 9, 30–35, ohne Untertitel in: ders./N. Graham (eds.), The Many-Worlds Interpretation of Quantum Mechanics, Princeton N. J. 1973, 2015, 155–166 (dt. Quantenmechanik und Realität, in: K. Baumann/R. U. Sexl [eds.], Die Deutungen der Q. [s. o.], 206–220); D. Dieks, On Some Alleged Difficulties in the Interpretation of Quantum Mechanics, Synthese 86 (1991), 77–86; P. A. M. Dirac, The Principles of Quantum Mechanics, Oxford 1930, [4]1958, 2009 (dt. Die Prinzipien der Quantenmechanik, Leipzig 1930; franz. Les principes de la mécanique quantique, Paris 1931 [repr. 2007]); D. Dürr/S. Goldstein/N. Zanghi, Quantum Physics without Quantum Philosophy, Berlin/Heidelberg 2013; A. Einstein, Quanten-Mechanik und Wirklichkeit, Dialectica 2 (1948), 320–324; ders./B. Podolsky/N. Rosen, Can Quantum-Mechanical Description of Physical Reality Be Considered Complete?, Phys. Rev. 47 (1935), 777–780, ferner in: J. A. Wheeler/W. H. Zurek (eds.), Quantum Theory and Measurement [s. u.], 138–141 (dt. Kann man die quantenmechanische Beschreibung der physikalischen Wirklichkeit als vollständig betrachten?, in: K. Baumann/R. U. Sexl [eds.], Die Deutungen der Q. [s. o.], 80–86); A. Elitzur/S. Dolev/N. Kolenda (eds.), Quo Vadis Quantum Mechanics?, Berlin/Heidelberg/New York 2005; J. Ellis/D. Amati (eds.), Quantum Reflections, Cambridge etc. 1999, 2000; G. G. Emch, Mathematical and Conceptual Foundations of 20th-Century Physics, Amsterdam/New York 1984, 1986; E. Emter, Literatur und Q.. Die Rezeption der modernen Physik in Schriften zur Literatur und Philosophie deutschsprachiger Autoren (1925–1970), Berlin/New York 1995; B. d'Espagnat, Conceptual Foundations of Quantum Mechanics, Menlo Park Calif. 1971, Reading Mass. etc. [2]1976, Reading Mass. 1999; ders., Une incertaine réalité. Le monde quantique, la connaissance et la durée, Paris 1985, 1987 (engl. Reality and the Physicist. Knowledge, Duration and the Quantum World, Cambridge etc. 1989, 1990); J. Evans/A. S. Thorndike (eds.), Quantum Mechanics at the Crossroads. New Perspectives from History, Philosophy and Physics, Berlin/Heidelberg/New York 2006, 2007; H. Everett III., ›Relative State‹ Formulation of Quantum Mechanics, Rev. Mod. Phys. 29 (1957), 454–462; B. Falkenburg, Particle Metaphysics. A Critical Account of Subatomic Reality, Berlin/Heidelberg/New York 2007; P. K. Feyerabend, Zur Q. der Messung, Z. Phys. 148 (1957), 551–559; M. Flato u. a. (eds.), Quantum Mechanics, Determinism, Causality, and Particles [...], Dordrecht/Boston Mass. 1976; S. French, Identity in Physics. A Historical, Philosophical, and Formal Analysis, Oxford 2006, 2010; C. Friebe u. a., Philosophie der Quantenphysik. Einführung und Diskussion der zentralen Begriffe und Problemstellungen der Q. für Physiker und Philosophen, Berlin/Heidelberg 2015; S. Friedrich, Interpreting Quantum Theory. A Therapeutic Approach, Basingstoke/London 2015; G. Gouesbet, Hidden Worlds in Quantum Physics, Mineola N. Y. 2013; J. Gribbin, Schrödinger's Kittens and the Search for Reality, London 1995, 1996 (dt. Schrödingers Kätzchen und die Suche nach der Wirklichkeit, Frankfurt 1995, [8]2007); R. A. Healey/G. Hellman (eds.), Quantum Measurement. Beyond Paradox, Minneapolis Minn./London 1998, 1999 (Minn. Stud. Philos. Sci. XVII); R. C. Hegerfeldt/S. N. M. Ruijsenaars, Remarks on Causality, Localization, and Spreading of Wave Packets, Phys. Rev. D 22 (1980), 377–384; W. Heisenberg, Die physikalischen Prinzipien der Q., Leipzig 1930, [5]2008, 2010 (engl. The Physical Principles of Quantum Theory, Chicago Ill., New York 1930, Mineola N. Y. 2009); ders., Der Teil und das Ganze. Gespräche im Umkreis der Atomphysik, München 1969, München/Zürich [14]2014 (engl. Physics and Beyond. Encounters and Conversations, London 1971, New York 1972); W. Heitler/F. London, Wechselwirkung neutraler Atome und homöopolare Bindung nach der Quantenmechanik, Z. Phys. 44 (1927), 455–472; C. Held, Die Bohr-Einstein-Debatte. Quantenmechanik und physikalische Wirklichkeit, Paderborn 1998, 1999; K. Hepp, Quantum Theory of Measurement and Macroscopic Observables, Helvetica Physica Acta 45 (1972), 237–248; N. Herbert, Quantum Reality. Beyond the New Physics, New York etc. 1985, Garden City N. Y. 1987 (dt. Quantenrealität. Jenseits der neuen Physik, Basel/Boston Mass. 1987, München 1990); A. Hermann, Frühgeschichte der Q. (1899–1913), Mosbach 1969 (engl. The Genesis of Quantum Theory [1899–1913], Cambridge Mass./London 1971); P. Heywood/M. L. G. Redhead, Nonlocality and the Kochen–Specker Paradox, Found. Phys. 13 (1983), 481–499; D. Howard, Einstein on Locality and Separability, Stud. Hist. Philos. Sci. 16 (1985), 171–201; ders., Holism, Separability, and the Metaphysical Implications of the Bell Experiments, in: J. T. Cushing/E. McMullin (eds.), Philosophical Consequences of Quantum Theory. Reflections on Bell's Theorem, Notre Dame 1989, 224–253; ders., Locality, Separability and the Physical Implications of the Bell Experiments, in: A. van der Merwe/F. Selleri/G. Tarozzi (eds.), Bell's Theorem and the Foundations of Modern Physics, Singapore 1992, 306–314; U. Hoyer, Die Geschichte der Bohrschen Atomtheorie, Weinheim 1974; R. I. Hughes, The Structure and Interpretation of Quantum Mechanics, Cambridge Mass. 1989, 1999; F. Hund, Geschichte der Q., Mannheim 1967, Mannheim/Wien/Zürich [3]1984; M. Jammer, The Conceptual Development of Quantum Mechanics, New York 1966, Los Angeles 1989; ders., The Philosophy of Quantum Mechanics in Historical Perspective, New York etc. 1974; J. M. Jauch, Foundations of Quantum Mechanics, Reading Mass. 1968, 1977; P. Jordan, Anschauliche Q.. Einführung in die moderne Auffassung der Quantenerscheinungen, Berlin 1936, Ann Arbor Mich. 1946; F. A. Kaempffer, Concepts in Quantum Mechanics, New York/London 1965; R. E. Kastner, The Transactional Interpretation of Quantum Mechanics. The Reality of Possibility, Cambridge etc. 2012, 2013; K. Kleinknecht (ed.), Quanten, I–II, Stuttgart 2013/2014; S. Kochen/E. P. Specker, The Problem of Hidden Variables in Quantum Mechanics, J. Math. Mechanics 17 (1967/1968), 59–87, Neudr. in: C. A. Hooker u. a. (eds.), The Logico-Algebraic Approach to Quantum Mechanics I, Dordrecht/Boston Mass. 1975, 293–328; M. Kumar, Quantum. Einstein, Bohr and the Great Debate about the Nature of Reality, Thriplow/London 2008, 2009, New York 2011 (dt. Quanten. Einstein, Bohr und die große Debatte über das Wesen der Wirklichkeit, Berlin 2009, [3]2010, 2011; franz. Le grand roman de la physique quantique. Einstein, Bohr et le débat sur la nature de la réalité, Paris 2012); F. Laloë, Do We Really Understand Quantum Mechanics?,

Cambridge etc. 2012, 2014; J. Lamprecht, Struktur und Einheit. Transzendentalphilosophische Interpretationen der Quantenphysik, Würzburg 2013; C. M. Lockhart/B. Misra, Irreversibility and Measurement in Quantum Mechanics, Physica A 136 (1986), 47–76; G. Ludwig, Die Grundlagen der Quantenmechanik, Berlin/Göttingen/Heidelberg 1954; H. Lyre, Q. der Information. Zur Naturphilosophie der Theorie der Ur-Alternativen und einer abstrakten Theorie der Information, Wien/New York 1998, [2]2004; K. Mainzer, What Is the Price of Realism in the Quantum World?, Manuscrito 10 (1987), 31–52; ders., Symmetrien der Natur. Ein Handbuch zur Natur- und Wissenschaftsphilosophie, Berlin/New York 1988 (engl. Symmetries of Nature. A Handbook for Philosophy of Nature and Science, Berlin/New York 1996); T. Maudlin, Quantum Non-Locality and Relativity. Metaphysical Intimations of Modern Physics, Oxford/Malden Mass. 1994, [3]2011; J. Mehra/H. Rechenberg, The Historical Development of Quantum Theory, I–VI, New York etc. 1982–2001; U. Meixner, Philosophische Anfangsgründe der Quantenphysik, Frankfurt/Paris/Lancaster 2009; M. B. Mensky, Consciousness and Quantum Mechanics. Life in Parallel Worlds, London etc. 2010; K. M. Meyer-Abich, Korrespondenz, Individualität und Komplementarität. Eine Studie zur Geistesgeschichte der Q. in den Beiträgen Niels Bohrs, Wiesbaden 1965; P. Mittelstaedt, Philosophische Probleme der modernen Physik, Mannheim 1963, Mannheim/Wien/Zürich [4]1972 (engl. Philosophical Problems of Modern Physics, Dordrecht/Boston Mass. 1976), [7]1989; ders./J. Pfarr (eds.), Grundlagen der Q.. Vorträge eines Kolloquiums über wissenschaftstheoretische Probleme der Q., Köln, 4.–6. Oktober 1978, Mannheim/Wien/Zürich 1980; G. Münster, Q., Berlin/New York 2006, [2]2010; R. Nadeau/M. Kafatos, The Non-Local Universe. The New Physics and Matters of the Mind, Oxford etc. 1999, 2001; J. v. Neumann, Mathematische Grundlagen der Quantenmechanik, Berlin 1932, Neudr. Berlin/Heidelberg/New York 2013 (engl. Mathematical Foundations of Quantum Mechanics, Princeton N. J. 1955, 1996); I. Nikseresht, La physique quantique. Origines, interprétations et critiques, Paris 2005; C. Norris, Quantum Theory and the Flight from Realism. Philosophical Responses to Quantum Mechanics, New York/London 1999, 2000; U. Northmann, Unscharfe Welt? Was Philosophen über Quantenmechanik wissen möchten, Darmstadt 2008; R. Omnès, Quantum Philosophy. Understanding and Interpreting Contemporary Science, Princeton N. J. 1999, 2002; A. Pais, Einstein and the Quantum Theory, Rev. Mod. Phys. 51 (1979), 863–914; W. Pauli, Die allgemeinen Prinzipien der Wellenmechanik, in: H. Geiger/K. Scheel (eds.), Handbuch der Physik XXIV/1 (Q.), Berlin/Heidelberg [2]1933 (repr. 2013), 83–272, Neudr. in: S. Flügge (ed.), Handbuch der Physik/Encyclopedia of Physics V/1 (Prinzipien der Q./Principles of Quantum Theory), Berlin/Heidelberg/New York 1958, 1–168, separat, ed. N. Straumann, Berlin etc. 1990; ders., Wissenschaftlicher Briefwechsel mit Bohr, Einstein, Heisenberg u. a./Scientific Correspondence with Bohr, Einstein, Heisenberg a.o., ed. A. Hermann/K. v. Meÿenn/V. F. Weisskopf, I–IV, New York/Heidelberg/Berlin 1979–2001; C. Piron, Foundations of Quantum Physics, Reading Mass./London/Amsterdam 1976; I. Pitowsky, Quantum Probability – Quantum Logic, Berlin etc. 1989; A. Plotnitsky, Epistemology and Probability. Bohr, Heisenberg, Schrödinger, and the Nature of Quantum-Theoretical Thinking, Berlin/New York 2009, 2010; J. C. Polkinghorne, Quantum Theory. A Very Short Introduction, Oxford etc. 2002 (dt. Q.. Eine Einführung, Stuttgart 2006, [2]2011); H. Primas, Chemistry, Quantum Mechanics, and Reductionism. Perspectives in Theoretical Chemistry, Berlin/Heidelberg/New York 1981, [2]1983; H. Pringe, Critique of the Quantum Power of Judgment. A Transcendental Foundation of Quantum Objectivity, Berlin/New York 2007; A. I. M. Rae, Quantum Physics. Illusion or Reality?, Cambridge etc. 1986, [2]2002, 2012 (dt. Quantenphysik. Illusion oder Realität?, Stuttgart 1996); M. Redhead, Incompleteness, Nonlocality, and Realism. A Prolegomenon to the Philosophy of Quantum Mechanics, Oxford 1987, 2002; H. Reichenbach, Philosophic Foundations of Quantum Mechanics, Berkeley Calif./Los Angeles/London 1944 (repr. 1982), Mineola N. Y. 1998 (dt. Philosophische Grundlagen der Quantenmechanik, Basel 1949, Neudr. in: Ges. Werke V [Philosophische Grundlagen der Quantenmechanik und Wahrscheinlichkeit], ed. A. Kamlah/M. Reichenbach, Braunschweig/Wiesbaden 1989, 3–196); P. J. Riggs, Quantum Causality. Conceptual Issues in the Causal Theory of Quantum Mechanics, Dordrecht/New York 2009; F. Rohrlich, From Paradox to Reality. Our Basic Concepts of the Physical World, Cambridge etc. 1987, 1997; F. Rothen, Aux limites de la physique. Les paradoxes quantiques, Lausanne 2012; L. Ruetsche, Interpreting Quantum Theories. The Art of the Possible, Oxford etc. 2011; L. Schäfer, Versteckte Wirklichkeit. Wie uns die Quantenphysik zur Transzendenz führt, Stuttgart/Leipzig 2004; E. Scheibe, Die kontingenten Aussagen in der Physik. Axiomatische Untersuchungen zur Ontologie der klassischen Physik und der Q., Frankfurt/Bonn 1964; ders., The Logical Analysis of Quantum Mechanics, Oxford etc. 1973; ders., Die Philosophie der Physiker, München 2006, [2]2007, 237–271 (Kap. VIII Die Q.. Die Kopenhagener Schule); W. Schommers, Symbols, Pictures and Quantum Reality. On the Theoretical Foundations of the Physical Universe, Singapur 1995; E. Schrödinger, Die gegenwärtige Situation in der Quantenmechanik, Naturwiss. 23 (1935), 807–812, 823–828, 844–849, Neudr. in: K. Baumann/R. U. Sexl (eds.), Die Deutungen der Q., [s. o.], 98–129 (engl. unter dem Titel: The Present Situation in Quantum Mechanics. A Translation of Schödinger's ›Cat Paradox‹ Paper, Proc. Amer. Philos. Soc. 124 [1980], 323–338, Neudr. in: J. A. Wheeler/W. H. Zurek [eds.], Quantum Theory and Measurement [s. u.], 152–167); J. Schwinger, Quantum Kinematics and Dynamics, New York 1970, Cambridge Mass. 2000; F. Selleri, Die Debatte um die Q., Braunschweig/Wiesbaden 1983, [3]1990, 2013; A. Shimony, Reflections on the Philosophy of Bohr, Heisenberg, and Schrödinger, in: R. S. Cohen/L. Laudan (eds.), Physics, Philosophy and Psychoanalysis. Essays in Honor of Adolf Grünbaum, Dordrecht/Boston Mass./Lancaster 1983 (Boston Stud. Philos. Sci. LXXVI), 209–221; ders., Contextual Hidden Variables Theories and Bell's Inequalities, Brit. J. Philos. Sci. 35 (1984), 25–45; A. Sommerfeld, Atombau und Spektrallinien, Braunschweig 1919, I–II, Braunschweig [5]1931, [8]1969, Nachdr. Thun/Frankfurt 1978 (franz. La Constitution de l'atome et les raies spectrales, Paris 1923; engl. Atomic Structure and Spectral Lines, London 1923/1930); E. Specker, Die Logik nicht gleichzeitig entscheidbarer Aussagen, Dialectica 14 (1960), 239–246; H. P. Stapp, Mindful Universe. Quantum Mechanics and the Participating Observer, Berlin/Heidelberg 2007, [2]2011; V. J. Stenger, Quantum Gods. Creation, Chaos, and the Search for Cosmic Consciousness, Amherst N. Y. 2009, 2010; N. Straumann, Quantenmechanik. Ein Grundkurs über nichtrelativistische Q., Berlin etc. 2002, [2]2013; M. Strohmeyer, Q. und Transzendentalphilosophie, Heidelberg/Berlin/Oxford 1995; P. Teller, An Interpretive Introduction to Quantum Field Theory, Princeton N. J. 1995, 2001; W. Thirring, Lehrbuch der mathematischen Physik IV (Quantenmechanik großer Systeme), Wien 1980 (engl. A Course in Mathematical Physics IV [Quantum Mechanics of Large Systems], New York/

Wien 1983); P. E. Vermaas, A Philosopher's Understanding of Quantum Mechanics. Possibilities and Impossibilities of a Modal Interpretation, Cambridge etc. 1999, 2005; W. Vogd, Von der Physik zur Metaphysik. Eine soziologische Rekonstruktion des Deutungsproblems der Q., Weilerswist 2014; B. L. van der Waerden, Die gruppentheoretische Methode in der Quantenmechanik, Berlin 1932 (engl. Group Theory and Quantum Mechanics, Berlin/Heidelberg/New York 1974, 1986); ders. (ed.), Sources of Quantum Mechanics, Amsterdam 1967, Mineola N. Y. 2008; P. R. Wallace, Paradox Lost. Images of the Quantum, Berlin/New York 2006; C. F. v. Weizsäcker, Zum Weltbild der Physik, Leipzig 1943, Stuttgart [14]2002 (engl. The World View of Physics, London 1952); ders., Aufbau der Physik, München 1985, [4]2002 (engl. The Structure of Physics, Dordrecht/New York 2006); G. Wentzel, Quantum Theory of Fields (until 1947), in: J. Mehra (ed.), The Physicist's Conception of Nature, Dordrecht/Boston Mass. 1973 (repr. 1987), 380–403; H. Weyl, Gruppentheorie und Quantenmechanik, Leipzig 1928, [2]1931 (repr. 1977) (engl. The Theory of Groups and Quantum Mechanics, New York 1950 [repr. Mineola N. Y. 2003]); J. A. Wheeler/W. H. Zurek (eds.), Quantum Theory and Measurement, Princeton N. J. 1983; D. Wick, The Infamous Boundary. Seven Decades of Controversy in Quantum Physics, Boston Mass./Basel/Berlin 1995, Cambridge Mass./Boston Mass. 2011; E. P. Wigner, Gruppentheorie und ihre Anwendung auf die Quantenmechanik der Atomspektren, Braunschweig 1931 (repr. 1977) (engl. Group Theory and Its Application to the Quantum Mechanics of Atomic Spectra, New York/London 1959, 1971); W. K. Wootters/W. H. Zurek, Complementarity in the Double-Slit Experiment. Quantum Nonseparability and a Quantitative Statement of Bohr's Principle, Phys. Rev. D 19 (1979), 473–484. K. M.

Quantifikation, Bezeichnung für eine Funktion sprachlicher Ausdrücke, die der logischen Zusammensetzung unbeschränkt vieler Aussagen, dargestellt durch eine ein- oder mehrstellige ↑Aussageform, etwa $A(x)$ mit einem ↑Variabilitätsbereich für die ↑Variable ›x‹, zu einer neuen Aussage dienen. Dazu gehören die ↑Quantoren, aber auch die als bedingte Quantoren darstellbaren Nominalphrasen aus Quantor und ↑Artikulator, etwa ›alle Menschen‹ ($\bigwedge M$ aus $\bigwedge_{x \,\varepsilon\, \text{Mensch}}$), ›kein Stau‹ ($\not\bigvee S$ aus $\not\bigvee_{x \,\varepsilon\, \text{Stau}}$), ›etwas Gold‹ ($\bigvee G$ aus $\bigvee_{x \,\varepsilon\, \text{Gold}}$). Diese Nominalphrasen (zu denen als Grenzfall auch die Quantoren selbst zählen, wenn man berücksichtigt, daß zu jedem Quantor ein Variabilitätsbereich gehört, und sei es auch der Universalbereich ›aller‹ Gegenstände) werden im Anschluß an G. Frege (Grundgesetze der Arithmetik I, Jena 1893, 36–39 [§ 21–22]) als besonderer Fall *generalisierter Quantoren* behandelt, und zwar als einstellige ↑Prädikatoren logisch 2. Stufe auf *Quantitäten* in Gestalt von Mengen von Gegenständen der Grundstufe. Das geschieht ohne Rücksicht darauf, daß Nominalphrasen bei dieser Lesart (zu der dann auch Ausdrücke wie ›wenige Menschen‹, ›fast alle Menschen‹, ›die meisten Menschen‹ und andere aus *Determinatoren* – darunter den Quantoren ohne Angabe eines Variabilitätsbereichs – und einem Artikulator bestehende *Nominale* gehören) neben der Q.sfunktion auch noch eine Referenzfunktion ausüben und daher besser als besondere ↑Artikulatoren logisch 2. Stufe verstanden werden sollten, die Quantitäten von Objekten des vom Artikulator 1. Stufe artikulierten Objektbereichs artikulieren, z. B. von Menschen im Falle von $\bigwedge M$, von Staus im Falle von $\not\bigvee S$, von Gold im Falle von $\bigvee G$. Wie jeder Artikulator haben sie zwei Rollen, eine prädikative (↑Prädikation) und eine ostensive (↑Ostension). In der prädikativen Rolle werden von (anderen) Quantitäten 1. Stufe Eigenschaften des Ihnen-zugehörig-Seins ausgesagt, und zwar daß Quantitäten 1. Stufe zu ihnen gehören, z. B. mit ›alle Menschen‹ von der Menge der sterblichen Lebewesen, daß alle Menschen zu ihr gehören (gleichwertig mit ›alle Menschen sind sterbliche Lebewesen‹), oder mit ›kein Stau‹ von der Menge ewig dauernder Ereignisse, daß kein Stau dazugehört (gleichwertig mit ›kein Stau dauert ewig‹), oder mit ›etwas Gold‹ von der Menge der für Münzen verwendeten Materialien, daß sich unter ihnen Gold befindet (gleichwertig mit ›einiges Gold ist Münzgold‹), in der ostensiven Rolle hingegen werden an (anderen) Quantitäten 1. Stufe Teile von Ganzheiten 1. Stufe angezeigt, z. B. mit ›$\bigwedge$Menschen‹ an der Menge der sterblichen Lebewesen das aus allen Menschen gebildete Ganze der Menschheit, mit ›$\not\bigvee$Stau‹ an der Menge der ewig dauernden Ereignisse das Fehlen von Staus, und mit ›$\bigvee$Gold‹ an der Menge der für Münzen verwendeten Materialien ein Teil des ganzen Goldes (↑Teil und Ganzes).

Besondere Sorgfalt ist geboten, wenn die Q. auf Aussagen angewendet wird, für deren Zusammensetzung auch modale Operatoren (↑Modalitäten) zugelassen sind, z. B. ›notwendig‹ oder ›verboten‹ (↑Modallogik, ↑Logik, deontische). Quantoren binden jeweils die in der Aussageform frei vorkommenden Variablen, auf die sie sich beziehen, so daß diese für die Operation der ↑Substitution nicht mehr verfügbar sind. Z. B. ist $x|y$ (in Worten: x ist Teiler von y) eine zweistellige arithmetische Aussageform mit den frei vorkommenden Variablen ›x‹ und ›y‹ für natürliche Zahlen als Variabilitätsbereich: Durch Q. mit dem bedingten Einsquantor

$$\underset{x \neq y \wedge x \neq 1}{\bigvee_x}$$

(der Variabilitätsbereich der Variablen ›x‹ wird der einschränkenden Bedingung $A(x,y) \leftrightharpoons x \neq y \wedge x \neq 1$ unterworfen) entsteht die einstellige Aussageform

$$\underset{x \neq y \wedge x \neq 1}{\bigvee_x} \quad x|y$$

(in Worten: es gibt echte, nämlich von y und 1 verschiedene, Teiler von y), aus der durch weitere Q. mit dem ↑Allquantor $\bigwedge_y$ die – da es Primzahlen gibt, im übrigen falsche – quantorenlogisch zusammengesetzte Aussage

$$\bigwedge_y \bigvee_{x \neq y \wedge x \neq 1} x|y$$

(in Worten: alle natürlichen Zahlen haben echte Teiler) erzeugt werden kann. – Gelegentlich wird auch in der Wissenschaftstheorie beim Übergang von komparativen zu metrischen Begriffen (z. B. von ›länger als‹ zu ›soundsoviel Einheiten lang‹) von einer Q. parametrisierter Begriffe gesprochen.

Literatur: P. Stekeler-Weithofer, Q., Hist. Wb. Ph. VII (1989), 1789–1791. K. L.

Quantifikation, leere (engl. vacuous quantification), ↑Variablenkollision.

Quantifizierung, (1) in der ↑Wissenschaftstheorie Bezeichnung für eine Normierung von Eigenschaften konkreter partikularer Gegenstände (↑Partikularia) durch Überführung solcher Eigenschaften in meßbare Größen, als Vielfaches wohldefinierter konventioneller Einheiten (↑Konvention), ihre ↑Metrisierung. Das setzt voraus, die sprachlich von einstelligen ↑Prädikatoren auf einem Gegenstandsbereich, und zwar in apprädikativer Verwendung (↑Apprädikator), repräsentierten Eigenschaften, z. B. hart [von Materialien], schwer [von Dingen, von Erdbeben, ...], laut [von Geräuschen], hoch [von Dingen, von Tönen, ...], zunächst auf zweistellige Relationen, z. B. härter als, schwerer als usw., und damit auf einen grundsätzlich intersubjektiv verfügbaren *qualitativen Vergleich* zurückführen zu können. Anschließend kann durch Normierung von Vergleichsskalen, z. B. die Mohs-Skala für die Härte von Materialien, die Richter-Skala für die Schwere von Erdbeben, der qualitative Vergleich in eine erste Stufe der Q. der zugehörigen Eigenschaften überführt werden. Erst dann jedoch, wenn sich auch die Vergleichsskalen ihrerseits auf wohldefinierte Einheiten physikalischer Größen und deren Vielfaches zurückführen lassen, liegt eine vollständige Metrisierung und damit Q. vor, etwa der Tonhöhe durch die Angabe der Tonfrequenz, der Länge durch ein Vielfaches des mittlerweile rein physikalisch und nicht mehr durch einen Prototypen normierten Meters: die komparativen (↑komparativ/Komparativität) Begriffe |höher als| und |länger als| sind parametrisiert.
(2) In der formalen Logik (↑Logik, formale) Bezeichnung für ein Verfahren zur Überführung von ↑Aussageformen bzw. Aussageformenschemata in ↑Aussagen bzw. Aussageschemata. Es handelt sich dabei um logische Zusammensetzungen unbeschränkt vieler Aussagen bzw. ↑Aussageschemata – etwa aller aus $A(x)$ bei einer ↑Substitution der ↑Variablen x in $A(x)$ durch ↑Nominatoren n von Objekten des ↑Variabilitätsbereichs von x hervorgehenden Aussagen $A(n)$ – zu einer neuen, eben quantifizierten Aussage bzw. zu einem neuen, quantifizierten Aussageschema, die im Falle von ↑Elementaraussagen $n \varepsilon P$ unter Ersetzung des Nominators ›n‹ durch eine Variable auch als Q.en des Prädikats oder Prädikators ›P‹ bezeichnet werden (↑Quantifizierung des Prädikats). Allgemein kann durch (einstellige) Q. eines n-stelligen Prädikators P in Bezug auf eine Argumentstelle i ($1 \leq i \leq n$) ein (n–1)-stelliger Prädikator ›P^i‹ gewonnen werden (0-stellige Prädikatoren sind dabei Aussagen). Die zur Q. verwendeten sprachlichen Ausdrücke, spezielle logische Partikel (↑Partikel, logische), heißen ↑Quantoren. Sie üben die Funktion der ↑Quantifikation aus und bedürfen stets des Bezugs auf die Variable(n), die durch die Q. von einer (für die Operation der Substitution) *frei* vorkommenden Variablen in eine *gebunden* vorkommende (d. h. für Substitution nicht mehr verfügbare) Variable überführt werden. K. L.

Quantifizierung des Prädikats (engl. quantification of the predicate), Begriff bzw. Verfahren der traditionellen Logik (↑Logik, traditionelle), dessen Einführung sich bei der ›Identitätsauffassung‹ des ↑Urteils als notwendig erweist. In der Identitätsauffassung des Urteils geht man davon aus, daß ↑Subjektbegriff und ↑Prädikatbegriff die gleiche Extension (↑extensional/Extension) besitzen. Die Identitätsauffassung steht der Subsumptionsauffassung des Urteils (↑Subordination) als der Standardauffassung der traditionellen Logik gegenüber. Nach der Subsumptionsauffassung ist die Klasse des Subjektbegriffs in derjenigen des Prädikatbegriffs enthalten. Z. B. geht die Subsumptionsauffassung des Urteils davon aus, daß in ›Philosophinnen sind Menschen‹ die Klasse der Philosophinnen in derjenigen der Menschen enthalten ist. Die Identitätsauffassung hingegen muß die Klasse der Menschen durch geeignete ↑Quantifizierung, eben durch die Q. d. P., einschränken, um eine Identität der Klassen von Subjektbegriff und Prädikatbegriff zu erhalten: ›Philosophinnen sind (identisch mit) einige(n) Menschen‹.
Systematischer Zweck der Identitätstheorie des Urteils und damit der Q. d. P. ist der Wunsch, zu einer algebraischen Darstellung logischer Verhältnisse mittels Gleichungen zu gelangen (im angeführten Beispiel: P [ganz] = M [teilweise]). W. Hamilton, von dem der Ausdruck ›Q. d. P.‹ stammt, gelang auf diese Weise eine algebraische Formulierung der syllogistischen Satzformen und Schlußweisen (↑Syllogistik), die für die Entwicklung der ↑Algebra der Logik (G. Boole, A. de Morgan) von Bedeutung war. Die Idee der Q. d. P. ist allerdings sehr viel älter. Sie findet sich z. B. bereits bei den Stoikern, Avicenna, G. W. Leibniz, in der ›Logik von Port-Royal‹ (↑Port-Royal, Schule von), bei J. H. Lambert, A. Rüdiger, G. Ploucquet und G. Bentham. Von Aristoteles (de int. 5.17a38–7.17b16) wird sie abgelehnt.

Literatur: T. S. Baynes, Mr. Herbert Spencer on Sir Wm. Hamilton and the Quantification of the Predicate, Contemporary Rev. 21

(1873), 796–798; W. Bednarowski, Hamilton's Quantification of the Predicate, Proc. Arist. Soc. 56 (1955/1956), 217–240; G. Bentham, Outline of a New System of Logic. With a Critical Examination of Dr. Whately's »Elements of Logic«, London 1827 (repr. Bristol 1990), bes. 130–136; J. M. Bocheński, Formale Logik, Freiburg/München 1956, erw. ²1962, 1996, bes. 306–308; W. Hamilton, Lectures on Metaphysics and Logic, I–II, Boston Mass. 1860, I–IV, Edinburgh/London ²1861–1866 (repr. Stuttgart-Bad Cannstatt 1969–1970, Bristol 2001), bes. IV, 257–323; W. S. Jevons, Who Discovered the Quantification of the Predicate?, Contemporary Rev. 21 (1873), 821–824; W. Risse, Die Logik der Neuzeit II, Stuttgart-Bad Cannstatt 1970; P. Stekeler-Weithofer, Quantifikation des Prädikats, Hist. Wb. Ph. VII (1989), 1791–1792; T. Ziehen, Lehrbuch der Logik auf positivistischer Grundlage mit Berücksichtigung der Geschichte der Logik, Bonn 1920 (repr. Berlin/New York 1974), 609–610, 672–673. G. W.

Quantität (von lat. quantitas, Größe, Menge; griech. *ποσότης*), seit Aristoteles in der philosophischen Tradition eine ↑Kategorie, unter die alle Aussagen hinsichtlich der ›Größe‹ (*quantum*) von Gegenständen sowie deren Eigenschaften und Zuständen fallen, bzw. ontologisch diejenige allgemeine ›Eigenschaft‹ von Dingen, wonach ihre Teile bzw. ihre besonderen Beschaffenheiten (z. B. Länge, Temperatur) einer zählenden bzw. einer zumeist auf Vergleich mit einer ↑Einheit basierenden, messenden Erfassung zugänglich sind. Bereits bei Aristoteles finden sich im Zusammenhang mit der Erörterung der Q. Ansätze zu einer Theorie der ↑Messung, die unter anderem die Unterscheidung diskreter und kontinuierlicher Größen enthält. Die Kategorie der ↑Qualität wird in enger, oft ›dialektischer‹ (↑Dialektik) Verbindung mit der Q. gesehen. – Bei I. Kant wird Q. als ↑transzendentale Bestimmung, als Bedingung der Möglichkeit messender wissenschaftlicher Erfahrung eingeführt. Kant überwindet damit den Realismus (↑Realismus (ontologisch)) der traditionellen Kategorienlehre, der in der neuzeitlichen Wissenschaft bereits zurückgetreten war, insofern hier ›Q.‹ nicht mehr als Eigenschaft des Seienden, sondern als Indikator der neuen methodischen Einstellung empirisch-quantitativer Erfassung der Natur verstanden wird. Die exakte meßtheoretische (↑Meßtheorie) Analyse der Q., die auf Grund der Tatsache, daß Größenfeststellung ein Vergleichen ist, weitgehend relationslogisch verfährt, beginnt (insbes. bei H. v. Helmholtz) im 19. Jh. (↑Messung). – In der traditionellen Logik (z. B. bei Kant; ↑Logik, traditionelle) versteht man unter Q. der Urteile die Umfangsbestimmung der Prädikate nach ›Einheit‹, ›Vielheit‹ und ›Allheit‹.

Literatur: F. P. Hager u. a., Q., Hist. Wb. Ph. VII (1989), 1792–1828; U. Meixner, Q., in: P. Kolmer/A. G. Wildfeuer (eds.), Neues Handbuch philosophischer Grundbegriffe III, Freiburg/München 2011, 1805–1817; E. Neuenschwander (ed.), Wissenschaft zwischen Qualitas und Quantitas, Basel/Boston Mass./Berlin 2003; P. Stekeler-Weithofer, Qualität/Q., EP III (²2010), 2184–2191. G. W.

Quantor (Kurzform von ›Quantifikator‹, engl. quantifier), Bezeichnung für eine logische Partikel (↑Partikel, logische) mit der Funktion der ↑Quantifikation. Sie besteht darin, die ↑Quantifizierung einer ↑Aussageform $A(x)$ vorzunehmen, also deren Überführung in eine (durch quantorenlogische Zusammensetzung hergestellte) Aussage, die die ↑Quantität der ↑Objekte n betrifft, für die $A(n)$ gilt. Man kann die resultierende Aussage als eine durch den Q. bestimmte Zusammensetzung der unbegrenzt vielen Aussagen $A(n)$ auffassen, die sich bei der Ersetzung (↑Substitution) der ↑Objektvariablen x in $A(x)$ durch ↑Nominatoren n für die Objekte des der Aussageform $A(x)$ als ↑Variabilitätsbereich der ↑Variablen x (und nach der Quantifizierung auch als Variabilitätsbereich des Q.s) zugeordneten ↑Objektbereichs ergeben. Z. B. läßt sich aus der Aussageform ›$x \varepsilon$ Einhorn‹ mit Hilfe des Kein-Quantors (↑kein) die Aussage ›$\not\bigvee_x x \varepsilon$ Einhorn‹ bilden (in Worten: *für kein x* gilt, daß x ein Einhorn ist, d. h., kein Gegenstand ist ein Einhorn, oder: es gibt keine Einhörner), die man anschaulich als eine unbegrenzte Verknüpfung mit ›weder – noch‹ lesen kann: ›weder ist dies da ein Einhorn, noch ist das dort ein Einhorn, noch ...‹. Die in $A(x)$ *frei* vorkommende Variable x wird durch die Quantifizierung *gebunden* und steht dann nicht mehr für Ersetzungen durch ↑Konstanten zur Verfügung.

Um dabei auch in komplexen Fällen Eindeutigkeit zu gewährleisten, muß der Bezug des Q.s auf eine frei vorkommende Variable angesichts des bei logisch zusammengesetzten Aussageformen möglichen mehrfachen Vorkommens derselben oder unterschiedlicher freier Variablen durch eine Hinzufügung dieser Variablen unter oder neben dem Q. markiert werden, wobei zugleich durch ↑Klammern oder andere Hilfszeichen auch noch der *Wirkungsbereich* oder ›Skopus‹ des Q.s markiert sein muß, also die Reichweite von dessen Bindungswirkung auf frei vorkommende Variablen. Handelt es sich beim Variabilitätsbereich eines Q.s um einen Objektbereich, der hinsichtlich der individuellen Benennbarkeit und damit auch der Anzahl der ihm angehörenden Objekte unbestimmt bleibt (↑indefinit/Indefinitheit), wie es insbes. beim Gebrauch schematischer Variablen (↑Variable, schematische) der Fall ist, so spricht man von einem *indefiniten* Q. (↑Quantor, indefiniter). Weitere Q.n sind der ↑*Allquantor* (›für alle‹, symbolisiert: $\bigwedge_x$ bzw. $\forall x$ oder (x)) und der häufig auch ›Existenzquantor‹ genannte *Manchquantor* oder ↑Einsquantor (›für manche‹ oder ›es gibt ein‹, symbolisiert: $\bigwedge_x$ bzw. $\exists x$ oder $(\exists x)$). Die Quantifizierung mit dem Allquantor, die Allquantifikation, heißt auch ↑*Generalisierung* oder, besser, ↑*Universalisierung*, diejenige mit dem Manchquantor auch ↑*Partikularisierung*.

Die Tatsache, daß Allaussagen $\bigwedge_x A(x)$ selbst bei sämtlich wertdefiniten (↑wertdefinit/Wertdefinitheit) Teilaussagen $A(n)$ im allgemeinen nur noch widerlegungsdefinit (↑widerlegungsdefinit/Widerlegungsdefinitheit), Manchaussagen $\bigvee_x A(x)$ unter denselben Bedingungen im allgemeinen nur noch beweisdefinit (↑beweisdefinit/Beweisdefinitheit) sind, also schon im Falle von Aussagen der Form $\bigwedge_x \bigvee_y A(x,y)$ ein Begriff, in Bezug auf welchen diese definit, nämlich entscheidbar, wären, nicht ohne weiteres angegeben werden kann, gehört zu den wichtigsten Gründen für den dialogischen Zugang zur Logik (↑Logik, dialogische). Soll der Variabilitätsbereich einer zu quantifizierenden Variablen in einer Aussageform durch eine weitere Aussageform eingeschränkt werden – der Variabilitätsbereich des Q.s ist dann nur noch ein Teilbereich des Variabilitätsbereichs der Variablen –, im Beispiel ›$x \varepsilon$ Einhorn‹ etwa durch ›$x \varepsilon$ Lebewesen‹, so ergibt die Quantifizierung mit dem Kein-Quantor die Aussage

$$›\underset{x\,\varepsilon\,\text{Lebewesen}}{\bigvee\!\!\!\!/_x}\; x\,\varepsilon\,\text{Einhorn}‹$$

(in Worten: kein Lebewesen ist ein Einhorn, also: nichts ist zugleich ein Lebewesen und ein Einhorn, formal:

$$\bigvee\!\!\!\!/_x\,(x\,\varepsilon\,\mathrm{L} \wedge x\,\varepsilon\,\mathrm{E})).$$

Einen Q., der sich auf eine Variable bezieht, deren Variabilitätsbereich durch eine Aussageform $A(x)$ eingeschränkt wird, nennt man einen *bedingten* Q. (engl. restricted quantifier), notiert durch

$$\underset{A(x)}{\bigwedge_x} B(x)$$

(logisch gleichwertig mit: $\bigwedge_x (A(x) \to B(x))$), entsprechend

$$\underset{A(x)}{\bigvee_x} B(x)$$

(logisch gleichwertig mit: $\bigvee_x (A(x) \wedge B(x))$). Jeder Q. X – ›X‹ ist hier ein ↑Mitteilungszeichen für die Q.en $\bigwedge$ (alle), $\bigvee$ (manche) und $\bigvee\!\!\!\!/$ (kein), die (unbeschadet der klassisch-logischen Definierbarkeit von $\bigvee$ durch $\neg\bigwedge\neg$ und der sogar intuitionistisch-logischen Definierbarkeit von $\bigvee\!\!\!\!/$ durch $\neg\bigvee$) als primitiv zu gelten haben –, der eine Aussageform $A(x)$ quantifiziert, kann bei Berücksichtigung des ihm zugeordneten, durch ›M‹ artikulierten Objektbereichs (↑Artikulator), der den Variabilitätsbereich der Variablen ›x‹ bildet, auch als ein durch $x\,\varepsilon\,M$ (den Artikulator ›M‹ als ↑Prädikator ›εM‹ verwendend) bedingter Q. aufgefaßt werden. Es ist daher möglich, eine *Nominalphrase* (*noun phrase*) XM, z.B. ›alle M‹, einzuführen und diese als Ergebnis einer auf die Aussageform $x\,\varepsilon\,M$ unter Bindung der frei vorkommenden Variablen ›x‹ angewandten ↑Operation *Determination* mit dem ↑Operator X aufzufassen, der den Artikulator M in einen Artikulator logisch 2. Stufe XM überführt und Quantitäten von M-Objekten irgendeiner ↑Individuation von M und damit Teile des ganzen M (↑Teil und Ganzes) artikuliert. In seiner prädikativen Rolle – εXM – dient er dazu, von $\in_x A(x)$, d.i. der Klasse (↑Klasse (logisch)) der Objekte, für die $A(x)$ gilt, die Zugehörigkeit von XM zur Klasse $\in_x A(x)$ als eine klassenlogische Eigenschaft auszusagen (↑Prädikation), d.h., $\in_x A(x)\ \varepsilon$ XM bedeutet klassenlogisch dasselbe wie $M \subseteq\ \in_x A(x)$. In seiner ostensiven Rolle – δXM – zeigt er XM, also die von ›XM‹ artikulierte Quantität von M-Objekten, an der Klasse $\in_x A(x)$ an (↑Ostension); hier fungiert der Artikulator ›XM‹ als ↑Nominator logisch 2. Stufe.

Derart durch Determination gebildete Nominalphrasen XM als Artikulationen von M-Quantitäten brauchen allerdings nicht als auf die in der ↑Quantorenlogik behandelten Q.en $\bigwedge M$, $\bigvee M$ und $\bigvee\!\!\!\!/ M$ beschränkt aufgefaßt zu werden. Vielmehr lassen sich so auch durch *Determinatoren* (*determiners*), wie etwa ›viele‹, ›wenige‹, ›mehr als die Hälfte‹, ›ein paar‹, ›der/die/das ganze‹ oder aber die Artikel und Demonstrativpronomina und viele andere Ausdrücke, eine Reihe weiterer Quantitäten von M-Objekten artikulieren. Auch der ↑Jota-Operator zur ↑Kennzeichnung eines einzigen (partikularen) Gegenstandes gehört unter bestimmten Bedingungen an die Aussageform ›$x\,\varepsilon\,M$‹ zu den Determinatoren, wenn man das so gekennzeichnete M-Objekt mit der von ihm als einzigem Element gebildeten Einerklasse identifiziert.

Die zur logischen Zusammensetzung aus Aussageformen alternative Deutung der beiden (unter Einschluß des Kein-Q.s auch drei) Q.en ›XM‹ als Spezialfälle von Prädikatoren (↑Relatoren beliebiger Stellenzahl eingeschlossen) auf Bereichen von Prädikatoren (ebenfalls beliebiger Stellenzahl) als ihrem Gegenstandsbereich ist mittlerweile in einer Art Verallgemeinerung der ↑Relationenlogik zu einer eigenständigen Theorie *generalisierter* Q.en fortentwickelt worden, allerdings ohne Rückgang auf Artikulatoren, der es erlauben würde, neben der prädikativen Rolle von Q.en auch deren ostensive Rolle zu berücksichtigen. Formal spiegelt sich diese Unterlassung in einer mangelhaften begrifflichen Trennung zwischen ↑Termen oder Objektformen, z.B. ›etwas Gold‹, und Aussageformen, z.B. ›etwas ist Gold‹. Bei dieser Deutung spielen Q.en im einstelligen Fall – generalisierte Q.en vom Typ ⟨1⟩, erstmals von A. Mostowski 1957 eingeführt und untersucht – nicht mehr die für den Aufbau der ↑Quantorenlogik konstitutive Rolle logischer Partikel; sie artikulieren vielmehr unter der Bezeichnung *Nominale* die Quantität, die sich einem Gegenstand ihres Bereichs zuschreiben läßt, also einem Prädikator als Darstellung der Klasse der Gegenstände, denen er zukommt. Diese Nominale gehören im Vergleich zur logischen Stufe ihrer Gegenstände (die z.B. der ↑Objektsprache angehören können) zur nächsthöheren logischen Stufe (im Beispiel: zur ↑Metasprache);

Quantitäten werden nicht als das Ergebnis von Operationen auf der untersten Gegenstandsebene aufgefaßt (z.B. eine Gruppe Menschen als konstituiert durch Gruppenbildung auf dem Bereich der Menschen), vielmehr als Mengen von Gegenständen, die eine (einstellige) Aussageform erfüllen (↑erfüllbar/Erfüllbarkeit), was es erlaubt, unter Hinzuziehung zweistelliger Q.en auf einstelligen Prädikatoren – diese Q.en sind vom Typ $\langle 1,1 \rangle$ – auch (zweistellige) Relationen zwischen Mengen von Objekten, dargestellt durch einstellige Aussageformen, auszudrücken. So sind insbes. die in der ↑Syllogistik verwendeten Urteilsformen der traditionellen Logik (↑Logik, traditionelle), wenn es um deren Quantität geht, als besondere Relationen zwischen Subjekt- und Prädikatausdrücken und damit als zweistellige generalisierte Q.en auf solchen Ausdrücken darstellbar. An die Stelle der üblichen objektsprachlichen Rekonstruktionen, $S\mathrm{a}P$ durch $\bigwedge_{x\varepsilon M}(x\,\varepsilon\, S \rightarrow x\,\varepsilon\, P)$, $S\mathrm{i}P$ durch $\bigvee_{x\varepsilon M}(x\,\varepsilon\, S \wedge x\,\varepsilon\, P)$, $S\mathrm{e}P$ durch $\bigvee\!\!\!\!\bigvee_{x\varepsilon M}(x\,\varepsilon\, S \wedge x\,\varepsilon\, P)$ und $S\mathrm{o}P$ durch $\bigwedge\!\!\!\!\bigwedge_{x\varepsilon M}(x\,\varepsilon\, S \rightarrow x\,\varepsilon\, P)$, oder auch deren Veranschaulichung mit logischen Diagrammen (↑Diagramme, logische), treten jeweils metasprachliche Rekonstruktionen, bei denen sich die traditionellen Bezeichnungen der syllogistischen Urteilsformen durch ↑a, ↑i, ↑e und ↑o als generalisierte Q.en wiederfinden: $S,P\,\varepsilon\,\mathrm{X}_{\wedge}M$ mit $\mathrm{a} = \mathrm{X}_{\wedge}M$ (klassenlogisch: $S \subseteq P$), $S,P\,\varepsilon\,\mathrm{X}_{\vee}M$ mit $\mathrm{i} = \mathrm{X}_{\vee}M$ (klassenlogisch: $S \cap P \neq \emptyset$), $S,P\,\varepsilon\,\mathrm{X}_{\wedge\!\!\!\wedge}M$ mit $\mathrm{e} = \mathrm{X}_{\wedge\!\!\!\wedge}M$ (klassenlogisch: $S \cap P = \emptyset$), und $S,P\,\varepsilon\,\mathrm{X}_{\vee\!\!\!\vee}M$ mit $\mathrm{o} = \mathrm{X}_{\vee\!\!\!\vee}M$ (klassenlogisch: $S \not\subseteq P$). Für die logische ↑Rekonstruktion natürlicher Sprachen (↑Sprache, natürliche), aber auch in der Informatik, etwa für die Logik von Parallelrechnern, spielen *verzweigte* Q.en (nach ihrem Erfinder auch ›Henkin-Q.en‹ genannt) eine wichtige Rolle. Man benötigt sie, um funktionale Unabhängigkeiten bei hintereinandergeschalteten Q.en zum Ausdruck zu bringen, z.B. bei $\bigwedge_x\bigvee_y\bigwedge_z\bigvee_w A(x,y,z,w)$ die Unabhängigkeit der z-w-Abhängigkeit von der x-y-Abhängigkeit (in Worten: für alle x gibt es ein y *und* – davon unabhängig – für alle z gibt es ein w derart, daß $A(x,y,z,w)$). Diese Situation kann zwar mit zwei Funktionen f und g, für die $f(x) = y$ und $g(z) = w$ gilt, ausgedrückt werden: $\bigvee_f\bigvee_g\bigwedge_x\bigwedge_z A(x,f(x),z,g(z))$, aber nicht mit einer auf gewöhnliche Weise zusammengesetzten quantorenlogischen Aussage. Vielmehr bedarf die quantorenlogische Darstellbarkeit eines derartigen Bereichs der ↑Prädikatenlogik 2. Stufe einer Erweiterung quantorenlogischer Kalküle (↑Logikkalkül) durch Verzweigung (engl. branching), im Beispiel etwa

$$\begin{matrix}\bigwedge_x\bigvee_y \\ \bigwedge_z\bigvee_w\end{matrix} \Big> A(x,y,z,w),$$

mit entsprechenden Regeln für die Ausdrucks- und Satzbestimmungen. – In der traditionellen Logik sind die Q.en noch nicht als Bestandteil der (universalen oder partikularen) ↑Urteile, deren *Quantität* sie bestimmen, herausgelöst worden. Der grundsätzliche Unterschied zwischen singularen Urteilen einerseits und universalen sowie partikularen Urteilen andererseits – die ersteren lassen sich als logisch einfach, die letzteren hingegen als logisch zusammengesetzt analysieren – konnte erst von der modernen formalen Logik (↑Logik, formale) aufgedeckt werden.

Literatur: J. Barwise, On Branching Quantifiers in English, J. Philos. Log. 8 (1979), 47–80; W. Buszkowski, Philosophy of Language and Logic, HSK VII/2 (1996), 1603–1621; P. Gärdenfors (ed.), Generalized Quantifiers. Linguistic and Logical Approaches, Dordrecht/Boston Mass./Lancaster 1987; W. D. Goldfarb, Logic in the Twenties: The Nature of Quantifier, J. Symb. Log. 44 (1979), 351–368; L. Henkin, Some Remarks on Infinitely Long Formulas, in: Union mathématique internationale (ed.), Infinitistic Methods, Oxford etc. 1959, 167–183; P. Lindström, First-Order Predicate Logic with Generalized Quantifiers, Theoria 32 (1966), 186–195; A. Mostowski, On a Generalization of Quantifiers, Fund. Math. 44 (1957), 12–36; P. Stekeler-Weithofer, Q., Quantifikator, Hist. Wb. Ph. VII (1989), 1830–1832; D. Westerståhl, Quantifiers in Formal and Natural Languages, in: D. Gabbay/F. Guenthner (eds.), Handbook of Philosophical Logic IV (Topics in the Philosophy of Language), Dordrecht/Boston Mass./Lancester 1989, 1–131. K. L.

Quantor, indefiniter, Bezeichnung der ↑Quantorenlogik für einen ↑Quantor, dessen ↑Variabilitätsbereich ›indefinit‹ (↑indefinit/Indefinitheit) ist, d.h. unabgeschlossen oder unabgegrenzt, in dem Sinne, daß die in ihm enthaltenen Ausdrücke nicht nur nicht von endlicher Anzahl sind, sondern auch nicht durch ein endliches System von Konstruktionsregeln erzeugbar (ein Beispiel für einen unendlichen, aber definiten Variabilitätsbereich, nämlich denjenigen der Quantoren 1. Stufe in der Arithmetik, liefern die nach den beiden Regeln

$$\Rightarrow |$$
$$n \Rightarrow n|$$

– dem ↑›Strichkalkül‹ – herstellbaren Ziffern). Somit ist die Indefinitheit strenggenommen eine Eigenschaft mancher Konstruktionsprozesse für die zur Einsetzung in die quantifizierten Variablen quantorenlogisch zusammengesetzter Aussagen oder Aussageformen zugelassenen Ausdrücke. In der konstruktiven Wissenschaftstheorie (↑Wissenschaftstheorie, konstruktive) ist es üblich, indefinite ↑Allquantoren bzw. Existenzquantoren (↑Einsquantor) fettgedruckt oder mit verdoppelten Strichen als $\bigvee$ oder $\bigwedge\!\!\!\!\bigwedge$ bzw. $\bigwedge$ oder $\bigvee\!\!\!\!\bigvee$ zu schreiben. Z.B. hängt die Erfüllbarkeit (↑erfüllbar/Erfüllbarkeit) logisch zusammengesetzter ↑Aussageschemata wie $A \rightarrow \neg A$ ebensowenig von den zum Aufbau von A herangezogenen Ausdrucksmitteln ab wie die Allgemeingültigkeit (↑allgemeingültig/Allgemeingültigkeit) von

$M \cap N \subseteq M \cup N$ oder $f(1) + f(1) = 2 \cdot f(1)$ in der elementaren Mengen- bzw. Funktionenlehre von den zur Darstellung der Mengen bzw. Funktionen verwendeten sprachlichen Mitteln. Die dabei gewählte schematische Kurzschreibweise überläßt es stillschweigend dem Verständnis des Lesers, daß eigentlich Existenz- bzw. Allaussagen gemeint sind, deren Sinn sich am besten durch i. Q.en explizit machen läßt: im ersten Falle durch $\mathbb{V}_A(A \to \neg A)$, in den beiden anderen durch $\bigwedge\!\!\!\!\bigwedge_M \bigwedge\!\!\!\!\bigwedge_N (M \cap N \subseteq M \cup N)$ bzw. $\bigwedge\!\!\!\!\bigwedge_f (f(1) + f(1) = 2 \cdot f(1))$. Die Abgrenzung des Variabilitätsbereichs eines i.n Q.s erfolgt nicht durch eine Liste oder ein System von Konstruktionsregeln zur Herstellung der diesem Bereich zugehörigen Ausdrücke, sondern durch Rahmenbedingungen, denen diese Ausdrücke genügen müssen (z. B. im Falle der Aussagen der Bedingung, daß der dialogische Sinn aller zugelassenen Aussagen vollständig erklärt sein muß; ↑dialogdefinit/Dialogdefinitheit). Eine indefinite *All*aussage $\bigwedge\!\!\!\!\bigwedge_x A(x)$ behauptet daher die Wahrheit aller Aussagen $A(t)$, die durch Einsetzung eines unter Einhaltung der Rahmenbedingungen beliebig konstruierten Ausdrucks t in die Leerstelle x der quantifizierten ↑Aussageform $A(x)$ aus dieser hervorgehen; eine indefinite ↑*Existenz*aussage $\mathbb{V}_x A(x)$ behauptet, daß sich unter Einhaltung der gegebenen Rahmenbedingungen ein Variabilitätsbereich konstruieren läßt, der einen die Aussageform $A(x)$ erfüllenden Ausdruck t enthält. In beiden Fällen ist die mit dem i.n Q. gebildete Aussage ›mit der Indefinitheit verträglich‹, d. h., wenn sie in einem Bereich gültig ist, so bleibt sie dies auch bei allen eventuellen Erweiterungen der sprachlichen Konstruktionsmittel, die den Variabilitätsbereich des i.n Q.s unter Einhaltung der gegebenen Rahmenbedingungen vergrößern. Eine wichtige Anwendung finden i. Q.en beim konstruktiven Aufbau der klassischen Analysis ohne Einführung verschiedener Sprachschichten, den P. Lorenzen 1965 in Aufnahme eines Gedankens von H. Weyl vorgeschlagen hat (↑Mathematik, konstruktive). Die Konstruktive Analysis kommt bei diesem Vorgehen dem Sinn und den Formulierungen der klassischen Analysis näher als ›operative‹ oder andere ›prädikative‹ Systeme der Analysis. Ob sie auch im technischen Sinne stärker ist als diese, also einen umfassenderen Satzbestand liefert, ist nicht bekannt.

Literatur: P. Lorenzen, Die klassische Analysis als eine konstruktive Theorie, in: Societas Philosophica Fennica (ed.), Studia Logico-Mathematica et Philosophica. In Honorem Rolf Nevanlinna […], Helsinki 1965, 81–94 (Acta Philos. Fennica XVIII); ders., Differential und Integral. Eine konstruktive Einführung in die klassische Analysis, Frankfurt 1965 (engl. [rev.] Differential and Integral. A Constructive Introduction to Classical Analysis, Austin Tex./London 1971); P. Stekeler-Weithofer, Quantor, Quantifikator, Hist. Wb. Ph. VII (1989), 1830–1832; C. Thiel, Indefinit, Hist. Wb. Ph. IV (1976), 279–281; H. Weyl, Das Kontinuum. Kritische Untersuchungen über die Grundlagen der Analysis, Leipzig 1918, Neudr. Berlin/Leipzig 1932 (repr. in: H. Weyl/E. Landau/B. Riemann, Das Kontinuum und andere Monographien, New York 1960, Providence R. I. 2006). C. T.

Quantorenelimination (engl. elimination of quantifiers, quantifier elimination), Bezeichnung für einen Begriff bzw. ein Verfahren der Mathematischen Logik (↑Logik, mathematische). Eine Theorie T in der Sprache der ↑Quantorenlogik 1. Stufe über einem vorgegebenen Vokabular erlaubt Q. (man sagt auch: ›in T gilt Q.‹), falls es zu jeder Formel A in T eine quantorenfreie (↑Quantor) Formel B in T mit denselben freien ↑Variablen wie A gibt, so daß A und B in T logisch äquivalent sind: $T \vdash A \leftrightarrow B$. – In der ↑Modelltheorie untersucht man notwendige und hinreichende Bedingungen, unter denen in einer algebraischen Theorie Q. gilt. Standardbeispiele für Theorien, die Q. erlauben, sind die Theorien algebraisch abgeschlossener und reell abgeschlossener Körper (↑Körper (mathematisch); von A. Tarski 1931 bewiesen, vgl. L. van den Dries 1988). Falls Q. gilt, untersucht man komplexitätstheoretisch (↑komplex/Komplex) den zeit- und platzbezogenen Rechenaufwand, der notwendig ist, um aus einer beliebigen Formel eine äquivalente quantorenfreie Formel zu gewinnen. Die Q. spielt eine wichtige Rolle im automatischen Beweisen und in der Computeralgebra, da die Rückführung beliebiger Formeln auf quantorenfreie Formeln das ↑Entscheidungsproblem für die zugrundeliegende Theorie reduziert bzw. löst (falls quantorenfreie Formeln in der Theorie entscheidbar sind; ↑entscheidbar/Entscheidbarkeit). Ein zentrales Anwendungsfeld der Q. ist die Elementargeometrie des n-dimensionalen Euklidischen Raumes.

Literatur: B. F. Caviness/J. R. Johnson (eds.), Quantifier Elimination and Cylindrical Algebraic Decomposition, Wien/New York 1998; L. van den Dries, Alfred Tarski's Elimination Theory for Real Closed Fields, J. Symb. Log. 53 (1988), 7–19; D. M. Gabbay/R. A. Schmidt/A. Szalas, Second-Order Quantifier Elimination. Foundations, Computational Aspects and Applications, London 2008; G. Kreisel/J. L. Krivine, Éléments de logique mathématique. Théorie des modèles, Paris 1967, bes. 47–74 (engl. Elements of Mathematical Logic [Model Theory]), Amsterdam 1967, rev. ^{2}1971, bes. 49–79; dt. Modelltheorie. Eine Einführung in die mathematische Logik und Grundlagentheorie, Berlin/Heidelberg/New York 1972, bes. 51–81); J. A. Makowsky, Model Theory and Computer Science. An Appetizer, in: S. Abramsky/D. M. Gabbay/T. S. E. Maibaum (eds.), Handbook of Logic in Computer Science I (Background: Mathematical Structures), Oxford etc. 1992, 763–814, bes. 784–790; J. R. Shoenfield, Mathematical Logic, Reading Mass. etc. 1967 (repr. Natick Mass. 2001), bes. 82–88. P. S.

Quantorenlogik (auch: engere Prädikatenlogik, Prädikatenlogik 1. Stufe; engl. logic of quantification, first-order [predicate] logic), Bezeichnung für die volle formale Logik im engeren Sinne (↑Logik, formale). Mit der Bezeichnung ›Q.‹ soll ausdrücklich auf die Einbeziehung der ↑Quantoren unter den für die logische Zusammensetzung von Aussagen betrachteten logischen Partikeln (↑Partikel, logische) aufmerksam gemacht werden. Im Unterschied zur ↑Junktorenlogik wird in der Q. auch auf die nicht-logische Binnenstruktur einer ↑Elementaraussage, bestehend aus ↑Nominatoren, ↑Kopula und ↑Prädikator, zurückgegriffen, weil ↑Aussageformen, also die aus Aussagen beim Ersetzen von Nominatoren durch ↑Variable hervorgehenden sprachlichen Ausdrücke, für die Zusammensetzung mit Quantoren benötigt werden. G. Frege ist mit der so konzipierten Q., in der sich auch die klassische ↑Syllogistik der traditionellen Logik (↑Logik, traditionelle) rekonstruieren läßt, erstmals eine junktorenlogische und quantorenlogische Zusammensetzungen miteinander verbindende einheitliche Darstellung der formalen Logik gelungen. Da für das logische Schließen, also sowohl für den Begriff der logischen ↑Implikation als auch für den Begriff der logischen ↑Wahrheit, nur der schematische Gebrauch von Aussagen und ihrer Binnenstruktur relevant ist, werden auch nur schematische Buchstaben (engl. schematic letters) für Nominatoren und Prädikatoren, die so genannten Objektsymbole und Prädikat(oren)symbole (↑Prädikatorenbuchstabe, schematischer), gebraucht.

Die logische Geltung von Implikationen oder Aussagen ist eine Eigenschaft schon der zugehörigen ↑Schemata (↑Aussageschema, ↑Schema, quantorenlogisches) und daher von *schematischer Allgemeinheit*. Hieraus ergibt sich z. B. die Gültigkeit des logischen Schlusses von $A(n)$ auf $\bigwedge_x A(x)$, weil die schematische Allgemeinheit des Objektsymbols ›n‹ natürlich inhaltliche Allgemeinheit bei einem beliebigen ↑Variabilitätsbereich der Variablen ›x‹ nach sich zieht. Auch die Geltung des ↑Ersetzungstheorems und anderer auf ↑Substitution beruhender Theoreme der Q. machen von der schematischen Allgemeinheit Gebrauch. Die schematische Allgemeinheit kann als eine Verallgemeinerung indefiniter Quantifizierung (↑Quantor, indefiniter) über beliebige Objekt-, Prädikatoren- oder Aussagenbereiche gedeutet werden. Im Falle definiter Quantifizierung über Prädikatoren- oder Aussagenbereiche hingegen, was auf die Hinzuziehung von ↑Metaprädikatoren (bzw. ↑Metaaussagen) hinausläuft, wird der Bereich der formalen Logik verlassen. In diesem Falle werden Prädikatoren (bzw. Aussagen) durch Variable (2. Stufe) ersetzt; in bezug auf die Metaprädikatoren (bzw. Metaaussagen) wird also auch über Prädikatorenbereiche (im Falle substitutioneller Variablen) oder über Bereiche ihrer Extensionen (↑extensional/Extension) oder Intensionen (↑intensional/Intension), also Bereiche von Klassen (↑Klasse (logisch)) oder ↑Begriffen (im Falle referentieller Variablen), quantifiziert. Dabei wird üblicherweise ein Prädikator in Subjektposition, also in (metasprachlicher) Nominatorrolle, als derselbe Gegenstand behandelt wie in seiner Prädikatorrolle (der Buchstabe ›P‹ innerhalb von Anführungszeichen [›P‹] wird im substitutionellen Falle mit ›P‹ ohne Anführungszeichen [P] gleichgesetzt, obwohl nur die ↑Marken, nicht aber ihre Rollen gleich sind: es wird nicht die prädikative Funktion benannt; erst recht ist im referentiellen Fall die benennende Funktion streng von der prädikativen Funktion zu unterscheiden). Mit einer so konstruierten Prädikatenlogik höherer Stufe (engl. higher-order logic) betreibt man ↑Mengenlehre in Gestalt einer Typenlogik oder ↑Typentheorie (↑Stufenlogik).

Zur Bestimmung des Begriffs der logischen Wahrheit einer Aussage gibt es mehrere, extensional nicht gleichwertige Möglichkeiten. Von besonderer Bedeutung ist zum einen die klassische logische Wahrheit, zum anderen die effektive logische Wahrheit. Eine Aussage A ist *klassisch logisch wahr* genau dann, wenn sie (1) bei jeder *Bewertung* (ihrer Primaussagen mit den beiden Wahrheitswerten ↑verum und ↑falsum, zusammen mit den üblichen induktiven Definitionen für die Bewertung logisch zusammengesetzter Aussagen; ↑Bewertungssemantik, ↑Bewertung (logisch)) bzw. (2) bei jeder *Interpretation* (ihrer ↑Primaussagen durch die beiden ↑Wahrheitswerte und ihrer Primaussageformen mit logischen Funktionen, d. s. Funktionen mit den Objekten des Variabilitätsbereichs der Variablen [↑Objektvariable] der fraglichen Primaussageform als Argumenten und den beiden Wahrheitswerten als Werten, zusammen mit den üblichen induktiven Definitionen für die Interpretation logisch zusammengesetzter Aussagen; ↑Interpretationssemantik) wahr ist (↑Wahrheitsdefinition, semantische). Das zugehörige Aussageschema A heißt dann klassisch allgemeingültig (↑allgemeingültig/Allgemeingültigkeit). Eine Aussage A ist *effektiv logisch wahr* genau dann, wenn für sie eine formale ↑Gewinnstrategie in einem Dialog mit den Angriffsschranken $1, n$ (↑Logik, dialogische) existiert bzw. wenn die ihr in der Operativen Logik (↑Logik, operative) zugeordnete Regel (relativ) allgemeinzulässig (↑allgemeinzulässig/Allgemeinzulässigkeit, ↑zulässig/Zulässigkeit) ist. Das zugehörige Aussageschema A heißt dann effektiv oder dialogisch allgemeingültig.

Diese zwei Begriffe logischer Wahrheit lassen sich adäquat, also korrekt (↑korrekt/Korrektheit) und vollständig (↑vollständig/Vollständigkeit) kalkülisieren (↑Kalkül). Das Ergebnis sind *Satzkalküle* der Q., und zwar der klassischen Logik (↑Logik, klassische) im ersten Falle und der intuitionistischen Logik (↑Logik, intuitionistische) im zweiten Falle. Beidemal ist der kalkülisierte Begriff der logischen Wahrheit nicht entscheidbar (↑entscheidbar/Entscheidbarkeit, ↑Unentscheidbarkeitssatz). Beschränkt man sich allerdings auf einstellige Aussageformen bzw. deren Schemata, so handelt es sich bei der so eingeschränkten Q. in extensionaler Lesart der Aussageformen um die ↑Klassenlogik, deren Kalkülisierung zu ↑Klassenkalkülen führt, die stets entscheidbar sind. Notiert man die auf dem semantischen Folgerungsbegriff (↑Folgerung) beruhende klassische Allgemeingültigkeit eines Aussageschemas A wie üblich mit ›$\models A$‹ und sein auf dem syntaktischen Folgerungsbegriff beruhendes Gegenstück der Ableitbarkeit (↑ableitbar/Ableitbarkeit) in einem ↑Logikkalkül der Q. mit ›$\vdash A$‹, so besagt die Korrektheit des Quantorenkalküls die Gültigkeit der Implikation: $\vdash A \prec\, \models A$, (↑widerspruchsfrei/Widerspruchsfreiheit) und seine Vollständigkeit die dazu konverse (↑konvers/Konversion) Implikation $\models A \prec\, \vdash A$, beide zusammen also die ↑Äquivalenz von semantischer und syntaktischer Folgerung. Die bezüglich klassischer Allgemeingültigkeit in ihrer modelltheoretischen (↑Modelltheorie) Formulierung bestehende Vollständigkeit der klassischen Quantorenkalküle wird dabei durch den ↑Vollständigkeitssatz von K. Gödel bewiesen; für die Vollständigkeit der intuitionistischen Quantorenkalküle gibt es neben der unter Bezug auf den Begriff dialogischer Allgemeingültigkeit von K. Lorenz bewiesenen spieltheoretischen Vollständigkeit (die grundsätzlich der von E. W. Beth unter Verwendung der ↑Beth-Semantik bewiesenen Vollständigkeit gleichwertig ist) noch die auf der Deutung der intuitionistischen Logik als einer ↑Modallogik beruhende Möglichkeit eines ebenfalls modelltheoretisch formulierten Bezugs auf Wahrheit ›in allen möglichen Welten‹ (↑Mögliche-Welten-Semantik), für die S. A. Kripke die Vollständigkeit intuitionistischer Logikkalküle bewiesen hat (↑Kripke-Semantik).

Im übrigen gibt es für die klassische Q. ohne Entsprechungen bei der intuitionistischen Q. die folgenden, den Zusammenhang von (klassischer) Junktorenlogik und Q. betreffenden, wichtigen Theoreme: (1) ein quantorenlogisches Aussageschema A ist genau dann in einem Quantorenkalkül ableitbar, wenn für eine natürliche Zahl n sich A_n aus einer geeignet A zugeordneten Folge von quantorenfreien Adjunktionsformeln $A_\nu \leftrightharpoons B_1 \vee \ldots \vee B_\nu$ $(\nu \in N)$ in einem Kalkül der Junktorenlogik ableiten läßt (↑Herbrandscher Satz); (2) zu jedem quantorenlogischen Aussageschema A gibt es ein logisch äquivalentes in *pränexer Normalform*, d. h. ein Aussageschema, in dem auf eine Sequenz von Quantoren eine quantorenfreie Teilformel folgt.

Für viele theoretische Zwecke sind *Implikationenkalküle* geeigneter als Satzkalküle. Dabei entspricht einer Implikation $A_1, \ldots, A_n \prec A$ der Satz $A_1 \wedge \ldots \wedge A_n \rightarrow A$ und umgekehrt dem Satz A die Implikation $\curlyvee \prec A$ unter Benutzung der Satzkonstanten $\curlyvee$ (↑verum). Unter den Implikationenkalkülen wiederum sind diejenigen vom Gentzentyp von besonderer Bedeutung; d. s. solche, bei denen jede Formel in den Prämissen einer Regel als Teilformel in der Konklusion dieser Regel auftritt (↑Sequenzenkalkül). Sie erlauben es z. B., die Ableitung einer Implikation, wenn sie existiert, auch in endlich vielen Schritten zu finden. Für den Nachweis, daß jede klassisch logisch wahre Aussage A, die nicht schon effektiv logisch wahr ist, von tertium-non-datur-Hypothesen $B \vee \neg B$ bzw. $\bigwedge_x(B(x) \vee \neg B(x))$, wobei B bzw. (eine Substitutionsinstanz von) $B(x)$ Teilformeln von A sind, effektiv logisch impliziert wird, eignen sich die folgenden beiden Implikationenkalküle der effektiven und der klassischen Q.:

$\mathrm{I}_{\text{eff.}}$

$$\Rightarrow C \wedge a \prec a$$
$$C \prec A; C \prec B \Rightarrow C \prec A \wedge B$$
$$C \prec A \Rightarrow C \prec A \vee B$$
$$C \prec B \Rightarrow C \prec A \vee B$$
$$C \wedge A \prec B \Rightarrow C \prec A \rightarrow B$$
$$C \wedge A \prec \quad \Rightarrow C \prec \neg A$$
$$C \prec A \Rightarrow C \prec \bigwedge\nolimits_x \sigma_x^n A \quad (!)$$
$$C \prec A \Rightarrow C \prec \bigvee\nolimits_x \sigma_x^n A$$
$$C \wedge (A \vee B) \wedge A \prec D;$$
$$C \wedge (A \vee B) \wedge B \prec D \Rightarrow C \wedge (A \vee B) \prec D$$
$$C \wedge (A \rightarrow B) \prec A;$$
$$C \wedge (A \rightarrow B) \wedge B \prec D \Rightarrow C \wedge (A \rightarrow B) \prec D$$
$$C \wedge \neg A \prec A \Rightarrow C \wedge \neg A \prec D$$
$$C \wedge \bigwedge\nolimits_x \sigma_x^n A \wedge A \prec D \Rightarrow C \wedge \bigwedge\nolimits_x \sigma_x^n A \prec D$$
$$C \wedge \bigvee\nolimits_x \sigma_x^n A \wedge A \prec D \Rightarrow C \wedge \bigvee\nolimits_x \sigma_x^n A \prec D \quad (!)$$

$\mathrm{I}_{\text{klass.}}$

$$\Rightarrow C \wedge a \prec a \vee D$$
$$C \prec A \vee (A \wedge B) \vee D;$$
$$C \prec B \vee (A \wedge B) \vee D \Rightarrow C \prec (A \wedge B) \vee D$$
$$C \wedge (A \vee B) \wedge A \prec D;$$
$$C \wedge (A \vee B) \wedge B \prec D \Rightarrow C \wedge (A \vee B) \prec D$$
$$C \wedge A \prec B \vee (A \rightarrow B) \vee D \Rightarrow C \prec (A \rightarrow B) \vee D$$
$$C \wedge (A \rightarrow B) \prec A \vee D;$$
$$C \wedge (A \rightarrow B) \wedge B \prec D \Rightarrow C \wedge (A \rightarrow B) \prec D$$
$$C \wedge A \prec \neg A \vee D \Rightarrow C \prec \neg A \vee D$$
$$C \wedge \neg A \prec A \vee D \Rightarrow C \wedge \neg A \prec D$$
$$C \prec A \vee \bigwedge\nolimits_x \sigma_x^n A \vee D \Rightarrow C \prec \bigwedge\nolimits_x \sigma_x^n A \vee D \quad (!)$$
$$C \prec A \vee \bigvee\nolimits_x \sigma_x^n A \vee D \Rightarrow C \prec \bigvee\nolimits_x \sigma_x^n A \vee D$$
$$C \wedge \bigwedge\nolimits_x \sigma_x^n A \wedge A \prec D \Rightarrow C \wedge \bigwedge\nolimits_x \sigma_x^n A \prec D$$
$$C \wedge \bigvee\nolimits_x \sigma_x^n A \wedge A \prec D \Rightarrow C \wedge \bigvee\nolimits_x \sigma_x^n A \prec D \quad (!)$$

Dabei kommt es auf Reihenfolge und Assoziierung der Konjunktionsglieder im Implikans und der Adjunktionsglieder im Implikat nicht an. *C* und *D* dürfen auch leer sein, d.h. fehlen. Mit ›(!)‹ ist die Bedingung ›*n* kommt in der Konklusion nicht vor‹ markiert. – Viele spezielle Probleme erweiterter Kalküle der Q., z.B. der quantorenlogischen ↑Modallogik, werden noch immer kontrovers behandelt.

Literatur: R. Carnap, Einführung in die symbolische Logik. Mit besonderer Berücksichtigung ihrer Anwendungen, Wien 1954, 32–36, Wien/New York [3]1968, 1973, 34–38 (engl. Introduction to Symbolic Logic and Its Applications, New York, Toronto 1958, 34–38); G. Frege, Begriffsschrift. Eine der arithmetischen nachgebildete Formelsprache des reinen Denkens, Halle 1879 (repr. unter dem Titel: Begriffsschrift und andere Aufsätze, ed. A. Angelelli, Darmstadt, Hildesheim/New York 1964, Hildesheim/Zürich/New York 2007), 19–24 (engl. Begriffsschrift. A Formula Language, Modeled upon that of Arithmetic for Pure Thought, in: J. van Heijenoort [ed.], From Frege to Gödel. A Source Book in Mathematical Logic, 1879–1931, Cambridge Mass. 1967, 2002, 24–28); D. Hilbert/W. Ackermann, Grundzüge der theoretischen Logik, Berlin/Göttingen/Heidelberg [4]1959, Berlin/Heidelberg/New York [6]1972, 141–182 (Kap. 4 Der erweiterte Prädikatenkalkül); R. Inhetveen, Logik. Eine dialogorientierte Einführung, Leipzig 2003; P. Lorenzen, Formale Logik, Berlin 1958, [4]1970; W. V. O. Quine, Methods of Logic, New York 1950, 64–195, Cambridge Mass. [4]1982, 93–255 (dt. Grundzüge der Logik, Frankfurt 1969, 2005, 98–252); R. M. Smullyan, First-Order Logic, New York/Heidelberg/Berlin 1968, New York 1995, 43–65; G. Uzquiano, Quantifiers and Quantification, SEP 2014; weitere Literatur: ↑Logik, formale, ↑Logikkalkül. K. L.

Quantorenvertauschung (engl. quantifier swap), in der Mathematischen Logik (↑Logik, mathematische) Bezeichnung für die Änderung der Reihenfolge von zwei aufeinanderfolgenden ↑Quantoren in einer Formel. Handelt es sich um zwei gleichartige Quantoren, d.h. zwei ↑Allquantoren oder zwei Existenzquantoren (↑Einsquantor), dann ist Q. in jedem Fall erlaubt. Bei ungleichartigen Quantoren, d.h. einem Allquantor und einem Existenzquantor, können sich hingegen ↑Fehlschlüsse ergeben. So impliziert $\bigvee_x \bigwedge_y R(x,y)$ in der ↑Quantorenlogik 1. Stufe $\bigwedge_y \bigvee_x R(x,y)$, jedoch nicht umgekehrt. Ein Beispiel aus dem Bereich der natürlichen Zahlen ist: ›es gibt ein *x*, das kleiner ist als jedes *y*‹ impliziert ›zu jedem *y* gibt es ein kleineres *x*‹; aber ›zu jedem *y* gibt es ein größeres *x*‹ impliziert nicht ›es gibt ein *x*, das größer ist als jedes *y*‹. Entsprechend kann man in der klassischen Logik (↑Logik, klassische) Formeln, die sich äquivalent in pränexer ↑Normalform schreiben lassen, durch die Art der Quantoren*wechsel* im Quantorenpräfix dieser Normalform klassifizieren. Man unterscheidet etwa Präfixe der Form $\bigvee \ldots \bigvee \bigwedge \ldots \bigwedge \bigvee \ldots \bigvee$ von Präfixen der Form $\bigwedge \ldots \bigwedge \bigvee \ldots \bigvee \bigwedge \ldots \bigwedge$. Diese Klassifikation ist wichtig vor allem in der formalen ↑Arithmetik und ↑Analysis, wo man pränexe Normalformen mit einer rekursiven Relation (↑rekursiv/Rekursivität) als Kern betrachtet, wobei im höherstufigen Fall (Analysis) Unterscheidungen hinsichtlich der Stufe der Quantoren (↑Stufenlogik) hinzukommen (vgl. z.B. J. R. Shoenfield, Mathematical Logic, Reading Mass. 1967, bes. 160–175). P. S.

Quasianführung, ↑Mitteilungszeichen.

Quasiinduktion, in der Terminologie K. R. Poppers Bezeichnung für eine deduktive Schlußweise in induktiver Richtung. Die Q. dient zur Kennzeichnung des Umstandes, daß die Wissenschaftsentwicklung in der Regel von besonderen ↑Hypothesen zu allgemeinen ↑Theorien verläuft (also in induktiver Richtung), wobei zudem die spätere umfassendere Theorie die frühere speziellere in Annäherung enthält (Poppersches ›Korrespondenzprinzip‹), obwohl die Poppersche Methodologie ausschließlich unbegründbare Antizipationen und ihre deduktive Überprüfung (↑Prüfung, kritische) vorsieht. Damit wäre bereits zu Beginn der Entwicklung eines Wissenschaftszweiges die Vorlage sehr allgemeiner Theorien möglich und zu erwarten. Popper sieht den Grund des dieser Erwartung widersprechenden quasiinduktiven Ablaufs darin, daß nur Theorien, die an den jeweiligen Stand des Wissens anknüpfen, prüfbar (↑Prüfbarkeit) und somit wissenschaftlich sind. Zwar werden stets Theorien aller Allgemeinheitsstufen konzipiert, aber in der Regel sind nur diejenigen falsifizierbar (↑Falsifikation) und damit bewährbar (↑Bewährung), die sich an vorhandene Problemsituationen anschließen. Obwohl sich die Prüfungsmethoden also ausschließlich auf deduktive Schlüsse stützen, entsteht so der Anschein eines allmählichen induktiven Aufstiegs (Logik der Forschung, [11]2005, 264–269 [§ 85 Der Weg der Wissenschaft]).

Literatur: K. R. Popper, Logik der Forschung. Zur Erkenntnistheorie der modernen Naturwissenschaft, Wien 1934, Tübingen [11]2005 (engl. The Logic of Scientific Discovery, London 1959, rev. 1968, London/New York 2010). M. C.

Quasiordnung, ↑Quasireihe.

Quasireihe (engl. quasi-series), ordnungstheoretischer Grundbegriff der ↑Meßtheorie. Eine Q. ist eine Struktur $\langle M, \precsim \rangle$, in der für die Relation $\precsim$ die Axiome

$$(x \precsim y \wedge y \precsim z) \rightarrow x \precsim z \quad \text{(Transitivität)},$$
$$x \precsim y \vee y \precsim x \quad \text{(Konnexität)}$$

gefordert werden. Äquivalent dazu kann eine Q. charakterisiert werden als eine Struktur $\langle M, \sim, \prec \rangle$, in der für die beiden zweistelligen Relationen $\sim$ und $\prec$ gilt:

$\sim$ ist eine Äquivalenzrelation,

$$(x \prec y \wedge y \prec z) \rightarrow x \prec z \quad (\textit{Transitivität von } \prec),$$
$$x \prec y \vee y \prec x \vee x \sim y \quad (\sim\textit{-Konnexität von } \prec),$$
$$x \sim y \rightarrow \neg x \prec y \quad (\sim\textit{-Irreflexivität von } \prec)$$

(man definiere $x \precsim y$ durch $x \prec y \vee x \sim y$ bzw. umgekehrt $x \sim y$ durch $x \precsim y \wedge y \precsim x$ sowie $x \prec y$ durch $\neg y \precsim x$).

Q.n axiomatisieren komparative Begriffe. Intuitiv steht dabei $\prec$ für die Ordnungskomponente (›größer als‹, ›schwerer als‹) und $\sim$ für die Gleichheitskomponente (›gleich groß wie‹, ›gleich schwer wie‹ – diese Relation wird als *Koinzidenz* bezeichnet) eines komparativen Begriffs. Identifiziert man koinzidierende Objekte, d.h., bildet man Äquivalenzklassen (↑Äquivalenzrelation) bezüglich $\sim$ und verwendet für diese die durch die Beziehungen zwischen ihren Elementen induzierte $\precsim$-Relation, so erhält man eine *Totalordnung* (oder ›Kette‹) für $\precsim$, d.i. eine Q. $\langle M, \precsim \rangle$ mit Antisymmetrie:

$$(x \precsim y \wedge y \precsim x) \rightarrow x = y.$$

Das Fehlen der Antisymmetrie (↑antisymmetrisch/Antisymmetrie) bei Q.n entspricht der Vorstellung, daß für *verschiedene* empirische Objekte a und b dennoch sowohl $a \precsim b$ als auch $b \precsim a$ gelten kann, wie z.B. für verschiedene gleichschwere Körper a, b gelten kann: b ist mindestens so schwer wie a, und umgekehrt. – Q.n sind fundamental für die ↑Metrisierung: Jede Q. ist (im unendlichen Falle unter gewissen mathematischen Bedingungen) zu einer Ordinalskala metrisierbar. Liegt zusätzlich eine extensive Verkettungsoperation vor, dann läßt sich, wie erstmals von O. Hölder (Die Axiome der Quantität und die Lehre vom Mass, Ber. u. Verh. Königl. Sächs. Ges. Wiss. Leipzig, math.-phys. Cl. 53 [1901], 1–64) bewiesen, eine durch eine Verhältnisskala gegebene extensive Größe gewinnen.

Der Terminus ›Q.‹ wurde von C. G. Hempel (Fundamentals of Concept Formation in Empirical Science, Chicago Ill./London, Toronto 1952 [International Encyclopedia of Unified Science II/7]; dt. Grundzüge der Begriffsbildung in der empirischen Wissenschaft, Düsseldorf 1974) für die empirisch grundlegendere Struktur $\langle M, \sim, \precsim \rangle$ mit zwei Relationen eingeführt und ist seitdem in der wissenschaftstheoretischen Literatur geläufig. Die mathematische Literatur zur ↑Meßtheorie (z.B. D. H. Krantz u.a., Foundations of Measurement I, New York/London 1971) baut in der Regel auf der Struktur $\langle M, \precsim \rangle$ mit einer einzigen Relation $\precsim$ auf und verwendet dafür den Terminus ›schwache Ordnung‹ (weak order), der sich besser in die mathematische Klassifikation von Ordnungsrelationen (↑Ordnung) einfügt.

Literatur: ↑Meßtheorie. P. S.

quaternio terminorum (lat., Vervierfachung der Begriffe), Bezeichnung für einen logischen ↑Trugschluß, der entsteht, wenn die beiden Prämissen eines Syllogismus (↑Syllogistik) außer dem ↑Subjektbegriff S und dem ↑Prädikatbegriff P statt des einen gemeinsamen ↑Mittelbegriffs M zwei verschiedene Begriffe M_1 und M_2 enthalten. Dies kann z.B. dadurch zustandekommen, daß der als Darstellung des Mittelbegriffs auftretende ↑Prädikator doppeldeutig ist und in der einen Bedeutung einen Begriff M_1, in der anderen einen von M_1 verschiedenen Begriff M_2 darstellt (Trugschluß der Äquivokation; ↑äquivok). Z.B. meint in dem Trugschluß

alles Gedachte ist Psychisches
alle Sachverhalte sind Gedachtes

---

alle Sachverhalte sind Psychisches

die Rede vom ›Gedachten‹ in der ersten ↑Prämisse auf der Ebene des Psychischen ablaufende Denkprozesse, in der zweiten Prämisse dagegen gewisse durch diese Prozesse erfaßte abstrakte Gegenstände. Das Schema des Schlusses hat daher entgegen dem ersten Anschein die Gestalt

alle G_1 sind P
alle S sind G_2

---

alle S sind P,

die keinen gültigen Schluß liefert, da die beiden Prämissen keinen gemeinsamen Mittelbegriff haben. Die Begriffe S und P können folglich auch nicht nach diesem Schema in eine (als ↑Konklusion ausdrückbare) Beziehung gebracht werden.

Literatur: ↑äquivok, ↑Syllogistik. C. T.

Quesnay, François, *Méré (bei Versailles) 4. Juni 1694, †Versailles 16. Dez. 1774, franz. Nationalökonom und Mediziner, Begründer und Hauptvertreter der ↑Physiokratie. 1710 Lehre bei einem Wundarzt, 1711–1716 Ausbildung als Kupferstecher, daneben Studium der Medizin, Naturwissenschaften und Philosophie in Paris, maître ès arts. 1718 Niederlassung als Chirurg in Mantes. Abfassung zahlreicher wissenschaftlich-medizinischer Schriften; Mitarbeit an der französischen ↑Enzyklopädie (↑Enzyklopädisten). 1749 kommt Q. als Leibarzt der Marquise de Pompadour und Ludwig XV. an den Versailler Hof und lebt dort bis zu seinem Tod.

In seiner wichtigsten medizinischen Schrift »Essai physique sur l'œconomie animale« (1736) konstatiert Q. eine Analogie zwischen dem tierischen (Blut-)Kreislauf und dem wirtschaftlichen (Güter- und Geld-)Kreislauf. Erst mit 60 Jahren widmet er sich ökonomischen Fragestellungen. Ab 1757/1758 sammelt er die so genannten Physiokraten (V. R. de Mirabeau, V. de Gournay, A. R. J.

Turgot, P. S. Du Pont de Nemours u. a.) um sich und gründet eine nationalökonomische Schule, die der Landwirtschaft eine Vorrangstellung einräumt und Kritik am Merkantilismus übt. Sein Hauptwerk »Tableau économique« (1758) ist die erste (schematische) Darstellung eines gesamtwirtschaftlichen Produktions- und Zirkulationsprozesses von Gütern und Zahlungsmitteln und hat die Entwicklung der Wirtschaftswissenschaft nachhaltig geprägt. Ausgehend von dem Grundgedanken, daß der nationale Reichtum allein auf dem landwirtschaftlich erzeugten Überschuß basiert, führte Q. eine Dreiteilung der Gesellschaft ein: die wirtschaftlich produktive Klasse der Bauern (›classe productive‹), die Klasse der Grundeigentümer (›classe des propriétaires‹), d. h. Adel, Geistlichkeit und König, die die an sie abgeführten Steuern in Umlauf bringen, und die Klasse der Handwerker und Handeltreibenden (›classe stérile‹). Die Überbetonung der Rolle der Landwirtschaft führte in Q.s Theorie zu der Fehleinschätzung, daß Manufakturbetriebe und Handel keinen nennenswerten Beitrag zum nationalen Wohlstand leisten. – Auf Q.s Grundgedanken – volkswirtschaftlicher Organismus und Kreislaufmodell – ist von nachfolgenden Schulen stets rekurriert worden; seither entwickelte sich das Kreislaufmodell zu einem wichtigen Faktor wirtschaftstheoretischer Forschung, auf dem selbst die moderne Input-Output-Analyse basiert.

Werke: Œuvres économiques et philosophiques accompagnées des éloges et d'autres travaux biographiques sur Q. par differents auteurs, ed. A. Oncken, Francfort/Paris 1888 (repr. Aalen 1965, New York 1969); Œuvres économiques complètes et autres textes, I–II, ed. C. Théré/L. Charles/J.-C. Perrot, Paris 2005. – Observations sur les effets de la saignée [...], Paris 1730; L'art de guérir par la saignée [...], Paris 1736; Essai physique sur l'œconomie animale, Paris 1736, I–III, Paris ²1747, [Auszüge aus Bd. III] in: Œuvres économiques complètes et autres textes [s. o.] I, 5–60; Traité de la gangrène, Paris 1749, 1771 (ital. Trattato della gangrena, Vercelli 1750, I–II, 1772/1775; dt. Chirurgische Abhandlungen über die Eiterung und den heissen Brand II ([Von dem Brand], ed. J. H. Pfingsten, Berlin 1787); Traité de la suppuration, Paris 1749, 1770 (dt. Chirurgische Abhandlungen über die Eiterung und den heissen Brand I [Von der Eiterung], ed. J. H. Pfingsten, Berlin 1786); Traité des effets et de l'usage de la saignée. Nouvelle édition de deux traités de l'auteur sur la saigne, réunis, mis dans un nouvel ordre et très augmentes, Paris 1750, 1770; Tableau économique, Paris 1758 (repr. London 1894), Versailles ³1759, ferner in: Œuvres économiques complètes et autres textes [s. o.] I, 398–526 (dt. Tableau économique, ed. M. Kuczynski, Berlin [Ost] 1965 [mit repr. d. franz. Ausg. ³1759], unter dem Titel: Das Ökonomische Tableau, in: Ökonomische Schriften [s. u.] I/1–2, I/1, 337–448, I/2, 710–774; engl. Q.'s »Tableau économique«, ed. M. Kuczynski/R. L. Meek, London 1972 [mit repr. d. franz. Ausg. ³1759]); (mit V. de Riquetti, Marquis de Mirabeau) Philosophie rurale, ou Économie générale et politique de l'agriculture [...], I–III, Amsterdam 1763 (repr. Düsseldorf 2002), 1764, [Auszüge] in: Œuvres économiques complètes et autres textes [s. o.] I, 637–687; Observations sur le droit des hommes réunis en société, J. de l'agriculture, du commerce, et des finances Sept. 1765, H. 2/1, 1–35, rev. unter dem Titel: Le droit naturel, in: ders., Physiocratie [s. u.], 1767, 1–38, ferner in: Œuvres économiques complètes et autres textes [s. o.] I, 97–109 [Nachdr. v. 1765], 111–123 [Nachdr. v. 1767]; Physiocratie, ou constitution naturelle du governement le plus avantageux au genre humain, ed. P. S. Du Pont de Nemours, Paris, Leiden 1767, 1768 (repr. Frankfurt/Düsseldorf 1987), I–VI, Yverdon 1768–1769, I–II, Leiden/Paris 1867/1868; Maximes générales du gouvernement économique d'un royaume agricole, Paris 1775 (dt. Die allgemeinsten oekonomischen Regierungs-Maximen eines Agricultur-Staates, Leipzig 1787, unter dem Titel: Allgemeine Grundsätze der wirtschaftlichen Regierung eines ackerbautreibenden Reiches, Jena 1921 [Physiokratische Schr. II]); Précis sur la suppuration putride. Pour servir de suite ou de seconde partie au » Traité de la suppuration », Paris 1776; Ökonomische Schriften, I–II (in 4 Bdn.), ed. M. Kuczynski, Berlin [Ost] 1971–1976; Physiocratie. Droit naturel, Tableau économique et autres textes, ed. J. Cartelier, Paris 1991, 2008. – J. Hecht, Tableau chronologique des Œuvres de F. Q., in: Institut National d'Études Démographiques (ed.), F. Q. et la physiocratie [s. u.] I, 301–316, rev. in: Œuvres économiques complètes et autres textes [s. o.] II, 1421–1446.

Literatur: T. Aspromourgos, On the Origins of Classical Economics. Distribution and Value from William Petty to Adam Smith, London/New York 1996, bes. 103–125 (Petty – Cantillon – Q.); S. Bauer, Zur Entstehung der Physiokratie. Auf Grund ungedruckter Schriften F. Q.s, Jb. Nationalökonomie u. Statistik 55 NF 21 (1890), 113–158; M. Blaug (ed.), F. Q. (1694–1774), I–II, Aldershot/Brookfield Vt. 1991 (Pioneers in Economics X/1–2); J. Cartelier/G. Longhitano, Q. and Physiocracy. Studies and Materials, Paris 2012; W. Eichert, F. Q., in: H. D. Kurz (ed.), Klassiker des ökonomischen Denkens I, München 2008, 57–67; P.-D. Fessard, Vision du monde & théorie économique. Une approche épistémologique et historique du circuit monétaire de F. Q., Diss. Fribourg 2011; G. Gilibert, F. Q., in: J. Starbatty (ed.), Klassiker des ökonomischen Denkens I, München 1989, I–II in einem Bd., Hamburg 2008, 114–133, 306–307; A. Heertje (ed.), Vademecum zu einem Klassiker der Physiokratie, Düsseldorf 2002 [Kommentarbd. zum Faksimilenachdr. d. Ausg. »Philosophie rurale [...]«, Amsterdam 1763]; V. L. Holý, Über die Zeitgebundenheit der Kreislauftheorien von Q., Marx und Keynes, Zürich 1957; Institut National d'Études Démographiques (ed.), F. Q. et la physiocratie, I–II, Paris 1958 (mit Bibliographie, I, 317–392); H. Klingen, Politische Ökonomie der Präklassik. Die Beiträge Pettys, Cantillons und Q.s zur Entstehung der klassischen politischen Ökonomie, Marburg 1992; H. Köster, Die Kreislauftheorien von F. Q. und Wassily W. Leontief, Diss. Erlangen-Nürnberg 1982; W. Leontief/H. C. Recktenwald, Über F. Q.s »Physiocratie«. Vademecum zu einem frühen Klassiker, Düsseldorf 1987 [Kommentarbd. zum Faksimilenachdr. d. Ausg. »Physiocratie [...]«, Leyden 1767/1768]; H. Lüthy, F. Q. und die Idee der Volkswirtschaft. Antrittsvorlesung [...], Zürich 1959; F. Markovits/J. Rohbeck, F. Q., in: J. Rohbeck/H. Holzhey (eds.), Die Philosophie des 18. Jahrhunderts II/2 (Frankreich), Basel 2008, 806–812, 829–830; S. Pressman, Q.'s Tableau économique. A Critique and Reassessment, Fairfield N. J. 1994; B. P. Priddat, Natur und Ökonomie. Über das Verschwinden der Natur aus der ökonomischen Theorie von Q. bis Menger, Hannover 1986; H. C. Recktenwald (ed.), Lebensbilder großer Nationalökonomen. Einführung in die Geschichte der Politischen Ökonomie, Köln/Berlin 1965, 29–56; G. Schelle, Le docteur Q.. Chirurgien, médécin de Madame de Pompadour et de Louis XV, physiocrate, Paris 1907; G. Stathakis/G. Vaggi (eds.), Economic Development and Social Change. Historical Roots and Modern Perspectives, London/New York 2006, 2012; P. Steiner, La science nouvelle de l'économie politique, Paris 1998; G. Vaggi, The Economics of F. Q., Durham, Basingstoke/London 1987 (mit Bibliographie, 221–229); ders., Q., in: J. Eatwell/M. Milgate/P. Newman (eds.), The New Palgrave. A Dictionary of Economics IV, London etc. 1987, 22–29, rev. in: S. N. Durlauf/L. E. Blume (eds.), The New Palgrave Dictionary of Economics, Basingstoke/New York [2]2008, 816–826; G. Weulersse, Le mouvement physiocratique en France (de 1756 à 1770), I–II, Paris 1910 (repr. Paris/La Haye, New York, Wakefield 1968); ders., Les physiocrates, Paris 1931; H. Woog, The Tableau économique of F. Q.. An Essay in the Explanation of Its Mechanism and a Critical Review of the Interpretations of Marx, Bilimovic and Oncken, Bern 1950. A. W.

Quételet, Lambert Adolphe Jacques, *Gent 22. Febr. 1796, †Brüssel 17. Febr. 1874, belg. Astronom und Statistiker, insbes. Sozialstatistiker. Nach frühen künstlerischen und literarischen Aktivitäten Mathematikstudium, daneben Mathematiklehrer in Gent, seit 1819 in Brüssel; dort zahlreiche wissenschaftliche und organisatorische Aktivitäten, zunächst zur Errichtung eines Observatoriums (Leitung ab 1828); unter dem Einfluß französischer Wahrscheinlichkeitstheoretiker (Parisreise 1823/1824) Hinwendung zur statistischen Erforschung anthropologischer und bevölkerungs- und moralstatistischer Größen, dabei fortgesetzte Beschäftigung mit astronomischen, meteorologischen und anderen naturwissenschaftlichen Themen; führende Beteiligung an nationalen und internationalen Aktivitäten zur Institutionalisierung und methodischen Verbesserung der sozialstatistischen Datenerhebung; seit 1834 Sekretär der Académie royale, seit 1836 Lehrer für Astronomie und Geodäsie an der École militaire, seit 1841 Präsident der statistischen Zentralkommission für Belgien.

Die große Bedeutung Q.s für die Geschichte der Quantifizierung in den Sozialwissenschaften ist unumstritten; sie liegt allerdings weniger in der Entwicklung neuer statistischer Methoden als in der Anwendung anderweitig bereits entwickelter Verfahren auf die soziale Realität sowie in der Weckung der Aufmerksamkeit für die gesellschafts*theoretische* (im Unterschied zur bloß deskriptiven) Bedeutung der Erforschung sozialstatistischer Regelmäßigkeiten. Q.s rhetorisch weitreichende, im sachlichen Detail schwankende Folgerungen aus seinen Daten haben heftige und langanhaltende Kontroversen ausgelöst, so insbes. seine Deutung der zeitlichen Konstanz kriminalstatistischer Ziffern (jährliche Selbstmordrate etc.) als Folge einer Lenkung der betreffenden Einzelhandlungen durch einschlägige ›soziale Gesetze‹; ebenso die von ihm beanspruchte theoretische Relevanz seiner Konstruktion des ›homme moyen‹ – einer Verkörperung der statistischen Durchschnittswerte einer Population (mittlere Körpergröße usw., aber auch mittlere Heirats-, Verbrechensneigung etc.) – als reinen, durch akzidentelle Mitursachen ungestörten Ausdrucks einer kausalen Tendenz der Natur bzw. der jeweiligen Gesellschaft. Die neuere wissenschaftshistorische Forschung enthält genauere Analysen der Zulässigkeit bzw. Unzulässigkeit einzelner involvierter Begriffe und Argumente (Gesetzes- und Kausalitätsbegriff, Dispositionsbehauptungen, Rolle der Normalverteilung etc.). Viele der von Q. erstmals mit Blick auf empirische Daten aufgeworfenen Themen (Verhältnis von Mikro- und Makroebene, von Handlung und Struktur, von nomologischen und historischen Aussagen etc.) werden in den Sozialwissenschaften bis heute kontrovers diskutiert.

Werke: Astronomie élémentaire, Paris 1826, I–II, Brüssel [3]1834, unter dem Titel: Éléments d'astronomie, Paris/Alger 1847; Recherches sur la population, les naissances, les décès, les prisons, les dépôts de mendicité, etc., dans les royaume des Pays-Bas, Brüssel 1827; Instructions populaires sur le calcul des probabilités, Brüssel 1828 (engl. Popular Instructions on the Calculation of Probabilities, ed. R. Beamish, London 1839 [repr. Cambridge etc. 2013]); Recherches sur la loi de la croissance de l'homme, Brüssel 1831; Recherches sur le penchant au crime aux différens âges, Brüssel 1831, [2]1833 (engl. Research on the Propensity for Crime at Different Ages, Cincinnati Ohio 1984); Sur la possibilité de mesurer l'influence des causes qui modifient les éléments sociaux, Brüssel 1832; Sur l'homme et le développement de ses facultés ou Essai de physique sociale, I–II, Paris 1835 (dt. Über den Menschen und die Entwicklung seiner Fähigkeiten oder Versuch einer Physik der Gesellschaft, Stuttgart 1838; engl. A Treatise on Man and the Development of His Faculties, Edinburgh/New York 1842 [repr. New York 1968, Gainesville Fla. 1969, Farnborough 1973]), rev. unter dem Titel: Physique sociale ou Essai sur le développement des facultés de l'homme, I–II, Brüssel etc. 1869 (dt. Soziale Physik oder Abhandlung über die Entwicklung der Fähigkeiten des Menschen, I–II, Jena 1914/1921), in 1 Bd., ed. É. Vilquin/J.-P. Sanderson, Brüssel 1997 (Académie royale de Belgique, Classe des lettres, Mémoires 3. sér 15); Lettres à S. A. R. le duc régnant de Saxe-Cobourg et Gotha, sur la théorie des probabilités, appliquée aux sciences morales et politiques, Brüssel 1846 (engl. Letters Addressed to H. R. H. The Grand Duke of Saxe Coburg and Gotha, on the Theory of Probabilities, as Applied to the Moral and Political Sciences, trans. O. G. Downes, London 1849); Du système social et des lois qui le régissent, Paris 1848 (dt. Zur Naturgeschichte der Gesellschaft, ed. K. Adler, Hamburg 1856); Anthropométrie, ou Mesure des différentes facultés de l'homme, Brüssel/Leipzig/Gand 1870, 1871; Principles of Mechanics that Are Susceptible of Application to Society. An Unpublished Notebook of A. Q. at the Root of His Social Physics, trans. D. Aubin, Hist. Math. 41 (2014), 204–223. – G. Schubring, Der Briefwechsel Q. – Gauß: Magnetismus und Sternschnuppen, in: J. W. Dauben u. a. (ed.), Mathematics Celestial and Terrestrial. Festschrift für Menso Folkerts zum 65. Geburtstag, Stuttgart 2008 (Acta Hist. Leopoldina LIV), 789–807. – Bibliographie nationale. Dictionnaire des écrivains belges et catalogue de leurs publications 1830–1880 III, Brüssel 1897 (repr. Nendeln 1974), 216–228; L. Wellens-De Donder, Inventaire de la correspondance d'A. Q., Brüssel 1966 (Académie royale de Belgique, Classe des sciences, Mémoires 2. sér. 37, 2).

Literatur: B. P. Cooper, Family Fictions and Family Facts. Harriet Martineau, A. Q., and the Population Question in England, 1798–1859, London/New York 2007; K. Donelly, A. Q., Social Physics and the Average Men of Science, 1796–1874, London 2015; H. Freudenthal, Q., DSB XI (1975), 236–238; M. Halbwachs, La théorie de l'homme moyen. Essai sur Q. et la statistique morale, Paris 1913 (repr. Chilly-Mazarin 2010, Paris 2013); F. H. Hankins, A. Q. as Statistician, New York 1908 (repr. 1969); V. John, Geschichte der Statistik I, Stuttgart 1884, 332–370; G. F. Knapp, A. Q. als Theoretiker, Jb. Nationalökonomie u. Statistik 18 (1872), 89–124; P. F. Lazarsfeld, Notes on the History of Quantification in Sociology. Trends, Sources and Problems, Isis 52 (1961), 277–333; R. Lesthaeghe, Q., IESBS XVIII (2001), 12673–12676; J. Lottin, Q., statisticien et sociologue, Louvain/Paris 1912 (repr. New York 1969); J.-G. Prévost/ J.-P. Beaud, Statistics, Public Debate and the State, 1800–1945. A Social, Political and Intellectual History of Numbers, London/ Brookfield Vt. 2012, 49–61 (Chap. 3 A. Q. and the Expanded Reproduction of ›Statistism‹); S. M. Stigler, The History of Statistics. The Measurement of Uncertainty Before 1900, Cambridge Mass./London 1986, 2003, 161–220 (Part II.5 Q.'s Two Attempts); S. P. Turner, The Search for a Methodology of Social Science. Durkheim, Weber, and the Nineteenth-Century Problem of Cause, Probability, and Action, Dordrecht etc. 1986 (Boston Stud. Philos. Sci. XCII), 60–91 (Chap. 3 Q.. Rates and Their Explanation). – Actualité et universalité de la pensée scientifique d'A. Q.. Actes du colloque organisé à l'occasion du bicentenaire de sa naissance, Brüssel 1997 (Académie royale de Belgique, Classe des sciences, Mémoires 3. sér. 13). W. L.

Quiddität (von lat. quidditas, Washeit), scholastischer Terminus für die ↑Eigenschaften, die einem Gegenstand zukommen und mit deren Angabe eine Antwort auf die Frage, was dieser Gegenstand ist (*quid est res*), gegeben wird. Meist wird Q. verwendet, um die Eigenschaften zu bezeichnen, durch die sich ein Gegenstand – sei es individuell, sei es generell – von anderen Gegenständen unterscheidet. Q. ist terminologisch nicht genau festgelegt und daher teilweise auch synonym mit ↑›essentia‹ (↑Wesen) oder ›natura‹ (↑Natur). Im Kontext der neuscholastischen (↑Neuscholastik) Ontologie wird häufig Q. und Existenz (↑existentia) auf der einen Seite der essentia (d. i. dem Wesen) und dem ↑Sein auf der anderen Seite gegenübergestellt. Während Sein und Wesen als die Prinzipien der realen Zusammensetzung existierender Gegenstände aufgefaßt werden, wird durch die Q. eines existierenden Gegenstandes das System der ihm zukommenden Eigenschaften angegeben.

Literatur: D. W. Aiken, Essence and Existence, Transcendentalism and Phenomenalism: Aristotle's Answers to the Questions of Ontology, Rev. Met. 45 (1991/1992), 29–55; J. Bracken, Essential and Existential Truth, Philos. Today 28 (1984), 66–76; J. A. Cover/M. Kulstad (eds.), Central Themes in Early Modern Philosophy. Essays Presented to Jonathan Bennett, Indianapolis Ind./Cambridge 1990; D. H. Degrood, Philosophies of Essence. An Examination of the Category of Essence, Groningen 1970, Amsterdam ²1976; C. Fabro, Die Wiederaufnahme des Thomistischen ›Esse‹ und der Grund der Metaphysik, Tijdschr. Filos. 43 (1981), 90–116; K. Flasch, Wesen, Hb. ph. Grundbegriffe III (1974), 1687–1693; E. Gilson, L'être et l'essence, Paris 1948, erw. ³1981, 2000; D. F. Haight, Back to Intentional Entities and Essences, New Scholast. 55 (1981), 178–190; E. Hartmann, Aristotle on the Identity of Substance and Essence, Philos. Rev. 85 (1976), 545–561; K. Kolmer, Q., in: W. D. Rehfus (ed.), Handwörterbuch Philosophie, Göttingen 2003, 575–576; D. Locke, Quidditism without Quiddities, Philos. Stud. 160 (2012), 345–363; J. B. Lotz, Sein und Wert. Eine metaphysische Auslegung des Axioms ›Ens et bonum convertuntur‹ im Raume der scholastischen Transzendentalienlehre I (Das Seiende und das Sein: Sein ist Wirken), Paderborn 1938, unter dem Titel: Das Urteil und das Sein. Eine Grundlegung der Metaphysik, Pullach ²1957 (franz. Le jugement et l'être. Les fondements de la métaphysique, Paris 1965); S. Macdonald, The ›Esse/Essentia‹ Argument in Aquina's »De ente et essentia«, J. Hist. Philos. 22 (1984), 157–172; U. Meixner, Aquinas on the Essential Composition of Objects, Freiburger Z. Philos. Theol. 38 (1991), 317–350; S. H. Nasr, Existence (wujûd) and Quiddity (māhiyyah) in Islamic Philosophy, Int. Philos. Quart. 29 (1989), 409–428. O. S.

quid facti/quid iuris (lat., was ist tatsächlich/was ist rechtmäßig), eine von I. Kant für den Status von ↑Beweisen in der Philosophie aus der Rechtslehre entnommene Unterscheidung (KrV A 84/B 116); mit ihr soll die Geltung von Erkenntnis *aus Erfahrung* (*cognitio ex datis*), die auf einer *quaestio facti* beruht, von der *aus Gründen* (*cognitio ex principiis*), die auf eine *quaestio iuris* zurückgeht und nach Kant durch ↑Deduktion geschieht, abgegrenzt werden. Da es allerdings hier um Beweise auf der Reflexionsebene geht (von Kant ↑›transzendental‹ genannt), betreffen Antworten auf die *quaestio iuris* die Gegenstandskonstitution, also die Sinnbestimmung von Ausdrücken, während Antworten auf die *quaestio facti* für die Gegenstandsbeschreibung und damit für die Geltungssicherung von Sätzen, beidemal auf der Darstellungsebene, einschlägig sind (↑Forschung). Wegen dieses Ebenenwechsels gehört die leicht mit der q. f./q. i.-Unterscheidung verwechselbare Unterscheidung von H. Reichenbach (Experience and Prediction, Chicago Ill. 1938) zwischen einer Geltung von Aussagen *per causas*, also aufgrund eines Entdeckungszusammenhangs (context of discovery), und einer Geltung von Aussagen per *rationes*, also aufgrund eines Begründungszusammenhangs (context of justification) (↑Entdeckungszusammenhang/Begründungszusammenhang), unter die Antworten auf die *quaestio facti*. In beiden Fällen ist der historische Hintergrund in der von Aristoteles eingeführten Unterscheidung eines ›Historie‹ charakterisierenden *Wissens, daß* und eines Wissenschaft charakterisierenden *Wissens, warum* zu suchen (↑demonstratio propter quid/demonstratio quia).

Literatur: J. E. Dotti, Quid iuris und quid facti, in: G. Funke (ed.), Akten des 5. Internationalen Kant-Kongresses Mainz 4.–8. April 1981, Teil I.1: Sektionen I–VII, Bonn 1981, 12–21; J. Schickore/F. Steinle (eds.), Revisiting Discovery and Justification. Historical and Philosophical Perspectives on the Context Distinction, Dordrecht 2006. K. L.

Quine, Willard Van Orman, *Akron Ohio 25. Juni 1908, †Boston 25. Dez. 2000, amerik. Logiker und Philosoph. Ab 1926 Studium am Oberlin College (B.A. 1930) und an der Harvard University (M.A. 1931, Ph. D. 1932), wo C. I. Lewis, H. M. Sheffer und A. N. Whitehead seine wichtigsten Lehrer waren. Darüber hinaus hinterließ eine Gastvorlesung von B. Russell über die Beziehung zwischen Logik und Psychologie im Oktober 1931 größten Eindruck und bestärkte Q. in seinem Entschluß zu einer Dissertation über die ↑Principia Mathematica von Russell und Whitehead, der die Dissertation auch betreute. Als Sheldon Travelling Fellow 1932/1933 Studien in Warschau (bei S. Leśniewski, J. Łukasiewicz und A. Tarski), Wien (bei K. Gödel, M. Schlick und anderen Mitgliedern des ↑Wiener Kreises) und Prag (bei R. Carnap), 1933–1936 Junior Fellow der Harvard Society of Fellows, ab 1936 Dozent in Harvard, dort 1948–1977 Full Prof., ab 1956 Nachfolger von Lewis als Edgar Pierce Prof. of Philosophy. Zahlreiche Gastprofessuren im In- und Ausland, z. B. in São Paulo, Oxford, Adelaide, Tokio, Paris, Uppsala.

Vermittelt durch Lewis führt Q. die Tradition des von C. S. Peirce begründeten ↑Pragmatismus in einer auf behavioristischer Basis (↑Behaviorismus) errichteten Version eines ↑Naturalismus weiter und bemüht sich um dessen Verschmelzung mit den Errungenschaften der Analytischen Philosophie (↑Philosophie, analytische). Dies gilt zunächst für das Gebiet der *formalen Logik* (↑Logik, formale), auf dem Q. das ursprüngliche Programm des ↑Logizismus der *Principia Mathematica* fortsetzt. Dabei werden Logik und ↑Mengenlehre begrifflich scharf getrennt und die ↑Typentheorie durch ein Verfahren der Stratifikation mengentheoretischer Formeln ersetzt. Ferner führt Q. alle ↑Nominatoren auf referentielle Variablen und die ↑Quantifikation zurück. In Verallgemeinerung von Russells Theorie der ↑Kennzeichnungen werden auch ↑Eigennamen als Kennzeichnungen rekonstruiert, durch die genau einem Objekt eines Gegenstandsbereichs ein prädikativer Ausdruck zugeschrieben wird. Die Aussage ›Pegasus fliegt‹ nimmt danach die Form an: ›Es gibt genau ein Objekt, das die Eigenschaft besitzt, Pegasus zu sein, und das fliegt‹. Statt Nominatoren (*singular terms*) treten allein quantifizierte Variable und ↑Prädikatoren (*general terms*) auf.

In der *Erkenntnistheorie* verschärft Q. die auf P. Duhem zurückgehende Behauptung, die Widerlegung einzelner ↑Hypothesen durch die Erfahrung sei ausgeschlossen und die Gestalt der Theorie folglich nicht durch die einschlägigen Sachverhalte fixiert, zur heute so genannten ›*Duhem-Quine-These*‹ (↑experimentum crucis): Jede beliebige Hypothese ist angesichts beliebiger Daten aufrechtzuerhalten, falls man bereit ist, gegebenenfalls drastische Anpassungen in anderen Bereichen des theoretischen Systems vorzunehmen. Danach läßt sich jeder beliebigen Datenlage durch alternative, begrifflich disparate, jedoch empirisch äquivalente Theoriebildungen Rechnung tragen. Diese Theoriebildungen können sich trotz ihrer empirischen ↑Äquivalenz in ihrer ›pragmatischen Leistungsfähigkeit‹ erheblich unterscheiden, haben aber in objektiver Hinsicht als gleichermaßen berechtigt zu gelten. Diese These der ↑Unterbestimmtheit der Theorie durch die Erfahrung wird als Ausdruck der holistischen (↑Holismus) Natur jedweder hypothetisch-deduktiven Geltungsprüfung aufgefaßt, wonach Theorien nur als ganze mit der Erfahrung konfrontierbar sind.

Charakteristisch für Q. ist die gegenseitige Abhängigkeit von ↑Erkenntnistheorie und ↑Ontologie, das methodologische Kennzeichen des Pragmatismus, wie es sich in der behaupteten Verbindung zwischen den akzeptierten Bezeichnungsweisen und den als existent unterstellten Objekten ausdrückt. Danach hat die Zuschreibung eines prädikativen Ausdrucks zu Objekten zur Folge, daß man die Existenz dieser Objekte unterstellt: ›Ideologie‹ und ›Ontologie‹ lassen sich nicht unabhängig voneinander festlegen. Für entsprechende Aussagen stellt die ›Existenzgeneralisierung‹ einen gültigen Schluß dar: Wenn gilt: ›$n \varepsilon P$‹, dann gilt auch: $\bigvee_x P(x)$. Allerdings trifft dies nur unter dem Vorbehalt zu, daß referentielle ↑Variablen verwendet werden und keine Paraphrasierung angegeben werden kann, die den Gebrauch dieser Variablen vermeidet. Ist dieser doppelte Vorbehalt erfüllt, legt der Wertebereich (↑Wert (logisch)) der durch den Existenzquantor (↑Einsquantor) gebundenen Variablen die betreffende Ontologie fest. ›Sein‹ heißt, zum Wertebereich der quantifizierten Variablen zu gehören. Durch diese Verknüpfung von Bezeichnung und Existenz begründet Q. eine der für den wissenschaftlichen Realismus (↑Realismus, wissenschaftlicher) charakteristischen Schlußfiguren, ohne jedoch diese Position selbst zu vertreten (wegen des Vorbehalts der ›Relativität der Ontologie‹ [s. u.]).

In der *Sprachphilosophie* besteht Q.s zentrale Behauptung in der These der ›Unbestimmtheit der Übersetzung‹ (*indeterminacy of translation*) und deren Verschärfung zur ›Unerforschlichkeit der Referenz‹ (*inscrutability of reference*). Q. stützt sich hier auf das ↑Gedankenexperiment einer ›radikalen Übersetzung‹, in dem es um die Erstübersetzung einer zuvor unbekannten Sprache geht. Dabei läßt sich die Bedeutung von ↑Aussagen nur anhand des beobachtbaren Sprachverhaltens klären, das sich seinerseits in der Disposition der Sprecher ausdrückt, bestimmte Aussagen unter bestimmten Reizbedingungen zu bejahen oder zu verneinen. Die ›Reizbedeutung‹ (*stimulus meaning*) einer elementaren Aussage (↑Prädikation) wird durch das geordnete Paar der Zustimmung bzw. Ablehnung hervorrufenden Situationen definiert. Wie in solchen Fällen Gegenstände und prädikative Ausdrücke unterschieden sind, muß weitgehend einer ↑Konvention überlassen werden, bei der gesunder Menschenverstand (↑common sense), tradierte Begriffsnetze und wissenschaftliche Konstruktionen zusammenwirken. Die Reizbedeutung von Elementaraussagen schließt sich an das beobachtbare Sprachverhalten an und bildet die einzig verläßliche Grundlage der ↑Sprachanalyse (↑Behaviorismus). Insbes. besteht die Bedeutung von Beobachtungssätzen allein in ihrer Reizbedeutung, ohne Bezug auf andere Teile der Sprache. Bei den übrigen Sätzen jedoch – dazu gehören auch Elementaraussagen, wenn der Prädikatausdruck einer weiteren sprachlichen Analyse unterzogen worden ist – zerstört der (interne und externe) sprachliche Zusammenhang die Möglichkeit einer eindeutigen Beziehung zwischen Satz und ↑Sachverhalt als dessen Bedeutung, von der bloß konventionellen Unterscheidung zwischen prädizierenden und benennenden sprachlichen Ausdrücken und damit auch von ›Wort‹ und ›Gegenstand‹, die nach Q. bei allen Aussagen zu unterstellen ist, ganz abgesehen. Es gibt daher keinen Weg, einen generellen Bedeutungsbegriff, der sich etwa an mentale Gehalte oder intensionale (↑intensional/Intension) Größen anschlösse, sinnvoll einzuführen. Jenseits der Reizbedeutung bleibt Bedeutung unbestimmt. Dies zeigt sich insbes. daran, daß bei einer radikalen Übersetzung alternative und inhaltlich disparate Übertragungen von Aussagen bei gleicher Reizbedeutung möglich sind. Einer der Gründe für diesen Spielraum der Übersetzung besteht in der Einbindung von Aussagen in einen umfassenden sprachlichen Zusammenhang mit der Folge, daß die Auswirkungen der abweichenden Übertragung einer Aussage auf das Sprachverhalten durch kompensierende Übersetzungsänderungen anderer Aussagen neutralisiert werden können.

Die These der Unbestimmtheit der Übersetzung stellt das sprachphilosophische Analogon zur Behauptung der Unterbestimmtheit der Theorie durch die Erfahrung dar. Sie ist eine Konsequenz des von Q.s Holismus zusammen mit der Verifikationstheorie (↑Verifikation, ↑verifizierbar/Verifizierbarkeit) der Bedeutung implizierten Extensionalismus (↑extensional/Extension). Weil sich die Trennung von benennenden Ausdrücken (↑Ostension) und prädikativen Ausdrücken in Aussagen aus den Sprecherdispositionen grundsätzlich nicht ermitteln läßt, ist auch die ↑Referenz auf der Grundlage des Sprachverhaltens grundsätzlich unerforschlich. Q.s berühmt gewordenes Beispiel betrifft das Kunstwort ›gavagai‹, für das sich allein auf der Grundlage des Sprachverhaltens von Sprechern einer unbekannten Sprache, zu der ›gavagai‹ gehört, nicht zwischen den folgenden vier Übersetzungsoptionen und Gegenstandsbezügen unterscheiden läßt: »Dort ist ein Kaninchen.« »Dort ist ein nicht-abgetrennter Kaninchenteil.« »Dort ist ein Zeitschnitt durch die (vierdimensional verstandene) Kaninchenheit.« »Dort ist eine Lokalisierung der (räumlich ausgedehnt verstandenen) Kaninchenheit.« Die Reizbedeutung stimmt in allen Fällen überein, aber Bedeutung und Referenz unterscheiden sich. Daraus folgt für Q., daß die Verknüpfung von Bezeichnung und Existenz nicht auf eine sprachunabhängig bestehende Wirklichkeit zu beziehen, sondern stets auf ein gegebenes Sprachsystem zu relativieren ist. Q.s These der *Relativität der Ontologie* besagt, daß jede sinnvolle Angabe des Gegenstandsbezugs eine Rahmensprache mit ihrerseits unerforschlicher Referenz voraussetzt.

Q.s holistische Orientierung drückt sich auch in seiner Zurückweisung der Unterscheidung zwischen ↑analytischen und ↑synthetischen Urteilen (↑Urteil, analytisches, ↑Urteil, synthetisches) aus. Die Haltbarkeit dieser Unterscheidung würde verlangen, daß zwischen logisch-begrifflichen und sachlichen Zusammenhängen eine klare Trennung bestünde. Diese Trennung von Sprachwissen und Weltwissen ist jedoch nur willkürlich oder zirkulär möglich. Tatsächlich hängen die Begriffe der Bedeutung, Synonymität, Analytizität und Notwendigkeit wechselseitig voneinander ab und sind daher nur zirkulär (↑zirkulär/Zirkularität) durcheinander definierbar. An die Stelle der Unterscheidung von analytischen und synthetischen Sätzen tritt daher bei Q. das graduelle Merkmal der Zentralität von Aussagen. Die Zentralität drückt das Maß ihrer Einbindung in das System des Wissens aus und bestimmt deren Widerständigkeit gegen Modifikationen. Daraus ergibt sich, daß auch logisch-mathematische Regeln nicht grundsätzlich gegen erfahrungsgestützte Änderungen gefeit sind. Q.s Einwände sind dabei spezifisch gegen die Sprachphilosophie Carnaps gerichtet. Die Trennbarkeit von analytischen und synthetischen Urteilen wurde besonders einflußreich von H. P. Grice/P. F. Strawson (1956) verteidigt.

Q. tritt für eine ›*naturalisierte Erkenntnistheorie*‹ ein. Danach ist die Erkenntnistheorie keine den empirischen Wissenschaften grundsätzlich vorgeordnete Theorie, sondern selbst Teil der empirischen Wissenschaften. Ihr Gegenstand ist z. B. das erkennende Subjekt und die von diesem vollzogene Transformation von Reizkonstellationen in theoretische Beschreibungen. Die Erkenntnistheorie ist damit in wesentlicher Hinsicht Teilgebiet der empirischen Psychologie. Allerdings gelangt die Erkenntnistheorie gerade durch solche Untersuchungen zu allgemeinen Einsichten über die Struktur der empirischen Wissenschaften, so daß diese nicht allein Grundlage, sondern zugleich auch Gegenstand der Erkenntnistheorie sind. Auch die Philosophie insgesamt unterscheidet sich mit ihren Bemühungen um begriffliche Klärung und ↑Explikation nicht wesentlich von den übrigen Wissenschaften. – Q.s von Pragmatismus und Logischem Empirismus (↑Empirismus, logischer) geprägte Verpflichtung auf Verifikation und empirische Adäquatheit als der einzigen Grundlage für Bedeutung und Geltung hat im gegenwärtigen Diskussionszusammenhang weithin der Orientierung an der Kontexttheorie der Bedeutung (↑Theoriesprache) und der Vorstellung Platz gemacht, daß auch nicht-empirische Vorzüge von Theorien von Einfluß auf deren Geltung sein können (↑Unterbestimmtheit). Q. hingegen geht es vor allem darum, die Wendung der Analytischen Philosophie hin zu einer linguistischen Philosophie wieder rückgängig zu machen, und zwar durch Aufweis des nur evolutiv verstehbaren Gesamtzusammenhangs von Sprachwissen und Weltwissen in einer von der Physik im weitesten Sinne bestimmten ↑Einheitswissenschaft (↑Physikalismus), deren sprachlicher Aufbau im Vergleich zur Sprache des Alltagswissens immer wieder neu vorzunehmenden Normierungen (*regimentation*) unterworfen ist. Im holistischen Evolutionismus Q.s wird die Analytische Philosophie um eine höhere Stufe logischer Rekonstruktion angereichert (*semantic ascent*). Deshalb auch seine Reserve gegenüber der herrschenden kognitionswissenschaftlichen Alternative (↑philosophy of mind), hält er doch mentale Einheiten, z. B. ↑Qualia, propositionale Einstellungen oder mentale Repräsentationen (↑Repräsentation, mentale), für eliminierbar oder, was auf das Gleiche hinausläuft, für identifizierbar mit geeignet bestimmten physischen Einheiten: »the states of belief, where real (...) are states of nerves« (L. E. Hahn/P. A. Schilpp, The Philosophy of W. V. Q., 429). Im übrigen sind Logik und Mathematik vom Ausgang des Streits zwischen Behaviorismus und ↑Kognitivismus nicht betroffen.

Werke: A System of Logistic, Cambridge Mass. 1934; Mathematical Logic, New York 1940, [2]1951, Cambridge Mass. 1996; Elementary Logic, Boston Mass. 1941, rev. New York 1965, rev. Cambridge Mass. 1980, 1998 (franz. Logique élémentaire, Paris 1972, 2006); O sentido da nova lógica, São Paulo 1944, Curitiba 1996; Methods of Logic, New York 1950, rev. 1959, erw. New York [3]1972, Cambridge Mass. [4]1982 (dt. Grundzüge der Logik, Frankfurt 1969, [9]1995; franz. Méthodes de logique, Paris 1972, [2]1984); (mit N. Goodman) Steps Towards a Constructive Nominalism, J. Symb. Log. 12 (1947), 105–122; From a Logical Point of View. 9 Logico-Philosophical Essays, Cambridge Mass. 1953, [2]1961, 2003, gekürzt From a Logical Point of View. Three Selected Essays [engl./dt.], ed. R. Bluhm, Stuttgart 2011 (dt. Von einem logischen Standpunkt. Neun logisch-philosophische Essays, Frankfurt/Berlin/Wien 1979; franz. Du point de vue logique. Neuf essais logico-philosophiques, Paris 2003); Word and Object, Cambridge Mass. 1960, 2013 (franz. Le mot et la chose, Paris 1977, 2010; dt. Wort und Gegenstand, Stuttgart 1980, 2007); Set Theory and Its Logic, Cambridge Mass. 1963, [2]1969 (dt. Mengenlehre und ihre Logik, Braunschweig 1973, Frankfurt/Berlin/Wien 1978); Selected Logic Papers, New York 1966, erw. Cambridge Mass. 1995; The Ways of Paradox and Other Essays, New York 1966, erw. Cambridge Mass./London [2]1976, 1997 (franz. Les voies du paradoxe et autres essais, Paris 2011); Ontological Relativity and Other Essays, New York/London 1969, 1971 (dt. Ontologische Relativität und andere Schriften, Stuttgart 1975, Frankfurt 2003; franz. Relativité de l'ontologie et autre essais, Paris 1977, 2008); (mit J. S. Ullian) The Web of Belief, New York 1970, [2]1978; Philosophy of Logic, Cambridge Mass., Englewood Cliffs N. J. etc. 1970, 1994 (dt. Philosophie der Logik, Stuttgart etc. 1973, Bamberg 2005; franz. La philosophie de la logique, Paris 1975, 2008); The Roots of Reference, La Salle Ill. 1973 [1974], 1990 (dt. Die Wurzeln der Referenz, Frankfurt 1976, 2004); Theories and Things, Cambridge Mass./London 1981, 1999 (dt. Theorien und Dinge, Frankfurt 1985, 2001); The Time of My Life. An Autobiography, Cambridge Mass./ London 1985; Quiddities. An Intermittently Philosophical Dictionary, Cambridge Mass./London 1987, London 1990 (franz. Quiddités. Dictionnaire philosophique par intermittence, Paris 1992); Pursuit of Truth, Cambridge Mass./London 1990, rev. 1992, 2003 (franz. La poursuite de la vérité, Paris 1993; dt. Unterwegs zur Wahrheit. Konzise Einleitung in die theoretische Philosophie, Paderborn/Wien 1995); From Stimulus to Science, Cambridge Mass./London 1995, 1999; Wissenschaft und Empfindung. Die Immanuel Kant Lectures, ed. H. G. Callaway, Stuttgart-Bad Cannstatt 2003; Quintessence. Basic Readings from the Philosophy of W. V. Q., ed. R. F. Gibson, Cambridge Mass./London 2004, 2008; Confessions of a Confirmed Extensionalist and Other Essays, ed. D. Føllesdal/D. B. Quine, Cambridge Mass./London 2008; Q. in Dialogue, ed. D. Føllesdal/ D. B. Quine, Cambridge Mass./London 2008. – (mit R. Carnap) Dear Carnap, Dear Van. The Q.-Carnap Correspondence and Related Work, ed. R. Creath, Berkeley Calif./Los Angeles/London 1990. – Publications of W. V. Q., in: D. Davidson/J. Hintikka (eds.), Words and Objections [s. u., Lit.], 353–366 [1969] bzw. 353–373 [1975]); Publications of W. V. Q., Southwestern J. Philos. 9 (1978) [s. u., Lit.], 171–187; A Bibliography of the Publications of W. V. Q., in: L. E. Hahn/P. A. Schilpp (eds.), The Philosophy of W. V. Q. [s.u.], 667–686 [1986] bzw. 743–764 [[2]1998]; R. Bruschi, W. V. O. Q.. A Bibliographical Guide, Florenz 1986; Totok VI (1990), 649–658.

Literatur: M. Anacker, Interpretationale Erkenntnistheorie. Eine kritische Untersuchung im Ausgang von Q. und Davidson, Paderborn 2005; Y. Balashov, Duhem, Q., and the Multiplicity of Scientific Tests, Philos. Sci. 61 (1994), 608–628; F. Barone, Q., Enc. filos. VI (1982), 1027–1028; R. Barrett/R. Gibson (eds.), Perspectives on Q., Oxford/Cambridge Mass. 1990, 1993; E. F. Becker, The Themes of Q.'s Philosophy. Meaning, Reference, and Knowledge, Cambridge 2012; M. Boudot, Q., DP II ([2]1993), 2392–2399; K. Büttner u. a. (eds.), Themes from Wittgenstein and Q., Amsterdam/Atlanta Ga. 2014 (Grazer philos. Stud. 89); M. Crabbé (ed.), La théorie des ensembles de Q., Louvain-la-Neuve 1982; L. Decock, Trading Ontology for Ideology. The Interplay of Logic, Set Theory and Semantics in Q.'s Philosophy, Dordrecht/Boston/London 2002; ders./L. Horsten (ed.), Q.. Naturalized Epistemology, Perceptual Knowledge and Ontology, Amsterdam/Atlanta Ga. 2000; J. Dejnozka, The Ontology of the Analytic Tradition and Its Origins. Realism and Identity in Frege, Russell, Wittgenstein, and Q., Lanham 1996; I. Delpla, Q., Davidson. Le principe de charité, Paris 2001; C. Demmerling, Q., in: F. Volpi (ed.), Großes Werklexikon der Philosophie II, Stuttgart 1999, 2004, 1245–1249; I. Dilman, Q. on Ontology,

Necessity, and Experience. A Philosophical Critique, London 1984; B. Dreben, Putnam, Q. – and the Facts, Philos. Topics 20 (1992), 293–315; T. Eden, Lebenswelt und Sprache. Eine Studie zu Husserl, Q. und Wittgenstein, München 1999; W. K. Essler, W. V. O. Q.. Empirismus auf pragmatischer Grundlage, in: J. Speck (ed.), Grundprobleme der großen Philosophen. Philosophie der Gegenwart III. Moore, Goodman, Q., Ryle, Strawson, Austin, Göttingen 1975, 87–125, ²1984, 86–126; D. Føllesdal (ed.), Philosophy of Q. [5 Bde], New York 2001; T. E. Forster, Q.'s New Foundations. An Introduction, Louvain-la-Neuve 1983; ders., Q.'s New Foundations, SEP 2006, rev. 2006; J. Freudiger, Q. und die Unterdeterminiertheit empirischer Theorien, Grazer philos. Stud. 44 (1993), 41–57; G. Frost-Arnold, Carnap, Tarski, and Q. at Harvard. Conversations on Logic, Mathematics, and Science, Chicago Ill. 2013; E. Gaudet, Q. on Meaning, London/New York 2006; R. F. Gibson, The Philosophy of W. V. Q.. An Expository Essay with a Foreword by W. V. Q., Tampa Fla./St. Petersburg/Sarasota 1982, 1986; ders., Enlightened Empiricism. An Examination of W. V. Q.'s Theory of Knowledge, Gainesville Fla./Tampa Fla. 1988; ders. (ed.), The Cambridge Companion to Q., Cambridge/New York 2004; H.-J. Glock, Q. and Davidson on Language, Thought and Reality, Cambridge/New York 2003; ders./R. L. Arrington, Wittgenstein and Q., London/New York 1996; ders./K. Glüer/G. Keil, Fifty Years of Q.'s ›Two Dogmas‹, Amsterdam/Atlanta Ga. 2003 (Grazer philos. Stud. 66); P. Gochet, Q. en perspective. Essai de philosophie comparée, Paris 1978 (dt. [rev.] Q. zur Diskussion. Ein Versuch vergleichender Philosophie, Frankfurt/Berlin/Wien 1984); ders., Ascent to Truth. A Critical Examination of Q.'s Philosophy, München/Wien 1986; M. Gosselin, Nominalism and Contemporary Nominalism. Ontological and Epistemological Implications of the Work of W. V. O. Q. and of N. Goodman, Dordrecht/Boston Mass./London 1990; P. A. Gregory, Q.'s Naturalism. Language, Theory, and the Knowing Subject, London/New York 2008; H. P. Grice/P. F. Strawson, In Defense of a Dogma, Philos. Rev. 65 (1956), 141–158; L. E. Hahn/P. A. Schilpp (eds.), The Philosophy of W. V. Q., La Salle Ill. 1986, erw. mit dem Untertitel: Expanded Edition, ²1998; G. Harman/E. Lepore (eds.), A Companion to W. V. O. Q., Malden Mass./Chichester 2014; J. Heal, Fact and Meaning. Q. and Wittgenstein on Philosophy of Language, Oxford/New York 1989; C. Hookway, Q.. Language, Experience, and Reality, Stanford Calif., Cambridge Mass. 1988, Cambridge Mass. 1995; P. Horwich, Chomsky versus Q. on the Analytic-Synthetic Distinction, Proc. Arist. Soc. 92 (1992), 95–108; P. Hylton, Q., London/New York 2007, 2010; ders., W. V. O. Q., SEP 2010, rev. 2014; G. Keil, Q. zur Einführung, Hamburg 2002, rev. unter dem Titel: Q., Stuttgart 2011; G. Kemp, Q.. A Guide for the Perplexed, London/New York 2006; ders., W. V. Q.. Word and Object, in: J. Shand (ed.), Central Works of Philosophy Vol. 5. The Twentieth Century. Q. and After, Chesham 2006, 15–39; ders., Q. versus Davidson. Truth, Reference and Meaning, Oxford 2012; R. Kirk, Translation Determined, Oxford 1986; A. Koch, Das Verstehen des Fremden. Eine Simulationstheorie im Anschluss an W. V. O. Q., Darmstadt 2003; D. Koppelberg, Die Aufhebung der analytischen Philosophie. Q. als Synthese von Carnap und Neurath, Frankfurt 1987; H. J. Koskinen, From a Metaphilosophical Point of View. A Study of W. V. Q.'s Naturalism, Helsinki 2004; J. Largeault, Questions de mots, questions de faits, Toulouse 1980; H. Lauener, W. V. O. Q., München 1982; P. Leonardi/M. Santambrogio (eds.), On Q.. New Essays, Cambridge 1995; M. Leonelli, Aspetti della filosofia di W. V. Q., Pisa 1982; D. Markis, Q. und das Problem der Übersetzung, Freiburg/München 1979; G. J. Massey, The Indeterminacy of Translation. A Study in Philosophical Exegesis, Philos. Topics 20 (1992), 317–345; H. Mlika, Q. et l'antiplatonisme, mathématique moderne, Paris 2007; J.-M. Monnoyer, Lire Q.. Logique et ontologie, Paris/Tel-Aviv 2006; O. L. Müller, Synonymie und Analytizität. Zwei sinnvolle Begriffe. Eine Auseinandersetzung mit W. V. O. Q.s Bedeutungsskepsis, Paderborn etc. 1998; M. G. Murray, The Development of Q.'s Philosophy, Dordrecht etc. 2012; R. Naumann, Das Realismusproblem in der analytischen Philosophie. Studien zu Carnap und Q., Freiburg/München 1993; L. H. Nelson, Who Knows. From Q. to a Feminist Empiricism, Philadelphia Pa. 1990; dies. (ed.), Feminist Interpretations of W. V. Q., University Park Pa. 2003; dies./J. Nelson, On Q., Belmont Calif. 2000; C. Nimtz, Wörter, Dinge, Stellvertreter. Q., Davidson und Putnam zur Unbestimmtheit der Referenz, Paderborn 2002; J. Nubiola, El compromiso esencialista de la lógica modal. Estudio de Q. y Kripke, Pamplona 1984; M. Olivier, Q., Paris 2015; A. Orenstein, W. V. O. Q., Boston Mass. 1977; ders., Q., REP VIII (1998), 3–14; ders., W. V. Q., Chesham, Princeton 2002; ders./P. Kotatko (eds.), Knowledge, Language and Logic. Questions for Q., Dordrecht/Boston Mass./London 2000; C. Ortner, Q., in: J. Nida-Rümelin (ed.), Philosophie der Gegenwart in Einzeldarstellungen. Von Adorno bis v. Wright, Stuttgart 1991, 473–482, ²1999, 593–603, ohne Untertitel, ed. mit E. Özmen, ³2007, 517–529; C. F. Presley, Q., Enc. Ph. VII (1967), 53–55, VIII (²2006), 216–219; K. Puhakka, Knowledge and Reality. A Comparative, Delhi/Patna/Varanasi 1975, 1994; F. Rivenc, Lecture de Q., London 2008; G. D. Romanos, Q. and Analytic Philosophy. The Language of Language, Cambridge Mass./London 1983; R. W. Shahan/C. Swoyer (eds.), Essays on the Philosophy of W. V. Q., Norman Okla. 1979; S. Soames, Philosophical Analysis in the Twentieth Century, I–II, Princeton/Oxford 2003, 2005, I/5, 349–407 (The Post-Positivist Perspective of the Early W. V. Q.), II/5, 221–288 (The Philosophical Naturalism of W. V. O. Q.); T. Sukopp, Radikaler Naturalismus. Beiträge zu W. V. O. Q.s Erkenntnistheorie, Berlin 2006; Y. Tomida, Q., Rorty, Locke. Essays and Discussions on Naturalism, Hildesheim/Zürich/New York 2007. – *Zeitschriften-Sonderhefte:* Synthese 19 (1968), unter dem Titel: Words and Objections. Essays on the Work of W. V. Q., ed. D. Davidson/J. Hintikka, Dordrecht/Boston Mass. 1969 [erw. um einen Aufsatz von H. P. Grice], erw. ²1975; Southwestern J. Philos. 9 (1978), The Q. Issue; Analisis filosofico 2 (1982), Volumen especial dedicado a la filosofia de W. V. Q.; Inquiry 37 (1994); Revue internationale de philosophie 51 (1997), Q. With His Replies; Logique et Analyse 53 (2010), Word and Object. 50 Years On, A. Rini/M. J. Cresswell (eds.). K. L./M. C.

quinque viae, ↑Gottesbeweis.

quinque voces (lat., ›die fünf Wörter‹, griech. *πέντε φωναί*), bei den spätantiken und mittelalterlichen Kommentatoren der »Topik« und der Kategorienschrift des Aristoteles Bezeichnung für die fünf ↑Prädikabilien Gattung (*genus*, *γένος*), Art (*species*, *εἶδος*), Unterschied (*differentia*, *διαφορά*), wesentliches Merkmal (↑*proprium*, *ἴδιον*) und unwesentliches Merkmal (*accidens*, *συμβεβηκός*). Ihre Zusammenfassung geht auf Porphyrios (233–304) zurück, der in seiner (deshalb auch als *Περὶ τῶν πέντε φωνῶν*, im allgemeinen aber einfach als

»Isagoge« bezeichneten) Einführung in die Kategorienschrift des Aristoteles dessen in der »Topik« (Top. *A*4–9.101b11–104a2) aufgestelltes Schema zur Klassifikation der möglichen Behandlungsweisen von Thesen und Problemen nach Definition (*ὅρος*), Proprium, Gattung und Akzidenz unter Ersetzung der ›definitio‹ durch ›species‹ auf fünf Gesichtspunkte erweiterte (Porphyrii Isagoge et in Aristotelis Categorias commentarium, ed. A. Busse, Berlin 1887 [CAG IV/1], 1–22). Zunächst vorwiegend methodologisch gemeint, wurden die q. v. bald auch ontologisch gedeutet und unter diesem Aspekt mitbestimmend für die Struktur der scholastischen Erkenntnistheorien.

Literatur: C. Prantl, Geschichte der Logik im Abendlande I, Leipzig 1855 (repr. Leipzig 1927, Darmstadt, Graz 1955, Darmstadt, Hildesheim 1997, Bristol 2001), 395, 627 ff., 647. C. T.

quinta essentia (lat., fünfte Substanz, ›Quintessenz‹; griech. *πέμπτη οὐσία*), im Rahmen der griechischen ↑Kosmologie neben der schon bei Homer und Hesiod auftretenden Rede vom ↑Äther (als göttlichem Himmelslicht oder lichtartiger Materie) Bezeichnung für ein neben den irdischen Elementen Erde, Wasser, Luft und Feuer fünftes (unvergängliches, daher göttliches) Element, aus dem die supralunare Welt, eine in mehrere Sphären unterteilte Kugelschale, besteht. Diese kosmologische Konzeption greift, nachdem offenbar schon Philolaos einen fünften Körper angenommen hatte, in dem die vier Elemente ruhen (VS 44 B 12; vgl. Platon, Epin. 981c), auf die Platonische Elemententheorie im »Timaios« zurück, in deren Rahmen den regulären Polyedern im dreidimensionalen Euklidischen Raum, den so genannten ↑Platonischen Körpern, die Elemente Erde (= Würfel), Wasser (= Ikosaeder), Luft (= Oktaeder) und Feuer (= Tetraeder) zugeordnet werden. Das fünfte reguläre Polyeder (Dodekaeder; Abb.) wird schon von Platon seiner kugelähnlichen Form wegen dem Kosmos einbeschrieben (Tim. 55c); die zwölf Flächen des Dodekaeders entsprechen den zwölf Sternbildern.

Diese Zuordnung wird von Speusippos (Frag. 28,7 [L. Tarán, Speusippus of Athens. A Critical Study with a Collection of the Related Texts and Commentary, Leiden 1981, 140]) und Xenokrates (K. Gaiser, Testimonia Platonica 70 [Platons ungeschriebene Lehre. Studien zur systematischen und geschichtlichen Begründung der Wissenschaften in der Platonischen Schule], Stuttgart [2]1968, 554) übernommen und von Aristoteles in kosmologischer Hinsicht weiter ausgearbeitet (vgl. de cael. *A*2.269a5 ff., die supralunare Welt als ›einfacher Körper‹ [*ἁπλοῦν σῶμα*]). Terminologisches Gewicht gewinnt der Ausdruck ›q. e.‹ (bzw. *πέμπτη οὐσία*) wohl erst in der aristotelischen Tradition, so in der von Simplikios referierten Schrift des Peripatetikers Xenarchos gegen die q. e. (In Aristotelis De Caelo commentaria [CAG VII] 13.22 ff.). In seiner aristotelischen Form tritt der Begriff der q. e. auch in der mittelalterlichen (↑Scholastik) ↑Naturphilosophie auf, z. B. bei R. Grosseteste (Commentarius in VIII libros Physicorum Aristotelis, ed. R. C. Dales, Boulder Colo. 1963, 63), Albertus Magnus (De animal. lib. 20, tract. 1, c. 5.23, c. 7.37 [ed. H. Stadler, I–II, Münster 1916/1920, II, 1284, 1292]) und Nikolaus von Kues (Predigt 284, 274rb, 20.1–8 [Opera Omnia XIX/2, ed. H. D. Riemann, Hamburg 2005, 628]). In der ↑Alchemie, etwa bei R. Lullus, Paracelsus und Agrippa von Nettesheim, wird er häufig mit dem ebenfalls aristotelischen Begriff einer ersten Materie (↑materia prima) gleichgesetzt.

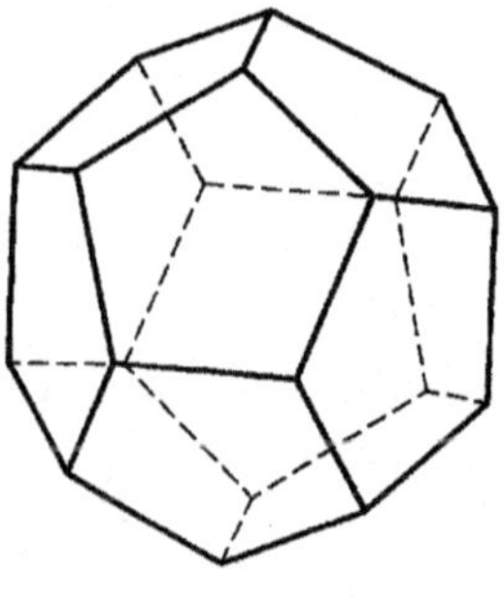

Literatur: H. J. Easterling, Quinta natura, Mus. Helv. 21 (1964), 73–85; B. Effe, Studien zur Kosmologie und Theologie der Aristotelischen Schrift »Über die Philosophie«, München 1970; R. Hooykaas, Die Elementenlehre des Paracelsus, Janus 39 (1935), 175–187, Neudr. in: ders., Selected Studies in History of Science, Coimbra 1983, 43–57; M. Kurdzialek, Äther, Quintessenz, Hist. Wb. Ph. I (1971), 599–601; S. Mariotti, La ›q. e.‹ nell'Aristotele perduto e nell'Accademia, Riv. di filologia e di istruzione classica 68 (Turin 1940), 179–189; P. Moraux, q. e., RE XLVII (1963), 1171–1263; ders., Der Aristotelismus bei den Griechen. Von Andronikos bis Alexander von Aphrodisias, I–III, Berlin/New York 1973–2001, I, 198–206; E. Sachs, Die fünf platonischen Körper. Zur Geschichte der Mathematik und der Elementenlehre Platons und der Pythagoreer, Berlin 1917 (repr. Hamburg 2013); J. Thorpe, The Luminousness of the Quintessence, Phoenix 36 (1982), 104–123; G. Vlastos, Plato's Universe, Seattle 1975, 66–97 (Kap. 3.II Plato's Cosmos. Theory of the Constitution of Matter); M. Vollmer, Quintessenz, Hist. Wb. Ph. VII (1989), 1838–1841. J. M.

Quintilianus, Marcus Fabius, *Calagurris (im Nordosten Spaniens) ca. 35, †Rom nach 96, in der Tradition des Ciceronianismus stehender, neben M. T. Cicero bedeutendster römischer Theoretiker der Beredsamkeit. Nach Ausbildung in Rom Tätigkeit als Lehrer der ↑Rhetorik in seiner Heimat, ab 68 wiederum in Rom (als erster vom Staat besoldeter Rhetoriklehrer und Leiter einer Rhetorikschule, 70–90). Unter seinen Schülern war Plinius d. J.. Als Vertreter des antiken Klassizismus trat Q. (unter anderem gegen Seneca) für einen schlichten und natürlichen Stil ein und betonte ethische Aspekte der Rhetorik, der er in der Tradition der ↑Sophistik die Philosophie unterordnete. Sein Hauptwerk, die »Institutio oratoria« (ca. 95), ein 12 Bücher umfassendes Handbuch für Rhetoriklehrer, gilt als die ausführlichste Darstellung der antiken Rhetorik (häufige Bezüge auf Demosthenes, Isokrates, Platon, Aristoteles und andere) für die schulische Ausbildung von Rhetoriklehrern. Behandelt werden unter anderem pädagogische Fragen, Theorie und Geschichte der Rhetorik, Stilfragen und die Pflichten des Redners (als *vir bonus dicendi peritus*). Verloren ist die Schrift »De causis corruptae eloquentiae«, in der Q. die Abkehr von ciceronianischen Idealen und den Verfall der Rhetorik kritisiert. Großen Einfluß hat Q. auf die spätantike Rhetorik (z. B. F. M. A. Cassiodorus, Isidor von Sevilla) und den ↑Humanismus ausgeübt. Die »Institutio« bildete die Grundlage für den Rhetorikunterricht vom 16. bis zum 18. Jh..

Werke: De institutio oratoria [lat.], I–II, ed. E. Bonell, Leipzig 1861; Ausbildung des Redners. Zwölf Bücher [lat./dt.], I–II, ed. H. Rahn, Darmstadt 1972/1975, ^{3}1995, 2006, in einem Bd., 2011; The Orator's Education, I–V, ed. D. A. Russell, Cambridge Mass./London 2001; Institution oratoire, I–VII, ed. J. Cousin, Paris 1975–1980.

Literatur: G. Assfahl, Vergleich und Metapher bei Quintilian, Stuttgart 1932; N. W. Bernstein, Ethics, Identity, and Community in Later Roman Declamation, Oxford etc. 2013; R. Campe, Affizieren und Selbstaffizieren. Rhetorisch-anthropologische Näherung ausgehend von Quintilian »Institutio oratoria« VI 1–2, in: J. Kopperschmidt (ed.), Rhetorische Anthropologie. Studien zum Homo rhetoricus, München 2000, 135–152; K.-L. Elvers, Q., DNP X (2001), 716–722; M. Fuhrmann, Q., KP VI (1972), 1308–1311; P. Galand u. a. (eds.), Quintilien. Ancien et moderne, Turnhout 2010; O. Grodde, Sport bei Quintilian, Hildesheim 1997; A. Härter, Digressionen. Studien zum Verhältnis von Ordnung und Abweichung in Rhetorik und Poetik. Quintilian – Opitz – Gottschedt – Friedrich Schlegel, München 2000, 15–52 (Kap. 1 Rhetorik. M. F. Q.); J. Knape, Allgemeine Rhetorik. Stationen der Theoriegeschichte, Stuttgart 2000, 133–173 (Kap. 4 M. F. Q.. Ausbildung des Orators. Die Summe der antiken Rhetorik); R. Morgenthaler, Lukas und Quintilian. Rhetorik als Erzählkunst, Zürich 1993; J. P. Schwindt, ›Prolegomena‹ zu einer ›Phänomenologie‹ der römischen Literaturgeschichtsschreibung. Von den Anfängen bis Quintilian, Göttingen 2000, 153–173 (Kap. VII Literaturgeschichte ›versus‹ Pragmatie und Kanonizität. Quintilians Literaturpädagogik); O. Seel, Quintilian oder Die Kunst des Redens und des Schweigens, Stuttgart 1977, München 1987. J. M.

quod erat demonstrandum (lat., was zu beweisen war; Abkürzung q.e.d.), auf das gleichbedeutende stereotype Ende ›ὅπερ ἔδει δεῖξαι‹ der Beweise in Euklids »Elementen« zurückgehender Ausdruck, mit dem eine Argumentation vom Autor als erfolgreich abgeschlossen hingestellt wird. Er entspricht damit dem in deutschen Mathematiklehrbüchern üblichen ›w.z.b.w.‹ (›was zu beweisen war‹). In modernen mathematischen Texten wird ein solches Ende eines Beweises oft durch ein typographisches Sonderzeichen angezeigt, z. B. ▌ (zuerst P. R. Halmos 1950, dann J. L. Kelley 1955, B. Mitchell 1965 u. a.), ✻ (H.-J. Kowalsky 1961), ♦ (H.-J. Kowalsky 1963), ⊠ (H. Rogers Jr. 1967) oder □ (J. D. Monk 1976).

Literatur: P. R. Halmos, Measure Theory, New York etc. 1950, New York/Heidelberg/Berlin 1988; J. L. Kelley, General Topology, New York etc. 1955 (repr. New York/Heidelberg/Berlin 1975, 1985); H.-J. Kowalsky, Topologische Räume, Basel/Stuttgart 1961, Basel 2014 (engl. Topological Spaces, New York/London 1964, rev. 1965); ders., Lineare Algebra, Berlin 1963, erw. Berlin/New York ^{12}2003; B. Mitchell, Theory of Categories, New York/London 1965, 1971; J. D. Monk, Mathematical Logic, New York/Heidelberg/Berlin 1976; H. Rogers Jr., Theory of Recursive Functions and Effective Computability, New York etc. 1967, Cambridge Mass./London 2002. C. T.

quodlibet (lat., was beliebt), in der Philosophie des lateinischen Mittelalters Bezeichnung für Schriften vermischten Inhalts, in denen die Resultate von Disputationen über unterschiedliche Gegenstände (*quaestiones [disputatae] de quolibet*; im Unterschied zu den thematisch festgelegten *quaestiones ordinariae*) zwischen einem Fragenden (*opponens*, Angreifer) und einem Antwortenden (*respondens*) aufgezeichnet wurden. Die Disputationen fanden unter der Leitung eines Magisters statt, zu dessen Pflichten seit der zweiten Hälfte des 12. Jhs. neben der Lehre deren Abhaltung gehörte, allerdings nur der *disputationes ordinariae*. Die *disputationes de quolibet* waren kein Bestandteil des regulären Unterrichts, fanden vielmehr an jährlich nur zwei Terminen – so erstmals um 1230 bezeugt an der theologischen Fakultät der Universität Paris – unter Beteiligung einer größeren Öffentlichkeit statt, wobei auch *quaestiones* aus dem unter Umständen nicht-universitären gelehrten Publikum zugelassen waren, deren Behandlung vom Magister in eine thematische Ordnung zu bringen war. Vom 13. Jh. an entwickelten sich beide Arten von *disputationes* – solche, an denen nur Schüler des leitenden Magisters teilnahmen, hatten als *disputationes in scholis* gegenüber den *disputationes ordinariae* einen Sonderstatus – in eine von einer festen Gliederung der Argumente für und wider die These und der entsprechenden Gegenargumente beherrschten Kunstform. ↑Quaestio und ↑disputatio bilden den Kern der für die ↑Scholastik charakteristischen philosophischen Methode, theoretisch im Unterricht (*lectio*) präsentiert und praktisch in der Disputation eingeübt.

Literatur: M. Grabmann, Die Geschichte der scholastischen Methode I (Die scholastische Methode von ihren ersten Anfängen in der Väterliteratur bis zum Beginn des 12. Jahrhunderts), Freiburg 1909 (repr. Basel/Stuttgart, Darmstadt 1961), Berlin 1988, 41, 43, 318; D. Kuhn, Q.. Illustrationen aus dem Cotta-Verlag in der ersten Hälfte des 19. Jahrhunderts, Marbacher Magazin 4 (1977), 1–10; B. Lawn, The Rise & Decline of the

Scholastic ›Quaestio disputata‹. With Special Emphasis on Its Use in the Teaching of Medicine & Science, Leiden/New York/Köln 1993; S. Seit, Scholastische Disputation, Hist. Wb. Rhetorik VII (2005), 533–536. K. L.

Quotient (mathematisch), Bezeichnung für das Ergebnis einer Division (↑Division (mathematisch)).

Quotientenmenge (engl. quotient set, franz. ensemble quotient), ↑Äquivalenzrelation.

R

Rabanus Maurus (auch: Hrabanus, Rhabanus), mit dem römischen Geschlechternamen Magnentius, *Mainz 780, †ebd. 4. Febr. 856, dt. Theologe, Philosoph, Universalgelehrter aus fränkischem Adelsgeschlecht. 788 Eintritt ins Kloster Fulda, 802/803 Schüler Alkuins in Tours, der ihm den Namen R. M. gibt, 804 Lehrer an der Klosterschule in Fulda und Abt ebendort (822–842), 847 Erzbischof von Mainz. – Neben Alkuin zählt R. M. zu den bedeutendsten Vertretern der ›Karolingischen Renaissance‹, die ihre Aufgabe weniger in einer originären Wissensbegründung als vielmehr in der Aufarbeitung und Verbreitung antiker, insbes. spätantiker Wissenschaft, Kunst und Philosophie sieht. R. M. ist darüber hinaus nicht nur den theoretischen, sondern auch den erzieherischen und den politischen Anliegen Karls des Großen verpflichtet, eine allgemeine ›Renovatio Romanorum Imperii‹ auf der Grundlage des christlichen Glaubens herbeizuführen. R. M. erteilt Ratschläge für die Kriegsführung (Tractatus de anima (anno 842), MPL 110 [1864], 1110–1120; De procinctu romanae milicae, 1872), fördert die Dänen- und Schwedenmissionierung und setzt sich bei der Christianisierung des Karolingischen Reiches für die Verwendung der deutschen Sprache ein, wodurch das Althochdeutsche und das Altsächsische eine erhebliche Förderung und Aufwertung erfahren.

Von besonderer Bedeutung für R. M. sind die ›artes mechanicae‹ Malerei, Bildhauerei und Architektur (↑ars), da er die Kunst als sichtbare Manifestation des Geistes im Dienste der Religion ansieht. In seinem »Liber de laudibus sanctae crucis« (1503), einem der wichtigsten Zeugnisse karolingischer Kunsttheorie, verbindet R. M. religiösen Mystizismus und Symbolismus mit neuplatonischer (↑Neuplatonismus) und pythagoreischer (↑Pythagoreismus) Zahlenspekulation (↑Zahlenmystik); durch die Betonung arithmetischer und geometrischer Elemente sucht er der Kunst den Rang einer Theorie zu geben. Beeinflußt ist dieses Werk vor allem durch Porphyrios und den christlichen Neuplatonismus des Pseudo-Dionysios Areopagites. Die kunstvoll gestalteten (insgesamt 28) Blätter dieses Werkes bestehen jeweils aus einem Basis- oder Hintergrundtext von etwa 51 Zeilen, der durch verschiedene Bild-Text-Elemente überlagert wird. Der Grundtext wird innerhalb der Bilder fortgeführt, und zwar so, daß die einzelnen Bilder ihrerseits eine in sich geschlossene Sinneinheit ergeben (vgl. M. Gatzemeier, 80–82). Ein enzyklopädisches Werk »Über das Weltall« (De universo, auch: De rerum naturis [ca. 1467]), ebenfalls von dieser Tradition geprägt, bietet eine mystische Weltdeutung zur Unterstützung des Bibelstudiums. In zahlreichen Homilien (Textauslegungen von Bibelstellen) praktiziert R. M., ohne den Anspruch philosophischer Durchdringung, überwiegend eine allegorische (↑Allegorie) und

Aus Rabanus' Liber de laudibus sanctae crucis, in: M. Gatzemeier, Unser aller Alphabet (2009), Titelblatt

mystische (↑Mystik) Schriftauslegung. Vor allem widmet er sich der theoretischen Grundlegung und der praktischen Institutionalisierung der Klerikerausbildung; neben theologischem Wissen fordert und fördert er die Kenntnis der ›artes liberales‹ (↑ars), der spätantiken griechischen Philosophie (bes. des Neuplatonismus) und der Naturlehre (mit Medizin, Geographie, Zoologie, Botanik, Mineralogie). Ähnlich wie Alkuin in Frankreich begründet und beeinflußt R. M. in Deutschland über die Klerikerausbildung hinaus allgemein das Schulwesen (Ehrenname ›[Primus] Praeceptor Germaniae‹).

Werke: Opera quotquot reperiri potuerunt omnia, I–VI, ed. G. Colvenerius, Köln 1626; MPL 107–112 (1851–1864]). – De sermonum proprietate sive Opus de universo, Straßburg [ca. 1467] (engl. The Peculiar Properties of Words and Their Mystical Significance. The Complete English Translation, I–II, trans. P. Throop, Charlotte Vt. 2009); De laudibus sanctae crucis opus, Pforzheim 1503, unter dem Titel: In honorem Sanctae Crucis [mit Tafelbd.], ed. M. Perrin, Turnhout 1997 (CCM 100/100A) (franz. Louanges de la Sainte Croix [lat./franz.], ed. M. Perrin, Paris 1988); De institutione clericorum. Libri tres, Pforzheim 1505, ed. A. Knoepfler, München 1900, unter dem Titel: De institutione clericorum libri tres. Studien und Edition, Frankfurt etc. 1996 (ital. La formazione dei chierici, ed. L. Samarati, Rom 2002; dt. De institutione clericorum/Über die Unterweisung der Geistlichen [lat./dt.], I–II, übers. D. Zimpel, Turnhout 2006 [Fontes Christiani LX.1/LX.2]); Martyrologium Hrabani, in: H. Casanius (ed.), Lectiones antiquae VI, Ingolstadt 1604, 687–758, ferner in: Rabani Mauri Martyrologium/De computo, ed. J. McCulloh/W. M. Stevens, Turnhout 1979 (CCM XLIV), 1–161; Commentarius in Librum Ruth, in: Opera quotquot reperiri potuerunt omnia [s. o.] III, 36–44, ferner in: R. M./C. de Turin, Deux commentaires sur le livre de Ruth [lat./franz.], übers. P. Monat, Paris 2009, 29–153; Liber de computo, in: Stephani Baluzii Miscellaneorum Liber primus, hoc est, Collectio veterum monumentorum quae hactenus latuerant in variis codicibus ac bibliothecis, Paris 1678, 1–92, ferner in: Rabani Mauri Martyrologium/De computo, ed. J. McCulloh/W. M. Stevens, Turnhout 1979 (CCM XLIV), 199–323; De procinctu romanae miliciae, ed. E. Dümmler, Z. dt. Alterthum 15 (1872), 443–451; H. Hagen, Eine Nachahmung von Cyprian's Gastmahl durch Hrabanus M. [lat.], Z. wiss. Theol. 27 (1883), 164–187, unter dem Titel: Cena Hrabani Mauri [lat./dt.], in: C. Modesto, Studien zur »Cena Cypriani« und zu deren Rezeption, Tübingen 1992, 122–175, unter dem Titel: Cena Nuptialis [lat./ital.], in: R. Mauro/G. Immonide, La cena di Cipriano, ed. E. Rosati/F. Mosetti Casaretto, Turin 2002, 94–157 [mit Einl., 43–93]; Hrabani Mauri carmina, in: E. Dümmler (ed.), Poetae Latini aevi Carolini II, Berlin 1884 (MGH Poetarum Latinorum medii aevi II), 154–258 [mit Appendix »Hymnorum incertae originis«, 244–258]; Hrabani (Mauri) abbatis Fuldensis et archiepiscopi Moguntiacensis epistolae, ed. E. Dümmler, in: Epistolae Karolini aevi III, Berlin 1899 (MGH Epistolae V) (repr. München 1978, 2011), 379–516 (mit Appendix, 517–533); Liber de laudibus Sanctae Crucis. Vollständige Faksimile-Ausgabe im Originalformat des Codex Vindobonensis 652 der Österreichischen Nationalbibliothek, Graz 1973 (mit Kommentarbd. v. K. Holter); De rerum naturis. Cod. Casin. 132 [später unter dem Titel: De sermonum proprietate sive Opus de universo, s. o.], Archivio dell'abbazia di Montecassino [11. Jhd.], Pavone Canavese 1994 [= repr. d. Manuskripts, mit Kommentarbd. v. G. Cavallo u. a.]; Expositio in Matthaeum, in 2 Bdn., ed. B. Löstedt, Turnhout 2000 (CCM 174/174 A); S. Haarländer, R. M. zum Kennenlernen. Ein Lesebuch mit einer Einführung in sein Leben und Werk, Mainz, Darmstadt 2006; Commentario al libro di Giuditta [lat./ital.], ed. A. Simonetti, Florenz 2008. – H. Spelsberg, Hrabanus M. [s. u., Lit.], 16–23 (III Ausgaben); Kataloge und Ausgaben der Werke des R. M., in: S. Haarländer, R. M. zum Kennenlernen [s. o.], 160–171; R. Kottje, Verzeichnis der Handschriften mit den Werken des Hrabanus M., Hannover 2012 (MGH Hilfsmittel XXVII).

Literatur: M.-A. Aris/S. Bullido del Barrio (eds.), Hrabanus M. in Fulda. Mit einer Hrabanus M.-Bibliographie (1979–2009), Frankfurt 2010 (Bibliographie, 255–332); F. W. Bautz, Hrabanus M., BBKL II (1990), 1090–1093; M. Bernards, Hrabanus M., in: H. Heimpel/T. Heuss/B. Reifenberg (eds.), Die großen Deutschen V, Berlin/Frankfurt/Wien 1957, 20–29; E. Bertram, Hrabanus. Aus der Michaelsberger Handschrift, Leipzig 1939; W. Böhne, Hrabanus M., TRE XV (1986), 606–610; H. Bork, Hrabanus M., in: W. Stammler (ed.), Die deutsche Literatur des Mittelalters. Verfasserlexikon II, Berlin/Leipzig 1936, 494–506; F. Brunhölzl, Hrabanus M., NDB IX (1972,) 674–676; P. Depreux u. a. (eds.): Raban Maur et son temps, Turnhout 2010; E. Dümmler, R., ADB XXVII (1889), 66–74; F. J. Felten/B. Nichtweiß (eds.), Hrabanus M.. Gelehrter, Abt von Fulda und Erzbischof von Mainz, Mainz 2006; M. C. Ferrari: Il »Liber sanctae crucis« di Rabano Mauro. Testo – immagine – contesto, Bern etc. 1999; M. Gatzemeier, Unser aller Alphabet. Kleine Kulturgeschichte des Alphabets. Mit einem Exkurs über den Raffael-Code. In honorem Christian Stetter, Aachen 2009; E. Heyse, Hrabanus M. Enzyklopädie »De rerum naturis«. Untersuchungen zu den Quellen und zur Methode der Kompilation, München 1969; H. Klingenberg, Hrabanus M.. In honorem sanctae crucis, in: H. Birkhan/O. Gschwantler (eds.), Festschrift für Otto Höfler zum 65. Geburtstag II, Wien 1968, 273–300; R. Kottje, Hrabanus M. – ›Praeceptor Germaniae‹?, Dt. Arch. f. Erforsch. d. Mittelalters 31 (1975), 534–545; ders., Rhabanus M., in: K. Ruh u. a. (eds.), Die deutsche Literatur des Mittelalters. Verfasserlexikon IV, Berlin/New York [2]1983, 2010, 166–196; ders., Hrabanus M., LMA V (1990), 144–147; ders., Hrabanus M., in: B. Jahn (ed.), Biographische Enzyklopädie deutschsprachiger Philosophen, München 2001, 187–188; ders./H. Zimmermann (eds.), Hrabanus M.. Lehrer, Abt und Bischof, Mainz, Wiesbaden 1982; P. Lehmann, Das Problem der karolingischen Renaissance, Settimane di studio del Centro italiano di studi sull'alto medioevo 1 (1953), 309–358, separat Spoleto 1954; W. Middel, Hrabanus M., der erste deutsche Naturwissenschaftler [...], Diss. Berlin 1943; H.-G. Müller, Hrabanus M., De laudibus sanctae crucis. Studien zur Überlieferung und Geistesgeschichte mit dem Faksimile-Textabdruck aus Codex Reg. Lat. 124 der vatikanischen Bibliothek, Ratingen/Kastellaun/Düsseldorf 1973 (Mittellatein. Jb. Beih. 11); H.-C. Picker, Pastor doctus. Klerikerbild und karolingische Reformen bei Hrabanus M., Mainz 2001; M. Rissel, Rezeption antiker und patristischer Wissenschaft bei Hrabanus M.. Studien zur karolingischen Geistesgeschichte, Bern/Frankfurt 1976; D. Schaller, Der junge ›Rabe‹ am Hof Karls des Großen (Theodulf. carm. 27), in: J. Autenrieth/F. Brunhölzl (eds.), Festschrift Bernhard Bischoff zu seinem 65. Geburtstag [...], Stuttgart 1971, 123–141; H. Spelsberg, Hrabanus M.. Bibliographie, Fulda 1984; B. Taeger, Zahlensymbolik bei Hraban, bei Hincmar – und im »Heliand«? Studien zur

Zahlensymbolik im Frühmittelalter, München 1970; D. W. Türnau, R. M., der praeceptor Germaniae. Ein Beitrag zur Geschichte der Pädagogik des Mittelalters, München 1900; W. Weber (ed.), R. M. in seiner Zeit. 780–1980, Mainz 1980; W. Wilhelmy, R. M.. Auf den Spuren eines karolingischen Gelehrten, ed. H.-J. Kotzur, Mainz 2006 [Katalog zur Ausstellung im Bischöflichen Dom- und Diözesanmuseum Mainz 2006]. M. G.

Radbruch, Gustav (Lambert), *Lübeck 21. Nov. 1878, †Heidelberg 23. Nov. 1949, dt. Rechtsphilosoph, Jurist und Politiker. 1898–1901 Studium der Rechtswissenschaft in München, Leipzig und Berlin, 1902 Promotion in Berlin (Die Lehre von der adäquaten Verursachung, 1902), 1903 Habilitation in Heidelberg (Der Handlungsbegriff in seiner Bedeutung für das Strafrechtssystem. Zugleich ein Beitrag zur Lehre von der rechtswissenschaftlichen Systematik, 1904). 1914 Ruf als a.o. Prof. an die Universität Königsberg, 1915–1918 Kriegsdienst, 1919–1926 o. Prof. in Kiel, zwischenzeitlich (1920–1924) Reichstagsabgeordneter (SPD) und (1921–1922, 1923) Reichsjustizminister, ab 1926 Prof. in Heidelberg, 1933 Entlassung aus dem Staatsdienst, 1935–1936 Studienaufenthalt in Oxford, 1945 Wiedereinsetzung ins Lehramt.

R. wurde von der dualistischen (↑Dualismus) Werttheorie (↑Wertphilosophie) der Südwestdeutschen Schule des ↑Neukantianismus, dem dezisionistischen (↑Dezisionismus) ↑Relativismus M. Webers, der ›sozialen‹ Strafrechtsauffassung F. v. Liszts und den sozialdemokratischen Idealen F. Eberts beeinflußt. Philosophisch bedeutsam ist vor allem seine kritische Auseinandersetzung mit dem ↑Rechtspositivismus, dessen konventionalistischen (↑Konventionalismus) Grundgedanken er auch noch verteidigte, als er sich unter dem Eindruck des nationalsozialistischen Unrechtsregimes gezwungen sah, bestimmte Einsichten der Lehre vom ↑Naturrecht zu übernehmen. Die Rechtsordnung soll sich an den Werten der Rechtssicherheit, der ↑Gerechtigkeit und der Zweckmäßigkeit für das ↑Gemeinwohl orientieren. Noch 1932 gibt R. der Rechtssicherheit den unbedingten Vorrang vor der Gerechtigkeit (»Für den Richter ist es Berufspflicht, den Geltungswillen des Gesetzes zur Geltung zu bringen, das eigene Rechtsgefühl dem autoritativen Rechtsbefehl zu opfern, nur zu fragen, was Rechtens ist, und niemals, ob es auch gerecht sei«, Rechtsphilosophie, ^{8}1973, 178). Später sucht R. diese Folgerung zu vermeiden, ohne die Grundposition aufzugeben. Dazu unterscheidet er zwischen (bloß) ungerechtem positivem ↑Recht, ›unrichtigem Recht‹ und ›gesetzlichem Unrecht‹. Zumindest im letzteren Falle handelt es sich nach R. um überhaupt kein Recht, so daß seine Durchsetzung auch nicht durch Verweis auf die zu erhaltende Rechtssicherheit gerechtfertigt werden kann (vgl. Gesetzliches Unrecht und übergesetzliches Recht, Süddeutsche Juristen-Z. 1 [1946], 105–108, auch in: Rechtsphilosophie, ^{8}1973, 339–350). Damit ist R. gezwungen, auch materiale Gesichtspunkte zur Bestimmung des geltenden Rechts anzugeben. Seine Idee eines ›übergesetzlichen Rechts‹ entwirft ein minimales Naturrecht, das sich auf die Garantie elementarer ↑Menschenrechte beschränkt. Auf dieser rechtsstaatlichen Grundlage sucht R. die Forderungen nach Demokratie und Toleranz aus seinem begründungstheoretischen Wertrelativismus abzuleiten. – Als Justizminister setzte sich R. (erfolglos) für eine Strafrechtsreform ein, die sich eher an Therapie- als an Vergeltungszielen ausrichtet und auch nicht rechtsmoralistisch private ›Sittlichkeitsdelikte‹ verfolgt, die niemanden schädigen. Er erreichte die Zulassung der Frauen zu den Justizämtern. R. steht in der Tradition des aufgeklärten ↑Humanismus, was sich auch in vielfältigen Veröffentlichungen kulturphilosophischen, pädagogischen, historischen, religiösen und poetischen Inhalts dokumentiert.

Werke: Gesamtausgabe, I–XX, ed. A. Kaufmann, Heidelberg 1987–2003. – Die Lehre von der adäquaten Verursachung, Berlin 1902; Der Handlungsbegriff in seiner Bedeutung für das Strafrechtssystem. Zugleich ein Beitrag zur Lehre von der rechtswissenschaftlichen Systematik, Berlin 1904, Neudr., ed. A. Kaufmann, Darmstadt 1967 [mit Anhang: Zur Systematik der Verbrechenslehre. Klassenbegriffe und Ordnungsbegriffe im Rechtsdenken]; Einführung in die Rechtswissenschaft, Leipzig 1910, ^{2}1913, ^{8}1929, Stuttgart ^{9}1952, ed. K. Zweigert, ^{13}1980; Peter Günther, der Gotteslästerer. Ein Lübecker Kulturbild aus dem Jahrhundert der Orthodoxie, Lübeck 1911; Grundzüge der Rechtsphilosophie, Leipzig 1914, ^{2}1922, Neudr. unter dem Titel: Rechtsphilosophie, Leipzig ^{3}1932, ed. E. Wolf, ^{4}1950, ed. E. Wolf/H.-P. Schneider, erw. ^{8}1973; Über Religionsphilosophie des Rechts, in: G. R./P. Tillich, Religionsphilosophie der Kultur. 2 Entwürfe, Berlin 1919, 1921 (repr. Darmstadt 1968), 9–25; Kulturlehre des Sozialismus. Ideologische Betrachtungen, Berlin 1922, erw. ^{3}1949, ed. A. Kaufmann, Frankfurt ^{4}1970; Der Mensch im Recht. Heidelberger Antrittsvorlesung, Tübingen 1927, Neudr. in: Der Mensch im Recht. Ausgewählte Vorträge und Aufsätze über Grundfragen des Rechts, ed. F. v. Hippel, Göttingen 1957, 1969, 9–22; Paul Johann Anselm Feuerbach. Ein Juristenleben, Wien 1934, Göttingen ^{2}1957, ed. E. Wolf, ^{3}1969; Elegantiae Juris Criminalis. 7 Studien zur Geschichte des Strafrechts, Basel 1938, erw. Neudr. mit Untertitel: 14 Studien zur Geschichte des Strafrechts, Basel ^{2}1950; La natura della cosa come forma giuridica di pensiero, Riv. int. di filos. del diritto 2. Ser. 21 (1941), 145–156 (dt. [erw.] unter dem Titel: Die Natur der Sache als juristische Denkform, in: G. C. Hernmarck [ed.], Festschrift zu Ehren von Prof. Dr. jur. Rudolf Laun, Rektor der Universität Hamburg, anläßlich der Vollendung seines 65. Lebensjahres am 1. Januar 1947, Hamburg 1948, Aalen 1981, 157–176); Gestalten und Gedanken. 8 Studien, Leipzig 1944, ^{2}1948, erw. mit Untertitel: 10 Studien, Stuttgart 1954; Theodor Fontane oder Skepsis und Glaube, Leipzig 1945, 1948; Der Geist des englischen Rechts, Heidelberg 1946, ^{2}1947, Göttingen ^{3}1956, ^{5}1965, erw. unter dem Titel: Der Geist des Englischen Rechts und die Anglo-Amerikanische Jurisprudenz. Aufsätze, Berlin 2006; Vorschule der Rechtsphilosophie. Nachschrift einer Vorlesung, ed. H. Schubert/J. Stoltzenburg, Willsbach/Heidelberg

1947, Heidelberg 1948, Göttingen [2]1959, ed. A. Kaufmann, [3]1965; (mit H. Gwinner) Geschichte des Verbrechens. Versuch einer historischen Kriminologie, Stuttgart 1951, erw. Frankfurt 1990, 1991; Der innere Weg. Aufriß meines Lebens, Stuttgart 1951, Göttingen 1961; Entwurf eines Allgemeinen Deutschen Strafgesetzbuches (1922), Tübingen 1952. – Briefe, ed. E. Wolf, Göttingen 1968.

Literatur: A. Baratta, Relativismus und Naturrecht im Denken G. R.s, Arch. Rechts- u. Sozialphilos. 45 (1959), 505–537; P. Bonsmann, Die Rechts- und Staatsphilosophie G. R.s, Bonn 1966, 1970; M. Borowski/S. L. Paulson (eds.), Die Natur des Rechts bei G. R., Tübingen 2015; A.-H. Chroust, The Philosophy of Law of G. R., Philos. Rev. 53 (1944), 23–45; K. Engisch, G. R. als Rechtsphilosoph, Arch. Rechts- u. Sozialphilos. 38 (1949/1950), 305–316; L. L. Fuller, Positivism and Fidelity to Law. A Reply to Professor Hart, Harvard Law Rev. 71 (1957/1958), 630–672; H. L. A. Hart, Positivism and the Separation of Law and Morals, Harvard Law Rev. 71 (1957/1958), 593–629; F.v. Hippel, G. R. als rechtsphilosophischer Denker, Süddeutsche Juristen-Z. 5 (1950), 465–477, 574–586, erw. Heidelberg 1951, Goldbach 1997; A. Kaufmann (ed.), Gedächtnisschrift für G. R.. 21.11.1878–23. 11. 1949, Göttingen 1968; ders., G. R.. Rechtsdenker, Philosoph, Sozialdemokrat, München/Zürich 1987; ders., R., in: B. Jahn (ed.), Biographische Enzyklopädie deutschsprachiger Philosophen, München 2001, 332–333; W. Pauly (ed.), Rechts- und Staatsphilosophie des Relativismus. Pluralismus, Demokratie und Rechtsgeltung bei G. R., Baden-Baden 2011; G. Spendel, Jurist in einer Zeitenwende. G. R. zum 100. Geburtstag, Heidelberg/Karlsruhe 1979; ders., G. R., NDB XXI (2003), 83–86; Z. U. Tjong, Der Weg des rechtsphilosophischen Relativismus bei G. R., Bonn 1967; ders., Über die Wendung zum Naturrecht bei G. R., Arch. Rechts- u. Sozialphilos. 56 (1970), 245–264; E. Wolf, Große Rechtsdenker der deutschen Geistesgeschichte. Ein Entwicklungsbild unserer Rechtsanschauung, Tübingen 1939, [4]1963, 713–765 (mit Bibliographie, 757–765); ders., Umbruch oder Entwicklung in G. R.s Rechtsphilosophie?, Arch. Rechts- u. Sozialphilos. 45 (1959), 481–503. B. G.

Rad der Gründe (sanskr. hetucakra), Name einer in der indischen Logik (↑Logik, indische) von Dignāga in seinem Hetucakraḍamaru (= Trommel des Rads der Gründe) entwickelten neungliedrigen Tabelle zur Auszeichnung der schlüssigen Relationen zwischen Gründen (↑hetu) und Folgen (Abb. 1).

	vih	veh	vah
		(ae)	
sah	ai		aa
seh	ei	ee	ea
sih	ii		ia
		(ie)	

Abb. 1

Hier sind ↑*a*, ↑*e* und ↑*i* (in der indischen Logik bedeutet *i* ›einige‹ unter Ausschluß von ›alle‹) die syllogistischen (↑Syllogistik) Relationen zwischen auf der einen Seite bezüglich einer Folge (sādhya, etwa Feuer) zum Gegenstand der Prädikation (pakṣa, etwa einem Berg mit Feuer; eigentlich bedeutet ›pakṣa‹ eine von zwei sich gegenüberstehenden Behauptungen, hier also ›es ist Feuer am Ort dieses Berges‹ gegenüber ›es ist kein Feuer am Ort dieses Berges‹) *gleichartigen* Gegenständen (*s*apakṣa, Orte der Anwesenheit von Feuer, also Beispiele für Feuer, z. B. eine Küche) bzw. *ungleichartigen* Gegenständen (*v*ipakṣa, Orte der Abwesenheit von Feuer, also Gegenbeispiele für Feuer, z. B. ein Teich, d. h. $v = \bar{s}$) und auf der anderen Seite dem Grund der betreffenden Folge (*h*etu, etwa Rauch). Dann gilt in genau den beiden Fällen $sah \wedge veh$ und $sih \wedge veh$ auch *has* (überall, wo Rauch anwesend ist, ist auch Feuer anwesend), d. h., in diesen Fällen ist der Schluß von $\iota p \, \varepsilon \, h$ auf $\iota p \, \varepsilon \, s$ (von ›am Ort dieses Berges ist Rauch‹ auf ›am Ort dieses Berges ist Feuer‹) schlüssig. Versuche, das R. d. G. als Beweis für den Syllogismus ↑Barbara mit pakṣa (im Beispiel: ›Berg‹) als ↑Unterbegriff (*terminus minor*), sādhya (›Feuer‹) als ↑Oberbegriff (*terminus maior*) und hetu (›Rauch‹) als ↑Mittelbegriff, also für $pah \wedge has \prec pas$, zu lesen, sind abwegig. K. L.

Rādhakrishnan, Sarvepalli, *Tiruttai (Andhra Pradesh) 5. Sept. 1888, †Madras (Tamilnadu) 17. April 1975, ind. Philosoph und Politiker. Nach Philosophiestudium in Vellore und Madras 1909–1916 Lecturer, 1917 Prof. am Presidency College in Madras, 1918–1921 Prof. für Philosophie an der Universität Mysore, 1921 Berufung auf den King-George-V.-Lehrstuhl für Philosophie an der Universität Kalkutta, der R. mit Unterbrechungen für Gastprofessuren u. a. in Oxford, Chicago und London sowie zur Übernahme der Vizekanzlerposten an der neugegründeten Andhra University in Waltair (1931–1936) und an der Banaras Hindu University (1939–1948) bis 1941 angehört. 1936–1952, dem Jahr der Wahl zum Vizepräsidenten von Indien, Spalding Professor of Eastern Religion and Ethics an der Universität Oxford (gekoppelt mit einem Fellowship am dortigen All Souls College), 1949–1952 gleichzeitig indischer Botschafter in der Sowjetunion. Während seiner Vizepräsidentschaft bis zur Wahl als Präsident der Republik Indien 1962–1967 unter anderem für drei Jahre Präsident der Vollversammlung der UNESCO (1952–1954, 1958), Vizepräsident des Internationalen PEN-Clubs und Kanzler der Universität Delhi (1952–1962); zahlreiche nationale und internationale Ehrungen.

In zahlreichen Büchern, fast ausschließlich zur indischen Philosophie und Religion (↑Philosophie, indische), vermittelt R. das religiöse und intellektuelle Erbe Indiens auf dem Wege eines Vergleichs mit scheinbar anderen Anschauungen der westlichen Welt. Dieses Erbe steht unter der auch der abendländischen Tradition vertrauten sowohl deskriptiven als auch normativen These, daß Philosophie einen Versuch der vernünftigen Lebensorientierung darstellt, dessen Gelingen davon abhängt, ob die eigene Lebensführung der erreichten Erkenntnis entspricht. Begriffliches Wissen, das der Stufe sinnlicher Erfahrung folgt, wird von R. als Vorbereitung zu intuitiver (d.h. praktischer) Einsicht aufgefaßt. Alle drei Stadien zusammen machen die Erkenntnis der Wirklichkeit als Ganze aus. Dabei versteht sich R. in Auseinandersetzung mit dem Neovedānta Vivekānandas als Verfechter eines am nicht-dualistischen (↑Advaita) ↑Vedānta Śaṃkaras orientierten Idealismus. Diesem zufolge entsprechen die drei Stufen der Erkenntnis den drei von Śaṃkara anerkannten Erkenntnismitteln (↑pramāṇa): Wahrnehmung (↑pratyakṣa), Schlußfolgerung (↑anumāna) und zuverlässige Mitteilung (↑śabda), wobei letztere, in Übereinstimmung mit seinem mehr problemorientiert als systemorientiert vorgehenden neovedāntistischen Zeitgenossen K.C. Bhattacharyya, nicht als Textgläubigkeit, sondern als unmittelbare, sich selbst bestätigende (innere) Erfahrung zu lesen ist. Nur ein solcher Ansatz mache den teleologischen (↑Teleologie) Sinn der Wirklichkeit sichtbar als den gemeinsamen inhaltlichen Kern des ↑jñāna (Wissen) der Upanischaden (↑upaniṣad), der ↑bodhi (Einsicht) des Buddhismus, der freimachenden Wahrheit des Christus und der Erleuchtung des Muḥammad. Nur vergleichende religionswissenschaftliche und geistesgeschichtliche Studien können unter Beachtung insbes. religiöser Toleranz im praktischen Umgang den gemeinsamen inhaltlichen Kern der verschiedenen, Philosophie und Religion einheitlich behandelnden Systeme und Überzeugungen aufdecken und damit die oft totgesagte ↑philosophia perennis fortsetzen. – R. blieb bis zu seinem Tode der Guru, d.i. der geistige Lehrmeister, seiner Nation.

Werke: The Ethics of Vedānta and Its Metaphysical Presuppositions, Madras 1908; Essentials of Psychology, London etc. 1912, Delhi 1988; The Philosophy of Rabindranath Tagore, London 1918, Baroda 1961; The Reign of Religion in Contemporary Philosophy, London 1920; Indian Philosophy, I–II, London 1923/1927, London, New York ^{2}1929/1931, Oxford etc. 2008 (dt. Indische Philosophie, I–II, Darmstadt/Baden-Baden/Genf 1956); The Philosophy of the Upaniṣads, London, New York 1924, ^{2}1935; The Hindu View of Life. Upton Lectures Delivered at Manchester College, Oxford, 1926, London, New York 1927, New Delhi 1993 (dt. Die Lebensanschauung des Hindu, Leipzig 1928; franz. L'hindouisme et la vie, Paris 1929, 1935); The Religion We Need, London 1928, Varanasi ^{2}1963, 2008; Kalki, or, The Future of Civilization, Bombay, London, New York 1929, Ludhiana 1973; The Heart of Hindustan, Madras 1931, New Delhi 2007; An Idealist View of Life, London, New York 1932, London ^{2}1937, New Delhi 2009 (dt. Idealismus und Leben, in: Meine Suche nach Wahrheit, Gütersloh 1961, 43–368); East and West in Religion, London 1933, 1967 (dt. Religion in Ost und West, Gütersloh 1961); Freedom and Culture, Madras 1936, ^{5}1952; (ed., mit J.H. Muirhead) Contemporary Indian Philosophy, London, New York 1936, erw. London ^{2}1952, New Delhi 1982; (ed.) Mahatma Gandhi. Essays and Reflections on His Life and His Work Presented to Him on His Seventieth Birthday, October 2nd, 1939, London 1939, erw. ^{2}1949, Bombay etc. 2007 (Introduction: Gandhi's Religion and Politics, 1939, 13–40, 2007, 1–29); Eastern Religions and Western Thought, Oxford 1939, London ^{2}1940, Delhi 2012 (dt. Die Gemeinschaft des Geistes. Östliche Religionen und westliches Denken, Darmstadt/Genf 1952, Stuttgart 1961); Education, Politics and War, Poona 1944; India and China. Lectures Delivered in China in May 1944, Bombay 1944, ^{3}1954; Is This Peace?, Bombay 1945, ^{2}1946, Ludhiana 1973; My Search for Truth, Agra 1946, ^{2}1956, New Delhi 1977 (dt. Meine Suche nach der Wahrheit, in: Meine Suche nach Wahrheit [s.o.], 7–41); Religion and Society, London 1947, ^{2}1948, 1959 (dt. Religion und Gesellschaft. Persönliche Freiheit und soziale Bindung, Darmstadt/Genf 1954, 1965); Gautama the Buddha, Bombay 1949; Great Indians, Bombay 1949, Ludhiana ^{2}1973; R.. An Anthology, ed. A.A. Marlow, London 1952; (ed., mit anderen) History of Philosophy, Eastern and Western, I–II, London 1952/1953, 1957; East and West. Some Reflections, London 1955, 1967 (dt. Wissenschaft und Weisheit. Westliches und Östliches Denken, München 1961); Recovery of Faith, New York 1955 (repr. 1968), New Delhi 1992 (dt. Erneuerung des Glaubens aus dem Geist, Frankfurt 1955, 1963); Occasional Speeches and Writings, I–III (I October 1952 – January 1956, II February 1956 – February 1957, III 1959 – May 1963), Delhi 1957–1963, fortgeführt unter dem Titel: President R.'s Speeches and Writings. May 1962 – May 1964, Delhi 1965, fortgeführt unter dem Titel: R.'s Speeches and Writings II (May 1964 – May 1967), New Delhi 1969; (ed., mit C.A. Moore) A Source Book in Indian Philosophy, Princeton N.J. 1957, 1989; (ed., mit R.T. Raju) The Concept of Man. A Study in Comparative Philosophy, London 1960, ^{2}1966, New Delhi 2002; Fellowship of the Spirit, Cambridge Mass. 1961; Vier Ansprachen anläßlich der Verleihung des Friedenspreises des Deutschen Buchhandels, Frankfurt 1961; On Nehru, Delhi 1965, 1966; Religion in a Changing World, London, New York 1967; Religion, Science & Culture, Delhi 1968, 2008; R. Reader. An Anthology [...], ed. P. Nagaraja Rao/K. Gopalaswami/S. Ramakrishnan, Bombay 1969; Selected Writings in Philosophy, Religion, and Culture, ed. R.A. McDermott, New York 1970; Basic Writings of S.R., ed. R.A. MacDermott, Bombay 1972, 1999; The Creative Life, New Delhi 1975; Living with a Purpose, New Delhi 1976, 2006; True Knowledge, New Delhi 1978, Delhi 1984; Indian Religions, New Delhi 1979, unter dem Titel: Indian Religious Thought, 2006; Towards a New World, Delhi 1980, New Delhi 1990. – *Übersetzungen und Kommentare:* The Bhagavadgītā [sanskr./engl.], London, New York 1948, ^{2}1973 (repr. Bombay 1975), London 1995 (dt. Die Bhagavadgītā. Sanskrittext mit Einleitung und Kommentar von S.R., dt. Übers. S. Lienhard, Baden-Baden 1958, Wiesbaden, Stuttgart 1980); The Dhammapada. With Introductory Essays, Pali Text, English Translation, London/New York 1950 (repr. in: M.T. Kapstein (ed.), The Buddhism Omnibus, New Delhi 2004), Oxford etc. 1992; The Principal Upaniṣads [sanskr./engl.], New York 1953, Atlantic Highlands N.J. 1996; Bādarāyaṇa, The Brahma Sūtra. The Philosophy of Spiritual Life [sanskr./engl.], London, New York 1960 (repr. New York 1968), London 1971. – Chronological Bibliography of R.'s Publications, in: R.N. Minor, R. [s.u., Lit.], 165–176.

Literatur: J.G. Arapura, R. and Integral Experience. The Philosophy and World Vision of S.R., New York 1966; C. Bartley, R., in: K. A. Jacobsen (ed.), Brill's Encyclopedia of Hinduism V, Leiden/Boston Mass. 2013, 566–571; K. S. Bharathi, Encyclopaedia of Eminent Thinkers IV (The Political Thought of R.), New Delhi 1998; L. Bily, R., BBKL XVII (2000), 1095–1098; D. A. Braue, ›Māyā‹ in R.'s Thought. Six Meanings Other than ›Illusion‹, Delhi etc. 1985; S. K. Dhawan, S. R.. A Select Study (1888–1975), Delhi 1991; K. I. Dutt (ed.), S. R.. A Study of the President of India, New Delhi 1966; S. Gopal, R.. A Biography, London etc. 1989, Delhi/Oxford 1992; W. R. Inge u. a. (eds.), R.. Comparative Studies in Philosophy Presented in Honour of His Sixtieth Birthday, London, New York 1951, 1968; K. Jain, Foundation of Human Rights. A Critical Appraisal of the Theories of Maritain and R., Jaipur 2001; J. Kalapati, Dr. S. R. and Christianity. An Introduction to Hindu-Christian Apologetics, Delhi 2002; N. Krupanandam, Religious Thought of Modern India. With Special Reference to Raja Rammohun Roy, Swami Vivekananda, Mahatma Gandhi and Dr. S. R., New Delhi 2010; C. P. Kumar, Religion and the Modern World. A Study of the Philosophy of Dr. S. R., New Delhi 2010; B. K. Lal, Contemporary Indian Philosophy, Delhi/Varanasi/Patna 1973, 254–298, ²1978, 2005, 257–302 (Chap. VI S. R.); T. M. P. Mahadevan/G. V. Saroja, Contemporary Indian Philosophy, New Delhi/Jalandhar/Bangalore 1981, 1985, 52–58, 245–271; S. B. P. Mehta, R.'s Philosophy of History, New Delhi 2010; R. N. Minor, R.. A Religious Biography, Albany N. Y. 1987 (mit Bibliographie, 177–181); J. Mukherjee, Tagore and R. (A Study in Religious Perspective), Patna/New Delhi 1992; K. S. Murty/A. Vohra, R.. His Life and Ideas, Delhi 1989, Albany N. Y. 1990; T. W. Organ, R. and the Ways of Oneness of East and West, Athens Ohio 1989; R. S. Pandey/U. R. Sharma, Educational Philosophy of S. R., Ambala 1990; dies., Social and Educational Ideas of R., Allahabad 2008; S. S. Rama Rao Pappu (ed.), New Essays in The Philosophy of S. R., Delhi 1995; P. A. Schilpp (ed.), The Philosophy of S. R., New York 1952, Delhi 1992; S. R. Sharma, Life and Works of Dr. S. R., Jaipur 2007; H. N. Singh, Contribution of S. R. to Indian Religious Thought, Patna 1979; Y. K. Singh, S. R., New Delhi 2013; H. P. Sinha, Religious Philosophy of Tagore and R.. A Comparative and Analytical Study, Delhi 1993, 1994; G. S. S. Sreenivasa Rao, S. R.. A World Philosopher, Madras 1994; V. Srinivasan, Hindu Spirituality and Virtue Politics, Los Angeles etc. 2014, bes. 1–20 (Chap. 1 Monistic Vedanta and Cosmic Evolution. S. R.'s Integral Approach); P. K. Sundaram, R., in: K. L. Seshagiri Rao/K. Kapoor (eds.), Encyclopedia of Hinduism VIII, New Delhi 2011, 365–366; O. Wolff, R., Göttingen 1962. – S. R., in: D. Collinson/K. Plant/R. Wilkinson, Fifty Eastern Thinkers, London/New York 2000, 2004, 167–177. K. L.

Raghunātha Śiromani, *Nadīyā (Bengalen) ca. 1475, †ca. 1550, ind. Philosoph, Gründer der bengalischen Navadvīpa-Schule des durch Vereinigung der Systeme des ↑Nyāya und des ↑Vaiśeṣika charakterisierten Navya-Nyāya in der indischen Philosophie (↑Philosophie, indische). Von seinem Lehrer Vāsudeva, der auch den Vaiṣṇava Caitanya (1486–1533) unterrichtet hat, zur weiteren Ausbildung nach Mithilā (Bihār) geschickt, dem Zentrum des Navya-Nyāya seit Gaṅgeśa (ca. 1300–1360); dort erwirbt R. die bis dahin der Mithilā-Schule vorbehaltene Berechtigung, auch in Navadvīpa offiziell Abschlüsse in Nyāya-Studien zu erteilen. – R. gehört zu den bedeutendsten indischen Logikern (↑Logik, indische); er stellt in einer Reihe von knapp und konzis geschriebenen Werken seine Eigenständigkeit durch kritische Reorganisation der Überlieferung und einschneidende Neuerungen unter Beweis. Wichtige Werke sind der Padārtha-tattva-nirūpaṇa (Betrachtung über das Wesen der Kategorien), der Nañvāda (Lehre von der Negation) und sein *magnum opus*, ein systematischer Kommentar Dīdhiti zu Gaṅgeśas Tattvacintāmaṇi (nur der Kommentar zu den ersten beiden Büchern des aus vier Büchern bestehenden Tattvacintāmaṇi ist vollständig überliefert). R. hält von den sieben Kategorien (↑padārtha) des Navya-Nyāya nur Substanz (↑dravya) und Handlung (kriyā, ursprünglich ›karma‹ im Sinne von Bewegung) bei und fügt sieben neue hinzu, nämlich Ursächlichkeit (kāraṇatva), Bewirktheit (kāryatva), Selbstheit (svatva), Zahl (saṃkhyā), Besonderheit (vaiśiṣṭya), Fähigkeit (śakti) und Moment (kṣaṇa). Weiter hebt er die übliche, aber logisch irreführende Unterscheidung von sattā (Sein, eine Bestimmung 1. Stufe, von Substanzen, Eigenschaften und Handlungen, den Gegenständen der Grundstufe, ausgesagt) und bhāva (Dasein, auch von Gegenständen höherer Stufe ausgesagt) auf und identifiziert sie beide logisch korrekt mit dem ↑Prädikator 2. Stufe ›existiert‹. Dieser Prädikator wird von Gegenständen der Grundstufe insofern ausgesagt, als sie in einer Relation stehen, d. h. durch sie (unbestimmt) gekennzeichnet sind. Angesichts der Schwierigkeiten insbes. mit der traditionellen siebten Kategorie Abwesenheit (abhāva) lehrt R., daß ↑Universalia (↑Universalien) nicht als Gesamtheit ihrer Instanzen aufgefaßt werden dürfen; vielmehr kann Allgemeinheit bzw. ein allgemeiner Zusammenhang schon angesichts auch nur eines Falles ohne das Postulat einer ›übernormalen‹ Wahrnehmung (nämlich des Allgemeinen) ›gesehen‹ (nämlich begriffen) werden. Es bedarf noch weiterer Forschung, um R.s Verwendung einer mehrstufigen ↑Relationenlogik zur Darstellung auch quantorenlogischer (↑Quantorenlogik) Zusammensetzungen und Schlüsse einwandfrei rekonstruieren zu können (↑Logik, indische). Unter R.s Werken finden sich auch Kommentare und Subkommentare zu Schriften anderer Nyāya-Autoren, z. B. Udayana (ca. 975–1050) und Vardhamāna (14. Jh.), sowie zum berühmten Khaṇḍana-khaṇḍa-khādya des Vedāntin Śrī-Harṣa (ca. 1125–1200). Auch poetische Werke werden ihm zugeschrieben.

Werke: Extract from R.'s »Dīdhiti« of the Section Commenting on Gaṅgeśa's »Vyāpti-Pañcaka«, in: D. H. H. Ingalls, Materials for the Study of Navya-Nyāya Logic, Cambridge Mass. 1951, Delhi 1988, 154–161; The Padārthatattvanirūpaṇam of R. Śiromaṇi. A Demonstration of the True Nature of Things to Which Words Refer, ed. K. H. Potter, Cambridge Mass. 1957; Nañvāda. A Discourse on the Significance of Negative Particles, in: B. K. Matilal, The Navya-nyāya Doctrine of Negation. The Semantics and Ontology of Negative Statements in Navya-nyāya

Philosophy, Cambridge Mass. 1968, 148–170 [engl.], 189–193 [sanskr.]; Śiromaṇi's Ākhyāta-Śakti-Vāda [sanskr./engl.], ed. K. N. Chatterjee, Varanasi 1981;V. Varadachari u. a., R. Śiromaṇi, in: K. H. Potter/S. Bhattacharyya (eds.), Encyclopedia of Indian Philosophies VI (Indian Philosophical Analysis. Nyāya-Vaiśeṣika from Gaṅgeśa to R. Śiromaṇi, Delhi 1992, 2008, 521–590 [Zus.fassung einzelner Werke R.'s], 624–631 [Anmerkungen]).

Literatur: D. C. Bhattacharya, History of Navya-Nyāya in Mithilā, Darbhanga 1958; G. Bhattacharya, R. Śiromaṇi on sāmānyalakṣaṇā, in: G. Oberhammer (ed.), Beiträge zur Geistesgeschichte Indiens. Festschrift für Erich Frauwallner, Wien 1968 (Wiener Z. f. d. Kunde Süd- u. Ostasiens u. Archiv f. ind. Philos. 12/13), 65–74); N. S. Dravid, Paksatā. The Nature of the Inferential Locus (A Psycho-Epistemological Investigation of the Inferential Process), New Delhi 2007 (enthält Auszüge der Tattvacintāmaṇidīdhiti); E. Frauwallner, R. Śiromaṇi, Wiener Z. f. d. Kunde Süd- u. Ostasiens u. Archiv f. ind. Philos. 10 (1966), 86–207, 11 (1967), 140–208, 14 (1970), 161–208 (enthält u. a. Text und Übers. von Teilen der Tattvacintāmaṇidīdhiti); J. Ganeri, Semantic Powers. Meaning and the Means of Knowing in Classical Indian Philosophy, Oxford 1999, bes. 170–182 (Chap. 5.5 R.'s Austere Theory); ders., The Lost Age of Reason. Philosophy in Early Modern India, 1450–1700, Oxford etc. 2011, bes. 44–51, 201–211; V. Gaur, The Navya-Nyāya Logic. With Special Reference to R. and Mathurānātha, Delhi 1990; K. S. Prasad, R., in: K. L. Seshagiri Rao/K. Kapoor (eds.), Encyclopedia of Hinduism VIII, New Delhi 2011, 382–383. K. L.

Rahmenregel (auch: Strukturregel), Bezeichnung für denjenigen Teil der Dialogspielregel (↑Spielregel) in der Dialogischen Logik (↑Logik, dialogische), der unabhängig vom speziellen Aufbau der Aussagen die Rahmenbedingungen für den Verlauf eines Dialoges festlegt. Dazu gehört die Vereinbarung, daß sich Aussagen nur angreifen und auf Angriffe verteidigen lassen, aber auch die Vereinbarung über Gewinn oder Verlust einer Partie. Von besonderer Bedeutung sind die Festlegungen darüber, wann und wie oft im Verlaufe eines Dialoges Aussagen angegriffen und auf Angriffe hin verteidigt werden können. An dieser Stelle entscheidet es sich, welche Logik die Spielregeln bestimmen, insbes., ob sich ein klassischer oder ein effektiver ↑Wahrheitsbegriff ergibt (↑Logik, intuitionistische, ↑Logik, klassische, ↑Logik, konstruktive). Von der Variation dieser die allgemeine Struktur des Dialogverlaufs festlegenden R. bleibt die durch die ↑*Partikelregeln* als Teil der *Argumenteregel* definierte lokale Bedeutung der logischen Partikeln (↑Partikel, logische) unberührt. K. L.

Rahner, Karl (Josef Erich), *Freiburg 5. März 1904, †Innsbruck 30. März 1984, dt. kath. Theologe, Bruder des kath. Theologen Hugo R. (1900–1968), wie auch dieser Jesuit (1922 Ordenseintritt in Tisis bei Feldkirch, 1924–1927 Philosophiestudium ebd. und in Pullach, 1929–1933 Theologiestudium im niederl. Valkenburg, 1932 Priesterweihe in München). 1934–1936 philosophisches Promotionsstudium (ohne Abschluß) in Freiburg bei M. Heidegger und M. Honecker. 1936 theologische Promotion an der Universität Innsbruck, ebd. 1937 Habilitation und (bis zum ›Anschluß‹) einjährige Dozentur. 1939–1944 Dozent am Seelsorgeinstitut in Wien, 1945–1948 in Pullach. 1948–1949 Dozent, dann bis 1964 Prof. für Dogmatik und Dogmengeschichte in Innsbruck. 1962–1965 Peritus (theologischer Berater) des Zweiten Vatikanischen Konzils. 1964–1967 Prof. für christliche Weltanschauung und Religionsphilosophie in München, 1967–1971 für Dogmatik und Dogmengeschichte in Münster. 1969–1974 Mitglied der Internationalen Päpstlichen Theologenkommission. R.s Denken schließt an eine jesuitische Strömung in der ersten Hälfte des 20. Jhs. an, die sich um einen konstruktiven Dialog neuscholastischen (↑Neuscholastik) Denkens mit der modernen Philosophie bemüht und zu der Autoren wie J. Maréchal (↑Maréchal-Schule), P. Rousselot, E. Przywara und H. de Lubac gehören. In einem »Grundkurs des Glaubens« (1976), der die Summe seines theologischen Lebenswerkes darstellt, unternimmt er den Versuch einer transzendental-anthropologisch (↑transzendental, ↑Anthropologie) verfahrenden Fundamentaltheologie. Der Ausdruck ›transzendental‹ meint hier zum einen die Bedingungen der Möglichkeit natürlicher ↑Erkenntnis und zum anderen die aus Gnade sich ereignende göttliche Selbstoffenbarung (↑Offenbarung) als Bedingung der Möglichkeit ↑übernatürlicher Erkenntnis. Wo diese Offenbarung sich in natürlicher Weise manifestiert – vor allem im Mensch gewordenen Sohn Gottes Jesus Christus –, bezeichnet R. sie als kategoriale. Dabei behauptet R. eine grundsätzliche Offenheit der menschlichen ↑Vernunft für die göttliche Offenbarung, die sich als ›anonymes Christentum‹ auch in nicht-katholischen bzw. nicht-christlichen ↑Weltanschauungen und Lebensentwürfen manifestieren könne, wenn auch nicht in vollkommener Weise. Ein dementsprechend inklusivistisches kirchliches Selbstverständnis drückt sich aus in § 8 der Dogmatischen Konstitution des Zweiten Vatikanischen Konzils »Lumen gentium« vom 21. 11. 1964 und in der Konzilserklärung über das Verhältnis der Kirche zu den nicht-christlichen Religionen »Nostra aetate« vom 28. 10. 1965. Die Unüberbietbarkeit der christlichen Glaubenslehre sieht R. in der unüberbietbaren Einheit der Heilsbotschaft und ihres Boten in Jesus Christus begründet, also in der Lehre von der Trinität als Einheit zwischen Gott-Vater und Gott-Sohn im Heiligen Geist. Während R. das ↑Sein als solches, also auch das göttliche Wesen, als Subjektivität (↑Subjekt) auslegt und die Identität von immanenter und ökonomischer Trinität (d. h. Gottes als dreifaltigen und seiner heilsgeschichtlichen Selbstoffenbarung) behauptet, sucht er zugleich im Anschluß an die kirchliche Tradition sowohl den Tritheismus als auch den Modalismus als auch die von G. W. F. Hegel konzipierte Aufhebung (↑aufheben/Aufhebung) der drei göttlichen Personen in der absoluten Subjektivität zu vermeiden, indem er von den drei distinkten Subsistenzweisen (↑Subsistenz) des einen göttlichen Wesens spricht.

Werke: Schriften zur Theologie, I–XVII, Einsiedeln/Zürich/Köln 1954–1984 [XVII = Registerbd.]; Sämtl. Werke, I–XXXII, ed. K. Lehmann/J. B. Metz/A. Raffelt u. a., Solothurn/Düsseldorf, Freiburg/Basel/Wien 1995–2015 [XXXII = Register u. Bibliographie] (franz. Œuvres. Édition critique autorisée, I–XXXII, ed. J. Doré u. a., Paris 2011 ff. [erschienen Bde IV, XX, XXVI]). – Geist in Welt. Zur Metaphysik der endlichen Erkenntnis bei Thomas von Aquin, Innsbruck/Leipzig 1939, ed. J. B. Metz, München ²1957, 1964, ferner als: Sämtl. Werke [s. o.] II (franz. L'esprit dans le monde. La métaphysique de la connaissance finie chez saint Thomas d'Aquin, Tours 1968; engl. Spirit in the World, London/Sydney, Montreal 1968, New York 1994; ital. Spirito nel mondo, ed. M. Marassi/A. Zoerle, Mailand 1989); Hörer des Wortes. Zur Grundlegung einer Religionsphilosophie, München 1941, ed. J. B. Metz, ²1963, ³1985, ferner als: Sämtl. Werke [s. o.] IV (ital. Uditori della parola, Turin 1967, ²2006; engl. Hearer of the Word. Laying the Foundations for a Philosophy of Religion, ed. A. Tallon, New York 1994; franz. L'auditeur de la parole. Écrits sur la philosophie de la religion et sur les fondements de la théologie, als: Œuvres [s. o.] IV; (ed. mit J. Höfer) LThK, I–XVI, ²1957–1968; (ed. mit H. Schlier) Quaestiones disputatae, Freiburg/Basel/Wien 1958 ff.; Sendung und Gnade. Beiträge zur Pastoraltheologie, Innsbruck/Wien/München 1959, ed. K. H. Neufeld, Innsbruck/Wien ⁵1988; (mit H. Vorgrimler) Kleines theologisches Wörterbuch, Freiburg/Basel/Wien 1961, überarb. ¹⁰1976, ¹⁶1988 (franz. Petit dictionnaire de théologie catholique, Paris 1970, 1995; engl. Dictionary of Theology, New York 1981); (ed. mit F. X. Arnold u. a.) Handbuch der Pastoraltheologie. Praktische Theologie der Kirche in ihrer Gegenwart, I–V, Freiburg/Basel/Wien 1964–1972, I–III, ²1970–1972 (franz. Fondements théologiques pour l'action pastorale, II–III, Paris 1969/1970); (ed. mit H. Vorgrimler) Kleines Konzilskompendium. Alle Konstitutionen, Dekrete und Erklärungen des Zweiten Vaticanums in der bischöflich beauftragten Übersetzung, Freiburg/Basel/Wien 1966, mit Untertitel: Sämtliche Texte des Zweiten Vatikanums, ³⁵2008; (ed. mit A. Darlap) Sacramentum mundi. Theologisches Lexikon für die Praxis, I–IV, Freiburg/Basel/Wien 1967–1969 (engl. Encyclopedia of Theology. A Concise Sacramentum mundi, London 1975, mit Untertitel: The Concise Sacramentum mundi, New York 1982, Tunbridge Wells 1993); (ed.) Herders theologisches Taschenlexikon, I–VIII, Freiburg/Basel/Wien 1972–1973; Grundkurs des Glaubens. Einführung in den Begriff des Christentums, Freiburg/Basel/Wien 1976, 2013, ferner als: Sämtl. Werke [s. o.] XXVI (ital. Corso fondamentale sulla fede. Introduzione al concetto di cristianesimo, Alba 1977, San Paolo 2005; engl. Foundations of Christian Faith. An Introduction to the Idea of Christianity, New York, London 1978, New York 1984; franz. Traité fondamental de la foi. Introduction au concept du christianisme, Paris 1983, 1993, ferner als: Œuvres [s. o.] XXVI; Rechenschaft des Glaubens. K.-R.-Lesebuch, ed. K. Lehmann/A. Raffelt, Zürich etc. 1979, ²2004 (engl. The Content of Faith. The Best of K. R.'s Theological Writings, New York 1994); K. R. im Gespräch, I–II, ed. P. Imhof/H. Biallowons, München 1982/1983 (engl. K. R. in Dialogue, Conversations and Interviews. 1965–1982, New York 1986); Bekenntnisse. Rückblick auf 80 Jahre, ed. G. Sporschill, Wien/München 1984, ³1986; Erinnerungen im Gespräch mit Meinold Krauss, Freiburg/Basel/Wien 1984, Neudr. Innsbruck/Wien 2001 (engl. I Remember. An Autobiographical Interview with Meinold Krauss, London 1985); Glaube in winterlicher Zeit. Gespräche mit K. R. aus den letzten Lebensjahren, ed. P. Imhof/H. Biallowons, Düsseldorf 1986 (engl. Faith in a Wintry Season. Conversations and Interviews with K. R. in the Last Years of His Life, New York 1990); Theologische und philosophische Zeitfragen im katholischen deutschen Raum (1943), ed. H. Wolf, Ostfildern 1994. – R. Bleistein (ed.), Bibliographie K. R. 1969–1974, Freiburg/Basel/Wien 1974; ders./E. Klinger, Bibliographie K. R. 1924–1969, Freiburg/Basel/Wien 1969; P. Imhof/H. Treziak, Bibliographie K. R. 1974–1979, in: H. Vorgrimler (ed.), Wagnis Theologie [s. u., Lit.], 579–597; P. Imhof/E. Meuser, Bibliographie K. R. 1979–1984, in: E. Klinger/K. Wittstadt (eds.), Glaube im Prozeß [s. u., Lit.], 854–871.

Literatur: H. U. v. Balthasar, Johannes B. Lotz, Sein und Wert/K. R., Geist und Welt [Rezension], Z. kath. Theol. 63 (1939), 371–379; ders., Exkurs. Zur Soteriologie K. R.s, in: ders., Theodramatik III (Die Handlung), Einsiedeln 1980, 253–262; A. R. Batlogg u. a., Der Denkweg K. R.s. Quellen – Entwicklungen – Perspektiven, Mainz 2003, ²2004; ders./M. E. Michalski (eds.), Begegnungen mit K. R.. Weggefährten erinnern sich, Freiburg/Basel/Wien 2006 (engl. Encounters with K. R.. Remembrances of R. by Those Who Knew Him, Milwaukee Wis. 2009); J. A. Bonsor, R., Heidegger, and Truth. K. R.'s Notion of Christian Truth, the Influence of Heidegger, Lanham Md. 1987; ders., R., REP VIII (1998), 35–39; P. Burke, Reinterpreting R.. A Critical Study of His Major Themes, New York 2002; P. Conway/F. Ryan (eds.), K. R. Theologian for the Twenty-First Century, Oxford etc. 2010; M. Delgado/M. Lutz-Bachmann (eds.), Theologie aus Erfahrung der Gnade. Annäherungen an K. R., Berlin 1994; P. Eicher, Die anthropologische Wende. K. R.s philosophischer Weg vom Wesen des Menschen zur personalen Existenz, Freiburg (Schweiz) 1970; ders., Offenbarung. Prinzip neuzeitlicher Theologie, München 1977, bes. 347–421 (Studie IV Die immanente Transzendenz. Das Gott-Denken K. R.s); P. Endean, K. R. and Ignatian Spirituality, Oxford/New York 2001, 2004; P. Eppe, K. R. zwischen Philosophie und Theologie. Aufbruch oder Abbruch?, Berlin 2008; S. M. Fields, Being as Symbol. On the Origins and Development of K. R.'s Metaphysics, Washington D. C. 2000; K. Fischer, Der Mensch als Geheimnis. Die Anthropologie K. R.s. Mit einem Brief von K. R. (400–410), Freiburg/Basel/Wien 1974, ²1975 (Ökumenische Forschungen II/5); P. J. Fritz, K. R.'s Theological Aesthetics, Washington D. C. 2014; M. Hauber, Unsagbar nahe. Eine Studie zur Entstehung und Bedeutung der Trinitätstheologie K. R.s, Innsbruck/Wien 2011 (Innsbrucker theol. Stud. 82); B. van der Heijden, K. R.. Darstellung und Kritik seiner Grundpositionen, Einsiedeln 1973; J. Herzgsell, Dynamik des Geistes. Ein Beitrag zum anthropologischen Transzendenzbegriff von K. R., Innsbruck/Wien 2000 (Innsbrucker theol. Stud. 54); B. J. Hilberath, K. R.. Gottgeheimnis Mensch, Mainz 1995; W. J. Hoye, Gotteserfahrung? Klärung eines Grundbegriffs der gegenwärtigen Theologie, Zürich 1993, bes. 112–170 (Kap. 4 Gotteserfahrung als die Wirklichkeit selbst. K. R.); P. Imhof/H. Biallowons (eds.), K. R.. Bilder eines Lebens, Zürich/Köln, Freiburg/Basel/Wien 1985; K. Kilby, K. R.. Theology and Philosophy, London 2004; E. Klinger/K. Wittstadt (eds.), Glaube im Prozeß. Christsein nach dem II. Vatikanum. Für K. R., Freiburg/Basel/Wien 1984 (mit Bibliographie, 854–885); N. Knoepffler, Der Begriff ›transzendental‹ bei K. R.. Zur Frage seiner Kantischen Herkunft, Innsbruck/Wien 1993 (Innsbrucker theol. Stud. XXXIX); M. Kolozs, K. R.. Innsbrucker Jahre. Eine Biographie, Innsbruck 2014; K. Lehmann (ed.), Vor dem Geheimnis Gottes den Menschen verstehen. K. R. zum 80. Geburtstag, München/Zürich 1984; ders., R., LThK VIII ([3]1999), 805–808; D. Marmion/M. E. Hines (eds), The Cambridge Companion to K. R., Cambridge etc. 2005, 2007; A. Mayer, K. R.s Mariologie im Kontext seiner transzendentalsymbolischen Theologie, Münster 2015; J. B. Metz, Den Glauben lernen und lehren. Dank an K. R., München 1984; R. Miggelbrink, Ekstatische Gottesliebe im tätigen Weltbezug. Der Beitrag K. R.s zur zeitgenössischen Gotteslehre, Altenberge 1989 (Münsteraner theol. Abh. V); ders., K. R. 1904–1984. Was hat er uns gegeben? – Was haben wir genommen? Auseinandersetzungen mit K. R., Berlin/Münster 2009; J. Moltmann, Christsein, Menschsein und das Reich Gottes. Ein Gespräch mit K. R., Stimmen der Zeit 203 (1985), 619–631, ferner in: ders., In der Geschichte des dreieinigen Gottes. Beiträge zur trinitarischen Theologie, München 1991, Gütersloh 2010, 156–172; D. Munteanu, Was ist der Mensch? Grundzüge und gesellschaftliche Relevanz einer ökumenischen Anthropologie anhand der Theologien von K. R., W. Pannenberg und J. Zizioulas, Neukirchen-Vluyn 2010; H.-D. Mutschler (ed.), Gott neu buchstabieren. Zur Person und Theologie K. R.s, Würzburg 1994; K. H. Neufeld, Die Brüder R.. Eine Biographie, Freiburg/Basel/Wien 1994, [2]2004; A. Raffelt (ed.), K. R. in Erinnerung, Düsseldorf 1994 (mit Bibliographie, 165–205); ders./H. Verweyen, K. R., München 1997; J. Ratzinger, Vom Verstehen des Glaubens. Anmerkungen zu R.s Grundkurs des Glaubens, Theol. Revue 74 (1978), 177–186; S. Rise, The Academic and the Spiritual in K. R.'s Theology, Frankfurt 2000; H. Schöndorf (ed.), Die philosophischen Quellen der Theologie K. R.s, Freiburg/Basel/Wien 2005; M. Schulz, K. R. begegnen, Augsburg 1999, 2004; N. Schwerdtfeger, Gnade und Welt. Zum Grundgefüge von K. R.s Theorie der ›anonymen Christen‹, Freiburg/Basel/Wien 1982 (Freiburger theol. Stud. 123); D. Sendrez, L'expérience de Dieu chez K. R.. Son statut épistémologique dans le »Traité fondamental de la foi«, Paris 2013; R. A. Siebenrock (ed.), K. R. in der Diskussion. Erstes und zweites Innsbrucker K.-R.-Symposion. Themen – Referate – Ergebnisse, Innsbruck/Wien 2001 (Innsbrucker theol. Stud. LVI); ders., K. R. SJ (1904–1984), in: F. W. Graf (ed.), Klassiker der Theologie II (Von Richard Simon bis K. R.), München 2005, 289–310; E. Simons, Philosophie der Offenbarung in Auseinandersetzung mit »Hörer des Wortes« von K. R., Stuttgart etc. 1966; J. Splett, Mystisches Christentum? K. R. zur Zukunft des Glaubens, Theol. Quartalschr. 174 (1994), 258–271, ferner unter dem Titel: K. R.. Mystik?, in: ders., Denken vor Gott. Philosophie als Wahrheits-Liebe, Frankfurt 1996, 221–244; G. Vass, Understanding K. R., I–V, London 1985–2001; H. Verweyen, Wie wird ein Existenzial übernatürlich? Zu einem Grundproblem der Anthropologie K. R.s, Trierer theol. Z. 95 (1986), 115–131; H. Vorgrimler (ed.), Wagnis Theologie. Erfahrungen mit der Theologie K. R.s, Freiburg/Basel/Wien 1979 (mit Bibliographie, 579–622); ders., K. R. verstehen. Eine Einführung in sein Leben und Denken, Freiburg/Basel/Wien 1985, 1988, Neudr. Kevelaer 2002 (engl. Understanding K. R.. An Introduction to His Life and Thought, London 1986); ders., K. R. – Gotteserfahrung in Leben und Denken, Darmstadt 2004; H. Wagner, R., TRE XXVIII (1997), 111–117; K.-H. Weger, K. R.. Eine Einführung in sein theologisches Denken, Freiburg/Basel/Wien 1978, 1986; W. Werner, Fundamentaltheologie bei K. R.. Denkwege und Paradigmen, Tübingen/Basel 2003 (Tübinger Stud. Theol. Philos. XXI). – Sondernummern: Heythrop Journal 25 (1984), 257–365; Philosophy and Theology 7 (1992/1993), 113–245, 8 (1993), 1–110; Theol. Quartalschr. 174 (1994), 257–315; Philosophy and Theology 9 (1995), 151–242, 11 (1998), 103–220, 12 (2000), 109–219; Proyecto 14 (2002), H. 42; Philosophy and Theology 15 (2003), 121–254; Stimmen der Zeit 222 (2004), Sonderh. 1; Z. kath. Theol. 126 (2004), 1–148; Gregorianum 86 (2005), 235–396; Theol. Quartalschr. 185 (2005), 237–328; Religionsunterricht an höheren Schulen 49 (2006); Philosophy and Theology 20 (2008), 269–343, 22 (2010), 339–407; Lebendige Seelsorge 64 (2013), 361–418. T. G.

Rāmana Maharṣi (Shri Rāmana Mahar[i]shi, eigentlich: Venkatarāmaṇ Aiyer [Ayyār]), *Tirucculi b. Madurai (Tamilnadu) 30. Dez. 1879, †Tiruvannāmalai (Tamilnadu) 14. April 1950, ind. Weiser (Guru, d. i. Lehrmeister). Nach einer 17jährig während einer *meditatio mortis* durchlittenen Erleuchtung, in der er die Einheit von ↑ātman (Einzelseele) und ↑brahman (Weltseele) im Sinne des ↑Veda erfuhr, zog sich R. auf den dem Gott Śiva geweihten heiligen Berg Aruṇāchala (Morgenrot) nahe Tiruvannāmalai in Südindien zurück (deshalb für ihn später die Kennzeichnung ›sage of Aruṇāchala‹) und verbrachte dort mehrere Jahre schweigend als Muni (Asket). Seine Lehrtätigkeit, die ab 1925 bis zu seinem Tode in einer öffentlich bis heute als Āśram (Einsiedelei) geführten Halle stattfand und jeweils dem Grad der Einsicht seiner Zuhörer angepaßt war, reichte von ›schweigendem Lehren‹, einer Einladung zur Teilnahme an seinem (jenseits der drei traditionellen Stufen: Wachen, Träumen, Tiefschlaf, befindlichen eigentlich ›wirklichen‹ vierten [turīya]) Zustand, bis hin zu Anweisungen für eine der Erlangung des höchsten Wissens um – und damit zugleich des Eingebettetseins in – eine einheitliche Wirklichkeit förderliche Lebensführung (deshalb, im Kontext einer die Gleichberechtigung alles Lebendigen, anderer Personen ebenso wie Tiere und Pflanzen, streng beachtenden Lebensweise R.s, eine Vielzahl von Ausdrücken für diese Wirklichkeit: neben ›ātman‹ und ›brahman‹ auch ↑›sat-cit-ānanda‹ [Sein-Bewußtsein-Wonne], ↑›jñāna‹ [Wissen], ›hṛdaya‹ [Herz, Innerstes einer Sache]). Die von R. allein mündlich – alle schriftlichen Zeugnisse sind bis auf wenige Ausnahmen Resultate von Aufzeichnungen und vor Ort gemachten Übersetzungen aus dem Tamil, Telugu oder Malayalam ins Englische – und ohne Grundlage einer über den Besuch einer höheren Schule hinausgehenden formalen Ausbildung in indischer Philosophie und Religion (↑Philosophie, indische) entwickelte Lehre steht dem Advaita-Vedānta Śaṃkaras nahe und baut auf einer für R. charakteristischen Yoga-Technik (↑Yoga) des ātma-vicāra (Sich-selbst-einer-Prüfung-unterziehen) auf.

Werke: The Collected Works of Sri R. Maharshi, ed. A. Osborne, London 1959, rev. Tiruvannamalai [10]2007 (franz. Œuvres réunies. Écrits originaux et adaptations, Paris 1974, 1988; ital.

Opere complete, Rom 1977, unter dem Titel: Opere, Rom 2012). – Self-Enquiry (Vicārasaṅgraham) of Bhagavan Sri R. Maharshi, Tiruvannamalai 1947, 1994; Maharshi's Gospel. Books I & II. Being Answers of Bhagavan Sri R. Maharshi to Questions Put to Him by Several Devotees, Tiruvannamalai 1949, 1994 (dt. Die Botschaft des R. Maharshi. Antworten von Shri R. Maharshi an seine Schüler, Frankfurt 1954, Bielefeld 2011; franz. L'Évangile de R. Maharshi, Paris 1970, unter dem Titel: Paroles essentielles, 2013); Talks with Sri R. Maharshi, I–III, ed. S. M. S. Venkataraman, Tiruvannamalai 1955, in einem Bd. ²1963, 2000 (franz. L'enseignement de R. Maharshi, Paris 1972, 2005; dt. Gespräche des Weisen vom Berge Arunachala, ed. E. Wilzbach, Interlaken 1984, München 2010); The Teachings of Bhagavan Sri R. Maharshi in His Own Words, ed. A. Osborne, London 1962, unter dem Titel: The Teachings of R. Maharshi, 2014 (dt. R. M.. Seine Lehren, München 1983); Conscious Immortality. Conversations with R. Maharshi, ed. P. Brunton/M. Venkataramiah, Tiruvannamalai 1984; Upadeśa sārah (Essence of Teaching) [sanskr./engl.], Bangalore 1984 (dt. Upadesa Saram. Die Quintessenz der spirituellen Unterweisung, Norderstedt 2011, ²2014; engl. Essence of Instruction [Upadesa Saram]. The Pine Forest Revisited, Norderstedt 2014); Be as You Are. The Teachings of Sri R. Maharshi, ed. D. Godman, London etc. 1985, London 2012 (dt. Sei, was du bist! R. M.s Unterweisungen über das Wesen der Wirklichkeit und den Pfad der Selbstergründung, Bern/München/Wien 1990, Frankfurt 2009); Souvernirs et témoignages, I–II, ed. J. Gontier, Tiruvannamalai 1997/2000; R., Shankara and the Forty Verses. The Essential Teachings of Advaita, London 2002, Delhi 2005 [Part I R. Maharshi's Translations from Shankara, 11–111, Part II R. Maharshi's Forty Verses on Reality, 113–148]; Le son du silence. Présence de R. Maharshi. Inédits. Instrucitons spirituelles, anecdotes, ed. P. Mandala, Paris 2006; La lumière de soi. Écrits, paroles, anecdotes, ed. P. Mandala, Paris 2012, 2013.

Literatur: B. K. Ahluwalia/S. Ahluwalia (eds.), Maharshi Rāmana. His Relevance Today, Delhi 1980; J. Dam, Große Meister Indiens. Ramakrishna – Vivekananda – Sri Aurobindo – R. Maharshi – Sri Chinmoy, München 2003, Darmstadt 2006; G. Ebert, R. Maharshi. Sein Leben, Stuttgart/Lüchow 2003, Norderstedt ²2011; dies., R. Maharshi, und seine Schüler I, Norderstedt 2006; dies., R. Maharshi, BBKL XXVI (2006), 1205–1223; R. L. Fetz, Shri R. Maharshi. Vom Ich zum Selbst. Hinduistische Mystik im westlichen Vergleich, Berlin/Münster 2006; T. Forsthoefel, Knowing beyond Knowledge. Epistemologies of Religious Experience in Classical and Modern Advaita, Aldershot/Burlington Vt. 2002, 2007, bes. 123–155 (Chap. 4 The Sage of Pure Experience: the Advaita of R. M.); ders., R. Maharshi, in: K. A. Jacobsen (ed.), Brill's Encyclopedia of Hinduism V, Leiden/Boston Mass. 2013, 594–601; J. A. Grimes, R. Maharshi. The Crown Jewel of Advaita, Varanasi 2010; F. Helg, Selbstverwirklichung und Selbsttranszendenz. R. Maharshi und das Verhältnis der indischen Spiritualität zur westlichen Psychotherapie, Diss. Zürich 1998; K. Lakshmana Sarma, Maha Yoga. Or the Upanishadic Lore in the Light of the Teachings of Maharshi R. [auch: Bhagavan Sri R.], Pudokotah 1937, erw. ²1942, 2002 (dt. Maha Yoga. Die Lehren Sri R. Maharshis, Frankfurt 1958); T. M. P. Mahadevan, R. M. and His Philosophy of Existence, Tiruvannamalai 1959, 2010; ders., R. Maharshi. The Sage of Aruṇācala, London 1977 (ital. R. Maharshi. Il saggio di Aruṇācala, Rom 1980, 2003); ders./G. V. Saroja, Contemporary Indian Philosophy, New Delhi/Jalandhar/Banglore 1981, 1985, 47–52, 219–244; B. V. Narasimha Swami, Self-Realization. The Life & Teachings of Sri R. Maharshi, Tiruvannamali 1931, ³1936, 1993; A. Osborne, R. Maharshi and the Path of Self Knowledge, London 1954, Tiruvannamalai 2002 (franz. R. Maharichi et le sentier de la connaissance des soi, Paris/Neuchâtel 1957, 1989; dt. R. Maharshi und der Weg der Selbsterkenntnis, München-Planegg 1959, mit Untertitel: Eine Biographie über R. Maharshi, neu übers. v. G. Ebert, Norderstedt 2012); N. D. Sonde, Philosophy of Bhagavan Sri R. Maharishi, Delhi 1995; H. Zimmer, Der Weg zum Selbst. Lehre und Leben des indischen Heiligen Shri R. Maharshi aus Tiruvannamalai, ed. C. G. Jung, Zürich 1944, mit Untertitel: Lehre und Leben des Shrî R. Maharshi, Düsseldorf 1974, München ⁸1997.   K. L.

Rāmānuja, *Srīperumbudūr (Tamilnadu) ca. 1055, †wahrscheinlich Srīraṅgam (Südindien) 1137 (der Tradition nach 120jährig: 1017–1137), ind. Philosoph und Theologe. R., Sohn eines Brahmanen, empfing seine Ausbildung im Advaita-Vedānta Śaṃkaras als Brahmanenschüler im nahegelegenen Kāñcipuram (Conjeeveram) und folgte anschließend einem Ruf auf die Stelle des obersten Priesters im Viṣṇu geweihten Ranganātha-Tempel in Srīraṅgam, wo er – unterbrochen von einer 20jährigen Pilgerreise als Asket und Wanderprediger durch ganz Indien – die theologischen Lehren seines Vorgängers Yāmuna, eines Vaiṣṇava (Viṣṇu-Anhänger), weiter ausbaute und philosophisch zu begründen begann. Der durch eine konsequente philosophische Legitimation der Alleinheitslehre der Upanischaden (↑upaniṣad) ausgezeichnete ↑Advaita Śaṃkaras ließ keinen systematischen Raum für die im Zuge der muslimischen Eroberungen als eine Form von Widerstand erstarkte praktische Religiosität, die in Gestalt des bhakti-mārga (Weg der Hingabe, ↑bhakti) als höchstem und zugleich leichtestem Erlösungsweg in der von den religiösen Sekten wie von den philosophischen Schulen des ↑Vedānta (↑Philosophie, indische) gleichermaßen anerkannten Bhagavadgītā gelehrt wird.

Gegen den Ritualismus der ↑Mīmāṃsā – dem karma-mārga (Weg des Handelns, ↑karma) der Bhagavadgītā entsprechend – und gegen den Intellektualismus Śaṃkaras – dem jñāna-mārga (Weg des Wissens, ↑jñāna) der Bhagavadgītā entsprechend – entwickelt R., dabei beide Mīmāṃsā, die Pūrva-Mīmāṃsā (= Mīmāṃsā) und die Uttara-Mīmāṃsā (= Vedānta), wieder als ein Ganzes behandelnd, den *Viśiṣṭādvaita* (modifizierte Nichtzweiheit), den Lehrinhalt der theistischen (↑Theismus), wegen der Identifizierung des höchsten Gottes Īśvara mit Viṣṇu zum Vaiṣṇavismus zählenden Vedāntaschule der Śrī-Vaiṣṇava. Das Ziel ist, der praktischen Frömmigkeit und damit dem bhakti-Yoga als Vereinigung und zugleich Kulmination von karma-Yoga und jñāna-Yoga eine philosophische Grundlage zu geben. Zwar bestehe eine letztendliche Identität von Gott (Īśvara), einzelner (mit einem Ort, aber ohne Ausdehnung ausgestatteter) Seele (↑ātman) und materieller Welt (↑prakṛti), aber nur insofern von Gott Nichtzweiheit ausgesagt werden könne; ātman und prakṛti modifizieren ihn in Analogie zur Modifikation einer Seele durch ihren jeweiligen realen, aber ohne sie nicht existenzfähigen Körper (śarīra). Wie der Körper seiner Seele dient, d.h. ihr Instrument ist, so dient ein (aus Körper und Seele bestehender) Mensch vermöge der bhakti Gott. Im Streit um die Frage, ob die von R. noch als gleich angesehenen Wege der bhakti (Hingabe, Akzent auf eigener Aktivität) und der prapatti (Hinnahme, Akzent auf Gelassenheit durch einen Akt der Unterwerfung) voneinander zu sondern und in welche Rangfolge sie zu bringen sind, bildeten sich in der Folgezeit zwei Schulen des Viśiṣṭādvaita. Für eine nördliche (Vaḍagalai), von Vedānta Deśika (1268–1338) begründete Schule setzt die Wirksamkeit göttlicher Gnade eigene Beteiligung durch Reinigung voraus. Für eine südliche (Teṅgalai) Schule mit ihrem Hauptvertreter Pillai Lokācārya (um 1300) hängt dagegen die Erlösung allein von der göttlichen Gnade ab. – Die beiden philosophischen, hauptsächlich der Auseinandersetzung mit Śaṃkara, aber auch mit dem Bhedābheda Bhāskaras gewidmeten Hauptwerke R.s sind der Vedārthasaṃgraha (Zusammenfassung der Bedeutung des Veda) und das als Standardwerk der Śrī-Vaiṣṇavas geltende Śrībhāṣya, ein Kommentar des zu den drei Grundlagen (prasthāna) des Vedānta zählenden Vedānta-sūtra. Von besonderer theologischer Bedeutung ist unter den übrigen Werken der Kommentar zur Bhagavadgītā, das Gītābhāṣya.

Werke: Bādarāyana, The Vedānta-sūtras with the Śrī-Bhāshya of Rāmānujāchārya I, ed. M. Rangāchārya/M. B. V. Aiyangār, Madras 1899, I–III, Madras 1961–1965; das angeblich von R. verfaßte Vedāntatattvasāra [sanskr./dt.], ed. E. v. Voss, Leipzig 1906; Siddhānta des R.. Ein Text zur indischen Gottesmystik [dt. Teilübers. des Śrībhāṣya], ed. R. Otto, Jena 1917, Tübingen ²1923; La doctrine morale et métaphysique de R.. Traduction (du premier sūtra du Śrībhāṣya accompagnée du texte sanskrit) et notes, ed. O. Lacombe, Paris 1938; R. on the Bhagavadgītā. A Condensed Rendering of His Gītābhāṣya with Copious Notes and an Introduction, ed. J. A. B. van Buitenen, 's-Gravenhage 1953, Delhi ²1968 (repr. 1974); R.'s Vedārthasaṃgraha. Introduction, Critical Edition and Annotated Translation, ed. J. A. B. van Buitenen, Poona 1956; R.s Vedāntadīpa. Seine Kurzauslegung der Brahmasūtren des Bādarāyaṇa, übers. v. A. Hohenberger, Bonn 1964 (Bonner orientalist. Stud. NS XIV).

Literatur: C. J. Bartley, The Theology of R.. Realism and Religion, London/New York 2002, 2013; K. D. Bharadwaj, Philosophy of R., New Delhi 1958; S. R. Bhatt, Studies in R. Vedānta, New Delhi 1975; J. B. Carman, The Theology of R.. An Essay in Interreligious Understanding, New Haven Conn./London 1974, Bombay 1981; R. Dutta, From Hagiographies to Biographies. R. in Tradition and History, New Delhi 2014; T. Forsthoefel, Knowing beyond Knowledge. Epistemologies of Religious Experience in Classical and Modern Advaita, Aldershot/Burlington Vt. 2002, 2007, bes. 167–176 (How and What We Know in R.'s Soteriology); M. Ganeri, Indian Thought and Western Theism. The Vedānta of R., London/New York 2015; A. Hohenberger, R.. Ein Philosoph indischer Gottesmystik. Seine Lebensanschauung nach den wichtigsten Quellen dargestellt, Bonn 1960 (Bonner orientalist. Stud. NS X); U. Hüsken, R., RGG VII (⁴2004), 30–31; O. Lacombe, L'Absolu selon le Védânta. Les notions de Brahman et d'Atman dans les systèmes de Çankara et Rāmānoudja, Paris 1937, 1966; R. C. Lester, R. on the Yoga, Madras 1976; J. J. Lipner, The Face of Truth. A Study of Meaning and Metaphysics in the Vedāntic Theology of R., Basingstoke/London, Albany N. Y. 1986; K. Lorenz, R. (ca. 1055–1137) und Madhva (ca. 1238–1317). Wortführer zweier Varianten des Vedānta, in: ders., Indische Denker, München 1998, 200–240, 258–260; J. Madey, R., BBKL XVI (1999), 1314–1315; G. Oberhammer, Materialien zur Geschichte der R.-Schule, I–IX, Wien 1979–2008; S. Rādhakrishnan, The Vendānta According to Śaṃkara and R., London 1928; V. K. S. N. Raghavan, History of Viśiṣṭādvaita Literature, Delhi 1979; A. Sen Gupta, A Critical Study of the Philosophy of R., Varanasi 1967; M. P. Singh, The Ethical Philosophy of the Gita. A Comparative and Critical Study of the Interpretations of Tilak and R., Kalkutta 1996; P. N. Srinivasachari, R.'s Idea of the Finite Self, Kalkutta 1928; K. C. Varadachari, Śrī R.'s Theory of Knowledge. A Study, Tirupati 1943, 1980; T. Venkatacharya, Rāmānujācārya, His Predecessors, Successors, and Their Works, in: K. L. Seshagiri Rao (ed.), Encyclopedia of Hinduism VIII, New Delhi 2011, 480–483. – R., in: D. Collinson/K. Plant/R. Wilkinson, Fifty Eastern Thinkers, London/New York 2000, 2004, 126–132. K. L.

Ramismus, Bezeichnung für die auf P. Ramus zurückgehende Bewegung einer allgemeinen Wissenschaftsreform im 16. und 17. Jh., die sich vor allem in protestantischen Ländern durchsetzte. Die Schulen von Bremen, Herborn, Cambridge und Harvard waren zeitweise vollständig unter dem Einfluß des R.. Dieser ist geprägt durch eine Neubelebung der *artes liberales* (↑ars) im Sinne eines dem ↑Humanismus nahestehenden praktisch-pädagogischen Programms und einer besonderen Förderung der mathematischen Fertigkeiten (im Rahmen des Quadriviums). Schriftlichen Niederschlag fand die Reform in zahllosen, der Methodenlehre von Ramus folgenden Lehrbüchern. Im Calvinismus erstreckte sich der Einfluß bis in den Schulunterricht hinein. Als wesentlich für die Entstehung der neuzeitlichen Wissenschaft erwiesen sich die Ideen von ›Analyse‹ und ›Methode‹, die vor allem die Entwicklung in den mathematischen Naturwissenschaften mitbestimmten: R. Descartes (über I. Beeckman) und J. Kepler waren mit dem methodischen Gedankengut des R. vertraut. Aber auch die Methodisierung nicht-mathematischer Wissenschaften wie Jurisprudenz, Medizin, Pädagogik (J. A. Comenius) und der allgemeinen Wissenschaftslehre und Wissenschaftsenzyklopädie (J. H. Alsted) ist durch den R. befördert worden.

Literatur: N. Bruyère, Leibniz, lecteur de Ramus, Stud. Leibn. Suppl. 23 (1983), 157–173; ders., Méthode et dialectique dans l'œuvre de la Ramée. Renaissance et age classique, Paris 1984; M.-D. Couzinet u.a., Ramus et l'université, Paris 2004; P. Dibon, L'influence de Ramus aux universités néerlandaises du 17ᵉ siècle, Actes du XIe Congrès International de Philosophie. Bruxelles, 20–26 août 1953, XIV (Volume complémentaire et communications du Colloque de logique), Amsterdam, Louvain 1953, 307–311; M. Feingold/J. S. Freedman/W. Rother (eds.), The Influence of P. R.. Studies in Sixteenth and Seventeenth Century Philosophy and Sciences, Basel 2001; F. P. Graves, Peter Ramus and the Educational Reformation of the Sixteenth Century, New York 1912; M. Hinz, R., Hist. Wb. Rhetorik VII (2005), 567–595; H. Hotson, Commonplace Learning. Ramism and Its German Ramifications, 1543–1630, Oxford etc. 2007, 2011; W. S. Howell, Logic and Rhetoric in England, 1500–1700, Princeton N. J. 1956, New York 1961 (repr. Bristol 1999); K. Meerhoff/J.-C. Moisan (eds.), Autour de R.. Le combat, Paris 2005; P. Miller, The New England Mind. The Seventeenth Century, New York 1939, Cambridge Mass. 1954, 1982; G. Oldrini, La disputa del metodo nel Rinascimento. Indagini su Ramo e sul ramismo, Florenz 1997; L. Pozzi, Da Ramus a Kant. Il dibattito sulla sillogistica, Mailand 1981; R. Pozzo, R., Semiramismus, Hist. Wb. Ph. VIII (1992), 15–17; S. J. Reid/E. A. Wilson (eds.), R., Pedagogy, and the Liberal Arts. Ramism in Britain and the Wider World, Farnham/Burlington Vt. 2011; E. Traverso, Gli sviluppi del ramismo nella tradizione metodologica del' 600 francese. La »Logique« di Port-Royal, Epistemologia 5 (1982), 341–360. G. G.

Ramsey, Frank Plumpton, *Cambridge 22. Febr. 1903, †London 19. Jan. 1930, engl. Mathematiker und Philosoph. Nach Studium der Mathematik in Cambridge (Abschluß 1923) und einem kurzen Aufenthalt in Wien ab 1924 Fellow of King's College, Cambridge. – In Weiterentwicklung einer Idee L. Wittgensteins modifiziert R. das System der ↑Principia Mathematica auf der Basis des auch von ihm vertretenen ↑Logizismus durch Einführung unendlich langer Konjunktionsausdrücke; auf diese Weise wird das umstrittene ↑Reduzibilitätsaxiom überflüssig und die verzweigte Typentheorie auf die einfache Typentheorie zurückgeführt (↑Typentheorien). Wissenschaftstheoretisch bedeutsam sind ferner R.s Klassifikation der ↑Antinomien in rein logische und nicht rein logische sowie ein früher Beitrag zum ↑Entscheidungsproblem der mathematischen Logik (↑Logik, mathematische) dadurch, daß sich die in dieser Arbeit verwendeten kombinatorischen Ideen auch in der allgemeinen ↑Kombinatorik als außerordentlich fruchtbar erweisen (›R.-Theorem‹, ›R.-Zahlen‹). Eine Erweiterung des Satzes von R. (›Finite R.-Theorem‹) zum ›Infinite R.-Theorem‹ findet seit 1977 in der ↑Metamathematik Beachtung, nachdem bewiesen worden war, daß sie im ↑Peano-Formalismus nicht ableitbar (↑ableitbar/Ableitbarkeit) ist (und damit die historisch erste inhaltlich wichtige rein mathematische Aussage dieser Art darstellt). Eher am Rande stehen R.s subjektivistische Begründung der ↑Wahrscheinlichkeitstheorie und Arbeiten zur mathematischen Nationalökonomie (trotz des Urteils von J. M. Keynes über R.s zweite nationalökonomische Arbeit, sie sei »one of the most remarkable contributions to mathematical economics ever made«, 1933, 295). In neuerer Zeit hat die Analytische Wissenschaftstheorie (↑Wissenschaftstheorie, analytische) R.s Überlegungen (aus der 1931 postum veröffentlichten Studie »Theories«) zum Status theoretischer Begriffe (↑Begriffe, theoretische) in deduktiven Theorien aufgegriffen und intensiv weiterentwickelt (↑Theoriesprache); zu jeder solchen Theorie T kann man eine ihr äquivalente Theorie T^* dadurch konstruieren, daß man die Terme für theoretische Begriffe in allen sie enthaltenden Formeln durch ihnen umkehrbar eindeutig entsprechende Variable ersetzt und die Formeln dann durch Existenzquantoren (↑Einsquantor) 2. Stufe bezüglich dieser (Prädikaten-) Variablen quantifiziert. Das Konjungat dieser Formeln heißt dann (nach Sicherung der Eindeutigkeit durch z. B. lexikographische Anordnung der Existenzquantoren nach ihren Variablen) der ↑*Ramsey-Satz* oder das *Ramsey-Substitut* von T. Es läßt sich zeigen, daß T und T^* in allen durch Beobachtung überprüfbaren Folgerungen übereinstimmen. Nach der von W. Stegmüller so genannten *Braithwaite-R.-Vermutung* können jedoch die in nicht-trivialen naturwissenschaftlichen Theorien vorkommenden theoretischen Begriffe nicht immer durch Erweiterung oder Verstärkung der definitionstheoretischen Hilfsmittel so auf Beobachtungsterme zurückgeführt werden, daß die theoretischen Aussagen der ursprünglichen Theorie zu empirischen Aussagen der abgeleiteten Theorie werden.

Werke: Critical Notice [Rezension von L. Wittgenstein, »Tractatus Logico-Philosophicus«], Mind NS 32 (1923), 465–478, Neudr. unter dem Titel: Critical Note of L. Wittgenstein's »Tractatus Logico-Philosophicus«, in: ders., The Foundations of Mathematics and Other Logical Essays [s. u.], 270–286; The Foundations of Mathematics, Proc. London Math. Soc. 25 (1926), 338–384, Neudr. in: ders., The Foundations of Mathematics and Other Logical Essays [s. u.], 1–61, ferner in: ders., Foundations [s. u.], 152–212 (dt. Die Grundlagen der Mathematik, in: ders., Grundlagen [s. u.], 131–177); Mathematics: Mathematical Logic, in: H. Chisholm (ed.), The Encyclopaedia Britannica Suppl. II, London, New York [13]1926, 830–832; Universals and the ›Method of Analysis‹, Proc. Arist. Soc. Suppl. 6 (1926), 17–26; Mathematical Logic, The Mathematical Gazette 13 (1926), 185–194, Neudr. in: ders., The Foundations of Mathematics and Other Logical Essays [s. u.], 62–81, ferner in: ders., Foundations [s. u.], 213–232 (dt. Mathematische Logik, in: ders., Grundlagen [s. u.], 178–192); A Contribution to the Theory of Taxation, Econ. J. 37 (1927), 47–61, ferner in: ders., Foundations [s. u.], 242–260 (dt. Ein Beitrag zur Theorie der Besteuerung, in: ders., Grundlagen [s. u.], 200–216); Facts and Propositions, Proc. Arist. Soc. Suppl. 7 (1927), 153–170, Neudr. in: ders., The Foundations of Mathematics and Other Logical Essays [s. u.], 138–155, ferner in: ders., Foundations [s. u.], 40–57 (dt. Tatsachen und Sätze, in: ders., Grundlagen [s. u.], 41–55); A Mathematical Theory of Saving, Econ. J. 38 (1928), 543–559, Neudr. in: ders., Foundations [s. u.], 261–281 (dt. Eine mathematische Theorie des Sparens, in: ders., Grundlagen [s. u.], 217–234); Mathematics, Foundations of, in: J. L. Garvin/F. H. Hooper (eds.), The Encyclopaedia Britannica XV, London/New York [14]1929, 82–84; On a Problem of Formal Logic, Proc. London

Math. Soc. 30 (1930), 264–286, Neudr. in: ders., The Foundations of Mathematics and Other Logical Essays [s. u.], 82–111, Neudr. von § 1 unter dem Titel: R.'s Theorem, in: ders., Foundations [s. u.], 233–241 (dt. R.s Theorem, in: ders., Grundlagen [s. u.], 193–199); Theories, in: ders., The Foundations of Mathematics and Other Logical Essays [s. u.], 212–236, ferner in: ders., Foundations [s. u.], 101–125 (dt. Theorien, in: ders., Grundlagen [s. u.], 90–108); The Foundations of Mathematics and Other Logical Essays, ed. R. B. Braithwaite, London 1931, 1965; Foundations. Essays in Philosophy, Logic, Mathematics and Economics, ed. D. H. Mellor, London/Henley 1978 (dt. Grundlagen. Abhandlungen zur Philosophie, Logik, Mathematik und Wirtschaftswissenschaft, Stuttgart-Bad Cannstatt 1980); Philosophical Papers, ed. D. H. Mellor, Cambridge etc. 1990, 1994; On Truth. Original Manuscript Materials (1927–1929) from the R. Collection at the University of Pittsburgh, ed. N. Rescher/U. Majer, Dordrecht/Boston Mass./London 1991; Notes on Philosophy, Probability and Mathematics, ed. M. C. Galavotti, Neapel 1991.

Literatur: M. Black, F. P. R., Enc. Ph. VII (1967), 65–66, VIII (^{2}2006), 234–236; R. B. Braithwaite, F. P. R., J. London Math. Soc. 6 (1931), 75–78; T. A. A. Broadbent, F. P. R., DSB XI (1975), 285–286; J. Dokic/P. Engel, R.. Vérité et succès, Paris 2001 (engl. F. R.. Truth and Success, London/New York 2001, 2003); M. J. Frápolli (ed.), F. P. R.. Critical Reassessments, London 2005; J. M. Hinton, The Fountain of Truth. A Eulogy of R., Ratio 23 (1981), 43–46 (dt. Der Brunnen der Wahrheit. Eine Lobrede auf R., Ratio 23 [1981], 46–49); J. M. Keynes, Essays in Biography, London, New York 1933, 294–311, ferner in: Collected Writings X, London etc. 1972, ed. D. Winch, Basingstoke 2010, 335–346 (F. R.); H. Lillehammer/D. H. Mellor, R.'s Legacy, Oxford 2005; U. Majer, R.'s Conception of Theories. An Intuitionistic Approach, Hist. Philos. Quart. 6 (1989), 233–258; ders., R., in: H. Burkhardt/B. Smith (eds.), Handbook of Metaphysics and Ontology II, München/Philadelphia Pa./Wien 1991, 752–754; D. H. Mellor (ed.), Prospects for Pragmatism. Essays in Memory of F. P. R., Cambridge etc. 1980; ders., F. P. R., REP VIII (1998), 44–49; M. Paul, F. R. (1903–1930). A Sister's Memoir, Huntingdon 2012; B. Russell, Critical Notice [Rezension von F. P. R., »The Foundations of Mathematics and Other Logical Essays«], Mind NS 40 (1931), 476–482; N.-E. Sahlin, The Philosophy of F. P. R., Cambridge etc. 1990; I. Scheffler, The Anatomy of Inquiry. Philosophical Studies in the Theory of Science, New York 1963, New York/London 2014, 203–222; G. Schenk, R., in: S. Gottwald/H.-J. Ilgauds/K.-H. Schlote (eds.), Lexikon bedeutender Mathematiker, Leipzig, Thun/Frankfurt 1990, 388–389; A. Soifer (ed.), R. Theory. Yesterday, Today, and Tomorrow, Basel/New York 2010, 2011; W. Stegmüller, Probleme und Resultate der Wissenschaftstheorie und Analytischen Philosophie II/1 (Theorie und Erfahrung), Berlin/Heidelberg/New York 1970, 400–437 (Kap. VII Quantorenlogische Elimination theoretischer Begriffe. Der R.-Satz); S. Todorcevic, Introduction to R. Spaces, Princeton N. J./Oxford 2010. C. T.

Ramsey-Satz (engl. Ramsey sentence, auch: Ramsey-Substitut, Ramsey-Reformulierung), Bezeichnung für ein von F. P. Ramsey 1929 vorgeschlagenes formales Mittel zur Formulierung des empirischen Gehalts (↑Gehalt, empirischer) einer Theorie durch Elimination ihrer theoretischen Begriffe (↑Begriffe, theoretische). – Der R.-S. einer endlich axiomatisierten empirischen Theorie *T* entsteht dadurch, daß man die Axiome von *T* konjunktiv verknüpft und eine Existenzquantifikation bezüglich der (als Variablen aufgefaßten) theoretischen Begriffe von *T* durchführt. Für die Konjunktion etwa der Axiome der Newtonschen ↑Mechanik, $N(m, F)$, mit den theoretischen Begriffen Masse *m* und Kraft *F* hat der R.-S. die Gestalt

$$\bigvee_X \bigvee_Y N(X, Y),$$

wobei *m* und *F* an allen Stellen durch die Variablen *X* bzw. *Y* ersetzt und durch ↑Einsquantoren gebunden werden. Die ursprüngliche Axiomatisierung von *T* wird also in einen einzigen Satz der Quantorenlogik 2. Stufe (↑Prädikatenlogik, ↑Stufenlogik) transformiert, der – abgesehen von logisch-mathematischen Ausdrücken – gänzlich in Begriffen der ↑Beobachtungssprache formuliert ist. Die Methode setzt voraus, daß sich das Vokabular von *T* trennscharf in einen empirischen (nicht-theoretischen) und einen (*T*-)theoretischen Teil aufspalten läßt (↑Theoriesprache).

Im Rahmen des wissenschaftstheoretischen Strukturalismus (↑Strukturalismus (philosophisch, wissenschaftstheoretisch)) hat J. D. Sneed die Formulierung der empirischen Behauptung einer Theorie *T* verfeinert und transformiert zum *Ramsey-Sneed-Satz* (Bezeichnung nach W. Stegmüller, auch: ›zentraler empirischer Satz einer Theorie‹ oder ›starke Theorienproposition‹). Dieser besagt, daß sämtliche partiellen Modelle von *T* simultan durch Wertzuweisungen für die theoretischen Größen so zu vollen Modellen von *T* erweitert werden können, daß die (Fundamental- und Spezial-)Gesetze und Querverbindungen von *T* erfüllt sind. Auch beim Ramsey-Sneed-Satz handelt es sich um einen unzerlegbaren Satz, in dem über theoretische Begriffe bzw. deren Werte existenzquantifiziert wird.

Der R.-S. einer Theorie *T* impliziert dieselben empirischen Gesetze und erlaubt dieselben Voraussagen wie *T* selbst; er repräsentiert damit den gesamten empirischen Gehalt der Theorie (die nach R. Carnap wiederum als Konjunktion ihres R.-S.es mit einem bedeutungskonstitutiven ↑Analytizitätspostulat aufgefaßt werden kann). Ramsey selbst vertrat, teilweise antizipiert von P. Duhem, die Ansicht, daß im empirischen Gehalt alles Wesentliche einer Theorie enthalten sei und *T*-theoretische Begriffe außerhalb des Kontextes von *T* keine Bedeutung hätten. Erst die Reformulierung von *T* durch ihren R.-S. führe zu einer wahrheitswertfähigen (↑Wahrheitswert) Behauptung und erlaube einen empirischen Test von *T*. Heute wird eine solche instrumentalistische Deutung (↑Instrumentalismus) der R.-S.-Methode nicht mehr als zwingend angesehen. Ähnlich wie ↑Craig's Lemma ist die Reformulierung mittels des R.-S.es als formale Eliminationsmethode zu verstehen, die in Anbetracht der Systematisierungsleistung theoretischer Begriffe jedoch nicht hinreicht, diese als wissenschaftlich überflüssig zu erweisen.

Literatur: H. Andreas, Theoretical Terms in Science, SEP 2013; J. F. A. K. van Benthem, Ramsey Eliminability, Stud. Log. 37 (1978), 321–336; H. G. Bohnert, Communication by Ramsey-Sentence Clauses, Philos. Sci. 34 (1967), 341–347; ders., In Defense of Ramsey's Elimination Method, J. Philos. 65 (1968), 275–281; R. Carnap, Philosophical Foundations of Physics. An Introduction to the Philosophy of Science, ed. M. Gardner, New York/London 1966, 247–256 (Chap. 26 The Ramsey Sentence) (dt. Einführung in die Philosophie der Naturwissenschaft, ed. M. Gardner, München 1969, Frankfurt/Wien/Berlin 1986, 245–254 [Kap. 26 Der R.-S.]); R. Egidi, Ramsey and Wittgenstein on Scientific Theories, Theoria 57 (1991), 196–210; U. Gähde, Ist der R.-S. eine empirische Behauptung?, in: C. U. Moulines/K. G. Niebergall (eds.), Argument und Analyse. Internationaler Kongress der Gesellschaft für Analytische Philosophie IV, Paderborn 2002, 67–82; J. Giedymin, Hamilton's Method in Geometrical Optics and Ramsey's View of Theories, in: D. H. Mellor (ed.), Prospects for Pragmatism. Essays in Memory of F. P. Ramsey, Cambridge etc. 1980, 229–254; C. G. Hempel, The Theoretician's Dilemma. A Study in the Logic of Theory Construction, in: H. Feigl/M. Scriven/G. Maxwell (eds.), Concepts, Theories, and the Mind-Body Problem, Minneapolis Minn. 1958, 37–98, Neudr. in: ders., Aspects of Scientific Explanation and Other Essays in the Philosophy of Science, New York, London 1965, 173–226; J. Hintikka, Ramsey Sentences and the Meaning of Quantifiers, Philos. Sci. 65 (1998), 289–305; J. Ketland, Empirical Adequacy and Ramsification, Brit. J. Philos. Sci. 55 (2004), 287–300; R. Kleinknecht, Der R.-S. in modelltheoretischer Sicht, in: R. Born (ed.), Philosophie – Wissenschaft – Wirtschaft, Wien 2001, 111–117; S. Kornmesser, Von der logischen Analyse der Sprache zur rationalen Rekonstruktion von Theorien. Eine Untersuchung zum Problem der theoretischen Begriffe im Logischen Empirismus und im Strukturalismus, Berlin 2012, bes. 89–114; D. Papineau, Theory-Dependent Terms, Philos. Sci. 63 (1996), 1–20; D. Pearce/V. Rantala, Ramsey Eliminability Revisited, in: J. Hintikka/F. Vandamme (eds.), Logic of Discovery and Logic of Discourse, New York/London 1985, 157–176; G. Priest, An Introduction to Non-Classical Logic, Cambridge 2001, ^{2}2008 (dt. Einführung in die nichtklassische Logik, Paderborn 2008); S. Psillos, Carnap, the Ramsey-Sentence and Realistic Empiricism, Erkenntnis 52 (2000), 253–279; ders., Ramsey's Ramsey-Sentences, in: M. C. Galavotti (ed.), Cambridge and Vienna. Frank P. Ramsey and the Vienna Circle, Dordrecht 2012, 67–90; P. Raatikainen, Ramsification and Inductive Inference, Synthese 187 (2012), 569–577; F. P. Ramsey, Theories, in: ders., The Foundations of Mathematics and Other Logical Essays, ed. R. B. Braithwaite, London 1931, 1965, 212–236, Neudr. in: ders., Foundations. Essays in Philosophy, Logic, Mathematics and Economics, ed. D. H. Mellor, London/Henley ^{2}1978, 101–125 (dt. Theorien, in: ders., Grundlagen. Abhandlungen zur Philosophie, Logik, Mathematik und Wirtschaftswissenschaft, Stuttgart-Bad Cannstatt 1980, 90–108); N.-E. Sahlin, The Philosophy of F. P. Ramsey, Cambridge etc. 1990; I. Scheffler, Reflections on the Ramsey Method, J. Philos. 65 (1968), 269–274; H. A. Simon/G. J. Groen, Ramsey Eliminability and the Testability of Scientific Theories, Brit. J. Philos. Sci. 24 (1973), 367–380, Neudr. in: H. A. Simon, Models of Discovery. Discovery and Other Topics in the Methods of Science, Dordrecht/Boston Mass. 1977, 403–421; J. D. Sneed, The Logical Structure of Mathematical Physics, Dordrecht 1971, Dordrecht/Boston Mass./London ^{2}1979, 41–95; W. Stegmüller, Probleme und Resultate der Wissenschaftstheorie und Analytischen Philosophie II/1–3, Berlin etc. 1970–1986, II/1, 400–437 (Kap. 7 Quantorenlogische Elimination theoretischer Begriffe. Der R.-S.), II/2, 58–106, II/3, 42–46, II/2 ^{2}1985, 66–139. H. R.

Ramus, Petrus (Pierre de la Ramée), *Cuth b. Soissons in der Picardie 1515, †Paris 26. Aug. 1572, franz. Humanist und Philosoph. Nach traditionell scholastischer (↑Scholastik) Ausbildung schließt sich R. zunächst den Humanisten an. 1551 Prof. für Rhetorik und Philosophie am später so genannten »Collège de France«, dessen erster Rektor er wird. 1562 trat R. zum Calvinismus über. Als einer der einflußreichsten Calvinisten in Frankreich wird er in der Bartholomäusnacht ermordet. – Beeinflußt durch den Humanisten J. Sturm, dessen Logikvorlesung er in Paris hört, wendet sich R. früh dem Studium Platons zu. Ausgehend von der Sokratisch-Platonischen Dialektik, von der er das Verfahren der dichotomischen (↑Dichotomie) Begriffseinteilung (↑Dihairesis) übernimmt, lehnt R. die Aristotelische Logik, insbes. deren scholastische Form, mit der Begründung ab, sie sei gekünstelt und entspreche nicht dem ›natürlichen Denken‹; sie behindere dieses, statt es zu befördern. ›Natürliches Denken‹ wird von R. nicht empirisch-psychologistisch verstanden, sondern als eine im Sinne der Platonischen ↑Ideenlehre angeborene Fähigkeit des Menschen. Entsprechend sind für ihn die Gesetze der Logik ↑a priori gültig. Den Scholastikern wirft er vor, daß sie in ihrer Beschränkung auf die Untersuchung syllogistischer (↑Syllogistik) Schlußfiguren den eigentlichen, argumentativen Zweck der Logik aus den Augen verloren hätten, nämlich das Finden und Vortragen von Gründen zu schulen, so daß man in den Stand gesetzt werde, andere zu überzeugen (Aristotelicae animadversiones, Paris 1543). Daher vertritt R. auch, beeinflußt durch die Lektüre von M. T. Cicero und Quintilian, im Gegensatz zu Aristoteles und den Aristotelikern eine Orientierung der Logik an der ↑Rhetorik. Dies bedeutet insbes., daß er die Aristotelische Unterscheidung zwischen wissenschaftlicher Logik und rhetorischer Dialektik rückgängig zu machen sucht, indem er Aristoteles' »Analytica posteriora« gegen dessen »Analytica priora« ausspielt. Den Zusammenhang von Logik und Rhetorik sieht R. in der Frage als ihrem gemeinsamen Ausgangspunkt. Fragen zielen auf Antworten ab. Das Denken als das Bemühen um Antworten ist daher auf zwei Tätigkeiten ausgerichtet: (1) auf das Finden möglicher Gründe und (2) auf die Bildung begründeter Urteile. Entsprechend wird die Logik oder ›ars disserendi‹ eingeteilt in *inventio* und *iudicium* (Dialecticae institutiones, Paris 1543).

R.' umfangreiches (teilweise gemeinsam mit O. Talon verfaßtes) Werk umfaßt außer seinen logischen Schriften solche mathematischen, physikalischen und theologischen Inhalts. In der Mathematik wendet er sich gegen die Euklidische Methode, deren syllogistische Form er ablehnt, und regt so die Entwicklung der analytischen Geometrie (↑Geometrie, analytische) an. Wegen seiner anti-aristotelischen Position, vor allem aber wegen seiner calvinistischen Überzeugungen, muß R. mehrfach Paris und auch Frankreich verlassen. Während seines Exils in Deutschland und der Schweiz (1568–1570) lehrt er unter anderem an der Universität Heidelberg. Seinen großen pädagogischen und reformerischen Einfluß verdankt R. nicht so sehr neuen inhaltlichen Einsichten in den Einzelwissenschaften als seiner auf Anwendung zielenden Methodologie.

Werke: Dialecticae institutiones, Paris 1543 (repr. in: Dialecticae institutiones/Aristotelicae animadversiones, ed. W. Risse, Stuttgart-Bad Cannstatt 1964 [mit Einl., III–XXVI]), überarb. unter dem Titel: Dalectici commentarii tres authore Audomaro Talaeo, Paris 1546 (franz. [überarb.] Dialectique, Paris 1555 [repr. in: Grammere (1562)/Grammaire (1572)/Dialectique (1555), Genf 1972], ed. M. Dassonville, Genf 1964 [krit. Ausg. mit Einl., Anm. u. Komm.], ed. N. Bruyère, Paris 1996), überarb. unter dem Titel: Dialecticae libri duo, Paris 1556, 1572 (engl. The Logike [...], London 1574 [repr. Leeds 1966, New York 1969]; dt. Dialectica verdeutscht [...], Erfurt 1587, unter dem Titel: Logica das ist Vernunfftkunst [...], Erfurt 1590, unter dem Titel: Dialecticae libri duo [lat./dt.], ed. S. Lalla, Stuttgart-Bad Cannstatt 2011, unter dem Titel: Zwei Bücher Dialektik [...] Hanau 1612, in: Dialektik 1572. Mit Begleittexten, ed. H. G. Zekl, Würzburg 2011, 41–108); Aristotelicae animadversiones, Paris 1543 (repr. in: Dialecticae institutiones/Aristotelicae animadversiones, ed. W. Risse [s. o.]), unter dem Titel: Aristotelicae animadversiones libri viginti, Paris 1548, rev. unter dem Titel: Scholarum dialecticarum libri XX, in: Scholae in liberales artes [s. u.] (dt. Kritische Bemerkungen zu Aristoteles, in: Dialektik 1572. Mit Begleittexten [s. o.], 251–344); Oratio de studiis philosophiae et eloquentiae coniungendis, Paris 1546, 1549, ferner in: ders., Rhetoricae distinctiones, ad Carolum Lotharingum, cardinalem Guisianum, Paris 1549, 107–119; Brutinae quaestiones in oratorem Ciceronis, Rhetoricae distinctiones, Paris 1547, unter dem Titel: Brutinae questiones, [2]1549 (engl./lat. Peter R.'s Attack on Cicero. Text and Translation of R.'s »Brutinae quaestiones«, ed. J. J. Murphy, Davis Calif. 1992), [3]1552, ferner in: Ciceroniaus et Brutinae questiones, ed. J. T. Freigius, Basel 1577, 273–418, unter dem Titel: Rhetoricum, seu Quaestionum Brutinarum in oratorem Ciceronis, als: Scholae in tres primas liberales artes [s. u.] II; Rhetoricae distinctiones in Quintilianum [...], Paris 1549, 1559 (engl./lat. Arguments in Rhetoric against Quintilian. Translation and Text of Peter R.'s »Rhetoricae distinctiones in Quintilianum«, trans. C. Newlands, ed. J. J. Murphy, Dekalb Ill. 1986 [mit Einl. v. J. J. Murphy, 1–76], Carbondale Ill. 2010); Pro philosophica Parisiensis Academiae disciplina oratio [...], Paris 1551 (repr. Frankfurt 1975), [2]1557, ferner in: Collectaneae, Praefationes, Epistolae, Orationes [s. u.], 255–323; Ciceronianus, Paris 1557, 1573, ferner in: Ciceronianus et Brutinae questiones [s. o.], 1–272, mit Untertitel: Editio postrema, Frankfurt 1580; Scholae grammaticae, Paris 1559, unter dem Titel: Scholarum grammaticarum, als: Scholae in tres primas liberales artes [s. u.] I; Prooemium reformandae parisiensis academiae, ad regem, o. O. 1562, unter dem Titel: Advertissements sur la reformation de l'université de Paris, au Roy, o. O. [Paris] 1562, unter ursprünglichem Titel, in: Collectaneae, Praefationes, Epistolae, Orationes [s. u.], 362–402; Scholarum physicarum libri octo [...], Paris 1565, Frankfurt 1583 (repr. 1967); Scholarum metaphysicarum libri quatuordecim [...], Paris 1566, Frankfurt 1583 (repr. 1974); Arithmeticae libri duo: geometriae septem et viginti, Basel 1569, Frankfurt 1627; Scholae in liberales artes, Basel 1569 (repr. Hildesheim/New York 1970 [mit Einl. v. W. J. Ong, V–XVI), 1578; Scholarum mathematicarum, libri unus et triginta, Basel 1569 (repr. Hildesheim/Zürich/New York 2008), Frankfurt 1627; De religione christiana, libri quatuor, Frankfurt 1576 (repr. 1969), 1594; Testamentum, Paris 1576, 1634; Scholae in tres primas liberales artes. Videlicet: grammaticae, rhetoricae, dialecticae, I–III, Frankfurt 1581–1594 (repr. in 1 Bd. 1965), 1595; Petri Rami Profesoris Regii, et Audomari Talaei Collectaneae, praefationes, epistolae, orationes, Paris 1577, Marburg 1599 (repr., Hildesheim 1969 [mit Einl. v. W. J. Ong, V–XVIII]). – W. J. Ong, R. and Talon Inventory. A Short-Title Inventory of the Published Works of Peter R. (1515–1572) and of Omer Talon (ca. 1510–1562) in Their Original and in Their Variously Altered Forms, With Related Material [...], Cambridge Mass. 1958.

Literatur: M. Conche, R., DP II ([2]1993), 2413–2414; R. Goulding, Defending Hypatia. R., Savile, and the Renaissance Rediscovery of Mathematical History, Dordrecht etc. 2010, bes. 19–33 (Kap. 2 R. and the History of Mathematics); R. Hooykaas, Humanisme, science et réforme. Pierre de la Ramée (1515–1572), Leiden 1958; P. Mack, R., REP VIII (1998), 51–55; M. S. Mahoney, R., DSB XI (1975), 286–290; K. Meerhoff/J.-C. Moisan (eds.), Autour de R.. Texte, théorie, commentaire, Quebec 1997; N. E. Nelson, Peter R. and the Confusion of Logic, Rhetoric and Poetry, Ann Arbor Mich. 1947; G. Nuchelmans, Late-Scholastic and Humanist Theories of the Proposition, Amsterdam/Oxford/New York 1980, 168–179 (Chap. 12 P. R.), 180–188 (Chap. 13 The Diffusion of Ramist Terminology); M. Ohst, R., RGG VII ([4]2004), 33–34; W. J. Ong, R.. Method and the Decay of Dialogue. From the Art of Discourse to the Art of Reason, Cambridge Mass. 1958 (mit Bibliographie, 377–391) (repr. New York 1974), Chicago Ill./London 2004 (mit Bibliographie, 377–391); ders., R., Peter, Enc. Ph. VII (1967), 66–68, VIII ([2]2005), 236–238; L. Pozzi, Da R. a Kant. Il dibattito sulla sillogistica. Con appendice su Lewis Carroll, Mailand 1981; W. Risse, Die ramistische Dialektik, in: ders., Die Logik der Neuzeit I, Stuttgart-Bad Cannstatt 1964, 122–200; A. Robinet (ed.), Pierre de la Ramée (R.), Rev. sci. philos. théol. 70 (1986), 2–100; E. Sellberg, P. R., SEP 2006, rev. 2011; P. Sharratt, The Present State of Studies on R., Studi francesi 47/48 (1972), 201–213; ders., Recent Work on P. R. (1970–1986), Rhetorica 5 (1987), 7–58; ders., R. 2000, Rhetorica 18 (2000), 399–455; J. V. Skalnik, R. and Reform. University and Church at the End of the Renaissance, Kirksville Mo. 2002; C. Strohm, R., TRE XXVIII (1997), 129–133; J. J. Verdonk, Petrus R. en de wiskunde, Assen 1966, 1967; C. Waddington, R.. Sa vie, ses écrits et ses opinions, Paris 1855 (repr. Dubuque Iowa 1962, Genf 1969, Dubuque Iowa 1980); C. Walton, R. and Bacon on Method, J. Hist. Philos. 9 (1971), 289–302. G. G.

Randbedingung (engl. boundary condition), (1) in der *Wissenschaftstheorie* Bezeichnung für: (a) allgemeine ↑Bedingung für Situationen, so daß bestimmte Gesetzmäßigkeiten anwendbar werden (auch: *Rahmenbedingung*). So ist etwa für die Anwendung bestimmter Wahrscheinlichkeitsgesetze (↑Wahrscheinlichkeit) das Vorliegen eines homogenen (idealen) Würfels zu fordern. (b) Annahme über das Vorliegen besonderer Umstände, die zu allgemeinen Gesetzen hinzutreten müssen, um besondere Aussagen aus ihnen ableiten zu können (auch: ↑*Anfangsbedingung*, engl. initial condition, antecedent condition). So folgen z. B. aus dem allgemeinen Gravitationsgesetz (↑Gravitation) nur bei Vorgabe einer Massenverteilung als R. besondere Aussagen über Kräfte und Beschleunigungen. Allgemein verlangt das Modell der deduktiv-nomologischen ↑Erklärung, daß jede Erklärung die Form einer logischen Ableitung (↑Deduktion) eines Explanandums aus besonderen R.en und universellen Gesetzesaussagen hat. Darüber hinaus werden an eine solche Erklärung Adäquatheitsbedingungen gestellt (z. B. sollen die benutzten Gesetze empirischen Gehalt [↑Gehalt, empirischer] besitzen). In diesem Erklärungsmodell werden die R.en häufig auch als die ↑›Ursache‹ des Explanandums bezeichnet. – (2) In *Physik* und *Mathematik* Bezeichnung für diejenige Bedingung, die von einem Differentialgleichungssystem (↑Differentialgleichung) am Rande eines vorgegebenen Bereichs zu erfüllen ist (auch: *Grenzbedingung*, engl. boundary condition). Die Angabe von R.en sondert aus der Vielzahl möglicher Lösungen bestimmte Lösungen aus. Die einer an beiden Enden festen schwingenden Saite mit der Länge L entsprechenden R.en $u(O,t) = 0$ und $u(L,t) = 0$ (an den Rändern identisch verschwindende Auslenkung der Saite) beschränken z. B. die Lösungen der allgemeinen Wellengleichung auf stehende Wellen mit quantisierter Wellenlänge (Grundton und Obertöne).

Literatur: ↑Anfangsbedingung, ↑Erklärung. M. C.

Rangtheorie (engl. ranking theory, franz. théorie des rangs), Bezeichnung für eine neue Entwicklung in der formalen ↑Erkenntnistheorie, die von W. Spohn (1983, 1988) initiiert wurde. Sie repräsentiert sowohl das (kategorische) Glauben (↑Glaube (philosophisch)) oder Für-wahr-Halten wie auch Glaubensgrade, und sie hat als erste eine vollständige Dynamik des Glaubens formuliert. Genauer sind ihre Grundbegriffe und Grundaxiome die folgenden: Sei eine Menge $\mathcal{A}$ von ↑Propositionen gegeben, die unter aussagenlogischen (↑Junktorenlogik) Operationen wie ↑Negation, ↑Konjunktion und ↑Disjunktion abgeschlossen ist. Dann heißt β eine *positive Rangfunktion* für $\mathcal{A}$ genau dann, wenn β eine Funktion von $\mathcal{A}$ in die Menge der natürlichen Zahlen und ∞ ist, so daß für alle Propositionen A und B in $\mathcal{A}$ gilt (wobei ›$\top$‹ für die tautologische [↑Tautologie] Proposition stehe und ›$\perp$‹ für die kontradiktorische; ↑kontradiktorisch/Kontradiktion): $\beta(\top) = \infty$, $\beta(\perp) = 0$ und $\beta(A \text{ und } B) = \min\{\beta(A), \beta(B)\}$. Der Wert $\beta(A)$ wird jeweils der (*positive*) *Rang* von A (unter β) genannt. Die Funktion β drückt positive Glaubensgrade aus: die Tautologie ist maximal sicher; daher $\beta(\top) = \infty$. Die Kontradiktion kann nicht positiv geglaubt werden; daher $\beta(\perp) = 0$. Und die Glaubwürdigkeit einer Konjunktion ist dieselbe wie die des weniger glaubwürdigen Konjunkts. So weit handelt es sich hier um Glaubensgrade. Der Glaube wird nun dadurch repräsentiert, daß eine Proposition A im epistemischen Zustand β für wahr gehalten wird genau dann, wenn $\beta(A) > 0$. Aus den Grundgesetzen folgt, daß $\min\{\beta(A), \beta(\text{non-}A)\} = 0$; man kann also nicht sowohl A als auch non-A für wahr halten; der Glauben ist rationalerweise konsistent.
□□□□□Funktion κ ist eine *negative Rangfunktion*, wenn es eine positive Rangfunktion β gibt, so daß stets gilt: $\kappa(A) = \beta(\text{non-}A)$. Die Funktion κ beschreibt also Grade des Für-falsch-Haltens und gehorcht den Gesetzen $\kappa(\top) = 0$, $\kappa(\perp) = \infty$ und $\kappa(A \text{ oder } B) = \min\{\kappa(A), \kappa(B)\}$. Mit dieser Begriffsbildung (in Spohn 1988 noch ›ordinal conditional function‹ genannt) lassen sich bedingte Ränge durchsichtiger einführen: der bedingte negative Rang von B gegeben A ist definiert als $\kappa(B \mid A) = \kappa(A \text{ und } B) - \kappa(A)$. D. h., A-und-B wird für mindestens so unglaubwürdig wie A gehalten; und die Differenz ist gerade die Unglaubwürdigkeit von B, gegeben daß A doch wahr ist. Mithilfe dieser bedingten Ränge läßt sich das Lernen aus Erfahrung beschreiben und so eine vollständige Dynamik der Rangfunktionen bzw. der so repräsentierten epistemischen Zustände angeben. Dadurch hebt sich die R. wesentlich von ihren Vorgängern wie G. L. S. Shackles *Functions of Potential Surprise* (Shackle 1961), N. Reschers *Hypothetical Reasoning* (Rescher 1964) und L. J. Cohens *Inductive Support* (Cohen 1970) ab, aber auch von Parallelentwicklungen wie der ›Belief Revision Theory‹ (Gärdenfors 1988, Rott 2001). Sie ist formal mit der ›Possibility Theory‹ (Dubois/Prade 1988) äquivalent.

Die Grundgesetze der negativen Rangfunktionen lassen eine strukturelle Ähnlichkeit zu den Grundgesetzen der ↑Wahrscheinlichkeit erkennen. Diese hat weitreichende systematische Folgen. Viele der Anwendungen, die die ↑Wahrscheinlichkeitstheorie zu einem zentralen erkenntnistheoretischen Instrument machen, bestehen auch für die R.: Bestätigungs- und Erklärungstheorie (↑Bestätigungstheorie, ↑Erklärung), Kausalitätstheorie (die man sowohl probabilistisch als auch, mittels der R., deterministisch begründen kann; ↑Kausalität), deterministische Gesetze (als rangtheoretisches Analogon zu statistischen Gesetzen; ↑Gesetz (exakte Wissenschaften)) etc. (vgl. dazu Spohn 2012, 271–471 [Kap. 12–15]). Die R. ist mithin die erste legitime Schwester der Wahrscheinlichkeitstheorie.

Freilich kann die Wahrscheinlichkeitstheorie nicht den grundlegenden Begriff des Glaubens oder Für-wahr-Haltens explizieren (wegen des Lotterieparadoxes); Für-wahr-Halten ist nicht Für-sehr-wahrscheinlich-Halten. In dieser wesentlichen Hinsicht ist die R. der Wahrscheinlichkeitstheorie überlegen – was ihr weitere wichtige Anwendungen in der philosophischen Erkenntnistheorie eröffnet, z. B. in der Wissenstheorie (↑Wissen), der pragmatischen Wahrheitstheorie (↑Wahrheit) (vgl. Spohn 2012, 104–124, 472–555 [Kap. 6, 16–17]). Auch in der Künstlichen Intelligenz (↑Intelligenz, künstliche), u. a. in der Theorie des *default reasoning*, hat sich die R. als grundlegend nützlich erwiesen (Goldszmidt/Pearl 1996; Weydert 2012).

Literatur: L. J. Cohen, The Implications of Induction, London 1970, 1973; D. Dubois/H. Prade, Possibility Theory. An Approach to Computerized Processing of Uncertainty, New York 1988; P. Gärdenfors, Knowledge in Flux. Modeling the Dynamics of Epistemic States, Cambridge Mass./London 1988 (repr. London 2008); M. Goldszmidt/J. Pearl, Qualitative Probabilities for Default Reasoning, Belief Revision, and Causal Modeling, Artificial Intelligence 84 (1996), 57–112; M. Hild/W. Spohn, The Measurement of Ranks and the Laws of Iterated Contraction, Artificial Intelligence 172 (2008), 1195–1218; F. Huber/C. Schmidt-Petri (eds.), Degrees of Belief, Dordrecht 2009; E. Raidl, Probabilité, Invariance et Objectivité, Diss. Paris 2014; N. Rescher, Hypothetical Reasoning, Amsterdam 1964; H. Rott, Change, Choice and Inference. A Study of Belief Revision and Nonmonotonic Reasoning, Oxford etc. 2001, 2006; G. L. S. Shackle, Decision, Order, and Time in Human Affairs, Cambridge etc. 1961, [2]1969, 2010 (franz. Décision, déterminisme et temps, Paris 1967); W. Spohn, Eine Theorie der Kausalität, unveröffentlichte Habilitationsschr., München 1983, pdf-Version unter: http://www.uni-konstanz.de/FuF/Philo/Philosophie/philosophie/files/habilitation.pdf; ders., Ordinal Conditional Functions. A Dynamic Theory of Epistemic States, in: W. L. Harper/B. Skyrms (eds.), Causation in Decision, Belief Change, and Statistics II, Dordrecht/Boston Mass. 1988, 105–134; ders., The Laws of Belief. Ranking Theory and Its Philosophical Applications, Oxford/New York 2012, 2014; E. Weydert, Conditional Ranking Revision – Iterated Revision with Sets of Conditionals, J. Philos. Log. 41 (2012), 237–271. W. S.

ratio (lat., Geist, Verstand, Vernunft, Grund), in der lateinischen Antike in einem allgemeinen Sinne von Geist verwendete Bezeichnung: Durch die r. erhebt sich der Mensch über das Tier, erkennt er die Ursachen und Folgen der Ereignisse, unterscheidet und vergleicht er, bringt er einen Zusammenhang in den Ablauf des Geschehens, der ihm Behauptungen auch über das Zukünftige ermöglicht (M. T. Cicero). Im Mittelalter wird r. dem ↑intellectus gegenübergestellt und damit die Unterscheidung von ↑Verstand und ↑Vernunft vorgezeichnet. Während dem Intellekt eine unmittelbare Erkenntnis der Wahrheit zugeschrieben wird, ist die r. darauf angewiesen, sich die Wahrheit – ausgehend von der sinnlichen Wahrnehmung oder von für wahr vorausgesetzten allgemeinen Prämissen – zu erschließen.

Im deduktiven Erkenntnismodell der Aufklärungsphilosophie wird vielfach, z. B. von C. Wolff, eine *r. pura* ausgezeichnet, die allein apriorisch (↑a priori) wahre ↑Prämissen für die Herleitung ihrer Erkenntnisse benutzt. Die Unterscheidung zwischen r. und r. pura bietet die Grundlage für die Kantische Kritik der reinen Vernunft, nach der eine die ›mögliche Erfahrung‹ transzendierende Erkenntnis von Gegenständen nicht gewonnen werden kann. Im Deutschen Idealismus (↑Idealismus, deutscher) wird die Kantische Konzeption einer erkenntnisleitenden Vernunft und eines auf die ↑Anschauung bezogenen (gegenstands-)erkennenden Verstandes in Umkehrung ihres kritischen Sinnes ausgeweitet: Vernunft stiftet die Sinnzusammenhänge über den Fakten, während der nachgeordnete Verstand auf die Faktenanalyse beschränkt bleibt, auf eine Erkenntnis nach bestimmten, auf die vorliegenden Fakten anzuwendenden Regeln. In dieser Tradition wird r. als synonym mit Verstand bis in die heutige Bildungssprache hinein verwendet.

Literatur: R. Eisler, Vernunft, Wb. ph. Begr. III ([4]1930), 395–406; H. Flasche, Die begriffliche Entwicklung des Wortes r. und seiner Ableitungen im Französischen bis 1500, Engelsdorf/Leipzig 1935, erw. Leipzig/Paris 1936; H. Frank, R. bei Cicero, Frankfurt etc. 1992; B. Kible, R., Hist. Wb. Ph. VIII (1992), 37–40; ders., R. cognoscendi/r. essendi/r. fiendi, Hist. Wb. Ph. VIII (1992), 40–41; O. Muck, R., LThK VIII ([3]1999), 842; S. Müller, Handeln in einer kontingenten Welt. Zu Begriff und Bedeutung der rechten Vernunft (recta r.) bei Wilhelm von Ockham, Tübingen/Basel 2000; J. Peghaire, ›Intellectus‹ et ›r.‹ selon St. Thomas d' Aquin, Paris/Ottawa Ont. 1936; weitere Literatur: ↑Rationalität. O. S.

rational choice (rationale Wahl, franz. choix rationnel), Bezeichnung für das Grundkonzept der so genannten Theorie der rationalen Wahl (*rational choice theory*), die für die Deutung, Erklärung und Prognose sozialen Handelns in der Ökonomie beinahe ausschließlich und verbreitet in den Sozialwissenschaften eingesetzt wird. Nach Auffassung einiger ihrer Vertreter stellt sie ein Grundmodell der Deutung menschlichen Handelns überhaupt dar und findet auf historische und politologische Fragestellungen (↑public choice) ebenso Anwendung wie auf pädagogische, psychologische etc.. In der Entwicklungslinie, die zur R.-c.-Theorie führt, lassen sich Philosophen wie T. Hobbes, A. Smith und I. Kant ausmachen (»Wer den Zweck will, will (so fern die Vernunft auf seine Handlungen entscheidenden Einfluß hat) auch das dazu unentbehrlich notwendige Mittel, das in seiner Gewalt ist«, Grundl. Met. Sitten, Akad.-Ausg. IV, 417); an der systematischen Theoriebildung und der Etablierung disziplinärer Standards der Anwendung waren vor allem Soziologen wie M. Weber, T. Parsons und J. Coleman sowie Theoretiker der Ökonomie wie L. v. Mises, J. Schumpeter und G. Becker beteiligt.

Bei aller Varianz im Detail liegt der R.-c.-Theorie ein einheitliches Verständnis des rationalen Entscheidens bzw. einer rationalen Wahl unter den gegebenen Handlungsoptionen zugrunde: Eine rationale Wahl treffen

Akteure unter den ihnen offenstehenden Handlungsoptionen dann und nur dann, wenn sie sich für eine Option entscheiden, bei der sie ihre Ziele unter möglichst geringem Mitteleinsatz erreichen, oder für eine, bei der sie mit den ihnen verfügbaren Mitteln möglichst viele ihrer Ziele erreichbar machen. Dabei werden strukturelle Verhältnisse in komplexen Entscheidungslagen, wie sie etwa durch Hierarchien ›gewichteter‹ Ziele entstehen, mit den Mitteln der ↑Entscheidungstheorie analysiert, die mit ordnungstheoretischen Instrumenten Maßstäbe für den kohärenten und konsistenten Aufbau solcher ›Präferenzordnungen‹ definiert. Zwar werden, um mit Blick auf die komplexeren entscheidungstheoretischen Anforderungen alle relevanten Größen möglichst miteinander vergleichbar und ›verrechenbar‹ zu machen, in der Fachökonomie verbreitet (wenn auch nicht ausschließlich) berechenbare Größen für den Mitteleinsatz und den damit erreichbaren ↑Nutzen eingesetzt (z. B. monetäre Einheiten), doch schließen die dem Ansatz zugrundeliegenden ↑Definitionen und ↑Axiome nicht aus, daß die Theorie auch auf beliebige andere, nicht ohne weiteres in kardinale Nutzenordnungen einzubeziehende Ziele wie ↑Freundschaft, ein befriedigendes Arbeitsergebnis oder ein gottgefälliges Leben angewendet werden kann. Entsprechend ist ein im Rahmen der Theorie definierter Begriff des Nutzens bzw. der Nutzenmaximierung nicht zwingend auf die Anwendung in ökonomischen Zusammenhängen beschränkt. Insbes. ist mit der Bezugnahme ausschließlich auf die Ziele des Akteurs (wie sie sich in der Rationalitätsdefinition findet) und damit ausschließlich auf den Akteursnutzen nicht unterstellt, daß es dem rational Handelnden im Sinne eines eng verstandenen ↑Egoismus jeweils ›nur um sich‹ ginge. Vielmehr mag sein Handeln gerade durch die Sorge um Angehörige, um Anvertraute oder um künftige Generationen bestimmt sein. Vorausgesetzt ist lediglich die rein strukturelle Anforderung, daß der Handelnde seine Mittelwahl auf ›seine‹ Ziele ausrichtet – welcher Art immer diese sind – und nicht auf die Ziele anderer (bzw. daß derjenige, der sein Handeln unter Heranziehung der R.-c.-Theorie als rationale Mittelwahl deutend rekonstruiert, nur *seine* Zwecke ›ins Kalkül zieht‹ und nicht solche, die ›man‹ oder ein anderer hat). In Teilen der sozialwissenschaftlichen, in jüngerer Zeit verstärkt auch in der (verhaltens-)ökonomischen Literatur sieht sich der R.-c.-Ansatz einer Kritik ausgesetzt, die vor allem auf die empirische Inadäquatheit der zugrundegelegten – oft als ↑›homo oeconomicus‹ bezeichneten – Konzeption des rationalen Entscheiders verweist. Hingewiesen wird dabei etwa auf die faktische Beschränktheit der in konkreten Entscheidungslagen verfügbaren kognitiven Ressourcen (›beschränkte Rationalität‹) sowie auf die empirisch nachweisbare Gebundenheit des Entscheidungsverhaltens an kontextuelle Bedingungen und sozial oder biologisch-evolutionär fundierte Entscheidungsdispositionen (›gebundene Rationalität‹), die sich in systematischen Fehlleistungen niederschlage. Für ↑Erklärungen und ↑Prognosen individuellen und sozialen Handelns sei daher das zugrundeliegende Akteursmodell zu korrigieren, zu ergänzen oder ganz zurückzuweisen. Theoretiker des R.-c.-Ansatzes sehen darin allerdings ein anthropologisches Mißverständnis: Der Ansatz ziele nicht darauf, das empirische Entscheidungsverhalten menschlicher Akteure modellhaft zu erfassen, sondern diene heuristischen (↑Heuristik) bzw. hermeneutischen (↑Hermeneutik) Zwecken. Die Unterstellung vollständig rationalen Entscheidens soll danach gerade zur Bildung von Deutungshypothesen führen, aus denen sich Hinweise auf die vom Handelnden subjektiv wahrgenommenen Entscheidungslagen und faktisch vorhandenen Handlungsrestriktionen gewinnen lassen. Zu residualen Handlungsdeutungen wie ›der Akteur kennt sich nicht aus‹ oder ›der Akteur war überfordert‹, aus denen sich für das eigene Entscheidungsverhalten nichts lernen ließe, sei erst zu greifen, wenn sich plausible Erklärungen, die das beobachtbare Verhalten als Folge einer rationalen Wahl darstellen, nicht finden lassen. Entsprechend sei auch die eingesetzte Terminologie (›Ziele‹, ›Präferenzen‹, ›Wahl‹, ›Entscheidung‹ etc.) nicht mentalistisch (↑Mentalismus) mißzuverstehen, als seien damit innere Einstellungen, psychische Dispositionen, neuronale Konstellationen oder dergleichen thematisiert. Handlungsabsichten, Optionenwissen, Entscheidungsgründe etc. seien den Handelnden vielmehr allererst nach Maßgabe dessen, was plausibel als rationales Handeln aufgefaßt werden kann, (hypothetisch) zuzuschreiben (↑Askription/Askriptivismus, ↑Syllogismus, praktischer). Die zur Deutung herangezogene R.-c-Theorie sei demgemäß prinzipiell unabhängig von den Annahmen eines methodologischen Individualismus (↑Individualismus, methodologischer); rationales und irrationales Handeln im Sinne der rein strukturellen Definition ließe sich entsprechend prinzipiell auch Kollektiven (Gremien, Institutionen etc.) zuschreiben und sei daher nicht als Modellierung faktischen individuellen Entscheidungsverhaltens zu verstehen.

Literatur: M. Allingham, R. C. Theory, I–V, London/New York 2006; P. Anand/P. K. Prasanta/C. Puppe (eds.), The Handbook of Rational and Social Choice. An Overview of New Foundations and Applications, Oxford etc. 2009, 2011; M. S. Archer/J. Q. Tritter (eds.), R. C. Theory. Resisting Colonization, London/New York 2000; S. Barberà/P. Hammond/C. Seidl, Handbook of Utility Theory I (Principles), Dordrecht/Boston Mass./London 1999; G. S. Becker, The Economic Approach to Behavior, Chicago Ill./London 1976, 2008 (dt. Der ökonomische Ansatz zur Erklärung menschlichen Verhaltens, Tübingen 1982, [2]1993); J. L. Bermúdez, Decision Theory and Rationality, Oxford etc. 2009, 2011; C. Bicchieri, Rationality and Coordination, Cambridge etc. 1993, 2007; K. Binmore, Modeling Rational Players, I–II, Economics and Philos. 3 (1987), 179–214, 4 (1988), 9–56; T. A. Boylan/R. Gekker (eds.), Economics, R. C. and Normative Philosophy, New York/London 2008, 2009; N. Braun/T. Gautschi, R.-C.-Theorie, Weinheim/München 2011; T. Clausen, Rationalität und ökonomische Methode, Paderborn 2009; J. S. Coleman/T. J. Fararo (eds.), R. C. Theory. Advocacy and Critique, London etc. 1992, 1993; R. M. Dawes, R. C. in an Uncertain World. The Psychology of Judgement and Decision Making, San Diego Calif. etc. 1988, mit R. Hastie, Thousand Oaks Calif. etc. [2]2001, 2010; A. Diekmann/T. Voss (eds.), R.-C.-Theorie in den Sozialwissenschaften. Anwendungen und Probleme, München 2003, 2004; ders. u. a. (eds.), R. C.. Theoretische Analysen und empirische Resultate. Festschrift für Karl-Dieter Opp zum 70. Geburtstag, Wiesbaden 2008; U. Druwe/V. Kunz (eds.), R. C. in der Politikwissenschaft. Grundlagen und Anwendungen, Opladen, Wiesbaden 1994, Wiesbaden 2012; J. Elster (ed.), R. C., New York, Oxford 1986; ders., R. C. History. A Case of Excessive Ambition, Amer. Polit. Sci. Rev. 94 (2000), 685–695; R. H. Frank, Rethinking R. C., in: R. Friedland/A. F. Robertson (eds.), Beyond the Marketplace. Rethinking Economy and Society, New York 1990, 53–87; B. Frey, Möglichkeiten und Grenzen des ökonomischen Denkansatzes, in: H.-B. Schäfer/K. Wehrt (eds.), Die Ökonomisierung der Sozialwissenschaften. Sechs Wortmeldungen, Frankfurt/New York 1989, 69–102; J. Friedman (ed.), The R. C. Controversy. Economic Models of Politics Reconsidered, New Haven Conn./London 1996; I. Gilboa, R. C., Cambridge Mass./London 2010, 2012; D. P. Green/I. Shapiro, Pathologies of R. C. Theory. A Critique of Applications in Political Science. New Haven Conn./London 1996 (dt. R. C.. Eine Kritik am Beispiel von Anwendungen in der politischen Wissenschaft, München 1999); J. C. Harsanyi, R.-C. Models of Political Behavior vs. Functionalist and Conformist Theories, World Politics 21 (1969), 513–538; ders., Morality and the Theory of Rational Behavior, Soc. Research 44 (1977), 623–656; R. M. Hogarth/M. W. Reder (eds.), R. C.. The Contrast between Economics and Psychology, Chicago Ill./London 1987, 1995; T. Huff/E. Tobey, Max Weber and the Methodology of the Social Sciences, New Brunswick N. J./London 1984, 2006; V. Kunz, R. C., Frankfurt/New York 2004; I. Lichbach, Is R. C. Theory All of Social Science?, Ann Arbor Mich. 2003, 2006; M. J. Machina, Choice under Uncertainty. Problems Solved and Unsolved, J. Economic Perspectives 1 (1987), 121–154; H. Margolis, Cognition and Extended R. C., London/New York 2007; R. Nozick, The Nature of Rationality, Princeton N. J. 1993, 1995; T. Parsons, The Structure of Social Action. A Study in Social Theory with Special Reference to a Group of Recent European Writers, I–II, London/New York 1937, in einem Bd. ohne Untertitel, London/New York 1968; F. Peter/H. B. Schmid (eds.), Rationality and Commitment, Oxford 2007, 2008; B. P. Priddat, Unvollständige Akteure. Komplexer werdende Ökonomie, Wiesbaden 2005; M. Resnik, Choices. An Introduction to Decision Theory, Minneapolis Minn. 1987, 2011; F. Schick, Understanding Action. An Essay on Reasons. Cambridge etc. 1991, 2010; J. Schmidt, Die Grenzen der R.-C.-Theorie. Eine kritische theoretische und empirische Studie, Opladen 2000; A. Sen, Rational Fools. A Critique of the Behavioural Foundations of Economic Theory, in: ders., Choice, Welfare and Measurement, Oxford 1982, Cambridge Mass./London 1997, 1999, 84–106; H. A. Simon, Reason in Human Affairs, Stanford Calif. 1983, 1990 (dt. Homo rationalis. Die Vernunft im menschlichen Leben, Frankfurt/New York 1993); R. Sugden, R. C.. A Survey of Contributions from Economics and Philosophy, Economic J. 101 (1991), 751–785; M. Taylor, Rationality and the Ideology of Disconnection, Cambridge etc. 2006; A. Tversky/D. Kahneman, R. C. and the Framing of Decisions, J. Business 59 (1986), 251–278; T. Voss (ed.), Schlüsselwerke der R.-C.-Theorie. Soziologie – Politikwissenschaft – Philosophie – Ökonomie, Wiesbaden 2006; R. Wittek/T. A. B. Snijders/V. Nee (eds.), The Handbook of R. C. Social Research, Stanford Calif. 2013; M. Zey (ed.), Decision Making. Alternatives to R. C. Models, Newburg Park Calif. etc. 1992. G. K.

Rationalisierung (engl. rationalization, franz. rationalisation), in den Wirtschafts- und Sozialwissenschaften Bezeichnung für zielgerichtete, strukturierte und wiederholbare Operationen der Optimierung. Als Optimierungskriterien gelten Beherrschbarkeit, Berechenbarkeit (↑berechenbar/Berechenbarkeit), Effizienz, Entscheidbarkeit (↑entscheidbar/Entscheidbarkeit), Zweckmäßigkeit. Diese Grundbedeutung von R. ist in einer Reihe von Wissenschaften je nach Aufgabenstellung und Kontext verschieden konkretisiert worden.

(1) *Wirtschaftliche* R.: Mit der wirtschaftlichen R. sind Industrie- und Organisationssoziologie, Betriebswirtschaft und Arbeitswissenschaft befaßt. R. zielt hier auf eine geplante, technisch effiziente und wirtschaftlich rentable Koordinierung des Einsatzes von Produktionsfaktoren (Arbeits- und Sachmitteln) ab. Analytisch lassen sich zwei Teilverfahren unterscheiden: (a) technische R., also Optimierungsstrategien unter Verwendung von technischem Gerät, (b) ökonomische oder organisatorische R., d. s. Optimierungsstrategien durch administrative oder sozialtechnische Mittel. In den Industrienationen haben sich unter (a) und (b) die – zum Teil jedoch kontraproduktiven – Strukturen der Mechanisierung und Automatisierung von Arbeitsprozessen, Arbeitsteilung, Bürokratisierung, Hierarchisierung und Spezialisierung herausgebildet. Betriebswirtschaftlich werden an der R. vor allem zwei Faktoren positiv bewertet: (a) Maximierung des technischen Wirkungsgrads, z. B. durch Verbesserung der Ausbildung von Arbeitskräften, der Arbeitsorganisation, der multivarianten Verwertung von Arbeitsmaterialien, (b) Maximierung des ökonomischen Wirkungsgrads, z. B. durch Senkung der Produktionskosten unter Steigerung der betrieblichen Umsätze. Unter volkswirtschaftlichen Aspekten soll die R. den technischen ↑Fortschritt sowie die gesamtwirtschaftliche Produktivität fördern und damit das wirtschaftliche Wachstum. – R. ist ein wichtiger Faktor für wirtschaftliche und finanzielle Investitionen, allerdings häufig mit massiven Arbeitsplatzverlusten verbunden. Ob R. gesamtwirtschaftlich gesehen der Grund für die wachsende Arbeitslosigkeit in den Industrienationen ist, wird ebenso kontrovers diskutiert (Kompensationstheorie, Freisetzungstheorie) wie die Frage, ob sich die Qualifikationsanforderungen an Arbeitnehmer durch R. erhöht, verringert oder polarisiert haben.

(2) *Gesellschaftliche* R.: Nach M. Weber ist R. ein gesellschaftlicher Triebfaktor zur Herausbildung von ↑Kapitalismus und abendländischer Zivilisation. Im Anschluß an Weber wird in den modernen Gesellschaftstheorien weitgehend akzeptiert, daß in den kapitalistischen Industriegesellschaften die ›Zweck-Mittel-Optimierung‹ in allen Gesellschaftsbereichen und die Ausweitung der ↑Rationalität auf die Lebensplanung ihrer Individuen ein bestimmender Zug der Modernisierung ist. Neben der Bewertung Webers, R. führe zu Leistungssteigerung, wirtschaftlicher Rentabilität, politischer Steuerungskapazität, technischer Verfügbarkeit und Erhöhung des Wohlstands, finden zunehmend die negativen Folgen der R. im humanen, sozialen und ökologischen Bereich Beachtung, die sich durch Begriffe wie Dysfunktionalität der Gesellschaft, Kolonialisierung der Lebenswelt, Nord-Süd-Gefälle, Umweltzerstörung, Grenzen des Wachstums kennzeichnen lassen.

Der gesellschaftlichen R. ging nach Weber eine *religiöse* R. voraus. In der christlich-jüdischen Religion machte Weber Rationalitätsstrukturen aus, die die Aufstellung rationaler ↑Weltbilder und die Entstehung eines modernen Bewußtseins förderten. Die ›Entzauberung‹ der religiös-metaphysischen Weltbilder schuf die Voraussetzung für eine protestantische Moral, die als innerweltliche, um die ↑Arbeit zentrierte, asketische Haltung der Kern der R. ist. Aus den traditionsbehafteten Gesellschaften erwuchs schließlich ein gesellschaftliches Verhalten, das im Modernisierungsprozeß mit der Herausbildung von Subsystemen zweckrationalen Handelns (↑Zweckrationalität) von den Traditionen entbunden wurde. R., so begriffen, ist für K. Marx ein Prozeß der ↑Entfremdung. Aus der Perspektive von T. W. Adorno, M. Horkheimer und H. Marcuse ist sie identisch mit der Ausbreitung einer rein ›instrumentellen ↑Vernunft‹. J. Habermas hebt neben der instrumentellen Handlungsrationalität die ›kommunikative Rationalität‹ hervor, die auf eine sprachliche Verständigung und Konsensbildung über Zwecke und Handlungsweisen abzielt. Der gesellschaftliche R.sprozeß ist nach Habermas insofern paradox, als die Fraktionierung der Gesellschaft in Subsysteme durch eigene, handlungskoordinierende Medien zwar zu einer Entlastung der sozialen ↑Lebenswelt beiträgt, diese Lebenswelt jedoch durch entmenschlichte Kommunikationsmedien mit monetären und bürokratischen Mitteln systematisch ›kolonialisiert‹ wird.

(3) *Psychische* R.: Das für die ↑Psychoanalyse grundlegende Verständnis von R. findet sich bei E. Jones (1908). R. bezeichnet danach eine Maskierung bestimmter Emotionen des Individuums, die für sein Denken und Handeln von Wichtigkeit sind. Bei S. Freud steht R. im engen Zusammenhang mit dem Grundsachverhalt psychischer Verarbeitung, des Bewußten und ↑Unbewußten. Insbes. die in der menschlichen Entwicklung zeitlich frühen unbewußten Verhaltensentwürfe gehen dem Bewußtsein nicht einfach verloren; sie werden vielmehr durch ›scheinbar‹ passende, jedoch verzerrte oder falsche und in diesem Sinne sekundäre Motive verdeckt. Der Begriff der psychischen R. ist auch maßgeblich in der Kulturtheorie Freuds. In ihrer Fortführung hat speziell die psychoanalytisch orientierte Sozialpsychologie, etwa bei A. und M. Mitscherlich, auf die innere Beziehung von R. und Vorurteil hingewiesen. Die Literaturtheorie, sofern sie sich methodisch der Psychoanalyse nähert, macht auf das Verhältnis von R. und ↑Ideologie aufmerksam.

Literatur: (1) F. v. Gottl-Ottlilienfeld, Grundriss der Sozialökonomik II/2 (Die natürlichen und technischen Beziehungen der Wirtschaft), Tübingen 1914, rev. mit Untertitel: Wirtschaft und Technik, Tübingen [2]1923; W. Gruhler, R.sinvestitionen und Beschäftigung, Köln 1978; W. Kilger/A. W. Scheer (eds.), R.. 3. Saarbrücker Arbeitstagung, Würzburg/Wien 1982; H. H. Kunze, Systematisch Rationalisieren, Berlin/Köln/Frankfurt 1971; H. Rühle v. Lilienstern, Der Wandel des R.sbegriffs und der R.sschwerpunkte, in: B. Huch/C. M. Dolezalek (eds.), Angewandte R. in der Unternehmenspraxis. Ausgewählte Beiträge zum 75. Geburtstag von Kurt Pentzlin, Düsseldorf/Wien 1978, 34–48; M. Schweitzer, R., Staatslexikon IV, ed. Görres-Gesellschaft, Freiburg/Basel/Wien [7]1988, 645–649; G. Stapelfeldt, Kritik der ökonomischen Rationalität, I–IV, Hamburg/Münster 1998–2009, I (Dialektik der ökonomischen R.), [3]2014; F. W. Taylor, The Principles of Scientific Management, New York/London 1911 (repr. New York 1967), New York 2006 (franz. Principes d'organisation scientifique des usines, Paris 1911, 1927; dt. Die Grundsätze wissenschaftlicher Betriebsführung, ed. R. Roesler, München/Berlin 1913, Paderborn 2011); K. Uhl, Humane R.? Die Raumordung der Fabrik im fordistischen Jahrhundert, Bielefeld 2014; H. Wiesner, R.. Problem- und Konfliktfeld unserer Zeit, Köln 1979.

(2) J. Bäumer, Religion, R. und Kapitalismus. Die Positionen Webers und Elias im Vergleich, Saarbrücken 2007; N. Gane, Max Weber and Postmodern Theory. Rationalization versus Re-Enchantment, Basingstoke 2002; J. Habermas, Theorie des kommunikativen Handelns, I–II, Frankfurt 1981, [3]1985, 2011 (engl. The Theory of Communicative Action, I–II, Boston Mass./London 1985/1989; franz. Théorie de l'agir communicationel, I–II, Paris 1987); W. Hellmich, Aufklärende R.. Ein Versuch, Max Weber neu zu interpretieren, Berlin 2013; M. Horkheimer, Zur Kritik der instrumentellen Vernunft. Aus den Vorträgen und Aufzeichnungen seit Kriegsende, ed. A. Schmidt, Frankfurt 1967, 2007, ferner in: ders., Ges. Schr. VI, ed. A. Schmidt, Frankfurt 1991, 23–186 (engl. Critique of Instrumental Reason. Lectures and Essays Since the End of World War II, New York 1974, London 2012); G. B. Ihde, Grundlagen der R.. Theoretische Analyse und praktische Probleme, Berlin 1970; G. Kneer, R., Disziplinierung und Differenzierung. Zum Zusammenhang von Sozialtheorie und Zeitdiagnose bei Jürgen Habermas, Michel Foucault und Niklas Luhmann, Opladen 1996; J. Oelkers (ed.), R. und Bildung bei Max Weber. Beiträge zur historischen Bildungsforschung, Bad Heilbrunn 2006; M. Weber, Gesammelte Aufsätze zur Religionssoziologie I, Tübingen 1920 (repr. 1988), Hamburg 2014; ders., Grundriß der Sozialökonomik III (Wirtschaft und Gesellschaft), ed. Marianne Weber, Tübingen 1922, unter dem Titel: Wirtschaft und Gesell-

schaft. Grundriß der verstehenden Soziologie, ed. J. Winckelmann, [4]1956, rev. [5]1972, 2002, ferner als: Ges.ausg. I/22–I/25, ed. W. J. Mommsen u. a., Tübingen 1999–2015 (span. Economía y sociedad, I–II, ed. J. Winckelmann, Mexico City 1964; engl. Economy and Society. An Outline of Interpretative Sociology, I–II, ed. G. Roth/C. Wittich, New York 1968, Berkeley Calif./Los Angeles/London 1979); ders., Wirtschaftsgeschichte. Abriß der universalen Sozial- und Wirtschaftsgeschichte, ed. S. Hellmann/M. Palyi, München/Leipzig 1923 (engl. General Economic History, New York 1927 [repr. New Brunswick N. J./London 1981]), erw. Berlin [3]1958, [6]2011, ferner als: Ges.ausg. III/6 (Abriß der universalen Sozial- und Wirtschaftsgeschichte. Mit- und Nachschriften 1919–1920), ed. W. Schluchter, Tübingen 2012; M. Weinzierl (ed.), Individualisierung, R., Säkularisierung. Neue Wege der Religionsgeschichte, Wien 1997.

(3) T. Eagleton, Literary Theory. An Introduction, Oxford 1983, Minneapolis Minn. [3]2008 (dt. Einführung in die Literaturtheorie, Stuttgart/Weimar 1988, [5]2012); S. Freud, Die Traumdeutung, Leipzig/Wien 1900 (repr. Frankfurt 1999) (engl. The Interpretation of Dreams, London, New York 1913, New York etc. 1978; franz. La science des rêves, Paris 1926), erw. [8]1930 (franz. La rêve et son interprétation, Paris 1951, Neudr. 1985), Nachdr. als: Ges. Werke II/III, ed. A. Freud, London 1942, ferner als: Studienausg. II, ed. A. Mitscherlich/A. Richards/J. Strachey, Frankfurt 1972, [12]2010; ders., Totem und Tabu. Einige Übereinstimmungen im Seelenleben der Wilden und der Neurotiker, Leipzig/Wien 1913 (engl. Totem and Taboo. Resemblances between the Psychic Lives of Savages and Neurotics, New York 1918, London 1919, Neudr. London etc. 1983; franz. Totem et tabou. Interprétation par la psychanalyse de la vie sociale des peuples primitifs, Paris 1924, Neudr. 1993), Nachdr. als: Ges. Werke IX, ed. A. Freud, London 1940, Frankfurt [8]1996, 1999, ferner in: Studienausg. IX (Fragen der Gesellschaft, Urprünge der Religion), ed. A. Mitscherlich/A. Richards/J. Strachey, Frankfurt 1974, [11]2013, 295–444; B. Görlich/R. J. Butzer, R., Hist. Wb. Ph. VIII (1992), 42–44; E. Jones, Rationalization in Everyday-Life, J. Abnormal Psychol. 3 (1908), 161–169 (dt. R. im Alltagsleben, Psyche 29 [1975], 1132–1140); A. Mitscherlich/M. Mitscherlich, Die Unfähigkeit zu trauern. Grundlagen kollektiven Verhaltens, München 1967, um ein Nachw. erw. München/Zürich [23]2012 (franz. Le deuil impossible. Les fondements du comportement collectif, Paris 1972, 2004). C. F. G.

Rationalismus (engl. rationalism, franz. rationalisme), (1) im engeren philosophie- und wissenschaftshistorischen Sinne Bezeichnung für methodisch an der Theorienbildung der Mathematik und der (rationalen) ↑Mechanik orientierte erkenntnistheoretische Positionen, die im Gegensatz zum ↑*Empirismus* die Existenz nicht-empirischer (›apriorischer‹) Bedingungen der Erklärung bzw. der Erkenntnis (und damit die Möglichkeit ↑a priori begründeter ↑synthetischer Sätze, d. h., in der Terminologie I. Kants, die Möglichkeit eines synthetischen Apriori) vertreten, in erster Linie die so genannten großen Systeme des 17. und 18. Jhs., (2) im weiteren Sinne, im Gegensatz zum *Irrationalismus* (↑irrational/Irrationalismus), Bezeichnung für die Überzeugung, daß alles, was ist, unter strengen Rationalitätsstandards (↑Rationalität, ↑Rationalitätskriterium) erklärbar ist (↑Erklärung) und sich (begründbare) Geltungsansprüche allein durch Rekurs auf ›deduzierbare‹ ↑Gründe (idealiter im Rahmen einer einheitlichen Konzeption, d. h. eines einheitlichen ↑›Systems‹) sichern lassen.

Philosophiehistorisch wird unterschieden zwischen einem *metaphysischen* R., der von einer methodisch nicht weiter reflektierten Identität von ↑Vernunft (Denken) und Wirklichkeit (Sein) ausgeht, einem *erkenntnistheoretischen* R., der im Gegensatz zur empiristischen Annahme einer begriffsfreien Basis des Wissens in der ↑Erfahrung den Primat eines nicht-empirischen Wissens mit der Annahme so genannter angeborener Ideen (↑Idee, angeborene) zu begründen sucht, und einem *methodischen* R., in dessen Rahmen sich die Rede von nicht-empirischen Bedingungen der Erkenntnis auf begriffliche Konstruktionen stützt, die (z. B. in Form der aus der Konstruktiven Arithmetik [↑Arithmetik, konstruktive] entfalteten Mathematik und der in einer Theorie idealer Formen entwickelten Fundierungen der Längen-, Zeit- und Massenmessung) ein die physikalische Empirie erst ermöglichendes synthetisches Apriori darstellen (↑Apriorismus, ↑Protophysik). Die Kontroverse zwischen R. und Empirismus bestimmt weitgehend die Entstehung der neuzeitlichen Philosophie in ihrer Orientierung an den exakten Wissenschaften.

Als Begründer des klassischen R. gilt R. Descartes mit der Vorstellung, daß die Grundlage des Wissens, damit auch der Wissenschaft, allein in ›klaren und deutlichen‹ (↑klar und deutlich) Verstandeserkenntnissen bestehe, der in diesem Zusammenhang erfolgenden Herleitung des ↑cogito ergo sum, seiner ›Ideenlehre‹ (↑Idee (historisch)) und dem von G. W. Leibniz weiterentwickelten Gedanken einer ↑mathesis universalis, d. h. dem Programm einer alle formalen und a priori begründbaren Wissenschaften (↑Formalwissenschaft) einschließenden, ihrerseits am Aufbau der Mathematik orientierten universalen Wissenschaft (↑scientia generalis). Weitere Vertreter des klassischen R. sind N. Malebranche, B. de Spinoza und C. Wolff. Der Übergang von einem erkenntnistheoretischen R., dessen Basis ↑Intuitionen sind, zu einem *methodischen* R., dessen Basis ↑Konstruktionen bilden, erfolgt – vorbereitet durch Leibnizens Unterscheidung zwischen ↑Vernunftwahrheiten und ↑Tatsachenwahrheiten – in Kants Analyse synthetischer Urteile a priori, die im Zusammenhang mit der Ausarbeitung der die ›Bedingungen der Möglichkeit der Erfahrung‹ formulierenden methodischen Orientierungen steht und systematisch den Versuch darstellt, die klassischen Positionen des R. und des Empirismus in einem transzendentalphilosophischen Rahmen (↑Transzendentalphilosophie) auf eine methodische Weise miteinander zu verbinden.

Der so genannte R. der ↑Aufklärung stützt sich dabei, auch unabhängig von Kant, sowohl auf den (erkenntnistheoretischen) cartesischen R. im engeren Sinne als auch auf das den klassischen Empirismus (F. Bacon, J. Locke, D. Hume) organisierende Programm einer rational geplanten und durchgeführten Empirie. R. und Empirismus im klassischen Sinne erweisen sich von daher als erkenntnistheoretische Varianten der Einsicht in den Zusammenhang von Vernunft und Erfahrung sowie des Primats der wissenschaftlichen Vernunft (›l'esprit géométrique‹, ↑more geometrico), vor allem im methodologischen Rahmen von Analyse und Deduktion (↑Methode, analytische, ↑Methode, axiomatische), gegenüber traditionellen, darunter auch theologischen, vor allem vom ↑Supranaturalismus und ↑Fideismus getragenen Orientierungen. In der ↑Religionsphilosophie der Aufklärung setzt sich der R. in der begrifflichen Konzeption einer natürlichen Religion (↑Religion, natürliche, ↑Deismus) durch – auch im Glauben soll die Ratio, gegen die Annahme einer doppelten Wahrheit (↑Wahrheit, doppelte), Kriterium der Wahrheit und der ↑Offenbarung sein –, in der ↑Rechtsphilosophie in der Konzeption des ↑Naturrechts, in der Ethik als so genannter (moralischer) ↑Intellektualismus.

In der neueren ↑Wissenschaftstheorie hat der klassische Gegensatz zwischen R. und Empirismus eine gewisse Fortsetzung durch den zwischen Kritischem R. (↑Rationalismus, kritischer) und Logischem Empirismus (↑Empirismus, logischer) gefunden, ferner im Rahmen speziellerer Analysen. So stellen z. B. nach J. R. Brown (1991) in ausgezeichneten Fällen ↑Gedankenexperimente (etwa G. Galileis Argument für die Unabhängigkeit der Fallbeschleunigung von der Beschaffenheit des fallenden Körpers) eine Grundlage für eine apriorische Erfassung von ↑Naturgesetzen dar. Derartige Gedankenexperimente erlauben den Schluß, daß die relevante Gesetzmäßigkeit nur eine einzige Form aufweisen kann, die sich deshalb dem alleinigen (wenn auch fehlbaren) Zugriff des Verstandes erschließt. Insgesamt hat der Gegensatz zwischen R. und Empirismus jedoch seine systematische Bedeutung, die im philosophie- und wissenschaftshistorischen Rahmen den Anfang des neuzeitlichen Denkens charakterisiert, weitgehend eingebüßt.

Literatur: B. Aune, Rationalism, Empiricism, and Pragmatism. An Introduction, New York 1970; J. P. Beckmann/F. Wagner, R., TRE XXVIII (1998), 161–178; G. Boas, Rationalism in Greek Philosophy, Baltimore Md. 1961; J. R. Brown, The Laboratory of the Mind. Thought Experiments in the Natural Sciences, London/New York 1991, ²2011; G. Buchdahl, Metaphysics and the Philosophy of Science. The Classical Origins. Descartes to Kant, Oxford, Cambridge Mass./London 1969, Lanham Md./New York/Oxford 1988; H. Busche/E. Phaud de Mortanges, R., LThK VIII (³1999), 845–846; M. Campo, Cristiano Wolff e il razionalismo precritico, I–II, Mailand 1939, Nachdr. in einem Bd., Hildesheim/New York 1980; E. Cassirer, Die Philosophie der Aufklärung, Tübingen 1932 (repr. Hamburg 1998, 2007), ³1973, ferner als: Ges. Werke XV, ed. C. Rosenkranz, Darmstadt 2003; J. Cottingham, The Rationalists, Oxford/New York 1988, 2010; J. Engfer, Empirismus versus R.? Kritik eines philosophiegeschichtlichen Schemas, Paderborn 1996; ders., R., EP III (²2010), 2201–2205; C. Fricke u. a., R., RGG VII (²2004), 47–55; G. Gawlick/F. Böhling, R., Hist. Wb. Ph. VIII (1992), 44–48; M. Glouberman, Descartes. The Probable and the Certain, Würzburg, Amsterdam 1986; P. Hazard, La pensée européenne au XVIIIᵉ siècle de Montesquieu à Lessing, I–III, Paris 1946, in einem Bd. 1963, 1979 (dt. Die Herrschaft der Vernunft. Das europäische Denken im 18. Jahrhundert, Hamburg 1949); F. Kambartel, Erfahrung und Struktur. Bausteine zu einer Kritik des Empirismus und Formalismus, Frankfurt 1968, ²1976; P. Kondylis, Die Aufklärung im Rahmen des neuzeitlichen R., Stuttgart 1981, ²1986, Darmstadt, Hamburg 2002; P. Koulermos, 20ᵗʰ Century European Rationalism, ed. J. Steele, London 1995; S. Krämer, Berechenbare Vernunft. Kalkül und R. im 17. Jahrhundert, Berlin/New York 1991; L. Krüger, R. und Entwurf einer universalen Logik bei Leibniz, Frankfurt 1969; W. E. H. Lecky, History of the Rise and Influence of the Spirit of Rationalism in Europe, I–II, London 1865, ⁶1873, 1946 (dt. Geschichte des Geistes der Aufklärung in Europa, seiner Entstehung und seines Einflusses, I–II, Heidelberg, Leipzig 1868, 1885); T. M. Lennon, Continental Rationalism, SEP 2007, rev. 2012; L. E. Loeb, From Descartes to Hume. Continental Metaphysics and the Development of Modern Philosophy, Ithaca N. Y./London 1981; M. Mahlmann, R. in der praktischen Theorie. Normentheorie und praktische Konsequenz, Baden-Baden 1999, ²2009; P. J. Markie, Rationalism, REP VIII (1998), 75–80; ders., Rationalism vs. Empiricism, SEP 2013; J. Mittelstraß, Neuzeit und Aufklärung. Studien zur Entstehung der neuzeitlichen Wissenschaft und Philosophie, Berlin/New York 1970; G. W. Oesterdiekhoff, Der europäische R. und die Entstehung der Moderne, Stuttgart 2001; G. H. R. Parkinson (ed.), Truth, Knowledge and Reality. Inquiries into the Foundations of Seventeenth Century Rationalism. A Symposium of the Leibniz-Gesellschaft, Reading, 27–30 July 1979, Wiesbaden 1981; W. Röd, Descartes. Die innere Genesis des cartesianischen Systems, Basel/München 1964, mit Untertitel: Die Genese des Cartesianischen R., München ³1995; G. de Santillana/E. Zilsel, The Development of Rationalism and Empiricism, Chicago Ill. 1941, 1970; H. Schnädelbach (ed.), Rationalität. Philosophische Beiträge, Frankfurt 1984; R. Specht (ed.), R., Stuttgart 1979, 2007; H. Stachowiak, R. im Ursprung. Die Genesis des axiomatischen Denkens, Wien/New York 1971; B. Williams, Rationalism, Enc. Ph. VII (1967), 69–75, VIII (²2006), 239–247; ders., Descartes. The Project of Pure Inquiry, Atlantic Highlands N. J. 1978, New York/London 2005 (dt. Descartes. Das Vorhaben der reinen philosophischen Untersuchung, Königstein 1981, Weinheim ³1996); M. Wundt, Die deutsche Schulphilosophie im Zeitalter der Aufklärung, Tübingen 1945 (repr. Hildesheim 1964, 1992); weitere Literatur: ↑Aufklärung, ↑Empirismus, ↑Kant, Immanuel, ↑Leibniz, Gottfried Wilhelm, ↑Methode, analytische, ↑Methode, axiomatische. J. M.

Rationalismus, kritischer, Bezeichnung für eine an K. R. Poppers Programm einer ↑Logik der Forschung anknüpfende philosophische und wissenschaftstheoretische Schule. Ausgehend von der in Kritik am ↑Induktivismus ausgearbeiteten deduktivistischen Methodologie (↑Deduktivismus) ist den Vertretern dieser Schule die Überzeugung gemeinsam, daß alle Erkenntnis stets vorläufigen Charakter hat und sich in empirischen Prüfungen bewähren muß. Die ↑Bewährung vollzieht sich im Zusammenspiel spekulativen Theoretisierens mit Versuchen, die Theorien in deduktiven Verfahren unter Rückgriff auf empirische Befunde (↑Basissatz) zu falsifizieren. Die Möglichkeit zur ↑Falsifikation dient zugleich als ↑Abgrenzungskriterium zwischen wissenschaftlich-rationalen und metaphysischen (↑Metaphysik) Sätzen.

In Weiterführung dieser Gedanken entwickelt der K. R. eine grundsätzliche Skepsis gegenüber allen Begründungsversuchen (↑Begründung), die ihre schärfste Formulierung im so genannten ↑Münchhausen-Trilemma bei H. Albert findet: Alle Begründungsversuche münden entweder in einen *Regreß* (↑regressus ad infinitum) oder in einen ↑*Zirkel* (↑circulus vitiosus), oder sie enden unter Verweis auf eine bloß vorgebliche Begründungsbasis mit einem *dogmatischen Abbruch* des Begründungsverfahrens. Der K. R. schließt daraus auf ein notwendiges Scheitern aller Begründungsversuche. Er sucht daher die traditionelle Vorstellung von einer zumindest partiellen Begründbarkeit des Wissens durch das *Prinzip der kritischen Prüfung* (↑Prüfung, kritische) zu ersetzen sowie unter Annahme eines umfassenden ↑Fallibilismus der Dogmatisierung und ↑Immunisierung von Theorien entgegenzuwirken. Da alternative Theorien in dieser Konzeption nicht nur nicht auszuschließen, sondern sogar der Annäherung an die ↑Wahrheit förderlich sind, vertritt der K. R. einen ↑Pluralismus (↑Theorienpluralismus), der auch auf die der Erkenntnisgewinnung zugrundeliegenden Methoden ausgedehnt wird. – In der Praktischen Philosophie (↑Philosophie, praktische) führt dieses Verständnis zu der auch im ↑Positivismusstreit und im ↑Werturteilsstreit verfochtenen Auffassung, daß ↑Rechtfertigungen von Handlungen und moralischen Urteilen letztlich auf nicht weiter rückführbaren Dezisionen beruhen (↑Dezisionismus), die entsprechend eine Pluralität an ↑Moralen zulassen.

Insofern der K. R. die Kritik als ein rationales, auf logischer Folgerichtigkeit beruhendes Verfahren versteht, kann die These einer alle möglichen Aussagen umfassenden Kritisierbarkeit nicht aufrechterhalten werden; zumindest die Korrektheit einiger logischer ↑Regeln ist stets präsupponiert (↑Präsupposition). Vor allem in bezug auf die Formulierung von Handlungsanweisungen lassen sich vermittels einer ebenfalls stets zu unterstellenden Konsistenzforderung (↑widerspruchsfrei/Widerspruchsfreiheit) weitere kritikimmune, gleichwohl nicht-dogmatische Aussagen gewinnen. Stellt man insgesamt die Konzeption in einen pragmatischen Rahmen, in dem das Begründen und das Rechtfertigen von Aussagen als Herstellung einer prinzipiellen Zustimmungsfähigkeit für Diskursparteien verstanden wird, läßt sich die skeptische Konsequenz des Münchhausen-Trilemmas vermeiden.

Literatur: B. Abel, Grundlagen der Erklärung menschlichen Handelns. Zur Kontroverse zwischen Konstruktivisten und Kritischen Rationalisten, Tübingen 1983; T. W. Adorno u. a., Der Positivismusstreit in der deutschen Soziologie, Neuwied/Berlin 1969, Darmstadt [14]1991, München 1993 (engl. The Positivist Dispute in German Sociology, New York etc. 1976; franz. De Vienne à Francfort. La querelle allemande des sciences sociales, Brüssel 1979); H. Albert, Traktat über kritische Vernunft, Tübingen 1968, [3]1975 (erw. um ein Nachwort: »Der Kritizismus und seine Kritiker«, 183–210), [5]1991, 2010 (erw. um: »Ein Nachtrag zur Begründungsproblematik«, 264–277); ders., Konstruktion und Kritik. Aufsätze zur Philosophie des k.n R., Hamburg 1972, [2]1975; ders., Kritische Vernunft und menschliche Praxis. Mit einer autobiographischen Einleitung, Stuttgart 1977, [2]1984; ders., Traktat über rationale Praxis, Tübingen 1978, [5]1991; ders., Die Wissenschaft und die Fehlbarkeit der Vernunft, Tübingen 1982; ders., K. R., in: H. Seiffert/G. Radnitzky (eds.), Handlexikon zur Wissenschaftstheorie, München 1989, [2]1994, 177–182; ders., K. R.. Vier Kapitel zur Kritik illusionären Denkens, Tübingen 2000; ders., In Kontroversen verstrickt. Vom Kulturpessimismus zum k.n R., Wien etc. 2007, [2]2010; ders., Kritische Vernunft und rationale Praxis, Tübingen 2011; ders./E. Topitsch (eds.), Werturteilsstreit, Darmstadt 1971, [3]1990; ders./K. Salamun (eds.), Mensch und Gesellschaft aus der Sicht des k.n R., Amsterdam/Atlanta Ga. 1993; G. Andersson, Kritik und Wissenschaftsgeschichte. Kuhns, Lakatos' und Feyerabends Kritik des K.n R., Tübingen 1988 (engl. Criticism and the History of Science. Kuhn's, Lakatos's and Feyerabend's Criticisms of Critical Rationalism, Leiden/New York/Köln 1994); W. W. Bartley III, The Retreat to Commitment, New York 1962, La Salle Ill. [2]1984 (dt. Flucht ins Engagement. Versuch einer Theorie des offenen Geistes, München 1962, Tübingen [2]1987); K. Bayertz/J. Schleifstein, Mythologie der ›kritischen Vernunft‹. Zur Kritik der Erkenntnis- und Geschichtstheorie Karl Poppers, Köln 1977; J. M. Böhm/H. Holweg/C. Hoock (eds.), Karl Poppers k. R. heute. Zur Aktualität kritisch-rationaler Wissenschaftstheorie, Tübingen 2002; A. Bohnen/A. Musgrave (eds.), Wege der Vernunft. Festschrift zum siebzigsten Geburtstag von Hans Albert, Tübingen 1991; H. Bußhoff, Kritische Rationalität und Politik. Eine Einführung in die Philosophie des Politischen und der Wissenschaftslehre der Politischen Wissenschaft, München 1976; K. Dahlmann, Wissenschaftslogik und Liberalismus. Mit dem k. R. durch das Dickicht der Weltanschauungen, Berlin 2009; G. Franco, Der k. R. als Denk- und Lebensweise. Festschrift zum 90. Geburtstag von Hans Albert, Klagenfurt 2012; V. Gadenne (ed.), K. R. und Pragmatismus, Amsterdam/Atlanta Ga. 1998; B. Gesang, Wahrheitskriterien im k.n R.. Ein Versuch zur Synthese analytischer, evolutionärer und kritisch-rationaler Ansätze, Amsterdam/Atlanta Ga. 1995; C. F. Gethmann/R. Hegselmann, Das Problem der Begründung zwischen Dezisionismus und Fundamentalismus, Z. allg. Wiss.theorie 8 (1977), 342–368; S. Gleiser, Eine politökonomische Analyse des k.n R. unter Einbezug direkt auf ihn zurückführbarer gesellschaftlicher Steuerungstechniken. Systeme sozialer Indikatoren, Frankfurt/Bern/Cirencester 1979; U. L. Günther, K. R., Sozialdemokratie und politisches Handeln. Logische und psychologische Defizite einer kritizistischen Philosophie, Weinheim/Basel 1984; J. Habermas, Theorie und Praxis. Sozialphilosophische Studien, Neuwied/Berlin 1963, Frankfurt [9]2014; ders., Nachtrag zu einer Kontroverse (1963). Analytische Wissenschaftstheorie und Dialektik, in: ders., Zur Logik der Sozialwissenschaften. Materialien, Frankfurt 1970, 9–38, ohne Untertitel erw. [5]1982, 1985, 15–44; ders., Eine Diskussionsbemerkung (1964). Wertfreiheit und Objektivität, in: ders., Zur Logik der Sozialwissenschaften. Materialien, Frankfurt 1970,

313–321, ohne Untertitel erw. ^{5}1982, 1985, 77–85; ders., Ein Fragment (1977). Objektivismus in den Sozialwissenschaften, in: ders., Zur Logik der Sozialwissenschaften, Frankfurt ^{5}1982, 1985, 541–607; W. Habermehl, Historizismus und k. R.. Einwände gegen Poppers Kritik an Comte, Marx und Platon, Freiburg/München 1980; R. Hegselmann, Normativität und Rationalität. Zum Problem praktischer Vernunft in der Analytischen Philosophie, Frankfurt/New York 1979, 165–203, 262–265 (Kap. 4 Begründung und Begründbarkeit); W. Henke, Kritik des k.n R., Tübingen 1974; N. Hinterberger, Der k. R. und seine antirealistischen Gegner, Amsterdam/Atlanta Ga. 1996; H. Holzhey, Metakritik des ›K.n R.‹. Zum Problem der zureichenden Begründung, in: G. Ebeling/E. Jüngel/G. Schunack (eds.), Festschrift für Ernst Fuchs, Tübingen 1973, 177–191; K. Holzkamp, ›K. R.‹ als blinder Kritizismus, in: ders., Kritische Psychologie. Vorbereitende Arbeiten, Frankfurt 1972, 1977, 173–205; P. Janich/F. Kambartel/J. Mittelstraß, Wissenschaftstheorie als Wissenschaftskritik, Frankfurt 1974; H. Keuth, Realität und Wahrheit. Zur Kritik des k.n R., Tübingen 1978; ders., R., k., Hist. Wb. Ph. VIII (1992), 49–52; ders., Die Philosophie Karl Poppers, Tübingen 2000, ^{2}2011 (engl. The Philosophy of Karl Popper, Cambridge etc. 2005); C. Köllmann, K. R., EP II (^{2}2010), 1329–1335; I. Lakatos/A. Musgrave (eds.), Criticism and the Growth of Knowledge, Cambridge etc. 1970, korr. 1999 (dt. Kritik und Erkenntnisfortschritt, Braunschweig 1974); H. Lenk, Philosophische Logikbegründung und rationaler Kritizismus, Z. philos. Forsch. 24 (1970), 183–205; N. Leser/J. Seifert/K. Plitzner (eds.), Die Gedankenwelt Sir K. Poppers. K. R. im Dialog, Heidelberg 1991; G. Lührs u. a. (eds.), K. R. und Sozialdemokratie, I–II, Berlin/Bonn 1975/1976; ders. u. a. (eds.), Theorie und Politik aus kritisch-rationaler Sicht, Berlin/Bonn 1978; J. C. Marek, Beiträge zum k.n R., Conceptus 6 (1972), 139–154; D. Miller, Out of Error. Further Essays on Critical Rationalism, Aldershot 2006; J. Mittelstraß, Erfahrung und Begründung, in: ders., Die Möglichkeit von Wissenschaft, Frankfurt 1974, 56–83, 221–229; ders., Forschung, Begründung, Rekonstruktion. Wege aus dem Begründungsstreit, in: H. Schnädelbach (ed.), Rationalität. Philosophische Beiträge, Frankfurt 1984, 117–140, Nachdr. in: ders., Der Flug der Eule. Von der Vernunft der Wissenschaft und der Aufgabe der Philosophie, Frankfurt 1989, 257–280; ders., Gibt es eine Letztbegründung?, in: P. Janich (ed.), Methodische Philosophie. Beiträge zum Begründungsproblem der exakten Wissenschaften in Auseinandersetzung mit Hugo Dingler, Mannheim/Wien/Zürich 1984, 12–35, Nachdr. in: ders., Der Flug der Eule [s. o.], 281–312; A. Musgrave, Common Sense, Science and Scepticism. A Historical Introduction to the Theory of Knowledge, Cambridge etc. 1993, 1999 (dt. Alltagswissen, Wissenschaft und Skeptizismus. Eine historische Einführung in die Erkenntnistheorie, Tübingen 1993, 2010); R. Neck/H. Stelzer (eds.), K. R. heute. Zur Aktualität der Philosophie Karl Poppers, Frankfurt etc. 2013; H.-J. Niemann, Lexikon des k.n R., Tübingen 2004, 2006; E. Nordhofen, Das Bereichsdenken im k.n R.. Zur finitistischen Tradition der Popperschule, Freiburg/München 1976; O.-P. Obermeier, Poppers ›K. R.‹. Eine Auseinandersetzung über die Reichweite seiner Philosophie, München 1980; Z. Parusniková/R. S. Cohen (eds.), Rethinking Popper, Dordrecht 2009 (Boston Stud. Philos. Sci. 274); I. Pies/M. Leschke (eds.), Karl Poppers k. R., Tübingen 1999; G. Pollak, Fortschritt und Kritik. Von Popper zu Feyerabend. Der k. R. in der erziehungswissenschaftlichen Rezeption, Paderborn, München 1987; K. R. Popper, Logik der Forschung, Wien 1935 [1934], Tübingen ^{10}1994, ferner als: Ges. Werke III, ed. H. Keuth, Tübingen ^{11}2005 (engl. The Logic of Scientific Discovery, London, New York 1959, London/New York 2010); ders., The Open Society and Its Enemies, I–II, London 1945, ^{5}1966, in einem Bd. London/New York 2011, Princeton N. J. 2013 (dt. Die offene Gesellschaft und ihre Feinde, I–II, Bern 1957/1958, ferner als: Ges. Werke V/VI, ed. H. Kiesewetter, Tübingen ^{8}2003); K. Salamun (ed.), Karl R. Popper und die Philosophie des K.n R.. Zum 85. Geburtstag von Karl R. Popper, Amsterdam/Atlanta Ga. 1989; ders. (ed.), Moral und Politik aus der Sicht des k.n R., Amsterdam/Atlanta Ga. 1991; U. O. Sievering (ed.), K. R. heute, Frankfurt 1988, ^{2}1989; H. F. Spinner, Pluralismus als Erkenntnismodell, Frankfurt 1974; ders., Begründung, Kritik und Rationalität. Zur philosophischen Grundlagenproblematik des Rechtfertigungsmodells der Erkenntnis und der Kritizistischen Alternative, Braunschweig 1977; ders., Das Prinzip Kritik als Leitfaden der Rationalisierung von Wissenschaft und Gesellschaft, in: Jb. Berliner Wiss. Ges. 1980, 256–291; ders., Ist der k. R. am Ende? Auf der Suche nach den verlorenen Maßstäben des k.n R. für eine offene Sozialphilosophie und kritische Sozialwissenschaft, Analyse und Kritik 2 (1980), 99–126, separat (erw.) Weinheim/Basel 1982; H. Stelzer, Karl Raimund Popper und k. R. interkulturell gelesen, Nordhausen 2007, 2009; R. Thienel, K. R. und Jurisprudenz. Zugleich eine Kritik an Hans Alberts Konzept einer sozialtechnologischen Jurisprudenz, Wien 1991; A. Waschkuhn, K. R.. Sozialwissenschaftliche und politiktheoretische Konzepte einer liberalen Philosophie der offenen Gesellschaft, München/Wien 1999; J. W. N. Watkins, Freiheit und Entscheidung, Tübingen 1978; A. Wellmer, Methodologie als Erkentnistheorie. Zur Wissenschaftslehre Karl R. Poppers, Frankfurt 1967, 1972; J. R. Wettersten, The Roots of Critical Rationalism, Amsterdam/Atlanta Ga. 1992; G. Zecha (ed.), Critical Rationalism and Educational Discourse, Amsterdam/Atlanta Ga. 1999; weitere Literatur: ↑Albert, Hans, ↑Logik der Forschung, ↑Popper, Karl R., ↑Positivismusstreit, ↑Werturteilsstreit. C. F. G.

Rationalität, Bezeichnung für die Fähigkeit, Verfahren diskursiver Einlösung von Geltungsansprüchen (↑Geltung) zu entwickeln, ihnen zu folgen und über sie zu verfügen. Nennt man verfahrensgemäß eingelöste Geltungsansprüche ›fundiert‹, läßt sich R. kurz als die Fähigkeit zur Erzeugung von Wohlfundiertheit bezeichnen. In der Philosophie der Antike, des Mittelalters und der Neuzeit wird das Thema R. zugleich mit der Lehre von den Vermögen der ↑Seele (↑Psychologie) unter den Titeln ↑Verstand (↑Nus, ↑intellectus) und ↑Vernunft (↑Logos, ↑ratio) behandelt. Der Ausdruck ›rationalitas‹ als attributives Abstractum zu ›ratio‹ (ähnlich wie ›intellectualitas‹ zu ›intellectus‹, ›sensualitas‹ zu ›sensus‹) wird als philosophischer Terminus seit Q. S. F. Tertullian und L. Apuleius verwendet. Zu einem zentralen philosophischen Begriff wird R. jedoch erst seit M. Weber, der sich dabei auf den in der Nationalökonomie herrschenden, an der Zweck-Mittel-R. (↑Zweckrationalität) orientierten Sprachgebrauch bezieht (↑Handlung, ↑Rationalisierung, ↑Zweck). Den Kern der Zweck-Mittel-R. bildet die strategisch geschickte Wahl der zu einem Zweck geeigneten Mittel; dadurch wird das Verfahren der Wahl in das Zentrum des Interesses gerückt. Durch die damit gegebene ›Prozeduralisierung‹ des R.sbegriffs wird eine in den früheren Vernunftkonzeptionen implizierte Zweideutigkeit aufgedeckt; R. bezeichnet dort zugleich ein ausgezeichnetes Vermögen des Menschen zu vernünftigem Denken und Handeln (substantieller R.sbegriff) und die Fähigkeit des Menschen, über Verfahren der Geltungsfundierung zu verfügen (prozeduraler R.sbegriff).

Die Prozeduralisierung des R.sbegriffs liegt schon in der Tendenz der neuzeitlichen Philosophie als Methodologie philosophischer und wissenschaftlicher Geltungsbegründung seit R. Descartes. Allerdings bleibt die neuzeitliche Philosophie durch die Bindung an vermögenspsychologische Vorstellungen (↑Vermögen) und damit verbundene metaphysische (↑Metaphysik) und mentalistische (↑Mentalismus) Deutungsmodelle noch an das substantielle R.sverständnis gebunden. Unter dem Einfluß der Diskussion im Anschluß an Weber ist es daher üblich geworden, die Theorie der R. als Theorie geltungsfundierender Verfahren von einem ›metaphysischen‹ Vernunftverständnis abzugrenzen. Von vielen Philosophen des 20. Jhs. (z. B. K.-O. Apel, J. Habermas, P. Lorenzen, K. R. Popper, J. Rawls, N. Rescher, H. Schnädelbach) wird eine Theorie der (theoretischen und praktischen) R. – wenn auch in unterschiedlicher Ausführung – als das fundamentale Lehrstück der modernen Philosophie betrachtet (↑Fundamentalphilosophie, ↑Konstruktivismus, ↑Rationalismus, kritischer, ↑Transzendentalpragmatik, ↑Universalpragmatik, ↑Wissenschaftstheorie, konstruktive). Nur bezüglich des prozeduralen R.sbegriffs tritt eine solche Theorie der R. die Nachfolge der neuzeitlichen Vernunftphilosophie an, während Elemente der substantiell verstandenen R. allenfalls im Sinne einer Rekonstruktion von ↑Präsuppositionen der Verfahrensteilnahme und Verfahrenskontrolle eine Rolle spielen können. Charakteristisch für das prozedurale R.sverständnis ist auch, daß kein Hiatus zwischen sozialen und kognitiven Prozeduren besteht: Geltungsansprüche und ihre Einlösung sind unauflösbar zugleich kognitive und soziale Phänomene. – Die systematische kognitive Ausbildung und soziale Sicherung der verschiedenen Typen und Formen von R. ist Aufgabe der ↑Philosophie, der ↑Wissenschaft (↑Wissenschaftstheorie) und der ↑Gesellschaft (insbes. in ihren sozialen ↑Institutionen). Im Zentrum einer Theorie der R. stehen daher vor allem Begriffe, die Verfahren interaktiver Einlösung von Geltungsansprüchen bezeichnen, wie Unterscheiden (↑Unterscheidung, ↑Kritik), Begründen (↑Begründung), Rechtfertigen (↑Rechtfertigung), Explizieren (↑Explikation), Rekonstruieren (↑Rekonstruktion) und Argumentieren (↑Argumentation, ↑Argumentationstheorie).

(1) *R. und Diskursivität:* ›Rational‹ wird in der ↑Bildungssprache von Gegenständen unterschiedlicher Art (Individuen, Kollektiven, Institutionen, Systemen, Handlungen, Mitteln, Zwecken, Wissensformen usw.) prädiziert und ist dabei nicht scharf gegen andere ↑Prädikatoren (gerechtfertigt, begründet, legitim, richtig, vernünftig usw.) abgegrenzt. Gemeinsam ist diesen Prädikatoren, daß sie sich mittelbar oder unmittelbar auf ↑Handlungen beziehen (C. G. Hempel 1962), insofern diese in Kontexten (z. B. in Begründungs- bzw. Rechtfertigungskontexten) beurteilt werden, in denen es um die Einlösung von Geltungsansprüchen geht. Nach Habermas ist daher die durch Gründe motivierte Anerkennung von Geltungsansprüchen das ›Schlüsselphänomen‹, auf das sich Versuche der Rekonstruktion eines umfassenden R.sbegriffs beziehen sollten (Habermas 1984, 445). Ein Vorschlag für die Verwendung von ›rational‹ hat damit auf eine Rekonstruktion der Termini ›Begründen‹ und ›Rechtfertigen‹ Bezug zu nehmen, die komplexe Redehandlungen (↑Sprechakt) bezeichnen. Sie sind im Rahmen einer generellen Rekonstruktion von Redehandlungen (↑Pragmatik von Sprechhandlungen) zu bestimmen. Diese grundlegenden Zusammenhänge für einen terminologischen Aufbau führen dazu, daß eine Theorie der R. nach dem ›linguistic turn‹ (↑Wende, linguistische) Thema einer ↑pragmatischen Sprachkonzeption wird.

Zum Aufbau einer begründungs- und rechtfertigungspragmatischen Terminologie ist zu unterstellen, daß es gelungen ist, in der lebensweltlichen (↑Lebenswelt) Redepraxis elementare Redehandlungen wie ›Auffordern‹ und ›Behaupten‹ pragmatisch zu identifizieren und semantisch zu explizieren. Durch sie läßt sich der Abstraktor (↑Abstraktion, ↑abstrakt) ›Redehandlung‹ exemplarisch einführen. Die Redehandlung ›Bezweifeln‹ läßt sich einführen als die Aufforderung, durch weitere Behauptungen den in einer ersten Behauptung oder Aufforderung ausgedrückten Geltungsanspruch einzulösen. ›Zustimmen‹ (im starken Sinne) läßt sich einführen als die Übernahme eines in der Behauptung oder Aufforderung ausgedrückten Geltungsanspruches durch jene Partei, die vorher bezweifelte. Eine Behauptung eines ↑Proponenten soll ›relativ‹ zu einem bestimmten ↑Opponenten ›begründet‹ heißen, wenn dieser ihr (gegebenenfalls auf Grund weiterer Behauptungen) zustimmt. Eine Aufforderung soll ›relativ gerechtfertigt‹ heißen, wenn der entsprechende Opponent ihr (gegebenenfalls auf Grund weiterer Behauptungen und Aufforderungen) zustimmt. Gelingt es, eine Behauptung oder Aufforderung in bezug auf jedermann zu begründen oder zu rechtfertigen (bzw. die Begründbarkeit oder Rechtfertigbarkeit in bezug auf jedermann durch geeignete Strategien zu sichern), soll von ›absoluter Begründung/Rechtfertigung‹ die Rede sein (↑Wahrheit). Eine Handlung bzw. eine Handlungsgewohnheit (Handlungswiederholung eines Individuums) oder Handlungsweise (Handlungswiederholung durch verschiedene Individuen einer Gruppe) soll genau dann ›rational‹ genannt werden, wenn sie ausschließlich auf Grund von absolut begründeten Behauptungen und absolut gerechtfertigten Aufforderungen erfolgt. Eine Diskurspartei (Individuum oder Kollektiv) soll ›rational‹ heißen, wenn sie durchweg rational im eingeführten Sinne handelt.

Zum Zwecke der Rekonstruktion von rationalen Handlungen in Begründungs- und Rechtfertigungsdiskursen ist auf der Grundlage der eingeführten Begriffe Begründung und Rechtfertigung zunächst eine systematische Reglementierung der solche Diskurse auszeichnenden Redehandlungssequenzen in Form von Sukzessionsregeln vorzunehmen. Dazu ist als Vorstufe eine Terminologie bereitzustellen, die es erlaubt, typische Begründungs- und Rechtfertigungssituationen auszuzeichnen. Dabei ist eine Analyse, die Sukzessionsregeln unter Absehung von den propositionalen Gehalten formuliert (formale Analyse [↑Logik]), von einer Analyse, die solche propositionalen Gehalte einbezieht (materiale Analyse [↑Rhetorik, ↑Topik]), zu unterscheiden. – Die Begriffe Fundieren, Begründen und Rechtfertigen bezeichnen im Zusammenhang einer Theorie der R. nicht spezifisch Formen deduktiver (↑Deduktion) Argumentationszusammenhänge. Ohne weiteres ist auch das Verfahren der Kritik, das für den Kritischen Rationalismus (↑Rationalismus, kritischer) im Anschluß an Popper das wesentliche Element von R. ausmacht, als (Teil-)Definiens für ›Fundieren‹ anzusehen. Dies zeigt, daß nur eine ›fundamentalistische‹ Einengung von Prozeduren der R. in die Sackgassen des ↑Münchhausen-Trilemmas führt (C. F. Gethmann 1987).

(2) *R. und Zentralität:* Ein elementares Kapitel der Theorie der R. befaßt sich mit der Frage, wem überhaupt grundsätzlich zugetraut und zugestanden wird, über die Fähigkeit der R. zu verfügen. Die lebensweltlich naheliegende Antwort, hierfür ›den Menschen‹ vorzusehen, erweist sich aus mehreren Gründen als unzulänglich. So ist unklar, wie sich der Begriff Mensch extensional (↑extensional/Extension) definieren läßt. Häufig bezieht man sich dabei implizit auf eine zoologische Terminologie; demgemäß könnten als Menschen die Exemplare der Spezies *homo sapiens sapiens* gelten. Abgesehen von der Schwierigkeit, daß damit eine zoologische Terminologie zur Grundlage der Theorie der R. wird (mit den damit gegebenen Zirkelgefahren, ↑zirkulär/Zirkularität), läuft diese Definitionsstrategie auf einen Speziezismus hinaus, worauf in jüngster Zeit besonders im Zusammenhang mit Fragen der angewandten Ethik (P. Singer 1979; ↑Ethik, angewandte) hingewiesen wurde. So scheint es empirisch zunächst wenig einleuchtend, etwa menschlichen Föten oder geistig Schwerstbehinderten R. zuzusprechen, dagegen höheren, nicht-menschlichen Lebewesen R. abzusprechen. Die neuzeitliche Diskussion (vor allem im ↑Rationalismus, bei I. Kant und im Deutschen Idealismus, ↑Idealismus, deutscher) hat sich einer empirischen Bestimmung enthalten und die Frage des Inhabers des Vernunftvermögens auf das Ich-Subjekt des (theoretischen und praktischen) Urteilens bezogen (↑Ich, ↑Subjekt, ↑Subjekt, transzendentales). Dabei wird offengelassen, ob es außer dem Menschen noch andere Wesen (etwa Gott [↑Gott (philosophisch)], reine Geister [Engel, ↑Engellehre], Tiere) gibt, denen ebenfalls Vernunft zukommt, oder ob manchen Menschen Vernunft nicht zukommt.

Im Rahmen einer Theorie der R. nach dem ›linguistic turn‹ ist die Frage nach dem Träger von R. von den vermögenspsychologischen Konnotationen der neuzeitlichen Philosophie zu lösen. Der Vollzug diskursiver Redehandlungen präsupponiert, daß der Handelnde sich als Handlungsurheber erfährt. Diese Selbsterfahrung des Handelnden ist von der Fremdzuschreibung der Handlung zu einem Akteur zu unterscheiden. Der Handelnde kann sich nicht restlos in die Perspektive der Fremdzuschreibung versetzen, denn in jedem Falle bleibt er der Urheber der Beschreibungshandlung der jeweils höchsten Stufe. Der Urheber der Handlung ist daher Zentrum seines Handlungsraums, auch wenn er sich scheinbar an die Peripherie begibt, um das Zentrum zu beobachten. Daher liegt es nahe, dieses Merkmal des Handelnden als ›Zentralität‹ zu bezeichnen. Die Fähigkeit zur R. ist somit grundsätzlich allen Wesen zuzuerkennen, die über die Handlungsstruktur der Zentralität verfügen, denn höchstens diese sind mögliche Urheber von diskursiven Handlungen. ›Zentralität‹ ist der Nachfolgebegriff zum Begriff der Subjektivität (↑Subjektivismus) im Rahmen einer Theorie der R. nach dem ›linguistic turn‹.

Ein Wesen mit dem Strukturmerkmal der Zentralität kann eine Handlung vollziehen oder unterlassen. Ihm kommt daher die Fähigkeit zu, pragmatisch konsistent zu handeln. Zum Vollzug einer Handlung bedarf es eines minimalen Durchhaltevermögens (Persistenz) in der Zeit, insoweit die Ausführung einer Handlung immer eine gewisse Zeit beansprucht (↑Prinzip der rückwirkenden Verpflichtung); ein Wesen, das so wenig persistent ist, daß es vor Vollendung jeder denkbaren Handlung aus dem Kontext der Handlung herausfällt, kann keine Zentralität realisieren. Ein Wesen vom Strukturtyp der Zentralität muß in der Lage sein, Handlungen zu wiederholen bzw. unvollendete Handlungsversuche wieder aufzugreifen und in diesem Sinne auf Handlungen zu insistieren (Insistenz). Einem Handlungsurheber kommt daher nur dann Zentralität zu, wenn er in der Lage ist, wenigstens eine minimale pragmatische Konsistenz, Persistenz und Insistenz an den Tag zu legen.

Zu den Präsuppositionen diskursiver Meinungs- und Willensbildung gehört faktisch die Anerkennung der Fähigkeit möglicher Diskursteilnahme (↑Diskurs, ↑Dialog, rationaler). Diese Präsupposition ist nicht zwingend dadurch erfüllt, daß gerade die Exemplare der Spezies *homo sapiens sapiens* diejenigen Wesen sind, denen Diskursfähigkeit zugesprochen wird. Allerdings läßt sich fordern, daß genau diejenigen Wesen als diskursfähig anerkannt werden, die Zentralität aufweisen (Universalismus). Es ist eine nicht-triviale theoretische und praktische Aufgabe, die Extension des Begriffs der Zentralität (empirisch) zu präzisieren.

(3) *R.stypen:* In Weiterführung der traditionellen ›Selbstdifferenzierung der Vernunft‹ (Apel 1984, 18), z. B. in theoretische Vernunft (↑Vernunft, theoretische) und praktische Vernunft (↑Vernunft, praktische), stellt sich im Rahmen der Theorie der R. die Aufgabe, eine Konzeption verschiedener R.stypen zu entwickeln.

(a) *Diskursive und prädiskursive R.:* Zur Überprüfung von Geltungsansprüchen müssen Regeln eingehalten werden, deren Rechtfertigung durch Rekurs auf den Zweck des Diskurses erfolgt. Diskurse als Rede-Sukzessionen sind daher jeweils ein schrittweises sprachliches Durchlaufen gemäß diesen Regeln. Bedenkt man, daß Argumentationen bestimmte diskursive Handlungen sind, setzt deren Gelingen eine Anzahl prädiskursiver Einverständnisse voraus. In bezug auf lebensweltliche und wissenschaftliche Diskurse gilt zunächst, daß die Unterscheidung zwischen prädiskursiven und diskursiven sprachlichen Handlungen prinzipiell nicht disjunkt ist. Was nämlich in bezug auf einen Diskurs Thema diskursiver Meinungs- und Willensbildung ist, kann in bezug auf einen anderen Diskurs prädiskursives Einverständnis sein. Ohne eine jeweilige prädiskursive Einigung ist jedoch kein Diskurs möglich. Darüber hinaus gibt es auch solche prädiskursiven Einverständnisse, die *schlechthin* realisiert sein müssen, d. h., über die vor jedem Diskurs Einverständnis bestehen muß. Somit ist eine Prädiskursivität allen Redens und Handelns zu postulieren. Dazu gehört z. B. das Einverständnis, daß ein Dissens oder ↑Konflikt überhaupt diskursiv aufgelöst werden soll. Ferner bedarf es einer sich daraus ergebenden Anerkennung von Rechten und Pflichten bei der Ausführung von Diskursen, die sich wiederum aus der Übernahme einer diskursiven Rolle als Proponent oder Opponent ergeben. Schließlich ist die Anerkennung von Symmetriepostulaten (↑symmetrisch/Symmetrie (argumentationstheoretisch)) grundlegend, die sich wiederum aus den rollenspezifischen Rechten und Pflichten ergeben. Letztlich sind auch Regeln der Abkürzung und Vereinfachung von Diskursen bei gleichzeitiger Wahrung des praktischen Interesses an diskursiver Meinungs- und Willensbildung zu akzeptieren. Die Herstellung prädiskursiver Einverständnisse kann gerade im Interesse diskursiver Meinungs- und Willensbildung nicht naturwüchsiger oder konventioneller Beliebigkeit überlassen werden. Vielmehr bedarf es einer prädiskursiven R., die zu einer Auszeichnung besonders geeigneter prädiskursiver Einverständnisse gelangt. Die hier zu unterstellenden Vermögen und Verfahren liegen im semantischen Bereich des traditionellen Begriffs von Vernunft, wogegen die diskursive R. eher die Bedeutung des traditionellen Begriffs des Verstandes erfüllt.

Um die Nicht-Beliebigkeit bestimmter prädiskursiver Einverständnisse aufzuweisen, genügt es, quasi ›experimentell‹, Extremfälle zu untersuchen. Sie folgen der topischen Grundfigur, daß man bestimmte prädiskursive Bedingungen nicht diskursiv bestreiten kann, da man sie für die Einlösung des Geltungsanspruchs der Bestreitung bereits exerciter in Kraft setzt. Für den Fall der Begründungsrationalität hat die Philosophie in einer langen Tradition die Möglichkeiten des Argumentierens mit einem solchen Skeptiker untersucht, der ›mit Verstand‹ aller R. abschwört (↑Letztbegründung, ↑paradigm case argument, ↑Retorsion, ↑Skeptizismus). Für die Rechtfertigungsrationalität hat R. M. Hare einen Fanatiker skizziert, der auch dann von einer universellen Auffassung nicht abläßt, wenn die Befolgung derselben für ihn vernichtende Konsequenzen hat (Hare 1963, 157–162 [II.9.1]).

(b) *Reduktive und produktive R.:* Nimmt man an, daß ein Proponent zur Begründung einer Behauptung von *A* nach Aufforderung durch den Opponenten die ↑Prämisse *B* herangezogen hat und *A* und *B* von ihm als durch eine Regel *R* verbunden behauptet werden, dann hat der Opponent – falls er nicht bereits zustimmt – grundsätzlich zwei Möglichkeiten, den Diskurs weiterzuführen. Entweder bezweifelt er die Prämisse *B* oder die zwischen *A* und *B* unterstellte Regel. Im ersten Falle soll (in Anlehnung an ein von S. Toulmin eingeführtes Schema) von ›horizontaler‹, im zweiten Falle von ›vertikaler Begründungsdimension‹ gesprochen werden. Ein Wechsel von der horizontalen in die vertikale Begründungsdimension ist in wissenschaftlichen Diskursen jederzeit möglich und üblich (›Methodendiskurse‹). Nimmt man weiter an, es sei gelungen, eine Behauptung (vorläufig) zu begründen, dann können weitere Begründungshandlungen in zwei Richtungen weiterverfolgt werden. Einmal kann eine solche Begründung unter dem Vorbehalt stehen, daß (in horizontaler Dimension) die Begründung (wenigstens) einer Prämisse noch aussteht. Der Diskurs wird also fortgeführt bis zu einem Punkt, an dem entweder alle Prämissen begründet sind oder aber die Diskursteilnehmer den Diskurs abbrechen. Die weiteren Begründungshandlungen bestehen in diesem Falle in immer weiter rückwärts schreitenden Begründungsbemühungen. Eine solche Begründungsrichtung soll daher ›*reduktive* Begründungsrichtung‹ heißen. Ein ganz anderes Verfahren wird demgegenüber gewählt, wenn man ausgehend von einer bereits gelungenen Begründung die begründete Behauptung gezielt heranzieht, um weitere Behauptungen zu begründen. In diesem Falle soll von einer ›*produktiven* Begründungsrichtung‹ gesprochen werden. Während also in reduktiver Richtung ein einziger Diskurs geführt wird, dessen Gelingen bis zu einer abschließenden Zustimmung offenbleibt, handelt es sich in produktiver Begründungsrichtung um eine Abfolge in sich gelungener Begründungsdiskurse. Ersichtlich bezieht sich die von H. Albert unter dem Stichwort ›Münchhausen-Trilemma‹ vorgenommene Kritik an einer am Begründungsbegriff orientierten R.skonzeption lediglich auf Begründungssituationen, die in reduktiver Begründungsrichtung auftreten. Alberts Kritik kann daher als Empfehlung für eine produktive Begründungskonzeption gewertet werden (C. F. Gethmann/R. Hegselmann 1977).

(c) *Regulative und konstative R.:* Diskurse beginnen definitionsgemäß mit geltungsbeanspruchenden Redehandlungen; sie lassen sich entsprechend nach solchen Redehandlungstypen klassifizieren. Eine disjunkte, wenn auch möglicherweise nicht vollständige Unterscheidung läßt sich für solche Redehandlungen treffen, die sich auf die Zustimmung zu einem Handlungsregulierungsversuch, und solche, die sich auf die Zustimmung zu einem Meinungsbildungsversuch beziehen. Zur ersten Klasse gehören solche Redehandlungen, zu deren Bedeutungskern wesentlich Aufforderungen zählen (regulative Redehandlungen: Auffordern, Befehlen, Veranlassen usw.). Zur zweiten Klasse gehören solche, zu deren Bedeutungskern wesentlich das Behaupten zu rechnen ist (konstative Redehandlungen: Behaupten, Feststellen, Voraussagen, Berichten usw.). Die entsprechenden Äußerungen lassen sich entsprechend in präskriptive und deskriptive (↑deskriptiv/präskriptiv) unterscheiden. Regulative und konstative Diskurse verbleiben im Falle des Mißlingens im Dissens oder Konflikt. Diskurse zur Überwindung von Konflikten heißen ›Rechtfertigungsdiskurse‹, Diskurse zur Überwindung von Dissensen ›Begründungsdiskurse‹. Bezüglich dieser Unterscheidungen lassen sich schließlich Disziplinen der praktischen Wissenschaften von solchen der theoretischen Wissenschaften unterscheiden. Damit ist auch ein Ansatz für die Rekonstruktion der traditionellen Unterscheidung von praktischer und theoretischer Vernunft gegeben.

(d) *Kommunikative und strategische R.:* Die enge Bindung des Begriffs der R. an das Modell der Handlungsrationalität läßt jedes rationale Handeln als Mittel zu Zwecken erscheinen. Habermas hat in seiner Theorie des kommunikativen Handelns (↑Kommunikation) auf den folgenreichen Unterschied zwischen solchen Handlungen hingewiesen, in denen der Handelnde Menschen zur Erreichung seines eigenen Zwecks benutzt (strategisches Handeln), und solchen, in denen der Handelnde den anderen Menschen als Zweck an sich setzt (kommunikatives Handeln). Entsprechend läßt sich eine strategische von einer kommunikativen R. unterscheiden. Tragendes Kriterium für das Gelingen strategischer R. ist der Erfolg (↑Nutzen). Demgegenüber ist das Kriterium für kommunikative R. das Gelingen der ↑Anerkennung der Handlungsautonomie der miteinander Handelnden in der Verständigung. Die Unterscheidung zwischen kommunikativer und strategischer R. ist der Sache nach sowohl bei Aristoteles als auch bei Kant (Mittel vs. Zweck an sich selbst, ↑Selbstzweck) berücksichtigt. Demgegenüber ist von nachrangiger Bedeutung, ob man wie Kant die Unterscheidung im Rahmen einer Mittel-Zweck-Terminologie trifft oder wie Weber und Habermas eine Pluralität von R.sformen (z. B. Zweckrationalität vs. Sinn- und Wertrationalität) unterscheidet. Im letzten Falle wird der Zweckbegriff semantisch nahe an den Begriff des Erfolgs gerückt. Im ↑Utilitarismus wird nur die strategische R. als handlungsrelevant berücksichtigt.

(e) *Entscheidungsrationalität:* Ein Sonderfall der Zweckrationalität im Sinne Webers ist das durch die ↑Entscheidungstheorie explizierte Verständnis von R., das zusammen mit ihren spiel- und modelltheoretischen (↑Spieltheorie, ↑Modelltheorie) Erweiterungen für weite Bereiche der Sozialwissenschaften bestimmend geworden ist. In jüngerer Zeit ist auch versucht worden, im Ausgang vom sog. ↑›Gefangenendilemma‹ spieltheoretische Überlegungen für die ↑Ethik fruchtbar zu machen. Grundbegriff der Entscheidungstheorie ist der der Präferenz (↑Präferenzlogik). Eine Präferenzordnung heißt ›rational‹, wenn die Präferenzrelation zwischen Handlungszielen transitiv (↑transitiv/Transitivität), asymmetrisch (↑asymmetrisch/Asymmetrie) und ↑konnex ist. Zur Bestimmung der R. einer Entscheidung sind dabei folgende Entscheidungssituationen zu berücksichtigen: Entscheidung unter (1) Sicherheit, (2) ↑Risiko, (3) Unsicherheit. Nach (1) können prinzipiell alle Präferenzen erfüllt werden. Eine Handlung gilt somit als rational, wenn diejenige Handlung realisiert wird, die in der Präferenzordnung auf das höchste Ziel abstellt. Nach (2) sind die alternativen Handlungsziele nur mit gewissen (unter Umständen differierenden) ↑Wahrscheinlichkeiten zu erreichen. Eine Handlung gilt in diesem Falle als rational, wenn diejenige Handlung mit dem höchsten Erwartungsnutzen realisiert wird, der sich aus dem Produkt aus der Höhe des Nutzens und der Eintrittswahrscheinlichkeit ergibt. Nach (3) lassen sich den verschiedenen Handlungszielen überhaupt keine Wahrscheinlichkeiten zur Realisierung der Ziele vorgeben. Für diesen Fall sind verschiedene, konkurrierende Entscheidungsregeln vorgeschlagen worden, die als ↑*Rationalitätskriterium* einer Handlungsentscheidung herangezogen werden können. Das am häufigsten verwendete ist das (pessimistische) Maximin-Nutzen-Kriterium: Wähle diejenige Handlung, die den im ungünstigsten Falle sich ergebenden Nutzen maximalisiert. Eine optimistische Grundeinstellung spiegelt demgegenüber das Maximax-Nutzen-Kriterium wider: Ist man davon überzeugt, daß jede mögliche Handlung ein bestmögliches Resultat ergeben wird, dann ist es rational, nur eine solche Handlung zu wählen, deren günstigstes Resultat mindestens genauso gut ist wie das vorteilhafteste Ergebnis einer alternativen Handlung.

Dem Problem, daß Entscheidungen meist in solchen Konfliktsituationen stattfinden, in denen der eigene Handlungserfolg vom Handeln anderer abhängt, wird in der Spieltheorie Rechnung getragen. Als paradigmatisch zur Problemorientierung darf hier das Gefangenendilemma gelten, das zeigt, daß in bestimmten Fällen ein rational-egoistisches Verhalten für alle Beteiligten ein schlechteres Ergebnis zur Folge hat als ein kooperatives, durch externe Faktoren wie Recht oder Moral geregeltes Verhalten. Aus dem Gefangenendilemma folgt jedoch nicht, daß sich nicht auch in einer Gesellschaft von rationalen Egoisten (↑Egoismus) ein kooperativer ↑Altruismus einspielen kann, da sich annehmen läßt, daß sich ein auf Gegenseitigkeit angelegter Altruismus für alle Mitglieder der Gesellschaft langfristig als vorteilhaft erweist (J. L. Mackie 1977; R. Axelrod 1984).

Gegen den in der Entscheidungstheorie explizierten formalen R.sbegriff hat Rescher ein normativ fundiertes Einheitskonzept von R. vorgeschlagen, das kognitive, praktische und evaluative R. als nicht separierbare Elemente umfaßt; dazu gehört als evaluative R. auch die R. des Handlungsziels. Als Kriterium einer materialen Begründung von Handlungszielen führt Rescher die Unterscheidung von wirklichen und bloß vermeintlichen ↑Interessen der Individuen ein: Wer seinen wirklichen Interessen folgt, handelt rational, wer bloß vermeintlichen Interessen folgt, irrational. Das Kriterium von wirklichen und vermeintlichen Interessen dürfte auf die Probleme diskursiver R. zurückführen, wie sie im Konstruktivismus und bei Habermas erörtert werden.

(f) *Einheit oder Vielheit von R.sformen:* Die in der abendländischen Philosophie weithin geteilte Überzeugung, daß die verschiedenen R.stypen Spezies eines grundlegenden Genus sind, wird in der Philosophie der ↑Postmoderne im Anschluß an F. Nietzsche bestritten. Vor allem J.-F. Lyotard hat versucht, die Irreduzibilität von R.formen dem Einheitsanspruch abendländischer R.svorstellungen gegenüberzustellen. Mit diesem Versuch hat sich vor allem Apel kritisch auseinandergesetzt. Apels Argument ist, daß die Situation des sinnvollen Argumentierens schlechthin unhintergehbar (↑Unhintergehbarkeit) ist, da sich diese Situation selbst nur argumentativ bestreiten läßt. Hinter der Argumentationssituation weitere Geltungsgründe suchen zu wollen, ist sinnlos, da diese wieder nur argumentativ vertreten werden können. Wer etwas bezweifelt, behauptet gleichzeitig immer etwas und vollzieht damit eine Reihe von Unterstellungen, ohne die diese Handlung sinnlos wäre. Apels Argumentation zeigt, daß alle Differenzierungen hinsichtlich des R.sverständnisses letztlich in der Einheit eines uniformen Verständnisses von Diskursivität (↑diskursiv/Diskursivität) aufgehoben werden können. Somit ist es adäquat, verschiedene R.stypen als innere Differenzierungen *eines* Genus R. anzusehen, nicht jedoch als Pluralität von R.en. Eine davon zunächst unabhängige Frage ist jedoch die, ob durch Apels Argumentation auch genau eine rationale ↑Lebensform ausgezeichnet ist (vgl. unten (5)).

(4) *R. und Kontextualität:* Seit dem Beginn der abendländischen R.sdiskussion in der griechischen Philosophie (↑Philosophie, griechische) hat es nicht an Versuchen gefehlt, dem Universalitätsanspruch der Vernunft entweder eine lokale, situative, kontextgebundene ›schwache‹ R. gegenüberzustellen oder den Gedanken eines Geltungsanspruchs kraft R., unter Hinweis auf die Kontextgebundenheit (↑Kontext) alles Erkennens und Strebens, grundsätzlich in seiner Rechtmäßigkeit zu bestreiten (↑Relativismus). Die Kontextgebundenheit ist dabei vor allem anhand der drei Bindungen des Diskurses an die ↑Sprache, die ↑Geschichte und die ↑Macht (als zwischenmenschliches Herrschaftsverhältnis) illustriert worden.

(4.1) *R. und Sprache:* Die Kritik an der Vorstellung einer einheitlichen, universellen R. unter dem Gesichtspunkt der Sprachgebundenheit aller R.sansprüche hat ihren philosophiegeschichtlichen Ursprung in der neuzeitlichen Kritik an der Vernunftphilosophie Kants. Bei J. G. Hamann, der damit Gedanken G. Vicos aufgreift, steht der Hinweis auf die sprachliche Verfassung der Vernunft im Zusammenhang mit der Kritik an der aufklärerischen (↑Aufklärung) Vorstellung einer sich selbst ermächtigenden und alles begründenden Vernunft; die Sprache verweist auf Historizität und Relativität der R.. Gegen Kant führt Hamann unter Hinweis auf die Sprache die Unhintergehbarkeit der ↑Erfahrung ins Feld, damit die Unmöglichkeit apriorischen (↑a priori) Wissens und die Verwiesenheit auf eine absolute ↑Offenbarung. Während man in Hamanns antiaufklärerischer Position einen Rückfall in einen theoretischen und praktischen ↑Empirismus und Heteronomismus (↑Heteronomie) sehen kann, erhebt J. G. Herder den Anspruch, der Vernunftphilosophie Kants eine Sprachphilosophie gegenüberzustellen, ohne daß die gegen Empirismus und Rationalismus errungenen transzendentalphilosophischen (↑Transzendentalphilosophie) Einsichten aufgegeben werden. In Herders Konzeption einer ›Metakritik der reinen Vernunft‹ (so der Untertitel seines 1799 erschienenen Werkes »Verstand und Erfahrung«) kann man den ersten Ansatz einer Fundamentalphilosophie

im Sinne des ›linguistic turn‹ sehen. W. v. Humboldt geht davon aus, daß die Sprache nicht das Werk (*ἔργον*) eines anderen Vermögens ist, sondern selbst eine weltkonstituierende Aktivität (*ἐνέργεια*). Obwohl Humboldt eine Vermittlung von Individualität und Universalität im Phänomen der Sprache aufzuweisen sucht, wird er zum Vorläufer jener Form des Sprachrelativismus (›Lingualismus‹), die im 20. Jh. insbes. in der Sapir-Whorf-Hypothese weiter verschärft wird. Die einheitliche Weltkonstitution, von Kant einer überindividuellen, in allen Menschen vollzogenen Vernunft zugesprochen, wird in eine Pluralität von Sprachwelten aufgelöst.
Durch Vermittlung W. Diltheys gewinnt die Traditionslinie von Hamann über Herder zu Humboldt Einfluß auf die vornehmlich im Umkreis der phänomenologischen Philosophie (↑Phänomenologie) geführte Debatte um die Möglichkeit einer vorsprachlichen, sinnlichen Erfahrung. E. Husserl stellt sich in Auseinandersetzung mit positivistischen (↑Positivismus (historisch), ↑Positivismus (systematisch)) Auffassungen der sinnlichen Wahrnehmung die Aufgabe, eine nicht-naturalistische (↑Naturalismus) Auffassung vorprädikativer (noch nicht sprachlich verarbeiteter) Erfahrung zu entwickeln, die den Wahrheitsbeitrag dieser Erfahrungsebene verdeutlicht. Husserls antinaturalistische Konzeption der Erfahrung ist dabei weitgehend am mentalistischen (↑Mentalismus) Paradigma orientiert. Unter Aufnahme des Husserlschen Antinaturalismus macht M. Heidegger geltend, daß auch die vermeintlich vorprädikative Erfahrung schon als sprachliche Aktivität aufzufassen sei. Damit vollzieht Heidegger gegen Husserls Konzeption des schlichten Erfassens durch Empfindungen eine Wende zur Sprache. In der hermeneutischen (↑Hermeneutik) Philosophie H.-G. Gadamers wird die Heideggersche Wende zur Sprache zu einer Sprachontologie (↑Ontologie) universalisiert (»Sein, das verstanden werden kann, ist Sprache«, Gadamer 1986, 478). Sprache ist, ähnlich wie bei Humboldt, exklusives Medium der Weltkonstitution. Allerdings versucht Gadamer, die historisch-relativistischen Tendenzen Humboldts und der hermeneutisch orientierten Denker (F. D. E. Schleiermacher, Dilthey) zu vermeiden. Gadamers Ansatz läßt jedoch die Frage nach der Berechtigung universeller Geltungsansprüche, wie sie in den Wissenschaften, aber auch in der praktisch-sozialen Interaktion erhoben werden, und damit die Frage nach der Möglichkeit von R. unbeantwortet.

Ein weiterer Angriff auf die Vorstellung einer kontextinvarianten R. setzt mit L. Wittgensteins strikt pragmatischem Sprachverständnis in den »Philosophischen Untersuchungen« ein. Wittgenstein geht vom Sprachverwender aus, der durch Reden in einem sozialen Umfeld Handlungen vollzieht. Es gibt keine eindeutige Einteilung der Welt außerhalb des sozialen Handlungskontextes, und somit kann die ↑Bedeutung eines Ausdrucks auch nicht durch den objektiven Bezug auf entsprechende einfache Objekte erklärt werden. Nach Wittgensteins *Gebrauchskonzeption der Bedeutung* gehören ↑Vagheit und Mehrdeutigkeit (↑Ambiguität) zu jedem gebrauchssprachlichen (↑Gebrauchssprache) Ausdruck, ohne dessen Tauglichkeit als Redemittel zu beeinträchtigen. Für das soziale Umfeld des Sprachgebrauchs führt Wittgenstein den Ausdruck ↑›Sprachspiel‹ ein, wobei durch die Spielmetapher der Regelcharakter der Sprachverwendung herausgestellt wird. ↑Regeln sind es, die den korrekten Gebrauch steuern (bzw. die als ihn steuernd unterstellt werden können), auch dann, wenn die Sprecher sie nicht explizit kennen. Während für Wittgenstein das Reglement der Sprachverwendung immer auf den Kontext des Sprachspiels bezogen bleibt, haben andere Philosophen versucht, den Geltungsanspruch der Regeln als tendenziell oder manifest sprachspieltranszendierend herauszustellen, um damit eine Möglichkeit für eine Theorie der R. im Rahmen des ›linguistic turn‹ zu eröffnen. Dabei wird durchweg auf J. L. Austins Begriff der Redehandlung zurückgegriffen (↑Sprechakt). J. R. Searle (Speech Acts, 1969) hat Redehandlungen als die analytischen Grundeinheiten der Kommunikation herausgearbeitet, so daß das Beherrschen der Sprache letztlich im Beherrschen von Redehandlungen besteht. Die semantische Struktur der Sprache beruht auf Klassen von Regeln, die die in einer Sprachgemeinschaft gültigen Konventionen hinsichtlich der Ausführung und des Verstehens von Redehandlungen bilden. Mit dieser pragmatischen Wende ergibt sich eine Konvergenz zwischen der auf G. Frege zurückgehenden analytischen und der in der hermeneutischen Philosophie mündenden traditionellen Auffassung von Sprache. Historizität und Kontextualität erhalten eine nicht ausschaltbare Bedeutung für das Verständnis sprachlich realisierter R.; zugleich erlaubt es der pragmatische Ansatz, die Grundanliegen der traditionellen Vernunftphilosophie begrifflich schärfer zu fassen und mit den Einsichten der analytischen Sprachphilosophie (↑Philosophie, analytische) zu verbinden.
Neben den Konzeptionen einer Transzendental- bzw. Universalpragmatik bei Habermas und Apel hat vor allem die Philosophie des Erlanger ↑Konstruktivismus (↑Erlanger Schule) durch die Unterscheidung von Rede und Sprache (im Anschluß an F. de Saussure) eine Philosophie der R. nach der Wende vom Bewußtsein zur Sprache konzipiert (K. Lorenz/J. Mittelstraß 1967). Geltungsansprüche werden in sprachlichen Interaktionen erhoben und eingelöst, die nach dem Muster stilisierter Dialogschemata (↑Dialog, ↑Konstruktivismus, dialogischer) rekonstruierbar sind. R. wird zwar nur im Kontext konkret vollzogener Rede faßbar, in der vollzogenen Rede realisiert der Sprachverwender jedoch

allgemeine Strukturen des Sprachgebrauchs, die einen Weg eröffnen, verallgemeinerbare (theoretische und praktische) Geltungsansprüche zu fundieren.

(4.2) *R. und Geschichte:* Im Zentrum der Überlegungen zur historischen Kontextualisierung von R. steht der sich im historischen Kontext selbst auslegende und damit diesen Kontext verstehende konkrete Mensch. Dieses ↑Verstehen ereignet sich jedoch selbst nicht bloß kontingent (↑kontingent/Kontingenz), sondern erhebt (partielle, kontextgebundene) Geltungsansprüche. Daher bedarf es insbes. hinsichtlich der wissenschaftlichen Auslegung historischer Zeugnisse in den ↑Geisteswissenschaften einer Kunstlehre, die diese Allgemeinheitsansprüche überprüfbar macht. Die Hermeneutik als ein Regelsystem sucht ihre spezifische Verfahrensrationalität als Explikation der Bedingungen des Verstehens zu rechtfertigen. Auch der Prozeß des historischen Verstehens ist regelgeleitet und in diesem schwachen Sinne rationalitätsorientiert. Diltheys Versuch einer ›Kritik der historischen Vernunft‹ geht zum Zwecke der Begründung der Verbindlichkeit der hermeneutischen Textauslegung nicht von einem transzendentalen Subjekt (↑Subjekt, transzendentales) als ↑›Bewußtsein überhaupt‹ aus, sondern von einer faktischen ›allgemeinen Menschennatur‹ (↑Anthropologie). Diese konkrete Subjektivität wird durch einen Erlebnisbegriff (↑Erleben) bestimmt, der Erkennen, Handeln und Werten umfaßt. Gadamer radikalisiert in seiner philosophischen Hermeneutik diesen Diltheyschen Ansatz. Das Fundament alles Handelns, Erkennens und Wertens liegt in einem vorreflexiven Bewußtsein bzw. Verstehen, so daß jedes methodische Erkennen und jedes reflexive Bewußtsein nur als ein Derivat dieses unmittelbaren Verstehens interpretiert werden kann. Hermeneutik kann nach Gadamers Dilthey-Rezeption nicht ↑Reflexionsphilosophie oder wissenschaftliche ↑Methodologie, sondern nur historisch eingebundene Selbstaufklärung des Verstehens sein. – Bezüglich der Gültigkeit des historischen Verstehens hat M. Foucault dem Gedanken rationaler, überhistorischer Kriterien eine Absage erteilt. Foucaults Strukturalismus (↑Strukturalismus (philosophisch, wissenschaftstheoretisch)) ist durch den Versuch gekennzeichnet, ein möglichst genaues Panorama, ein *tableau* einer Zeit zu erstellen, um so ein Gesamtmuster zu finden, das das Individuum in seinen Handlungsvollzügen derart internalisiert, daß es sich diesem Gesamtmuster, wenn auch nicht bewußt, entsprechend verhält. Von diesem Verständnis aus werden die Geschichte und das Handeln menschlicher Personen in der Geschichte narrativ nicht als eine Kette von Konsequenzen verstanden, sondern als ein sich dauernd änderndes Ensemble von Elementen, deren Konfigurationen die erklärende ›epistème‹ einer Zeit ausmachen. Folgt man dieser Analyse, tritt die rationale bzw. die als rational zu rekonstruierende Handlungsabsicht eines Individuums, da sie das Explanandum (↑Erklärung) des Gesamtmusters ist, nie als Explanans des Geschehens auf. Damit wird der Anteil der R. am Verlauf der Geschichte vollständig eliminiert.

Eine andere einflußreiche Form historischer Destruktion von R.skonzeptionen hat J. Derrida unter Bezugnahme auf Nietzsches im Zusammenhang mit der Ästhetisierung der Wahrheit vertretene These der Universalisierung des ↑Scheins vorgetragen. Das Streben nach Erkenntnis und der mit ihm gegebene Wahrheits*trieb*, so Nietzsche, ist nur eine unter vielen Überlebensstrategien in dieser Welt. Nietzsches These, daß das, was der Mensch für wirklich hält, eigentlich nur mehr oder weniger nützlicher Schein sei, wird bei Derrida reflexiv auf die R. und ihre Produkte gewendet. Wenn die Beziehung zwischen dem Denken und seinem Gegenstand eine ästhetische ist, dann eröffnet sich eine reflexive Bodenlosigkeit. Da Wahrheit lediglich im eigenen Setzen der ↑Metaphern verwurzelt ist, erweitert sich der bei Descartes bloß methodisch angelegte ↑Zweifel zum allgemeinen Bezweifeln. Die traditionelle metaphysische Philosophie habe den bodenlosen Abgrund, in dem das Denken selbst befangen ist, stets durch ihren ›Logozentrismus‹ verdeckt. Dieser manifestiert sich nach Derrida vor allem im Vorrang des Wortes gegenüber der Schrift. Die Schrift wird zum Modell eines Textes, der weder geschlossen noch semantisch eindeutig (↑eindeutig/Eindeutigkeit) ist.

Ähnliche Tendenzen einer Historisierung von R. finden sich in der späten analytischen Philosophie (↑Philosophie, analytische). Ausgehend von W. V. O. Quines klassischer Kritik am logischen Empirismus (↑Empirismus, logischer) konstatiert D. Davidson über die zwei Dogmen des Empirismus hinaus ein drittes Dogma bei Quine selbst, nämlich die Annahme einer vortheoretischen Relation zwischen Erkenntnis und Erfahrungen; statt dessen sei Erfahrung immer schon ein Interpretationskonstrukt der theoretischen Annahmen über die Welt. Mit dieser These nähert sich Davidson der hermeneutischen Philosophie Gadamers an; Welt gibt es nur als schon verstandene, wobei mit Verstehen nicht ein Besserverstehen mit dem Ziel eines richtigen Verstehens, sondern immer nur ein anderes Verstehen gemeint ist. Es gibt eine Vielzahl von Weltdeutungen, verbunden nur durch den gemeinsamen ↑Horizont von Geschichte und Tradition. R. Rorty radikalisiert den metaphysikkritischen Impetus des amerikanischen ↑Pragmatismus, insbes. von J. Dewey und Davidson, und verbindet diesen mit den vielfältigen rationalitäts- und philosophiekritischen Bestrebungen kontinentaleuropäischer Philosophen wie Wittgenstein, Heidegger, Gadamer, Foucault und Derrida. Ziel Rortys ist eine Kritik der Philosophie als Fundamentalwissenschaft und die konsequente Destruktion sämtlicher philosophischer Kategorien wie

↑Sein, Wahrheit, Vernunft, R. etc.. Demgegenüber strebt Rorty eine postmetaphysische Philosophie an, d. h. eine Philosophie, die sich der radikalen *Kontingenz* aller Anfänge, Positionen, Bedürfnisse, Handlungen und Normen, also insgesamt der Kontingenz von Kultur und Sprache stellt. Allerdings teilt Rorty nicht die radikale Schlußfolgerung von Lyotard, daß es prinzipiell inkommensurable (↑inkommensurabel/Inkommensurabilität, ↑Relationen, intertheoretische), somit nicht übersetzbare Diskurse gibt; allein die Beschreibung von Redehandlungen mit linguistischen Mitteln garantiert nach Rorty einen Zugang zu jeder Sprachform. Vor allem aber gibt es eine Basis von lebensweltlichen Gemeinsamkeiten vor jeder Theoriebildung. Inkommensurabilitäten zwischen Diskursen sind daher nur vorübergehend; temporär und lokal begrenzte Übereinkünfte sind jederzeit möglich.

Eine historische Kontextualisierung ist auch der Tenor der Diskussion um das Verhältnis von R. und Wissenschaft, die im Anschluß an T. S. Kuhns Konzeption der ↑Wissenschaftsgeschichte (↑Wissenschaftstheorie) geführt wird. Nach Kuhn ist der Anspruch der Wissenschaften, klaren Rationalitätskriterien zu folgen, durch die historische Untersuchung des Prozesses der Wissensbildung nicht belegbar. Die Wissenschaft ist keinen präzisen Regeln unterworfen; die Regeln, nach denen ein Wissenschaftler tatsächlich verfährt, sind schwankend und wenig explizit. Eine Periode der Wissenschaft versteht man nach Kuhn auf ähnliche Weise wie eine Stilperiode in der Kunstgeschichte; es gibt ganz offenkundig eine paradigmatisch bestimmte Einheit (↑Paradigma), aber diese Einheit läßt sich nicht auf einen Satz kanonischer Regeln reduzieren. P. K. Feyerabend wendet sich ebenfalls gegen die Vorstellung einer wissenschaftlichen R. als eines außerhalb jeder Tradition stehenden Maßstabs; R. und Wissenschaft schließen sich sogar häufig aus. In seinen wissenschaftshistorischen Studien sucht er zu belegen, daß R.smaßstäbe nicht nur oft verletzt wurden, und zwar sowohl bei wissenschaftlichen Entdeckungen als auch in erklärenden Rechtfertigungen (↑Entdeckungszusammenhang/Begründungszusammenhang), sondern daß R.smaßstäbe im Interesse des wissenschaftlichen ↑Fortschritts (↑Erkenntnisfortschritt) verletzt werden mußten. Eine ähnliche Kontextualisierung von wissenschaftlicher R. wie bei Kuhn und Feyerabend vertritt S. Toulmin unter Heranziehung evolutionstheoretischer Kategorien (↑Evolution, ↑Evolutionstheorie). Nach Toulmins historischen Untersuchungen war die Vorstellung einer auf Deduktion und Beweisbarkeit allein gegründeten Methodologie – außer in wenigen Bereichen wie etwa der ↑Euklidischen Geometrie oder der Cartesischen Physik – immer unanwendbar und praktisch bedeutungslos.

Für die Wissenschaftsreflexion nach den Arbeiten von Kuhn, Feyerabend und Toulmin stellt sich die Aufgabe, die R.sstrukturen der Wissenschaften nicht unbesehen zu unterstellen, sondern die Möglichkeiten ihrer Rekonstruktion methodisch festzulegen. Dazu muß allerdings die herkömmliche Arbeitsteilung zwischen Wissenschaftstheorie, Wissenschaftsgeschichte und ↑Wissenschaftssoziologie und die ihr zugrundeliegende Unterscheidung zwischen logisch analysierbaren, kognitiven Strukturen einerseits und funktionalistisch zu beschreibenden sozialen (institutionellen) Strukturen andererseits aufgegeben werden. Hat man Interesse an einer rationalen Wissenschaftspraxis, d. h., will man sich nicht damit abfinden, daß die Wissenschaften sich naturwüchsig entwickeln und sich ihr Nutzen zufällig ergibt, kann man sich nicht mit einer Wissenschaftsreflexion zufriedengeben, die einerseits mit hohem instrumentelllogischen Einsatz kognitive Strukturen beschreibt, ohne soziale Ursprünge und Folgen sowie deren Rechtfertigung zu berücksichtigen, andererseits Wissenschaft als soziales Teilsystem analysiert, ohne nach den spezifischen Begründungen der kognitiven Leistungen gerade dieses Teilsystems zu fragen. Die Dichotomie von kognitiven und sozialen Gesichtspunkten ist dadurch aufzuheben, daß man die Wissenschaftlergemeinschaften (↑scientific community) als diejenigen analytischen Einheiten ansetzt, in bezug auf deren Argumentations- und Interaktionssysteme die R.sproblematik zu entwickeln ist. Es sind gerade Begründungs- und Rechtfertigungshandlungen im sozialen Kontext, in denen die Gesichtspunkte der kognitiven Geltung und der sozialen Anerkennung zusammenfallen. Was als wahr oder falsch gilt, läßt sich nicht unabhängig von den Regeln der Anerkennung und Aberkennung innerhalb einer Wissenschaftlergemeinschaft formulieren. Diese Regeln stellen eine R.spräsupposition dar, die vor aller wissenschaftlichen Theoriebildung derjenige unterstellt, der sich auf Diskurse einläßt.

(4.3) *R. und Macht:* Die Analyse der Eingebundenheit von R.svorstellungen in menschliche Herrschaftsverhältnisse geht auf die Untersuchung des Klassenbewußtseins (↑Klasse (sozialwissenschaftlich)) durch K. Marx und F. Engels zurück. Für Marx und Engels ist die historischpraktische Auffassung von R. durch eine zweifache Historisierung gekennzeichnet: Zum einen unterliegt das Verständnis von R. – strukturell ähnlich wie schon bei G. W. F. Hegel – der Historisierung im Sinne der zeitlich-prozessualen Veränderung aller Seins- und Denkformen, zum anderen bestimmt sich das, was als R. gilt, durch eine Historisierung im Sinne der Veränderungen des historisch-gesellschaftlichen ›Wesens des Denkens‹. Die Historisierung der R. entspringt koevolutionär der Entwicklung des Verhältnisses des Subjekts zu der es umgebenden Natur mittels der Produktionsmittel. Die jeweils herrschende R. ist sowohl im deskriptiven als auch im präskriptiven Sinne Grundlage der gesellschaftlichen Produktionsverhältnisse. Somit interpretiert der Dialektische Materialismus (↑Materialismus, dialektischer) R. – ebenso wie Weber – als eine Zweck-Mittel-R., fordert aber die rationale Begründbarkeit der Zwecke ohne Rekurs auf Zweckrationalität. R. benötigt daher die Bindung an einen übergeordneten Zweck, der die Rolle eines höchsten Wertes bei der Beurteilung aller anderen Zwecke und Mittel spielt und garantiert, damit sie Instrument zur Verwirklichung humaner gesellschaftlicher Verhältnisse wird. Der dialektisch-materialistische Begriff wissenschaftlicher R. stützt sich auf die Resultate der Erforschung der Wissenschaftsentwicklung und der Klärung ihrer ontologischen Präsuppositionen. In bezug auf die Entwicklung der Wissenschaft wird damit einerseits die Frage nach der geschichtlichen Entwicklung der wissenschaftlichen Tätigkeit als eines spezifischen Bereichs gesellschaftlicher Arbeitsteilung, andererseits die Frage nach den ontologischen Veränderungen in den Grundlagen des wissenschaftlichen Denkens gestellt. Wissenschaftliche Erkenntnis erweist sich somit als abhängig von einer im sozialen, historisch-praktischen Kontext gebundenen R.. In Weiterführung des Ansatzes bei Marx und Engels und unter Aufnahme von Webers Analyse des Prozesses der Rationalisierung, haben M. Horkheimer und T. W. Adorno eine Uniformisierungstendenz und den durch sie manifest werdenden Herrschaftscharakter abendländischer R.svorstellungen herausgestellt.

Ähnlich behauptet auch Lyotard den Totalitätsanspruch der abendländischen R.svorstellungen und interpretiert diesen in den Kategorien von ↑Macht und ↑Herrschaft. Die abendländischen R.sprogramme sind an der Form der alles bestimmenden Einheit orientiert, die durch Rekurs auf umfassende Meta-Erzählungen begründet wird. Die Postmoderne zeichnet sich hingegen dadurch aus, daß dieses ›Totalitätsdenken‹ sowohl seinem Inhalt als auch seiner Art nach hinfällig geworden ist. Das Ende der *einen* Meta-Erzählung ermöglicht eine als positiv zu wertende *Vielheit* begrenzter und heterogener Sprachspiele; R. und Konsens (als Zustand, nicht als Ziel) gibt es nur innerhalb der Sprachspiele. Weder ist eine ↑Metasprache konstruierbar, die sie alle umfaßt, auch nicht auf Grund abstrakter Prinzipien, noch gibt es einen Sprecher, der sie alle beherrscht. Die Sprachspiele sind polymorph-divers und gerade die Grenzen und Konfliktzonen, die der gewohnten Vernunft widerstreiten (›Paraloges‹). Der Rekurs auf die besonderen Verknüpfungsregeln der Sprachspiele oder der Diskursanordnungen ermöglicht Lyotard methodologische Aussagen über den Dissens oder ›Widerstreit‹, dem er ontologischen Charakter zuspricht. Es herrscht ein Konflikt, nicht zwischen den agierenden Personen, sondern zwischen den verschiedenen Diskursgenres (Strategien) und spezifischen Zwecken der Sprachspiele, denen sie unterliegen. Aus der Unmöglichkeit einer letzten Metasprache resultiert die Unmöglichkeit von Letztbegründung und Universalität. – Für die Philosophie der Postmoderne ist die Pluralität von R.sformen nicht als Ausdifferenzierung verschiedener Spezies von R. zu deuten; sie stellen unterschiedliche R.sparadigmen dar, die sich nicht mehr auf eine Grundbedeutung zurückführen lassen. Jedes Paradigma enthält für sich selbst die Kriterien, die über R. bestimmen. Es gibt keine ›meta-paradigmatische‹ R.; zwischen den Paradigmen bestehen allerdings Verflechtungen durch Anleihen, Übernahmen, Einbettungen etc.. Die Pluralität von Paradigmen läßt sich nur konstatieren und rekonstruieren, weil die R.ssphären nicht beziehungslos nebeneinanderliegen, sondern in vielfältiger Weise miteinander verbunden sind. Es gibt daher eine ›transversale Vernunft‹, die nicht im Sinne übergreifender R.sregeln funktioniert, gleichwohl aber Vergleichbarkeit zwischen den Sprachspielen ermöglicht.

(5) *R. als Lebensform:* Seit Sokrates gehört es nicht nur zu den Aufgaben der Philosophie, die Regeln universeller Meinungs- und Willensbildung zu rekonstruieren und die Präsuppositionen entsprechender Diskurse zu explizieren, sondern auch eine ↑Lebensform zu konzipieren, in der die Regeln universeller Meinungs- und Willensbildung zugleich die Regeln menschlicher Kommunikation und Kooperation darstellen. R. ist nach diesem Programm nicht nur ein Merkmal bestimmter Diskurse oder eine Disposition bestimmter Menschen, sondern Grundlage einer Lebensform (↑Leben, vernünftiges). Diesem Universalismus steht der Partikularismus gegenüber, gemäß dem die Grundregeln des Zusammenlebens jeweils gruppenspezifischer Art sind. Durch Webers Analyse der Rationalisierung als Grundmuster abendländischer Gesellschaftsgestaltung ist der Verdacht verstärkt worden, R. als Lebensform könnte selbst eine (raffinierte) Form von Partikularismus sein. Im Ausgang von Weber wird R. daher zu einer kulturanthropologischen Thematik, wobei das Programm einer R. als Lebensform in diesem Zusammenhang wiederum eines europäischen Ethnozentrismus verdächtigt und eine Relativierung des Universalitätsanspruchs der R. gefordert wird. Philosophische Anknüpfungspunkte werden im Spätwerk von Wittgenstein gesehen, der eine scheinbar grundsätzliche Nicht-Hintergehbarkeit der Pluralität von Sprachspielen und Lebensformen zu begründen versucht hat. – Eine Irreduzibilität von R.stypen wird auch in Lyotards Plädoyer für die humane Unterstellung einer Pluralität von R.en konstatiert. Die bisherige universelle Einheit der R.sphilosophie der Neuzeit (Moderne), die sich stets durch umfassende Meta-Erzählungen konstituierte, habe drei solcher Meta-Erzählungen für sich verbindlich erklärt: die Emanzipation der Menschheit in der Aufklärung, die Teleologie des Geistes im ↑Idea-

lismus und die Hermeneutik des Sinns im ↑Historismus. Die Gegenwart zeichne sich demgegenüber dadurch aus, daß dieses ›Totalitätsdenken‹ und der mit ihm verbundene Herrschaftsanspruch nicht mehr überzeugend seien. Das Ende der Meta-Erzählungen ermögliche eine als positiv zu wertende Pluralität und Inkommensurabilität begrenzter und heterogener Lebensformen.

Den dem Universalitätsanspruch der einen R. entgegengestellten pluralistischen R.skonzeptionen ist zuzugestehen, daß die Lebenswelten zunächst durch lokale und partikulare Handlungsorientierungen von erheblicher Leistungsfähigkeit durchsetzt sind. Regeln einer universellen R. haben nur eine Rechtfertigung, wenn ihnen lebensweltlich eine durch diese partikularen Regeln nicht erreichte Funktionalität zukommt. Diese zeigt sich allerdings unter den Bedingungen des ↑Konflikts. Lokale und situationsbezogene Konfliktlösungspotentiale garantieren nämlich keinesfalls, unter allen Bedingungen ausreichend zu sein. Lebensweltliche Konfliktlösungspotentiale sind unbeschadet ihrer begrenzten Leistungsfähigkeit grundsätzlich störanfällig, weil sie auf Grund ihrer Situationsbezogenheit uneindeutig, lükkenhaft und bereichsbezogen sind. Viele Aufgaben haben viele Lösungen, die untereinander häufig nicht verträglich sind; viele Aufgaben sind noch gar nicht aufgetreten, viele Problemlösungen hängen von substantiellen Prämissen ab, die die Beteiligten an neuen Situationen nicht mehr teilen. Die lebensweltliche Friedfertigkeitsroutine ist, unbeschadet ihrer relativen Leistungsfähigkeit, kein verläßliches und stets verfügbares Instrument zur Beseitigung oder Vermeidung von Konflikten; sind die Störungen lebensweltlicher Potentiale hinreichend groß, wird ihre Leistungsfähigkeit entsprechend klein. Die Suche nach universellen Regeln ist somit eine in der Tendenz lebensweltlicher Konfliktbewältigung liegende Dynamik. Daher stellt es zwar eine unplausible Idealisierung dar, *die* rationale Lebensform auszeichnen zu wollen, doch ist R. mehr oder weniger utopischer Horizont (↑Utopie), auf den hin alle partikularen Geltungsansprüche letztlich entworfen werden. Universelle Geltungsansprüche haben einen Sitz in jedem Leben, d. h., ihre Funktionalität wurzelt in situativen Problemen menschlicher Verständigung. Somit ist das Bedürfnis nach R., verstanden als Fähigkeit, Geltungsansprüche diskursiv einzulösen, ein lebensweltliches Faktum.

Literatur: J. Agassi, Science in Flux, Dordrecht/Boston Mass., Berlin 1975; ders./I. C. Jarvie (eds.), Rationality. The Critical View, Dordrecht/Boston Mass./Lancaster 1987; H. Albert (ed.), Theorie und Realität. Ausgewählte Aufsätze zur Wissenschaftslehre der Sozialwissenschaft, Tübingen 1964, [2]1972; ders., Traktat über kritische Vernunft, Tübingen 1968, [3]1975 (erw. um ein Nachwort: »Der Kritizismus und seine Kritiker«), [5]1991, 2010 (erw. um: Ein Nachtrag zur Begründungsproblematik); ders., Plädoyer für kritischen Rationalismus, München 1971, [4]1975; ders., Konstruktion und Kritik. Aufsätze zur Philosophie des kritischen Rationalismus, Hamburg 1972, [2]1975; ders., Die Wissenschaft und die Fehlbarkeit der Vernunft, Tübingen 1982; M. C. Amoretti/N. Vassallo (eds.), Reason and Rationality, Frankfurt etc. 2012; G. Anderson (ed.), Rationality in Science and Politics, Dordrecht/Boston Mass./Lancaster 1984 (Boston Stud. Philos. Sci. LXXIX); D. Andler u. a. (eds.), Facets of Rationality, New Dehli/Thousand Oaks Calif./London 1995; K.-O. Apel, Transformation der Philosophie, I–II, Frankfurt 1973, [6]1994/1999; ders., Das Problem einer philosophischen Theorie der R.stypen, in: H. Schnädelbach (ed.), R.. Philosophische Beiträge, Frankfurt 1984, 15–31; ders., Die Herausforderung der totalen Vernunftkritik und das Programm einer philosophischen Theorie der R.stypen, Concordia 11 (1987), 2–23, ferner in: A. Gethmann-Siefert (ed.), Philosophie und Poesie. O. Pöggler zum 60. Geburtstag I, Stuttgart-Bad Cannstatt 1988, 17–44; U. Arnswald/H. P. Schütt (eds.), R. und Irrationalität in den Wissenschaften, Wiesbaden 2011; R. L. Arrington, Rationalism, Realism, and Relativism. Perspectives in Contemporary Moral Epistemology, Ithaca N. Y./London 1989; R. Audi, The Architecture of Reason. The Structure and Substance of Rationality, Oxford etc. 2001, 2002; R. Axelrod, The Evolution of Cooperation, New York 1984, [4]1987, 2006 (dt. Die Evolution der Kooperation, München 1986, [7]2009); A. J. Ayer, The Problem of Knowledge, London etc., Harmondsworth 1956, 1990; G. Banse/A. Kiepas (eds.), R. heute. Vorstellungen, Wandlungen, Herausforderungen, Münster/Hamburg/London 2002; J. Baron, Rationality and Intelligence, Cambridge etc. 1985, [2]2005; W. W. Bartley III., The Retreat to Commitment, New York 1962, La Salle Ill. [2]1984 (dt. Flucht ins Engagement. Versuch einer Theorie des offenen Geistes, München 1962, Tübingen [2]1987); ders./G. Radnitzky (eds.), Evolutionary Epistemology, Rationality, and the Sociology of Knowledge, La Salle Ill. 1987, 1993; H. M. Baumgartner, Kontinuität und Geschichte. Zur Kritik und Metakritik der historischen Vernunft, Frankfurt 1972, 1997; J. Behnke/T. Bräuninger/S. Shikano (eds.), Schwerpunkt Neuere Entwicklungen des Konzepts der R. und ihre Anwendungen, Berlin 2010; C. Beisbart, Handeln begründen. Motivation, R., Normativität, Berlin 2007; S. I. Benn/G. W. Mortimore (eds.), Rationality and the Social Sciences. Contributions to the Philosophy and Methodology of the Social Sciences, London/Henley/Boston Mass. 1976, New York/London 2015; J. Bennett, Rationality. An Essay Towards an Analysis, London, New York 1964, Indianapolis Ind./Cambridge Mass. 1989 (dt. R.. Versuch einer Analyse, Frankfurt 1967); K. Binmore/S. Okasha (eds.), Evolution and Rationality. Decision, Co-operation and Strategic Behaviour, Cambridge etc. 2012; R. Bittner, Doing Things for Reasons, Oxford etc. 2001 (dt. Aus Gründen handeln, Berlin/New York 2005); B. Blanshard, Reason and Analysis, La Salle Ill., London 1962, 1991; U. Bohmann u. a. (eds.), Das Versprechen der R.. Visionen und Revisionen der Aufklärung, Paderborn 2012; W. Bossert/K. Suzumura, Consistency, Choice, and Rationality, Cambridge Mass./London 2010; R. Boudon, Essais sur la théorie générale de la rationalité. Action sociale et sens commun, Paris 2007 (dt. Beiträge zur allgemeinen Theorie der R., Tübingen 2013); H. Brentel, Soziale R.. Entwicklungen, Gehalte und Perspektiven von R.skonzepten in den Sozialwissenschaften, Opladen/Wiesbaden 1999; H. I. Brown, Rationality, London/New York 1988, 1990; J. R. Brown (ed.), Scientific Rationality. The Sociological Turn, Dordrecht 1984, Berlin 2010; R. Bubner, Dialektik als Topik. Bausteine zu einer lebensweltlichen Theorie der R., Frankfurt 1990; ders., Welche R. bekommt der Gesellschaft? Vier Kapitel aus dem Naturrecht, Frankfurt 1996; M. A. Bunge (ed.), The Critical Approach to Science and Philosophy.

Edited in Honor of K. R. Popper, New York. London 1964; C. Burrichter/R. Inhetveen/R. Kötter (eds.), Technische R. und rationale Heuristik, Paderborn etc. 1986; R. Campbell/L. Sowden (eds.), Paradoxes of Rationality and Cooperation. Prisoner's Dilemma and Newcomb's Problem, Vancouver 1985; S. Daltrop, Die R. der rationalen Wahl. Eine Untersuchung von Grundbegriffen der Spieltheorie, München 1999; P. A. Danielson, Modeling Rationality, Morality, and Evolution, Oxford/New York 1998; L. Daston, Wunder, Beweise und Tatsachen. Zur Geschichte der R., Frakfurt 2001, ^{3}2014; D. Davidson, Inquiries into Truth and Interpretation, Oxford 1984, ^{2}2001, 2007 (dt. Wahrheit und Interpretation, Frankfurt 1986, 2007); ders., The Structure and Content of Truth, J. Philos. 87 (1990), 279–328; ders., Problems of Rationality, Oxford etc. 2004, 2010; R. M. Dawes, Rational Choice in an Uncertain World, San Diego Calif. 1988; ders./R. Hastie (eds.), Rational Choice in an Uncertain World. The Psychologie of Judgment and Decision Making, Thousand Oaks Calif. 2001, ^{2}2010; C. F. Delaney (ed.), Rationality and Religious Belief, Notre Dame Ind. 1979; J. Derrida, De la grammatologie, Paris 1967, 2006 (dt. Grammatologie, Frankfurt 1974, Berlin ^{12}2013); ders., La voix et le phénomène. Introduction au problème du signe dans la phénoménologie de Husserl, Paris 1967, ^{5}1989, 2010 (dt. Die Stimme und das Phänomen. Ein Essay über das Problem des Zeichens in der Philosophie Husserls, Frankfurt 1979, 2005); J. Dewey, The Quest for Certainty. A Study of the Relation of Knowledge and Action, New York 1929, ferner als: The Later Works 1925–1953 IV, ed. A. Boydston, Carbondale Ill. 1984, 2008; W. Dilthey, Die Geistige Welt. Einleitung in die Philosophie des Lebens. Erste Hälfte. Abhandlungen zur Grundlegung der Geisteswissenschaften, Leipzig/Berlin 1924 (= Ges. Schr. V), Stuttgart, Göttingen 1957, ^{8}1990; ders., Der Aufbau der geschichtlichen Welt in den Geisteswissenschaften, Leipzig/Berlin 1927 (= Ges. Schr. VII), Stuttgart, Göttingen ^{7}1979; K. K. Dompere, Fuzzy Rationality. A Critique and Methodological Unity of Classical, Bounded and Other Rationalities, Berlin/Heidelberg 2009; G. Doppelt, The Philosophical Requirements for an Adequate Conception of Scientific Rationality, Philos. Sci. 55 (1988), 104–133; H. P. Duerr (ed.), Versuchungen. Aufsätze zur Philosophie Paul Feyerabends, I–II, Frankfurt 1980/1981; ders. (ed.), Der Wissenschaftler und das Irrationale, I–IV, Frankfurt 1981–1985; J.-P. Dupuy (ed.), Self-Deception and Paradoxes of Rationality, Stanford Calif. 1998; J. Elster, Ulysses and the Sirens. Studies in Rationality and Irrationality, Cambridge etc. 1979, ^{2}1984, 2013 (franz. Le laboureur et ses enfants. Deux essais sur les limites de la rationalité, Paris 1986; dt. Subversion der R., Frankfurt/New York 1987); ders., Rationality, in: G. Fløistad (ed.), Contemporary Philosophy. A New Survey II (Philosophy of Science), The Hague/Boston Mass./London 1982, 1986, 111–131; ders., Raison et Raisons, Paris 2006 (engl. Reason and Rationality, Princeton N. J./Oxford 2009); P. K. Feyerabend, Against Method. Outline of an Anarchistic Theory of Knowledge, in: M. Radner/S. Winokur (eds.), Analyses of Theories and Methods of Physics and Psychology, Minneapolis Minn. 1970 (Minnesota Stud. Philos. Sci. IV), 17–130, separat u. erw. Atlantic Highlands N. J., London 1975, ^{3}1993 (dt. [erw.] Wider den Methodenzwang. Skizze einer anarchistischen Erkenntnistheorie, Frankfurt 1976, ohne Untertitel ^{2}1983, ^{13}2013); ders., Rationalism, Relativism and Scientific Method, Philos. Context 6 Suppl. (1977), 7–19; ders., Science in a Free Society, London 1978, 1985 (dt. Erkenntnis für freie Menschen, Frankfurt 1979, 2010); ders., Philosophical Papers I (Realism, Rationalism and Scientific Method), Cambridge etc. 1981, 1999; ders., Ausgewählte Schriften II (Probleme des Empirismus), Braunschweig/Wiesbaden 1981; ders., Farewell to Reason, London/New York 1987, 1999 (dt. Irrwege der Vernunft, Frankfurt 1989, ^{2}1990); D. Føllesdal/L. Walløe/J. Elster, Rationale Argumentation. Ein Grundkurs in Argumentations- und Wissenschaftstheorie, Berlin/New York 1986, 1988; M. Foucault, Les mot et les choses. Une archéologie des sciences humaines, Paris 1966, 2014 (dt. Die Ordnung der Dinge. Eine Archäologie der Humanwissenschaften, Frankfurt 1971, ^{22}2012); M. Frede/G. Striker (eds.), Rationality in Greek Thought, Oxford 1996, 2007; H. F. Fulda/R.-P. Horstmann (eds.), Vernunftbegriffe in der Moderne. Stuttgarter Hegel-Kongreß 1993, Stuttgart 1994; H.-G. Gadamer, Wahrheit und Methode. Grundzüge einer philosophischen Hermeneutik, Tübingen 1960, erw. ^{5}1986, ^{7}2010 (= Ges. Werke I); V. Gadenne/H. J. Wendel (eds.), R. und Kritik, Tübingen 1996; N. Garver/P. H. Hare (eds.), Naturalism and Rationality. Contributions Presented at the Conference on Naturalism and Rationality, Held at SUNY at Buffalo, Mar. 28–30, 1985, Buffalo N. Y. 1986; M. Gatzemeier, Philosophie als Theorie der R.. Analysen und Rekonstruktionen, I–II, Würzburg 2005/2007; T. F. Geraets (ed.), Rationality To-Day/ La rationalité aujourd'hui, Ottawa 1979; J. Gert, Brute Rationality. Normativity and Human Action, Cambridge etc. 2004; C. F. Gethmann, Letztbegründung vs. lebensweltliche Fundierung des Wissens und Handelns, in: Forum für Philosophie Bad Homburg (ed.), Philosophie und Begründung, Frankfurt 1987, 268–302; ders., Universelle praktische Geltungsansprüche. Zur philosophischen Bedeutung der kulturellen Genese moralischer Überzeugungen, in: P. Janich (ed.), Entwicklungen der methodischen Philosophie, Frankfurt 1992, 148–175; ders./R. Hegselmann, Das Problem der Begründung zwischen Dezisionismus und Fundamentalismus, Z. allg. Wiss.theorie 8 (1977), 342–368; T. Gil, Die R. des Handelns, München 2003; K. Gloy (ed.), R.stypen, Freiburg/München 1999; D. R. Gordon/J. Niżnik (eds.), Criticism and Defense of Rationality in Contemporary Philosophy, Amsterdam/Atlanta Ga. 1998; F. Grandjean, Aristoteles' Theorie der praktischen R., Bern etc. 2009; J. Habermas, Erkenntnis und Interesse, Frankfurt 1968, ^{14}2007, Hamburg 2008; ders., Theorie des kommunikativen Handelns, I–II, Frankfurt 1981, Berlin ^{2}2014; ders., Vorstudien und Ergänzungen zur Theorie des kommunikativen Handelns, Frankfurt 1984, ^{3}1989, 2010; ders., Zwecktätigkeit und Verständigung. Ein pragmatischer Begriff der R., in: H. Stachowiak (ed.), Pragmatik. Handbuch pragmatischen Denkens III, Hamburg 1989, 32–59; I. Hacking (ed.), Scientific Revolutions, Oxford etc. 1981, 2004; S. Hahn, R.. Eine Kartierung, Paderborn 2013; C. Halbig/T. Henning (eds.), Die neue Kritik der instrumentellen Vernunft. Texte aud der analytischen Debatte um instrumenelle R., Frankfurt 2012; J. J. Halpern/R. N. Stern (eds.), Debating Rationality. Nonrational Aspects of Decision Making, Ithaca N. Y./London 1998; J. E. Hampton, The Authority of Reason, ed. R. Healey, Cambridge 1998, 2004; R. Hanna, Rationality and Logic, Cambridge Mass./London 2006; N. R. Hanson, Patterns of Discovery. An Inquiry into the Conceptual Foundations of Science, Cambridge/New York 1958, Cambridge etc. 2010; R. M. Hare, Freedom and Reason, Oxford etc. 1963, 2003 (dt. Freiheit und Vernunft, Düsseldorf 1973, Frankfurt 1983); H. Hartmann, On Rational and Irrational Action, in: ders., Essays on Ego Psychology. Selected Problems in Psychoanalytic Theory, New York 1964, ^{2}1965, 1981 37–68 (dt. Über rationales und irrationales Handeln, in: ders., Ich-Psychologie. Studien zur psychoanalytischen Theorie, Stuttgart 1972, ^{2}1997, 50–77); R. Hegselmann, Normativität und R.. Zum Problem praktischer Vernunft in der analytischen Philosophie,

Frankfurt/New York 1979; M. Heidegger, Sein und Zeit. Erste Hälfte, Jb. Philos. phänomen. Forsch. 8 (1927), 1–438, separat Halle 1927, [2]1929, Tübingen [19]2006, ferner als: Gesamtausg. II, ed. F.-W. v. Herrmann, Frankfurt 1976, 1977; C. G. Hempel, Rational Action, Proc. and Addresses Amer. Philos. Ass. 35 (1962), 5–23; H. Hesse, Vernunft und Selbstbehauptung. Kritische Theorie als Kritik der neuzeitlichen R., Frankfurt 1984, 1986; M. B. Hesse, The Structure of Scientific Inference, Berkeley Calif., London 1974; R. Hilpinen (ed.), Rationality in Science. Studies in the Foundations of Science and Ethics, Dordrecht/Boston Mass./London, Berlin 1980; W. van der Hoek (ed.), Uncertainty, Rationality, and Agency, Dordrecht 2006; O. Hoeschen, Verstehen und R.. Donald Davidsons R.sthese und die kognitive Psychologie, Paderborn 2002; O. Höffe, R., Dezision oder praktische Vernunft. Zur Diskussion des Entscheidungsbegriffs in der Bundesrepublik Deutschland, Philos. Jb. 80 (1973), 340–368, erw. in: ders., Ethik und Politik. Grundmodelle und -probleme der praktischen Philosophie, Frankfurt 1979, [7]2012, 334–393); M. Hollis/S. Lukes (eds.), Rationality and Relativism, Oxford, Cambridge Mass./London 1982, Cambridge Mass./London 1997; H. Holzhey/J.-P. Leyvraz (eds.), R.skritik und neue Mythologien. Critique de la rationalité et nouvelles mythologies, Bern/Stuttgart 1983; K. Homann, Sollen und Können. Grenzen und Bedingungen der Individualmoral, Wien 2014; M. Horkheimer/T. W. Adorno, Dialektik der Aufklärung. Philosophische Fragmente, Amsterdam 1947, Frankfurt [3]1976, 2012, ferner als: T. W. Adorno, Gesammelte Schriften III, ed. R. Tiedemann, Frankurt 1981, 1998, ferner in: M. Horkheimer, Gesammelte Schriften V, ed. G. Schmid Noerr, Frankfurt 1984, 13–290; K. Hübner/J. Vuillemin (eds.), Wissenschaftliche und nichtwissenschaftliche R.. Ein deutsch-französisches Kolloquium, Stuttgart-Bad Cannstatt 1983; J. C. Jarvie, Rationality and Relativism. In Search of a Philosophy and History of Anthropology, London/Boston Mass. 1984; R. C. Jeffrey, The Logic of Decision, New York 1965 (dt. Logik der Entscheidungen, Wien/München 1967), Chicago Ill. [2]1983, 1996; C. Jensen/R. Harré (eds.), Beyond Rationality. Contemporary Issues, Newcastle 2011; F. Kambartel, Rekonstruktion und R.. Zur normativen Grundlage einer Theorie der Wissenschaft, in: O. Schwemmer (ed.), Vernunft, Handlung und Erfahrung. Über die Grundlagen und Ziele der Wissenschaften, München 1981, 11–21; ders., Philosophie der humanen Welt. Abhandlungen, Frankfurt 1989; ders./J. Mittelstraß (eds.), Zum normativen Fundament der Wissenschaft, Frankfurt 1973; H. Keuth, Realität und Wahrheit. Zur Kritik des kritischen Rationalismus, Tübingen 1978; P. Kolmer/H. Korten (eds.), Grenzbestimmungen der Vernunft. Philosophische Beiträge zur R.sdebatte. Zum 60. Geburtstag von Hans Michael Baumgartner, Freiburg/München 1994; P. Kondylis, Die Aufklärung im Rahmen des neuzeitlichen Rationalismus, Stuttgart 1981, Hamburg 2002; C. R. Kordig, The Justification of Scientific Change, Dordrecht/Boston Mass./London 1971, Dordrecht 1975; H.-P. Krüger, Perspektivenwechsel. Autopoiese, Moderne und Postmoderne im kommunikationsorientierten Vergleich, Berlin 1993; T. S. Kuhn, The Structure of Scientific Revolutions, Chicago Ill./London 1962, erw. [2]1970, [4]2012 (dt. Die Struktur wissenschaftlicher Revolutionen, Frankfurt 1967, erw. [2]1976, [24]2014 [mit Postskriptum von 1969]); ders., Second Thoughts on Paradigms, in: F. Suppes (ed.), The Structure of Scientific Theories, Urbana Ill. 1974, 459–482; F. v. Kutschera, Einführung in die Logik der Normen, Werte und Entscheidungen, Freiburg/München 1973; I. Lakatos, Falsification and the Methodology of Scientific Research Programmes, in: ders./A. Musgrave (eds.), Criticism and the Growth of Knowledge. Proc. Int. Coll. Philos. Sci., London, 1965, IV, Cambridge 1970, 91–196, Neudr. in: ders., Philosophical Papers I (The Methodology of Scientific Research Programmes), ed. G. Worrall/G. Currie, Cambridge etc. 1978, 8–101 (dt. Falsifikation und die Methodologie wissenschaftlicher Forschungsprogramme, in: ders./A. Musgrave [eds.], Kritik und Erkenntnisfortschritt [Abh. Int. Koll. Philos. Wiss., London 1965, IV], Braunschweig 1974, 89–189, ferner in: ders., Philosophische Schriften I [Die Methodologie wissenschaftlicher Forschungsprogramme], ed. G. Worrall/G. Currie, Braunschweig/Wiesbaden 1982, 7–107); S. Lash, Another Modernity, a Different Rationality, Oxford/Malden Mass. 1999; H. Lenk (ed.), Zur Kritik der wissenschaftlichen R.. Zum 65. Geburtstag von K. Hübner, Freiburg/München 1986; ders./H. F. Spinner, R.stypen, R.skonzepte und R.stheorien im Überblick. Zur Rationalismuskritik und Neufassung der ›Vernunft heute‹, in: H. Stachowiak (ed.), Pragmatik. Handbuch pragmatischen Denkens III (Allgemeine philosophische Pragmatik), Hamburg 1989, 1–31; I. Levi, The Convenant of Reason. Rationality and the Commitments of Thought, Cambridge etc. 1997; K. Lorenz/J. Mittelstraß, Die Hintergehbarkeit der Sprache, Kant-St. 58 (1967), 187–208; P. Lorenzen/O. Schwemmer, Konstruktive Logik, Ethik und Wissenschaftstheorie, Mannheim/Wien/Zürich 1973, [2]1975; R. D. Luce/H. Raiffa, Games and Decisions. Introduction and Critical Survey. A Study of the Behavioral Models Project, New York 1957 (repr. 1989); C. Lumer, Rationaler Altruismus. Eine prudentielle Theorie der R. und des Altruismus, Osnabrück 2000, Paderborn [2]2009; J.-F. Lyotard, La condition postmoderne. Rapport sur le savoir, Paris 1979, 2010 (dt. Das postmoderne Wissen. Ein Bericht, Bremen 1982, Graz/Wien 1986, ed. P. Engelmann, Wien [7]2012; engl. The Postmodern Condition. A Report on Knowledge, Manchester, Minneapolis Minn. 1984, Manchester 2005); ders., Le différend, Paris 1983, 2007 (dt. Der Widerstreit, München 1987, [2]1989); ders., Grundlagenkrise, Neue H. Philos. 26 (1986), 1–33; J. L. Mackie, Ethics. Inventing Right and Wrong, Harmondsworth 1977, 2001 (dt. Ethik. Auf der Suche nach dem Richtigen und Falschen, Stuttgart 1981, [2]1983, 2008); J. Margolis/M. Krausz/R. M. Burian (eds.), Rationality, Relativism and the Human Sciences, Dordrecht/Boston Mass. 1986; E. F. McClennen, Rationality and Dynamic Choice. Foundational Explorations, New York 1990; A. R. Mele/P. Rawling (eds.), The Oxford Handbook of Rationality, Oxford etc. 2003, 2010; J. Mittelstraß, Der Flug der Eule. Von der Vernunft der Wissenschaft und der Aufgabe der Philosophie, Frankfurt 1989, bes. 257–280 (Forschung, Begründung, Rekonstruktion. Wege aus dem Begründungsstreit); ders./M. Riedel (eds.),Vernünftiges Denken. Studien zur praktischen Philosophie und Wissenschaftstheorie, Berlin/New York 1978; P. K. Moser (ed.), Rationality in Action. Contemporary Approaches, Cambridge etc. 1990; M. C. Murphy, Natural Law and Practical Rationality, Cambridge etc. 2001, 2007; J. v. Neumann/O. Morgenstern, Theory of Games and Economic Behaviour, New York, Princeton N. J. 1944, London/Princeton N. J. [3]1953, Princeton N. J./Oxford 2007 (dt. Spieltheorie und wirtschaftliches Verhalten, Würzburg 1961, [3]1973); W. Neumann, Zur Kritik rationalen Denkens. Interpretation unbewußter Inhalte wesentlicher Wissenschaften, Frankfurt 1985; W. H. Newton-Smith, The Rationality of Science, London/New York 1981, 1996; R. S. Nickerson, Aspects of Rationality. Reflections on What It Means to Be Rational and whether We Are, New York/Hove 2008; T. Nickles (ed.), Scientific Discovery, Logic, and Rationality, Dordrecht/Boston Mass./London 1980; J. Nida-Rümelin (ed.), Praktische R.. Grundlagenprobleme und ethische Anwendungen des Rational-Choice-Paradigmas, Berlin/New York 1994; ders., Strukturelle R.. Ein philosophischer Essay über praktische Vernunft, Stuttgart 2001; ders./W. Spohn (eds.), Rationality, Rules, and Structure, Dordrecht/Boston Mass./London 2000; M. Oaksford/N. Chater, Rationality in an Uncertain World. Essays on the Cognitive Science of Human Reasoning, Hove 1998; dies., Bayesian Rationality. The Probabilistic Approach to Human Reasoning, Oxford 2007; F. P. O'Gorman, Rationality and Relativity. The Quest for Objective Knowledge, Aldershot etc. 1989; G. Pasternack (ed.), R. und Wissenschaft. Eine Ringvorlesung, Bremen 1988; J. C. Pitt/M. Pera (eds.), Rational Changes in Science. Essays on Scientific Reasoning, Dordrecht/Boston Mass./London 1987; K. R. Popper, Logik der Forschung. Zur Erkenntnistheorie der modernen Naturwissenschaft, Tübingen 1935 [1934], Wien 1935, erw. Tübingen [2]1966, erw. [10]1994, ferner als: Ges. Werke III, ed. Keuth, Tübingen [11]2005 (engl. The Logic of Scientific Discovery, London, New York, Toronto 1959, London/New York 2010; franz. La logique de la découverte scientifique, Paris 1973, [4]1999, 2007); ders., Conjectures and Refutations. The Growth of Scientific Knowledge, London, New York 1963, London [5]1974, rev. 1989, London/New York 2010; G. Preyer/G. Peter (eds.), The Contextualization of Rationality. Problems, Concepts and Theories of Rationality, Paderborn 2000; W. V. O. Quine, From a Logical Point of View. 9 Logico-Philosophical Essays, Cambridge Mass./London 1953, [2]1964, 2003 (dt. Von einem logischen Standpunkt. Neun logisch-philosophische Essays, Frankfurt/Berlin/Wien 1979, Teilübers. mit Untertitel: Drei ausgewählte Aufsätze [engl./dt.], Stuttgart 2011); ders., Ontological Relativity and Other Essays, New York 1969, 2009 (dt. Ontologische Relativität und andere Schriften, Stuttgart 1975, 1984, Frankfurt 2003); P. Rabinow, Essays on the Anthropology of Reason, Princeton N. J. 1996 (dt. Anthropologie der Vernunft. Studien zu Wissenschaft und Lebensführung, ed. C. Caduff/T. Rees, Frankfurt 2004); H. Radermacher, R. und Dissens, Bern etc. 2003; G. Radnitzky/G. Andersson (eds.), Progress in Rationality and Science, Dordrecht/Boston Mass./London 1978 (dt. Fortschritt und R. der Wissenschaft, Tübingen 1980); dies. (eds.), The Structure and Development of Science, Dordrecht/Boston Mass./London 1979 (dt. Voraussetzungen und Grenzen der Wissenschaft, Tübingen 1981); N. Rescher (ed.), Scientific Explanation and Understanding. Essays on Reasoning and Rationality in Science, Lanham Md./New York/Oxford 1983; ders. (ed.), Reason and Rationality in Natural Science. A Group of Essays, Lanham Md./New York/London 1985; ders., Rationality. A Philosophical Inquiry into Nature and the Rationale of Reason, Oxford 1988 (dt. R.. Eine philosophische Untersuchung über das Wesen und die Rechtfertigung der Vernunft, Würzburg 1993); ders., R., Wissenschaft und Praxis, Würzburg 2002; ders., Rationality in Pragmatic Perspective, Lewiston N. Y./Queenston/Lampeter 2003; R. Rorty, Le cosmopolitisme sans émancipation. En réponse à Jean-Francois Lyotard, Critique 456 (1985), 569–580; ders., Contingency, Irony, and Solidarity, Cambridge etc. 1989, 2008 (dt. Kontingenz, Ironie und Solidarität, Frankfurt 1992, [10]2010); A. Rubinstein, Modeling Bounded Rationality, Cambridge Mass./London 1998, 2008; W. C. Salmon, Reality and Rationality, ed. P. Dowe/M. H. Salmon, Oxford etc. 2005; H. Sarkar, Group Rationality in Scientific Research, Cambridge etc. 2007, 2011; C. W. Savage (ed.), Scientific Theories, Minneapolis Minn. 1990; L. Scheffczyk (ed.), R. – Ihre Entwicklung und ihre Grenzen, Freiburg/München 1989; F. Schick, Having Reasons. An Essay on Rationality and Sociality, Princeton N. J. 1984; W. Schluchter, Rationalismus der Weltbeherrschung. Studien zu Max Weber, Frankfurt 1980; M. Schmid, Handlungsrationalität, München 1979; H. Schnädelbach (ed.), R.. Philosophische Beiträge, Frankfurt 1984; ders., Vernunft, in: E. Martens/ders. (eds.), Philosophie. Ein Grundkurs I, Reinbek b. Hamburg 1985, 77–115; O. R. Scholz, Verstehen und R.. Untersuchungen zu den Grundlagen von Hermeneutik und Sprachphilosophie, Frankfurt 1999, [2]2001; P. Schulte, Zwecke und Mittel in einer natürlichen Welt. Instrumentelle R. als Problem für den Naturalismus?, Paderborn 2010; O. Schwemmer, Philosophie der Praxis. Versuch zur Grundlegung einer Lehre vom moralischen Argumentieren in Verbindung mit einer Interpretation der praktischen Philosophie Kants, Frankfurt 1971, 1980; ders., Theorie der rationalen Erklärung. Zu den methodischen Grundlagen der Kulturwissenschaften, München 1976; ders., Die Philosophie und die Wissenschaften. Zur Kritik einer Abgrenzung, Frankfurt 1990; J. R. Searle, Speech Acts. An Essay in the Philosophy of Language, London/Cambridge 1969, Cambridge etc. 2011 (dt. Sprechakte. Ein sprachphilosophischer Essay, Frankfurt 1971, [12]2013); ders., Rationality in Action, Cambridge Mass./London 2001; A. Sen, Rationality and Freedom, Cambridge Mass. 2002, 2004 (franz. Rationalité et liberté en économie, Paris 2005); H. Siegenthaler (ed.), R. im Prozess kultureller Evolution. R.sunterstellungen als eine Bedingung der Möglichkeit substantieller R. des Handelns, Tübingen 2005; P. Singer, Practical Ethics, Cambridge etc. 1979, [3]2011 (dt. Praktische Ethik, Stuttgart 1984, [3]2013); R. Specht (ed.), Rationalismus, Stuttgart 1979, [2]2002, 2007; H. F. Spinner, Theoretischer Pluralismus. Prolegomena zu einer kritizistischen Methodologie und Theorie des Erkenntnisfortschritts, in: H. Albert (ed.), Sozialtheorie und soziale Praxis. E. Baumgarten zum 70. Geburtstag, Meisenheim am Glan 1971, 17–41; ders., Pluralismus als Erkenntnismodell, Frankfurt 1974; ders., Begründung, Kritik und R.. Zur philosophischen Grundlagenproblematik des Rechtfertigungsmodells der Erkenntnis und der kritizistischen Alternative I (Die Entstehung des Erkenntnisproblems im griechischen Denken und seine klassische Rechtfertigungslösung aus dem Geiste des Rechts), Braunschweig 1977; ders., Der ganze Rationalismus einer Welt von Gegensätzen. Fallstudien zur Doppelvernunft, Frankfurt 1994; W. Stegmüller, Probleme und Resultate der Wissenschaftstheorie und Analytischen Philosophie II/1–2 (Theorie und Erfahrung/Theorienstrukturen und Theoriendynamik), Berlin/Heidelberg/New York 1970/1973, Berlin etc. [2]1985; ders., Rationale Rekonstruktion von Wissenschaft und ihrem Wandel, Stuttgart 1979, [2]1986; E. Stein, Without Good Reason. The Rationality Debate in Philosophy and Cognitive Science, Oxford 1996, 2001; U. Steinhoff, Kritik der kommunikativen R.. Eine Gesamtdarstellung und Analyse der kommunikationstheoretischen jüngeren kritischen Theorie, Marsberg 2001, mit Untertitel: Eine Darstellung der kommunikationstheoretischen Philosophie von Jürgen Habermas und Karl-Otto Apel, Paderborn [2]2005, 2006 (engl. The Philosophy of Jürgen Habermas. A Critical Introduction, Oxford etc. 2009); P. Strasser, Wirklichkeitskonstruktion und R.. Ein Versuch über den Relativismus, Freiburg/München 1980; M. E. Streit/U. Mummert/D. Kiwit (eds.), Cognition, Rationality, and Institutions, Berlin etc. 2000; P. E. Stüben, Relativismus, Anarchismus und Rationalismus. Eine ethnologische Kritik reduktionistischer Philosophien, Essen 1985; M. Taylor (ed.), Rationality and Revolution, Cambridge etc. 1988, 1991; E. Topitsch, Erkenntnis und Illusion. Grundstrukturen unserer Weltauffassung, Hamburg 1979, erw. Tübingen [2]1988; S. Toulmin, Human Understanding I (The Collective Use and Evolution of Concepts), Princeton N. J., Oxford 1972, Princeton N. J. 1977 (dt. Kritik der kollektiven Vernunft, Frankfurt 1978, 1983); ders., Cosmopolis. The Hidden Agenda of Modernity, New York 1990, Chicago Ill./London 2004, 2013 (dt. Kosmopolis. Die unerkannten Aufgaben der Moderne, Frankfurt 1991, 1994); C. C. Verharen, Rationality in Philosophy and Science, Lanham Md./New York/Oxford 1983; V. Walsh, Rationality, Allocation, and Reproduction, Oxford 1996; G. Wartenberg, Logischer Sozialismus. Die Transformation der Kantschen Transzendentalphilosophie durch Ch.S. Peirce, Frankfurt 1971; C. P. Webel, Politics of Rationality. Reason through Occidental History, New York/London 2014; M. Weber, Soziologische Grundbegriffe, in: ders., Grundrisse der Sozialökonomik III (Wirtschaft und Gesellschaft), ed. Marianne Weber, Tübingen 1922, 1–30, ferner in: Wirtschaft und Gesellschaft. Grundriss der verstehenden Soziologie, I–II, ed. J. Winckelmann, I, Tübingen ^{4}1956, rev. ^{5}1972, 2002, 1–30, separat Tübingen 1960, ^{6}1984, ferner in: Ges. Aufsätze zur Wissenschaftslehre, ed. J. Winckelmann, Tübingen ^{7}1988, 541–581, ferner in: Gesamtausg. Abt. 1/XXIII (Wirtschaft und Gesellschaft), ed. K. Borchardt/W. Schluchter, Tübingen 2013, 147–215; A. Wellmer, Wahrheit, Kontingenz, Moderne, in: ders., Endspiele. Die unversöhnliche Moderne. Essays und Vorträge, Frankfurt 1993, ^{2}1999, 157–177 (engl. Truth, Contingency, and Modernity, in: ders., Endgames. The Irreconcilable Nature of Modernity. Essays and Lectures, Cambridge Mass./London, 137–154); W. Welsch, Vernunft. Die zeitgenössische Vernunftkritik und das Konzept der transversalen Vernunft, Frankfurt 1994, ^{4}2007; B. R. Wilson (ed.), Rationality, Oxford 1970, 1991; L. Wittgenstein, Philosophische Untersuchungen [dt./engl.], ed. G. E. M. Anscombe/R. Rhees, Oxford 1953, ed. J. Schulte, Frankfurt 2001 [kritirisch-genetische Edition]; G. Wolters/M. Carrier (eds.), Homo Sapiens und Homo Faber. Epistemische und technische R. in Antike und Gegenwart. Festschrift für Jürgen Mittelstraß, Berlin/New York 2005; A. Wüstenhube, R. und Hermeneutik. Diskursethik, pragmatischer Idealismus, philosophische Hermeneutik, Würzburg 1998; J. Yu/J. J. E. Gracia (eds.), Rationality and Happiness. From the Ancients to the Early Medievals, Rochester N. Y./Woodbridge 2003; A. Ziemke/R. Kaehr, Realitäten und R.en, Berlin 1996. C. F. G.

Rationalitätskriterium, in der Theorie der Wissenschaftsentwicklung (↑Theoriendynamik, ↑Wissenschaftsgeschichte) Bezeichnung für ein allgemeines, d. h. unabhängig von speziellen Theorien formuliertes, Kriterium, das einen Fortschritt (↑Erkenntnisfortschritt) im Theorienwandel rational festzustellen erlaubt. Durch T. S. Kuhn (1962) wird ein solches theorieübergreifendes Kriterium der wissenschaftlichen Entwicklung scheinbar ausgeschlossen: Zunächst gelten nach Kuhn R.en nur innerhalb einer die Forschung leitenden Theorie (↑Paradigma), da das aus einer wissenschaftlichen Revolution (↑Revolution, wissenschaftliche) resultierende Paradigma mit dem vor-revolutionären inkommensurabel (↑inkommensurabel/Inkommensurabilität, ↑Relationen, intertheoretische) sei. Demgegenüber macht Kuhn jedoch ebenso geltend, daß für die Theorienwahl nach einer Revolution ein Kriterium erhöhter Qualifikation (z. B. der Erklärungsleistung) im Vergleich zur vor-revolutionären Theorie gelte. Innerhalb des Kritischen Rationalismus (↑Rationalismus, kritischer) wird ein theorieübergreifendes R. an die Bedingung geknüpft, daß im Prozeß fortschreitender ↑Falsifikation die neue Theorie einen höheren bewährten empirischen Gehalt (↑Gehalt, empirischer) hat als ihre Vorgängertheorie. I. Lakatos hat den Falsifikationismus K. R. Poppers als historisch und methodologisch ›naiv‹ unterstellt und seine Kritik zu einer Methodologie der ↑Forschungsprogramme ausgeweitet. Die Einheit methodologischer Beurteilungen ist demnach nicht eine einzelne Theorie, sondern eine Folge von Theorien (Forschungsprogramm). Ein Fortschritt wissenschaftlicher ↑Rationalität ist gewährleistet, wenn ein Forschungsprogramm ↑*progressiv* ist, d. h., solange dessen Weiterentwicklung zu erfolgreichen Vorhersagen neuer Tatsachen führt. Allerdings läßt sich nach Lakatos rational auch an einem degenerierenden Forschungsprogramm, dessen Wachstum einzig in *post-hoc* Erklärungen besteht, festhalten. Das R. für Fortschritt hängt deshalb von Lakatos' Maßstab methodologischer Beurteilung der rationalen ↑Rekonstruktion ab, die es erlaubt, zwischen internen und externen (↑intern/extern) Vorgängen zu unterscheiden. P. K. Feyerabend hat durch historische Beispiele die Unterscheidung zwischen internen und externen Faktoren generell in Frage gestellt, so daß sich in gleicher Weise ein progressives wie auch ein degeneratives (oder stagnierendes) Forschungsprogramm rechtfertigen läßt.

Im Rahmen des von J. D. Sneed entwickelten ›non statement view‹ (↑Theoriesprache, ↑Strukturalismus (philosophisch, wissenschaftstheoretisch)) von Theorien sucht W. Stegmüller die ›Rationalitätslücke‹ der von Kuhn behaupteten Inkommensurabilität zwischen vor- und postrevolutionären Paradigmen durch ein R. zu schließen. Danach wird eine Theorie als ein geordnetes Paar, bestehend aus einem theoretischen Strukturkern und einer Menge intendierter Anwendungen, dargestellt. Eine wissenschaftliche Revolution im Sinne Kuhns kann dann als Theorienverdrängung durch eine Ersatztheorie verstanden werden, die auf Grund des nichtempirischen Charakters des theoretischen Kerns nicht die Form einer empirischen Falsifikation oder ↑Bestätigung haben kann. Gleichwohl läßt sich nach Stegmüller ein Begriff der ↑Reduktion einer Theorie auf eine andere einführen, der die Rationalität der Theorienverdrängung zu beurteilen erlaubt. Stegmüllers Lösungsversuch hängt allerdings stark von seiner Rekonstruktion des Inkommensurabilitätsbegriffs ab.

Literatur: P. K. Feyerabend, Die Wissenschaftstheorie – eine bisher unbekannte Form des Irrsinns?, in: K. Hübner/A. Menne (eds.), Natur und Geschichte. X. Deutscher Kongreß für Philosophie, Kiel 8.–12. Oktober 1972, Hamburg 1973, 88–124, unter dem Titel: Die Wissenschaftstheorie – eine bisher unerforschte Form des Irrsinns?, in: ders., Ausgewählte Schriften I (Der wissenschaftstheoretische Realismus und die Autorität der Wissenschaften), Braunschweig/Wiesbaden 1978, 293–338; ders., Über einen neueren Versuch, die Vernunft zu retten, in: N.

Stehr/R. König (eds.), Wissenschaftssoziologie. Studien und Materialien, Opladen 1975 (Kölner Z. Soz. u. Sozialpsychol., Sonderh. 18), 479–514; T. S. Kuhn, The Structure of Scientific Revolutions, Chicago Ill./London 1962, erw. ²1970, ⁴2012 (dt. Die Struktur wissenschaftlicher Revolutionen, Frankfurt 1967, erw. ²1976, ²⁴2014 [mit Postskriptum von 1969]); ders., Commensurability, Comparability, Communicability, in: P. D. Asquith/T. Nickles (eds.), Proceedings of the Biennial Meeting of Philosophy of Science Association (PSA) 1982 II, East Lansing Mich. 1983, 669–688; I. Lakatos, Falsification and the Methodology of Scientific Research Programmes, in: ders./A. Musgrave (eds.), Criticism and the Growth of Knowledge, Cambridge 1970 (Proc. Int. Coll. Philos. Sci., London 1965, IV), 91–196, Neudr. in: ders., Philosophical Papers I (The Methodology of Scientific Research Programmes), ed. G. Worrall/G. Currie, Cambridge etc. 1978, 8–101 (dt. Falsifikation und die Methodologie wissenschaftlicher Forschungsprogramme, in: ders./A. Musgrave [eds.], Kritik und Erkenntnisfortschritt, Braunschweig 1974 [Abh. Int. Koll. Philos. Wiss., London 1965, IV], 89–189, ferner in: ders., Philosophische Schriften I (Die Methodologie wissenschaftlicher Forschungsprogramme), ed. G. Worrall/G. Currie, Braunschweig/Wiesbaden 1982, 7–107); W. Stegmüller, Probleme und Resultate der Wissenschaftstheorie und Analytischen Philosophie II/2 (Theorienstrukturen und Theoriendynamik), Berlin/Heidelberg/New York 1973, Berlin etc. ²1985; ders., Theoriendynamik und logisches Verständnis, in: W. Diederich (ed.), Theorien der Wissenschaftsgeschichte. Beiträge zur diachronen Wissenschaftstheorie, Frankfurt 1974, 1978, 167–209; ders., Structures and Dynamics of Theories. Some Reflections on J. D. Sneed and T. S. Kuhn, Erkenntnis 9 (1975), 75–100; ders., Hauptströmungen der Gegenwartsphilosophie. Eine kritische Einführung II, Stuttgart ⁶1979, 490–494, 725–776, II, ⁸1987, 468–518 (Kap. 4 J. D. Sneed u.a.. Das strukturalistische Theorienkonzept), III, ⁸1987, 279–330 (Kap. III Die Evolution des Wissens. Nichtkumulativer Wissensfortschritt und Theoriedynamik. Zur Theorie von Thomas S. Kuhn); ders., The Structuralist View of Theories. A Possible Analogue of the Bourbaki Programme in Physical Science, Berlin/Heidelberg/New York 1979. C. F. G.

Raum (engl. space, franz. espace), Terminus im Rahmen (1) philosophischer und (2) naturwissenschaftlicher R.theorien sowie der Mathematik, mit grundlegenden Anwendungsmodellen für R.-Zeit-Theorien (↑Raum-Zeit-Kontinuum). Erste (nicht-empirische) R.theorien treten in der vorsokratischen Philosophie (↑Vorsokratiker) im Zusammenhang mit kosmologischen Fragestellungen (Endlichkeit oder Unendlichkeit des R.es, Existenz oder Nicht-Existenz des leeren R.es, Materialität oder Nicht-Materialität des R.es, ↑Kosmologie) und mathematischen Konzeptionen (begrenzte oder unbegrenzte Teilbarkeit von Größen) auf.

(1) Im griechischen ↑Atomismus (Leukipp, Demokrit) wird der Begriff eines unbegrenzten und leeren R.es gebildet, während der Begriff des leeren R.es (↑Leere, das) bei Parmenides für das Nicht-Seiende steht. Diese frühen R.theorien bilden den Hintergrund der weiter ausgearbeiteten *philosophischen Raumbegriffe* bei Platon und Aristoteles. In der Begrifflichkeit der ↑Ideenlehre tritt der Begriff des R.es bei Platon in einem wiederum kosmologischen Zusammenhang als eine ›dritte Gattung‹ (Tim. 48e), metaphorisch auch als ›Amme des Werdens‹ bezeichnet (Tim. 49a), auf, die zwischen den Ideen (↑Idee (historisch)) und der ↑Sinnenwelt vermittelnd R. (*χώρα*, Tim. 52a) für das Werdende und das Vergehende gibt. In der Elemententheorie Platons findet dieser R.begriff selbst eine mathematische Ausarbeitung (↑Platonische Körper).

Während in der Geschichte des griechischen Atomismus bis hin zu P. Gassendi der Begriff des leeren unendlichen R.es den wesentlichen Grundbegriff physikalischer und kosmologischer Konzeptionen bildet, ›übersetzt‹ Aristoteles die Platonische Konzeption in eine Theorie ausgezeichneter Orte, in der auf der Einführung natürlicher Orte der Dinge eine Theorie des einfachen Körpers (des Körpers, der eine Ursache der Bewegung in sich selbst hat) und eine Theorie der einfachen Bewegung (der Bewegung einfacher Körper) basieren. ›Schwere Körper‹, die aus den Elementen Erde und Wasser bestehen, haben ihren natürlichen Ort am Zentrum des Kosmos und bewegen sich ohne äußere Einwirkung in natürlicher Bewegung auf diesen zu. ›Leichte Körper‹, die aus den Elementen Luft und Feuer gebildet sind, haben ihren natürlichen Ort an der Mondbahn und bewegen sich entsprechend ohne äußere Einwirkung in natürlicher Bewegung vom Zentrum des Kosmos weg. Der Aristotelische R. ist nicht homogen, sondern strukturiert, und seine innere Struktur führt zu einer ausgezeichneten Verteilung der ↑Materie, nämlich einer schalenförmigen Schichtung der vier Elemente. Allerdings wird diese Schichtung nur im Zustand der vollkommenen Ordnung angenommen, die wegen der zusätzlich auf der Erde wirkenden Kräfte nicht erreicht wird. Mit der Annahme eines fünften Elements (↑quinta essentia, ↑Äther) verbindet sich die These von der räumlichen Endlichkeit der Welt, wobei Aristoteles selbst keine Theorie des R.es im engeren Sinne, sondern eine Theorie der Örter (als Lagebeziehungen von Körpern) ausgearbeitet hat. Damit führt Aristoteles zugleich die Frage nach der räumlichen Endlichkeit oder Unendlichkeit der Welt, die bis in die Neuzeit hinein in nicht-empirischen, philosophischen Kosmologien eine wesentliche Rolle spielt, auf physikalische Überlegungen zurück. Im Rahmen der Aristotelischen Physik ist sie zugunsten einer räumlichen Endlichkeit entschieden, im Rahmen der atomistischen Physik zugunsten einer räumlichen Unendlichkeit, die spekulativ später auch in nicht-physikalischen Systemen vertreten wird (Nikolaus von Kues, G. Bruno). In dieser (spekulativen) Form unterliegen Aussagen über kosmologische Eigenschaften des R.es der Antinomienkritik (↑Antinomie) I. Kants, nach der sich sowohl für die Aussage, daß die Welt dem R.e nach endlich ist, als auch für die Aussage, daß sie dem R.e nach unendlich ist, Begründungen geben lassen; allerdings nur, wenn von der unzutreffenden Voraussetzung ausgegangen wird, daß die Welt als ein empirischer Gegenstand gegeben ist.

Im Gegensatz zu derartigen (spekulativen) R.theorien und der dabei Anwendung findenden Begriffe des Endlichen und des Unendlichen tritt bereits bei Aristoteles ein reflektierter Begriff des Unendlichen auf (↑unendlich/Unendlichkeit), der das Unendliche nicht als aktual Unendliches, sondern in Form einer Konstruktionsregel, angewendet auf endliche Größen, faßt. Während Aristoteles das unendlich Große dabei nur am Zahlbegriff exemplifiziert, führt eine Erörterung des unendlich Kleinen als Ergebnis wiederholter Teilungen von Strecken schließlich zu einer räumlichen Kontinuumstheorie (↑Kontinuum), auf die sich auch die Aristotelische Örtertheorie des R.es bezieht.

Dieselbe Intention, nämlich die Angabe einer exakten Ortsdefinition, liegt auch der R.konzeption von G. W. Leibniz zugrunde, die den Begriff des absoluten R.es (↑Raum, absoluter), wie er vor allem in der Newtonschen ↑Mechanik ausgearbeitet wird, durch den Begriff des relationalen R.es ersetzt (»der R. ist die Ordnung gleichzeitig existierender Dinge, wie die Zeit die Ordnung des Aufeinanderfolgenden«, Brief v. 16.6.1712 an B. des Bosses, Philos. Schr. II, 450). Der physikalische R. im Sinne dieser Definition ist nur relational, durch die in ihm bestimmten Lagebeziehungen physikalischer Körper, gegeben, weshalb Leibniz auch von einem ›abstrakten R.‹ als der ›Ordnung aller als möglich angenommenen Stellen‹ spricht (5. Schreiben an S. Clarke, Philos. Schr. VII, 415). Zentral für Leibnizens Konzeption ist dabei der Umstand, daß der R. als ein System von ↑Relationen die gleiche Idealität besitzt, die in seiner physikalischen Konzeption, ausgeführt in einer Kontinuumstheorie, bereits für den Begriff des physikalischen Körpers gilt. Die Aristotelische Kontinuumstheorie und Leibnizens R.theorie, mathematisch in Form der ↑Analysis situs ausgearbeitet, sind insofern erste Teile einer philosophischen Theorie des R.s, die Anspruch auf wissenschaftliche Bedeutung erheben können.

Leibnizens relationale Theorie des R.es tritt der auf I. Newton zurückgehenden Vorstellung eines absoluten R.es entgegen. Für Newton ist der R. eine wirkliche Größe aus eigenem Recht, die neben die Materie tritt. Der R. ist ein Behältnis der Körper, auf dessen Grundlage unter Hinzuziehen der absoluten Zeit wahre Maße von Ort und Bewegung gebildet werden. Im Gegensatz zum relationalen R. als einer Anordnung von Körpern ist Newtons R., wie der R. der Atomisten, leer. Der Streit um die richtige Auffassung von R., Zeit und Bewegung bildet einen wichtigen Themenstrang der ›Leibniz-Clarke-Kontroverse‹.

Unter den neuzeitlichen philosophischen R.theorien stellen Kants Analysen zum Begriff der ↑*transzendentalen Idealität* des R.es den Versuch dar, an die Stelle spekulativ-kosmologischer oder empirisch-physikalischer Aussagen über den Realraum (den empirischen R.) eine erkenntnistheoretische Reflexion über die Rolle des *Anschauungsraumes* in der Erfahrung zu setzen. In Kants Konzeption bildet der Begriff des R.es eine Bedingung der ↑Erfahrung, wobei der hier Verwendung findende Begriff der Erfahrung sowohl lebensweltliche Orientierungsvermögen als auch die Erfahrungssätze einer experimentellen Physik betrifft. Erkenntnistheoretisch geht es um den Nachweis, daß sowohl ein räumliches Orientierungsvermögen als auch die Rede von ausgedehnten Körpern und räumlichen Formen kein empirisches Wissen betrifft, das in einer ähnlichen Weise gewonnen wäre wie ein auf Gegenstände der Wahrnehmung bezogenes oder auf Wahrnehmungen rekurrierendes Wissen. Kant macht deutlich, daß der R. nicht nur nicht wahrgenommen werden kann und in diesem Sinne kein empirischer Gegenstand ist (»Der R. ist kein empirischer Begriff, der von äußeren Erfahrungen abgezogen worden«, KrV B 38), sondern daß seine Vorstellung alle Wahrnehmungen und darüber hinaus alle Erfahrung immer schon begleitet, insofern die Wahrnehmung eines äußeren Gegenstandes immer schon räumlich ist. Als ›reine Form der ↑Anschauung‹ geht der R., ebenso wie die ↑Zeit, nach Kant »allen Erscheinungen und allen Datis der Erfahrung vorher und macht diese vielmehr allererst möglich« (KrV B 323).

Daß der R. nach Kant reine Anschauung ist, und zwar Anschauung ↑a priori, der Begriff des R.es damit auch kein Begriff im üblichen Sinne ist, liegt daran, daß Begriffe Intensionen (↑intensional/Intension) von ↑Prädikatoren über beliebig viele ›Einzelfälle‹ sind, von R. aber nur hinsichtlich ein und desselben Anschauungsraumes, ohne Rekurs auf empirische Anschauungen, gesprochen werden kann. Daß der R. als reine Anschauung zu den Grundlagen selbst der Mathematik gehört, bedeutet, daß mathematische ↑Konstruktionen innerhalb eines Anschauungsraumes erfolgen, nämlich als Herstellungen räumlicher Formen und anschaulicher Figurenreihen. Damit leistet eine Theorie des Anschauungsraumes, wie sie Kant zum ersten Mal methodisch unabhängig von empirisch-physikalischen und formalistisch-mathematischen Theorien formuliert, sowohl eine nähere Bestimmung des Begriffs der Konstruktion (als Konstruktion im Anschauungsraum) als auch eine Darstellung der Abhängigkeit wissenschaftlicher und ↑vorwissenschaftlicher Erfahrung von den Bedingungen ihrer räumlichen Erzeugung bzw. ihres räumlichen Auftretens. Die Rede von den Gegenständen der Erfahrung setzt einen anschaulich-räumlichen Konstituierungszusammenhang voraus – weshalb Kant von der ›empirischen Realität‹ des R.es spricht –, sie definiert aber auch die ›Gegenständlichkeit‹ des R.es selbst – weshalb Kant von der ›transzendentalen Idealität‹ des R.es spricht: Der R. ist »nichts (...), so bald wir die Bedingung der Möglichkeit aller Erfahrung weglassen, und ihn als etwas, was den Dingen an sich selbst zum Grunde liegt, annehmen« (KrV B 44).

Die Formulierung ›Bedingung der Möglichkeit aller Erfahrung‹ bezieht sich bei Kant nicht nur auf eine Bedingung erfahrungswissenschaftlicher Sätze, z. B. der ↑synthetischen Sätze der Physik, sondern auch auf eine Bedingung elementarer Wahrnehmungsakte; R. tritt allgemein als Form der ↑Sinnlichkeit auf. Darin liegt eine gewisse Unklarheit über den unterschiedlichen Status wissenschaftlicher und vorwissenschaftlicher Erfahrungsbegriffe, auf die sich dann unterschiedliche Klärungsbemühungen, etwa im Rahmen der ↑Lebensphilosophie, der ↑Phänomenologie, der Existenzialanalyse M. Heideggers (↑Fundamentalontologie) und des ↑Konstruktivismus beziehen (im Konstruktivismus über die Unterscheidung eines lebensweltlichen [↑Lebenswelt] Apriori, zu dem auch das räumliche Orientierungsvermögen und die Praxis der Herstellung räumlicher Formen gehören, und eines protophysikalischen Apriori, das durch Hinzunahme erkenntniskonstituierender Prinzipien aus diesem lebensweltlichen Apriori entsteht). Historisch führt Kants transzendentale R.theorie einerseits zu einer physiologischen Theorie der Wahrnehmung (H. v. Helmholtz) und andererseits (im Konstruktivismus) zu einer ↑Prototheorie der Physik (↑Protophysik). – Newtons Festlegung auf den absoluten R. wird von E. Mach u. a. einer grundlegenden Kritik unterzogen. Ende des 19. Jhs. wird das Konzept des absoluten R.es als metaphysisch verworfen und im Sinne des klassischen ↑Relativitätsprinzips durch eine Klasse äquivalenter Inertialsysteme ersetzt. Die Gesetze der klassischen Mechanik bleiben bei Galilei-Transformationen mit Bezug auf diese Inertialsysteme invariant (↑Galilei-Invarianz).

(2) In der *Mathematik* wird unter ›R.‹ zunächst der geometrische Ort verstanden, den ein Punkt, eine Figur oder ein Körper einnehmen. Die *Dreidimensionalität* (↑Dimension) bestimmt Euklid durch die Körperdefinition im XI. Buch der »Elemente«, wonach ›ein Körper ist, was Länge, Breite und Tiefe hat‹. Daraus entwickelt sich die Auffassung vom *Euklidischen Raum* als 3-dimensionaler Punktmenge, die den Axiomen der ↑Euklidischen Geometrie genügt. In der Analytischen Geometrie (↑Geometrie, analytische) wird der Euklidische R. auf das cartesische Produkt $\mathbb{R}^3$ des reellen Zahlenkontinuums $\mathbb{R}$ abgebildet, so daß jeder Punkt des Euklidischen R.es umkehrbar eindeutig einem Zahlentripel aus $\mathbb{R}^3$ für die Längen-, Breiten- und Tiefenkoordinate in einem cartesischen Koordinatensystem zugeordnet wird. Man spricht dann auch vom *Cartesischen Raum. Physikalische* Anwendung finden Cartesische R.e als 3-dimensionale cartesische Koordinatensysteme, in denen der Ort eines Körpers zu einem festen Zeitpunkt angegeben wird. ↑Inertialsysteme sind 4-dimensionale Koordinatensysteme, die als raumzeitliche Bezugssysteme dienen.

Die Perspektivenprobleme von Pappos von Alexandreia, G. Desargues, B. Pascal u. a. führen im 19. Jh. zur Ausbildung der Projektiven Geometrie und der mathematischen Definition des *projektiven Raumes.* So wie einander schneidende Geraden im Euklidischen R. genau einem (eigentlichen) Punkt (dem Schnittpunkt) zugeordnet werden, ordnet J. V. Poncelet parallele Geraden genau einem (uneigentlichen) Punkt (ihrem ›unendlich fern liegenden Schnittpunkt‹) zu. Intuitiv entspricht diese Begriffsbildung den Vorgängen im Sehraum, in dem sich z. B. parallel laufende Eisenbahnschienen vom Blickpunkt aus in ›unendlicher Ferne‹ zu schneiden scheinen. Mathematisch wird daher der projektive R. als Erweiterung des Euklidischen R.es $\mathbb{R}^3$ der eigentlichen Punkte um die uneigentlichen Punkte definiert.

Philosophische Überlegungen von J. F. Herbart über beliebig-dimensionale Räume regten H. G. Graßmann zu Untersuchungen über n-dimensionale affine ›Ausdehnungen‹ (↑Ausdehnungslehre) an, die zusammen mit A. Cayleys Untersuchungen seit 1844 die Entwicklung der Affinen Geometrie einleiteten und den Begriff des *affinen Raumes* begründeten. Der n-dimensionale (reelle) affine R. ist eine ↑Menge, die neben geometrischen Punkten auch ↑Vektoren enthält und den folgenden Axiomen genügt:

(1) Ein Vektor ordnet jedem Punkt genau einen Punkt zu.

(2) Zu den Punkten A, B gibt es genau einen Vektor $v = \overrightarrow{AB}$, der A in B überführt.

(3) Die Vektoraddition ergibt wieder einen Vektor und ist kommutativ (↑kommutativ/Kommutativität).

(4) Die n-fach iterierte Addition eines Vektors $v \cdot n \leftrightharpoons v + \cdots + v$ führt allgemein zur Skalarmultiplikation von Vektoren v, v_1, v_2 mit reellen Zahlen x, x_1, x_2 nach den Rechenregeln

$$\begin{aligned} &v \cdot 1 = v, \\ &v \cdot (x_1 + x_2) = v \cdot x_1 + v \cdot x_2, \\ &v \cdot (x_1 x_2) = (v \cdot x_1) \cdot x_2, \\ &(v_1 + v_2) \cdot x = v_1 \cdot x + v_2 \cdot x. \end{aligned}$$

(5) Es gibt n Vektoren v_i $(i = 1, 2, \ldots, n)$, so daß zu jedem Vektor v reelle Zahlen x_i $(i = 1, 2, \ldots, n)$ gehören mit

$$v = \sum_{i=1}^{n} v_i \cdot x_i$$

und für reelle Zahlen λ_i $(i = 1, 2, \ldots, n)$ aus

$$\sum_{i=1}^{n} v_i \cdot \lambda_i = 0$$

stets

$$\sum_{i=1}^{n} \lambda_i^2 = 0$$

folgt (d.h., $\lambda_i = 0$ für alle i).

Durch ↑Abstraktion (↑abstrakt) erhält man aus dem n-dimensionalen (reellen) affinen R. den allgemeinen Begriff eines *Vektorraums* V (↑Vektor) über einem Körper K (↑Körper (mathematisch)), wobei die Addition von Vektoren aus V den Axiomen einer kommutativen Gruppe (↑Gruppe (mathematisch)) und die Multiplikation von Vektoren aus V mit Skalaren aus K den Rechenregeln (4) genügt.

Physikalische Anwendungen n-dimensionaler Vektorräume liefert seit Ende des 19. Jhs. die statistische Mechanik mit dem Begriff des *Phasenraums.* Betrachtet man ein System von n Gasmolekülen mit 3 rotatorischen und 3 translatorischen Freiheitsgraden der Bewegung für jedes Molekül, dann besitzt das System als Ganzes $6n$ Freiheitsgrade. Der Zustand des Gesamtsystems zu einem Zeitpunkt t ist eindeutig durch den Ort und den Impuls jedes Moleküls zu diesem Zeitpunkt bestimmt. Die Ortskoordinaten p_i und die Impulskoordinaten q_i ($i = 1, 2, \ldots, 6n$) zum Zeitpunkt t bestimmen daher nach J. W. Gibbs die Phase des Systems zu diesem Zeitpunkt. Die Phasenentwicklung des Systems wird durch jeweils zwei Hamiltonsche Bewegungsgleichungen (↑Hamiltonprinzip) für die Orts- und Impulskoordinaten p_i und q_i (also insgesamt $12n$ Gleichungen) eindeutig determiniert. Anstatt von der Bewegung von n Molekülen im 3-dimensionalen R. zu sprechen, kann man auch sagen, daß die $6n$ Größen p_i und die $6n$ Größen q_i einen $12n$-dimensionalen Phasenraum bilden, in dem jeder Zustand des Systems zu einem Zeitpunkt t durch einen $12n$-dimensionalen Phasenpunkt und jede Zustandsentwicklung durch eine Phasenbahn (Trajektorie) repräsentiert sind.

Seit H. Poincaré werden Phasenräume benutzt, um die Dynamik komplexer physikalischer Systeme zu analysieren. Insbes. können die Zielzustände dynamischer Systeme geometrisch durch Attraktoren von *Trajektorien im Phasenraum* charakterisiert werden, die Gleichgewichtszuständen oder ↑Chaos im System entsprechen. Konservative (›Hamiltonsche‹) Systeme wie das Planetensystem oder das Pendel ohne Reibung sind nach einem Theorem von J. Liouville dadurch ausgezeichnet, daß das Volumen einer Region im Phasenraum unter den Hamiltonschen Bewegungsgleichungen erhalten bleibt. Dennoch ist die lokale Stabilität der Trajektorien im Phasenraum durch *Liouvilles Theorem* keineswegs gesichert. Wie Poincarés ↑*Dreikörperproblem* der Himmelsmechanik zeigt, können geringste Veränderungen der ↑Anfangsbedingungen eines Systems zu chaotischen Veränderungen der Trajektorien im Phasenraum führen, die langfristig nicht vorausberechenbar sind, obwohl sie mathematisch eindeutig determiniert sind. In diesem Falle bleibt zwar auch das Volumen einer Anfangsregion im Phasenraum erhalten, aber die Form der Region wird durch die extrem auseinanderlaufenden Trajektorien verzerrt.

Nach der Diskussion des ↑Parallelenaxioms und der damit verbundenen Entdeckung der ↑nicht-euklidischen Geometrie werden auch 3- und mehrdimensionale *nicht-euklidische Räume* in der Mathematik eingeführt. C. F. Gauß' Untersuchungen über die ↑Metrik und Krümmung 2-dimensionaler Flächen werden von B. Riemann für n-dimensionale ↑*Mannigfaltigkeiten* verallgemeinert (↑Differentialgeometrie). Helmholtz gelangt mit seiner Annahme der freien Beweglichkeit starrer Meßkörper (↑Körper, starrer) zur Theorie der *Räume mit konstanter Krümmung*, wobei der sphärische R. mit positiver Krümmung, der elliptische R. mit negativer Krümmung und der Euklidische R. mit Nullkrümmung zu unterscheiden sind (↑Geometrie, absolute). Helmholtz' Ansatz wird von S. Lie in einer Theorie stetiger Bewegungsgruppen (↑Gruppe (mathematisch)) präzisiert, die für die *differentialgeometrischen Räume* grundlegend sind.

Physikalische Anwendungen finden differentialgeometrische R.e als 4-dimensionale R.-Zeit-Mannigfaltigkeiten. So ist der *Minkowski-Raum* (↑Minkowski, Hermann) der Speziellen Relativitätstheorie (↑Relativitätstheorie, spezielle) eine 4-dimensionale R.-Zeit-Mannigfaltigkeit mit indefiniter oder pseudo-Euklidischer Metrik, die sich von der Euklidischen Metrik des Euklidischen R.es formal durch Minuszeichen vor den drei R.-Koordinaten x, y, z unterscheidet (↑Raum-Zeit-Kontinuum, ↑Weltlinie). Physikalisch kommt in dieser Metrik zum Ausdruck, daß sich Körper mit Lichtgeschwindigkeit c (z. B. Photonen) auf den Geraden mit 45° zur Zeitachse t bewegen und nach dem ↑Pythagoreischen Lehrsatz einen Lichtkegel $c^2t^2 = x^2 + y^2 + z^2$ bilden (↑Raum-Zeit-Kontinuum, Abb. 2). Die Distanz $D(0,Q)$ (↑›Metrik‹) vom Ursprung 0 des Lichtkegels zu einem Punkt Q mit Koordinaten t, x, y, z beträgt dann

$$D(0, Q) = \sqrt{c^2t^2 - x^2 - y^2 - z^2}.$$

Falls Q auf dem Kegelmantel liegt, ist $D(0,Q) = 0$; falls Q innerhalb des Kegelmantels liegt, ist $D(0,Q) > 0$. Wegen der Konstanz der Lichtgeschwindigkeit können zukünftige bzw. vergangene Ereignisse nur auf dem oder innerhalb des Lichtkegels liegen, d. h., Ereignisse mit Überlichtgeschwindigkeit und $D(0,Q) < 0$ sind ausgeschlossen.

In der Allgemeinen Relativitätstheorie (↑Relativitätstheorie, allgemeine) wird eine 4-dimensionale *pseudo-Riemannsche Mannigfaltigkeit* mit lokaler Minkowski-Metrik zugrundegelegt, die an die Stelle der lokalen Euklidischen Metrik in einer Riemannschen Mannigfaltigkeit tritt (↑Riemannscher Raum). Physikalisch kommt in dieser Metrik zum Ausdruck, daß die Gravitationsgleichungen bei allgemeinen Koordinatentransformationen kovariant bleiben und daß im Spezialfall verschwindender Gravitationskräfte die Gesetze der Speziellen Relativitätstheorie gelten (↑Raum-Zeit-Kontinuum, Abb. 3). Eine Verallgemeinerung der Helmholtz-Lieschen R.e mit konstanter Krümmung sind E. Cartans *symmetrische Räume*, die bei der Formulierung der Standardmodelle der relativistischen ↑Kosmologie und ↑Kosmogonie Anwendung finden (↑symmetrisch/Symmetrie (naturphilosophisch)). Die Theorie differentialgeometrischer R.e liefert die mathematischen Methoden für das Studium physikalischer R.-Zeit-Mannigfaltigkeiten in der modernen Physik (↑Raum-Zeit-Kontinuum). In der Mathematik wird Anfang des 20. Jhs. der abstrakte R.begriff eingeführt, der allen mathematischen R.-Konzepten zugrundeliegt. Neben M. Fréchet ist vor allem F. Hausdorff zu erwähnen, der mit seinem Umgebungsbegriff (↑Umgebung) eine Definition des *topologischen Raumes* anbietet, die am intuitiven Konzept der ›Geometrie der Lage‹ (↑Analysis situs) orientiert ist. Die ›Lage‹ von Punkten z.B. in der Ebene läßt sich anschaulich durch gewisse Umgebungen der Punkte lokalisieren. Beispiele solcher Punktumgebungen sind die Flächen, die durch Jordansche Kurven eingeschlossen werden, oder die offenen Intervalle auf der reellen Zahlenachse. Auf einer Menge M wird eine topologische Struktur (eine ›Topologie auf M‹) dadurch definiert, daß jedem Element x Teilmengen von M (›Umgebungen von x‹) mit folgenden Eigenschaften zugeordnet werden:

(1) Zu jedem Element x von M existiert mindestens eine Umgebung von x; x ist in jeder Umgebung von x enthalten.
(2) Zu zwei Umgebungen von x gibt es eine in beiden enthaltene Umgebung von x.
(3) Zu jedem in einer Umgebung U von x enthaltenen Element y gibt es eine ganz in U enthaltene Umgebung von y.
(4) Zu je zwei verschiedenen Elementen x und y von M gibt es eine y nicht enthaltende Umgebung von x und eine x nicht enthaltende Umgebung von y.

Eine Menge, auf der eine topologische Struktur mit den Eigenschaften (1)–(4) erklärt ist, heißt ein topologischer R.. Der Umgebungsbegriff eines topologischen R.es erlaubt eine Einführung des *Stetigkeitsbegriffs* (↑stetig/Stetigkeit). Eine Abbildung f eines topologischen R.es R auf einen topologischen R. Y heißt stetig im Punkt $x \in R$, wenn man zu jeder Umgebung V des Punktes $f(x)$ eine Umgebung U von x derart finden kann, daß alle Elemente von U durch f auf Elemente von V abgebildet werden. Falls die Abbildung f in allen Punkten von R stetig ist, heißt sie stetig auf R. Als Spezialfall ergibt sich die Stetigkeitsdefinition reeller Funktionen für offene Intervalle (die Umgebungen jedes ihrer Elemente sind) auf dem reellen Zahlenkontinuum. Eine umkehrbar eindeutige Abbildung f eines topologischen R.es R auf einen topologischen R. R' heißt eine topologische Abbildung bzw. ein Homöomorphismus bzw. homöomorph, wenn sowohl f als auch die reziproke Abbildung f^{-1} stetig (auf R bzw. R') sind. Anschaulich kommt darin zum Ausdruck, daß topologische R.e beliebig deformiert und verzerrt werden können, solange nicht ihre Stetigkeitseigenschaften verletzt werden. So können alle topologischen Eigenschaften der Kugel in gleicher Weise auch auf einem Ellipsoiden, Würfel oder Tetraeder studiert werden, während man eine Kugel ohne Zerreißen und Verkitten z.B. nicht in einen Torus verwandeln kann. Dann läßt sich allgemein eine *n-dimensionale Mannigfaltigkeit* als ein topologischer R. definieren, bei dem jeder seiner Punkte eine Umgebung besitzt, die homöomorph zum Innern der n-dimensionalen Einheitskugel ist. Beispiele sind der n-dimensionale sphärische und projektive R..

Im Sinne der modernen *Strukturmathematik* lassen sich ausgehend vom abstrakten Fundamentalbegriff des topologischen R.es durch schrittweises Hinzufügen und Verändern axiomatischer Eigenschaften alle mathematischen R.e einführen. So ist ein *Hausdorffscher Raum* (bzw. separierter R.; ↑Hausdorff, Felix) ein topologischer R., in dem das Hausdorffsche Trennungsaxiom gilt: Danach existieren zu zwei verschiedenen Punkten x und y zwei gegeneinander punktfremde (›disjunkte‹) Umgebungen U_x und U_y. Das Trennungsaxiom verschärft das 4. Axiom des topologischen R.es und garantiert erst eindeutige Konvergenz. Ein *kompakter topologischer Raum* ist ein Hausdorffscher R., der das Überdeckungsaxiom von Heine-Borel erfüllt, d.h., jede offene Überdeckung des R.es enthält eine endliche Überdeckung des R.es.

Allgemein unterscheidet man zwischen verschiedenen ›T-R.en‹ als topologischen R.en, in denen gewisse Trennungsaxiome erfüllt sind. In einem T_0-R. besitzt von je zwei verschiedenen Punkten wenigstens einer eine Umgebung, die den anderen Punkt nicht enthält. In einem T_1-R. gibt es zu zwei verschiedenen Punkten x, y des R.es eine Umgebung U_x von x und eine Umgebung U_y von y derart, daß x nicht in U_y und y nicht in U_x enthalten ist. Ein T_2-R. ist ein Hausdorffscher R.. Unter T_3-R.en (bzw. regulären R.en) und T_4-R.en (bzw. normalen R.en) werden Hausdorffsche R.e mit unterschiedlichen weiteren Trennungsaxiomen verstanden. *Topologische Vektorräume* bzw. *lineare Räume* entstehen dadurch, daß die Struktur eines Vektorraums über einem topologischen Körper definiert wird.

Von grundlegender Bedeutung für die Mathematik und für die physikalischen Anwendungen ist die Möglichkeit des Messens in R.en. Dazu wird zunächst abstrakt ein *metrischer Raum* als eine Menge M definiert, in der je zwei Elementen x und y eine nicht-negative reelle Zahl $D(x, y)$ zugeordnet ist, so daß gilt:

$D(x, x) = 0$,
$D(x, y) = D(y, x) \neq 0$, wenn $x \neq y$ (Symmetrie),
$D(x, z) \leq D(x, y) + D(y, z)$ (Dreiecksungleichung).

Das Funktional D heißt die *Metrik* des R.es. Die Zahl $D(x, y)$ wird ›Entfernung‹ bzw. ↑›Abstand‹ der Punkte x und y in M genannt. Allerdings erfüllen indefinite (↑indefinit/Indefinitheit) Metriken weder die Symmetriebedingung noch die Dreiecksungleichung. Jede Metrik D auf einer Menge M erzeugt eine Topologie auf M: Eine Teilmenge U von M ist eine Umgebung von $x \in M$ genau dann, wenn es ein $\varepsilon > 0$ gibt, sodaß U alle $y \in M$ enthält, deren Abstand zu x kleiner als ε ist (also $D(y, x) < \varepsilon$). Ein topologischer R. ist *metrisierbar*, wenn seine Topologie durch eine Metrik erzeugt werden kann. Beispiele für metrische R.e sind der Euklidische R. mit seiner pythagoreischen Metrik, der ↑Riemannsche Raum als n-dimensionale (differenzierbare) Mannigfaltigkeit mit einem von B. Riemann vorgegebenen Maßtensor als Metrik und die R.-Zeit-Kontinua (↑Raum-Zeit-Kontinuum), die in der Physik Anwendung finden. Durch ↑Zuordnungsdefinition eines Meßverfahrens zur Metrik wird aus einem mathematischen metrischen R. ein physikalischer metrischer Raum. Mathematikhistorisch wird der abstrakte Begriff des metrischen R.es erst 1906 von Fréchet eingeführt und einige Jahre später von Hausdorff in seiner ↑Mengenlehre eingehend untersucht. Nach 1920 erreicht er große Bedeutung in den Arbeiten von S. Banach und in seinen Anwendungen auf die Funktionalanalysis.

Für die physikalische Anwendung werden die *Hilbert-Räume* grundlegend, in denen die Zustände und die Dynamik von Quantensystemen (↑Quantentheorie) dargestellt werden können. Mathematisch werden dazu zunächst *unitäre Räume* eingeführt. Ein linearer R. U heißt unitär, wenn irgend zwei Elementen x, y des R.es eindeutig eine komplexe Zahl (x, y) als inneres Produkt zugeordnet ist, das folgende Axiome erfüllt: Für beliebige komplexe Zahlen α, β und Elemente x, y, z aus U gilt:

(1) $(\alpha \cdot x + \beta \cdot y, z) = \alpha(x, z) + \beta(y, z)$,
(2) $(x, y) = \overline{(y, x)}$,
(3) $(x, x) \geq 0$.
(4) Aus $(x, x) = 0$ folgt $x = 0$.

Die nicht-negative Wurzel

$$||x|| = \sqrt{(x, x)}$$

ist die ›Norm‹ von x; $||x - y||$ mißt die Entfernung zwischen den Elementen x und y aus U. Beispiel für einen unitären R. ist der n-dimensionale komplexe Vektorraum. Aber auch Funktionenräume wie die Menge der auf dem Intervall $[a, b]$ stetigen Funktionen mit dem inneren Produkt

$$(f, g) = \int_a^b f(x)\overline{g(x)}\, dx$$

sind unitär.

Ein *Hilbert-Raum* ist ein vollständiger unitärer R., d. h., es gilt noch zusätzlich das Vollständigkeitsaxiom, wonach jede Cauchy-Folge (↑Folge (mathematisch)) von Elementen des R.es gegen ein Element des R.es konvergiert. Einfache Beispiele von Hilbert-R.en sind der n-dimensionale Euklidische R. mit den Ortsvektoren $(x_1, x_2, x_3, \ldots, x_n)$ und der Folgenraum $\ell^{(2)}$ mit den Vektoren $(x_1, x_2, x_3, \ldots)$ und

$$\sum_i |x_i|^2 < \infty.$$

Der Hilbert-R. der komplexwertigen quadratisch integrierbaren Funktionen ist von abzählbar (↑abzählbar/Abzählbarkeit) unendlicher Dimension. Die Hilbert-R.e liefern eine neue übergreifende mathematische Struktur, mit der sich verschiedene Zweige der klassischen Analysis untersuchen, aber auch neue Gebiete z. B. der Funktionalanalysis erschließen lassen. Insbes. konnten die für physikalische Theorien wichtigen linearen Integralgleichungen durch Operatoren in Hilbert-R.en erfaßt werden.

In der ↑*Quantentheorie* werden die Zustände eines Quantensystems seit J. v. Neumann (1932) durch die Funktionen eines komplexen Hilbert-R.es beschrieben. Dieser Hilbert-R. wird durch die Gesamtheit aller Eigenvektoren des Hamiltonoperators gebildet, der das betreffende Quantensystem repräsentiert. Physikalische Größen wie Ortsvektor, Impuls, Drehimpuls und Energie werden durch Observable dargestellt, d. h. durch lineare selbstadjungierte Operatoren auf dem Hilbert-R. der Zustandsvektoren des Quantensystems. Selbstadjungierte Operatoren haben reelle Eigenwerte und kommen deshalb als mögliche Beobachtungs- und Meßgrößen in Frage. Die zeitliche Entwicklung der Zustände eines Quantensystems wird durch eine lineare Differentialgleichung nach der Form der ↑Schrödinger-Gleichung bestimmt.

Eine wichtige Verallgemeinerung des Hilbert-R.es stammt von Banach. Ein *Banach-Raum B* ist ein vollständiger linearer R., der normiert ist, d.h., zu jedem Element x gehört eine nicht-negative reelle Zahl $||x||$, die ›Norm‹ von x, die für beliebige komplexe Zahlen α und Elemente x, y aus B folgende Bedingungen erfüllt:

$||x + y|| \leq ||x|| + ||y||$;
$||\alpha \cdot x|| \leq |\alpha| \cdot ||x||$;
$||x|| = 0$ genau dann, wenn $x = 0$.

Jeder Hilbert-R. ist ein Banach-R., da die Norm $||x||$ eines Elements durch $\sqrt{(x,x)}$ definiert werden kann. In dieser Weise hat die moderne Strukturmathematik ein differenziertes Begriffssystem von mehr oder weniger abstrakten R.strukturen entwickelt. Diese haben zwar keine Anschaulichkeit mehr wie der 3-dimensionale Euklidische R., doch liefern sie aussagekräftige Rahmenbedingungen für die mathematische Modellierung von physikalischen Systemen und für die R.-Zeit-Theorien der modernen Physik.

Literatur: N. I. Achieser/I. M. Glasmann, Theorie der linearen Operatoren im Hilbert-R., Berlin (Ost) 1954, [2]1968, Thun/Frankfurt, Berlin [8]1981 (russ. Original Moskau 1950); K. Algra, Concepts of Space in Greek Thought, Leiden/New York/Köln 1995; F. Arntzenius, Space, Time and Stuff, Oxford/New York 2012, 2014; R. Arthur, Space and Relativity in Newton and Leibniz, Brit. J. Philos. Sci. 45 (1994), 219–240; J. Audretsch/K. Mainzer (eds.), Philosophie und Physik der R.-Zeit, Mannheim/Wien/Zürich 1988, Mannheim etc. [2]1994; J. J. Baumann, Die Lehren von R., Zeit und Mathematik in der neueren Philosophie [...], I–II, Berlin 1868/1869, Nachdr. Frankfurt 1981; O. Becker, Beiträge zur phänomenologischen Begründung der Geometrie und ihrer physikalischen Anwendungen, Jb. Philos. phänomen. Forsch. 6 (1923), 385–560, separat Tübingen [2]1973; S. Bochner, Space, DHI IV (1973), 295–307; L. E. J. Brouwer, Zur Analysis Situs, Math. Ann. 68 (1910), 422–434; J. Campbell, Past, Space, and Self, Cambridge Mass./London 1994, 1995; R. Carnap, Der R.. Ein Beitrag zur Wissenschaftslehre, Berlin 1922 (Kant-Stud. Erg.hefte 56) (repr. Vaduz 1978, 1991); M. Carrier, Geometric Facts and Geometric Theory. Helmholtz and 20th-Century Philosophy of Physical Geometry, in: L. Krüger (ed.), Universalgenie Helmholtz. Rückblick nach 100 Jahren, Berlin 1994, 276–291; ders., R.-Zeit, Berlin/New York 2009; ders., Die Struktur der R.zeit in der klassischen Physik und der allgemeinen Relativitätstheorie, in: M. Esfeld (ed.), Philosophie der Physik, Berlin 2012, [4]2013, 13–31; U. Claesges, Edmund Husserls Theorie der R.konstitution, Den Haag 1964; J. van Cleve/R. E. Frederick (eds.), The Philosophy of Right and Left. Incongruent Counterparts and the Nature of Space, Dordrecht/Boston Mass./London 1991; R. Courant/D. Hilbert, Methoden der mathematischen Physik, I–II, Berlin 1924/1937, I, Berlin etc. [4]1993, II, Berlin/Heidelberg/New York [2]1968 (engl. [erw.] Methods of Mathematical Physics, I–II, New York 1953/1962, New York/London/Sydney 1989); W. V. Csech, Die R.lehre Johann Gottlieb Fichtes. Mit Berücksichtigung philosophiegeschichtlicher Konstellationen, Frankfurt etc. 1999; B. Dainton, Time and Space, Chesham 2001, Durham, Montreal/Ithaca N. Y. [2]2010; H. Dingler, Die Grundlagen der Geometrie. Ihre Bedeutung für Philosophie, Mathematik, Physik und Technik, Stuttgart 1933; R. Disalle, Space, in: R. Audi (ed.), The Cambridge Dictionary of Philosophy, Cambridge etc. [2]1999, 866–867; ders., Understanding Space-Time. The Philosophical Development of Physics from Newton to Einstein, Cambridge etc. 2006, 2008; P. Duhem, Le système du monde. Histoire des doctrines cosmologiques de Platon à Copernic, I–X, Paris 1913–1959, I, 1988, II, 1974, IV–VI, 1973; J. Earman, World Enough and Space-Time. Absolute versus Relational Theories of Space and Time, Cambridge Mass./London 1989, 1992; M. M. Fréchet, Sur quelques points du calcul fonctionnel, Rendiconti del Circolo Matematico di Palermo 22 (1906), 1–74; H. Freudenthal, Neuere Fassungen des Riemann-Helmholtz-Lieschen R.problems, Math. Z. 63 (1956), 374–405; A. Garbe, Die partiell konventional, partiell empirisch bestimmte Realität physikalischer R.zeiten, Würzburg 2001; W. Gent, Die Philosophie des R.es und der Zeit. Historische, kritische und analytische Untersuchungen, I–II, Bonn 1926/1930 (repr. Hildesheim 1962, 1971); M. Giaquinto, Visual Thinking in Mathematics. An Epistemological Study, Oxford/New York 2007, 2011; J. W. Gibbs, Elements of Vector Analysis. Arranged for the Use of Students in Physics, Privatdr. New Haven Conn. 1881, 17–50, 1884, 50–90, Neudr. in: ders., The Scientific Papers II, London/New York/Bombay 1906, Woodbridge Conn. 1994, 17–90, dazu: E. B. Wilson, Vector Analysis. A Text-Book for the Use of Students of Mathematics and Physics Founded upon the Lectures of J. Willard Gibbs, New York, New Haven Conn. 1901, New York 1960; W. Gölz, Dasein und R.. Philosophische Untersuchungen zum Verhältnis von R.erlebnis, R.theorie und gelebtem Dasein, Tübingen 1970; F. Gonseth, La géométrie et le problème de l'espace, I–VI, Neuchâtel 1945–1955; A. Gosztonyi, Der R.. Geschichte seiner Probleme in Philosophie und Wissenschaften, I–II, Freiburg/München 1976; E. Grant, Much Ado about Nothing. Theories of Space and Vacuum from the Middle Ages to the Scientific Revolution, Cambridge etc. 1981, 2008; I. Grattan-Guinness (ed.), Companion Encyclopedia of the History and Philosophy of the Mathematical Sciences, I–II, London/New York 1994, Baltimore Md. 2003; T. Greenwood, Kant on the Modalities of Space, in: E. Schaper/W. Vossenkuhl (eds.), Reading Kant. New Perspectives on Transcendental Arguments and Critical Philosophy, Oxford/New York 1989, 117–139; A. Grünbaum, Philosophical Problems of Space and Time, New York 1963, Dordrecht/Boston Mass. [2]1973 (Boston Stud. Philos. Sci. XII); M. Gueroult, L'espace, le point et le vide chez Leibniz, Rev. philos. France étrang. 136 (1946), 429–452 (engl. Space, Point, and Void in Leibniz's Philosophy, in: M. Hooker [ed.], Leibniz. Critical and Interpretive Essays, Manchester, Minneapolis Minn. 1982 [repr. Ann Arbor Mich. 1994], 284–301); S. Günzel (ed.), Raum. Ein interdisziplinäres Handbuch, Stuttgart/Weimar 2010; W. Harper, Kant on Space, Empirical Realism and the Foundations of Geometry, Topoi 3 (1984), 143–161; G. A. Hartz/J. A. Cover, Space and Time in the Leibnizian Metaphysics, Noûs 22 (1988), 493–519; E. Harzheim/H. Ratschek, Einführung in die allgemeine Topologie, Darmstadt 1975; F. Hausdorff, Grundzüge der Mengenlehre, Berlin/Leipzig 1914, Nachdr. als: ders., Ges. Werke II, ed. E. Brieskorn u. a., Berlin/Heidelberg/New York 2002, unter dem Titel: Mengenlehre, Berlin 1927, erw. [3]1935, Nachdr. in: ders., Ges. Werke III, ed. U. Felgner/E. Brieskorn, Berlin etc. 2008, 41–351 (engl. Set Theory, New York 1957, [4]1991); P. A. Heelan, Space-Perception and the

Philosophy of Science, Berkeley Calif./Los Angeles/London 1983, 1988; F. Heidsieck, Henri Bergson et la notion d'espace, Paris 1957, 2011; H. Heimsoeth, Der Kampf um den R. in der Metaphysik der Neuzeit, Philos. Anz. 1 (1925), 5–42, ferner in: ders., Studien zur Philosophie Immanuel Kants I, Köln 1956, Bonn [2]1971 (Kant-St. Erg.hefte 71), 93–124; R. Heinrich, Kants Erfahrungsraum. Metaphysischer Ursprung und kritische Entwicklung, Freiburg/München 1986; I. Hinckfuss, The Existence of Space and Time, Oxford 1975; N. Huggett (ed.), Space from Zeno to Einstein. Classic Readings with a Contemporary Commentary, Cambridge Mass./London 1999, 2002; ders., Space in Physical Theories, Enc. Ph. IX ([2]2006), 154–158; A. Hüttemann/L. J. van den Brom, R., RGG VII ([4]2003), 62–65; S. Ijsseling, Time and Space in Technological Society, Man and World 25 (1992), 409–419; E. Jaeckle, Phänomenologie des R.s, Zürich 1959; M. Jammer, Concepts of Space. The History of Theories of Space in Physics, Cambridge Mass. 1954, New York [3]1993 (dt. Das Problem des R.es. Die Entwicklung der R.theorien, Darmstadt 1960, [2]1980; franz. Concepts d'espace. Une histoire des théories de l'espace en physique, Paris 2008); A. Janiak, Kant's Views on Space and Time, SEP 2009; P. Janich, Zur Protophysik des R.es, in: G. Böhme (ed.), Protophysik. Für und wider eine konstruktive Wissenschaftstheorie der Physik, Frankfurt 1976, 83–130; ders., Euklids Erbe. Ist der R. dreidimensional?, München 1989 (engl. Euclid's Heritage. Is Space Three-Dimensional?, Dordrecht/Boston Mass./London 1992); ders., Das Maß der Dinge. Protophysik von R., Zeit und Materie, Frankfurt 1997; ders./J. Mittelstraß, R., Hb. ph. Grundbegriffe II (1973), 1154–1168; N. A. Kaloyeropoulos, La théorie de l'espace. Chez Kant et chez Platon, Genf 1980; B. Kanitscheider, Geometrie und Wirklichkeit, Berlin 1971; ders., Vom absoluten R. zur dynamischen Geometrie, Mannheim/Wien/Zürich 1976; F. Kaulbach, Die Metaphysik des R.es bei Leibniz und Kant, Köln 1960 (Kant-St. Erg.hefte 79); H. R. King, Aristotle's Theory of *ΤΟΠΟΣ*, Class. Quart. 44 (1950), 76–96; A. Kolmogoroff, Zur topologisch-gruppentheoretischen Begründung der Geometrie, Nachr. Ges. Wiss. zu Göttingen aus dem Jahre 1930, math.-physikal. Kl., Berlin 1930, 208–210; G. Köthe, Topologische lineare R.e I, Berlin/Göttingen/Heidelberg 1960, [2]1966 (Die Grundlagen der mathematischen Wissenschaften 107) (engl. Topological Vector Spaces I, Berlin/Heidelberg/New York 1969, 1983, II [Erweiterung der dt. Ausg.], New York/Heidelberg/Berlin 1979); H. J. Kowalsky, Topologische R.e, Basel/Stuttgart 1961, Nachdr. 2014 (engl. Topological Spaces, New York/London 1964, 1965); H. Leisegang, Die R.theorie im späteren Platonismus, insbesondere bei Philon und den Neuplatonikern, Weida 1911; F. Linhard, Newtons ›Spirits‹ und der Leibnizsche R., Hildesheim/Zürich/New York 2008; M. Lipson, On Kant on Space, Pacific Philos. Quart. 73 (1992), 73–99; P. Lorenzen, Das Begründungsproblem der Geometrie als Wissenschaft der räumlichen Ordnung, Philos. Nat. 6 (1961), 415–431, Neudr. in: ders., Methodisches Denken, Frankfurt 1968, [3]1988, 120–141; P. K. Machamer/R. G. Turnbull (eds.), Motion and Time, Space and Matter. Interrelations in the History of Philosophy and Science, Columbus Ohio 1976; K. Mainzer, Geschichte der Geometrie, Mannheim/Wien/Zürich 1980; ders., Symmetrien der Natur. Ein Handbuch zur Natur- und Wissenschaftsphilosophie, Berlin/New York 1988 (engl. Symmetries of Nature. A Handbook for Philosophy of Nature and Science, Berlin/New York 1996); ders., R.. 19. und 20. Jahrhundert, Hist. Wb. Ph. VIII (1992), 105–108; M. Mamiani, Teorie dello spazio da Descartes a Newton, Mailand 1980, [2]1981; T. Maudlin, Philosophy of Physics. Space and Time, Princeton N. J./Oxford 2012; J. E. McGuire, Existence, Actuality and Necessity. Newton on Space and Time, Ann. Sci. 35 (1978), 463–508, Nachdr. in: ders., Tradition and Innovation. Newton's Metaphysics of Nature, Dordrecht/Boston Mass./London 1995, 1–51; A. Melnick, Space, Time, and Thought in Kant, Dordrecht/Boston Mass./London 1989; H. Mendell, Topoi on Topos. The Development of Aristotle's Concept of Place, Phronesis 32 (1987), 206–231; K. Menger, Allgemeine R.e und Cartesische R.e, Proc. Akad. Wetensch. Amsterdam 29 (1926), 476–482; D. R. Miller, The Third Kind in Plato's »Timaeus«, Göttingen 2003; J. Moreau, L'espace et le temps selon Aristote, Padua 1965; B. Morison, On Location. Aristotle's Concept of Place, Oxford 2002, 2010; J. Naas/K. Schröder (eds.), Der Begriff des R.es in der Geometrie. Bericht von der Riemann-Tagung des Forschungsinstitutes für Mathematik, Berlin (Ost) 1957; G. Nerlich, The Shape of Space, Cambridge etc. 1976, [2]1994; J. v. Neumann, Mathematische Grundlagen der Quantenmechanik, Berlin 1932, Berlin/Heidelberg/New York, [2]1996, 2013 (franz. Les fondements mathématiques de la mécanique quantique, Paris 1946 [repr. Sceaux 1988], 1947; engl. Mathematical Foundations of Quantum Mechanics, Princeton N. J. 1955, 1996); D. Nys, La notion d'espace, Brüssel 1922, Louvain [2]1929; C. Orsi, Il problema dello spazio, I–II, Neapel o. J. [1958/1962]; H. Poincaré, Les méthodes nouvelles de la mécanique céleste, I–III, Paris 1892–1899 (repr. New York 1957, Paris 1987); C. Ray, Time, Space and Philosophy, London/New York 1991, 2000; H. Reichenbach, Philosophie der R.-Zeit-Lehre, Berlin/Leipzig 1928 (repr. in: ders., Ges. Werke II [Philosophie der R.-Zeit-Lehre], ed. A. Kamlah/H. Reichenbach, Braunschweig/Wiesbaden 1977, 7–388) (engl. The Philosophy of Space and Time, New York 1958); K. Reidemeister, R. und Zahl, Berlin/Göttingen/Heidelberg 1957; K. Rogerson, Kant on the Ideality of Space, Can. J. Philos. 18 (1988), 271–286; R. Rynasiewicz, Newton's Views on Space, Time, and Motion, SEP 2004, rev. 2011; S. Sambursky, Von der unendlichen Leere zur Allgegenwart Gottes. Die R.vorstellungen der Antike, in: ders., Naturerkenntnis und Weltbild. Zehn Vorträge zur Wissenschaftsgeschichte, Zürich/München 1977, 273–297; H. Schmitz, System der Philosophie III/1–5 (Der R.), Bonn 1967–1978, 2005; J. J. C. Smart (ed.), Problems of Space and Time, New York/London 1964, 1976; ders., Space, Enc. Ph. VII (1967), 506–511, XI ([2]2006), 146–153; M. Stöckler, R., EP III ([2]2010), 2210–2213; ders., R., in: P. Kolmer/A. G. Wildfeuer (eds.), Neues Handbuch philosophischer Grundbegriffe III, Freiburg/München 2011, 1817–1829; E. Ströker, Philosophische Untersuchungen zum R., Frankfurt 1965, [2]1977 (engl. Investigations in Philosophy of Space, Athens Ohio/London 1987); M. Svilar/A. Mercier (eds.), L'espace/Space, Bern etc. 1978; R. Torretti, Space, REP IX (1998), 59–66; J. Trusted, Physics and Metaphysics. Theories of Space and Time, London 1991, 1994; A. Tychonoff, Über einen Metrisationssatz von P. Urysohn, Math. Ann. 95 (1926), 139–142; P. Unruh, Transzendentale Ästhetik des R.es. Zu Immanuel Kants R.konzeption, Würzburg 2007; P. Urysohn, Zum Metrisationsproblem, Math. Ann. 94 (1925), 309–315; G. Verbeke, Ort und R. nach Aristoteles und Simplikios. Eine philosophische Topologie, in: J. Irmscher/R. Müller (eds.), Aristoteles als Wissenschaftstheoretiker. Eine Aufsatzsammlung, Berlin 1983, 113–122; R. Wavre, La figure du monde. Essai sur le problème de l'espace des Grecs à nos jours, Neuchâtel 1950; C. Westphal, Von der Philosophie zur Physik der R.zeit, Frankfurt etc. 2002; H. Weyl, R., Zeit, Materie. Vorlesungen über allgemeine Relativitätstheorie, Berlin 1918, [5]1923 (repr. Darmstadt 1961), [8]1993; W. Wieland, Zur R.theorie des Johannes Philoponos, in: E. Fries (ed.), Festschrift Joseph Klein.

Zum 70. Geburtstag, Göttingen 1967, 114–135; H. G. Zekl, Topos. Die aristotelische Lehre vom R.. Eine Interpretation von »Physik«, Δ 1–5, Hamburg 1990; ders. u. a., R., Hist. Wb. Ph. VIII (1992), 67–111. J. M./K. M.

Raum, absoluter, Terminus der Philosophie der Physik zur Bezeichnung räumlicher (später: raumzeitlicher) Strukturen, die nicht auf materielle Ereignisse oder Vorgänge zurückführbar sind, sondern diesen zugrundeliegen. Die kanonische Formulierung der Vorstellung des a.n R.s geht auf I. Newton (Philosophiae naturalis principia mathematica, London 1687) zurück. Der a. R. ist demnach ein ausgezeichnetes, ruhendes Bezugssystem, dessen Koordinaten absolute Orte bezeichnen und entsprechend absolute ↑Abstände festlegen. Aufgrund des ↑Relativitätsprinzips der klassischen ↑Mechanik läßt sich dieses absolut ruhende Bezugssystem jedoch empirisch nicht auszeichnen; alle mechanischen Vorgänge laufen in jedem ↑Inertialsystem in gleicher Weise ab. Hingegen sind beschleunigte Bewegungen oder Rotationen durch das Auftreten von Trägheitskräften (wie Zentrifugalkräften; ↑Trägheit) gekennzeichnet. Newtons ↑Eimerversuch sollte dem Nachweis dienen, daß bei Rotationen das Auftreten von Trägheitskräften nicht auf Rotationen relativ zu anderen Körpern zurückführbar ist. Newton schloß, daß Rotation als Bewegung gegen den a.n R. zu interpretieren sei, was wiederum die Existenz des a.n R.s demonstriere. Allgemein lassen sich danach ›wirkliche‹ Bewegungen, also Bewegungen gegen den a.n R., anhand der mit ihnen verbundenen ↑Kräfte identifizieren.

Die Gegenposition zur Annahme eines a.n R.s ist der *Relationismus*. Historisch wurde dieser vor allem von G. W. Leibniz und E. Mach vertreten. Für Leibniz (vgl. Brief vom 16.6.1712 an B. des Bosses, Philos. Schr. II, 450; 3. Brief an Clarke § 4, in: Schüller [1991], 37–38) ist der Raum die Gesamtheit der möglichen Anordnungen gleichzeitig existierender Körper. Entsprechend gibt es keine von diesen möglichen Anordnungen zu trennende Raumstruktur. Gäbe es eine solche, so wären zwei Zustände, in denen die relativen Lagen aller Körper gleich, aber die Richtungen (also etwa Ost und West) vertauscht wären, als unterschiedliche Zustände aufzufassen. Es gibt jedoch keinen Grund, warum eher der eine als der andere Zustand auftreten sollte. Daher wird die Annahme, es handle sich um unterschiedliche Zustände, vom Prinzip des zureichenden Grundes (↑Grund, Satz vom) ausgeschlossen.

Machs Relationismus geht davon aus, daß jede Bewegung nur durch Rückgriff auf Bezugskörper empirisch zugänglich wird und entsprechend als Relativbewegung gelten muß. Newtons Auszeichnung von absoluten Bewegungen durch Trägheitskräfte ist unzulänglich, da Newtons Argumentation lediglich die Zurückführbarkeit von Trägheitskräften auf bestimmte Relativbewegungen, nicht aber auf alle möglichen Relativbewegungen auszuschließen vermag. Insbes. gibt es keinen Grund für die Annahme, daß Trägheitskräfte auch bei der Rotation eines Körpers in einem ansonsten leeren Raum auftreten. Mach schlägt vor, Trägheitskräfte stattdessen als Resultat von Beschleunigungen oder Rotationen gegen den ›Fixsternhimmel‹, also gegen den Schwerpunkt des Universums, zu deuten. Trägheitskräfte werden dadurch zu einem Ausdruck von ↑Wechselwirkungen zwischen Körpern (↑Machsches Prinzip).

Während demnach der a. R. traditionell *dynamisch*, also unter Hinweis auf die mit Geschwindigkeitsänderungen verknüpften Kräfte, begründet wird, stützt sich der Relationismus traditionell auf *erkenntnistheoretische* Argumente der empirischen Unzugänglichkeit bzw. Ununterscheidbarkeit. Insgesamt nimmt die ›absolute‹ Position an, daß der ↑Raum mit einer inneren Struktur ausgestattet ist, die grundlegender ist als die Beziehungen zwischen Ereignissen und von diesen nicht beeinflußt wird. Traditionell umfaßt diese Position eine ›substantialistische‹ Interpretation, wonach insbes. *Raumpunkte* zu den inneren Raumstrukturen zählen. Der Relationismus behauptet demgegenüber (1) die Relativität der Bewegung und bestreitet (2) den Substantialismus. Danach sind alle Bewegungen als Relativbewegungen rekonstruierbar, und Raumpunkten kommt keine eigenständige Existenz zu.

Ein von dynamischen Betrachtungen unabhängiges Argument für den a.n R. stammt von I. Kant (Von dem ersten Grunde des Unterschiedes der Gegenden im Raume [1768], Akad.-Ausg. II, 375–383). Dieses Argument stützt sich auf die Existenz inkongruenter Gegenstücke (wie der rechten und der linken Hand). Ein asymmetrischer (↑asymmetrisch/Asymmetrie) Gegenstand ist mit seinem Spiegelbild nicht zur Deckung zu bringen; beide unterscheiden sich also, obwohl die relative Anordnung ihrer Teile übereinstimmt (Chiralität). Folglich läßt sich dieser Unterschied in einem ansonsten leeren Raum nur durch Rückgriff auf absolute, nicht durch andere Körper repräsentierte, Richtungen im Raum beschreiben. Später faßte Kant die Chiralität nicht mehr als Argument für den a.n R., sondern als Argument gegen die Objektivität des Raums auf.

Die Maxwell-Lorentzsche ↑Elektrodynamik führte zu einer Aufwertung der Rolle des a.n R.s. Aus J. C. Maxwells Theorie (On Physical Lines of Force, 1861; A Dynamical Theory of the Electromagnetic Field, 1865) folgte, daß sich elektromagnetische Wellen im Vakuum mit einer festen Geschwindigkeit c ausbreiten. Da Geschwindigkeiten vom Bezugssystem des Beobachters abhängen (↑Galilei-Transformation), kann die Geschwindigkeit c nur in einem ausgezeichneten, ruhenden Bezugssystem vorliegen. Diese Vorstellung wurde durch H. A. Lorentz' Theorie des stationären ↑Äthers (Versuch einer Theorie der electrischen und optischen Erscheinungen in bewegten Körpern, 1895) weiter gestützt, derzufolge der Äther unter allen Umständen in Ruhe bleibt. Damit lag die Identifikation des Ätherruhesystems mit dem a.n R. nahe. Während Newtons auf die Mechanik gestützte Argumentation lediglich die empirische Zugänglichkeit absoluter Beschleunigungen aufzuzeigen suchte, sollte auf der Grundlage der Elektrodynamik auch die Messung absoluter Geschwindigkeiten und folglich die Bestimmung absoluter Orte möglich sein (↑Michelson-Morley-Versuch). Durch die Spezielle Relativitätstheorie (↑Relativitätstheorie, spezielle) und die mit ihr einhergehende Ausweitung des klassischen Relativitätsprinzips auf die Elektrodynamik entfiel diese Option.

Systematisch stellt sich das Problem des a.n R.s im Rahmen der Allgemeinen Relativitätstheorie (↑Relativitätstheorie, allgemeine). Wegen des wesentlich raumzeitlichen Ansatzes dieser Theorie geht es in der modernen Diskussion nicht mehr um vorgängige räumliche, sondern um raumzeitliche Strukturen. Zunächst spricht die Theorie gegen die Relativität der Bewegung. In ihrem Rahmen läßt sich ebenso wie in der Newtonschen Mechanik anhand des Auftretens von Trägheitskräften zwischen inertial und nicht-inertial bewegten Körpern unterscheiden, ohne daß man dafür auf andere Körper Bezug nehmen müßte. Diese Kräfte werden vielmehr durch die Bewegung von Körpern relativ zu geometrischen Strukturen (insbes. der geodätischen Struktur) erklärt. Eine Bewegung ist nicht-inertial, wenn sie nicht mit einer Geodäten der entsprechenden Raum-Zeit übereinstimmt.

Allerdings stützt dieser Befund die absolute Position nur dann, wenn die betreffenden geometrischen Strukturen nicht selbst wieder auf die Materieverteilung zurückführbar sind. Eine solche Rückführbarkeit liefe auf die Umsetzung des Machschen Prinzips durch die Allgemeine Relativitätstheorie hinaus und stützte damit letztlich doch die Relativität der Bewegung. In der Tat geht die Theorie einen Schritt in Richtung einer solchen Umsetzung. A. Einsteins Feldgleichungen der ↑Gravitation verknüpfen nämlich den ›Energie-Impuls-Tensor‹ (der die nicht-gravitativen Quellen des Gravitationsfelds, wie Massen oder elektromagnetische Strahlung, ausdrückt und insofern als Repräsentation der Materie aufgefaßt werden kann) mit dem ›Einstein-Tensor‹ (der die Raum-Zeit-Krümmung beschreibt). Insofern werden die geometrischen Eigenschaften der Raum-Zeit durch die Materieverteilung beeinflußt. Andererseits werden diese geometrischen Eigenschaften durch die Materieverteilung nicht vollständig festgelegt. Insbes. liegt bei gänzlicher Abwesenheit von Materie die Minkowski-Metrik (↑Weltlinie) der Speziellen Relativitätstheorie vor, die feste Raum-Zeit-Beziehungen spezifiziert. Diese dokumentieren sich z. B. darin, daß bei einer im ansonsten leeren Raum rotierenden Kugel Trägheitskräfte auftreten. Da auch weitere Lösungen der Feldgleichungen Aspekte aufweisen, die mit dem Machschen Prinzip unverträglich sind, wird vielfach angenommen, daß es sich bei den von der Allgemeinen Relativitätstheorie spezifizierten geometrischen Strukturen (also der Geodätenstruktur, der ↑Metrik und der Raum-Zeit-Krümmung) zumindest partiell um innere Strukturen der Raum-Zeit handelt. Diese repräsentieren dann die moderne Version des a.n R.s.

Im Rahmen des Relationismus wird demgegenüber argumentiert, daß die Raum-Zeit der Allgemeinen Relativitätstheorie zwar das Machsche Prinzip nicht automatisch beinhalte, daß aber die nicht-Machschen Lösungen der Feldgleichungen physikalisch irrelevant sind. So ist z. B. unser Universum definitiv nicht materiefrei, so daß das Argument der im leeren Raum rotierenden Kugel ins Leere geht. Im Relationismus wird entsprechend (1) gefordert, daß die Entscheidung zwischen der absoluten und der relationalen Position nicht anhand der Gesamtheit der möglichen Lösungen der Feldgleichungen, sondern anhand der in unserem Universum tatsächlich realisierten Lösung zu treffen ist; ferner wird (2) angenommen, daß diese Lösung dem Machschen Prinzip genügt. Für die großräumigen Strukturen des Universums trifft diese Annahme nach gegenwärtigem Kenntnisstand zu. Die absolute Position kann zu einem Substantialismus verschärft werden. Danach wird die Raum-Zeit nicht durch geometrische Größen wie die Metrik und die Geodätenstruktur gebildet, sondern durch die Raum-Zeit-Mannigfaltigkeit, also die Raum-Zeit-Punkte. Schließlich bilden die Punkte traditionell das ›Substrat‹ oder die ↑Substanz des Raumes (bzw. der Raum-Zeit), und für den Mannigfaltigkeitssubstantialismus sind es diese Punkte, die unabhängig von Körpern und Ereignissen bestehen und deren Beziehungen zugrundeliegen. Die genannten geometrischen Größen zählen dagegen zur ↑Materie, was dadurch gestützt wird, daß diese Größen (und insbes. Schwingungen der Metrik) im Grundsatz zur Energieübertragung befähigt sind und daher eher zum physikalischen Inhalt des ›Raum-Zeit-Behälters‹ zu rechnen sind. Der Substantialismus schreibt entsprechend den Raum-Zeit-Punkten selbständige Existenz zu, während der Relationalismus, jetzt verstanden als Anti-Substantialismus, eine Absage an eigenständige Raum-Zeit-Entitäten neben den raumzeitlichen Beziehungen zwischen Körpern oder Ereignissen enthält.

Diese substantialistische Position wird durch das aus historischen Gründen so genannte ›*Loch-Argument*‹ in Frage gestellt, das bereits auf Einstein zurückgeht, aber erst in neuerer Zeit adäquat formuliert wurde (J. Earman, J. Norton, J. Stachel). Danach führt der Mannigfaltigkeitssubstantialismus im Rahmen der Allgemeinen

Relativitätstheorie auf eine prinzipielle ↑Unterbestimmtheit der Repräsentation von Raum-Zeit-Strukturen durch die ermittelten Lagebeziehungen. Danach sollte nämlich eine Permutation von Punkten in einem Raum-Zeit-Bereich, derart daß die relativen Lagebeziehungen erhalten bleiben, auf einen andersartigen physikalischen Zustand führen. Schließlich werden durch eine solche Operation die einzelnen Punkte jeweils anderen Punkten zugeordnet. Ein Beispiel ist die Umkehrung der Richtungen (etwa die Vertauschung von Ost und West) in einem Raum-Zeit-Bereich unter Erhaltung der relativen Anordnung der Punkte. Die Aussagen der Allgemeinen Relativitätstheorie sind unter den betrachteten ↑Transformationen invariant. Die Annahme der selbständigen Existenz der Raum-Zeit-Punkte verpflichtet den Substantialismus demnach auf die reale Verschiedenheit von Zuständen, die sich im Rahmen der Theorie nicht unterscheiden lassen. Die Annahme, daß diese durch Punktpermutation auseinander hervorgehenden und insofern mathematisch verschiedenen Zustände tatsächlich denselben physikalischen Zustand repräsentieren, wird – angesichts der entsprechenden Behauptung von Leibniz – als *Leibniz-Äquivalenz* bezeichnet. Das Loch-Argument stellt damit ein traditionelles relationales Ununterscheidbarkeitsargument (↑Identität) dar: der Substantialismus, der die Leibniz-Äquivalenz bestreitet, faßt Zustände als unterschiedlich auf, die sich empirisch prinzipiell nicht unterscheiden lassen.

Der *metrische Realismus* gibt als Folge des Loch-Arguments die Annahme auf, das Substrat der Raum-Zeit werde durch Raum-Zeit-Punkte repräsentiert. Stattdessen wird die Raum-Zeit durch das metrische Feld verkörpert, das unabhängig von der Materie existieren kann (etwa im Vakuum). Das Scheitern des Mannigfaltigkeitssubstantialismus stützt daher noch nicht den Relationalismus. Vielmehr schließt sich der metrische Realismus an die absolute Sichtweise an: die Raum-Zeit existiert neben der Materie und in Wechselwirkung mit ihr (R. DiSalle, A. Bartels, C. Hoefer).

Für die alternative *Eigenschaftsinterpretation* tritt die Raum-Zeit nicht *neben* die Materie, sondern ist eine Eigenschaft der Materie. Lagebeziehungen sind Merkmale der Materie wie Masse oder Ladung. Die Raum-Zeit besitzt kein Substrat. Sie ist nicht selbst Objekt, sondern Eigenschaft von Objekten. Eine Schlüsselstellung nimmt dabei wiederum die Metrik ein, die nicht als eigenständige raumzeitliche Größe betrachtet wird, sondern als Aspekt der Materie. Die Eigenschaftsinterpretation ist relational orientiert: es gibt keine raumzeitlichen Objekte neben der Materie (die aber die Metrik einschließt). Im Gegensatz zum traditionellen Relationalismus gelten diese raumzeitlichen Eigenschaften allerdings als absolut, nämlich als nicht auf Beziehungen zwischen Körpern zurückführbar (Earman, D. Dieks, Norton).

Literatur: J. B. Barbour, Absolute or Relative Motion? A Study from a Machian Point of View of the Discovery and the Structure of Dynamical Theories I (The Discovery of Dynamics), Cambridge etc. 1989; A. Bartels, Grundprobleme der modernen Naturphilosophie, Paderborn etc. 1996; ders., Modern Essentialism and the Problem of Individuation of Spacetime Points, Erkenntnis 45 (1996), 25–43; O. Belkind, Newton's Conceptual Argument for Absolute Space, Int. Stud. Philos. Sci. 21 (2007), 267–289; H. R. Brown, Physical Relativity. Space-Time Structure from a Dynamical Perspective, Oxford/New York 2005, 2007; J. Butterfield, Substantivalism and Determinism, Int. Stud. Philos. Sci. 2 (1987), 10–32; ders., The Hole Truth, Brit. J. Philos. Sci. 40 (1989), 1–28; C. Callender/C. Hoefer, Philosophy of Space-Time Physics, in: P. Machamer (ed.), The Blackwell Guide to the Philosophy of Science, Malden Mass. etc. 2002, 173–198; M. Carrier, Raum-Zeit, Berlin/New York 2009; ders., Die Struktur der Raum-Zeit in der klassischen Physik und der allgemeinen Relativitätstheorie, in: M. Esfeld (ed.), Philosophie der Physik, Berlin 2012, ^{4}2013, 13–31; D. Dieks, Space-Time Relationalism in Newtonian and Relativistic Physics, Int. Stud. Philos. Sci. 15 (2001), 5–17; R. Disalle, On Dynamics, Indiscernibility, and Spacetime Ontology, Brit. J. Philos. Sci. 45 (1994), 265–287; J. Earman, Who's Afraid of Absolute Space?, Australas. J. Philos. 48 (1970), 287–319; ders., World Enough and Space-Time. Absolute versus Relational Theories of Space and Time, Cambridge Mass./London 1989, 1992; ders./C. Glymour, Lost in the Tensors. Einstein's Struggles with Covariance Principles 1912–1916, Stud. Hist. Philos. Sci. 9 (1978), 251–278; ders./J. Norton, What Price Spacetime Substantivalism? The Hole Story, Brit. J. Philos. Sci. 38 (1987), 515–525; A. Fine, Reflections on a Relational Theory of Space, in: P. Suppes (ed.), Space, Time and Geometry, Dordrecht/Boston Mass. 1973, 234–267; M. Friedman, Foundations of Space-Time Theories. Relativistic Physics and Philosophy of Science, Princeton N. J. 1983; A. Grünbaum, The Philosophical Retention of Absolute Space in Einstein's General Theory of Relativity, Philos. Rev. 66 (1957), 525–534; ders., Philosophical Problems of Space and Time, New York 1963, erw. Dordrecht/Boston Mass. ^{2}1973 (Boston Stud. Philos. Sci. XII); ders., Why I Am Afraid of Absolute Space, Australas. J. Philos. 49 (1971), 96; ders., Absolute and Relational Theories of Space and Space-Time, in: J. Earman/C. Glymour/J. Stachel (eds.), Foundations of Space-Time Theories, Minneapolis Minn. 1977 (Minnesota Stud. Philos. Sci. VIII), 303–373; C. Hoefer, Absolute versus Relational Spacetime. For Better or Worse, the Debate Goes On, Brit. J. Philos. Sci. 49 (1998), 451–467; N. Huggett/C. Hoefer, Absolute and Relational Theories of Space and Motion, SEP 2006, rev. 2015; M. Jammer, Concepts of Space. The History of Theories of Space in Physics, Cambridge Mass. 1954, New York ^{3}1993 (dt. Das Problem des Raumes. Die Entwicklung der Raumtheorien, Darmstadt 1960, erw. ^{2}1980); E. Mach, Die Mechanik in ihrer Entwickelung. Historisch-kritisch dargestellt, Leipzig 1883, ^{7}1912 (repr. Frankfurt 1982), ^{9}1933 (repr. Darmstadt 1988, 1991), [Neudr. d. Ausg. ^{7}1912] ed. G. Wolters/G. Hon, Berlin 2012 (engl. The Science of Mechanics. A Critical and Historical Exposition of Its Principles, Chicago Ill., London 1893, La Salle Ill. ^{3}1974); T. Maudlin, The Essence of Space-Time, PSA 1988. Proceedings of the Biennial Meeting of the Philosophy of Science Association II, East Lansing Mich. 1989, 82–91; G. Nerlich, Space-Time Substantivalism, in: M. J. Loux (ed.), The Oxford Handbook of Metaphysics, Oxford/New York 2003, 281–314; J. Norton, Einstein, the Hole Argument and the Reality of Space, in: J. Forge (ed.), Measurement, Realism and Objectivity. Essays on

Measurement in the Social and Physical Sciences, Dordrecht etc. 1987, 153–188; ders., Coordinates and Covariance. Einstein's View of Space-Time and the Modern View, Found. Phys. 19 (1989), 1215–1263; ders., Philosophy of Space and Time, in: M. H. Salmon u. a., Introduction to the Philosophy of Science. A Text by Members of the Department of the History and Philosophy of Science of the University of Pittsburgh, Englewood Cliffs N. J. 1992, Indianapolis Ind./Cambridge 1999, 179–231; O. Pooley, Substantivalist and Relationalist Approaches to Spacetime, in: R. Batterman (ed.), The Oxford Handbook of Philosophy of Physics, Oxford/New York 2013, 522–586; D. J. Raine, Mach's Principle and Space-Time Structure, Reports on Progress in Physics 44 (1981), 1151–1195; C. Ray, The Evolution of Relativity, Bristol/Philadelphia Pa. 1987; ders., Time, Space and Philosophy, London/New York 1991, 2002; H. Reichenbach, Die Bewegungslehre bei Newton, Leibniz und Huyghens, Kant-St. 29 (1924), 416–438, Neudr. in: A. Kamlah/M. Reichenbach (eds.), Die philosophische Bedeutung der Relativitätstheorie, Braunschweig/Wiesbaden 1979 [= Ges. Werke III], 406–428 (engl. The Theory of Motion According to Newton, Leibniz and Huyghens, in: M. Reichenbach [ed.], Modern Philosophy of Science. Selected Essays, London, New York 1958 [repr. Westport Conn. 1981], 46–78); A. Robinet (ed.), Correspondance Leibniz – Clarke. Présentée d'après les manuscrits originaux des bibliothèques de Hanovre et de Londres, Paris 1957; R. Rynasiewicz, Absolute versus Relational Space-Time. An Outmoded Debate?, J. Philos. 93 (1996), 279–306; G. Schlesinger, What Does the Denial of Absolute Space Mean?, Australas. J. Philos. 45 (1967), 44–60; V. Schüller (ed.), Der Leibniz-Clarke Briefwechsel, Berlin 1991; L. Sklar, Space, Time, and Spacetime, Berkeley Calif./Los Angeles/London 1974, 2000; ders., Philosophy and Spacetime Physics, Berkeley Calif./Los Angeles/London 1985; H. Stein, Newtonian Space-Time, Texas Quart. 10 (1967), 174–200; ders., Some Philosophical Prehistory of General Relativity, in: J. Earman/C. Glymour/J. Stachel (eds.), Foundations of Space-Time Theories [s. o.], 3–49; S. Toulmin, Criticism in the History of Science. Newton on Absolute Space, Time, and Motion, Philos. Rev. 68 (1959), 1–29, 203–227. M. C.

Raum, logischer (engl. logical space), von L. Wittgenstein im »Tractatus« eingeführter, metaphorischer Grundbegriff seiner Ontologie. Dabei analogisiert Wittgenstein den geometrisch-physikalischen und den l.n R.: Punkte im geometrisch-physikalischen Raum sind mögliche Orte materieller Teilchen, ›Punkte‹ im l.n R. hingegen mögliche ›Orte‹ bestimmter atomarer ↑Sachverhalte, ausgedrückt durch Elementarsätze. Daß ein Sachverhalt den zugehörigen Punkt im l.n R. *belegt*, heißt, daß er besteht bzw. der Fall ist; er ist dann eine ↑Tatsache. Nach einer anderen Interpretation entsprechen die Punkte im l.n R. nicht Sachverhalten, sondern – in moderner Terminologie – ›möglichen Welten‹ (↑Welt, mögliche): vollständigen Arten, wie die Welt sein könnte. Dann sind die Punkte im l.n R. die möglichen Orte der (modern ausgedrückt) *aktualen* Welt, der Welt, wie sie tatsächlich ist. Diskutiert wird aber auch die Ansicht, daß Wittgenstein selbst zwischen diesen beiden Auffassungen von ›l.r R.‹ schwankt.

Beide Interpretationen lassen sich anhand der Wahrheitswertverteilungen in ↑Wahrheitstafeln veranschaulichen: Wittgenstein geht davon aus, daß die Welt anhand einer geeigneten Folge p_1, p_2, p_3, ... von Elementarsätzen vollständig beschrieben werden kann, indem für jeden davon angegeben wird, ob er wahr oder falsch ist. Dabei sind diese Sätze voneinander unabhängig in dem Sinne, daß jede Art, allen von ihnen Wahrheitswerte zuzuordnen, eine echte Möglichkeit darstellt, d. h. eine mögliche Welt festlegt. Nach der ersten Interpretation wird der l. R. durch die Gesamtheit dieser Elementarsätze widergespiegelt. Reiht man sie für eine Wahrheitstafel nebeneinander auf (s. Abb.), so steht in der Spalte unter einem Elementarsatz p_i in jeder Zeile genau einer der beiden Wahrheitswerte w und f; sie besagen jeweils, daß der zugehörige Sachverhalt eine Tatsache bzw. eine bloße Möglichkeit ist. Eine komplette Zeile beschreibt dann gerade eine mögliche Welt, und jeder möglichen Welt entspricht genau eine Zeile der Wahrheitstafel. Die Gesamtheit der Zeilen bildet damit die Gesamtheit der möglichen Welten ab, d. h. den l.n R. nach der zweiten Interpretation.

p_1	p_2	...
w	w	...
w	f	...
f	w	...
f	f	...
⋮	⋮	

Abb.: Wahrheitstafel für Elementaraussagen

Eine zur Zuordnung von Wahrheitswerten zu Elementarsätzen äquivalente Art, eine mögliche Welt festzulegen, ist die Auswahl einer ↑Teilmenge der Menge der atomaren Sachverhalte als die Menge aller (atomaren) Tatsachen: Die Tatsachen sind gerade diejenigen Sachverhalte, deren zugehörigen Elementarsätzen der Wahrheitswert w zugeordnet ist. Der *aktualen* Welt entspricht dann eine ganz bestimmte Festlegung, was die Tatsachen sind. So wird die erste Interpretation von ›l.r R.‹ etwa durch folgende Sätze aus dem »Tractatus« gestützt (wenn man ›Welt‹ hier als ›aktuale Welt‹ liest):

1.11 Die Welt ist durch die Tatsachen bestimmt und dadurch, daß es *alle* Tatsachen sind.
1.13 Die Tatsachen im l.n R. sind die Welt.

Nach Wittgenstein bestimmt jeder sinnvolle Satz p eine vollständige Zerlegung der Klasse der möglichen Welten in zwei Teilklassen: (1) die Klasse der möglichen Welten, in denen p wahr ist (d. h., die mit p verträglich sind; dies entspricht dem neueren Vorschlag, wonach ↑Propositionen als Satzbedeutungen gerade Mengen von möglichen Welten sind), (2) die Klasse der möglichen Welten, in denen p falsch ist (d. h., die mit p unverträglich sind). Bei der ersteren Klasse spricht Wittgenstein vom ›Spielraum‹, den p den Tatsachen bzw. der Wirklichkeit lasse (Tract. 4.463): »Die Wahrheitsbedingungen bestimmen den Spielraum, der den Tatsachen durch den Satz gelassen wird. [...] Die Tautologie läßt der Wirklichkeit den ganzen – unendlichen – l.n R.; die Kontradiktion erfüllt den ganzen l.n R. und läßt der Wirklichkeit keinen Punkt. Keine von beiden kann daher die Wirklichkeit irgendwie bestimmen.« Liest man hier ›Wirklichkeit‹ wiederum als ›aktuale Welt‹, so belegen diese Sätze die zweite Interpretation von ›l. R.‹: Die Wahrheitsbedingungen des Satzes p schränken auf eine bestimmte Weise ein, wo sich die aktuale Welt im l.n R. befindet, d. h., welche unter den vielen möglichen Welten im l.n R. sie ist. Die Idee des logischen Spielraums ist von R. Carnap präzisiert worden.

Literatur: M. Black, A Companion to Wittgenstein's »Tractatus«, Cambridge 1964, Ithaca N. Y./London 1992; R. Carnap, Induktive Logik und Wahrscheinlichkeit, ed. W. Stegmüller, Wien 1959; M. Cerezo, Possibility and Logical Space in the »Tractatus«, Int. J. Philos. Stud. 20 (2012), 645–659; R. M. Gale, Could Logical Space Be Empty?, in: J. Hintikka (ed.), Essays on Wittgenstein. In Honour of G. H. von Wright, Amsterdam 1976 (Acta Philosophica Fennica 28, I–III), 85–104; O. Nachtomy, The Individual's Place in the Logical Space. Leibniz on Possible Individuals and Their Relations, Stud. Leibn. 30 (1998), 161–177; A. J. Peach, Possibility in the Tractatus. A Defense of the Old Wittgenstein, J. Hist. Philos. 45 (2007), 635–658; R. J. Pinkerton/R. W. Waldie, Logical Space in the Tractatus, Indian Philos. Quart. 2 (1974), 9–29; A. Rayo, The Construction of Logical Space, Oxford/New York 2013; W. Stegmüller, Hauptströmungen der Gegenwartsphilosophie. Eine kritische Einführung I, Wien 1952, Stuttgart [7]1989, bes. 530–535; E. Stenius, Wittgenstein's »Tractatus«. A Critical Exposition of Its Main Lines of Thought, Oxford 1960, 1964, bes. 38–60 (Chap. IV Logical Space) (dt. Wittgensteins Traktat. Eine kritische Darlegung seiner Hauptgedanken, Frankfurt 1969, bes. 55–83 [Kap. IV Der l. R.]); ders., R., l., Hist. Wb. Ph. VIII (1992), 121–122; P. M. Sullivan, A Version of the Picture Theory, in: W. Vossenkuhl (ed.), Ludwig Wittgenstein. Tractatus logico-philosophicus, Berlin 2001, 89–110; H. Tetens, Wittgensteins »Tractatus«. Ein Kommentar, Stuttgart 2009, bes. 43–48 (Der l. R.); E. M. Zemach, Material and Logical Space in Wittgenstein's »Tractatus«, Methodos 16 (1964), 127–140. C. B./G. W.

Raum, Riemannscher, ↑Riemannscher Raum.

Raum-Zeit-Kontinuum, in der Physik Bezeichnung für eine stetige Mannigfaltigkeit von Raum-Zeit-Punkten (›Ereignissen‹), die durch Raum- und Zeitkoordinaten mit unterschiedlichen metrischen Eigenschaften charakterisiert werden können. So bilden I. Newtons absoluter Raum (↑Raum, absoluter) und absolute Zeit (↑Zeit, absolute) ein 4-dimensionales R.-Z.-K. aus der Menge der Ereignisse, die mathematisch aus dem direkten Produkt $\mathbb{R}^3 \times T$ des Euklidischen Raumes $\mathbb{R}^3$ (↑Raum, ↑Euklidische Geometrie) und der Menge T der Zeitpunkte besteht. Im 3-dimensionalen Euklidischen Raum kann die ↑Metrik durch einen starren Körper (↑Körper, starrer, ↑Zuordnungsdefinition) realisiert werden. Die Zeit T wird als 1-dimensionaler Euklidischer Raum aufgefaßt, dessen Zeitkoordinate t durch eine lineare Transformation $t' = t + b$ definiert ist und durch Standarduhren gemessen werden kann. Die Menge aller zu einem konstanten Zeitpunkt $t = t(e)$ mit einem Ereignis e gleichzeitigen Ereignisse bildet eine 3-dimensionale Raumschicht. In Abb. 1 ist ein Modell dieses R.-Z.-K.s mit den Schichten gleichzeitiger Ereignisse angegeben, die durch 2-dimensionale parallele Ebenen dargestellt werden. Sie repräsentieren die jeweilige Gegenwart, die die Vergangenheit mit $t < t(e)$ von der Zukunft mit $t > t(e)$ trennt. Die parallele Schichtung des Newtonschen R.-Z.-K.s durch (maximale) Untermengen gleichzeitiger Ereignisse bringt die Annahme der klassischen Physik zum Ausdruck, daß es für zwei Ereignisse immer objektiv entscheidbar sei, ob sie gleichzeitig sind und ob sie am selben Ort stattfinden.

Newtons Annahme einer absoluten Zeit kommt in der vom Beobachter unabhängigen universellen Zeitachse T des R.-Z.-K.s zum Ausdruck, während seine Annahme eines absoluten Raumes in absoluter Ruhe durch die Vertikale P_1 in einem Raum-Zeit-Punkt dargestellt ist, dessen Raumkoordinaten gleich bleiben und der entsprechend nur in der Zeit fortschreitet. Die schräge Gerade P_2 stellt eine gleichförmige Bewegung und die Kurve P_3 eine beschleunigte Bewegung im Newtonschen R.-Z.-K. dar, wobei die Bewegungen in A und B parallel sind. Im 19. Jh. wurde Newtons Annahme eines absoluten Raumes der klassischen ↑Mechanik nach der Kritik von E. Mach u. a. als metaphysisch verworfen und nach

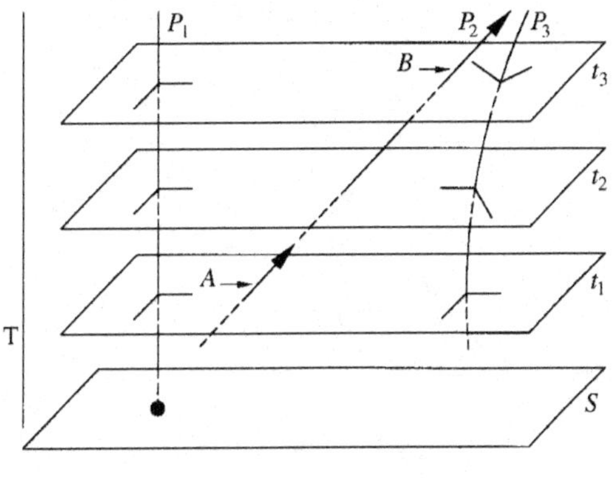

Abb. 1

L. Langes Definition von ↑Inertialsystemen durch das klassische ↑Relativitätsprinzip ersetzt, das von einer Klasse äquivalenter Inertialsysteme ausgeht. Daher fällt im R.-Z.-K. der klassischen Mechanik die universelle Vertikale P_1 fort; sie wird durch die Schar geradlinig-gleichförmiger Bewegungen ersetzt, d. h. durch Raum-Zeit-Geraden mit linearen Zeitfunktionen $x_i = bt$ (mit konstantem b) als Raumkoordinaten für Inertialsysteme Damit entfällt das privilegierte ruhende Bezugssystem; an seine Stelle tritt eine Mehrzahl von Bezugssystemen, die freie Trägheitsbewegungen ausführen. Bei allen diesen Inertialsystemen sind jedoch die Gleichzeitigkeitsebenen parallel; die Raumachsen der Inertialsysteme (die diese Gleichzeitigkeitsebenen bezeichnen) sind entsprechend nicht gegeneinander geneigt. D. h., zwischen zwei Gleichzeitigkeitsebenen besteht ein fester Zeitunterschied (nämlich die Zeitkomponente des 4-dimensionalen Vektors AB). In jeder dieser Gleichzeitigkeitsebenen liegt eine Euklidische Metrik vor.

In A. Einsteins Spezieller Relativitätstheorie (↑Relativitätstheorie, spezielle) wird das klassische Relativitätsprinzip auch auf die Gesetze der ↑Elektrodynamik erweitert. Das entsprechende R.-Z.-K. ist die 4-dimensionale Minkowski-Welt M^4 mit cartesischen Raumkoordinaten x, y, z und der Zeitkoordinate t. Wählt man die Lichtgeschwindigkeit als Einheit $c = 1$, so bewegen sich Körper mit Lichtgeschwindigkeit im R.-Z.-K. auf den Geraden mit 45° zur t-Achse und bilden nach dem Satz des Pythagoras einen Lichtkegel $t^2 = x^2 + y^2 + z^2$ (Abb. 2). Wegen der Konstanz der Lichtgeschwindigkeit können zukünftige bzw. vergangene Ereignisse nur innerhalb des Lichtkegels liegen (›zeitartige Ereignisse‹). Masseteilchen bewegen sich auf Geraden (›gleichförmig‹) oder Kurven (›ungleichförmig‹) innerhalb des Lichtkegels, masselose Lichtteilchen (Photonen) auf

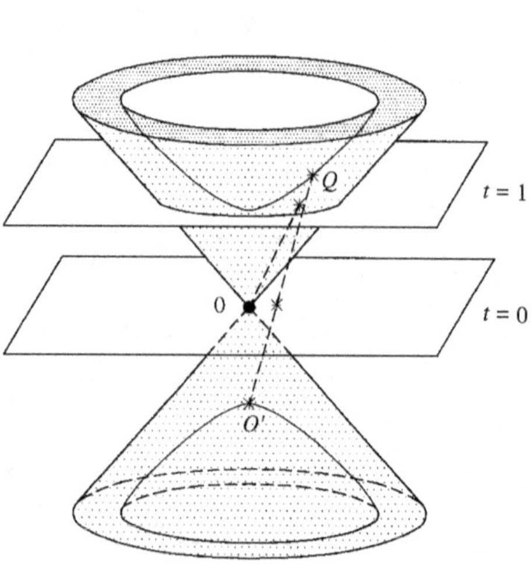

Abb. 2

dem Kegelmantel. Der Abstand (›Metrik‹) des Ursprungs 0 von einem Punkt Q mit Koordinaten t, x, y, z im R.-Z.-K. der Minkowski-Welt M^4 wird wiedergegeben durch $(0Q)^2 = t^2 - x^2 - y^2 - z^2$, was sich vom pythagoreisch-euklidischen Term um die Minuszeichen unterscheidet; die Metrik wird dadurch ›indefinit‹ (↑Weltlinie). Falls Q auf dem Kegelmantel liegt, so ist $0Q = 0$; falls Q innerhalb des Kegelmantels liegt, so ist $0Q > 0$ (↑Abstand).

Kausale Wechselwirkungen zwischen zwei Punkten P_1 und P_2 im R.-Z.-K. der Minkowski-Welt M^4 werden durch den Schnitt des Zukunftskegels von P_1 und des Vergangenheitskegels von P_2 eingeschränkt. Mathematisch erzeugen die Mengen $\{ x \mid P_1 < x < P_2 \}$ für alle P_1, P_2 aus M^4 die Topologie von M^4. Sie präzisiert, ob und wie zwei Ereignisse in der Minkowski-Welt raumzeitlich benachbart sind. Eine grundlegende Konsequenz der Minkowski-Metrik ist die Verwerfung der absoluten Zeit Newtons. An die Stelle der Galileischen Zeittransformation (↑Galilei-Transformation) tritt nämlich bei den Lorentz-Transformationen (↑Lorentz-Invarianz) der Inertialsysteme im R.-Z.-K. der Minkowski-Welt M^4 eine Zeittransformation $t' = t'(x, y, z, t)$, die eine Funktion nicht nur der alten Zeitkoordinate t, sondern auch der Raumkoordinaten x, y, z ist, d. h., Zeitmessung wird wegabhängig bzw. jedes Inertialsystem hat seine eigene Zeit. Die Menge aller Punkte Q, die vom Ursprung 0 den Einheitsabstand $0Q = 1$ haben, bildet eine Einheitskugel im R.-Z.-K. M^4. Es handelt sich dabei um einen Lobatschewski-Raum L^3 (↑Raum), für den in Abb. 2 zwei 2-dimensionale Kopien im Zukunfts- und Vergangenheitskegel des 3-dimensionalen Modells eingetragen sind. Physikalische Bedeutung erhält die Einheitskugel L^3 dadurch, daß sie alle Einheitsvektoren im M^4 repräsentiert, d. h., der Geschwindigkeitsraum der Speziellen Relativitätstheorie ist ein nicht-Euklidischer Lobatschewski-Raum L^3. Hier kommt im R.-Z.-K. M^4 geometrisch zum Ausdruck, daß das Galileische Additionstheorem für Geschwindigkeiten nicht gilt.

In Einsteins Allgemeiner Relativitätstheorie (↑Relativitätstheorie, allgemeine) wird das spezielle Relativitätsprinzip durch das allgemeine Relativitätsprinzip für beliebige Bezugssysteme auch unter der Einwirkung von ↑Gravitation ersetzt, das mathematisch durch das Prinzip der allgemeinen Kovarianz präzisiert wird. R.-Z.-K.a der Allgemeinen Relativitätstheorie sind Gravitationsfelder mit physikalischen Gleichungen, die (1) ohne Einwirkung von Gravitation gelten (d. h., sie entsprechen der Speziellen Relativitätstheorie, wenn der metrische Tensor dem Minkowski-Tensor gleich ist und das Christoffelsche Symbol des affinen Zusammenhangs verschwindet) und (2) allgemein kovariant sind (d. h., sie behalten ihre Form im Sinne der Forminvarianz bei allgemeinen Koordinatentransformationen). Das R.-Z.-

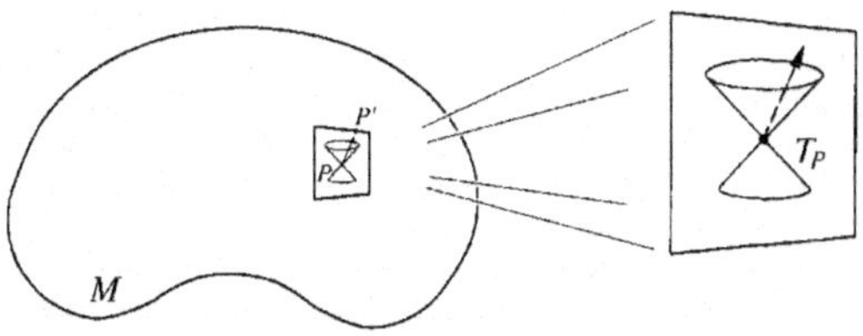

Abb. 3

K. eines Gravitationsfeldes entspricht daher mathematisch einer Pseudo-Riemannschen Mannigfaltigkeit M mit lokaler Minkowski-Metrik, welche an die Stelle der lokalen Euklidischen Metrik in einer Riemannschen Mannigfaltigkeit (↑Riemannscher Raum) tritt und im jeweiligen Tangentialraum T_P eines Punktes P aus M dargestellt werden kann (Abb. 3).

Während die globale ↑Lorentz-Invarianz der Speziellen Relativitätstheorie einer globalen Symmetrie des R.-Z.-K.s der Minkowski-Welt entspricht, kommt in der *lokalen* Lorentz-Invarianz der Allgemeinen Relativitätstheorie eine *lokale* Symmetrie des R.-Z.-K.s eines Gravitationsfeldes zum Ausdruck (↑symmetrisch/Symmetrie (naturphilosophisch)). Die lokale Lorentz-Invarianz bestimmt auch die Kausalitätsverhältnisse im R.-Z.-K. eines Gravitationsfeldes: Falls ein Punkt P mit einem Punkt P' durch eine zeitartige Kurve verbunden werden kann, kann ein Signal von P nach P' gesendet werden. Kovariante Theorien implizieren jedoch nicht ↑a priori lokale Lorentz-Invarianz und damit lokale Symmetrie ihres R.-Z.-K.s. So lassen sich mathematisch R.-Z.-K.a wie die Gödel-Welt (↑Paradoxien, kosmologische) angeben, in denen zeitartige Kurven geschlossene Bögen beschreiben. In einem solchen R.-Z.-K. könnten Paradoxien der Art auftreten, daß ein Astronaut in seine eigene Vergangenheit reist und dort den Grund seiner Existenz beseitigt. Unter Voraussetzung des kosmologischen Prinzips (↑Kosmologie) ergeben sich aus Einsteins Gravitationsgleichung A. Friedmanns Standardmodelle kosmischer Evolution (↑Kosmogonie) für die drei möglichen Fälle homogener Räume mit positiver, verschwindender und negativer Krümmung. Mathematisch wird dann das Universum als ein 4-dimensionales R.-Z.-K. verstanden, dessen 3-dimensionale ›räumliche‹ Unterräume isotrop (↑Isotropie) und homogen sind. Differentialgeometrisch (↑Differentialgeometrie) entspricht das kosmologische Prinzip einer Isometriegruppe von Transformationen, die die Robertson-Walker-Metrik des kosmischen R.-Z.-K.s invariant lassen. Nach den Singularitätssätzen von R. Penrose (1965) und S. Hawking (1970) folgt aus der Allgemeinen Relativitätstheorie, daß das R.-Z.-K. der Standardmodelle eine anfängliche Raum-Zeit-Singularität mit unendlicher Krümmung aufweisen muß. Kosmologisch wird diese als ›Urknall‹ (*Big Bang*) des Universums gedeutet. Die Singularitätssätze sagen auch die Möglichkeit von sehr kleinen Gebieten des relativistischen R.-Z.-K.s voraus, in denen sich das R.-Z.-K. extrem krümmt und daher die Gravitation unendlich groß wird. Astrophysikalisch werden diese Singularitäten des R.-Z.-K.s als aus dem Gravitationskollaps von Sternen hervorgegangene ›Schwarze Löcher‹ gedeutet.

Nachdem Einsteins Präzisierung des R.-Z.-K.s durch die relativistische Gravitationstheorie vorlag, versuchten G. Mie (1912, 1913), D. Hilbert (1915) und H. Weyl (1918), die ↑Elektrodynamik mit dem R.-Z.-K. der Allgemeinen Relativitätstheorie zu vereinigen (↑symmetrisch/Symmetrie (naturphilosophisch)). Diese Ansätze scheiterten jedoch mangels der noch fehlenden quantenmechanischen (↑Quantentheorie) Erklärung physikalischer Kräfte. Während Weyl eine Vereinigung durch Verallgemeinerung des R.-Z.-K.s der Riemannschen Geometrie (↑Differentialgeometrie) vorschlug, erweiterte T. Kaluza (1919, publiziert 1921) die Dimensionszahl des R.-Z.-K.s im Rahmen einer 5-dimensionalen Feldtheorie. Neben dem 4-dimensionalen R.-Z.-K. der Erfahrungswelt sollten nach O. Klein 1926 die Quanteneffekte des Planckschen Wirkungsquantums in der 5. Dimension der Kaluzaschen Theorie berücksichtigt werden. Einstein vermied in seinen Entwürfen zur einheitlichen Theorie von Gravitation und Elektrodynamik (seit 1929) eine unbeobachtbare 5. Dimension und führte Vektoren und Tensoren mit 5 Komponenten in einem 4-dimensionalen R.-Z.-K. ein. Mit solchen Feldgrößen sollten Eigenschaften von Elementarteilchen erfaßt werden, die allerdings vom Stand der Elementarteilchenphysik in den 1930er Jahren abhingen. Einsteins letzter Vorschlag einer nicht-linearen Vereinigungstheorie von Gravitation und Elektromagnetismus aus den 1940er Jahren geht von einem 4-dimensionalen R.-Z.-K. nicht-symmetrischer Felder aus. Auch in den Vereinigungstheorien physikalischer Kräfte, die bisher im Rahmen von Quantenfeldtheorien entwickelt wurden (↑symmetrisch/Symmetrie (naturphilosophisch)), steht eine gesicherte einheitliche Theorie von relativistischem R.-Z.-K. und ↑Quantentheorie noch aus. 1983 schlugen J. Hartle und Hawking eine Vereinigung von Allgemeiner Relativitätstheorie und Quantentheorie vor, in der die reelle Zeitkoordinate des 4-dimensionalen R.-Z.-K.s durch eine imaginäre Zeitkoordinate ersetzt wird. Da nämlich nach der Allgemeinen Relativitätstheorie Materie und Energie zu einer extremen Krümmung des R.-Z.-K.s führen können, führt eine reelle Zeitrichtung (nach den Singularitätssätzen von Penrose und Hawking) unvermeidlich zu Stellen mit unendlich großen Gravitationspotentialen. Die Annahme solcher Singularitäten hat den Nachteil, daß an Stellen des R.-Z.-K.s mit unendlicher Krümmung die physikalischen Gesetze nicht definiert und daher keine Prognosen über das physikalische Geschehen möglich sind. Die Vermeidung von Raum-Zeit-Singularitäten wird durch die Verknüpfung von Allgemeiner Relativitätstheorie und Quantentheorie angestrebt. Nach dem Standardmodell der Kosmologie setzt unmittelbar nach dem Urknall eine Phase rapider kosmischer Expansion ein (Inflationshypothese von A. H. Guth, 1981). Dadurch wird die starke Homogenität und Isotropie des Universums erklärt und zugleich eine Rückführung der großräumigen Materiestrukturen auf Quantenfluktuationen möglich. 1998 wurde entdeckt, daß sich die Expansion des Universums gegenwärtig ebenfalls beschleunigt (wenn auch in weit geringerem Maße als in der Inflationsphase). Danach besitzt das Universum eine nahezu verschwindende Raum-Zeit-Krümmung und wird sich in alle Zukunft anhaltend ausdehnen.

Mit der Aufnahme des so genannten ›Loch-Arguments‹ (J. Earman, J. Norton, J. Stachel) aus den 1980er Jahren ist die Annahme, das R.-Z.-K. bestehe aus selbständigen Raum-Zeit-Punkten, aufgegeben (↑Raum, absoluter). Stattdessen wird entweder die Nicht-Existenz eines der Raumzeit zugrundeliegenden Substrats angenommen und die Raumzeit als bloße Eigenschaft von Materie und Energie vorgestellt, oder es wird behauptet, daß die Raumzeit durch die Raum-Zeit-Metrik oder das metrische Feld verkörpert wird.

Literatur: A. Ashtekar/V. Petkov (eds.), Springer Handbook of Spacetime, Dordrecht etc. 2014; J. Audretsch/K. Mainzer (eds.), Philosophie und Physik der Raum-Zeit, Mannheim/Wien/Zürich 1988, Mannheim etc. [2]1994; S. Y. Auyang, Spacetime as a Fundamental and Inalienable Structure of Fields, Stud. Hist. Philos. Modern Phys. 32 (2001), 205–215; R. Disalle, Space-Time, in: R. Audi (ed.), The Cambridge Dictionary of Philosophy, Cambridge etc. [2]1999, 867; J. Ehlers, The Nature and Structure of Spacetime, in: J. Mehra (ed.), The Physicist's Conception of Nature, Dordrecht/Boston Mass. 1973, 1987, 71–91; A. Einstein, Einheitliche Theorie von Gravitation und Elektrizität, Sitz.ber. Preuß. Akad. Wiss., physikal.-math. Kl. 25 (1931), 535–557; ders., Relativistic Theory of the Non-Symmetric Field, in: ders., The Meaning of Relativity. The Stafford Little Lectures of Princeton University May 1921, erw. Princeton N. J. [5]1955, 133–166, London [6]1956, London/New York 2003, 127–158 (dt. Relativistische Theorie des nichtsymmetrischen Feldes, in: ders., Grundzüge der Relativitätstheorie, Braunschweig erw. [3]1956, 88–110, [8]1990, Berlin etc. 2009, 131–163); S. W. Hawking, Particle Creation by Black Holes, Communications in Mathematical Physics 43 (1975), 199–220; ders., A Brief History of Time. From the Big Bang to Black Holes, London etc. 1988, 2011 (dt. Eine kurze Geschichte der Zeit. Die Suche nach der Urkraft des Universums, Reinbek b. Hamburg 1988, 2011); ders./R. Penrose, The Singularities of Gravitational Collapse and Cosmology, Proc. Royal Soc. A 314 (1969/1970), 529–548; dies., The Nature of Space and Time, Princeton N. J./Oxford 1996, 2010 (dt. Raum und Zeit, Reinbek b. Hamburg 1998, 2000); D. Hilbert, Grundlagen der Physik (Erste Mitteilung), Nachr. Königl. Ges. Wiss. Gött., Math.-Physik. Kl. (1915), 395–407; C. J. Isham/R. Penrose/D. W. Sciama (eds.), Quantum Gravity, I–II, Oxford etc. 1975/1981; T. Kaluza, Zum Unitätsproblem der Physik, Sitz.ber. Preuß. Akad. Wiss. 54 (1921), 966–972; K. Mainzer, Symmetrien der Natur. Ein Handbuch der Natur- und Wissenschaftsphilosophie, Berlin/New York 1988 (engl. Symmetries of Nature. A Handbook for Philosophy of Nature and Science, Berlin/New York 1996); T. Maudlin, New Foundations for Physical Geometry. The Theory of Linear Structures, Oxford/New York 2014; J. Mehra, Einstein, Hilbert and the Theory of Gravitation, in: ders. (ed.), The Physicist's Conception of Nature, Dordrecht/Boston Mass. 1973, 1987, 92–178; G. Mie, Grundlagen einer Theorie der Materie, Ann. Phys. 37 (1912), 511–534, 39 (1912), 1–40, 40 (1913), 1–66; J. D. Norton, How Einstein Found His Field Equations 1912–1915, Hist. Stud. Phys. Sci. 14 (1984), 253–316; R. Penrose, Gravitational Collapse and Space-Time Singularities, Phys. Rev. Letters 14 (1965), 57–59; ders./W. Rindler, Spinors and Space-Time, I–II, Cambridge etc. 1984/1986, I, 1995, II, 1993; C. Ray, The Evolution of Relativity, Bristol/Philadelphia Pa. 1987, bes. 123–159 (Chap. IV Classical and Quantum Relativity); L. H. Ryder, Quantum Field Theory, Cambridge etc. 1985, [2]1996, 2014; T. Sider, Four-Dimensionalism. An Ontology of Persistence and Time, Oxford etc. 2002, 2010; M. Stöckler, Raumzeit, EP III ([2]2010), 2213–2216; P. Teller, An Interpretive Introduction to Quantum Field Theory, Princeton N. J. 1995, 1997; R. Torretti, Relativity and Geometry, Oxford etc. 1983, New York 1996; ders., Spacetime, REP IX (1998), 66–70; S. Weinberg, Gravitation and Cosmology. Principles and Applications of the General Theory of Relativity, New York etc. 1972; ders., The Quantum Theory of Fields, I–III, Cambridge etc. 1995–2000, 2008–2011; H. Weyl, Raum, Zeit, Materie. Vorlesungen über allgemeine Relativitätstheorie, Berlin 1918, [5]1923 (repr. Darmstadt 1961), Berlin etc. [8]1993 (engl. Space, Time, Matter, New York, London 1922, New York 2010); B. Wiesen, R.-Z.-K., in: W. D. Rehfus (ed.), Handwörterbuch Philosophie, Göttingen 2003, 581. K. M.

Rawls, John (Bordley), *Baltimore Md. 21. Febr. 1921, †Lexington Mass. 24. Nov. 2002, amerik. Philosoph. 1939–1950 Studium an der Princeton University, 1950 Promotion; danach Instruktor in Princeton N. J.. 1952–1953 Fulbright-Stipendiat an der Universität Oxford; 1953–1959 zunächst Assistant Prof., dann Associate Prof. an der Cornell University (Ithaca N. Y.); 1960–1962 Prof. am Massachusetts Institute of Technology, Cambridge Mass.; ab 1962 Prof. der Philosophie an der Harvard University. – R. ist der führende moderne Theoretiker auf dem Felde philosophischer Auffassungen der ↑Gerechtigkeit. Seine Gerechtigkeitskonzeption knüpft an die politische Theorie des ↑Gesellschaftsvertrags von J. Locke, J.-J. Rousseau und I. Kant an.

Das für diese Konzeption grundlegende Werk (A Theory of Justice, 1971) besteht aus drei Teilen. Der erste Teil, die ›Theorie‹, entwickelt die Grundkonzeption der Gerechtigkeit als *Fairneß*, d. h. als Unparteilichkeit, wonach jeder einzelne von einer Maßnahme oder ihrer Unterlassung Betroffene in gleichem Maße wie jeder andere zu berücksichtigen ist. Diese Unparteilichkeitsforderung schließt Ungleichheiten in der Behandlung nicht aus, wenn die Ausgangsbedingungen der einzelnen (z. B. natürliche Anlage, sozialer Status) unterschiedlich sind. Um diese Gerechtigkeitskonzeption als vernünftig bzw. als mit grundlegenden moralischen Auffassungen von Gerechtigkeit übereinstimmend einsichtig zu machen, greift R. die vertragstheoretische Begründung einer gerechten Gesellschaftsordnung auf (der ↑Utilitarismus genügt seiner Auffassung nach dieser Aufgabe nicht). R. rekonstruiert diese Begründung dadurch, daß er eine Anfangssituation oder einen ›Urzustand‹ (›original position‹, ›initial situation‹) rationaler Egoisten (↑Egoismus) fingiert, die unter Informationsmangel (›veil of ignorance‹) bezüglich ihrer Fähigkeiten und Möglichkeiten, ihrer tatsächlichen ↑Interessen und ↑Bedürfnisse stehen und deshalb klugerweise nur Prinzipien einer moralisch gerechten Gesellschaftsordnung wählen. Unter jenen fiktiven Voraussetzungen würden sie sich nach R. auf die folgenden beiden Prinzipien einigen (A Theory of Justice, 302–303 [dt. 336–337], vgl. 60–62 [dt. 81–84]): (1) Jede Person hat ein gleiches Recht auf das möglichst umfassende System fundamentaler bürgerlicher Freiheiten, das mit einem entsprechenden System von ↑Freiheit für alle vereinbar ist (›principle of greatest equal liberty‹). (2) Soziale und ökonomische Ungleichheiten können gerecht sein, wenn sie (a) auch den am wenigsten Begünstigten mehr Vorteile bringen als strikte Gleichheit (›difference principle‹), und wenn sie (b) an Positionen und Ämter geknüpft sind, die allen unter Bedingungen der Chancengleichheit offenstehen (›principle of fair equality of opportunity‹). Das erste Prinzip, das bürgerliche und politische Rechte betrifft, hat absoluten Vorrang vor dem zweiten, das sich auf materielle und nicht-materielle Interessen bezieht, so daß Freiheit nur um der Freiheit willen eingeschränkt werden darf (›first priority rule: the priority of liberty‹); des weiteren hat das Chancengleichheitsprinzip Vorrang vor dem Differenzprinzip. Diese Prinzipien, zusammen mit den ihren Rang bestimmenden Vorzugsregeln, entfalten den Grundgehalt des Gerechtigkeitsbegriffs in bezug auf die grundlegende Struktur einer gerecht zu nennenden Gesellschaft. Im zweiten Teil, ›Institutionen‹, werden die Folgerungen aus dem Begriff der Gerechtigkeit als Fairneß für die Basisstrukturen der Gesellschaft und für die Pflichten des Individuums gezogen. Der dritte Teil, ›Zwecke‹, zeigt, wie die Prinzipien der Gerechtigkeit sowohl in der menschlichen Natur als auch in einer voll entfalteten Theorie des ↑Guten gründen.

Kritische Einwände werden gegen das Werk von R. im ganzen wie im einzelnen erhoben. Von grundsätzlicher Art sind (1) die *utilitaristisch* motivierte Kritik an der vertragstheoretischen Konzeption und den Vorzugsregeln, (2) die *moralphilosophische* Kritik am Ausgang vom Egoismus der Vertragspartner, so daß ihre Einigung auf obige Prinzipien nicht als moralische Entscheidung, sondern als Klugheitswahl erscheine, sowie gegen den Gebrauch spiel- und entscheidungstheoretischer Verfahren (↑Spieltheorie, ↑Entscheidungstheorie) bei der Bestimmung dieser Prinzipien, wodurch ihre Wahl als Ergebnis eines strategischen Kalküls erscheine, (3) die *logische* Kritik an der Zirkularität (↑zirkulär/Zirkularität) seines Vorgehens insgesamt, die Anfangssituation von den aus ihr abzuleitenden Prinzipien her zu konstruieren (vgl. a. a. O., 141 [dt. 165], 166 [dt. 191–192]), so daß das Problem ihrer Rechtfertigung ungelöst bleibe. In seinem zweiten größeren Werk (Political Liberalism, 1993), das revidierte Fassungen seiner Aufsätze seit dem Erscheinen von »A Theory of Justice« enthält, sucht R. seine Konzeption von Gerechtigkeit als Fairneß dadurch mit der Vielfalt an individuellen und kollektiven Auffassungen vom guten Leben (↑Leben, gutes), die in geordneten liberalen demokratischen Gesellschaften bestehen (können), zu versöhnen, daß er seine Argumentation für sein Gerechtigkeitskonzept erweitert: Die Grundlage für die dauerhafte Einheit und Stabilität eines solchen demokratisch-liberalen Gemeinwesens werde von einer Gerechtigkeitsauffassung bereitgestellt, die auf allgemein in ihm geteilten Überzeugungen beruhe; zu ihnen zähle vor allem, daß seine Bürger sich selbst und einander als freie und gleiche ↑Personen anerkennen. Unter diesem Dach gesellschaftlich geteilter Allgemeinheit, die von R. als ›overlapping consensus‹ (übergreifender Konsens) bezeichnet wird, habe nicht nur eine Vielfalt unterschiedlicher Lebensstile und Konzeptionen des guten Lebens Platz, sondern auch eine Pluralität von (gegebenenfalls untereinander inkompatiblen) letzten Annahmen und Glaubensüberzeugungen (metaphysischer, weltanschaulicher, religiöser oder philosophisch-ethischer Art), ohne daß die gesellschaftliche Einheit und Stabilität unter diesem ↑Pluralismus zu leiden hätte. R. betont, daß der übergreifende Konsens weder ein bloßer *modus vivendi* noch ein politischer Kompromiß aufgrund eines Machtgleichgewichts sein müsse, sondern eine genuine moralische Einstellung ausdrücken könne, die die in einer gesellschaftlichen Praxis latenten Werte (↑Wert (moralisch)) und ↑Ideale spiegle.

R. erhebt weder den Anspruch, daß seine Gerechtigkeitsauffassung aus metaphysischen Voraussetzungen abgeleitet, noch den Anspruch, daß sie auf die Menschheit als ganze angewandt werden könne. Vielmehr möchte er methodisch so empirisch wie möglich (z. B. unter Zuhilfenahme individual- und sozialpsychologischer Erkenntnisse) die impliziten Grundüberzeugungen konkreter Gemeinwesen zum Ausgangspunkt seiner theoretischen Überlegungen und Folgerungen machen und seine Erkenntnisse nur auf diese Gemeinwesen zum Zwecke ihrer Selbstaufklärung und der Verbesserung ihrer Institutionen zurückbeziehen (vgl. The Law of Peoples, 1999). Im Hin- und Hergehen zwischen konkreter gesellschaftlich-politischer Praxis und theoretischer Abstraktion gewinnt die Theorie allmählich eine Qualität, die die Zustimmung aller vernünftig Überlegenden findet. Dann befindet sie sich nach R. im Zustand eines ›reflective equilibrium‹ (↑Überlegungsgleichgewicht) und kann für sich Objektivität (↑objektiv/Objektivität) beanspruchen. Aber auch so bleibt sie für Korrekturen offen.

Werke: Collected Papers, ed. S. Freeman, Cambridge Mass. etc. 1999, 2001. – Outline of a Decision Procedure for Ethics, Philos. Rev. 60 (1951), 177–197, ferner in: Collected Papers [s. o.], 1–19 (dt. Ein Entscheidungsverfahren für die normative Ethik, in: D. Birnbacher/N. Hoerster [eds.], Texte zur Ethik, München 1976, 124–139); Two Concepts of Rules, Philos. Rev. 64 (1955), 3–32, ferner in: Collected Papers [s. o.], 20–46; Justice as Fairness, J. Philos. 54 (1957), 653–662; Justice as Fairness, Philos. Rev. 67 (1958), 164–194, ferner in: Collected Papers [s. o.], 47–72 (dt. Gerechtigkeit als Fairneß, in: Gerechtigkeit als Fairneß [s. u.], 34–83); Constitutional Liberty and the Concept of Justice, in: C. J. Friedrich/J. W. Chapman (eds.), Justice, New York 1963, 1974 (Nomos 6), 98–125, ferner in: Collected Papers [s. o.], 73–95; The Sense of Justice, Philos. Rev. 72 (1963), 281–305, ferner in: Collected Papers [s. o.], 96–116 (dt. Der Gerechtigkeitssinn, in: Gerechtigkeit als Fairneß [s. u.], 125–164); Legal Obligation and the Duty of Fair Play, in: S. Hook (ed.), Law and Philosophy. A Symposium, New York 1964, 1970, 3–18, ferner in: Collected Papers [s. o.], 117–129; Distributive Justice, in: P. Laslett/W. G. Runciman (eds.), Philosophy, Politics and Society. A Collection. Third Series, Oxford 1967, 1978, 58–82, ferner in: Collected Papers [s. o.], 130–153 (dt. Eine Vertragstheorie der Gerechtigkeit, in: N. Hoerster [ed.], ›Recht und Moral‹ – Texte zur Rechtsphilosophie, München 1977, 167–179, Stuttgart 1987, 2013, 197–213); Distributive Justice. Some Addenda, Natural Law Forum 13 (1968), 51–71, ferner in: Collected Papers [s. o.], 154–175 (dt. Distributive Gerechtigkeit – zusätzliche Bemerkungen, in: Gerechtigkeit als Fairneß [s. u.], 84–124); The Justification of Civil Disobedience, in: H. A. Bedau (ed.), Civil Disobedience. Theory and Practice, Indianapolis Ind./New York 1969, New York etc. 1988, 240–255, ferner in: Collected Papers [s. o.], 176–189 (dt. Die Rechtfertigung bürgerlichen Ungehorsams, in: Gerechtigkeit als Fairneß [s. u.], 165–191); Justice as Reciprocity, in: S. Gorovitz (ed.), Utilitarianism: John Stuart Mill. With Critical Essays, Indianapolis Ind. 1971, 242–268, ferner in: Collected Papers [s. o.], 190–224; A Theory of Justice, Cambridge Mass. 1971, Oxford 1972 (repr. 1976, 1985), London 1973 (repr. 1976), Cambridge Mass. 2005 (dt. Eine Theorie der Gerechtigkeit, Frankfurt 1975, ^{5}1990, 2014); Distributive Justice, in: E. S. Phelps (ed.), Economic Justice. Selected Readings, Harmondsworth/Baltimore Md. 1973, 319–362; Some Reasons for the Maximin Criterion, Amer. Econ. Rev. 64 (1974), 141–146, ferner in: Collected Papers [s. o.], 225–231; Reply to Alexander and Musgrave, Quart. J. Econom. 88 (1974), 633–655, ferner in: Collected Papers [s. o.], 232–253; The Independence of Moral Theory, Proc. Amer. Philos. Assoc. 48 (1974/1975), 5–22, ferner in: Collected Papers [s. o.], 286–302; A Kantian Conception of Equality, Cambridge Rev. (Febr. 1975), 94–99, ferner in: Collected Papers [s. o.], 254–266; Fairness to Goodness, Philos. Rev. 84 (1975), 536–554, ferner in: Collected Paper [s. o.], 267–285; Gerechtigkeit als Fairneß. Mit einem Beitrag »R. – eine Theorie der politisch-sozialen Gerechtigkeit«, ed. O. Höffe, Freiburg/München 1977; The Basic Structure as Subject, Amer. Philos. Quart. 14 (1977), 159–165, rev. in: A. I. Goldman/J. Kim (eds.), Values and Morals. Essays in Honor of William Frankena, Charles Stevenson, and Richard Brandt, Dordrecht/Boston Mass./London 1978, 47–71; Kantian Constructivism in Moral Theory, J. Philos. 77 (1980), 515–572, ferner in: Collected Papers [s. o.], 303–358; Social Unity and Primary Goods, in: A. K. Sen/B. Williams (eds.), Utilitarianism and beyond, Cambridge/New York 1982, 1999, 159–185, ferner in: Collected Papers [s. o.], 359–387; Justice as Fairness: Political not Metaphysical, Philos. and Public Affairs 14 (1985), 223–251, ferner in: Collected Papers [s. o.], 388–414; The Idea of an Overlapping Consensus, Oxford J. of Legal Stud. 7 (1987), 1–25, ferner in: Collected Papers [s. o.], 421–448; Die Idee des politischen Liberalismus. Aufsätze 1978–1989, ed. W. Hinsch, Frankfurt 1992, 2007; Political Liberalism, New York 1993, erw. 2005 (dt. Politischer Liberalismus, Frankfurt 1998, 2003); The Law of Peoples. With »The Idea of Public Reason Revisited«, Cambridge Mass. etc. 1999, 2001 (dt. Das Recht der Völker. Enthält: »Nochmals: die Idee der öffentlichen Vernunft«, Berlin/New York 2002); Lectures on the History of Moral Philosophy, ed. B. Herman, Cambridge Mass. 2000, 2003 (dt. Geschichte der Moralphilosophie. Hume, Leibniz, Kant, Hegel, Frankfurt 2002, 2004); Justice as Fairness. A Restatement, ed. E. Kelly, Cambridge Mass. 2001, 2003 (franz. La justice comme équité. Une reformulation de »Théorie de la justice«, Paris 2003, 2008; dt. Gerechtigkeit als Fairness. Ein Neuentwurf, Frankfurt 2006, 2014); Lectures on the History of Political Philosophy, ed. S. R. Freeman, Cambridge Mass./London 2007, 2008 (dt. Geschichte der politischen Philosophie, Frankfurt 2008, Berlin 2012); A Brief Inquiry into the Meaning of Sin and Faith, ed. T. Nagel, Cambridge Mass./London 2009, 2010 (dt. Über Sünde, Glaube und Religion, Berlin, Darmstadt 2010). – R. K. Fullinwider, A Chronological Bibliography of Works on J. R.' Theory of Justice, Political Theory 5 (1977), 561–570; J. H. Wellbank/D. Snook/D. T. Mason, J. R. and His Critics. An Annotated Bibliography, New York/London 1982.

Literatur: R. Alejandro, The Limits of Rawlsian Justice, Baltimore Md./London 1998; C. F. Alford, The Self in Social Theory. A Psychoanalytic Account of Its Construction in Plato, Hobbes, Locke, R., and Rousseau, New Haven Conn./London 1991; C. Audard, J. R., Stocksfield 2007; B. Barry, The Liberal Theory of Justice. A Critical Examination of the Principal Doctrines in »A Theory of Justice« by J. R., Oxford 1973, 1975; T. Bausch, Ungleichheit und Gerechtigkeit. Eine kritische Reflexion des R.schen Unterschiedsprinzips in diskursethischer Perspektive, Berlin 1993; K. Baynes, The Normative Grounds of Social Criticism. Kant, R., and Habermas, Albany N. Y. 1992; M. Becker (ed.), Politischer Liberalismus und wohlgeordnete Gesellschaften. J. R. und der Verfassungsstaat, Baden-Baden 2013; H. G. Blocker/E. H. Smith (eds.), J. R.' Theory of Social Justice. An Introduction, Athens Ohio 1980, 1982 (mit Bibliographie, 495–517); G. Boss, La mort du Léviathan. Hobbes, R. et notre situation politique, Zürich 1984; D. Boucher/P. Kelly (eds.), The Social Contract from Hobbes to R., New York 1994, London/New York 1997; K. Brehmer, R.' ›Original Position‹ oder Kants ›Ursprünglicher Kontrakt‹. Die Bedingungen der Möglichkeit eines wohlgeordneten Zusammenlebens, Königstein 1980; T. Brooks/F. Freyenhagen (eds.), The Legacy of J. R., London/New York 2005, 2007; A. E. Buchanan, Marx and Justice. The Radical Critique of Liberalism, Totowa N. J., London 1982; J. A. Corlett (ed.), Equality and Liberty. Analyzing R. and Nozick, New York, London 1991, Basingstoke etc. 1996; N. Daniels (ed.),

Reading R.. Critical Studies on R.' »A Theory of Justice«, New York o. J. [1975], Oxford 1975, Stanford Calif. 2000; V. Davion/ C. Wolf (eds.), The Idea of a Political Liberalism. Essays on R., Lanham Md. etc. 2000; R. Dworkin, Taking Rights Seriously, London 1977, London ³1981, erw. mit Untertitel: New Impression with a Reply to Critics, London 1984, London/New York 2013, 150–183 (dt. Bürgerrechte ernstgenommen, Frankfurt 1984, 1990, 252–302); E. Engin-Deniz, Vergleich des Utilitarismus mit der Theorie der Gerechtigkeit von J. R., Innsbruck/ Wien 1991; J. G. Finlayson/F. Freyenhagen (eds.), Habermas and R.. Disputing the Political, New York/London 2011; S. R. Freeman, J. R., REP VIII (1998), 106–110; ders. (ed.), The Cambridge Companion to R., Cambridge etc. 2003, 2006; ders., R., London/New York 2007, 2009; ders., Justice and the Social Contract. Essays on Rawlsian Political Philosophy, Oxford etc. 2007, 2009; A. Fuchs, J. R., Enc. Ph. VIII (²2006), 257–260; P. Graham, R., Oxford 2007; W. Hinsch (ed.), Zur Idee des politischen Liberalismus. J. R. in der Diskussion, Frankfurt 1997; O. Höffe, R.' Theorie der politisch-sozialen Gerechtigkeit, in: Gerechtigkeit als Fairneß [s. o., Werke], 16–34; ders. (ed.), Über J. R.' Theorie der Gerechtigkeit, Frankfurt 1977, 1987; C. A. Kelbley (ed.), The Value of Justice, New York 1979; W. Kersting, J. R.' in: J. Nida-Rümelin (ed.), Philosophie der Gegenwart in Einzeldarstellungen. Von Adorno bis v. Wright, Stuttgart 1991, 482–490, ³2007, 529–540; ders., J. R. zur Einführung, Hamburg 1993, ³2008; R. Kley, J. R.' Theorie der Gerechtigkeit. Eine Einführung, St. Gallen 1983; ders., Vertragstheorien der Gerechtigkeit. Eine philosophische Kritik der Theorien von J. R., Robert Nozick und James Buchanan, Bern/Stuttgart 1989; H.-J. Kühn, Soziale Gerechtigkeit als moralphilosophische Forderung. Zur Theorie der Gerechtigkeit von J. R., Bonn 1984; C. Kukathas/P. Pettit, R.. A Theory of Justice and Its Critics, Cambridge etc. 1990, 2007; J. R. Lucas, On Justice, Oxford 1980, 1989; D. Lyons (ed.), Rights, Belmont Calif. 1979; ders., Ethics and the Rule of Law, Cambridge etc. 1984, 1998, 110–144; H. G. v. Manz, Fairneß und Vernunftrecht. R.' Versuch der prozeduralen Begründung einer gerechten Gesellschaftsordnung im Gegensatz zu ihrer Vernunftbestimmung bei Fichte, Hildesheim/Zürich/New York 1992 (mit Bibliographie, 265, 267–274); R. Martin, R. and Rights, Lawrence Kan. 1985, 1986; ders./D. A. Reidy (eds.), R.' Law of Peoples. A Realistic Utopia?, Malden Mass./Oxford 2006, 2007; A. I. Melden, Rights and Persons, Oxford, Berkeley Calif. 1977, 1980; V. Munoz-Dardé, La justice sociale. Le libéralisme égalitaire de J. R., Paris 2000, 2005; K. Nielsen/R. A. Shiner (eds.), New Essays on Contract Theory, Guelph Ont. 1977 (Canadian J. Philos., Suppl. III); R. Nozick, Anarchy, State, and Utopia, New York, Oxford 1974, New York 2013 (dt. Anarchie, Staat, Utopia, München 1976, 2011; franz. Anarchie, état et utopia, Paris 1988, 2008); V. Päivänsalo, Balancing Reasonable Justice. J. R. and Crucial Steps Beyond, Aldershot/Burlington Vt. 2007; J. R. Pennock/J. W. Chapman (eds.), Human Rights, New York/London 1981; dies. (eds.), Ethics, Economics, and the Law, New York/London 1982; P. Pettit, Judging Justice. An Introduction to Contemporary Political Philosophy, London etc. 1980; T. W. Pogge, Realizing R., Ithaca N. Y./London 1989, 1991; ders., J. R., München 1994 (engl. J. R.. His Life and Theory of Justice, Oxford/New York 2007); A. Sattig, Kant und R.. Eine kritische Untersuchung von R.' Theorie der Gerechtigkeit im Lichte der praktischen Philosophie Kants, Diss. Mannheim 1985; D. L. Schaefer, Justice or Tyranny? A Critique of J. R.' »A Theory of Justice«, Port Washington N. Y./London 1979; ders., Illiberal Justice. J. R. vs. the American Political Tradition, Columbia Mo. 2007; J. Schaub, Gerechtigkeit als Versöhnung. J. R.' politischer Liberalismus, Frankfurt/New York 2009; J. P. Sterba, The Demands of Justice, Notre Dame Ind./London 1980; M. Strahlmann, Nozicks Kritik an R.' Gerechtigkeitstheorie, Diss. Göttingen 1989; P. Weithman, Why Political Liberalism? On J. R.' Political Turn, New York etc. 2010, 2013; L. Wenar, J. R., SEP 2012; H. Wettstein, Über die Ausbaufähigkeit von R.' Theorie der Gerechtigkeit. Vorüberlegungen zu einer möglichen Rekonstruktion, Basel 1979; R. P. Wolff, Understanding R.. A Reconstruction and Critique of »A Theory of Justice«, Princeton N. J. 1977, Gloucester Mass. 1990; S. P. Young (ed.), Reflections on R.. An Assessment of His Legacy, Farnham/Burlington Vt. 2009. R. Wi.

Ray, John, *Black Notley (Essex) Nov. 1627, †ebd. 17. Jan. 1705, engl. Naturhistoriker und Physikotheologe, Gründer der wissenschaftlichen Botanik in England. Studium in Cambridge (Trinity College), B. A. 1648, M. A. 1651; 1649–1662 Fellow (für Mathematik und Griechisch) ebendort. 1662 nach der Restauration weigerte sich R., den vom »Act of Uniformity« verlangten Eid zu leisten; er verließ die Universität und widmete sich hauptsächlich der Botanik. 1667 wurde er Mitglied der Royal Society. R. verfaßte mehrere Werke über englische Flora und über die Methode der ↑Klassifikation in der Botanik. Nach dem Tode seines Gönners F. Willughby vollendete er dessen Arbeit über Vögel und Fische. – R. trug wesentlich zur Herausarbeitung des modernen biologischen Artbegriffs (↑Spezies) bei, indem er festlegte, daß auch bei großen morphologischen Unterschieden alle Nachkommen einer bestimmten Pflanze zur selben Art gehören. Damit bestimmte er einen wesentlichen Unterschied zwischen Arten und Varietäten und führte ein Element in die Begriffsbestimmung der Art ein, durch das botanische und zoologische Arten von mineralogischen Arten kategoriell unterschieden werden. Dies hatte im Laufe des 18. Jhs. eine Neugliederung der ›drei Reiche‹ der Naturgeschichte in ↑Biologie und Mineralogie zur Folge.

Mit R.s Arbeit beginnt der Streit in der Botanik, ob das ›natürliche System‹ der Klassifikation durch Betrachtung des Gesamthabitus oder des wesentlichen Merkmals zu erreichen ist. R. weicht in seinen späteren Werken zunehmend von der Tradition des A. Cesalpinus ab, die die Befruchtungsorgane als das entscheidende Kriterium für die Einteilung der Pflanzen in Genus und Spezies betrachtete. Wie J. Locke argumentiert R., daß wir in Unkenntnis des Wesens der Dinge charakteristische Akzidenzien (↑Akzidens) oder Gruppen von Akzidenzien benutzen müssen, um die Dinge einzuordnen. – In seinen Spätwerken (The Wisdom of God, 1691; Miscellaneous Discourses, 1692) prägte R., unter Rückgriff auf die Vorstellung der Cambridger Platonisten (↑Cambridge, Schule von), das Studium der Natur sei der Weg zur Erkenntnis Gottes, die Tradition der ↑Physikotheologie.

Werke: Catalogus plantarum circa Cantabrigiam nascentium, London, Cambridge 1660 (engl. R.'s Flora of Cambridgeshire, ed. A.H. Ewen/C.T. Prime, Hitchin 1975, unter dem Titel: J. R.'s Cambridge Catalogue [1660], ed. P.H. Oswald/C.D. Preston, London 2011); Appendix ad catalogum plantarum circa Cantabrigiam nascentium. Continens addenda et emendanda, Cambridge 1663, [2]1685; Methodus plantarum nova, London 1682, unter dem Titel: Methodus plantarum emendata et aucta, [2]1703, [3]1733; Historia plantarum, I–III, London 1686–1704, I–II, London [2]1693; The Wisdom of God Manifested in the Works of Creation, London 1691 (repr. Hildesheim/New York 1974), Glasgow 1798 (dt. Gloria Dei. Oder Spiegel der Weißheit und Allmacht Gottes, Offenbahret in denen Wercken der Erschaffung, Goslar 1717); Miscellaneous Discourses Concerning the Dissolution and Changes of the World, London 1692 (repr. Hildesheim 1968), unter dem Titel: Three Physico-Theological Discourses [...], [2]1693, [4]1732 (dt. Sonderbahres Klee-Blätlein, Der Welt Anfang, Veränderung und Untergang, Hamburg 1698, unter dem Titel: Drey Physico-Theologische Betrachtungen von der Welt Anfang, Veränderung und Untergang, Leipzig 1732, unter dem Titel: Physico-Theologische Betrachtungen von der Welt Anfang, Veränderung und Untergang, Leipzig 1756). – G. Keynes, J. R.. A Bibliography, London 1951, erw. Neudr. unter dem Titel: J. R., 1627–1705. A Bibliography 1660–1970, Amsterdam 1976.

Literatur: K. Mägdefrau, Geschichte der Botanik. Leben und Leistung großer Forscher, Stuttgart 1973, [2]1992, Berlin 2013; E. Mayr, The Growth of Biological Thought, Cambridge Mass./London 1982, 2003 (dt. Die Entwicklung der biologischen Gedankenwelt. Vielfalt, Evolution und Vererbung, Berlin etc. 1984, 2002; franz. Histoire de la biologie. Diversité, evolution et hérédité, Paris 1989, in zwei Bdn. 1995); C.E. Raven, J. R.. Naturalist. His Life and Works, Cambridge 1942, [2]1950, Cambridge etc. 1986; P. R. Sloan, John Locke, J. R., and the Problem of the Natural System, J. Hist. Biol. 5 (1972), 1–53; I. P. Stevenson, J. R. and His Contributions to Plant and Animal Classification, J. Hist. Med. 2 (1947), 250–261; C. Webster, J. R., DSB, XI (1975), 313–318. P.M.